INTERNATIONAL EIGHTH EDITION

Microelectronic Circuits

Adel S. Sedra
University of Waterloo

Kenneth C. Smith
University of Toronto

Tony Chan Carusone
University of Toronto

Vincent Gaudet
University of Waterloo

SEDRA/SMITH_8th
마이크로전자회로
Microelectronic Circuits

INTERNATIONAL EIGHTH EDITION

ADEL S. SEDRA | KENNETH C. SMITH | TONY CHAN CARUSONE | VINCENT GAUDET

정원섭 · 김현철 · 김호성 · 도규봉 · 유상대 · 이한호 공역

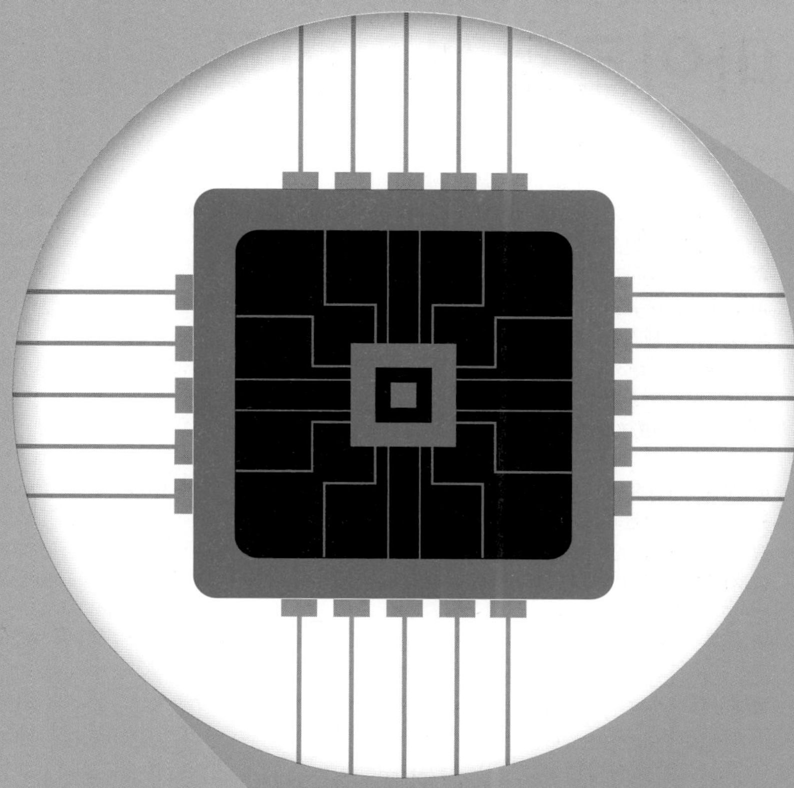

(주)한티에듀

역자 소개

정원섭 circuit@cju.ac.kr 1장(1.1~1.6), 2, 10, 11, 13장

청주대 시스템반도체공학과

김현철 hckim08@ulsan.ac.kr 6장

울산대 전기공학부

김호성 hkim@cau.ac.kr 서문, 8, 12장

중앙대 전자전기공학부

도규봉 kdoh@kau.ac.kr 14, 15, 16장

한국항공대 항공전자정보공학부

유상대 sdyu@mail.knu.ac.kr 4, 5, 9장

경북대 전자공학부

이한호 hhlee@inha.ac.kr 1장(1.7~1.12), 3, 7장

인하대 정보통신학과

SEDRA/SMITH_8th

마이크로전자회로

발 행 일 2022년 03월 31일 1쇄
2023년 08월 10일 2쇄

저 자 Adel S. Sedra · Kenneth C. Smith · Tony Chan Carusone · Vincent Gaudet

역 자 정원섭 · 김현철 · 김호성 · 도규봉 · 유상대 · 이한호

펴 낸 이 김준호

펴 낸 곳 (주)한티에듀 | 서울시 마포구 동교로 23길 67 Y빌딩 3층

등 록 제2018-000145호 2018년 5월 15일

전 화 02) 332-7993~4 | **팩 스** 02) 332-7995

I S B N 979-89-6421-437-4 (93560)

가 격 45,000원

마 케 팅 노호근 박재인 최상욱 김원국 김택성

편 집 김은수 유채원

관 리 김지영 문지희

디 자 인 **내지** 디자인드림 **표지** 유채원

이 책에 대한 의견이나 잘못된 내용에 대한 수정정보는 아래의 홈페이지나 이메일로 알려주십시오.
독자님의 의견을 충분히 반영하도록 늘 노력하겠습니다.

홈페이지 www.hanteemedia.co.kr | **이메일** hantee@hanteemedia.co.kr

---

역자 서문

마이크로일렉트로닉스(microelectronics)로 일컬어지는 현대 전자공학은 첨단산업을 주도하고 있는 가장 중요한 공학 중 하나이다. 가전제품으로부터 통신 장비, 계측 및 제어 장치, 의료용 기기, 그리고 컴퓨터에 이르는 수많은 전자공학의 산물들은 궁극적으로 잘 설계된 전자회로로 구성된다. 따라서 "수백에서 수천 가지 종류의 전자회로들을 어떻게 이해할 수 있는가?"라는 의문이 제기된다. 또한 "이들의 동작 및 설계 원리를 이해하는 데 첩경이 되는 접근 방법이 없을까?"라는 의문도 제기된다. 이러한 질문에 대해 전자회로를 설계하는 많은 연구자들은 "몇 가지의 기본적인 회로 법칙들[예를 들면 옴의 법칙(Ohm's law), 키르히호프의 법칙(Kirchhoff's law) 등]과 능동 소자들(예를 들면 트랜지스터나 연산 증폭기 등)의 단자 특성만 알면 모든 전자회로들을 원칙적으로 이해할 수 있고 설계할 수 있다"라고 결론짓는다.

독자들은 이미 회로 법칙들에 대해 어느 정도의 지식을 가지고 있을 것이다. 그러나 이 책에서 강조하고자 하는 것은 이들 법칙 자체에 대한 지식이 아니고 "이들을 어떻게 적용해야 실제 회로를 빠르고 정확하게 설계할 수 있는가?"라는 문제이다. 독자들은 이 책에서 그 해답을 찾을 수 있을 것이다. 이 책은 많은 예제와 연습문제들을 통해 독자들에게 전자회로의 해석뿐만 아니라 설계에 대한 자신감을 불어넣어 줄 것이다.

번역판에는 각 장의 끝에 있는 'PROBLEMS'는 번역되어 있지 않다. 이렇게 한 이유는, 독자들이 전자회로와 관련된 용어들을 영어로 알게 하여, 영어로 쓰여 있는 각종 소자 및 IC의 데이터 시트(data sheet)나 각종 계측기의 사용자 매뉴얼(user's manual)을 쉽게 접하도록 하기 위해서이다.

이 책이 번역, 출간되는 과정에 기여한 많은 사람들의 노력과 수고에 깊은 감사를 드리며 또한 이 책의 제작에 성의를 다해 준 (주)한티에듀의 제작진들에게 감사의 말씀을 드린다.

2022년 3월 역자 일동

| 저자 서문 |

「마이크로전자회로」 제8판은 전기공학 혹은 컴퓨터공학을 전공하는 학생들에게 전자회로 분야를 가르치기 위한 교재로 집필되었으며, 현업에 종사하는 기술자들도 독학을 통해 새로운 지식을 습득할 수 있도록 구성되어 있다.

1~7판과 마찬가지로 이 책의 목표는 아날로그 회로, 디지털 회로, 집적 회로 등 모든 전자회로를 해석하고 설계할 수 있도록 독자들의 능력을 계발하는 것이다. 집적 회로(IC)의 응용이 포함되어 있기는 하지만 이 책은 집적 회로 내부의 트랜지스터 회로 설계에 중점을 두고 있다. 이 책을 공부하는 사람들 중에 IC 설계를 전공으로 택하는 사람은 매우 적겠지만, 집적 회로 내부의 트랜지스터 회로 설계에 중점을 두는 이유는, IC 칩(chip)들을 사용할 때 그 내부의 구조와 동작을 알고 있으면 더 현명하고 혁신적인 방법으로 IC를 응용할 수 있으리라고 우리 저자들은 확신하기 때문이다. 더욱이 초고밀도 집적 회로(VLSI) 기술과 설계 방법론이 발전됨에 따라 점점 더 많은 기술자들이 IC 설계를 이용할 수 있게 되어 가고 있기 때문이다.

선수강 과목

이 책을 공부하는 데 필요한 선수 과목은 기초적인 전기 회로 해석에 대한 과목이다. 이에 대한 복습으로서 몇 가지 선형 회로에 대한 내용을 부록에 수록하였다. 특히 부록 C에는 2-포트 회로망 파라미터를, 부록 D에는 몇 가지 유용한 회로망 정리를, 부록 E에는 단일 시정수 회로를, 그리고 부록 F에는 s 영역 해석을 수록하였다. 또한 이 내용과 관련된 회로 해석 문제들을 1장 끝에 있는 PROBLEMS의 첫 부분에 수록하였다. 물리전자공학에 대한 사전 지식은 필요하지 않으며, 이 책을 공부하는데 필요한 반도체소자물리에 대한 모든 내용을 수록하였고, 부록 A에 IC의 제조 공정을 간략히 소개하였다. 모든 부록은 이 책의 웹사이트에서 찾아볼 수 있다.

설계의 중요성

저자들의 집필 철학은, 회로 설계를 가장 잘 가르치는 방법은 회로를 설계할 때, 즉 회로의 형태를 선택하고 선택된 회로 형태에 사용되는 소자의 값을 결정할 때 사용되는 다양한 절충 방안을 소개하고 설명하는 방법이라는 것이다. 8판에서도 설계에 중점을 두는 집필 철학을 유지하고 있다. 따라서 다양한 설계 예제를 수록하였고, 연습문제와 각 장의 끝에 있는 PROBLEMS 중에서 설계 문제에는 'D'라고 표시하였다. 뿐만 아니라 이 책의 웹사이트에 다양한 설계 예, 시뮬레이션 예를 제공하였다. 이것들은 가장 유용한 설계 지원 프로그램인 SPICE의 사용에 대한 중요성을 강조하고 있다.

8판에서 새로 개정된 사항

8판의 가장 큰 변화는 University of Toronto의 Tony Chan Carusone과 University of Waterloo의 Vincent Gaudet 두 명의 새로운 공저자가 합류한 것이다.

7판까지의 교육 철학 및 교육 방법은 8판에서도 유지되고 있지만, 구성 및 범위에서는 여러 부분이 개정되었다. 구성을 변경한 목적은 내용을 좀 더 모듈화하여 7판을 사용했던 과목에서 큰 변화 없이도 가르치는 데 있어서 유연성을 증진하는 것이다. 범위를 변경한 이유는 기술의 지속적인 발전으로 인해 어떤 내용은 중요성이 높아진 반면 어떤 내용은 덜 중요해졌기 때문이다. 또한 IC 공정 기술이 발전함에 따라 예제와 연습문제, 그리고 문제에 사용되는 수치들이 신세대 IC 기술을 반영하여 변경되었기 때문이다.(예를 들어 일부 문제에는 28 nm CMOS 공정에 사용되는 파라미터들이 사용되었다.) 이렇게 구성과 범위를 개정하여 학생들이 산업 현장의 최신 기술에 대해 개괄적으로 이해하고 습득할 수 있게 하였다.

또한 더욱 쉽게 가르치고 배울 수 있는 교재를 만들자는 것이 개정의 주된 방향이며 이를 달성하기 위한 눈에 띄는 변경 사항은 다음과 같다.

1. **새로운 문제.** 각 장의 끝에 있는 1400여 개의 문제 중 반 정도가 새로운 문제이거나 개정된 문제이다. 교강사가 이렇게 많은 문제 중 어떤 것을 선정하여 과제로 부여할지를 돕기 위해 중요한 문제를 기본 문제로 구분하여 문제 번호를 파란색으로 표시하였다. 이것은 학생들의 자율 학습에도 도움이 될 것이다. 교강사를 위한 해답집(Instructor's Solution Manual, ISM)을 완전히 개편하였고, 여기에는 모든 연습문제와 각 장 끝의 문제에 대한 해답이 수록되어 있다.
2. **요약표.** 기존의 요약표와 추가된 표를 결합하여 웹사이트에 수록하였다. 표를 한곳에 모아 둠으로써 학생들이 공부하거나 문제를 풀 때 도움이 되도록 하였다.
3. **개선된 구성.** 7판의 모듈화된 구성은 유지하면서 PART를 세 개로 축소하였고, 특히 여파기(filter)와 발진기(oscillator)를 2부(아날로그 집적 회로)에 수록하였다.
4. **축소된 내용과 책의 크기.** 거의 모든 장을 핵심적인 개념에 중점을 두어 개편, 간략화하였고 이렇게 함으로써 200쪽 이상을 줄였다. 하지만 축소된 부분의 내용을 웹사이트에 남겨 두어 참고할 수 있게 하였다. 축소된 특정 장은 11장(출력단과 전력 증폭기), 12장(연산 증폭기 회로), 13장(여파기와 동조 증폭기), 그리고 3부(디지털 집적 회로)이다.
5. **비례 축소와 무어의 법칙의 소개.** 교재의 전반부에 있는 5장(MOSFET)에서 기술 축소화와 무어의 법칙을 소개하여 그 이후 이들을 계속 참조할 수 있도록 하였으며 15장(디지털 설계)에서 다시 다루었는데, 15장에서는 디지털 설계에서 가장 중요한 세 가지 개념 즉 초고속, 저전력, 면적에 대해 다룬다.
6. **다이오드에 대한 현대적 모델링.** 3장에서는 다이오드 모델의 정확도와 간략화의 정도에 따라 여러 가지 모델을 개편, 소개하고, 다이오드의 기본 소재를 간략하게 다루었으며, 광다이오드, LED, 정전기(ESD) 방지용 다이오드 등 새로운 내용을 추가하였다.
7. **명확한 유도 과정과 설명.** 수식 유도 과정을 더 간단하고 명확하게 보여 주기 위해 2부(아날로그 집적 회로)의 세 장을 완전히 개편하였다. 특히 7장(집적 회로 증폭기의 빌딩 블록)에서는 CG, CB 증폭기와 최신 전류 미러(current mirror)에 대한 설명을, 8장(차동 증폭기와 다단 증폭기)에서는 공통 모드 이득

과 CMRR, 직류 오프셋, 전류 미러 부하 증폭기에 대한 설명을 개편하였고, 9장(주파수 응답)에서는 개별 회로 증폭기의 저주파 응답을 9장의 끝으로 옮겼다.

8. **피드백에 대한 일목요연한 설명.** 10장(피드백)은 주제를 이해하고 쉽게 사용하도록 대폭 개편되었다.
9. **디지털 주제에 대한 더욱 체계적인 구성.** 3부(디지털 집적 회로)를 전자회로 교육과정의 첫 번째 또는 두 번째 학기에서 다룰 수 있도록 완전히 개편하였다. 14장은 디지털 CMOS 설계의 기초에서 출발하여 CMOS 반전기의 정적 특성에 관한 심층 연구로 마무리된다. 15장은 디지털 회로 설계 및 최적화의 가장 중용한 척도인 속도, 전력, 면적을 다루고, 그런 다음 5장에서 시작했던 기술 척도화 논의를 완료한다. 끝으로 16장에서는 트랜지스터 레벨의 메모리 회로와 클록 회로에 중점을 둔다. 3부의 예제, 연습문제, 문제는 대부분 개편되었다.

교재의 웹사이트

이 교재에 관련된 웹사이트의 주소는 www.oup.com/he/sedra-smith8xe이며 기술 발전을 반영하여 수시로 업데이트된다. 다음 내용들이 이 웹사이트에 수록되어 있다.

1. 학습과 실제 문제 풀이에 유용한 요약표들
2. 문제와 예제에 대한 SPICE 사용을 위한 보조 자료
   - 회로 해석 소프트웨어에 대한 링크
   - 'SIM'아이콘이 붙어 있는 문제의 해석을 위한 입력 파일
   - 추가적인 SPECE 예제 및 관련 파일
   - SPICE 해석에 도움이 되는 단계적 안내
3. 본 교재에서 다루지 않았거나 너무 간략하게 설명된 주제에 대한 추가 자료
   - Precision Rectifier Circuits
   - Junction Field-Effect Transistors (JFETs)
   - Gallium Arsenide (GaAs) Devices and Circuits
   - Specialty Diode Topics: Diode Logic Gates, Temperature Effects in Zener Diodes, and the Schottky-Barrier Diode (SBD)
   - Useful Transistor Pairings
   - Selected Topics in BJT Output Stages: Class B Power Dissipation and Improvements, and Protection Circuitry
   - The Classical CMOS Class AB Configuration
   - IC Power Amplifiers
   - Power Transistor Thermal Considerations
   - The 741 Op-Amp Circuit
   - Selected Analog Filter Topics

    - First- and Second-Order Filter Functions
    - Single-Amplifier Biquadratic Active Filters
    - Sensitivity
    - Transconductance-C Filters
    - Tuned Amplifiers
- Waveform Generators: The Monostable Multivibrator, IC Timers, and Waveform-Shaping Circuits
- MOS Velocity Saturation and Subthreshold Leakage
- Alternative Digital Logic Families
    - Pseudo-NMOS Logic Circuits
    - Dynamic MOS Logic Circuits
    - Transistor-Transistor Logic (TTL) Circuits
    - Emitter-Coupled Logic (ECL) Circuits
    - Bipolar and BiCMOS Digital Circuits
- Memory Architectures and Read-Only Memory (ROM)
- CMOS Image Sensors

4. 설계 프로젝트뿐만 아니라 실습에 사용되는 수백 개 소자의 데이터 시트
5. 부록
    - 부록 A: 초대규모 집적 회로(VLSI) 공정 기술
    - 부록 B: 시뮬레이션 예제를 포함한 SPICE 소자 모델과 설계
    - 부록 C: 2-포트 회로망 파라미터들
    - 부록 D: 몇 가지 유용한 회로망 정리
    - 부록 E: 단일 시정수 회로들
    - 부록 F: *s* 영역 해석: 극점, 영점, 보데 선도
    - 부록 G: MOSFET과 BJT의 비교
    - 부록 H: 여파기 설계 자료
    - 부록 I: 참고문헌
    - 부록 L: 선택된 문제들에 대한 해답

연습문제와 각 장 끝의 문제

450여 개의 연습문제가 이 책에 수록되어 있다. 각 연습문제의 해답은 연습문제 바로 아래에 주어져 있으므로 읽으면서 내용을 제대로 이해했는지를 점검할 수 있다. 독자들은 이 연습문제를 풀면서 앞에 나온 내용을 정확히 파악했는지 확인할 수 있을 것이다. 또한 각 장의 끝에 1400여 개의 문제가 수록되어 있는데, 이 중 반 정도가 새롭게 추가되거나 이번 판에서 수정된 것들이다. 문제들은 각 장의 절별로 맞추어져 있고 평가 시스템에 의해 난이도가 표시되어 있다. 즉, 어려운 문제는 번호 앞에 *로, 좀 더 어려운 문제는 **로, 그리고 아주 어

렵거나 시간이 많이 걸리는 문제는 ***로 표시되어 있다. 이 구별은 문제를 만들 당시 우리의 생각에 따라(또는 기분에 따라!) 표시했기 때문에 난이도가 정확하지 않은 면도 있을 수 있다. 추려진 문제들에 대한 해답을 웹사이트상의 부록 L에 수록하였으므로 학생들은 답이 맞는지를 확인할 수 있다. 전체 문제에 대한 해답은 '강사용 풀이 매뉴얼'에 수록되어 있다. 이 책을 교재로 채택하는 교강사들은 이 매뉴얼을 출판사로부터 받을 수 있다.

교강사가 많은 문제들 중 어떤 것을 선정하여 과제로 부여할지를 돕기 위해 중요한 문제를 '기본 문제'로 구분하여 문제의 번호를 파란색으로 표시하였다. 이것은 학생들의 자율 학습에도 도움이 될 것이다.

이전의 1~7판에서와 마찬가지로 많은 예제들이 수록되어 있다. 이 예제들은 대부분의 문제 및 연습문제와 마찬가지로 실제 회로들에 기초하고 있으므로, 실제로 회로를 설계할 때 만날 경우가 있을 것이다. 이번 개정판도 역시 많은 예제들을 설명할 때 푸는 순서에 따라 번호로 그림에 포함함으로써 강의실에서 강의하는 것과 같이 단계별로 서술하였다.

요약표

전판에 수록되었던 요약표와 새로이 추가되는 표를 결합하여 웹사이트에 올려 두었다. 표들을 한곳에 모아 둠으로써 학생들이 공부하거나 문제를 풀 때 도움이 되도록 하였다.

과목 구성

이 책은 두 학기에 걸쳐서(각각 40~50시간) 강의할 수 있는 분량으로 되어 있다. 이 책의 내용은 작은 모듈식 구성으로 되어 있기 때문에 강의 순서를 유연하게 변경하기가 편할 것이다. 아래에 전통적이고 기본적인 두 학기 과정을 교육하기 위한 순서 및 내용을 제시하였고, 또한 가능한 경우, 세 번째 과정에 사용할 수 있는 보충자료를 명시하였다.

첫 번째 학기

첫 번째 과정은 1부 즉 1~6장에 기초를 두고 있는데 이 순서를 따라 강의하면 될 것이다. 그러나 다른 순서로 강의하고 싶거나 강의 시수에 제한이 있는 경우에는 다음을 참고하면 도움이 될 것이다.

첫 번째 학기의 핵심은 두 종류의 트랜지스터를 설명하는 4장과 5장, 그리고 트랜지스터 증폭기를 다루는 6장인데, 4장과 5장의 순서를 바꿀 수도 있다. 이들 세 개의 장의 내용은 빠짐없이 철저히 다루어져야 한다.

첫 번째 과정에서 또 하나의 중요한 장은 다이오드를 다루는 3장으로, 시간이 부족하다면 3장의 뒷부분에 있는 응용에 관한 절들은 생략할 수 있다.

우리 저자들은 전자회로를 강의하면서 과정의 앞부분에서 연산 증폭기(op amp)를 가르치면 학생들에게 열심히 공부하는 동기를 부여할 수 있다는 것과 실제적인 집적 회로를 다루는 기회, 그리고 실제적인 회로를 다루는 실험 기회를 제공할 수 있다는 것을 경험상 발견하였다.

1장에서 증폭기에 대한 부분은 매우 유용한데 신호에 대한 절들은 강의는 하지 않고 그냥 학생들에 읽어보라고 권장만 할 수도 있다. 만일 연산 증폭기의 주파수 응답을 첫 번째 과정에서 강조하지 않는다면, 1.6절을 두 번째 과정으로 연기할 수도 있다.

마지막으로, 학생들이 물리전자공학을 배운 적이 없다면 1.7~1.12절을 강의해야 하며, 배웠다면 학생들이 한번 읽어 보는 것으로 대신하거나 생략할 수 있다.

두 번째 학기

두 번째 학기의 주제는 집적화된 증폭기, 즉 IC 증폭기이며 2부의 7~13장을 기반으로 하고 있다. 이 일곱 개의 장은 한 학기에 다루기에는 조금 많은 내용을 다루고 있는데 아래를 참고하여 현명하게 강의 내용을 선정해야 한다.

2부의 핵심은 7~10장으로 이 네 장은 반드시 다루어야 하는데 다만 각 장의 끝부분에 있는 '고급 내용(advanced material)'은 다루지 않아도 강의 진행에 무리가 없다.

11~13장에 대해서는 가르치는 사람의 재량에 따라 여러 선택 방법이 있는데 예를 들면 2부의 11~13장을 선택하거나 디지털 집적 회로를 소개하는 14장을 선택할 수도 있고, 시간적 여유가 있으면 15, 16장의 내용 중에서 필요한 것을 선택하여 강의할 수도 있다.

디지털 중심 첫 번째 학기

디지털 회로에 중점을 둔다면 첫 번째 과정을 다음과 같이 진행한다: 1장(1.6절은 생략), 2장, 3장(뒷부분의 응용에 대한 부분은 생략 가능), 5장, 6장에서 증폭기로서 MOSFET을 응용하는 부분에 중점을 두면서 일부 선택, 14장, 15장과 16장의 일부. 이렇게 구성한 과정은 컴퓨터공학 전공자에게 특히 적합하다.

보충자료/세 번째 과정

첫 번째와 두 번째 과정의 구성에 따라 일부 내용을 세 번째 과정에서 다룰 수도 있는데 학생들의 설계 프로젝트에 보충자료로 사용될 수도 있다. 11장(출력단과 전력 증폭기), 12장(연산 증폭기 회로), 13장(여파기와 발진기)을 7~10장의 고급 내용과 함께 다루면 아날로그 회로에 중점을 둔 세 번째 과정의 내용이 된다. 이것들에 14, 15, 16장을 추가하여 디지털 IC 설계에 관한 4학년 과정으로 강의할 수도 있다.

과목 연계 실습

많은 경우 전자회로 강의는 실습과 연계하여 운영된다. 이런 형태의 수업을 위하여 Vincent Gaudet가 K. C. Smith와 함께 'Laboratory Explorations'라는 실습 매뉴얼과 이에 대한 강사 매뉴얼을 집필하였고 Oxford University Press에서 출판하였다.

실습을 하는 다른 방법으로는 회로가 구성되어 있으며 디지털로 제어가 가능한 키트를 사용하는 것이다. 이런 제품에는 Illuster Technologies사의 AELabs, Texas Instruments의 Analog Electronic Board가 있는데 NI Elvis platform으로 구동할 수 있다. www.oup.com/he/sedra-smith8xe에서 더 자세한 내용을 볼 수 있다.

독자/학생을 위한 개요

1부 '소자와 기본 회로'는 전자회로를 공부하는 데 가장 기본적이고 필수적인 주제들을 다루고 있으며 전자회로 분야에 대한 첫 번째 학기의 내용으로 아주 적합하다.

1장. 이 책은 1장의 전자공학 기초 개념에 대한 소개로 시작한다. 신호, 신호 스펙트럼, 그리고 신호의 아날로그 및 디지털 표현 방식이 소개되고, 회로 구성 요소로서 증폭기의 여러 가지 형태와 모델이 소개된다. 또한 이 책에서 사용되는 용어와 표기 방식을 소개한다. 이 장의 후반부에서는 반도체 개념을 소개하는데, 뒤의 장들에 나오는 다이오드와 트랜지스터들의 동작을 충분히 이해할 수 있을 정도의 수준으로 개괄적으로 소개한다. 반도체 물성을 배운 적이 없는 학생들에게 대단히 유익한 내용이며 이미 지식이 있는 학생들에게도 이러한 개념을 복습하는 것은 기존에 배운 것을 상기시켜 주기 때문에 또한 유익할 것이다.

2장. 2장에서는 연산 증폭기와 그것의 단자 특성, 간단한 응용 및 실제 소자의 한계를 다룬다. 연산 증폭기를 회로 구성의 기본 소자로서 초기에 다루는 이유는 과목의 초기에 다루어도 이해하기 어렵지 않으며 조금 복잡한 회로에 대한 실험을 통해 학생들로 하여금 성취감을 느낄 수 있도록 하기 위함이다. 우리는 이러한 방법이 학생들에게 흥미를 유발하는 데 아주 효과적이라는 것을 발견하였다. 그러나 이 장은 8장, 10장, 또는/그리고 12장과 연관 지어 나중에 다루어도 무방하다.

3장. 첫 번째 전자 소자인 다이오드를 이 장에서 학습한다. 다이오드의 단자 특성, 다이오드를 표현하는 데 사용되는 회로 모델, 그리고 다이오드 회로의 응용을 다룬다. 강의 시간에 따라 몇 가지 다이오드 응용들(예를 들면, 3.7절)은 생략이 가능하다. 또한 특수한 다이오드들에 대한 간략한 설명은 학생들이 읽어 보도록 남겨 둘 수도 있다.

4장과 5장. 현재 사용되는 두 가지 트랜지스터 중 바이폴라 트랜지스터는 4장에서, MOS 트랜지스터는 5장에서 다루어 전자회로의 기초를 확립하도록 하였다. 이 두 장은 완전히 서로 독립적으로 집필되었기 때문에 어떠한 순서로도 강의가 가능하다. 또한 두 장의 구조가 동일하므로 두 번째 소자는 더 쉽고 빠르게 배울 수 있으며 두 소자의 비교도 더 쉽고 빠르게 이해할 수 있다.

4장과 5장 각각은 소자 구조와 물리적 동작을 설명하는 것으로 시작하여 단자 특성을 서술하는 것으로 이어진다. 그다음에는 학생들이 회로 소자로서의 트랜지스터 동작에 익숙해지도록 소자를 활용한 직류 회로에 대하여 아주 많은 예제를 수록하였다. 4장과 5장 각각의 마지막 절은 소자들의 특성에 영향을 미치는 2차 함수의 특성을 가진 효과들을 다룬다. 이것들은 이 책의 내용을 완벽하게 구성하기 위해 포함되었으나 시간이 부족하면 생략이 가능하다. 그러나 5장에 새로 추가된 무어의 법칙과 비례 축소에 관한 내용은 반드시 다루어야 한다.

6장. 전자회로를 처음 공부할 때 핵심 부분은 트랜지스터 증폭기이다. 6장에서는 이 주제에 대해 BJT와 MOS를 통합 서술한다. 6장은 두 종류의 트랜지스터가 증폭기로 동작할 때의 기본 동작 원리를 설명하는 것으로부터 시작하여 소신호 동작과 모델링, 즉 등가 회로를 설명한다. 그런 다음 하나의 트랜지스터를 사용하는 증폭기의 기본적인 형태를 설명한다. 그리고 직류 바이어스 방법을 설명한 후, 마지막으로 개별 트랜지스터를 사용한 실제적인 증폭기 회로를 소개한다. 필요한 경우에는 따로 설명하는 반면, 두 종류의 트랜지스터를 이용한 증폭기를 한꺼번에 설명하면 이들의 기본 동작 원리가 동일하다는 것을 강조할 수 있다. 더욱 큰 장점은 두 종류의 트랜지스터를 비교할 수 있으며 각각의 고유의 응용 분야를 쉽게 파악할 수 있다는 것이다.

1부를 공부하고 나면 독자들은 2부의 아날로그 집적 회로, 나아가 3부의 디지털 집적 회로를 공부할 준비가 갖춰진다.

2부 '아날로그 집적 회로' 부분은 집적화 공정으로 제작되는 실제적인 증폭기와 여파기와 발진기의 설계 응용에 초점을 맞추고 있다. 2부의 일곱 개의 장은 IC 증폭기의 설계와 응용에 대하여 일관된 형식으로 서술되어 있어 전자회로에 대한 두 번째 학기의 주된 내용이 된다.

MOS와 바이폴라. 2부 전체에 걸쳐 MOS와 바이폴라 회로를 나란히 설명한다. 지금까지는 MOSFET이 훨씬 많이 사용되므로 이것을 먼저 설명하고 바이폴라 회로는 같은 깊이로 다루어지지만 때로는 간략하게 설명한다.

7장. 7장은 IC 설계 철학을 간단히 소개하는 것으로 시작해서 IC 증폭기 설계에 사용되는 기본 회로 구성 블록들을 제시한다. 이 장에서는 전류 미러, 전류 전원, 이득 셀, 캐스코드 증폭기를 다룬다.

8장. 8장의 핵심 주제는 가장 중요한 IC 구성 블록인 차동쌍이다. 8장의 마지막 절에서는 다단 증폭기를 설명한다.

9장. 9장에서는 중요한 주제인 증폭기의 주파수 응답을 포괄적으로 설명한다. 9.1, 9.2절은 기본 개념을, 9.3절은 대단히 유용한 해석 방법에 관해 서술한다. 필수적인 내용들을 수록하고 있으며, 9.4~9.7절은 여러 가지 증폭기들의 형태와 그들의 주파수 응답 해석을 소개하고, 9.8절은 개별 소자 증폭기의 저주파 특성을 다룬다. 시간적 여유나 강사의 의도에 따라 선택적으로 강의할 수 있다.

10장. 10장의 주제는 2부의 중요한 필수 주제에서 네 번째 주제인 귀환 회로 즉 피드백이다. 부귀환 이론과 실제 귀환 증폭기 설계에 대한 이론의 응용을 소개한다. 또한 귀환 증폭기의 안정성 특성에 대해 논의하고 주파수 보상을 다소 자세하게 다룬다.

11장. 11장에서는 소신호 증폭이 아니라 대신호와 대전력을 다루기 위해 필요한 내용을 담고 있다. 여기서는 여러 종류의 전력 증폭기, 즉 A급, B급, AB급, 그리고 바이폴라와 CMOS 기술로 이러한 증폭기를 구현하는 방법을 설명한다. 또한 전력 BJT와 전력 MOSFET을 살펴보고 대표적인 IC 전력 증폭기를 설명한다. 최근 들어 점점 더 많이 사용되고 있는 D급 증폭기도 간략하게 설명한다. 처음 공부할 때는, 시간적 여유에 따라 뒷부분의 일부 절들은 생략해도 된다.

12장. 12장은 2부에서 다루어진 내용을 통합하여 중요한 응용인 연산 증폭기의 회로 설계에 집중하며 CMOS와 바이폴라 연산 증폭기 둘 다를 설명한다. 여기서는 가장 기본적인 두 개의 회로, 즉 2단으로 이루어진 연산 증폭기와 폴디드 캐스코드(folded cascode) 연산 증폭기에 집중한다. 또한 바이어스 회로와 저전압 구동 기법을 소개한다.

13장. 2부의 마지막 장인 13장에서는 여파기와 발진기 회로를 다루게 되는데 의도적으로 응용과 시스템을 지향하여 서술하며 이 두 회로는 부귀환(negative feedback), 정귀환(positive feedback)의 응용을 극적으로 보여 주는 회로이다. 13장은 포괄적이면서도 설계를 염두에 두고 여파기를 설명하는데 통신과 계측 시스템의 중요한 구성 블록인 여파기 즉 필터의 설계를 다룬다. 부록 H의 내용과 13장에서 다룬 내용을 사용하면 독자들이 여파기 설계의 모든 과정, 즉 목표 사양에서부터 시작하여 완벽한 회로의 구현까지 수행할 수 있도록 집필되었다. 13장의 끝부분에서는 사인파를 출력하는 회로를 다루며, 비선형 발진기 즉 함수 발생기를 다룬다.

3부 '디지털 집적 회로'에서는 디지털 집적 회로 설계에 대해 간략하고 포괄적이지만 충분히 자세한 설명을 제공한다. 5장의 MOSFET만 이해하고 있으면 3부를 독립적으로 공부할 수 있도록 서술하였다. 다만 15장을 이해하려면 9.1.1절의 내부 커패시턴스에 대해 이해하고 있어야 한다.

14장. 14장은 3부의 기초로, CMOS 논리 게이트의 모티브를 제공하며 논리 함수와 게이트를 구현하는 데 중점을 두고 있다. 그리고 디지털 논리 반전기를 자세히 설명한 후에 CMOS 반전기와 그 정특성 및 설계를 다룬다. 14장은 디지털 회로에 관한 중요 사항을 이해하기에 필요한 최소한의 내용을 설명한다.

15장. 15장은 디지털 설계에서 가장 중요한 세 가지 개념인 속도, 전력, 면적에 대해 포괄적으로 설명한다. 이 장에서는 CMOS 반전기의 동특성을 철저히 분석한 후에 트랜지스터의 크기가 속도와 회로의 크기에 미치는 영향을 설명하고, 그런 다음 디지털 회로에서 전력이 어떻게 소비되는지를 설명하며, 5장에서 처음 소개한 반도체의 비례 축소가 디지털 회로의 여러 특성에 미치는 영향을 설명한다.

16장. 디지털 회로는 크게 논리 회로와 메모리 회로로 나누어지는데 메모리 회로가 16장의 주제이다. 래치(latch)와 플립플롭(flip-flop)의 설계를 먼저 설명하고, 메모리 어레이의 셀에 대한 동적, 정적 설계를 다룬다. 마지막으로 동기(synchronous) 시스템에 사용되는 몇 가지 유용한 주변(peripheral) 회로를 소개한다.

부록. 12개의 부록에는 상당히 유용한 배경 지식과 보충자료가 수록되어 있다. 특히 부록 A와 B에 주목하기 바란다. 부록 A는 IC의 배치(layout)를 포함하여 IC 공정 기술에 대한 중요한 주제들을 간단명료하게 소개한다. 부록 B에는 SPICE에 사용되는 소자의 모델과 PSpice®와 Multisim™으로 설계하고 시뮬레이션한 많은 예제가 수록되어 있으며 이 예제들은 이 책의 장별로 맞추어져 있다. 시뮬레이션 예제들과 이에 대한 더 상세한 자료는 이 책의 웹사이트에서 찾아볼 수 있다.

보조 자료

교과 과정의 진행을 돕기 위해 다음과 같은 보조 자료들이 준비되어 있다.

교강사를 위한 보조 자료

ARC(Ancillary Resource Center)는 「Microelectronic Circuits」를 교재로 가르치는 교강사를 위한 관련 자료 센터이며 그 웹사이트는 www.oup.com/he/sedra-smith8xe이다. 교강사 개인의 어카운트에 접속하면 학점 관리에 영향을 미치지 않도록 보안이 보장된 보조 자료에 접속할 수 있다. ARC에는 다음과 같은 자료들이 있다.

- **교강사용 해답집**(Instructor's Solution Manual)
- 수업 중에 시청각 교재로 사용할 수 있도록 교재의 모든 그림과 요약표와 이들의 설명문이 들어 있는 **파워포인트 슬라이드**
- SPICE 회로 시뮬레이션을 위한 자세한 교강사용 자료
- 각 장에 관련하여 총 65개 세트의 문제와 해답, 시험 시간, 각 문제의 세부 문제에 대한 점수 배정

교강사용 해답집에는 이 책의 각 장에 있는 모든 연습문제와 장 말미에 있는 문제에 대한 자세한 해설이 수록되어 있다. 「Laboratory Explorations to Accompany Microelectronic Circuits」라는 실습책과 이에 대한 교강사

용 해답집에는 실습책에 수록된 모든 연습문제와 문제에 대한 자세한 해설이 수록되어 있으며 ARC의 www.oup.com/he/sedra-smith8xe의 교강사 메뉴에도 수록되어 있다.

학생과 교강사를 위한 보충 교재

www.oup.com/he/sedra-smith8xe의 **ARC Premium site**에는 **Solved Problem** 메뉴가 있는데 여기에는 숙제를 위한 150개의 추가 문제와 풀이가 수록되어 있다 이 문제들은 이 책의 여러 장 중 가장 중요한 아홉 개 장의 개념에 대한 것이며 학생들이 자율 학습으로 핵심 개념을 이해하는 데에, 그리고 숙제와 시험을 준비하는 데에 큰 도움을 줄 것이다. 전자책의 확장판에는 Premium ARC의 내용이 포함되어 있다. 인쇄된 새 교재를 구매하면 액세스 코드(access code)가 부착되어 있으므로 Premium ARC의 내용을 구할 수 있다. 중고 교재나 대출한 교재를 사용하는 학생은 www.oup.com/he/sedra-smith8xe에서 ARC Premium site에 접속할 수 있는 액세스 코드를 구매할 수 있다.

www.oup.com/he/sedra-smith8xe의 **보충 웹사이트**(Companion Website)에는 부품의 데이터 시트가 캐시로 저장되어 있으므로 학생들은 수업 중에도 각자의 회로를 설계할 때 사용할 수 있다. 이 사이트에는 SPICE 회로 설계 예제와 사용법도 저장되어 있다. 교재에 대한 추가적인 주제와 부록도 이 사이트에 저장되어 있다. 이 웹사이트의 또 다른 매우 중요한 추가 항목은 요약표(Summary Tables, ST) 모음집인데 이것은 학생들이 숙제를 하거나 시험을 준비할 때 도움을 준다.

실습책「Laboratory Explorations to Accompany Microelectronic Circuits」는 학생들이 손으로 직접 실습하게 함으로써 산업 현장으로 이끄는 내용을 담고 있으며 교재의 내용에 맞추어 '실습 기반 학습'이라는 접근 방식을 사용하여 실용적인 제작 및 설계 기술 개발에 중점을 둔 랩을 제공하고 있다.

감사의 글

8판의 모든 새로운 내용은 7판을 사용한 강사들의 제언을 바탕으로 집필되었습니다. 시간을 내어 편지를 보내 주신 분들께 감사드립니다. 또한 많은 분이 7판에 대해 자세한 평을 해 주셨기에 그 내용을 반영하였습니다. 도움을 주신 분들을 다음에 열거하였는데 이분들 모두에게 진심으로 감사드립니다. University of Waterloo와 University of Toronto에서 여러 해 동안 이 책으로 전자회로를 공부하고 제언을 해 준 학생들에게 진심으로 감사드립니다.

수년에 걸친 많은 동료, 친구들과의 토론의 도움으로 이 교재를 집필하였는데 특히 다음 분들에게 감사를 드립니다: James Barby, University of Waterloo; David Nairn, University of Waterloo; David Johns, University of Toronto; Ken Martin, University of Toronto; (부록 A의 초고를 집필하였고 7판의 11장 집필에 기여해 준) Wai-Tung Ng, University of Toronto; Khoman Phang, University of Toronto; Gordon Roberts, McGill University; Ali Sheikholeslami, University of Toronto; Oliver Trescases, University of Toronto; Amir Yazdani, Ryerson University; Derek Wright, University of Waterloo.

유머 있고 숙련된 기술을 가진 Jennifer Rodrigues는 이전 판들에서와 마찬가지로 모든 수정 사항을 타이핑하였으며 Adel Sedra에게 큰 도움을 주었습니다. 이 교재의 SPECE 관련 보조 자료를 준비한 Nijwm Wary에게도 감사드립니다.

Oxford University Press의 많은 분들이 교재와 여러 가지 보충자료를 제작하는 데 기여하였습니다. OUP Canada의 Eric Sinkins의 많은 도움에 특별한 감사를 표하며, 이전 편집 기사였던 Dan Kaveney와 현직 편집 기사인 Dan Sayre, 그리고 Art Director인 Michele Laseau, Assistant Editor인 Megan Carlson, 제작자인 Lisa Grzan에게 감사를 표합니다. 좋은 책이 되도록 꼼꼼하게 주의를 기울여 준 훌륭한 수석 제작자 Barbara Mathieu에게 깊은 감사를 표합니다. 국제판의 제작은 Keith Faivre가 훌륭하게 감독했습니다.

마지막으로, 저희 가족들의 지지와 이해, 그리고 초판부터 지금까지 계속 이 책을 높이 평가해 온 모든 학생들과 교강사들에게 깊은 감사를 드립니다.

Adel S. Sedra
Kenneth C. Smith
Tony Chan Carusone
Vincent Gaudet
Waterloo, Ontario, Canada
September 2020

요약 차례

PART 1 소자와 기본 회로 4

1 신호, 증폭기, 반도체 4

2 연산 증폭기 96

3 다이오드 176

4 바이폴라 접합 트랜지스터(BJT) 246

5 MOS 전계 효과 트랜지스터(MOSFET) 306

6 트랜지스터 증폭기들 366

PART 2 아날로그 집적 회로 496

7 집적 회로 증폭기의 빌딩 블록 498

8 차동 증폭기와 다단 증폭기 572

9 주파수 응답 670

10 귀환 780

11 출력단과 전력 증폭기 886

12 연산 증폭기 회로 938

13 여파기와 발진기 1008

PART 3 디지털 집적 회로 1116

14 CMOS 디지털 논리 회로 1118

15 디지털 설계: 전력, 속도, 면적 1158

16 메모리와 클록 회로 1200

차 례

역자 서문 v

저자 서문 vii

PART 1 소자와 기본 회로

1 신호, 증폭기, 반도체

서론 5
1.1 신호 6
1.2 신호의 주파수 스펙트럼 9
1.3 아날로그 신호와 디지털 신호 12
1.4 증폭기 16
1.4.1 신호의 증폭 16
1.4.2 증폭기의 회로 기호 17
1.4.3 전압 이득 18
1.4.4 전력 이득과 전류 이득 18
1.4.5 이득의 데시벨 표현 19
1.4.6 증폭기의 전력 공급 19
1.4.7 증폭기의 포화 21
1.4.8 기호 약정 22
1.5 증폭기의 회로 모델 24
1.5.1 전압 증폭기 24
1.5.2 종속 접속 증폭기 26
1.5.3 기타 유형의 증폭기 29
1.5.4 네 가지 증폭기 모델 사이의 관계 29
1.5.5 R_i와 R_o 구하기 30
1.5.6 단방향성 모델 30
1.6 증폭기의 주파수 응답 34
1.6.1 증폭기의 주파수 응답 측정 34
1.6.2 증폭기의 대역폭 35
1.6.3 증폭기의 주파수 응답 계산 35
1.6.4 단일 시정수 회로망 36
1.6.5 주파수 응답을 기초로 한 증폭기의 분류 42
1.7 진성 반도체 45
1.8 도핑된 반도체 48
1.9 반도체에서의 전류 흐름 51
1.9.1 드리프트 전류 51
1.9.2 확산 전류 54
1.9.3 D와 μ의 관계 57
1.10 *pn* 접합 58
1.10.1 물리적인 구조 58
1.10.2 개방 회로 단자에서의 동작 59
1.11 인가 전압을 가진 *pn* 접합 65
1.11.1 접합 동작의 정량적인 표현 66
1.11.2 접합의 전류 전압 관계 68
1.11.3 역방향 항복 73
1.12 *pn* 접합에서의 전기 용량 효과 74
1.12.1 공핍 혹은 접합 커패시턴스 74
1.12.2 확산 커패시턴스 76
요약 78
PROBLEMS 80

2 연산 증폭기

서론 97
2.1 이상적인 연산 증폭기 97

2.1.1 연산 증폭기의 단자들 97
2.1.2 이상적인 연산 증폭기의 기능과 특성 99
2.1.3 차동 및 동상 모드 신호 100
2.2 반전 구성 102
2.2.1 폐쇄 루프 이득 103
2.2.2 유한 개방 루프 이득의 영향 105
2.2.3 입력 저항과 출력 저항 107
2.2.4 중요한 응용: 가중 가산기 110
2.3 비반전 구성 112
2.3.1 폐쇄 루프 이득 112
2.3.2 유한 개방 루프 이득의 영향 114
2.3.3 입력 저항과 출력 저항 114
2.3.4 전압 폴로어 115
2.4 차동 증폭기 117
2.4.1 단일 연산 증폭기 차동 증폭기 118
2.4.2 우수한 회로: 계측 증폭기 122
2.5 적분기와 미분기 126
2.5.1 일반적인 임피던스를 갖는 반전 구성 127
2.5.2 반전 적분기 130
2.5.3 연산 증폭기 미분기 135
2.6 직류 결합 137
2.6.1 오프셋 전압 137
2.6.2 입력 바이어스 전류와 오프셋 전류 140
2.6.3 V_{OS}와 I_{OS}가 반전 적분기의 동작에 미치는 영향 144
2.7 유한한 개방 루프 이득과 대역폭이 회로 성능에 미치는 영향 145
2.7.1 개방 루프 이득의 주파수 의존 145
2.7.2 폐쇄 루프 증폭기의 주파수 응답 147
2.8 연산 증폭기의 대신호 동작 150
2.8.1 출력 전압 포화 150
2.8.2 출력 전류 제한 150
2.8.3 슬루율 152
요약 155
PROBLEMS 157

3 다이오드

서론 177
3.1 이상적인 다이오드 177
3.1.1 전류-전압 특성 177
3.1.2 정류기 179
3.1.3 리미팅 회로와 프로텍션 회로 182
3.2 접합 다이오드의 단자 특성 185
3.2.1 순바이어스 영역 186
3.2.2 역바이어스 영역 190
3.2.3 항복 영역 191
3.3 다이오드 모델링 191
3.3.1 지수 모델 192
3.3.2 지수 모델을 이용한 도식적 해석 192
3.3.3 지수 모델을 이용한 반복 해석 192
3.3.4 빠른 해석의 필요성 194
3.3.5 정전압 강하 모델 194
3.3.6 이상적인 다이오드 모델 195
3.3.7 역방향 항복 영역에서의 동작 196
3.4 소신호 모델 198
3.5 전압 조정 203
3.6 정류기 회로 209
3.6.1 반파 정류기 210
3.6.2 전파 정류기 211
3.6.3 브리지 정류기 213
3.6.4 필터 커패시터를 가진 정류기—피크 정류기 215
3.6.5 정밀 반파 정류기—슈퍼다이오드 222
3.7 기타 다이오드 응용 224
3.7.1 클램프된 커패시터 또는 직류 복원기 224
3.7.2 전압 배가기 225
3.7.3 버랙터 227
3.7.4 광다이오드 227
3.7.5 발광 다이오드(LED) 228
요약 230
PROBLEMS 231

4 바이폴라 접합 트랜지스터(BJT)

서론 247

4.1 소자 구조와 물리적인 동작 248

4.1.1 단순화된 구조와 동작 모드 248

4.1.2 활성 모드에서 *npn* 트랜지스터의 동작 249

4.1.3 실제적인 트랜지스터들의 구조 257

4.1.4 포화 모드에서의 동작 258

4.1.5 *pnp* 트랜지스터 260

4.2 전류 전압 특성 262

4.2.1 회로 기호와 약정 262

4.2.2 트랜지스터 특성들의 도식적 표현 267

4.2.3 컬렉터 전압에 대한 i_C의 의존성—얼리 효과 268

4.2.4 공통 이미터 특성의 다른 형태 271

4.3 직류에서의 BJT 회로 275

4.4 트랜지스터 항복 및 온도 영향 292

4.4.1 트랜지스터 항복 292

4.4.2 I_C와 온도에 대한 β의 의존성 294

요약 295

PROBLEMS 295

5 MOS 전계 효과 트랜지스터(MOSFET)

서론 307

5.1 소자 구조와 물리적인 동작 308

5.1.1 소자 구조 308

5.1.2 게이트 전압이 0일 때의 동작 310

5.1.3 전류 흐름을 위한 채널의 형성 310

5.1.4 작은 v_{DS} 전압의 인가 312

5.1.5 v_{DS}의 증가에 따른 동작 315

5.1.6 $v_{DS} \geq v_{OV}$에 대한 동작: 채널 핀치 오프와 전류 포화 317

5.1.7 *p* 채널 MOSFET 321

5.1.8 상보형 MOS 또는 CMOS 323

5.2 전류 전압 특성 323

5.2.1 회로 기호 324

5.2.2 i_D-v_{DS} 특성 324

5.2.3 i_D-v_{GS} 특성 326

5.2.4 포화 영역의 유한 출력 저항 330

5.2.5 *p* 채널 MOSFET의 특성 333

5.3 직류에서의 MOSFET 회로 335

5.4 기술 척도화(무어의 법칙) 및 기타 주제 346

5.4.1 기술 척도화 346

5.4.2 문턱아래 전도와 누설 전류 349

5.4.3 기판의 역할—몸체 효과 350

5.4.4 온도 영향 351

5.4.5 항복과 입력 보호 351

5.4.6 공핍형 MOSFET 352

요약 353

PROBLEMS 354

6 트랜지스터 증폭기들

서론 367

6.1 기본 원리 367

6.1.1 증폭기 동작을 위한 기본 367

6.1.2 전압 증폭기 얻기 368

6.1.3 전압 전달 특성(VTC) 370

6.1.4 트랜지스터 바이어싱으로 선형 증폭 얻기 371

6.1.5 소신호 전압 이득 373

6.1.6 도식적인 해석에 의한 VTC의 결정 379

6.1.7 바이어스점 Q의 위치 설정 381

6.2 소신호 동작과 모델 382

6.2.1 MOSFET의 경우 382

6.2.2 BJT의 경우 398

6.2.3 요약표 417

6.3 기본적인 구성들 418

6.3.1 세 가지 기본적인 구성들 418

6.3.2 증폭기 특성화 419
6.3.3 공통 소스와 공통 이미터 증폭기 422
6.3.4 소스(이미터) 저항을 가진 공통 소스(공통 이미터) 증폭기 427
6.3.5 공통 게이트(CG)와 공통 베이스(CB) 증폭기들 434
6.3.6 소스와 이미터 폴로어 437
6.3.7 요약표와 비교 447
6.3.8 출력 저항 r_o를 포함할 때와 포함하는 방법 447

6.4 바이어싱 448
6.4.1 MOSFET의 경우 449
6.4.2 BJT의 경우 455

6.5 개별 회로 증폭기 461
6.5.1 공통 소스(CS) 증폭기 461
6.5.2 공통 이미터 증폭기 464
6.5.3 이미터 저항 R_e를 가진 공통 이미터 증폭기 465
6.5.4 공통 베이스(CB) 증폭기 467
6.5.5 이미터 폴로어 469
6.5.6 증폭기 주파수 응답 471

요약 472
PROBLEMS 473

PART 2 아날로그 집적 회로

7 집적 회로 증폭기의 빌딩 블록

서론 499

7.1 집적 회로의 설계 철학 499

7.2 집적 회로 바이어싱: 전류 전원, 전류 미러 501
7.2.1 기본 MOSFET 전류 전원 501
7.2.2 MOS 전류 미러 502
7.2.3 MOS 전류 조종 회로 505
7.2.4 BJT 회로 507
7.2.5 전류 미러의 소신호 동작 513

7.3 기본적인 이득 소자 515
7.3.1 전류 전원 부하를 갖는 공통 소스와 공통 이미터 증폭기 515
7.3.2 고유 이득 517
7.3.3 전류 전원 부하의 출력 저항에 대한 효과 520
7.3.4 기본적인 소자의 이득 증가 524

7.4 공통 게이트와 공통 베이스 증폭기 525
7.4.1 공통 게이트 회로 526
7.4.2 소스 저항이 있는 공통 소스 증폭기의 출력 저항 530
7.4.3 공통 게이트 증폭기의 몸체 효과 531
7.4.4 공통 베이스 회로 531
7.4.5 이미터 저항을 가지는 공통 이미터 증폭기의 출력 저항 535

7.5 캐스코드 증폭기 536
7.5.1 MOS 캐스코드 증폭기 536
7.5.2 캐스코드 증폭기의 전압 이득 분산 541
7.5.3 BJT 캐스코드 543

7.6 IC 소스 폴로어 546

7.7 성능이 향상된 전류 미러 회로 547
7.7.1 캐스코드 MOS 미러 548
7.7.2 윌슨 BJT 전류 미러 549
7.7.3 윌슨 MOS 미러 552
7.7.4 위들러 전류 전원 554

요약 557
PROBLEMS 558

8 차동 증폭기와 다단 증폭기

서론 573

8.1 MOS 차동쌍 573
8.1.1 동상 모드 입력 전압에 대한 동작 574
8.1.2 차동 입력 전압에 대한 동작 579

8.1.3 대신호 동작 580
8.1.4 소신호 동작 585
8.1.5 전류원 부하를 가진 차동 증폭기 589
8.1.6 캐스코드 차동 증폭기 591
8.2 BJT 차동쌍 592
8.2.1 기본 동작 593
8.2.2 동상 모드 입력 범위 595
8.2.3 대신호 동작 596
8.2.4 소신호 동작 598
8.3 동상 모드 제거 606
8.3.1 MOS의 경우 606
8.3.2 BJT의 경우 613
8.4 직류 오프셋 616
8.4.1 MOS 차동 증폭기의 입력 오프셋 전압 616
8.4.2 BJT 차동 증폭기의 입력 오프셋 전압 620
8.4.3 바이폴라 차동 증폭기의 입력 바이어스 전류와 입력 오프셋 전류 622
8.4.4 맺음말 623
8.5 전류 미러 부하를 가진 차동 증폭기 623
8.5.1 차동에서 단동으로의 변환 624
8.5.2 전류 미러가 부하인 MOS 차동쌍 625
8.5.3 전류 미러 부하를 가진 MOS 쌍의 차동 이득 626
8.5.4 전류 미러 부하를 가진 바이폴라 차동쌍 631
8.5.5 동상 모드 이득과 CMRR 632
8.6 다단 증폭기 636
8.6.1 2단 CMOS 연산 증폭기 637
8.6.2 바이폴라 연산 증폭기 641
요약 649
PROBLEMS 651

9 주파수 응답

서론 671
9.1 고주파 트랜지스터 모델들 673
9.1.1 MOSFET 673
9.1.2 BJT 677
9.2 CS와 CE 증폭기들의 고주파 응답 682
9.2.1 저역 통과 단일 시정수 회로의 주파수 응답 682
9.2.2 공통 소스 증폭기 684
9.2.3 작은 R_{sig}를 갖는 CS 증폭기의 주파수 응답 689
9.2.4 공통 이미터 증폭기 693
9.2.5 밀러 정리 697
9.3 개방 회로 시정수 방법 700
9.3.1 고주파 이득 함수 701
9.3.2 3 dB 주파수 f_H의 결정 701
9.3.3 CS 증폭기에 개방 회로 시정수 방법의 적용 703
9.3.4 CE 증폭기에 개방 회로 시정수 방법의 적용 707
9.4 공통 게이트와 캐스코드 증폭기들의 고주파 응답 708
9.4.1 CG 증폭기의 고주파 응답 708
9.4.2 MOS 캐스코드 증폭기의 고주파 응답 714
9.4.3 바이폴라 캐스코드 증폭기의 고주파 응답 720
9.5 소스와 이미터 폴로어들의 고주파 응답 720
9.5.1 소스 폴로어 경우 721
9.5.2 이미터 폴로어 경우 727
9.6 차동 증폭기들의 고주파 응답 728
9.6.1 저항 부하를 가진 MOS 증폭기의 해석 728
9.6.2 전류 미러 부하를 가진 MOS 차동 증폭기의 해석 732
9.7 기타 광대역 증폭기 구성 738

9.7.1 소스와 이미터 감생에 의한 광대역 증폭의 실현 739
9.7.2 입력 신호원의 완충에 의한 f_H의 증가 742
9.7.3 입력 완충기를 갖는 CG나 CB 구성을 사용하여 밀러 효과를 제거함으로 인한 f_H의 증가 746
9.8 개별 회로 CS와 CE 증폭기들의 저주파 응답 749
9.8.1 고역 통과 단일 시정수 회로의 주파수 응답 749
9.8.2 CS 증폭기 750
9.8.3 단락 회로 시정수 방법 758
9.8.4 CE 증폭기 758
요약 762
PROBLEMS 763

10 귀환

서론 781
10.1 일반적인 귀환 구조 782
10.1.1 신호 흐름도 782
10.1.2 폐쇄 루프 이득 783
10.1.3 루프 이득 784
10.1.4 무한대의 개방 루프 이득 A의 이상적인 경우 785
10.1.5 요약 789
10.2 부귀환의 몇 가지 특성 789
10.2.1 이득 감도의 감소 789
10.2.2 대역폭 확장 790
10.2.3 비선형 왜곡의 감소 792
10.3 귀환 전압 증폭기 794
10.3.1 직-병렬 귀환 구성 794
10.3.2 직-병렬 귀환 증폭기의 예 795
10.3.3 귀환 전압 증폭기의 해석 797
10.3.4 맺음말 803
10.4 귀환 전압 증폭기의 체계적인 해석 803
10.4.1 이상적인 경우 804
10.4.2 실제의 경우 806
10.5 다른 귀환 증폭기 유형 815
10.5.1 기본 원리 815
10.5.2 귀환 트랜스컨덕턴스 증폭기 (직-직렬) 818
10.5.3 귀환 트랜스레지스턴스 증폭기 (병-병렬) 829
10.5.4 귀환 전류 증폭기(병-직렬) 835
10.6 귀환 해석 방법 요약 840
10.7 안정성 문제 841
10.8 귀환이 증폭기 극점들에 미치는 영향 843
10.8.1 안정성과 극점 위치 843
10.8.2 귀환 증폭기의 극점들 845
10.8.3 단일 극점 응답을 갖는 증폭기 845
10.8.4 두 개의 극점 응답을 갖는 증폭기 846
10.8.5 셋 또는 그 이상의 극점을 갖는 증폭기 849
10.9 보데 선도를 이용한 안정성 고찰 850
10.9.1 이득 여유와 위상 여유 850
10.9.2 위상 여유가 폐쇄 루프 응답에 미치는 영향 852
10.9.3 안정성을 조사하는 다른 접근 방법 853
10.10 주파수 보상 855
10.10.1 이론 856
10.10.2 구현 857
10.10.3 밀러 보상과 극점 분산 858
요약 862
PROBLEMS 863

11 출력단과 전력 증폭기

서론 887
11.1 출력단의 분류 887

11.2 A급 출력단 889
11.2.1 전달 특성 890
11.2.2 신호 파형 893
11.2.3 소비 전력 894
11.2.4 전력 변환 효율 895
11.3 B급 출력단 896
11.3.1 회로 동작 896
11.3.2 전달 특성 897
11.3.3 전력 변환 효율 897
11.3.4 소비 전력 899
11.4 AB급 출력단 901
11.4.1 회로 동작 902
11.4.2 출력 저항 904
11.5 AB급 회로의 바이어싱 906
11.5.1 다이오드를 이용한 바이어싱 906
11.5.2 V_{BE} 배율기를 이용한 바이어싱 909
11.5.3 입력 이미터 폴로어의 사용 912
11.5.4 혼합 소자의 사용 913
11.6 CMOS 출력단 915
11.6.1 소스 폴로어 915
11.6.2 공통 소스 트랜지스터를 이용한 대안 회로 918
11.6.3 D급 전력 증폭기 921
11.7 전력 트랜지스터 924
11.7.1 패키지와 히트 싱크 925
11.7.2 전력 BJT 925
11.7.3 전력 MOSFET 926
요약 928
PROBLEMS 929

12 연산 증폭기 회로

서론 939
12.1 2단 CMOS 연산 증폭기 940
12.1.1 회로 940
12.1.2 동상 모드 입력 범위와 출력 스윙 941
12.1.3 직류 전압 이득 942
12.1.4 동상 모드 제거비(CMRR) 945
12.1.5 주파수 응답 945
12.1.6 슬루율 950
12.1.7 전원 잡음 제거율(PSRR) 952
12.1.8 절충 설계(Design Trade-offs) 953
12.2 폴디드 캐스코드 CMOS 연산 증폭기 957
12.2.1 회로 958
12.2.2 동상 모드 입력 범위와 출력 전압 스윙 960
12.2.3 전압 이득 962
12.2.4 주파수 응답 964
12.2.5 슬루율 964
12.2.6 동상 모드 입력 범위의 확장: 쌍평행 입력 동작 967
12.2.7 출력 전압 범위의 확장: 광폭 스윙 전류 미러 968
12.3 BJT 연산 증폭기 설계 기법 970
12.3.1 바이어스 설계 970
12.3.2 입력단의 설계 972
12.3.3 입력단의 출력에서 DC 전압을 조절하기 위한 동상 모드 귀환 979
12.3.4 741 연산 증폭기의 입력단 983
12.3.5 유사 쌍평행(Near Rail-to-Rail) 출력 스윙을 위한 출력단 설계 991
요약 996
PROBLEMS 997

13 여파기와 발진기

서론 1009
13.1 기본적인 여파기 개념 1010
13.1.1 여파기 전송 1010
13.1.2 여파기 유형 1011

13.1.3 여파기 사양 1011
13.1.4 여파기 전달 함수 유도: 여파기 근사 1013
13.1.5 여파기 회로 유도: 여파기 실현 1014
13.2 여파기 전달 함수 1016
13.2.1 여파기 차수 1016
13.2.2 여파기 극점 1016
13.2.3 여파기 전송 영점 1016
13.2.4 전극점 여파기 1019
13.2.5 $T(s)$를 1차와 2차 함수의 곱으로 인수분해함 1020
13.2.6 1차 여파기 1021
13.2.7 2차 여파기 함수 1023
13.3 버터워스 여파기와 체비셰프 여파기 1026
13.3.1 버터워스 여파기 1027
13.3.2 체비셰프 여파기 1032
13.4 LCR 공진기에 기초한 2차 수동 여파기 1036
13.4.1 공진기 극점들 1036
13.4.2 전송 영점들의 실현 1037
13.4.3 저역 통과 함수의 실현 1038
13.4.4 대역 통과 함수의 실현 1038
13.4.5 노치 함수의 실현 1039
13.5 인덕턴스 시뮬레이션에 기초한 2차 능동 여파기 1041
13.5.1 Antoniou의 인덕턴스 시뮬레이션 회로 1041
13.5.2 연산 증폭기–RC 공진기 1042
13.5.3 여러 가지 여파기 유형의 실현 1044
13.6 2-적분기 루프에 기초한 2차 능동 여파기 1048
13.6.1 2-적분기 루프 쌍2차의 유도 1048
13.6.2 회로 구현 1050
13.6.3 또 다른 2-적분기 루프 바이쿼드 회로 1051
13.6.4 맺음말 1053
13.7 단일 연산 증폭기를 이용한 2차 능동 여파기 1055
13.7.1 대역 통과 회로 1055
13.7.2 고역 통과 회로 1057
13.7.3 저역 통과 회로 1059
13.8 스위치드 커패시터 여파기 1060
13.8.1 기본 원리 1060
13.8.2 스위치드 커패시터 적분기 1062
13.8.3 스위치드 커패시터 바이쿼드 여파기 1063
13.8.4 맺음말 1065
13.9 사인파 발진기의 기본 원리 1065
13.9.1 발진기 귀환 루프 1066
13.9.2 발진 조건 1066
13.9.3 발진기 회로의 해석 1067
13.9.4 비선형 진폭 조절 1072
13.10 연산 증폭기–RC 발진기 회로 1073
13.10.1 윈 브리지 발진기 1074
13.10.2 위상 편이 발진기 1077
13.10.3 쿼드러처 발진기 1079
13.10.4 능동 여파기 동조 발진기 1080
13.10.5 맺음말 1082
13.11 LC 발진기와 수정 발진기 1082
13.11.1 콜피츠 발진기와 하틀리 발진기 1082
13.11.2 교차 결합형 LC 발진기 1087
13.11.3 수정 발진기 1089
13.12 비선형 발진기 또는 함수 발생기 1091
13.12.1 쌍안정 귀환 루프 1091
13.12.2 쌍안정 회로의 전달 특성 1092
13.12.3 쌍안정 회로의 트리거 1095
13.12.4 기억 소자로서의 쌍안정 회로 1095
13.12.5 비반전 전달 특성을 가지는 쌍안정 회로 1095
13.12.6 쌍안정 회로를 이용한 구형파 생성 1097
13.12.7 삼각파 생성 1100

13.12.8 사인파의 생성 1102
요약 1102
PROBLEMS 1104

PART 3 디지털 집적 회로

14 CMOS 디지털 논리 회로

서론 1119
14.1 CMOS 논리-게이트 회로 1119
14.1.1 스위치 레벨 모델 1119
14.1.2 CMOS 반전기 1119
14.1.3 CMOS 논리의 일반 구조 1120
14.1.4 2-입력 NOR 게이트 1124
14.1.5 2–입력 NAND 게이트 1124
14.1.6 복잡한 게이트 1125
14.1.7 PDN에서 PUN을 구하거나 그 반대를 구하는 방법 1126
14.1.8 XOR 함수 1126
14.1.9 합성 방법의 요약 1128
14.2 디지털 논리 반전기 1129
14.2.1 전압 전달 특성(VTC) 1130
14.2.2 잡음 여유 1131
14.2.3 이상적인 VTC 1132
14.2.4 반전기 구현 1134
14.3 CMOS 반전기 1142
14.3.1 회로 동작 1142
14.3.2 전압 전달 특성 1145
14.3.3 Q_N과 Q_P가 매치되지 않았을 때의 상황 1147
요약 1152
PROBLEMS 1154

15 디지털 설계: 전력, 속도, 면적

서론 1159
15.1 CMOS 반전기의 동적 동작 1159
15.1.1 전파 지연 1159
15.1.2 CMOS 반전기의 전파 지연 결정 1163
15.1.3 등가 부하 커패시턴스 C의 결정 1170
15.2 트랜지스터 크기 1173
15.2.1 반전기의 크기 1173
15.2.2 CMOS 논리 게이트에서의 트랜지스터 크기 결정 1175
15.2.3 전파 지연 시간에 미치는 팬인과 팬아웃의 영향 1179
15.2.4 대형 커패시턴스 유도 1180
15.3 전력 손실 1183
15.3.1 전력 손실의 근원 1183
15.3.2 전력 지연 곱과 에너지 지연 곱 1186
15.4 축소 기술의 영향: 초미세 설계의 쟁점 1188
15.4.1 실리콘 영역 1188
15.4.2 크기 조정 영향 1188
15.4.3 온도, 전압, 공정 변수 1190
15.4.4 배선: 상호 연결 1190
15.4.5 현대 기술에서의 디지털 설계 1191
요약 1192
PROBLEMS 1194

16 메모리와 클록 회로

서론 1201
16.1 전달 게이트 1201
16.1.1 NMOS 트랜지스터를 스위치로 사용하는 동작 1202
16.1.2 V_{OH} 값의 V_{DD}로의 복구 1206
16.1.3 CMOS 전달 게이트를 스위치로서 사용하는 동작 1207
16.2 래치와 플립플롭 1213

16.2.1 래치 1213
16.2.2 SR 플립플롭 1215
16.2.3 SR 플립플롭의 CMOS 구현 1216
16.2.4 클록 동기 SR 플립플롭의 보다 간단한 CMOS 구현 1221
16.2.5 D 플립플롭 회로 1222
16.3 RAM 셀 1224
16.3.1 SRAM 셀 1226
16.3.2 동적 메모리 셀 1233
16.3.3 플래시 메모리 1236
16.4 링 발진기와 특정 목적 회로 1238
16.4.1 링 발진기와 펄스-발생 회로들 1238
16.4.2 감지 증폭기 1240
16.4.3 행 주소 디코더 1245
16.4.4 열 주소 디코더 1247
요약 1248
PROBLEMS 1249

동반 웹사이트상의 부록 1255
APPENDIX J Standard Resistance Values and Unit Prefixes 1256
APPENDIX K Typical Parameter Values for IC Devices Fabricated in CMOS and Bipolar Processes 1258
찾아보기 1259

PART 1

소자와 기본 회로

CHAPTER 1
신호, 증폭기, 반도체

CHAPTER 2
연산 증폭기

CHAPTER 3
다이오드

CHAPTER 4
바이폴라 접합 트랜지스터(BJT)

CHAPTER 5
MOS 전계 효과 트랜지스터(MOSFET)

CHAPTER 6
트랜지스터 증폭기들

1부 '소자와 기본 회로'는 전자회로를 공부하기 위한 가장 기초적이고 필수적인 주제들을 다룬다. 동시에, 전자회로 학습의 첫 과정을 위한 완전한 패키지를 구성하고 있다.

1부의 핵심은 세 가지의 기본적인 반도체 소자인 다이오드(3장), 바이폴라 트랜지스터(4장), MOS 트랜지스터(5장)의 학습이다. 각각의 경우에서 우리는 소자 동작, 소자 특성, 그리고 소자들의 기본적인 회로 응용을 공부할 것이다. 그런 다음 6장에서는 두 가지 트랜지스터 유형의 가장 기본적인 응용, 즉 증폭기 설계에서의 이들의 이용을 공부할 것이다. MOSFET과 BJT 증폭기를 나란히 공부함으로써 이 증폭기들 사이의 유사점을 알 수 있고, 비교할 수 있게 된다. 이렇게 함으로써 우리는 증폭기로서의 트랜지스터 이용의 기저를 이루는 기본 원리의 통일성을 볼 수 있을 뿐만 아니라, 각각의 응용성의 뚜렷이 다른 분야를 강조할 수 있다.

전자회로의 목적은 신호의 처리이므로 신호, 시간과 주파수 영역에서의 신호의 특성, 그리고 신호의 아날로그와 디지털 표현을 이해하는 것이 필수적이다. 1장은 이러한 이해를 위한 기초를 제공하며, 가장 일반적인 신호 처리 기능, **증폭**, 그리고 **증폭기**의 특성과 유형을 소개한다. 또한 소자 물리학의 앞선 과정을 이수하지 않은 독자들을 위해 반도체 개념의 개요를 전자회로 학습에 충분한 수준으로 제공한다. 이 내용은 반도체에 대한 사전 지식이 있는 독자들에게도 유용할 것이다.

기본적인 전자 소자인 다이오드와 트랜지스터 외에도 1부에서는 연산 증폭기를 공부한다. 엄밀한 의미에서 전자 소자는 아니지만 연산 증폭기는 집적 회로(IC) 패키지로 상용화되어 있고 잘 정의된 단자 특성들을 가지고 있다. 따라서 비록 연산 증폭기의 내부 회로가 복잡하지만(전형적으로 20개 또는 그 이상의 트랜지스터들로 구성된다) 그것의 단자 특성이 거의 이상적이기 때문에 우리는 연산 증폭기를 하나의 회로 소자로서 다룰 수 있을 것이며, 또 그 내부 구조에 대한 지식이 없이도 (2장에서 보게 되겠지만) 연산 증폭기를 강력한 회로들의 설계에 사용할 수 있을 것이다. 그러나 연산 증폭기의 학습은 뒤로 미뤄질 수 있으며, 연속성의 손실 없이 2장을 건너뛸 수도 있다는 것을 언급해 둔다.

이 책뿐만 아니라 모든 전자공학 과정의 토대는 오늘날 사용되는 두 가지 유형의 트랜지스터, 즉 4장의 바이폴라 트랜지스터와 5장의 MOS 트랜지스터를 공부하는 것이다. 이 두 장은 완전히 서로 독립적으로 쓰여 있다. 따라서 독자가 원하는 어떤 순서로도 공부할 수 있을 것이다.

1부를 학습하고 나면 독자들은 2부의 집적 회로 증폭기와 3부의 디지털 집적 회로에 대한 학습을 시작할 충분한 준비가 갖추어져 있을 것이다.

CHAPTER 1

신호, 증폭기, 반도체

서론

1.1 신호

1.2 신호의 주파수 스펙트럼

1.3 아날로그 신호와 디지털 신호

1.4 증폭기

1.5 증폭기의 회로 모델

1.6 증폭기의 주파수 응답

1.7 진성 반도체

1.8 도핑된 반도체

1.9 반도체에서의 전류 흐름

1.10 *pn* 접합

1.11 인가 전압을 가진 *pn* 접합

1.12 *pn* 접합에서의 전기 용량 효과

요약

PROBLEMS

이 장에서 배울 내용

- 전자 회로가 신호를 처리하므로 전기 신호를 이해하는 것이 이 책의 내용을 이해하는 데 필수적이라는 것
- 신호 전원의 테브냉과 노턴 표현
- 임의의 신호를 사인파의 합으로 나타내는 것
- 임의의 신호의 아날로그 표현과 디지털 표현
- 가장 기본적이면서 널리 사용되는 신호 처리 기능: 신호 증폭과 이에 따른 신호 증폭기
- 증폭기가 그들의 내부 회로와 무관하게 회로 빌딩 블록으로 특성화(모델링)되는 방법
- 임의의 증폭기의 주파수 응답 측정
- 반도체 그리고 특히 오늘날 대부분의 전자 회로에서 사용되는 재료인 실리콘의 특성
- 전자 소자 구현에서 반도체를 사용하는 근본적인 아이디어인 전기 전도도를 극적으로 변화시키기 위해 순수한 실리콘 결정체를 도핑하는 방법
- 반도체에서 전류 흐름의 두 가지 메커니즘인 전하 캐리어(carrier)의 드리프트(drift)와 확산(diffusion)
- *pn* 접합의 구조와 동작, 즉 다이오드를 구현하고 트랜지스터에서 주도적인 역할을 하는 기본적인 반도체 구조

서론

이 책의 주제는 소위 **마이크로전자공학**(microelectronics)이라고 불리는 현대 전자공학에 대한 것이다. 마이크로전자공학이란 집적 회로 기술을 가리키는 것인데, 이 책을 쓰고 있는 현재의 집적 회로 기술은 면적이 100 mm^2 정도인 작은 실리콘 조각[**실리콘 칩**(silicon chip)이라고 부름]에 10억 개의 소자들을 넣을 수 있을 정도이다. 이러한 마이크로 전자 회로의 대표적인 예로 **마이크로컴퓨터**(microcomputer)나 **마이크로프로세서**(microprocessor)라고 불리는 디지털 컴퓨터를 들 수 있다. 이 책에서 독자들이 공부할 마이크로 전자 회로들은 우리의 일상생활에서 만나는 거의 모든 장치들에 사용된다. 즉, 집에서 사용하는 가전 제품, 여행할 때 이용하는 자동차와 수송 시스템, 통신할 때 사용하는 무선 전화기, 건강을 돌보는 데 필요한 의료 기기, 일하는 데 사용하는 컴퓨터, 그리고 오디오 비디오 시스템, 라디오와 TV 수상기, 그리고 오락에 사용되는 다수의 다른 디지털 장치들에 마이크로 전자 회로들이 사용된다.

이 책에서 우리는 단독으로 **개별 회로**(discrete circuit)의 설계에 사용될 수도 있고 **집적 회로**(IC: integrated-circuit) 칩의 구성 요소로서 사용될 수도 있는 전자 소자들에 대해서 공부할 것이다. 또한 이 소자들을 어떻게 상호 접속시킬 것인가에 대해서도 살펴볼 것이다. 즉, 이들 소자로 구성되어 다양한 기능과 복잡함을 갖는 집적 회로와 개별 회로를 어떻게 해석하고 설계할 것인가에 대해서 공부할 것이다. 또 시중에서 구할 수 있는 IC 칩에 대해 알아보고 이들이 전자 시스템 설계에 어떻게 응용되는가에 대해서도 공부할 것이다.

이 첫째 장에서 우리는 몇 가지 기본 개념과 용어들을 소개할 것이다. 특히 신호에 대해서 공부할 것이고, 전자 회로로 수행할 수 있는 가장 중요한 신호 처리 기능, 즉 신호의 증폭에 대해서도 공부할 것이다. 그런 다음 선형 증폭기의 회로 표현 또는 모델을 고찰할 것이다. 이 모델은 이후 장들에서 실제의 증폭기 회로를 해석하고 설계하는 데 사용될 것이다.

다음으로 우리는 반도체의 성질과 물리에 대해 소개할 것이다. 회로 설계자가 되기 위해서는 전자 회로를 구성하는 기본적인 반도체 소자들, 즉 다이오드(3장), 트랜지스터(4장과 5장)에 대해서 공부해야 한다. 이 장은 독자들에게 회로 설계에 효과적으로 이용할 수 있게 하기 위해 다이오드와 트랜지스터의 물리적인 동작을 이해하기 위한 기초를 제공한다. 비록 이 장에서 소개하는 많은 개념들이 반도체 물질에 일반적으로 적용되지만, 논의는 주로 수많은 마이크로전자회로에 사용되는 물질인 실리콘에 국한된다. 여기서 소개하는 내용을 보충하기 위해, 부록 A에 집적 회로 제조 공정을 기술하였다. 부록 A에서 설명하듯이, 우리가 다루는 회로는 하나의 트랜지스터로 구성되었거나 60억 개 이상의 트랜지스터를 포함하는 **집적 회로**(integrated circuit)이다. 집적 회로는 단결정 실리콘에 제조되기 때문에 **모놀리식 회로**(monolithic circuit)라는 이름이 붙었다. 따라서 우리는 1.7절에서 반도체의 결정 구조의 공부를 시작하고, 전류 전도에 유효한 두 유형의 전하 캐리어 즉 전자와 정공을 소개한다. 반도체의 가장 중요한 성질은 **도핑**(doping)이라고 불리는 과정을 통해 그들의 전도도가 매우 넓은 범위에 걸쳐 바뀔 수 있다는 것이다. 도핑이란 반도체 결정에 제어되는 양만큼의 불순물을 도입하는 것을 의미한다. 도핑된 반도체는 1.8절에서 논의한다. 이어서 1.9절에서는 반도체에서 전류 흐름의 두 가지 메커니즘 즉 캐리어 드리프트와 캐리어 확산에 대해서 공부한다.

기본적인 반도체 개념들을 이해한 후 이 장의 나머지 부분에서는 중요한 반도체 구조, 즉 *pn* 접합에 대해서 공부할 것이다. 근본적으로 다이오드이기도 하지만 *pn* 접합은 바이폴라 접합 트랜지스터(BJT, 4장)의 기본 요소이고 전계 효과 트랜지스터(FET)의 동작에서 중요한 역할을 한다.

이 장은 전자공학을 왜 공부해야 하는지를 일깨워 줌과 동시에, 독자들이 저학년에서 공부한 선형 회로 이론을 이 책의 주제, 즉 전자 회로의 해석과 설계에 어떻게 적용할지를 알려 주는 교량 역할을 할 것이다. 따라서 우리는 독자들이 선형 회로 해석에 친숙하다고 가정할 것이다.

1.1 신호

신호(signal)는 우리 주위의 물리적인 세계에서 일어나는 여러 가지 사항 및 활동에 관한 정보들을 담고 있다. 예를 들면 날씨에 관한 신호에는 공기의 온도, 압력, 바람의 속도 등을 나타내는 정보들이 포함된다. 또한 뉴스를 방송하는 라디오 아나운서의 목소리는 마이크로폰(microphone)에 의해서 전기적인 음향 신호로 바뀌기 때문에, 이 신호에는 세상에서 일어난 여러 사건들에 관한 정보들이 포함된다. 마지막 예로서 원자로의 상태를 모니터하기 위해서는 적절한 파라미터(parameter)를 측정할 계기가 사용될 것이고, 각각의 계기들은 측정된 파라미터에 상응하는 신호를 산출할 것이다.

관측자(인간일 수도 있고 기계일 수도 있는)가 일련의 신호들로부터 필요한 정보를 추출하려면, 미리 정해진 방식으로 이 신호들을 **처리**(process)해야 할 것이다. 이러한 **신호 처리**(signal processing)는 대개 전자 시스템에 의해서 가장 편리하게 수행된다. 그러나 그렇게 하기 위해서는 이 신호들을 먼저 전기 신호, 즉 전압 또는 전류로 반드시 변환해야 한다. 이와 같은 신호 변환은 **트랜스듀서**(transducer)라고 불리는 소자에 의해서 이루어진다. 우리 주위에서 여러 형태의 물리적인 신호 중 하나에 각기 적합한 여러 가지 트랜스듀서들을 볼 수 있다. 예를 들면 사람의 발성에 의해서 발생된 소리의 파동은 압력 트랜스듀서인 마이크로폰에 의해서 전기 신호로 변환된다. 여기서 트랜스듀서를 공부하는 것이 우리의 목적은 아니다. 따라서 우리는 앞으로 우리가 다루려고 하는 신호들은 이미 전기 신호로 바뀌진 것이라고 가정할 것이다. 그리고 이들을 그림 1.1과 같이 두 등가 회로 중 하나로 나타낼 수 있다고 가정할 것이다. 그림 1.1(a)에서는 신호가 전원 저항 R_s를 갖는 전압 전원 $v_s(t)$로 나타나 있고, 그림 1.1(b)에서는 신호가 전원 저항 R_s를 갖는 전류 전원 $i_s(t)$로 나타나 있다는 점에 주목하기 바란다. 비록 이들 두 등가 표현이 동등하지만, 그림 1.1(a)의 등가 표현[이를 테브냉(Thévenin) 등가 표현이라고 부른다]은 R_s가 작을 때 사용하면 편리하고, 그림 1.1(b)의 등가 표현[이를 노턴(Norton) 등가 표현이라고 부른다]은 R_s가 클 때 사용하면 편리하다. 이 장의 뒷부분에서 서로 다른 유형의 증폭기들을 공부할 때 이 점을 이해할 수 있을 것이다. 일단 테브냉과 노턴의 정리에 익숙해 있는 것이 중요하다.(이들 정리를 간단하게 복습하기 위해서는 부록 D를 참조하라.) 그림 1.1의 두 표현이 등가가 되기 위해서는 이들의 파라미터들

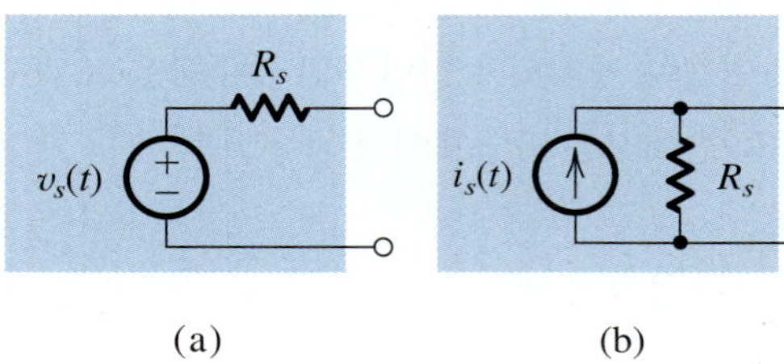

그림 1.1 임의의 신호 전원의 두 가지 등가 표현: (a) 테브냉 형태, (b) 노턴 형태.

이 다음과 같이 관련된다는 점에 주목하기 바란다.

$$v_s(t) = R_s i_s(t)$$

예제 1.1

비록 피할 수는 없지만, 임의의 신호 전원의 출력 저항은 **부하**(load)로 신호 세기를 최대로 전달하는 전원의 능력을 제한하는 불완전함이다. 이 점을 좀 더 확실히 알기 위해 그림 1.2에 나와 있는 것처럼 신호 전원이 부하 저항 R_L에 접속된 경우를 생각해 보자. 전원을 그것의 테브냉 등가 형태로 나타냈을 경우 R_L에 걸리는 전압 v_o를 구하라. 그리고 v_o가 v_s의 값에 수렴하기 위해서는 R_s가 어떤 조건을 반드시 만족해야 하는가? 노턴 등가 형태로 표현된 전원에 대해서 위의 논의를 반복하라. 즉, 이 경우에는 R_L을 통해 흐르는 전류 i_o를 구하라. 그리고 i_o가 i_s의 값에 수렴하기 위해서는 R_s가 어떤 조건을 반드시 만족해야 하는가?

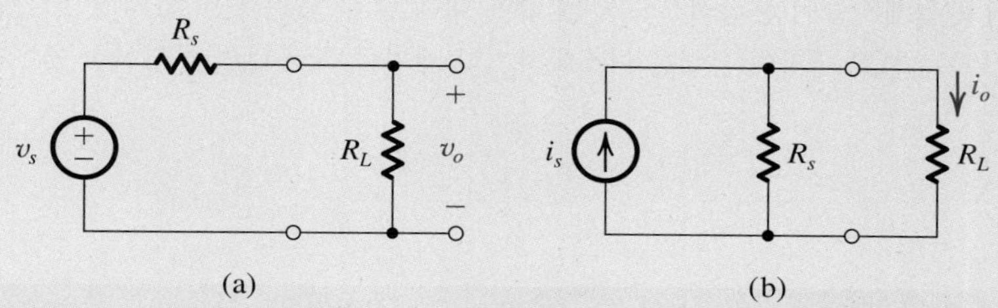

그림 1.2 예제 1.1에 대한 회로.

풀이

그림 1.2(a)에 나와 있는 테브냉 등가로 표현된 신호 전원에 대해, 부하 저항 R_L에 걸리는 출력 전압 v_o는 R_s와 R_L로 형성된 전압 분배기의 비로부터 구할 수 있다. 즉,

$$v_o = v_s \frac{R_L}{R_L + R_s}$$

인데 이 식으로부터

$$v_o \simeq v_s$$

가 되기 위해서는 전원 저항 R_s가 부하 저항 R_L보다 훨씬 작아야 한다는 것을 알 수 있다.

$$R_s \ll R_L$$

따라서 테브냉 등가로 표현된 전원에 대해 이상적인 경우에는 $R_s = 0$이고, R_s가 증가함에 따라, 이 전원이 구동할 부하 저항에 비례하여, 부하에 나타나는 전압 v_o가 작아질 것이다. 이는 바람직한 결과가 아니다.

다음으로 그림 1.2(b)에 나와 있는 노턴 등가로 표현된 신호 전원에 대해서 생각해 보자. 부하 저항 R_L을 통해 흐르는 전류

$$i_o = i_s \frac{R_s}{R_s + R_L}$$

를 얻는다. 이 식으로부터

$$i_o \simeq i_s$$

가 되기 위해서는 전원 저항 R_s가 R_L보다 훨씬 커야 한다는 것을 알 수 있다.

$$R_s \gg R_L$$

따라서 노턴 등가로 표현된 신호 전원에 대해 이상적인 경우에는 $R_s = \infty$이고, R_s가 감소함에 따라, 이 전원이 구동할 부하 저항 R_L에 비례하여, 부하를 통해 흐르는 전류 i_o가 작아질 것이다. 이는 바람직한 결과가 아니다.

끝으로 비록 회로 설계자들이 통상적으로 R_s의 값에 대해 할 수 있는 일이 없지만, 이들은 전원이 부하에 접속될 때 야기되는 신호 세기의 손실을 최소화하거나 제거할 회로 방안을 고안할 것이라는 점을 언급해 둔다.

연습문제

1.1 그림 1.1(a)와 1.1(b)에 나와 있는 신호 전원 표현에서 개방 회로 출력 전압들은 무엇인가? 만일 각각에 대해 출력 단자들이 단락 회로가 되었다면(도선으로 연결되었다면) 어떤 전류가 흐르겠는가? 두 표현이 등가가 되기 위해서는 v_s, i_s, R_s 사이에 어떤 관계가 있어야 하는가?

[답] (a)에 대해 $v_{oc} = v_s(t)$; (b)에 대해 $v_{oc} = R_s i_s(t)$; (a)에 대해 $i_{sc} = v_s(t)/R_s$; (b)에 대해 $i_{sc} = i_s(t)$; 등가가 되기 위해서는 $v_s(t) = R_s i_s(t)$

1.2 어떤 신호 전원이 10 mV의 개방 회로 전압과 10 μA의 단락 회로 전류를 가지고 있다. 전원 저항은 얼마인가?

[답] 1 kΩ

1.3 어떤 신호 전원이 $v_s = 10$ mV와 $R_s = 1$ kΩ을 가지는 그것의 테브냉 등가로 가장 편리하게 표현된다. 만일 이 전원이 부하 저항 R_L을 구동한다면, $R_L = 100$ kΩ, 10 kΩ, 1 kΩ, 그리고 100 Ω일 때 부하에 걸리는 전압 v_o는 얼마인가? 또한 출력 전압이 적어도 전원 전압의 80%가 되기 위한 R_L의 최젓값은 얼마인가?

[답] 9.9 mV; 9.1 mV; 5 mV; 0.9 mV; 4 kΩ

1.4 어떤 신호 전원이 $i_s = 10$ μA와 $R_s = 100$ kΩ을 가지는 그것의 노턴 등가로 가장 편리하게 표현된다. 만일 이 전원이 부하 저항 R_L을 구동한다면, $R_L = 1$ kΩ, 10 kΩ, 100 kΩ, 그리고 1 MΩ일 때 부

하를 통해 흐르는 전류 i_o는 얼마인가? 또한 부하 전류가 적어도 전원 전류의 80%가 되기 위한 R_L의 최댓값은 얼마인가?

[답] 9.9 μA; 9.1 μA; 5 μA; 0.9 μA; 25 kΩ

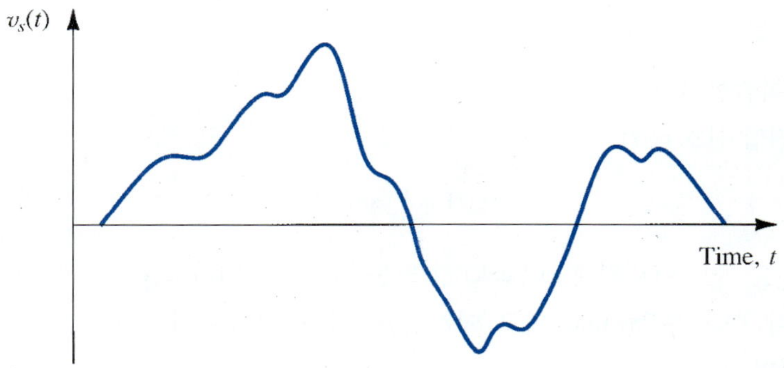

그림 1.3 임의의 전압 신호 $v_s(t)$.

지금까지 논의한 사실들로부터 신호는 시간에 따라 변하는 양(quantity)이고, 그림 1.3과 같이 그래프로 나타낼 수 있다는 것을 분명히 알 수 있을 것이다. 사실 신호에 들어 있는 정보는 시간이 지남에 따라 변하는 신호의 진폭으로 표현된다. 즉, 정보는 신호 파형의 '진동' 속에 내포되어 있다. 일반적으로 이러한 파형, 바꿔 말하면 그림 1.3과 같은 임의의 파형을 수학적으로 표기하기는 쉽지 않다. 물론 신호의 수학적 표기는 적절한 신호 처리 회로를 설계하는 데 매우 중요하다. 신호를 특성화하는 데 효과적인 방법을 다음 절에서 살펴볼 것이다.

1.2 신호의 주파수 스펙트럼

임의의 신호 또는 시간 함수에 대한 여러 가지 특성들 중에서 가장 유용한 것은 그것의 **주파수 스펙트럼**(frequency spectrum)이다. 신호의 주파수 스펙트럼은 **푸리에 급수**(Fourier series) 또는 **푸리에 변환**(Fourier transform)[1)]이라는 수학적인 기법을 통해 얻어진다. 여기서 우리는 이 변환들에 대해 상세히 논의하지 않을 것이다. 이 변환들을 사용함으로써 임의의 전압 신호 $v_s(t)$ 또는 전류 신호 $i_s(t)$를 서로 다른 주파수와 진폭의 사인파(sine wave) 신호들의 합으로 나타낼 수 있다는 것만 알아도 충분할 것이다. 이런 점 때문에 사인파는 전자 회로의 해석, 설계, 그리고 특성 시험에 매우 중요한 신호로서 사용된다. 따라서 지금부터 우리는 사인파

1) 이 논제들을 아직 배우지 않았다고 해서 당황할 필요는 없다. 왜냐하면 9장까지는 이들에 대한 상세한 지식이 요구되지 않기 때문이다. 그러나 1.2절을 이해하면 이 책의 앞부분을 공부하는 데 많은 도움이 될 것이다.

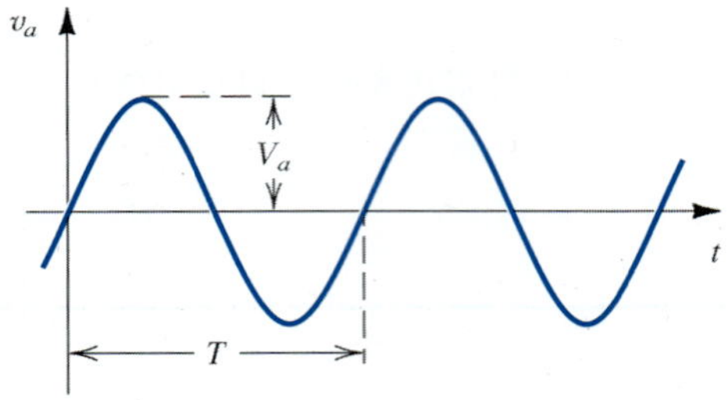

그림 1.4 진폭이 V_a이고 주파수가 $f = 1/T$ Hz인 사인파 전압 신호. 각주파수는 $\omega = 2\pi f$ rad/s이다.

의 특성들을 간단하게 복습할 것이다.

그림 1.4에 사인파 전압 신호 $v_a(t)$

$$v_a(t) = V_a \sin \omega t \tag{1.1}$$

를 나타냈다. 여기서 V_a는 볼트 단위의 피크(peak) 값 또는 진폭을 의미하고, ω는 라디안/초(radian/sec) 단위의 각주파수를 의미한다. 즉, $\omega = 2\pi f$ rad/s이고, 여기서 f는 Hz 단위의 주파수이며, $f = 1/T$ Hz이다. 그리고 T는 초 단위의 주기를 의미한다.

사인파 신호는 그것의 피크값 V_a, 각주파수 ω, 그리고 임의의 기준 시간에 대한 위상각으로 특징지어진다. 그림 1.4의 경우에는 위상각이 0이 되도록 시간 원점이 잡혀 있다는 점에 유의하기 바란다. 사인파 신호의 진폭은 보통 rms(root-mean-square: 자승-평균-평방근)값(이를 실횻값이라고 부르기도 한다)으로 표현하는데, 이 값은 피크값을 $\sqrt{2}$로 나눈 것과 같다. 따라서 그림 1.4의 사인파 전압 $v_a(t)$의 rms값은 $V_a/\sqrt{2}$이다. 예를 들어 우리는 종종 가정으로 공급되어 들어오는 전력의 전압을 120 V라고 말하는데, 이는 이 전압이 $120\sqrt{2}$ 볼트의 피크값을 갖는 사인파라는 것을 의미한다.

이제 임의의 신호를 사인파들의 합으로 나타내는 문제로 되돌아가기로 하자. 우리는 이미 앞에서 푸리에 급수 또는 푸리에 변환을 이용함으로써 이 과제를 해결할 수 있다는 것을 언급하였다. 그러나 이들은 다음과 같이 적용되는 경우가 다르다. 즉, 푸리에 급수는 신호가 시간의 주기적인 함수인 특별한 경우에만 적용되는 데 반해, 푸리에 변환은 신호가 시간의 임의 함수인 보다 일반적인 경우에 그 신호의 스펙트럼을 구하는 데 사용된다.

푸리에 급수를 이용하면, 시간에 대해 주기적인 함수를 기본 주파수의 사인파 함수와 그것의 고조파(harmonic)로 구성된 무한 급수로 나타낼 수 있다. 예를 들면 그림 1.5와 같은 구형파 대칭 신호를 다음과 같이 표현할 수 있다.

$$v(t) = \frac{4V}{\pi}\left(\sin \omega_0 t + \frac{1}{3}\sin 3\omega_0 t + \frac{1}{5}\sin 5\omega_0 t + \cdots\right) \tag{1.2}$$

여기서 V는 구형파의 진폭이고, $\omega_0 = 2\pi/T$(T는 구형파의 주기)는 **기본 주파수**(fundamental frequency)를 나타낸다. 고조파의 진폭이 점진적으로 감소하므로, 유한 개의 급수만 취해 구형파를 근사적으로 나타낼 수 있다는 점에 주목하기 바란다.

식 (1.2)에 있는 사인파 성분들이 구형파 신호의 주파수 스펙트럼을 구성한다. 이런 스펙트럼은 그림 1.6과

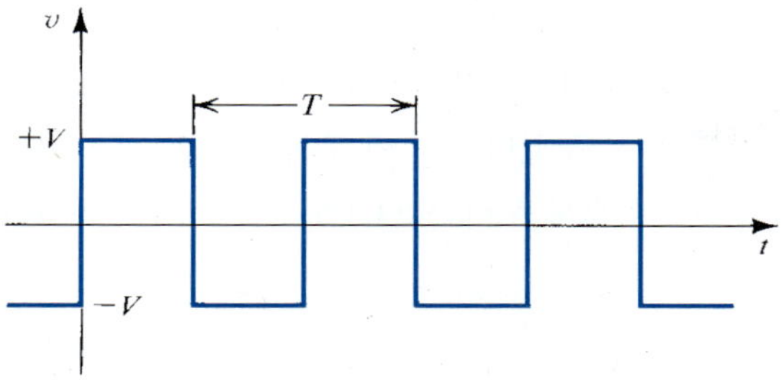

그림 1.5 진폭이 V인 구형파 대칭 신호.

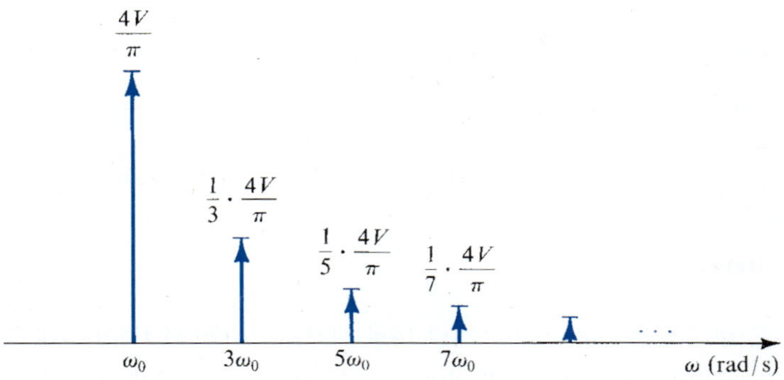

그림 1.6 그림 1.5의 주기적인 구형파 신호의 주파수 스펙트럼[선 스펙트럼(line spectrum)이라고도 한다].

같이 도식적으로 나타낼 수 있다. 여기서 수평축은 단위가 라디안/초인 각주파수를 나타낸다.

푸리에 변환은 그림 1.3과 같이 시간에 대해 비주기적인 함수에 적용될 수 있으며, 이 비주기 함수를 그림 1.7과 같이 주파수에 대해 연속(continuous)인 주파수 스펙트럼으로 나타낸다. 불연속 주파수(ω_0와 그 고조파들)만으로 이루어진 주기 신호의 스펙트럼과는 달리 비주기 신호의 스펙트럼은 모든 주파수를 포함한다는 점에 유의하기 바란다. 그러나 실제 신호의 스펙트럼의 주된 부분은 주파수(ω) 축상의 비교적 짧은 부분에 국한된다.(이 때문에 이와 같은 신호의 처리가 용이해진다.) 예를 들면 사람의 음성이나 음악과 같은 가청음의 스펙트럼은 약 20 Hz와 20 kHz 사이의 주파수 범위에 존재한다.[이 주파수 범위를 **가청 대역**(audio band)이라고 부른다.] 음악에서 어떤 음은 20 kHz 이상의 주파수 성분도 가지고 있지만, 사람의 귀가 20 kHz 이상의 주파수는 들을 수 없다는 점에 유의할 필요가 있다. 또 다른 예로서 아날로그 비디오 신호는 0~4.5 MHz 범위의 스펙

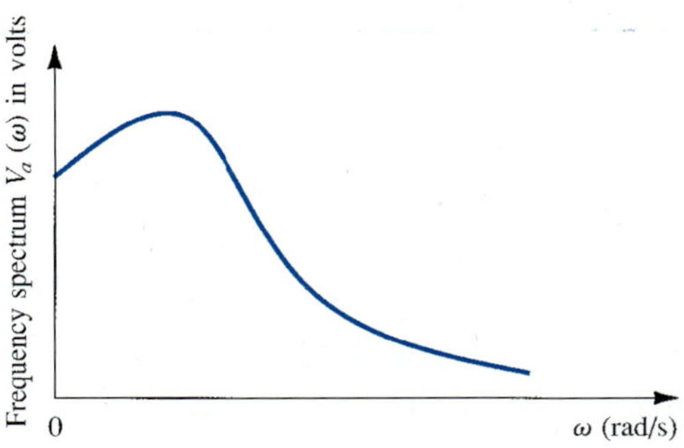

그림 1.7 그림 1.3에 나타낸 것과 같은 임의의 파형의 주파수 스펙트럼.

트럼을 갖는다.

끝으로 임의의 신호를 그림 1.3과 같이 그것의 파형이 시간에 따라 변하는 방식으로 나타낼 수도 있고, 그렇지 않으면 그림 1.7과 같이 그것의 주파수 스펙트럼으로 나타낼 수도 있다는 점에 주목하기 바란다. 이들 두 표현을 각각 시간 영역 표현과 주파수 영역 표현이라고 부른다. 앞으로 우리는 $v_a(t)$의 주파수 영역 표현을 $V_a(\omega)$로 나타낼 것이다.

연습문제

1.5 주기가 1 ms인 사인파 신호의 주파수 f와 ω를 구하라.
[답] $f = 1000$ Hz; $\omega = 2\pi \times 10^3$ rad/s

1.6 다음 각각의 주파수로 특징지어지는 사인파들의 주기 T를 구하라: (a) $f = 60$ Hz, (b) $f = 10^{-3}$ Hz, (c) $f = 1$ MHz.
[답] 16.7 ms; 1000 s; 1 μs

1.7 UHF(극초단파) 텔레비전 방송 대역은 채널 14로 시작되고, 470 MHz부터 608 MHz에 달한다. 만일 6 MHz가 각각의 채널에 할당된다면 얼마나 많은 채널을 이 대역이 수용할 수 있는가?
[답] 23; 채널 14부터 36까지

1.8 그림 1.5의 구형파 신호[이 신호의 푸리에 급수는 식 (1.2)에 주어져 있다]가 임의의 저항기에 인가될 때, 총 소비 전력은 $P = 1/T \int_0^T (v^2/R)dt$를 사용하여 직접 계산하거나 고조파 성분들의 각각의 기여를 더함으로써, 즉 $P = P_1 + P_3 + P_5 + \cdots$으로 간접적으로 계산할 수도 있을 것이다. 여기서 P_1, P_3, P_5 등은 실횻값들로부터 직접 구할 수 있을 것이다. 이들 두 가지 해결 방법이 등가라는 것을 증명하라. 구형파의 총 에너지 중에서 얼마만큼을 그것의 기본파가 가지고 있는가? 제1고조파부터 제5고조파까지가 가지고 있는 에너지와 총 에너지와의 비를 구하라. 총 에너지와 제1고조파부터 제7고조파까지가 가지고 있는 에너지와의 비를 구하라. 총 에너지와 제1고조파부터 제9고조파까지가 가지고 있는 에너지와의 비를 구하라. 에너지의 90%를 차지하는 고조파의 수는 얼마인가? (고조파들을 셀 때, ω_0에 있는 기본파가 제1고조파이고, $2\omega_0$에 있는 기본파가 제2고조파이며, 나머지도 이와 같은 방식이라는 점에 주목하기 바란다.)
[답] 0.81; 0.93; 0.95; 0.96; 3

1.3 아날로그 신호와 디지털 신호

그림 1.3과 같은 전압 파형을 **아날로그 신호**(analog signal)라고 부른다. 그 이유는 이 신호가 실제의 물리적인 신호와 비슷하기(analogous) 때문이다. 아날로그 신호의 크기로는 어떤 값도 취할 수 있다. 즉, 아날로그 신호의 진폭은 자신의 활동 범위 내에서 연속적으로 변하는 모양을 보인다. 우리 주변 세계에 존재하는 신호의 대

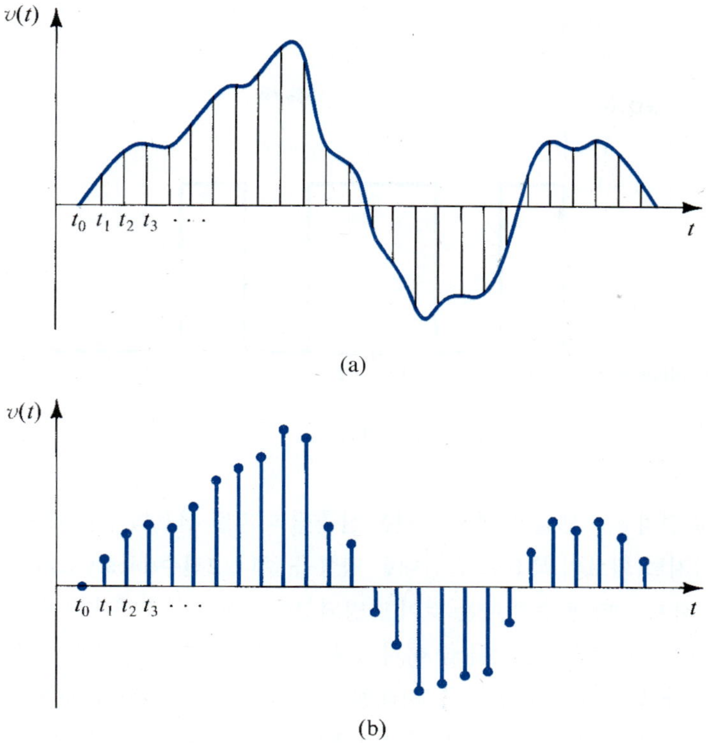

그림 1.8 (a)의 연속 시간 아날로그 신호를 샘플링하면 (b)의 이산 시간 신호가 된다.

부분은 아날로그 신호이다. 아날로그 신호를 처리하는 전자 회로를 **아날로그 회로**(analog circuit)라고 부른다. 여러 종류의 아날로그 회로가 이 책에서 다루어질 것이다.

이와는 다른 형태로 신호를 표현하는 방법이 있는데 이는 신호를 수의 열(sequence of number) 형태로 나타내는 것이다. 이때 각각의 수는 특정한 순간의 신호의 크기를 나타낸다. 이와 같은 신호를 **디지털 신호**(digital signal)라고 부른다. 신호가 어떻게 해서 이와 같은 형태로 표현될 수 있는지, 즉 어떻게 해서 신호가 아날로그 형태에서 디지털 형태로 바뀌는지를 알아보기 위해 그림 1.8(a)를 살펴보자. 여기서 굵은 실선은 그림 1.3의 전압 신호를 나타낸다. 그림으로부터 시간축상의 순간 t_0, t_1, t_2 등이 시간축을 따라 일정한 간격으로 표시되어 있고, 이들 각각의 순간에서 신호의 크기가 측정된다는 것을 알 수 있다. 이 과정을 **샘플링**(sampling)이라고 부른다. 그림 1.8(b)는 그림 1.8(a)의 신호를 샘플링한 결과를 나타낸 것이다. 그림 1.8(b)의 신호는 샘플링되는 순간에만 그 값이 정의되므로 더 이상 시간의 연속 함수가 아니다. 우리는 이와 같은 신호를 **이산 시간 신호**(discrete-time signal)라고 부른다. 한편 각 샘플의 크기로는 연속적인 범위 내에 있는 어떤 값도 취할 수 있다. 따라서 그림 1.8(b)의 신호는 여전히 아날로그 신호이다.

만일 그림 1.8(b)의 신호 샘플 각각의 크기를 유한 개의 디지트(digit)를 갖는 수로 표시한다면 신호의 진폭은 더 이상 연속이 아닐 것이다. 즉, 이 신호 샘플이 **양자화**(quantized), **이산화**(discretized), 또는 **디지털화**(digitized)되었다고 말한다. 이렇게 해서 얻어진 디지털 신호는 연속적인 신호 샘플의 크기를 나타내는 수의 열이 된다.

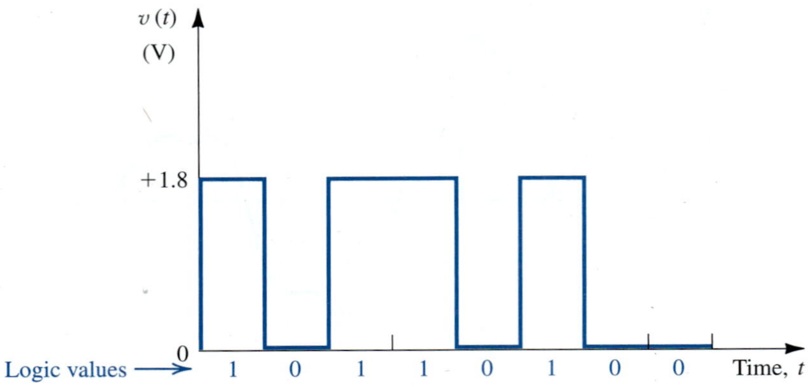

그림 1.9 어떤 특정한 2진 디지털 신호의 시간에 따른 변화.

신호 샘플을 나타낼 수의 시스템을 선택하는 것은 산출될 디지털 신호의 유형에 영향을 미치고, 이 신호를 처리하는 데 필요한 디지털 회로의 복잡함에 심대한 영향을 준다. **2진수**(binary number) 시스템이 디지털 신호와 회로를 가장 간단하게 나타낼 수 있다는 것이 판명되었다. 2진수 시스템에서 수에 있는 각각의 디지트는 0과 1로 표시되는, 단지 두 개의 가능한 값들 중 하나이다. 따라서 2진수 시스템에서 디지털 신호는 단지 두 개의 전압 레벨만 필요로 하고, 이 전압 레벨들은 '저레벨'과 '고레벨'로 분류될 수 있을 것이다. 한 예로서 이 책에서 공부할 몇몇 디지털 회로에서 이 전압 레벨들은 0 V와 +1.8 V이다. 그림 1.9에 이와 같은 디지털 신호의 시간 변화를 나타냈다. 파형이 0 신호 또는 '논리 0'을 나타내는 0 V와 1 신호 또는 '논리 1'을 나타내는 +1.8 V를 가지는 펄스 열(pulse train)이라는 점에 주목하기 바란다. 어떠한 실제 값도 취할 수 있고 이에 따라 잡음에 의해 변질되는 본래의 아날로그 신호와는 달리, 디지털 파형은 정보의 손실 없이 논리 레벨들을 구별할 수 있으므로 웬만한 잡음에 견딜 수 있다.

만일 N개의 2진 디지트(bit: binary digit)를 사용하여 아날로그 신호의 각각의 샘플을 나타낸다면 디지털화된 샘플 값은 다음과 같이 표시될 것이다.

$$D = b_0 2^0 + b_1 2^1 + b_2 2^2 + \cdots + b_{N-1} 2^{N-1} \tag{1.3}$$

여기서 $b_0, b_1, \cdots, b_{N-1}$은 N비트를 표시하고, 0 또는 1 값들을 갖는다. 그리고 b_0가 **최하위 비트**(LSB: least significant bit)이고, b_{N-1}이 **최상위 비트**(MSB: most significant bit)이다. 관례적으로 이 2진수는 $b_{N-1}\ b_{N-2} \cdots b_0$라고 쓴다. 이와 같은 표현이 아날로그 샘플을 2^N 레벨들 중 하나로 양자화한다는 점에 주목하기 바란다. 비트 수가 크면 클수록(즉 N이 크면 클수록), 디지털 단어(digital word) D가 아날로그 샘플의 크기를 그만큼 더 정확하게 근사화할 것이다. 즉, 비트 수를 늘리면 **양자화 오차**(quantization error)가 줄고, 아날로그-디지털 변환의 분해능이 증가한다. 그러나 이와 같은 개선은 일반적으로 더 복잡하고 이에 따라 비용이 많이 든다. 여기서는 이 논제를 더 이상 깊이 탐구하지 않을 것이며 여러분은 아날로그 및 디지털 신호의 특성만 이해하면 된다. 그럼에도 불구하고 여기서 현대 전자 시스템의 매우 중요한 회로 빌딩 블록(그림 1.10에 블록 형태로 나타냄)인 **아날로그-디지털 변환기**(A/D 또는 ADC: analog-to-digital converter)를 소개하는 것은 시의적절한 것이다. ADC는 그것의 입력에서 아날로그 신호의 샘플들을 받아들이고, 각각의 입력 샘플에 대해 그에 상응하는

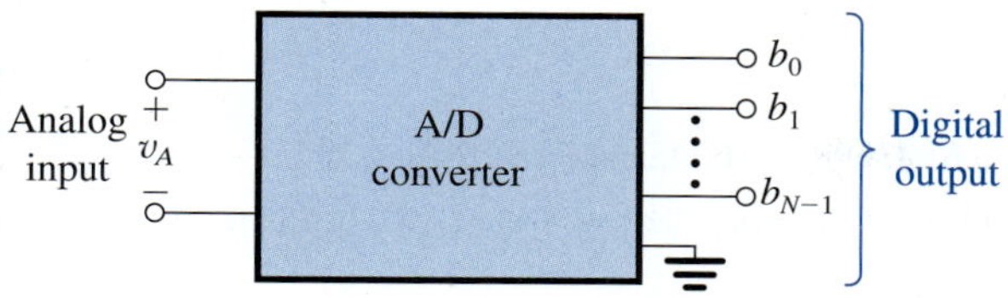

그림 1.10 아날로그-디지털 변환기(ADC)의 블록도 표현.

[식 (1.3)에 따른] *N*비트의 디지털 표현을 그것의 *N*개의 출력 단자들에 제공한다. 따라서 비록 입력에서의 전압이 예를 들어 1.51 V일지라도, 만일 b_i가 각각 0 또는 1로 되어 있다면, 각각의 출력 단자들에서의(예를 들어 *i*번째 단자에서의) 전압은 저레벨(0 V)이거나 그렇지 않으면 고레벨(1.8 V)일 것이다. ADC의 쌍대(dual) 회로는 **디지털-아날로그 변환기**(D/A 또는 DAC: digital-to-analog converter)이다. DAC는 *N*비트 디지털 입력을 아날로그 출력 전압으로 변환시킨다.

일단 신호가 디지털 형태로 되면 **디지털 회로**(digital circuit)를 이용하여 그 신호를 처리할 수 있다. 물론 디지털 회로는 디지털 컴퓨터의 여러 가지 명령을 나타내는 신호들과 같이 아날로그 기원(origin)을 갖지 않는 신호들을 다룰 수도 있다.

디지털 회로는 오로지 2진 신호들만 다루므로 아날로그 회로보다 설계가 단순하다. 더욱이 디지털 시스템은 비교적 적은 서로 다른 종류의 디지털 회로 블록들을 이용하여 설계될 수 있다. 그러나 통상적으로 이들 블록의 각각은 많은 수(예를 들면 수십만 개 또는 심지어 수백만 개)가 요구된다. 따라서 디지털 회로 설계는 설계자에게 독특한 일련의 노력을 요구하지만, 다양한 신호 처리 함수들을 확실하고 값이 싸게 실현할 수 있게 해 준다. 그리고 이 신호 처리 함수들 중에는 아날로그 회로로는 실현 불가능한 것들도 있다. 오늘날에는 보다 많은 신호 처리 함수들이 디지털 방식으로 실행되고 있다. 그 예들은 우리 주위에 많이 있다. 즉, 디지털 시계와 계산기로부터 디지털 음향 시스템에 이르기까지 그리고 좀 더 최근에는 디지털 텔레비전까지 그 예가 많이 있다. 또한 전화 통신 시스템과 같이 오래 계속된 몇몇 아날로그 시스템들도 이제는 거의 전적으로 디지털이다. 그리고 모든 디지털 시스템 중에서 가장 중요한 시스템인 디지털 컴퓨터를 빠뜨릴 수 없을 것이다.

디지털 시스템의 기본 빌딩 블록은 논리 회로와 메모리 회로이다. 우리는 14장에서 논의를 시작하여 이 책에서 이들 모두를 공부할 것이다.

끝으로 신호의 디지털 처리가 현재 널리 퍼지는 추세이지만, 아날로그 회로로 수행할 때 가장 좋은 결과를 얻을 수 있는 신호 처리 함수들도 많이 남아 있다. 실제로 많은 전자 시스템들은 아날로그 부분과 디지털 부분 둘 다를 내포한다. 따라서 유능한 전자공학도가 되려면 당연히 아날로그 회로와 디지털 회로 양쪽 모두의 설계, 또는 최근에 유행하고 있는 **혼재 신호**(mixed-signal) 또는 **혼재 모드**(mixed-mode) 설계에 능숙해야 할 것이다. 독자들이 그렇게 되게끔 하는 것이 이 책의 주된 목적이다.

연습문제

1.9 0 V와 +3.75 V 사이에서 변하는 아날로그 신호 v_A를 표현하기 위해 사용된 4비트의 디지털 단어 $D = b_3b_2b_1b_0$[식 (1.3) 참조]에 대해 생각해 보자.

(a) $v_A = 0$ V, 0.25 V, 1 V, 3.75 V에 해당하는 D를 구하라.

(b) v_A에서의 얼마만한 변화가 (i) b_0, (ii) b_1, (iii) b_2, (iv) b_3를 0으로부터 1로 변하게 만드는가?

(c) 만약 $v_A = 1.3$ V라면 D는 무엇일 거라고 예상되는가? 이와 같이 표현했을 때 그 결과로 생기는 양자화 오차는 얼마인가?

[답] (a) 0000, 0001, 0100, 1111; (b) +0.25 V, +0.50 V, +1 V, +2 V; (c) 0101, −4%

아날로그 대 디지털 회로 기술자들

디지털이 신호 처리 기능을 구현하는 데 더 선호됨에 따라 매우 많은 수의 디지털 회로 설계 기술자들이 필요해졌다. 그러나 아날로그 설계 기술자에 대한 수요가 줄 것이라는 주기적인 예측에도 불구하고 아직 상황은 그렇지 않다. 오히려 어느 쪽인가 하면 아날로그 기술자에 대한 수요가 증가했다. 하지만 사실은 아날로그 기술자에게 요구되는 숙련의 정도가 상승한 것이다. 그들은 매우 복잡하고 엄격한 사양의 회로들을 설계할 것을 요청받을 뿐 아니라 디지털 (그리고 아날로그가 아닌) 회로들을 위해 최적화된 기술들을 이용하여 설계를 해야 하기도 한다. 이는 경제성으로 설명되는데 그 이유는 디지털이 통상적으로 대부분 시스템의 더 큰 부분을 구성하기 때문이다.

1.4 증폭기

이 절에서는 거의 모든 전자 시스템에 사용되는 기본적인 신호 처리 기능인 신호의 증폭에 대해서 소개할 것이다. 우리는 증폭기를 하나의 회로 빌딩 블록으로 공부할 것이다. 즉, 증폭기의 외적인 특성들을 고찰하고 증폭기의 내부 회로 설계는 뒤의 장들에서 설명한다.

1.4.1 신호의 증폭

개념상 가장 간단한 신호 처리는 **신호의 증폭**(signal amplification)이다. 트랜스듀서로부터 공급되는 신호는 대개 마이크로볼트(μV) 또는 밀리볼트(mV)의 범위 내에 있고 작은 에너지를 갖는 '약한' 신호이기 때문에 이런 신호는 증폭시킬 필요가 있을 것이다. 즉, 이와 같은 신호는 너무 작기 때문에 그대로 처리할 경우 신뢰성이 떨어질 것이다. 그러나 이런 신호를 증폭시켜 신호의 크기를 크게 하면 신호 처리가 매우 수월해질 것이다. 이와 같은 일을 수행하는 기능 블록을 **신호 증폭기**(signal amplifier)라고 부른다.

이 시점에서 증폭기가 **선형**(linear)이어야 하는 사실에 대해 논의할 필요가 있다. 신호를 증폭시킬 때, 신호 속에 있는 정보가 바뀌거나 불필요한 다른 정보가 끼어들지 않도록 주의해야 한다. 즉, 그림 1.3과 같은 신호가 증폭기에 입력될 때 증폭기의 출력 신호는 입력 신호와 진폭만 다른 완전한 닮은꼴이 되어야 한다. 바꿔 말하면 출력 파형의 '흔들림'이 입력 파형의 흔들림과 동일해야 한다. 출력 파형의 모양이 입력 파형의 모양과 다르면 출력 파형에 **왜곡**(distortion)이 생겼다고 말하며 이는 분명히 바람직하지 않은 현상이다.

이상적인 증폭기의 입출력 관계는 다음과 같이 쓸 수 있다.

$$v_o(t) = Av_i(t) \tag{1.4}$$

여기서 v_i는 입력 신호를, v_o는 출력 신호를 나타낸다. 또 A는 증폭의 크기를 나타내는 상수이며, 이를 **증폭기 이득**(amplifier gain)이라고 부른다. 식 (1.4)의 입출력 관계가 선형이므로, 이런 관계를 보이는 증폭기를 **선형 증폭기**(linear amplifier)라고 부른다. 만일 v_o와 v_i의 관계식에 v_i를 거듭제곱한 항(v_2) 등이 포함된다면, v_o의 파형이 v_i의 파형과 더 이상 같지 않을 것이다. 이런 경우 이 증폭기가 **비선형 왜곡**(nonlinear distortion)을 보인다고 말한다.

지금까지 설명한 증폭기들은 주로 작은 입력 신호를 처리할 목적으로 사용된다. 이들의 목적이 신호의 진폭을 크게 하는 것이므로 이들을 **전압 증폭기**(voltage amplifier)로 간주할 수 있을 것이다. 일반 가정에 있는 스테레오 시스템의 **전치 증폭기**(preamplifier)가 전압 증폭기의 좋은 예이다.

이제 다른 종류의 증폭기인 전력 증폭기에 대해서 생각해 보자. **전력 증폭기**(power amplifier)는 전압 이득은 제공하지 않고 전류 이득만 제공한다. 즉, 이 증폭기는 입력 신호 전원으로부터(때로는 전치 증폭기로부터) 작은 전력을 받아서 출력의 부하에 큰 전력을 전달해 준다. 전력 증폭기의 한 예가 가정용 스테레오 시스템의 전력 증폭기인데 이 증폭기의 목적은 증폭기의 부하인 확성기(loudspeaker)를 구동시키기 위한 충분한 전력을 공급해 주는 것이다. 확성기는 스테레오 시스템의 출력 트랜스듀서로서 시스템의 전기적인 출력 신호를 음향 신호로 변환하는 기능을 한다. 전력 증폭기에 대해 좀 더 생각해 보면 증폭기가 왜 선형이어야 하는지를 더 잘 알게 될 것이다. 선형성이 좋은 전력 증폭기는 음악 신호를 왜곡 없이 부드럽고 크게 재생시킬 것이다.

1.4.2 증폭기의 회로 기호

지금까지의 설명으로부터 신호 증폭기가 명백하게 2-포트(port) 회로망이라는 것을 알 수 있을 것이다. 따라서 그 기능을 그림 1.11(a)의 회로 기호로 편리하게 나타낼 수 있다. 이 기호를 사용함으로써 회로의 입력 포트와 출력 포트를 확실하게 구분할 수 있을 것이고, 또 신호 흐름의 방향도 확실히 알 수 있을 것이다. 따라서 앞으로는 회로도에서 '입력' 포트, '출력' 포트라고 일일이 표기하지 않아도 될 것이다. 보편성을 유지하기 위해 증폭기가 두 개의 입력 단자와 두 개의 출력 단자를 갖고 있는 것으로 나타냈다는 점에 유의하기 바란다. 좀 더 일반적인 경우를 그림 1.11(b)에 나타냈다. 이 그림에서 공통 단자가 증폭기의 입력 포트와 출력 포트 사이

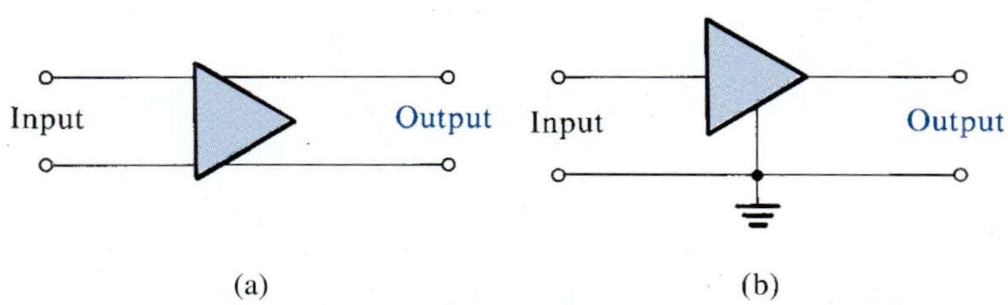

그림 1.11 (a) 증폭기의 회로 기호. (b) 입력과 출력 포트들 사이에 공통 단자(접지)를 갖는 증폭기.

에 존재한다는 점에 주목하기 바란다. 우리는 이 공통 단자를 기준점으로 사용하며, **회로 접지**(circuit ground)라고 부른다.

1.4.3 전압 이득

선형 증폭기는 입력 신호 $v_I(t)$를 받아서 이를 증폭(또는 확대 복사)시킨 후, 증폭된 신호[즉, 출력 신호 $v_O(t)$]를 부하 저항 R_L[그림 1.12(a) 참조] 사이의 출력에 공급해 준다. 증폭기의 **전압 이득**(voltage gain)은 다음과 같이 정의된다.

$$\text{Voltage gain } (A_v) = \frac{v_O}{v_I} \tag{1.5}$$

그림 1.12(b)에 선형 증폭기의 **전달 특성**(transfer characteristic)을 나타냈다. 만약 이 증폭기의 입력에 진폭이 $\hat{V}$인 사인파 전압을 인가한다면 출력에서 진폭이 $A_v\hat{V}$인 사인파를 얻게 될 것이다.

1.4.4 전력 이득과 전류 이득

증폭기는 신호의 전력을 증대시킨다. 이 점이 증폭기가 변압기와 다른 중요한 특징이다. 변압기의 경우에는 비록 부하에 전달되는 전압이 입력 측(1차 측)에 가해진 전압보다 크지만, (변압기의 2차 측으로부터) 부하에 전달되는 전력은 입력 전원에 의해 가해진 전력보다 작거나 같다. 이와는 반대로 증폭기는 신호 전원으로부터 얻을 수 있는 전력보다 더 큰 전력을 부하에 공급해 준다. 즉, 증폭기는 전력 이득을 갖는다. 그림 1.12(a)에 나타낸 증폭기의 **전력 이득**(power gain)은 다음과 같이 정의된다.

$$\text{Power gain } (A_p) \equiv \frac{\text{load power } (P_L)}{\text{input power}(P_I)} \tag{1.6}$$

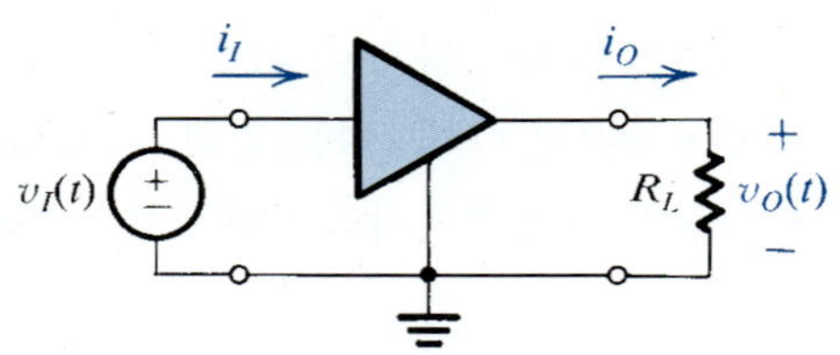

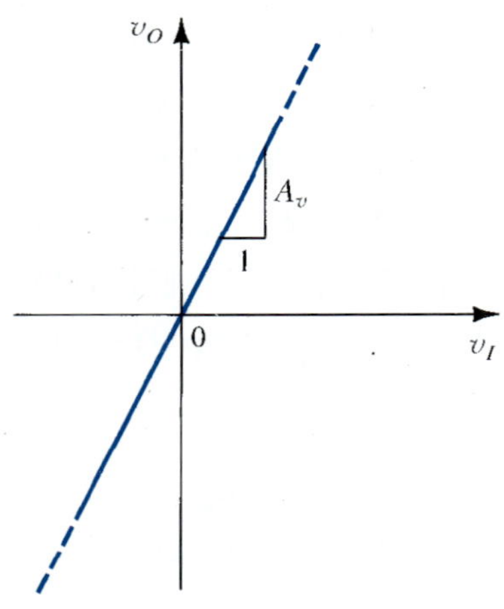

그림 1.12 (a) $v_I(t)$ 신호로 구동되고 부하 저항 R_L에 접속된 증폭기. (b) A_v의 전압 이득을 갖는 선형 전압 증폭기의 전달 특성.

$$= \frac{v_O i_O}{v_I i_I} \tag{1.7}$$

여기서 i_O는 증폭기가 부하(R_L)에 전달해 주는 전류 즉 $i_O = v_O/R_L$이고, i_I는 증폭기가 신호 전원으로부터 끌어들이는 전류이다. 증폭기의 **전류 이득**(current gain)은 다음과 같이 정의된다.

$$\text{Current gain } (A_i) \equiv \frac{i_O}{i_I} \tag{1.8}$$

식 (1.5)에서 (1.8)로부터 다음을 알 수 있다.

$$A_p = A_v A_i \tag{1.9}$$

1.4.5 이득의 데시벨 표현

위에서 정의한 증폭기 이득들은 동일한 차원을 갖는 전기량의 비이다. 따라서 이들을 무차원의 수로 나타내거나, 또는 강조할 목적으로 전압인 경우 V/V, 전류인 경우 A/A, 그리고 전력인 경우에는 W/W로 나타내기도 한다. 이와는 달리 많은 이유에서 그리고 역사적인 배경으로부터 전자공학자들은 증폭기 이득을 대수(logarithm) 단위로 표시하기도 한다. 구체적으로 말하여 전압 이득 A_v를 다음과 같이 표시하기도 한다.

$$\text{Voltage gain in decibels} = 20 \log |A_v| \quad \text{dB}$$

그리고 전류 이득 A_i를 다음과 같이 표시하기도 한다.

$$\text{Current gain in decibels} = 20 \log |A_i| \quad \text{dB}$$

전력은 전압(또는 전류)의 제곱에 비례하므로 전력 이득 A_p는 데시벨 단위로 다음과 같이 표시한다.

$$\text{Power gain in decibels} = 10 \log A_p \quad \text{dB}$$

위 식들에서 절댓값 표현은 경우에 따라 A_v와 A_i가 음수가 될 수도 있기 때문에 사용된 것이다. A_v가 음수인 것은 입력 신호와 출력 신호 사이에 180°의 위상차가 난다는 것을 의미하는 것이지, 증폭기가 신호를 **감쇠시킨다**(attenuate)는 것을 의미하는 것은 아니다. 한편 어떤 증폭기의 전압 이득이, 예를 들어 −20 dB이라고 하는 것은, 실제로는 그 증폭기가 입력 신호를 10배 감쇠시킨다는 것을 의미한다(즉, $A_v = 0.1$ V/V).

1.4.6 증폭기의 전력 공급

증폭기에서 부하로 전달된 전력이 신호 전원으로부터 끌어들인 전력보다 크기 때문에 우리는 이 부가 전력이 어디서 왔는가 하는 의문을 가질 것이다. 여기에 대한 해답은 증폭기가 동작하기 위해서는 직류 전력 공급기가 필요하다는 사실을 주지하면 쉽게 얻어질 것이다. 즉, 이 직류 전원들은 증폭기의 내부 회로에서 소비되는 전력(이와 같은 전력은 열로 변환된다)뿐 아니라 부하로 전달되는 부가 전력도 공급해 준다. 그림 1.12(a)에는 이 직류 전원들을 명확하게 나타내지 않았다는 점에 유의하기 바란다.

그림 1.13(a)에 두 직류 전원, 즉 V_{CC}의 플러스 값을 갖는 직류 전원 하나와 V_{EE}의 마이너스 값을 갖는 직류

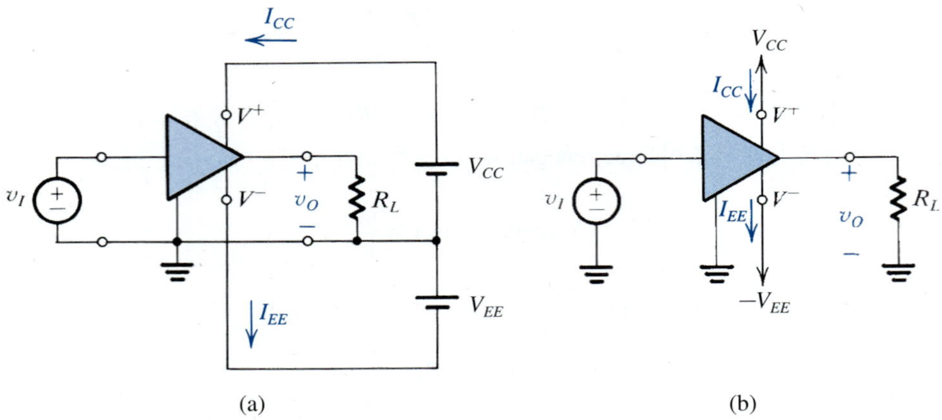

그림 1.13 동작하는 데 두 개의 직류 공급기(전지로 나타낸)를 필요로 하는 증폭기.

전원 하나를 필요로 하는 증폭기를 나타냈다. 그림에서 이 증폭기가 직류 공급기와 연결되기 위한 두 단자를 가지고 있으며, 이 단자들이 V^+와 V^-로 표기되어 있다. 이 증폭기를 동작시키기 위해서는 V^+로 표기된 단자를 전압이 V_{CC}인 직류 전원의 플러스 측에 연결해야 하며, 전원의 마이너스 측은 반드시 접지로 연결해야 한다. 마찬가지로 V^-로 표기된 단자는 전압이 V_{EE}인 직류 전원의 마이너스 측에 연결해야 하며, 전원의 플러스 측은 접지로 연결해야 한다. 이제 플러스 공급기로부터 끌어들여지는 전류를 I_{CC}로 표기하고, 마이너스 공급기로부터 끌어들여지는 전류를 I_{EE}로 표기하면[그림 1.13(a) 참조], 증폭기로 전달되는 직류 전력은

$$P_{dc} = V_{CC}I_{CC} + V_{EE}I_{EE}$$

가 된다. 만일 증폭기에서 소비되는 전력을 $P_{dissipated}$로 표기한다면 전력 평형 방정식을 다음과 같이 쓸 수 있다.

$$P_{dc} + P_I = P_L + P_{dissipated}$$

여기서 P_I는 신호 전원으로부터 끌어들여지는 전력이고, P_L은 부하로 전달되는 전력이다. 신호 전원으로부터 끌어들여지는 전력은 일반적으로 작으므로 증폭기의 **효율**(efficiency)은 다음과 같이 정의된다.

$$\eta \equiv \frac{P_L}{P_{dc}} \times 100 \tag{1.10}$$

전력 효율은 큰 양의 전력을 다루는 증폭기에서는 중요한 성능 파라미터가 된다. 전력 증폭기라고 불리는 이와 같은 증폭기는 스테레오 시스템의 출력 증폭기로 사용된다.

회로도를 간단히 하기 위해 그림 1.13(b)에 나타낸 약정을 채택할 것이다. 여기에서 V^+ 단자는 위를 가리키는 화살표에 연결되어 있고, V^- 단자는 아래를 가리키는 화살표에 연결되어 있다. 그리고 각각의 화살표 옆에 그에 해당하는 전압이 명시되어 있다. 많은 경우에 증폭기와 직류 전력 공급기와의 접속을 명확하게 나타내지 않는다는 점에 유의하기 바란다. 끝으로 어떤 증폭기는 단 하나의 전원만을 필요로 한다는 것도 언급해 둔다.

예제 1.2

피크 전압이 400 mV인 사인파를 생성하는 마이크에 대해서 고찰해 보자. 이 마이크는 10 μA의 피크 사인파 전류를 ±1 V 전력 공급기들로 동작하는 증폭기에 전달한다. 이 증폭기는 0.8 V 피크 사인파를 32 Ω 저항을 갖는 스피커 부하에 전달한다. 증폭기는 30 mA의 전류를 두 개의 전력 공급기 각각으로부터 끌어들인다. 전압 이득, 전류 이득, 전력 이득, 직류 공급기들로부터 끌어들인 전력, 증폭기에서 소비되는 전력, 그리고 증폭기 효율을 구하라.

풀이

$$A_v = \frac{0.8\text{ V}}{0.4\text{ V}} = 2\text{ V/V, or } A_v = 20\log 2 = 6\text{ dB}$$

$$\hat{I}_o = \frac{0.8\text{ V}}{32\ \Omega} = 25\text{ mA}$$

$$A_i = \frac{\hat{I}_o}{\hat{I}_i} = \frac{25\text{ mA}}{0.01\text{ mA}} = 2500\text{ A/A, or } A_i = 20\log 2500 = 68\text{ dB}$$

$$P_L = V_{o\text{rms}}\, I_{o\text{rms}} = \frac{0.8\text{ V}}{\sqrt{2}}\,\frac{25\text{ mA}}{\sqrt{2}} = 10\text{ mW}$$

$$P_I = V_{i\text{rms}}\, I_{i\text{rms}} = \frac{0.4\text{ V}}{\sqrt{2}}\,\frac{0.01\text{ mA}}{\sqrt{2}} = 2\ \mu\text{W}$$

$$A_p = \frac{P_L}{P_I} = \frac{10\text{ mW}}{2\ \mu\text{W}} = 5000\text{ W/W, or } A_p = 10\log 5000 = 37\text{ dB}$$

$$P_{\text{dc}} = 1\text{ V}\times 30\text{ mA} + 1\text{ V}\times 30\text{ mA} = 60\text{ mW}$$

$$\begin{aligned} P_{\text{dissipated}} &= P_{\text{dc}} + P_I - P_L \\ &= 60\text{ mW} + 0.002\text{ mW} - 10\text{ mW} \simeq 50\text{ mW} \end{aligned}$$

$$\eta = \frac{P_L}{P_{\text{dc}}}\times 100 = 16.7\%$$

위의 예제로부터 이 증폭기가 전력 공급기들로부터 끌어들인 직류 전력을 신호 전력으로 변환하여 부하에 전달한다는 것을 알 수 있다.

1.4.7 증폭기의 포화

사실상 증폭기의 전달 특성은 입력과 출력 전압의 제한된 범위 안에서만 선형성을 유지한다. 두 개의 전력 공급기로 동작하는 증폭기의 경우, 출력 전압은 규정된 플러스 한계를 넘을 수 없고, 또한 마이너스 한계 이하로 내려갈 수도 없다. 그 결과로 생긴 전달 특성을 그림 1.14에 나타냈다. 여기서 플러스와 마이너스 포화 레벨을 L_+와 L_-로 각각 표기했다. 각각의 포화 레벨은 대개 각각에 해당하는 전력 공급기 전압보다 몇 분의 1 V 정도 작은 범위에 존재한다.

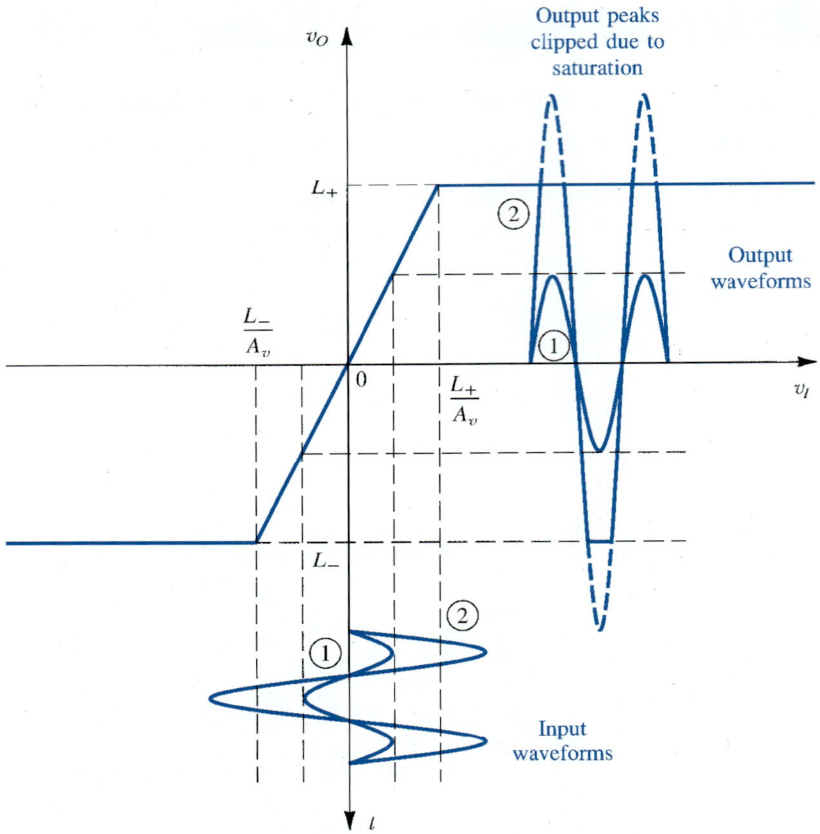

그림 1.14 증폭기의 전달 특성. 출력이 포화되는 것을 제외하고는 특성이 선형이다.

출력 신호 파형이 왜곡되는 것을 피하기 위해서는 입력 신호 스윙이 선형 동작 범위 안에 반드시 유지되어야 한다.

$$\frac{L_-}{A_v} \le v_I \le \frac{L_+}{A_v}$$

그림 1.14에 두 입력 파형과 그에 상응하는 출력 파형도 나타냈다. 증폭기의 포화 때문에 진폭이 더 큰 파형의 위와 아래 피크가 잘렸다는 점에 주목하기 바란다.

1.4.8 기호 약정

이제 이 책 전체에 걸쳐서 사용할 용어들에 대해 주목할 필요가 있다. 용어를 예시하기 위해 그림 1.15에 특정한 회로의 한 가지를 통해 흐르는 임의의 전류 $i_C(t)$를 나타냈다. 전류 $i_C(t)$는 피크 진폭이 I_c인 사인파 성분 $i_c(t)$에 중첩된 직류 성분 I_C로 구성된다. 임의의 시간 t에서, **총 순시**(total instantaneous) 전류 $i_C(t)$가 직류 전류 I_C와 신호 전류 $i_c(t)$의 합, 즉

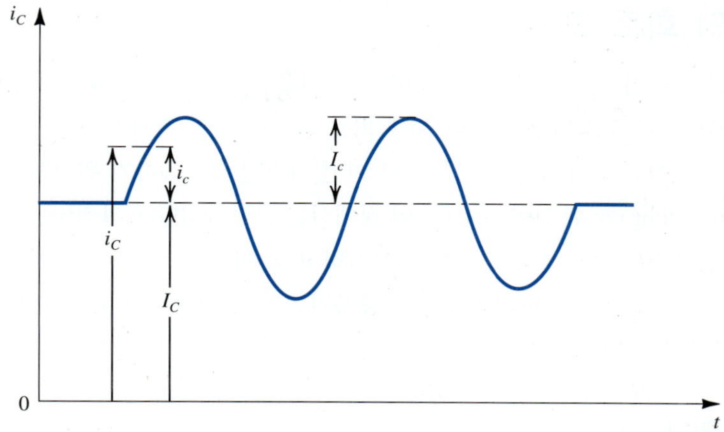

그림 1.15 이 책의 전체에 걸쳐서 사용될 기호 약정.

$$i_C(t) = I_C + i_c(t) \tag{1.11}$$

라는 점에 주목하기 바란다. 여기서 신호 전류는

$$i_c(t) = I_c \sin \omega t$$

로 주어진다. 따라서 다음과 같이 몇 가지 약정을 정할 수 있다. 즉, 총 순시량은 예를 들어 $i_C(t)$, $v_{DS}(t)$와 같이 대문자 첨자(들)가 붙은 소문자 기호로 표기한다. 직류량은 예를 들어 I_C, V_{DS}와 같이 대문자 첨자가 붙은 대문자 기호로 표기한다. 증분 신호량은 예를 들어 $i_c(t)$, $v_{gs}(t)$와 같이 소문자 첨자가 붙은 소문자 기호로 표기한다. 만약 신호가 사인파이면, 그것의 진폭은 예를 들어 I_c, V_{gs}와 같이 소문자 첨자가 붙은 대문자로 표기한다. 마지막으로 그림 1.15에는 나타내지 않았지만 직류 전력 공급기는 V_{CC}, V_{DD}와 같이 합자 대문자 첨자가 붙은 대문자 기호로 표기한다. 이와 유사한 표기가 전력 공급기로부터 끌어들여지는 직류 전류에 대해서 I_{CC}, I_{DD}와 같이 사용된다.

연습문제

1.10 100 V/V의 전압 이득과 1000 A/A의 전류 이득을 갖는 어떤 증폭기가 있다. 전압 이득과 전류 이득을 데시벨로 나타내고, 전력 이득을 구하라.

[답] 40 dB; 60 dB; 50 dB

1.11 15 V의 전력 공급기 하나로 동작하는 어떤 증폭기가 1 kΩ 부하에 피크간 전압이 12 V인 사인파 신호를 제공하고, 신호 전원으로부터는 무시해도 좋을 만큼의 입력 전류를 끌어당긴다. 15 V 전력 공급기로부터 이 증폭기로 끌어들여지는 직류 전류는 8 mA이다. 증폭기에서 소비되는 전력은 얼마인가? 그리고 증폭기의 효율은 얼마인가?

[답] 120 mW; 15%

1.5 증폭기의 회로 모델

이 책의 많은 부분에서 여러 가지 종류의 트랜지스터를 이용한 증폭기 설계에 대해 공부할 것이다. 증폭기 회로는 하나의 트랜지스터로 구성되는 것부터 20개 또는 그 이상의 트랜지스터로 구성되는 것까지 매우 다양하다. 이런 증폭기 회로들을 하나의 빌딩 블록으로 어떤 시스템에 적용하기 위해서는 이들의 단자 특성을 특성화 또는 **모델링**(modeling)할 수 있어야 한다. 이 절에서는 간단하지만 효과적인 증폭기 모델들을 살펴볼 것이다. 이 모델들은 증폭기의 내부 회로가 얼마나 복잡하고 또 어떻게 구성되는지에 관계없이 모든 형태의 증폭기들에 적용될 것이다. 모델 파라미터의 값들은 증폭기 회로를 해석하거나 아니면 실제로 증폭기 단자들을 측정해 봄으로써 구할 수 있다.

1.5.1 전압 증폭기

그림 1.16(a)에 전압 증폭기의 회로 모델을 나타냈다. 이 모델은 A_{vo}의 전압 이득을 갖는 전압 제어 전압 전원, 입력 저항 R_i, 그리고 출력 저항 R_o로 구성된다. 여기서 입력 저항 R_i는 증폭기가 신호 전원으로부터 입력 전류를 끌어들인다는 것을 의미한다. 또 출력 저항 R_o는 증폭기가 출력 전류를 부하에 공급해 줄 때 출력 전압이 왜 변하는지를 밝혀 준다. 좀 더 구체적으로 이해하기 위해 그림 1.16(b)의 증폭기 회로를 살펴보자. 이 회로에서 증폭기의 모델은 저항 R_s를 갖는 신호 전원으로 구동되며, 출력에 연결된 부하 저항 R_L에 증폭된 전압을 전달해 준다. 출력 저항 R_o가 0이 아니기 때문에 부하 저항 R_L 양단에는 $A_{vo}v_i$의 일부만 나타난다. 전압 분배 공식을 이용하면

$$v_o = A_{vo} v_i \frac{R_L}{R_L + R_o}$$

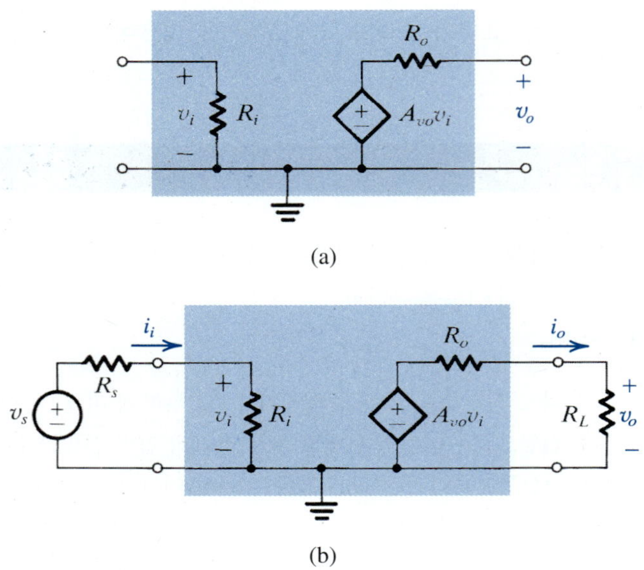

그림 1.16 (a) 전압 증폭기의 회로 모델. (b) 입력 신호 전원과 부하가 연결된 전압 증폭기.

이 된다. 따라서 전압 이득은

$$A_v \equiv \frac{v_o}{v_i} = A_{vo}\frac{R_L}{R_L + R_o} \tag{1.12}$$

이 된다. 이 식으로부터 증폭기 출력을 부하에 접속할 때 이득이 손실되는 것을 피하기 위해서는 출력 저항 R_o를 부하 저항 R_L보다 매우 작게 해 줘야 한다는 것을 알 수 있다. 바꿔 말하면 R_L이 주어진 경우, R_o가 R_L보다 매우 작도록 증폭기를 설계해야 한다. 더욱이 R_L이 어떤 범위에 걸쳐 변한다고 알려진 응용들이 있다. 이런 경우에는 출력 전압 v_o를 가능한 한 일정하게 유지하기 위해 R_L의 가장 낮은 값보다 작은 R_o를 갖도록 증폭기를 설계해야 한다. 증폭기가 이상적일 경우 $R_o = 0$이다. 식 (1.12)로부터 $R_L = \infty$이면 $A_v = A_{vo}$가 되는 것도 알 수 있다. 따라서 A_{vo}가 무부하된(또는 부하가 걸리지 않은) 증폭기의 전압 이득 또는 **개방 회로 전압 이득**(open-circuit voltage gain)이라는 것을 알 수 있다. 이상의 설명으로부터 우리는 다음 사항이 분명해지는 것을 알 수 있다. 즉, 증폭기의 전압 이득을 언급할 때에는 반드시 그 이득을 측정하거나 계산할 때 사용된 부하 저항의 값을 자세히 언급해 주어야 한다. 만약 부하 저항에 대해 언급이 없으면 이는 주어진 전압 이득이 개방 회로 이득(A_{vo})이라고 가정한 것이 된다.

증폭기의 입력 측에서는 유한(즉 무한대가 아닌) 입력 저항 R_i 때문에 또 다른 전압 분배 효과가 일어난다. 그 결과로 전압 전원 v_s의 일부만이 실제로 증폭기의 입력 단자에 나타난다.

$$v_i = v_s\frac{R_i}{R_i + R_s} \tag{1.13}$$

따라서 신호 전원을 증폭기의 입력에 접속할 때 입력 신호가 감소되는 것을 막기 위해서는, 입력 저항 R_i가 신호 전원의 저항 R_s보다 매우 크도록, 즉 $R_i \gg R_s$가 되도록 증폭기를 설계해야 한다. 더욱이 전원 저항이 어떤 범위에 걸쳐 변한다고 알려진 응용들이 있다. 이런 경우에는 이 변화가 증폭기의 입력에 나타나는 신호의 값에 미치는 영향을 최소화하기 위해 R_i가 R_s의 최댓값보다 훨씬 크도록 증폭기를 설계해야 한다. 증폭기가 이상적일 경우 $R_i = \infty$이다. 따라서 이상적인 증폭기의 경우에는 전류 이득과 전력 이득이 무한대가 된다.

전체 전압 이득(v_o/v_s)은 식 (1.12)와 (1.13)을 결합함으로써 구할 수 있다.

$$\frac{v_o}{v_s} = A_{vo}\frac{R_i}{R_i + R_s}\frac{R_L}{R_L + R_o}$$

경우에 따라서는 전압 이득보다 전류 이득이 관심의 대상이 되기도 한다. 예를 들어 신호 전원의 전압은 상당한 값이지만 신호 전원 저항이 부하 저항보다 훨씬 큰 경우가 있을 수 있다. 이때 신호 전원을 부하에 바로 연결하면 상당한 신호 감소를 가져올 것이다. 이런 경우에는 (전원 저항보다) 높은 입력 저항과 (부하 저항보다) 낮은 출력 저항을 가지면서 적당한(또는 거의 1에 가까운) 전압 이득을 갖는 증폭기가 요구될 것이다. 이런 증폭기를 **완충 증폭기**(buffer amplifier)라고 한다. 우리는 이 책의 도처에서 완충 증폭기를 만나게 될 것이다.

연습문제

1.12 1 V rms의 전압과 1 MΩ의 저항으로 특징지어지는 어떤 트랜스듀서를 이용하여 10 Ω 부하를 구동시키려고 한다. 트랜스듀서와 부하를 직접 연결했을 경우 부하에 전달되는 전압과 전력 레벨은 얼마인가? 1 MΩ 입력 저항과 10 Ω 출력 저항을 갖는 단일 이득(즉 $A_{vo} = 1$) 완충 증폭기를 전원과 부하 사이에 삽입했을 경우 출력 전압과 전력 레벨은 얼마가 되겠는가? 후자의 경우에 대해 전원으로부터 부하로의 전압 이득과 전력 이득을 구하라.(두 가지 모두를 데시벨로 표현하라.)
[답] 10 μV rms; 10^{-11} W; 0.25 V rms; 6.25 mW; −12 dB; 44 dB

1.13 어떤 전압 증폭기를 1 kΩ의 부하 저항에 접속했더니 그것의 전압 이득이 20% 감쇠했다. 이 증폭기의 출력 저항은 얼마인가?
[답] 250 Ω

1.14 +40 dB의 전압 이득, 10 kΩ의 입력 저항, 1 kΩ의 출력 저항을 갖는 증폭기를 사용하여 1 kΩ의 부하를 구동시켰다. A_{vo}의 값은 얼마인가? 전력 이득의 dB 값은 얼마인가?
[답] 100 V/V; 44 dB

1.5.2 종속 접속 증폭기

주어진 증폭기 사양을 만족시키기 위해 둘 또는 그 이상의 단(stage)들을 종속으로(직렬로) 접속한 증폭기를 설계할 필요가 종종 생긴다. 단들은 통상적으로 동일하지 않다. 오히려 이들 각각은 특정한 목적에 맞게 설계된다. 예를 들면 첫째 단은 대개 큰 입력 저항을 가져야 하고, 종속 접속에서 마지막 단은 낮은 출력 저항을 갖도록 설계된다. 종속 접속 증폭기의 해석 및 설계를 설명하기 위해 실제 예를 고찰해 보자.

예제 1.3

그림 1.17은 세 개의 단을 종속으로 접속시킨 증폭기를 나타낸 것이다. 이 증폭기는 전원 저항(또는 내부 저항)이 100 kΩ인 신호 전원으로 구동되며, 자신의 출력을 100 Ω의 부하 저항에 전달해 준다. 첫째 단은 비교적 높은 입력 저항과 적당한 크기의 이득, 즉 10의 이득을 가지며, 둘째 단은 첫째 단보다 높은 이득과 낮은 입력 저항을 가진다. 끝으로 마지막 단 또는 출력단은 단일 이득과 낮은 출력 저항을 가진다. 전체 전압 이득 즉 v_L/v_s, 전류 이득, 전력 이득을 구하라.

풀이

전원 신호의 일부가 증폭기의 입력 단자에 나타나는데, 이 값은 입력 회로에 전압 분배 공식을 적용함으로써 구할 수 있다.

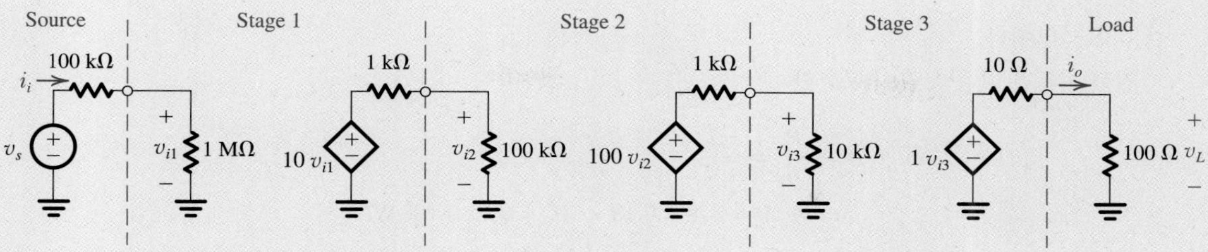

그림 1.17 예제 1.3에 대한 3단 증폭기.

$$\frac{v_{i1}}{v_s} = \frac{1\ \text{M}\Omega}{1\ \text{M}\Omega + 100\ \text{k}\Omega} = 0.909\ \text{V/V}$$

첫째 단의 전압 이득은 둘째 단의 입력 저항을 첫째 단의 부하로 간주한 후, 전압 분배 공식을 다시 적용하여 구한다.

$$A_{v1} \equiv \frac{v_{i2}}{v_{i1}} = 10 \frac{100\ \text{k}\Omega}{100\ \text{k}\Omega + 1\ \text{k}\Omega} = 9.9\ \text{V/V}$$

마찬가지로 둘째 단의 전압 이득은 셋째 단의 입력 저항을 둘째 단의 부하로 간주함으로써 구할 수 있다.

$$A_{v2} \equiv \frac{v_{i3}}{v_{i2}} = 100 \frac{10\ \text{k}\Omega}{10\ \text{k}\Omega + 1\ \text{k}\Omega} = 90.9\ \text{V/V}$$

끝으로 출력단의 전압 이득은

$$A_{v3} \equiv \frac{v_L}{v_{i3}} = 1 \frac{100\ \Omega}{100\ \Omega + 10\ \Omega} = 0.909\ \text{V/V}$$

이다. 종속으로 접속된 세 단의 전체 이득은 다음과 같이 구할 수 있다.

$$A_v \equiv \frac{v_L}{v_{i1}} = A_{v1} A_{v2} A_{v3} = 818\ \text{V/V}$$

즉, 58.3 dB이다.

전원으로부터 부하로 전달되는 전압은 A_v에 입력에서의 이득 손실을 곱하여 구한다.

$$\frac{v_L}{v_s} = \frac{v_L}{v_{i1}} \frac{v_{i1}}{v_s} = A_v \frac{v_{i1}}{v_s}$$
$$= 818 \times 0.909 = 743.6\ \text{V/V}$$

즉, 57.4 dB이다.

전류 이득은 다음과 같이 구한다.

$$A_i \equiv \frac{i_o}{i_i} = \frac{v_L/100\ \Omega}{v_{i1}/1\ \text{M}\Omega}$$
$$= 10^4 \times A_v = 8.18 \times 10^6\ \text{A/A}$$

즉, 138.3 dB이다.

전력 이득은 다음과 같이 구한다.

$$A_p \equiv \frac{P_L}{P_I} = \frac{v_L i_o}{v_{i1} i_i}$$
$$= A_v A_i = 818 \times 8.18 \times 10^6 = 66.9 \times 10^8 \text{ W/W}$$

즉, 98.3 dB이다. 여기서

$$A_p(\text{dB}) = \frac{1}{2}[A_v(\text{dB}) + A_i(\text{dB})]$$

라는 점에 유의하기 바란다.

위 예제에서 다룬 종속 접속 증폭기에 대해 몇 가지 설명을 할 차례가 되었다. 증폭기 입력에서 신호 세기를 잃지 않기 위해, 첫째 단은 전원 저항보다 훨씬 큰 입력 저항을 갖도록 설계된다(1 MΩ ≫ 100 kΩ). 설계상의 절충은 적당한 전압 이득이 10V/V인 것처럼 보인다. 둘째 단은 필요한 전압 이득의 대부분을 실현한다. 셋째(마지막) 단 또는 출력단은 완충 증폭기의 기능을 하며, 비교적 큰 입력 저항과 R_L보다 훨씬 낮은 출력 저항을 제공한다(10 Ω ≪ 100 Ω). 다음의 연습문제들에서, 종속 접속 증폭기에서 임의의 증폭 단의 이득을 구할 때, 위 예제에서처럼 그다음 증폭 단의 부하 효과(loading effect)를 반드시 고려해야 한다는 점에 주목하기 바란다.

연습문제

1.15 예제 1.3에서 다룬 종속 접속 증폭기에서, 셋째 단이 없을 때(즉, 부하 저항이 둘째 단의 출력에 접속되어 있는 경우) 증폭기의 전체 전압 이득은 얼마인가?

[답] 81.8 V/V; 9 배만큼 감소

1.16 예제 1.3에서 다룬 종속 접속 증폭기에서, v_s를 1 mV라고 하자. v_{i1}, v_{i2}, v_{i3}과 v_L을 구하라.

[답] 0.91 mV; 9 mV; 818 mV; 744 mV

1.17 (a) 전압 증폭기 모델을 이용하여 예제 1.3의 3단 증폭기를 (전원과 부하는 빼고) 모델링하라. R_i, A_{vo}, R_o의 값을 구하라.

(b) 만약 R_L이 10 Ω에서 1000 Ω까지의 범위에서 변한다면, 이에 상응하는 전체 전압 이득 v_o/v_s의 범위는 얼마인가?

[답] 1 MΩ, 900 V/V, 10 Ω; 409~810 V/V

1.5.3 기타 유형의 증폭기

전자 시스템을 설계할 때 관심의 대상이 되는 신호는 (시스템의 입력단에서이든, 중간 단에서이든, 아니면 출력단에서이든 상관없이) 전압도 될 수 있고 전류도 될 수 있다. 예를 들어 어떤 트랜스듀서는 매우 높은 출력 저항을 갖기 때문에 전류 전원으로 모델링하는 것이 적합한 경우가 있다. 마찬가지로 출력 전압보다 출력 전류가 관심의 대상이 되는 응용 회로들도 많이 있다. 따라서 앞 절에서 살펴본 전압 증폭기는 가장 널리 쓰이기는 하지만 네 가지 증폭기 중 하나에 불과하다. 나머지 세 종류로는 전류 증폭기, 트랜스컨덕턴스(transconductance) 증폭기, 트랜스레지스턴스(transresistance) 증폭기가 있다. 표 1.1에 네 종류의 증폭기, 그들의 회로 모델, 그들의 이득 파라미터들의 정의, 그리고 그들의 입력 및 출력 저항의 이상적인 값들을 나타냈다.

1.5.4 네 가지 증폭기 모델 사이의 관계

어떤 증폭기가 주어지면, 표 1.1에 나타낸 네 가지 모델 중 어느 하나가 이 증폭기의 모델로 가장 적합하기는

표 1.1 네 종류의 증폭기

Type	Circuit Model	Gain Parameter	Ideal Characteristics
Voltage Amplifier	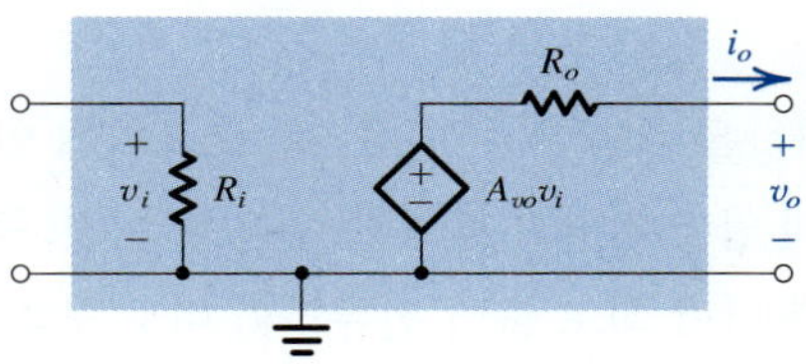	Open-Circuit Voltage Gain $A_{vo} \equiv \left.\frac{v_o}{v_i}\right\vert_{i_o=0}$ (V/V)	$R_i = \infty$ $R_o = 0$
Current Amplifier	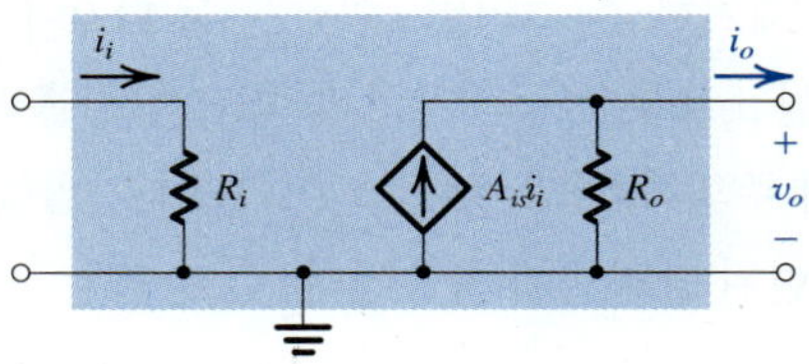	Short-Circuit Current Gain $A_{is} \equiv \left.\frac{i_o}{i_i}\right\vert_{v_o=0}$ (A/A)	$R_i = 0$ $R_o = \infty$
Transconductance Amplifier	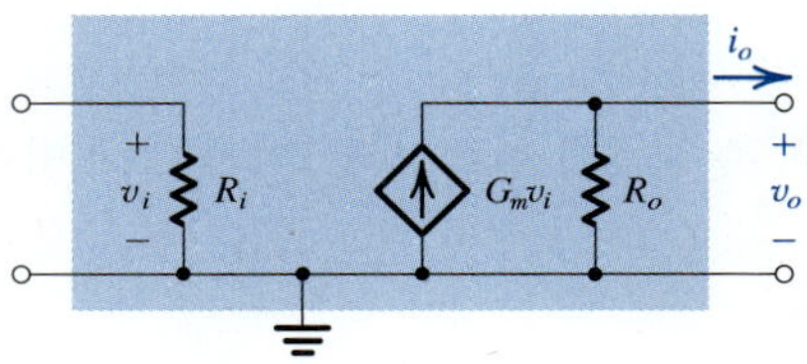	Short-Circuit Transconductance $G_m \equiv \left.\frac{i_o}{v_i}\right\vert_{v_o=0}$ (A/V)	$R_i = \infty$ $R_o = \infty$
Transresistance Amplifier	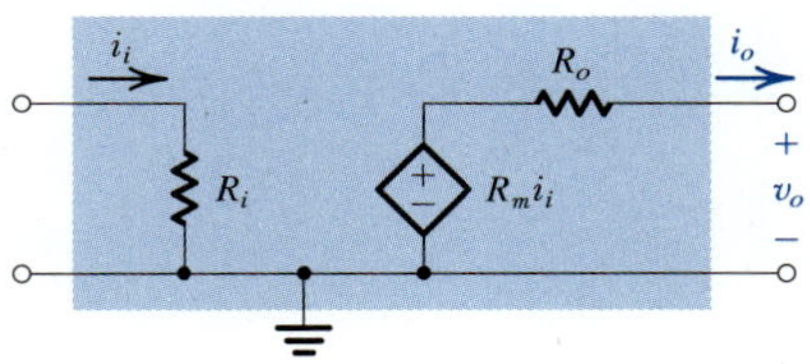	Open-Circuit Transresistance $R_m \equiv \left.\frac{v_o}{i_i}\right\vert_{i_o=0}$ (V/A)	$R_i = 0$ $R_o = 0$

하겠지만, 네 가지 모델 모두를 이 증폭기의 모델로 사용할 수도 있다. 실제로 여러 가지 모델의 파라미터들을 서로 연관시켜 주는 간단한 관계식들을 유도할 수 있다. 예를 들어 개방 회로 전압 이득 A_{vo}와 단락 회로 전류 이득 A_{is}를 다음과 같이 연관시킬 수 있다. 즉, 표 1.1의 전압 증폭기 모델에서 개방 회로 출력 전압은 $A_{vo}v_i$이다. 한편 같은 표에 있는 전류 증폭기 모델에서 개방 회로 출력 전압은 $A_{is}i_iR_o$이다. 이들 두 값을 등식으로 놓고 $i_i = v_i/R_i$임을 감안하면

$$A_{vo} = A_{is}\left(\frac{R_o}{R_i}\right) \tag{1.14}$$

를 얻는다. 마찬가지로

$$A_{vo} = G_m R_o \tag{1.15}$$

그리고

$$A_{vo} = \frac{R_m}{R_i} \tag{1.16}$$

이라는 것을 증명할 수 있다. 식 (1.14)부터 (1.16)까지를 이용하면, 이득 파라미터 A_{vo}, A_{is}, G_m, R_m 중에서 어느 것이든 둘을 연관시킬 수 있다.

1.5.5 R_i와 R_o 구하기

표 1.1에 주어진 증폭기 회로 모델들로부터 다음 사항을 관찰할 수 있다. 즉, 증폭기에 입력 전압 v_i를 인가하고 입력 전류 i_i를 측정(또는 계산)함으로써 증폭기의 입력 저항 R_i를 구할 수 있다는 것, 즉 $R_i = v_i/i_i$라는 것을 관찰할 수 있다. 출력 저항은 개방 회로 출력 전압과 단락 회로 출력 전류와의 비로 구해진다. 또한 그림 1.18에 나와 있는 것처럼 출력 저항은 입력 신호 전원을 제거한 후(그러면 i_i와 v_i는 둘 다 0이 된다) 전압 신호 v_x를 증폭기의 출력에 인가함으로써 구할 수도 있다. 만일 v_x로부터 증폭기의 출력 단자로 흘러 들어가는 전류를 i_x로 표시한다면(i_x의 방향이 i_o의 방향의 정반대임에 주의하라) $R_o = v_x/i_x$이다. 이 기법들은 개념적으로는 정확하지만 실제로 R_i와 R_o를 측정할 때에는 좀 더 세련된 방법들이 사용된다.

1.5.6 단방향성 모델

지금까지 사용된 모델들은 **단방향성**(unilateral)이다. 즉 신호가 한쪽 방향, 다시 말해 입력으로부터 출력으로

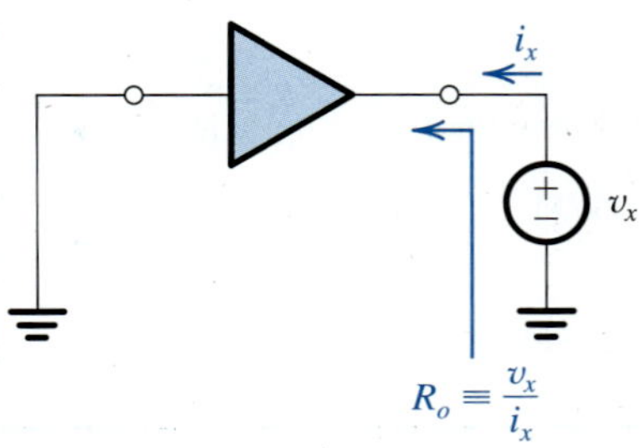

그림 1.18 출력 저항 구하기.

만 전송된다. 단방향성 모델이, 임의의 증폭기의 입력 전압과 전류가 출력에 접속되는 것에 완전히 무관하다는 것을 암시하지만, 실제의 경우에는 그렇지 않을 수도 있다. 예를 들어 원하지 않는 결합에 의해 증폭기 출력 신호의 일부가 증폭기의 입력에 나타날 수도 있다. 지금 단계에서는 이 점에 대해 더 이상 자세히 거론하지 않고 선형 2-포트 회로망의 보다 완전한 모델이 부록 C에 수록되어 있다는 것만 언급해 둔다. 또한 어떤 경우에는 표 1.1의 모델들을 몇몇 트랜지스터 증폭기의 비단방향성(nonunilateral) 성질까지 고려하여 논의할 필요가 있다는 것을 이후 장들에서 알게 될 것이다.

예제 1.4

6장에서 공부할 **바이폴라 접합 트랜지스터**(BJT: bipolar junction transistor)는 직류로 바이어스되고 소신호로 동작될 때 그림 1.19(a)에 나타낸 선형 회로로 모델링될 수 있는 3단자 소자이다. 3단자 소자들은 **이미터**(E: emitter), **베이스**(B: base), **컬렉터**(C: collector)이다. 이 모델의 핵심은 B와 E 사이의 입력 저항(r_π로 표시된), 단락 회로 트랜스컨덕턴스 g_m, 그리고 출력 저항 r_o로 표현되는 트랜스컨덕턴스 증폭기이다.

(a) 이미터가 입력과 출력 사이의 공통 단자로 사용된 그림 1.19(b)는 **공통 이미터**(common-emitter) 또는 **접지된 이미터**(grounded-emitter) 회로라고 알려진 트랜지스터 증폭기를 보여 준다. 전압 이득 v_o/v_s에 대한 식을 유도하라. 그리고 $R_s = 5\ \text{k}\Omega$, $r_\pi = 2.5\ \text{k}\Omega$, $g_m = 40\ \text{mA/V}$, $r_o = 100\ \text{k}\Omega$, $R_L = 5\ \text{k}\Omega$인 경우에 대해 전압 이득의 크기를 계산하라. 만약 r_o의 효과를 무시한다면 이득값은 얼마이겠는가?

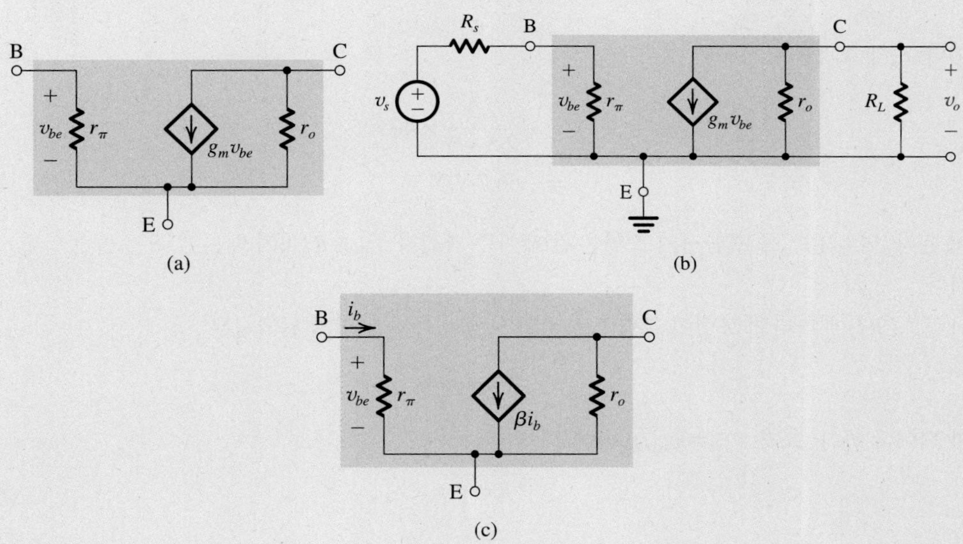

그림 1.19 (a) 바이폴라 접합 트랜지스터(BJT)를 위한 소신호 회로 모델. (b) 이미터가 입력과 출력 사이의 공통 단자로 사용되는 증폭기(공통 이미터 증폭기라고 불린다)가 되게끔 접속된 BJT. (c) BJT의 또 다른 소신호 모델.

(b) 트랜스컨덕턴스 증폭기 대신 전류 증폭기가 사용된 트랜지스터에 대한 또 다른 모델이 그림 1.19(c)에 나타나 있다. 단락 회로 전류 이득 β는 무엇이어야 하는가? β의 식과 값을 구하라.

풀이

(a) 그림 1.19(b)를 참조하여 전압 분배 공식을 이용하면 증폭기 입력에 나타나는 입력 신호의 일부를 다음과 같이 구할 수 있다.

$$v_{be} = v_s \frac{r_\pi}{r_\pi + R_s} \tag{1.17}$$

다음으로 저항 $R_L \parallel r_o$에 전류 $g_m v_{be}$를 곱함으로써 출력 전압 v_o를 구할 수 있다.

$$v_o = -g_m v_{be}(R_L \parallel r_o) \tag{1.18}$$

식 (1.17)에 주어진 v_{be}를 대입하면 전압 이득 식

$$\frac{v_o}{v_s} = -\frac{r_\pi}{r_\pi + R_s} g_m (R_L \parallel r_o) \tag{1.19}$$

을 얻을 수 있다. 전압 이득이 마이너스이고, 이는 이 증폭기가 반전 증폭기라는 것을 가리킨다는 점에 주목하기 바란다. 주어진 소자 값들에 대해

$$\begin{aligned}\frac{v_o}{v_s} &= -\frac{2.5}{2.5+5} \times 40 \times (5 \parallel 100) \\ &= -63.5 \text{ V/V}\end{aligned}$$

이다. r_o의 효과를 무시하면

$$\begin{aligned}\frac{v_o}{v_s} &\simeq -\frac{2.5}{2.5+5} \times 40 \times 5 \\ &= -66.7 \text{ V/V}\end{aligned}$$

이 된다. 이 값은 r_o를 포함시키고 얻은 값에 아주 가깝다. $r_o \gg R_L$이기 때문에 이는 놀랄 만한 일이 아니다.

(b) 그림 1.19(c)에 나타낸 모델이 그림 1.19(a)의 모델과 등가가 되기 위해서는

$$\beta i_b = g_m v_{be}$$

가 되어야 한다. 그러나 $i_b = v_{be}/r_\pi$이다. 따라서

$$\beta = g_m r_\pi$$

이다. 주어진 값들을 대입하면 다음을 얻는다.

$$\begin{aligned}\beta &= 40 \text{ mA/V} \times 2.5 \text{ k}\Omega \\ &= 100 \text{ A/A}\end{aligned}$$

연습문제

1.18 표 1.1의 두 번째 줄에 나와 있는 모델로 표현되는 어떤 전류 증폭기에 대해 생각해 보자. 이 증폭기가 R_s 저항을 가진 신호 전류 전원 i_s로 구동된다고 하고, 출력이 부하 저항 R_L에 접속된다고 하자. 전체 전류 이득이 다음과 같이 주어진다는 것을 보여라.

$$\frac{i_o}{i_s} = A_{is}\frac{R_s}{R_s + R_i}\frac{R_o}{R_o + R_L}$$

1.19 표 1.1의 세 번째 줄에 나와 있는 모델로 표현되는 트랜스컨덕턴스 증폭기에 대해 생각해 보자. 전원 저항 R_s를 가진 전압 신호 전원 v_s가 이 증폭기의 입력에 접속되고, 부하 저항 R_L이 출력에 접속된다고 하자. 전체 전압 이득이 다음과 같이 주어진다는 것을 보여라.

$$\frac{v_o}{v_s} = G_m\frac{R_i}{R_i + R_s}(R_o \| R_L)$$

1.20 표 1.1의 네 번째 줄에 나와 있는 모델로 표현되는 트랜스레지스턴스 증폭기에 대해 생각해 보자. 전원 저항 R_s를 가진 전류 신호 전원 i_s가 이 증폭기의 입력에 접속되고, 부하 저항 R_L이 출력에 접속된다고 하자. 전체 이득이 다음과 같이 주어진다는 것을 보여라.

$$\frac{v_o}{i_s} = R_m\frac{R_s}{R_s + R_i}\frac{R_L}{R_L + R_o}$$

1.21 그림 E1.21에 나타낸 회로에서 단자 B와 G 사이의 입력 저항을 구하라. 전압 v_x는 테스트 전압이고, 이 테스트 전압 전원에서 바라본 입력 저항 R_{in}은 $R_{in} \equiv v_x/i_x$로 정의된다.

[답] $R_{in} = r_\pi + (\beta + 1)R_e$

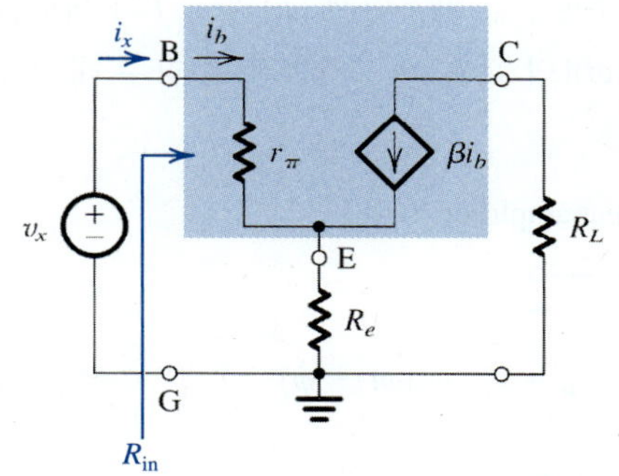

그림 E1.21

1.6 증폭기의 주파수 응답[2)]

1.2절에서 우리는 임의의 증폭기에 인가되는 입력 신호를 언제든지 사인파의 합으로 표현할 수 있다는 것을 알았다. 증폭기의 중요한 특성 가운데 하나는 서로 다른 주파수들의 입력 사인파에 대한 그 증폭기의 응답에 관한 것이다. 증폭기 동작의 이와 같은 특성 묘사를 증폭기의 주파수 응답이라고 부른다.

1.6.1 증폭기의 주파수 응답 측정

우리는 증폭기의 응답을 어떻게 측정할 수 있는가를 보임으로써 증폭기의 주파수 응답에 관한 설명을 시작할 것이다. 그림 1.20에 진폭이 V_i이고 주파수가 ω인 사인파가 입력에 인가된 선형 전압 증폭기를 나타냈다. 그림을 보면 알 수 있듯이, 증폭기 출력에서 측정된 신호 역시 정확히 입력과 같은 주파수 ω를 가지는 사인파이다. 이것이 우리가 주목해야 할 중요한 점이다. 즉, **사인파 신호가 선형 회로에 인가될 때, 그 결과로 생기는 출력은 입력과 같은 주파수를 가지는 사인파이다.** 실제로 사인파는 선형 회로를 통과해도 그 모양이 변하지 않는 유일한 신호이다. 그러나 출력 사인파의 진폭은 입력 사인파의 진폭과 다를 것이고, 그 위상 역시 입력의 위상과는 다를 것이다. 입력 사인파(V_i)의 진폭에 대한 출력 사인파(V_o)의 진폭의 비가 테스트 주파수 ω에서의 증폭기 이득(또는 전송)의 크기를 나타내고, 각 ϕ가 테스트 주파수에서의 증폭기 전송의 위상을 나타낸다. 만일 **증폭기 전송**(amplifier transmission) 또는 좀 더 일반적으로 알려진 **전달 함수**(transfer function)를 $T(\omega)$로 표시한다면

$$|T(\omega)| = \frac{V_o}{V_i}$$

$$\angle T(\omega) = \phi$$

로 쓸 수 있다. 주파수가 ω인 사인파에 대한 증폭기의 응답은 $|T(\omega)|$과 $\angle T(\omega)$으로 완전하게 묘사된다. 이제 증폭기의 완전한 주파수 응답을 구하려면, 입력 사인파의 주파수를 바꾸면서 $|T|$와 $\angle T$의 새로운 값들을 측정해야 한다. 따라서 최종 결과는 주파수 대 이득 크기 $|T(\omega)|$의 표 또는 그래프와 주파수 대 위상각 $\angle T(\omega)$

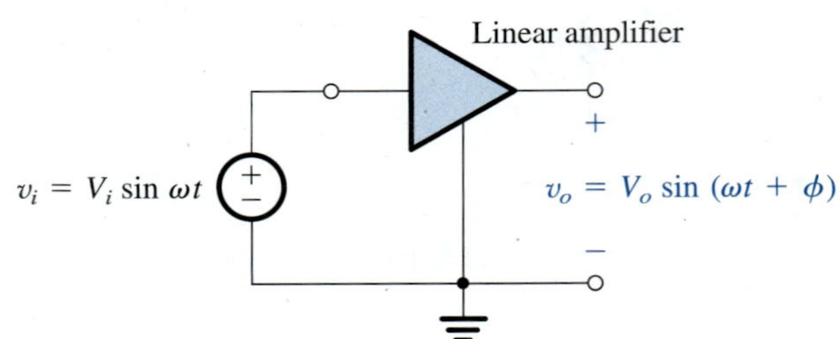

그림 1.20 선형 증폭기의 주파수 응답 측정. 테스트 주파수 ω에서 증폭기 이득은 그것의 크기(V_o/V_i)와 위상 ϕ로 특징지어진다.

2) 이 절에서 공부할 내용들은 2.5절과 2.7절에서 다룰 연산 증폭기 회로들의 주파수 응답을 고찰하는 데 이용될 뿐 9장 전에는 필요하지 않다.

의 표 또는 그래프가 될 것이다. 이들 두 그림이 증폭기의 주파수 응답을 구성하며, 처음의 것을 **크기 응답**(magnitude response) 또는 **진폭 응답**(amplitude response)이라 부르고 두 번째 것을 **위상 응답**(phase response)이라고 부른다. 끝으로 전송의 크기를 데시벨로 나타내고, 이에 따라 20 log $|T(\omega)|$ 대 주파수(ω)로 그래프를 그리는 것이 일반적이라는 것을 언급해 둔다.

1.6.2 증폭기의 대역폭

그림 1.21에 어떤 증폭기의 진폭 응답을 나타냈다. 이 그림에서 ω_1과 ω_2 사이에서는 이득이 거의 일정하다는 것을 알 수 있다. 그리고 ω_1보다 낮거나 ω_2보다 높은 주파수의 신호들은 낮은 이득으로 증폭된다는 것도 알 수 있다. 증폭기의 이득이 수 데시벨(일반적으로 3 dB) 낮아지기 전까지의 거의 일정한 주파수 대역을 **증폭기 대역폭**(amplifier bandwidth)이라고 부른다. 통상적으로 증폭기는 증폭하려는 신호의 스펙트럼과 일치하는 대역폭을 갖도록 설계된다. 이 조건을 만족시키지 못하면 증폭기가 입력 신호의 스펙트럼을 왜곡시킬(distort) 것이다. 즉, 입력 신호의 서로 다른 성분들이 서로 다른 양만큼 증폭될 것이다.

1.6.3 증폭기의 주파수 응답 계산

앞에서 우리는 증폭기의 주파수 응답을 측정하는 방법을 기술했다. 이제부터는 주파수 응답에 대한 식을 해석적으로 구하는 방법에 대해 간단히 논의할 것이다. 지금 논의하려고 하는 것은 10장에서 자세하게 살펴볼 중요한 주제들의 개요에 해당한다.

주파수 응답을 구하려면 모든 리액티브(reactive) 성분을 고려한 증폭기의 등가 회로를 해석해야 한다.[3] 이때 회로 해석은 통상적인 방식으로 행한다. 그러나 인덕턴스와 커패시턴스는 그들의 리액턴스로 대체해야 한다. 인덕턴스 L은 $j\omega L$의 리액턴스 또는 임피던스를 가지며, 커패시턴스 C는 $1/j\omega C$의 리액턴스 또는 임피던스를 가진다. 등가적으로 커패시턴스 C는 $j\omega C$의 어드미턴스 또는 서셉턴스를 가진다. 따라서 **주파수 영역**(frequency-domain) 해석에서는 임피던스나 어드미턴스를 다루게 된다. 해석의 결과는 증폭기 전달 함수 $T(\omega)$

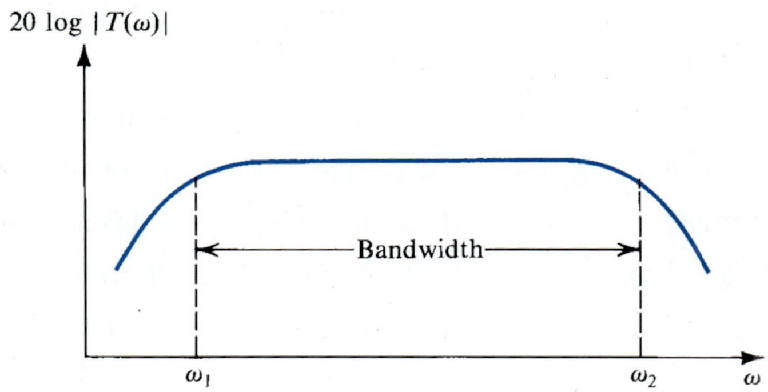

그림 1.21 증폭기의 전형적인 진폭 응답. $|T(\omega)|$는 증폭기 전달 함수의 크기, 즉 출력 $V_o(\omega)$와 입력 $V_i(\omega)$의 비이다.

---

3) 앞 절에서 살펴본 모델들에서는 리액티브 성분이 포함되지 않았었다는 점에 주목하기 바란다. 즉, 이들은 간략화된 모델들이다. 따라서 이들만을 사용해서는 증폭기의 주파수 응답을 예측할 수가 없다.

$$T(\omega) = \frac{V_o(\omega)}{V_i(\omega)}$$

이며 여기서 $V_i(\omega)$와 $V_o(\omega)$는 각각 입력과 출력 사인파를 나타낸다. $T(\omega)$는 그 절댓값이 진폭 응답을 나타내고 그 위상이 위상 응답을 나타내는 복소수 함수이다.

주파수 응답을 구하기 위해 회로를 해석할 때 **복소 주파수 변수**(complex frequency variable) s를 이용하면 대수식 처리가 상당히 간단해진다. s의 관점에서 볼 때, 인덕턴스 L의 임피던스는 sL이고, 커패시턴스 C의 임피던스는 $1/sC$이다. 리액티브 소자들을 이들의 임피던스로 대체하고 통상의 회로 해석을 행하면 다음과 같은 전달 함수 $T(s)$가 얻어진다.

$$T(s) \equiv \frac{V_o(s)}{V_i(s)}$$

그런 다음 s 대신에 $j\omega$를 대입함으로써 **물리적인 주파수**(physical frequency)[4]에 대한 회로망 전달 함수인 $T(j\omega)$를 얻게 된다. $T(j\omega)$가 위에서 언급한 $T(\omega)$와 동일한 함수라는 것에 유의하기 바란다.[5] 즉, j를 추가한 것은 $T(j\omega)$가 $T(s)$에서 s 대신 $j\omega$를 대입함으로써 얻어진다는 것을 강조하기 위해서이다.

1.6.4 단일 시정수 회로망

증폭기 회로를 해석하여 그것의 주파수 응답을 구하려고 할 때 단일 시정수(STC: single-time-constant) 회로망의 주파수 응답 특성을 알고 있으면 많은 도움이 된다. 단일 시정수 회로망은 하나의 리액턴스 소자(인덕턴스 또는 커패시턴스)와 하나의 저항으로 구성되거나 줄여질 수 있는 회로망을 일컫는다. 그 예들을 그림 1.22에 나타냈다. 인덕턴스 L과 저항 R로 형성된 STC 회로망은 $\tau = L/R$의 시정수를 가지며, 커패시턴스 C와 저항 R로 구성된 STC 회로망의 시정수는 $\tau = CR$로 주어진다.

부록 F에 STC 회로망들의 종류와 사인파, 계단파, 그리고 펄스 입력에 대한 그들의 응답들을 상세히 설명하였다. 이 내용에 대한 지식은 이 책 전반에 걸쳐 여러 곳에서 필요하게 될 것이므로 독자들은 부록 F를 공부하기 바란다. 현 시점에서 우리에게 특별히 필요한 것은 사인파 주파수 응답에 대한 결과들이다. 따라서 우리는 이 중요한 주제를 여기서 간단하게 논의할 것이다.

대부분의 STC 회로망은 **저역 통과**(LP: low-pass) 회로망과 **고역 통과**(HP: high-pass) 회로망의 두 부류로 분류된다.[6] 이 두 부류의 회로망들은 완전히 서로 다른 신호 응답들을 나타낸다. 한 예로서 그림 1.22(a)에 나타낸 STC 회로망은 저역 통과형 회로망이고, 그림 1.22(b)에 나타낸 회로망은 고역 통과형 회로망이다. 왜 이와 같이 분류되는지를 이해하기 위해, 이들 두 회로의 각각의 전달 함수가 하나의 저항과 하나의 커패시터로 구성되는 전압 분배기의 전압 분배비로 표현된다는 점에 주목하기 바란다. 이제 커패시터의 임피던스가 주파

---

4) '물리적인 주파수'는 주파수 응답을 측정하기 위해 증폭기 입력에 인가한 사인파 신호의 주파수 ω이다.

5) 현 단계에서는 s를 단지 $j\omega$의 약식 기호(속기용)로 사용하고 있다는 점에 유의하기 바란다. 즉, s 평면 개념에 대한 자세한 지식은 9장까지는 필요하지 않을 것이다. s 평면 해석의 간단한 복습을 부록 F에 수록해 놓았다.

6) 중요한 예외가 하나 있는데, 이는 전대역 통과(all-pass) STC 회로망이다.

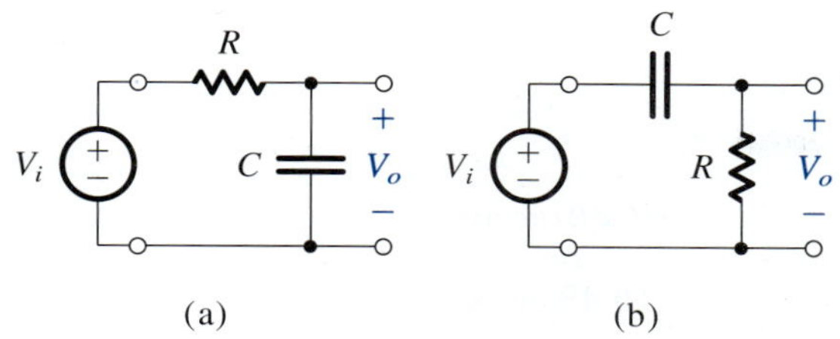

그림 1.22 STC 회로망의 두 가지 예:
(a) 저역 통과 회로망, (b) 고역 통과 회로망.

수에 따라 어떻게 변화하는지를 상기하면, 그림 1.22(a)에 나타낸 회로의 전송이 주파수에 따라 감소하고 ω가 ∞로 접근함에 따라 0으로 접근한다는 것을 알 수 있을 것이다. 따라서 그림 1.22(a)의 회로는 **저역 통과 여파기**(low-pass filter)[7]로 동작한다. 즉, 이 회로는 낮은 주파수의 사인파 입력은 약간의 감쇠 또는 무감쇠로 통과시킬 것이고($\omega = 0$에서 전송은 1이다), 높은 주파수의 사인파 입력은 심하게 감쇠시킬 것이다. 그림 1.22(b)는 이와 반대되는 동작을 한다. 즉, 이 회로의 전송은 $\omega = \infty$에서 1이 될 것이고, ω가 작아짐에 따라 감소할 것이다. 그리고 $\omega = 0$에서 0이 될 것이다. 따라서 후자의 회로는 **고역 통과 여파기**(high-pass filter)로 동작한다.

표 1.2에 이들 두 유형의 STC 회로망들에 대한 주파수 응답 결과들을 요약해 놓았다.[8] 또한 그림 1.23과 1.24에 이들의 크기 응답과 위상 응답을 각각 도시해 놓았다. 이 주파수 응답 그림을 **보데 선도**(Bode plot)라

표 1.2 STC 회로망의 주파수 응답

	Low-Pass (LP)	High-Pass (HP)
Transfer Function $T(s)$	$\dfrac{K}{1+(s/\omega_0)}$	$\dfrac{Ks}{s+\omega_0}$
Transfer Function (for physical frequencies) $T(j\omega)$	$\dfrac{K}{1+j(\omega/\omega_0)}$	$\dfrac{K}{1-j(\omega_0/\omega)}$
Magnitude Response $\lvert T(j\omega)\rvert$	$\dfrac{\lvert K\rvert}{\sqrt{1+(\omega/\omega_0)^2}}$	$\dfrac{\lvert K\rvert}{\sqrt{1+(\omega_0/\omega)^2}}$
Phase Response $\angle T(j\omega)$	$-\tan^{-1}(\omega/\omega_0)$	$\tan^{-1}(\omega_0/\omega)$
Transmission at $\omega = 0$ (dc)	K	0
Transmission at $\omega = \infty$	0	K
3-dB Frequency	$\omega_0 = 1/\tau$; $\tau \equiv$ time constant $\tau = CR$ or L/R	
Bode Plots	in Fig. 1.23	in Fig. 1.24

7) 여파기는 특정한 주파수 대역(여파기 통과 대역) 안에 있는 신호들은 통과시키고, 그 외의 다른 주파수 대역(여파기 차단 대역)에 있는 신호들은 차단하거나 심하게 감쇠시키는(걸러 내는) 회로이다. 여파기에 대해서는 13장에서 자세하게 다룬다.

8) 표 1.2에 나타낸 전달 함수들은 일반적인 형태로 주어져 있다. 그림 1.22의 회로에 대해서는 $K = 1$이고 $\omega_0 = 1/CR$이다.

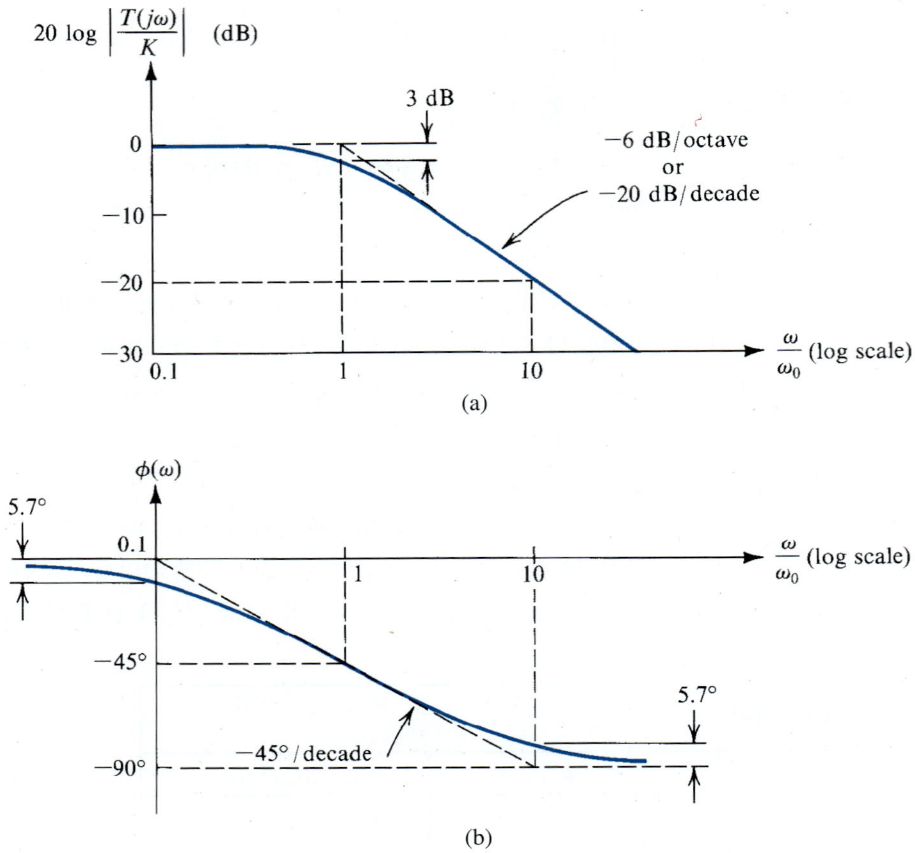

그림 1.23 (a) 저역 통과형 STC 회로망의 크기 응답과 (b) 위상 응답.

고 부르고, **3 dB 주파수**(ω_0)를 **코너 주파수**(corner frequency) 또는 **차단 주파수**(break frequency)라고 부른다. STC 회로망에 대해 더 자세히 알고 싶은 독자들은 부록 F를 참고하기 바란다. 특히 STC 회로의 시정수 τ를 신속하게 구하는 능력을 개발하는 것이 중요하다는 것을 언급해 둔다. 이 과정은 매우 간단하다: 독립 전압 또는 전류 전원을 0으로 놓고, 리액티브 소자(커패시터 C 또는 인덕터 L)의 두 단자를 '움켜잡은' 다음 이들 두 단자 사이에 나타나는 등가 저항 R을 결정한다. 그러면 시정수는 CR 또는 L/R이다.

보데 선도

1930년, 벨(Bell) 연구소에서 근무하던 헨드리크 보데(Hendrik Bode)는 선형화된 점근선 응답들을 이용하여 주파수에 대한 이득 및 위상 편이를 로그 스케일상에 도시하는 정확한 방법을 고안했다. 보데 선도라고 불리는, 이와 같은 이득과 위상 표현법은 크고 작은 시스템들의 주파수 의존 특성의 설계와 해석에서 대단히 중요하다.

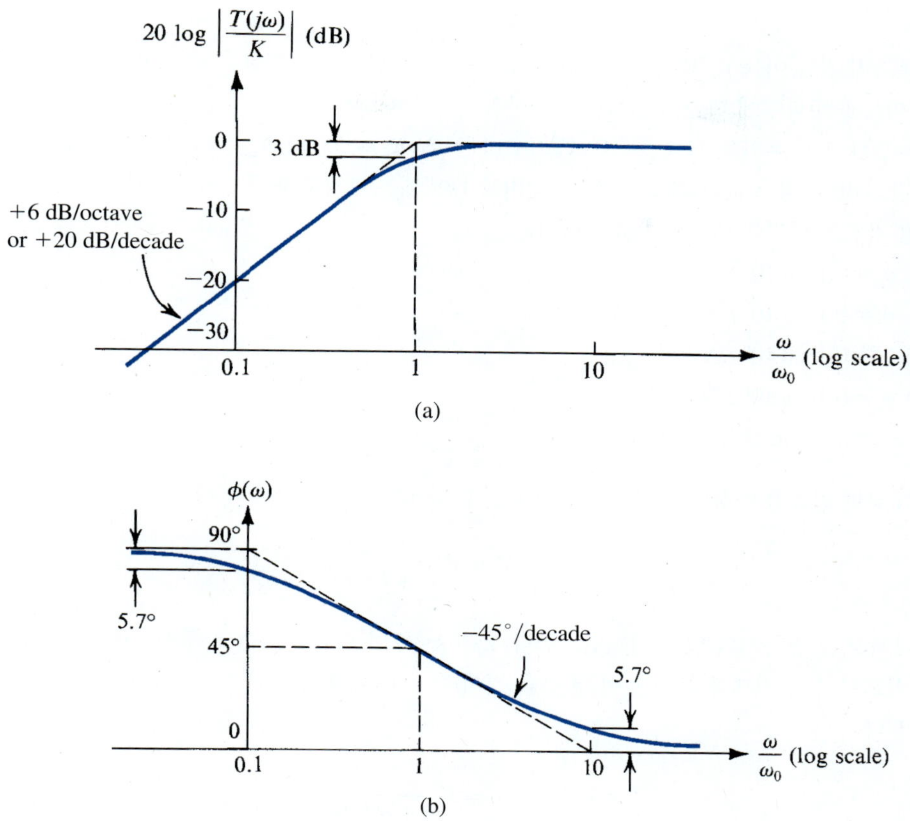

그림 1.24 (a) 고역 통과형 STC 회로망의 크기 응답과 (b) 위상 응답.

예제 1.5

그림 1.25에 입력 저항 R_i, 입력 커패시턴스 C_i, 이득 μ, 출력 저항 R_o를 갖는 어떤 전압 증폭기를 나타냈다. 그림으로부터 알 수 있듯이 이 증폭기는 R_s의 전원 저항을 갖는 전압 전원 V_s로 구동되며, 출력에는 부하 저항 R_L이 접속되어 있다.

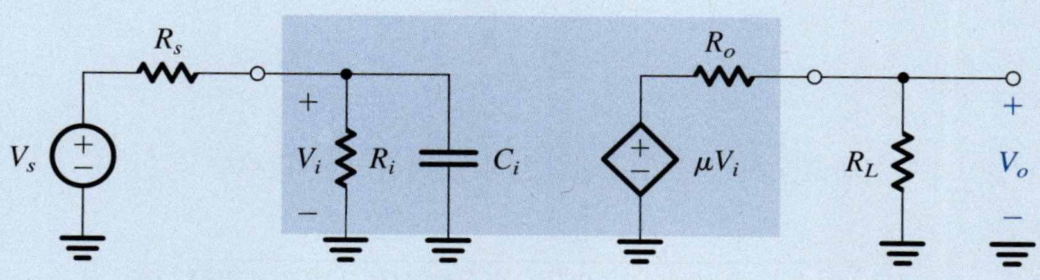

그림 1.25 예제 1.5에 대한 회로.

(a) 증폭기의 전압 이득 V_o/V_s에 대한 표현식을 주파수의 함수로 유도하라. 그리고 이 식으로부터 직류 3 dB 이득과 주파수에 대한 표현식들을 구하라.
(b) $R_s = 20\ \text{k}\Omega, R_i = 100\ \text{k}\Omega, C_i = 60\ \text{pF}, \mu = 144\ \text{V/V}, R_o = 200\ \Omega, R_L = 1\ \text{k}\Omega$인 경우에 대해 직류 이득의 값, 3 dB 주파수 값, 그리고 이득이 0 dB(즉 1)이 되는 주파수를 계산하라.
(c) 다음 각각의 입력에 대한 $v_o(t)$를 구하라.
  (i) $v_i = 0.1 \sin 10^2 t$, V
  (ii) $v_i = 0.1 \sin 10^5 t$, V
  (iii) $v_i = 0.1 \sin 10^6 t$, V
  (iv) $v_i = 0.1 \sin 10^8 t$, V

풀이

(a) 전압 분배 공식을 이용하여 다음과 같이 V_i를 V_s의 식으로 나타낼 수 있다.

$$V_i = V_s \frac{Z_i}{Z_i + R_s}$$

여기서 Z_i는 증폭기의 입력 임피던스이다. Z_i가 두 개의 병렬 소자들로 구성되어 있으므로 $Y_i = 1/Z_i$의 식으로 수식 전개를 하는 것이 더 쉬울 것이다. 이를 위해 분모와 분자를 Z_i로 나누면 다음 식을 얻게 된다.

$$V_i = V_s \frac{1}{1 + R_s Y_i} = V_s \frac{1}{1 + R_s[(1/R_i) + sC_i]}$$

따라서

$$\frac{V_i}{V_s} = \frac{1}{1 + (R_s/R_i) + sC_i R_s}$$

이다. 분모에서 $[1 + (R_s/R_i)]$를 끄집어냄으로써 이 식을 다음과 같이 저역 통과 STC 회로망의 표준 형태(표 1.2의 맨 윗줄 참조)로 만들 수 있다.

$$\frac{V_i}{V_s} = \frac{1}{1 + (R_s/R_i)} \frac{1}{1 + sC_i[(R_s R_i)/(R_s + R_i)]} \tag{1.20}$$

증폭기의 출력 쪽에서 전압 분배 공식을 이용하면 다음 식을 쓸 수 있다.

$$V_o = \mu V_i \frac{R_L}{R_L + R_o}$$

이 식을 식 (1.20)과 결합함으로써 증폭기의 전달 함수를 다음과 같이 구할 수 있다.

$$\frac{V_o}{V_s} = \mu \frac{1}{1 + (R_s/R_i)} \frac{1}{1 + (R_o/R_L)} \frac{1}{1 + sC_i[(R_s R_i)/(R_s + R_i)]} \tag{1.21}$$

(바로 앞 절에서 유도한 식과 비교했을 때) 이 식의 마지막 인수만 새로 추가되었다는 점에 주목하기

바란다. 이 인수는 입력 커패시턴스 C_i에 의해서 생겨난 것이고, 이 인수로부터 이 증폭기의 시정수가

$$\tau = C_i \frac{R_s R_i}{R_s + R_i} = C_i(R_s \| R_i) \tag{1.22}$$

이라는 것을 알 수 있다. 이 결과는 그림 1.25를 관찰하여 직접 구할 수도 있을 것이다. 즉, 그림 1.25로부터 증폭기의 입력 회로가 하나의 STC 회로망이라는 것을 알 수 있다. 따라서 입력 회로의 시정수는 V_s를 0으로 놓음으로써 구할 수 있고, 그 결과로 C_i에서 바라본 저항이 R_i와 R_s의 병렬이라는 것을 알 수 있다. 식 (1.21)의 전달 함수는 $K/(1 + (s/\omega_0))$ 형태이고 이는 저역 통과 STC에 해당한다. 직류 이득은

$$K \equiv \frac{V_o}{V_s}(s=0) = \mu \frac{1}{1+(R_s/R_i)} \frac{1}{1+(R_o/R_L)} \tag{1.23}$$

로 구해진다. 또 3 dB 주파수 ω_0는 다음과 같이 구해진다.

$$\omega_0 = \frac{1}{\tau} = \frac{1}{C_i(R_s \| R_i)} \tag{1.24}$$

이 증폭기의 주파수 응답이 저역 통과형 STC 회로망의 주파수 응답과 같으므로, 이득 크기와 위상에 대한 보데 선도는 그림 1.23과 같은 형태를 취할 것이다. 이 그림에서 K는 식 (1.23)으로 주어지고, ω_0는 식 (1.24)로 주어진다.

(b) 문제에 주어진 수치들을 식 (1.23)에 대입하면

$$K = 144 \frac{1}{1+(20/100)} \frac{1}{1+(200/1000)} = 100 \text{ V/V}$$

가 된다. 따라서 이 증폭기는 40 dB의 직류 이득을 갖는다. 마찬가지로 문제에 주어진 수치들을 식 (1.24)에 대입하면 ω_0를 다음과 같이 얻을 수 있다.

$$\omega_0 = \frac{1}{60 \text{ pF} \times (20 \text{ k}\Omega \| 100 \text{ k}\Omega)} = \frac{1}{60 \times 10^{-12} \times (20 \times 100/(20+100)) \times 10^3} = 10^6 \text{ rad/s}$$

따라서

$$f_0 = \frac{10^6}{2\pi} = 159.2 \text{ kHz}$$

이다. 이득이 −20 dB/decade의 비율로 떨어지므로, ω_0에서 출발한[그림 1.23(a) 참조] 이득은 2 데케이드(100 인수) 후에 0 dB에 도달할 것이다. 따라서

$$\text{단위 이득 주파수} = 100 \times \omega_0 = 10^8 \text{ 라디안/초 또는 } 15.92 \text{ MHz}$$

라는 것을 알 수 있다.

(c) $v_o(t)$를 구하려면 10^2, 10^5, 10^6, 10^8 라디안/초에서의 이득 크기와 위상을 계산해야 하는데, 그림 1.23의 보데 선도를 이용하여 이를 근사적으로 계산할 수도 있고, 증폭기 전달 함수에 대한 표현식을 이용하여 정확하게 계산할 수도 있다. 우리는 여기서 두 방법 모두를 이용할 것이다.

$$T(j\omega) \equiv \frac{V_o}{V_s}(j\omega) = \frac{100}{1+j(\omega/10^6)}$$

(i) $\omega = 10^2$ 라디안/초에 대해(이는 $\omega_0/10^4$에 해당한다) 그림 1.23의 보데 선도는 $|T| = K = 100$이고 $\phi = 0°$라는 것을 시사한다. 전달 함수 식으로부터 직접 구하면 $|T| \simeq 100$과 $\phi = -\tan^{-1} 10^{-4} \simeq 0°$를 얻는다. 따라서 $v_o(t)$는 다음과 같다.

$$v_o(t) = 10 \sin 10^2 t, \text{ V}$$

(ii) $\omega = 10^5$ 라디안/초에 대해(이는 $\omega_0/10$에 해당한다) 그림 1.23의 보데 선도는 $|T| \simeq K = 100$이고 $\phi = 5.7°$라는 것을 시사한다. 전달 함수 식으로부터 $|T| = 99.5$와 $\phi = -\tan^{-1} 0.1 = -5.7°$를 얻는다. 따라서 $v_o(t)$는 다음과 같다.

$$v_o(t) = 9.95 \sin(10^5 t - 5.7°), \text{ V}$$

(iii) $\omega = 10^6$ 라디안/초에 대해(이는 0에 해당한다) $|T| = 100/\sqrt{2} = 70.7$ V/V 또는 37 dB, $\phi = -45°$를 얻는다. 따라서 $v_o(t)$는 다음과 같다.

$$v_o(t) = 7.07 \sin(10^6 t - 45°), \text{ V}$$

(iv) $\omega = 10^8$ 라디안/초에 대해(이는 100 ω_0에 해당한다) 보데 선도는 $|T| = 1$이고 $\phi = -90°$라는 것을 시사한다. 전달 함수 식으로부터는 $|T| \simeq 1$과 $\phi = -\tan^{-1} 100 = -89.4°$를 얻는다. 따라서 $v_o(t)$는 다음과 같다.

$$v_o(t) = 0.1 \sin(10^8 t - 89.4°), \text{ V}$$

1.6.5 주파수 응답을 기초로 한 증폭기의 분류

증폭기는 진폭 응답 곡선의 모양에 따라 분류된다. 그림 1.26은 여러 가지 증폭기 유형들의 전형적인 주파수 응답 곡선을 보여 준다. 그림 1.26(a)에서는 넓은 주파수 영역에 걸쳐 이득이 일정하다가 높은 주파수와 낮은 주파수에서 이득이 낮게 떨어진다. 오디오 신호의 직류 그리고 매우 낮은 주파수 성분은 사람 귀에는 들리지 않으므로, 이런 유형의 주파수 응답은 오디오 증폭기에서 볼 수 있는 일반적인 주파수 응답이다.

뒤의 장들에서 설명하겠지만, 소자(트랜지스터)의 **내부 커패시턴스**(internal capacitance)는 예제 1.5의 회로에서 C_i가 했던 것처럼 고주파에서 이득의 감소를 야기한다. 반면에 저주파에서 이득의 감소는 그림 1.27에 나타낸 것처럼 증폭기의 한 단과 다른 단을 연결하는 데 사용되는 **결합 커패시터**(coupling capacitor)에 의해서

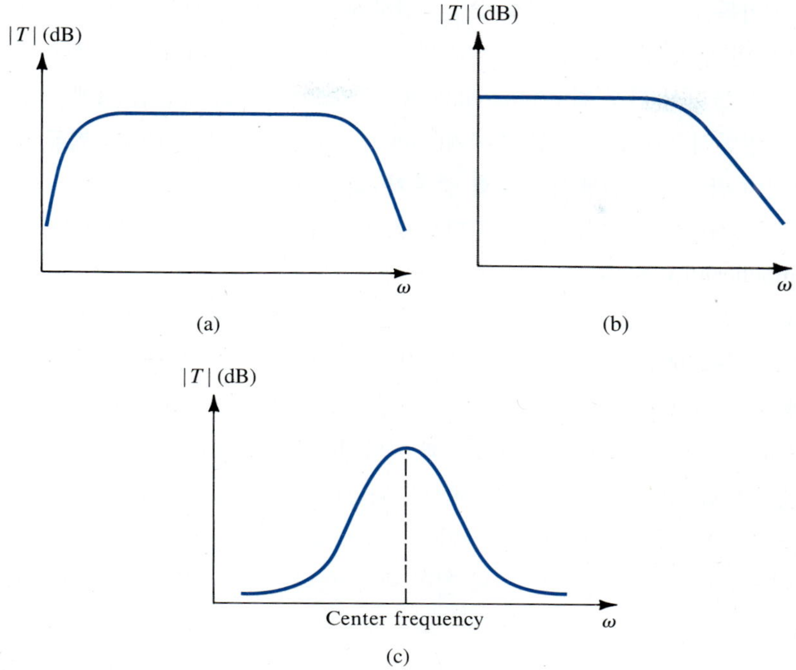

그림 1.26 (a) 커패시터 결합 증폭기에 대한 주파수 응답. (b) 직접 결합 증폭기에 대한 주파수 응답. (c) 동조 또는 대역 증폭기에 대한 주파수 응답.

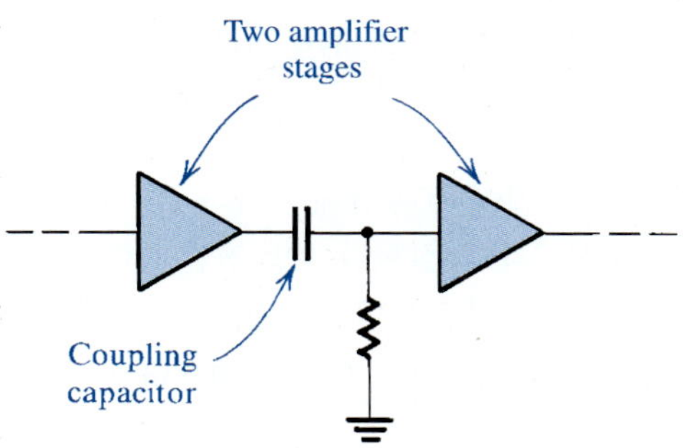

그림 1.27 증폭기 단들을 결합하기 위해 커패시터를 사용한다.

야기된다. 이와 같이 단과 단 사이를 커패시터로 결합하는 것은 각 단의 설계 과정을 간단히 하기 위해 흔히 사용되는 기법이다. 결합 커패시터는 상당히 큰 값(수 μF에서 수십 μF까지)을 갖는데, 그 이유는 우리가 관심을 갖고 있는 주파수에서 그 리액턴스(임피던스)를 작게 하기 위해서이다. 그렇지만 충분히 낮은 주파수에서는 결합 커패시터의 리액턴스가 커져, 결합될 신호가 결합 커패시터 양단에 전압 강하로 나타나게 되므로, 다음 단에 신호가 도달하지 못하게 될 것이다. 따라서 결합 커패시터는 저주파에서 이득의 손실을 가져오며, 직류에서는 이득을 0으로 만든다. 이는 전혀 놀랄 만한 일이 아니다. 왜냐하면 그림 1.27로부터 결합 커패시터가 뒤쪽 단의 입력 저항과 함께 작용하므로 고역 통과 STC 형태를 취한다는 것을 알 수 있다. 그림 1.26(a)에 나타낸 증폭기 주파수 응답의 저주파 끝에서의 형태를 설명하는 것이 바로 이 고역 통과 회로의 주파수 응답이다.

증폭기가 자신의 이득을 저주파에서 직류까지 일정하게 유지시켜야 하는 것이 중요한 응용들이 많이 있다. 예를 들어 냉장고 안에 있는 온도 센서에 의해 생기는 신호와 같이 처리하려는 신호가 거의 일정할 때가 이 경우이다. 더욱이 모놀리식 집적 회로(monolithic IC) 기술로는 큰 값의 결합 커패시터를 제조할 수 없다. 따라서 IC 증폭기는 일반적으로 **직접 결합 증폭기**(directly-coupled amplifier) 또는 **직류 증폭기**(dc amplifier)로서 설계된다.[이것의 반대말은 **커패시터 결합 증폭기**(capacitively-coupled amplifier) 또는 **교류 증폭기**(ac amplifier)이다.] 그림 1.26(b)에 직류 증폭기의 주파수 응답을 나타냈다. 이런 주파수 응답이 이른바 **저역 통과 증폭기**(low-pass amplifier)라고 하는 것을 특징짓는다.

라디오 또는 TV 수신기 설계에서와 같은 몇몇 응용에서는 그림 1.26(c)에 나타낸 것처럼 어떤 임의의 한 주파수[이를 **중심 주파수**(center frequency)라고 부른다] 부근에서 피크를 이루고 이 주파수 양쪽에서는 감소하는 주파수 응답을 갖는 증폭기가 요구된다. 이와 같은 응답을 갖는 증폭기를 **동조 증폭기**(tuned amplifier), **대역 통과 증폭기**(bandpass amplifier), 또는 **대역 통과 여파기**(bandpass filter)라고 부른다. 동조 증폭기는 통신 수신기의 프런트 엔드(front-end) 또는 동조기의 핵심을 이룬다. 즉, 동조 증폭기의 중심 주파수를 우리가 원하는 통신 채널(예를 들면 라디오 방송국)의 주파수와 일치하도록 조정함으로써, 이 특정한 채널의 주파수는 받아들이고 다른 채널들의 주파수는 감쇠시키거나 걸러 낼 수 있다. 동조 증폭기는 또 전자 시스템에서 다른 주파수들에 있는 잡음과 간섭은 감쇠시키면서 클록으로 주로 사용되는 사인파 신호를 증폭하는 데 유용하다.

연습문제

1.22 60 dB의 직류 이득과 1000 Hz의 3 dB 주파수를 갖는, 즉 저역 통과형 STC의 주파수 응답을 갖는 어떤 전압 증폭기가 있다. $f = 10$ Hz, 10 kHz, 100 kHz, 1 MHz에서의 이득을 dB로 나타내라.
[답] 60 dB; 40 dB; 20 dB; 0 dB

D1.23 표 1.1에 보인 등가 회로로 모델링되는 트랜스컨덕턴스 증폭기에 대해 고찰해 보자. 만약 이 증폭기의 부하가 저항 R_L과 그와 병렬인 커패시턴스 C_L로 구성된다면, 실현된 전압 전달 함수 즉 V_o/V_i가 저역 통과형 STC 함수의 형태가 된다는 것을 확인하라. 예를 들면 이는 트랜지스터가 초음파 트랜스듀서를 구동할 때 적용되는 모델이다. 트랜스듀서가 $R_L = 1$ kΩ, $C_L = 4.5$ nF인 부하인 경우를 고찰해 보자. 적어도 40 kHz의 3 dB 대역폭을 얻을 수 있는 R_o의 최댓값을 구하라. 이 R_o의 값을 가지고 적어도 40 dB의 직류 이득을 보장하는 데 필요한 G_m의 최솟값을 구하라.
[답] 7.6 kΩ; 113 mA/V

D1.24 그림 1.27에 예시된 상황을 고찰해 보자. 첫 번째 전압 증폭기의 출력 저항을 1 kΩ으로 하고, 두 번째 전압 증폭기(그림에 나와 있는 저항기를 포함한)의 입력 저항을 9 kΩ으로 하자. 그 결과의 등가 회로를 그림 E1.24에 나타냈다. 여기서 V_s와 R_s는 첫 번째 증폭기의 출력 전압과 출력 저항이고, C는 결합 커패시터, R_i는 두 번째 증폭기의 입력 저항이다. V_2/V_s가 고역 통과 STC 함수라는 것을 확인하라. 3 dB 주파수가 100 Hz보다 높지 않게끔 보장할 수 있는 C의 최솟값은 얼마인가?
[답] 0.16 μF

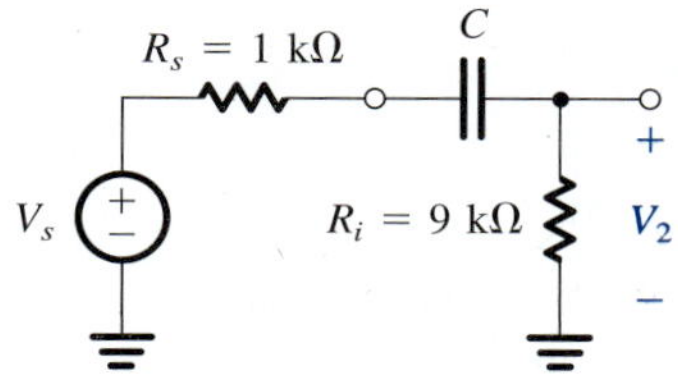

그림 E1.24

1.7 진성 반도체

지금까지 우리는 증폭기 내부에 무엇이 있는지 알지 못한 채 전자 신호와 증폭기를 다루었다. 흥미롭고 동기 부여가 되지만 이 접근 방식에는 한계가 있다. 이제부터는 기본적인 전자 반도체 장치인 다이오드(3장)와 트랜지스터(4장, 5장)를 구성하는 반도체 물질에 대하여 다룰 것이다.

이름에서 암시하는 바와 같이 반도체는 전도성이 구리와 같은 도체와 유리와 같은 유전체의 사이에 존재하는 재료이다. 반도체에는 주기율표에서 IV족에 속하는 게르마늄 및 실리콘과 같은 단일 원소 반도체와 III 및 V 족 또는 II 및 VI 족의 원소를 결합하여 형성된 갈륨비소와 같은 화합물 반도체 두 종류가 존재한다. 화합물 반도체는 발광 다이오드(LED) 같은 빛이 포함되는 응용 분야와 특수 전자 회로에 유용하다. 두 단일 소자 반도체 중 게르마늄은 초기 트랜지스터(1940년대 후반, 1950년대 초반) 제작에 사용되었다. 그러나 급속도로 실리콘으로 대체되었으며 현재의 집적 회로 기술은 거의 전적으로 실리콘에 기초를 두고 있다. 이런 이유로 이 책 전반에 걸쳐 실리콘 소자들을 주로 다룰 것이다.[9)]

실리콘 원자는 네 개의 가전자(valence electron)를 보유하고 있으며 완전한 바깥 껍질을 이루기 위해서는 다른 네 개의 전자가 필요하다. 이는 네 개의 이웃 원자의 가전자를 공유함으로써 가능해진다. 이 공유 전자의 쌍은 **공유 결합**(covalent bond)을 형성한다. 그 결과로 순수한 실리콘 또는 진성(intrinsic) 실리콘의 결정은 규칙적인 격자(lattice) 구조를 가지는데, 원자들은 공유 결합에 의해서 그들의 위치에 붙잡혀 있게 된다. 그림 1.28은 이것의 2차원 구조를 보여 준다.

절대 0도(0 K)에 근접한 충분히 낮은 온도에서는 모든 공유 결합들이 완전하며, 전기 전도에 기여하는 자유 전자(free electron)가 (아주 적거나) 거의 없다. 이와 같이 낮은 온도에서는 실리콘 결정이 절연체처럼 행동한다.

실온(room temperature)에서는 공유 결합을 파괴할 정도로 충분한 열에너지가 존재하며 이 과정을 열생성(thermal generation)이라고 한다. 그림 1.29에서 보여 주는 바와 같이 하나의 공유 결합이 파괴될 때 하나의 전자가 자유롭게 된다. 그 **자유 전자**(free electron)는 자신의 모원자(parent atom, 자신이 속해 있던 원자)를 떠날

9) 예외가 하나 있는데, 이는 갈륨비소(GaAs) 회로이다. 이는 이 책에서는 다루지 않으나 온라인 학생 자료에 자세히 나와 있다.

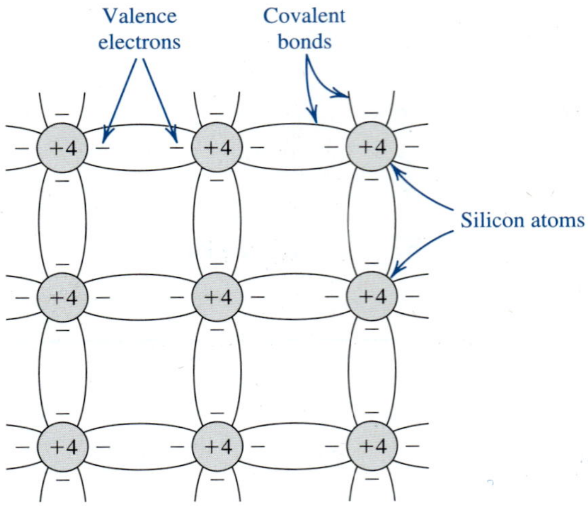

그림 1.28 실리콘 격자의 2차원 표현. 원은 실리콘 원자의 내핵을 나타내며 +4는 네 개의 가전자에 의해서 중성화되는 $+4q$를 의미한다. 가전자를 공유함으로써 어떻게 공유 결합이 형성되는지를 주목하라. 0 K에서 모든 결합은 완전하게 되며 전류 전도를 위한 자유 전자는 존재하지 않는다.

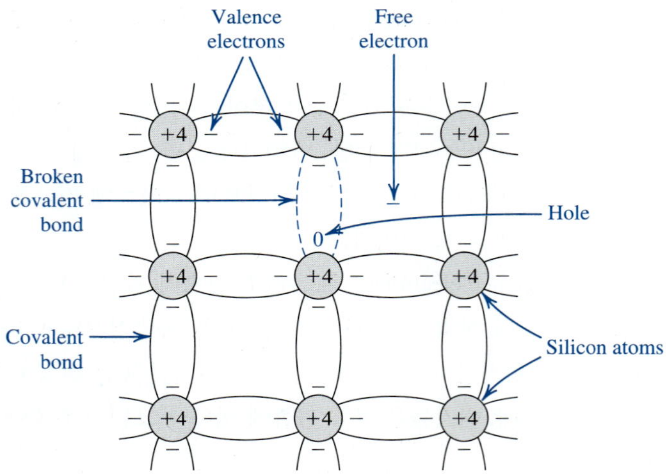

그림 1.29 실온에서 열생성에 의해 약간의 공유 결합이 파괴된다. 파괴된 각각의 결합은 자유 전자와 정공을 생성하며 전류 전도에 이용된다.

것이며 만약 전계가 결정에 가해지면 전류에 기여할 것이다. 그 전자가 모원자를 떠나므로 그 전자의 전하량과 똑같은 크기의 양전하(positive charge) 하나가 모원자에 남을 것이다. 그래서 이 양전하는 다시 인접한 원자로부터 전자 하나를 끌어들일 것이다. 따라서 이번에는 인접한 원자에 양전하 하나가 남을 것이다. 이와 같이 이 작용이 이온화된 원자에 존재하던 '정공'을 채우지만 다른 원자에 새로운 정공 하나를 만들어 낸다는 점에 주목하기 바란다. 이 과정은 되풀이될 것이고, 그 결과로 실리콘 결정 구조 사이를 이동하고 전류 전도에 이용할 수 있는 **정공**(hole) 하나 또는 양전기를 띤 캐리어(carrier) 하나를 효과적으로 얻게 될 것이다. 정공의 전하량과 전자의 전하량이 같다는 점에 유의하기 바란다. 온도가 상승함에 따라 보다 많은 공유 결합이 파괴되고 전자-정공 쌍이 생성된다. 자유 전자와 정공의 수가 증가하면 실리콘의 전도도가 증가된다.

열생성은 동일한 수의 자유 전자와 정공을 생성할 것이고, 그 결과로 두 캐리어의 농도는 같을 것이다. 농도란 단위 체적당 전하를 띤 캐리어의 수를 의미한다. 이들 자유 전자와 정공은 실리콘 결정 구조 사이를 불규칙하게 이동할 것이며, 이 과정에서 몇몇 전자들은 몇몇 정공들과 결합할 것이다. 이러한 **재결합**(recombination)이라고 불리는 과정에 의해서 자유 전자들과 정공들은 소멸될 것이다. 재결합률은 자유 전자들과 정공들의 수에 비례하고, 이들 캐리어의 수는 다시 열생성률에 의해서 정해진다. 이 열생성률은 온도에 크게 좌우된다. 열평형 상태에서는 재결합률이 열생성률과 같으며, 정공의 농도 p와 자유 전자의 농도 n은 다음과 같이 추정할 수 있다.

$$n = p = n_i \tag{1.25}$$

여기서 n_i는 주어진 온도에서 진성 실리콘의 단위 체적당(cm^3) 자유 전자 또는 정공의 농도를 나타낸다. 반도체 물리에 따르면 진성 농도 n_i는 다음과 같다.

$$n_i = BT^{3/2} e^{-E_g/2kT} \tag{1.26}$$

여기서 B는 실리콘에서 재료에 관계되는 파라미터로서 $7.3 \times 10^{15}\ cm^{-3}\ K^{-3/2}$이며, E_g는 실리콘에서 **밴드갭 에너지**(bandgap energy)로서 1.12 전자볼트(eV)[10], k는 볼츠만 상수로서 8.62×10^{-5} eV/K이다. E_g가 공유 결합을 분리하고 전자와 정공 쌍을 생산하는 최소 에너지라는 것은 주목할 필요가 있다.

예제 1.6

상온($T \simeq 300$ K)에서 실리콘의 n_i 값을 구하라.

풀이

식 (1.26)에 주어진 값을 대입하면 다음을 얻는다.

$$\begin{aligned} n_i &= 7.3 \times 10^{15} (300)^{3/2} e^{-1.12/\left(2 \times 8.62 \times 10^{-5} \times 300\right)} \\ &= 1.5 \times 10^{10} \text{carriers/cm}^3 \end{aligned}$$

비록 캐리어의 수가 매우 커 보이나 실리콘 격자가 한 면이 1 cm인 입방체에서 5×10^{22}개의 원자를 갖는다. 그러므로 상온에서 근사적으로 5×10^{12}개의 원자 중에서 오직 하나가 이온화하며 하나의 자유 전자와 정공을 제공한다.

끝으로 정공과 자유 전자 농도의 곱으로 표현하는 것은 매우 유용하다.

---

10) $1\ eV = 1.6 \times 10^{-19}$ J.

$$pn = n_i^2 \tag{1.27}$$

상온에서 실리콘의 n_i는 $n_i \simeq 1.5 \times 10^{10}/\text{cm}^3$이다. 이 관계식은 도핑된 실리콘에도 적용할 수 있다.

액정표시장치(LCD), 전자 기술의 얼굴

액정 색깔이 외부 열원에 의해서 변화할 수 있다는 것이 1888년 오스트리아의 식물생리학자에 의해 보고되었다. 그러나 1940년대 후반까지 액정에 대한 아이디어는 휴면 상태였다. 1962년 초에 RCA사가 첫 번째 액정표시장치(LCD)를 발표함으로써 디스플레이 매체에 이 기법을 이용할 수 있게 고체전자공학 영역에서 실질적인 개발이 이루어졌다. 오늘날 액정표시장치는 전자 기술의 세계와 연결하는 모든 휴대용 기기의 핵심 부품이다. 크기면에서 보면, 큰 액정화면(LCD)은 평면 TV에서 사용되고, 매우 큰 액정화면(LCD)은 박물관 표시장치에 있는 움직이는 벽지에 사용된다.

연습문제

1.25 $T = 50$ K와 350 K에서 실리콘의 진성 캐리어 농도를 계산하라.
[답] $9.6 \times 10^{-39}/\text{cm}^3$; $4.15 \times 10^{11}/\text{cm}^3$

1.8 도핑된 반도체

위에서 설명한 진성 실리콘 결정에서는 열생성에 의해서 생성되는 자유 전자들과 정공들의 농도가 같다. 실리콘에서 이 농도는 상온에서 전류를 유도하기에는 너무 낮다. 또한 캐리어 농도와 전도도는 온도에 크게 영향을 받으며 전자 소자에서 요구되는 성질은 아니다. 다행히 반도체 결정 내의 캐리어 농도를 정교하게 조정할 수 있는 형태로 변화시킬 수 있는 방법이 개발되었다. 이 과정이 도핑이며 이 결과로 나타난 실리콘을 **도핑된 실리콘**(doped silicon)이라고 한다.

도핑은 실리콘 결정체에 불순물 원자를 주입하는 것이므로 실리콘의 결정체 성질을 거의 변화시키지 않으면서 자유 전자 혹은 정공의 농도를 충분히 증가시킨다. 자유 전자의 농도 n을 증가시키기 위해 인(phosphorus)과 같이 가전자가 다섯 개인 원소를 실리콘에 도핑한다. 이때 도핑된 실리콘을 ***n*형**(n type)이라고 부른다. 정공의 농도 p를 증가시키기 위하여 붕소(boron)와 같이 가전자가 세 개인 원소를 실리콘에 도핑한다. 이때 도핑된 실리콘을 ***p*형**(p type)이라고 부른다.

그림 1.30은 인 불순물에 도핑된 실리콘 결정체를 보여 준다. 첨가된 원자(인)는 결정체의 실리콘 원자와 대체된다. 인 원자는 외각에 다섯 개의 전자를 가지며 이 중 네 개가 이웃 원자들과 공유 결합을 형성하고 다

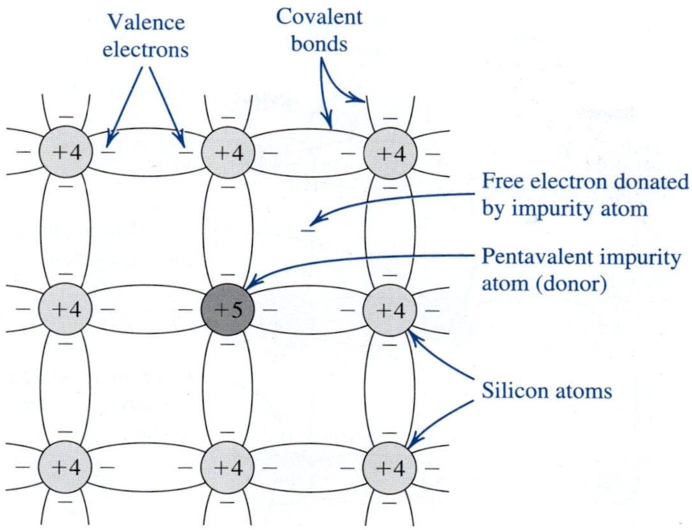

그림 1.30 5가 원소로 도핑된 실리콘 결정. 도핑된 각각의 원자는 하나의 자유 전자를 제공하며 도너라고 불린다. 도핑된 반도체는 n형이 된다.

섯 번째 전자는 자유 전자가 된다. 따라서 각각의 인 원자는 실리콘 결정에 한 개의 자유 전자를 공급하므로(donate), 인 불순물을 **도너**(donor)라고 부른다. 정공들은 이 과정에 의해서 생성되지 않는 것이 분명하다. 양전하는 인 원자에 속하며 결정체에서 움직일 수 없는 **속박 전하**(bound charge)이다.

도너 원자들의 농도가 N_D라면(N_D는 n_i에 비하여 매우 크다), n형 실리콘의 자유 전자 농도 n_n은

$$n_n \simeq N_D \tag{1.28}$$

일 것이다. 여기서 첨자 n은 n형 실리콘을 의미한다. 이와 같이 n_n은 온도가 아닌 도핑된 농도에 의하여 결정된다. 그러나 정공의 농도는 그렇지 않다. n형 실리콘의 모든 정공은 열이온화에 의하여 생성된다. 농도 p_n은 식 (1.27)에 의하여 얻을 수 있고 도핑된 실리콘에 적용할 수 있으며 열평형 상태가 얻어진다. 이와 같이 n형 실리콘은

$$p_n n_n = n_i^2$$

이다. 식 (1.28)에 n_n 대신에 p_n을 대입하면

$$p_n \simeq \frac{n_i^2}{N_D} \tag{1.29}$$

이 된다.

이와 같이 p_n은 n_i^2처럼 온도에 같은 영향을 받는다. 마지막으로 n형 실리콘의 자유 전자의 농도는 정공의 농도보다 매우 크다. 여기서 전자를 **다수 전하 캐리어**(majority charge carrier), 정공을 **소수 전하 캐리어**(minority charge carrier)라고 한다.

정공이 다수 전하 캐리어인 p형 실리콘을 만들기 위해서는, 붕소와 같은 3가의 불순물이 사용된다. 그림

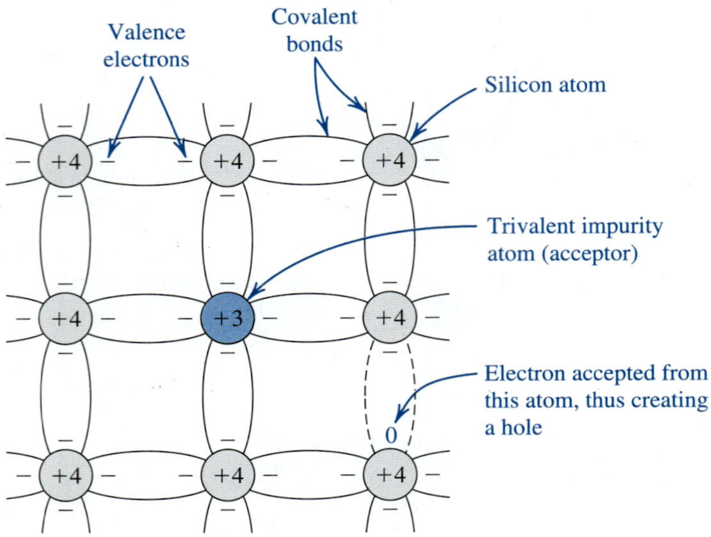

그림 1.31 3가 불순물로 도핑된 실리콘 결정. 도핑된 각각의 원자는 하나의 정공을 제공하며 p형이 된다.

1.31은 붕소로 도핑된 실리콘 결정체를 보여 준다. 실리콘 결정체에서 붕소 원자가 몇 개의 실리콘 원자와 대체되었다는 것에 주목하라. 각 붕소 원자는 외각에 세 개의 전자를 가지며 이웃 원자로부터 하나의 전자를 **받아들여**(accept), 격자 구조에서의 공유 결합을 형성할 것이다. 이 결과로 이웃 원자에 하나의 정공이 생성되고 **억셉터**(acceptor, 붕소) 원자에 속박 음전하가 생성된다. 각 억셉터 원자는 하나의 정공을 제공한다는 것을 보여 준다. 만약 억셉터 도핑 농도가 N_A이고 $N_A \gg n_i$이면 정공 농도는

$$p_p \simeq N_A \tag{1.30}$$

이다. 첨자 p는 p형 실리콘을 나타낸다. 여기에서 다수 캐리어는 정공이며 그들의 농도는 N_A에 의하여 주어진다. 소수 전자의 농도는 다음 관계식으로 주어진다.

$$p_p n_p = n_i^2$$

식 (1.30)으로부터 p_p를 대입하면

$$n_p \simeq \frac{n_i^2}{N_A} \tag{1.31}$$

이다. 이와 같이 소수 전자의 농도는 n_i^2처럼 온도에 같은 영향을 받는다.

끝으로 n형이나 p형 실리콘 조각은 전기적으로 중성이라는 것을 언급해 둔다. 즉, 다수의 자유 캐리어(n형에서는 전자 그리고 p형에서는 정공)는 불순물 원자들의 속박 전하에 의해서 중화된다(neutralized).

예제 1.7

n형 실리콘에서 도핑된 불순물의 농도가 $N_D = 10^{17}/\text{cm}^3$이다. 전자와 정공의 농도를 $T = 300$ K에서 구하라.

풀이

다수 전자의 농도는

$$n_n \simeq N_D = 10^{17}/\text{cm}^3$$

이고 소수 정공의 농도는

$$p_n \simeq \frac{n_i^2}{N_D}$$

이다. 예제 1.6을 보면 $T = 300$ K에서 $n_i = 1.5 \times 10^{10}/\text{cm}^3$이다. 따라서 다음을 얻는다.

$$p_n = \frac{\left(1.5 \times 10^{10}\right)^2}{10^{17}}$$
$$= 2.25 \times 10^3/\text{cm}^3$$

실리콘에서 $n_n \gg n_i$이며 n_n이 p_n보다 매우 크다는 것을 관찰하라.

연습문제

1.26 예제 1.7의 상황일 때 350 K에서 전자와 정공의 농도를 계산하라. 연습문제 1.25에서 구한 $T = 350$ K일 때의 n_i의 값을 사용해도 좋다.
[답] $n_n = 10^{17}/\text{cm}^3, p_n = 1.72 \times 10^6/\text{cm}^3$

1.27 붕소로 도핑된 실리콘 결정체에서 전자의 농도가 진성 실리콘의 캐리어 농도의 10^6배일 때 $T =$ 300 K에서 N_A는 얼마인가?
[답] $N_A = 1.5 \times 10^{16}/\text{cm}^3$

1.9 반도체에서의 전류 흐름

반도체에서 전하 캐리어의 이동과 전류 흐름에는 두 가지의 구별되는 메커니즘인 확산(diffusion)과 드리프트(drift)가 있다.

1.9.1 드리프트 전류

반도체 결정체에 전계 E가 존재할 때 정공은 전계 E와 같은 방향으로 가속되고 자유 전자는 전계 E와 반대 방

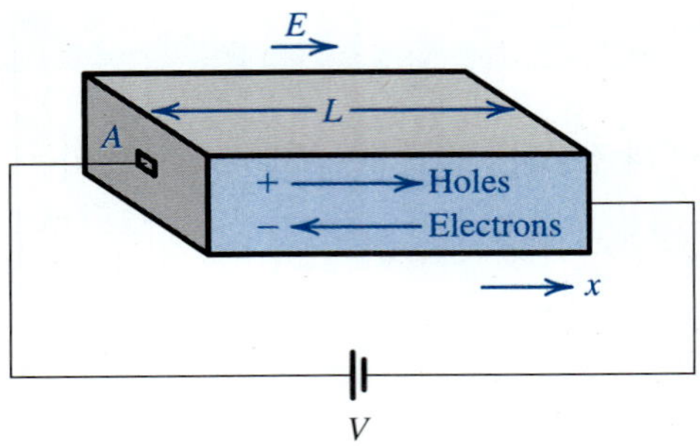

그림 1.32 실리콘 막대에 존재하는 전계 E는 정공을 전계 E와 같은 방향으로 흐르게 하고 전자는 전계 E와 반대 방향으로 흐르게 한다. 정공과 전자 모두의 드리프트 전류는 전계 E와 같은 방향이다.

향으로 가속된다. 이 상황을 그림 1.32에 나타냈다. 정공은 속도 $v_{p\text{-drift}}$를 얻는다.

$$v_{p\text{-drift}} = \mu_p E \tag{1.32}$$

여기서 μ_p는 **정공 이동도**(hole mobility)로 불리는 정수이다. 전계 E에 반응하여 정공이 실리콘 결정체를 얼마나 쉽게 이동할 수 있는지를 나타낸다. 속도의 단위는 초당 센티미터이며 전계 E는 단위가 센티미터당 볼트이므로 식 (1.32)로부터 이동도 μ_p는 단위가 볼트-초당 제곱센티미터($\text{cm}^2/\text{V}\cdot\text{s}$)이다. 진성 실리콘에서 $\mu_p = 480$ $\text{cm}^2/\text{V}\cdot\text{s}$이다.

자유 전자의 속도 $v_{n\text{-drift}}$는 다음과 같이 주어진다.

$$v_{n\text{-drift}} = -\mu_n E \tag{1.33}$$

전자는 전계 E와 반대 방향으로 이동하므로 결과는 음수로 나타난다. 여기서 μ_n은 **전자 이동도**(electron mobility)라고 불리는 상수이며 진성 실리콘에서 μ_n은 보통 1350 $\text{cm}^2/\text{V}\cdot\text{s}$이다. μ_n은 μ_p보다 약 2.5배 빠르며 실리콘 격자에서 전자는 정공보다 훨씬 쉽게 이동한다.

그림 1.32의 단결정 실리콘 막대로 돌아가자. 정공의 농도를 p라 하고 전자의 농도를 n이라고 하자. 정공의 흐름에 기인한 전류 성분을 계산하자. x 방향에 수직인 평판이 있다고 생각하자. 1초에 평판을 통과하는 정공 전하는 ($Aqpv_{p\text{-drift}}$) 쿨롱이다. 여기서 A는 실리콘 막대의 단면적이고 q는 전자 전하의 크기이다. 막대를 흐르는 드리프트 전류의 정공 요소는 다음과 같다.

$$I_{S,p} = Aqpv_{p\text{-drift}} \tag{1.34}$$

식 (1.32)에 $v_{p\text{-drift}}$를 대체하면 다음 수식을 얻는다.

$$I_{S,p} = Aqp\mu_p E$$

우리는 단위 단면적당 전류인 전류 밀도 J_p에 관심이 많다.

$$J_{S,p} = \frac{I_{S,p}}{A} = qp\mu_p E \tag{1.35}$$

자유 전자의 드리프트에 기인하는 전류 요소를 같은 방법으로 발견할 수 있다. 그러나 오른쪽에서 왼쪽으로 흐르는 전자는 전류 요소를 왼쪽에서 오른쪽으로 흐르게 한다는 것에 주목할 필요가 있다. 전류 흐름의 방향은 일반적으로 양전하의 흐름 방향과 음전하 흐름의 반대 방향으로 간주되기 때문이다. 따라서 다음과 같이 쓸 수 있다.

$$I_{S,n} = -Aqnv_{n\text{-drift}}$$

식 (1.33)에 $v_{n\text{-drift}}$를 대체하면 전류 밀도 $J_n = I_{S,n}/A$를 다음과 같이 얻을 수 있다.

$$J_{S,n} = qn\mu_n E \tag{1.36}$$

식 (1.35)와 (1.36)으로부터 $J_{S,p}$와 $J_{S,n}$을 합해서 전체 드리프트 전류 밀도를 얻을 수 있다.

$$J_S = J_{S,p} + J_{S,n} = q(p\mu_p + n\mu_n)E \tag{1.37}$$

이 관계식은 다음과 같이 쓸 수 있다.

$$J = E/\rho \tag{1.38}$$

여기서 **저항률**(resistivity) ρ는 다음과 같다.

$$\rho = \frac{1}{q(p\mu_p + n\mu_n)} \tag{1.39}$$

식 (1.38)은 옴의 법칙의 형태이며 다음과 같이 다르게 표현할 수도 있다.

$$\rho = \frac{E}{J} \tag{1.40}$$

저항률의 단위는 옴-센티미터이다($\frac{\text{V/cm}}{\text{A/cm}^2} = \Omega\cdot\text{cm}$).

그림 1.32에서의 단결정 실리콘 바의 저항을 저항률, 단면적, 길이 L로 구할 수 있다.

$$R = \frac{\rho L}{A} \tag{1.41}$$

예제 1.8

(a) 진성 실리콘과 (b) $N_A = 10^{16}/\text{cm}^3$인 p형 실리콘의 저항률을 구하라. $n_i = 1.5\times10^{10}/\text{cm}^3$이고 진성 실리콘에서 $\mu_n = 1350\ \text{cm}^2/\text{V}\cdot\text{s}$이고 $\mu_p = 480\ \text{cm}^2/\text{V}\cdot\text{s}$이다. 그리고 도핑된 실리콘에서 $\mu_n = 1110\ \text{cm}^2/\text{V}\cdot\text{s}$이고 $\mu_p = 400\ \text{cm}^2/\text{V}\cdot\text{s}$이다.(도핑된 실리콘에서는 캐리어 이동도가 감소된다는 것을 주목하라.)

풀이

(a) 진성 실리콘에서

$$p = n = n_i = 1.5\times10^{10}/\text{cm}^3$$

이며 따라서 저항률은 다음과 같다.

$$\rho = \frac{1}{q(p\mu_p + n\mu_n)}$$

$$\rho = \frac{1}{1.6 \times 10^{-19}(1.5 \times 10^{10} \times 480 + 1.5 \times 10^{10} \times 1350)}$$

$$= 2.28 \times 10^5\ \Omega \cdot \text{cm}$$

(b) p형 실리콘에서

$$p_p \simeq N_A = 10^{16}/\text{cm}^3$$

$$n_p \simeq \frac{n_i^2}{N_A} = \frac{(1.5 \times 10^{10})^2}{10^{16}} = 2.25 \times 10^4/\text{cm}^3$$

이며 따라서 저항률은 다음과 같다.

$$\rho = \frac{1}{q(p\mu_p + n\mu_n)}$$

$$= \frac{1}{1.6 \times 10^{-19}(10^{16} \times 400 + 2.25 \times 10^4 \times 1110)}$$

$$\simeq \frac{1}{1.6 \times 10^{-19} \times 10^{16} \times 400} = 1.56\ \Omega \cdot \text{cm}$$

p형 실리콘의 저항률은 도핑 농도에 의해 거의 완벽하게 결정된다는 것에 주목하라. 또한 도핑 실리콘은 10^4만큼 저항률이 감소된 것에도 유의하기 바란다.

연습문제

1.28 2 μm 길이의 n형 균일한 실리콘 막대에 1 V가 가해졌다. $N_D = 10^{16}/\text{cm}^3$이고, $\mu_n = 1350\ \text{cm}^2/\text{V}\cdot\text{s}$일 때 (a) 전자 드리프트 속도, (b) 전자가 2 μm 길이를 통과하는 시간, (c) 드리프트 전류 밀도, (d) 실리콘 막대의 단면적이 0.25 μm^2일 때 저항과 드리프트 전류를 구하라.

[답] 6.75×10^6 cm/s; 30 ps; $1.08 \times 10^4\ \text{A/cm}^2$; 37.0 kΩ, 27 μA

1.9.2 확산 전류

반도체 조각의 전하 캐리어 농도가 일정하지 않을 때 캐리어 확산이 일어난다. 예를 들어 만약 어떤 메커니즘에 의하여 실리콘 조각에서 한쪽의 정공 농도가 다른 쪽보다 높다면 정공은 높은 농도 영역에서 낮은 농도 영

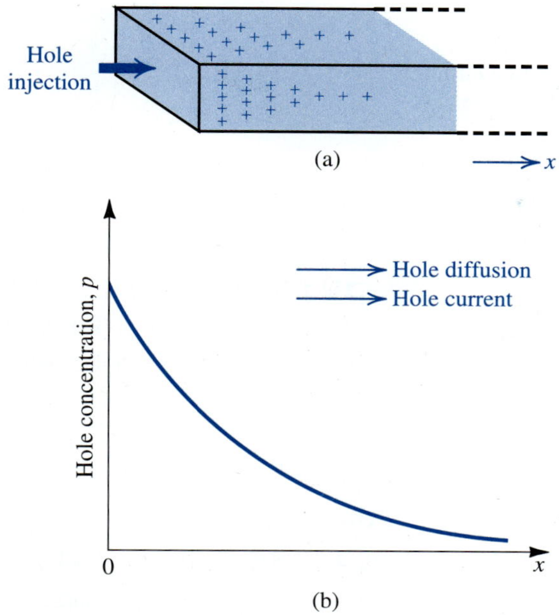

그림 1.33 진성 실리콘 막대(a)에 주입되는 정공에 의하여 x축을 따라 만들어진 정공 농도 분포도(b). x축의 정방향으로 정공이 확산되며 같은 방향으로 정공 확산 전류가 유도된다. 실리콘 막대에 연결된 회로는 보이지 않는다.

역으로 확산될 것이다. 그러한 확산 과정은 물이 가득한 탱크에 약간의 잉크를 떨어뜨렸을 때 관찰되는 것과 같다. 전하 캐리어의 확산은 전하의 순수한 흐름 혹은 **확산 전류**(diffusion current)를 유도한다.

한 예로, 그림 1.33(a)의 실리콘 막대에 대해 생각해 보자. 어떠한 과정에 의하여 정공이 왼쪽으로 주입되었다고 가정하자. 이 연속적인 정공의 주입으로 그림 1.33(b)와 같은 정공 **농도 분포도**(concentration profile)가 만들어지고 유지된다. 이 분포도에 따르면, 실리콘 막대를 따라서 왼쪽에서 오른쪽으로 차례로 정공이 확산되며 x축을 따라 정공 전류가 유도된다. 어떤 지점의 전류의 크기는 그 점에서의 농도 곡선의 기울기 또는 **농도 경사도**(concentration gradient)에 비례할 것이다.

$$J_{D,p} = -qD_p \frac{dp(x)}{dx} \tag{1.42}$$

여기서 $J_{D,p}$는 A/cm^{2}인 전류 밀도(즉 x축에 수직인 단위 면적당 전류)이고, q는 전자 하나의 전하량이며, D_p는 정공의 **확산 계수**(diffusion constant) 혹은 **확산도**(diffusivity)이다. 그리고 $p(x)$는 x 지점에서의 정공의 농도이다. 경사도(dp/dx)는 음수이고 x축으로의 전류는 양수임을 주목하라.

전자 농도의 경사(그림 1.34 참조)로 인해 전자가 확산되는 경우에는 비슷한 관계가 적용 가능하며 전자에 의한 전류 농도는 다음과 같다.

$$J_{D,n} = qD_n \frac{dn(x)}{dx} \tag{1.43}$$

여기서 D_n은 확산 계수 혹은 전자의 확산도이다. dn/dx가 음수이면 부방향의 전류를 유도하며 양전하의 흐름

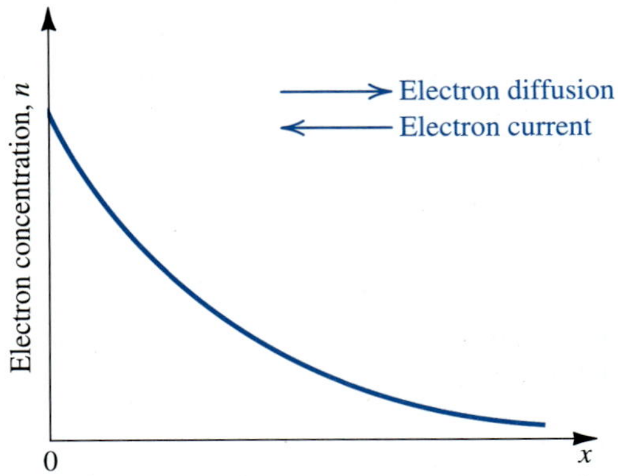

그림 1.34 실리콘 막대의 전자 농도 분포가 그림과 같으면 x축 방향으로 전자가 확산되며 x축의 역방향으로 전자 확산 전류가 유도된다.

은 정방향의 전류를 유도한다는 것(음전하의 반대 방향)에 주목할 필요가 있다. 진성 실리콘의 정공의 확산도는 $D_p = 12\ \text{cm}^2/\text{s}$이며 전자의 확산도는 $D_n = 35\ \text{cm}^2/\text{s}$이다.

이제 독자는 그림 1.33(a)의 실리콘 막대에서의 확산 전류가 어디로 가는지 궁금할 것이다. 회로의 나머지 부분에 어떻게 실리콘 막대의 오른쪽이 연결되었는지를 보여 주지 않았기 때문이다. 다음 절의 pn 접합 논의에서 자세히 설명할 것이다.

예제 1.9

정공의 농도 분포도가 다음과 같이 주어진다고 가정하라.

$$p(x) = p_0 e^{-x/L_p}$$

$x = 0$에서의 정공 전류 밀도를 구하라. $p_0 = 10^{16}/\text{cm}^3$, $L_p = 1\ \mu\text{m}$, $D_p = 12\ \text{cm}^2/\text{s}$이다. 막대의 단면적이 $100\ \mu\text{m}^2$이면 전류 $I_{D,p}$는 얼마인가?

풀이

$$\begin{aligned} J_{D,p} &= -qD_p \frac{dp(x)}{dx} \\ &= -qD_p \frac{d}{dx}\left[p_0 e^{-x/L_p}\right] \\ &= q\frac{D_p}{L_p} p_0 e^{-x/L_p} \end{aligned}$$

이므로 다음과 같이 쓸 수 있다.

$$J_{D,p}(0) = q\frac{D_p}{L_p}p_0$$
$$= 1.6 \times 10^{-19} \times \frac{12}{1 \times 10^{-4}} \times 10^{16}$$
$$= 192\ \text{A/cm}^2$$

전류 $I_{D,p}$는 다음 식으로부터 구해진다.

$$I_{D,p} = J_{D,p} \times A$$
$$= 192 \times 100 \times 10^{-8}$$
$$= 192\ \mu\text{A}$$

연습문제

1.29 그림 E1.29에 실리콘 조각에 존재하는 선형 전자 농도 분포도가 나와 있다. 만약 $n_0 = 10^{17}/\text{cm}^3$이고 $W = 0.5\ \mu\text{m}$일 때 $\mu\text{A}/\mu\text{m}^2$ 단위로 전자 전류 밀도를 구하라. 만약 1 mA의 확산 전류가 요구된다면 단면적(지면에 직각 방향으로)은 얼마인가? 최하단 $D_n = 35\ \text{cm}^2/\text{s}$.

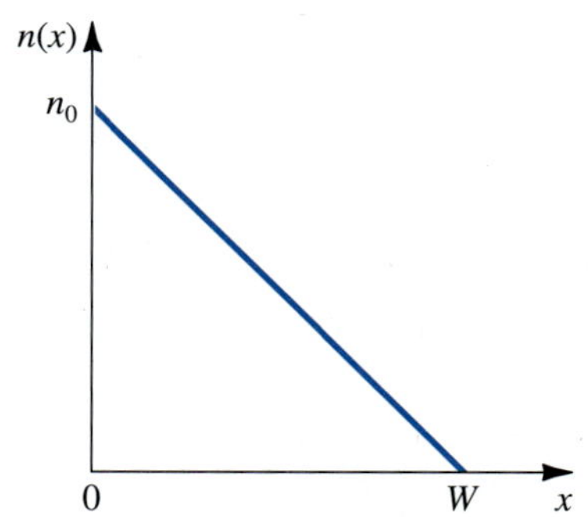

그림 E1.29

[답] $112\ \mu\text{A}/\mu\text{m}^2$; $9\ \mu\text{m}^2$

1.9.3 D와 μ의 관계

확산 계수와 이동도의 관계를 보여 주는 간단하지만 강력한 식은 다음과 같다.

$$\frac{D_n}{\mu_n} = \frac{D_p}{\mu_p} = V_T \tag{1.44}$$

여기서 $V_T = kT/q$이며 파라미터 V_T는 **열전압**(thermal voltage)이다. 상온에서 $T \simeq 300$ K일 때 $V_T = 25.9$ mV

이다. V_T는 이 책에서 반복적으로 접하게 되며 식 (1.44)는 **아인슈타인 관계식**(Einstein relationship)으로 알려져 있다.

연습문제

1.30 $\mu_n = 1350\ \text{cm}^2/\text{V}\cdot\text{s}$이고 $\mu_p = 480\ \text{cm}^2/\text{V}\cdot\text{s}$인 진성 실리콘에서 아인슈타인 관계식을 사용하여 D_n과 D_p를 구하라.
[답] $35\ \text{cm}^2/\text{s}$; $12.4\ \text{cm}^2/\text{s}$

1.10 *pn* 접합

중요한 반도체 개념을 배웠으므로 이제 실제 반도체 구조인 *pn* 접합을 고찰해 보자. 앞에서 언급한 바와 같이 *pn* 접합은 다이오드(3장)를 구현하고 바이폴라 접합 트랜지스터(BJT)의 구조와 동작에 주된 역할을 한다. 또한 *pn* 접합의 이해는 MOSFET(5장) 동작의 공부에도 매우 중요하다.

1.10.1 물리적인 구조

그림 1.35는 *pn* 접합의 간단한 물리적인 구조를 보여 준다. 이 *pn* 접합은 (실리콘과 같은) *p*형 반도체 물질을 *n*형 반도체 물질(실리콘)에 접촉시킨 것이다. 그러나 실제로는 *p*와 *n* 영역 모두 동일한 실리콘 결정의 일부분이다. 즉, *pn* 접합은 하나의 단일 실리콘 결정 내에 서로 다른 도핑(doping) 영역(*p*와 *n* 영역)을 만듦으로써 형성된다. 부록 A에 *pn* 접합을 포함한 집적 회로의 제조 공정을 간단히 설명해 놓았다. 그림 1.35에 나타냈듯이, *p* 및 *n* 영역과 외부 도선들(즉, 다이오드 단자들)과의 접속은 금속(알루미늄) 접촉을 통해 이루어진다. *pn* 접합이 다이오드로 사용된다면 이 단자들은 '애노드(anode)'와 '캐소드(cathode)'로 이름붙이고 다이오드 용어로 사용된다.[11)]

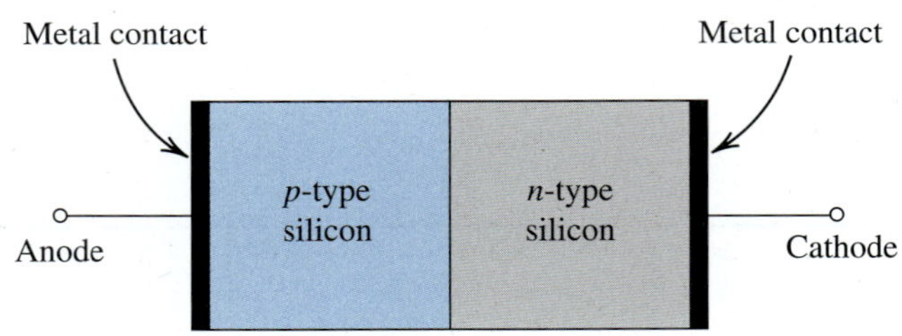

그림 1.35 *pn* 접합의 단순화한 물리적인 구조(실제 구조는 부록 A에 수록되어 있다). *pn* 접합은 접합 다이오드를 구현하며 이 단자는 애노드와 캐소드라고 불린다.

11) 이 용어는 진공관에서 사용되었던 용어가 그대로 이어진 것으로, 진공관은 1947년 트랜지스터가 개발될 때까지 다이오드와 다른 전자 소자를 만드는 데 사용되는 기술이었다. 이 사건으로 전자, 전송, 컴퓨터뿐만 아니라 전 세계가 필요로 하는 고체 전자의 시대가 열렸다.

1.10.2 개방 회로 단자에서의 동작

그림 1.36에 개방 회로 상태, 즉 외부 단자가 개방되어 있는 상태에서의 *pn* 접합을 나타냈다. 그림에서 *p*형 물질에 표시되어 있는 '+' 부호는 다수 캐리어인 정공을 나타낸다. 이 정공들의 전하는 억셉터 원자들과 연관된 똑같은 양의 속박 음전하(negative charge)에 의해서 중화된다. 그림을 단순화하기 위해 속박 전하들은 나타내지 않았다. 또한 *p*형 물질에서 열이온화에 의해 생성되는 소수 캐리어인 전자들도 나타내지 않았다는 점에 유의하기 바란다.

그림에서 *n*형 물질에는 다수 캐리어인 전자들이 '–' 부호로 표시되어 있다. 여기서도 마찬가지로 그림을 간단히 하기 위해 다수 캐리어인 전자들을 중화시키는 속박 양전하들은 나타내지 않았다. *n*형 물질에는 열이온화에 의해 생성된 소수 캐리어인 정공들도 포함되어 있을 것이다. 그러나 이들 역시 그림에는 나타내지 않았다.

확산 전류 I_D 정공들의 농도가 *p*영역에서 높고 *n*영역에서 낮기 때문에 정공들은 접합을 가로질러 *p*영역에서 *n*영역으로 확산할 것이다. 마찬가지로 전자들은 접합을 가로질러 *n*영역에서 *p*영역으로 확산할 것이다. 이들 두 전류 성분이 함께 더해져 확산 전류 I_D를 형성할 것이고, 이 전류는 그림 1.36에 나타낸 것처럼 *p*영역에서 *n*영역으로 향할 것이다.

공핍 영역 접합을 가로질러 *n*영역으로 확산한 정공들은, 그곳에 존재하는 다수 (캐리어인) 전자들의 일부와 빠르게 재결합하여 사라질 것이다. 이 재결합 과정은 자유 전자들의 일부도 *n*형 물질로부터 사라지게 만들 것이다. 따라서 속박 양전하 중 일부는 자유 전자들에 의해서 더 이상 중화될 수 없을 것이고, 이때 이 전하는 **노**

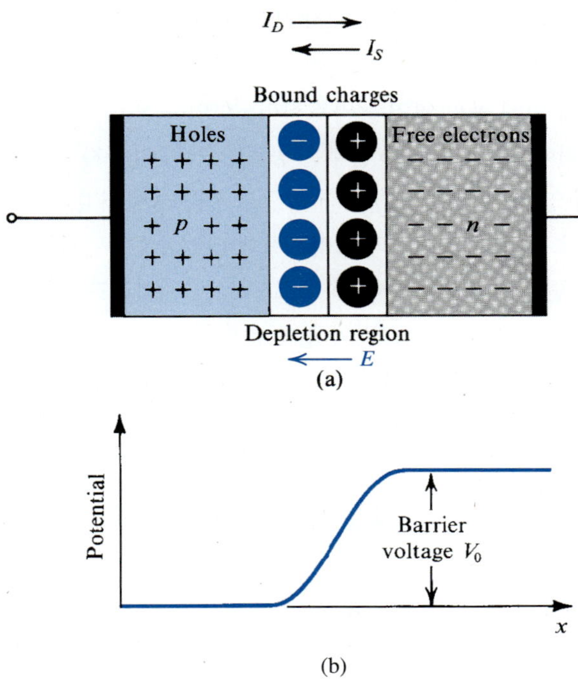

그림 1.36 (a) 전압이 인가되지 않은(또는 단자들이 개방된) *pn* 접합. (b) 접합에 수직인 축을 따라 생긴 전위 분포.

출되었다(uncovered)고 말한다. 재결합이 접합의 바로 옆에서 일어나므로, 그림 1.36에 나타낸 것처럼 접합의 바로 옆에 자유 전자들이 공핍(고갈)되고 노출된 속박 양전하들을 내포하는 어떤 영역이 존재할 것이다.

접합을 가로질러 p영역으로 확산하는 전자들은 그곳에 존재하는 다수 캐리어인 정공들의 일부와 빠르게 재결합하여 소멸될 것이다. 이 재결합 과정은 다수 (캐리어인) 정공들의 일부도 p형 물질로부터 사라지게 할 것이고, 속박 음전하를 노출시킬 것이다.(즉, 정공들에 의해서 더 이상 중화되지 않게 할 것이다.) 따라서 그림 1.36에 나타낸 것처럼, 접합에 가까운 p형 물질에 정공들이 공핍되고 노출된 음전하를 내포하는 영역이 존재할 것이다.

이상의 설명으로부터 접합의 양쪽에 **캐리어 공핍 영역**(carrier-depletion region)이 존재한다는 것을 알 수 있을 것이다. 즉, 이 영역의 n쪽에는 양전기를 띤 속박 전하들만이 존재할 것이고, p쪽에는 음전기를 띤 속박 전하들만이 존재할 것이다. 이 캐리어 공핍 영역 또는 간단히 **공핍 영역**(depletion region)은 **공간 전하 영역**(space-charge region)이라고도 한다. 공핍 영역의 양쪽에 있는 전하들 때문에 이 영역을 가로질러 전계 E가 형성될 것이고, 이에 따라 공핍 영역 사이에 전위차가 생길 것이다. 즉, 그림 1.36(b)에 나타낸 것처럼, 이 영역의 n쪽이 p쪽에 비해 전위가 더 높을 것이다. 따라서 이 전위차는 n영역 쪽으로 일어나는 정공들의 확산과 p영역 쪽으로 일어나는 전자들의 확산을 방해할 것이다. 실제로 공핍 영역 사이에 나타나는 전압 강하는 n영역 쪽으로 확산하는 정공들과 p영역 쪽으로 확산하는 전자들이 넘어야 할 **장벽**(barrier)으로 작용한다. 이 장벽 전압이 클수록 이 장벽을 넘을 수 있는 캐리어의 수가 더 적어질 것이고 이에 따라 확산 전류의 양이 더 줄어들 것이다. 따라서 확산 전류 I_D는 공핍 영역 사이의 전압 강하, 즉 V_0에 크게 의존한다.

드리프트 전류 I_S와 평형 상태 다이오드의 접합에는 다수 캐리어의 확산에 의한 전류 성분 I_D뿐만 아니라 소수 캐리어의 드리프트에 의한 전류 성분도 존재한다. 구체적으로 말하면 n물질에서 열생성된 정공들 중 일부는 n물질을 거쳐 공핍 영역의 가장자리로 확산해 갈 것이다. 그리고 거기서 이들은 공핍 영역에 형성되어 있는 전계를 만날 것이고, 이 전계에 의해 공핍 영역을 가로질러 p영역 쪽으로 휩쓸려 들어갈 것이다. 마찬가지로 p물질에서 열생성된 소수 캐리어, 즉 전자들 중 일부는 공핍 영역의 가장자리로 확산해 갈 것이고, 그곳에 형성되어 있는 전계에 의해 공핍 영역을 가로질러 n영역 쪽으로 휩쓸려 들어갈 것이다. 이들 두 전류 성분, 즉 드리프트에 의해 p쪽에서 n쪽으로 이동한 전자들과 드리프트에 의해 n쪽에서 p쪽으로 이동한 정공들이 함께 더해져, 그림 1.36에 나타낸 것처럼 접합의 n쪽에서 p쪽으로 흐르는 드리프트 전류 I_S를 형성할 것이다. I_S 전류는 열생성된 소수 캐리어에 의해 운반되므로, 그것의 값은 온도에 크게 의존하지만, 공핍 영역의 장벽 전압 V_0와는 무관할 것이다. 공핍 영역의 가장자리에 도착하는 소수 캐리어에 의하여 드리프트 전류가 결정되기 때문이다. 공핍 영역 가장자리에 도착하는 어떤 소수 캐리어도 E의 값 혹은 상응하는 V_0의 값에 상관없이 E에 의하여 일소된다.

개방 회로 상태(그림 1.36)에서는 외부 전류가 없으므로 접합을 가로지르는 정반대 방향의 두 전류는 크기가 같아야 할 것이다.

$$I_D = I_S$$

이 평형 상태[12)]는 장벽 전압 V_0에 의해서 유지될 것이다. 따라서 만일 어떤 이유로 I_D가 I_S보다 커지면, 더 많은 속박 전하가 접합의 양쪽에 노출될 것이고, 이에 따라 공핍층(또는 공핍 영역)이 넓어질 것이다. 그리고 공핍층 사이에 나타나는 전압 강하 V_0가 증가할 것이다. V_0의 증가는 $I_D = I_S$로 평형 상태가 이루어질 때까지 I_D를 감소시킬 것이다. 이와는 반대로, 만일 I_S가 I_D보다 커지면, 노출된 전하의 양이 감소할 것이고, 공핍층이 좁아질 것이며, 그 사이에 나타나는 전압 강하 V_0가 감소할 것이다. V_0의 감소는 $I_S = I_D$로 평형 상태가 이루어질 때까지 I_D를 증가시킬 것이다.

접합 빌트인 전압 외부 전압이 부가되지 않을 경우 전압 V_0는 다음과 같다.[13)]

$$V_0 = V_T \ln\left(\frac{N_A N_D}{n_i^2}\right) \tag{1.45}$$

여기서 N_A와 N_D는 접합 부분의 p쪽과 n쪽의 도핑 농도이다. 따라서 V_0는 온도와 도핑 농도에 따라 변하며, **접합 빌트인 전압**(junction built-in voltage)이라고 한다. 일반적으로 상온에서 V_0는 0.6~0.9 V이다.

pn 접합 단자들이 개방되어 있을 때 이들 사이에서 측정된 전압은 0일 것이다. 즉, 공핍 영역 사이에 걸리는 전압 V_0는 다이오드 단자들 사이에 나타나지 않을 것이다. 이는 다이오드 단자들의 금속-반도체 접합에 존재하는 접촉 전압(contact voltage)들이 장벽 전압과 반대로 작용하여 정확히 균형을 이루기 때문이다. 만일 그렇지 않다면, 우리는 격리된 *pn* 접합으로부터 에너지를 뽑아낼 수 있을 것이고, 이는 에너지 보존 법칙에 어긋날 것이다.

공핍 영역에서의 저장된 전하와 폭 그림 1.37은 접합이 평형 상태일 때 *pn* 접합에서 얻어지는 상태를 묘사하고 있다. 그림 1.37(a)에서 실제 표준 상태인 $N_A > N_D$인 접합을 보여 준다. 그림 1.37(b)는 접합 양쪽의 캐리어 농도를 보여 준다. 소수 캐리어 농도는 n_{p0}와 p_{n0}로 표시하며 '0'은 평형 상태를 의미한다(즉, 외부 전압이 인가될 경우는 다음 절에서 설명함). p 물질과 n 물질 모두에 공핍 영역이 존재하고, 이 공핍 영역의 양쪽에 동일한 양의 전하가 존재한다는 것이 명백하다[그림 1.37(c)에서 Q_+와 Q_-]. 그러나 통상적으로 N_A와 N_D의 도핑이 같지 않기 때문에, 그림 1.37에서 표현한 바와 같이 공핍 영역의 폭도 양쪽에서 같지 않을 것이다. 보다 정확히 말하면, 공핍층은 동일한 양의 전하를 노출시키기 위해 보다 낮은 농도로 도핑된 물질 쪽으로 더 깊이 뻗칠 것이다. 특히 p쪽의 공핍 영역의 폭을 x_p, n쪽의 공핍 영역의 폭을 x_n이라고 하면, 접합의 n쪽의 전하의 크기는 다음과 같다.

$$|Q_+| = qAx_n N_D \tag{1.46}$$

그리고 접합의 p쪽은 다음과 같다.

$$|Q_-| = qAx_p N_A \tag{1.47}$$

---

12) 사실 평형 상태에서 드리프트와 확산 전류가 같다는 점은 전체 전류뿐만 아니라 그들 각 요소에도 적용된다. 즉, 정공 드리프트 전류는 정공 확산 전류와 같아야 하며 전자 드리프트 전류는 전자 확산 전류와 같아야 한다.

13) 이 장에 나오는 내용과 수식의 유도는 Streetman과 Bannerjee의 책처럼 소자를 다루는 책에서 발견할 수 있다(부록 I 참조).

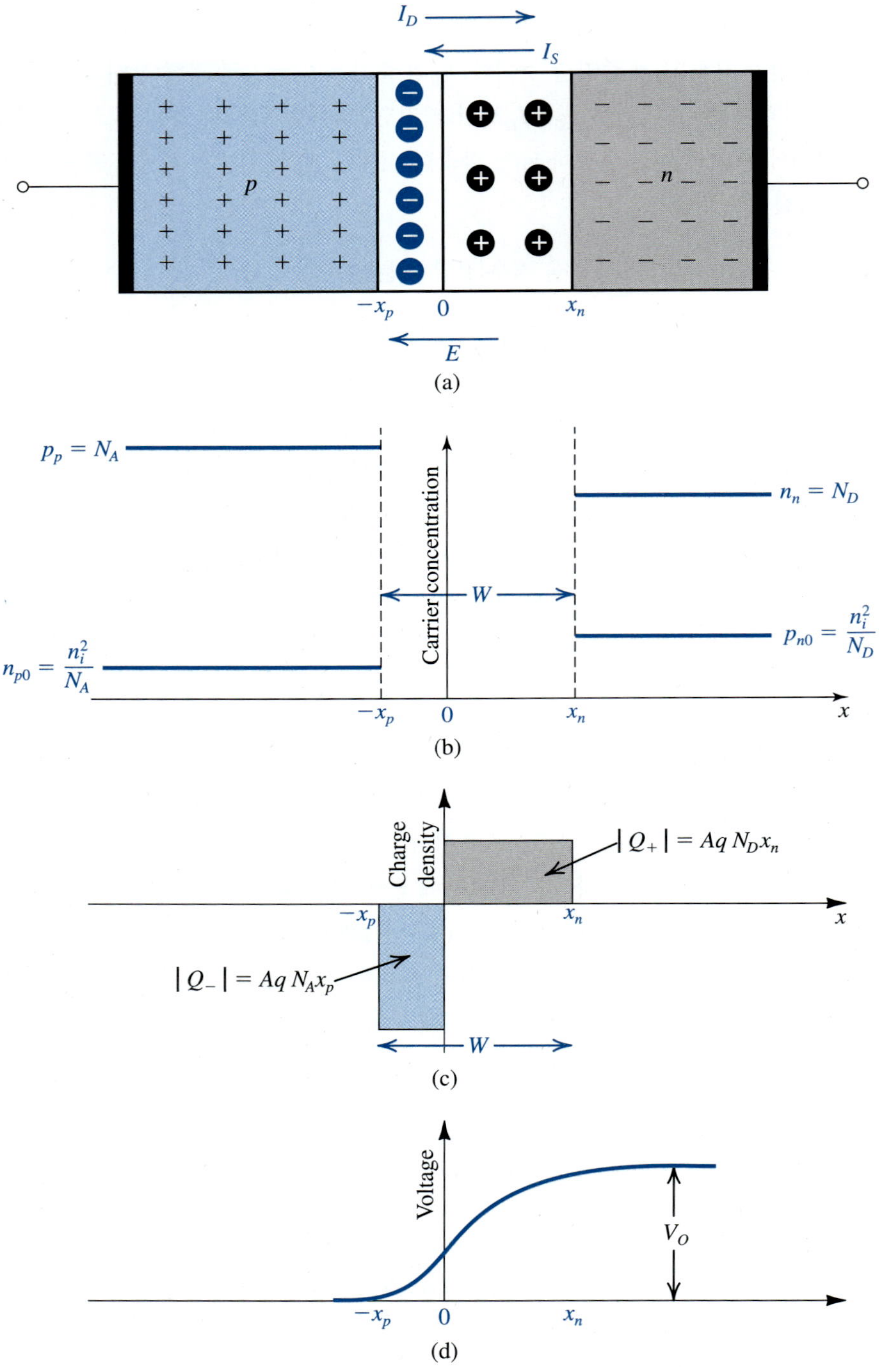

그림 1.37 (a) 단자 개방 회로에서의 pn 접합. (b) 캐리어 농도; $N_A > N_D$. (c) 공핍 영역 양쪽에 저장되어 있는 전하; $Q_J = |Q_+| = |Q_-|$. (d) 빌트인 전압 V_0.

여기서 A는 이 지면에 수직인 평면의 접합의 단면적이다. 전하 등가 상태(charge-equality condition)에서는 다음과 같다.

$$qAx_nN_D = qAx_pN_A$$

이 식은 다음과 같이 다시 정리된다.

$$\frac{x_n}{x_p} = \frac{N_A}{N_D} \tag{1.48}$$

공핍 영역의 폭 W는 다음과 같다.

$$W = x_n + x_p = \sqrt{\frac{2\epsilon_s}{q}\left(\frac{1}{N_A} + \frac{1}{N_D}\right)V_0} \tag{1.49}$$

여기서 ϵ_s는 전기 유전율이며 실리콘의 전기 유전율은 $11.7\epsilon_0 = 11.7 \times 8.85 \times 10^{-14}$ F/cm $= 1.04 \times 10^{-12}$ F/cm이다. 보통 W는 0.1 μm에서 1 μm까지이며 식 (1.48)과 (1.49)로부터 W의 항으로 x_n과 x_p를 구할 수 있다.

$$x_n = W\frac{N_A}{N_A + N_D} \tag{1.50}$$

$$x_p = W\frac{N_D}{N_A + N_D} \tag{1.51}$$

공핍 영역의 양편에 저장되어 있는 전하는 식 (1.46)과 (1.50)을 이용하여 W의 항으로 표현한다.

$$\begin{aligned} Q_J &= |Q_+| = |Q_-| \\ Q_J &= Aq\left(\frac{N_AN_D}{N_A + N_D}\right)W \end{aligned} \tag{1.52}$$

마지막으로 식 (1.49)로부터 W를 대체하면 다음을 얻는다.

$$Q_J = A\sqrt{2\epsilon_s q\left(\frac{N_AN_D}{N_A + N_D}\right)V_0} \tag{1.53}$$

Q_J를 위한 표현은 다음 절에서 유용하게 사용된다.

일반적으로 접합의 한 쪽은 다른 쪽보다 훨씬 더 많이 도핑되어 있고, 공핍 영역은 거의 전체적으로 더 적게 도핑된 쪽에 존재한다. 예를 들어 $N_A \gg N_D$인 경우 $W \approx x_n \gg x_p$이다. 이는 단측 접합(one-sided junction)이라 한다.

예제 1.10

도핑 농도가 $N_A = 10^{18}/\text{cm}^3$이고, $N_D = 10^{16}/\text{cm}^3$이며, 단면적 $A = 10^{-4}$ cm^{2}이고 상온($T = 300$ K)에서 평형 상태인 *pn* 접합을 고려하여 $p_p, n_{p0}, n_n, p_{n0}, V_0, W, x_n, x_p, Q_J$를 계산하라. $n_i = 1.5 \times 10^{10}/\text{cm}^3$이다.

풀이

$$p_p \simeq N_A = 10^{18}\ \text{cm}^{-3}$$

$$n_{p0} = \frac{n_i^2}{p_p} \simeq \frac{n_i^2}{N_A} = \frac{(1.5 \times 10^{10})^2}{10^{18}} = 2.25 \times 10^2\ \text{cm}^{-3}$$

$$n_n \simeq N_D = 10^{16}\ \text{cm}^{-3}$$

$$p_{n0} = \frac{n_i^2}{n_n} \simeq \frac{n_i^2}{N_D} = \frac{(1.5 \times 10^{10})^2}{10^{16}} = 2.25 \times 10^4\ \text{cm}^{-3}$$

V_0를 구하기 위하여 식 (1.45)를 사용하면

$$V_O = V_T \ln\left(\frac{N_A N_D}{n_i^2}\right)$$

이며 여기서

$$V_T = \frac{kT}{q} = \frac{8.62 \times 10^{-5} \times 300\ (\text{eV})}{1\ \ \ \ \ \ \ \ \ \ (\text{e})}$$
$$= 25.9 \times 10^{-3}\ \text{V}$$

이므로 다음을 얻는다.

$$V_0 = 25.9 \times 10^{-3} \ln\left(\frac{10^{18} \times 10^{16}}{2.25 \times 10^{20}}\right)$$
$$= 0.814\ \text{V}$$

W를 구하기 위하여 식 (1.49)를 사용하면 다음을 얻는다.

$$W = \sqrt{\frac{2 \times 1.04 \times 10^{-12}}{1.6 \times 10^{-19}}\left(\frac{1}{10^{18}} + \frac{1}{10^{16}}\right) \times 0.814}$$
$$= 3.27 \times 10^{-5}\ \text{cm} = 0.327\ \mu\text{m}$$

x_n과 x_p를 구하기 위하여 식 (1.50)과 (1.51)을 각각 사용하면 다음과 같다.

$$x_n = W\frac{N_A}{N_A + N_D}$$
$$= 0.327\frac{10^{18}}{10^{18} + 10^{16}} = 0.324\ \mu\text{m}$$

$$x_p = W\frac{N_D}{N_A + N_D}$$
$$= 0.327\frac{10^{16}}{10^{18} + 10^{16}} = 0.003\ \mu\text{m}$$

마지막으로 공핍 영역의 각 편에 저장된 전하를 구하기 위하여 식 (1.52)를 사용하면 다음과 같이 된다.

$$Q_J = 10^{-4} \times 1.6 \times 10^{-19} \left(\frac{10^{18} \times 10^{16}}{10^{18} + 10^{16}} \right) \times 0.327 \times 10^{-4}$$
$$= 5.18 \times 10^{-12}\ \mathrm{C} = 5.18\ \mathrm{pC}$$

연습문제

1.31 다음을 보여라.

$$V_0 = \frac{1}{2}\left(\frac{q}{\epsilon_s}\right)\left(\frac{N_A N_D}{N_A + N_D}\right) W^2$$

1.32 p쪽이 n쪽보다 많이 도핑되어 있는($N_A \gg N_D$), 즉 p^+n으로 알려져 있는 pn 접합을 보여라. 식 (1.49), (1.50), (1.51), (1.52), (1.53)은 다음과 같이 간략화할 수 있다.

$$W \simeq \sqrt{\frac{2\epsilon_s}{qN_D} V_0} \tag{1.49′}$$

$$x_n \simeq W \tag{1.50′}$$

$$x_p \simeq W/(N_A/N_D) \tag{1.51′}$$

$$Q_J \simeq AqN_D W \tag{1.52′}$$

$$Q_J \simeq A\sqrt{2\epsilon_s q N_D V_0} \tag{1.53′}$$

1.33 예제 1.10의 pn 접합 공정에서 n영역에서의 소수 캐리어의 농도를 두 배 증가시키려면 어떻게 해야 하는가?

[답] N_D를 두 배 낮춘다.

1.11 인가 전압을 가진 *pn* 접합

개방 회로 pn 접합을 자세히 공부하였으므로 전기 전도 특성을 발견하기 위하여 두 단자 사이에 직류 전압을 인가할 준비가 되었다. 만약 n쪽보다 p쪽에 보다 높은 전압이 인가되면 순바이어스 전압으로 간주된다.[14] 반대로 인가된 전압이 p쪽보다 n쪽에서 높으면 역바이어스 전압이라고 한다. pn 접합은 순방향과 역방향에서

14) 잠시 동안은 바이어스(bias)를 직류 전압의 인가로 생각하자. 전자 회로의 설계에서 바이어스가 나타내는 깊은 의미는 뒤의 장들에서 보게 될 것이다.

완전히 다른 전도 특성을 나타낸다.

1.11.1절에서 간단하게 정량적인 설명을 한 후에 1.11.2절에서 접합 부분의 i–v 특성을 분석적으로 설명한다.

1.11.1 접합 동작의 정량적인 표현

그림 1.38은 세 가지 다른 상태에서의 pn 접합을 보여 준다: (a) 앞 절에서 설명된 개방 회로 혹은 평형 상태, (b) 직류 전압 V_R이 인가된 역바이어스 상태, (c) 직류 전압 V_F가 인가된 순바이어스 상태. 개방 회로인 경우에 장벽 전압 V_0가 나타나서 n이 p보다 높아져 확산 전류 I_D를 제한하여 드리프트 I_S 전류와 정확하게 같게 한다. 이로써 접합 단자에서 전류가 유도되지 않으며 단자가 개방 회로로 간주된다. 또한 앞에서 언급한 바와 같이 비록 접합 사이에 전류 평형을 이루더라도 반대의 빌트인 전압이 금속 접합(metal contact)에서 발생하기 때문에 장벽 전압 V_0는 접합 단자 사이에 실제로 나타나지 않는다.

역바이어스 (b)를 생각해 보자. 외부 인가 역바이어스 전압 V_R이 장벽 전압 방향으로 더해지면 실효 장벽 전압이 증가하여 $(V_0 + V_R)$이 된다. 이는 n영역으로 확산되는 정공의 수를 감소시키고 p영역으로 확산되는 전자의 수를 감소시키게 된다. 결과적으로 확산 전류 I_D의 급격한 감소를 초래한다. 곧 보게 되겠지만, 1 V 정도의 역바이어스 전압은 $I_D \simeq 0$으로 만들며 접합과 외부 회로로 나타나는 전류는 I_S와 같아진다. I_S는 공핍 영역을 지나는 열생성 소수 캐리어의 흐름에 기인하는 전류이며 매우 적고 온도에 강하게 좌우된다는 것을 기억하기 바란다. 역방향으로 pn 접합에 매우 적고 거의 일정한 전류가 흐르며 I_S와 같다.

공핍 영역의 양쪽에 저장되고 노출된 전하의 증가로 인하여 장벽 전압의 증가가 수반된다는 것이 관찰된다. 차례로 공핍 영역의 확장에는 큰 장벽 전압 $(V_0 + V_R)$을 지원하기 위하여 부가적인 전하가 요구된다. 분석적으로 이 결과는 평형 상태에서의 결과를 확장하여 쉽게 얻을 수 있다. 이와 같이 공핍 영역의 폭은 식 (1.49)의 V_0 대신에 $(V_0 + V_R)$을 대입해서 얻을 수 있다.

$$W = x_n + x_p = \sqrt{\frac{2\epsilon_s}{q}\left(\frac{1}{N_A} + \frac{1}{N_D}\right)(V_0 + V_R)} \tag{1.54}$$

그리고 공핍 영역의 양쪽에 저장된 전하의 크기는 식 (1.53)의 V_0 대신에 $(V_0 + V_R)$을 대입하면 얻을 수 있다.

$$Q_J = A\sqrt{2\epsilon_s q\left(\frac{N_A N_D}{N_A + N_D}\right)(V_0 + V_R)} \tag{1.55}$$

그림 1.38(c)에 나와 있는 순방향인 경우를 생각해 보자. 여기서 인가 전압 V_F는 빌트인 전압 V_0에서 기판 쪽으로 향하며 그 결과로 공핍 영역 사이의 장벽 전압$(V_0 - V_F)$이 감소된다. 감소된 이 장벽 전압은 감소된 공핍 영역 전하와 좁아진 공핍 영역 폭에 의하여 수반된다. 낮아진 장벽 전압은 보다 많은 정공이 p에서 n으로 확산되게 하며, 보다 많은 전자가 n에서 p로 확산되게 한다. 이로써 확산 전류 I_D는 상당히 증가하고 드리프트 전류 I_S보다 몇 승수배 크게 된다. 외부 회로에 흐르는 전류 I는 물론 I_D와 I_S의 차이다.

$$I = I_D - I_S$$

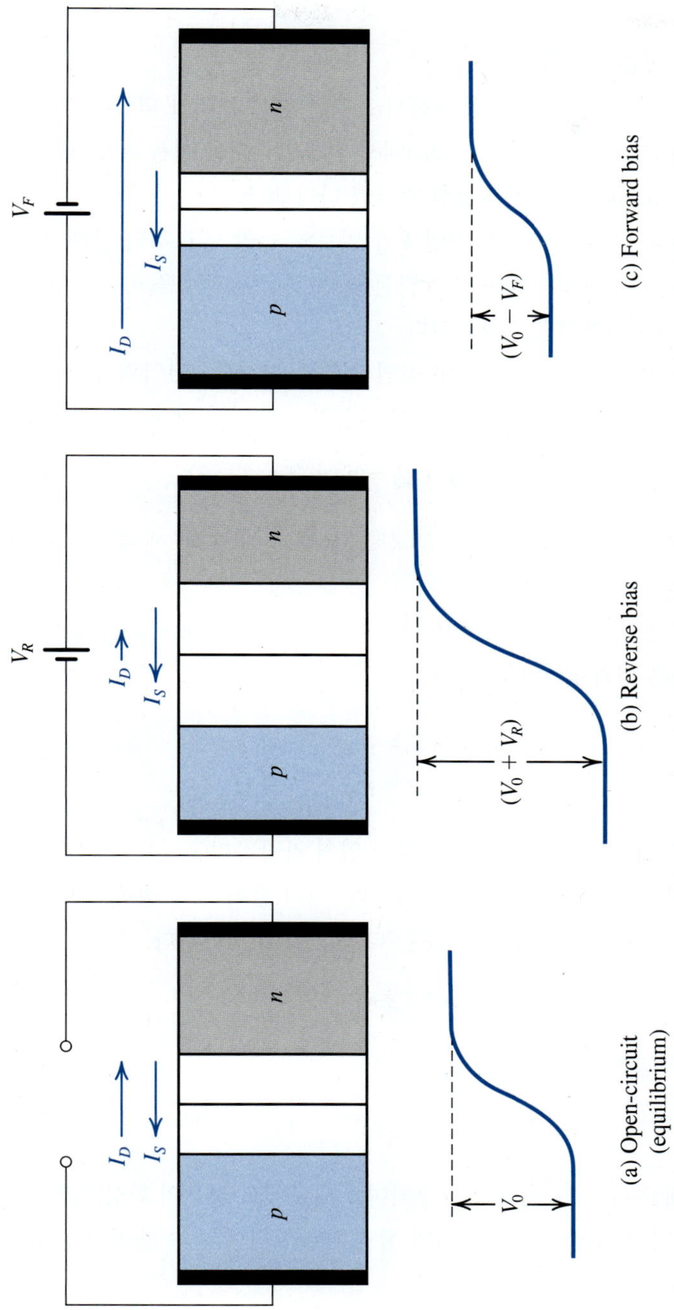

그림 1.38 접합: (a) 평형 상태, (b) 역바이어스, (c) 순바이어스.

그리고 이 전류는 접합의 순방향으로 p에서 n으로 흐른다. pn 접합은 순방향 영역에서 상당한 전류가 흐르며 이 전류는 대부분 순방향 바이어스 V_F에 의하여 값이 결정되는 확산 전류이다.

1.11.2 접합의 전류 전압 관계

pn 접합의 전류 전압 관계를 설명할 수 있는 분석적인 표현을 찾을 준비가 되었다. 따라서 순방향 인가 전압 V로 동작하는 접합을 가정하고 순방향(p에서 n으로)에서 전류 I에 대한 식을 유도한다. 그러나 유도된 식은 일반적이며 인가 전압 V가 부(negative)일 때 역방향 전류를 나타낸다.

위의 정성적인 설명으로부터 순바이어스 전압 V가 빌트인 전압 V_0로부터 감해지며 이 결과로 낮은 장벽 전압($V_0 - V$)이 됨을 알 수 있다. 장벽이 낮으므로 많은 양의 정공이 장벽을 극복하여 n영역으로 확산된다. 비슷한 상황으로 n영역의 전자가 p영역으로 확산된다.

정공이 n영역으로 주입되었다고 가정해 보자. 공핍 영역 가장자리 n영역의 정공 농도가 크게 증가할 것이다. 사실 소자 물리로부터의 중요한 결과는 공핍 영역 가장자리의 정상 상태 농도가 다음과 같음을 보여 준다.

$$p_n(x_n) = p_{n0}e^{V/V_T} \tag{1.56}$$

즉, 소수 정공의 농도는 평형 상태 값 p_{n0}(그림 1.37 참조)로부터 식 (1.56)에 주어진 바와 같이 V의 값에 의하여 결정되는 매우 큰 값이 된다.

이 상황을 다음과 같이 설명할 수 있다. 순바이어스 전압 V에 의해 $x = x_n$에서 소수 정공의 **초과 농도**(excess concentration)가 다음 식과 같이 나타난다.

$$\begin{aligned}\text{초과 농도} &= p_{n0}e^{V/V_T} - p_{n0} \\ &= p_{n0}\left(e^{V/V_T} - 1\right)\end{aligned} \tag{1.57}$$

식 (1.56)과 (1.57)에서 소수 캐리어 농도의 증가는 공핍 영역 가장자리($x = x_n$)에서 일어난다. 주입된 정공은 n 재료로 확산되며 약간은 다수 전자와 결합하여 사라진다. 이와 같이 초과 정공 농도는 거리에 따라 지수적으로 감소한다. 그 결과로 n 재료에서의 총 정공 농도는 다음과 같이 주어진다.

$$p_n(x) = p_{n0} + (\text{초과 농도})\, e^{-(x-x_n)/L_p}$$

식 (1.57)의 '초과 농도'를 대입하면 다음과 같다.

$$p_n(x) = p_{n0} + p_{n0}\left(e^{V/V_T} - 1\right)e^{-(x-x_n)/L_p} \tag{1.58}$$

지수적인 감소는 정수 L_p에 의하여 그 특성이 기술되며 n 재료에서 **정공의 확산 거리**(diffusion length)라고 한다. L_p의 값이 작을수록 주입된 정공이 다수 전자와 빨리 재결합하여 소수 캐리어 농도의 급격한 감소가 이루어진다.

그림 1.39는 $N_A \gg N_D$인 pn 접합의 양쪽의 정상 상태 소수 캐리어 농도 분포도를 보여 준다. n영역으로의 정공의 확산을 조금 길게 유지하자. 초과 소수 캐리어(정공)의 지수적인 표현으로 나타나는 빗금 친 영역을 주목하자. 1.3절에서 공부한 바와 같이 그림 1.39처럼 캐리어 농도 분포도의 형성은 정상 상태 확산 전류를 지

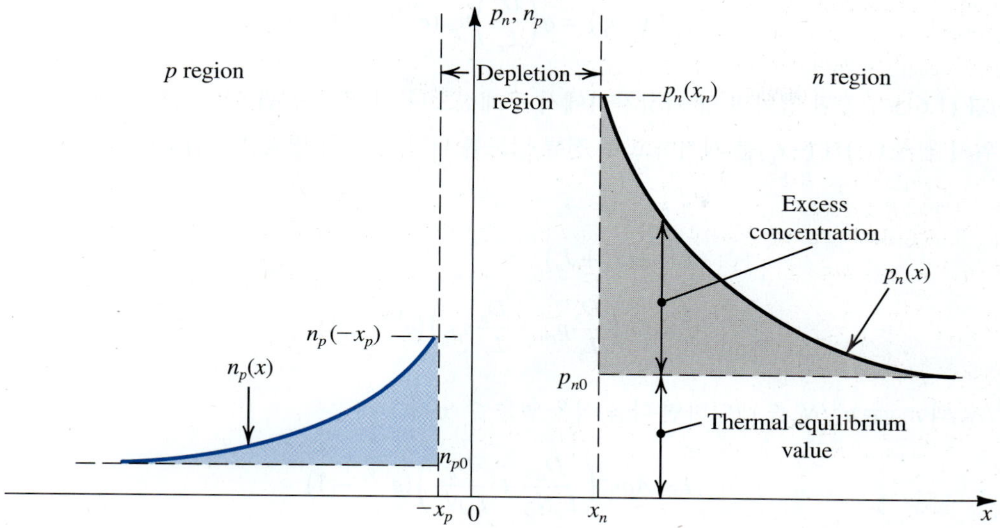

그림 1.39 순방향 바이어스된 *pn* 접합의 소수 캐리어 분포. *n*영역보다 *p*영역이 도핑 농도가 높다고 가정한다. $N_A \gg N_D$.

원하는 데 필수적이다. 사실 식 (1.42)를 적용하여 정공 확산 전류 밀도의 값을 얻을 수 있다.

$$J_p(x) = -qD_p \frac{dp_n(x)}{dx}$$

식 (1.58)의 $p_n(x)$를 대입하면 다음을 얻는다.

$$J_p(x) = q\left(\frac{D_p}{L_p}\right)p_{n0}\left(e^{V/V_T} - 1\right)e^{-(x-x_n)/L_p} \tag{1.59}$$

기대한 바와 같이 $J_p(x)$는 $x = x_n$에서 가장 높다.

$$J_p(x_n) = q\left(\frac{D_p}{L_p}\right)p_{n0}\left(e^{V/V_T} - 1\right) \tag{1.60}$$

그리고 소수 정공이 다수 전자와 재결합하여 $x > x_n$에서 지수적으로 감쇠한다. 그러나 재결합은 외부 회로로부터 접합의 *n*영역으로 전자를 주입하는 전류에 의하여 다수 전자가 채워진다는 의미이다. 이 후자의 전류 요소는 정공 전류(왜냐하면 오른쪽에서 왼쪽으로 흐르는 전자는 왼쪽에서 오른쪽으로 흐르는 전류를 유도하기 때문이다)와 같은 방향을 갖는다. $J_p(x)$가 감소하므로 전자 전류 요소는 정확하게 같은 양이 증가하며 *n* 재료에서 총 전류는 식 (1.60)에 의한 값과 같이 일정하다.

정확하게 같은 방법을 *n*에서 *p*영역으로 주입되는 전자에 적용할 수 있으며 식 (1.60)의 간단한 적용으로 전자 확산 전류를 얻을 수 있다.

$$J_n(-x_p) = q\left(\frac{D_n}{L_n}\right)n_{p0}\left(e^{V/V_T} - 1\right) \tag{1.61}$$

식 (1.60)과 (1.61)이 공핍 영역의 양 가장자리에서 구해졌으나 이 값은 공핍 영역에서도 변하지 않는다. 이와 같이 위치 첨자 (x_n)과 $(-x_p)$를 제거하고 두 전류 밀도를 더한 후 접합 면적 A를 곱하면 총 전류 I를 얻을 수 있다.

$$I = A\left(J_p + J_n\right)$$

$$I = Aq\left(\frac{D_p}{L_p}p_{n0} + \frac{D_n}{L_n}n_{p0}\right)\left(e^{V/V_T} - 1\right)$$

$p_{n0} = n_i^2/N_D$와 $n_{p0} = n_i^2/N_A$를 대입하면 다음 식을 얻을 수 있다.

$$I = Aqn_i^2\left(\frac{D_p}{L_pN_D} + \frac{D_n}{L_nN_A}\right)\left(e^{V/V_T} - 1\right) \tag{1.62}$$

이 식으로부터 V_T(실온에서 25.9 mV)의 몇 배의 음전압 V(역바이어스)를 가하면 지수항은 0이 되고 접합을 흐르는 전류는 음전류가 되고 일정하다는 것을 알 수 있다. 1.11.1절의 정성적인 설명으로부터 이 전류는 I_S임을 알고 있다. 따라서

$$I = I_S\left(e^{V/V_T} - 1\right) \tag{1.63}$$

이며, 여기서 I_S는 다음과 같다.

$$I_S = Aqn_i^2\left(\frac{D_p}{L_pN_D} + \frac{D_n}{L_nN_A}\right) \tag{1.64}$$

그림 1.40은 pn 접합[식 (1.63)]의 I–V 특성을 보여 준다. 역방향에서 전류는 $-I_S$로 포화됨을 관찰할 수 있다. 이러한 이유로 I_S를 **포화 전류**(saturation current)라고 한다. 식 (1.64)로부터 I_S는 접합의 단면적 A에 비례함을 알 수 있다. 이와 같이 I_S의 다른 이름으로 이 책에서 선호하는 접합 **스케일 전류**(scale current)가 있다. 여러 면적의 접합에 대해 I_S의 표준값은 10^{-18}~10^{-12} A의 범위이다.

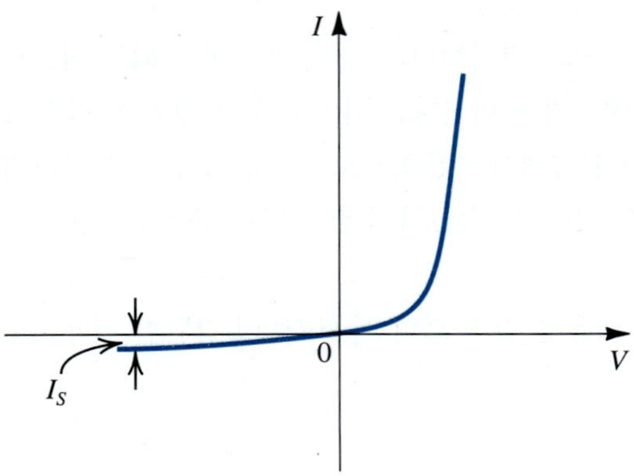

그림 1.40 pn 접합 I–V 특성.

접합 면적 A에 비례하는 것 외에 식 (1.64)에서 보여 주는 바와 같이 I_S는 강한 온도의 함수인 n_i^2에 비례한다[식 (1.26) 참조].

예제 1.11

예제 1.10에서 다룬 $N_A = 10^{18}/\text{cm}^3$, $N_D = 10^{16}/\text{cm}^3$, $A = 10^{-4}\ \text{cm}^2$, $n_i = 1.5 \times 10^{10}/\text{cm}^3$인 *pn* 접합에서 $L_p = 5\ \mu\text{m}$, $L_n = 10\ \mu\text{m}$, D_p(n영역에서) $= 10\ \text{cm}^2/\text{V}\cdot\text{s}$, D_n(p영역에서) $= 18\ \text{cm}^2/\text{V}\cdot\text{s}$이다. *pn* 접합은 순바이어스이며 전류 $I = 0.1$ mA이다. (a) I_S, (b) 순바이어스 전압 V, (c) 접합을 지나는 주입된 정공과 전자에 기인한 전류 I의 요소를 구하라.

풀이

(a) 식 (1.64)를 이용하여 I_S를 구하면 다음과 같다.

$$\begin{aligned} I_S &= 10^{-4} \times 1.6 \times 10^{-19} \times \left(1.5 \times 10^{10}\right)^2 \\ &\quad \times \left(\frac{10}{5 \times 10^{-4} \times 10^{16}} + \frac{18}{10 \times 10^{-4} \times 10^{18}}\right) \\ &= 7.3 \times 10^{-15}\text{A} \end{aligned}$$

(b) 순방향에서

$$\begin{aligned} I &= I_S\left(e^{V/V_T} - 1\right) \\ &\simeq I_S e^{V/V_T} \end{aligned}$$

이므로

$$V = V_T \ln\left(\frac{I}{I_S}\right)$$

가 된다. $I = 0.1$ mA일 때는 다음과 같다.

$$\begin{aligned} V &= 25.9 \times 10^{-3} \ln\left(\frac{0.1 \times 10^{-3}}{7.3 \times 10^{-15}}\right) \\ &= 0.605\ \text{V} \end{aligned}$$

(c) I의 주입된 정공 요소는 식 (1.60)을 이용하여 얻을 수 있다.

$$\begin{aligned} I_p &= Aq\frac{D_p}{L_p}p_{n0}\left(e^{V/V_T} - 1\right) \\ &= Aq\frac{D_p}{L_p}\frac{n_i^2}{N_D}\left(e^{V/V_T} - 1\right) \end{aligned}$$

마찬가지로 식 (1.62)를 이용하여 I_n을 구하면

$$I_n = Aq\frac{D_n}{L_n}\frac{n_i^2}{N_A}(e^{V/V_T} - 1)$$

이므로

$$\frac{I_p}{I_n} = \left(\frac{D_p}{D_n}\right)\left(\frac{L_n}{L_p}\right)\left(\frac{N_A}{N_D}\right)$$

가 된다. 주어진 수치를 대입하면 다음을 얻는다.

$$\frac{I_p}{I_n} = \frac{10}{18} \times \frac{10}{5} \times \frac{10^{18}}{10^{16}} = 1.11 \times 10^2 = 111$$

이와 같이 대부분의 전류는 n영역에 주입된 정공에 의해 유도된다. 구체적으로

$$I_p = \frac{111}{112} \times 0.1 = 0.0991 \text{ mA}$$

$$I_n = \frac{1}{112} \times 0.1 = 0.0009 \text{ mA}$$

이며 p 재료의 도핑 농도가 n 재료의 도핑 농도보다 100배 큰 것이 이유이다.

연습문제

1.34 $N_A \gg N_D$일 경우 다음을 유도하라.

$$I_S \simeq Aqn_i^2 \frac{D_p}{L_p N_D}$$

1.35 예제 1.11의 pn 접합에서 N_D가 반으로 감소할 경우 $V = 0.605$ V(예제 1.11에서 전류 $I = 0.1$ mA인 경우에 구한 것과 같은 전압)에서 I_S와 전류의 값을 구하라.

[답] 1.46×10^{-14} A; 0.2 mA

1.36 예제 1.10과 1.11에서 다룬 pn 접합에서 예제 1.6에서 구한 순바이어스 전압에 상응하는 공핍 영역의 폭 W를 구하라.[힌트: V_R 대신에 $-V_F$를 대입한 식 (1.54)를 이용하라.]

[답] 0.166 μm

1.37 예제 1.10과 1.11에서 다룬 pn 접합에서 2 V 역바이어스가 인가되었을 때 공핍 영역의 폭 W와 공핍 영역에 저장된 전하 Q_J를 구하라. 또한 역전류 I의 값을 구하라.

[답] 0.608 μm; 9.63 pC; 7.3×10^{-15} A

1.11.3 역방향 항복

역방향에서 *pn* 접합의 동작 설명과 식 (1.63)에 주어져 있는 접합에서 $I-V$ 관계는 $V \gg V_T$인 역바이어스 전압 $-V$에서 역전류는 대략 I_S이며 매우 작음을 알 수 있다. 그러나 역바이어스 전압 V의 크기가 증가하면 그림 1.41에서 보는 바와 같이 매우 큰 역전류가 흐르는 값에 도달하게 된다. V가 값 V_{BR}에 도달하면 역전압의 작은 증가에 역전류의 극적인 증가를 수반하게 된다. 즉, 접합에 인가되는 역전압은 V_{BR} 값에 매우 가깝다. 이러한 현상을 **접합 항복**(junction breakdown)이라고 한다. 이것은 파괴 현상은 아니다. 다시 말하면 *pn* 접합은 특성에 영구적인 영향을 미치지 않으면서 항복 영역에서 반복적으로 동작된다. 그러나 역방향 항복 전류의 크기가 '안전한' 값으로 외부 회로에 의하여 제한된다는 가정하에서 이루어진다. '안전한' 값은 접합부에서 소비되는 전력을 안전하고 허용 가능한 수준으로 제한한 값이다.

두 가지 가능한 항복 메커니즘은 **제너 효과**(zener effect)와 **애벌랜치 효과**(avalanche effect)이다. 만약 어떤 *pn* 접합이 $V_{BR} < 5$ V에서 항복이 일어났다면, 이때의 항복 메커니즘은 통례적으로 제너 효과이다. 애벌랜치 항복은 V_{BR}이 약 8 V보다 클 때 일어난다. 5 V와 8 V 사이에서 항복이 일어나는 접합의 항복 메커니즘은 제너 효과일 수도 있고 애벌랜치 효과일 수도 있으며 또는 이 두 가지를 결합한 것일 수도 있다.

제너 항복은 공핍층의 전계가 증가하여 공유 결합을 파괴하고 한 쌍의 전자와 정공을 생성할 수 있을 때 일어난다. 이 방식으로 생성된 전자들은 전계에 의해서 *n*쪽으로 휩쓸려 갈 것이고, 정공들은 *p*쪽으로 휩쓸려 갈 것이다. 따라서 이들 전자와 정공이 접합을 가로지르는 역방향 전류를 형성하여 외부 전류 I를 유지시킬 것이다. 일단 제너 효과가 시작되면, 접합 전압의 아주 미소한 증가로 많은 양의 캐리어들이 생성될 수 있을 것이다. 따라서 다이오드가 항복 영역에서 동작할 때 그 단자들 사이에 나타나는 역방향 전압은 정격 항복 전압 V_{BR}(이 경우 V_Z[15])로 자주 표시)에 가깝게 머무르는 데 반해, 역방향 전류는 외부 회로에 의해서 정해진다.

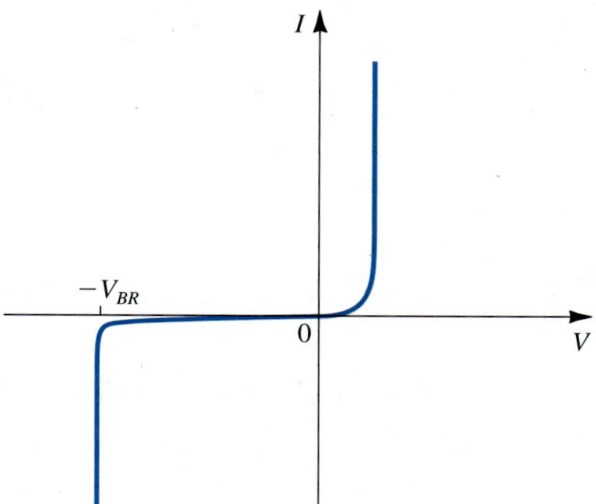

그림 1.41 항복 영역에서 역전류의 급격한 증가를 보여 주는 *pn* 접합의 $I-V$ 특성.

15) 이 영역의 초창기 연구자의 이름을 붙였다. V_Z에서 아래첨자 Z는 zener를 의미한다. 항복 메커니즘이 제너 효과일 때, 항복 전압을 표시하는 데 V_Z를 사용한다.

또 다른 항복 메커니즘은 애벌랜치 항복인데, 이는 전계의 영향하에 있는 공핍 영역을 가로지르는 소수 캐리어들이 충분한 운동 에너지를 얻어, 이들과 충돌하는 원자들의 공유 결합을 파괴할 수 있을 때 일어난다. 이 과정에 의해서 자유로워진 캐리어들은 다시 충분히 큰 에너지를 얻어 또 다른 이온화 충돌을 일으킬 것이고, 그 결과로 다른 캐리어들을 자유롭게 할 것이다. 이러한 과정은 일종의 눈사태(애벌랜치)처럼 일어나며, 그 결과로 접합 사이에 걸리는 전압 강하는 거의 변화시키지 않으면서, 외부 회로에 의해서 정해지는 역방향 전류의 값을 유지시킬 수 있는 많은 캐리어들이 생성된다.

3장에서 보겠지만, pn 접합 다이오드가 거의 일정한 전압 V_Z에서 사용되는 항복 영역에서 동작되도록 제조된다.

1.12 *pn* 접합에서의 전기 용량 효과

pn 접합에는 두 종류의 전하 저장 메커니즘이 있다. 하나는 공핍 영역에 저장되어 있는 전하와 연관이 있으며 다른 하나는 주입된 캐리어에 의하여 형성된 농도 분포도의 결과로 n과 p 재료에 저장된 소수 캐리어 전하와 연관이 있다. 첫 번째는 pn 접합이 역바이어스되었을 때 쉽게 볼 수 있으며 두 번째는 접합이 순방향일 때만 효과가 있다.

1.12.1 공핍 혹은 접합 커패시턴스

전압 V_R이 역바이어스된 pn 접합에서 공핍 영역의 양쪽에 저장된 전하는 식 (1.55)에 의하여 주어진다.

$$Q_J = A\sqrt{2\epsilon_s q\frac{N_A N_D}{N_A + N_D}(V_0 + V_R)}$$

따라서 주어진 pn 접합에서

$$Q_J = \alpha\sqrt{V_0 + V_R} \tag{1.65}$$

이며 여기서 α는 다음과 같다.

$$\alpha = A\sqrt{2\epsilon_s q\frac{N_A N_D}{N_A + N_D}} \tag{1.66}$$

이상적인 커패시터에서 저장된 전하는 인가된 전압에 선형적으로 비례한다. pn 접합에서 식 (1.65)는 그림 1.42와 같이 Q_J와 V_R이 비선형 관계임을 나타낸다. 이 비선형적인 관계는 V_R이 변할 때마다 Q_J의 변화를 설명하는 커패시턴스를 정의하기 어렵게 한다. 그러나 그림 1.42에서 보여 주는 바와 같이 Q와 같은 지점에서 접합이 동작한다고 가정하고 전압 V_R의 변화와 전하 Q_J의 변화에 관계되는 커패시턴스를 정의할 수가 있다.

$$C_j = \left.\frac{dQ_J}{dV_R}\right|_{V_R = V_Q} \tag{1.67}$$

이 책 전체를 통해 알 수 있겠지만, 증분-커패시턴스 접근법은 전자 회로 설계에 매우 유용하다.

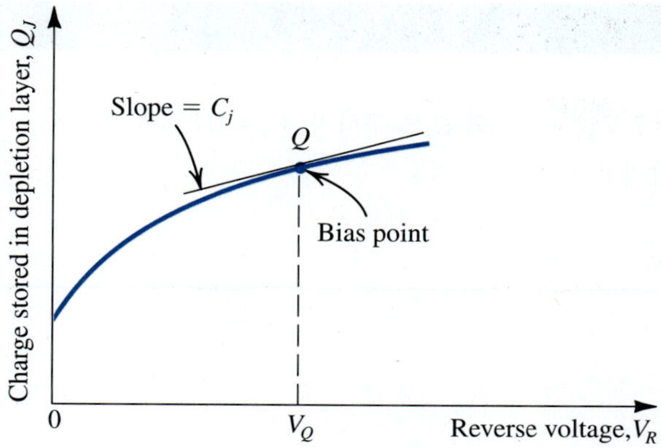

그림 1.42 공핍층의 양쪽에 축적된 전하를 역방향 전압 V_R의 함수로 나타낸 그림.

식 (1.65)와 함께 식 (1.67)을 사용하여 다음을 얻는다.

$$C_j = \frac{\alpha}{2\sqrt{V_0 + V_R}} \tag{1.68}$$

제로 역바이어스에서 C_j의 값은 식 (1.66)과 (1.68)로부터 얻는다.

$$C_{j0} = \frac{\alpha}{2\sqrt{V_0}} = A\sqrt{\left(\frac{\epsilon_s q}{2}\right)\left(\frac{N_A N_D}{N_A + N_D}\right)\left(\frac{1}{V_0}\right)} \tag{1.69}$$

C_j로 표현하면 다음과 같다.

$$C_j = \frac{C_{j0}}{\sqrt{1 + \frac{V_R}{V_0}}} \tag{1.70}$$

공핍 영역 혹은 접합 커패시턴스에 대한 설명을 마치기 전에 *pn* 접합에서 도핑 농도는 접합 주변에서 급격하게 변화한다는 점을 지적해 둔다. 이러한 접합은 **계단 접합**(abrupt junction)이라고 한다. 캐리어 농도가 접합의 한 쪽에서 다른 쪽으로 완만하게 변하는 *pn* 접합의 다른 유형이 있다. 이러한 **경사 접합**(graded junction)에도 접합 커패시턴스[식 (1.70)]에 대한 공식을 다음과 같이 일반 형태로 쓸 수 있다.

$$C_j = \frac{C_{j0}}{\left(1 + \frac{V_R}{V_0}\right)^m} \tag{1.71}$$

여기서 m은 **경사 계수**(grading coefficient)라고 불리는 상수로 이 값은 1/3~1/2이며 p에서 n쪽으로 변하는 농도에 좌우된다.

연습문제

1.38 예제 1.10과 1.11에서 다룬 pn 접합에서 $V_R = 2$ V일 때 C_{j0}와 C_j를 구하라. $V_0 = 0.814$ V, $N_A = 10^{18}/\text{cm}^3$, $N_D = 10^{16}/\text{cm}^3$, $A = 10^{-4}$ cm^{2}임을 상기하라.
[답] 3.2 pF; 1.7 pF

1.12.2 확산 커패시턴스

순바이어스 pn 접합을 고려하자. 정상 상태에서 그림 1.39에 나와 있는 바와 같이 p와 n 재료에 소수 캐리어 분포가 형성된다. 따라서 어떠한 양의 초과 소수 캐리어 전하가 p와 n 내부 영역(공핍 영역의 외부)에 저장되어 있다. 만약 단자 전압 V가 변화되면 이 전하는 새로운 정상 상태에 도달하기 전에 변화되지 않으면 안 된다. 이 전하 저장 현상은 다른 전하를 수용하는(capacitive) 효과를 유발하는데 공핍 영역에서 전하를 저장하는 것과는 완전히 다르다.

저장되어 있는 초과 소수 캐리어 전하를 계산하기 위해서 그림 1.39를 참조하자. n영역에 저장되어 있는 초과 전하는 다음과 같이 지수 곡선 아래 빗금 친 부분에서 구할 수 있다.[16)]

$$Q_p = Aq \times \text{shaded area under the } p_n(x) \text{curve}$$
$$= Aq[p_n(x_n) - p_{n0}]L_p$$

식 (1.60)을 이용하여 식 (1.56)의 $p_n(x_n)$을 대입하면 Q_p는 다음과 같이 표현된다.

$$Q_p = \frac{L_p^2}{D_p} I_p \tag{1.72}$$

Q_p와 I_p에 관계되는 인수 L_p^2/D_p는 시간의 차원을 갖는 유용한 소자 변수이며 τ_p로 표시된다.

$$\tau_p = \frac{L_p^2}{D_p} \tag{1.73}$$

따라서 다음을 얻는다.

$$Q_p = \tau_p I_p \tag{1.74}$$

시정수 τ_p는 **초과 소수 캐리어(정공) 생존 시간**[minority carrier (hole) lifetime]으로 알려져 있다. 이것은 n 영역으로 주입된 정공이 다수 전자와 재결합하는 데 소요되는 평균 시간이다. τ_p의 정의가 암시하는 바와 같이 총 전하 Q_p가 사라지고 다시 각 τ_p초마다 채워진다. 채워지는 전류는 $I_p = Q_p/\tau_p$이다. 이것은 식 (1.74)의 다른 유도식이다.

16) 지수 곡선 $Ae^{-x/B}$ 아래의 면적은 AB임을 기억하라.

p영역에 저장된 전자 전하에 대한 식에 대해서 식 (1.74)와 비슷한 관계를 얻을 수 있다.

$$Q_n = \tau_n I_n \tag{1.75}$$

여기서 τ_n은 p영역에서의 전자 생존 시간이다. 총 초과 소수 캐리어 전하는 Q_p와 Q_n을 함께 더하여 얻을 수 있다.

$$Q = \tau_p I_p + \tau_n I_n \tag{1.76}$$

이 전하는 다이오드 전류 $I = I_p + I_n$의 항으로 표현될 수 있다.

$$Q = \tau_T I \tag{1.77}$$

여기서 τ_T는 접합의 **평균 통과 시간**(mean transit time)이다. 확실히 τ_T는 τ_p와 τ_n에 비례한다. 더욱이 대부분의 실제 소자에서 접합의 한 쪽이 다른 쪽보다 매우 많이 도핑된다. 예를 들어 만약 $N_A \gg N_D$이면 $I_p \gg I_n, I \simeq I_p$, $Q_p \gg Q_n, Q \simeq Q_p$, 그리고 $\tau_T \simeq \tau_p$가 된다.

바이어스점 주위의 작은 변화에 대하여 **증분 확산 커패시턴스**(incremental diffusion capacitance) C_d를 정의할 수 있다.

$$C_d = \frac{dQ}{dV} \tag{1.78}$$

식 (1.77)과 (1.63)을 이용하여 $I \approxeq I_s e^{V/V_T}$로 근사할 수 있고 다음을 보일 수 있다.

$$C_d = \left(\frac{\tau_T}{V_T}\right) I \tag{1.79}$$

여기서 I는 순바이어스 전류이다. C_d는 순방향 전류에 직접 비례하며 역바이어스일 때 무시할 정도로 작아진다. 또한 고속 고주파 동작을 위한 pn 접합의 중요한 요구 사항인 C_d를 작게 유지하기 위하여 통과 시간 τ_T가 짧아야 한다는 점에 주목하기 바란다.

연습문제

1.39 식 (1.78)의 C_d의 정의를 사용하여 식 (1.77)과 (1.63)으로 표현되는 식 (1.79)를 유도하라.

1.40 예제 1.10과 1.11에서 다룬 $D_p = 10\ \text{cm}^2/\text{V}\cdot\text{s}$, $L_p = 5\ \mu\text{m}$인 pn 접합에서 순바이어스 전류가 0.1 mA일 때 τ_p와 C_d를 구하라. 이 접합에 대해 $I_p \simeq I$이다.
[답] 25 ns; 96.5 pF

요약

- 전기 신호 전원은 테브냉 형태(하나의 전압 전원 v_s와 그것에 직렬인 하나의 전원 저항 R_s) 또는 노턴 형태(하나의 전류 전원 i_s와 그것에 병렬인 하나의 전원 저항 R_s) 중 한 가지로 표현될 수 있다. 테브냉 전압 v_s는 전원 단자들 사이의 개방 회로 전압이고, 노턴 전류 i_s는 전원 단자들 사이의 단락 회로 전류이다. 두 표현이 등가가 되기 위해서는 v_s와 $R_s i_s$가 반드시 같아야 한다.
- 임의의 신호는 그것의 파형 대 시간으로 표현할 수도 있고, 사인파의 합으로 표현할 수도 있다. 후자의 표현을 신호의 주파수 스펙트럼이라고 부른다.
- 사인파 신호는 그것의 피크값(또는 피크값의 $1/\sqrt{2}$배에 해당하는 rms 값), 그것의 주파수(라디안/초 단위의 ω 또는 Hz 단위의 f, $\omega = 2\pi f$이고 $f = 1/T$이며, 여기서 T는 초 단위의 주기이다), 그리고 임의의 기준 시간에 대한 그것의 위상으로 완전히 특징지어진다.
- 아날로그 신호는 어떠한 값도 취할 수 있는 크기를 가진다. 아날로그 신호를 처리하는 전자 회로들을 아날로그 회로라고 부른다. 아날로그 신호의 크기를 시간의 이산 순간에 샘플링하고 각각의 신호 샘플을 숫자로 나타내면 디지털 신호가 얻어진다. 디지털 신호는 디지털 회로에 의해서 처리된다.
- 가장 단순한 디지털 신호는 2진 시스템에서 사용된다. 개별적인 디지털 신호는 단지 논리 0과 1에 해당하는 두 개의 가능한 값(낮은 혹은 높은, 즉 0 V와 +1.8 V) 중 하나를 가진다.
- 아날로그-디지털 변환기(ADC)는 그것의 입력에 인가된 아날로그 신호 샘플을 나타내는 2진수의 디지트들을 그것의 출력에 제공한다. 따라서 출력 디지털 신호는 디지털 회로들을 이용하여 처리될 수 있다. 그림 1.10과 식 (1.3)을 참조하라.
- 선형 증폭기의 전달 특성, 즉 v_O 대 v_I는 전압 이득과 똑같은 기울기를 갖는 직선이다. 그림 1.12를 참조하라.
- 증폭기는 신호 전력을 증가시킨다. 따라서 증폭기는 그들의 동작을 위해 직류 전력 공급기를 필요로 한다.
- 증폭기 전압 이득은 V/V인 비 A_v 또는 데시벨인 20 log $|A_v|$, dB로 표현할 수 있다. 마찬가지로 전류 이득에 대해서는 A_i A/A 또는 20 log $|A_i|$, dB로 표현할 수 있으며, 전력 이득에 대해서는 A_p W/W 또는 10 log A_p, dB로 표현할 수 있다.
- 증폭될 입력 신호의 형태(전압 또는 전류)와 출력 신호의 원하는 형태(전압 또는 전류)에 따라 네 개의 기본적인 증폭기 유형, 즉 전압, 전류, 트랜스컨덕턴스, 트랜스레지스턴스 증폭기가 있다. 이 네 가지 증폭기의 회로 모델들과 이상적인 특성들은 표 1.1에 요약되어 있다. 주어진 임의의 증폭기는 네 모델들 중 하나로 모델링된다. 각각의 경우에서 이들 파라미터는 식 (1.14)~(1.16)에 의해서 관련지어진다.
- 사인파는 임의의 선형 회로를 통과했을 때 파형이 변하지 않는 유일한 신호이다. 사인파 신호는 증폭기의 주파수 응답을 측정하는 데 사용된다.
- 전압 증폭기의 전달 함수 $T(s) \equiv V_o(s)/V_i(s)$는 회로 해석으로부터 구할 수 있다. $s = j\omega$로 대체하면 $T(j\omega)$가 얻어지고, 이것의 크기 $|T(j\omega)|$가 증폭기의 크기 응답이고, $T(j\omega)$의 위상 $\phi(\omega)$가 증폭기의 위상 응답이다.
- 증폭기들은 그들의 주파수 응답, 즉 $|T(j\omega)|$의 형태에 따라 분류된다. 그림 1.26을 참조하라.
- 단일 시정수(STC) 회로망은 하나의 리액티브 소자(L 또는 C)와 하나의 저항(R)으로 구성되거나 줄여질 수 있는 회로망이다. 시정수 τ는 L/R과 CR 중 하나이다.
- STC 회로망들은 두 부류, 즉 저역 통과(LP)와 고역 통과(HP)로 분류할 수 있다. LP 회로망은 직류와 저

주파는 통과시키고 고주파는 감쇠시킨다. HP 회로망은 이와 상반된 기능을 한다.

- LP(HP) STC 회로의 이득은 $\omega_0 = 1/\tau$의 주파수에서, 0 주파수(무한 주파수) 값 밑으로 3 dB만큼 떨어진다. 높은 주파수(낮은 주파수)에서는 이득이 6 dB/octave 또는 20 dB/decade 비율로 떨어진다. 표 1.2와 그림 1.23 및 1.24를 참조하라. 더 자세한 것은 부록 E와 F에 수록되어 있다.
- 오늘날의 마이크로 전자 기술은 반도체 재료인 실리콘을 거의 대부분 기반으로 하고 있다. 만약 회로가 모놀리식 집적 회로(IC)로 제조된다면 아무리 큰 회로일지라도 단일 실리콘 결정체로 만들어진다.(최근의 칩들은 수십억 개의 트랜지스터들을 포함할 수 있다.)
- 진성 혹은 순수한 실리콘 결정에서 원자들은 공유 결합에 의하여 위치가 정해진다. 매우 낮은 온도에서 모든 결합은 활성화되지 않으며 전류를 생성하는 전하 캐리어가 존재하지 않는다.
- 상온에서 열에너지는 약간의 공유 결합을 파괴하여 전류 전도를 위한 자유 전자와 정공을 발생시킨다.
- 반도체에서 전류는 자유 전자와 정공에 의하여 운반된다. 그들의 개수는 같으며 진성 실리콘에서는 비교적 적다.
- 실리콘의 전도율은 적은 양의 적합한 불순물을 도핑이라고 하는 공정에서 실리콘 결정체에 투입함으로써 극적으로 증가시킬 수 있다.
- 도핑된 반도체에는 두 가지 종류, 즉 전자가 풍부한 n형과 정공이 풍부한 p형이 있다.
- 반도체에서 전하 캐리어의 이동을 위한 두 가지 메커니즘, 즉 드리프트와 확산이 있다.
- 전계 E가 실리콘 조각의 양단 사이에 부가될 때 캐리어 드리프트가 일어난다. 전계는 E와 같은 방향으로 정공을 가속시키고 E와 반대 방향으로 전자를 가속시킨다. 이 전류 요소는 더해져서 E 방향으로 드리프트 전류를 생성한다.
- 실리콘의 한 부분의 전하 캐리어 농도가 다른 부분보다 높을 때 캐리어 확산이 일어난다. 정상 상태의 확산 전류가 되기 위하여 실리콘 결정체에서 캐리어 농도 경사가 유지되어야 한다.
- 기본 반도체 구조는 pn 접합이다. n영역에 아주 근접하게 p영역을 생성함으로써 실리콘 결정에서 이를 구현한다. pn 접합은 다이오드가 되며 트랜지스터의 구조와 동작에 중요한 역할을 한다.
- pn 접합의 단자가 개방되면 전류는 외부로 흐르지 않는다. 그러나 두 가지의 양이 같고 반대 방향의 전류 I_D와 I_S가 접합을 통과하여 흐르며 n쪽이 p쪽보다 전위가 높은 접합 양단 사이에 생성되는 빌트인 전압 V_0에 의하여 평형 상태가 유지된다. 그러나 금속-반도체 접촉면에 나타나는 전위에 의하여 V_0는 상쇄되어 개방된 접합에 나타나는 전압은 0 V가 되는 것에 주목하여야 한다.
- 전압 V_0는 접합 양면에 확장되는 공핍 영역에 나타난다.
- 확산 전류 I_D는 p에서 n으로 확산되는 정공과 n에서 p로 확산되는 전자에 의하여 운반된다. I_D는 p에서 n으로 흐르며 이는 접합의 순방향이다. I_D의 값은 V_0에 의존한다.
- 전류 I_S는 공핍 영역을 통과하여 n쪽으로 이동하는 p 재료에 있는 열적으로 생성된 소수 전자와, 공핍 영역을 통과하여 p쪽으로 이동하는 n 재료에 있는 열적으로 생성된 소수 정공에 의하여 운반된다. I_S는 접합의 역방향인 n에서 p로 흐르고 그 값은 온도에 강하게 의존하며 V_0와는 독립적이다.
- pn 접합에 순방향으로, 즉 n보다 p가 높게 외부 전압 V가 적용되면 장벽 전압이 $V_0 - V$로 감소하며 이 결과로 I_S는 변하지 않으나 I_D는 지수적으로 증가한다. 접합을 통과하여 외부로 흐르는 실질적인 전류는 $I = I_D - I_S$가 된다.
- 음전압 V, 즉 접합에 역방향으로 바이어스가 부가되고 장벽 전압이 증가하면 그 결과로 I_D는 거의 0이 되고 접합을 통과하는 전류는 매우 적은 역전류 I_S가

된다.

- 만약 역전압이 특정 접합에 특별한 값 V_{BR}보다 커지면 접합은 파괴되고 많은 역전류가 흐른다. 이 역전류의 값은 외부 회로에 의하여 제한되지 않으면 안 된다.
- *pn* 접합에 전압이 언제 변화되든 정상 상태가 되기 위해서는 약간의 시간이 필요하다. 이는 접합의 전하 저장 효과에 기인하며 두 가지의 커패시턴스, 즉 접합 커패시턴스 C_j와 확산 커패시턴스 C_d로 모델링된다.
- 참조를 위하여 온라인(www.oup.com/he/sedra-smith8xe)상의 요약표 보충자료(Summary Tables Supplement)의 표 1.3에 적절한 관계식의 요약과 물리 상수를 수록하였다.

PROBLEMS

Circuit Basics

As a review of the basics of circuit analysis and in order for the readers to gauge their preparedness for the study of electronic circuits, this section presents a number of relevant circuit analysis problems. For a summary of Thévenin's and Norton's theorems, refer to Appendix D. The problems are grouped in appropriate categories.

Resistors and Ohm's Law

1.1 Ohm's law and the power law for a resistor relate $V, I, R,$ and P, making only two variables independent. For each pair identified below, find the other two:

(a) $R = 1\ \text{k}\Omega,\ I = 5\ \text{mA}$
(b) $V = 5\ \text{V},\ I = 1\ \text{mA}$
(c) $V = 10\ \text{V},\ P = 100\ \text{mW}$
(d) $I = 0.1\ \text{mA},\ P = 1\ \text{mW}$
(e) $R = 1\ \text{k}\Omega,\ P = 1\ \text{W}$

1.2 Ohm's law relates $V, I,$ and R for a resistor. For each of the situations following, find the missing item:

(a) $R = 1\ \text{k}\Omega, V = 5\ \text{V}$
(b) $V = 5\ \text{V}, I = 1\ \text{mA}$
(c) $R = 10\ \text{k}\Omega,\ I = 0.1\ \text{mA}$
(d) $R = 100\ \Omega, V = 1\ \text{V}$

Note: Volts, milliamps, and kilohms constitute a consistent set of units.

1.3 Measurements taken on various resistors are shown below. For each, calculate the power dissipated in the resistor and the power rating necessary for safe operation using standard components with power ratings of 1/8 W, 1/4 W, 1/2 W, 1 W, or 2 W:

(a) 1 kΩ conducting 20 mA
(b) 1 kΩ conducting 40 mA
(c) 100 kΩ conducting 1 mA
(d) 10 kΩ conducting 4 mA
(e) 1 kΩ dropping 20 V
(f) 1 kΩ dropping 11 V

Combining Resistors

1.4 You have available only 5-kΩ resistors, but you have as many as you would like. Using series and parallel combinations of them, realize the following resistor values: 20 kΩ, 1.67 kΩ, 12.5 kΩ, 23.75 kΩ.

1.5 In the analysis and test of electronic circuits, it is often useful to connect one resistor in parallel with another to obtain a nonstandard value, one which is smaller than the smaller of the two resistors. Often, particularly during circuit

problems with green numbers are considered essential; * = difficult problem; ** = more difficult; *** = very challenging
SIM = simulation; **D** = design problem;

testing, one resistor is already installed, in which case the second, when connected in parallel, is said to "shunt" the first. If the original resistor is 10 kΩ, what is the value of the shunting resistor needed to reduce the combined value by 1%, 5%, 10%, and 50%? What is the result of shunting a 10-kΩ resistor by 1 MΩ? By 100 kΩ? By 10 kΩ?

Voltage Dividers

1.6 A two-resistor voltage divider employing a 2-kΩ and a 3-kΩ resistor is connected to a 5-V ground-referenced power supply to provide a 2-V voltage. Sketch the circuit. Assuming exact-valued resistors, what output voltage (measured to ground) and equivalent output resistance result? If the resistors used are not ideal but have a ±5% manufacturing tolerance, what are the extreme output voltages and resistances that can result?

1.7 Figure P1.7(a) shows a two-resistor voltage divider. Its function is to generate a voltage V_O (smaller than the power-supply voltage V_{DD}) at its output node X. The circuit looking back at node X is equivalent to that shown in Fig. P1.7(b). Observe that this is the Thévenin equivalent of the voltage-divider circuit. Find expressions for V_O and R_O.

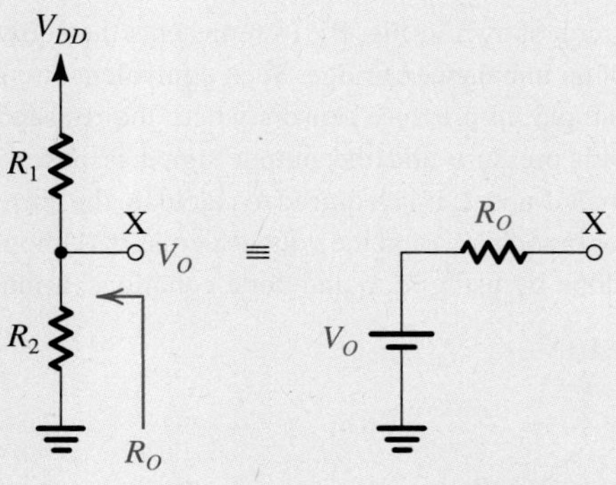

(a) (b)

Figure P1.7

D 1.8 You are given three resistors, each of 10 kΩ, and a 9-V battery whose negative terminal is connected to ground. With a voltage divider using some or all of your resistors, how many positive-voltage sources of magnitude less than 9 V can you design? List them in order, smallest first. What is the output resistance (i.e., the Thévenin resistance) of each?

D *1.9 Two resistors, with nominal values of 4.7 kΩ and 10 kΩ, are used in a voltage divider with a +15-V supply to create a nominal +5-V output. Assuming the resistor values to be exact, what is the actual output voltage produced? Which resistor must be shunted (paralleled) by what third resistor to create a voltage-divider output of 5.00 V? If an output resistance of exactly 3.33 kΩ is also required, what do you suggest?

Current Dividers

1.10 Figure P1.10 shows a two-resistor current divider fed with an ideal current source I. Show that

$$I_1 = \frac{R_2}{R_1 + R_2} I$$

$$I_2 = \frac{R_1}{R_1 + R_2} I$$

and find the voltage V that develops across the current divider.

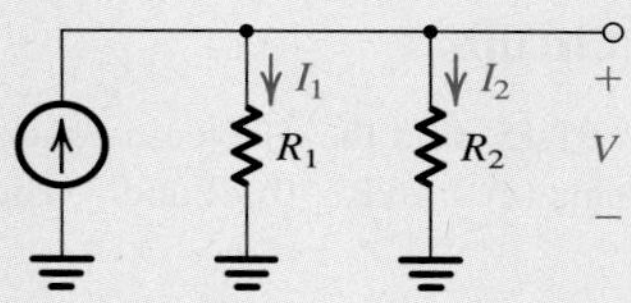

Figure P1.10

D 1.11 Design a simple current divider that will reduce the current provided to a 6-kΩ load to one-quarter of that available from the source.

1.12 Fig. P1.12 shows a current source driving N resistors in parallel. Show that the current through the kth resistor is

$$I_k = \frac{I/R_k}{\sum_{i=1}^{N} 1/R_i}$$

Show that when $N = 2$, this expression is the same as for a two-resistor current divider.

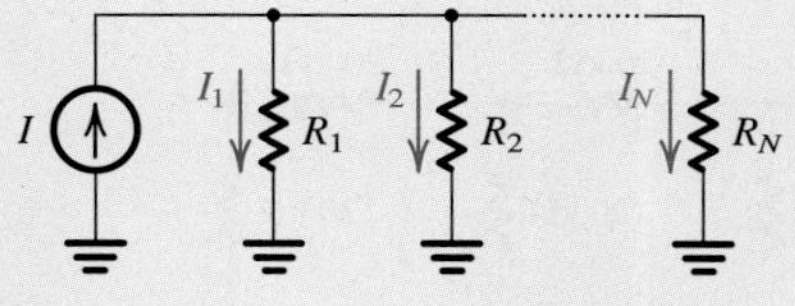

Figure P1.12

D 1.13 A designer searches for a simple circuit to provide one-fifth of a signal current I to a load resistance R. Suggest a solution using one resistor. What must its value be? What is the input resistance of the resulting current divider?

For a particular value R, the designer discovers that the otherwise-best-available resistor is 10% too high. Suggest two circuit topologies using one additional resistor that will solve this problem. What is the value of the resistor required in each case? What is the input resistance of the current divider in each case?

D 1.14 A particular electronic signal source generates currents in the range 0 mA to 0.5 mA under the condition that its load voltage not exceed 1 V. For loads causing more than 1 V to appear across the generator, the output current is no longer assured but will be reduced by some unknown amount. This circuit limitation, occurring, for example, at the peak of a sine-wave signal, will lead to undesirable signal distortion that must be avoided. If a 10-kΩ load is to be connected, what must be done? What is the name of the circuit you must use? How many resistors are needed? What is (are) the(ir) value(s)? What is the range of current through the load?

Thévenin Equivalent Circuits

1.15 For the circuit in Fig. P1.15, find the Thévenin equivalent circuit between terminals (a) 1 and 2, (b) 2 and 3, and (c) 1 and 3.

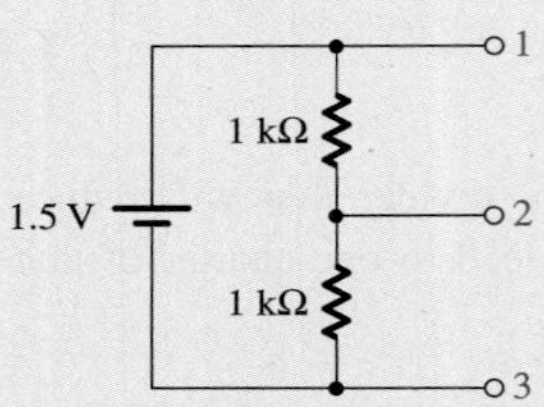

Figure P1.15

1.16 Through repeated application of Thévenin's theorem, find the Thévenin equivalent of the circuit in Fig. P1.16 between node 4 and ground, and hence find the current that flows through a load resistance of 3 kΩ connected between node 4 and ground.

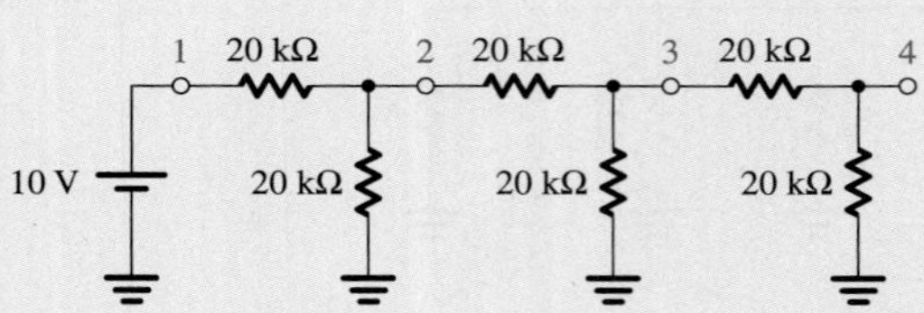

Figure P1.16

Circuit Analysis

1.17 For the circuit shown in Fig. P1.17, find the current in each of the three resistors and the voltage (with respect to ground) at their common node using two methods:

(a) Loop Equations: Define branch currents I_1 and I_2 in R_1 and R_2, respectively; write two equations; and solve them.

(b) Node Equation: Define the node voltage V at the common node; write a single equation; and solve it.

Which method do you prefer? Why?

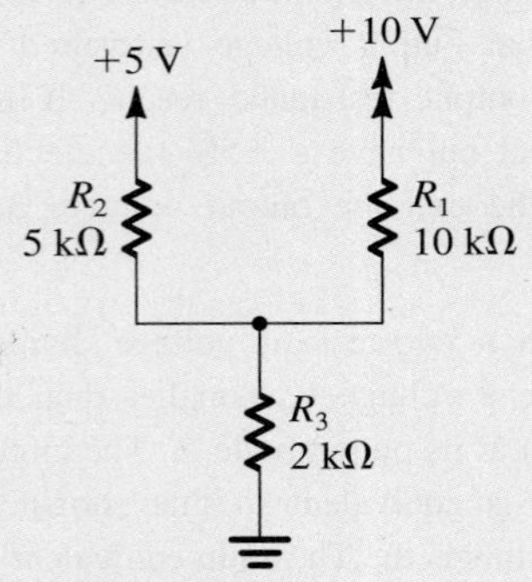

Figure P1.17

1.18 The circuit shown in Fig. P1.18 represents the equivalent circuit of an unbalanced bridge. Such equivalent circuits arise, for example, in pressure sensors where the resisances $R_{1\text{–}4}$ vary with pressure and the output signal is observed across terminals 1 and 2. It is required to calculate the current in the detector branch (R_5) and the voltage across it. Although this can be done by using loop and node equations, a much

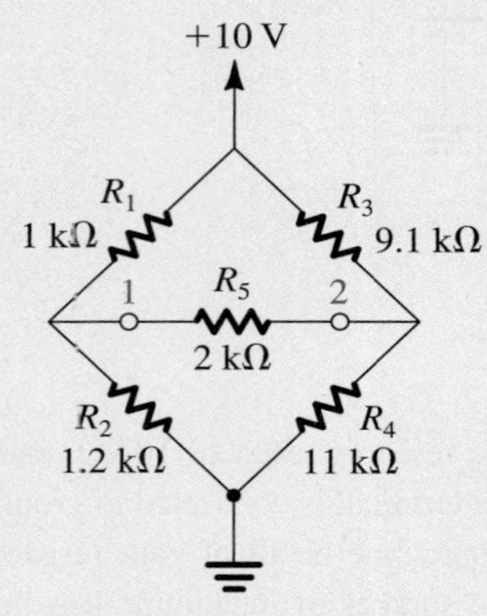

Figure P1.18

easier approach is possible: Find the Thévenin equivalent of the circuit to the left of node 1 and the Thévenin equivalent of the circuit to the right of node 2. Then solve the resulting simplified circuit.

1.19 Two sources are connected as shown in Fig. P1.19 below. Use Thévenin equivalent representations to help find the voltage v_o.

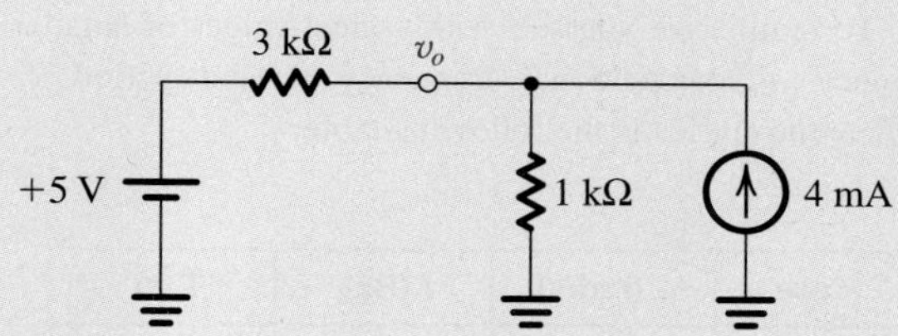

Figure P1.19

1.20 Derive an expression for v_o/v_s for the circuit shown in Fig. P1.20.

AC Circuits

1.21 The periodicity of recurrent waveforms, such as sine waves or square waves, can be completely specified using only one of three possible parameters: radian frequency, ω, in radians per second (rad/s); (conventional) frequency, f, in hertz (Hz); or period T, in seconds (s). As well, each of the parameters can be specified numerically in one of several ways: using letter prefixes associated with the basic units, using scientific notation, or using some combination of both. Thus, for example, a particular period may be specified as 100 ns, 0.1 μs, 10^{-1} μs, 10^5 ps, or 1×10^{-7} s. (For the definition of the various prefixes used in electronics, see Appendix J.) For each of the measures listed below, express the trio of terms in scientific notation associated with the basic unit (e.g., 10^{-7} s rather than 10^{-1} μs).

(a) $T = 10^{-4}$ ms
(b) $f = 1$ GHz
(c) $\omega = 6.28 \times 10^2$ rad/s
(d) $T = 10$ s
(e) $f = 60$ Hz
(f) $\omega = 1$ krad/s
(g) $f = 1900$ MHz

1.22 Find the complex impedance at 10 kHz of the following networks:

(a) 1 kΩ in series with 10 nF
(b) 10 kΩ in parallel with 0.01 μF
(c) 100 kΩ in parallel with 100 pF
(d) 100 Ω in series with 10 mH

1.23 Find the complex impedance, Z, of each of the following basic circuit elements at 60 Hz, 100 kHz, and 1 GHz:

(a) $R = 1$ kΩ
(b) $C = 10$ nF
(c) $C = 10$ pF
(d) $L = 10$ mH
(e) $L = 1$ μH

***1.24** Write an expression for the complex impedance of a parallel combination of an inductor, L, and a capacitor, C, as a function of frequency.

Find the frequency at which the magnitude of the impedance becomes infinite. What happens to the phase of the impedance at this frequency? What current will the parallel combination draw from an ideal sinusoidal voltage source at this frequency?

Section 1.1: Signals

1.25 Any given signal source provides an open-circuit voltage, v_{oc}, and a short-circuit current, i_{sc}. For the following sources, calculate the internal resistance, R_s; the Norton current, i_s; and the Thévenin voltage, v_s:

(a) $v_{oc} = 1$ V, $i_{sc} = 0.1$ mA
(b) $v_{oc} = 0.1$ V, $i_{sc} = 1$ μA

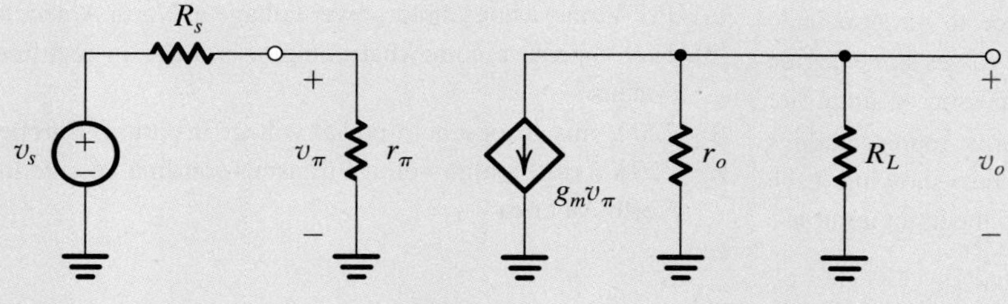

Figure P1.20

1.26 A particular signal source produces an output of 40 mV when loaded by a 100-kΩ resistor and 10 mV when loaded by a 10-kΩ resistor. Calculate the Thévenin voltage, Norton current, and source resistance.

1.27 Consider voltage sources connected to loads with the values shown below. In each case, find the percentage change in V_L and I_L in response to a 10% increase in the value of R_L. In which cases is it more appropriate to use a Norton equivalent source? In those cases, find the Norton equivalent for $V_s = 1$ V.

(a) $R_s = 5\ \text{k}\Omega$; $R_L = 200\ \text{k}\Omega$
(b) $R_s = 5\ \Omega$; $R_L = 50\ \Omega$
(c) $R_s = 2\ \text{k}\Omega$; $R_L = 100\ \Omega$
(d) $R_s = 150\ \Omega$; $R_L = 16\ \Omega$

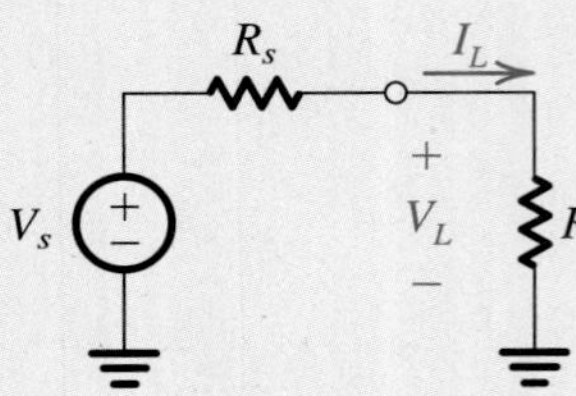

Figure P1.27

1.28 An audio signal source is connected to a speaker. When connected to a 16-Ω speaker, the source delivers 25% less power than when connected to a 32-Ω headphone speaker. What is the source resistance?

1.29 A temperature sensor is specified to provide 2 mV/°C. When connected to a load resistance of 5 kΩ, the output voltage was measured to change by 10 mV, corresponding to a change in temperature of 10°C. What is the source resistance of the sensor?

1.30 Refer to the Thévenin and Norton representations of the signal source (Fig. 1.1). If the current supplied by the source is denoted i_o and the voltage appearing between the source output terminals is denoted v_o, sketch and clearly label v_o versus i_o for $0 \le i_o \le i_s$.

1.31 The connection of a signal source to an associated signal processor or amplifier generally involves some degree of signal loss as measured at the processor or amplifier input. Considering the two signal-source representations shown in Fig. 1.1, provide two sketches showing each signal-source representation connected to the input terminals (and corresponding input resistance) of a signal processor. What signal-processor input resistance will result in 95% of the open-circuit voltage being delivered to the processor? What input resistance will result in 95% of the short-circuit signal current entering the processor?

Section 1.2: Frequency Spectrum of Signals

1.32 To familiarize yourself with typical values of angular frequency ω, conventional frequency f, and period T, complete the entries in the following table:

Case	ω (rad/s)	f (Hz)	T (s)
a		5×10^9	
b	2×10^9		
c			1×10^{-10}
d		60	
e	6.28×10^4		
f			1×10^{-5}

1.33 Give expressions for the sine-wave voltage signals having:

(a) 10-V peak amplitude and 1-kHz frequency
(b) 120-V rms and 60-Hz frequency
(c) 0.2-V peak-to-peak and 2000-rad/s frequency
(d) 100-mV peak and 1-ms period

1.34 Using the information provided by Eq. (1.2) in association with Fig. 1.5, characterize the signal represented by $v(t) = 1/2 + 2/\pi(\sin 2000\pi t + \frac{1}{3}\sin 6000\pi t + \frac{1}{5}\sin 10{,}000\pi t + \cdots)$. Sketch the waveform. What is its average value? Its peak-to-peak value? Its lowest value? Its highest value? Its frequency? Its period?

1.35 For the following peak or rms values of some important sine waves, calculate the corresponding other value:

(a) 117 V rms, a household-power voltage in North America
(b) 33.9 V peak, a somewhat common voltage in rectifier circuits
(c) 220 V rms, a household-power voltage in parts of Europe
(d) 220 kV rms, a high-voltage transmission-line voltage in North America

---

problems with green numbers are considered essential; * = difficult problem; ** = more difficult; *** = very challenging
SIM = simulation; **D** = design problem;

1.36 Measurements taken of a square-wave signal using a frequency-selective voltmeter (called a spectrum analyzer) show its spectrum to contain adjacent components (spectral lines) at 98 kHz and 126 kHz of amplitudes 63 mV and 49 mV, respectively. What would direct measurement of the fundamental show its frequency and amplitude to be? What is the rms value of the fundamental? What are the peak-to-peak amplitude and period of the originating square wave?

1.37 A symmetrical square wave with peak amplitude $\hat{V}$ and zero average is to be approximated by its first five (lowest frequency) sinusoidal components. Compare the rms value of the square wave to that of its approximation. What is the percentage difference?

1.38 Find the amplitude of a symmetrical square wave of period T that provides the same power as a sine wave of peak amplitude $\hat{V}$ and the same frequency. Does this result depend on equality of the frequencies of the two waveforms?

Section 1.3: Analog and Digital Signals

1.39 Give the binary representation of the following decimal numbers: 0, 6, 11, 28, and 59.

1.40 Consider an N-bit ADC whose analog input varies between 0 and V_{FS} (where the subscript FS denotes "full scale").

(a) Show that the least significant bit (LSB) corresponds to a change in the analog signal of $V_{FS}/(2^N - 1)$. This is the resolution of the converter.

(b) Convince yourself that the maximum error in the conversion (called the quantization error) is half the resolution; that is, the quantization error $= V_{FS}/2(2^N - 1)$.

(c) For $V_{FS} = 5$ V, how many bits are required to obtain a resolution of 2 mV or better? What is the actual resolution obtained? What is the resulting quantization error?

1.41 Consider a 4-bit digital word $b_3b_2b_1b_0$ in a format called signed-magnitude, in which the most significant bit, b_3, is interpreted as a sign bit—0 for positive and 1 for negative values. List the values that can be represented by this scheme. What is peculiar about the representation of zero? For a particular analog-to-digital converter (ADC), each change in b_0 corresponds to a 0.5-V change in the analog input. What is the full range of the analog signal that can be represented? What signed-magnitude digital code results for an input of +2.5 V? For −3.0 V? For +2.7 V? For −2.8 V?

1.42 Figure P1.42 shows the circuit of an N-bit DAC. Each of the N bits of the digital word to be converted controls one of the switches. When the bit is 0, the switch is in the position labeled 0; when the bit is 1, the switch is in the position labeled 1. The analog output is the current i_O.V_{ref} is a constant reference voltage.

(a) Show that

$$i_O = \frac{V_{ref}}{R}\left(\frac{b_1}{2^1} + \frac{b_2}{2^2} + \cdots + \frac{b_N}{2^N}\right)$$

(b) Which bit is the LSB? Which is the MSB?

(c) For $V_{ref} = 10$ V, $R = 10$ kΩ, and $N = 8$, find the maximum value of i_O obtained. What is the change in i_O resulting from the LSB changing from 0 to 1?

1.43 An audio signal is sampled at 44.1 kHz. Each sample is represented by 16 bits. What is the speed of this system in bits per second?

1.44 Each pixel in a 10-megapixel image is represented by 8 bits for the intensity of red, 8 bits for green, and 8 bits for blue. How many such images can be stored in 16 Gbits of memory?

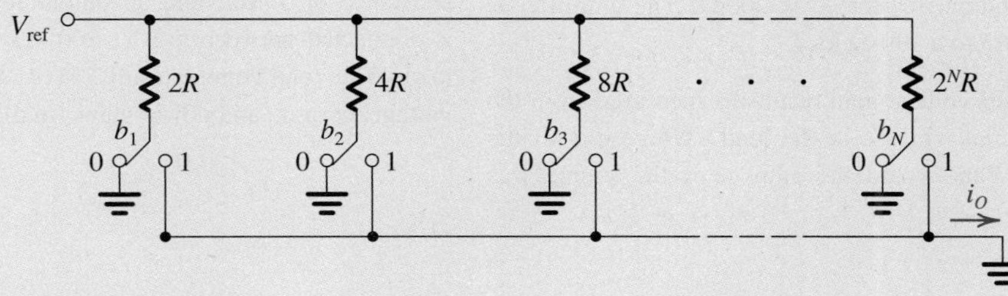

Figure P1.42

Section 1.4: Amplifiers

1.45 Various amplifier and load combinations are measured as listed below using rms values. For each, find the voltage, current, and power gains (A_v, A_i, and A_p, respectively) both as ratios and in dB:

(a) $v_I = 100$ mV, $i_I = 100$ μA, $v_O = 10$ V, $R_L = 100\ \Omega$
(b) $v_I = 10$ μV, $i_I = 100$ nA, $v_O = 1$ V, $R_L = 10$ kΩ
(c) $v_I = 1$ V, $i_I = 1$ mA, $v_O = 5$ V, $R_L = 10\ \Omega$

1.46 An amplifier using balanced power supplies is known to saturate for signals extending within 1.0 V of either supply. For linear operation, its gain is 200 V/V. What is the rms value of the largest undistorted sine-wave output available, and input needed, with ±5-V supplies? With ±10-V supplies? With ±15-V supplies?

1.47 An amplifier operating from ±3-V supplies provides a 2.2-V peak sine wave across a 100-Ω load when provided with a 0.2-V peak input from which 1.0 mA peak is drawn. The average current in each supply is measured to be 20 mA.Find the voltage gain, current gain, and power gain expressed as ratios and in decibels as well as the supply power, amplifier dissipation, and amplifier efficiency.

Section 1.5: Circuit Models for Amplifiers

1.48 Consider the voltage-amplifier circuit model shown in Fig. 1.16(b), in which $A_{vo} = 100$ V/V under the following conditions:

(a) $R_i = 10R_s$, $R_L = 10R_o$
(b) $R_i = R_s$, $R_L = R_o$
(c) $R_i = R_s/10$, $R_L = R_o/10$

Calculate the overall voltage gain v_o/v_s in each case, expressed both directly and in decibels.

1.49 A 10-mV signal source having an internal resistance of 5 kΩ is connected to an amplifier for which the input resistance is 1 kΩ, the open-circuit voltage gain is 100 V/V, and the output resistance is 200 Ω. The amplifier is connected in turn to a 100-Ω load.

(a) What overall voltage gain results as measured from the source internal voltage to the load? Where did all the gain go? What would the gain be if the source was connected directly to the load? What is the ratio of these two gains? This ratio is a useful measure of the benefit the amplifier brings.
(b) Now instead, replace the source by its Norton equivalent and the amplifier with the equivalent current amplifier from Table 1.1. What is the current gain, i_o/i_s? Show that it is the same as would be computed using the voltage amplifier model.

1.50 Consider the cascade amplifier of Example 1.3. Find the overall voltage gain v_o/v_s obtained when the first and second stages are interchanged. Compare this value with the result in Example 1.3, and comment.

1.51 A current amplifier supplies 1 mA to a load resistance of 1 kΩ. When the load resistance is increased to 12 kΩ, the output current decreases to 0.5 mA. What are the values of the short-circuit output current and the output resistance of the amplifier?

1.52 A transresistance amplifier for which $R_i = 100\ \Omega$, $R_o = 10\ \Omega$, and $R_m = 5$ kΩ is to be connected between a 100-mV source with a resistance of 1 kΩ and a load of 1 kΩ. What are the values of current gain i_o/i_i, of voltage gain v_o/v_s, and of power gain expressed directly and in decibels?

1.53 A transconductance amplifier with $R_i = 2$ kΩ, $G_m = 60$ mA/V, and $R_o = 20$ kΩ is fed with a voltage source having a source resistance of 1 kΩ and is loaded with a 1-kΩ resistance. Find the voltage gain realized.

1.54 An amplifier with 40 dB of small-signal, open-circuit voltage gain, an input resistance of 1 MΩ, and an output resistance of 100 Ω, drives a load of 500 Ω. What voltage and power gains (expressed in dB) would you expect with the load connected? If the amplifier has a peak output-current limitation of 20 mA, what is the rms value of the largest sine-wave input for which an undistorted output is possible? What is the corresponding output power available?

1.55 A buffer amplifier with a gain of 1 V/V has an input resistance of 1 MΩ and an output resistance of 20 Ω. It is connected between a 1-V, 200-kΩ source and a 100-Ω load. What load voltage results? What are the corresponding voltage, current, and power gains (in dB)?

---

problems with green numbers are considered essential; * = difficult problem; ** = more difficult; *** = very challenging
SIM = simulation; **D** = design problem;

1.56 You are given two amplifiers, A and B, to connect in cascade between a 10-mV, 100-kΩ source and a 100-Ω load. The amplifiers have voltage gain, input resistance, and output resistance as follows: for A, 100 V/V, 100 kΩ, 10 kΩ, respectively; for B, 10 V/V, 10 kΩ, 1 kΩ, respectively. Your problem is to decide how the amplifiers should be connected. To proceed, evaluate the two possible connections between source S and load L, namely, SABL and SBAL. Find the voltage gain for each both as a ratio and in decibels. Which amplifier arrangement is best?

D *1.57 A designer has available voltage amplifiers with an input resistance of 10 kΩ, an output resistance of 1 kΩ, and an open-circuit voltage gain of 10. The signal source has a 10-kΩ resistance and provides a 5-mV rms signal, and it is required to provide a signal of at least 3 V rms to a 200-Ω load. How many amplifier stages are required? What is the output voltage actually obtained?

D *1.58 Design an amplifier that provides 0.5 W of signal power to a 100-Ω load resistance. The signal source provides a 30-mV rms signal and has a resistance of 0.5 MΩ. Three types of voltage-amplifier stages are available:

(a) A high-input-resistance type with $R_i = 1$ MΩ, $A_{vo} = 10$, and $R_o = 10$ kΩ
(b) A high-gain type with $R_i = 10$ kΩ, $A_{vo} = 100$, and $R_o = 1$ kΩ
(c) A low-output-resistance type with $R_i = 10$ kΩ, $A_{vo} = 1$, and $R_o = 20$ Ω

Design a suitable amplifier using a combination of these stages. Your design should utilize the minimum number of stages and should ensure that the signal level is not reduced below 10 mV at any point in the amplifier chain. Find the load voltage and power output realized.

D *1.59 A current amplifier for which $R_i = 100$ Ω, $R_o = 10$ kΩ, and $A_{is} = 100$ A/A is to be connected between a 100-mV source with a resistance of 10 kΩ and a load of 1 kΩ. What are the values of current gain i_o/i_i, of voltage gain v_o/v_s, and of power gain expressed directly and in decibels?

D 1.60 A voltage amplifier with an input resistance of 20 kΩ, an output resistance of 100 Ω, and a gain of 1000 V/V is connected between a 100-kΩ source with an open-circuit voltage of 10 mV and a 100-Ω load. For this situation:

(a) What output voltage results?
(b) What is the voltage gain from source to load?
(c) What is the voltage gain from the amplifier input to the load?
(d) If the output voltage across the load is twice that needed and there are signs of internal amplifier overload, suggest the location and value of a single resistor that would produce the desired output. Choose an arrangement that would cause minimum disruption to an operating circuit. (*Hint:* Use parallel rather than series connections.)

D **1.61 A designer is required to provide, across a 10-kΩ load, the weighted sum, $v_O = 10v_1 + 20v_2$, of input signals v_1 and v_2, each having a source resistance of 10 kΩ. She has a number of transconductance amplifiers for which the input and output resistances are both 10 kΩ and $G_m = 20$ mA/V, together with a selection of suitable resistors. Sketch an appropriate amplifier topology with additional resistors selected to provide the desired result. Your design should use the minimum number of amplifiers and resistors. (*Hint*: In your design, arrange to add currents.)

1.62 Figure P1.62(a) shows two transconductance amplifiers connected in a special configuration. Find v_o in terms of v_1 and v_2. Let $g_m = 100$ mA/V and $R = 5$ kΩ. If $v_1 = v_2 = 1$ V, find the value of v_o. Also, find v_o for the case $v_1 = 1.01$ V and $v_2 = 0.99$ V. (*Note*: This circuit is called a **differential amplifier** and is given the symbol shown in Fig. P1.67(b). A particular type of differential amplifier known as an **operational amplifier** will be studied in Chapter 2.)

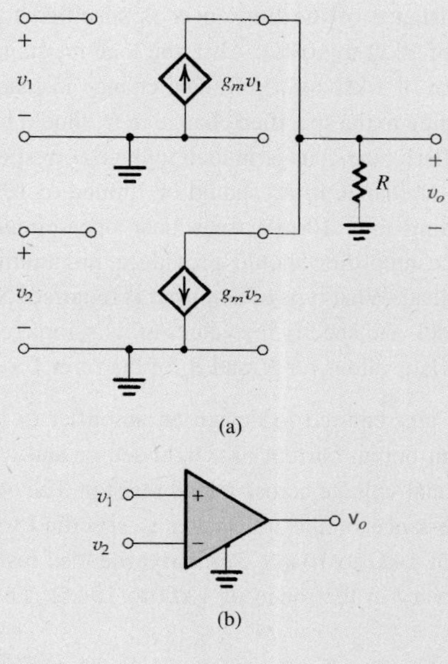

Figure P1.62

D 1.63 Figure P1.63 shows a transconductance amplifier whose output is *fed back* to its input.

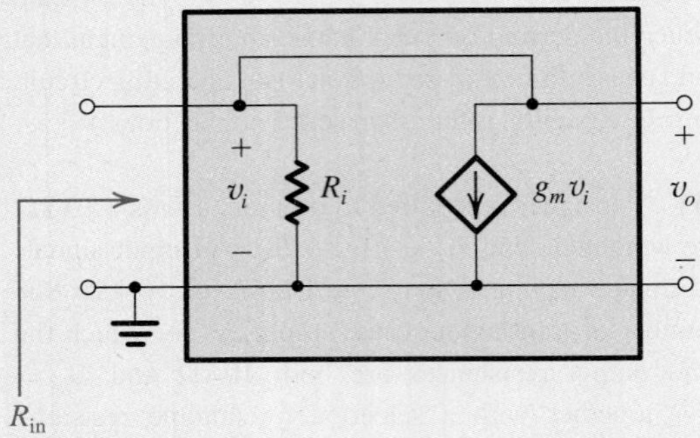

Figure P1.63

(a) Find the input resistance R_{in} of the resulting one-port network. (*Hint*: Apply a test voltage v_x between the two input terminals, and find the current i_x drawn from the source. Then, $R_{in} \equiv v_x/i_x$.)

(b) Show that when driven by a voltage source, v_s, having source resistance $R_s = R_{in}$, the voltage gain $v_o/v_s = 0.5 \cdot v_o/v_i$ (This is another method for finding the input resistance.)

D 1.64 You are required to design an amplifier to sense the open-circuit output voltage of a transducer and to provide a proportional voltage across a load resistor. The equivalent source resistance of the transducer is specified to vary in the range of 1 kΩ to 10 kΩ. Also, the load resistance varies in the range of 1 kΩ to 10 kΩ. The change in load voltage corresponding to the specified change in R_s should be 10% at most. Similarly, the change in load voltage corresponding to the specified change in R_L should be limited to 10%. Also, corresponding to a 10-mV transducer open-circuit output voltage, the amplifier should provide a minimum of 1 V across the load. What type of amplifier is required? Sketch its circuit model, and specify the values of its parameters. Specify appropriate values for R_i and R_o of the form 1×10^m Ω.

1.65 You are required to design an amplifier to sense the short-circuit output current of a light sensor and to provide a proportional voltage across a load resistor. The equivalent source resistance of the transducer is specified to vary in the range of 1 kΩ to 10 kΩ. Similarly, the load resistance is known to vary in the range of 1 kΩ to 10 kΩ. The change in load voltage corresponding to the specified change in R_s should be 10% at most. Similarly, the change in load voltage corresponding to the specified change in R_L is to be limited to 10%. Also, for a nominal transducer short-circuit output current of 10 μA, the amplifier is required to provide a minimum voltage across the load of 1 V. What type of amplifier is required? Sketch its circuit model, and specify the values of the model parameters. For R_i and R_o, specify appropriate values in the form 1×10^m Ω.

1.66 For the circuit in Fig. P1.66, show that

$$\frac{v_c}{v_b} = \frac{-\beta R_L}{r_\pi + (\beta+1)R_E}$$

and

$$\frac{v_e}{v_b} = \frac{R_E}{R_E + [r_\pi/(\beta+1)]}$$

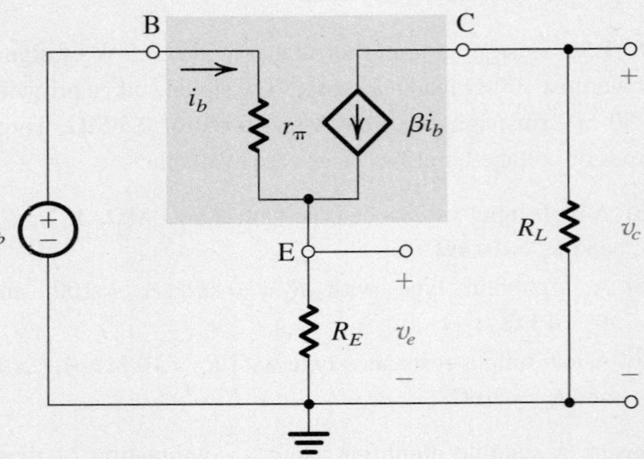

Figure P1.66

1.67 An amplifier with an input resistance of 5 kΩ, when driven by a current source of 1 μA and a source resistance of 200 kΩ, has a short-circuit output current of 5 mA and an open-circuit output voltage of 10 V. If the amplifier is used to drive a 2-kΩ load, give the values of the voltage gain, current gain, and power gain expressed as ratios and in decibels.

1.68 Any linear two-port network including linear amplifiers can be represented by one of four possible parameter sets, given in Appendix C. For the voltage amplifier, the most convenient representation is in terms of the *g* parameters. If the amplifier input port is labeled as port 1 and the output port as port 2, its *g*-parameter representation is described by the two equations:

---

problems with green numbers are considered essential; * = difficult problem; ** = more difficult; *** = very challenging
SIM = simulation; **D** = design problem;

$$I_1 = g_{11}V_1 + g_{12}I_2$$

$$V_2 = g_{21}V_1 + g_{22}I_2$$

Figure P1.68 shows an equivalent circuit representation of these two equations. By comparing this equivalent circuit to that of the voltage amplifier in Fig. 1.16(a), identify corresponding currents and voltages as well as the correspondence between the parameters of the amplifier equivalent circuit and the g parameters. Hence give the g parameter that corresponds to each of R_i, A_{vo}, and R_o. Notice that there is an additional g parameter with no correspondence in the amplifier equivalent circuit. Which one? What does it signify? What assumption did we make about the amplifier that resulted in the absence of this particular g parameter from the equivalent circuit in Fig. 1.16(a)?

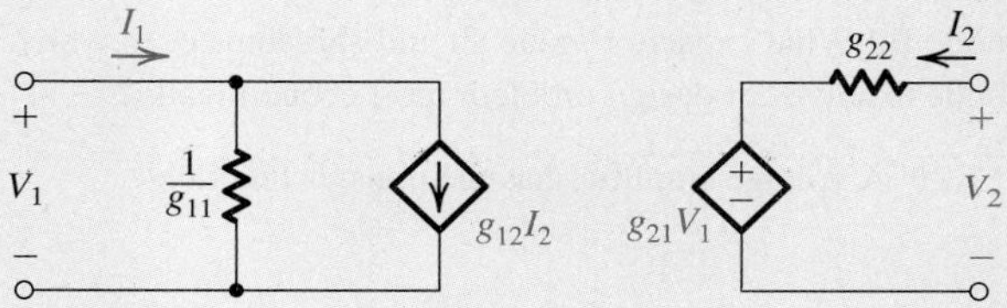

Figure P1.68

Section 1.6: Frequency Response of Amplifiers

1.69 Figure P1.69 shows a signal source connected to the input of an amplifier. Here R_s is the source resistance, and R_i and C_i are the input resistance and input capacitance, respectively, of the amplifier. Derive an expression for $V_i(s)/V_s(s)$, and show that it is of the low-pass STC type. Find the 3-dB frequency and dc gain for the case $R_s = 10$ kΩ, $R_i = 40$ kΩ, and $C_i = 5$ pF.

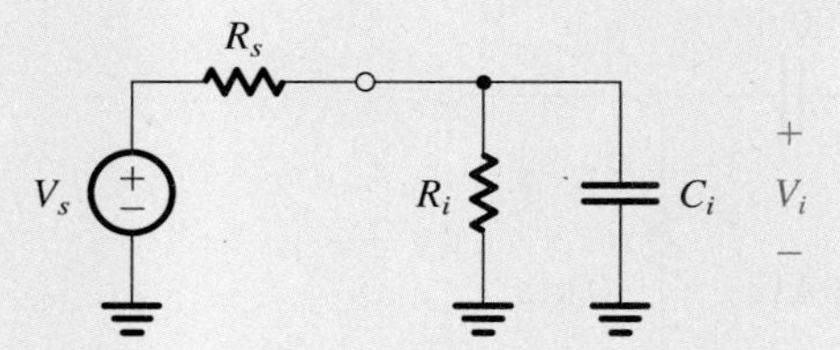

Figure P1.69

1.70 For the circuit shown in Fig. P1.70, find the transfer function $T(s) = V_o(s)/V_i(s)$, and arrange it in the appropriate standard form from Table 1.2. Is this a high-pass or a low-pass network? What is its transmission at very high frequencies? [Estimate this directly, as well as by letting $s \to \infty$ in your expression for $T(s)$.] What is the corner frequency ω_0? For $R_1 = 10$ kΩ, $R_2 = 40$ kΩ, and $C = 1$ μF, find f_0. What is the value of $|T(j\omega_o)|$?

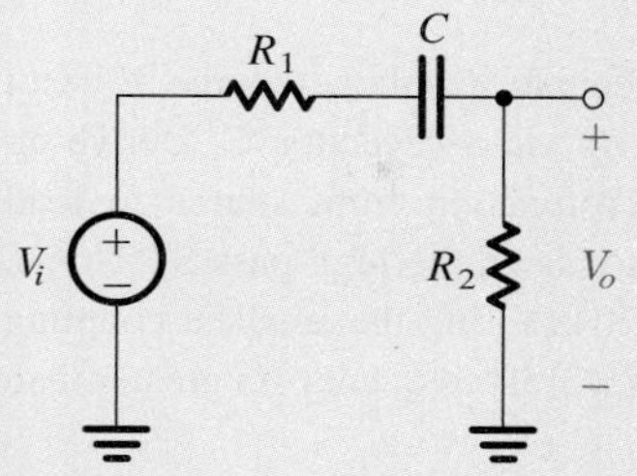

Figure P1.70

1.71 Measurement of the frequency response of an amplifier yields the data in the following table:

f (Hz)	$\|T\|$ (dB)	$\angle T$ (°)
0	40	0
100	40	0
1000		
10^4	37	−45
10^5	20	
	0	

Provide plausible approximate values for the missing entries. Also, sketch and clearly label the magnitude frequency response (i.e., provide a Bode plot) for this amplifier.

1.72 A manufacturing error causes an internal node of a high-frequency amplifier whose Thévenin-equivalent node resistance is 100 kΩ to be accidentally shunted to ground by a capacitor (i.e., the node is connected to ground through a capacitor). If the measured 3-dB bandwidth of the amplifier is reduced from the expected 5 MHz to 100 kHz, estimate the value of the shunting capacitor. If the original cutoff frequency can be attributed to a small parasitic capacitor at the same internal node (i.e., between the node and ground), what would you estimate it to be?

D 1.73 An amplifier with an input resistance of 100 kΩ and an output resistance of 1 kΩ is to be capacitively coupled to a 10-kΩ source and a 1-kΩ load. Available capacitors have values only of the form 1×10^{-n} F. What are the values of the smallest capacitors needed to ensure that the corner frequency associated with each is less than 100 Hz? What actual corner frequencies result? For the situation in which the basic amplifier has an open-circuit voltage gain (A_{vo}) of 100 V/V, find an expression for $T(s) = V_o(s)/V_s(s)$.

1.74 Use the voltage-divider rule to derive the transfer functions $T(s) \equiv V_o(s)/V_i(s)$ of the circuits shown in Fig. 1.22, and show that the transfer functions are of the form given at the top of Table 1.2.

D 1.75 It is required to couple a voltage source V_s with a resistance R_s to a load R_L via a capacitor C. Derive an expression for the transfer function from source to load (i.e., V_l/V_s), and show that it is of the high-pass STC type. For $R_s = 5\ \text{k}\Omega$ and $R_L = 20\ \text{k}\Omega$, find the smallest coupling capacitor that will result in a 3-dB frequency no greater than 100 Hz.

1.76 Measurement of the frequency response of an amplifier yields the data in the following table:

f (Hz)		10	10^2	10^3	10^4	10^5	10^6	10^7	
|T| (dB)	0	20	37	40			37	20	0

Provide approximate plausible values for the missing table entries. Also, sketch and clearly label the magnitude frequency response (Bode plot) of this amplifier.

1.77 The unity-gain voltage amplifiers in Fig. P1.77 have infinite input resistances and zero output resistances and thus function as perfect buffers. Assuming that their gain is frequency independent, convince yourself that the overall gain V_o/V_i will drop by 3 dB below the value at dc at the frequency for which the gain of each RC circuit is 1.0 dB down. What is that frequency in terms of CR?

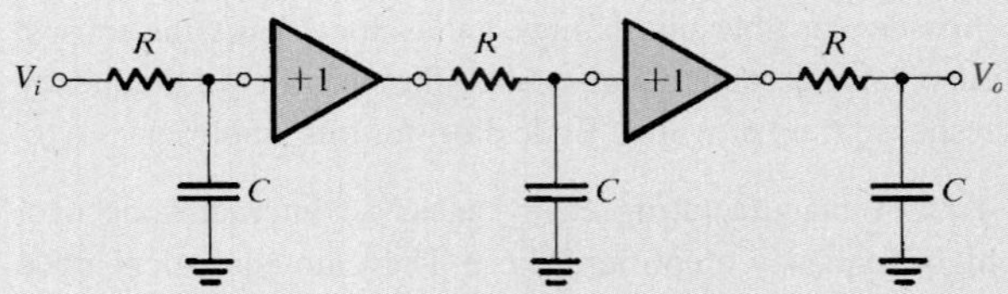

Figure P1.77

D *1.78 A designer wishing to lower the overall upper 3-dB frequency of a three-stage amplifier to 10 kHz considers shunting one of two nodes: Node A, between the output of the first stage and the input of the second stage, and Node B, between the output of the second stage and the input of the third stage, to ground with a small capacitor. While measuring the overall frequency response of the amplifier, she connects a capacitor of 1 nF, first to node A and then to node B, lowering the 3-dB frequency from 3 MHz to 200 kHz and 20 kHz, respectively. If she knows that each amplifier stage has an input resistance of 100 kΩ, what output resistance must the driving stage have at node A? At node B? What capacitor value should she connect to which node to solve her design problem most economically?

***1.79** A voltage amplifier has the transfer function

$$A_v = \frac{1000}{\left(1 + j\dfrac{f}{10^5}\right)\left(1 + \dfrac{10^2}{jf}\right)}$$

Using the Bode plots for low-pass and high-pass STC networks (Figs. 1.23 and 1.24), sketch a Bode plot for $|A_v|$. Give approximate values for the gain magnitude at $f = 10$ Hz, 10^2 Hz, 10^3 Hz, 10^4 Hz, 10^5 Hz, 10^6 Hz, 10^7 Hz, and 10^8 Hz. Find the bandwidth of the amplifier (defined as the frequency range over which the gain remains within 3 dB of the maximum value).

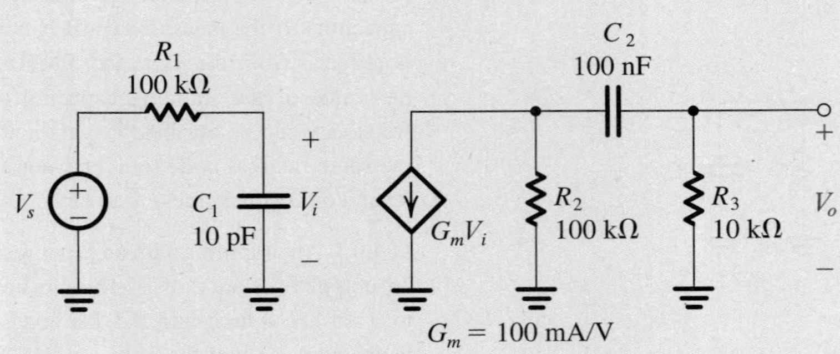

Figure P1.80

***1.80** For the circuit shown in Fig. P1.80, first evaluate $T_i(s) = V_i(s)/V_s(s)$ and the corresponding cutoff (corner) frequency. Second, evaluate $T_o(s) = V_o(s)/V_i(s)$ and the corresponding cutoff frequency. Put each of the transfer functions in the standard form (see Table 1.2), and combine them to form the overall transfer function, $T(s) = T_i(s) \times T_o(s)$. Provide a Bode plot for $|T(j\omega)|$. What is the bandwidth between 3-dB cutoff points?

D **1.81 A transconductance amplifier having the equivalent circuit shown in Table 1.1 is fed with a voltage source V_s having a source resistance R_s, and its output is connected to a load consisting of a resistance R_L in parallel with a capacitance C_L. For given values of R_s, R_L, and C_L, it is required to specify the values of the amplifier parameters R_i, G_m, and R_o to meet the following design constraints:

(a) At most, $x\%$ of the input signal is lost in coupling the signal source to the amplifier (i.e., $V_i \geq [1-(x/100)]V_s$).

(b) The 3-dB frequency of the amplifier is equal to or greater than a specified value f_{3dB}.

(c) The dc gain V_o/V_s is equal to or greater than a specified value A_0.

Show that these constraints can be met by selecting

$$R_i \geq \left(\frac{100}{x} - 1\right)R_s$$

$$R_o \leq \frac{1}{2\pi f_{3dB}C_L - (1/R_L)}$$

$$G_m \geq \frac{A_0/[1-(x/100)]}{(R_L \| R_o)}$$

Find R_i, R_o, and G_m for $R_s = 10\ \text{k}\Omega$, $x = 10\%$, $A_0 = 100$ V/V, $R_L = 10\ \text{k}\Omega$, $C_L = 20$ pF, and $f_{3dB} = 2$ MHz.

***1.82** Use the voltage-divider rule to find the transfer function $V_o(s)/V_i(s)$ of the circuit in Fig. P1.82. Show that the transfer function can be made independent of frequency if the condition $C_1R_1 = C_2R_2$ applies. Under this condition the circuit is called a **compensated attenuator** and is frequently employed in the design of oscilloscope probes. Find the transmission of the compensated attenuator in terms of R_1 and R_2.

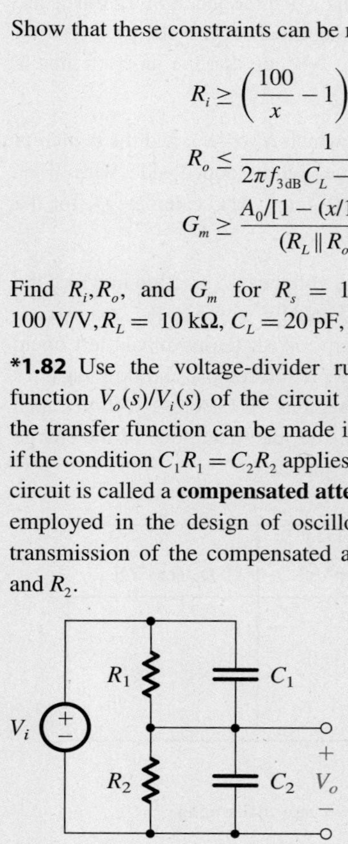

Figure P1.82

***1.83** An amplifier with a frequency response of the type shown in Fig. 1.21 is specified to have a phase shift of magnitude no greater than 5.7° over the amplifier bandwidth, which extends from 100 Hz to 1 kHz. It has been found that the gain falloff at the low-frequency end is determined by the response of a high-pass STC circuit and that at the high-frequency end it is determined by a low-pass STC circuit. What do you expect the corner frequencies of these two circuits to be? What is the drop in gain in decibels (relative to the maximum gain) at the two frequencies that define the amplifier bandwidth? What are the frequencies at which the drop in gain is 3 dB? (*Hint*: Refer to Figs. 1.23 and 1.24.)

If in the following problems you require values of particular parameters or physical constants that are not stated, please consult Table 1.3 in the Summary Tables supplement found online at www.oup.com/he/sedra-smith8e.

Section 1.7: Intrinsic Semiconductors

1.84 Find values of the intrinsic carrier concentration n_i for silicon at −55°C, 0°C, 20°C, 75°C, and 125°C. At each temperature, what fraction of the atoms is ionized? Recall that a silicon crystal has approximately 5×10^{22} atoms/cm^3.

1.85 Calculate the value of n_i for gallium arsenide (GaAs) at $T = 300$ K. The constant $B = 3.56 \times 10^{14}$ cm^{-3}K$^{-3/2}$ and the bandgap voltage $E_g = 1.42$ eV.

1.86 Find the total number of free electrons in a circular wafer of single crystal silicon that is 300 μm thick and 15 cm in diameter at $T = 300$ K.

Section 1.8: Doped Semiconductors

1.87 For a *p*-type silicon in which the dopant concentration $N_A = 5 \times 10^{18}$/cm^3, find the hole and electron concentrations at $T = 300$ K.

1.88 For a silicon crystal doped with phosphorus, what must N_D be if at $T = 300$ K the hole concentration drops below the intrinsic level by a factor of 10^8?

1.89 In a phosphorus-doped silicon layer with impurity concentration of 10^{17}/cm^3, find the hole and electron concentrations at 27°C and 125°C.

Section 1.9: Current Flow in Semiconductors

1.90 A young designer, aiming to develop intuition concerning conducting paths within an integrated circuit, examines the end-to-end resistance of a connecting bar 10-μm long, 3-μm wide, and 1 μm thick, made of various materials. The designer considers:

(a) intrinsic silicon
(b) n-doped silicon with $N_D = 5 \times 10^{16}/\text{cm}^3$
(c) n-doped silicon with $N_D = 5 \times 10^{18}/\text{cm}^3$
(d) p-doped silicon with $N_A = 5 \times 10^{16}/\text{cm}^3$
(e) aluminum with resistivity of 2.8 $\mu\Omega \cdot$cm

Find the resistance in each case. For intrinsic silicon, use the data in Table 1.3. For doped silicon, assume $\mu_n = 3\mu_p = 1200\ \text{cm}^2/\text{V} \cdot \text{s}$. (Recall that $R = \rho L/A$.)

1.91 Find the current that flows in a silicon bar of 10-μm length having a 5-μm × 4-μm cross-section and having free-electron and hole densities of $10^4/\text{cm}^3$ and $10^{16}/\text{cm}^3$, respectively, when a 1 V is applied end-to-end. Use $\mu_n = 1200\ \text{cm}^2/\text{V} \cdot \text{s}$ and $\mu_p = 500\ \text{cm}^2/\text{V} \cdot \text{s}$.

1.92 Both the carrier mobility and the diffusivity decrease as the doping concentration of silicon is increased. Table P1.92 provides a few data points for μ_n and μ_p versus doping concentration. Use the Einstein relationship to obtain the corresponding values for D_n and D_p.

1.93 Contrast the electron and hole drift velocities through a 10-μm layer of intrinsic silicon across which a voltage of 3 V is imposed. Let $\mu_n = 1350\ \text{cm}^2/\text{V} \cdot \text{s}$ and $\mu_p = 480\ \text{cm}^2/\text{V} \cdot \text{s}$.

1.94 In a 10-μm-long bar of donor-doped silicon, what donor concentration is needed to realize a current density of 2 mA/μm^2 in response to an applied voltage of 1 V? (*Note*: Although the carrier mobilities change with doping concentration, as a first approximation you may assume μ_n to be constant and use $1350\ \text{cm}^2/\text{V} \cdot \text{s}$, the value for intrinsic silicon.)

1.95 Holes are being steadily injected into a region of n-type silicon (connected to other devices, the details of which are not important for this question). In the steady state, the excess-hole concentration profile shown in Fig. P1.95 is established in the n-type silicon region at room temperature. Here "excess" means over and above the thermal-equilibrium concentration (in the absence of hole injection), denoted p_{n0}. If $N_D = 10^{16}/\text{cm}^3$, $n_i = 1.5 \times 10^{10}/\text{cm}^3$, $D_p = 12\ \text{cm}^2/\text{s}$, and $W = 50$ nm, find the density of the current that will flow in the x direction.

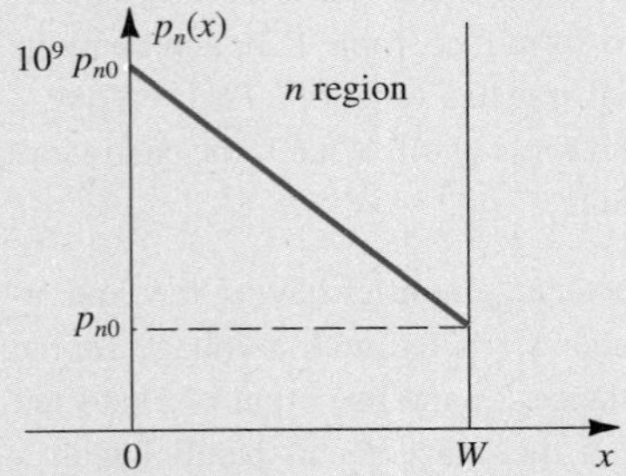

Figure P1.95

Section 1.10: The *pn* Junction

1.96 If, for a particular junction, the acceptor concentration is $10^{17}/\text{cm}^3$ and the donor concentration is $10^{16}/\text{cm}^3$, find the junction built-in voltage. Assume $n_i = 1.5 \times 10^{10}/\text{cm}^3$. Also, find the width of the depletion region (W) and its extent in each of the p and n regions when the junction terminals are left open. Calculate the magnitude of the charge stored on either side of the junction. Assume that the junction area is 100 μm^2.

1.97 In a pn junction for which $N_A \gg N_D$, and the depletion layer exists mostly on the lightly doped side with $W = 0.2$ μm, find V_0 if $N_D = 10^{16}/\text{cm}^3$. Also calculate Q_J for the case $A = 10$ μm^2.

1.98 Calculate the built-in voltage of a junction in which the p and n regions are doped equally with 5×10^{16} atoms/cm^3. Assume $n_i = 1.5 \times 10^{10}/\text{cm}^3$. With the terminals left open, what is the width of the depletion region, and how far does it extend into the p and n regions? If the cross-sectional area of the junction is 20 μm^2, find the magnitude of the charge stored on either side of the junction.

Doping Concentration (carriers/cm^3)	μ_n (cm^2/V · s)	μ_p (cm^2/V · s)	D_n (cm^2/s)	D_p (cm^2/s)
Intrinsic	1350	480		
10^{16}	1200	400		
10^{17}	750	260		
10^{18}	380	160		

problems with green numbers are considered essential; * = difficult problem; ** = more difficult; *** = very challenging
SIM = simulation; D = design problem;

1.99 Estimate the total charge stored in a 0.1-μm depletion layer on one side of a 10-μm × 10-μm junction. The doping concentration on that side of the junction is $10^{18}/\text{cm}^3$.

1.100 By how much does V_0 change if N_A or N_D is increased by a factor of 10?

1.101 In a *pn* junction with $N_A \gg N_D \gg n_i$, sketch a plot of charge density on both sides of the junction. How does the sketch change if N_D is increased by a factor of 4?

1.102 Given that the electric field E has a triangular profile as shown in Fig. P1.102, and that the built-in potential, V_0, is given by the total area under the triangle, find an expression for the maximum electric field magnitude, E_{max}, in terms of the dopant concentrations and fundamental constants.

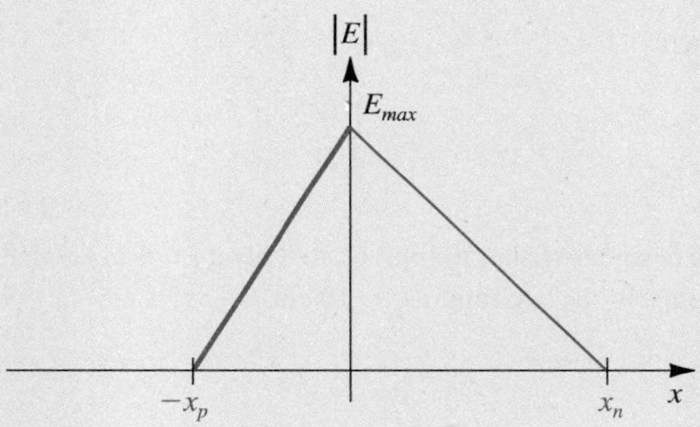

Figure P1.102

Section 1.11: The *pn* Junction with an Applied Voltage

1.103 If a 3-V reverse-bias voltage is applied across the junction specified in Problem 1.96, find W and Q_J.

1.104 Calculate I_S and the current I for $V = 750$ mV for a *pn* junction for which $N_A = 10^{17}/\text{cm}^3$, $N_D = 10^{16}/\text{cm}^3$, $A = 100\ \mu\text{m}^2$, $n_i = 1.5 \times 10^{10}/\text{cm}^3$, $L_p = 5\ \mu\text{m}$, $L_n = 10\ \mu\text{m}$, $D_p = 10\ \text{cm}^2/\text{s}$, and $D_n = 18\ \text{cm}^2/\text{s}$.

1.105 Show that for a *pn* junction reverse-biased with a voltage V_R, the depletion-layer width W and the charge stored on either side of the junction, Q_J, can be expressed as

$$W = W_0\sqrt{1 + \frac{V_R}{V_0}}$$

$$Q_J = Q_{J0}\sqrt{1 + \frac{V_R}{V_0}}$$

where W_0 and Q_{J0} are the values in equilibrium.

1.106 In a forward-biased *pn* junction show that the ratio of the current component due to hole injection across the junction to the component due to electron injection is given by

$$\frac{I_p}{I_n} = \frac{D_p}{D_n}\frac{L_n}{L_p}\frac{N_A}{N_D}$$

Evaluate this ratio for the case $N_A = 10^{18}/\text{cm}^3$, $N_D = 10^{16}/\text{cm}^3$, $L_p = 5\ \mu\text{m}$, $L_n = 10\ \mu\text{m}$, $D_p = 10\ \text{cm}^2/\text{s}$, and $D_n = 20\ \text{cm}^2/\text{s}$, and hence find I_p and I_n for the case in which the *pn* junction is conducting a forward current $I = 100\ \mu\text{A}$.

1.107 Assuming that the temperature dependence of I_S arises mostly because I_S is proportional to n_i^2, use the expression for n_i in Eq. (1.26) to determine the factor by which n_i^2 changes as T changes from 300 K to 305 K. This will be approximately the same factor by which I_S changes for a 5°C rise in temperature. What is the factor?

1.108 A p^+n junction is one in which the doping concentration in the p region is much greater than that in the n region. In such a junction, the forward current is mostly due to hole injection across the junction. Show that

$$I \simeq I_p = Aqn_i^2 \frac{D_p}{L_p N_D}\left(e^{V/V_T} - 1\right)$$

For the specific case in which $N_D = 10^{17}/\text{cm}^3$, $D_p = 10\ \text{cm}^2/\text{s}$, $L_p = 10\ \mu\text{m}$, and $A = 10^4\ \mu\text{m}^2$, find I_S and the voltage V obtained when $I = 1$ mA. Assume operation at 300 K where $n_i = 1.5 \times 10^{10}/\text{cm}^3$.

1.109 A *pn* junction for which the breakdown voltage is 12 V has a rated (i.e., maximum allowable) power dissipation of 0.25 W. What continuous current in the breakdown region will raise the dissipation to half the rated value? If breakdown occurs for only 10 ms in every 20 ms, what average breakdown current is allowed?

Section 1.12: Capacitive Effects in the *pn* Junction

1.110 For a particular junction for which $C_{j0} = 0.4$ pF, $V_0 = 0.75$ V, and $m = 1/3$, find C_j at reverse-bias voltages of 1 V and 10 V.

1.111 A *pn* junction operating in the forward-bias region with a current I of 1 mA is found to have a diffusion capacitance of 5 pF. What diffusion capacitance do you expect this junction to have at $I = 0.1$ mA? What is the mean transit time for this junction?

1.112 For the *pn* junction specified in Problem 1.96, find C_{j0} and C_j at $V_R = 3$ V.

1.113 The junction capacitance C_j can be thought of as that of a parallel-plate capacitor and thus given by

$$C_j = \frac{\epsilon A}{W}$$

Show that this approach leads to a formula identical to that obtained by combining Eqs. (1.66) and (1.68) [or equivalently, by combining Eqs. (1.68) and (1.69)].

***1.114** A **short-base diode** is one where the widths of the *p* and *n* regions are much smaller than L_n and L_p, respectively. As a result, the excess minority-carrier distribution in each region is a straight line rather than the exponentials shown in Fig. 1.39.

(a) For the short-base diode, sketch a figure corresponding to Fig. 1.39 and assume as in Fig. 1.39 that $N_A \gg N_D$.

(b) Following a derivation similar to that given in Section 1.11.2, show that if the widths of the *p* and *n* regions are denoted W_p and W_n then

$$I = Aqn_i^2\left[\frac{D_p}{(W_n - x_n)N_D} + \frac{D_n}{(W_p - x_p)N_A}\right]\left(e^{V/V_T} - 1\right)$$

and

$$Q_p = \frac{1}{2}\frac{(W_n - x_n)^2}{D_p}I_p$$

$$\simeq \frac{1}{2}\frac{W_n^2}{D_p}I_p, \text{ for } W_n \gg x_n$$

(c) Also, assuming $Q \simeq Q_p$, $I \simeq I_p$, show that

$$C_d = \frac{\tau_T}{V_T}I$$

where

$$\tau_T = \frac{1}{2}\frac{W_n^2}{D_p}$$

(d) If a designer wishes to limit C_d to 8 pF at $I = 1$ mA, what should W_n be? Assume $D_p = 10\ \text{cm}^2/\text{s}$.

---

problems with green numbers are considered essential; * = difficult problem; ** = more difficult; *** = very challenging

SIM = simulation; **D** = design problem;

CHAPTER 2

연산 증폭기

서론

2.1 이상적인 연산 증폭기

2.2 반전 구성

2.3 비반전 구성

2.4 차동 증폭기

2.5 적분기와 미분기

2.6 직류 결합

2.7 유한한 개방 루프 이득과 대역폭이 회로 성능에 미치는 영향

2.8 연산 증폭기의 대신호 동작

요약

PROBLEMS

이 장에서 배울 내용

- 이상적인 연산 증폭기의 단자 특성
- 연산 증폭기, 저항기, 커패시터를 포함하는 회로를 해석하는 법
- 연산 증폭기를 이용하여 정밀한 특성을 가지는 증폭기를 설계하는 법
- 가산 증폭기, 계측 증폭기, 적분기를 포함하는 좀 더 복잡한 연산 증폭기 회로를 설계하는 법
- 연산 증폭기의 중요한 비이상적인 특성과 이 특성이 기본적인 연산 증폭기 회로의 성능을 제한하는 방법

서론

기본적인 선형 회로 이론을 앞 장에서 살펴보았으므로, 이제 절대적으로 중요한 회로 구성 블록인 연산 증폭기(op amp)에 대해 공부할 차례가 되었다.

연산 증폭기가 많이 쓰이는 여러 이유 중 하나는 그것의 다용도성이다. 앞으로 간략히 살펴보겠지만, 연산 증폭기만 있으면 거의 무엇이든 할 수 있다. 또 하나의 중요한 점은 IC 연산 증폭기는 거의 이상에 가까운 특성을 가진다는 점이다. 이는 IC 연산 증폭기를 사용하여 회로를 매우 쉽게 설계할 수 있음을 의미한다. 또한 연산 증폭기는 예측되는 이론적인 성능에 매우 근접하는 수준에서 동작한다. 우리가 연산 증폭기를 이처럼 일찍 다루는 것도 바로 이 이유 때문이다. 이 장이 끝날 즈음에는 독자들이 연산 증폭기를 사용하여 쓸모 있는 회로를 잘 설계할 수 있으리라고 기대한다.

IC 연산 증폭기는 많은 트랜지스터들(약 20개)과 저항기들, 그리고 (일반적으로) 약간 복잡한 회로에 접속되는 하나의 커패시터로 구성된다. 우리는 아직 트랜지스터 회로를 공부하지 않았으므로, 이 장에서는 연산 증폭기 내부의 회로에 대해 논의하지 않을 것이다. 그보다는 연산 증폭기를 하나의 회로 구성 블록으로 취급하고, 그것의 단자 특성과 응용에 대해서 공부할 것이다. 이런 접근 방법으로 많은 연산 증폭기 응용에서 매우 만족스러운 결과를 얻을 수 있을 것이다. 그러나 좀 더 어렵고 정교한 응용을 위해서는 연산 증폭기 패키지 내부에 무엇이 있는지를 아는 것이 확실히 유익할 것이다. 이 내용은 12장에서 다루고, 더욱 발전된 연산 증폭기의 응용에 대해서는 이후 장들에서 취급할 것이다.

연산 증폭기 변혁

초기의 연산 증폭기는 개별 소자들(진공관, 그다음에 트랜지스터, 그리고 저항기)로 구성되었으며 매우 고가였다(수십 달러). 1960년대 중반에 처음으로 집적 회로(IC) 연산 증폭기가 생산되었다. 이 소자(μA 709)는 실리콘 칩(silicon chip)에 비교적 많은 트랜지스터와 저항을 집적시킨 것이었다. 비록 성능이 좋지 않았고(현재의 기준으로 볼 때) 가격이 높았지만 전자 기술자들이 연산 증폭기를 다량으로 사용하기 시작하면서 그 가격은 극적으로 떨어졌다. 기술자들은 좀 더 나은 성능의 연산 증폭기를 요구하게 되었고, 이에 반도체 회사들이 호응하여, 수년 내에 고품질의 연산 증폭기가 여러 회사들로부터 매우 저렴하게(수십 센트) 공급되었다.

2.1 이상적인 연산 증폭기

2.1.1 연산 증폭기의 단자들

신호의 관점에서 볼 때 연산 증폭기는 세 개의 단자를 가지고 있다. 즉, 두 개의 입력 단자와 하나의 출력 단자

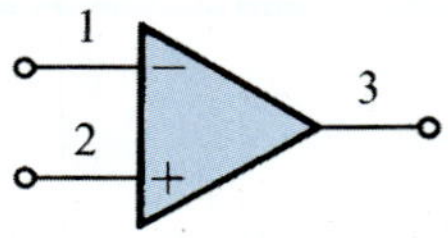

그림 2.1 연산 증폭기의 회로 기호.

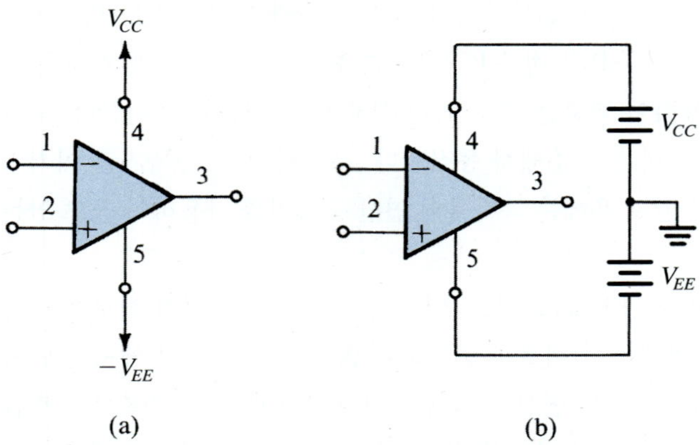

그림 2.2 직류 전력 공급기에 접속된 연산 증폭기.

를 가지고 있다. 그림 2.1에 연산 증폭기를 표현하는 데 사용되는 기호를 나타냈다. 단자 1과 2가 입력 단자이고, 단자 3이 출력 단자이다. 1.4절에서 설명했듯이 증폭기가 동작하기 위해서는 직류 전원을 필요로 한다. 대부분의 IC 연산 증폭기는 그림 2.2에 나타낸 것처럼 두 개의 직류 전력 공급기를 필요로 한다. 두 개의 단자 4와 5가 연산 증폭기 패키지 밖으로 나와 있고, 이들은 각각 양(+)의 공급기 전압인 V_{CC}와 음(−)의 공급기 전압인 $-V_{EE}$에 접속된다. 그림 2.2(b)에서는 두 직류 전력 공급기를 하나의 공통 접지를 갖는 전지로 나타냈다. 몇몇 연산 증폭기에서는 음의 공급기 단자가 접지에 직접 연결되어 있을 수도 있다($V_{EE}=0$). 이 책에서는 두 전력 공급기의 공통 단자가 회로 접지라고 간주할 것이다[그림 2.2(b) 참조]. 앞으로는 편의상 연산 증폭기의 전력 공급기들을 일일이 표시하지 않을 것이다.

세 개의 신호 단자와 두 개의 전력 공급 단자 외에 연산 증폭기에는 특수한 목적의 다른 단자들이 있다. 이 단자들 중에는 주파수 보상을 위한 단자와 오프셋 조정(offset nulling)을 위한 단자가 있다. 이들의 기능은 뒤의 절들에서 다룰 것이다.

연습문제

2.1 하나의 연산 증폭기에 필요한 최소한의 단자 수는 얼마인가? [쿼드(quad) 연산 증폭기라고 불리는] 네 개의 연산 증폭기를 내포하고 있는 집적 회로 패키지상에 필요한 최소한의 단자 수는 얼마인가?
[답] 5; 14

2.1.2 이상적인 연산 증폭기의 기능과 특성

이제 연산 증폭기의 회로 기능에 대해서 살펴보기로 하자. 연산 증폭기는 자신의 두 입력 단자에 인가된 전압 신호의 차(즉 $v_2 - v_1$ 값)를 감지하고, 이 값에 이득 A를 곱한 후, 그 결과 전압 $A(v_2 - v_1)$를 출력 단자 3에 나타내도록 고안되어 있다. 따라서 $v_3 = A(v_2 - v_1)$이다. 여기서 단자 전압이란 단자와 접지 사이의 전압을 의미한다. 따라서 v_1은 단자 1과 접지 사이의 전압을 의미한다.

이상적인 연산 증폭기는 어떤 입력 전류도 끌어들이지 못한다. 즉, 단자 1과 단자 2로 들어오는 신호 전류는 모두 0이다. 바꿔 말하면 **이상적인 연산 증폭기의 입력 임피던스는 무한대이다.** 출력 단자 3은 어떠한가? 이 단자는 이상적인 전압 전원의 출력 단자로서 동작한다. 즉, 단자 3과 접지 사이의 전압은 단자 3으로부터 나와 부하 임피던스로 들어가는 전류에 관계없이 항상 $A(v_2 - v_1)$이다. 바꿔 말하면 **이상적인 연산 증폭기의 출력 임피던스는 0이다.**

위의 내용을 종합하면 그림 2.3과 같은 등가 회로를 얻는다. 출력이 v_2와 동위상(같은 부호)이고 v_1과는 반대 위상(반대 부호)이라는 점에 유의하기 바란다. 이러한 이유로 우리는 단자 1을 **반전 입력 단자**(inverting input terminal)라고 부르고 '−' 부호로 구별하며, 입력 단자 2를 **비반전 입력 단자**(noninverting input terminal)라고 부르고 '+' 부호로 구별한다.

위의 설명으로부터 알 수 있듯이 연산 증폭기는 단지 차동(difference) 신호 $v_2 - v_1$에만 응답한다. 따라서 두 입력의 동상(common) 신호는 무시된다. 즉, $v_1 = v_2 = 1$ V이면 출력은 (이상적으로) 0이다. 이 성질을 **동상 모드 제거**(common-mode rejection)라고 부른다. 따라서 이상적인 연산 증폭기는 무한대의 동상 모드 제거 능력을 갖는다고 결론지을 수 있다. 이 점에 대해서는 나중에 좀 더 자세히 살펴볼 것이다. 지금으로서는 연산 증폭기가 **차동 입력**(differential input)과 **단일 출력**(single-ended output)을 갖는 증폭기라는 점에만 주목하면

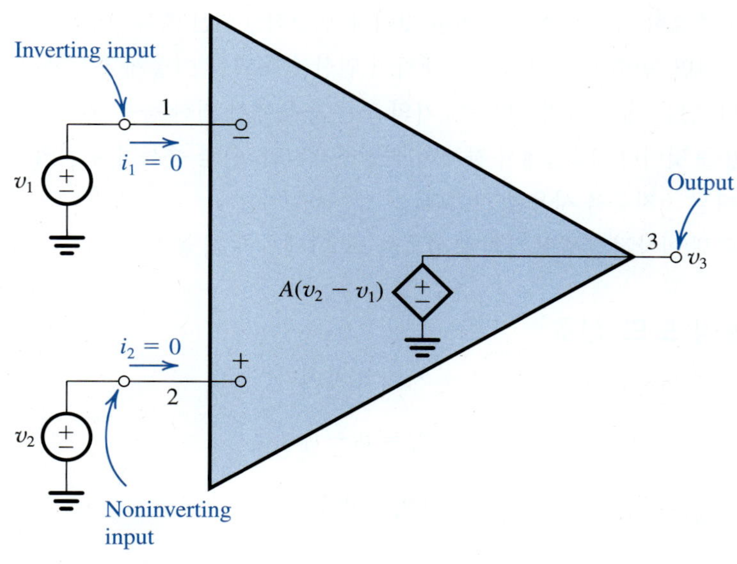

그림 2.3 이상적인 연산 증폭기의 등가 회로.

표 2.1 이상적인 연산 증폭기의 특성
1. 무한대의 입력 저항
2. 영의 출력 저항
3. 영의 공통 모드 이득, 또는 등가적으로 무한대의 공통 모드 제거
4. 무한대의 개방 루프 이득
5. 무한대의 대역폭

된다. 단일 출력이란 단자 3과 접지 사이에만 출력이 나타난다는 사실을 의미한다.[1)] 아울러 이득 A를 **차동 이득**(differential gain)이라고 부른다. 약간은 불분명한 명칭이지만, A를 **개방 루프 이득**(open-loop gain)이라고도 한다. 이렇게 부르는 이유는, 나중에 우리가 연산 증폭기 주위의 '루프를 폐쇄시키고' 또 다른 이득, 즉 폐쇄 루프 이득을 정의할 때 분명해질 것이다.

연산 증폭기들의 중요한 특성 중 하나는 그들이 **직접 결합**(direct-coupled) 소자 또는 **dc 증폭기**(dc amplifier)라는 점이다. 여기서 dc란 직접 결합(direct-coupled)을 의미한다.(직접 결합 증폭기는 주파수가 0 정도로 낮은 신호를 증폭하는 장치이므로, dc는 직류를 의미하기도 한다.) 연산 증폭기가 중요한 응용 분야에 많이 사용되는 이유는 이 소자가 직접 결합 소자이기 때문이다. 예를 들면 연산 증폭기는 온도 센서로부터 생성된 것과 같이 매우 느리게 변하는 신호를 증폭하는 데 사용될 수도 있다.

주파수 대역은 어떠한가? 이상적인 연산 증폭기는 0 주파수에서 무한대 주파수까지 일정한 이득 A를 가진다. 즉, 이상적인 연산 증폭기는 어떤 주파수의 신호도 동일한 이득으로 증폭시킨다. 따라서 이상적인 연산 증폭기는 무한대의 대역폭을 가진다.

지금까지 이상적인 연산 증폭기의 특성 중에서 가장 중요한 한 가지를 제외한 모든 특성에 대해 논의했다. 마지막으로 논의할 그 중요한 특성은 A 값에 관한 것이다. 이상적인 연산 증폭기의 이득 A는 매우 크고, 이상적으로는 무한대이다. 그러면 '만일 이득 A가 무한대라면 연산 증폭기를 어떻게 사용해야 할 것인가'라는 당연한 의문이 생길 것이다. 답은 매우 간명하다. 즉, 거의 모든 응용에서 연산 증폭기는 소위 개방 루프 구성으로 단독으로 사용되지 않을 것이다. 2.2절에서 자세히 설명하겠지만, 연산 증폭기 주위의 루프를 폐쇄시키기 위한 귀환을 걸기 위해 다른 소자들을 사용할 것이다.

향후에 참고하기 위해 이상적인 증폭기의 특성들을 표 2.1에 수록해 놓았다.

2.1.3 차동 및 동상 모드 신호

차동 입력 신호 v_{Id}는 단순히 두 입력 신호 v_1과 v_2 사이의 차이이다.

$$v_{Id} = v_2 - v_1 \tag{2.1}$$

동상 모드 입력 신호 v_{Icm}은 두 입력 신호 v_1과 v_2의 평균이다.

1) 몇몇 연산 증폭기들은 차동 출력을 갖도록 설계되어 있다. 이 논제는 이 책에서 다루지 않을 것이다. 이 장에서는 시중에서 구입할 수 있는 단일 출력 연산 증폭기들로 논의를 제한할 것이다.

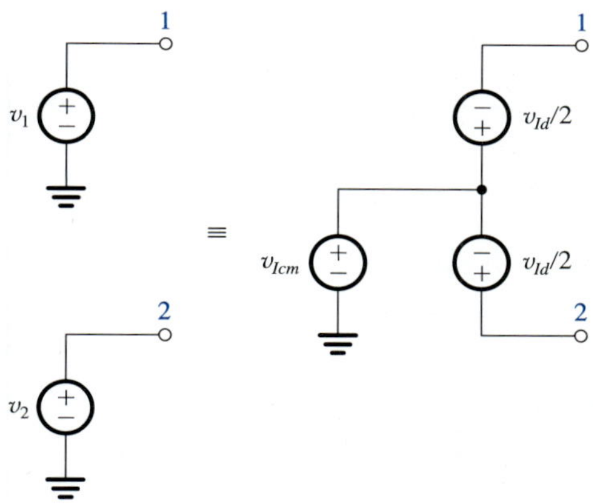

그림 2.4 신호 전원들 v_1과 v_2를 차동 및 동상 모드 성분으로 나타낸 그림.

$$v_{Icm} = \tfrac{1}{2}(v_1 + v_2) \tag{2.2}$$

식 (2.1)과 (2.2)를 이용하여 입력 신호들 v_1과 v_2를 다음과 같이 그들의 차동 및 동상 모드 성분들로 나타낼 수 있다.

$$v_1 = v_{Icm} - v_{Id}/2 \tag{2.3}$$

$$v_2 = v_{Icm} + v_{Id}/2 \tag{2.4}$$

이 식들로부터 그림 2.4에 나와 있는 그림 표현을 유도할 수 있을 것이다.

연습문제

2.2 개방 루프 이득이 $A = 10^3$이라는 것을 제외하고는 다른 모든 것이 이상적인 연산 증폭기를 고찰해 보자. 이 연산 증폭기를 어떤 귀환 회로에 사용하였고, 그것의 세 개의 신호 단자 중 두 단자에 나타난 전압을 측정했다. 다음 각각에 대해 측정된 값들을 사용하여 세 번째 단자에 나타나리라고 기대되는 전압의 값을 구하라. (a) $v_2 = 0$ V와 $v_3 = 4$ V; (b) $v_2 = +2$ V와 $v_3 = -10$ V; (c) $v_1 = 2.002$ V와 $v_2 = 1.998$ V; (d) $v_1 = -1.2$ V와 $v_3 = -1.2$ V

[답] (a) $v_1 = -4$ mV, $v_{Id} = 4$ mV, $v_{Icm} = -2$ mV; (b) $v_1 = +2.01$ V, $v_{Id} = -10$ mV, $v_{Icm} = 2.005$ V $\simeq$ 2 V; (c) $v_3 = -4$ V, $v_{Id} = -4$ mV, $v_{Icm} = 2$ V; (d) $v_2 = -1.2012$ V, $v_{Id} = -1.2$ mV, $v_{Icm} \simeq -1.2$ V

2.3 어떤 특별한 연산 증폭기의 내부 회로가 그림 E2.3과 같은 회로로 모델링된다. v_3를 v_1과 v_2의 함수로 표현하라. $G_m = 20$ mA/V, $R = 5$ kΩ, $\mu = 50$인 경우에 대해 개방 루프 이득 A의 값을 구하라.

[답] $v_3 = \mu G_m R(v_2 - v_1)$; $A = 5{,}000$ V/V 또는 74 dB

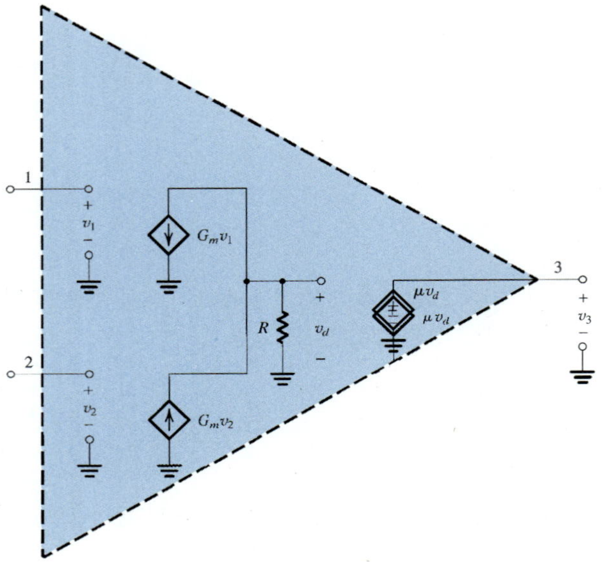

그림 E2.3

2.2 반전 구성

앞에서 언급했듯이 연산 증폭기는 단독으로 사용되지 않고 귀환 회로에 있는 수동 소자들과 접속된다. 연산 증폭기와 두 개의 저항기를 이용한 이와 같은 기본적인 회로 구성에는 두 가지가 있다. 즉, 이 절에서 공부할 반전 구성과 다음 절에서 공부할 비반전 구성이다.

그림 2.5에 반전 구성을 나타냈다. 우리는 이 회로가 하나의 연산 증폭기와 두 개의 저항 R_1, R_2로 구성되어 있다는 것을 알 수 있다. 또한 저항 R_2가 연산 증폭기의 출력 단자, 즉 단자 3으로부터 반전 또는 마이너스 입력 단자, 즉 단자 1로 거꾸로 접속되어 있다는 것도 알 수 있다. 회로가 이와 같이 접속되어 있을 때, 이 회로에 **부귀환**(negative feedback)이 걸려 있다고 말한다. 한편 R_2가 단자 3과 단자 2 사이에 접속된다면 이를 **정귀환**(positive feedback)이라고 부른다. 정귀환은 일반적으로 안정된 이득을 제공하기보다는 오히려 연산 증폭기 출력이 포화하게 만든다. 따라서 반전 구성은 항상 부귀환 형태로 연결된다. R_2가 연산 증폭기 주위의 루프를 폐쇄시킨다는 점에도 주목하기 바란다. 회로를 계속해 관찰하면, 단자 2가 접지되어 있고, 저항 R_1이 단자 1과 입력 신호 전압 전원 v_I의 사이에 접속되어 있다는 것을 알 수 있다. 전체 회로의 출력은 단자 3(즉 단자 3과 접지 사이)에서 취해진다. 단자 3은 그곳의 임피던스 레벨이 이상적으로 0이므로 출력을 취하기에 편리한 지점이다. 바꿔 말하면 단자 3과 접지 사이에 부하 임피던스를 접속할 경우, 출력 전압 v_O는 부하 임피던스로 공급되는 전류의 영향을 받지 않을 것이다.

2.2.1 폐쇄 루프 이득

그림 2.5의 회로를 해석하여 다음과 같이 정의되는 **폐쇄 루프 이득**(closed-loop gain) G를 구해 보자.

$$G \equiv \frac{v_O}{v_I}$$

우리는 연산 증폭기가 이상적이라고 가정할 것이다. 그림 2.6(a)에 그림 2.5의 등가 회로를 나타냈고, 이 회로를 다음과 같이 해석할 수 있을 것이다. 즉, 회로가 '동작하고 있고' 단자 3에 유한한 출력 전압을 제공하고 있다고 가정하면, 연산 증폭기의 이득 A가 매우 크기(이상적으로는 무한대) 때문에, 그 입력 단자 사이의 전압은 무시할 수 있을 정도로 작아야 할 것이다. 특히 출력 전압을 v_O라고 하면 정의에 의해

$$v_2 - v_1 = \frac{v_O}{A} = 0$$

이 될 것이다. 따라서 반전 입력 단자의 전압(v_1)은 $v_1 = v_2$로 주어질 것이다. 이로써 이득 A가 무한대로 접근함에 따라 전압 v_1이 v_2에 접근한다는 것을 알 수 있을 것이다. 이를 가리켜 두 입력 단자가 '같은 전위로 따라다닌다'고 말한다. 또는 두 입력 단자 사이에 '가상 단락 회로'가 존재한다고 말하기도 한다. 여기서 가상이라는 말에 주의해야 한다. 즉, 회로를 해석할 때 단자 1과 2를 실제로 단락시키는 오류를 범해서는 안 된다. **가상 단락 회로**(virtual short circuit)란 단자 2에 어떤 전압이 걸리더라도, 무한대의 이득 A로 인해 단자 1에 그 전압이 자동적으로 나타나는 것을 의미한다. 그러나 단자 2는 종종 접지로 접속된다. 따라서 이 경우에도 $v_2 = 0$ 그리고 $v_1 = 0$이 된다. 이때 단자 1을 **가상 접지**(virtual ground)라고 하는데, 이는 이 단자가 실제로 접지되는 것이 아니라 0 전압이 된다는 것을 의미한다.

v_1을 구했으므로 이제는 R_1을 통해 흐르는 전류 i_1(그림 2.6 참조)을 구할 차례가 되었다. R_1에 옴(Ohm)의 법칙을 적용하면

$$i_1 = \frac{v_I - v_1}{R_1} = \frac{v_I - 0}{R_1} = \frac{v_I}{R_1}$$

이 된다. 이 전류는 어디로 갈까? 연산 증폭기로는 들어가지 않을 것이다. 왜냐하면 이상적인 연산 증폭기는 무한대의 입력 임피던스를 가지고 있으므로, 그것의 입력 단자로는 전류가 흐르지 않기 때문이다. 따라서 i_1은 R_2를 통해 임피던스가 낮은 단자 3으로 흘러 들어갈 것이다. 따라서 R_2에 옴의 법칙을 적용함으로써 v_O를 구할 수 있다. 즉,

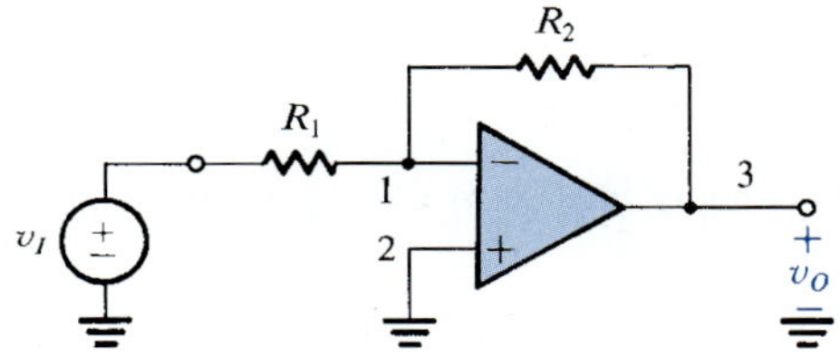

그림 2.5 반전 폐쇄 루프 구성.

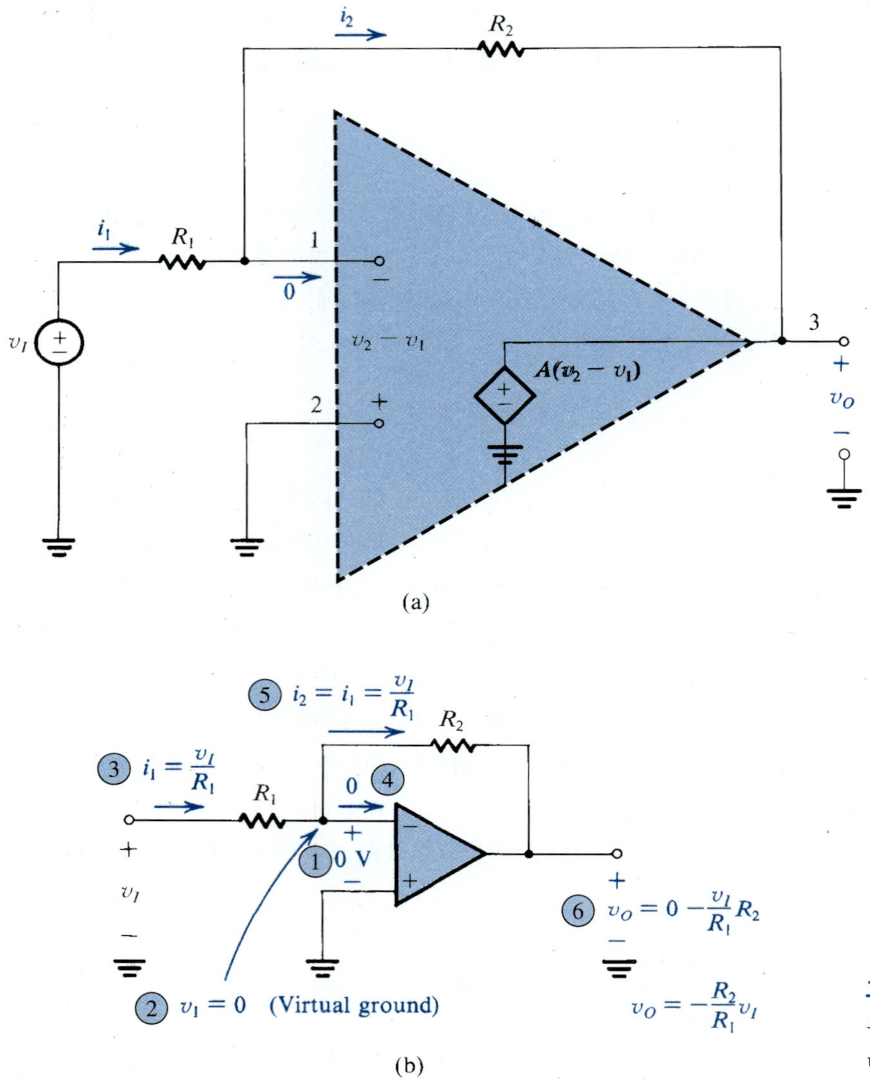

그림 2.6 반전 구성의 해석. 동그라미 안의 숫자는 해석 단계의 순서를 가리킨다.

$$
\begin{aligned}
v_O &= v_1 - i_1 R_2 \\
&= 0 - \frac{v_I}{R_1} R_2
\end{aligned}
$$

따라서

$$
\frac{v_O}{v_I} = -\frac{R_2}{R_1}
$$

가 되고 이것이 우리가 구하고자 하는 폐쇄 루프 이득이다. 그림 2.6(b)에 이러한 해석 단계들을 그림으로 설명했고, 해석이 행해지는 순서를 동그라미 안에 숫자로 나타내었다.

폐쇄 루프 이득이 단지 두 저항 R_2와 R_1의 비(ratio)로 표현된다는 것을 알 수 있다. 마이너스 부호는 폐쇄 루프 증폭기가 입력 신호를 반전시킨다는 것을 의미한다. 따라서 만일 $R_2/R_1 = 10$일 때 입력(v_I)에 피크간 전압이 1 V인 사인파 신호를 인가한다면, 출력 v_O는 입력 사인파에 대해 위상이 180° 편이되고 피크간 전압이 10 V인 사인파가 될 것이다. 폐쇄 루프 이득에 마이너스 부호가 붙어 있기 때문에 이 구성을 **반전 구성**(inverting configuration)이라고 부른다.

이 회로의 폐쇄 루프 이득이 전적으로 외부의 수동 소자(R_1과 R_2 저항)에 의존한다는 사실은 매우 중요하다. 이는 적당한 정밀도의 수동 소자를 선택함으로써, 폐쇄 루프 이득을 원하는 만큼 정밀하게 만들 수 있다는 것을 의미한다. 또한 이는 폐쇄 루프 이득이 (이상적으로는) 연산 증폭기의 이득과 무관하다는 것을 의미하기도 한다. 바로 이 점이 부귀환의 뚜렷한 장점이다. 매우 큰 이득 A를 갖는 증폭기에 부귀환을 걸어 줌으로써, A보다는 훨씬 작지만 안정하고 예측 가능한 폐쇄 루프 이득 R_2/R_1을 얻을 수 있다는 것을 알 수 있다. 즉, 정밀도를 얻기 위한 대가로 이득을 희생시킨 것이다.

2.2.2 유한 개방 루프 이득의 영향

연산 증폭기의 개방 루프 이득 A가 유한하다고 가정하고 그림 2.5 회로의 폐쇄 루프 이득을 구해 봄으로써 앞에서 설명한 내용들의 의미를 좀 더 명확하게 알 수 있을 것이다. 회로 해석을 그림 2.7에 나타냈다. 출력 전압을 v_O로 표기하면, 연산 증폭기의 두 입력 단자 사이의 전압은 v_O/A가 될 것이다. 플러스 입력 단자가 접지되어 있으므로, 마이너스 입력 단자 전압은 $-v_O/A$가 될 것이다. 이제 R_1 저항을 통해 흐르는 전류 i_1을 아래와 같이 구할 수 있다.

$$i_1 = \frac{v_I - (-v_O/A)}{R_1} = \frac{v_I + v_O/A}{R_1}$$

이 i_1 전류는 연산 증폭기의 입력 임피던스가 무한대이기 때문에 저항 R_2를 통해 전부 흐를 것이다. 따라서 출력 전압 v_O는 다음과 같이 된다.

$$\begin{aligned} v_O &= -\frac{v_O}{A} - i_1 R_2 \\ &= -\frac{v_O}{A} - \left(\frac{v_I + v_O/A}{R_1}\right) R_2 \end{aligned}$$

이 식의 항들을 정리하면 폐쇄 루프 이득 G는 다음과 같다.

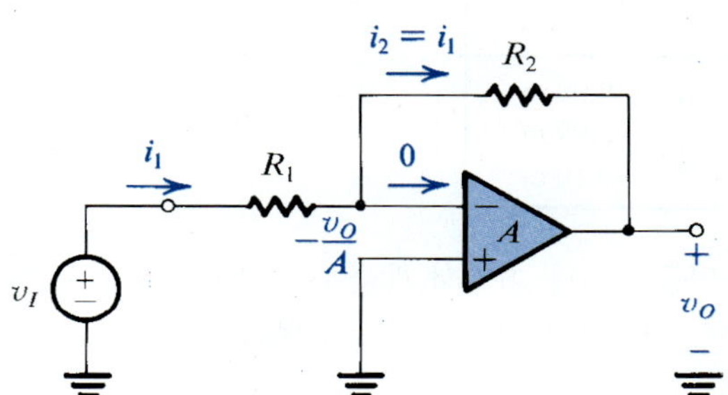

그림 2.7 연산 증폭기의 유한 개방 루프 이득을 고려한 반전 구성의 해석.

$$G \equiv \frac{v_O}{v_I} = \frac{-R_2/R_1}{1+(1+R_2/R_1)/A} \tag{2.5}$$

이 식에서 A가 무한대로 접근함에 따라 G가 이상적인 값, 즉 $-R_2/R_1$으로 접근한다는 점에 주목하기 바란다. 또한 그림 2.7로부터 A가 무한대로 접근함에 따라 반전 입력 단자 전압이 0으로 접근한다는 것도 알 수 있다. 이것이 우리가 앞에서 연산 증폭기를 이상적이라고 가정하여 회로를 해석하는 데 사용했던 가상 접지의 가정이다. 끝으로 식 (2.5)로부터 알 수 있듯이, 개방 루프 이득의 값 A에 대한 폐쇄 루프 이득 G의 의존도를 최소화하기 위해서는 반드시 다음과 같이 해 주어야 한다는 점에 주목하기 바란다.

$$1+\frac{R_2}{R_1} \ll A$$

만일 A가 $(1+R_2/R_1)$보다 매우 크지 않다면 폐쇄 루프 이득 G는 그것의 이상적인 값 밑으로 감소할 것이다. 실제로 A(따라서 G)는 주파수에 의존한다. 따라서 이상적인 동작은 최대 주파수의 일부까지만 근사화된다.

예제 2.1

$R_1 = 1\ \text{k}\Omega$, $R_2 = 100\ \text{k}\Omega$인 반전 구성, 즉 -100의 이상적인 폐쇄 루프 이득을 가지는 구성에 대해 생각해 보자.

(a) $A = 10^3, 10^4, 10^5$인 경우에 대한 폐쇄 루프 이득을 구하라. 각 경우에서 ($A = \infty$로 해서 구한) R_2/R_1의 이상적인 값에 대한 G 값의 퍼센트 오차를 구하라. 또 $v_I = 0.1$ V일 때 반전 입력 단자에 나타나는 전압 v_1을 구하라.

(b) 만약 개방 루프 이득 A가 100,000에서 50,000으로 변한다면(즉, 50% 감소) 이에 상응하는 폐쇄 루프 이득 G의 퍼센트 변화는 얼마인가?

풀이

(a) 주어진 값들을 식 (2.5)에 대입하면 아래 표에 나타낸 값들을 얻을 것이다. 여기서 퍼센트 오차 ϵ은 다음과 같이 정의된다.

$$\epsilon \equiv \frac{|G|-(R_2/R_1)}{(R_2/R_1)} \times 100$$

v_1 값은 $v_1 = -v_O/A = Gv_I/A$에 $v_I = -0.1$ V를 대입함으로써 구해진다.

A	$\lvert G\rvert$	ϵ	v_1
10^3	90.83	−9.17%	−9.08 mV
10^4	99.00	−1.00%	−0.99 mV
10^5	99.90	−0.10%	−0.10 mV

(b) 식 (2.5)를 이용하면 $A = 50{,}000$에 대해 $|G| = 99.80$을 얻을 것이다. 따라서 개방 루프 이득이 반으로 줄어들면 폐쇄 루프 이득 $|G|$는 99.90에서 99.80으로 변할 것이다. 이는 겨우 −0.1% 변화이다.

2.2.3 입력 저항과 출력 저항

그림 2.5의 폐쇄 루프 반전 증폭기의 입력 저항은 간단히 R_1이다. 이는 그림 2.6(b)로부터 알 수 있다. 즉,

$$R_i \equiv \frac{v_I}{i_1} = \frac{v_I}{v_I/R_1} = R_1$$

이 된다. 이제 1.5절에서 배운 것처럼 증폭기 입력 저항이 증폭기를 구동하는 전원의 저항과 전압 분배기를 형성한다는 것을 상기하기 바란다. 따라서 신호 세기의 손실을 피하려면 전압 증폭기들이 높은 입력 저항을 가져야 한다. R_i를 높이려면 R_1을 큰 값으로 선택해야 한다. 그러나 요구되는 이득 R_2/R_1이 높을 경우에는, R_2가 실현할 수 없을 정도로(예를 들면 수 메가옴 이상으로) 커지게 될 것이다. 따라서 반전 구성은 낮은 입력 임피던스를 감수해야 한다고 결론지을 수 있을 것이다. 이 문제점을 해결하는 방안을 예제 2.2에서 논의할 것이다.

반전 구성의 출력이 이상적인 전압 전원 $A(v_2 - v_1)$의 단자에서 취해지기 때문에[그림 2.6(a) 참조] 폐쇄 루프 증폭기의 출력 저항은 당연히 0일 것이다.

예제 2.2

연산 증폭기가 이상적이라고 가정한 후, 그림 2.8 회로의 폐쇄 루프 이득 v_O/v_I를 구하라. 그리고 이 회로를 이용하여 100의 이득과 1 MΩ의 입력 저항을 갖는 반전 증폭기를 설계하라. 단, 실용적인 이유들 때문에 1 MΩ보다 큰 저항들은 사용하지 않아야 한다고 가정하라. 끝으로 이 예제에서 설계한 것과 그림 2.5의 반전 구성을 기초로 설계한 것을 비교하라.

풀이

연산 증폭기의 반전 입력 단자에서부터 해석을 시작해 보자. 반전 입력 단자 전압은

$$v_1 = \frac{-v_O}{A} = \frac{-v_O}{\infty} = 0$$

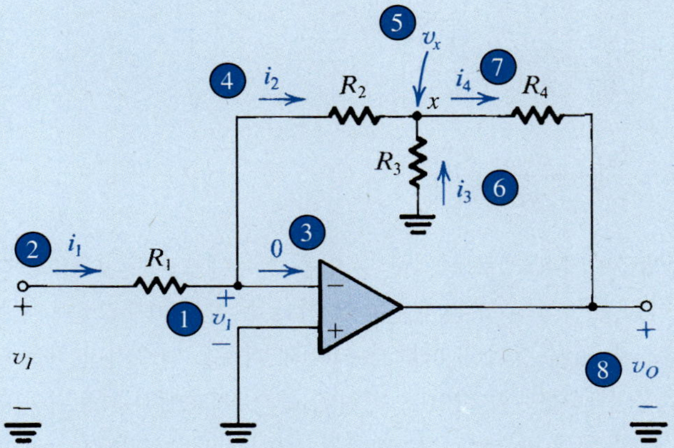

그림 2.8 예제 2.2에 대한 회로. 동그라미 안의 숫자는 해석 단계의 순서를 가리킨다.

이 된다. 여기서 회로가 '동작하고' 있고 유한한 출력 전압 v_O를 산출한다고 이미 가정했다. v_1을 알면 다음과 같이 i_1 전류를 구할 수 있다.

$$i_1 = \frac{v_I - v_1}{R_1} = \frac{v_I - 0}{R_1} = \frac{v_I}{R_1}$$

연산 증폭기의 입력 단자는 전류가 흘러 들어갈 수 없으므로 i_1은 모두 R_2를 통해 흐를 것이다. 따라서

$$i_2 = i_1 = \frac{v_I}{R_1}$$

가 된다. 이제 x 마디의 전압을 다음과 같이 구할 수 있다.

$$v_x = v_1 - i_2R_2 = 0 - \frac{v_I}{R_1}R_2 = -\frac{R_2}{R_1}v_I$$

저항 R_3의 양쪽 단자 전압을 알고 있으므로 이 저항에 흐르는 i_3 전류를 다음과 같이 구할 수 있다.

$$i_3 = \frac{0 - v_x}{R_3} = \frac{R_2}{R_1R_3}v_I$$

다음으로 x에서 마디 방정식을 세우면

$$i_4 = i_2 + i_3 = \frac{v_I}{R_1} + \frac{R_2}{R_1R_3}v_I$$

를 얻는다. 끝으로 v_O를 다음과 같이 구할 수 있다.

$$\begin{aligned} v_O &= v_x - i_4R_4 \\ &= -\frac{R_2}{R_1}v_I - \left(\frac{v_I}{R_1} + \frac{R_2}{R_1R_3}v_I\right)R_4 \end{aligned}$$

따라서 전압 이득은 다음과 같이 된다.

$$\frac{v_O}{v_I} = -\left[\frac{R_2}{R_1} + \frac{R_4}{R_1}\left(1 + \frac{R_2}{R_3}\right)\right]$$

$$\frac{v_O}{v_I} = -\frac{R_2}{R_1}\left(1 + \frac{R_4}{R_2} + \frac{R_4}{R_3}\right)$$

이제 1 MΩ의 입력 저항이 요구되기 때문에, $R_1 = 1$ MΩ으로 선택할 수 있을 것이다. 그러면 1 MΩ보다 작은 저항들을 사용해야 하는 제약 때문에, 이득 표현식의 첫 번째 인수로 취할 수 있는 최댓값은 1일 것이고, 이는 $R_2 = 1$ MΩ으로 선택함으로써 얻을 수 있을 것이다. 따라서 −100의 이득을 얻으려면 이득 표현식의 두 번째 인수가 100이 되도록 R_3와 R_4를 선택해야 할 것이다. 만일 R_4를 이 예제에서 허용된 최댓값인 1 MΩ으로 선택한다면, 설계에 필요한 R_3의 값은 10.2 kΩ으로 계산될 것이다. 따라서 우리는 이 회

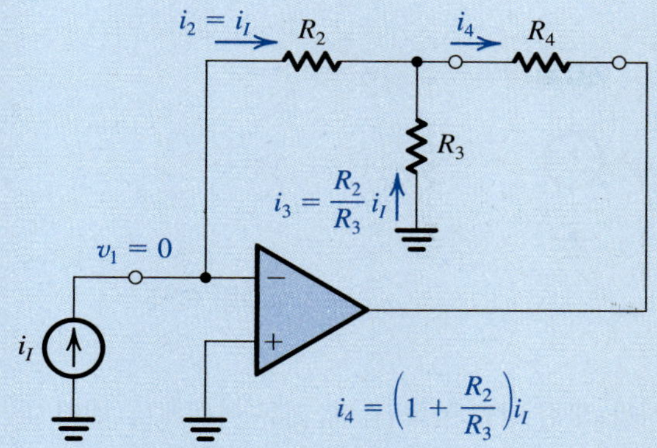

그림 2.9 그림 2.8의 회로를 기초로 한 전류 증폭기. 이 증폭기는 R_4에 출력 전류를 전달한다. 또한 이 증폭기는 $1 + R_2/R_3$의 전류 이득과 0의 입력 저항, 그리고 무한대의 출력 저항을 가진다. 그러나 부하(R_4)는 반드시 부유되어야 한다.(즉, 부하의 두 단자 중 어느 것도 접지로 접속될 수 없다.)

로가 1 MΩ 저항 세 개와 10.2 kΩ 저항 하나로 실현된다는 것을 알 수 있을 것이다. 비교할 목적으로 만일 $R_1 = 1$ MΩ의 반전 구성을 사용했다면, 너무 커서 실용적이지 못한 100 MΩ의 귀환 저항이 필요했을 것이다.

이 예제를 마치기 전에, 이 회로가 귀환 경로에 큰 저항기를 사용하지 않고 큰 전압 이득을 실현할 수 있는 메커니즘을 조사해 보자. 그 목적을 위해, 연산 증폭기의 반전 입력 단자에 나타나는 가상 접지 때문에 R_2와 R_3가 사실상 병렬이라는 점에 주목하기 바란다. 따라서 R_3를 R_2보다 k배만큼 작게(여기서 $k > 1$) 만들면, R_3에는 R_2에 흐르는 전류보다 k배 큰 전류가 흐를 것이다. 따라서 $i_2 = i_1$이지만, $i_3 = ki_1$이고, $i_4 = (k+1)i_1$이다. 큰 값의 R_4를 사용하지 않고 R_4에 걸리는 큰 전압 강하 그리고 이에 따른 큰 v_O를 가능하게 하는 것이 바로 이 $(k+1)$배만큼의 전류 증가이다. R_4를 통해 흐르는 전류가 R_4의 값에 무관하다는 점에도 주목하기 바란다. 이 회로는 당연히 그림 2.9에 나타낸 전류 증폭기로 사용될 수 있을 것이다.

연습문제

D2.4 그림 2.5의 회로를 이용하여 −10의 이득과 100 kΩ의 입력 저항을 갖는 반전 증폭기를 설계하라. 또 R_1과 R_2의 값을 정하라.

[답] $R_1 = 100$ kΩ; $R_2 = 1$ MΩ

2.5 그림 E2.5(a)의 회로는 트랜스레지스턴스 증폭기(1.5절에 있는 표 1.1 참조)를 구현하는 데 사용될 수 있다. 이와 같은 회로는 광통신을 위해 빛을 검출하는 포토다이오드 또는 근접 센서로부터 생성되는 것과 같은, 약한 전류 신호들을 증폭하는 데 종종 사용된다. 이 트랜스레지스턴스 증폭기의 입력 저항 R_i, 트랜스레지스턴스 R_m, 출력 저항 R_o의 값을 구하라. 그림 E2.5(b)의 신호 전원이 트랜스레지스턴스 증폭기의 입력에 연결되었을 경우 증폭기의 출력 전압을 구하라.

[답] $R_i = 0$; $R_m = -10$ kΩ; $R_o = 0$; $v_O = -5$ V

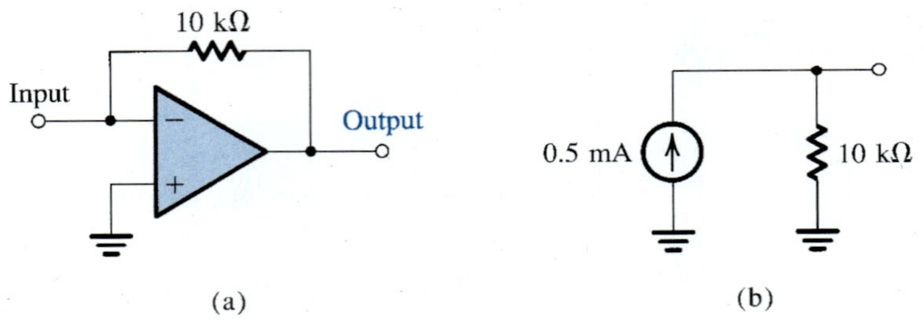

그림 E2.5

2.6 그림 E2.6의 회로에서 $v_1, i_1, i_2, v_O, i_L, i_O$를 구하라. 또한 전압 이득 v_O/v_I, 전류 이득 i_L/i_I, 전력 이득 P_O/P_I를 구하라.

[답] 0 V; 2 mA; 2 mA; −10 V; −10 mA; −12 mA; −5 V/V(14 dB), −5 A/A(14 dB); 25 W/W(14 dB)

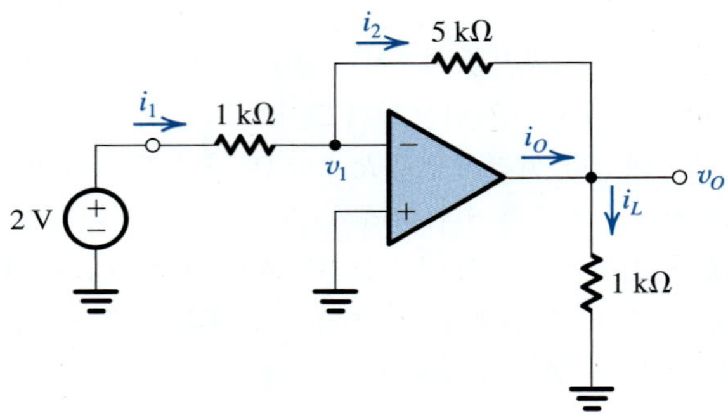

그림 E2.6

2.2.4 중요한 응용: 가중 가산기

반전 구성의 매우 중요한 응용 중 한 가지는 그림 2.10에 나타낸 가중 가산기 회로이다. 여기서 부귀환 경로에는 (전처럼) 저항 R_f가 놓여 있지만, 많은 입력 신호들, 즉 $v_1, v_2, \cdots, v_n$이 연산 증폭기의 반전 단자에 접속되어 있는 저항 $R_1, R_2, \cdots, R_n$에 각각 인가되고 있다는 것을 알 수 있다. 연산 증폭기가 이상적이라고 가정하면, 그것의 반전 입력 단자에 가상 접지가 나타날 것이다. 따라서 옴의 법칙을 이용하여 $i_1, i_2, \cdots, i_n$ 전류를 구하면

$$i_1 = \frac{v_1}{R_1}, \quad i_2 = \frac{v_2}{R_2}, \quad \ldots, \quad i_n = \frac{v_n}{R_n}$$

을 얻는다. 이 전류들은 더해져서 i 전류가 된다. 즉,

$$i = i_1 + i_2 + \cdots + i_n \tag{2.6}$$

의 전류가 강제적으로 R_f를 통해 흐르게 될 것이다.(왜냐하면 이상적인 연산 증폭기의 입력 단자로는 전류가

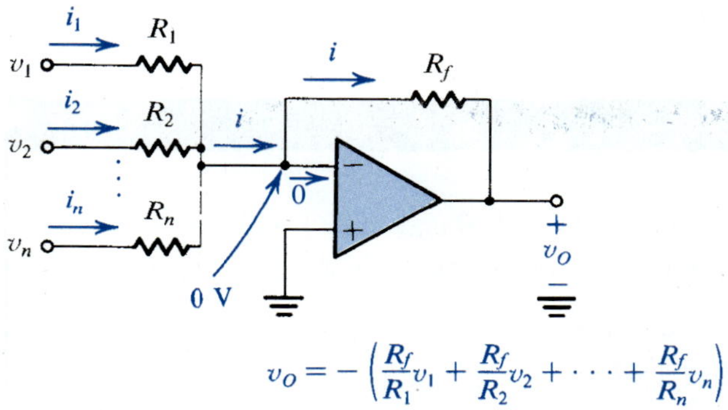

그림 2.10 가중 가산기.

유입될 수 없기 때문이다.) 출력 전압 v_O는 R_f 저항에 옴의 법칙을 적용함으로써 구해진다. 즉,

$$v_O = 0 - iR_f = -iR_f$$

이므로 최종적으로

$$v_O = -\left(\frac{R_f}{R_1}v_1 + \frac{R_f}{R_2}v_2 + \cdots + \frac{R_f}{R_n}v_n\right) \tag{2.7}$$

을 얻는다. 출력 전압이 입력 전압 신호 $v_1, v_2, \cdots, v_n$의 가중된 합(weighted sum)으로 표현되기 때문에 이 회로를 **가중 가산기**(weighted summer)라고 부른다. 각각의 '피드인(feed-in)' 저항(R_1에서 R_n까지)을 조정함으로써 그에 해당하는 가산 계수를 독립적으로 조절할 수 있다는 점과 이로 인해 회로 조정이 매우 간편해진다는 점에 주목하기 바란다. 이런 특징은 연산 증폭기의 반전 단자에 존재하는 가상 접지의 직접적인 결과인 것이다. 곧 그 가치를 알게 되겠지만, 가상 접지는 이처럼 매우 '편리한' 것이다. 그림 2.10의 가중 가산기에서 모든 가산 계수들은 반드시 동일한 부호를 가져야 한다. 이따금 신호들을 반대 부호로 더해야 할 필요가 생긴다. 이와 같은 기능은 그림 2.11에 나타낸 것처럼 두 개의 연산 증폭기를 이용하여 구현할 수 있다. 연산 증폭기들이 이상적이라고 가정하면, 출력 전압이 다음과 같이 구해진다는 것을 쉽게 알 수 있을 것이다.

$$v_O = v_1\left(\frac{R_a}{R_1}\right)\left(\frac{R_c}{R_b}\right) + v_2\left(\frac{R_a}{R_2}\right)\left(\frac{R_c}{R_b}\right) - v_3\left(\frac{R_c}{R_3}\right) - v_4\left(\frac{R_c}{R_4}\right) \tag{2.8}$$

가중 가산기는 오디오 시스템의 설계를 포함하여 다양한 응용에 이용된다. 오디오 시스템에서 가중 가산

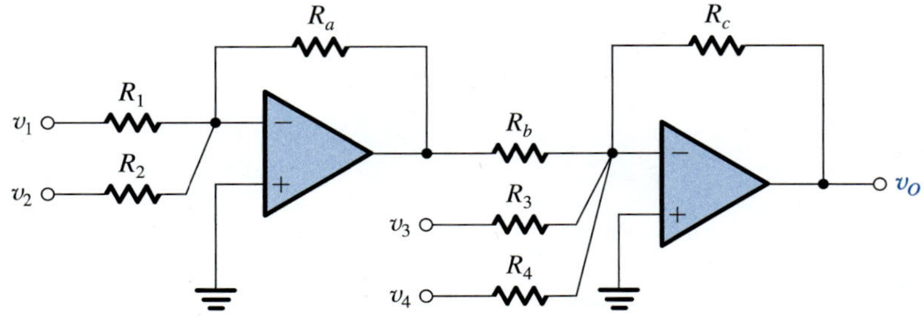

그림 2.11 양쪽 부호의 계수들을 더할 수 있는 가중 가산기.

기는 서로 다른 음악 기기들로부터 생성된 신호들을 섞는 데 사용된다.

연습문제

D2.7 반전 연산 증폭기 회로를 이용하여 두 입력 v_1과 v_2가 가중 가산된 v_O를 만들어 내려고 한다. 즉, $v_O = -(v_1 + 4v_2)$를 얻으려고 한다. 4 V의 최대 출력 전압에 대해, 귀환 저항기에 흐르는 전류가 1 mA를 초과하지 않도록 R_1, R_2, 그리고 R_f의 값을 선택하라.

[답] 가능한 선택: $R_1 = 4\ \text{k}\Omega, R_2 = 1\ \text{k}\Omega, R_f = 4\ \text{k}\Omega$

D2.8 그림 2.11에 제시된 회로를 이용하여 다음의 출력 전압을 제공하는 가중 가산기를 설계하라.

$$v_O = 2v_1 + v_2 - 4v_3$$

[답] 가능한 선택: $R_1 = 5\ \text{k}\Omega, R_2 = 10\ \text{k}\Omega, R_a = 10\ \text{k}\Omega, R_b = 10\ \text{k}\Omega, R_3 = 2.5\ \text{k}\Omega, R_c = 10\ \text{k}\Omega$

2.3 비반전 구성

우리가 공부할 두 번째 폐쇄 루프 구성을 그림 2.12에 나타냈다. 여기서는 입력 신호 v_I가 연산 증폭기의 플러스 입력 단자에 직접 인가되어 있는 한편, R_1의 한쪽 단자는 접지로 연결되어 있다.

2.3.1 폐쇄 루프 이득

이 회로를 해석하여 폐쇄 루프 이득(v_O/v_I)을 구하는 과정을 그림 2.13에 나타냈다. 해석 절차의 순서가 동그라미 안에 숫자로 나타나 있다는 점에 주목하기 바란다. 연산 증폭기가 무한대의 이득으로 이상적이라고 가정하면, 그것의 두 입력 단자 사이에 가상 단락 회로가 존재할 것이다. 따라서 차동 입력 신호는

$$v_{Id} = \frac{v_O}{A} = 0 \quad \text{for } A = \infty$$

이다. 즉, 반전 입력 단자 전압이 v_I 전압이 인가된 비반전 입력 단자 전압과 같아질 것이다. 따라서 R_1을 통해

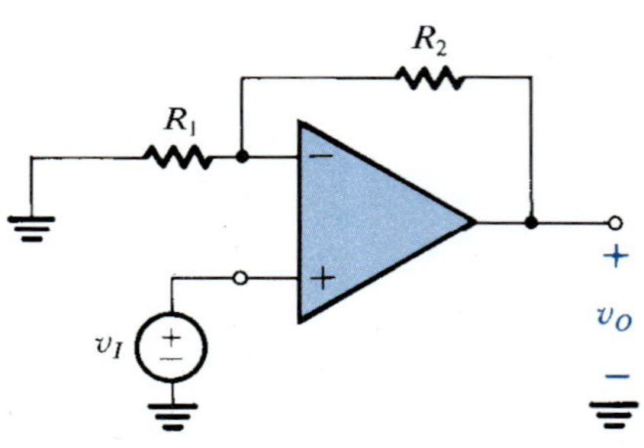

그림 2.12 비반전 구성.

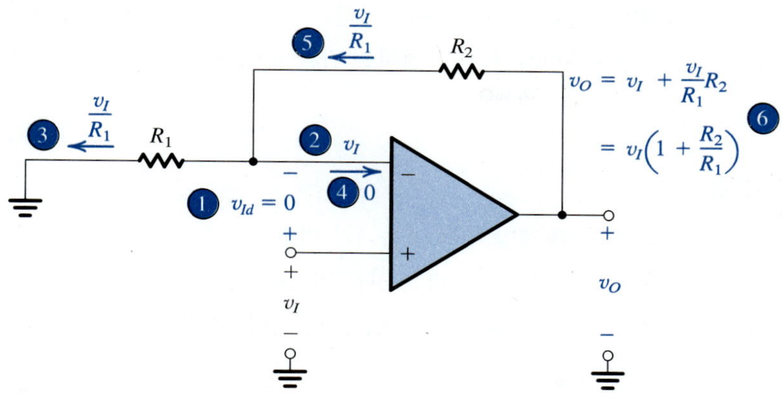

그림 2.13 비반전 회로의 해석. 해석 절차의 순서가 동그라미 안의 숫자로 나타나 있다.

흐르는 전류는 v_I/R_1일 것이다. 연산 증폭기의 입력 임피던스가 무한대이기 때문에, 이 전류는 그림 2.13과 같이 R_2를 통해 흐를 것이다. 이제 출력 전압은 다음과 같이 된다.

$$v_O = v_I + \left(\frac{v_I}{R_1}\right)R_2$$

이 식을 정리하면

$$\frac{v_O}{v_I} = 1 + \frac{R_2}{R_1} \tag{2.9}$$

가 얻어진다.

비반전 구성의 동작에 대한 보다 직관적인 이해를 얻기 위해, 이 점을 고찰해 보자. 즉, 연산 증폭기의 반전 입력으로 흐르는 전류가 없기 때문에, R_1과 R_2로 구성된 회로는 사실상 출력 전압의 일부를 연산 증폭기의 반전 입력 단자에 도로 넣는 전압 분배기로서 작용한다. 이를 식으로 표시하면

$$v_1 = v_O\left(\frac{R_1}{R_1 + R_2}\right) \tag{2.10}$$

으로 쓸 수 있다. 한편 연산 증폭기의 이득이 무한대이고, 그 결과로 연산 증폭기의 두 입력 단자 사이에 가상 단락 회로가 존재하기 때문에, 위 식의 전압과 플러스 입력 단자에 인가된 전압은 같을 것이다. 따라서

$$v_O\left(\frac{R_1}{R_1 + R_2}\right) = v_I$$

이고, 이 식을 정리하면 식 (2.9)로 주어지는 이득 식이 얻어질 것이다.

이 시점에서 그림 2.12의 비반전 회로에 나타난 부귀환의 작용에 대해 조금 더 생각해 보기로 하자. v_I가 증가했다고 하자. v_I의 이와 같은 변화는 v_{Id}를 증가시킬 것이고, 이에 상응하여 v_O는 연산 증폭기의 높은 이득(이상적으로 무한대)의 결과로서 증가할 것이다. 그러나 v_O의 증가의 일부는 전압 분배기 (R_1, R_2)를 통해 연산 증폭기의 반전 입력 단자로 귀환될(되먹임 될) 것이다. 이 귀환의 결과는 v_{Id}의 증가를 방해하는 것이고, 비록 v_I의 증가된 값에 상응한 v_O의 어떤 더 높은 값에서이기는 하지만, v_{Id}를 0으로 되돌려 놓을 것이다. 이 퇴행

성(degenerative) 작용 때문에 부귀환을 **퇴행성 귀환**(degenerative feedback)이라고 부르기도 한다. 끝으로 위의 논의가 v_I가 감소할 때에도 잘 적용된다는 점에 주목하기 바란다. 10장에서는 귀환에 대해 정식으로 자세하게 공부할 것이다.

2.3.2 유한 개방 루프 이득의 영향

반전 증폭기에 대해 했던 것처럼 이제 연산 증폭기의 유한 개방 루프 이득 A가 비반전 구성의 이득에 미치는 영향을 살펴볼 것이다. 연산 증폭기가 유한 개방 루프 이득 A를 가진다는 것을 제외하고는 이상적이라고 가정하면, 그림 2.12의 비반전 증폭기 회로의 폐쇄 루프 이득이 다음과 같이 구해진다는 것을 보일 수 있을 것이다.

$$G \equiv \frac{v_O}{v_I} = \frac{1 + (R_2/R_1)}{1 + \dfrac{1 + (R_2/R_1)}{A}} \tag{2.11}$$

이 식의 분모가 반전 구성의 경우에 대한 식 (2.5)의 분모와 동일하다는 점에 주목하기 바란다. 이것은 우연의 일치가 아니다. 이것은 반전 구성과 비반전 구성 모두 동일한 귀환 루프를 가지기 때문에 나타나는 결과이다. 이는 신호 전원을 제거해 보면(즉 단락 회로로 만들면) 쉽게 알 수 있다. 그러나 분자는 서로 다른데, 이는 분자가 이상적인 또는 공칭 폐쇄 루프 이득(반전 구성에 대해서는 $-R_2/R_1$, 비반전 구성에 대해서는 $1 + R_2/R_1$)을 나타내기 때문이다. 끝으로 식 (2.11)의 이득 식이 $A = \infty$일 때 이상적인 값이 된다는 점에 주목하기 바란다. 실제로 이 두 식은

$$A \gg 1 + \frac{R_2}{R_1}$$

일 때 이상적인 값에 접근한다. 이는 여기서 우변의 양이 공칭 폐쇄 루프 이득이라는 것을 제외하고는, 반전 구성에서의 조건과 같은 조건이다. 각각 식 (2.11)과 (2.9)에 있는 폐쇄 루프 이득 G의 실제 값과 이상적인 값에 대한 식들을 이용하여 연산 증폭기의 유한 이득 A 때문에 생기는 G에서의 퍼센트 오차를 다음과 같이 구할 수 있다.

$$\text{Percent gain error } = -\frac{1 + (R_2/R_1)}{A + 1 + (R_2/R_1)} \times 100 \tag{2.12}$$

따라서 만일 개방 루프 이득이 1000인 연산 증폭기를 이용하여 공칭 폐쇄 루프 이득이 10인 비반전 증폭기를 설계한다면, 폐쇄 루프 이득이 공칭값보다 약 1% 작을 것임을 예상할 수 있을 것이다.

2.3.3 입력 저항과 출력 저항

비반전 구성의 이득은 양의 값이다. 따라서 그 이름이 비반전이다. 연산 증폭기의 양의 입력 단자로는 전류가 흘러 들어갈 수 없으므로 이 폐쇄 루프 증폭기의 입력 임피던스는 이상적으로 무한대이다. 비반전 증폭기의 출력이 이상적인 전압 전원 $A(v_2 - v_1)$의 단자에서 취해지기 때문에(그림 2.3에 나와 있는 연산 증폭기 등가 회로를 보라) 비반전 구성의 출력 저항은 0이다.

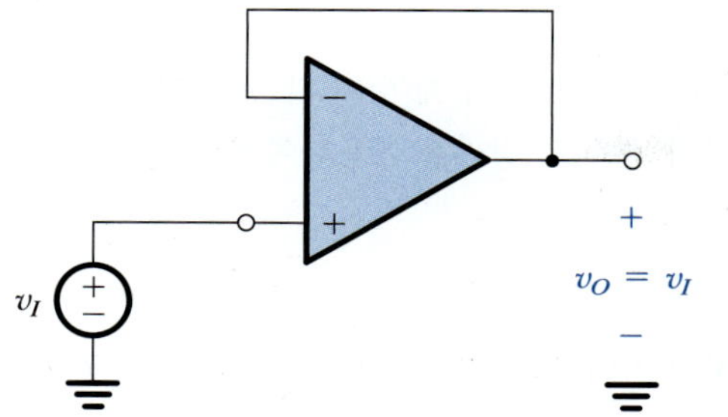

(a)

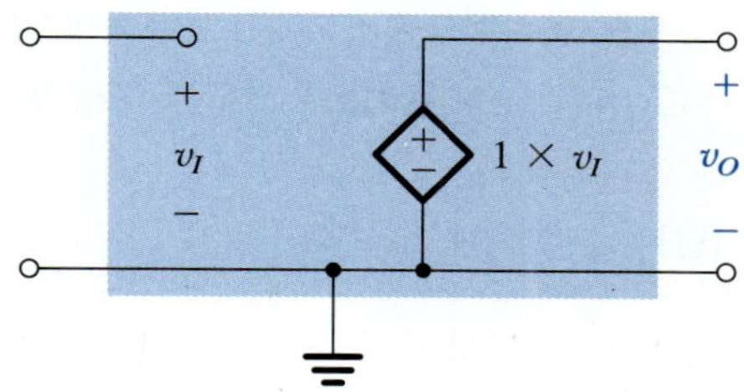

(b)

그림 2.14 (a) 단위 이득 완충기 또는 폴로어 증폭기와 (b) 그 등가 회로.

2.3.4 전압 폴로어

입력 임피던스가 크다는 성질이 바로 비반전 구성의 장점이다. 이 성질을 이용함으로써 이 회로를 높은 임피던스의 신호 전원을 낮은 부하 임피던스에 결합시키기 위한 완충 증폭기로 사용할 수 있을 것이다. 우리는 이미 1.5절에서 완충 증폭기의 필요성에 대해 설명했다. 많은 응용에서 완충 증폭기는 전압 이득을 얻기 위해 사용되는 것이 아니고 오히려 주로 임피던스 변환기나 전력 증폭기로 사용된다. 비반전 증폭기에서 $R_2 = 0$, $R_1 = \infty$로 놓으면 그림 2.14(a)와 같은 **단위 이득 증폭기**(unity-gain amplifier)가 얻어질 것이다. 출력이 입력을 '추적하므로(follow)' 이 회로를 흔히 **전압 폴로어**(voltage follower)라고 부른다. 연산 증폭기가 이상적일 경우 $v_O = v_I$, $R_{\text{in}} = \infty$, $R_{\text{out}} = 0$이 될 것이고, 폴로어는 그림 2.14(b)와 같은 등가 회로를 가질 것이다.

전압 폴로어 회로에서 출력의 전부가 반전 입력으로 귀환되기 때문에, 이 회로가 100% 부귀환을 가지고 있다고 말한다. 그러면 연산 증폭기의 무한대의 이득이 $v_{Id} = 0$, 따라서 $v_O = v_I$가 되도록 작용할 것이다. 이 회로가 매우 간단하다는 점에 주목하기 바란다.

비반전 구성은 R_2/R_1의 선택에 따라 1보다 크거나 1과 같은 이득을 제공한다. 따라서 이 구성을 '이득을 갖는 폴로어'라고 부르기도 한다.

연습문제

2.9 중첩의 원리를 이용하여 그림 E2.9 회로의 출력 전압을 구하라.

[답] $v_O = 6v_1 + 2v_2$

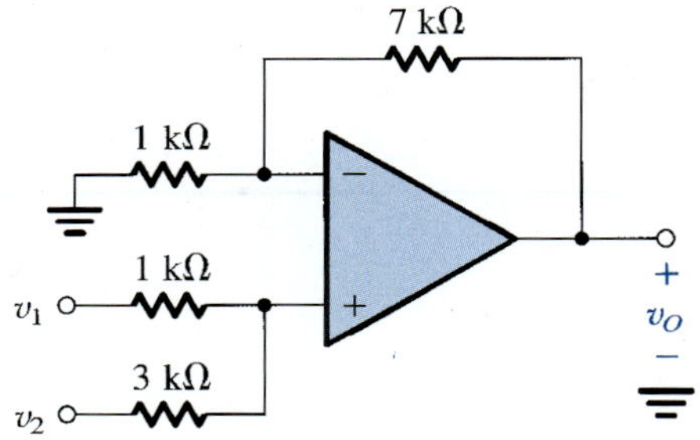

그림 E2.9

2.10 그림 E2.9의 회로에서, 1 kΩ 저항기의 왼쪽 단자를 접지로부터 떼어 낸 다음 그 단자에 세 번째 신호 전원 v_3를 접속했을 경우에 대해 생각해 보자. 중첩의 원리를 이용하여 v_O를 v_1, v_2, v_3의 식으로 나타내라.

[답] $v_O = 6v_1 + 2v_2 - 7v_3$

D2.11 이득이 2인 비반전 증폭기를 설계하라. 단, 10 V의 최대 출력 전압에서 전압 분배기에 흐르는 전류는 10 μA이어야 한다.

[답] $R_1 = R_2 = 0.5$ MΩ

2.12 (a) 그림 2.12의 회로에서 연산 증폭기가 유한 개방 루프 이득 A를 가질 경우 폐쇄 루프 이득이 식 (2.11)로 주어진다는 것을 보여라. (b) $R_1 = 1$ kΩ이고 $R_2 = 9$ kΩ일 때 $A = 10^3, 10^4, 10^5$인 경우에 대해 폐쇄 루프 이득이 $1 + R_2/R_1$의 이상적인 값으로부터 얼마만큼 벗어나는지를 말해 주는 퍼센트 편차 ϵ을 구하라. 각각의 경우에서 $v_I = 1$ V로 가정한 다음, 연산 증폭기의 두 입력 단자들 사이에 나타나는 전압을 구하라.

[답] $\epsilon = -1\%, -0.1\%, -0.01\%$; $v_2 - v_1 = 9.9$ mV, 1 mV, 0.1 mV

2.13 그림 E2.13의 회로에서 $i_I, v_1, i_1, i_2, v_O, i_L, i_O$를 구하라. 또한 전압 이득 v_O/v_I, 전류 이득 i_L/i_I, 전력 이득 P_L/P_I를 구하라.

[답] 0; 1 V; 1 mA; 1 mA; 10 V; 10 mA; 11 mA; 10 V/V(20 dB); ∞; ∞

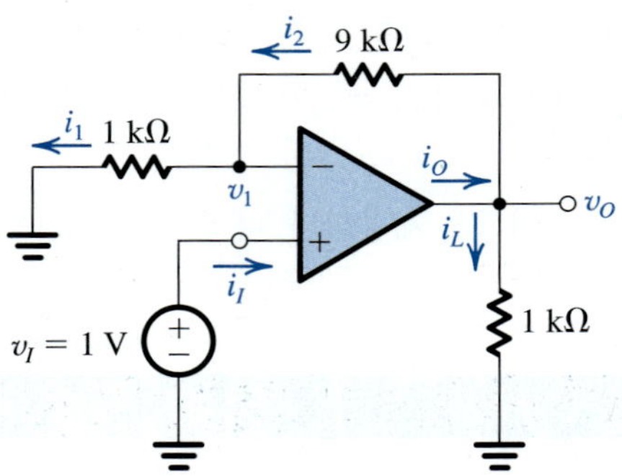

그림 E2.13

2.14 1 V의 개방 회로 전압과 1 MΩ의 전원 저항을 가지는 어떤 트랜스듀서를 1 kΩ 저항의 부하에 접속하려고 한다. 접속이 (a) 직접 행해졌을 때와, (b) 단위 이득 전압 폴로어를 거쳐 행해졌을 때의 부하 전압을 구하라.

[답] (a) 1 mV; (b) 1 V

2.4 차동 증폭기

연산 증폭기 회로들의 두 가지 기본적인 구성을 그들의 몇몇 직접적인 응용과 함께 공부했으므로, 이제 조금 더 복잡하지만 매우 중요한 응용을 고찰할 준비가 되어 있다. 구체적으로 말하면, 연산 증폭기를 이용하여 차(difference) 또는 차동(differential) 증폭기를 설계하는 방법을 공부할 것이다.[2)] 차동 증폭기는 그것의 입력에 인가된 두 신호 사이의 차에 응답하고 두 입력에 공통인 신호들을 이상적으로 제거하는 증폭기이다. 그림 2.4에서 신호들을 그들의 차동 모드와 동상 모드 성분들로 표현한 것을 그림 2.15에 다시 나타냈다. 여기서는 우리가 설계하려고 하는 차동 증폭기를 위한 입력 신호들로 사용하기 위해 약간 다른 기호를 사용했다는 점에 유의하기 바란다. 비록 차동 증폭기가 이상적으로는 차동 입력 신호 v_{Id}만 증폭하고 동상 모드 입력 신호 v_{Icm}은 완전히 제거하겠지만, 실제 회로들은 다음과 같이 주어지는 출력 전압 v_O를 가질 것이다.

$$v_O = A_d v_{Id} + A_{cm} v_{Icm} \tag{2.13}$$

여기서 A_d는 증폭기의 차동 이득을 나타내고 A_{cm}은 증폭기의 동상 모드 이득을 나타낸다(이상적일 경우에는 0). 차동 증폭기의 성능은 차동 신호에 우선하여 동상 모드 신호의 제거 정도에 의해 측정된다. 이는 통상적으로 **동상 모드 제거비**(CMRR: common-mode rejection ratio)로 정량화된다.

$$\text{CMRR} = 20\log\frac{|A_d|}{|A_{cm}|} \tag{2.14}$$

차동 증폭기는 전자 시스템, 특히 측정에 채택되는 시스템의 설계에서 자주 요구된다. 통상적인 예로서 트랜스듀서(transducer) 단자들로부터 측정용 계측기까지 연결된 두 도선의 각각이 회로 접지에 관하여 큰 간섭 신호(예를 들어 1 V)를 가지는 동시에, 그것의 두 출력 단자 사이에 작은 신호(예를 들어 1 mV)를 제공하는 어떤 트랜스듀서를 고찰해 보자. 계측기의 프런트 엔드(front end)에는 차동 증폭기가 분명히 필요할 것이다.

논의를 계속하기 전에 "연산 증폭기 자체가 차동 증폭기인데, 왜 연산 증폭기를 바로 사용하지 않는가?"라

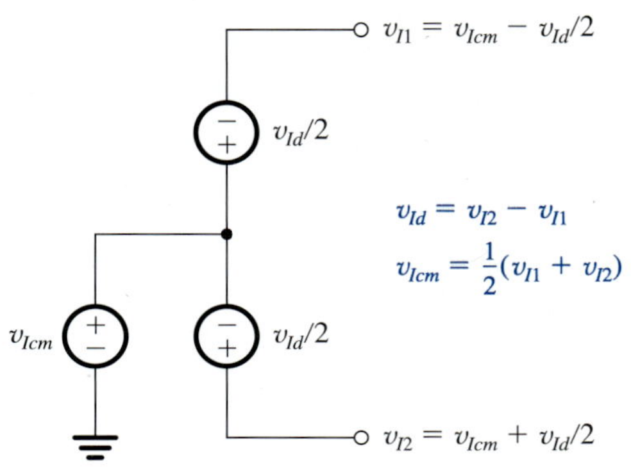

그림 2.15 차동 증폭기에 대한 입력 신호의 동상 모드 성분과 차동 모드 성분의 표시.

2) 차(difference)라는 용어와 차동(differential)이라는 용어는 통상적으로 약간 다른 증폭기 유형을 기술하는 데 사용된다. 이 시점에서는 이들의 구별이 그다지 의미 있는 것은 아니다. 이 절의 끝부분에서 이 용어들을 조금 더 엄밀하게 다룰 것이다.

는 질문에 답을 해야 할 것이다. 그 답은 연산 증폭기의 매우 높은(이상적으로 무한대) 이득이 연산 증폭기를 홀로 이용할 수 없게 만든다는 것이다. 그보다는 오히려, 우리가 전에 했던 것처럼, 반드시 폐쇄 루프 이득이 유한하고, 예측 가능하며, 안정한 회로를 설계하기 위해 연산 증폭기에 연결할 적당한 귀환 회로망을 고안해야 할 것이다.

2.4.1 단일 연산 증폭기 차동 증폭기

차동 증폭기를 설계함에 있어 첫 번째 시도는, 반전 증폭기 구성의 이득이 음의 값 $-R_2/R_1$인 데 반해, 비반전 구성의 이득은 양의 값 $1+R_2/R_1$이라는 관찰에 의해서 유발된다. 따라서 두 이득의 크기를 똑같게 보장하면서 두 구성을 결합시키면 두 입력 신호들 사이의 차를 증폭할 것이다. 이를 위해서는 양의 입력 신호를 감쇠시켜 양의 경로의 이득을 $1+R_2/R_1$로부터 R_2/R_1로 줄여야 한다. 이를 위해 전압 분배기 (R_3, R_4)를 사용하면 그림 2.16에 보인 회로가 얻어질 것이다. 여기서 양의 입력 경로에서의 감쇠는 전압 분배기 (R_3, R_4)에 의해서 이루어진다. 이 전압 분배기의 적절한 비는 다음과 같이 구할 수 있다.

$$\frac{R_4}{R_4+R_3}\left(1+\frac{R_2}{R_1}\right)=\frac{R_2}{R_1} \Rightarrow \frac{R_4}{R_4+R_3}=\frac{R_2}{R_2+R_1}$$

이 조건은 저항비를 다음과 같이 선택함으로써 만족시킬 수 있다.

$$\frac{R_4}{R_3}=\frac{R_2}{R_1} \tag{2.15}$$

이것으로 우리의 설계는 완료되었다. 그러나 아마도 너무 빨리 나아간 것 같다! 절차를 되돌려 식 (2.15)에 따라 선택된 R_3와 R_4로 구성한 그림 2.16의 회로가 실제로 차동 증폭기로 작동하는지를 증명해 보자. 구체적으로 출력 전압 v_O를 v_{I1}과 v_{I2}의 식으로 나타내 보자. 이를 위해 먼저 이 회로가 선형이고, 따라서 중첩의 원리를 사용할 수 있다는 것을 확인해 둔다.

중첩의 원리를 적용하기 위해 우선 v_{I2}를 0으로 놓을 수 있을 것이다. 즉, v_{I2}가 인가된 단자를 접지시킬 수 있을 것이다. 그런 다음 v_{I1}에만 기인하는 출력 전압을 구하고, 이 출력 전압을 v_{O1}으로 표시할 수 있을 것이다. 그 값은 그림 2.17(a) 회로(반전 구성)로부터 얻을 수 있을 것이다. 저항 R_3와 R_4에는 전류가 흐르지 않으므로 R_3와 R_4는 이득 표현에 전혀 영향을 주지 않을 것이다. 따라서

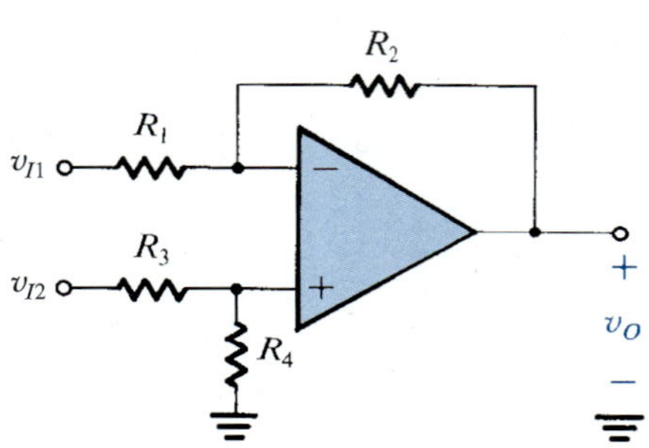

그림 2.16 차동 증폭기.

$$v_{O1} = -\frac{R_2}{R_1}v_{I1}$$

이다. 다음으로 v_{I1}을 0으로 하고 이에 대응하는 출력 전압 v_{O2}를 구해야 할 것이다. 이때는 회로가 그림 2.17(b)의 형태를 취할 것이다. 이 회로는 저항 R_3와 R_4로 구성된 전압 분배기가 입력 v_{I2}에 추가로 접속된 비반전 구성임을 알 수 있을 것이다. 따라서 출력 전압 v_{O2}는 다음 식으로 주어진다.

$$v_{O2} = v_{I2}\frac{R_4}{R_3+R_4}\left(1+\frac{R_2}{R_1}\right) = \frac{R_2}{R_1}v_{I2}$$

여기서는 식 (2.15)를 이용했다.

중첩의 원리에 의하면 출력 전압 v_O는 v_{O1}과 v_{O2}의 합과 같을 것이다. 따라서

$$v_O = \frac{R_2}{R_1}(v_{I2} - v_{I1}) = \frac{R_2}{R_1}v_{Id} \tag{2.16}$$

를 얻을 수 있다. 따라서 예상한 대로 이 회로는

$$A_d = \frac{R_2}{R_1} \tag{2.17}$$

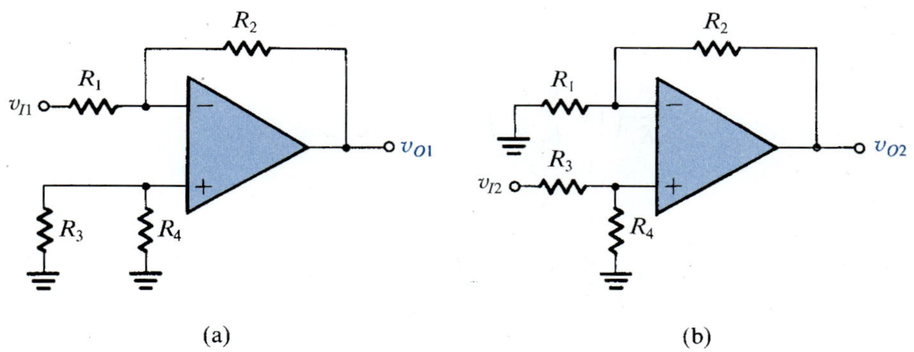

그림 2.17 그림 2.16의 회로 해석을 위한 중첩의 원리 적용.

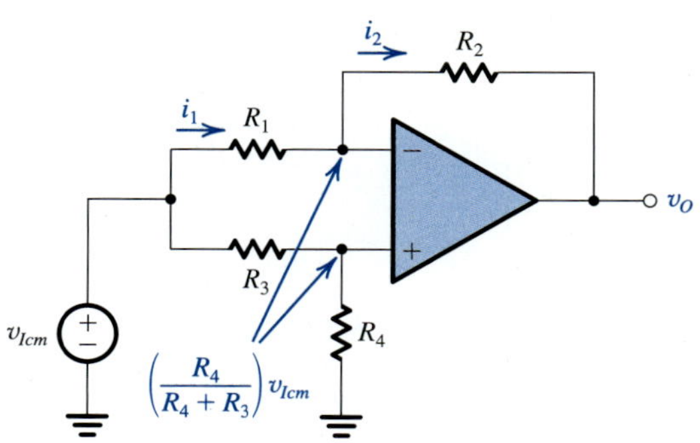

그림 2.18 차동 증폭기의 동상 모드 이득 $A_{cm} \equiv v_O/v_{Icm}$을 구하기 위한 해석.

의 차동 이득을 가지는 차동 증폭기로 동작한다. 물론 이는 연산 증폭기가 이상적이고, 더 나아가 R_3와 R_4가 그들의 비가 R_1과 R_2의 비에 정합되도록 선택되었다는 가정에 기초를 두고 있다. 이와 같은 정합 요건을 조금 더 쉽게 만족시키기 위해 통상적으로

$$R_3 = R_1 \quad \text{and} \quad R_4 = R_2$$

를 선택한다. 다음으로 그림 2.18에 나타낸 것처럼 회로의 입력에 단지 동상 모드 신호만 인가된 경우를 생각해 보자. 이 그림에 몇몇 해석 단계 역시 나타나 있다. 따라서 다음을 얻는다.

$$\begin{aligned} i_1 &= \frac{1}{R_1}\left[v_{Icm} - \frac{R_4}{R_4+R_3}v_{Icm}\right] \\ &= v_{Icm}\frac{R_3}{R_4+R_3}\frac{1}{R_1} \end{aligned} \tag{2.18}$$

출력 전압은 이제 다음 식으로부터 구할 수 있다.

$$v_O = \frac{R_4}{R_4+R_3}v_{Icm} - i_2R_2$$

$i_2 = i_1$과 식 (2.18)로부터 i_1을 대입하면 다음과 같다.

$$\begin{aligned} v_O &= \frac{R_4}{R_4+R_3}v_{Icm} - \frac{R_2}{R_1}\frac{R_3}{R_4+R_3}v_{Icm} \\ &= \frac{R_4}{R_4+R_3}\left(1 - \frac{R_2}{R_1}\frac{R_3}{R_4}\right)v_{Icm} \end{aligned}$$

따라서 다음을 얻는다.

$$A_{cm} \equiv \frac{v_O}{v_{Icm}} = \left(\frac{R_4}{R_4+R_3}\right)\left(1 - \frac{R_2}{R_1}\frac{R_3}{R_4}\right) \tag{2.19}$$

저항기 비들을 식 (2.15)에 따라 선택하도록 설계한다면, 예상한 대로

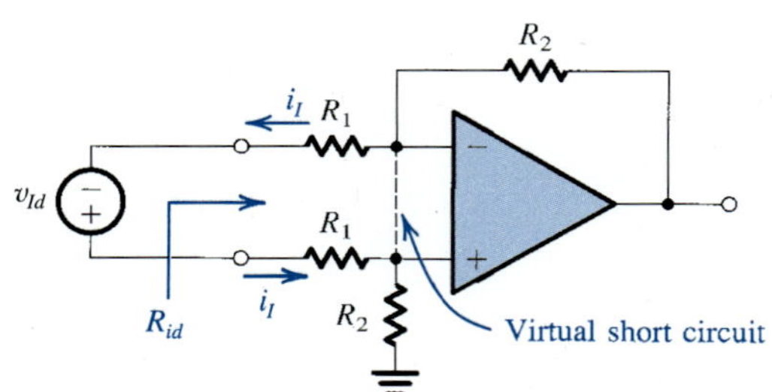

그림 2.19 $R_3 = R_1$ 그리고 $R_4 = R_2$인 경우에 대해 차동 증폭기의 입력 저항을 구함.

$$A_{cm} = 0$$

을 얻을 것이다. 그러나 저항비에서의 어떤 부정합이 A_{cm}을 0이 되지 않게 만들 것이고, 이에 따라 CMRR을 유한하게 만들 것이다.

동상 모드 신호들을 제거함에 더하여, 차동 증폭기는 통상적으로 높은 입력 저항을 가져야 한다. 두 입력 단자 사이에서 바라본 입력 저항, 즉 **차동 입력 저항**(differential input resistance) R_{id}를 구하기 위해 그림 2.19를 살펴보자. 여기서

$$R_3 = R_1 \quad \text{and} \quad R_4 = R_2$$

가 되도록 저항기들을 선택했다고 가정했다. 이제 다음과 같이 정의되는 차동 입력 저항 R_{id}의 값을 구해 보자.

$$R_{id} \equiv \frac{v_{Id}}{i_I}$$

연산 증폭기의 두 입력 단자는 서로 같은 전위에 있으므로 루프 방정식을 사용할 수 있을 것이며 그 결과로 다음을 얻을 것이다.

$$v_{Id} = R_1 i_I + 0 + R_1 i_I$$

따라서

$$R_{id} = 2R_1 \tag{2.20}$$

이다. 만약 증폭기가 큰 차동 이득 R_2/R_1을 가져야 한다면 R_1을 상대적으로 작게 해야 할 것이다. 이럴 경우 입력 저항이 작아지게 된다는 점에 주목하기 바란다. 이것이 이 회로의 단점이다. 이 회로의 다른 단점은 증폭기의 차동 이득을 바꾸기가 쉽지 않다는 것이다. 이들 단점 모두는 다음에 논의할 계측 증폭기로 극복될 수 있다.

연습문제

2.15 $R_1 = R_3 = 2\ \text{k}\Omega$과 $R_2 = R_4 = 200\ \text{k}\Omega$인 경우에 대한 그림 2.16의 차동 증폭기 회로를 고찰해 보자. (a) 차동 이득 A_d의 값을 구하라. (b) 차동 입력 저항 R_{id}와 출력 저항 R_o의 값을 구하라. (c) 저항기들이 1%의 허용 오차를 가지고 있을 때(즉, 각각이 공칭값의 ±1% 이내에 있을 수 있을 때) 식 (2.19)를 이용하여 최악의 경우의 동상 모드 이득 A_{cm}과 이에 상응하는 CMRR의 값을 구하라.

[답] (a) 100 V/V(40 dB); (b) 4 kΩ, 0 Ω; (c) 0.04 V/V, 68 dB

D2.16 그림 2.16의 회로가 20 kΩ의 입력 저항과 10의 이득을 갖는 차동 증폭기로 동작하도록 그 회로에 있는 저항값들을 정하라.

[답] $R_1 = R_3 = 10\ \text{k}\Omega$; $R_2 = R_4 = 100\ \text{k}\Omega$

2.4.2 우수한 회로: 계측 증폭기

그림 2.16의 차동 증폭기의 낮은 입력 저항 문제는 두 입력 단자들을 전압 폴로어를 이용하여 완충시킴으로써 해결할 수 있을 것이다. 즉, 그림 2.14와 같은 유형의 전압 폴로어를 각각의 입력 단자와 그에 상응하는 차동 증폭기의 입력 단자 사이에 접속함으로써 해결할 수 있다. 그러나 만일 연산 증폭기 두 개를 추가로 사용하려고 한다면, 이들로부터 얼마간의 전압 이득을 얻을 수 있지 않을까라는 의문이 생길 것이다. 단위 이득 폴로어보다 오히려 이득을 갖는 비반전 단을 이용함으로써 높은 입력 저항을 양보함이 없이 그 목적을 달성할 수 있다는 것은 특히 흥미로운 일이다. 요구되는 이득의 일부 또는 대부분을 차동 증폭기의 이 새로운 첫째 단에서 달성하는 것은 둘째 단에 있는 차동 증폭기의 짐을 덜어 주어, 차동 기능을 구현하고 이에 따른 동상 모드 신호들을 제거하는 주된 임무만을 차동 증폭기에 맡기는 것이다.

그 결과의 회로를 그림 2.20(a)에 나타냈다. 이 회로는 직렬로 접속된 두 개의 단으로 이루어져 있다. 첫째 단은 연산 증폭기 A_1과 A_2, 그리고 그것들과 연관된 세 개의 저항기로 형성되어 있고, 둘째 단은 연산 증폭기 A_3와 그것과 연관된 네 개의 저항기로 형성되어 있는, 지금은 이미 친숙한 차동 증폭기이다. 우리가 시도했던 것처럼, A_1과 A_2가 각각 비반전 구성으로 접속되어 있고 이에 따라 $1 + R_2/R_1$의 이득을 실현한다는 점에 주목하기 바란다. 따라서 당연히 v_{I1}과 v_{I2} 각각은 이 인수만큼 증폭될 것이고, 그 결과로 생기는 증폭된 신호들은 A_1과 A_2의 출력에 각각 나타날 것이다.

둘째 단의 차동 증폭기는 차동 신호 $(1 + R_2/R_1)(v_{I2} - v_{I1}) = (1 + R_2/R_1)v_{Id}$로 동작하고 출력에

$$v_O = \frac{R_4}{R_3}\left(1 + \frac{R_2}{R_1}\right)v_{Id}$$

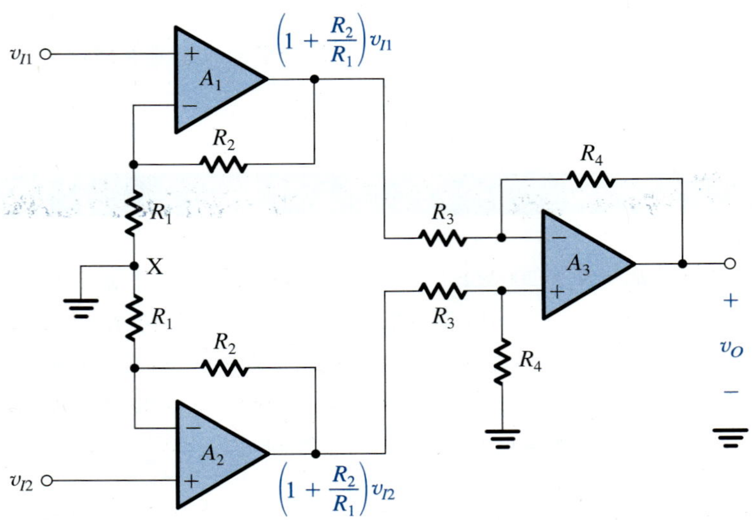

(a)

그림 2.20 계측 증폭기로서 널리 사용되고 있는 회로: (a) 이 회로에의 초기 접근. (b) (a)에 있는 회로에서 마디 X와 접지 사이의 연결을 제거하고 두 저항 R_1과 R_1을 함께 묶은 회로. 이 간단한 도선 연결은 성능을 극적으로 개선시킨다. (c) 연산 증폭기들이 이상적이라고 가정하여 (b)에 있는 회로를 해석한 것.

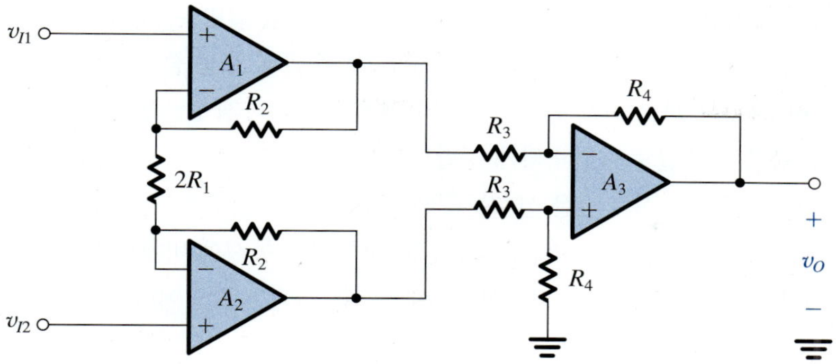

(b)

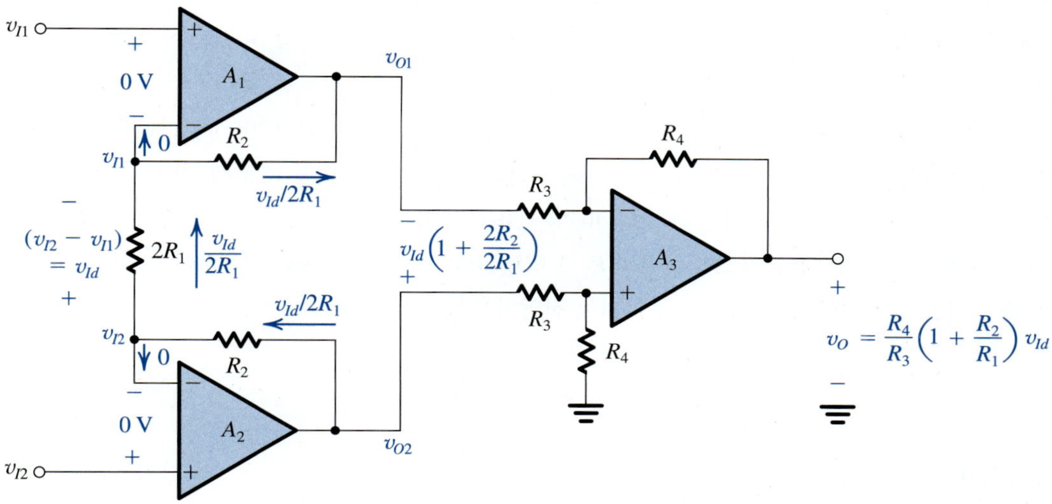

(c)

그림 2.20 (계속)

를 제공한다. 따라서 실현된 차동 이득은

$$A_d = \left(\frac{R_4}{R_3}\right)\left(1 + \frac{R_2}{R_1}\right) \tag{2.21}$$

이다. 둘째 단 증폭기의 차동 동작 때문에 동상 모드 이득은 0일 것이다.

그림 2.20(a)의 회로는 매우 높은(이상적으로 무한대) 입력 저항과 높은 차동 이득의 장점을 가지고 있다. 또한 만약 A_1과 A_2 그리고 이들과 연관된 저항기들이 정합되어 있다면, 두 개의 신호 경로는 대칭일 것이고, 이는 차동 증폭기의 설계에서 뚜렷한 장점이 될 것이다. 그러나 이 회로는 다음과 같은 세 가지 중요한 단점을 가지고 있다.

1. 입력 공통 모드 신호 v_{Icm}이 첫째 단에서 차동 신호 v_{Id}가 겪은 만큼의 이득으로 증폭된다. 이는 매우 심각한 문제이다. 왜냐하면 이 때문에 A_1과 A_3의 출력에 나타나는 신호들의 크기가 연산 증폭기들을 포화

시킬 정도로 커지기 때문이다.(연산 증폭기 포화에 대한 더 자세한 설명은 2.8절에서 제시할 것이다.) 그러나 비록 이 연산 증폭기들이 포화되지 않는다고 해도, 둘째 단의 차동 증폭기는 훨씬 큰 동상 모드 신호들을 다루어야 하고, 그 결과로 전체 증폭기의 CMRR은 불가피하게 감소할 것이다.

2. 첫째 단에 있는 두 증폭기 채널들은 완벽하게 정합되어야 한다. 그렇지 않으면 불필요한 신호가 이들의 두 출력 사이에 나타날 것이다. 이와 같은 신호는 둘째 단에 있는 차동 증폭기에 의해 증폭될 것이다.

3. 차동 이득 A_d를 바꾸기 위해서는 R_1이라고 표시된 두 저항기를 동시에 바꾸어야 한다. 각각의 이득 설정에서 이들 두 저항기가 완벽하게 정합되어야 하는데, 이는 어려운 작업이다.

세 가지 문제 모두는 매우 간단한 배선 변경으로 해결할 수 있을 것이다. 즉, 단순히 R_1이라고 표시된 두 저항기 사이의 마디 X를 접지로부터 떼어 내면 된다. 이와 같이 작게 그러나 기능적으로 심오하게 변화된 회로를 그림 2.20(b)에 다시 그려 놓았다. 이 회로에서는 두 저항기(R_1과 R_1)를 함께 묶어 하나의 저항기($2R_1$)로 표시해 놓았다.

연산 증폭기들이 이상적이라는 가정하에서 행한 이 회로의 해석은 그림 2.20(c)에 나타낸 것처럼 간단하다. 해석의 주안점은, 연산 증폭기 A_1과 A_2의 입력에 나타나는 가상 단락 회로 때문에, 입력 전압 v_{I1}과 v_{I2}가 저항기 $2R_1$의 두 단자에 나타나게 된다는 것이다. 따라서 차동 입력 전압 $v_{I2} - v_{I1} \equiv v_{Id}$가 $2R_1$ 사이에 나타날 것이고, 이로 인해 $i = v_{Id}/2R_1$ 전류가 $2R_1$ 저항과 R_2로 명명된 두 저항기를 통해 흐를 것이다. 이 전류는 이제 A_1과 A_2의 출력 단자들 사이에 다음 식으로 주어지는 전압차를 일으킬 것이다.

$$v_{O2} - v_{O1} = \left(1 + \frac{2R_2}{2R_1}\right) v_{Id}$$

연산 증폭기 A_3 및 그와 연관된 저항기들로 형성된 차동 증폭기는 전압차 $v_{O2} - v_{O1}$을 감지하고, 이 전압차에 비례하는 출력 전압 v_O

$$\begin{aligned} v_O &= \frac{R_4}{R_3}(v_{O2} - v_{O1}) \\ &= \frac{R_4}{R_3}\left(1 + \frac{R_2}{R_1}\right) v_{Id} \end{aligned}$$

를 제공할 것이다. 따라서 전체 차동 전압 이득은 다음과 같이 주어질 것이다.

$$A_d \equiv \frac{v_O}{v_{Id}} = \frac{R_4}{R_3}\left(1 + \frac{R_2}{R_1}\right) \tag{2.22}$$

적당한 차동 동작이 R_2라고 표시된 두 저항기들의 정합에 의존하지 않는다는 점에 주목하기 바란다. 실로 만일 두 저항기 중 하나가 다른 값, 즉 R_2'이라면 A_d에 대한 표현식은

$$A_d = \frac{R_4}{R_3}\left(1 + \frac{R_2 + R_2'}{2R_1}\right) \tag{2.23}$$

이 될 것이다. 다음으로 두 입력 단자들이 함께 공통 모드 입력 전압 v_{Icm}에 접속될 때 무슨 일이 일어날지를 생

각해 보자. A_1과 A_2의 음의 입력 단자들에 똑같은 전압이 나타날 것이고, 이에 따라 $2R_1$에 흐르는 전류가 0이 되리라는 것을 쉽게 알 수 있을 것이다. 따라서 R_2 저항기들에 전류가 흐르지 않을 것이고, A_1과 A_2의 출력 단자들에 나타나는 전압들은 입력(즉 v_{Icm})과 같을 것이다. 결국 첫째 단은 v_{Icm}을 더 이상 증폭하지 않을 것이고, 단순히 v_{Icm}을 그것의 두 출력 단자들에 전달할 것이며, 여기서 이들은 A_3에 의해서 빼어져 0의 공통 모드 출력을 산출할 것이다. 그러나 둘째 단의 차동 증폭기는 이제는 그것의 입력에서 훨씬 개선된 상황을 맞을 것이다. 즉, 공통 모드 전압은 그대로인 데 반해 차동 신호는 $1 + R_2/R_1$만큼 증폭된다.

끝으로 식 (2.22)의 표현식으로부터 이득은 단지 하나의 저항기 $2R_1$의 값을 변화시킴으로써 바꿀 수 있다는 것을 알 수 있다. 결론적으로 이 회로는 우수한 차동 증폭기이며, 다양한 전자 기기에 사용되는 입력 증폭기인 계측 증폭기로서 널리 이용되고 있다.

집적화된 계측 증폭기

계측 증폭기를 구성하기 위해 세 개의 연산 증폭기와 몇 개의 정밀 저항기들을 조합하는 종래의 방식은 많은 응용들을 위한 계기들의 설계에서 매우 유용한 도구이다. 초기의 응용들은 별개의 연산 증폭기들과 개별 저항기들을 사용했었는데, 근래에 들어서는 필요한 소자들 대부분을 단일 집적 회로 패키지에 포함시킨 완전히 집적화된 계측 증폭기가 많은 IC 제조업체들로부터 생산되어 점점 더 많이 사용되고 있다. 이들 계측 증폭기 중에서 저전력 회로는 손목밴드 활동 모니터 같은 휴대할 수 있고, 착용할 수 있고, 심을 수 있는 의료용 모니터링 장치들의 설계에 매우 중요하다.

예제 2.3

100 kΩ 가변 저항[전위차계(potentiometer) 또는 줄여서 'pot']을 사용하여 이득을 2에서 1000까지 변화시킬 수 있는 회로를 그림 2.20(b)의 계측 증폭기 회로를 이용하여 설계하라.

풀이

일반적으로 계측 증폭기 회로에서는 필요한 이득 모두는 첫째 단에서 취하고, 둘째 단에서는 단지 첫째 단 출력들 사이의 차만 취해 동상 모드 신호를 제거하는 것이 바람직하다. 바꿔 말하면 둘째 단은 대개 1의 이득을 얻도록 설계된다. 이와 같은 설계 방식을 채택한다면, 둘째 단 저항 모두를 이를테면 10 kΩ과 같이 실질적이고 편리한 값으로 선택할 수 있을 것이다. 이제 남은 문제는 2에서부터 1000까지의 이득 조절이 가능하도록 첫째 단을 설계하는 것이다. $2R_1$을 고정 저항 R_{1f}와 100 kΩ 전위차계를 사용함으로써 얻어지는 가변 저항 R_{1v}의 직렬 결합으로 실현한다면(그림 2.21 참조) 다음 식을 쓸 수 있다.

$$1 + \frac{2R_2}{R_{1f} + R_{1v}} = 2 \text{ to } 1000$$

따라서

$$1+\frac{2R_2}{R_{1f}}=1000$$

과

$$1+\frac{2R_2}{R_{1f}+100\ \text{k}\Omega}=2$$

를 얻을 수 있다. 이들 두 식으로부터 $R_{1f}=100.2\ \Omega$과 $R_2=50.050\ \text{k}\Omega$이 얻어진다. 이 값들보다 더 실질적인 다른 값들을 선택할 수도 있을 것이다. 예를 들어 $R_{1f}=100\ \Omega$과 $R_2=49.9\ \text{k}\Omega$(이들 두 값 모두에 대해 1% 허용 오차를 갖는 표준 금속 피막 저항을 이용할 수 있을 것이다; 부록 J 참조)으로 선택하면, 문제에서 요구하는 조절 범위를 거의 포함하는 이득을 얻을 수 있을 것이다.

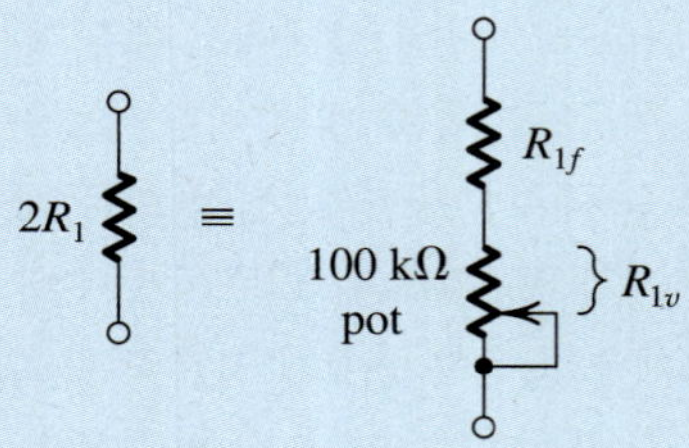

그림 2.21 그림 2.20(b) 회로의 이득을 변화시킬 수 있도록 하기 위해 $2R_1$을 하나의 고정 저항기 R_{1f}와 하나의 가변 저항기 R_{1v}의 직렬 결합으로 실현했다. 저항기 R_{1f}는 최대 유효 이득이 제한되도록 선택해야 한다.

연습문제

2.17 +5 V(직류)의 동상 모드 입력 전압과 10 mV 피크 사인파의 차동 입력 신호를 가지는 그림 2.20(b)의 계측 증폭기를 고찰해 보자. $2R_1=1\ \text{k}\Omega$, $R_2=0.5\ \text{M}\Omega$, $R_3=R_4=10\ \text{k}\Omega$이라고 하자. 회로의 모든 마디에 나타나는 전압을 구하라.

[답] $v_{I1}=5-0.005\sin\omega t$; $v_{I2}=5+0.005\sin\omega t$; (연산 증폭기 A_1의) $v_-=5-0.005\sin\omega t$; (연산 증폭기 A_2의) $v_-=5+0.005\sin\omega t$; $v_{O1}=5-5.005\sin\omega t$; $v_{O2}=5+5.005\sin\omega t$; ($A_3$의) $v_-=$ (A_3의) $v_+=2.5+2.5025\sin\omega t$; $v_O=10.01\sin\omega t$(모두 볼트)

2.5 적분기와 미분기

지금까지 공부한 연산 증폭기 응용들은 연산 증폭기 귀환(feedback) 경로 및 신호 전원을 회로에 연결하는 데, 즉 공급(feed-in) 경로에 저항기를 이용하였다. 그 결과 회로 동작은 주파수와 (이상적으로) 무관했다. 연산 증폭기의 귀환 경로와 공급 경로에 커패시터들을 저항기들과 함께 사용함으로써 연산 증폭기의 유용하고 흥미로운 많은 응용들을 접할 수 있을 것이다. 두 가지의 기본적인 응용인 신호 적분기와 미분기를 고찰함으로써

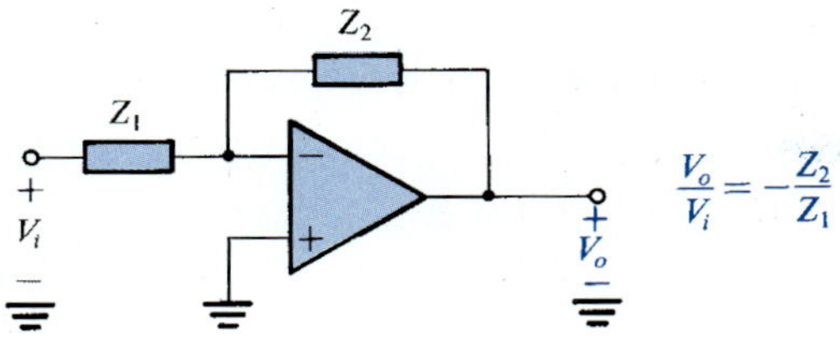

그림 2.22 귀환 및 입력에 일반적인 임피던스를 갖는 반전 구성.

연산 증폭기–RC 회로들을 공부해 보자.[3)]

2.5.1 일반적인 임피던스를 갖는 반전 구성

우선 저항 R_1과 R_2를 각각 임피던스 $Z_1(s)$와 $Z_2(s)$로 대체한 일반화된 반전 구성을 고찰해 보자. 그 결과의 회로를 그림 2.22에 나타냈다. 이 회로는 폐쇄 루프 이득 또는 좀 더 적절하게 표현하면 폐쇄 루프 전달 함수

$$\frac{V_o(s)}{V_i(s)} = -\frac{Z_2(s)}{Z_1(s)} \tag{2.24}$$

를 가진다. 1.6절에서 설명했듯이 s를 $j\omega$로 대체하면 물리적 주파수 ω에 대한 전달 함수, 즉 주파수가 ω인 사인파 입력 신호에 대한 전송 크기 및 위상을 얻는다.

초기의 연산 증폭기들과 아날로그 계산

1941년에 벨 연구소의 연구원 Karl D. Swartzel Jr.는 부귀환 시스템에 사용할 의도로 고이득 직류 반전 증폭기인 '가산 증폭기'를 특허 등록하였다. 이 연산 증폭기의 선구자는 세 개의 진공관(트랜지스터의 전임자)과 ±350 V 전력 공급기를 사용하여 90 dB의 이득을 달성했다. 비록 차동 입력은 인가할 수 없었지만 이 증폭기는 수동의 저항성 및 용량성 소자들을 사용한 가산, 적분, 그리고 일반적인 필터링의 통상적인 응용을 제공하였다.

바로 다음 해(1942년)에 컬럼비아 대학에서 John R. Regazzini 교수와 함께 연구하던 Loebe Julie는 차동 입력을 인가할 수 있는 회로를 고안했는데, 여전히 진공관을 이용하였다. 2차 세계대전 동안에 이 회로들은 항공기 속도 투영을 포함하는 레이더-유도 대공 사격 통제에 관련된 아날로그 계산 기능을 제공하는 데 널리 사용되었다.

1950년대 초반에 위에서 실례를 든 연산 증폭기에 기초한 계산의 전쟁 중의 성과에 고무되어 '아날로그 컴퓨터'라고 불리는 범용 상용 시스템들이 출

3) 이 시점에서 1.6절의 검토가 도움이 될 것이다. 또한 다음의 중요한 사실을 기억하기 바란다. 즉, 임의의 커패시터 C에 정전류 I를 t 시간 동안 통과시키면 It의 전하가 커패시터에 축적될 것이다. 따라서 커패시터 전압은 $\Delta V = \Delta Q/C = It/C$ 만큼 변할 것이다. 즉, 커패시터 전압은 시간에 따라 선형적으로 증가할 것이다.

현하기 시작했다. 이 컴퓨터는 수십 개의 연산 증폭기들과 이들에 연관된 (전위차계를 포함한) 수동 소자들로 구성되었고, 프로그래밍에 요구되는 회로들의 상호 접속은 배선반으로 이루어 냈다. 이 컴퓨터는 미분 방정식을 푸는 데 이용되었다.

현재에는 아날로그 집적 회로들이 머신 러닝(machine learning)에 요구되는 계산을 빠르게 진척시키는 데 사용되고 있다.

예제 2.4

그림 2.23의 회로를 해석하여 전달 함수 $V_o(s)/V_i(s)$에 대한 표현식을 유도한 다음, 그 전달 함수가 저역 통과 단일 시정수(STC) 회로의 전달 함수라는 것을 보여라. 전달 함수를 표 1.2(1.6절)에 나와 있는 표준 형태로 나타냄으로써 직류 이득과 3 dB 주파수를 구하라. 40 dB의 직류 이득과 1 kHz의 3 dB 주파수, 그리고 1 kΩ의 입력 저항을 갖도록 회로를 설계하라. 어떤 주파수에서 전송의 크기가 1이 되는가? 이 주파수에서 위상각은 얼마인가?

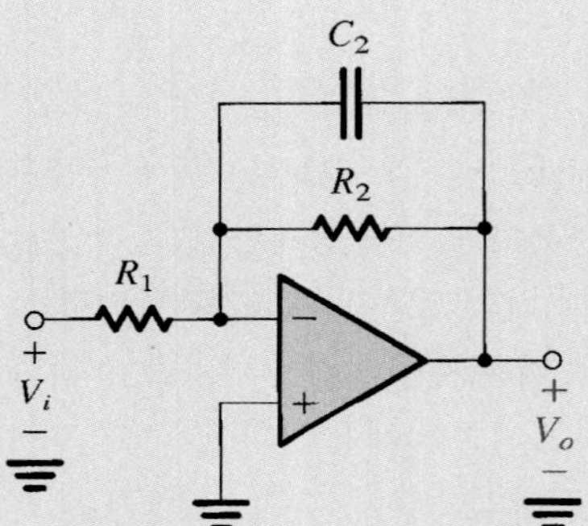

그림 2.23 예제 2.4에 대한 회로.

풀이

그림 2.23에 주어진 회로의 전달 함수를 구하기 위해 식 (2.24)에서 $Z_1 = R_1$ 그리고 $Z_2 = R_2 \parallel (1/sC_2)$로 대체할 수 있을 것이다. Z_2가 두 소자의 병렬 접속이기 때문에 식 (2.24)를 어드미턴스 Y_2의 식으로 다루는 것이 좀 더 편리할 것이다. 즉, 전달 함수의 다음과 같은 또 다른 형태를 사용할 수 있고

$$\frac{V_o(s)}{V_i(s)} = -\frac{1}{Z_1(s)Y_2(s)}$$

$Z_1 = R_1$과 $Y_2(s) = (1/R_2) + sC_2$를 대입하여

$$\frac{V_o(s)}{V_i(s)} = -\frac{1}{\dfrac{R_1}{R_2} + sC_2R_1}$$

을 얻을 수 있다. 이 전달 함수는 1차이고, 유한 직류 이득($s = 0$에서 $V_o/V_i = -R_2/R_1$)을 가지며, 무한대의 주파수에서는 0 이득을 가진다. 따라서 이 전달 함수는 저역 통과 STC 회로망의 전달 함수이고, 다음과 같이 표 1.2의 표준 형태로 나타낼 수 있다.

$$\frac{V_o(s)}{V_i(s)} = \frac{-R_2/R_1}{1 + sC_2R_2}$$

이 식으로부터 직류 이득 K가

$$K = -\frac{R_2}{R_1}$$

가 된다는 것과 3 dB 주파수 ω_0가

$$\omega_0 = \frac{1}{C_2R_2}$$

로 표현된다는 것을 알 수 있다. 여기서 이 모든 것들을 그림 2.23에 주어진 회로의 고찰로부터 직접 구할 수도 있었다는 점에 유의하기 바란다. 구체적으로 말하면, 커패시터는 직류에서 개방 회로처럼 동작한다는 것과, 이에 따라 직류에서 이득은 간단하게 $-R_2/R_1$이라는 점에 주목하기 바란다. 게다가 반전 입력 단자에 가상 접지가 있기 때문에 커패시터로부터 바라본 저항은 R_2이고 이에 따라 STC 회로망의 시정수는 C_2R_2이다.

이제 40 dB, 즉 100 V/V의 직류 이득을 얻기 위해 $R_2/R_1 = 100$을 선택할 수 있을 것이다. 또한 1 kΩ의 입력 저항을 얻기 위해 $R_1 = 1$ kΩ으로 선택할 수 있을 것이고, 이에 따라 $R_2 = 100$ kΩ으로 선택할 수 있을 것이다. 끝으로 3 dB 주파수 $f_0 = 1$ kHz를 위해 다음 식으로부터 C_2를 선택할 수 있을 것이고

$$2\pi \times 1 \times 10^3 = \frac{1}{C_2 \times 100 \times 10^3}$$

$C_2 = 1.59$ nF을 얻을 수 있을 것이다.

이 회로는 그림 1.23에 나타낸 표준 형태의 이득 및 위상 보데 선도를 가진다. 이득은 −20 dB/decade의 비율로 떨어지므로 2 데케이드의 주파수 즉 $f = 100f_0 = 100$ kHz에서 0 dB에 도달할 것이다. 그림 1.23(b)가 가리키듯이 f_0보다 훨씬 큰 이와 같은 주파수에서 위상은 약 −90°이다. 그러나 이 위상에 증폭기의 반전 특성(즉, 전달 함수 식에서 마이너스 부호)으로부터 생기는 180°를 더해야 한다. 따라서 100 kHz에서 총 위상 편이는 −270° 또는 등가적으로 +90°일 것이다.

2.5.2 반전 적분기

귀환 경로에 (그림 2.22에서 Z_2 대신에) 커패시터를 놓고 입력에 (Z_1 대신에) 저항기를 놓음으로써 그림 2.24(a)의 회로를 얻을 수 있다. 이제 이 회로가 적분의 수학적인 연산을 실현한다는 것을 보일 것이다. 입력이 시변 함수 $v_I(t)$라고 하자. 연산 증폭기의 반전 입력 단자가 가상 접지이므로 $v_I(t)$는 사실상 저항기 R에 걸릴 것이다. 따라서 전류 $i_1(t)$는 $v_I(t)/R$일 것이다. 이 전류는 커패시터 C를 통해 흐를 것이고, 전하를 C에 축적할 것이다. 만약 이 회로가 시간 $t=0$에서 동작을 시작한다고 가정한다면, 임의의 시간 t에서 전류 $i_1(t)$는 $\int_0^t i_1(t')dt'$에 상당하는 전하를 C에 축적할 것이다. 따라서 커패시터 전압 $v_C(t)$는 $\frac{1}{C}\int_0^t i_1(t')dt'$만큼 변할 것이다. 만약 ($t=0$에서의) 커패시터의 초기 전압을 V_C라고 표기한다면

$$v_C(t) = V_C + \frac{1}{C}\int_0^t i_1(t')dt'$$

일 것이다. 이제 출력 전압 $v_O(t) = -v_C(t)$이므로

$$v_O(t) = -\frac{1}{CR}\int_0^t v_I(t')dt' - V_C \tag{2.25}$$

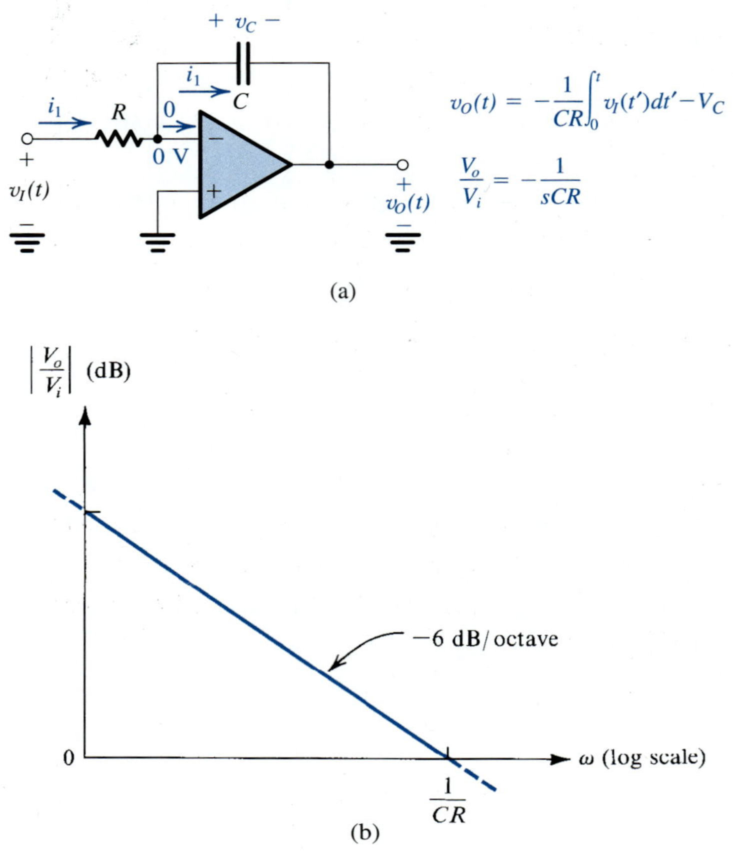

그림 2.24 (a) 밀러 또는 반전 적분기. (b) 적분기의 주파수 응답.

일 것이다. 이 식으로부터 알 수 있듯이 회로는 적분의 초기 전압 V_C와 **적분기 시정수**(integrator time constant) CR을 가지면서 입력의 시간 적분에 비례하는 출력을 제공한다. 예상했던 바와 같이 출력 전압에 마이너스 부호가 붙어 있고, 이에 따라 이 적분기 회로가 **반전 적분기**(inverting integrator)라고 불린다는 점에 주목하기 바란다. 이 회로는 일찍이 이 분야에 종사했던 연구자의 이름을 따서 **밀러 적분기**(Miller integrator)라고 부르기도 한다.

적분기 회로의 동작은 식 (2.24)에서 $Z_1(s) = R$ 그리고 $Z_2(s) = 1/sC$를 대입하여 전달 함수

$$\frac{V_o(s)}{V_i(s)} = -\frac{1}{sCR} \tag{2.26}$$

을 얻음으로써 주파수 영역에서 설명될 수도 있다. 물리적인 주파수에 대해 $s = j\omega$이고

$$\frac{V_o(j\omega)}{V_i(j\omega)} = -\frac{1}{j\omega CR} \tag{2.27}$$

이다. 따라서 적분기의 전달 함수는 크기

$$\left|\frac{V_o}{V_i}\right| = \frac{1}{\omega CR} \tag{2.28}$$

과 위상

$$\phi = +90° \tag{2.29}$$

를 가진다. 적분기의 크기 응답에 대한 보데 선도는 식 (2.28)에서 ω가 두 배가 되면(1 옥타브만큼 증가하면) 크기가 절반이 된다(6 dB만큼 감소한다)는 사실에 주목함으로써 얻을 수 있다. 따라서 보데 선도는 기울기가 –6 dB/octave(또는 등가적으로 –20 dB/decade)인 직선이다. [그림 2.24(b)에 나타낸] 이 직선은 $|V_o/V_i| = 1$로 만드는 주파수에서 0 dB 선과 교차하는데, 이 주파수는 식 (2.28)로부터

$$\omega_{\text{int}} = \frac{1}{CR} \tag{2.30}$$

이다. 주파수 ω_{int}는 **적분기 주파수**(integrator frequency)라고 부르는데, 간단하게 적분기 시정수의 역수이다.

예제 2.5

적분기는 일반적으로 (빛의 세기를 측정하는) 광검출기(photodetector)로부터 얻어지는 신호를 증폭하는 데 사용된다. 그림 2.25에서 광검출기는 10 μA의 피크 진폭을 가지는 10 kHz 사인파를 생성하는 전류 전원 i_S와 이와 병렬인 5 kΩ의 전원 저항으로 나타내어진다. v_O에서의 출력이 200 mV 피크 진폭을 가지도록 하는 커패시터 C의 값과 적분기 주파수 ω_{int}를 구하라.

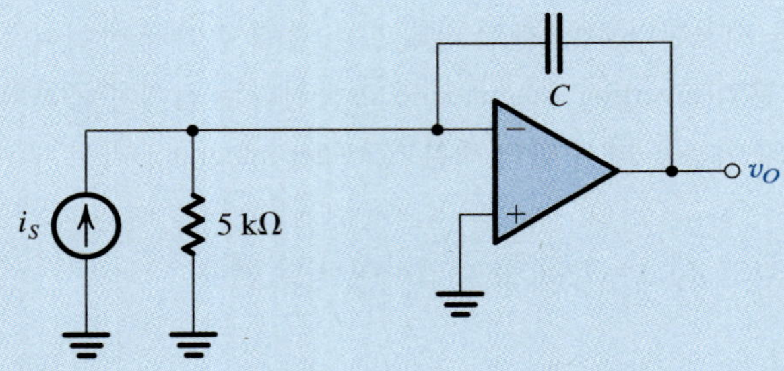

그림 2.25 입력 전류 전원으로 구동된 적분기.

풀이

전류 전원과 병렬 저항을 그것의 테브냉 등가로 대체하면 정확하게 그림 2.24(a)에 보인 회로를 얻는다. $10\ \mu\text{A} \times 5\ \text{k}\Omega = 50\ \text{mV}$ 피크 진폭을 가지는 이상적인 10 kHz 사인파 전압 전원과 직렬 저항 $R = 5\ \text{k}\Omega$이 회로의 입력 v_I에 접속되어 있다. 식 (2.28)을 이용하면

$$\left|\frac{200\ \text{mV}}{50\ \text{mV}}\right| = \frac{1}{2\pi \times 10\ \text{kHz} \times C \times 5\ \text{k}\Omega}$$

$$\Rightarrow C = \frac{1}{4 \times 2\pi \times 10\ \text{kHz} \times 5\ \text{k}\Omega} = 0.8\ \text{nF}$$

을 얻는다. 이 값을 식 (2.30)에 대입하면

$$\omega_{\text{int}} = \frac{1}{0.8\ \text{nF} \times 5\ \text{k}\Omega} = 2\pi \times 40\ \text{krad/s} \text{ or } f_{\text{int}} = 40\ \text{kHz}$$

를 얻는다.

적분기의 주파수 응답과 STC 저역 통과 회로망의 주파수 응답을 비교해 보면 적분기가 코너 주파수가 0인 저역 통과 여파기처럼 동작한다는 것을 알 수 있다. 또 $\omega = 0$에서 적분기 전달 함수의 크기가 무한대라는 것도 알 수 있다. 이는 직류에서 연산 증폭기가 개방 루프로 동작한다는 것을 가리킨다. 이는 또 적분기 회로 자체로부터 이해할 수도 있다. 즉, 그림 2.24(a)를 참조하면 귀환 소자가 커패시터라는 것과, 이에 따라 커패시터가 개방 회로처럼 동작하는 직류에서 부귀환이 없다는 것을 알 수 있다! 이것은 매우 주목할 만하며 적분기 회로가 가진 문제들의 근원을 지적하는 것이기도 하다. 즉, 입력 신호에 포함된 어떤 작은 직류 성분이라도 이론적으로 무한대의 출력을 산출할 것이다. 물론 실제로 무한대의 출력 전압이 생기지는 않는다. 그보다는 증폭기의 출력은, 입력 직류 신호의 극성에 따라, 연산 증폭기의 플러스 또는 마이너스 전력 공급기 전압(L_+ 또는 L_-)에 가까운 어떤 전압에서 포화될 것이다.

적분기 회로의 직류 문제는 그림 2.26에 나타낸 것처럼 적분기 커패시터 C 양단에 저항 R_F를 접속함으로써 다소 해결할 수 있을 것이다. 따라서 직류에서의 이득은 무한대라기보다 $-R_F/R$일 것이다. 이와 같은 저항기는 직류 귀환 경로를 제공한다. 그러나 유감스럽게도 적분기는 더 이상 이상적이지 않고, R_F의 값이 작으면

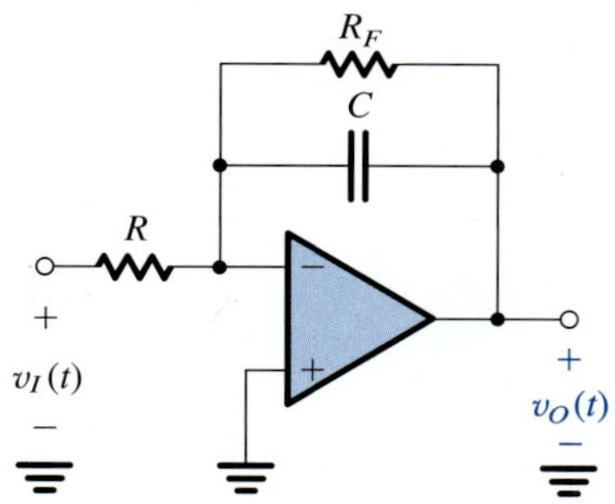

그림 2.26 직류에서 부귀환과 이에 따른 유한한 이득을 제공하기 위해, 큰 저항 R_F를 C에 병렬로 연결한 밀러 적분기.

작을수록 적분기 회로는 점점 더 비이상적으로 동작할 것이다. 이는 R_F가 적분기 극점의 주파수를 $\omega = 0$에 있는 이상적인 위치로부터 STC 회로망 (R_F, C)의 코너 주파수에 의해서 정해지는 주파수로 이동시키기 때문이다. 구체적으로 말하면 적분기 전달 함수가 $-1/sCR$의 이상적인 함수와는 전혀 다르게

$$\frac{V_o(s)}{V_i(s)} = -\frac{R_F/R}{1+sCR_F}$$

이 된다. R_F의 값을 낮게 잡으면 잡을수록, 코너 주파수$(1/CR_F)$는 그만큼 더 높아질 것이고, 적분기는 그만큼 더 비이상적으로 될 것이다. 따라서 R_F 값의 선택은 설계자에게 직류 성능과 신호 성능 사이의 절충을 제공한다. 적분기 성능에 미치는 R_F의 영향은 예제 2.6에서 좀 더 자세히 알아볼 것이다.

예제 2.6

밀러 적분기가 1 V 높이와 1 ms 폭의 입력 구형파[그림 2.27(a)]에 응답하여 만들어 내는 출력을 구하라. 단, $R = 10$ kΩ이고 $C = 10$ nF이다. 만약 적분기의 커패시터에 1 MΩ 저항기가 병렬로 접속된다면 응답은 어떻게 변화할 것인가? 연산 증폭기는 ±13 V에서 포화된다.

풀이

1 V, 1 ms의 입력 펄스에 응답하여, 적분기 출력은

$$v_O(t) = -\frac{1}{CR}\int_0^t 1\,dt', \qquad 0 \le t \le 1\text{ ms}$$

일 것이다. 여기서 적분기 커패시터의 초기 전압이 0이라고 가정했다. $C = 10$ nF 그리고 $R = 10$ kΩ에 대해, $CR = 0.1$ ms이고

$$v_O(t) = -10t, \qquad 0 \le t \le 1\text{ ms}$$

일 것이다. 이 출력 전압은 그림 2.27(b)에 나타낸 선형적인 램프(ramp)이다. 이 램프는 $t = 1$ ms에서 -10 V의 크기에 도달하고 그 후로는 일정하게 머무른다.

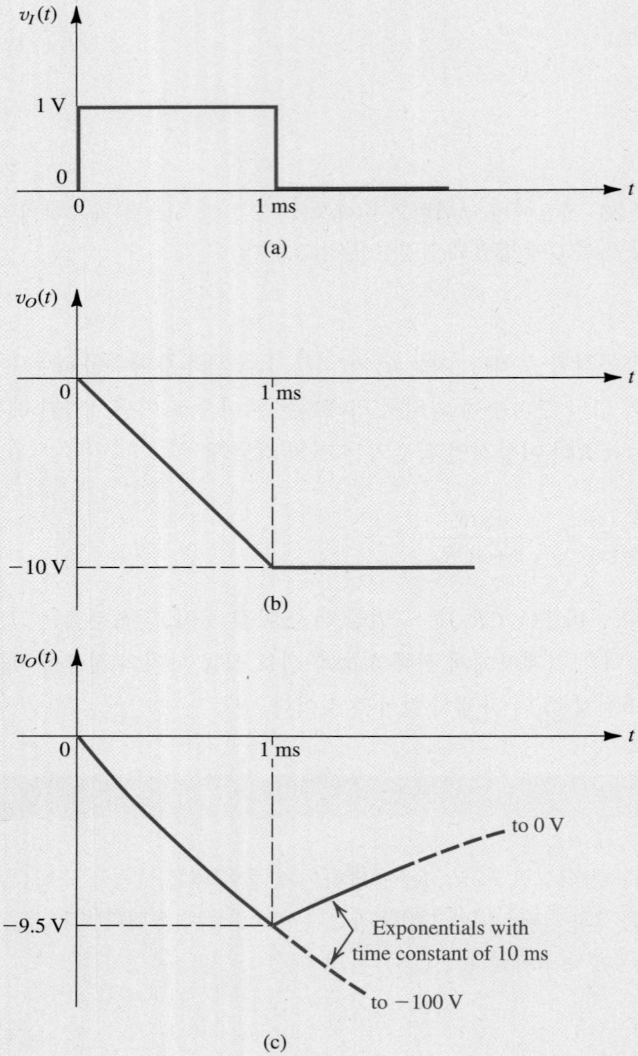

그림 2.27 예제 2.6에 대한 파형들: (a) 입력 펄스, (b) 0.1 ms의 시정수를 가진 이상적인 적분기의 출력 선형 램프, (c) 적분기의 커패시터 양단에 저항기 R_F가 접속되었을 때의 출력 지수 램프.

출력이 선형적인 램프라는 것은 1 V의 입력 펄스가 커패시터를 통과하는 1 V/10 kΩ = 0.1 mA의 정전류를 산출한다는 사실로부터도 명백히 알 수 있다. 이 정전류 $I = 0.1$ mA는 커패시터에 전하 It를 공급한다. 따라서 커패시터 전압은 It/C와 같이 선형적으로 변하고 그 결과로 $v_O = -(I/C)t$를 낳는다. 임의의 커패시터를 정전류로 충전시키면 그 커패시터에 선형적인 전압이 생긴다는 것은 기억할 만한 가치가 있다.

다음으로 저항기 $R_F = 1$ MΩ이 C에 병렬로 접속된 상황을 고찰해 보자. 앞에서와 같이 1 V의 펄스는 $I = 0.1$ mA의 정전류를 제공할 것이다. 그러나 지금 이 전류는 C와 병렬인 R_F로 구성된 STC 회로망에 공급된다. 즉, 출력은 $CR_F = 10 \times 10^{-9} \times 1 \times 10^{6} = 10$ ms의 시정수로 −100 V로 향하는 지수 함수

$$v_O(t) = -100(1 - e^{-t/10}), \qquad 0 \le t \le 1 \text{ ms}$$

일 것이다. 물론 이 지수 함수는 펄스의 끝인 $t = 1$ ms에서 중단될 것이고, 출력은 다음의 값에 도달할 것이다.

$$v_O(1\text{ ms}) = -100(1 - e^{-1/10}) = -9.5\text{ V}$$

출력 파형을 그림 2.27(c)에 나타냈고, 이 그림으로부터 R_F를 포함시키면 출력이 −10 V의 이상적인 값보다 0.5 V 작은 −9.5 V에 도달하는 것처럼 램프가 약간 둥글게 된다는 것을 알 수 있다. 게다가 $t > 1$ ms인 동안에는 커패시터가 10 ms의 비교적 긴 시정수로 R_F를 통해 방전한다. 끝으로 ±13 V에서 일어나는 연산 증폭기 포화가 이 회로의 동작에는 아무런 영향도 미치지 않는다는 점에 유의하기 바란다.

앞의 예제는 적분기들의 중요한 응용 가운데 하나인 구형파 입력에 응답하여 삼각파를 제공하는 데 사용된다는 것을 암시한다. 이 응용은 연습문제 2.18에서 탐구될 것이다. 적분기는 여파기들의 설계(13장)에 이용되는 것을 포함하여 기타 많은 응용들을 가지고 있다.

2.5.3 연산 증폭기 미분기

적분기 회로의 커패시터와 저항기의 위치를 교환하면 그림 2.28(a)의 회로가 얻어질 것이다. 이 회로는 입력 신호 $v_I(t)$의 미분을 수행한다. 연산 증폭기의 반전 입력 단자에 나타나는 가상 접지 때문에 $v_I(t)$가 사실상 커패시터 양단에 걸린다. 따라서 커패시터 C를 통해 흐르는 전류는 $C(dv_I(t)/dt)$일 것이다. 그리고 이 전류는 귀환 저항 R을 통해 흘러 연산 증폭기의 출력에 다음과 같은 $v_O(t)$ 전압을 제공할 것이다.

$$v_O(t) = -CR\frac{dv_I(t)}{dt} \tag{2.31}$$

회로의 전달 함수는 식 (2.24)로부터 구할 수 있다.

$$\frac{V_o(s)}{V_i(s)} = -sCR \tag{2.32}$$

이 식에서 $s = j\omega$로 대체함으로써 크기 응답을 구할 수 있다.

$$\frac{V_o(j\omega)}{V_i(j\omega)} = -j\omega CR \Rightarrow \left|\frac{V_o}{V_i}\right| = \omega CR \tag{2.33}$$

그림 2.28(b)에 도시되어 있는 크기 응답은 +6 dB/octave(또는 등가적으로 +20 dB/decade)로 증가하며 고주파에서 큰 이득(이상적으로 무한대)을 보인다. 유감스럽게도 미분기는 출력에 많은 고주파 잡음이 생기게 하고 불안정 문제를 안고 있다(10장). 따라서 실제로는 작은 저항기 하나를 커패시터에 직렬로 접속할 필요가 있다.

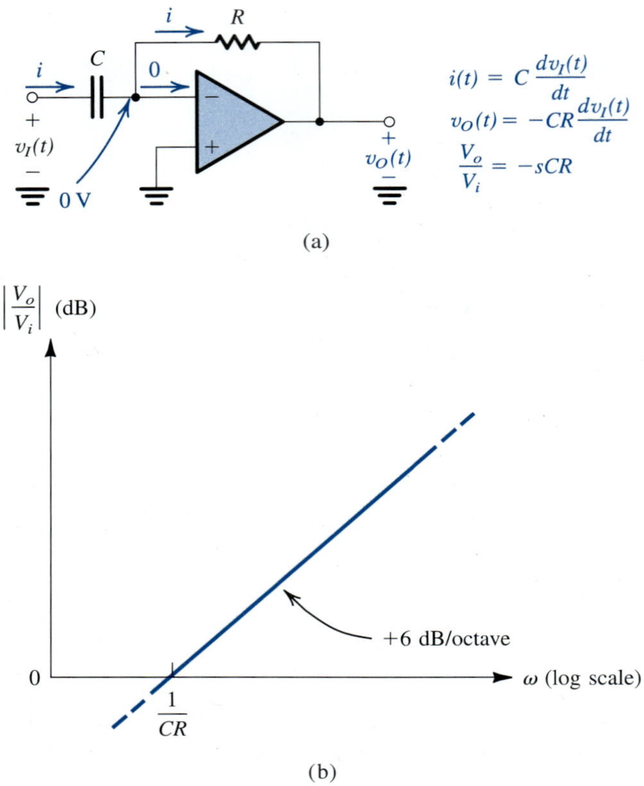

그림 2.28 (a) 미분기. (b) 시정수가 CR인 미분기의 주파수 응답.

연습문제

2.18 피크간 전압이 5 V이고, 평균 전압이 0 V이며, 2 μs의 주기를 갖는 대칭 구형파가 밀러 적분기에 인가된 경우에 대해 생각해 보자. 출력에 나타나는 삼각 파형이 5 V의 피크간 진폭을 갖도록 시정수 CR의 값을 구하라.

[답] 0.5 μs

D2.19 이상적인 연산 증폭기를 이용하여 10 kΩ의 입력 저항과 10^{-3}초의 적분 시정수를 갖는 반전 적분기를 설계하라. 10라디안/초와 1라디안/초에서 이 회로의 이득의 크기와 위상각은 얼마인가? 이득의 크기가 1이 되는 주파수는 얼마인가?

[답] $R = 10$ kΩ, $C = 0.1$ μF; $\omega = 10$라디안/초에서: $|V_o/V_i| = 100$ V/V 그리고 $\phi = +90°$; $\omega = 1$라디안/초에서: $|V_o/V_i| = 1000$ V/V 그리고 $\phi = +90°$; 1000라디안/초

D2.20 10^{-2}초의 시정수와 0.01 μF의 입력 커패시턴스를 갖는 미분기를 설계하라. 10라디안/초와 10^3라디안/초에서 이 회로의 이득의 크기와 위상은 얼마인가? 이 미분기 회로의 고주파 이득을 100으로 제한하기 위해 저항기 하나를 커패시터에 직렬로 첨가하려고 한다. 이에 필요한 저항값을 구하라.

[답] $C = 0.01$ μF; $R = 1$ MΩ; $\omega = 10$라디안/초에서: $|V_o/V_i| = 0.1$ V/V 그리고 $\phi = -90°$; $\omega = 1000$라디안/초에서: $|V_o/V_i| = 10$ V/V 그리고 $\phi = -90°$; 10 kΩ

2.6 직류 결함

지금까지는 연산 증폭기가 이상적이라고 가정했다. 회로 설계자는 실제 연산 증폭기의 특성들과 이 특성들이 연산 증폭기 회로의 성능에 미치는 영향을 완전히 알고 있어야 한다. 그런 다음에야 연산 증폭기를 현명하게 사용할 수 있을 것이다. 특히 응용이 단순한 것이 아닐 때 더욱 그러할 것이다. 말할 것도 없이 연산 증폭기의 비이상적인 성질들은 앞의 예제들에서 해석한 여러 가지 회로들의 동작 범위를 제한할 것이다.

이 절과 다음의 두 절에서는 연산 증폭기의 중요한 비이상적인 특성들 중 몇 가지를 고찰할 것이다.[4] 한 번에 하나의 특성을 다루는 방식으로 이들을 고찰할 것인데 먼저 연산 증폭기가 영향받기 쉬운 직류 문제들로 시작해 보자.

2.6.1 오프셋 전압

연산 증폭기는 직류에서 큰 이득을 갖는 직접 결합 소자이므로 직류 동작에서 여러 가지 문제들을 일으키기 쉽다. 그 첫 번째 문제는 직류 오프셋 전압이다. 이 문제를 이해하기 위해 다음과 같은 개념상의 실험을 고찰해 보자. 만일 연산 증폭기의 두 입력 단자를 함께 묶어 접지로 연결한다면, $v_{Id} = 0$임에도 불구하고 어떤 유한한 직류 전압이 연산 증폭기의 출력단에 나타나는 것을 볼 수 있을 것이다. 사실 연산 증폭기가 큰 직류 이득을 갖고 있다면 그 출력은 플러스 포화 레벨이나 마이너스 포화 레벨 둘 중 하나에 있을 것이다. 적절한 극성과 크기를 갖는 직류 전압 전원을 연산 증폭기의 두 입력 단자 사이에 연결함으로써 연산 증폭기의 출력을 그것의 이상적인 전압인 0 V로 되돌릴 수 있을 것이다. 이는 이 외부 전원이 연산 증폭기의 입력 오프셋 전압을 상쇄시켰다는 것을 의미한다. 따라서 **입력 오프셋 전압**(input offset voltage, V_{OS})은 외부에서 인가한 전압과 크기는 같고 극성은 반대이어야 할 것이다.

입력 오프셋 전압은 연산 증폭기 내부에 있는 차동 입력단에서 불가피하게 나타나는 제조 공정상의 부정합(mismatch)의 결과로 발생한다. 뒤의 장들(특히 8장과 12장)에서 이 논제에 대해 상세히 공부할 것이다. 여기서 우리들의 관심은 폐쇄 루프 연산 증폭기 회로의 동작에 대한 V_{OS}의 영향을 조사하는 것이다. 이를 위해 범용 연산 증폭기가 1~5 mV 범위 내의 V_{OS}를 보인다는 점에 주목할 필요가 있다. 또한 V_{OS}의 값이 온도에 따

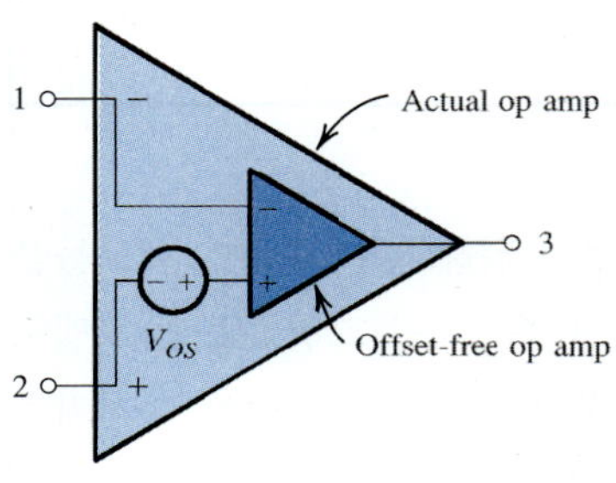

그림 2.29 입력 오프셋 전압 V_{OS}를 포함시킨 연산 증폭기의 회로 모델.

4) 실제 연산 증폭기는 이 장에서 논할 특성들 외에 비이상적인 효과들을 가지고 있다. 이들은 유한한(0이 아닌) 공통 모드 이득, 즉 무한대가 아닌 CMRR, 무한대가 아닌 입력 저항, 그리고 0이 아닌 출력 저항을 포함한다. 이들이 여기서 공부한 폐쇄 루프 회로의 대부분의 성능에 미치는 효과는 그다지 중요하지 않다. 따라서 이들에 대한 고찰은 뒤의 장들(특히 8장과 12장)로 미룰 것이다.

라 변한다는 점에도 주목할 필요가 있다. 연산 증폭기 데이터 일람표에는 통례적으로 μV/℃로 표시되는 V_{OS}의 온도 계수뿐 아니라 실온에서의 V_{OS}의 대표적인 값과 최댓값이 명시된다. 그러나 V_{OS}를 일으키는 소자들 사이의 부정합이 어떻게 작용하는지를 분명하게 알 수 없기 때문에 V_{OS}의 극성은 명시되지 않는다. 즉, 같은 유형의 연산 증폭기들일지라도 개개의 소자에 따라 플러스 또는 마이너스의 V_{OS}를 나타낼 수 있다.

연산 증폭기 회로들의 동작에 대한 V_{OS}의 영향을 해석하기 위해서는 입력 오프셋 전압을 포함시킨 연산 증폭기 회로 모델이 필요할 것이다. 그와 같은 모델을 그림 2.29에 나타냈다. 이 모델은 오프셋이 없는 연산 증폭기와 그것의 입력 단자에 직렬로 접속된 V_{OS} 값의 직류 전원으로 구성된다. 이 모델의 정당성은 앞의 논의로부터 증명될 수 있을 것이다.

연습문제

2.21 그림 2.29의 모델을 이용하여 $A_0 = 10^4$ V/V의 개방 루프 직류 이득, ±10 V의 출력 포화 레벨, 그리고 +5 mV의 V_{OS}를 갖는 연산 증폭기의 v_O 대 v_{Id} 전달 특성($v_O \equiv v_3$이고, $v_{Id} \equiv v_2 - v_1$이다)을 도시하라.

[답] 그림 E2.21을 보라. 그 이름에 걸맞게, 입력 오프셋 전압이 전압-전달 특성에서 오프셋을 야기한다는 사실에 주목하기 바란다. 즉, 전달 특성이 원점을 통과하지 않고 V_{OS}만큼 왼쪽으로 이동했다는 사실에 주목하기 바란다.

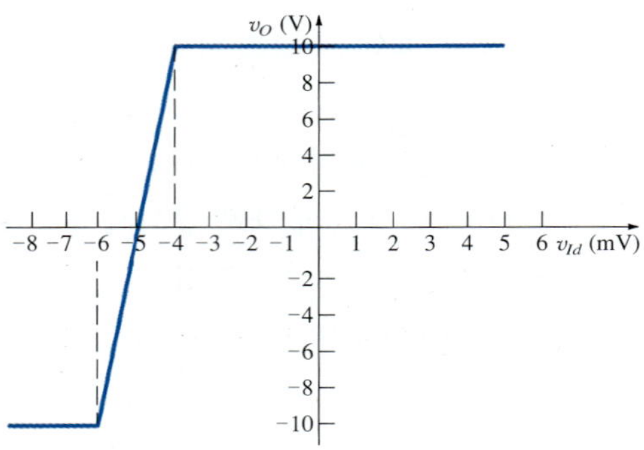

그림 E2.21 V_{OS} = 5 mV와 ±10 V의 출력 포화 레벨을 갖는 연산 증폭기의 전달 특성.

연산 증폭기의 V_{OS}가 연산 증폭기 회로들의 성능에 미치는 영향을 알아보기 위해 연산 증폭기 회로들을 해석하는 것은 간단하다. 즉, 입력 전압 신호 전원을 단락 회로로 만들고, 연산 증폭기를 그림 2.29의 모델로 교체하면 된다.(여기서 입력 신호를 제거하는 것은 문제를 간단히 하기 위한 것이며, 중첩의 원리에 그 근거를 두고 있다.) 이 절차로부터 반전 증폭기 구성과 비반전 증폭기 구성 모두 그림 2.30과 같은 회로로 귀착된다는 것을 알 수 있다. 이 회로로부터 V_{OS}에 기인한 출력 직류 전압은

$$V_O = V_{OS}\left[1 + \frac{R_2}{R_1}\right] \tag{2.34}$$

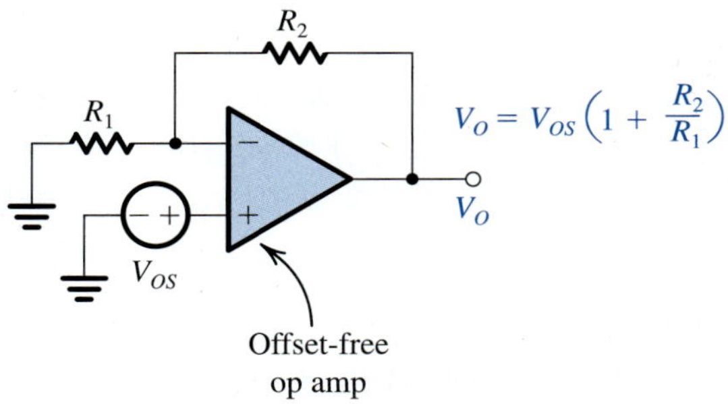

그림 2.30 폐쇄 루프 증폭기에서 V_{OS}에 기인한 출력 직류 오프셋을 계산함.

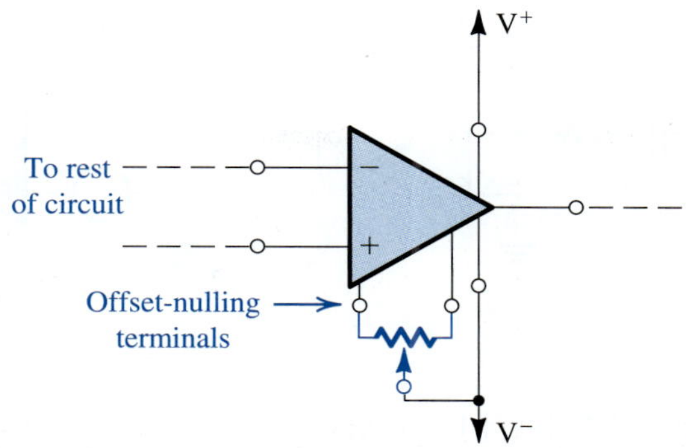

그림 2.31 전위차계를 두 개의 오프셋 조정 단자에 접속함으로써 증폭기의 출력 직류 오프셋 전압을 0으로 조절할 수 있다. 이때 전위차계의 가동자는 연산 증폭기의 마이너스 공급기에 접속해야 한다.

로 구해진다. 이 출력 직류 전압이 큰 값을 가질 수 있다는 점에 유의하기 바란다. 예를 들어 폐쇄 루프 이득이 1000인 비반전 증폭기를 5 mV의 입력 오프셋 전압을 갖고 있는 연산 증폭기로 구성했을 때, 이 증폭기는 이상적인 값인 0 V와는 완전히 동떨어진 +5 V 또는 −5 V(V_{OS}의 극성에 따라)의 직류 출력 전압을 가질 것이다. 이제 입력 신호가 이 증폭기에 인가되면, 그에 상응하는 신호 출력이 직류 5 V 위에 겹쳐져 나타날 것이고, 이에 따라 출력에서 허용할 수 있는 신호 스윙은 감소할 것이다. 더욱 나쁜 것은, 증폭될 신호가 직류인 경우 증폭기의 출력이 V_{OS}에 기인한 것인지 그렇지 않으면 신호에 기인한 것인지를 알 수 없다는 것이다.

몇몇 연산 증폭기들은 V_{OS}에 기인한 출력을 0 V로 조절하기 위해 특정한 회로를 접속할 수 있는 두 개의 부수적인 단자를 구비하고 있다. 그림 2.31에 범용 연산 증폭기들에서 전형적으로 사용되는 그와 같은 배열을 나타냈다. 그림으로부터 알 수 있듯이 전위차계가 오프셋 조정(offset-nulling) 단자들 사이에 접속되어 있다. 여기서 전위차계의 가동자(wiper)가 연산 증폭기의 마이너스 공급기에 접속되어 있다는 점에 유의하기 바란다. 전위차계의 가동자를 움직이면, 연산 증폭기의 내부 회로에 존재하는 그리고 V_{OS}를 야기하는 비대칭과 반대로 작용하는 불균형이 도입된다. 이 점에 대해서는 12장에서 연산 증폭기의 내부 회로를 공부할 때 다시 논의할 것이다. 그러나 직류 오프셋 전압을 0으로 조절할 수 있다 하더라도 온도에 따른 V_{OS}의 변동[또는 드리프트(drift)] 문제는 여전히 숙제로 남는다.

직류 오프셋 문제를 극복하는 한 가지 방법은 증폭기를 커패시터로 결합하는 것이다. 그러나 이 방법은 폐쇄 루프 증폭기가 직류 또는 초저주파 신호들을 증폭시킬 필요가 없는 응용들에만 이용 가능하다. 그림 2.32(a)는 커패시터로 결합된 반전 증폭기를 나타낸 것이다. 직류에서는 결합 커패시터의 임피던스가 무한대이기 때문에, 이 회로의 직류 이득은 0일 것이다. 따라서 연산 증폭기 입력 오프셋 전압 V_{OS}에 기인한 직류 출력 전압을 구하기 위한 등가 회로는 그림 2.32(b)와 같을 것이다. 그림으로부터 알 수 있듯이, V_{OS}가 사실상 단위 이득 폴로어에 접속되어 있는 형태를 취하기 때문에, 출력 직류 전압은 결합 커패시터를 사용하지 않은 경우인 $V_{OS}(1 + R_2/R_1)$보다 훨씬 작은 값인 V_{OS}가 될 것이다. 입력 신호에 관한 한 결합 커패시터 C는 R_1과 함께 $\omega_0 = 1/CR_1$의 코너 주파수를 갖는 STC 고역 통과 회로를 형성한다. 따라서 커패시터로 결합된 증폭기의 이

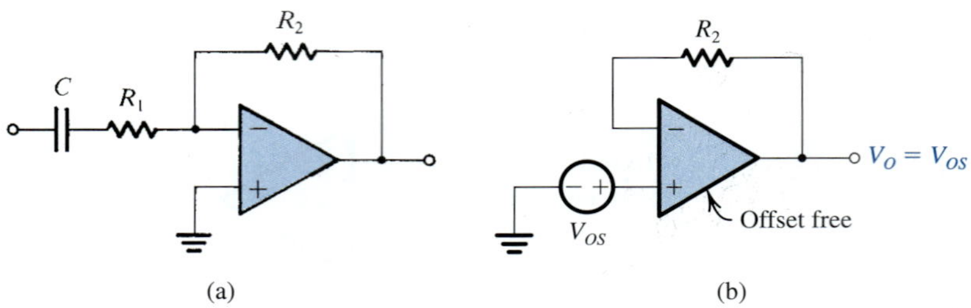

그림 2.32 (a) 커패시터로 결합된 반전 증폭기. (b) 직류 출력 오프셋 전압 V_O를 구하기 위한 등가 회로.

득은 (고주파에서 $1 + R_2/R_1$의 크기로부터) 저주파 끝에서 떨어질 것이고 ω_0에서 3 dB 떨어질 것이다.

연습문제

2.22 3 mV의 오프셋 전압과 ±10 V의 출력 포화 레벨을 갖는 연산 증폭기로 구성되어 1000의 공칭 이득을 갖는 반전 증폭기에 대해서 생각해 보자. (a) 출력 파형을 잘리지 않게 하면서 인가할 수 있는 피크 사인파 입력 신호는 대략 얼마인가? (b) V_{OS}에 의한 영향을 실온(25℃)에서 0으로 맞추었다. (i) 회로가 일정한 온도에서 동작할 경우 얼마나 큰 입력을 인가할 수 있는가? (ii) 회로가 0℃에서 75℃까지의 범위에서 동작하고 V_{OS}의 온도 계수가 10 μV/℃인 경우 얼마나 큰 입력을 인가할 수 있는가?

[답] (a) 7 mV; (b) 10 mV, 9.5 mV

2.23 연습문제 2.22에서 다룬 것과 마찬가지로 3 mV의 입력 오프셋 전압과 ±10 V의 출력 포화 레벨을 갖는 연산 증폭기로 구성되어 1000의 공칭 이득을 갖는 반전 증폭기에 대해서 생각해 보자. 여기서 다른 점은 이 증폭기가 그림 2.32(a)에 나타낸 것처럼 커패시터로 결합되어 있다. (a) 출력에서 직류 오프셋 전압은 얼마인가? 그리고 출력 파형을 잘리지 않게 하면서 인가할 수 있는 피크 사인파 입력 신호는 (대략) 얼마인가? 오프셋 조정을 할 필요가 있는가? (b) $R_1 = 1\ \text{k}\Omega$이고 $R_2 = 1\ \text{M}\Omega$이라고 가정한 후 이득이 아래쪽으로 1 kHz까지 57 dB 이상이 되도록 보장할 수 있는 결합 커패시터 C_1의 값을 구하라.

[답] (a) 3 mV, 10 mV, 오프셋 조정을 할 필요가 없다; (b) 0.16 μF

2.6.2 입력 바이어스 전류와 오프셋 전류

연산 증폭기에서 만나는 두 번째 직류 문제를 그림 2.33에 나타냈다. 연산 증폭기가 동작하기 위해서는 그것의 두 입력 단자가 **입력 바이어스 전류**(input bias current)[5]라고 불리는 직류 전류로 공급되어야 한다. 그림

5) 이는 바이폴라 접합 트랜지스터(BJT)들을 이용하여 구성한 연산 증폭기에 대한 것이다. MOSFET들을 이용하여 첫째 (입력) 단을 구성한 연산 증폭기들은 약간의 입력 바이어스 전류도 끌어들이지 않는다. 그럼에도 불구하고 입력 단자들은 접지로 연결되는 연속적인 직류 경로를 반드시 가져야 한다. 이 점에 대해서는 뒤의 장들에서 더 논의할 것이다.

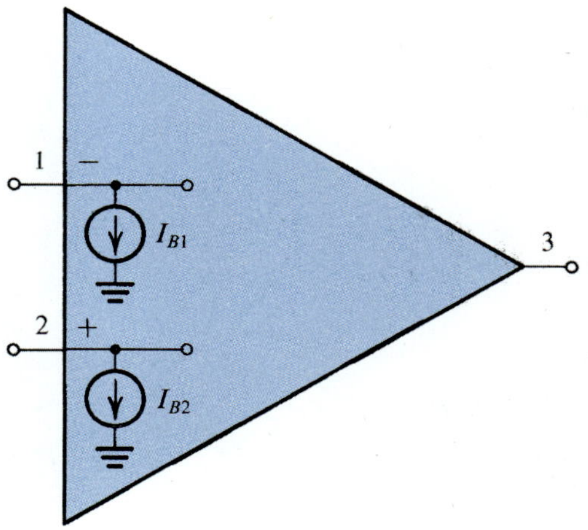

그림 2.33 두 전류 전원 I_{B1}과 I_{B2}로 표현된 입력 바이어스 전류.

2.33에는 이들 두 전류가 두 입력 단자에 연결된 두 개의 전류 전원 I_{B1}과 I_{B2}로 표시되어 있다. 미리 강조하건대, 입력 바이어스 전류는 실제 연산 증폭기가 (크지만) 유한한 입력 저항(그림 2.33에는 나타내지 않았다)을 가진다는 사실과는 무관하다. 연산 증폭기 데이터 일람표에는 일반적으로 I_{B1}과 I_{B2}의 예상되는 차이뿐 아니라 평균값도 수록된다. I_{B1}과 I_{B2}의 평균값 I_B

$$I_B = \frac{I_{B1} + I_{B2}}{2}$$

를 입력 바이어스 전류라고 부르는 한편, 이들의 차를 **입력 오프셋 전류**(input offset current)라고 부르며, 다음과 같이 나타낸다.

$$I_{OS} = |I_{B1} - I_{B2}|$$

바이폴라 트랜지스터를 사용한 범용 연산 증폭기의 입력 바이어스 전류와 입력 오프셋 전류의 대표적인 값은 $I_B = 100$ nA와 $I_{OS} = 10$ nA이다.

이제부터는 입력 바이어스 전류에 기인한 폐쇄 루프 증폭기의 직류 출력 전압을 구해 보자. 이를 위해 신호 전원을 접지시키면 반전 및 비반전 구성 둘 다에 대해 그림 2.34에 나타낸 회로를 얻을 것이다. 그림 2.34에 나타낸 것처럼 직류 출력 전압은 다음과 같이 주어진다.

$$V_O = I_{B1}R_2 \simeq I_B R_2 \tag{2.35}$$

이 식에 의해서 R_2의 상한값이 제한된다는 것을 알 수 있을 것이다. 그러나 다행히 입력 바이어스 전류에 기인한 출력 직류 전압을 줄이는 방법이 있다. 그 방법이란 그림 2.35에 나타낸 것처럼 비반전 입력 리드에 저항 R_3를 직렬로 달아 주는 것이다. R_3는 신호에는 거의 영향을 미치지 않을 것이다.(이상적으로는 영향을 미치지 않는다.) R_3의 적절한 값은 그림 2.35의 회로를 해석함으로써 구할 수 있다. 자세한 해석을 그림에 나타냈다. 출력 전압은 다음과 같이 주어진다.

$$V_O = -I_{B2}R_3 + R_2(I_{B1} - I_{B2}R_3/R_1) \tag{2.36}$$

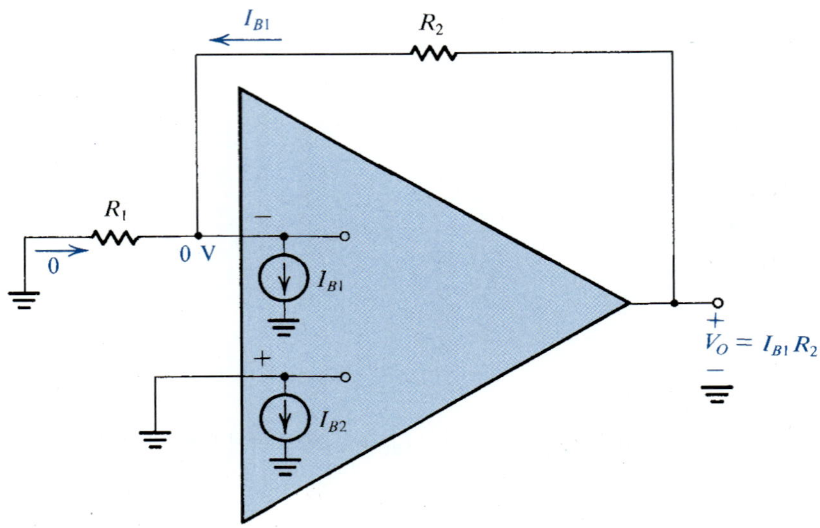

그림 2.34 입력 바이어스 전류를 고려한 폐쇄 루프 증폭기의 해석.

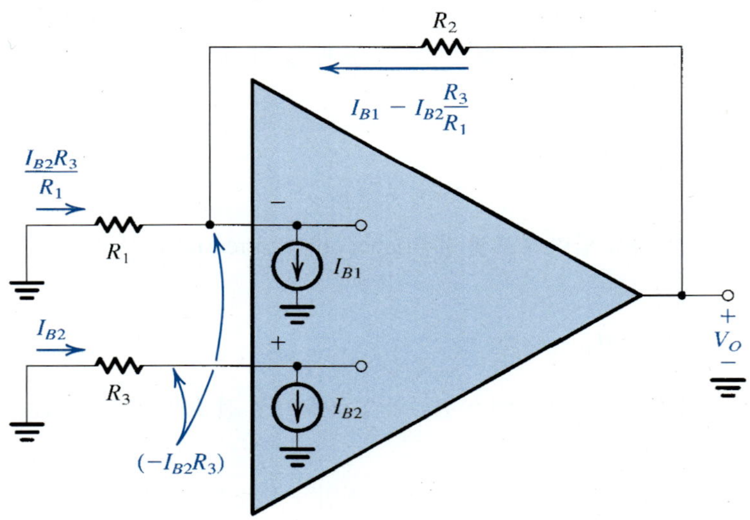

그림 2.35 저항 R_3를 삽입하여 입력 바이어스 전류의 영향을 줄임.

먼저 $I_{B1} = I_{B2} = I_B$인 경우를 고찰하면

$$V_O = I_B[R_2 - R_3(1 + R_2/R_1)]$$

이 된다. 따라서 R_3를 다음과 같이 선택함으로써 V_O를 0으로 줄일 수 있다.

$$R_3 = \frac{R_2}{1 + R_2/R_1} = \frac{R_1R_2}{R_1 + R_2} \tag{2.37}$$

이는 R_3를 R_1과 R_2의 병렬 등가 저항과 같게 만들어야 한다는 것을 의미한다.

식 (2.37)의 R_3를 식 (2.36)에 대입하고 $(I_{B1} - I_{B2})$를 I_{OS}로 대체하면

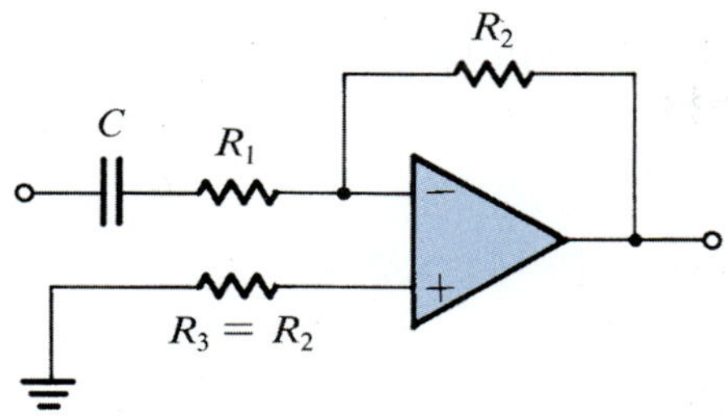

그림 2.36 교류 결합 증폭기에서 반전 단자에서 바라본 직류 저항은 R_2이다. 따라서 R_3를 R_2와 같게 선택해야 한다.

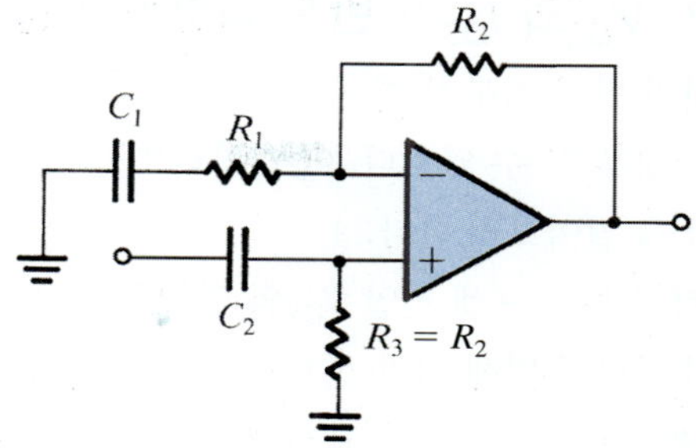

그림 2.37 연산 증폭기의 각각의 입력 단자들을 위한 연속적인 직류 경로의 필요성 설명. 특히 R_3 저항기가 없으면 증폭기가 **동작하지 않는다**는 점에 주목하기 바란다.

$$V_O = I_{OS} R_2 \tag{2.38}$$

를 얻을 것이다. 이것의 값은 R_3가 없을 때 얻은 값[식 (2.35)]보다 보통 약 한 차수 정도 작다. 결론적으로 입력 바이어스 전류의 영향을 최소화하기 위해서는, **반전 단자에서 바라본 등가적인 직류 저항과 똑같은 크기의 저항을 플러스 입력 리드에 삽입해야 한다**고 결론지을 수 있을 것이다. 여기서 직류라는 말에 유의할 필요가 있다. 즉, 증폭기가 교류 결합(ac-coupled)되어 있다고 하면 그림 2.36에 나타낸 것처럼 $R_3 = R_2$로 선택해야 할 것이다.

교류 결합 증폭기를 다룰 때는, 연산 증폭기의 각각의 입력 단자와 접지 사이에 연속적인 직류 경로가 항상 형성되도록 해 주어야 한다는 점에 유의하기 바란다. 이는 I_B가 작다고 하더라도 해당된다. 이런 이유 때문에 그림 2.37의 교류 결합 비반전 증폭기는 플러스 입력 단자와 접지 사이에 R_3 저항이 없으면 **동작하지 않을** 것이다. 유감스럽게도 R_3를 삽입함으로써 폐쇄 루프 증폭기의 입력 저항이 상당히 작아진다는 점에 유의하기 바란다.

연습문제

2.24 한 개의 연산 증폭기와 두 개의 저항기 $R_1 = 10\ \text{k}\Omega$과 $R_2 = 1\ \text{M}\Omega$을 사용하여 설계된 어떤 반전 증폭기를 생각해 보자. 연산 증폭기는 100 nA의 입력 바이어스 전류와 10 nA의 입력 오프셋 전류를 가진다고 명세서에 적혀 있다. 출력 직류 오프셋 전압 V_O를 구하라. 또한 출력 오프셋 전압을 최소화하기 위해 플러스 입력 리드에 직렬로 삽입할 저항기 R_3의 값을 구하라. V_O의 새로운 값은 얼마인가?

[답] 0.1 V; 9.9 kΩ($\simeq$ 10 kΩ); 0.01 V

2.6.3 V_{OS}와 I_{OS}가 반전 적분기의 동작에 미치는 영향

2.5.2절의 반전 적분기 회로에 관한 논의로부터 이 회로가 작은 직류 전압이나 전류에 대해서도 포화에 민감하다는 것을 알 수 있었다. 이에 따라 연산 증폭기의 직류 오프셋이 적분기 회로의 동작에 미치는 영향(매우 극적임)을 알아보려 한다.

입력 직류 오프셋 전압 V_{OS}의 영향을 알아보기 위해 그림 2.38의 적분기 회로를 고찰해 보자. 여기서 문제를 단순화하기 위해 입력 신호를 단락 회로로(0으로) 만들었다. 회로의 해석은 간단하고 그림 2.38에 나와 있다. 문제를 단순화하기 위해 $t=0$시간에서 커패시터에 걸리는 전압을 0으로 가정한 다음 출력 전압을 시간의 함수로 나타내면

$$v_O = V_{OS} + \frac{V_{OS}}{CR}t \tag{2.39}$$

가 구해진다. 따라서 v_O는 연산 증폭기가 포화될 때까지 시간에 따라 선형적으로 증가할 것이며, 우리는 이런 상황을 명백히 받아들일 수 없을 것이다! 예상한 대로 직류 입력 오프셋 전류 I_{OS} 역시 비슷한 문제를 일으킨다. 그림 2.39에 이 상황을 설명해 놓았다. 입력 바이어스 전류 I_B가 C를 통해 흐르는 것을 막기 위해 연산 증폭기의 플러스 입력 리드에 저항 R을 첨가했다는 점에 주목하기 바란다. 그럼에도 불구하고 오프셋 전류 I_{OS}는 C를 통해 흐를 것이고 연산 증폭기가 포화될 때까지 v_O를 직선적으로 상승시킬 것이다.

2.5.2절에서 언급했듯이, 적분기 회로의 직류 문제는 그림 2.26에 나타낸 것처럼 적분기 커패시터 C 양단에 저항 R_F를 접속함으로써 다소 해결할 수 있을 것이다. 이와 같은 저항은 직류 전류(V_{OS}/R)와 I_{OS}가 흐를 수 있는 직류 경로를 제공한다($R \parallel R_F$에 해당하는 저항이 연산 증폭기의 양의 입력 도선에 연결되어 있다고 가정한다면). 그 결과 이제 v_O는 직선적으로 상승하는 대신에 $V_{OS}(1+R_F/R)+I_{OS}R_F$의 직류 성분을 가질 것이

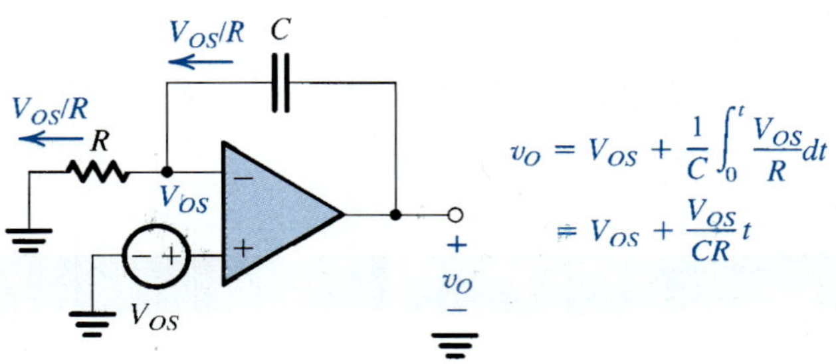

그림 2.38 연산 증폭기 입력 오프셋 전압 V_{OS}가 밀러 적분기 회로에 미치는 영향을 구함. 출력이 시간에 따라 증가하므로, 연산 증폭기가 궁극적으로 포화된다는 점에 주목하기 바란다.

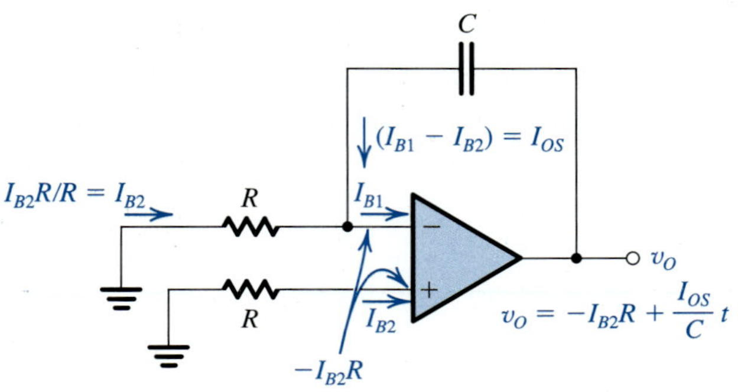

그림 2.39 연산 증폭기 입력 바이어스 및 오프셋 전류가 밀러 적분기 회로의 성능에 미치는 영향.

다. 출력에 나타나는 직류 오프셋을 작게 유지하기 위해서는 R_F를 작은 값의 저항으로 선정해야 할 것이다. 그러나 유감스럽게도 R_F의 값이 작으면 작을수록 적분기 회로는 점점 더 비이상적으로 동작할 것이다.

연습문제

2.25 1 ms의 시정수와 10 kΩ의 입력 저항을 갖는 밀러 적분기에 대해 생각해 보자. 이 적분기에 사용된 연산 증폭기는 $V_{OS} = 2$ mV와 ±12 V의 출력 포화 전압을 갖고 있다. (a) 전력 공급기가 켜질 때 커패시터 전압이 0이라고 가정하면 연산 증폭기가 포화되는 데 걸리는 시간은 얼마인가? (b) 적어도 ±10 V의 출력 신호 스윙이 가능하도록 유지하면서 선택할 수 있는 가장 큰 귀환 저항 R_F는 얼마인가? 그 결과로 생긴 STC 회로망의 코너 주파수는 얼마인가?

[답] (a) 6초; (b) 10 MΩ, 0.16 Hz

2.7 유한한 개방 루프 이득과 대역폭이 회로 성능에 미치는 영향

2.7.1 개방 루프 이득의 주파수 의존

연산 증폭기의 차동 개방 루프 이득 A는 무한하지 않다. 오히려 유한하며, 주파수에 따라 감소한다. 그림 2.40에 몇몇 대표적인 범용 연산 증폭기(많은 반도체 회사들에서 제조되는 유명한 741형 연산 증폭기와 같은 것들)의 $|A|$ 선도를 나타냈다.

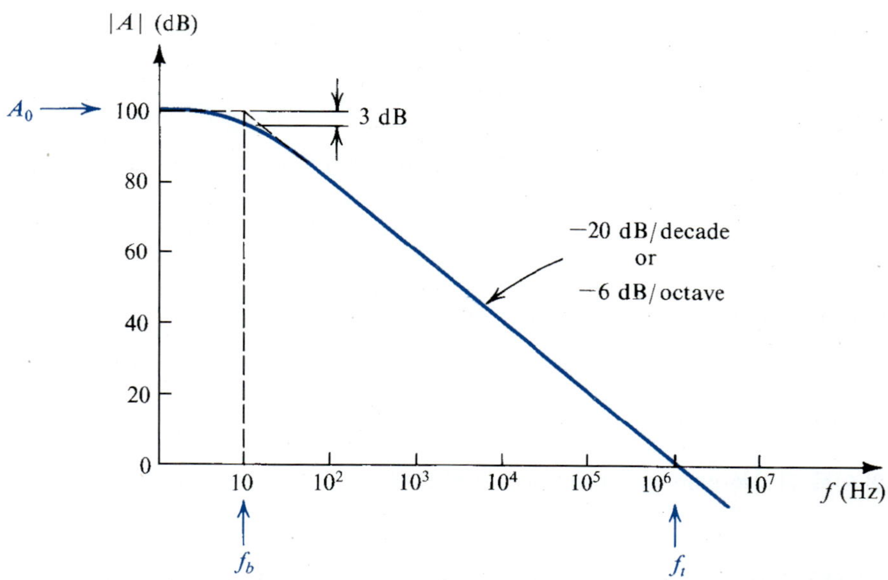

그림 2.40 내부적으로 보상된 범용 연산 증폭기의 개방 루프 이득.

직류나 저주파에서는 이득이 매우 높지만, 비교적 낮은 주파수(여기서는 10 Hz)에서부터 이득이 감소한다는 점에 유의하기 바란다. **내부적으로 보상된**(internally compensated) 연산 증폭기는 전형적으로 −20 dB/decade의 균일한 이득 감쇠 특성을 가진다. 이는 연산 증폭기의 이득이 단일 시정수 저역 통과 응답을 갖도록 동일한 IC 칩 위에 어떤 회로(일반적으로 한 개의 커패시터)를 포함시켰다는 것을 의미한다. 개방 루프 이득을 수정하는 과정을 **주파수 보상**(frequency compensation)이라 하며 그 목적은 연산 증폭기가 안정되도록(발진하지 않도록) 하는 것이다. 연산 증폭기 회로(보다 일반적으로 귀환 증폭기)의 안정성 문제는 10장에서 다룰 것이다.

저역 통과 STC 회로들의 응답 특성을 유추하면(1.6절 참조; 그리고 더 자세히 알고 싶은 독자들은 부록 E를 참고하기 바란다), 내부적으로 보상된 연산 증폭기의 이득 $A(s)$는 다음과 같이 표현될 것이다.

$$A(s) = \frac{A_0}{1 + s/\omega_b} \tag{2.40}$$

물리적인 주파수 $s = j\omega$에 대해서는

$$A(j\omega) = \frac{A_0}{1 + j\omega/\omega_b} \tag{2.41}$$

가 될 것이다. 여기서 A_0는 직류 이득을 나타내며 ω_b는 3 dB 주파수(또는 '차단' 주파수)이다. 그림 2.40의 예에서 $A_0 = 10^5$이고 $\omega_b = 2\pi \times 10$라디안/초이다. $\omega \gg \omega_b$(약 10배 이상)인 주파수에 대해서는 식 (2.41)이 다음과 같이 근사화될 것이다.

$$A(j\omega) \simeq \frac{A_0\omega_b}{j\omega} \tag{2.42}$$

따라서

$$|A(j\omega)| = \frac{A_0\omega_b}{\omega} \tag{2.43}$$

이고, 이로부터 이득 $|A|$가 ω_t로 표시되는 주파수에서 1(0 dB)에 도달한다는 것을 알 수 있을 것이다. 여기서 ω_t는

$$\omega_t = A_0\omega_b \tag{2.44}$$

이고 이것을 식 (2.42)에 대입함으로써 다음 결과를 얻을 수 있다.

$$A(j\omega) \simeq \frac{\omega_t}{j\omega} \tag{2.45}$$

여기서 f_t는 **단위 이득 대역폭**(unity-gain bandwidth)이라고 부른다.[6] 단위 이득 대역폭 $f_t = \omega_t/2\pi$는 대개 연산

6) f_t가 직류 이득 A_0와 3 dB 대역폭(여기서 $f_b = \omega_b/2\pi$)의 곱이기 때문에, f_t를 **이득 대역폭 곱**(GB:gain-bandwidth product)이라고 부르기도 한다. 그러나 어떤 증폭기에서는 단위 이득 주파수와 이득 대역폭 곱이 같지 않다는 점에 주의하여야 한다.

증폭기의 데이터 일람표에 자세히 수록된다. $\omega \gg \omega_b$에 대해 식 (2.40)의 개방 루프 이득이

$$A(s) \simeq \frac{\omega_t}{s} \tag{2.46}$$

가 된다는 점에 유의하기 바란다. 이득 크기는 식 (2.45)로부터 다음과 같이 얻어질 것이다.

$$|A(j\omega)| \simeq \frac{\omega_t}{\omega} = \frac{f_t}{f} \tag{2.47}$$

따라서 만일 f_t를 안다면(여기서는 10^6 Hz) 주어진 주파수 f에서 연산 증폭기의 이득의 크기를 쉽게 추정할 수 있을 것이다. 더 나아가 이 관계가 그림 2.40에 나타낸 보데 선도와 관련이 있다는 점에 주목하기 바란다. 구체적으로 말하면 $f \gg f_b$에 대해 f를 두 배로 하면(1 옥타브 증가시키면) 이득은 반감될(6 dB 감소될) 것이다. 마찬가지로 f를 10배(1 데케이드) 증가시키면 $|A|$는 10배(20 dB) 감소될 것이다.

실제적인 중요한 문제로서, 같은 유형의 연산 증폭기들 사이의 f_t 값의 (제조상의) 차이가 A_0나 f_b의 차이보다 작기 때문에 사양 파라미터로서 f_t를 더 선호한다는 점에 주목하기 바란다. 또한 이렇게 −6 dB/octave(또는 등가적으로 −20 dB/decade)의 균일한 이득 감쇠 특성을 갖는 연산 증폭기를 **단일 극점 모델**(single-pole model)로 나타낼 수 있다는 점에 주목할 필요가 있다. 이 단일 극점이 증폭기의 주파수 응답을 지배하기(dominate) 때문에 이 극점을 **우성 극점**(dominant pole)이라고 부른다. 극점과 영점에 대해서 좀 더 알고 싶은 독자는 부록 F를 참고하기 바란다.

연습문제

2.26 내부적으로 보상된 어떤 연산 증폭기가 106 dB의 개방 루프 직류 이득과 3 MHz의 단위 이득 대역폭을 가지고 있다. f_b를 구하라. 또한 f_b = 300 Hz, 3 kHz, 12 kHz, 60 kHz에서의 개방 루프 이득(dB로)을 구하라.

[답] 15 Hz; 103 dB; 80 dB; 60 dB; 48 dB; 34 dB

2.7.2 폐쇄 루프 증폭기의 주파수 응답

다음으로 연산 증폭기의 제한된 이득과 대역폭이 두 가지의 기본적인 구성, 즉 그림 2.5에 나타낸 반전 회로와 그림 2.12에 나타낸 비반전 회로의 폐쇄 루프 전달 함수에 어떤 영향을 미치는지 살펴보자. 2.2절에서 연산 증폭기의 이득이 A로 유한하다고 가정한 후 반전 증폭기의 폐쇄 루프 이득을 구했으며, 그 결과를 식 (2.5)에 나타냈다. 식 (2.5)를 여기에 다시 써 보면 다음과 같다.

$$\frac{V_o}{V_i} = \frac{-R_2/R_1}{1+(1+R_2/R_1)/A} \tag{2.48}$$

A 대신에 식 (2.40)을 대입하고 식 (2.44)를 이용하면

$$\frac{V_o(s)}{V_i(s)} = \frac{-R_2/R_1}{1+\frac{1}{A_0}\left(1+\frac{R_2}{R_1}\right)+\frac{s}{\omega_t/(1+R_2/R_1)}} \tag{2.49}$$

가 된다. 대개의 경우 $A_0 \gg 1 + R_2/R_1$이므로

$$\frac{V_o(s)}{V_i(s)} \simeq \frac{-R_2/R_1}{1+\frac{s}{\omega_t/(1+R_2/R_1)}} \tag{2.50}$$

가 되며 이 식의 형태는 저역 통과 단일 시정수 회로망의 식과 똑같다(표 1.2 참조). 따라서 반전 증폭기는 직류 이득이 R_2/R_1인 STC 저역 통과 응답을 가질 것이다. 폐쇄 루프 이득은 다음 식으로 주어지는 코너 주파수(3 dB 주파수)에서 −20 dB/decade의 균일한 기울기로 떨어질 것이다.

$$\omega_{3\text{dB}} = \frac{\omega_t}{1+R_2/R_1} \tag{2.51}$$

마찬가지로 그림 2.12의 비반전 증폭기 회로에서 연산 증폭기의 이득이 A로 유한하다고 가정한 후 회로를 해석하면 식 (2.11)에 보인 폐쇄 루프 전달 함수를 얻을 것이다. 이를 다시 쓰면

$$\frac{V_o}{V_i} = \frac{1+R_2/R_1}{1+(1+R_2/R_1)/A} \tag{2.52}$$

A 대신에 식 (2.40)을 대입하고 $A_0 \gg 1 + R_2/R_1$으로 근사화하면

$$\frac{V_o(s)}{V_i(s)} \simeq \frac{1+R_2/R_1}{1+\frac{s}{\omega_t/(1+R_2/R_1)}} \tag{2.53}$$

를 얻는다. 따라서 비반전 증폭기는 직류 이득이 $1 + R_2/R_1$이고 3 dB 주파수가 식 (2.51)로 주어지는 STC 저역 통과 응답을 가진다.

예제 2.7

$f_t = 1$ MHz인 연산 증폭기에 대해 고찰해 보자. 공칭 이득이 +1000, +100, +10, +1, −1, −10, −100, −1000인 폐쇄 루프 증폭기의 3 dB 주파수를 구하라. 또 폐쇄 루프 이득이 +10, −10인 증폭기의 진폭 주파수 응답을 도시하라.

풀이

식 (2.51)을 이용하면 다음의 표를 얻을 수 있다.

Closed-Loop Gain	R_2/R_1	$f_{3\text{ dB}} = f_t/(1 + R_2/R_1)$
+1000	999	1 kHz
+100	99	10 kHz
+10	9	100 kHz
+ 1	0	1 MHz
− 1	1	0.5 MHz
−10	10	90.9 kHz
−100	100	9.9 kHz
−1000	1000	≃ 1 kHz

그림 2.41에 공칭 직류 이득이 +10인 증폭기의 주파수 응답을, 그리고 그림 2.42에 −10인 경우의 응답을 각각 나타냈다. 위의 표로부터 단위 이득 비반전 증폭기의 3 dB 주파수가 f_t인 데 비해 단위 이득 반전 증폭기의 3 dB 주파수는 $f_t/2$라는 흥미로운 사실을 알 수 있다.

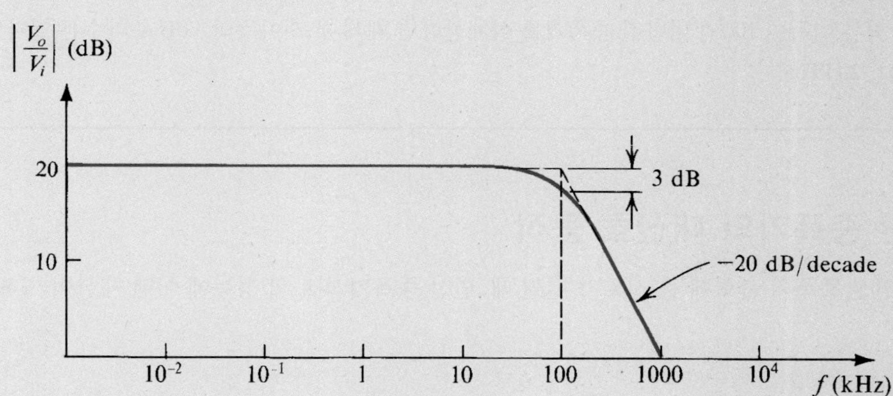

그림 2.41 공칭 이득이 +10 V/V인 증폭기의 주파수 응답.

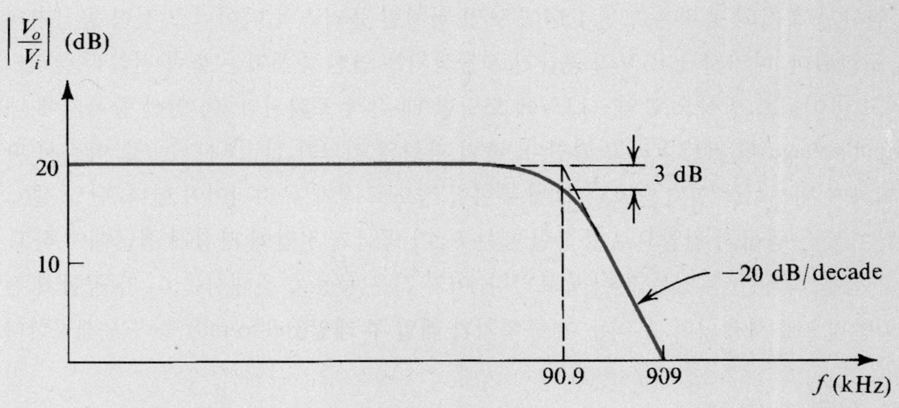

그림 2.42 공칭 이득이 −10 V/V인 증폭기의 주파수 응답.

예제 2.7의 표로부터 이득과 대역폭 사이의 절충이 필요하다는 것을 분명히 알 수 있다. 즉, 주어진 연산 증폭기에 대해, 요구되는 폐쇄 루프 이득이 낮으면 낮을수록 그만큼 더 넓은 대역폭이 얻어진다는 것을 알 수 있다. 실제로 비반전 구성은 연산 증폭기의 f_t 값에 해당하는 일정한 **이득 대역폭 곱**(gain-bandwidth product)을 나타낸다. 10장에서 귀환 이론을 이용하여 이 결과들을 설명할 것이다.

연습문제

2.27 내부적으로 보상된 어떤 연산 증폭기가 10^6 V/V의 직류 개방 루프 이득과 10 kHz에서 40 dB의 교류 개방 루프 이득을 가지고 있다. 이 연산 증폭기의 3 dB 주파수, 단위 이득 주파수, 이득 대역폭 곱, 그리고 1 kHz에서 예상되는 이득을 계산하라.

[답] 1 Hz; 1 MHz; 1 MHz; 60 dB

2.28 직류에서 106 dB 이득과 $f_t = 2$ MHz의 단일 극점 주파수 응답을 갖는 연산 증폭기를 사용하여 공칭 직류 이득이 100인 비반전 증폭기를 설계한다면 폐쇄 루프 이득의 3 dB 주파수는 얼마인가?

[답] 20 kHz

2.8 연산 증폭기의 대신호 동작

이 절에서는 연산 증폭기 출력에 큰 신호가 걸릴 때, 연산 증폭기 회로의 성능에 어떤 제한이 가해지는지 살펴볼 것이다.

2.8.1 출력 전압 포화

다른 모든 증폭기들과 마찬가지로 연산 증폭기들 역시 출력 전압의 제한된 범위에 한해서만 선형적으로 동작한다. 특히 연산 증폭기의 출력은 그림 1.14에 보인 것처럼 플러스와 마이너스 전력 공급기의 전압과 연관된 L_+와 L_-로 포화된다. 따라서 ±15 V의 공급기로 동작되는 연산 증폭기는 출력 전압이 플러스 방향으로 약 +13 V에 그리고 마이너스 방향으로 약 −13 V에 도달할 때 각각 포화된다. 이 연산 증폭기에 대해 **정격 출력 전압**(rated output voltage)이 ±13 V라고 말한다. 출력 파형의 피크가 잘려 나가는 것, 따라서 파형 왜곡이 일어나는 것을 피하기 위해서는 입력 신호가 그에 부합할 정도로 작게 유지되어야 한다. 단일 셀(cell) 전지로 공급되는 것과 같이 낮은 공급기 전압으로 동작할 때는 $L_\pm$가 공급기 전압에 가깝게 접근해야 하고 이에 따라 최대로 큰 신호 진폭을 허용할 수 있는 것이 중요하다. 이와 같은 응용을 위해서는 $L_\pm$가 공급기 전압과 같은 연산 증폭기가 일반적으로 사용되며, 우리는 이 증폭기가 **레일 투 레일**(rail-to-rail) 출력을 제공한다고 말한다.

2.8.2 출력 전류 제한

연산 증폭기들의 동작에 대한 또 다른 제한은 그들의 출력 전류가 정해진 최댓값으로 제한된다는 것이다. 예를 들면, 널리 사용되고 있는 741 연산 증폭기는 ±20 mA의 최대 출력 전류를 가진다고 명세서에 적혀 있다.

따라서 741을 이용하여 폐쇄 루프 회로들을 설계할 때, 설계자는 반드시 그 연산 증폭기가 결코 어느 쪽의 방향으로든 20 mA를 넘는 출력 전류를 공급할 필요가 없다는 것을 보장해야 한다. 물론 이는 부하 저항기에 공급되는 전류뿐 아니라 귀환 회로에 흐르는 전류도 포함해야 한다. 만일 회로가 더 큰 전류를 필요로 한다면, 연산 증폭기 출력 전압은 최대로 허용되는 출력 전류에 상응하는 레벨에서 포화될 것이다.

예제 2.8

그림 2.43에 나와 있는 비반전 증폭기를 고찰해 보자. 그림에 나와 있듯이 이 회로는 공칭 이득 $1 + R_2/R_1 = 10$ V/V을 갖게끔 설계되어 있다. 이 회로는 피크 전압 V_p의 저주파 사인파 신호로 구동되며 부하 저항 R_L에 접속된다. 연산 증폭기는 ±13 V의 출력 포화 전압을 가지며 ±20 mA의 출력 전류 한도를 가진다.

(a) $V_p = 1$ V이고 $R_L = 1$ kΩ일 때, 증폭기의 출력에 나타나는 신호를 상세하게 기술하라.
(b) $V_p = 1.5$ V이고 $R_L = 1$ kΩ일 때, 증폭기의 출력에 나타나는 신호를 상세하게 기술하라.
(c) $R_L = 1$ kΩ일 때, 왜곡되지 않은 사인파 출력을 얻기 위한 V_p의 최댓값은 얼마인가?
(d) $V_p = 1$ V일 때, 왜곡되지 않은 사인파 출력을 얻기 위한 R_L의 최솟값은 얼마인가?

풀이

(a) $V_p = 1$ V이고 $R_L = 1$ kΩ일 때, 출력은 10 V의 피크 값을 갖는 사인파일 것이다. 이 피크 값은 ±13 V의 출력 포화 레벨보다 낮다. 따라서 증폭기는 그런 식으로는 제한되지 않을 것이다. 또한 출력이 피크 전압(10 V)에서 나타날 때, 부하에 흐르는 전류는 10 V/1 kΩ = 10 mA일 것이고, 귀환 회로망에 흐르는 전류는 10 V/(9 + 1) kΩ = 1 mA일 것이다. 따라서 연산 증폭기 출력에 흐르는 총 전류는 11 mA이고, 이는 20 mA의 증폭기 출력 전류 한도 이내이다.

(b) 이제 만일 V_p가 1.5 V로 증가한다면 출력은 이상적으로 15 V 피크의 사인파일 것이다. 그러나 연산 증폭기는 ±13 V에서 포화될 것이고, 이에 따라 사인파 출력을 이들 레벨에서 자를 것이다. 다음으로 연산 증폭기의 출력 전류를 조사해 보자. 13 V 출력과 $R_L = 1$ kΩ에서 $i_L = 13$ mA, $i_F = 1.3$ mA, 따라서 $i_O = 14.3$ mA, 다시 20 mA 한도 이내에 있다. 따라서 출력은 그림 2.43(b)에 나타낸 것처럼 ±13 V에서 피크가 잘리는 사인파일 것이다.

(c) $R_L = 1$ kΩ일 때, 왜곡되지 않은 사인파 출력을 위한 V_p의 최댓값은 1.3 V이다. 출력은 13 V 피크의 사인파일 것이고, 피크에서의 연산 증폭기 출력 전류는 14.3 mA일 것이다.

(d) $V_p = 1$ V와 감소된 R_L에 대해, 출력이 10 V 피크의 왜곡되지 않은 사인파를 유지하면서 최저로 낮출 수 있는 R_L의 값은 다음 식으로부터 구할 수 있다.

$$i_{O\max} = 20\text{ mA} = \frac{10\text{ V}}{R_{L\min}} + \frac{10\text{ V}}{9\text{ k}\Omega + 1\text{ k}\Omega}$$

결과는 다음과 같다.

$$R_{L\min} = 526\ \Omega$$

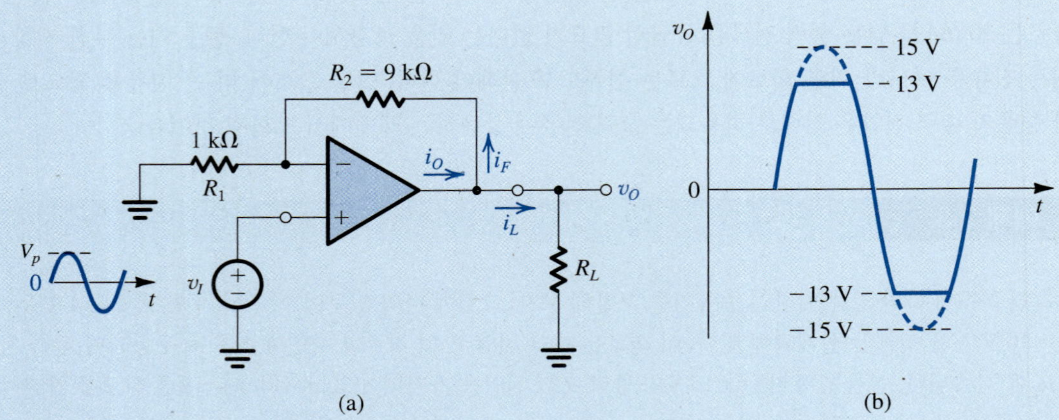

그림 2.43 (a) ±13 V의 출력 전압에서 포화되고 ±20 mA의 출력 전류 한도를 가지는 연산 증폭기를 사용하여 설계된 10 V/V의 공칭 이득을 갖는 비반전 증폭기. (b) 입력 사인파가 1.5 V의 피크 전압을 가질 때 출력은 ±13 V에서 잘린다.

2.8.3 슬루율

연산 증폭기 출력에 큰 신호가 걸릴 때 비선형 왜곡을 일으키는 또 다른 현상은 슬루율 제한이다. 이 이름은 실제의 연산 증폭기가 따라갈 수 있는 출력 전압에 특정한 최대 변화율이 있다는 사실을 언급한다. 이 최댓값을 연산 증폭기의 **슬루율**(SR: slew rate)이라고 부르며 다음과 같이 정의한다.

$$\text{SR} = \left.\frac{dv_O}{dt}\right|_{\max} \tag{2.54}$$

슬루율은 통상적으로 연산 증폭기 데이터 일람표에 V/μs의 단위로 일일이 수록된다. 만일 어떤 연산 증폭기에 인가된 입력 신호가 SR의 특정한 값보다 빠른 출력 응답을 요구할 정도로 빠르다면 그 연산 증폭기는 이 신호를 좇아갈 수 없을 것이다. 그보다는 오히려 연산 증폭기의 출력은 최대로 가능한 속도로 변할 것인데, 이 속도는 연산 증폭기의 SR과 같다. 한 예로 그림 2.44(a)에 나타낸 것처럼 단위 이득 폴로어 구성으로 접속된 어떤 연산 증폭기를 고찰해 보자. 그리고 입력 신호가 그림 2.44(b)와 같은 계단 전압이라고 하자. 이 연산 증폭기의 출력은 이상적인 값인 V까지 순간적으로 상승할 수 없을 것이다. 그보다는 오히려 출력은 그림 2.44(c)와 같이 SR 값에 해당하는 기울기로 선형적으로 증가하는 램프일 것이다. 이때 증폭기가 **슬루잉**(slewing)되었다고 말하거나, 증폭기의 출력이 **슬루율 제한되었다**(slew-rate limited)고 말한다.

슬루율 현상의 원인을 이해하려면 연산 증폭기의 내부 회로를 알아야 하는데 이에 대해서는 12장에서 공부할 것이다. 당분간은 슬루율 현상을 알고, 또 그 현상이 앞 절에서 공부한 폐쇄 루프 증폭기들의 주파수 응답을 제한하는 연산 증폭기의 유한 대역폭과는 다르다는 점에 주목하는 것으로 충분할 것이다. 연산 증폭기의 제한된 대역폭은 선형적인 현상이다. 따라서 이는 입력 사인파의 모양에 변화를 야기하지 않는다. 즉, 제한

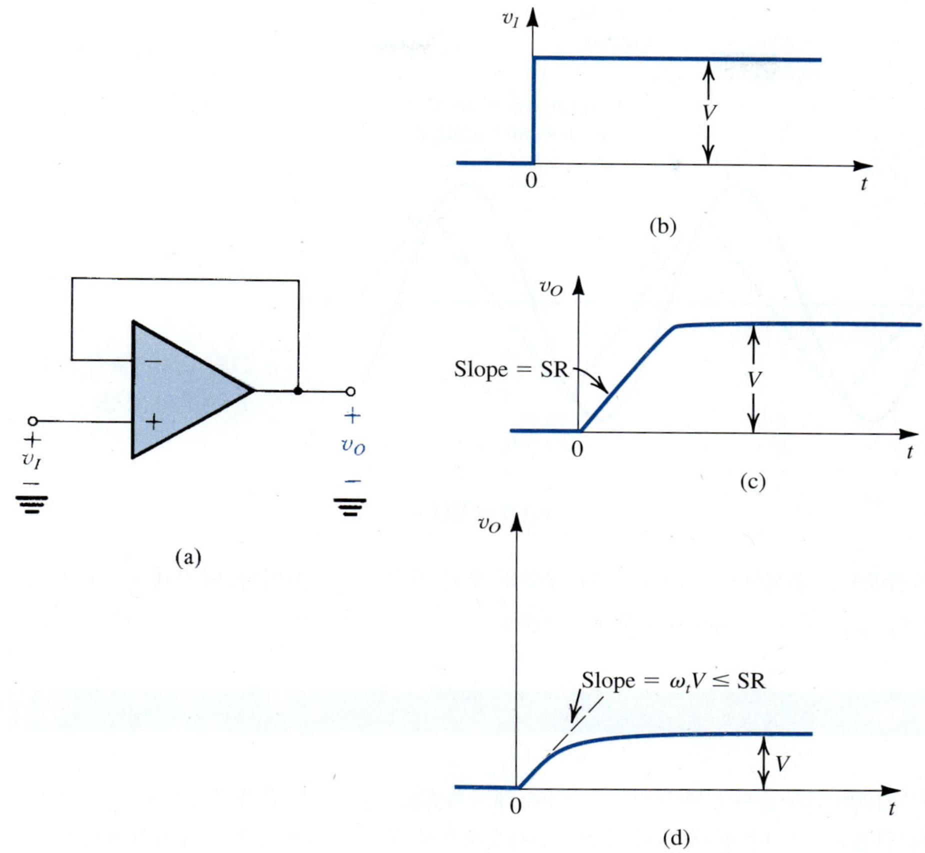

그림 2.44 (a) 단위 이득 폴로어. (b) 입력 계단 파형. (c) 증폭기가 슬루율 제한될 때 관측되는 선형적으로 상승하는 출력 파형. (d) V가 충분히 작아 초기 기울기 $\omega_t V$가 SR보다 작거나 같을 때 관측되는 지수적으로 증가하는 출력 파형.

된 대역폭은 비선형 왜곡을 일으키지 않는다. 이에 반해 슬루율 제한은 입력 사인파 신호의 주파수와 진폭이 그에 상응하는 이상적인 출력 v_O가 SR보다 큰 속도로 변할 필요가 있을 정도일 때 입력 신호에 비선형 왜곡을 일으킬 수 있다. 이것이 연산 증폭기와 연관된 또 다른 사양인 전전력 대역폭의 원인이 된다. 전전력 대역폭에 대해서는 잠시 후에 설명할 것이다.

그러나 그림 2.44에 보인 예를 떠나기 전에, 만일 계단 입력 전압 V가 충분히 작으면, 출력이 그림 2.44(d)와 같이 지수적으로 증가하는 램프가 될 수 있다는 점을 지적할 필요가 있다. 이와 같은 출력은, 만일 전압 폴로어의 동적인 성능을 제한하는 유일한 문제가 연산 증폭기의 유한 대역폭이라면, 전압 폴로어로부터 예상될 수 있을 것이다. 구체적으로 말하면 전압 폴로어의 전달 함수는 식 (2.53)에서 $R_1 = \infty, R_2 = 0$으로 놓음으로써 구할 수 있고 그 결과

$$\frac{V_o}{V_i} = \frac{1}{1 + s/\omega_t} \tag{2.55}$$

이 얻어진다. 이 식은 시정수가 $1/\omega_t$인 저역 통과 STC 응답을 나타낸다. 따라서 계단 응답은

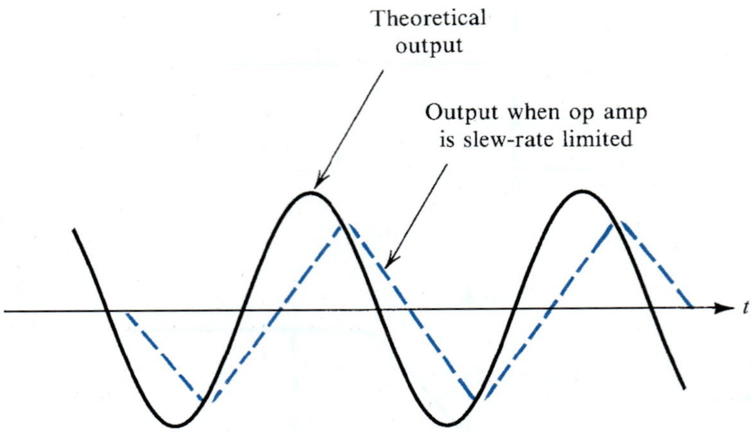

그림 2.45 출력 사인파에 대한 슬루율 제한의 영향.

$$v_O(t) = V(1 - e^{-\omega_t t}) \tag{2.56}$$

이다(부록 E 참조). 지수적으로 증가하는 이 함수의 초기 기울기는 $\omega_t V$이다. 따라서 V가 $\omega_t V \leq \mathrm{SR}$이 되도록 충분히 작은 한 출력은 그림 2.44(d)와 같을 것이다.

연습문제

2.29 1 V/μs의 슬루율과 1 MHz의 단위 이득 대역폭 f_t를 갖는 연산 증폭기가 단위 이득 폴로어 구성으로 연결되어 있다. 출력을 식 (2.56)의 지수적으로 상승하는 파형으로 유지하면서 입력에 인가할 수 있는 최대 계단 전압은 얼마인가? 이 계단 입력 전압에 대해, 출력 파형이 10%에서 90%까지 상승하는 데 걸리는 시간은 얼마인가? 또 만일 이 입력 전압보다 10배 큰 계단 입력이 인가된다면, 출력 파형이 10%에서 90%까지 상승하는 데 걸리는 시간은 얼마인가?

[답] 0.16 V; 0.35 μs; 1.28 μs

예제 2.9

단위 이득 폴로어에 다음의 사인파가 인가된 경우를 생각해 보자.

$$v_I = \hat{V}_i \sin\omega t$$

슬루율 SR 그리고 최대 출력 스윙 V_{omax}를 가지며, 다른 특성들은 이상적인 연산 증폭기를 사용한다. 풀 스윙(full swing) 사인파가 슬루율 제한 때문에 왜곡을 일으키지 않는 최대 주파수 f_M은 무엇인가?

풀이

단위 이득 폴로어에서 입력과 출력 전압 파형은 동일하다. 풀 스윙 사인파 $v_I(t) = V_{omax} \sin \omega t$의 변화율은

$$\frac{dv_I}{dt} = \omega V_{omax} \cos \omega t$$

이고 사인파의 0 교차점에서 ωV_{omax}의 최댓값을 가진다. 이 값은 다음 식으로 주어지는 주파수에서의 연산 증폭기 슬루율과 같을 것이다.

$$\omega_M = \frac{\text{SR}}{V_{omax}} \Rightarrow f_M = \frac{\text{SR}}{2\pi V_{omax}} \tag{2.57}$$

이 주파수를 초과한다면 출력 파형은 그림 2.45에 보인 것처럼 왜곡될 것이다. 연산 증폭기 데이터 일람표에는 통상적으로 f_M이 명시되고, **전전력 대역폭**(full-power bandwidth)이라고 불린다.

더 작은 크기의 진폭에서는 슬루율 왜곡 없이 더 높은 주파수가 사용될 수 있을 것이다. 일반적으로 ω 주파수에서 왜곡되지 않는 출력 사인파의 최대 진폭은

$$V_o = V_{omax}\left(\frac{\omega_M}{\omega}\right) \tag{2.58}$$

이다.

연습문제

2.30 ±5 V의 정격 출력 전압과 10 V/μs의 슬루율을 갖는 어떤 연산 증폭기가 있다. 이 연산 증폭기의 전전력 대역폭 f_M은 얼마인가? 이 연산 증폭기를 사용하여 구성한 단위 이득 폴로어에 주파수가 $f = 5f_M$인 입력 사인파가 인가되었을 경우, 슬루율에 기인한 왜곡을 초래하지 않으면서 출력에서 수용할 수 있는 최대 진폭은 얼마인가?

[답] 318 kHz; 1 V(피크)

요약

- IC 연산 증폭기는 용도가 다양한 회로 빌딩 블록이다. 연산 증폭기는 쉽게 응용할 수 있으며, 연산 증폭기 회로들의 성능은 이론적인 예측과 잘 일치한다.
- 연산 증폭기 단자들은 반전 입력 단자(1), 비반전 입력 단자(2), 출력 단자(3), 플러스 전력 공급기(V_{CC})에 접속될 플러스 공급기 단자(4), 그리고 마이너스 전력 공급기($-V_{EE}$)에 접속될 마이너스 공급기 단자(5)이다. 두 전력 공급기의 공통 단자가 회로 접지이다.
- 이상적인 연산 증폭기는 차동 입력 신호 즉 $v_2 - v_1$에만 응답하고, 단자 3과 접지 사이의 출력에 $A(v_2 - v_1)$ 신호를 제공한다. 여기서 A는 개방 루프 이득으로, 매우 크고(10^4~10^6) 이상적으로는 0이다. 연산 증폭기는 또 무한대의 입력 저항과 0의 출력 저항을 가진다(표 2.1 참조).
- 연산 증폭기의 출력 단자와 반전(마이너스) 입력 단자 사이에 수동 소자를 접속하면 연산 증폭기에 부귀

환이 걸린다. 부귀환은 두 입력 단자 사이의 전압을 매우 작게, 이상적으로는 0이 되게 한다. 따라서 두 입력 단자 사이에 가상 단락 회로가 존재한다고 말한다. 만약 비반전(플러스) 입력 단자가 접지에 연결되어 있다면 마이너스 입력 단자에 가상 접지가 나타난다.

- 연산 증폭기가 이상적이고 부귀환이 존재한다는 가정하에서 연산 증폭기 회로들을 해석할 때 가장 중요한 두 가지의 가정은 다음과 같다. 즉, 개개의 연산 증폭기의 두 입력 단자가 동일한 전압에 있다는 것과 연산 증폭기의 입력 단자들로 흘러 들어가는 전류가 0이라는 것이다.
- 부귀환이 걸린 그리고 루프가 폐쇄된 연산 증폭기 회로에서 폐쇄 루프 이득은 거의 전적으로 외부 소자들에 의해서 결정된다. 즉, 반전 구성에서는 $V_o/V_i = -R_2/R_1$이고, 비반전 구성에서는 $V_o/V_i = 1 + R_2/R_1$이다.
- 비반전 폐쇄 루프 구성의 특징은 매우 높은 입력 저항을 가진다는 것이다. 이 구성의 특별한 경우가 단위 이득 폴로어이며, 이 회로는 높은 저항의 전원을 낮은 저항의 부하에 접속시키기 위한 완충 증폭기로 종종 사용된다.
- 그림 2.16의 차동 증폭기는 $R_4/R_3 = R_2/R_1$로 설계되었으며, $v_O = (R_2/R_1)(v_{I2} - v_{I1})$을 그 결과로 생기게 한다.
- 그림 2.20(b)의 계측 증폭기는 널리 사용되는 회로이다. 이 회로는 $v_O = (1 + R_2/R_1)(R_4/R_3)(v_{I2} - v_{I1})$을 출력에 제공한다. 이 회로는 통상적으로 $R_3 = R_4$로 설계되고, R_1과 R_2는 원하는 이득을 제공하도록 선택된다. 만일 조정 가능한 이득이 필요하다면, R_1의 일부를 가변되도록 할 수 있다.
- 그림 2.24(a)의 반전 밀러 적분기는 여파기(13장)와 같은 아날로그 신호 처리에 자주 사용되는 유용한 회로이다.
- 입력 오프셋 전압 V_{OS}는 이 전압이 연산 증폭기의 입력 단자들 사이에 적당한 극성으로 인가되었을 때 출력에 나타나는 직류 오프셋 전압을 0으로 줄이는 직류 전압의 크기를 의미한다.
- V_{OS}가 연산 증폭기 회로의 성능에 미치는 영향은 직류 전원 V_{OS}를 연산 증폭기의 플러스 입력 리드에 직렬로 포함시킴으로써 계산할 수 있다. 반전 구성과 비반전 구성 모두에 대해 V_{OS}는 $V_{OS}(1 + R_2/R_1)$의 직류 오프셋 전압을 출력에 생기게 한다.
- 연산 증폭기를 커패시터로 결합하면 출력에 나타나는 오프셋 전압이 상당히 작아진다.
- 연산 증폭기의 입력 단자들로 흘러 들어가는 두 개의 직류 전류 I_{B1}과 I_{B2}의 평균을 입력 바이어스 전류 I_B라고 부른다. 폐쇄 루프 증폭기에서 I_B는 출력에 $I_B R_2$ 크기의 직류 오프셋 전압을 일으킨다. 이 전압은 마이너스 입력 단자에서 바라본 전체 직류 저항과 똑같은 크기를 갖는 저항을 플러스 입력 단자에 직렬로 접속함으로써 $I_{OS}R_2$로 줄일 수 있다. I_{OS}는 입력 오프셋 전류이다. 즉, $I_{OS} = |I_{B1} - I_{B2}|$이다.
- 연산 증폭기 적분기의 커패시터에 큰 저항을 병렬로 연결하면 연산 증폭기가 (V_{OS}와 I_B의 영향에 의해) 포화되는 것을 막을 수 있다.
- 내부적으로 보상된 대부분의 연산 증폭기에서, 그들의 개방 루프 이득은 주파수에 따라 −20 dB/decade 비율로 떨어지고, f_t 주파수(단위 이득 대역폭)에서 1에 도달한다. f_t 주파수는 연산 증폭기의 이득 대역폭 곱이라고 부르기도 한다. 즉, $f_t = A_0 f_b$이고, 여기서 A_0는 직류 이득이고 f_b는 개방 루프 이득의 3 dB 주파수이다. 임의의 주파수 $f(f \gg f_b)$에서 연산 증폭기의 이득 $|A| \simeq f_t/f$이다.
- 반전 폐쇄 루프 구성과 비반전 폐쇄 루프 구성 모두에서 3 dB 주파수는 $f_t/(1 + R_2/R_1)$이다.
- 연산 증폭기의 출력 전압이 변할 수 있는 최대 변화율을 슬루율이라고 부른다. 슬루율 SR은 통상 V/μs로 지정된다. 연산 증폭기의 슬루잉은 출력 신호 파형들의 비선형 왜곡을 야기할 수 있다.

Computer Simulation Problems

SIM Problems identified by this icon are intended to demonstrate the value of using SPICE simulation to verify hand analysis and design, and to investigate important issues such as allowable signal swing and amplifier nonlinear distortion. Instructions to assist in setting up simulations for all the indicated problems can be found in the corresponding files on the website. Note that if a particular parameter value is not specified in the problem statement, you are to make a reasonable assumption.

Section 2.1: The Ideal Op Amp

2.1 The circuit of Fig. P2.1 uses an op amp that is ideal except for having a finite gain A. Measurements indicate $v_O = 4.0$ V when $v_I = 1.0$ V. What is the op-amp gain A?

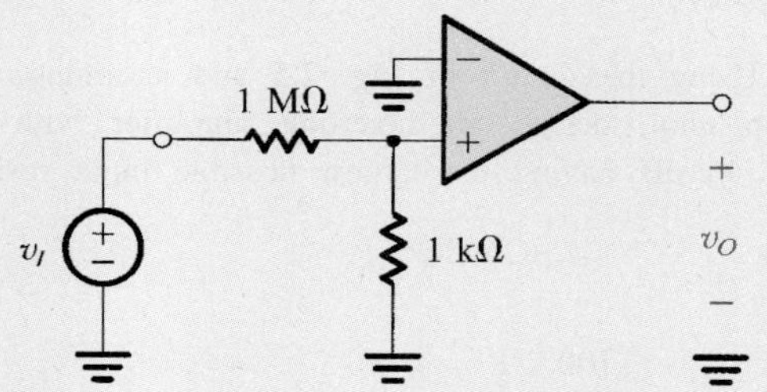

Figure P2.1

2.2 A set of experiments is run on an op amp that is ideal except for having a finite gain A. The results are tabulated below. Are the results consistent? If not, are they reasonable, in view of the possibility of experimental error? What do they show the gain to be? Using this value, predict values of the measurements that were accidentally omitted (the blank entries).

Experiment #	v_1	v_2	v_O
1	0.00	0.00	0.00
2	1.00	1.00	0.00
3		1.00	1.00
4	1.00	1.10	10.1
5	2.01	2.00	−0.99
6	1.99	2.00	1.00
7	5.10		−5.10

2.3 Two amplifier inputs are expressed in each row of the table below either in terms of their node voltages with respect to ground, v_1 and v_2, or in terms of their differential and common-mode voltages, v_{Id} and v_{Icm}. Complete the table.

v_1	v_2	v_{Id}	v_{Icm}
0.90	0.90		
		0.50	1.00
−1.20			−1.10
−0.15	0.05		
		−0.20	0.00

2.4 What is the minimum number of pins required for a so-called dual-op-amp IC package, one containing two op amps? What is the number of pins required for a so-called quad-op-amp package, one containing four op amps?

2.5 Measurement of a circuit incorporating what is thought to be an ideal op amp shows the voltage at the op-amp output to be −2.000 V and that at the negative input to be −1.000 V. For the amplifier to be ideal, what would you expect the voltage at the positive input to be? If the measured voltage at the positive input is −1.005 V, what is likely to be the actual gain of the amplifier?

2.6 Refer to Exercise 2.3. This problem explores an alternative internal structure for the op amp. In particular, we wish to model the internal structure of a particular op amp using two transconductance amplifiers and one transresistance amplifier. Suggest an appropriate topology. For equal transconductances G_m and a transresistance R_m, find an expression for the open-loop gain A. For G_m = 40 mA/V and $R_m = 1 \times 10^6\ \Omega$, what value of A results?

2.7 The two wires leading from the output terminals of a transducer pick up an interference signal that is a 60-Hz, 2-V sinusoid. The output signal of the transducer is sinusoidal of 5-mV amplitude and 1000-Hz frequency. Give expressions for v_{cm}, v_d, and the total signal between each wire and the system ground.

2.8 Nonideal (i.e., real) operational amplifiers respond to both the differential and common-mode components of their input signals (refer to Fig. 2.4 for signal representation). Thus the output voltage of the op amp can be expressed as

$$v_O = A_d v_{Id} + A_{cm} v_{Icm}$$

where A_d is the differential gain (referred to simply as A in the text) and A_{cm} is the common-mode gain (assumed to be zero in the text). The op amp's effectiveness in rejecting common-mode signals is measured by its CMRR, defined as

$$\text{CMRR} = 20\log\left|\frac{A_d}{A_{cm}}\right|$$

Consider an op amp whose internal structure is of the type shown in Fig. E2.3 except for a mismatch ΔG_m between the transconductances of the two channels; that is,

$$G_{m1} = G_m - \tfrac{1}{2}\Delta G_m$$

$$G_{m2} = G_m + \tfrac{1}{2}\Delta G_m$$

Find expressions for A_d, A_{cm}, and CMRR. What is the maximum permitted percentage mismatch between the two G_m values if a minimum CMRR of 60 dB is required?

Section 2.2: The Inverting Configuration

2.9 Assuming ideal op amps, find the voltage gain v_o/v_i and input resistance R_{in} of each of the circuits in Fig. P2.9.

SIM **2.10** For ideal op amps operating with the following feedback networks in the inverting configuration, what closed-loop gain results?

(a) $R_1 = 10\text{ k}\Omega, R_2 = 20\text{ k}\Omega$
(b) $R_1 = 10\text{ k}\Omega, R_2 = 100\text{ k}\Omega$
(c) $R_1 = 10\text{ k}\Omega, R_2 = 5\text{ k}\Omega$
(d) $R_1 = 100\text{ k}\Omega, R_2 = 5\text{ M}\Omega$
(e) $R_1 = 100\text{ k}\Omega, R_2 = 0.5\text{ M}\Omega$

D 2.11 Given an ideal op amp, what are the values of the resistors R_1 and R_2 to be used to design amplifiers with the closed-loop gains listed below? In your designs, use at least one 10-kΩ resistor and another equal or larger resistor.

(a) −1 V/V
(b) −2 V/V
(c) −5 V/V
(d) −100 V/V

D 2.12 Using the circuit of Fig. 2.5 and assuming an ideal op amp, design an inverting amplifier with a gain of 46 dB having the largest possible input resis-

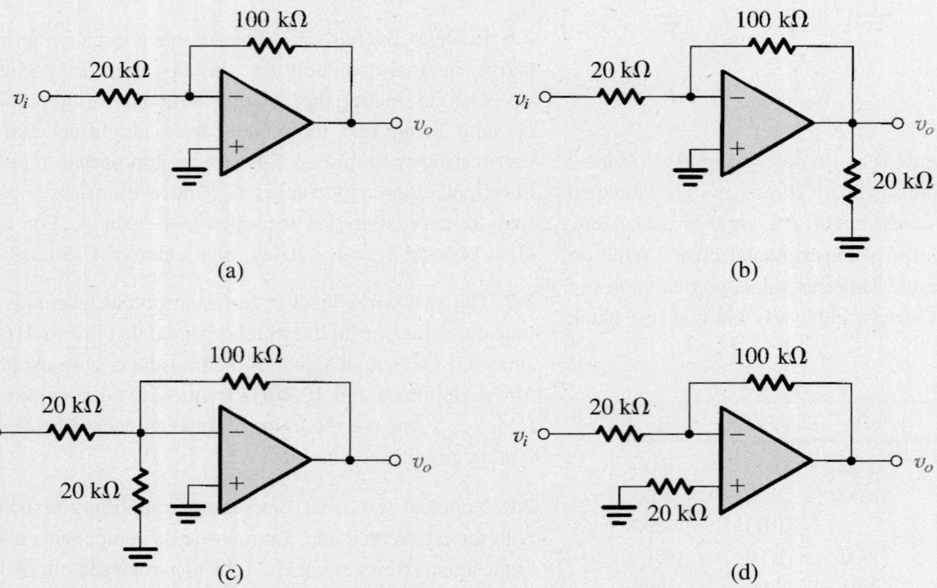

Figure P2.9

problems with green numbers are considered essential; * = difficult problem; ** = more difficult; *** = very challenging
SIM = simulation; **D** = design problem;

tance under the constraint of having to use resistors no larger than 1 MΩ. What is the input resistance of your design?

2.13 An ideal op amp is connected as shown in Fig. 2.5 with $R_1 = 2$ kΩ and $R_2 = 8$ kΩ. A symmetrical square-wave signal with levels of 0 V and 1 V is applied at the input. Sketch and clearly label the waveform of the resulting output voltage. What is its average value? What is its highest value? What is its lowest value? Also sketch the current waveform through R_1, labeling its maximum, minimum, and average.

2.14 An ideal op amp with 5-kΩ and 15-kΩ resistors is used to create a +5-V supply from a −15-V reference. Sketch the circuit. What are the voltages at the ends of the 5-kΩ resistor? If these resistors are so-called 1% resistors, whose actual values are the range bounded by the nominal value ±1%, what are the limits of the output voltage produced? If the −15-V supply can also vary by ±1%, what is the range of the output voltages that might be found?

D 2.15 (a) Design an inverting amplifier with a closed-loop gain of −200 V/V and an input resistance of 1 kΩ.
(b) If the op amp is known to have an open-loop gain of 5000 V/V, what do you expect the closed-loop gain of your circuit to be (assuming the resistors have precise values)?
(c) Give the value of a resistor you can place in parallel (shunt) with R_1 to restore the closed-loop gain to its nominal value. Use the closest standard 1% resistor value (see Appendix J).

2.16 The circuit in Fig. P2.16 is frequently used to provide an output voltage v_o proportional to an input signal current i_i.

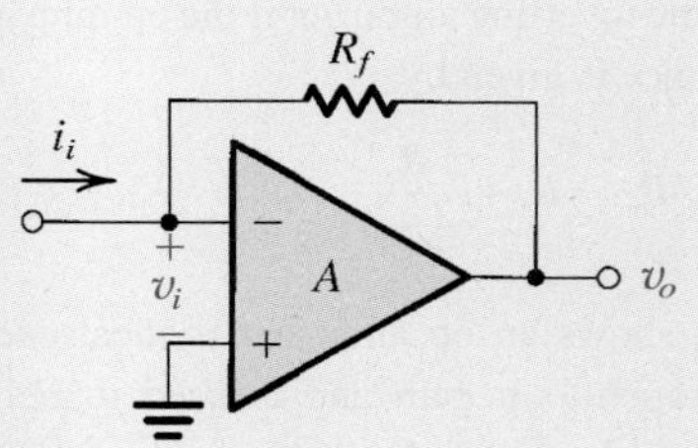

Figure P2.16

Derive expressions for the transresistance $R_m \equiv v_o/i_i$ and the input resistance $R_i \equiv v_i/i_i$ for the following cases:

(a) A is infinite.
(b) A is finite.

2.17 Consider the circuit in Fig. 2.8 with $R_1 = R_2 = R_4 =$ 1 MΩ, and assume the op amp to be ideal. Find values for R_3 to obtain the following gains:

(a) −100 V/V
(b) −10 V/V
(c) −2 V/V

2.18 The circuit in Fig. P2.18 utilizes an ideal op amp.

(a) Find I_1, I_2, I_3, I_L, and V_x.
(b) If V_O is not to be lower than −13 V, find the maximum allowed value for R_L.
(c) If R_L is varied in the range 100 Ω to 1 kΩ, what is the corresponding change in I_L and in V_O?

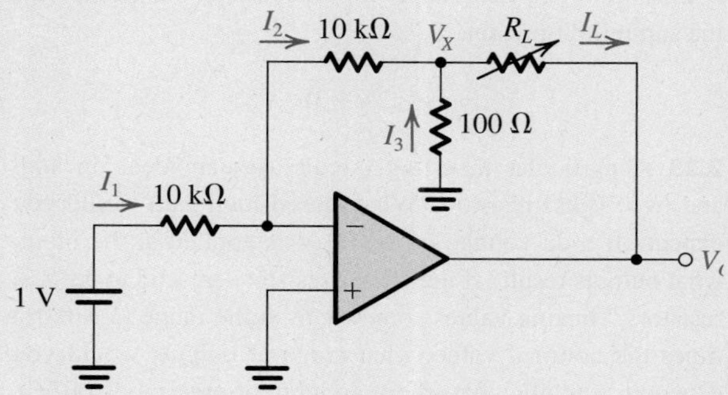

Figure P2.18

D 2.19 Assuming the op amp to be ideal, it is required to design the circuit shown in Fig. VE 2.2 to implement a current amplifier with gain $i_L/i_I = 11$ A/A.

(a) Find the required value for R.
(b) What are the input and the output resistance of this current amplifier?
(c) If $R_L = 1$ kΩ and the op amp operates in an ideal manner as long as v_O is in the range ±12 V, what range of i_I is possible?
(d) If the amplifier is fed with a current source having a current of 0.2 mA and a source resistance of 10 kΩ, find i_L.

D 2.20 Use the scheme illustrated in Fig. 2.10 to design an op-amp circuit with inputs v_1, v_2, and v_3, whose output is $v_O = -(2v_1 + 4v_2 + 8v_3)$ using small resistors but no smaller than 1 kΩ.

D 2.21 An ideal op amp is connected in the weighted summer configuration of Fig. 2.10. The feedback resistor $R_f = 100$ kΩ, and six 100-kΩ resistors are connected to the

$R_f = 100\ \text{k}\Omega$, and six 100-kΩ resistors are connected to the inverting input terminal of the op amp. Show, by sketching the various circuit configurations, how this basic circuit can be used to implement the following functions:

(a) $v_O = -(v_1 + 2v_2 + 3v_3)$
(b) $v_O = -(v_1 + v_2 + 2v_3 + 2v_4)$
(c) $v_O = -(v_1 + 5v_2)$
(d) $v_O = -6v_1$

In each case find the input resistance seen by each of the signal sources supplying v_1, v_2, v_3, and v_4. Suggest at least two additional summing functions that you can realize with this circuit. How would you realize a summing coefficient that is 0.5?

D 2.22 Use two ideal op amps and resistors to implement the summing function

$$v_O = v_1 + 2v_2 - 3v_3 - 5v_4$$

2.23 A particular inverting circuit uses an ideal op amp and two 10-kΩ resistors. What closed-loop gain would you expect? If a dc voltage of +1.00 V is applied at the input, what outputs result? If the 10-kΩ resistors are said to be "1% resistors," having values somewhere in the range (1 ± 0.01) times the nominal value, what range of outputs would you expect to actually measure for an input of precisely 1.00 V?

2.24 You are provided with an ideal op amp and three 10-kΩ resistors. Using series and parallel resistor combinations, how many different inverting-amplifier circuit topologies are possible? What is the largest (noninfinite) available voltage gain magnitude? What is the smallest (nonzero) available gain magnitude? What are the input resistances in these two cases?

D 2.25 Design an inverting op-amp circuit for which the gain is −10 V/V and the total resistance used is 110 kΩ.

2.26 For the circuit in Fig. P2.26, assuming an ideal op amp, find the currents through all branches and the voltages at all nodes. Since the current supplied by the op amp is greater than the current drawn from the input signal source, where does the additional current come from?

2.27 In the circuit of Fig. P2.26, what is the current flowing through the output of the ideal op amp? If we wish to use a practical op amp that has a specified maximum output current

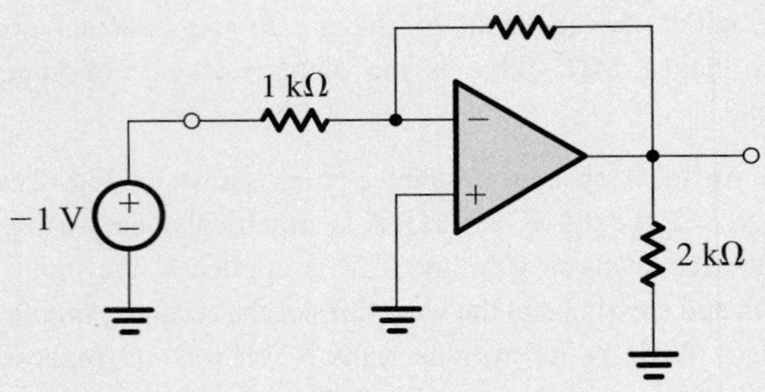

Figure P2.26

of 2.5 mA, how may the values of the resistors R_1 and R_2 be changed so that the gain remains the same?

2.28 An inverting op-amp circuit is fabricated with the resistors R_1 and R_2 having $x\%$ tolerance (i.e., the value of each resistance can deviate from the nominal value by as much as $\pm x\%$). What is the tolerance on the realized closed-loop gain? Assume the op amp to be ideal. If the nominal closed-loop gain is −100 V/V and $x = 1$, what is the range of gain values expected from such a circuit?

D 2.29 An inverting op-amp circuit for which the required gain is −50 V/V uses an op amp whose open-loop gain is only 500 V/V. If the larger resistor used is 100 kΩ, to what must the smaller be adjusted? With what resistor must a 2-kΩ resistor connected to the input be shunted to achieve this goal? (Note that a resistor R_a is said to be shunted by resistor R_b when R_b is placed in parallel with R_a.)

2.30 An op amp with an open-loop gain of 5000 V/V is used in the inverting configuration. If in this application the output voltage ranges from −10 V to +10 V, what is the maximum voltage by which the "virtual ground node" departs from its ideal value?

2.31 Show that for the inverting amplifier if the op-amp gain is A, the input resistance is given by

$$R_{in} = R_1 + \frac{R_2}{A+1}$$

***2.32** Figure P2.32 shows an op amp that is ideal except for having a finite open-loop gain and is used to realize an inverting amplifier whose gain has a nominal magnitude $G = R_2/R_1$. To compensate for the gain reduction due to the finite A, a resistor R_c is shunted across R_1. Show that perfect compensation is achieved when R_c is selected according to

$$\frac{R_c}{R_1} = \frac{A - G}{1 + G}$$

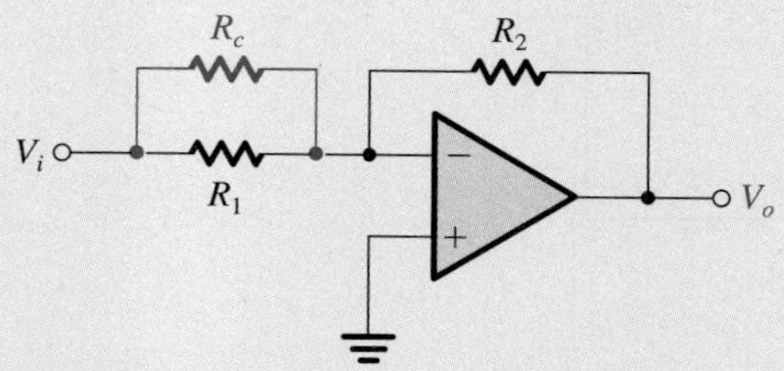

Figure P2.32

D *2.33 (a) Use Eq. (2.5) to obtain the amplifier open-loop gain A required to realize a specified closed-loop gain ($G_{\text{nominal}} = -R_2/R_1$) within a specified gain error e,

$$e \equiv \left| \frac{G - G_{\text{nominal}}}{G_{\text{nominal}}} \right|$$

(b) Design an inverting amplifer for a nominal closed-loop gain of -100, an input resistance of 1 kΩ, and a gain error of $\leq 10\%$. Specify R_1, R_2, and the minimum A required.

***2.34** (a) Use Eq. (2.5) to show that a reduction ΔA in the op-amp gain A gives rise to a reduction $\Delta|G|$ in the magnitude of the closed-loop gain G with $\Delta|G|$ and ΔA related by

$$\frac{\Delta|G|/|G|}{\Delta A/A} \simeq \frac{1 + R_2/R_1}{A}$$

Assume that $\left(1 + \frac{R_2}{R_1}\right) \ll A$ and $\frac{\Delta A}{A} \ll 1$.

(b) If in a closed-loop amplifier with a nominal gain (i.e., R_2/R_1) of 100, A decreases by 10%, what is the minimum nominal A required to limit the percentage change in $|G|$ to 0.1%?

2.35 An inverting amplifier is accidentally connected with positive feedback as illustrated in Fig. P2.35. Assuming the op amp has a finite gain A, find an expression for the closed-loop gain, v_O/v_I. Show that if $A = 1 + (R_2/R_1)$, the closed-loop gain becomes infinite, indicating instability. Real op-amp gain varies with input frequency so that instability is practically inevitable when positive feedback is used.

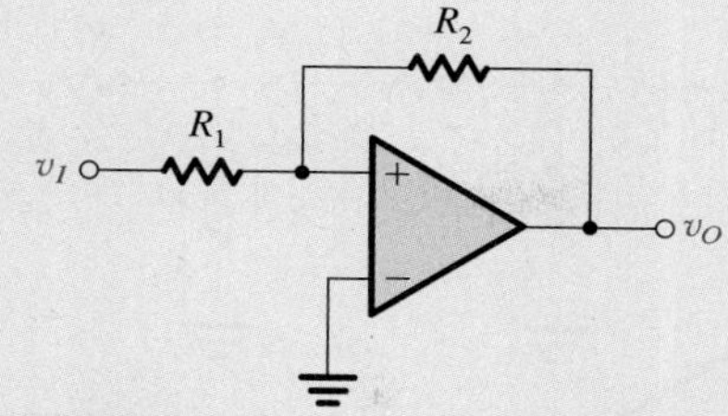

Figure P2.35

D 2.36 An inverting op-amp circuit using an ideal op amp must be designed to have a gain of -500 V/V using resistors no larger than 100 kΩ.

(a) For the simple two-resistor circuit, what input resistance would result?

(b) If the circuit in Fig. 2.8 is used with three resistors of maximum value, what input resistance results? What is the value of the smallest resistor needed?

2.37 The inverting circuit with the T network in the feedback is redrawn in Fig. P2.37 in a way that emphasizes the observation that R_2 and R_3 in effect are in parallel (because the ideal op amp forces a virtual ground at the inverting input terminal). Use this observation to derive an expression for the gain (v_O/v_I) by first finding (v_X/v_I) and (v_O/v_X). For the latter use the voltage-divider rule applied to R_4 and ($R_2 \| R_3$).

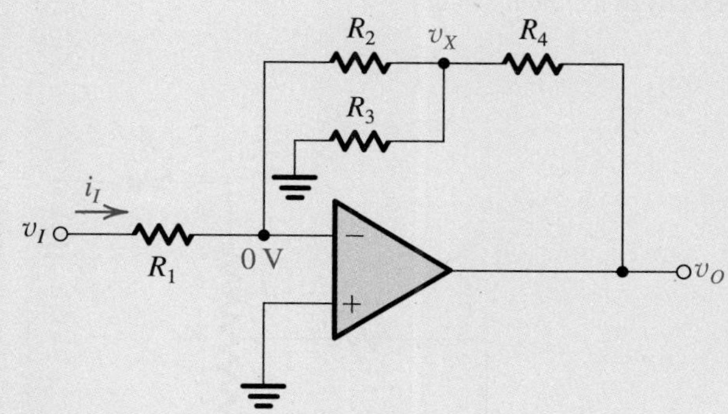

Figure P2.37

***2.38** The circuit in Fig. P2.38 can be considered to be an extension of the circuit in Fig. 2.8.

(a) Find the resistances looking into node 1, R_1; node 2, R_2; node 3, R_3; and node 4, R_4.

(b) Find the currents I_1, I_2, I_3, and I_4, in terms of the input current I.

(c) Find the voltages at nodes 1, 2, 3, and 4, that is, V_1, V_2, V_3, and V_4 in terms of (IR).

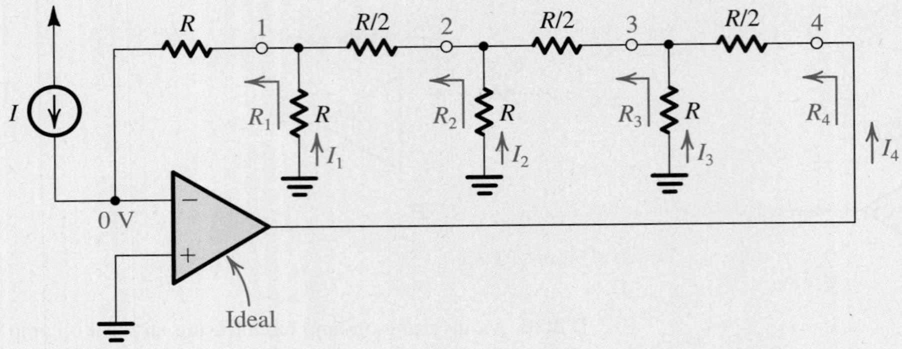

Figure P2.38

D 2.39 Use the circuit in Fig. P2.18 as an inspiration to design a circuit that supplies a constant current I_L of 3.1 mA to a variable resistance R_L. Assume the availability of a 1.5-V battery and design so that the current drawn from the battery is 0.1 mA. For the smallest resistance in the circuit, use 500 Ω. If the op amp saturates at ±10 V, what is the maximum value that R_L can have while the current source supplying it operates properly?

D 2.40 Design the circuit shown in Fig. P2.40 to have an input resistance of 100 kΩ and a gain that can be varied from −1 V/V to −100 V/V using the 100-kΩ potentiometer R_4. What voltage gain results when the potentiometer is set exactly at its middle value?

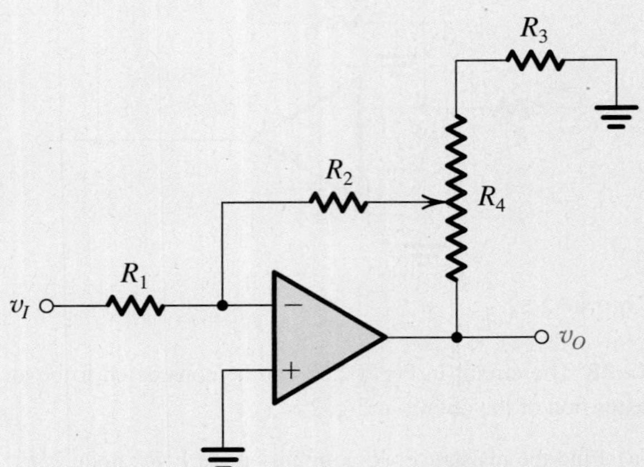

Figure P2.40

2.41 A weighted summer circuit using an ideal op amp has three inputs using 10-kΩ resistors and a feedback resistor of 50 kΩ. A signal v_1 is connected to two of the inputs while a signal v_2 is connected to the third. Express v_O in terms of v_1 and v_2. If $v_1 = 1$ V and $v_2 = -1$ V, what is v_O?

2.42 Design an op-amp circuit to provide an output $v_O = -[2v_1 + (v_2/2)]$. Choose the lowest possible values of resistors for which the input current (from each input signal source) does not exceed 50 μA for 1-V input signals.

D 2.43 Give a circuit, complete with component values, for a weighted summer that shifts the dc level of a sine-wave signal of 3 sin(ωt) V from zero to −3 V. Assume that in addition to the sine-wave signal you have a dc reference voltage of 1.5 V available. Sketch the output signal waveform.

***2.44** Figure P2.44 shows a circuit for a digital-to-analog converter (DAC). The circuit accepts a 4-bit input binary word $a_3a_2a_1a_0$, where a_0, a_1, a_2, and a_3 take the values of 0 or 1, and it provides an analog output voltage v_O proportional to the value of the digital input. Each of the bits of the input word controls the correspondingly numbered switch. For instance, if a_2 is 0 then switch S_2 connects the 20-kΩ resistor to ground, while if a_2 is 1 then S_2 connects the 20-kΩ resistor to the +5-V power supply. Show that v_O is given by

$$v_O = -\frac{R_f}{16}[2^0 a_0 + 2^1 a_1 + 2^2 a_2 + 2^3 a_3]$$

where R_f is in kilohms. Find the value of R_f so that v_O ranges from 0 to −12 volts.

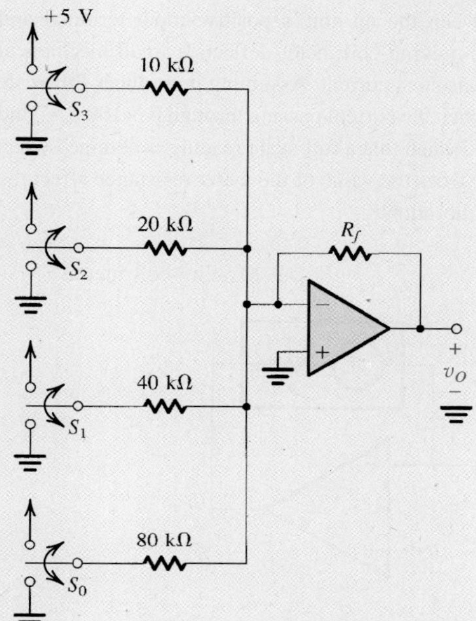

Figure P2.44

Section 2.3: The Noninverting Configuration

D 2.45 Design a circuit based on the topology of the noninverting amplifier to obtain a gain of +1.5 V/V, using only 10-kΩ resistors. Note that there are two possibilities. Which of these can be easily converted to have a gain of either +1.0 V/V or +2.0 V/V simply by short-circuiting a single resistor in each case?

2.46 Derive an expression for the voltage gain, v_O/v_I, of the circuit in Fig. P2.46.

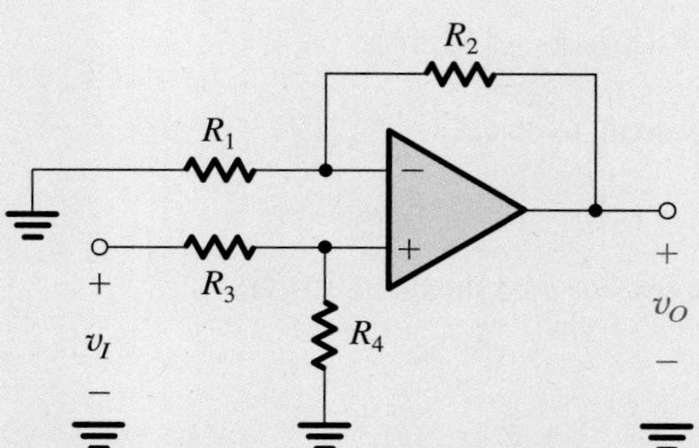

Figure P2.46

D 2.47 Given the availability of resistors of value 1 kΩ and 10 kΩ only, design a circuit based on the noninverting configuration to realize a gain of +10 V/V. What is the input resistance of your amplifier?

2.48 It is required to connect a 10-V source with a source resistance of 1 MΩ to a 1-kΩ load. Find the voltage that will appear across the load if:

(a) The source is connected directly to the load.
(b) A unity-gain op-amp buffer is inserted between the source and the load.

In each case find the load current and the current supplied by the source. Where does the load current come from in case (b)?

2.49 Derive an expression for the gain of the voltage follower of Fig. 2.14, assuming the op amp to be ideal except for having a finite gain A. Calculate the value of the closed-loop gain for A = 1000, 100, and 10. In each case find the percentage error in gain magnitude from the nominal value of unity.

2.50 Complete the following table for feedback amplifiers created using one ideal op amp. Note that R_{in} signifies input resistance and R_1 and R_2 are feedback-network resistors as labeled in the inverting and noninverting configurations.

Case	Gain	R_{in}	R_1	R_2
a	−10 V/V	10 kΩ		
b	−1 V/V		100 kΩ	
c	−2 V/V			200 kΩ
d	+1 V/V	∞		
e	+2 V/V		100 kΩ	
f	+11 V/V			100 kΩ
g	−0.5 V/V	20 kΩ		

D 2.51 You wish to select an op amp for use in a noninverting configuration having a nominal gain of +20 V/V. Using Eq. (2.12), find the minimum op-amp gain A, expressed in decibels, required to ensure the actual closed-loop gain is within 1% of its nominal value.

2.52 For each of the following combinations of op-amp open-loop gain A and nominal closed-loop gain G_0, calculate the actual closed-loop gain G that is achieved. Also, calculate the percentage by which $|G|$ falls short of the nominal gain magnitude $|G_0|$.

Case	G_0 (V/V)	A (V/V)
a	−1	10
b	+1	10
c	−1	100
d	+10	10
e	−10	100
f	−10	1000
g	+1	2

2.53 Figure P2.53 shows a circuit that provides an output voltage v_O whose value can be varied by turning the wiper of the 100-kΩ potentiometer. Find the range over which v_O can be varied. If the potentiometer is a "20-turn" device, find the change in v_O corresponding to each turn of the pot.

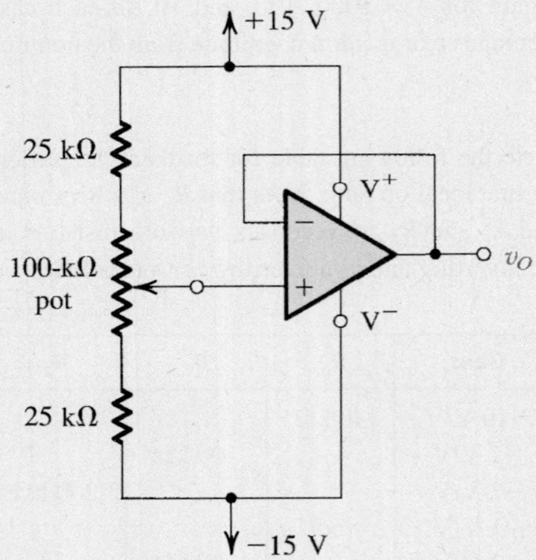

Figure P2.53

D 2.54 Given an ideal op amp to implement designs for the following closed-loop gains, what values of resistors (R_1, R_2) should be used? Where possible, use at least one 10-kΩ resistor as the smallest resistor in your design.

(a) +1 V/V
(b) +2 V/V
(c) +21 V/V
(d) +100 V/V

D 2.55 Figure P2.55 shows a circuit for an analog voltmeter of very high input resistance that uses an inexpensive moving-coil meter. The voltmeter measures the voltage V applied between the op amp's positive-input terminal and ground. The moving-coil meter deflects a small mechanical arm in response to a current. Assuming it produces full-scale deflection when the current passing through it is 100 μA, find the value of R such that a full-scale reading is obtained when V is +10 V. Does the value of the meter resistance affect the voltmeter calibration?

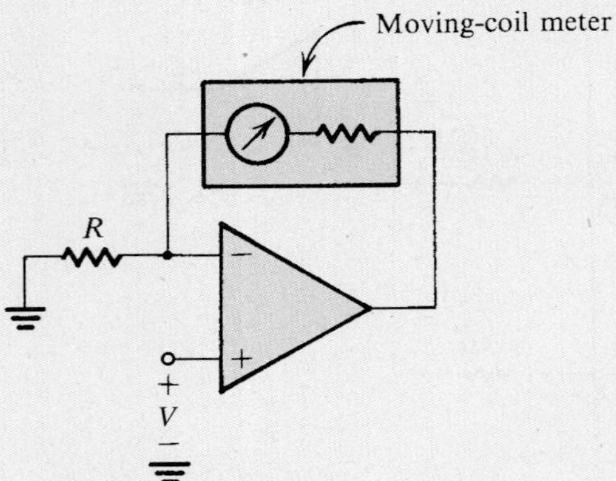

Figure P2.55

D *2.56 (a) Use superposition to show that the output of the circuit in Fig. P2.56 is given by

$$v_O = -\left[\frac{R_f}{R_{N1}}v_{N1} + \frac{R_f}{R_{N2}}v_{N2} + \cdots + \frac{R_f}{R_{Nn}}v_{Nn}\right]$$

$$+\left[1+\frac{R_f}{R_N}\right]\left[\frac{R_P}{R_{P1}}v_{P1} + \frac{R_P}{R_{P2}}v_{P2} + \cdots + \frac{R_P}{R_{Pn}}v_{Pn}\right]$$

where $R_N = R_{N1} \| R_{N2} \| \cdots \| R_{Nn}$, and

$$R_P = R_{P1} \| R_{P2} \| \cdots \| R_{Pn} \| R_{P0}$$

(b) Design a circuit to obtain

$$v_O = -4v_{N1} + v_{P1} + 3v_{P2}$$

The smallest resistor used should be 10 kΩ.

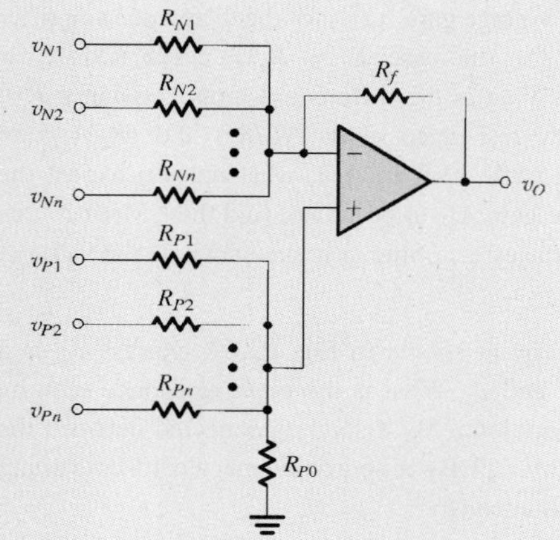

Figure P2.56

D *2.57 Design a circuit, using one ideal op amp, whose output is $v_O = v_{I1} + 2v_{I2} - 9v_{I3} + 4v_{I4}$. (*Hint:* Use a structure similar to that shown in general form in Fig. P2.56.)

2.58 For the circuit in Fig. P2.58, use superposition to find v_O in terms of the input voltages v_1 and v_2. Assume an ideal op amp. For

$$v_1 = 10\sin(2\pi \times 60t) - 0.1\sin(2\pi \times 1000t), \text{ volts}$$

$$v_2 = 10\sin(2\pi \times 60t) + 0.1\sin(2\pi \times 1000t), \text{ volts}$$

find v_O.

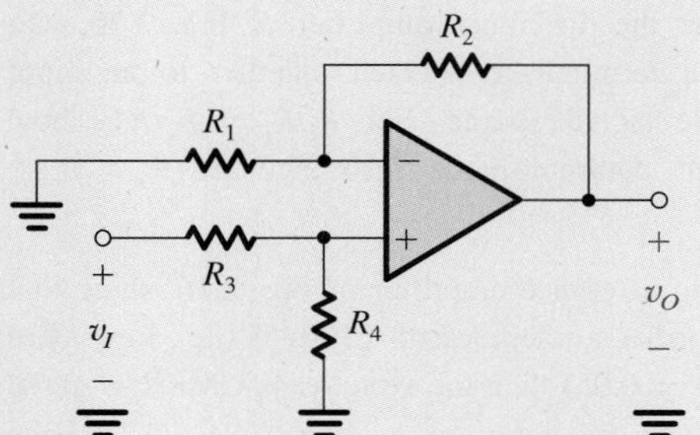

Figure P2.58

D 2.59 The circuit shown in Fig. P2.59 utilizes a 10-kΩ potentiometer to realize an adjustable-gain amplifier. Derive an expression for the gain as a function of the potentiometer setting x. Assume the op amp to be ideal. What is the range of gains obtained? Show how to add a fixed resistor so that the gain range can be 1 to 11 V/V. What should the resistor value be?

2.60 A 1-V peak sinusoid is applied to a voltage follower. Assuming the op amp to be ideal, what is the differential signal appearing at the op-amp input terminals? What is the common-mode signal appearing at the op-amp inputs? How does this compare with the differential and common-mode op-amp input signals arising in an inverting configuration designed for a gain of −1?

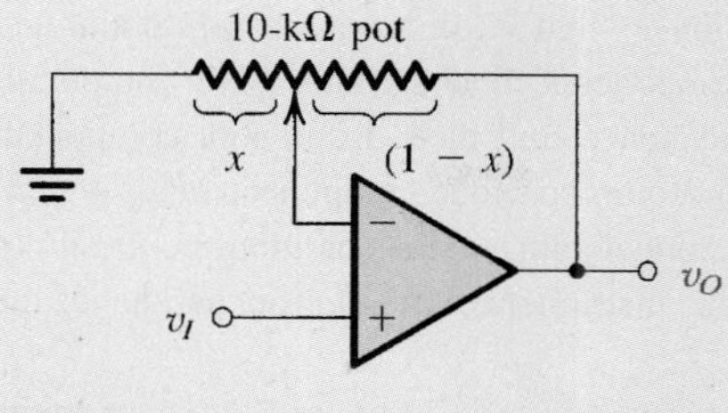

Figure P2.59

D 2.61 A noninverting op-amp circuit with nominal gain of 10 V/V uses an op amp with open-loop gain of 100 V/V and a lowest-value resistor of 10 kΩ. What closed-loop gain actually results? With what value resistor can which resistor be shunted to achieve the nominal gain? If in the manufacturing process, an op amp of gain 200 V/V were used, what closed-loop gain would result in each case (the uncompensated one, and the compensated one)?

2.62 Use Eq. (2.11) to show that if the reduction in the closed-loop gain G from the nominal value $G_0 = 1 + R_2/R_1$ is to be kept less than $x\%$ of G_0, then the open-loop gain of the op amp must exceed G_0 by at least a factor $F = (100/x) - 1 \simeq 100/x$. Find the required F for $x = 0.01, 0.1, 1$, and 10. Utilize these results to find for each value of x the minimum required open-loop gain to obtain closed-loop gains of 1, 10, 10^2, 10^3, and 10^4 V/V.

Section 2.4: Difference Amplifiers

D 2.63 Using the difference amplifier configuration of Fig. 2.16 and assuming an ideal op amp, design the circuit to provide the following differential gains. In each case, the differential input resistance should be 20 kΩ.

(a) 1 V/V
(b) 5 V/V
(c) 100 V/V
(d) 0.5 V/V

2.64 Consider the instrumentation amplifier of Fig. 2.20(b) with a common-mode input voltage of +3 V (dc) and a differential input signal of 100-mV peak sine wave. Let $2R_1 = 2\ \text{k}\Omega$, $R_2 = 50\ \text{k}\Omega$, $R_3 = R_4 = 10\ \text{k}\Omega$. Find the voltage at every node in the circuit.

2.65 (a) Expressing v_{I1} and v_{I2} in terms of differential and common-mode components, find v_{O1} and v_{O2} in the circuit in Fig. 2.20(a) and hence find their differential component $v_{O2} - v_{O1}$ and their common-mode component $\frac{1}{2}(v_{O1} + v_{O2})$. Now find the differential gain and the common-mode gain of the first stage of this instrumentation amplifier and hence the CMRR.

(b) Repeat for the circuit in Fig. 2.20(b), and comment on the difference between the two circuits.

D 2.66 Design the instrumentation-amplifier circuit of Fig. 2.20(b) to realize a differential gain, variable in the range 2 to 100, utilizing a 100-kΩ pot as variable resistor.

SIM 2.67 *The circuit shown in Fig. P2.67 is intended to supply a voltage to floating loads (those for which both terminals are ungrounded) while making greatest possible use of the available power supply.

(a) Assuming ideal op amps, sketch the voltage waveforms at nodes B and C for a 1-V peak-to-peak sine wave applied at A. Also sketch v_O.
(b) What is the voltage gain v_O/v_I?
(c) Assuming that the op amps operate from $\pm$5-V power supplies and that their output saturates at $\pm$4 V (in the manner shown in Fig. 1.14), what is the largest sine-wave input that can be accommodated? Specify both its peak-to-peak and rms values.

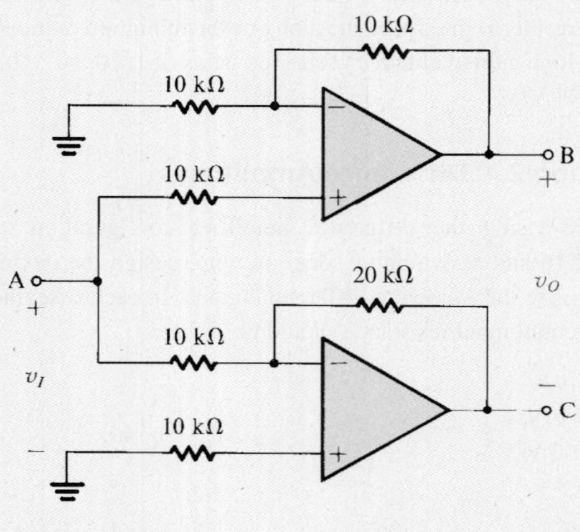

Figure P2.67

2.68 Find the voltage gain v_O/v_{Id} for the difference amplifier of Fig. 2.16 for the case $R_1 = R_3 = 5\text{ k}\Omega$ and $R_2 = R_4 = 100\text{ k}\Omega$. What is the differential input resistance R_{id}? If the two key resistance ratios (R_2/R_1) and (R_4/R_3) are different from each other by 1%, what do you expect the common-mode gain A_{cm} to be? Also, find the CMRR in this case. Neglect the effect of the ratio mismatch on the value of A_d.

2.69 For the circuit shown in Fig. P2.69, express v_O as a function of v_1 and v_2. What is the input resistance seen by v_1 alone? By v_2 alone? By a source connected between the two input terminals? By a source connected to both input terminals simultaneously?

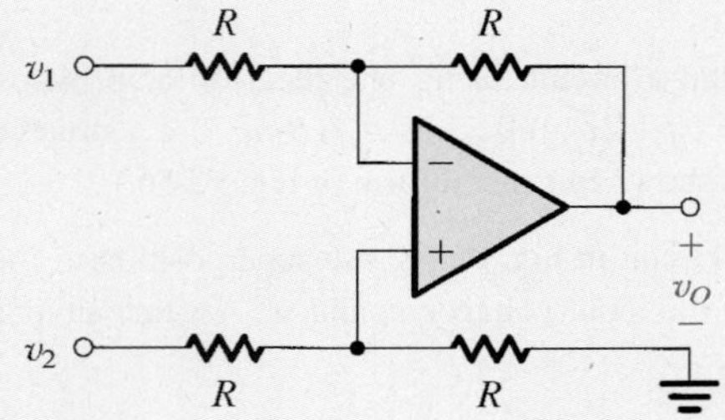

Figure P2.69

2.70 Consider the difference amplifier of Fig. 2.16 with the two input terminals connected together to an input common-mode signal source. For $R_2/R_1 = R_4/R_3$, show that the input common-mode resistance is $(R_3 + R_4) \| (R_1 + R_2)$.

***2.71** For the difference amplifier of Fig. 2.16, show that if each resistor has a tolerance of $\pm 100\epsilon\%$ (i.e., for, say, a 5% resistor, $\epsilon = 0.05$) then the worst-case CMRR is given approximately by

$$\text{CMRR} \simeq 20\log\left[\frac{K+1}{4\epsilon}\right]$$

where K is the nominal (ideal) value of the ratios (R_2/R_1) and (R_4/R_3). Calculate the value of worst-case CMRR for an amplifier designed to have a differential gain of ideally 100 V/V, assuming that the op amp is ideal and that 1% resistors are used. What resistor tolerance is needed if a CMRR of 80 dB is required?

---

problems with green numbers are considered essential; * = difficult problem; ** = more difficult; *** = very challenging
SIM = simulation; **D** = design problem;

***2.72** (a) Find A_d and A_{cm} for the difference amplifier circuit shown in Fig. P2.72.
(b) If the op amp is specified to operate properly as long as the common-mode voltage at its positive and negative inputs falls in the range ±2.5 V, what is the corresponding limitation on the range of the input common-mode signal v_{Icm}? (This is known as the **common-mode range** of the differential amplifier.)

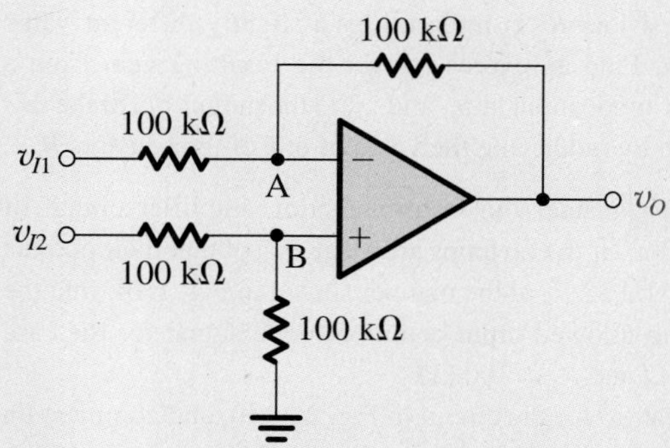

Figure P2.72

(c) The circuit is modified by connecting a 10-kΩ resistor between node A and ground, and another 10-kΩ resistor between node B and ground. What will now be the values of A_d, A_{cm}, and the input common-mode range?

D *2.73 To obtain a high-gain, high-input-resistance difference amplifier, the circuit in Fig. P2.73 employs positive feedback, in addition to the negative feedback provided by the resistor R connected from the output to the negative input of the op amp. Specifically, a voltage divider (R_5, R_6) connected across the output feeds a fraction β of the output, that is, a voltage βv_O, back to the positive-input terminal of the op amp through a resistor R. Assume that R_5 and R_6 are much smaller than R so that the current through R is much lower than the current in the voltage divider, with the result that $\beta \simeq R_6/(R_5 + R_6)$. Show that the differential gain is given by

$$A_d \equiv \frac{v_O}{v_{Id}} = \frac{1}{1-\beta}$$

(*Hint:* Use superposition.)

Design the circuit to obtain a differential gain of 10 V/V and differential input resistance of 2 MΩ. Select values for R, R_5, and R_6, such that $(R_5 + R_6) \leq R/100$.

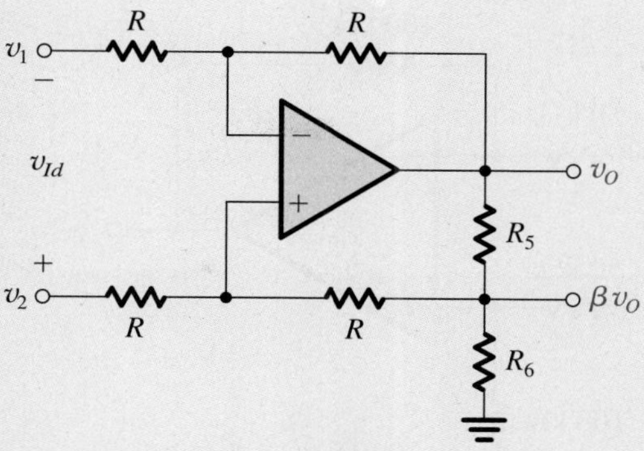

Figure P2.73

***2.74** Figure P2.74 shows a modified version of the difference amplifier. The modified circuit includes a resistor R_G, which can be used to vary the gain. Show that the differential voltage gain is given by

$$\frac{v_O}{v_{Id}} = -2\frac{R_2}{R_1}\left[1 + \frac{R_2}{R_G}\right]$$

(*Hint:* The virtual short circuit at the op-amp input causes the current through the R_1 resistors to be $v_{Id}/2R_1$).

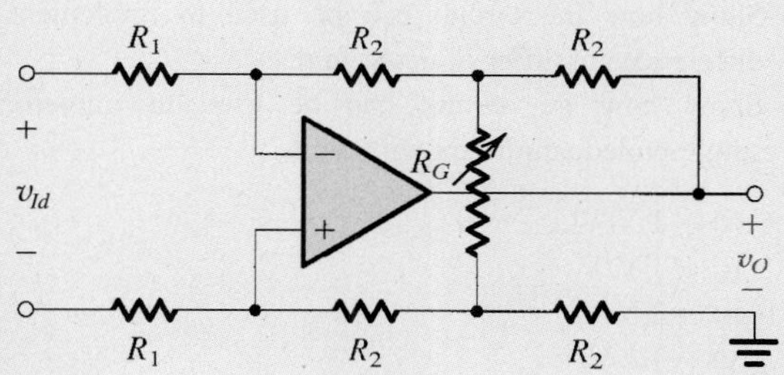

Figure P2.74

***2.75** For the differential amplifier of Fig. P2.75, derive an expression for the output, v_O, in terms of the differential input, $v_{Id} = v_{I2} - v_{I1}$, and the potentiometer setting x. Note that the circuit acts as a difference amplifier whose output can be adjusted by the potentiometer setting. What is the change in output voltage when x is changed from 0 to 1? How may this range be increased?

D *2.76 The circuit shown in Fig. P2.76 is a representation of a versatile IC known as a differential amplifier module available from different manufacturers under various part numbers such as INA105 and AMP03. It consists of an op amp and precision resistors. The circuit can be configured

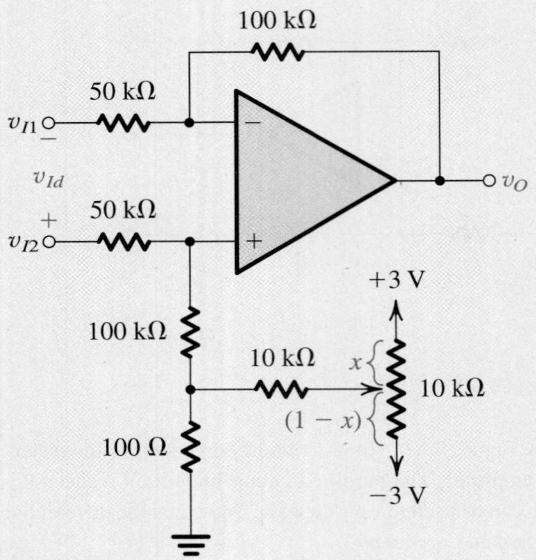

Figure P2.75

for a variety of applications by the appropriate connection of terminals A, B, C, D, and O.

(a) Show how the circuit can be used to implement a difference amplifier of unity gain.

(b) Show how the circuit can be used to implement single-ended amplifiers with gains:

(i) −1 V/V
(ii) +1 V/V
(iii) +2 V/V
(iv) +1/2 V/V

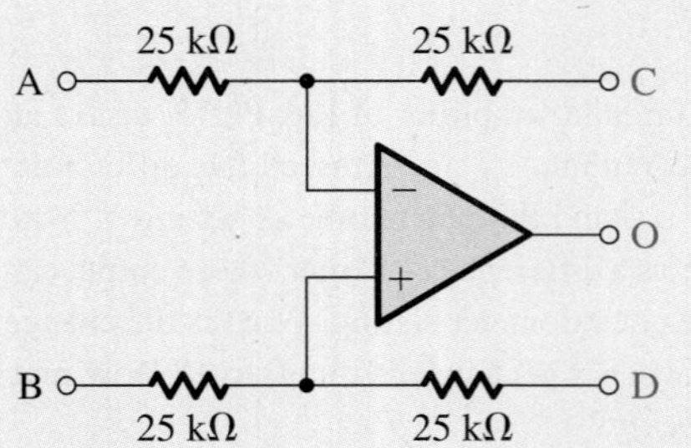

Figure P2.76

Avoid leaving a terminal open-circuited, for such a terminal may act as an "antenna," picking up interference and noise through capacitive coupling. Rather, find a convenient node to connect such a terminal in a redundant way. When more than one circuit implementation is possible, comment on the relative merits of each, taking into account such considerations as dependence on component matching and input resistance.

2.77 In the instrumentation amplifier of Fig. 2.20(a), one of the resistors R_2 is replaced by a slightly different value $R_2 + \Delta R$. Find an expression for the resulting gain from a common-mode input at v_{I1} and v_{I2} to the output v_O. Make this gain zero by modifying the value of one of the resistors R_1.

2.78 (a) Consider the instrumentation amplifier circuit of Fig. 2.20(a). If the op amps are ideal except that their outputs saturate at ±12 V, in the manner shown in Fig. 1.14, find the maximum allowed input common-mode signal for the case $R_1 = 1\ \text{k}\Omega$ and $R_2 = 100\ \text{k}\Omega$.
(b) Repeat (a) for the circuit in Fig. 2.20(b), and comment on the difference between the two circuits.

***2.79** For an instrumentation amplifier of the type shown in Fig. 2.20(b), a designer proposes to make $R_2 = R_3 = R_4 = 100\ \text{k}\Omega$, and $2R_1 = 10\ \text{k}\Omega$. For ideal components, what difference-mode gain, common-mode gain, and CMRR result? Reevaluate the worst-case values for these for the situation in which all resistors are specified as ±1% units. Repeat the latter analysis for the case in which $2R_1$ is reduced to 1 kΩ. What do you conclude about the effect of the gain of the first stage on CMRR? (*Hint:* Eq. (2.19) can be used to evaluate A_{cm} of the second stage.)

***2.80** The two circuits in Fig. P2.80 are intended to function as voltage-to-current converters; that is, they supply the load impedance Z_L with a current proportional to v_I and independent of the value of Z_L. Show that this is indeed the case, and find for each circuit i_O as a function of v_I. Comment on the differences between the two circuits.

Section 2.5: Integrators and Differentiators

2.81 A Miller integrator incorporates an ideal op amp, a resistor R of 10 kΩ, and a capacitor C of 1 nF. A sine-wave signal is applied to its input.

---

problems with green numbers are considered essential; * = difficult problem; ** = more difficult; *** = very challenging
SIM = simulation; **D** = design problem;

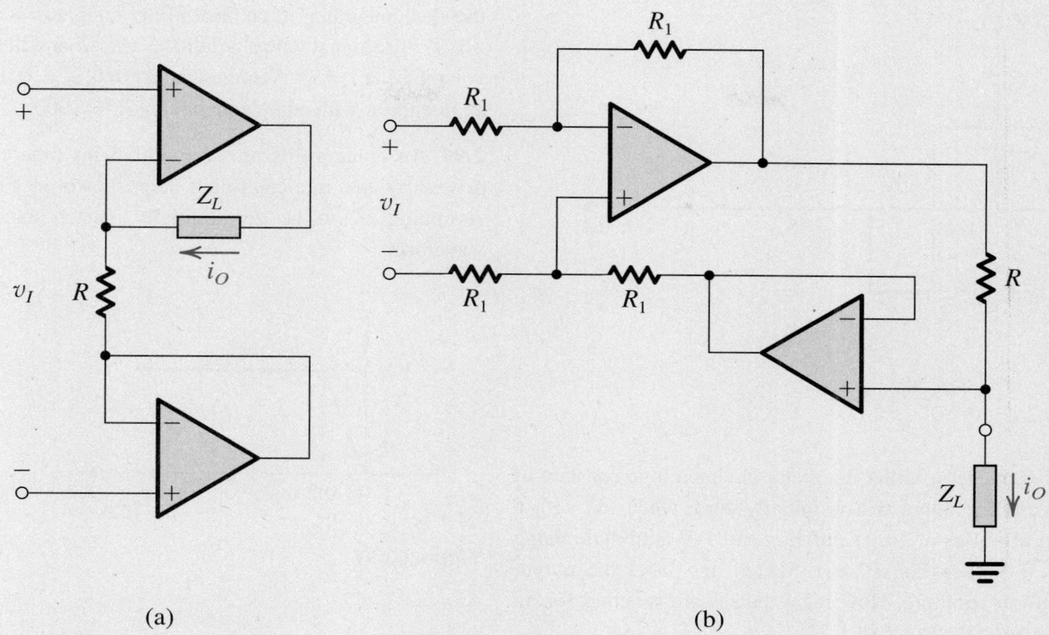

Figure P2.80

(a) At what frequency (in Hz) are the input and output signals equal in amplitude?
(b) At that frequency, how does the phase of the output sine wave relate to that of the input?
(c) If the frequency is lowered by a factor of 10 from that found in (a), by what factor does the output voltage change, and in what direction (smaller or larger)?
(d) What is the phase relation between the input and output in situation (c)?

D 2.82 Design a Miller integrator with a time constant of 1 s and an input resistance of 100 kΩ. A dc voltage of −1 volt is applied at the input at time 0, at which moment $v_O = -10$ V. How long does it take the output to reach 0 V? +10 V?

2.83 An inverting integrator accepts an input pulse of amplitude +100 mV, 1 ms in duration. It draws 10 μA from the input voltage source, and its output changes by −1 V. Find the values of R and C and sketch the integrator magnitude response, labeling the integrator frequency.

D 2.84 Design a Miller integrator whose input resistance is 10 kΩ and unity-gain frequency is 100 kHz. What components are needed? For long-term stability, a feedback resistor is introduced across the capacitor to limit the dc gain to 40 dB. What is its value? What is the associated lower 3-dB frequency? Sketch and label the output that results with a 10-μs, 1-V positive-input pulse (initially at 0 V) with (a) no dc stabilization (but with the output initially at 0 V) and (b) the feedback resistor connected.

2.85 Use an ideal op amp to design a differentiator circuit having a time constant of 10^{-5} s using a 1-nF capacitor. Sketch the magnitude and phase response of the circuit, indicating the frequency at which the magnitude response equals 0 dB. A series input resistor is added to limit the gain magnitude at high frequencies to 100 V/V. Sketch the magnitude and phase responses of this modified circuit on the same axes as the ideal differentiator. How does the phase response change at high frequencies?

2.86 An op-amp-based inverting integrator is measured at 10 kHz to have a voltage gain of −100 V/V. At what frequency is its gain reduced to −1 V/V? What is the integrator time constant?

***2.87** A Miller integrator whose input and output voltages are initially zero and whose time constant is 1 ms is driven by the signal shown in Fig. P2.87. Sketch and label the output waveform that results. Indicate what happens if the input levels are ±2 V, with the time constant the same (1 ms) and with the time constant raised to 2 ms.

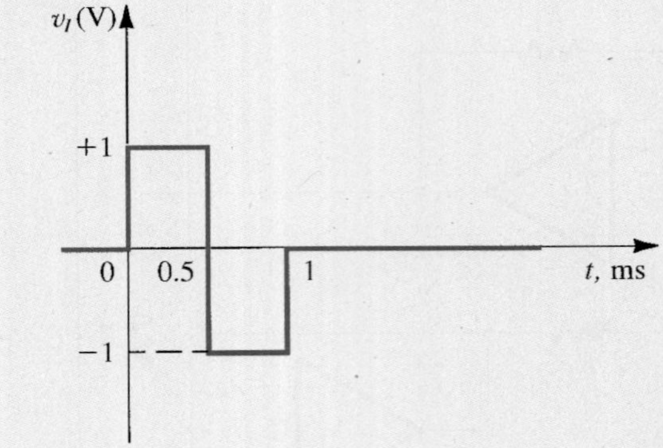

Figure P2.87

2.88 Consider a Miller integrator having a time constant of 1 ms and an output that is initially zero, when fed with a string of pulses of 10-μs duration and 1-V amplitude rising from 0 V (see Fig. P2.88). Sketch and label the output waveform resulting. How many pulses are required for an output voltage change of 1 V?

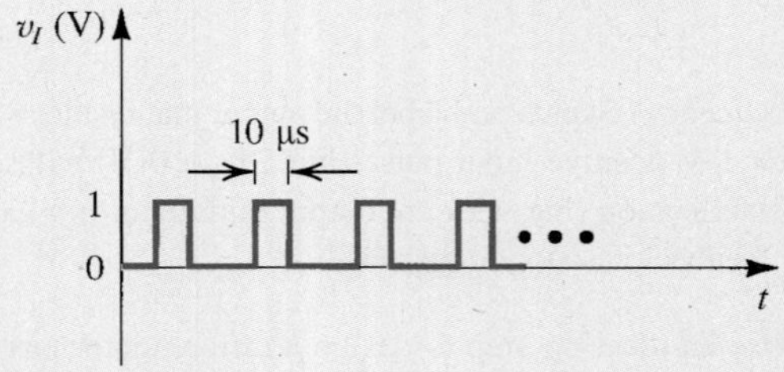

Figure P2.88

D 2.89 Figure 2.23 shows a circuit that performs a low-pass STC function and is known as a first-order low-pass active filter. Design the circuit to obtain an input resistance of 10 kΩ, a dc gain of 20 dB, and a 3-dB frequency of 200 kHz. Sketch the circuit's magnitude response indicating the frequency where it is 0 dB.

***2.90** Show that a Miller integrator implemented with an op amp with a finite open-loop gain A_0 has a low-pass STC transfer function. What is the pole frequency of the STC function? How does this compare with the pole frequency of the ideal integrator? If an ideal Miller integrator is fed with a −1-V pulse signal with a width $T = CR$, what will the output voltage be at $t = T$? Assume that at $t = 0$, $v_O = 0$. Repeat for an integrator with an op amp having $A_0 = 1000$.

2.91 An op-amp differentiator with 1-ms time constant is driven by the rate-controlled step shown in Fig. P2.91. Assuming v_O to be zero initially, sketch and label its waveform.

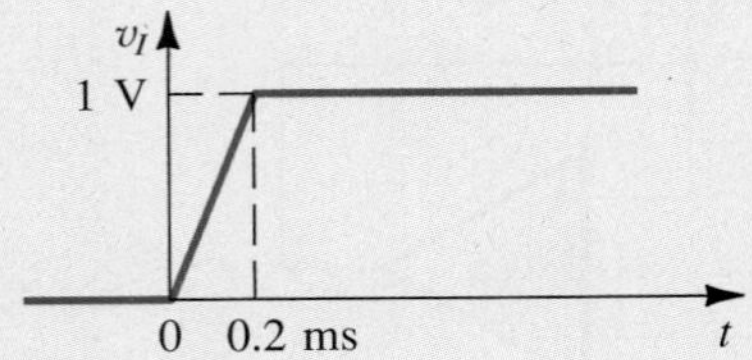

Figure P2.91

D 2.92 Figure P2.92 shows a circuit that performs the high-pass, single-time-constant function. Such a circuit is known as a first-order high-pass active filter. Derive the transfer function and show that the high-frequency gain is $(-R_2/R_1)$ and the 3-dB frequency $\omega_0 = 1/CR_1$. Design the circuit to obtain a high-frequency input resistance of 1 kΩ, a high-frequency gain of 40 dB, and a 3-dB frequency of 2 kHz. At what frequency does the magnitude of the transfer function reduce to unity?

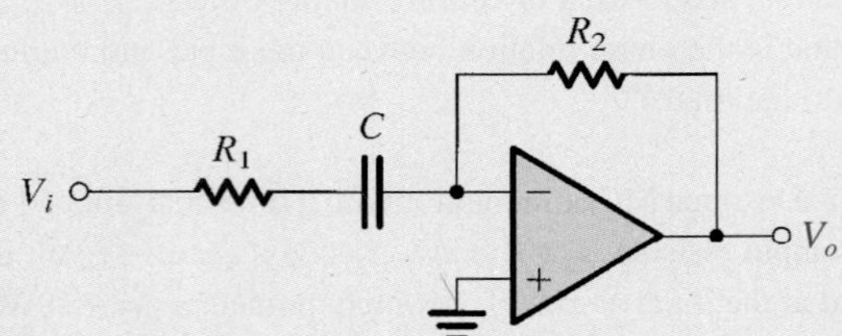

Figure P2.92

D **2.93 Derive the transfer function of the circuit in Fig. P2.93 (for an ideal op amp) and show that it can be written in the form

problems with green numbers are considered essential; * = difficult problem; ** = more difficult; *** = very challenging
SIM = simulation; D = design problem;

$$\frac{V_o}{V_i} = \frac{-R_2/R_1}{[1+(\omega_1/j\omega)][1+j(\omega/\omega_2)]}$$

where $\omega_1 = 1/C_1R_1$ and $\omega_2 = 1/C_2R_2$. Assuming that the circuit is designed such that $\omega_2 \gg \omega_1$, find approximate expressions for the transfer function in the following frequency regions:

(a) $\omega \ll \omega_1$
(b) $\omega_1 \ll \omega \ll \omega_2$
(c) $\omega \gg \omega_2$

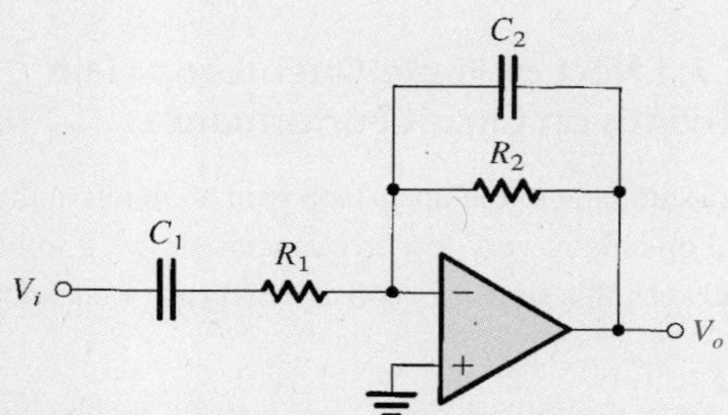

Figure P2.93

Use these approximations to sketch a Bode plot for the magnitude response. Observe that the circuit performs as an amplifier whose gain rolls off at the low-frequency end in the manner of a high-pass STC network, and at the high-frequency end in the manner of a low-pass STC network. Design the circuit to provide a gain of 40 dB in the "middle-frequency range," a low-frequency 3-dB point at 200 Hz, a high-frequency 3-dB point at 200 kHz, and an input resistance (at $\omega \gg \omega_1$) of 2 kΩ.

Section 2.6: DC Imperfections

2.94 An op amp wired in the inverting configuration with the input grounded, having R_2 = 100 kΩ and R_1 = 2 kΩ, has an output dc voltage of −0.2 V. If the input bias current is known to be very small, find the input offset voltage.

2.95 A noninverting amplifier with a closed-loop gain of 1000 is designed using an op amp having an input offset voltage of 3 mV and output saturation levels of ±12 V. What is the maximum amplitude of the sine wave that can be applied at the input without the output clipping? If the amplifier is capacitively coupled in the manner indicated in Fig. 2.39, what would the maximum possible amplitude be?

2.96 An op amp is connected in a closed loop with gain of +100 utilizing a feedback resistor of 1 MΩ.

(a) If the input bias current is 200 nA, what output voltage results with the input grounded?
(b) If the input offset voltage is ±1 mV and the input bias current as in (a), what is the largest possible output that can be observed with the input grounded?
(c) If bias-current compensation is used, what is the value of the required resistor? If the offset current is no more than one-tenth the bias current, what is the resulting output offset voltage (due to offset current alone)?
(d) With bias-current compensation as in (c) in place, what is the largest dc voltage at the output due to the combined effect of offset voltage and offset current?

2.97 A noninverting amplifier with a gain of 100 uses an op amp having an input offset voltage of ±2 mV. Find the output when the input is 0.01 sin ωt, volts.

2.98 An op amp connected in a closed-loop inverting configuration having a gain of 1000 V/V and using relatively small-valued resistors is measured with input grounded to have a dc output voltage of −1.8 V. What is its input offset voltage? Prepare an offset-voltage-source sketch resembling that in Fig. 2.29. Be careful of polarities.

2.99 A particular inverting amplifier with nominal gain of −100 V/V uses an imperfect op amp in conjunction with 100-kΩ and 10-MΩ resistors. The output voltage is found to be +5.3 V when measured with the input open and +5 V with the input grounded.

(a) What is the bias current of this amplifier? In what direction does it flow?
(b) Estimate the value of the input offset voltage.
(c) A 10-MΩ resistor is connected between the positive-input terminal and ground. With the input left floating (disconnected), the output dc voltage is measured to be −0.6 V. Estimate the input offset current.

D *2.100 A noninverting amplifier with a gain of +10 V/V using 100 kΩ as the feedback resistor operates from a 5-kΩ source. For an amplifier offset voltage of 0 mV, but with a bias current of 2 μA and an offset current of 0.2 μA, what range of outputs would you expect? Indicate where you would add an additional resistor to compensate for the bias currents. What does the range of possible outputs then become? A designer wishes to use this amplifier with a 15-kΩ source. In order to compensate for the bias current in this case, what resistor would you use? And where?

D 2.101 The circuit of Fig. 2.37 is used to create an ac-coupled noninverting amplifier with a gain of 100 V/V using resistors no larger than 100 kΩ. What values of R_1, R_2, and R_3 should be used? For a break frequency due to C_1 at 100 Hz, and that due to C_2 at 10 Hz, what values of C_1 and C_2 are needed?

***2.102** Consider the difference amplifier circuit in Fig. 2.16. Let $R_1 = R_3 = 10$ kΩ and $R_2 = R_4 = 1$ MΩ. If the op amp has $V_{OS} = 5$ mV, $I_B = 1$ μA, and $I_{OS} = 0.2$ μA, find the worst-case (largest) dc offset voltage at the output.

***2.103** The circuit shown in Fig. P2.103 uses an op amp having a ±3-mV offset. What is its output offset voltage? What does the output offset become with the input ac coupled through a capacitor C? If, instead, a large capacitor is placed in series with a 1-kΩ resistor, what does the output offset become?

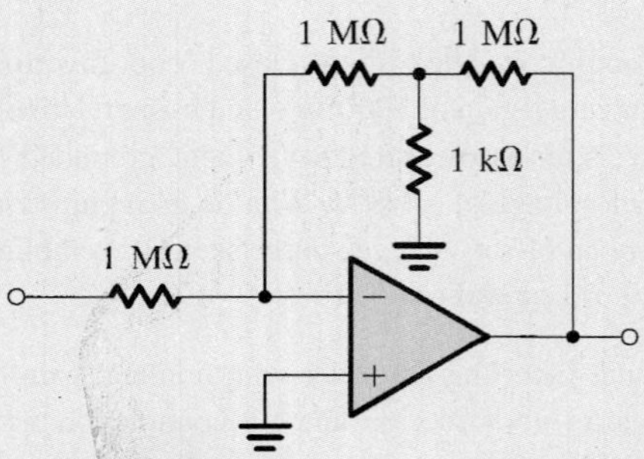

Figure P2.103

2.104 Using offset-nulling facilities provided for the op amp, a closed-loop amplifier with gain of +1000 is adjusted at 25°C to produce zero output with the input grounded. If the input offset-voltage drift is specified to be 20 μV/°C, what output would you expect at 0°C and at 100°C? While nothing can be said separately about the polarity of the output offset at either 0 or 75°C, what would you expect their relative polarities to be?

***2.105** An op amp intended for operation with a closed-loop gain of –100 V/V uses resistors of 10 kΩ and 1 MΩ with a bias-current-compensation resistor R_3. What should the value of R_3 be? With input grounded, the output offset voltage is found to be +0.30 V. Estimate the input offset current assuming zero input offset voltage. If the input offset voltage can be as large as 1 mV of unknown polarity, what range of offset current is possible?

2.106 A Miller integrator with $R = 10$ kΩ and $C = 10$ nF is implemented by using an op amp with $V_{OS} = 2$ mV, $I_B = 0.1$ μA, and $I_{OS} = 20$ nA. To provide a finite dc gain, a 1-MΩ resistor is connected across the capacitor.

(a) To compensate for the effect of I_B, a resistor is connected in series with the positive-input terminal of the op amp. What should its value be?

(b) With the resistor of (a) in place, find the worst-case dc output voltage of the integrator when the input is grounded.

Section 2.7: Effect of Finite Open-Loop Gain and Bandwidth on Circuit Performance

2.107 A measurement of the open-loop gain of an internally compensated op amp at very low frequencies shows it to be 98 dB; at 100 kHz, this shows it is 40 dB. Estimate values for A_0, f_b, and f_t.

2.108 Measurements of the open-loop gain of a compensated op amp intended for high-frequency operation indicate that the gain is 4×10^3 at 100 kHz and 20×10^3 at 10 kHz. Estimate its 3-dB frequency, its unity-gain frequency, and its dc gain.

SIM **2.109** Consider a noninverting amplifier with gain of 5 utilizing an internally compensated op amp with $f_t = 2$ MHz. What is the 3-dB frequency of the amplifier? At what frequency is the gain of the amplifier 1% below its low-frequency magnitude? If the input is a 10-mV step, find the 10% to 90% rise time of the output voltage. (*Note:* The step response of STC low-pass networks is discussed in Appendix E. Specifically, note that the 10% to 90% rise time of a low-pass STC circuit with a time constant τ is 2.2τ.)

2.110 The data in the following table apply to internally compensated op amps. Fill in the blank entries.

A_0	f_b (Hz)	f_t (Hz)
10^5	10^2	
10^6		10^6
	10^3	10^8
	10^{-1}	10^6
2×10^5	10	

problems with green numbers are considered essential; * = difficult problem; ** = more difficult; *** = very challenging
SIM = simulation; **D** = design problem;

2.111 Measurements made on the internally compensated amplifiers listed below provide the dc gain and the frequency at which the gain has dropped by 20 dB. For each, what are the 3 dB and unity-gain frequencies?

(a) 2×10^5 V/V and 5×10^2 Hz
(b) 20×10^5 V/V and 10 Hz
(c) 1800 V/V and 0.1 MHz
(d) 100 V/V and 0.1 GHz
(e) 25 V/mV and 250 kHz

SIM **2.112** An inverting amplifier with nominal gain of -50 V/V employs an op amp having a dc gain of 10^4 and a unity-gain frequency of 10^8 Hz. What is the 3-dB frequency f_{3dB} of the closed-loop amplifier? What is its gain at $0.1\,f_{3dB}$ and at $10\,f_{3dB}$?

2.113 A particular op amp, characterized by a gain–bandwidth product of 20 MHz, is operated with a closed-loop gain of $+100$ V/V. What 3-dB bandwidth results? At what frequency does the closed-loop amplifier exhibit a -6° phase shift? A -84° phase shift?

2.114 Find the f_t required for internally compensated op amps to be used in the implementation of closed-loop amplifiers with the following nominal dc gains and 3-dB bandwidths:

(a) -50 V/V; 100 kHz
(b) $+50$ V/V; 100 kHz
(c) $+2$ V/V; 5 MHz
(d) -2 V/V; 5 MHz
(e) -1000 V/V; 10 kHz
(f) $+1$ V/V; 1 MHz
(g) -1 V/V; 1 MHz

2.115 A noninverting op-amp circuit with a gain of 96 V/V is found to have a 3-dB frequency of 8 kHz. For a particular system application, a bandwidth of 32 kHz is required. What is the highest gain available under these conditions?

D *2.116 It is required to design a noninverting amplifier with a dc gain of 10. When a step voltage of 100 mV is applied at the input, it is required that the output be within 1% of its final value of 1 V in at most 200 ns. What must the f_t of the op amp be? (*Note:* The step response of STC low-pass networks is discussed in Appendix E.)

D *2.117 This problem illustrates the use of cascaded closed-loop amplifiers to obtain an overall bandwidth greater than can be achieved using a single-stage amplifier with the same overall gain.

(a) Show that cascading two identical amplifier stages, each having a low-pass STC frequency response with a 3-dB frequency f_1, results in an overall amplifier with a 3-dB frequency given by

$$f_{3dB} = \sqrt{\sqrt{2}-1}\,f_1$$

(b) It is required to design a noninverting amplifier with a dc gain of 40 dB utilizing a single internally compensated op amp with $f_t = 2$ MHz. What is the 3-dB frequency obtained?

(c) Redesign the amplifier of (b) by cascading two identical noninverting amplifiers each with a dc gain of 20 dB. What is the 3-dB frequency of the overall amplifier? Compare this to the value obtained in (b) above.

D **2.118 A designer, wanting to achieve a stable gain of 100 V/V with a 3-dB frequency above 5 MHz, considers her choice of amplifier topologies. What unity-gain frequency would a single operational amplifier require to satisfy her need? Unfortunately, the best available amplifier has an f_t of 50 MHz. How many such amplifiers connected in a cascade of identical noninverting stages would she need to achieve her goal? What is the 3-dB frequency of each stage? What is the overall 3-dB frequency?

2.119 Consider the use of an op amp with a unity-gain frequency f_t in the realization of:

(a) An inverting amplifier with dc gain of magnitude K.
(b) A noninverting amplifier with a dc gain of K.

In each case find the 3-dB frequency and the gain–bandwidth product (GBP $\equiv$ |Gain| $\times f_{3dB}$). Comment on the results.

****2.120** Consider an inverting summer with two inputs, V_1 and V_2, designed so that an ideal op amp provides $V_o = -(V_1 + 2V_2)$. If the op amp has a finite gain A, show that

$$V_o = -(V_1 + 2V_2)\frac{A/4}{1 + A/4}$$

Section 2.8: Large-Signal Operation of Op Amps

2.121 A particular op amp using ± 15-V supplies operates linearly for outputs in the range -14 V to $+14$ V. If used in an inverting amplifier configuration of gain -100, what is the rms value of the largest possible sine wave that can be applied at the input without output clipping?

SIM **2.122** Consider an op amp connected in the inverting configuration to realize a closed-loop gain of -100 V/V utilizing resistors of 1 kΩ and 100 kΩ. A load resistance R_L is connected from the output to ground, and a low-frequency sine-wave signal of peak amplitude V_p is applied to the input. Let the op amp be ideal except that its output voltage saturates at ±10 V and its output current is limited to the range ±10 mA. This is the case for an ADA4077 op amp operating from ±11-V supplies.

(a) For $R_L = 2$ kΩ, what is the maximum possible value of V_p while an undistorted output sinusoid is obtained?
(b) Repeat (a) for $R_L = 200$ Ω.
(c) If it is desired to obtain an output sinusoid of 10-V peak amplitude, what minimum value of R_L is allowed?

SIM **2.123** An op amp having a slew rate of 1.2 V/μs (such as the ADA4077 operating from ±5 V supplies with a 2 kΩ load) is to be used in the unity-gain follower configuration, with input pulses that rise from 0 to 2 V. What is the shortest pulse that can be used while ensuring full-amplitude output? For such a pulse, describe the output resulting.

2.124 For operation with 10-V output pulses with the requirement that the sum of the rise and fall times represent only 20% of the pulse width (at half-amplitude), what is the slew-rate requirement for an op amp to handle pulses 2 μs wide? (*Note:* The rise and fall times of a pulse signal are usually measured between the 10%- and 90%-height points.)

***2.125** An inverting amplifier with a gain of −5 V/V and input resistance 20 kΩ uses an op amp with a slew rate of 1 V/μs, maximum output current of ±1 mA, and $f_t = 3$ MHz.

(a) At what frequency will the amplifier gain drop by 1 dB?
(b) At the frequency specified in (a), what is the maximum amplitude sinusoid for which the amplifier will avoid slew rate limiting?
(c) Under the conditions described in parts (a) and (b), what is the largest capacitive load that can be driven while staying within the maximum output current limits?

2.126 For an amplifier having a slew rate of 40 V/μs, what is the highest frequency at which a 20-V peak-to-peak sine wave can be produced at the output?

D *2.127 In designing with op amps one has to check the limitations on the voltage and frequency ranges of operation of the closed-loop amplifier, imposed by the op-amp finite bandwidth (f_t), slew rate (SR), and output saturation ($V_{o\max}$). This problem illustrates the point by considering the use of an op amp with $f_t = 20$ MHz, SR = 10 V/μs, and $V_{o\max} = 10$ V in the design of a noninverting amplifier with a nominal gain of 10. Assume a sine-wave input with peak amplitude V_i.

(a) If $V_i = 0.5$ V, what is the maximum frequency before the output distorts?
(b) If $f = 200$ kHz, what is the maximum value of V_i before the output distorts?
(c) If $V_i = 50$ mV, what is the useful frequency range of operation?
(d) If $f = 50$ kHz, what is the useful input voltage range?

problems with green numbers are considered essential; * = difficult problem; ** = more difficult; *** = very challenging
SIM = simulation; **D** = design problem;

CHAPTER 3

다이오드

서론

3.1 이상적인 다이오드

3.2 접합 다이오드의 단자 특성

3.3 다이오드 모델링

3.4 소신호 모델

3.5 전압 조정

3.6 정류기 회로

3.7 기타 다이오드 응용

요약

PROBLEMS

이 장에서 배울 내용

- 이상적인 다이오드의 특성과 유용하고 흥미로운 비선형 함수를 실현하기 위하여 저항과 직류 전원을 가지는 여러 개의 다이오드를 포함한 회로를 분석하고 설계하는 방법
- 접합 다이오드의 i–v 특성과 이를 이용하여 여러 가지 바이어스 영역, 즉 순방향, 역방향, 항복 영역에서 다이오드 회로의 동작을 분석하는 방법
- 순방향에서 간단하지만 효과적인 다이오드 i–v 특성 모델: 정전압 강하 모델
- 다이오드와 같은 비선형 장치의 응용 및 모델링 기법: 다이오드의 정전압 바이어싱과 소신호 모델을 이용한 정전압 동작점 주위의 소신호 동작 모델링
- 전자 장비에 전력을 공급하기 위하여 교류 전압을 직류 전압으로 변환하는 정류 회로 설계에서의 다이오드 응용
- 과도한 전압으로부터 회로를 보호하고 조명과 같은 다이오드의 기타 실용적이고 중요한 응용

서론

1장과 2장에서는 오로지 선형 회로들만 다루었다. 즉, 증폭기의 출력이 포화됨으로써 야기되는 것과 같은 비선형 특성은 회로 설계자가 풀어야 할 하나의 문제로 간주했다. 그러나 비선형 회로들로만 실현될 수 있는 다른 신호 처리 함수들이 많이 있다. 예를 들면 교류 전력 공급기로부터 직류 전압을 발생시키는 것과, 다양한 파형(예를 들면 사인파, 구형파, 펄스파 등)의 신호를 발생시키는 것이 이에 속한다. 디지털 논리 회로 및 메모리 회로 역시 비선형 회로의 특정한 부류를 이룬다.

가장 간단하고 기초적인 비선형 회로 소자는 다이오드이다. 다이오드는 저항기처럼 두 단자를 가지고 있다. 그러나 저항기는 그것의 양단에 걸리는 전압과 그것을 통해 흐르는 전류 사이에 선형(직선) 관계를 가지는 반면, 다이오드는 비선형 i–v 특성을 나타낸다.

먼저 다이오드 함수의 본질을 이해하기 위해 허구의 소자, 즉 이상적인 다이오드로 이 장을 시작할 것이다. 그러고 나서 실리콘 접합 다이오드(silicon junction diode)를 소개하고, 그것의 단자 특성들을 설명한 다음, 다이오드 회로 해석을 위한 기법들을 제공할 것이다. 이러한 기술은 소자 모델링에 의존한다. 다이오드 특성의 모델링에 관한 공부는 다음에 나오는 세 장에서 배울 트랜지스터 동작의 모델링에 대한 기초를 제공할 것이다.

다이오드는 많은 전자 시스템에서 교류를 직류로 변환하는 정류기 설계에 일반적으로 사용된다. 따라서 우리는 정류기 회로를 자세히 공부할 것이고, 전압 제한 및 조절을 포함한 다이오드의 다른 응용 분야도 간략히 다룰 것이다.

접합 다이오드는 1장에서 논의된 pn 접합 다이오드이며, 이 장의 대부분에서 실리콘 pn 접합 다이오드를 공부한다. 그러나 마지막 부분에서 광다이오드와 발광 다이오드(LED) 같은 특수 다이오드도 간단히 고찰할 것이다.

3.1 이상적인 다이오드

3.1.1 전류–전압 특성

이상적인 다이오드는 가장 기본적인 비선형 소자이다. 이것은 그림 3.1(a)의 회로 기호로 표시되는 2단자 소자로, 그림 3.1(b)에 나타낸 i–v 특성을 가진다. 이상적인 다이오드의 특성은 다음과 같이 설명될 수 있을 것이다. 만일 그림 3.1(a)에 표시된 기준 방향에 대해 마이너스의 전압이 다이오드에 가해진다면, 전류는 흐르지 않을 것이고 다이오드는 개방 회로처럼 동작할 것이다[그림 3.1(c)]. 다이오드가 이 모드에서 동작할 때 우리는 다이오드가 **역바이어스**(reverse bias)되었다고 말한다. 이상적인 다이오드는 역방향으로 동작할 때 0 A의 전류를 흘리며, 이때 다이오드가 **차단**(cut off) 또는 간단히 **오프**(off)되었다고 말한다.

반면에 만일 그림 3.1(a)에 표시된 기준 방향에 대해 플러스의 전류가 이상적인 다이오드에 가해진다면 0 V의 전압 강하가 다이오드 양단에 나타날 것이다. 다시 말하면, 이상적인 다이오드가 순(forward)방향으로 동작할 때는 전압 강하는 없고 전류만 흐르는 단락 회로처럼 동작할 것이다[그림 3.1(d)]. 이때 우리는 **순바이어스**(forward biased) 다이오드가 **도통**(turn on) 또는 간단히 **온**(on)되었다고 말한다.

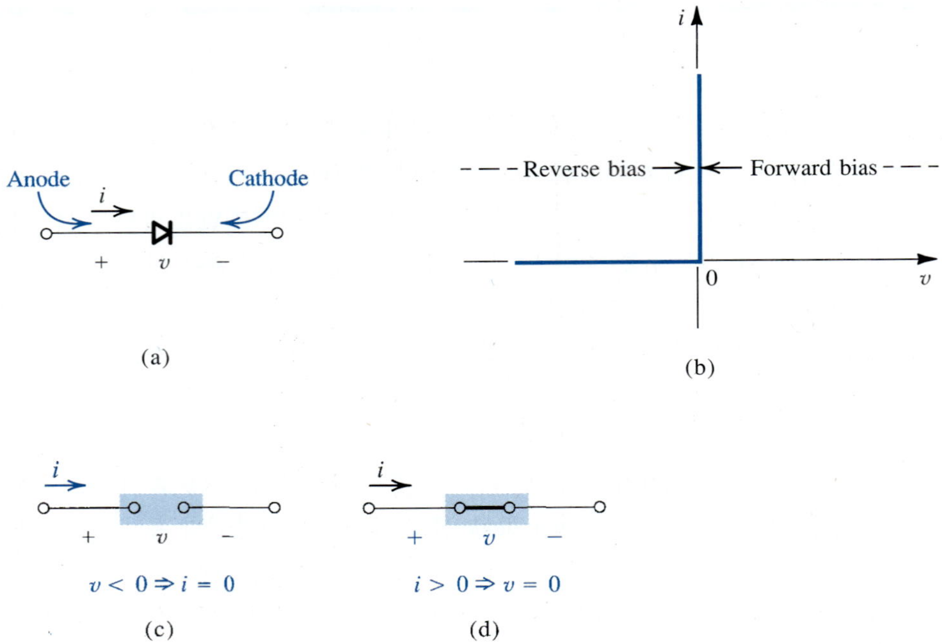

그림 3.1 이상적인 다이오드: (a) 다이오드의 회로 기호, (b) i–v 특성, (c) 역방향으로 동작할 때의 등가 회로, (d) 순방향으로 동작할 때의 등가 회로.

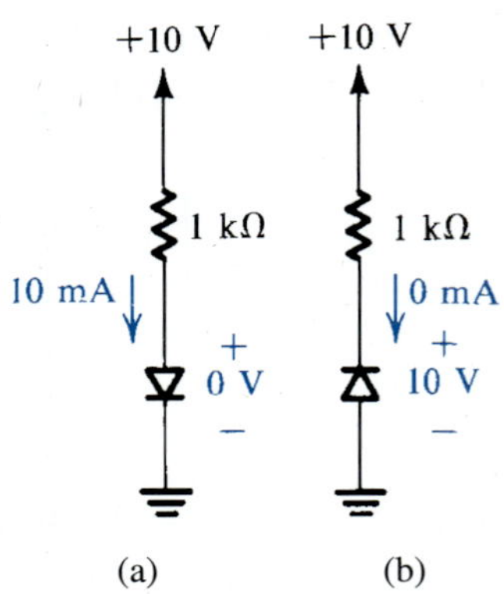

그림 3.2 이상적인 다이오드의 두 가지 동작 모드와 순방향 전류(a)와 역방향 전압(b)을 제한하기 위한 외부 회로의 이용.

이상의 설명으로부터, 다이오드에 접속되는 외부 회로를 어떻게 설계해야 할지를 알 수 있을 것이다. 즉, 외부 회로는 도통된 다이오드의 경우에 이에 흐르는 순방향 전류가 미리 정해진 값으로 제한되도록 설계해야 하고, 차단된 다이오드의 경우에는 이에 걸리는 역방향 전압이 미리 정해진 값으로 제한되도록 설계해야 한다. 이 점을 설명하기 위해 두 가지의 다이오드 회로를 그림 3.2에 나타냈다. 그림 3.2(a)의 회로에서는 다이오드가 분명히 도통될 것이다. 따라서 다이오드의 전압 강하는 0일 것이고, 다이오드에 흐르는 전류는 +10 V의 공급기와 1 kΩ의 저항기에 의해서 결정될 것이다. 즉, 10 mA가 될 것이다. 그림 3.2(b)의 회로에서는 다이오드가 분명히 차단될 것이다. 따라서 다이오드에 흐르는 전류는 0일 것이고, 그 결과 10 V 공급기의 전체 전압이 역바이어스로서 다이오드 양단에 나타날 것이다.

다이오드의 플러스 단자를 **애노드**(anode), 마이너스 단자를 **캐소드**(cathode)라고 부르는데 이렇게 부르는 이유는 진공관 다이오드로부터 그 이름이 유래되었기 때문이다. (한쪽 방향으로 도통되고 그 반대 방향으로는 차단되는) 이상적인 다이오드의 i–v 특성은 그것의 화살표 같은 회로 기호의 선택을 반드시 설명해야 한다.

위에서 본 바와 같이 이상적인 다이오드의 i–v 특성은 심한 비선형이다. 즉, 이 특성 곡선은 서로 직각으로 교차하는 두 개의 직선 분절(segment)로 이루어져 있다. 직선 분절들로 이루어진 비선형 곡선을 **구분적 선형** (piecewise linear)이라고 부른다. 이러한 특성을 갖는 소자가 이 소자의 양단에 걸리는 신호가 선형 부분 중 어느 한 부분만을 따라 스윙(swing)하도록 사용된다면, 이 소자를 선형 회로 소자로 간주할 수 있을 것이다. 이와는 달리 신호가 두 직선의 교차점을 한 번 또는 그 이상 지나면서 스윙한다면, 더 이상 선형적인 해석을 할 수 없을 것이다.

3.1.2 정류기

다이오드의 가장 기본적인 응용은 그것의 심한 비선형 i–v 특성을 이용하는 것으로, 그림 3.3(a)에 나타낸 정

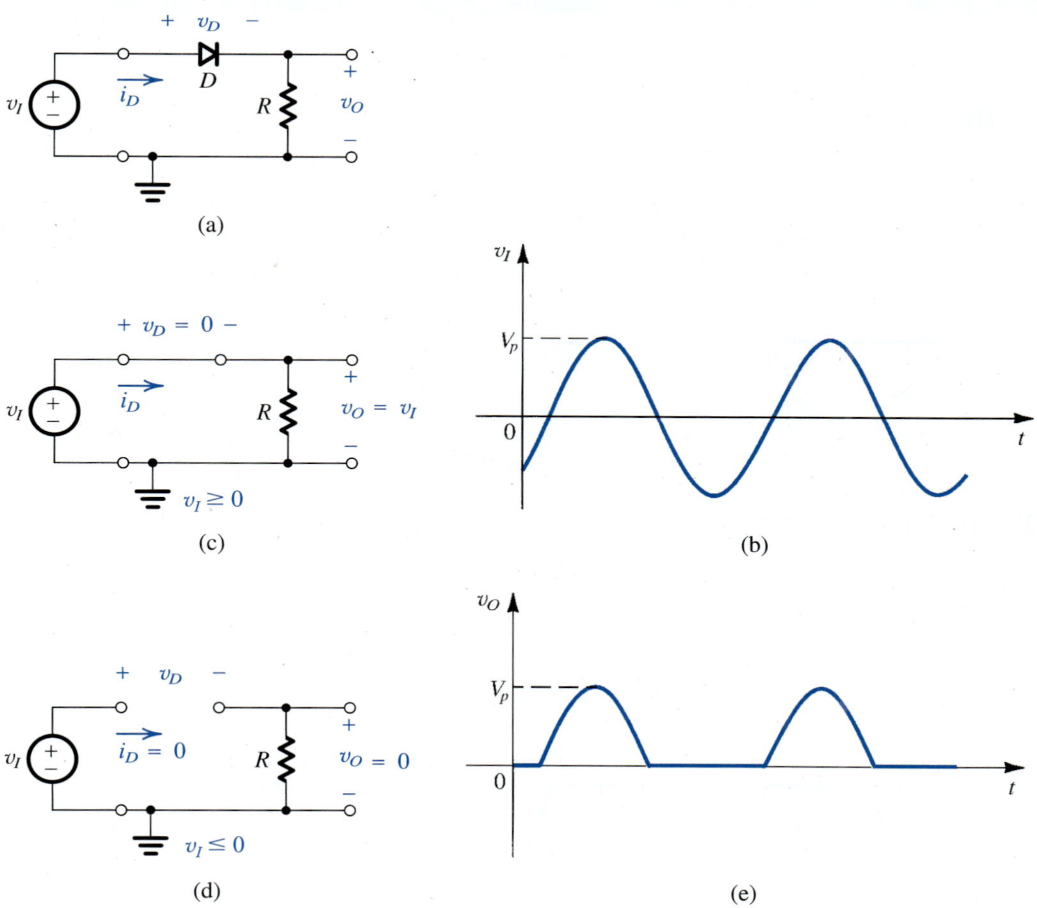

그림 3.3 (a) 정류기 회로. (b) 입력 파형. (c) $v_I \geq 0$일 때의 등가 회로. (d) $v_I \leq 0$일 때의 등가 회로. (e) 출력 파형.

류기 회로가 그 대표적인 예이다. 이 회로는 하나의 다이오드 D와 하나의 저항 R의 직렬 접속으로 구성된다. 입력 전압 v_I가 그림 3.3(b)와 같은 사인파라고 하고, 다이오드가 이상적이라고 가정하자. 입력 사인파의 플러스 반주기 동안에는 입력 v_I가 플러스이기 때문에 전류가 다이오드의 순방향으로 흐를 것이고, 이에 따라 다이오드 전압 v_D는 매우 작을 것이다(이상적으로는 0). 따라서 이때의 상황을 그림 3.3(c)와 같이 등가 회로로 나타낼 수 있을 것이고, 이 등가 회로로부터 출력 전압 v_O가 입력 전압 v_I와 같으리라는 것을 알 수 있을 것이다. 이와는 반대로 v_I의 마이너스 반주기 동안에는 다이오드가 도통되지 않을 것이다. 따라서 이때의 상황을 그림 3.3(d)와 같이 등가 회로로 나타낼 수 있을 것이고, 이 등가 회로로부터 출력 전압 v_O가 0이라는 것을 알 수 있을 것이다. 이상의 논의로부터 출력 전압이 그림 3.3(e)와 같은 파형을 갖게 되리라는 것을 알 수 있다. v_I는 그 극성이 교번하고 있고 0의 평균값을 갖는 데 반해, v_O는 한쪽(플러스) 극성만 갖고 있고, 이에 따라 유한한 평균값 또는 직류 성분(dc component)을 갖는다는 점에 주목하기 바란다. 즉, 이는 입력 신호가 그림 3.3(a)의 회로에 의해서 **정류되었다**(rectified)는 것을 의미한다. 따라서 이 회로를 **정류기**(rectifier)라고 부른다. 이 회로는 교류로부터 직류를 발생시키는 데 사용된다. 3.6절에서 정류기 회로에 대해 자세히 공부할 것이다.

연습문제

3.1 그림 3.3(a)에 나타낸 회로의 전달 특성 v_O 대 v_I를 스케치하라.

[답] 그림 E3.1을 보라.

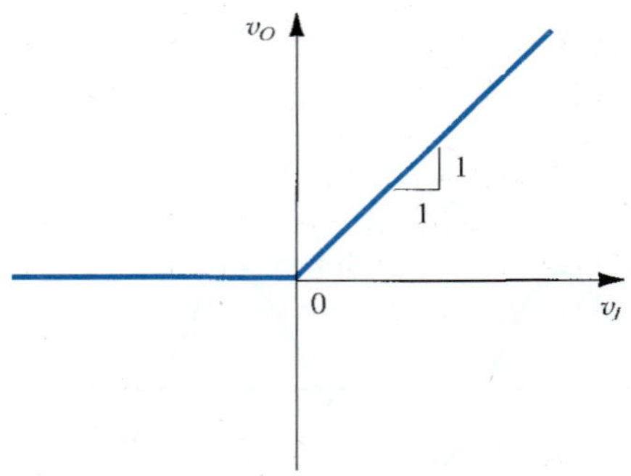

그림 E3.1

3.2 그림 3.3(a)에 나타낸 회로에 대해, v_D의 파형을 스케치하라.

[답] $v_D = v_I - v_O$, 그림 E3.2에 결과 파형이 있다.

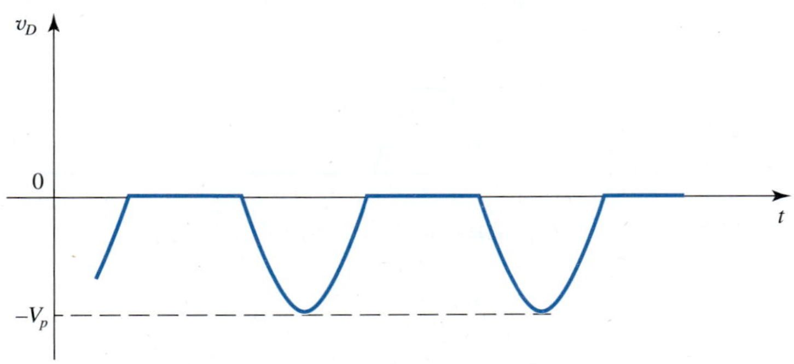

그림 E3.2

3.3 그림 3.3(a)의 회로에서, v_I가 10 V의 피크값을 가진다고 하고 $R = 5\ \mathrm{k\Omega}$으로 놓자. i_D의 피크값과 v_O의 직류 성분을 구하라.(힌트: 반사인파의 평균값은 V_p/π이다.)
[답] 2 mA; 3.18 V

예제 3.1

그림 3.4(a)에 12 V 전지를 충전하기 위한 회로를 나타냈다. v_S가 24 V의 피크 진폭을 갖는 사인파일 때, 다이오드가 도통되는 각 사이클의 구간을 구하라. 또 다이오드 전류의 피크값과 다이오드에 걸리는 역바이어스 전압의 최댓값을 구하라.

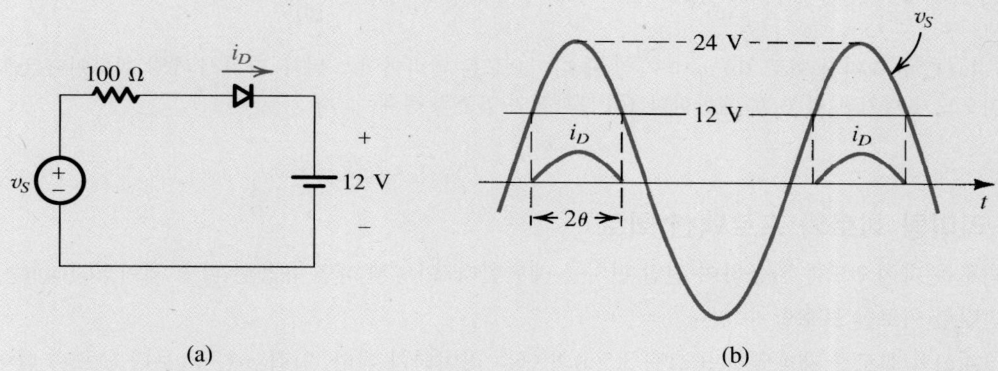

그림 3.4 예제 3.1에 대한 회로와 파형들.

풀이

그림 3.4(b)에 나타낸 것처럼 다이오드는 v_S가 12 V를 초과할 때 도통된다. 도통각은 2θ이고, θ는 다음과 같다.

$$24\cos\theta = 12$$

따라서 $\theta = 60°$이고, 도통각은 120° 또는 한 사이클의 1/3이다.

다이오드 전류의 피크값은

$$I_d = \frac{24-12}{100} = 0.12\ \mathrm{A}$$

가 된다. 다이오드에 걸리는 역바이어스 전압은 v_S가 마이너스 피크일 때 최대가 되며, 그 값은 24 + 12 = 36 V이다.

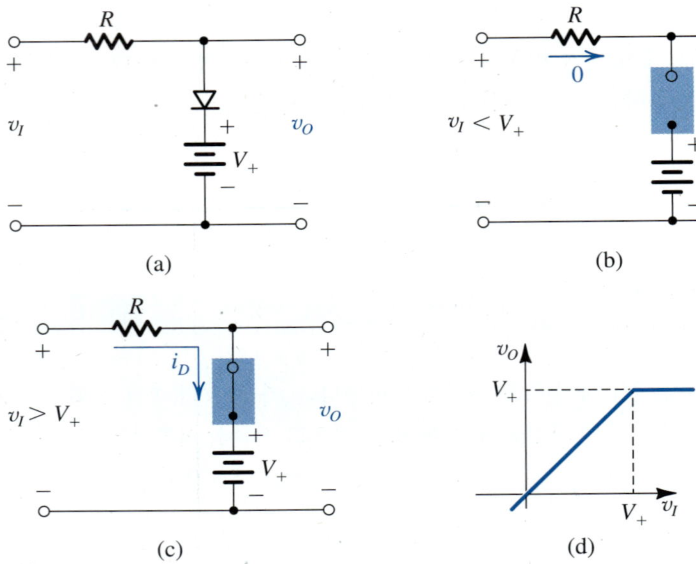

그림 3.5 (a) 단순 리미터 회로. (b) $v_I < V_+$일 때 다이오드는 역바이어스 된다. 따라서 개방 회로이다. (c) $v_I > V_+$일 때 다이오드가 켜져 v_O를 V_+로 제한한다. (d) 결과적인 입출력 관계.

3.1.3 리미팅 회로와 프로텍션 회로

리미터 회로는 다이오드를 사용하여 전압 편차를 제한한다. 이렇게 하면 유용한 파형 셰이핑(shaping)을 제공하거나 민감한 회로를 보호할 수 있다.

그림 3.4(a)의 회로를 재배열하면 그림 3.5(a)의 단순 리미터가 된다. 입력 v_I가 V_+보다 낮으면 다이오드가 꺼지므로 개방 회로가 된다. 등가 회로도는 그림 3.5(b)에 나와 있다. 저항 R을 통해 전류가 흐르지 않고 $v_O = v_I$가 된다. 입력 v_I가 V_+를 초과하면 다이오드가 켜지고 $v_O = V_+$인 그림 3.5(c)의 등가 회로가 생성된다. 따라서 회로는 v_O가 V_+에 의해 설정된 상한을 초과하지 않도록 해야 한다. 그 입출력 특성은 그림 3.5(d)와 같다. 다이오드가 켜져 있을 때 아래와 같은 전류 i_D를 전도해야 한다.

$$i_D = \frac{v_I - V_+}{R}$$

다이오드의 극성을 바꾸면 전압 변동에 대한 하한을 설정하는 리미터가 생성된다.

예제 3.2

다이오드를 이상적이라고 가정하고, 그림 3.6(a)의 리미터 회로에서 입출력 특성을 찾아라. $v_I = 100$ V이고 $R = 100\ \Omega$이면 두 다이오드 각각에 흐르는 전류는 얼마인가?

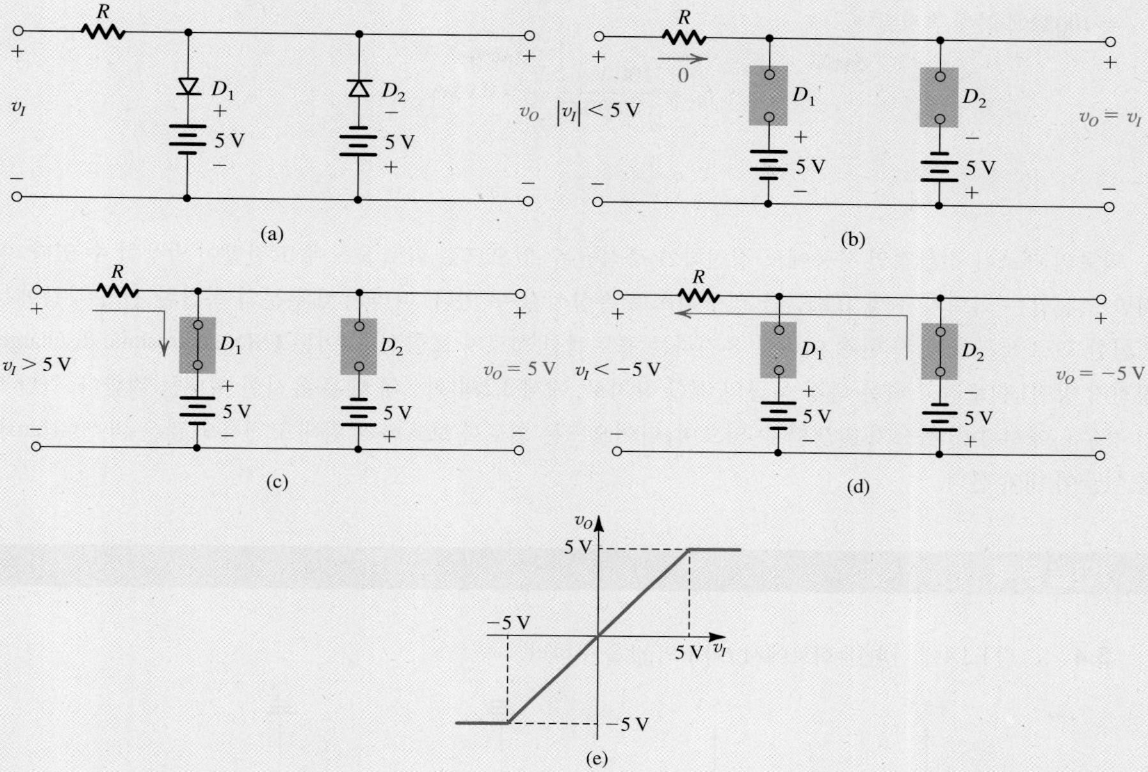

그림 3.6 (a) 예제 3.2의 단순 리미터 회로. (b)~(d) 차동 입력 전압에 대한 등가 회로. (e) 입출력 관계.

풀이

다이오드는 $-5\text{ V} < v_I < +5\text{ V}$일 때 모두 역방향 바이어스된다. 이 조건의 등가 회로는 그림 3.6(b)에 나와 있으며, 여기서 다이오드 D_1과 D_2를 개방 회로로 교체하고 $v_O = v_I$가 되도록 한다. v_I가 +5 V 이상으로 증가하면 D_1이 켜지고 D_2는 꺼진 상태로 유지된다. v_O가 +5 V로 단락되고 전류 $(v_I - 5\text{ V})/R$이 저항을 통해 흐르는 그림 3.6(c)에서 이를 설명한다. 끝으로 $v_I < -5\text{ V}$일 때, 그림 3.6(d)와 같이 D_2는 on이고 D_1은 off이다. 여기에서 $v_O = -5\text{ V}$이고 전류는 D_2와 R을 통해 v_I로 흐른다.

요약하면 리미터 회로의 출력 전압은 아래의 v_O와 같다.

$$v_O = \begin{cases} -5\text{ V}, & v_I < -5\text{ V} \\ v_I, & -5\text{ V} < v_I < +5\text{ V} \\ +5\text{ V}, & v_I > +5\text{ V} \end{cases}$$

$v_O - v_I$의 그래프는 그림 3.6(e)에 나와 있다.

$v_I = 100$ V일 때 등가 회로는 그림 3.6(c)이므로 D_2의 전류는 0이다. D_1을 통한 전류는 다음과 같이 R

$= 100\ \Omega$에 의해 결정된다.

$$i_{D_1} = \frac{100\ \text{V} - 5\ \text{V}}{100\ \Omega} = 0.95\ \text{A}$$

회로의 제조나 정상적인 사용에도 정전하가 축적될 수 있으므로 회로 노드에 고전압이 발생할 수 있다. 이러한 고전압은 회로의 구성 요소들을 영구적으로 손상시킬 수 있다. 따라서 대부분의 복잡한 전자 부품에는 위험한 회로 노드를 안전 한계 이내로 유지하는 프로텍션 회로가 포함된다. 이는 **ESD**(electrostatic discharge; 정전기 방전) 회로라고 하는 특정 등급의 제한 장치로, 예제 3.2의 회로와 매우 유사한 형태를 취한다. 극단적인 경우 v_I에서 수천 볼트가 발생할 수 있으며, 다이오드는 회로를 보호하기 위해 고전류의 짧은 버스트(burst)를 이끌어 내야 한다.

연습문제

3.4 그림 E3.4에 나타낸 회로에서 I와 V의 값을 구하라.

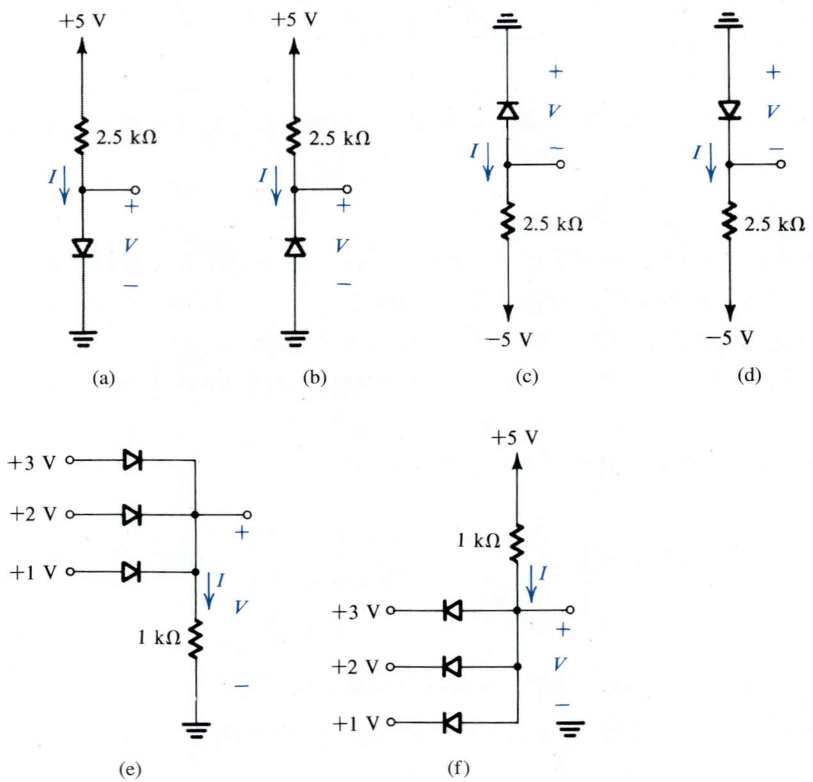

그림 E3.4

[답] (a) 2 mA, 0 V; (b) 0 mA, 5 V; (c) 0 mA, 5 V; (d) 2 mA, 0 V; (e) 3 mA, +3 V; (f) 4 mA, +1 V

3.5 그림 E3.5는 교류 전압계 회로를 나타낸 것이다. 그림과 같이 교류 전압계는 그것을 통해 흐르는 평균 전류가 1 mA일 때 최대 스케일 눈금(full-scale reading)을 가리키는 가동 코일 미터를 이용한다. 가동 코일 미터는 50 Ω의 저항을 가진다.

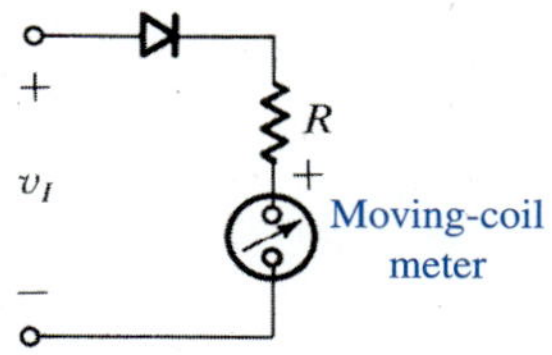

그림 E3.5

입력 사인파 신호 v_I의 피크간 전압이 20 V일 때, 가동 코일 미터가 최대 스케일 눈금을 가리키도록 하려면 R의 값을 얼마로 해야 하는가?(힌트: 사인파의 반주기 동안의 평균값은 V_p/π이다.)

[답] 3.133 kΩ

3.6 그림 3.6에서 $|v_I| < 20$ V의 경우 최대 다이오드 전류가 50 mA가 되도록 저항값 R을 구하라.

[답] $R = 300\ \Omega$

3.2 접합 다이오드의 단자 특성

다이오드의 구현에는 대개 *pn* 접합을 이용한다. 1장에서 *pn* 접합의 물리 현상과 유도된 i–v 특성을 공부하였다. *pn* 접합이 다이오드 기능을 구현하는 데 사용되는 것은 놀랄 일이 아니다. *pn* 접합은 순방향에서는 상당한 전류가 흐르고 역방향에서는 거의 전류가 흐르지 않는다. 이 절에서 우리는 다이오드 회로 응용을 위하여 *pn* 접합 다이오드의 i–v 특성을 자세히 공부할 것이다.

실리콘 접합 다이오드의 i–v 특성을 그림 3.7에 나타냈다. 이와 똑같은 특성이지만, 역바이어스 영역을 좀 더 자세히 살펴보기 위해, i축의 마이너스 부분은 스케일을 확대하고 v축의 마이너스 부분은 스케일을 축소하여 다시 그린 것이 그림 3.8이다. 스케일을 바꾸었기 때문에, 원점에서 불연속이 일어나는 것처럼 보인다는 점에 유의하기 바란다.

그림에 나와 있는 바와 같이 특성 곡선은 세 개의 영역으로 이루어진다.

1. 순바이어스 영역: $v > 0$일 때
2. 역바이어스 영역: $v < 0$일 때
3. 항복(breakdown) 영역: $v < -V_{BR}$일 때

이 세 가지 동작 영역을 다음 세 소절에 걸쳐 살펴볼 것이다.

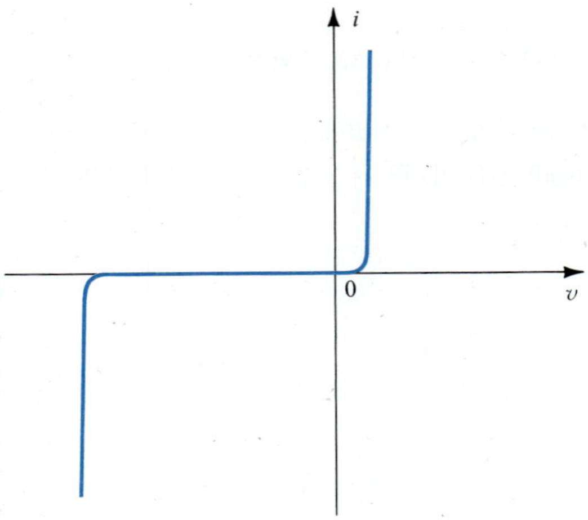

그림 3.7 실리콘 접합 다이오드의 i–v 특성.

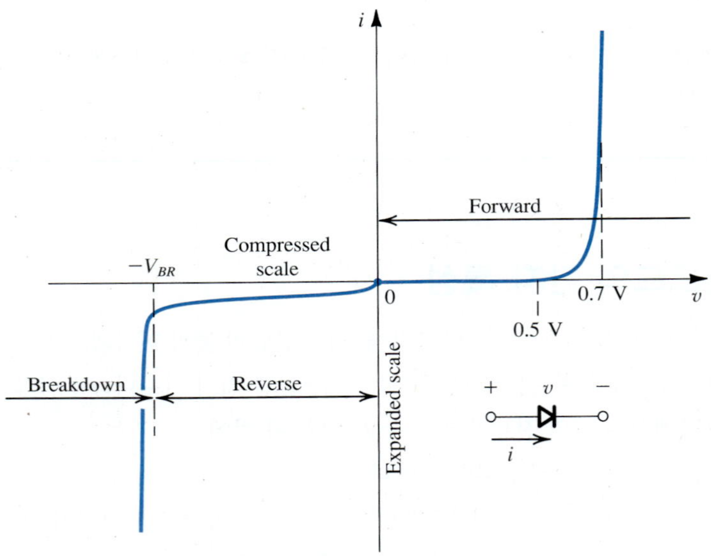

그림 3.8 역바이어스 영역을 좀 더 자세히 살펴보기 위해, i축의 마이너스 부분은 스케일을 확대하고, v축의 마이너스 부분은 스케일을 축소하여 다시 그린 다이오드의 i–v 관계.

3.2.1 순바이어스 영역

단자 전압 v가 플러스일 때, 다이오드는 순바이어스(또는 간단히 순방향) 영역에서 동작한다. 이 영역에서의 i–v 관계는 다음의 근사식으로 표현된다.

$$i = I_S\left(e^{v/V_T} - 1\right) \tag{3.1}$$

여기서 I_S는 주어진 온도에서 주어진 다이오드에 대한 상수이다.[1)] 다이오드의 물리적인 파라미터와 온도의 관점에서 본 I_S 공식은 식 (1.64)에 있다. 이 I_S 전류를 흔히 **포화 전류**(saturation current)라고 부른다.(왜 이렇게 부르는지에 대해서는 곧 설명할 것이다.) I_S를 때때로 **스케일 전류**(scale current)라고 부르기도 하는데, 이 이름은 I_S가 다이오드의 단면적에 정비례하기 때문에 생긴 것이다. 따라서 다이오드의 접합 면적을 두 배로 하면, I_S가 두 배가 되어, 다이오드 방정식으로부터 알 수 있듯이, 주어진 순방향 전압 v에 대해 전류 i가 두 배가 된다. 저전력 응용에 사용되는 작은 크기의 '소신호' 다이오드는 10^{-15} A 정도의 I_S를 가진다. 그러나 I_S의 값은 온도에 크게 영향을 받는다. 어림잡아 온도가 5°C 상승함에 따라 I_S는 두 배씩 증가한다.

식 (3.1)에서 V_T는 **열전압**(thermal voltage)이라고 불리는 상수이며 다음과 같다.

$$V_T = \frac{kT}{q} \tag{3.2}$$

여기서

k = 볼츠만 상수 $= 8.62 \times 10^{-5}$ eV/K $= 1.38 \times 10^{-23}$ 줄/켈빈
T = 켈빈으로 나타낸 절대 온도 = 273 + °C로 나타낸 온도
q = 전자의 전하량 $= 1.60 \times 10^{-19}$ 쿨롱

이것을 식 (3.2)에 대입하면 다음을 얻는다.

$$V_T = 0.0862T, \text{ mV} \tag{3.2a}$$

실온(20°C)에서의 V_T의 값은 25.3 mV이다. 회로를 빠르게 해석하기 위해 실온에서의 V_T 값을 약 25 mV로 근사화하여 사용할 것이다.[2)]

인지할 수 있을 정도의 순방향 전류에 대해서는, 특히 $i \gg I_S$에 대해서는 식 (3.1)이 다음과 같이 근사화될 수 있다.

$$i \simeq I_S e^{v/V_T} \tag{3.3}$$

이 식은 다음과 같은 대수 형태로 나타낼 수도 있다.

$$v = V_T \ln\frac{i}{I_S} \tag{3.4}$$

1) 다이오드 식 (3.1)은 때때로 지수에 정수 n을 포함하여 쓰기도 한다.

$$i = I_S(e^{v/nV_T} - 1)$$

n은 대개 1과 2 사이이며 다이오드의 물리적인 구조와 재료에 관계된다. 정상적인 집적 회로 공정을 사용하여 제작된 다이오드는 정상 상태에서 동작할 때 $n = 1$이다. 특별한 언급이 없다면 이 책에서는 간단히 $n = 1$로 사용할 것이다.

2) 전자 회로는 대개 캐비닛 안에 장치되기 때문에, 실온보다 약간 높은 온도(25°C 정도)에서 동작할 것이다. 이 온도에서 V_T의 값은 약 25.8 mV이다. 그러나 이 책에서는 회로 해석을 빠르게 하기 위해 $V_T \simeq 25$ mV를 사용할 것이다.

여기서 ln은 자연(기수가 e인) 대수를 나타낸다.

전압 v와 전류 i의 기하급수적인 관계는 전류의 넓은 범위에 걸쳐 성립된다(10^7 정도의 범위). 접합 다이오드의 이러한 성질은 바이폴라 접합 트랜지스터(BJT)에서도 나타나며, 응용 범위가 넓다.

식 (3.3)의 순방향 i–v 관계를 고찰하여 다이오드 전압 V_1에 상응하는 전류 I_1

$$I_1 = I_S e^{V_1/V_T}$$

를 계산해 보기로 하자. 마찬가지로 다이오드 전압이 V_2이면 전류 I_2는

$$I_2 = I_S e^{V_2/V_T}$$

가 된다. 이 두 방정식을 결합하면 다음 식이 유도된다.

$$\frac{I_2}{I_1} = e^{(V_2 - V_1)/V_T}$$

이 식을 다시 정리하면

$$V_2 - V_1 = V_T \ln \frac{I_2}{I_1}$$

가 되고, 이 식을 상용 대수로 표현하면

$$V_2 - V_1 = 2.3\,V_T \log \frac{I_2}{I_1} \tag{3.5}$$

가 된다. 이 방정식으로부터 다이오드의 전압 강하가 $2.3V_T$, 즉 약 60 mV 변할 때마다 전류가 열 배 변한다는 것을 알 수 있다. 또 다이오드 i–v 관계를 반로그지(semilog paper)에 쉽게 도시할 수 있다는 것도 짐작할 수 있다. 따라서 수직 선형축을 v로, 수평 대수축을 i로 사용하면, 60 mV/데케이드 기울기를 갖는 직선이 얻어질 것이다.

그림 3.8에 나타낸 i–v 특성을 보면, v가 0.5 V보다 작을 때는 전류가 매우 작다는 것을 알 수 있다. 이 0.5 V를 **컷인 전압**(cut-in voltage)이라고 부른다. 이 특성에서 나타나는 문턱(threshold)이 지수적인 관계의 결과라는 점에 주목하기 바란다. 또 이러한 지수 관계 때문에 i가 급격한 증가를 보인다는 점에도 주목하기 바란다. 따라서 다이오드가 '완전히 도통되는 데' 필요한 전압 강하는 0.6~0.8 V의 좁은 범위에 놓이게 된다. 다이오드의 이러한 특성 때문에, 도통 상태의 다이오드를 약 0.7 V의 전압 강하를 갖는 다이오드 '모델'로 나타낼 수 있을 것이다. 다른 정격 전류(즉, 접합 면적이 다르고, 이에 상응하여 I_S가 다른)를 갖는 다이오드들은 다른 전류에서 0.7 V의 전압 강하를 나타낼 것이다. 예를 들어 소신호 다이오드는 $i = 1$ mA에서 0.7 V의 전압 강하를 나타낼 것이고, 대전력 다이오드는 $i = 1$ A에서 0.7 V의 전압 강하를 나타낼 것이다. 다이오드 회로의 해석과 다이오드 모델에 대해서는 3.3절에서 살펴볼 것이다.

예제 3.3

1 mA 소자라고 불리는 실리콘 다이오드는 전류가 1 mA일 때 0.7 V의 순방향 전압을 나타낸다. 접합 스케일링 상수 I_S를 계산하라. 이와 똑같은 공정 과정으로 제조된 1 A 다이오드(0.7 V에서 1 A를 흘리는)에서는 스케일링 상수가 어떻게 되겠는가?

풀이

$$i = I_S e^{v/V_T}$$

이므로

$$I_S = i e^{-v/V_T}$$

이다. 따라서 1 mA 다이오드에서는

$$I_S = 10^{-3} e^{-700/25} = 6.9 \times 10^{-16}\ \text{A}$$

이다. 0.7 V에서 1 A를 흘리는 다이오드는 1 mA 다이오드 1000개를 병렬로 연결한 것과 마찬가지이므로, 전체 접합 면적이 1 mA 다이오드의 접합 면적보다 1000배 클 것이다. 따라서 I_S도 1000배로 될 것이다.

$$I_S = 6.9 \times 10^{-13}\ \text{A}$$

서로 다른 반도체 소자로 만들어진 다이오드는 I_S 값이 몇 배 정도 차이날 수 있다. 예를 들어 게르마늄 다이오드는 약 0.3 V의 훨씬 더 낮은 전압에서 상당한 전류를 전도할 수 있지만, 발광 다이오드는 훨씬 더 높은 전압, 일반적으로 빛의 색상에 따라 1 V 이상에서 켜지는 것처럼 보인다. 달리 명시하지 않는 한 우리는 전도 시 약 0.7 V 강하가 있는 실리콘 다이오드에 중점을 둔다.

주어진 다이오드에 대해 I_S와 V_T는 모두 온도의 함수이기 때문에 순방향 i–v 특성은 그림 3.9와 같이 온도에 따라 변화한다. 다이오드 전류가 일정할 때, 다이오드의 전압 강하는 온도가 1°C 상승함에 따라 약 2 mV씩 감소한다. 온도에 따른 다이오드 전압의 변화는 전자식 온도계 설계에 응용된다.

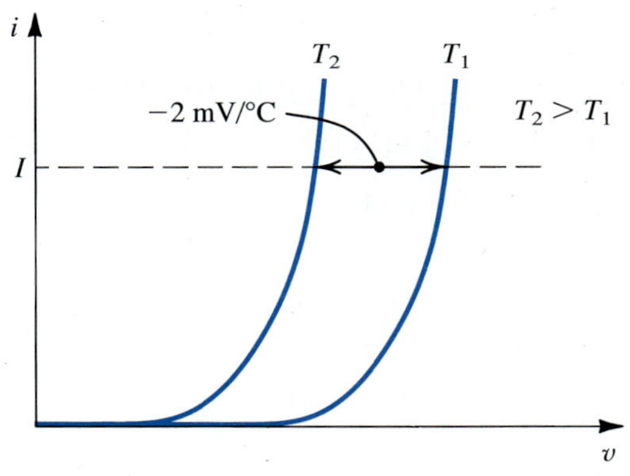

그림 3.9 다이오드 순방향 특성의 온도 영향에 대한 설명. 전류 I가 일정할 때, 온도가 1°C 상승함에 따라 전압 강하는 약 2 mV씩 감소한다.

연습문제

3.7 만일 전류가 0.1 mA로부터 10 mA까지 변한다면, 전압은 얼마나 변하겠는가?
[답] 120 mV

3.8 어떤 실리콘 접합 다이오드가 $i = 1$ mA에서 $v = 0.7$ V의 전압 강하를 가진다. $i = 0.1$ mA와 10 mA에서의 전압 강하를 구하라.
[답] 0.64 V; 0.76 V

3.9 게르마늄 다이오드는 0.2 mA를 전도하는 동안 0.3 V의 순방향 강하를 나타낸다. 이때 스케일 전류 I_S를 구하라.
[답] $I_S = 1.23 \times 10^{-9}$ A

3.10 어떤 실리콘 다이오드가 25°C에서 $I_S = 10^{-14}$ A를 가지며, I_S는 온도가 1°C 상승할 때마다 15%씩 증가한다는 사실을 이용하여, 125°C에서의 I_S 값을 구하라.
[답] 1.17×10^{-8} A

3.2.2 역바이어스 영역

다이오드 전압 v가 마이너스일 때 다이오드는 역바이어스 영역에서 동작하게 된다. 식 (3.1)에서 v가 마이너스이고 V_T(25 mV)보다 몇 배 크다면, 지수 항은 1보다 매우 작아지게 될 것이고 다이오드 전류는 다음과 같을 것이다.

$$i \simeq -I_S$$

즉, 역방향 전류는 일정하며, I_S와 크기가 같다. 이것이 I_S를 **포화 전류(saturation current)**라고 부르는 이유이다.

실제의 다이오드에서 역방향 전류는 비록 작기는 하지만 I_S보다 훨씬 큰 값을 가진다. 예를 들어 I_S가 $10^{-14} \sim 10^{-15}$ A 정도 되는 소신호 다이오드는 약 1 nA 정도의 역방향 전류를 보인다. 역방향 전류도 역방향 전압의 크기가 증가함에 따라 약간 증가한다. 역방향 전류의 크기가 매우 작기 때문에, 이들을 그림 3.8의 다이오드 i–v 특성에 자세하게 나타내지 못했다는 점에 유의하기 바란다.

역방향 전류는 주로 누설 효과(leakage effect)에 기인한다. 이 누설 전류는 I_S처럼 접합 면적에 비례한다. 그러나 온도에 따른 변화는 I_S와 다르다. I_S는 온도가 5°C 증가할 때마다 두 배가 되는 데 반해, 누설 전류는 온도의 영향을 크게 받으며, 온도가 10°C 증가할 때 두 배 증가한다는 것을 언급해 둔다.

연습문제

3.11 그림 E3.11의 회로에 있는 다이오드는 그것의 접합 면적이 크고 이에 따라 큰 전류를 흘릴 수 있는 소자이다. 또 이 다이오드의 역방향 누설 전류는 전압과 거의 무관하다. 만일 20°C에서 $V = 1$ V라면, 40°C와 0°C에서의 V 값은 얼마겠는가?

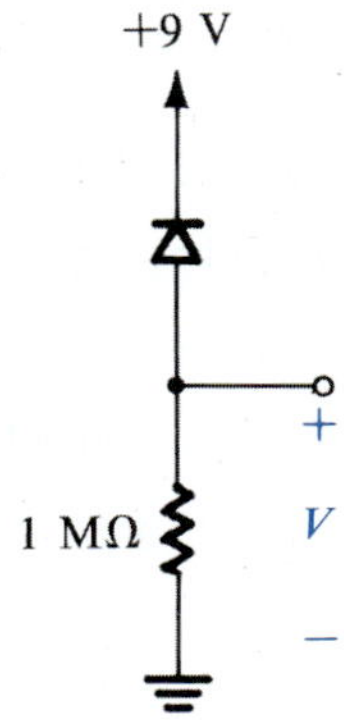

그림 E3.11

[답] 4 V; 0.25 V

3.2.3 항복 영역

다이오드의 세 번째 동작 영역은 항복 영역으로, 이는 그림 3.8의 다이오드 i–v 특성에서 쉽게 구분될 수 있다. 역방향 전압이 특정 다이오드의 문턱값을 초과할 때, 다이오드는 항복 영역으로 들어가게 되는데, 이 문턱값을 **항복 전압**(breakdown voltage)이라고 부르고 V_{BR}로 표시한다.

그림 3.8로부터 알 수 있듯이, 항복 영역에서 역방향 전류는 급격히 증가하며, 이에 따른 전압 강하는 매우 작다. 다이오드에서 소모되는 전력이 외부 회로에 의해 '안전한' 수준으로 제한될 때는, 이 항복 전압에서도 다이오드가 파괴되지 않을 것이다. 이 안전한 값은 소자의 데이터 일람표에 자세히 수록되어 있다. 따라서 항복 영역에서의 역방향 전류는 허용 소모 전력에 상응하는 값으로 제한되어야 한다. 역항복의 몇 가지 유용한 응용으로 전압 조정(voltage regulation)(3.5절) 및 광 감지(light detection)(3.7.4절)가 포함된다.

3.3 다이오드 모델링

다이오드 단자 특성을 이해함으로써 그림 3.10과 같은 순방향으로 동작하는 다이오드로 구성된 회로 해석이

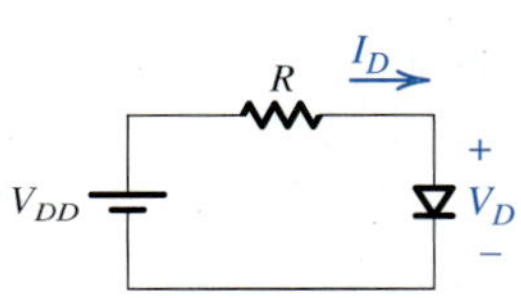

그림 3.10 다이오드 회로의 분석을 위해 사용된 간단한 회로.

가능하다. 이 회로는 직류 전원 V_{DD}, 저항 R, 그리고 다이오드로 구성되어 있다. 다이오드 전압 V_D 및 전류 I_D를 구하기 위해 분석에 도움이 될 수 있는 다양한 다이오드 모델이 있다. 지금까지 우리는 이상적인 다이오드 모델과 지수 모델 두 가지를 알고 있는데, 여러 가지 분석 환경에서의 이 두 모델의 적합도를 검토할 것이다. 또한 다른 여러 모델에 대해서도 공부할 것이다. 이 자료는 다이오드 회로의 분석 및 설계에 유용하며 다음 두 장에서 공부할 트랜지스터 동작 모델의 기초를 제공한다.

3.3.1 지수 모델

지수 모델은 항복 영역 외부의 다이오드 작동에 대한 가장 정확한 분석을 제공한다. 그러나 불행하게도 이 모델은 심한 비선형적인 특성으로 인해 사용하기가 어렵다. 이를 알아보기 위해 지수 다이오드 모델을 사용하여 그림 3.10에서 보여 주는 회로를 분석해 보자.

V_{DD}가 0.5 V보다 크거나 같다고 가정하면, 다이오드 전류는 I_S보다 매우 클 것이고, 다이오드의 i–v 특성을 다음과 같이 지수 관계식으로 나타낼 수 있다.

$$I_D = I_S e^{V_D/V_T} \tag{3.6}$$

회로 동작을 지배하는 또 다른 식은 키르히호프의 루프 방정식을 써서 얻는다. 그 결과는

$$I_D = \frac{V_{DD} - V_D}{R} \tag{3.7}$$

이다. 다이오드 파라미터 I_S를 알고 있다고 가정하면 식 (3.6)과 (3.7)에 남는 미지수는 I_D와 V_D뿐이다. 따라서 이 두 식을 풀어 I_D와 V_D를 구할 수 있다. 그러나 그 과정이 매우 번거롭기 때문에, 다른 두 가지 도식적 해석과 반복 해석을 이용하여 해를 구하는 것이 더 효과적이다.

3.3.2 지수 모델을 이용한 도식적 해석

도식적 해석은 식 (3.6)과 (3.7)의 관계를 i–v 평면상에 그림으로써 수행되며, 그 해는 두 그래프의 교차점이다. 도식적 해석을 위한 스케치를 그림 3.11에 나타냈다. 이 그림에서 곡선은 지수적인 다이오드 방정식[식 (3.6)]을 나타내고, 직선은 식 (3.7)을 나타낸다. 이와 같은 직선을 **부하선**(load line)이라고 부르는데, 이 이름은 이후 장들에서 그 의미가 더욱 확실해질 것이다. 그림에서 볼 수 있듯이 부하선이 Q점에서 다이오드 곡선과 교차하는데, 이 점이 회로의 **동작점**(operating point)을 나타낸다. 동작점의 좌표가 I_D와 V_D의 값으로 주어진다는 것에 유의하기 바란다.

도식적 해석은 회로 동작을 가시화하는 데 도움을 준다. 그러나 회로가 복잡한 경우에는 이러한 해석을 수행하는 데 수반되는 노력이 너무 크기 때문에 이 방법은 실제로는 그다지 사용되지 않는다.

3.3.3 지수 모델을 이용한 반복 해석

식 (3.6)과 (3.7)을 간단한 반복 절차를 이용하여 풀 수도 있다. 이를 다음의 예제에서 살펴보자.

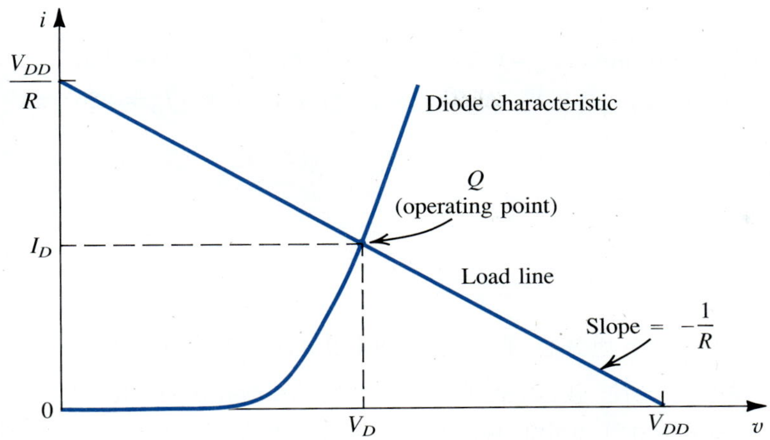

그림 3.11 그림 3.10에 나타낸 회로의 도식적 해석.

예제 3.4

그림 3.10의 회로에서 $V_{DD} = 5$ V이고 $R = 1$ kΩ일 때, 전류 I_D와 다이오드 전압 V_D를 구하라. 다이오드는 0.7 V의 전압에서 1 mA의 전류를 흘린다고 가정하라.

풀이

반복을 시작하기 위해서는 먼저 $V_D = 0.7$ V로 가정하고, 이때 회로에 흐르는 전류를 식 (3.7)을 이용하여 다음과 같이 구해야 한다.

$$I_D = \frac{V_{DD} - V_D}{R} = \frac{5 - 0.7}{1} = 4.3 \text{ mA}$$

다음으로 다이오드 방정식을 이용하여 V_D의 보다 정확한 값을 구할 수 있다. 이는 식 (3.5)

$$V_2 - V_1 = 2.3V_T \log\frac{I_2}{I_1}$$

를 이용하여 수행된다. 이 문제의 경우 $2.3V_T = 60$ mV이다. 따라서

$$V_2 = V_1 + 0.06\log\frac{I_2}{I_1}$$

이다. 이 식에 $V_1 = 0.7$ V, $I_1 = 1$ mA, $I_2 = 4.3$ mA를 대입하면 $V_2 = 0.738$ V가 얻어질 것이다. 따라서 첫 번째 반복의 결과는 $I_D = 4.3$ mA이고 $V_D = 0.738$ V이다. 두 번째 반복 역시 비슷한 방법으로 진행된다. 즉,

$$I_D = \frac{5 - 0.738}{1} = 4.262 \text{ mA}$$

$$V_2 = 0.738 + 0.06\log\left[\frac{4.262}{4.3}\right]$$

$$= 0.738 \text{ V}$$

이다. 따라서 두 번째 반복에 의해 $I_D = 4.262$ mA와 $V_D = 0.738$ V를 얻는다. 이 값들이 첫 번째 반복 후에 얻어진 값들과 큰 차이가 없으므로 더 이상의 반복은 필요하지 않을 것이다. 따라서 해는 $I_D = 4.262$ mA와 $V_D = 0.738$ V이다.

3.3.4 빠른 해석의 필요성

위의 예제로부터 반복 해석 절차가 간단하며, 두 번 또는 세 번 반복 후에 정확한 결과를 산출한다는 것을 알 수 있다. 그러나 노력과 시간이 너무 많이 요구되는 경우가 존재한다. 만일 비교적 복잡한 회로를 종이와 연필로 설계한다면, 빠르고 간단한 회로 분석이 필요할 것이다. 빠른 분석을 통해서 적당한 회로를 결정하기 전에 여러 가지 가능성을 평가할 수 있을 것이다. 분석 속도를 높이려면, 보다 덜 정확한 결과에 만족해야 한다. 그러나 SPICE(부록 B 및 웹사이트 참조)와 같은 컴퓨터 회로 분석 프로그램의 도움으로 최종 또는 거의 최종에 가까운 설계가 완료되면 더욱 정확한 분석을 수행할 수 있으므로 이것은 거의 문제가 되지 않는다. 그런 다음 이러한 분석의 결과를 사용하여 설계를 추가로 수정하거나 '미세 조정(fine-tune)'할 수 있다.

해석 과정의 속도를 올리려면 다이오드의 순방향 특성에 대한 더욱 간단한 모델을 발견하여야 한다.

3.3.5 정전압 강하 모델

가장 간단하고 폭넓게 사용되는 다이오드 모델은 정전압 강하 모델이다. 이 모델은 순방향 다이오드가 비교적 좁은 영역인 0.6~0.8 V의 전압 강하에 기준을 두고 있다. 이 모델은 일정한 0.7 V[3] 전압 강하를 가정하고 순방향 전압이 0.7 V 미만이면 다이오드 전류가 0이라고 가정한다. 구분적 선형 모델의 결과를 그림 3.12에 나타냈다.

정전압 강하 모델은 회로 해석과 설계의 초기 단계에서 가장 많이 사용되는 모델이다. 특히 초기 단계에서 다이오드 특성들에 관한 상세한 정보를 갖고 있지 않은 경우에는 이 모델을 사용하는 것이 통례이다.

끝으로 만일 정전압 강하 모델을 이용하여 예제 3.4를 푼다면

$$V_D = 0.7 \text{ V}$$

$$I_D = \frac{V_{DD} - 0.7}{R}$$

$$= \frac{5 - 0.7}{1} = 4.3 \text{ mA}$$

를 얻는다는 점에 주목하기 바란다. 또한 이 값이 앞에서 더 정교한 지수 모델을 이용하여 얻은 값과 별로 차이가 없다는 점에도 주목하기 바란다.

---

3) 다이오드 유형에 따라 다른 순방향 전압이 가정될 수 있다. 예를 들어 고전력 다이오드는 고전류를 전도하여 더 높은 전압을 발생시킬 수 있다. 실리콘 이외의 반도체 재료로 만든 다이오드는 다른 전압 강하를 나타낼 수 있다.

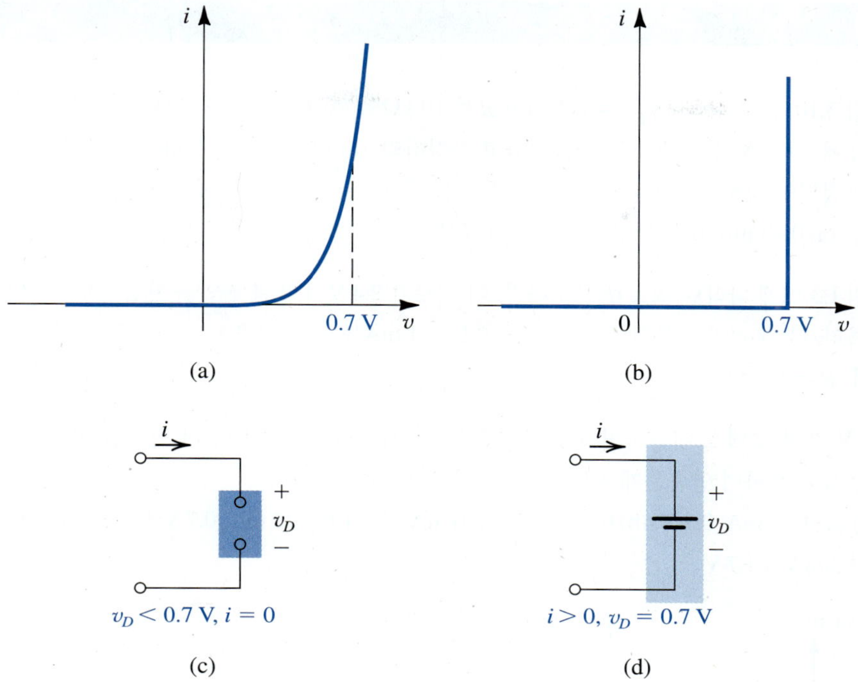

그림 3.12 다이오드 정전압 강하 모델의 전개: (a) 지수 특성, (b) 구분적 선형에 의한 근사적인 지수 특성, (c) 역바이어스 또는 $v_D < 0.7$ V인 다이오드의 결과 모델, (d) 순방향 다이오드 모델.

3.3.6 이상적인 다이오드 모델

다이오드 전압 강하(0.6~0.8 V)보다 훨씬 큰 전압을 수반하는 응용에서는 다이오드 전류를 계산하는 동안 다이오드 전압 강하를 전부 무시할 수도 있을 것이다. 그 결과가 3.1절에서 공부했던 이상적인 다이오드 모델이다. 이상적인 다이오드 모델을 이용하여 예제 3.4(즉, $V_{DD} = 5$ V이고 $R = 1$ kΩ인 그림 3.10의 회로)를 푼다면

$$V_D = 0 \text{ V}$$

$$I_D = \frac{5 - 0}{1} = 5 \text{ mA}$$

가 되고, 빠른 분석으로 얻어진 이 결과값은 거시적인 관점에서 나쁘지는 않다. 그러나 부가적인 일이 거의 없는 상태에서 0.7 V 강하 모델은 매우 현실적이다. 그러나 3.6절에서 고찰한 바와 같이 여러 개의 다이오드가 있는 회로에서 어떤 다이오드가 온(on)이며 오프(off)인지를 구별하기 위해 매우 유용한 모델이라는 것을 주목할 필요가 있다.

연습문제

3.12 그림 3.10의 회로에서 $V_{DD} = 5$ V이고 $R = 10$ kΩ일 때, I_D와 V_D를 구하라. 단, 다이오드는 1 mA 전류에서 0.7 V의 전압 강하를 가진다고 가정하라. (a) 반복법을 사용하여 계산하라. (b) $V_D = 0.7$ V인 정전압 강하 모델을 사용하여 계산하라.

[답] (a) 0.43 mA, 0.68 V; (b) 0.43 mA, 0.7 V

D3.13 그림 E3.13에 나타낸 회로를 참조하라. 이 회로가 2.4 V의 출력 전압을 제공하도록 저항 R의 값을 정하라. 단, 우리가 이용할 수 있는 다이오드는 1 mA에서 0.7 V의 전압 강하를 가진다고 가정하라.

[답] $R = 139$ Ω

3.14 0.7 V 강하 모델을 이용하여 연습문제 3.4를 다시 풀어서 I와 V의 더 정확한(이상적인 다이오드 모델을 사용하여 연습문제 3.4에서 구한 것보다) 값을 구하라.

[답] (a) 1.72 mA, 0.7 V; (b) 0 mA, 5 V; (c) 0 mA, 5 V; (d) 1.72 mA, 0.7 V; (e) 2.3 mA, +2.3 V; (f) 3.3 mA, +1.7 V

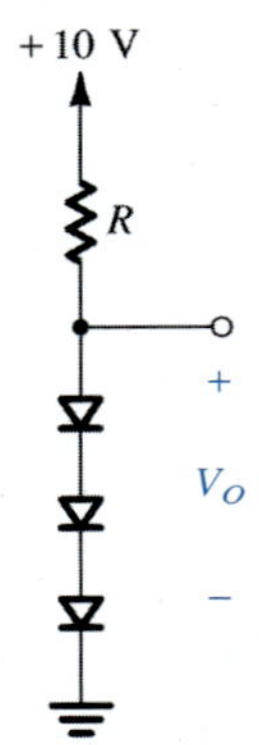

그림 E3.13

3.3.7 역방향 항복 영역에서의 동작

다이오드가 항복 영역에서 나타내는 매우 가파른 i–v 곡선(그림 3.8)과 이것이 나타내는 거의 일정한 전압 강하는 증폭을 위해 항복 영역에서 작동하는 다이오드를 사용할 수 있고 회로 설계 시 그 목적은 전압 조정기(3.5절에서 공부)라고 하는 거의 일정한 DC 전압을 유지하는 것이다. 1장에서 두 가지 역항복 메커니즘인 애벌랜치와 제너가 소개되었다. 다이오드의 구조는 이 두 메커니즘 중 어느 것이 우세한지를 결정한다.

애벌랜치 항복(Avalanche Breakdown) 애벌랜치는 일반적으로 $V_{BR} \gtrsim 10$ V에서 관찰된다. 눈에 띄는 전류 없이 높은 역전압을 견디는 데 필요한 다이오드에 대한 역항복의 일반적인 형태이다. 일단 애벌랜치 항복에서 작동하면 높은 V_{BR}에서 큰 역전류가 결합되어 매우 높은 전력 손실이 발생한다. 역전류를 제한하지 않으면 과열로 인해 다이오드가 영구적으로 손상될 수 있다. 따라서 대부분의 응용에서 다이오드 제조업체가 지정한 최대 역전압[4]을 준수하여 애벌랜치 항복을 방지한다.

그러나 일부 응용에서는 애벌랜치 작동을 활용하여 매우 작은 자극을 큰 전류로 변환할 수 있다. 예를 들어 애벌랜치 광다이오드(APD: avalanche photodiode)는 매우 낮은 수준의 빛도 감지 가능한 역전류를 시작하도록 항복 시 작동하도록 설계되었다. 일부 APD에서는 단일 광자의 흡수가 전류 스파이크를 발생시킨다. 이들은 약한 광 펄스의 정확한 도달 시간을 감지하는 데 사용할 수 있다.

제너 항복(Zener Breakdown) 및 제너 다이오드(Zener Diode) 제너 항복 상태에서 작동하도록 특별히 제조된 제너 다이오드는 광범위한 역전류에 대해 거의 일정한 역전압 강하 V_Z를 유지한다. 그림 3.13(a)는 일반적인 응용에서 V_Z의 극성과 전류 흐름을 나타내는 제너 다이오드의 회로 기호를 보여 준다. 그림 3.13(b)는 다이오드 i–v 특성의 세부 사항을 보여 준다. 제조업체는 종종 그림 3.13(b)에 표시된 것처럼 몇 가지 주요 매개변수를 지정한다.

- 동작점 Q에 해당하는 테스트 전류 I_{ZT}에서 역전압 V_{ZT}. V_{ZT}의 일반적인 값은 10 V 미만이지만, 더 높은 전압도 가능하다.
- '무릎(knee)' 전류 I_{ZK}. 제너 작동 시작 시 역전류에 해당한다.

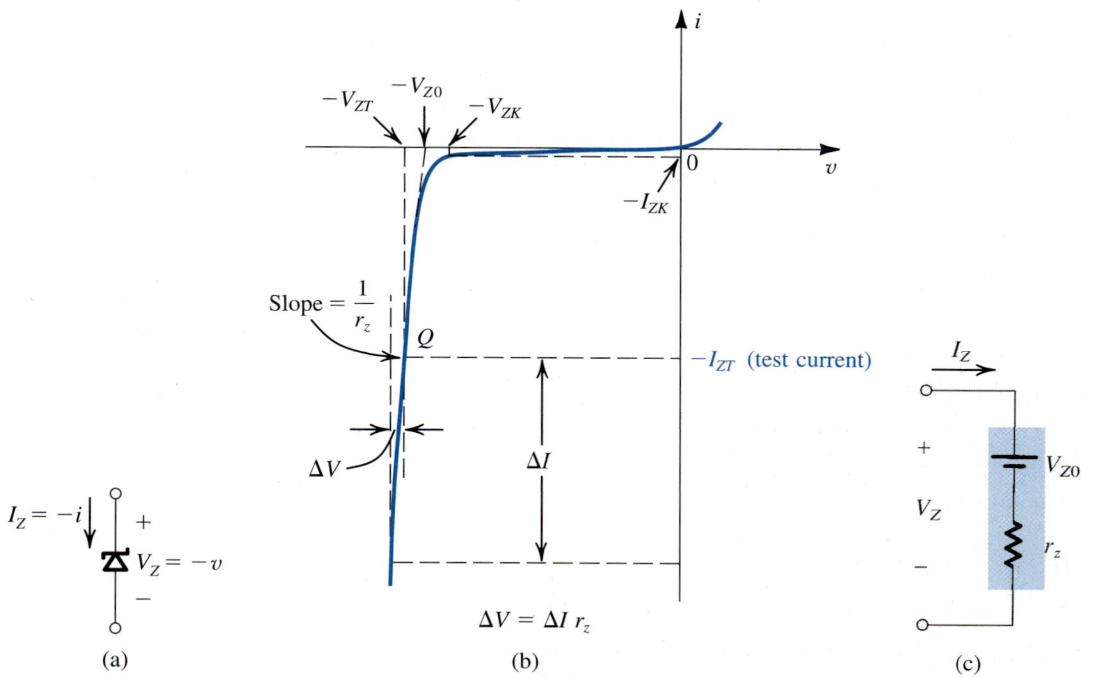

그림 3.13 (a) 제너 다이오드의 회로 기호; (b) 세부적으로 표시된 항복 영역을 갖는 다이오드 i–v 특성; (c) 제너 다이오드 모델.

4) 일부 데이터 시트는 3.6절에서 논의하는 정류기 회로의 일반적인 적용과 관련하여 다이오드의 피크 역전압(PIV: peak inverse voltage)을 지정한다.

- 소자(device)가 안전하게 소비할 수 있는 최대 전력. 예를 들어 0.5 W, 6.8 V 제너 다이오드는 최대 약 70 mA의 전류에서 안전하게 작동할 수 있다.
- 제너 전압 V_Z의 **온도 계수**(TC: temperature coefficient). 보통 **temco**라고 하며 mV/℃로 표시된다.

제너의 증분 저항 r_z도 종종 지정된다. 이것은 전류 ΔI의 변화를 역전압의 결과 변화 $\Delta V = r_z \Delta I$와 관련시킨다. r_z는 그림 3.13(b)의 Q에서 i–v 곡선의 기울기와 반비례 관계에 있다. r_z 값이 낮을수록 i–v 곡선이 더 가파르고 따라서 역전압이 더 일정함을 나타낸다. 제너 다이오드의 거의-선형인 i–v 특성은 그림 3.13(c)와 같이 모델링할 수 있음을 시사한다. 여기서 V_{Z0}는 그림 3.13(b)에서 기울기 $1/r_z$의 직선이 전압축과 교차하는 점을 나타낸다. 등가 회로 모델은 구분적 선형 모델링의 또 다른 예이며 다음과 같이 분석적으로 설명된다.

$$V_Z = V_{Z0} + r_z I_Z \tag{3.8}$$

이것은 Q 부근에 적용된다.

연습문제

3.15 그림 3.10의 다이오드는 최대 역전압이 30 V이다. 안전한 작동을 보장하는 최소 전압 V_{DD}는 얼마인가?

[답] −30 V

3.16 200 mW 3.5 V 제너 다이오드는 10 mA의 테스트 전류에서 지정된다. 증분 저항은 10 Ω이다. 20 mA의 역전류를 흘렸을 때 발생하는 전압은? 안전하게 소산할 수 있는 최대 전류는 얼마인가?

[답] 3.6 V, 51 mA

3.4 소신호 모델

우리는 지금까지 비선형(지수) 모델을 사용한 다이오드 회로의 분석과 정전압 강하 모델, 이상 모델 및 역항복에서의 제너 다이오드 모델을 포함한 여러 구분적 선형 모델을 고찰했다. 선형화된 모델은 손이나 컴퓨터로 직접 신속하게 해결할 수 있지만, 지금까지는 대략적인 결과만 제공했다. 이 절에서는 선형 회로 분석의 이점을 유지하지만, 회로 전압과 전류가 좁은 범위 내에 있는 한 구분적 선형 모델보다 더 높은 정확도를 제공하는 비선형 장치를 모델링하는 대체 기술을 고려한다. 증폭기 및 기타 복잡한 회로의 빠르고 직관적인 분석을 가능하게 하기 위해 이 동일한 방법을 이후 장들에서 트랜지스터에 적용할 것이다.

직렬 연결된 저항 R과 다이오드 D를 통해 직류 전압 V_{DD}가 직류 전류 I_D를 유기하는 그림 3.14(a)의 경우를 생각해 보자. 다이오드 전압은 V_D로 표시된다. 위에서 언급한 바와 같이 I_D와 V_D의 값을 다이오드 지수 특성을 이용하여 얻을 수도 있고 다이오드 정전압 강하 모델을 이용하여 보다 빨리 근삿값을 발견할 수도 있다.

다음에는 그림 3.14(b)와 같이 작은 변화 ΔV_{DD}에 의한 V_{DD}의 상태를 고려해 보자. 지적한 바와 같이 증가

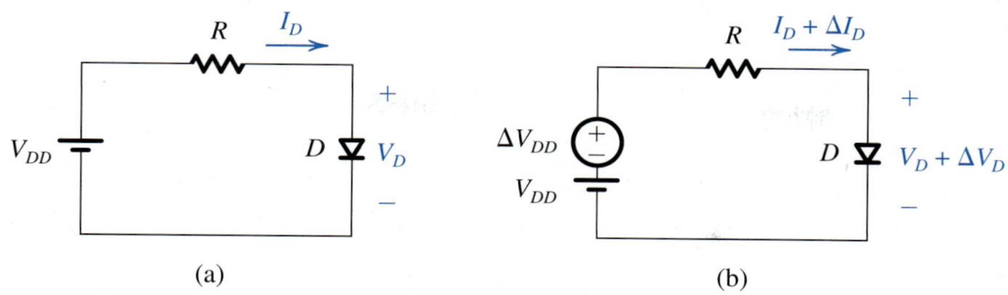

그림 3.14 (a) 간단한 다이오드 회로, (b) V_{DD}가 ΔV_{DD}에 의해 변화되는 경우.

분 ΔI_D에 의해 전류 I_D가 변화하고 증가분 ΔV_D에 의해 다이오드 전압 V_D가 변화한다. 우리는 증가분의 값을 확인할 빠른 방법을 찾기를 원하며, 드디어 다이오드의 '소신호' 모델을 개발하게 된다. 여기에서 신호라는 단어가 강조하는 ΔV_{DD}는 시간에 따른 변화량이다. ΔV_D가 양적으로 충분히 적은 양을 유지할 때 다이오드 모델이 적용된다는 것을 수식어 '소'로써 표시한다.

다이오드 소신호 모델이 자세히 설명되어 있는 그림 3.15를 참조하라. 다이오드에 부가되는 전압은 직류 전압 V_D와 시간에 따라 변화하는 신호 $v_d(t)$[5]의 합으로 표현된다.

$$v_D(t) = V_D + v_d(t) \tag{3.9}$$

따라서 다이오드에 흐르는 순간 전류 $i_D(t)$는

$$i_D(t) = I_S e^{v_D/V_T} \tag{3.10}$$

이다. v_D에 식 (3.9)를 대입하면

$$i_D(t) = I_S e^{(V_D+v_d)/V_T} = I_S e^{V_D/V_T} e^{v_d/V_T} \tag{3.11}$$

가 된다. 신호 $v_d(t)$가 존재하지 않으면 다이오드 전압은 V_D가 되고 다이오드 전류는 I_D가 되어 다음과 같다.

$$I_D = I_S e^{V_D/V_T} \tag{3.12}$$

이와 같이 식 (3.11)의 $i_D(t)$는 다음과 같이 표시된다.

$$i_D(t) = I_D e^{v_d/V_T} \tag{3.13}$$

여기서 만약 신호 전압 $v_d(t)$의 크기가 다음 식을 충족시킬 정도로 충분히 작다고 가정하면

$$\frac{v_d}{V_T} \ll 1 \tag{3.14}$$

식 (3.13)의 지수 부분을 급수로 전개할 때 앞의 두 항만 취할 수 있게 되어, 다음과 같은 근사적인 표현을 얻을

5) 이후부터는 소신호에 대해 ΔV_D 및 ΔI_D 대신 소문자 변수와 첨자 v_d 및 i_d를 사용한다.

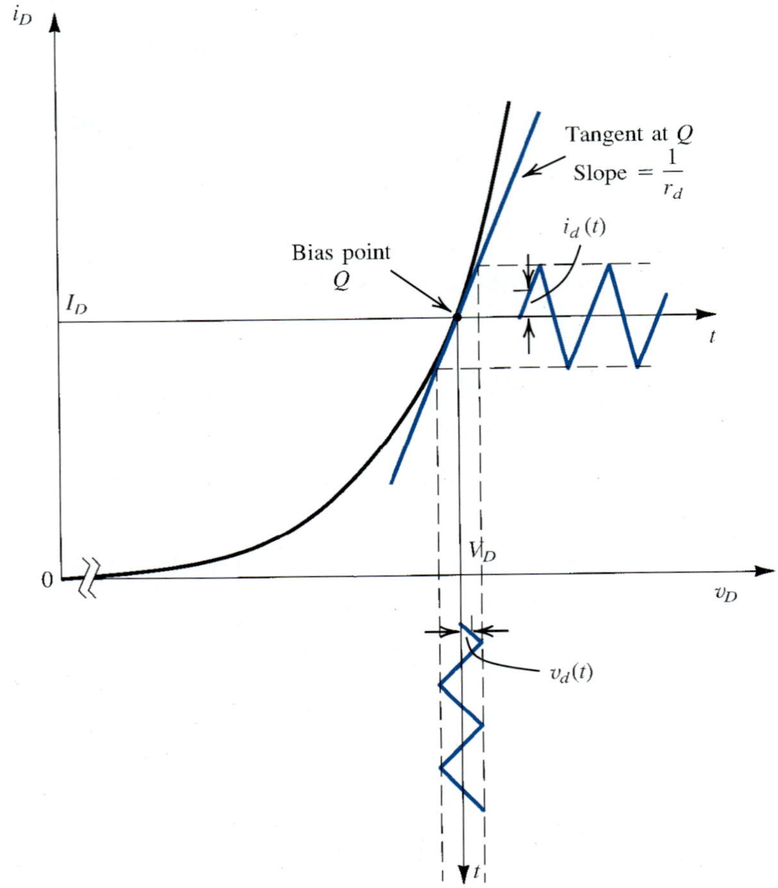

그림 3.15 다이오드 소신호 모델의 전개.

수 있다.

$$i_D(t) \simeq I_D\left(1 + \frac{v_d}{V_T}\right) \tag{3.15}$$

이것이 **소신호 근사**(small-signal approximation)이다. 이 근사는 다이오드 전압 v_d의 변화가 약 5 mV보다 작게 유지될 때 유효하다.[식 (3.14)를 참조하고, $V_T = 25$ mV임을 상기하라.][6] 식 (3.14)가 충족되는 한, 회로의 다른 위치에서 신호 진폭은 훨씬 더 커질 가능성이 있다.

따라서 직류 전류 I_D에 중첩되어 신호 전압 v_d에 정비례하는 신호 전류 성분을 다음과 같이 얻을 수 있다.

$$i_D = I_D + i_d \tag{3.16}$$

6) $v_d = 5$ mV일 때 $v_d/V_T = 0.2$이다. 지수 함수의 직렬 확장에 있는 다음 항목은 $\frac{1}{2} \times 0.2^2 = 0.02$이며 우리가 요구하는 선형성보다 열 배 작다.

여기서 식 (3.15)의 근사치를 사용하면

$$i_d = \frac{I_D}{V_T} v_d \Rightarrow v_d = \frac{V_T}{I_D} i_d \tag{3.17}$$

신호 전류 i_d와 신호 전압 v_d 및 관련량은 **다이오드 소신호 저항**(diode small-signal resistance)이다.

$$r_d = \frac{V_T}{I_D} \tag{3.18}$$

r_d 값은 옴(ohm)으로 표시하고, 바이어스 전류 I_D에 반비례한다는 점에 유의하라.

소신호 근사치와 소신호 다이오드 모델에 대한 부가적인 파악은 그림 3.15의 그래픽적인 구성에 의해 얻어질 수 있다. 여기서 직류 전압 V_D와 그에 상응하는 직류 전류 I_D에 의해 특성화되는 직류 바이어스점 Q에서 다이오드가 동작하는 것으로 보인다. (임의적인) 삼각파로 가정된 신호 $v_d(t)$가 V_D에 중첩된다.

이 그래프로부터 다음 사항을 쉽게 알 수 있을 것이다. 즉, 소신호 근사를 이용한다는 것은 i–v 곡선을 따라 움직이는 신호의 행정(excursion)이 짧고 거의 직선인 부분에 한정되도록 신호의 크기가 충분히 작다고 가정하는 것과 마찬가지라는 것을 알 수 있다. Q 동작점에서의 i–v 곡선의 기울기와 같은 이 선분의 기울기가 **소신호 컨덕턴스**(small-signal conductance)이다. $i = I_D$에서의 i–v 곡선의 기울기가 I_D/V_T이고, 이 값이 $1/r_d$이라는 것, 즉

$$r_d = 1\bigg/\left[\frac{\partial i_D}{\partial v_D}\right]_{i_D = I_D} \tag{3.19}$$

라는 것을 독자 스스로 증명해 보기 바란다.

앞에서 설명한 바와 같이 다이오드의 직류 바이어스점 혹은 **정지점**(quiescent point)을 규정하는 양 V_D와 I_D에 바이어스점[식 (3.18)]에서 계산된 다이오드 소신호 저항 r_d에 연관되는 소신호량 $v_d(t)$와 $i_d(t)$가 중첩된다. 이와 같이 소신호 분석은 직류 바이어스 분석과 분리되어 이루어지며, 이 편리함은 소신호 근사를 사용하여 얻은 다이오드 특성의 선형성에서 나오는 것이다.

구체적으로는 단계를 다음과 같이 요약한다.

1. 지수 모델을 이용하여 직류 분석을 정확하게 수행하거나 정전압 강하 모델 또는 기타 구분적 선형 모델을 이용하여 대략 실시한다. 따라서 그림 3.14(b)의 회로에 대해 그림 3.14(a)의 회로를 분석하여 I_D를 구한다.
2. 회로를 선형화한다. 순방향 바이어스 다이오드의 경우 전류 I_D를 식 (3.18)에 대입하여 r_d를 구한다. 우리는 모든 독립적인 DC 소스(이미 1단계에서 포함된 최종 솔루션에 기여)를 제거하고, 다이오드를 소신호 저항 r_d로 대체하여 소신호 등가 회로를 찾는다. 그림 3.14(b)의 회로는 그림 3.16의 소신호 등가 회로이다.
3. 선형화 회로를 해결한다. 예를 들면, 그림 3.16의 소신호 등가 회로를 이용하여 증분량 ΔI_D와 ΔV_D를 구한다. 우리가 구한 해가 소신호 근사치과 일치하는지 확인하고 싶다면, $\Delta V_D \lesssim 5$ mV인지 확인하라.

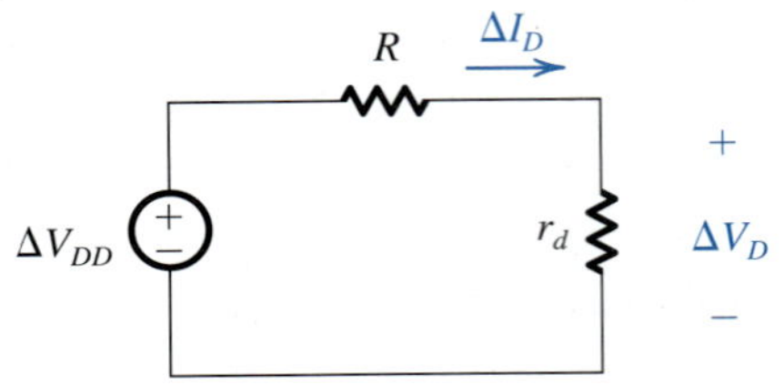

그림 3.16 그림 3.14(b)에서 증가량 ΔI_D와 ΔV_D를 결정하는 회로. 선형 회로로 주어지는 소신호 저항 r_d로 다이오드가 교체되었다는 데 주의할 것.

필요하다면 직류 분석 결과와 소신호 분석 결과를 결합하여 완전한 해결책을 찾을 수 있다. 이것은 그림 3.14(b)에 나타나 있고, 여기서 전류는 $I_D + \Delta I_D$이다.

우리는 소신호 등가 회로를 잘못 해석해서는 안 된다. r_d에 대응하는 실제 다이오드 저항은 없다. 이것은 단순히 소신호 변수 v_d와 i_d 사이의 선형 관계를 개략적으로 나타낸 것일 뿐이다. 그럼에도 소신호 등가 회로는 회로 분석에 필수적이며 직관적이고, 빠르고 정확한 해결책을 제공한다. 우리는 6장에서 트랜지스터 회로를 분석하기 위해 서로 다른 소신호 모델과 이와 같은 동일한 방법을 사용한다.

예제 3.5

그림 3.17(a)에 나타낸 회로에 대해 생각해 보자. 이 회로에서 $R = 10$ kΩ이고, 전력 공급기 V^+는 10 V의 직류 전압을 회로에 공급하는데, 이 전압에는 1 V 피크 진폭의 60 Hz 사인파가 중첩되어 있다.[전력 공급기 전압의 이와 같은 '신호' 성분은 전력 공급기의 설계가 불완전하기 때문에 생기는 불필요한 것으로, 전력 공급기의 성능을 저하시킨다. 이 신호 성분을 **전력 공급기 리플**(power supply ripple)이라고 부르는데, 이에 대해서는 뒤에서 상세하게 논의할 것이다.] 다이오드에 걸리는 직류 전압과 사인파 신호 전압을 계산하라. 단, 다이오드는 1 mA의 전류에서 0.7 V의 강하 전압을 가진다.

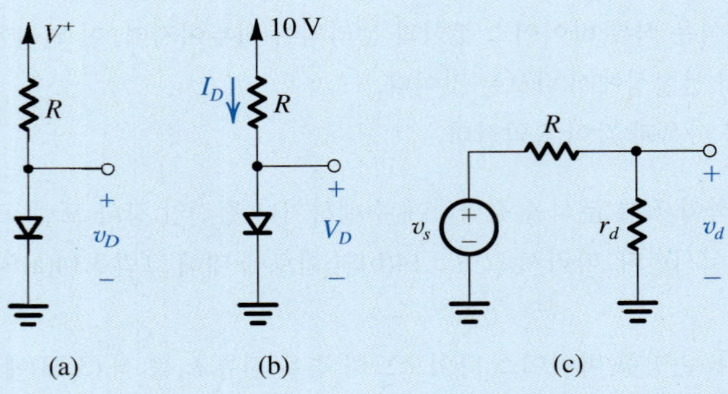

그림 3.17 (a) 예제 3.5에 대한 회로. (b) 직류 동작점을 계산하는 회로. (c) 소신호 등가 회로.

풀이

1단계에서 우리는 직류량만을 고려하여 다이오드 전압을 $V_D \simeq 0.7$ V로 가정하였고, 그 결과로 다이오드 전류를 다음과 같이 계산할 수 있다.

$$I_D = \frac{10 - 0.7}{10} = 0.93 \text{ mA}$$

이 값이 1 mA에 매우 가까우므로 다이오드 전압은 우리가 가정한 값 0.7 V에 매우 가까울 것이다. 2단계에서는 회로를 선형화한다. 이 동작점에서 다이오드 증분 저항 r_d는

$$r_d = \frac{V_T}{I_D} = \frac{25}{0.93} = 26.9\ \Omega$$

이다. 3단계에서는 다이오드에 걸리는 신호 전압을 그림 3.17(c)의 소신호 등가 회로로부터 얻어 낸다. 여기에서 v_s는 V^+의 60 Hz 1 V 피크 사인 성분을 나타내며 v_d는 다이오드에 걸리는 신호이다. v_d의 피크 신호의 크기는 전압 분배 공식으로 구해진다.

$$\begin{aligned} v_d(\text{peak}) &= \hat{V}_s \frac{r_d}{R + r_d} \\ &= 1 \frac{0.0269}{10 + 0.0269} = 2.68 \text{ mV} \end{aligned}$$

이 값이 매우 작으므로, 우리의 다이오드 소신호 모델 이용은 합당한 것이다.

끝으로 r_d는 낮은 주파수의 다이오드 소신호 동작 모델이나, 1.12절에서 공부한 커패시턴스 C_j와 C_d에 의하여 모델링된 동적 모델도 소신호 변수라는 것을 주목해야 한다. 완전한 모델에서는 r_d와 병렬로 C_j와 C_d가 연결된다.

지금까지 제시된 다이오드 모델은 온라인(www.oup.com/he/sedra-smith8xe)상의 요약표 보충자료(Summary Tables Supplement)의 표 3.1에 요약되어 있다.

3.5 전압 조정

전압 조정기(voltage regulator)는 출력 단자 사이에 일정한 직류 전압을 제공하도록 설계된 회로이다. 이 회로의 출력 전압은 (a) 조정기 출력 단자에서 끌어온 부하 전류의 변화와 (b) 조정기 회로에 전원을 공급하는 직류 전원 전압의 변화가 있어도 가능한 한 일정하게 유지되어야 한다. 다이오드에 흐르는 전류가 비교적 크게 변해도 그것의 순방향 전압 강하는 약 0.7 V로 거의 일정하게 유지되므로, 순방향으로 바이어스된 다이오드를 이용하여 간단한 전압 조정기를 만들 수 있다. 예를 들어 예제 3.5에서 10 V 직류 공급기 전압은 피크간 전압이 2 V인 리플(또는 ±10% 변동)을 갖고 있지만, 이에 상응하는 다이오드 전압의 리플은 겨우 ±2.7 mV(또는 ±0.4% 변동)에 불과하다. 다수의 다이오드를 직렬로 연결하여 0.7 V 이상의 조정 전압을 얻을 수 있다. 예를 들어 순바이어스된 다이오드 세 개를 직렬로 연결하면 약 2 V의 전압을 얻을 수 있다. 다음 예제에서 이러한 회로 중 하나를 살펴볼 것이다. 이 회로는 다이오드 소신호 모델을 사용하여 실현되는 전압 조정기의 효율성을 정량화한다.

예제 3.6

그림 3.18의 회로를 고찰해 보자. 이 회로에서 세 개의 다이오드 열(diode string)은 약 2.1 V의 일정한 전압을 공급하는 데 사용된다. (a) 전력 공급기 전압의 ±10% 변화에 기인하는 조정 전압의 변동을 계산하라. (b) 1 kΩ 부하 저항의 접속에 기인하는 조정 전압의 변동을 계산하라.

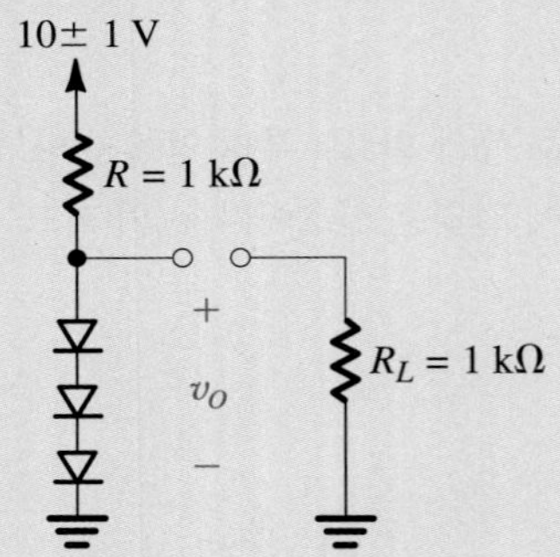

그림 3.18 예제 3.6에 대한 회로.

풀이

부하가 없을 때 다이오드 열에 흐르는 공칭 전류는 다음과 같다.

$$I = \frac{10 - 2.1}{1} = 7.9 \text{ mA}$$

따라서 각각의 다이오드는 다음과 같은 증분 저항을 가질 것이다.

$$r_d = \frac{V_T}{I}$$

이와 같이

$$r_d = \frac{25}{7.9} = 3.2 \,\Omega$$

이 된다. 따라서 세 개의 직렬 다이오드는

$$r = 3r_d = 9.6 \,\Omega$$

의 총 증분 저항을 가진다. 이 저항이 저항 R과 함께 전압 분배기를 형성하기 때문에, 전압 분배비를 이용하여 공급기 전압의 ±10%(즉, ±1 V) 변동에 따른 출력 전압의 변동을 계산할 수 있다. 따라서 출력 전압의 피크간 변동은

$$\Delta v_O = 2\frac{r}{r+R} = 2\frac{0.0096}{0.0096+1} = 19 \text{ mV peak-to-peak}$$

이다. 즉, 공급기 전압이 ±1 V(±10%) 변하면, 출력 전압은 ±9.5 mV, 즉 ±0.5%만큼 변할 것이다. 이는

다이오드마다 약 ±3.2 mV의 변동을 의미하므로, 우리의 소신호 모델 사용은 합당한 것이다.

다이오드 열에 1 kΩ의 부하 저항을 연결하면 약 2.1 mA의 전류가 부하 저항으로 흐를 것이다. 따라서 다이오드에 흐르는 전류는 2.1 mA만큼 감소하고, 이에 따른 다이오드 열의 전압 감소는 다음과 같다.

$$\Delta v_O = -2.1 \times r = -2.1 \times 9.6 = -20 \text{ mV}$$

이는 각 다이오드의 전압이 약 6.7 mV만큼 감소한다는 것을 의미하므로, 우리의 소신호 모델 사용이 전적으로 합당한 것은 아니다. 그러나 지수 모델을 이용하여 전압 변동을 좀 더 정확히 계산하면 $\Delta v_O = -23$ mV가 되는데, 이는 이 값이 증분 모델을 이용하여 계산한 근삿값과 그다지 다르지 않다는 것을 보여 준다.

연습문제

3.17 0.1, 1, 10 mA의 바이어스 전류에서의 다이오드 소신호 저항 r_d의 값을 구하라.

[답] 250 Ω; 25 Ω; 2.5 Ω

3.18 1 mA에 바이어스된 다이오드에 대해 생각해 보자. 전압이 (a) −10 mV, (b) −5 mV, (c) +5 mV, (d) +10 mV만큼 변했을 때, 그 결과로 야기되는 전류의 변화를 구하라. 각각의 경우에 대해 (i) 소신호 모델을 사용하여 계산하고, (ii) 지수 모델을 사용하여 계산하라.

[답] (a) −0.40, −0.33 mA; (b) −0.20, −0.18 mA; (c) +0.20, +0.22 mA; (d) +0.40, +0.49 mA

D3.19 그림 E3.19에 나타낸 회로를 참조하라. $I_L = 0$일 때 $V_O = 3$ V가 되도록 하고, 부하 전류가 1 mA 변할 때 V_O가 20 mV만큼 변하도록 이 회로를 설계하려고 한다.

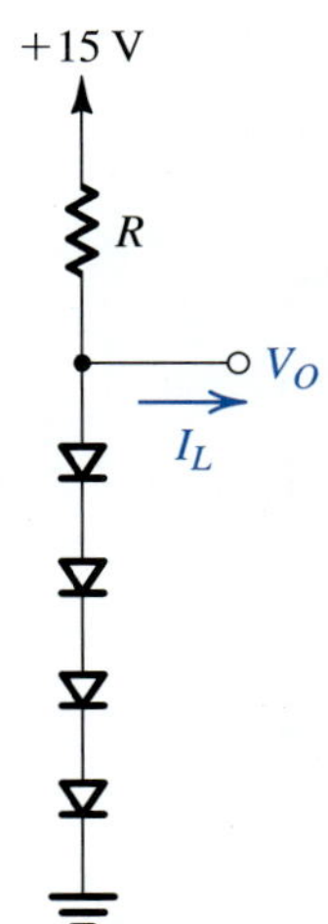

그림 E3.19

(a) 다이오드의 소신호 모델을 사용하여 R의 값을 구하라.

(b) 각 다이오드의 I_S의 값을 구하라.

(c) 이 설계에서 부하 전류가 1 mA일 때 V_O의 실질적인 변화를 다이오드 지수 모델을 이용하여 구하라.

[답] (a) $R = 2.4\ \text{k}\Omega$; (b) $I_S = 4.7 \times 10^{-16}$ A; (c) −23 mV

그림 3.18은 병렬 조정기의 예이며, 조정기 회로가 부하와 병렬(shunt)로 나타나기 때문에 붙여진 이름이다. 이제 제너 다이오드를 사용한 병렬 조정기를 예를 들어 설명할 것이다.

예제 3.7

그림 3.19(a)의 회로에서 6.8 V 제너 다이오드는 $I_Z = 5$ mA에서 $V_Z = 6.8$ V이며, $r_z = 20\ \Omega$, $I_{ZK} = 0.2$ mA이다. 공급기 전압 V^+는 명시적으로 10 V이지만, ±1 V 변화할 수 있다.

(a) 부하가 없고, 공급기 전압이 공칭값(nominal value)에 있을 때의 V_O를 구하라.

(b) V^+가 ±1 V 변화함으로써 야기되는 V_O의 변화를 구하라. **공급선 변동률**(line regulation)로 알려진 $\Delta V_O/\Delta V^+$는 mV/V로 표시됨을 주의하라.

(c) 전류 $I_L = 1$ mA인 부하 저항 R_L을 접속함으로써 야기되는 V_O의 변화를 구하라. 여기에서 **부하 변동률**(load regulation) $\Delta V_O/\Delta I_L$은 mV/mA로 표기된다.

(d) 부하 저항 $R_L = 2\ \text{k}\Omega$을 접속함으로써 야기되는 V_O의 변화를 구하라.

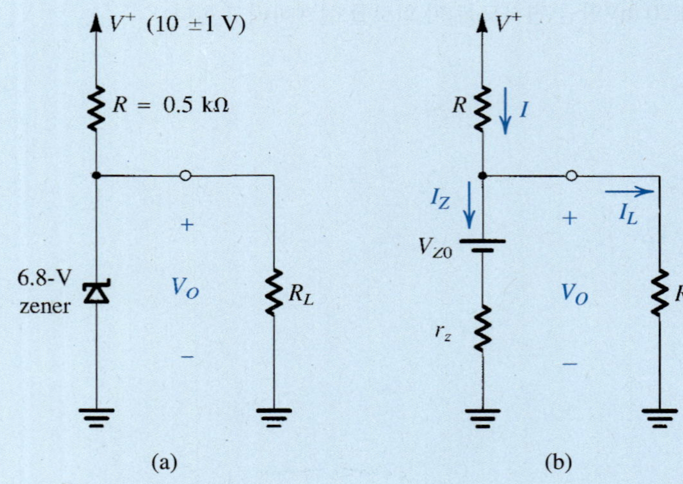

그림 3.19 (a) 예제 3.7에 대한 회로. (b) 제너 다이오드를 그것의 등가 회로 모델로 대체한 회로.

(e) $R_L = 0.5\ \mathrm{k\Omega}$일 때, V_O의 값을 구하라.
(f) 다이오드가 항복 영역에서 동작하기 위한 R_L의 최솟값은 얼마인가?

풀이

먼저 제너 다이오드의 모델 파라미터 V_{Z0}의 값을 구해야 한다. $V_Z = 6.8\ \mathrm{V}, I_Z = 5\ \mathrm{mA}, r_z = 20\ \Omega$을 식 (3.8)에 대입하면, $V_{Z0} = 6.7\ \mathrm{V}$를 얻는다. 제너 다이오드를 그것의 등가 모델로 대체한 회로를 그림 3.19(b)에 나타냈다.

(a) 부하가 접속되어 있지 않은 경우, 제너 다이오드를 통해 흐르는 전류는

$$I_Z = I = \frac{V^+ - V_{Z0}}{R + r_z}$$
$$= \frac{10 - 6.7}{0.5 + 0.02} = 6.35\ \mathrm{mA}$$

이다. 따라서

$$V_O = V_{Z0} + I_Z r_z$$
$$= 6.7 + 6.35 \times 0.02 = 6.83\ \mathrm{V}$$

이다.

(b) V^+의 $\pm 1\ \mathrm{V}$ 변화에 대한 출력 전압의 변화는 다음 식으로부터 구할 수 있다.

$$\Delta V_O = \Delta V^+ \frac{r_z}{R + r_z}$$
$$= \pm 1 \times \frac{20}{500 + 20} = \pm 38.5\ \mathrm{mV}$$

따라서

$$\text{공급선 변동률} = 38.5\ \mathrm{mV/V}$$

이다.

(c) 부하 전류 $I_L = 1\ \mathrm{mA}$인 부하 저항이 접속될 때, 제너 전류는 1 mA 감소한다. 이에 상응하는 제너 다이오드의 전압(출력 전압) 변화는

$$\Delta V_O = r_z \Delta I_Z$$
$$= 20 \times -1 = -20\ \mathrm{mV}$$

이다. 따라서 부하 변동률은 다음과 같다.

$$\text{부하 변동률} \equiv \frac{\Delta V_O}{\Delta I_L} = -20\ \mathrm{mV/mA}$$

(d) $2\ \mathrm{k\Omega}$의 부하 저항이 접속될 때, 부하 전류는 근사적으로 $6.8\ \mathrm{V}/2\ \mathrm{k\Omega} = 3.4\ \mathrm{mA}$일 것이다. 따라서 제너

다이오드에 흐르는 전류의 변화는 $\Delta I_Z = -3.4$ mA일 것이고, 이에 상응하는 제너 다이오드의 전압(출력 전압) 변화는

$$\Delta V_O = r_z \Delta I_Z$$
$$= 20 \times -3.4 = -68 \text{ mV}$$

이 값은 I_L(3.4 mA)에 부하 변동률을 곱해서 얻을 수 있다.

(e) 0.5 kΩ의 R_L은 6.8/0.5 = 13.6 mA의 부하 전류를 끌어내려고 할 것이다. 그러나 이것은 불가능하다. 왜냐하면 R을 통해 공급되는 전류 I가 단지 6.4 mA이기 때문이다. 따라서 제너는 틀림없이 차단될 것이다. 만일 이것이 사실이라면, V_O는 R_L과 R로 형성되는 전압 분배기에 의해서 다음과 같이 결정될 것이다[그림 3.19(a)].

$$V_O = V^+ \frac{R_L}{R + R_L}$$
$$= 10 \frac{0.5}{0.5 + 0.5} = 5 \text{ V}$$

이 전압이 제너 다이오드의 항복 전압보다 작으므로, 실제로 다이오드는 항복 영역에서 더 이상 동작하지 않을 것이다.

(f) 제너 다이오드가 항복 영역의 가장자리에 있을 때, $I_Z = I_{ZK} = 0.2$ mA이고 $V_Z \simeq V_{ZK} \simeq 6.7$ V이다. 이 점에서 R을 통해 공급되는 가장 낮은 (또는 최악의 경우의) 전류가 (9 − 6.7)/0.5 = 4.6 mA이므로, 부하 전류는 4.6 − 0.2 = 4.4 mA이다. 따라서 이에 해당하는 R_L의 값은

$$R_L = \frac{6.7}{4.4} \simeq 1.5 \text{ k}\Omega$$

이다.

간단하고 유용할지라도 다이오드 기반 병렬 조정기는 본질적으로 비효율적이다. 다이오드를 부하와 병렬로 연결하면 부하 전류에 추가로 다이오드 전류가 소모되어 추가 전력이 소모된다. 게다가 선택한 다이오드 고유의 출력 전압만 생성할 수 있다. 이러한 회로는 전압 조정을 보다 효율적이고 유연하게 수행하는 특별히 설계된 집적 회로로 대부분 대체되었다.

연습문제

3.20 공칭 전압이 5 mA에서 6 V이고 증분 저항이 80 Ω인 제너 다이오드가 있다. 다이오드 전류가 반감될 경우, 다이오드 전압은 얼마가 되겠는가? 또한 다이오드 전류가 두 배가 될 경우, 다이오드 전압은 얼마가 되겠는가? 제너 다이오드 모델의 V_{Z0} 값은 얼마인가?

[답] 5.8 V; 6.4 V; 5.6 V

3.6 정류기 회로

다이오드의 응용 중에서 가장 대표적인 것은 정류기 회로에 대한 응용이다. 다이오드 정류기는 전력 전자 장비에 요구되는 직류 전력 공급기의 기본적인 빌딩 블록을 형성한다. 이러한 전력 공급기의 블록도를 그림 3.20에 나타냈다. 그림에 나와 있는 것처럼, 전력 공급기는 교류 전력선으로부터 120 V(rms)[7] 60 Hz의 교류 전압을 공급받아, 부하 블록으로 표시된 전자 회로에 직류 전압 V_O(일반적으로 3 V에서 20 V까지의 범위)를 공급한다. 이 직류 전압 V_O는 교류 선전압과 부하 전류의 변동에도 불구하고 가능한 한 일정해야 한다.

직류 전력 공급기에서 첫 번째 블록은 **전력 변압기**(power transformer)이다. 전력 변압기는 두 권선을 자기적으로 결합하는 철심 주위에 감긴 두 개의 분리된 코일로 구성된다. N_1번 감긴 **1차측 권선**(primary winding)은 120 V 교류 전력선에 연결되어 있고, N_2번 감긴 **2차측 권선**(secondary winding)은 직류 전력 공급기의 회로에 연결되어 있으므로, 2차측 권선의 두 단자 사이에는 $120(N_2/N_1)$ V(rms)의 교류 전압이 나타날 것이다. 따라서 변압기의 권선수 비 N_1/N_2를 적절히 선택함으로써, 회로 설계자는 선전압을 공급기의 특정한 직류 전압 출력을 산출하는 데 요구되는 값까지 강하시킬 수 있을 것이다. 예를 들어 5 V의 직류 전압을 얻기 위해서는 통상적으로 8 V rms의 2차측 전압이 요구된다. 이는 15:1의 권선수 비로 성취된다.

전력 변압기는 직류 전력 공급에 적합한 사인파 진폭을 제공함과 동시에, 전자 장비와 전력선 회로 사이의 전기적인 절연을 제공한다. 이 절연은 장비 사용자에 대한 전기적인 충격의 위험을 최소로 줄여 준다.

다이오드 정류기는 입력 사인파 v_S를 단극성 출력으로 변환시키는데, 이 출력은 그림 3.20에 나와 있는 것처럼 맥동하는 파형을 보일 것이다. 비록 이 파형이 0이 아닌 평균 성분 또는 직류 성분을 가질지라도, 이 파형은 맥동하는 성질 때문에 전자 회로의 직류 전원으로는 부적합하다. 따라서 여파기가 요구된다. 정류기 출력의 크기 변동은 그림 3.20에 나타낸 여파기 블록에 의해 상당히 줄어든다. 이 절에서는 몇몇 정류기 회로들과 출력 여파기 회로의 간단한 구현 한 가지를 고찰할 것이다.

비록 여파기가 없는 것보다 더 일정하기는 하지만, 정류기 여파기의 출력은 **리플**(ripple)이라고 알려진 시간 의존 성분을 여전히 내포한다. 리플을 줄임과 동시에 부하 전류의 변화에 의해 야기되는 공급기의 직류 출력 전압의 변동을 작게 하려면(즉, 직류 출력 전압을 안정시키려면) 전압 조정기를 사용해야 한다. 이와 같은

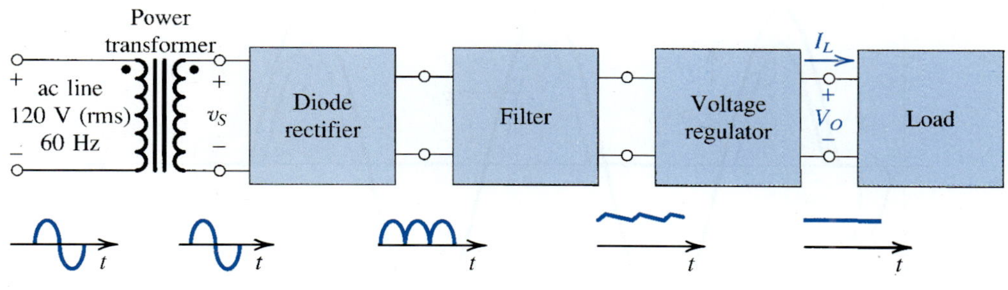

그림 3.20 직류 전력 공급기의 블록도.

7) 교류 전압은 일반적으로 rms(제곱 평균 제곱근) 값으로 지정된다.

조정기는 3.5절에서 공부한 병렬 조정기가 될 수 있다. 또한 오늘날은 일반적으로 집적 회로 조정기를 많이 사용한다.

3.6.1 반파 정류기

반파(half-wave) 정류기는 입력 사인파의 반주기만을 선택하여 활용한다. 그림 3.21(a)에 반파 정류기 회로를 나타냈다. 우리는 이 회로를 이상적인 다이오드로 가정하여 3.1절에서 해석했었다(그림 3.3 참조). 보다 더 실제적인 구분적 선형 다이오드 모델을 이용함으로써, 다음과 같은 등가 회로를 얻을 수 있다.

$$v_O = 0, \qquad v_S < V_D \tag{3.20a}$$

$$v_O = v_S - V_D, \qquad v_S \geq V_D \tag{3.20b}$$

이 식들에 의해서 표현되는 전달 특성을 그림 3.21(b)에 도시했다. 큰 순방향 전류를 전도하는 정류 다이오드는 $V_D = 0.8$~1.0 V일 수 있지만, 순방향 전압 $V_D = 0.7$ V로 계속 가정한다. 그림 3.21(c)에 입력 v_S가 사인파일 때 얻어지는 출력 전압을 나타냈다.

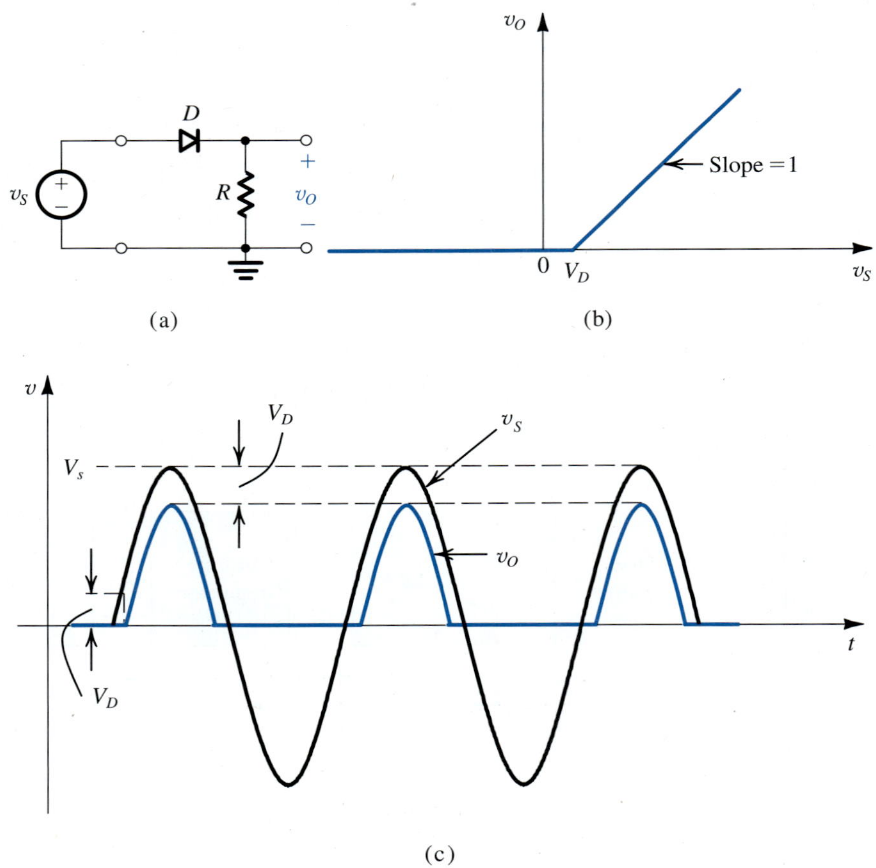

그림 3.21 (a) 반파 정류기. (b) 정류기 회로의 전달 특성. (c) 입력 파형과 출력 파형.

정류기 설계를 위해 다이오드를 선택할 때는 두 가지 중요한 파라미터들을 지정해야 한다. 하나는 다이오드에 요구되는 전류 처리 용량인데, 이는 다이오드가 전도하리라고 예상되는 가장 큰 전류에 의해서 결정된다. 다른 하나는 다이오드가 항복을 일으키지 않고 반드시 견뎌야 할 **피크 역전압**(PIV: peak inverse voltage)인데, 이는 다이오드 양단에 나타나리라고 예상되는 가장 큰 역전압에 의해서 결정된다. 그림 3.21(a)의 정류기 회로에서, v_S가 마이너스일 때 다이오드는 차단될 것이고, v_O는 0이 될 것이다. 따라서 피크 역전압은 v_S의 피크값 과 같을 것이다.

$$\text{PIV} = V_s \tag{3.21}$$

그러나 예상되는 PIV보다 적어도 50%가 큰 역방향 항복 전압을 갖는 다이오드를 선택하는 것이 현명할 것이다.

반파 정류기에 대한 논의를 끝마치기 전에 다음의 두 가지 사항에 유의하기 바란다. 첫째로 정류기(문제 3.75 참조)의 정확한 전달 특성을 구하기 위해 다이오드의 지수 특성을 이용할 수도 있다. 그러나 이에 수반되는 노력이 너무 크기 때문에, 실제로는 별로 의미가 없을 것이다. 물론 이러한 해석을 SPICE와 같은 컴퓨터 회로 해석 프로그램을 사용하여 쉽게 수행할 수도 있다.

둘째로 유의해야 할 사항은, 우리가 이 회로를 정확하게 해석하든 그렇지 않든 상관없이 입력 신호가 작을 때는 이 회로가 원활히 동작하지 않는다는 것이다. 예를 들어 이 회로를 100 mV 진폭의 입력 사인파를 정류하는 데는 사용할 수 없다. 이러한 응용을 위해서는 다이오드와 연산 증폭기를 함께 사용한 정밀 정류기 회로 중 하나를 이용하는 것이 좋을 것이다. 이러한 회로 중 하나를 3.6.5절에 나타냈다.

연습문제

3.19 그림 3.21(a)의 반파 정류기 회로에 대해 생각해 보자. (a) 다이오드가 도통되는 반주기 동안에, 다이오드의 도통은 각 $\theta = \sin^{-1}(V_D/V_s)$에서 시작되고 $\pi - \theta$에서 종결된다. 따라서 총 도통각은 $\pi - 2\theta$이다. (b) v_O의 평균값(직류 성분)은 $V_O \simeq (1/\pi)V_s - V_D/2$이다. (c) 다이오드의 피크 전류는 $(V_s - V_D)/R$이다. 12 V(rms) 사인파 입력, $V_D \simeq 0.7$ V, $R = 100\ \Omega$인 경우에 대해, 위에서 증명한 양의 수치를 구하라. 또한 PIV의 값을 구하라.

[답] (a) $\theta = 2.4°$, 도통각 $= 175°$; (b) 5.05 V; (c) 163 mA; 17 V

3.6.2 전파 정류기

전파(full-wave) 정류기는 입력 사인파의 두 반파를 모두 이용한다. 단극성 출력을 제공하기 위해 전파 정류기는 사인파의 마이너스 쪽의 반파들을 반전시킨다. 이를 실현하기 위한 한 방안을 그림 3.22(a)에 나타냈다. 여기서 변압기 2차측 권선의 두 절반에 동일한 두 전압 v_S를 그림과 같이 극성으로 나타나게 하기 위해, 변압기 2차측 권선에 **중간 탭**(center tap)이 설정되어 있는 점에 주목하기 바란다. 따라서 입력 선전압(1차측을 구동하

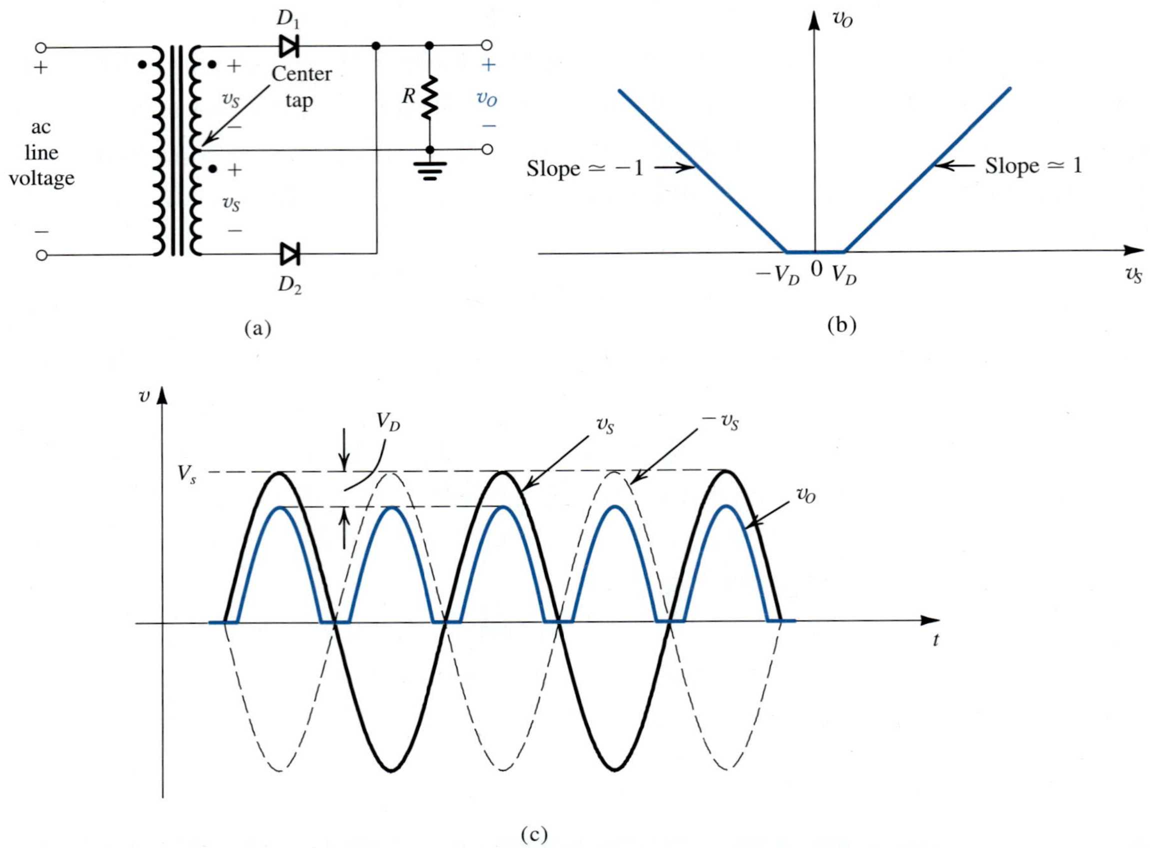

그림 3.22 중간 탭 2차 권선을 가진 변압기를 이용한 전파 정류기: (a) 회로, (b) 다이오드를 정전압 강하 모델로 가정하여 구한 전달 특성, (c) 입력 파형과 출력 파형.

고 있는)이 플러스일 때, v_S로 표시된 두 신호들 역시 플러스일 것이다. 이 경우 D_1은 도통될 것이고 D_2는 역바이어스될 것이다. 따라서 D_1을 통과한 전류는 R을 거쳐 2차측 중간 탭으로 되돌아온다. 이제 이 회로가 반파 정류기처럼 동작하며, D_1이 도통될 때인 플러스 반주기 동안의 출력이 반파 정류기에 의한 출력과 동일하다는 것을 알 수 있다.

한편 교류 선전압의 마이너스의 반주기 동안에는, v_S로 표시된 두 전압 모두가 마이너스일 것이다. 따라서 D_1은 차단될 것이고, D_2는 도통될 것이다. D_2에 의해서 전도된 전류는 R을 거쳐 중간 탭으로 되돌아올 것이다. 따라서 마이너스 반주기 동안에도 회로는 다이오드 D_2가 전류를 전도하는 것을 제외하고는 반파 정류기처럼 동작할 것이다. 그러나 여기서 중요한 점은 R을 통해 흐르는 전류가 항상 같은 방향으로 흐른다는 것이다. 따라서 v_O는 그림 3.22(c)에 나타낸 것처럼 단극성이 될 것이다. 일정한 순방향 전압 강하 V_D를 갖는 다이오드 모델을 사용하여 출력 파형을 다시 얻는다. 결과적인 전달 특성은 그림 3.22(b)에 나와 있다.

전파 정류기가 반파 정류기에 의해서 제공되는 것보다 더 큰 '에너지를 갖는' 파형을 제공한다는 것을 분명히 알 수 있다. 이것이 거의 모든 정류기의 응용에서 전파 정류기가 선택되는 이유이다.

전파 정류기 회로에서 다이오드의 PIV를 구하기 위해 플러스 반주기 동안의 상황을 고찰해 보자. 이때 다이오드 D_1은 도통되고 D_2는 차단되므로, D_2의 캐소드 전압은 v_O이고 애노드 전압은 $-v_S$이다. 따라서 D_2의 역바이어스는 v_O가 피크값 $V_s - V_D$에 있고 v_S가 피크값 V_s에 있을 때 최대가 될 것이다. 따라서

$$\text{PIV} = 2V_s - V_D$$

이고, 이는 반파 정류기의 PIV의 약 두 배에 해당한다.

연습문제

3.22 그림 3.22(a)에 나타낸 전파 정류기 회로에 대해 생각해 보자. (a) 사인파 입력의 0 교차점 근방에 그 중심을 둔 $2\sin^{-1}(V_D/V_s)$의 각에 대해 출력은 0이다. (b) v_O의 평균값(직류 성분)은 $V_O \simeq (2/\pi)V_s - V_D$이다. (c) 각 다이오드의 피크 전류는 $(V_s - V_D)/R$이다. v_S가 12 V(rms)의 사인파이고, $V_D \simeq 0.7$ V, 그리고 $R = 100\ \Omega$일 때, 각각의 주기에서 $v_O > 0$인 기간의 (퍼센트) 비를 구하라. 또 V_O의 값, 다이오드의 피크 전류, 그리고 PIV의 값을 구하라.

[답] 97.4%; 10.1 V; 163 mA; 33.2 V

3.6.3 브리지 정류기

전파 정류기의 또 다른 실현을 그림 3.23(a)에 나타냈다. 이 회로는 휘트스톤 브리지(Wheatstone bridge)의 회로 구성과 비슷하기 때문에 브리지 정류기(bridge rectifier)라고 부르며, 그림 3.22의 전파 정류기에 비해 중간 탭 변압기를 필요로 하지 않는다는 뚜렷한 이점이 있다. 그러나 앞의 회로에서는 다이오드가 두 개 필요한 데 비해 브리지 정류기는 네 개의 다이오드를 필요로 한다. 다이오드의 값이 싸고, 한 패키지로 된 다이오드 브리지를 살 수 있으므로, 브리지 정류기가 네 개의 다이오드를 필요로 한다는 것은 그다지 큰 단점이 되지 못한다.

브리지 정류기 회로는 다음과 같이 동작한다. 입력 전압의 플러스 반주기 동안 v_S가 플러스이므로, 전류는 다이오드 D_1, 저항 R, 다이오드 D_2를 통해 전도될 것이다. 그동안 다이오드 D_3와 D_4는 역바이어스될 것이다. 전류가 흐르는 경로에 두 개의 다이오드가 직렬로 있기 때문에, v_O가 두 다이오드의 전압 강하만큼 v_S보다 작다(앞에서 살펴본 회로에서 하나의 다이오드 전압 강하에 비해)는 점에 주목하기 바란다. 이것이 브리지 정류기의 단점이다.

다음으로 입력 전압의 마이너스 반주기 동안의 상황을 고찰해 보자. 2차측 전압 v_S가 마이너스이므로, $-v_S$는 플러스일 것이다. 따라서 전류는 D_3, R, D_4를 통해 흐를 것이다. 그동안 D_1과 D_2는 역바이어스될 것이다. 여기서 주목해야 할 중요한 점은, 두 반주기 동안 전류가 동일한 방향(오른쪽에서 왼쪽으로)으로 R을 통해 흐른다는 것이다. 따라서 v_O는 그림 3.23(d)에 나타낸 것처럼 항상 플러스가 될 것이다.

각 다이오드의 피크 역전압(PIV)을 구하기 위해, 플러스 반주기 동안의 회로 상태를 고찰해 보자. D_3에 걸

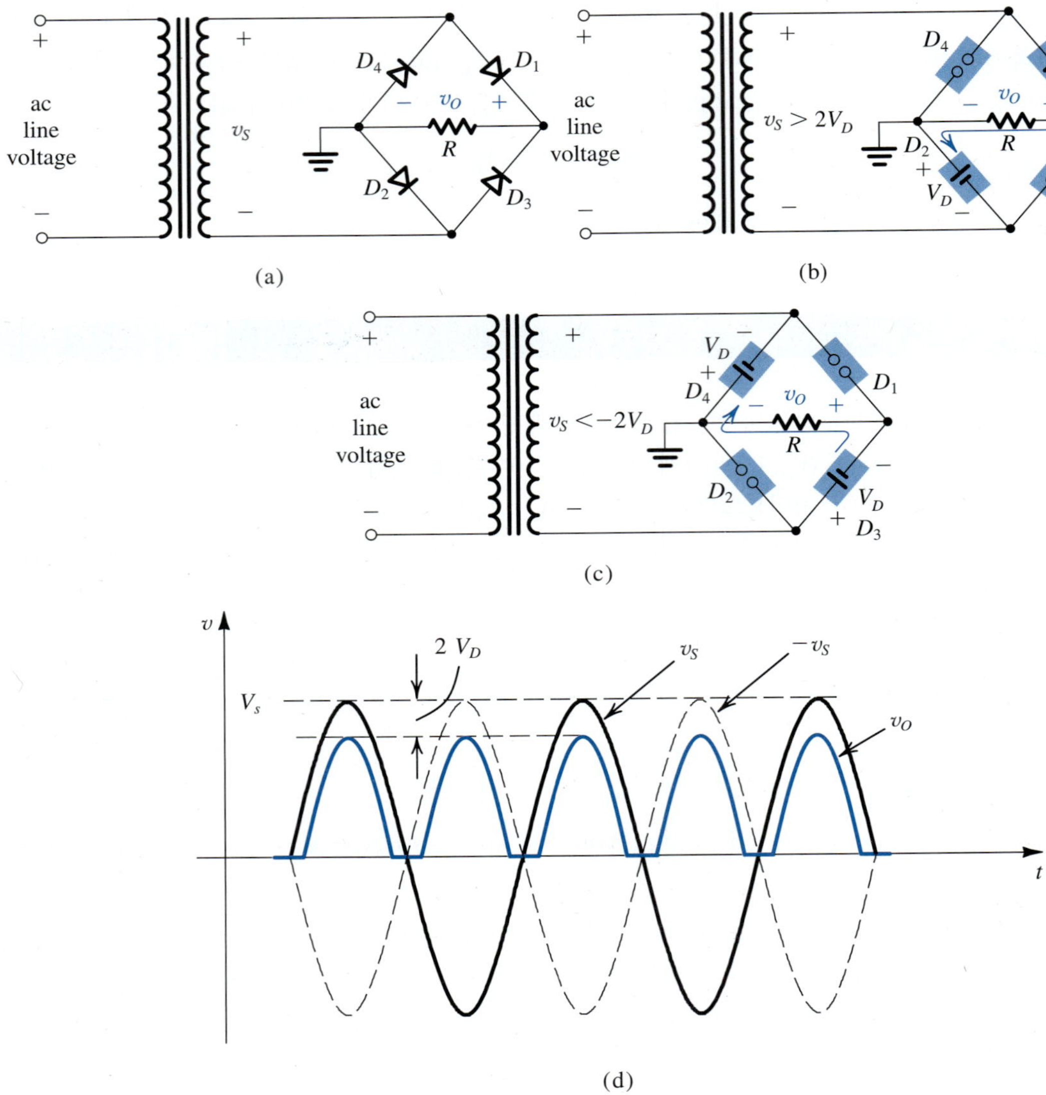

그림 3.23 브리지 정류기: (a) 회로, (b) 양의 반주기 동안의 등가 회로, (c) 음의 반주기 동안의 등가 회로, (d) 입력 파형과 출력 파형.

리는 역전압은 D_3, R, D_2로 형성되는 루프로부터 다음과 같이 구할 수 있다.

$$v_{D3}\,(\text{역방향}) = v_O + v_{D2}\,(\text{순방향})$$

따라서 v_{D3}의 최댓값은 v_O의 피크에서 일어나고 다음과 같이 주어진다.

$$\text{PIV} = V_s - 2V_D + V_D = V_s - V_D$$

여기서 브리지 정류기의 PIV가 중간 탭 변압기를 이용한 전파 정류기 PIV의 절반밖에 안 된다는 점에 주목하기 바란다. 이것이 브리지 정류기의 또 다른 이점이다.

마지막으로 브리지 정류기가 중간 탭 변압기를 이용한 정류기보다 우월한 점이 또 하나 있는데, 이는 변압기의 2차측 권선이 절반만 요구된다는 것이다. 이 점은 중간 탭 변압기를 이용한 정류기에서 2차측 권선의 절반이 각각 반주기 동안만 사용된다는 사실에 주목함으로써 쉽게 이해될 수 있을 것이다. 결론적으로 브리지 정류기는 가장 널리 쓰이는 정류기 회로 구성이다.

연습문제

3.23 그림 3.23(a)의 브리지 정류기에 대해, 정전압 강하 모델을 사용하여 다음을 증명하라. (a) 출력 전압의 평균(직류 성분)은 $V_O \simeq (2/\pi)V_s - 2V_D$이다. (b) 다이오드의 피크 전류는 $(V_s - 2V_D)/R$이다. v_S가 12 V(rms) 사인파이고, $V_D \simeq 0.7$ V, $R = 100\ \Omega$인 경우에 대해, (a)와 (b)에 제시된 양의 수치를 구하라. 또 PIV의 값을 구하라.

[답] 9.4 V; 156 mA; 16.3 V

3.6.4 필터 커패시터를 가진 정류기—피크 정류기

앞에서 논의한 정류기 회로들에 의해서 산출되는 출력 전압은 본질적으로 진동하기 때문에, 이 전압을 전자 회로를 위한 직류 공급 전압으로 사용할 수 없을 것이다. 출력 전압의 변동을 줄이기 위한 간단한 방법은 부하 저항 양단에 커패시터를 놓는 것이다. 지금부터는 이 **필터 커패시터**(filter capacitor)가 정류기 출력 전압의 변동을 크게 줄이는 데 매우 유용하다는 것을 보일 것이다.

필터 커패시터를 가진 정류기 회로가 어떻게 동작하는지를 알아보기 위해 먼저 그림 3.24에 나타낸 간단한 회로를 고찰해 보자. 입력 v_I가 V_p의 피크값을 갖는 사인파라고 하자. 그리고 다이오드가 이상적이라고 가정하자. v_I가 플러스로 증가함에 따라, 다이오드는 도통되고 커패시터는 충전되어 $v_O = v_I$가 될 것이다. 이 상황은 v_I가 피크값 V_p에 이를 때까지 지속될 것이다. 피크값을 넘으면 v_I가 감소하므로, 다이오드는 역바이어스되고 출력 전압은 V_p 값에 일정하게 머무를 것이다. 실제로 이론적으로 말하면, 다이오드가 차단되면 커패시터에 충전되어 있던 전하가 방전될 길이 없으므로, 커패시터 전하는 그대로 유지되고 그 결과로 커패시터 전압도 그대로 유지될 것이다. 따라서 회로는 입력 사인파의 피크값에 해당하는 직류 전압 출력을 제공할 것이다. 이것은 직류 출력을 만들어 내려고 하는 우리의 목적에 비추어 볼 때 매우 고무적인 일이다.

다음으로 그림 3.25(a)에 나타낸 것처럼, 부하 저항 R이 커패시터 C 양단에 접속되어 있는 보다 실제적인 상황을 고찰해 보자. 이 경우에도 계속해서 다이오드가 이상적이라고 가정할 것이다. 앞에서처럼 입력이 사인파일 때, 커패시터는 입력의 피크값인 V_p까지 충전될 것이다. 그런 다음 다이오드는 차단되고, 커패시터는 부하 저항 R을 통해 방전할 것이다. 커패시터의 방전은 v_I가 커패시터 전압을 초과할 때까지의 거의 모든 주기 동안 계속될 것이다. 그런 다음 다이오드는 다시 도통되어 커패시터를 v_I의 피크값까지 충전시킨다. 그리고 이런 과정을 반복할 것이다. 커패시터가 방전하는 동안 출력 전압이 너무 많이 감소하는 것을 막으려면, 시

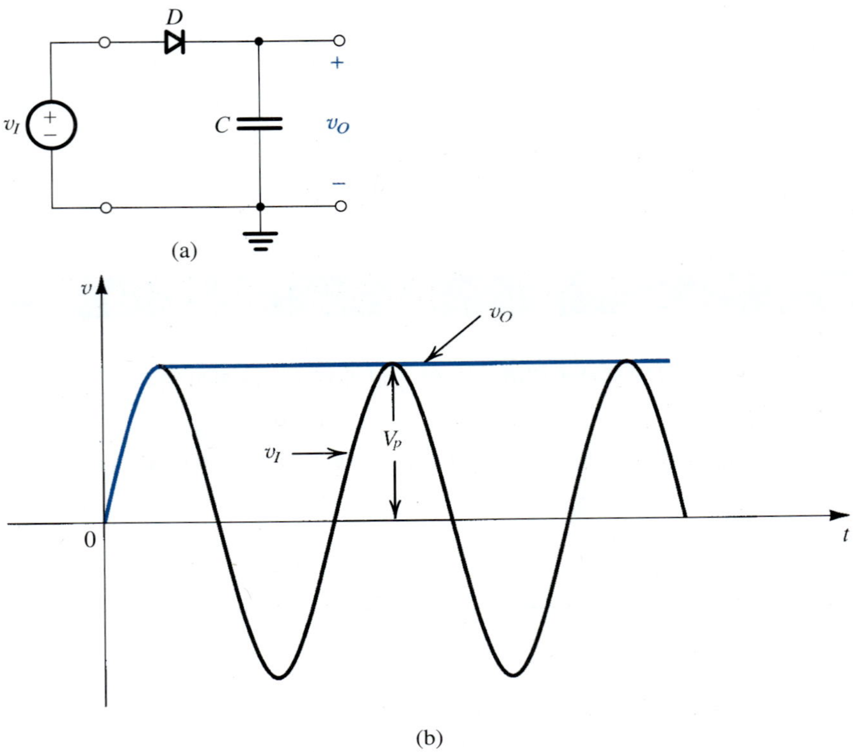

그림 3.24 (a) 필터 커패시터의 효과를 설명하기 위해 사용된 간단한 회로. (b) 이상적인 다이오드로 가정했을 때의 입력 파형과 출력 파형. 회로가 입력 사인파의 피크와 같은 크기의 직류 전압을 제공한다는 점에 주목하기 바란다. 따라서 이 회로를 피크 정류기 또는 피크 검파기라고 부른다.

정수 CR이 방전 시간 간격보다 매우 크게끔 C 값을 선택해야 한다는 점에 주목하기 바란다.

이제 회로를 자세하게 해석할 준비가 되었다. 그림 3.25(b)는 회로의 시정수 CR이 입력 사인파의 주기 T보다 매우 크다고 가정한 상태에서 나타낸 정상 상태 입력 파형과 출력 파형을 보여 준다. 이 회로의 부하 전류

$$i_L = v_O/R \tag{3.22}$$

의 파형과 다이오드 전류의 파형을(도통할 때)

$$i_D = i_C + i_L = C\frac{dv_I}{dt} + i_L \tag{3.23}$$

그림 3.25(c)에 나타냈다. 이 그림들로부터 다음을 관찰할 수 있다.

1. 다이오드는 입력 사인파의 피크 부근의 짧은 기간, 즉 Δt 동안 도통되며, 주기 T와 거의 같은 매우 긴 방전 기간 동안 손실된 전하량과 동등한 양의 전하를 커패시터에 공급한다.
2. 다이오드가 이상적일 경우, 다이오드는 입력 v_I 신호와 지수적으로 감소하는 출력 v_O가 같아지는 시점, 즉 t_1에서부터 도통되기 시작한다. 도통되던 다이오드는 v_I의 피크를 지난 후 바로 즉 t_2에서 차단된다.

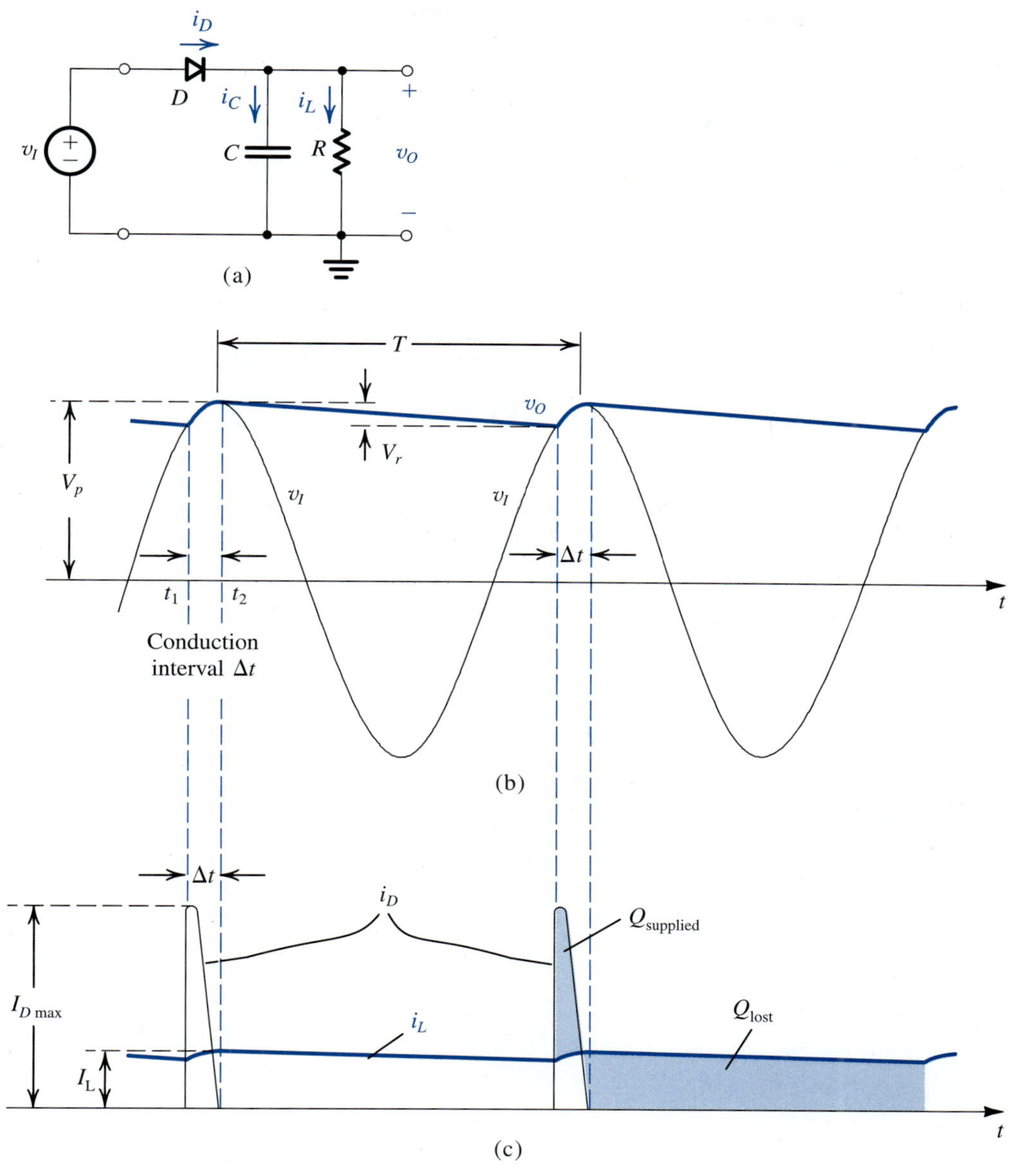

그림 3.25 피크 정류기에서 $CR \gg T$일 때의 전압 파형과 전류 파형. 다이오드는 이상적이라고 가정했다.

따라서 t_2의 정확한 값은 식 (3.23)에서 $i_D = 0$으로 놓음으로써 구할 수 있다.

3. 다이오드가 차단된 기간 동안, 커패시터 C는 저항 R을 통해 방전한다. 따라서 v_O는 CR 시정수로 지수적으로 감소한다. 방전 기간은 v_I의 피크 직후부터 시작된다. 방전 기간은 전체 주기 T 동안 거의 유지되며, 방전 기간이 끝나는 시점에서 $v_O = V_p - V_r$이 된다. 여기서 V_r은 리플의 피크간 전압을 가리킨다. $CR \gg T$일 때 V_r의 값은 매우 작다.
4. V_r이 작을 경우 v_O는 거의 일정하며, 그것의 값은 v_I의 피크값과 같다. 따라서 직류 출력 전압은 V_p와 거

의 같다. 마찬가지로 i_L 전류 역시 거의 일정하며, 그것의 직류 성분 I_L은

$$I_L = \frac{V_p}{R} \tag{3.24}$$

이다. 직류 출력 전압에 대한 보다 정확한 식은 v_O의 극값의 평균을 취함으로써 구할 수 있다.

$$V_O = V_p - \tfrac{1}{2}V_r \tag{3.25}$$

위의 관찰들을 토대로 이제 V_r에 대한 식과 다이오드 전류의 평균값 및 피크값에 대한 식들을 유도할 수 있을 것이다. 다이오드가 차단되어 있는 기간 동안, v_O는 다음과 같이 나타낼 수 있다.

$$v_O = V_p e^{-t/CR}$$

방전이 끝나는 시점에서

$$V_p - V_r \simeq V_p e^{-T/CR}$$

를 얻을 수 있다. 이제 $CR \gg T$이므로, $e^{-T/CR} \simeq 1 - T/CR$의 근사를 이용하면

$$V_r \simeq V_p \frac{T}{CR} \tag{3.26}$$

를 얻을 것이다. 여기서 V_r을 작게 하려면 $CR \gg T$가 되게끔 커패시턴스 C를 선택해야 한다는 것을 알 수 있다. 식 (3.26)의 **리플 전압**(ripple voltage) V_r을 주파수 $f = 1/T$의 식으로 나타내면

$$V_r = \frac{V_p}{fCR} \tag{3.27a}$$

가 된다. 식 (3.24)를 이용하여 V_r을 다른 표현으로 나타낼 수도 있다.

$$V_r = \frac{I_L}{fC} \tag{3.27b}$$

근사적으로 얻은 위의 결과를 달리 해석할 수도 있는데, 이는 커패시터가 $I_L = V_p/R$의 일정한 전류로 방전된다고 보는 것이다. 이런 해석은 $V_r \ll V_p$인 한 유효하다.

다이오드가 v_I의 피크에서 거의 차단된다고 가정하면, **전도 기간**(conduction interval) Δt를 다음과 같이 구할 수 있다.

$$V_p \cos(\omega \Delta t) = V_p - V_r$$

여기서 $\omega = 2\pi f = 2\pi/T$는 v_I의 각주파수이다. $\omega\Delta t$가 작은 각도이므로 근사식 $\cos(\omega\Delta t) \simeq 1 - \frac{1}{2}(\omega\Delta t)^2$을 이용할 수 있으며, 그 결과로

$$\omega\Delta t = \sqrt{2V_r/V_p} \implies \Delta t = \frac{T}{2\pi}\sqrt{\frac{2V_r}{V_p}} \tag{3.28}$$

을 얻을 수 있다. $V_r \ll V_p$일 때, 위에서 가정한 것처럼 도통각 $\omega\Delta t$가 매우 작다는 점에 주목하기 바란다.

또 다른 유용한 해석으로, 전도 기간 동안 다이오드가 커패시터에 공급하는 전하는 방전 간격 동안 커패시터가 잃는 전하와 같아야 한다는 것이다. 전도 중 평균 커패시터, 다이오드와 부하 전류는 식 (3.23), $i_{Cav} = i_{Dav} - I_L$과 관련이 있다. 따라서 공급된 전하는

$$Q_{\text{supplied}} = i_{Cav}\Delta t \simeq (i_{Dav} - I_L)\frac{T}{2\pi}\sqrt{\frac{2V_r}{V_p}} \tag{3.29}$$

그리고 손실된 전하는

$$Q_{\text{lost}} = CV_r = I_L T \tag{3.30}$$

이다. 이 전하는 그림 3.25(c)의 $(i_D - i_L)$ 음영 영역과 같아야 한다. 식 (3.29) 및 (3.30)과 같으면 전도 중 평균 다이오드 전류는 다음과 같다.

$$i_{Dav} = I_L\left(1 + \pi\sqrt{2V_p/V_r}\right) \tag{3.31}$$

적절한 다이오드를 선택하려면 다이오드 전류의 최댓값을 찾아야 한다. 전도가 시작될 때 식 (3.23)을 평가하고($t = 0$이 최대인 경우 $t = -\Delta t$) 식 (3.24)를 사용하여 이를 수행한다.

$$i_{D\max} = I_L\left(1 + 2\pi\sqrt{2V_p/V_r}\right) \tag{3.32}$$

식 (3.31)과 (3.32)에서 우리는 i_D의 파형이 거의 직각삼각형이라는 사실과 상관관계가 있는 $V_r \ll V_p$, $i_{D\max} \simeq 2i_{Dav}$에 대해 알 수 있다[그림 3.25(c) 참조].

예제 3.8

피크값이 $V_p = 100$ V이고 주파수가 60 Hz인 사인파가 인가된 피크 정류기에 대해 생각해 보자. 부하 저항은 $R = 10$ kΩ으로 가정하라. 이때 리플의 피크간 전압이 2 V가 되도록 커패시턴스 C의 값을 정하라. 또 한 주기 내에서 다이오드가 전도되는 기간과 다이오드 전류의 평균값 및 피크값을 구하라.

풀이

식 (3.27a)로부터 C를 다음과 같이 구할 수 있다.

$$C = \frac{V_p}{V_r f R} = \frac{100}{2 \times 60 \times 10 \times 10^3} = 83.3\ \mu\text{F}$$

도통각 $\omega\Delta t$는 식 (3.28)로부터 다음과 같이 구할 수 있다.

$$\omega\Delta t = \sqrt{2 \times 2/100} = 0.2\ \text{rad}$$

따라서 다이오드는 그 주기의 $(0.2/2\pi)\times 100 = 3.18\%$ 동안 전도된다. 다이오드의 평균 전류는 식 (3.31)로부터 구할 수 있는데, 이때 $I_L = 100/10 = 10$ mA이다. 따라서

$$i_{Dav} = 10\left(1+\pi\sqrt{2\times 100/2}\right) = 324\text{ mA}$$

가 된다. 다이오드의 피크 전류는 식 (3.32)를 이용하여 구할 수 있으며, 그 결과는

$$i_{Dmax} = 10\left(1+2\pi\sqrt{2\times 100/2}\right) = 638\text{ mA}$$

이다.

그림 3.25(a)의 회로를 반파 **피크 정류기**(peak rectifier)라고 부른다. 그림 3.22(a)와 3.23(a)의 전파 정류기들도 이들의 부하 양단에 커패시터를 연결하면 피크 정류기로 변환될 것이다. 반파 정류기에서와 마찬가지로 출력 직류 전압은 입력 사인파의 피크값과 거의 같을 것이다(그림 3.26 참조). 그러나 리플 주파수는 입력 주파수의 두 배가 될 것이다. 리플의 피크간 전압은 위에서와 동일한 절차로 구할 수 있을 것이다. 그러나 이 경우에는 방전 주기를 T에서 $T/2$로 대체해야 한다. 즉,

$$V_r = \frac{V_p}{2fCR} \tag{3.33}$$

가 된다. 한편 다이오드의 전도 기간 Δt는 여전히 식 (3.28)로 주어질 것이며, 다이오드의 평균 전류와 피크 전류는

$$i_{Dav} = I_L\left(1+\pi\sqrt{V_p/2V_r}\right) \tag{3.34}$$

$$i_{Dmax} = I_L\left(1+2\pi\sqrt{V_p/2V_r}\right) \tag{3.35}$$

로 주어질 것이다. 이 식들과 반파 정류기에 대한 식들을 비교하면, 동일한 값의 V_p, f, R, V_r(따라서 동일한 I_L)

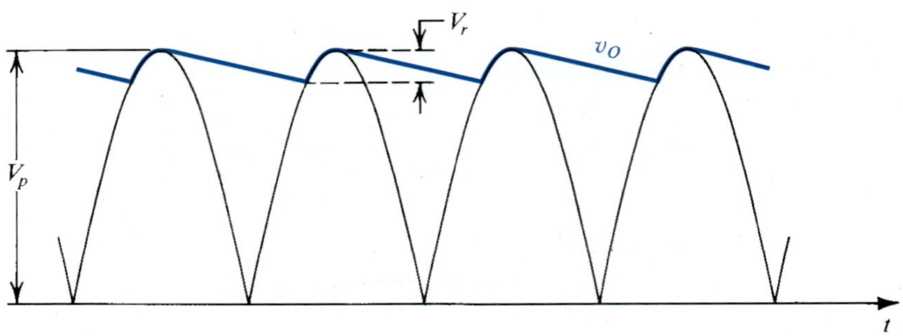

그림 3.26 전파 피크 정류기의 파형들.

에 대해, 전파 정류기에서 요구되는 커패시터의 크기가 반파 정류기에서 요구되는 커페시터 크기의 절반에 해당된다는 것을 알 수 있다. 또한 전파 정류기의 다이오드에 흐르는 전류가 반파 정류기의 다이오드에 흐르는 전류의 거의 반이라는 것도 알 수 있다.

위의 해석에서 다이오드를 이상적인 것으로 가정했다. 해석 결과의 정확도는 다이오드의 전압 강하를 고려함으로써 향상시킬 수 있을 것이다. 즉, 반파 정류기 회로와 중간 탭 변압기를 이용한 전파 정류기 회로에 대해서는 커패시터가 피크 전압 V_p까지 충전하는 것을 $V_p - V_D$까지 충전하는 것으로 대체하고, 브리지 정류기 회로에 대해서는 커패시터가 피크 전압 V_p까지 충전하는 것을 $V_p - 2V_D$까지 충전하는 것으로 대체함으로써 해석 결과의 정확도를 높일 수 있다.

끝으로 피크 정류기 회로들은 입력 신호의 피크값을 검파하는 것과 같은 신호 처리 응용에도 사용된다는 것을 언급해 둔다. 이와 같은 용도로 사용될 경우 피크 정류기를 **피크 검파기**(peak detector)라고 부른다. 피크 검파기의 가장 보편적인 응용은 진폭 변조된(AM) 신호들을 복조하는 데 사용되는 복조기 설계에 있다. AM 신호는 스펙트럼의 고주파수 부분을 사용하여 저대역폭 신호를 전달할 때 유용하다. 예를 들어 AM 라디오는 약 1 MHz의 스펙트럼을 사용하여 전달되는 오디오 신호(대역폭이 10 kHz 미만으로 제한됨)를 수신한다.

AM 신호는 전달되는 정보(예를 들면, AM 라디오의 오디오 신호)를 포함하는 시변 진폭 $V_p(t)$를 갖는 정현파이다.

$$v_{AM}(t) = V_p(t)\sin(\omega_0 t)$$

일반적으로 $V_p(t)$의 변화는 ω_o에서 기본 정현파[**반송파**(carrier)라고 한다]보다 훨씬 더 느리게 발생하므로 $V_p(t)$는 그림 3.27과 같이 파형의 '포락선(envelope)'을 보면 볼 수 있다. 피크 검출기의 출력은 대략 이 포락선을 따르므로 AM 복조기로 유용하다. 연속적인 피크 사이의 과도한 출력 저하를 방지하려면 $1/CR < \omega_o$를 보장해야 한다. 반면에 CR이 너무 크면 피크 검출기 출력이 $V_p(t)$의 감소를 따를 수 없으므로 $1/CR$은 $V_p(t)$의 가장 높은 주파수 성분보다 커야 한다.

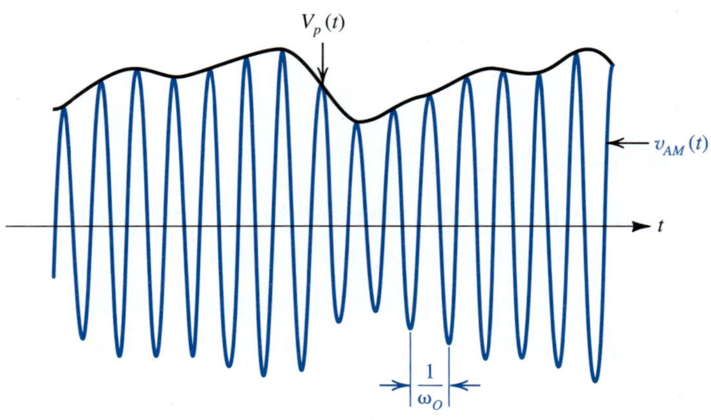

그림 3.27 진폭 변조(AM) 신호 v_{AM}은 반송 주파수라 불리는 주파수 ω_o에서의 정현파이고 정보 전달 신호 V_p에 의해 변조된 진폭(amplitude)을 가지고 있다.

연습문제

3.24 식 (3.33), (3.34), (3.35)를 유도하라.

3.25 필터 커패시터 C가 부하 저항 R 양단에 병렬로 접속된 브리지 정류기 회로에 대해 생각해 보자. 변압기의 2차측은 주파수가 60 Hz이고 rms 전압 값이 12 V인 사인파를 공급한다. 한편 $V_D = 0.8$ V이고 부하 저항 $R = 100\ \Omega$이라고 가정하자. 리플의 피크간 전압을 1 V보다 작게 하려면 C의 값을 얼마로 해야 하는가? 출력에 나타나는 직류 전압은 얼마인가? 부하 전류를 구하라. 다이오드의 전도각을 구하라. 다이오드의 평균 전류는 얼마인가? 각각의 다이오드 양단에 걸리는 피크 역전압은 얼마인가? 이 정류기 설계에 사용될 다이오드의 정격 피크 전류와 정격 PIV는 얼마이어야 하는가?

[답] 1281 μF; 15.4 V 또는 (보다 정확하게) 14.9 V; 0.15 A; 0.36 라디안(20.7°); 1.45 A; 2.74 A; 16.2 V. 따라서 3.5~4 A의 정격 피크 전류와 20 V의 정격 PIV를 가지는 다이오드를 선택해야 한다.

초기 반도체 다이오드

고양이수염 검파기 혹은 광석 검파기는 라디오 전화 통신에 사용된 라디오 주파수 신호의 포락선 검파기로 상업화된 첫 번째 전자 다이오드이다. 독일의 카를 페르디난트 브라운(Karl Ferdinand Braun)이 발명한 최초 다이오드는 조그만 방연석(황화납) 조각과 조정될 수 있는 날카로운 스프링 철사와 접촉되어 있다. 브라운은 초기 라디오에 대한 이 공헌과 다른 공헌으로 1909년에 노벨 물리학상을 받았다. 후에 정제되고 패키지화된 실리콘으로 이루어진 점-접촉 라디오는 2차 세계대전 중에 라디오 장치의 중요한 고체 부품이 되었다.

3.6.5 정밀 반파 정류기—슈퍼다이오드[8)]

지금까지 공부한 정류기 회로들은 신호 경로에서 하나 혹은 두 개의 다이오드 전압 강하를 갖게 된다. 이와 같이 이 회로들은 정류되는 신호가 전도되는 다이오드의 전압 강하(0.7 V 정도)보다 매우 클 때는 잘 동작한다. 이러한 경우에 다이오드의 순방향 특성 혹은 다이오드 전압의 정확한 값은 회로 특성을 분석하는 데 중요한 역할을 하지 않는다. 이것은 정류 회로의 응용에 있어서 전력 공급 설계의 실제 경우이다. 그러나 정류되어야 하는 신호가 적고(100 mV 정도) 다이오드를 도통하기에는 불충분하게 되는 다른 응용 분야가 있다. 또한 측정 장치 응용에 있어서 정확하고 예측 가능한 전달 특성을 가진 정류 회로에 적용하기 위해 수정할 필요가 있

8) 이 절은 연산 증폭기에 대한 지식을 요구한다(2장).

다. 이러한 응용 분야에서는 정밀 정류를 위하여 다이오드와 함께 연산 증폭기(2장)를 이용한 회로가 구현된다. 다음 논의에서 이러한 회로를 공부한다. 연산 증폭기-다이오드 회로의 광범위한 연구는 웹사이트에서 이용 가능하다.

그림 3.28(a)는 연산 증폭기의 부귀환 경로에 위치한 다이오드와 정류기 부하 저항 R로 구성되는 정밀 반파 정류기 회로를 보여 준다. 물론 연산 증폭기는 동작하는 데 전력 공급이 필요하지만 간소화를 위해 전력 공급은 회로에 나타내지 않는다. 만약 v_I가 플러스 전압 방향으로 진행하면 연산 증폭기의 출력 전압 v_A도 플러스 전압 방향으로 진행하고 다이오드는 전도된다. 따라서 연산 증폭기의 출력 단자와 마이너스 입력 단자 사이에 폐쇄된 귀환 경로가 생길 것이다. 이 부귀환 경로 때문에 연산 증폭기의 두 입력 단자 사이에는 가상 단락 회로가 생긴다. 따라서 연산 증폭기의 마이너스 입력 단자 전압, 즉 출력 전압 v_O는 플러스 입력 단자 전압과 (수 밀리볼트 이내로) 같아진다. 입력 단자 전압은 v_I이므로

$$v_O = v_I \quad v_I \geq 0$$

이다. 그림 3.21의 간단한 반파 정류 회로에서 보였던 오프셋 전압($\simeq$0.7 V)은 이 회로에서는 더 이상 나타나지 않는다는 점에 유의하기 바란다. 연산 증폭기 회로가 동작을 시작하려면 v_I가 다이오드의 전압 강하를 연산 증폭기의 개방 루프 이득으로 나눈 값(이 값은 무시할 정도로 작지만)보다 커야 한다. 다시 말하면 직선 전달 특성 v_O–v_I는 거의 원점을 통과한다. 이러한 특성 때문에 이 회로는 매우 작은 신호를 수반하는 응용에 적절하게 사용될 수 있다.

v_I가 마이너스 전압 방향으로 진행될 경우를 생각해 보자. 연산 증폭기의 출력 전압 v_A가 v_I를 따라 마이너스 전압 방향으로 진행할 것이다. 연산 증폭기의 이 출력 전압은 다이오드를 역방향으로 바이어스시킬 것이다. 따라서 저항 R에는 전류가 흐르지 않고 v_O는 0 V가 된다. 결국 $v_I < 0$일 때에는 $v_O = 0$일 것이다. 이 경우에 다이오드가 차단되므로 연산 증폭기는 개방 루프 상태에서 동작하고 그 출력은 마이너스 포화 레벨에 있다.

그림 3.28(b)에 나타낸 것처럼 이 회로의 전달 특성은 반파 정류기의 이상적인 특성과 거의 같다. 이와 같이 연산 증폭기의 부귀환 경로에 다이오드를 위치시킴으로써 다이오드의 비이상적인 특성을 거의 은폐시켰다

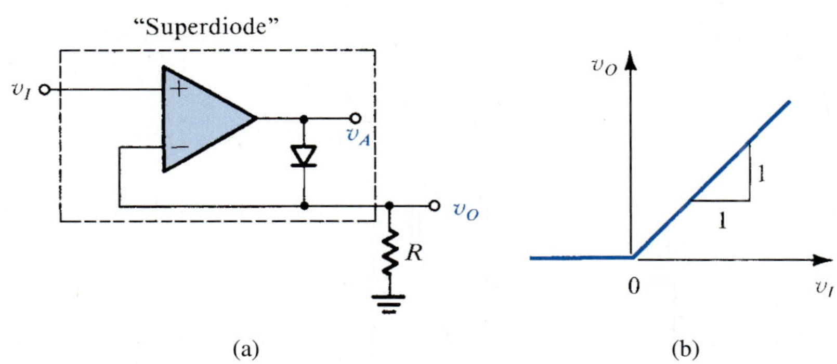

그림 3.28 (a) '슈퍼다이오드' 정밀 반파 정류기와 그것의 이상적인 전달 특성, (b) $v_I > 0$이고 다이오드가 도통될 때 연산 증폭기가 부하 전류를 공급하고 전력 전원이 편리하게 완충된다는 점에 주의하기 바란다. 연산 증폭기의 전력 공급선은 생략되었다.

는 점에 유의하기 바란다. 이는 부귀환 특성을 잘 응용한 결과로, 이에 대해서는 10장에서 자세히 알아볼 것이다. 그림 3.28(a)의 점선 안에 있는 다이오드와 연산 증폭기의 조합을 '슈퍼다이오드(superdiode)'라고 한다.

연습문제

3.26 그림 3.28(a)의 **연산 정류기**(operational rectifier) 또는 슈퍼다이오드 회로를 고찰해 보자. 이 회로에서 $R = 1\ \text{k}\Omega$이다. $v_I = 10$ mV, 1 V, −1 V일 때 연산 증폭기의 출력과 정류기 출력에 나타나는 전압은 얼마인가? 단, 연산 증폭기는 이상적이고 그것의 출력은 ±12 V에서 포화된다고 가정한다. 그리고 다이오드는 1 mA의 전류에서 0.7 V의 전압 강하를 가진다.

[답] 10 mV, 0.59 V; 1 V, 1.7 V; 0 V, −12 V

3.27 그림 3.28(a)의 회로에서 다이오드가 거꾸로 접속되어 있을 때 전달 특성 v_O를 v_I의 함수로 구하라.

[답] $v_I \geq 0$일 때 $v_O = 0$; $v_I \leq 0$일 때 $v_O = v_I$

3.7 기타 다이오드 응용

이 절에서는 주목할 만한 특별한 유형의 다이오드와 함께 다이오드의 추가적인 비선형 회로 응용을 살펴볼 것이다.

3.7.1 클램프된 커패시터 또는 직류 복원기

피크 정류기의 기본 회로에서 출력을 커패시터 양단이 아니라 다이오드 양단에서 취하면, 직류 복원기(dc restorer)라 불리는 회로가 된다. 이 회로에 구형파가 인가된 것을 그림 3.29에 나타냈다. 다이오드의 극성 때문에, 커패시터는 입력 신호의 마이너스 최댓값과 같은 v_C 전압으로 충전되며, 다이오드의 전압 강하를 무시한다(그림 3.29 참조). 그다음에 다이오드는 차단되고 커패시터는 그 값을 무기한 유지할 것이다. 예를 들어 만일 입력 구형파가 −6 V와 +4 V의 레벨을 갖는다면 v_C는 6 V가 될 것이다. 이제 출력 전압은

$$v_O = v_I + v_C$$

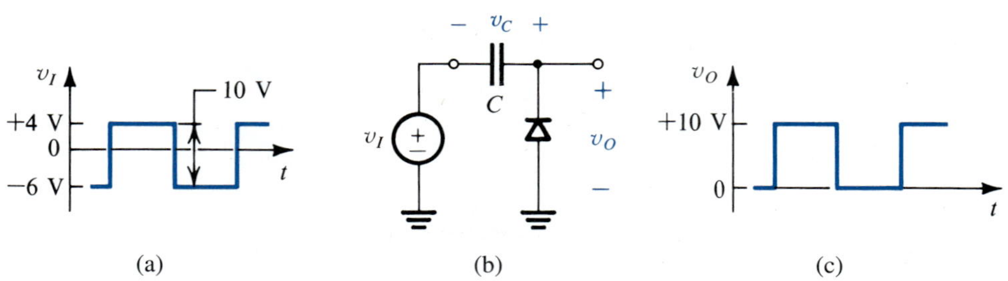

그림 3.29 부하가 없는 클램프된 커패시터 또는 직류 복원기에 구형파(square wave)가 인가된 경우.

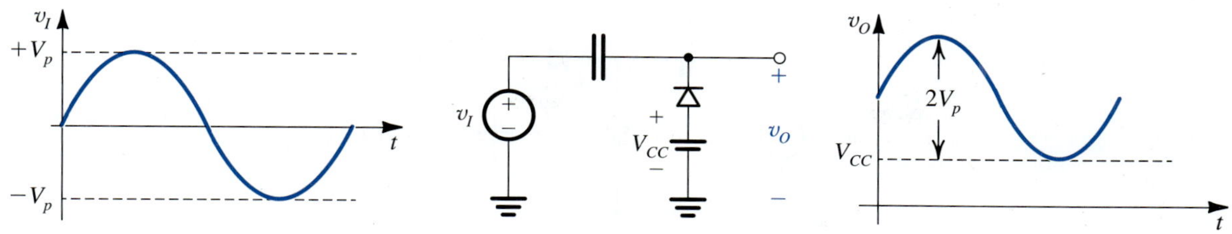

그림 3.30 클램프된 커패시터를 사용하는 간단한 부트스트래핑 회로.

로 주어지므로, 출력 파형은 v_C만큼 위로 이동된 것을 제외하고는 입력 파형과 동일할 것이다. 따라서 출력은 0 V와 +10 V의 레벨을 갖는 구형파가 될 것이다.

그림 3.29 회로의 동작을 설명하는 또 다른 방법은 다음과 같다. 즉, 다이오드가 그림과 같은 극성으로 출력단 사이에 접속되어 있기 때문에, 출력 전압이 0 V 이하로 내려가는 것을 방지할 것이다.(그 이유는 다이오드가 도통되면 커패시터가 충전되어 출력을 0 V로 상승시키기 때문이다.) 그러나 이 회로는 v_O의 플러스 진폭은 제한하지 않을 것이다. 따라서 출력 파형은 0 V에 **클램프되는** 최저 피크값을 가질 것이다. 이 때문에 이 회로를 **클램프된 커패시터**(clamped capacitor)라고 부른다. 다이오드의 극성을 바꾸면 최고 피크값이 0 V에 클램프되는 출력 파형을 얻게 될 것이다. 어느 경우이든 출력 파형은 (0이 아닌) 유한한 평균값 또는 직류 성분을 가질 것이다. 이 직류 성분은 입력 파형의 평균값과는 전혀 무관하다는 점에 유의하기 바란다. 한 가지 응용 예로서, 커패시터로 결합된 (또는 교류 결합된) 시스템을 통해 전송되는 어떤 펄스를 생각해 보자. 커패시터 결합으로 인해 펄스열(pulse train)은 자신이 본래 가지고 있던 직류 성분을 잃게 될 것이다. 그러나 그 결과의 펄스 파형을 클램핑 회로에 인가함으로써 잘 정의된 직류 성분을 갖는 펄스 파형을 얻을 수 있다. 따라서 이 과정을 **직류 복원**(dc restoration)이라 하고, 이 회로를 **직류 복원기**(dc restorer)라고 부르기도 한다.

직류를 복원하는 것은 유용하다. 왜냐하면 펄스 파형의 직류 성분이 그 파형의 **듀티 사이클**(duty cycle)의 효과적인 척도가 되기 때문이다.[9] 펄스 파형의 듀티 사이클은 변조될 수도 있고[이 과정을 **펄스폭 변조**(pulsewidth modulation)라고 부른다], 정보를 운반하게 만들어질 수도 있다. 이러한 시스템에서는 수신된 펄스 파형을 직류 복원기에 인가한 다음, 간단한 *RC* 저역 통과 여파기를 사용하여, 직류가 첨가된 펄스로부터 출력 파형의 평균값을 분리함으로써 손쉽게 검파 또는 복조(demodulation)를 행할 수 있다.

클램프된 커패시터는 클램핑 전압이 접지가 아닌 V_{CC}가 되도록 수정할 수 있다. 그림 3.30은 간단한 **부트스트래핑 회로**(bootstrapping circuit)의 예이며, 전압 v_I가 V_{CC}에 '부트스트래핑'되므로 이러한 이름을 가지게 되었다. 부트스트래핑은 신호가 접지 이외의 전위를 참조해야 하거나 다른 노드에서 전압의 시간 변화를 추적할 때 유용하다.

3.7.2 전압 배가기

그림 3.31(a)는 두 개의 부분 회로, 즉 C_1과 D_1으로 형성되는 클램프 회로와 D_2와 C_2로 형성되는 피크 정류

9) 펄스 파형의 듀티 사이클은 펄스에 의해 점유된 각 사이클에 비례한다. 다시 말해 펄스폭은 펄스 주기의 분수로 표현된다.

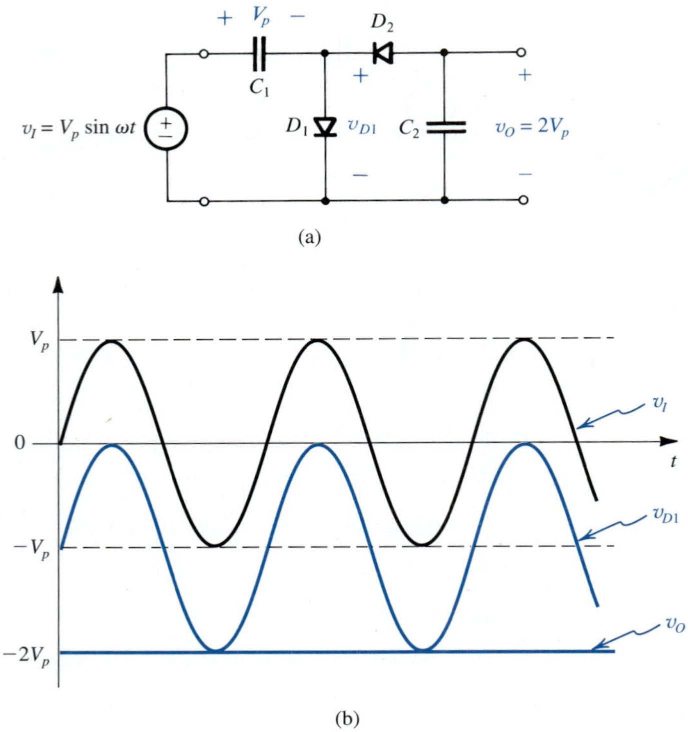

그림 3.31 전압 배가기: (a) 회로, (b) 입력 전압 파형, D_1에 걸리는 전압, 그리고 출력 전압 $v_O = -2V_p$.

기가 직렬로 접속된 회로를 보여 준다. 이 회로에 진폭이 V_p인 사인파가 가해지면, 클램프 회로에 의해 그림 3.31(b)에 나타낸 전압 파형을 얻게 될 것이다. 여기서 플러스 피크가 0 V에 클램프되어 있는 데 반해, 마이너스 피크는 $-2V_p$에 도달해 있다는 점에 주목하기 바란다. 이 파형이 피크 검파기를 구동시키므로, 크기가 $-2V_p$인 마이너스의 직류 전압이 커패시터 C_2 양단에 출력될 것이다. 출력 전압이 입력 피크의 두 배이므로 이 회로를 전압 배가기(voltage doubler)라고 부른다. 이 기법을 응용하면 V_p의 보다 높은 배수의 직류 출력 전압도 얻을 수 있다.

연습문제

3.28 그림 3.29의 회로에서 만일 다이오드가 거꾸로 접속되어 있다면, v_O의 직류 성분은 얼마가 되겠는가?

[답] −5 V

3.29 그림 3.30의 부트스트래핑 회로는 $V_{CC} = 5$ V 및 $V_p = 3$ V로 사용된다. 다이오드가 이상적인 모델이라고 가정할 때 커패시터의 전압은 얼마인가? 다이오드의 최대 역전압은 얼마인가?

[답] 8 V; 6 V

3.7.3 버랙터

1장에서 역바이어스된 *pn* 접합은 공핍층 또는 접합 커패시턴스 C_j로 모델링된 전하 저장 효과를 보여 준다는 것을 배웠다. 식 (1.71)이 보여 주는 것과 같이 C_j는 역바이어스 전압 V_R의 함수이다. 이 종속성은 라디오 수신기의 자동 조정과 같은 많은 응용들에 유용하다는 것이 판명되었다. 그러므로 특수 다이오드들은 전압 가변 커패시터로 사용되기 위해 조립되는데 이를 **버랙터**(varactor)라고 한다. 이 소자들은 그레이딩 계수(grading coefficient) m이 3 또는 4가 되는 전압의 강한 관계식을 갖는 커패시턴스를 만들기 위해 최적화된다.

연습문제

3.30 제로 바이어스에서 정전 용량 $C_{j0} = 100$ fF, $V_0 = 3$ V, $m = 3$인 버랙터를 가정하자. 식 (1.71)을 이용하여 역바이어스 1 V와 3 V일 때의 정전 용량을 각각 구하라.

[답] 42.2 fF; 12.5 fF

3.7.4 광다이오드

만일 역바이어스된 *pn* 접합에 빛이 조사되면, 접합에 충돌하는 광자들이 공유 결합을 깨뜨리고, 전자-정공 쌍들이 공핍층에서 생성된다. 공핍층에서의 전계는 자유 전자를 n 쪽으로, 정공을 p 쪽으로 이동시키고 접합을 통과하는 역전류를 일으킨다. 이 **광전류**(photocurrent) i_p는 입사광의 강도에 비례한다. 광다이오드라고 불리는 이러한 다이오드는 광신호를 전기적 신호로 변환한다.

광다이오드의 **응답도**(responsivity) R은 입사광 전력 P의 와트당 생성되는 역전류이다. 따라서

$$i_P = R \cdot P \tag{3.33}$$

이다. 각 광자는 에너지를 적게 전달하기 때문에 긴 파장의 빛에 민감한 광다이오드가 높은 반응성을 제공하므로 광자(전하 운반체)는 와트당 더 많다. 일부 광자가 흡수되지 않으면(반사되거나 광다이오드를 통과하기 때문에) 반응성이 저하되고 일부 전하 캐리어가 광다이오드 단자에서 전류를 발생시키기 전에 재결합을 경험하게 된다.

광다이오드의 기호는 그림 3.32(a)에 역방향 바이어스 V_R로 표시되어 있다. 빛이 없을 때 광다이오드의 i–v 특성은 일반 다이오드의 특성이다. 광다이오드의 소량 역류 전류는 빛이 없어도 흐르기 때문에 그림 3.32(b)에서 **암전류**(dark current, I_D)라고 한다. i–v 곡선은 흡수된 빛의 강도에 비례하여 더 많은 역류 쪽으로 이동한다. 그림 3.32(c)에서 빛에 노출되는 역바이어스 광다이오드 모델은 광전류와 병렬로 암전류를 보여 준다. 따라서 암전류는 쉽게 감지될 수 있는 빛의 수준에 하한을 둔다. 모든 다이오드와 마찬가지로 광다이오드는 광다이오드의 표면적과 적용된 역방향 바이어스 전압 V_R에 따라 관련 접합 커패시턴스 C_j를 갖는다.

애벌랜치 광다이오드는 역항복 전압을 중심으로 바이어스되어 단일 입사 광자가 애벌랜치 효과를 일으켜 둘 이상의 전자-정공 쌍을 생성할 수 있다. 따라서 훨씬 더 높은 응답도를 나타낼 수 있지만, 더 큰 바이어스 전

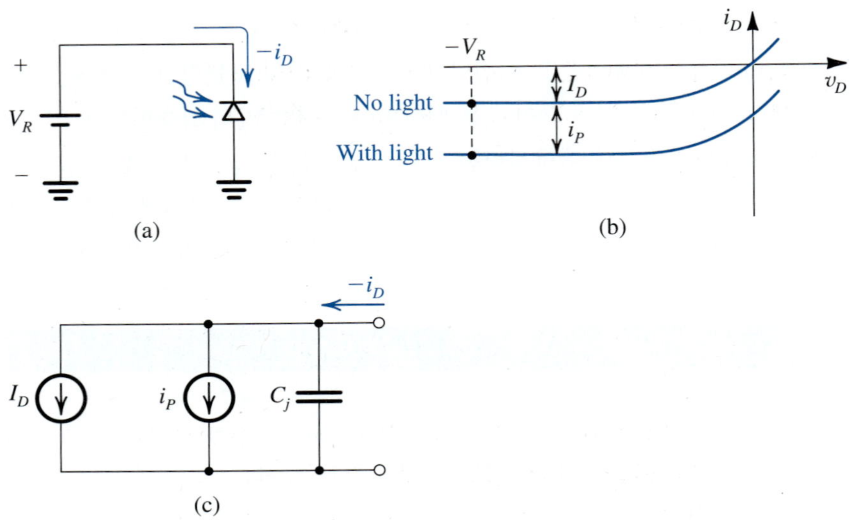

그림 3.32 (a) 조명 아래 역바이어스된 광다이오드. (b) 조명 상태에서 광다이오드의 i–v 특성 이동. (c) 암전류 I_D와 광전류 i_P를 가진 조명 상태의 광다이오드 모델.

압이 필요하다.

각 광자가 전달하는 빛의 양은 파장에 따라 달라지며, 다이오드에서 전자-정공 쌍을 생성하는 데 필요한 에너지의 양은 반도체 재료에 따라 다르다. 따라서 서로 다른 반도체는 서로 다른 파장의 빛을 흡수한다. 더욱이 실리콘과 같은 소위 간접 밴드갭이 있는 물질은 빛의 흡수력이 떨어지기 때문에 빛을 전류로 변환하기 위해 더 두꺼운 공핍 영역이 필요하다. 직접 밴드갭(direct bandgap) 반도체는 매우 얇은 물질층 내에서 빛을 흡수하므로 고속 작동에 더 적합하다. 따라서 갈륨비소와 같은 화합물 반도체[10]를 사용하여 제조된 광다이오드는 고속 동작이 요구될 때 사용된다. 예를 들어 고속 광통신은 지속 시간이 몇 피코초(picosecond)에 불과한 매우 좁은 적외선 펄스를 사용한다. 이 빛은 유리 섬유를 따라 고속 광다이오드 표면으로 전달된다. 고속 작동이 필요하지 않을 경우 저렴한 비용으로 가시 스펙트럼에서 빛을 감지하는 실리콘 광다이오드가 자주 사용된다.

마지막으로 역바이어스 없이 조명된 광다이오드는 태양 전지로 기능하다. 일반적으로 저렴한 실리콘으로 제작되는 태양 전지는 빛을 전기 에너지로 변환한다.

3.7.5 발광 다이오드(LED)

발광 다이오드(LED: light-emitting diode)는 광다이오드의 반대 기능을 수행한다. 즉, 순방향 전류를 빛으로 변환한다. LED는 디스플레이 디자인 및 일반 조명에 적용될 정도로 매우 인기 있는 장치이다. LED는 다양한 색상의 빛을 생성하도록 만들 수 있고, 스펙트럼 순도가 높은 일관된 빛을 생성하도록 설계될 수 있다. 그러한 장치로서 레이저 다이오드가 있다. 레이저 다이오드는 특히 광통신 시스템 및 광 데이터 저장에 사용된다.

---

10) 주기율표의 IV족 원소인 실리콘과 같은 원소의 반도체에 반하여 화합물 반도체는 III족과 V족 혹은 II족과 VI족의 원소들이 결합된 것이다. 예를 들어 갈륨비소는 갈륨(III족)과 비소(V족)로 형성되고 III–V족 화합물이라고 한다.

1장에서 순방향 바이어스 *pn* 접합에서 소수 캐리어가 접합을 가로질러 주입되고 *p* 및 *n* 영역으로 확산한다는 것을 기억할 것이다. 그런 다음 확산하는 소수 캐리어는 다수 캐리어와 재결합한다. 실리콘과 같은 간접 밴드갭 반도체(indirect bandgap semiconductor)에서 전자는 전도대에서 공유 결합으로 이동할 때(즉, 재결합을 겪을 때) 중간 상태를 통과해야 한다. 그렇게 함으로써 그들은 열의 형태로 주변의 결정 격자에 에너지를 전달한다. 그러나 직접 밴드갭 반도체(direct bandgap semiconductor)에서 재결합은 광자를 방출할 수 있다. 광자의 에너지, 즉 파장은 두 상태 사이의 에너지 갭에 따라 달라지며, 이는 차례로 반도체의 화학적 조성과 *pn* 접합에서 전류를 유지하는 데 필요한 순방향 전압 강하와 관련된다. 예를 들어, 빨간색 LED는 갈륨비소 인화물로 만들어지고 약 1.8 V의 순방향 전압 강하를 나타낼 수 있지만, 파란색 LED는 인듐 갈륨 질화물로 만들 수 있고 2.5~4.0 V의 순방향 전압 강하를 나타낼 수 있다.

LED에 의해 발광되는 빛은 재결합되는 양에 따라서 비례하고 그 재결합되는 양은 다이오드의 순방향 전류에 비례한다. 상용 LED는 일반적으로 i–v 관계가 일반적인 다이오드의 지수에서 벗어나게 하는 고유의 직렬 저항을 가지고 있다. 그럼에도 불구하고 LED 전류는 순방향 전압에 따라 급격히 증가하므로 전압 소스에 연결할 때 명시적 직렬 저항이 일반적으로 추가된다.

연습문제

3.31 0.5 A/W의 반응성과 100 nA의 암전류를 갖는 역바이어스된 광다이오드가 1 mW의 빛에 노출되면 얼마나 많은 역전류가 발생하는가? 입사광이 1 μW일 때도 구하라.

[답] 0.5 mA; 0.6 μA

3.32 0.3 A/W의 반응성을 가진 역바이어스 광다이오드를 광센서로 사용하고자 한다. 우리의 목표는 10 mW/m^{2}의 강도로 광다이오드를 비추는 빛을 감지하는 것이다. 1 μA의 전류(암전류 무시)를 생성하기 위해 광다이오드의 표면적은 얼마이어야 하는가? 특정 역바이어스 전압에서 광다이오드가 표면적 mm^{2}당 10 pF 커패시턴스를 나타내는 경우 광다이오드 커패시턴스를 추정하라.

[답] 3.2 cm^2; 3.3 nF

3.33 9 V 전원에서 그림 E3.33과 같이 직렬로 세 개의 빨간색 LED를 작동하려고 한다. 이들 각각은 20 mA에서 1.8 V의 정격 순방향 전압 강하를 가진다. 20 mA를 유지하려면 저항 R 값은 무엇인가?

[답] 180 Ω

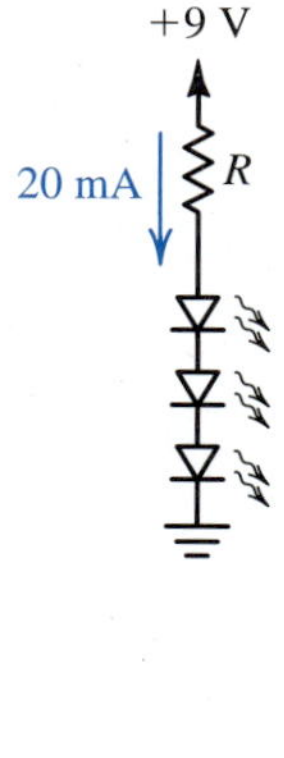

그림 E3.33

3.34 대신에 그림 E3.33에서 녹색 LED를 사용하고 20 mA에서 순방향 전압 강하가 2.2 V이면 저항 R 값은 무엇인가?

[답] 120 Ω

같은 패키지(package)에서 광다이오드와 LED가 결합된 소자는 광분리기(optoisolator)라고 부른다. LED는 광분리기에 공급된 전기적 신호를 빛으로 변환하고 광다이오드는 이를 감지하고 변환하여 광분리기의 출력단에 전기적 신호로 환원한다. 광분리기는 분리기의 입력단에 연결된 전기 회로와 출력단에 연결된 회로를 전기적으로 완벽하게 분리한다. 이러한 분리는 시스템의 신호 전송에 있어 전기적 간섭 효과를 감쇠하는 데 유용하며 광분리기는 디지털 시스템 설계에 자주 적용된다. 또한 이것은 환자에 대한 전기적 충격의 위험을 줄이기 위하여 의료 기기의 설계에도 사용될 수 있다.

LED와 광다이오드의 광결합은 조그만 패키지 안에서 이루어질 필요가 없다는 것에 주목할 필요가 있다. 광섬유를 이용한 전송 연결선에서 행해지는 것과 같이 장거리에 걸쳐 있는 광섬유에 응용될 수도 있다.

표시기에서 조명으로

발광 다이오드(LED)는 Isamu Akasaki, Hiroshi Amano 및 Shuji Nakamura가 밝고 효율적인 청색 LED를 개발한 1990년대 초반까지 저전력 상태 표시기 역할만 했다. 빨간색과 녹색 LED는 오래전부터 사용되었지만, 백색광을 생성하려면 파란색 LED가 필요했다. 그들의 업적으로 2014년에 Akasaki, Amano, Nakamura는 노벨상을 받았다. 오늘날 LED는 우리의 길을 밝히고 있다! LED 전구는 점점 더 많은 곳에서 백열등과 형광등을 대체하고 있다. 백열 전구는 전기를 빛으로 변환하는 효율이 5%에 불과하며 나머지 95%는 열로 발산되는 반면 LED의 빛 변환 효율은 60%이다. 또한 LED는 백열등보다 100배(25,000시간), 형광등보다 10배 긴 수명을 자랑한다. 따라서 LED는 지구의 에너지와 물질적 자원을 보존하고 있다.

요약

- 순방향으로 동작할 때 이상적인 다이오드는 0 V의 전압 강하를 보이며 외부 회로에 강제되어 어떤 전류도 흘릴 수 있다. 이상적인 다이오드는 역방향으로는 도통되지 않는다. 따라서 인가된 전압은 다이오드 양단의 역바이어스로서 나타난다.
- 다이오드는 민감한 회로를 보호하기 위해 전압 편위를 제한하는 데 자주 사용된다.
- 실제 실리콘 다이오드의 순방향 도통 특성은 관계식 $i = I_S e^{v/V_T}$로 표현된다.
- 실리콘 다이오드는 순방향 전압이 적어도 0.5 V가

될 때까지는 무시해도 좋을 정도로 작은 전류를 흘린다. 그런 다음 전류는 급격히 증가하고, 전류가 열 배 증가할 때마다 순방향 전압 강하는 60 mV씩 증가한다.

- 많은 응용에서, 도통된 다이오드는 약 0.7 V의 일정한 전압 강하를 갖게끔 모델링된다(실리콘에서).
- 역방향으로 동작할 때, 실리콘 다이오드는 10^{-9} A 정도의 전류를 흘린다. 이 전류는 I_S보다 매우 크며, 역방향 전압의 크기에 따라 증가한다.
- 역방향 전압이 어떤 값(다이오드에 따라 다름) 이상이 되면 항복이 일어나며, 이때는 전압이 조금만 증가해도 전류가 급격히 증가한다. 제너 다이오드는 항복 영역에서 작동하도록 설계되었다.
- DC 값 I_D에서 약간만 벗어나는 전류로 작동하면 다이오드의 지수 i–v 관계가 선형화될 수 있다. 그 결과 소신호 저항은 $r_d = V_T/I_D$이다. 근사치는 약 5 mV 미만의 v_D 변동에 대해 정확하다.
- 순방향 및 역방향 항복 작동 모두에서 다이오드에 의해 생성되는 일정한 전압 강하를 사용하여 안정적인 DC 전압을 생성할 수 있다. 이것이 션트(shunt) 전압 조정기이다.
- 정류기는 교류 전압을 단극성 전압으로 변환한다. 반파 정류기는 각 주기의 반주기에 해당하는 전압을 통과시키고 다른 반주기에 해당하는 반대 극성의 전압은 차단한다. 전파 정류기는 반주기의 전압을 통과시키고 다른 반주기의 전압은 반전시켜서 통과시킨다.
- 브리지 정류기 회로는 선호되는 전파 정류기 구조이다.
- 정류기 출력 파형의 변동은 출력 부하 저항 R과 커패시터 C를 병렬로 연결함으로써 감소시킨다. 이로 인한 회로는 피크(peak) 정류기이다. 출력 파형은 주파수 $2f$(전파인 경우에)의 리플 요소가 중첩되어 있는 입력 사인 파형의 최고점 V_p와 거의 같은 직류 전압과 피크간 진폭 $V_r = V_p/2fCR$로 이루어진다.
- 다이오드와 직렬로 연결된 커패시터와 다이오드 양단 간의 출력을 얻는 회로에 시간에 따라 변하는 파형을 인가하여 클램핑 기능을 얻는다. 특히 다이오드의 극성에 따라 신호의 순방향 혹은 역방향의 피크가 다이오드의 다른 단자(예를 들면, 접지)의 전압을 클램프한다. 이런 방법으로 출력 파형은 0이 아닌 평균값 혹은 직류 성분을 가지며 이러한 회로를 직류 복원기라고 한다.
- 피크 정류기 회로에 클램핑 회로를 종속시키면 전압 배가기가 구현된다.
- 광다이오드는 빛을 역전류로 변환하는 역바이어스 다이오드이다. 발광 다이오드(LED)는 순방향 전류를 빛으로 변환한다. 빛의 색상에 따라 LED는 0.7 V보다 큰 순방향 전압 강하를 나타내는 서로 다른 반도체로 만들어진다.

PROBLEMS

Computer Simulation Problems

SIM Problems identified by this icon are intended to demonstrate the value of using SPICE simulation to verify hand analysis and design, and to investigate important issues such as allowable signal swing and amplifier nonlinear distortion. Instructions to assist in setting up simulations for all the indicated problems can be found in the corresponding

---

problems with green numbers are considered essential; * = difficult problem; ** = more difficult; *** = very challenging
SIM = simulation; **D** = design problem;

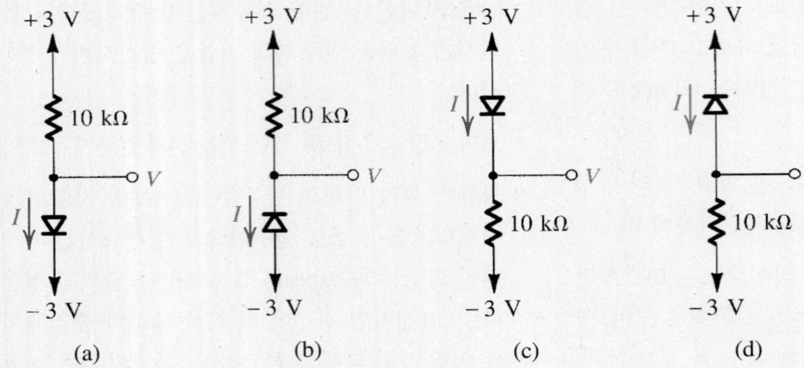

Figure P3.1

files on the website. Note that if a particular parameter value is not specified in the problem statement, you are to make a reasonable assumption.

Section 3.1: The Ideal Diode

3.1 For the circuits shown in Fig. P3.1 using ideal diodes, find the values of the voltages and currents indicated.

3.2 In each of the ideal-diode circuits shown in Fig. P3.2, v_I is a 1-kHz, 5-V peak sine wave. Sketch the waveform resulting at v_O. What are its positive and negative peak values?

3.3 Assuming that the diodes in the circuits of Fig. P3.3 are ideal, find the values of the labeled voltages and currents.

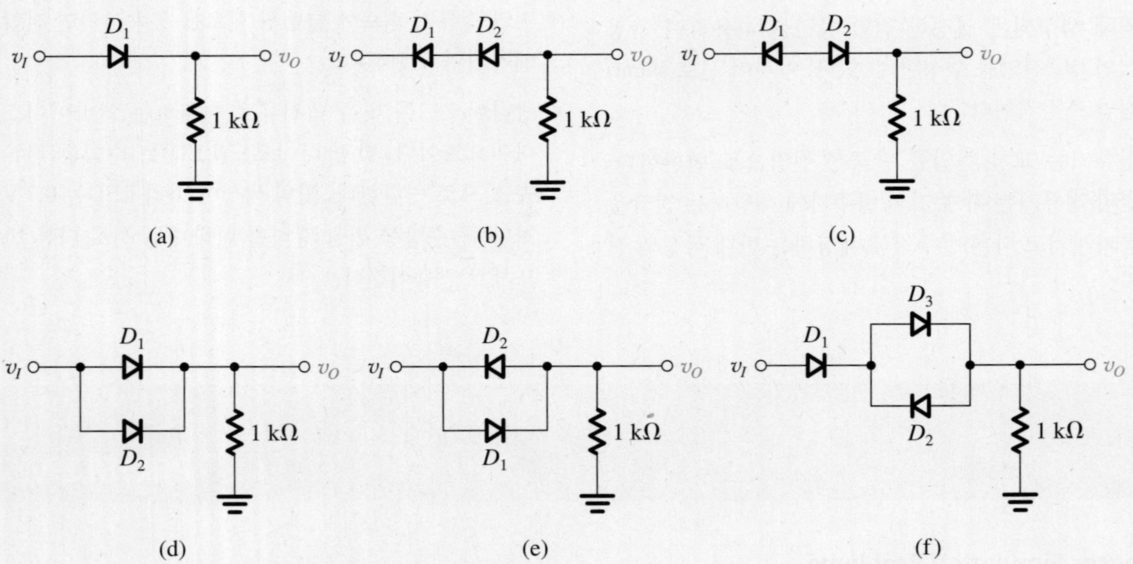

Figure P3.2

problems with green numbers are considered essential; * = difficult problem; ** = more difficult; *** = very challenging
SIM = simulation; **D** = design problem;

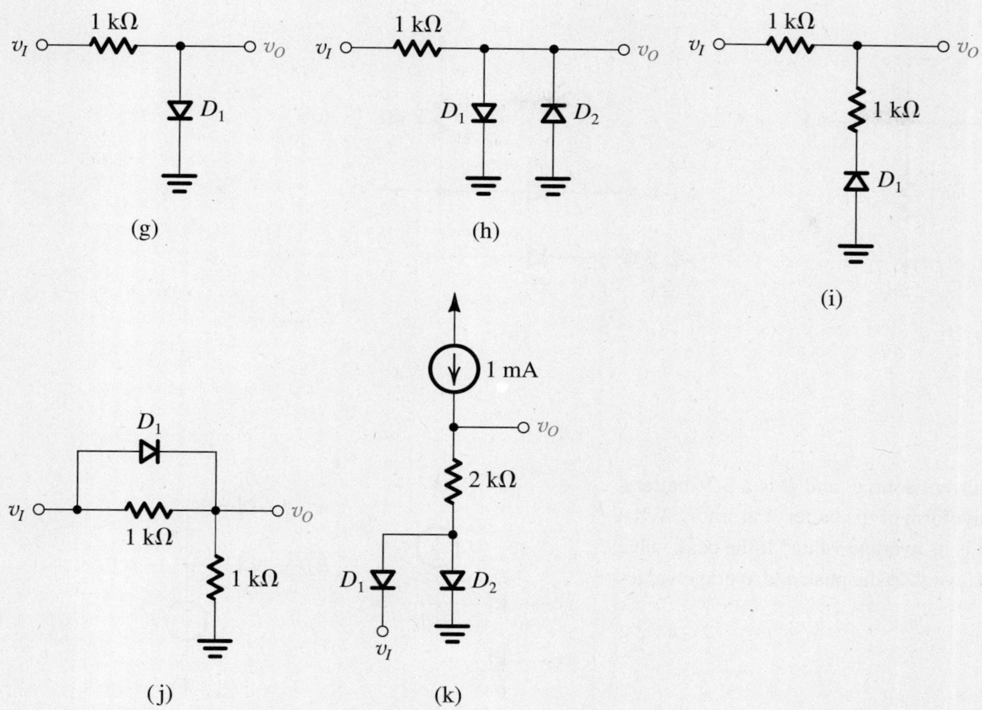

Figure P3.2

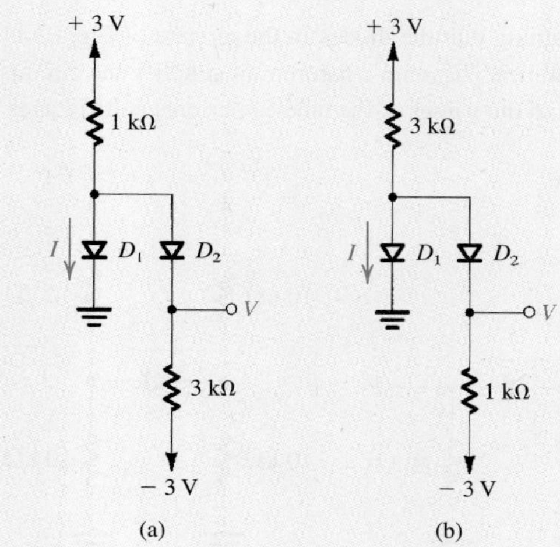

Figure P3.3

D 3.4 For the rectifier circuit of Fig. 3.3(a), let the input sine wave have 120-V rms value and assume the diode to be ideal. Select a suitable value for R so that the peak diode current does not exceed 40 mA. What is the greatest reverse voltage that will appear across the diode?

3.5 The limiter circuit of Fig. 3.5(a) is connected with $V_+ = 3$ V and $R = 100\ \Omega$. The diode data sheet specifies a maximum reverse voltage of 10 V and maximum forward current of 50 mA. What are the maximum and minimum voltages that may be safely applied at v_I?

3.6 The diodes in Fig. 3.6(a) must be able to withstand lightning strikes that cause the input voltage to temporarily spike to $v_I = \pm 200$ V. What peak current and peak reverse voltage must the diodes handle if $R = 100\ \Omega$?

3.7 An AA flashlight cell, whose Thévenin equivalent is a voltage source of 1.5 V and a resistance of 1 Ω, is connected to the terminals of an ideal diode. Describe two possible situations that result. What are the diode current and terminal voltage when (a) the connection is between the diode cathode and the positive terminal of the battery and (b) the anode and the positive terminal are connected?

3.8 For the circuits shown in Fig. P3.8 using ideal diodes, find the values of the labeled voltages and currents.

3.9 The circuit shown in Fig. P3.9 is a model for a battery charger. Here v_I is a 6-V peak sine wave, D_1 and D_2 are ideal

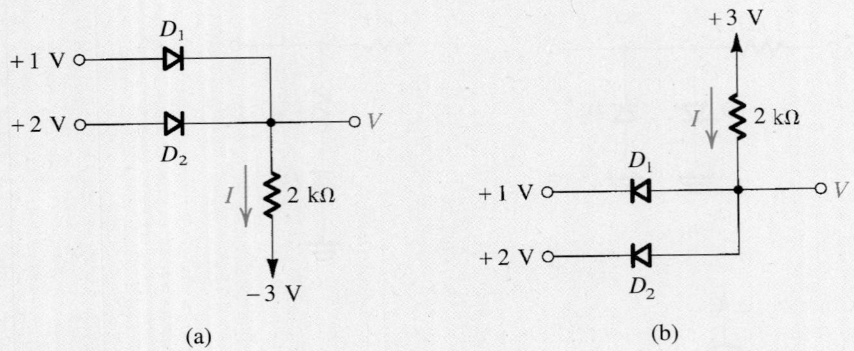

Figure P3.8

diodes, I is a 60-mA current source, and B is a 3-V battery. Sketch and label the waveform of the battery current i_B. What is its peak value? What is its average value? If the peak value of v_I is reduced by 10%, what do the peak and average values of i_B become?

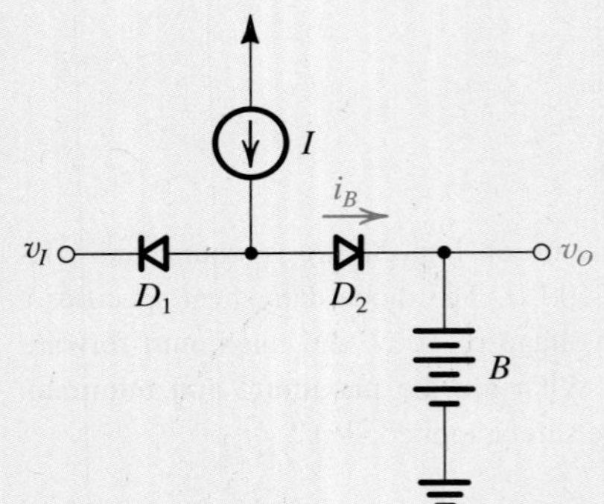

Figure P3.9

3.10 The circuits shown in Fig. P3.10 can function as logic gates for input voltages that are either high or low. Using "1" to denote the high value and "0" to denote the low value, prepare a table with four columns including all possible input combinations and the resulting values of X and Y. What logic function is X of A and B? What logic function is Y of A and B? For what values of A and B do X and Y have the same value? For what values of A and B do X and Y have opposite values?

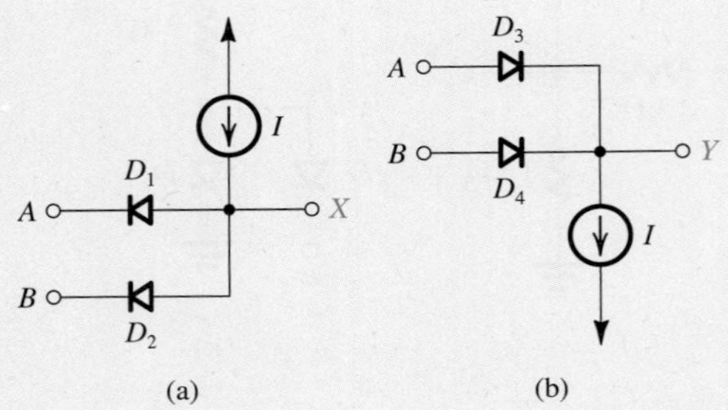

Figure P3.10

3.11 Assuming that the diodes in the circuits of Fig. P3.11 are ideal, utilize Thévenin's theorem to simplify the circuits and thus find the values of the labeled currents and voltages.

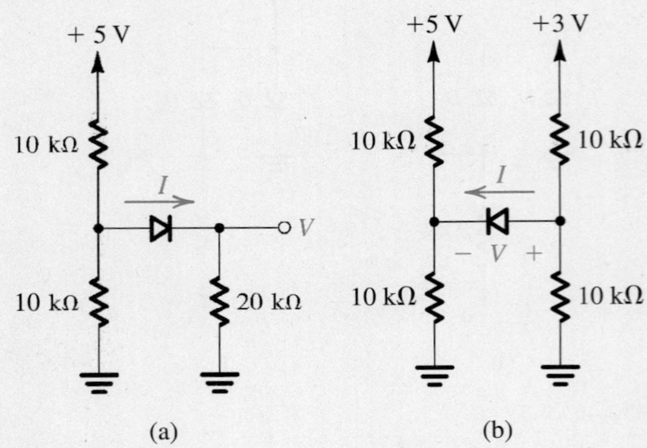

Figure P3.11

problems with green numbers are considered essential; * = difficult problem; ** = more difficult; *** = very challenging
SIM = simulation; **D** = design problem;

3.12 A symmetrical square wave of 5-V peak-to-peak amplitude and zero average is applied to a circuit resembling that in Fig. 3.3(a) and employing a 100-Ω resistor. What is the peak output voltage that results? What is the average output voltage that results? What is the peak diode current? What is the average diode current? What is the maximum reverse voltage across the diode?

3.13 We want to use the circuit of Fig. 3.3(a) with $R = 200\,\Omega$ and a square-wave input at v_I that alternates between +5 V and −3 V. Sketch the resulting waveform at v_O. What is the resulting peak and average current through the diode?

D 3.14 In the circuit of Fig. 3.4(a), select a new value for R so that the peak current through the diode is limited to 50 mA.

D *3.15 Design a battery-charging circuit, resembling that in Fig. 3.4(a) and using an ideal diode, in which current flows to the 12-V battery 25% of the time with an average value of 100 mA. What peak-to-peak sine-wave voltage is required? What resistance is required? What peak diode current flows? What peak reverse voltage does the diode endure? If resistors can be specified to only one significant digit, and the peak-to-peak voltage only to the nearest volt, what design would you choose to guarantee the required charging current? What fraction of the cycle does diode current flow? What is the average diode current? What is the peak diode current? What peak reverse voltage does the diode endure?

3.16 The circuit of Fig. P3.16 can be used in a signaling system using one wire plus a common ground return. At any moment, the input has one of three values: +3 V, 0 V, –3 V.

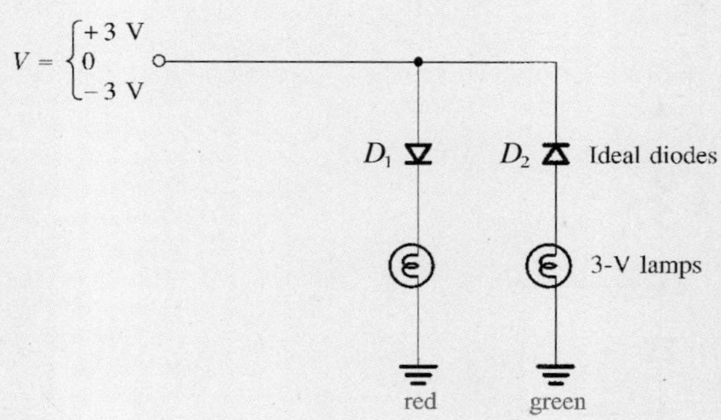

Figure P3.16

What is the status of the lamps for each input value? (Note that the lamps can be located apart from each other and that there may be several of each type of connection, all on one wire!)

3.17 The limiter circuit shown in Fig. 3.5(a) has $V_+ = 5$ V and $R = 500\,\Omega$. Plot i_D versus the input voltage v_I. How does the plot change if a 1-kΩ load resistor is connected between v_O and ground?

Section 3.2: Terminal Characteristics of Junction Diodes

3.18 A particular diode is found to conduct 1 mA with a junction voltage of 0.7 V. What current will flow in this diode if the junction voltage is raised to 0.71 V? To 0.8 V? If the junction voltage is lowered to 0.69 V? To 0.6 V? What change in junction voltage will increase the diode current by a factor of 10?

3.19 The following measurements are taken on particular junction diodes for which V is the terminal voltage and I is the diode current. For each diode, estimate values of I_S and the terminal voltage at 10% of the measured current.

(a) $V = 0.700$ V at $I = 1.00$ A
(b) $V = 0.650$ V at $I = 1.00$ mA
(c) $V = 0.650$ V at $I = 10\ \mu$A
(d) $V = 0.700$ V at $I = 100$ mA

3.20 Two diodes with saturation currents I_{S1} and I_{S2} are connected in parallel with their cathodes joined together and connected to grounds. The two anodes are joined together and fed with a constant current I. Find the currents I_{D1} and I_{D2} that flow through the two diodes, and the voltage V_D that appears across their parallel combination.

3.21 In the circuit shown in Fig. P3.21, D_1 has 20 times the junction area of D_2. What value of V results? To obtain a value for V of 60 mV, what current I_2 is needed?

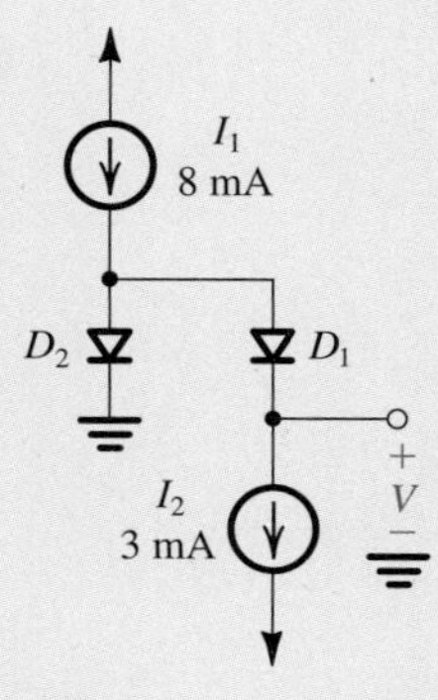

Figure P3.21

***3.22** A designer of an instrument that must operate over a wide supply-voltage range, noting that a diode's junction-voltage drop is relatively independent of junction current, considers the use of a large diode to establish a small relatively constant voltage. A power diode, for which the nominal current at 0.8 V is 10 A, is available. If the current source feeding the diode changes in the range 1 mA to 3 mA and if, in addition, the temperature changes by ±20°C, what is the expected range of diode voltage?

3.23 Calculate the value of the thermal voltage, V_T, at −55°C, 0°C, +40°C, and +125°C. At what temperature is V_T exactly 25 mV?

3.24 At what forward voltage does a diode conduct a current equal to $10{,}000 I_S$? In terms of I_S, what current flows in the same diode when its forward voltage is 0.7 V?

3.25 A diode for which the forward voltage drop is 0.7 V at 1.0 mA is operated at 0.5 V. What is the value of the current?

3.26 Listed below are the results of measurements taken on several different junction diodes. For each diode, the data provided are the diode current I and the corresponding diode voltage V. In each case, estimate I_S, and the diode voltage at $10I$ and $I/10$.

(a) 10.0 mA, 700 mV
(b) 1.0 mA, 700 mV
(c) 10 A, 800 mV
(d) 1 mA, 700 mV
(e) 10 μA, 600 mV

3.27 The circuit in Fig. P3.27 utilizes three identical diodes having $I_S = 10^{-14}$ A. Find the value of the current I required to obtain an output voltage $V_O = 2.0$ V. If a current of 1 mA is drawn away from the output terminal by a load, what is the change in output voltage?

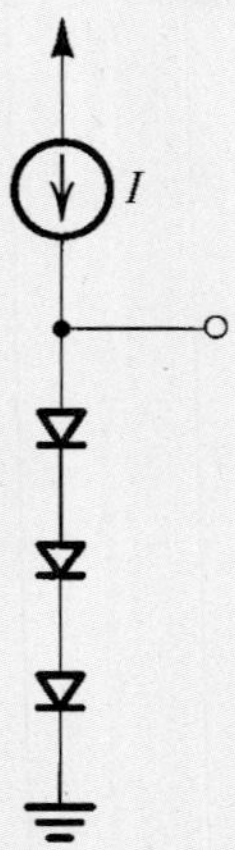

Figure P3.27

3.28 A junction diode is operated in a circuit in which it is supplied with a constant current I. What is the effect on the forward voltage of the diode if an identical diode is connected in parallel?

3.29 For the circuit shown in Fig. P3.29, both diodes are identical. Find the value of R for which $V = 50$ mV.

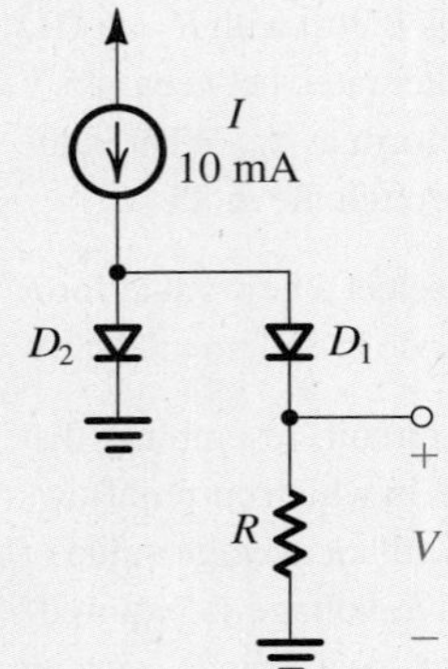

Figure P3.29

3.30 A diode fed with a constant current $I = 1$ mA has a voltage $V = 690$ mV at 20°C. Find the diode voltage at −20°C and at +85°C.

3.31 In the circuit shown in Fig. P3.31, D_1 is a large-area, high-current diode whose reverse leakage is high and independent of applied voltage, while D_2 is a much smaller, low-current diode. At an ambient temperature of 20°C, resistor R_1 is adjusted to make $V_{R1} = V_2 = 520$ mV. Subsequent measurement indicates that R_1 is 520 kΩ. What do you expect the voltages V_{R1} and V_2 to become at 0°C and at 40°C?

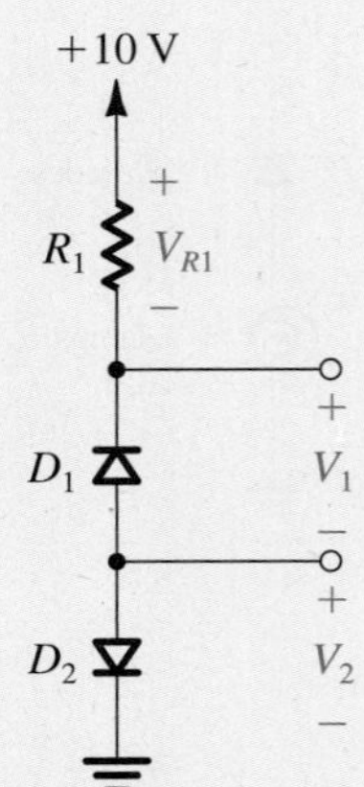

Figure P3.31

3.32 When a 10-A current is applied to a particular diode, it is found that the junction voltage immediately becomes 700 mV. However, as the power being dissipated in the diode raises its temperature, it is found that the voltage decreases and eventually reaches 600 mV. What is the apparent rise in junction temperature? What is the power dissipated in the diode in its final state? What is the temperature rise per watt of power dissipation? (This is called the thermal resistance.)

***3.33** As an alternative to the idea suggested in Problem 3.22, the designer considers a second approach to producing a relatively constant small voltage from a variable current supply: It relies on the ability to make quite accurate copies of any small current that is available (using a process called current mirroring). The designer proposes to use this idea to supply two diodes of different junction areas with equal currents and to measure their junction-voltage difference. Two types of diodes are available: for a forward voltage of 700 mV, one conducts 0.1 mA, while the other conducts 1 A. Now, for identical currents in the range of 1 mA to 3 mA supplied to each, what range of difference voltages result? What is the effect of a temperature change of ±20°C on this arrangement?

3.34 Find an expression for the voltage across a diode with a small series resistance, r, in terms of the current. If $r = 10\ \Omega$, what is the change in voltage when the current increases from 1 mA to 2 mA?

Section 3.3: Modeling the Diode

***3.35** Consider the graphical analysis of the diode circuit of Fig. 3.10 with $V_{DD} = 1$ V, $R = 1$ kΩ, and a diode having $I_S = 10^{-15}$ A. Calculate a small number of points on the diode characteristic in the vicinity of where you expect the load line to intersect it, and use a graphical process to refine your estimate of diode current. What value of diode current and voltage do you find? Analytically, find the voltage corresponding to your estimate of current. By how much does it differ from the graphically estimated value?

3.36 Use the iterative-analysis procedure to determine the diode current and voltage in the circuit of Fig. 3.10 for $V_{DD} = 1$ V, $R = 1$ kΩ, and a diode having $I_S = 10^{-15}$ A.

3.37 A "1-mA diode" (i.e., one that has $v_D = 0.7$ V at $i_D =$ 1 mA) is connected in series with a 500-Ω resistor to a 1.0 V supply.

(a) Provide a rough estimate of the diode current you would expect.

(b) Estimate the diode current more closely using iterative analysis.

3.38 For the circuits shown in Fig. P3.1, using the constant-voltage-drop ($V_D = 0.7$ V) diode model, find the voltages and currents indicated.

3.39 For the circuits in Fig. P3.3, using the constant-voltage-drop ($V_D = 0.7V$) diode model, find the values of the labeled currents and voltages.

D 3.40 Repeat Problem 3.4, representing the diode by the constant-voltage-drop ($V_D = 0.7$ V) model. How different is the resulting design?

3.41 Partial specifications of a collection of zener diodes are provided below. Complete the table by finding the missing value for each diode. Also, in each case, find the reverse voltage across the zener at 10 mA current.

	V_{ZT}	I_{ZT}	r_z	V_{Z0}	V_Z @ $I_Z = 10$ mA
(a)	3 V	2 mA	50 Ω		
(b)	5 V	5 mA		4.5 V	
(c)	6 V		150 Ω	5.7 V	
(d)		1 mA	100 Ω	9 V	

3.42 Consider the circuit in Fig. 3.10 with $V_{DD} = 3$ V and $R = 3$ kΩ.

(a) Find the current using a constant-voltage-drop model.
(b) What value of I_S is required to make this solution exact?
(c) Approximately how much will the current change from this value if I_S increases by a factor of 100?

D 3.43 A designer has a supply of diodes for which a current of 2 mA flows at 0.7 V. Using a 1-mA current source, the designer wishes to create a reference voltage of 1.3 V. Suggest a combination of series and parallel diodes that will do the job as well as possible. How many diodes are needed? What voltage is actually achieved?

3.44 Solve the problems in Example 3.2 using the constant-voltage-drop ($V_D = 0.7$ V) diode model.

3.45 For the circuits shown in Fig. P3.8, using the constant-voltage-drop ($V_D = 0.7$ V) diode model, find the voltages and currents indicated.

3.46 For the circuits in Fig. P3.11, utilize Thévenin's theorem to simplify the circuits and find the values of the labeled currents and voltages. Assume that conducting diodes can be represented by the constant-voltage-drop model ($V_D = 0.7$ V).

3.47 A zener diode is rated for 3-V operation at 5 mA with an incremental resistance of 100 Ω. It is connected to a voltage source V_S through a 1-kΩ resistor. What is the maximum voltage V_S that can be applied without exceeding the zener's maximum power rating of 40 mW? What is the voltage across the zener under this condition?

3.48 A constant current is passed through a 6-V zener diode having a TC of 1.5 mV/°C in series with a regular forward-conducting diode with a TC of −2 mV/°C. What is the resulting temperature coefficient of the voltage across both diodes?

Section 3.4: The Small-Signal Model

3.49 The small-signal model is said to be valid for voltage variations of about 5 mV. To what percentage current change does this correspond? (Consider both positive and negative signals.) What is the maximum allowable voltage signal (positive or negative) if the current change is to be limited to 10%?

3.50 In the circuit shown in Fig. P3.50, I is a dc current and v_s is a sinusoidal signal. Capacitors C_1 and C_2 are very large; their function is to couple the signal to and from the diode but block the dc current from flowing into the signal source or the load (not shown). Use the diode small-signal model to show that the signal component of the output voltage is

$$v_o = v_s \frac{V_T}{V_T + IR_s}$$

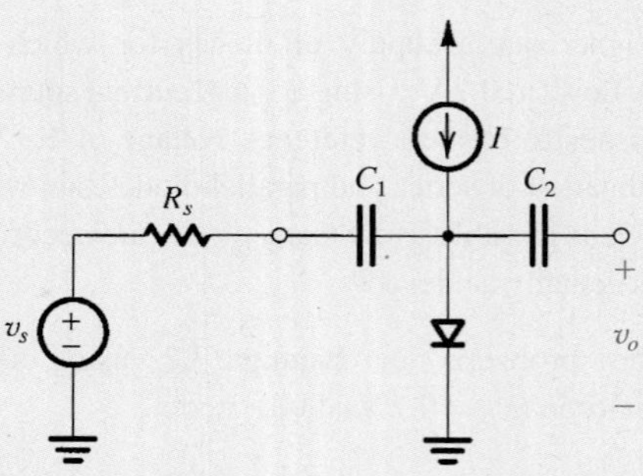

Figure P3.50

If $v_s = 10$ mV, find v_o for $I = 1$ mA, 0.1 mA, and 1 μA. Let $R_s = 1$ kΩ. At what value of I does v_o become one-half of v_s? Note that this circuit functions as a signal attenuator with the attenuation factor controlled by the value of the dc current I.

***3.51** In the circuit shown in Fig. P3.51, diodes D_1 through D_4 are identical, and each exhibits a voltage drop of 0.7 V at a 1-mA current.

(a) For small input signals (e.g., 10-mV peak), find the small-signal equivalent circuit and use it to determine values of the small-signal transmission v_o/v_i for various values of I: 0 μA, 1 μA, 10 μA, 100 μA, 1 mA, and 10 mA.

(b) For a forward-conducting diode, what is the largest signal-voltage magnitude that it can support while the corresponding signal current is limited to 10% of the dc bias current? Now, for the circuit in Fig. P3.51, for 10-mV peak input, what is the smallest value of I for which the diode currents remain within ±10% of their dc values?

(c) For $I = 1$ mA, what is the largest possible output signal for which the diode currents deviate by at most 10% of their dc values? What is the corresponding peak input? What is the total current in each diode?

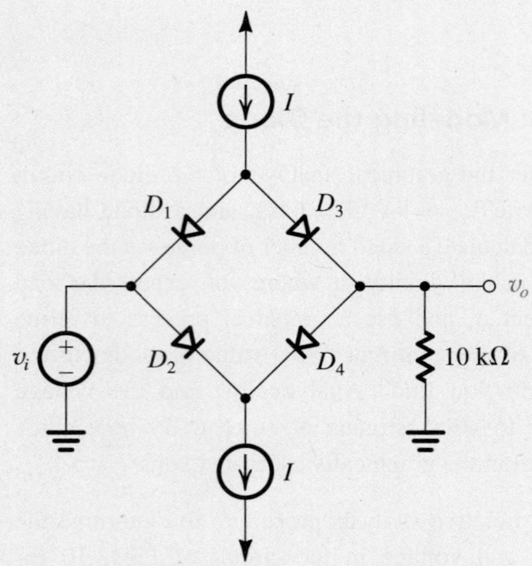

Figure P3.51

3.52 In a particular circuit application, ten "20-mA diodes" (a 20-mA diode is a diode that provides a 0.7-V drop when the current through it is 20 mA) connected in parallel operate at a total current of 0.1 A. For the diodes closely matched, what current flows in each? What is the corresponding small-signal resistance of each diode and of the combination? Compare this with the incremental resistance of a single diode conducting 0.1 A. If each of the 20-mA diodes has a series resistance of 0.2 Ω associated with the wires bonded to the junction, what is the equivalent resistance of the 10 parallel-connected diodes? What connection resistance would a single diode need in order to be totally equivalent? (*Note:* This is why the parallel connection of real diodes can often be used to advantage.)

3.53 In the attenuator circuit of Fig. P3.50, let $R_s = 10\ \text{k}\Omega$. The diode is a 1-mA device; that is, it exhibits a voltage drop of 0.7 V at a dc current of 1 mA. For small input signals, what value of current I is needed for $v_o/v_s = 0.50$? 0.10? 0.01? 0.001? In each case, what is the largest input signal that can be used while ensuring that the signal component of the diode current is limited to ±10% of its dc current? What output signals correspond?

3.54 In the capacitor-coupled attenuator circuit shown in Fig. P3.54, I is a dc current that varies from 0 mA to 1 mA, and C_1 and C_2 are large coupling capacitors. For very small input signals, so that the diodes can be represented by their small-signal resistances r_{d1} and r_{d2}, give the small-signal equivalent circuit and thus show that $\frac{v_o}{v_i} = \frac{r_{d2}}{r_{d1} + r_{d2}}$ and hence that $\frac{v_o}{v_i} = I$, where I is in mA. Find v_o/v_i for $I =$ 0 μA, 1 μA, 10 μA, 100 μA, 500 μA, 600 μA, 900 μA, 990 μA, and 1 mA. Note that this is a signal attenuator whose transmission is linearly controlled by the dc current I.

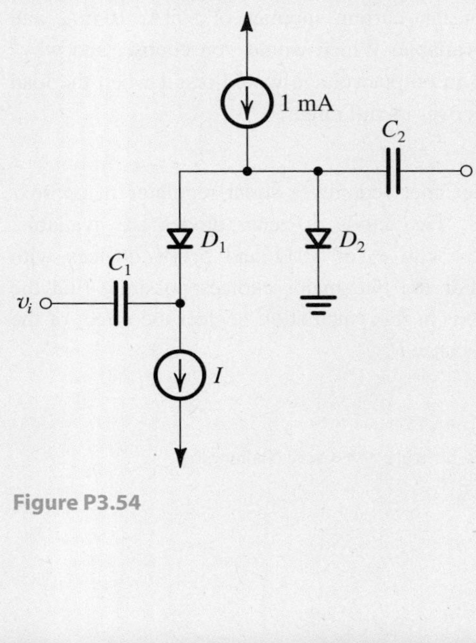

Figure P3.54

****3.55** In Problem P3.51 we investigated the operation of the circuit in Fig. P3.51 for small input signals. In this problem we wish to find the voltage-transfer characteristic (VTC) v_O versus v_I for $-12\ \text{V} \le v_I \le 12\ \text{V}$ for the case $I = 1$ mA and each of the diodes exhibits a voltage drop of 0.7 V at a current of 1 mA. Toward this end, use the diode exponential characteristic to construct a table that gives the values of: the current i_O in the 10-kΩ resistor, the current in each of the four diodes, the voltage drop across each of the four diodes, and the input voltage v_I, for $v_O = 0$, +1 V, +2 V, +5 V, +9 V, +9.9 V, +9.99 V, +10.5 V, +11 V, and +12 V. Use these data, with extrapolation to negative values of v_I and v_O, to sketch the required VTC. Also sketch the VTC that results if I is reduced to 0.5 mA. (*Hint*: From symmetry, observe that as v_O increases and i_O correspondingly increases, i_{D3} and i_{D2} increase by equal amounts and i_{D4} and i_{D1} decrease by [the same] equal amounts.)

SIM ***3.56** In the circuit shown in Fig. P3.56, I is a dc current and v_i is a sinusoidal signal with small amplitude (less than 10 mV) and a frequency of 100 kHz. Representing the diode by its small-signal resistance r_d, which is a function of I, sketch the small-signal equivalent circuit and use it to determine the sinusoidal output voltage V_o, and thus find the phase shift between V_i and V_o. Find the value of I that will provide a phase shift of –45°, and find the range of phase shift achieved as I is varied over the range of 0.1 times to 10 times this value.

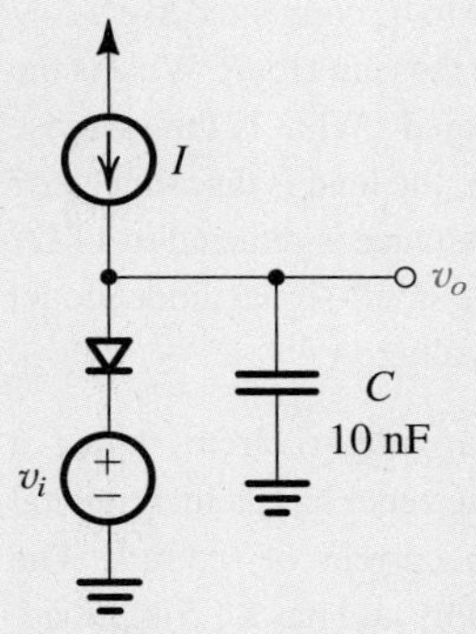

Figure P3.56

Section 3.5: Voltage Regulation

***3.57** Consider the voltage-regulator circuit shown in Fig. P3.57. The value of R is selected to obtain an output voltage V_O (across the diode) of 0.7 V.

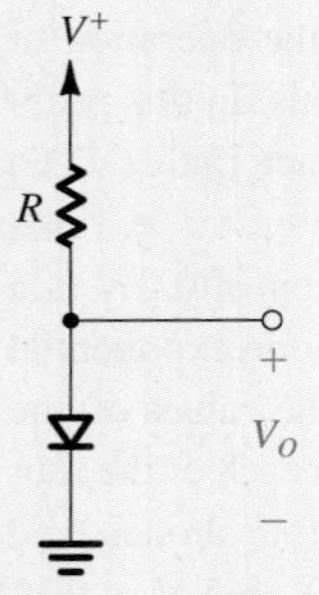

Figure P3.57

(a) Use the diode small-signal model to show that the change in output voltage corresponding to a change of 1 V in V^+ is

$$\frac{\Delta V_O}{\Delta V^+} = \frac{V_T}{V^+ + V_T - 0.7}$$

This quantity is known as the line regulation and is usually expressed in mV/V.

(b) Generalize the expression above for the case of m diodes connected in series and the value of R adjusted so that the voltage across each diode is 0.7 V (and $V_O = 0.7m\,\text{V}$).

(c) Calculate the value of line regulation for the case $V^+ =$ 15 V (nominally) and (i) $m = 1$ and (ii) $m = 4$.

D *3.58 Design a diode voltage regulator to supply 1.5 V to a 1.5-kΩ load. Use two diodes specified to have a 0.7-V drop at a current of 1 mA. The diodes are to be connected to a +5-V supply through a resistor R. Specify the value for R. What is the diode current with the load connected? What is the increase resulting in the output voltage when the load is disconnected? What change results if the load resistance is reduced to 1 kΩ? To 750 Ω? To 500 Ω? (*Hint*: Use the small-signal diode model to calculate all changes in output voltage.)

D 3.59 Design a 7.5-V zener regulator circuit using a 7.5-V zener specified at 10 mA. The zener has an incremental resistance $r_z = 30\ \Omega$ and a knee current of 0.5 mA. The regulator operates from a 10-V supply and has a 1.5-kΩ load. What is the value of R you have chosen? What is the regulator output voltage when the supply is 10% high? Is 10% low? What is the output voltage when both the supply is 10% high and the load is removed? What is the smallest possible load resistor that can be used while the zener operates at a current no lower than the knee current while the supply is 10% low? What is the load voltage in this case?

***3.60** Consider the voltage-regulator circuit shown in Fig P3.57 under the condition that a load current I_L is drawn from the output terminal.

(a) If the value of I_L is sufficiently small that the corresponding change in regulator output voltage ΔV_O is small enough to justify using the diode small-signal model, show that

$$\frac{\Delta V_O}{I_L} = -(r_d \| R)$$

This quantity is known as the load regulation and is usually expressed in mV/mA.

(b) If the value of R is selected such that at no load the voltage across the diode is 0.7 V and the diode current is I_D, show that the expression derived in (a) becomes

$$\frac{\Delta V_O}{I_L} = -\frac{V_T}{I_D}\frac{V^+ - 0.7}{V^+ - 0.7 + V_T}$$

Select the lowest possible value for I_D that results in a load regulation whose magnitude is ≤ 5 mV/mA. If V^+ is nominally 15 V, what value of R is required? Also, specify the diode required in terms of its I_S.

(c) Generalize the expression derived in (b) for the case of m diodes connected in series and R adjusted to obtain $V_O = 0.7m$ V at no load.

D *3.61 A voltage regulator consisting of two diodes in series fed with a constant-current source is used as a replacement for a single carbon–zinc cell (battery) of nominal voltage 1.5 V. The regulator load current varies from 2 mA to 7 mA. Constant-current supplies of 5 mA, 10 mA, and 15 mA are available. Which would you choose, and why? What change in output voltage would result when the load current varies over its full range?

D 3.62 A designer requires a shunt regulator of approximately 20 V. Two kinds of zener diodes are available: 6.8-V devices with r_z of 10 Ω and 5.1-V devices with r_z of 25 Ω. For the two major choices possible, find the load regulation. In this calculation neglect the effect of the regulator resistance R.

3.63 A shunt regulator utilizing a zener diode with an incremental resistance of 8 Ω is fed through an 82-Ω resistor. If the raw supply changes by 1.0 V, what is the corresponding change in the regulated output voltage?

D *3.64 It is required to design a zener shunt regulator to provide a regulated voltage of about 10 V. The available 10-V, 1-W zener of type 1N4740 is specified to have a 10-V drop at a test current of 25 mA. At this current, its r_z is 7 Ω. The raw supply, V_S, available has a nominal value of 20 V but can vary by as much as ±25%. The regulator is required to supply a load current of 0 mA to 20 mA. Design for a minimum zener current of 5 mA.

(a) Find V_{Z0}.
(b) Calculate the required value of R.
(c) Find the line regulation. What is the change in V_O expressed as a percentage, corresponding to the ±25% change in V_S?
(d) Find the load regulation. By what percentage does V_O change from the no-load to the full-load condition?
(e) What is the maximum current that the zener in your design is required to conduct? What is the zener power dissipation under this condition?

Section 3.6: Rectifier Circuits

3.65 Consider the half-wave rectifier circuit of Fig. 3.21(a) with the diode reversed. Let v_S be a sinusoid with 10-V peak amplitude, and let $R = 1$ kΩ. Use the constant-voltage-drop diode model with $V_D = 0.7$ V.

(a) Sketch the transfer characteristic.
(b) Sketch the waveform of v_O.
(c) Find the average value of v_O.
(d) Find the peak current in the diode.
(e) Find the PIV of the diode.

3.66 A half-wave rectifier circuit with a 1-kΩ load operates from a 120-V (rms) 60-Hz household supply through a 12-to-1 step-down transformer. It uses a silicon diode that can be modeled to have a 0.7-V drop for any current. What is the peak voltage of the rectified output? For what fraction of the cycle does the diode conduct? What is the average output voltage? What is the average current in the load?

3.67 A full-wave rectifier circuit with a 500-Ω load operates from a 120-V (rms) 60-Hz household supply through a 6-to-1 transformer having a center-tapped secondary winding. It uses two silicon diodes that can be modeled to have a 0.7-V drop for all currents. What is the peak voltage of the rectified output? For what fraction of a cycle does each diode conduct? What is the average output voltage? What is the average current in the load?

3.68 A full-wave bridge-rectifier circuit with a 1-kΩ load operates from a 120-V (rms) 60-Hz household supply through a 12-to-1 step-down transformer having a single secondary winding. It uses four diodes, each of which can be modeled to have a 0.7-V drop for any current. What is the peak value of the rectified voltage across the load? For what fraction of a cycle does each diode conduct? What is the average voltage across the load? What is the average current through the load?

D 3.69 It is required to design a full-wave rectifier circuit using the circuit of Fig. 3.22 to provide an average output voltage of:

(a) 10 V
(b) 100 V

In each case find the required turns ratio of the transformer. Assume that a conducting diode has a voltage drop of 0.7 V. The ac line voltage is 120 V rms.

D 3.70 Repeat Problem 3.69 for the bridge-rectifier circuit of Fig. 3.23.

3.71 Augment the rectifier circuit of Problem 3.66 with a capacitor chosen to provide a peak-to-peak ripple voltage of (i) 10% of the peak output and (ii) 1% of the peak output. In each case:

(a) What average output voltage results?
(b) What fraction of the cycle does the diode conduct?
(c) What is the average diode current?
(d) What is the peak diode current?

3.72 Repeat Problem 3.71 for the rectifier in Problem 3.67.

3.73 Repeat Problem 3.71 for the rectifier in Problem 3.68.

3.74 The op amp in the precision rectifier circuit of Fig. P3.74 is ideal with output saturation levels of ±13 V. Assume that when conducting the diode exhibits a constant voltage drop of 0.7 V. Find v_-, v_O, and v_A for:

(a) $v_I = +1$ V
(b) $v_I = +3$ V
(c) $v_I = -1$ V

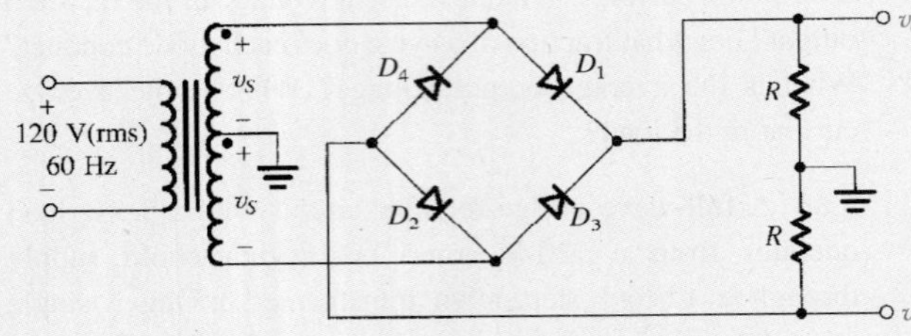

Figure P3.78

(d) $v_I = -3$ V

Also, find the average output voltage obtained when v_I is a symmetrical square wave of 1-kHz frequency, 5-V amplitude, and zero average.

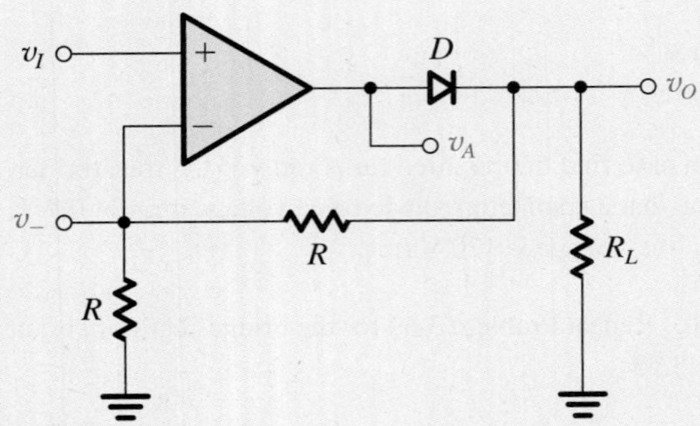

Figure P3.74

3.75 Using the exponential diode characteristic, show that for v_S and v_O both greater than zero, the circuit of Fig. 3.21(a) has the transfer characteristic

$$v_O = v_S - v_D\ (\text{at } i_D = 1\text{ mA}) - V_T \ln(v_O/R)$$

where v_S and v_O are in volts and R is in kilohms. Note that this relationship can be used to obtain the voltage transfer characteristic v_O vs. v_S by finding v_S corresponding to various values of v_O.

SIM **3.76** Consider a half-wave rectifier circuit with a triangular-wave input of 6-V peak-to-peak amplitude and zero average, and with $R = 1$ kΩ. Assume that the diode can be represented by the constant-voltage-drop model with $V_D = 0.7$ V. Find the average value of v_O.

D 3.77 Consider the full-wave rectifier in Fig. 3.22 when the transformer turns ratio is such that the voltage across the entire secondary winding is 20 V rms. If the input ac line voltage (120 V rms) fluctuates by as much as ±10%, find the required PIV of the diodes. (Remember to use a factor of safety in your design.)

3.78 The circuit in Fig. P3.78 implements a complementary-output rectifier. Sketch and clearly label the waveforms of v_O^+ and v_O^-. Assume a 0.7-V drop across each conducting diode. If the magnitude of the average of each output is to be 12 V, find the required amplitude of the sine wave across the entire secondary winding. What is the PIV of each diode?

D *3.79 It is required to use a peak rectifier to design a dc power supply that provides an average dc output voltage of 12 V on which a maximum of ±1-V ripple is allowed. The rectifier feeds a load of 200 Ω. The rectifier is fed from the line voltage (120 V rms, 60 Hz) through a transformer. The diodes available have 0.7-V drop when conducting. If the designer opts for the half-wave circuit:

(a) Specify the rms voltage that must appear across the transformer secondary.
(b) Find the required value of the filter capacitor.
(c) Find the maximum reverse voltage that will appear across the diode, and specify the PIV rating of the diode.
(d) Calculate the average current through the diode during conduction.
(e) Calculate the peak diode current.

D *3.80 Repeat Problem 3.79 for the case in which the designer opts for a full-wave circuit utilizing a center-tapped transformer.

---

problems with green numbers are considered essential; * = difficult problem; ** = more difficult; *** = very challenging
SIM = simulation; **D** = design problem;

D *3.81 Repeat Problem 3.79 for the case in which the designer opts for a full-wave bridge-rectifier circuit.

D *3.82 Consider a half-wave peak rectifier fed with a voltage v_S having a triangular waveform with 24-V peak-to-peak amplitude, zero average, and 1-kHz frequency. Assume that the diode has a 0.7-V drop when conducting. Let the load resistance $R = 100\ \Omega$ and the filter capacitor $C = 100\ \mu\text{F}$. Find the average dc output voltage, the time interval during which the diode conducts, the average diode current during conduction, and the maximum diode current.

D *3.83 Consider the circuit in Fig. P3.78 with two equal filter capacitors placed across the load resistors R. Assume that the diodes available exhibit a 0.7-V drop when conducting. Design the circuit to provide ±12-V dc output voltages with a peak-to-peak ripple no greater than 1 V. Each supply should be capable of providing 100-mA dc current to its load resistor R. Completely specify the capacitors, diodes, and the transformer.

3.84 The op amp in the circuit of Fig. P3.84 is ideal with output saturation levels of ±12 V. The diodes exhibit a constant 0.7-V drop when conducting. Find v_-, v_A, and v_O for:

(a) $v_I = +1$ V
(b) $v_I = +3$ V
(c) $v_I = -1$ V
(d) $v_I = -3$ V

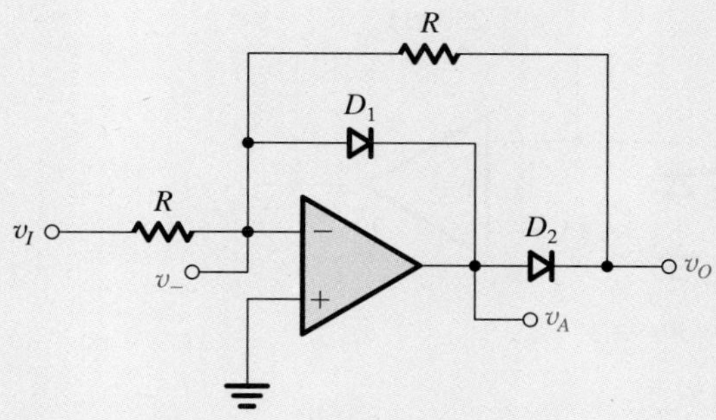

Figure P3.84

***3.85** The following amplitude-modulated signal is applied to the precision rectifier circuit in Fig. P3.85.

$$v_I = [1.5\text{ V} + 1\text{ V} \times \sin(2\pi 10^3 t)]\sin(2\pi 10^6 t)$$

Sketch the waveform at the output, v_O, if the time constant CR is 0.1 ms. Repeat for $CR = 0.1\ \mu\text{s}$.

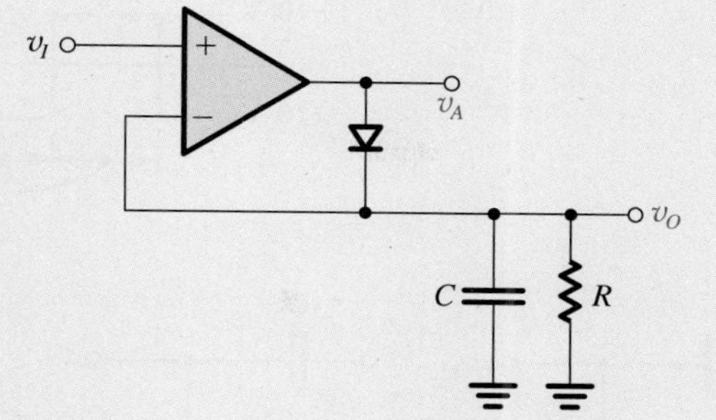

Figure P3.85

Section 3.7: Other Diode Applications

3.86 A clamped capacitor using an ideal diode with cathode grounded is supplied with a sine wave of 5-V rms. What is the average (dc) value of the resulting output?

3.87 An LED is forward-biased by a 3-V battery through a resistor. Find the resistor value required to sustain

(a) 10 mA through a green LED at 2.2 V forward voltage drop.
(b) 10 mA through a red LED at 1.8 V forward voltage drop.

3.88 The clamped capacitor in Fig. P3.88 is loaded by the resistor R. The input v_I is a symmetric 10-V peak-to-peak square wave at 100 kHz. Sketch the waveform at v_O if the time constant $CR = 10\ \mu\text{s}$.

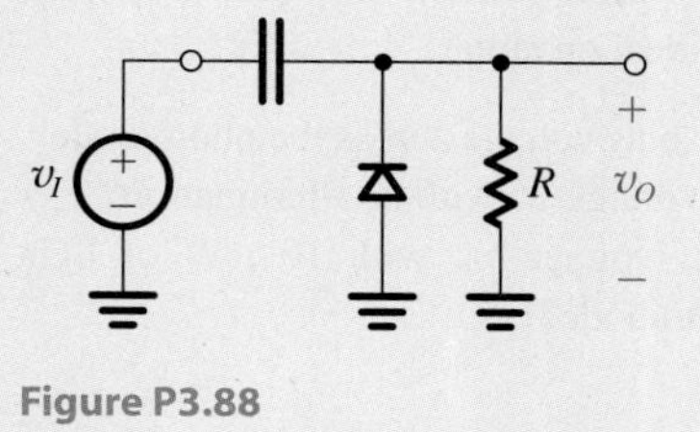

Figure P3.88

***3.89** For the circuits in Fig. P3.89, each utilizing an ideal diode (or diodes), sketch the output for the input shown. Label the most positive and most negative output levels. Assume $CR \gg T$.

3.90 A varactor has $C_{j0} = 150$ fF at zero bias, $V_0 = 3$ V, and $m = 3$. Find the range of bias voltages required to vary its capacitance from 80 fF to 20 fF.

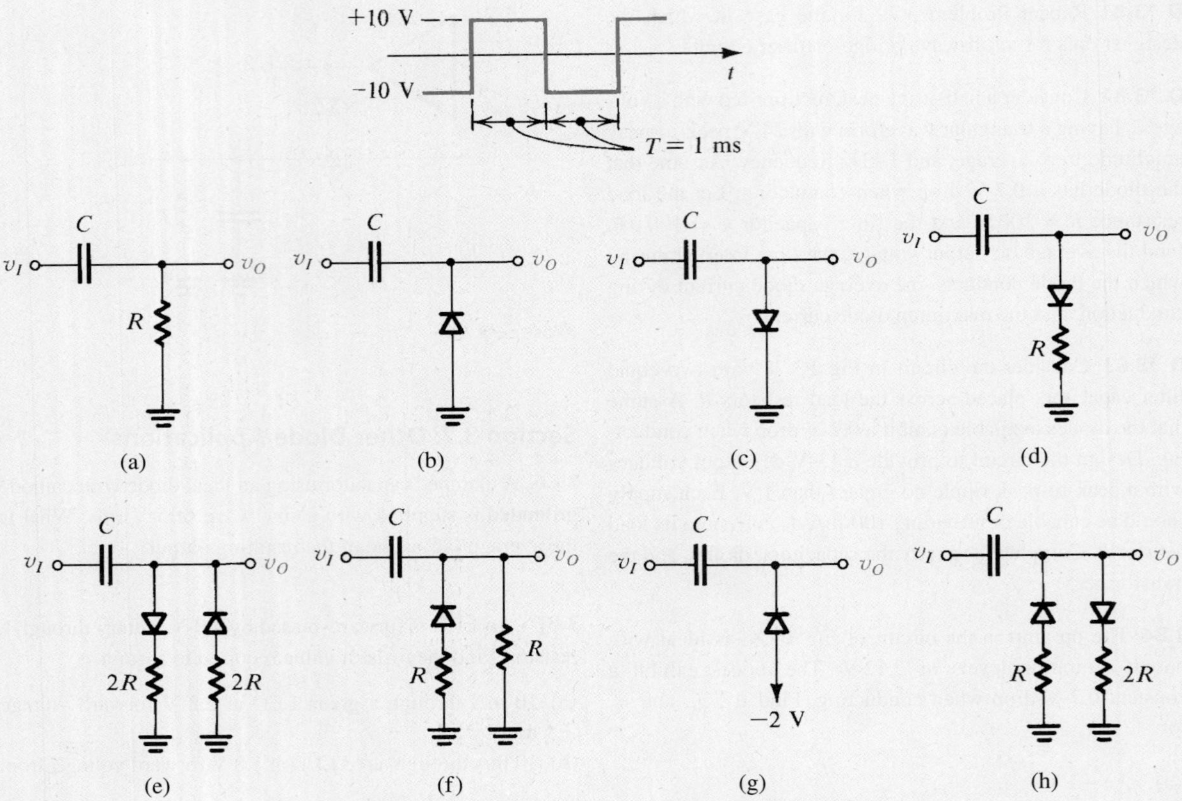

Figure P3.89

3.91 A reverse-biased photodiode is specified to have a dark current of 100 pA and a responsivity of 0.5 A/W. It is connected to the transresistance amplifier shown in Fig. P3.91. Assume an ideal op amp.

(a) What is the reverse-bias voltage across the photodiode?
(b) What is the output voltage v_O with no illumination?
(c) What is the output voltage v_O with 10 μW of light incident on the photodiode?

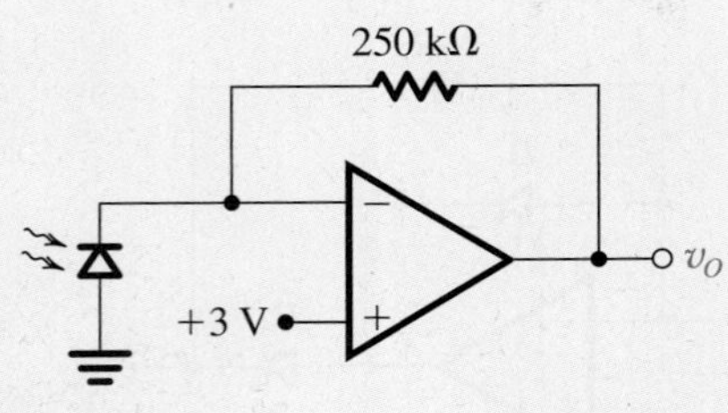

Figure P3.91

CHAPTER 4

바이폴라 접합 트랜지스터(BJT)

서론

4.1 소자 구조와 물리적인 동작

4.2 전류 전압 특성

4.3 직류에서의 BJT 회로

4.4 트랜지스터 항복 및 온도 영향

요약

PROBLEMS

이 장에서 배울 내용

- 바이폴라 트랜지스터의 물리적인 구조와 동작 원리
- 트랜지스터의 두 단자 사이의 전압이 세 번째 단자를 통해 흐르는 전류를 제어하는 방법과 이 전류-전압 특성들을 표현하는 방정식
- 바이폴라 트랜지스터, 저항기, 직류 전원을 포함하는 회로를 해석하고 설계하는 방법

서론

가장 기본적인 2단자 반도체 소자인 접합 다이오드를 공부했으므로, 지금부터 우리는 3단자 반도체 소자에 대해서 관심을 가질 것이다.

3단자 소자들은 신호 증폭에서 디지털 논리 회로와 메모리 회로의 설계를 아우르는 다양한 응용에 사용될 수 있기 때문에 2단자 소자들보다 훨씬 더 유용하다. 그들의 기본적인 동작 원리는 두 단자 사이의 전압을 사용하여 제3의 단자에 흐르는 전류를 제어하는 것이다. 이런 점에서 3단자 소자는 제어된 전원(controlled source)을 실현하기 위해 사용될 수 있으며, 1장에서 배운 대로 제어된 전원은 증폭기 설계를 위한 기초가 된다. 또한 제어 신호를 사용하여 제3의 단자에 흐르는 전류를 0에서부터 큰 값까지 극단적으로 변화시킬 수 있으므로 3단자 소자를 스위치(switch)로 동작시킬 수도 있다. 14장에서 보겠지만, 스위치는 디지털 회로의 기본적인 요소인 논리 반전기(logic inverter)의 실현을 위한 기초가 된다.

3단자 반도체 소자들에는 두 가지 주요한 유형이 있다.

1. 이 장에서 다루는 바이폴라 접합 트랜지스터(BJT: bipolar junction transistor)
2. 5장에서 공부하는 금속-산화물-반도체 전계 효과 트랜지스터(MOSFET: metal-oxide-semiconductor field-effect transistor)

1948년 벨 전화 연구소에서 발명된 BJT는 고체 회로의 시대를 예고하였다. 트랜지스터들은 라디오나 텔레비전 수상기에 사용된 진공관들을 대체하였고, 우리가 일하고, 놀고, 살아가는 방식에 그야말로 혁명을 촉발하였다. 우리는 정보 기술 사회와 지식 기반 경제의 기원을 BJT의 발명에서 찾을 수 있다.

바이폴라 트랜지스터는 개별 회로(discrete circuit)와 집적 회로(integrated circuit) 양쪽의 설계에 최상의 소자로서 거의 30년간 호황을 누렸다. MOSFET이 아주 초기에 알려지기는 했지만 박막 절연층을 요구하는 그 제조 기술 때문에 1970년대와 1980년대에 들어와서야 BJT의 중요한 경쟁 소자가 되었다. 2020년까지 MOSFET은 의심 없이 가장 널리 사용되는 전자 소자이고, CMOS 기술은 단일 칩(chip)에 많은 트랜지스터들을 결합하는 집적 회로의 설계에 최상의 기술이 되었다. 그럼에도 불구하고 BJT는 어떤 응용에서는 탁월하고 중요한 소자로 여전히 남아 있다.

BJT는 인쇄 회로 기판(PCB: printed-circuit board)에 조립되는 회로를 구현하기 위한 저항기나 커패시터와 같은 다른 개별 소자들과 더불어 사용하는 개별 회로 설계에는 여전히 인기가 있다. 그리고 상상할 수 있는 거의 모든 응용에 적합한 BJT 종류를 매우 다양하게 선택할 수도 있다. 특히 BJT는 (그 자체만으로 또는 CMOS와 결합한 BiCMOS로) 고전압과 고주파 신호를 다루는 회로들에도 여전히 중요하다. 예를 들면, 라디오 주파수나 더 높은 주파수의 응용을 위한 전력 증폭기(power amplifier)가 있다.

이 장에서 우리는 BJT의 물리적인 동작을 서술하면서 시작한다. 이 물리적인 서술은 회로 소자로서 트랜지스터의 성능을 이해하는 데 도움을 준다. 트랜지스터 내부의 전류 흐름을 전자와 정공에 의해 서술하고 곧바로 트랜지스터 단자 특성에 관한 고찰로 이동한다. 다른 모드들에서 동작하는 트랜지스터에 대한 회로 모델들을 유도하여 트랜지스터 회로의 해석과 설계에 이용할 것이다. 이 장의 주된 목적은 BJT와 충분히 친숙해지도록 하고 증폭기 설계(6장)에 BJT를 사용하기 위한 준비를 하는 것이다.

4.1 소자 구조와 물리적인 동작

4.1.1 단순화된 구조와 동작 모드

그림 4.1은 BJT의 단순화된 구조를 나타낸다.(실제적인 트랜지스터 구조는 나중에 볼 것이다; 또한 제조 기술을 다루는 부록 A를 보라.) 그림 4.1에 나타낸 것처럼, BJT는 세 개의 반도체 영역, 즉 이미터 영역(*n*형), 베이스 영역(*p*형), 컬렉터 영역(*n*형)으로 구성된다. 이와 같은 트랜지스터를 *npn* 트랜지스터라고 부른다. 그림 4.2에 나타낸 것처럼 *npn*과는 상반되게 *p*형 이미터, *n*형 베이스, *p*형 컬렉터를 가지는 또 다른 트랜지스터를 *pnp* 트랜지스터라고 부른다. 트랜지스터의 세 개의 반도체 영역 각각에 접속된 단자를 **이미터**(E: emitter), **베이스**(B: base), **컬렉터**(C: collector)라고 명명한다.

트랜지스터는 두 개의 *pn* 접합, 즉 **이미터-베이스 접합**(EBJ)과 **컬렉터-베이스 접합**(CBJ)으로 구성된다. 각 접합의 바이어스 상태(순방향 또는 역방향)에 따라 표 4.1에 나타낸 것처럼 BJT의 다른 동작 모드들이 얻어진다. 증폭기에 사용되는 트랜지스터는 **활성 모드**(active mode)로 동작한다. 스위칭 응용들(예를 들면 논리 회로들)에서는 **차단 모드**(cutoff mode)와 **포화 모드**(saturation mode) 둘 다를 이용한다. 그 명칭이 의미하듯이 차단 모드에서는 두 접합이 역방향으로 바이어스되기 때문에 전류는 흐르지 않는다.

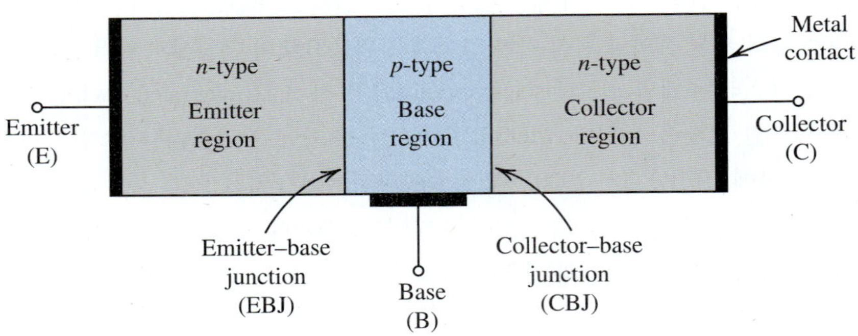

그림 4.1 *npn* 트랜지스터의 단순화된 구조.

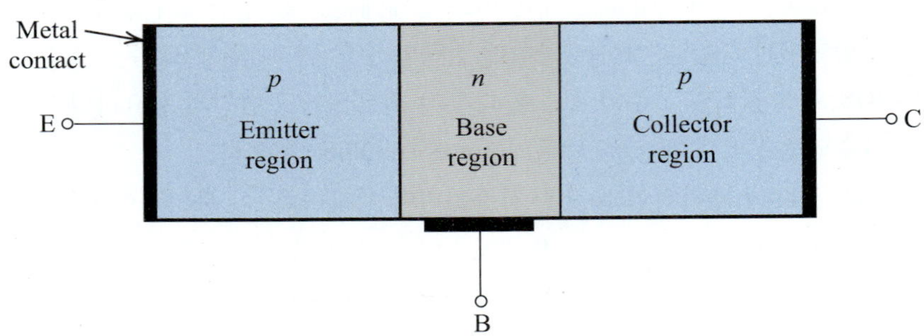

그림 4.2 *pnp* 트랜지스터의 단순화된 구조.

표 4.1 BJT의 동작 모드

Mode	EBJ	CBJ
Cutoff	Reverse	Reverse
Active	Forward	Reverse
Saturation	Forward	Forward

곧 알게 되겠지만, 전자와 정공이라는 양극성 전하 캐리어들이 모두 바이폴라 트랜지스터의 전류 전도 과정에 관여하기 때문에 바이폴라(bipolar)라고 명명하게 되었다.[한 종류만의 전하 캐리어들로 전류가 전도되는 MOSFET과 대비해 보라. 즉, n 채널 소자에서는 전자이고 p 채널 소자에서는 정공이다. 그래서 초기에는 FET를 단극성(unipolar) 소자로 불렀다.]

4.1.2 활성 모드에서 *npn* 트랜지스터의 동작

활성 모드는 BJT의 세 동작 모드 중에서 가장 중요하다. 그래서 활성 모드에서 트랜지스터의 물리적인 동작을 고찰하는 것으로 BJT의 공부를 시작한다. (순바이어스 상태인 pn 접합의 동작에 관해 재학습이 필요하면 1.11절을 참조하라. 그 내용은 여기서 쓸모가 있을 것이다.) 그림 4.3은 활성 모드에서 동작하도록 바이어스된 npn 트랜지스터를 나타낸다. 활성 모드 동작을 위해 필요한 바이어스 조건을 만족하기 위하여 두 개의 외부 전압 전원이 사용되었다. 전압 V_{BE}는 p형 베이스가 n형 이미터보다 더 높은 전위가 되도록 설정하며, 이로 인해 이미터-베이스 접합은 순방향 바이어스가 된다. 컬렉터-베이스 전압 V_{CB}는 n형 컬렉터가 p형 베이스보다 더 높은 전위가 되도록 설정하며, 이로 인해 컬렉터-베이스 접합은 역방향 바이어스가 된다.

전류 흐름 이미터-베이스 접합에 걸린 순바이어스 때문에 전류가 이 접합을 가로질러 흐르게 될 것이다. 전류는 두 가지 성분, 즉 이미터에서 베이스로 주입되는 전자 그리고 베이스에서 이미터로 주입되는 정공으로 구

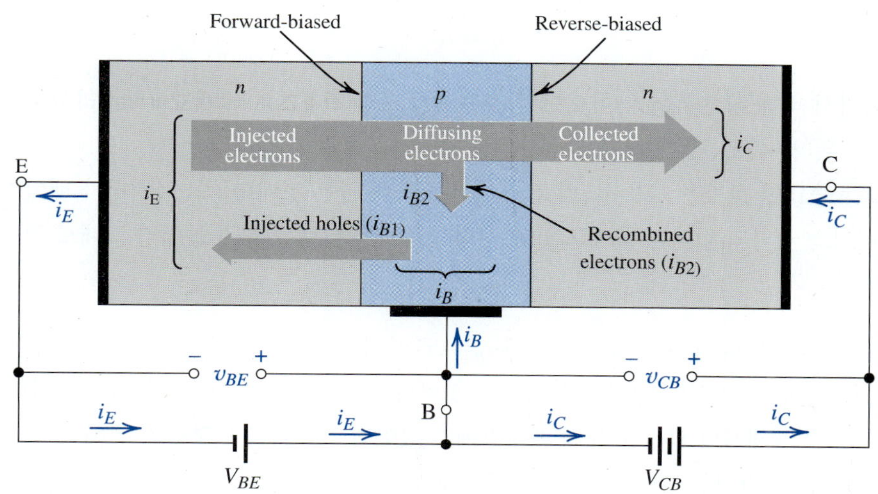

그림 4.3 활성 모드에서 동작하도록 바이어스된 npn 트랜지스터에서의 단순화된 전류 흐름.

성된다. 곧 분명해지겠지만, 첫 번째 성분(이미터에서 베이스로 이동하는 전자에 기인한 전류)가 두 번째 성분(베이스에서 이미터로 이동하는 정공에 기인한 전류)보다 훨씬 더 많아지도록 만드는 것이 매우 바람직하다. 이것은 고농도로 도핑된 이미터와 저농도로 도핑된 베이스를 가지도록 소자를 제작함으로써 가능해진다. 즉, 트랜지스터는 이미터가 높은 전자 밀도를 가지고 베이스는 낮은 정공 밀도를 가지도록 설계된다.

이미터-베이스 접합을 가로질러 흐르는 전류는 그림 4.3에 표시된 것처럼 이미터 전류 i_E를 구성한다. 관례에 따라 i_E의 방향은 이미터 도선에서 밖으로 '나오는' 방향이며, 이 방향은 양전하(정공) 이동 방향과 같고 음전하(전자) 이동 방향과는 반대이다. 그리고 이미터 전류 i_E는 이 두 성분의 합과 같다. 그러나 전자 전류가 정공 전류보다 훨씬 크기 때문에, 이미터 전류는 전자 전류에 의해서 좌우된다.

순바이어스된 pn 접합의 전류에 관한 1.11절의 내용으로부터, i_E의 전자 성분과 정공 성분 둘 다의 크기는 e^{v_{BE}/V_T}에 비례하는 사실을 알고 있다. 여기서 v_{BE}는 베이스-이미터 접합의 순방향 전압이고 V_T는 (실온에서 약 25 mV인) 열전압(thermal voltage)이다.

이제는 첫 번째 전류 성분, 즉 이미터에서 베이스로 주입되는 전자들이 운송하는 성분에 집중해 보자. 이 전자들은 p형 베이스 영역에서 **소수 캐리어**(minority carrier)가 된다. 그들의 농도는 베이스의 이미터 쪽에서 가장 높기 때문에, 주입된 전자들은 베이스 영역을 통해서 컬렉터 쪽으로 확산한다. 베이스 영역을 가로질러 이동하는 과정에서 전자들의 일부는 베이스에서 다수 캐리어인 정공들과 결합할 것이다. 그러나 베이스가 보통 매우 얇고 앞서 언급한 대로 저농도로 도핑되기 때문에, 이 **재결합 과정**(recombination process)을 통해 '없어지는' 전자의 비율은 아주 작다. 이런 이유로 확산하는 전자들의 대부분이 컬렉터-베이스 공핍 영역의 경계에 도달한다. 컬렉터가 베이스보다 (역바이어스 전압 v_{CB}만큼) 더 높은 전압을 가지므로, 컬렉터-베이스 공핍 영역의 경계에 도달한 이런 전자들은 CBJ 공핍 영역을 가로질러 컬렉터로 휩쓸려 간다. 그 결과 이 전자들이 수집되어 컬렉터 전류 i_C를 구성할 것이다.

컬렉터 전류 방금 이해한 대로 컬렉터 전류는 컬렉터 영역에 도달한 전자들에 의해서 운송된다. 그 방향은 전자들의 이동 방향과는 반대이면서 컬렉터 단자로 들어가는 방향이다. 그 크기는 e^{v_{BE}/V_T}에 비례하므로

$$i_C = I_S e^{v_{BE}/V_T} \tag{4.1}$$

로 표현된다. 여기서 비례 상수 I_S는 다이오드의 경우처럼 **포화 전류**(saturation current)라고 부르며 트랜지스터 파라미터이다. 우리는 곧 I_S에 대해 자세히 살펴볼 것이다.

여기서 인식할 중요한 개념은 i_C가 v_{CB}의 크기에 의존하지 않는 것이다. 즉, 컬렉터가 베이스보다 높은 전위에 있는 한, 베이스 영역의 컬렉터 쪽에 도달한 전자들은 컬렉터로 휩쓸려 들어가 그대로 컬렉터 전류를 형성한다.

베이스 전류 그림 4.3에 나타낸 대로 베이스 전류 i_B는 두 가지 성분으로 구성된다. 첫 번째 성분 i_{B1}은 베이스 영역에서 이미터 영역으로 주입된 정공들에 기인한 것이다. 이 전류 성분은 e^{v_{BE}/V_T}에 비례한다. 베이스 전류의 두 번째 성분인 i_{B2}는 재결합 과정을 통해 베이스에서 없어진 정공들을 보충하기 위해 외부 회로에 의해 공급되어야 하는 정공들에 기인한 것이다. i_{B2}가 베이스에 주입된 전자들의 수에 비례하기 때문에, 이 전류 역시 e^{v_{BE}/V_T}에 비례한다. 따라서 총 베이스 전류 $i_B = i_{B1} + i_{B2}$는 e^{v_{BE}/V_T}에 비례하며, 컬렉터 전류 i_C의 일부분으로

다음과 같이 표현될 수 있다.

$$i_B = \frac{i_C}{\beta} \tag{4.2}$$

즉

$$i_B = \left(\frac{I_S}{\beta}\right) e^{v_{BE}/V_T} \tag{4.3}$$

여기서 β는 트랜지스터 파라미터이다.

현대의 *npn* 트랜지스터에 대해서는 β가 50과 200 사이에 있지만, 특별한 소자들에 대해서는 1000 정도로 커질 수도 있다. 파라미터 β를 **공통 이미터 전류 이득**(common-emitter current gain)이라고 부르는데, 그 이유는 나중에 분명해질 것이다.

앞서 기술한 내용은 β의 값이 두 가지 요인 즉 베이스 영역의 폭 W, 그리고 베이스 영역과 이미터 영역의 상대적인 도핑 농도(N_A/N_D)에 의해 크게 좌우된다는 것을 시사한다. 큰 β를 얻기 위해서는(β는 이득 파라미터를 나타내므로 이것은 우리가 원하는 것이다), 베이스는 얇고(작은 W) 저농도로 도핑되어야 하고 이미터는 고농도로 도핑되어야 한다(작은 N_A/N_D). W는 현대의 집적 회로 제조 기술에서 나노미터 범위에 있다.

이미터 전류 트랜지스터로 들어간 전류는 반드시 거기서 나와야 하므로, 그림 4.3에서 이미터 전류 i_E가 컬렉터 전류 i_C와 베이스 전류 i_B의 합과 같다는 것을 알 수 있다. 즉

$$i_E = i_C + i_B \tag{4.4}$$

식 (4.2)와 (4.4)를 이용하여 다음 식을 얻는다.

$$i_E = \frac{\beta+1}{\beta} i_C \tag{4.5}$$

즉,

$$i_E = \frac{\beta+1}{\beta} I_S e^{v_{BE}/V_T} \tag{4.6}$$

식 (4.5)는 다음과 같은 형태로 표현할 수 있다.

$$i_C = \alpha i_E \tag{4.7}$$

여기서 상수 α는 다음과 같이 β와 연관된다.

$$\alpha = \frac{\beta}{\beta+1} \tag{4.8}$$

따라서 식 (4.6)의 이미터 전류를

$$i_E = (I_S/\alpha) e^{v_{BE}/V_T} \tag{4.9}$$

로 쓸 수 있다. 끝으로 β를 α로 표현하기 위해 식 (4.8)을 사용할 수 있다. 즉

$$\beta = \frac{\alpha}{1-\alpha} \tag{4.10}$$

식 (4.8)에서 α는 (특정한 트랜지스터에 대해) 1보다 작지만 거의 1에 가까운 상수라는 것을 알 수 있다. 예를 들어 만약 $\beta = 100$이면, $\alpha \simeq 0.99$이다. 식 (4.10)은 α의 작은 변화가 β의 큰 변화에 대응한다는 중요한 사실을 나타낸다. 이와 같은 수학적인 관찰 결과는 물리적인 의미, 즉 같은 유형의 트랜지스터들도 크게 다른 β 값을 가질 수 있다는 것을 분명히 나타낸다. 상수 α를 **공통 베이스 전류 이득**(common-base current gain)이라고 부르는데, 그 이유는 나중에 분명해질 것이다.

소수 캐리어 분포 BJT의 물리적인 동작에 관한 이해는 베이스와 이미터에 있는 소수 전하 캐리어들의 분포를 고려함으로써 향상될 수 있다. 그림 4.4는 활성 모드로 동작하는 *npn* 트랜지스터의 베이스에 있는 전자들과 이미터에 있는 정공들의 농도 분포들을 나타낸다. 이미터의 도핑 농도 N_D가 베이스의 도핑 농도 N_A보다 훨씬 더 높기 때문에, 이미터에서 베이스로 주입된 전자들의 농도 $n_p(0)$는 베이스에서 이미터로 주입된 정공들의 농도 $p_n(0)$보다 훨씬 더 높다는 것을 관찰하라. 두 농도가 e^{v_{BE}/V_T}에 비례하므로

$$n_p(0) = n_{p0}\, e^{v_{BE}/V_T} \tag{4.11}$$

로 표현된다. 여기서 n_{p0}는 베이스 영역에서 소수 캐리어(전자) 농도의 열적 평형 상태의 값이다.

그리고 베이스가 매우 얇기 때문에, 과잉 전자들의 농도는 (이미터 영역의 과잉 정공들이 나타내는 보통의 지수적인 감소와 상반되게) 거의 선형으로 감소하는 것을 관찰하라. 더구나 컬렉터-베이스 접합의 역바이어스로 인해 베이스의 컬렉터 쪽에 과잉 전자들의 농도는 거의 0이 된다.(거기에 도달한 전자들이 컬렉터로 휩

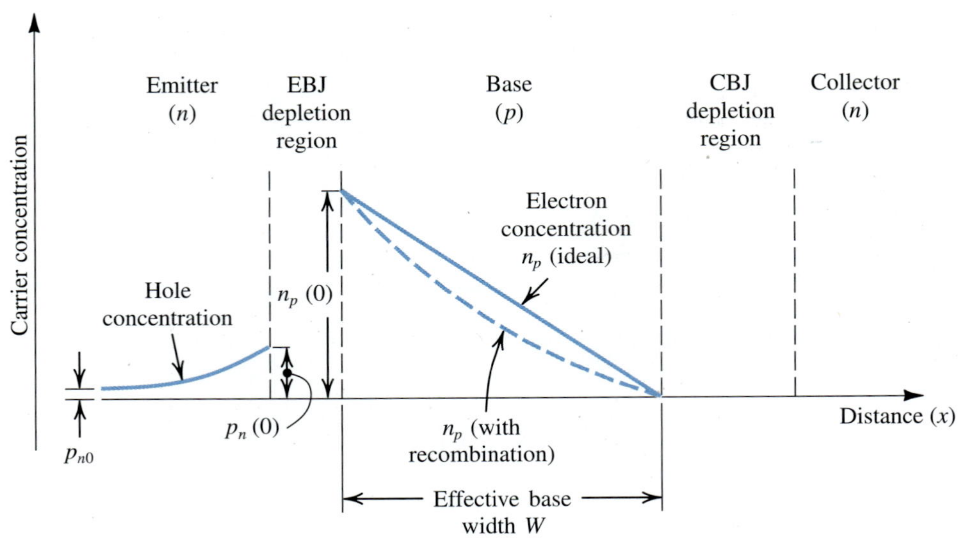

그림 4.4 활성 모드에서 동작하고 있는, 즉 $v_{BE} > 0$이고 $v_{CB} \geq 0$인 *npn* 트랜지스터의 베이스와 이미터에서의 소수 캐리어 농도들의 분포.

쓸려 간다는 사실을 상기하라.)

소수 캐리어 농도의 경사진 분포(그림 4.4)로 인해 베이스로 주입된 전자들은 베이스 영역을 통해서 컬렉터 쪽으로 확산한다. 이 전자 확산 전류 I_n은 직선 농도 분포의 기울기에 정비례한다. 즉

$$\begin{aligned} I_n &= A_E q D_n \frac{dn_p(x)}{dx} \\ &= A_E q D_n \left(-\frac{n_p(0)}{W} \right) \end{aligned} \tag{4.12}$$

여기서 A_E는 이미터-베이스 접합의 단면적, q는 전자 전하의 크기, D_n은 베이스에서 전자 확산 계수이고, W는 베이스의 실효 폭이다. 소수 캐리어 농도의 음의 기울기는 베이스를 가로질러 흐르는 음의 전류 I_n을 초래하는 것을 관찰하라. 즉, I_n은 오른쪽에서 왼쪽으로(x의 음의 방향으로) 흐른다. 이는 전자의 이동 방향과는 반대 방향인 일반적인 관례에 부합한다.

비록 미약하지만, 베이스 영역에서 재결합은 과잉 소수 캐리어 농도 분포를 직선에서 벗어나게 하여, 그림 4.4에 점선으로 표시한 것처럼 약간 오목한 모양으로 만든다. EBJ에서 농도 분포의 기울기가 CBJ에서의 그 기울기보다 약간 더 크며, 그 차이는 베이스 영역에서 재결합을 통해 없어진 전자의 작은 수를 설명해 준다.

끝으로 우리는 컬렉터 전류 $i_C = I_n$을 얻는다. 이는 i_C에 대해 음의 값을 산출하므로 i_C는 x축의 음의 방향으로(즉 오른쪽에서 왼쪽으로) 흐를 것이다. 우리가 이것을 i_C의 양의 방향으로 선택하기 때문에 식 (4.12)에서 음의 부호는 버릴 수 있다. 그런 다음 식 (4.11)의 $n_p(0)$를 대입하여, 컬렉터 전류 i_C를

$$i_C = I_S e^{v_{BE}/V_T}$$

로 표현할 수 있다. 여기서 포화 전류 I_S는

$$I_S = A_E q D_n n_{p0}/W$$

로 주어진다. 진성 캐리어 농도 n_i와 베이스의 도핑 농도 N_A를 사용하여 $n_{p0} = n_i^2/N_A$로 대치하면, I_S를

$$I_S = \frac{A_E q D_n n_i^2}{N_A W} \tag{4.13}$$

으로 표현할 수 있다.

포화 전류 I_S는 베이스 폭 W에 반비례하고 EBJ의 면적에 정비례한다. 보통 I_S는 (소자의 크기에 따라) 10^{-12} A에서 10^{-18} A의 범위 안에 든다. I_S가 n_i^2에 비례하기 때문에, I_S는 온도에 크게 의존하는 함수이며, 온도가 5℃ 상승할 때마다 대략 두 배가 된다.[n_i^2의 온도 의존성에 대해서는 식 (1.26)을 참조하라.]

I_S가 접합 면적(즉 소자 크기)에 정비례하므로 **스케일 전류**(scale current)라고 부르기도 한다. EBJ의 면적비가 두 배인 것을 제외하고는 동일한 두 개의 트랜지스터는 면적비와 같은(즉 두 배의) 포화 전류비를 가질 것이다. 그러므로 같은 값의 v_{BE}에 대해서 면적이 큰 소자의 컬렉터 전류는 작은 소자의 컬렉터 전류의 두 배가 될 것이다. 이러한 개념은 집적 회로 설계에 자주 이용된다.

요약 및 등가 회로 모델들 우리는 활성 모드에 있는 *npn* 트랜지스터의 동작에 관한 일차 모델을 설명하였다. 기본적으로 순바이어스 전압 v_{BE}는 지수적으로 관계된 전류 i_C를 컬렉터 단자에 흐르게 한다. 컬렉터 전류 i_C는 컬렉터-베이스 접합이 역바이어스되어 있는, 즉 $v_{CB} \geq 0$인 경우는 컬렉터 전압의 크기에 영향을 받지 않는다. 따라서 활성 모드에서 컬렉터 단자는 이상적인 정전류 전원으로 동작하며, 그 전류의 크기는 v_{BE}에 의해서 결정된다. 베이스 전류 i_B는 컬렉터 전류의 $1/\beta$이고, 이미터 전류는 컬렉터와 베이스 전류들의 합과 같다. i_B가 i_C보다 훨씬 더 작기 때문에(즉 $\beta \gg 1$이므로) i_E는 i_C와 거의 같다. 더 정확히 말하면 컬렉터 전류는 이미터 전류의 α배이고, α는 1보다 작지만 1에 가까운 상수이다.

활성 모드로 동작하는 트랜지스터의 이런 일차적인 모델은 그림 4.5(a)에 나타낸 등가 회로로 표현될 수 있다. 여기서 다이오드 D_E는 (I_S/α)와 같은 스케일 전류 I_{SE}를 가지므로 식 (4.9)에 따라 v_{BE}에 관계된 전류 i_E를 공급한다. 제어된 전원의 전류, 즉 컬렉터 전류는 표시된 지수적인 관계에 따라 v_{BE}에 의해서 제어된다. 이것은 식 (4.1)을 다시 언급하는 것이다. 이 모델은 본질적으로 비선형 전압 제어 전류 전원(nonlinear voltage-controlled current source)이다. 제어된 전원의 전류를 αi_E로 표현함으로써 이 모델은 그림 4.5(b)에 나타낸 전류 제어 전류 전원(current-controlled current-source) 모델로 변환될 수 있다. 다이오드 D_E를 통해 흐르는 전류 i_E와 전압 v_{BE}의 지수적인 관계 때문에 이 모델 역시 비선형이라는 점에 주목하기 바란다. E와 B 사이가 입력

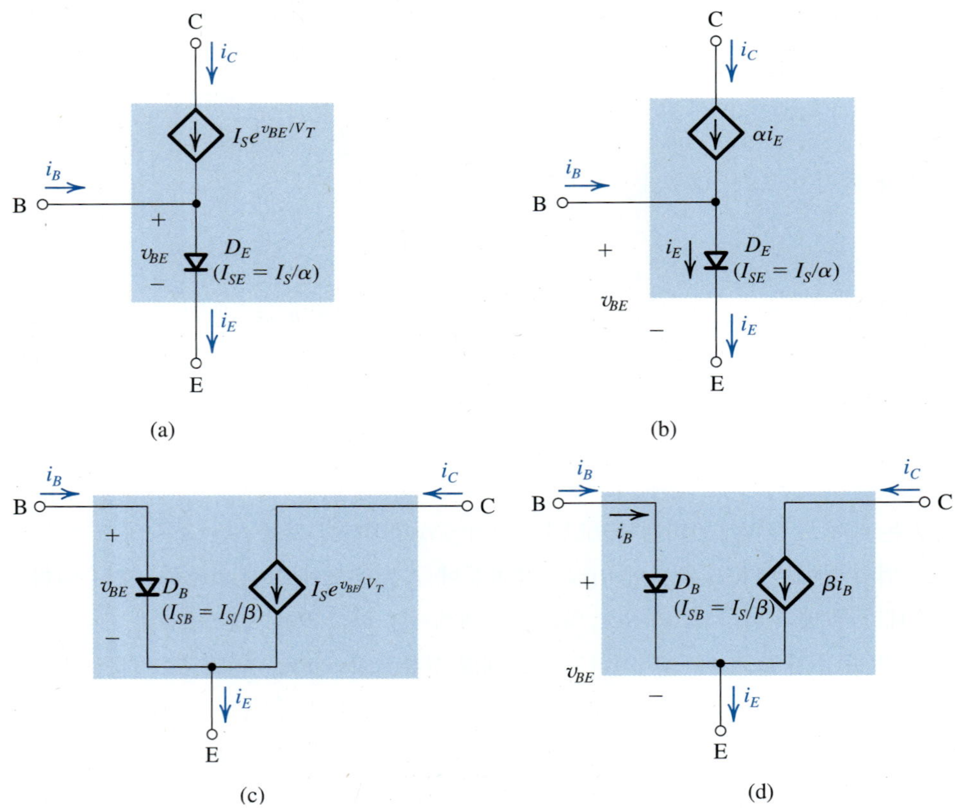

그림 4.5 활성 모드에서 동작하는 *npn* 트랜지스터의 대신호 등가 회로 모델들.

포트 그리고 C와 B 사이가 출력 포트인(즉 B가 공통 단자인) 2-포트 회로망으로 트랜지스터가 사용된다면 관측되는 전류 이득 i_C/i_E는 α와 같다는 것을 이 모델에서 알 수 있다. 이것이 α를 공통 베이스 전류 이득으로 부르는 이유이다.

그림 4.5(c)와 (d)에 나타낸 두 가지 다른 등가 회로 모델도 BJT의 동작을 표현하기 위해 사용될 수 있다. 그림 4.5(c)의 모델은 본질적으로 전압 제어 전류 전원이다. 여기서 다이오드 D_B는 베이스 전류를 전도하므로 그 전류 스케일 인자는 I_S/β이다. 그 결과로 식 (4.3)에 주어진 i_B–v_{BE} 관계가 형성된다. 컬렉터 전류를 βi_B로 단순하게 표현함으로써 그림 4.5(d)에 나타낸 전류 제어 전류 전원 모델을 얻는다. B와 E 사이가 입력 포트 그리고 C와 E 사이가 출력 포트인(즉 E가 공통 단자인) 2-포트 회로망으로 트랜지스터가 사용된다면, 관측되는 전류 이득 i_C/i_B는 β와 같다는 것을 이 모델로부터 알 수 있다. 이것이 β를 공통 이미터 전류 이득으로 부르는 이유이다.

끝으로 그림 4.5의 모델들은 모든 양의 v_{BE} 값에 대해 적용된다는 것을 유의하자. 즉, 6장에서 논의할 모델들과는 다르게 이 모델들에서는 v_{BE}의 크기에 제한은 없다. 이것이 이런 모델을 **대신호 모델**(large-signal model)로 언급하는 이유이다.

예제 4.1

$I_S = 10^{-15}$ A와 $\beta = 100$을 갖는 *npn* 트랜지스터가 다음과 같이 연결된다. 이미터는 접지되고, 베이스는 일정 전류 전원으로 10 μA의 직류 전류가 공급되며, 컬렉터는 3 kΩ의 저항 R_C로 5 V 직류 전원에 접속된다. 이 트랜지스터가 활성 모드에서 동작할 때 V_{BE}와 V_{CE}를 구하라. 이 값들을 사용하여 활성 모드 동작을 검증하라. 베이스에서 5 V 직류 전원에 접속된 저항으로 전류 전원을 대치하라. 같은 동작 상태를 실현하기 위해 필요한 저항값은 얼마인가?

풀이

트랜지스터가 활성 모드에서 동작한다면, 그것은 그림 4.5에 나타낸 네 가지 등가 회로 모델 중 하나로 나타낼 수 있다. 이미터가 접지되기 때문에 그림 4.5(c)의 모델이나 4.5(d)의 모델이 적합할 것이다. 베이스 전류 I_B를 알고 있으므로 그림 4.5(d)의 모델이 가장 적합하다.

그림 4.6(a)는 그림 4.5(d)의 모델로 표현된 트랜지스터를 사용하여 그려진 예제 회로를 나타낸다. D_B의 지수적인 특성으로부터 V_{BE}를 다음과 같이 결정할 수 있다.

$$\begin{aligned} V_{BE} &= V_T \ln \frac{I_B}{I_S/\beta} \\ &= 25 \ln\left(\frac{10 \times 10^{-6}}{10^{-17}}\right) \\ &= 690 \text{ mV} = 0.69 \text{ V} \end{aligned}$$

그리고 다음 식을 사용하여 V_{CE}의 값을 계산한다.

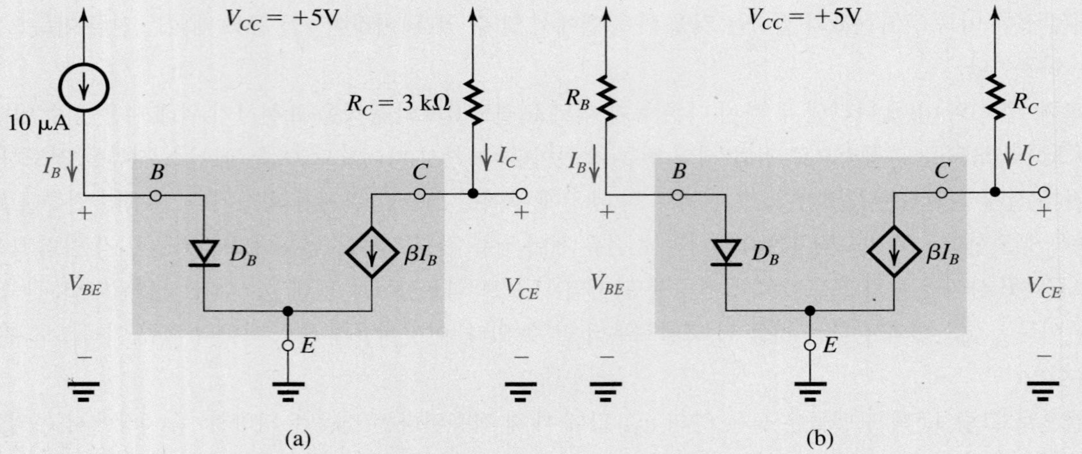

그림 4.6 예제 4.1에 대한 회로들.

$$V_{CE} = V_{CC} - R_C I_C$$

여기서

$$I_C = \beta I_B = 100 \times 10 \times 10^{-6} = 10^{-3}\ \text{A} = 1\ \text{mA}$$

따라서

$$V_{CE} = 5 - 3 \times 1 = +2\ \text{V}$$

+2 V인 V_C가 0.69 V인 V_B보다 높은 전압이므로 트랜지스터는 정말로 활성 모드에서 동작한다.

이제 그림 4.6(b)처럼 베이스에서 5 V 직류 전원 V_{CC}로 접속된 저항 R_B로 10 μA 전류 전원을 대치하면 R_B의 값은 다음과 같이 계산된다.

$$R_B = \frac{V_{CC} - V_{BE}}{I_B} = \frac{5 - 0.69}{10\ \mu\text{A}} = 431\ \text{k}\Omega$$

연습문제

4.1 $i_C = 1$ mA에서 $v_{BE} = 0.7$ V인 *npn* 트랜지스터를 고려하자. $i_C = 0.1$ mA와 $i_C = 10$ mA에서 v_{BE}를 구하라.

[답] 0.64 V; 0.76 V

4.2 어떤 종류의 트랜지스터들은 50과 150 사이의 β 값을 갖는다. 이들의 α 값의 범위를 구하라.
[답] 0.980에서 0.993

4.3 어떤 특정한 회로의 *npn* BJT는 베이스 전류 14.46 μA, 이미터 전류 1.460 mA, 그리고 베이스-이미터 전압 0.7 V를 갖는다. 이 조건들에 대해서 α, β, 그리고 I_S를 계산하라.
[답] 0.99; 100; 10^{-15} A

4.4 $\alpha = 0.99$와 0.98인 두 트랜지스터에 대한 β를 계산하라. 또한 10 mA의 컬렉터 전류에 대해 각 트랜지스터의 베이스 전류를 구하라.
[답] 99; 49; 0.1 mA; 0.2 mA

4.5 $I_S = 10^{-16}$ A 그리고 $\beta = 100$인 트랜지스터에는 1 mA의 컬렉터 전류가 흐른다. v_{BE}를 구하라. 또한 이 트랜지스터에 대한 I_{SE}와 I_{SB}를 구하라.
[답] 747.5 mV; 1.01×10^{-16} A; 10^{-18} A

4.6 예제 4.1에서 해석한 그림 4.6(a)의 회로에 대하여 활성 모드 동작을 계속 유지하는 R_C의 최댓값을 구하라.
[답] 4.31 kΩ

4.1.3 실제적인 트랜지스터들의 구조

그림 4.7은 *npn* BJT의 더욱 사실적인 (하지만 여전히 단순화된) 단면도를 나타낸다. 컬렉터가 이미터를 거의 둘러싸고 있어서, 얇은 베이스로 주입된 전자들은 대부분 컬렉터에 수집된다는 점에 주목하기 바란다. 이런 점에서, 결과적인 α는 1에 가깝고 β도 크다. 또한 소자가 대칭이 아니라는 점도 관찰하라. 그래서 이미터와 컬렉터는 서로 교환될 수 없다.[1] 실제적인 소자들의 물리적인 구조에 대해 더욱 자세히 알고 싶다면 부록 A를 참조하라.

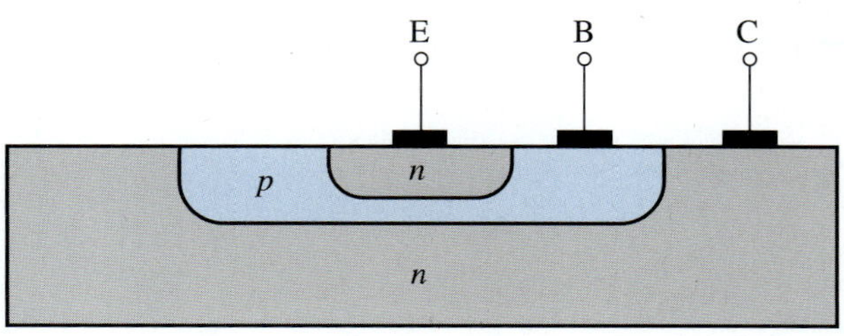

그림 4.7 *npn* BJT의 단면도.

1) 이미터와 컬렉터를 교환하면, 즉 CBJ는 순방향으로 바이어스되고 EBJ는 역방향으로 바이어스되면 트랜지스터는 '역방향 활성 모드'에서 동작한다. (Reverse를 표시하는 *R*을 갖는) α_R과 β_R로 나타내는 α와 β의 결과적인 값은 앞에서 논의한 '순방향' 활성 모드에서 얻어진 α와 β의 각 값보다 훨씬 작다. 따라서 역방향 활성 모드는 실제적으로 응용되지 않는다. 반면에 완전한 대칭 소자인 MOSFET은 드레인과 소스 단자들이 교환되어도 똑같이 잘 동작할 수 있다.

또한 그림 4.7의 구조는 CBJ가 EBJ보다 훨씬 큰 단면적을 가지는 것을 나타낸다. 따라서 CB 다이오드 D_C는 EB 다이오드 D_E의 포화 전류 I_{SE}보다 훨씬 큰 포화 전류 I_{SC}를 갖는다. 보통 I_{SC}는 I_{SE}보다 10에서 100배 더 크다.($I_{SE} = I_S/\alpha \simeq I_S$인 것을 상기하라.)

연습문제

4.7 특정한 트랜지스터가 $I_S = 10^{-15}$ A 그리고 $\alpha \simeq 1$을 갖는다. CBJ 면적이 EBJ 면적의 100배일 때 컬렉터 스케일 전류 I_{SC}를 구하라.
[답] 10^{-13} A

4.1.4 포화 모드에서의 동작

앞에서 언급한 대로 BJT가 활성 모드에서 동작하기 위해서 CBJ는 역바이어스가 되어야 한다. 지금까지 *npn* 트랜지스터에 대한 이 조건을 $v_{CB} \geq 0$으로 말해 왔다. 그러나 접합 양단의 순방향 전압이 약 0.4 V를 초과할 때까지 *pn* 접합은 실질적으로 순바이어스가 되지 않는다는 사실을 알고 있다. 당연히 v_{CB}가 약 −0.4 V까지 낮아져도 *npn* 트랜지스터의 활성 모드 동작은 유지된다. 이 사실은 일정한 이미터 전류 I_E로 동작되는 *npn* 트랜지스터에 대한 i_C 대 v_{CB}의 특성인 그림 4.8에서 확인된다. 예상한 대로 i_C는 활성 모드에서 v_{CB}와 무관하다. 이 상황은 v_{CB}가 약 −0.4 V 정도로 낮아질 때까지 지속된다. v_{CB}가 이 전압 아래로 낮아지면, CBJ에 충분한 전류가 흐르기 시작하여 트랜지스터는 활성 모드를 벗어나 i_C가 감소하는 포화 모드로 들어간다.

포화에서 왜 i_C가 감소하는지를 알기 위하여 포화된 *npn* 트랜지스터의 모델을 다음과 같이 구성한다. 순방향으로 도통한 CBJ 다이오드 D_C를 가지고 그림 4.5(c)의 모델을 그림 4.9와 같이 확장한다. 제어된 전원 전류에서

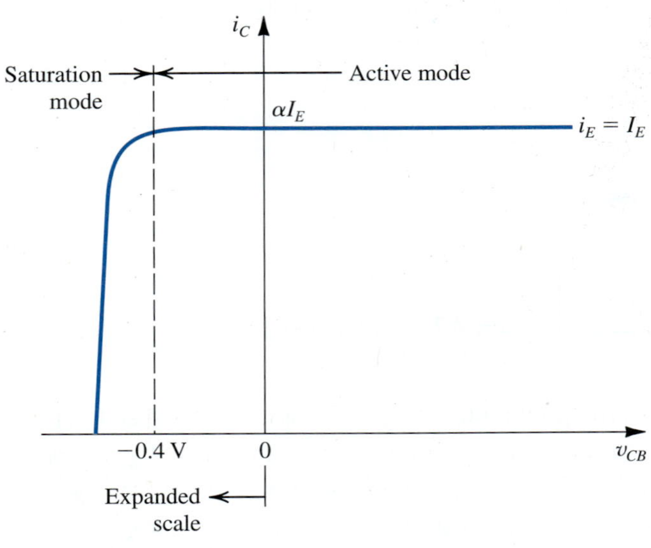

그림 4.8 일정한 이미터 전류 I_E로 구동되는 *npn* 트랜지스터의 i_C−v_{CB} 특성. $v_{CB} < -0.4$ V에 대하여 트랜지스터는 포화 모드로 들어가며, 컬렉터 전류는 줄어든다.

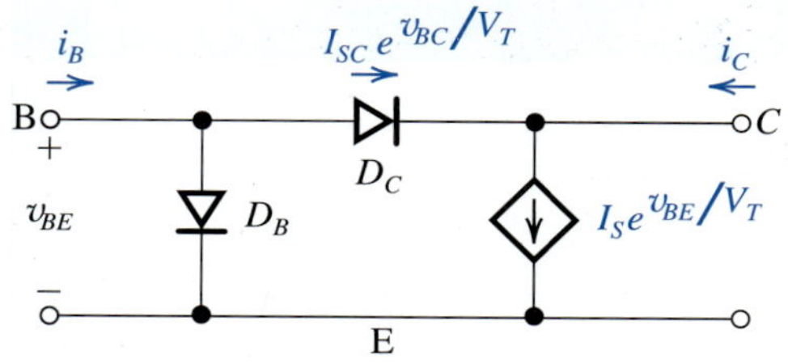

그림 4.9 순방향으로 도통한 다이오드 D_C로 그림 4.5(c)의 모델을 확장하여 얻어진 포화된 *npn* 트랜지스터의 동작 모델. D_C로 흐르는 전류가 i_B를 증가시키고 i_C를 감소시키는 것에 주목하라.

전류 i_{BC}를 뺌으로써 컬렉터 전류가 얻어짐을 확인하라. 결과적으로 감소된 컬렉터 전류 i_C는 다음과 같다.

$$i_C = I_S e^{v_{BE}/V_T} - I_{SC} e^{v_{BC}/V_T} \tag{4.14}$$

여기서 I_{SC}는 D_C의 포화 전류이며 CBJ와 EBJ의 면적비에 의해 I_S에 연관된다. v_{BC}가 약 0.4 V 정도를 초과하면 두 번째 항의 영향은 증가할 것이다. 이로 인해 i_C는 감소하고, 결국 0에 도달한다.

또한 그림 4.9는 포화에서 베이스 전류가 다음과 같이 증가한다는 사실도 나타낸다.

$$i_B = (I_S/\beta) e^{v_{BE}/V_T} + I_{SC} e^{v_{BC}/V_T} \tag{4.15}$$

식 (4.14)와 (4.15)는 포화된 트랜지스터에 대한 전류비 i_C/i_B를 얻기 위하여 결합될 수 있다. 이 비율은 β의 값보다 더 작을 것이다. 게다가 v_{BC}가 증가하면서 이 비율은 감소할 것이고 트랜지스터는 더욱 깊은 포화로 구동된다. 포화된 트랜지스터의 i_C/i_B는 v_{BC}를 조절하여 β보다 더 작은 원하는 어떤 값으로 설정될 수 있기 때문에, 이 비율은 **강제**(forced) β로 알려져 있으며 β_{forced}로 표기된다. 즉

$$\beta_{\text{forced}} = \left.\frac{i_C}{i_B}\right|_{\text{saturation}} \le \beta \tag{4.16}$$

나중에 보겠지만, 회로를 해석할 때 다음 두 가지 조건 중 하나를 확인하여 BJT가 포화 모드에 있는지를 결정할 수 있다.

1. CBJ가 0.4 V보다 더 순바이어스 되어 있는가?
2. 전류비 i_C/i_B가 β보다 더 작은가?

포화된 트랜지스터의 컬렉터-이미터 전압 v_{CE}는 그림 4.9로부터 EBJ와 CBJ의 순바이어스 전압들의 차이로 구할 수 있다.

$$V_{CEsat} = V_{BE} - V_{BC} \tag{4.17}$$

CBJ가 EBJ보다 훨씬 큰 면적을 가진다는 점을 고려하면, V_{BC}는 V_{BE}보다 0.1 V에서 0.3 V만큼 더 작을 것이다. 따라서

$$V_{CEsat} \simeq 0.1 \text{ to } 0.3 \text{ V}$$

일반적으로 포화의 가장자리(edge of saturation)에 있는 트랜지스터는 $V_{CEsat} = 0.3$ V를 가지는 반면, 깊은 포화에 있는 트랜지스터는 $V_{CEsat} = 0.2$ V를 갖는다.

연습문제

4.8 식 (4.14)를 사용하여 다음 전압에서 i_C가 0에 도달하는 것을 보여라.

$$V_{CE} = V_T \ln(I_{SC}/I_S)$$

CBJ가 EBJ 면적의 100배인 트랜지스터에 대한 V_{CE}를 계산하라.

[답] 115 mV

4.9 식 (4.14), (4.15), (4.16)을 사용하여 포화에서 $V_{CE} = V_{CEsat}$로 동작하는 BJT가

$$\beta_{\text{forced}} = \beta \frac{e^{V_{CEsat}/V_T} - I_{SC}/I_S}{e^{V_{CEsat}/V_T} + \beta I_{SC}/I_S}$$

로 주어지는 β_{forced}를 갖는다는 것을 보여라. $\beta = 100$, $I_{SC}/I_S = 100$, $V_{CEsat} = 0.2$ V에 대하여 β_{forced}를 구하라.

[답] 22.2

4.1.5 *pnp* 트랜지스터

pnp 트랜지스터는 *npn* 소자의 동작 방식과 비슷한 방식으로 동작한다. 그림 4.10은 활성 모드에서 동작하도록 바이어스된 *pnp* 트랜지스터를 나타낸다. 여기서 전압 V_{EB}로 인해 p형 이미터가 n형 베이스보다 높은 전위에 있게 되므로 이미터-베이스 접합은 순바이어스가 된다. p형 컬렉터를 n형 베이스보다 낮은 전위로 유지하는 전압 V_{BC}에 의해서 컬렉터-베이스 접합은 역바이어스가 된다.

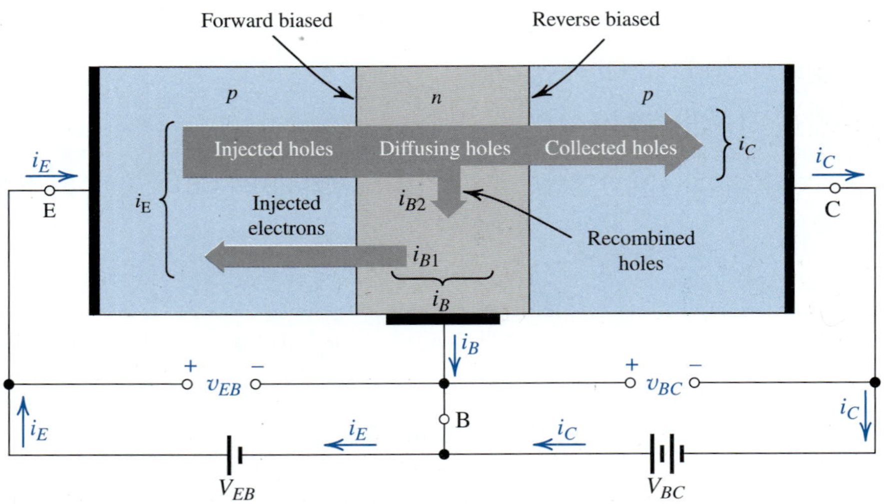

그림 4.10 활성 모드에서 동작하도록 바이어스된 *pnp* 트랜지스터에서의 전류 흐름.

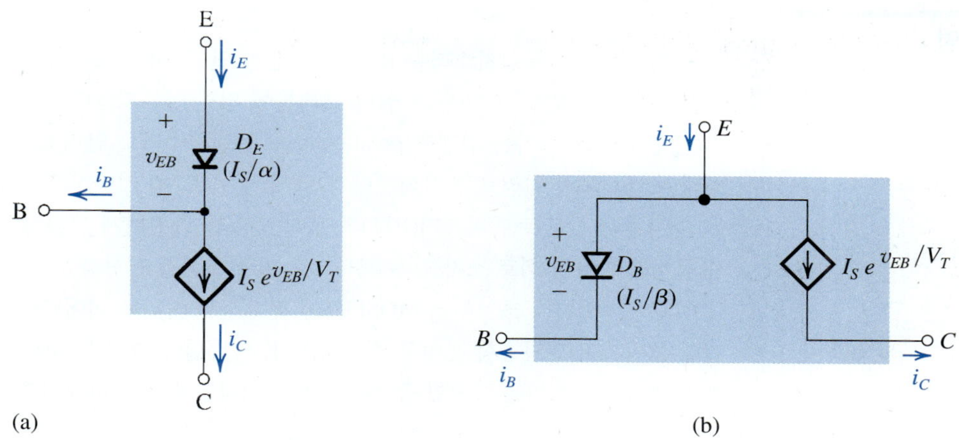

그림 4.11 활성 모드에서 동작하는 *pnp* 트랜지스터의 두 가지 대신호 모델.

npn 트랜지스터와 달리 *pnp* 소자의 전류는 순바이어스 전압 v_{EB}의 결과로서 이미터에서 베이스로 주입된 정공들에 의해서 주로 전도된다. 저농도로 도핑된 베이스를 사용함으로써 베이스에서 이미터로 주입된 전자들에 의한 이미터 전류 성분이 적게 유지되므로, 이미터 전류의 대부분은 정공들에 기인한다. 베이스에서 이미터로 주입된 전자들은 베이스 전류의 첫 번째 성분인 i_{B1}을 형성한다. 또한 베이스로 주입된 정공의 일부는 베이스의 다수 캐리어(전자들)와 재결합하여 사라질 것이다. 사라진 베이스 전자들은 외부 회로로부터 보충되어야 하며, 이를 위해 베이스 전류의 두 번째 성분인 i_{B2}가 흐른다. 컬렉터-베이스 접합의 공핍 영역 경계에 도달하는 데 성공한 정공들은 컬렉터에 걸린 음의 전압에 의해서 끌어당겨진다. 그래서 이 정공들은 공핍 영역을 가로질러 컬렉터로 휩쓸려 가서 컬렉터 전류로 나타난다.

앞의 해설로부터 *pnp* 트랜지스터의 전류-전압 관계가 v_{BE}가 v_{EB}로 대체되어야 하는 점을 제외하고는 *npn* 트랜지스터의 그 관계와 동일할 것이라는 사실은 분명하다. 또한 *pnp* 트랜지스터의 대신호 활성 모드 동작은 그림 4.5의 *npn* 트랜지스터 등가 회로들과 유사한 네 가지 등가 회로 중 하나로 모델화될 수 있다. 이 등가 회로 중 두 가지가 그림 4.11에 나타나 있다. 끝으로 *pnp* 트랜지스터도 *npn* 소자에 대해 기술한 방식과 유사한 방식으로 포화 모드에서 동작할 수 있다.

연습문제

4.10 베이스는 접지되고, 이미터는 2 mA의 정전류 전원으로 구동되며, 컬렉터는 −10 V 직류 공급기에 접속된 *pnp* 트랜지스터에 적용된 그림 4.11(a)의 모델을 고려하자. 이 트랜지스터에 대해 $\beta = 50$이고 $I_S = 10^{-14}$ A일 때 이미터 전압, 베이스 전류, 그리고 컬렉터 전류를 구하라.

[답] 0.650 V; 39.2 μA; 1.96 mA

4.11 $I_S = 10^{-11}$ A이고 $\beta = 100$인 *pnp* 트랜지스터에 대해, $i_C = 1.5$ A에 대한 v_{EB}를 계산하라.

[답] 0.643 V

BJT의 발명

최초의 동작하는 트랜지스터는 1947년 말에 벨 연구소에서 윌리엄 쇼클리가 이끌던 팀의 일원인 존 바딘과 월터 브래튼에 의해 실증되었다. 게르마늄으로 만들어진 그 소자는 점접촉(point-contact) 트랜지스터로 알려졌으며 전계 효과(field-effect) 원리로 동작되었다. 그러나 몇 주도 채 지나지 않아 쇼클리는 바이폴라 접합 트랜지스터(BJT)의 동작 원리를 완전하게 기술하여 '반도체 물질을 활용한 회로 소자'라는 제목으로 미국 특허를 신청하였다.

BJT는 1950년대 초기부터 MOSFET이 선도적인 지위를 이어받았던 1970년대 중반까지 전자공학 분야를 좌우하였다. 1956년에 쇼클리, 바딘, 브래튼은 트랜지스터 효과를 발명한 공로로 노벨 물리학상을 공동 수상하였다.

4.2 전류 전압 특성

4.2.1 회로 기호와 약정

트랜지스터의 동작을 설명하기 위해서 지금까지 사용한 물리적인 구조는 트랜지스터가 많은 회로도를 그리는 데 사용하기에는 번거롭다. 다행히 BJT에 대해 매우 묘사적이고 편리한 회로 기호가 존재한다. 그림 4.12(a)와 (b)는 *npn*과 *pnp* 트랜지스터들의 기호를 각각 나타낸다. 양쪽의 기호에서 이미터는 화살표로 구별된다. 앞 절에서 본 대로, BJT들이 대칭적인 소자들이 아니기 때문에 이 구별은 중요하다.

소자의 극성, 즉 *npn* 또는 *pnp*는 이미터의 화살표 방향으로 표시된다. 이 방향이 이미터에 흐르는 정상적인 전류 방향이자 베이스-이미터 접합의 순방향을 나타낸다. 전류가 위에서 아래로 흐르도록 회로 도면을 그리는 약정을 채택해 왔기 때문에, 우리는 항상 그림 4.12(b)에 나타낸 대로, 이미터가 위에 오도록 *pnp* 트랜지스터들을 그릴 것이다.

그림 4.13은 활성 모드에서 동작하도록 직류 전원들이 접속된 *npn*과 *pnp* 트랜지스터들을 나타낸다. 또한 그림 4.13은 트랜지스터를 통해 흐르는 전류의 기준 방향이자 실제적인 방향을 보여 준다. 우리는 기준 방향이 실제의 정상적인 전류 방향과 일치하는 약정을 채택한다. 그래서 정상적으로 i_E, i_B, 그리고 i_C는 음의 값을

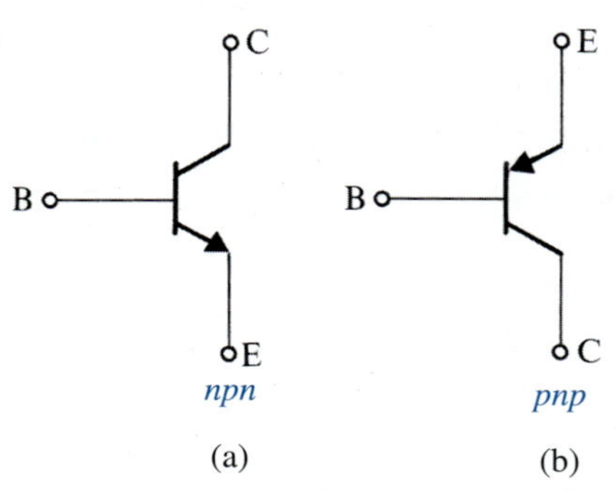

그림 4.12 BJT에 대한 회로 기호들.

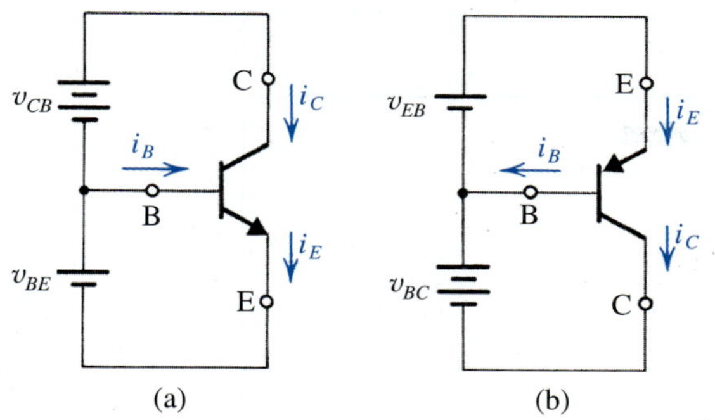

그림 4.13 활성 모드에서 동작하는 트랜지스터들의 전압 극성과 전류 흐름.

가지지 않아야 한다.

채택한 회로 제도 약정의 편리함은 그림 4.13에서 명백해진다. 전류는 위에서 아래로 흐르고 전압은 위쪽이 더 높고 아래쪽이 더 낮다. 또한 이미터의 화살표는 이미터-베이스 접합을 순바이어스하기 위해서 인가되어야 하는 이미터-베이스 전압의 극성을 표시한다. 예를 들어 *pnp* 트랜지스터의 회로 기호를 한 번 보는 것만으로도 전류가 이미터로(밑으로) 흘러 들어가게 하기 위해서 (v_{EB}만큼) 베이스보다 이미터를 높은 전압으로 만들어야 한다는 사실을 알 수 있다. 기호 v_{EB}는 이미터(E)가 베이스(B)보다 그만큼 전압이 높다는 것을 의미함을 유의하자. 그래서 활성 모드에서 동작하는 *pnp* 트랜지스터에 대해서 v_{EB}가 양인 반면, *npn* 트랜지스터에서는 v_{BE}가 양이다.

4.1절의 논의에 따르면, EBJ가 순바이어스된(보통 $v_{BE} \simeq 0.7$ V) *npn* 트랜지스터는 컬렉터 전압이 베이스 전압 아래로 약 0.4 V 이상으로 떨어지지 않는 한 당연히 활성 모드에서 동작할 것이다. 그렇지 않으면 트랜지스터는 활성 모드를 떠나 포화 영역으로 들어간다.

유사한 방식으로 EBJ가 순바이어스되고(보통 $v_{EB} \simeq 0.7$ V) 컬렉터 전압이 베이스 전압 위로 0.4 V 정도 이상으로 상승하지 않는다면 *pnp* 트랜지스터는 활성 모드에서 동작할 것이다. 그렇지 않으면 CBJ는 순바이어스되고 *pnp* 트랜지스터는 포화 영역으로 들어간다.

더욱 강조하기 위해 그림 4.14는 BJT가 활성 모드나 포화 모드로 동작하기 위한 조건들을 예시한다. 또한 편리하게 참조하도록 표 4.2에 활성 모드에서 동작하는 BJT의 전류-전압 관계식들을 요약하였다.

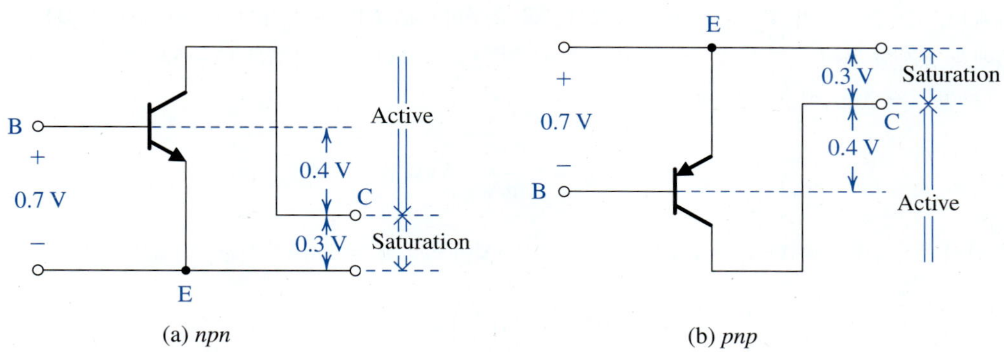

그림 4.14 BJT가 활성 모드나 포화 모드로 동작하기 위한 조건들의 도식적인 표현.

표 4.2 활성 모드에서 BJT 전류-전압 관계식들의 요약

$$i_C = I_S e^{v_{BE}/V_T}$$

$$i_B = \frac{i_C}{\beta} = \left(\frac{I_S}{\beta}\right) e^{v_{BE}/V_T}$$

$$i_E = \frac{i_C}{\alpha} = \left(\frac{I_S}{\alpha}\right) e^{v_{BE}/V_T}$$

Note: For the *pnp* transistor, replace v_{BE} with v_{EB}.

$i_C = \alpha i_E$	$i_B = (1-\alpha) i_E = \dfrac{i_E}{\beta+1}$
$i_C = \beta i_B$	$i_E = (\beta+1) i_B$
$\beta = \dfrac{\alpha}{1-\alpha}$	$\alpha = \dfrac{\beta}{\beta+1}$

$V_T =$ thermal voltage $= \dfrac{kT}{q} \simeq 25$ mV at room temperature

컬렉터-베이스 역방향 전류(I_{CBO}) 트랜지스터의 전류 흐름에 관한 논의에서 우리는 열적으로 생성된 소수 캐리어들에 의해 운송되는 작은 역방향 전류들을 무시하였다. 비록 현대의 트랜지스터들에서 그런 전류들이 안전하게 무시될 수 있지만, 컬렉터-베이스 접합을 가로질러 흐르는 역방향 전류는 다소 언급할 가치가 있다. I_{CBO}로 표시되는 이 전류는 이미터가 개방 회로가 된 상태에서(그래서 첨자 O를 사용) 컬렉터에서 베이스로 흐르는 역방향 전류이다. 이 전류는 보통 nA 범위 안에 드는데, 이는 이론적으로 예측된 값보다 여러 배 큰 값이다. 그것은 I_{CBO}가 상당한 양의 누설 성분을 포함하고 있기 때문이다. 그 크기도 v_{CB}에 의존하고 온도에는 크게 의존하는데, 온도가 10℃ 상승할 때마다 근사적으로 두 배가 된다.

예제 4.2

그림 4.15(a)의 회로에서 트랜지스터는 $\beta = 100$을 가지며, $i_C = 1$ mA에서 0.7 V의 v_{BE}를 보인다. 2 mA의 전류가 컬렉터를 통해 흐르고, +5 V의 전압이 컬렉터에 나타나도록 이 회로를 설계하라.

풀이

그림 4.15(b)를 참조하라. $V_C = +5$ V로 설계하도록 요구하므로, CBJ는 역바이어스될 것이고 BJT는 활성 모드에서 동작할 것이다. 전압 $V_C = +5$ V를 얻으려면, R_C 양단의 전압 강하는 $15 - 5 = 10$ V가 되어야 한다. 그러면 $I_C = 2$ mA이므로 R_C의 값은

$$R_C = \frac{10\text{ V}}{2\text{ mA}} = 5\text{ k}\Omega$$

으로 선택되어야 할 것이다. $i_C = 1$ mA에서 $v_{BE} = 0.7$ V이므로, $i_C = 2$ mA에서 v_{BE}의 값은

$$V_{BE} = 0.7 + V_T \ln\left(\frac{2}{1}\right) = 0.717\text{ V}$$

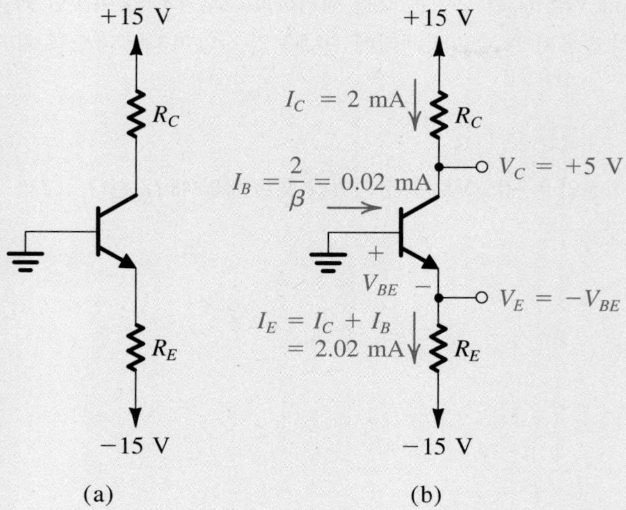

그림 4.15 예제 4.2에 대한 회로.

이다. 베이스가 0 V에 있으므로 이미터 전압은

$$V_E = -0.717 \text{ V}$$

에 있어야 한다. $\beta = 100$에 대하여, $\alpha = 100/101 = 0.99$이다. 따라서 이미터 전류는

$$I_E = \frac{I_C}{\alpha} = \frac{2}{0.99} = 2.02 \text{ mA}$$

가 되어야 할 것이다. 이제 필요한 R_E의 값은

$$\begin{aligned} R_E &= \frac{V_E - (-15)}{I_E} \\ &= \frac{-0.717 + 15}{2.02} = 7.07 \text{ k}\Omega \end{aligned}$$

으로 결정될 수 있다. 이렇게 하여 설계는 완료된다. 그러나 위의 계산들이 실제의 소자 값들의 예상 허용 오차에 비추어 불필요할 정도로 정확하게 수행되었다는 점을 유의해야 한다. 그럼에도 불구하고 우리는 설계에 수반된 여러 단계를 예시하기 위하여 설계를 정확하게 수행하는 것을 선택하였다.

연습문제

D4.12 현대의 집적 회로 공정으로 제작된 트랜지스터에 대해 예제 4.2를 반복하라. 그 공정은 같은 i_C에서 더 큰 v_{BE}를 보이는 소자들을 생산한다. 이것은 소자들이 훨씬 작은 접합 면적을 가지기 때문이다. 현대의 IC 기술에 사용되는 직류 전원 전압은 1 V와 3 V 사이이다. 전원이 ±1.5 V이고 BJT

가 $\beta = 100$을 가지고 $i_C = 1$ mA에서 0.8 V의 v_{BE}를 보이는 것을 제외하고 그림 4.15와 비슷한 회로를 고려하자. 컬렉터를 통해 2 mA의 전류가 흐르고 컬렉터에 +0.5 V의 전압이 나타나도록 이 회로를 설계하라.

[답] $R_C = 500\ \Omega$; $R_E = 338\ \Omega$

4.13 그림 E4.13에 나타낸 회로에서, 이미터 전압은 −0.7 V로 측정되었다. $\beta = 50$일 때 I_E, I_B, I_C, 그리고 V_C를 구하라.

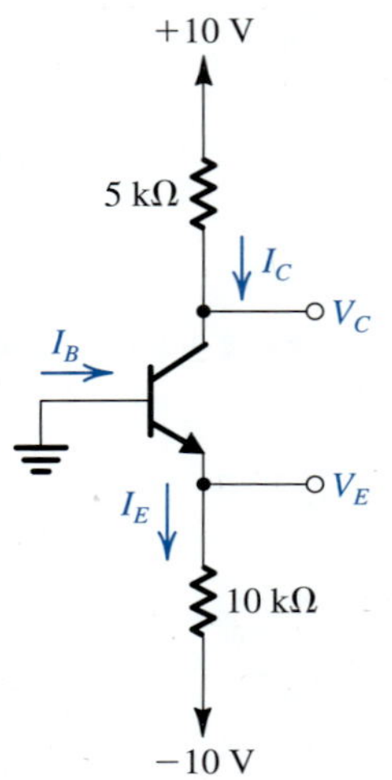

그림 E4.13

[답] 0.93 mA; 18.2 μA; 0.91 mA; +5.45 V

4.14 그림 E4.14에 나타낸 회로에서, V_B는 +1.0 V 그리고 V_E는 +1.7 V로 측정되었다. 이 트랜지스터의 α와 β는 얼마인가? 컬렉터에 나타나는 전압 V_C는 얼마라고 예상하는가?

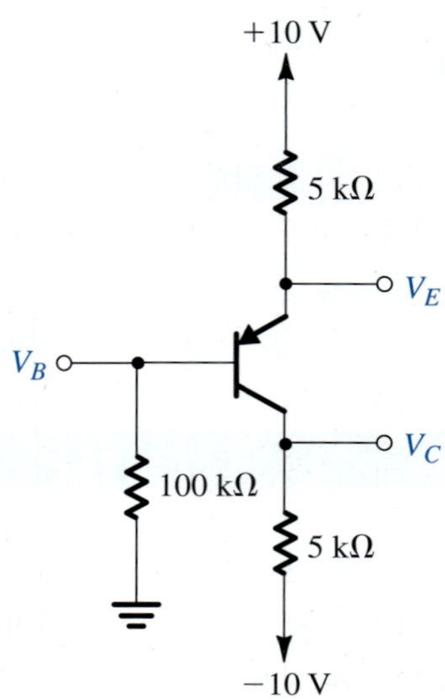

그림 E4.14

[답] 0.994; 165; −1.75 V

4.2.2 트랜지스터 특성들의 도식적 표현

트랜지스터의 i–v 특성을 도식적으로 기술하는 것이 때때로 유용하다. 그림 4.16은 지수 관계인 트랜지스터의 i_C–v_{BE} 특성

$$i_C = I_S e^{v_{BE}/V_T}$$

를 나타내는데, 다이오드의 i–v 관계식과 동일하다. i_E–v_{BE} 그리고 i_B–v_{BE} 특성들도 역시 지수 관계를 갖지만 스케일 전류는 다른 값을 갖는다. 즉, i_E의 스케일 전류는 I_S/α이고 i_B의 스케일 전류는 I_S/β이다. 지수 특성의 상수 $1/V_T$가 매우 크기($\simeq 40$) 때문에, 특성 곡선이 매우 급격하게 상승한다. 약 0.5 V보다 작은 v_{BE}에 대하여, 전류는 무시할 정도로 작다. 또한 정상적인 전류 범위의 대부분에 걸쳐 v_{BE}는 0.6 V 내지 0.8 V의 범위 안에 있다. 신속한 일차 직류 계산을 수행할 때 보통 $V_{BE} \simeq 0.7$ V로 가정하는데, 이는 다이오드 회로(3장)의 해석에 사용되었던 방법과 유사하다. *pnp* 트랜지스터에 대해서도 i_C–v_{EB} 특성이 그림 4.16에서 v_{BE}를 v_{EB}로 대치한 특성과 동일하게 나타난다.

실리콘 다이오드에서와 같이 접합이 일정한 전류에서 동작한다면, 이미터-베이스 접합 양단의 전압은 온도가 1℃ 증가할 때마다 약 2 mV씩 감소한다. 이 온도 의존성을 분명히 보여 주기 위해 그림 4.17에 *npn* 트랜지스터에 대하여 세 가지 다른 온도의 i_C–v_{BE} 곡선들을 나타냈다.

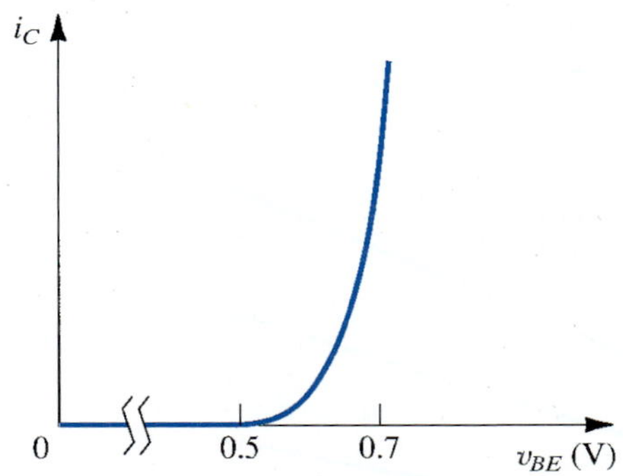

그림 4.16 *npn* 트랜지스터에 대한 i_C–v_{BE} 특성.

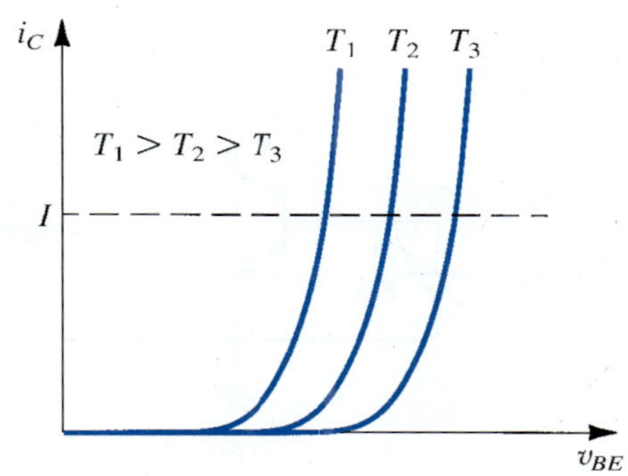

그림 4.17 온도가 i_C–v_{BE} 특성에 미치는 영향. 일정한 이미터 전류(파선)에서 v_{BE}는 −2 mV/℃만큼 변화한다.

연습문제

4.15 $i_E = 1$ mA에서 $v_{EB} = 0.7$ V인 *pnp* 트랜지스터를 고려하라. 단, 베이스는 접지되고, 이미터는 2 mA 일정 전류 전원으로 구동되며, 컬렉터는 1 kΩ 저항을 통하여 −5 V 공급기에 접속된다. 온도가 30℃ 만큼 증가할 때 이미터와 컬렉터 전압들의 변화를 구하라. I_{CBO}의 영향은 무시하라.
[답] −60 mV; 0 V

4.2.3 컬렉터 전압에 대한 i_C의 의존성—얼리 효과

활성 영역에서 동작하는 실제적인 BJT의 컬렉터 전류는 컬렉터 전압에 약간 의존한다. 그 결과 그림 4.8에 나타낸 그래프와는 다르게 실제적인 BJT의 i_C–v_{CB} 특성들은 완전히 수평적인 직선들이 아니다. 이 의존성을 더욱 분명히 보기 위해 그림 4.18(a)에 나타낸 개념적인 회로를 고려하자. 트랜지스터는 **공통 이미터 구성**(common-emitter configuration)으로 접속되어 있다. 즉, 여기서 이미터는 입력과 출력 포트들 사이에 공통 단자로 작용한다. 전압 v_{BE}는 베이스와 이미터 사이에 접속된 직류 전원을 조정함으로써 원하는 어떤 값으로 설정될 수 있다. v_{BE} 각각의 값에 대응하는 i_C–v_{CE} 특성 곡선은 컬렉터와 이미터 사이에 접속된 직류 전원을 변화시키면서 한 점씩 측정될 수 있다. 그 결과가 그림 4.18(b)의 i_C–v_{CE} 특성 곡선들이다. 이는 **공통 이미터 특성**(common-emitter characteristic)으로 알려져 있다.

v_{CE}의 낮은(약 0.3 V보다 작은) 값들에서, 컬렉터 전압이 베이스 전압 아래로 0.4 V 이상 내려가면서, 컬렉터-베이스 접합은 순바이어스가 되고 트랜지스터는 활성 모드를 벗어나 포화 모드로 들어간다. 우리는 곧 포

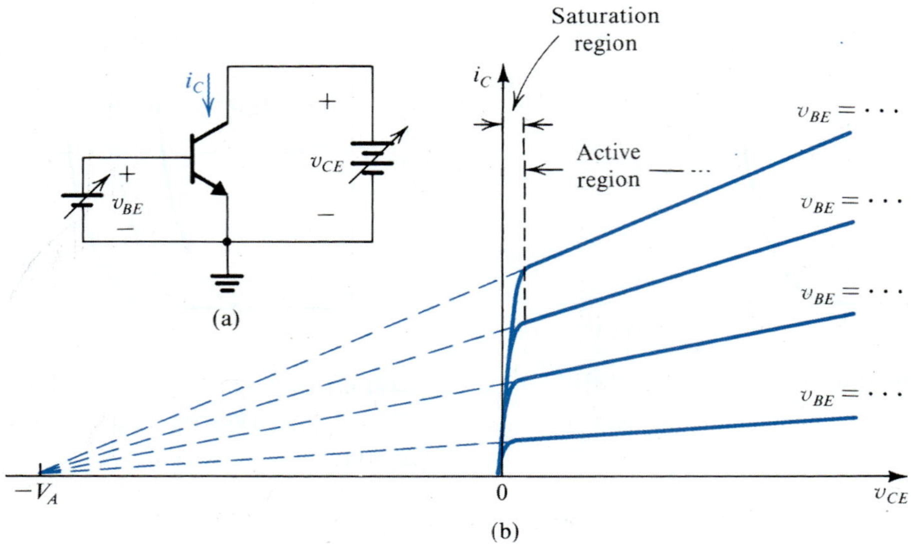

그림 4.18 (a) BJT의 i_C–v_{CE} 특성들을 측정하기 위한 개념적인 회로. (b) 실제적인 BJT의 i_C–v_{CE} 특성들.

화 영역의 i_C–v_{CE} 곡선들을 자세히 살펴볼 것이다. 그러나 지금은 활성 영역의 특성 곡선들을 자세히 조사하고자 한다. 특성 곡선들이 여전히 직선이기는 하지만 유한한 기울기를 갖는다는 것을 관찰할 수 있다. 실제로 그림과 같이 특성 직선들을 연장했을 때, 이들은 음의 v_{CE}축상의 한 점, 즉 $v_{CE} = -V_A$에서 만나게 된다. 전압 V_A는 양수이고, 특정한 BJT에 대한 파라미터이며, 대개 10 V 내지 100 V의 범위 안에 드는 값을 갖는다. 이 현상을 처음 연구한 공학 과학자 얼리(J. M. Early)의 이름을 따서 이 전압을 **얼리 전압**(Early voltage)이라고 부른다.

v_{BE}의 주어진 값에서, v_{CE} 증가는 컬렉터-베이스 접합에 역바이어스 전압을 증가시킨다. 그래서 이 접합의 공핍 영역 폭이 증가한다(그림 4.4 참조). 이것은 **실효 베이스 폭**(effective base width) W의 감소를 초래한다. I_S가 W에 반비례하기 때문에[식 (4.13)] I_S는 증가할 것이고 i_C도 비례하여 증가한다. 이것이 얼리 효과(Early effect)이며, **베이스 폭 변조 효과**(base-width modulation effect)로도 알려져 있다.[2)]

i_C의 v_{CE}에 대한 선형적인 의존성은 I_S를 상수로 가정하고 i_C의 식에 인수$(1 + v_{CE}/V_A)$를 포함함으로써 다음과 같이 고려될 수 있다.

$$i_C = I_S e^{v_{BE}/V_T}\left(1 + \frac{v_{CE}}{V_A}\right) \tag{4.18}$$

i_C–v_{CE} 직선들의 영이 아닌 기울기는 컬렉터로 들여다본 **출력 저항**(output resistance)이 무한대가 아니라는 것을 나타낸다. 물론 출력 저항은 유한하며

$$r_o \equiv \left[\left.\frac{\partial i_C}{\partial v_{CE}}\right|_{v_{BE}\ =\ \text{constant}}\right]^{-1} \tag{4.19}$$

로 정의된다. 우리는 식 (4.18)을 사용하여

$$r_o = \frac{V_A + V_{CE}}{I_C} \tag{4.20}$$

를 보일 수 있다. 여기서 I_C와 V_{CE}는 특정한 i_C–v_{CE} 곡선[즉, 식 (4.19)가 계산되는 상수값 V_{BE}와 같은 v_{BE}에 대해 얻어진 곡선] 위에 BJT가 동작하는 점의 좌표들이다. 다른 방법으로

$$r_o = \frac{V_A}{I'_C} \tag{4.21}$$

로 기술할 수도 있다. 여기서 I'_C은 얼리 효과를 무시한 컬렉터 전류의 값이다. 즉,

$$I'_C = I_S e^{V_{BE}/V_T} \tag{4.22}$$

손으로 수행하는 직류 바이어스의 설계와 해석에서는 v_{CE}에 대한 i_C의 의존을 포함할 필요가 거의 없다. 그러나 연필-종이 해석과 설계를 '미세하게 조율하기' 위하여 자주 사용되는 회로 동작의 SPICE 시뮬레이션

2) MOSFET의 대응하는 효과(5장)는 채널 길이 변조 효과이다. 이러한 두 가지 효과는 매우 유사하여 같은 명칭, 즉 얼리 효과를 부여받았다.

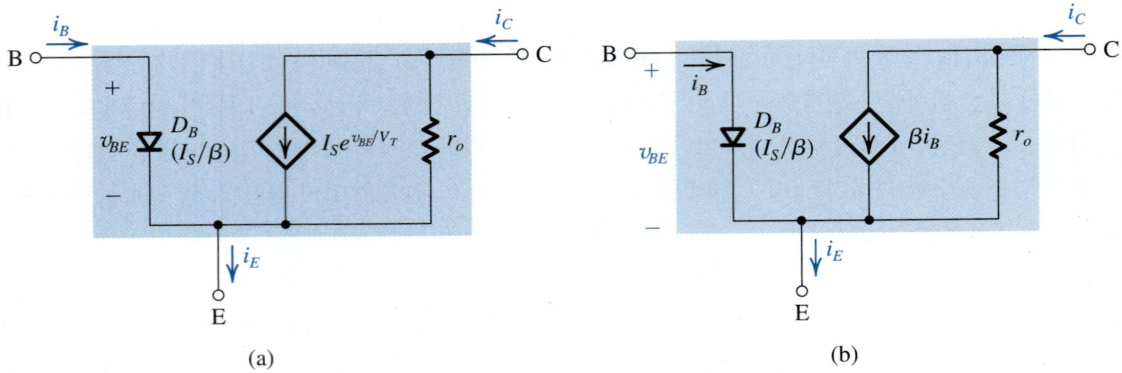

그림 4.19 공통 이미터 구성에서 활성 모드로 동작하는 *npn* BJT의 출력 저항 r_o가 포함된 대신호 등가 회로 모델들.

에서는 이런 영향은 쉽게 포함될 수 있다.

유한 출력 저항 r_o는 트랜지스터 증폭기들의 이득에 중요한 영향을 미칠 수 있다. 7장에서 보겠지만, 특히 집적 회로 증폭기들이 그러하다. 다행히 연필-종이 해석에서 r_o가 비교적 쉽게 포함되는 많은 경우들이 있다. 그러나 단순함을 위해 보통 우리는 식 (4.21)에서 프라임 기호는 빼고 간단히 $r_o = V_A/I_C$를 사용한다. 여기서 I_C는 얼리 효과가 없는 컬렉터 전류이다.

출력 저항 r_o는 트랜지스터의 회로 모델에 포함될 수 있다. 그림 4.19는 이 회로 모델을 나타낸다. 여기에는 활성 모드에서 동작하는 공통 이미터 *npn* 트랜지스터의 두 가지 대신호 회로 모델이 있다. 이들은 컬렉터와 이미터 단자 사이에 저항 r_o가 접속된 그림 4.5(c)와 (d)의 모델들이다.

연습문제

4.16 그림 4.19(a)의 회로 모델을 사용하여 e^{v_{BE}/V_T}와 v_{CE}로 i_C를 표현하라. 그래서 이 회로가 식 (4.18)의 직접적인 표현임을 보여라.

4.17 $I_C = 0.1, 1, 10$ mA일 때, $V_A = 100$ V인 BJT의 출력 저항을 구하라.
[답] 1 MΩ; 100 kΩ; 10 kΩ

4.18 그림 4.18(a)의 회로를 고려하자. $v_{CE} = 1$ V에서 컬렉터 전류가 1 mA가 되도록 v_{BE}는 조절된다. 그 다음에 v_{BE}를 일정하게 유지하면서, v_{CE}는 11 V로 증가된다. I_C의 새로운 값을 구하라. 이 트랜지스터에 대하여 $V_A = 100$ V이다.
[답] 1.1 mA

4.2.4 공통 이미터 특성의 다른 형태

트랜지스터의 공통 이미터 특성들을 표현하는 또 다른 방식을 그림 4.20에 나타냈다. 여기서는 베이스-이미터 전압 v_{BE} 대신 베이스 전류 i_B가 파라미터로 사용된다. 즉, 각 i_C–v_{CE} 곡선은 베이스를 일정한 전류 i_B로 구동하면서 측정된다. 그림 4.20(b)에 나타낸 결과적인 특성은 그림 4.18의 특성과 비슷하게 보인다. 그림 4.20(c)는 포화 영역 특성의 확대도를 나타낸다.

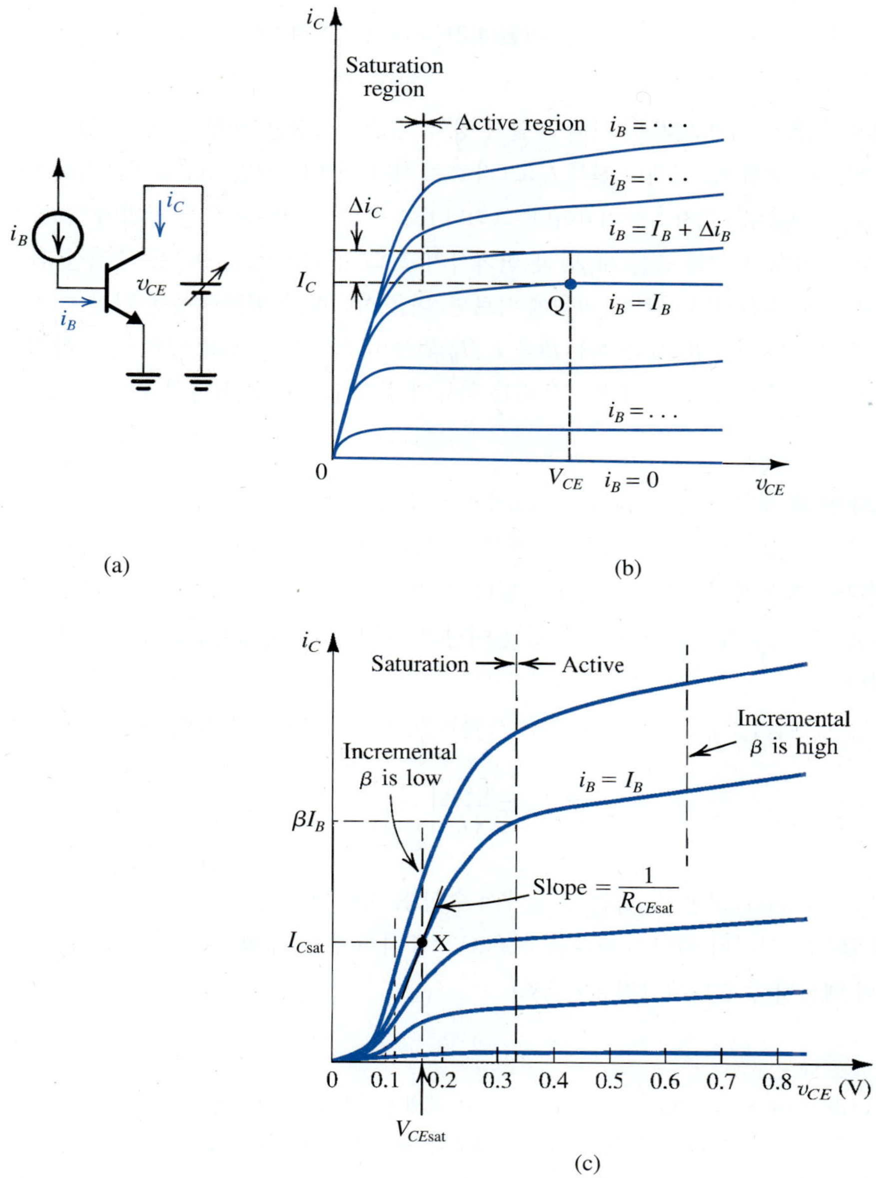

그림 4.20 공통 이미터 특성들. (a) 기본적인 CE 회로; (b)에서 포화 영역을 다소 자세히 보이기 위하여 수평 척도가 원점 부근에서 확대된 것에 주목하라. (c)는 포화 영역을 더욱 크게 확대한 특성이다.

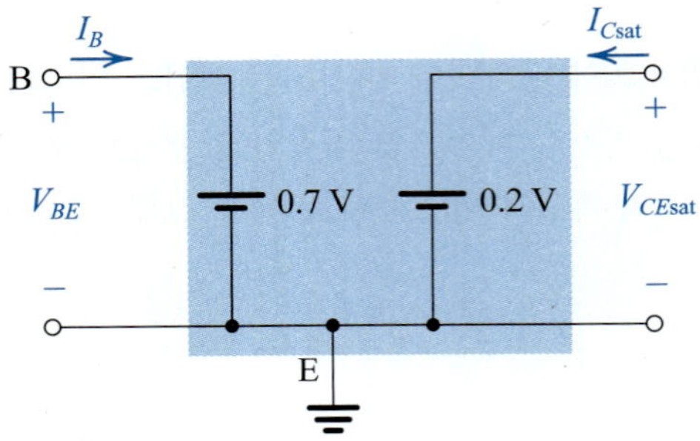

그림 4.21 포화된 트랜지스터의 단순화된 등가 회로 모델.

공통 이미터 전류 이득 β 그림 4.20(b)에 나타낸 활성 영역 특성에 특정한 점 Q를 표시하였다. 트랜지스터에 대한 이 동작점은 베이스 전류 I_B, 컬렉터 전류 I_C, 그리고 컬렉터-이미터 전압 V_{CE}로 특징지어진다는 점에 주목하기 바란다. 비율 I_C/I_B는 트랜지스터의 β이다. 그러나 β를 측정하기 위한 다른 방법이 있다. 즉, V_{CE}를 일정하게 유지하면서 베이스 전류를 증분 Δi_B만큼 변화시키고, 그 결과인 증분 Δi_C를 측정한다. 이것은 그림 4.20(b)에 예시되어 있다. 지금까지 공부한 내용에 따르면, 비율 $\Delta i_C/\Delta i_B$는 β와 동등한 값을 산출해야 한다. 그러나 이 후자의 β(증분 또는 교류 β) 값은 직류 β(즉 I_C/I_B)와는 다소 다른 것으로 나타난다. 하지만 여기서 구별하기에 그런 차이는 너무 미세하다. 그래서 우리는 직류나 증분 값들을 표시하기 위해 같은 β를 사용할 것이다.[3)]

포화 전압 V_{CEsat}와 포화 저항 R_{CEsat} 그림 4.20(c)에 나타낸 포화 영역에서 공통 이미터 특성들의 확대도를 참조하라. 곡선들이 포화 영역에서 '함께 모이는' 것은 증분 β가 활성 영역보다 거기서 더 작다는 것을 의미한다. 포화 영역에서 가능한 동작점이 X로 표시되어 있다. 그것은 베이스 전류 I_B, 컬렉터 전류 I_{Csat}, 그리고 컬렉터-이미터 전압 V_{CEsat}로 특징지어진다. 포화에 관한 이전의 논의로부터 $I_{Csat} = \beta_{forced} I_B$인 것을 상기하라. 여기서 $\beta_{forced} < \beta$이다.

포화에서 i_C–v_{CE} 곡선들은 다소 가파르다. 이는 포화된 트랜지스터가 낮은 컬렉터-이미터 저항 R_{CEsat}

$$R_{CEsat} \equiv \left.\frac{\partial v_{CE}}{\partial i_C}\right|_{\substack{i_B = I_B \\ i_C = I_{Csat}}} \tag{4.23}$$

를 갖는다는 사실을 나타낸다. 보통 R_{CEsat}는 수 옴에서 수십 옴 사이에 든다.

포화된 BJT의 컬렉터-이미터 저항이 작다는 것은 C와 E 사이에 두 개의 순방향 도통 다이오드가 직렬로 접속된 사실로부터 예상될 수 있다[4)](그림 4.9 참조).

---

3) 바이폴라 트랜지스터의 제조사는 β의 직류 값을 표시하기 위해 h_{FE}를 사용하고, 증분 β를 표시하기 위해 h_{fe}를 사용한다. 이 기호들은 2-포트 회로망의 h 파라미터 표현으로부터 나온 것이다(부록 C 참조). 그리고 첨자 $F(f)$는 순방향(forward)을, $E(e)$는 공통 이미터(emitter)를 나타낸다.

4) MOSFET의 대응 동작 모드인 트라이오드 영역에서 드레인과 소스 사이가 연속(핀치 오프가 되지 않은) 채널이기 때문에 그 저항도 작다는 사실을 5장에서 알게 될 것이다.

포화된 BJT의 단순한 모델이 그림 4.21에 나타나 있다. 여기서 V_{BE}는 약 0.7 V로 일정하고 V_{CE}도 약 0.2 V로 일정하다고 가정한다. 바꿔 말하면, 수동 계산을 위한 간단한 모델을 얻기 위하여 작은 포화 저항 R_{CEsat}는 무시하였다.

예제 4.3

그림 4.22의 회로에 대하여, 트랜지스터가 다음과 같이 동작하도록 전압 V_{BB}의 값을 결정하라.

(a) $V_{CE} = 5$ V인 활성 모드

(b) 포화의 가장자리

(c) $\beta_{forced} = 10$인 깊은 포화

단순한 해석을 위하여, V_{BE}는 0.7 V로 일정하게 유지된다고 가정하라. 트랜지스터의 β는 50으로 명기되어 있다.

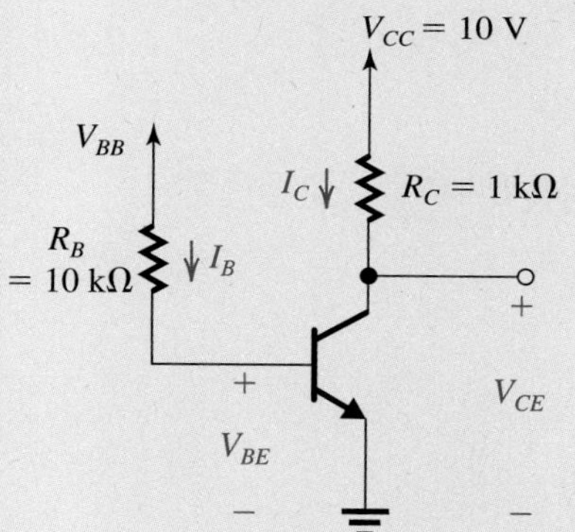

그림 4.22 예제 4.3에 대한 회로.

풀이

(a) $V_{CE} = 5$ V인 활성 모드에서 동작하면

$$I_C = \frac{V_{CC} - V_{CE}}{R_C} = \frac{10 - 5}{1\ \text{k}\Omega} = 5\ \text{mA}$$

$$I_B = \frac{I_C}{\beta} = \frac{5}{50} = 0.1\ \text{mA}$$

이제 V_{BB}의 요구되는 값은 다음과 같이 구해진다.

$$\begin{aligned} V_{BB} &= I_B R_B + V_{BE} \\ &= 0.1 \times 10 + 0.7 = 1.7\ \text{V} \end{aligned}$$

(b) 포화의 가장자리에서의 동작은 $V_{CE} = 0.3$ V로 얻어진다. 따라서

$$I_C = \frac{10-0.3}{1} = 9.7 \text{ mA}$$

포화의 가장자리에서도 여전히 I_C와 I_B가 β에 의하여 관계되므로

$$I_B = \frac{9.7}{50} = 0.194 \text{ mA}$$

V_{BB}의 요구되는 값은

$$V_{BB} = 0.194 \times 10 + 0.7 = 2.64 \text{ V}$$

로 결정될 수 있다.

(c) 깊은 포화에서 동작하면

$$V_{CE} = V_{CE\text{sat}} \simeq 0.2 \text{ V}$$

따라서

$$I_C = \frac{10-0.2}{1} = 9.8 \text{ mA}$$

다음과 같이 I_B의 요구되는 값을 정하기 위하여 강제 β의 값을 사용한다.

$$I_B = \frac{I_C}{\beta_{\text{forced}}} = \frac{9.8}{10} = 0.98 \text{ mA}$$

이제 요구되는 V_{BB}는

$$V_{BB} = 0.98 \times 10 + 0.7 = 10.5 \text{ V}$$

로 구해질 수 있다. 일단 트랜지스터가 포화되면 V_{BB}나 I_B를 증가시켜도 $V_{CE\text{sat}}$는 조금만 변화되므로 I_C의 변화는 무시된다. 따라서 I_C는 **포화된다**라고 말한다. 이것이 '포화 동작 모드'라는 용어의 기원이다.

연습문제

4.19 $R_C = 10\text{ k}\Omega$에 대해 예제 4.3을 반복하라.
[답] 0.8 V; 0.894 V; 1.68 V

4.20 그림 4.22의 회로에 대해 $V_{BB} = 0$ V일 때 V_{CE}를 구하라.
[답] +10 V

4.21 그림 4.22의 회로에 대해 V_{BB}를 예제 4.3의 (a)항에서 얻어진 값, 즉 $V_{BB} = 1.7$ V로 설정하자. 트랜지스터가 정말로 활성 모드에서 동작한다는 것을 검증하라. 이제 V_{BB}를 일정하게 유지하는 동안,

(a) 포화의 가장자리에서의 동작과 (b) $\beta_{\text{forced}} = 10$인 깊은 포화에서의 동작을 얻기 위하여 R_C가 증가되어야 하는 값을 구하라.

[답] (a) 1.94 kΩ; (b) 9.8 kΩ

4.3 직류에서의 BJT 회로

이제 직류 전압들만 인가된 BJT 회로들의 해석을 고려하려고 한다. 다음 예제들에서는 도통하는 트랜지스터의 $|V_{BE}|$는 0.7 V이고 포화된 트랜지스터의 $|V_{CE}|$는 0.2 V인 단순한 모델을 사용하며, 얼리 효과는 무시한다. 이러한 모델들이 표 4.3에 나타나 있다. 물론 더 정확한 결과를 얻기 위하여 더 좋은 모델들이 사용될 수 있다. 그러나 더 복잡한 이런 모델들을 사용한 해석에는 많은 시간이 걸리고, 더욱이 추가된 복잡도로 인해 회로 설계자가 회로 동작에 관한 중요한 통찰력을 얻기 어렵다. 정교한 모델들을 이용하여 구해진 정확한 결과는 SPICE 회로 시뮬레이션을 사용하여 얻을 수 있다. 이는 설계의 마지막 단계에서 거의 언제나 수행되며 회로를 제작하기 전에는 반드시 수행된다. 그러나 컴퓨터 시뮬레이션은 야심을 가진 회로 설계자들이 갖춰야만 하는 핵심적인 능력인 빠른 연필-종이 회로 해석의 대용이 아니다. 다음 일련의 예제들은 이러한 회로 해석의 능력을 향상하기 위한 방향으로 가는 첫걸음이다.

회로 해석에서 우리가 답해야 하는 첫 번째 질문은 **트랜지스터가 어느 모드에서 동작하고 있는가**이다. 어떤 경우에는 대답이 분명할 것이다. 예를 들면, 단자 전압들의 빠른 검사를 통해 트랜지스터가 차단인지 도통인지가 확인될 것이다. 그것이 도통하고 있다면, 트랜지스터가 활성 모드인지 포화인지를 결정해야 한다. 하지만 어떤 경우에는 이것이 분명하지 않을 수 있다. 그러나 트랜지스터 회로 해석과 설계를 성실하게 연습하고 경험을 쌓으면, 더욱 많은 문제들에서 그 답이 분명해질 것이다. 다행히 그 답은 다음 과정을 활용함으로써 항상 찾을 수 있다.

트랜지스터가 활성 모드에서 동작하고 있다고 가정하고, 표 4.3에 주어진 활성 모드 모델을 사용하여 해석하는 회로의 전압들과 전류들을 결정한다. 그다음에 활성 모드 동작의 가정에 대해 결과의 일관성을 검증한다. 즉, *npn* 트랜지스터의 V_{CB}는 −0.4 V보다 더 큰가?(또는 *pnp* 트랜지스터의 V_{CB}는 0.4 V보다 더 작은가?) 만일 대답이 예이면, 우리의 일은 끝난다. 만일 대답이 아니오이면, 포화 모드 동작을 가정하고 표 4.3에 주어진 포화 모드 모델을 사용하여 전류들과 전압들을 결정한 다음에 그 결과가 포화 모드 동작의 가정과 부합하는지를 검증한다. 여기서 검증은 보통 비율 I_C/I_B를 계산하고 그 값이 트랜지스터의 β보다 더 작은가(즉 $\beta_{\text{forced}} < \beta$)를 확인하는 것이다. 주어진 트랜지스터 종류와 부품 번호에 대해 제조사는 그 β의 값들이 특정한, 예컨대 50 내지 150의 범위 안에 든다는 것만 보장한다. 이러한 이유 때문에 검증을 위해 가장 작은 β를 사용해야 한다. 끝으로 두 가지 모드, 즉 활성 모드와 포화 모드에 대한 가정의 순서는 반대로 될 수도 있다는 점을 유의하라.

단위에 대한 메모 별도로 지정하지 않을 때는 이 책을 통틀어 일관된 단위 체계, 즉 볼트(V), 밀리암페어(mA), 그리고 킬로옴(kΩ)을 사용한다.

표 4.3 직류 회로에서 BJT의 동작에 대한 단순화된 모델들

	npn	*pnp*
Active EBJ: Forward Biased CBJ: Reverse Biased	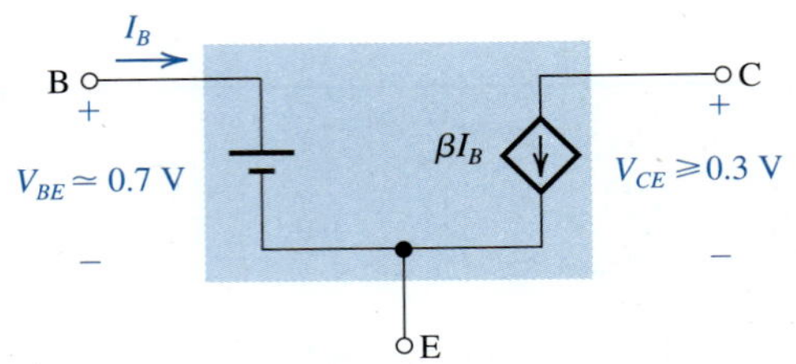	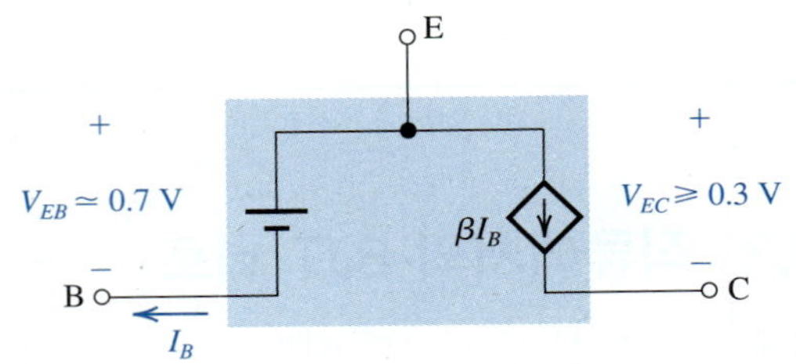
Saturation EBJ: Forward Biased CBJ: Forward Biased	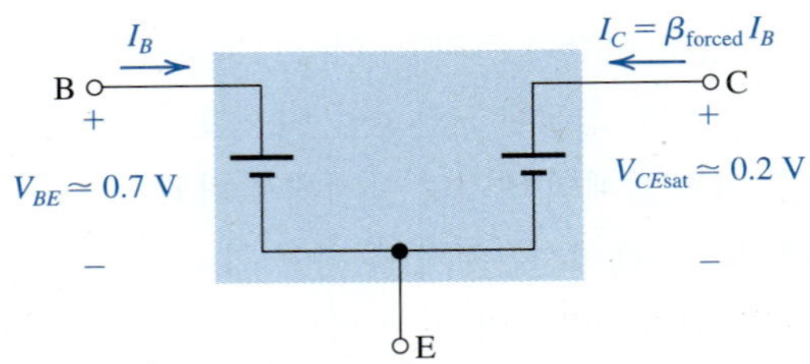	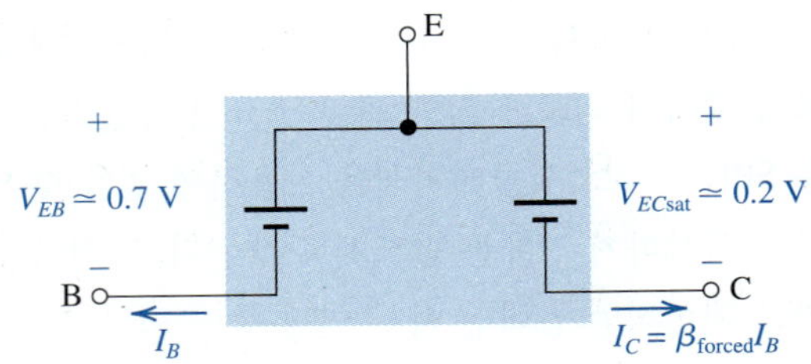

$\beta_{\text{forced}} < \beta_{\min}$

예제 4.4

그림 4.23(a)에 나타낸 회로를 고찰해 보자. 이것은 직류 전원들의 접속을 표시하기 위한 약정을 상기하도록 그림 4.23(b)에 다시 그려져 있다. 모든 마디 전압과 가지 전류를 결정하기 위해 이 회로를 해석하고자 한다. β는 100으로 명기된다고 가정한다.

풀이

그림 4.23(a)의 회로를 보면, 베이스가 +4 V에 연결되어 있고, 이미터는 저항 R_E를 통해서 접지에 연결되어 있다는 것을 알 수 있다. 그러므로 베이스-이미터 접합이 순바이어스가 된다고 결론지어도 괜찮을 것이다. 이것이 사실이라고 가정하고, 또한 V_{BE}가 약 0.7 V라고 가정하면 이미터 전압은 당연히

$$V_E = 4 - V_{BE} \simeq 4 - 0.7 = 3.3 \text{ V}$$

가 된다. 우리는 지금 R_E 양단의 전압을 알고 있으므로, 그것을 지나는 전류 I_E를

$$I_E = \frac{V_E - 0}{R_E} = \frac{3.3 \text{ V}}{3.3 \text{ k}\Omega} = 1 \text{ mA}$$

로 결정할 수 있다. 컬렉터가 R_C를 통해 +10 V의 전원 공급기에 연결되어 있으므로 컬렉터 전압이 베이

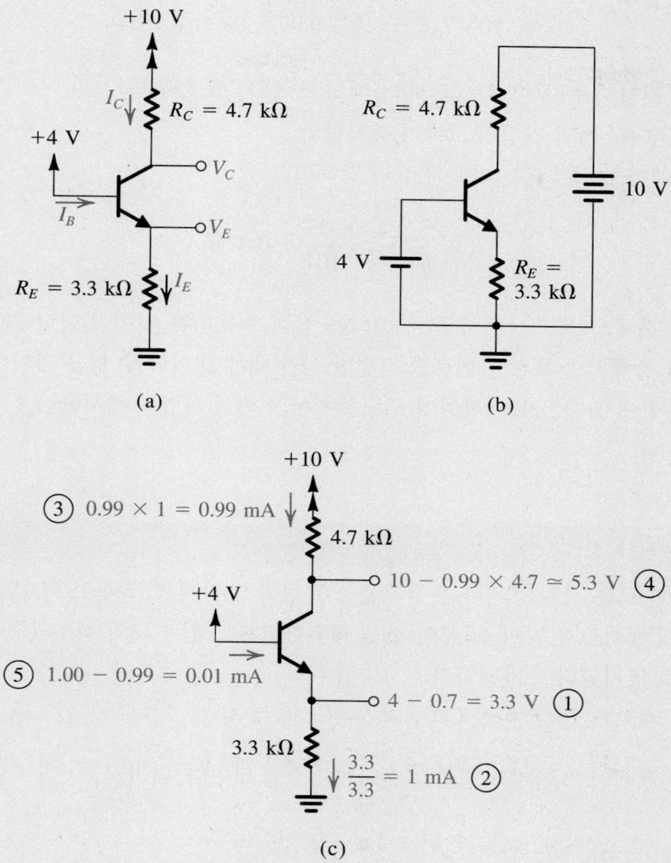

그림 4.23 예제 4.4에 대한 회로의 해석: (a) 회로, (b) 직류 전원들의 접속을 보이기 위해 이 책에서 사용되는 약정을 독자가 상기하도록 다시 그린 회로, (c) 해석 단계를 번호로 표시한 회로.

스 전압보다 높을 가능성이 있어 보이는데 이는 활성 모드 동작을 시사한다. 이것이 사실이라고 가정하면 컬렉터 전류를

$$I_C = \alpha I_E$$

로부터 계산할 수 있다. α의 값은

$$\alpha = \frac{\beta}{\beta+1} = \frac{100}{101} \simeq 0.99$$

로 구해진다. 따라서 I_C는

$$I_C = 0.99 \times 1 = 0.99 \text{ mA}$$

로 주어진다. 이제 옴의 법칙을 사용하여 컬렉터 전압 V_C를

$$V_C = 10 - I_C R_C = 10 - 0.99 \times 4.7 \simeq +5.3 \text{ V}$$

로 결정한다. 베이스 전압이 +4 V이므로, 컬렉터-베이스 접합은 1.3 V만큼 역바이어스가 된다. 그래서 트랜지스터는 가정했던 대로 정말 활성 모드에서 동작한다.

마지막으로 남은 베이스 전류 I_B는 다음과 같이 정해진다.

$$I_B = \frac{I_E}{\beta + 1} = \frac{1}{101} \simeq 0.01 \text{ mA}$$

이 예제를 끝내기 전에, 회로도상에서 회로 해석을 직접 수행하는 것이 얼마나 가치 있는가를 강조하고자 한다. 이 방식을 통해서만 복잡한 회로를 적절한 시간 내에 해석할 수 있을 것이다. 그림 4.23(c)는 해석 단계의 순서를 원 안에 숫자로 표시하여 회로도상에서의 해석 기법을 예시한다.

예제 4.5

모든 마디의 전압들과 모든 가지를 지나는 전류들을 결정하기 위해서 그림 4.24(a)의 회로를 해석하고자 한다. 이 회로는 현재 베이스 전압이 +6 V인 것을 제외하고는 그림 4.23의 회로와 동일하다. 트랜지스터의 β는 적어도 50으로 명기된다고 가정하라.

풀이

베이스의 +6 V로 인해 베이스-이미터 접합은 순바이어스될 것이다. 따라서

$$V_E = +6 - V_{BE} \simeq 6 - 0.7 = 5.3 \text{ V}$$

그리고

$$I_E = \frac{5.3 \text{ V}}{3.3 \text{ k}\Omega} = 1.6 \text{ mA}$$

이제 활성 모드 동작을 가정하면 $I_C = \alpha I_E \simeq I_E$이다. 따라서

$$V_C = +10 - 4.7 \times I_C \simeq 10 - 7.52 = 2.48 \text{ V}$$

이 해석은 그림 4.24(b)에 나타나 있다.

계산된 컬렉터 전압이 베이스 전압보다 3.52 V만큼 작으므로 활성 모드 동작이라는 원래의 가정은 사실이 아니다. 이 트랜지스터는 **포화 모드**에 있어야 한다. 이것이 사실이라면 V_E와 I_E의 값들은 변화 없이 그대로 유지될 것이다. 그러나 컬렉터 전압은

$$V_C = V_E + V_{CEsat} \simeq 5.3 + 0.2 = +5.5 \text{ V}$$

가 된다. 이것으로부터 I_C를

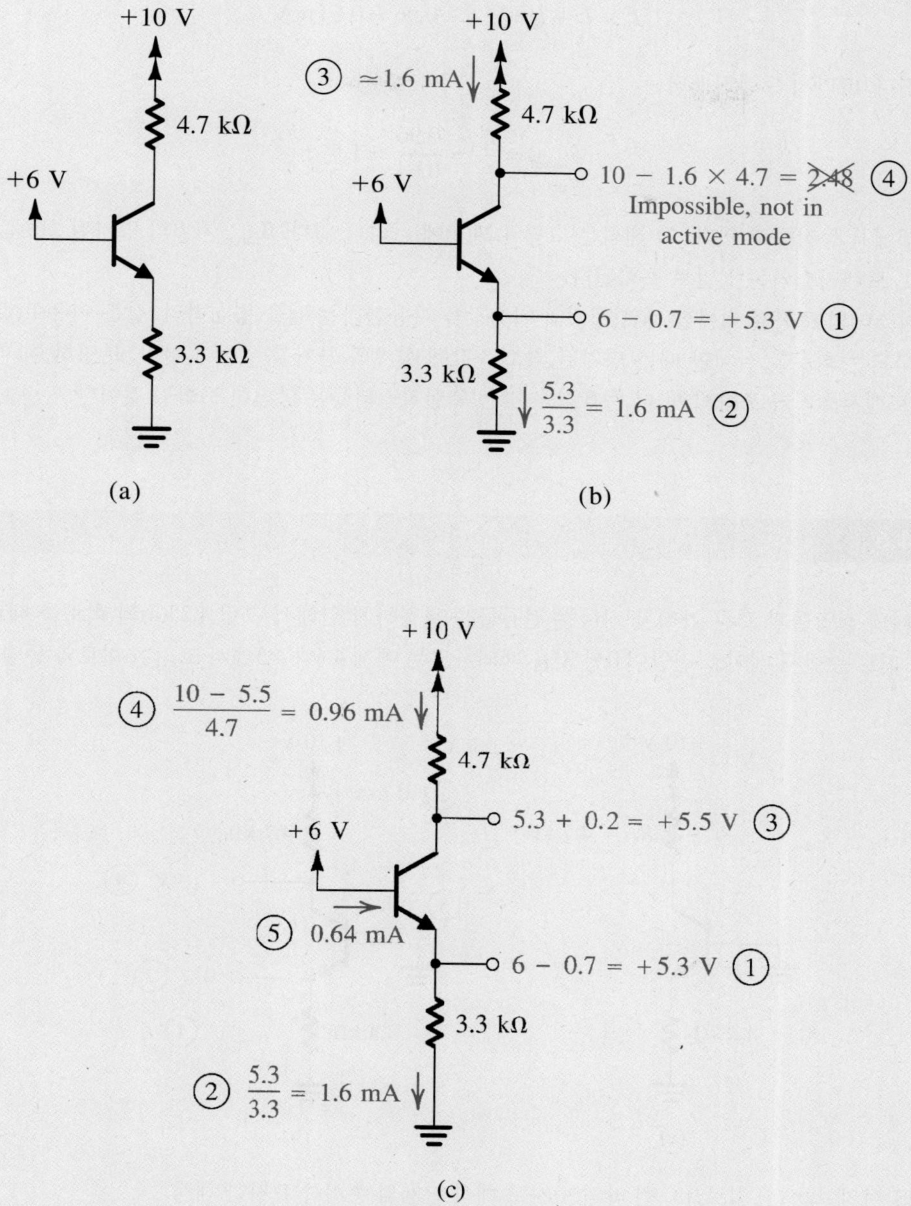

그림 4.24 예제 4.5에 대한 회로의 해석. 원 안의 숫자는 해석 단계의 순서를 표시한다.

$$I_C = \frac{10 - 5.5}{4.7} = 0.96\,\text{mA}$$

로 결정할 수 있고, I_B는

$$I_B = I_E - I_C = 1.6 - 0.96 = 0.64 \text{ mA}$$

로 구해진다. 따라서 트랜지스터는

$$\beta_{\text{forced}} = \frac{I_C}{I_B} = \frac{0.96}{0.64} = 1.5$$

의 강제 β에서 동작하고 있다. 이 해석은 그림 4.24(c)에 나타나 있다. β_{forced}가 β의 명기된 최솟값보다 더 작으므로, 트랜지스터는 정말로 포화된다.

트랜지스터의 포화를 검사할 때 항상 β의 최솟값을 사용한다는 점을 명심하라. 같은 이유로, 트랜지스터가 포화되는 회로를 설계할 때는 명기된 최소 β 값에 설계의 근거를 두어야 한다. 분명히 이 최소 β 값을 갖는 트랜지스터가 포화되면, 더 큰 β 값을 갖는 트랜지스터들은 당연히 포화될 것이다.

예제 4.6

모든 마디의 전압들과 모든 가지를 지나는 전류들을 결정하기 위해서 그림 4.25(a)의 회로를 해석하고자 한다. 이 회로는 현재 베이스 전압이 0인 것을 제외하고는 예제 4.4나 4.5에서 고려된 회로와 동일하다.

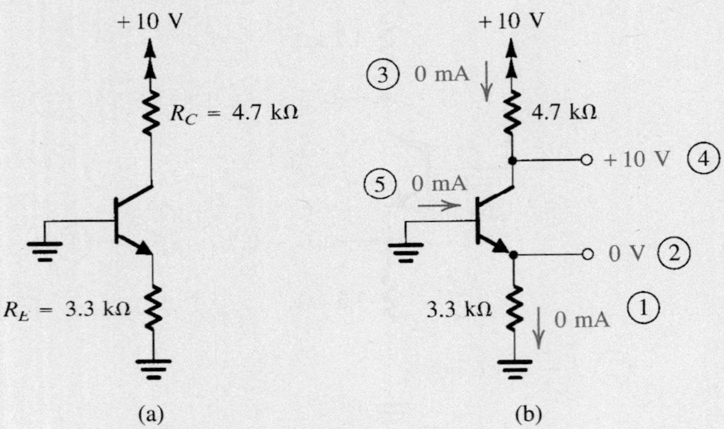

그림 4.25 예제 4.6: (a) 회로, (b) 원 안의 숫자로 해석 단계의 순서를 표시한 해석.

풀이

베이스 전압이 0 V이고 이미터가 R_E를 통해 접지에 접속되므로, 베이스-이미터 접합은 도통될 수 없고 그래서 이미터 전류는 0이다. 또한 n형 컬렉터가 R_C를 통해 양의 전원 공급기에 연결되어 있는 반면에 p형 베이스는 접지되어 있으므로, 컬렉터-베이스 접합도 역시 도통될 수 없다. 당연히 컬렉터 전류도 0이다. 베이스 전류 역시 0이 되어야 하므로 트랜지스터는 차단 동작 모드에 있게 된다. 이미터 전압은 0이고, 반면에 R_E와 R_C 양단의 전압 강하가 0이므로 컬렉터 전압은 +10 V와 같다. 그림 4.25(b)는 해석의 세부 사항을 나타낸다.

연습문제

D4.22 그림 4.23(a)의 회로에서 트랜지스터가 활성 모드로 유지되면서 베이스 전압이 상승할 수 있는 가장 높은 전압을 구하라. $\alpha \simeq 1$로 가정하라.

[답] +4.7 V

D4.23 컬렉터 전류가 0.5 mA이고 컬렉터-베이스 접합의 역바이어스 전압이 2 V가 되도록 그림 4.23(a)의 회로를 다시 설계하라.(즉, R_E와 R_C의 새로운 값들을 구하라.) $\alpha \simeq 1$로 가정하라.

[답] $R_E = 4.6\ \text{k}\Omega$; $R_C = 8\ \text{k}\Omega$

D4.24 그림 4.24(a)의 회로에 대하여, 트랜지스터가 5의 강제 β로 포화에서 동작하도록 베이스 전압이 변화되어야 할 값을 구하라.

[답] +5.18 V

예제 4.7

모든 마디의 전압들과 모든 가지를 지나는 전류들을 결정하기 위해 그림 4.26(a)의 회로를 해석하고자 한다.

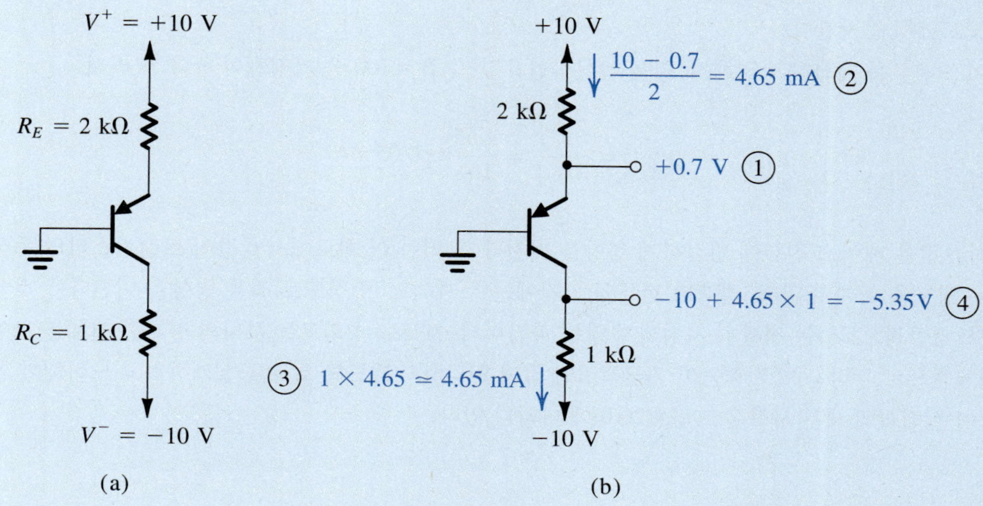

그림 4.26 예제 4.7: (a) 회로, (b) 원 안의 숫자로 단계를 표시한 해석. β 값은 무한대로 가정한다.

풀이

이 *pnp* 트랜지스터의 베이스는 접지되고, 이미터는 R_E를 통해 양의 공급기($V^+ = +10$ V)에 연결된다. 당연히 이미터-베이스 접합은

$$V_E = V_{EB} \simeq 0.7 \text{ V}$$

로 순바이어스가 된다. 그래서 이미터 전류는

$$I_E = \frac{V^+ - V_E}{R_E} = \frac{10 - 0.7}{2} = 4.65 \text{ mA}$$

로 주어진다. 컬렉터가 R_C를 통해 (베이스 전압보다 더욱 음인) 음의 공급기에 연결되므로, 이 트랜지스터가 활성 모드에서 동작하는 것이 가능하다. 이것을 사실로 가정하면

$$I_C = \alpha I_E$$

를 얻는다. β에 대한 값이 주어지지 않았으므로 $\beta = \infty$로 가정할 것이다. 이는 $\alpha = 1$을 의미한다. β가 크게 변해도 α는 조금만 변하므로, 이 가정으로 I_C를 구하는 데 별 문제는 없다. 따라서

$$I_C = 1 \times 4.65 = 4.65 \text{ mA}$$

컬렉터 전압은

$$\begin{aligned} V_C &= V^- + I_C R_C \\ &= -10 + 4.65 \times 1 = -5.35 \text{ V} \end{aligned}$$

이다. 그래서 컬렉터-베이스 접합은 5.35 V만큼 역바이어스가 되며, 트랜지스터는 원래 가정한 대로 정말 활성 모드에서 동작한다.

베이스 전류를 계산하기 위해서, 더욱 현실적인 β 값(즉, $\beta = 100$)을 가정해야 한다. 따라서

$$I_B = \frac{I_E}{\beta + 1} = \frac{4.65}{101} \simeq 0.05 \text{ mA}$$

명백히 β 값은 베이스 전류에 민감하게 영향을 미친다. 그러나 이 회로에서 β 값이 트랜지스터의 동작 모드에는 영향을 미치지 않고, 컬렉터 전류의 크기에는 무시해도 될 정도로 적은 영향을 미친다는 것에 주목하자. 일반적으로 β는 정확히 지정되지 않는 파라미터이므로, 이 회로는 하나의 양호한 설계를 보여 준다. 대체적으로 우리는 회로 성능이 가급적 β의 값에 민감하지 않도록 회로를 설계하려고 노력해야 할 것이다. 이번 해석의 세부 사항은 그림 4.26(b)에 나타나 있다.

연습문제

D4.25 그림 4.26(a)의 회로에서 트랜지스터가 활성 모드로 유지되면서 R_C가 커질 수 있는 가장 큰 값을 구하라.

[답] 2.24 kΩ

D4.26 컬렉터 전류가 1 mA 그리고 컬렉터-베이스 접합의 역바이어스 전압이 4 V가 되도록 그림 4.26(a)의 회로를 다시 설계하라.(즉, R_E와 R_C의 새로운 값을 구하라.) $\alpha \simeq 1$로 가정하라.

[답] $R_E = 9.3\text{ k}\Omega$; $R_C = 6\text{ k}\Omega$

예제 4.8

모든 마디의 전압들과 모든 가지를 지나는 전류들을 결정하기 위해서 그림 4.27(a)의 회로를 해석하고자 한다. $\beta = 100$으로 가정하라.

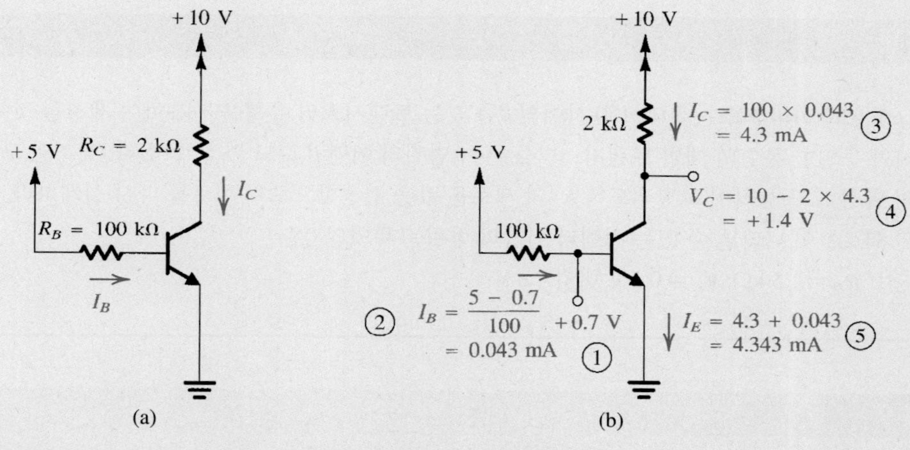

그림 4.27 예제 4.8: (a) 회로, (b) 원 안의 숫자로 단계를 표시한 해석.

풀이

베이스-이미터 접합이 분명히 순바이어스가 된다. 그래서

$$I_B = \frac{+5 - V_{BE}}{R_B} \simeq \frac{5 - 0.7}{100} = 0.043\text{ mA}$$

트랜지스터가 활성 모드에서 동작한다고 가정한다. 그러면 컬렉터 전류는

$$I_C = \beta I_B = 100 \times 0.043 = 4.3\text{ mA}$$

로 쓸 수 있다. 이제 컬렉터 전압은

$$V_C = 10 - I_C R_C = 10 - 4.3 \times 2 = +1.4 \text{ V}$$

로 결정될 수 있다. 베이스 전압 V_B가

$$V_B = V_{BE} \simeq +0.7 \text{ V}$$

이므로 당연히 컬렉터-베이스 접합은 0.7 V만큼 역바이어스가 되고, 트랜지스터는 정말로 활성 모드에서 동작한다. 이미터 전류는

$$I_E = (\beta + 1) I_B = 101 \times 0.043 = 4.343 \text{ mA}$$

로 주어진다. 이 예제에서 컬렉터와 이미터 전류들이 β의 값에 민감하게 의존한다는 것에 주목하자. 실제로 β가 10% 커지면 트랜지스터는 활성 모드를 떠나 포화 모드로 들어갈 것이다. 그러므로 이런 회로는 분명히 **불량한** 설계이다. 이번 해석의 세부 사항은 그림 4.27(b)에 나타나 있다.

연습문제

D4.27 그림 4.27(a)의 회로는 50과 150 사이의 β를 갖는 트랜지스터 유형을 사용하여 제조될 것이다. 즉, 이와 동일한 유형의 개별 트랜지스터들은 이 범위의 어떤 β 값도 가질 수 있다. 제조된 모든 회로의 활성 모드 동작이 보장되도록 R_C의 새로운 값을 선정함으로써 회로를 다시 설계하라. 또 제조된 회로들이 나타낼 수 있는 컬렉터 전압의 범위는 무엇인가?

[답] $R_C = 1.5 \text{ k}\Omega$; $V_C = 0.3$ V 내지 4.8 V

예제 4.9

그림 4.28(a)의 회로를 해석하여 모든 마디에 걸리는 전압들과 모든 가지를 통해 흐르는 전류들을 구하고자 한다. β의 최솟값은 30으로 명기되어 있다.

풀이

이 회로를 얼핏 보면, 트랜지스터가 포화되거나 활성 영역에 있다고 짐작할 수 있다. 활성 모드 동작을 가정하고 베이스 전류를 무시하면, 베이스 전압은 대략 0 V이고, 이미터 전압은 대략 +0.7 V이며, 이미터 전류는 대략 4.3 mA이다. 트랜지스터가 활성 모드에 남아 있는 동안 컬렉터가 공급할 수 있는 최대 전류가 약 0.5 mA이므로 이 트랜지스터는 확실히 포화된다.

트랜지스터가 포화된다고 가정하고 베이스 전압을 V_B로 표기하면[그림 4.28(b) 참조] 다음 식들을 얻을 수 있다.

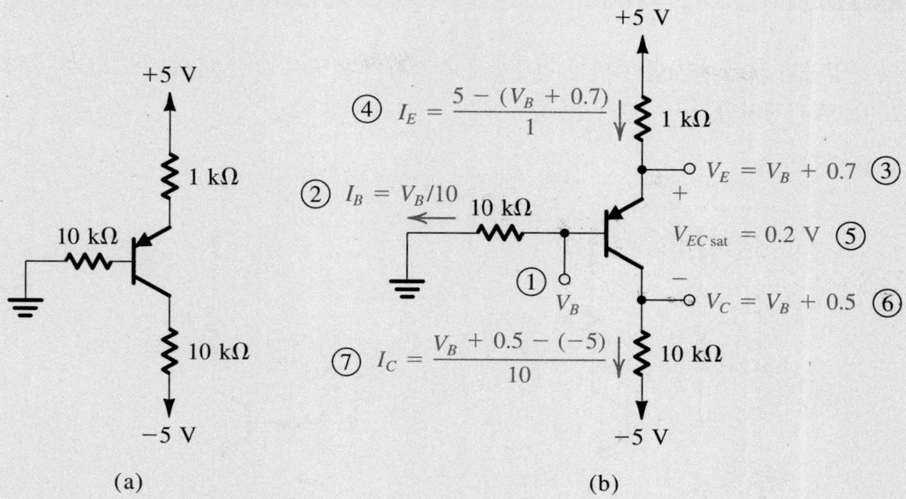

그림 4.28 예제 4.9: (a) 회로, (b) 단계를 번호로 표시한 해석.

$$V_E = V_B + V_{EB} \simeq V_B + 0.7$$
$$V_C = V_E - V_{EC\text{sat}} \simeq V_B + 0.7 - 0.2 = V_B + 0.5$$
$$I_E = \frac{+5 - V_E}{1} = \frac{5 - V_B - 0.7}{1} = 4.3 - V_B \quad \text{mA}$$
$$I_B = \frac{V_B}{10} = 0.1V_B \quad \text{mA}$$
$$I_C = \frac{V_C - (-5)}{10} = \frac{V_B + 0.5 + 5}{10} = 0.1V_B + 0.55 \quad \text{mA}$$

$I_E = I_B + I_C$의 관계를 이용하면

$$4.3 - V_B = 0.1V_B + 0.1V_B + 0.55$$

를 얻고 그 결과

$$V_B = \frac{3.75}{1.2} \simeq 3.13 \text{ V}$$

로 주어진다. V_B를 앞의 식들에 대입하면 다음 결과를 얻는다.

$$V_E = 3.83 \text{ V} \qquad V_C = 3.63 \text{ V} \qquad I_E = 1.17 \text{ mA}$$
$$I_C = 0.86 \text{ mA} \qquad I_B = 0.31 \text{ mA}$$

이것들로부터 강제 β의 값은

$$\beta_{\text{forced}} = \frac{0.86}{0.31} \simeq 2.8$$

이 되고 명기된 최소 β 값보다 훨씬 작으므로 이 트랜지스터가 포화된다는 것을 알게 된다.

예제 4.10

모든 마디의 전압들과 모든 가지를 지나는 전류들을 결정하기 위해서 그림 4.29(a)의 회로를 해석하고자 한다. $\beta = 100$으로 가정하라.

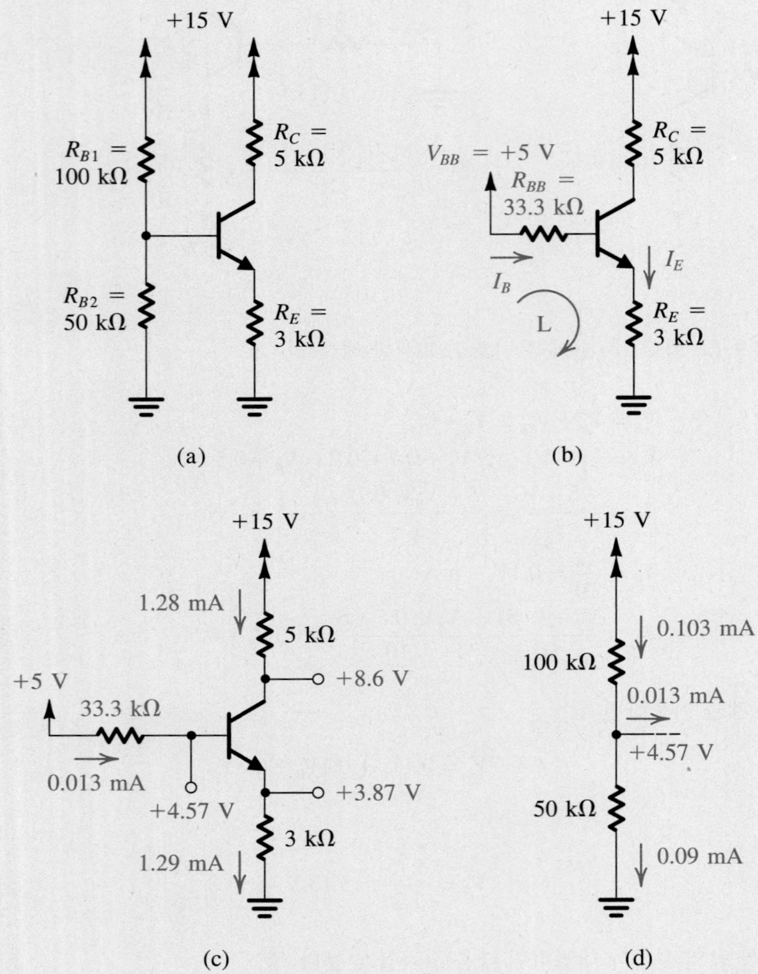

그림 4.29 예제 4.10에 대한 회로들.

풀이

해석의 첫 번째 단계는 테브냉(Thévenin)의 정리를 사용하여 베이스 회로를 단순화하는 것이다. 그 결과가 그림 4.29(b)에 나타나 있다. 여기서

$$V_{BB} = +15\frac{R_{B2}}{R_{B1}+R_{B2}} = 15\frac{50}{100+50} = +5\text{ V}$$

$$R_{BB} = R_{B1} \parallel R_{B2} = 100 \parallel 50 = 33.3\text{ k}\Omega$$

베이스나 이미터 전류를 구하기 위해 그림 4.29(b)에 L로 표시된 루프에 루프 방정식을 세워야 한다. 그러나 R_{BB}를 지나는 전류가 R_E를 지나는 전류와 다른 점을 주의하라. 루프 방정식은

$$V_{BB} = I_B R_{BB} + V_{BE} + I_E R_E$$

이다. 이제 활성 모드 동작을 가정하고 I_B 대신에

$$I_B = \frac{I_E}{\beta+1}$$

를 대입하고 방정식을 정리하면

$$I_E = \frac{V_{BB} - V_{BE}}{R_E + [R_{BB}/(\beta+1)]}$$

가 얻어진다. 주어진 수치적인 값들에 대해서

$$I_E = \frac{5-0.7}{3+(33.3/101)} = 1.29\text{ mA}$$

를 얻는다. 베이스 전류는

$$I_B = \frac{1.29}{101} = 0.0128\text{ mA}$$

일 것이다. 베이스 전압은

$$\begin{aligned} V_B &= V_{BE} + I_E R_E \\ &= 0.7 + 1.29 \times 3 = 4.57\text{ V} \end{aligned}$$

로 주어진다. 컬렉터 전류는

$$I_C = \alpha I_E = 0.99 \times 1.29 = 1.28\text{ mA}$$

로 계산될 수 있다. 이제 컬렉터 전압은

$$V_C = +15 - I_C R_C = 15 - 1.28 \times 5 = 8.6\text{ V}$$

로 구해질 수 있다. 당연히 컬렉터가 베이스보다 4.03 V만큼 높은 전위에 있으며, 이는 가정했던 대로 트랜지스터가 활성 모드에 있다는 것을 의미한다. 이 해석 결과들이 그림 4.29(c, d)에 주어져 있다.

연습문제

4.28 그림 4.29(a)의 회로에 있는 트랜지스터가 절반의 β 값을 갖는(즉, $\beta = 50$인) 다른 트랜지스터로 대치될 때, I_C의 새로운 값을 구하라. 그리고 I_C의 변화를 백분율로 표현하라.

[답] $I_C = 1.15$ mA; -10%

예제 4.11

모든 마디의 전압들과 모든 가지를 지나는 전류들을 결정하기 위해서 그림 4.30(a)의 회로를 해석하고자 한다.

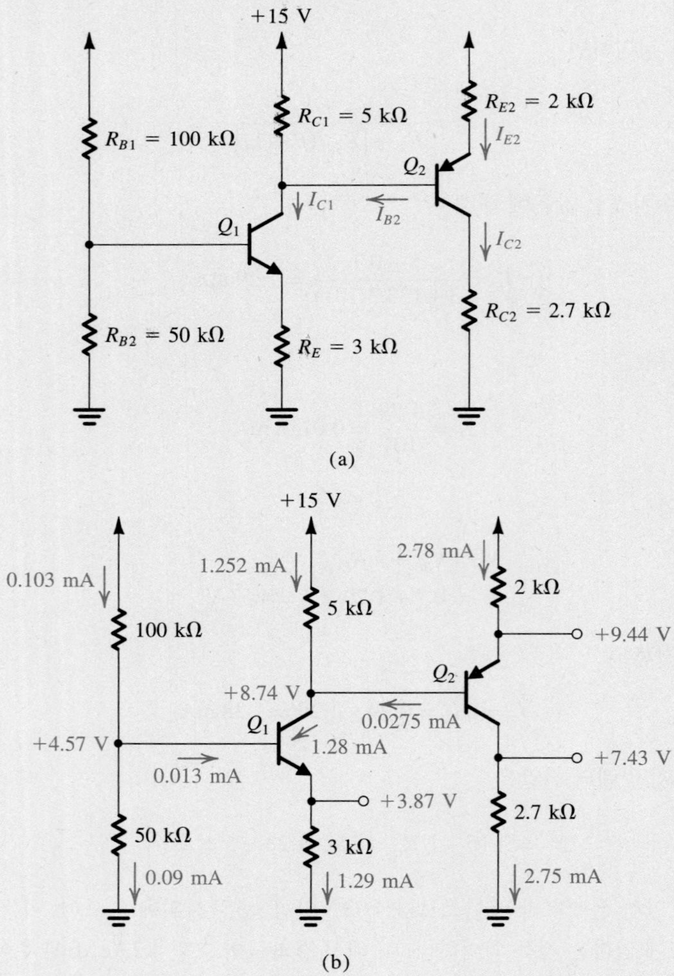

그림 4.30 예제 4.11에 대한 회로들.

풀이

먼저 이 회로의 일부가 예제 4.10에서 해석한 회로인 그림 4.29(a)와 동일하다는 것을 인식하자. 물론 다른 점은 이 새로운 회로에 트랜지스터 Q_2와 이와 연관된 저항기들 R_{E2}와 R_{C2}가 함께 추가된 것이다. Q_1이 여전히 활성 모드에 있다고 가정하자. 다음 값들은 앞의 예제에서 얻은 값들과 동일할 것이다.

$$V_{B1} = +4.57\text{ V} \qquad I_{E1} = 1.29\text{ mA}$$
$$I_{B1} = 0.0128\text{ mA} \qquad I_{C1} = 1.28\text{ mA}$$

그러나 컬렉터 전류 I_{C1}의 일부가 지금은 Q_2의 베이스 단자로 흐르므로(I_{B2}), 컬렉터 전압은 앞서 계산한 값과는 다를 것이다. 첫 번째 근사로 우리는 I_{B2}가 I_{C1}보다 훨씬 더 작다고 가정할 수 있다. 즉, R_{C1}을 지나는 전류가 I_{C1}과 거의 같다고 가정할 수 있다. 이에 따라 V_{C1}을

$$V_{C1} \simeq +15 - I_{C1}R_{C1} = 15 - 1.28 \times 5 = +8.6\text{ V}$$

로 계산할 수 있다. 따라서 Q_1은 가정했던 대로 활성 모드에 있다.

Q_2에 대해 언급하면, 그것의 이미터가 R_{E2}를 통해 +15 V에 연결된다. 그러므로 Q_2의 이미터-베이스 접합이 순바이어스가 된다고 가정하는 것이 적절하다. 그래서 Q_2의 이미터 전압 V_{E2}는

$$V_{E2} = V_{C1} + V_{EB}\big|_{Q_2} \simeq 8.6 + 0.7 = +9.3\text{ V}$$

로 주어진다. 이제 Q_2의 이미터 전류는

$$I_{E2} = \frac{+15 - V_{E2}}{R_{E2}} = \frac{15 - 9.3}{2} = 2.85\text{ mA}$$

로 계산될 수 있다. Q_2의 컬렉터가 R_{C2}를 통해 접지에 접속되므로, Q_2가 활성 모드에서 동작하는 것이 가능하다. 이것이 사실이라고 가정하면 I_{C2}는

$$\begin{aligned} I_{C2} &= \alpha_2 I_{E2} \\ &= 0.99 \times 2.85 = 2.82\text{ mA} \quad (\text{assuming } \beta_2 = 100) \end{aligned}$$

로 구해진다. Q_2의 컬렉터 전압은

$$V_{C2} = I_{C2}R_{C2} = 2.82 \times 2.7 = 7.62\text{ V}$$

이고 이것은 V_{B2}보다 0.98 V만큼 낮다. 따라서 Q_2는 가정한 대로 활성 모드에 있다.

이 단계에서 I_{B2}를 무시한 가정으로 계산 과정에 수반된 오차의 크기를 구하는 것이 중요하다. I_{B2}의 값은

$$I_{B2} = \frac{I_{E2}}{\beta_2 + 1} = \frac{2.85}{101} = 0.028\text{ mA}$$

로 주어지는데, 이는 I_{C1}(1.28 mA)보다 정말로 훨씬 더 작다. 원한다면 I_{B2}를 0.028 mA로 설정하여 한 번

더 반복 계산함으로써 더 정확한 결과를 얻을 수 있다. 새로운 값들은 다음과 같을 것이다.

$$\text{Current in } R_{C1} = I_{C1} - I_{B2} = 1.28 - 0.028 = 1.252 \text{ mA}$$

$$V_{C1} = 15 - 5 \times 1.252 = 8.74 \text{ V}$$

$$V_{E2} = 8.74 + 0.7 = 9.44 \text{ V}$$

$$I_{E2} = \frac{15 - 9.44}{2} = 2.78 \text{ mA}$$

$$I_{C2} = 0.99 \times 2.78 = 2.75 \text{ mA}$$

$$V_{C2} = 2.75 \times 2.7 = 7.43 \text{ V}$$

$$I_{B2} = \frac{2.78}{101} = 0.0275 \text{ mA}$$

I_{B2}의 새로운 값이 반복 계산에 사용된 값과 거의 같으므로 더 이상 반복 계산할 필요가 없다는 점에 주목하자. 최종 결과들이 그림 4.30(b)에 나타나 있다.

선형적인(또는 선형화된) 문제를 푸는 데 왜 반복 기법의 사용이 필요한지 의문을 가질 수 있다. 실제로 (일차 모델로 계산하는 그 무엇이든지 정확하다면!) 우리는 적절한 방정식들을 세워서 정확한 해를 얻을 수 있다. 그러나 빠르고 물론 바르게 해를 구할 수 있다면, 이런 문제들의 대부분에 대한 근사적인 해도 아주 충분하다는 사실을 강조한다.

위의 예제들에서 우리는 컬렉터 전류를 계산하기 위해 α의 정확한 값을 자주 사용했다. $\alpha \simeq 1$이므로, $\alpha = 1$이나 $I_C = I_E$로 가정해도 계산상의 오차는 매우 작을 것이다. 그러므로 (베이스 전류의 계산과 같이) α의 값에 민감한 계산을 제외하고는 보통 $\alpha \simeq 1$로 가정한다.

연습문제

4.29 그림 4.30의 회로에서 전원 공급기로부터 나오는 총 전류를 구하라. 그리고 회로에서 소모되는 전력도 구하라.

[답] 4.135 mA; 62 mW

4.30 그림 E4.30의 회로는 표시한 대로 그림 4.30(a)의 회로에 연결될 것이다. 구체적으로는 Q_3의 베이스가 Q_2의 컬렉터에 연결될 것이다. Q_3가 $\beta = 100$을 가질 때, V_{C2}의 새로운 값과 V_{E3}와 I_{C3}의 값들을 구하라.

[답] +7.06 V; +6.36 V; 13.4 mA

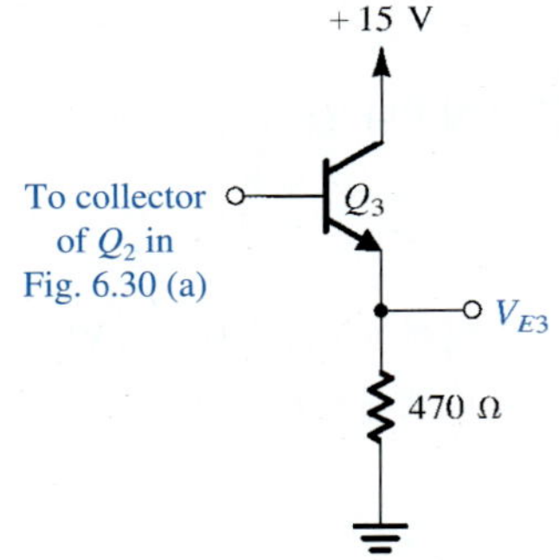

그림 E4.30

예제 4.12

그림 4.31(a)의 회로에 있는 모든 마디에 나타나는 전압들과 모든 가지를 통해 흐르는 전류들을 구하고자 한다. $\beta = 100$으로 가정하라.

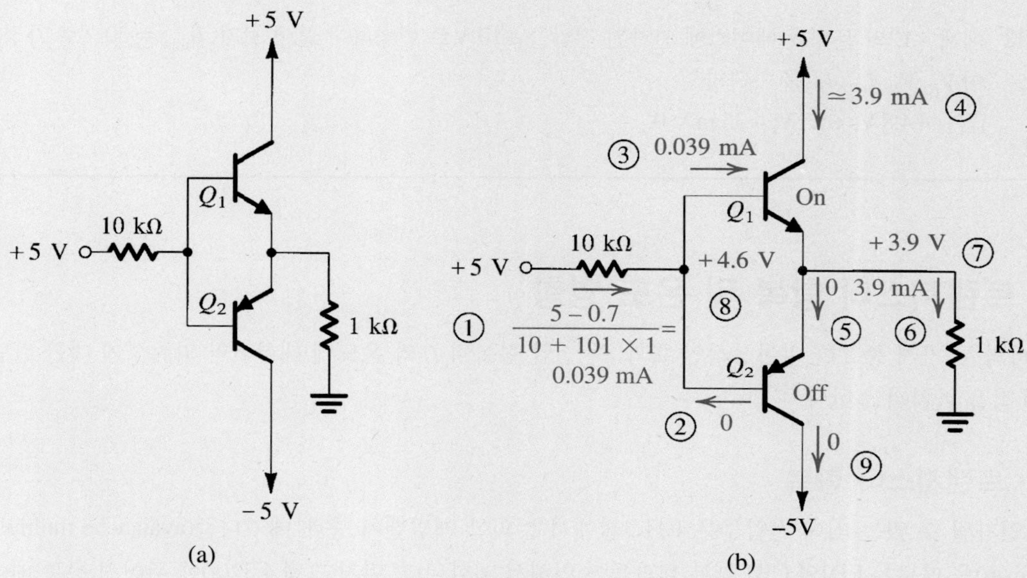

그림 4.31 예제 4.12: (a) 회로, (b) 단계를 번호로 표시한 해석.

풀이

회로를 관찰하여 두 트랜지스터 Q_1과 Q_2가 동시에 도통될 수 없다고 결론을 내린다. 즉, Q_1이 도통되면 Q_2가 차단될 것이며, 그 역도 마찬가지이다. Q_2가 도통된다고 가정해 보자. 당연히 전류가 접지로부터 1 kΩ 저항기를 거쳐 Q_2의 이미터로 흘러 들어갈 것이다. 따라서 Q_2의 베이스는 음의 전압에 있을 것이고, 베이스 전류는 베이스로부터 흘러나와 10 kΩ 저항기를 거쳐 +5 V의 공급기로 들어갈 것이다. 그러나 이것은 불가능하다. 왜냐하면 베이스 전압이 음이라면 10 kΩ 저항기에 흐르는 전류는 반드시 베이스로 흘러 들어가야 하기 때문이다. 따라서 본래의 가정, 즉 Q_2가 도통이라는 가정이 잘못되었다고 결론을 내려야 한다. 당연히 Q_2는 차단이고 Q_1은 도통이다.

이제 문제는 Q_1이 활성인지 포화인지를 알아내는 것이다. 이 경우의 해답은 명확하다. 베이스가 +5 V의 공급기로 구동되고 있고 베이스 전류가 Q_1의 베이스로 흐르므로 Q_1의 베이스는 당연히 +5 V보다 낮은 전압에 있을 것이다. 따라서 Q_1의 컬렉터-베이스 접합이 역바이어스되고 Q_1은 활성 모드에 있을 것이다. 마지막으로 남은 일은 전류들과 전압들을 이미 자세하게 기술한 방법들을 사용하여 구하는 것이다. 그 결과가 그림 4.31(b)에 나타나 있다.

연습문제

4.31 베이스 공급 전압이 −5 V인 경우에 예제 4.12의 문제를 풀어 보자. 이미터들에 나타나는 전압은 얼마인가?

[답] −3.9 V

4.32 예제 4.12의 문제를 베이스에 인가된 전압을 +10 V로 변경하여 풀어 보자. $\beta_{min} = 30$으로 가정하여 V_E, V_B, I_{C1}, I_{C2}를 구하라.

[답] +4.8 V; +5.5 V; 4.35 mA; 0

4.4 트랜지스터 항복 및 온도 영향

BJT에서의 두 가지 중요한 비이상적인 효과, 즉 전압 항복과 I_C와 온도에 대한 β의 의존성에 대한 간단한 논의로 이 장을 마치려고 한다.

4.4.1 트랜지스터 항복

BJT에 인가될 수 있는 최대 전압들은 1.11.3절에서 논의한 애벌랜치 증배 메커니즘(avalanche multiplication mechanism)을 따르는 EBJ와 CBJ 항복 효과들에 의해서 제한된다. 먼저 그림 4.32(a)에 주어진 공통 베이스 구성을 고려하자. 그림 4.32(b)의 i_C–v_{CB} 특성들은 $i_E = 0$일 때(즉 이미터가 개방 회로가 될 때) 컬렉터-베이스 접합이 BV_{CBO}로 표시된 전압에서 항복한다는 것을 나타낸다.[여기서 BV는 항복 전압(breakdown voltage)을 표시한다.] $i_E > 0$인 경우에는 항복이 BV_{CBO}보다 작은 전압에서 일어난다. 보통 개별 BJT들에 대해서는 BV_{CBO}가 50 V 이상이다.

이제 그림 4.33의 공통 이미터 특성들을 살펴보면 항복이 전압 BV_{CEO}에서 일어난다는 것을 알게 된다. 이 경우에도 항복은 여전히 애벌랜치 유형에 의한 것이지만, 특성에 미치는 그 영향은 공통 베이스 구성에서보다 더욱 복잡하다. 이에 대한 자세한 논의는 피하고, 보통 BV_{CEO}가 BV_{CBO}의 약 절반이라는 것만 지적해 둔다. 트랜지스터 데이터 시트에서는 BV_{CEO}가 종종 **지속 전압**(sustaining voltage) LV_{CEO}로 표기된다.

공통 베이스나 공통 이미터 구성에서 CBJ의 항복은 소자의 전력 소비가 안전한 한계 이내에 유지되는 한 파괴적이지 않다. 그러나 이미터-베이스 접합의 경우에는 그렇지 않다. EBJ는 BV_{CBO}보다 훨씬 작은 BV_{EBO}에서 애벌랜치 방식으로 항복한다. 일반적으로 BV_{EBO}는 6 V 내지 8 V의 범위 안에 있으며, 이 항복은 트랜지스터의 β가 영구적으로 감소한다는 관점에서는 파괴적이다. 이것은 IC 설계에서 기준 전압들을 생성하기 위해 EBJ를 제너 다이오드로 사용하지 못하게 하지는 않는다. 왜냐하면 이런 응용들에서는 β 감소 효과가 중요하지 않기 때문이다. 11장에서 보겠지만, 트랜지스터 항복이나 최대 허용 전력 소비는 전력 증폭기들의 설계에서 중요한 파라미터들이다.

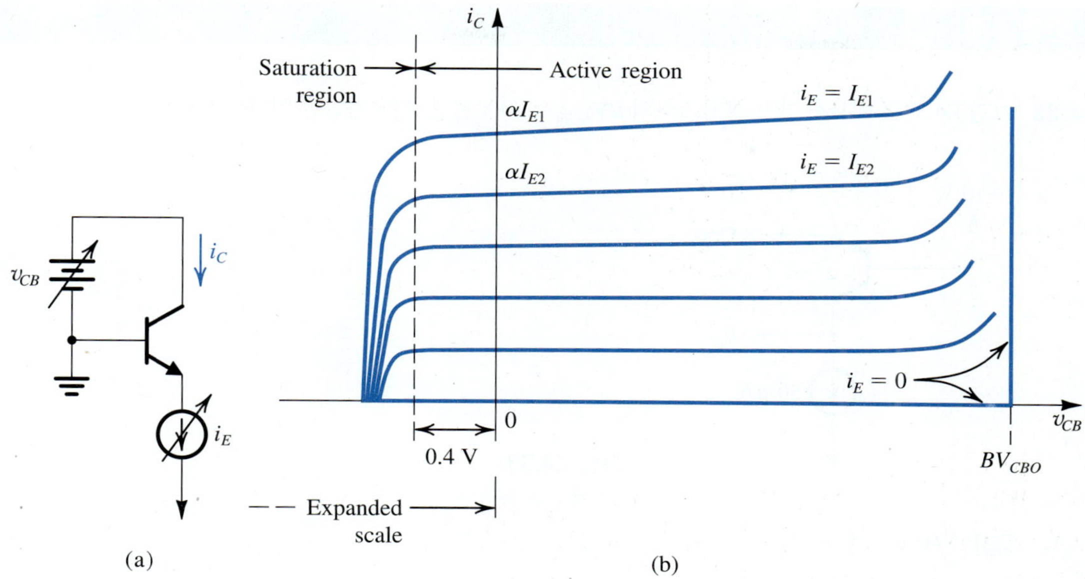

그림 4.32 트랜지스터 항복 영역을 포함하는 BJT 공통 베이스 특성들.

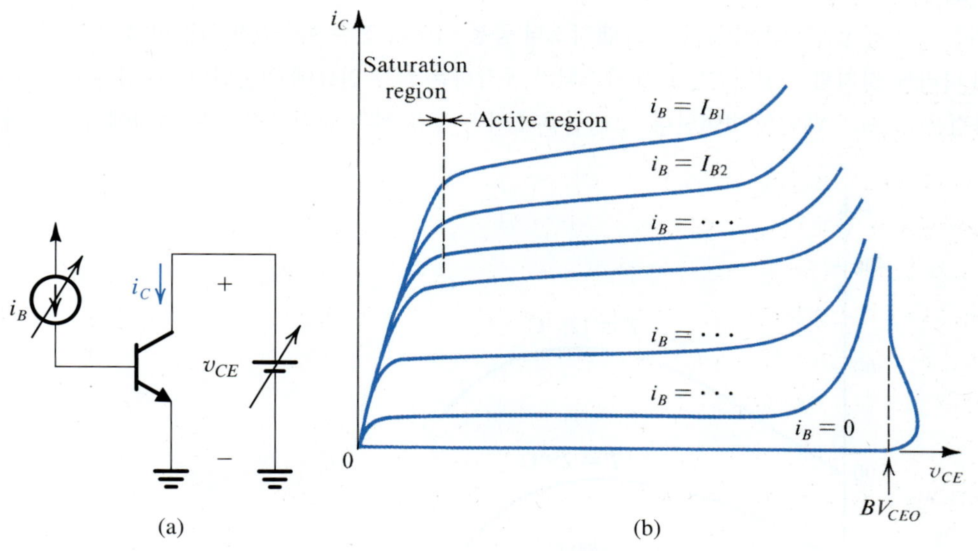

그림 4.33 항복 영역을 포함하는 BJT 공통 이미터 특성들.

연습문제

4.33 그림 E4.33의 회로에서 트랜지스터의 $BV_{BCO} = 70$ V이면 출력 전압은 얼마인가?

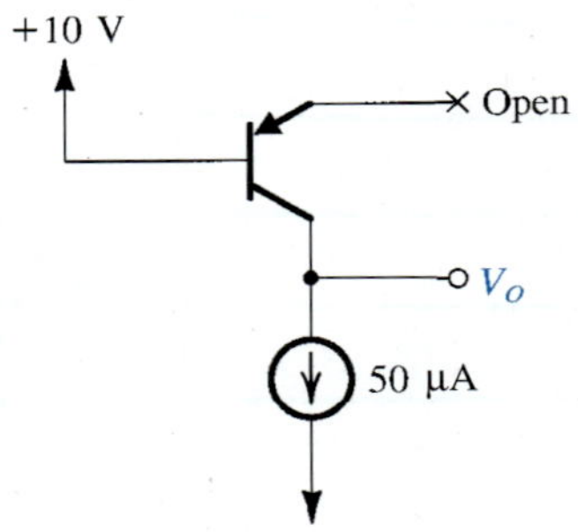

그림 E4.33

[답] −60 V

4.4.2 I_C와 온도에 대한 β의 의존성

이 장 내내 우리는 주어진 트랜지스터에 대해 트랜지스터 공통 이미터 전류 이득 β가 일정한 것으로 가정하였다. 그림 4.34에 나타낸 것처럼 사실상 β는 트랜지스터가 동작하는 직류 전류에 의존한다. 이 의존성을 야기하는 물리적인 과정은 이 책의 범위를 벗어난다. 그러나 β가 가장 높은 전류 범위가 있다는 사실에 주목하라. 보

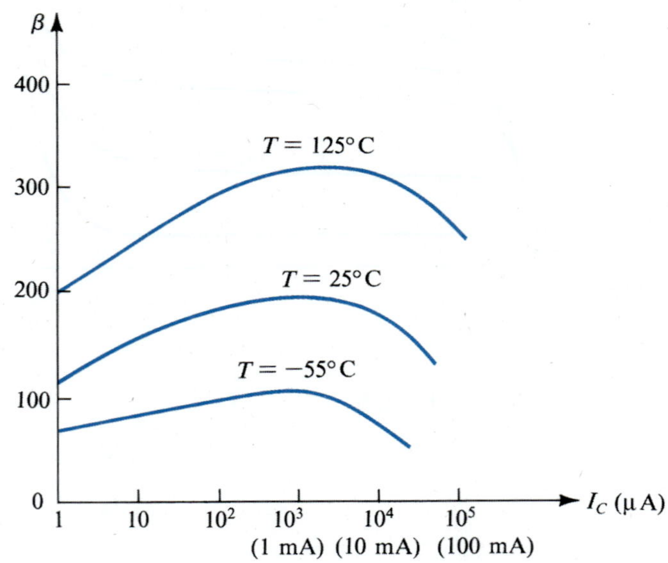

그림 4.34 1 mA 부근의 동작을 위해 제조된 집적 회로 *npn* 실리콘 트랜지스터에서 I_C와 온도에 대한 β의 전형적인 의존성.

통 트랜지스터가 이 전류 범위 안에서 동작하도록 설계할 것이다.

또한 그림 4.34는 온도에 대한 β의 의존성도 나타낸다. 온도에 따라 β가 증가하는 사실은 큰 전력 수준에서 동작하는 트랜지스터에 중대한 문제를 야기할 수 있다(11장 참조).

요약

- BJT는 두 접합의 바이어스 조건에 따라 가능한 세 모드, 즉 (두 접합 모두가 역바이어스된) 차단, (EBJ는 순바이어스되고, CBJ는 역바이어스된) 활성, 그리고 (두 접합 모두가 순바이어스된) 포화 중의 한 모드에서 동작할 수 있다. 표 4.1을 참조하라.
- 증폭기 응용을 위해서 BJT는 활성 모드에서 동작된다. 스위칭 응용은 차단과 포화 모드들을 이용한다.
- 활성 모드에서 동작하는 BJT는 컬렉터 전류 $i_C = I_S e^{|v_{BE}|/V_T}$를 제공한다. 베이스 전류는 $i_B = i_C/\beta$이고, 이미터 전류는 $i_E = i_C + i_B$이다. 또한 $i_C = \alpha i_E$이므로 $\beta = \alpha/(1 - \alpha)$이고 $\alpha = \beta/(\beta + 1)$이다. 표 4.2를 참조하라.
- 활성 모드의 동작을 보장하려면 *npn* 트랜지스터의 컬렉터 전압이 베이스 전압 아래 약 0.4 V보다 높게 유지되어야 한다. *pnp* 트랜지스터의 경우에는 컬렉터 전압이 베이스 전압 위 약 0.4 V보다 낮아야 한다. 그렇지 않으면 CBJ는 순바이어스되고, 트랜지스터는 포화 영역으로 들어간다.
- 일정한 컬렉터 전류에서 베이스-이미터 전압의 크기는 온도가 1℃ 증가할 때마다 약 2 mV씩 감소한다.
- $|v_{CE}|$가 약 0.3 V로 감소될 때 BJT는 포화의 가장자리에 있을 것이다. 포화에서 $|v_{CE}| \simeq 0.2$ V이고 i_B에 대한 i_C의 비는 β보다 작다(즉, $\beta_{\text{forced}} < \beta$).
- 활성 모드에서 i_C는 v_{CE}에 약간 의존한다. 얼리 효과로 알려진 이 현상은 유한한 출력 저항을 BJT에 부가함으로써 모델화된다. 그 저항은 $r_o = |V_A|/I'_C$이다. 여기서 V_A는 얼리 전압이고 I'_C은 얼리 효과를 고려하지 않을 때의 직류 컬렉터 전류이다. 개별 회로에서는 r_o의 역할이 중요하지 않아 보통 무시될 수 있다. 그러나 이것은 집적 회로 설계에서는 사실이 아니다(7장).
- 트랜지스터 회로들의 직류 해석은 $|V_{BE}| \simeq 0.7$ V로 가정하면 매우 간단해진다. 표 4.3을 참조하라.
- BJT가 도통하고 있고 활성 모드에서 동작한다면 활성 모드 모델을 사용하여 모든 전류와 전압을 결정한다. 그다음에 이 초기 가정의 타당성은 CBJ가 역바이어스인가를 확인함으로써 검증된다. 그렇다면 해석은 완료된다. 그렇지 않으면 포화 모드에서 동작한다고 가정하고, 포화 모드 모델을 사용하여 해석을 반복한다. 끝으로 $I_C < \beta I_B$인가를 검증한다.

PROBLEMS

Computer Simulations Problems

SIM Problems identified by this icon are intended to demonstrate the value of using SPICE simulation to verify hand analysis and design, and to investigate important issues such as allowable signal swing and amplifier nonlinear distortion. Instructions to assist in setting up simulations for

problems with green numbers are considered essential; * = difficult problem; ** = more difficult; *** = very challenging
SIM = simulation; **D** = design problem;

CHAPTER 4 PROBLEMS

all the indicated problems can be found in the corresponding files on the website. Note that if a particular parameter value is not specified in the problem statement, you are to make a reasonable assumption.

Section 4.1: Device Structure and Physical Operation

4.1 The terminal voltages of various *npn* transistors are measured during operation in their respective circuits with the following results (in volts):

Case	E	B	C	Mode
1	0	0.7	0.7	
2	0	0.8	0.1	
3	−0.7	0	1.0	
4	−0.7	0	−0.6	
5	1.3	2.0	5.0	
6	0	0	5.0	

In this table, 0 indicates the reference terminal to which the black (negative) probe of the voltmeter is connected. For each case, identify the mode of operation of the transistor.

4.2 Two transistors, fabricated with the same technology but having different junction areas, when operated at a base-emitter voltage of 0.75 V, have collector currents of 0.5 mA and 2 mA. Find I_S for each device. What are the relative junction areas?

4.3 In this problem, we contrast two BJT integrated-circuit fabrication technologies: For the "old" technology, a typical *npn* transistor has $I_S = 2 \times 10^{-15}$ A, and for the "new" technology, a typical *npn* transistor has $I_S = 2 \times 10^{-18}$ A. These typical devices have vastly different junction areas and base width. For our purpose here we wish to determine the v_{BE} required to establish a collector current of 1 mA in each of the two typical devices. Assume active-mode operation.

4.4 In a particular BJT, the base current is 10 μA, and the collector current is 800 μA. Find β and α for this device.

4.5 An *npn* transistor of a type whose β is specified to range from 50 to 300 is connected in a circuit with emitter grounded, collector at +10 V, and a current of 10 μA injected into the base. Calculate the range of collector and emitter currents that can result. What is the maximum power dissipated in the transistor? (*Note:* Perhaps you can see why this is a bad way to establish the operating current in the collector of a BJT.)

4.6 Measurements made on a number of transistors operating in the active mode with $i_E = 1$ mA indicate base currents of 10 μA, 20 μA, and 50 μA. For each device, find i_C, β, and α.

4.7 Using the *npn* transistor model of Fig. 4.5(b), consider the case of a transistor for which the base is connected to ground, the collector is connected to a 5-V dc source through a 2-kΩ resistor, and a 2-mA current source is connected to the emitter with the polarity so that current is drawn out of the emitter terminal. If $\beta = 100$ and $I_S = 5 \times 10^{-15}$ A, find the voltages at the emitter and the collector and calculate the base current.

***4.8** In order to investigate the operation of the *npn* transistor in saturation using the model of Fig. 4.9, let $I_S = 10^{-15}$ A, $v_{BE} = 0.7$ V, $\beta = 100$, and $I_{SC}/I_S = 100$. For each of three values of v_{CE} (namely, 0.4 V, 0.3 V, and 0.2 V), find v_{BC}, i_{BC}, i_{BE}, i_B, i_C, and i_C/i_B. Present your results in a table. Also find v_{CE} that results in $i_C = 0$.

4.9 Consider the *pnp* large-signal model of Fig. 4.11(b) applied to a transistor having $I_S = 10^{-14}$ A and $\beta = 50$. If the emitter is connected to ground, the base is connected to a current source that pulls 10 μA out of the base terminal, and the collector is connected to a negative supply of −5 V via a 8.2-kΩ resistor, find the collector voltage, the emitter current, and the base voltage.

4.10 A *pnp* power transistor operates with an emitter-to-collector voltage of 5 V, an emitter current of 5 A, and $V_{EB} = 0.8$ V. For $\beta = 20$, what base current is required? What is I_S for this transistor? Compare the emitter–base junction area of this transistor with that of a small-signal transistor that conducts $i_C = 1$ mA with $v_{EB} = 0.70$ V. How much larger is it?

4.11 In a particular technology, a small BJT operating at $v_{BE} = 30V_T$ conducts a collector current of 200 μA. What is the corresponding saturation current? For a transistor in the same technology but with an emitter junction that is 32 times larger, what is the saturation current? What current will this transistor conduct at $v_{BE} = 30V_T$? What is the base–emitter voltage of the latter transistor

---

problems with green numbers are considered essential; * = difficult problem; ** = more difficult; *** = very challenging
SIM = simulation; **D** = design problem;

at $i_C = 1$ mA? Assume active-mode operation in all cases.

4.12 Two transistors have EBJ areas as follows: $A_{E1} = 200\ \mu m \times 200\ \mu m$ and $A_{E2} = 0.4\ \mu m \times 0.4\ \mu m$. If the two transistors are operated in the active mode and conduct equal collector currents, what do you expect the difference in their v_{BE} values to be?

4.13 Find the collector currents that you would expect for operation at $v_{BE} = 700$ mV for transistors for which $I_S = 10^{-13}$ A and $I_S = 10^{-18}$ A. For the transistor with the larger EBJ, what is the v_{BE} required to provide a collector current equal to that provided by the smaller transistor at $v_{BE} = 700$ mV? Assume active-mode operation in all cases.

4.14 Consider an *npn* transistor whose base–emitter drop is 0.76 V at a collector current of 5 mA. What current will it conduct at $v_{BE} = 0.70$ V? What is its base–emitter voltage for $i_C = 5\ \mu$A?

4.15 Find the values of β that correspond to α values of 0.5, 0.8, 0.9, 0.95, 0.98, 0.99, 0.995, and 0.999.

4.16 Find the values of α that correspond to β values of 1, 2, 10, 20, 50, 100, 200, 500, and 1000.

***4.17** For a transistor with α close to unity, show that if α changes by a small per-unit amount ($\Delta\alpha/\alpha$), the corresponding per-unit change in β is given approximately by

$$\frac{\Delta\beta}{\beta} \simeq \beta\left(\frac{\Delta\alpha}{\alpha}\right)$$

Now, for a transistor whose nominal β is 100, find the percentage change in its α value corresponding to a drop in its β of 10%.

4.18 A BJT is specified to have $I_S = 5 \times 10^{-15}$ A and β that falls in the range of 50 to 200. If the transistor is operated in the active mode with v_{BE} set to 0.700 V, find the expected range of i_C, i_B, and i_E.

4.19 Measurements of V_{BE} and two terminal currents taken on a number of *npn* transistors operating in the active mode are in the following table. For each, calculate the missing current value as well as α, β, and I_S as indicated by the table.

Transistor	a	b	c	d	e
V_{BE} (mV)	700	690	580	780	820
I_C (mA)	1.000	1.000		10.10	
I_B (μA)	10		5	120	1050
I_E (mA)		1.020	0.235		75.00
α					
β					
I_S					

4.20 When operated in the active mode, a particular *npn* BJT conducts a collector current of 1 mA and has $v_{BE} = 0.7$ V and $i_B = 10\ \mu$A. Use these data to create specific transistor models of the form shown in Figs. 4.5(a) to (d).

D 4.21 Consider an *npn* transistor operated in the active mode and represented by the model of Fig. 4.5(d). Let the transistor be connected as indicated by the equivalent circuit shown in Fig. 4.6(b). Calculate the values of R_B and R_C that will establish a collector current I_C of 0.5 mA and a collector-to-emitter voltage V_{CE} of 1 V. The BJT is specified to have $\beta = 50$ and $I_S = 5 \times 10^{-15}$ A, and $V_{CC} = 5$ V.

4.22 An *npn* transistor has a CBJ with an area 100 times that of the EBJ. If $I_S = 10^{-15}$ A, find the voltage drop across EBJ and across CBJ when each is forward biased and conducting a current of 1 mA. Also find the forward current each junction would conduct when forward biased with 0.5 V.

***4.23** Use Eqs. (4.14), (4.15), and (4.16) to show that an *npn* transistor operated in saturation exhibits a collector-to-emitter voltage, V_{CEsat}, given by

$$V_{CEsat} = V_T \ln\left[\left(\frac{I_{SC}}{I_S}\right)\frac{1+\beta_{forced}}{1-\beta_{forced}/\beta}\right]$$

Use this relationship to evaluate V_{CEsat} for $\beta_{forced} = 50$, 10, 5, 1, and 0 for a transistor with $\beta = 100$ and with a CBJ area 100 times that of the EBJ. Present your results in a table.

4.24 A *pnp* transistor has $v_{EB} = 0.7$ V at a collector current of 1 mA. What do you expect v_{EB} to become at $i_C = 10$ mA? At $i_C = 100$ mA?

4.25 A *pnp* transistor modeled with the circuit in Fig. 4.11 (b) is connected with its base at ground, collector at –2.0 V, and a 1-mA current is injected into its emitter. If the transistor is said to have $\beta = 10$, what are its base and collector currents? In which direction do they flow? If $I_S = 10^{-15}$ A, what voltage results at the emitter? What does the collector current become if a transistor with $\beta = 1000$ is substituted?

(*Note:* The fact that the collector current changes by less than 10% for a large change in β illustrates that this is a good way to establish a specific collector current.)

4.26 While Fig. 4.5 provides four possible large-signal equivalent circuits for the *npn* transistor, only two equivalent circuits for the *pnp* transistor are provided in Fig. 4.11. Supply the missing two.

4.27 By analogy to the *npn* case shown in Fig. 4.9, give the equivalent circuit of a *pnp* transistor in saturation.

Section 4.2: Current–Voltage Characteristics

4.28 For the circuits in Fig. P4.28, assume that the transistors have very large β. Some measurements have been made on these circuits, with the results indicated in the figure. Find the values of the other labeled voltages and currents.

4.29 Measurements on the circuits of Fig. P4.29 produce labeled voltages as indicated. Find the value of β for each transistor.

D 4.30 Design the circuit in Fig. P4.30 to establish a current of 0.5 mA in the emitter and a voltage of -0.5 V at the collector. The transistor $v_{EB} = 0.64$ V at $I_E = 0.1$ mA, and $\beta = 100$. To what value can R_C be increased while the collector current remains unchanged?

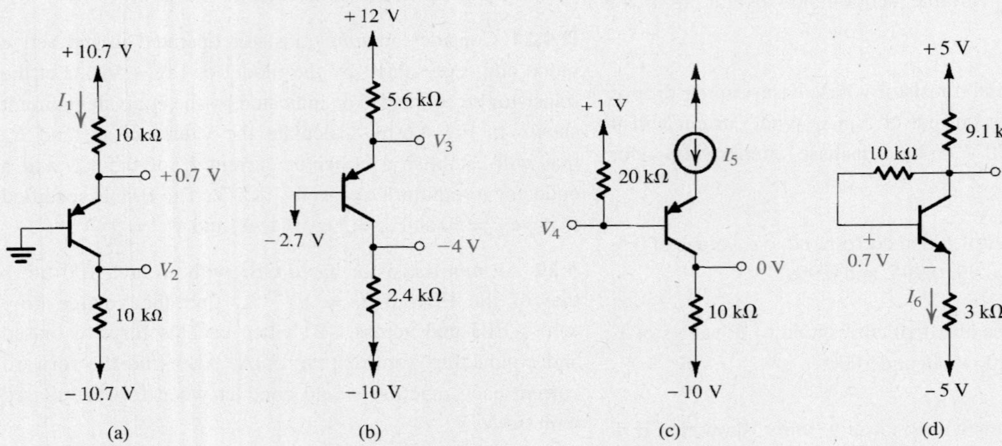

Figure P4.28

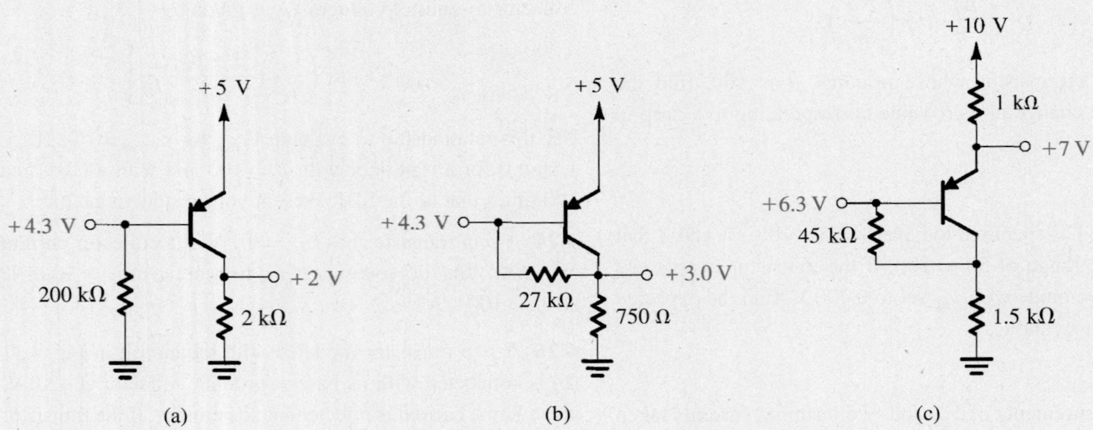

Figure P4.29

---

problems with green numbers are considered essential; * = difficult problem; ** = more difficult; *** = very challenging
SIM = simulation; **D** = design problem;

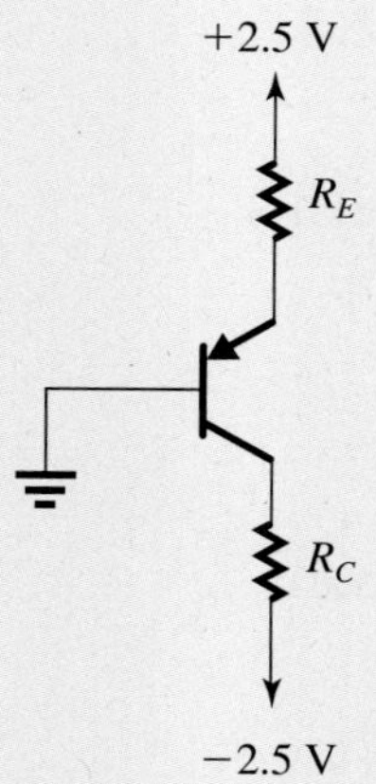

Figure P4.30

D 4.31 Design the circuit in Fig. P4.31 to establish $I_C = 0.5$ mA and $V_C = 0$ V. The transistor exhibits v_{BE} of 0.7 V at $i_C = 1$ mA, and $\beta = 100$.

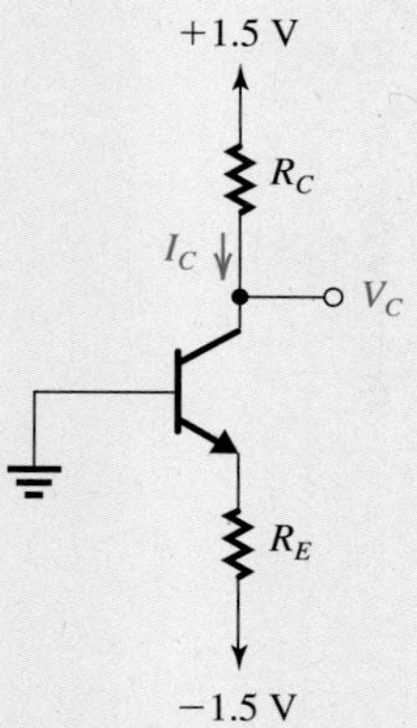

Figure P4.31

4.32 A BJT whose emitter current is fixed at 1 mA has a base–emitter voltage of 0.70 V at 25°C. What base–emitter voltage would you expect at 0°C? At 100°C?

4.33 For a particular *npn* transistor operating at a v_{BE} of 680 mV and $I_C = 1$ mA, the i_C–v_{CE} characteristic has a slope of 0.8×10^{-5} ℧. To what value of output resistance does this correspond? What is the value of the Early voltage for this transistor? For operation at 10 mA, what would the output resistance become?

4.34 Measurements of the i_C–v_{CE} characteristic of a small-signal transistor operating at $v_{BE} = 710$ mV show that $i_C = 1.1$ mA at $v_{CE} = 5$ V and that $i_C = 1.3$ mA at $v_{CE} = 15$ V. What is the corresponding value of i_C near saturation? At what value of v_{CE} is $i_C = 1.2$ mA? What is the value of the Early voltage for this transistor? What is the output resistance that corresponds to operation at $v_{BE} = 710$ mV?

4.35 For the circuit in Fig. P4.35 let $V_{CC} = 10$ V, $R_C = 1$ kΩ, and $R_B = 10$ kΩ. The BJT has $\beta = 50$. Find the value of V_{BB} that results in the transistor operating

(a) in the active mode with $V_C = 2$ V;
(b) at the edge of saturation;
(c) deep in saturation with $\beta_{\text{forced}} = 10$.

Assume $V_{BE} \simeq 0.7$ V.

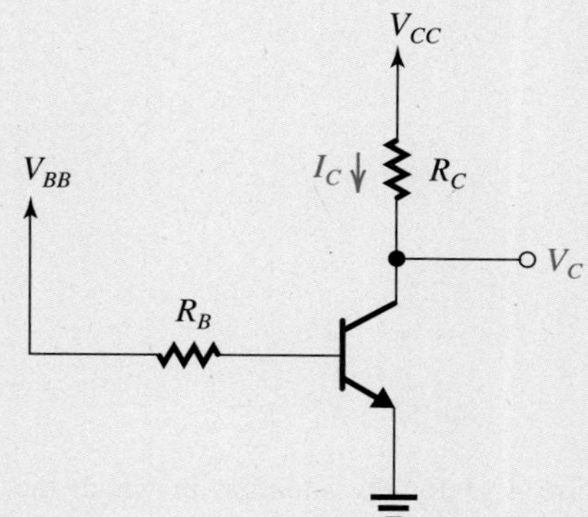

Figure P4.35

4.36 The *pnp* transistor in the circuit in Fig. P4.36 has $\beta = 50$. Show that the BJT is operating in the saturation mode and find β_{forced} and V_C. To what value should R_B be increased in order for the transistor to operate at the edge of saturation?

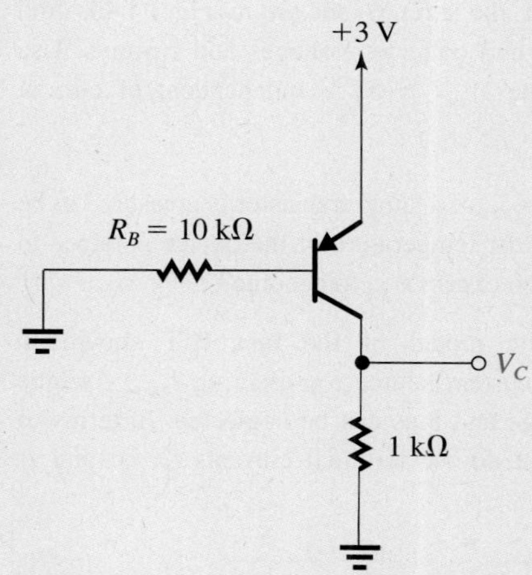

Figure P4.36

4.37 A very simple circuit for measuring β of an *npn* transistor is shown in Fig. P4.37. In a particular design, V_{CC} is provided by a 9-V battery; M is a current meter with a 50-μA full scale and relatively low resistance that you can neglect for our purposes here. Assuming that the transistor has $V_{BE} = 0.7$ V at $I_E = 1$ mA, what value of R_C would establish a resistor current of 1 mA? Now, to what value of β does a meter reading of full scale correspond? What is β if the meter reading is 1/5 of full scale? 1/10 of full scale?

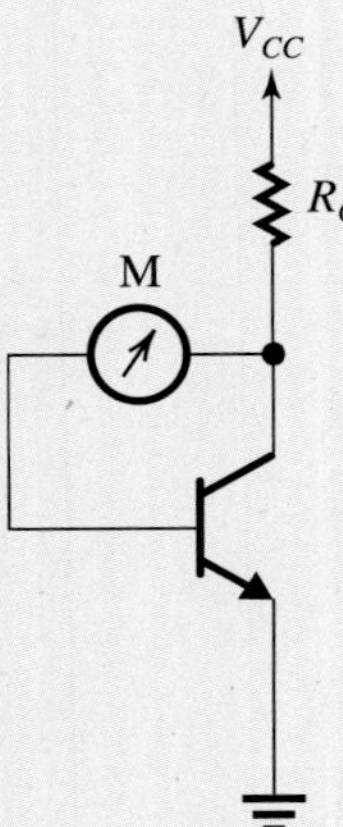

Figure P4.37

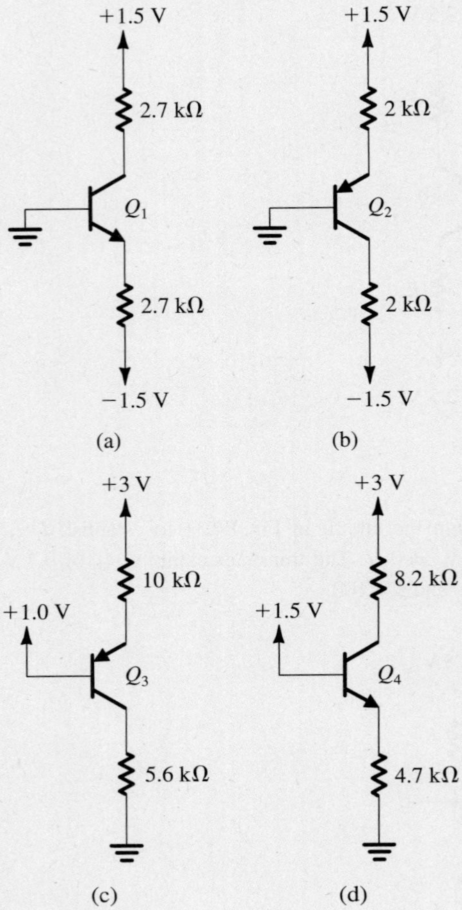

Figure P4.40

4.38 Repeat Exercise 4.13 for the situation in which the power supplies are reduced to ±2.5 V.

D 4.39 The table of standard values for resistors with 5% tolerance in Appendix J shows that the closest values to those found in the design of Example 4.2 are 5.1 kΩ and 6.8 kΩ. For these values, use approximate calculations (e.g., $V_{BE} \simeq 0.7$ V and $\alpha \simeq 1$) to determine the values of collector current and collector voltage that are likely to result.

4.40 For each of the circuits shown in Fig. P4.40, find the emitter, base, and collector voltages and currents. Use $\beta = 50$, but assume $|V_{BE}| = 0.8$ V independent of current level.

4.41 The current I_{CBO} of a small transistor is measured to be 10 nA at 25°C. If the temperature of the device is raised to 125°C, what do you expect I_{CBO} to become?

4.42 Augment the model of the *npn* BJT shown in Fig. 4.19(a) by a current source representing I_{CBO}. Assume that r_o is very large and thus can be neglected. In terms of this addition, what do the terminal currents i_B, i_C, and i_E become? If the base lead is open-circuited while the emitter is connected to ground, and the collector is connected to a positive supply, find the emitter and collector currents.

4.43 A particular *pnp* transistor operating at an emitter current of 0.5 mA at 20°C has an emitter–base voltage of 692 mV.

(a) What does v_{EB} become if the junction temperature rises to 50°C?

(b) If the transistor is operated at a fixed emitter–base voltage of 700 mV, what emitter current flows at 20°C? At 50°C?

4.44 Consider a transistor for which the base–emitter voltage drop is 0.7 V at 10 mA. What current flows for $v_{BE} = 0.5$ V? Evaluate the ratio of the slopes of the i_C–v_{BE} curve at $v_{BE} = 700$ mV and at $v_{BE} = 500$ mV. The large ratio confirms the point that the BJT has an "apparent threshold" at $v_{BE} \simeq 0.5$ V.

4.45 Use Eq. (4.18) to plot i_C versus v_{CE} for an *npn* transistor having $I_S = 10^{-15}$ A and $V_A = 100$ V. Provide curves for $v_{BE} = 0.65$, 0.70, 0.72, 0.73, and 0.74 volts. Show the characteristics for v_{CE} up to 15 V.

***4.46** In the circuit shown in Fig. P4.46, current source I is 1.1 mA, and at 25°C $v_{BE} = 680$ mV at $i_E = 1$ mA. At 25°C with $\beta = 100$, what currents flow in R_1 and R_2? What voltage would you expect at node E? Noting that the temperature coefficient of v_{BE} for I_E constant is −2 mV/°C, what is the TC of v_E? For an ambient temperature of 75°C, what voltage would you expect at node E? Clearly state any simplifying assumptions you make.

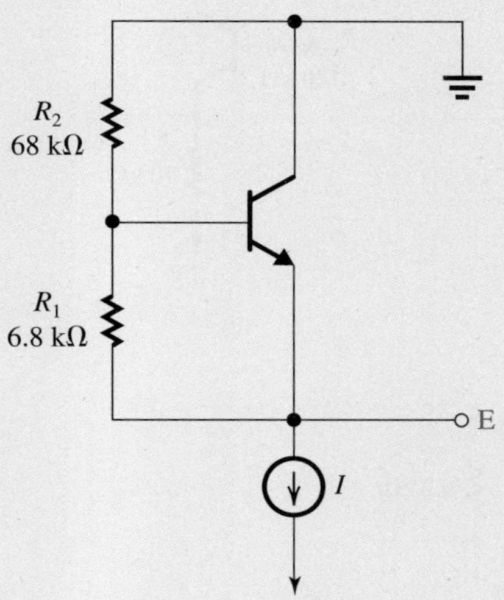

Figure P4.46

4.47 For a BJT having an Early voltage of 50 V, what is its output resistance at 1 mA? At 100 μA?

4.48 Give the *pnp* equivalent circuit models that correspond to those shown in Fig. 4.19 for the *npn* case.

4.49 A BJT operating at $i_B = 10$ μA and $i_C = 1.0$ mA undergoes a reduction in base current of 1.0 μA. When v_{CE} is held constant, the corresponding reduction in collector current is 0.08 mA. What are the values of β and the incremental β or β_{ac} that apply? If the base current is increased from 10 μA to 12 μA and v_{CE} is increased from 8 V to 10 V, what collector current results? Assume $V_A = 100$ V.

SIM **D *4.50** Consider the circuit of Fig. P4.35 for the case $V_{BB} = V_{CC}$. If the BJT is saturated, use the equivalent circuit of Fig. 4.21 to derive an expression for β_{forced} in terms of V_{CC} and (R_B/R_C). Also derive an expression for the total power dissipated in the circuit. For $V_{CC} = 5$ V, design the circuit so that it operates at a forced β as close to 10 as possible while limiting the power dissipation to no larger than 20 mW. Use 1% resistors (see Appendix J).

Section 4.3: BJT Circuits at DC

4.51 The transistor in the circuit of Fig. P4.51 has a very high β. Find V_E and V_C for V_B (a) +2.0 V, (b) +1.7 V, and (c) 0 V.

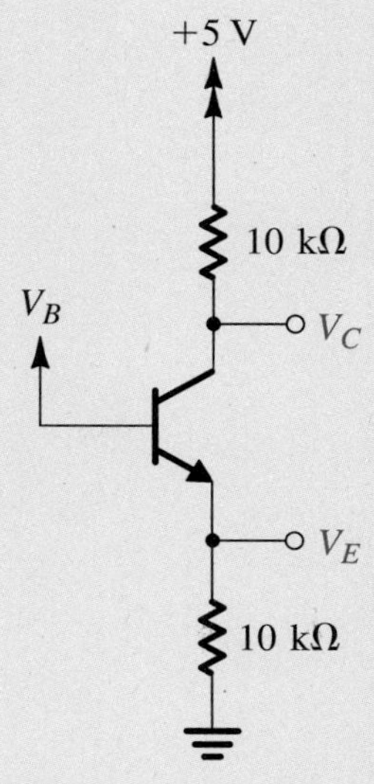

Figure P4.51

4.52 A single measurement indicates the emitter voltage of the transistor in the circuit of Fig. P4.52 to be 1.0 V. Under the assumption that $|V_{BE}| = 0.7$ V, what are V_B, I_B, I_E, I_C, V_C, β, and α ?

SIM **4.53** For the circuit in Fig. P4.53, find V_B, V_E, and V_C for $R_B = 100$ kΩ, 10 kΩ, and 1 kΩ. Let $\beta = 100$.

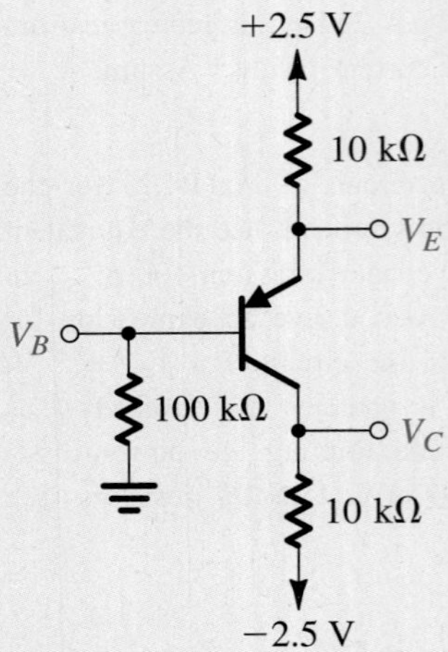

Figure P4.52

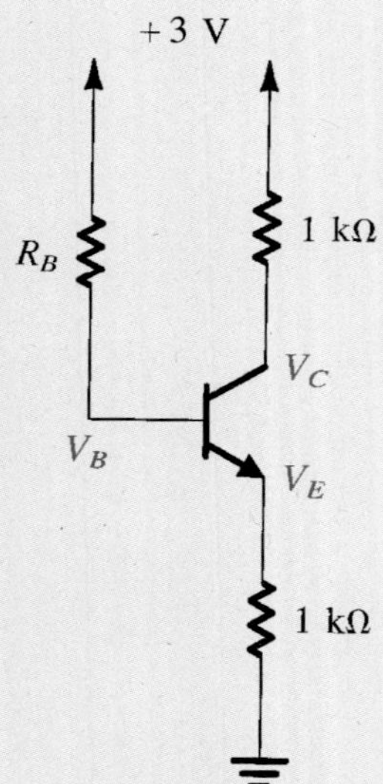

Figure P4.53

4.54 For the circuits in Fig. P4.54, find values for the labeled node voltages and branch currents. Assume β to be very high.

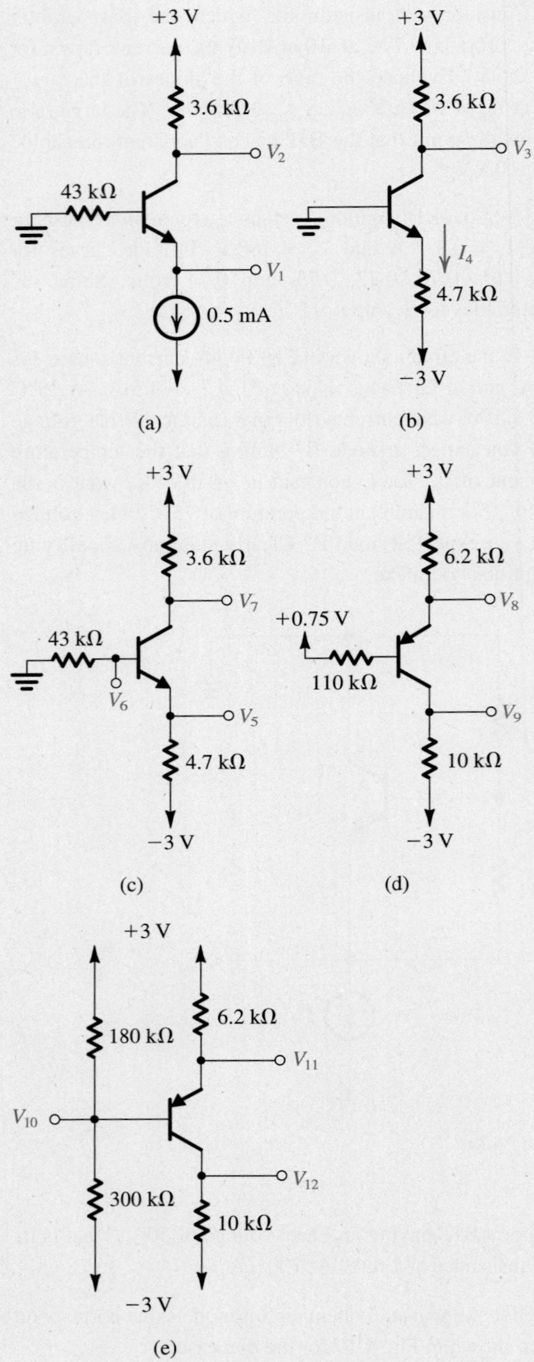

Figure P4.54

***4.55** Repeat the analysis of the circuits in Problem 4.54 using $\beta = 100$. Find all the labeled node voltages and branch currents.

4.56 Design the circuit in Fig. P4.56 to obtain $I_E = 0.2$ mA, $V_E = +2$ V, and $V_C = +5$ V. Design for $I_{B2} = 0.1$ mA. Use standard 5% resistors (refer to Table J.1 in Appendix J). The transistor has $V_{BE} = 0.7$ V and $\beta = 100$.

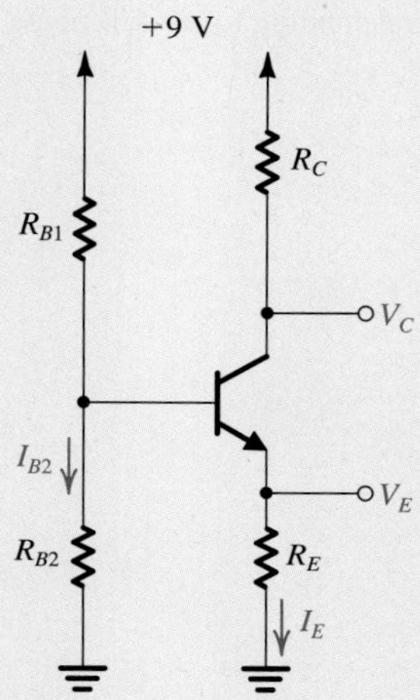

Figure P4.56

4.57 For the circuit in Fig. P4.57, find V_B and V_E for $v_I =$ 0 V, −2 V, +2.5 V, and +5 V. The BJTs have $\beta = 50$.

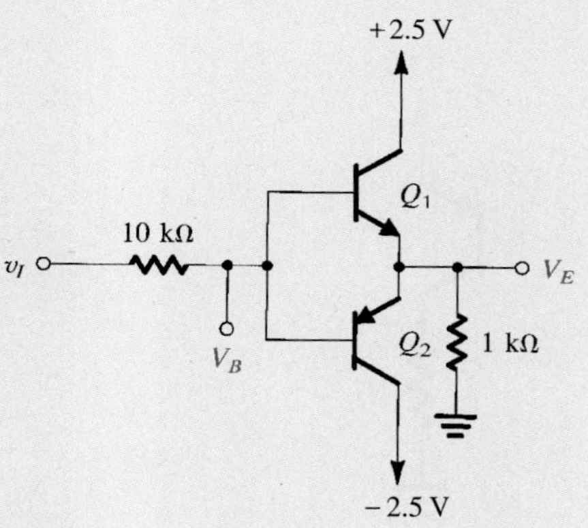

Figure P4.57

4.58 The transistor in the circuit of Fig. P4.51 has a very high β. Find the highest value of V_B for which the transistor still operates in the active mode. Also, find the value of V_B for which the transistor operates in saturation with a forced β of 3.

***4.59** Consider the operation of the circuit shown in Fig. P4.59 for V_B at −1 V, 0 V, and +1 V. Assume that β is very high. What values of V_E and V_C result? At what value of V_B does the emitter current reduce to one-tenth of its value for $V_B = 0$ V? For what value of V_B is the transistor just at the edge of conduction? ($v_{BE} = 0.5$ V) What values of V_E and V_C correspond? For what value of V_B does the transistor reach the edge of saturation? What values of V_C and V_E correspond? Find the value of V_B for which the transistor operates in saturation with a forced β of 2.

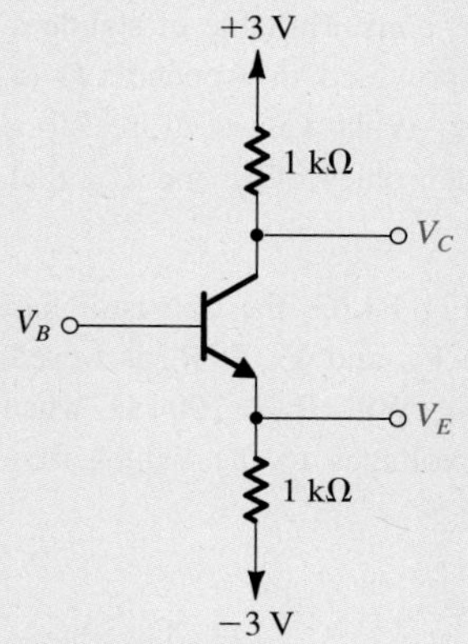

Figure P4.59

4.60 For the transistor shown in Fig. P4.60, assume $\alpha \simeq 1$ and $v_{BE} = 0.5$ V at the edge of conduction. What are the values of V_E and V_C for $V_B = 0$ V? For what value of V_B does the transistor cut off? Saturate? In each case, what values of V_E and V_C result?

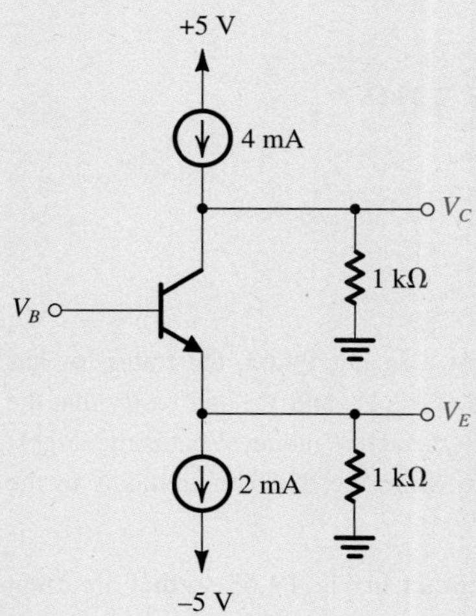

Figure P4.60

D 4.61 Consider the circuit in Fig. P4.51 with the base voltage V_B obtained using a voltage divider across the 5-V supply. Assuming the transistor β to be very large (i.e., ignoring the base current), design the voltage divider to obtain $V_B = 1.5$ V. Design for a 0.1-mA current in the voltage divider. Now, if the BJT $\beta = 100$, analyze the circuit to determine the collector current and the collector voltage.

D 4.62 Design a circuit using a *pnp* transistor for which $\alpha \simeq 1$ using two resistors connected appropriately to ± 3 V so that $I_E = 0.5$ mA and $V_{BC} = 1$ V. What exact values of R_E and R_C would be needed? Now, consult a table of standard 5% resistor values (e.g., that provided in Appendix J) to select suitable practical values. What values of resistors have you chosen? What are the values of I_E and V_{BC} that result?

4.63 In the circuit shown in Fig. P4.63, the transistor has $\beta = 40$. Find the values of V_B, V_E, and V_C. If R_B is raised to 100 kΩ, what voltages result? With $R_B = 100$ kΩ, what value of β would return the voltages to the values first calculated?

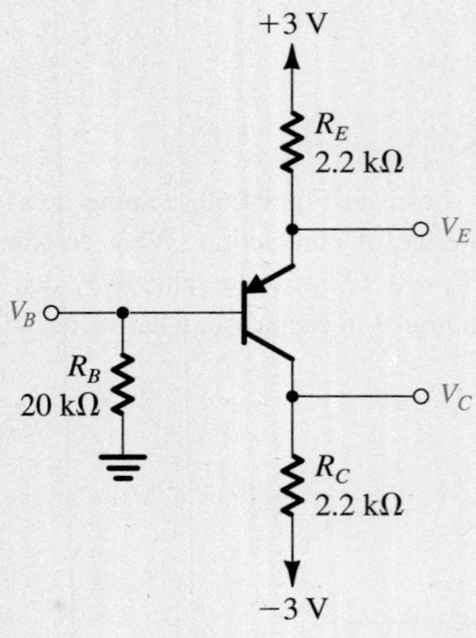

Figure P4.63

4.64 In the circuit shown in Fig. P4.63, the transistor has $\beta = 50$. Find the values of V_B, V_E, and V_C, and verify that the transistor is operating in the active mode. What is the largest value that R_C can have while the transistor remains in the active mode?

D *4.65 Design the circuit in Fig. P4.65 so that a current of 1 mA is established in the emitter and a voltage of −1 V appears at the collector. The transistor used has a nominal β of 100. However, the β value can be as low as 50 and as high as 150. Your design should ensure that the specified emitter current is obtained when $\beta = 100$ and that at the extreme values of β the emitter current does not change by more than 10% of its nominal value. Also, design for as large a value for R_B as possible. Give the values of R_B, R_E, and R_C to the nearest kilohm. What is the expected range of collector current and collector voltage corresponding to the full range of β values?

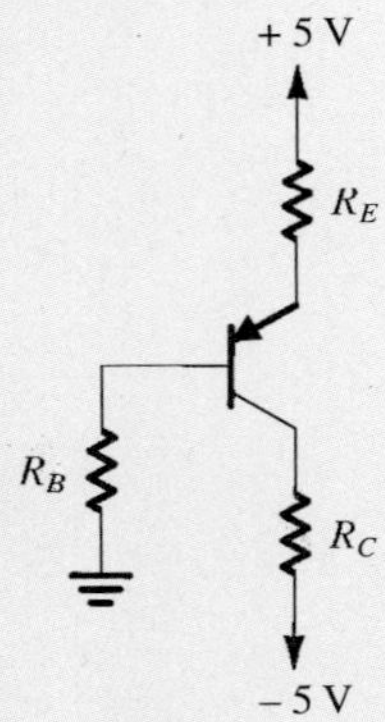

Figure P4.65

D 4.66 The *pnp* transistor in Fig. P4.66 has $\beta = 50$. Find the value for R_C that gives $V_C = +2$ V. What happens if the transistor is replaced with another having $\beta = 100$? Give the value of V_C in the latter case.

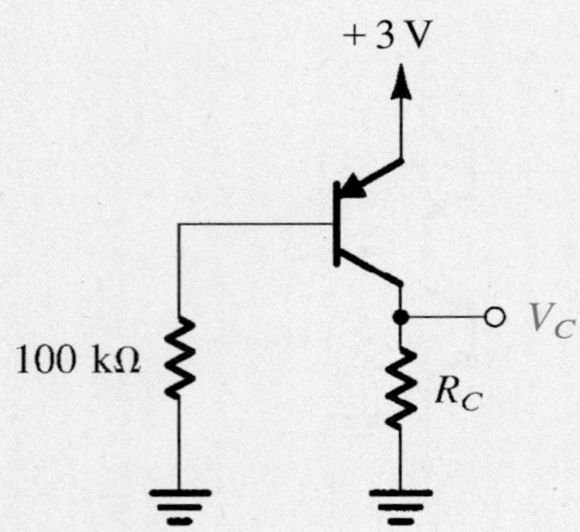

Figure P4.66

***4.67** For the circuit shown in Fig. P4.67, find the labeled node voltages for:

(a) $\beta = \infty$
(b) $\beta = 100$

problems with green numbers are considered essential; * = difficult problem; ** = more difficult; *** = very challenging
SIM = simulation; D = design problem;

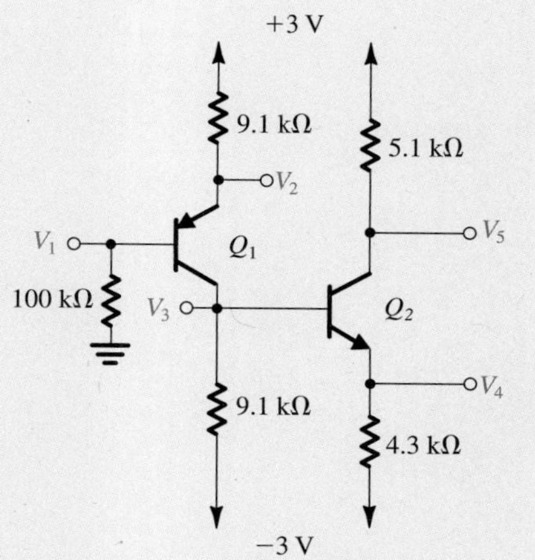

Figure P4.67

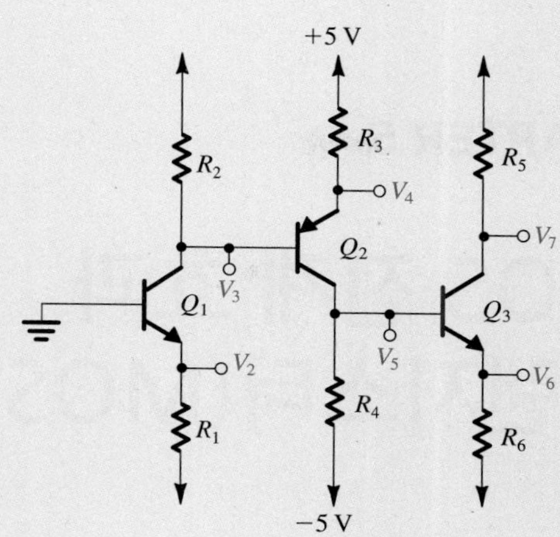

Figure P4.68

D *4.68 Using $\beta = \infty$, design the circuit shown in Fig. P4.68 so that the emitter currents of Q_1, Q_2, and Q_3 are 0.5 mA, 0.5 mA, and 1 mA, respectively, and $V_3 = 0$, $V_5 = -2$ V, and $V_7 = 1$ V. For each resistor, select the nearest standard value utilizing the table of standard values for 5% resistors in Appendix J. Now, for $\beta = 100$, find the values of V_3, V_4, V_5, V_6, and V_7.

****4.69** All the transistors in the circuits of Fig. P4.69 are specified to have a minimum β of 50. Find approximate values for the collector voltages and calculate forced β for each of the transistors. (*Hint:* Begin by assuming that all transistors are operating in saturation, and then verify the assumption.)

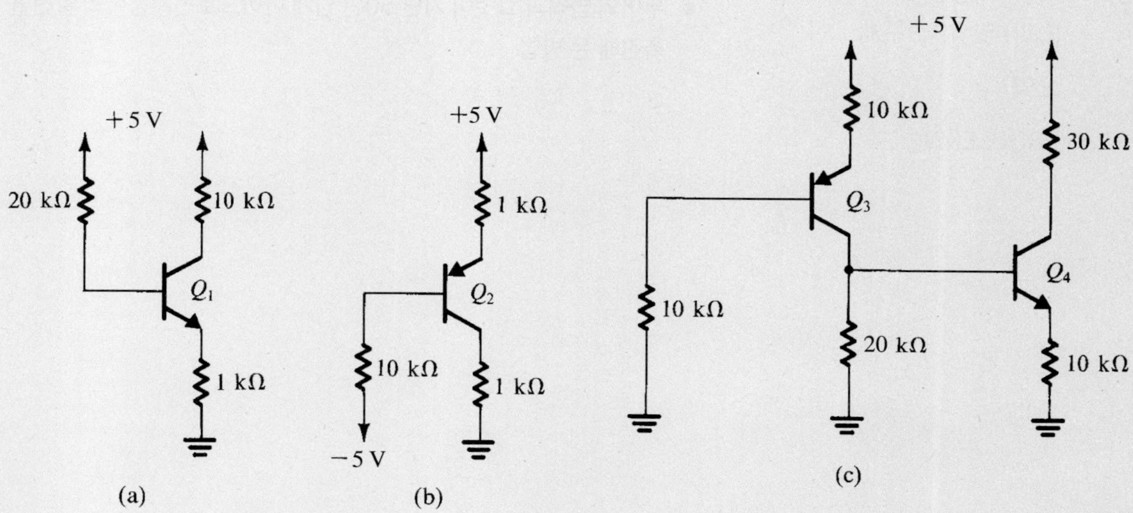

Figure P4.69

CHAPTER 5

MOS 전계 효과 트랜지스터(MOSFET)

서론

5.1 소자 구조와 물리적인 동작

5.2 전류 전압 특성

5.3 직류에서의 MOSFET 회로

5.4 기술 척도화(무어의 법칙) 및 기타 주제

요약

PROBLEMS

이 장에서 배울 내용

- MOS 트랜지스터의 물리적인 구조와 동작 원리
- 트랜지스터의 두 단자 사이의 전압이 세 번째 단자를 통해 흐르는 전류를 제어하는 방법과 이 전류 전압 특성을 표현하는 방정식
- MOS 트랜지스터, 저항기, 그리고 직류 전원을 포함하는 회로를 해석하고 설계하는 방법
- 무어의 법칙과 그것이 지난 50년 넘게 마이크로전자공학의 발전을 촉진해 온 방법

서론

이 장에서는 다른 주요한 3단자 소자인 금속-산화물-반도체 전계 효과 트랜지스터(MOSFET: metal-oxide-semiconductor field-effect transistor)를 공부한다. 이 장의 내용은 4장의 BJT 내용에 대한 설명과 유사한 방식으로 제시되지만 의존하지는 않는다. 그래서 BJT보다 먼저 MOSFET을 공부할 수도 있다.

비록 두 트랜지스터 유형이 독특한 특징과 응용 분야를 가지고 있지만, MOSFET은 특히 단일 실리콘 칩(silicon chip)에 제조되는 완전한 회로인 집적 회로(IC: integrated circuit)의 설계에 가장 널리 사용되는 전자 소자가 되었다.

MOSFET은 BJT에 비해 아주 작게 만들 수 있고(즉, 실리콘 IC 칩에서 작은 면적을 차지하고), 그 제조 공정이 더 간단하다(부록 A 참조). 또한 더욱 적은 전력으로 동작한다. 게다가 회로 설계자들은 거의 MOSFET들만 전적으로 사용하여(즉, 매우 작은 수의 저항기들을 사용하거나 또는 전혀 사용하지 않고) 디지털과 아날로그 기능을 실현하는 창의적인 방법을 찾았다.

이러한 특성들로 인해 메모리나 마이크로프로세서와 같은 매우 정교한 초대규모 집적(VLSI: very large scale integrated) 디지털 회로들을 구현하기 위해 많은 수(수십억 개)의 MOSFET들을 단일 IC 칩에 채워 넣는 것이 가능하게 되었다. 더 작고 다소 덜 조밀한 칩들이 얻어지긴 하지만, 증폭기(amplifier)나 필터(filter)와 같은 아날로그 회로들(analog circuits)도 MOS 기술로 구현된다. 또한 아날로그와 디지털 기능들 모두가 점점 같은 IC 칩에 구현되고 있다. 이는 혼성 신호 설계(mixed-signal design)로 알려져 있다.

이 장은 MOSFET의 물리적인 구조와 동작, 단자 특성, 직류 회로 응용 등 MOSFET에 익숙해지는 데 도움을 줄 것이다. 이는 증폭기 설계(6장)와 디지털 회로 설계(14장)에 MOSFET을 응용하기 위한 확실한 기초를 제공할 것이다. 비록 개별 MOS 트랜지스터들이 현존하며, 이 장에서 공부하는 내용이 개별 MOS 회로를 설계할 수 있도록 하겠지만, MOSFET의 학습에서 그 응용의 대부분이 집적 회로 설계인 점을 중요하게 다룰 것이다. 이 책의 나머지 부분을 통해서 IC 아날로그와 디지털 MOS 회로들의 설계에 대해 더욱 많이 배울 것이다.

최초의 전계 효과 소자들

고체 전기장-제어 도체에 관한 특허는 1925년에 독일 라이프치히 대학교의 물리학자인 줄리어스 릴리엔펠트가 캐나다에서 신청하였다. 1926년과 1928년에 미국에서 다른 개량 특허들이 뒤를 이었지만 애석하게도 어떤 연구 논문도 발표되지 않았다. 1934년에는 영국 케임브리지 대학교의 독일계 물리학자 오스카 하일이 유사한 아이디어에 대한 특허를 신청하였다. 그러나 반도전성 경로의 전기장 제어에 관한 이 모든 초창기 개념은 이용할 수 있는 적합한 기술이 없었기 때문에 시들해졌다.

1947년 벨 전화 연구소의 바이폴라 트랜지스터의 발명은 바이폴라 소자의 빠른 개발을 야기하게 되었고, 그 결과 전계 효과 트랜지스터의 개발을 더욱 지연하는 상황을 초래하였다. 전계 효과 소자는 1952년 윌리엄 쇼클리의 논문에 기술되었지만, 1960년이 되어서야 절연-게이트 전계 효과 소자인 MOSFET에 관한 특허가 벨 연구소의 강대원(姜大元)과 마틴 아탈라에 의해 신청되었다. 증폭과 스위칭을 위한 전계 효과 제어에 대한 아이디어는 세상을 분명히 변화시켰다. 오늘날 수십억 개의 MOS 소자를 포함하는 집적 회로 칩들로 MOS는 전자공학 분야를 좌우한다!

5.1 소자 구조와 물리적인 동작

증가형 MOSFET은 가장 널리 사용되는 전계 효과 트랜지스터이다. 마지막 절을 제외하고 이 장에서는 증가형 MOSFET의 공부에 전념할 것이다. 먼저 이 절에서 증가형 MOSFET의 구조와 물리적인 동작을 배우는 것으로 시작한다. 그런 다음 이 소자의 전류 전압 특성을 다음 절에서 살펴볼 것이다.

5.1.1 소자 구조

그림 5.1은 n 채널 증가형 MOSFET의 물리적 구조를 나타낸다.('증가형'이나 'n 채널'이라는 명칭의 의미는 곧 분명해질 것이다.) 이 트랜지스터는 p형 기판(substrate) 위에 제조되는데, 이 p형 기판은 소자(집적 회로인 경우에는 전체 회로)의 지지대 역할을 하는 단결정 실리콘 웨이퍼(silicon wafer)이다. n^+ **소스**(source)[1)]와 n^+ **드레인**(drain) 영역으로 표시되고, 고농도로 도핑된 두 개의 n영역이 기판에 만들어져 있다. 이 기판의 표면 위에 전기적인 절연 특성이 양호하고 두께 t_{ox}인 얇은(보통 1 nm 내지 10 nm)[2)] 이산화 실리콘(SiO_2: silicon dioxide) 층이 성장되어 있으며, 이 층이 소스와 드레인 영역들 사이의 면적을 덮고 있다. 이 산화층 위에 금속이 증착되어 소자의 **게이트 전극**(gate electrode)을 형성하고 있다. 또한 금속 접점들은 소스 영역, 드레인 영역, 그리고 **몸체**(body)로 알려진 기판에도 만들어져 있다.[3)] 따라서 네 개의 단자 즉 게이트 단자(G), 소스 단자(S), 드레인 단자(D), 그리고 기판 또는 몸체 단자(B)가 나타나 있다.

여기서 이 소자의 명칭인 금속-산화물-반도체 FET가 그 물리적인 구조에서 나온다는 것이 분명해진다. 그러나 이제 그 명칭은 일반적인 것이 되었고, 게이트 전극으로 금속을 사용하지 않는 FET들에 대해서도 사용된다. 앞으로 기술되는 MOSFET의 동작과 특성들은 게이트 전극의 종류에 상관없이 모든 유형의 FET에 적용된다.

---

1) n^+라는 표시는 고농도로 도핑된 n형 실리콘을 의미한다. 반대로 n^-라는 표시는 저농도로 도핑된 n형 실리콘을 의미한다. 이와 유사한 표기법이 p형 실리콘에도 적용된다.

2) 나노미터(nm)는 10^{-9} m 또는 0.001 μm이다. 마이크로미터(μm) 또는 마이크론은 10^{-6} m이다.

3) 그림 5.1에서 몸체에 대한 접점은 소자의 밑바닥에 나타나 있다. 이것은 5.4절에서 '몸체 효과(body effect)'로 알려진 현상을 살펴볼 때 유용할 것이다. 그러나 실제 IC에서는 몸체의 접점이 소자의 윗부분에 형성되는 사실을 인식하는 것이 중요하다.

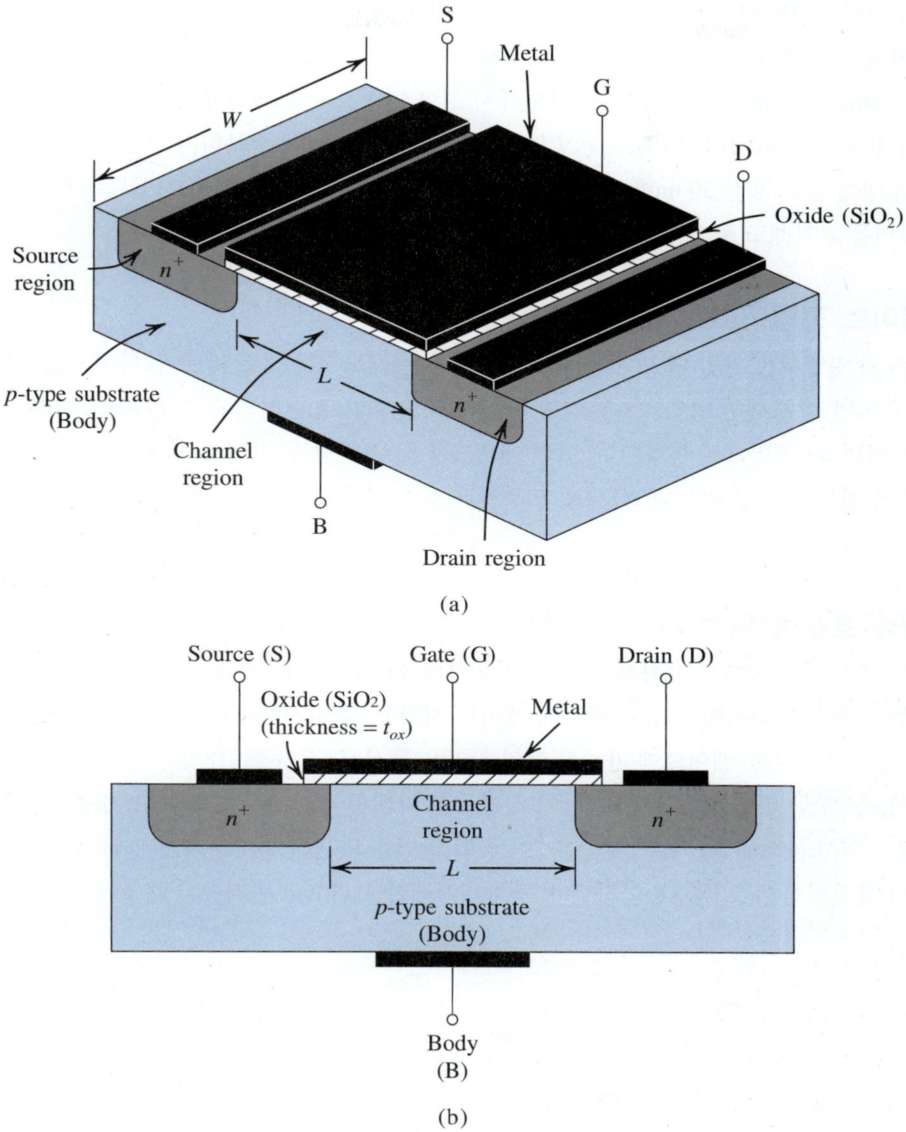

그림 5.1 n 채널 증가형 MOSFET의 물리적인 구조: (a) 투시도, (b) 단면도. 보통 L = 20 nm 내지 1 μm이고, W = 30 nm 내지 100 μm이며, 산화층의 두께(t_{ox})는 1 nm 내지 10 nm의 범위 내에 있다.

여기서 게이트 전극이 (산화층에 의해서) 소자 몸체로부터 전기적으로 절연된다는 사실을 강조하는 바이다. 바로 이 절연으로 인해 게이트 단자에 흐르는 전류는 (10^{-15} A 정도로) 극히 작다.

기판이 소스나 드레인 영역들과 pn 접합들을 형성한다는 사실을 인식하자. 정상적인 동작에서 이 pn 접합들은 항상 역바이어스로 유지된다. 곧 알게 되겠지만, 드레인이 소스보다 항상 높은 전압을 갖기 때문에, 단지 기판 단자를 소스 단자에 접속함으로써 두 pn 접합들은 실질적으로 차단될 수 있다. 우리는 이것을 사실로 가정하고 MOSFET 동작을 기술할 것이다. 따라서 우리는 기판이 소자 동작에는 어떤 영향도 미치지 않는다고 간주할 것이며, MOSFET을 게이트(G), 소스(S), 드레인(D)의 세 단자를 갖는 3단자 소자로 취급할 것이다. 게이트에 인가된 전압이 소스와 드레인 사이의 전류 흐름을 제어하는 사실을 확인할 것이다. 이 전류는 '채널 영역(channel region)'이라고 표시된 영역에서 길이 방향으로 드레인에서 소스로 흐를 것이다. 이 영역이 MOSFET의 중요한 두 파라미터인 길이 L과 폭 W를 가진다는 점에 주목하기 바란다. 보통 L은 20 nm 내지 1 μm의 범위 내에 있고, W는 30 nm 내지 100 μm의 범위 내에 있다. 끝으로 MOSFET은 대칭적인 소자이므로 소스와 드레인을 교환해도 소자 특성에는 아무런 변화가 없다는 사실을 인식하자.

5.1.2 게이트 전압이 0일 때의 동작

게이트에 0 V의 전압이 인가될 때 드레인과 소스 사이에는 애노드를 서로 맞댄 두 다이오드가 직렬로 존재한다. 한 다이오드는 n^+ 드레인 영역과 p형 기판 사이의 pn 접합으로 형성되고, 다른 다이오드는 p형 기판과 n^+ 소스 영역 사이의 pn 접합으로 형성된다. 이런 애노드를 서로 맞댄 두 다이오드는 전압 v_{DS}가 인가될 때 드레인에서 소스로 전류 전도를 막는다. 실제로 드레인과 소스 사이의 통로는 (10^{12} Ω 정도의) 매우 높은 저항을 갖는다.

5.1.3 전류 흐름을 위한 채널의 형성

이제 그림 5.2에 묘사된 상황을 고찰하자. 여기서 우리는 소스와 드레인을 접지하였고, 게이트에는 양의 전압을 인가하였다. 소스가 접지되어 있기 때문에 게이트 전압은 사실상 게이트와 소스 사이에 나타나므로 게이트 전압은 v_{GS}로 표시된다. 게이트에 가해진 양의 전압은 우선 (양전기를 띤) 자유 정공들을 게이트 바로 아래의 기판 영역(즉 채널 영역)에서 밀어낸다. 이 정공들은 아래쪽 기판으로 밀려나고, 정공들이 있던 자리에는 캐리어 공핍 영역(depletion region)이 남는다. 이 공핍 영역은 억셉터 원자들과 연관된 속박 음전하로 채워져 있다. 이 속박 음전하들은 그들을 중화하던 정공들이 아래쪽 기판으로 밀려났기 때문에 '드러나게' 되었다.

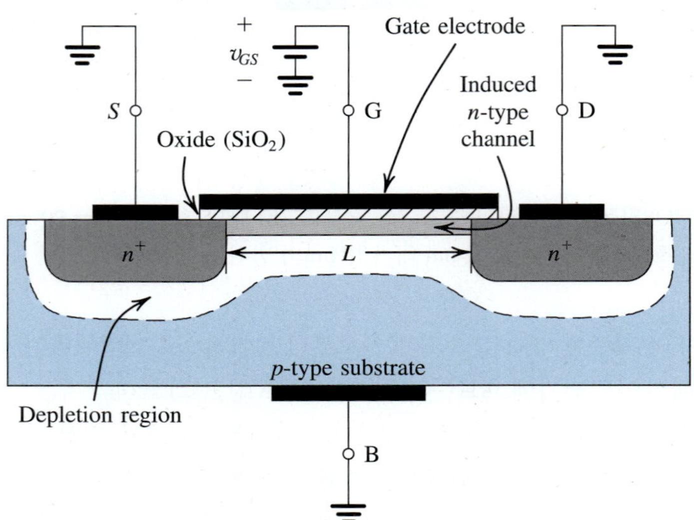

그림 5.2 게이트에 양의 전압이 인가된 증가형 NMOS 트랜지스터. n 채널이 게이트 아래 기판의 윗부분에 유도된다.

그리고 양의 게이트 전압은 (전자들이 풍부한) n^+ 소스와 드레인 영역들에서 채널 영역으로 전자들을 끌어들인다. 충분한 수의 전자들이 게이트 아래 기판의 표면 가까이에 축적되면, 그림 5.2에 나타낸 것처럼 n영역이 실질적으로 형성되어 소스와 드레인 영역들을 하나의 영역으로 연결한다. 이제 어떤 전압이 드레인과 소스 사이에 인가되면, 이 유도된(induced) n영역을 통해 이동 가능한 전자들이 운반하는 전류가 흐른다. 그래서 유도된 n영역이 전류를 드레인에서 소스로 흐르게 하는 **채널**(channel)을 형성한다. 이에 따라 우리는 그림 5.2의 MOSFET을 ***n* 채널 MOSFET**(*n*-channel MOSFET) 또는 **NMOS 트랜지스터**(NMOS transistor)라고 부른다. n 채널 MOSFET은 p형 기판에 형성되는 사실을 주목하자. 즉, 채널은 기판 표면을 p형에서 n형으로 반전시킴으로써 생성된다.

충분한 수의 이동 가능한 전자들이 게이트 아래에 축적되어 도통 채널을 형성할 때의 v_{GS} 값을 **문턱 전압**(threshold voltage) V_t라고 부른다.[4] 분명히 n 채널 FET의 V_t는 양이다. V_t의 값은 소자를 제조하는 과정에서 조절되며, 보통 0.3 V 내지 1.0 V의 범위 내에 놓인다.

MOSFET의 게이트와 채널 영역은 산화층을 커패시터 유전체로 가진 평행판 커패시터(parallel-plate capacitor)를 형성한다. 양의 게이트 전압은 양전하를 커패시터의 상부판(게이트 전극)에 축적시킨다. 이에 대응하는 바닥판의 음전하는 유도된 채널에 있는 전자들로 구성된다. 따라서 하나의 전계가 수직 방향으로 형성된다. 채널 내의 전하량을 제어하는 것이 바로 이 전계이므로, 이 전계가 채널 도전율(channel conductivity)을 결정하고, 그 결과로 전압 v_{DS}가 인가될 때 채널을 통해 흐르는 전류도 결정된다. 이것이 '전계 효과 트랜지스터(FET)'라는 명칭의 기원이다.

채널이 형성되기 위해서는 평행판 커패시터 양단의 전압, 즉 산화물 양단의 전압은 V_t를 초과해야 한다. 그림 5.2에서와 같이 $v_{DS}=0$일 때, 채널의 각 지점들의 전압은 0이고, 산화물 양단(즉, 게이트와 채널의 각 지점들 사이)의 전압은 v_{GS}로 균일하다. V_t에 대한 v_{GS}의 초과 전압은 **실효 전압**(effective voltage) 또는 **과구동 전압**(overdrive voltage)으로 표현되며 채널의 전하를 결정하는 전압이다. 이 책에서는 $(v_{GS}-V_t)$를 v_{OV}로 나타낼 것이다. 즉

$$v_{GS}-V_t \equiv v_{OV} \tag{5.1}$$

채널에 있는 전자 전하의 크기는

$$|Q| = C_{ox}(WL)v_{OV} \tag{5.2}$$

로 표현될 수 있다. 여기서 **산화물 커패시턴스**(oxide capacitance)라고 부르는 C_{ox}는 (F/m^{2}의 단위를 갖는) 평행판 커패시터의 단위 게이트 면적당 커패시턴스이고, W는 채널 폭이며, L은 채널 길이이다. 산화물 커패시턴스 C_{ox}는

$$C_{ox} = \frac{\epsilon_{ox}}{t_{ox}} \tag{5.3}$$

로 주어지며 여기서 ϵ_{ox}는 실리콘 산화물의 유전율로 다음과 같다.

---

4) 어떤 교재에서는 문턱 전압을 V_T로 표시한다. 우리는 열전압(thermal voltage) V_T와 혼동을 피하기 위해 문턱 전압을 V_t로 표시한다.

$$\epsilon_{ox} = 3.9\epsilon_0 = 3.9 \times 8.854 \times 10^{-12} = 3.45 \times 10^{-11} \text{ F/m}$$

산화물 두께 t_{ox}는 MOSFET을 제조하는 공정 기술에 의해 정해진다. 예로 $t_{ox} = 4$ nm인 공정에 대해 C_{ox}는 다음과 같다.

$$C_{ox} = \frac{3.45 \times 10^{-11}}{4 \times 10^{-9}} = 8.6 \times 10^{-3} \text{ F/m}^2$$

마이크론 제곱에 대해 C_{ox}를 표현하는 것이 훨씬 더 편리하다. 앞의 예에 대해서 이는 8.6 fF/μm²을 산출하고, 여기서 fF는 펨토패럿(10^{-15} F)을 표시한다. 이 공정 기술로 제조되고 채널 길이 $L = 0.18$ μm와 채널 폭 $W = 0.72$ μm를 갖는 MOSFET에 대해 게이트와 채널 사이의 총 커패시턴스는 다음과 같다.

$$C = C_{ox}WL = 8.6 \times 0.18 \times 0.72 = 1.1 \text{ fF}$$

끝으로 식 (5.2)로부터 v_{OV}가 증가하면 채널 전하의 크기도 비례적으로 증가한다는 사실에 주목하라. 때로는 이것이 채널 깊이의 증가로 묘사된다. 즉, 과구동 전압이 크면 클수록 채널은 더욱더 깊어진다.

5.1.4 작은 v_{DS} 전압의 인가

채널을 유도하였으므로 이제 그림 5.3에 나타낸 것처럼 양의 전압 v_{DS}를 드레인과 소스 사이에 인가한다. 우선 v_{DS}가 작은(즉, 50 mV 정도인) 경우를 고려하자. 전압 v_{DS} 때문에 전류 i_D가 유도된 n 채널을 통해 흐른다. 전류는 소스에서 드레인으로 이동하는 자유 전자들에 의해서 운반된다.(여기에서 소스와 드레인이라는 명칭이 유래한다.) 관례적으로 전류의 방향은 음전하의 흐름 방향과 반대이다. 따라서 채널의 전류 i_D는 그림 5.3에 표시된 것처럼 드레인에서 소스로 흐를 것이다.

이제 i_D의 크기를 계산하고자 한다. v_{DS}가 작기 때문에, 게이트와 채널의 각 지점 사이의 전압은 근사적으로 일정하고 소스 끝의 값 v_{GS}와 같다고 계속 가정할 수 있다. 따라서 게이트와 채널의 각 지점 사이의 실효 전압은 v_{OV}로 유지되고, 채널 전하 Q는 여전히 식 (5.2)로 주어진다. 전류 i_D를 계산하기 위해 먼저 단위 채널 길

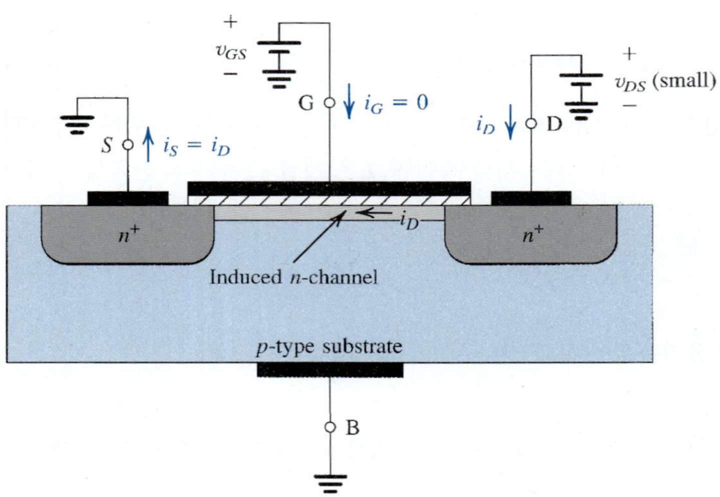

그림 5.3 $v_{GS} > V_t$이고 작은 v_{DS}가 인가된 NMOS 트랜지스터. 소자는 v_{GS}에 의해서 그 값이 결정되는 저항으로 작용한다. 구체적으로, 채널 컨덕턴스는 $v_{GS} - V_t$에 비례하므로, i_D는 $(v_{GS} - V_t)v_{DS}$에 비례한다. (간결함을 위해) 공핍 영역이 표시되지 않았다는 점에 유의하자.

이당 전하를 구한다. 이는 식 (5.2)로부터

$$\frac{|Q|}{L} = C_{ox} W v_{OV} \tag{5.4}$$

로 구해진다. 전압 v_{DS}는 채널의 길이에 걸쳐서 전기장 E를 형성한다. 즉,

$$|E| = \frac{v_{DS}}{L} \tag{5.5}$$

이 전기장은 채널 전자들이 드레인을 향하여

$$\text{Electron drift velocity} = \mu_n |E| = \mu_n \frac{v_{DS}}{L} \tag{5.6}$$

로 주어지는 속도로 유동하게 한다. 여기서 μ_n은 채널 표면에서 전자의 이동도이다. 이것은 그 값이 제조 공정에 의존하는 물리적인 파라미터이다. 이제 i_D의 값은 단위 채널 길이당 전하[식 (5.4)]에 전자 유동 속도[식 (5.6)]를 곱하여 구할 수 있다. 즉,

$$i_D = \left[(\mu_n C_{ox}) \left(\frac{W}{L} \right) v_{OV} \right] v_{DS} \tag{5.7}$$

그러므로 작은 v_{DS}에 대해, 채널은 그 값이 과구동 전압 v_{OV}에 의해 조절되는 선형 저항(linear resistance)으로 동작한다. 결과적으로 그 값은 v_{GS}에 의해 결정된다. 즉,

$$i_D = \left[(\mu_n C_{ox}) \left(\frac{W}{L} \right) (v_{GS} - V_t) \right] v_{DS} \tag{5.8}$$

채널의 컨덕턴스 g_{DS}는 식 (5.7) 또는 (5.8)로부터

$$g_{DS} = (\mu_n C_{ox}) \left(\frac{W}{L} \right) v_{OV} \tag{5.9}$$

또는

$$g_{DS} = (\mu_n C_{ox}) \left(\frac{W}{L} \right) (v_{GS} - V_t) \tag{5.10}$$

로 구해질 수 있다. 이 컨덕턴스는 세 가지 인자 즉 $(\mu_n C_{ox})$, (W/L), v_{OV}(또는 등가적으로 $v_{GS} - V_t$)의 곱으로 정해진다. MOSFET 동작을 더욱 잘 이해하기 위해 세 가지 인자 각각을 차례로 고려해 보자.

첫 번째 인자 $(\mu_n C_{ox})$는 MOSFET을 제조하는 공정 기술에 의해 정해진다. 이것은 전자 이동도 μ_n과 산화물 커패시턴스 C_{ox}의 곱이다. 채널 컨덕턴스가 μ_n과 C_{ox}에 비례하는 것은 큰 채널 컨덕턴스가 빠르고 많은 전자에 기인한다는 물리적인 이치에 부합한다. 이 인자를 **공정 트랜스컨덕턴스**(process transconductance) 파라미터[5]로 부르고, 아래첨자 n이 n 채널을 나타내는 기호 k_n'으로 표기한다. 즉,

5) 이 명칭은 6장에서 알게 되겠지만 $(\mu_n C_{ox})$가 MOSFET의 트랜스컨덕턴스를 결정하는 사실에 기인한다.

$$k_n' = \mu_n C_{ox} \tag{5.11}$$

여기서 μ_n은 $m^2/V \cdot s$의 단위를 가지고 C_{ox}는 F/m^2의 단위를 가지므로 k_n'의 단위는 A/V^2이 되는 것을 보일 수 있다.

식 (5.9)와 (5.10)의 컨덕턴스 g_{DS}에 대한 표현식에서 두 번째 인자는 트랜지스터 **외형비**(aspect ratio) (W/L)이다. 채널 컨덕턴스가 채널 폭에 비례하고 채널 길이에 반비례한다는 사실도 완전히 물리적인 이치에 부합한다. 이 (W/L) 비는 소자 설계자에 의해 정해지는 명백히 단위가 없는 양이다. 소자 설계자는 소자의 원하는 i–v 특성을 얻기 위하여 W와 L의 값들을 선정할 수 있다. 그러나 주어진 제조 공정에는 최소 채널 길이(minimum channel length) L_{min}이 있다. 사실 주어진 제조 공정으로 가능한 최소 채널 길이는 공정의 특성을 표현하기 위해 사용되며, 기술이 발전함에 따라 끊임없이 감소되고 있다. 예를 들면 2019년에 최신의 상업적인 MOS 기술은 14 nm 공정이었다. 이는 이 공정에서 가능한 최소 채널 길이가 14 nm인 것을 의미한다. 끝으로 산화물 두께 t_{ox}도 L_{min}과 더불어 줄어든다는 사실을 주목해야 한다. 이런 이유로 0.13 μm 기술에서는 t_{ox}가 2.7 nm이지만, 일반적인 65 nm 기술에서는 t_{ox}가 약 2.2 nm이다. 기술 척도화(尺度化)와 무어의 법칙(Moore's law)에 대해서는 5.4절에서 더 언급할 것이다.

공정 트랜스컨덕턴스 파라미터 k_n'과 트랜지스터 외형비 (W/L)의 곱은 **MOSFET 트랜스컨덕턴스 파라미터** k_n으로 다음과 같다.

$$k_n = k_n'(W/L) = (\mu_n C_{ox})(W/L) \tag{5.12}$$

이 MOSFET 트랜스컨덕턴스 파라미터 k_n은 k_n'과 똑같이 A/V^2의 단위를 갖는다.

채널 컨덕턴스 g_{DS}의 표현식에서 세 번째 인자는 과구동 전압 v_{OV}이다. v_{OV}가 채널 전자 전하의 크기를 직접적으로 결정하기 때문에, 이것은 그렇게 놀라운 사실이 아니다. 곧 알게 되겠지만 v_{OV}는 매우 중요한 회로 설계 파라미터이다. 이 책에서는 v_{OV}와 $v_{GS} - V_t$를 호환적으로 사용할 것이다.

v_{DS}가 작게 유지되면 MOSFET이 게이트 전압 v_{GS}에 의해 그 값이 조절되는 선형 저항 r_{DS}로 동작한다는 것을 언급하면서 이 절을 마치고자 한다. 즉,

$$r_{DS} = \frac{1}{g_{DS}}$$

$$r_{DS} = \frac{1}{(\mu_n C_{ox})(W/L) v_{OV}} \tag{5.13a}$$

$$r_{DS} = \frac{1}{(\mu_n C_{ox})(W/L)(v_{GS} - V_t)} \tag{5.13b}$$

전압 제어 저항(voltage-controlled resistance)으로서의 MOSFET의 동작은 그림 5.4에 추가로 예시되어 있다. 이는 v_{GS}의 다양한 값들에 대한 i_D 대 v_{DS}의 개략도를 나타낸다. $v_{GS} \le V_t$일 때는 저항이 무한대이고, v_{GS}가 V_t를 초과함에 따라 그 값이 감소한다. v_{GS}가 그림 5.4의 그래프에 대한 파라미터로 사용되었지만, 사실상 이 그래프가 v_{OV}에만(물론 k_n에도) 의존한다는 사실이 중요하다.

지금쯤 MOSFET이 도통하기 위해서는 반드시 채널이 유도되어야 한다는 사실을 인식해야 한다. 그리

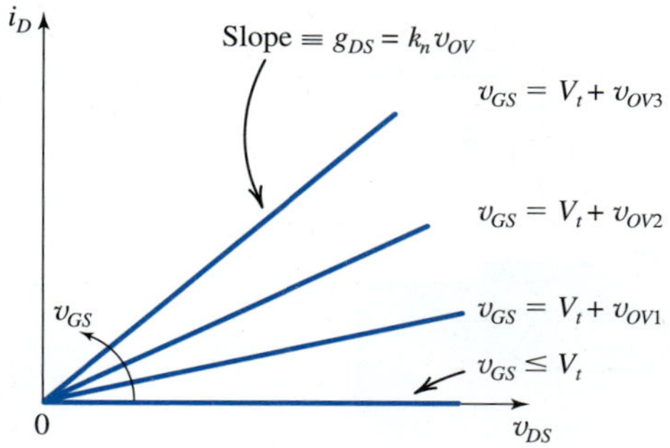

그림 5.4 드레인과 소스 사이에 인가된 전압 v_{DS}가 작게 유지될 때, 그림 5.3에 나타낸 MOSFET의 i_D–v_{DS} 특성. 이 소자는 그 값이 v_{GS}에 의해 제어되는 선형 저항으로 동작한다.

고 v_{GS}를 문턱 전압 V_t 이상으로 높이면 채널이 증가한다는 사실에서 **증가 모드 동작**(enhancement-mode operation)과 **증가형 MOSFET**(enhancement-type MOSFET)의 명칭이 유래한다. 끝으로 소스 단자를 떠나는 전류(i_S)가 드레인 단자로 들어가는 전류(i_D)와 같고, 게이트 전류 $i_G = 0$인 점에 주목하자.

연습문제

5.1 18 μm 공정 기술은 $t_{ox} = 4$ nm, $\mu_n = 450$ cm^2/V·s, $V_t = 0.5$ V를 갖는다. 공정 트랜스컨덕턴스 파라미터 k_n'의 값을 구하라. 이 공정에서 제조된 최소 길이의 MOSFET에 대해 이 소자가 $v_{GS} = 1$ V에서 1 kΩ의 채널 저항 r_{DS}를 나타내기 위해 필요한 W의 값을 구하라.
[답] 388 μA/V^2; 0.93 μm

5.1.5 v_{DS}의 증가에 따른 동작

다음으로 v_{DS}가 증가하는 경우를 고찰하자. 이를 위해 v_{GS}가 V_t보다 큰 값으로 일정하게 유지되게 하자. 즉, MOSFET을 일정한 과구동 전압 v_{OV}에서 동작하게 한다. 그림 5.5에서 v_{DS}가 채널 길이 양단의 전압 강하로 나타남을 알게 된다. 바꿔 말하면, 채널을 따라 소스에서 드레인으로 나아가면, (소스를 기준으로 측정한) 전압이 0에서 v_{DS}까지 증가한다. 따라서 게이트와 채널의 각 지점 사이의 전압은 소스 끝의 $v_{GS} = V_t + v_{OV}$에서 드레인 끝의 $v_{GD} = v_{GS} - v_{DS} = V_t + v_{OV} - v_{DS}$로 감소한다. 채널 깊이가 이 전압, 구체적으로 말하면 이 전압이 V_t를 초과한 정도에 의존하므로, 채널이 더 이상 균일한 깊이가 아니라는 것을 알 수 있다. 오히려 채널은 그림 5.5에 나타낸 것처럼 (그 깊이가 v_{OV}에 비례하는) 소스 끝에서 가장 깊고 (그 깊이가 $v_{OV} - v_{DS}$에 비례하는) 드레인 끝에서 가장 얇은 경사진 형태를 취할 것이다. 이 사실은 그림 5.6에 추가로 예시되어 있다.

v_{DS}가 증가함에 따라 채널은 더욱더 경사진 형태가 되고, 이에 대응하여 채널 저항은 증가한다. 따라서 i_D–v_{DS} 곡선은 직선적으로 증가하지 못하고 그림 5.7에 나타낸 것처럼 구부러진다. i_D–v_{DS} 곡선의 이 부분을 표현하는 방정식은 그림 5.6에 있는 정보를 활용함으로써 유도될 수 있다. 구체적으로, 경사진 채널의 전하는 그림 5.6(b)에 나타낸 채널 단면적에 비례한다. 이번에는 이 면적이 $\frac{1}{2}\left[v_{OV} + (v_{OV} - v_{DS})\right]$ 또는 $\left(v_{OV} - \frac{1}{2}v_{DS}\right)$에 비례한다는 것을 알 수 있다. 따라서 i_D와 v_{DS} 사이의 관계식은 식 (5.7)의 v_{OV}를 $\left(v_{OV} - \frac{1}{2}v_{DS}\right)$로 대치함으로써 구

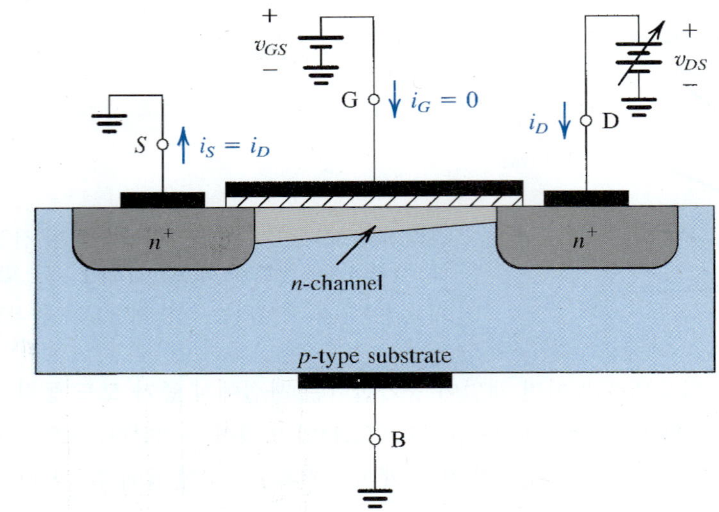

그림 5.5 v_{DS}의 증가에 따른 MOSFET의 동작. 유도된 채널은 경사진 모양을 하고, v_{DS}가 증가함에 따라 그 저항도 증가한다. 여기서 v_{GS}는 V_t보다 큰 값으로 일정하게 유지된다. 즉, $v_{GS} = V_t + v_{OV}$이다. 채널을 드레인 근방에서 더 얇게 만드는 증가된 v_{DS}의 결과로 (나타내지 않은) 공핍 영역이 확장된다.

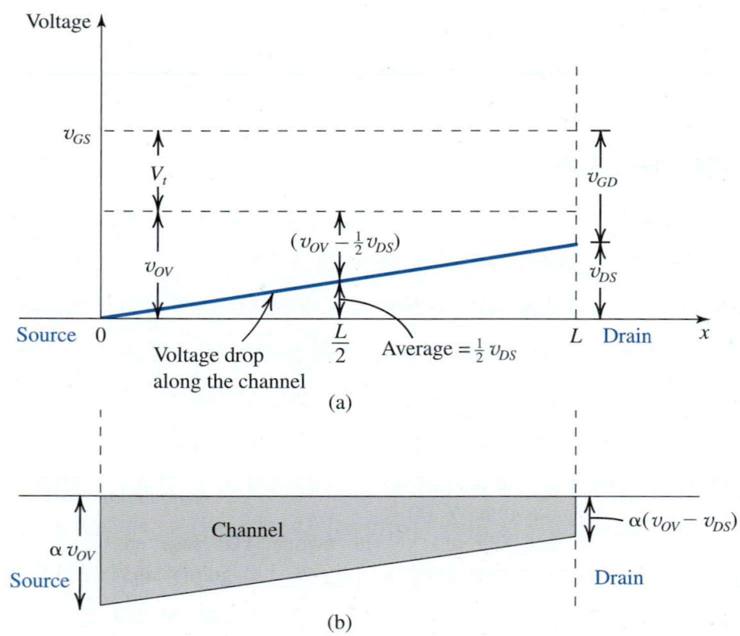

그림 5.6 (a) $v_{GS} = V_t + v_{OV}$인 MOSFET에 대해 인가된 v_{DS}는 중심에서 그 평균값이 $\frac{1}{2}v_{DS}$이고 채널을 따라 선형으로 변하는 전압 강하를 야기한다. $v_{GD} > V_t$이므로 채널은 드레인 끝에서 여전히 존재한다. (b) (a)의 경우에 대응하는 채널 형태. 소스 끝의 채널 깊이는 v_{OV}에 비례하는 반면, 드레인 끝의 채널 깊이는 $(v_{OV} - v_{DS})$에 비례한다.

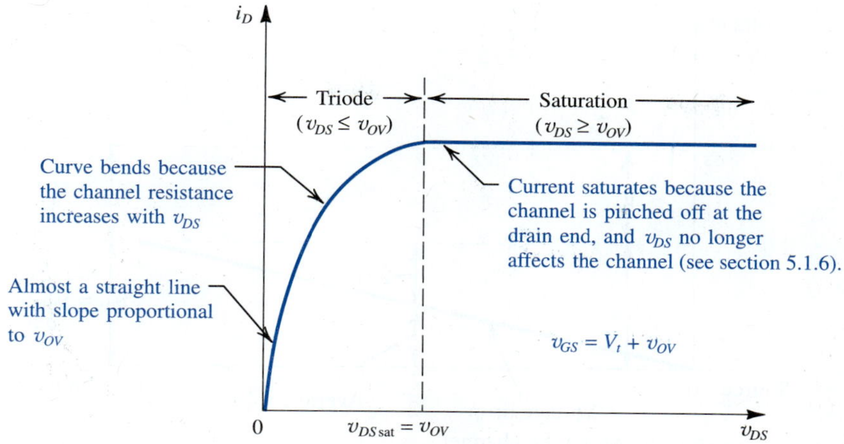

그림 5.7 $v_{GS} = V_t + v_{OV}$로 동작하는 증가형 NMOS 트랜지스터의 드레인 전류 i_D 대 드레인-소스 전압 v_{DS}.

해질 수 있다. 즉,

$$i_D = k_n'\left(\frac{W}{L}\right)\left(v_{OV} - \frac{1}{2}v_{DS}\right)v_{DS} \tag{5.14}$$

이 관계식은 그림 5.7에 나타낸 i_D–v_{DS} 곡선의 반포물선 부분을 표현한다. 이것은 $v_{DS} = 0$까지 이르는 그 전체 구간에 적용된다. 구체적으로 말하면, v_{DS}가 감소되면 괄호 안의 인자에서 v_{OV}와 비교해 $\frac{1}{2}v_{DS}$를 무시할 수 있다. 그러면 이 표현식은 식 (5.7)로 축약된다. 물론 이것은 하나의 근사이며 (원점에 가까운) 작은 v_{DS}에 대해서만 적용된다.

표현식 (5.14)에 대한 또 다른 유용한 해석이 있다. 그림 5.6(a)로부터 채널을 따라 평균 전압이 $\frac{1}{2}v_{DS}$인 것을 알 수 있다. 그래서 채널 전하 따라서 i_D를 야기하는 평균 전압은 더 이상 v_{OV}가 아니고 실제로 식 (5.14)에 나타나는 인수 $\left(v_{OV} - \frac{1}{2}v_{DS}\right)$이다. 끝으로 식 (5.14)는 흔히 다른 형태로 다음과 같이 기술된다.

$$i_D = k_n'\left(\frac{W}{L}\right)\left(v_{OV}v_{DS} - \frac{1}{2}v_{DS}^2\right) \tag{5.15}$$

더구나 v_{OV}를 $(v_{GS} - V_t)$로 대치하여 식 (5.15)를 다음과 같이 쓸 수 있다.

$$i_D = k_n'\left(\frac{W}{L}\right)\left[(v_{GS} - V_t)v_{DS} - \frac{1}{2}v_{DS}^2\right] \tag{5.16}$$

5.1.6 $v_{DS} \ge v_{OV}$에 대한 동작: 채널 핀치 오프와 전류 포화

앞에서 우리는 비록 채널이 경사졌지만, 그것은 여전히 드레인 끝에서 (0이 아닌) 유한한 깊이를 가진다고 가정하였다. 이는 게이트와 드레인 사이의 전압 v_{GD}가 V_t를 초과하도록 v_{DS}를 충분히 작게 유지함으로써 실현된다. 그림 5.6(a)에 나타낸 것이 바로 이 경우이다. 이를 위해 v_{DS}는 v_{OV}를 초과하지 않아야 한다. 왜냐하면 $v_{DS} = v_{OV}$이면 $v_{GD} = V_t$이고, 드레인 끝에서 채널 깊이는 0으로 감소하기 때문이다.

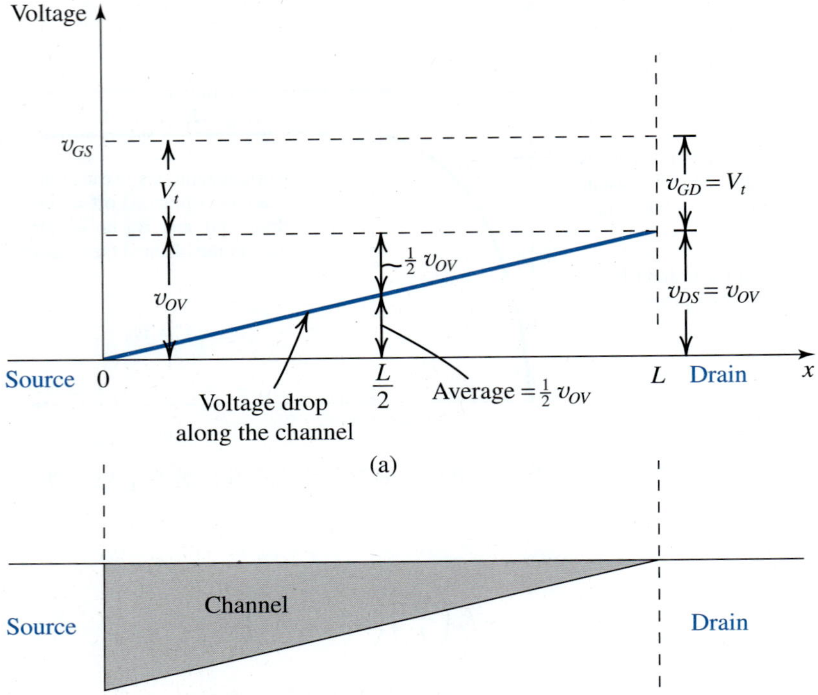

그림 5.8 v_{DS}가 v_{OV}로 증가될 때의 $v_{GS} = V_t + v_{OV}$인 MOSFET의 동작. 드레인 끝에서 v_{GD}는 V_t로 감소되고 거기서 채널 깊이는 0으로 감소된다(핀치 오프). 이때 MOSFET은 포화 동작 모드로 들어간다. v_{DS}를 ($v_{DSsat} = v_{OV}$ 이상으로) 더욱 증가시켜도 채널 형태에는 영향을 미치지 않아서 i_D는 일정하게 유지된다.

그림 5.8은 v_{DS}는 v_{OV}에 도달하고 이에 상응하여 v_{GD}는 V_t에 도달한 경우를 나타낸다. 드레인 끝에서 채널 깊이가 0이 되는 것은 **채널 핀치 오프**(channel pinch-off)를 야기한다. v_{DS}를 이 값 이상으로(즉, $v_{DS} > v_{OV}$로) 증가시켜도 채널의 모양과 전하에는 영향을 미치지 않고, 채널을 통해 흐르는 전류는 $v_{DS} = v_{OV}$일 때 도달한 값에서 일정하게 유지된다. 따라서 드레인 전류는 식 (5.14)에 $v_{DS} = v_{OV}$를 대입하여 구해진 다음 값에서 **포화된다**(saturate).

$$i_D = \frac{1}{2}k_n'\left(\frac{W}{L}\right)v_{OV}^2 \tag{5.17}$$

그러면 MOSFET은 **포화 영역**(saturation region)(또는 포화 모드[6])으로 들어갔다고 말한다. 포화가 일어나는 전압 v_{DS}는 v_{DSsat}로 표시된다. 즉,

$$v_{DSsat} = v_{OV} = v_{GS} - V_t \tag{5.18}$$

6) 포화는 BJT와 MOSFET에서 완전히 다른 것을 의미한다. BJT의 포화 동작 모드는 MOSFET의 트라이오드 영역과 유사하다. 반면에 MOSFET의 포화 동작 영역은 BJT의 활성 동작 모드에 대응한다.

채널 핀치 오프는 채널 차단을 의미하지 않는다는 사실을 유의해야 한다. 즉, 전류는 핀치 오프 채널을 통하여 계속 흐르며, 채널의 드레인 끝에 도달한 전자들은 거기에 존재하는(그림 5.5에는 나타내지 않은) 공핍 영역을 통하여 가속되어 드레인 단자로 들어간다. v_{DS}를 $v_{DS\text{sat}}$ 이상으로 증가시키면 그 증분은 이 공핍 영역의 양단에 전압 강하로 나타난다. 따라서 채널을 통하는 전류와 그 양단의 전압 강하는 둘 다 포화에서 일정하게 유지된다.

i_D–v_{DS} 곡선의 포화 부분은 예상한 대로 그림 5.7에 나타낸 것처럼 수평적인 직선이다. (핀치 오프가 되지 않은) 연속적인 채널로 얻어진 동작 영역의 명칭은 그림 5.7에 나타낸 **트라이오드 영역**(triode region)이다. 그 이유는 이 영역에서 FET의 동작이 삼극 진공관(triode)의 동작과 비슷하기 때문이다.

끝으로 식 (5.17)에서 v_{OV}를 $(v_{GS} - V_t)$로 대치하여 포화 모드에서 i_D의 다른 표현식

$$i_D = \frac{1}{2}k_n'\left(\frac{W}{L}\right)(v_{GS} - V_t)^2 \tag{5.19}$$

을 얻을 수 있다.

예제 5.1

$L_{\min} = 0.18\ \mu\text{m}$, $t_{ox} = 4\ \text{nm}$, $\mu_n = 450\ \text{cm}^2/\text{V}\cdot\text{s}$, $V_t = 0.5\ \text{V}$인 공정 기술을 고려하자.

(a) C_{ox}와 k_n'을 구하라.

(b) $W/L = 1.8\ \mu\text{m}/0.18\ \mu\text{m}$인 MOSFET에 대해서 전류 $i_D = 100\ \mu\text{A}$로 트랜지스터를 포화 영역에서 동작시키기 위해 필요한 v_{OV}, v_{GS}, $v_{DS\min}$의 값들을 계산하라.

(c) (b)의 소자에 대해, 매우 작은 v_{DS}에서 이 소자가 1000 Ω 저항기로 동작되도록 하는 v_{OV}와 v_{GS}의 값들을 구하라.

풀이

(a)

$$\begin{aligned}C_{ox} &= \frac{\epsilon_{ox}}{t_{ox}} = \frac{3.45\times10^{-11}}{4\times10^{-9}} = 8.63\times10^{-3}\ \text{F/m}^2\\ &= 8.63\ \text{fF}/\mu\text{m}^2\\ k_n' &= \mu_n C_{ox} = 450\ (\text{cm}^2/\text{V}\cdot\text{s})\times 8.63\ (\text{fF}/\mu\text{m}^2)\\ &= 450\times10^8\ (\mu\text{m}^2/\text{V}\cdot\text{s})\times 8.63\times10^{-15}\ (\text{F}/\mu\text{m}^2)\\ &= 388\times10^{-6}\ (\text{F/V}\cdot\text{s})\\ &= 388\ \mu\text{A/V}^2\end{aligned}$$

(b) 포화 영역 동작에 대해서

$$i_D = \frac{1}{2}k_n'\frac{W}{L}v_{OV}^2$$

따라서

$$100 = \frac{1}{2} \times 388 \times \frac{1.8}{0.18} v_{OV}^2$$

이 식의 해는 다음과 같다.

$$v_{OV} = 0.23 \text{ V}$$

따라서

$$v_{GS} = V_t + v_{OV} = 0.73 \text{ V}$$

그리고

$$v_{DS\min} = v_{OV} = 0.23 \text{ V}$$

(c) v_{DS}가 매우 작은 트라이오드 영역의 MOSFET에 대해서

$$r_{DS} = \frac{1}{k_n' \frac{W}{L} v_{OV}}$$

따라서

$$1000 = \frac{1}{388 \times 10^{-6} \times 10 \times v_{OV}}$$

이 식의 해는 다음과 같다.

$$v_{OV} = 0.26 \text{ V}$$

따라서

$$v_{GS} = 0.76 \text{ V}$$

연습문제

5.2 $t_{ox} = 1.4$ nm, $\mu_n = 216$ cm^2/V·s, $V_t = 0.35$ V인 65 nm 공정 기술에 대해 $W/L = 10$인 트랜지스터를 포화에서 $i_D = 50$ μA로 동작시키는 데 요구되는 C_{ox}, k_n', 그리고 v_{OV}와 v_{GS}의 값들을 구하라. 필요한 v_{DS}의 최솟값은 얼마인가?

[답] 24.6 fF/μm^2; 531 μA/V^2; 0.14 V; 0.49 V; 0.14 V

D5.3 포화에서 MOSFET을 동작시키려고 하는 회로 설계자는 소자 크기와 동작 전압의 변경이 드레인 전류 i_D에 미치는 영향을 고려하고 있다. 구체적으로, 다음 각 경우에 대해 i_D는 어떤 인자로 변화하는가?

(a) 채널 길이가 두 배로 된다.

(b) 채널 폭이 두 배로 된다.
(c) 과구동 전압이 두 배로 된다.
(d) 드레인-소스 전압이 두 배로 된다.
(e) (a), (b), (c), (d)의 변화들이 동시에 일어난다.
이 경우들 중 어느 것이 MOSFET을 포화 영역에서 벗어나게 하는가?
[답] 0.5; 2; 4; 무변화; 4; v_{DS}가 $2v_{OV}$보다 작다면 경우 (c)

5.1.7 *p* 채널 MOSFET

그림 5.9(a)는 *p* 채널 증가형 MOSFET의 단면도를 나타낸다. 기판은 *n*형이고 소스와 드레인 영역들은 p^+형인 점을 제외하면 그 구조는 NMOS 소자의 구조와 유사하다. 즉, 모든 반도체 영역의 극성은 NMOS 소자의 대응 영역에 대해 반전된다. PMOS와 NMOS 트랜지스터들은 **상보형**(complementary) 소자들이라고 한다.

소스와 드레인 사이에 전류가 흐를 수 있는 채널을 유도하기 위하여, 그림 5.9(b)에 표시한 것처럼 음의 전압이 게이트, 즉 게이트와 소스 사이에 인가된다. 음의 v_{GS}의 크기를 관례적으로 음인 문턱 전압 V_{tp}의 크기 이상으로 증가시킴으로써, 그림 5.9(b)에 나타낸 것처럼 *p* 채널이 형성된다. 이 상태는

$$v_{GS} \leq V_{tp}$$

로 표현될 수 있다. 또는 음의 부호를 다루는 것을 피하기 위해 다음과 같이 표현한다.

$$|v_{SG}| \geq |V_{tp}|$$

이제 전류 i_D를 *p* 채널에 흐르게 하기 위해 음의 전압 v_{DS}를 드레인에 인가한다.[7] 전류 i_D는 정공들에 의해 운반되고 채널을 통해 소스에서 드레인으로 흐른다. NMOS 트랜지스터에 대해 그랬던 것처럼, PMOS 소자에 대한 공정 트랜스컨덕턴스 파라미터를

$$k'_p = \mu_p C_{ox}$$

로 정의한다. 여기서 μ_p는 유도된 *p* 채널에서 정공의 이동도이다. 보통 μ_p는 0.25 μ_n 내지 0.5 μ_n 정도이며 공정 기술에 의존한다. 트랜지스터 트랜스컨덕턴스 파라미터 k_p는 k'_p에 외형비 W/L을 곱함으로써 얻어진다. 즉,

$$k_p = k'_p(W/L)$$

p 채널 MOSFET의 물리적인 동작에 관한 남은 논의는 모든 전압의 극성 반전을 제외하고는 NMOS 소자에 대한 논의를 따른다. 물론 우리는 NMOS와 PMOS 트랜지스터 둘 다의 완전한 전류 전압 특성들을 다음 절

7) 만일 양의 전압이 드레인에 인가된다면, 드레인 영역과 기판 사이의 *pn* 접합은 순바이어스가 될 것이고, 그러면 이 소자는 더 이상 MOSFET으로 동작하지 않을 것이다. 적절한 MOSFET 동작은 항상 역바이어스되어 있는 소스와 드레인 영역들과 기판 사이의 *pn* 접합들에 근거한다.

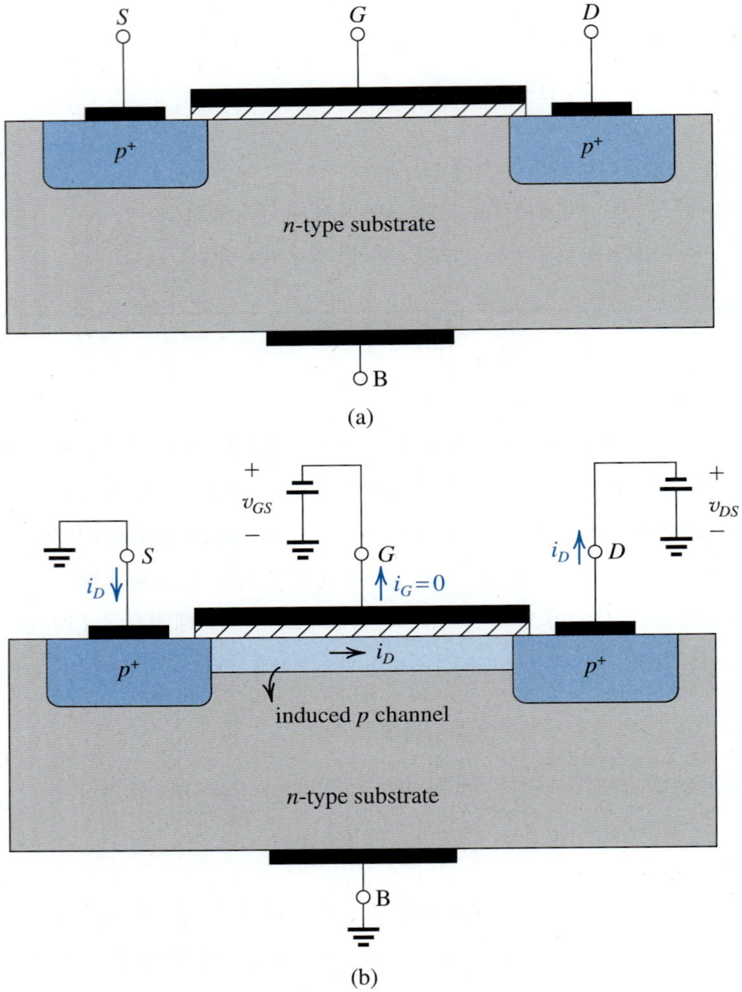

그림 5.9 (a) PMOS 트랜지스터의 물리적인 구조. 이것은 모든 반도체 영역의 극성이 반전된 것을 제외하고는 그림 5.1(b)에 나타낸 NMOS 트랜지스터와 유사함을 주목하라. (b) 크기가 $|V_{tp}|$보다 더 큰 음의 전압 v_{GS}는 p 채널을 유도하고, 음의 v_{DS}는 전류 i_D를 소스에서 드레인으로 흐르게 한다.

에서 제시할 것이다.

원래는 PMOS 기술이 MOS 집적 회로 제작에서 우위를 차지하였고, 원래의 마이크로프로세서도 PMOS 트랜지스터들을 활용하였다. NMOS 트랜지스터의 제조에 수반된 기술적인 문제가 해결되면서 NMOS는 완전히 PMOS를 대체하게 되었다. 이런 변화의 주된 이유는 전자 이동도 μ_n이 정공 이동도 μ_p보다 2배 내지 4배 정도 높아서, NMOS 트랜지스터가 PMOS 소자보다 더 큰 이득과 더 빠른 동작 속도를 갖기 때문이다. 그 뒤에 NMOS와 PMOS 트랜지스터 둘 다를 같은 칩에 제조할 수 있는 기술이 개발되었다. **상보형 MOS**(complementary MOS) 혹은 **CMOS**로 부르는 이 기술은 현재 우세한 전자공학 기술이다.

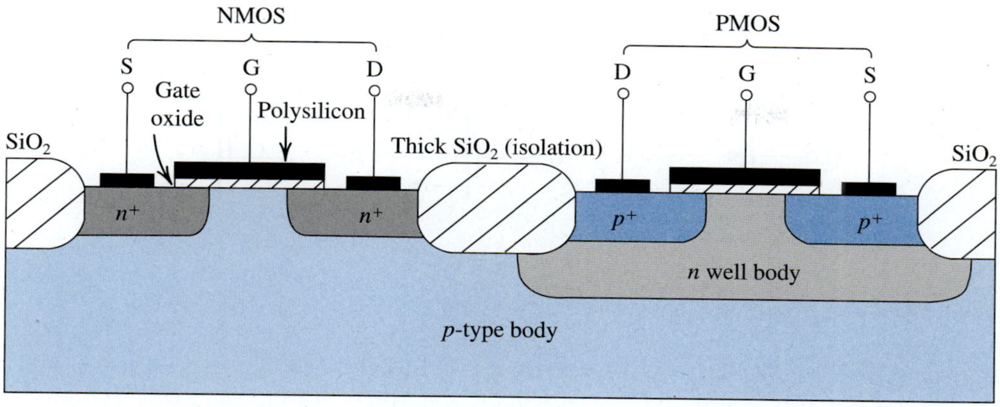

그림 5.10 CMOS 집적 회로의 단면도. PMOS 트랜지스터가 n우물로 알려진 분리된 n형 영역에 형성된다는 점에 주목하자. 이 우물은 PMOS 트랜지스터의 몸체 역할을 한다. p형 몸체와 n우물 몸체에 연결되는 단자들은 표시되지 않았다.

5.1.8 상보형 MOS 또는 CMOS

그 명칭이 의미하는 바와 같이 상보형 MOS 기술은 양쪽 극성의 MOS 트랜지스터들을 사용한다. 비록 CMOS 회로는 NMOS 회로보다 제조하기가 다소 더 어렵지만, 상보형 소자들을 이용하면 많은 고성능 회로 구성이 가능해진다. 실제로 현재 모든 집적 회로 기술 중에서 CMOS가 가장 널리 사용된다. 이 사실은 아날로그 회로와 디지털 회로 둘 다에 적용된다. CMOS 기술은 실질적으로 NMOS 트랜지스터에만 근거한 설계들을 대체해 왔다. 게다가 2019년까지 CMOS 기술이 불과 몇 년 전에는 바이폴라 소자들로만 가능했던 많은 응용 분야들도 대체하였다. 이 책 전체에 걸쳐서 우리는 많은 CMOS 회로 기법들을 공부할 것이다.

그림 5.10은 PMOS와 NMOS 트랜지스터들이 어떻게 제조되는지를 예시하는 CMOS 칩의 단면도이다. NMOS 트랜지스터는 p형 기판에 직접 제조되는 데 반해, PMOS 트랜지스터는 **n우물**(n well)로 알려진 특별하게 생성된 n영역에 제조된다는 사실을 관찰하자. 두 소자는 절연체 역할을 하는 두꺼운 산화물(thick oxide) 영역에 의해서 서로 절연된다.

5.2 전류 전압 특성

앞 절에서 살펴본 증가형 MOS 트랜지스터의 물리적인 동작에 기초하여 이 절에서는 소자의 완전한 전류 전압 특성들을 제시할 것이다. 이 특성들은 직류 또는 저주파에서 측정될 수 있으므로 정특성(static characteristic)이라고 부른다. MOSFET의 고주파 동작과 고속 스위칭 동작을 제한하는 동적 효과(dynamic effect)는 9장에서 논의할 것이다.

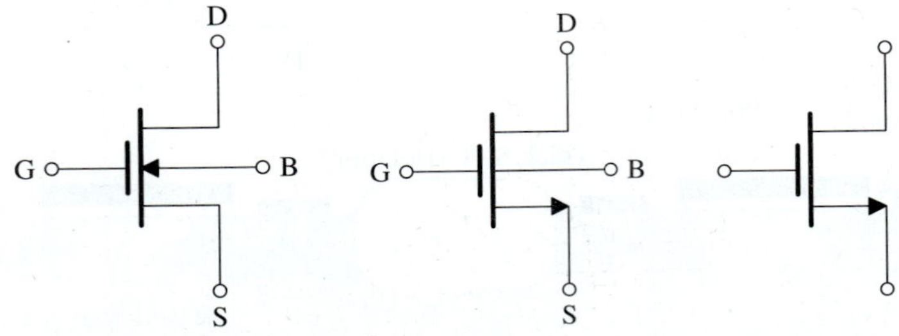

그림 5.11 (a) n 채널 증가형 MOSFET의 회로 기호. (b) 소스를 드레인과 구별하고 소자 극성(즉, n 채널)을 표시하기 위해 소스 단자에 화살표를 그린 변경된 회로 기호. (c) 소스가 기판에 접속된 경우나 몸체의 영향이 소자 동작에 중요하지 않은 경우에 사용되는 단순화된 회로 기호.

5.2.1 회로 기호

그림 5.11(a)는 n 채널 증가형 MOSFET의 회로 기호를 나타낸다. 게이트와 채널을 표시하는 두 수직선 사이의 공간은 게이트 전극이 소자의 몸체와 절연된다는 사실을 표시한다. p형 기판(몸체)과 n 채널로 구성된 pn 접합의 극성은 몸체(B)를 나타내는 직선에 화살표로 표시된다. 또한 이 화살표는 트랜지스터의 극성, 즉 이 트랜지스터가 n 채널 소자라는 것도 나타낸다.

MOSFET이 비록 대칭적인 소자이기는 하지만, 때때로 한 단자를 소스로 그리고 다른 단자를 드레인으로 (소스와 드레인 단자 옆에 각각 S와 D를 쓰지 않고) 지정하는 것이 회로 설계에 유용할 것이다. 그림 5.11(b)에 나타낸 변경된 회로 기호를 사용하여 이 목적을 달성할 수 있다. 이 기호에는 소스를 드레인과 구별하기 위해서 소스 단자에 화살표가 표시되어 있다. 이 화살표는 전류가 정상적으로 흐르는 방향을 가리키므로 소자의 극성(즉, n 채널)을 표시한다. 변경된 기호에서는 몸체 선상에 화살표를 표시할 필요가 없다는 점을 관찰하라. 비록 그림 5.11(b)의 회로 기호가 소스와 드레인을 명확히 구별하지만, 실제로 소스와 드레인을 결정하는 것은 소자에 걸리는 전압의 극성이다. 즉, n 채널 MOSFET에서 드레인은 소스에 대해 항상 양의 전압을 갖는다.

소스가 소자의 몸체에 연결되는 응용들에 대해서는 그림 5.11(c)와 같이 회로 기호를 더욱 단순화할 수 있다. 또한 나중에 알게 되겠지만, 이 기호는 회로 동작에 몸체의 영향이 중요하지 않은 응용들에도 사용된다.

5.2.2 i_D-v_{DS} 특성

표 5.1은 세 가지 가능한 영역 즉 차단 영역, 트라이오드 영역, 포화 영역에서 NMOS 트랜지스터 동작에 대한 조건들과 방정식들을 제공한다. 차단과 트라이오드 영역들은 MOSFET을 스위치로 동작시킬 때 유용하다. 증폭기를 설계하기 위해 MOSFET을 사용한다면, 그것은 포화 영역에서 동작되어야 한다. 이러한 선택에 대한 근거는 6장에서 언급할 것이다.

표 5.1의 맨 위에 NMOS 트랜지스터와 v_{GS}와 v_{DS}를 공급하는 두 개의 직류 전원으로 구성된 회로를 나타냈

표 5.1 증가형 NMOS 트랜지스터의 동작 영역들

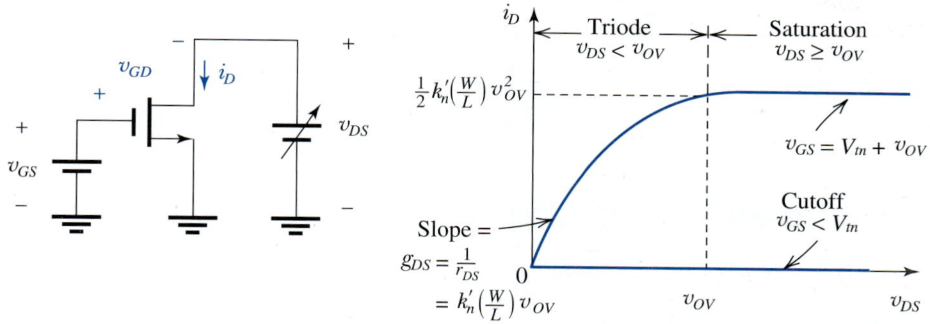

- $v_{GS} < V_{tn}$: no channel; transistor in cutoff; $i_D = 0$
- $v_{GS} = V_{tn} + v_{OV}$: a channel is induced; transistor operates in the triode region or the saturation region depending on whether the channel is continuous or pinched off at the drain end;

Triode Region	*Saturation Region*
Continuous channel, obtained by: $v_{GD} > V_{tn}$	Pinched-off channel, obtained by: $v_{GD} \leq V_{tn}$
or equivalently: $v_{DS} < v_{OV}$	or equivalently: $v_{DS} \geq v_{OV}$
Then, $i_D = k_n'\left(\frac{W}{L}\right)\left[(v_{GS} - V_{tn})v_{DS} - \frac{1}{2}v_{DS}^2\right]$	Then $i_D = \frac{1}{2}k_n'\left(\frac{W}{L}\right)(v_{GS} - V_{tn})^2$
or equivalently, $i_D = k_n'\left(\frac{W}{L}\right)\left(v_{OV} - \frac{1}{2}v_{DS}\right)v_{DS}$	or equivalently, $i_D = \frac{1}{2}k_n'\left(\frac{W}{L}\right)v_{OV}^2$

다. 이 개념적인 회로는 NMOS 트랜지스터의 i_D–v_{DS} 특성 곡선들을 측정하기 위해 사용될 수 있다. 각 곡선은 v_{GS}를 원하는 상수값으로 설정하고, v_{DS}를 변경하면서 대응하는 i_D를 관측함으로써 측정된다. 이러한 특성 곡선 중 두 가지를 동반하는 선도에 나타냈다. 즉, 하나는 $v_{GS} < V_{tn}$에 대한 것이고 다른 하나는 $v_{GS} = V_{tn} + v_{OV}$에 대한 것이다. (우리는 이제 V_{tp}로 표시되는 PMOS 트랜지스터의 문턱 전압과 구별하기 위해 NMOS 트랜지스터의 그것을 V_{tn}으로 표시한다.)

표 5.1에 나타나 있는 것과 같이, 트라이오드 영역과 포화 영역 사이의 구분은 v_{DS}가 트랜지스터가 동작하고 있는 과구동 전압 v_{OV}보다 작은지 또는 큰지로 결정된다. 이런 동작 영역을 점검하기 위한 등가적인 방법은 드레인과 게이트 전압들의 상대적인 크기를 검사하는 것이다. 트라이오드 영역에서 동작하기 위해서는 게이트 전압이 드레인 전압을 적어도 V_{tn} 볼트만큼 초과해야 한다. 이는 채널이 연속적으로 유지되는(핀치 오프가 되지 않는) 것을 보장한다. 반면에 포화 영역에서 동작하기 위해서는 채널이 드레인 끝에서 핀치 오프가 되어야 한다. 이 핀치 오프는 v_D를 $v_G - V_{tn}$보다 높게 유지함으로써 달성된다. 즉, v_D가 v_G 아래로 V_{tn} 볼트보다

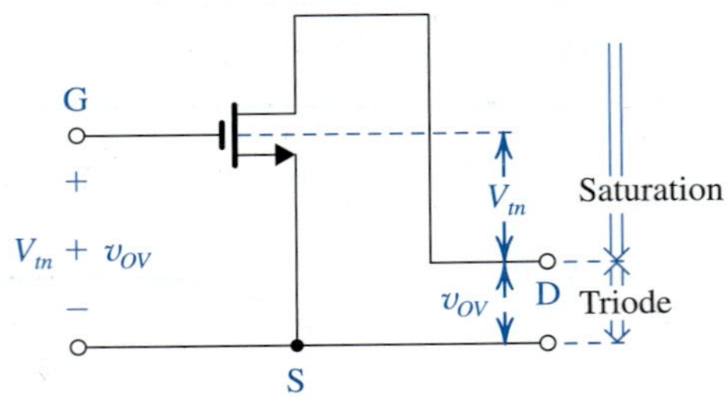

그림 5.12 트라이오드 영역과 포화 영역 동작을 위한 증가형 NMOS 트랜지스터 단자 전압들의 상대적인 준위들.

더 떨어지지 않아야 한다. 그림 5.12의 도식적인 구성은 이러한 조건들을 인식하는 데 도움을 준다.[8)]

그림 5.13은 NMOS 트랜지스터에 대한 일련의 i_D–v_{DS} 특성들을 나타낸다. 각 그래프는 과구동 전압, 즉 v_{OV1}, v_{OV2}, v_{OV3}, v_{OV4}의 구체적인 값만큼 V_{tn}보다 위에 v_{GS}를 설정함으로써 얻어진다. 각 과구동 전압은 차례로 대응하는 그래프가 **포화되는** v_{DS}의 값이다. 그리고 결과적인 포화 전류의 값은 v_{OV}의 값에 의해 직접적으로 결정된다. 즉, $\frac{1}{2}k_n v_{OV1}^2$, $\frac{1}{2}k_n v_{OV2}^2$, ⋯이다. 이러한 그래프들의 구조와 포화 점들의 좌표 둘 다 기억해 두어야 한다.

끝으로 트라이오드와 포화 영역들 사이의 경계, 즉 포화 점들의 궤적은 다음과 같이 표현되는 포물선과 같은 곡선이다.

$$i_D = \frac{1}{2}k_n'\left(\frac{W}{L}\right)v_{DS}^2 \tag{5.20}$$

5.2.3 i_D–v_{GS} 특성

MOSFET이 증폭기를 설계하기 위해 사용될 때 그것은 포화 영역에서 동작된다. 그림 5.13이 나타내는 것과 같이, 포화 영역에서 드레인 전류는 v_{GS}(또는 v_{OV})에 의해 정해지는 상수이고 v_{DS}에 무관하다. 즉, MOSFET은 전류의 값이 v_{GS}로 결정되는 정전류 전원으로 동작한다. 그러면 사실상 MOSFET은

$$i_D = \frac{1}{2}k_n'\left(\frac{W}{L}\right)(v_{GS} - V_{tn})^2 \tag{5.21}$$

또는 v_{OV}에 의해

$$i_D = \frac{1}{2}k_n'\left(\frac{W}{L}\right)v_{OV}^2 \tag{5.22}$$

8) MOSFET의 포화 모드 동작을 BJT의 대응하는 (활성) 모드 동작과 대비해 보는 것은 흥미롭다. BJT는 약 0.3 V의 최소 v_{CE}를 필요로 하고, MOSFET은 현대 기술에서 0.2 V 내지 0.3 V의 범위 안에 드는 v_{OV}와 같은 최소 v_{DS}를 필요로 한다. 그래서 상당한 유사성이 있다는 것을 알게 된다! 또한 BJT의 CBJ를 역방향으로 바이어스하는 것은 MOSFET의 채널을 핀치 오프하는 것에 대응한다는 점도 주목하라. 이런 상태로 인해 컬렉터 전류(MOSFET에서는 드레인 전류)는 컬렉터 전압(MOSFET에서는 드레인 전압)에 무관해진다.

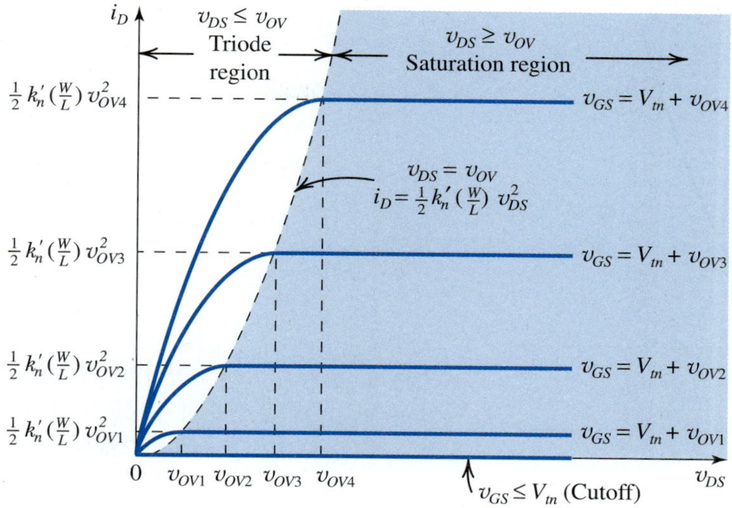

그림 5.13 증가형 NMOS 트랜지스터에 대한 i_D–v_{DS} 특성들.

으로 표현되는 제어 방정식을 갖는 전압 제어 전류 전원으로 동작한다. 이는 MOSFET을 증폭기로 응용할 때 근간이 되는 관계식이다. 선형 증폭기들을 설계할 때 그것이 비선형인 사실은 난관을 야기하지만 6장에서 이를 극복하는 방법을 제시할 것이다.

그림 5.14는 포화 영역에서 동작하는 NMOS 트랜지스터의 i_D–v_{GS} 특성을 나타낸다.[9] 만일 i_D 대 v_{OV}의 특성을 원하면, 그 특성은 단순히 원점을 점 $v_{GS} = V_{tn}$으로 이동하여 얻을 수 있다는 것에 주목하기 바란다.

포화 영역에서 MOSFET을 전압 제어 전류 전원으로 보는 관점은 그림 5.15에 나타낸 등가 회로 표현으로 예시된다. 그림 5.15의 회로는 **대신호 등가 회로**(large-signal equivalent circuit)로 알려져 있으며, 그 이유는 곧 분명해질 것이다. 전류 전원이 포화에서 v_{DS}에 대한 i_D의 독립성을 나타내는 무한 출력 저항을 가지는 이상적인 전원인 것을 주목하라.[10] 물론 이것은 지금까지 사용해 온 소자 동작의 이상적인 모델에 가정되어 있다. 우리는 이 모델의 중요한 단점 하나를 바로잡으려고 한다. 그러기에 앞서 먼저 예제 하나를 소개한다.

---

9) MOSFET의 i_D–v_{GS} 특성은 BJT의 i_C–v_{BE} 특성에 대응된다. 그들은 중요한 속성을 공유한다. 즉, 소자에 뚜렷한 전류가 흐르기 위해 두 경우의 전압은 '문턱'을 초과해야 한다. MOSFET의 경우에는 보통 0.4 V 내지 0.8 V의 범위 내에 드는 정식 문턱 전압 V_t가 있다. BJT에 대해서는 약 0.5 V의 '명목 문턱'이 있다. MOSFET의 i_D–v_{GS} 특성은 포물선과 같아서 BJT의 i_C–v_{BE} 특성보다 경사가 가파르지 않다. 6장에서 보게 되겠지만, 이 차이는 각 소자로 실현되는 트랜스컨덕턴스 g_m의 값에 직접적이고 중대한 영향을 미친다.

10) 이상적인 전류 전원의 전류는 그 단자들 양단 전압에 무관하다. 그래서 그 출력 저항은 틀림없이 무한대이다.

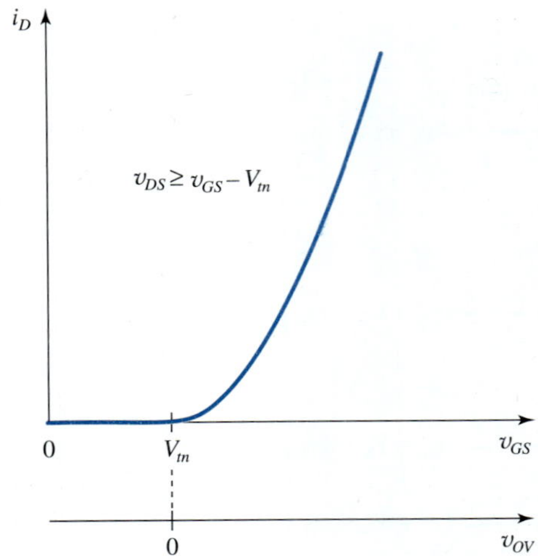

그림 5.14 포화 영역에서 동작하는 NMOS 트랜지스터의 i_D–v_{GS} 특성. i_D–v_{OV} 특성은 단순히 수평축에 다시 라벨을 붙임으로써, 즉 원점을 점 $v_{GS} = V_{tn}$으로 이동함으로써 얻어질 수 있다.

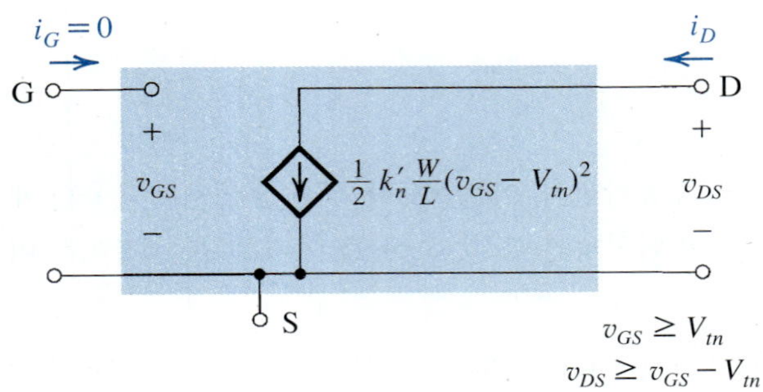

그림 5.15 포화 영역에서 동작하는 n 채널 MOSFET의 대신호 등가 회로 모델.

예제 5.2

0.18 μm 공정에서 제조되고 $L = 0.18$ μm, $W = 2$ μm인 NMOS 트랜지스터를 고려하자. 공정 기술은 $C_{ox} = 8.6$ fF/μm^2, $\mu_n = 450$ cm^2/V·s, $V_{tn} = 0.5$ V를 가진다.

(a) 트랜지스터가 포화의 가장자리에서 $i_D = 100$ μA로 동작하기 위한 v_{GS}와 v_{DS}를 구하라.

(b) v_{GS}를 일정하게 유지할 때, $i_D = 50$ μA를 야기하는 v_{DS}를 구하라.

풀이

먼저 공정 트랜스컨덕턴스 파라미터 k_n'을 결정한다.

$$k_n' = \mu_n C_{ox}$$
$$= 450 \times 10^{-4} \times 8.6 \times 10^{-15} \times 10^{12} \text{ A/V}^2 = 387 \text{ μA/V}^2$$

그리고 트랜지스터 트랜스컨덕턴스 파라미터 k_n을 결정한다.

$$k_n = k_n'\left(\frac{W}{L}\right) = 387\left(\frac{2}{0.18}\right) = 4.3 \text{ mA/V}^2$$

(a) 포화에서 동작하는 트랜지스터에 대해서

$$i_D = \frac{1}{2}k_n v_{OV}^2$$

따라서

$$100 = \frac{1}{2} \times 4.3 \times 10^3 \times v_{OV}^2$$

이 되고 다음 결과를 얻는다.

$$v_{OV} = 0.22 \text{ V}$$

따라서

$$v_{GS} = V_{tn} + v_{OV} = 0.5 + 0.22 = 0.72 \text{ V}$$

이고 포화의 가장자리에서 동작하기 때문에

$$v_{DS} = v_{OV} = 0.22 \text{ V}$$

(b) v_{GS}가 0.72 V로 일정하게 유지되고, i_D가 포화의 가장자리에서 얻어진 값으로부터 감소되면, 이제 MOSFET은 트라이오드 영역에서 동작할 것이다. 따라서

$$i_D = k_n\left[v_{OV}v_{DS} - \frac{1}{2}v_{DS}^2\right]$$

$$50 = 4.3 \times 10^3\left[0.22v_{DS} - \frac{1}{2}v_{DS}^2\right]$$

이 되고 이는 다음 형태로 정리될 수 있다.

$$v_{DS}^2 - 0.44v_{DS} + 0.023 = 0$$

이 2차 방정식은 두 개의 해

$$v_{DS} = 0.06 \text{ V} \quad \text{and} \quad v_{DS} = 0.39 \text{ V}$$

를 갖는다. 트랜지스터가 트라이오드 영역에서 동작하고 있는 것을 알고 있기 때문에 두 번째 답은 v_{DS}가 v_{OV}보다 커서 물리적으로 의미가 없다. 따라서 다음 결과를 얻는다.

$$v_{DS} = 0.06 \text{ V}$$

연습문제

5.4 NMOS 트랜지스터는 과구동 전압 v_{OV}와 드레인 전류 i_D를 가지고 포화의 가장자리에서 동작하고 있다. 두 배로 증가된 v_{OV}에서 포화의 가장자리 동작을 유지하려면 v_{DS}는 어떤 값으로 변화되어야 하는가? 결과적인 드레인 전류는 얼마인가?

[답] $2v_{OV}$; $4i_D$

5.5 $v_{OV} = 0.5$ V로 동작하는 n 채널 MOSFET은 v_{DS}가 매우 작을 때 선형 저항 $r_{DS} = 1$ kΩ을 나타낸다. 소자 트랜스컨덕턴스 파라미터 k_n의 값은 무엇인가? v_{DS}가 0.2 V, 0.5 V, 1 V로 증가될 때 얻어지는 전류 i_D의 값은 각각 무엇인가?

[답] 2 mA/V^2; 0.16 mA; 0.25 mA; 0.25 mA

5.2.4 포화 영역의 유한 출력 저항

식 (5.21)과 이에 대응하는 그림 5.13의 그래프뿐만 아니라 그림 5.15의 대신호 등가 회로는 포화 영역에서 i_D가 v_{DS}에 무관함을 나타낸다. 그러므로 드레인-소스 전압의 변화 Δv_{DS}는 i_D에 아무런 변화도 유발하지 않는다. 이는 포화된 MOSFET의 드레인으로 들여다본 증분 저항(incremental resistance)이 무한대임을 의미한다. 그러나 이것은 일단 채널이 드레인 끝에서 핀치 오프되면 v_{DS}를 더 증가시켜도 채널의 모양에는 아무런 영향을 미치지 않는다는 전제에 근거한 이상적인 것이다. 하지만 실제로는 v_{DS}를 v_{OV} 이상으로 증가시키면 채널이 어느 정도 영향을 받는다. 구체적으로 말하면, v_{DS}가 증가함에 따라 채널의 핀치 오프 지점이 드레인에서 소스 쪽으로 약간 이동한다. 그림 5.16은 이것을 나타낸다. 여기서 채널 양단 전압은 v_{OV}로 일정하게 유지되며, 드레인에 인가된 추가적인 전압은 채널 끝과 드레인 영역 사이의 좁은 공핍 영역 양단에 전압 강하로 나타난다. 이 전압은 채널의 드레인 끝에 도달한 전자들을 가속하여 그들이 공핍 영역을 가로질러 드레인으로 휩쓸려 가게 한다. 그리고 (공핍층이 넓어져서) 채널 길이는 L에서 $L - \Delta L$로 사실상 감소하며, 이는 **채널 길이 변조**(channel-length modulation)로 알려진 현상임을 유념하라. 그런데 i_D가 채널 길이에 반비례하므로[식 (5.21)] i_D는 v_{DS}에 따라 증가한다.

이 현상은 i_D에 대한 표현식에 인수 $1 + \lambda(v_{DS} - v_{OV})$ 또는 간단히 $(1 + \lambda v_{DS})$를 추가함으로써 고려될 수 있다. 즉,

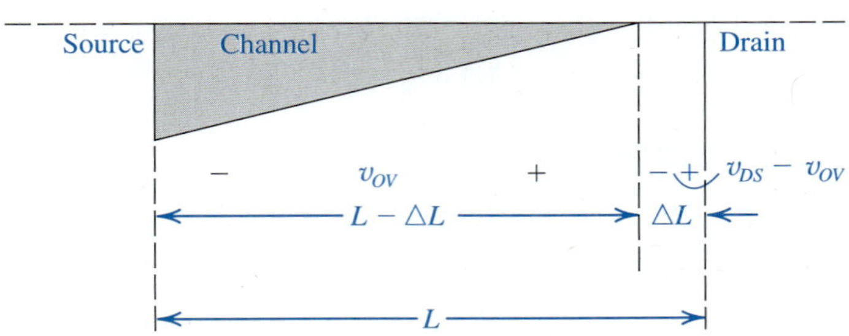

그림 5.16 v_{DS}를 (v_{OV}와 같은) v_{DSsat} 이상으로 증가시키면 채널의 핀치 오프 지점이 드레인에서 약간 이동하므로, 유효 채널 길이는 (ΔL만큼) 감소한다.

$$i_D = \frac{1}{2}k_n'\left(\frac{W}{L}\right)(v_{GS} - V_{tn})^2(1 + \lambda v_{DS}) \tag{5.23}$$

여기서 λ는 볼트의 역(V^{-1})의 단위를 갖는 소자 파라미터이다. λ의 값은 소자를 제조하기 위해 사용한 공정 기술과 회로 설계자가 선정한 채널 길이 L에 의존한다. 특히 λ의 값은 오래된 기술보다 최근의 서브마이크론 기술에서 훨씬 더 크다. 이는 직관적으로 이해할 수 있다. 즉, 최근의 기술은 매우 짧은 채널을 가지므로 채널 길이 변조 효과에 의해 훨씬 더 크게 영향을 받는다. 또한 주어진 공정 기술에 대해서 λ는 L에 반비례한다.

그림 5.17은 채널 길이 변조의 영향을 보여 주는 전형적인 i_D–v_{DS} 특성들을 나타낸다. 포화 영역에서 i_D가 v_{DS}에 선형적으로 의존하는 현상은 인수 $(1 + \lambda v_{DS})$에 의해 식 (5.23)에서 표현된다. 그림 5.17에서 포화 영역의 직선 i_D–v_{DS} 특성들을 연장하면, 이들이 v_{DS}축을 $v_{DS} = -V_A$인 점에서 교차하는 것을 알 수 있다. 여기서 V_A는 양의 전압이다. 그리고 식 (5.23)은 $v_{DS} = -1/\lambda$에서 $i_D = 0$을 나타낸다. 당연히

$$V_A = \frac{1}{\lambda}$$

이므로 V_A는 V의 단위를 갖는 소자 파라미터이다. 주어진 공정에 대해서 V_A는 설계자가 선정하는 MOSFET 채널 길이 L에 비례한다. 우리는 다음과 같이 표현함으로써 L에 대한 V_A의 의존성을 분리할 수 있다.

$$V_A = V_A'L$$

여기서 V_A'은 V/μm의 단위를 가지며 전적으로 공정 기술에 의존한다. 보통 V_A'은 5 V/μm 내지 50 V/μm의 범위 내에 든다. BJT에 대해 유사한 현상을 발견한 얼리(J. M. Early)의 이름을 따서, 보통 전압 V_A를 얼리 전압(Early voltage)이라고 부른다(4장 참조).[11]

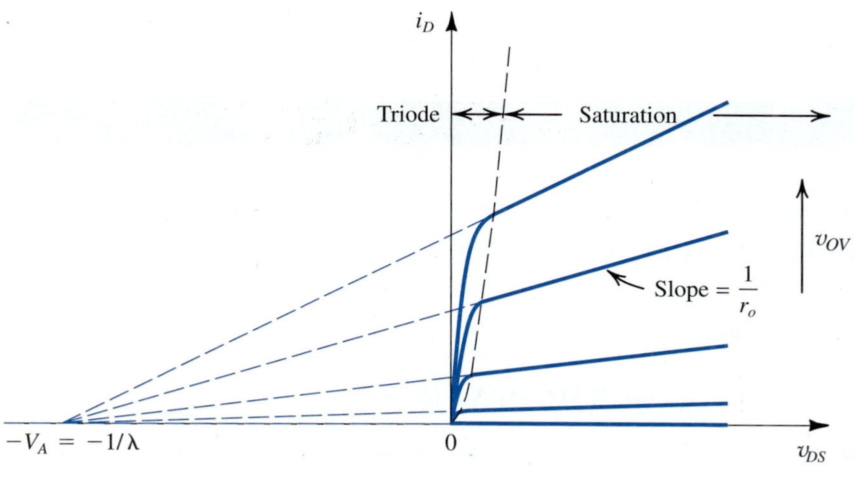

그림 5.17 포화 영역에서 i_D에 대한 v_{DS}의 영향. MOSFET 파라미터 V_A는 공정 기술에 의존하며, 주어진 공정에 대해서 채널 길이 L에 비례한다.

11) BJT에서 채널 길이 변조에 대응하는 효과는 베이스 폭 변조 효과이다. 이 두 가지 효과는 매우 유사하여 같은 명칭, 즉 얼리 효과로 불린다.

식 (5.23)은 채널 길이 변조를 고려할 때 i_D의 포화 값들이 v_{DS}에 의존함을 나타낸다. 그러므로 주어진 v_{GS}에 대해 전압 변화 Δv_{DS}는 이에 대응하는 변화 Δi_D를 드레인 전류 i_D에 생성한다. 당연히 포화 영역의 i_D를 나타내는 전류 전원의 출력 저항(output resistance)은 더 이상 무한대가 아니다. 출력 저항 r_o를

$$r_o \equiv \left[\frac{\partial i_D}{\partial v_{DS}}\right]^{-1}_{v_{GS}\ \text{constant}} \tag{5.24}$$

로 정의하고,[12] 식 (5.23)을 사용하여 출력 저항을 구하면

$$r_o = \left[\lambda \frac{k_n'}{2}\frac{W}{L}(v_{GS} - V_{tn})^2\right]^{-1} \tag{5.25}$$

이고 다음과 같이 정리된다.

$$r_o = \frac{1}{\lambda i_D'} \tag{5.26}$$

또는 등가적으로

$$r_o = \frac{V_A}{i_D'} \tag{5.27}$$

이다. 여기서 i_D'은 채널 길이 변조를 고려하지 않는 드레인 전류이다. 즉,

$$i_D' = \frac{1}{2}k_n'\frac{W}{L}(v_{GS} - V_{tn})^2 \tag{5.27$'$}$$

따라서 출력 저항은 드레인 전류에 반비례한다.[13] 끝으로 그림 5.18은 r_o를 포함한 대신호 등가 회로 모델을 나타낸다.

연습문제

5.6 NMOS 트랜지스터는 $\mu_n C_{ox} = 400\ \mu\text{A/V}^2$이고 $V_A' = 5\ \text{V}/\mu\text{m}$인 0.18 μm 공정으로 제조된다. $L = 0.8\ \mu\text{m}$이고 $W = 16\ \mu\text{m}$일 때 V_A와 λ를 구하라. 소자가 과구동 전압 $v_{OV} = 0.2$ V 그리고 $v_{DS} = 0.8$ V로 동작할 때 i_D의 값을 구하라. 또한 이 동작점에서 r_o의 값을 구하라. v_{DS}가 1 V만큼 증가되면, 대응하는 i_D의 변화는 얼마인가?

[답] 4 V; 0.25 V^{-1}; 192 μA; 25 kΩ; 40 μA

12) 이 책에서 r_o는 포화 영역에서 출력 저항을 나타내고, r_{DS}는 작은 v_{DS}에 대한 트라이오드 영역에서 드레인-소스 저항을 나타낸다.

13) 식 (5.27)을 적용할 때, 보통 i_D의 프라임 기호는 빼고 간단히 $r_o = V_A/i_D$를 사용한다. 여기서 i_D는 채널 길이 변조가 없는 드레인 전류이다.

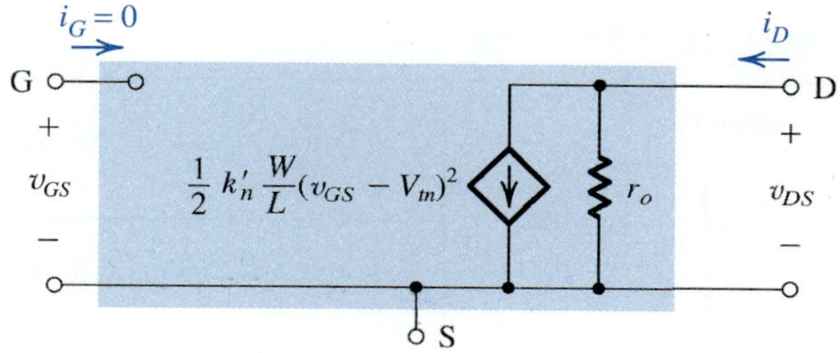

그림 5.18 포화된 n 채널 MOSFET의 출력 저항 r_o를 포함한 대신호 등가 회로 모델. 이 출력 저항은 v_{DS}에 대한 i_D의 선형적인 의존을 모델화하며 식 (5.27)로 주어진다.

5.2.5 p 채널 MOSFET의 특성

p 채널 증가형 MOSFET의 회로 기호는 그림 5.19(a)에 나타나 있다. 그림 5.19(b)는 전류 흐름의 정상적인 방향을 표시하는 화살표를 소스 단자에 표기한 변경된 회로 기호를 나타낸다. 소스가 기판에 접속된 경우는 보통 그림 5.19(c)의 단순화된 기호가 사용된다.

PMOS 트랜지스터의 동작 영역들과 이에 대응하는 조건들 그리고 i_D에 대한 표현식이 표 5.2에 나타나 있다. 방정식들은 물리적인 직관을 강조하고 음의 부호로 인한 혼란을 피하는 방식으로 기술되어 있다. V_{tp}는 관례적으로 음이므로 $|V_{tp}|$를 사용한다. 그리고 v_{SG}와 v_{SD}는 양이다. 또한 모든 회로도에서 항상 소스가 위에 가도록 p 채널 소자를 그려서 전류가 위에서 아래로 흐르게 한다. 끝으로 PMOS 소자 역시 채널 길이 변조 효과를 겪는다는 사실을 유의하라. 이는 인수 $(1 + |\lambda| v_{SD})$를 i_D에 대한 포화 영역 표현식에 추가함으로써 다음과 같이 고려될 수 있다.

$$i_D = \frac{1}{2} k'_p \left(\frac{W}{L}\right) \left(v_{SG} - |V_{tp}|\right)^2 (1 + |\lambda| v_{SD}) \tag{5.28}$$

또는 등가적으로

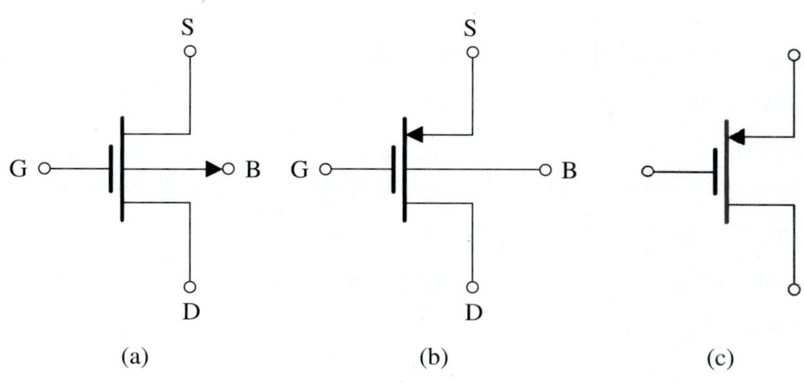

그림 5.19 (a) p 채널 증가형 MOSFET의 회로 기호. (b) 소스 도선에 화살표를 표기한 변경된 기호. (c) 소스가 기판에 접속된 경우의 단순화된 회로 기호.

표 5.2 증가형 PMOS 트랜지스터의 동작 영역들

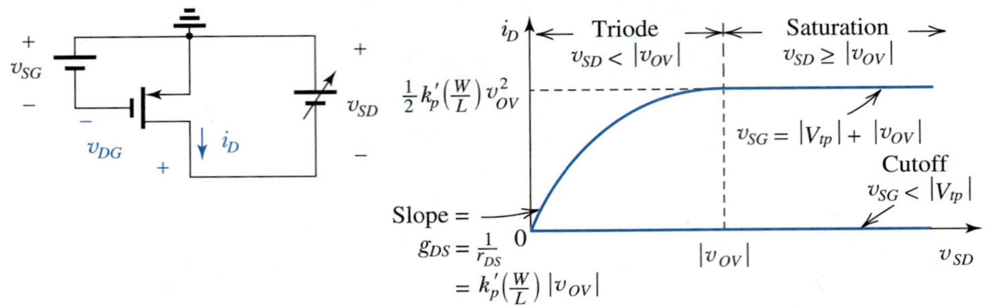

- $v_{SG} < |V_{tp}|$: no channel; transistor in cutoff; $i_D = 0$
- $v_{SG} = |V_{tp}| + |v_{OV}|$: a channel is induced; transistor operates in the triode region or in the saturation region depending on whether the channel is continuous or pinched off at the drain end;

Triode Region	*Saturation Region*
Continuous channel, obtained by:	Pinched-off channel, obtained by:
$v_{DG} > \|V_{tp}\|$	$v_{DG} \leq \|V_{tp}\|$
or equivalently	or equivalently
$v_{SD} < \|v_{OV}\|$	$v_{SD} \geq \|v_{OV}\|$
Then	Then
$i_D = k_p'\left(\frac{W}{L}\right)\left[(v_{SG} - \|V_{tp}\|)v_{SD} - \frac{1}{2}v_{SD}^2\right]$	$i_D = \frac{1}{2}k_p'\left(\frac{W}{L}\right)(v_{SG} - \|V_{tp}\|)^2$
or equivalently	or equivalently
$i_D = k_p'\left(\frac{W}{L}\right)\left(\|v_{OV}\| - \frac{1}{2}v_{SD}\right)v_{SD}$	$i_D = \frac{1}{2}k_p'\left(\frac{W}{L}\right)v_{OV}^2$

$$i_D = \frac{1}{2}k_p'\left(\frac{W}{L}\right)(v_{SG} - |V_{tp}|)^2\left(1 + \frac{v_{SD}}{|V_A|}\right) \tag{5.29}$$

여기서 λ와 (PMOS 트랜지스터에 대한 얼리 전압) V_A는 관례적으로 음이므로 $|\lambda|$와 $|V_A|$를 사용한다.

끝으로 주어진 CMOS 제조 공정에 대해서 λ_n과 $|\lambda_p|$는 일반적으로 같지 않으며, V_{An}과 $|V_{Ap}|$에 대해서도 그러하다는 것을 유의하라.

요약하면, PMOS 트랜지스터를 도통시키기 위해서는 게이트 전압이 소스 전압보다 적어도 $|V_{tp}|$만큼 더 낮도록 만들어야 한다. 트라이오드 영역에서 동작하기 위해서는, 드레인 전압은 게이트 전압보다 적어도 $|V_{tp}|$만큼 초과해야 한다. 그렇지 않으면 PMOS는 포화 영역에서 동작한다. 그리고 그림 5.20은 이런 동작 조건들의 도식적인 표현을 제공한다.

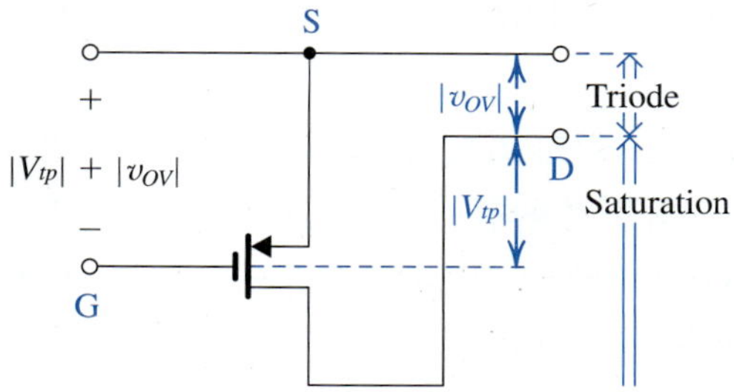

그림 5.20 트라이오드 영역과 포화 영역 동작을 위한 증가형 PMOS 트랜지스터 단자 전압들의 상대적인 준위들.

연습문제

5.7 그림 E5.7에 나타낸 PMOS 트랜지스터는 $V_{tp} = -0.5$ V, $k_p' = 100$ μA/V^2, $W/L = 10$을 갖는다.

(a) 이 트랜지스터가 도통하기 위한 v_G의 범위를 구하라.

(b) 이 트랜지스터가 트라이오드 영역에서 동작하기 위한 v_D의 범위를 v_G로 표현하라.

(c) 이 트랜지스터가 포화 영역에서 동작하기 위한 v_D의 범위를 v_G로 표현하라.

(d) 채널 길이 변조를 무시하여(즉, $\lambda = 0$을 가정하여) 이 트랜지스터가 포화 영역에서 $i_D = 50$ μA로 동작하기 위한 $|v_{OV}|$와 v_G의 값들과 v_D의 대응하는 범위를 구하라.

(e) $\lambda = -0.2$ V^{-1}일 때, (d)에서 정해진 과구동 전압에 대응하는 r_o의 값을 구하라.

(f) $\lambda = -0.2$ V^{-1}과 (d)에서 정해진 v_{OV}의 값에 대해서, $v_D = +1$ V와 $v_D = 0$ V에서 i_D를 구하라. 그리고 포화 영역에서 출력 저항의 값을 계산하라. (e)에서 구한 값과 비교하라.

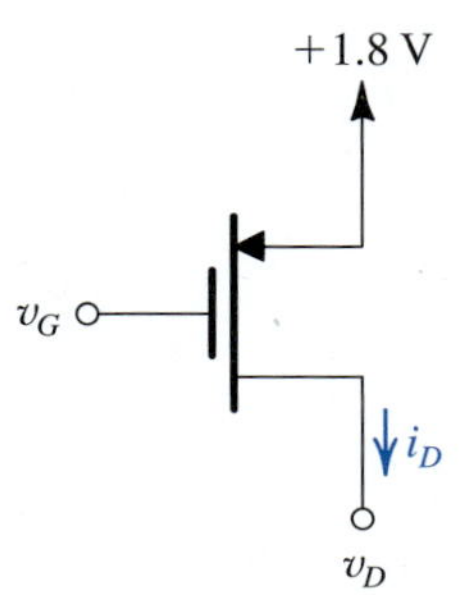

그림 E5.7

[답] (a) $v_G \le +1.3$ V; (b) $v_D \ge v_G + 0.5$; (c) $v_D \le v_G + 0.5$; (d) 0.32 V, 0.98 V, $v_D \le 1.48$ V; (e) 100 kΩ; (f) 58 μA, 68 μA, 100 kΩ(같다)

5.3 직류에서의 MOSFET 회로

지금까지 MOSFET의 전류 전압 특성을 공부해 왔으므로 이제 직류 전압과 전류만 있는 회로들을 살펴본다. 특히 직류에서 동작하는 MOSFET 회로들을 설계하고 해석하는 일련의 예제들을 고찰할 것이다. 이런 예제들의 목적은 MOS 소자에 익숙하게 하고, MOSFET 회로 해석을 빠르고 효과적으로 수행하는 능력을 고취하는 데 있다.

문제를 단순하게 만들고 MOSFET 회로의 핵심 동작에 주의를 집중하기 위해 일반적으로 채널 길이 변조를 무시할 것이다. 즉, $\lambda = 0$으로 가정할 것이다. 우리는 과구동 전압을 사용하는 것이 편리하다고 여기게 될 것이다. 이 전압은 NMOS에 대해서는 $V_{OV} = V_{GS} - V_{tn}$이고 PMOS에 대해서는 $|V_{OV}| = V_{SG} - |V_{tp}|$이다. 또한 직류량들만 취급하므로, 모든 전류와 전압에 대해 대문자 아래첨자를 갖는 대문자 기호들을 사용할 것이다.

예제 5.3

트랜지스터가 $I_D = 0.2$ mA 그리고 $V_D = +0.2$ V에서 동작하도록 그림 5.21의 회로를 설계하라. 즉, R_D와 R_S의 값들을 결정하라. NMOS 트랜지스터는 $V_t = 0.5$ V, $\mu_n C_{ox} = 400\ \mu\text{A/V}^2$, $L = 0.5\ \mu\text{m}$, $W = 15\ \mu\text{m}$를 갖는다. 채널 길이 변조 효과는 무시하라.(즉, $\lambda = 0$으로 가정하라.)

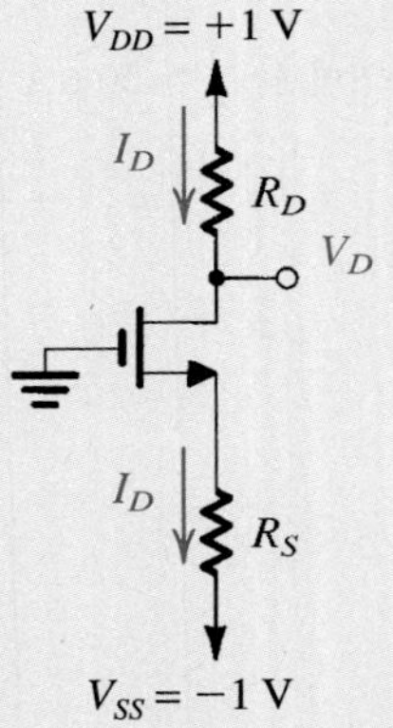

그림 5.21 예제 5.3에 대한 회로.

풀이

드레인에 +0.2 V의 직류 전압을 설정하려면 R_D를 다음과 같이 선정해야 한다.

$$R_D = \frac{V_{DD} - V_D}{I_D} = \frac{1 - 0.2}{0.2} = 4\ \text{k}\Omega$$

R_S의 필요한 값을 결정하기 위해, V_{GS}를 안다면 쉽게 구할 수 있는 소스 전압을 알 필요가 있다. 이 V_{GS}는 V_{OV}로부터 결정될 수 있다. $V_D = 0.2$ V는 V_G보다 커서 NMOS 트랜지스터가 포화 영역에서 동작하므로, i_D의 포화 영역 표현식을 이용하여 V_{OV}의 필요한 값을 구할 수 있다. 즉,

$$I_D = \frac{1}{2}\mu_n C_{ox} \frac{W}{L} V_{OV}^2$$

$I_D = 0.2$ mA $= 200$ μA, $\mu_n C_{ox} = 400$ μA/V^2, $W/L = 15/0.5$를 대입하면

$$200 = \frac{1}{2} \times 400 \times \frac{15}{0.5} V_{OV}^2$$

을 얻는다. 결과적으로

$$V_{OV} = 0.18 \text{ V}$$

가 된다. 따라서

$$V_{GS} = V_t + V_{OV} = 0.5 + 0.18 = 0.68 \text{ V}$$

그림 5.21을 참고로 하여 게이트가 접지 전위에 있다는 것에 주목하라. 따라서 소스 전압은 −0.68 V이고, R_S의 필요한 값은 다음과 같이 구할 수 있다.

$$R_S = \frac{V_S - V_{SS}}{I_D} = \frac{-0.68 - (-1)}{0.2} = 1.6 \text{ k}\Omega$$

연습문제

D5.8 그림 5.21의 회로를 다음 경우에 대해서 다시 설계하라. $V_{DD} = -V_{SS} = 1$ V, $V_t = 0.4$ V, $\mu_n C_{ox} =$ 400 μA/V^2, $W/L = 5$ μm/0.4 μm, $I_D = 100$ μA, $V_D = +0.2$ V이다.

[답] $R_D = 8$ kΩ; $R_S = 4$ kΩ

예제 5.4

그림 5.22는 드레인과 게이트가 연결된 NMOS 트랜지스터를 나타낸다. MOSFET 파라미터 $k_n = k_n'(W/L)$과 V_{tn}에 의해 결과적인 2단자 소자의 i−v 관계식을 구하라. 채널 길이 변조는 무시하라(즉, $\lambda = 0$). 이 2단자 소자는 **다이오드 결선 트랜지스터**(diode-connected transistor)로 알려져 있다.

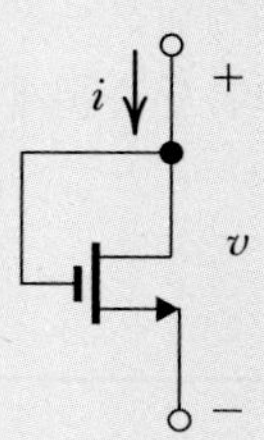

그림 5.22 예제 5.4에 대한 회로.

풀이

먼저 MOSFET이 동작하는 영역을 결정한다. $v_D = v_G$는 포화 모드 동작을 의미하므로, 드레인 전류는 다음과 같다.

$$i_D = \frac{1}{2}k_n'\left(\frac{W}{L}\right)(v_{GS} - V_{tn})^2$$

이제 $i = i_D$이고 $v = v_{GS}$이므로

$$i = \frac{1}{2}k_n'\left(\frac{W}{L}\right)(v - V_{tn})^2$$

이다. $k_n'\left(\frac{W}{L}\right)$를 k_n으로 대치한 결과는 다음과 같다.

$$i = \frac{1}{2}k_n(v - V_{tn})^2$$

연습문제

D5.9 그림 E5.9의 회로에 대해 $V_D = 0.7$ V를 야기하는 R의 값을 구하라. MOSFET은 $V_{tn} = 0.5$ V, $\mu_n C_{ox} = 0.4$ mA/V^2, $W/L = \frac{0.72\ \mu\text{m}}{0.18\ \mu\text{m}}$, $\lambda = 0$을 갖는다.

[답] 34.4 kΩ

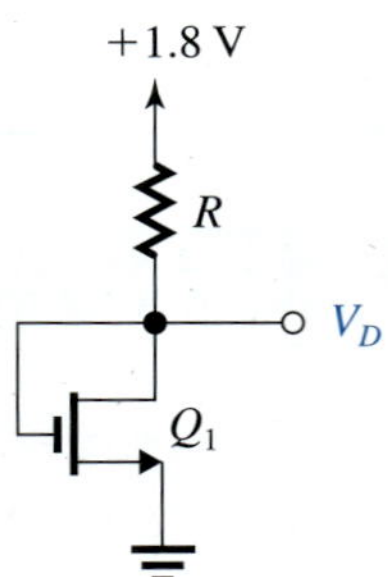

그림 E5.9

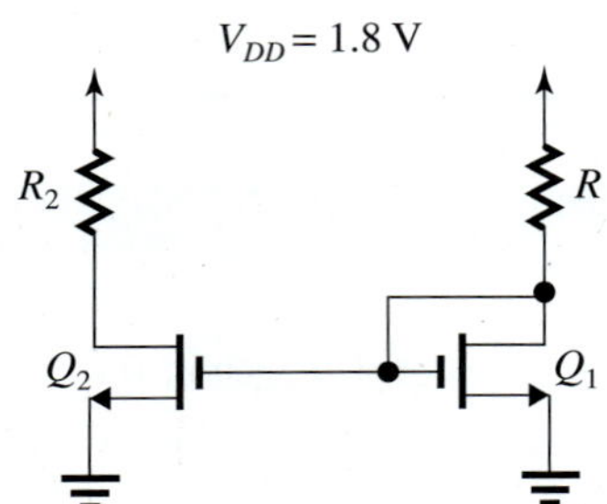

그림 E5.10

D5.10 그림 E5.10은 그림 E5.9의 회로를 Q_1과 같은 트랜지스터 Q_2와 저항 R_2를 가지고 확장함으로써 얻어진 회로를 나타낸다. Q_2가 포화 영역의 가장자리에서 동작되는 R_2의 값을 구하라. 연습문제 5.9에 대한 풀이를 이용하라.

[답] 50 kΩ

예제 5.5

그림 5.23에서 드레인 전압이 0.1 V가 되도록 회로를 설계하라. 이 동작점에서 드레인과 소스 사이의 실효 저항은 얼마인가? 단, $V_{tn} = 0.5$ V 그리고 $k_n'(W/L) = 2$ mA/V^{2}이다.

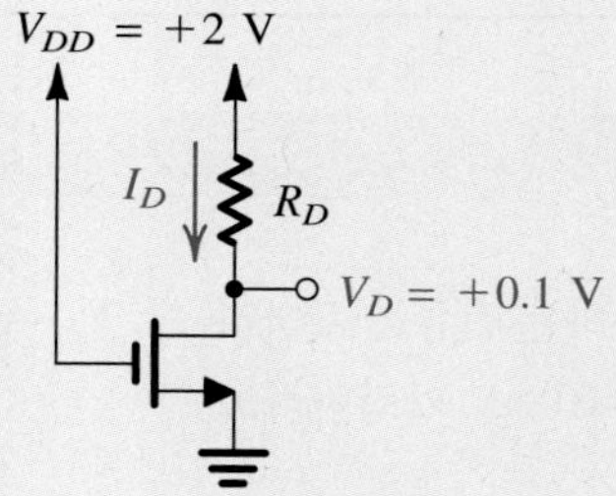

그림 5.23 예제 5.5에 대한 회로.

풀이

드레인 전압이 게이트 전압보다 1.9 V만큼 낮고 $V_{tn} = 0.5$ V이므로, MOSFET은 트라이오드 영역에서 동작하고 있다. 따라서 전류 I_D는

$$I_D = k_n' \frac{W}{L}\left[(V_{GS} - V_{tn})V_{DS} - \frac{1}{2}V_{DS}^2\right]$$

$$I_D = 2\left[(2 - 0.5) \times 0.1 - \frac{1}{2} \times 0.01\right] = 0.29 \text{ mA}$$

로 주어지고, 필요한 R_D의 값은 다음과 같이 구해질 수 있다.

$$R_D = \frac{V_{DD} - V_D}{I_D} = \frac{2 - 0.1}{0.29} = 6.55 \text{ k}\Omega$$

실제의 개별 회로 설계 문제에서는, 우리가 이용할 수 있는 표준 저항값에 가장 가까운 값, 말하자면 허용오차가 5%인 표준 저항기인 경우에는 6.8 kΩ을 선정해야 한다(부록 J 참조). 트랜지스터가 작은 V_{DS}를 가지고 트라이오드 영역에서 동작하므로 드레인-소스 실효 저항은 다음과 같이 구해진다.

$$r_{DS} = \frac{V_{DS}}{I_D} = \frac{0.1V}{0.29 \text{ mA}} = 345 \ \Omega$$

다른 방법으로, 우리는 공식

$$r_{DS} = \frac{1}{k_n V_{OV}}$$

을 사용함으로써 r_{DS}를 위에서 구한 값에 가까운

$$r_{DS} = \frac{1}{2 \times (2 - 0.5)} = 0.333 \text{ k}\Omega = 333 \ \Omega$$

으로 결정할 수도 있다.

연습문제

5.11 예제 5.5의 회로에서 R_D의 값을 두 배로(13.1 kΩ으로) 할 때, I_D와 V_D의 근사적인 값들을 구하라.
[답] 0.15 mA; 0.05 V

예제 5.6

그림 5.24(a)에 나타낸 회로를 해석하여 모든 마디의 전압과 모든 가지를 통하는 전류를 구하라. 단, V_{tn} = 1 V이고 $k_n'(W/L) = 1\ \text{mA/V}^2$이다. 채널 길이 변조 효과는 무시하라.(즉, $\lambda = 0$으로 가정하라.)

풀이

게이트 전류가 0이므로, 게이트 전압은 두 개의 10 MΩ 저항으로 구성되는 전압 분배기로 간단히 결정된다. 즉,

$$V_G = V_{DD}\frac{R_{G2}}{R_{G2}+R_{G1}} = 10 \times \frac{10}{10+10} = +5\ \text{V}$$

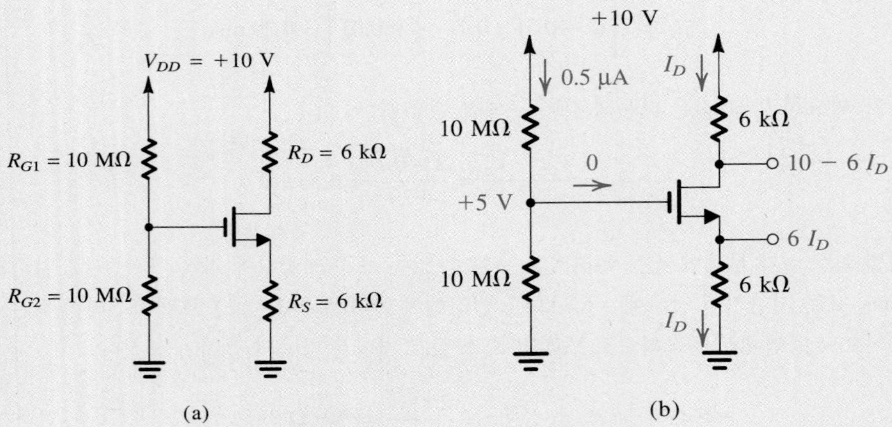

그림 5.24 (a) 예제 5.6에 대한 회로. (b) 해석 세부 사항의 일부를 나타낸 회로.

이 양의 게이트 전압으로 NMOS 트랜지스터는 도통될 것이다. 그러나 우리는 이 트랜지스터가 포화 영역에서 동작할지 아니면 트라이오드 영역에서 동작할지 알지 못한다. 따라서 이 트랜지스터가 포화 영역에서 동작한다고 가정해서 문제를 풀고, 그다음에 이 가정의 타당성을 검증할 것이다. 만약 이 가정이 타당하지 않은 것으로 판명되면, 트라이오드 영역 동작에 대해 다시 문제를 풀어야 할 것이다.

그림 5.24(b)를 참고하라. 게이트 전압이 5 V이고 소스 전압이 $I_D(\text{mA}) \times 6(\text{k}\Omega) = 6I_D(\text{V})$이므로, 우리는 다음과 같은 소스에 대한 게이트 전압을 얻는다.

$$V_{GS} = 5 - 6I_D$$

따라서 I_D는

$$I_D = \frac{1}{2}k_n'\frac{W}{L}(V_{GS} - V_{tn})^2$$
$$= \frac{1}{2} \times 1 \times (5 - 6I_D - 1)^2$$

으로 주어진다. 이 식에서 다음과 같은 I_D의 2차 방정식을 얻을 수 있다.

$$18I_D^2 - 25I_D + 8 = 0$$

이 방정식을 풀면 I_D에 대한 두 가지 값, 즉 0.89 mA와 0.5 mA가 얻어진다. 첫 번째 값의 결과로 소스 전압은 $6 \times 0.89 = 5.34$ V인데, 이 전압은 게이트 전압보다 커서 NMOS 트랜지스터가 차단되는 것을 의미하므로 물리적인 이치에 맞지 않는다. 따라서

$$I_D = 0.5 \text{ mA}$$
$$V_S = 0.5 \times 6 = +3 \text{ V}$$
$$V_{GS} = 5 - 3 = 2 \text{ V}$$
$$V_D = 10 - 6 \times 0.5 = +7 \text{ V}$$

$V_D > V_G - V_{tn}$이므로, 트랜지스터는 처음에 가정한 대로 포화 영역에서 동작하고 있다.

연습문제

5.12 그림 5.24의 회로에 대해 트랜지스터가 포화 모드로 유지되는 동안 R_D가 가질 수 있는 가장 큰 값은 얼마인가?

[답] 12 kΩ

D5.13 다음 요구 사항들에 대해 그림 5.24의 회로를 다시 설계하라. $V_{DD} = +5$ V, $I_D = 0.32$ mA, $V_S = 1.6$ V, $V_D = 3.4$ V이고, 전압 분배기 R_{G1}과 R_{G2}를 통해 1 μA의 전류가 흐른다. 예제 5.6에서와 같은 MOSFET을 가정하라.

[답] $R_{G1} = 1.6$ MΩ; $R_{G2} = 3.4$ MΩ; $R_S = R_D = 5$ kΩ

예제 5.7

트랜지스터가 $I_D = 0.5$ mA와 $V_D = +3$ V로 포화 영역에서 동작하도록 그림 5.25의 회로를 설계하라. 단, PMOS 트랜지스터는 $V_{tp} = -1$ V와 $k_p'(W/L) = 1$ mA/V²을 갖는다. 또한 $\lambda = 0$으로 가정하라. 포화 영역 동작을 유지하면서 R_D가 가질 수 있는 가장 큰 값은 무엇인가?

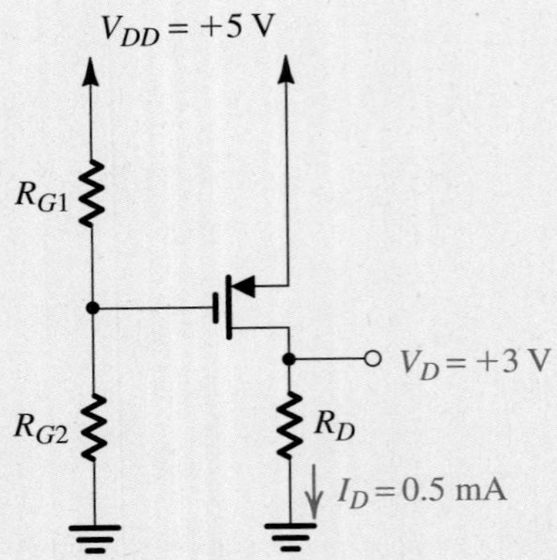

그림 5.25 예제 5.7에 대한 회로.

풀이

MOSFET이 포화 상태에 있으므로

$$I_D = \frac{1}{2}k_p'\frac{W}{L}|V_{OV}|^2$$

으로 쓸 수 있다. $I_D = 0.5$ mA와 $k_p'W/L = 1$ mA/V^{2}을 대입하면

$$|V_{OV}| = 1 \text{ V}$$

그리고

$$V_{SG} = |V_{tp}| + |V_{OV}| = 1 + 1 = 2 \text{ V}$$

를 얻는다. 소스 전압이 +5 V이므로, 게이트 전압은 +3 V로 정해져야 한다. 이는 R_{G1}과 R_{G2}를 적절히 선정함으로써 이루어질 수 있다. R_{G1}과 R_{G2}로 통하는 전류가 μA 범위의 작은 값을 갖도록 R_{G1}과 R_{G2}의 값들을 MΩ 범위로 선정한다. 가능한 선정은 $R_{G1} = 2$ MΩ과 $R_{G2} = 3$ MΩ이다.

R_D의 값은 다음 식에서 구할 수 있다.

$$R_D = \frac{V_D}{I_D} = \frac{3 \text{ V}}{0.5 \text{ mA}} = 6 \text{ k}\Omega$$

MOSFET이 포화 영역에서 동작하면서 R_D가 가질 수 있는 가장 큰 값을 구하기 위해, 포화 모드 동작은 V_D가 V_G를 $|V_{tp}|$만큼 초과하는 점, 즉

$$V_{D\max} = 3 + 1 = 4 \text{ V}$$

까지 유지된다는 것을 상기하라. 이 드레인 전압의 값으로 다음과 같은 R_D를 얻는다.

$$R_D = \frac{4 \text{ V}}{0.5 \text{ mA}} = 8 \text{ k}\Omega$$

연습문제

D5.14 그림 E5.14의 회로에 대해 PMOS 트랜지스터가 과구동 전압 $|V_{OV}| = 0.6$ V에서 동작하는 R의 값을 구하라. 문턱 전압은 $V_{tp} = -0.4$ V이고, 공정 트랜스컨덕턴스 파라미터 $k'_p = 0.1$ mA/V^{2}이며, $W/L = 10$ μm/0.18 μm이다.

[답] 800 Ω

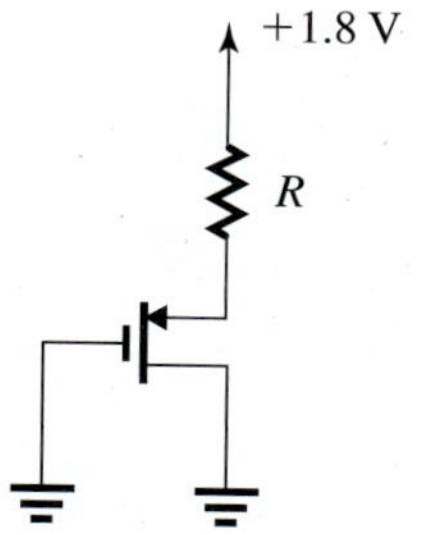

그림 E5.14

예제 5.8

그림 5.26(a)의 회로에서 NMOS와 PMOS 트랜지스터들은 $k'_n(W_n/L_n) = k'_p(W_p/L_p) = 1$ mA/V^2 그리고 $V_{tn} = -V_{tp} = 1$ V로 정합되어 있다. 두 소자에 대해 $\lambda = 0$으로 가정하여, $V_I = 0$ V, +2.5 V, −2.5 V에 대해 전압 V_O뿐만 아니라 드레인 전류들 I_{DN}과 I_{DP}를 구하라.

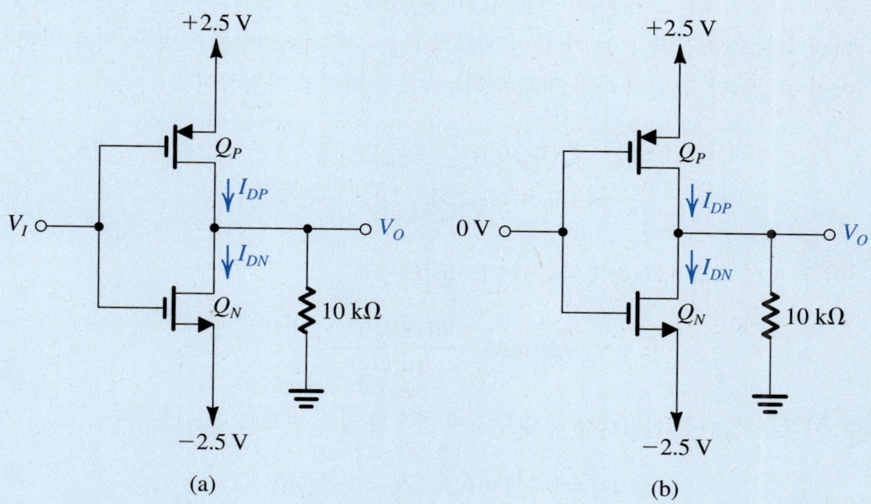

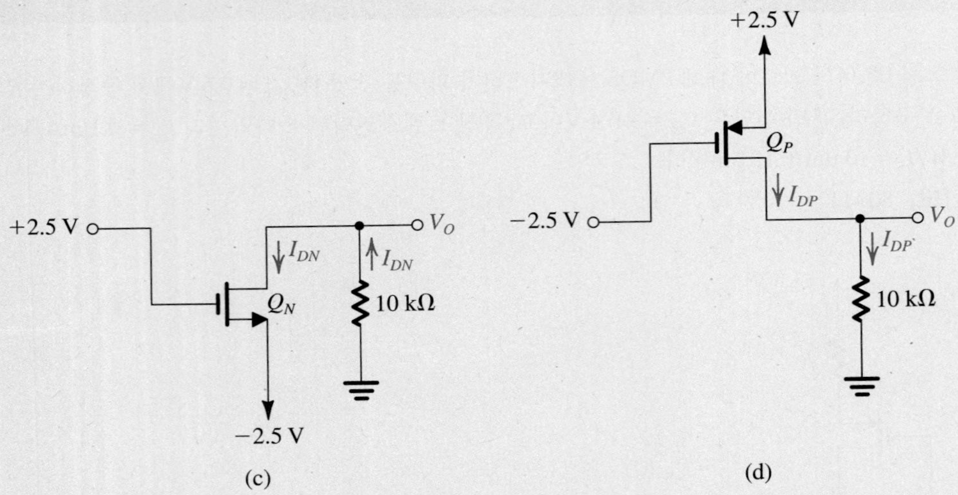

그림 5.26 예제 5.8에 대한 회로들.

풀이

그림 5.26(b)는 $V_I = 0$ V인 경우의 회로를 나타낸다. Q_N과 Q_P가 완벽히 정합되고 같은 $|V_{GS}| = 2.5$ V로 동작하므로 회로는 대칭적이다. 그래서 $V_O = 0$ V로 정해진다. 그러므로 Q_N과 Q_P 둘 다 $|V_{DG}| = 0$으로 동작하면서 포화 상태에 있다. 이제 드레인 전류들은 다음과 같이 구해진다.

$$I_{DP} = I_{DN} = \tfrac{1}{2} \times 1 \times (2.5 - 1)^2 = 1.125 \text{ mA}$$

다음은 $V_I = +2.5$ V인 회로를 고려하자. 트랜지스터 Q_P는 V_{SG}가 0이므로 차단될 것이며, 이 회로는 그림 5.26(c)에 나타낸 회로로 축약된다. V_O가 음이 되므로 V_{GD}는 V_{tn}보다 더 클 것이다. 이로 인해 Q_N은 트라이오드 영역에서 동작한다. 간단히 하기 위해 우리는 V_{DS}가 작다고 가정하여

$$\begin{aligned} I_{DN} &\simeq k_n'(W_n/L_n)(V_{GS} - V_{tn})V_{DS} \\ &= 1[2.5 - (-2.5) - 1][V_O - (-2.5)] \end{aligned}$$

를 사용할 것이다. 또한 그림 5.26(c)에 나타낸 회로도로부터

$$I_{DN}(\text{mA}) = \frac{(0 - V_O)(\text{V})}{10(\text{k}\Omega)}$$

로 쓸 수 있다. 이 두 방정식을 연립하여 해를 구하면 다음과 같은 결과를 얻는다.

$$I_{DN} = 0.244 \text{ mA} \qquad V_O = -2.44 \text{ V}$$

$V_{DS} = -2.44 - (-2.5) = 0.06$ V이며, 가정했던 대로 작은 것을 주목하라.

끝으로 $V_I = -2.5$ V인 경우[그림 5.26(d)]의 상황은 $V_I = +2.5$ V인 경우와 정확한 상보(complement)가 될 것이다. 즉, 트랜지스터 Q_N은 차단될 것이다. 그래서 $I_{DN} = 0$이고, Q_P는 $I_{DP} = 0.244$ mA와 $V_O = +2.44$ V인 트라이오드 영역에서 동작할 것이다.

연습문제

5.15 그림 E5.15의 회로에서 NMOS와 PMOS 트랜지스터들은 $k_n'(W_n/L_n) = k_p'(W_p/L_p) = 1\ \text{mA/V}^2$ 그리고 $V_{tn} = -V_{tp} = 1$ V로 정합된다. 두 소자에 대해 $\lambda = 0$으로 가정하여, $V_I = 0$ V, +2.5 V, −2.5 V에 대해 드레인 전류들 I_{DN}과 I_{DP} 그리고 전압 V_O를 구하라.

[답] $V_I = 0$ V: 0 mA, 0 mA, 0 V; $V_I = +2.5$ V: 0.104 mA, 0 mA, 1.04 V; $V_I = -2.5$ V: 0 mA, 0.104 mA, −1.04 V

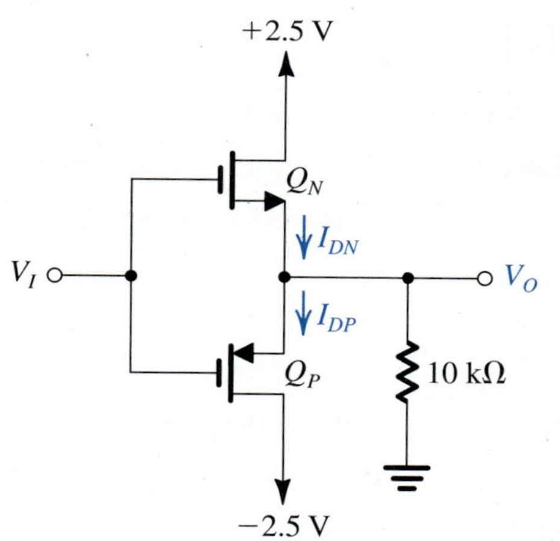

그림 E5.15

끝맺는 말 어떤 MOSFET이 도통하고 있는데 그 동작 모드(포화 또는 트라이오드)를 알지 못한다면, 포화 영역에서 동작한다고 가정해서 문제를 풀고, 그다음에 포화 모드 동작의 조건들이 만족되는지를 검증한다. 만약 가정이 타당하지 않으면, 그 MOSFET은 트라이오드 영역에서 동작하고 있고, 이에 따라 다시 해석을 수행한다.

고든 무어의 법칙

반세기 전 고든 무어(Gordon Moore)는 1965년 4월 19일자 「일렉트로닉스 매거진(Electronics Magazine)」에 아주 놀라운 내용을 발표하였다. 처음에는 페어차일드 세미컨덕터의 공동 창업자, 그다음에는 인텔의 공동 창업자가 되었던 무어는 1958년에서 1965년까지 7년간에 걸쳐 나타난 다섯 개의 데이터 점에 근거하여 집적 회로 산업의 잠재적인 성장을 예측하였다. 그는 칩당 트랜지스터의 수가 계속 증가하고 있으며 2년에 두 배 정도씩 증가할 것이라고 결론지었다. 이 발견은 이후 수십 년을 지나 21세기까지 집적 회로의 발전을 촉진할 운명이 되었다. 트랜지스터의 수가 두 배로 될 것이라는 그의 예측은 또 다른 예측, 즉 트랜지스터 크기의 지속적인 축소에 근거하였다. 초대규모 집적화(VLSI)의 선구자인 카버 미드(Carver Mead)는 무어의 가설의 중요성을 인식하고 이 예측을 곧바로 '무어의 법칙'이라고 인용하기 시작하였다.

5.4 기술 척도화(무어의 법칙) 및 기타 주제

이 절에서는 다수의 관련된 주제들을 간단히 살펴보면서 MOSFET의 동작과 특성들에 대한 공부를 마무리한다. 그중에 가장 중요한 것은 기술 척도화(technology scaling)이다. 무어의 법칙으로 널리 알려진, MOSFET의 물리적인 크기의 지속적인 축소는 지난 50년 넘게 마이크로전자공학(microelectronics) 혁명의 구동력이 되어 왔다.

5.4.1 기술 척도화

5.1.4절에서 언급한 대로 주어진 CMOS 공정 기술은 허용되는 최소 채널 길이 L_{min}에 의해 특징지어진다. 그래서 0.18 μm CMOS 공정에서 최소 허용 MOSFET 채널 길이는 0.18 μm이다. 지난 50년 넘게 CMOS 제조 기술의 발전은 L_{min}이 지속적으로 축소되는 공정들을 낳았다. 실제로 2년에서 3년마다 L_{min}이 앞서 나온 기술이 가졌던 그 값의 약 30%만큼, 즉 0.7로 축소되는 새로운 CMOS 공정이 소개되어 왔다. 그래서 새로운 **기술 세대**(technology generation)마다 MOSFET 면적은 $1/(0.7 \times 0.7)$ 또는 약 두 배로 축소되어 왔다. 이는 같은 면적의 실리콘 칩에 두 배로 많은 소자들의 조립을 허용한다. 고든 무어가 50년도 더 전에 예상한 이 놀라운 현상은 **무어의 법칙**으로 알려져 있다. 이것은 지수적으로 증가하는 수많은 트랜지스터들을 집적 회로(IC) 칩에 채워 넣는 동력이다. 그 결과 전자 제품(예를 들면, 컴퓨터, 태블릿, 스마트폰 등) 가격의 지속적인 하락을 가져왔다. 게다가 트랜지스터들의 줄어드는 크기는 이런 소자들이 훨씬 더 빠른 속도로 동작할 수 있게 하였다.

그림 5.27은 50년 넘는 기간 동안 (5년마다 두 배로) MOSFET 채널 길이의 지수적인 감소를 나타낸다. 그래프의 검은 점들은 중요한 기술 세대들 또는 **기술 마디들**(technology nodes)의 일부를 표시한다. 그래서 우리는 1970년대 초기의 10 μm 공정, 1990년대 초기의 서브마이크론($L_{min} < 1$ μm) 공정, 그리고 지난 20년의 초서브마이크론($L_{min} < 0.25$ μm) 공정을 보게 된다. 여기에는 그래프의 끝에서 두 번째 점으로 표현된 최상의 14 nm 공정도 포함된다. 이 기술을 사용하여 제조된 수많은 마이크로프로세서 칩들이 2018년에 발표되었다.

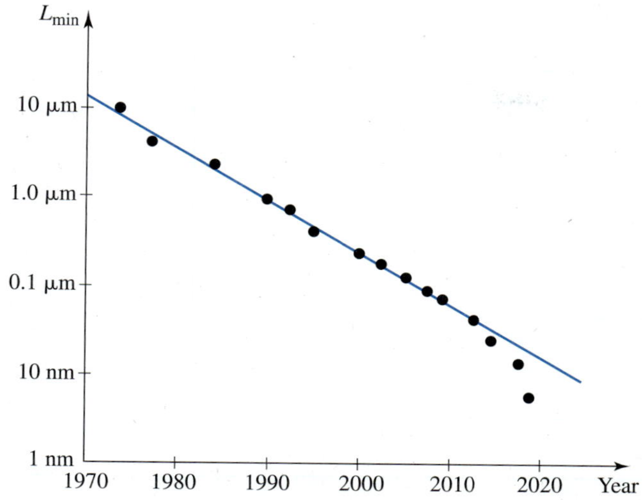

그림 5.27 MOSFET 채널 길이는 약 5년마다 두 배로 감소해 왔다. 무어의 법칙으로 알려진 이 현상은 계속되고 있다.

이런 칩들은 60억과 90억 사이의 트랜지스터들을 포함하고 약 5 GHz의 클록 주파수로 동작한다. 끝으로 그래프의 마지막 점은 컴퓨터 메모리 칩을 제작하기 위해 2018년에 사용된 7 nm CMOS 기술을 나타낸다. 우리는 이 책의 3부에서 이런 디지털 회로들을 공부할 것이다.

기술 척도화의 영향 기술 척도화는 $S > 1$인 비율 $1/S$에 의한 MOSFET 소자 크기들 L, W, 그리고 t_{ox}의 비율 축소화를 말한다. 동시에 전원 공급기 전압 V_{DD}와 문턱 전압 V_t도 같은 비율로 감소된다. V_{DD}의 감소 원인은 다음 두 가지 요인이다. 즉, (1) 짧은 채널에서 종방향 전장이 매우 높은 크기에 도달하지 않도록 하는 것과 (2) 전력 소모를 줄이기 위한 것이다.

표 5.3은 척도화 영향들의 일부를 나타낸다. MOSFET 면적이 비율 $1/S^2$으로 축소되고 산화물 커패시턴스 C_{ox}는 비율 S로 증가되는 사실에 주목하라. μ_n과 μ_p가 변하지 않는다고 가정하면, 공정 트랜스컨덕턴스 파라미터 k_n'과 k_p'은 비율 S로 증가한다. 끝으로 게이트 커패시턴스 C_{gate}는 비율 $1/S$로 감소된다. 나중의 장들에서 알게 되겠지만, C_{gate}의 감소는 동작 속도가 증가하는 방향을 가리킨다.

일부 CMOS 공정에서 실현된 대표적인 파라미터 값들 기술 척도화의 이론적인 영향들을 인지하고서, 이제 더욱 일반적인 CMOS 공정들의 일부를 살펴보자. 표 5.4는 다소 오래된 0.8 μm 공정에서 아주 최신의 28 nm 공정에 이르는 다수의 CMOS 공정들에서 제조된 NMOS와 PMOS 트랜지스터들의 중요한 파라미터들에 대한 대표적인 값들을 나타낸다. 지금은 0.8 μm와 0.5 μm 공정들이 구식이긴 하지만, 다양한 파라미터 값에 대한 경향을 나타내기 위해 그 데이터가 포함된다. 여기서 비록 0.18 μm와 0.13 μm 공정들이 아주 새로운 기술은 아니지만, 이 공정들은 아날로그 회로 설계에 여전히 인기 있는 기술로 남아 있다.[14)]

14) 표 5.4의 데이터를 고려할 때 매우 조심해야 한다. 이런 데이터는 상업적으로 사용할 수 있는 어떤 특정한 공정에 속하지 않는다. 그런 이유로, 이런 포괄적인 데이터는 실제적인 IC 설계에 사용을 위해 의도되지 않았다. 알게 되겠지만, 오히려 그것들은 가능한 실질적인 파라미터 값들을 가지고 설계 예제들과 문제들을 풀게 하면서, 공정의 경향을 제시하고, 설계 절충을 예시하는 데 도움을 준다.

표 5.3 소자와 전압 척도화의 영향

	Parameter	Relationship	Scaling Factor
1	W, L, t_{ox}		$1/S$
2	V_{DD}, V_t		$1/S$
3	Area/Device	WL	$1/S^2$
4	C_{ox}	ϵ_{ox}/t_{ox}	S
5	k_n', k_p'	$\mu_n C_{ox}, \mu_p C_{ox}$	S
6	C_{gate}	WLC_{ox}	$1/S$

표 5.4 CMOS 소자 파라미터들의 대표적인 값들

	0.8 μm		0.5 μm		0.25 μm		0.18 μm		0.13 μm		65 nm		28 nm	
Parameter	NMOS	PMOS	NMOS	PMOS	NMOS	PMOS	NMOS	PMOS	NMOS	PMOS	NMOS	PMOS	NMOS	PMOS
t_{ox} (nm)	15	15	9	9	6	6	4	4	2.7	2.7	1.4	1.4	1.4	1.4
C_{ox} (fF/μm^2)	2.3	2.3	3.8	3.8	5.8	5.8	8.6	8.6	12.8	12.8	25	25	34	34
μ (cm^2/V·s)	550	250	500	180	460	160	450	100	400	100	216	40	220	200
μC_{ox} (μA/V^2)	127	58	190	68	267	93	387	86	511	128	540	100	750	680
V_{t0} (V)	0.7	−0.7	0.7	−0.8	0.5	−0.6	0.5	−0.5	0.4	−0.4	0.35	−0.35	0.3	−0.3
V_{DD} (V)	5	5	3.3	3.3	2.5	2.5	1.8	1.8	1.3	1.3	1.0	1.0	0.9	0.9
$\|V_A'\|$ (V/μm)	25	20	20	10	5	6	5	6	5	6	3	3	1.5	1.5
C_{ov} (fF/μm)	0.2	0.2	0.4	0.4	0.3	0.3	0.37	0.33	0.36	0.33	0.33	0.31	0.4	0.4

표 5.4의 데이터에 대한 중요한 관찰은 다음과 같다.

1. t_{ox}의 척도 감소와 대응하는 C_{ox}의 척도 증가는 표에 나타낸 마지막 기술 마디(28 nm)를 제외하고 이론적인 예상을 따라간다. 마지막 마디는 차후의 기술 경향을 나타낸다. 즉, t_{ox}는 그 감소가 게이트 누설 전류를 증가시키기 때문에 더 이상 감소될 수 없다. 그래서 C_{ox}를 증가시키기 위해서는 더 높은 유전율을 갖는 (이산화규소 이외의) 다른 물질이 게이트 유전체로 사용된다.
2. 우리의 간단한 척도화 체계(표 5.3)로 예측은 안 되지만, μ_n과 μ_p는 둘 다 척도화로 감소한다. 후자는 더 빠르게 감소한다. 그래서 0.13 μm와 65 nm 공정들에 대해 μ_p/μ_n 비율은 거의 1/4인 사실을 알게 된다. 이것은 문제가 있는데, PMOS 소자들이 CMOS 회로들에서 달성되는 이득과 속도에 장해물이 되기 때문이다.(이것에 대해서는 나중에 더 자세히 설명한다.) 이 경향을 반대로 뒤집기 위해 (표에 나타낸 28 nm 공정을 포함하는) 현대의 공정들은 μ_p가 μ_n과 거의 같도록 만드는 기법들을 사용한다.
3. V_{DD}의 감소는 (0.8 μm 공정의 5 V에서 28 nm 공정의 0.9 V까지) 극적이지만, 표 5.3에서 가정된 이론적인 경향을 따르지는 않았다. 같은 관찰이 $|V_t|$에도 적용되는데, 이것은 0.7 V에서 0.3 V까지 감소되어 왔음에도 불구하고 이론적인 척도화 모델을 따르지 않았다. 더 이상 $|V_t|$를 낮추지 않는 매우 타당한 이유

가 있다. 즉, $|V_t|$가 더 작아지게 되면 채널을 통한 누설 전류가 더 커지게 된다. 곧 누설 전류에 대해 좀 더 언급할 것이다.

4. 초서브마이크론 CMOS 기술들의 중요하지만 바람직하지 않은 다른 특징은 채널 길이 변조의 영향이 매우 확연하게 된다는 것이다. 그 결과 $|V'_A|$이 약 1.5 V/μm로 감소된다. 그래서 짧은 채널 MOSFET의 출력 저항 r_o는 낮은 값을 갖는다.

짧은 채널 MOSFET들의 i_D–v_{GS} 특성 5.1절에서 우리는 채널에 있는 전자들의 유동 속도(속도에 의존하는 i_D)가 v_{DS}에 의해 형성된 종방향 전장에 비례하여 증가하는 것으로 가정함으로써 제곱 법칙 i_D–v_{GS} 특성을 얻었다. 그러나 이것은 매우 짧은 채널들에 대해서는 적용되지 않는다. 즉, 높은 종방향 전장에서는 캐리어 유동 속도가 더 이상 증가하지 않는다. 이 **속도 포화**(velocity saturation) 현상은 짧은 채널 소자에서 일어나는 많은 문제들 중 하나이다. 그 결과 i_D는 v_{GS}의 증가에 따라 제곱 법칙 관계식이 나타내는 것보다 더욱 천천히 증가한다.

짧은 채널 MOSFET의 특징을 더 잘 나타내는 더욱 정교한 모델들을 고려하는 것은 이 책의 범위를 넘어선다. 그래서 회로 설계의 초기 단계에서 매우 중요한 연필-종이 해석을 위해 우리는 제곱 법칙 MOSFET 모델을 계속 사용할 것이다. IC 설계의 마지막 단계에서 필수적인 회로 시뮬레이션을 위해 SPICE와 같은 시뮬레이션 프로그램에서 이용할 수 있는 더욱 정교한 모델들이 사용될 수 있다(부록 B 참조).

5.4.2 문턱아래 전도와 누설 전류

5.1절의 NMOS 트랜지스터에 대한 공부에서, 드레인과 소스 사이의 전류 전도는 v_{GS}가 V_t를 초과할 때만 일어난다고 가정하였다. 즉, $v_{GS} < V_t$에 대해서 드레인과 소스 사이의 전류는 흐르지 않는다고 가정하였다. 그러나 이것은 사실이 아닌 것으로 확인된다. 특히 초서브마이크론 소자들에 대해서 그러하다. 구체적으로 말하면 $v_{GS} < V_t$에 대해서, 작은 전류 i_D가 흐른다. 이 **문턱아래 전도**(subthreshold conduction)를 볼 수 있도록, i_D에 대해 대수 척도를 사용하여 그림 5.28에 i_D–v_{GS} 그래프를 다시 그렸다. v_{GS}의 작은 값들에서 대수 i_D와 v_{GS} 사이의 관계는 선형이므로 i_D가 v_{GS}에 대해 지수적으로 변한다는 것을 볼 수 있다. 문턱아래 영역에서 동작하는 MOSFET의 지수적인 i_D–v_{GS} 특성은 BJT의 그것과 비슷하다(4장).

문턱아래 전도는 전자 시계에 필요한 회로와 같은 초저전력 회로들의 설계에 잘 활용되고 있다. 그러나 일

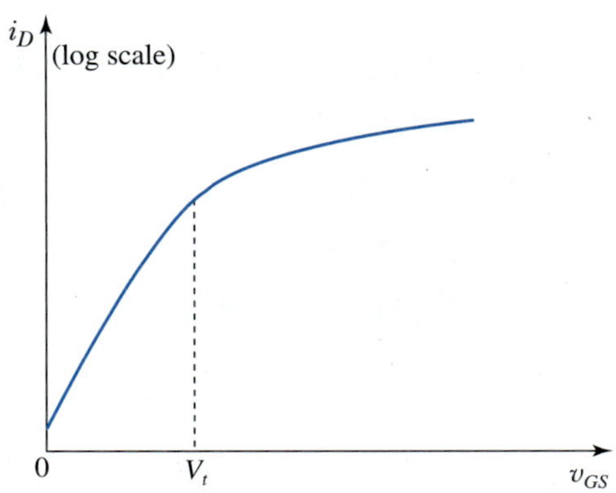

그림 5.28 짧은 채널 MOSFET의 i_D–v_{GS} 특성. 문턱아래 전도를 자세히 보이려면 i_D에 대한 대수 척도가 필요하다.

반적으로 말해서 문턱 전도는 디지털 IC 설계에 문제가 된다. 이는 주로 $v_{GS} = 0$인 동안 흐르는 영이 아닌 전류 i_D 때문이다. 이 전류는 누설 전류로 간주되며 트랜지스터가 차단될 때도 전력 소모를 유발한다. 이런 누설 전류들을 가능하면 작게 유지하기 위해 MOSFET의 $|V_t|$는 0.3 V 정도 이하로 감소되지 않는다. 비록 누설 전류가 (몇 pA로) 적고, 각 차단 트랜지스터의 전력 소모도 상응하여 적지만, 수십억 개의 트랜지스터들을 포함하는 현대의 디지털 IC 칩에는 문제가 심각해진다. 그래서 누설 전류는 장시간 유휴 상태인 휴대용 전자 제품의 배터리 사용 시간을 제한한다. 게다가 누설 전류는 (다이오드의 포화 또는 스케일 전류와 유사하게) 온도와 더불어 급격히 증가하므로 더 높은 온도에서 더 많은 전력이 낭비된다.

5.4.3 기판의 역할—몸체 효과

많은 응용들에서 MOSFET의 소스 단자는 기판(혹은 몸체) 단자 B에 접속된다. 이는 기판과 유도된 채널(그림 5.5를 다시 보라) 사이에 일정한 0의 (차단) 바이어스를 갖는 pn 접합을 야기한다. 이런 경우에 기판은 회로 동작에 어떠한 역할도 하지 않으므로 그 존재는 완전히 무시될 수 있다.

그러나 집적 회로에서는 보통 기판이 많은 MOS 트랜지스터들의 공통 영역으로 공유된다. 모든 기판-채널 접합을 차단 상태로 유지하기 위해 기판은 NMOS 회로에서는 전압이 가장 음인(PMOS 회로에서는 가장 양인) 전원 공급기에 접속된다. 소스와 몸체 사이의 결과적인 역바이어스 전압(n 채널 소자에서 V_{SB})은 소자 동작에 영향을 미칠 것이다. 이 사실을 확인하기 위해 기판이 소스에 대해 상대적으로 음의 전압을 갖도록 바이어스된 NMOS 트랜지스터를 고려하자. 이 역방향 바이어스 전압에 의해 공핍 영역이 넓어질 것이고(그림 5.2 참조), 더불어 채널 깊이는 감소할 것이다. 채널을 이전의 상태로 되돌리려면 v_{GS}는 증가되어야 한다.

V_{SB}가 채널에 미치는 영향은 문턱 전압 V_t의 변화로 가장 간단하게 나타낼 수 있다. 즉, 역방향 기판 바이어스 전압 V_{SB}가 증가하는 결과로 다음과 같이 V_t가 증가한다.

$$V_t = V_{t0} + \gamma\left[\sqrt{2\phi_f + V_{SB}} - \sqrt{2\phi_f}\right] \tag{5.30}$$

여기서 V_{t0}는 $V_{SB} = 0$에 대한 문턱 전압이고, ϕ_f는 보통 0.6 V인 $2\phi_f$와 더불어 물리적인 파라미터이며, 제조 공정 파라미터인 γ는

$$\gamma = \frac{\sqrt{2qN_A\epsilon_s}}{C_{ox}} \tag{5.31}$$

로 주어진다. 여기서 q는 전자 전하의 크기(1.6×10^{-19} C)이고, N_A는 p형 기판의 도핑 농도이며, ϵ_s는 실리콘의 유전율($11.7\epsilon_0 = 11.7 \times 8.854 \times 10^{-14} = 1.04 \times 10^{-12}$ F/cm)이다. 파라미터 γ는 $\sqrt{\text{V}}$ 의 단위를 가지며 보통 0.4 $\text{V}^{1/2}$이다. 끝으로, 식 (5.30)은 V_{SB}를 기판의 역방향 바이어스 V_{BS}로 대체하여(또는 V_{SB}를 $|V_{SB}|$로 대체하여) p 채널 소자에도 똑같이 적용된다는 것과, 이 경우 γ가 음이라는 것도 주목하자. 또한 γ의 값을 구할 때, N_A는 PMOS가 형성된 n우물의 도핑 농도 N_D로 대치되어야 한다. p 채널 소자들에 대해서 $2\phi_f$는 보통 0.75 V이고 γ는 보통 -0.5 $\text{V}^{1/2}$이다.

연습문제

5.16 NMOS 트랜지스터는 $V_{t0} = 0.8$ V, $2\phi_f = 0.7$ V, $\gamma = 0.4$ $V^{1/2}$를 갖는다. $V_{SB} = 3$ V일 때 V_t를 구하라.
[답] 1.23 V

식 (5.30)은 V_{SB}의 미소 증가는 V_t의 미소 증가를 야기하고, 그 결과 비록 v_{GS}가 일정하게 유지되어도 i_D의 미소 감소를 유발한다는 것을 나타낸다. 당연한 결과로 몸체 전압이 i_D를 제어하므로, 몸체가 MOSFET의 또 다른 게이트로 동작한다. 이 현상은 **몸체 효과**(body effect)로 알려져 있다. 그리고 파라미터 γ는 **몸체 효과 파라미터**(body-effect parameter)로 부른다.

5.4.4 온도 영향

V_t와 k'은 둘 다 온도에 민감하다. V_t의 크기는 온도가 1℃ 증가할 때마다 약 2 mV씩 감소한다. $|V_t|$에서 이와 같은 감소는 온도가 증가함에 따라 이에 대응하는 드레인 전류의 증가를 야기한다. 그러나 k'도 온도에 따라 감소하고 그 영향이 우세하기 때문에 드레인 전류는 결국 온도가 증가함에 따라 감소한다. 매우 흥미로운 이 결과는 MOSFET을 전력 회로(power circuit)에 적용할 때 이용된다.

5.4.5 항복과 입력 보호

드레인 전압이 증가해 가면, 드레인 영역과 기판 사이의 *pn* 접합에 애벌랜치 항복이 일어나는 어떤 전압에 도달한다(1.11.3절 참조). 이 항복은 보통 10 V 이상의 전압에서 일어나며, **약한 애벌랜치**(weak avalanche)로 알려진 다소 급격한 전류 증가를 가져온다.

현대 소자들에서 더 낮은 전압에서 일어나는 다른 항복 효과를 **펀치 스루**(punch-through)라고 부른다. 펀치 스루는 채널이 비교적 짧은 소자에서 드레인 영역을 둘러싼 공핍 영역이 채널을 거쳐 소스에 도달하는 정도까지 드레인 전압이 증가할 때 일어난다. 그러면 드레인 전류는 급격히 증가한다. 정상적으로는, 펀치 스루가 소자에 영구적인 손상을 야기하지는 않는다.

또 다른 종류의 항복은 게이트-소스 전압이 몇 볼트를 초과할 때 일어난다. 이 항복은 게이트 산화물의 항복이며, 그 결과로 소자에 영구적인 손상이 발생한다. MOSFET이 매우 높은 입력 저항과 매우 작은 입력 커패시턴스를 가지므로, 게이트 커패시터에 소량의 정전하가 축적되기만 해도 게이트-소스 전압은 그 항복 전압을 초과할 수 있다.

MOSFET의 게이트 커패시터에 정전하의 축적을 방지하기 위해 MOS 집적 회로의 입력 단자들에는 보통 게이트 보호 소자들이 포함된다. 보호 소자로는 언제나 클램핑 다이오드들이 사용된다.

작은 MOSFET 소자들이 고속 동작을 위해 필요하지만, 항복 때문에 고속과 고전압 회로들을 MOSFET 회로에 결합하는 것이 어렵다는 사실을 나중의 장들에서 알게 된다. 이런 응용에는 (4장에서 공부한) 바이폴라 접합 트랜지스터가 탁월하다.

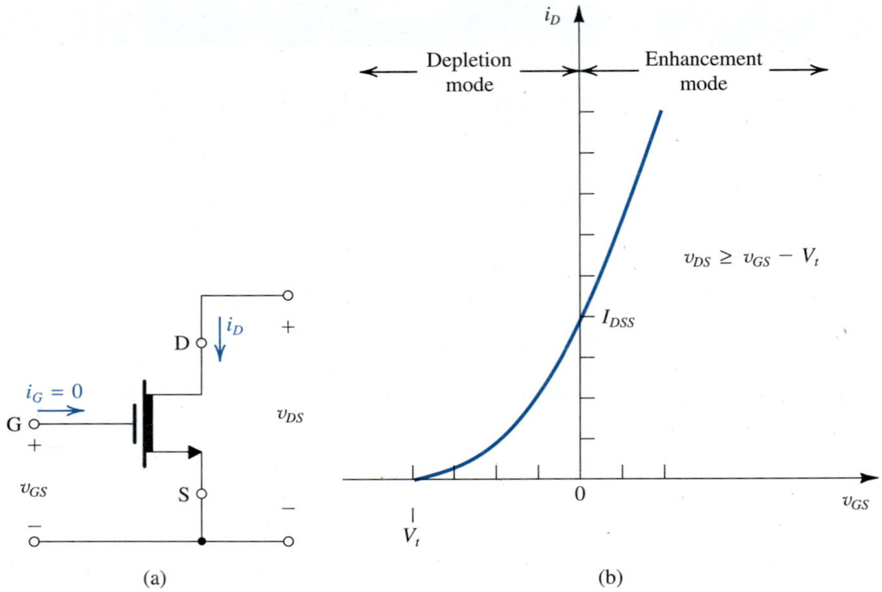

그림 5.29 n 채널 공핍형 MOSFET에 대한 회로 기호(a)와 포화에서의 i_D–v_{GS} 특성(b). I_{DSS}는 $v_{GS} = 0$일 때의 드레인 전류를 표시한다는 것을 주목하라.

5.4.6 공핍형 MOSFET

MOSFET의 다른 형태인 공핍형(depletion-type) MOSFET에 대해 간단히 논의하면서 이 절을 마무리한다. 그것의 구조는 한 가지 중요한 차이점을 제외하고는 증가형 MOSFET의 구조와 유사하다. 즉, 공핍형 MOSFET은 물리적으로 심어진 채널(implanted channel)을 가지고 있다. 구체적으로, n 채널 공핍형 MOSFET은 p형 기판의 윗부분에 n^+ 소스 영역과 n^+ 드레인 영역을 연결시키는 n형 실리콘 영역을 가지고 있다. 따라서 v_{DS} 전압이 드레인과 소스 사이에 인가되면 $v_{GS} = 0$인 경우에도 전류 i_D가 흐른다. 바꿔 말하면, 증가형 MOSFET의 경우와는 다르게 채널을 유도할 필요가 없다.

공핍형 MOSFET의 채널 깊이와 이에 따른 도전율은 증가형 소자의 경우와 정확하게 같은 방식으로 v_{GS} 전압에 의해 제어된다. 즉, 양의 v_{GS} 전압을 인가하면, 더 많은 전자들을 채널로 끌어들임으로써 채널이 증가한다. 그러나 여기서는 음의 v_{GS} 전압도 인가할 수 있으며, 이로 인해 전자들이 채널로부터 밀려 나가므로, 채널 깊이가 더 얕아져 도전율이 감소한다. 음의 v_{GS}는 전하 캐리어들의 채널을 **공핍시킨다**(deplete)라고 말하며, 이 동작 모드(음의 v_{GS})를 **공핍 모드**(depletion mode)라고 부른다. v_{GS}의 크기를 음의 방향으로 증가시켜 가면, 채널의 전하 캐리어들이 완전히 공핍되어 v_{DS}가 여전히 가해져 있더라도 i_D가 0이 되는 어떤 값에 도달한다. 이 음의 v_{GS} 값이 n 채널 공핍형 MOSFET의 문턱 전압이다.

위의 해설은 공핍형 MOSFET은 양의 v_{GS}를 인가하면 증가 모드로 동작되고, 음의 v_{GS}를 인가하면 공핍 모드로 동작된다는 사실을 (정확히) 제시한다. 이 사실은 공핍형 NMOS 트랜지스터의 회로 기호[그림 5.29(a)]와 그것의 i_D–v_{GS} 특성을 나타내는 그림 5.28에 나타나 있다. 여기서 문턱 전압 V_{tn}이 음인 것을 관찰하라. (나타내지 않은) i_D–v_{DS} 특성들은 음의 V_{tn}을 제외하고는 증가형 MOSFET의 특성들과 유사하다. 끝으로 소자 기호에서 수직선 옆에 칠해진 영역은 이미 존재하는 채널을 나타낸다.

공핍형 MOSFET은 증가형 소자들과 같은 IC 칩에 제조될 수 있다. 그 결과 회로들은 향상된 특성을 나타낸다. 그러나 공핍형 MOSFET은 특별한 소자이므로 흔히 사용되지는 않는다.

연습문제

5.17 $V_t = -2$ V이고 $k_n'(W/L) = 2$ mA/V^{2}인 공핍형 NMOS 트랜지스터에 대해서, $v_{GS} = +1$ V일 때 포화 영역에서 동작하기 위해 필요한 최소 v_{DS}를 구하라. i_D의 대응하는 값은 얼마인가?
[답] 3 V; 9 mA

요약

- 증가형 MOSFET은 가장 널리 사용되는 반도체 소자이다. 그것은 현재 가장 일반적인 IC 제조 기술인 CMOS 기술의 기반이 된다. CMOS는 n 채널(NMOS)과 p 채널(PMOS) 트랜지스터 둘 다를 제공하여 설계 유연성을 향상시킨다. 주어진 CMOS 공정으로 얻을 수 있는 최소 MOSFET 채널 길이는 공정 특성을 기술하기 위해 사용된다. 이 길이는 지속적으로 감소되고 있으며 현재는 14 nm이다.
- 과구동 전압 $|v_{OV}| \equiv |v_{GS}| - |V_t|$는 MOSFET의 동작을 지배하는 핵심 양이다. MOSFET이 증폭기 응용을 위한 영역인 포화 영역에서 동작하기 위하여, $|v_{DS}| \geq |v_{OV}|$이고, 결과적으로 NMOS에 대해 $i_D = \frac{1}{2}\mu_n C_{ox}(W/L)v_{OV}^2$이 된다.(PMOS에 대해서는 μ_n을 μ_p로 대치하라.) 만일 $|v_{DS}| < |v_{OV}|$이면 MOSFET은 트라이오드 영역에서 동작한다. 이는 차단과 더불어 스위치로 MOSFET을 동작시킬 때 사용된다.
- 표 5.1과 5.2는 NMOS와 PMOS 트랜지스터들의 동작을 각각 기술하는 조건들과 관계식들의 요약을 제공한다.
- 포화에서 채널 길이의 변화에 기인하여 i_D는 v_{DS}에 약간 선형적으로 의존한다. 이 채널 길이 변조는 L이 감소하면 더욱 확연해진다. 이 현상은 출력 저항 $r_o = |V_A|/I_D$를 MOSFET 모델에 부가함으로써 모델화된다. 여기서 얼리 전압(Early voltage) $|V_A| = |V_A'|L$이고, $|V_A'|$은 공정 의존 파라미터이다.
- 직류 MOSFET 회로들을 해석할 때, 어떤 MOSFET이 도통하고 있는데 그 동작 영역(포화나 트라이오드)을 알지 못한다면, 포화 모드 동작을 가정한다. 그다음에 문제를 풀고 그 가정이 정당한지를 결정하기 위해 검증한다. 만약 가정이 타당하지 않으면, 그 트랜지스터는 트라이오드 영역에서 동작하고 있고, 이에 따라 해석을 다시 수행해야 한다.
- 지난 50년 넘게 MOSFET 크기들은 지속적으로 감소되어 왔다. 그래서 IC 설계자들은 점점 더 많은(지금은 수십억 개의) 트랜지스터들을 같은 칩에 채워 넣을 수 있고, 또한 크게 증가된 속도로 결과적인 칩들을 동작시킬 수 있다. 기술 척도화의 영향에 대해서는 표 5.3을 참조하고, 다수의 일반적인 기술 마디들에서 제조된 MOSFET들의 대표적인 파라미터 값들에 대해서는 표 5.4를 참조하라.
- 공핍형 MOSFET은 심어진 채널을 가지므로 공핍 또는 증가 어느 모드로도 동작될 수 있다. 그 특성은 음의 V_{tn}(공핍형 PMOS 트랜지스터들에 대해서는 양의 V_{tp})를 갖는 것을 제외하고는 증가형 소자에 대해 사용된 것과 같은 방정식으로 기술된다.

Computer Simulations Problems

SIM Problems identified by this icon are intended to demonstrate the value of using SPICE simulation to verify hand analysis and design, and to investigate important issues such as allowable signal swing and amplifier nonlinear distortion. Instructions to assist in setting up simulations for all the indicated problems can be found in the corresponding files on the website. Note that if a particular parameter value is not specified in the problem statement, you are to make a reasonable assumption.

Section 5.1: Device Structure and Physical Operation

5.1 Use dimensional analysis to show that the units of the process transconductance parameter k_n' are A/V^2. What are the dimensions of the MOSFET transconductance parameter k_n?

D 5.2 An NMOS transistor fabricated in a technology for which $k_n' = 400\ \mu\text{A/V}^2$ and $V_t = 0.5$ V is required to operate with a small v_{DS} as a variable resistor ranging in value from 250 Ω to 1 kΩ. Specify the range required for the control voltage V_{GS} and the required transistor width W. It is required to use the smallest possible device, as limited by the minimum channel length of this technology ($L_{\min} = 0.18\ \mu$m) and the maximum allowed voltage of 1.8 V.

5.3 Consider a CMOS process for which $L_{\min} = 0.18\ \mu$m, $t_{ox} = 4$ nm, $\mu_n = 450$ cm^2/V · s, and $V_t = 0.5$ V.

(a) Find C_{ox} and k_n'.
(b) For an NMOS transistor with $W/L = 2.4\ \mu\text{m}/0.18\ \mu$m, calculate the values of v_{OV}, v_{GS}, and $v_{DS\min}$ needed to operate the transistor in the saturation region with a current $i_D = 0.1$ mA.
(c) For the device in (b), find the values of v_{OV} and v_{GS} required to cause the device to operate as a 500-Ω resistor for very small v_{DS}.

5.4 A p-channel MOSFET with a threshold voltage $V_{tp} = -0.5$ V has its source connected to ground.

(a) What should the gate voltage be for the device to operate with an overdrive voltage of $|v_{OV}| = 0.4$ V?
(b) With the gate voltage as in (a), what is the highest voltage allowed at the drain while the device operates in the saturation region?
(c) If the drain current obtained in (b) is 0.2 mA, what would the current be for $v_D = -20$ mV and for $v_D = -2$V?

5.5 Consider an n-channel MOSFET with $t_{ox} = 6$ nm, $\mu_n = 460$ cm^2/V · s, $V_t = 0.5$ V, and $W/L = 10$. Find the drain current in the following cases:

(a) $v_{GS} = 2.5$ V and $v_{DS} = 1$ V
(b) $v_{GS} = 2$ V and $v_{DS} = 1.5$ V
(c) $v_{GS} = 2.5$ V and $v_{DS} = 0.2$ V
(d) $v_{GS} = v_{DS} = 2.5$ V

5.6 MOS technology is used to fabricate a capacitor, utilizing the gate metallization and the substrate as the capacitor electrodes. Find the area required per 1-pF capacitance for oxide thickness ranging from 2 nm to 10 nm. For a square plate capacitor of 10 pF, what dimensions are needed?

5.7 Calculate the total charge stored in the channel of an NMOS transistor having $C_{ox} = 25$ fF/μm^2, $L = 65$ nm, and $W = 650$ nm, and operated at $v_{OV} = 0.15$ V and $v_{DS} = 0$ V.

5.8 An NMOS transistor that is operated with a small v_{DS} is found to exhibit a resistance r_{DS}. By what factor will r_{DS} change in each of the following situations?

(a) v_{OV} is doubled.
(b) The device is replaced with another fabricated in the same technology but with double the width.
(c) The device is replaced with another fabricated in the same technology but with both the width and length doubled.
(d) The device is replaced with another fabricated in a more advanced technology for which the oxide thickness is halved and similarly for W and L (assume μ_n remains unchanged).

5.9 Sketch a set of i_D–v_{DS} characteristic curves for an NMOS transistor operating with a small v_{DS} (in the manner shown in Fig. 5.4). Let the MOSFET have $k_n = 10$ mA/V^2 and $V_{tn} = 0.4$ V. Sketch and clearly label the graphs for $v_{GS} = 0.4$, 0.6, 0.8, 1.0, and 1.2 V. Let v_{DS} be in the range 0 to 50 mV. Give the value of r_{DS} obtained for each of the five values of v_{GS}. Although only a sketch, your diagram should be drawn to scale as much as possible.

D 5.10 An n-channel MOS device in a technology for which oxide thickness is 1.4 nm, minimum channel length is 65 nm,

problems with green numbers are considered essential; * = difficult problem; ** = more difficult; *** = very challenging
SIM = simulation; D = design problem

$k_n' = 540\ \mu\text{A/V}^2$, and $V_t = 0.35$ V operates in the triode region, with small v_{DS} and with the gate–source voltage in the range 0 V to +1.0 V. If the device has the minimum channel length, what must its width be so that the minimum available resistance is 100 Ω?

5.11 Consider an NMOS transistor operating in the triode region with a constant overdrive voltage V_{OV}. Find an expression for the incremental resistance

$$r_{ds} \equiv 1 \bigg/ \frac{\partial i_D}{\partial v_{DS}} \bigg|_{v_{DS}=V_{DS}}$$

Give the values of r_{ds} in terms of k_n and V_{OV} for $V_{DS} = 0$, $0.2V_{OV}$, $0.5V_{OV}$, $0.8V_{OV}$, and V_{OV}.

5.12 An NMOS transistor with $k_n = 4$ mA/V^2 and $V_t = 0.5$ V is operated with $V_{GS} = 1.0$ V. At what value of V_{DS} does the transistor enter the saturation region? What value of I_D is obtained in saturation?

5.13 With the knowledge that $\mu_p = 0.4\,\mu_n$, what must be the relative width of n-channel and p-channel devices having equal channel lengths if they are to have equal drain currents when operated in the saturation mode with overdrive voltages of the same magnitude?

5.14 An n-channel device has $k_n' = 400\ \mu\text{A/V}^2$, $V_t = 0.5$ V, and $W/L = 20$. The device is to operate as a switch for small v_{DS}, utilizing a control voltage v_{GS} in the range 0 V to 1.8 V. Find the switch closure resistance, r_{DS}, and closure voltage, v_{DS}, obtained when $v_{GS} = 1.8$ V and $i_D = 0.2$ mA. If $\mu_p \simeq 0.25\,\mu_n$, what must W/L be for a p-channel device that provides the same performance as the n-channel device in this application?

Section 5.2: Current–Voltage Characteristics

In the following problems, when λ is not specified, assume it is zero.

5.15 An NMOS transistor having $V_t = 0.8$ V is operated in the triode region with v_{DS} small. With $V_{GS} = 1.2$ V, it is found to have a resistance r_{DS} of 1 kΩ. What value of V_{GS} is required to obtain $r_{DS} = 200$ Ω? Find the corresponding resistance values obtained with a device having twice the value of W.

5.16 A particular MOSFET for which $V_{tn} = 0.5$ V and $k_n'(W/L) = 1.6$ mA/V^2 is to be operated in the saturation region. If i_D is to be 50 μA, find the required v_{GS} and the minimum required v_{DS}. Repeat for $i_D = 200$ μA.

5.17 A particular n-channel MOSFET is measured to have a drain current of 0.4 mA at $V_{GS} = V_{DS} = 1$ V and of 0.1 mA at $V_{GS} = V_{DS} = 0.8$ V. What are the values of k_n and V_t for this device?

5.18 An NMOS transistor, operating in the linear-resistance region with $v_{DS} = 50$ mV, is found to conduct 25 μA for $v_{GS} = 1$ V and 50 μA for $v_{GS} = 1.5$ V. What is the apparent value of threshold voltage V_t? If $k_n' = 50\ \mu\text{A/V}^2$, what is the device W/L ratio? What current would you expect to flow with $v_{GS} = 2$ V and $v_{DS} = 0.1$ V? If the device is operated at $v_{GS} = 2$ V, at what value of v_{DS} will the drain end of the MOSFET channel just reach pinch-off, and what is the corresponding drain current?

5.19 For the circuit in Fig. P5.19, sketch i_D versus v_S for v_S varying from 0 to V_{DD}. Clearly label your sketch.

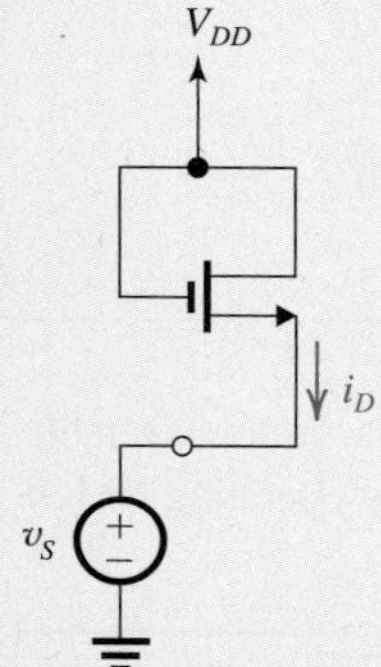

Figure P5.19

***5.20** The table below lists 10 different cases labeled (a) to (j) for operating an NMOS transistor with $V_t = 1$ V. In each case the voltages at the source, gate, and drain (relative to the circuit ground) are specified. You are required to complete the table entries. Note that if you encounter a case for which v_{DS} is negative, you should exchange the drain and source before solving the problem. You can do this because the MOSFET is a symmetric device.

5.21 For a particular MOSFET operating in the saturation region at a constant v_{GS}, i_D is found to be 200 μA for $v_{DS} = 1$ V and 205 μA for $v_{DS} = 1.5$ V. Find the values of r_o, V_A, and λ.

D 5.22 In a particular IC design in which the standard channel length is 0.18 μm, an NMOS device of standard length with W/L of 10 operating at 100 μA is found to have an output resistance of 20 kΩ, about $\frac{1}{5}$ of that needed. What dimensional change can be made to solve the problem? What is the new device length? The new device width? The new W/L ratio? What is V_A for the standard device in this IC? The new device?

Case	Voltage (V)						Region of operation
	V_S	V_G	V_D	V_{GS}	V_{OV}	V_{DS}	
a	+1.0	+1.0	+2.0				
b	+1.0	+2.5	+2.0				
c	+1.0	+2.5	+1.5				
d	+1.0	+1.5	0				
e	0	+2.5	+1.0				
f	+1.0	+1.0	+1.0				
g	−1.0	0	0				
h	−1.5	0	0				
i	−1.0	0	+1.0				
j	+0.5	+2.0	+0.5				

5.23 Complete the missing entries in the following table, which describes characteristics of suitably operating NMOS transistors:

MOS	1	2	3	4
λ (V^{-1})		0.1		
V_A (V)	20			5
I_D (mA)	0.5		0.2	
r_o (kΩ)		25	100	500

5.24 The table below lists the terminal voltages of a PMOS transistor in six cases, labeled a, b, c, d, e, and f. The transistor has $V_{tp} = -1$ V. Complete the table entries.

	V_S	V_G	V_D	V_{SG}	$\|V_{OV}\|$	V_{SD}	Region of operation
a	+2	+2	0				
b	+2	+1	0				
c	+2	0	0				
d	+2	0	+1				
e	+2	0	+1.5				
f	+2	0	+2				

5.25 The PMOS transistor in Fig. P5.25 has $V_{tp} = -0.4$ V. As the gate voltage v_G is varied from +2 V to 0 V, the transistor moves through all of its three possible modes of operation. Specify the values of v_G at which the device changes modes of operation.

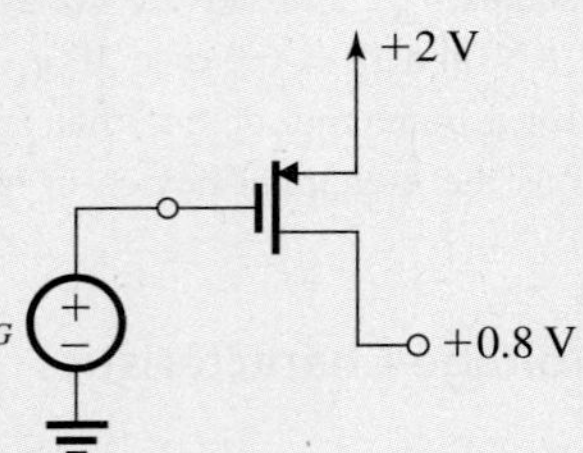

Figure P5.25

***5.26** Show that when channel-length modulation is neglected (i.e., $\lambda = 0$), plotting i_D/k_n versus v_{DS} for various values of v_{OV}, and plotting i_D/k_n versus v_{OV} for $v_{DS} \geq v_{OV}$, results in universal representation of the $i_D - v_{DS}$ and $i_D - v_{GS}$ characteristics of the NMOS transistor. That is, the resulting graphs are both technology and device independent. Furthermore, these graphs apply equally well to the PMOS transistor by a simple relabeling of variables. (How?) What is the slope at $v_{DS} = 0$ of each of the i_D/k_n versus v_{DS} graphs? For the i_D/k_n versus v_{OV} graph, find the slope at a point $v_{OV} = V_{OV}$.

D 5.27 For a particular IC-fabrication process, the transconductance parameter $k_n' = 400\ \mu\text{A/V}^2$, and $V_t = 0.5$ V. In an application in which $v_{GS} = v_{DS} = V_{\text{supply}} = 1.8$ V, a drain current of 2 mA is required of a device of minimum length of 0.18 μm. What value of channel width must the design use?

5.28 For an NMOS transistor, for which $V_t = 0.5$ V, operating with v_{GS} in the range of 1.0 V to 1.8 V, what is the largest value of v_{DS} for which the channel remains continuous?

5.29 An NMOS transistor, fabricated with $W = 20\ \mu\text{m}$ and $L = 1\ \mu\text{m}$ in a technology for which $k_n' = 100\ \mu\text{A/V}^2$ and $V_t = 0.8$ V, is to be operated at very low values of v_{DS} as a linear resistor. For v_{GS} varying from 1.0 V to 4.8 V, what range of resistor values can be obtained? What is the available range if

(a) the device width is halved?
(b) the device length is halved?
(c) both the width and length are halved?

5.30 When the drain and gate of a MOSFET are connected together, a two-terminal device known as a "diode-connected transistor" results. Figure P5.30 shows such devices obtained from MOS transistors of both polarities. Show that

(a) the i–v relationship is given by

$$i = \frac{1}{2}k'\frac{W}{L}\left(v - |V_t|\right)^2$$

(b) the incremental resistance r for a device operating at $v = |V_t| + V_{OV}$ is given by

$$r \equiv 1\bigg/\left[\frac{\partial i}{\partial v}\right] = 1\bigg/\left(k'\frac{W}{L}V_{OV}\right)$$

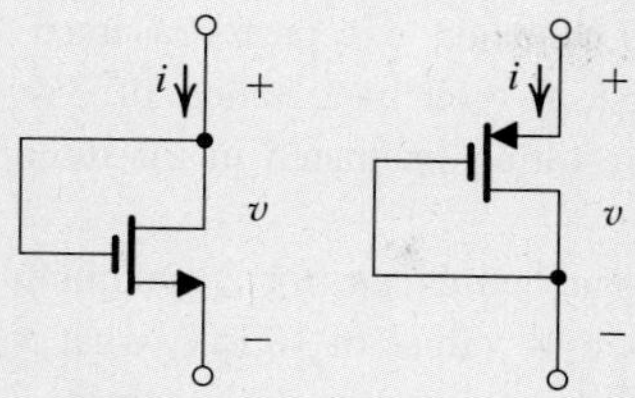

(a) (b)

Figure P5.30

5.31 For the circuit in Fig. P5.31, find an expression for v_{DS} in terms of i_D. Sketch and clearly label a graph for v_{DS} versus i_D.

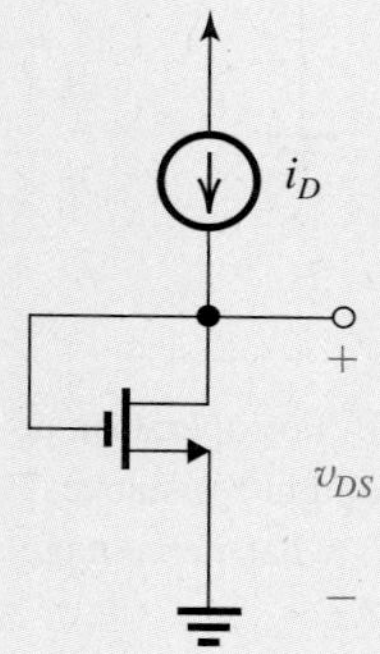

Figure P5.31

5.32 The NMOS transistor in Fig. P5.32 has $V_t = 0.4$ V and $k_n'(W/L) = 1\ \text{mA/V}^2$. Sketch and clearly label i_D versus v_G with v_G varying in the range 0 to +1.8 V. Give equations for the various portions of the resulting graph.

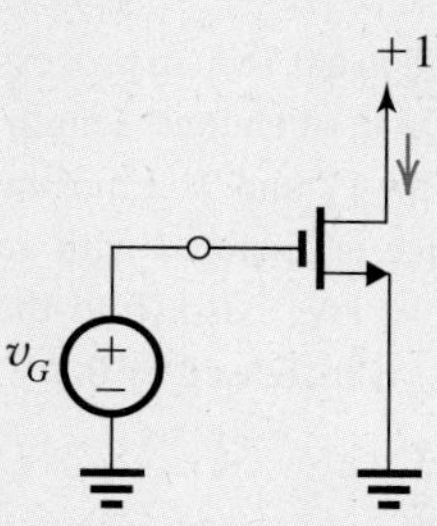

Figure P5.32

5.33 Figure P5.33 shows two NMOS transistors operating in saturation at equal V_{GS} and V_{DS}.

(a) If the two devices are matched except for a maximum possible mismatch in their W/L ratios of 3%, what is the maximum resulting mismatch in the drain currents?

(b) If the two devices are matched except for a maximum possible mismatch in their V_t values of 10 mV, what is the maximum resulting mismatch in the drain currents? Assume that the nominal value of V_t is 0.6 V.

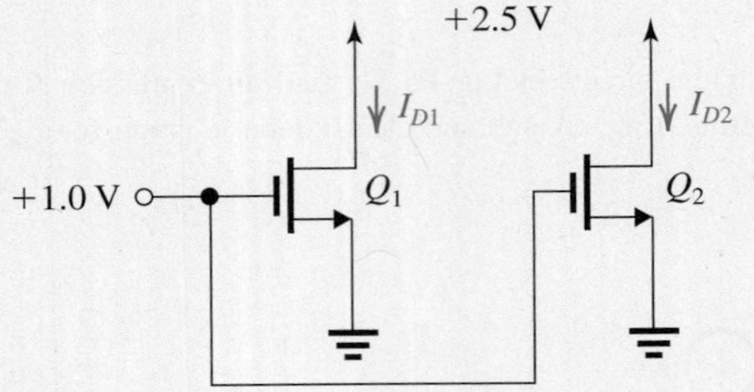

Figure P5.33

5.34 A particular MOSFET has $V_A = 20V$. For operation at 0.1 mA and 1 mA, what are the expected output resistances? In each case, for a change in v_{DS} of 1 V, what percentage change in drain current would you expect?

5.35 For a particular n-channel MOS technology, in which the minimum channel length is 0.2 μm, the associated value of λ is 0.5 V^{-1}. If a particular device for which L is 1.0 μm operates in saturation at $v_{DS} = 1$ V with a drain current of 100 μA, what does the drain current become if v_{DS} is raised to 2 V? What percentage change does this represent? What can be done to reduce the percentage by a factor of 2?

5.36 An NMOS transistor is fabricated in a 0.18-μm process having $k_n' = 400\ \mu A/V^2$ and $V_A' = 5$ V/μm of channel length. If $L = 0.54$ μm and $W = 5.4$ μm, find V_A and λ. Find the value of i_D that results when the device is operated with an overdrive voltage of 0.25 V and $v_{DS} = 1$ V. Also, find the value of r_o at this operating point. If v_{DS} is increased by 0.5 V, what is the corresponding change in i_D?

5.37 If in an NMOS transistor, both W and L are quadrupled and V_{OV} is halved, by what factor does r_o change?

D 5.38 Consider the circuit in Fig. P5.33 with both transistors perfectly matched but with the dc voltage at the drain of Q_1 lowered to +2 V. If the two drain currents are to be matched within 1% (i.e., the maximum difference allowed between the two currents is 1%), what is the minimum required value of V_A? If the technology is specified to have $V_A' = 100$ V/μm, what is the minimum channel length the designer must use?

5.39 A PMOS transistor has $k_p'(W/L) = 100\ \mu A/V^2$, $V_t = -0.5$ V, and $\lambda = -0.1\ V^{-1}$. The gate is connected to ground and the source to +1 V. Find the drain current for $v_D = +0.8$ V, +0.6 V, +0.5 V, 0 V, and −1 V.

5.40 A p-channel transistor for which $|V_t| = 0.4$ V and $|V_A| = 4$ V operates in saturation with $|v_{GS}| = 1$ V, $|v_{DS}| = 1.6$ V, and $i_D = 2$ mA. Find corresponding signed values for v_{GS}, v_{SG}, v_{DS}, v_{SD}, V_t, V_A, λ, and $k_p'(W/L)$.

****5.41** Various NMOS and PMOS transistors, numbered 1 to 4, are measured in operation, as shown in the table at the top of the next page. For each transistor, find the values of $\mu C_{ox} W/L$ and V_t that apply and complete the table, with V in volts, I in μA, and $\mu C_{ox} W/L$ in μA/V^2. Assume $\lambda = 0$.

***5.42** All the transistors in the circuits shown in Fig. P5.42 have the same values of $|V_t|$, k', W/L, and λ. Moreover, λ is negligibly small. All operate in saturation at $I_D = I$ and $|V_{GS}| = |V_{DS}| = 1$ V. Find the voltages V_1, V_2, V_3, and V_4. If $|V_t| = 0.5$ V and $I = 0.1$ mA, how large a resistor can be inserted in series with each drain while maintaining saturation? If the current source I requires at least 0.5 V between its terminals to operate properly, what is the largest resistor that can be placed in series with each MOSFET source while ensuring saturated-mode operation of each transistor at $I_D = I$? In the latter limiting situation, what do V_1, V_2, V_3, and V_4 become?

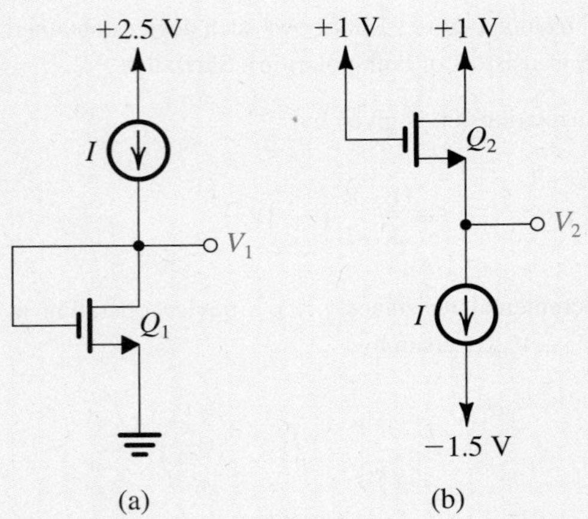

Figure P5.42

problems with green numbers are considered essential; * = difficult problem; ** = more difficult; *** = very challenging
SIM = simulation; D = design problem;

Case	Transistor	V_S	V_G	V_D	I_D	Type	Mode	$\mu C_{ox} W/L$	V_t
a	1	0	1	2.5	100				
	1	0	1.5	2.5	400				
b	2	5	3	−4.5	50				
	2	5	2	−0.5	450				
c	3	5	3	4	200				
	3	5	2	0	800				
d	4	−2	0	0	72				
	4	−4	0	−3	270				

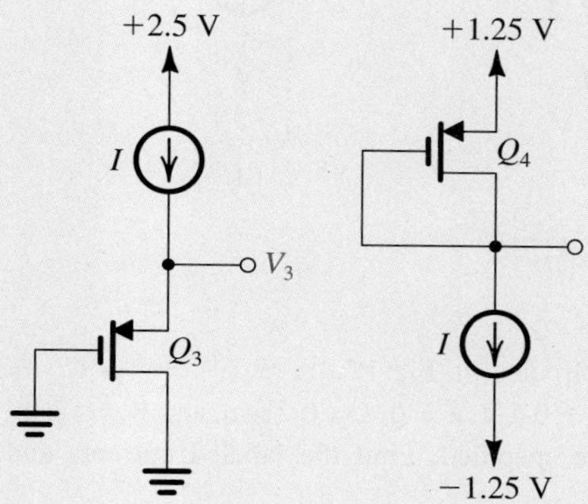

(c) (d)

Figure P5.42 *continued*

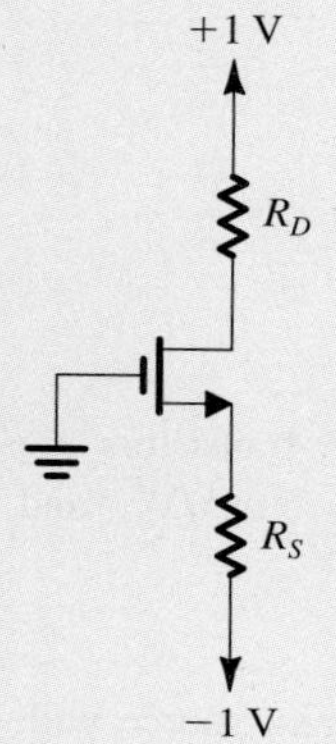

Figure P5.43

Section 5.3: MOSFET Circuits at DC

Note: If λ is not specified, assume it is zero.

D 5.43 Design the circuit of Fig. P5.43 to establish a drain current of 0.1 mA and a drain voltage of +0.2 V. The MOSFET has $V_t = 0.2$ V, $\mu_n C_{ox} = 400\ \mu\text{A/V}^2$, $L = 0.5\ \mu$m, and $W = 4\ \mu$m. Specify the required values for R_S and R_D. Assume $\lambda = 0$.

D 5.44 For the circuit in Fig. E5.10, assume that Q_1 and Q_2 are matched except for having different widths, W_1 and W_2. Let $V_t = 0.5$ V, $k_n' = 0.4\ \text{mA/V}^2$, $L_1 = L_2 = 0.36\ \mu$m, $W_1 = 1.8\ \mu$m, and $\lambda = 0$.

(a) Find the value of R required to establish a current of 100 μA in Q_1.
(b) Find W_2 and R_2 so that Q_2 operates at the edge of saturation with a current of 0.5 mA.

5.45 The NMOS transistors in the circuit of Fig. P5.45 have $V_t = 0.4$ V, $\mu_n C_{ox} = 400\ \mu\text{A/V}^2$, $\lambda = 0$, and $L_1 = L_2 = 0.18\ \mu$m. Find the required values of gate width for each of Q_1 and Q_2, and the value of R, to obtain the voltage and current values indicated.

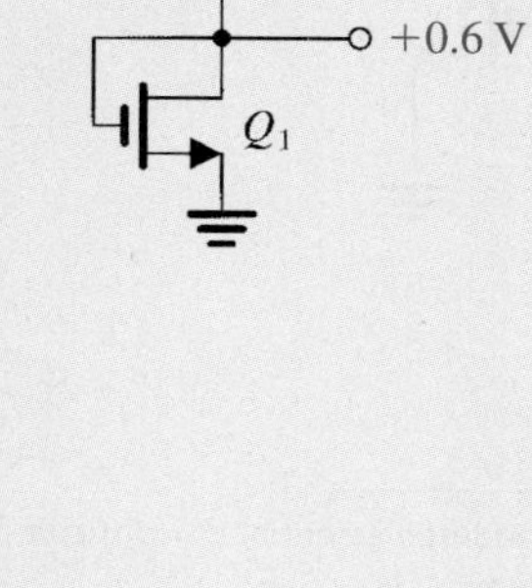

Figure P5.45

5.46 The MOSFET in Fig. P5.46 has $V_t = 0.4$ V, $k'_n = 500\ \mu\text{A/V}^2$, and $\lambda = 0$. Find the required values of W/L and R so that when $V_I = V_{DD} = +1.3$ V, $r_{DS} = 50\ \Omega$ and $V_O = 50$ mV.

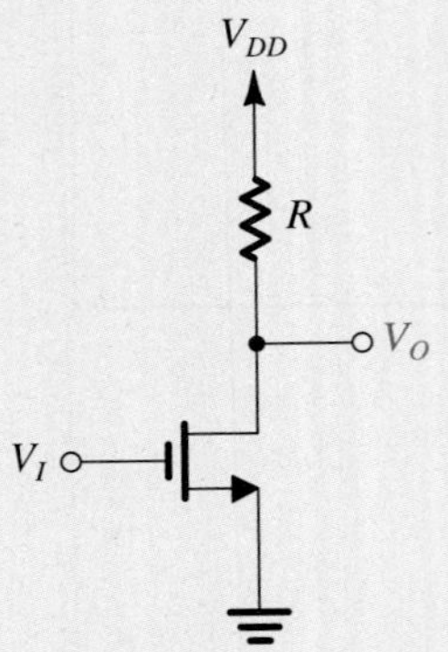

Figure P5.46

***5.47** In the circuits shown in Fig. P5.47, transistors are characterized by $|V_t| = 0.5$ V, $k'W/L = 5\ \text{mA/V}^2$, and $\lambda = 0$.

(a) Find the labeled voltages V_1 through V_7.
(b) In each of the circuits, replace the current source with a resistor. Select the resistor value to yield a current as close to that of the current source as possible, while using resistors specified in the 1% table provided in Appendix J.

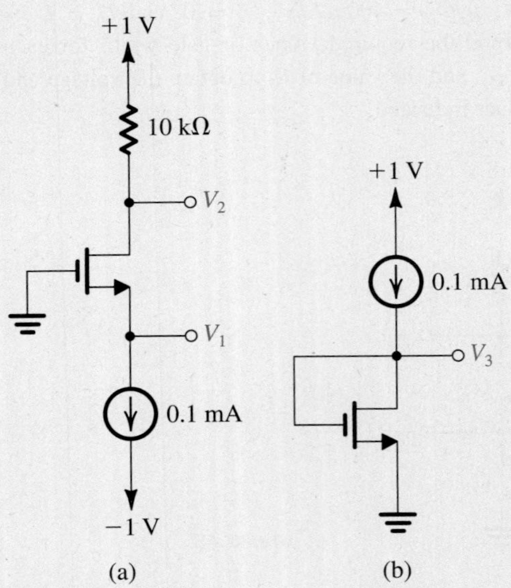

Figure P5.47

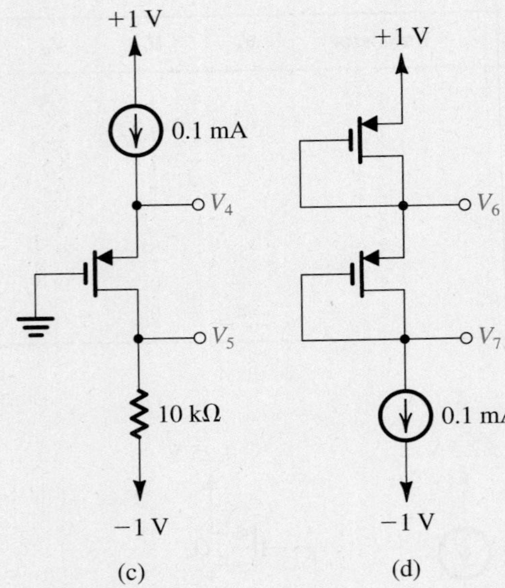

Figure P5.47 *continued*

5.48 For the circuits in Fig. P5.48, $\mu_n C_{ox} = 4\,\mu_p C_{ox} = 400\ \mu\text{A/V}^2$, $|V_t| = 0.4$ V, $\lambda = 0$, $L = 0.2\ \mu$m, and $W = 1\ \mu$m, unless otherwise specified. Find the labeled currents and voltages.

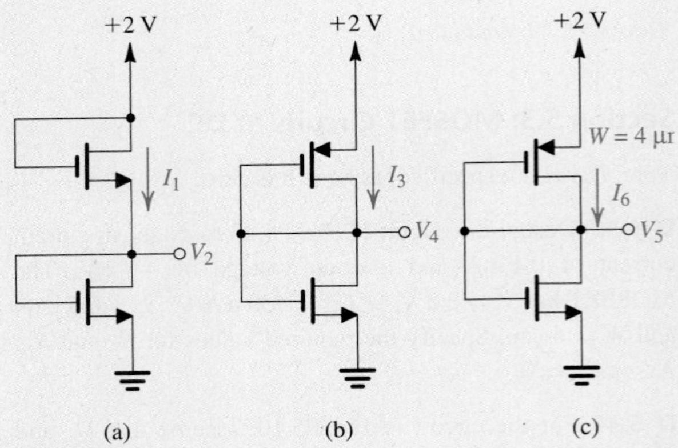

Figure P5.48

5.49 In the circuit of Fig. P5.49, transistors Q_1 and Q_2 have $V_t = 0.7$ V, and the process transconductance parameter $k'_n = 125\ \mu\text{A/V}^2$. Find V_1, V_2, and V_3 for each of the following cases:

(a) $(W/L)_1 = (W/L)_2 = 20$
(b) $(W/L)_1 = 1.5(W/L)_2 = 20$

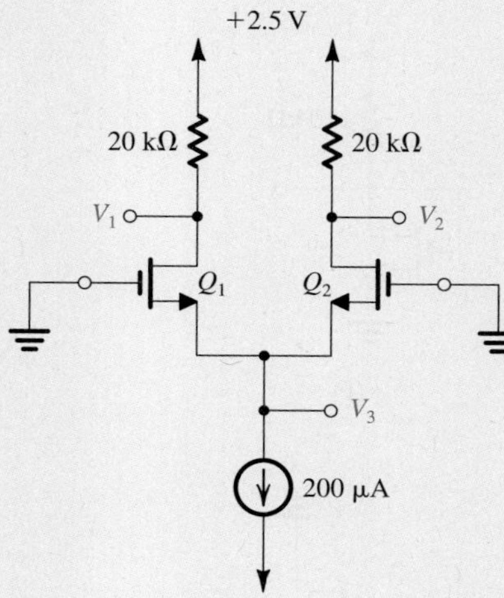

Figure P5.49

5.50 The NMOS transistor in the circuit of Fig. P5.50 has $V_t = 0.4$ V and $k_n = 4$ mA/V^2. The voltages at the source and the drain are measured and found to be −0.6 V and +0.2 V, respectively. What current I_D is flowing, and what must the values of R_D and R_S be? What is the largest value for R_D for which I_D remains unchanged from the value found?

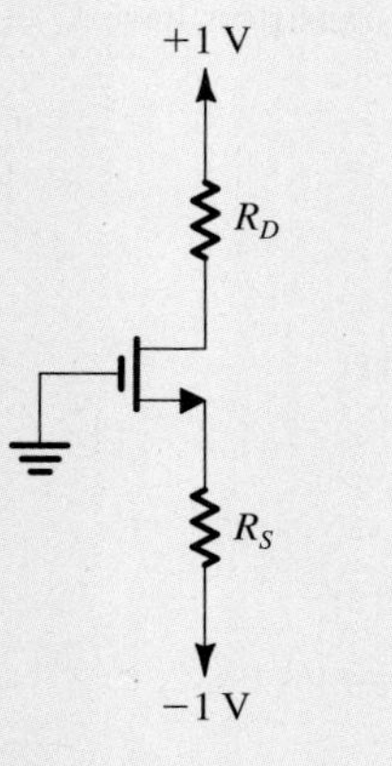

Figure P5.50

5.51 The transistor in the circuit of Fig. P5.51 has $k_n' = 0.4$ mA/V^2, $V_t = 0.4$ V, and $\lambda = 0$. Show that operation at the edge of saturation is obtained when the following condition is satisfied:

$$\left(\frac{W}{L}\right)R_D \simeq 2.5\text{ k}\Omega$$

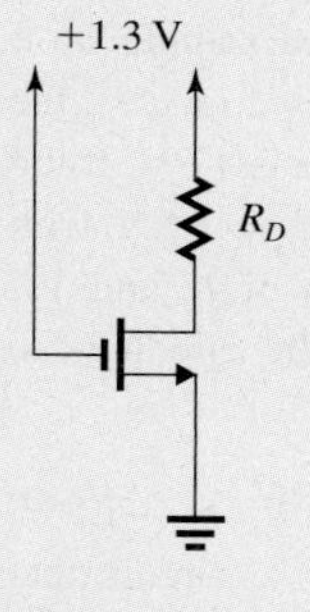

Figure P5.51

D 5.52 It is required to operate the transistor in the circuit of Fig. P5.51 at the edge of saturation with $I_D = 0.1$ mA. If $V_t = 0.4$ V, find the required value of R_D.

D 5.53 The PMOS transistor in the circuit of Fig. P5.53 has $V_t = -0.5$ V, $\mu_p C_{ox} = 100$ μA/V^2, $L = 0.18$ μm, and $\lambda = 0$. Find the values required for W and R in order to establish a drain current of 180 μA and a voltage V_D of 1 V.

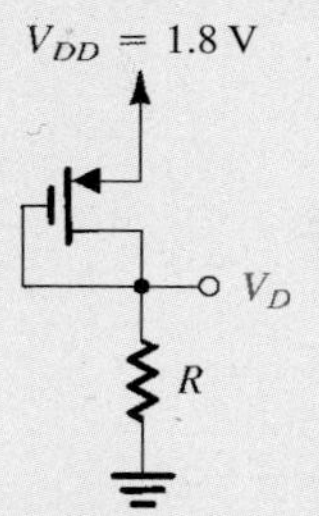

Figure P5.53

D 5.54 The NMOS transistors in the circuit of Fig. P5.54 have $V_t = 0.5$ V, $\mu_n C_{ox} = 90$ μA/V^2, $\lambda = 0$, and $L_1 = L_2 = L_3 = 0.5$ μm. Find the required values of gate width for each of Q_1, Q_2, and Q_3 to obtain the voltage and current values indicated.

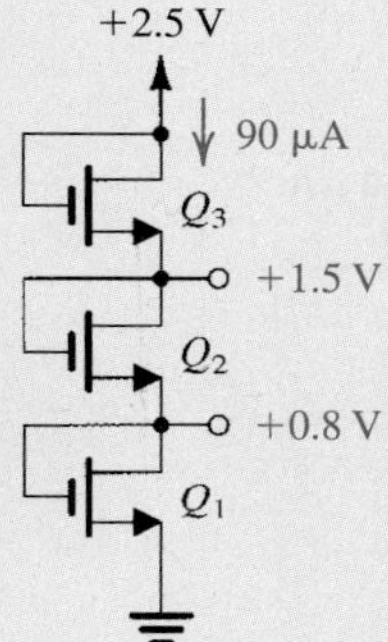

Figure P5.54

CHAPTER 5 PROBLEMS

5.55 Consider the circuit of Fig. 5.24(a). In Example 5.6 it was found that when $V_t = 1$ V and $k_n'(W/L) = 1$ mA/V^2, the drain current is 0.5 mA and the drain voltage is +7 V. If the transistor is replaced with another having $V_t = 1.5$ V with $k_n'(W/L) = 1.5$ mA/V^2, find the new values of I_D and V_D. Comment on how tolerant (or intolerant) the circuit is to changes in device parameters.

D 5.56 Using a PMOS transistor with $V_t = -1.5$ V, $k_p'(W/L) = 4$ mA/V^2, and $\lambda = 0$, design a circuit that resembles that in Fig. 5.24(a). Using a 10-V supply, design for a gate voltage of +6 V, a drain current of 0.5 mA, and a drain voltage of +5 V. Find the values of R_S and R_D. Also, find the values of the resistances in the voltage divider feeding the gate, assuming a 1-μA current in the divider.

5.57 For each of the circuits in Fig. P5.57, find the labeled node voltages. For all transistors, $k_n'(W/L) = 2$ mA/V^2, $V_t = 0.5$ V, and $\lambda = 0$.

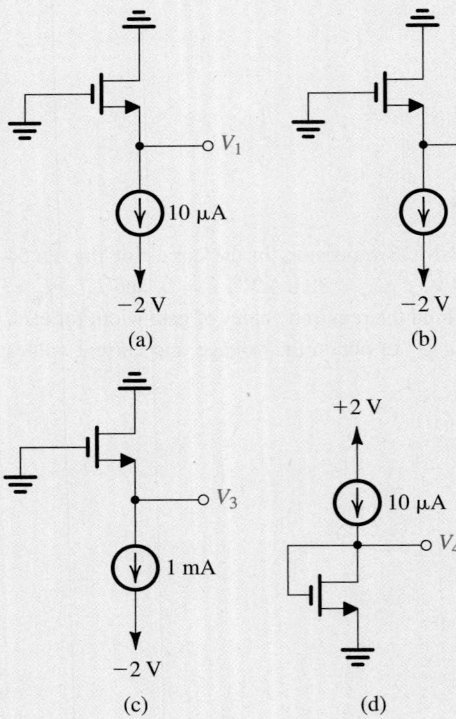

Figure P5.57

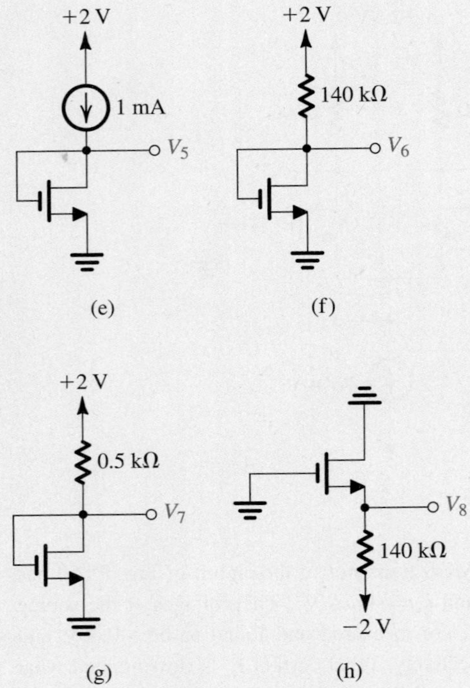

Figure P5.57 *continued*

***5.58** For each of the circuits shown in Fig. P5.58, find the labeled node voltages. The NMOS transistors have $V_t = 0.4$ V and $k_n'(W/L) = 5$ mA/V^2.

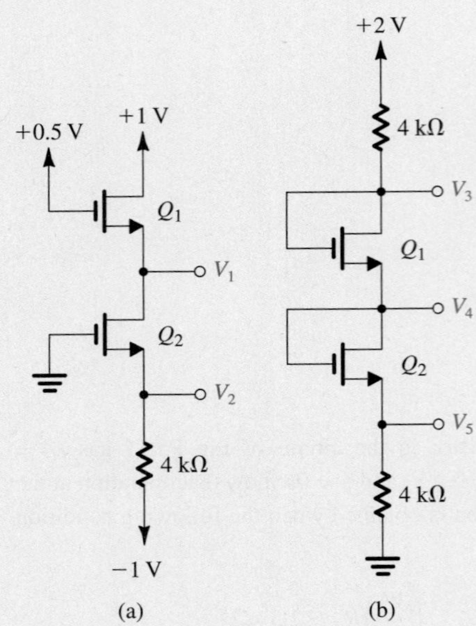

Figure P5.58

***5.59** For the circuit in Fig. P5.59:

(a) Show that for the PMOS transistor to operate in saturation, the following condition must be satisfied:

$$IR \leq |V_{tp}|$$

(b) If the transistor is specified to have $|V_{tp}| = 1$ V and $k_p = 0.2$ mA/V^2, and for $I = 0.1$ mA, find the voltages V_{SD} and V_{SG} for $R = 0$, 10 kΩ, 30 kΩ, and 100 kΩ.

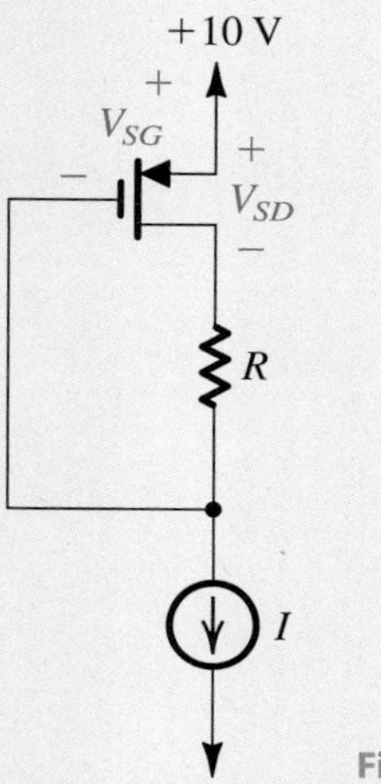

Figure P5.59

SIM ***5.60** For the devices in the circuit of Fig. P5.60, $|V_t| = 0.5$ V, $\lambda = 0$, $\mu_n C_{ox} = 400$ μA/V^2, $L = 0.5$ μm, and $W = 0.5$ μm. Find V_2 and I_2. How do these values change if Q_3 and Q_4 are made to have $W = 5$ μm?

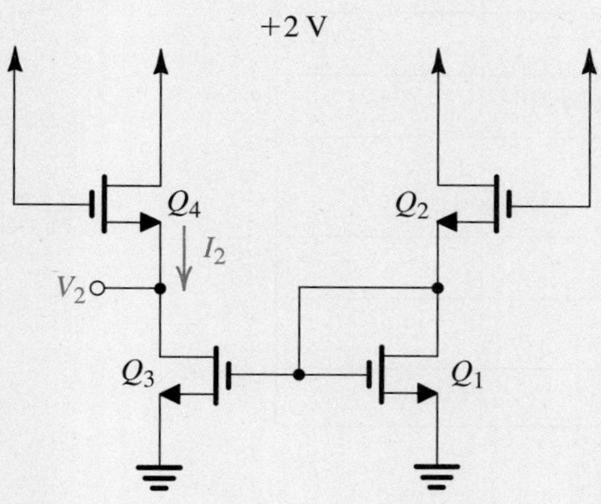

Figure P5.60

Section 5.4: Technology Scaling (Moore's Law) and Other Topics

***5.61** The table on the next page shows four technology generations, each characterized by the minimum possible MOSFET channel length (row 1). In going from one generation to another, both L and t_{ox} are scaled by the same factor. The power supply utilized, V_{DD}, is also scaled by the same factor, to keep the magnitudes of all electrical fields within the device unchanged. Unfortunately, but for good reasons, V_t cannot be scaled similarly.

Complete the table entries, noting that in the last row you are asked to find the number of transistors that can be placed on an IC chip fabricated in each of the technologies in terms of the number obtained with the 0.5-μm technology (n).

5.62 In a particular application, an n-channel MOSFET operates with V_{SB} in the range 0 V to 4 V. If V_{t0} is nominally 1.0 V, find the range of V_t that results if $\gamma = 0.5$ V$^{1/2}$ and $2\phi_f = 0.6$ V. If the gate oxide thickness is increased by a factor of 4, what does the threshold voltage become?

5.63 Consider a diode-connected NMOS transistor fed with a constant current of 0.5 mA. Assume $\lambda = 0$.

(a) If at 20°C, $V_t = 0.5$ V and $k_n = 1$ mA/V^2, find V_{GS}.

(b) If the temperature rises to 50°C, find the resulting V_{GS} given that V_t changes by −2mV/°C and k_n' changes by −0.3%/°C.

5.64 A depletion-type n-channel MOSFET with $k_n' W/L = 2$ mA/V^2 and $V_t = -3$ V has its source and gate grounded. Find the region of operation and the drain current for $v_D = 0.1$ V, 1 V, 3 V, and 5 V. Neglect the channel-length-modulation effect.

5.65 A chip with a certain area designed using the 5-μm process of the late 1970s contains 20,000 MOSFETs. What does Moore's law predict the number of transistors to be on a chip of equal area fabricated using the 32-nm process of 2013?

5.66 A p-channel transistor operates in saturation with its source voltage 3 V lower than its substrate. For $\gamma = 0.5$ V$^{1/2}$, $2\phi_f = 0.75$ V, and $V_{t0} = -0.7$ V, find V_t.

5.67 (a) Using the expression for i_D in saturation and neglecting the channel-length modulation effect (i.e., let $\lambda = 0$), derive an expression for the per unit change in i_D per °C $[(\partial i_D/i_D)/\partial T]$ in terms of the per unit change in k_n' per °C $[(\partial k_n'/k_n')/\partial T]$, the temperature coefficient of V_t in V/°C $(\partial V_t/\partial T)$, and V_{GS} and V_t.
(b) If V_t decreases by 2 mV for every °C rise in temperature, find the temperature coefficient of k_n' that results in i_D decreasing by 0.2%/°C when the NMOS transistor with $V_t =$ 1 V is operated at $V_{GS} = 5$ V.

5.68 For a particular depletion-mode NMOS device, $V_t = -2$ V, $k_n' W/L = 200\ \mu\text{A/V}^2$, and $\lambda = 0.02\ \text{V}^{-1}$. When operated at $v_{GS} = 0$, what is the drain current that flows for $v_{DS} = 1$ V, 2 V, 3 V, and 10 V? What does each of these currents become if the device width is doubled with L the same? With L also doubled?

***5.69** Neglecting the channel-length-modulation effect, show that for the depletion-type NMOS transistor of Fig. P5.69 the i–v relationship is given by

$$i = \frac{1}{2}k_n(v^2 - 2V_t v) \qquad \text{for } v \geq V_t$$

$$i = -\frac{1}{2}k_n V_t^2 \qquad \text{for } v \leq V_t$$

(Recall that V_t is negative.) Sketch the i–v relationship for the case: $V_t = -2$ V and $k_n = 2\ \text{mA/V}^2$.

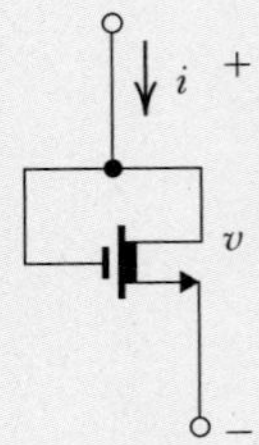

Figure P5.69

1	L (μm)	0.5	0.25	0.18	0.13
2	t_{ox} (nm)	10			
3	C_{ox} (fF/μm^2)				
4	k_n' (μA/V^2) ($\mu_n = 500$ cm^2/ V · s)				
5	k_n (mA/V^2) For $W/L = 10$				
6	Device area, A (μm^2) $L = L_{\text{min}}$, $W/L = 10$				
7	V_{DD} (V)	5			
8	V_t (V)	0.7	0.5	0.4	0.4
9	I_D (mA) For $V_{GS} = V_{DS} = V_{DD}$				
10	P (mW) $= V_{DD} I_D$				
11	P/A (mW/μm^2)				
12	Devices per chip	n			

CHAPTER 6

트랜지스터 증폭기들

서론

6.1 기본 원리

6.2 소신호 동작과 모델

6.3 기본적인 구성들

6.4 바이어싱

6.5 개별 회로 증폭기

요약

PROBLEMS

이 장에서 배울 내용

- 증폭기를 만드는 데 트랜지스터(MOSFET 또는 BJT)가 사용될 수 있는 방법
- 기본적으로 비선형인 MOS와 바이폴라 트랜지스터로부터 선형 증폭을 얻는 방법
- 트랜지스터 증폭기의 해석과 설계에 사용될 수 있는 등가 회로로 바이어스점 주위에서 트랜지스터의 선형 동작을 모델링하는 방법
- 다른 특성의 증폭기를 구성하도록 MOSFET 또는 BJT를 연결하는 세 가지 기본적인 방법
- 개별 요소를 사용하여 구축될 수 있는 MOS와 바이폴라 트랜지스터 증폭기들을 위한 실제 회로들

서론

두 개의 주요 트랜지스터 타입, BJT(4장)와 MOSFET(5장)에 대해 공부하였고, 이제 우리는 그것들의 응용에 대해 공부를 시작할 것이다. 트랜지스터의 응용에는 엄연히 다른 두 종류가 있다. 즉, 디지털 회로(14~16장)의 설계에서 쓰이는 스위치와 아날로그 회로를 위한 증폭기 설계에서 쓰이는 종속 전원이다. 이 장과 이후의 일곱 개 장에서는 후자의 응용, 즉 다양한 증폭기 형태의 설계에서 트랜지스터의 역할에 집중할 예정이다.

증폭기 설계에서 MOSFET과 BJT의 사용에 밑바탕이 되는 기본적인 원리들은 동일하기 때문에 두 개의 소자들은 이 장에서 함께 논의될 것이다. 이렇게 통합된 논의는 보여주기에서 약간의 경제적인 도움을 주는 것 외에 MOS와 바이폴라 증폭기 사이의 중요한 비교점을 우리에게 제공한다.

이 장의 주된 내용은 증폭기 설계에서 트랜지스터의 응용에 대해 기초가 되는 기본적인 원리와 개념과 관련이 있다. 우리는 소신호 선형 증폭기의 해석과 설계에서 두 가지 트랜지스터 형태를 설명하는 데 사용되는 모델들에 대하여 자세히 논의할 것이다. 또한 두 트랜지스터 형태 각각이 증폭기를 실현하도록 연결될 세 가지 구성에 대하여 논의할 것이다.

이 장은 개별 회로 증폭기들의 예들로 마무리한다. 이것들은 프린트 회로 기판(PCB)상에서 개별 트랜지스터, 저항기, 그리고 커패시터를 사용하여 조립될 수 있는 회로들이다. 이것들은 주로 BJT를 사용하며, 이들의 설계는 집적 회로(IC) 증폭기와는 확연히 다르다. 후자는 주로 MOSFET을 사용하며, 이에 대한 공부는 7장에서 시작한다. 그러나 이 장에서 소개하는 기본적인 원리와 개념은 개별 소자 증폭기와 집적 회로 증폭기에 모두 동일하게 잘 적용된다.

6.1 기본 원리

6.1.1 증폭기 동작을 위한 기본

증폭기 설계에서 트랜지스터(MOSFET 또는 BJT) 활용의 기본은 활성 영역에서 소자를 동작시킬 때 전압 제어 전류 전원(voltage-controlled current source)을 만든다는 것이다. 특히 MOSFET은 이 장에서 활성 영역으로 언급되는 포화 영역, 즉 핀치-오프 영역에서 동작할 때, 게이트와 소스 사이 전압 v_{GS}가 제곱 법칙 관계에 따라서, NMOS 트랜지스터의 경우에 식 (6.1)과 같이 표현되는, 드레인 전류 i_D를 조절한다.

$$i_D = \frac{1}{2}k_n(v_{GS} - V_{tn})^2 \tag{6.1}$$

MOSFET 동작의 1차 모델에서, 드레인 전류 i_D는 채널이 드레인 끝에서 핀치-오프되어 드레인을 고립시키므로 드레인 전압 v_{DS}에 의존하지 않는다. 핵심에 집중하기 위해서 지금은 얼리 효과(Early effect)를 무시할 것이다.

비슷하게, BJT가 활성 영역에서 동작할 때, 베이스-이미터 전압 v_{BE}는 *npn* 트랜지스터의 경우 식 (6.2)로 표현되는 지수 관계에 따라서 컬렉터 전류 i_C를 조절한다.

$$i_C = I_S e^{v_{BE}/V_T} \tag{6.2}$$

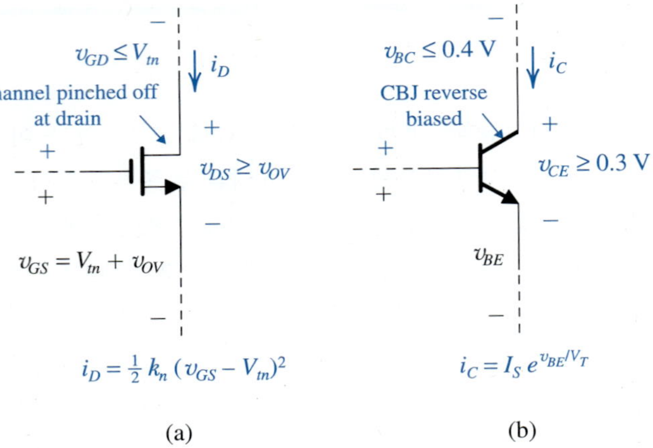

그림 6.1 활성 영역에서의 동작: (a) NMOS 트랜지스터, (b) *npn* 트랜지스터. $v_{GS} = V_{tn} + v_{OV}$이고 $v_{DS} \ge v_{OV}$임을 주목하라. 따라서 $v_{GD} \le V_{tn}$이다. 이것으로 드레인 끝에서 채널이 핀치-오프됨을 보장한다. 비슷하게, $v_{BE} \simeq 0.7$ V이고 $v_{CE} \ge 0.3$ V이므로 $v_{BC} \le 0.4$ V이다. 이것으로 컬렉터-이미터 접합에 전류가 흐르는 것을 충분히 방지할 수 있다.

여기서 BJT 동작의 1차 모델은, 컬렉터 전류 i_C는 컬렉터-베이스 접합이 역방향 바이어스 되어서 컬렉터를 고립시키므로, 컬렉터 전압 v_{CE}에 의존하지 않는다는 것을 가리킨다.

그림 6.1은 활성 모드에서 동작하는 NMOS 트랜지스터와 *npn* 트랜지스터를 보여 준다. NMOS 트랜지스터의 경우 핀치-오프는 $v_{DS} \ge v_{OV}$를 유지할 때 보장된다는 것을 주목하라. 오버드라이브 전압은 $v_{OV} = v_{GS} - V_{tn}$이므로, 이러한 조건은 $v_{GD} \le V_{tn}$이라는 것을 암시하며, 이것으로 확실히 드레인 끝에서 채널 핀치-오프가 보장된다.

유사하게, 그림 6.1(b)에서 *npn* 트랜지스터의 경우에는, CBJ 역방향 바이어스 조건은 $v_{CE} \ge 0.3$ V가 유지될 때 보장된다. v_{BE}는 보통 0.7 V 근처이므로, v_{BC}는 0.4 V보다 작게 유지되어야 하며, 이것은 상대적으로 큰 면적의 접합이 도통되는 것을 충분히 방지할 수 있다.

비록 우리는 활성 모드 동작을 위한 조건을 설명하기 위하여 NMOS와 *npn* 트랜지스터를 사용했지만, 4장과 5장에서 공부했듯이 PMOS와 *pnp* 트랜지스터의 경우에 비슷한 조건이 적용된다.

끝으로 우리는 식 (6.1)과 (6.2)의 제어 관계가 비선형이라는 것을 주목한다. 그럼에도 불구하고 우리는 기본적으로 비선형적인 소자로부터 거의-선형 증폭을 얻는 기술을 간단히 고안할 것이다.

6.1.2 전압 증폭기 얻기

앞에서 우리는 트랜지스터는 기본적으로 트랜스컨덕턴스 증폭기라는 것을 보았다. 즉, 입력 신호는 전압이고 출력 신호는 전류인 증폭기이다. 그러나 더 일반적으로 우리는 전압 증폭기에 관심이 있다. 트랜스컨덕턴스 증폭기를 전압 증폭기로 바꾸는 간단한 방법은 저항에 전류를 흘리고 출력으로 저항 사이의 전압을 취하는 것이다. MOSFET의 경우에 이렇게 하면 그림 6.2(a)에 보이는 간단한 증폭기 회로로 나타난다. 여기서 v_{GS}는 입력 전압이고, R_D(**부하 저항**으로 알려진)는 드레인 전류 i_D를 전압($i_D R_D$)으로 전환하며, V_{DD}는 증폭기에 전력을 제공하고 R_D와 함께 활성 영역에서 동작하도록 잡아 주는 공급 전압이다.

그림 6.2(a)의 증폭기 회로에서, 출력 전압은 R_D 사이의 전압보다는 오히려 드레인과 접지 사이에서 구해진다. 이것은 입력과 출력 사이에 공통 접지를 유지할 필요가 있기 때문이다. 출력 전압 v_{DS}는 식 (6.3)으로 주어진다.

$$v_{DS} = V_{DD} - i_D R_D \tag{6.3}$$

이것은 $i_D R_D$의 뒤집어진 유형(음의 부호에 주의하라)에 공급 전압 V_{DD}의 일정한 값만큼 이동한 것이다.

그림 6.2(c)에 묘사된 것처럼, 정확히 비슷한 배열이 BJT 증폭기에도 적용된다. 여기서 출력 전압 v_{CE}는 식 (6.4)로 주어진다.

$$v_{CE} = V_{CC} - i_C R_C \tag{6.4}$$

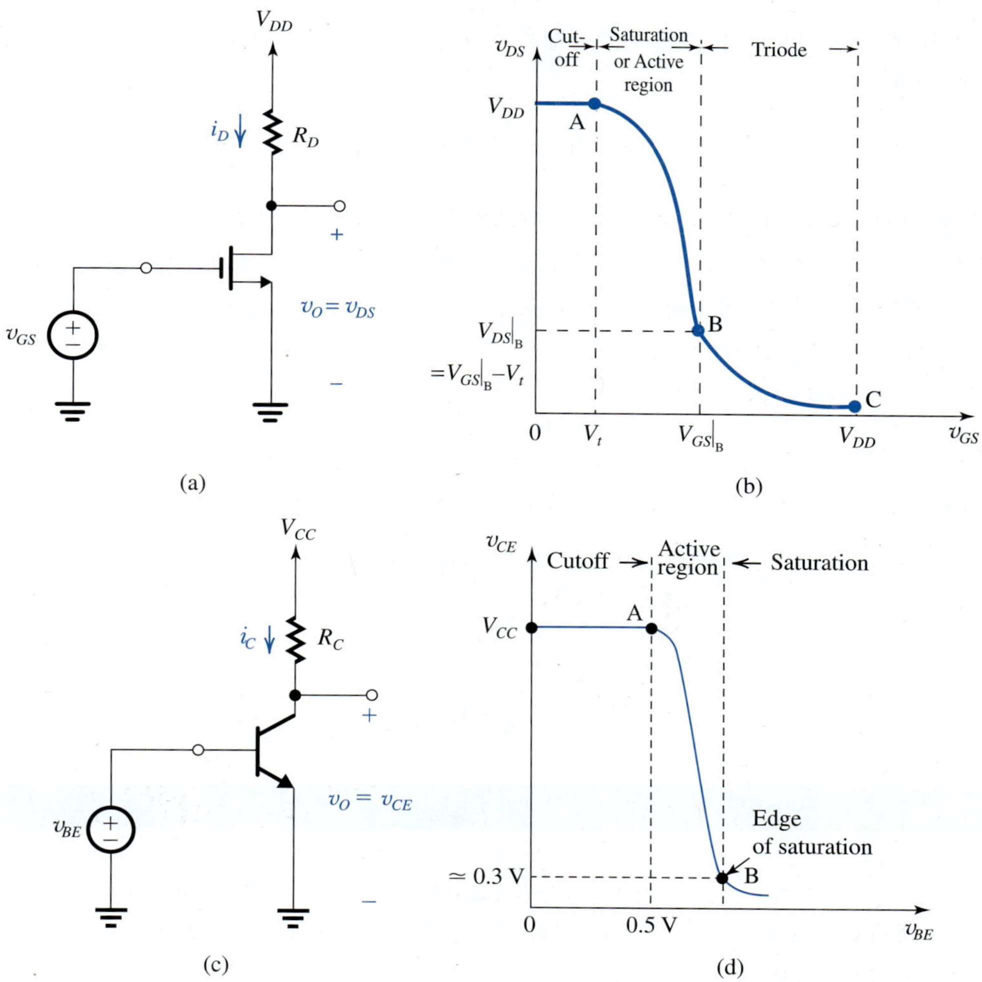

그림 6.2 (a) NMOS 증폭기와 (b) 이 증폭기의 전압 전달 특성(VTC); (c) *npn* 트랜지스터와 (d) 이 증폭기의 전압 전달 특성(VTC).

6.1.3 전압 전달 특성(VTC)

증폭기 회로 동작에 대한 통찰력을 주는 유용한 툴은 전압 전달 특성(VTC: voltage-transfer characteristic)이다. 이것은 단순히 입력 전압에 대한 출력 전압의 그래프(즉, 분명하게 라벨 표시된 스케치)이다. 그림 6.2(a)에 있는 MOS 증폭기의 경우에는 그림 6.2(b)에 보이는 v_{GS}에 따른 v_{DS} 그래프이다.

$v_{GS} < V_t$인 경우 트랜지스터는 차단되고, $i_D = 0$이 되며, 식 (6.3)으로부터 $v_{DS} = V_{DD}$가 된다는 것을 주목하라. v_{GS}가 V_t를 초과하면, 트랜지스터는 동작하게 되고 v_{DS}는 감소한다. 그러나 초기에는 v_{DS}는 여전히 높은 값이기 때문에 MOSFET은 포화 영역 즉 활성 영역에서 동작할 것이다. 이것은 v_{GS}가 증가하여 v_{DS}가 v_{GS}보다 V_t 전압만큼 작은 값이 될 때까지[그림 6.2(b)에서 VTC의 B점] 지속될 것이다. v_{GS}가 B점의 전압보다 더 크게 되는 경우에는 트랜지스터는 트라이오드 영역에서 동작하게 되고 v_{DS}는 더욱 천천히 감소한다.

그림 6.2(b)에서 VTC는 가장 큰 기울기 부분(따라서 잠정적으로는 가장 큰 증폭기 이득)은 라벨 표시된 AB 부분을 가리키며, 활성 영역에서 동작하는 것과 연관된다. MOSFET을 증폭기로 사용하기 위해서 항상 동작점을 구간 AB에 한정한다. 구간 AB를 위한 표현은 식 (6.3)에서 i_D 대신 식 (6.1)로부터 활성 영역 값을 치환하여 얻을 수 있다. 즉,

$$v_{DS} = V_{DD} - \frac{1}{2}k_n R_D (v_{GS} - V_t)^2 \tag{6.5}$$

이것은 명백히 비선형 관계식이다. 그럼에도 불구하고 선형(또는 거의-선형) 증폭은 MOSFET을 바이어스하는 기술을 사용하여 구할 수 있다. 그러나 바이어싱을 고려하기 전에, 포화 영역과 트라이오드 영역 사이의 경계점인 B점의 좌표를 구하는 것이 유용하다. 이것은 식 (6.5)에서 $v_{GS} = V_{GS}|_{\mathrm{B}}$와 $v_{DS} = V_{DS}|_{\mathrm{B}} = V_{GS}|_{\mathrm{B}} - V_t$를 치환하여 구한다. 그 결과는 식 (6.6)이다.

$$V_{GS}|_{\mathrm{B}} = V_t + \frac{\sqrt{2k_n R_D V_{DD} + 1} - 1}{k_n R_D} \tag{6.6}$$

B점은 또다시 오버드라이브 전압을 사용하여 특성화될 수 있다.

$$V_{OV}|_{\mathrm{B}} \equiv V_{GS}|_{\mathrm{B}} - V_t = \frac{\sqrt{2k_n R_D V_{DD} + 1} - 1}{k_n R_D} \tag{6.7}$$

과

$$V_{DS}|_{\mathrm{B}} = V_{OV}|_{\mathrm{B}} \tag{6.8}$$

연습문제

6.1 $V_{DD} = 1.8$ V 그리고 $R_D = 17.5$ kΩ인 그림 6.2(a)의 증폭기를 고려하자. MOSFET은 $V_t = 0.4$ V, $k_n = 4$ mA/V^2, $\lambda = 0$을 갖는다. VTC 포화 영역 구간의 끝 점들의 좌표를 결정하라. 또한 $V_{GS}|_C = V_{DD}$를 가정하여 $V_{DS}|_C$를 결정하라.

[답] A: 0.4 V, 1.8 V; B: 0.613 V, 0.213 V; $V_{DS}|_C = 18$ mV

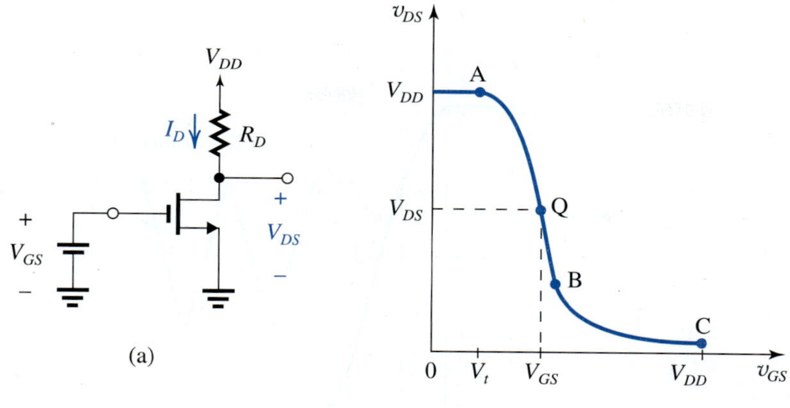

그림 6.3 VTC의 구간 AB에 위치한 점 Q에서 MOSFET 증폭기의 바이어싱.

그림 6.2(c)에 묘사된 것처럼, BJT 경우에 정확히 비슷한 유도가 적용된다. 이 경우에 활성 영역, 즉 증폭기 구간 AB에 걸쳐서, 출력 전압 v_{CE}는 입력 전압 v_{BE}와 관련되어 식 (6.9)로 표시된다.

$$v_{CE} = V_{CC} - R_C I_S e^{v_{BE}/V_T} \tag{6.9}$$

여기에서 또한 입력-출력 관계식은 비선형이다. 그럼에도 불구하고 선형(혹은 거의-선형) 증폭은 다음에 논의될 바이어싱 기술을 사용하여 얻어질 수 있다.

6.1.4 트랜지스터 바이어싱으로 선형 증폭 얻기

바이어싱은 우리가 MOSFET과 BJT로부터 거의-선형 증폭을 얻는 것을 가능하게 한다. 그 기술은 그림 6.3(a)에서 MOSFET의 경우에 묘사되어 있다. VTC의 구간 AB 사이의 Q점에서 동작하도록 직류 전압 V_{GS}를 선택하자. 바이어스 Q점을 위한 적절한 위치를 선택하는 방법은 곧 논의될 것이다. 당분간은 Q의 좌표는 식 (6.10)에 의하여 관계되는 직류 전압 V_{GS}와 V_{DS}임을 관찰하라.

$$V_{DS} = V_{DD} - \frac{1}{2}k_n R_D (V_{GS} - V_t)^2 \tag{6.10}$$

Q점은 **바이어스 포인트** 즉 **dc 동작점**으로 알려져 있다. 또한 Q점에서 신호 성분이 없기 때문에 **정지점**(quiescent point, Q점으로 불리는 유래임)으로 알려져 왔다.

다음으로, 그림 6.4(a)에 보이는 것처럼, 시간 t의 함수인 증폭될 신호 v_{gs}가 바이어스 V_{GS}에 첨가된다. 그러므로 v_{GS}의 전체 순시값은

$$v_{GS}(t) = V_{GS} + v_{gs}(t)$$

가 된다.

그 결과로 나오는 $v_{DS}(t)$는 식 (6.5)에 $v_{GS}(t)$를 대입하여 구할 수 있다. 그래프적으로, 우리는 그림 6.4(b)에

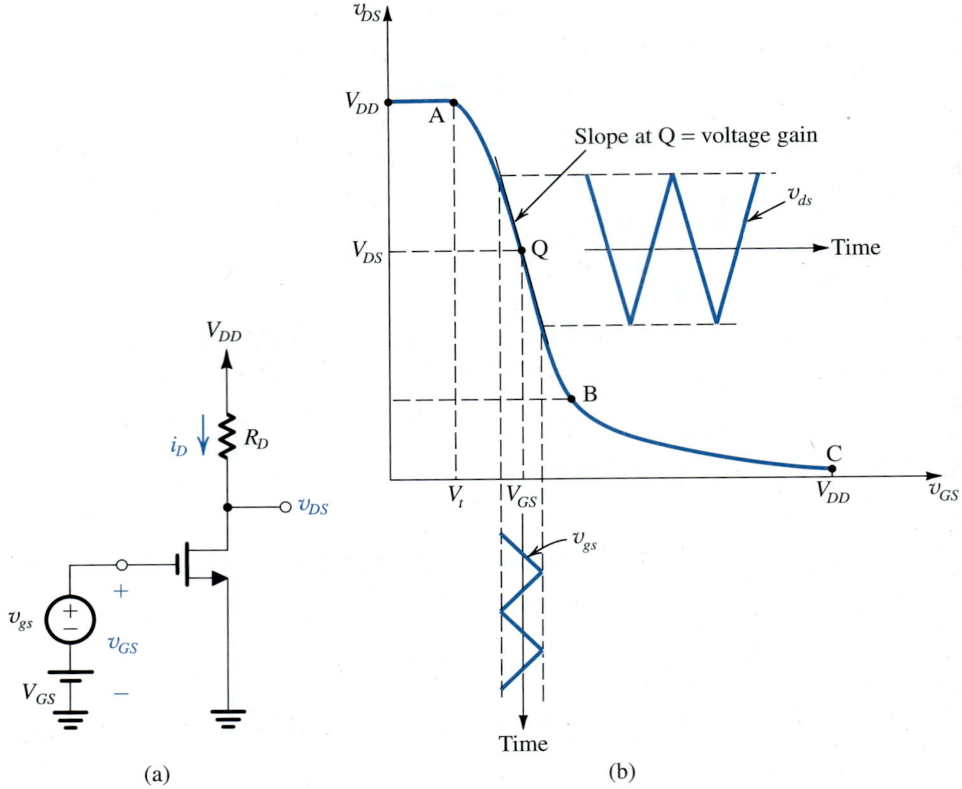

그림 6.4 (a) 직류 바이어스 전압 V_{GS}에 중첩된 작은 시변 신호 $v_{gs}(t)$를 갖는 MOSFET 증폭기. (b) MOSFET은 바이어스점 Q 근방의 짧지만 거의-선형인 VTC 구간에서 동작한다. 그리고 출력 전압 $v_{ds} = A_v v_{gs}$를 제공한다.

묘사된 것처럼, 점대점으로 $v_{DS}(t)$를 구하는 데 VTC를 사용할 수 있다. 여기서 우리는 작은 진폭의 삼각파로 된 v_{gs}의 경우를 볼 수 있다. 구체적으로, v_{gs}의 진폭은 충분히 작아서 순시 동작점의 이동이 바이어스점 Q 주위에서 VTC의 짧은 거의-선형 구간으로 제한된다. 그 구간이 작으면 작을수록 선형성은 더 커지게 되고, 출력 전압 v_{ds}에서 신호 부분은 더욱더 삼각파에 근접하게 된다. 이것은 비선형 MOSFET에서 선형 증폭을 얻는 핵심이다.

그림 6.4(b)를 떠나기 전에 신호 v_{gs}의 진폭을 증가시킬 때에 어떤 일이 발생하는지 살펴보자. 순시 동작점은 VTC의 거의-선형 구간에 더 이상 갇히지 않을 것이고, 출력 신호 v_{ds}는 이상적인 삼각형 모양에서 벗어날 것이다. 즉, 비선형 왜곡을 나타낼 것이다. 더 나빠져서 입력 신호 진폭이 충분히 크게 된다면 순시 동작점은 구간 AB를 벗어날 수 있다. 만약 이것이 v_{gs}의 음의 최대치에서 발생한다면, 트랜지스터는 사이클의 한 부분 동안 차단(cut-off)될 것이고, v_{ds}의 양의 최대치는 'clipped-off'될 것이다. 만약에 그것이 v_{gs}의 양의 최대치에서 발생한다면, 트랜지스터는 그 사이클의 한 부분 동안 트라이오드 영역에 들어갈 것이고, v_{ds}의 음의 최대치는 평평하게 될 것이다. 바이어스점 Q의 위치 선택은 v_{ds}의 최대 허용 진폭(출력 허용 신호 스윙으로 불린다)에 깊은 영향을 갖게 될 수 있다. 우리는 이러한 중요한 점에 대해 나중에 좀 더 언급할 것이다.

정확히 동일한 유도 과정이 BJT 증폭기에 적용될 수 있다. 사실 우리가 해야 할 일은 그림 6.3과 6.4에서 NMOS 트랜지스터를 *npn* 트랜지스터로 대체하는 것이고, 그 BJT 대응 요소에 전압과 전류 심볼을 바꾸는 것이다. 그 결과 바이어스점 Q는

$$V_{CE} = V_{CC} - R_C I_S e^{V_{BE}/V_T} \tag{6.11}$$

로 연관된 직류 전압 V_{BE}와 V_{CE}와

$$I_C = I_S e^{V_{BE}/V_T} \tag{6.12}$$

로 연관된 직류 전류 I_C로 특성화될 것이다.

또한 직류 바이어스 전압 V_{BE}에 첨가된 소신호 v_{be}는

$$v_{BE}(t) = V_{BE} + v_{be}(t)$$

와 같이 된다. 이것은 출력 전압 $v_{CE}(t)$의 순시값을 얻기 위해 식 (6.9)에 대체될 수 있다. 여기서 다시 거의-선형 동작은 v_{be}를 순시 동작점의 이동이 바이어스점 Q 주위에 VTC의 짧고 거의-선형 구간에 충분히 작게 유지함으로써 얻어진다. 또한 출력의 최대 허용 신호 스윙에도 비슷한 말을 할 수 있다.

6.1.5 소신호 전압 이득

MOSFET의 경우 그림 6.4(a)에 있는 MOSFET 증폭기를 고려하자. 입력 신호 v_{gs}가 작게 유지되면, 출력의 대응 신호 v_{ds}는 Q점 주위의 VTC의 거의-선형 구간의 기울기 상수만큼 v_{gs}에 거의 비례할 것이다. 이는 증폭기의 전압 이득이고 그 값은 바이어스점 Q에서 VTC의 접선 기울기를 계산함으로써 구할 수 있다.

$$A_v = \left.\frac{dv_{DS}}{dv_{GS}}\right|_{v_{GS}=V_{GS}} \tag{6.13}$$

식 (6.5)를 이용하면

$$A_v = -k_n(V_{GS} - V_t)R_D \tag{6.14}$$

를 얻는다. 이는 바이어스점의 과구동 전압 V_{OV}에 의하여 다음과 같이 표현될 수 있다.

$$A_v = -k_n V_{OV} R_D \tag{6.15}$$

전압 이득의 이 표현식에 대해 다음과 같이 언급할 수 있다.

1. 이득이 음이다. 이는 반전 증폭기를 나타낸다. 즉, 입력과 출력 사이에 180° 위상 변이가 있다. 이 반전은 그림 6.4(b)에서 명백하며, 식 (6.5)에서 예상할 수 있었다.
2. 이득은 부하 저항 R_D, 트랜지스터의 트랜스컨덕턴스 k_n, 그리고 과구동 전압 V_{OV}에 비례한다. 이 모든 것은 직관적으로 이해할 수 있다.

전압 이득 A_v에 대한 간단하고 통찰력 있는 다른 표현은 바이어스점에서 드레인의 직류 전류가

$$I_D = \frac{1}{2}k_n V_{OV}^2$$

으로 V_{OV}에 연관된다는 것을 떠올림으로써 유도할 수 있다. 이 방정식을 식 (6.15)와 결합하여

$$A_v = -\frac{I_D R_D}{V_{OV}/2} \tag{6.16}$$

를 산출할 수 있다. 즉, 전압 이득은 단순히 $V_{OV}/2$에 대한 부하 저항 R_D 양단의 직류 전압 강하의 비율이다. 이것은 다음 식과 같이 또 다른 식으로 표현될 수 있다.

$$A_v = -\frac{V_{DD} - V_{DS}}{V_{OV}/2} \tag{6.17}$$

그림 6.4(b)에서 VTC의 최대 기울기는 B점에서 발생하므로 최대 이득 $|A_{v\max}|$는 트랜지스터를 B점으로 바이어스함으로써 얻어질 수 있다.

$$|A_{v\max}| = \frac{V_{DD} - V_{DS}|_B}{V_{OV}|_B/2}$$

그리고 $V_{DS}|_B = V_{OV}|_B$이므로

$$|A_{v\max}| = \frac{V_{DD} - V_{OV}|_B}{V_{OV}|_B/2} \tag{6.18}$$

여기서 $V_{OV}|_B$는 식 (6.7)에서 주어진다. 물론 이 결과는 B에서 바이어스하는 것은 출력에서 부의 신호 스윙에 대한 여지가 줄어들게 되므로 이론적으로 중요할 뿐이다. 그럼에도 불구하고 식 (6.18)의 결과는 기본 증폭기 회로로부터 얻을 수 있는 최대 전압 증폭을 결정하는 데 가치가 있다. 예를 들어 $V_{DD} = 5$ V와 $V_{OV}|_B = 0.5$ V로 동작하는 개별 회로 증폭기의 경우에, 얻을 수 있는 최대 이득은 18 V/V이다. $V_{DD} = 1.3$ V와 $V_{OV}|_B = 0.2$ V에서 동작하는 현대의 서브마이크론 크기의 MOSFET을 이용하는 집적 회로 증폭기는 11 V/V의 최대 이득을 실현할 수 있다.

결국, 이득을 최대화하기 위해서는 바이어스 Q점은 출력에서 요구된 신호 스윙과 일치하며 가능한 한 B점에 근접해야 한다. 이 점은 장 끝에 있는 문제들에서 좀 더 탐구될 것이다.

예제 6.1

그림 6.4(a)에 있는 증폭기 회로를 고려하자. 트랜지스터는 $V_t = 0.4$ V, $k_n' = 0.4$ mA/V^2, $W/L = 10$, $\lambda = 0$을 갖는다. 또한 $V_{DD} = 1.8$ V, $R_D = 17.5$ kΩ, $V_{GS} = 0.6$ V이다.

(a) $v_{gs} = 0$(따라서 $v_{ds} = 0$)에 대하여 V_{OV}, I_D, V_{DS}, A_v를 구하라.

(b) 드레인에서 허용되는 최대 대칭 신호 스윙은 얼마인가? 이로부터 정현파 v_{gs}의 최대 허용 진폭을 구하라.

풀이

(a) $V_{GS} = 0.6$ V이므로 $V_{OV} = 0.6 - 0.4 = 0.2$ V이다. 따라서 다음을 구할 수 있다.

$$\begin{aligned} I_D &= \frac{1}{2}k_n'\left(\frac{W}{L}\right)V_{OV}^2 \\ &= \frac{1}{2} \times 0.4 \times 10 \times 0.2^2 = 0.08 \text{ mA} \\ V_{DS} &= V_{DD} - R_D I_D \\ &= 1.8 - 17.5 \times 0.08 = 0.4 \text{ V} \end{aligned}$$

V_{DS}가 V_{OV}보다 더 크기 때문에 트랜지스터는 정말로 포화 영역에서 동작하고 있다. 전압 이득은 식 (6.15)로부터 구해질 수 있다.

$$\begin{aligned} A_v &= -k_n V_{OV} R_D \\ &= -0.4 \times 10 \times 0.2 \times 17.5 \\ &= -14 \text{ V/V} \end{aligned}$$

이와 동일한 결과가 식 (6.17)을 사용하여 구해질 수 있다.

(b) $V_{OV} = 0.2$ V 그리고 $V_{DS} = 0.4$ V이므로, 드레인에서 음의 최대 허용 신호 스윙은 0.2 V임을 알 수 있다. 양의 방향으로 +0.2 V의 스윙은 트랜지스터를 차단시키지 않으므로 허용된다.(v_{DS}의 결과값이 V_{DD}보다 상당히 낮게 되기 때문이다.) 따라서 드레인에서 허용되는 최대 대칭 신호 스윙은 ±0.2 V이다. v_{gs}의 대응하는 진폭은 다음과 같이 구해질 수 있다.

$$\hat{v}_{gs} = \frac{\hat{v}_{ds}}{|A_v|} = \frac{0.2 \text{ V}}{14} = 14.2 \text{ mV}$$

$\hat{v}_{gs} \ll V_{OV}$이므로 동작은 상당히 선형적일 것이다.(나중에 더 언급한다.)

허용 신호 스윙의 문제에 관한 깊은 통찰력은 그림 6.5에 보이는 신호 파형들을 검토하여 얻을 수 있다. MOSFET이 음의 v_{ds} 피크에서 포화로 유지되려면

$$v_{DS\min} \geq v_{GS\max} - V_t$$

로 보장되어야 한다. 즉,

$$0.4 - |A_v|\hat{v}_{gs} \geq 0.6 + \hat{v}_{gs} - 0.4$$

인데 결과적으로

$$\hat{v}_{gs} \leq \frac{0.2}{|A_v| + 1} = 13.3 \text{ mV}$$

가 된다. 이는 앞에서 구한 것과는 약간 다르다.

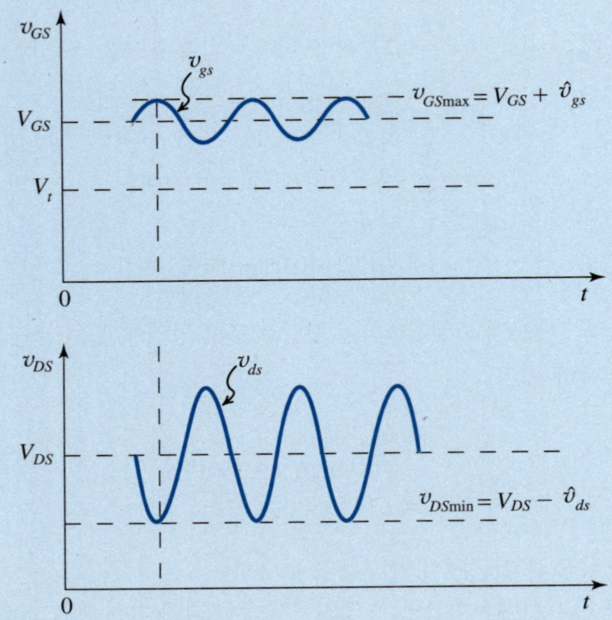

그림 6.5 예제 6.1의 증폭기에 대한 게이트와 드레인에서 신호 파형들. 항상 포화 영역 동작을 보장하기 위하여 $v_{DS\min} \geq v_{GS\min} - V_t$를 만족해야 함을 주목하라.

연습문제

D6.2 예제 6.1에서 공부한 증폭기 회로에 대해 다음과 같은 두 가지 다른 설계를 제시하라. (a) V_{OV}는 일정하게 유지하고 R_D를 변경함으로써, 그리고 (b) R_D는 일정하게 유지하고 V_{OV}를 변경함으로써 각 설계는 −10의 전압 이득을 제공한다. 각 설계의 V_{GS}, I_D, R_D, V_{DS}를 명시하라.

[답] (a) 0.6 V, 0.08 mA, 12.5 kΩ, 0.8 V; (b) 0.54 V, 0.04 mA, 17.5 kΩ, 1.1 V

BJT의 경우 그림 6.6에 보이는 BJT의 증폭기의 소신호 전압 이득을 구하는 데 비슷한 전개를 사용할 수 있다.

$$A_v = \left.\frac{dv_{CE}}{dv_{BE}}\right|_{v_{BE}=V_{BE}} \tag{6.19}$$

식 (6.9)와 함께 식 (6.12)를 이용하면

$$A_v = -\left(\frac{I_C}{V_T}\right)R_C \tag{6.20}$$

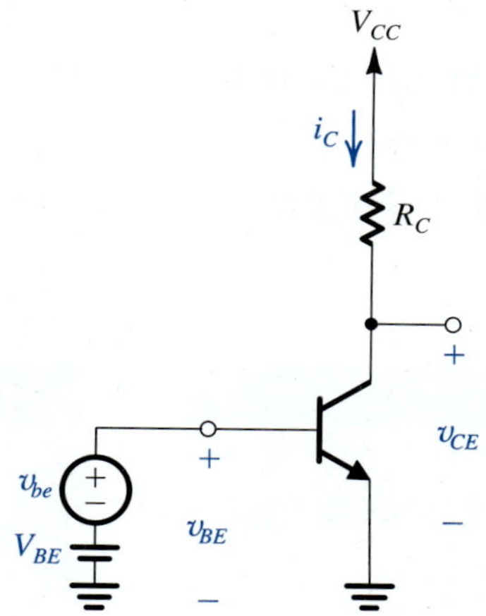

그림 6.6 Q점에 바이어스된 BJT 증폭기. 이 증폭기는 직류 바이어스 전압 V_{BE}에 중첩된 작은 신호 v_{be}를 갖는다. 결과적인 출력 신호 v_{ce}는 직류 컬렉터 전압 V_{CE}에 중첩되어 나타난다. v_{ce}의 진폭은 v_{be}의 그것보다 전압 이득 A_v만큼 더 크다.

를 얻는다. 전압 이득의 이 표현식에 대해 다음과 같이 언급할 수 있다.

1. 이득이 음이다. 이는 반전 증폭기를 나타낸다. 즉, 입력과 출력 사이에 180° 위상 변이가 있다. 이 반전은 식 (6.9)로부터 예상될 수 있었다.
2. 이득은 컬렉터 바이어스 전류 I_C와 부하 저항 R_C에 비례한다.

전압 이득 A_v는 식 (6.20)을

$$A_v = -\frac{I_C R_C}{V_T} \tag{6.21}$$

로 표현함으로써 더 잘 이해할 수 있다. 즉, 이득은 물리 상수 V_T(상온에서 $V_T \simeq 25$ mV임을 상기하라)에 대한 부하 저항 R_C 양단의 직류 전압 강하의 비율이다. 이 관계식은 MOSFET의 경우[식 (6.16)]와 비교하여 분모가 설계 변수($V_{OV}/2$)에서 물리 상수(V_T)로 바뀐 것을 제외하고 비슷하다. 보통 ($V_{OV}/2$)는 (V_T)보다 크다. 그러므로 우리는 MOSFET 증폭기보다 BJT 증폭기로부터 더 큰 전압 이득을 얻을 수 있다. 이것은 i_C–v_{BE}의 지수 함수 관계가 i_D–v_{GS}의 제곱 관계에 비해 상당히 가파르므로 놀랄 만한 일은 아닐 것이다.

이득 A_v는 식 (6.21)에서 다음과 같이 표현될 수 있다.

$$A_v = -\frac{V_{CC} - V_{CE}}{V_T} \tag{6.22}$$

이것으로부터 우리는 최대 이득은 V_{CE}가 거의 0.3 V의 최솟값에 있을 때 얻어질 수 있다는 것을 알 수 있다.

$$|A_{v\max}| = \frac{V_{CC} - 0.3}{V_T} \tag{6.23}$$

여기서 다시, 포화 영역 가장자리에서 출력의 부의 신호 스윙에 대한 여지가 없기 때문에 이것은 단지 이론적인 최댓값이다. 그럼에도 불구하고 식 (6.23)은 BJT 증폭기로부터 얻을 수 있는 전압 이득에 대한 상한을 제공한다. 예를 들어 $V_{CC} = 5$ V인 경우, 최대 이득은 188 V/V이다. 이것은 MOSFET의 경우에 비하여 상당히 크다. 현대의 저전압 기술인 경우에는, 1.3 V의 V_{CC}는 40 V/V의 이득을 제공한다. 이것도 MOSFET의 경우와 비교하면 훨씬 크다. 그러나 독자는 현대 집적 회로 증폭기 설계에서 BJT가 MOSFET에 비하여 선호된다고 급격한 결론을 내려서는 안 된다. 7장과 그 이후 장에서 볼 수 있듯이 사실은 반대이다.

끝으로 식 (6.22)는 $|A_v|$를 최대화하기 위해서는 요구된 출력의 부의 신호 스윙에 일치하면서 가장 작은 V_{CE}에 트랜지스터가 바이어스되어야 한다는 것을 보여 준다.

예제 6.2

$I_S = 10^{-15}$ A, 컬렉터 저항 $R_C = 6.8$ kΩ, 그리고 전원 공급기 $V_{CC} = 10$ V를 갖는 BJT를 사용한 공통 이미터 회로를 고려하자.

(a) 트랜지스터가 $V_{CE} = 3.2$ V에서 동작하기 위하여 필요한 바이어스 전압 V_{BE}의 값을 결정하라. I_C의 대응하는 값은 얼마인가?

(b) 이 바이어스점에서 전압 이득 A_v를 구하라. 5 mV 피크 진폭의 입력 사인파 신호가 V_{BE}에 중첩될 때 출력 사인파 신호의 진폭을 구하라.(선형 동작으로 가정하라.)

(c) $v_{CE} = 0.3$ V인 포화 영역의 가장자리로 트랜지스터를 구동하는 v_{BE}의 양의 (V_{BE} 위의) 증분을 구하라.

(d) 차단의 1% 이내(즉, $v_{CE} = 0.99V_{CC}$)로 트랜지스터를 구동하는 v_{BE}의 음의 증분을 구하라.

풀이

(a)

$$I_C = \frac{V_{CC} - V_{CE}}{R_C} = \frac{10 - 3.2}{6.8} = 1 \text{ mA}$$

V_{BE}의 값은

$$1 \times 10^{-3} = 10^{-15} e^{V_{BE}/V_T}$$

로 결정될 수 있다. 그 결과는 다음과 같다.

$$V_{BE} = 690.8 \text{ mV}$$

(b)

$$A_v = -\frac{V_{CC} - V_{CE}}{V_T} = -\frac{10 - 3.2}{0.025} = -272 \text{ V/V}$$

$$\hat{v}_{ce} = 272 \times 0.005 = 1.36 \text{ V}$$

(c) $v_{CE} = 0.3$ V에 대하여

$$i_C = \frac{10 - 0.3}{6.8} = 1.426 \text{ mA}$$

i_C를 1 mA에서 1.426 mA로 증가시키기 위해 v_{BE}는 다음과 같이 증가되어야 한다.

$$\Delta v_{BE} = V_T \ln\left(\frac{1.426}{1}\right)$$
$$= 9 \text{ mV}$$

(d) $v_{CE} = 0.99V_{CC} = 9.9$ V에 대하여 i_C는 다음과 같다.

$$i_C = \frac{10 - 9.9}{6.8} = 0.0147 \text{ mA}$$

i_C를 1 mA에서 0.0147 mA로 감소시키기 위해 v_{BE}는 다음과 같이 변화해야 한다.

$$\Delta v_{BE} = V_T \ln\left(\frac{0.0147}{1}\right)$$
$$= -105.5 \text{ mV}$$

연습문제

6.3 예제 6.2에 설명된 경우에 대해 I_C를 1 mA에서 변화하지 않도록 유지하면서 −320 V/V의 전압 이득을 산출하는 R_C의 값을 구하라. 출력에서 허용된 가장 큰 음의 신호 스윙은 얼마인가?(v_{CE}는 0.3 V 아래로 감소되지 않는다고 가정하라.) 대응하는 입력 신호 진폭은 (근사적으로) 얼마인가?(선형 동작으로 가정하라.)

[답] 8 kΩ; 1.7 V; 5.3 mV

6.1.6 도식적인 해석에 의한 VTC의 결정

그림 6.7은 그림 6.4(a)의 증폭기에 대한 VTC를 구하기 위한 도식적인 방법을 나타낸다. 트랜지스터 회로들의 도식적인 해석은 실제로는 거의 이용되지 않지만, 회로 동작을 깊이 통찰하는 데, 특히 바이어스점 Q의 위치를 정하는 데 유용하다.

도식적인 해석은 회로가 특정한 v_{GS} 값에 대응하는 i_D−v_{DS} 그래프와

$$i_D = \frac{V_{DD}}{R_D} - \frac{1}{R_D} v_{DS} \tag{6.24}$$

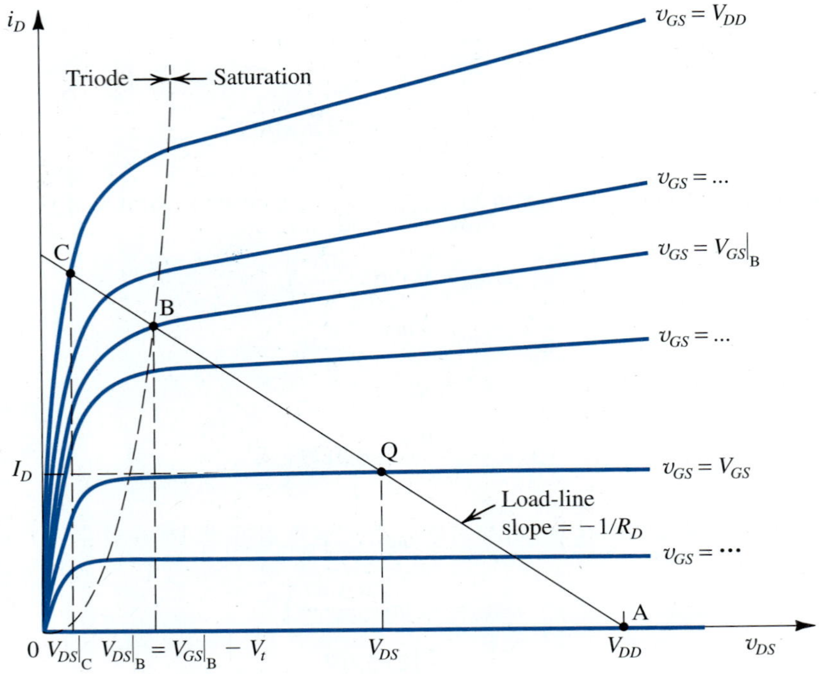

그림 6.7 그림 6.4(a) 증폭기의 전압 전달 특성을 구하기 위한 도식적인 구성.

로 표현된 식 (6.3)을 나타내는 직선의 교차점에서 동작한다는 사실에 근거한다. 이 관계식을 표현하는 직선은 그림 6.7의 i_D–v_{DS} 특성들 위에 중첩된다. 그것은 $v_{DS} = V_{DD}$에서 수평축과 교차하고 $-1/R_D$의 기울기를 가진다. 사실상 이 직선이 부하 저항 R_D를 나타내기 때문에 **부하선**(load line)이라고 불린다. 그다음에 VTC는 한 점씩 구해진다. 네 개의 중요한 점들에 명칭을 부여한 것에 주목하라. 즉, $v_{GS} = V_t$인 점 A, MOSFET이 증폭기 동작을 위해 바이어스될 수 있는 점 Q($v_{GS} = V_{GS}$와 $v_{DS} = V_{DS}$), MOSFET이 포화를 떠나 트라이오드 영역으로 들어가는 점 B, 그리고 트라이오드 영역 안으로 깊숙이 들어간 $v_{GS} = V_{DD}$인 점 C이다. MOSFET이 스위치로 사용된다면, 동작점 A와 C가 해당된다. 즉, A에서 트랜지스터는 차단되고(열린 스위치), C에서 트랜지스터는 작은 값의 저항 r_{DS}로 동작하며 작은 전압 강하를 갖는다(닫힌 스위치). 점 C에서 증분 저항은 **닫힘 저항**(closure resistance)으로 알려져 있다. 스위치로서 MOSFET의 동작은 그림 6.8에 나타나 있다. 스위치로서 MOSFET의 응용은 CMOS 디지털 논리 회로를 취급하는 14장에서 자세히 공부할 것이다.

위의 도식적인 해석 방법은 그림 6.2(c)에서 BJT 증폭기의 VTC를 결정하기 위해 적용할 수 있다. 여기서 그림 6.2(d)의 점 A는 BJT가 막 turn-on될 때($v_{BE} \simeq 0.5$ V)에 대응하고, 점 B는 활성 영역을 떠나 포화 영역으로 막 진입하는 BJT에 상응한다. BJT가 스위치로 동작한다면, 두 개의 동작 모드는 차단(열린 스위치)과 포화(닫힌 스위치)이다. 4.2절에서 논의된 것처럼, 포화될 때 BJT는 작은 오프셋 전압뿐만 아니라 작은 닫힘 저항 $R_{CE\text{sat}}$를 갖는다. 더욱 심각하게는 포화 영역으로부터 BJT를 스위칭하는 것은 베이스 영역에 쌓인 전하를 제거하는 데 상대적으로 긴 지연 시간이 요구될 수 있다. 이런 현상은 디지털 논리 응용에 있어서 BJT가

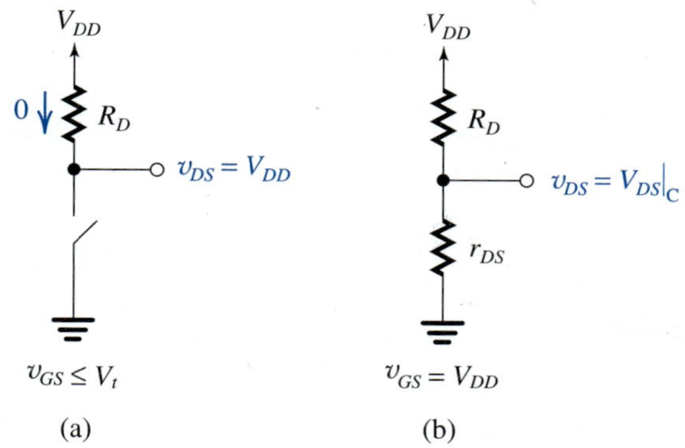

그림 6.8 스위치로서 그림 6.4(a)에 나타낸 MOSFET의 동작: (a) 그림 6.7의 점 A에 대응하는 열린 상태, (b) 그림 6.7의 점 C에 대응하는 닫힌 상태. V_{DS}가 보통 매우 작기 때문에 닫힘 저항은 근사적으로 r_{DS}와 같다.

MOSFET에 비하여 훨씬 덜 매력적이게 한다.[1)]

6.1.7 바이어스점 Q의 위치 설정

MOSFET 증폭기의 경우에 바이어스점 Q는 V_{GS}와 부하 저항 R_D의 값에 의해 결정된다. Q의 위치를 결정하는 중요한 두 가지 고려 사항은 필요한 이득과 출력에 허용되는 신호 스윙이다. 예로서 그림 6.4(b)에 나타낸 VTC를 고려하자. 여기서 R_D의 값이 고정되면, 남아 있는 유일한 변수는 V_{GS}의 값이다. 점 B에 더 가까이 가면 기울기는 증가하므로 가능하면 B에 가깝게 Q의 위치를 설정함으로써 높은 전압 이득을 얻을 수 있다. 하지만 Q가 경계점 B에 가까울수록 음의 신호 스윙의 허용되는 진폭은 작아진다. 따라서 공학 설계에서 늘 그렇듯이 우리는 절충을 요하는 상황을 접하게 된 것이다. 여기서 대답은 비교적 간단하다. 주어진 R_D의 경우에, 높은 이득을 얻을 수 있도록 가능한 트라이오드 영역(점 B)에 가깝게 Q를 위치시키지만 요구된 음의 신호 스윙을 허용할 수 있을 만큼 충분히 거리를 두고 Q를 위치시킨다. 그러나 얼리 효과를 고려하게 되면 최적의 바이어스점 Q를 결정하는 것은 좀 더 복잡해질 수 있다.

R_D의 값을 정하는 데 i_D–v_{DS} 도면을 참조하는 것이 유용하다. 그림 6.9는 극단적인 두 바이어스점들을 야기하는 두 부하선을 나타낸다. 점 Q_1은 V_{DD}에 너무 가까워 v_{ds}의 양의 신호 스윙은 심하게 제한될 것이다. 허용되는 양의 최댓값을 초과하면, 양의 신호 피크들은 절단(clipped off)될 것이다. 이는 각 주기의 양의 피크에 가까운 부분에서 MOSFET이 꺼지게 되기 때문이다. 이 경우에 회로는 충분한 '상부 여유(headroom)'가 없다고 말한다. 비슷하게 점 Q_2는 트라이오드 영역의 경계에 너무 가까워 v_{ds}의 허용되는 음의 신호 스윙은 심하게 제한될 것이다. 이 한계를 초과하면 각 주기의 음의 피크에 가까운 부분에서 트랜지스터는 트라이오드 영역으로 들어갈 것이다. 이 경우에 회로는 충분한 '하부 여유(legroom)'가 없다고 말한다. 우리는 6.4절에서 바이어스 설계에 관해 좀 더 다룰 것이다. 끝으로 BJT 증폭기의 경우에도 정확히 동일한 고려 사항이 적용될 수 있음을 언급해 둔다.

---

1) 유일한 예외는 이미터 결합 논리(ECL)로 알려진 비포화 형태의 BJT 논리 회로이다.

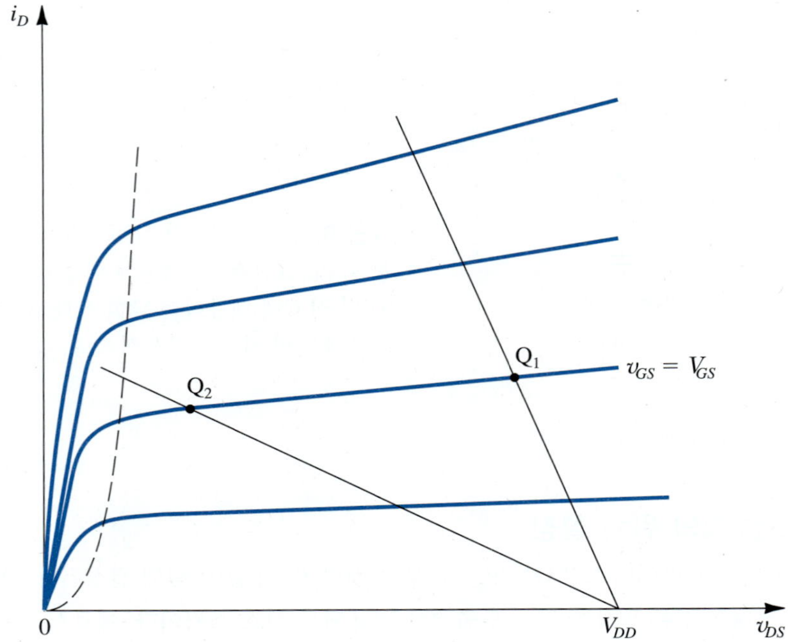

그림 6.9 두 부하선과 대응하는 바이어스점들. 바이어스점 Q_1은 (V_{DD}에 너무 가까워서) 드레인에서 양의 신호 스윙에 대한 충분한 여유를 남기지 않는다. 바이어스점 Q_2는 트라이오드 영역의 경계에 너무 가까워서 음의 신호 스윙을 허용하지 않을지도 모른다.

6.2 소신호 동작과 모델

6.1절에서 트랜지스터가 활성 영역에서 동작하도록 바이어스하고 입력 신호를 작게 유지함으로써 선형적인 증폭을 얻을 수 있다는 것을 배웠다. 이 절에서는 소신호 동작을 좀 더 자세히 살펴볼 것이다.

6.2.1 MOSFET의 경우

그림 6.10에 나타낸 개념적인 증폭기 회로를 고려하자. 여기서 MOS 트랜지스터는 직류 전압[2] V_{GS}를 인가함으로써 바이어스되고, 증폭될 입력 신호 v_{gs}는 직류 바이어스 전압 V_{GS}에 중첩되어 있다. 출력 전압은 드레인에서 얻어진다.

직류 바이어스점 직류 바이어스 전류 I_D는 신호 v_{gs}를 영으로 설정함으로써 구할 수 있다. 따라서

$$I_D = \frac{1}{2}k_n(V_{GS} - V_t)^2 = \frac{1}{2}k_n V_{OV}^2 \tag{6.25}$$

인데, 여기서 채널 길이 변조는 무시하였다.(즉, $\lambda = 0$으로 가정하였다.) 그리고 $V_{OV} = V_{GS} - V_t$는 MOSFET

2) 실제적인 바이어싱 배열은 6.4절에서 공부할 것이다.

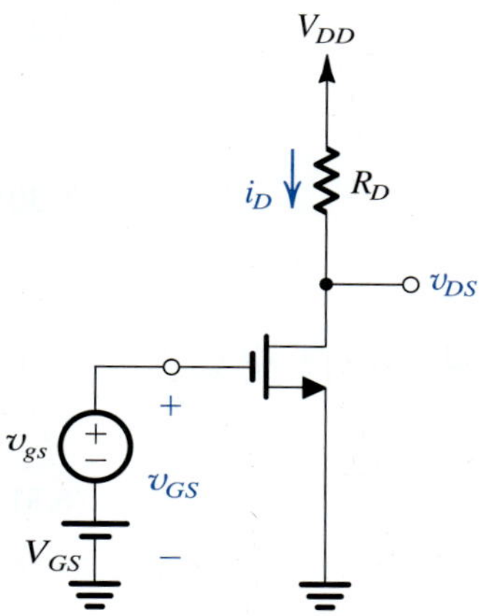

그림 6.10 소신호 증폭기로서 MOSFET의 동작을 공부하는 데 활용될 개념적인 회로.

이 동작하도록 바이어스된 과구동 전압이다. 드레인의 직류 전압 V_{DS}는

$$V_{DS} = V_{DD} - R_D I_D \tag{6.26}$$

일 것이다. 포화 영역 동작을 보장하기 위해

$$V_{DS} > V_{OV}$$

가 되도록 해야 한다. 더욱이 드레인의 총 전압은 V_{DS}에 중첩된 신호 성분을 가질 것이므로, V_{DS}는 필요한 신호 스윙을 허용하기 위하여 V_{OV}보다 충분히 커야 한다.

드레인 단자에서 신호 전류 다음으로 입력 신호 v_{gs}가 인가된 경우를 고려하자. 총 순시 게이트-소스 전압 v_{GS}는

$$v_{GS} = V_{GS} + v_{gs} \tag{6.27}$$

일 것이고 그 결과로 총 순시 드레인 전류 i_D는

$$\begin{aligned} i_D &= \frac{1}{2}k_n\left(V_{GS} + v_{gs} - V_t\right)^2 \\ &= \frac{1}{2}k_n(V_{GS} - V_t)^2 + k_n(V_{GS} - V_t)v_{gs} + \frac{1}{2}k_n v_{gs}^2 \end{aligned} \tag{6.28}$$

일 것이다. 식 (6.28)의 우변 첫 번째 항은 직류 바이어스 전류 I_D[식 (6.25)]이다. 두 번째 항은 입력 신호 v_{gs}에 정비례하는 전류 성분을 나타낸다. 세 번째 항은 입력 신호의 제곱에 비례하는 전류 성분이다. 이 마지막 성분은 비선형 왜곡(nonlinear distortion)을 나타내기 때문에 바람직하지 않다. MOSFET에 기인한 왜곡을 줄이기 위해 입력 신호는 다음과 같이 작게 유지되어야 한다.

$$\frac{1}{2}k_n v_{gs}^2 \ll k_n(V_{GS} - V_t)v_{gs}$$

이 결과로

$$v_{gs} \ll 2(V_{GS} - V_t) \tag{6.29}$$

또는 등가적으로

$$v_{gs} \ll 2V_{OV} \tag{6.30}$$

를 얻는다.

이 **소신호 조건**(small-signal condition)이 만족된다면, 식 (6.28)에서 마지막 항을 무시할 수 있고, i_D를 다음과 같이 표현할 수 있다.

$$i_D \simeq I_D + i_d \tag{6.31}$$

여기서 드레인 신호 전류 i_d는

$$i_d = k_n(V_{GS} - V_t)v_{gs}$$

이다. i_d와 v_{gs}를 연관시키는 파라미터인 MOSFET **트랜스컨덕턴스**(transconductance) g_m은

$$g_m \equiv \frac{i_d}{v_{gs}} = k_n(V_{GS} - V_t) \tag{6.32}$$

로 표현되거나 또는 과구동 전압 V_{OV}에 의해

$$g_m = k_n V_{OV} \tag{6.33}$$

이다. 그림 6.11은 MOSFET 증폭기의 소신호 동작에 대한 도식적인 해석을 보여 준다. 여기서 g_m이 바이어스 점에서 i_D–v_{GS} 특성의 기울기와 같은

$$g_m \equiv \left.\frac{\partial i_D}{\partial v_{GS}}\right|_{v_{GS}=V_{GS}} \tag{6.34}$$

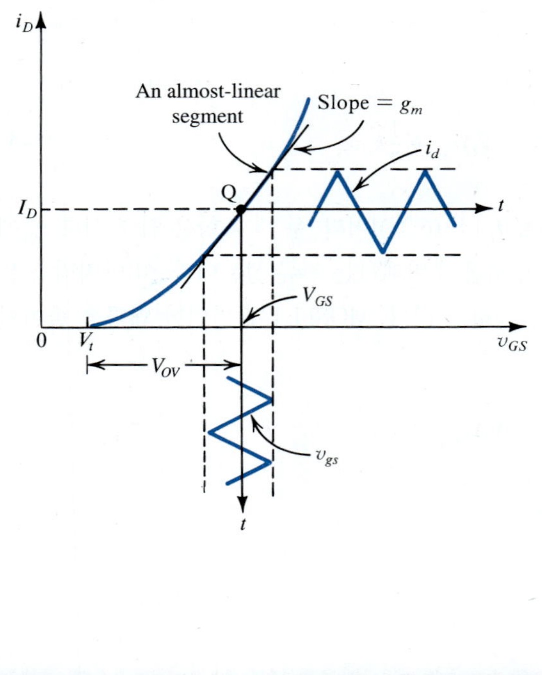

그림 6.11 MOSFET 증폭기의 소신호 동작.

임을 주목하라. 이것은 g_m의 정식 정의이고, 이로부터 식 (6.32)와 (6.33)에 주어진 표현식들이 산출되는 것을 보일 수 있다.

전압 이득 그림 6.10의 회로로 돌아가서 총 순시 드레인 전압 v_{DS}를 다음과 같이 표현할 수 있다.

$$v_{DS} = V_{DD} - R_D i_D$$

소신호 조건이 만족되면

$$v_{DS} = V_{DD} - R_D(I_D + i_d)$$

를 얻고, 이 식을

$$v_{DS} = V_{DS} - R_D i_d$$

로 다시 쓸 수 있다. 따라서 드레인 전압의 신호 성분은

$$v_{ds} = -i_d R_D = -g_m v_{gs} R_D \tag{6.35}$$

이고 이로부터 전압 이득은 다음과 같이 얻어진다.

$$A_v \equiv \frac{v_{ds}}{v_{gs}} = -g_m R_D \tag{6.36}$$

식 (6.36)에서 음의 부호는 출력 신호 v_{ds}가 입력 신호 v_{gs}와 180° 위상이 다르다는 것을 나타낸다. 이것은 v_{GS}와 v_{DS}를 나타낸 그림 6.12에서 설명된다. 선형적인 동작을 보장하기 위하여, 입력 신호는 $2(V_{GS} - V_t)$보다 훨씬 작은 진폭을 가지는, 즉 식 (6.29)의 소신호 조건을 만족하는 삼각파로 가정되었다. 항상 포화(활성) 영역에서 동작하도록 하기 위해, v_{DS}의 최솟값은 v_{GS}의 대응하는 값 아래로 V_t보다 더 떨어지지 않아야 한다. 또한 v_{DS}의 최댓값은 V_{DD}보다 작아야 한다. 그렇지 않으면 FET는 차단 영역으로 들어갈 것이고, 출력 신호 파형의 피크들은 잘려질 것이다.

끝으로 식 (6.33)의 g_m을 대입함으로써 식 (6.36)의 전압 이득 표현은 6.1절에서 유도한 식, 즉 식 (6.15)와 일치한다는 사실을 언급한다.

직류 해석과 신호 해석의 분리 앞의 해석에서 우리는 소신호 근사를 통해 신호량이 직류량에 중첩된다는 것을 알고 있다. 예를 들면, 총 드레인 전류 i_D는 직류 전류 I_D에 신호 전류 i_d를 더한 것과 같고, 총 드레인 전압은 $v_{DS} = V_{DS} + v_{ds}$이며, 그리고 기타 등등이다. 당연한 결과로서 직류 또는 바이어스 계산과 소신호 계산을 분리함으로써 해석과 설계가 크게 단순화될 수 있다. 즉, 일단 안정한 직류 동작점이 설정되고 모든 직류량이 계산되면 우리는 직류량을 무시하고 신호 해석을 수행할 수 있다.

소신호 등가 회로 모델 신호의 관점에서 보면 FET는 전압 제어 전류 전원으로 동작한다. 즉, FET는 게이트와 소스 사이의 신호 v_{gs}를 받아서 드레인 단자에 전류 $g_m v_{gs}$를 공급한다. 이 제어된 전원의 입력 저항은 매우 높다. 이상적으로는 무한대이다. 출력 저항 즉 드레인 안으로 들여다본 저항 역시 높다. 그래서 우리는 지금까지 출력 저항을 무한대로 가정해 왔다. 이 모든 사항을 종합하면 그림 6.13(a)의 회로에 도달한다. 이 회로

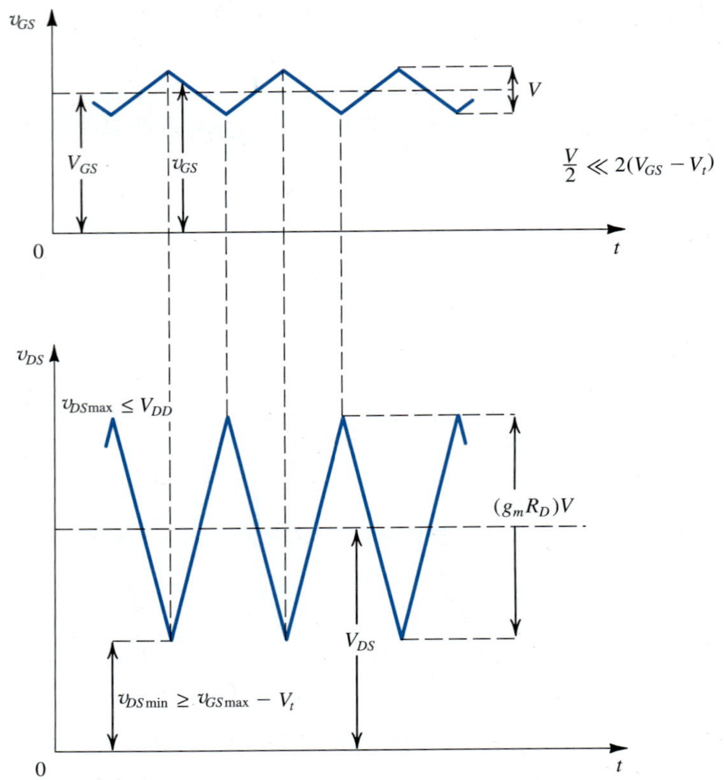

그림 6.12 그림 6.10의 회로에 대한 총 순시 전압 v_{GS}와 v_{DS}.

가 MOSFET의 소신호 동작을 나타내므로 이 회로를 **소신호 모델**(small-signal model) 또는 **소신호 등가 회로**(small-signal equivalent circuit)라고 부른다.

MOSFET 증폭기 회로의 해석에서 트랜지스터는 그림 6.13(a)에 나타낸 등가 회로 모델로 대체될 수 있다. 회로의 나머지 부분은 이상적인 직류 정전압 전원들이 단락 회로들로 대체되는 것을 제외하고는 바뀌지 않는다. 이것은 이상적인 직류 정전압 전원의 양단 전압은 변화하지 않으므로 직류 정전압 전원의 양단에 걸리는 신호 전압은 항상 영이라는 사실의 결과이다. 이원적인 사실이 직류 정전류 전원들에도 적용된다. 즉, 이상적인 직류 정전류 전원의 신호 전류는 항상 영이므로, 증폭기의 소신호 등가 회로에서 이상적인 직류 정전류 전원은 개방 회로로 대체될 수 있다. 그러고 나서 결과적인 회로를 사용하여, 전압 이득을 계산하는 것과 같은 필요한 모든 소신호 해석을 수행할 수 있다.

그림 6.13(a)의 소신호 모델의 가장 중요한 결점은 포화 영역에서 드레인 전류가 드레인 전압에 무관하다고 가정한 것이다. 포화에서 MOSFET 특성의 고찰로부터 우리는 실제로 드레인 전류가 v_{DS}에 선형적으로 의존한다는 것을 알고 있다. 이런 의존성은 드레인과 소스 사이의 유한 저항 r_o로 모델링되었고, 5.2.4절에서 식 (5.27)로 주어진 그 값은 다음과 같이 다시 기술된다.

$$r_o = \frac{|V_A|}{I_D} \tag{6.37}$$

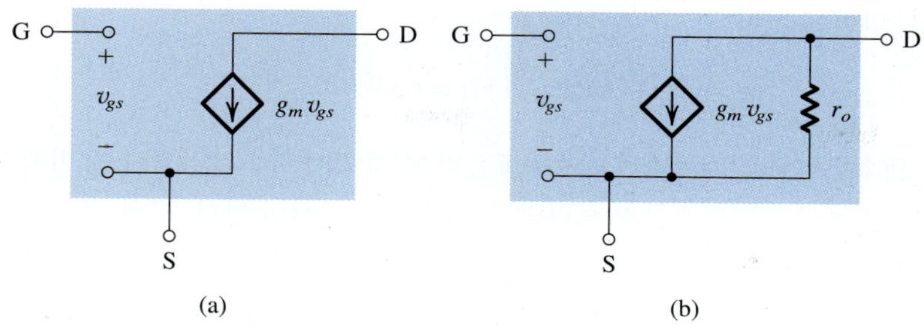

그림 6.13 MOSFET의 소신호 모델들: (a) 활성 영역에서 v_{DS}에 대한 i_D의 의존성(즉, 채널 길이 변조 효과)을 무시한 모델, (b) 출력 저항 $r_o = |V_A|/I_D$로 모델링된 채널 길이 변조 효과를 포함한 모델.

여기서 얼리 전압(Early voltage) $V_A = 1/\lambda$는 지정되거나 측정될 수 있는 MOSFET 파라미터이다. 주어진 공정 기술에서 V_A는 MOSFET 채널 길이에 비례한다는 것을 상기해야 한다. 전류 I_D는 채널 길이 변조를 고려하지 않는 직류 드레인 전류의 값이다.

$$I_D = \frac{1}{2} k_n V_{OV}^2 \tag{6.38}$$

보통 r_o는 10 kΩ에서 1000 kΩ까지의 범위 내에 있다. 당연한 결과로 소신호 모델의 정확도는 그림 6.13(b)에 나타낸 것처럼 제어된 전원과 병렬로 r_o를 추가함으로써 개선될 수 있다. 소신호 모델 파라미터 g_m과 r_o가 MOSFET의 직류 바이어스점에 의존한다는 사실을 유념하는 것이 중요하다.

그림 6.10의 증폭기로 돌아가서 직류 전원을 제거하고 MOSFET을 그림 6.13(b)의 소신호 모델로 대치하면 그 결과로 그림 6.14에 보이는 증폭기 소신호 등가 회로를 얻을 수 있고, 다음과 같은 전압 이득 표현식을 얻을 수 있음을 알 수 있다.

$$A_v = \frac{v_{ds}}{v_{gs}} = -g_m(R_D \| r_o) \tag{6.39}$$

따라서 유한 출력 저항 r_o의 결과로 전압 이득의 크기가 감소한다.

비록 위의 해석이 NMOS 트랜지스터에 대해 수행되었지만, 그 결과들과 그림 6.13의 등가 회로 모델들은 $|V_{GS}|$, $|V_t|$, $|V_{OV}|$, $|V_A|$를 사용하고 k_n을 k_p로 대치하는 것을 제외하고는 PMOS 소자들에도 똑같이 적용된다.

트랜스컨덕턴스 g_m 이제 식 (6.32)로 주어지는 MOSFET 트랜스컨덕턴스를 다음과 같이 $k_n = k_n'(W/L)$로 다

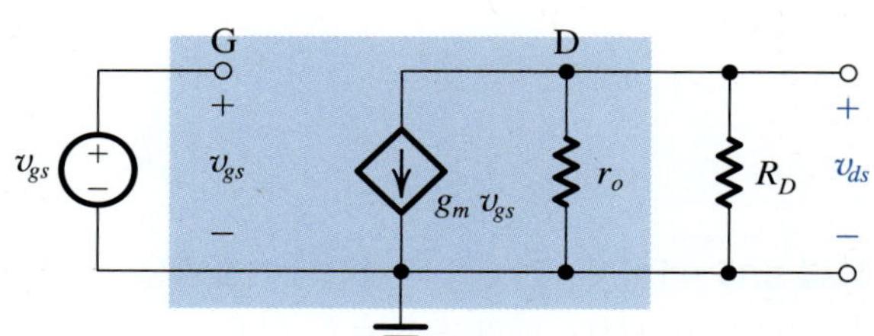

그림 6.14 그림 6.10 증폭기의 소신호 등가 회로 모델.

시 표현하여 더욱 자세히 알아볼 것이다.

$$g_m = k_n'(W/L)(V_{GS} - V_t) = k_n'(W/L)V_{OV} \tag{6.40}$$

이 관계는 g_m이 공정 트랜스컨덕턴스 파라미터 $k_n' = \mu_n C_{ox}$와 MOS 트랜지스터의 W/L에 비례한다는 것을 나타낸다. 따라서 비교적 큰 트랜스컨덕턴스를 얻으려면 소자가 짧고 넓어야 한다. 또한 주어진 소자에 대하여 트랜스컨덕턴스가 과구동 전압 $V_{OV} = V_{GS} - V_t$, 즉 바이어스 전압 V_{GS}가 문턱 전압 V_t를 초과하는 양에 비례한다는 것도 알게 된다. 그러나 소자를 보다 큰 V_{GS}로 바이어스해서 g_m을 증가시키는 방법은 드레인에서 허용 가능한 전압 신호 스윙이 감소되는 단점을 가진다는 사실에 유의하자.

g_m에 대한 또 다른 유용한 표현식은 식 (6.40)에서 V_{OV}를 [식 (6.25)에서 얻어진] $\sqrt{2I_D/(k_n'(W/L))}$ 로 대체함으로써 구해질 수 있다.

$$g_m = \sqrt{2k_n'}\sqrt{W/L}\sqrt{I_D} \tag{6.41}$$

이 표현은 다음 두 가지 사실을 나타낸다.

1. 주어진 MOSFET에 대하여, g_m은 직류 바이어스 전류의 제곱근에 비례한다.
2. 주어진 바이어스 전류에서, g_m은 $\sqrt{W/L}$ 에 비례한다.

이와는 대조적으로 바이폴라 접합 트랜지스터(BJT)의 트랜스컨덕턴스는 바이어스 전류에 비례하고 소자의 물리적인 크기와 기하학적 구조에는 의존하지 않는다는 것을 조만간 알 수 있을 것이다.

MOSFET들에서 얻어지는 g_m의 값을 통찰하기 위해 $I_D = 0.2$ mA에서 동작하고 $k_n' = 500\ \mu A/V^2$을 가지는 집적 회로 소자를 고려하자. 식 (6.41)은 $W/L = 1$에 대해 $g_m = 0.45$ mA/V인 데 반해, $W/L = 100$에 대해서는 $g_m = 4.5$ mA/V라는 것을 보여 준다. 이와는 대조적으로, 0.2 mA의 컬렉터 전류에서 동작하는 BJT는 $g_m = 8$ mA/V를 갖는다.

MOSFET의 g_m에 대한 또 다른 유용한 표현식은 식 (6.40)에서 $k_n'(W/L)$을 $2I_D/(V_{GS} - V_t)^2$으로 대체함으

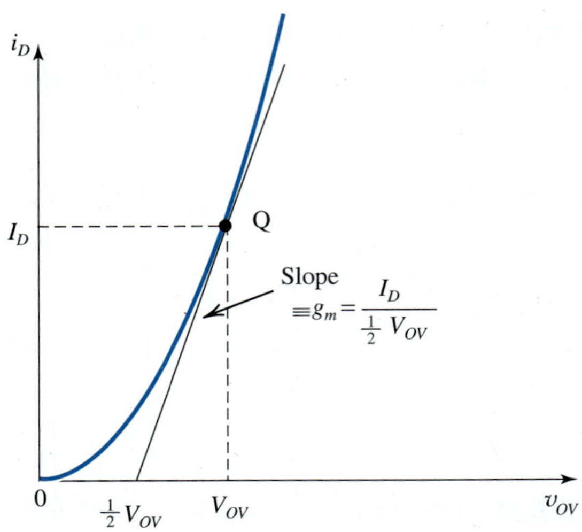

그림 6.15 바이어스점 Q에서 접선의 기울기는 v_{OV}축과 $\frac{1}{2}V_{OV}$에서 교차한다. 따라서 $g_m = I_D/(\frac{1}{2}V_{OV})$이다.

로써 구해질 수 있다.

$$g_m = \frac{2I_D}{V_{GS} - V_t} = \frac{2I_D}{V_{OV}} = \frac{I_D}{(V_{OV}/2)} \tag{6.42}$$

이 관계식을 명확히 설명하는 편리한 도식적인 구성이 그림 6.15에 있다.

요약하면, g_m을 결정하기 위한 세 개의 다른 표현들, 즉 식 (6.40), (6.41), (6.42)가 있다. 그리고 세 개의 설계 파라미터들 (W/L), V_{OV}, I_D가 있으며, 이 중에서 두 개는 독립적으로 선택될 수 있다. 설계자는 MOSFET이 어떤 과구동 전압 V_{OV}를 가지고 특정한 전류 I_D에서 동작하도록 선택할 수 있다. 그러면 필요한 W/L 비를 구할 수 있고 결과적으로 g_m도 결정할 수 있다.[3)]

연습문제

6.4 그림 6.10의 증폭기에 대해 $V_{DD} = 5$ V, $R_D = 10$ kΩ, $V_t = 1$ V, $k_n' = 20$ μA/V², $W/L = 20$, $V_{GS} = 2$ V, $\lambda = 0$이다.

(a) 직류 전류 I_D와 직류 전압 V_{DS}를 구하라.

(b) g_m을 구하라.

(c) 전압 이득을 구하라.

(d) $v_{gs} = 0.2 \sin \omega t$ (V)일 때 소신호 근사가 유효하다고 가정하여 v_{ds}를 구하라. v_{DS}의 최솟값과 최댓값은 얼마인가?

(e) 식 (6.28)을 사용하여 i_D의 여러 가지 성분들을 구하라. 항등식 $(\sin^2 \omega t = \frac{1}{2} - \frac{1}{2} \cos 2\,\omega t)$를 이용하여, I_D에 약간의 변이가 있고(얼마나 많이?) i_D에 제2 고조파 성분(즉, 주파수가 2 ω인 성분)이 있다는 것을 보여라. 제2 고조파 성분의 진폭을 기본파 진폭의 백분율로 표시하라.(이를 제2 고조파 왜곡이라고 부른다.)

[답] (a) 200 μA, 3 V; (b) 0.4 mA/V; (c) −4 V/V; (d) $v_{ds} = -0.8 \sin \omega t$ (V), 2.2 V, 3.8 V; (e) $i_D = (204 + 80 \sin \omega t - 4 \cos 2\,\omega t)$ μA, 5%

6.5 NMOS 트랜지스터는 $\mu_n C_{ox} = 60$ μA/V², $W/L = 40$, $V_t = 1$ V, $V_A = 15$ V를 갖는다. (a) 바이어스 전압 $V_{GS} = 1.5$ V일 때, 그리고 (b) 바이어스 전류 $I_D = 0.5$ mA일 때의 g_m과 r_o를 구하라.

[답] (a) 1.2 mA/V, 50 kΩ; (b) 1.55 mA/V, 30 kΩ

6.6 MOSFET은 $I_D = 0.1$ mA에서 동작하고, $g_m = 1$ mA/V를 가진다. $k_n' = 500$ μA/V²일 때, 필요한 W/L 비와 과구동 전압을 구하라.

[답] 10; 0.2 V

3) 이것은 일반적으로 IC 설계의 경우와 같이 회로 설계자가 소자를 설계하고 있다고 가정한다. 반면에 개별 회로 MOSFET으로 작업하는 회로 설계자는 분명히 W/L 비율을 변경할 자유가 없다. 따라서 이런 경우에는 V_{OV}와 I_D 두 개의 설계 파라미터만 있고, 하나만 설계자에 의해 명시될 수 있다.

6.7 $\mu_p \simeq 0.4\,\mu_n$인 제조 공정에 대해, 두 소자들이 같은 바이어스 조건에 대해 동등한 g_m을 가지도록 NMOS 트랜지스터의 폭에 대한 PMOS 트랜지스터 폭의 비를 구하라. 이 두 소자들은 동등한 채널 길이를 갖는다.

[답] 2.5

6.8 PMOS 트랜지스터는 $V_t = -1$ V, $k_p' = 60\ \mu\text{A/V}^2$, $W/L = 16\ \mu\text{m}/0.8\ \mu\text{m}$를 갖는다. 소자가 $V_{GS} = -1.6$ V로 바이어스될 때 I_D와 g_m을 구하라. 또한 ($L = 1\ \mu$m에서) $\lambda = -0.04\ \text{V}^{-1}$일 때 r_o의 값을 구하라.

[답] 216 μA; 0.72 mA/V; 92.6 kΩ

6.9 V_A와 V_{OV}에 의한 $g_m r_o$의 표현식을 유도하라. 8장에서 알게 되겠지만, 이것은 중요한 트랜지스터 파라미터이며 고유 이득으로 알려져 있다. $V_A' = 6$ V/μm인 0.18 μm CMOS 공정에서 제조된 NMOS 트랜지스터에 대하여 $g_m r_o$의 값을 계산하라. 단, 소자는 최소 채널 길이를 가지며 0.2 V의 과구동 전압으로 동작한다.

[답] $g_m r_o = 2V_A/V_{OV}$; 32.4 V/V

예제 6.3

그림 6.16(a)는 바이어싱 목적으로 드레인-게이트 저항 R_G를 활용하는 개별 공통 소스 MOSFET 증폭기를 나타낸다. 이런 바이어스 배열은 6.4절에서 공부할 것이다. 입력 신호 v_i는 큰 커패시터를 통해 게이트에 결합되고 드레인의 출력 신호는 다른 큰 커패시터를 통해 부하 저항 R_L에 결합된다. 우리는 이 증폭기 회로를 해석하여 그것의 소신호 전압 이득, 입력 저항, 그리고 최대 허용 입력 신호를 구하고자 한다. 트랜지스터는 $V_t = 1.5$ V, $k_n'(W/L) = 0.25\ \text{mA/V}^2$, $V_A = 50$ V를 갖는다. 결합 커패시터들이 관심을 갖는 신호 주파수들에서 단락 회로들로 동작하기 위하여 충분히 크다고 가정하라.

풀이

먼저 직류 동작점을 결정한다. 이를 위해 입력 신호 v_i를 제거하고, (직류 전류를 차단하기 때문에) 두 개의 결합 커패시터들을 개방한다. 그림 6.16(b)는 결과적인 회로를 나타낸다. $I_G = 0$이므로, R_G 양단의 직류 전압 강하는 영이 될 것이다. 따라서 다음과 같이 된다.

$$V_{GS} = V_{DS} = V_{DD} - R_D I_D \tag{6.43}$$

$V_{DS} = V_{GS}$로 인해 NMOS 트랜지스터는 포화에서 동작할 것이다. 그러므로

$$I_D = \frac{1}{2}k_n\left(V_{GS} - V_t\right)^2 \tag{6.44}$$

이다. 여기서 간결함을 위해 직류 동작점에 대한 채널 길이 변조 효과는 무시했다. $V_{DD} = 15$ V, $R_D = 10$

kΩ, $k_n = 0.25\ \text{mA/V}^2$, $V_t = 1.5\ \text{V}$를 식 (6.43)과 (6.44)에 대입하고, 식 (6.43)의 V_{GS}를 식 (6.44)에 대입하면, 그 결과 I_D의 2차 방정식이 얻어진다. 이 방정식을 풀어서 물리적으로 의미 없는 근을 버리면 다음과 같은 해가 산출된다.

$$I_D = 1.06\ \text{mA}$$

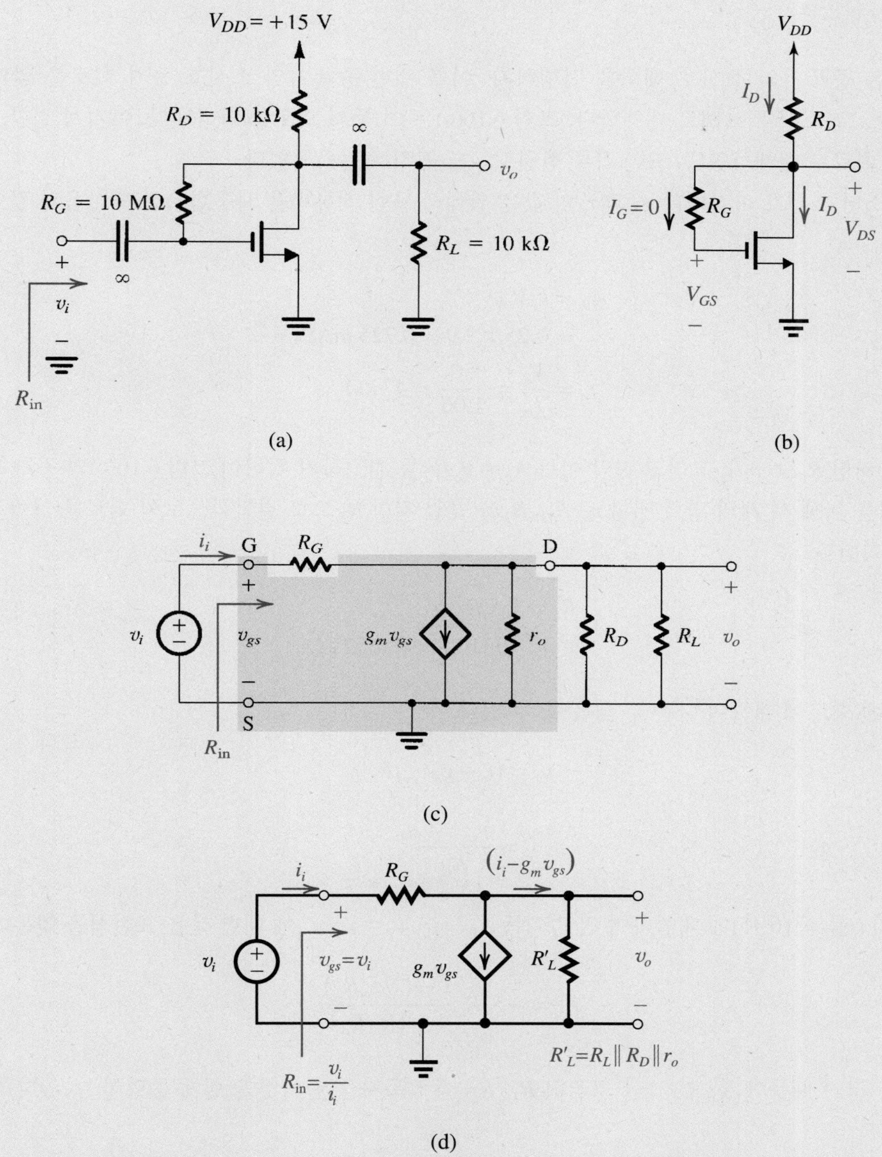

그림 6.16 예제 6.3: (a) 증폭기 회로, (b) 직류 동작점을 결정하기 위한 회로, (c) 증폭기 소신호 등가 회로, (d) (c)회로의 단순화된 형태.

이에 대응하여

$$V_{GS} = V_{DS} = 4.4 \text{ V}$$

이고

$$V_{OV} = 4.4 - 1.5 = 2.9 \text{ V}$$

이다.

이번에는 증폭기의 소신호 해석을 진행하자. 이를 위한 증폭기의 소신호 등가 회로를 얻기 위하여 MOSFET을 그 소신호 모델로 대체한다. 그림 6.16(c)는 이 등가 회로를 나타낸다. 여기서 결합 커패시터들은 단락 회로로 대체하였다. 또한 직류 전원 V_{DD}도 접지로 단락되었다.

트랜지스터 소신호 파라미터 g_m과 r_o의 값은 위에서 구한 직류량을 사용함으로써 다음과 같이 결정될 수 있다.

$$\begin{aligned} g_m &= k_n V_{OV} \\ &= 0.25 \times 2.9 = 0.725 \text{ mA/V} \\ r_o &= \frac{V_A}{I_D} = \frac{50}{1.06} = 47 \text{ k}\Omega \end{aligned}$$

이제 입력 저항 $R_{\text{in}} \equiv v_i/i_i$ 그리고 전압 이득 $A_v = v_o/v_i$를 결정하기 위하여 그림 6.16(c)의 등가 회로를 사용한다. 이를 위해 세 개의 병렬 저항 r_o, R_D, R_L을 단일 저항 R_L'으로 결합함으로써 회로를 그림 6.16(d)와 같이 단순화한다.

$$\begin{aligned} R_L' &= R_L || R_D || r_o \\ &= 10||10||47 = 4.52 \text{ k}\Omega \end{aligned}$$

이 단순화된 회로에 대하여 다음 두 식을 쓸 수 있다.

$$v_o = (i_i - g_m v_{gs})R_L' \tag{6.45}$$

$$i_i = \frac{v_{gs} - v_o}{R_G} \tag{6.46}$$

식 (6.46)의 i_i를 식 (6.45)에 대입하여 전압 이득 $A_v \equiv v_o/v_i = v_o/v_{gs}$에 대한 다음 표현식을 얻는다.

$$A_v = -g_m R_L' \frac{1 - (1/g_m R_G)}{1 + (R_L'/R_G)}$$

R_G가 매우 크기 때문에, $g_m R_G \gg 1$ 그리고 $R_L'/R_G \ll 1$(독자들은 이것을 쉽게 증명할 수 있다)이고 이득 표현식은

$$A_v \simeq -g_m R_L' \tag{6.47}$$

으로 근사화될 수 있다. $g_m = 0.725$ mA/V와 $R_L' = 4.52$ kΩ을 대입하면 다음 이득이 산출된다.

$$A_v = -3.3 \text{ V/V}$$

입력 저항을 구하기 위하여 식 (6.46)에 $v_o = A_v v_{gs} = -g_m R_L' v_{gs}$를 대입한다. 그리고 $R_{in} \equiv v_i/i_i = v_{gs}/i_i$를 사용하면 입력 저항은 다음과 같이 구해진다.

$$R_{in} = \frac{R_G}{1 + g_m R_L'} \tag{6.48}$$

이것은 흥미로운 관계식이다. 이득 $(g_m R_L')$이 증가하면 입력 저항은 감소한다. 이제 R_{in}의 값은

$$R_{in} = \frac{10 \text{ M}\Omega}{1 + 3.3} = 2.33 \text{ M}\Omega$$

으로 결정될 수 있고 이것은 여전히 매우 크다.

최대 허용 입력 신호 $\hat{v}_i$는 항상 MOSFET이 포화로 유지될 필요에 의하여 제한된다.

$$v_{DS} \geq v_{GS} - V_t$$

v_{GS}가 최대이고 이에 대응하는 v_{DS}는 최소인 점에서 이 조건을 등호로 실현하면

$$v_{DS\min} = v_{GS\max} - V_t$$

$$V_{DS} - |A_v|\hat{v}_i = V_{GS} + \hat{v}_i - V_t$$

로 기술할 수 있다. $V_{DS} = V_{GS}$이므로 다음 결과를 얻는다.

$$\hat{v}_i = \frac{V_t}{|A_v| + 1}$$

이는 부품값에 상관없이 이 회로에 적용되는 일반적인 관계식이다. 이것은 단순히 최대 신호 스윙은 바이어스 배열이 $V_D = V_G$로 설정하여 MOSFET을 활성 영역에 유지하면 D와 G 사이의 신호는 V_t로 제한된다는 사실에 의하여 결정되는 것을 말한다. 이 예제의 설계에 대하여

$$\hat{v}_i = \frac{1.5}{3.3 + 1} = 0.35 \text{ V}$$

이다. $V_{OV} = 2.9$ V이기 때문에 0.35의 v_i는 $2V_{OV} = 5.8$ V에 비하여 훨씬 작다. 그러므로 선형 동작의 가정은 정당화될 수 있다.

허용할 수 있는 신호 스윙을 증가시키는 이 회로 수정은 문제 6.96에서 탐구될 것이다.

연습문제

D6.10 부하 저항 R_L이 없고 채널 길이 변조가 무시된 그림 6.16(a)의 증폭기 회로를 고려하자. $V_{DD}=5$ V, $V_t=0.7$ V, $k_n=1$ mA/V^{2}이다. −25 V/V의 전압 이득과 0.5 MΩ의 입력 저항을 얻기 위한 V_{OV}, I_D, R_D, R_G를 구하라. 최대 허용 입력 신호 $\hat{v}_i$는 얼마인가?

[답] 0.319 V; 50.9 μA; 78.5 kΩ; 13 MΩ; 27 mV

T 등가 회로 모델 간단한 회로 변형을 통하여 MOSFET의 또 다른 등가 회로 모델을 유도할 수 있다. T 모델로 알려진 이 모델을 유도하는 과정을 그림 6.17에 나타냈다. 그림 6.17(a)는 앞에서 살펴본 등가 회로를 r_o 없이 나타낸 것이다. 그림 6.17(b)는 새로운 $g_m v_{gs}$ 전류 전원을 원래의 종속 전원에 직렬로 추가한 것이다. 이로 인해 명백히 단자 전류들은 변하지 않으므로 이런 추가는 허용된다. 새로 만들어진 회로 마디, 즉 X로 나타낸

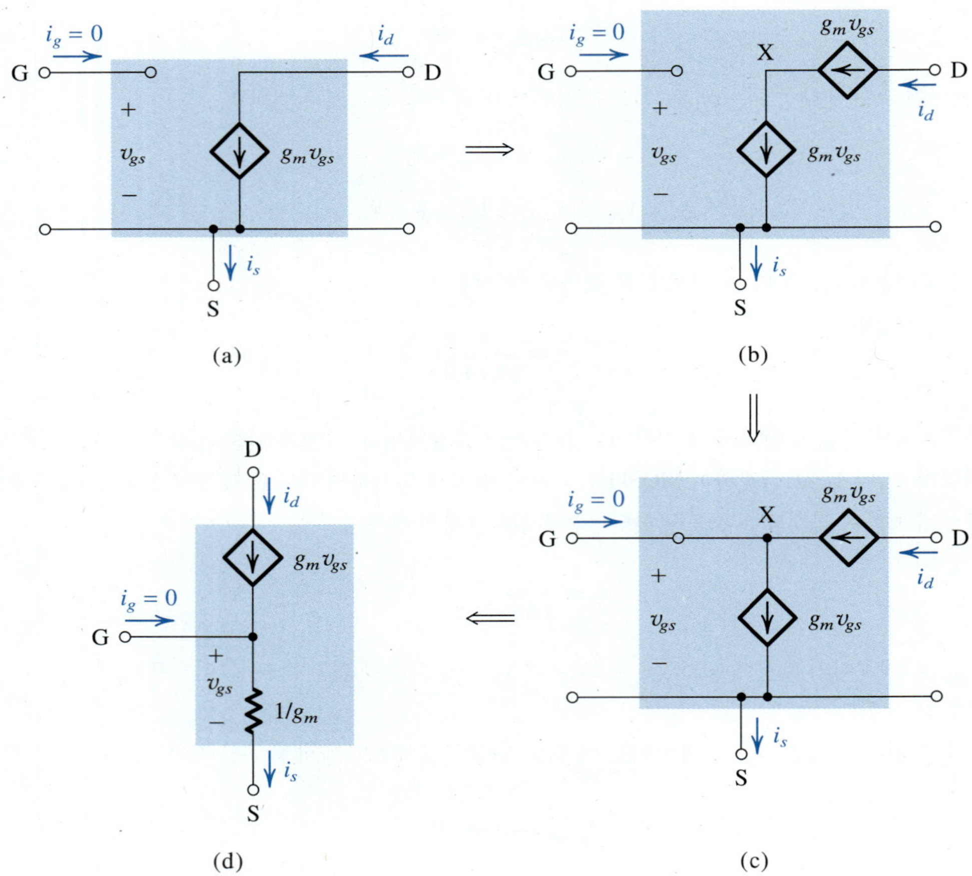

그림 6.17 MOSFET에 대한 T 등가 회로 모델의 유도. 간결함을 위해 r_o가 생략되었으나 (d)의 T 모델에서 D와 S 사이에 추가될 수 있다.

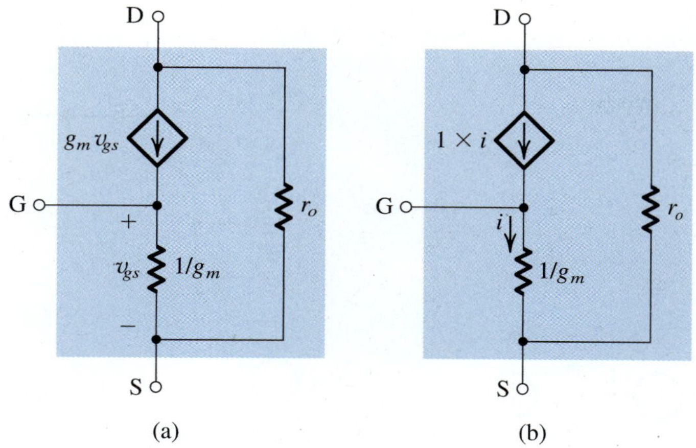

그림 6.18 (a) 드레인-소스 저항 r_o를 추가한 MOSFET의 T 모델. (b) T 모델의 다른 표현.

마디를 게이트 단자 G에 연결한 것이 그림 6.17(c)이다. 게이트 전류는 변하지 않음을 관찰하자. 즉, 게이트 전류가 여전히 영이므로, 이런 접속이 단자 특성들을 바꾸지는 않는다. 이제 종속 전류 전원 $g_m v_{gs}$가 그것의 제어 전압 v_{gs} 양단에 접속되어 있다는 점에 주목하자. 종속 전원이 끌어내는 전류와 똑같은 전류를 끌어내는 저항이 있다면, 종속 전원을 이 저항으로 대체할 수 있다.(부록 D에 있는 전원 흡수 정리를 참조하라.) 따라서 이 저항의 값은 $v_{gs}/g_m v_{gs} = 1/g_m$이다. 이러한 대체는 그림 6.17(d)에 보이고 이것은 대안 모델을 묘사한다. i_g는 여전히 영이고, $i_d = g_m v_{gs}$, 그리고 $i_s = v_{gs}/(1/g_m) = g_m v_{gs}$이므로, 모든 것이 그림 6.17(a)의 원래 모델과 동일하다는 사실을 관찰하라.

그림 6.17(d)의 모델은 소스 안으로 들여다본 게이트와 소스 사이의 저항은 $1/g_m$이라는 점을 보여 준다. 이 관찰과 T 모델은 많은 응용들에서 유용하게 된다. 게이트 안으로 들여다본 게이트와 소스 사이의 저항은 무한대라는 점을 주목하자.

T 모델을 유도하는 데 우리는 r_o를 포함시키지 않았다. 원한다면 그림 6.17(d)의 회로에서 드레인과 소스 사이에 저항 r_o를 그림 6.18(a)에 나타낸 것과 같이 포함시킬 수 있다. 그림 6.18(b)는 전압 제어 전류 전원이 전류 제어 전류 전원으로 대체된 T 모델의 다른 표현을 나타낸다.

끝으로 그림 6.13(b)의 모델을 등가 T 모델과 구별하기 위하여, 때로는 앞선 모델을 바이폴라 트랜지스터 문헌으로부터 유래한 **하이브리드 π 모델**(hybrid-π model)로 부른다. 이 명칭의 기원은 곧 설명할 것이다.

예제 6.4

그림 6.19(a)는 정전류 전원 I로 바이어스된 MOSFET 증폭기를 나타낸다. I와 R_D는 MOSFET을 포화 영역에서 동작하도록 하는 값을 갖는다고 가정하라. 입력 신호 v_i는 큰 커패시터 C_{C1}을 통해 소스 단자에 결합된다. 비슷하게, 드레인의 출력 신호는 큰 커패시터 C_{C2}를 통해 얻어진다. 입력 저항 R_{in}과 전압 이득 v_o/v_i를 구하라. 채널 길이 변조는 무시하라.

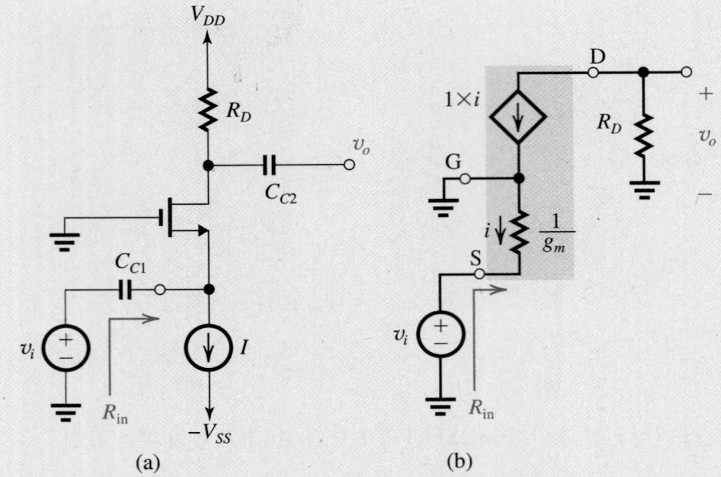

그림 6.19 (a) 예제 6.4에 대한 증폭기 회로. (b) (a)의 증폭기에 대한 소신호 등가 회로.

풀이

MOSFET을 T 등가 회로 모델로 대치하면 그림 6.19(b)에 나타낸 증폭기 등가 회로가 얻어진다. 직류 전원 I는 개방 회로로 대치되었고 직류 전원 V_{DD}는 단락 회로로 대치되었다는 사실을 관찰하라. 큰 결합 커패시터들도 단락 회로로 대치되었다. 등가 회로 모델로부터

$$R_{in} = \frac{v_i}{-i} = 1/g_m$$

그리고

$$v_o = -iR_D = \left(\frac{v_i}{1/g_m}\right)R_D = g_m R_D v_i$$

를 얻는다. 따라서

$$A_v \equiv \frac{v_o}{v_i} = g_m R_D$$

이다. 접지된 게이트가 입력과 출력 단자 둘 다에 공통이기 때문에 공통 게이트 증폭기로 알려진 이 증폭기가 낮은 입력 저항($1/g_m$)과 비반전 이득을 갖는다는 사실을 주목하라. 이 증폭기 유형에 대해서는 6.3.5 절에서 다룰 것이다.

연습문제

6.11 그림 6.18(b)의 T 모델을 사용하여 드레인이 게이트에 접속된 MOSFET이 $[(1/g_m) \parallel r_o]$와 같은 증분 저항을 나타내는 것을 보여라.

[답] 그림 E6.11을 보라.

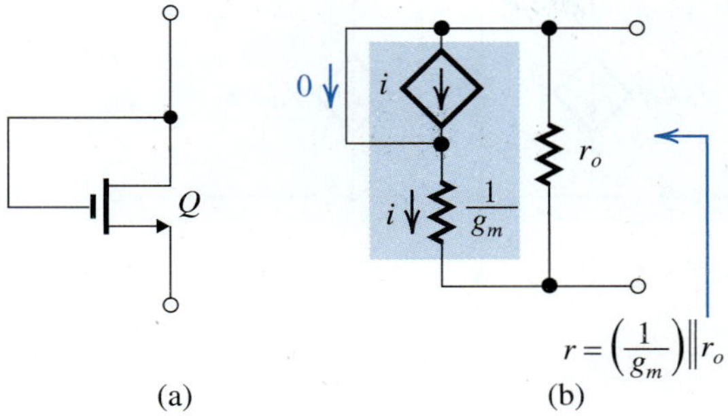

그림 E6.11 연습문제 6.11에 대한 회로들. Q의 바이어스 배열이 나타나 있지 않음을 주목하라.

몸체 효과의 모델링 앞에서 언급한 대로(5.4절 참조) 몸체 효과는 소스가 기판에 접속되지 않을 때 MOSFET에서 일어난다.(기판은 집적 회로에서 항상 n 채널 소자들에 대해서는 가장 음의 전원 공급기에 연결되고, p 채널 소자들에 대해서는 가장 양의 전원 공급기에 연결된다.) 따라서 기판(몸체)은 신호 접지될 것이지만 소스는 그렇지 않으므로, 신호 전압 v_{bs}가 몸체(B)와 소스(S) 사이에 나타난다. 그러면 기판은 MOSFET에 대해 '제2게이트' 또는 **뒤게이트**(backgate)로 동작한다. 따라서 신호 v_{bs}는 $g_{mb}v_{bs}$로 표현되는 드레인 전류 성분을 야기한다. 여기서 g_{mb}는 **몸체 트랜스컨덕턴스**(body transconductance)이며, 다음과 같이 정의된다.

$$g_{mb} \equiv \left. \frac{\partial i_D}{\partial v_{BS}} \right|_{\substack{v_{GS}=\text{constant} \\ v_{DS}=\text{constant}}} \tag{6.49}$$

V_t가 V_{BS}에 의존하기 때문에 i_D가 v_{BS}에 의존한다는 것을 상기하면, 다음 식을 얻을 수 있다.

$$g_{mb} = \chi g_m \tag{6.50}$$

여기서

$$\chi \equiv \frac{\partial V_t}{\partial V_{SB}} = \frac{\gamma}{2\sqrt{2\phi_f + V_{SB}}} \tag{6.51}$$

인데, 보통 χ의 값은 0.1~0.3 범위 내에 있다.

그림 6.20은 몸체 효과를 나타내는 종속 전원 $g_{mb}v_{bs}$를 포함한 MOSFET 모델을 나타낸다. 이것은 소스가 기판에 접속되지 않았을 때는 언제나 사용하는 모델이다. 그렇지만 매우 특별한 경우를 제외하고는 MOSFET 증폭기의 연필-종이 초기 설계에서 몸체 효과는 일반적으로 무시될 수 있다고 알려져 있다.

끝으로 위의 해석이 NMOS 트랜지스터에 대해 수행되었지만, 그 결과들과 그림 6.20의 등가 회로는 $|V_{GS}|$, $|V_t|$, $|V_{OV}|$, $|V_A|$, $|V_{SB}|$, $|\gamma|$, $|\lambda|$를 사용하거나 적절한 공식들에서 k_n'을 k_p'으로 대치하는 것을 제외하고는 PMOS 소자들에도 똑같이 잘 적용된다.

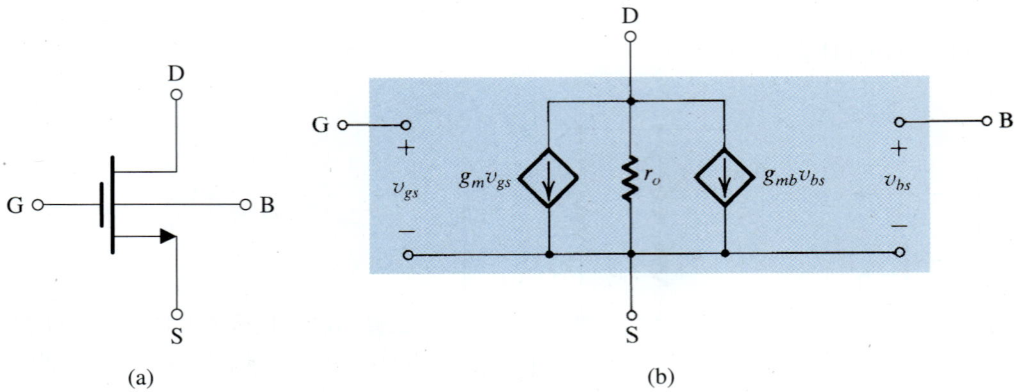

그림 6.20 소스가 몸체에 연결되어 있지 않을 때 MOSFET의 소신호 등가 회로 모델.

6.2.2 BJT의 경우

다음으로 우리는 BJT의 소신호 동작을 고찰하고 주어진 바이어스점에서 동작을 표현하는 소신호 등가 회로 모델을 개발할 것이다. 다음 전개는 'BJT는 유한한 베이스 전류를 흐르게 한다'는 추가된 복잡성을 제외하고 우리가 MOSFET의 경우에 사용했던 것과 비슷하다. 곧 알게 되겠지만, 이 현상(유한한 β)은 BJT의 베이스를 들여다보는 유한한 입력 저항으로 나타나게 된다.(MOSFET의 게이트를 들여다보는 무한한 입력 저항과 비교된다.)

그림 6.21(a)에 보인 개념적인 증폭기 회로를 고려하자. 여기서 베이스-이미터 접합은 직류 전압 V_{BE}에 의하여 순방향 바이어스 된다. 컬렉터-베이스 접합의 역방향 바이어스는 저항 R_C를 통하여 또 다른 전원 전압 V_{CC}에 컬렉터에 연결되어 확립된다. 증폭될 입력 신호는 V_{BE}에 중첩된 v_{be}로 표현된다.

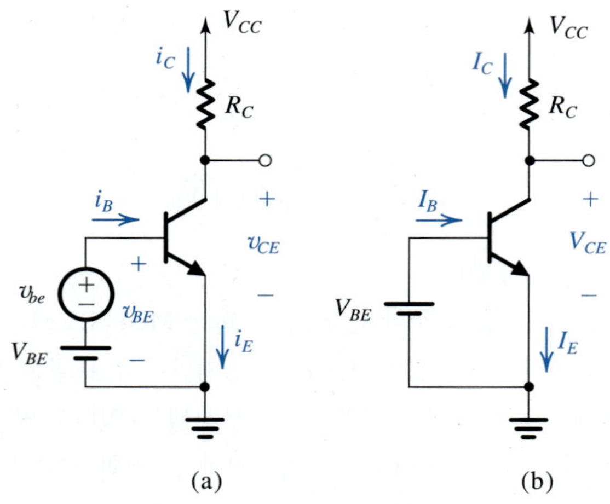

그림 6.21 (a) 증폭기로서 트랜지스터의 동작을 설명하기 위한 개념적인 회로. (b) 직류 (바이어스) 해석을 위해 신호 v_{be}를 제거한 (a)의 회로.

DC 바이어스점 먼저 신호 v_{be}를 영으로 두면서 직류 바이어스 조건들을 고려하자. 이 회로는 그림 6.21(b)의 회로로 단순화되며, 직류 전류들과 전압들에 대한 다음 관계식들을 얻을 수 있다.

$$I_C = I_S e^{V_{BE}/V_T} \tag{6.52}$$

$$I_E = I_C/\alpha \tag{6.53}$$

$$I_B = I_C/\beta \tag{6.54}$$

$$V_{CE} = V_{CC} - I_C R_C \tag{6.55}$$

활성 모드 동작을 위해서, 당연히 V_{CE}는 컬렉터에 필요한 신호 스윙을 허용하는 양만큼 $(V_{BE} - 0.4)$보다 더 커야 한다.

컬렉터 전류와 트랜스컨덕턴스 신호 v_{be}가 그림 6.21(a)에 나타낸 것처럼 인가되면, 총 순시 베이스-이미터 전압 v_{BE}는

$$v_{BE} = V_{BE} + v_{be}$$

가 된다. 이에 대응하여 컬렉터 전류는

$$\begin{aligned} i_C &= I_S e^{v_{BE}/V_T} = I_S e^{(V_{BE}+v_{be})/V_T} \\ &= I_S e^{V_{BE}/V_T} e^{v_{be}/V_T} \end{aligned}$$

가 된다. 식 (6.52)를 사용하면

$$i_C = I_C e^{v_{be}/V_T} \tag{6.56}$$

를 얻는다. 이제 $v_{be} \ll V_T$이면 식 (6.56)은

$$i_C \simeq I_C\left(1 + \frac{v_{be}}{V_T}\right) \tag{6.57}$$

로 근사화할 수 있다. 여기서 식 (6.56)의 지수를 급수로 전개하여 처음의 두 항들만 취하였다. 즉,

$$v_{be} \ll V_T \tag{6.58}$$

라고 가정하고 지수 급수 전개에서 고차의 항을 무시할 수 있다. 식 (6.58) 조건은 BJT 경우의 **소신호 근사** (small-signal approximation)라고 부르고, MOSFET 경우의 식 (6.29)에 해당한다. BJT의 경우 소신호 근사는 v_{be}가 5 mV 또는 최대로 10 mV 이내일 때만 유효하다. 이 근사 조건에서 총 순시 컬렉터 전류는 식 (6.57)로 주어지고 다음과 같이 다시 표현될 수 있다.

$$i_C = I_C + \frac{I_C}{V_T} v_{be} \tag{6.59}$$

따라서 컬렉터 전류는 직류 바이어스 전류 I_C와 신호 성분 i_c, 즉

$$i_c = \frac{I_C}{V_T} v_{be} \tag{6.60}$$

로 구성된다. 이 식은 컬렉터의 신호 전류와 이에 대응하는 베이스-이미터 신호 전압의 관계를 표현한다. 이것은 다시

$$i_c = g_m v_{be} \tag{6.61}$$

로 표현될 수 있고, 여기서 g_m은 **트랜스컨덕턴스**(transconductance)라고 불리며, 식 (6.60)으로부터 다음과 같이 주어진다.

$$g_m = \frac{I_C}{V_T} \tag{6.62}$$

BJT의 트랜스컨덕턴스는 컬렉터 바이어스 전류 I_C와 정비례한다는 것을 알 수 있다. 그래서 일정하고 예측 가능한 g_m 값을 얻으려면, 일정하고 예측 가능한 I_C 값이 필요하게 된다. 또한 BJT는 MOSFET과 비교하여 비교적 높은 트랜스컨덕턴스를 갖는다는 것을 주목하자. 예를 들어 $I_C = 1$ mA일 때, $g_m \simeq 40$ mA/V를 갖는다. 끝으로 MOSFET의 g_m이 소자 크기(W와 L)에 의존하는 것과 다르게 BJT의 g_m은 동작하도록 바이어스된 직류 컬렉터 전류에만 의존한다.

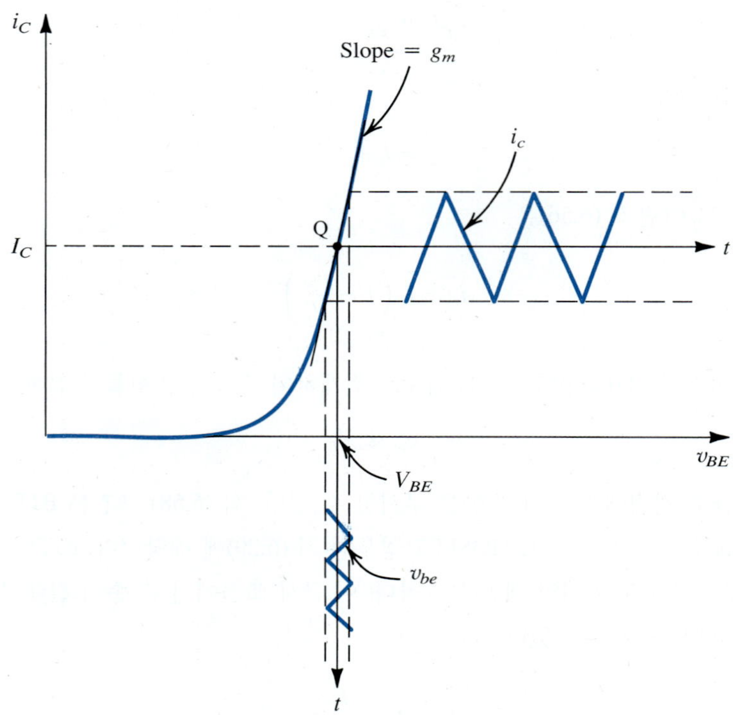

그림 6.22 소신호 조건에 따른 트랜지스터의 선형적인 동작: 삼각 파형의 소신호 v_{be}가 직류 전압 V_{BE}에 중첩되어 있다. 그것은 또한 삼각 파형이고 직류 전류 I_C에 중첩된 컬렉터 신호 전류 i_c를 야기한다. 여기서 $i_c = g_m v_{be}$이며, g_m은 바이어스점 Q에서 i_C–v_{BE} 곡선의 기울기이다.

g_m에 대한 도식적인 해석이 그림 6.22에 있는데 여기서 g_m은 $i_C = I_C$(즉, 바이어스점 Q)에서 i_C–v_{BE} 특성 곡선의 기울기와 같다는 것을 알 수 있다. 따라서 다음과 같이 쓸 수 있다.

$$g_m = \left.\frac{\partial i_C}{\partial v_{BE}}\right|_{i_C = I_C} \tag{6.63}$$

소신호 근사는 신호 진폭을 충분히 작게 유지하여 트랜지스터 동작을 i_C–v_{BE} 지수 곡선의 거의-선형인 구간에 제한한다는 것을 의미한다. 신호 진폭을 증가시키면 컬렉터 전류에 v_{be}가 비선형적으로 관계하는 성분들이 생길 것이다.

연습문제

6.12 식 (6.63)을 사용하여 식 (6.62)의 g_m에 대한 표현식을 유도하라.

6.13 $I_C = 0.5$ mA로 바이어스된 BJT에 대한 g_m의 값을 계산하라.
[답] 20 mA/V

베이스 전류와 베이스에서의 입력 저항 v_{be}에서 바라본 저항을 구하기 위해 먼저 식 (6.59)를 사용하여 총 베이스 전류 i_B를 다음과 같이 계산한다.

$$i_B = \frac{i_C}{\beta} = \frac{I_C}{\beta} + \frac{1}{\beta}\frac{I_C}{V_T}v_{be}$$

따라서

$$i_B = I_B + i_b \tag{6.64}$$

이며, 여기서 I_B는 I_C/β와 같고 신호 성분 i_b는

$$i_b = \frac{1}{\beta}\frac{I_C}{V_T}v_{be} \tag{6.65}$$

로 주어진다. I_C/V_T를 g_m으로 대치하면

$$i_b = \frac{g_m}{\beta}v_{be} \tag{6.66}$$

가 된다. 베이스 안으로 들여다본 베이스와 이미터 사이의 소신호 입력 저항은 r_π로 표시되며 다음과 같이 정의된다.

$$r_\pi \equiv \frac{v_{be}}{i_b} \tag{6.67}$$

식 (6.66)을 사용하면

$$r_\pi = \frac{\beta}{g_m} \tag{6.68}$$

가 된다. 따라서 r_π는 β에 정비례하고 g_m에 반비례하며 따라서 바이어스 전류 I_C에 반비례한다. 식 (6.68)을 식 (6.62)로 대치하여 I_C/β를 I_B로 바꾸면 r_π에 대한 다른 표현, 즉

$$r_\pi = \frac{V_T}{I_B} \tag{6.69}$$

가 얻어진다. 여기서 MOSFET의 게이트 전류는 (직류 또는 낮은 주파수 영역에서) 영이므로 게이트에서 입력 저항은 무한대라는 것을 상기하라. 즉, MOSFET의 경우에 r_π에 해당하는 것이 없다.[4)]

연습문제

6.14 BJT는 β의 값에 무관하게 일정한 컬렉터 전류 $I_C = 0.5$ mA에서 동작하도록 바이어스되어 있다. 트랜지스터 제조사가 50~200 범위로 β를 명기하는 경우에, g_m, I_B, r_π의 예상되는 범위를 구하라.
[답] g_m은 20 mA/V로 일정하다; $I_B = 10$~2.5 μA; $r_\pi = 2.5$~10 kΩ

이미터 전류와 이미터에서의 입력 저항 총 이미터 전류 i_E는

$$i_E = \frac{i_C}{\alpha} = \frac{I_C}{\alpha} + \frac{i_c}{\alpha}$$

로 식 (6.59)를 사용하여 결정될 수 있다. 따라서

$$i_E = I_E + i_e \tag{6.70}$$

이며 여기서 I_E는 I_C/α와 같고 신호 전류 i_e는

$$i_e = \frac{i_c}{\alpha} = \frac{I_C}{\alpha V_T} v_{be} = \frac{I_E}{V_T} v_{be} \tag{6.71}$$

로 주어진다.

이미터 안으로 들여다본 이미터와 베이스 사이의 소신호 저항을 r_e로 표시하면 이것은

$$r_e \equiv \frac{v_{be}}{i_e} \tag{6.72}$$

로 정의된다. 식 (6.71)을 사용하면 **이미터 저항**(emitter resistance)으로 불리는 r_e가

4) 고주파수에서 MOSFET 게이트의 입력 커패시턴스는 입력 전류를 유한한 것으로 만든다(9장 참조).

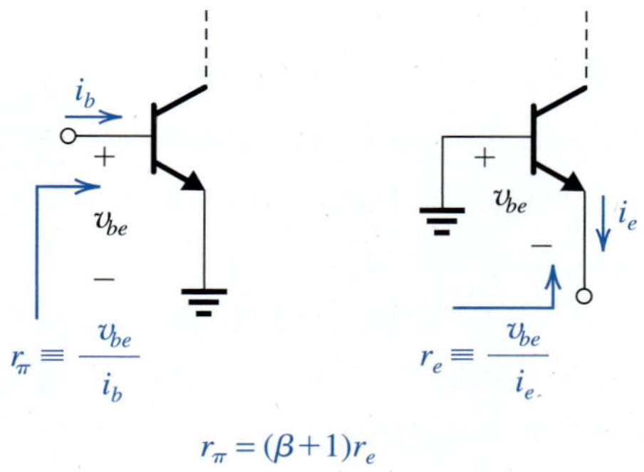

그림 6.23 r_π와 r_e의 정의.

$$r_e = \frac{V_T}{I_E} \tag{6.73}$$

로 주어진다. 식 (6.62)와 비교하면

$$r_e = \frac{\alpha}{g_m} \simeq \frac{1}{g_m} \tag{6.74}$$

임을 알 수 있다. r_π와 r_e 사이의 관계는 각 정의를 결합하여 다음과 같이 구해질 수 있다.

$$v_{be} = i_b r_\pi = i_e r_e$$

따라서

$$r_\pi = (i_e/i_b) r_e$$

이며 이 식에서 다음 관계를 얻는다.

$$r_\pi = (\beta+1) r_e \tag{6.75}$$

그림 6.23은 r_π와 r_e의 정의를 나타낸다.

마지막으로 MOSFET과 비교는 유용할 것이다. MOSFET의 경우에는, $\alpha = 1$과 소스 안으로 들여다본 저항은 단순히 $1/g_m$이다.

연습문제

6.15 $\beta = 100$을 가진 BJT가 1 mA의 직류 컬렉터 전류로 바이어스되었다. 이 동작점에서 g_m, r_e, r_π의 값을 구하라.

[답] 40 mA/V; 25 Ω; 2.5 kΩ

쇼클리와 실리콘밸리

1956년 윌리엄 브래드포드 쇼클리는 캘리포니아의 마운틴뷰(그의 출생지인 스탠포드 근처)에서 새로운 회사인 Shockley Semiconductor Laboratory를 설립했다. 그는 Bell Labs에 있는 동안 존 바딘, 월터 브래튼과 함께 BJT를 발명했다. 쇼클리에서는 반도체 소자 특히 새로운 4층 다이오드의 개발에 집중했는데, 시기가 적절했다. 첫 번째 스푸트니크호가 1년 후에 발사되었고, 뒤이은 우주 경쟁은 고체 상태 소자들에 대한 수요를 가속했다. 그러나 처음에 Bell Labs에서 증명되었던 쇼클리의 과학적 천재성과 좋은 팀원들을 선택해서 끌어들이던 능력이 경영에는 수반되지 않았고, 결국 1957년에 그의 팀원들 중 고든 무어, 로버트 노이스를 포함한 8인(소위 8인의 배신자)이 쇼클리를 떠나 페어차일드 반도체를 차렸다. 그럼에도 불구하고 쇼클리는 실리콘을 실리콘밸리로 가져온 사람이다! 말년에 쇼클리는 우생학에 관심을 갖게 되었고 인종과 지능 간의 관계에 대해 논쟁적이고 혐오스러운 발언을 많이 했는데 이것은 결국 그의 명성을 무너뜨렸다.

전압 이득 총 컬렉터 전압 v_{CE}는

$$\begin{aligned} v_{CE} &= V_{CC} - i_C R_C \\ &= V_{CC} - (I_C + i_c) R_C \\ &= (V_{CC} - I_C R_C) - i_c R_C \\ &= V_{CE} - i_c R_C \end{aligned} \tag{6.76}$$

가 된다. 그러므로 컬렉터 바이어스 전압 V_{CE}에 중첩된 신호 전압 v_{ce}는

$$\begin{aligned} v_{ce} &= -i_c R_C = -g_m v_{be} R_C \\ &= (-g_m R_C) v_{be} \end{aligned} \tag{6.77}$$

가 된다. 이것으로부터 이 증폭기의 전압 이득 A_v는

$$A_v \equiv \frac{v_{ce}}{v_{be}} = -g_m R_C \tag{6.78}$$

로 얻을 수 있다.

여기서 g_m이 컬렉터 바이어스 전류에 정비례하기 때문에 이득은 컬렉터 바이어스 전류가 안정되는 만큼 안정될 것이라는 사실을 다시 주목하자. 식 (6.62)의 g_m을 대입하면 전압 이득은 다음 형태로 표현할 수 있다.

$$A_v = -\frac{I_C R_C}{V_T} \tag{6.79}$$

이것은 6.1절에서 유도한 표현식[식 (6.21)]과 동일하다. 끝으로 식 (6.78)에서 이득 표현은 MOSFET 증폭기의 이득(즉, $-g_m R_D$)과 형태가 동일하다는 점에 주목하자.

연습문제

6.16 그림 6.21(a)의 회로에서 V_{BE}는 1 mA의 직류 컬렉터 전류를 흘리도록 조정되었다. $V_{CC} = 15$ V, $R_C = 10$ kΩ, $\beta = 100$이다. 전압 이득 v_{ce}/v_{be}를 구하라. $v_{be} = 0.005 \sin \omega t$ (V)일 때 $v_C(t)$와 $i_B(t)$를 구하라.

[답] -400 V/V; $5 - 2 \sin \omega t$ (V); $10 + 2 \sin \omega t$ (μA)

신호와 직류량들의 분리 앞의 해석은 그림 6.21(a)의 증폭기 회로에 있는 모든 전류와 전압이 두 성분 즉 직류 성분과 신호 성분으로 구성된다는 것을 나타낸다. 예를 들면, $v_{BE} = V_{BE} + v_{be}$, $i_C = I_C + i_c$ 등이다. 직류 성분은 그림 6.21(b)에 주어진 직류 회로와 트랜지스터에 의해 부과된 관계들[식 (6.52)~(6.54)]로부터 결정된다. 한편 BJT의 신호 동작에 대한 표현은 그림 6.24에 나타낸 것처럼 직류 전원을 제거함으로써 얻어진다. 이상적인 직류 공급기의 전압은 변하지 않으므로, 그 양단에 걸리는 신호 전압은 영이라는 것을 잘 보기 바란다. 이런 이유로 우리는 V_{CC}와 V_{BE}를 단락 회로로 대체하였다. 만일 회로에 이상적인 직류 전류 전원들이 있었다면, 그들은 개방 회로로 대체되었을 것이다. 그러나 그림 6.24의 회로는 신호 전류와 전압들을 나타내는 데에만 유용하며, 직류 바이어스 회로가 없으므로 실제의 증폭기 회로가 아니라는 점에 유의하라.

또한 그림 6.24는 소신호 v_{be}가 인가될 때 얻어지는 전류 증분들(i_c, i_b, i_e)에 대한 표현식들을 나타낸다. 이 관계들은 하나의 회로로 표현될 수 있다. 그러한 회로에는 세 개의 단자 즉 C, B, E가 있어야 하고, 그림 6.24에 표시된 것과 같은 단자 전류가 생성되어야 할 것이다. 이렇게 해서 얻어진 회로는 소신호 동작에 관한 한 트랜지스터와 등가이므로, 소신호 등가 회로 모델로 간주될 수 있다.

하이브리드 π 모델 BJT의 등가 회로 모델은 그림 6.25(a)에 나타나 있다. 이 모델은 BJT를 전압 제어 전류 전원으로 나타내고, 베이스 안으로 들여다본 입력 저항 r_π를 명시적으로 포함한다. 이 모델은 분명히 $i_c = g_m v_{be}$, 그리고 $i_b = v_{be}/r_\pi$를 산출한다. 그러나 이 모델이 i_e에 관해서도 올바른 표현식을 제공하는지는 분명하지 않다. i_e에 관한 표현식은 다음과 같이 정리될 수 있다. 즉, 이미터 마디에서 그 표현식을 얻는다.

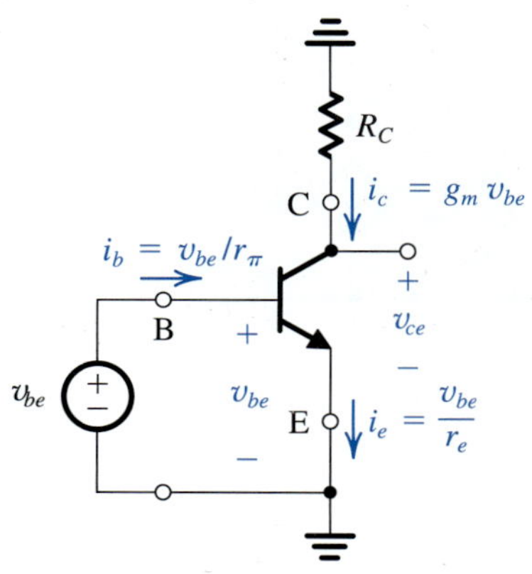

그림 6.24 직류 전원들(V_{BE}와 V_{CC})이 제거된(단락 회로로 대체된) 그림 6.21(a)의 증폭기 회로. 따라서 회로에는 신호 성분들만 존재한다. 이 회로는 BJT의 신호 동작에 대한 하나의 표현이며, 실제의 증폭기 회로가 아니라는 점에 유의하라.

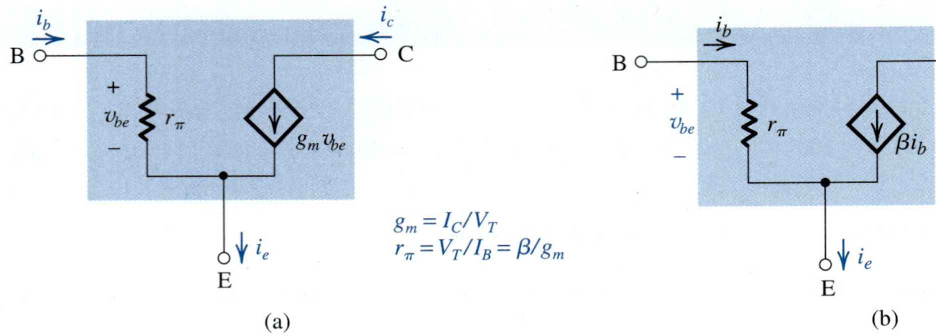

그림 6.25 BJT의 소신호 동작을 위한 하이브리드 π 모델의 두 가지 약간 다른 유형들. (a) BJT를 전압 제어 전류 전원(트랜스컨덕턴스 증폭기)으로 나타낸 등가 회로. (b) BJT를 전류 제어 전류 전원(전류 증폭기)으로 나타낸 등가 회로.

$$\begin{aligned} i_e &= \frac{v_{be}}{r_\pi} + g_m v_{be} = \frac{v_{be}}{r_\pi}(1 + g_m r_\pi) \\ &= \frac{v_{be}}{r_\pi}(1+\beta) = v_{be}\bigg/\left(\frac{r_\pi}{1+\beta}\right) \\ &= v_{be}/r_e \end{aligned}$$

종속 전원($g_m v_{be}$)의 전류를 다음과 같이 베이스 전류 i_b의 식으로 표현함으로써 약간 다른 등가 회로 모델을 얻을 수 있다.

$$\begin{aligned} g_m v_{be} &= g_m(i_b r_\pi) \\ &= (g_m r_\pi) i_b = \beta i_b \end{aligned}$$

이렇게 해서 얻어진 등가 회로를 그림 6.25(b)에 나타냈다. 여기서 트랜지스터는 제어 전류가 i_b인 전류 제어 전류 전원으로 표현된다.

우리가 MOSFET 소신호 모델의 경우에 했던 것처럼, 그림 6.26에 나타낸 컬렉터와 이미터 사이에 저항 $r_o = V_A/I_C$를 추가함으로써 얼리 효과(베이스 폭 조정에 의한 v_{CE}에 의한 i_C의 약한 의존성)를 설명할 수 있다. 문헌을 준수하기 위하여 v_{be} 대신에 v_π로 명기하였음을 주목하라. 그림 6.26의 두 모델은 BJT의 경우 가장 널

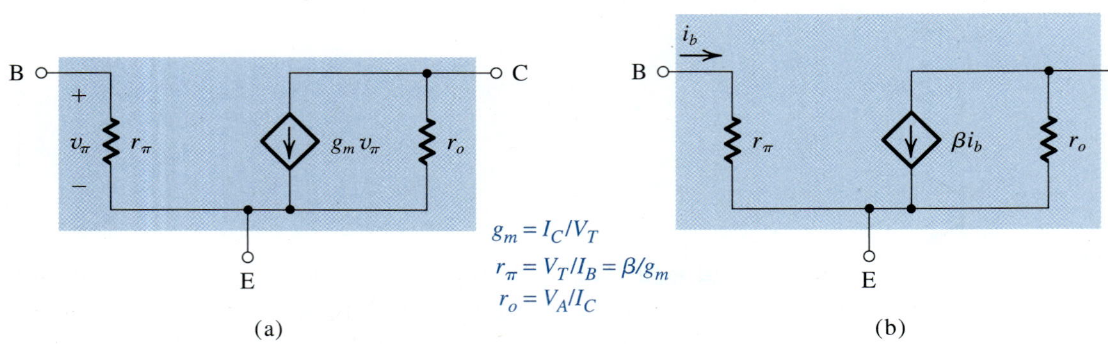

그림 6.26 저항 r_o가 포함된 두 가지 유형의 하이브리드 π 소신호 모델.

리 사용되는 하이브리드 π 모델 유형이다. 그림 6.26(a) 등가 회로는 BJT의 유한한 베이스 전류(또는 유한한 β)를 설명하는 r_π를 제외하고는 MOSFET[그림 6.13(b)]의 등가 회로에 해당된다. 그러나 그림 6.26(b)에 해당하는 등가 회로는 MOS의 경우에는 없다.

그림 6.26의 소신호 등가 회로들이 주어진 바이어스점에서 BJT의 동작을 나타낸다는 것을 주목할 필요가 있다. 이는 그림 6.26에 나타낸 것처럼 모델 파라미터 g_m, r_π, r_o가 직류 바이어스 전류 I_C에 의존한다는 사실로부터 분명하다. 즉, 이러한 등가 회로들은 바이어스점 근처에서 BJT의 증분에 대한 동작을 모델링한다.

MOSFET 증폭기의 경우에서처럼 BJT에서 r_o를 포함하는 것은 그림 6.21(a)의 개념적인 증폭기의 전압 이득이

$$\frac{v_o}{v_{be}} = -g_m(R_C \parallel r_o) \tag{6.80}$$

가 되게 한다. 따라서 이득 크기는 약간 줄어든다.

연습문제

6.17 그림 6.25(b)의 모델에 대해 $i_c = g_m v_{be}$이고 $i_e = v_{be}/r_e$임을 보여라.

T 모델 비록 하이브리드 π 모델(그림 6.25에 나타낸 두 유형 중 하나)을 사용하여 모든 트랜지스터 회로들의 소신호 해석을 수행할 수 있지만, 경우에 따라서는 그림 6.27에 나타낸 것과 같은 또 다른 모델이 사용하기에 더욱 편리한 경우가 있다. MOSFET의 경우에서처럼 **T 모델**이라고 불리는 이 모델이 그림 6.27에 두 가

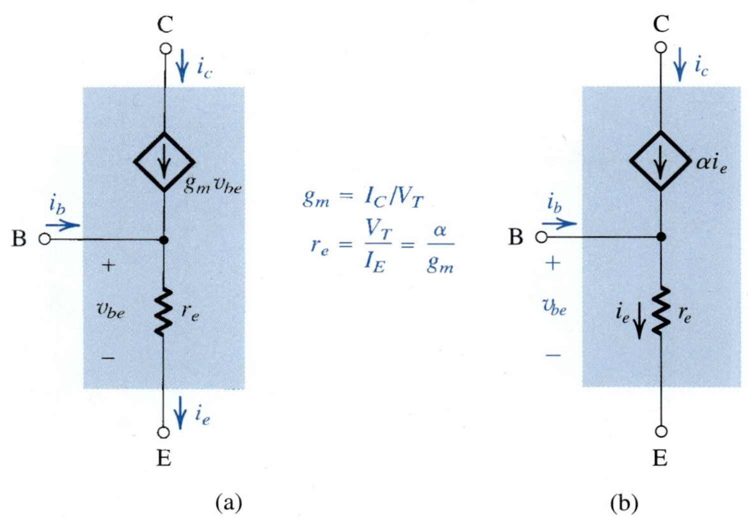

그림 6.27 BJT의 T 모델로 알려진 약간 다른 두 가지 유형의 등가 회로. (a)는 BJT를 전압 제어 전류 전원으로 표현한 등가 회로이고 (b)는 BJT를 전류 제어 전류 전원으로 표현한 등가 회로이다. 하이브리드 π 모델에서는 베이스 저항 r_π가 보이지 않지만, 이 모델은 이미터 저항 r_e를 명시적으로 보여 준다.

지 유형으로 나타나 있다. 그림 6.27(a)의 모델은 BJT를 제어 전압이 v_{be}인 전압 제어 전류 전원으로 나타낸다. 그러나 이 모델에서는 이미터 안으로 들여다본 이미터-베이스 사이의 저항이 명시적으로 나타나 있다. 그림 6.27(a)로부터 분명히 이 모델이 i_c와 i_e에 대한 올바른 표현식들을 산출한다는 것을 알 수 있다. 또한 i_b에 대한 올바른 표현을 산출하는 것도 보여 줄 수 있다.(연습문제 6.18을 참조하라.)

만약 그림 6.27(a)의 모델에서 제어 전원의 전류가 이미터 전류에 의해

$$\begin{aligned} g_m v_{be} &= g_m(i_e r_e) \\ &= (g_m r_e) i_e = \alpha i_e \end{aligned}$$

로 표현되면 우리는 그림 6.27(b)에 보이는 또 다른 T 모델을 얻을 수 있다. 여기서 BJT는 제어 신호 i_e를 갖는 전류 제어 전류 전원으로 표현된다.

끝으로 T 모델들은 v_{ce}에 대한 i_c의 의존성(얼리 효과)을 설명하기 위하여 r_o가 첨부되어 그림 6.28에 보인 등가 회로들이 된다.

연습문제

6.18 그림 6.27(a)의 T 모델에서 $i_b = v_{be}/r_\pi$임을 보여라.

***pnp* 트랜지스터의 소신호 모델** 그림 6.26과 6.28의 소신호 모델들이 *npn* 트랜지스터에 대하여 개발되었지만, 이들은 극성들의 변화 없이 *pnp* 트랜지스터에 똑같이 적용된다.

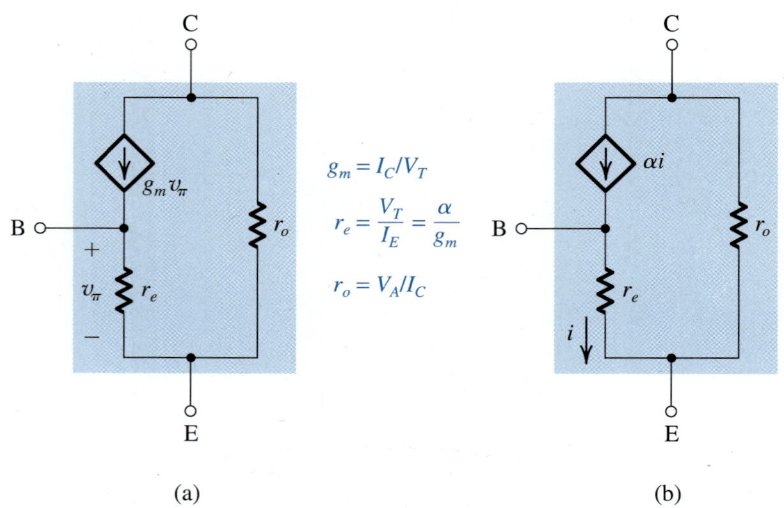

그림 6.28 BJT의 T 모델들.

예제 6.5

그림 6.29(a)의 트랜지스터 증폭기를 해석하여 그 전압 이득 v_o/v_i를 구하고자 한다. $\beta = 100$으로 가정하라.

풀이

우리는 다섯 단계의 해석 과정을 따를 것이다.

1. 해석의 첫 단계는 직류 동작점을 구하는 것으로 이루어진다. 이를 위해 $v_i = 0$으로 가정하여 그림 6.29(b)의 직류 회로를 얻는다. 직류 베이스 전류는

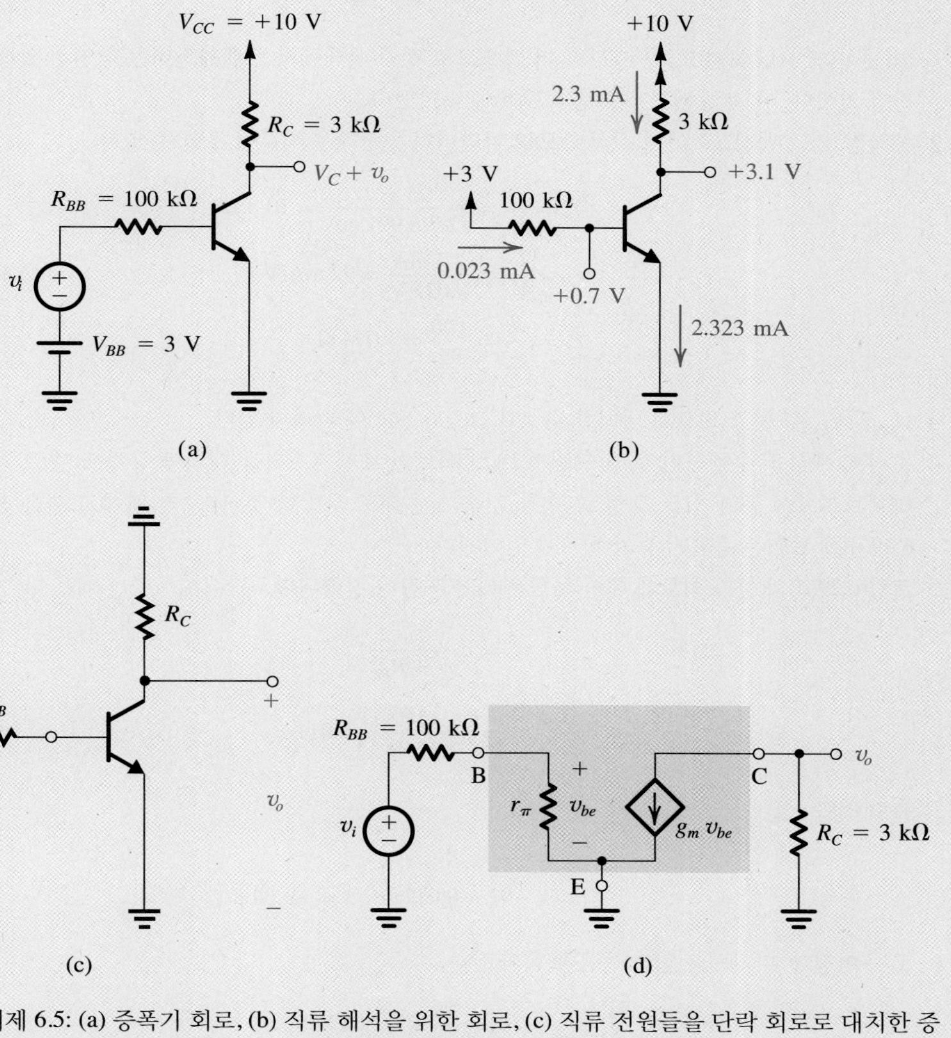

그림 6.29 예제 6.5: (a) 증폭기 회로, (b) 직류 해석을 위한 회로, (c) 직류 전원들을 단락 회로로 대치한 증폭기 회로, (d) 트랜지스터를 하이브리드 π 소신호 모델로 대치한 증폭기 회로.

$$I_B = \frac{V_{BB} - V_{BE}}{R_{BB}}$$
$$\simeq \frac{3-0.7}{100} = 0.023 \text{ mA}$$

일 것이다. 직류 컬렉터 전류는

$$I_C = \beta I_B = 100 \times 0.023 = 2.3 \text{ mA}$$

일 것이고 직류 컬렉터 전압은

$$V_C = V_{CC} - I_C R_C$$
$$= +10 - 2.3 \times 3 = +3.1 \text{ V}$$

일 것이다. +0.7 V인 V_B가 V_C보다 더 작으므로 정적 상태에서 트랜지스터는 당연히 활성 모드에서 동작할 것이다. 이 직류 해석을 그림 6.29(b)에 나타냈다.

2. 동작점을 구했으므로 이제 소신호 모델 파라미터들을 다음과 같이 구할 수 있다.

$$r_e = \frac{V_T}{I_E} = \frac{25 \text{ mV}}{(2.3/0.99) \text{ mA}} = 10.8 \ \Omega$$
$$g_m = \frac{I_C}{V_T} = \frac{2.3 \text{ mA}}{0.025 \text{ V}} = 92 \text{ mA/V}$$
$$r_\pi = \frac{\beta}{g_m} = \frac{100}{92} = 1.09 \text{ k}\Omega$$

3. V_{BB}와 V_{CC}를 단락 회로로 대치한 회로가 그림 6.29(c)에 나타나 있다.
4. 소신호 해석을 수행하기 위해 그림 6.29(c) 회로의 트랜지스터를 대치할 등가 모델로 그림 6.25의 두 하이브리드 π 등가 회로 모델 중 어느 것을 사용해도 무방할 것이다. 첫 번째 모델을 사용하면 그림 6.29(d)에 보이는 증폭기 등가 회로가 얻어진다.
5. 그림 6.29(d)의 등가 회로에 대한 해석은 다음과 같이 진행된다.

$$v_{be} = v_i \frac{r_\pi}{r_\pi + R_{BB}}$$
$$= v_i \frac{1.09}{101.09} = 0.011 v_i \tag{6.81}$$

출력 전압 v_o는

$$v_o = -g_m v_{be} R_C$$
$$= -92 \times 0.011 v_i \times 3 = -3.04 v_i$$

로 주어진다. 따라서 전압 이득은 다음과 같다.

$$A_v = \frac{v_o}{v_i} = -3.04 \text{ V/V} \tag{6.82}$$

예제 6.6

트랜지스터 증폭기의 동작을 좀 더 자세히 이해하기 위하여, 앞의 예제에서 해석한 회로의 여러 지점에서 파형을 살펴보려고 한다. 이를 위해 우리는 v_i를 삼각 파형으로 가정한다. 먼저 v_i가 가질 수 있는 최대 진폭을 구하라. 그다음에 v_i의 진폭을 그 값에 고정하고 $i_B(t), v_{BE}(t), i_C(t), v_C(t)$의 파형들을 구하라.

풀이

신호 진폭에 대한 한 가지 제약은 v_{be}가 약 10 mV를 넘지 않도록 규정한 소신호 근사이다. 만일 v_{be}를 피크간 전압이 20 mV인 삼각 파형으로 정하고 거꾸로 계산해 간다면, 식 (6.81)을 이용하여 v_i의 최대 피크 전압을 다음과 같이 구할 수 있다.

$$\hat{v}_i = \frac{\hat{v}_{be}}{0.011} = \frac{10}{0.011} = 0.91 \text{ V}$$

v_i의 피크값 $\hat{v}_i = 0.91$ V일 때 트랜지스터가 여전히 활성 모드에서 동작하는지를 조사하려면 컬렉터 전압을 구해야 한다. 컬렉터 전압은 직류 값 $V_C = 3.1$ V에 중첩된 삼각 파형 v_o로 구성될 것이다. 이 삼각 파형의 피크 전압은

$$\hat{v}_o = \hat{v}_i \times \text{gain} = 0.91 \times 3.04 = 2.77 \text{ V}$$

일 것이다. 출력이 음으로 스윙할 때, 컬렉터 전압의 최솟값은 당연히 $3.1 - 2.77 = 0.33$ V가 될 것이고, 이 전압은 베이스 전압보다 0.4 V 이하로 낮다. 따라서 v_i의 피크값이 0.91 V인 경우에는 트랜지스터가 활성 모드에 남아 있을 것이다. 그럼에도 불구하고 우리는 그림 6.30(a)에 나타낸 것처럼, 여유를 주기 위해 $\hat{v}_i$에 대해 다소 낮은 값인 약 0.8 V를 사용하면서, 그림 6.29(d)의 등가 회로를 활용하는 이 문제의 해석을 끝낼 것이다. 베이스의 신호 전류는 삼각 파형일 것이고 그 피크값 $\hat{i}_b$는

$$\hat{i}_b = \frac{\hat{v}_i}{R_{BB} + r_\pi} = \frac{0.8}{100 + 1.09} = 0.008 \text{ mA}$$

일 것이다. 이 삼각파 전류는 그림 6.30(b)와 같이 직류 베이스 전류 I_B에 중첩될 것이다. 베이스-이미터 전압은 약 0.7 V의 직류 V_{BE}에 중첩된 삼각파 성분으로 구성될 것이다. 이 삼각 파형의 피크값은

$$\hat{v}_{be} = \hat{v}_i \frac{r_\pi}{r_\pi + R_{BB}} = 0.8 \frac{1.09}{100 + 1.09} = 8.6 \text{ mV}$$

일 것이다. 베이스-이미터 총 전압 v_{BE}를 그림 6.30(c)에 나타냈다.

컬렉터의 신호 전류는 피크값 $\hat{i}_c$가 다음과 같은 삼각 파형이 될 것이다.

$$\hat{i}_c = \beta \hat{i}_b = 100 \times 0.008 = 0.8 \text{ mA}$$

이 전류는 동작점 컬렉터 전류 $I_C (= 2.3 \text{ mA})$에 그림 6.30(d)와 같이 중첩될 것이다.

우리는 컬렉터의 신호 전압을 v_i에 전압 이득을 곱함으로써 구할 수 있다.

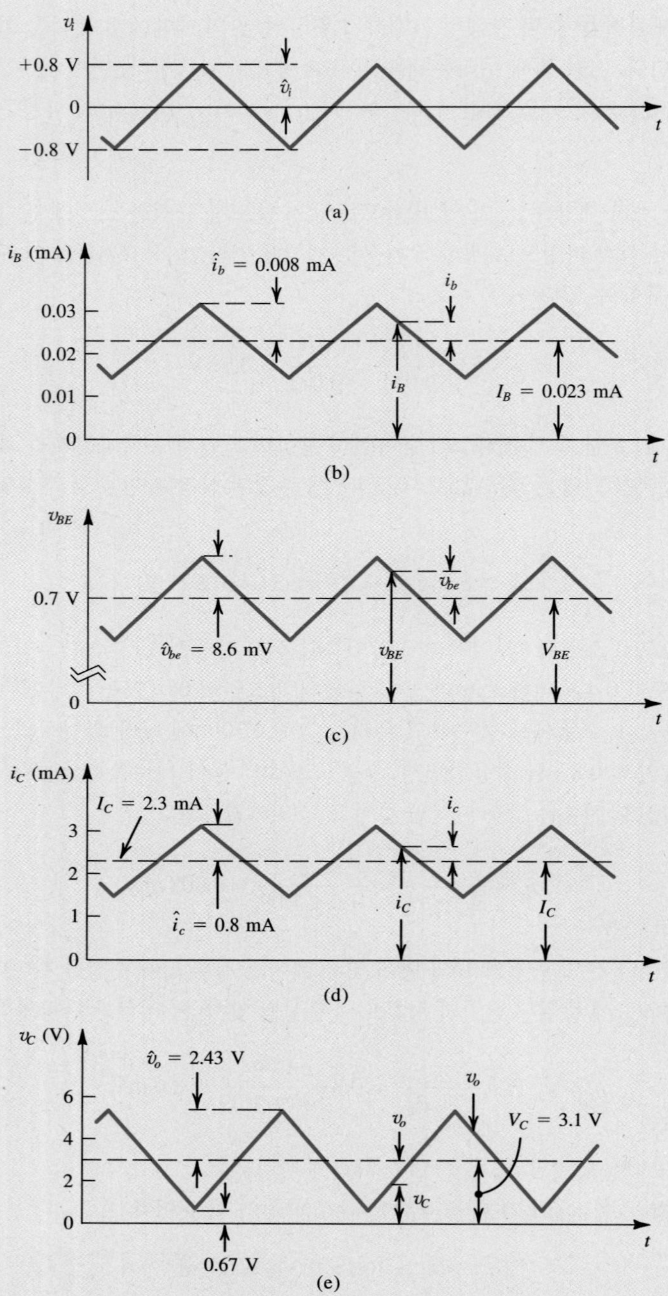

그림 6.30 그림 6.29 회로의 신호 파형들.

$$\hat{v}_o = 3.04 \times 0.8 = 2.43 \text{ V}$$

그림 6.30(e)는 시간 대 총 컬렉터 전압 v_C의 개략도를 나타낸다. 입력 신호 v_i와 출력 신호 v_o 사이에 위상 반전이 있다는 점을 주목하기 바란다.

끝으로 각 순시값은 [그림 6.29(b)의 직류 회로에서 구해진] 직류 값과 [그림 6.29(d)의 회로에서 구해진] 신호 값의 합이라는 사실을 관찰하라.

예제 6.7

그림 6.31(a)의 회로를 해석하여 전압 이득과 여러 지점들의 신호 파형을 구하고자 한다. 회로에서 커패시터 C_{C1}은 직류를 차단하고 신호 v_i를 이미터에 결합하는 결합 커패시터이다. 이렇게 하여 V^+와 V^- 그리고 R_E와 R_C에 의해서 설정된 직류 바이어스는 신호 v_i가 연결되어도 교란되지 않을 것이다. 이 예제의 목적에 따라 관심 있는 신호 주파수 영역에서 완전한 단락 회로로 작용하도록 C_{C1}이 매우 큰 것으로 가정할 것이다. 마찬가지로 출력 신호 v_o를 시스템의 다른 부분에 결합하기 위하여 또 다른 대용량 커패시터 C_{C2}가 사용된다.

풀이

또다시 우리는 다섯 단계의 해석 과정을 따를 것이다.

1. 그림 6.31(b)는 신호원과 결합 커패시터들이 제거된 회로를 나타낸다. 직류 동작점은 다음과 같이 결정될 수 있다.

$$I_E = \frac{+10 - V_E}{R_E} \simeq \frac{+10 - 0.7}{10} = 0.93 \text{ mA}$$

$\beta = 100$으로 가정하면, $\alpha = 0.99$이고

$$I_C = 0.99 I_E = 0.92 \text{ mA}$$
$$V_C = -10 + I_C R_C$$
$$= -10 + 0.92 \times 5 = -5.4 \text{ V}$$

일 것이다. 따라서 트랜지스터는 활성 모드에 있다.

2. 이제 소신호 파라미터들을 다음과 같이 구한다.

$$g_m = \frac{I_C}{V_T} = \frac{0.92}{0.025} = 36.8 \text{ mA/V}$$

$$r_e = \frac{V_T}{I_E} = \frac{0.025}{0.92} = 27.2 \ \Omega$$

$$\beta = 100 \qquad \alpha = 0.99$$

$$r_\pi = \frac{\beta}{g_m} = \frac{100}{36.8} = 2.72 \text{ k}\Omega$$

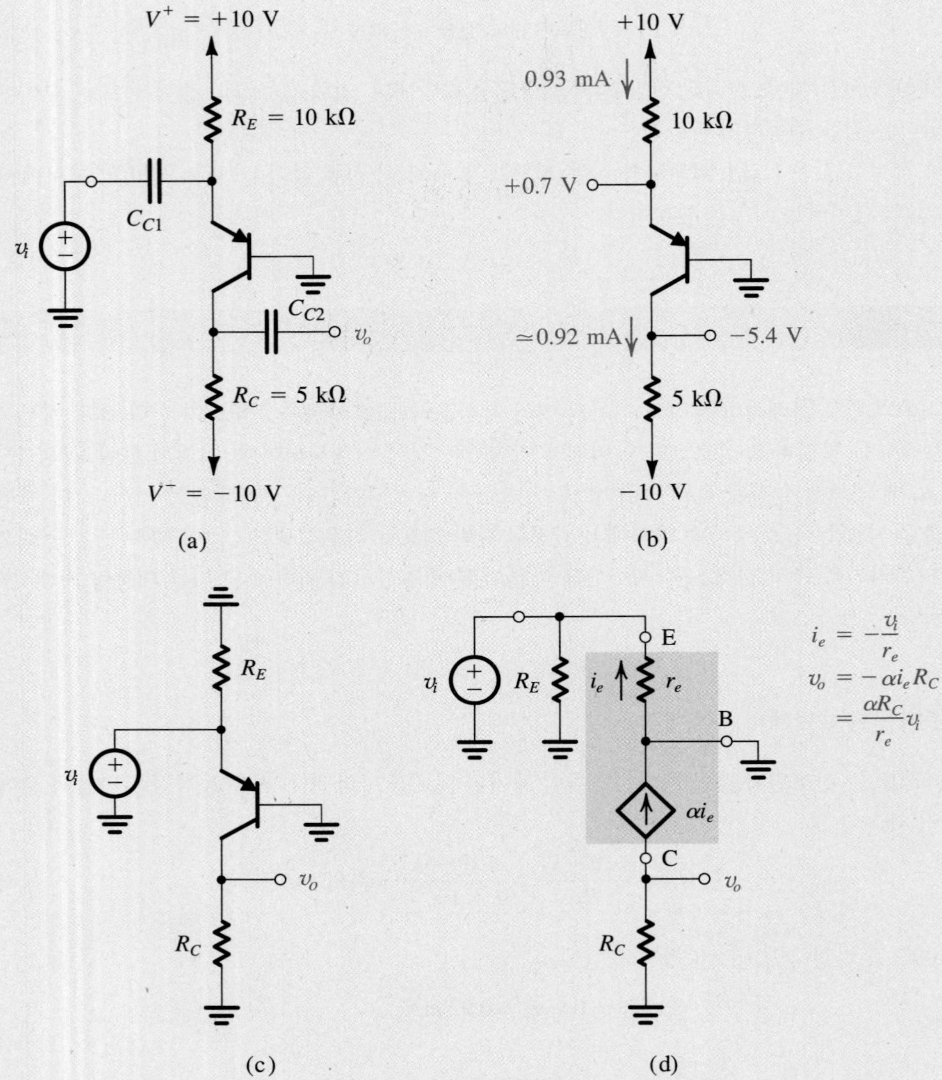

그림 6.31 예제 6.7: (a) 회로, (b) 직류 해석, (c) 직류 전원들이 제거된 회로, (d) BJT의 T 모델을 사용한 소신호 해석.

3. 소신호 해석을 위한 회로를 준비하기 위하여 직류 전압 전원들을 단락 회로로 대치한다. 그림 6.31(c)는 결과 회로를 나타낸다. 완전한 단락 회로로 동작하는 것으로 가정했던 두 개의 결합 커패시터들도 제거했다는 것을 관찰하라.
4. 이제는 그림 6.25와 6.27의 네 가지 등가 회로 모델들 중 하나로 BJT를 대치하자. 네 가지 중 어떤 것이라도 사용할 수 있지만, 베이스가 접지되어 있으므로 그림 6.27의 T 모델이 더 편리할 것이다. 그림 6.27(b)의 모델을 사용하여 얻어진 증폭기 등가 회로가 그림 6.31(d)에 나타나 있다.
5. 그림 6.31(d)의 회로를 해석하여 출력 전압 v_o와 전압 이득 v_o/v_i를 구하는 것은 간단하며, 그림에 나타

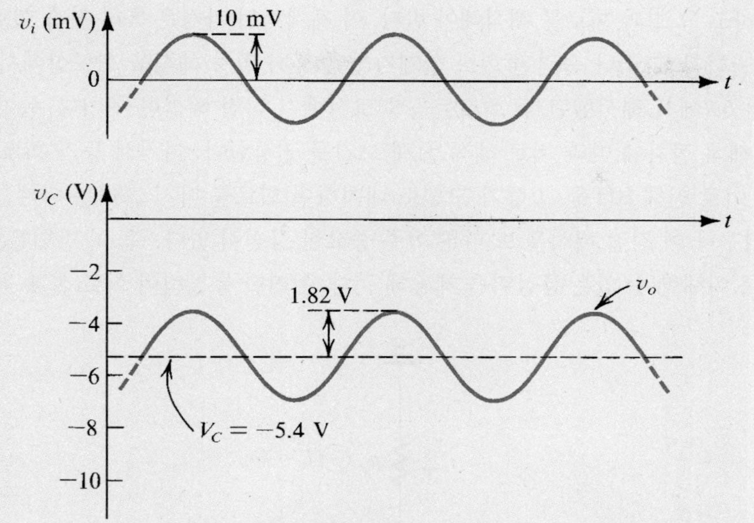

그림 6.32 그림 6.31의 회로에 대한 입력과 출력 파형들. 이 증폭기가 공통 베이스 구성의 특징인 비반전임을 관찰하라.

냈다. 그 결과는

$$A_v = \frac{v_o}{v_i} = \frac{\alpha R_C}{r_e} = \frac{0.99 \times 5}{0.0272} = 182 \text{ V/V}$$

이다. 전압 이득이 양이며, 이는 출력이 입력 신호와 위상이 같다는 것을 의미한다. 이 특성은 예제 6.5와는 다르게, 입력 신호가 베이스 대신 이미터에 인가된 사실에 기인한다. 이 양의 이득은 이 예제에서 사용된 트랜지스터가 *pnp*형이라는 사실과는 아무런 관계가 없다는 점을 강조해 둔다.

허용 가능한 신호 크기의 문제로 돌아가기로 하자. 그림 6.31(d)에서 $v_{eb} = v_i$이다. 따라서 (선형성을 위한) 소신호 동작을 원한다면 v_i의 피크값을 약 10 mV로 제한해야 할 것이다. 사인파 입력에 대해 나타낸 그림 6.32와 같이 $\hat{V}_i$를 이 값으로 설정하면, 컬렉터의 피크값 $\hat{V}_o$는

$$\hat{V}_o = 182 \times 0.01 = 1.82 \text{ V}$$

가 될 것이다.

연습문제

6.19 예제 6.7에서 해석한 증폭기의 전압 이득을 증가시키기 위해 컬렉터 저항 R_C가 6.5 kΩ으로 증가된다. V_C, A_v, 그리고 피크가 10 mV인 입력 사인파 v_i에 대응하는 출력 사인파의 피크 진폭을 구하라.
[답] −3.1 V; 276 V/V; 2.76 V

회로도에서 직접 수행하는 소신호 해석 앞의 예제에서 우리가 했던 것처럼, 대부분의 경우에 각각의 BJT를 소신호 모델로 대치하고 그 결과 회로를 해석해야 한다. 이 체계적인 과정은 특히 전자 회로를 처음 배우는 학생들에게는 권장할 만하다. 그러나 숙련된 회로 설계자들은 흔히 일차 해석을 회로상에서 직접 수행한다. 그림 6.33은 예제 6.5와 6.7에서 해석했던 두 회로들을 회로상에서 직접 해석한 예이다. 독자들도 (해석 단계들이 번호 표기된) 이 해석 절차에 따라 회로 해석을 해 보기를 권장한다. 여기서 등가 회로 모델이 암시적으로 활용되었다는 것과, 이로 인해 BJT를 그 등가 모델로 대치하여 회로를 다시 그리는 단계를 생략할 수 있었다는 것을 관찰하라. 더구나 이 직접 해석은 또 다른 아주 중요한 장점이 있다. 즉, 이 방법은 회로에서 신호들이 어떻게 전송되는지를 이해할 수 있는 통찰력을 제공해 준다. 이러한 통찰력이 회로 설계, 특히 어떤 주어진 응

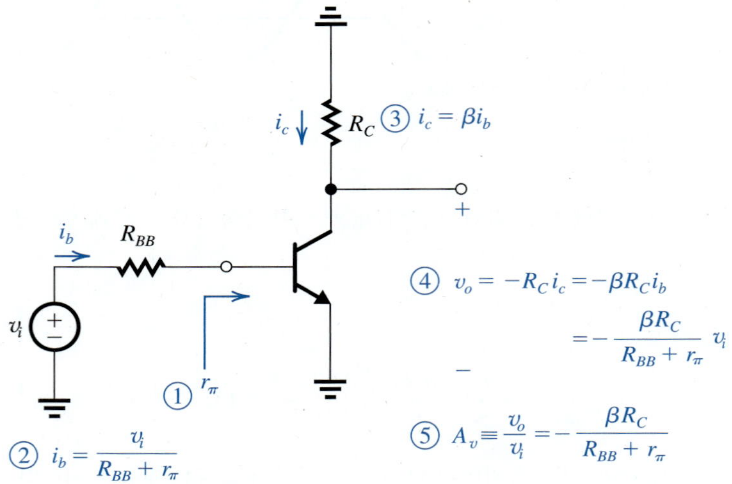

(a)

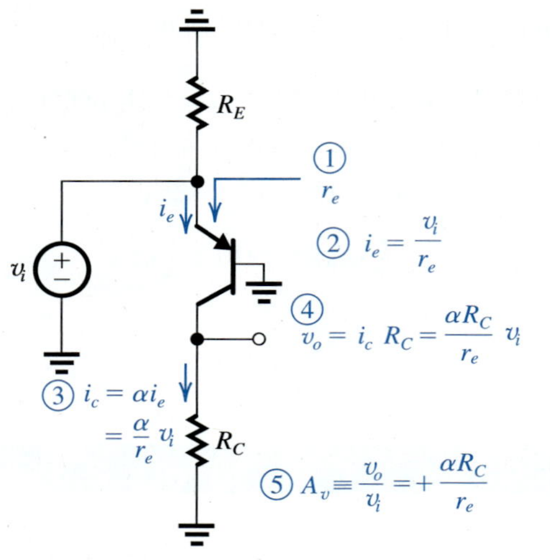

(b)

그림 6.33 BJT 소신호 모델을 암시적으로 활용하면서 회로도에서 직접 수행하는 신호 해석: (a) 예제 6.5에 대한 회로, (b) 예제 6.7에 대한 회로.

용에서 적절한 회로 구성을 선택하는 단계에서 매우 귀중하다는 것을 알게 될 것이다. 직접 해석은 MOS 증폭기 회로들인 경우에도 이용될 수 있다.

연습문제

6.20 그림 E6.20에서 트랜지스터는 정전류 전원 $I = 1$ mA로 바이어스되어 있고 $\beta = 100$, $V_A = 100$ V이다.

(a) 얼리 효과를 무시하고, 베이스, 이미터, 컬렉터에서 직류 전압을 구하라.

(b) g_m, r_π, r_o를 구하라.

(c) 단자 Z는 접지에 접속되고, 단자 X는 $R_{sig} = 2$ kΩ의 전원 저항을 갖는 신호 전원 v_{sig}에 접속되며, 단자 Y는 8 kΩ의 부하 저항에 접속될 경우, 앞에서 보여 준 하이브리드 π 모델(그림 6.26)을 사용하여 이 증폭기의 소신호 등가 회로를 도시하라.(전류 전원 I는 개방 회로로 대체되어야 한다는 점을 유의하라.) 전체 전압 이득 v_y/v_{sig}를 구하라. 만약 r_o를 무시한다면, 이득 크기를 계산하는 데 얼마의 오차가 생기겠는가?(주의: 무한대 커패시터는 커패시턴스가 충분히 커서 관심을 갖는 모든 신호 주파수들에서 단락 회로로 동작한다는 것을 나타내기 위해 사용된다. 그렇지만 그 커패시터는 여전히 직류를 차단한다.)

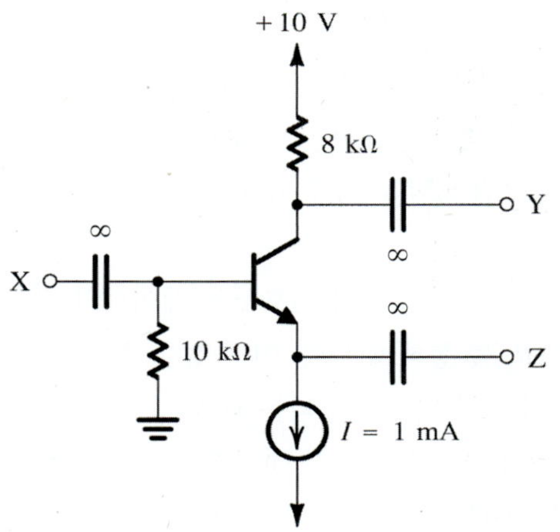

그림 E6.20

[답] (a) −0.1 V, −0.8 V, +2.1 V; (b) 40 mA/V, 2.5 kΩ, 100 kΩ; (c) −77 V/V, +3.9%

6.2.3 요약표

이 절의 결과는 온라인(www.oup.com/he/sedra-smith8xe)상의 요약표 보충자료(Summary Tables Supplement)에 있는 세 가지 표에 요약되어 있다. 표 6.1은 MOSFET 또는 BJT 증폭기 회로의 해석에서 수행되어야 할 다섯 단계를 적시한다. 표 6.2에서는 MOSFET 소신호 등가 회로 모델들과 그 모델의 파라미터 값을 계산하기 위한 식들을 제시한다. 마지막으로 표 6.3은 BJT의 경우에 대응하는 데이터를 제공한다.

6.3 기본적인 구성들

트랜지스터 증폭기 공부에 있어서 우리가 어디에 있고 어디로 가는지를 현시점에서 점검하는 것은 유익한 일이다. 6.1절에서 우리는 증폭기로서 MOSFET과 BJT를 사용하는 것에 대한 본질적인 개념을 검토하였다. 거기서 우리는 트랜지스터를 활성 동작 영역의 적절한 점에 직류 바이어스하고 입력 신호(v_{gs} 또는 v_{be})를 작게 유지함으로써 거의-선형인 증폭을 얻을 수 있다는 사실을 알았다. 그런 다음 6.2절에서는 두 트랜지스터의 형태 각각에 대한 소신호 동작을 나타내는 회로 모델들을 개발하였고 트랜지스터 증폭기 해석을 위한 체계적인 절차를 제공하였다.

우리는 이제 MOSFET과 BJT 증폭기의 여러 가지 가능한 구성을 고려할 준비가 되어 있다. 여러 가지 구성들의 핵심적인 특징에 주의를 기울이기 위해 그들을 가장 간단한, 즉 '골자만 남은' 형태로 표현할 것이다. 따라서 직류 바이어스 배열은 나타내지 않을 것이며, 바이어스 설계는 다음 절에서 공부할 것이다. 6.5절에서는 모든 것을 망라하여 실제적인 **개별 회로 증폭기들**을 나타낼 것이다. 다시 말해 이 증폭기 회로들은 개별 소자들을 사용하여 구현될 것이다. 집적 회로 증폭기 공부는 7장에서 시작한다.

6.3.1 세 가지 기본적인 구성들

MOSFET 또는 BJT를 증폭기로서 연결하는 데 세 가지 기본적인 구성들이 있다. 이러한 구성들의 각각은 소자 단자들 중 하나를 접지에 접속함으로써 얻어진다. 그 결과 입력과 출력 포트에 **공통인** 접지된 단자를 가지는 2-포트 회로망이 형성된다. MOSFET의 경우에는 그림 6.34(a~c)에, BJT의 경우에는 그림 6.34(d~f)에 구성들이 나타나 있다.

그림 6.34(a)의 회로에서 소스 단자는 접지에 접속하고, 입력 전압 신호 v_i는 게이트와 접지 사이에 인가하고, 출력 전압 신호 v_o는 드레인과 접지 사이의 저항 R_D를 통해 얻는다. 이 구성은 소스 접지 또는 **공통 소스**(CS: common source) 증폭기로 불린다. 이는 지금까지 가장 널리 사용되는 MOS 증폭기이며, 사실 우리는 6.1과 6.2절에서 MOS 증폭기 동작을 공부하기 위하여 사용했었다. 비슷한 얘기가 그림 6.34(d)의 이미터 접지 또는 **공통 이미터**(CE: common emitter) 증폭기로 불리는 BJT 증폭기에 적용된다.

공통 게이트(CG: common gate) 증폭기가 그림 6.34(b)에, 그리고 BJT에서의 **공통 베이스**(CB: common base) 또는 베이스 접지 증폭기가 그림 6.34(e)에 나타나 있다. 여기서 게이트(베이스)는 접지되어 있고, 입력 신호 v_i는 소스(이미터)에 인가되고, 출력 신호 v_o는 드레인(컬렉터)에서 $R_D(R_C)$를 통해 얻어진다. 우리는 예제 6.4에서 CG 증폭기를, 그리고 예제 6.7에서 CB 증폭기를 접했다.

끝으로 그림 6.34(c)는 **공통 드레인**(CD: common drain) 또는 드레인 접지 증폭기를 나타내고, 그림 6.34(f)는 **공통 컬렉터**(CC: common collector) 또는 컬렉터 접지 증폭기를 나타낸다. 여기서 드레인(컬렉터) 단자는 접지에 접속되고, 입력 신호 v_i는 게이트(베이스)와 드레인(컬렉터)에 인가되고, 출력 신호 v_o는 소스(이미터)와 접지 사이의 R_L을 통해 얻어진다. 흔히 이 구성은 **소스 폴로어**(source follower)와 **이미터 폴로어**(emitter follower)로 불린다. 그 이유는 곧 분명해질 것이다.

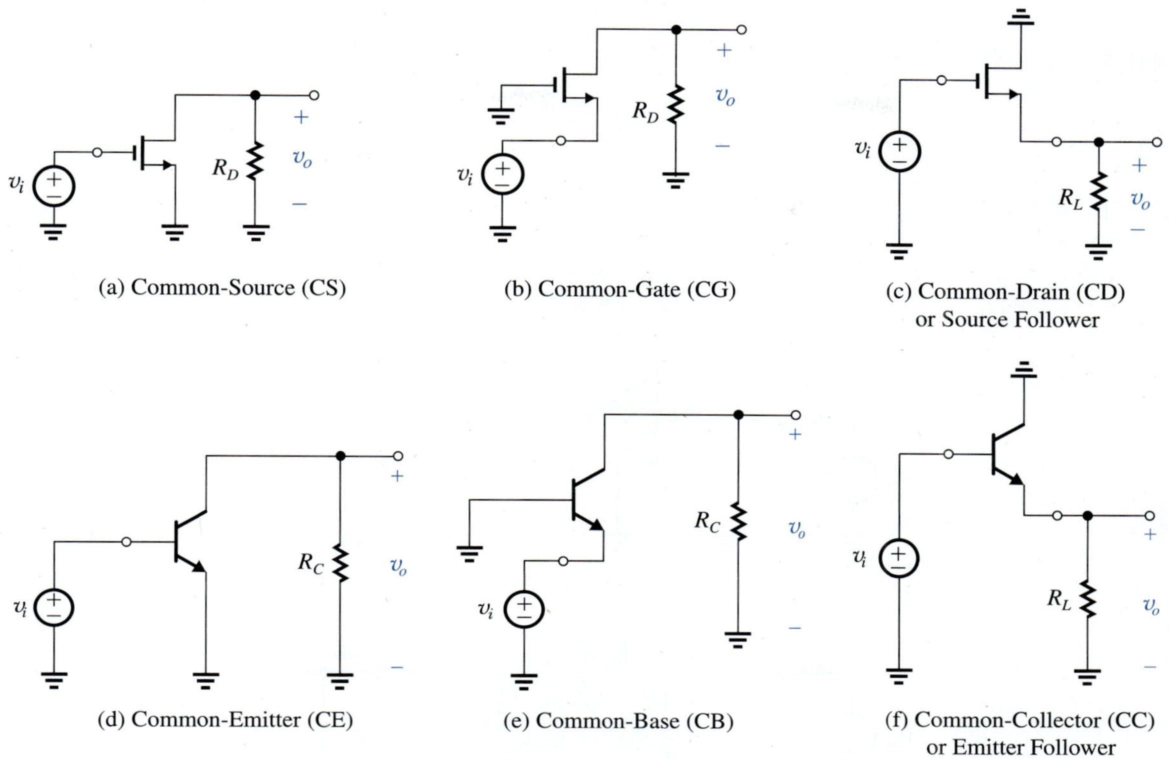

그림 6.34 트랜지스터 증폭기들의 기본적인 구성들: (a)~(c) MOSFET의 경우, (d)~(f) BJT의 경우.

MOSFET과 BJT의 세 가지 구성들에 대해 공부함으로써 각 구성은 독특하게 다른 특성들과 이에 따른 응용 분야들을 가진다는 사실을 알게 될 것이다. 나아가 구성들의 각 쌍(예를 들면, CS와 CE)은 공통적인 속성이 많지만 또한 중요한 차이점도 있다는 것을 알게 될 것이다.

다음 단계는 그림 6.34에 있는 여섯 회로들의 각각에서 트랜지스터를 적절한 등가 회로 모델로 대체하고 각각의 증폭기 구성의 중요한 변수를 결정하기 위해서 그 회로들을 해석하는 것이다. 문제를 단순히 하기 위해서 우리는 처음 해석에서는 r_o를 포함하지 않을 것이다. 이 절의 끝부분에서 해석에 r_o를 포함할 시기와 예상되는 영향의 크기에 대해 설명할 것이다.

6.3.2 증폭기 특성화

여러 가지 증폭기 구성들의 공부를 시작하기 전에, 회로 빌딩 블록으로서 증폭기의 성능을 특징짓는 방법을 고찰해 보자. 우리는 이 주제를 1.5절에서 소개하였다.

그림 6.35(a)는 개방 회로 전압 v_{sig}와 내부 저항 R_{sig}를 갖는 신호원으로 구동되는 증폭기를 나타낸다. 이들은 실제 신호원의 변수이거나 다단 증폭기에서 고려하는 단에 앞서는 다른 증폭기 단의 출력 테브냉 등가의 변수일 수 있다. 증폭기는 출력 단자에 접속된 부하 저항 R_L을 가지고 있다. 여기서 R_L은 실제적인 부하 저항이거나 다단 증폭기에서 종속 증폭기의 입력 저항일 수 있다.

그림 6.35(b)는 회로 블록을 등가 회로 모델로 대치한 증폭기 회로를 나타낸다. 입력 저항 R_{in}은 신호원에 대한 증폭기 입력의 부하 효과를 표현한다. 이것은

$$R_{in} \equiv \frac{v_i}{i_i}$$

로부터 구해지고 저항 R_{sig}와 더불어 v_{sig}를 증폭기 자체의 입력에 나타나는 크기 v_i

$$v_i = \frac{R_{in}}{R_{in} + R_{sig}} v_{sig} \tag{6.83}$$

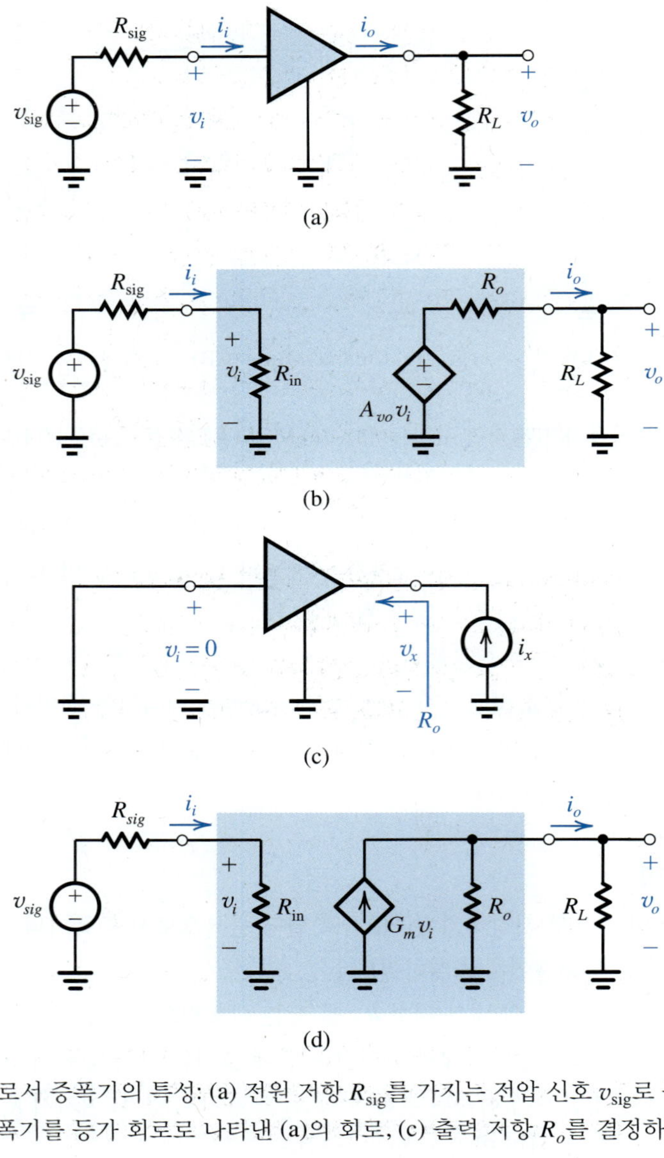

그림 6.35 기능 블록으로서 증폭기의 특성: (a) 전원 저항 R_{sig}를 가지는 전압 신호 v_{sig}로 구동되고, 부하 저항 R_L을 구동하는 증폭기, (b) 증폭기를 등가 회로로 나타낸 (a)의 회로, (c) 출력 저항 R_o를 결정하기 위한 회로, (d) 또 다른 표현의 (a)의 회로.

로 감소시키는 전압 분배기를 형성한다.

이 절에서 공부하는 대부분의 증폭기 회로들은 **일방적**(unilateral)이다. 즉, 그들은 내부 귀환을 포함하지 않고 따라서 R_{in}은 R_L에 무관하다. 그러나 일반적으로 R_{in}이 부하 저항 R_L에 의존할 수도 있다. 이 절에서 공부한 여섯 가지 구성들 중 하나인 이미터 폴로어는 실제로 그러한 의존성을 보여 준다.

증폭기 성능을 특징짓는 두 번째 파라미터는

$$A_{vo} \equiv \left.\frac{v_o}{v_i}\right|_{R_L=\infty}$$

로 정의되는 **개방 회로 전압 이득**(open-circuit voltage gain) A_{vo}이다.

세 번째이자 마지막 파라미터는 출력 저항 R_o이다. 그림 6.35(b)로부터 R_o는 v_i를 영으로 설정하고 증폭기 출력 단자 안으로 뒤돌아본 저항임을 관찰하라. 따라서 R_o는

$$R_o = \frac{v_x}{i_x}$$

로 그림 6.35(c)에 표시한 것처럼 적어도 개념적으로 결정될 수 있다. R_o가 $v_i = 0$으로 구해지기 때문에 그 값은 R_{sig}에 의존하지 않는다.

제어된 전원 $A_{vo}v_i$와 출력 저항 R_o는 증폭기 출력의 테브냉 등가 회로를 나타내며, 출력 전압 v_o는

$$v_o = \frac{R_L}{R_L + R_o} A_{vo} v_i \tag{6.84}$$

로부터 구해질 수 있다. 따라서 **증폭기 자체의 전압 이득** A_v는

$$A_v \equiv \frac{v_o}{v_i} = A_{vo}\frac{R_L}{R_L + R_o} \tag{6.85}$$

로 구해질 수 있고, **전체 전압 이득** G_v, 즉

$$G_v \equiv \frac{v_o}{v_{\text{sig}}}$$

는 다음과 같이 식 (6.83)과 (6.85)를 결합하여 결정된다.

$$G_v = \frac{R_{\text{in}}}{R_{\text{in}} + R_{\text{sig}}} A_{vo} \frac{R_L}{R_L + R_o} \tag{6.86}$$

어떤 경우에는 증폭기 출력을 그림 6.35(d)에 나타낸 등가 회로로 표현하는 것이 더욱 편리하다. 여기서 G_m은 증폭기의 **단락 회로 트랜스컨덕턴스**(short-circuit transconductance)이다.

$$G_m \equiv \left.\frac{i_o}{v_i}\right|_{v_o=0}$$

반면 R_o는 테브냉 표현의 것과 같다. 그림 6.35(d)의 모델을 사용하여 증폭기 자체의 개방 회로 전압 이득(open-circuit voltage gain)을 다음과 같이 결정할 수 있다.

$$A_{vo} \equiv \left. \frac{v_o}{v_i} \right|_{R_L=\infty} = G_m R_o$$

6.3.3 공통 소스와 공통 이미터 증폭기

세 가지 기본적인 트랜지스터 증폭기 구성 중에서 공통 소스(BJT의 경우에는 공통 이미터)는 가장 널리 사용된다. 보통 여러 이득 단들이 종속으로 연결된 증폭기에서 전압 이득의 대부분은 하나 또는 그 이상으로 종속으로 연결된 공통 소스(BJT의 경우에는 공통 이미터) 단을 사용하여 얻어진다.

CS 증폭기의 특성 파라미터들 그림 6.36(a)는 전원 저항 R_{sig}를 갖는 신호원 v_{sig}로 구동되는 공통 소스 증폭기(바이어스 배열은 생략됨)를 나타낸다. R_{in}, A_{vo}, R_o를 결정하기 위해 이 회로를 해석하고자 한다. 이를 위해 R_D를 증폭기의 일부로 가정할 것이다. 만일 부하 저항 R_L이 증폭기 출력에 연결된다면, R_L은 R_D와 병렬로 나타날 것이다. 또한 그런 경우에 우리는 A_v와 G_v를 구하고자 한다.

MOSFET을 하이브리드 π 모델(r_o 생략됨)로 대치한 후, 우리는 그림 6.36(b)의 CS 증폭기 등가 회로를 얻고, 입력으로부터 출력으로 신호를 좇아가면 직관적으로

$$\begin{aligned} R_{\text{in}} &= \infty \\ v_i &= v_{\text{sig}} \\ v_{gs} &= v_i \\ v_o &= -g_m v_{gs} R_D \end{aligned} \tag{6.87}$$

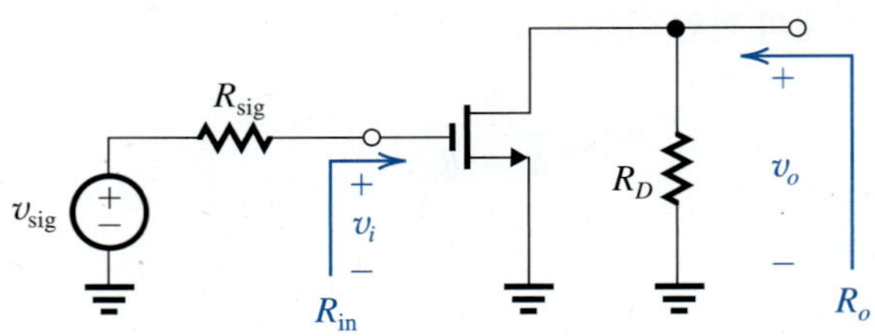

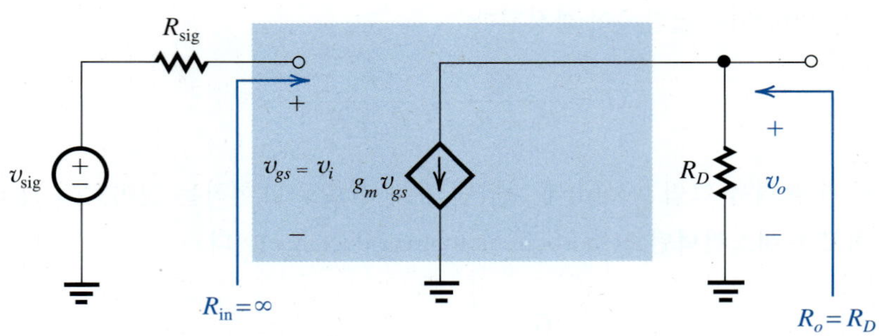

그림 6.36 (a) 저항 R_{sig}를 갖는 발생기로부터 신호 v_{sig}로 구동되는 공통 소스 증폭기. 바이어스 회로는 생략되었다. (b) MOSFET을 하이브리드 π 모델로 대치한 공통 소스 증폭기.

로 쓸 수 있다. 따라서

$$A_{vo} \equiv \frac{v_o}{v_i} = -g_m R_D \tag{6.88}$$

$$R_o = R_D \tag{6.89}$$

가 된다. 만약에 부하 저항 R_L이 R_D 양단에 연결되면 전압 이득 A_v는

$$A_v = A_{vo}\frac{R_L}{R_L + R_o} \tag{6.90}$$

로 구해질 수 있다. 여기서 A_{vo}는 식 (6.88)에 의해, R_o는 식 (6.89)에 의해 주어진다. 즉, 식 (6.88)에서 R_D와 병렬로 R_L을 단순히 더해서 구할 수 있다. 따라서

$$A_v = -g_m(R_D \| R_L) \tag{6.91}$$

이 된다. 우리는 식 (6.90)으로부터 얻어진 표현은 식 (6.91)과 동일하다는 것을 쉽게 보여 줄 수 있다. 끝으로 $R_{\text{in}} = \infty$이고 $v_i = v_{\text{sig}}$이므로 전체 전압 이득 G_v는 A_v와 동일하고

$$G_v \equiv \frac{v_o}{v_{\text{sig}}} = -g_m(R_D \| R_L) \tag{6.92}$$

이 된다.

연습문제

6.21 어떤 CS 증폭기는 $R_D = 20\ \text{k}\Omega$과 $V_{OV} = 0.25\ \text{V}$를 가지고 $I_D = 0.25\ \text{mA}$에 바이어스된 MOSFET을 활용한다. 이 증폭기는 $R_{\text{sig}} = 100\ \text{k}\Omega$을 가지는 신호원으로 구동되고, 20 kΩ의 부하가 출력에 접속된다. R_{in}, A_{vo}, R_o, A_v, G_v를 구하라. 적절한 선형성을 유지하기 위해 입력 정현파 신호의 피크가 $2V_{OV}$의 10%로 제한된다면, 출력에서 정현파 전압의 피크는 얼마인가?

[답] ∞; −40 V/V; 20 kΩ; −20 V/V; −20 V/V; 1 V

CE 증폭기의 특성 파라미터들 그림 6.37(a)는 공통 이미터 증폭기를 보여 준다. BJT를 하이브리드 π 모델(r_o 생략됨)로 대치하여 얻은 등가 회로는 그림 6.37(b)에 나타나 있다. 우리는 이 회로를 해석하여 CE 증폭기의 특성 파라미터들을 얻을 수 있다. 해석은 유한한 입력 저항 r_π가 추가된 복잡성을 제외하고는 MOSFET의 것과 비슷하다. 입력으로부터 출력으로 증폭기를 통해 신호를 쫓아가면 우리는 관찰에 의해

$$\begin{aligned} R_{\text{in}} &= r_\pi \\ v_i &= \frac{r_\pi}{r_\pi + R_{\text{sig}}} v_{\text{sig}} \\ v_\pi &= v_i \\ v_o &= -g_m v_\pi R_C \end{aligned} \tag{6.93}$$

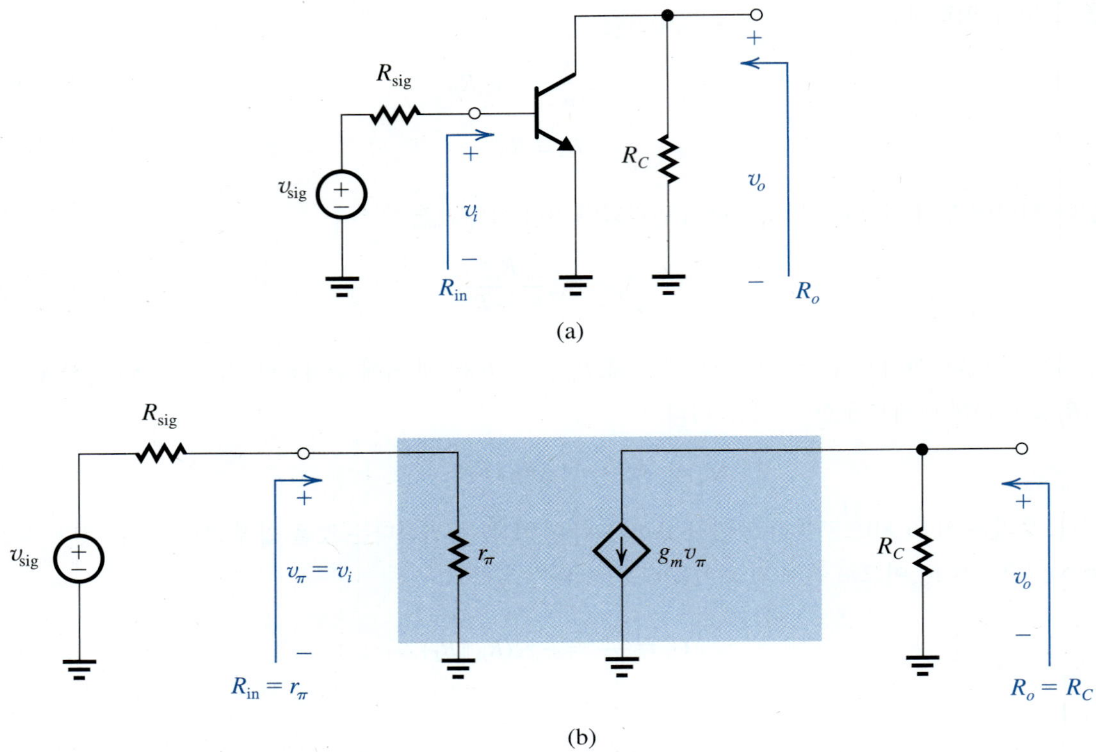

그림 6.37 (a) 저항 R_{sig}를 갖는 발생기로부터 신호 v_{sig}로 구동되는 공통 이미터 증폭기. 바이어스 회로는 생략되었다. (b) BJT를 하이브리드 π 모델로 대치한 공통 이미터 증폭기 회로.

로 쓸 수 있다. 따라서

$$A_{vo} \equiv \frac{v_o}{v_i} = -g_m R_C \tag{6.94}$$

$$R_o = R_C \tag{6.95}$$

가 된다. R_C 양단에 연결된 부하 저항 R_L을 가질 경우에는

$$A_v = -g_m(R_C \| R_L) \tag{6.96}$$

이 되고 전체 전압 이득 G_v는

$$G_v \equiv \frac{v_o}{v_{sig}} = \frac{v_i}{v_{sig}} \frac{v_o}{v_i}$$

로부터 알 수 있다. 따라서

$$G_v = -\frac{r_\pi}{r_\pi + R_{sig}} g_m(R_C \| R_L) \tag{6.97}$$

이 된다. 여기서 유한한 입력 저항(r_π)은 전압 이득의 크기를 전압 분배비 $r_\pi/(r_\pi + R_{sig})$만큼 감소시킨다는 것

을 주목하기 바란다. 이득 감소의 정도는 r_π와 R_{sig}의 상대 비율에 의존한다. 그러나 CE 증폭기에는 보상 효과가 있다. 보통 BJT의 g_m은 MOSFET의 해당하는 값에 비해 훨씬 크다.

예제 6.8

어떤 CE 증폭기는 $\beta = 100$인 BJT를 사용하고, $I_C = 1$ mA에 바이어스되며, 컬렉터 저항 $R_C = 5\ \text{k}\Omega$을 갖는다. R_{in}, R_o, A_{vo}를 구하라. 증폭기가 5 kΩ의 저항을 가지는 신호원으로 구동되고 부하 저항 $R_L = 5\ \text{k}\Omega$이 그 출력 단자에 접속될 경우, 결과적인 A_v와 G_v를 구하라. $\hat{v}_\pi$가 5 mV로 제한된다면, 접속된 부하에 대응하는 $\hat{v}_{sig}$와 $\hat{v}_o$는 얼마인가?

풀이

$I_C = 1$ mA에서

$$g_m = \frac{I_C}{V_T} = \frac{1\ \text{mA}}{0.025\ \text{V}} = 40\ \text{mA/V}$$

$$r_\pi = \frac{\beta}{g_m} = \frac{100}{40\ \text{mA/V}} = 2.5\ \text{k}\Omega$$

이다. 이제 증폭기 특성 파라미터들은

$$R_{in} = r_\pi = 2.5\ \text{k}\Omega$$

$$\begin{aligned} A_{vo} &= -g_m R_C \\ &= -40\ \text{mA/V} \times 5\ \text{k}\Omega \\ &= -200\ \text{V/V} \end{aligned}$$

$$R_o = R_C = 5\ \text{k}\Omega$$

으로 구해질 수 있다. 출력 단자에 접속된 부하 저항 $R_L = 5\ \text{k}\Omega$에 대하여, 두 방법 중 어느 것으로도 A_v를 구할 수 있다. 즉,

$$\begin{aligned} A_v &= A_{vo}\frac{R_L}{R_L + R_o} \\ &= -200 \times \frac{5}{5+5} = -100\ \text{V/V} \end{aligned}$$

또는

$$\begin{aligned} A_v &= -g_m(R_C \parallel R_L) \\ &= -40(5 \parallel 5) = -100\ \text{V/V} \end{aligned}$$

가 된다. 이제 전체 전압 이득 G_v는

$$\begin{aligned} G_v &= \frac{R_{in}}{R_{in} + R_{sig}} A_v \\ &= \frac{2.5}{2.5+5} \times -100 = -33.3\ \text{V/V} \end{aligned}$$

로 결정된다. v_π의 최대 진폭이 5 mV가 된다면 $\hat{v}_{sig}$의 대응하는 값은

$$\hat{v}_{sig} = \left(\frac{R_{in} + R_{sig}}{R_{in}}\right)\hat{v}_\pi = \frac{2.5+5}{2.5} \times 5 = 15 \text{ mV}$$

가 될 것이고, 출력에서 신호 진폭은 다음과 같이 주어질 것이다.

$$\hat{v}_o = G_v \hat{v}_{sig} = 33.3 \times 0.015 = 0.5 \text{ V}$$

연습문제

6.22 예제 6.8의 증폭기 설계자는 입력 저항을 높여서 증폭기 자체의 입력에 나타나는 v_{sig}의 일부분을 증가시키기 위해 바이어스 전류를 본래 값의 반으로 낮추기로 결정하였다. 전압 이득을 유지하기 위한 시도로 설계자는 R_C를 두 배로 하기로 결정하였다. 이 새로운 설계에 대해 $R_{in}, A_{vo}, R_o, A_v, G_v$를 결정하라. v_π의 피크 전압이 5 mV로 제한된다면, 접속된 부하에 대응하는 $\hat{v}_{sig}$와 $\hat{v}_o$는 얼마인가?

[답] 5 kΩ; −200 V/V; 10 kΩ; −66.7 V/V; −33.3 V/V; 10 mV; 0.33 V

해설: 입력 신호의 더 많은 부분이 증폭기 입력에 도달하지만, 선형성을 고려하면 출력 신호가 원래 설계보다 실제로 더 작아진다.

맺음말

1. CS와 CE 증폭기는 모든 트랜지스터 증폭기 구성에서 가장 유용하다. 그것들은 적절하면서 높은 입력 저항(CS의 경우에는 유한하다), 적절하면서 높은 출력 저항, 그리고 적당히 높은 전압 이득을 보여 준다.
2. CE 증폭기의 입력 저항 $R_{in} = r_\pi = \beta/g_m$은 직류 바이어스 전류 I_C에 반비례한다. R_{in}을 증가시키기 위해서 바이어스 전류 I_C를 줄이고 싶은 유혹이 든다. 그러나 이것은 g_m을 낮추게 되고 따라서 전압 이득을 낮춘다. 이것은 의미 있는 설계 절충이다. 만약 훨씬 높은 입력 저항이 요구된다면 CE 구성의 수정(6.3.4절에서 논의)이 적용되거나 이미터 폴로어 단이 신호원과 CE 증폭기 사이에 삽입(6.3.6절 참조)되어야 한다.
3. CS 또는 CE 증폭기의 출력 저항을 낮추기 위해서 각각 R_D 또는 R_C를 줄이는 것은 전압 이득 또한 감소하기 때문에 보통 실행 가능한 제안이 아니다. 다른 방안으로 매우 낮은 출력 저항(수 옴에서 수십 옴 범위)이 필요하다면 CS 또는 CE 증폭기의 출력과 부하 저항 사이에 소스 폴로어 또는 이미터 폴로어 단이 활용될 수 있다(6.3.6절 참조).
4. CS와 CE 구성이 주력 트랜지스터 증폭기이기는 하지만 둘 다 고주파수 응답에서 한계로부터 고통 받는다. 10장에서 보게 되겠지만, CS(CE) 증폭기와 CG(CB) 증폭기를 결합하는 것은 상당히 대역폭을 확장할 수 있다. CG와 CB 증폭기는 6.3.5절에서 공부할 것이다.

6.3.4 소스(이미터) 저항을 가진 공통 소스(공통 이미터) 증폭기

공통 소스(공통 이미터) 증폭기의 소스 도선(이미터 도선)에 저항 R_s(저항 R_e)를 삽입하는 것이 종종 유익하다. 그림 6.38(a)는 소스 도선에 저항 R_s가 있는 CS 증폭기를 나타낸다. 대응되는 소신호 등가 회로는 그림 6.38(b)에 나타냈다. 여기서 우리는 MOSFET을 위한 T 모델을 활용하였다. 이 경우에는 해석을 더 간단하게 하기 위해 하이브리드 π 모델보다 T 모델을 우선 사용하였다. 일반적으로 저항이 소스 도선에 연결되어 있을 때마다 T 모델이 선호된다. 그러면 소스 저항은 모델 저항 $1/g_m$과 직렬로 나타나서 그것에 더해질 수 있다.

그림 6.38(b)로부터 우리는 예측한 대로 입력 저항 R_{in}이 무한대이고 $v_i = v_{sig}$가 된다는 것을 알 수 있다. 그러나 CS 증폭기와는 다르게 여기서는 v_i의 일부분만이 이 게이트와 소스 사이에 v_{gs}로 나타난다. 증폭기 입력에 나타나는 $1/g_m$과 R_s로 구성된 전압 분배기는 v_{gs}를 결정하기 위해 다음과 같이 사용될 수 있다.

$$v_{gs} = v_i \frac{1/g_m}{1/g_m + R_s} = \frac{v_i}{1 + g_m R_s} \tag{6.98}$$

그러므로 우리는 신호 v_{gs}의 크기를 조절하기 위해 R_s를 사용할 수 있고, v_{gs}가 너무 커서 용납하기 어려운 높은 비선형 왜곡을 유발하지 않도록 보장할 수 있다. 이것은 저항기 R_s를 포함하여 얻어지는 첫 번째 이점이다.

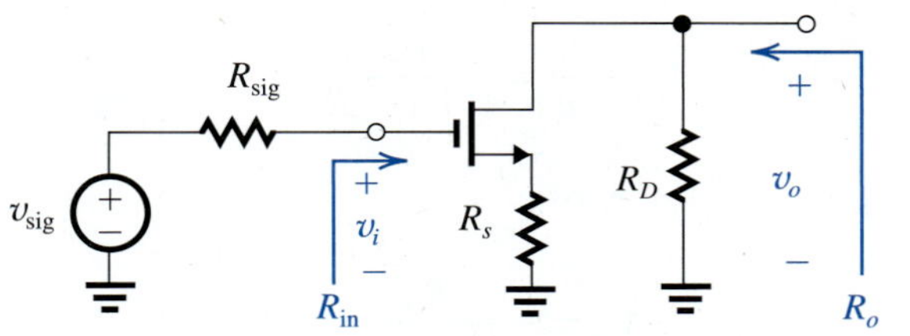

(a)

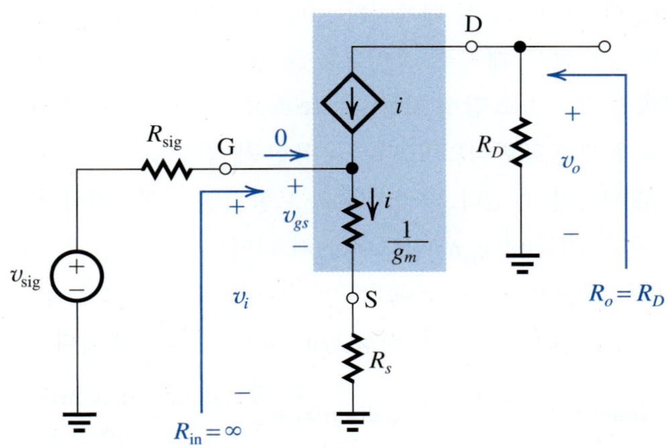

(b)

그림 6.38 소스 저항 R_s를 가진 CS 증폭기: (a) 바이어스에 관한 세부 사항이 없는 회로, (b) MOSFET을 T 모델로 대치한 등가 회로.

다른 이점들은 이후의 절들이나 장들에서 만나게 될 것이다. 예를 들면 9장에서 R_s가 증폭기의 유효 대역폭을 확장한다는 것을 보게 될 것이다. R_s가 증폭기 성능을 이렇게 향상시키는 작용은 바로 **부귀환**이다. 어떻게 R_s가 부귀환을 도입하는지를 알기 위해 그림 6.38(a)를 참조하라. 만일 v_{sig}와 v_i가 일정하게 유지되는 동안 드레인 전류가 어떤 이유로 증가하게 된다면, 소스 전류 또한 증가할 것이고 결과적으로 R_s 양단의 전압 강하도 증가할 것이다. 따라서 소스 전압은 올라갈 것이고 게이트-소스 전압은 감소한다. 후자의 영향으로 드레인 전류는 감소하여 처음에 가정한 변화를 방해하는데, 이는 바로 부귀환이 존재함을 나타낸다. 10장에서 부귀환을 정식으로 공부할 것이다. 거기서 우리는 부귀환이 제공하는 성능 향상은 이득 감소를 통해 얻어진다는 사실을 배우게 될 것이다. 이제 그림 6.38의 회로에서 이 사실을 확인할 것이다.

출력 전압 v_o는 제어 전원 전류 i에 R_D를 곱하여 구한다.

$$v_o = -iR_D$$

소스 도선에서 전류 i는 v_i를 소스의 총 저항으로 나눔으로써 구해질 수 있다.

$$i = \frac{v_i}{1/g_m + R_s} = \left(\frac{g_m}{1 + g_m R_s}\right) v_i \tag{6.99}$$

따라서 전압 이득 A_{vo}는

$$A_{vo} \equiv \frac{v_o}{v_i} = -\frac{g_m R_D}{1 + g_m R_s} \tag{6.100}$$

로 구해진다. 또한 이것은 다음과 같이 표현할 수 있다.

$$A_{vo} = -\frac{R_D}{1/g_m + R_s} \tag{6.101}$$

식 (6.100)은 저항 R_s를 접속하면 전압 이득은 인수 $(1 + g_m R_s)$만큼 감소한다는 사실을 나타낸다. 이것은 R_s의 결과로 생기는 성능 향상에 대해 지불한 대가이다. 10장에서 인수 $(1 + g_m R_s)$가 R_s에 의해 도입된 '부귀환량'임을 알게 될 것이다. 또한 선형성, 대역폭, 그리고 다른 성능 파라미터들도 이것과 같은 인수로 개선된다. R_s의 부귀환 작용으로 인해 그것을 **소스 감쇄 저항**(source degeneration resistance)이라고 부른다.

식 (6.99)의 드레인 전류에 대한 표현식의 또 다른 유용한 해석이 있다. 즉, 우변 괄호 안의 양을 'R_s가 포함된 유효 트랜스컨덕턴스'로 생각할 수 있다. 따라서 R_s가 포함되면 트랜스컨덕턴스는 인수 $(1 + g_m R_s)$만큼 감소된다. 물론 이것은 단순히 v_i의 $1/(1 + g_m R_s)$만큼이 v_{gs}에 나타난다는 사실의 결과이다[식 (6.98) 참조].

식 (6.101)의 또 다른 이득 표현은 강력하고 통찰력 있는 해석을 가지고 있다. 즉, 게이트와 드레인 사이의 전압 이득은 드레인의 총 저항(R_D)과 소스의 총 저항($1/g_m + R_s$)의 비율과 같다.

$$\text{Voltage gain from gate to drain} = -\frac{\text{Total resistance in drain}}{\text{Total resistance in source}} \tag{6.102}$$

이것은 일반적인 표현식이다. 예를 들면 식 (6.101)에서 $R_s = 0$으로 설정하면 CS 증폭기의 A_{vo}가 산출된다.

끝으로 부하 저항 R_L이 출력에 접속된 경우를 고려하자. 출력 저항 R_o와 더불어 개방 회로 전압 이득 A_{vo}를 사용하여 이득 A_v를 얻을 수 있다. 출력 저항은 다음과 같이 구해질 수 있다.

$$R_o = R_D$$

다른 방법으로 A_v는 식 (6.101) 혹은 (6.100)에 있는 R_D를 $(R_D \parallel R_L)$로 대치함으로써 구해질 수 있다. 따라서

$$A_v = -\frac{g_m(R_D \parallel R_L)}{1 + g_m R_s} \tag{6.103}$$

즉

$$A_v = -\frac{R_D \parallel R_L}{1/g_m + R_s} \tag{6.104}$$

이다. 식 (6.104)는 식 (6.102)의 총 저항 비율에 대한 규칙을 직접 적용한 결과라는 것을 관찰하라. 또한 R_{in}이 무한대이기 때문에 $v_i = v_{\text{sig}}$이고 전체 전압 이득 G_v는 A_v와 같다는 사실도 주목하기 바란다.

연습문제

6.23 연습문제 6.21에서 50 mV 피크의 입력 신호 v_{sig}를 인가하고 근사적으로 1 V 피크의 출력 신호를 얻었다. 어떤 이유로 입력 신호 v_{sig}는 0.2 V 피크를 갖는다고 가정하라. 회로 수정으로 v_{gs}가 변화하지 않도록 하여 비선형 왜곡은 그대로 유지하려고 한다. R_s에 대해 사용해야 할 값은 얼마인가? G_v의 결과적인 값은 얼마인가? 출력의 피크 신호는 무엇이 되겠는가? $r_o = \infty$를 가정하라.

[답] 1.5 kΩ; −5 V/V; 1 V

이제 BJT의 경우로 관심을 돌려 보자. 그림 6.39(a)는 이미터에 저항 R_e가 접속되어 있는 CE 증폭기를 보여 준다. T 모델을 활용하는 대응하는 등가 회로는 그림 6.39(b)에 있다. MOSFET에서처럼 BJT의 경우에 T 모델은 좀 더 단순한 해석이 되고, 이미터에 직렬로 저항이 있는 경우마다 사용되어야 한다는 것을 주목하라.

증폭기 입력 저항 R_{in}을 구하기 위해 그림 6.39(b)로부터 다음 식을 주목하자.

$$R_{\text{in}} \equiv \frac{v_i}{i_b}$$

여기서 i_b는

$$i_b = (1-\alpha)i_e = \frac{i_e}{\beta + 1} \tag{6.105}$$

이고, i_e는

$$i_e = \frac{v_i}{r_e + R_e} \tag{6.106}$$

이다. 따라서 다음과 같이 쓸 수 있다.

$$R_{\text{in}} = (\beta + 1)(r_e + R_e) \tag{6.107}$$

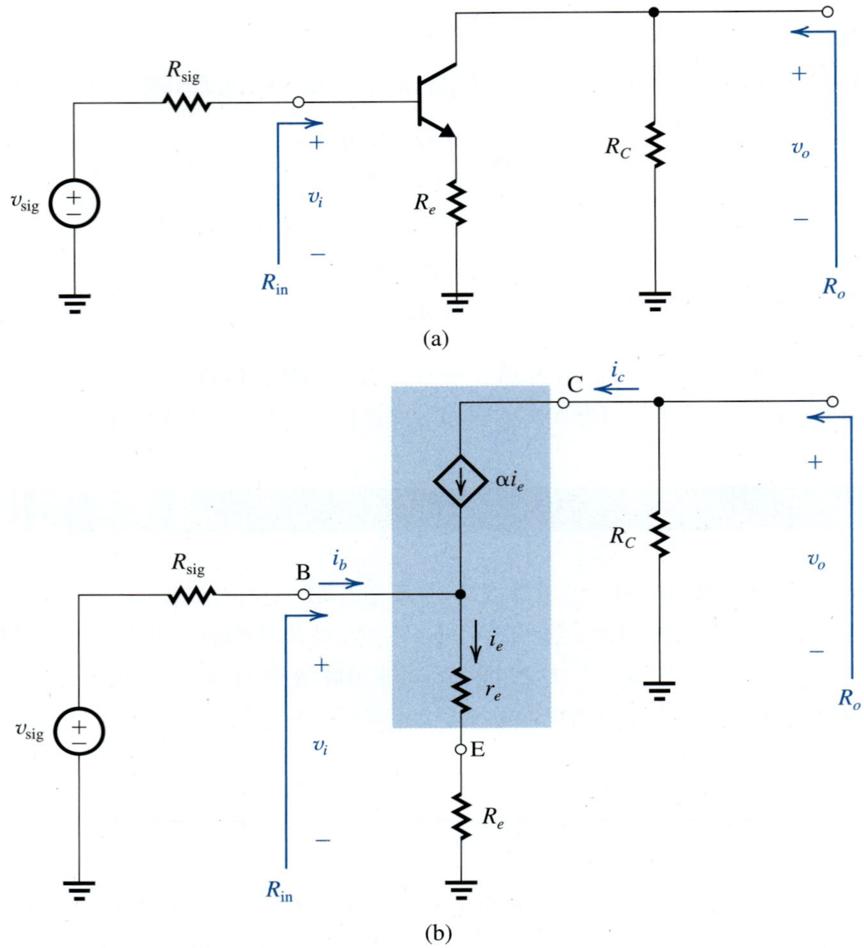

그림 6.39 이미터 저항 R_e를 가진 공통 이미터 증폭기: (a) 바이어스에 관한 세부 사항이 없는 회로, (b) BJT를 T 모델로 대치한 등가 회로.

이것은 매우 중요한 결과이다. 이는 베이스 안으로 들여다본 입력 저항은 이미터 총 저항의 $(\beta+1)$배임을 말하며, **저항 반사 규칙**(resistance-reflection rule)으로 알려져 있다. 인수 $(\beta+1)$은 이미터 전류가 베이스 전류의 $(\beta+1)$배이기 때문에 생긴다. 식 (6.107)의 R_{in}에 대한 표현식은 이미터 저항 R_e가 포함되면 R_{in}이 크게 증가될 수 있음을 분명하게 나타낸다. 실제로 R_{in}의 값은 비율

$$\frac{R_{in}(\text{with } R_e \text{ included})}{R_{in}(\text{without } R_e)} = \frac{(\beta+1)(r_e+R_e)}{(\beta+1)r_e} = 1+\frac{R_e}{r_e} \simeq 1+g_m R_e \tag{6.108}$$

로 증가된다. 따라서 회로 설계자는 R_{in} 값을 조절하기 위해 R_e 값을 활용할 수 있다.

전압 이득 A_{vo}를 구하기 위해 그림 6.38(b)로부터 우리는 다음 식을 알고 있다.

$$\begin{aligned} v_o &= -i_c R_C \\ &= -\alpha i_e R_C \end{aligned}$$

식 (6.106)으로부터 i_e를 대치하면

$$A_{vo} = -\alpha \frac{R_C}{r_e + R_e} \tag{6.109}$$

가 된다. 이것은 매우 유용한 결과이다. 즉, 베이스로부터 컬렉터로의 이득은 이미터에서의 총 저항(이 경우, $r_e + R_e$)에 대한 컬렉터에서의 총 저항의 비의 α배가 된다는 말이다.

$$\text{Voltage gain from base to collector} = -\alpha \frac{\text{Total resistance in collector}}{\text{Total resistance in emitter}} \tag{6.110}$$

이것은 여기서 우리가 추가 인수 α를 갖는다는 것을 제외하고는 식 (6.102)의 MOSFET 표현에 대한 BJT 버전이다. 이 인수는 $i_d = i_s$인 MOSFET의 경우와 다르게 $i_c = \alpha i_e$이기 때문에 생긴다. 보통 $\alpha \simeq 1$이며, 식 (6.110)에서 생략될 수 있다.

식 (6.109)에서 개방 회로 전압 이득은 또 다른 방식으로

$$A_{vo} = -\frac{\alpha}{r_e} \frac{R_C}{1 + R_e/r_e}$$

로 표현될 수 있다. 따라서

$$A_{vo} = -\frac{g_m R_C}{1 + R_e/r_e} \simeq -\frac{g_m R_C}{1 + g_m R_e} \tag{6.111}$$

가 된다. 그러므로 R_e를 포함하는 것은 R_{in}이 증가하는 인수만큼 전압 이득을 인수 $(1 + g_m R_e)$만큼 감소시킨다. 이것은 이득과 입력 저항 사이에 흥미로운 절충을 알려 준다. 설계자는 R_e에 대한 적절한 값의 선정을 통해 이 절충을 활용할 수 있다.

출력 저항 R_o는 그림 6.39(b)의 회로를 면밀히 관찰하여 구할 수 있다.

$$R_o = R_C$$

부하 저항 R_L이 증폭기 출력에 접속된다면, A_v는

$$\begin{aligned} A_v &= A_{vo} \frac{R_L}{R_L + R_o} \\ &= -\alpha \frac{R_C}{r_e + R_e} \frac{R_L}{R_L + R_C} \\ &= -\alpha \frac{R_C \parallel R_L}{r_e + R_e} \end{aligned} \tag{6.112}$$

로 구해질 수 있다. 이는 식 (6.110)을 사용하여 직접 기술될 수 있었다. 이제 전체 전압 이득 G_v를 얻을 수 있다.

$$G_v = \frac{R_{\text{in}}}{R_{\text{in}} + R_{\text{sig}}} \times -\alpha \frac{R_C \parallel R_L}{r_e + R_e}$$

식 (6.107)로 R_{in}을 대체하고 α 대신 $\beta/(\beta+1)$을 대입하면 그 결과는 다음과 같다.

$$G_v = -\beta \frac{R_C \parallel R_L}{R_{\text{sig}} + (\beta+1)(r_e + R_e)} \tag{6.113}$$

이 표현을 면밀히 검토해 보면 분모는 베이스 회로에서 총 저항으로 구성된다는 것을 알 수 있다.[$(\beta + 1)(r_e + R_e)$는 이미터 쪽에서 베이스 쪽으로의 저항 $(r_e + R_e)$의 반사가 된다는 것을 상기하라.] 따라서 식 (6.113)의 표현은 베이스에서 컬렉터로의 전압 이득은 베이스의 총 저항에 대한 컬렉터의 총 저항의 비가 된다는 것을 말한다. 인수 β는 그것이 베이스 전류에 대한 컬렉터 전류의 비이기 때문에 나타난다. 이러한 일반적이고 유용한 표현은 MOS의 경우에 해당하는 것이 없다. 전체 전압 이득 G_v가 분모에 추가된 $(\beta + 1)R_e$ 때문에 R_e가 없을 때의 값

$$G_v = -\beta \frac{R_C \parallel R_L}{R_{\text{sig}} + (\beta+1)r_e} \tag{6.114}$$

보다 작다는 것을 주목하자. 그러나 이제 이득은 β에 훨씬 덜 민감하며, 이는 β 값이 광범위해도 되기 때문에 바람직한 결과이다.

이미터에 R_e를 포함하므로 수반되는 또 하나의 중요한 결과는 증폭기가 비선형 왜곡을 초래하지 않고 더 큰 입력 신호를 취급할 수 있다는 것이다. 이것은 베이스 입력 신호 v_i의 일부분만이 베이스와 이미터 사이에 나타나기 때문이다. 구체적으로 그림 6.39(b)의 회로로부터

$$\frac{v_\pi}{v_i} = \frac{r_e}{r_e + R_e} \simeq \frac{1}{1 + g_m R_e} \tag{6.115}$$

임을 알 수 있다. 따라서 같은 v_π에 대해, 증폭기의 입력 단자에서 신호 v_i는 CE 증폭기에 대한 것보다 인수 $(1 + g_m R_e)$만큼 더 클 수 있다.

요약하면, CE 증폭기의 이미터에 저항 R_e를 포함함으로써 다음 특성들이 나타난다.

1. 입력 저항 R_{in}은 인수 $(1 + g_m R_e)$만큼 증가된다.
2. 베이스에서 컬렉터로의 전압 이득 A_v는 인수 $(1 + g_m R_e)$만큼 감소한다.
3. 같은 비선형 왜곡에 대해, 입력 신호 v_i는 인수 $(1 + g_m R_e)$만큼 증가될 수 있다.
4. 전체 전압 이득은 β의 값에 보다 적게 의존한다.
5. 고주파 응답은 (9장에서 알게 되겠지만) 크게 개선된다.

이득 감소를 제외하고 이러한 특성은 성능을 향상시킨다. 정말로 이득 감소는 다른 성능 향상을 얻기 위해 지불한 대가이다. 많은 경우에는 이는 좋은 거래이며, 부귀환(negative feedback)의 사용에 대한 기본적인 원리이다. 저항 R_e가 증폭기 회로에 부귀환을 도입한다는 것은 앞서 MOSFET의 경우에 사용했던 것과 유사한 과정을 활용하여 증명될 수 있다. 10장에서 부귀환을 정식으로 공부할 때, 반복해서 나타나는 인수 $(1 + g_m R_e)$가 R_e에 의해 도입된 부귀환량임을 알게 될 것이다. 끝으로 R_e의 부귀환 작용으로 인해 그것을 **이미터 감생 저항**(emitter degeneration resistance)이라고 부른다는 것을 기억하기 바란다.

예제 6.9

예제 6.8에서 명시된 CE 증폭기에 대해 R_{in}을 R_{sig}의 네 배로 높이는 데 필요한 R_e의 값은 얼마인가? R_e를 포함하여 A_{vo}, R_o, A_v, G_v를 구하라. 또한 $\hat{v}_\pi$가 5 mV로 제한된다면, 대응하는 $\hat{v}_{\text{sig}}$와 $\hat{v}_o$는 얼마인가?

풀이

$R_{\text{in}} = 4R_{\text{sig}} = 4 \times 5 = 20\ \text{k}\Omega$을 얻기 위해 필요한 R_e는

$$20 = (\beta + 1)(r_e + R_e)$$

로부터 구해진다. $\beta = 100$을 사용하여

$$r_e + R_e \simeq 200\ \Omega$$

을 얻는다. 따라서

$$\begin{aligned}
R_e &= 200 - 25 = 175\ \Omega \\
A_{vo} &= -\alpha \frac{R_C}{r_e + R_e} \\
&\simeq -\frac{5000}{25 + 175} = -25\ \text{V/V} \\
R_o &= R_C = 5\ \text{k}\Omega\ \text{(unchanged)} \\
A_v &= A_{vo}\frac{R_L}{R_L + R_o} = -25 \times \frac{5}{5+5} = -12.5\ \text{V/V} \\
G_v &= \frac{R_{\text{in}}}{R_{\text{in}} + R_{\text{sig}}} A_v = -\frac{20}{20+5} \times 12.5 = -10\ \text{V/V}
\end{aligned}$$

이다. $\hat{v}_\pi = 5$ mV에 대해서

$$\begin{aligned}
\hat{v}_i &= \hat{v}_\pi \left(\frac{r_e + R_e}{r_e}\right) \\
&= 5\left(1 + \frac{175}{25}\right) = 40\ \text{mV} \\
\hat{v}_{\text{sig}} &= \hat{v}_i \frac{R_{\text{in}} + R_{\text{sig}}}{R_{\text{in}}} \\
&= 40\left(1 + \frac{5}{20}\right) = 50\ \text{mV} \\
\hat{v}_o &= \hat{v}_{\text{sig}} \times |G_v| \\
&= 50 \times 10 = 500\ \text{mV} = 0.5\ \text{V}
\end{aligned}$$

를 얻는다. 따라서 $|G_v|$가 본래 값의 약 1/3로 감소되는 반면에, 증폭기는 동일한 비선형 왜곡에 대하여 전과 같은 정도의 출력 신호를 산출할 수 있다.

연습문제

6.24 R_e가 포함되고 v_π가 최댓값 $\hat{v}_\pi$로 제한될 경우, 허용되는 최대 입력 신호 $\hat{v}_{sig}$가

$$\hat{v}_{sig} = \hat{v}_\pi \left(1 + \frac{R_e}{r_e} + \frac{R_{sig}}{r_\pi}\right)$$

로 주어짐을 보여라. 트랜지스터는 $I_C = 0.5$ mA로 바이어스되고 $\beta = 100$을 갖는다. $\hat{v}_\pi$를 10 mV로 제한하면서 저항 $R_{sig} = 10$ kΩ을 갖는 전원으로부터 100 mV의 입력 신호 $\hat{v}_{sig}$를 허용하는 데 필요한 R_e의 크기는 얼마인가? 이 증폭기에 대한 R_{in}은 얼마인가? 컬렉터의 총 저항이 10 kΩ이라면, G_v의 값은 무엇인가?

[답] 350 Ω; 40.4 kΩ; −19.8 V/V

6.3.5 공통 게이트(CG)와 공통 베이스(CB) 증폭기들

그림 6.40(a)는 바이어스 회로가 생략된 공통 게이트 증폭기를 나타낸다. 이 증폭기는 v_{sig}와 R_{sig}로 표현되는 신호원으로 구동된다. 저항 R_{sig}가 소스와 직렬로 나타나므로, 트랜지스터를 하이브리드 π 모델보다는 T 모델로 나타내는 것이 더욱 편리하다. 이렇게 하여 그림 6.40(b)의 증폭기 등가 회로를 얻는다.

그림 6.40(b)의 등가 회로를 관찰하면 입력 저항이

$$R_{in} = \frac{1}{g_m} \tag{6.116}$$

임을 알 수 있다. 우리가 소스 안으로 보고 있고 게이트가 접지되어 있으므로 이것은 예상되었던 것이다. 보통

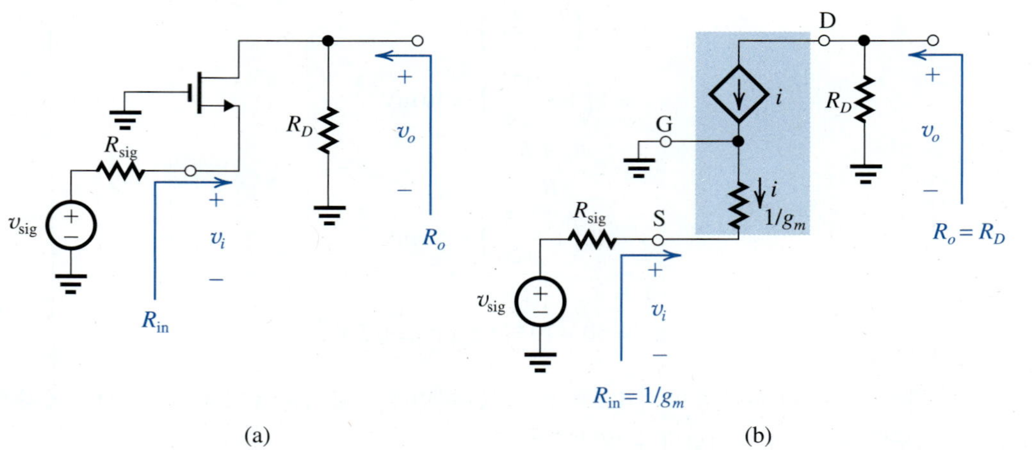

그림 6.40 (a) 바이어스 배열이 생략된 공통 게이트(CG) 증폭기. (b) MOSFET을 T 모델로 대치한 CG 증폭기의 등가 회로.

$1/g_m$이 수백 옴이므로 CG 증폭기는 낮은 입력 저항을 갖는다.

전압 이득 A_{vo}를 구하기 위해 드레인에서

$$v_o = -iR_D$$

를 쓸 수 있으며, 소스 전류 i를

$$i = -\frac{v_i}{1/g_m}$$

로 대치하면 다음 표현식을 얻는다.

$$A_{vo} \equiv \frac{v_o}{v_i} = g_m R_D \tag{6.117}$$

이는 양의 부호를 제외하면 CS 증폭기에 대한 A_{vo}의 표현식과 같다.

CG 회로의 출력 저항은 그림 6.40(b)의 회로를 관찰하여

$$R_o = R_D \tag{6.118}$$

로 구해질 수 있다. 이는 CS 증폭기의 경우에서와 같다.

CG 증폭기의 이득은 CS 증폭기의 이득과 같은 크기를 갖지만, 전체 전압 이득에 관한 한 이는 사실이 아니다. CG 증폭기의 낮은 입력 저항으로 인해 입력 신호는 심하게 감쇠될 수 있다. 구체적으로 나타내면

$$\frac{v_i}{v_{\text{sig}}} = \frac{R_{\text{in}}}{R_{\text{in}} + R_{\text{sig}}} = \frac{1/g_m}{1/g_m + R_{\text{sig}}} \tag{6.119}$$

인데 이 식에서 R_{sig}가 $1/g_m$보다 비슷하거나 작은 경우를 제외하고, 신호 전송 계수 v_i/v_{sig}는 매우 작을 수 있고 전체 전압 이득도 대응하여 작아진다는 것을 알 수 있다. 구체적으로, 저항 R_L이 출력에 접속된다면 다음과 같이 된다.

$$G_v = \frac{1/g_m}{R_{\text{sig}} + 1/g_m}\left[g_m(R_D \parallel R_L)\right]$$

따라서

$$G_v = \frac{R_D \parallel R_L}{R_{\text{sig}} + 1/g_m} \tag{6.120}$$

이 된다. 전체 전압 이득은 단순히 소스 회로의 총 저항에 대한 드레인 회로의 총 저항의 비임을 주목하라. R_{sig}가 R_D나 R_L과 같은 정도라면, G_v는 매우 작을 것이다.

낮은 입력 저항 때문에 CG 증폭기 단독으로는 매우 제한적인 응용을 갖는다. 그런 응용 중 하나가 비교적 낮은 저항을 가지는 신호원에서 나오는 고주파 신호를 증폭하는 것이다. 이는 보통 증폭기의 입력 저항이 케이블의 특성 저항과 정합될 필요가 있는 경우도 포함된다. 9장에서 보겠지만, CG 증폭기는 우수한 고주파 응답을 갖는다. 이로 인해 CG 증폭기는 보통 CS 증폭기와 결합하여 두 구성들 각각의 가장 좋은 특성들을 취하게 된다. 7장에서 이런 유형의 매우 중요한 회로에 대해 공부할 것이다.

연습문제

6.25 CG 증폭기가 $R_{sig} = 100\ \Omega$인 신호원과 정합될 필요가 있다. 0.2 V의 과구동 전압으로 동작하는 MOSFET이 바이어스되어야 하는 전류 I_D는 무엇인가? 드레인 회로의 총 저항이 2 kΩ이라면, 실현되는 전체 전압 이득은 얼마인가?

[답] 1 mA; 10 V/V

그림 6.41(a)에 보이는 CB 증폭기의 경우에도 매우 유사한 결과가 얻어질 수 있다. 구체적으로 그림 6.41(b)의 등가 회로로부터

$$R_{in} = r_e = \frac{\alpha}{g_m} \simeq 1/g_m \tag{6.121}$$

$$A_{vo} = \frac{\alpha}{r_e} R_C = g_m R_C \tag{6.122}$$

$$R_o = R_C \tag{6.123}$$

를 알 수 있고, 출력에 접속된 부하 저항 R_L이 있는 경우에 전체 전압 이득은

$$G_v \equiv \frac{v_o}{v_{sig}} = \alpha \frac{R_C \| R_L}{R_{sig} + r_e} \tag{6.124}$$

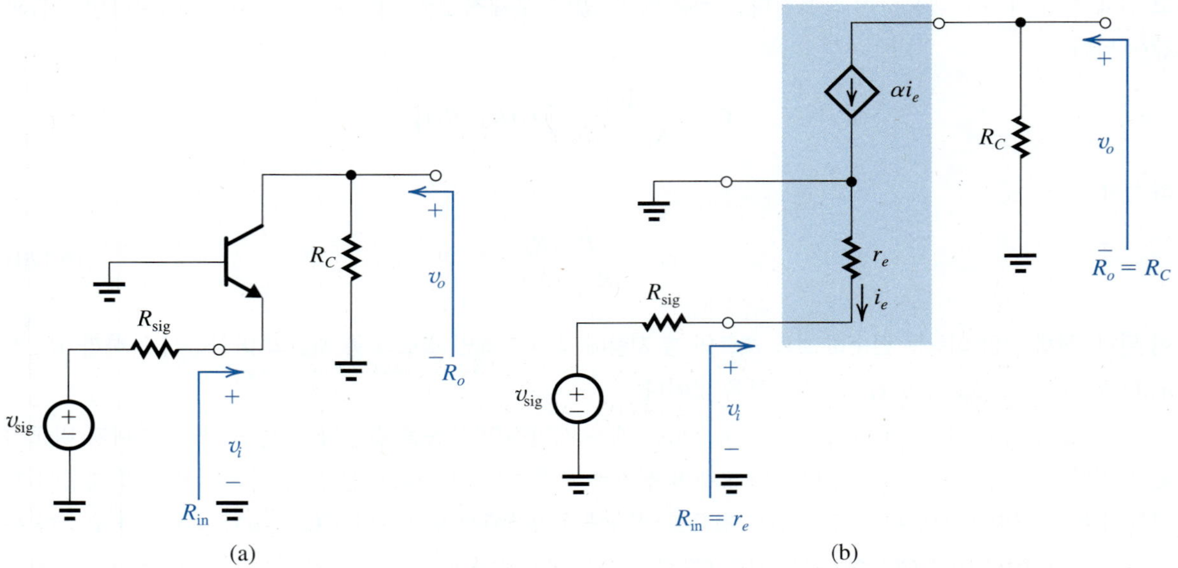

그림 6.41 (a) 바이어스 세부 사항이 생략된 CB 증폭기. (b) BJT를 T 모델로 대치한 증폭기 등가 회로.

로 주어진다. $\alpha \simeq 1$이므로, CG 증폭기의 경우에서처럼, 전체 전압 이득이 단순히 이미터 회로의 총 저항에 대한 컬렉터 회로의 총 저항의 비임을 알 수 있다. 또한 전체 전압 이득이 (α가 β에 적게 의존하는 것을 제외하고) β의 값에 거의 의존하지 않는다는 점을 주목하자. 이는 바람직한 특성이다. R_C나 R_L과 같은 정도의 R_{sig}에 대하여, 이 이득은 매우 작다는 사실을 관찰하라.

요약하면, CB와 CG 증폭기는 매우 낮은 입력 저항($1/g_m$), CE(CS) 증폭기와 거의 같은 크기인 양의 개방 회로 전압 이득(g_mR_C, g_mR_D), 그리고 CE(CS) 증폭기처럼 상대적으로 높은 출력 저항(R_C, R_D)을 나타낸다. 매우 낮은 입력 저항 때문에, 앞에서 언급한 케이블 증폭기와 같은 특별한 응용들을 제외하고, CB(CG) 증폭기 단독으로는 전압 증폭기로 매력적이지 않다. CB(CG) 증폭기는 우수한 고주파 성능을 가지고 있다. 7장과 9장에서 보겠지만, 이로 인해 CB(CG) 증폭기는 고주파 증폭기들의 구현에 다른 회로들과 결합하여 유용하게 사용된다.

연습문제

6.26 $I_C = 1$ mA로 바이어스된 BJT를 사용하고 $R_C = 5$ kΩ을 가지는 CB 증폭기를 고려하자. R_{in}, A_{vo}, R_o를 구하라. 증폭기가 $R_L = 5$ kΩ의 부하를 구동한다면, A_v의 값은 무엇인가? 만일 $R_{sig} = 5$ kΩ이라면 어떤 G_v가 얻어지는가?

[답] 25 Ω; 200 V/V; 5 kΩ; 100 V/V; 0.5 V/V

6.27 50 Ω의 특성 저항을 갖는 동축 케이블로 전달되는 신호를 증폭하기 위하여 CB 증폭기가 필요하다. 케이블 저항에 정합되는 R_{in}을 얻기 위하여 어떤 바이어스 전류 I_C가 사용되어야 하는가? 40 V/V의 전체 전압 이득을 얻기 위하여 컬렉터 회로의 총 저항(즉, $R_C \parallel R_L$)은 무엇이 되어야 하는가?

[답] 0.5 mA; 4 kΩ

6.3.6 소스와 이미터 폴로어

기본적인 트랜지스터 증폭기 구성들의 마지막은 공통 드레인(공통 컬렉터) 증폭기이며, 이는 소신호 증폭기뿐만 아니라 대신호를 처리하고 상당한 양의 신호 전력을 부하로 공급하기 위한 증폭기들의 설계에 자주 응용되는 아주 중요한 회로이다. 후자의 다양한 회로는 11장에서 공부할 것이다. 공통 드레인 증폭기는 **소스 폴로어**(source follower)로 더욱 잘 알려져 있고 공통 컬렉터 증폭기는 **이미터 폴로어**(emitter follower)로 더욱 잘 알려져 있다. 그 이유는 곧 분명하게 될 것이다.

전압 완충기의 필요성 소스와 이미터 폴로어를 해석하기 전에, 그것들의 가장 흔한 응용들 중 하나를 살펴보자. 그림 6.42(a)에 그려진 상황을 고려하자. 1 MΩ의 내부 저항을 가지고 적절한 세기(1 V)의 신호를 공급하는 신호원을 1 kΩ 부하 저항에 접속하려고 한다. 이 신호원을 그림 6.42(b)와 같이 직접 부하에 접속하는 것은 신호의 극심한 감쇠를 초래할 것이다. 즉, 부하 양단에 나타나는 신호는 겨우 입력 신호의 1/(1000 + 1) 즉 약 1

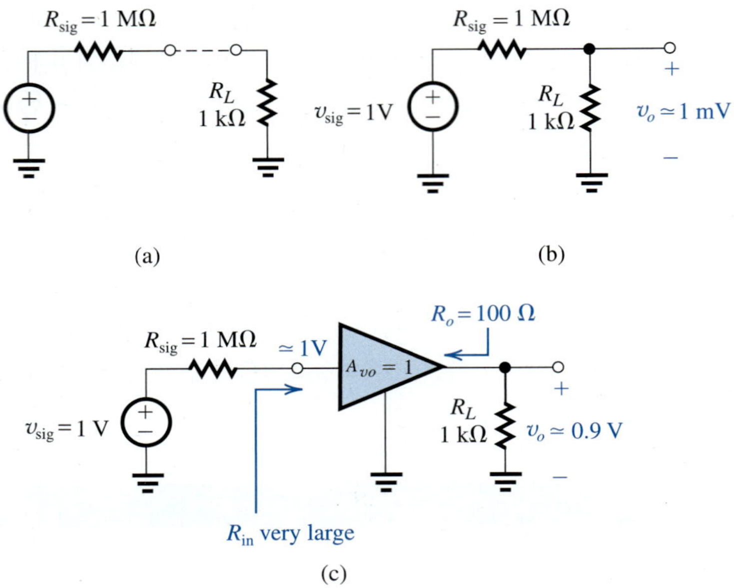

그림 6.42 단위 이득 전압 완충 증폭기의 필요성을 나타내는 회로.

mV뿐일 것이다. 회로 동작의 또 다른 방식이 그림 6.42(c)에 제시되어 있다. 여기서 우리는 신호원과 부하 사이에 증폭기를 두었다. 그러나 이 증폭기는 이 장에서 지금까지 공부했던 증폭기들과는 다르다. 즉, 이것은 단위 전압 이득을 갖는다. 이는 신호가 이미 충분한 세기를 가지며 더 이상 진폭을 증가시킬 필요가 없기 때문이다. 하지만 이 증폭기가 매우 큰 입력 저항을 갖는 것을 주목하라. 그래서 v_{sig}의 거의 모든 전압(즉, 1 V)이 증폭기 자체의 입력에 나타날 것이다. 이 증폭기가 낮은 출력 저항(100 Ω)을 가지므로, 이 신호의 90%(0.9 V)가 출력에 나타날 것이다. 이는 증폭기 없이 접속된 경우에 비해서 상당히 개선되었다. 곧 알게 되겠지만, 소스 폴로어는 그림 6.42(c)에 보이는 단위 이득 완충 증폭기(buffer amplifier)를 쉽게 구현할 수 있다.

소스 폴로어의 특성 파라미터들 그림 6.43(a)는 바이어스 회로가 생략된 소스 폴로어를 나타낸다. 소스 폴로어는 신호 발생기(v_{sig}, R_{sig})로 구동되고 소스와 접지 사이에 접속된 부하 저항 R_L을 갖는다. 우리는 R_L이 실제 부하와 소스와 접지 사이에 존재하는 다른 모든 저항(예를 들면, 바이어스를 위한)도 포함하는 것으로 가정한다. 보통 실제의 부하 저항은 이런 저항들보다는 그 값이 훨씬 작아서 그 영향이 우세할 것이다. MOSFET이 소스 단자와 접속된 저항 R_L을 가지므로 그림 6.43(b)에 나타낸 것처럼 T 모델을 사용하는 것이 더욱 편리할 것이다. 이 회로로부터 우리는 관찰하여

$$R_{in} = \infty$$

로 쓸 수 있고 $1/g_m$과 R_L로 구성된 전압 분배기로부터 A_v를

$$A_v \equiv \frac{v_o}{v_i} = \frac{R_L}{R_L + 1/g_m} \tag{6.125}$$

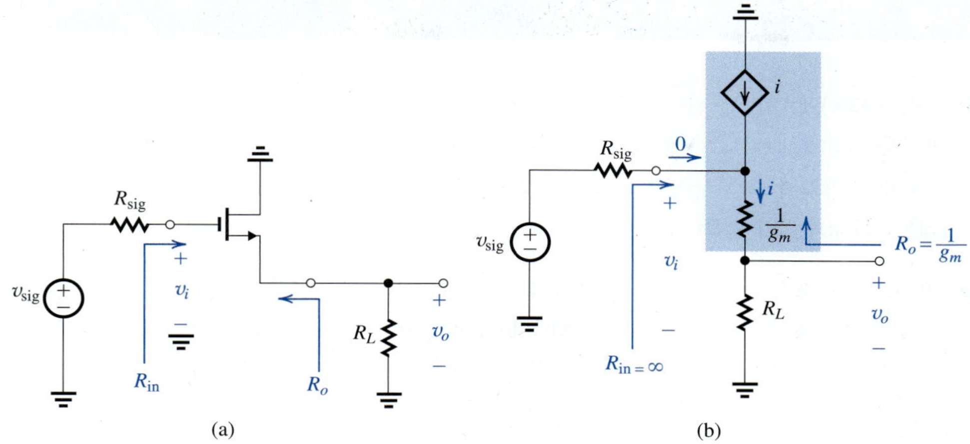

그림 6.43 (a) 바이어스 회로가 생략된 공통 드레인 증폭기, 즉 소스 폴로어. (b) MOSFET을 T 모델로 대치하여 얻어진 소스 폴로어의 등가 회로.

로 구할 수 있다. $R_L = \infty$로 설정하면 다음과 같은 A_{vo}를 얻는다.

$$A_{vo} = 1 \tag{6.126}$$

출력 저항 R_o는 $v_i = 0$을 설정함으로써(즉, 게이트를 접지함으로써) 구해진다. 이제 R_L을 제외하고 출력 단자 안으로 뒤돌아보면, $1/g_m$이 보이므로, 따라서

$$R_o = 1/g_m \tag{6.127}$$

이다. 부하 저항 R_L이 접속될 때 식 (6.127)의 R_o와 더불어 개방 회로 단위 전압 이득은 A_v를 구하기 위해 사용될 수 있다. 그 결과는 식 (6.125)의 표현식이다. 끝으로 무한대의 R_{in} 때문에 $v_i = v_{sig}$이므로, 전체 전압 이득은 다음과 같다.

$$G_v = A_v = \frac{R_L}{R_L + 1/g_m} \tag{6.128}$$

따라서 G_v는 1보다 작을 것이다. 그러나 $1/g_m$이 보통 작기 때문에, 전압 이득은 1에 가까울 수 있다. 식 (6.126)의 개방 회로 단위 전압 이득은 소스 단자의 전압이 입력의 전압을 따라간다는 것을 나타낸다. 여기서 **소스 폴로어**라는 이름이 나왔다.

결론적으로 소스 폴로어의 특징은 매우 높은(이상적으로는 무한대인) 입력 저항, 비교적 낮은 출력 저항 ($1/g_m$), 그리고 1에 가까운(이상적으로는 1인) 전압 이득이다. 따라서 소스 폴로어는 그림 6.42(c)의 단위 이득 전압 완충기를 구현하는 데 매우 적합하다. 또는 소스 폴로어는 다단 증폭기의 출력(즉, 마지막) 단으로도 사용된다. 여기서 그 기능은 전체 증폭기가 낮은 출력 저항을 갖도록 하여 이득 손실 없이(즉, 출력 신호 준위를 적게 감소시키면서) 비교적 큰 부하 전류를 공급할 수 있게 한다. 출력단의 설계는 11장에서 공부할 것이다.

연습문제

D6.28 그림 6.42(c)에 나타낸 완충 증폭기를 구현하는 소스 폴로어를 설계하려고 한다. MOSFET에서 과구동 전압 $V_{OV} = 0.25$ V로 동작된다면, 바이어스되어야 할 드레인 전류는 얼마인가? 출력 신호 진폭과 게이트와 소스 사이의 신호 진폭을 구하라.

[답] 1.25 mA; 0.91 V; 91 mV

D6.29 MOSFET은 소스 폴로어 구성으로 연결되어 종속 증폭기의 출력단으로 사용된다. 이 단은 200 Ω의 출력 저항을 제공할 필요가 있다. MOSFET이 $k_n' = 0.4$ mA/V²을 가지고 $V_{OV} = 0.25$ V로 동작될 경우에 필요한 W/L 비를 구하라. 또한 직류 바이어스 전류 I_D를 명기하라. 증폭기 부하 저항이 1~10 kΩ 범위에 걸쳐서 변한다면, 이 소스 폴로어의 G_v 범위는 무엇인가?

[답] 50; 0.625 mA; 0.83~0.98 V/V

이미터 폴로어의 성능 파라미터들 비록 이미터 폴로어는 (소스 폴로어의 경우에서처럼) 무한한 입력 저항을 가지지는 않지만, 전압 완충기로서 아직 널리 사용되고 있다. 사실 이것은 매우 다양하고 대중적인 회로이다. 그러므로 우리는 약간 자세하게 공부할 것이다.

그림 6.44(a)는 그림 6.44(b)에 나타낸 등가 회로를 갖는 이미터 폴로어를 보여 준다. 입력 저항 R_{in}은

$$R_{in} = \frac{v_i}{i_b}$$

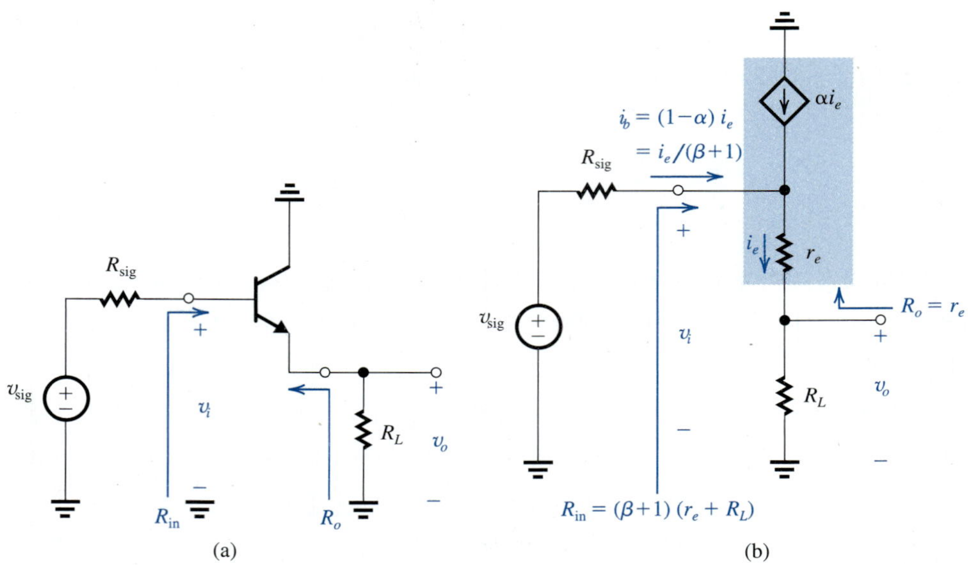

그림 6.44 (a) 바이어스 회로가 생략된 공통 컬렉터 증폭기, 즉 이미터 폴로어. (b) BJT를 T 모델로 대치하여 얻어진 등가 회로.

로부터 구해진다. $i_b = i_e/(\beta+1)$을 대입하고 다음과 같은 i_e를 사용하면

$$i_e = \frac{v_i}{r_e + R_L}$$

입력 저항은 다음과 같이 구해진다.

$$R_{\text{in}} = (\beta+1)(r_e + R_L) \tag{6.129}$$

이는 저항 반사 규칙을 적용하면 직접 구할 수 있는 결과이다. 예상한 대로 이미터 폴로어는 낮은 부하 저항을 취하여 인수 $(\beta+1)$만큼 그 값을 증가시킨 후에 신호원이 있는 베이스 쪽으로 반사시킨다. 이것이 바로 이미터 폴로어의 임피던스 변환 특성이다. 이는 낮은 저항 부하를 높은 저항 전원으로 접속하는, 즉 완충 증폭기를 실현하는 데 유용하게 사용된다.

전압 이득 A_v는

$$A_v \equiv \frac{v_o}{v_i} = \frac{R_L}{R_L + r_e} \tag{6.130}$$

로 주어진다. $R_L = \infty$로 설정하면 다음과 같은 A_{vo}를 얻는다.

$$A_{vo} = 1 \tag{6.131}$$

따라서 예상한 대로 이미터 폴로어 자체의 개방 전압 이득은 1이다. 이는 이미터의 신호 전압이 베이스의 신호 전압을 따라간다는 것을 의미한다. 그래서 이 회로를 '이미터 폴로어'라고 부르게 되었다.

R_o를 결정하기 위해 그림 6.44(b)를 참조하고 $v_i = 0$으로 설정하면서(즉, 베이스를 접지하면서) 이미터 안으로(즉, R_L을 제외하고) 뒤돌아보라. BJT의 r_e가 보이므로

$$R_o = r_e \tag{6.132}$$

이다. 이 결과는 $A_{vo} = 1$과 더불어 식 (6.130)의 A_v를 산출한다. 따라서 이는 앞서 수행한 해석을 확인해 준다.

다음으로 전체 전압 이득 G_v는 다음과 같이 구해진다.

$$\frac{v_i}{v_{\text{sig}}} = \frac{R_{\text{in}}}{R_{\text{in}} + R_{\text{sig}}} = \frac{(\beta+1)(r_e + R_L)}{(\beta+1)(r_e + R_L) + R_{\text{sig}}}$$

$$G_v \equiv \frac{v_o}{v_{\text{sig}}} = \frac{v_i}{v_{\text{sig}}} \times A_v$$

식 (6.130)의 A_v를 대입하면 다음 결과를 얻는다.

$$G_v = \frac{(\beta+1)R_L}{(\beta+1)R_L + (\beta+1)r_e + R_{\text{sig}}} \tag{6.133}$$

이 식은 전체 이득이 1보다 작지만 $(\beta+1)R_L$이 R_{sig}보다 크거나 비슷하면 1에 근접한다는 것을 나타낸다. 이는 R_{sig}가 R_L보다 훨씬 클 수 있는 경우에도 v_{sig}의 대부분을 크기가 작은 부하 저항 R_L로 공급하는 데 유용한 이미

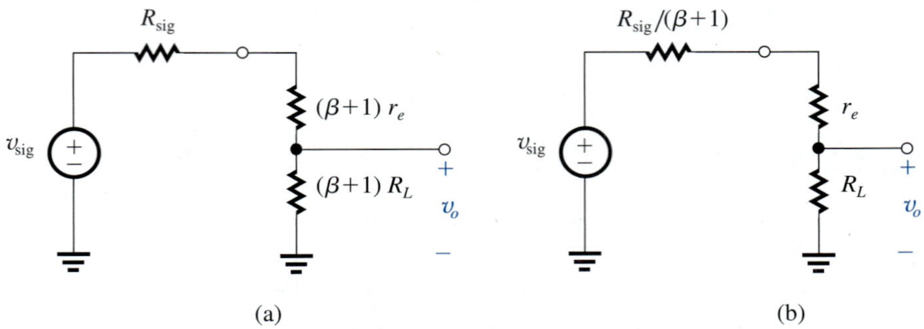

그림 6.45 (a) r_e와 R_L을 베이스 쪽으로 반사하여 얻은 이미터 폴로어의 단순한 등가 회로. (b) v_{sig}와 R_{sig}를 이미터 쪽으로 반사하여 얻은 이미터 폴로어의 단순한 등가 회로. (b)의 회로는 단순히 (a)의 모든 저항을 $(\beta + 1)$로 나눔으로써 얻을 수 있음을 주목하라.

터 폴로어의 작용을 다시 확인해 준다. 핵심은 R_L이 '신호원 쪽에 나타날 때' $(\beta + 1)$로 곱해진다는 사실이다. 그림 6.45(a)는 r_e와 R_L을 베이스 쪽으로 단순히 반사함으로써 얻은 이미터 폴로어의 등가 회로를 나타낸다. 전체 전압 이득 $G_v \equiv v_o/v_{sig}$는 이 회로에 전압 분배 공식을 사용함으로써 직접적이고 매우 간단히 구해질 수 있다. 그 결과는 식 (6.133)에 이미 주어진 G_v의 표현식이다.

그림 6.45(a)의 회로에서 모든 저항을 $(\beta + 1)$로 나눈다면 전압비 v_o/v_{sig}는 변화되지 않는다. 그러면 이미터 폴로어의 $G_v \equiv v_o/v_{sig}$를 구하기 위해 사용될 수 있는 그림 6.45(b)의 회로를 얻는다. 이 회로를 얼핏 보아도 이것은 단순히 v_{sig}와 R_{sig}를 베이스 쪽에서 이미터 쪽으로 반사함으로써 얻어진 등가 회로라는 사실을 알 수 있다. 이 반사에서 v_{sig}는 변화되지 않지만 R_{sig}는 $(\beta + 1)$로 나누어진다. 따라서 우리는 베이스 쪽으로 반사하여 그림 6.45(a)의 회로를 얻거나 이미터 쪽으로 반사하여 그림 6.45(b)의 회로를 얻는다. 후자로부터 G_v는

$$G_v \equiv \frac{v_o}{v_{sig}} = \frac{R_L}{R_L + r_e + R_{sig}/(\beta + 1)} \tag{6.134}$$

로 구해질 수 있다. 이 표현식은 분자와 분모 둘 다를 $(\beta + 1)$로 나누는 것을 제외하고는 식 (6.133)과 같다는 점을 주목하라.

식 (6.134)의 G_v 표현식에 대해 흥미로운 해석을 할 수 있다. 즉, 이미터 폴로어는 R_{sig}를 '부하 저항 R_L 쪽으로 나타낼 때' 그것을 인수 $(\beta + 1)$만큼 감소시킨다. 이는 완충 효과를 갖는 임피던스 변환이다.

이 시점에서 이미터 폴로어가 전압 이득은 제공하지 않지만 $(\beta + 1)$의 전류 이득을 가진다는 사실을 주목하는 것도 중요하다.

이미터 폴로어 출력의 테브냉 표현 이미터 폴로어 출력의 더욱 일반적인 표현이 그림 6.46(a)에 나타나 있다. 여기서 G_{vo}는 그림 6.46(b)에 나타낸 것처럼 그림 6.45(b)의 회로에 $R_L = \infty$로 설정함으로써 얻어질 수 있는 전체 개방 회로 전압 이득이다. 그 결과는 $G_{vo} = 1$이다. 출력 저항 R_{out}은 R_o와 다르다. R_{out}을 구하기 위해 ($v_i =$ 0으로 설정하기보다는) $v_{sig} = 0$으로 설정한다. 이를 위해 그림 6.46(c)에 나타낸 것처럼, 다시 그림 6.45(b)의 등가 회로를 사용할 수 있다. 그 결과는 다음과 같다.

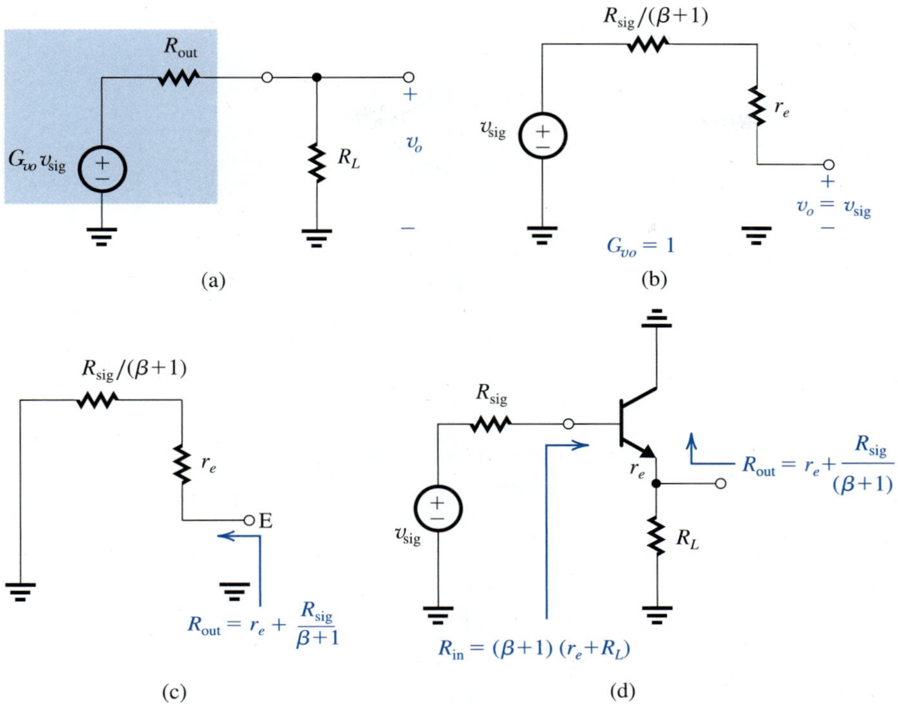

그림 6.46 (a) 이미터 폴로어의 출력에 대한 테브냉 표현. (b) 그림 6.45(b)의 등가 회로에서 G_{vo}를 구하는 회로. (c) 그림 6.45(b)의 등가 회로에서 $v_{sig} = 0$으로 설정하여 R_{out}을 구하는 회로. (d) 입력과 출력 단자들 안으로 각각 들여다봄으로써 구해진 R_{in}과 R_{out}을 갖는 이미터 폴로어.

$$R_{out} = r_e + \frac{R_{sig}}{\beta + 1} \tag{6.135}$$

끝으로 이미터 폴로어 회로를 R_{in}과 R_{out}에 대한 표현들과 함께 그림 6.46(d)에 나타내었다. R_{in}은 r_e와 R_L을 베이스 쪽으로 반사함으로써(그들의 값에 $\beta + 1$을 곱함으로써) 구해진다는 점을 관찰하라. R_{out}을 구하기 위해 $v_{sig} = 0$으로 설정하고 이미터를 잡고 역으로 둘러보자. 그러면 r_e와 직렬로 연결되어 있고, 또한 베이스에 있기 때문에 $(\beta + 1)$로 나누어져야 하는 R_{sig}를 보게 될 것이다.

앞에서 공부한 CE와 CB 증폭기들과 다르게 이미터 폴로어는 단방향이 아니다. 이는 R_{in}은 R_L에 의존하며 R_{out}도 R_{sig}에 의존한다는 사실로 분명하다.

예제 6.10

그림 6.47(a)의 완충 증폭기를 구현하기 위해 이미터 폴로어를 설계하고자 한다. 필요한 바이어스 전류 I_E와 트랜지스터 β의 최솟값을 명시하라. 적절한 선형 동작을 얻기 위해 v_π가 5 mV로 제한된다면, v_{sig}의 허용되는 최댓값은 얼마인가? $v_{sig} = 200$ mV인 경우에 R_L이 2 kΩ으로 그리고 0.5 kΩ으로 변경된다면, 출력

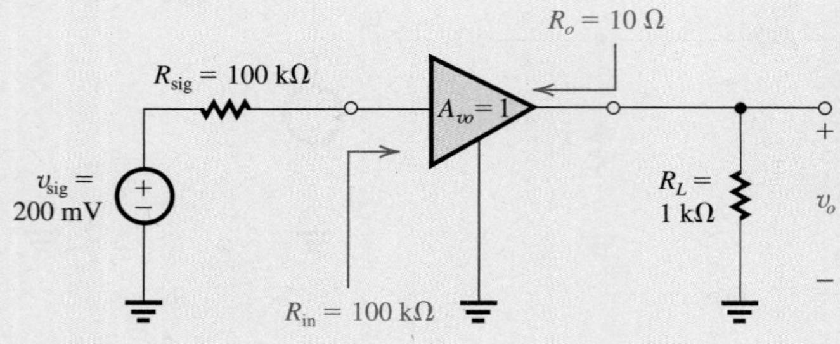

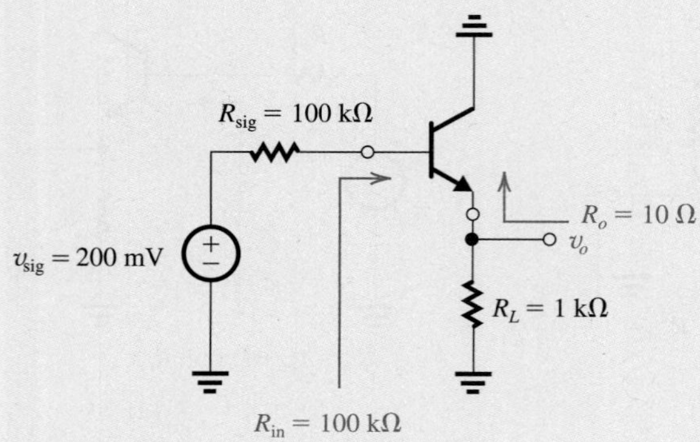

그림 6.47 예제 6.10에 대한 회로.

의 신호 전압은 얼마인가?

풀이

이미터 폴로어 회로는 그림 6.47(b)에 나타나 있다. $R_o = 10\ \Omega$을 얻기 위하여 트랜지스터 $r_e = 10\ \Omega$을 갖도록 바이어스한다. 따라서

$$10\ \Omega = \frac{V_T}{I_E} = \frac{25\ \text{mV}}{I_E}$$
$$\Rightarrow I_E = 2.5\ \text{mA}$$

이고 입력 저항 R_{in}은

$$R_{in} = (\beta + 1)(r_e + R_L)$$
$$100 = (\beta + 1)(0.01 + 1)$$

이 될 것이다. 따라서 BJT는 최솟값이 98인 β를 가져야 한다. 명백히 더 큰 β도 이로울 것이다.

전체 전압 이득은

$$G_v \equiv \frac{v_o}{v_{sig}} = \frac{R_L}{R_L + r_e + \dfrac{R_{sig}}{(\beta+1)}}$$

로부터 구해질 수 있다. $\beta = 100$을 가정하면 구해진 G_v의 값은

$$G_v = 0.5$$

이다. 따라서 $v_{sig} = 200$ mV일 때, 출력에서 신호는 100 mV일 것이다. 100 mV가 1 kΩ 부하 양단에 나타나므로, 베이스-이미터 접합 양단의 신호는

$$v_\pi = \frac{v_o}{R_L} \times r_e$$
$$= \frac{100}{1000} \times 10 = 1 \text{ mV}$$

로 구해질 수 있다. 만일 $\hat{v}_\pi = 5$ mV라면 v_{sig}는 다섯 배로 증가될 수 있다. 그 결과 $\hat{v}_{sig} = 1$ V가 된다.

변경되는 부하에 따른 v_o를 얻기 위해 그림 6.46(a)에 나타낸 이미터 폴로어의 테브냉 등가 회로를 이용한다. 여기서 $G_{vo} = 1$이고

$$R_{out} = \frac{R_{sig}}{\beta+1} + r_e = \frac{100}{101} + 0.01 = 1 \text{ k}\Omega$$

이므로

$$v_o = v_{sig}\frac{R_L}{R_L + R_{out}}$$

을 얻는다. $R_L = 2$ kΩ에 대하여

$$v_o = 200 \text{ mV} \times \frac{2}{2+1} = 133.3 \text{ mV}$$

이고, $R_L = 0.5$ kΩ에 대하여

$$v_o = 200 \text{ mV} \times \frac{0.5}{0.5+1} = 66.7 \text{ mV}$$

이다.

연습문제

6.30 이미터 폴로어는 $\beta = 100$이고 $I_C = 5$ mA로 바이어스된 트랜지스터를 사용한다. 그것은 10 kΩ의 저항을 가지는 신호원과 1 kΩ의 부하 사이에서 동작한다. R_{in}, G_{vo}, R_{out}, G_v를 구하라. v_π가 5 mV의 피크 진폭을 갖기 위한 v_{sig}의 피크 진폭은 얼마인가? 결과적인 출력의 피크 진폭을 구하라.

[답] 101.5 kΩ; 1 V/V; 104 Ω; 0.91 V/V; 1.1 V; 1 V

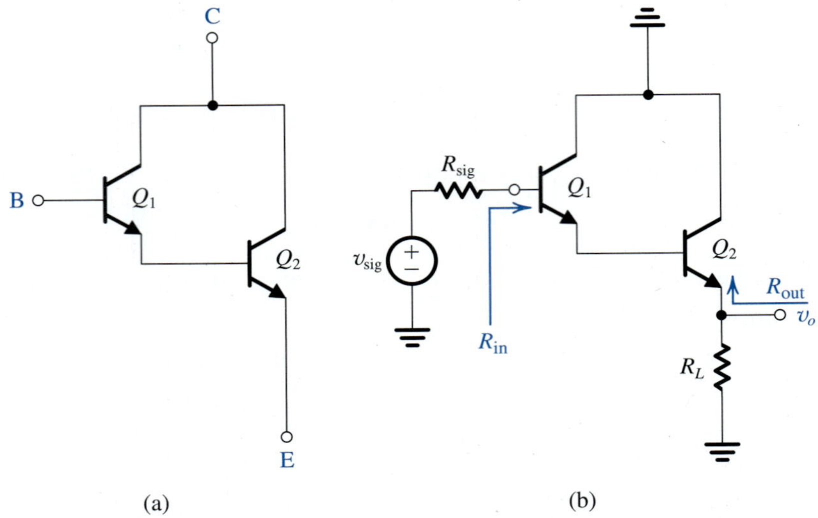

그림 6.48 (a) 달링턴 구성. (b) 달링턴 구성을 활용한 전압 폴로어.

이미터 폴로어 성능 향상: 달링턴 구성 위에서 이미터 폴로어의 성능은 β의 값을 증가시킴으로써 향상될 수 있다는 것을 알았다. 그림 6.48(a)에서 보여 주는 것처럼 두 개의 BJT를 다단 연결하여 향상된 이미터 폴로어를 얻을 수 있다. 이것을 **달링턴 구성**(Darlington configuration)이라고 하고, 다단 연결된 트랜지스터 쌍을 **달링턴 쌍**(Darlington pair)이라 부른다. 달링턴 쌍은 $\beta = \beta_1\beta_2$인 복합 트랜지스터로 생각될 수 있다. 그림 6.48(b)가 나타내는 것처럼, 그것은 고성능 전압 폴로어를 구현하는 데 사용될 수 있다.

연습문제

6.31 그림 6.48(b)의 달링턴 전압 폴로어의 경우에 다음 식이 성립함을 보여라.

$$R_{in} = (\beta_1 + 1)[r_{e1} + (\beta_2 + 1)(r_{e2} + R_L)]$$

$$R_{out} = R_L \| r_{e2} + \frac{r_{e1} + [R_{sig}/(\beta_1 + 1)]}{\beta_2 + 1}$$

$$\frac{v_o}{v_{sig}} = \frac{R_L}{R_L + r_{e2} + [r_{e1} + R_{sig}/(\beta_1 + 1)]/(\beta_2 + 1)}$$

$I_{E2} = 5$ mA, $\beta_1 = \beta_2 = 100$, $R_E = 1$ kΩ, $R_{sig} = 100$ kΩ일 때, R_{in}, R_{out}, v_o/v_{sig}를 계산하라.

[답] 10.3 MΩ; 20 Ω; 0.98 V/V

6.3.7 요약표와 비교

간편한 참조와 비교를 위해 MOSFET과 BJT 증폭기들의 다양한 구성에 대한 성능 파라미터를 결정하는 공식들이 온라인(www.oup.com/he/dedra-smith8xe)상의 요약표 보충자료(Summary Tables Supplement)의 표 6.4, 6.5에 각각 제시되어 있다. 다양한 구성들의 성능과 응용 분야에 대해 이 절에서 다룬 내용 외에 다음과 같은 결론적인 사항들을 덧붙인다.

1. MOS 증폭기들은 훨씬 높고 이상적인 무한대의 입력 저항(물론 CG 구성의 경우는 제외하고)을 제공한다. 이것은 BJT 증폭기들에 대해 명확한 장점이다.
2. BJT는 MOSFET에 비하여 더 높은 g_m을 나타내어 더 높은 이득을 제공한다.
3. 개별 회로 증폭기들—즉, 인쇄 회로 기판(PCB) 위에 개별 부품으로 조립되는 증폭기들—의 경우 BJT는 선택할 수 있는 소자로 남는다. 이것은 개별 BJT가 개별 MOSFET에 비해 물리적으로 다루기 쉽고, 더 중요하게는, 매우 다양한 개별 BJT들을 상업적으로 구할 수 있기 때문이다. 이 장의 나머지 부분은 개별 회로 증폭기와 관련이 있다.
4. 어떤 틈새시장에서는 BJT들이 활용되고 있지만, 집적 회로(IC) 증폭기들은 주로 MOSFET들을 사용한다. 7장에서 12장까지는 주로 집적 회로 증폭기들과 관련이 있다.
5. CS와 CE 구성은 증폭기에서 필요한 이득의 대부분을 실현하는 데 가장 적합하다. 필요한 이득의 크기에 따라 단일 단이나 두세 단의 종속 접속을 사용할 수 있다.
6. CE 증폭기의 소스에 저항 R_s(CE 증폭기의 이미터에 저항 R_e)를 포함하는 것은 이득 감소의 대가를 치르지만 많은 성능 향상을 제공한다.
7. CG와 CB 증폭기는 낮은 입력 저항으로 인해 특정한 응용들에만 유용하게 사용된다. 9장에서 보겠지만, 이런 구성들은 CS와 CE 증폭기들보다 훨씬 좋은 고주파 응답을 갖는다. 이 우수성으로 인해 고주파 증폭기로 유용하게 사용되며, 특히 CS와 CE 회로와 결합되면 더욱 유용해진다. 7장에서 그러한 결합 중 하나를 보게 될 것이다.
8. 소스 폴로어(이미터 폴로어)는 높은 저항 신호원을 낮은 저항 부하로 연결하는 전압 완충기와 다단 증폭기의 출력단에 응용된다. 여기서 소스 폴로어(이미터 폴로어)의 목적은 증폭기가 낮은 출력 저항을 갖도록 하는 것이다.

6.3.8 출력 저항 r_o를 포함할 때와 포함하는 방법

지금까지 우리는 MOSFET과 BJT의 출력 저항을 무시하였다. 그 두 가지 이유는

1. 문제를 단순화하고 기본 구성들 각각의 중요한 특징에 초점을 맞추기 위함과,
2. 이 장에서 우리의 주된 관심은 회로 저항(즉, R_C, R_D, R_L)들이 보통 r_o보다 훨씬 작은 개별 회로 설계이기 때문이다.

그럼에도 불구하고 몇몇 경우에서는 해석에서 r_o를 포함하는 것이 비교적 쉽다. 특히,

1. CS와 CE 증폭기들에서 트랜지스터의 r_o는 각각 R_D와 R_C에 병렬로 나타난다는 것을 알 수 있고, R_D 대

신에 $R_D \parallel r_o$, R_C 대신에 $R_C \parallel r_o$를 각각 대응하는 공식에 대치함으로써 간단히 포함될 수 있다. 이 효과로 인해 아마 5%에서 10% 정도의 이득 크기가 감소된다.

2. 소스와 이미터 폴로어에서 트랜지스터 r_o가 R_L과 병렬로 나타나고 R_L 대신에 대응하는 식에 $R_L \parallel r_o$를 대치하는 것이 고려될 수 있다는 것을 알 수 있다. 따라서 여기서 또한 r_o를 고려하는 효과는 이득에서 작은 감소가 된다. 그러나 더욱 중요한 것은 r_o를 고려하는 것은 개방 회로 전압 이득 A_{vo}를 1에서

$$A_{vo} = \frac{r_o}{r_o + (1/g_m)} \tag{6.136}$$

로 감소시킨다.

r_o를 고려해야 하는 것이 해석을 상당히 복잡하게 하는 구성들이 있다. 소스(이미터) 저항을 갖는 CS(CE) 증폭기들과 CG(CB) 증폭기들이다. 다행히 이러한 구성들의 개별 실현의 경우에는 r_o를 무시하는 것의 영향이 보통 작다.(컴퓨터 시뮬레이션을 통해 증명될 수 있다.)

끝으로, 매우 중요한 점은 IC 증폭기의 설계와 해석에서 r_o는 항상 고려되어야 한다는 것이다. 다음 장에서 보게 되겠지만, 모든 회로 저항들이 r_o와 같은 수준의 크기를 갖기 때문이다. 따라서 r_o를 무시하는 것은 완전히 실수투성이인 결과를 낼 수 있다.

리 디포리스트: 전자공학시대의 아버지

1906년 개인 발명가 리 디포리스트(Lee de Forest, 1873~1961)는 3극 진공관을 발명했는데 이것은 약한 신호의 최초의 전자 증폭기였다. 이 소자는 처음에는 디포리스트 밸브로 알려져 있었다. 그러나 1907년에 등록된 특허에는 오디온(Audion)이라는 이름을 사용했는데, '이온(-ion)'이라는 말은 그 소자가 완전히 배기되지 않았다는 것을 가리킨다. 1919년까지 엔지니어들은 완벽한 내부 가스의 배기를 통해 좀 더 신뢰할 수 있는 소자를 만들 수 있게 되었다.

디포리스트의 최초의 증폭기는 트라이오드 진공관으로 알려지게 되었다. 라디오, 전화, 동화상 소리, 텔레비전에 미치는 영향을 통해 디포리스트의 180개 특허 중의 하나인 이 발명은 전자 시대를 도입하는 공을 세웠다. 다양한 형태의 진공관 튜브는 1950년대 초 트랜지스터가 등장할 때까지 증폭기를 구현하는 소자의 역할을 하였다.

6.4 바이어싱

6.1절에서 논의한 바와 같이, 트랜지스터 증폭기의 설계에 필수적인 단계는 트랜지스터에 대한 적절한 직류 동작점을 확립하는 것이다. 이것이 바이어싱 또는 바이어스 설계로 알려진 단계이다. 이 절에서는 개별 회로

증폭기들에서 보편적으로 채용된 바이어싱 방법들을 공부할 것이다. 집적 회로 증폭기들의 바이어싱은 7장에서 공부할 것이다.

바이어스 설계의 목적은 드레인(컬렉터)에서 온도 변화나 같은 형태의 소자 사이의 큰 파라미터 변화에 민감하지 않고 예측 가능한 직류 전류를 설정하는 것이다. 예를 들어 동일한 제작자의 부품 번호에 해당하는 개별 BJT들은 50에서 150 사이의 범위의 β 값을 나타낸다. 그럼에도 불구하고 특정 트랜지스터 형태를 활용하는 증폭기들을 위한 바이어스 설계는 직류 컬렉터 전류가 항상 정상적인 값, 즉 1 mA, 의 범위, 즉 ±10% 안에 있을 것으로 명시할 수 있다. 개별 MOSFET의 V_t에서 만나게 되는 넓은 변동에서 직류 드레인 전류의 원하는 둔감도에 대하여 비슷한 이야기를 할 수 있다.

바이어스 설계에서 두 번째 고려 사항은 트랜지스터 동작의 활성 영역에 직류 동작점을 위치시켜서, (비선형 왜곡을 피하기 위해서) 어떤 순간에도 트랜지스터가 활성 영역을 벗어나지 않고 요구된 출력 신호 스윙을 허용하면서 높은 전압 이득을 얻는 것이다. 6.1.7절에서 이에 대해 논의하였다.

MOSFET과 BJT의 바이어싱을 각각 고려하겠지만, 결과적인 회로는 비슷할 것이다. 또한 좋은 바이어스 설계는 가능한 한 일정하게 직류 동작점을 유지하도록 귀환 방식을 포함한다는 것을 알 수 있다.

문제를 단순하게 유지하고 중요한 이슈들에 관심을 집중하기 위해 우리는 얼리 효과를 무시할 것이다(즉, $\lambda = 0$ 또는 $V_A = \infty$로 가정). 이것은 확실히 개별 회로의 최초 설계에서 허용되어야 한다. 물론 설계는 후에 SPICE와 같은 회로 시뮬레이션 프로그램의 도움으로 미세 조정이 될 수 있다.

6.4.1 MOSFET의 경우

V_{GS}를 고정하는 바이어싱 MOSFET을 바이어스하는 가장 직접적인 방법은 게이트-소스 전압 V_{GS}를 원하는 I_D를 얻는 데 필요한 값으로 고정하는 것이다.[5] 이 전압 값은 그림 6.49(a)에서 나타낸 것처럼 전원 공급기 전압 V_{DD}로부터 적절한 전압 분배기(voltage divider)를 사용하여 얻을 수 있다. 이 전압 V_{GS}가 어떻게 생성되는가에 관계없이 이 방법은 MOSFET을 바이어스하는 좋은 접근 방법이 아니다. 그 이유를 이해하기 위해

$$I_D = \frac{1}{2}\mu_n C_{ox}\frac{W}{L}(V_{GS} - V_t)^2$$

을 상기하고 문턱 전압 V_t, 산화물 커패시턴스 C_{ox}, 그리고 (약한 정도지만) 트랜지스터 외형비 W/L의 값이 같은 크기와 같은 종류의 소자들 사이에서도 심하게 변화한다는 것을 유의하자. 이것은 물론 개별 소자들에 대한 경우이다. 여기서 이러한 파라미터 값들의 넓은 분포는 같은 제조사의 부품 번호를 갖는 소자들 중에서도 일어난다. 또한 이 분포는 집적 회로들, 특히 다른 웨이퍼들 위에 제조된 소자들 중에서도 넓게 나타나고 웨이퍼의 다른 일괄 생산품(batch)들 사이에서는 그 현상이 더욱 뚜렷하다. 게다가 V_t와 μ_n 둘 다 온도에 의존하는 결과로 우리가 V_{GS}의 값을 고정한다면, 드레인 전류 I_D는 온도에도 매우 크게 의존하게 된다.

V_{GS} 고정 바이어싱이 양호한 기법이 아니라는 점을 강조하기 위하여, 같은 일괄 생산품의 MOSFET들에서 극단적인 값들을 보이는 두 i_D–v_{GS} 특성 곡선들을 그림 6.49(b)에 나타내었다. V_{GS}의 고정된 값에 대하여, 드

5) 이것은 우리가 6.1절에서 했었던 것이다. 그러나 그때 공부한 증폭기 회로는 개념적인 것이지, 실제적인 회로가 아니다. 이 절에서 우리의 목적은 실제적인 회로를 공부하는 것이다.

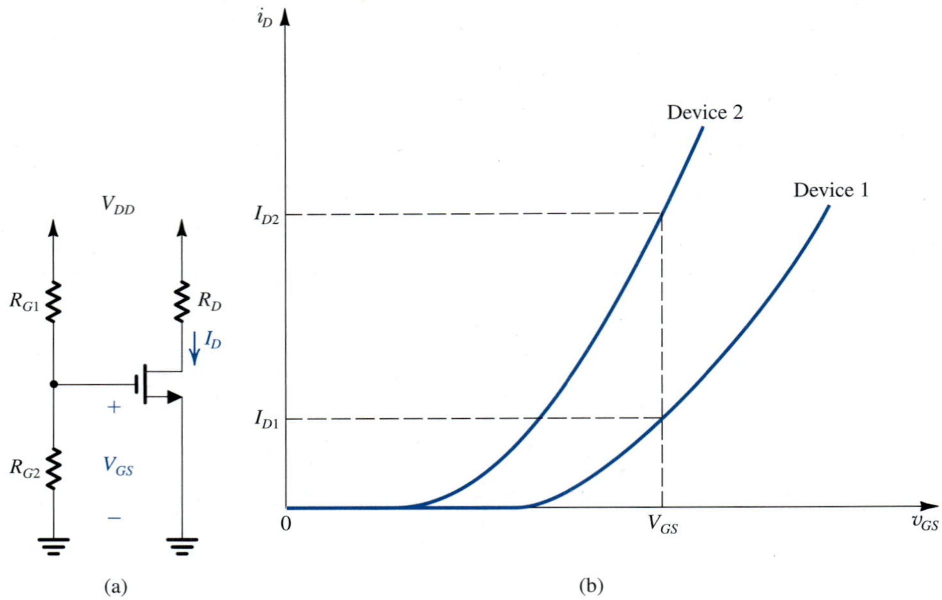

그림 6.49 (a) 전압 분배기 (R_{G1}, R_{G2})를 사용하여 V_{DD}로부터 생성된 일정한 전압 V_{GS}로 MOSFET을 바이어스하기. (b) 고정된 바이어스(일정한 V_{GS})는 결과적으로 I_D의 값에 큰 분산을 야기한다. 소자 1과 2는 같은 종류의 소자 단위 중에서 극단적인 것들을 나타낸다.

레인 전류의 값들에 대한 결과적인 분포는 실제로 상당히 넓을 수 있다는 점을 관찰하라.

V_G를 고정하고 소스에 저항을 연결한 바이어싱 개별 MOSFET 회로들에 대한 우수한 바이어싱 기법은 그림 6.50(a)에 나타낸 것처럼, 게이트 전압 V_G를 고정하고 소스 도선에 저항 R_S를 연결하는 것으로 이루어진다. 이 회로에 대해

$$V_G = V_{GS} + R_S I_D \tag{6.137}$$

로 기술할 수 있다. 여기서 V_G가 V_{GS}보다 훨씬 크다면, I_D는 주로 V_G와 R_S의 값들로 정해진다. 하지만 V_G가 V_{GS}보다 훨씬 크지 않아도, 저항 R_S는 바이어스 전류 I_D의 값을 안정시키도록 작용하는 **부귀환**(negative feedback)을 제공한다. 이것이 어떻게 일어나는지를 알아보기 위해, 어떤 원인으로 I_D가 증가한 경우를 고려하자. 식 (6.137)에서 V_G가 일정하므로, V_{GS}는 감소해야 할 것이다. 이것은 결국 처음에 가정했던 변화와는 반대인 I_D의 감소로 이어진다. 그러므로 R_S는 I_D를 가능한 한 일정하게 유지하려는 작용을 한다.[6)]

그림 6.50(b)는 이 바이어싱 기법의 효율성을 보여 준다. 여기서 우리는 일괄 생산된 MOSFET 제품의 극단을 나타내는 두 소자들에 대한 i_D–v_{GS} 특성들을 볼 수 있다. 이 소자 특성들에 중첩된 것은 바로 바이어스 회로, 즉 식 (6.137)에 의해 부과된 제약 조건을 나타내는 직선이다. 이 직선과 i_D–v_{GS} 특성 곡선의 교차점은 바

6) 바이어스 전류 I_D의 값을 안정화하는 데 R_S의 작용은, 6.3.4절에서 CS 증폭기 소스 단자에 포함되었던 저항 R_s의 작용과 다르지 않다. 또한 후자의 경우 R_s는 i_D의 변화를 줄이도록 작용하면서 결과적으로 증폭기 이득이 줄어들게 한다.

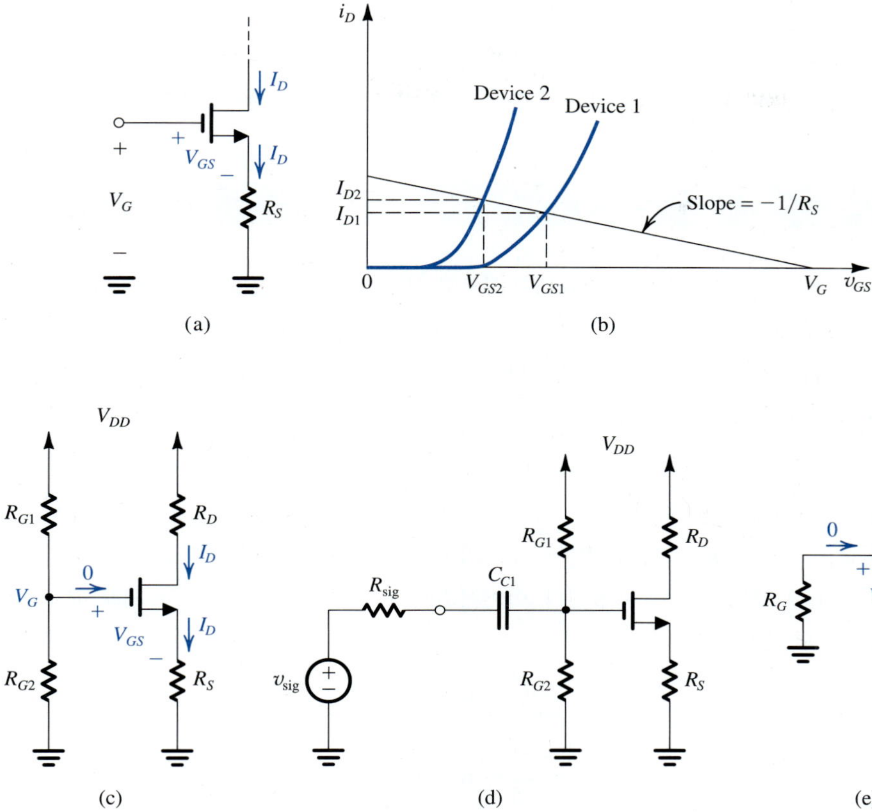

그림 6.50 고정된 게이트 전압 V_G와 소스 도선에 저항 R_S를 사용한 바이어싱: (a) 기본적인 배열, (b) I_D의 감소된 분산, (c) 단일 전원 공급기를 사용한 실제 구현, (d) 커패시터 C_{C1}을 사용한 신호원의 게이트 결합, (e) 두 전원 공급기를 사용한 실제 구현.

이어스점의 좌표 (I_D와 V_{GS})를 제공한다. 고정된 V_{GS}의 경우와 비교하여, 여기서 I_D에 수반된 분산이 현저히 작은 것을 관찰하라. 또한 V_G와 R_S를 더욱 크게 하면 (바이어스 선의 경사가 덜 급해지므로) 이 분산이 감소한다는 것을 유의하라.

이 바이어스 기법의 실제적인 두 가지 개별 구현이 그림 6.50(c)와 (e)에 나타나 있다. 그림 6.50(c)의 회로는 하나의 전원 공급기 V_{DD}를 이용하고, 전압 분배기 (R_{G1}, R_{G2})를 통해 V_G를 얻는다. $I_G = 0$이므로, 그림 6.50(d)와 같이 MOSFET이 결합 커패시터를 통해 게이트에 접속될 수 있는 입력 신호원에 큰 저항을 나타내도록, R_{G1}과 R_{G2}는 매우 크게(MΩ 범위로) 선정될 수 있다. 여기서 커패시터 C_{C1}은 직류를 차단하므로, MOSFET 직류 바이어스점의 교란 없이 증폭기의 입력에 신호 v_{sig}를 결합한다. 관심이 있는 모든 신호 주파수들에서 단락 회로로 근사화되도록 C_{C1}의 값은 충분히 크게 선정되어야 한다. 우리는 개별 회로 설계에만 적합한 커패시터 결합 MOSFET 증폭기들을 6.5절에서 공부할 것이다. 끝으로 그림 6.50(c)의 회로에서, 큰 이득을 얻기 위해 저항 R_D는 가능한 한 크게 선정되지만, 항상 MOSFET을 포화로 유지하면서 드레인에서 원하는 신호 스윙을 얻기에 충분히 작게 선정되어야 하는 점을 유념하라.

흔히 있는 경우지만, 두 개의 전원 공급기를 사용할 수 있을 때, 그림 6.50(e)의 다소 간단한 바이어스 배열이 활용될 수 있다. 이 회로는 V_G를 V_{SS}로 대치한 식 (6.137)의 구현이다. 저항 R_G는 게이트에 직류 접지를 설정하고, 결합 커패시터를 통하여 게이트에 접속될 수 있는 입력 신호원에 높은 입력 저항을 나타낸다.

예제 6.11

드레인 전류 $I_D = 0.5$ mA가 되도록 그림 6.50(c)의 회로를 설계할 필요가 있다. MOSFET은 $V_t = 1$ V와 $k_n' W/L = 1$ mA/V^{2}인 특성을 갖는다. 단순한 해석을 위해 채널 길이 변조 효과는 무시하라(즉, $\lambda = 0$으로 가정). 전원 공급기 $V_{DD} = 15$ V를 사용하라. MOSFET이 같은 $k_n' W/L$을 갖지만 $V_t = 1.5$ V인 다른 소자로 대체될 때, I_D 값의 백분율 변화를 계산하라.

풀이

이 전형적인 바이어싱 회로를 설계하기 위한 실용적인 방법으로, 전원 공급기 전압 V_{DD}의 3분의 1을 R_D, 트랜지스터(즉, V_{DS}), 그리고 R_S 각각의 양단에 강하되도록 R_D와 R_S를 선택한다. $V_{DD} = 15$ V에 대하여, 이 선택으로 $V_D = +10$ V와 $V_S = +5$ V가 된다. 이어서 I_D는 0.5 mA가 되도록 요구되므로, R_D와 R_S의 값들을 다음과 같이 구할 수 있다.

$$R_D = \frac{V_{DD} - V_D}{I_D} = \frac{15 - 10}{0.5} = 10\ \text{k}\Omega$$

$$R_S = \frac{V_S}{R_S} = \frac{5}{0.5} = 10\ \text{k}\Omega$$

V_{GS}의 필요한 값은 먼저 과구동 전압 V_{OV}를

$$I_D = \frac{1}{2}k_n'(W/L)V_{OV}^2$$

$$0.5 = \frac{1}{2} \times 1 \times V_{OV}^2$$

으로부터 계산함으로써 결정될 수 있다. 여기서 $V_{OV} = 1$ V가 산출된다. 따라서

$$V_{GS} = V_t + V_{OV} = 1 + 1 = 2\ \text{V}$$

가 된다. 이제 $V_S = +5$ V이므로, V_G는

$$V_G = V_S + V_{GS} = 5 + 2 = 7\ \text{V}$$

가 되어야 한다. 이 전압을 게이트에 설정하기 위해 $R_{G1} = 8$ MΩ 그리고 $R_{G2} = 7$ MΩ으로 선정할 수 있다. 최종 회로는 그림 6.51과 같다. 드레인의 직류 전압(+10 V)은 +5 V(즉, 위로 V_{DD}까지)인 양의 신호 스윙과 −4 V(즉, 아래로 $V_G - V_t$까지)인 음의 신호 스윙을 허용한다는 것을 관찰하라.

만일 NMOS 트랜지스터가 $V_t = 1.5$ V를 가지는 다른 것으로 대치되면 I_D의 새로운 값은 다음과 같이 구해질 수 있다.

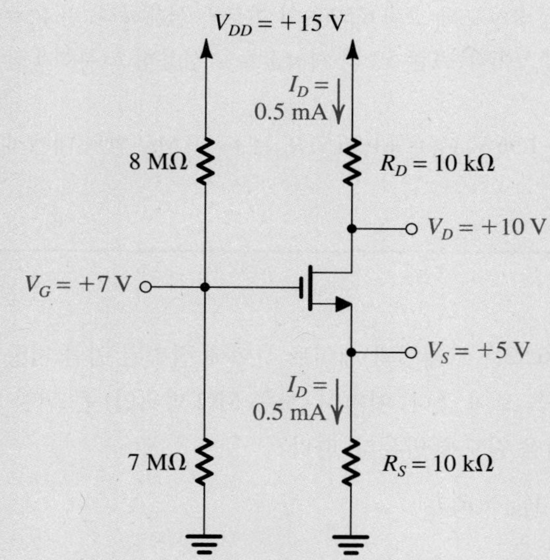

그림 6.51 예제 6.11에 대한 회로.

$$I_D = \frac{1}{2} \times 1 \times (V_{GS} - 1.5)^2 \tag{6.138}$$

$$V_G = V_{GS} + I_D R_S$$

$$7 = V_{GS} + 10I_D \tag{6.139}$$

식 (6.138)과 (6.139)를 같이 풀면

$$I_D = 0.455 \text{ mA}$$

가 산출된다. 그러므로 I_D의 변화는

$$\Delta I_D = 0.455 - 0.5 = -0.045 \text{ mA}$$

이다. 이것은 $\frac{-0.045}{0.5} \times 100 = -9\%$ 변화이다.

연습문제

6.32 고정된 V_{GS} 바이어스가 사용될 때, 예제 6.11의 MOSFET을 고려하자. 직류 바이어스 전류 $I_D =$ 0.5 mA를 설정하기 위해 필요한 V_{GS}의 값을 구하라. 소자 파라미터들은 $V_t = 1$ V, $k_n'W/L = 1$ mA/V^2, $\lambda = 0$인 것을 상기하라. 트랜지스터가 $V_t = 1.5$ V인 다른 소자로 대치될 때 얻어지는 I_D의 백분율 변화는 얼마인가?

[답] $V_{GS} = 2$ V; -75%

D6.33 0.5 mA의 직류 드레인 전류와 $V_D = +2$ V로 동작하도록 그림 6.50(e)의 회로를 설계하라. 단, $V_t = 1$ V, $k_n' W/L = 1$ mA/V^2, $\lambda = 0$, $V_{DD} = V_{SS} = 5$ V이다. 표준 5%의 저항값들을 사용하고(부록 J 참조), 결과적인 I_D, V_D, V_S의 값을 산출하라.

[답] $R_D = R_S = 6.2$ kΩ; $I_D = 0.49$ mA, $V_S = -1.96$ V, $V_D = +1.96$ V. R_G는 1~10 MΩ 범위 내에서 선정될 수 있다.

드레인-게이트 귀환 저항기를 사용한 바이어싱 그림 6.52는 드레인과 게이트 사이에 접속된 귀환 저항기를 사용하여 간단하고 효과적인 개별 회로 바이어싱 배열을 보여 준다. 여기서 (보통 MΩ 범위인) 큰 귀환 저항 R_G는 ($I_G = 0$이기 때문에) 게이트와 드레인의 직류 전압을 같도록 만든다. 따라서

$$V_{GS} = V_{DS} = V_{DD} - R_D I_D$$

로 기술할 수 있고, 이것은 다음과 같이 정리된다.

$$V_{DD} = V_{GS} + R_D I_D \tag{6.140}$$

이 식은 앞서 그림 6.50(a)에서 논의했던 바이어스 기법의 동작을 기술하는 식 (6.137)과 형태가 같다. 그러므로 여기서도 역시 같은 이유로 I_D가 변화하면, 예를 들어 증가한다면, 식 (6.140)은 V_{GS}가 감소해야 함을 나타낸다. 이 V_{GS}의 감소는 I_D의 감소로 이어지고, 이 변화는 원래 가정했던 것과는 반대 방향이다. 그래서 R_G에 의해 제공된 부귀환이나 감생 작용은 I_D의 값을 가능한 한 일정하게 유지하도록 한다.

그림 6.52의 회로는 입력 전압 신호를 이미 설정된 직류 바이어스 상태를 교란하지 않도록 결합 커패시터를 통하여 게이트에 인가함으로써 증폭기로 활용될 수 있다. 드레인의 증폭된 출력 신호는 회로의 다른 부분으로 커패시터를 통하여 다시 결합될 수 있다. 이러한 증폭기는 6.2절(예제 6.3)에서 다뤘다.

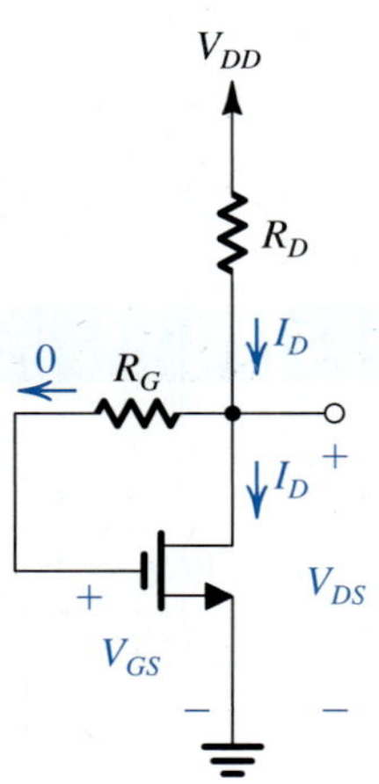

그림 6.52 큰 드레인-게이트 귀환 저항 R_G를 사용한 MOSFET 바이어싱.

연습문제

D6.34 0.5 mA의 직류 드레인 전류에서 동작하도록 그림 6.52의 회로를 설계할 필요가 있다. $V_{DD} = +5$ V, $k_n' W/L = 1$ mA/V^2, $V_t = 1$ V, $\lambda = 0$으로 가정하라. R_D에 대해 표준 5% 저항값을 사용하라. I_D와 V_D에 대해 얻어지는 실제 값들을 산출하라.

[답] $R_D = 6.2$ kΩ; $I_D \simeq 0.49$ mA; $V_D \simeq 1.96$ V

6.4.2 BJT의 경우

'양호한' 바이어싱 기법들을 소개하기 전에, 두 가지 명백한 배열들이 왜 양호하지 않은지를 지적해야 한다. 첫째로 전압 V_{BE}를 고정함으로써, 예를 들면 그림 6.53(a)에 나타낸 것처럼, 전원 공급기 V_{CC}에 걸치는 전압 분배기를 사용하여 BJT를 바이어스하는 시도는 실용적인 방법이 아니다. 즉, 매우 민감한 지수적인 관계를 갖는 i_C–v_{BE}는 원하는 값과 실제 V_{BE}의 작고 필연적인 어떤 차이가 I_C와 V_{CE}에 큰 차이를 유발하는 것을 의미한다. 둘째로 그림 6.53(b)에 나타낸 것처럼, $I_B \simeq (V_{CC} - 0.7)/R_B$로 베이스에 일정한 전류를 설정함으로써 BJT를 바이어스하는 것도 역시 추천할 만한 방법이 아니다. 여기서는 보통 같은 유형의 소자들 중에서도 β 값이 크게 변동하므로 I_C, 따라서 V_{CE}에도 대응하는 큰 변동이 발생한다.

표준적인 개별 회로 바이어스 배열 그림 6.54(a)는 단일 전력 공급기만을 이용할 수 있을 때 개별 회로 트랜지스터 증폭기를 바이어스하기 위하여 가장 널리 사용되는 배열을 나타낸다. 이 기법은 전압 분배기 R_1, R_2를 통해 공급기 전압 V_{CC}의 일부를 트랜지스터의 베이스에 공급하는 것으로 이루어진다. 그 외에 저항기 R_E가 이미터에 접속되어 있다. 이 회로는 MOSFET을 위해 사용된 것[그림 6.50(c)]과 매우 비슷하다. 그러나 여기서 설계는 유한한 베이스 입력 저항을 고려하여야만 한다.

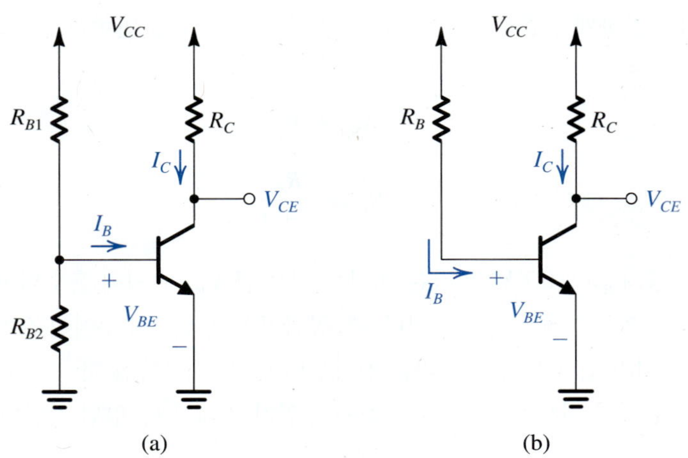

그림 6.53 BJT를 바이어스하기 위한 두 가지 명백한 기법들: (a) V_{BE}를 고정하는 방법, (b) I_B를 고정하는 방법. 둘 다 I_C, 따라서 V_{CE}에 큰 변동을 유발하므로 '불량한' 것으로 간주된다. 어느 쪽도 추천하지 않는다.

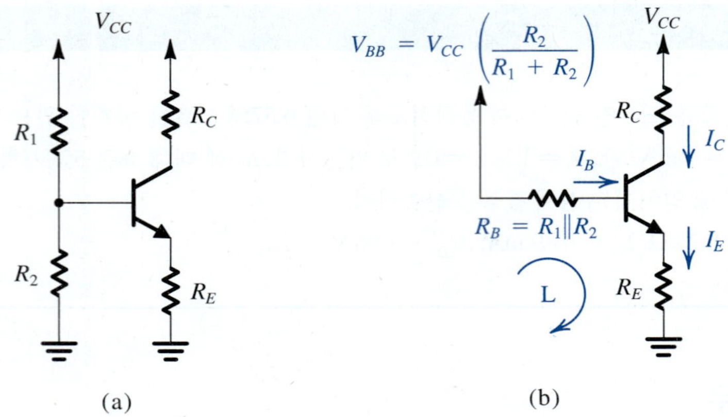

그림 6.54 단일 전력 공급기를 사용하여 BJT들을 바이어스하는 표준적인 방법: (a) 회로, (b) 베이스 전압을 공급하기 위해 사용된 전압 분배기를 테브냉 등가 회로로 대체한 회로.

그림 6.54(b)는 전압 분할 회로망을 테브냉 등가 회로

$$V_{BB} = \frac{R_2}{R_1 + R_2} V_{CC} \tag{6.141}$$

$$R_B = \frac{R_1 R_2}{R_1 + R_2} \tag{6.142}$$

로 대체한 것이다. 전류 I_E는 L로 표시한 베이스-이미터-접지 루프에 키르히호프의 루프 방정식을 세우고 $I_B = I_E/(\beta + 1)$를 대입함으로써 구해질 수 있다.

$$I_E = \frac{V_{BB} - V_{BE}}{R_E + R_B/(\beta + 1)} \tag{6.143}$$

I_E를 온도와 β 변화에 둔감하게 만들려면[7] 다음과 같은 두 가지 조건을 만족하도록 회로를 설계해야 할 것이다.

$$V_{BB} \gg V_{BE} \tag{6.144}$$

$$R_E \gg \frac{R_B}{\beta + 1} \tag{6.145}$$

조건 (6.144)가 보장되면, $V_{BE}(\simeq 0.7\text{ V})$의 작은 변화는 매우 큰 V_{BB}에 의해 흡수되어 무시될 것이다. 그러나 V_{BB}를 얼마나 크게 할 수 있는가에는 제한이 있다. 즉, 공급기 전압 V_{CC}의 주어진 값에서, V_{BB} 값을 크게 하면 할수록 R_C와 컬렉터-베이스 접합(V_{CB})에 걸리는 전압들의 합은 더 작아질 것이다. 한편 우리는 높은 전압 이득과 (트랜지스터가 차단되기 전까지의) 큰 신호 스윙을 얻기 위해서 R_C 양단 전압이 크게 되기를 원한다. 또

7) 바이어스 설계는 $I_C = \alpha I_E$이고 α는 거의 변하지 않으므로 I_E 또는 I_C 중 하나를 안정화하려고 한다. 즉, 안정한 I_E는 동일하게 안정한 I_C가 될 것이고 반대의 경우도 마찬가지이다.

한 우리는 (트랜지스터가 포화되기 전까지의) 큰 신호 스윙을 얻기 위해서 V_{CB}(또는 V_{CE})가 크게 되기를 원한다. 따라서 어느 설계 문제에서나 그렇듯이 우리는 일련의 상충되는 요구들을 가지게 되고, 이를 해결하기 위해서는 절충을 해야 한다. 실용적인 방법으로 우리는 V_{BB}는 약 $\frac{1}{3}V_{CC}$, V_{CB}(또는 V_{CE})도 약 $\frac{1}{3}V_{CC}$, $I_C R_C$ 역시 약 $\frac{1}{3}V_{CC}$가 되도록 설계한다.

조건 (6.145)는 I_E를 β의 변화에 둔감하게 만들며, R_B를 작게 선정함으로써 충족될 수 있다. 이는 R_1과 R_2에도 역시 작은 값을 사용함으로써 이루어진다. 그러나 R_1과 R_2가 작으면 작을수록 전력 공급기에서 더 큰 전류가 유출될 것이고, (만약 입력 신호가 베이스에 결합되어 있다면) 증폭기의 입력 저항은 더 낮아질 것이다.[8)]이것이 설계 과정의 현 단계에 수반되는 절충 내용이다. 조건 (6.145)는 베이스 전압을 β 값에 무관하게 만들고 단지 전압 분배기에 의해서만 결정되도록 하기 위한 것이라는 점을 주목해야 한다. 만일 분배기의 전류가 베이스 전류보다 훨씬 더 크게 설계된다면 이 조건은 분명히 충족될 것이다. 대개 R_1과 R_2에 흐르는 전류가 $0.1I_E$에서 I_E까지의 범위 내에 들도록 이 저항들을 설계한다.

그림 6.54(a)의 바이어스 배열이 직류 이미터(또는 컬렉터) 전류를 안정시키는 메커니즘에 대해서는 R_E에 의해 제공되는 귀환 작용을 고찰함으로써 좀 더 구체적으로 이해할 수 있다. 어떤 이유로 이미터 전류가 증가한 경우를 고려하자. R_E 양단의 전압 강하인 V_E는 증가할 것이다. 이제 R_B가 작은 경우인 베이스 전압이 전압 분배기 R_1과 R_2에 의해서 주로 결정된다면, 이 전압은 일정하게 유지될 것이고, 그 결과로 V_E의 증가는 V_{BE}의 대응하는 감소를 초래할 것이다. 이것은 차례로 컬렉터(그리고 이미터) 전류를 감소시키고, 이는 처음에 가정했던 변화와는 반대이다. 따라서 R_E는 바이어스 전류를 안정시키는 **부귀환**(negative feedback) 작용을 제공한다. 이것은 6.3.4절에서 CE 증폭기의 이미터 단자에 포함된 저항 R_e를 상기시킨다. 또한 그림 6.54(a)의 회로에서 R_E의 귀환 작용은 그림 6.50(c)의 회로에서 R_S의 귀환 작용과 유사하다. 우리는 10장에서 부귀환에 대해 정식으로 공부할 것이다.

예제 6.12

그림 6.54(a)의 증폭기에서 전력 공급기 $V_{CC} = +12$ V를 사용하여 전류 $I_E = 1$ mA가 되도록 바이어스 회로망을 설계하고자 한다. 트랜지스터의 표준 β 값은 100으로 명기되어 있다.

풀이

앞에서 언급한 실용적인 방법에 따라 공급기 전압의 3분의 1을 R_2 양단 전압 강하에 할당하고 다른 3분의 1을 R_C 양단 전압 강하에 할당하며, 나머지 3분의 1은 컬렉터의 가능한 음의 신호 스윙을 위해 남겨 둘 것이다. 따라서

$$V_B = +4 \text{ V} \qquad V_E = 4 - V_{BE} \simeq 3.3 \text{ V}$$

이고 R_E는 다음과 같이 구해진다.

8) 입력 신호가 트랜지스터 베이스와 결합된다면, 두 개의 바이어스 저항 R_1과 R_2는 베이스와 접지 사이에 병렬로 나타나게 된다. 따라서 R_1과 R_2의 낮은 값들은 R_{in}을 낮추는 결과가 된다.

$$R_E = \frac{V_E}{I_E} = \frac{3.3\text{ V}}{1\text{ mA}} = 3.3\text{ k}\Omega$$

앞에서 언급한 대로 전압 분배기 전류를 $0.1I_E = 0.1 \times 1 = 0.1$ mA로 선택한다. 베이스 전류를 무시하고

$$R_1 + R_2 = \frac{12}{0.1} = 120\text{ k}\Omega$$

$$\frac{R_2}{R_1 + R_2} V_{CC} = 4\text{ V}$$

를 구한다. 따라서 $R_2 = 40\text{ k}\Omega$, $R_1 = 80\text{ k}\Omega$이다.

이 시점에서 영이 아닌 베이스 전류를 고려하여 I_E를 더욱 정확하게 계산하는 것이 바람직하다. 식 (6.143)을 사용하여

$$I_E = \frac{4 - 0.7}{3.3(\text{k}\Omega) + \dfrac{(80 \parallel 40)(\text{k}\Omega)}{101}} = 0.93\text{ mA}$$

를 얻는다.

이것은 우리가 목표로 삼은 값 1 mA보다 상당히 낮다. 위의 방정식에서 I_E를 그 표준값으로 회복하는 간단한 방법은 R_E를 3.3 kΩ에서 분모의 두 번째 항의 크기(0.267 kΩ)만큼 감소시키는 것임을 쉽게 알 수 있다. 따라서 이 경우에 R_E에 대한 더욱 정확한 값은 $R_E = 3\text{ k}\Omega$일 것이다. 그 결과 $I_E = 1.01\text{ mA} \simeq 1\text{ mA}$가 된다.[9]

만약 전력 공급기에서 더 큰 전류를 기꺼이 나오게 하거나 증폭기의 낮은 입력 저항을 감수한다면, 우리는 전압 분배기 전류를 I_E(즉, 1 mA)와 등등하게 선택할 수 있고, 그 결과 $R_1 = 8\text{ k}\Omega$과 $R_2 = 4\text{ k}\Omega$을 얻게 된다는 점에 유의하자. 이 후자의 값들을 사용한 회로를 설계 2라고 부르고, 이에 대해 R_E의 처음 값인 3.3 kΩ을 사용하여 구한 I_E의 실제 값은

$$I_E = \frac{4 - 0.7}{3.3 + 0.027} = 0.99 \simeq 1\text{ mA}$$

일 것이다. 이 경우, 즉 설계 2에서는 우리가 R_E의 값을 변경할 필요가 없다.

끝으로 R_C의 값은 다음 식으로 구할 수 있다.

$$R_C = \frac{12 - V_C}{I_C}$$

$I_C = \alpha I_E = 0.99 \times 1 = 0.99\text{ mA} \simeq 1\text{ mA}$를 대입하면, 두 설계에 대해서 다음 결과를 얻는다.

$$R_C = \frac{12 - 8}{1} = 4\text{ k}\Omega$$

9) 비록 R_E를 감소시키면 I_E를 1 mA로 복원시키지만 β에 대한 I_E 값의 의존성 문제를 해결해 주지는 못한다. 연습문제 6.35를 참조하라.

연습문제

6.35 예제 6.12의 설계 1에서 사용된 트랜지스터가 50에서 150 사이의 β를 가진다면, I_E의 예상되는 범위는 얼마인가? I_E의 범위를 $\beta = 100$에 대해 얻어진 표준 크기($I_E \simeq 1$ mA)의 백분율로 표현하라. 설계 2에 대해서 반복하라.

[답] 설계 1에 대해: 0.94~1.04 mA, 10% 범위; 설계 2에 대해: 0.984~0.995 mA, 1.1% 범위

표준적인 바이어스 배열의 두 전력 공급기 유형 그림 6.55에 나타낸 것처럼, 두 개의 전력 공급기를 이용할 수 있다면, 좀 더 간단한 바이어스 배열이 가능하다. L로 표시된 루프에 대한 루프 방정식을 쓰면

$$I_E = \frac{V_{EE} - V_{BE}}{R_E + R_B/(\beta + 1)} \tag{6.146}$$

가 얻어진다. 이 식은 V_{BB}가 V_{EE}로 대치된 것을 제외하면 식 (6.143)과 동일하다. 따라서 식 (6.144)와 (6.145)의 두 조건들이 여기에도 적용된다. 만일 트랜지스터가 베이스가 접지되어(즉, 공통 베이스 구성으로) 사용된다면, R_B는 완전히 제거될 수 있다는 점을 주목하자. 한편 입력 신호가 베이스에 결합된다면, R_B는 필요하게 된다. 6.5절에서 다양한 BJT 증폭기 구성들의 완전한 회로들을 공부할 것이다. 끝으로 그림 6.55의 회로는 그림 6.50(e) MOS 회로의 대응하는 것임을 관찰하라.

연습문제

D6.36 그림 6.55의 바이어스 배열은 공통 베이스 증폭기로 사용된다. 직류 이미터 전류가 1 mA이고, 최대 이득을 가지며, 컬렉터 신호 스윙이 ±2 V가 되도록 회로를 설계하라. 단, +10 V와 –5 V의 전력 공급기들을 사용하라.

[답] $R_B = 0$; $R_E = 4.3$ kΩ; $R_C = 8.4$ kΩ

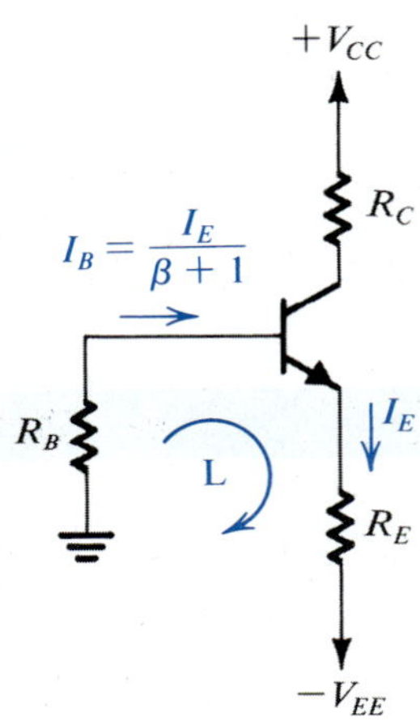

그림 6.55 두 개의 전력 공급기를 사용한 BJT 바이어싱. 저항기 R_B는 신호가 베이스에 커패시터를 통하여 결합될 경우에만 필요하다. 그렇지 않으면, 베이스는 접지에 직접 접속할 수 있으며, 그 결과 바이어스 전류가 β 값에 완전히 무관하게 된다.

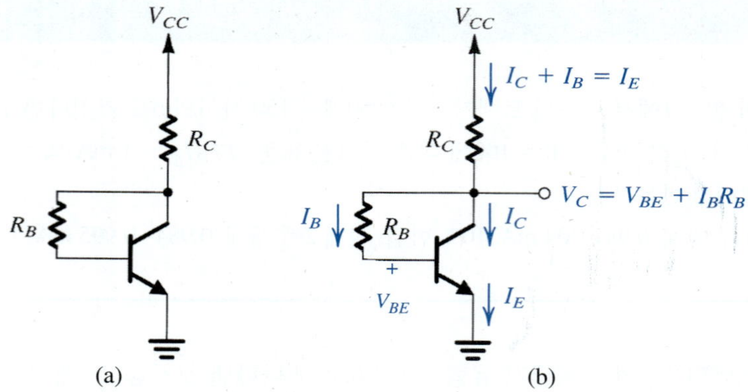

그림 6.56 (a) 귀환 저항 R_B로 바이어스된 공통 이미터 트랜지스터 증폭기. (b) (a)회로의 해석.

컬렉터-베이스 귀환 저항기를 사용한 바이어싱 BJT의 경우에 그림 6.52의 MOSFET 회로에 대응하는 것이 있다. 그림 6.56(a)는 공통 이미터 증폭기에 적합한 간단하고 효과적인 바이어스 배열을 보여 준다. 이 회로는 컬렉터와 베이스 사이에 접속된 저항기 R_B를 활용한다. 저항기 R_B는 부귀환을 제공하여 BJT의 바이어스점을 안정시킨다.

이 회로의 해석이 그림 6.56(b)에 나타나 있다. 이로부터 다음 식을 쓸 수 있다.

$$\begin{aligned} V_{CC} &= I_ER_C + I_BR_B + V_{BE} \\ &= I_ER_C + \frac{I_E}{\beta+1}R_B + V_{BE} \end{aligned}$$

따라서 이미터 바이어스 전류는

$$I_E = \frac{V_{CC} - V_{BE}}{R_C + R_B/(\beta+1)} \tag{6.147}$$

로 주어진다. 이 식은 V_{CC}가 V_{BB}를 대치하고, R_C가 R_E를 대치한 점을 제외하면, 표준적인 바이어스 회로의 동작을 결정하는 식 (6.143)과 동등한 사실이 흥미롭다. β의 변화에 둔감한 I_E의 값을 얻기 위해 당연히 $R_B/(\beta + 1) \ll R_C$로 선정한다. 그러나

$$V_{CB} = I_BR_B = I_E\frac{R_B}{\beta+1} \tag{6.148}$$

이므로, R_B의 값이 컬렉터에 허용할 수 있는 음의 신호 스윙을 결정한다는 점을 주목하자.

연습문제

D6.37 직류 이미터 전류가 1 mA이고, 최대 이득을 가지며, 컬렉터에 신호 스윙이 ±2 V가 되도록 그림 6.56의 회로를 설계하라. 즉, $V_{CE} = +2.3$ V에 대하여 설계하라. 단, $V_{CC} = 10$ V이고 $\beta = 100$이다.

[답] $R_B = 162\ \text{k}\Omega$; $R_C = 7.7\ \text{k}\Omega$. 만약 표준 5% 저항기들이 사용된다면(부록 J), $R_B = 160\ \text{k}\Omega$ 그리고 $R_C = 7.5\ \text{k}\Omega$으로 선정한다. 그 결과 $I_E = 1.02$ mA 그리고 $V_C = +2.3$ V가 된다.

6.5 개별 회로 증폭기

트랜지스터 증폭기 기초를 완전히 공부하였으므로 이제 개별 회로 증폭기에 대한 실제 회로들을 제시함으로써 모든 것을 종합하려고 한다. 6.3절에서 공부한 증폭기 구성과 6.4절에서 공부한 바이어싱 기법들 중 하나를 활용하는 이 회로들은 규격품인 개별 트랜지스터, 저항기, 그리고 커패시터를 사용하여 조립될 수 있다. 몇 가지 요점을 예시하기 위해 비록 실제적이고 세심하게 선정하였지만, 이 절에서 제시되는 회로들은 개별 회로 트랜지스터 증폭기의 전형으로 여겨야 할 것이다. 실제로는 매우 다양한 이와 같은 회로들이 있으며, 이들 중 얼마간은 장 말미에 있는 문제들에서 탐구될 것이다.

초기에 언급했듯이 매우 광범위한 개별 회로 증폭기들은 BJT를 활용한다. 이것은 이 절에서 하나를 제외하고 제시된 모든 회로들이 BJT를 활용하는 이유이기도 하다. 물론 원한다면 여기에 제시된 똑같은 증폭기 구성들에 MOSFET을 사용할 수 있다. 또한 MOSFET은 집적 회로(IC) 증폭기 설계에서 선택된 소자이다. 우리는 7장에서 IC 증폭기들을 공부할 것이다.

곧 보게 되겠지만, 이 장에서 제시하는 회로들은 신호원과 증폭기의 입력을 결합시키기 위해, 그리고 증폭기의 출력과 부하 저항 또는 다른 증폭기 입력을 결합시키기 위해 커다란 커패시터(μF 범위의)를 활용한다. 게다가 큰 커패시터는 원하는 트랜지스터의 단자(예를 들어, CE 증폭기의 이미터)에 신호 접지하기 위하여 사용된다. 이러한 목적을 위한 커패시터의 사용은 설계를 상당히 단순화시킨다. 커패시터는 직류를 방지하기 때문에 먼저 직류 바이어스 설계를 수행하고 다음에 직류 설계를 훼방 놓지 않고 신호원과 부하를 증폭기에 연결할 수 있게 한다. 그래서 이런 증폭기들은 **커패시터 결합 증폭기**(capacitively coupled amplifier)로 알려져 있다.

6.5.1 공통 소스(CS) 증폭기

6.3절에서 언급한 대로 공통 소스(CS) 구성은 모든 MOSFET 증폭기 회로들 중에서 가장 널리 사용되는 것이다. 그림 6.50(c)의 바이어스 회로를 사용하는 공통 소스 증폭기를 그림 6.57(a)에 나타냈다. 소스에 **신호 접지**(signal ground)[때때로 **교류 접지**(ac ground)라고도 한다]를 설정하기 위하여 큰 커패시터 C_S를 소스와 접지 사이에 접속하였음을 관찰하라. 이 커패시터(보통 μF 범위의)는 관심 있는 모든 주파수들에서 매우 작은 임피던스(이상적으로는 영의 임피던스, 즉 사실상 단락 회로)를 제공하기 위해 필요하다. 이렇게 하여 신호 전류는 C_S를 통해 접지로 빠져나가고 따라서 저항 R_S를 우회한다. 그래서 C_S는 **우회 커패시터**(bypass capacitor)라고 불린다. 명백하게, 신호 주파수가 낮으면 낮을수록 우회 커패시터는 그만큼 덜 효과적이 된다. 이 문제는 9.1절에서 공부할 것이다. 우리의 목적을 위해 여기서는 C_S가 완전한 단락 회로로 동작하여 MOSFET 소스에 영의 신호 전압을 설정한다고 가정할 것이다.

직류 바이어스 전류와 전압들을 교란하지 않기 위하여 내부 저항 R_{sig}인 전압원 v_{sig}로 나타낸 증폭될 신호는 큰 커패시터 C_{C1}을 통해 게이트에 접속된다. **결합 커패시터**(coupling capacitor)로 알려진 커패시터 C_{C1}은 직류를 차단하면서 관심 있는 모든 신호 주파수들에서 완전한 단락 회로로 동작할 필요가 있다. 여기서 신호 주파수가 낮아지면 C_{C1}의 임피던스($1/j\omega C_{C1}$)는 증가하고 결합 커패시터로서 그 효과는 대응하여 감소한다는 것을 또다시 지적해 둔다. 9장에서 증폭기 동작의 주파수 의존을 공부할 때 이 문제도 고려하게 될 것이다. 우리의 목적을 위해 여기서는 신호에 관한 한 C_{C1}이 완전한 단락 회로로 동작한다고 가정할 것이다.

드레인에 나타나는 전압 신호는 다른 결합 커패시터 C_{C2}를 통해 부하 저항 R_L에 결합된다. C_{C2}가 관심 있는 모든 신호 주파수들에서 완전한 단락 회로로 동작하여 출력 전압 $v_o = v_d$라고 가정할 것이다. R_L은 증폭기가 출력 전압 신호를 제공하는 실제 부하 저항이거나, 한 단 이상의 증폭단이 필요한 경우에 다음 증폭기 단의 입력 저항일 수 있다는 점을 주목하라.(8장에서 다단 증폭기들을 공부할 것이다.)

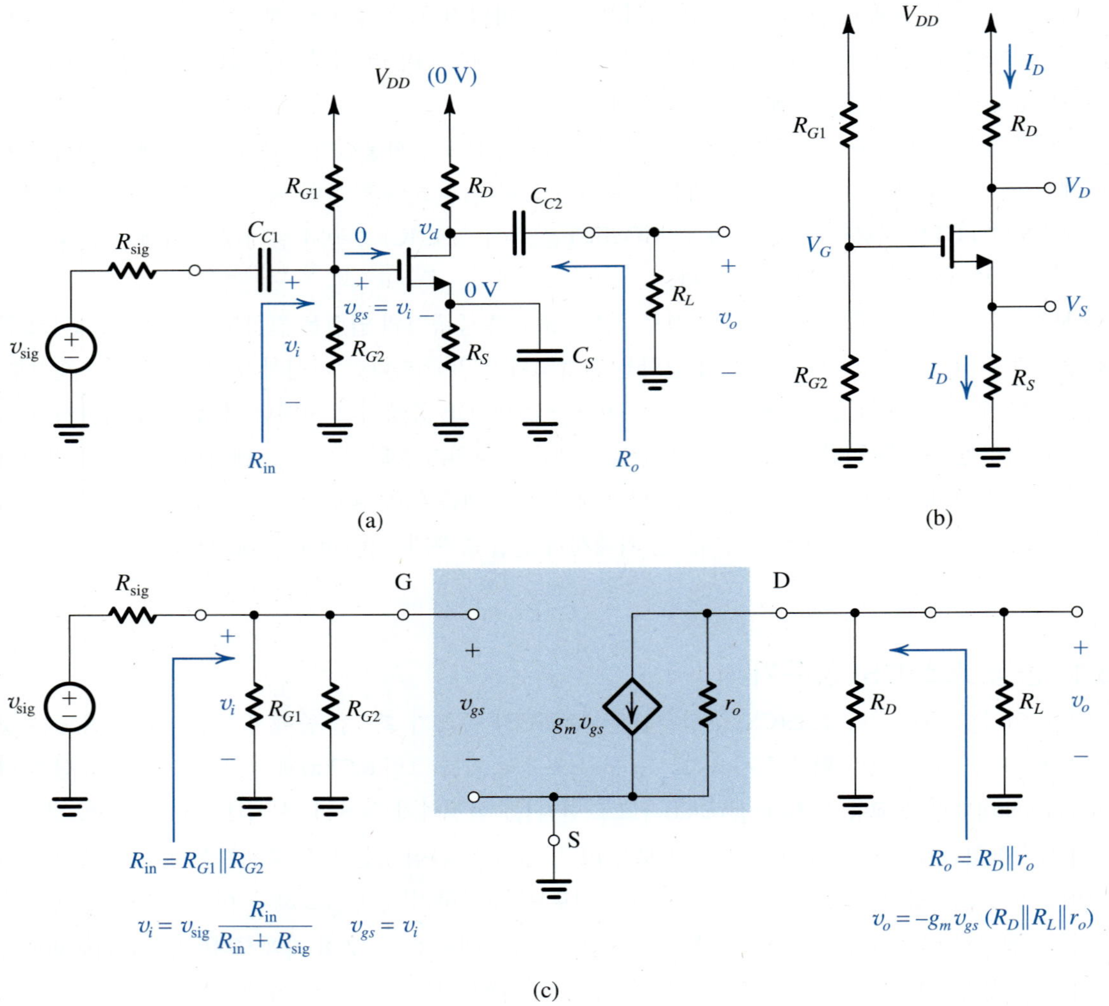

그림 6.57 (a) 그림 6.50(c)의 표준적인 바이어스 배열을 사용한 공통 소스 증폭기. (b) 바이어스점을 구하기 위한 회로. (c) 등가 회로 및 해석.

커패시터는 직류에서 개방 회로로 동작하기 때문에 직류 바이어스 설계를 수행하는 회로는 모든 커패시터를 개방하여 얻을 수 있다. 그 결과 회로를 그림 6.57(b)에 나타냈고 6.4.1절에서 논의한 것처럼 설계될 수 있다.

그림 6.57(a)의 CS 증폭기의 특성, 즉 입력 저항, 전압 이득, 그리고 출력 저항을 결정하기 위해 우리는 MOSFET을 하이브리드 π 소신호 모델로 대치하고, V_{DD}를 신호 접지하고, 모든 결합 커패시터들과 우회 커패시터들을 단락 회로로 대치한다. 그 결과 회로가 그림 6.57(c)에 있다. 해석은 명백하고 그림에 주어져 있다. 따라서

$$R_{\text{in}} = R_{G1} \| R_{G2} \tag{6.149}$$

이다. 여기서 R_{in}을 높게 유지하기 위해서는 보통 수 MΩ 범위의, 큰 값의 R_{G1}과 R_{G2}가 사용되어야 함을 알 수 있다. 전체 전압은

$$G_v = -\frac{R_{\text{in}}}{R_{\text{in}} + R_{\text{sig}}} g_m(R_D \| R_L \| r_o) \tag{6.150}$$

가 된다.

단지 쉽기 때문에 r_o를 포함했다는 것을 주목하라. 그러나 그것의 영향은 보통 작다.(7장에서 보게 되겠지만, 집적 회로 증폭기의 경우는 사실이 아니다.) 끝으로 MOSFET 모델을 암시적으로 사용하여 원래의 회로 그림에서 직접 소신호 해석을 해 보기를 바란다. 그림 6.57(a)의 회로에 그 해석의 일부를 나타내었다.

연습문제

D6.38 그림 6.57(a)의 CS 증폭기를 위한 그림 6.57(b)의 바이어스 회로를 설계하라. MOSFET은 $V_t = 1$ V, $k_n = 4$ mA/V^2, $V_A = 100$ V로 명시된다. 얼리 효과를 무시하고 $V_{DD} = 15$ V 전력 공급기를 사용하여 $I_D = 0.5$ mA, $V_S = 3.5$ V, $V_D = 6$ V가 되도록 설계하라. R_S와 R_D의 값을 명시하라. 만약 2 μA의 전류가 전압 분배기에서 사용된다면, R_{G1}과 R_{G2}의 값들을 명시하라. 동작점에서 MOSFET 파라미터 g_m과 r_o를 구하라.

[답] $R_S = 7$ kΩ; $R_D = 18$ kΩ; $R_{G1} = 5$ MΩ; $R_{G2} = 2.5$ MΩ; $g_m = 2$ mA/V; $r_o = 200$ kΩ

6.39 그림 6.57(a)의 CS 증폭기의 경우에, 연습문제 6.38에서 구한 설계를 사용하여 $R_{\text{sig}} = 100$ kΩ 그리고 $R_L = 20$ kΩ일 때, R_{in}, R_o, 그리고 전체 전압 이득 G_v를 구하라.

[답] 1.67 MΩ; 16.5 kΩ; −17.1 V/V

D6.40 6.3절에서 논의한 것처럼, CS 증폭기의 소스 도선에 우회하지 않는 저항 R_s를 가지게 함으로써 유익한 효과가 실현되게 할 수 있다. 이것은 그림 6.57(a)의 회로에서 두 개의 저항 즉 R_S 저항을 우회하지 않는 저항 R_s와 우회 커패시터 C_S가 연결된 저항 $(R_S - R_s)$로 분리함으로써 실현될 수 있다. 이제 연습문제 6.38과 6.39에서의 증폭기의 선형성을 향상시키기 위해 v_{gs}가 반으로 줄어든다면 R_s는 어떤 값을 가져야 하는가? 증폭기 이득 G_v는 어떻게 될 것인가? R_s가 포함될 때 r_o를 포함하여 해석하는 것은 어렵다는 것을 상기하고 무시하자.

[답] $R_s = 500$ Ω; $G_v = -8.9$ V/V

6.5.2 공통 이미터 증폭기

공통 이미터 증폭기는 모든 BJT 증폭기 구성들 중에서 가장 널리 사용되는 것이다. 그림 6.58(a)는 6.4절에서 설계가 고려된 그림 6.54(a)의 표준 바이어싱 배열을 사용하는 CE 증폭기를 보여 준다. 그림 6.58(a)에서 CE 회로는 그림 6.57(a)의 CS 증폭기의 BJT에 해당하는 것이다. 그것은 결합 커패시터 C_{C1}과 C_{C2}와 우회 커패시터 C_E를 활용한다. 여기서 우리는 이러한 커패시터들이 직류를 방지하면서 관심 있는 모든 신호 주파수에서는 완벽한 단락 회로로 동작한다고 가정한다.

CE 증폭기의 특성 파라미터를 결정하기 위해 BJT 대신에 하이브리드 π 모델을 대치하고 V_{CC}를 접지하고 모든 결합 커패시터와 우회 커패시터를 단락 회로로 대치한다. 그 결과로 CE 증폭기의 소신호 등가 회로가 그림 6.58(b)에 나타나 있다. 해석은 명백하고 그림에 주어져 있다. 따라서

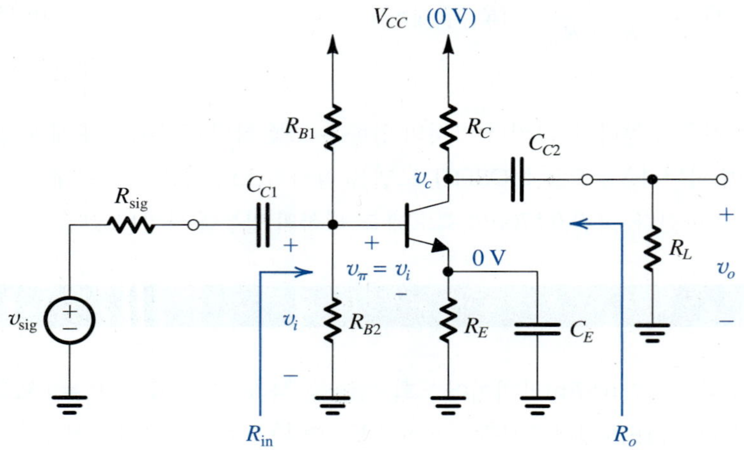

(a)

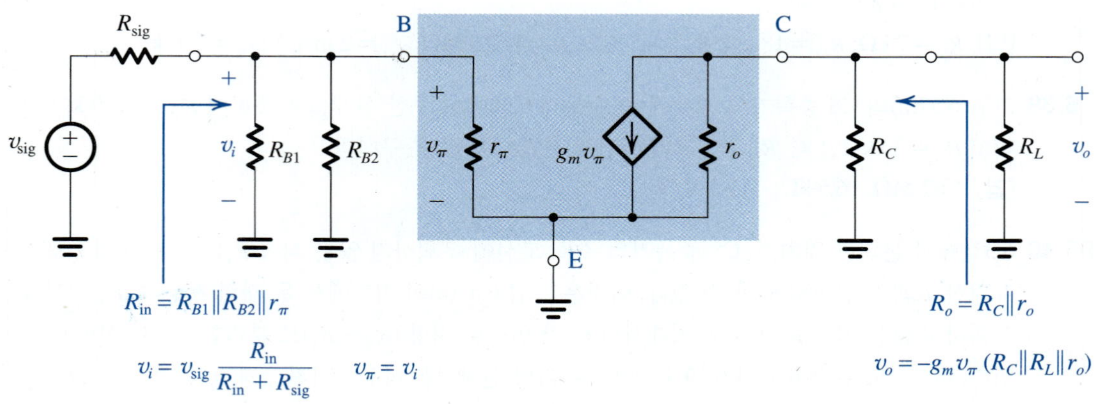

(b)

그림 6.58 (a) 그림 6.54(a)의 표준적인 바이어스 배열을 사용한 공통 이미터 증폭기. 신호량은 색상으로 표시된다. (b) 등가 회로 및 해석.

$$R_{in} = R_{B1} \| R_{B2} \| r_\pi \tag{6.151}$$

가 된다. 여기서 R_{in}을 상대적으로 높게 유지하기 위하여, R_{B1}과 R_{B2}는 큰 값(보통 수십에서 수백 kΩ 범위)으로 선택되어야 한다. 이 요구는 트랜지스터 β에 대한 직류 전류 I_C의 의존성을 줄이기 위하여 R_{B1}과 R_{B2}를 낮게 유지해야 하는 필요와 충돌한다. 우리는 6.4절에서 이런 설계 절충에 대하여 논의하였다.

전압 이득 G_v는

$$G_v = -\frac{R_{in}}{R_{in} + R_{sig}} g_m (R_C \| R_L \| r_o) \tag{6.152}$$

로 주어진다. r_o를 포함하여 해석하기 쉽기 때문에 포함했다는 것을 주목하라. 그러나 개별 회로 증폭기 성능에 미치는 이 파라미터의 영향은 보통 작다는 것을 기억하라.

연습문제

D6.41 $I_E = 0.5$ mA와 $V_C = +6$ V를 얻도록 그림 6.58(a)의 CE 증폭기의 바이어스 회로를 설계하라. 베이스의 직류 전압이 5 V이고 R_{B2}를 통해 흐르는 전류가 50 μA가 되도록 설계하라. $V_{CC} = +15$ V, $\beta = 100$, $V_{BE} \simeq 0.7$ V이다. R_{B1}, R_{B2}, R_E, R_C의 값을 명시하라. 또한 동작점에서 BJT의 소신호 파라미터 g_m, r_π, r_o 값들도 구하라.(r_o 계산을 위해, $V_A = 100$ V이다.)

[답] $R_{B1} = 182$ kΩ; $R_{B2} = 100$ kΩ; $R_E = 8.6$ kΩ; $R_C = 18$ kΩ; $g_m = 20$ mA/V, $r_\pi = 5$ kΩ, $r_o = 200$ kΩ

6.42 연습문제 6.41에 설계된 증폭기의 경우에 $R_{sig} = 10$ kΩ 그리고 $R_L = 20$ kΩ일 때 R_{in}, R_o, G_v를 구하라.

[답] $R_{in} = 4.64$ kΩ; $R_o = 15.51$ kΩ; $G_v = -57.3$ V/V

6.5.3 이미터 저항 R_e를 가진 공통 이미터 증폭기

6.3.4절에서 논의했듯이 트랜지스터 이미터 단자에 작은 저항을 포함하는 것은 도움이 된다. 이것은 그림 6.58(a)의 회로에서 이미터 바이어스 저항 R_E를 우회하지 않는 저항 R_e와 우회 커패시터 C_E가 양단에 연결되어 있는 저항 $(R_E - R_e)$인 두 개의 성분으로 분리함으로써 구현될 수 있다. 그 결과 회로를 그림 6.59(a)에 나타냈고, 소신호 모델은 그림 6.59(b)에 나타냈다. 후자에서 우리는 훨씬 단순한 해석이 되도록 BJT의 T 모델을 사용했다.(이것은 항상 저항이 이미터에 접속되어 있을 때의 경우임을 상기하라.) 또한 r_o를 포함하면 해석이 상당히 복잡해지기 때문에 포함하지 않았음을 주목하라. 이 부담은 r_o가 개별 회로 증폭기의 성능에 미약한 영향을 끼친다는 것으로 정당화되지는 않을 것이다.

그림 6.59(b)의 회로 해석은 명백하며 그림에 나타나 있다. 따라서

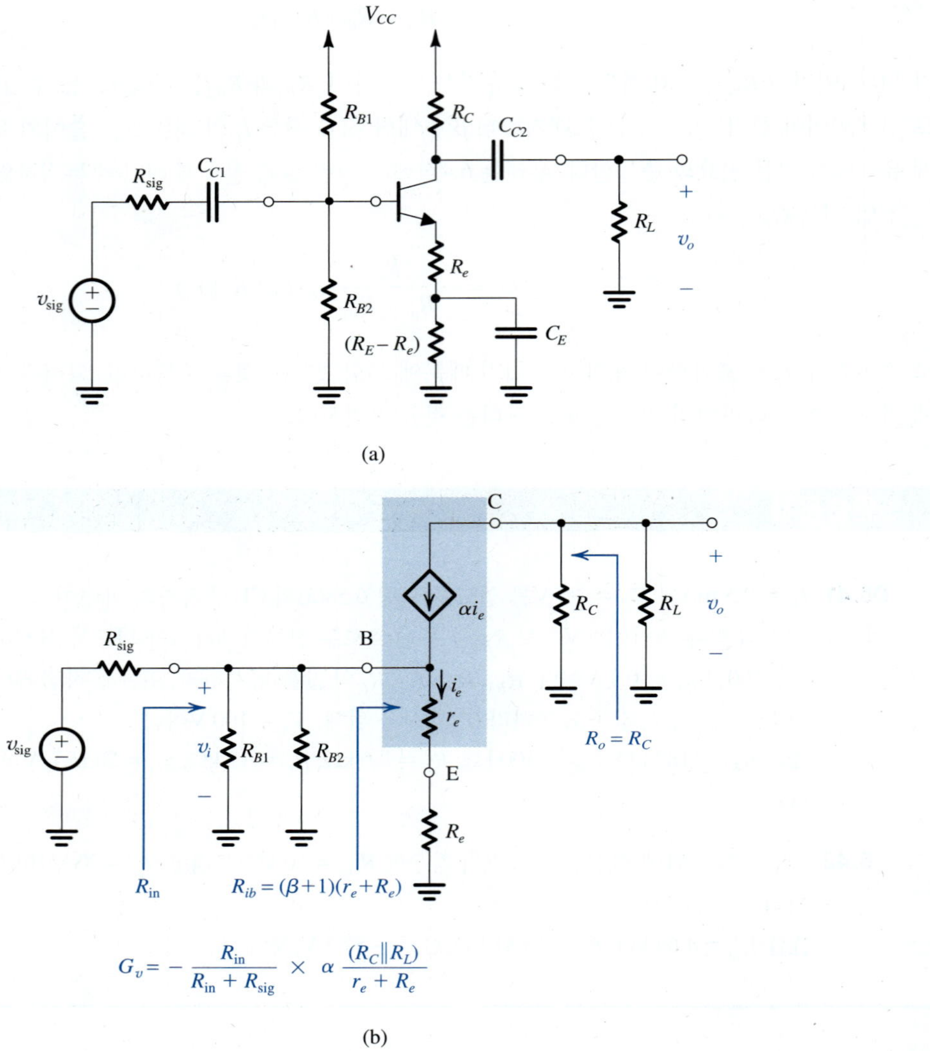

그림 6.59 (a) 우회하지 않은 이미터 저항 R_e를 가진 공통 이미터 증폭기. (b) 증폭기 소신호 모델 및 해석.

$$
\begin{aligned}
R_{in} &= R_{B1} \| R_{B2} \| (\beta+1)(r_e+R_e) \\
&= R_{B1} \| R_{B2} \| [r_\pi + (\beta+1)R_e]
\end{aligned}
\tag{6.153}
$$

이다. 여기서 R_e를 포함하는 것은 베이스 안으로 들여다본 입력 저항이 r_π에 $(\beta+1)R_e$만큼 더해서 커지게 되기 때문에 R_{in}을 키운다는 점을 알 수 있다. 전체 전압 이득 G_v는

$$
\begin{aligned}
G_v &= -\frac{R_{in}}{R_{in}+R_{sig}} \times \alpha \frac{\text{Total resistance in collector}}{\text{Total resistance in emitter}} \\
&= -\alpha \frac{R_{in}}{R_{in}+R_{sig}} \frac{R_C \| R_L}{r_e+R_e}
\end{aligned}
\tag{6.154}
$$

이 된다.

연습문제

6.43 연습문제 6.41에서 설계되고 연습문제 6.42에서 해석된 증폭기의 경우에, R_{in}을 10 kΩ으로 올리는 것이 요구된다고 하자. 요구된 R_e 값은 얼마인가? 그리고 전체 전압 이득 G_v는 얼마가 되는가?
[답] $R_e = 67.2\ \Omega$; $G_v = -40$ V/V

6.5.4 공통 베이스(CB) 증폭기

그림 6.60(a)는 그림 6.55의 바이어스 배열을 사용한 CB 증폭기를 나타낸다. 두 개의 전력 공급기 V_{CC}와 $-V_{EE}$를 사용하므로, 베이스에 신호 접지하기 위해 커다란 우회 커패시터를 연결하는 것을 방지하며, 베이스를 직접 접지에 접속할 수 있음을 주목하라.

CB 증폭기의 소신호 등가 회로는 그림 6.60(b)에 나타나 있다. 예상대로 r_o를 포함하지 않는 BJT의 T 모델을 활용하였다. 개별 회로 증폭기의 경우에는 r_o를 포함하는 것은 해석을 상당히 복잡하게 만들면서 결과에 큰 차이를 나타내지 않는다. 그림 6.60(b)의 회로로부터

$$R_{\text{in}} = r_e \| R_E \simeq r_e \simeq 1/g_m$$

이 되고, 예상대로 매우 작다는 것을 알 수 있다. 다음과 같이 v_i는 v_{sig}의 작은 부분이 된다.

$$v_i = v_{\text{sig}} \frac{R_{\text{in}}}{R_{\text{in}} + R_{\text{sig}}}$$

이제,

$$i_e = -\frac{v_i}{r_e}$$

이고

$$v_o = -\alpha i_e (R_C \| R_L)$$

이 된다. 따라서 전체 전압 이득은

$$G_v = \alpha \frac{R_{\text{in}}}{R_{\text{in}} + R_{\text{sig}}} \frac{R_C \| R_L}{r_e} = \frac{R_{\text{in}}}{R_{\text{in}} + R_{\text{sig}}} g_m (R_C \| R_L) \tag{6.155}$$

과 같이 주어진다.

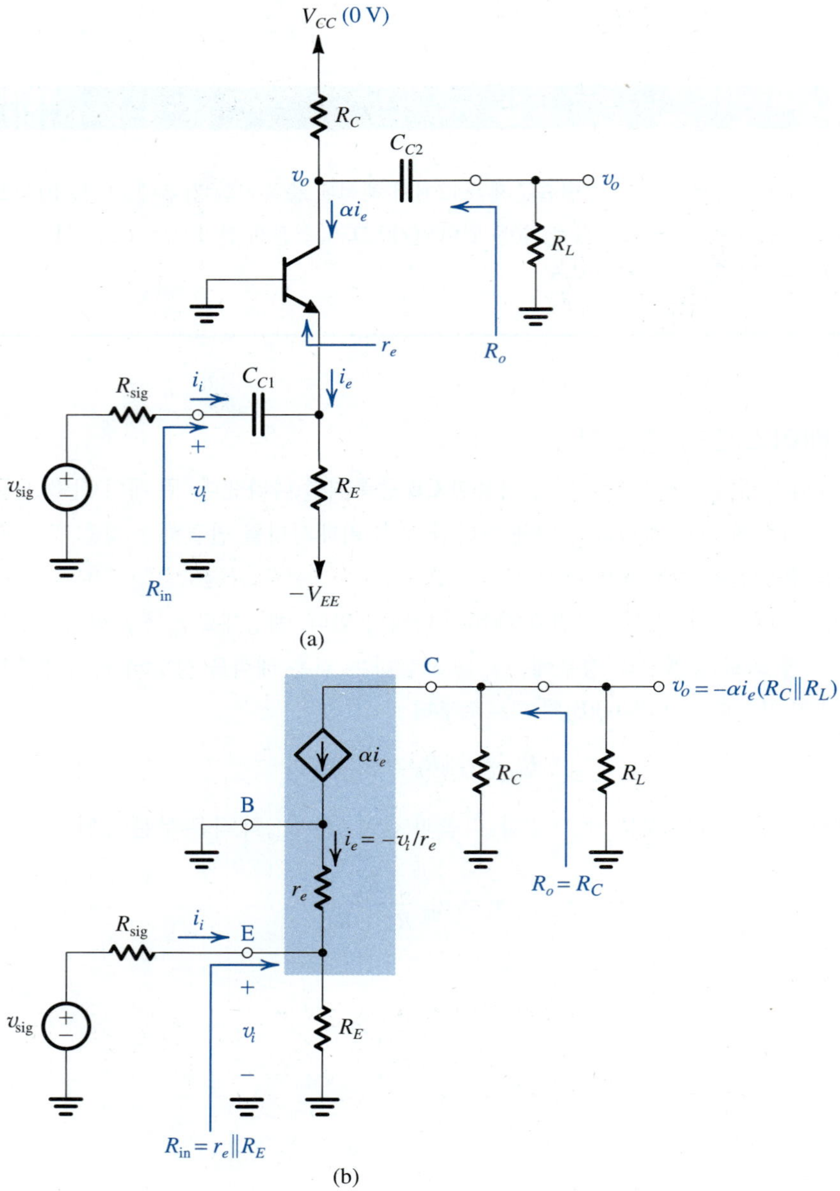

그림 6.60 (a) (베이스가 접지되었으므로) R_B가 생략된 그림 6.55의 구조를 사용한 공통 베이스 증폭기. (b) 트랜지스터를 T 모델로 대치하여 얻어진 등가 회로.

연습문제

D6.44 50 Ω의 특성 저항을 갖는 케이블의 신호원 저항과 정합되는 입력 저항 R_{in}을 제공하도록 그림 6.60(a)의 CB 증폭기를 설계하라. $R_E \gg r_e$를 가정하라. 이용할 수 있는 전력 공급기들은 ±5 V이

고 $R_L = 8\ \text{k}\Omega$이다. 직류 컬렉터 전압 $V_C = +1\ \text{V}$가 되도록 설계하라. R_C와 R_E 값을 명시하라. 얼마의 전체 전압 이득이 구해지는가? v_{sig}가 10 mV의 진폭 전압을 갖는 정현파라면, 출력 전압의 진폭은 얼마인가? $\alpha \simeq 1$이라고 하자.

[답] $R_C = 8\ \text{k}\Omega$; $R_E = 8.6\ \text{k}\Omega$; 40 V/V; 0.4 V

6.5.5 이미터 폴로어

그림 6.61(a)는 그림 6.55의 바이어스 배열과 두 개의 전력 공급기 즉 V_{CC}와 $-V_{EE}$를 사용하여 설계한 이미터 폴로어를 보여 준다. 바이어스 저항 R_B는 폴로어의 입력 저항에 영향을 주고, 직류 전압 강하를 V_{EE}의 작은 부

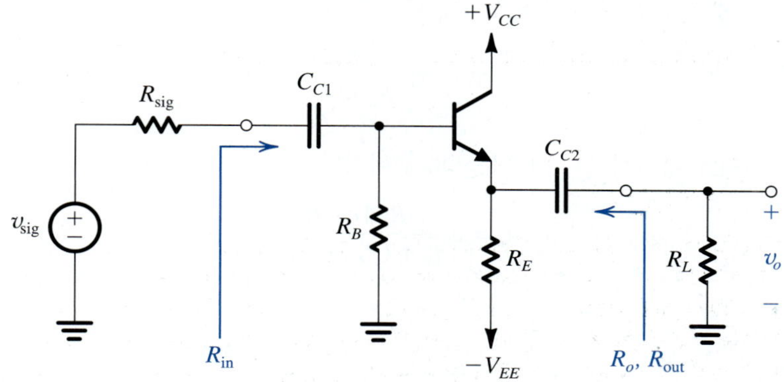

(a)

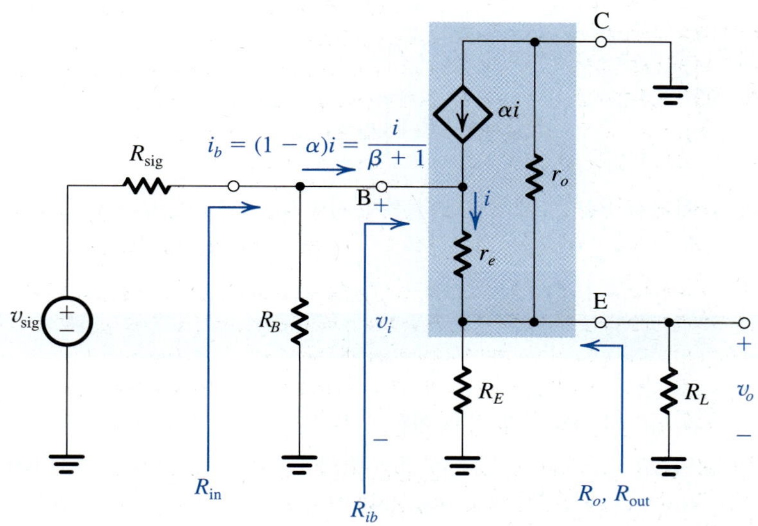

(b)

그림 6.61 (a) 이미터 폴로어 회로. (b) 트랜지스터를 T 모델로 대치한 이미터 폴로어의 소신호 등가 회로. r_o를 포함하는 것이 쉽기 때문에 포함되었음을 주목하라. 보통, 성능에 미치는 영향은 미미하다.

분으로 제한하기 위해 가능한 한 크게 선택되어야 한다. 그렇지 않으면 β에 대한 바이어스 전류 I_C의 의존성은 받아들일 수 없을 만큼 커지게 된다.

그림 6.61(b)는 이미터 폴로어의 소신호 등가 회로를 보여 준다. 여기서 예상대로 우리는 BJT를 r_o를 포함하지 않는 T 모델로 대치하였다.(이것은 매우 단순하게 될 수 있기 때문이다.) 이미터 폴로어의 입력 저항은

$$R_{\text{in}} = R_B \| R_{ib} \tag{6.156}$$

임을 볼 수 있다. 여기서 R_{ib}는 베이스에서 안으로 들여다본 저항이며 저항 반사 법칙을 사용하여 얻어질 수 있다. 이를 위해 r_o는 R_E와 R_L과 평행으로 나타난다는 것을 주목하라.(이것이 쉽게 포함될 수 있는 이유이다.) 따라서

$$R_{ib} = (\beta + 1)[r_e + (R_E \| r_o \| R_L)] \tag{6.157}$$

이 된다. 전체 전압 이득은 소스로부터 부하까지 신호 전달을 추적하여 구할 수 있다.

$$v_i = v_{\text{sig}} \frac{R_{\text{in}}}{R_{\text{in}} + R_{\text{sig}}} \tag{6.158}$$

그리고 v_o는 전압 분배비에 의해서 v_i의 일부분으로 구해진다.

$$v_o = v_i \frac{R_E \| r_o \| R_L}{r_e + (R_E \| r_o \| R_L)} \tag{6.159}$$

따라서

$$G_v \equiv \frac{v_o}{v_{\text{sig}}} = \frac{R_{\text{in}}}{R_{\text{in}} + R_{\text{sig}}} \frac{(R_E \| r_o \| R_L)}{r_e + (R_E \| r_o \| R_L)} \tag{6.160}$$

이 된다.

끝으로 출력 저항 R_{out}은 v_{sig}를 단락시키고 R_L을 배제하고 출력 단자 쪽으로 뒤돌아보아서

$$R_{\text{out}} = r_o \| R_E \| \left[r_e + \frac{R_B \| R_{\text{sig}}}{\beta + 1} \right] \tag{6.161}$$

와 같이 구해질 수 있다. 여기서 우리는 베이스에서 전체 저항 $(R_B \| R_{\text{sig}})$를 $(\beta + 1)$로 나누는 역저항 반사 규칙을 사용하였다.

연습문제

D6.45 그림 6.61(a)의 이미터 폴로어가 직류 이미터 전류 $I_E = 1$ mA에서 동작하도록 설계하라. R_B 양단의 전압 강하는 1 V가 되도록 해라. 유효한 전력 공급기는 ±5 V이고, $\beta = 100$, $V_{BE} = 0.7$ V, 그리고 $V_A = 100$ V이다. R_B와 R_E에 요구된 값을 명시하라. 이제 $R_{\text{sig}} = 10$ kΩ이고 $R_L = 1$ kΩ일 때, R_{in}, v_i/v_{sig}, v_o/v_i, G_v 그리고 R_{out}을 구하라.(바이어스 설계를 수행할 때, 얼리 효과는 무시하라.)
[답] $R_B = 100$ kΩ; $R_L = 3.3$ kΩ; 44.3 kΩ; 0.469 V/V; 0.968 V/V; 0.454 V/V; 320 Ω

6.5.6 증폭기 주파수 응답

지금까지 우리는 트랜지스터 증폭기의 이득이 입력 신호의 주파수에 의존하지 않고 일정한 것으로 가정하였다. 이는 트랜지스터 증폭기가 무한 대역폭을 가진다는 것을 의미한다. 물론 이것은 사실이 아니다. 예시하기 위하여 그림 6.57과 6.58에 나타낸 것과 같은 공통 이미터 증폭기 또는 CS 증폭기의 주파수 대 이득 크기에 대한 개략도를 그림 6.62에 나타내었다. 이득이 거의 일정한 넓은 주파수 범위가 정말로 있는 것을 관찰하라. 특정한 증폭기에 대해서 이것은 분명히 유용한 동작 주파수 범위이다. 지금까지 우리는 증폭기가 **중간 대역**(midband)이라고 부르는 이 주파수 대역에서 동작하고 있는 것으로 가정해 왔다.

그림 6.62는 더 낮은 주파수들에서 증폭기의 이득이 떨어지는 것을 나타낸다. 이것은 결합과 우회 커패시터들이 더 이상 낮은 임피던스를 갖지 않기 때문이다. 그들의 임피던스가 단락 회로로 동작할 만큼 충분히 작다고 가정했다는 점을 상기하라. 비록 이것이 중간 대역 주파수들에서는 사실일 수 있지만, 입력 신호의 주파수가 낮아지면서 이 커패시터들 각각의 리액턴스 $1/j\omega C$가 상당히 증가하고, 그 결과 증폭기의 전체 입력 이득은 감소한다.

그림 6.62는 높은 주파수 영역에서도 증폭기의 이득이 떨어지는 것을 나타낸다. 이는 BJT와 MOSFET의 내부 커패시턴스 효과에 의한 것이다. 9장에서 우리는 두 가지 형태의 트랜지스터의 내부 커패시턴스 효과를 공부할 것이고, 하이브리드 π 모델에 이러한 효과를 모델링하도록 커패시터를 부가할 것이다.

우리는 9장에서 트랜지스터 증폭기의 주파수 응답에 대해서도 자세히 공부할 것이다. 그러나 당분간 모든 트랜지스터 증폭기에 대해서 이득이 거의 일정하게 유지되는 대역이 있다는 것을 깨닫는 것이 중요하다. 이 유용한 주파수 대역, 즉 중간 대역의 경계는 이득이 중간 대역의 값 아래로 몇 데시벨(보통 3 dB)만큼 떨어지는 두 주파수는 f_L과 f_H이다. 그림 6.62에 나타낸 것처럼, 증폭기 **대역폭**(bandwidth) 또는 3 dB 대역폭은 낮은 3 dB 주파수(f_L)와 위쪽 또는 높은 3 dB 주파수(f_H)의 차이로 정의된다.

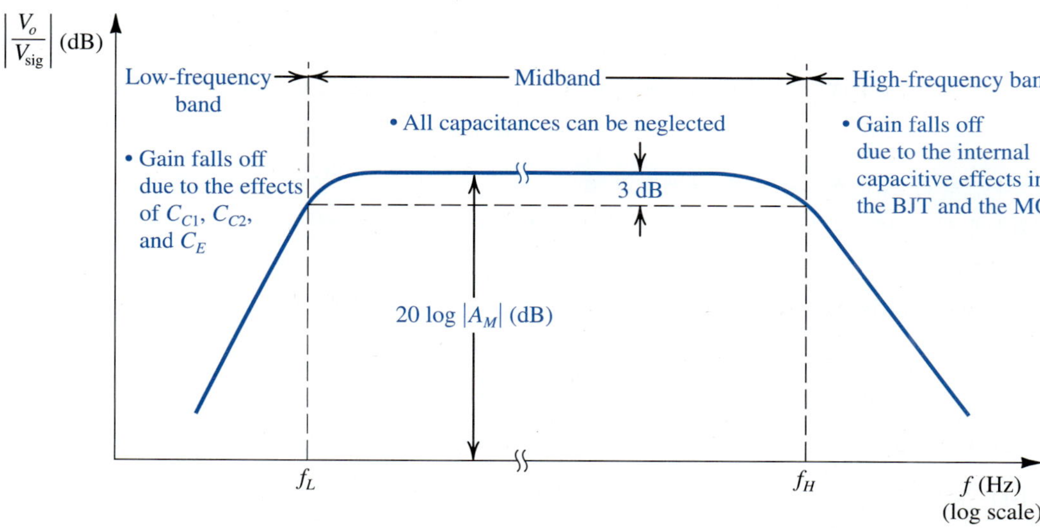

그림 6.62 주파수 대 CE(그림 6.58) 또는 CS(그림 6.57) 증폭기의 이득 크기에 대한 개략도. 그래프는 주파수 응답 결정에 적절한 세 주파수 대역들의 윤곽을 나타낸다.

$$BW = f_H - f_L$$

그리고 보통 $f_L \ll f_H$이므로 다음과 같이 근사화된다.

$$BW \simeq f_H$$

증폭기에 대한 하나의 성능 지수는

$$GB = |A_M| BW$$

로 정의되는 **이득 대역폭 곱**(gain-bandwidth product)이다. 여기서 $|A_M|$은 중간 대역에서 증폭기 이득의 크기이다. 증폭기 설계에서 보통 대역폭에 대해 이득을 절충하는 것이 가능함을 9장과 10장에서 알게 될 것이다. 예를 들어 이것을 성취하는 한 방법은 CE 증폭기의 이미터에 저항 R_e를 포함하는 것이다.

요약

- 증폭기로서 MOSFET(BJT)의 사용의 핵심은 트랜지스터가 활성 영역에서 동작할 때, 전압 제어 전류 전원의 방법으로 v_{GS}가 i_D를(v_{BE}가 i_C를) 조절한다는 것이다. 소자가 활성 영역에서 직류 바이어스 되고 신호 v_{gs}는(v_{be}는) 작게 유지될 때, 동작은 거의 선형으로 $i_d = g_m v_{gs}$이다($i_c = g_m v_{be}$이다).
- 트랜지스터의 소신호 선형 동작을 특성화하는 가장 근본적인 파라미터는 트랜스컨덕턴스이다. MOSFET의 경우에는 $g_m = \mu_n C_{ox}(W/L)V_{OV} = \sqrt{2\mu_n C_{ox}(W/L)I_D} = 2I_D/V_{OV}$이다. 그리고 BJT의 경우에는 $g_m = I_C/V_T$이다.
- 트랜지스터 증폭기 회로 해석을 위한 체계적인 절차가 표 6.1에 제시되어 있다. 표 6.2와 6.3은 각각 MOSFET과 BJT의 소신호 모델을 나타낸다. 이 표들은 온라인(www.oup.com/he/sedra-smith8xe)상의 요약표 보충자료에서 찾아볼 수 있다.
- 저항이 소스(또는 이미터)에 접속되어 있을 때, T 모델이 사용하기 가장 편리하다.
- MOS와 BJT 증폭기들의 세 가지 기본 구성이 그림 6.35에 나타나 있다. 그것들의 특성 파라미터 값들은 (MOS 경우에는) 표 6.4와 (BJT의 경우에는) 표 6.5에 제공되어 있다. 이 표들은 온라인(www.oup.com/he/sedra-smith8xe)상의 요약표 보충자료에서 찾아볼 수 있다.
- CS 증폭기는 (이상적으로) 무한한 입력 저항과 상당히 높은 이득 그러나 상대적으로 높은 출력 저항과 제한된 고주파수 응답(9장에서 자세히)을 갖는다. 이것은 다단 증폭기에서 대부분의 이득을 얻는 데 사용된다. BJT의 유한한 베이스 전류(유한한 β)로부터 기인하는 상대적으로 낮은 입력 저항을 제외하고는 CE 증폭기에도 비슷한 말을 할 수 있다. 그러나 BJT의 더 높은 g_m 때문에 전압 이득은 CS 증폭기보다 훨씬 클 수 있다.
- CS 증폭기의 소스에 저항 R_s(CE 증폭기의 이미터에 저항 R_e)를 추가하는 것은, 이득 감소의 비용을 치르고 $(1 + g_m R_s)$[BJT의 경우에는 $(1 + g_m R_e)$]만큼 CE 증폭기의 입력 저항 증가, 선형성 증가, 유용한 증폭기 대역폭 확장 등 유익한 효과를 이끌어 낸다.
- CG(CB) 증폭기는 낮은 입력 저항을 가지고 따라서 단독으로는 제한되고 특별한 응용에만 사용된다. 그러나 우수한 고주파수 응답은 CS(CE) 증폭기와의 조합이 매력적인 것이 되게 한다(7장, 9장 참조).

- 소스 폴로어는 (이상적으로) 무한한 입력 저항, 1에 가깝지만 낮은 전압 이득, 낮은 출력 저항을 가진다. 이것은 전압 완충기와 다단 증폭기의 출력단에 사용된다. 이미터 폴로어는 비록 크지만 유한한 입력 저항을 갖는다는 것을 제외하고 비슷한 말을 할 수 있다. 구체적으로 말하면 이미터 폴로어는 이미터에서의 전체 저항에 $(\beta+1)$만큼 곱하여 신호원에 나타난다.
- 저항 반사 규칙은 BJT 증폭기 회로들을 해석하는 데 강력한 도구이다. 이미터 저항 r_e를 포함하는 이미터 회로에서 모든 저항은 베이스 측에 $(\beta+1)$배 곱하여 반사될 수 있다. 역으로 우리는 베이스 회로의 모든 저항들은 반사시켜 이미터 측에서 $(\beta+1)$배 만큼 나누어져서 나타나게 할 수 있다.
- 개별 회로 증폭기들의 설계와 해석에서 트랜지스터 출력 저항 r_o를 포함하는 것은 거의 필요하지 않다. 그러나 어떤 상황에서는, 특히 CS(CE) 증폭기와 소스(이미터) 폴로어에서는 r_o가 쉽게 고려될 수 있다. IC 증폭기들에서는 r_o는 항상 고려되어야 한다.
- 트랜지스터 증폭기들의 설계에서 핵심 단계는 트랜지스터가 활성 영역의 적절한 점에서 동작하도록 바이어스하는 것이다. 양호한 바이어스 설계는 바이어스점의 파라미터들(MOSFET의 경우 I_D, V_{OV}, V_{DS}; BJT의 경우에는 I_C와 V_{CE})이 예상 가능하고 안정적인 것과 트랜지스터가 같은 유형의 다른 것으로 교체될 때도 크게 변화되지 않을 것을 보장해야 한다. 이 장에서 공부한 바이어스 방법들은 커다란 결합과 우회 커패시터들을 사용하기 때문에 개별 회로 증폭기들에 적합하다.
- 개별 회로 증폭기들은 주로 BJT들을 채용한다. IC 증폭기들의 경우에는 반대이다. 선택된 소자는 MOSFET이다.

PROBLEMS

Computer Simulation Problems

SIM Problems identified by this icon are intended to demonstrate the value of using SPICE simulation to verify hand analysis and design, and to investigate important issues such as allowable signal swing and amplifier nonlinear distortion. Instructions to assist in setting up simulations for all the indicated problems can be found in the corresponding files on the website. Note that if a particular parameter value is not specified in the problem statement, you are to make a reasonable assumption.

Section 6.1: Basic Principles

6.1 For the MOS amplifier of Fig. 6.2(a) with $V_{DD} = 5$ V, $V_t = 0.5$ V, $k_n = 10$ mA/V^2, and $R_D = 20$ kΩ, determine the coordinates of the active-region segment (AB) of the VTC [Fig. 6.2(b)].

D 6.2 It is required to bias the MOS amplifier of Fig. 6.3 at point Q for which $V_{OV} = 0.2$ V and $V_{DS} = 1$ V. Find the required value of R_D when $V_{DD} = 5$ V, $V_t = 0.5$ V, and $k_n = 10$ mA/V^2. Also specify the coordinates of the VTC end point B. What is the small-signal voltage gain of this amplifier? Assuming linear operation, what is the maximum allowable negative signal swing at the output? What is the corresponding peak input signal?

D *6.3 Design the MOS amplifier of Fig. 6.4(a) to obtain maximum gain while allowing for an output voltage swing of at least ±0.2 V. Let $V_{DD} = 2$ V, and use an overdrive voltage

---

problems with green numbers are considered essential; * = difficult problem; ** = more difficult; *** = very challenging
SIM = simulation; **D** = design problem;

of approximately 0.2 V.

(a) Specify V_{DS} at the bias point.
(b) What is the gain achieved? What is the signal amplitude $\hat{v}_{gs}$ that results in the 0.2-V signal amplitude at the output?
(c) If the dc bias current in the drain is to be 100 μA, what value of R_D is needed?
(d) If $k_n' = 400\ \mu A/V^2$, what *W/L* ratio is required for the MOSFET?

6.4 A BJT amplifier circuit such as that in Fig. 6.6 is operated with $V_{CC} = +5$ V and is biased at $V_{CE} = +1$ V. Find the voltage gain, the maximum allowed output negative swing without the transistor entering saturation, and the corresponding maximum input signal permitted.

6.5 A designer considers a number of low-voltage BJT amplifier designs utilizing power supplies with voltage V_{CC} of 1.0, 1.5, 2.0, or 3.0 V. For transistors that saturate at $V_{CE} = 0.3$ V, what is the largest possible voltage gain achievable with each of these supply voltages? If in each case biasing is adjusted so that $V_{CE} = V_{CC}/2$, what gains are achieved? If a negative-going output signal swing of 0.4 V is required, at what V_{CE} should the transistor be biased to obtain maximum gain? What is the gain achieved with each of the supply voltages? (Notice that all of these gains are independent of the value of I_C chosen!)

6.6 The transistor in the circuit of Fig. P6.6 is biased at a dc collector current of 0.2 mA. What is the voltage gain? (*Hint:* Use Thévenin's theorem to convert the circuit to the form in Fig. 6.6.)

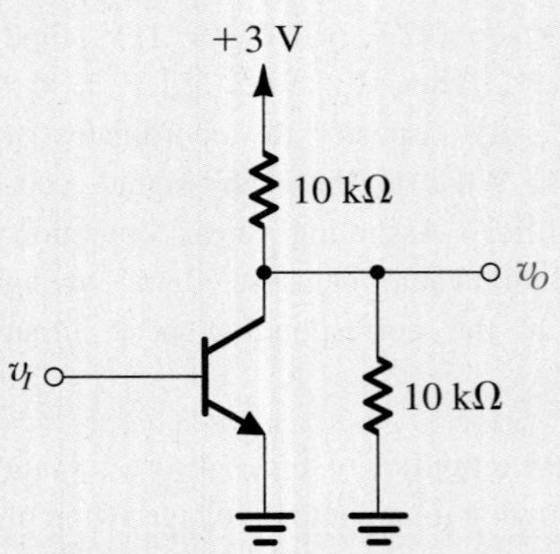

Figure P6.6

***6.7** Consider the amplifier circuit of Fig. 6.6 when operated with a supply voltage $V_{CC} = +3$V.

(a) What is the theoretical maximum voltage gain that this amplifier can provide?
(b) What value of V_{CE} must this amplifier be biased at to provide a voltage gain of –60 V/V?
(c) If the dc collector current I_C at the bias point in (b) is to be 0.5 mA, what value of R_C should be used?
(d) What is the value of V_{BE} required to provide the bias point mentioned above? Assume that the BJT has $I_S = 10^{-15}$ A.
(e) If a sine-wave signal v_{be} with a 5-mV peak amplitude is superimposed on V_{BE}, find the corresponding output voltage signal v_{ce} that will be superimposed on V_{CE} assuming linear operation around the bias point.
(f) Characterize the signal current i_c that will be superimposed on the dc bias current I_C.
(g) What is the value of the dc base current I_B at the bias point? Assume $\beta = 100$. Characterize the signal current i_b that will be superimposed on the base current I_B.
(h) Dividing the amplitude of v_{be} by the amplitude of i_b, evaluate the incremental (or small-signal) input resistance of the amplifier.
(i) Sketch and clearly label correlated graphs for v_{BE}, v_{CE}, i_C, and i_B versus time. Note that each graph consists of a dc or average value and a superimposed sine wave. Be careful of the phase relationships of the sine waves.

D 6.8 For the MOS amplifier of Fig. 6.2(a) with $V_{DD} = 5$ V and $k_n = 5\ mA/V^2$, it is required to have the end point of the VTC, point B, at $V_{DS} = 0.5$ V. What value of R_D is required? If the transistor is replaced with another having twice the value of the transconductance parameter k_n, what new value of R_D is needed?

6.9 The MOS amplifier of Fig. 6.4(a), when operated with $V_{DD} = 2$ V, has a maximum small-signal voltage gain magnitude of 14 V/V. Find V_{OV} and V_{DS} for bias point Q at which a voltage gain of –12 V/V is obtained.

6.10 Consider the amplifier of Fig. 6.4(a) for the case $V_{DD} = 5$ V, $R_D = 24\ k\Omega$, $k_n'(W/L) = 1\ mA/V^2$, and $V_t = 1$ V.

(a) Find the coordinates of the two end points of the saturation-region segment of the amplifier transfer characteristic, that is, points A and B in Fig. 6.4(b).

(b) If the amplifier is biased to operate with an overdrive voltage V_{OV} of 0.5 V, find the coordinates of the bias point Q on the transfer characteristic. Also, find the value of I_D and of the incremental gain A_v at the bias point.

(c) For the situation in (b), and disregarding the distortion caused by the MOSFET's square-law characteristic, what is the largest amplitude of a sine-wave voltage signal that can be applied at the input while the transistor remains in saturation? What is the amplitude of the output voltage signal that results? What gain value does the combination of these amplitudes imply? By what percentage is this gain value different from the incremental gain value calculated above? Why is there a difference?

6.11 Various measurements are made on an NMOS amplifier for which the drain resistor R_D is 20 kΩ. First, dc measurements show the voltage across the drain resistor, V_{RD}, to be 1.5 V and the gate-to-source bias voltage to be 0.7 V. Then, ac measurements with small signals show the voltage gain to be –10 V/V. What is the value of V_t for this transistor? If the process transconductance parameter k_n' is 200 μA/V², what is the MOSFET's W/L?

***6.12** The expression for the incremental voltage gain A_v given in Eq. (6.16) can be written as

$$A_v = -\frac{2(V_{DD} - V_{DS})}{V_{OV}}$$

where V_{DS} is the bias voltage at the drain. This indicates that for given values of V_{DD} and V_{OV}, the gain magnitude can be increased by biasing the transistor at a lower V_{DS}. This, however, reduces the allowable output signal swing in the negative direction. Assuming linear operation around the bias point, show that the largest possible negative output signal peak $\hat{v}_o$ achievable while the transistor remains saturated is

$$\hat{v}_o = (V_{DS} - V_{OV}) \Big/ \left(1 + \frac{1}{|A_v|}\right)$$

For $V_{DD} = 5$ V and $V_{OV} = 0.5$ V, provide a table of values for A_v, $\hat{v}_o$, and the corresponding $\hat{v}_i$ for $V_{DS} = 1$ V, 1.5 V, 2 V, and 2.5 V. If $k_n'(W/L) = 1$ mA/V², find I_D and R_D for the design for which $V_{DS} = 1$ V.

***6.13** Figure P6.9 shows an amplifier in which the load resistor R_D has been replaced with another NMOS transistor Q_2 connected as a two-terminal device. Note that because v_{DG} of Q_2 is zero, it will be operating in saturation at all times, even when $v_I = 0$ and $i_{D2} = i_{D1} = 0$. Note also that the two transistors conduct equal drain currents. Using $i_{D1} = i_{D2}$, show that for the range of v_I over which Q_1 is operating in saturation, that is, forthe output voltage will be given by

$$V_{t1} \le v_I \le v_O + V_{t1}$$

$$v_O = V_{DD} - V_t + \sqrt{\frac{(W/L)_1}{(W/L)_2}}V_t - \sqrt{\frac{(W/L)_1}{(W/L)_2}}v_I$$

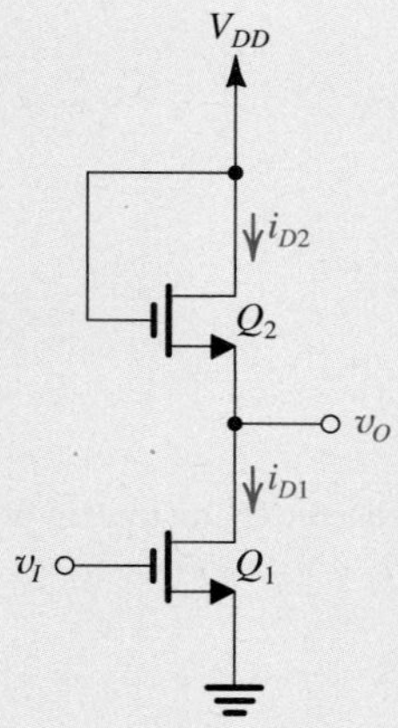

Figure P6.9

where we have assumed $V_{t1} = V_{t2} = V_t$. Thus the circuit functions as a linear amplifier, even for large input signals. For $(W/L)_1 = (50\ \mu\text{m}/0.5\ \mu\text{m})$ and $(W/L)_2 = (5\ \mu\text{m}/0.5\ \mu\text{m})$, find the voltage gain.

6.14 For the amplifier circuit in Fig. 6.6 with $V_{CC} = +5$ V and $R_C = 1$ kΩ, find V_{CE} and the voltage gain at the following dc collector bias currents: 0.5 mA, 1 mA, 2.5 mA, 4 mA, and 4.5 mA. For each, give the maximum possible positive- and negative-output signal swings as determined by the need to keep the transistor in the active region. Present your results in a table.

D 6.15 Consider the CE amplifier circuit of Fig. 6.6 when operated with a dc supply $V_{CC} = +5$ V. It is required to find the point at which the transistor should be biased; that is, find the value of V_{CE} so that the output sine-wave signal v_{ce} resulting from an input sine-wave signal v_{be} of 5-mV peak amplitude has the maximum possible magnitude. What is the peak amplitude of the output sine wave and the value of the gain obtained? Assume linear operation around the bias point. (*Hint:* To obtain the maximum possible output amplitude for a given input, you need to bias the transistor as close to the edge of saturation as possible without entering saturation at any time, that is, without v_{CE} decreasing below 0.3 V.)

D *6.16 A BJT amplifier such as that in Fig. 6.6 is to be designed to support relatively undistorted sine-wave output signals of peak amplitudes P volts without the BJT entering saturation or cutoff and to have the largest possible voltage gain, denoted A_v V/V. Show that the minimum supply voltage V_{CC} needed is given by

$$V_{CC} = V_{CEsat} + P + |A_v| V_T$$

Also, find V_{CC}, specified to the nearest 0.5 V, for the following situations:

(a) $A_v = -20$ V/V, $P = 0.2$ V
(b) $A_v = -50$ V/V, $P = 0.5$ V
(c) $A_v = -100$ V/V, $P = 0.5$ V
(d) $A_v = -100$ V/V, $P = 1.0$ V
(e) $A_v = -200$ V/V, $P = 1.0$ V
(f) $A_v = -500$ V/V, $P = 1.0$ V
(g) $A_v = -500$ V/V, $P = 2.0$ V

6.17 Sketch and label the voltage-transfer characteristic of the *pnp* amplifier shown in Fig. P6.17.

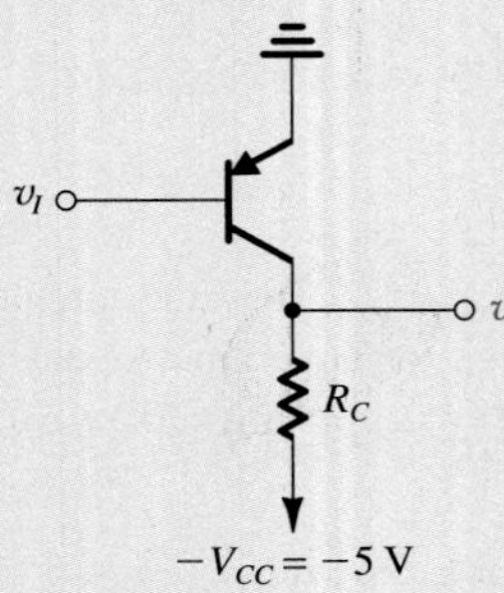

Figure P6.17

***6.18** In deriving the expression for small-signal voltage gain A_v in Eq. (6.21) we neglected the Early effect. Derive this expression including the Early effect by substituting

$$i_C = I_S e^{v_{BE}/V_T}\left(1 + \frac{v_{CE}}{V_A}\right)$$

in Eq. (6.4) and including the factor $(1 + V_{CE}/V_A)$ in Eq. (6.11). Show that the gain expression changes to

$$A_v = \frac{-I_C R_C / V_T}{\left[1 + \dfrac{I_C R_C}{V_A + V_{CE}}\right]} = -\frac{(V_{CC} - V_{CE})/V_T}{\left[1 + \dfrac{V_{CC} - V_{CE}}{V_A + V_{CE}}\right]}$$

For the case $V_{CC} = 5$ V and $V_{CE} = 3$ V, what is the gain without and with the Early effect taken into account? Let $V_A = 100$ V.

6.19 When the amplifier circuit of Fig. 6.6 is biased with a certain V_{BE}, the dc voltage at the collector is found to be +1 V. For $V_{CC} = +3$ V and $R_C = 2$ kΩ, find I_C and the small-signal voltage gain. For a change $\Delta v_{BE} = +5$ mV, calculate the resulting Δv_O. Calculate it two ways: by using the transistor exponential characteristic Δi_C, and approximately, using the small-signal voltage gain. Repeat for $\Delta v_{BE} = -5$ mV. Summarize your results in a table.

6.20 The essence of transistor operation is that a change in v_{BE}, Δv_{BE}, produces a change in i_C, Δi_C. By keeping Δv_{BE} small, Δi_C is approximately linearly related to Δv_{BE}, $\Delta i_C = g_m \Delta v_{BE}$, where g_m is known as the transistor transconductance. By passing Δi_C through R_C, an output voltage signal Δv_O is obtained. Use the expression for the small-signal voltage gain in Eq. (6.20) to derive an expression for g_m. Find the value of g_m for a transistor biased at $I_C = 0.5$ mA.

6.21 The purpose of this problem is to illustrate the application of graphical analysis to the circuit shown in Fig. P6.21. Sketch i_C–v_{CE} characteristic curves for the BJT for $i_B = 10$ μA, 20 μA, 30 μA, and 40 μA. Assume the lines to be

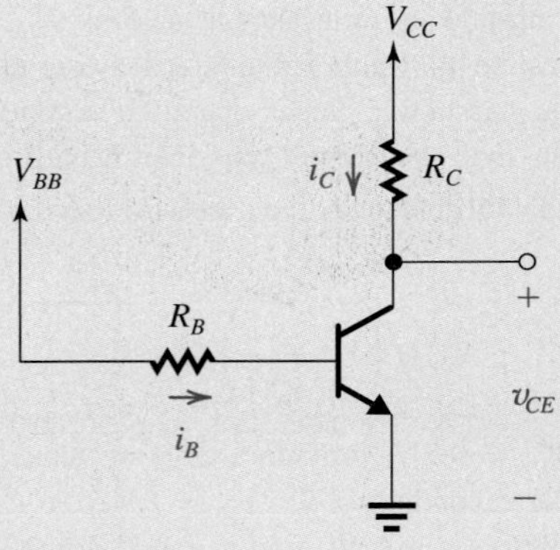

Figure P6.21

problems with green numbers are considered essential; * = difficult problem; ** = more difficult; *** = very challenging
SIM = simulation; D = design problem;

horizontal (i.e., neglect the Early effect), and let $\beta = 100$. For $V_{CC} = 5$ V and $R_C = 1$ kΩ, sketch the load line. What peak-to-peak collector voltage swing will result for i_B varying over the range 10 μA to 40 μA? If the BJT is biased at $V_{CE} = \frac{1}{2}V_{CC}$, find the value of I_C and I_B. If at this current $V_{BE} = 0.7$ V and if $R_B = 100$ kΩ, find the required value of V_{BB}.

****6.22** Sketch the $i_C - v_{CE}$ characteristics of an *npn* transistor having $\beta = 100$ and $V_A = 100$ V. Sketch characteristic curves for $i_B = 20$ μA, 50 μA, 80 μA, and 100 μA. For the purpose of this sketch, assume that $i_C = \beta i_B$ at $v_{CE} = 0$. Also, sketch the load line obtained for $V_{CC} = 10$ V and $R_C = 1$ kΩ. If the dc bias current into the base is 50 μA, write the equation for the corresponding $i_C - v_{CE}$ curve. Also, write the equation for the load line, and solve the two equations to obtain V_{CE} and I_C. If the input signal causes a sinusoidal signal of 30-μA peak amplitude to be superimposed on I_B, find the corresponding signal components of i_C and v_{CE}.

Section 6.2: Small-Signal Operation and Models

6.23 For the amplifier in Fig. 6.10, let $V_{DD} = 2$ V, $R_D = 15$ kΩ, $V_t = 0.5$ V, $k_n' = 0.4$ mA/V^2, $W/L = 12.5$, $V_{GS} = 0.7$ V, and $\lambda = 0$.

(a) Find the dc current I_D and the dc voltage V_{DS}.
(b) Find g_m.
(c) Find the voltage gain.
(d) If $v_{gs} = 0.015 \sin \omega t$ volts, find v_{ds} assuming that the small-signal approximation holds. What are the minimum and maximum values of v_{DS}?
(e) Use Eq. (6.28) to determine the various components of i_D. Using the identity $\sin^2 \omega t = \frac{1}{2} - \frac{1}{2}\cos 2\omega t$, determine the second-harmonic distortion defined as the ratio of the component of i_D of frequency 2ω to the component of i_D of frequency ω, multiplied by 100.

D 6.24 The NMOS amplifier of Fig. 6.10 is to be designed to provide a 0.2-V peak output signal. Assume $V_{DD} = 1.8$ V and $R_D = 10$ kΩ. If the gain is to be −10 V/V, what g_m is required? Bias the amplifier as close to the edge of the saturation region as possible consistent with the required signal swing. Specify the required values of V_{OV} and I_D. If $k_n' = 380$ μA/V^2 what W/L ratio is required? If $V_t = 0.4$ V, find V_{GS}.

6.25 For the NMOS amplifier in Fig. P6.25, replace the transistor with its T equivalent circuit, assuming $\lambda = 0$. Derive expressions for the voltage gains v_s/v_i and v_d/v_i.

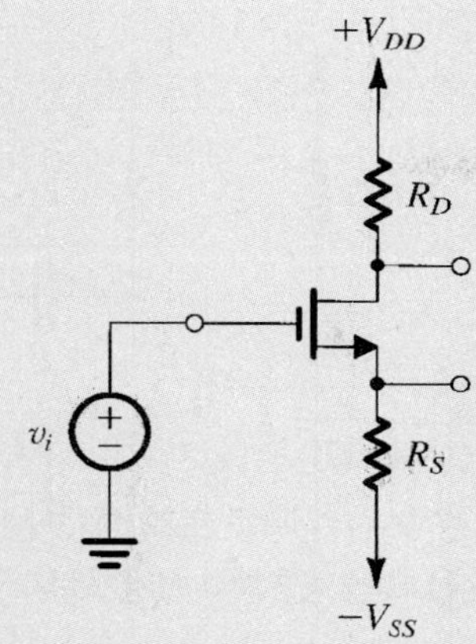

Figure P6.25

SIM 6.26 In the circuit of Fig. P6.26, the NMOS transistor has $|V_t| = 0.8$ V and $V_A = 20$ V and operates with $V_D = 1$ V. What is the voltage gain v_o/v_i? What do V_D and the gain become for I increased to 1 mA?

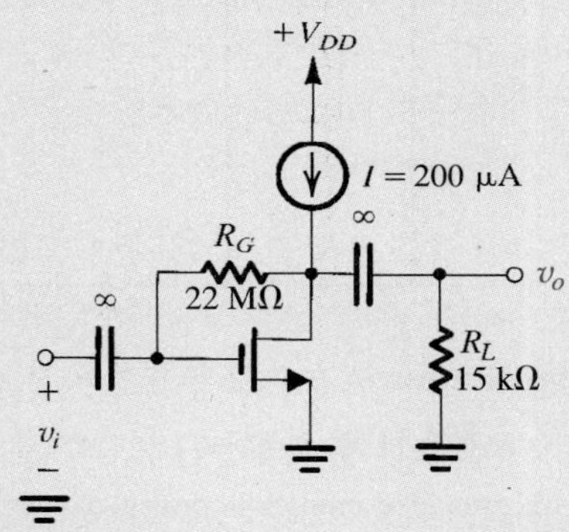

Figure P6.26

6.27 Figure P6.27 shows a discrete-circuit amplifier. The input signal v_{sig} is coupled to the gate through a very large capacitor (shown as infinite). The transistor source is connected to ground at signal frequencies via a very large capacitor (shown as infinite). The output voltage signal that develops at the drain is coupled to a load resistance via a very large capacitor (shown as infinite). All capacitors behave as short circuits for signals and as open circuits for dc.

(a) If the transistor has $V_t = 1$ V, and $k_n = 4$ mA/V^2, verify that the bias circuit establishes $V_{GS} = 1.5$ V, $I_D = 0.5$ mA, and $V_D = +7.0$ V. That is, assume these values, and verify that they are consistent with the values of the circuit components and the device parameters.
(b) Find g_m and r_o if $V_A = 100$ V.
(c) Draw a complete small-signal equivalent circuit for the amplifier, assuming all capacitors behave as short

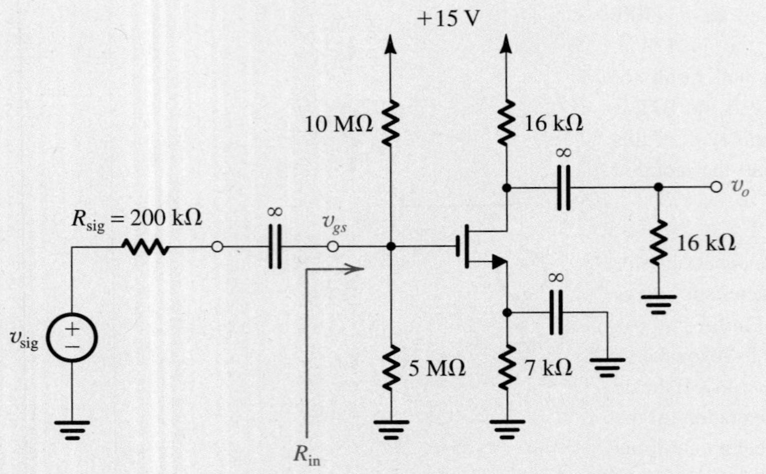

Figure P6.27

Transistor	a	b	c	d	e	f	g
α	1.000					0.90	
β		100		∞			
I_C (mA)	1.00		1.00				
I_E (mA)		1.00				5	
I_B (mA)			0.020				1.10
g_m (mA/V)							700
r_e (Ω)				25	100		
r_π (Ω)					10.1 kΩ		

circuits at signal frequencies.

(d) Find R_{in}, v_{gs}/v_{sig}, v_o/v_{gs}, and v_o/v_{sig}.

6.28 An *npn* BJT with grounded emitter is operated with $V_{BE} = 0.700$ V, at which the collector current is 0.5 mA. A 5-kΩ resistor connects the collector to a +5-V supply. What is the resulting collector voltage V_C? Now, if a signal applied to the base raises v_{BE} to 705 mV, find the resulting total collector current i_C and total collector voltage v_C using the exponential i_C–v_{BE} relationship. For this situation, what are v_{be} and v_c? Calculate the voltage gain v_c/v_{be}. Compare with the value obtained using the small-signal approximation, that is, $-g_m R_C$.

6.29 A *pnp* BJT is biased to operate at $I_C = 1.0$ mA. What is the associated value of g_m? If $\beta = 100$, what is the value of the small-signal resistance seen looking into the emitter (r_e)? Into the base (r_π)? If the collector is connected to a 5-kΩ load, with a signal of 5-mV peak applied between base and emitter, what output signal voltage results?

6.30 The table above summarizes some of the basic attributes of a number of BJTs of different types, operating as amplifiers under various conditions. Provide the missing entries.

6.31 A BJT is biased to operate in the active mode at a dc collector current of 1 mA. It has a β of 100 and V_A of 100 V. Give the four small-signal models (Figs. 6.26 and 6.28) of the BJT complete with the values of their parameters.

6.32 The transistor amplifier in Fig. P6.32 is biased with a current source I and has a very high β. Find the dc voltage at the collector, V_C. Also, find the value of r_e. Replace the transistor with the T model of Fig. 6.27(b) (note that the dc current source I should be replaced with an open circuit). Hence find the voltage gain v_c/v_i.

6.33 Figure P6.33 shows the circuit of an amplifier fed with a signal source v_{sig} with a source resistance R_{sig}. The bias

---

problems with green numbers are considered essential; * = difficult problem; ** = more difficult; *** = very challenging

SIM = simulation; **D** = design problem;

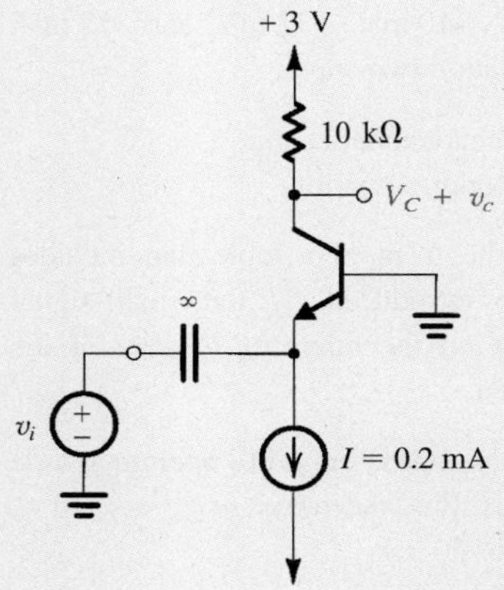

Figure P6.32

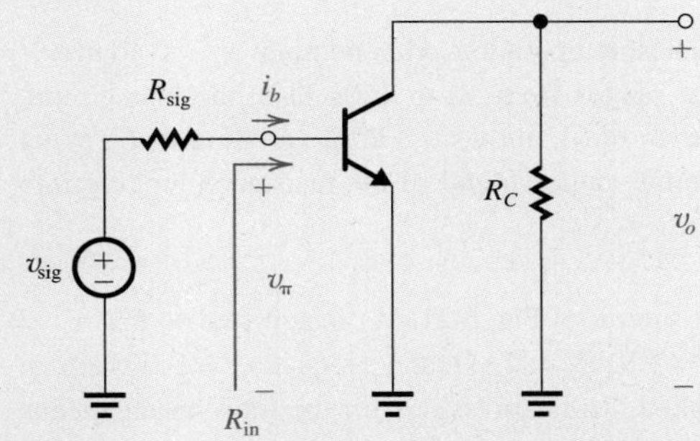

Figure P6.33

circuitry is not shown. Replace the BJT with its hybrid-π equivalent circuit of Fig. 6.25(a). Find the input resistance $R_{in} \equiv v_\pi / i_b$, the voltage transmission from source to amplifier input, v_π / v_{sig}, and the voltage gain from base to collector, v_o / v_π. Use these to show that the overall voltage gain v_o / v_{sig} is given by

$$\frac{v_o}{v_{sig}} = -\frac{\beta R_C}{r_\pi + R_{sig}}$$

6.34 Figure P6.34 shows a transistor with the collector connected to the base. The bias arrangement is not shown. Since a zero v_{BC} implies operation in the active mode, the BJT can be replaced by one of the small-signal models of Figs. 6.25 and 6.27. Use the model of Fig. 6.27(b) and show that the resulting two-terminal device, known as a diode-connected transistor, has a small-signal resistance r equal to r_e.

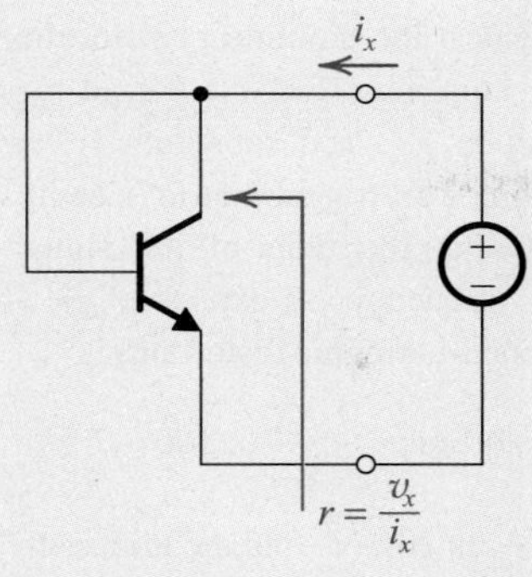

Figure P6.34

6.35 For the circuit shown in Fig. P6.35, draw a complete small-signal equivalent circuit using an appropriate T model for the BJT (use $\alpha = 0.99$). You should show the values of all components, including the model parameters. What is the input resistance R_{in}? Calculate the overall voltage gain (v_o / v_{sig}).

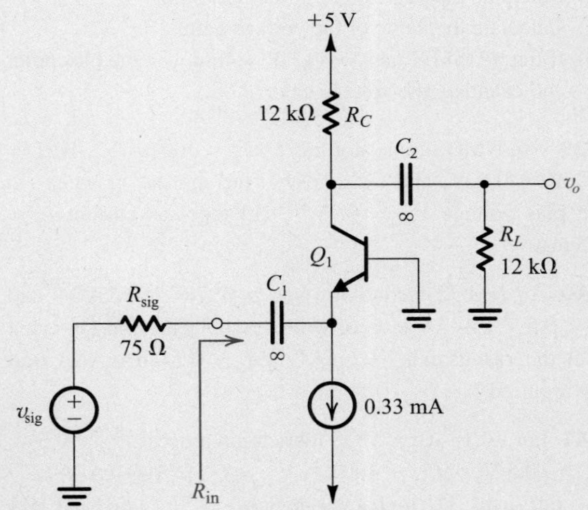

Figure P6.35

D *6.36 Design an amplifier using the configuration of Fig. 6.31(a). The power supplies available are ±5 V. The input signal source has a resistance of 50 Ω, and it is required that the amplifier input resistance match this value. (Note that $R_{in} = r_e \| R_E \simeq r_e$.) The amplifier is to have the greatest possible voltage gain and the largest possible output signal but retain small-signal linear operation (i.e., the signal component across the base–emitter junction should be limited to no more than 10 mV). Find appropriate values for R_E and R_C. What is the value of voltage gain realized from signal source to output?

6.37 This problem investigates the nonlinear distortion introduced by a MOSFET amplifier. Let the signal v_{gs} be a sine wave with amplitude V_{gs}, and substitute $v_{gs} = V_{gs} \sin \omega t$ in Eq. (6.28). Using the trigonometric identity $\sin^2\theta = \frac{1}{2} - \frac{1}{2}\cos 2\theta$, show that the ratio of the signal at frequency 2ω to that at frequency ω, expressed as a percentage (known as the second-harmonic distortion) is

$$\text{Second-harmonic distortion} = \frac{1}{4}\frac{V_{gs}}{V_{OV}} \times 100$$

If in a particular application V_{gs} is 10 mV, find the minimum overdrive voltage at which the transistor should be operated so that the second-harmonic distortion is kept to less than 1%.

6.38 Consider the FET amplifier of Fig. 6.10 for the case $V_t = 0.4$ V, $k_n = 5$ mA/V^2, $V_{GS} = 0.6$ V, $V_{DD} = 1.8$ V, and $R_D = 10$ kΩ.

(a) Find the dc quantities I_D and V_{DS}.
(b) Calculate the value of g_m at the bias point.
(c) Calculate the value of the voltage gain.
(d) If the MOSFET has $\lambda = 0.1$ V^{-1}, find r_o at the bias point and calculate the voltage gain.

6.39 An NMOS transistor has $\mu_n C_{ox} = 400$ μA/V^2, $W/L = 20$, $V_t = 0.5$ V, and $V_A = 5$ V. Find g_m and r_o when (a) the bias voltage $V_{GS} = 0.75$ V, (b) the bias current $I_D = 0.5$ mA.

6.40 An NMOS technology has $\mu_n C_{ox} = 250$ μA/V^2 and $V_t = 0.5$ V. For a transistor with $L = 0.5$ μm, find the value of W that results in $g_m = 2$ mA/V at $I_D = 0.25$ mA. Also, find the required V_{GS}.

6.41 For a 0.18-μm CMOS fabrication process: $V_{tn} = 0.5$ V, $V_{tp} = -0.5$ V, $\mu_n C_{ox} = 400$ μA/V^2, $\mu_p C_{ox} = 100$ μA/V^2, $C_{ox} = 8.6$ fF/μm^2, V_A (*n*-channel devices) $= 5L$ (μm), and $|V_A|$ (*p*-channel devices) $= 6L$ (μm). Find the small-signal model parameters (g_m and r_o) for both an NMOS and a PMOS transistor having $W/L = 10$ μm/0.5 μm and operating at $I_D = 100$ μA. Also, find the overdrive voltage at which each device must be operating.

6.42 Consider a transistor biased to operate in the active mode at a dc collector current I_C. Calculate the collector signal current as a fraction of I_C (i.e., i_c/I_C) for input signals v_{be} of +1 mV, −1 mV, +2 mV, −2 mV, +5 mV, −5 mV, +8 mV, −8 mV, +10 mV, −10 mV, +12 mV, and −12 mV. In each case do the calculation two ways:

(a) using the exponential characteristic, and
(b) using the small-signal approximation.

Present your results in the form of a table that includes a column for the error introduced by the small-signal approximation. Comment on the range of validity of the small-signal approximation.

6.43 A transistor with $\beta = 100$ is biased to operate at a dc collector current of 0.5 mA. Find the values of g_m, r_π, and r_e. Repeat for a bias current of 50 μA.

D 6.44 A designer wishes to create a BJT amplifier with a g_m of 30 mA/V and a base input resistance of 3000 Ω or more. What collector-bias current should he choose? What is the minimum β he can tolerate for the transistor used?

6.45 A transistor operating with nominal g_m of 40 mA/V has a β that ranges from 50 to 150. Also, the bias circuit, being less than ideal, allows a ±20% variation in I_C. What are the extreme values found of the resistance looking into the base?

6.46 In the circuit of Fig. 6.21, V_{BE} is adjusted so that $V_C = 1$ V. If $V_{CC} = 3$ V, $R_C = 2$ kΩ, and a signal $v_{be} = 0.005 \sin \omega t$ volts is applied, find expressions for the total instantaneous quantities $i_C(t)$, $v_C(t)$, and $i_B(t)$. Assume linear operation. The transistor has $\beta = 100$. What is the voltage gain?

D *6.47 We wish to design the amplifier circuit of Fig. 6.21 under the constraint that V_{CC} is fixed. Let the input signal $v_{be} = \hat{V}_{be} \sin \omega t$, where $\hat{V}_{be}$ is the maximum value for acceptable linearity. For the design that results in the largest signal at the collector, without the BJT leaving the active region, show that

$$R_C I_C = (V_{CC} - 0.3) \Big/ \left(1 + \frac{\hat{V}_{be}}{V_T}\right)$$

and find an expression for the voltage gain obtained. For $V_{CC} = 3$ V and $\hat{V}_{be} = 5$ mV, find the dc voltage at the collector, the amplitude of the output voltage signal, and the voltage gain.

---

problems with green numbers are considered essential; * = difficult problem; ** = more difficult; *** = very challenging
SIM = simulation; **D** = design problem;

6.48 Using the T model of Fig. 6.27(a), show that the input resistance between base and emitter, looking into the base, is equal to r_π.

6.49 Show that the collector current provided by the model of Fig. 6.27(b) is equal to that provided by the model in Fig. 6.27(a).

6.50 Show that the hybrid-π model of Fig. 6.25(b) is the incremental version of the large-signal model of Fig. 4.5(d).

6.51 Show that the T model of Fig. 6.27(b) is the incremental version of the large-signal model of Fig. 4.5(b).

6.52 For the conceptual circuit shown in Fig. 6.24, $R_C = 2\ \text{k}\Omega$, $g_m = 50\ \text{mA/V}$, and $\beta = 100$. If a peak-to-peak output voltage of 1 V is measured at the collector, what are the peak-to-peak values of v_{be} and i_b?

6.53 Figure P6.53 shows a particular configuration of BJT amplifiers known as "emitter follower." The bias arrangement is not shown. Replace the BJT with its T equivalent-circuit model of Fig. 6.27(b). Show that

$$R_{in} \equiv \frac{v_i}{i_b} = (\beta + 1)(r_e + R_e)$$

$$\frac{v_o}{v_i} = \frac{R_e}{R_e + r_e}$$

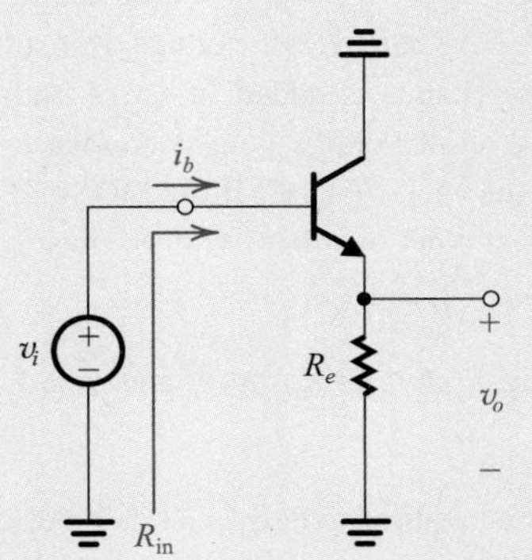

Figure P6.53

6.54 In the circuit shown in Fig. P6.54, the transistor has a β of 200. What is the dc voltage at the collector? Replacing the BJT with one of the hybrid-π models (neglecting r_o), draw the equivalent circuit of the amplifier. Find the input resistances R_{ib} and R_{in} and the overall voltage gain (v_o/v_{sig}). For an output signal of ± 0.4 V, what values of v_{sig} and v_b are required?

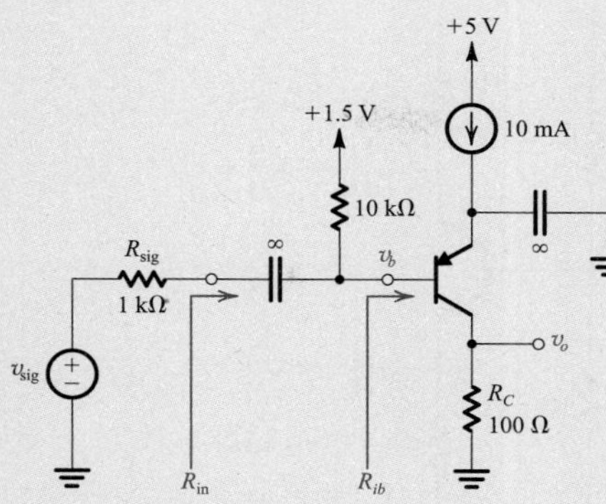

Figure P6.54

6.55 Consider the augmented hybrid-π model shown in Fig. 6.26(a). Disregarding how biasing is to be done, what is the largest possible voltage gain available for a signal source connected directly to the base and a very-high-resistance load? Calculate the value of the maximum possible gain for $V_A = 25$ V and $V_A = 125$ V.

D 6.56 Redesign the circuit of Fig. 6.31(a) by raising the resistor values by a factor of n to increase the resistance seen by the input v_i to 75 Ω. What value of voltage gain results? Grounded-base circuits of this kind are used in systems such as cable TV, in which, for highest-quality signaling, load resistances need to be "matched" to the equivalent resistances of the interconnecting cables.

***6.57** The transistor in the circuit shown in Fig. P6.57 (see page 465) is biased to operate in the active mode. Assuming that β is very large, find the collector bias current I_C. Replace the transistor with the small-signal equivalent-circuit model of Fig. 6.27(b) (remember to replace the dc power supply with a short circuit). Analyze the resulting amplifier equivalentcircuit to show that

$$\frac{v_{o1}}{v_i} = \frac{R_E}{R_E + r_e}$$

$$\frac{v_{o2}}{v_i} = \frac{-\alpha R_C}{R_E + r_e}$$

Find the values of these voltage gains (for $\alpha \simeq 1$). Now, if the terminal labeled v_{o1} is connected to ground, what does the voltage gain v_{o2}/v_i become?

Section 6.3: Basic Configurations

D 6.58 Specify the parameters R_{in}, A_{vo}, and R_o of an amplifier that is to be connected between a 100-kΩ source and a 2-kΩ load and is required to meet the following specifications:

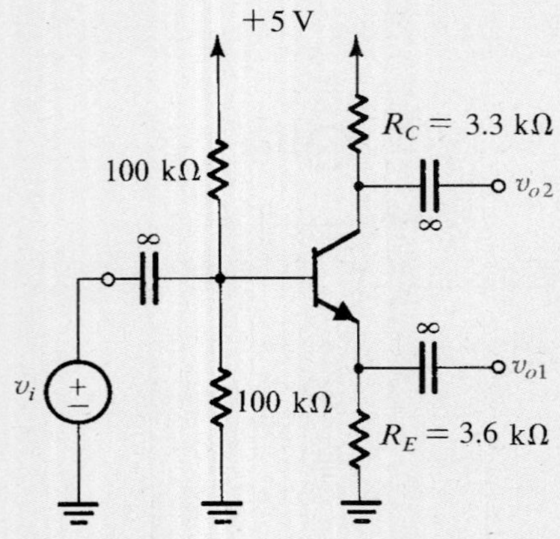

Figure P6.57

(a) No more than 5% of the signal strength is lost in the connection to the amplifier input;
(b) If the load resistance changes from the nominal value of 2 kΩ to a low value of 1 kΩ, the change in output voltage is limited to 5% of nominal value; and
(c) The nominal overall voltage gain is 10 V/V.

6.59 An amplifier has an input resistance of 100 kΩ, a short-circuit transconductance of 10 mA/V, and an output resistance of 100 kΩ. Find the open-circuit voltage gain A_{vo}, and the overall voltage gain G_v when the amplifier is fed with a voltage source having $R_{sig} = 100\ k\Omega$, and a load resistance $R_L = 100\ k\Omega$ is connected at the output.

6.60 A CS amplifier utilizes a MOSFET with $\mu_n C_{ox} = 400\ \mu A/V^2$ and $W/L = 10$. It is biased at $I_D = 320\ \mu A$ and uses $R_D = 10\ k\Omega$. Find R_{in}, A_{vo}, and R_o. Also, if a load resistance of 10 kΩ is connected to the output, what overall voltage gain G_v is realized? Now, if a 0.2-V peak sine-wave signal is required at the output, what must the peak amplitude of v_{sig} be?

6.61 Two identical CS amplifiers are connected in cascade. The first stage is fed with a source v_{sig} having a resistance $R_{sig} = 200\ k\Omega$. A load resistance $R_L = 10\ k\Omega$ is connected to the drain of the second stage. Each MOSFET is biased at $I_D = 0.3$ mA and operates with $V_{OV} = 0.2$ V. Each stage utilizes a drain resistance $R_D = 10\ k\Omega$.

(a) Sketch the equivalent circuit of the two-stage amplifier.
(b) Calculate the overall voltage gain G_v.

6.62 A CE amplifier utilizes a BJT with $\beta = 100$ biased at $I_C = 0.5$ mA; it has a collector resistance $R_C = 10\ k\Omega$. Find R_{in}, R_o, and A_{vo}. If the amplifier is fed with a signal source having a resistance of 10 kΩ, and a load resistance $R_L = 10$ kΩ is connected to the output terminal, find the resulting A_v and G_v. If the peak voltage of the sine wave appearing between base and emitter is to be limited to 5 mV, what $\hat{v}_{sig}$ is allowed, and what output voltage signal appears across the load?

6.63 The overall voltage gain of a CS amplifier with a resistance $R_s = 200\ \Omega$ in the source lead is measured and found to be −10 V/V. When R_s is shorted, but the circuit operation remains linear, the gain doubles. What must g_m and R_D be? What value of R_s is needed to obtain an overall voltage gain of −16 V/V?

6.64 A CE amplifier uses a BJT with $\beta = 100$ biased at $I_C = 0.5$ mA and has a collector resistance $R_C = 15\ k\Omega$ and a resistance $R_e = 200\ \Omega$ connected in the emitter. Find R_{in}, A_{vo}, and R_o. If the amplifier is fed with a signal source having a resistance of 10 kΩ, and a load resistance $R_L = 15\ k\Omega$ is connected to the output terminal, find the resulting A_v and G_v. If the peak voltage of the sine wave appearing between base and emitter is to be limited to 5 mV, what $\hat{v}_{sig}$ is allowed, and what output voltage signal appears across the load?

6.65 A CG amplifier when fed with a signal source having $R_{sig} = 100\ \Omega$ is found to have an overall voltage gain of 12 V/V. When a 100-Ω resistance is added in series with the signal generator, the overall voltage gain decreases to 10 V/V. What must g_m of the MOSFET be? If the MOSFET is biased at $I_D = 0.25$ mA, at what overdrive voltage must it be operating?

6.66 For the circuit in Fig. P6.66, let $R_{sig} \gg r_e$ and $\alpha \simeq 1$. Find v_o.

D 6.67 A source follower is required to deliver a 0.5-V peak sinusoid to a 2-kΩ load. If the peak amplitude of v_{gs} is to be limited to 50 mV, and the MOSFET transconductance parameter k_n is 5 mA/V^2, what is the lowest value of I_D at which the MOSFET can be biased? At this bias current, what are the maximum and minimum currents that the MOSFET will be conducting (at the positive and negative peaks of the output sine wave)? What must the peak amplitude of v_{sig} be?

---

problems with green numbers are considered essential; * = difficult problem; ** = more difficult; *** = very challenging
SIM = simulation; **D** = design problem;

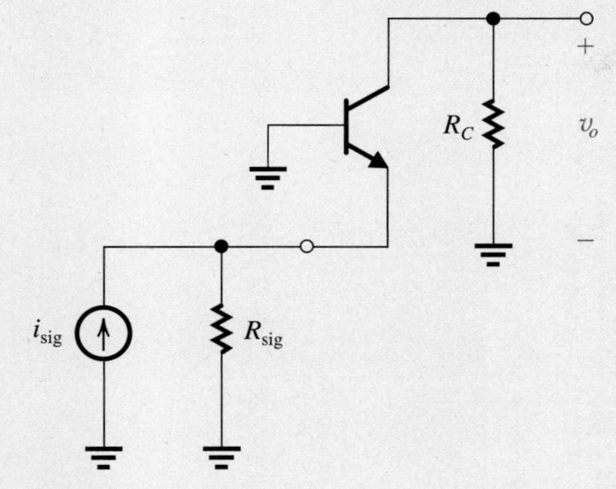

Figure P6.66

D 6.68 An emitter follower is required to deliver a 0.5-V peak sinusoid to a 2-kΩ load. If the peak amplitude of v_{be} is to be limited to 5 mV, what is the lowest value of I_E at which the BJT can be biased? At this bias current, what are the maximum and minimum currents that the BJT will be conducting (at the positive and negative peaks of the output sine wave)? If the resistance of the signal source is 200 kΩ, what value of G_v is obtained? Thus determine the required amplitude of v_{sig}. Assume $\beta = 100$.

6.69 For the Darlington follower in Fig. 6.48(b) let Q_2 be biased at a collector current of 10 mA and let $\beta_1 = \beta_2 = 100$. If $R_{sig} = 1\text{ M}\Omega$ and $R_L = 1\text{ k}\Omega$, find G_{vo}, R_{out}, and G_v.

6.70 For the general amplifier circuit shown in Fig. P6.70 neglect the Early effect.

(a) Find expressions for v_c/v_{sig} and v_e/v_{sig}.

(b) If v_{sig} is disconnected from node X, node X is grounded, and node Y is disconnected from ground and connected to v_{sig}, find the new expression for v_c/v_{sig}.

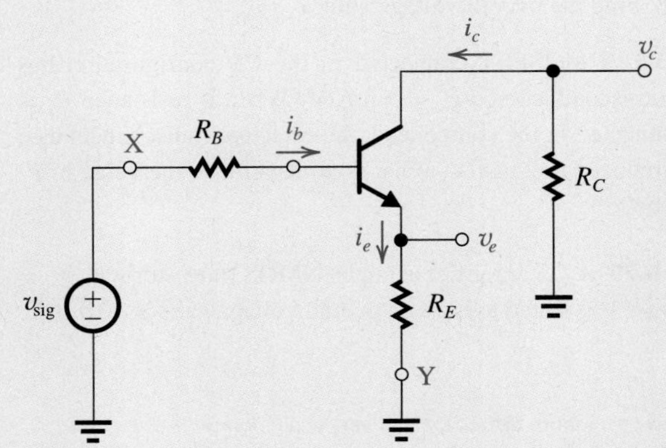

Figure P6.70

6.71 An amplifier with an input resistance of 100 kΩ, an open-circuit voltage gain of 100 V/V, and an output resistance of 100 Ω is connected between a 20-kΩ signal source and a 2-kΩ load. Find the overall voltage gain G_v. Also find the current gain, defined as the ratio of the load current to the current drawn from the signal source.

6.72 An alternative equivalent circuit of an amplifier fed with a signal source (v_{sig}, R_{sig}) and connected to a load R_L is shown in Fig. P6.72. Here G_{vo} is the open-circuit overall voltage gain,

$$G_{vo} = \left.\frac{v_o}{v_{sig}}\right|_{R_L=\infty}$$

and R_{out} is the output resistance with v_{sig} set to zero. This is different from R_o. Show that

$$G_{vo} = \frac{R_i}{R_i + R_{sig}} A_{vo}$$

where $R_i = R_{in}|_{R_L=\infty}$.

Also show that the overall voltage gain is

$$G_v = G_{vo}\frac{R_L}{R_L + R_{out}}$$

***6.73** Most practical amplifiers have internal feedback that makes them non-unilateral. In such a case, R_{in} depends on R_L. To illustrate this point we show in Fig. P6.73 the equivalent circuit of an amplifier where a feedback resistance R_f models the internal feedback mechanism that is present in this amplifier. It is R_f that makes the amplifier non-unilateral. Show that

$$R_{in} = R_1 \parallel \left[\frac{R_f + (R_2 \parallel R_L)}{1 + g_m(R_2 \parallel R_L)}\right]$$

$$A_{vo} = -g_m R_2 \frac{1 - 1/(g_m R_f)}{1 + (R_2/R_f)}$$

$$R_o = R_2 \parallel R_f$$

Evaluate R_{in}, A_{vo}, and R_o for the case $R_1 = 100\text{ k}\Omega$, $R_f = 1\text{ M}\Omega$, $g_m = 100\text{ mA/V}$, $R_2 = 100\ \Omega$, and $R_L = 1\text{ k}\Omega$. Which of the amplifier characteristic parameters is most affected by R_f (that is, relative to the case with $R_f = \infty$)? For $R_{sig} = 100\text{ k}\Omega$ determine the overall voltage gain, G_v, with and without R_f present.

6.74 Calculate the overall voltage gain of a CS amplifier fed with a 1-MΩ source and connected to a 10-kΩ load. The MOSFET has $g_m = 2\text{ mA/V}$, and a drain resistance $R_D = 10\text{ k}\Omega$ is utilized.

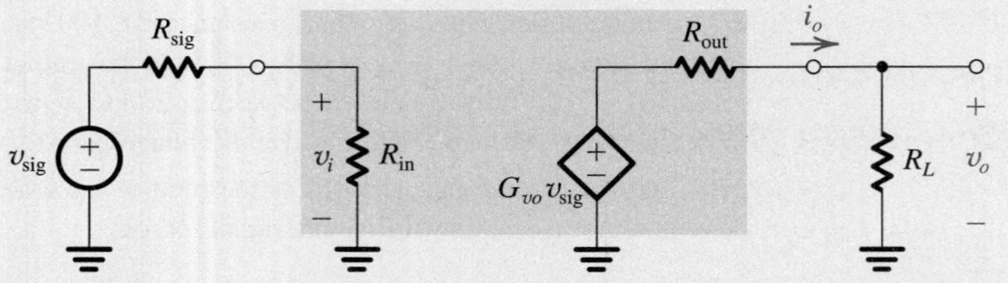

Figure P6.72

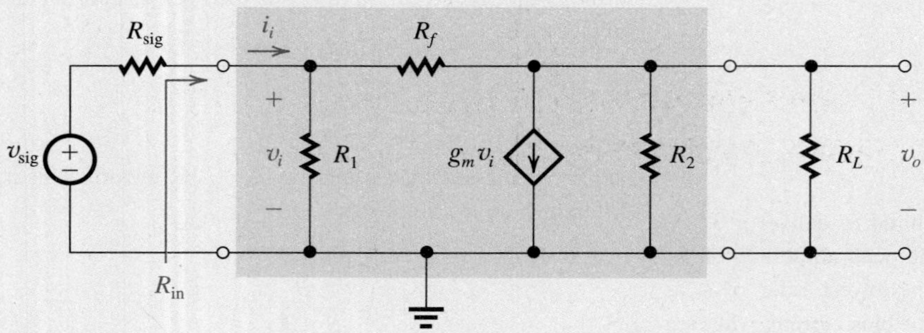

Figure P6.73

D 6.75 A common-source amplifier utilizes a MOSFET operated at $V_{OV} = 0.25$ V. The amplifier feeds a load resistance $R_L = 15$ kΩ. The designer selects $R_D = 2R_L$. If it is required to realize an overall voltage gain G_v of -10 V/V what g_m is needed? Also specify the bias current I_D. If, to increase the output signal swing, R_D is reduced to $R_D = R_L$, what does G_v become?

D *6.76 In this problem we investigate the effect of the inevitable variability of β on the realized gain of the CE amplifier. For this purpose, use the overall gain expression in Eq. (6.114).

$$|G_v| = \frac{R_L'}{(R_{sig}/\beta) + (1/g_m)}$$

where $R_L' = R_L \| R_C$.

Consider the case $R_L' = 10$ kΩ and $R_{sig} = 10$ kΩ, and let the BJT be biased at $I_C = 1$ mA. The BJT has a nominal β of 100.

(a) What is the nominal value of $|G_v|$?

(b) If β can be anywhere between 50 and 150, what is the corresponding range of $|G_v|$?

(c) If in a particular design, it is required to maintain $|G_v|$ within ±20% of its nominal value, what is the maximum allowable range of β?

(d) If it is not possible to restrict β to the range found in (c), and the designer has to contend with β in the range 50 to 150, what value of bias current I_C would result in $|G_v|$ falling in a range of ±20% of a new nominal value? What is the nominal value of $|G_v|$ in this case?

6.77 Two identical CE amplifiers are connected in cascade. The first stage is fed with a source v_{sig} having a resistance $R_{sig} = 10$ kΩ. A load resistance $R_L = 10$ kΩ is connected to the collector of the second stage. Each BJT is biased at $I_C = 0.25$ mA and has $\beta = 100$. Each stage utilizes a collector resistance $R_C = 10$ kΩ.

(a) Sketch the equivalent circuit of the two-stage amplifier.

(b) Find the overall voltage gain, v_{o2}/v_{sig}.

6.78 A MOSFET connected in the CS configuration has a transconductance $g_m = 5$ mA/V. When a resistance R_s is connected in the source lead, the effective transconductance is reduced to 2 mA/V. What do you estimate the value of R_s to be?

D 6.79 A CS amplifier using an NMOS transistor with $g_m = 2$ mA/V is found to have an overall voltage gain of -10 V/V.

---

problems with green numbers are considered essential; * = difficult problem; ** = more difficult; *** = very challenging
SIM = simulation; **D** = design problem;

What value should a resistance R_s inserted in the source lead have to reduce the overall voltage gain to -5 V/V?

D 6.80 Design a CE amplifier with a resistance R_e in the emitter to meet the following specifications:

(i) Input resistance $R_{in} = 15$ kΩ.

(ii) When fed from a signal source with a peak amplitude of 0.15 V and a source resistance of 30 kΩ, the peak amplitude of v_π is 5 mV.

Specify R_e and the bias current I_C. The BJT has $\beta = 74$. If the total resistance in the collector is 6 kΩ, find the overall voltage gain G_v and the peak amplitude of the output signal v_o.

SIM D 6.81 Including an emitter resistance R_e reduces the variability of the gain G_v due to the inevitable wide variance in the value of β. Consider a CE amplifier operating between a signal source with $R_{sig} = 10$ kΩ and a total collector resistance $R_C \| R_L$ of 10 kΩ. The BJT is biased at $I_C = 1$ mA and its β is specified to be nominally 100 but can lie in the range of 50 to 150. First determine the nominal value and the range of $|G_v|$ without resistance R_e. Then select a value for R_e that will ensure that $|G_v|$ be within ±20% of its new nominal value. Specify the value of R_e, the new nominal value of $|G_v|$, and the expected range of $|G_v|$.

6.82 A CG amplifier using an NMOS transistor for which $g_m = 5$ mA/V has a 5-kΩ drain resistance R_D and a 5-kΩ load resistance R_L. The amplifier is driven by a voltage source with a 250-Ω resistance. What is the input resistance of the amplifier? What is the overall voltage gain G_v ? By what factor must the bias current I_D of the MOSFET be changed so that R_{in} matches R_{sig}?

D 6.83 A CB amplifier is operating with $R_L = 5$ kΩ, $R_C = 5$ kΩ, and $R_{sig} = 50$ Ω. At what current I_C should the transistor be biased for the input resistance R_{in} to equal that of the signal source? What is the resulting overall voltage gain? Assume $\alpha \simeq 1$.

6.84 A CB amplifier biased at $I_E = 0.2$ mA with $R_C = R_L = 10$ kΩ is driven by a signal source with $R_{sig} = 0.5$ kΩ. Find the overall voltage gain G_v. If the maximum signal amplitude of the voltage between base and emitter is limited to 10 mV, what are the corresponding amplitudes of v_{sig} and v_o? Assume $\alpha \simeq 1$.

6.85 A source follower is required to connect a high-resistance source to a load whose resistance is nominally 2 kΩ but can be as low as 1.5 kΩ and as high as 5 kΩ. What is the maximum output resistance that the source follower must have if the output voltage is to remain within ±10% of nominal value? If the MOSFET has $k_n = 10$ mA/V^2, at what current I_D must it be biased? At what overdrive voltage is the MOSFET operating?

6.86 An emitter follower with a BJT biased at $I_C = 5$ mA and having $\beta = 200$ is connected between a source with $R_{sig} = 10$ kΩ and a load $R_L = 200$ Ω.

(a) Find R_{in}, v_b/v_{sig}, and v_o/v_{sig}.

(b) If the signal amplitude across the base–emitter junction is to be limited to 10 mV, what is the corresponding amplitude of v_{sig} and v_o?

(c) Find the open-circuit voltage gain G_{vo} and the output resistance R_{out}. Use these values first to verify the value of G_v obtained in (a), then to find the value of G_v obtained with R_L reduced to 150 Ω.

6.87 An emitter follower, when driven from a 10-kΩ source, was found to have an output resistance R_{out} of 125 Ω. The output resistance increased to 225 Ω when the source resistance was doubled. Find the overall voltage gain when the follower is driven by a 10-kΩ source and loaded with a 1-kΩ resistor.

6.88 When the Early effect is neglected, the overall voltage gain of a CE amplifier with a collector resistance $R_C = 10$ kΩ is calculated to be -100 V/V. If the BJT is biased at $I_C = 1$ mA and the Early voltage is 125 V, provide a better estimate of the voltage gain G_v.

6.89 Show that when r_o is taken into account, the voltage gain of the source follower becomes

$$G_v \equiv \frac{v_o}{v_{sig}} = \frac{R_L \| r_o}{(R_L \| r_o) + \dfrac{1}{g_m}}$$

Now, with R_L removed, the voltage gain is carefully measured and found to be 0.98. Then, when R_L is connected and its value is varied, it is found that the gain is halved at $R_L = 500$ Ω. If the amplifier remained linear throughout this measurement, what must the values of g_m and r_o be?

D *6.90 In this problem, we investigate the effect of changing the bias current I_C on the overall voltage gain G_v of a CE amplifier. Consider a CE amplifier operating with a signal source $R_{sig} = 10$ kΩ and with $R_C \| R_L = 10$ kΩ. The BJT is specified to have $\beta = 100$ and $V_A = 25$ V. Use Eq. (6.114) (with r_o included in parallel with R_C and R_L in the numerator) to find $|G_v|$ at $I_C = 0.1$ mA, 0.2 mA, 0.5 mA, 1.0 mA, and 1.25 mA. Observe the effect of r_o on limiting $|G_v|$ as I_C is increased. Find the value of I_C that results in $|G_v| = 50$ V/V.

Section 6.4: Biasing

D 6.91 Consider the classical biasing scheme shown in Fig. 6.50(c), using a 9-V supply. For the MOSFET, $V_t = 0.7$ V, $\lambda = 0$, and $k_n = 5$ mA/V^2. Arrange that the drain current is 0.2 mA, with about one-third of the supply voltage across each of R_S and R_D. Use 22 MΩ for the larger of R_{G1} and R_{G2}. What are the values of R_{G1}, R_{G2}, R_S, and R_D that you have chosen? Specify them to two significant digits. For your design, how far is the drain voltage from the edge of saturation?

D 6.92 Using the circuit topology displayed in Fig. 6.50(e), arrange to bias the NMOS transistor at $I_D = 0.5$ mA with V_D midway between cutoff and the beginning of triode operation. The available supplies are ±5 V. For the NMOS transistor, $V_t = 1.0$ V, $\lambda = 0$, and $k_n = 1$ mA/V^2. Use a gate-bias resistor of 10 MΩ. Specify R_S and R_D to two significant digits.

6.93 An NMOS transistor is connected in the bias circuit of Fig. 6.50(c), with $V_G = 5$ V and $R_S = 3$ kΩ. The transistor has $V_t = 1$ V and $k_n = 2$ mA/V^2. What bias current results? If a transistor for which k_n is 50% higher is used, what is the resulting percentage increase in I_D?

SIM D 6.94 Design the circuit in Fig. P6.94 so that the transistor operates in saturation with V_D biased 1 V from the edge of the triode region, with $I_D = 1$ mA and $V_D = 3$ V, for each of the following two devices (use a 10-μA current in the voltage divider):

(a) $|V_t| = 1$ V and $k_p' W/L = 0.5$ mA/V^2
(b) $|V_t| = 2$ V and $k_p' W/L = 1.25$ mA/V^2

For each case, specify the values of V_G, V_D, V_S, R_1, R_2, R_S, and R_D.

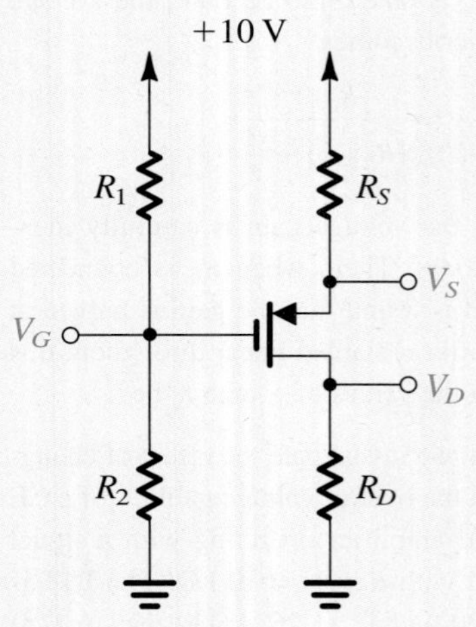

Figure P6.94

D 6.95 Figure P6.95 shows a variation of the feedback-bias circuit of Fig. 6.52. Using a 5-V supply with an NMOS transistor for which $V_t = 0.8$ V, $k_n = 8$ mA/V^2, and $\lambda = 0$, provide a design that biases the transistor at $I_D = 1$ mA, with V_{DS} large enough to allow saturation operation for a 2-V negative signal swing at the drain. Use 22 MΩ as the largest resistor in the feedback-bias network. What values of R_D, R_{G1}, and R_{G2} have you chosen? Specify all resistors to two significant digits.

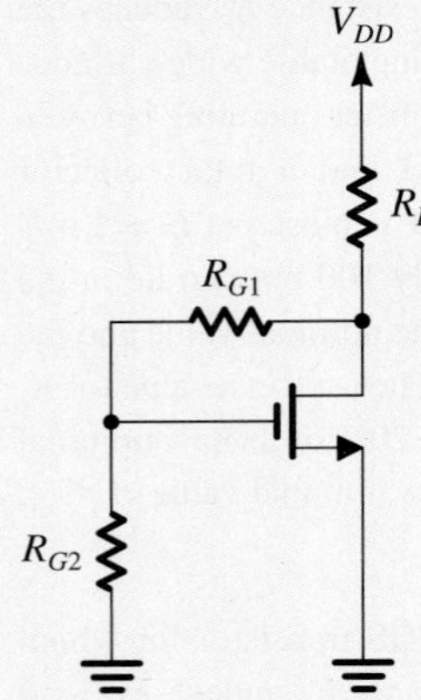

Figure P6.95

D 6.96 Consider the single-supply bias network shown in Fig. 6.54(a). Provide a design using a 9-V supply in which the supply voltage is equally split between R_C, V_{CE}, and R_E with a collector current of 0.6 mA. The transistor β is specified to have a minimum value of 90. Use a voltage-divider current of $I_E/10$, or slightly higher. Since a reasonable design should operate for the best transistors for which β is very high, do your initial design with $\beta = \infty$. Then choose suitable 5% resistors (see Appendix J), making the choice in a way that will result in a V_{BB} that is slightly higher than the ideal value. Specify the values you have chosen for R_E, R_C, R_1, and R_2. Now, find V_B, V_E, V_C, and I_C for your final design using $\beta = 90$.

D 6.97 Design the circuit in Fig. 6.55 using ±1.5-V supplies, $I_C = 0.2$ mA, and V_C placed 1 V above V_E. The transistor to be used has a minimum β of 50. Design for the device with the lowest β and use the largest value for R_B consistent with limiting the voltage drop across it to approximately one-tenth the voltage drop across R_E. Use standard 5% resistors (see Appendix J). Evaluate your design by calculating I_C, V_E, V_B, and V_C for the two cases: $\beta = \infty$ and $\beta = 50$.

D *6.98 (a) Using a 3-V power supply, design the feedback bias circuit of Fig. 6.56 to provide $I_C = 1$ mA and $V_C = V_{CC}/2$ for $\beta = 100$.
(b) Select standard 5% resistor values, and reevaluate V_C and I_C for $\beta = 100$.
(c) Find V_C and I_C for $\beta = \infty$.
(d) To improve the situation that occurs when high-β transistors are used, we have to arrange for an additional current to flow through R_B. We can do this by connecting a resistor between base and emitter, as shown in Fig. P6.98.

Design this circuit for $\beta = 100$. Use a current through R_{B2} equal to the base current. Now, what values of V_C and I_C result with $\beta = \infty$?

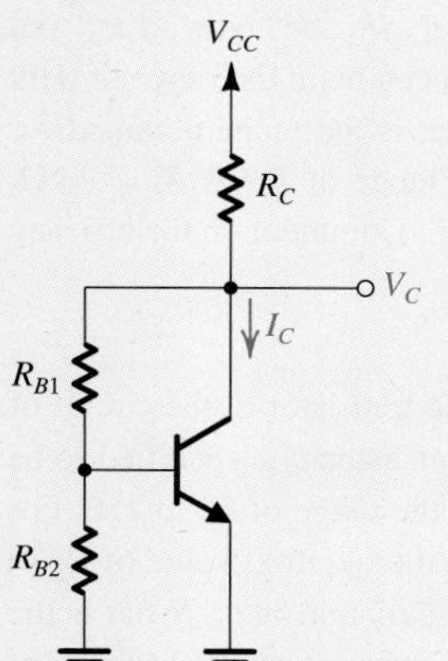

Figure P6.98

6.99 The circuit in Fig. P6.99 provides a constant current I_O as long as the circuit to which the collector is connected maintains the BJT in the active mode. Show that

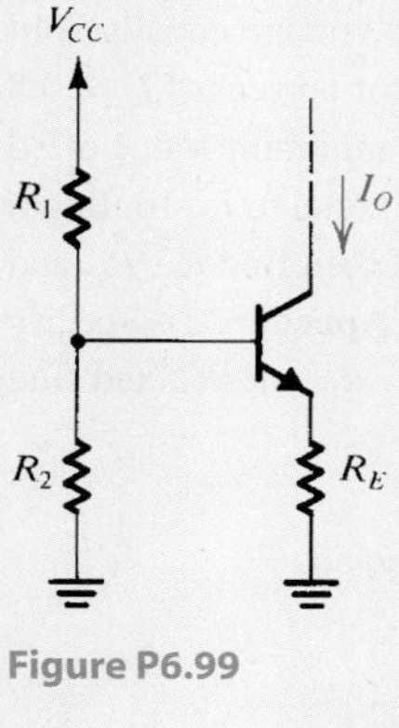

Figure P6.99

$$I_O = \alpha \frac{V_{CC}[R_2/(R_1 + R_2)] - V_{BE}}{R_E + (R_1 \| R_2)/(\beta + 1)}$$

D 6.100 For the circuit in Fig. P6.100 find the value of R that will result in $I_O \simeq 0.5$ mA. What is the largest voltage that can be applied to the collector? Assume $|V_{BE}| = 0.7$ V.

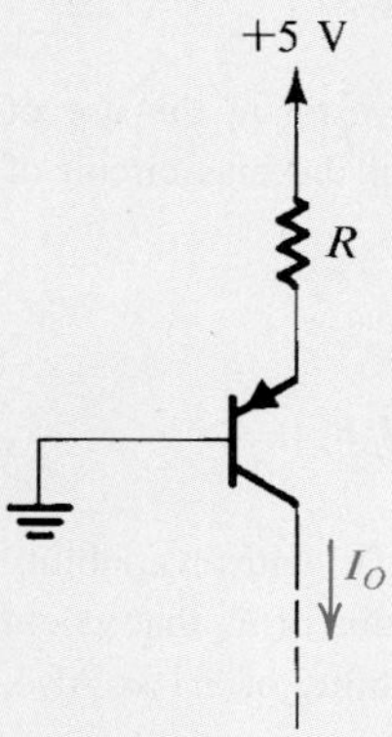

Figure P6.100

D *6.101 In an electronic instrument using the biasing scheme shown in Fig. 6.50(c), a manufacturing error reduces R_S to zero. Let $V_{DD} = 15$ V, $R_{G1} = 10$ MΩ, and $R_{G2} = 5.1$ MΩ. What is the value of V_G created? If supplier specifications allow k_n to vary from 0.2 to 0.3 mA/V^2 and V_t to vary from 1.0 V to 1.5 V, what are the extreme values of I_D that may result? What value of R_S should have been installed to limit the maximum value of I_D to 1.5 mA? Choose an appropriate standard 5% resistor value (refer to Appendix J). What extreme values of current now result?

SIM **6.102** The bias circuit of Fig. 6.50(c) is used in a design with $V_G = 5$ V and $R_S = 2$ kΩ. For a MOSFET with $k_n = 2$ mA/V^2, the source voltage is 2 V. What must V_t be for this device? In a device for which V_t is 0.5 V less, what does V_S become? What bias current results?

D 6.103 Design the circuit of Fig. 6.50(e) for a MOSFET having $V_t = 1$ V and $k_n = 4$ mA/V^2. Let $V_{DD} = V_{SS} = 5$ V. Design for a dc bias current of 0.5 mA and for the largest possible voltage gain (and thus the largest possible R_D) consistent with allowing a 2-V peak-to-peak voltage swing at the drain. Assume that the signal voltage on the source terminal of the FET is zero.

D **6.104 A very useful way to characterize the stability of the bias current I_D is to evaluate the sensitivity of I_D relative to a particular transistor parameter whose variability might be large. The sensitivity of I_D relative to the MOSFET parameter $K \equiv \frac{1}{2}k'(W/L)$ is defined as

$$S_K^{I_D} \equiv \frac{\partial I_D/I_D}{\partial K/K} = \frac{\partial I_D}{\partial K}\frac{K}{I_D}$$

and its value, when multiplied by the variability (or tolerance) of K, provides the corresponding expected variability of I_D,

$$\frac{\Delta I_D}{I_D} = S_K^{I_D}\left(\frac{\Delta K}{K}\right)$$

The purpose of this problem is to investigate the use of the sensitivity function in the design of the bias circuit of Fig. 6.50(e).

(a) Show that when V_t is constant,

$$S_K^{I_D} = 1\Big/\left(1+2\sqrt{KI_DR_S}\right)$$

(b) For a MOSFET having $K = 100\ \mu\text{A/V}^2$ with a variability of $\pm10\%$ and $V_t = 1$ V, find the value of R_S that would result in $I_D = 100\ \mu$A with a variability of $\pm1\%$. Also, find V_{GS} and the required value of V_{SS}.

(c) Using the same MOSFET as in (a), if the available supply $V_{SS} = 5$ V, find the value of R_S for $I_D = 100\ \mu$A. Evaluate the sensitivity function, and give the expected variability of I_D in this case.

D *6.105 The variability $(\Delta I_D/I_D)$ in the bias current I_D due to the variability $(\Delta V_t/V_t)$ in the threshold voltage V_t can be evaluated from

$$\frac{\Delta I_D}{I_D} = S_{V_t}^{I_D}\left(\frac{\Delta V_t}{V_t}\right)$$

where $S_{V_t}^{I_D}$, the sensitivity of I_D relative to V_t, is defined as

$$S_{V_t}^{I_D} = \frac{\partial I_D}{\partial V_t}\frac{V_t}{I_D}$$

(a) For a MOSFET biased with a fixed V_{GS}, show that

$$S_{V_t}^{I_D} = -\frac{2V_t}{V_{OV}}$$

and find the variability in I_D for $V_t = 0.5$ V and $\Delta V_t/V_t = \pm5\%$. Let the MOSFET be biased at $V_{OV} = 0.25$ V.

(b) For a MOSFET biased with a fixed gate voltage V_G and a resistance R_S included in the source lead, show that

$$S_{V_t}^{I_D} = -\frac{2V_t}{V_{OV}+2I_DR_S}$$

For the same parameters given in (a), find the required value of (I_DR_S) and V_G to limit $\Delta I_D/I_D$ to $\pm5\%$. What value of R_S is needed if I_D is 100 μA?

SIM **6.106** In the circuit of Fig. 6.52, let $R_G = 10$ MΩ, $R_D = 5$ kΩ, and $V_{DD} = 5$ V. For each of the following two transistors, find the voltages V_D and V_G.

(a) $V_t = 0.7$ V and $k_n = 5\ \text{mA/V}^2$
(b) $V_t = 1.5$ V and $k_n = 10\ \text{mA/V}^2$

D 6.107 Using the feedback bias arrangement shown in Fig. 6.52 with a 5-V supply and an NMOS device for which $V_t = 1$ V and $k_n = 10\ \text{mA/V}^2$, find R_D to establish a drain current of 0.2 mA.

D 6.108 For the circuit in Fig. 6.53(a), neglect the base current I_B in comparison with the current in the voltage divider. It is required to bias the transistor at $I_C = 1$ mA, which requires selecting R_{B1} and R_{B2} so that $V_{BE} = 0.710$ V. If $V_{CC} = 3$ V, what must the ratio R_{B1}/R_{B2} be? Now, if R_{B1} and R_{B2} are 1% resistors, that is, each can be in the range of 0.99 to 1.01 of its nominal value, what is the range obtained for V_{BE}? What is the corresponding range of I_C? If $R_C = 2$ kΩ, what is the range obtained for V_{CE}? Comment on the efficacy of this biasing arrangement.

D 6.109 It is required to bias the transistor in the circuit of Fig. 6.53(b) at $I_C = 1$ mA. The transistor β is specified to be nominally 100, but it can fall in the range of 50 to 150. For $V_{CC} = +3$ V and $R_C = 2$ kΩ, find the required value of R_B to achieve $I_C = 1$ mA for the "nominal" transistor. What is the expected range for I_C and V_{CE}? Comment on the efficacy of this bias design.

D 6.110 This problem investigates an alternative solution to the design problem specified in Problem 6.97. You are required to design the bias circuit in Fig. 6.54(a) for the case $V_{CC} = 9$ V. Design for the supply voltage equally split between R_C, V_{CE}, and R_E with a collector current of $I_C = 0.5$ mA. Your design should be based on a minimum value of 80 for the transistor β. Use a current in R_1 equal to $I_C/10$. Begin your design by finding $R_E = V_E/I_E$ and then find R_C, R_1, and R_2. Choose suitable 5% resistors (see Appendix J). Specify the values you have chosen for R_E, R_C, R_1, and R_2, and find I_E, I_C, V_B, and V_C.

---

problems with green numbers are considered essential; * = difficult problem; ** = more difficult; *** = very challenging
SIM = simulation; D = design problem;

D *6.111 You are required to design the bias circuit of Fig. 6.54(a) for a BJT whose nominal $\beta = 100$.

(a) Find the largest ratio (R_B/R_E) that will guarantee I_E remains within ±5% of its nominal value for β as low as 50 and as high as 150.
(b) If the resistance ratio found in (a) is used, find an expression for the voltage $V_{BB} \equiv V_{CC}R_2/(R_1 + R_2)$ that will result in a voltage drop of $V_{CC}/3$ across R_E.
(c) For $V_{CC} = 5$ V, find the required values of R_1, R_2, and R_E to obtain $I_E = 0.5$ mA and to satisfy the requirement for stability of I_E in (a).
(d) Find R_C so that $V_{CE} = 1.0$ V for β equal to its nominal value.

Check your design by evaluating the resulting range of I_E.

D *6.112 Utilizing ±3-V power supplies, it is required to design a version of the circuit in Fig. 6.55 in which the signal will be coupled to the emitter and thus R_B can be set to zero. Find values for R_E and R_C so that a dc emitter current of 0.4 mA is obtained and so that the gain is maximized while allowing ±1 V of signal swing at the collector. If temperature increases from the nominal value of 25°C to 125°C, estimate the percentage change in collector bias current. In addition to the –2 mV/°C change in V_{BE}, assume that the transistor β changes over this temperature range from 50 to 150.

SIM **D 6.113** Using a 3-V power supply, design a version of the circuit of Fig. 6.56 to provide a dc emitter current of 0.5 mA and to allow a ±1-V signal swing at the collector. The BJT has a nominal $\beta = 100$. Use standard 5% resistor values (see Appendix J). If the actual BJT used has $\beta = 50$, what emitter current is obtained? Also, what is the allowable signal swing at the collector? Repeat for $\beta = 150$.

D 6.114 A circuit that can provide a very large voltage gain for a high-resistance load is shown in Fig. P6.114. Find the values of I and R_B to bias the BJT at $I_C = 1$ mA and $V_C = 1.5$ V. Let $\beta = 100$.

D *6.115 For the circuit in Fig. P6.115, assuming all transistors to be identical with β infinite, derive an expression for the output current I_O, and show that by selecting $R_1 = R_2$ and keeping the currents in all junctions equal, the current I_O will be

$$I_O = \frac{V_{CC}}{2R_E}$$

which is independent of V_{BE}. What must the relationship of R_E to R_1 and R_2 be? For $V_{CC} = 10$ V and $V_{BE} = 0.7$ V, design the circuit to obtain an output current of 0.5 mA. What is the lowest voltage that can be applied to the collector of Q_3?

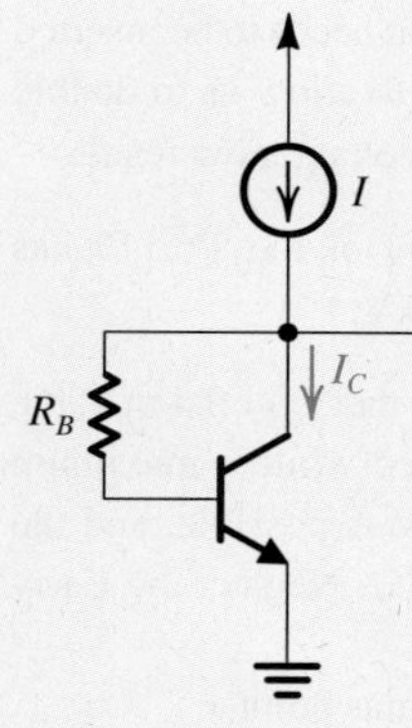

Figure P6.114

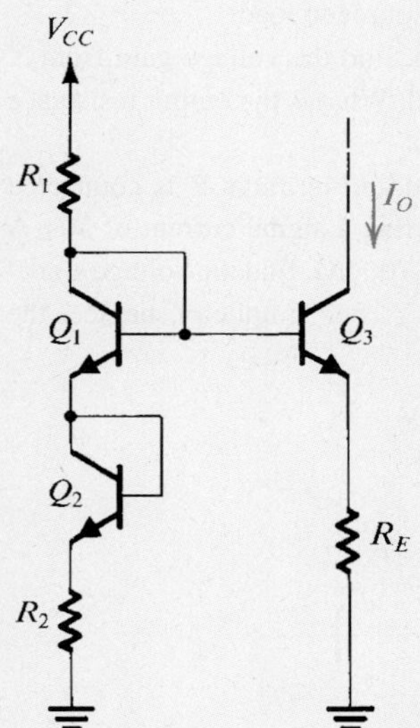

Figure P6.115

Section 6.5: Discrete-Circuit Amplifiers

SIM **6.116** The NMOS transistor in the CS amplifier shown in Fig. 6.57(a) has $V_t = 0.75$ V and $V_A = 50$ V. Also, $V_{DD} = 5$ V, $R_{G1} = 750$ kΩ, $R_{G2} = 500$ kΩ, $R_D = 10$ kΩ, $R_S = 4$ kΩ, $R_{sig} = 100$ kΩ, and $R_L = 10$ kΩ.

(a) Neglecting the Early effect, verify that the MOSFET is operating in saturation with $I_D = 0.25$ mA and $V_{OV} = 0.25$ V. What must the MOSFET's k_n be? What is the dc voltage at the drain?
(b) Find R_{in} and G_v.
(c) If v_{sig} is a sinusoid with a peak amplitude $\hat{v}_{sig}$, find the maximum allowable value of $\hat{v}_{sig}$ for which the transistor remains in saturation. What is the corresponding amplitude of the output voltage?

(d) What is the value of resistance R that needs to be inserted in series with capacitor C_S in order to allow us to double the input signal $\hat{v}_{sig}$? What output voltage now results?

D *6.117 The MOSFET in the circuit of Fig. P6.117 has $V_t = 0.8$ V, $k_n = 5$ mA/V^2, and $V_A = 40$ V.

(a) Find the values of R_S, R_D, and R_G so that $I_D = 0.4$ mA, the largest possible value for R_D is used while a maximum signal swing at the drain of ±0.8 V is possible, and the input resistance at the gate is 10 MΩ. Neglect the Early effect.

(b) Find the values of g_m and r_o at the bias point.

(c) If terminal Z is grounded, terminal X is connected to a signal source with a resistance of 1 MΩ, and terminal Y is connected to a load resistance of 10 kΩ, find the voltage gain from signal source to load.

(d) If terminal Y is grounded, find the voltage gain from X to Z with Z open-circuited. What is the output resistance of the source follower?

(e) If terminal X is grounded and terminal Z is connected to a current source delivering a signal current of 50 μA and having a resistance of 100 kΩ, find the voltage signal that can be measured at Y. For simplicity, neglect the effect of r_o.

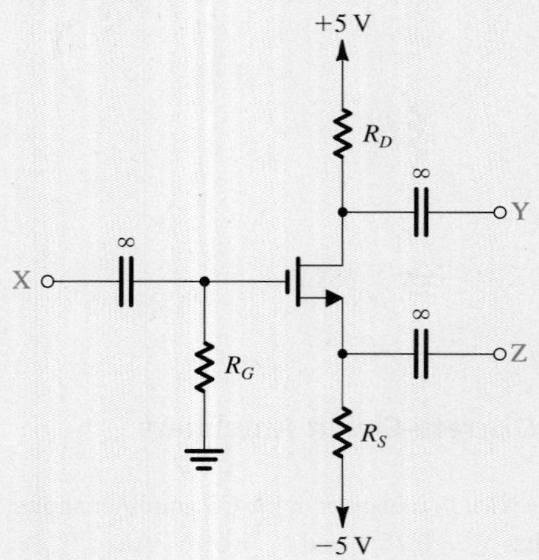

Figure P6.117

***6.118**

(a) The NMOS transistor in the source-follower circuit of Fig. P6.118(a) has g_m = 10 mA/V and a large r_o. Find the open-circuit voltage gain and the output resistance.

(b) The NMOS transistor in the common-gate amplifier of Fig. P6.118(b) has g_m = 10 mA/V and a large r_o. Find the input resistance and the voltage gain.

(c) If the output of the source follower in (a) is connected to the input of the common-gate amplifier in (b), use the results of (a) and (b) to obtain the overall voltage gain v_o/v_i.

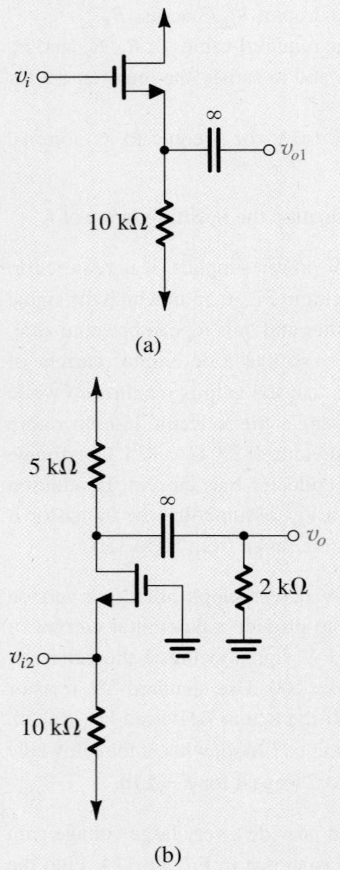

Figure P6.118

D 6.119 Using the topology of Fig. 6.58(a), design an amplifier to operate between a 2-kΩ source and a 2-kΩ load with a gain v_o/v_{sig} of −40 V/V. The power supply available is 15 V. Use an emitter current of approximately 2 mA and a current of about one-tenth of that in the voltage divider that feeds the base, with the dc voltage at the base about one-third of the supply. The transistor available has $\beta = 100$. Use standard 5% resistors (see Appendix J).

D 6.120 In the circuit of Fig. P6.120, v_{sig} is a small sine-wave signal with zero average. The transistor β is 100.

(a) Find the value of R_E to establish a dc emitter current of about 0.2 mA.

(b) Find R_C to establish a dc collector voltage of about +0.5 V.

(c) For $R_L = 10\text{ k}\Omega$, draw the small-signal equivalent circuit of the amplifier and determine its overall voltage gain.

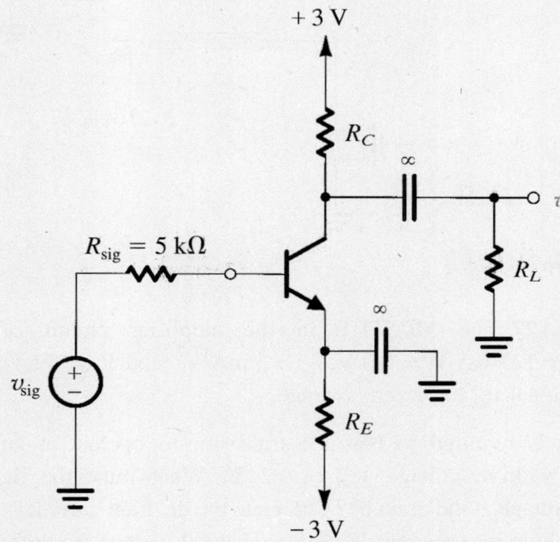

Figure P6.120

6.121 In the circuit of Fig. P6.121, the BJT is biased with a constant-current source, and v_{sig} is a small sine-wave signal. Find R_{in} and the gain v_o/v_{sig}. Assume $\beta = 100$. If the amplitude of the signal v_{be} is to be limited to 5 mV, what is the largest signal at the input? What is the corresponding signal at the output?

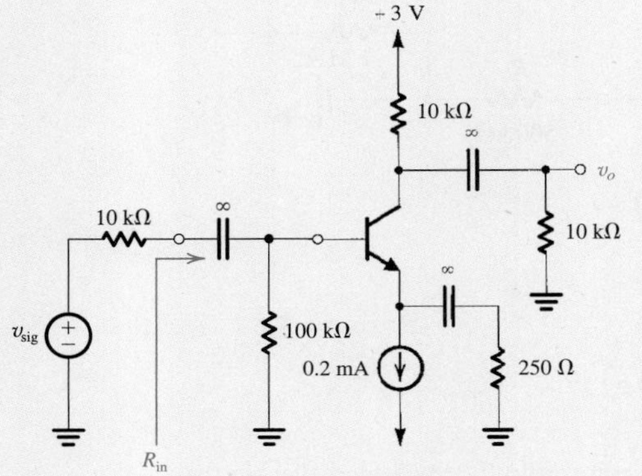

Figure P6.121

D 6.122 For the circuit in Fig. P6.122, find the input resistance R_{in} and the voltage gain v_o/v_{sig}. Assume that the source provides a small signal v_{sig} and that $\beta = 100$.

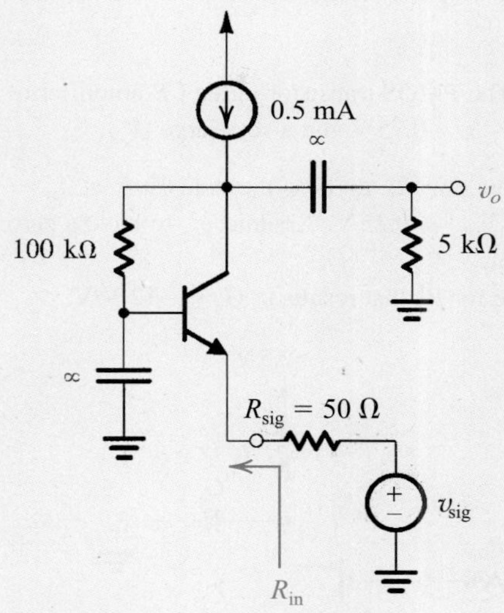

Figure P6.122

6.123 For the emitter-follower circuit shown in Fig. P6.123, the BJT used is specified to have β values in the range of 50 to 200 (a distressing situation for the circuit designer).

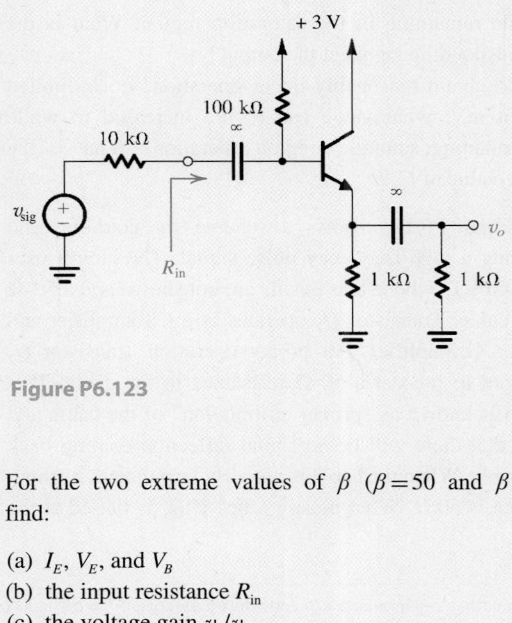

Figure P6.123

For the two extreme values of β ($\beta = 50$ and $\beta = 200$), find:

(a) I_E, V_E, and V_B

(b) the input resistance R_{in}

(c) the voltage gain v_o/v_{sig}

6.124 Calculate the overall voltage gain G_v of a common-source amplifier for which $g_m = 5$ mA/V, $r_o = 50$ kΩ, $R_D = 10$ kΩ, and $R_{G1} \| R_{G2} = 10$ MΩ. The amplifier is fed from a signal source with a Thévenin resistance of 1 MΩ, and the amplifier output is coupled to a load resistance of 20 kΩ.

SIM D *6.125 The PMOS transistor in the CS amplifier of Fig. P6.125 has $V_{tp} = -0.75$ V and a very large $|V_A|$.

(a) Select a value for R_S to bias the transistor at $I_D = 0.5$ mA and $|V_{OV}| = 0.25$ V. Assume v_{sig} to have a zero dc component.

(b) Select a value for R_D that results in $G_v = -12$ V/V.

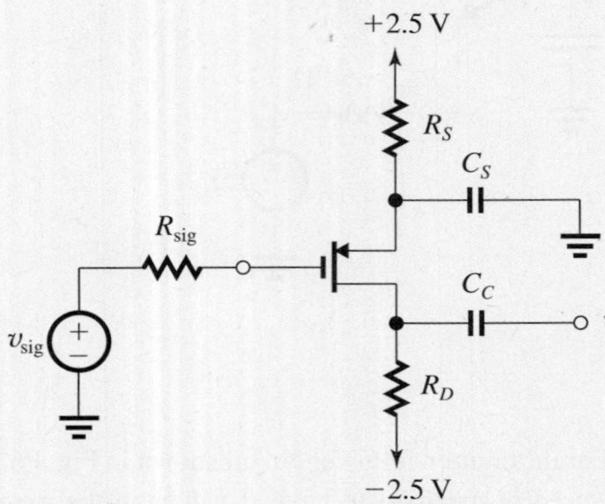

Figure P6.125

(c) Find the largest sinusoid $\hat{v}_{sig}$ that the amplifier can handle while remaining in the saturation region. What is the corresponding signal at the output?

(d) If, to obtain reasonably linear operation, $\hat{v}_{sig}$ is limited to 50 mV, what value can R_D be increased to while maintaining saturation-region operation? What is the new value of G_v?

6.126 Figure P6.126 shows a scheme for coupling and amplifying a high-frequency pulse signal. The circuit uses two MOSFETs whose bias details are not shown and a 50-Ω coaxial cable. Transistor Q_1 operates as a CS amplifier and Q_2 as a CG amplifier. For proper operation, transistor Q_2 is required to present a 50-Ω resistance to the cable. This situation is known as "proper termination" of the cable and ensures that there will be no signal reflection coming back on the cable. When the cable is properly terminated, its input resistance is 50 Ω. What must g_{m2} be? If Q_1 is biased at the same point as Q_2, what is the amplitude of the current pulses in the drain of Q_1? What is the amplitude of the voltage pulses at the drain of Q_1? What value of R_D is required to provide 1-V pulses at the drain of Q_2?

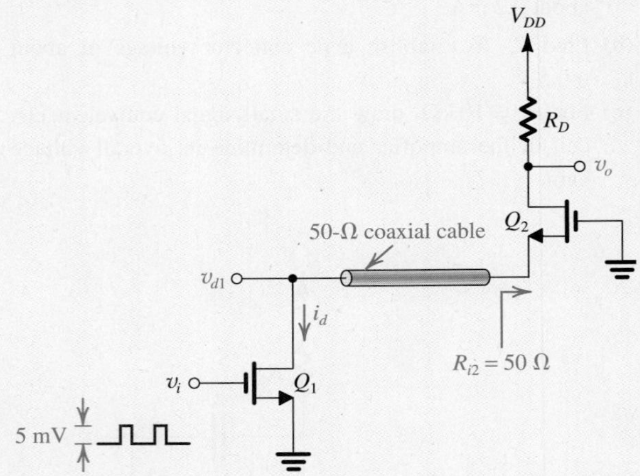

Figure P6.126

D *6.127 The MOSFET in the amplifier circuit of Fig. P6.127 has $V_t = 0.6$ V, $k_n = 5$ mA/V^2, and $V_A = 60$ V. The signal v_{sig} has a zero average.

(a) It is required to bias the transistor to operate at an overdrive voltage $V_{OV} = 0.2$ V. What must the dc voltage at the drain be? Calculate the dc drain current I_D taking into account V_A. Now, what value must the drain resistance R_D have?

(b) Calculate the values of g_m and r_o at the bias point established in (a).

(c) Using the small-signal equivalent circuit of the amplifier, show that the voltage gain is given by

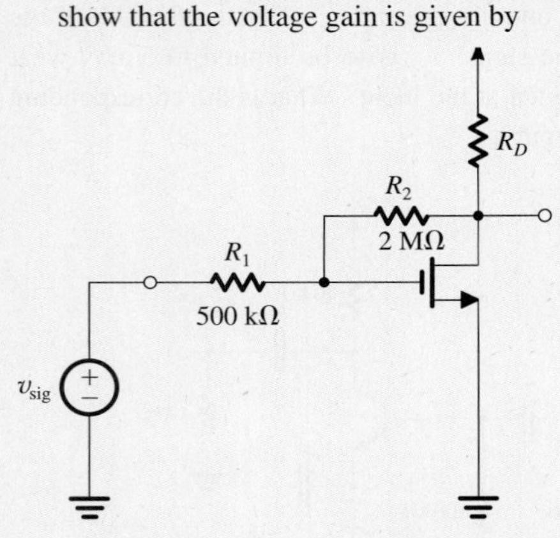

Figure P6.127

$$\frac{v_o}{v_{sig}} = -\frac{R_2/R_1}{1 + \dfrac{1 + R_2/R_1}{g_m(R_D \| r_o \| R_2)(1 - 1/g_m R_2)}}$$

and find the value of the gain.

P.S. This feedback amplifier and the gain expression should remind you of an op amp utilized in the inverting configuration. We will study feedback formally in Chapter 10.

D *6.128 The MOSFET in the amplifier circuit of Fig. P6.128 has $V_t = 0.6$ V and $k_n = 5$ mA/V^2. We will assume that V_A is sufficiently large so that we can ignore the Early effect. The input signal v_{sig} has a zero average.

(a) It is required to bias the transistor to operate at an overdrive voltage $V_{OV} = 0.2$ V. What must the dc voltage at the drain be? Calculate the dc drain current I_D. What value must R_D have?
(b) Calculate the value of g_m at the bias point.
(c) Use the small-signal equivalent circuit of the amplifier to show that

$$\frac{v_o}{v_{sig}} = \frac{1 + (R_2/R_1)}{1 + \dfrac{(1 + R_2/R_1)}{g_m R_D'}}$$

and

$$R_{in} = \frac{1}{g_m}\left(1 + g_m R_D' \frac{R_1}{R_1 + R_2}\right)$$

where

$$R_D' = R_D \| (R_1 + R_2)$$

(d) Evaluate v_o/v_{sig} and R_{in}.

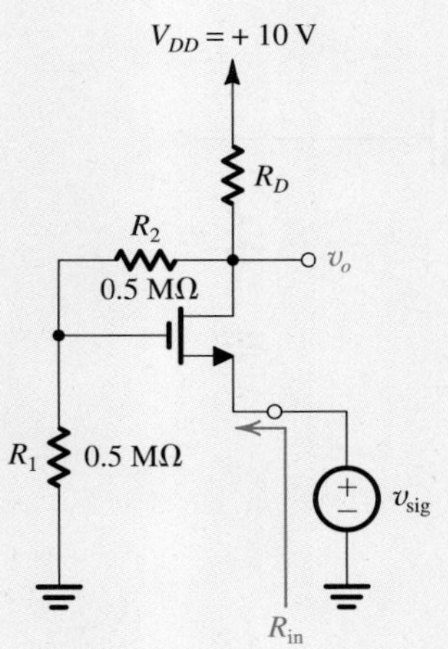

Figure P6.128

P.S. This feedback amplifier circuit and the gain formula should remind you of an op amp connected in the noninverting configuration. We will study feedback formally in Chapter 10.

6.129 For the common-emitter amplifier shown in Fig. P6.129, let $V_{CC} = 15$ V, $R_1 = 27$ kΩ, $R_2 = 15$ kΩ, $R_E = 2.4$ kΩ, and $R_C = 3.9$ kΩ. The transistor has $\beta = 100$. Calculate the dc bias current I_C. If the amplifier operates between a source for which $R_{sig} = 2$ kΩ and a load of 2 kΩ, replace the transistor with its hybrid-π model, and find the values of R_{in}, and the overall voltage gain v_o/v_{sig}.

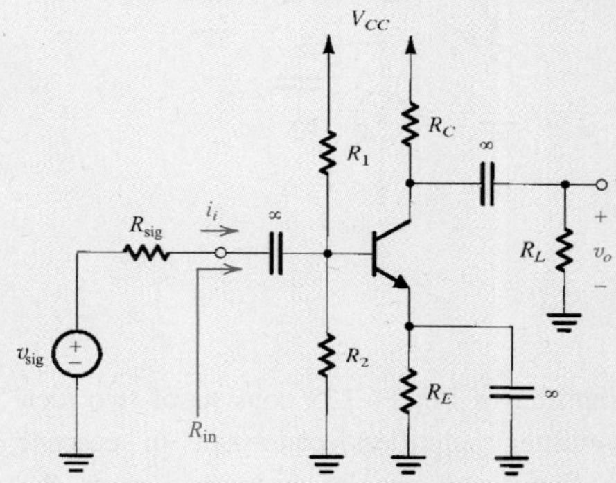

Figure P6.129

D 6.130 A designer, having examined the situation described in Problem 6.129 and estimating the available gain to be approximately –36.3 V/V, wants to explore the possibility of improvement by reducing the loading of the source by the amplifier input. As an experiment, the designer varies the resistance levels by a factor of approximately 3: R_1 to 82 kΩ, R_2 to 47 kΩ, R_E to 7.2 kΩ, and R_C to 12 kΩ (standard values of 5%-tolerance resistors). With $V_{CC} = 15$ V, $R_{sig} = 2$ kΩ, $R_L = 2$ kΩ, and $\beta = 100$, what does the gain become? Comment.

D *6.131 The CE amplifier circuit of Fig. P6.131 is biased with a constant-current source I. It is required to design the circuit (i.e., find values for I, R_B, and R_C) to meet the following specifications:

(a) $R_{in} \simeq 10$ kΩ.
(b) The dc voltage drop across R_B is approximately 0.2 V.
(c) The open-circuit voltage gain from base to collector is the maximum possible, consistent with the requirement that the collector voltage never fall by more than approximately 0.4 V below the base voltage with the signal between base and emitter being as high as 5 mV.

Assume that v_{sig} is a sinusoidal source, the available supply $V_{CC} = 5$ V, and the transistor has $\beta = 100$. Use standard 5% resistance values, and specify the value of I to one significant digit. What base-to-collector open-circuit voltage gain does your design provide? If $R_{sig} = R_L = 20$ kΩ, what is the overall voltage gain?

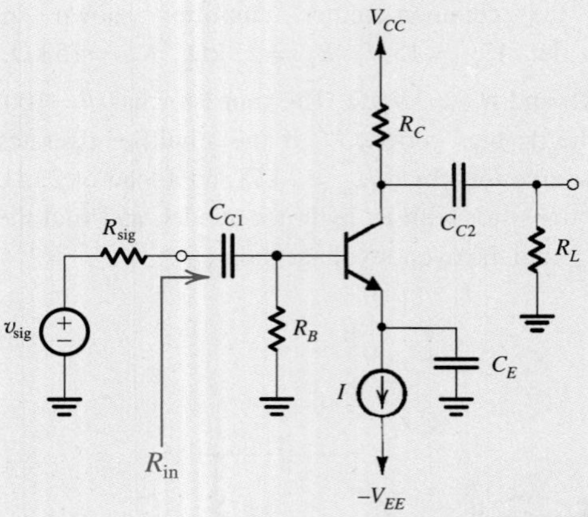

Figure P6.131

***6.132** The amplifier of Fig. P6.132 consists of two identical common-emitter amplifiers connected in cascade. Observe that the input resistance of the second stage, R_{in2}, constitutes the load resistance of the first stage.

(a) For $V_{CC} = 15$ V, $R_1 = 100$ kΩ, $R_2 = 47$ kΩ, $R_E = 3.9$ kΩ, $R_C = 6.8$ kΩ, and $\beta = 100$, determine the dc collector current and dc collector voltage of each transistor.

(b) Draw the small-signal equivalent circuit of the entire amplifier and give the values of all its components.

(c) Find R_{in1} and v_{b1}/v_{sig} for $R_{sig} = 5$ kΩ.

(d) Find R_{in2} and v_{b2}/v_{b1}.

(e) For $R_L = 2$ kΩ, find v_o/v_{b2}.

(f) Find the overall voltage gain v_o/v_{sig}.

6.133 The BJT in the circuit of Fig. P6.133 has $\beta = 100$.

(a) Find the dc collector current and the dc voltage at the collector.

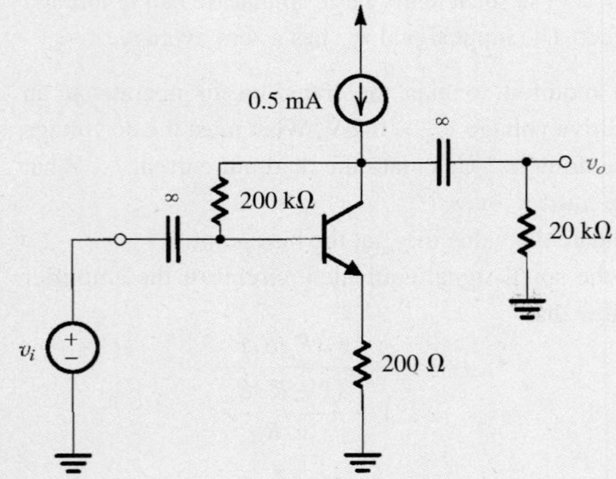

Figure P6.133

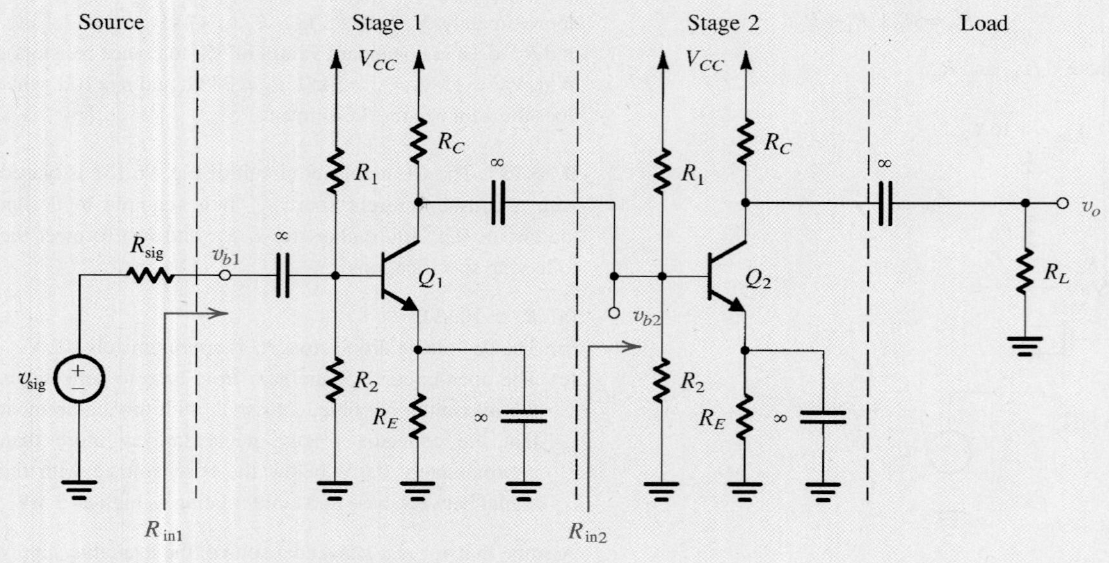

Figure P6.132

problems with green numbers are considered essential; * = difficult problem; ** = more difficult; *** = very challenging
SIM = simulation; **D** = design problem;

(b) Replacing the transistor by its T model, draw the small-signal equivalent circuit of the amplifier. Analyze the resulting circuit to determine the voltage gain v_o/v_i.

6.134 For the emitter follower in Fig. P6.134, the signal source is directly coupled to the transistor base. If the dc component of v_{sig} is zero, find the dc emitter current. Assume $\beta = 100$. Neglecting r_o, find R_{in}, the voltage gain v_o/v_{sig}, the current gain i_o/i_i, and the output resistance R_{out}.

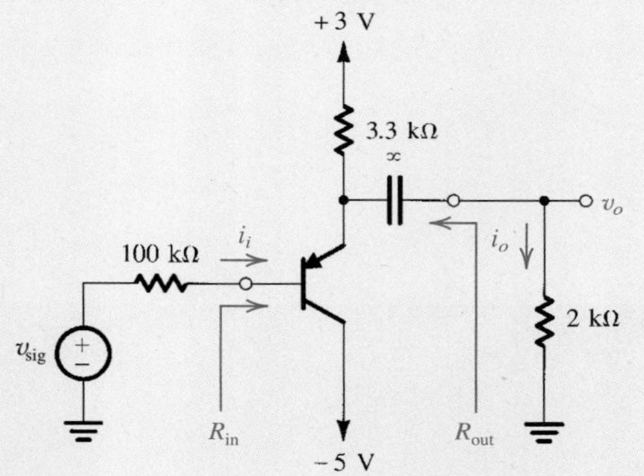

Figure P6.134

****6.135** For the circuit in Fig. P6.135, called a **bootstrapped follower:**

(a) Find the dc emitter current and g_m, r_e, and r_π. Use $\beta = 100$.
(b) Replace the BJT with its T model (neglecting r_o), and analyze the circuit to determine the input resistance R_{in} and the voltage gain v_o/v_{sig}.
(c) Repeat (b) for the case when capacitor C_B is open-circuited. Compare the results with those obtained in (b) to find the advantages of bootstrapping.

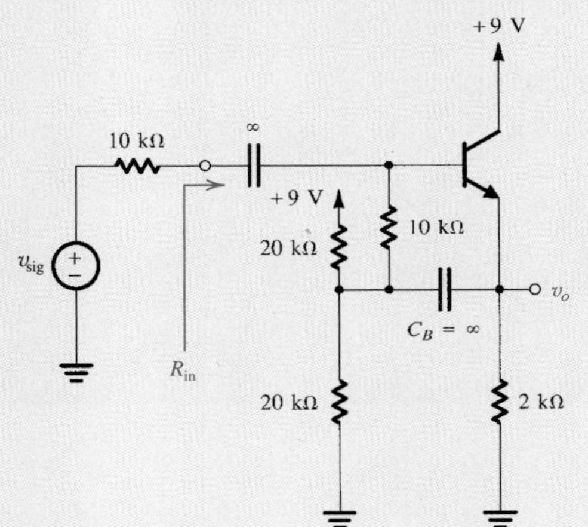

Figure P6.135

***6.136** For the follower circuit in Fig. P6.136, let transistor Q_1 have $\beta = 50$ and transistor Q_2 have $\beta = 100$, and neglect the effect of r_o. Use $V_{BE} = 0.7$ V.

(a) Find the dc emitter currents of Q_1 and Q_2. Also, find the dc voltages V_{B1} and V_{B2}.
(b) If a load resistance $R_L = 1$ kΩ is connected to the output terminal, find the voltage gain from the base to the emitter of Q_2, v_o/v_{b2}, and find the input resistance R_{ib2} looking into the base of Q_2. (*Hint:* Consider Q_2 as an emitter follower fed by a voltage v_{b2} at its base.)

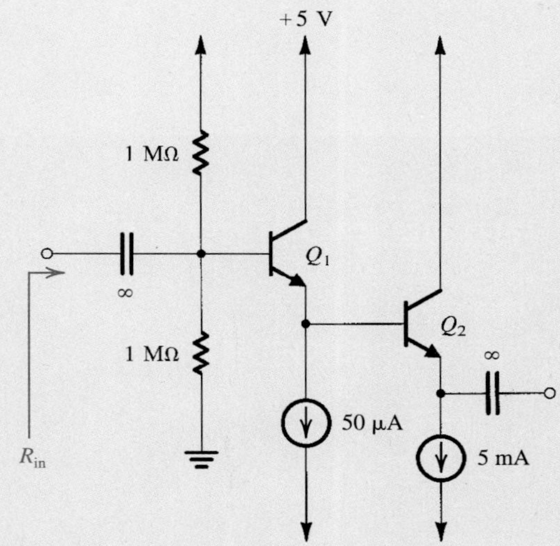

Figure P6.136

(c) Replacing Q_2 with its input resistance R_{ib2} found in (b), analyze the circuit of emitter follower Q_1 to determine its input resistance R_{in} and the gain from its base to its emitter, v_{e1}/v_{b1}.
(d) If the circuit is fed with a source having a 100-kΩ resistance, find the transmission to the base of Q_1, v_{b1}/v_{sig}.
(e) Find the overall voltage gain v_o/v_{sig}.

D 6.137 A CE amplifier has a midband voltage gain of $|A_M| = 100$ V/V, a lower 3-dB frequency of $f_L = 100$ Hz, and a higher 3-dB frequency $f_H = 500$ kHz. In Chapter 9 we will learn that connecting a resistance R_e in the emitter of the BJT results in lowering f_L and raising f_H by the factor $(1 + g_m R_e)$. If the BJT is biased at $I_C = 1$ mA, find R_e that will result in f_H at least equal to 2 MHz. What will the new values of f_L and A_M be?

PART 2

아날로그 집적 회로

CHAPTER 7
집적 회로 증폭기의 빌딩 블록

CHAPTER 8
차동 증폭기와 다단 증폭기

CHAPTER 9
주파수 응답

CHAPTER 10
귀환

CHAPTER 11
출력단과 전력 증폭기

CHAPTER 12
연산 증폭기 회로

CHAPTER 13
여파기와 발진기

1부에서 우리는 MOSFET과 BJT를 학습하고 이들의 기본적인 회로 응용에 친숙해졌다. 특히 이산 회로 트랜지스터 증폭기의 설계와 분석 방법을 배웠는데 이러한 증폭기 회로들은 인쇄 회로 기판(printed-circuit board)에서 이산 트랜지스터, 저항, 커패시터로 이루어진다. 전자 회로와 시스템을 구성하는 이러한 기술들은 소량 생산에서만 효과적이다. 대량으로 생산되는 회로와 시스템은 집적 회로 기술을 이용했을 때 훨씬 경제적이고 안정적으로 생산할 수 있다. 2부에서는 아날로그 집적 회로를 설계하고 분석하는 것에 전념하고 3부에서는 디지털 집적 회로를 다룬다.

집적 회로(IC)는 소량 생산 시 비용이 많이 들고, 고가의 조립 마스크(mask)가 필요하기 때문에, 첫 번째 유닛 제작 시 많은 비용이 들고, 이산 회로보다 디버깅과 수리가 더 어렵다. 하지만 일단 마스크가 만들어지면 수백만 개의 집적 회로를 만드는 것은 매우 경제적이다. 또한 회로 및 시스템이 훨씬 작아지고, 매우 복잡한 전자 시스템을 안정적으로 만들 수 있게 된다. 이는 집적 회로의 와이어(wire) 길이가 더 짧기 때문에 속도와 대역폭이 증가하고 전력 소비가 감소하기 때문이다.

2부의 일곱 개 장은 아날로그 집적 회로를 논리 정연하게 다루고 있기 때문에, 전자 회로의 두 번째 과정으로 사용될 수 있다. 처음 여섯 개의 장(7~12)은 증폭기의 설계 및 분석에 대해 다루고, 마지막 장(13)에서는 두 가지 중요한 아날로그 기능 블록인 필터와 발진기(oscillator)를 다룬다.

2부 전체에 걸쳐 MOSFET과 BJT 회로는 나란히 다루어진다. 오늘날 IC의 90% 이상이 MOSFET을 사용하므로 이 회로가 먼저 제시된다. 그렇지만 BJT 회로도 (때로는 다소 간략하지만) MOSFET과 동일한 깊이로 표현된다. 이와 관련하여 웹사이트상의 부록 G를 주목해 주기 바란다. 여기에는 두 트랜지스터의 특성이 제시되어 있는데 이들을 이용하면 흥미로운 비교가 가능하다. 특히 웹사이트의 요약표 섹션에도 포함된 표 G.3도 참고하기 바란다. 또한 다수의 CMOS와 바이폴라 제작 기술에 대한 일반적인 장치 파라미터 값들이 부록 K에 수록되어 있다.

CHAPTER 7

집적 회로 증폭기의 빌딩 블록

서론

7.1 집적 회로의 설계 철학

7.2 집적 회로 바이어싱: 전류 전원, 전류 미러

7.3 기본적인 이득 소자

7.4 공통 게이트와 공통 베이스 증폭기

7.5 캐스코드 증폭기

7.6 IC 소스 폴로어

7.7 성능이 향상된 전류 미러 회로

요약

PROBLEMS

이 장에서 배울 내용

- 기본적인 집적 회로(IC)의 설계 철학 및 이산 회로 설계 철학과의 차이점
- 전류 전원이 집적 회로 증폭기 바이어스에 사용되는 방법 및 전류 미러가 한 점에서 발생된 기준 전류를 집적 회로 칩의 다양한 지점으로 복제하는 방법
- 집적 회로 증폭기의 기본적인 이득 소자, 즉 전류 전원 부하를 가진 공통 소스(CS) 및 공통 이미터(CE) 증폭기
- 어떻게 공통 게이트(CG)와 공통 베이스(CB) 증폭기가 전류 버퍼로 동작하는가.
- 캐스코딩의 원리를 채택함으로써 기본적인 이득 소자의 이득을 향상시키는 방법
- MOS 및 바이폴라 형태의 캐스코드 증폭기 및 캐스코드 전류 전원의 분석과 설계
- 집적 회로 소스 폴로어(IC source follower)가 이산 소스 폴로어 버전과 어떻게 다른가.
- 크게 개선된 특성의 전류 미러를 생성하는 기발한 아날로그 회로 설계 기술

서론

트랜지스터의 두 가지 중요한 형태인 MOSFET과 BJT, 그리고 그들의 기본적인 이산 회로 증폭기 구조를 공부하였으므로, 이제 우리는 집적 회로(IC) 증폭기를 공부할 준비가 되었다. 이 장에서는 집적 회로 증폭기의 기본적인 빌딩 블록 설계에 대해서 다룰 것이다.

먼저 집적 회로의 설계 철학을 간단히 요약하고 이산 회로의 그것과는 어떻게 다른지 검토하는 짧은 절로 시작한다. 다음으로 전류 전원과 전류 미러의 설계를 중점적으로 다루는 집적 회로 바이어싱에 대한 공부를 7.2절에서 하게 된다. 전류 미러는 아날로그 집적 회로의 가장 중요한 빌딩 블록의 하나이다. 보다 향상된 미러 회로는 7.7절에서 설명한다.

이 장의 핵심 내용은 7.3절부터 7.5절까지이다. 7.3절에서 집적 회로 증폭기의 기본적인 이득 셀(gain cell)인 전류 전원이 인가된 공통 소스(공통 이미터) 증폭기에 대한 내용을 다룬다. 그리고 증폭기의 이득을 높이려면 전류 버퍼가 필요하다는 것을 알게 된다. 전류 버퍼를 구현할 수 있는 두 가지의 증폭기, 공통 게이트(CG)와 공통 베이스(CB) 증폭기에 대하여 7.4절에서 공부하게 된다. 집적 회로인 경우에 항상 포함되는 트랜지스터의 r_o로 인하여 6장에서 공부한 내용과는 틀려진다. 공통 게이트와 공통 베이스에 대한 공부는 자연스럽고 완벽하게 캐스코딩의 원리와 증폭기 설계에의 응용으로 이어진다. 캐스코드 증폭기는 더 높은 이득 및 기타 바람직한 특성을 얻기 위해 CS(CE) 이득 셀과 CG(CB) 전류 버퍼를 결합한다.

이 장 전체에 걸쳐 MOS와 바이폴라 회로가 나란히 제시되어 있어 발표에 효율적이며, 더 중요한 것은 두 회로 유형을 비교하고 대조할 수 있는 기회를 제공한다.

7.1 집적 회로의 설계 철학

집적 회로 제작 기술(부록 A)은 회로 설계자에게 제약성을 부과하나 동시에 기회를 제공한다. 제약성을 극복하고 기회를 이용하기 위하여 집적 회로 설계자들은 많은 정교한 기술을 발명(계속하여 발명)하였으며, 집적 회로 설계에 독창적인 철학이 나타났다. 아래에 중요한 제약성과 기회의 간단한 요약 및 집적 회로 설계의 주된 특징을 제시한다.

1. 집적 회로 설계에서 칩의 크기는 매우 중요한 요소이기 때문에 좋은 디자인은 '실리콘의 실제 면적'을 경제적으로 사용한 것을 말한다. 이러한 영역에 대한 제한 조건은 저항보다 트랜지스터를 우선 사용해야 한다. 집적 회로에서 트랜지스터는 매우 작고 저렴하게 만들 수 있다. 그러므로 이산 회로 설계에서는 사용하는 트랜지스터의 수를 최소화하는 것을 목표로 하지만, 집적 회로 설계에서는 그렇지 않다.
2. 규격품으로 된 트랜지스터만 사용할 수 있는 이산 회로 설계자와 다르게 집적 회로 설계자는 소자 수치를 자유롭게 정할 수 있으며, 정합된 소자나 정해진 비율로 된 수치를 가지는 소자 어레이를 사용할 수 있다. 예를 들어서 집적 회로 설계자는 이진 가중치 비율의 이미터-베이스-접합 면적을 가지는 바이폴라 트랜지스터 어레이를 이용할 수도 있다. CMOS 기술은 설계 요구 조건에 적합하게 MOS 트랜지스터의 W와 L의 크기를 정할 수 있는 광범위한 융통성을 준다.

3. 저항, 특히 값이 큰 저항은 큰 실리콘 영역을 차지하기 때문에 일반적으로는 피해야 한다. 대신에 트랜지스터로 구현된 정전류 전원을 부착한 바이어싱이 부하 저항 대신에 트랜지스터 증폭기에 사용된다.
4. 비록 작은 값의 저항은 집적 회로 칩에서 사용할 수 있지만, 그 절댓값을 경제적으로 정확히 할 수 없다.
5. 이산 회로 증폭기의 신호 결합(coupling)과 측로(bypass)에 사용되는 큰 값을 가지는 커패시터는 칩 면적을 고려할 때 구현이 불가능하게 된다. 이러한 결과로 집적 회로 증폭기는 모두 직접 결합되고 이 장과 다음 장에서 공부하게 될 기발한 기법을 이용한다.
6. 작은 크기 커패시터(pF과 그 분수 범위)는 집적 회로 MOS 기술에서 구현하기가 쉽다. 그러한 커패시터는 MOS 증폭기와 MOS 스위치와 결합되어 넓은 범위의 신호 처리 함수와 필터를 구현할 수 있다(13.8절)
7. 같은 집적 회로 칩에 많은 소자를 집적하고 시스템 원가를 줄이고 신뢰도를 높이기 위해서, 소자 면적을 줄이는 방향으로 진행되어 왔다(무어의 법칙과 소자 스케일링의 논의를 위하여 5.4절 참조). 이 글을 쓴 시점(2019년)에 10 nm 채널 길이를 가진 소자를 생산할 수 있는 CMOS 공정 기술이 사용되고 있다. 이 소자에 사용된 얇은 산화막(1 nm 미만)의 파괴를 피하기 위하여 전력 공급은 1 V 혹은 그 정도로 제한된다. 저전력 공급은 다른 중요한 설계에 대한 도전, 즉 허용되는 한계 내에서 칩에서 소비되는 전력을 유지하게 한다. 그러나 직류 저전력 공급 전압은 회로 설계자들에게 많은 도전을 요구한다. 한 예로 MOS 트랜지스터들은 0.1~0.2 V의 과구동 전압에서 동작해야 한다. MOS 증폭기를 학습하면서 이런 문제점을 자주 언급할 것이다.
8. 현재 아날로그 집적 회로의 대부분은 CMOS 기술을 사용하여 설계된다. 하지만 BJT는 여전히 고품질의 범용 연산 증폭기와 같은 특수한 아날로그 장치에 사용된다.

고체 회로, 플라잉 와이어(최초 집적 회로)

1950년대에 트랜지스터의 중요성이 커지면서 패키징(packaging)이 점점 문제가 되었다. 각 능동 소자들은 점점 작아지는 반면에 전자 장치의 조립에 필요한 각 트랜지스터 패키지는 매우 컸다. 이 문제를 해결하기 위하여 TI(Texas Instruments)사는 세라믹 기판에 새로 설계된 모듈 전자 회로를 패키징하는 계획을 세웠으며 보다 많은 기능적 시스템 부품을 포함한다. 이 작업을 맡은 엔지니어 잭 킬비(Jack Kilby)는 한 단계 더 나아가 한 조각의 반도체에 다수의 능동 및 수동 소자를 설계해야 한다는 믿음이 있었다. 그리하여 1958년에 그는 한 조각의 게르마늄에 많은 트랜지스터와 저항을 형성한 최초의 '고체 회로'를 고안했으며 발진기와 증폭기 같은 시스템 부품을 형성하기 위하여 '플라잉 와이어'라는 상호 연결에 의하여 결합하였다. 1959년에 TI는 507 이진 플립플롭을 생산하기 위하여 이 기법을 사용하였다. 이 방법은 작고 공간 효율적인 모듈을 생산하는 데는 성공적인 반면에 대량 생산에는 적합하지 않다. 2000년에 킬비는 집적 회로의 발명에 그의 공헌을 인정받아 노벨 물리학상을 받았다.

7.2 집적 회로 바이어싱: 전류 전원, 전류 미러

집적 회로 설계의 바이어싱은 일정한 전류 전원을 이용한다. 많은 증폭 단계를 갖는 IC 칩은 일정한 직류 전류[**기준 전류**(reference current)라고 부르는]가 한 장소에서 발생되고 **전류 조종**(current steering)으로 알려진 과정을 통해 다양한 증폭 단계를 바이어스하기 위하여 다양한 위치에서 복제된다. 이 접근법은 모든 증폭단을 위하여 보통 칩 외부에 정밀 저항을 사용하여 예측할 수 있고 안정적인 기준 전류를 발생시키려는 노력을 반복할 필요를 없게 하는 장점을 갖는다. 게다가 여러 단계의 바이어스 전류는 전력 공급 전압이나 온도의 변화에 따라 다르게 나타난다.

이 절에서는 IC 증폭기의 바이어스 설계에서 사용되는 빌딩 블록과 기술들을 배운다. 이들 회로는 또한 증폭기 부하 요소로도 이용되는데 이는 7.3절과 7.4절에서 설명할 것이다.

7.2.1 기본 MOSFET 전류 전원

그림 7.1은 간단한 MOS의 일정한 전류 전원 회로를 보여 준다. 그 회로의 중심은 트랜지스터 Q_1이다. 그 게이트에 연결된 Q_1 트랜지스터[1]의 드레인은 그 회로가 포화 상태에서 동작하도록 한다.

$$I_{D1} = \frac{1}{2}k_n'\left(\frac{W}{L}\right)_1 (V_{GS} - V_{tn})^2 \tag{7.1}$$

여기서 채널 길이 변조는 무시되었다. 게이트 전류가 0이기 때문에, Q_1의 드레인 전류는 일반적으로 IC 칩 외부에 있는 저항 R을 통과한 V_{DD}에 의해 공급된다.

$$I_{D1} = I_{\text{REF}} = \frac{V_{DD} - V_{GS}}{R} \tag{7.2}$$

R을 통과한 전류는 전류 전원의 기준 전류로 간주되고, I_{REF}로 나타낸다. 식 (7.1)과 (7.2)는 R에 요구되는 값을 결정하는 데 이용할 수 있다.

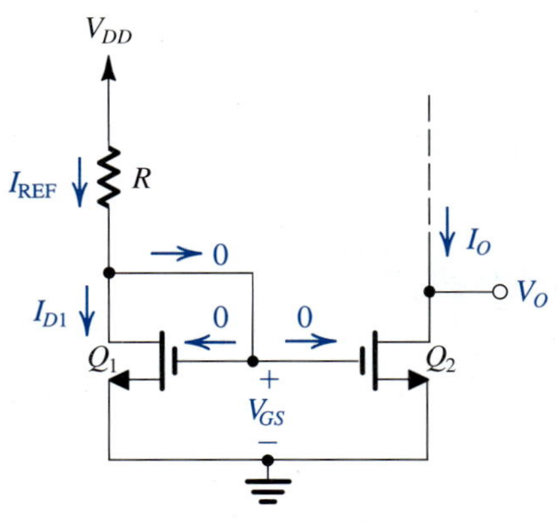

그림 7.1 기본 MOSFET의 일정한 전류 전원에 대한 회로. 정당한 동작을 위해 출력 단자, 즉 Q_2의 드레인은 Q_2가 포화 영역에서 동작하도록 보장하는 회로에 연결되어야 한다.

1) 이러한 트랜지스터를 다이오드 연결(diode connected)되었다고 한다.

트랜지스터 Q_2를 생각해 보자. Q_2는 Q_1과 같은 V_{GS}를 갖는다. 이와 같이 만일 Q_2가 포화 상태에서 동작된다고 가정하면, 전류 전원의 출력 전류 I_O인 Q_2의 드레인 전류는 다음과 같이 될 것이다.

$$I_O = I_{D2} = \frac{1}{2}k_n'\left(\frac{W}{L}\right)_2(V_{GS}-V_{tn})^2 \tag{7.3}$$

채널 길이 변조를 무시하면, 식 (7.1)과 (7.3)을 이용하여 출력 전류 I_O와 기준 전류 I_{REF}의 관계를 다음과 같이 나타낼 수 있다.

$$\frac{I_O}{I_{\mathrm{REF}}} = \frac{(W/L)_2}{(W/L)_1} \tag{7.4}$$

이것은 간단하고 흥미로운 관계이다. 즉, Q_1과 Q_2의 특별한 관계는 트랜지스터의 종횡비에 의해 기준 전류 I_{REF}에 관계된 출력 전류 I_O를 제공한다. 다시 말해서 I_O와 I_{REF} 사이의 관계는 오직 트랜지스터의 결합 구조에 의해서 결정된다. 동일한 트랜지스터, $I_O = I_{\mathrm{REF}}$, 그리고 간단히 출력 단자에 기준 전류를 복제하거나 반사하는 특별한 경우에, 이것을 Q_1과 Q_2의 조합 회로에 대한 **전류 미러**(current mirror)라고 부른다. 이 명칭은 장치 치수의 비율이 관계없음을 나타낸다.

7.2.2 MOS 전류 미러

그림 7.2는 전류 미러 회로를 간단하고 일반적인 전류 전원에 의해 제공되는 것으로 보이는 입력 기준 전류로 나타낸다. 전류 미러의 **전류 이득**(current gain)이나 **전류 전달 비율**(current transfer ratio)은 식 (7.4)와 같다.

이번에는 I_O에 미치는 V_O의 효과를 생각해 보자. 그림 7.1은 전류 전원의 동작을 보여 주는데, Q_2는 포화 상태에서 동작한다고 가정한다. 이러한 것은 Q_2가 정전류 출력을 공급하는 데 필수적이다. Q_2가 포화 상태로 동작하는 것을 보증하기 위해 Q_2의 드레인에 연결된 회로는 다음의 수식을 만족시키는 드레인 전압 V_O를 가져야만 한다.

$$V_O \geq V_{GS} - V_{tn} \tag{7.5}$$

Q_1과 Q_2의 과구동 전압 V_{OV}로 나타내면 다음과 같다.

$$V_O \geq V_{OV} \tag{7.6}$$

다시 말하면 전류 전원은 10분의 몇 볼트 정도의 V_{OV}만큼 낮은 출력 전압을 가지고 동작해야 한다.

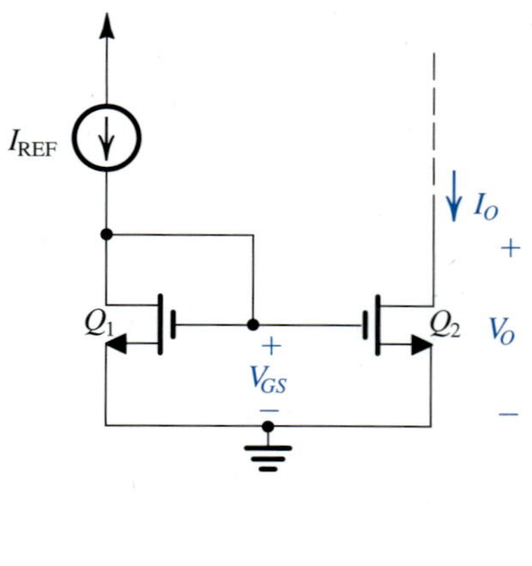

그림 7.2 기본적인 MOSFET 전류 미러.

전류 전원 또는 전류 미러가 제대로 동작하기 위해 필요한 최소 전압 $V_{CS\min}$은 전류 전원과 전류 미러의 중요한 특성 파라미터이다. 현대 CMOS 기술은 V_{DD}가 1 V 정도까지 낮아지고 있음을 감안할 때, $V_{CS\min}$을 최소화하는 것이 필수적이다. 그림 7.1의 전류 전원과 그림 7.2의 전류 미러의 경우 $V_{CS\min}$은 Q_1과 Q_2의 V_{OV}와 같다.

이제까지 무시했지만 채널 길이 변조는 이 전류 미러의 동작에 큰 영향을 준다. 그림 7.2의 미러에서 출력 전류가 Q_1과 Q_2의 V_{DS}를 동일하게 만드는 V_O 값, 즉 $V_O = V_{GS}$에서 공칭값

$$I_O\,|_{\text{nominal}} = \frac{(W/L)_2}{(W/L)_1} I_{\text{REF}} \tag{7.7}$$

가 된다는 것을 알 수 있다. V_O가 이 값에서 벗어날 때 I_O는 ΔI_O에 의해 이 값에서 벗어난다.

$$\Delta I_O = \frac{\Delta V_O}{r_{o2}} = \frac{V_O - V_{GS}}{r_{o2}} \tag{7.8}$$

r_{o2}는 Q_2의 출력 저항이다.

$$r_{o2} = \frac{V_{A2}}{I_O\,|_{\text{nominal}}} \tag{7.9}$$

그리고 V_{A2}는 Q_2의 얼리 전압(Early voltage)이다. 식 (7.7), (7.8), (7.9)를 사용하여 V_{OV}보다 더 큰 임의의 V_O에서의 I_O를 구할 수 있다.

$$I_O = \frac{(W/L)_2}{(W/L)_1} I_{\text{REF}} \left[1 + \frac{V_O - V_{GS}}{V_{A2}}\right] \tag{7.10}$$

그림 7.3을 보면 I_O에 따른 V_O가 나타나 있다. 이는 $v_{GS2} = V_{GS}$일 때의 Q_2의 i_D–v_{DS} 특성 곡선이다. 마지막으로 식 (7.9)에서 보이듯이 미러의 출력 저항 r_{o2}는 Q_2의 얼리 전압 V_{A2}에 비례하는 것을 알 수 있다. 주어진 공정 기술에서 V_{A2}는 Q_2의 채널 길이에 비례하므로 높은 출력 저항을 얻기 위해서는 미러 트랜지스터 Q_2에 비교적 긴 채널을 주어야 한다.

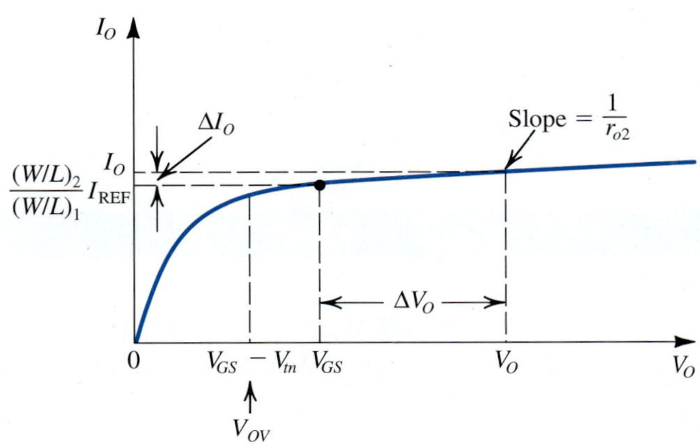

그림 7.3 그림 7.1의 전류 전원의 출력 특성과 그림 7.2의 전류 미러.

예제 7.1

$V_{DD} = 3$ V와 $I_{REF} = 100$ μA가 주어지고, 출력 전류의 공칭값이 100 μA가 되도록 그림 7.1의 회로를 설계하려고 한다. 만일 Q_1과 Q_2가 정합되어 있고 1 μm의 채널 길이, 10 μm의 채널 폭, $V_t = 0.7$ V, $k_n' = 200$ μA/V^{2}일 때 R을 구하라. V_O의 가장 낮은 값은 얼마인가? 이 공정 기술에서 얼리 전압 $V_A' = 20$ V/μm라면 전류 전원의 출력 저항은 얼마인가? 또한 V_O의 +1 V 변화로 나타나는 출력 전압의 변화를 구하라.

풀이

$$I_{D1} = I_{REF} = \frac{1}{2}k_n'\left(\frac{W}{L}\right)_1 V_{OV}^2$$

$$100 = \frac{1}{2} \times 200 \times 10 V_{OV}^2$$

따라서

$$V_{OV} = 0.316 \text{ V}$$

이고

$$V_{GS} = V_t + V_{OV} = 0.7 + .316 \simeq 1 \text{ V}$$

$$R = \frac{V_{DD} - V_{GS}}{I_{REF}} = \frac{3-1}{0.1 \text{ mA}} = 20 \text{ k}\Omega$$

$$V_{O\min} = V_{OV} \simeq 0.3 \text{ V}$$

이다. 이제 전류 전원의 출력 저항 r_{o2}를 구할 수 있다. 이용된 트랜지스터는 $L = 1$ μm이므로

$$V_A = 20 \times 1 = 20 \text{ V}$$

$$r_{o2} = \frac{20 \text{ V}}{100 \text{ μA}} = 0.2 \text{ M}\Omega$$

이다. 출력 전류는 $V_O = V_{GS} = 1$ V에서 100 μA가 된다. 만일 V_O가 +1 V만큼 변화한다면 I_O도 다음과 같이 변한다.

$$\Delta I_O = \frac{\Delta V_O}{r_{o2}} = \frac{1 \text{ V}}{0.2 \text{ M}\Omega} = 5 \text{ μA}$$

연습문제

D7.1 예제 7.1의 전류 전원에서 출력 전원의 변화 ΔV_O가 1 V이면 출력 전류의 변화 ΔI_O가 1%가 되어야 한다. 만일 Q_1과 Q_2가 정합되어 있다면, Q_1과 Q_2의 면적은 어떻게 변화되어야 하는가?
[답] $L = 5$ μm; $W = 50$ μm

7.2.3 MOS 전류 조종 회로

일찍이 언급된 것처럼, 한번 일정한 전류가 발생되면 IC의 다양한 증폭 단계에 dc 바이어스 또는 부하(load) 전류를 제공하기 위해 복사될 수 있다. 전류 미러는 확실히 전류 조종 기능을 실행하기 위해 이용된다. 그림 7.4는 간단한 전류 조종 회로를 보여 준다. 여기서 R과 함께 Q_1은 전류 I_{REF}를 결정한다. 트랜지스터 Q_1, Q_2, Q_3는 두 개의 출력 전류 미러를 만든다.

$$I_2 = I_{REF}\frac{(W/L)_2}{(W/L)_1} \tag{7.11}$$

$$I_3 = I_{REF}\frac{(W/L)_3}{(W/L)_1} \tag{7.12}$$

포화 지역에서의 동작을 보장하기 위해 Q_2와 Q_3의 드레인 전압들은

$$V_{D2}, V_{D3} \geq -V_{SS} + V_{GS1} - V_{tn}$$

혹은 다음과 같이 되어야 한다.

$$V_{D2}, V_{D3} \geq -V_{SS} + V_{OV1} \tag{7.13}$$

여기서 V_{OV1}은 Q_1, Q_2, Q_3가 동작하는 과구동(overdrive) 전압이다. 다시 말하면 Q_2와 Q_3의 드레인들은 적어도 10분의 몇 볼트의 과구동 전압만큼 $-V_{SS}$보다 더 높은 상태로 있어야만 한다.

그림 7.4의 회로에 대해 계속 논의하면, 우리는 PMOS 트랜지스터 Q_4와 Q_5에 의해 형성된 전류 미러의 입력면에 공급된 전류 I_3를 볼 수 있다. 이 미러는 다음과 같이 공급한다.

$$I_5 = I_4\frac{(W/L)_5}{(W/L)_4} \tag{7.14}$$

$I_4 = I_3$에서 Q_5를 포화 상태로 유지시키기 위해 그것의 드레인 전압은 다음과 같아야 한다.

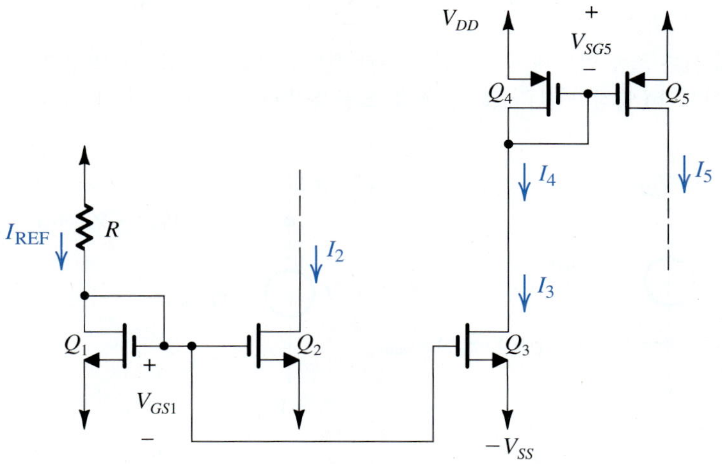

그림 7.4 전류 조종 회로.

$$V_{D5} \leq V_{DD} - |V_{OV5}| \tag{7.15}$$

V_{OV5}는 Q_5가 동작하는 과구동 전압이다.

그림 7.4의 회로에서 발생된 일정한 전류 I_2는 그림 7.5(a)의 트랜지스터 Q_6로 구현된 소스 폴로어 증폭기를 조정하기 위해 사용될 수 있다. 마찬가지로 일정한 전류 I_5는 그림 7.5(b)에서 트랜지스터 Q_7을 가지고 구현된 공통 소스 증폭기를 위한 부하로서 사용될 수 있다. 7.3절에서 공통 소스 증폭기의 부하 요소로 전류 전원을 사용하는 법을 알아볼 것이다.

끝으로 가장 중요한 것은 Q_2는 그것의 전류 I_2를 부하로부터 당기고(그림 7.4에는 나타나지 않는다) Q_5는 I_5를 부하로 밀어낸다(그림 7.4에는 나타나지 않는다)는 사실이다. 즉, Q_5는 **전류 전원**(current source)이라고 부르는 것이 적합하다. 반면에 Q_2는 **전류 흡수**(current sink)라고 부르는 것이 더 알맞다. 전류 전원과 전류 흡수는 IC에서 보통 필요하다. 전류 전원과 전류 흡수의 차이점은 그림 7.6에 추가적으로 설명되어 있다. 여기에서

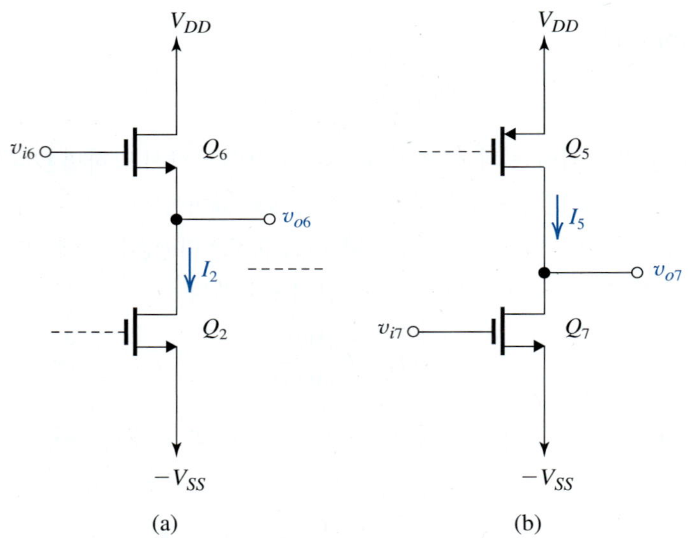

그림 7.5 그림 7.4의 전류 조종 회로에서 발생된 일정한 전류 I_2와 I_5의 응용: (a) 일정한 전류 I_2는 소스 폴로어 Q_6를 위한 바이어스 전류이고 (b) 일정한 전류 I_5는 공통 소스 증폭기 Q_7을 위한 부하 전류이다.

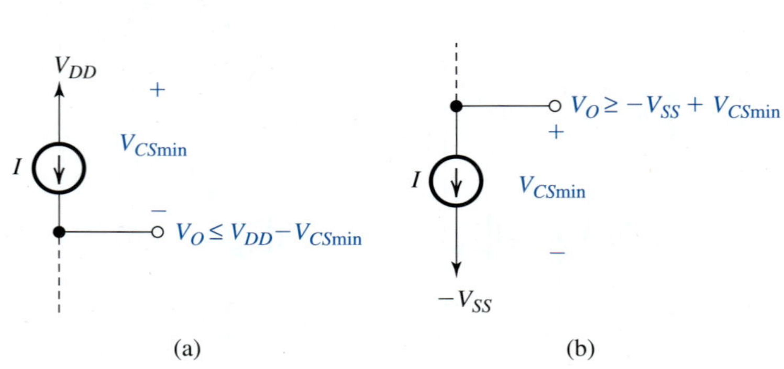

그림 7.6 (a) 전류 전원, (b) 전류 흡수.

$V_{CS\min}$은 적절한 동작을 위해 전류 전원(혹은 흡수)에 요구되는 최소 전압을 의미한다.

연습문제

D7.2 그림 7.4의 회로에서 $V_{DD} = V_{SS} = 1.5$ V, $V_{tn} = 0.6$ V, $V_{tp} = -0.6$ V, 모든 채널 길이 = 1 μm, $k_n' = 200$ μA/V^2, $k_p' = 80$ μA/V^2, $\lambda = 0$, $I_{\text{REF}} = 10$ μA로 주어져 있다. $I_2 = 60$ μA, $I_3 = 20$ μA, $I_5 = 80$ μA를 얻기 위한 모든 트랜지스터의 폭을 구하라. Q_2의 드레인 전압은 0.2 V 정도 마이너스 전원 가까이 내려갈 수 있으며, Q_5의 드레인 전압은 0.2 V 정도 플러스 전원 가까이 올라갈 수 있다.
[답] $W_1 = 2.5$ μm; $W_2 = 15$ μm; $W_3 = 5$ μm; $W_4 = 12.5$ μm; $W_5 = 50$ μm

7.2.4 BJT 회로

일반적인 BJT 전류 미러는 그림 7.7에 나와 있다. 그것은 MOS 미러와 매우 유사한 특징으로 동작한다. 하지만 두 가지 중요한 차이가 있다. 첫째, BJT(혹은 동일하게 유한한 β)의 0이 아닌 베이스 전류는 바이폴라 미러의 전류 이동 비율에 오차를 발생시킨다. 둘째, 전류 이동 비율은 Q_1과 Q_2의 이미터-베이스 접합의 상대적인 위치에 의해 결정된다.

베이스 전류에 영향을 받지 않을 만큼 충분히 β가 큰 경우를 고려해 보자. 기준 전류 I_{REF}는 트랜지스터 Q_1과 연결된 다이오드를 통해 통과되고 Q_2의 베이스와 이미터 사이에 적용되는 상응하는 전압 V_{BE}를 만든다. 지금 만일 Q_2가 Q_1에 정합되어 있다면, 혹은 더 특별하게 Q_2의 EBJ가 Q_1의 것과 같고 Q_2는 Q_1처럼 같은 크기의 전류 I_S를 갖는다면, Q_2의 컬렉터 전류는 Q_1의 것과 같을 것이다. 즉,

$$I_O = I_{\text{REF}}$$

이다. 하지만 이것이 일어나는 동안 Q_2는 능동 상태에서 동작하여야 하며 이는 차례로 컬렉터 전압 V_O가 이미터 전압보다 0.3 V 혹은 그 이상으로 유지되는 동안 지속된다.

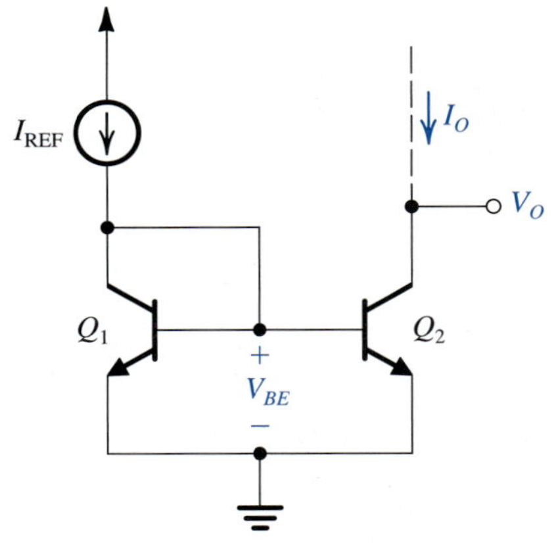

그림 7.7 기본적인 BJT 전류 미러.

1이 아닌 전류 전달 비율 m을 얻기 위해, 간단히 Q_2의 EBJ의 면적을 Q_1에 해당하는 값의 m배로 놓을 수 있다.

$$I_O = mI_{\text{REF}} \tag{7.16}$$

일반적으로 전류 전달 비율은 다음과 같이 계산한다.

$$\frac{I_O}{I_{\text{REF}}} = \frac{I_{S2}}{I_{S1}} = \frac{\text{Area of EBJ of } Q_2}{\text{Area of EBJ of } Q_1} \tag{7.17}$$

다시 말해서 면적 비율 m이 정수이면, Q_2를 m개의 트랜지스터로서 각각 Q_1에 정합이 되고 병렬로 연결된 것처럼 생각할 수 있다.

다음으로 전류 전달 비율에 관해 유한한 트랜지스터 β의 영향을 고려해 보자. 전류 전달 비율이 보통 1(Q_2가 Q_1에 정합되는 경우)인 경우에 대한 분석은 그림 7.8에 예시되어 있다. 여기서 중요한 것은 Q_1과 Q_2가 정합되고 같은 V_{BE} 값을 갖기 때문에, 그것들의 컬렉터 전류가 동일하게 될 것이라는 점이다. 나머지 분석은 쉽다. Q_1의 컬렉터에서 노드 방정식으로부터 다음을 얻을 수 있다.

$$I_{\text{REF}} = I_C + 2I_C/\beta = I_C\left(1 + \frac{2}{\beta}\right)$$

결국 $I_O = I_C$이므로, 전류 전달 비율은 다음 식으로 구할 수 있다.

$$\frac{I_O}{I_{\text{REF}}} = \frac{I_C}{I_C\left(1 + \frac{2}{\beta}\right)} = \frac{1}{1 + \frac{2}{\beta}} \tag{7.18}$$

β 값이 ∞로 접근하면, I_O/I_{REF}가 명목상의 값 1에 접근한다. 그러나 β의 전형적인 값에 대해, 전류 전달 비율에 있는 오차는 중요할 수 있다. 예를 들어 $\beta = 100$은 전류 전달 비율에서 결국 2% 오차가 된다. 더욱이 유한한 β 때문에 오차는 명목상의 전류 전달 비율이 증가된 만큼 증가한다. 명목상의 전류 전달 비율 m을 갖는 미러(즉, $I_{S2} = mI_{S1}$이 되는)에 대해 실제 전류 전달 비율은 다음과 같다.

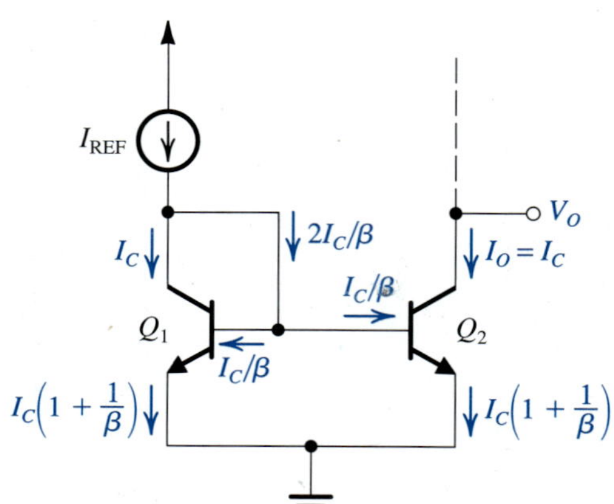

그림 7.8 BJT의 유한한 β 값을 고려한 전류 미러에 대한 분석.

$$\frac{I_O}{I_{\text{REF}}} = \frac{m}{1 + \dfrac{m+1}{\beta}} \tag{7.19}$$

MOS 전류 미러에서와 마찬가지로 BJT 미러는 유한한 출력 저항 R_o를 갖는다.

$$R_o \equiv \frac{\Delta V_O}{\Delta I_O} = r_{o2} = \frac{V_{A2}}{I_O} \tag{7.20}$$

여기서 V_{A2}와 r_{o2}는 각각 Q_2의 얼리(Early) 전압과 출력 저항이다. 그리하여 유한한 β 때문에 발생한 오차를 무시했음에도 불구하고 출력 전류 I_O는 Q_2가 Q_1과 같은 V_{CE}를 갖게 될 때, 즉 $V_O = V_{BE}$에서 그것의 명목상의 값과 같아진다. V_O가 증가될 때, I_O는 그에 상응해서 증가할 것이다. β와 R_o를 고려하면, 명목상의 전류 전달 비율 m을 갖는 BJT의 출력 전류를 다음과 같이 표현할 수 있다.

$$I_O = I_{\text{REF}} \frac{m}{1 + \dfrac{m+1}{\beta}} \left(1 + \frac{V_O - V_{BE}}{V_{A2}}\right) \tag{7.21}$$

여기서 우리는 얼리 효과 때문에 오차 항이 $V_O = V_{BE}$일 경우에 0이 되도록 표현된다는 점을 주목한다.

연습문제

7.3 명목상의 전류 전달 비율 1을 갖는 BJT 전류 미러를 고려하자. 트랜지스터들이 $I_S = 10^{-15}$ A, $\beta = 100$, $V_A = 100$ V이다. $I_{\text{REF}} = 1$ mA에 대해 $V_O = 5$ V일 때 I_O와 출력 저항을 구하라.
[답] 1.02 mA; 100 kΩ

단순한 전류 전원 MOS의 경우와 어떤 의미에서 유사한 기본적인 BJT 전류 미러는 그림 7.9와 같이 단순한 전류 전원을 구현하는 데 사용될 수 있다. 여기서 기준 전류는 다음과 같다.

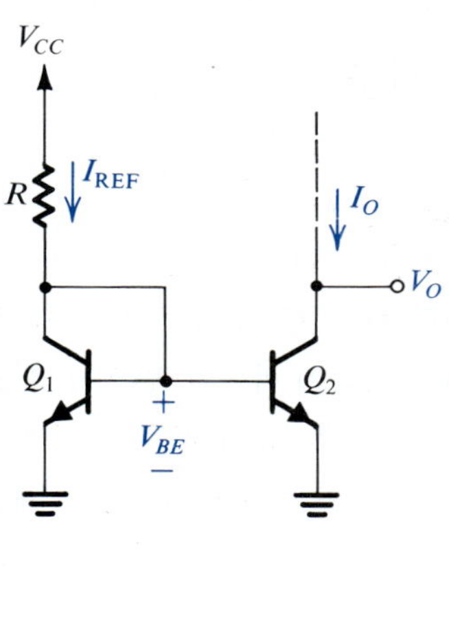

그림 7.9 간단한 BJT 전류 전원.

$$I_{\text{REF}} = \frac{V_{CC} - V_{BE}}{R} \tag{7.22}$$

위 식에서 V_{BE}는 I_{REF}의 원하는 값에 상응하는 베이스-이미터 전압이다. 출력 전류 I_O는 다음과 같다.

$$I_O = \frac{I_{\text{REF}}}{1 + (2/\beta)}\left(1 + \frac{V_O - V_{BE}}{V_A}\right) \tag{7.23}$$

이 전류 전원의 출력 저항은 Q_2의 r_o이다.

$$R_o = r_{o2} \simeq \frac{V_A}{I_O} \simeq \frac{V_A}{I_{\text{REF}}} \tag{7.24}$$

연습문제

D7.4 스케일 전류 $I_S = 10^{-15}$ A, $\beta = 100$, $V_A = 50$ V를 갖는 BJT를 가정하여, $V_O = 2$ V에서 출력 전류 $I_O = 0.5$ mA를 제공하는 그림 7.9의 전류 전원 회로를 설계하라. 전력은 $V_{CC} = 5$ V를 공급한다. I_{REF}, R, $V_{O\text{min}}$을 구하고 $V_O = 5$ V에서 I_O를 구하라.
[답] 0.497 mA; 8.71 kΩ; 0.3 V; 0.53 mA

전류 조종 IC에서 차동 증폭기 단들에 대한 바이어스 전류를 발생시키기 위해 MOS 회로에서 묘사된 전류 조종 접근법은 바이폴라의 경우에도 적용할 수 있다. 한 예로 그림 7.10에 나타낸 회로를 고려하자. 직류 기준 전류 I_{REF}는 다이오드 결선 트랜지스터 Q_1, 저항 R, 다이오드 결선 트랜지스터 Q_2로 구성되는 부분에서 생성된다. 따라서 다음과 같이 쓸 수 있다.

$$I_{\text{REF}} = \frac{V_{CC} + V_{EE} - V_{EB1} - V_{BE2}}{R} \tag{7.25}$$

설명을 간단히 하기 위해, 모든 트랜지스터가 높은 β 값을 가지며, 그 결과로 베이스 전류가 무시될 수 있을 만큼 작다고 가정하자. 우리는 모든 얼리 효과를 무시할 것이다. 다이오드 결선 트랜지스터 Q_1은 Q_3와 전류 미러를 형성한다. 그래서 Q_3는 I_{REF}와 같은 정전류 I_1을 공급할 것이다. 트랜지스터 Q_3는 컬렉터에서 형성하는 전압이 $V_{CC} - 0.3$ V를 초과하지 않는 동안은 모든 부하에 이 전류를 공급할 수 있다. 다시 말해서 Q_3는 포화 영역이 될 것이다.

I_{REF}의 두 배에 해당하는 직류 전류를 생성하기 위해서, 각각 Q_1에 정합되는 두 트랜지스터 Q_5와 Q_6는 병렬로 연결되고, 그 결합은 Q_1과 미러를 형성한다. 따라서 $I_3 = 2I_{\text{REF}}$가 될 것이다. Q_5와 Q_6의 병렬 결합은 EBJ의 면적이 Q_1의 EBJ 면적의 두 배인 하나의 트랜지스터와 서로 등가라는 점에 주목하기 바란다. 만일 이 회로를 IC 형태로 제조한다면, Q_1의 EBJ 면적보다 두 배 큰 면적을 가지는 트랜지스터를 정밀하게 만들 수 있다.

트랜지스터 Q_4는 Q_2와 함께 전류 미러를 형성한다. 따라서 Q_4는 I_{REF}와 똑같은 크기의 정전류 I_2를 제공

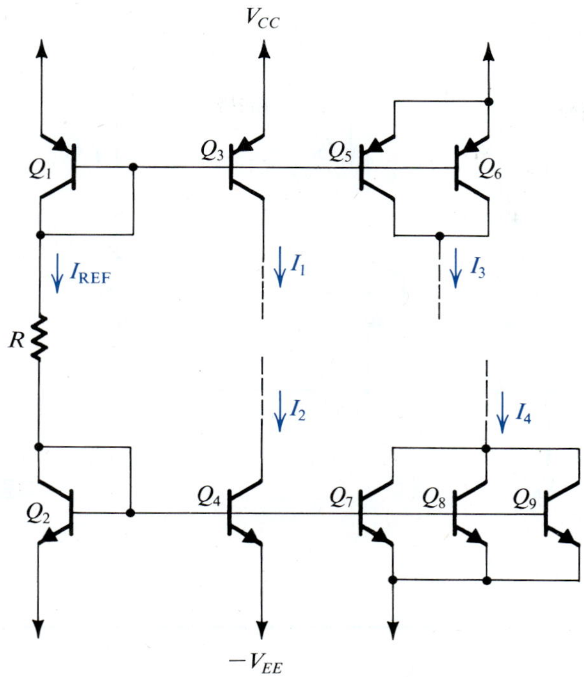

그림 7.10 다수의 정전류를 생성하는 방법.

한다. Q_3는 회로의 전압이 $V_{CC} - 0.3$ V를 초과해서는 안 되는 회로의 부분들로 그것의 전류를 흘려보내는(source) 데 반해, Q_4는 자신의 전류를 회로의 전압이 $-V_{EE} + 0.3$ V 이하로 내려가서는 안 되는 회로의 다른 부분들로부터 끌어내린다(sink)는 점에 주목하기 바란다. 결국 세 배의 I_{REF} 전류를 만들기 위해서, 각각 Q_2와 정합하는 세 개의 트랜지스터 Q_7, Q_8, Q_9은 병렬로 결합되어 Q_2와 함께 전류 미러를 형성하게 된다. 끝으로 이 회로들을 IC로 구현할 때는 Q_7, Q_8, Q_9의 트랜지스터들이 Q_2의 접합 면적보다 세 배 큰 접합 면적을 가지는 하나의 트랜지스터로 대체될 것이다.

연습문제

7.5 그림 E7.5는 N개의 출력을 갖는 전류 미러를 나타낸 것이다. 모든 트랜지스터가 정합되어 있고 유한한 β 값을 가지고 있다고 가정하자. 유한 출력 저항의 영향을 무시하면

$$I_1 = I_2 = \cdots = I_N = \frac{I_{REF}}{1 + (N+1)/\beta}$$

임을 증명하라. $\beta = 100$에 대해서 오차가 10%를 초과하지 않기 위한 출력의 최대 수를 구하라.

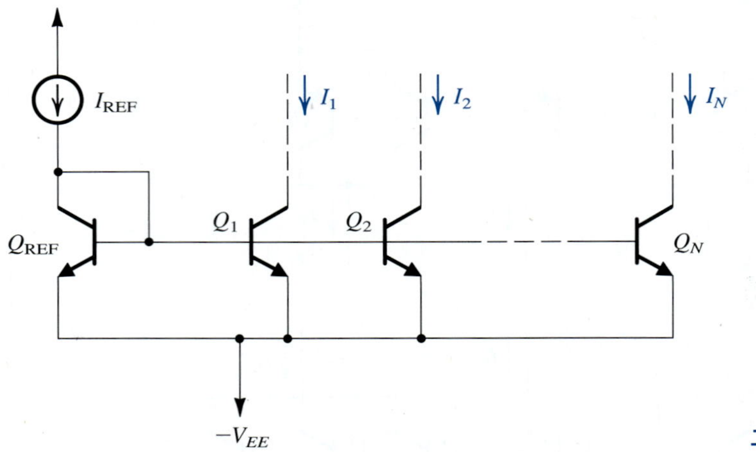

그림 E7.5

[답] 9

베이스 전류 보상의 바이폴라 미러 그림 7.11은 간단한 전류 미러보다 β에 더 적게 의존하는 전류 전달 비율의 바이폴라 전류 미러를 나타낸다. β에 대한 의존성은 Q_1과 Q_2의 베이스 전류를 공급하는 이미터가 있는 Q_3를 포함시킴으로써 줄어든다. 이때 베이스 전류의 합은 $(\beta_3 + 1)$에 의해 나누어짐으로써, I_{REF}에 의해서 공급되어야만 하는 전류의 변화 폭을 적게 만드는 결과를 낳는다. 상세한 분석은 Q_1과 Q_2가 정합되었고 같은 컬렉터 전류 I_C를 가진다는 가정하에 회로도에 나타내었다. x라고 표기된 노드(node)에서 노드 방정식은 다음과 같다.

$$I_{REF} = I_C\left[1 + \frac{2}{\beta(\beta+1)}\right]$$

그리고

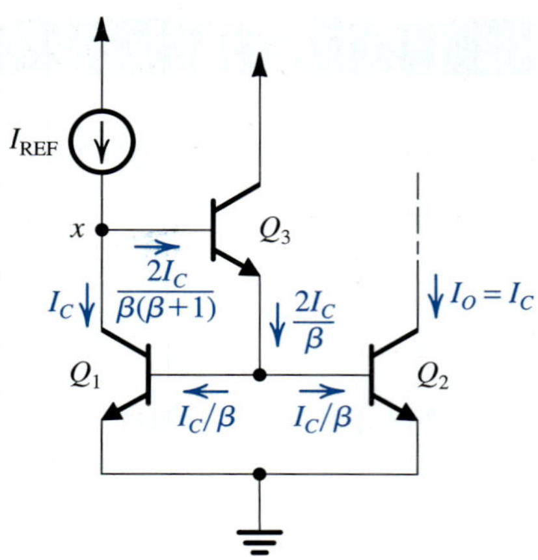

그림 7.11 베이스 전류 보상의 전류 미러.

$$I_O = I_C$$

이므로 미러의 전류 전달 비율은

$$\frac{I_O}{I_{\text{REF}}} = \frac{1}{1 + 2/(\beta^2 + \beta)}$$
$$\simeq \frac{1}{1 + 2/\beta^2} \tag{7.26}$$

이 되고, 이것은 제한된 β로 인해 오차가 단순한 미러의 $2/\beta$에서 $2/\beta^2$로 감소되어 성능이 매우 향상되었다는 것을 의미한다. 그러나 유감스럽게도 출력 저항은 단순한 미러의 r_o라는 출력 저항과 근사적으로 같게 된다. 결국 기준 전류 I_{REF}가 쓸모없다면, 단순하게 노드 x를 저항 R을 통해서 전력 공급 전압 V_{CC}에 연결하면 된다. 기준 전류는 다음의 결과와 같다.

$$I_{\text{REF}} = \frac{V_{CC} - V_{BE1} - V_{BE3}}{R} \tag{7.27}$$

7.2.5 전류 미러의 소신호 동작

전류 미러는 바이어싱에 사용될 뿐만 아니라, 때때로 전류 증폭기로도 쓰인다. 그러므로 $R_{\text{in}}, A_{is}, R_o$ 같은 전류 미러의 소신호 변수를 유도해 볼 필요가 있다. 여기서 A_{is}는 단락 회로 전류 이득이다.

그림 7.12(a)에서 보는 바와 같이 MOS 전류 미러는 바이어스 전류인 직류 입력 전류 I_{D1}이 흐르고 소신호 입력 전류 i_i가 흐른다. V_{GS}와 I_{D2}는 직류량이며 반면에 v_{gs}와 i_o는 신호량임을 주목하라. 연결된 출력단의 회로가 보이지 않을지라도 Q_2의 드레인 전압이 Q_2가 포화 상태가 되는 최소 전압을 초과한다고 가정한다. 그림 7.12(b)는 전류 미러의 소신호 등가 회로 모델을 나타낸다. 다음에서 우리는 모델 변수값을 결정한다.

소신호 모델로 Q_1과 Q_2를 교환하면 그림 7.12(c)의 회로로 된다. 그림 7.12(d)에서 보여 주는 바와 같이 제어 전압 v_{gs}에 유기된 전류 전원 $g_{m1}v_{gs}$가 나타나고 이 $g_{m1}v_{gs}$는 저항 $1/g_{m1}$에 의해 대체된다. 후자의 회로로부터 다음 식을 얻는다.

$$R_{\text{in}} = r_{o1} \left\| \frac{1}{g_{m1}} \simeq \frac{1}{g_{m1}} \right. \tag{7.28}$$

$$R_o = r_{o2} \tag{7.29}$$

$$A_{is} \equiv \left. \frac{i_o}{i_i} \right|_{v_{d2}=0} = \frac{g_{m2}\, v_{gs}}{i_i}$$

위 식에서

$$v_{gs} = i_i R_{in} = \frac{i_i}{g_{m_1} + \dfrac{1}{r_{o1}}}$$

그러므로

$$A_{is} = \frac{g_{m2}}{g_{m1}} \frac{1}{1 + (1/g_{m1} r_{o1})} \tag{7.30}$$

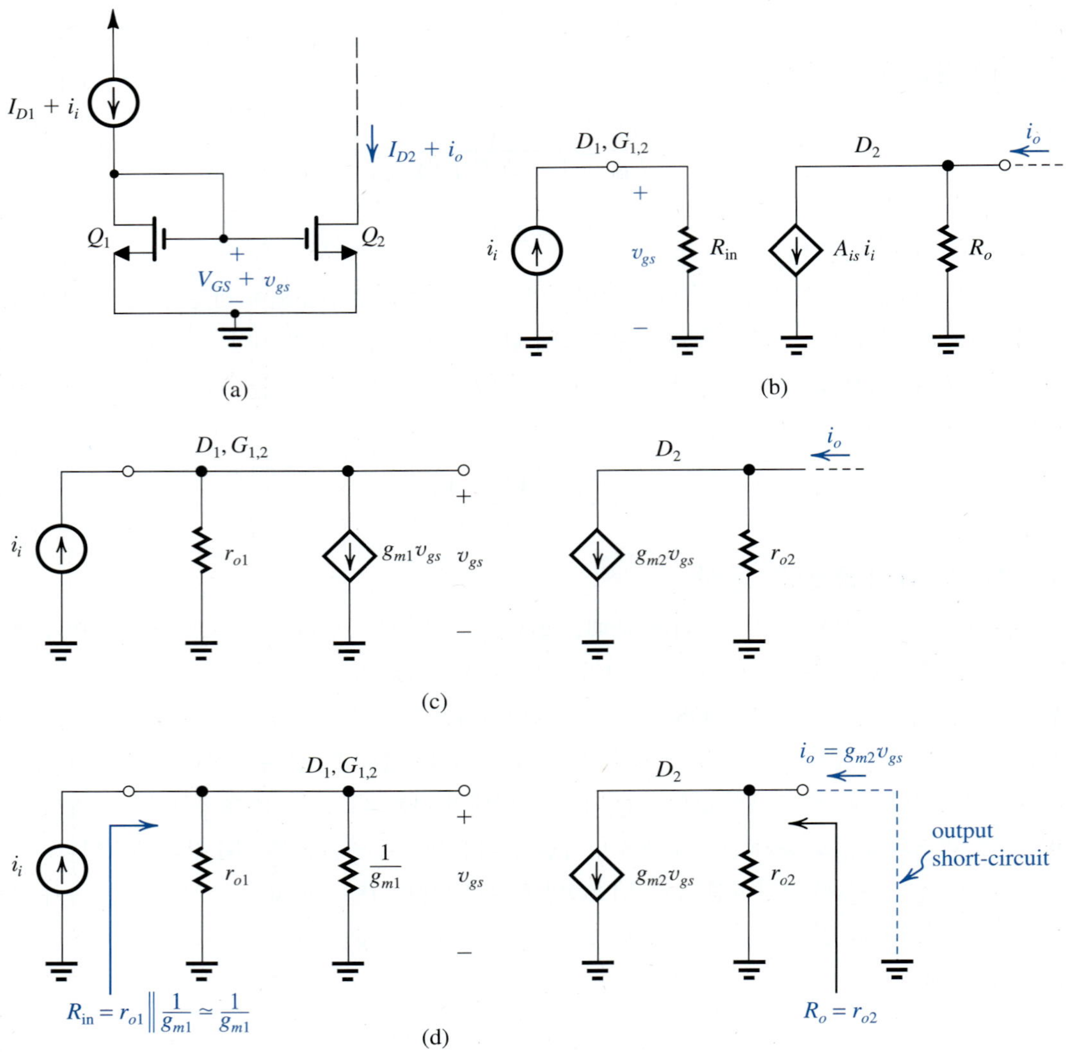

그림 7.12 전류 증폭기로서 MOS 전류 미러의 소신호 파라미터 구하기.

V_{OV}는 동작 중인 Q_1과 Q_2의 과구동 전압이며 $g_{m1,2} = \mu_n C_{ox}(W/L)_{1,2}V_{OV}$를 대입하였을 때 단락 회로 전류 이득은 다음과 같다.

$$A_{is} = \frac{(W/L)_2}{(W/L)_1}\left[\frac{1}{1+(1/g_{m1}r_{o1})}\right] \tag{7.31}$$

이는 직류 혹은 대신호 전류 전달 기능과 같으며 전류 미러의 탁월한 선형성을 보여 준다.

전류 미러는 탁월한 전류 증폭기이다. 이는 비교적 낮은 입력 저항($1/g_{m1}$), 비교적 높은 출력 저항(r_{o2})과 MOSFET의 종횡비에 의하여 결정되는 이득을 가진다. 마지막으로 바이폴라 미러의 소신호 변수를 비슷한 방법으로 얻을 수 있다(문제 7.25).

연습문제

D7.6 그림 7.12(a)에서 보여 주는 전류 미러의 MOSFET과 채널 길이는 같으며 $\mu_n C_{ox} = 400\ \mu A/V^2$, $V_A' = 20\ V/\mu m$이다. 만약 입력 바이어스 전류가 100 μA, 단락 전류 이득이 5 A/A, 입력 저항이 1 kΩ, 그리고 출력 저항이 40 kΩ일 때 W_1, W_2, L_1, L_2를 구하라. 그리고 이때 전류 전달 비율의 오차의 백분율을 구하라.

[답] 12.5 μm; 62.5 μm; 1 μm; 1 μm; –0.5%

집적 회로

1959년에 잭 킬비(Jack Kilby)와 TI사가 '소형화된 전자 회로'라는 특허를 출원했을 때 로버트 노이스(Robert Noyce, 페어차일드 반도체사와 훗날 인텔의 공동 설립자)도 '단결정 실리콘 기반의 집적 회로'라는 특허를 출원하였다. 그는 하나의 기판 위에 여러 소자를 전기적으로 분리하기 위하여 커트 레호벡(Kurt Lehovec)의 역바이어스 접합에 대한 아이디어가 매우 중요하였다고 인정하였다. 스프래그사(Sprague Electric Company)의 레호벡도 1959년에 특허를 출원하였다. 애석하게도 노이스는 1990년에 사망해 킬비가 노벨상을 받을 때 함께 받지 못했다.

7.3 기본적인 이득 소자

7.3.1 전류 전원 부하를 갖는 공통 소스와 공통 이미터 증폭기

집적 회로 증폭기에서 기본적인 이득 소자는 그림 7.13(a)와 (b)에 나와 있는 일정한 전류 전원을 부하(load)로 가지는 공통 소스(CS) 혹은 공통 이미터(CE) 트랜지스터이다. 이 회로들은 저항 R_D와 R_C가 일정한 전류 전원으로 대체된 점을 제외하면 6.3절에서 공부한 공통 소스, 공통 이미터 증폭기와 유사하다. 저항을 전류 전원으로 대체한 데는 세 가지 이유가 있다.

1. 일정한 전류 전원이 바이어스와 부하 장치를 겸할 수 있기 때문이다.
2. 식 (6.18)에서 보듯이 부하 저항이 있는 저항 공통 소스 증폭기에서 얻을 수 있는 최대 이득은 약 $2V_{DD}/V_{OV}$이다. 현대의 CMOS 프로세스 기술은 $V_{DD} \simeq 1$ V, $V_{OV} \simeq 0.2$ V이므로 최대 이득은 약 10 V/V로 제한된다. R_D를 출력 저항 R_o를 갖는 전류 전원으로 대체함으로써 높은 전압 이득을 얻을 수 있다. 이는 다음 장에서 다루게 될 것이다.
3. 7.1절에서 언급한 것과 같이 집적 회로 기술을 사용하여 합리적으로 정확한 값을 가지는 저항을 구현하

기는 어렵다. 오히려 트랜지스터를 이용하여 구현된 전류 전원을 사용하는 것이 보다 용이하다.

그림 7.13(a)와 (b)의 회로들은 **전류 전원을 부하로 가지는**(current-source loaded) 혹은 **능동 부하를 가지는**(active loaded) 회로라고 말할 수 있다. 따라서 능동 부하를 가진 공통 소스 증폭기의 소신호 동작을 고려할 때, 직류 바이어스 설계는 차례로 이루어진다. 명백하게 각 회로에서 Q_1은 $I_D = I$ 또는 $I_C = I$로 바이어스된다. 그러나 드레인(컬렉터)과 게이트(베이스)에서의 직류 전압은 무엇이 결정하는가? 보통 이 회로는 V_{DS}와 V_{GS}(V_{CE}와 V_{BE}) 값을 고정시키기 위한 부귀환 회로의 일부일 것이다. 다음 장에서는 바이어싱을 포함한 완성된 집적 회로 증폭기를 살펴볼 것이다. 그림 7.13(a)의 MOS 트랜지스터는 포화 영역에서 동작하도록 바이어스되어 있고 그림 7.13(b)의 BJT는 능동 영역에서 작동하도록 바이어스되어 있다고 가정한다. 우리는 MOSFET과 BJT 모두 '활성 영역(active region)'에서 동작하는 것처럼 표현할 것이다.

전류 전원 부하를 가진 공통 소스 및 공통 이미터 증폭기의 소신호 분석은 간단하며 이에 대한 그림이 각각 그림 7.13(c)와 (d)에 나타나 있다. 이상적이라고 가정된 전류 전원 부하로 인해서 무한대의 저항에 의해 소신호 모델이 표현됨을 알 수 있다. 앞 절에서 살펴보았듯이 실제적인 전류 전원은 유한한 출력 저항을 갖는다. 그러나 당분간은 그림 7.13의 공통 소스 및 공통 이미터 증폭기는 개방 회로처럼 간주할 수 있다. 출력 마디와 접지 간의 유일한 저항은 트랜지스터 자체의 출력 저항 r_o이다. 그러므로 이와 같은 회로에서 얻어진 전압 이득은 공통 소스 및 공통 이미터 증폭기에 대해서 최댓값이 된다.

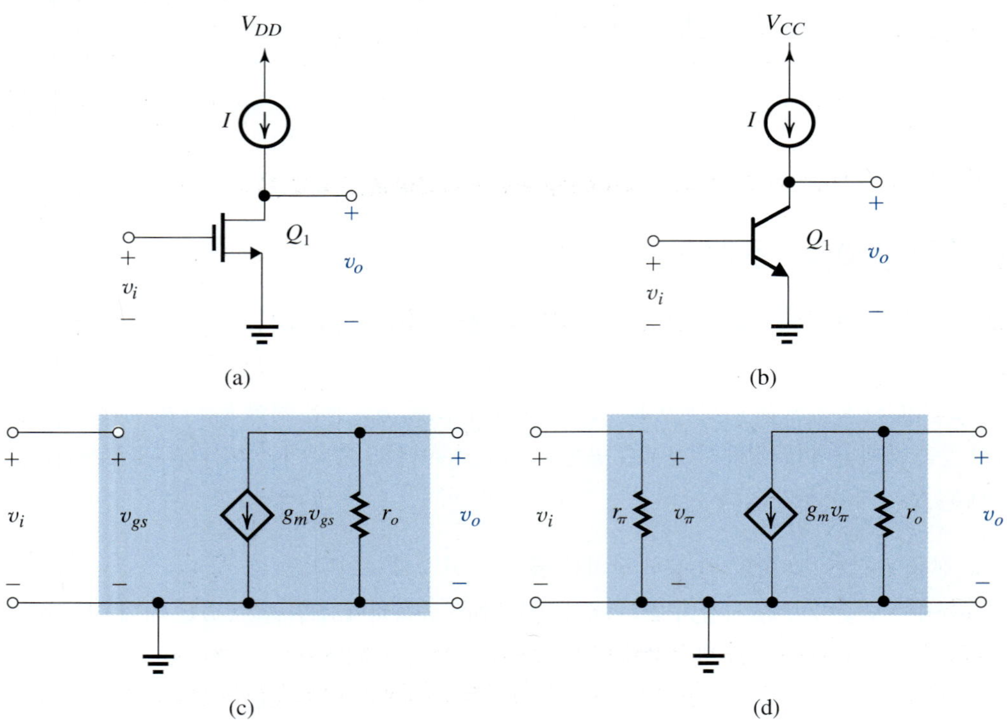

그림 7.13 집적 회로 증폭기의 기본적인 이득 소자: (a) 전류 전원 또는 능동 부하를 가진 공통 소스 증폭기, (b) 전류 전원 또는 능동 부하를 가진 공통 이미터 증폭기, (c) (a)에 대한 소신호 등가 회로, (d) (b)에 대한 소신호 등가 회로.

그림 7.13(c)로부터 능동 부하를 가지는 공통 소스 증폭기에 대한 다음 식을 얻을 수 있다.

$$R_{\text{in}} = \infty \tag{7.32}$$

$$A_{vo} = -g_m r_o \tag{7.33}$$

$$R_o = r_o \tag{7.34}$$

마찬가지로 그림 7.13(d)로부터 능동 부하를 가진 공통 이미터 증폭기에 대한 다음 식을 얻을 수 있다.

$$R_{\text{in}} = r_\pi \tag{7.35}$$

$$A_{vo} = -g_m r_o \tag{7.36}$$

$$R_o = r_o \tag{7.37}$$

그러므로 두 회로는 $g_m r_o$ 크기의 전압 이득을 가진다. 이는 공통 소스 및 공통 이미터 증폭기에서 얻을 수 있는 최대 이득이므로 이를 **고유 이득**(intrinsic gain)으로 나타내고 A_0로 표기한다. A_0의 특성을 조금 더 자세히 검토해 보자.

7.3.2 고유 이득

g_m 및 r_o에 대한 다음 식을 이용하여 고유 이득에 대한 식 $A_0 = g_m r_o$를 도출할 수 있다.

$$g_m = \frac{I_C}{V_T} \tag{7.38}$$

$$r_o = \frac{V_A}{I_C} \tag{7.39}$$

그 결과는 다음과 같다.

$$A_0 = g_m r_o = \frac{V_A}{V_T} \tag{7.40}$$

그러므로 A_0는 공정에 의해 결정되는 얼리 전압 V_A와 물리적 변수인 열전압 V_T(실온에서 대략적으로 0.025 V)에 대한 비율로 간단히 표현된다. V_A 값의 범위는 최신 집적 회로 제작 공정에 대해서 5~35 V이며 이른바 높은 전압 공정(high-voltage process)(부록 K 참조)인 오래된 공정에 대해서는 100~130 V이다. 결론적으로 A_0 값의 범위는 200~5000 V/V이며 더 낮은 값은 최신의 작은 소자의 특징을 나타낸다. 지정된 바이폴라 트랜지스터의 제작 공정에 대해 A_0가 트랜지스터 접합 영역과 바이어스 전류에 대해 독립적이라는 것을 주목해야 한다. 이제부터 살펴보겠지만 MOSFET에 대해서는 성립되지 않는다.

6.2절의 MOSFET g_m에 대한 내용을 상기해 보면 g_m에 대한 세 가지 가능한 표현이 있다. 이 중 두 가지 표현은 우리의 목적에 특히 유용하다.

$$g_m = \frac{I_D}{V_{OV}/2} \tag{7.41}$$

$$g_m = \sqrt{2\mu_n C_{ox}(W/L)}\sqrt{1_D} \tag{7.42}$$

MOSFET r_o에 대해 다음과 같이 쓸 수 있다.

$$r_o = \frac{V_A}{I_D} = \frac{V'_A L}{I_D} \tag{7.43}$$

위 식에서 V_A는 얼리 전압이고 V'_A은 공정에 따라 결정되는 얼리 전압의 구성 성분이다. g_m에 대한 각 식과 r_o에 대한 표현식을 함께 이용하면 A_0에 대한 다음 식을 얻을 수 있다.

$$A_0 = \frac{V_A}{V_{OV}/2} \tag{7.44}$$

위 식은 다른 형태로 표현할 수 있다.

$$A_0 = \frac{2V'_A L}{V_{OV}} \tag{7.45}$$

$$A_0 = \frac{V'_A \sqrt{2(\mu_n C_{ox})(WL)}}{\sqrt{I_D}} \tag{7.46}$$

식 (7.44)는 BJT에 대한 식 (7.40)과 가장 직접적으로 비교 가능한 표현식이다. 그러나 여기서는 다음에 주목한다.

1. 분모의 값은 설계 파라미터인 $V_{OV}/2$이다. 비록 설계자가 최신 서브마이크론 공정을 사용하여 V_{OV}의 값이 점차적으로 감소하고 있지만 이 값은 여전히 약 0.15~0.3 V이다. 그러므로 $V_{OV}/2$는 0.075~0.15 V이며 이는 V_T에 비해서 3~6배 큰 값이다. V_{OV}를 더 큰 값으로 선택하려는 이유도 여기에 있다.(뒤의 장들에서 논의될 것이다.)
2. 분자의 값인 V_A는 공정(V'_A으로 인해)과 소자(L로 인해) 모두에 의존한다. 그리고 이 값은 공정의 스케일 축소로 인해 꾸준히 감소하고 있다(부록 K 참조).
3. 식 (7.45)로부터 주어진 공정(예를 들면 V'_A의 주어진 값)에 대해 고유 이득 A_0는 긴 MOSFET을 사용하거나 낮은 V_{OV}에서 동작하도록 함으로써 증가될 수 있음을 알 수 있다. 그러나 여느 때처럼 설계상의 절충은 존재한다. 예를 들면 9장에서 L을 증가시키거나 V_{OV}를 감소시키는 것은 독립적으로 증폭기의 대역폭을 감소시키는 결과를 야기한다.

결과적으로 현대의 쇼트 채널 기술로 양산된 단일 MOSFET 증폭단에서 얻은 고유 이득의 값은 오직 10~40 V/V이며, BJT와 비교할 때 크기가 두 차수 작다.

식 (7.46)에 주어진 MOSFET A_0에 대한 다른 표현식은 흥미로운 사실을 알려 준다. 공정 기술(V'_A과 $\mu_n C_{ox}$)이 주어지고 소자(W와 L)가 주어지면 고유 이득은 $\sqrt{I_D}$ 에 반비례한다. 이것은 바이어스 전류 I_D와 A_0의 일반적인 관계를 보여 주는 그림 7.14에 나타나 있다. 이 관계는 바이어스 전류가 낮아질수록 이득은 증가한다는 것을 보여 준다. 그러나 전류가 매우 낮은 상태에서 이득은 변함이 없다. 이러한 이유는 MOSFET이 **약반전 영역**(subthreshold region)의 동작(5.4.2절)에 들어갔기 때문이다. 여기에서는 이득이 지수적인 전류-전압 특성을 갖는 BJT와 상당히 유사해진다. 이어서 고유 이득은 BJT에서와 마찬가지로 상수가 된다. 그러나 낮은 바이어스 전류에서 높은 이득을 얻었을지라도 g_m[식 (7.42)]은 낮아지고 부하 커패시턴스를 구동하는 능력이 떨어지게 되어 대역폭이 줄어들게 된다. 이에 대해서 9장에서 간단하게 설명한다.

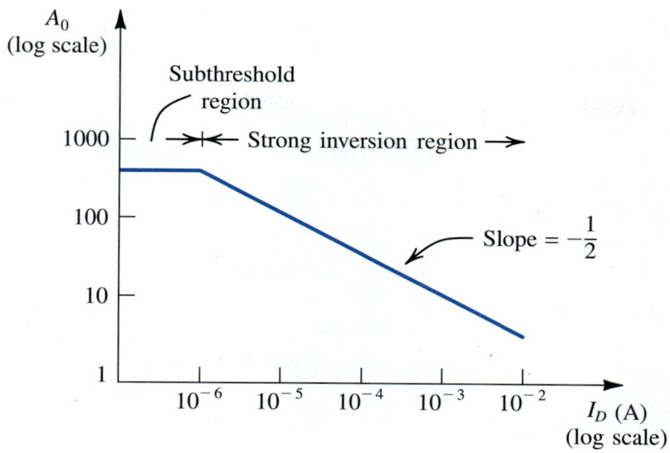

그림 7.14 MOSFET의 고유 이득 대 바이어스 전류 I_D. 바깥쪽은 약반전 영역이다. 이것은 $\mu_n C_{ox} = 20\ \mu\text{A/V}^2$, $V_A' = 20\ \text{V}/\mu\text{m}$, $L = 2\ \mu\text{m}$, $W = 20\ \mu\text{m}$인 경우 $A_0 = V_A'\sqrt{2\mu_n C_{ox} WL/I_D}$를 나타낸 것이다.

예제 7.2

공통 소스는 NMOS로 설계되었고 $L = 0.4\ \mu\text{m}$, $W = 4\ \mu\text{m}$이며 $\mu_n C_{ox} = 267\ \mu\text{A/V}^2$과 $V_A' = 10\ \text{V}/\mu\text{m}$인 0.25 μm 공정 기술로 제작된 공통 소스와 $\beta = 100$과 $V_A = 10$ V인 BJT 공정으로 제작된 공통 이미터의 $g_m, R_{\text{in}}, R_o, A_0$를 비교하라. 두 소자 모두 100 μA의 드레인(컬렉터) 전류에서 동작한다고 가정하라.

풀이

간단히 하기 위하여 V_{OV}를 결정하기 위한 MOSFET에서의 얼리 효과는 무시한다.

$$I_D = \frac{1}{2}(\mu_n C_{ox})\left(\frac{W}{L}\right)V_{OV}^2$$

$$100 = \frac{1}{2} \times 267 \times \left(\frac{4}{0.4}\right)V_{OV}^2$$

따라서 다음을 얻는다.

$$V_{OV} = 0.27\ \text{V}$$

$$g_m = \frac{2I_D}{V_{OV}} = \frac{2 \times 0.1}{0.27} = 0.74\ \text{mA/V}$$

$$R_{\text{in}} = \infty$$

$$r_o = \frac{V_A' L}{I_D} = \frac{10 \times 0.4}{0.1} = 40\ \text{k}\Omega$$

$$R_o = r_o = 40\ \text{k}\Omega$$

$$A_0 = g_m r_o = 0.74 \times 40 = 29.6\ \text{V/V}$$

공통 이미터 증폭기에 대해서는 다음을 얻었다.

$$g_m = \frac{I_C}{V_T} = \frac{0.1 \text{ mA}}{0.025 \text{ V}} = 4 \text{ mA/V}$$
$$R_{\text{in}} = r_\pi = \frac{\beta}{g_m} = \frac{100}{4} = 25 \text{ k}\Omega$$
$$r_o = \frac{V_A}{I_C} = \frac{10}{0.1} = 100 \text{ k}\Omega$$
$$R_o = r_o = 100 \text{ k}\Omega$$
$$A_0 = g_m r_o = 4 \times 100 = 400 \text{ V/V}$$

연습문제

7.7 $L = 0.36$ μm이고 $W/L = 10$인 NMOS 트랜지스터를 이용한 공통 소스 증폭기가 $\mu_n C_{ox} = 387$ μA/V²이고 $V_A' = 5$ V/μm인 0.18 μm CMOS 공정에서 제작되었다. I_D가 10 μA, 100 μA, 1 mA일 때 g_m과 A_0를 각각 구하라.

[답] 0.28 mA/V, 50 V/V; 0.88 mA/V, 15.8 V/V; 2.78 mA/V, 5 V/V

7.3.3 전류 전원 부하의 출력 저항에 대한 효과

그림 7.13(a)에서 공통 소스 증폭기의 전류 전원은 그림 7.15(a)에 나와 있는 것처럼 요구되는 전류 I를 공급하기 위해 포화 영역에서 바이어스된 PMOS 트랜지스터를 이용하여 구현될 수 있다. 대신호 MOSFET 모델(5.2절, 그림 5.18)을 그림 7.15(b)에서와 같이 Q_2를 나타내기 위해 사용할 수 있다. 이때

$$I = \frac{1}{2}(\mu_p C_{ox})\left(\frac{W}{L}\right)_2 \left[V_{DD} - V_G - |V_{tp}|\right]^2 \tag{7.47}$$

이고

$$r_{o2} = \frac{|V_{A2}|}{I} \tag{7.48}$$

이다. 그러므로 전류 전원 부하는 더 이상 무한대의 저항을 가지지 않고 오히려 유한한 출력 저항 r_{o2}를 가진다. 이 출력 저항은 그림 7.15(c)의 증폭기 등가 회로 모델에서와 같이 r_{o1}과 병렬로 나타난다. 이로부터 다음 식을 얻을 수 있다.

$$A_v \equiv \frac{v_o}{v_i} = -g_{m1}(r_{o1} \| r_{o2}) \tag{7.49}$$

그러므로 전류 전원 부하의 유한한 출력 저항은 전압 이득의 크기를 $(g_{m1} r_{o1})$에서 $g_{m1}(r_{o1} \| r_{o2})$로 감소시킨다.

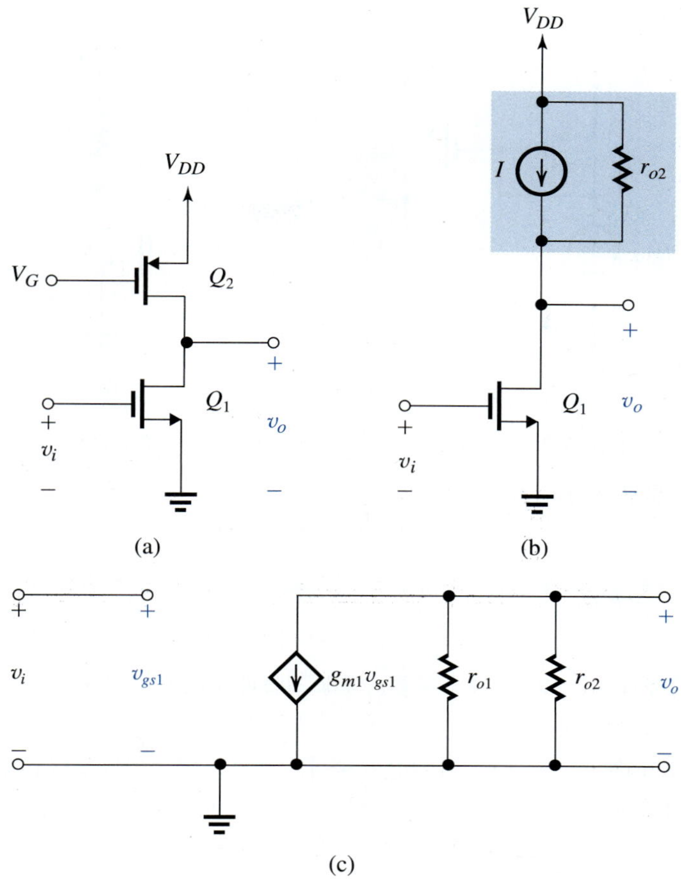

그림 7.15 (a) p 채널 MOSFET Q_2로 구현된 전류 전원 부하를 가지는 공통 소스 증폭기, (b) 대신호 모델로 대체된 Q_2를 가지는 공통 소스 증폭기, (c) 공통 소스 증폭기의 소신호 등가 회로.

이 감소는 상당할 수 있다. 예를 들어 Q_2가 Q_1의 얼리 전압과 동일한 값을 갖는다면 $r_{o2} = r_{o1}$이고 이득은 절반으로 감소한다.

$$A_v = -\frac{1}{2} g_m r_o \tag{7.50}$$

마지막으로 이 같은 방법이 바이폴라의 사례에도 적용될 수 있다는 점을 유념하라.

예제 7.3

공통 소스 증폭기의 실질적인 회로 구현은 그림 7.16(a)에서 보여 준다. 전류 전원 Q_2는 Q_2와 Q_3에 의해서 형성된 전류 미러의 출력 트랜지스터이며 기준 전류 I_{REF}를 유지시켜 준다. NMOS 형태의 전류원은 7.1절에서 소개되었다. Q_2와 Q_3는 정합되어 있다고 가정한다.

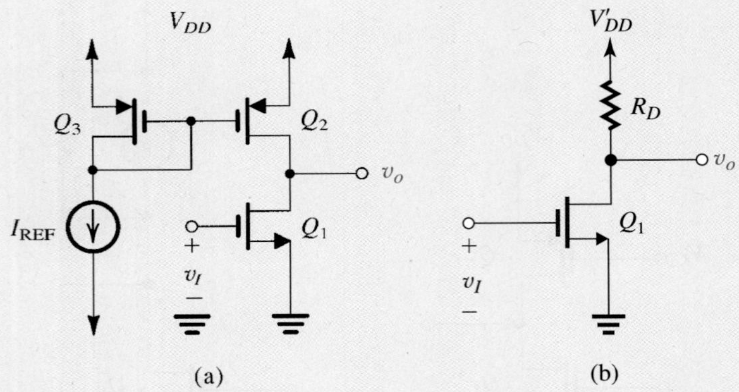

그림 7.16 (a) 전류 전원 부하를 갖는 공통 소스 증폭기의 실질적 구현. (b) 전류 전원 부하를 새로운 전원 전압 V'_{DD}에 연결된 저항 R_D로 대체.

모든 트랜지스터가 $V_{DD} = 1.8$ V, $V_{tn} = -V_{tp} = 0.5$ V, $\mu_n C_{ox} = 4\ \mu_p C_{ox} = 400\ \mu\text{A/V}^2$, $|V_A| = 5$ V이고, $I_{REF} = 100\ \mu$A이다.

(a) 모든 트랜지스터가 $|V_{OV}| = 0.2$ V가 되도록 v_I의 dc 전압과 W/L을 구하라.

(b) 소신호 전압 이득을 구하라.

(c) 거의-선형(almost-linear)인 동작일 때의 가능한 출력 신호의 스윙 범위는 얼마인가?

(d) 그림 7.16(b)에 나타낸 것과 같이 전류 전원 부하를 전원 V'_{DD}에 연결된 저항 R_D로 바꿨을 때, I_D, 전압 이득을 유지하고, 출력 신호 스윙이 변하지 않기 위한 R_D, V'_{DD}을 구하라.

풀이

(a) $V_{OV} = 0.2$ V이고 Q_1이 동작하기 위해서는 V_{GS1}은

$$V_{GS1} = V_{tn} + V_{OV} = 0.5 + 0.2 = 0.7\ \text{V}$$

이어야 하고 따라서 v_I의 dc 전압은

$$V_I = V_{GS1} = 0.7\ \text{V}$$

이고, 다음으로 $(W/L)_1$을 구하면

$$I_{D1} = \frac{1}{2}(\mu_n C_{ox})\left(\frac{W}{L}\right)_1 V_{OV}^2$$

일 때, $I_{D1} = I_{REF} = 100\ \mu$A를 대입하면

$$100 = \frac{1}{2} \times 400 \times \left(\frac{W}{L}\right)_1 \times 0.2^2$$

$$\Rightarrow \left(\frac{W}{L}\right)_1 = 12.5$$

를 얻을 수 있다. Q_2와 Q_3 또한 같은 방법으로 계산할 수 있다.

$$I_{D2,3} = \frac{1}{2}(\mu_p C_{ox})\left(\frac{W}{L}\right)_{2,3} V_{OV}^2$$
$$100 = \frac{1}{2} \times 100 \times \left(\frac{W}{L}\right)_{2,3} \times 0.2^2$$
$$\Rightarrow \left(\frac{W}{L}\right)_{2,3} = 50$$

(b) 소신호 전압의 전압 이득을 얻기 위해서는 먼저 소신호의 변수 g_{m1}, r_{o1}, r_{o2}를 다음과 같이 구해야 한다.

$$g_{m1} = \frac{2I_{D1}}{V_{OV1}} = \frac{2 \times 0.1\ \text{mA}}{0.2\ \text{V}} = 1\ \text{mA/V}$$
$$r_{o1} = \frac{V_{A1}}{I_{D1}} = \frac{5\ \text{V}}{0.1\ \text{mA}} = 50\ \text{k}\Omega$$
$$r_{o2} = \frac{|V_{A2}|}{I_{D2}} = \frac{5\ \text{V}}{0.1\ \text{mA}} = 50\ \text{k}\Omega$$

이때 전압 이득 A_v를 구할 수 있다.

$$\begin{aligned} A_v &= -g_{m1}(r_{o1} \| r_{o2}) \\ &= -1(50 \| 50) \\ &= -25\ \text{V/V} \end{aligned}$$

(c) 출력 신호 스윙의 상한은 Q_2가 포화 영역을 벗어나면 결정된다. 이는 v_O가 $V_{DD} - |V_{OV2}|$에 도달하면 발생한다. 그러므로

$$v_{O\max} = 1.8 - 0.2 = 1.6\ \text{V}$$

출력 신호 스윙의 하한은 Q_1이 포화 영역을 벗어나는 것에 의해 결정된다. 이는 v_O가 V_{OV1}보다 밑일 경우 발생한다. 그러므로

$$v_{O\min} = 0.2\ \text{V}$$

따라서 출력에서의 선형 신호의 스윙은 다음과 같은 범위를 갖는다.

$$0.2\ \text{V} \le v_O \le 1.6\ \text{V}$$

(d) 그림 7.16(b)처럼 전류 전원 부하가 저항 R_D로 대체되었을 때, 이득을 유지하기 위해서 저항은 다음과 같은 값을 갖는다.

$$R_D = r_{o2} = 50\ \text{k}\Omega$$

다음으로 출력 신호의 스윙을 유지하기 위해서는 V_{DS1}은 출력 스윙의 중간 지점과 같도록 Q_1을 바이어싱한다.

$$V_{DS1} = 0.9\ \text{V}$$

이제 I_D가 이전과 동일하려면($I_D = 0.1$ mA) 공급 전압은 다음과 같아야 한다.

$$\begin{aligned} V'_{DD} &= V_{DS1} + I_D R_D \\ &= 0.9 + 0.1 \times 50 = 5.9\ \text{V} \end{aligned}$$

이것은 0.18 μm CMOS 공정에서 가능한 공급 전압(1.8 V)보다 훨씬 큰 값이다. 말할 것도 없이 집적 회로에서 정확히 50 kΩ 저항을 제작하는 것은 많은 노력이 필요하고, 이는 전류 전원 부하 사용의 필요성을 보여 준다.

연습문제

7.8 그림 7.16(a)에서 제시된 것과 같은 0.18 μm 공정에서 제조된 CMOS 공통 소스 증폭기에서 $W/L = 7.2\ \mu\text{m}/0.36\ \mu\text{m}$이고 $k'_n = 387\ \mu\text{A/V}^2$, $k'_p = 86\ \mu\text{A/V}^2$, $I_{\text{REF}} = 100\ \mu\text{A}$, $V'_{An} = 5\ \text{V}/\mu\text{m}$, $|V'_{Ap}| = 6\ \text{V}/\mu\text{m}$이다. g_{m1}, r_{o1}, r_{o2}와 전압 이득을 구하라.

[답] 1.24 mA/V; 18 kΩ; 21.6 kΩ; −12.2 V/V

7.9 일정한 전류 전원 I가 *pnp* 트랜지스터로 구현되어 있을 때 능동 부하 공통 이미터 증폭기를 고려해 보자. $I = 0.1$ mA, $|V_A| = 50$ V(*npn*과 *pnp* 트랜지스터 모두에 대하여), $\beta = 100$이라 하자. R_{in}, r_o(각 트랜지스터에 대한), g_m, A_0, 그리고 증폭기의 전압 이득을 구하라.

[답] 25 kΩ; 0.5 MΩ; 4 mA/V; 2000 V/V; −1000 V/V

7.3.4 기본적인 소자의 이득 증가

한 가지 문제에 대해 생각해 보면서 이 절을 마치려 한다. 기본적인 이득 소자로부터 얻어진 전압 이득을 높일 수 있는가? 이 문제의 답은 부하 트랜지스터와 증폭 트랜지스터 둘 다의 출력 저항의 수준을 높이는 방법을 찾는 것에 있다. 증폭 트랜지스터로부터 제공된 전류 $g_m v_i$가 바로 통과하는 회로를 찾아 단지 그 저항을 r_o에서 훨씬 큰 값으로 증가시키는 것이다. 이러한 요구 사항이 그림 7.17에 표현되어 있다. 그림 7.17(a)는 공통 소스 증폭 트랜지스터 Q_1과 출력 등가 회로를 보여 준다. 당분간 부하 장치는 보여 주지 않음을 유의하라. 그림 7.17(b)에서 Q_1의 드레인과 출력 단자 d_2 사이에 음영 박스를 넣었다. 여기에서 다시 d_2가 연결될 부하를 보여 주지 않을 것이다. '블랙박스'는 Q_1의 출력 전류를 받아들이고 이를 출력으로 전달한다. 그러므로 출력에서 동일하게 조절된 소스 $g_{m1}v_i$로 구성되지만 계수 K만큼 증가된 출력 저항을 가지는 등가 회로를 갖는다.

지금 블랙박스가 하고 있는 일은 무엇인가? 블랙박스는 **전류** $g_{m1}v_i$를 바로 통과시키기 위해 입력 저항이 이론적으로 0에 가까울 정도로 매우 낮고, 전류 이득은 1이어야 한다. 높은 출력 저항을 가질 때 이 두 개의 특

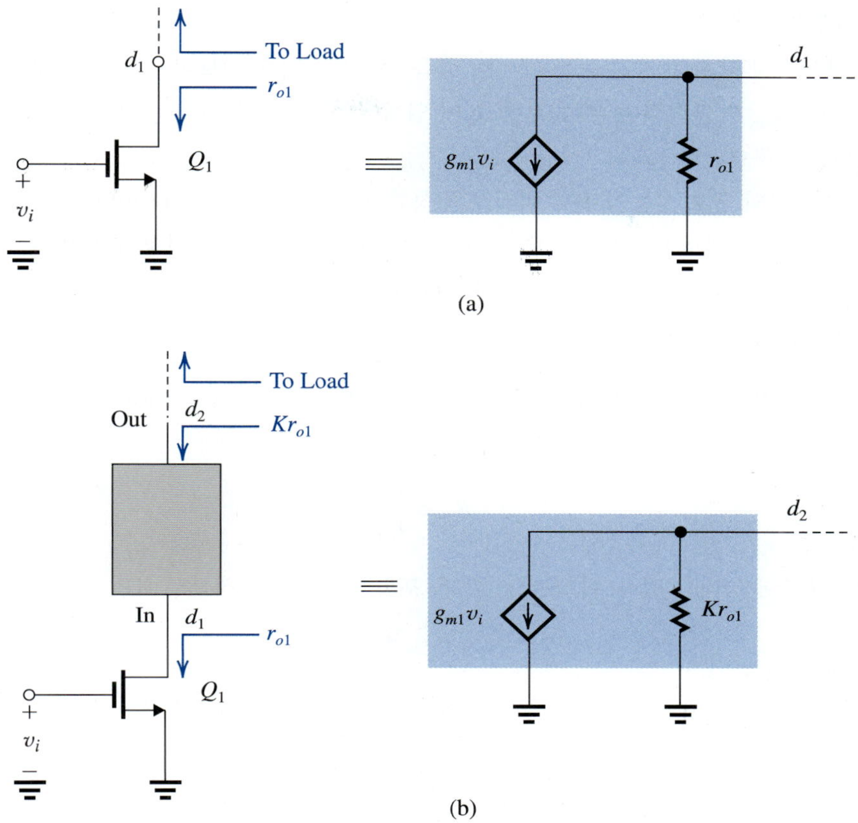

그림 7.17 (a)에 나와 있는 기본적인 이득 소자에서 실현된 전압 이득을 높이기 위해 (b)에서 블랙박스처럼 보이는 기능 블록은 d_1과 부하 사이에 연결되어 있다. 블랙박스는 Q_1의 출력 전류 $g_{m1}v_i$를 전달하고 계수 K만큼 저항 수준을 높여 준다. 이 기능 블록은 전류 버퍼이고 다음 절에서 설명하겠지만 공통 게이트 트랜지스터를 통해 구현할 수 있다.

성은 블랙박스가 **전류 버퍼**(current buffer)로 동작한다는 것을 의미한다. 이는 전압을 통과시키지만 저항의 수준을 낮춰 주는 전압 버퍼(voltage buffer, 소스 혹은 이미터 폴로어)에 이원적(dual)이다.

6.3절에서 배운 트랜지스터 증폭기의 구성 방법에 대해 상기해 보면, 전류 버퍼링 동작을 구현하기 위한 유일한 후보는 공통 게이트(혹은 바이폴라에서 공통 베이스) 증폭기이다. 게다가 공통 게이트 및 공통 베이스 회로는 단일 이득을 가짐을 상기하라. 그러나 이 회로들의 저항 변환 특성에 대해서는 아직 조사하지 않았다. 다음 절에서 이를 조사할 것이다.

7.4 공통 게이트와 공통 베이스 증폭기

이 절에서는 집적 회로 형태로 이루어진 공통 게이트와 공통 베이스 증폭기 구성을 공부하기로 하자. 트랜지스터 출력 저항 r_o를 감안하여야 하기 때문에 이산 회로 형태(7.3.5절)와는 매우 다르다.

7.4.1 공통 게이트 회로

그림 7.18(a)는 바이어싱 장치를 가진 공통 게이트 증폭기를 부분적으로 보여 준다. 저항 R_s를 갖는 이 증폭기에 전류 신호 전원 i_{sig}가 입력되며 부하 저항 R_L이 입력된다. 이 부하 저항은 일찍이 논의된 것처럼 보통 PMOS 전류 전원으로 구현된다.

공통 게이트 증폭기의 신호 성능을 전류 버퍼로 특성화하기 위하여 그림 7.18(b)와 같은 등가 회로로 모델링한다. 여기서 R_{in}은 공통 게이트 트랜지스터의 전원을 측정하기 위한 입력 저항이고, R_{out}은 i_{sig}가 0일 때 드레인을 측정하기 위한 출력 저항이며, A_{is}는 R_L이 0일 때의 전류 이득 i_o/i_{sig}이다. 즉, A_{is}는 공통 게이트 증폭기의 단락 회로 전류 이득이다.

입력 저항 입력 저항 R_{in}은 그림 7.19의 회로를 사용하여 구할 수 있다. 여기서 MOSFET의 π 모델을 부착하고 시험 전압 v_x를 입력에 가한다. 입력 저항은 다음과 같이 주어진다.

$$R_{in} \equiv \frac{v_x}{i_x}$$

일부 분석이 그림 7.19에 나타나 있다. 이제 v_x, r_o, R_L을 포함하는 루프 수식으로 보면

$$v_x = (i_x + g_m v_{gs})r_o + i_x R_L$$

전원 노드의 전압 v_x가 $-v_{gs}$이므로 $-v_x$로 v_{gs}를 대체하고 다시 정리하면 $R_{in} \equiv v_x/i_x$가 된다.

$$R_{in} = \frac{r_o + R_L}{g_m r_o + 1} \tag{7.51}$$

$g_m r_o \gg 1$이면

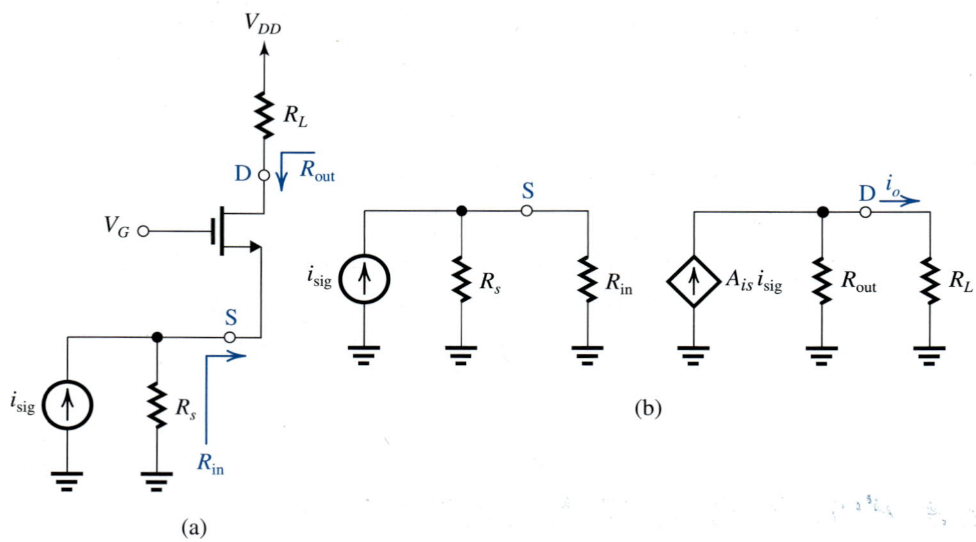

그림 7.18 (a) 부분적으로 보여 주는 바이어스 장치가 있는 공통 게이트 증폭기. (b) (a)의 공통 게이트 증폭기의 등가 회로 모델.

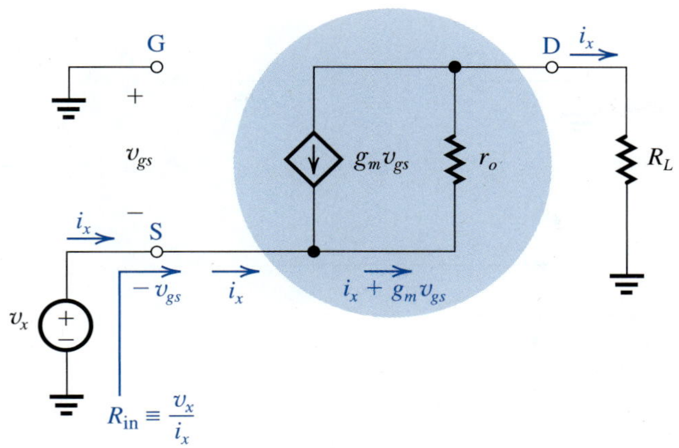

그림 7.19 공통 게이트 증폭기의 입력 저항 R_{in}의 결정.

$$R_{in} \simeq \frac{1}{g_m} + \frac{R_L}{g_m r_o} \tag{7.52}$$

이것은 매우 재미있는 결과이다. 첫째로 6.3.5절의 이산 공통 게이트 증폭기 분석과 같이 r_o가 무한대이면 확인된 바와 같이 R_{in}은 $1/g_m$이 된다. 만약 집적 회로 증폭기의 경우와 같이 r_o가 무시될 수 없다면 입력 저항은 흥미롭게도 R_L에 종속된다. 부하 저항 R_L은 고유 이득 $A_0 = g_m r_o$로 나누어져서 입력에 변환된다. 그러므로 R_L이 증가하여도 임피던스 변환 특성은 전류 버퍼의 중요한 특성인 R_{in}이 상대적으로 낮게 유지되도록 한다.

단락 회로 전류 이득 단락 회로의 전류 이득은 그림 7.20(a)에 의해 다음과 같이 계산할 수 있다.

$$A_{is} \equiv \frac{i_o}{i_{sig}}$$

제어된 전원 $g_m v_{gs}$와 저항 r_o로 구성된 회로를 슈퍼노드로 간주하여 노드로 들어가는 전류가 나가는 전류인 i_o와 같음을 확인한다. 다음으로 노드 S에서의 전압은 $-v_{gs}$이고 이 전압은 전류 전원 $g_m v_{gs}$에 걸쳐서 나타난다. 그러므로 전원 흡수(source-absorption) 정리(부록 D)에 의해 제어된 전원은 저항 $1/g_m$로 대체할 수 있다. 이러한 과정은 그림 7.20(b)와 같이 단순화된 등가 회로를 생성하며 전류 분배 법칙을 이용하면 i_o/i_{sig}의 값을 찾을 수 있다.

$$A_{is} \equiv \frac{i_o}{i_{sig}} = \frac{g_m + \dfrac{1}{r_o}}{g_m + \dfrac{1}{r_o} + \dfrac{1}{R_s}}$$

그러므로

$$A_{is} = \frac{1 + \dfrac{1}{g_m r_o}}{1 + \dfrac{1}{g_m r_o} + \dfrac{1}{g_m R_s}} \tag{7.53}$$

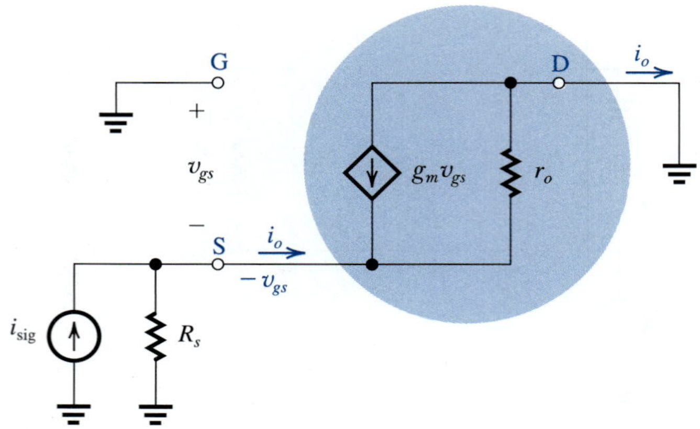

(a)

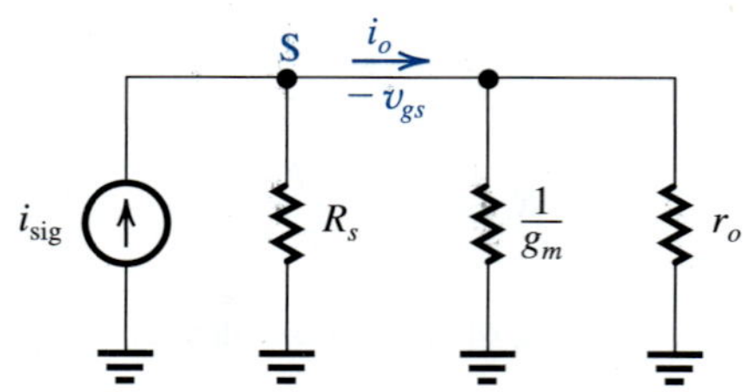

(b)

그림 7.20 (a) 공통 게이트 증폭기의 단락 회로 전류 이득 $A_{is} = i_o/i_{sig}$ 결정. (b) (a) 회로의 단순화된 버전.

가 되고 따라서 $g_m r_o \gg 1$이고 $g_m R_s \gg 1$일 때

$$A_{is} \simeq 1$$

를 만족하고 이는 전류 버퍼의 중요한 특성이다.

출력 저항 출력 저항 R_{out}을 얻기 위해서 그림 7.21을 사용한다. 여기서 우리는 i_{sig}를 개방했지만, 저항 R_s는

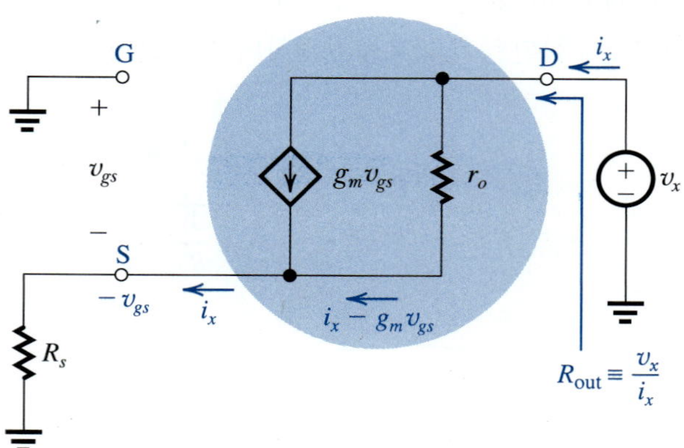

그림 7.21 공통 게이트 증폭기의 출력 저항 R_{out}의 결정.

남겨 두고 시험 전압 v_x를 가한다. 출력 저항은 다음과 같다.

$$R_{\text{out}} = \frac{v_x}{i_x}$$

일부 분석이 그림 7.21에 나타나 있다. 이제 v_x, r_o, R_s를 포함하는 루프 방정식으로 보면

$$v_x = (i_x - g_m v_{gs})r_o + i_x R_s \tag{7.54}$$

소스단의 전압이 $-v_{gs}$이고 따라서 다음과 같이 표현할 수도 있다는 것을 주목하라.

$$-v_{gs} = i_x R_s$$

식 (7.54)에 v_{gs}의 값을 대체하고 $R_{\text{out}} \equiv v_x/i_x$를 얻기 위하여 다시 정리하면

$$R_{\text{out}} = r_o + R_s + g_m r_o R_s \tag{7.55}$$

다른 형태로 쓰면

$$R_{\text{out}} = r_o + (1 + g_m r_o)R_s \tag{7.56}$$

$g_m r_o \gg 1$이면

$$R_{\text{out}} \simeq r_o + (g_m r_o)R_s \tag{7.57}$$

그리고 만약 $g_m R_s \gg 1$이면

$$R_{\text{out}} \simeq (g_m r_o)R_s \tag{7.58}$$

식 (7.57)에서 보여 주는 바와 같이 공통 게이트 증폭기의 출력 저항은 트랜지스터의 r_o를 더하고 소스 앞에 있는 R_s와 연관되는 구성 요소를 포함한다. 중요한 점은 공통 게이트 증폭기가 소스 저항 R_s에 고유 이득 $A_0 = g_m r_o$를 곱해서 출력에 나타나게 하는 것이다. 이 임피던스 변환은 출력에서 입력으로 관찰된 바의 반대이다. 만약 R_s가 크면 공통 게이트 회로의 출력 저항이 매우 크게 된다. 이것이 전류 버퍼의 중요한 특성이다.

정리하면 공통 게이트 회로는 단위 전류 이득을 가지고 R_L이 $g_m r_o$로 나누어져서 낮은 입력 저항을 가지며, R_s가 $g_m r_o$와 곱해져서 얻어지는 높은 출력 저항을 가진다. 그러므로 이것은 뛰어난 전류 버퍼의 특성이며 그림 7.17의 블랙박스를 구현하는 데 사용된다. 유용한 정리로 그림 7.22는 공통 게이트 증폭기의 변환 특성을 보여 준다.

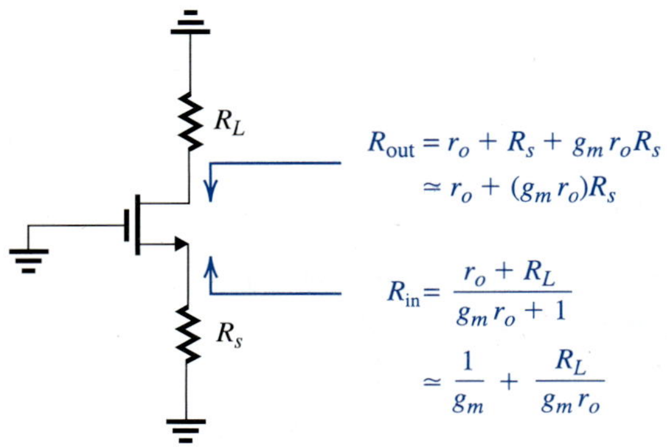

그림 7.22 공통 게이트 증폭기의 임피던스 변환 특성. R_s와 R_L의 값에 따라 때때로 $R_{\text{in}} \simeq R_L/(g_m r_o)$와 $R_o \simeq (g_m r_o)R_s$를 나타낼 수 있다. 그러나 이런 근사화가 항상 이치에 맞지는 않는다.

연습문제

7.10 입력 신호 전원이 테브냉 등가로 교체된 그림 7.18(a)의 공통 게이트(CG) 증폭기에서 전압 이득은 다음과 같이 주어진다는 것을 보여라.

$$\frac{v_o}{v_{sig}} = \frac{R_L}{R_s + R_{in}}$$

v_o는 드레인에서의 신호 전압이다.

7.11 $g_m r_o \gg 1$인 공통 게이트 증폭기에서, 다음과 같이 $R_L = 0; r_o; (g_m r_o)r_o; \infty$ 경우에 R_{in}을 구하라.

[답] $\frac{1}{g_m}; \frac{2}{g_m}; r_o; \infty$

7.12 $g_m r_o \gg 1$인 공통 게이트 증폭기에서, 다음과 같이 $R_s = 0; r_o; (g_m r_o)r_o; \infty$ 경우에 R_{out}을 구하라.
[답] $r_o; (g_m r_o)r_o; (g_m r_o)^2 r_o; \infty$

7.13 $R_s = r_o$인 공통 게이트 증폭기에서 $g_m r_o = 20, 50, 100$일 때 A_{is}를 구하라.
[답] 0.95 A/A; 0.98 A/A; 0.99 A/A

7.4.2 소스 저항이 있는 공통 소스 증폭기의 출력 저항

6.3.4절에서 그림 7.23에서처럼 공통 소스 증폭기의 소스 앞에 저항 R_s가 포함되었을 때 얻을 수 있는 몇몇 장점을 논의하였다. 이러한 저항은 공통 소스단의 유효한 트랜스컨덕턴스를 $g_m/(1 + g_m R_s)$, 즉 계수 $(1 + g_m R_s)$로 감소시키기 때문에 소스 저하(source-degeneration) 저항으로서 언급된다. 이는 (9장에서 살펴보겠지만) 선형성과 대역폭 같은 많은 성능 변수를 증가시키는 계수이다. 이 시점에서 단순하게 공통 게이트(CG) 증폭기의 출력 저항을 위해 도출된 식이 소스 저하 CS 증폭기의 예에 직접적으로 적용된다는 점을 발견하기 바란다.

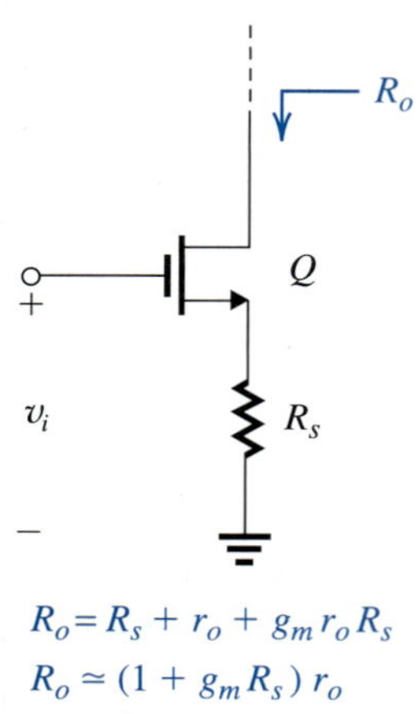

그림 7.23 CG 증폭기의 출력 저항 표현은 소스에 저항이 있는 공통 소스 증폭기의 출력 저항을 찾기 위해 사용될 수 있다. 여기에서 결과의 유용한 해석은 R_s가 출력 저항을 계수 $(1 + g_m R_s)$ 만큼 증가시킨다는 점이다.

R_o를 결정할 때, 공통 게이트 트랜지스터의 역할을 수행하는 트랜지스터 Q를 만드는 입력 단자를 접지시킨다. 그러므로 R_o는 식 (7.55)에 의해 다음과 같이 주어진다.

$$R_o = r_o + R_s + g_m r_o R_s \tag{7.59}$$

$g_m r_o \gg 1$이기 때문에 우변의 두 번째 항은 세 번째 항보다 매우 작고 무시될 수 있다. 결론적으로

$$R_o \simeq (1 + g_m R_s) r_o \tag{7.60}$$

이다. 그러므로 소스 저하는 CS 증폭기의 출력 저항을 r_o에서 $(1 + g_m R_s) r_o$로, 즉 계수 $(1 + g_m R_s)$만큼 증가시킨다. 10장에서 우리는 $(1 + g_m R_s)$만큼의 부귀환(퇴행성)을 발생시키는 R_s를 발견할 것이다.

연습문제

7.14 소스 저하가 공통 소스 증폭기의 트랜스컨덕턴스를 g_m에서 대략 $g_m/(1 + g_m R_s)$로 감소시키고 출력 저항을 대략 같은 계수만큼 증가시키면 개방 회로 전압 이득 A_{vo}에 무슨 일이 일어나는가? 그리고 부하 저항 R_L이 출력에 연결되었을 때 A_v에 대한 표현식을 구하라.

[답] A_{vo}는 상수 $g_m r_o$로 유지된다.

$$A_v = (g_m r_o) \frac{R_L}{R_L + (1 + g_m R_s) r_o} \tag{E.7.14}$$

7.4.3 공통 게이트 증폭기의 몸체 효과

공통 게이트 증폭기에서 소스는 기판에 연결될 수 없으므로 몸체 효과(5.4절 참조)는 공통 게이트 증폭기의 동작에 영향을 미친다. 공통 게이트 회로의 분석에서 몸체 효과를 감안하는 것은 매우 간단하다고 알려졌다. 어떻게 행해지는가를 알기 위해 그림 7.24(a)를 참조하고 MOSFET의 다른 게이트로 행동하는 몸체단을 상기하자. 따라서 게이트와 소스 사이의 신호 전압 v_{gs}가 드레인 전류 신호 $g_m v_{gs}$를 발생하는 것과 같이 몸체와 소스 사이의 신호 전압 v_{bs}는 드레인 전류 신호 $g_{mb} v_{bs}$를 발생한다. 그러므로 드레인 신호 전류는 $(g_m v_{gs} + g_{mb} v_{bs})$가 되며 몸체 트랜스컨덕턴스(transconductance) g_{mb}는 g_m의 작은 양 χ이다. $g_{mb} = \chi g_m$ 그리고 $\chi = 0.1$~0.2이다. 공통 게이트 회로에서 $v_{bs} = v_{gs}$이면 두 전류 신호는 합해져서 $(g_m + g_{mb}) v_{gs}$ 혹은 $g_m(1 + \chi) v_{gs}$가 된다. 그러므로 몸체 효과는 그림 7.24(b)에 표현된 π 등가 회로로 예시된 바와 같이 g_m을 $g_m(1 + \chi)$로 대체하여 얻을 수 있다. 그러나 보통 우리의 계산에서 인수 $(1 + \chi)$를 걱정할 필요는 없다.

7.4.4 공통 베이스 회로

공통 베이스 증폭기의 분석은 베이스와 이미터 사이에 있는 저항 r_π에 의한 유한(finite) 베이스 전류에 의해 복잡해진다는 점을 제외하고는 공통 게이트 증폭기의 분석과 유사하다.

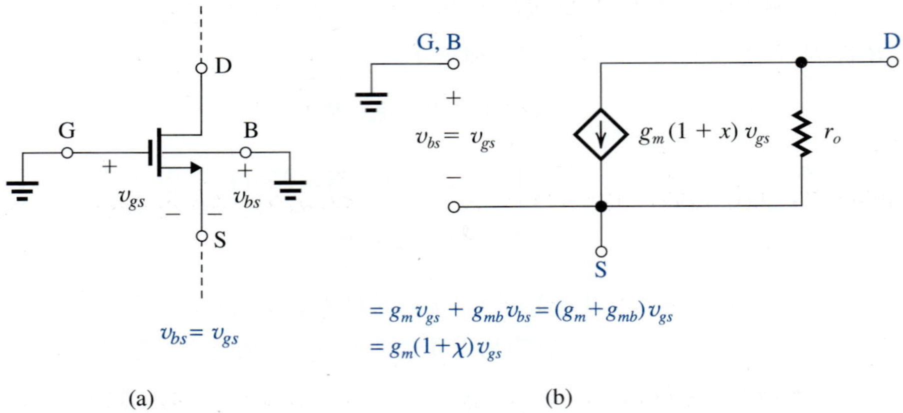

그림 7.24 몸체 효과는 공통 게이트 회로의 분석에서 g_m을 $(1 + \chi)g_m$으로 대체함으로써 간단히 얻을 수 있다. 여기서 $\chi = g_{mb}/g_m = 0.1$~0.2.

그림 7.25(a)는 부분적으로 나타낸 바이어스와 일반적인 *pnp* 전류 전원으로 구현되는 부하 저항 R_L을 가진 공통 베이스 증폭기를 보여 준다. 전류 버퍼로서 공통 베이스 증폭기의 신호 성능을 특성화하기 위해 위의 공통 게이트 회로와 같이 그림 7.25(b)에 등가 회로를 구성하였다. 모델 변수 $R_{\text{in}}, A_{is}, R_{\text{out}}$을 정하기 위해 그림 7.25(c)와 같이 BJT를 하이브리드 π 모델로 대체하였다. 공통 게이트의 경우와 달리 여기서는 이미터와 베이스 사이에 R_e와 병렬 연결된 추가 저항 r_π가 있음을 확인할 수 있다. 이를 토대로 위에서 도출한 공통 게이트 관련 식을 적절하게 변형하여 $R_{\text{in}}, A_{is}, R_{\text{out}}$에 대한 식을 얻을 수 있다.

식 (7.51)의 공통 게이트 회로에서 R_{in}에 대한 식을 병렬 연결된 저항 r_π를 고려하여 확장하면 공통 베이스 증폭기의 입력 저항 R_{in}은

$$R_{\text{in}} = r_\pi \parallel [\frac{r_o + R_L}{g_m r_o + 1}] \tag{7.61}$$

이고, 이때 $g_m r_o \gg 1$이라면

$$R_{\text{in}} \simeq r_\pi \parallel [\frac{1}{g_m} + \frac{R_L}{g_m r_o}] \tag{7.62}$$

이다. 이제 $r_o = \infty$라면 $R_{\text{in}} = r_\pi \parallel \frac{1}{g_m} = r_e$임을 알 수 있고, 이는 6.3.5절에서의 이산 회로 공통 베이스 증폭기의 경우와 일치한다. 또한 $R_L = 0$이면 $R_{\text{in}} = r_e$이다. R_L이 0에서부터 증가하고 r_π가 대괄호 내의 값보다 크다면 R_{in}은

$$R_{\text{in}} \simeq \frac{1}{g_m} + \frac{R_L}{g_m r_o} \tag{7.63}$$

이다. 이는 공통 게이트는 공통 베이스 증폭기와 같은 저항 변환 특성을 가지고 있음을 나타낸다. 그러나 공통 게이트 증폭기와 달리 공통 베이스 회로는 션트 저항(shunt resistance) r_π에 의해 R_{in}의 최댓값이 결정된다.

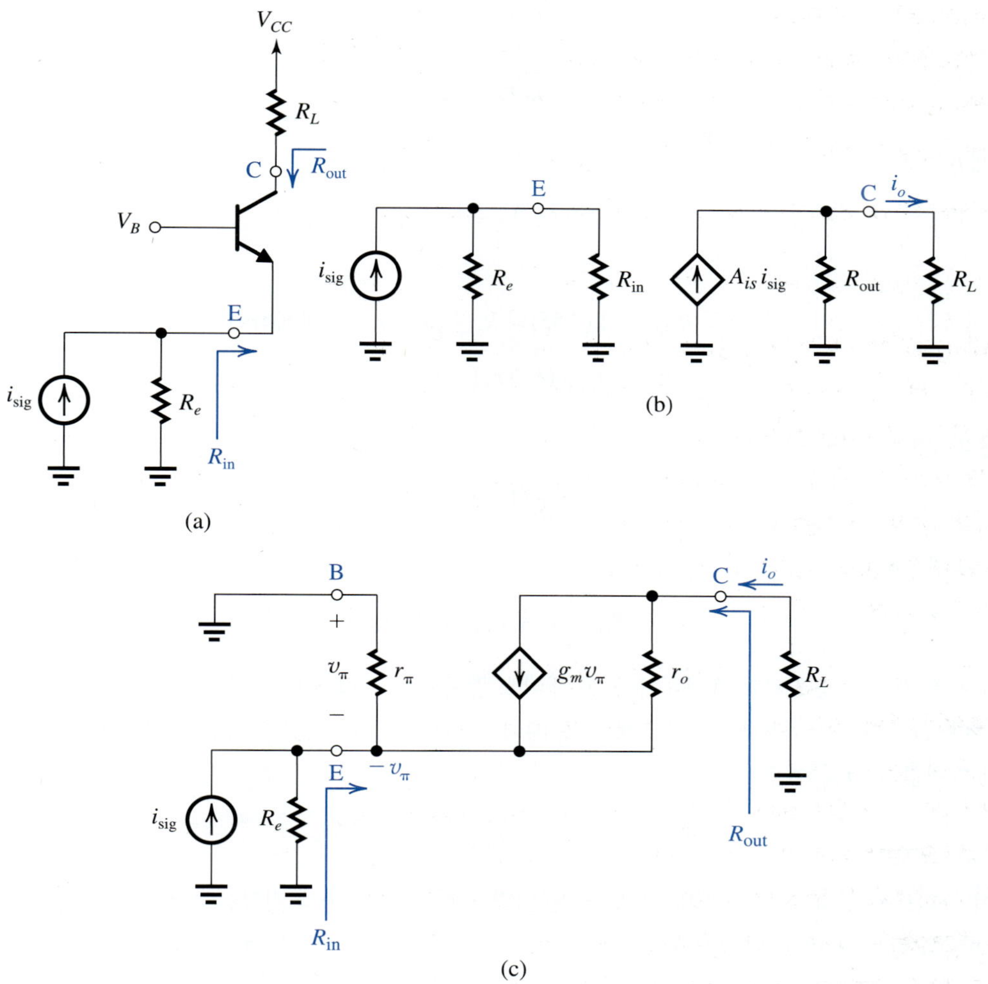

그림 7.25 (a) 공통 베이스 증폭기. (b) (a)의 공통 베이스 증폭기의 등가 회로. (c) (a)의 공통 베이스 증폭기에서 트랜지스터를 π 모델로 대체.

$$R_{inmax} = r_\pi \tag{7.64}$$

이는 $R_L = \infty$일 때 성립한다.

이제 식 (7.53)에서 R_s를 $(R_e \| r_\pi)$로 대체하여 공통 베이스 증폭기의 단락 회로 전류 이득을 얻을 수 있다.

$$A_{is} = \frac{1 + \dfrac{1}{g_m r_o}}{1 + \dfrac{1}{g_m r_o} + \dfrac{1}{g_m (R_e \| r_\pi)}} \tag{7.65}$$

$g_m r_o \gg 1$이고 $R_e \gg r_\pi$인 경우

$$A_{is} \simeq \frac{1}{1+\frac{1}{g_m r_\pi}} = \frac{1}{1+\frac{1}{\beta}} = \alpha \tag{7.66}$$

이고, 이때 $\beta \gg 1$이면

$$A_{is} \simeq 1$$

이다.

공통 베이스 증폭기의 출력 저항 R_{out}은 식 (7.55)의 R_s를 $(R_e \| r_\pi)$로 대체하여 얻을 수 있다.

$$R_{out} = r_o + (R_e \| r_\pi) + g_m r_o (R_e \| r_\pi) \tag{7.67}$$

이는 다음과 같이 다시 쓸 수 있다.

$$R_{out} = r_o + (1 + g_m r_o)(R_e \| r_\pi) \tag{7.68}$$

$g_m r_o \gg 1$인 경우에

$$R_{out} \simeq r_o + (g_m r_o)(R_e \| r_\pi) \tag{7.69}$$

그러므로 공통 게이트 증폭기와 흡사하게 공통 베이스 증폭기는 출력 저항을 증가시키는 임피던스 변환 특성을 나타낸다. 그러나 공통 게이트와 다르게 공통 베이스 회로의 출력 저항은 다음과 같이 $R_e = \infty$로 놓을 때 절대적인 최댓값을 얻을 수 있다.

$$R_{out}\big|_{max} = r_o + g_m r_o r_\pi = (\beta + 1) r_o \tag{7.70}$$

공통 베이스 회로는 전류 이득이 거의 1이며 낮은 입력 저항과 높은 출력 저항을 가진다. 따라서 그것은 우수한 전류 버퍼를 만든다. 공통 베이스 회로의 임피던스 변환 특성은 그림 7.26에 정리되어 있다.

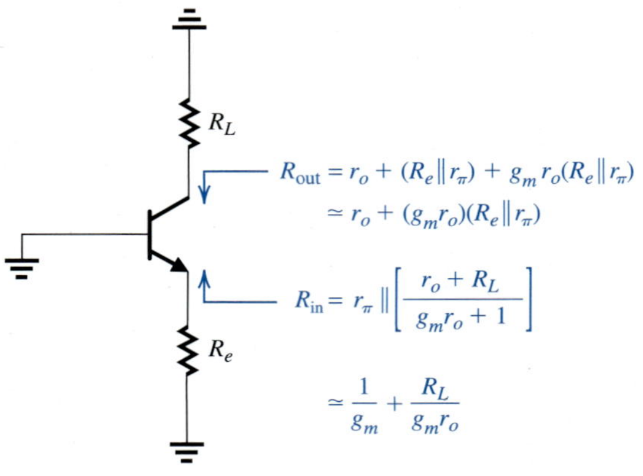

그림 7.26 공통 베이스 증폭기의 임피던스 변환 특성. $\beta = \infty$이면 이 식들은 MOSFET의 경우(그림 7.21)에 대한 식으로 줄어드는 것을 주목하라.

연습문제

7.15 $g_m r_o \gg 1$인 공통 베이스 증폭기에서 다음과 같은 조건에서 R_{in}의 근삿값을 구하라: $R_L = 0$; r_o; βr_o; ∞.

[답] r_e; $2r_e$; $\frac{1}{2}r_\pi$; r_π

7.16 $g_m r_o \gg 1$인 공통 베이스 증폭기에서 다음과 같은 조건에서 R_{out}의 근삿값을 구하라: $R_e = 0$; r_e; r_π; r_o; ∞.

[답] r_o; $2r_o$; $(\frac{1}{2}\beta + 1)r_o$; $(\beta+1)r_o$; $(\beta+1)r_o$

7.17 $R_e = r_o$이고 $\beta = 100$인 공통 베이스 증폭기에서 $g_m r_o = 100, 1000$일 때 A_{is}의 값을 구하라.

[답] 0.98 A/A; 0.99 A/A

7.4.5 이미터 저항을 가지는 공통 이미터 증폭기의 출력 저항

MOS 경우처럼 우리는 그림 7.27과 같이 이미터에 연결된 저항 R_e를 가지는 공통 이미터 증폭기의 예에 대해 공통 베이스 증폭기[식 (7.69)]를 위해 도출된 R_o의 표현을 수용할 것이다.

$$R_o \simeq r_o + g_m r_o (R_e \| r_\pi) \tag{7.71}$$

이것은 다른 형태로 쓰일 수 있다.

$$R_o = [1 + g_m (R_e \| r_\pi)] r_o \tag{7.72}$$

그러므로 이미터 저하(degeneration)는 트랜지스터 출력 저항 r_o가 계수 $[1 + g_m(R_e \| r_\pi)]$만큼 곱해진다. $R_e \gg r_\pi$일 때 이 계수는 최댓값 $(1 + g_m r_\pi)$ 혹은 $(\beta + 1)$을 가진다. 그러므로 이론적으로 실현 가능한 최고 출력 저항은 $(\beta+1)r_o$이며 이미터가 개방 회로일 때 달성된다.

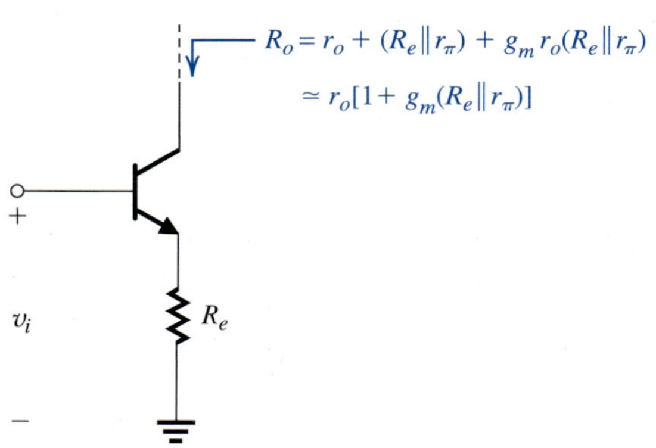

그림 7.27 이미터 저항 R_e를 가진 공통 이미터 증폭기의 출력 저항.

연습문제

7.18 $I_C = 0.1$ mA로 바이어스되고 1 kΩ의 저항이 이미터에 연결되어 있는 공통 이미터 증폭기의 출력 저항을 구하라. $\beta = 100$이며 $V_A = 20$ V이다. 이미터 저항이 없을 때 출력 저항의 값은 얼마인가?
[답] 1 MΩ; 200 kΩ

7.5 캐스코드 증폭기

캐스코딩(cascoding)은 공통 소스(혹은 공통 이미터) 증폭 트랜지스터의 출력에 **전류 버퍼링**(current buffering)을 제공하기 위해 공통 게이트(혹은 공통 베이스)에 연결된 트랜지스터를 사용하는 것을 의미한다. 앞 절에서 공통 게이트와 공통 베이스 회로로부터 배웠듯이 전류 버퍼링 동작은 높은 출력 저항을 제공하고, 캐스코드 증폭기가 공통 소스나 공통 이미터에서의 이득보다 더 높은 전압 이득을 갖게 해 준다.

7.5.1 MOS 캐스코드 증폭기

이상적인 경우 그림 7.28(a)는 이상적인 일정한 전류 전원 I로 부가된 MOS 캐스코드 증폭기를 보여 준다. 여기서 Q_1은 공통 소스 증폭 트랜지스터이고, Q_2는 공통 게이트 캐스코드 트랜지스터[2)]이다. 정전류 전원이 이

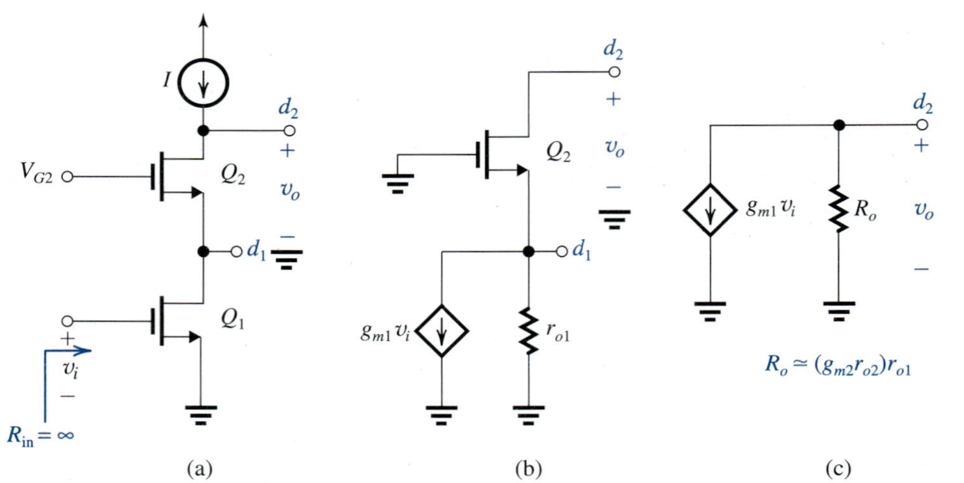

그림 7.28 (a) 일정한 전류 전원 부하를 갖는 캐스코드 증폭기. (b) Q_1이 출력 등가 회로로 대체되고 직류 전원이 사라진 증폭기의 등가 회로. 캐스코드 증폭기의 R_L은 무한대이다. (c) 캐스코드 증폭기의 출력 등가 회로.

2) 캐스코드(cascode)라는 명칭은 진공관 시대에 시작되었다. 첫 번째 진공관(Q_1의 드레인에 해당하는)의 출력(양극)이 두 번째 진공관(Q_2의 소스에 해당하는)의 캐소드가 된다는 뜻을 나타내는 'cascaded cathode'의 줄임말이다.

상적이고 증분 저항이 무한하므로 캐스코드 증폭기는 무한 부하 저항으로 작동한다. 실현된 전압 이득 v_o/v_i는 개방 회로 전압 이득이 될 것이다.

$$A_{vo} \equiv \frac{v_o}{v_i}$$

A_{vo}를 찾기 위해 먼저 Q_1을 그림 7.28(b)와 같이 제어된 전류 소스 $g_{m1}v_i$와 출력 저항 r_{o1}으로 구성된 출력 등가 회로로 대체한다. 다음으로, 공통 게이트 트랜지스터의 단락 전류 이득이 거의 1이고 출력 저항이 소스 앞의 저항 r_{o1}의 약 $(g_{m2}r_{o2})$배라는 점을 기억하면 출력 등가 회로는 그림 7.28(c)와 같다.

$$R_o \simeq (g_{m2}r_{o2})r_{o1} \tag{7.73}$$

이제 개방 회로 전압 이득은 다음과 같이 결정할 수 있다.

$$\begin{aligned} v_o &= -g_{m1}v_iR_o \\ A_{vo} &\equiv \frac{v_o}{v_i} = -g_{m1}R_o \\ &= -(g_{m1}r_{o1})(g_{m2}r_{o2}) \end{aligned} \tag{7.74}$$

$g_{m1} = g_{m2} = g_m$이고 $r_{o1} = r_{o2} = r_o$일 때 다음과 같다.

$$A_{vo} = -(g_m r_o)^2 = -A_0^2 \tag{7.75}$$

따라서 캐스코딩은 이득 크기를 A_0에서 A_0^2로 증가시킨다.

정전류 전원 부하의 구현 만약 전류 전원 부하가 그림 7.29(a)와 같이 PMOS 트랜지스터(전류 미러의 한 부분)로 구현된다면 부하 저항 R_L은 Q_3의 출력 저항 r_{o3}와 같다.

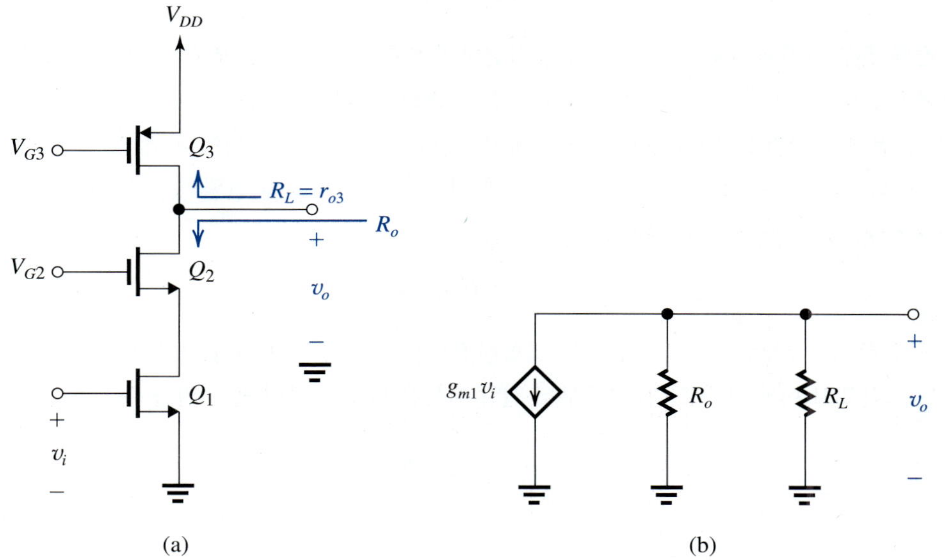

그림 7.29 (a) 간단한 PMOS 전류 전원 Q_3를 가지는 MOS 캐스코드 증폭기. (b) 증폭기 출력 등가 회로.

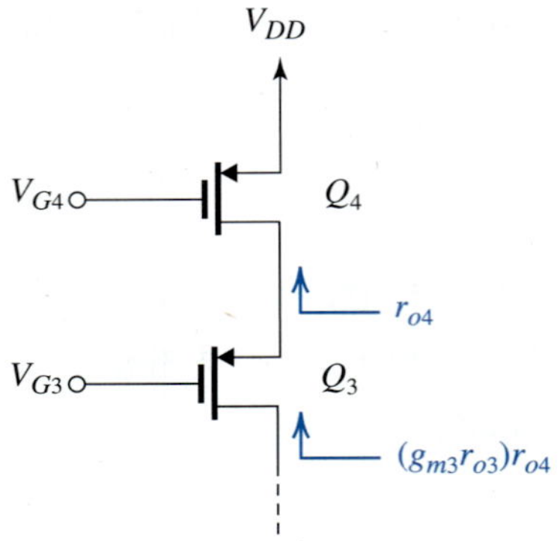

그림 7.30 전류 전원 Q_4의 출력 저항을 증가시키기 위해 캐스코드 트랜지스터 Q_3 사용하기.

$$R_L = r_{o3}$$

그리고 캐스코드 증폭기의 전압 이득은 다음과 같다.

$$\begin{aligned} A_v &= -g_{m1}(R_o \| R_L) \\ &= -g_{m1}(g_{m2}r_{o2}r_{o1} \| r_{o3}) \end{aligned} \tag{7.76}$$

$R_L \ll R_o$이므로 전체 저항은 대략 r_{o3}와 같아지며 이득은 다음과 같다.

$$A_v \simeq -g_{m1}r_{o3} \tag{7.77}$$

이와 같이 이득 크기는 공통 소스 증폭기에 의하여 구현된 같은 정도의 A_0가 된다. 다시 말하면 비교적 낮은 출력 저항을 갖는 간단한 전류 전원 부하를 사용하는 것은 캐스코딩의 증가된 출력 저항의 장점을 무산되게 할 것이다. 그럼에도 불구하고 공통 소스와 비슷한 정도의 이득이 있는 캐스코드 증폭기는 공통 소스 회로보다 큰 장점이 있다는 것이 판명되었다. 즉, 보다 넓은 밴드폭을 가진다. 9장에서 이 점을 설명할 것이다.

캐스코드 전류 전원의 이용 A_0^2 차수의 이득을 실현하기 위하여 부하 저항 R_L은 캐스코드 증폭기의 R_o와 같은 차수이어야 한다. 그림 7.30에서 보이는 바와 같은 캐스코드 전류 전원을 사용하여 달성할 수 있다. 여기에서 Q_4는 전류 전원 트랜지스터이고, Q_3는 공통 게이트 캐스코드 트랜지스터이다. 전압 V_{G3}와 V_{G4}는 직류 바이어스 전압이다. 캐스코드 트랜지스터 Q_3는 다음과 같은 캐스코드 전류 전원의 출력 저항을 공급하기 위해 Q_4의 출력 저항 r_{o4}를 $g_{m3}r_{o3}$배로 증가시킨다.

$$R_o = (g_{m3}r_{o3})r_{o4} \tag{7.78}$$

캐스코드 증폭기와 캐스코드 전류 전원을 결합시킴으로써 그림 7.31(a)의 회로가 된다. 출력에서 바라본 등가 회로는 그림 7.31(b)에 나와 있다. 이로부터 전압 이득은 다음과 같이 쉽게 얻을 수 있다.

$$A_v = \frac{v_o}{v_i} = -g_{m1}\left[R_{on} \| R_{op}\right]$$

그러므로

$$A_v = -g_{m1}\left\{\left[(g_{m2}r_{o2})r_{o1}\right] \| \left[(g_{m3}r_{o3})r_{o4}\right]\right\} \tag{7.79}$$

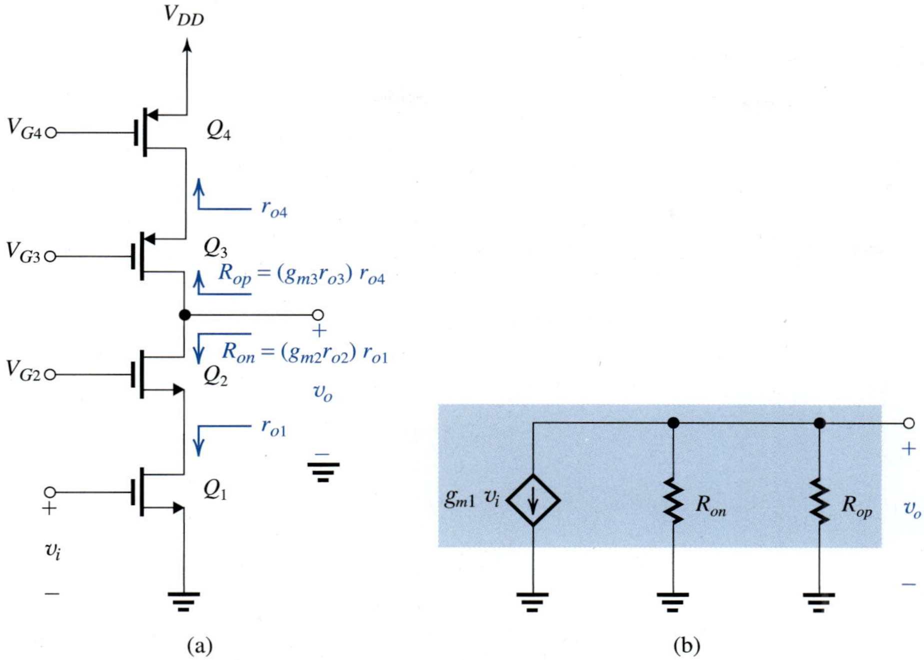

그림 7.31 캐스코드 전류 전원 부하를 가진 캐스코드 증폭기.

이다. 모든 트랜지스터가 동일한 경우에는 다음과 같다.

$$A_v = -\frac{1}{2}(g_m r_o)^2 = -\frac{1}{2}A_0^2 \tag{7.80}$$

식 (7.50)의 이득 식과 비교해 봄으로써 증폭 트랜지스터와 전류 전원 부하 트랜지스터에 대해 캐스코드 구성을 이용하면 이득의 크기를 A_0와 같은 계수만큼 증가시킨다는 것을 알 수 있다.

예제 7.4

100 μA의 전류와 500 kΩ의 출력 저항을 공급하기 위해 그림 7.30의 캐스코드 전류 전원을 설계하라. $V_{DD} = 1.8$ V, $V_{tp} = -0.5$ V, $\mu_p C_{ox} = 90$ μA/V^2, $V_A' = -5$ V/μm인 0.18 μm CMOS 공정을 사용한다고 가정한다. $|V_{OV}| = 0.3$ V이다. 각 트랜지스터의 L과 W/L 및 바이어스 전압 V_{G3}와 V_{G4}의 값을 결정하라. 출력 단자에서 허용 가능한 신호 스윙을 최대화하도록 설계하라.

풀이

출력 저항 R_o는 다음과 같이 주어진다.

$$R_o = (g_{m3}r_{o3})r_{o4}$$

Q_3와 Q_4가 동일하다고 가정하면

$$R_o = (g_m r_o) r_o$$
$$= \frac{|V_A|}{|V_{OV}|/2} \times \frac{|V_A|}{I_D}$$

인데 $|V_{OV}| = 0.3$ V를 이용하면 다음과 같이 표현할 수 있다.

$$500\ \text{k}\Omega = \frac{|V_A|}{0.15} \times \frac{|V_A|}{0.1\ \text{mA}}$$

그러므로 다음을 얻는다.

$$|V_A| = 2.74\ \text{V}$$

여기서 $|V_A| = |V_A'|L$이기 때문에 채널 길이를 얻을 수 있다.

$$L = \frac{2.74}{5} = 0.55\ \mu\text{m}$$

얻어진 채널 길이는 최소 채널 길이의 약 세 배이다. $|V_t| = 0.5$ V이고 $|V_{OV}| = 0.3$ V이면

$$V_{SG4} = 0.5 + 0.3 = 0.8\ \text{V}$$

이므로

$$V_{G4} = 1.8 - 0.8 = 1.0\ \text{V}$$

가 된다. 출력 단자에서 최대로 가능한 신호 진동 범위를 허용하기 위해 Q_4를 통과하는 최소 요구 전압, 즉 $|V_{OV}|$ 혹은 0.3 V를 사용한다.

$$V_{D4} = 1.8 - 0.3 = 1.5\ \text{V}$$

두 트랜지스터는 동일하고 같은 전류를 전달하기 때문에

$$V_{SG3} = V_{SG4} = 0.8\ \text{V}$$

이고 따라서

$$V_{G3} = 1.5 - 0.8 = +0.7\ \text{V}$$

이다. 전류 전원의 출력 단자에서 허용되는 최대 전압은 Q_3를 통과하는 $|V_{OV}|$의 최소 전압을 허용할 필요가 있음으로 인해 한정될 것이다.

$$v_{D3\max} = 1.5 - 0.3 = +1.2\ \text{V}$$

Q_3와 Q_4의 요구되는 W/L 비율을 결정하기 위해 다음을 이용한다.

$$I_D = \frac{1}{2}(\mu_p C_{ox})\left(\frac{W}{L}\right)|V_{OV}|^2\left(1 + \frac{V_{SD}}{|V_A|}\right)$$

$$100 = \frac{1}{2} \times 90 \times \left(\frac{W}{L}\right) \times 0.3^2 \left(1 + \frac{0.3}{2.74}\right)$$

다음을 도출한다.

$$\frac{W}{L} = 22.3$$

연습문제

D7.19 예제 7.4에서 Q_3와 Q_4의 L이 절반이 되고 I_D와 V_{OV}가 변하지 않게 하기 위해 W/L을 변경할 경우, 새로운 R_o와 W/L의 값을 구하라.(힌트: 요구되는 W/L의 계산에서 $|V_A|$가 변경되었음을 유념하라.)

[답] 126 kΩ; 20.3

7.20 입력에 직류 성분, $V_I = 0.7$ V, $V_{G2} = 1.0$ V, $V_{G3} = 0.8$ V, $V_{G4} = 1.1$ V, 그리고 $V_{DD} = 1.8$ V를 가진 그림 7.31의 캐스코드 증폭기를 고려하라. 만약 모든 소자들이 정합되어 있고(즉, $k_{n1} = k_{n2} = k_{p3} = k_{p4}$), 0.5 V의 동일한 $|V_t|$를 가진다면 네 개의 트랜지스터가 동작하는 과구동 전압은 얼마인가? 출력의 허용 가능한 전압 범위는 얼마인가?

[답] 0.2 V; 0.5~1.3 V

7.21 그림 7.31의 캐스코드 증폭기는 $|V_{OV}| = 0.2$ V에서 동작하는 모든 소자로 인해 0.2 mA의 전류에서 동작한다. 모든 소자는 $|V_A| = 2$ V를 가진다. g_{m1}, 증폭기의 출력 저항 R_{on}, 전류 전원의 출력 저항 R_{op}를 구하라. 또한 종합적인 출력 저항과 실제 전압 이득을 구하라.

[답] 2 mA/V; 200 kΩ, 200 kΩ; 100 kΩ; −200 V/V

7.5.2 캐스코드 증폭기의 전압 이득 분산

두 단계(공통 소스 단계 Q_1, 공통 게이트 단계 Q_2)에서 실제 캐스코드 증폭기의 전반적인 전압 이득이 각각 얼마나 되는지 아는 것은 매우 유용하다. 이를 위해 그림 7.32(a)의 캐스코드 증폭기를 고찰해 보자. 보편성을 위해 전류 전원 부하의 출력 저항과 함께 출력 노드에 연결될 수 있는 부가적인 저항을 표현하는 부하 저항 R_L을 포함시켰다. 그림 7.32(a) 증폭기의 전압 이득 A_v는 다음과 같이 얻어질 수 있다.

$$A_v = -g_{m1}(R_o \| R_L)$$

그러므로

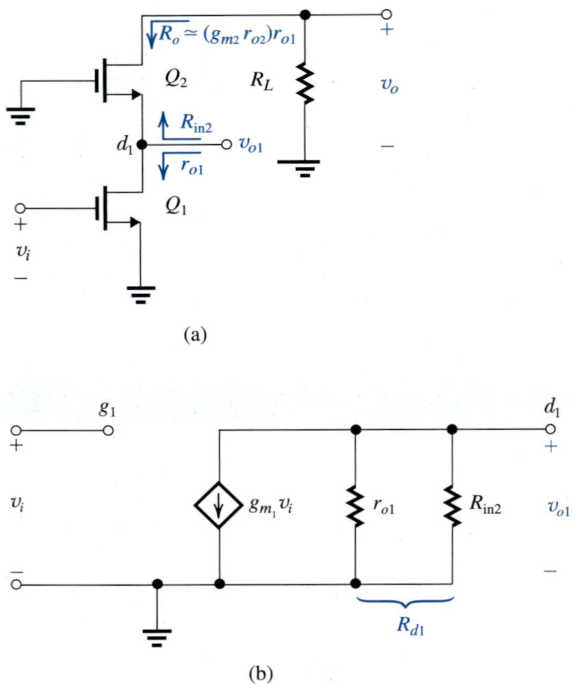

그림 7.32 (a) 부하 저항 R_L을 가진 캐스코드 증폭기. 단지 신호 크기만 보여 준다. (b) v_{o1} 결정하기.

$$A_v = -g_{m1}(g_{m2}r_{o2}r_{o1} \| R_L) \tag{7.81}$$

이다. 전체 이득 A_v는 Q_1과 Q_2의 전압 이득의 곱으로 표현될 수 있다.

$$A_v = A_{v1}A_{v2} = \left(\frac{v_{o1}}{v_i}\right)\left(\frac{v_o}{v_{o1}}\right) \tag{7.82}$$

$A_{v1} \equiv v_{o1}/v_i$를 얻기 위해 Q_1의 드레인과 접지 사이의 전체 저항을 구할 필요가 있다. 그림 7.32(b)를 참조하고 이 저항 R_{d1}을 표시해 A_{v1}을 표현할 수 있다.

$$A_{v1} = \frac{v_{o1}}{v_i} = -g_{m1}R_{d1} = -g_{m1}(r_{o1} \| R_{in2}) \tag{7.83}$$

여기에서 R_{in2}는 공통 게이트 트랜지스터 Q_2의 입력 저항이다. 식 (7.52)로부터 다음과 같이 쓸 수 있다.

$$R_{in2} \simeq \frac{R_L}{g_{m2}r_{o2}} + \frac{1}{g_{m2}} \tag{7.84}$$

마지막으로 식 (7.81)에 주어진 전체 이득 A_v를 A_{v1}으로 나눔으로써 A_{v2}를 구할 수 있다. 캐스코드 증폭기의 두 단 사이에 어떻게 이 이득이 분포되어 있는지뿐만 아니라 캐스코드 증폭기의 전체 이득에 미치는 R_L 값의 효과에 대한 통찰력을 제공하기 위해 $r_{o1} = r_{o2} = r_o$인 경우와 R_L의 네 개의 다른 값에 대해 근삿값을 표 7.1에 나타내었다: (1) $R_L = \infty$이고 이상적인 전류 전원 부하를 가질 때, (2) $R_L = (g_m r_o)r_o$이고 캐스코드 전류 전원 부

표 7.1 다양한 R_L 값에 따른 MOS 캐스코드 증폭기에서의 이득 분산

Case	R_L	R_{in2}	R_{d1}	A_{v1}	A_{v2}	A_v
1	∞	∞	r_o	$-g_m r_o$	$g_m r_o$	$-(g_m r_o)^2$
2	$(g_m r_o) r_o$	r_o	$r_o/2$	$-\frac{1}{2}(g_m r_o)$	$g_m r_o$	$-\frac{1}{2}(g_m r_o)^2$
3	r_o	$\frac{2}{g_m}$	$\frac{2}{g_m}$	-2	$\frac{1}{2}(g_m r_o)$	$-(g_m r_o)$
4	$0.2r_0$	$\frac{1.2}{g_m}$	$\frac{1.2}{g_m}$	-1.2	$0.17(g_m r_o)$	$-0.2(g_m r_o)$

하를 가질 때, (3) $R_L = r_o$이고 간단한 전류 전원 부하를 가질 때, (4) 완벽함을 위해, $R_L = 0.2r_o$일 때, 즉 출력에서의 신호 단락 회로.

Case 1은 MOS 캐스코드 증폭기의 이론적인 최대 전압 이득을 얻을 수 있는 이상적인 상황을 표현함을 관찰하라. 캐스코드 증폭기의 출력 저항과 같은 출력 저항을 가지는 캐스코드 전류 전원 부하를 가정하는 Case 2는 실제 이득을 최대화하는 것이 목표인 경우 얻어진 이득의 실제적인 값을 제공한다. 그러나 특정한 상황에서 그것은 우리의 목적이 아니다. 9.4절에서 살펴보겠지만, 상위의 3 dB 주파수 f_H를 확장시킴으로써 광대역 증폭을 얻기 위한 응용 분야와 같이 캐스코드 증폭기의 다른 응용 분야가 있다. 이러한 응용에 대해 Case 3으로 표현되는 상황을 선택한다. 이때 공통 소스 증폭기에서 얻어진 이득은 단지 −2 V/V이며 물론 전체 이득은 단지 $-(g_m r_o)$이다. 그러나 9.4절에서 살펴보겠지만 확장된 대역폭을 가지기 위한 전체 이득의 타협 조건은 몇몇 사례에서 좋은 거래이다.

연습문제

7.22 $V_{OV} = 0.2$ V이고 $I_D = 0.1$ mA로 동작하도록 조정된 동일한 공통 소스 증폭기와 공통 게이트 트랜지스터를 가지는 캐스코드 증폭기를 고려하라. 또한 $V_A = 2$ V라고 하자. 두 가지 경우에 대해서 A_{v1}, A_{v2}, A_v를 구하라: (a) $R_L = 20\ \text{k}\Omega$, (b) $R_L = 400\ \text{k}\Omega$.
[답] (a) −1.82 V/V, 10.5 V/V, −19.0 V/V; (b) −10.2 V/V, 19.6 V/V, −200 V/V

7.5.3 BJT 캐스코드

그림 7.33(a)는 이상적인 전류 전원 부하를 가진 BJT 캐스코드 증폭기를 보여 준다. 전압 V_{B2}는 공통 베이스 캐스코드 트랜지스터 Q_2를 위한 직류 바이어스 전압이다. 이 회로는 MOS 캐스코드와 매우 유사하고 병렬 방식에서 소신호 분석을 수행한다. 첫째로 바이폴라 캐스코드 증폭기의 입력 저항은 유한하다는 것에 주목하여야 한다.

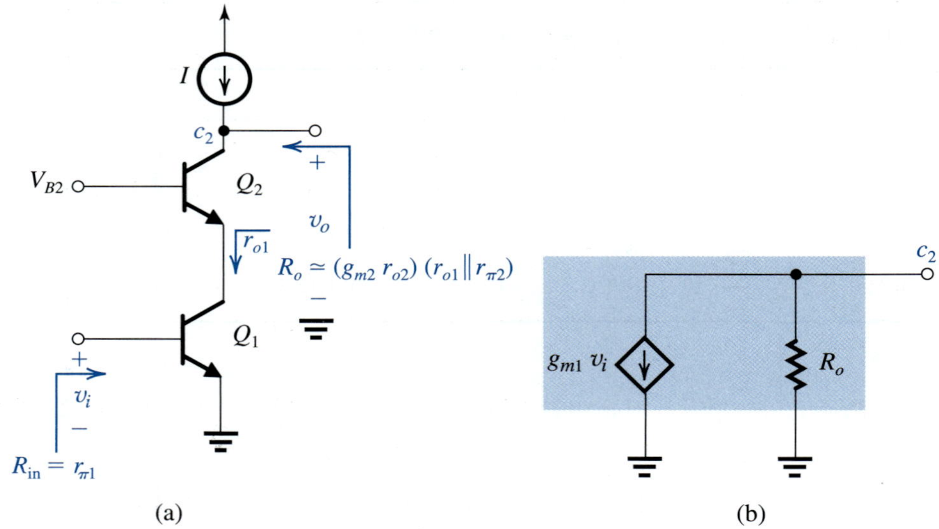

그림 7.33 (a) 이상적인 전류 전원 부하를 가진 BJT 캐스코드 증폭기, (b) 캐스코드 증폭기 출력의 소신호 등가 회로 표현.

$$R_{in} = r_{\pi 1} \tag{7.85}$$

캐스코드 증폭기의 등가 회로는 그림 7.33(b)와 같다. R_o를 구하기 위하여 식 (7.68)을 사용하고 Q_2 이미터의 저항 R_e가 r_{o1}과 같다는 것을 주목하면 다음과 같다.

$$R_o \simeq (g_{m2} r_{o2})\left(r_{o1} \| r_{\pi 2}\right) \tag{7.86}$$

이 결과는 MOS 캐스코드의 결과와 유사하지만 확실히 동일하지는 않다. BJT의 유한한 β 때문에 r_{o1}과 병렬로 나타나는 $r_{\pi 2}$를 가진다. 이는 BJT 캐스코드의 R_o에 대한 매우 중요한 제한이다. 명확하게 $(r_{o1} \| r_{\pi 2})$는 $r_{\pi 2}$보다 항상 작기 때문에 R_o의 최대 가능한 값은 다음과 같다.

$$\begin{aligned} R_o\big|_{max} &= g_{m2} r_{o2} r_{\pi 2} \\ &= \left(g_{m2} r_{\pi 2}\right) r_{o2} = \beta_2 r_{o2} \end{aligned} \tag{7.87}$$

캐스코딩에 의해 실현할 수 있는 최대 출력 저항은 $\beta_2 r_{o2}$이다.

바이폴라 캐스코드의 개방 회로 전압 이득은 그림 7.33(b)의 등가 회로로부터 구해진다.

$$A_{vo} = \frac{v_o}{v_i} = -g_{m1} R_o$$

그러므로

$$A_{vo} = -g_{m1}(g_{m2} r_{o2})\left(r_{o1} \| r_{\pi 2}\right) \tag{7.88}$$

이다. $g_{m1} = g_{m2}$, $r_{o1} = r_{o2}$인 경우에 대해서는 다음과 같이 된다.

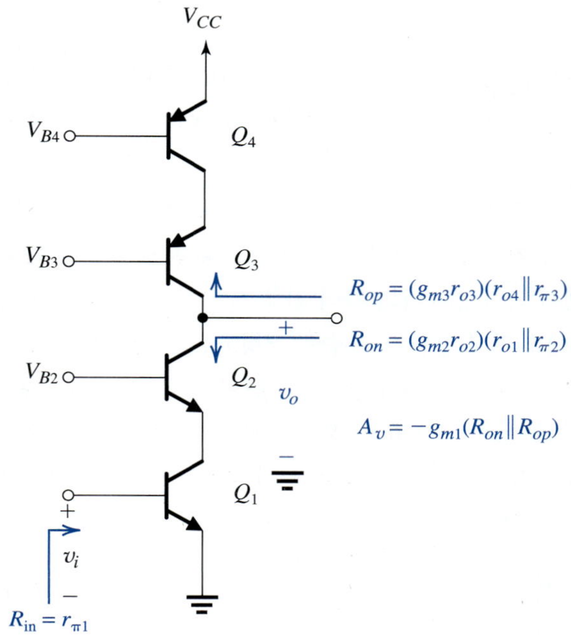

그림 7.34 캐스코드 전류 전원을 가지는 BJT 캐스코드 증폭기.

$$A_{vo} = -(g_m r_o)\left[g_m\left(r_o \| r_\pi\right)\right] \tag{7.89}$$

위 식은 크기에서 $(g_m r_o)^2$보다 작을 것이다. 사실 최대 가능한 이득 크기는 $r_o \gg r_\pi$일 때 얻어진다.

$$\left|A_{vo}\right|_{\max} = \beta g_m r_o = \beta A_0 \tag{7.90}$$

이 수준에 접근하는 이득을 실현하기 위해 전류 전원 부하는 반드시 캐스코드되어야 한다는 점에 유의하자. 그림 7.34는 캐스코드 전류 전원 부하를 가진 캐스코드 BJT 증폭기를 보여 준다.

연습문제

7.23 그림 7.34의 증폭기에서 얻어진 최대 전압 이득을 구하라.

[답] $|A_{v\max}| = g_{m1}(\beta_2 r_{o2} \| \beta_3 r_{o3})$

7.24 0.2 mA의 전류로 바이어스되었을 때 그림 7.34의 BJT 캐스코드 증폭기를 고려하라. $\beta = 100$이고 $V_A = 5$ V를 가지는 *npn* 트랜지스터와 $\beta = 50$이고 $|V_A| = 4$ V를 가지는 *pnp* 트랜지스터를 가정하여 R_{on}, R_{op}, A_v를 구하라. 또한 연습문제 7.23의 결과를 이용하여 최대 실현 가능한 이득을 결정하라.

[답] 1.67 MΩ; 0.762 MΩ; −4186 V/V; −5714 V/V

7.6 IC 소스 폴로어

이 절에서는 집적 회로 증폭기의 또 다른 중요한 빌딩 블록인 IC 소스 폴로어를 공부한다. 입력 저항이 무한대이고 출력 저항이 낮아서 소스 폴로어(source follower)는 전압 버퍼로 사용된다. 6.3.6절에서 공부했던 이산 회로 소스 폴로어를 상기하자.

그림 7.35(a)와 같이 소스 폴로어는 트랜지스터 Q_1으로 구성되어 있으며 전류 미러 Q_2–Q_3에서 공급되는 정전류에 의하여 바이어스된다. Q_1의 소스가 몸체(신호 접지 준위)에 연결될 수 없으므로 전압 신호 v_{bs}가 몸체와 소스 사이에 나타나고 그림 7.35(b)의 등가 회로에서 나타내는 바와 같이 전류 신호 $g_{mb}v_{bs}$를 유기한다. 등가 회로는 폴로어 Q_1의 부하 저항으로 동작하는 바이어스 전류 전원 Q_3의 출력 저항 r_{o3}를 보여 준다.

제어 전압 v_{bs}를 걸쳐서 나타나는 제어 전원 ($g_{mb}v_{bs}$)는 등가 회로에서 중요하게 보아야 할 사항이다. 우리는 제어 전원을 저항 $1/g_{mb}$로 대체하기 위하여 전원 흡수(source-absorption) 정리(부록 D)를 사용한다. 다음으로 주목할 점은 소스와 접지 사이에 병렬로 나타나는 세 가지 저항 $1/g_{mb}, r_{o1}, r_{o3}$이다. 만약 병렬 등가 저항 R_L로 표시한다면 소스 폴로어의 전압 이득을 다음과 같이 표시할 수 있다.

$$\frac{v_o}{v_i} = \frac{R_L}{R_L + \dfrac{1}{g_m}} \tag{7.91}$$

여기서

$$R_L = r_{o1} \,\|\, r_{o3} \,\|\, \frac{1}{g_{mb}} \tag{7.92}$$

$\dfrac{1}{g_{mb}} \ll r_{o1}, r_{o3}$인 경우에

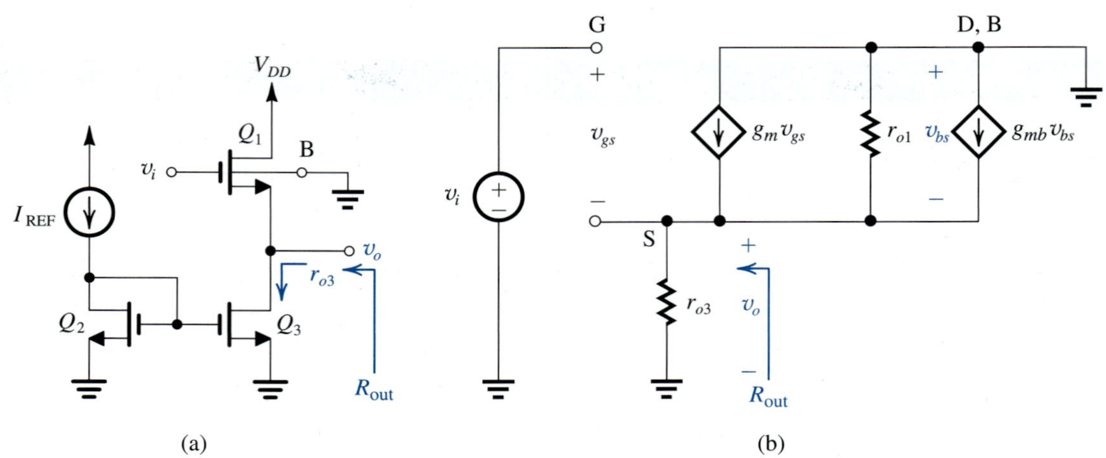

그림 7.35 (a) 전류 미러 Q_2–Q_3와 표시된 몸체 터미널로 바이어스된 소스 폴로어. 소스가 몸체에 연결되어 있지 않으며 이로 인하여 몸체 효과를 감안하여야 한다는 것을 주목하라. (b) 등가 회로.

$$R_L \simeq \frac{1}{g_{mb}}$$

그리고

$$\frac{v_o}{v_i} \simeq \frac{g_{mb}}{g_m + g_{mb}} \tag{7.93}$$

$g_{mb} = \chi g_m$으로 대체하면(여기서, $\chi = 0.1{\sim}0.2$)

$$\frac{v_o}{v_i} \simeq \frac{1}{1+\chi} \tag{7.94}$$

이는 IC 소스 폴로어의 최대 가능한 이득이다. 실현 가능한 실제적인 이득은 r_{o1}과 r_{o3}에 따라서 보통 낮아질 것이다.

소스 폴로어의 출력 저항 R_{out}은 그림 7.35(b)에서 다음과 같이 얻을 수 있다.

$$R_{\text{out}} = \frac{1}{g_m} \parallel \frac{1}{g_{mb}} \parallel r_{o1} \parallel r_{o3}$$

$$\simeq \frac{1}{(g_m + g_{mb})} = \frac{1}{(1+\chi)g_m} \tag{7.95}$$

연습문제

7.25 그림 7.35(a)의 소스 폴로어에 있어서 Q_1의 바이어스 전류는 200 μA이며 $V_{OV} = 0.2$ V라고 하자. 만약 $V_A = 5$ V이고 $\chi = 0.2$일 때, 소스 폴로어의 전압 이득과 출력 저항을 구하라.

[답] 0.81 V/V; 403 Ω

7.7 성능이 향상된 전류 미러 회로

이 장을 통해서 살펴본 바와 같이, 전류 전원은 IC 증폭기의 설계에서 가장 중요한 역할을 담당하게 된다. 정전류 전원은 바이어싱과 능동 부하 모두에 사용된다. MOS와 바이폴라 전류 전원, 그리고 더욱 일반적으로 전류 미러에 대한 간단한 형태는 7.2절에서 공부하였다. 또한 간단한 소스들과 미러들의 특성을 향상시켜야 하는 필요성도 설명하였다. 특히 세 개의 성능 파라미터가 제시될 필요성이 있다.

1. 미러에서 전류 전달 비율의 정확성. 이 변수는 바이폴라 미러의 경우에 트랜지스터 β로부터 우선적으로 영향을 받는다. 바이폴라와 MOS 미러의 경우에 얼리 효과가 전류 전달 비율에 영향을 준다.
2. 출력 저항 R_o. 전류 전원의 출력 저항 증가에 대한 요구는 증폭기 단에서 얻을 수 있는 전압 이득을 증가시키고자 하는 요구 때문이다. 간단한 바이폴라와 MOS 미러의 출력 저항이 r_o이나, 캐스코딩은 출력 저

항을 증가시키기 위하여 사용된다.

3. 전류 전원에 요구되는 최소 직류 전압. 가능한 한 적은 전압을 유지하려는 요구는 현대 IC 기술에서 사용되는 낮은 직류 전압 공급에 기인한다. 간단한 BJT와 MOS 전원은 0.2~0.3 V 범위의 직류 전압에서 동작한다. 보다 정교한 미러 회로는 보다 높은 전압을 요구한다.

이 절에서 우리는 한 가지 이상 향상된 특성을 가지는 MOS와 바이폴라 전류 미러를 공부한다.

7.7.1 캐스코드 MOS 미러

전류 전원의 설계에 캐스코딩 원리를 사용하는 것에 대해서는 7.5절에서 간략하게 소개하였다. 그림 7.36은 기본적인 캐스코드 전류 미러를 나타내고 있다. 기본적인 미러 Q_1–Q_2를 이루는 다이오드 연결 트랜지스터 Q_1에 덧붙여서, 캐스코드 트랜지스터 Q_3의 게이트에 적당한 바이어스 전압을 제공하기 위해 사용한 또 다른 다이오드 연결 트랜지스터 Q_4가 있는 것을 알 수 있다. Q_3의 드레인에서 캐스코드 미러의 출력 저항을 결정하기 위해, 다이오드 연결 트랜지스터 Q_1과 Q_4의 증분 저항이 낮으므로 양단의 전압은 상수라고 가정한다. 그러므로 Q_2와 Q_3의 게이트에서 신호 전압은 0이 될 것 이다. 따라서 R_o는 Q_2와 Q_3에 의해 만들어진 캐스코드 전류 전원의 출력 저항이 될 것이다.

$$R_o \simeq g_{m3} r_{o3} r_{o2} \tag{7.96}$$

이미 예상하였듯이, 캐스코딩은 캐스코드 트랜지스터의 원래 이득에 해당하는 $g_{m3}r_{o3}$ 인자에 의한 전류 미러의 출력 저항을 높이게 된다.

캐스코드 전류 미러의 단점은 계속해서 줄어드는 공급 전압 V_{DD}의 상대적으로 많은 부분을 소비한다는 것이다. 간단한 MOS 미러는 출력 트랜지스터를 통해서 V_{OV}만큼 낮은 전압에서 잘 동작하기 때문에, 그림 7.36에 있는 캐스코드 회로는 $V_t + 2V_{OV}$의 최저 전압을 필요로 한다. 이것은 Q_3의 게이트가 $2V_{GS} = 2V_t + 2V_{OV}$ 이고 Q_3의 드레인 전압이 게이트 전압보다 최대 V_t 만큼 낮아질 수 있기 때문이다. 그러므로 캐스코드 미러의 출력을 통해 요구되는 최저 전압은 1 V 정도가 된다. 이것은 명확하게 미러의 출력에서 신호 스윙을 제한한다(즉, 이 전류 전원을 부하로 사용하는 증폭기의 출력에서). 12장에서는 와이드 스윙 전류 미러로 알려진 수정된 캐스코드 미러를 공부한다.

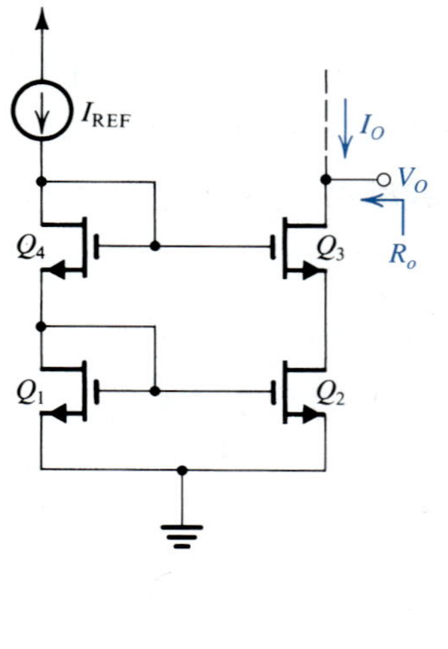

그림 7.36 캐스코드 MOS 전류 미러.

연습문제

7.26 캐스코드 MOS 미러가 활용하는 소자가 $V_t = 0.5$ V, $\mu_n C_{ox} = 387$ μA/V^2, $V_A' = 5$ V/μm, $W/L = 3.6$ μm/0.36 μm, 그리고 $I_{REF} = 100$ μA이면 출력 저항과 출력에서 요구되는 최소 전압은 얼마인가?
[답] 0.95 V; 285 kΩ

7.7.2 윌슨 BJT 전류 미러

기본 바이폴라 미러의 간단하지만 독창적인 변형은 β 의존성을 감소시킴과 동시에 출력 저항을 증가시키는 결과를 얻는다. 발명가이자 텍트로닉스(Tektronix)사에서 근무한 IC 설계 기술자인 조지 윌슨(George Wilson)의 이름을 따서 **윌슨 미러**(Wilson mirror)라고 알려진 회로가 그림 7.37(a)에 나타나 있다. 회로는 출력 전류 I_O와 거의 동일한 전류가 Q_1 및 Q_2에 의해 형성된 기본 전류 미러에 공급되고, 이 미러의 출력 전류가 Q_2의 컬렉터에서 미러의 입력 노드로 다시 공급되는 네거티브 피드백이 사용된다. 전류 전달 비율에서 유한한 β의 효과를 결정하기 위한 분석은 그림 7.37(a)에 있고, 다음과 같이 쓸 수 있다.

$$\frac{I_O}{I_{REF}} = \frac{I_C\left(1+\frac{2}{\beta}\right)\beta\Big/(\beta+1)}{I_C\left[1+\left(1+\frac{2}{\beta}\right)\Big/(\beta+1)\right]}$$

$$= \frac{\beta+2}{\beta+1+\frac{\beta+2}{\beta}} = \frac{\beta+2}{\beta+2+\frac{2}{\beta}}$$

$$= \frac{1}{1+\frac{2}{\beta(\beta+2)}}$$

$$\simeq \frac{1}{1+2/\beta^2} \tag{7.97}$$

이것은 간단한 전류 미러의 경우보다는 β에 훨씬 더 적게 의존한다.

이 분석은 Q_1과 Q_2가 같은 컬렉터 전류를 전도시킨다고 가정한다. 그러나 이러한 가정에는 약간의 문제가 있다. Q_1과 Q_2의 컬렉터-이미터 전압은 전류 오프셋이나 시스템 오류에 의해서 같지가 않다. MOS 형태에서 간단하게 살펴보겠지만, 이 문제점은 다이오드 연결 트랜지스터를 Q_2의 컬렉터와 직렬로 연결함으로써 해결할 수 있다.

윌슨 전류원의 출력 저항을 결정하기 위해 그림 7.37(b)에 나와 있는 것과 같이 $I_{REF} = 0$으로 설정하고 출력 단자(Q_3의 컬렉터)에 테스트 전압 v_x를 적용한다. 여기서 우리는 세 개의 트랜지스터 각각을 하이브리드 π 등가 회로로 교체한다. 우리의 목표는 회로를 분석하여 v_x에서 끌어온 전류 i_x와 그에 따른 출력 저항 R_o를 결정하는 것이다.

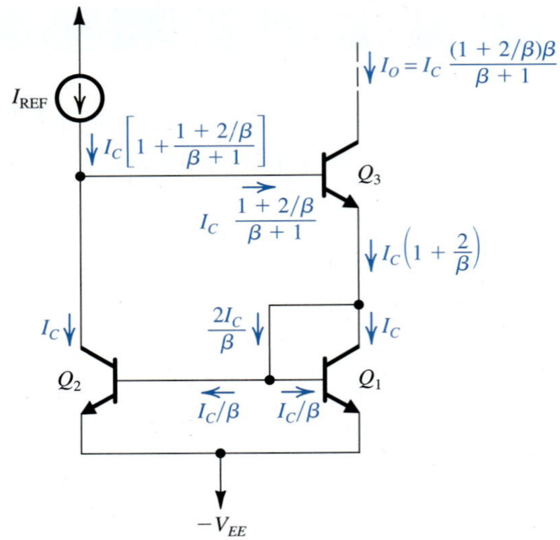

(a)

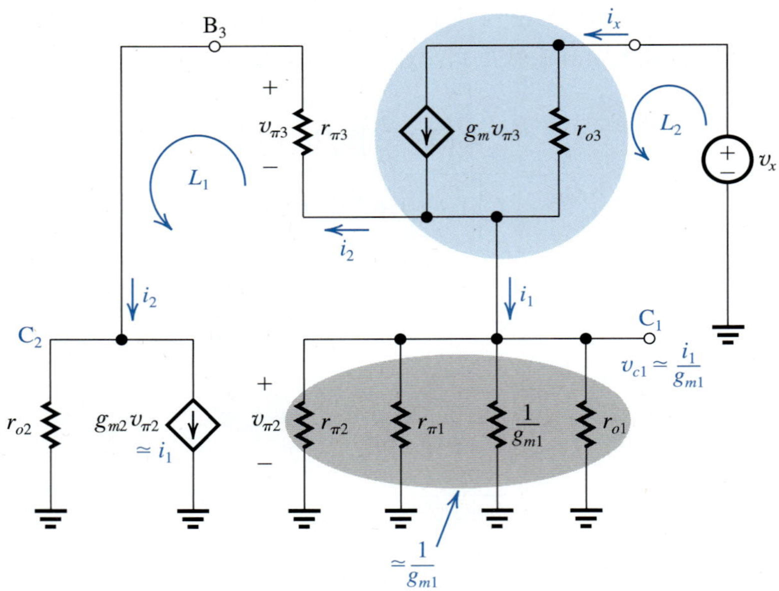

(b)

그림 7.37 윌슨 바이폴라 전류 미러: (a) 전류 전달 비율을 결정하기 위한 분석을 보여 주는 회로. (b) 출력 저항 결정.

$$R_o \equiv \frac{v_x}{i_x}$$

분석은 다음과 같이 진행된다.

1. 전류 i_x는 제어 소스 $g_{m3}v_{\pi 3}$와 저항 r_{o3}에 의해 형성된 슈퍼노드로 들어가고 슈퍼노드를 나가는 두 개의 전류 i_1과 i_2로 나뉜다. 따라서

$$i_x = i_1 + i_2$$

2. (Q_1, Q_2) 미러에 대한 입력 전류인 전류 i_1은 노드 C_1과 접지 사이의 총 저항으로 흐른다. 이 저항은 다이오드 연결 트랜지스터 Q_1의 저항에 의해 지배되므로 대략 $1/g_{m1}$과 같다. 따라서

$$v_{\pi 2} = v_{c1} \simeq i_1/g_{m1}$$

3. Q_2의 제어된 전류원은 다음과 같다.

$$g_{m2}v_{\pi 2} \simeq g_{m2}\frac{i_1}{g_{m1}} = i_1$$

4. 루프 L_1에 대한 루프 방정식은 다음을 제공한다.

$$v_{c1} = i_2 r_{\pi 3} + (i_2 - i_1) r_{o2}$$

$v_{c1} = i_1/g_{m1}$을 대입하면 i_1과 i_2 사이에 다음 관계가 나타난다.

$$\frac{i_2}{i_1} = \frac{r_{o2} + \dfrac{1}{g_{m1}}}{r_{o2} + r_{\pi 3}} \simeq 1$$

즉, 예상대로 전류 미러(Q_1, Q_2)는 i_1과 거의 동일한 출력 전류 i_2를 제공한다. $i_1 + i_2 = i_x$이므로

$$i_1 = i_2 = \frac{i_x}{2}$$

5. 마지막으로 L_2에 대한 루프 방정식을 작성한다.

$$v_x = (i_x - g_{m3}v_{\pi 3}) r_{o3} + \frac{i_1}{g_{m1}}$$

$v_{\pi 3} = -i_2 r_{\pi 3} = -\left(\dfrac{i_x}{2}\right) r_{\pi 3}$와 $i_1 = \dfrac{i_x}{2}$를 대입하고 재정렬하면

$$R_o \equiv \frac{v_x}{i_x} = \left(\frac{1}{2}\beta_3 + 1\right) r_{o3} + \frac{1}{2g_{m1}}$$

이로부터

$$\frac{1}{2}\beta_3 \gg 1 \text{ 그리고 } \beta_3 r_{o3} \gg \frac{1}{g_{m1}},$$

$$R_o \simeq \frac{1}{2}\beta_3 r_{o3} \tag{7.98}$$

이다.

그러므로 윌슨 전류 미러 Q_3보다 $(\frac{1}{2}\beta_3)$배 큰 출력 저항을 가진다. 이는 Q_2의 컬렉터 전류(i_2)를 Q_3의 베이스로 공급해 주면서 얻어지는 부귀환의 결과이다. 위의 분석에서 볼 수 있는 것처럼, 이 귀환은 r_{o3}를 통과하

는 전류를 대략적으로 $\frac{1}{2}\beta_3 i_x$로 증가시키기 때문이다. 그래서 r_{o3}를 통과하는 전압과 출력 저항은 같은 계수 $\frac{1}{2}\beta_3$만큼 증가한다. 마지막으로 계수 $\frac{1}{2}$은 i_x의 절반이 Q_3의 베이스로 반사되어 돌아가기 때문이라는 것을 주목하라.

캐스코드 회로는 간단한 미러처럼 β에 대해 같은 의존성을 가지기 때문에, 윌슨 미러가 캐스코드 회로보다 좋다는 것에 주의한다. 그러나 캐스코드 미러처럼 윌슨 미러가 동작하기 위해서는 추가적인 V_{BE}의 강하를 필요로 한다. 적절한 동작을 위해서는 윌슨 미러의 출력을 통해서 1 V 정도의 전압을 주어야만 한다.

연습문제

7.27 $\beta = 100$이고 $r_o = 100\text{ k}\Omega$일 때, 제한된 β와 출력 저항에 의한 전달 비율 오차를 계산함으로써 윌슨 미러와 간단한 미러의 차이점을 찾아라.

[답] 전달 비율 오차: 간단한 회로의 경우 2%인 데 반해 윌슨의 경우 0.02%; 간단한 회로가 100 kΩ인 데 비해 윌슨의 경우 $R_o = 5\text{ M}\Omega$

7.7.3 윌슨 MOS 미러

그림 7.38(a)는 윌슨 미러의 MOS 형태를 보여 준다. 줄일 수 있는 β 오차가 없고 MOS 윌슨의 장점은 향상된 출력 저항에 있다. 하지만 분석을 자세히 살펴보기 전에 회로가 어떻게 작동하는지 잠시 살펴보아야 한다. Q_3의 출력 전류 I_O는 Q_1과 Q_2에 의해 형성된 기본 전류 미러의 입력으로 공급된다. 이 미러는 Q_2의 드레인에서 얼리 효과를 잠시 무시하고 I_O와 동일한 전류를 제공한다. 이 후자의 전류는 입력 노드로 다시 공급되며, 입력 노드는 I_{REF}와 동일해야 한다(Q_3의 게이트 전류가 0이기 때문에). 이제 보게 되겠지만 이 네거티브 피드백은 윌슨 미러의 필수적인 특징이며, 높은 출력 저항을 제공한다.

출력 저항 R_o를 결정하기 위해 그림 7.38(b)에 나와 있는 것처럼 출력 단자(Q_3의 드레인)에 테스트 전압 v_x를 공급하고 $I_{REF} = 0$으로 둔다. 여기서 우리는 세 개의 트랜지스터 각각을 하이브리드 π 등가 회로로 교체한다. 우리의 목표는 회로를 분석하여 v_x에서 끌어온 전류 i_x와 그에 따른 출력 저항 R_o를 결정하는 것이다.

$$R_o \equiv \frac{v_x}{i_x}$$

분석은 다음과 같이 진행된다.

1. 전류 i_x는 제어 소스 $g_{m3}v_{gs3}$ 및 저항 r_{o3}에 의해 형성된 슈퍼노드로 들어가고 노드 S_3에서 슈퍼노드를 빠져나와 다이오드 연결 트랜지스터 Q_1으로 흐른다.
2. 다이오드 연결 트랜지스터 Q_1의 저항은 대략 $1/g_{m1}$이다. 미러(Q_1, Q_2)에 대한 입력 전류인 전류 i_x는 Q_1에 대략 i_x/g_{m1}의 전압을 설정한다. 따라서

$$v_{gs2} \simeq i_x/g_{m1}$$

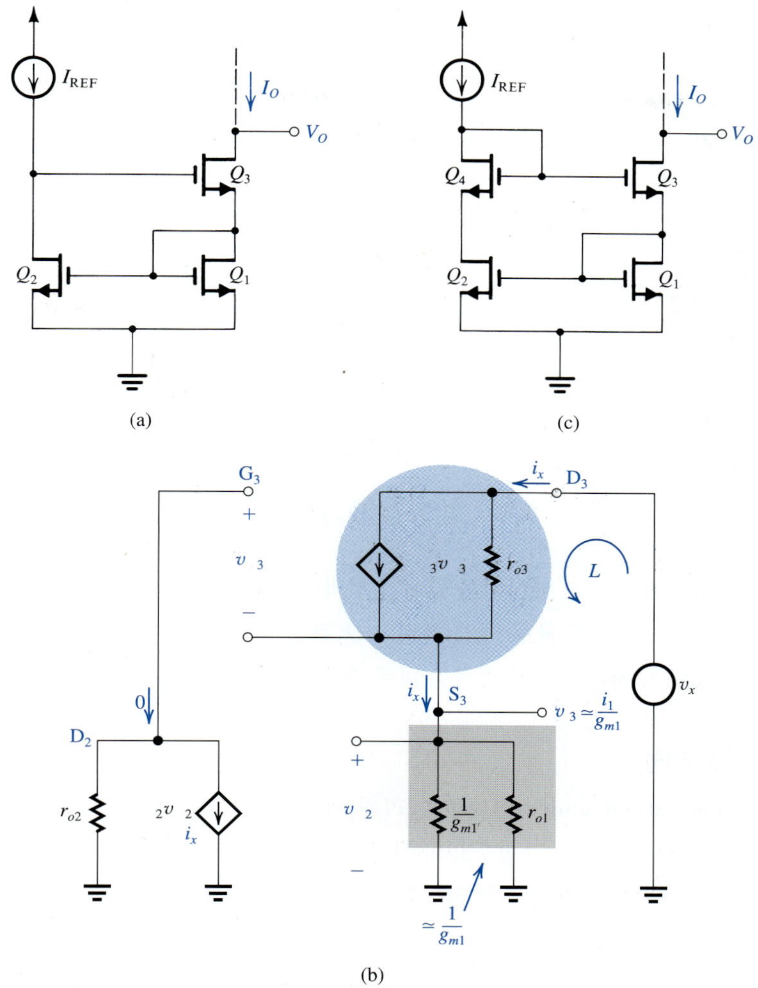

그림 7.38 윌슨 MOS 미러: (a) 회로, (b) 출력 저항을 결정하기 위한 분석, (c) 수정된 회로.

3. Q_2의 제어된 전류원은 다음과 같다.

$$g_{m2} v_{gs2} = g_{m2} \frac{i_x}{g_{m1}} = i_x$$

이것은 미러($Q1$, Q_2)의 출력 전류이다.

4. Q_3의 입력 전류가 0이므로 Q_2의 출력 전류가 r_{o2}로 흐르고 그 결과

$$v_{g3} = v_{d2} = -i_x r_{o2}$$

따라서 전압 v_{gs3}는 다음과 같이 주어진다.

$$v_{gs3} = v_{g3} - v_{s3} = -i_x r_{o2} - \frac{i_x}{g_{m1}} \simeq -i_x r_{o2}$$

Q_3의 제어된 전류 소스는 다음과 같다.

$$g_{m3}v_{gs3} = -(g_{m3}r_{o2})i_x$$

5. 마지막으로 L에 대한 루프 방정식은 다음을 제공한다.

$$v_x = (i_x + g_{m3}r_{o2}i_x)r_{o3} + \frac{i_x}{g_{m1}}$$

산출하기 위해 재배열하면

$$R_o \equiv \frac{v_x}{i_x} = (g_{m3}r_{o3})r_{o2} + r_{o3} + \frac{1}{g_{m1}}$$

이것은 다음과 같이 근사할 수 있다.

$$R_o \simeq (g_{m3}r_{o3})r_{o2} \tag{7.99}$$

그러므로 윌슨 MOS 미러는 캐스코드 미러에서 얻어진 것과 동일한 결과인 계수 $g_{m3}r_{o3}$만큼 출력 저항의 증가를 보여 준다. 결국 미러의 두 가지를 균형 있게 하려고 Q_1과 Q_2 간의 V_{DS} 차이로부터 오는 시스템적인 전류 오류를 피하기 위해서, 그림 7.38(c)와 같이 회로를 바꿀 수 있다.

7.7.4 위들러 전류 전원

위들러 전류 전원(Widlar current source)이라고 알려진[아날로그 IC 설계의 선구자 로버트 위들러(Robert Widlar) 이후] 마지막 전류 전원 회로는 그림 7.39와 같다. 이것은 기본적인 전류 미러 회로와 Q_2의 이미터 리드에 저항 R_E가 포함되어 있다는 한 가지 중요한 점이 다르다. 베이스 전류를 무시하면 다음과 같이 쓸 수 있다.

$$V_{BE1} = V_T \ln\left(\frac{I_{REF}}{I_S}\right) \tag{7.100}$$

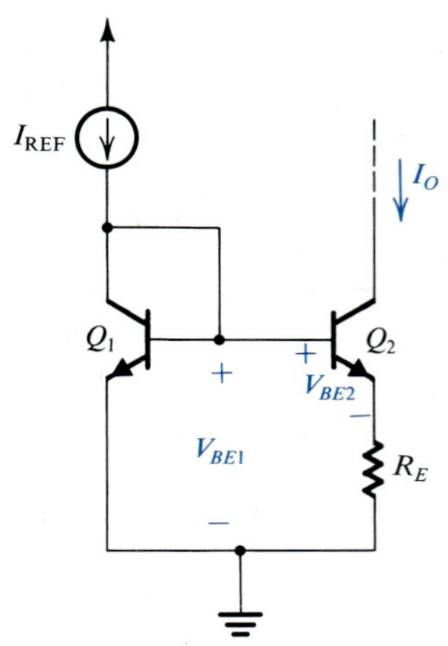

그림 7.39 위들러 전류 전원.

$$V_{BE2} = V_T \ln\left(\frac{I_O}{I_S}\right) \tag{7.101}$$

여기서 Q_1과 Q_2는 정합된 소자라고 가정한다. 식 (7.100)과 (7.101)을 조합하면 다음의 결과가 나온다.

$$V_{BE1} - V_{BE2} = V_T \ln\left(\frac{I_{\text{REF}}}{I_O}\right) \tag{7.102}$$

그러나 회로에서 알 수 있듯이

$$V_{BE1} = V_{BE2} + I_O R_E \tag{7.103}$$

이므로

$$I_O R_E = V_T \ln\left(\frac{I_{\text{REF}}}{I_O}\right) \tag{7.104}$$

이다. 위들러 전류 전원의 설계와 장점을 이어지는 예제에 나타내었다.

예제 7.5

그림 7.40은 3 V 공급 전압에서 동작하는 일정한 전류 $I_O = 10\ \mu\text{A}$를 만들어 내기 위한 두 개의 회로를 보여 준다. 1 mA의 전류에서 V_{BE}가 0.7 V라고 가정하고 제한된 β의 영향을 무시한 상태에서 필요한 저항의 크기를 결정하라.

풀이

그림 7.40(a)에 있는 기본적인 전류 전원 회로에서 $I_{\text{REF1}} = 10\ \mu\text{A}$가 되도록 R_1의 값을 선택한다. 이 전류에서 Q_1을 통한 전압 강하는

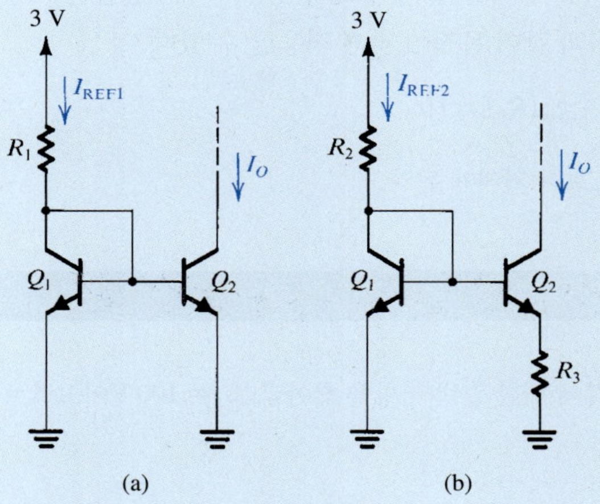

그림 7.40 예제 7.5에 대한 회로.

$$V_{BE1} = 0.7 + V_T \ln\left(\frac{10\ \mu\text{A}}{1\ \text{mA}}\right) = 0.58\ \text{V}$$

가 되므로

$$R_1 = \frac{3 - 0.58}{0.01} = 242\ \text{k}\Omega$$

이 된다. 그림 7.40(b)의 위들러 회로에서 먼저 I_{REF2}의 적절한 값을 정해야만 한다. 만약 $I_{\text{REF2}} = 1$ mA로 선택하면, $V_{BE1} = 0.7$ V이고 R_2는 다음과 같이 주어진다.

$$R_2 = \frac{3 - 0.7}{1} = 2.3\ \text{k}\Omega$$

R_3의 값은 식 (7.104)를 이용해서 다음과 같이 결정할 수 있다.

$$10 \times 10^{-6} R_3 = 0.025 \ln\left(\frac{1\ \text{mA}}{10\ \mu\text{A}}\right)$$

$$R_3 = 11.5\ \text{k}\Omega$$

위의 예제에서 위들러 회로를 사용하면 상대적으로 작은 저항을 이용한 작고 일정한 전류를 발생시킬 수 있음을 알 수 있다. 이것은 칩 면적을 많이 줄일 수 있다는 점에서 중요한 장점이다. 실제로 242 kΩ의 저항을 필요로 하는 그림 7.40(a)의 회로는 IC 형태로 만드는 데 있어 매우 큰 저항 R_1으로 인해 전혀 실용적이지 못하다.

위들러 전류 전원의 또 다른 중요한 특성은 출력 저항이 높다는 것이다. 기본적인 전류 전원에서 얻어지는 것보다 높은 출력 저항의 증가는 이미터 저하 저항 R_E 때문이다. Q_2의 출력 저항을 결정하기 위해서, Q_2의 베이스가 Q_1의 작은 저항 r_e를 경유해서 접지에 연결되었기 때문에, 베이스에서 증가하는 전압은 작을 것이다. 그러므로 식 (7.72)에서 얻어진 공식을 사용해서 다음과 같이 목적에 맞게 적용할 수 있다.

$$R_{\text{out}} \simeq \left[1 + g_m (R_E \| r_\pi)\right] r_o \tag{7.105}$$

그러므로 출력 저항은 중요하게 대두될 수 있는 인자 r_o보다 커지게 된다.

연습문제

7.28 예제 7.5에서 설계한 두 개의 전류 전원 각각에 대한 출력 저항을 찾아라. $V_A = 100$ V이고 $\beta = 100$이라고 하자.

[답] 10 MΩ; 54 MΩ

요약

- 집적 회로 제조 기술은 회로 설계자들에게 값싸고 작은 수많은 MOS 트랜지스터를 만드는 데 가장 중요한 흥미로운 이점들을 제공한다. 그러나 IC 설계자들의 가장 큰 관심은 칩 면적 또는 '실리콘 면적(silicon real estate)'을 최소화하는 것에 있다. 그 결과로, 큰 값의 저항과 커패시터들은 거의 없다.
- 집적 회로에서 바이어싱을 하기 위해서 전류 전원을 사용한다. 일반적으로 정확하고 안정된 기준 전류가 만들어져서 칩에 있는 다양한 종류의 증폭기 단에 바이어스 전류를 제공하기 위해 복제된다. 이러한 동작을 하기 위해 사용하는 전류 조종 회로의 핵심은 전류 미러이다.
- MOS 전류 미러는 $(W/L)_2/(W/L)_1$의 전류 전달 비율을 가진다. 바이폴라 미러에 대해 이 비율은 I_{S2}/I_{S1}이다.
- 바이폴라 미러는 유한한 β로 인해 전류 전달 비율의 정확도가 떨어진다.
- 기본적인 형태의 바이폴라 및 MOS 미러는 출력 소자의 r_o와 같은 유한한 출력 저항을 갖는다. 또한 적절한 동작을 위해 최소한 0.3 V의 전압이 단순한 바이폴라 미러의 출력 트랜지스터에 요구된다(MOS의 경우 $|V_{OV}|$).
- 집적 회로 증폭기의 기본적인 이득 소자는 전류 전원 부하를 가진 공통 소스(공통 이미터) 증폭기이다. 이상적인 전류 전원 부하(즉, 무한대의 출력 저항을 가진) 때문에 트랜지스터는 개방 회로 형태에서 동작한다. 그러므로 이 회로는 가능한 최대 이득을 제공한다: $A_{vo} = -g_m r_o = -A_0$.
- BJT에 대해 $A_0 = V_A/V_T$이고 MOSFET에 대해서 $A_0 = V_A/(V_{OV}/2)$인 고유 이득 A_0가 주어진다. BJT에 대해 A_0는 바이어스 전류와 소자 크기에 독립적인 상수이다. MOSFET에 대해 A_0는 $\sqrt{I_D}$ 에 반비례한다[식 (7.46) 참조].
- 유한한 출력 저항 때문에(대개 증폭 트랜지스터의 r_o 값에 상응하는) 기본적인 이득 소자에서 단순한 전류 전원 부하는 실제 이득을 감소시킨다.
- 공통 소스 및 공통 이미터 증폭기의 출력 저항을 증가시키기 위해 공통 게이트 혹은 공통 베이스 트랜지스터를 위에 쌓았다. 이것이 캐스코딩이다.
- 공통 게이트와 공통 베이스는 전류 버퍼와 같이 행동한다. 그들은 단일 단락 회로 전류 이득을 가진다. 공통 게이트에서 $R_{in} = \frac{r_o+R_L}{g_m r_o}$ 그리고 $R_{out} = R_s + r_o + g_m r_o R_s$이다. 공통 베이스에서 $R_{in} = r_\pi \parallel \left[\frac{r_o+R_L}{g_m r_o}\right]$ 그리고 $R_{out} = (R_e \parallel r_\pi) + r_o + g_m r_o (R_e \parallel r_\pi)$이다.
- 캐스코드 회로에서 공통 게이트 혹은 공통 베이스 트랜지스터는 출력으로 공통 소스 혹은 공통 이미터 트랜지스터에서 제공된 전류 $g_{m1}v_i$를 통과시킨다. 그러나 출력 저항을 MOS의 경우에는 r_{o1}에서 $(g_{m2}r_{o2})r_{o1}$으로, 바이폴라의 경우에는 $g_{m2}r_{o2}(r_{o1} \parallel r_{\pi2})$로 증가시킨다. 얻어진 최대 출력 저항은 바이폴라의 경우에는 $\beta_2 r_{o2}$이다.
- 이상적인 전류 전원 부하를 가지고 동작하는 MOS 캐스코드 증폭기는 $(g_m r_o)^2 = A_0^2$의 이득을 갖는다.
- 캐스코딩의 완전한 장점을 이루기 위해 부하 전류 전원은 반드시 캐스코드되어야 한다. 이 경우에 $\frac{1}{2}A_0^2$ 만큼 높은 이득이 얻어질 수 있다.
- 소스 앞에 저항 R_s를 가진 공통 소스 증폭기는 출력 저항 $R_o \simeq (1 + g_m R_s) r_o$를 가진다. BJT의 경우에 대해 상응하는 공식은 $R_o = [1 + g_m(R_e \parallel r_\pi)]r_o$이다.
- 캐스코딩은 출력 저항을 증가시키기 위해 전류 미러에 적용될 수 있다. 바이폴라의 예에서 β 문제를 해결하기 위한 대책은 윌슨 회로이다. MOS 윌슨 미러는 $(g_m r_o) r_o$의 출력 저항을 가진다. 그리고 BJT 형태는 $\frac{1}{2}\beta r_o$의 출력 저항을 가진다. 캐스코드 및 윌슨 미러 모두 적절한 동작을 위해 최소한 1 V를 요구한다.
- 위들러 전류 전원은 작은 값의 일정한 전류 전원을 구현하기 위한 공간효율적인 방법을 제공하고 또한 높은 출력 저항을 가진다.

PROBLEMS

Computer Simulation Problems

SIM Problems identified by this icon are intended to demonstrate the value of using SPICE simulation to verify hand analysis and design, and to investigate important issues such as allowable signal swing and amplifier nonlinear distortion. Instructions to assist in setting up simulations for all the indicated problems can be found in the corresponding files on the website. Note that if a particular parameter value is not specified in the problem statement, you are to make a reasonable assumption.

Section 7.2: IC Biasing—Current Sources and Current Mirrors

D 7.1 Using two matched MOS transistors with $W/L = 10$, $k_n' = 400\ \mu\text{A/V}^2$, and $V_{tn} = 0.5$ V, design the circuit in Fig. 7.1 to provide $I_O = 80\ \mu$A. Assume $V_{DD} = 1.8$ V and neglect the effect of channel-length modulation. Specify the value required for R and the minimum value that V_O can have while Q_2 still operates in saturation.

7.2 For $V_{DD} = 1.2$ V and using $I_{\text{REF}} = 10\ \mu$A, it is required to design the circuit of Fig. 7.1 to obtain an output current whose nominal value is 60 μA. Find R and W_2 if Q_1 and Q_2 have equal channel lengths of 0.4 μm, $W_1 = 1\ \mu$m, $V_t = 0.4$ V, and $k_n' = 400\ \mu\text{A/V}^2$. What is the lowest possible value of V_O? Assuming that for this process technology, the Early voltage $V_A' = 6$ V/μm, find the output resistance of the current source. Also, find the change in output current resulting from a +0.2-V change in V_O.

D 7.3 Sketch the *p*-channel counterpart of the current-source circuit of Fig. 7.1. Note that while the circuit of Fig. 7.1 should more appropriately be called a current sink, the corresponding PMOS circuit is a current source. Let $V_{DD} = 1.3$ V, $|V_t| = 0.4$ V, Q and Q_2 be matched, and $\mu_p C_{\text{ox}} = 80\ \mu\text{A/V}^2$. Find the device W/L ratios and the value of the resistor that sets the value of I_{REF} so that a nominally 80-μA output current is obtained. The current source is required to operate for V_O as high as 1.1 V. Neglect channel-length modulation.

D 7.4 The current-steering circuit of Fig. P7.4 is fabricated in a CMOS technology for which $\mu_n C_{ox} = 400\ \mu\text{A/V}^2$, $\mu_p C_{ox} = 100\ \mu\text{A/V}^2$, $V_{tn} = 0.5$ V $V_{tp} = -0.5$ V, $V_{An}' = 5$ V/μ m, and $|V_{Ap}'| = 5$ V/μm. If all devices have $L = 0.5$ μm, design the circuit so that $I_{\text{REF}} = 20\ \mu$A, $I_2 = 100\ \mu$A, $I_3 = I_4 = 40\ \mu$A, and $I_5 = 80\ \mu$A. Use the minimum possible device widths needed to achieve proper operation of the current source Q_2 for voltages at its drain as high as +0.8 V and proper operation of the current sink Q_5 with voltages at its drain as low as –0.8 V. Specify the widths of all devices and the value of R. Find the output resistance of the current source Q_2 and the output resistance of the current sink Q_5.

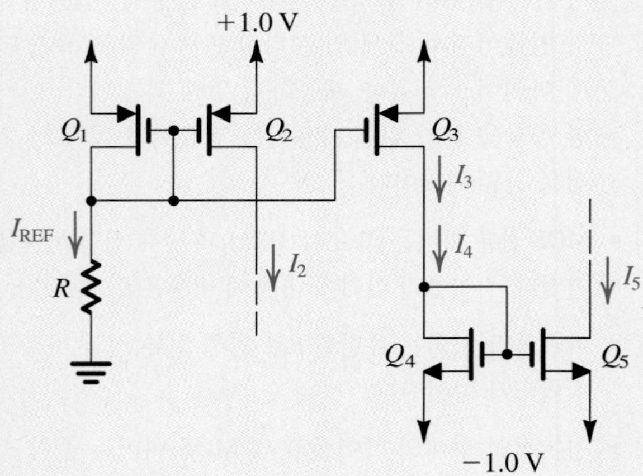

Figure P7.4

7.5 Consider the BJT current mirror of Fig. 7.7 with a nominal current transfer ratio of unity. Let the transistors have $I_S = 6 \times 10^{-18}$ A, $\beta = 100$, and $V_A = 35$ V. For $I_{\text{REF}} = 100$ μA, find I_O when $V_O = 2$ V. Also, find the output resistance and the change in I_O resulting from V_O changing by 1.0 V.

D 7.6 Give the circuit for the *pnp* version of the basic current mirror of Fig. 7.7. If β of the *pnp* transistor is 50, what is the current gain (or transfer ratio) I_O/I_{REF} for the case of identical transistors, neglecting the Early effect?

7.7 Find the voltages at all nodes and the currents through all branches in the circuit of Fig. P7.7. Assume $|V_{BE}| = 0.7$ V and $\beta = \infty$.

problems with green numbers are considered essential; * = difficult problem; ** = more difficult; *** = very challenging
SIM = simulation; **D** = design problem;

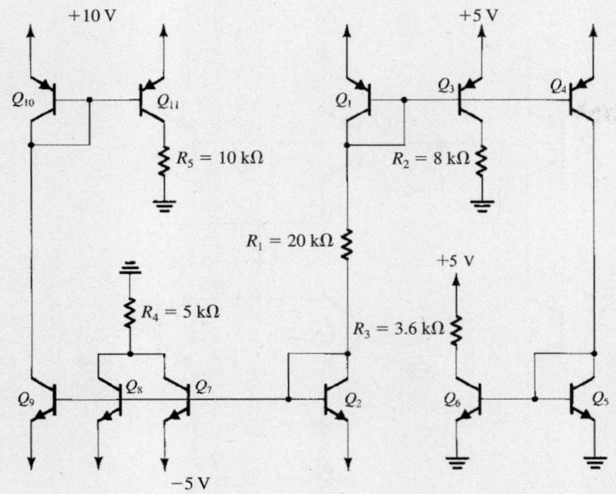

Figure P7.7

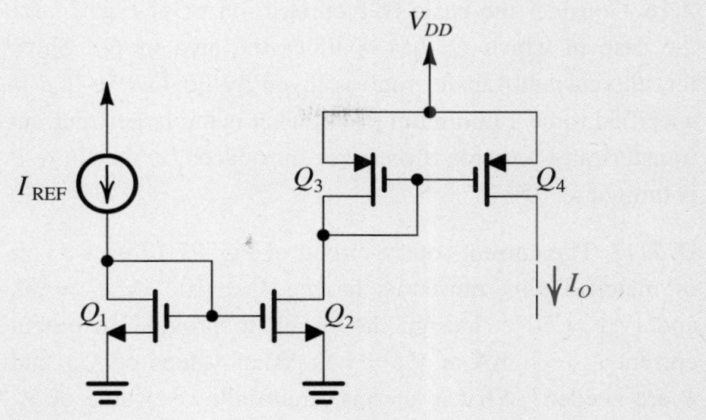

Figure P7.12

7.8 For the base-current-compensated mirror of Fig. 7.11, let the three transistors be matched and specified to have a collector current of 1 mA at $V_{BE} = 0.7$ V. For I_{REF} of 100 μA and assuming $\beta = 100$, what will the voltage at node x be? If I_{REF} is increased to 1 mA, what is the change in V_X? What is the value of I_O obtained with $V_O = V_X$ in both cases? Give the percentage difference between the actual and ideal value of I_O in each case. What is the lowest voltage at the output for which proper current-source operation is maintained?

7.9 The MOSFETs in the current mirror of Fig. 7.12(a) have equal channel lengths of 0.5 μm, $W_1 = 10$ μm, $W_2 = 50$ μm, $\mu_n C_{ox} = 500$ μA/V^2, and $V_A' = 10$ V/μm. If the input bias current is 100 μA, find R_{in}, A_{is}, and R_o.

D 7.10 Using $V_{DD} = 1.8$ V and a pair of matched MOSFETs, design the current-source circuit of Fig. 7.1 to provide an output current of 150-μA nominal value. To simplify matters, assume that the nominal value of the output current is obtained at $V_O \simeq V_{GS}$. The circuit must operate for V_O in the range of 0.3 V to V_{DD} and the change in I_O over this range must be limited to 10% of the nominal value of I_O. Find the required value of R and the device dimensions. For the fabrication-process technology used, $\mu_n C_{ox} =$ 400 μA/V^2, $V_A' = 10$ V/μm, and $V_t = 0.5$ V.

SIM D 7.11 A current source is implemented using the basic NMOS current mirror with $I_{REF} = 25$ μA, $L_1 = L_2 = 0.54$ μm, $W_1 = 1.74$ μm, and $W_2 = 4W_1$. The circuit is fabricated in the 0.18-μm CMOS technology with the parameters given in Table K.1 (Appendix K). Determine V_{OV}, $I_{Onominal}$, V_{CSmin}, and R_o. Also, find I_O for $V_O = 0.2$ V, 0.7 V, 1.2 V, and 1.7 V.

7.12 For the current-steering circuit of Fig. P7.12, find I_O in terms of I_{REF} and device W/L ratios.

***7.13** A PMOS current mirror consists of three PMOS transistors, one diode connected and two used as current outputs. All transistors have $|V_t| = 0.6$ V, $k_p' = 100$ μA/V^2, and $L = 1.0$ μm but three different widths, namely, 10 μm, 20 μm, and 40 μm. When the diode-connected transistor is supplied from a 100-μA source, how many different output currents are available? Repeat with two of the transistors, diodes connected and the third used to provide current output. For each possible input-diode combination, give the values of the output currents and of the V_{SG} that results.

7.14 Consider the basic BJT current mirror of Fig. 7.7 when Q_1 and Q_2 are matched and $I_{REF} = 1$ mA. Neglecting the effect of finite β, find the change in I_O, both as an absolute value and as a percentage, corresponding to V_O changing from 1 V to 10 V. The Early voltage is 90 V.

7.15 Consider the basic bipolar current mirror of Fig. 7.7 for the case in which Q_1 and Q_2 are identical devices having $I_S = 10^{-17}$ A.

(a) Assuming the transistor β is very high, find the range of V_{BE} and I_O corresponding to I_{REF} increasing from 10 μA to 10 mA. Assume that Q_2 remains in the active mode, and neglect the Early effect.

(b) Find the range of I_O corresponding to I_{REF} in the range of 10 μA to 10 mA, taking into account the finite β. Assume that β remains constant at 100 over the current range 0.1 mA to 5 mA but that at $I_C \simeq 10$ mA and at $I_C \simeq 10$ μA, $\beta = 50$. Specify I_O corresponding to $I_{REF} = 10$ μA, 0.1 mA, 1 mA, and 10 mA. Note that β variation with current causes the current transfer ratio to vary.

7.16 Consider the basic BJT current mirror of Fig. 7.7 for the case in which Q_2 has m times the area of Q_1. Show that the current transfer ratio is given by Eq. (7.19). If β is specified to be a minimum of 80, what is the largest current transfer ratio possible if the error introduced by the finite β is limited to 10%?

D 7.17 The current-source circuit of Fig. P7.17 uses a pair of matched *pnp* transistors having $I_S = 10^{-15}$ A, $\beta = 50$, and $|V_A| = 50$ V. Design the circuit to provide an output current $I_O = 1$ mA at $V_O = 1$ V. What values of I_{REF} and R are needed? What is the maximum allowed value of V_O while the current source continues to operate properly? What change occurs in I_O corresponding to V_O changing from the maximum positive value to –5 V? *Hint:* Adapt Eq. (7.21) for this case as:

$$I_O = I_{REF}\left[\frac{1+\dfrac{3-V_O-V_{EB}}{|V_A|}}{1+\dfrac{2}{\beta}}\right]$$

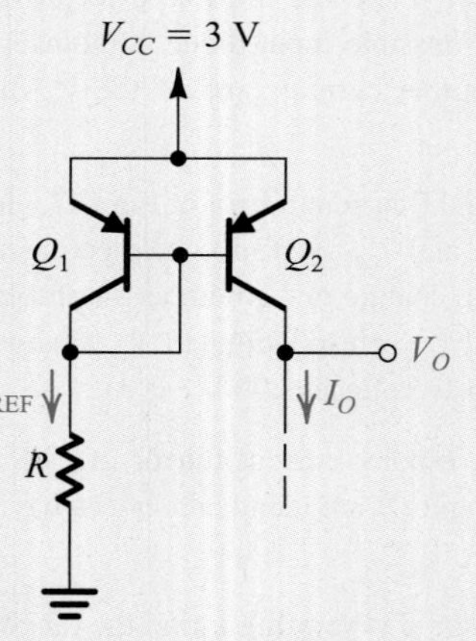

Figure P7.17

7.18 For the circuit in Fig. P7.18, let $|V_{BE}| = 0.7$ V and $\beta = \infty$. Find I, V_1, V_2, V_3, V_4, and V_5 for (a) $R = 10$ kΩ and (b) $R = 100$ kΩ.

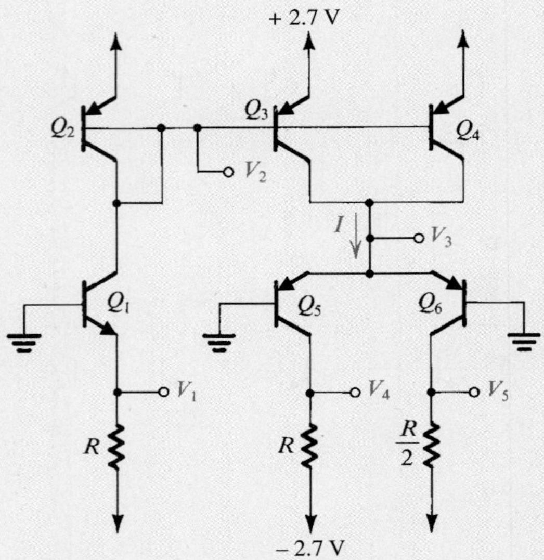

Figure P7.18

D 7.19 Using the ideas embodied in Fig. 7.10, design a multiple-mirror circuit using power supplies of ±5 V to create source currents of 0.2 mA, 0.4 mA, and 0.8 mA and sink currents of 0.5 mA, 1 mA, and 2 mA. Assume that the BJTs have $|V_{BE}| \simeq 0.7$ V and large β. What is the total power dissipated in your circuit?

***7.20** The circuit shown in Fig. P7.20 is known as a **current conveyor**.

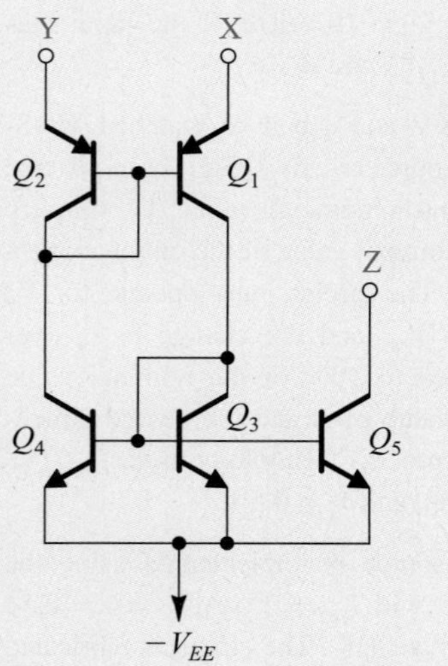

Figure P7.20

problems with green numbers are considered essential; * = difficult problem; ** = more difficult; *** = very challenging
SIM = simulation; **D** = design problem;

(a) Assuming that Y is connected to a voltage V, a current I is forced into X, and terminal Z is connected to a voltage that keeps Q_5 in the active region, show that a current equal to I flows through terminal Y, that a voltage equal to V appears at terminal X, and that a current equal to I flows through terminal Z. Assume β to be large, corresponding transistors are matched, and all transistors are operating in the active region.

(b) With Y connected to ground, show that a virtual ground appears at X. Now, if X is connected to a +5-V supply through a 10-kΩ resistor, what current flows through Z?

D 7.21 Extend the current-mirror circuit of Fig. 7.11 to n outputs. What is the resulting current transfer ratio from the input to each output, I_O/I_{REF}? If the deviation from unity is to be kept at 0.2% or less, what is the maximum possible number of outputs for BJTs with $\beta =$ 150?

***7.22** For the base-current-compensated mirror of Fig. 7.11, show that the incremental input resistance (seen by the reference current source) is approximately $2V_T/I_{REF}$. Evaluate R_{in} for $I_{REF} = 100\ \mu A$. (*Hint*: Q_3 is operating at a current $I_{E3} = 2I_C/\beta$, where I_C is the operating current of each of Q_1 and Q_2. Replace each transistor with its T model and neglect r_o.)

D 7.23 The MOSFETs in the current mirror of Fig. 7.12(a) have equal channel lengths, $\mu_n C_{ox} = 400\ \mu A/V^2$ and $V_A' = 20$ V/μm. If the input bias current is 200 μA, find W_1, W_2, and L to obtain a nominal short-circuit current gain of 4, an input resistance of 500 Ω, and an output resistance of 20 kΩ. What is the expected error in the current transfer ratio due to channel-length modulation?

7.24 Figure P7.24 shows an amplifier utilizing a current mirror Q_2–Q_3. Here Q_1 is a common-source amplifier fed with $v_I = V_{GS} + v_i$, where V_{GS} is the gate-to-source dc bias voltage of Q_1 and v_i is a small signal to be amplified. Find the signal component of the output voltage v_o and hence the small-signal voltage gain v_o/v_i. Also, find the small-signal resistance of the diode-connected transistor Q_2 in terms of g_{m2}, and hence the total resistance between the drain of Q_1 and ground. What is the voltage gain of the CS amplifier Q_1? Neglect all r_o's.

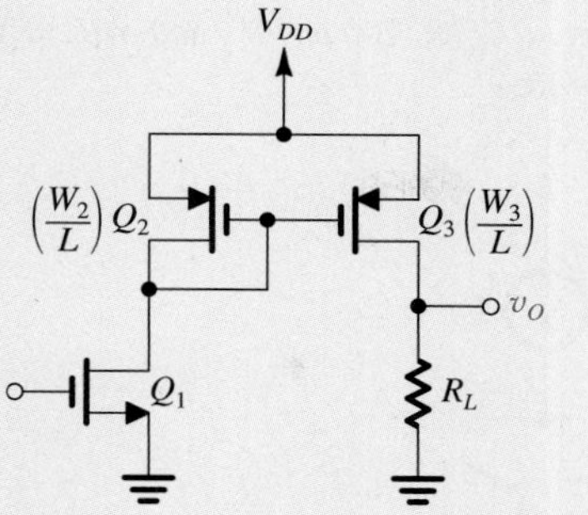

Figure P7.24

***7.25** In a manner parallel to the one used for the MOS current mirror in Section 7.2.5, analyze the BJT mirror circuit in Fig. P7.25 to determine its small-signal input resistance R_{in}, short-circuit current gain $A_{is} \equiv i_o/i_i$, and output resistance R_o. To do this, replace each of Q_1 and Q_2 with its hybrid-π model. Let Q_1 and Q_2 have the same β, but let the EBJ area of Q_2 be m times that of Q_1. Assuming that $r_{o1} \gg 1/g_{m1}$, show that

$$R_{in} \simeq 1/[g_{m1}(1 + \frac{m+1}{\beta})]$$

$$A_{is} = \frac{m}{1 + \frac{m+1}{\beta}}$$

$$R_o = r_{o2}$$

Find the values of R_{in}, A_{is}, and R_o for the case $I = 0.1$ mA, $m = 5$, $\beta = 100$, and $V_A = 30$ V.

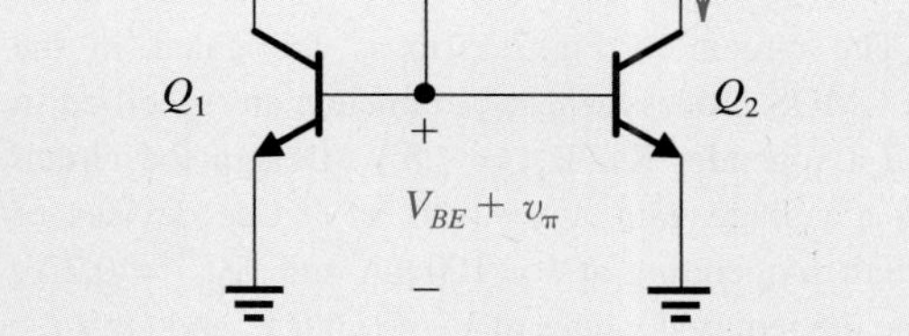

Figure P7.25

7.26 It is required to find the incremental (i.e., small-signal) resistance of each of the diode-connected transistors shown in Fig. P7.26. Assume that the dc bias current $I = 0.1$ mA.

For the MOSFET, let $\mu_n C_{ox} = 200\ \mu\text{A/V}^2$ and $W/L = 10$. Neglect r_o for both devices.

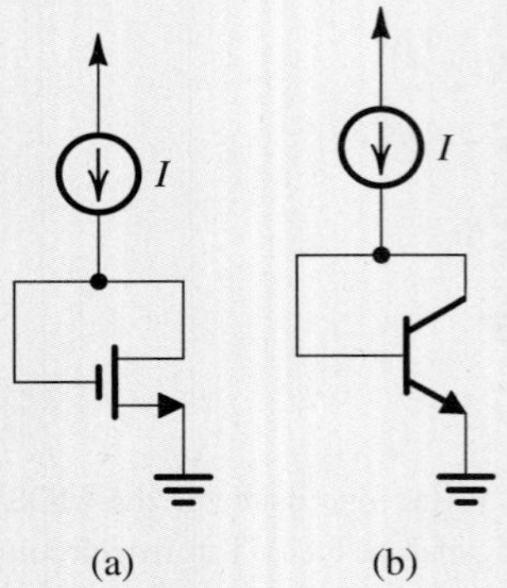

Figure P7.26

Section 7.3: The Basic Gain Cell

7.27 Consider the CE amplifiers of Fig. 7.13(b) for the case of $I = 0.5$ mA, $\beta = 100$, and $V_A = 100$ V. Find R_{in}, A_{vo}, and R_o. If it is required to raise R_{in} by a factor of 5 by changing I, what value of I is required, assuming that β remains unchanged? What are the new values of A_{vo} and R_o? If the amplifier is fed with a signal source having $R_{\text{sig}} = 5\ \text{k}\Omega$ and is connected to a load of 100-kΩ resistance, find the overall voltage gain, v_o/v_{sig}.

7.28 An NMOS transistor fabricated in a certain process is found to have an intrinsic gain of 50 V/V when operated at an I_D of 100 μA. Find the intrinsic gain for $I_D = 25\ \mu$A and $I_D = 400\ \mu$A. For each of these currents, find the factor by which g_m changes from its value at $I_D = 100\ \mu$A.

D 7.29 Consider an NMOS transistor fabricated in a 0.18-μm technology for which $k_n' = 400\ \mu\text{A/V}^2$ and $V_A' = 5$ V/μm. It is required to obtain an intrinsic gain of 25 V/V and a g_m of 1 mA/V. Using $V_{OV} = 0.2$ V, find the required values of L, W/L, and the bias current I.

D 7.30 The circuit in Fig. 7.15(a) is fabricated in the 0.18-μm CMOS process whose parameters are specified in Table K.1 (Appendix K). $V_{DD} = 1.8$ V. Design the circuit to obtain a voltage gain $A_v = -20$ V/V. Use devices of equal length L operating at $I = 100\ \mu$A and $|V_{OV}| = 0.2$ V. Determine the required values of V_G, L, $(W/L)_1$, and $(W/L)_2$.

7.31 Figure P7.31 shows an IC MOS amplifier formed by cascading two common-source stages. Assuming that $V_{An} = |V_{Ap}|$ and that the biasing current sources have output resistances equal to those of Q_1 and Q_2, find an expression for the overall voltage gain in terms of g_m and r_o of Q_1 and Q_2. If Q_1 and Q_2 are to be operated at equal overdrive voltages, $|V_{OV}|$, find the required value of $|V_{OV}|$ if $|V_A| = 5$ V and the gain required is 400 V/V.

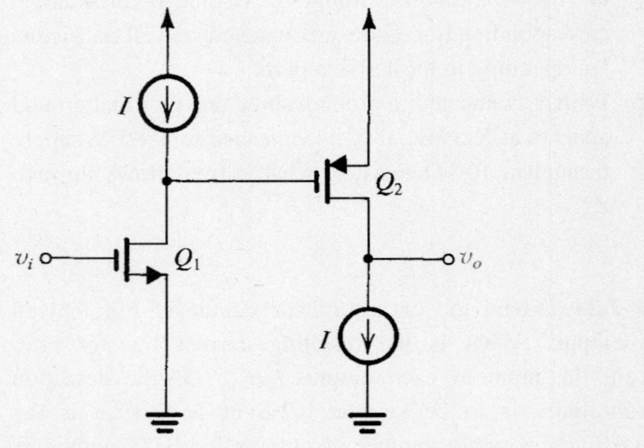

Figure P7.31

SIM **7.32** The CMOS amplifier in Fig.7.16(a) is fabricated in the 0.13-μm CMOS process whose parameters are specified in Table K.1 (Appendix K). All transistors have $L = 0.4$ μm and are operated at $V_{OV} = 0.15$ V, $I_{\text{REF}} = 100$ μA and $V_{DD} = 1.3$ V.

(a) Find the dc component of v_I and the W/L ratios of the transistors.

(b) Determine the small-signal voltage gain.

(c) What is the allowable range of signal swing at the output for almost-linear operation?

(d) If the current-source load is replaced with a resistance R_D connected to a power supply V_{DD}' as shown in Fig. 7.16(b), find the values of R_D and V_{DD}' so that I_D, the voltage gain, and the output signal swing remain unchanged.

D 7.33 Design the CMOS amplifier of Fig. 7.16(a) utilizing the 0.13-μm process whose parameters are specified in Table K.1 (Appendix K). The output voltage must be able to swing to within approximately 0.2 V of the power-supply rails (i.e., from 0.2 V to 1.1 V), and the voltage gain must be about 10 V/V. Design for a dc bias current of 50 μA, and use devices with the same channel length. If the channel length is an integer multiple of the minimum 0.13 μm, what channel length is needed and what W/L ratios are required? What gain is achieved? If it is required to raise the gain by a factor of 2, what channel length would be required, and by what factor does the total gate area of the circuit increase? $V_{DD} = 1.3$ V.

problems with green numbers are considered essential; * = difficult problem; ** = more difficult; *** = very challenging
SIM = simulation; **D** = design problem;

7.34 Transistor Q_1 in Fig. P7.34 is operating as a CE amplifier with an active load provided by transistor Q_2, which is the output transistor in a current mirror formed by Q_2 and Q_3. (Note that the biasing arrangement for Q_1 is *not* shown.)

(a) Neglecting the finite base currents of Q_2 and Q_3, and assuming that their $V_{BE} \simeq 0.7$ V and that Q_2 has five times the area of Q_3, find the value of I.
(b) If Q_1 and Q_2 are specified to have $|V_A| = 20$ V, find r_{o1} and r_{o2} and hence the total resistance at the collector of Q_1.
(c) Find $r_{\pi 1}$ and g_{m1} assuming that $\beta_1 = 50$.
(d) Find R_{in}, A_v, and R_o.

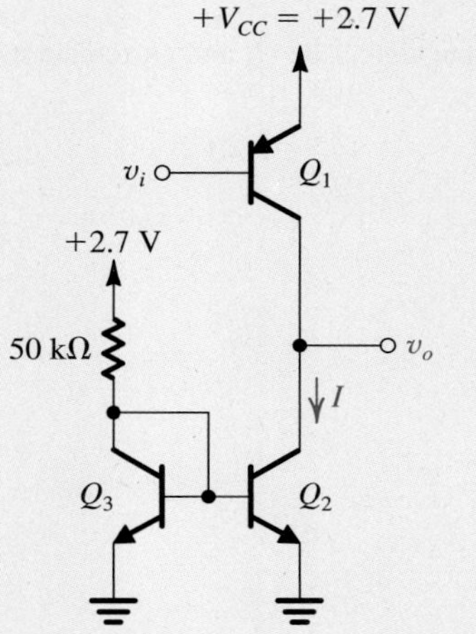

Figure P7.34

7.35 Find g_m, r_π, r_o, and A_0 for the CE amplifier of Fig. 7.13(b) when operated at $I = 10$ μA, 100 μA, and 1 mA. Assume $\beta = 100$ and remains constant as I is varied, and that $V_A = 10$ V. Present your results in a table.

7.36 Find the intrinsic gain of an NMOS transistor fabricated in a process for which $k_n' = 400$ μA/V^2 and $V_A' = 10$ V/μm. The transistor has a 0.4-μm channel length and is operated at $V_{OV} = 0.2$ V. If a 1-mA/V transconductance is required, what must I_D and W be?

D 7.37 Sketch the circuit for a current-source-loaded CS amplifier that uses a PMOS transistor for the amplifying device. Assume the availability of a single +1.8-V dc supply. If the transistor is operated with $|V_{OV}| = 0.2$ V, what is the highest instantaneous voltage allowed at the drain?

7.38 An NMOS transistor operated with an overdrive voltage of 0.25 V is required to have a g_m equal to that of an *npn* transistor operated at $I_C = 0.1$ mA. What must I_D be? What value of g_m is realized?

7.39 For an NMOS transistor with $L = 0.5$ μm fabricated in the 0.13-μm process specified in Table K.1 in Appendix K, find g_m, r_o, and A_0 if the device is operated with $V_{OV} = 0.15$ V and $I_D = 50$ μA. Also, find the required device width W.

7.40 For an NMOS transistor with $L = 0.54$ μm fabricated in the 0.18-μm process specified in Table K.1 in Appendix K, find g_m, r_o, and A_0 obtained when the device is operated at $I_D = 200$ μA with $V_{OV} = 0.2$ V. Also, find W.

7.41 Fill in the table below. For the BJT, let $\beta = 100$ and $V_A = 100$ V. For the MOSFET, let $\mu_n C_{ox} = 200$ μA/V^2, $W/L = 40$, and $V_A = 10$ V.

	BJT Cell		**MOSFET Cell**	
Bias Current	$I_C = 1$ mA	$I_C = 0.5$ mA	$I_D = 1$ mA	$I_D = 0.5$ mA
g_m (mA/V)				
r_o (kΩ)				
A_0 (V/V)				
R_{in} (kΩ)				

7.42 A CS amplifier utilizes an NMOS transistor with $L = 0.54$ μm and $W/L = 10$. It was fabricated in a 0.18-μm CMOS process for which $\mu_n C_{ox} = 400$ μA/V^2 and $V_A' = 5$ V/μm. What is the bias current of the transistor for which $A_0 = 20$ V/V?

7.43 A CS amplifier utilizes an NMOS transistor with $L = 0.36$ μm and $W/L = 10$. It was fabricated in a 0.18-μm CMOS process for which $\mu_n C_{ox} = 400$ μA/V^2 and $V_A' = 5$ V/μm. Find the values of g_m and A_0 obtained at $I_D = 20$ μA, 200 μA, and 2 mA.

D 7.44 An NMOS transistor is fabricated in the 0.18-μm process whose parameters are given in Table K.1 in Appendix K. The device has a channel length twice the minimum and is operated at $V_{OV} = 0.25$ V and $I_D = 10$ μA.

(a) What values of g_m, r_o, and A_0 are obtained?
(b) If I_D is increased to 100 μA, what do V_{OV}, g_m, r_o, and A_0 become?
(c) If the device is redesigned with a new value of W so that it operates at $V_{OV} = 0.25$ V for $I_D = 100$ μA, what do g_m, r_o, and A_0 become?
(d) If the redesigned device in (c) is operated at 10 μA, find V_{OV}, g_m, r_o, and A_0.
(e) Which designs and operating conditions produce the lowest and highest values of A_0? What are these values? In each of these two cases, if W/L is held at the same value but L is made 10 times larger, what gains result?

D 7.45 Find A_0 for an NMOS transistor fabricated in a CMOS process for which $k_n' = 400\ \mu A/V^2$ and $V_A' = 6\ V/\mu m$. The transistor has a 0.5-μm channel length and is operated with an overdrive voltage of 0.15 V. What must W be for the NMOS transistor to operate at $I_D = 100\ \mu A$? Also, find the values of g_m and r_o.

D 7.46 The circuit in Fig. 7.15(a) is fabricated in the 0.13-μm CMOS process whose parameters are specified in Table K.1 (Appendix K). The supply voltage $V_{DD} = 1.3$ V. The two transistors have $L = 0.4\ \mu m$ and are to be operated at $I_D = 100\ \mu A$ and $|V_{OV}| = 0.15$ V. Find the required values of V_G, $(W/L)_1$, $(W/L)_2$, and A_v.

***7.47** The NMOS transistor in the circuit of Fig. P7.47 has $V_t = 0.5$ V, $k_n'W/L = 2\ mA/V^2$, and $V_A = 20$ V.

(a) Neglecting the dc current in the feedback network and the effect of channel-length modulation, find V_{GS}. Then find the dc current in the feedback network and V_{DS}. Verify that you were justified in neglecting the current in the feedback network when you found V_{GS}.
(b) Find the small-signal voltage gain, v_o/v_i. What is the peak of the largest output sine-wave signal that is possible while the NMOS transistor remains in saturation? What is the corresponding input signal?
(c) Find the small-signal input resistance R_{in}.

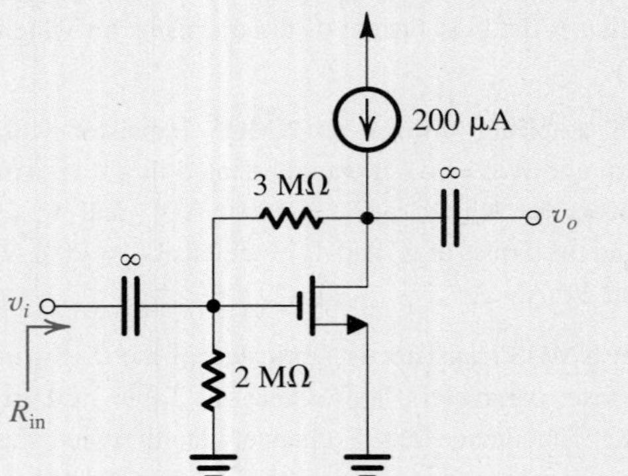

Figure P7.47

D 7.48 Consider the CMOS amplifier of Fig. 7.16(a) when fabricated with a process for which $k_n' = 4k_p' = 400\ \mu A/V^2$, $|V_t| = 0.5$ V, and $|V_A| = 5$ V. Find I_{REF} and $(W/L)_1$ to obtain a voltage gain of –20 V/V and an output resistance of 50 kΩ. Recall that Q_2 and Q_3 are matched. If Q_2 and Q_3 are to be operated at the same overdrive voltage as Q_1, what must their W/L ratios be?

***7.49** The MOSFETs in the circuit of Fig. P7.49 are matched, having $k_n'(W/L)_1 = k_p'(W/L)_2 = 1\ mA/V^2$ and $|V_t| = 0.5$ V. The resistance $R = 1\ M\Omega$.

(a) For G and D open, what are the drain currents I_{D1} and I_{D2}?
(b) For $r_o = \infty$, what is the voltage gain of the amplifier from G to D? (*Hint*: Replace the transistors with their small-signal models.)
(c) For finite r_o ($|V_A| = 20$ V), what is the voltage gain from G to D and the input resistance at G?
(d) If G is driven (through a large coupling capacitor) from a source v_{sig} having a resistance of 20 kΩ, find the voltage gain v_d/v_{sig}.
(e) For what range of output signals do Q_1 and Q_2 remain in the saturation region?

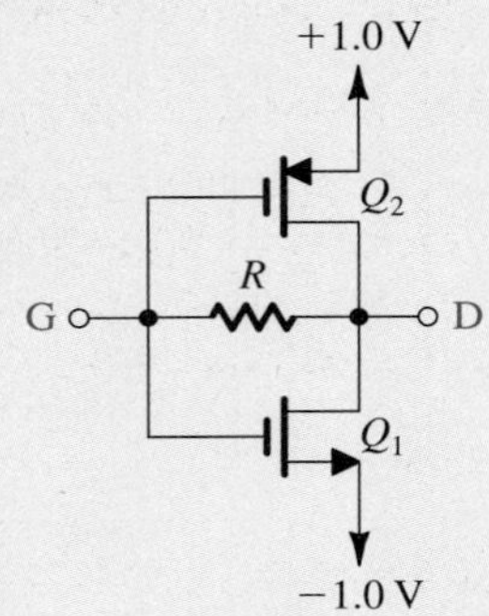

Figure P7.49

Section 7.4: The CG and CB Amplifiers as Current Buffers

7.50 For the CG amplifier in Fig. 7.18, let $g_m = 2$ mA/V, $r_o = 20$ kΩ, $R_s = 20$ kΩ, and $R_L = 840$ kΩ. Determine the values of R_{in}, A_{is}, and R_{out}. If the signal source is converted to its Thévenin form, determine the voltage gain v_o/v_{sig}, where $v_o = i_oR_L$ and $v_{sig} = i_{sig}R_s$.

D 7.51 Design the current source in Fig. P7.51 to deliver a current of 0.2 mA with an output resistance of 500 kΩ. The transistor has $V_A = 20$ V and $V_t = 0.5$ V. Design for $V_{OV} = 0.2$ V and specify R_s and V_{BIAS}.

problems with green numbers are considered essential; * = difficult problem; ** = more difficult; *** = very challenging
SIM = simulation; **D** = design problem;

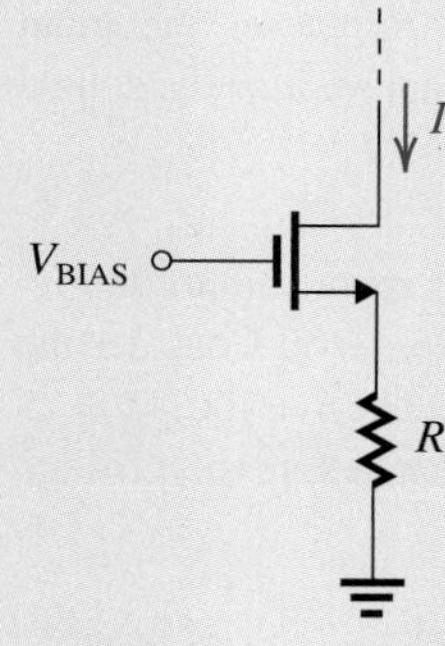

Figure P7.51

D 7.52 Figure P7.52 shows a current source realized using a current mirror with two matched transistors Q_1 and Q_2. Two equal resistances R_s are inserted in the source leads to increase the output resistance of the current source. If Q_2 is operating at $g_m = 2$ mA/V and has $V_A = 5$ V, and if the maximum allowed dc voltage drop across R_s is 0.2 V, what is the maximum available output resistance of the current source? Assume that the voltage at the common-gate node is approximately constant.

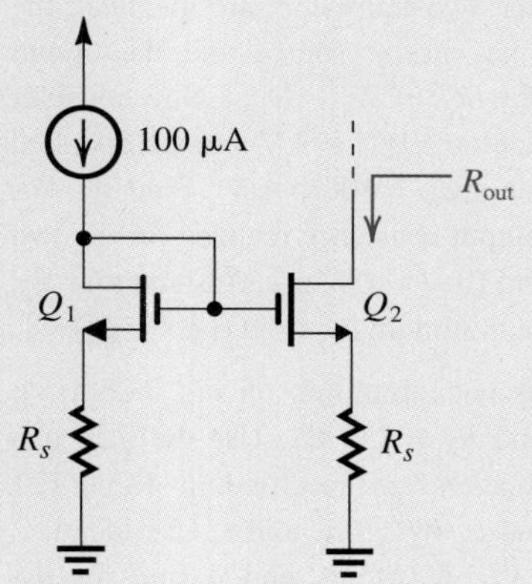

Figure P7.52

7.53 In the common-gate amplifier circuit of Fig. P7.53, Q_2 and Q_3 are matched. $k_n'(W/L)_n = k_p'(W/L)_p = 4$ mA/V^2, and all transistors have $|V_t| = 0.8$ V and $|V_A| = 20$ V. The signal v_{sig} is a small sinusoidal signal with no dc component.

(a) Neglecting the effect of V_A, find the dc drain current of Q_1 and the required value of V_{BIAS}.

(b) Find the values of g_{m1} and r_o for all transistors.

(c) Find the value of R_{in}.

(d) Find the value of R_{out}.

(e) Calculate the voltage gains v_o/v_i and v_o/v_{sig}.

(f) How large can v_{sig} be (peak-to-peak) while maintaining saturation-mode operation for Q_1 and Q_2?

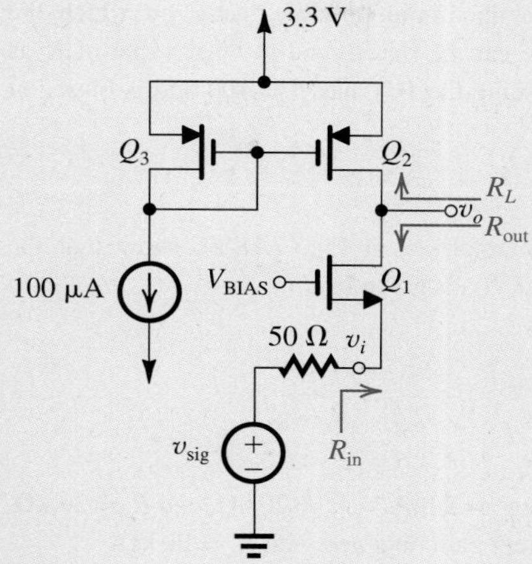

Figure P7.53

7.54 For the CB amplifier in Fig. 7.25, let the transistor be biased at $I_C = 0.1$ mA and have $\beta = 100$ and $V_A = 20$ V. The source resistance $R_e = 25$ kΩ and the load resistance R_L (implemented by a current source) is 1 MΩ. Determine the values of R_{in}, A_{is}, and R_{out}. If the signal source is converted to its Thévenin form, determine the voltage gain v_o/v_{sig}, where $v_o = i_o R_L$ and $v_{sig} = i_{sig} R_e$.

7.55 For the constant-current source circuit shown in Fig. P7.55, find the collector current I and the output resistance. The BJT is specified to have $\beta = 100$, $V_{BE} = 0.7$ V, and $V_A = 100$ V. If the collector voltage undergoes a change of 10 V while the BJT remains in the active mode, what is the corresponding change in collector current?

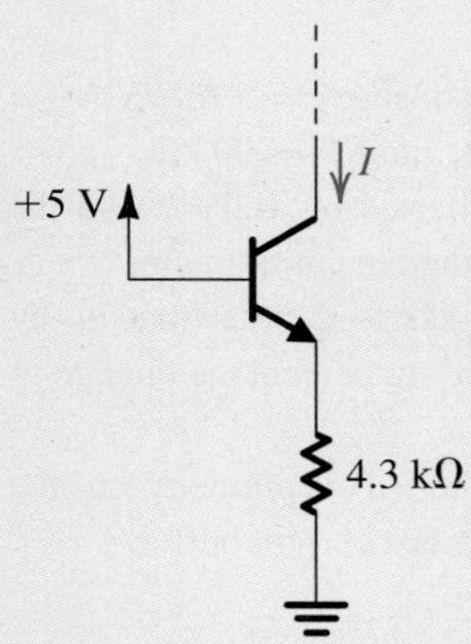

Figure P7.55

7.56 Find the value of the resistance R_e, which, when connected in the emitter lead of a CE BJT amplifier, raises the output resistance by a factor of (a) 5, (b) 10, and (c) 50. What is the maximum possible factor by which the output resistance can be raised, and at what value of R_e is it achieved? Assume the BJT has $\beta = 100$ and is biased at $I_C = 0.5$ mA.

7.57

(a) For the CG amplifier in Fig. 7.18(a), show that the current gain i_o/i_{sig} is given by

$$\frac{i_o}{i_{sig}} = \frac{R_s}{R_s + R_{in}}$$

(b) For the case $g_m = 2$ mA/V, $r_o = 20$ kΩ, and $R_s = 20$ kΩ, find the current gain obtained with $R_L = 20$ kΩ.
(c) If R_L is doubled (that is, increased by 100%), find the corresponding percentage change in current gain.
(d) If R_L is increased from 20 kΩ to 200 kΩ (that is, increased by 900%), what is the corresponding change in current gain?
(e) Using the results of (c) and (d), comment on the performance of the CG circuit as a current buffer.

D 7.58 A CG stage is required to connect a 25-kΩ source to a 1-MΩ load. The CG transistor is to provide an output resistance equal to that of the load. What approximate value of intrinsic gain must the transistor have? If the available process fabrication technology provides $V_A' = 5$ V/μm, specify the required channel length. Operate the transistor at $V_{OV} = 0.15$ V.

7.59

(a) For the CB amplifier in Fig. 7.25, use the equivalent circuit in Fig. 7.25(b) to obtain an expression for the current gain i_o/i_{sig}.
(b) Find the current gain for the case $g_m = 5$ mA/V, $r_o = 200$ kΩ, $\beta = 100$, $R_e = 20$ kΩ, and $R_L = 200$ kΩ.
(c) If R_L is doubled (that is, increased by 100%), find the corresponding percentage change in current gain.
(d) If R_L is increased from 200 kΩ to 2 MΩ (that is, by 900%), what is the corresponding percentage change in current gain?
(e) Using the results of (c) and (d), comment on the performance of the CB circuit as a current buffer.

7.60 What value of load resistance R_L causes the input resistance of the CB amplifier to be approximately double the value of r_e?

D 7.61 Consider the constant-current source circuit in Fig. P7.55 with the base voltage changed to +3 V. Consider the general case of an emitter resistance R_e. Let $\beta = 100$, $V_A = 25$ V, and $V_{BE} = 0.7$ V. Use the approximate expression for the output resistance R_o,

$$R_o \simeq (g_m r_o)(R_e \| r_\pi)$$

to obtain a relationship between the output resistance R_o and the current I. Hence, find the output resistance for $I = 0.1$ mA, 0.2 mA, 0.5 mA, and 1 mA. For each case, give the required value of R_e.

Section 7.5: The Cascode Amplifier

7.62 The cascode amplifier in Fig. 7.28(a) is fabricated using two identical transistors having $V_A = 3$ V and operated at $V_{OV} = 0.15$ V. What is the realized open-circuit voltage gain?

D 7.63 For a cascode current source such as that in Fig. 7.30, show that if the two transistors are identical, the current I supplied by the current source and the output resistance R_o are related by $IR_o = 2|V_A|^2/|V_{OV}|$. Now consider the case of transistors that have $|V_A| = 4$ V and are operated at $|V_{OV}|$ of 0.2 V. Also, let $\mu_p C_{ox} = 100$ μA/V^2. Find the W/L ratios required and the output resistance realized for the two cases: (a) $I = 0.1$ mA and (b) $I = 0.5$ mA. Assume that V_{SD} for the two devices is the minimum required (i.e., $|V_{OV}|$).

D 7.64 Design the cascode amplifier of Fig. 7.28(a) to obtain $g_{m1} = 3$ mA/V and $R_o = 150$ kΩ. Use the 0.13-μm technology whose parameters are specified in Table K.1 (Appendix K). Determine L, W/L, V_{G2}, and I. Use identical transistors operated at $V_{OV} = 0.15$ V, and design for the maximum possible negative signal swing at the output. What is the value of the minimum permitted output voltage?

D 7.65 Design the circuit of Fig. 7.30 to provide an output current of 100 μA. Use $V_{DD} = 1.3$ V, and assume the PMOS transistors to be identical and have $\mu_p C_{ox} = 128$ μA/V^2, $V_{tp} = -0.4$ V, and $|V_A| = 3$ V. The current source is to have the widest possible signal swing at its output. Design for $V_{OV} = 0.15$ V, and specify the values of the transistor W/L ratios and of V_{G3} and V_{G4}. What is the highest allowable voltage at the output? What is the value of R_o?

---

problems with green numbers are considered essential; * = difficult problem; ** = more difficult; *** = very challenging
SIM = simulation; D = design problem;

D 7.66 Design the CMOS cascode amplifier in Fig. 7.31 for the following specifications: $g_{m1} = 1$ mA/V and $A_v = -280$ V/V. Assume that for the available fabrication process, $|V_A'| = 5$ V/μm for both NMOS and PMOS devices and that $\mu_n C_{ox} = 4\ \mu_p C_{ox} = 400\ \mu\text{A/V}^2$. Use the same channel length L for all devices and operate all four devices at $|V_{OV}| = 0.25$ V. Determine the required channel length L, the bias current I, and the W/L ratio for each of four transistors. Assume that suitable bias voltages have been chosen, and neglect the Early effect in determining the W/L ratios.

SIM 7.67 A CMOS cascode amplifier such as that in Fig. 7.32(a) has identical CS and CG transistors that have $W/L = 5.4$ μm/0.36 μm and biased at $I = 0.2$ mA. The circuit is fabricated in the 0.18-μm process specified in Table K.1 in Appendix K. At what value of R_L does the gain become −100 V/V? What is the voltage gain of the common-source stage?

7.68 A cascode current source formed of two *pnp* transistors for which $\beta = 50$ and $V_A = 5$ V supplies a current of 0.2 mA. What is the output resistance?

7.69 Consider the BJT cascode amplifier of Fig. 7.34 for the case that all transistors have equal β and r_o. Show that the voltage gain A_v can be expressed in the form

$$A_v = -\frac{1}{2}\frac{|V_A|/V_T}{(V_T/|V_A|) + (1/\beta)}$$

Evaluate A_v for the case $|V_A| = 5$ V and $\beta = 50$. Note that except for the fact that β depends on I as a second-order effect, the gain is independent of the bias current I!

D 7.70 In a MOS cascode amplifier, the cascode transistor is required to raise the output resistance by a factor of 50. If the transistor is operated at $V_{OV} = 0.2$ V, what must its V_A be? If the process technology specifies V_A' as 5 V/μm, what channel length must the transistor have?

D *7.71 For a cascode current source, such as that in Fig. 7.30, show that if the two transistors are identical, the current I supplied by the current source and the output resistance R_o are related by

$$IR_o = \frac{2|V_A'|^2}{|V_{OV}|}L^2$$

Now consider the case of a 0.18-μm technology for which $|V_A'| = 5$ V/μm and let the transistors be operated at $|V_{OV}| = 0.2$ V. Find the figure-of-merit IR_o for the three cases of L equal to the minimum channel length, twice the minimum, and three times the minimum. Complete the entries of the table at the bottom of the page. Give W/L and the area $2WL$ in terms of n, where n is the value of W/L for the case $I = 0.01$ mA. In the table, A_v denotes the gain obtained in a cascode amplifier such as that in Fig. 7.31 that utilizes our current source as load and which has the same values of g_m and R_o as the current-source transistors.

(a) For each current value, what is the price paid for the increase in R_o and A_v obtained as L is increased?

(b) For each value of L, what advantage is obtained as I is increased, and what is the price paid? (*Hint:* We will see in Chapter 9 that the amplifier bandwidth increases with g_m.)

(c) Contrast the performance obtained from the circuit with the largest area with that obtained from the circuit with the smallest area.

	$L = L_{min} = 0.18$ μm $IR_o =$ V				$L = 2L_{min} = 0.36$ μm $IR_o =$ V				$L = 3L_{min} = 0.54$ μm $IR_o =$ V			
	g_m (mA/V)	R_o (kΩ)	A_v (V/V)	$2WL$ (μm²)	g_m (mA/V)	R_o (kΩ)	A_v (V/V)	$2WL$ (μm²)	g_m (mA/V)	R_o (kΩ)	A_v (V/V)	$2WL$ (μm²)
$I = 0.01$ mA $W/L = n$												
$I = 0.1$ mA $W/L =$												
$I = 1.0$ mA $W/L =$												

D 7.72 Design the circuit of Fig. 7.30 to provide an output current of 100 μA. Use $V_{DD} = 3.3$ V, and assume the PMOS transistors to have $\mu_p C_{ox} = 60\ \mu A/V^2$, $V_{tp} = -0.8$ V, and $|V_A| = 5$ V. The current source is to have the widest possible signal swing at its output. Design for $V_{OV} = 0.2$ V, and specify the values of the transistor *W/L* ratios and of V_{G3} and V_{G4}. What is the highest allowable voltage at the output? What is the value of R_o?

7.73 The cascode transistor can be thought of as providing a "shield" for the input transistor from the voltage variations at the output. To quantify this "shielding" property of the cascode, consider the situation in Fig. P7.73. Here we have grounded the input terminal (i.e., reduced v_i to zero), applied a small change v_x to the output node, and denoted the voltage change that results at the drain of Q_1 by v_y. By what factor is v_y smaller than v_x?

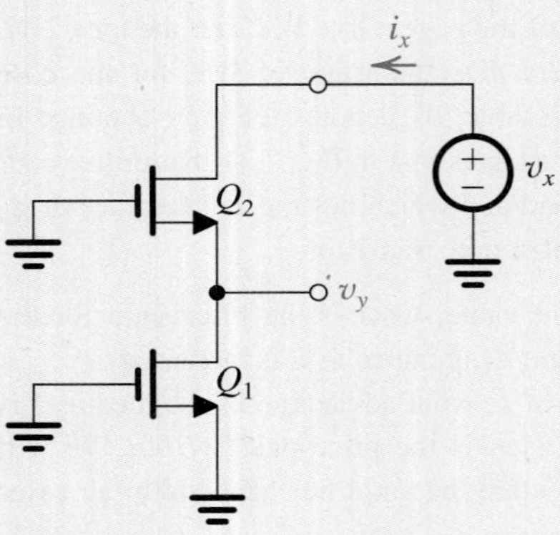

Figure P7.73

7.74 Consider the cascode amplifier of Fig. 7.31 with the dc component at the input $V_I = 0.6$ V, $V_{G2} = 0.9$ V, $V_{G3} = 0.4$ V, $V_{G4} = 0.7$ V, and $V_{DD} = 1.3$ V. If all devices are matched, that is, $k_{n1} = k_{n2} = k_{p3} = k_{p4}$, and have equal $|V_t|$ of 0.4 V, what is the overdrive voltage at which the four transistors are operating? What is the allowable voltage range at the output?

7.75 The purpose of this problem is to investigate the signal currents and voltages at various points throughout a cascode amplifier circuit. Knowledge of this signal distribution is very useful in designing the circuit so as to allow for the required signal swings. Figure P7.75 shows a CMOS cascode amplifier with all dc voltages replaced with signal grounds. As well, we have explicitly shown the resistance r_o of each of the four transistors. For simplicity, we are assuming that the four transistors have the same g_m and r_o. The amplifier is fed with a signal v_i.

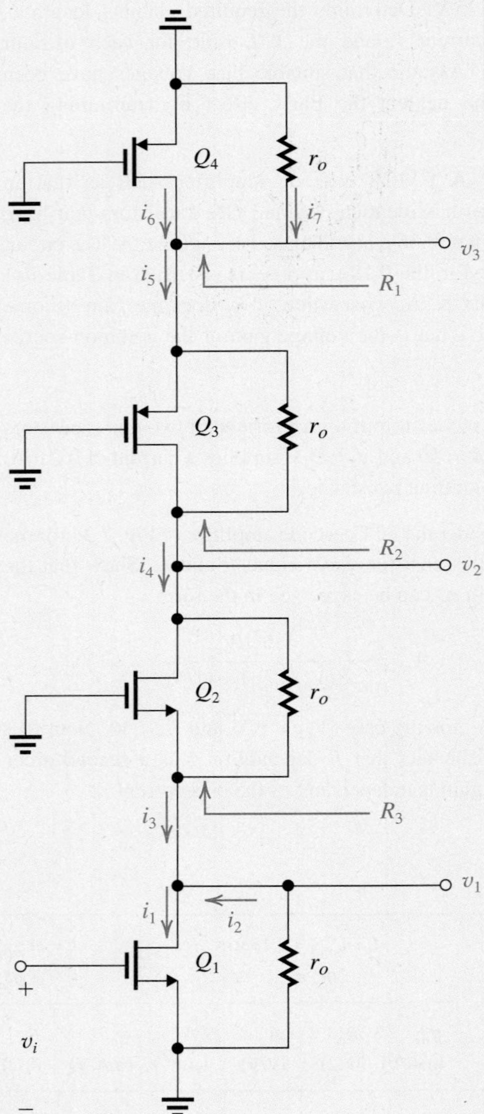

Figure P7.75

---

problems with green numbers are considered essential; * = difficult problem; ** = more difficult; *** = very challenging
SIM = simulation; **D** = design problem;

(a) Determine R_1, R_2, and R_3. Assume $g_m r_o \gg 1$.
(b) Determine i_1, i_2, i_3, i_4, i_5, i_6, and i_7, all in terms of v_i. (*Hint:* Use the current-divider rule at the drain of Q_1.)
(c) Determine v_1, v_2, and v_3, all in terms of v_i.
(d) If v_i is a 5-mV peak sine wave and $g_m r_o = 20$, sketch and clearly label the waveforms of v_1, v_2, and v_3.

7.76 Figure P7.76 shows an amplifier known as a "double cascode." It uses an additional CG transistor Q_3 to increase the resistance by an additional factor $(g_{m3}r_{o3})$. Find an expression for the output resistance R_o and the voltage gain $A_{vo} \equiv v_o/v_i$ (assume the current-source load to be ideal). For identical transistors with $g_m = 2$ mA/V and $r_o = 15$ kΩ, find R_o and A_{vo}.

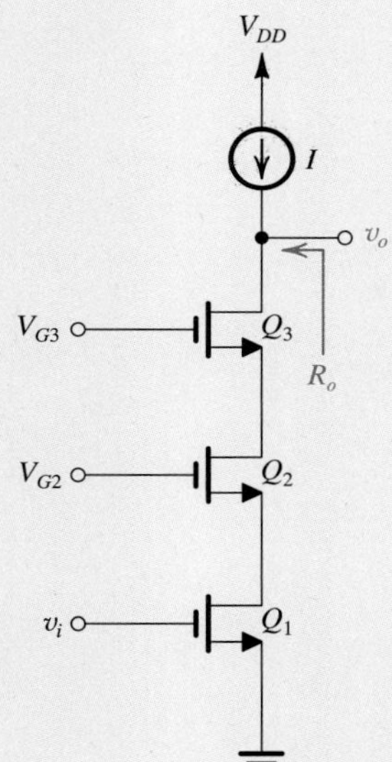

Figure P7.76

7.77 Use Eq. (7.86) to show that for a BJT cascode current source utilizing identical *pnp* transistors and supplying a current I,

$$IR_o = \frac{|V_A|}{(V_T/|V_A|) + (1/\beta)}$$

Evaluate the figure-of-merit IR_o for the case $|V_A| = 5$ V and $\beta = 50$. Now find R_o for the cases of $I = 0.1$, 0.5, and 1.0 mA.

7.78 A bipolar cascode amplifier has a current-source load with an output resistance βr_o. Let $\beta = 50$, $|V_A| = 100$ V, and $I = 0.2$ mA. Find the voltage gain A_v.

7.79 In this problem, we will explore the difference between using a BJT as cascode device and a MOSFET as cascode device. Refer to Fig. P7.79. Given the following data, calculate g_{m1}, R_o, and A_{vo} for the circuits (a) and (b): $I = 100$ µA, $\beta = 125$, $\mu_n C_{ox} = 400$ µA/V^2, $W/L = 25$, $V_A = 1.8$ V

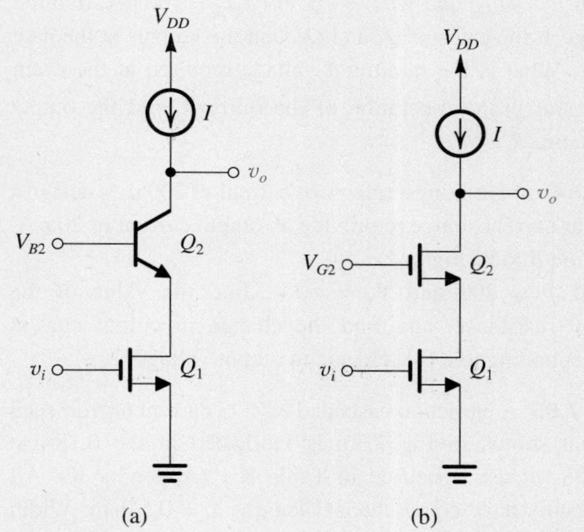

Figure P7.79

Section 7.6: The Integrated-Circuit Source Follower

7.80 A source follower for which $k_n' = 200$ µA/V^2, $V_A' = 20$ V/µm, $\chi = 0.2$, $L = 0.5$ µm, $W = 20$ µm, and $V_t = 0.6$ V is required to provide a dc level shift (between input and output of 0.9 V.) What must the bias current be? Find g_m, g_{mb}, r_o, A_{vo}, and R_o. Assume that the bias current source has an output resistance equal to r_o. Also find the voltage gain when a load resistance of 2 kΩ is connected to the output.

Section 7.7: Current-Mirror Circuits with Improved Performance

7.81 Consider a cascode NMOS mirror using devices fabricated in the 0.13-µm CMOS process specified in Table K.1 (Appendix K). Let all transistors have $W/L = 3.9$ µm/0.39 µm, and let $I_{REF} = 50$ µA. Find the minimum voltage required at the output and the output resistance.

7.82 Consider the Wilson current-mirror circuit of Fig. 7.37 when supplied with a reference current I_{REF} of 1 mA. What is the change in I_O corresponding to a change of

+10 V in the voltage at the collector of Q_3? Give both the absolute value and the percentage change. Let $\beta = 100$ and $V_A = 100$ V.

7.83 The Wilson MOS mirror in Fig. 7.38(a) is fabricated in the 0.13-μm CMOS process specified in Table K.1 (Appendix K). All three transistors are identical with channel length $L = 4L_{min}$ and $W/L = 16$. For $I_{REF} = 100$ μA, find the voltage at the gates of Q_1 and Q_2, and the voltage at the gate of Q_3. What is the minimum voltage required at the drain of Q_3 for proper operation of the mirror? Find the output resistance R_o.

D 7.84 (a) Utilizing a reference current of 200 μA, design a Widlar current source to provide an output current of 20 μA. Assume β to be high.
(b) If $\beta = 200$ and $V_A = 50$ V, find the value of the output resistance, and find the change in output current corresponding to a 5-V change in output voltage.

SIM 7.85 A particular cascoded NMOS current mirror, such as that shown in Fig. 7.36, is fabricated in the 0.18-μm CMOS process specified in Table K.1 (Appendix K). All transistors have equal channel lengths $L = 0.54$μm. Width $W_1 = W_4 = 2.7$ μm, and $W_2 = W_3 = 27$ μm. The reference current I_{REF} is 20 μA. What output current results? What are the voltages at the gates of Q_2 and Q_3? What is the lowest voltage at the output for which proper current-source operation is possible? What are the values of g_m and r_o of Q_2 and Q_3? What is the output resistance of the mirror?

7.86 To further increase the output resistance of a cascode current source or current mirror, another level of cascoding can be employed as shown is Fig. P7.86. Find the output resistance of this double-cascode current mirror.

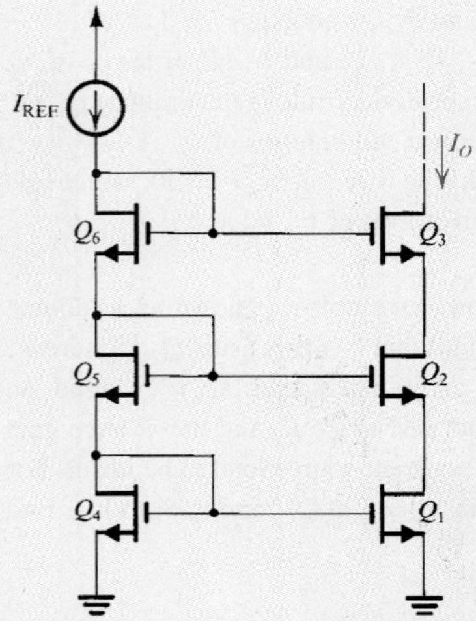

Figure P7.86

D 7.87 (a) The circuit in Fig. P7.87 is a modified version of the Wilson current mirror. Here the output transistor is "split" into two matched transistors, Q_3 and Q_4. Find I_{O1} and I_{O2} in terms of I_{REF}. Assume all transistors to be matched with current gain β.
(b) Use this idea to design a circuit that generates currents of 0.1 mA, 0.2 mA, and 0.4 mA, using a reference current source of 0.7 mA. What are the actual values of the currents generated for $\beta = 50$?

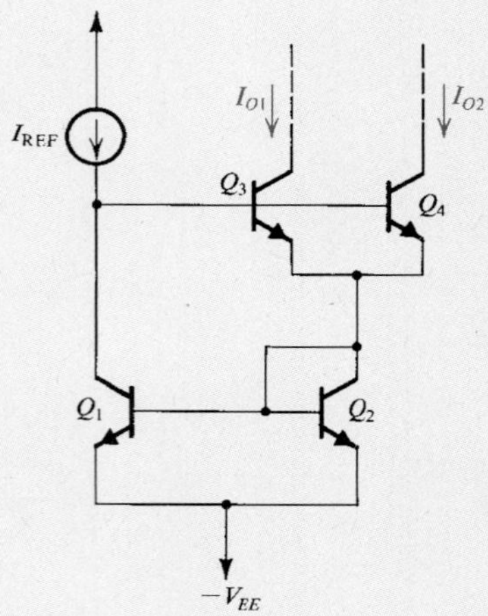

Figure P7.87

D 7.88 Use the *pnp* version of the Wilson current mirror to design a 0.1-mA current source. The current source is required to operate with the voltage at its output terminal as low as –2.5 V. If the power supplies available are ±2.5 V, what is the highest voltage possible at the output terminal?

---

problems with green numbers are considered essential; * = difficult problem; ** = more difficult; *** = very challenging
SIM = simulation; **D** = design problem;

***7.89** For the Wilson current mirror of Fig. 7.37(a), show that the incremental input resistance seen by I_{REF} is approximately $2V_T/I_{REF}$. (Neglect the Early effect in this derivation and assume a signal ground at the output.) Evaluate R_{in} for $I_{REF} = 0.2$ mA.

7.90 Show that the incremental input resistance (seen by I_{REF}) for the Wilson MOS mirror of Fig. 7.38(a) is $2/g_m$. Assume that all three transistors are identical and neglect the Early effect. Also, assume a signal ground at the output. (*Hint*: Replace all transistors by their T model and remember that Q_1 is equivalent to a resistance $1/g_m$.)

***7.91** Consider the Wilson MOS mirror of Fig. 7.38(a) for the case of all transistors identical, with $W/L = 10$, $\mu_n C_{ox} = 400\ \mu A/V^2$, $V_{tn} = 0.5$ V, and $V_A = 18$ V. The mirror is fed with $I_{REF} = 180\ \mu A$.

(a) Obtain an estimate of V_{OV} and V_{GS} at which the three transistors are operating, by neglecting the Early effect.
(b) Noting that Q_1 and Q_2 are operating at different V_{DS}, obtain an approximate value for the difference in their currents and hence determine I_O.
(c) To eliminate the systematic error between I_O and I_{REF} caused by the difference in V_{DS} between Q_1 and Q_2, a diode-connected transistor Q_4 can be added to the circuit as shown in Fig. 7.38(c). What do you estimate I_O to be now?
(d) What is the minimum allowable voltage at the output node of the mirror?
(e) Convince yourself that Q_4 will have no effect on the output resistance of the mirror. Find R_o.
(f) What is the change in I_O (both absolute value and percentage) that results from $\Delta V_O = 1$ V?

7.92 Using the idea employed in the modified Wilson MOS mirror in Fig. 7.38(c), modify the Wilson BJT mirror of Fig. 7.37(a) to eliminate the systematic error resulting from the difference in V_{CE} of Q_1 and Q_2.

D 7.93 (a) For the circuit in Fig. P7.93, assume BJTs with high β and $v_{BE} = 0.7$ V at 1 mA. Find the value of R that will result in $I_O = 10\ \mu A$.
(b) For the design in (a), find R_o assuming $\beta = 100$ and $V_A = 40$ V.

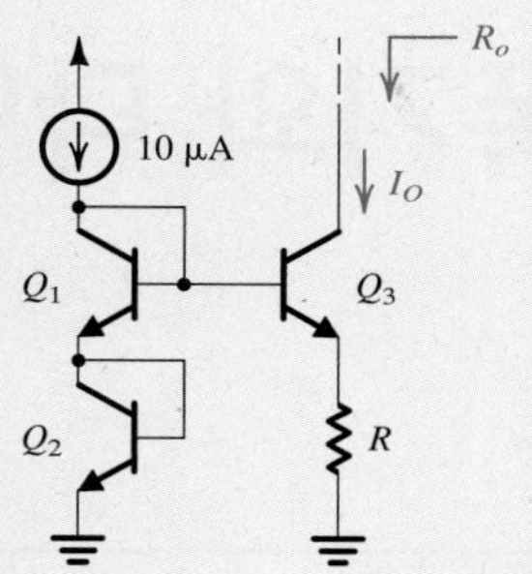

Figure P7.93

D 7.94 If the *pnp* transistor in the circuit of Fig. P7.94 is characterized by its exponential relationship with a scale current I_S, show that the dc current I is determined by $IR = V_T \ln(I/I_S)$. Assume Q_1 and Q_2 to be matched and Q_3, Q_4, and Q_5 to be matched. Find the value of R that yields a current $I = 200\ \mu A$. For the BJT, $V_{EB} = 0.7$ V at $I_E = 1$ mA.

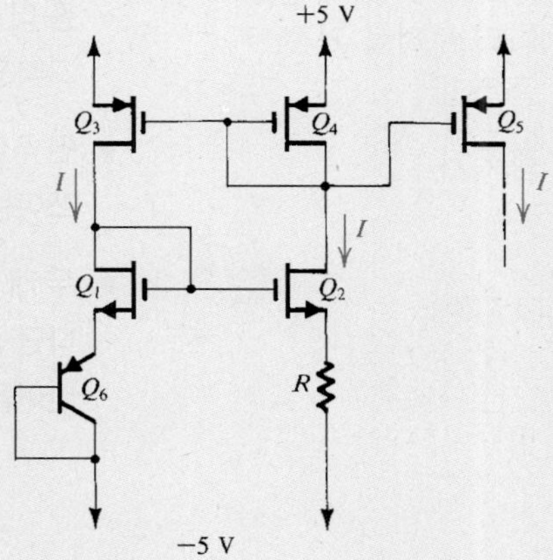

Figure P7.94

CHAPTER 8

차동 증폭기와 다단 증폭기

서론

8.1 MOS 차동쌍

8.2 BJT 차동쌍

8.3 동상 모드 제거

8.4 직류 오프셋

8.5 전류 미러 부하를 가진 차동 증폭기

8.6 다단 증폭기

요약

PROBLEMS

이 장에서 배울 내용

- MOS와 바이폴라 차동 증폭기의 핵심 동작 원리: 동상 모드(common-mode)의 잡음과 전자파 간섭은 제거되고 차동 신호만 증폭되는 원리
- MOS와 BJT 차동 증폭기의 회로 해석과 설계
- 좀 더 복잡한 차동 증폭기 회로: 수동 저항성 부하, 전류원 부하, 그리고 캐스코드의 사용법—7장에서 다룬 내용 참조
- 전류 미러(current-mirror) 부하를 사용한 정교하면서도 아주 많이 쓰이는 차동 증폭기 회로
- 두 개 이상의 증폭기가 직렬(순차적으로, cascade)로 연결된 다단 증폭기의 구조, 해석과 설계; 2단 CMOS 연산 증폭기와 4단 바이폴라 연산 증폭기의 실용적인 예제

서론

차동쌍 또는 차동 증폭기는 아날로그 집적 회로에서 하나의 블록으로서 가장 폭넓게 사용되는 빌딩 블록 회로인데, 예를 들자면, 모든 연산 증폭기의 입력단에는 차동 증폭기가 사용된다. 또한 BJT 차동 증폭기는 이미터-결합 논리(ECL) 회로라고 불리는 초고속 논리 회로 계열의 기본 회로가 되는데 이 이미터-결합 논리에 대해서는 16장에서 다룰 것이다.

차동 증폭 회로는 1940년대에 진공관을 사용하여 발명되었으며 그 후에는 바이폴라 트랜지스터를 사용하여 제작하였는데 집적 회로가 개발된 이후 바이폴라와 MOS 분야 모두에서 차동쌍의 사용이 폭발적으로 증가하였다. 차동 증폭기가 집적 회로 기술에 대단히 유용한 두 가지 이유는 다음과 같다. 첫째, 곧 알게 되겠지만, 차동 증폭기는 두 개의 신호의 차에 대해 출력을 내는 것이므로 이 두 신호를 처리하는 두 회로가 얼마나 동일한가에 대단히 민감한데 집적 회로 기술로 제작하면 온도 등 주변 환경이 변하더라도 똑같은 성능을 내는 소자들을 제작할 수 있기 때문이다. 둘째, 차동 증폭기는 그 개념만 생각해 봐도 단동 회로보다 더 많은(대충 두 배) 소자를 사용하는데도 불구하고 집적 회로 기술로 제작하면 많은 수의 트랜지스터를 적은 비용으로 제작할 수 있기 때문이다.

2.1절에서 차동 증폭기의 기본 개념을 설명하였으므로 어느 정도는 이해하고 있겠지만, 다음 질문은 대단히 중요한 질문이다. 도대체 왜 '차동'을 사용하는가? 차동 증폭기가 단동 증폭기(차이를 증폭하는 것이 아니라 하나의 신호를 그냥 증폭하는 증폭기)보다 더 많이 사용되는 이유에는 두 가지가 있는데, 그 첫 번째 이유는 차동 증폭기가 잡음과 전자파 간섭에 덜 민감하기 때문이다. 이것을 이해하기 위하여 지금 두 개의 전선을 이용하여 두 전선 간의 전압 차이가 신호인 정보를 전달하는 상황을 생각해 보자. 그런데 이 두 선에 용량성으로(capacitively), 또는 유도성으로(inductively) 전자기 간섭이 외부에서 가해질 때 이 두 선이 거의 붙어 있으면 간섭의 크기가 거의 같을 것이며 두 신호의 차동(차이)에 대한 출력에는 이러한 간섭의 영향이 거의 사라질 것이다!

두 번째 이유는 증폭기에 바이어스를 가하거나 두 증폭기를 연결할 때 차동 증폭기를 사용하면 바이패스용, 결합용 커패시터가 필요 없기 때문이다.[보통의 증폭기에서는 이것들을 사용해야 한다(6.5절 참조).] 그런데 집적 회로 제작 공정에서는 용량이 큰 커패시터를 적은 비용으로 제작할 수 없기 때문에 집적 회로에는 차동 증폭기가 많이 사용된다.

이 장의 주제는 MOS와 바이폴라로 구성된 차동 증폭기로, 이를 설계하고 해석하기 위해서는 6장과 7장에서 설명한 1단 증폭기에 대한 내용이 대단히 많이 사용되는 것을 알게 될 것이다. 이 장에서는 MOS와 바이폴라 기술을 사용한 실제적인 다단 증폭기 예제들을 통해 차동 증폭기를 설명할 것이다.

8.1 MOS 차동쌍

그림 8.1에 기본적인 MOS 차동쌍을 나타내었다. 회로는 모든 특성이 완벽하게 같은 두 개의 트랜지스터 Q_1과 Q_2로 구성되는데, 두 소스가 연결되어 있고 정전류 전원 I로 바이어스된다. 이 전류원은 7.2절과 7.5절에서

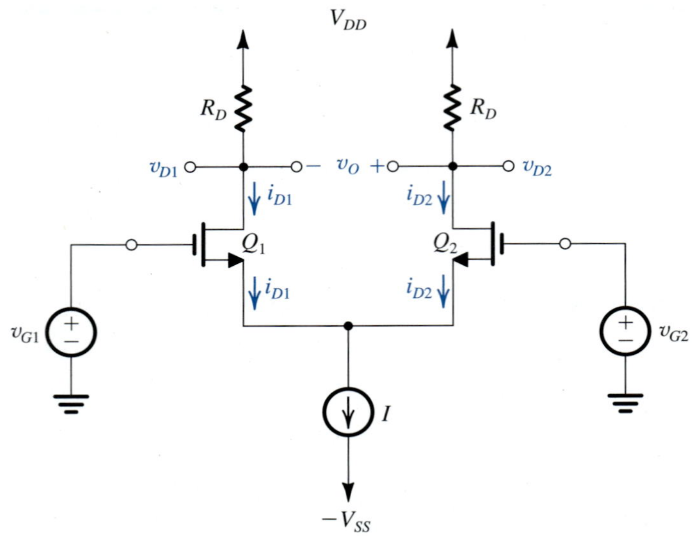

그림 8.1 기본적인 MOSFET 차동쌍.

설명한 바와 같이 MOSFET 회로로 구현된다. 이제 전류원이 이상적이고 출력 저항이 무한대라고 가정하자. 그림에서 각 드레인이 저항 R_D를 통해 +전압에 연결되어 있지만 실제로는 대부분 능동 부하(전류원)에 연결되며, 이에 관해서는 잠시 후에 설명할 것이다. 그런데 현 단계에서는 단순한 저항 부하를 사용하여 차동쌍의 핵심 동작 원리를 설명할 것인데, 차동쌍으로 동작하기 위해서 MOSFET은 당연히 부하의 종류에 상관없이 항상 포화 영역에서 동작해야 한다.

그림 8.1의 차동 증폭기에는 v_{G1}, v_{G2} 두 개의 전압이 들어가며 이들은 다음과 같이 표현될 수 있다.

$$v_{G1} = V_{CM} + \left(\frac{v_{id}}{2}\right)$$
$$v_{G2} = V_{CM} - \left(\frac{v_{id}}{2}\right)$$

여기서 V_{CM}은 v_{G1}, v_{G2}의 평균값인데 **동상 모드 입력**(common-mode input)이라고 부르며 v_{G1}과 v_{G2}의 차이는 **차동 입력**(differential input)이라고 부른다.

8.1.1 동상 모드 입력 전압에 대한 동작

차동쌍이 어떻게 동작하는지를 알아보기 위해, 우선 같은 크기의 V_{CM}이 두 게이트에 연결되어 있는 경우, 즉 그림 8.2와 같이 $v_{G1} = v_{G2} = V_{CM}$인 경우에 대해 생각해 보자. Q_1과 Q_2가 똑같고 또 회로가 좌우 대칭이기 때문에, 전류 I가 두 소자에 균등하게 분배될 것이다. 따라서 $i_{D1} = i_{D2} = I/2$가 될 것이고, 소스 전압 V_S는

$$V_S = V_{CM} - V_{GS} \tag{8.1}$$

가 될 것이며, 여기서 V_{GS}는 드레인 전류가 $I/2$일 때에 게이트와 소스 사이에 걸리는 전압이다. 채널 길이 변조(channel-length modulation)를 무시하면 V_{GS}와 $I/2$의 관계는

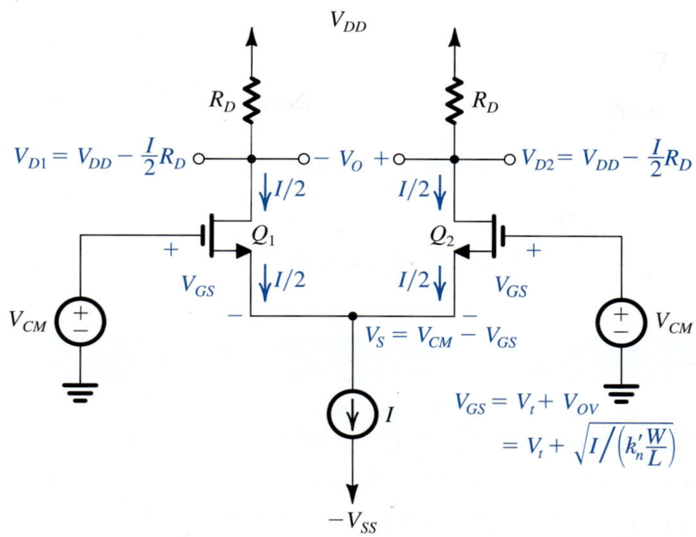

그림 8.2 동상 모드 입력 전압이 V_{CM}인 MOS 차동쌍.

$$\frac{I}{2} = \frac{1}{2}k_n'\frac{W}{L}(V_{GS} - V_t)^2 \tag{8.2}$$

으로 되며 오버드라이브 전압 V_{OV}로 표현하면 다음과 같이 된다.

$$V_{OV} = V_{GS} - V_t \tag{8.3}$$

$$\frac{I}{2} = \frac{1}{2}k_n'\frac{W}{L}V_{OV}^2 \tag{8.4}$$

$$\Rightarrow \qquad V_{OV} = \sqrt{I/k_n'(W/L)} \tag{8.5}$$

각각의 드레인 전압은

$$V_{D1} = V_{D2} = V_{DD} - \frac{I}{2}R_D \tag{8.6}$$

가 될 것이고, 두 드레인 간의 전압차는

$$V_O = V_{D2} - V_{D1}$$

이므로 0이 될 것이다.

그러므로 동상 모드 입력 전압 V_{CM}의 크기가 변해도, Q_1과 Q_2가 포화 영역에서 동작하는 한, I는 여전히 Q_1과 Q_2에 균등하게 나누어질 것이고, 드레인 전압들도 변하지 않을 것이다. 따라서 차동쌍에 가해지는 동상 모드 입력이 변해도 출력 즉 드레인 전압은 변하지 않는다.(즉, 동상 모드 입력 신호는 제거된다.)

차동 증폭기의 중요한 특성 중의 하나인 **동상 모드 입력 범위**(input common-mode range)는 차동쌍이 정상적으로 동작하는 V_{CM}의 범위를 의미한다. V_{CM}의 최댓값은 Q_1과 Q_2가 포화 영역에서 동작해야 한다는 조건에 의해 다음과 같이 결정된다.

$$V_{CM\max} = V_t + V_{D1,2} = V_t + V_{DD} - \frac{I}{2}R_D \tag{8.7}$$

V_{CM}의 최솟값은 전류원 I가 정상적으로 동작하기 위해서는 전류원 양단의 전압이 필요하다는 조건에 의해 다음과 같이 결정된다.

$$V_{CM\min} = -V_{SS} + V_{CS} + V_t + V_{OV} \tag{8.8}$$

예제 8.1

그림 8.2의 회로와 같이 동상 모드 전압 V_{CM}이 인가된 MOS 차동쌍에서 $V_{DD} = V_{SS} = 1.5$ V, $k_n'(W/L) = 4$ mA/V^2, $V_t = 0.5$ V, $I = 0.4$ mA, $R_D = 2.5$ kΩ이며 채널 길이 변조를 무시하라. 차동쌍으로 동작하기 위한 전류원의 크기 I를 공급하기 위해 최소 전압 0.4 V가 필요하다고 가정하라.

(a) 각 트랜지스터의 V_{OV}와 V_{GS}를 구하라.
(b) $V_{CM} = 0$인 경우, $V_S, I_{D1}, I_{D2}, V_{D1}, V_{D2}, V_O$의 값을 구하라.
(c) $V_{CM} = +1$ V인 경우 (b)를 반복하라.
(d) $V_{CM} = -0.2$ V인 경우 (b)를 반복하라.
(e) V_{CM}의 허용 최댓값을 구하라.
(f) V_{CM}의 허용 최솟값을 구하라.

풀이

(a) $v_{G1} = v_{G2} = V_{CM}$이므로 $V_{GS1} = V_{GS2}$이다. 두 트랜지스터가 완전히 같은 특성을 가지고 있으므로 전류는 다음 식과 같이 반씩 나누어져 두 트랜지스터에 흐른다.

$$I_{D1} = I_{D2} = \frac{I}{2}$$

따라서

$$\frac{I}{2} = \frac{1}{2}k_n'(W/L)V_{OV}^2$$

$$\frac{0.4}{2} = \frac{1}{2} \times 4V_{OV}^2$$

이 되고 결과적으로

$$V_{OV} = 0.316 \text{ V}$$

가 되고, 따라서 다음과 같이 된다.

$$V_{GS} = V_t + V_{OV} = 0.5 + 0.316 \simeq 0.82 \text{ V}$$

(b) 그림 8.3(a)와 같이 $V_{CM} = 0$으로 놓고 회로를 해석하면 다음과 같은 결과를 얻을 수 있다.

$$V_S = V_G - V_{GS} = 0 - 0.82 = -0.82\text{ V}$$

$$I_{D1} = I_{D2} = \frac{I}{2} = 0.2\text{ mA}$$

$$V_{D1} = V_{D2} = V_{DD} - \frac{I}{2}R_D$$

$$= 1.5 - 0.2 \times 2.5 = 1\text{ V}$$

$$V_O = V_{D2} - V_{D1} = 0\text{ V}$$

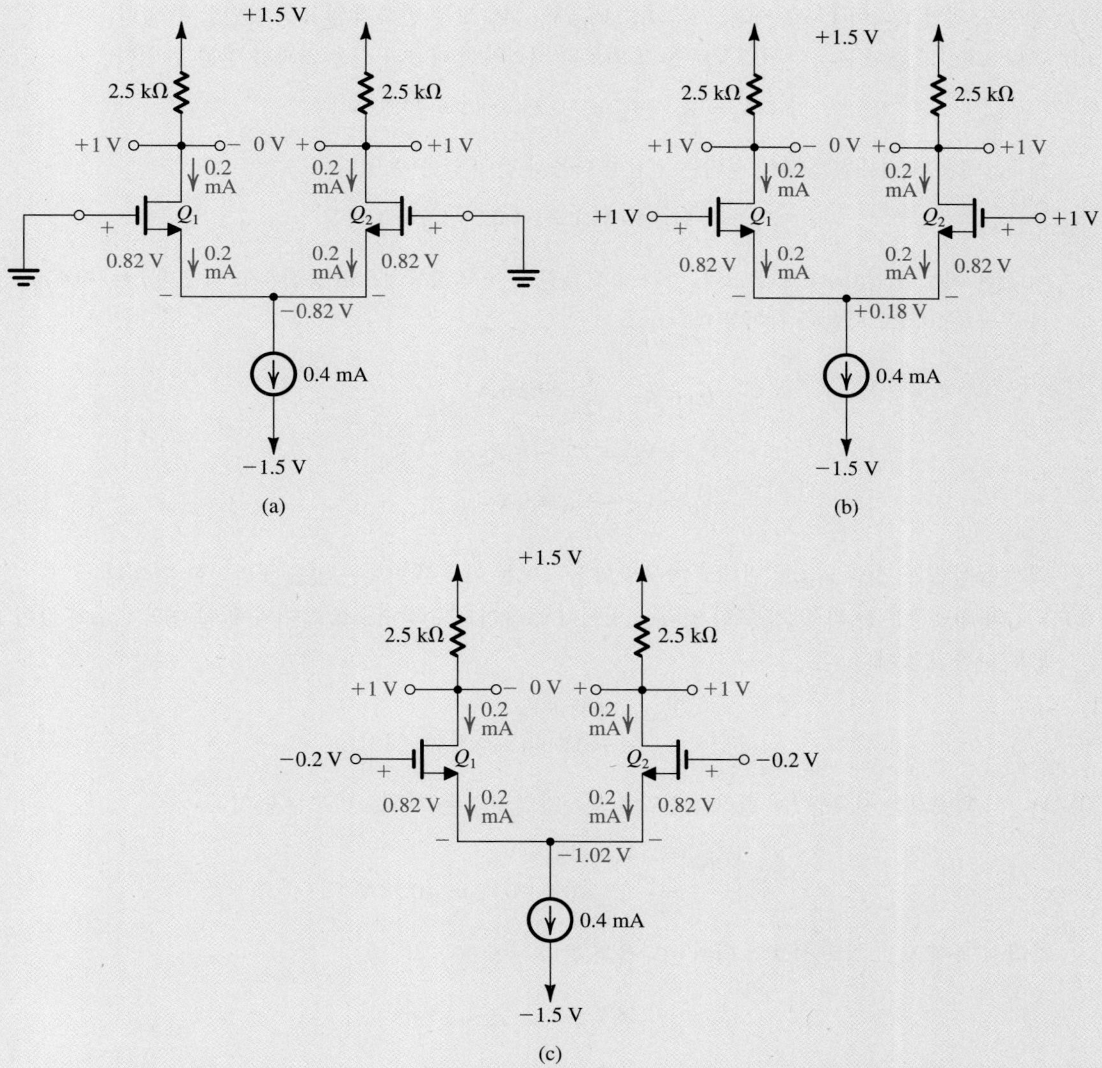

그림 8.3 예제 8.1의 회로. V_{CM}의 변화가 차동쌍의 동작에 미치는 영향.

(c) 그림 8.3(b)와 같이 $V_{CM} = +1$ V로 놓고 회로를 해석하면 다음과 같은 결과를 얻을 수 있다.

$$V_S = V_G - V_{GS} = 1 - 0.82 = +0.18 \text{ V}$$
$$I_{D1} = I_{D2} = \frac{I}{2} = 0.2 \text{ mA}$$
$$V_{D1} = V_{D2} = V_{DD} - \frac{I}{2} R_D = 1.5 - 0.2 \times 2.5 = +1 \text{ V}$$
$$V_O = V_{D2} - V_{D1} = 0 \text{ V}$$

위와 같이 두 트랜지스터 모두 처음에 가정한 것과 같이 포화 영역에서 동작함을 확인할 수 있고, 동상 모드 전압 V_{CM}이 1 V로 커져도 $I_{D1}, I_{D2}, V_{D1}, V_{D2}, V_O$ 모두 변하지 않음을 확인할 수 있다.

(d) 그림 8.3(c)와 같이 $V_{CM} = -0.2$ V로 놓고 회로를 해석하면 다음과 같은 결과를 얻을 수 있다.

$$V_S = V_G - V_{GS} = -0.2 - 0.82 = -1.02 \text{ V}$$

이것으로부터 전류원 양단에 걸리는 전압을 다음과 같이 얻을 수 있다.

$$V_{CS} = -V_S - (-V_{SS}) = -1.02 + 1.5 = 0.48 \text{ V}$$

이 값은 최소 전압 0.4 V보다 크다. 따라서 전류원이 아직 정상적으로 동작하고 있으며 $I = -0.4$ mA를 공급하고 있고 다음과 같이 된다.

$$I_{D1} = I_{D2} = \frac{I}{2} = 0.2 \text{ mA}$$
$$V_{D1} = V_{D2} = V_{DD} - \frac{I}{2} R_D = +1 \text{ V}$$
$$V_O = V_{D2} - V_{D1} = 0 \text{ V}$$

역시 동상 모드 전압 V_{CM}이 변해도 차동쌍의 동작에는 아무런 변화가 없음을 확인할 수 있다.

(e) V_{CM}의 최댓값은 Q_1과 Q_2가 포화 영역을 벗어나 트라이오드 영역으로 들어가게 될 때의 V_{CM}의 값이므로 다음과 같다.

$$\begin{aligned} V_{CM\max} &= V_t + V_D \\ &= 0.5 + 1 = +1.5 \text{ V} \end{aligned}$$

(f) V_{CM}의 최솟값은 전류원 I에 걸리는 전압을 최솟값인 $V_{CS} = 0.4$ V로 만드는 값이다.

$$\begin{aligned} V_{CM\min} &= -V_{SS} + V_{CS} + V_{GS} \\ &= -1.5 + 0.4 + 0.82 = -0.28 \text{ V} \end{aligned}$$

따라서 동상 모드 입력 신호의 범위는 다음과 같다.

$$-0.28 \text{ V} \le V_{CM} \le +1.5 \text{ V}$$

연습문제

8.1 예제 8.1에서 R_D가 두 배로 커졌을 때 동상 모드 입력 신호의 범위를 구하라.
[답] −0.28 V에서 1.0 V

8.1.2 차동 입력 전압에 대한 동작

이제 그림 8.4와 같이 Q_1의 게이트에는 신호 v_{id}를 입력하고 Q_2의 게이트는 접지시켜(즉, $v_{G2} = 0$) 입력의 크기가 다르도록 차동 입력을 인가해 보자. $v_{id} = v_{GS1} - v_{GS2}$이므로 v_{id}가 (+)전압이라면 v_{GS1}이 v_{GS2}보다 높고 따라서 i_{D1}이 i_{D2}보다 크며 따라서 v_{D1}이 v_{D2}보다 낮아져서 차동 출력 전압 v_O가 (+)임은 당연하다. 반대의 경우, 즉 v_{id}가 음전압이라면 v_{GS1}이 v_{GS2}보다 낮고 따라서 i_{D1}이 i_{D2}보다 작으며 v_{D1}이 v_{D2}보다 높을 것이다. 따라서 차동 출력 전압 v_O는 (−)로 된다.

위의 내용으로부터 **차이 모드**(difference mode) 또는 **차동 입력 신호**(differential input signal)가 차동쌍에 입력될 때 차동쌍의 두 드레인 간의 전압 차이가 출력으로 나온다는 것을 알 수 있다. 그런데 v_{id}가 어느 정도의 크기일 때 바이어스 전류 I 모두가 하나의 트랜지스터로 흐르는지 알 수 있다면 이를 유용하게 이용할 수 있다. v_{id}가 (+)인 경우 v_{GS1}이 점점 커져서 $i_{D1} = I$가 되고 v_{GS2}는 문턱 전압 V_t까지 감소하면 바이어스 전류 I 전체가 하나의 트랜지스터로 흐르게 되는데 이때 $v_S = -V_t$가 된다. 이때 v_{GS1}의 값은

$$I = \frac{1}{2}\left(k_n' \frac{W}{L}\right)(v_{GS1} - V_t)^2$$

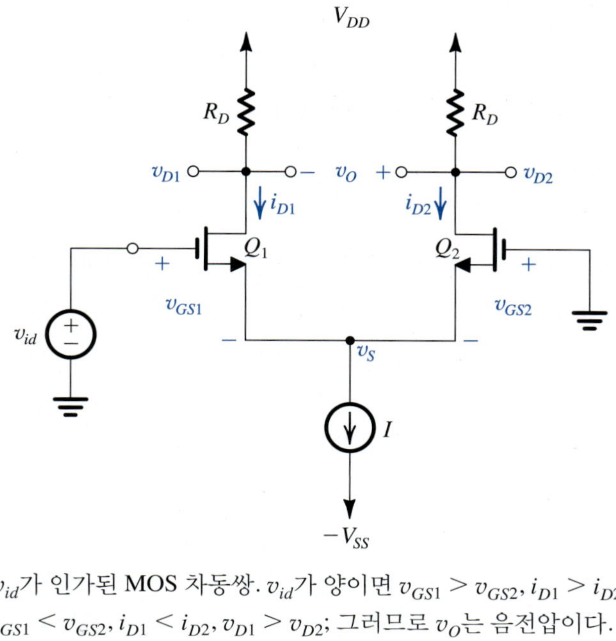

그림 8.4 차동 입력 전압 v_{id}가 인가된 MOS 차동쌍. v_{id}가 양이면 $v_{GS1} > v_{GS2}$, $i_{D1} > i_{D2}$, $v_{D1} > v_{D2}$; 그러므로 v_O는 양전압이다. v_{id}가 음이면 $v_{GS1} < v_{GS2}$, $i_{D1} < i_{D2}$, $v_{D1} > v_{D2}$; 그러므로 v_O는 음전압이다.

을 이용하여 구할 수 있는데 이 식에서 v_{GS1}을 구하면

$$\begin{aligned} v_{GS1} &= V_t + \sqrt{2I/k_n'(W/L)} \\ &= V_t + \sqrt{2}V_{OV} \end{aligned} \tag{8.9}$$

로 되며 V_{OV}는 드레인 전류가 $I/2$인 경우의 오버드라이브 전압이다[식 (8.5)]. 그러므로 바이어스 전류 전부가 Q_1으로 흐르게 되는 v_{id}의 값은 다음과 같다.

$$\begin{aligned} v_{id\max} &= v_{GS1} + v_S \\ &= V_t + \sqrt{2}V_{OV} - V_t \\ &= \sqrt{2}V_{OV} \end{aligned} \tag{8.10}$$

만일 v_{id}가 $\sqrt{2}\,V_{OV}$보다 더 커져도 i_{D1}은 더 커지지 않고 I이며 v_{GS1}도 $V_t + \sqrt{2}\,V_{OV}$라는 값을 유지하며 따라서 v_S는 커지게 되어 Q_2는 계속 꺼져 있게 된다. 마찬가지로 v_{id}가 (−)인 경우에는, v_{id}는 $-\sqrt{2}\,V_{OV}$가 되고 Q_1은 꺼지며 Q_2로 모든 전류가 흐르게 된다. 그러므로 바이어스 전류 I를 하나의 트랜지스터로부터 다른 하나로 모두 옮겨 흐르게 하기 위한 v_{id}의 범위는

$$-\sqrt{2}V_{OV} \le v_{id} \le \sqrt{2}V_{OV}$$

이며 이것을 차동 모드 동작의 범위로 정의한다. 끝으로 Q_1, Q_2 둘 중 하나로 모든 전류가 흐를 때에도 Q_1, Q_2가 포화 영역에 있다고 가정했음을 잊지 말아야 한다.

연습문제

8.2 연습문제 8.1에 제시된 MOS 차동쌍에 대해 다음을 구하라: (a) Q_1을 통하여 전류 I 전부가 흐르게 되는 v_{id}, 그리고 이때의 v_{D1}, v_{D2}, v_O의 값; (b) Q_2를 통하여 전류 I 전부가 흐르게 되는 v_{id}, 그리고 이때의 v_{D1}, v_{D2}, v_O의 값; (c) 이에 따른 차동 출력 전압 v_O의 범위.

[답] (a) +0.45 V, 0.5 V, 1.5 V, +1 V; (b) −0.45 V, 1.5 V, 0.5 V, −1 V; (c) +1에서 −1 V

차동쌍 회로를 선형 증폭기로 동작시키려면 차동 입력 신호 v_{id}가 작아야 하는데 결과적으로 하나의 트랜지스터(v_{id}가 양일 때에는 Q_1)에 흐르는 전류는 v_{id}에 비례하는 ΔI만큼 증가하여 $(I/2 + \Delta I)$가 되며, 다른 트랜지스터에 흐르는 전류는 $(I/2 - \Delta I)$가 된다. 그러면 하나의 드레인에서는 전압 신호 $-\Delta IR_D$가 뜨고, 다른 하나에서는 ΔIR_D가 뜨게 되며, 결과적으로 두 드레인 사이의 전위차인 출력 전압 v_O는 $2\Delta IR_D$가 되어 차동 입력 전압 v_{id}에 비례하게 된다. 차동쌍의 소신호 동작은 8.1.4절에서 다룰 것이다.

8.1.3 대신호 동작

이제 드레인 전류 i_{D1}과 i_{D2}를 차동 입력 전압 $v_{id} \equiv v_{G1} - v_{G2}$의 함수로 유도해 보자. 이 유도 과정에서 차동쌍이 완전히 같으며 채널 길이 변조가 없고($\lambda = 0$ 즉 $V_A = \infty$)와 몸체 효과가 없다고 가정한다. 따라서 유도된 함

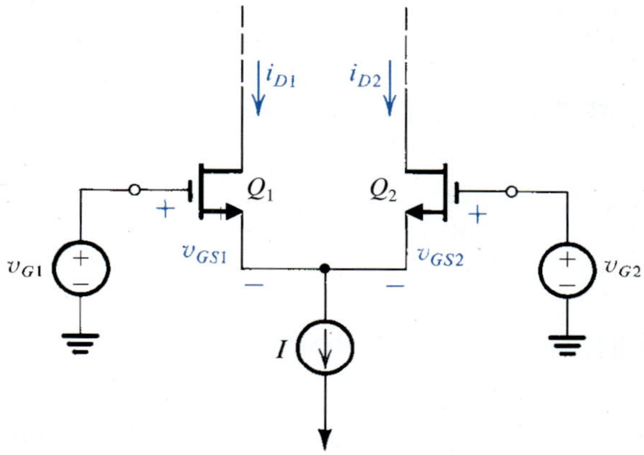

그림 8.5 MOSFET 차동쌍 전달 특성, 즉 i_{D1}과 i_{D2}를 차동 입력 전압 $v_{id} = v_{G1} - v_{G2}$의 함수로 표현하기 위한 회로.

수는 드레인에 연결된 회로의 영향을 받지 않게 되어 그림 8.5에는 드레인에 연결된 회로를 그리지 않았으며 다만 Q_1, Q_2가 항상 포화 영역에 있다고 가정한다.

우선 Q_1, Q_2에 흐르는 전류는 다음 식으로 표현된다.

$$i_{D1} = \frac{1}{2}k_n'\frac{W}{L}(v_{GS1} - V_t)^2 \tag{8.11}$$

$$i_{D2} = \frac{1}{2}k_n'\frac{W}{L}(v_{GS2} - V_t)^2 \tag{8.12}$$

양변에 루트를 취하면 식 (8.11)과 (8.12)를 다음과 같이 다시 쓸 수 있다.

$$\sqrt{i_{D1}} = \sqrt{\frac{1}{2}k_n'\frac{W}{L}}(v_{GS1} - V_t) \tag{8.13}$$

$$\sqrt{i_{D2}} = \sqrt{\frac{1}{2}k_n'\frac{W}{L}}(v_{GS2} - V_t) \tag{8.14}$$

식 (8.13)에서 식 (8.14)를 빼고

$$v_{GS1} - v_{GS2} = v_{G1} - v_{G2} = v_{id} \tag{8.15}$$

를 대입하면 다음과 같이 된다.

$$\sqrt{i_{D1}} - \sqrt{i_{D2}} = \sqrt{\frac{1}{2}k_n'\frac{W}{L}}v_{id} \tag{8.16}$$

그리고 Q_1과 Q_2의 소스가 하나의 정전류 전원에 연결되어 있기 때문에

$$i_{D1} + i_{D2} = I \tag{8.17}$$

는 항상 성립해야 한다. 식 (8.16)과 (8.17)은 미지수가 i_{D1}과 i_{D2} 두 개인 연립 방정식이므로 다음과 같이 풀 수 있다. 식 (8.16)의 양변을 제곱하고 $i_{D1} + i_{D2} = I$를 대입하면

$$2\sqrt{i_{D1}i_{D2}} = I - \frac{1}{2}k_n'\frac{W}{L}v_{id}^2$$

이 되고, 식 (8.17)에서 $i_{D2} = I - i_{D1}$을 위 식에 대입하여 i_{D1}을 구하면 다음과 같다.

$$i_{D1} = \frac{I}{2} \pm \sqrt{k_n'\frac{W}{L}I}\left(\frac{v_{id}}{2}\right)\sqrt{1 - \frac{(v_{id}/2)^2}{I/k_n'\frac{W}{L}}}$$

그런데 v_{id}가 증가할 때 i_{D1}도 바이어스 전류 $(I/2)$보다 커져야 하므로 '+'만 해로 취하면

$$i_{D1} = \frac{I}{2} + \sqrt{k_n'\frac{W}{L}I}\left(\frac{v_{id}}{2}\right)\sqrt{1 - \frac{(v_{id}/2)^2}{I/k_n'\frac{W}{L}}} \tag{8.18}$$

이 되고 i_{D2}는 $i_{D2} = I - i_{D1}$을 이용하면

$$i_{D2} = \frac{I}{2} - \sqrt{k_n'\frac{W}{L}I}\left(\frac{v_{id}}{2}\right)\sqrt{1 - \frac{(v_{id}/2)^2}{I/k_n'\frac{W}{L}}} \tag{8.19}$$

이 된다. 바이어스점(또는 Q점)에서는, 즉 $v_{id} = 0$일 때에

$$i_{D1} = i_{D2} = \frac{I}{2} \tag{8.20}$$

가 될 것이다. 따라서

$$v_{GS1} = v_{GS2} = V_{GS} \tag{8.21}$$

가 되며, 위 식에서 $I/2$는 다음과 같다.

$$\frac{I}{2} = \frac{1}{2}k_n'\frac{W}{L}(V_{GS} - V_t)^2 = \frac{1}{2}k_n'\frac{W}{L}V_{OV}^2 \tag{8.22}$$

이 관계를 이용하고 식 (8.18)과 (8.19)의 $k_n'(W/L)$에 I/V_{OV}^2을 대입하면 다음과 같다.

$$i_{D1} = \frac{I}{2} + \left(\frac{I}{V_{OV}}\right)\left(\frac{v_{id}}{2}\right)\sqrt{1 - \left(\frac{v_{id}/2}{V_{OV}}\right)^2} \tag{8.23}$$

$$i_{D2} = \frac{I}{2} - \left(\frac{I}{V_{OV}}\right)\left(\frac{v_{id}}{2}\right)\sqrt{1 - \left(\frac{v_{id}/2}{V_{OV}}\right)^2} \tag{8.24}$$

이 두 식은 i_{D1}과 i_{D2}에 대한 차동 입력 신호 v_{id}의 영향을 설명하고 있으며 그림 8.6에 정규화된 차동 입력 전압 v_{id}/V_{OV}에 대한 정규화된 전류 i_{D1}/I와 i_{D2}/I의 관계를 도시하였다. 이 그림에서 $v_{id} = 0$인 경우 두 전류는 $I/2$로 같고 v_{id}가 양이면 i_{D1}은 증가하고 i_{D2}는 같은 양만큼 줄어서 그 합은 항상 I가 됨을 알 수 있다. 또 앞서 설명한 바와 같이 v_{id}가 $\sqrt{2}V_{OV}$로 되면 모든 전류가 Q_1으로 흐른다. v_{id}가 음으로 되면, i_{D1}과 i_{D2}만 바꾸면 마

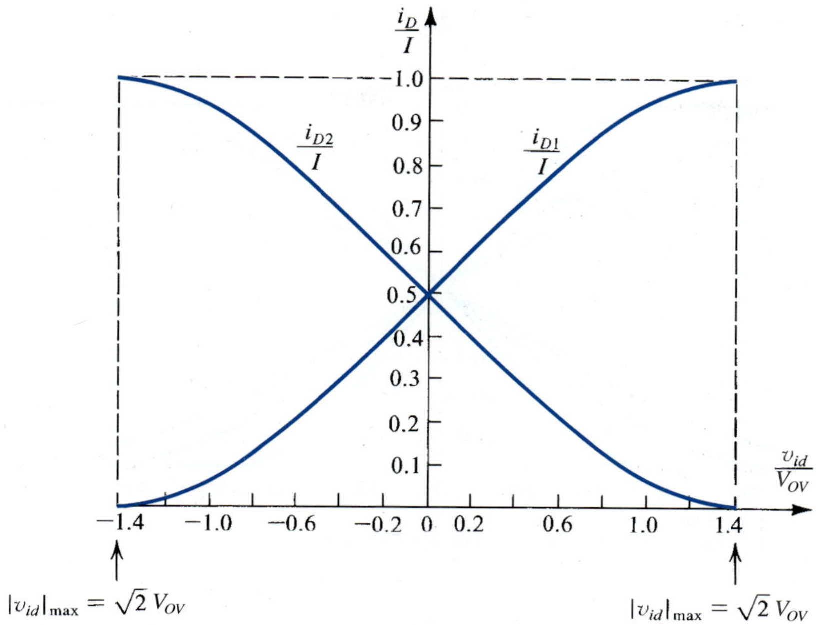

그림 8.6 MOSFET 차동쌍 전류의 정규화된 그래프. V_{OV}는 각 전류가 $I/2$로 같을 때, 즉 Q_1과 Q_2가 평형 상태로 동작할 때의 오버드라이브 전압이며 이 그림은 어떠한 MOS 차동쌍에 대해서도 적용할 수 있음을 기억하라.

찬가지 현상이 벌어지며, v_{id}가 $-\sqrt{2}\,V_{OV}$로 되면 모든 전류가 Q_2로 흐른다. 끝으로 어떠한 MOS 차동쌍에 대해서도 그림 8.6의 그래프를 적용할 수 있음을 기억하기 바란다.

그림 8.6과 식 (8.23), (8.24)의 전달 특성은 분명히 비선형적인데 이는 v_{id}^2을 포함한 항 때문이다. 대부분의 경우 차동쌍으로 선형 증폭기를 구현하려 하므로 이 항을 가능한 한 작게 해야 한다. 그러기 위해서는 주어진 V_{OV}보다 $v_{id}/2$가 다음 식

$$v_{id} \ll 2V_{OV}$$

와 같이 매우 작도록 유지해야 하는데 이것을 소신호 근사 조건라고 한다. 이 조건에서는

$$i_{D1} \simeq \frac{I}{2} + \left(\frac{I}{V_{OV}}\right)\left(\frac{v_{id}}{2}\right) \tag{8.25}$$

$$i_{D2} \simeq \frac{I}{2} - \left(\frac{I}{V_{OV}}\right)\left(\frac{v_{id}}{2}\right) \tag{8.26}$$

가 된다. 위 식을 보면 예상한 바와 같이 i_{D1}은 i_d만큼 증가하고 i_{D2}는 i_d만큼 감소하는데 i_d는 다음 식과 같이 차동 입력 신호 v_{id}에 비례하는 전류 증가분이다.

$$i_d = \left(\frac{I}{V_{OV}}\right)\left(\frac{v_{id}}{2}\right) \tag{8.27}$$

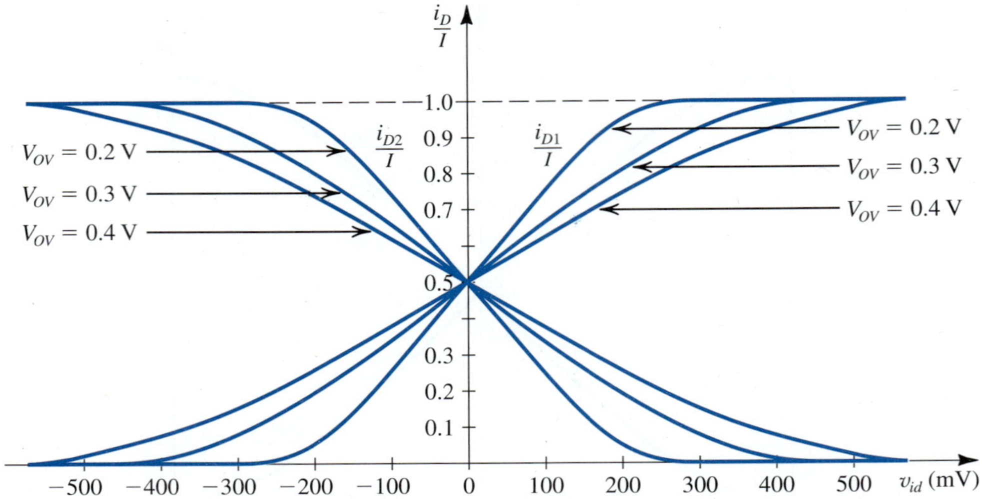

그림 8.7 더 높은 V_{OV}에서 MOS 차동쌍을 동작시키면 선형 동작을 하는 범위를 넓힐 수 있다.

6장에서 설명한 바와 같이 드레인 전류 I_D로 바이어스된 MOSFET은 $g_m = 2I_D/V_{OV}$의 트랜스컨덕턴스를 가지는데, 식 (8.27)을 보면 Q_1과 Q_2가 각각 $I_D = I/2$로 바이어스되어 있을 때 g_m이 (I/V_{OV})라는 것을 알 수 있다. 그런데 식 (8.27)에서 $v_{id}/2$의 의미는 무엇일까? 그것은 v_{id}가 $v_{gs1} = v_{id}/2$와 $v_{gs2} = -v_{id}/2$로 균등하게 두 소자에 나누어지며 따라서 Q_1의 전류는 i_d만큼 증가하고 Q_2의 전류는 i_d만큼 감소한다는 것이다. MOS 차동쌍의 소신호 동작에 대해서는 잠시 후 설명하겠다. 다시 식 (8.23)과 (8.24)를 분석해 보면 Q_1과 Q_2를 동작시키는 오버드라이브 전압 V_{OV}를 크게 하면 선형성이 좋아지는 것을 알 수 있는데 (W/L)을 작게 제작하면 V_{OV}를 크게 할 수 있다. 그러나 선형성을 증가시키기 위해서는 g_m이 작아지며, 따라서 이득이 작아지는 손해를 감수해야 한다. 이와 같은 측면에서 볼 때 그림 8.6은 간단하기는 하지만 어떻게 설계해야 하는지는 알기 힘들다. 그림 8.7에 전류 I가 상수일 때의 전달 특성, 즉 여러 V_{OV}에 대한 차동 입력 전압 v_{id}에 대한 정규화된 전류 i_{D1}/I와 i_{D2}/I의 관계를 나타내었다. 이 곡선들은 V_{OV}를 변화시킬 때 선형성이 커(작아)지면 트랜스컨덕턴스가 작아(커)지는 절충(trade-off)의 필요성을 확실하게 보여 준다. 즉, MOSFET을 (W/L을 작게 하여) 높은 V_{OV}에서 동작시키면 넓은 선형 대역을 얻을 수 있는데 반면에 g_m이 작아지고 따라서 이득이 작아지는 손해를 감수해야 한다. 그러한 절충은 바이어스 전류 I가 상수라고 가정하였기 때문에 발생하는 상황인데 물론 높은 g_m을 얻기 위해 바이어스 전류를 크게 할 수도 있지만 이렇게 하면 전력 소비가 커지며 이것은 IC 설계에서 대단히 심각한 문제가 된다.

연습문제

8.3 MOS 차동쌍의 바이어스 전류 I가 0.4 mA이고 $\mu_n C_{ox}$가 0.2 mA/V^{2}이다. V_{OV} = 0.2, 0.3, 0.4 V로 동작시키려 할 때 필요한 W/L과 이때의 g_m을 구하라. 각 경우에 대해 식 (8.23)과 (8.24)에서 v_{id}^2을

포함하고 있는 항, 즉 $((v_{id}/2)/V_{OV})^2$이 0.1보다 커지지 않는 $|v_{id}|$의 최댓값을 구하라.

[답]

V_{OV}(V)	0.2	0.3	0.4
W/L	50	22.2	12.5
g_m (mA/V)	2	1.33	1
$\|v_{id}\|_{max}$ (mV)	126	190	253

8.1.4 소신호 동작

이 절에서는 지금까지 설명한 차동쌍의 기본적인 동작 원리를 기초로 하여 선형 증폭기로서의 그 동작을 좀 더 자세히 설명할 것이다.

차동 이득 그림 8.8(a)에 다음과 같은 입력 전압이 가해진 MOS 차동쌍을 나타냈다.

$$v_{G1} = V_{CM} + \frac{1}{2}v_{id} \tag{8.28}$$

$$v_{G2} = V_{CM} - \frac{1}{2}v_{id} \tag{8.29}$$

위 식에서 V_{CM}은 차동 증폭기의 동상 모드 입력 범위를 만족하는 동상 모드 직류 전압인데 이것은 MOSFET 게이트의 직류 전압을 인가하기 위해 필요한 전압이다. 보통, 직류 전원 전압의 중간 값이 되도록 V_{CM}을 설정하는데 이 책에서와 같이 두 개의 극성이 다른 $(V_{DD}, -V_{SS})$인 직류 전원을 사용하는 경우에는 보통 V_{CM}을 0 V로 설정한다.

차동 입력 신호 v_{id}는 **상보적**(또는 **평형적**)으로 회로에 가해지는데 이는 v_{G1}은 $v_{id}/2$만큼 크고 v_{G2}는 $v_{id}/2$만큼 작다는 것을 의미한다. 이러한 상황은 예를 들어 차동 증폭기의 입력이 바로 앞단의 다른 차동 증폭기의 출력인 것과 같은 경우이다. 그러나 그림 8.4와 같이 입력 신호가 하나뿐인 경우도 있는데 두 경우에 있어서 동작 특성의 차이는 거의 없다.

그림 8.8(a)에서 보다시피 접지에 대한 드레인의 전압을 증폭기의 출력으로 할 수도 있고 두 드레인 간의 전위차를 출력으로 할 수도 있는데 첫 번째 경우의 출력, 즉 **단동 출력**(single-ended output) v_{o1}과 v_{o2}는 드레인의 직류 전압$(V_{DD} - \frac{I}{2}R_D)$에 신호가 중첩되어 출력된다. 그런데 두 드레인의 전위차를 출력으로 하는 경우의 출력, 즉 **차동 출력**(differential output) v_{od}에는 직류 성분은 전혀 없고(0 V) 입력 신호에 대한 출력 성분만 존재한다. 이렇게 차동 출력을 취하는 것은 매우 중요한 장점이 있는데 이에 대해서는 잠시 후에 설명하겠다.

이제 차동입력 신호 v_{id}에 대한 차동 증폭기의 전압 이득을 계산하기 위해 그림 8.8(a)의 소신호에 대한 동작을 분석하자. 교류 신호만에 대한 회로를 구성하기 위해 직류 전원을 접지하고 전류원 I와 V_{CM}을 제거하면 그림 8.8(b)와 같이 되고 잠시 MOSFET의 r_o의 영향을 무시하자. 그러나 Q_1과 Q_2는 직류 전류 $I/2$로 바이어스

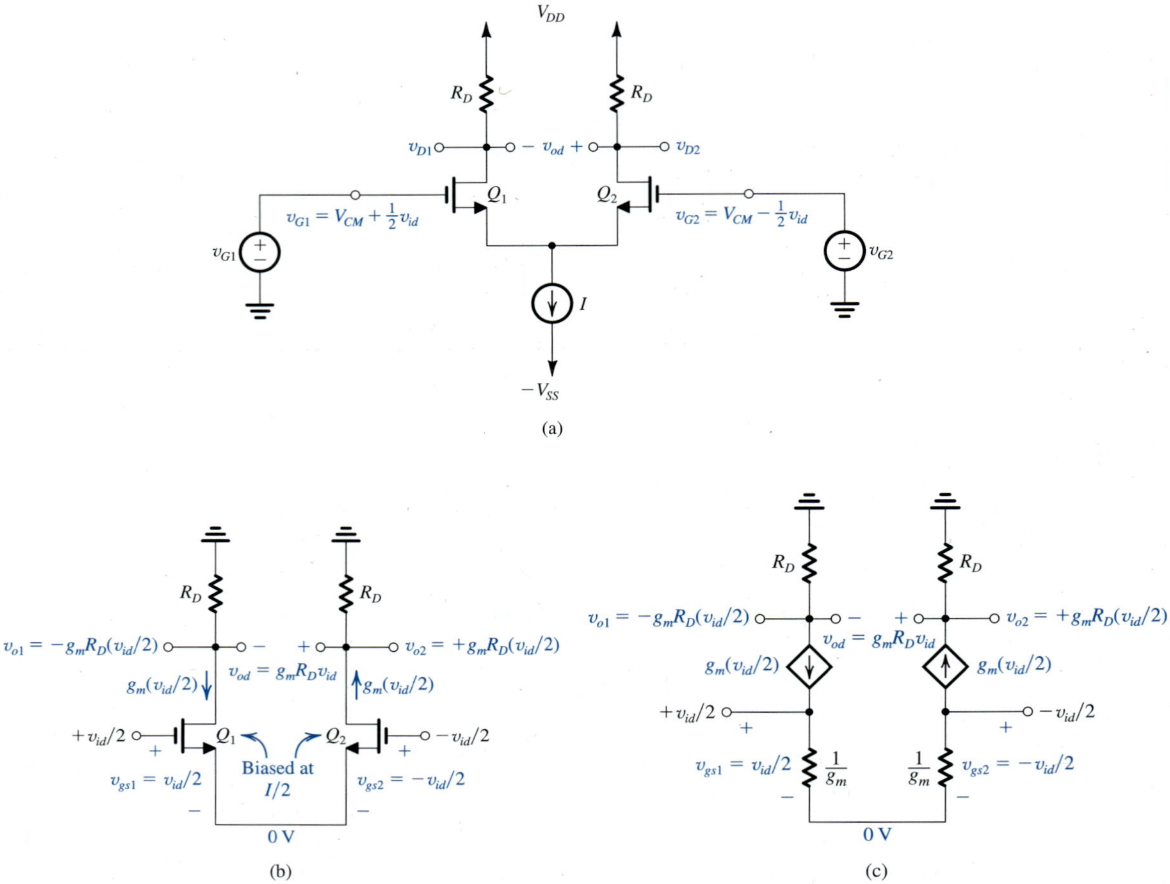

그림 8.8 MOS 소신호에 대한 차동 증폭기의 분석. (a) 게이트 직류 바이어스를 설정하기 위해 동상 모드 전압이 가해져 있고 v_{id}가 상보적(또는 평형적)으로 가해져 있는 회로. (b) 소신호 분석을 위한 회로. (c) (b)의 회로에서 MOSFET을 T 모델로 대체한 회로.

되어 있고 오버드라이브 전압 V_{OV}로 동작한다는 것을 기억하라.

회로가 좌우 대칭이고 v_{id}가 반대 극성으로 인가되어 있기 때문에 두 소스가 연결된 점의 전압은 당연히 0 V이며 **가상 접지**(virtual ground)처럼 동작한다. 그러므로 Q_1의 게이트-소스 사이의 전압은 $v_{gs1} = v_{id}/2$, Q_2의 게이트-소스 사이의 전압은 $v_{gs2} = -v_{id}/2$가 된다. 소신호 근사, 즉 $v_{id}/2 \ll V_{OV}$라고 가정하면 Q_1과 Q_2의 드레인에 흐르는 전류의 변화는 각각 v_{gs1}과 v_{gs2}에 비례하므로 Q_1의 드레인 전류는 $g_m(v_{id}/2)$만큼 증가하고 Q_2의 드레인 전류는 $g_m(v_{id}/2)$만큼 감소한다. g_m은 두 소자의 트랜스컨덕턴스이며

$$g_m = \frac{2I_D}{V_{OV}} = \frac{2(I/2)}{V_{OV}} = \frac{I}{V_{OV}} \tag{8.30}$$

이다. 이러한 결과는 앞서 설명한 대신호 전달 특성을 사용하여 얻어진 결과에 상응하며 소신호 조건인 식 (8.25)와 (8.27)을 포함하고 있다. 차동 증폭기의 소신호 동작을 좀 더 자세히 나타내기 위해 MOSFET을 T 모

델로 대체하면 그림 8.8(c)와 같이 된다. 그림 8.8(b)와 그림 8.8(c)의 소자들이 서로 어떻게 연관되는지를 분석해 보면 회로를 이해하는 데에 큰 도움이 된다.

다시 강조하면, **용량이 큰 바이패스 커패시터를 사용하지 않고도** 두 트랜지스터의 소스 단자가 신호 즉 교류에 대해서는 접지점으로 되는데 이는 차동쌍 구조의 가장 큰 장점이다.

차동쌍의 동작의 핵심은 드레인에 상보적으로(반대 방향으로) 전류 신호가 흐른다는 것인데 이 두 상보적 전류 신호로 무엇을 할 것인가는 또 다른 주제이다. 여기서는 두 전류 신호는 당연히 같은 크기의 저항 R_D에 흐르고 드레인 전압은

$$v_{o1} = -g_m \frac{v_{id}}{2} R_D \tag{8.31}$$

$$v_{o2} = +g_m \frac{v_{id}}{2} R_D \tag{8.32}$$

가 되며 단동 구조로 출력을 취하면 이득은

$$\frac{v_{o1}}{v_{id}} = -\frac{1}{2} g_m R_D \tag{8.33}$$

$$\frac{v_{o2}}{v_{id}} = \frac{1}{2} g_m R_D \tag{8.34}$$

로 된다. 차동으로 출력을 취하면 이득은 다음과 같다.

$$A_d \equiv \frac{v_{od}}{v_{id}} = \frac{v_{o2} - v_{o1}}{v_{id}} = g_m R_D \tag{8.35}$$

그러므로 차동으로 출력을 취하면 이득이 두 배(6 dB)가 된다는 또 다른 장점이 있는데, 차동 출력이 더 많이 쓰이기는 하나 단동 출력이 필요한 경우도 있다는 것을 명심해야 하며, 이 경우에 대해서는 나중에 설명하겠다.

차동 입력 신호 v_{id}에 대한 차동쌍의 동작을 분석하는 또 다른 유용한 방법을 그림 8.9에 도시하였다. 즉, 그림과 같이 소스 방향에서 보았을 때 소스와 게이트 사이의 저항이 $1/g_m$이라는 것을 이용하면 그림과 같이 소스 회로에서 G_1, G_2 사이의 저항이 $2/g_m$으로 되며 따라서 v_{id}를 $2/g_m$으로 나누어서 전류 i_d를 구할 수도 있다.

차동 절반 회로 그림 8.8의 경우와 같이 균형을 이룬 차동 신호가 좌우 대칭인 차동쌍에 입력될 때 회로의 반쪽만 고려해도 그 성능을 결정할 수 있다. 차동 절반 회로(differential half-circuit)의 등가 회로를 그림 8.10에 도시하였다. 차동쌍의 MOSFET의 공통 소스에 적용되는 가상 접지의 결과로서 소스는 접지되어 있게 된다. Q_1은 드레인 바이어스 전류($I/2$)와 오버드라이브 전압 V_{OV}에 의해 구동된다는 것을 기억하라.

절반 회로로부터 직접 차동 이득 A_d를 구할 수 있다. 예를 들어 Q_1, Q_2의 r_o를 고려할 때에는 절반 회로를 이용하면 다음과 같이 구해진다.

$$A_d = g_m (R_D \| r_o) \tag{8.36}$$

더욱 중요한 것은, 9장에서 다룰 차동쌍의 주파수 특성도 역시 절반 회로만 고려해도 쉽게 구할 수 있다는 것이다.

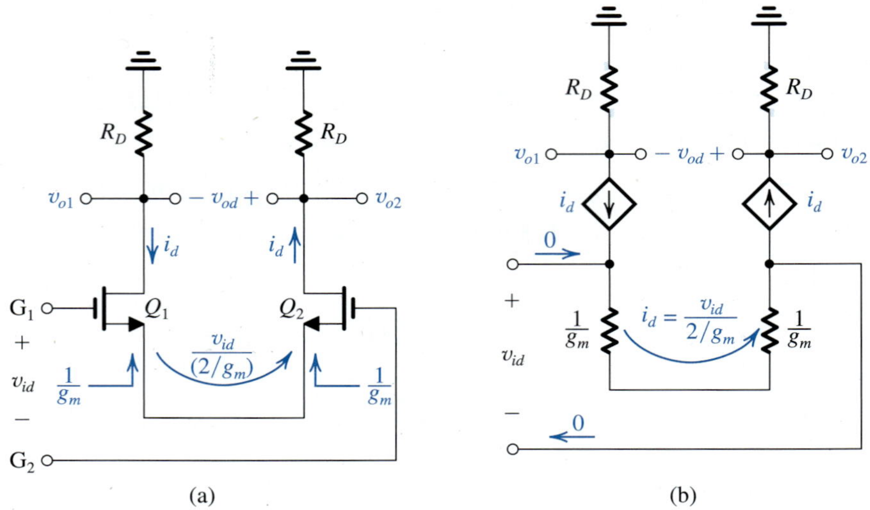

그림 8.9 MOS 차동쌍의 소신호 차동 동작을 해석하는 다른 방법: (a) 회로에서 직접 하는 해석, (b) 등가 회로를 이용한 해석.

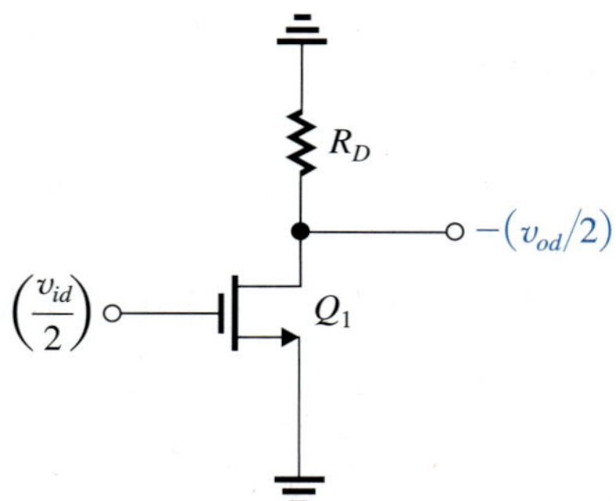

그림 8.10 그림 8.8의 차동쌍의 절반 회로의 등가 회로. Q_1은 드레인 바이어스 전류$(I/2)$와 오버드라이브 전압 V_{OV}에 의해 구동된다. 이 회로를 사용하여 차동 이득 $A_d = v_{od}/v_{id}$를 구할 수 있다.

예제 8.2

그림 8.11(a)의 차동쌍의 절반 회로를 도시하라. Q_1, Q_2가 완벽하게 동일하다고 가정하며 r_o를 무시하고 차동 전압 이득 $A_d \equiv v_{od}/v_{id}$를 구하라.

풀이

회로가 좌우 대칭이고 입력인 v_{id}가 좌우 균형을 이루므로 차동 절반 회로는 그림 8.11(b)와 같다. 대칭축이 R_L의 가운데를 지나므로 절반 회로에서는 $R_L/2$이 드레인과 접지 사이에 연결되며 두 R_s 사이가 가상 접지로 된다. 결과적으로 절반 회로는 퇴행(degeneration) 저항 R_s를 갖게 된다.

절반 회로 Q_1의 r_o를 무시하면 드레인에 연결된 총 저항을 소스에 연결된 총 저항으로 나누어 다음과 같이 이득을 구할 수 있다.

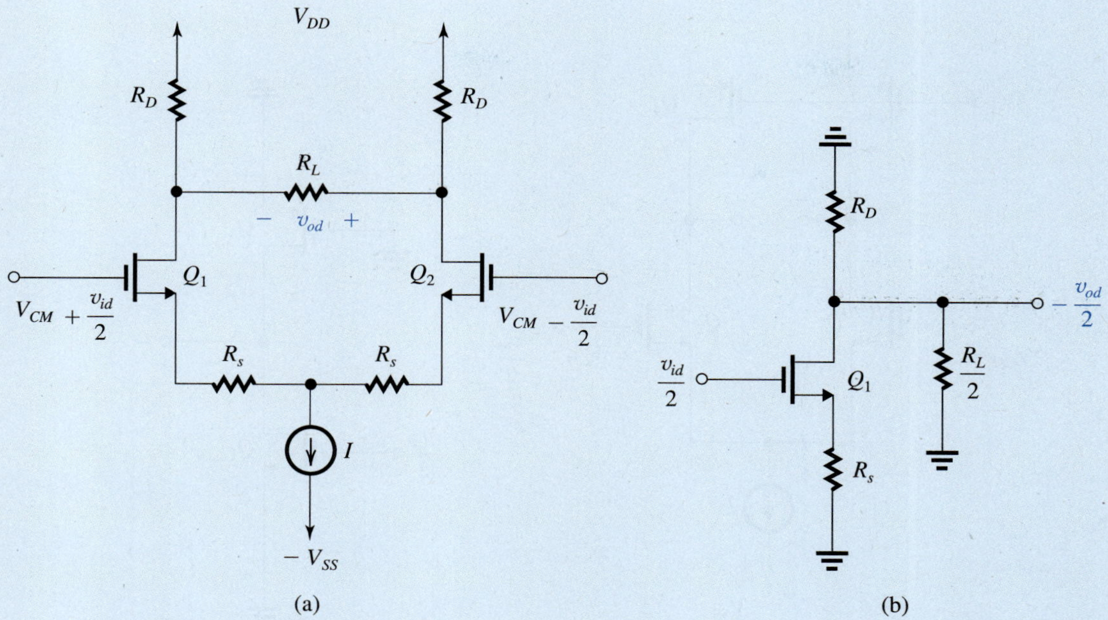

그림 8.11 (a) 예제 8.2의 차동 증폭기. (b) 차동 절반 회로.

$$\frac{-v_{od}/2}{v_{id}/2} = -\frac{R_D \| (R_L/2)}{1/g_m + R_s}$$

$$A_d \equiv \frac{v_{od}}{v_{id}} = \frac{R_D \| (R_L/2)}{1/g_m + R_s} \tag{8.37}$$

연습문제

8.4 MOS 차동쌍의 바이어스 전류가 0.8 mA이고 W/L이 100, $\mu_n C_{ox} = 0.2\ \text{mA/V}^2$, $V_A = 20$ V, $R_D = 5$ kΩ이다. V_{OV}, g_m, r_o, A_d를 구하라.

[답] 0.2 V; 4 mA/V; 50 kΩ; 18.2 V/V

8.1.5 전류원 부하를 가진 차동 증폭기

더 큰 이득을 얻기 위해 R_D 대신에 그림 8.12(a)와 같이 전류원을 삽입할 수도 있다. 여기서 전류원은 PMOS Q_3, Q_4로 이루어져 있으며, V_G는 Q_3, Q_4에 각각 $I/2$의 전류가 흐르도록 하는 바이어스 전원이다. 그림 8.12(b)

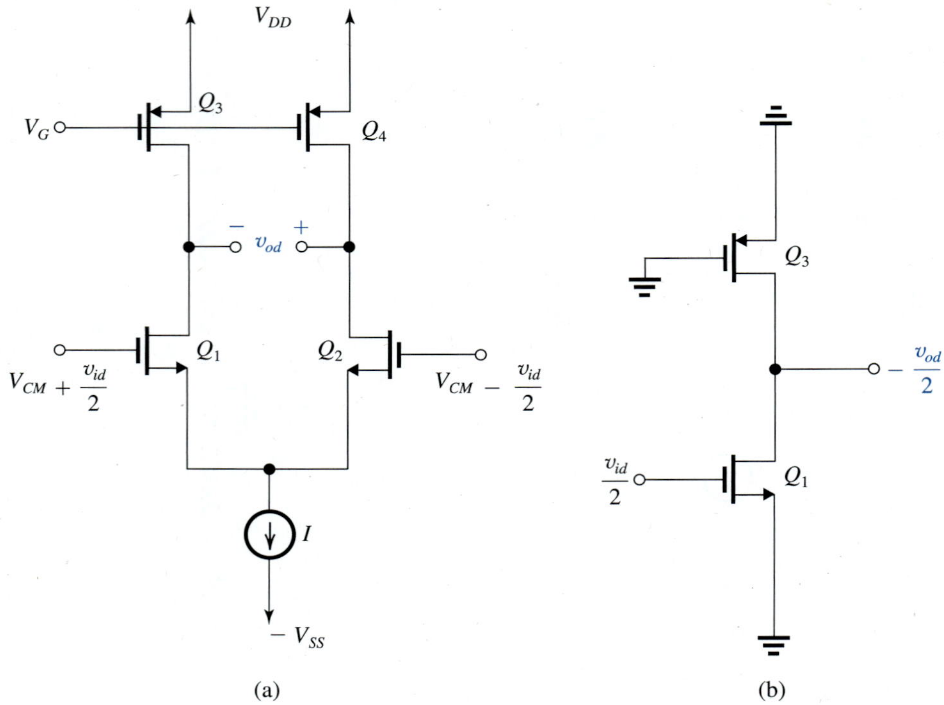

그림 8.12 (a) Q_3, Q_4로 이루어진 전류원을 이용한 차동 증폭기. (b) 회로 (a)의 차동 절반 회로.

의 차동 절반 회로를 이용하여 차동 전압 이득을 구하면 다음과 같다.

$$A_d \equiv \frac{v_{od}}{v_{id}} = g_{m1}(r_{o1} \| r_{o3})$$

긴 꼬리를 가진 쌍 (Long-tailed Pair)

진공관을 기반으로 하는 이 아이디어는 B. C. P. Matthews가 1934년에 'Proceedings of the Physical Society'라는 저널에 발표하였으며 1930년대 말까지 여러 학자들에 의해 더욱 개선되었다. 그 구조는 지금의 차동쌍 구조와 같은데 '긴 꼬리(long-tailed)'라는 명칭은 바이어스를 위한 전류원에 붙여진 이름으로서 큰 저항, 따라서 길이가 긴 저항을 사용하기 때문에 유래되었다. 흥미롭게도 첫 응용은 잡음이 많은 환경에서 생체에서 발생하는 전압을 측정하는 것이었으며 최근까지도 이 구조는 MOS 소자를 이용한 의료 기기에 중요하게 사용되고 있다.

연습문제

8.5 그림 8.12(a)의 차동 증폭기를 0.18 μm 공정으로 제작하였고, $\mu_n C_{ox} = 4\,\mu_p C_{ox} = 400\ \mu\text{A/V}^2$, $|V_t| = 0.5$ V, $|V_A'| = 10$ V/μm이며 채널 길이는 최소 선폭의 두 배이다. 바이어스 전류 $I = 200\ \mu$A, $|V_{OV}| = 0.2$ V로 구동할 때 Q_1, Q_2, Q_3, Q_4의 W/L과 차동 전압 이득 A_d를 구하라.

[답] $(W/L)_{1,2} = 12.5$; $(W/L)_{3,4} = 50$; $A_d = 18$ V/V

8.1.6 캐스코드 차동 증폭기

7.5절에서 설명한 캐스코드(cascode) 형태를 이용하면 차동쌍의 이득을 더 크게 할 수 있다. Q_3, Q_4를 증폭용 트랜지스터 Q_1, Q_2에 캐스코딩하고 Q_5, Q_6를 Q_7, Q_8에 캐스코딩한 CMOS 차동 증폭기를 그림 8.13(a)에 도시하였다. 그림 8.13(b)의 차동 절반 회로를 이용하여 차동 전압 이득을 구하면 다음과 같다.

$$A_d \equiv \frac{v_{od}}{v_{id}} = g_{m1}\left(R_{on} \| R_{op}\right) \tag{8.38}$$

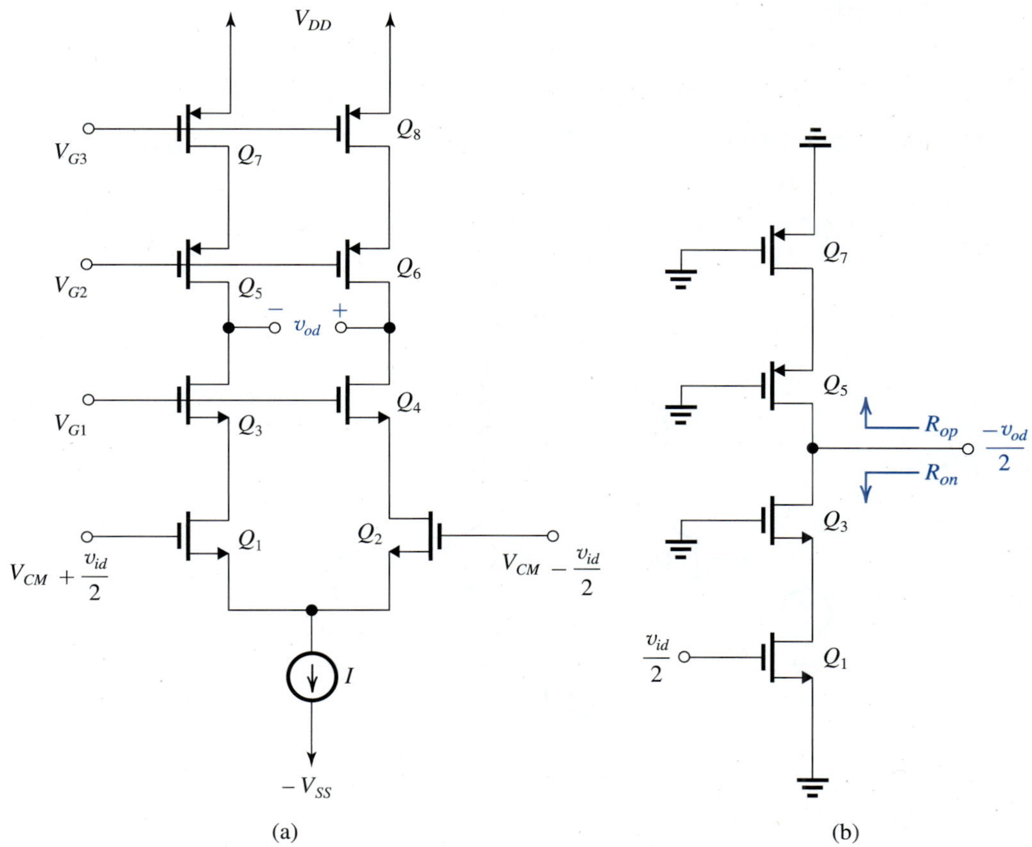

그림 8.13 (a) 캐스코드 차동 증폭기; 그리고 (b) 차동 절반 회로.

위 식에서 R_{on}과 R_{op}는 다음과 같다.

$$R_{on} = (g_{m3}r_{o3})r_{o1} \tag{8.39}$$

$$R_{op} = (g_{m5}r_{o5})r_{o7} \tag{8.40}$$

연습문제

8.6 그림 8.13(a)의 CMOS 캐스코드 차동 증폭기를 0.18 μm 공정으로 제작하였고 $\mu_n C_{ox} = 4\,\mu_p C_{ox} = 400\ \mu\text{A/V}^2$, $|V_t| = 0.5$ V, $|V'_A| = 10$ V/μm이며 채널 길이는 최소 선폭의 두 배이다. 바이어스 전류 $I = 200\ \mu$A, $|V_{OV}| = 0.2$ V로 구동할 때 Q_1~Q_8의 W/L과 차동 전압 이득 A_d를 구하라.
[답] $(W/L)_{1,2,3,4} = 12.5$; $(W/L)_{5,6,7,8} = 50$; $A_d = 648$ V/V

8.2 BJT 차동쌍

그림 8.14에 기본적인 BJT 차동쌍의 회로 구성을 나타냈다. 이 회로는 MOS 회로와 매우 유사하며 두 개의 정합된 트랜지스터 Q_1과 Q_2로 구성된다. 이들의 이미터는 함께 연결되어 있으며, 정전류 전원 I에 의해서 바이어스된다. 전류 전원 I는 일반적으로 7.2절과 7.6절에서 소개한 것과 같은 트랜지스터 회로에 의해 구현된다. 각각의 컬렉터가 R_C를 통해서 플러스 공급기 전압 V_{CC}에 접속되어 있기는 하지만 이 접속이 차동쌍의 동작에 필수적인 것은 아니다. 즉, 어떤 응용에서는 이 컬렉터들이 저항성 부하가 아닌 다른 트랜지스터들에 접속되기도 한다. 그러나 이 컬렉터 회로에서 Q_1과 Q_2가 항상 능동 모드에서 동작해야 함은 기본이다.

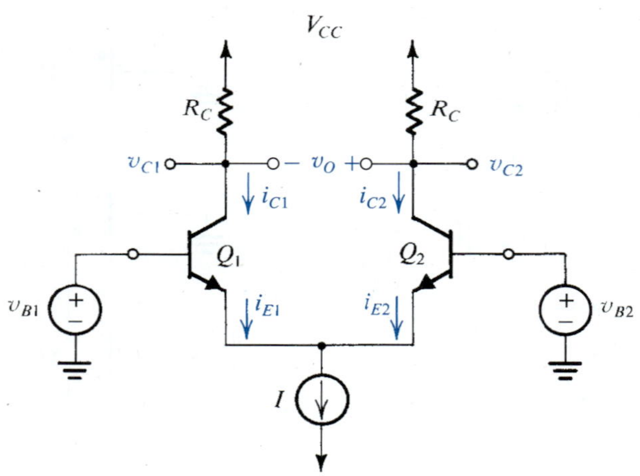

그림 8.14 기본적인 BJT 차동쌍 형태.

8.2.1 기본 동작

차동쌍이 어떻게 동작하는지를 알아보기 위해, 우선 두 베이스가 함께 연결되어 동상 모드 전압(common-mode voltage)이라고 불리는 V_{CM}에 접속되어 있는 경우에 대해 생각해 보기로 하자. 즉, 그림 8.15(a)와 같이 $v_{B1} = v_{B2} = V_{CM}$인 경우에 대해 생각해 보자. Q_1과 Q_2가 정합(완벽하게 동일)되어 있고, 전류원 I가 무한대의 출력 저항을 가진 이상적인 전류원이라고 가정하면, 전류 I는 항상 일정할 것이며 좌우 대칭이기 때문에 두 소자에 균등하게 분배될 것이다. 따라서 $i_{E1} = i_{E2} = I/2$가 될 것이고, 이미터 전압은 $V_{CM} - V_{BE}$가 될 것이다. 여기서 V_{BE}는 이미터 전류가 $I/2$일 때의 베이스-이미터 접합 사이의 전압이다.[그림 8.15(a)에서는 이 전압을 약 0.7 V로 가정하였다.] 각각의 컬렉터 전압은 $V_{CC} - \frac{1}{2}\alpha I R_C$가 될 것이고, 두 컬렉터 사이의 전압차 V_O는 0이 될 것이다.

이제, 동상 모드 입력 신호 V_{CM}을 변화시켜 보기로 하자. Q_1과 Q_2가 활성 영역에서 동작하고 전류원이 정상 동작하기 위한 전압이 확보되어 있는 한, I는 여전히 Q_1과 Q_2에 균등하게 나누어질 것은 분명하며, 컬렉터 전압들도 변하지 않을 것이다. 따라서 우리는 차동쌍이 동상 모드 입력 신호에는 응답하지 않는다[즉, 동상 모드 입력 신호를 제거(reject)한다]는 것을 알 수 있을 것이다.

또 다른 시도로서, v_{B2} 전압을 일정한 값, 예를 들면 (B_2를 접지시켜) 0으로 하고, v_{B1}을 +1 V로 해 보자[그림 8.15(b) 참조]. 조금만 생각해 보면, Q_1이 도통되어 전류 I 전부를 흘릴 것이며, Q_2는 차단될 것임을 알 수 있을 것이다. Q_1이 도통되면($V_{BE1} = 0.7$ V) 이미터는 약 +0.3 V가 될 것이고, 이 전압은 Q_2의 이미터-베이스 접합(EBJ)을 역바이어스 상태로 유지할 것이다. 이때 컬렉터 전압은 $v_{C1} = V_{CC} - \alpha I R_C$, $v_{C2} = V_{CC}$가 되고 따라서 $V_O = \alpha I R_C$가 될 것이다.

이제 v_{B1}을 −1 V로 변화시켜 보자[그림 8.15(c)]. 조금만 다시 생각해 보면, Q_1은 Off 될 것이고, Q_2가 전류 I 전부를 흘릴 것임을 알 수 있을 것이다. 이때 공통 이미터는 −0.7 V가 될 것이고, 이는 Q_1의 이미터-베이스 접합이 0.3 V만큼 역바이어스되리라는 것을 의미한다. 컬렉터 전압은 $v_{C1} = V_{CC}$, $v_{C2} = V_{CC} - \alpha I R_C$가 되고 따라서 $V_O = -\alpha I R_C$가 될 것이다.

이상으로부터 우리는 차동쌍이 상당히 큰 차동 모드 신호(difference-mode signal) 또는 차동 신호(differential signal)에 확실히 응답한다는 것을 알 수 있다. 실제로, 비교적 작은 차동 전압으로 차동쌍의 한쪽에 흐르고 있던 바이어스 전류 전부를 다른 한쪽의 트랜지스터로 흐르게 조종할 수 있다. 이와 같은 전류 조종 성질 때문에 차동쌍은 논리 회로에 이용되기도 한다.

BJT 차동쌍을 선형 증폭기로 사용하기 위해서 아주 작은 차동 신호(수 mV)를 가한다면, 이 신호 때문에 한쪽 트랜지스터에는 $I/2 + \Delta I$의 전류가 흐를 것이고, 다른 쪽 트랜지스터에는 $I/2 - \Delta I$의 전류가 흐를 것이다. 여기서 ΔI는 차동 입력 전압에 비례하는 전류를 의미한다[그림 8.15(d) 참조]. 두 컬렉터 사이에 나타나는 출력 전압 v_{od}는 $2\alpha \Delta I R_C$가 될 것이고, 이 전압은 차동 입력 신호 v_i에 비례할 것이다. 차동쌍의 소신호 동작에 대해서는 곧 설명할 것이다.

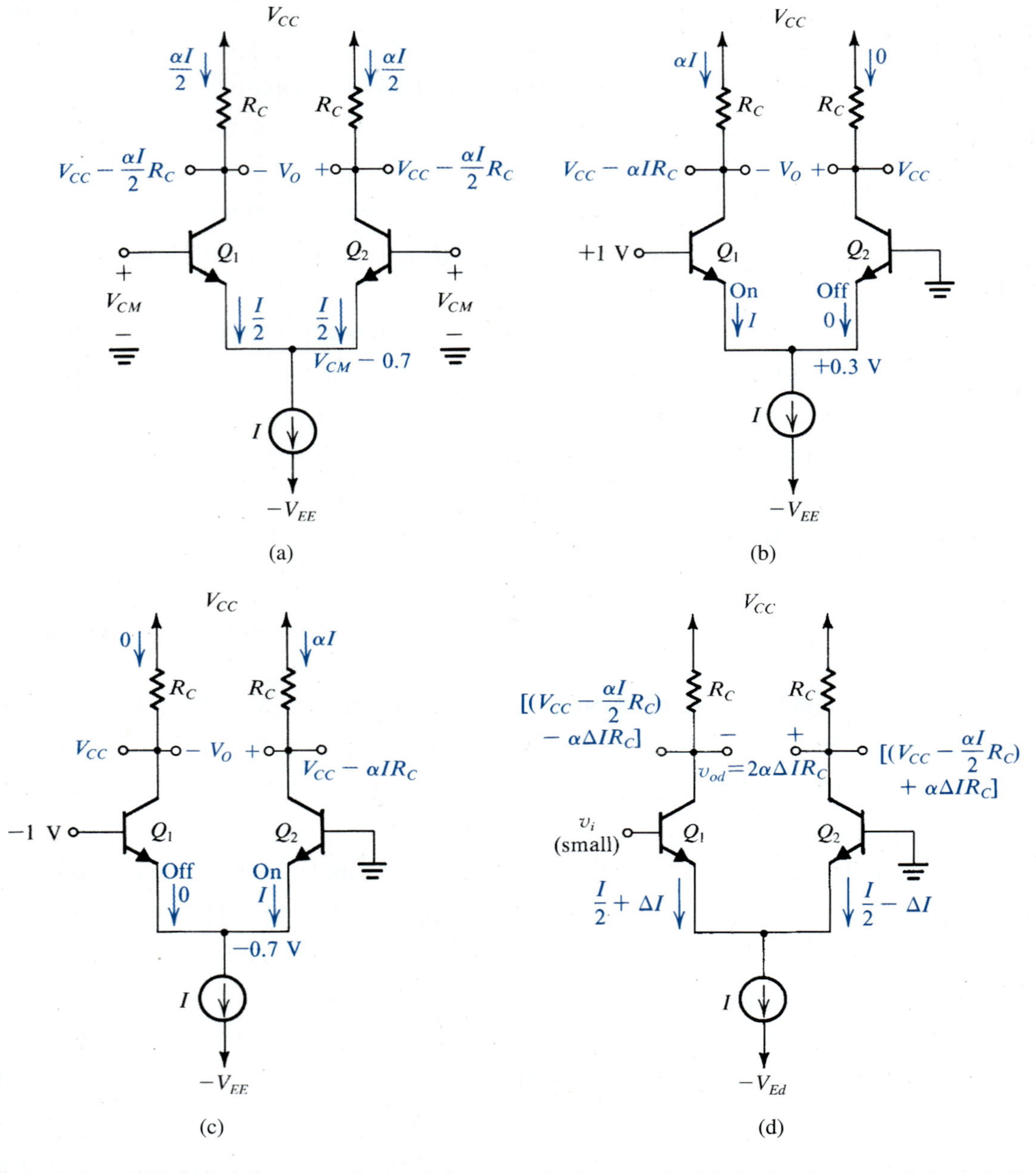

그림 8.15 BJT 차동쌍의 차동 모드 동작. (a) 동상 모드 입력 신호 V_{CM}이 인가된 차동쌍. (b) 큰 차동 입력 신호가 인가된 차동쌍. (c) (b)의 극성과 정반대 극성의 차동 입력 신호가 인가되었을 때의 차동쌍. (d) 작은 차동 입력 신호 v_i가 인가된 차동쌍. 전류원 I가 무한대의 출력 저항을 가진 이상적인 전류원이라고 가정하여 V_{CM}이 변하더라도 전류 I는 항상 일정함을 명심하라.

연습문제

8.7 그림 E8.7의 회로에서 v_E, v_{C1}, v_{C2}의 값을 구하라. 단, 도통된 트랜지스터의 $|v_{BE}|$는 약 0.7 V이고 $\alpha \simeq 1$이라고 가정하라.

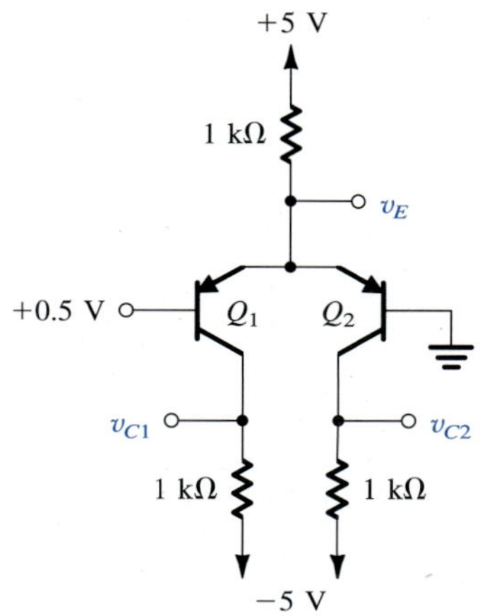

그림 E8.7

[답] +0.7 V; −5 V; −0.7 V

8.2.2 동상 모드 입력 범위

그림 8.15(a)를 보면 V_{CM}의 허용 최댓값은 Q_1, Q_2가 활성 영역을 벗어나 포화 영역으로 들어가는 점에서 결정됨을 알 수 있으며 다음과 같다.

$$V_{CM\max} \simeq V_C + 0.4 = V_{CC} - \alpha \frac{I}{2} R_C + 0.4 \tag{8.41}$$

V_{CM}의 허용 최솟값은 전류원 I가 정상적으로 동작하기 위해 필요한 최소 전압 V_{CS}에 의해 결정됨을 알 수 있으며 다음과 같다.

$$V_{CM\min} = -V_{EE} + V_{CS} + V_{BE} \tag{8.42}$$

연습문제

8.8 어떤 BJT 차동 증폭기가 ±2.5 V의 전원을 사용하고 0.4 mA를 공급하는 간단한 전류원에 의해 바이어스되며 전류원의 동작을 위해 적어도 0.3 V가 필요하다. 컬렉터 저항이 $R_C = 5\ \text{k}\Omega$일 때 동상 모드 입력의 범위를 구하라.

[답] −1.5 V에서 +1.9 V

8.2.3 대신호 동작

이제부터 그림 8.14의 BJT 차동쌍을 일반적인 해석 방법으로 해석해 보기로 하자. 공통 이미터 마디 전압을 v_E라고 표시하고, 얼리 효과(Early effect)를 무시하여 각각의 트랜지스터에 지수 관계식을 적용하면,

$$i_{E1} = \frac{I_S}{\alpha} e^{(v_{B1} - v_E)/V_T} \tag{8.43}$$

$$i_{E2} = \frac{I_S}{\alpha} e^{(v_{B2} - v_E)/V_T} \tag{8.44}$$

가 얻어진다. 이 두 식을 결합하면

$$\frac{i_{E1}}{i_{E2}} = e^{(v_{B1} - v_{B2})/V_T}$$

로 되고, 이 식을 변형하면

$$\frac{i_{E1}}{i_{E1} + i_{E2}} = \frac{1}{1 + e^{(v_{B2} - v_{B1})/V_T}} \tag{8.45}$$

$$\frac{i_{E2}}{i_{E1} + i_{E2}} = \frac{1}{1 + e^{(v_{B1} - v_{B2})/V_T}} \tag{8.46}$$

이 된다. 회로를 보면 다음과 같은 조건이 만족되어야 하므로

$$i_{E1} + i_{E2} = I \tag{8.47}$$

식 (8.47)과 $v_{B1} - v_{B2} = v_{id}$를 식 (8.45)와 (8.46)에 대입하면

$$i_{E1} = \frac{I}{1 + e^{-v_{id}/V_T}} \tag{8.48}$$

$$i_{E2} = \frac{I}{1 + e^{v_{id}/V_T}} \tag{8.49}$$

가 얻어진다. 컬렉터 전류 i_{C1}과 i_{C2}는 식 (8.48)과 (8.49)의 전류에 단순히 α를 곱해 주기만 하면 구해지는데, 대개의 경우 α는 거의 1에 가깝다.

차동 증폭기의 기본 동작은 식 (8.48)과 (8.49)로 설명된다. 우선 증폭기가 입력 전압의 차인 v_{id}에만 응답한다는 점에 주목해야 한다. 즉, $v_{B1} = v_{B2} = V_{CM}$인 경우에는 전류 I가 동상 모드 전압 V_{CM}의 값에 무관하게 두 트랜지스터에 균등하게 분배될 것이다. 이것이 차동 증폭기 동작의 핵심이며, '차동 증폭기'라는 이름을 갖게 된 이유이다.

우리가 주목해야 할 또 다른 중요한 사실은, 비교적 작은 전압 차이 v_{id}가 전류 I의 대부분을 한쪽 트랜지스터로만 흐르게 할 수 있다는 점이다. 그림 8.16은 두 트랜지스터의 컬렉터 전류를 차동 신호의 함수로 나타낸 것이다($\alpha \simeq 1$로 가정). 이 그림이 범용으로 사용될 수 있도록 정규화되어 있다는 점에 주목하기 바란다. 또한 차동 전압이 약 $4V_T(\simeq 100\text{ mV})$만 되어도 전류는 거의 한쪽 트랜지스터로만 흐르게 된다는 점도 기억하기 바

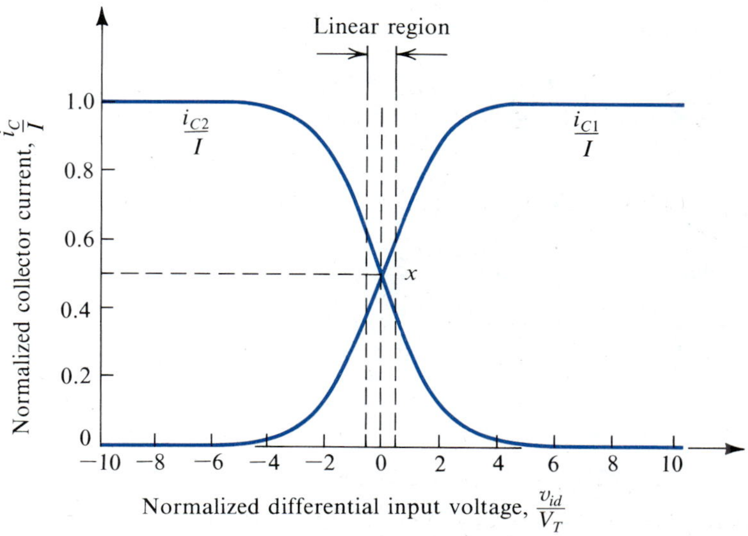

그림 8.16 $\alpha \simeq 1$로 가정할 경우 그림 8.14의 BJT 차동쌍의 전달 특성.

란다. 또 MOS 차동쌍은 한쪽 트랜지스터로 모든 전류를 흘리기 위한 차동 전압이 $\sqrt{2}V_{OV}$인 데 비해 BJT 차동쌍의 $4V_T$($\simeq 100$ mV)는 이보다 훨씬 작다는 것도 주목하라. 이와 같이 작은 신호가 전류를 BJT 차동쌍의 한쪽으로부터 다른 쪽으로 전환된다는 사실은 차동쌍이 빠른 전류 스위치로 사용될 수 있다는 것을 의미한다.

그림 8.16에 도시된 차동쌍의 비선형 전달 특성에 대해서는 이 장에서 더 이상 다루지 않을 것이며 지금부터는 차동쌍의 소신호 증폭기에 대한 응용만을 다룰 것이다. 이러한 응용을 위해서는 차동 증폭기가 전달 특성의 중간점 x 주위의 직선 부분에서 동작하도록 차동 입력 신호를 $V_T/2$보다 작게 제한해 주어야 한다(그림 8.16).

끝으로 선형 동작 구간을 넓히기 위하여 많이 채택하는 효과적인 방법에 대해 설명하겠다. 그림 8.17(a)의 회로처럼 Q_1과 Q_2의 두 이미터에 같은 저항 R_e를 직렬로 추가하는 방법인데, R_e의 여러 값들에 대한 전달 특성을 그림 8.17(b)에 나타내었다. G_m(즉, $v_{id} = 0$인 점에서 특성 곡선의 기울기)이 감소하고 따라서 이득이 감소하는 대신에 선형적인 구간이 넓어졌음을 볼 수 있다. 이것은 그다지 새로운 사실이 아닌데 그 이유는 이미터 퇴행(degeneration) 형태를 가진 CE 증폭기에서 이미터 저항 R_e가 같은 역할을 한다는 것을 이미 설명했기 때문이다(6.3.4절 참조). 또한 이러한 선형화 기법은 MOS 차동쌍에서 채택한 방법(그림 8.7)과 같은 방법인데, MOS 차동쌍에서는 트랜지스터의 W/L을 변화시키면 V_{OV}를 바꿀 수 있는 데 반해 BJT에서는 V_T를 바꿀 방법이 없다.

연습문제

8.9 그림 8.14의 BJT 차동쌍에 대해 $i_{E1} = 0.99I$가 되도록 하기에 충분한 차동 입력 신호의 값을 구하라.

[답] 115 mV

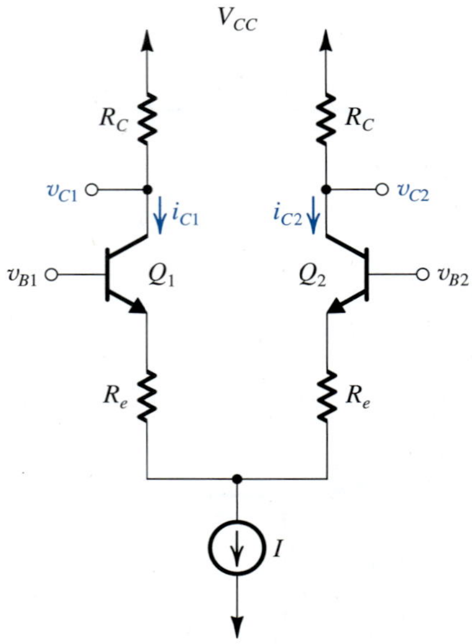

(a)

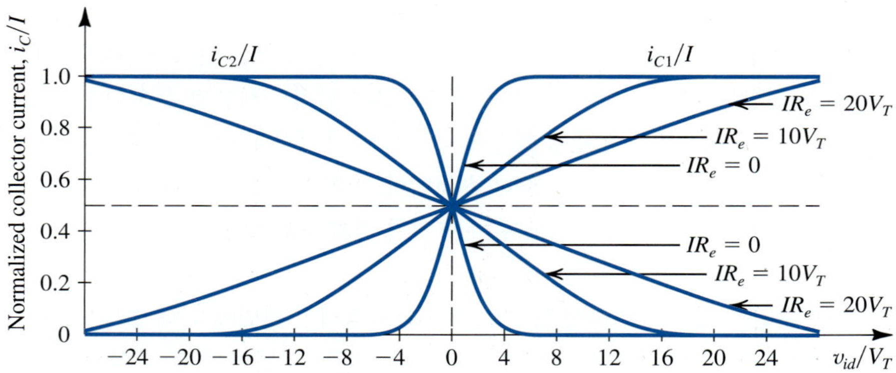

(b)

그림 8.17 BJT 차동쌍 (a)의 전달 특성은 (b)와 같이 선형성을 개선할 수 있다.(즉, 이미터에 저항을 추가함으로써 선형적인 구간을 넓힐 수 있다.)

8.2.4 소신호 동작

이 절에서는 차동쌍을 소신호 증폭기로 응용하는 문제에 관해 설명할 것이다. 그림 8.18에 차동 전압 신호 v_{id}가 두 베이스 사이에 인가된 차동쌍을 나타냈다. 이 그림은 입력의 직류 전압(즉, 동상 모드 입력 신호)이 회로에 나타나 있지는 않지만 설정되어 있다는 것을 암시하고 있다. 예를 들어 이 차동 증폭기의 두 입력 단자 중의 하나가 접지되고 다른 입력 단자에 v_{id}가 인가되거나, 이와는 달리 다른 차동 증폭기의 출력 신호가 이 차동 증폭기의 입력으로 될 수도 있다. 후자의 경우, 한쪽의 입력 단자 전압은 $V_{CM} + v_{id}/2$가 될 것이고, 다른 쪽의 입력 단자 전압은 $V_{CM} - v_{id}/2$가 될 것이다.

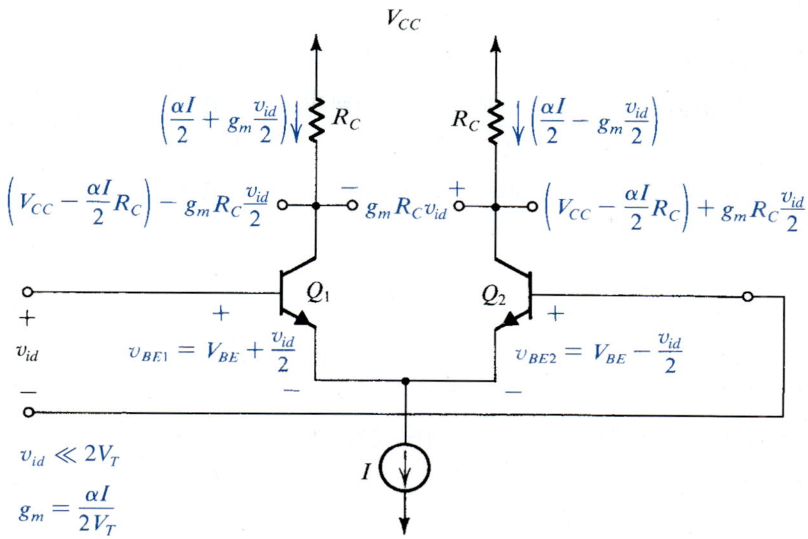

그림 8.18 작은 차동 신호 v_{id}가 입력에 인가되었을 때의 차동쌍의 전류와 전압.

v_{id}가 인가되었을 때의 컬렉터 전류 식 (8.48)과 (8.49)를 그림 8.18의 회로에 적용하면

$$i_{C1} = \frac{\alpha I}{1 + e^{-v_{id}/V_T}} \tag{8.50}$$

$$i_{C2} = \frac{\alpha I}{1 + e^{v_{id}/V_T}} \tag{8.51}$$

로 된다. 식 (8.50)의 우변의 분자와 분모에 $e^{v_{id}/2V_T}$를 곱하면

$$i_{C1} = \frac{\alpha I e^{(v_{id}/2V_T)}}{e^{(v_{id}/2V_T)} + e^{(-v_{id}/2V_T)}}$$

로 된다. $v_{id} \ll 2V_T$라고 가정하고 $e^{\pm v_{id}/2V_T}$를 테일러 급수로 변환한 후에 처음의 두 항만 취하면

$$i_{C1} \simeq \frac{\alpha I(1 + v_{id}/2V_T)}{1 + v_{id}/2V_T + 1 - v_{id}/2V_T}$$

를 얻을 수 있다. 따라서

$$i_{C1} = \frac{\alpha I}{2} + \frac{\alpha I}{2V_T}\frac{v_{id}}{2} \tag{8.52}$$

로 되고, 식 (8.51)을 같은 방법으로 정리하면

$$i_{C2} = \frac{\alpha I}{2} - \frac{\alpha I}{2V_T}\frac{v_{id}}{2} \tag{8.53}$$

가 얻어진다. 식 (8.52)와 (8.53)은 $v_{id}=0$일 때 바이어스 전류 I가 차동쌍의 두 트랜지스터에 균등하게 나뉜다는 것을 말해 준다. 따라서 각각의 트랜지스터는 $I/2$의 이미터 전류로 바이어스된다. 이 두 식은 또 '소신호' v_{id}가 차동으로(즉, 두 베이스 사이에) 인가될 때, Q_1의 컬렉터 전류는 i_c만큼 증가하고 Q_2의 컬렉터 전류는 그만큼 줄어든다는 것을 말해 준다. 이로부터 Q_1의 전류와 Q_2의 전류의 총합은 일정하게 유지되며, 그 크기는 전류 전원의 바이어스 전류에 의해서 제한된다는 것을 확인할 수 있다. 증가 전류 또는 신호 전류 i_c는 다음과 같다.

$$i_c = \frac{\alpha I}{2V_T}\frac{v_{id}}{2} \tag{8.54}$$

식 (8.54)를 쉽게 해석하는 방법은 다음과 같다. 우선, 회로(그림 8.18)가 대칭인 점에 주목하면 차동 신호 v_{id}가 두 트랜지스터의 베이스-이미터 접합에 균등하게 분배된다는 것을 쉽게 알 수 있다. 따라서 베이스-이미터의 총 전압은 다음과 같이 될 것이다.

$$v_{BE}\big|_{Q1} = V_{BE} + \frac{v_{id}}{2}$$
$$v_{BE}\big|_{Q2} = V_{BE} - \frac{v_{id}}{2}$$

위 식에서 V_{BE}는 이미터 전류가 $I/2$일 때 이미터-베이스 사이에 걸리는 직류 전압을 의미한다. 따라서 Q_1의 컬렉터 전류는 $g_m v_{id}/2$만큼 증가할 것이고, Q_2의 컬렉터 전류는 $g_m v_{id}/2$만큼 감소할 것이다. 여기서 g_m은 Q_1과 Q_2의 트랜스컨덕턴스를 가리키며

$$g_m = \frac{I_C}{V_T} = \frac{\alpha I/2}{V_T} \tag{8.55}$$

로 주어진다. 따라서 식 (8.54)는 간단히 말하면 $i_c = g_m v_{id}/2$라는 것을 의미한다.

다른 해석 방법 위의 결과를 대단히 유용한 다른 방법으로 해석할 수도 있다. 전류 전원 I가 이상적인 전류원이라고 가정하면 v_{id}에 의해 전류원에 흐르는 전류의 증가는 영일 것이며 따라서 전류원의 증분 저항은 무한대가 될 것이다. 그러므로 전압 v_{id}는 각 트랜지스터의 BE 접합의 저항 성분의 합, 즉 $2r_e$의 저항에 걸릴 것이다. 여기서 r_e는 바이어스에 의해 결정되므로

$$r_e = \frac{V_T}{I_E} = \frac{V_T}{I/2} \tag{8.56}$$

이다. 결국 신호 전류 i_e는 그림 8.19에 표시한 것처럼 흐를 것이고, 그 크기는 다음과 같다.

$$i_e = \frac{v_{id}}{2r_e} \tag{8.57}$$

그러므로 Q_1의 컬렉터에는 i_c만큼 증가한 전류가 흐를 것이고, Q_2의 컬렉터에는 그만큼 감소한 전류가 흐를 것이다. 여기서 i_c는 다음과 같다.

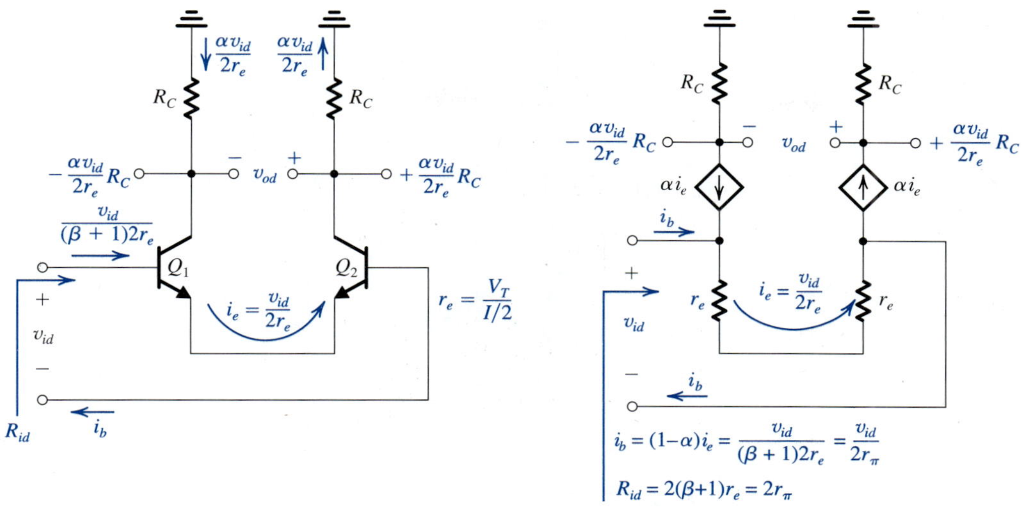

그림 8.19 차동 전압 신호 v_{id}로 차동 증폭기를 구동시켰을 때 신호 전류를 계산하는 간단한 방법; 직류 성분은 나타내지 않았다. (a)는 BJT의 T 모델을 사용하지 않았는데 (b)에는 두 BJT의 T 모델을 사용하였다.

$$i_c = \alpha i_e = \frac{\alpha v_{id}}{2r_e} = g_m \frac{v_{id}}{2} \tag{8.58}$$

그림 8.19(a)에는 신호만의 크기를 나타냈다는 점에 유의하기 바란다. 물론, 각각의 트랜지스터는 $I/2$의 이미터 전류로 바이어스되어 있다. 이 방법을 더 강조하기 위하여 BJT를 T 모델로 대체한 등가 회로를 그림 8.19(b)에 나타내었다.

그림 8.20에 보인 것처럼, 이 해석 방법은 이미터에 저항이 포함될 때에 특히 유용하다. 이 회로의 경우에는 다음과 같이 된다.

$$i_e = \frac{v_{id}}{2r_e + 2R_e} \tag{8.59}$$

차동 입력 저항 무한대의 입력 저항을 가진 MOS 차동쌍과는 달리 BJT 입력쌍의 입력 저항은 유한한 값을 가지고 있는데 이는 BJT의 β가 유한하기 때문이다.

차동 입력 저항(input differential resistance)은 두 베이스 사이에서 측정되는 저항, 즉 차동 입력 신호 v_{id}에 걸리는 저항을 의미한다. 그림 8.18과 그림 8.19의 차동 증폭기에서 Q_1의 베이스 전류는 다음 i_b만큼 증가할 것을 알 수 있고

$$i_b = \frac{i_e}{\beta + 1} = \frac{v_{id}/2r_e}{\beta + 1} \tag{8.60}$$

Q_2의 베이스 전류는 같은 양만큼 감소할 것이다. 따라서 차동 입력 저항 R_{id}는

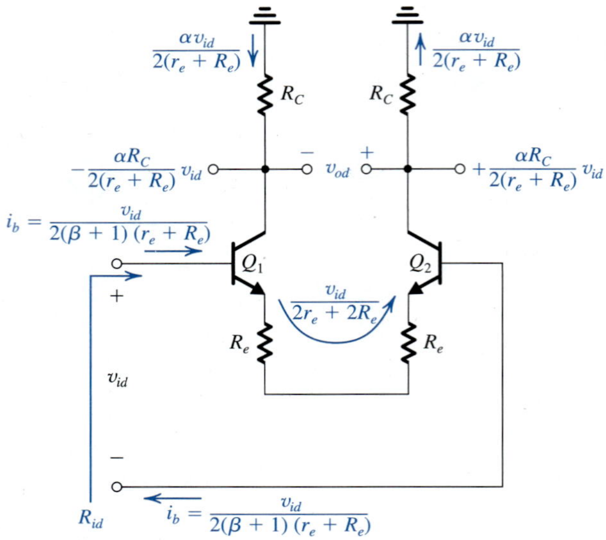

그림 8.20 이미터 저항이 포함된 차동 증폭기. 바이어스 전류를 제외한 신호만의 크기를 다른 색깔로 표시하였다.

$$R_{id} \equiv \frac{v_{id}}{i_b} = (\beta+1)2r_e = 2r_\pi \tag{8.61}$$

로 주어진다. 이 결과는 우리가 이미 잘 알고 있는 저항-반사 공식(즉, 두 베이스 사이에 나타나는 저항은 이미터 회로의 총 저항에 $\beta+1$을 곱한 것과 같다)을 다시 써 놓은 것에 불과하다. 이 공식을 이용해서 그림 8.20 회로의 차동 입력 저항을 다음과 같이 구할 수 있다.

$$R_{id} = (\beta+1)(2r_e + 2R_e) \tag{8.62}$$

차동 전압 이득 차동 입력 전압이 작은 경우($v_{id} \ll V_T$, 즉 v_{id}가 약 20 mV보다 작은 경우)에는 컬렉터 전류가

$$i_{C1} = I_C + g_m \frac{v_{id}}{2} \tag{8.63}$$

$$i_{C2} = I_C - g_m \frac{v_{id}}{2} \tag{8.64}$$

가 된다는 것을 앞에서 확인하였다. 여기서

$$I_C = \frac{\alpha I}{2} \tag{8.65}$$

이다. 따라서 각각의 컬렉터의 총 전압은

$$v_{C1} = (V_{CC} - I_C R_C) - g_m R_C \frac{v_{id}}{2} \tag{8.66}$$

$$v_{C2} = (V_{CC} - I_C R_C) + g_m R_C \frac{v_{id}}{2} \tag{8.67}$$

가 될 것이다. 괄호 안의 양들은 두 컬렉터 각각의 직류 전압이다.

MOS의 경우와 마찬가지로 BJT 차동 증폭기의 출력 전압 신호를 **차동으로**(즉, 두 컬렉터 간의 전압 차이 $v_{od} = v_{c2} - v_{c1}$으로) 택할 수 있다. 만일 출력을 차동으로 취한다면, 이 증폭기의 차동 이득은

$$A_d = \frac{v_{od}}{v_{id}} = g_m R_C \tag{8.68}$$

가 될 것이다. 이미터 리드에 저항이 포함되어 있는 차동 증폭기(그림 8.20)에서 출력을 차동으로 취하면, 차동 이득은

$$A_d = \frac{\alpha(2R_C)}{2r_e + 2R_e} \simeq \frac{R_C}{r_e + R_e} \tag{8.69}$$

로 주어질 것이다. 이 식은 친숙한 수식으로, 컬렉터 회로의 총 저항($2R_C$)과 이미터 회로의 총 저항($2r_e + 2R_e$)의 비가 그 회로의 전압 이득이 된다는 것을 말해 준다.

차동 절반 회로 MOS의 경우에서와 같이 차동 절반 회로만 고려해도 BJT 차동 증폭기의 차동 이득을 구할 수 있다. 입력 신호 v_{id}가 **상보적인**(complementary) 형태로[**푸시풀**(push-pull) 형태로 또는 **평형된**(balanced) 형태로] 인가된 차동 증폭기를 그림 8.21(a)에 도시하였다. 즉, Q_1의 베이스는 $v_{id}/2$만큼 높아져 있는 데 반해, Q_2의 베이스는 $v_{id}/2$만큼 낮아져 있다는 점을 주목하라. 또한 바이어스 전류 전원의 출력 저항 R_{EE}도 포함되어 있다는 점도 주목하기 바란다. 회로가 대칭이기 때문에, 공통 이미터 마디의 신호 전압은 0일 것이다. 따라서 이 회로는 각각의 트랜지스터가 $I/2$의 이미터 전류로 바이어스되어 있는, 그림 8.21(b)의 두 개의 공통 이미터 증폭기와 등가가 될 것이다. 전류 전원의 유한 출력 저항 R_{EE}가 회로의 동작에 아무런 영향을 미치지 않는다는 점에 주목하기 바란다. 그림 8.21(b)의 등가 회로는 증폭기가 차동으로 동작할 때에만 유효하다.

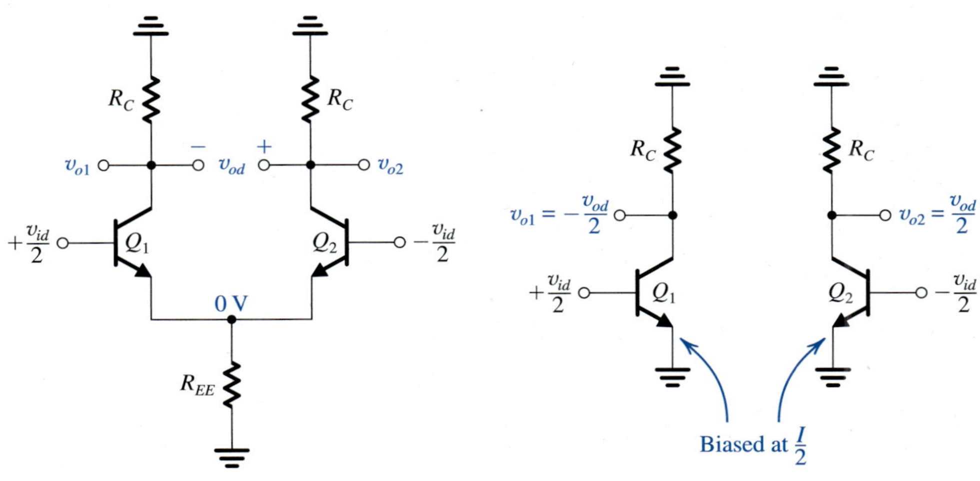

그림 8.21 (a)에 있는 BJT 차동 증폭기 회로와 (b)에 있는 두 개의 공통 이미터 증폭기 회로의 등가성. 이 등가성은 차동 입력 신호에 대해서만 유효하다. (b)에 있는 두 개의 공통 이미터 증폭기 중의 어느 한쪽을 사용하여 차동 증폭기의 차동 이득, 차동 입력 저항, 주파수 응답 등을 계산할 수 있다.

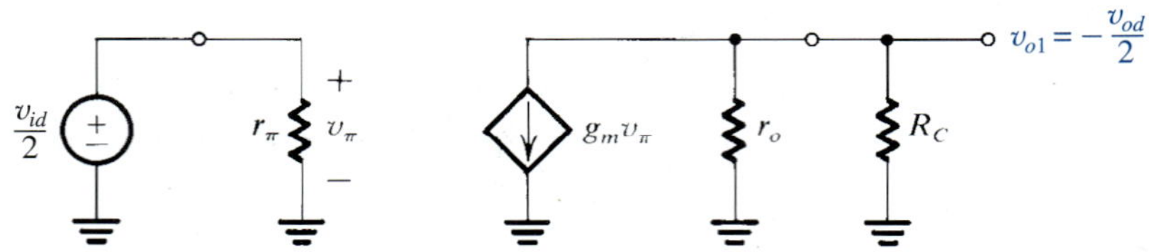

그림 8.22 그림 8.21(b)의 Q_1으로 구성된 차동 절반 회로의 등가 회로 모델.

그림 8.21에서 $v_{o2} = -v_{o1} = v_{od}/2$이므로, 그림 8.21(b)의 두 공통 이미터 증폭기는 차동 증폭기의 성능과 비슷하게 동작할 것이다. 따라서 만일 차동 증폭기의 차동 소신호 동작만 해석한다면, 우리는 **차동 절반 회로** (differential half-circuit)만 해석하면 될 것이다. 즉, 이를 위해, $+v_{id}/2$로 구동되는 공통 이미터 증폭기를 차동 절반 회로로 간주한 다음, 트랜지스터를 그것의 저주파 등가 회로 모델로 대체하면 그림 8.22에 보인 회로가 얻어질 것이다. 모델 파라미터 r_π, g_m, r_o의 값을 계산할 때에는, 절반 회로가 $I/2$로 바이어스되어 있다는 점을 반드시 상기해야 할 것이다. 차동 증폭기의 전압 이득(출력을 차동으로 취할 때의)은 절반 회로의 전압 이득, 즉 $v_{o1}/(v_{id}/2)$와 같을 것이다. 그런데 r_o를 포함시키면 식 (8.68)의 이득 식이 다음과 같이 수정된다는 것을 명심하라.

$$A_d = g_m(R_C \| r_o) \tag{8.70}$$

차동 증폭기의 차동 입력 저항은 절반 회로의 입력 저항의 두 배, 즉 $2r_\pi$일 것이다. 끝으로 그림 8.20의 증폭기의 차동 절반 회로는 이미터 리드에 저항 R_e가 연결된 공통 이미터 증폭기라는 점을 주목하기 바란다.

예제 8.3

그림 8.23의 차동 증폭기는 $\beta = 100$인 트랜지스터를 사용하고 있다. 다음을 구하라.

(a) 입력 차동 저항 R_{id}.
(b) 전체 전압 이득 v_{od}/v_{sig}(r_o의 영향은 무시하라).

풀이

(a) 각각의 트랜지스터는 0.5 mA의 이미터 전류로 바이어스되어 있다. 따라서

$$r_{e1} = r_{e2} = \frac{V_T}{I_E} = \frac{25\text{ mV}}{0.5\text{ mA}} = 50\ \Omega$$

차동 입력 저항을 다음과 같이 구할 수 있다.

$$\begin{aligned} R_{id} &= 2(\beta+1)(r_e + R_E) \\ &= 2 \times 101 \times (50 + 150) \simeq 40\text{ k}\Omega \end{aligned}$$

(b) 신호 전압에 대한 Q_1과 Q_2의 베이스 전압의 비로 정의한 전압 이득은

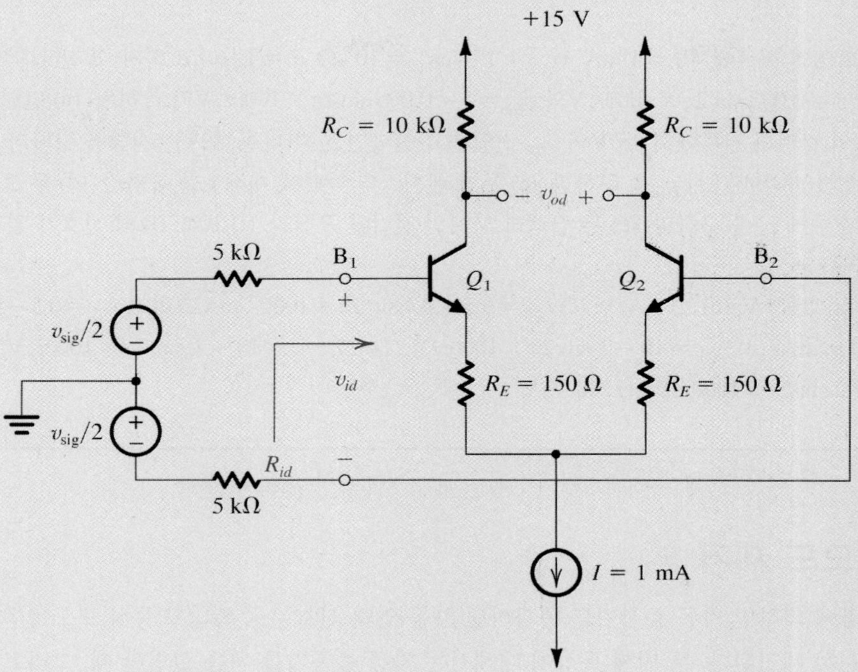

그림 8.23 예제 8.3에 대한 회로.

$$\frac{v_{id}}{v_{sig}} = \frac{R_{id}}{R_{sig} + R_{id}}$$

$$= \frac{40}{5+5+40} = 0.8\ \text{V/V}$$

이다. 베이스 전압에 대한 출력 전압의 비로 정의한 전압 이득은

$$\frac{v_{od}}{v_{id}} \simeq \frac{\text{컬렉터들에 있는 총 저항}}{\text{이미터들에 있는 총 저항}}$$

$$= \frac{2R_C}{2(r_e + R_E)} = \frac{2 \times 10}{2(50+150) \times 10^{-3}} = 50\ \text{V/V}$$

인데 $\alpha \simeq 1$이라고 가정하였다.

전체 전압 이득은 이제 다음과 같이 구할 수 있다.

$$A_d = \frac{v_{od}}{v_{sig}} = \frac{v_{id}}{v_{sig}} \frac{v_{od}}{v_{id}} = 0.8 \times 50 = 40\ \text{V/V}$$

연습문제

8.10 그림 8.18의 회로에서 $I = 1$ mA, $V_{CC} = 15$ V, $R_C = 10$ kΩ, $\alpha = 1$이라고 하자. 또한 입력 전압들이 $v_{B1} = 5 + 0.005 \sin 2\pi \times 1000t$, V와 $v_{B2} = 5 - 0.005 \sin 2\pi \times 1000t$, V라고 하자. (a) 만일 BJT들이 1 mA의 컬렉터 전류에서 0.7 V의 v_{BE} 전압을 가진다면, 이미터들에 뜨는 전압을 구하라. (b) 두 트랜지스터 각각에 대한 g_m을 구하라. (c) 두 트랜지스터 각각에 대해 i_c를 구하라. (d) 두 트랜지스터 각각에 대해 v_C를 구하라. (e) 두 컬렉터 사이의 전압을 구하라. (f) 1000 Hz의 신호가 얻는 이득을 구하라.

[답] (a) 4.317 V; (b) 20 mA/V; (c) $i_{C1} = 0.5 + 0.1 \sin 2\pi \times 1000t$, mA 그리고 $i_{C2} = 0.5 - 0.1 \sin 2\pi \times 1000t$, mA; (d) $v_{C1} = 10 - 1 \sin 2\pi \times 1000t$, V 그리고 $v_{C2} = 10 + 1 \sin 2\pi \times 1000t$, V; (e) $v_{C2} - v_{C1} = 2 \sin 2\pi \times 1000t$, V; (f) 200 V/V

8.3 동상 모드 제거

지금까지 배운 바에 의하면 차동 증폭기를 통과하면 차동 입력 신호는 증폭되고 동상 모드 입력에 대한 성분은 출력에서 완전히 제거된다. 두 번째 특성에 대해서는 차동 증폭기를 처음 설명할 때, 그리고 예제 8.1에서 다룬 바와 같이 V_{CM}이 크게 변하더라도 두 드레인의 단자 전압은 전혀 변하지 않았었다. BJT 차동 증폭기의 경우에도 같은 현상이 발생한다는 것을 8.2.1절에서 설명하였는데 이러한 매우 바람직한 특성은 바이어스 전류를 공급하는 전류원이 이상적인, 즉 출력 저항이 무한대인 이상적 전류원이라고 가정하여 얻어진 결과이다. 이제 실제의 경우와 같이 전류원이 유한한 출력 저항을 가지고 있는 경우에 대하여 설명하겠다.

8.3.1 MOS의 경우

그림 8.24(a)에 출력 저항 R_{SS}를 가진 전류원으로 바이어스되는 MOS 차동 증폭기를 도시하였다. 앞에서와 마찬가지로 이제 두 입력 단자에 직류 전압 V_{CM}이 인가되어 있고 또 아주 작은 동상 신호 v_{icm}이 인가된다고 하자. 여기서 v_{icm}은 간섭 등에 의해 두 입력 단자에 같은 크기로 실리는 잡음을 의미하는데 당연히 제거되어야 하는 성분이다. 이제부터 출력에 v_{icm}의 성분이 얼마나 나타나는지를 구해 보자.

증폭기의 동상 모드 이득을 구하기 전에 R_{SS}가 Q_1, Q_2의 바이어스 전류에 미치는 영향을 분석한다. 그러기 위해 v_{icm}을 영으로 놓으면 Q_1, Q_2에 가해지는 바이어스 전류는 $I/2$가 아니라 $I/2$보다 더 커지는데 증가량은 V_{CM}과 R_{SS}에 의해 결정된다. 그러나 R_{SS}는 보통 대단히 큰 값을 가지므로 Q_1, Q_2의 바이어스 전류의 증가분이 무시할 수 있을 정도로 작아서 Q_1, Q_2가 바이어스 전류 $I/2$로 동작한다고 가정하자. 그런데 R_{SS}가 차동 이득에 영향을 줄지도 모른다는 의문이 있다. 그 답은 간단명료하다. 즉, 차동 입력 신호가 인가되어도 공통 소스 단자에 발생하는 가상 접지 때문에 R_{SS}에는 신호 전류가 전혀 흐르지 않는다; 따라서 R_{SS}는 차동 이득 A_d에 아무런 영향도 주지 않는다.

이제 동상 모드 입력 신호 v_{icm}에 대한 차동 증폭기의 응답을 알기 위해 그림 8.24(b)를 분석해 보자. 이 회

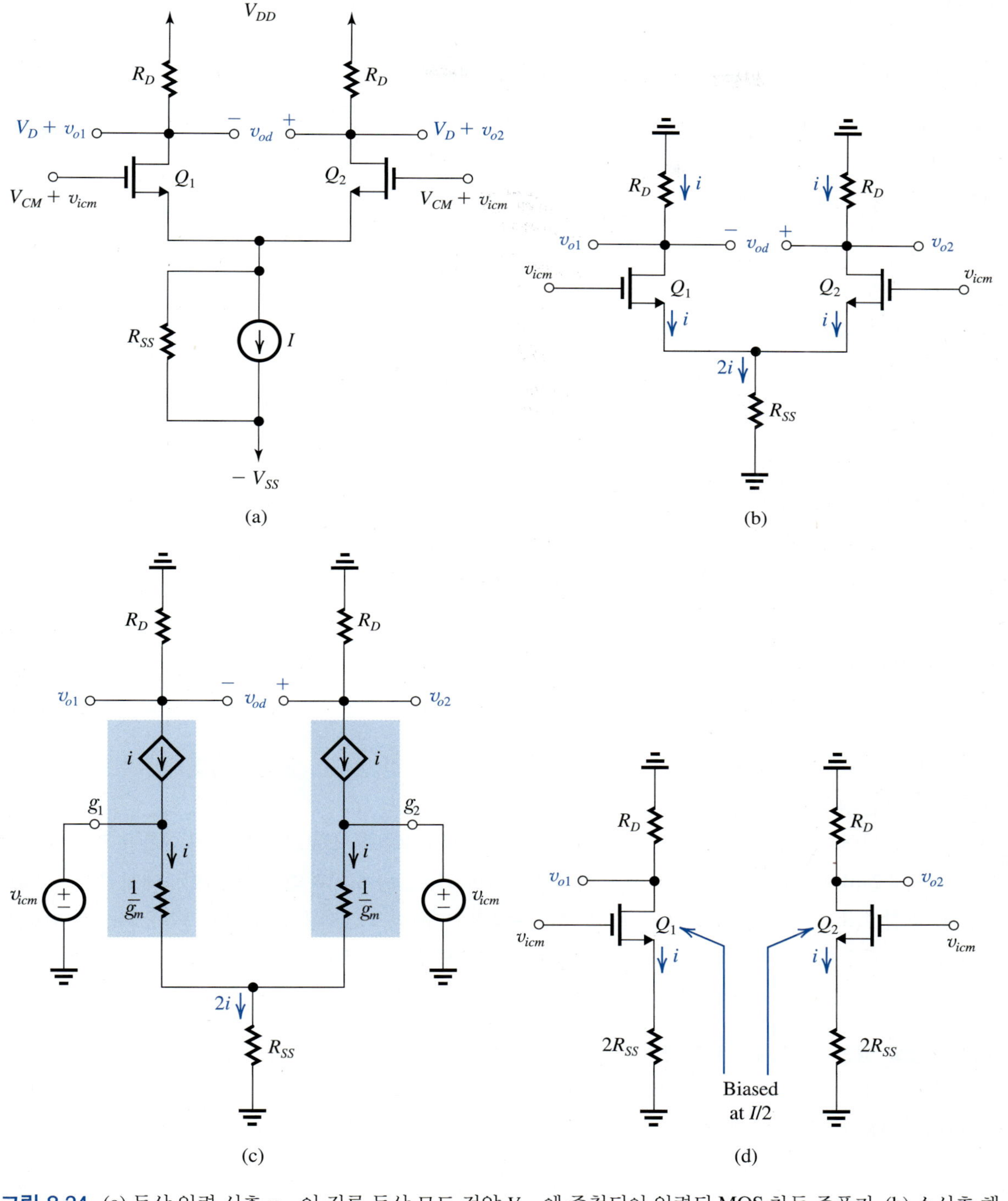

그림 8.24 (a) 동상 입력 신호 v_{icm}이 직류 동상 모드 전압 V_{CM}에 중첩되어 입력된 MOS 차동 증폭기. (b) 소신호 해석을 위한 회로. (c) r_o를 무시하고 T 등가 모델을 사용한 등가 회로. (d) (b) 회로의 절반 회로이며 각각을 '동상 모드 절반 회로(CM half-circuit)'라 부른다.

로는 V_{DD}와 V_{SS}를 단락하고 전류원 I를 개방함으로써 얻어지는데, 좌우 대칭이므로 두 트랜지스터에는 같은 전류 i가 흐르며, 그 크기는 계산을 간단히 하기 위해 r_o를 무시하고 T 등가 모델을 사용하면 쉽게 구할 수 있다. 그림 8.24(c)의 등가 회로를 이용하면 결과는 다음과 같다.

$$v_{icm} = \frac{i}{g_m} + 2iR_{SS} \tag{8.71}$$

따라서 다음을 얻을 수 있다.

$$i = \frac{v_{icm}}{1/g_m + 2R_{SS}} \tag{8.72}$$

이 전류를 사용하면 Q_1과 Q_2의 드레인 전압은 다음과 같이 된다.

$$v_{o1} = v_{o2} = -R_D i$$

$$v_{o1} = v_{o2} = -\frac{R_D}{1/g_m + 2R_{SS}} v_{icm} \tag{8.73}$$

위 수식을 보면 출력 v_{o1}과 v_{o2}에 동상 모드 전압 v_{icm} 성분이 섞여 있으며 대부분 $2R_{SS} \gg 1/g_m$이므로 다음과 같이 간략화된다.

$$\frac{v_{o1}}{v_{icm}} = \frac{v_{o2}}{v_{icm}} \simeq -\frac{R_D}{2R_{SS}} \tag{8.74}$$

그럼에도 불구하고 $v_{o1} = v_{o2}$이므로 다음과 같이 차동 출력 v_{od}에는 공통 모드 성분이 전혀 없게 된다.

$$v_{od} = v_{o2} - v_{o1} = 0 \tag{8.75}$$

즉, 이 회로는 공통 모드 신호를 제거한다! 그러나 아쉽게도 이러한 결과는, 곧 설명하겠지만, 회로가 완벽하게 좌우 대칭인 경우에만 나타난다.

다음으로 넘어가기 전에, 위의 결과는 절반 회로만 분석해도 유용한 정보를 얻을 수가 있음을 주목하기 바란다. 그림 8.24(d)에 동상 모드 분석을 위해 사용하는 절반 회로들을 도시하였다. 절반 회로에서 i는 식 (8.72)의 전류와 같고 소스 단자의 전압 역시 같으므로($v_s = 2iR_{SS}$) 두 소스 단자를 연결하면 그림 8.24(b)의 회로와 등가임을 알 수 있다. 그림 8.24(d)의 각 절반 회로를 **동상 모드 절반 회로**(common-mode half-circuit)라 부르는데 이것과 차동 절반 회로의 차이점을 꼭 알아 두어야 한다.

R_D 부정합의 영향 두 드레인의 저항이 실제로는 완벽하게 같을 수는 없으므로[부정합(mismatch)] 차동 모드로 출력을 취한다 하더라도 v_{icm}에 의해 두 드레인에 발생하는 전압은 같을 수 없다. Q_1의 부하가 R_D, Q_2의 부하가 $(R_D + \Delta R_D)$인 회로를 생각해 보면 v_{icm}에 의해 발생하는 드레인 전압 신호는

$$v_{o1} \simeq -\frac{R_D}{2R_{SS}} v_{icm} \tag{8.76}$$

$$v_{o2} \simeq -\frac{R_D + \Delta R_D}{2R_{SS}} v_{icm} \tag{8.77}$$

이므로 다음과 같이 쓸 수 있다.

$$v_{od} = v_{o2} - v_{o1} = -\frac{\Delta R_D}{2R_{SS}} v_{icm} \tag{8.78}$$

따라서 **동상 모드 이득**(common-mode gain) A_{cm}은

$$A_{cm} \equiv \frac{v_{od}}{v_{icm}} = -\frac{\Delta R_D}{2R_{SS}} \tag{8.79}$$

이며 이 식은 다음 식으로 변형될 수 있다.

$$A_{cm} = -\left(\frac{R_D}{2R_{SS}}\right)\left(\frac{\Delta R_D}{R_D}\right) \tag{8.80}$$

따라서 드레인에 연결된 저항이 조금이라도 다르면 차동 증폭기는 영이 아닌 동상 모드 이득을 갖게 되고 간섭이나 잡음 신호 v_{icm}의 성분이 출력 v_{od}에 나타나게 된다. 어떤 차동 증폭기가 차동 신호는 얼마나 크게 증폭시키고 동상 모드 신호는 얼마나 제거하는가를 수치로 표현하기 위해 차동 모드 이득 $|A_d|$를 동상 모드 이득 $|A_{cm}|$으로 나눈 값을 사용하며 이 값을 **동상 모드 제거비**(CMRR: common-mode rejection ratio)라 부르고 이것은 다음 식으로 표현된다.

$$\text{CMRR} \equiv \frac{|A_d|}{|A_{cm}|} \tag{8.81}$$

이것을 데시벨로 표현하면 다음과 같다.

$$\text{CMRR(dB)} = 20 \log \frac{|A_d|}{|A_{cm}|} \tag{8.82}$$

또 식 (8.35)의 $|A_d|$를 식 (8.79)의 $|A_{cm}|$으로 나누고 드레인에 연결된 R_D와 이들의 미세한 차이 ΔR_D로 CMRR을 표현하면 다음과 같이 된다.

$$\text{CMRR} = (2g_m R_{SS}) \Big/ \left(\frac{\Delta R_D}{R_D}\right) \tag{8.83}$$

따라서 높은 CMRR을 얻으려면 내부 저항이 매우 큰 전류원을 사용해야 하며, 두 저항값이 거의 같도록(즉, $\Delta R_D / R_D$가 작아지도록) 최대한 노력해야 한다는 것을 알 수 있다.

연습문제

8.11 MOS 차동쌍의 바이어스 전류가 0.8 mA이고 $W/L = 100$, $\mu_n C_{ox} = 0.2$ mA/V^2, $R_D = 5$ kΩ, $R_{SS} = 25$ kΩ이다. 드레인 저항들이 1% 차이를 가지고 있고 출력을 차동으로 취할 때 차동 이득, 동상 이득, 그리고 CMRR을 구하라.

[답] 20 V/V; 0.001 V/V; 86 dB

CMRR에 대한 g_m의 부정합의 영향 실제의 경우에 발생하는 또 다른 부정합은 두 개의 MOSFET의 트랜스컨덕턴스 g_m이 완벽하게 같지 않을 때 발생한다. 만약 Q_1, Q_2의 g_m에 Δg_m만큼의 부정합 즉 차이가 있다면 동상 모드 이득은 다음과 같으며

$$A_{cm} \simeq \left(\frac{R_D}{2R_{SS}}\right)\left(\frac{\Delta g_m}{g_m}\right) \tag{8.84}$$

이 경우의 CMRR은 다음과 같이 된다.

$$\text{CMRR} = (2g_m R_{SS}) \Big/ \left(\frac{\Delta g_m}{g_m}\right) \tag{8.85}$$

위의 두 식은 R_D의 부정합에 의한 두 식과 같은 형태를 가지고 있음에 주목해야 한다. 그러므로 CMRR을 크게 하려면, R_D의 부정합의 경우와 마찬가지로, 내부 저항이 매우 큰 전류원을 사용해야 하며, 두 저항 값이 거의 같도록(즉, $\Delta R_D/R_D$가 작아지도록) 최대한 노력해야 한다는 것을 알 수 있다.

연습문제

8.12 연습문제 8.11의 MOS 증폭기의 g_m이 1% 부정합되어 있을 때 차동으로 출력을 취한다면 CMRR은 얼마인가?

[답] 86 dB

예제 8.4

MOS 차동 증폭기에 바이어스 전류를 공급하는 전류원을 설계하는 예제이다. 100 dB 이상의 CMRR을 얻는 것이 목표이며, Q_1과 Q_2의 부정합은 W/L이 2% 다르다는 것뿐이다. $I = 200\ \mu\text{A}$, $V_{OV} = 0.2$ V라고 가정하라. 0.18 μm 공정을 사용할 것이며 V_A'은 5 V/μm이다. 가장 간단한 전류원을 설계한다면 채널 길이는 얼마가 되어야 하며, 캐스코드 전류원을 사용한다면 캐스코드된 두 트랜지스터의 채널 길이는 얼마로 되어야 하는가?

풀이

g_m은 다음과 같으므로, W/L이 다르면 g_m도 달라지게 된다.

$$g_m = (\mu_n C_{ox})\left(\frac{W}{L}\right)V_{OV} \tag{8.86}$$

위 식으로부터 Q_1, Q_2의 W/L이 2% 다르면 g_m도 2% 달라지는 것을 알 수 있다. 식 (8.85)를 다시 쓰면

$$\text{CMRR} = (2g_m R_{SS}) \Big/ \left(\frac{\Delta g_m}{g_m}\right)$$

이고 100 dB, 즉 10^5의 CMRR을 얻으려면 다음을 만족해야 한다.

$$10^5 = (2g_m R_{SS})/0.02 \tag{8.87}$$

g_m은 다음과 같이 구할 수 있으므로

$$g_m = \frac{2I_D}{V_{OV}} = \frac{2 \times (I/2)}{V_{OV}}$$

$$= \frac{2 \times 0.1}{0.2} = 1\ \text{mA/V}$$

이 값을 식 (8.87)에 대입하면 다음 결과를 얻을 수 있다.

$$R_{SS} = 1\ \text{M}\Omega$$

전류원을 트랜지스터 하나로 구현하는 경우에는 r_o는 다음과 같아야 하며

$$r_o = R_{SS} = 1\ \text{M}\Omega$$

따라서 다음 식을 얻을 수 있고

$$\frac{V_A}{I} = 1\ \text{M}\Omega$$

$I = 200\ \mu\text{A}$를 대입하면 필요한 V_A는 다음과 같다.

$$V_A = 200\ \text{V}$$

$V_A = V_A' L = 5L$이므로 필요한 채널 길이 L은 다음과 같으며 집적 회로에서 이는 대단히 큰 값이다!

$$L = 40\ \mu\text{m}$$

캐스코드 전류원으로 구현하는 경우에는 다음 식을 사용한다.

$$R_{SS} = (g_m r_o) r_o$$

위 식에서 필요한 g_m은 다음과 같이 구해진다.

$$g_m = \frac{2I}{V_{OV}} = \frac{2 \times 0.2}{0.2} = 2\ \text{mA/V}$$

따라서 다음과 같이 계산할 수 있다.

$$1000 = 2 \times r_o^2$$

$$r_o = 22.36\ \text{k}\Omega$$

필요한 V_A는 다음과 같이 구할 수 있고

$$22.36 = \frac{V_A}{I} = \frac{V_A}{0.2}$$
$$V_A = 4.47 \text{ V}$$

이들로부터 캐스코드된 두 트랜지스터의 채널 길이를 구하면 다음과 같은데 간단한 전류원에 비해 그 길이가 대폭 짧아졌음을 알 수 있다.

$$L = \frac{4.47}{V_A'} = \frac{4.47}{5} = 0.89\ \mu\text{m}$$

차동 출력과 단동 출력의 비교 지금까지 다룬 동상 모드 제거 효과는 차동 증폭기의 두 트랜지스터 Q_1, Q_2의 드레인 사이의 전위차를 출력으로 설정했을 경우에 대한 것이다. 그런데 단동 출력, 즉 둘 중 하나의 드레인과 접지 사이의 전위차를 출력으로 사용할 경우도 있다. 이 경우에는 CMRR이 극적으로 감소하게 된다. 이러한 현상은 정량적으로 해석할 수 있는데, 단동 출력을 사용하면 식 (8.74)의 동상 모드 이득은 다음과 같이 되고

$$A_{cm} = -\frac{R_D}{2R_{SS}} \tag{8.88}$$

이 경우 차동 이득은 다음과 같이 되며

$$A_d = -\frac{1}{2}\,g_m R_D \tag{8.89}$$

CMRR은 다음과 같이 된다.

$$\text{CMRR} = g_m R_{SS} \tag{8.90}$$

이 수식을 보면, 단동 출력을 사용하면 차동 출력을 사용할 때[식 (8.83), (8.85)]보다 CMRR이 훨씬 작은 값을 가진다는 것을 알 수 있다.

결론적으로, 큰 CMRR을 얻으려면 차동 증폭기의 출력을 꼭 차동으로 선택해야 한다. 단동 출력이 필요하다면 차동 출력을 단동 출력으로 변환할 때 CMRR이 작아지지 않도록 각별히 조심해야 하는데 이 기법에 대해서는 8.5절에서 다룰 것이다.

연습문제

8.13 연습문제 8.11의 MOS 차동 증폭기의 차동 이득, 동상 모드 이득, 그리고 단동으로 출력을 얻을 경우에 대한 CMRR을 구하라.

[답] 10 V/V; 0.1 V/V; 40 dB

8.3.2 BJT의 경우

BJT 차동 증폭기의 동상 모드 제거를 해석하는 방법은 앞서 MOS의 경우에서 해석한 방법과 완벽하게 같다. 그림 8.25에 동상 모드 입력 신호 v_{icm}이 인가된 BJT 차동쌍의 회로 구성을 나타냈다. 이 회로에서 저항 R_{EE}는 바이어스 전류 전원의 출력 저항이다. 지금부터 v_{icm}에 의해 Q_1과 Q_2의 컬렉터 단자에 나타나는 전압, 즉 v_{o1}과 v_{o2}를 그리고 두 컬렉터 전압의 차이 v_{od}를 구해 보자. 이를 위해 그림 8.25(b)와 같은 **동상 모드 절반 회로**(common-mode half-circuit)를 사용한다. 계산을 간단하게 하기 위해 트랜지스터의 r_o를 무시하면 v_{icm}에 의해 Q_1의 컬렉터에 나타나는 신호 v_{o1}은 다음 식과 같다.

$$v_{o1} = -\frac{\alpha R_C}{r_e + 2R_{EE}} v_{icm} \tag{8.91}$$

마찬가지로 Q_2의 컬렉터에 나타나는 신호 v_{o2}는 다음과 같이 된다.

$$v_{o2} = -\frac{\alpha R_C}{r_e + 2R_{EE}} v_{icm} \tag{8.92}$$

따라서 차동 출력 전압 v_{od}는 다음과 같이 된다.

$$v_{od} = v_{o2} - v_{o1} = 0$$

따라서 두 컬렉터 단자 각각에는 동상 모드의 간섭 신호나 잡음이 포함되어 있지만 차동 출력에는 이들이 전혀 나타나지 않게 된다. 그러나 이러한 결과는 차동 증폭기 회로가 완전 정합일 경우에만 적용 가능하며 조금이라도 부정합이 있으면 v_{icm}에 비례하는 성분이 v_{od}에 나타난다. 예를 들어 컬렉터 저항들 사이에 ΔR_C의 차이가 있다면 다음과 같이 된다.

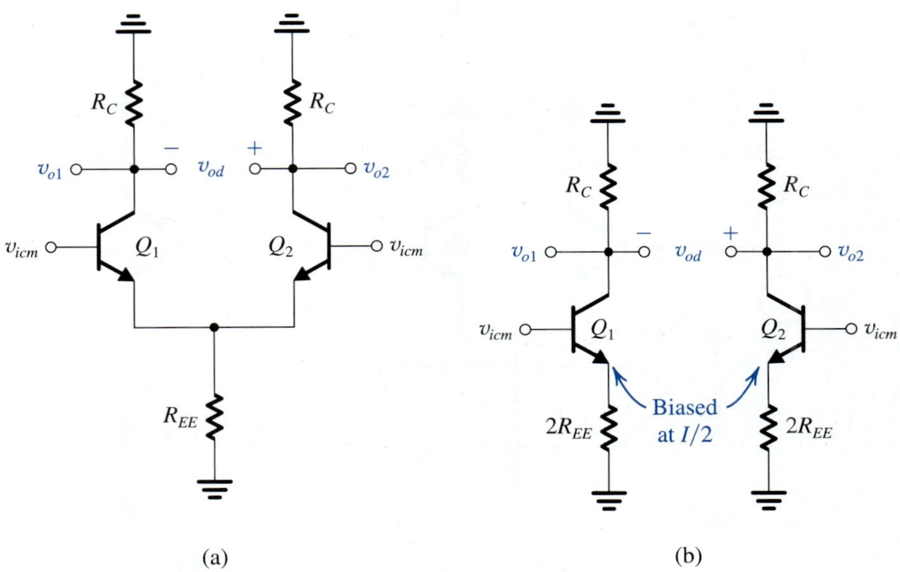

그림 8.25 (a) 동상 모드 전압 신호 v_{icm}이 인가된 차동 증폭기. (b) 동상 모드 계산을 위한 등가 '절반 회로'.

$$A_{cm} \equiv \frac{v_{od}}{v_{icm}} = -\frac{\alpha \Delta R_C}{2R_{EE} + r_e} \tag{8.93}$$

$\alpha \simeq 1, r_e \ll 2R_{EE}$이므로 식 (8.93)을 다음과 같이 표현할 수도 있다.

$$A_{cm} \simeq -\left(\frac{R_C}{2R_{EE}}\right)\left(\frac{\Delta R_C}{R_C}\right) \tag{8.94}$$

동상 모드 제거비(CMRR: common-mode rejection ratio)는 아래와 같으므로

$$\text{CMRR} = \frac{|A_d|}{|A_{cm}|}$$

식 (8.68)과 (8.94)를 사용하면 다음과 같이 표현된다.

$$\text{CMRR} = (2g_m R_{EE}) \Big/ \left(\frac{\Delta R_C}{R_C}\right) \tag{8.95}$$

위 식은 MOS 쌍에 대한 식 (8.83)과 그 형태가 유사하며 높은 CMRR을 얻으려면 아주 큰 출력 저항 R_{EE}를 갖는 전류원을 사용해야 하고 컬렉터 저항의 크기가 완벽에 가까울 정도로 같게 되도록 노력해야 한다.

동상 모드 입력 저항 동상 모드 입력 저항(common-mode input resistance) R_{icm}의 정의를 그림 8.26(a)에 나타냈다. 그림 8.26(b)는 등가적인 동상 모드 절반 회로와 그것의 입력 저항이 $2R_{icm}$이라는 것을 보여 준다. (R_{EE}와 R_C의 크기가 r_o보다 크거나 같기 때문에) r_o를 고려하여 그림 8.26(b)의 회로를 분석하면 $2R_{icm}$의 값을 구할 수 있다. 유도 과정은 간단한데 계산은 복잡하며 그 결과는 다음과 같다.

$$R_{icm} \simeq \beta R_{EE} \frac{1 + R_C/\beta r_o}{1 + \dfrac{R_C + 2R_{EE}}{r_o}} \tag{8.96}$$

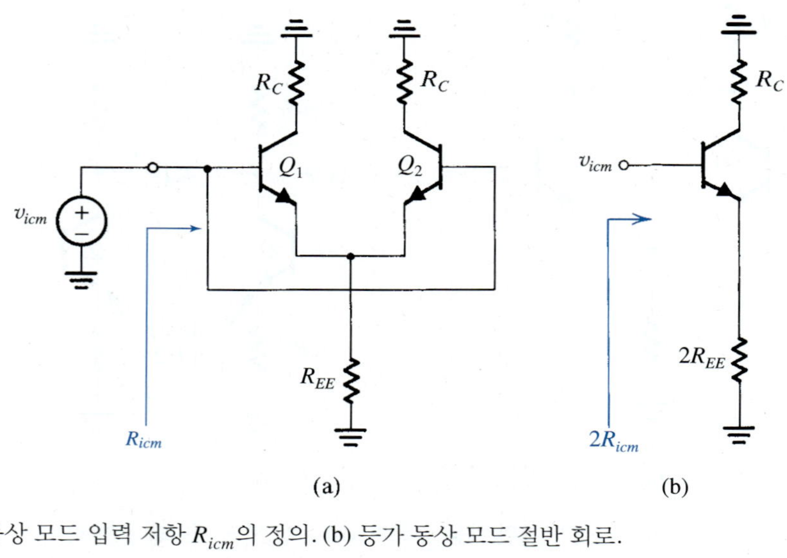

그림 8.26 (a) 동상 모드 입력 저항 R_{icm}의 정의. (b) 등가 동상 모드 절반 회로.

예제 8.5

예제 8.3의 차동 증폭기에서 바이어스를 공급하는 전류원의 출력 저항 R_{EE}가 200 KΩ일 때 다음을 구하라.

(a) 두 컬렉터 저항의 부정합이 ±1% 이내일 때, 최악의 경우의 동상 모드 이득.
(b) CMRR(dB).
(c) 입력 동상 모드 저항(얼리 전압 $V_A = 100$ V로 가정하라).

풀이

(a) 식 (8.94)를 이용하면

$$|A_{cm}| = \frac{R_C}{2R_{EE}}\frac{\Delta R_C}{R_C}$$

이다. 여기서 최악의 경우에는 $\Delta R_C = 0.02\ R_C$이다. 따라서 다음과 같다.

$$|A_{cm}| = \frac{10}{2 \times 200} \times 0.02 = 5 \times 10^{-4}\ \text{V/V}$$

(b)

$$\text{CMRR} = 20\ \log \frac{|A_d|}{|A_{cm}|}$$

이므로 예제 8.3에서 구한 $|A_d| = 40$을 대입하면

$$\text{CMRR} = 20\ \log \frac{40}{5 \times 10^{-4}} = 98\ \text{dB}$$

(c)

$$r_o = \frac{V_A}{I/2} = \frac{100}{0.5} = 200\ \text{k}\Omega$$

이므로 식 (8.96)을 이용하면 다음과 같다.

$$R_{\text{in}} = 6.7\ \text{M}\Omega$$

연습문제

8.14 200 μA의 바이어스 전류를 공급하는 간단한(즉, 하나의 CE 트랜지스터로 구현된) 전류원과 *pnp* 트랜지스터로 구성된 간단한 전류원 부하를 사용한 바이폴라 차동 증폭기가 있다. 모든 트랜지스터에 대해 $\beta = 100$, $|V_A| = 10$ V이다. g_m, R_C, $|A_d|$, R_{id}, R_{EE}, CMRR(두 트랜지스터의 r_o가 1% 차이가 있다고 가정), R_{icm}을 구하라.(힌트: $|A_d|$를 계산할 때 r_{o1}과 r_{o2}를 고려해야 함을 기억하라.)

[답] 4 mA/V; 100 kΩ; 200 V/V; 50 kΩ; 50 kΩ; 86 dB; 1.68 MΩ

8.4 직류 오프셋

차동 증폭기는 유한한 크기의 직류 증폭률(이득)을 가지고 있고 직접 결합(directly coupled)되는 증폭기이므로 직류 특성을 가진 여러 가지 문제점을 가지고 있다. 여기서는 이들을 다룬다.

8.4.1 MOS 차동 증폭기의 입력 오프셋 전압

그림 8.27(a)의 기본적인 MOS 차동 증폭기를 고찰해 보자. 만약 두 입력 단자가 접지되어 있고 차동쌍의 양쪽이 정합되어 있다면 전류는 Q_1과 Q_2에 균등하게 나누어져서 $I_{D1} = I_{D2} = I/2$가 된다. 두 개의 부하 저항 R_{D1}, R_{D2}가 완벽하게 같으면 두 드레인의 전압이 같아져서 차동 출력 전압 V_O는 영일 것이다.

그러나 실제의 경우에서는 Q_1과 Q_2가 완벽하게 정합될 수는 없으므로, I_{D1}과 I_{D2}도 같지 않게 된다. 또 R_{D1}, R_{D2}도 완벽하게 같을 수 없다. 이렇게 현실적으로 피할 수 없는 부정합 때문에 두 입력 단자가 모두 접지되어 있더라도 영이 아닌 직류 출력 전압 V_O가 출력 단자에 뜨게 되며 이때의 출력 전압 V_O를 **출력 직류 오프셋 전압**(output dc offset voltage)이라 부른다. V_O는 무작위로 존재하는 부정합에 의해 발생하므로 이론적으로도 그 극성을 유추할 수 없다.

이제부터 그림 8.27(a)의 차동 증폭기 회로에 존재하는 부정합들에 대해 고찰하여 이것들이 증폭기의 직류 오프셋에 미치는 영향을 분석한다. 이를 위해 **입력 직류 오프셋 전압**(input dc offset voltage) V_{OS}라는 것을 고려해 보는데 이것은 직류 전압 값을 가지고 있고 이 전압을 입력 단자에 인가하면 출력의 직류 오프셋 전압이 영이 되는 그 값을 가진다. 이 정의를 그림으로 나타낸 것이 그림 8.27(b)이다. 실제로 측정하기 전에는 V_O의 극성을 알 수 없으므로 V_{OS}의 극성은 고려하지 않고 증폭기 회로의 부정합에 의해 발생하는 V_{OS}의 크기만 유도하기로 한다.

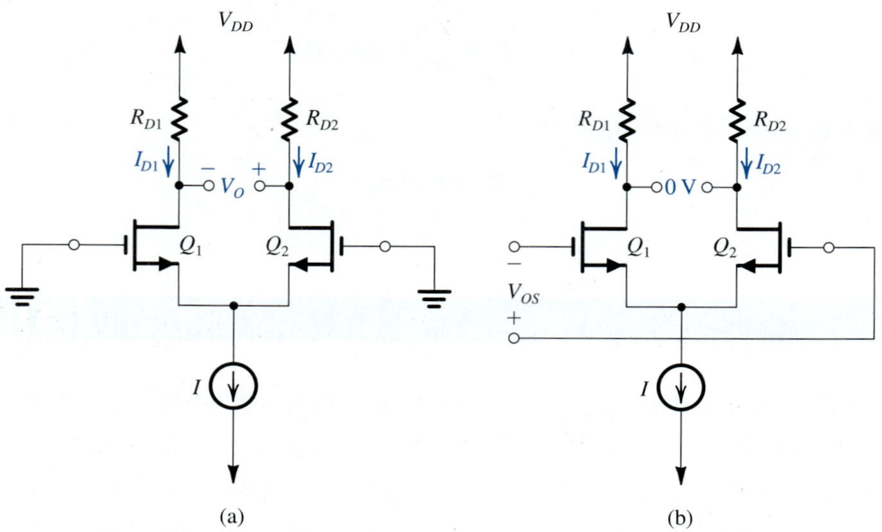

그림 8.27 (a) 입력 모두가 접지된 MOS 차동쌍. 소자와 저항의 부정합 때문에 0이 아닌 출력 전압 V_O가 출력된다. (b) 입력 오프셋 전압과 크기는 같고 부호가 적절한 전압 V_{OS}를 입력 단자에 인가하면 출력 전압 V_O는 0이 된다.

다음 세 가지 요소가 그림 8.27의 MOS 차동 증폭기의 직류 오프셋 전압에 영향을 준다: 부하 저항 R_D의 부정합, Q_1, Q_2의 부정합[$k_n = \mu_n C_{ox}(W/L)$를 참조], 그리고 Q_1, Q_2의 문턱전압 V_t의 부정합. 지금부터는 오프셋을 야기하는 이 세 가지를 순서대로 설명한다.

R_D 부정합에 의한 V_{OS} Q_1과 Q_2가 완전히 같다면 $I_{D1} = I_{D2} = I/2$가 된다. 그런데 R_{D1}, R_{D2}가 다음 식과 같이 ΔR_D만큼 차이가 있다면

$$R_{D1} = R_D + \frac{\Delta R_D}{2}$$
$$R_{D2} = R_D - \frac{\Delta R_D}{2}$$

두 드레인 사이에 직류 오프셋 전압이 발생하게 된다. 이것이 영이 되도록 하려면 그림 8.27(b)와 같이 입력 단자 사이에 V_{OS}를 인가해 주어야 한다. 그러면 전류는 다음과 같이 된다.

$$I_{D1} = \frac{I}{2} - g_m(V_{OS}/2)$$
$$I_{D2} = \frac{I}{2} + g_m(V_{OS}/2)$$

두 출력 단자 사이의 전압이 영이 되도록 하려면 R_{D1}, R_{D2}에서의 전압 강하가 다음 식에서처럼 같아야 하므로

$$\left(\frac{I}{2} - g_m\frac{V_{OS}}{2}\right)\left(R_D + \frac{\Delta R_D}{2}\right) = \left(\frac{I}{2} + g_m\frac{V_{OS}}{2}\right)\left(R_D - \frac{\Delta R_D}{2}\right)$$

결과적으로 다음 식을 얻을 수 있다.

$$V_{OS} = \left(\frac{I/2}{g_m}\right)\left(\frac{\Delta R_D}{R_D}\right)$$

이 식과 $g_m = \dfrac{2(I/2)}{V_{OV}}$를 사용하면 다음과 같이 된다.

$$V_{OS} = \left(\frac{V_{OV}}{2}\right)\left(\frac{\Delta R_D}{R_D}\right) \tag{8.97}$$

그러므로 오프셋 전압은 당연히 V_{OV}와 $\Delta R_D/R_D$에 정비례한다. 예를 들어 차동쌍의 두 트랜지스터가 오버드라이브 전압 0.2 V로 동작하고 있고 각 드레인 저항의 오차가 ± 0.2 V라면 최악의 경우 $\Delta R_D/R_D$는 0.02가 되고 이 값에 의한 입력 오프셋 전압 V_{OS}는 다음과 같이 된다.

$$|V_{OS}| = \left(\frac{V_{OV}}{2}\right)\left(\frac{\Delta R_D}{R_D}\right) = \frac{0.2}{2} \times 0.02 = 2\text{ mV}$$

k_n 부정합에 의한 V_{OS} 다음으로 Q_1, Q_2의 트랜스컨덕턴스 k_n에 다음과 같이 Δk_n만큼의 부정합이 있는 경우를 분석해 본다.

$$k_{n1} = k_n + \frac{1}{2}\Delta k_n$$
$$k_{n2} = k_n - \frac{1}{2}\Delta k_n$$

이 부정합은 Q_1, Q_2의 (W/L)이 다를 때 발생하는데 이렇게 되면 전류가 Q_1, Q_2에 균등하게 분배되지 않는다. 대신에, 입력 단자는 접지되어 있고 따라서 $V_{GS1} = V_{GS2}$가 되어 전류는 다음 식과 같이 된다.

$$I_{D1} = \frac{I}{2}\left(1 + \frac{1}{2}\frac{\Delta k_n}{k_n}\right)$$
$$I_{D2} = \frac{I}{2}\left(1 - \frac{1}{2}\frac{\Delta k_n}{k_n}\right)$$

두 개의 R_D가 완벽히 같더라도 I_{D1}, I_{D2}가 다르므로 출력 오프셋 전압 V_O가 발생한다. V_O를 영으로 만들려면 그림 8.27(b)와 같이 입력에 V_{OS}를 가하면서 이를 조정하여 I_{D1}, I_{D2} 사이의 부정합을 영으로 만들어야 한다. 이것을 식으로 표현하면

$$g_m \frac{V_{OS}}{2} = \frac{I}{2} \times \frac{1}{2}\frac{\Delta k_n}{k_n}$$

이 되고 따라서

$$V_{OS} = \left(\frac{I/2}{g_m}\right)\left(\frac{\Delta k_n}{k_n}\right)$$

이 된다. 이 식과 $g_m = \dfrac{2(I/2)}{V_{OV}}$ 를 사용하면 다음과 같이 된다.

$$V_{OS} = \left(\frac{V_{OV}}{2}\right)\left(\frac{\Delta k_n}{k_n}\right) \tag{8.98}$$

역시 V_{OS}는 V_{OV}와 $\Delta k_n/k_n$에 정비례한다.

V_t 부정합에 의한 V_{OS} 마지막으로 Q_1, Q_2의 문턱 전압 V_t에 다음과 같이 ΔV_t만큼의 부정합이 있는 경우를 분석해 본다.

$$V_{t1} = V_t + \frac{\Delta V_t}{2}$$
$$V_{t2} = V_t - \frac{\Delta V_t}{2}$$

은 다음과 같이 될 것이고

$$\begin{aligned} I_{D1} &= \frac{1}{2}k_n\left(V_{GS} - V_t - \frac{\Delta V_t}{2}\right)^2 \\ &= \frac{1}{2}k_n(V_{GS} - V_t)^2\left(1 - \frac{\Delta V_t}{2(V_{GS} - V_t)}\right)^2 \end{aligned}$$

$V_{GS} - V_t = V_{OV}$를 대입하고 $\Delta V_t \ll 2V_{OV}$라고 가정하면 I_{D1}을 다음과 같이 간략화할 수 있다.

$$I_{D1} \simeq \frac{1}{2}k_n V_{OV}^2\left(1 - \frac{\Delta V_t}{V_{OV}}\right)$$

이제 $\frac{1}{2}k_n V_{OV}^2$에 $(I/2)$를 대입하면

$$I_{D1} = \frac{I}{2}\left(1 - \frac{\Delta V_t}{V_{OV}}\right)$$

이 되고 $I_{D2} = I - I_{D1}$이므로 다음과 같이 된다.

$$I_{D2} = \frac{I}{2}\left(1 + \frac{\Delta V_t}{V_{OV}}\right)$$

I_{D1}, I_{D2}의 차이를 영으로 만들어 직류 출력 오프셋 전압을 영으로 만들려면 다음을 만족하는 V_{OS}를 인가해야 한다.

$$g_m \frac{V_{OS}}{2} = \left(\frac{I}{2}\right)\left(\frac{\Delta V_t}{V_{OV}}\right)$$

즉

$$V_{OS} = \frac{2(I/2)}{g_m V_{OV}}(\Delta V_t)$$

가 되며 $g_m = \dfrac{2(I/2)}{V_{OV}}$ 를 사용하면 다음과 같다.

$$V_{OS} = \Delta V_t \tag{8.99}$$

이 식은 대단히 논리적인 결과이다! 최신의 CMOS 기술을 적용하면 ΔV_t의 값은 기껏해야 수 mV에 불과하다.

마지막으로 지금까지 설명한 오프셋 전압의 세 가지 성분은 서로 상관관계가 전혀 없으므로 입력 오프셋 전압의 총합은 다음과 같이 된다.

$$V_{OS} = \sqrt{\left(\frac{V_{OV}}{2}\frac{\Delta R_D}{R_D}\right)^2 + \left(\frac{V_{OV}}{2}\frac{\Delta k_n}{k_n}\right)^2 + (\Delta V_t)^2} \tag{8.100}$$

연습문제

8.15 $V_{OV} = 0.2$ V에서 동작하는 MOS 차동쌍에 대해 입력 오프셋 전압의 세 가지 성분을 구하라. 단, $\Delta R_D/R_D = 2\%$, $\Delta k_n/k_n = 2\%$, $\Delta V_t = 2$ mV라고 가정하라. 식 (8.100)을 이용하여 V_{OS}의 총합을 계산하라.

[답] 2 mV; 2 mV; 2 mV; 3.5 mV

8.4.2 BJT 차동 증폭기의 입력 오프셋 전압

그림 8.28(a)에 보인 것처럼, 입력 모두가 접지된 기본적인 BJT 차동쌍의 오프셋 전압은 MOS의 경우에 적용한 방법과 비슷한 방법으로 구할 수 있다. 그러나 BJT의 경우에는 V_t가 없으므로 MOSFET 쌍에서의 V_t의 부정합에 상응하는 것이 없다는 것을 주목해야 한다. BJT 차동 증폭기의 경우, 오프셋 전압은 부하 저항 R_{C1}과 R_{C2}의 부정합, 접합 면적 β, 그리고 트랜지스터 Q_1과 Q_2의 그 외의 부정합 때문에 생겨난다. 먼저, 부하 저항의 부정합이 회로에 미치는 영향을 살펴보기 위해

$$R_{C1} = R_C + \frac{\Delta R_C}{2}$$
$$R_{C2} = R_C - \frac{\Delta R_C}{2}$$

로 놓고, Q_1과 Q_2가 완벽히 정합되었다고 가정하자. 그러면 두 컬렉터 사이에 직류 오프셋 전압이 발생할 것이다.

이 출력 오프셋 전압을 영으로 만들기 위해 그림 8.28(b)와 같이 입력 단자 사이에 전압 V_{OS}를 인가한다. 만일 V_{OS}에 의해 I_{C1}, I_{C2}에 발생하는 불균형의 크기가 ΔR_C에 의한 출력 오프셋을 상쇄한다면, 앞 절의 MOS의 경우와 같은 방식을 사용하여 아래 수식을 유도할 수 있다.

$$V_{OS} = V_T\left(\frac{\Delta R_C}{R_C}\right) \tag{8.101}$$

이 식을 MOS 쌍에 대한 식[식 (8.97)]과 비교해 보면 오프셋은 $V_{OV}/2$ 대신에 V_T에 비례함을 알 수 있다. V_T의 값은 25 mV로 $V_{OV}/2$의 값보다 3~6배 정도 작다. 따라서 바이폴라 차동쌍은 MOS 차동쌍보다 더 낮은 오프셋

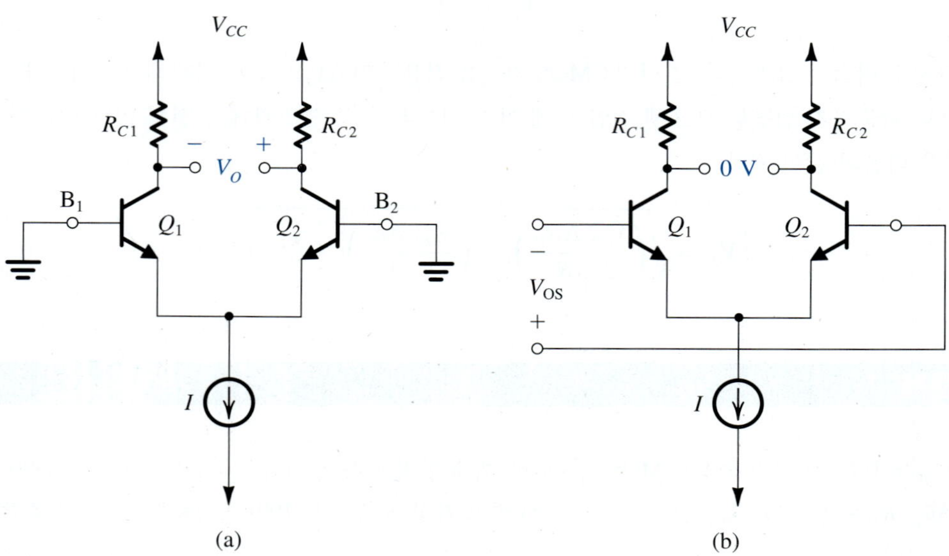

그림 8.28 (a) 입력 모두가 접지된 BJT 차동 증폭기. 소자들의 부정합 때문에, 0이 아닌 출력 전압 V_O가 출력된다. (b) 입력 오프셋 전압과 크기는 같고 부호가 적절한 전압 V_{OS}를 입력 단자에 인가하면 출력 전압 V_O는 0이 된다.

을 나타내게 된다. 이제 예로서 오차가 ±1% 저항이 컬렉터 저항으로 사용된 예를 생각해 보자. 최악의 경우 부정합은 $\Delta R_C/R_C = 0.02$이고 입력 오프셋 전압은 다음과 같이 될 것이다.

$$V_{OS} = 25 \times 0.02 = 0.5 \text{ mV}$$

다음으로, 트랜지스터 Q_1과 Q_2의 부정합이 회로에 미치는 영향을 고찰해 보자. 특히 두 트랜지스터의 이미터-베이스 접합 면적이 부정합된 경우를 고찰해 보기로 하자. 접합 면적의 부정합은 다음과 같이 이에 비례하는 스케일 전류 I_S의 부정합을 발생시킬 것이다.

$$I_{S1} = I_S + \frac{\Delta I_S}{2}$$
$$I_{S2} = I_S - \frac{\Delta I_S}{2}$$

그림 8.28(a)를 참조하고 $V_{BE1} = V_{BE2}$인 점에 주목하기 바란다. 따라서 전류 I는 다음과 같이 Q_1과 Q_2의 I_S 값에 비례하여 분할될 것이다.

$$I_{E1} = \frac{I}{2}\left(1 + \frac{\Delta I_S}{2I_S}\right)$$
$$I_{E2} = \frac{I}{2}\left(1 - \frac{\Delta I_S}{2I_S}\right)$$

이에 상응하는 I_{C1}, I_{C2} 사이의 부정합은, 두 저항 R_C가 완벽하게 같다고 해도, 출력 오프셋 전압 V_O를 만들 것이다. V_O를 영으로 만들기 위해서는 그림 8.28(b)처럼 입력 단자에 V_{OS}를 인가해야 하며 그 값은 I_{C1}, I_{C2}의 차이를 영으로 만들어 주어야 한다. V_{OS}는 다음과 같다.

$$V_{OS} = V_T\left(\frac{\Delta I_S}{I_S}\right) \tag{8.102}$$

한 예로서, 접합 면적이 4% 부정합된 경우에는 $\Delta I_S/I_S = 0.04$가 될 것이고 입력 오프셋 전압은 1 mV가 될 것이다. 이 오프셋 전압은 매우 큰 값인 V_{OV}가 아니라 V_T에 비례한다는 것을 주목해야 하며, V_{OV}는 MOS 쌍에서 $\Delta k_n/k_n$의 부정합에 기인한 오프셋을 결정한다.

입력 오프셋 전압에 영향을 미치는 두 요인이 서로 상관관계를 갖고 있지 않기 때문에, 전체 입력 오프셋 전압을 다음과 같이 구할 수 있다.

$$V_{OS} = \sqrt{\left(V_T\frac{\Delta R_C}{R_C}\right)^2 + \left(V_T\frac{\Delta I_S}{I_S}\right)^2}$$
$$= V_T\sqrt{\left(\frac{\Delta R_C}{R_C}\right)^2 + \left(\frac{\Delta I_S}{I_S}\right)^2} \tag{8.103}$$

β와 r_o 부정합뿐만 아니라 입력 오프셋 전압을 야기하는 또 다른 가능한 요인들이 있다. 이들 중 몇몇은 이 장의 끝에 수록된 문제들에서 다룰 것이다. 끝으로 오프셋 전압을 보상하기 위한 잘 알려진 방안이 있다는 점을 기억하기 바란다. 이 방안은 입력 단자 둘 다가 접지되었을 때 차동 출력 전압이 영이 되도록 두 컬렉터 저

항의 값들에 계획적인 부정합을 도입하는 것이다. 이와 같은 **오프셋 조정**(offset-nulling) 방안은 문제 8.75에서 다루어진다.

8.4.3 바이폴라 차동 증폭기의 입력 바이어스 전류와 입력 오프셋 전류

완벽하게 대칭인 차동쌍의 두 입력 단자에는 다음과 같이 같은 크기의 직류 전류가 흐를 것이다.

$$I_{B1} = I_{B2} = \frac{I/2}{\beta + 1} \tag{8.104}$$

이것이 차동 증폭기의 **입력 바이어스 전류**(input bias current)이다.

증폭기 회로의 부정합들과 특히 β의 부정합 때문에 두 입력 바이어스 전류는 불균등해진다. 그 결과로 생긴 차가 **입력 오프셋 전류**(input offset current) I_{OS}이며 다음과 같다.

$$I_{OS} = |I_{B1} - I_{B2}| \tag{8.105}$$

이제 다음과 같이 표현하면

$$\beta_1 = \beta + \frac{\Delta\beta}{2}$$
$$\beta_2 = \beta - \frac{\Delta\beta}{2}$$

다음과 같이 된다.

$$I_{B1} = \left(\frac{I}{2}\right)\frac{1}{\beta + 1 + \Delta\beta/2} \simeq \frac{I}{2}\frac{1}{\beta+1}\left(1 - \frac{\Delta\beta}{2\beta}\right)$$
$$I_{B2} = \left(\frac{I}{2}\right)\frac{1}{\beta + 1 - \Delta\beta/2} \simeq \frac{I}{2}\frac{1}{\beta+1}\left(1 + \frac{\Delta\beta}{2\beta}\right)$$
$$I_{OS} = \frac{I}{2(\beta+1)}\left(\frac{\Delta\beta}{\beta}\right) \tag{8.106}$$

통상적으로 입력 바이어스 전류 I_B는 다음과 같이 정의된다.

$$I_B \equiv \frac{I_{B1} + I_{B2}}{2} = \frac{I}{2(\beta+1)} \tag{8.107}$$

따라서

$$I_{OS} = I_B\left(\frac{\Delta\beta}{\beta}\right) \tag{8.108}$$

가 된다. 한 예로서, β의 부정합이 10%이면, 입력 바이어스 전류의 10분의 1에 해당하는 오프셋 전류가 생겨날 것이다.

끝으로 BJT 차동쌍과 비교할 때 MOS 차동쌍의 장점은 부정합에 기인한 유한한 입력 바이어스의 영향을 전혀 받지 않는다는 것임을 기억하라!

연습문제

8.16 $\beta = 100$인 트랜지스터를 사용하는 BJT 차동 증폭기가 있다. β의 최대 부정합은 10%, 접합 면적의 최대 부정합은 10%이고, 컬렉터 저항의 최대 부정합은 2%이다. 이 차동 증폭기의 V_{OS}, I_B, I_{OS}의 값을 구하라. 직류 바이어스 전류 I는 100 μA이다.

[답] 2.55 mV; 0.5 μA; 50 nA

8.4.4 맺음말

위에서 설명한 정의들이 2장의 연산 증폭기에서 설명한 정의들과 동일하다는 점을 강조하면서 이 절을 마친다. 12장에서 알게 되겠지만, 실제로 연산 증폭기의 직류 오프셋 전압, 입력 바이어스 전류와 입력 오프셋 전류, 그리고 입력 동상 모드 범위를 주로 결정하는 것이 바로 연산 증폭기의 입력 회로를 구성하는 차동 증폭기이다.

8.5 전류 미러 부하를 가진 차동 증폭기

지금까지 다룬 차동 증폭기는 차동으로 출력을 얻는, 즉 두 드레인(컬렉터) 중 하나와 접지 사이의 전압차가 아니라 두 드레인(컬렉터) 사이의 전압차를 출력으로 하는 증폭기인데 이렇게 하면 다음과 같은 세 가지 큰 장점이 있다.

1. 동상 모드 이득을 작게 하여 동상 모드 제거비(CMRR)가 커진다. 다음 사실을 기억하고 있다면 쉽게 이해할 수 있다. 즉, 드레인(컬렉터) 전압은 동상 모드 입력 신호에 따라 변하더라도 두 드레인(컬렉터) 사이의 전압 차이는 언제나 0이 된다. 단, 회로 제작 시 피치 못하게 발생하는 부정합 때문에 약간의 오프셋이 발생할 수는 있다.
2. 입력 오프셋 전압이 감소한다.
3. 차동 이득이 두 배(6 dB) 커지는데 이는 크기는 같고 부호가 반대인 두 전압의 차이가 출력이기 때문이다.

위와 같은 장점 때문에 연산 증폭기와 같은 집적 회로 증폭기에서 적어도 첫 번째 단은 **차동 입력, 차동 출력**(differential-in, differential-out)으로 제작해야 하는 것은 당연하다. 칩 내부에서 신호를 차동으로 전달하면 주로 동상 모드 형태인 잡음이나 간섭 신호의 영향이 최소화된다. 그러나 때때로 차동 형태의 신호를 단동 형

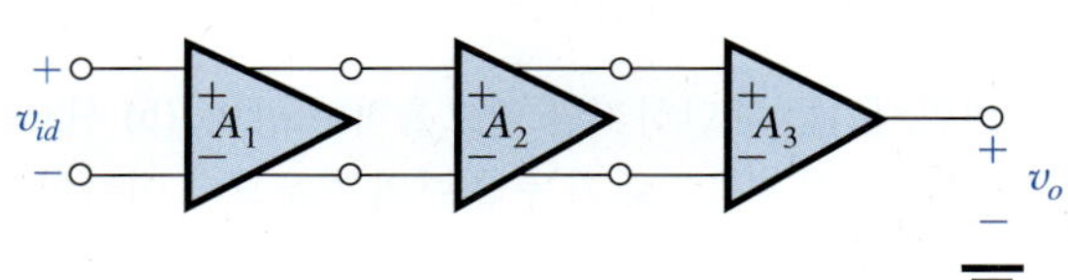

그림 8.29 처음 두 단 A_1과 A_2는 차동 입력, 차동 출력의 형태이고 단동 출력인 A_3로 구성된 3단 증폭기.

태로 변형해야 하는 경우가 있는데 칩 외부의 부하에 신호를 인가해야 하는 경우가 바로 이런 경우이다. 그림 8.29에 처음 두 단은 차동 입력, 차동 출력의 형태이고, 세 번째 단은 단동 출력, 즉 접지에 대한 전위차가 출력 전압인 3단 증폭기의 블록도를 도시하였다. 지금부터 차동 출력에서 단동 출력으로의 변환 방법에 대해 살펴볼 것이다.

8.5.1 차동에서 단동으로의 변환

그림 8.30에 차동을 단동으로 변환시키는 가장 간단하면서도 기본적인 방법을 나타내었다. 이 방법은 Q_1의 드레인 전류를 무시하고, Q_1의 드레인 저항을 전부 제거하며, 출력을 Q_2의 드레인과 접지 사이에서 취하는 방법이다. 이 방법[1]의 분명한 단점은 Q_1의 전류를 사용하지 못하기 때문에 이득이 두 배(6 dB)가 되는 장점을 잃어버린다는 점이다. Q_1에 흐르는 신호 전류까지도 사용하는 방법이 더 좋은 방법이며 이것이 바로 이제부터 설명할 방법이다.

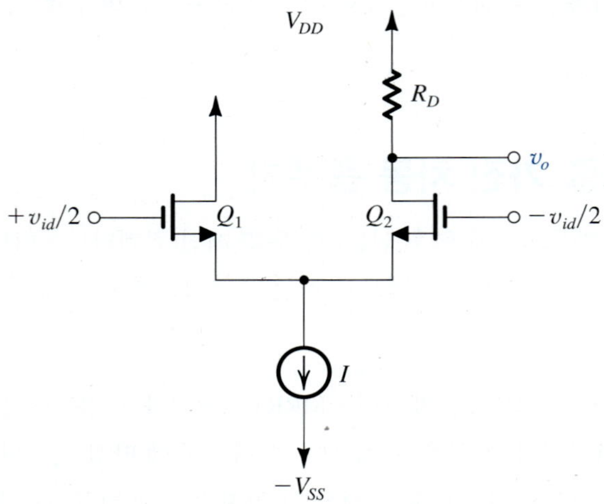

(a)

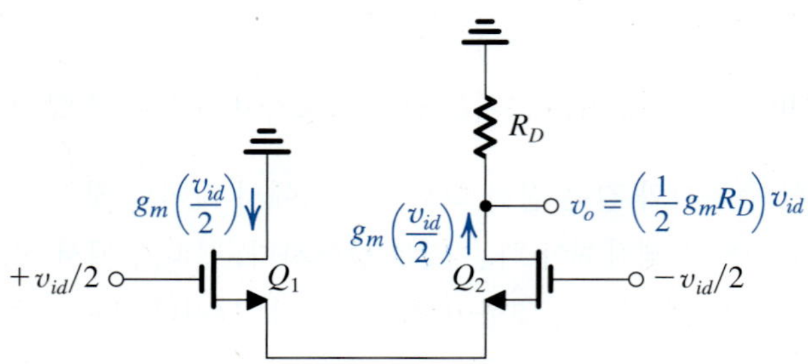

(b)

그림 8.30 (a) 차동에서 단동으로 변환시키는 간단하지만 비효율적인 방법. (b) 신호를 계산하기 위해 전원을 생략한 회로. Q_1의 신호 전류는 사용되지 않으며 결과적으로 차동 출력의 경우보다 이득이 6 dB 낮아지는 것에 주목하라.

1) 그림 8.30의 회로는 CMRR이 너무 낮아서 연산 증폭기와 같은 차동 증폭기의 입력단으로는 사용할 수 없다!

8.5.2 전류 미러가 부하인 MOS 차동쌍

그림 8.31(a)에 Q_3와 Q_4 트랜지스터로 구성된 전류 미러가 부하이며 Q_1과 Q_2가 차동쌍을 형성하고 있는 MOS 차동쌍을 나타냈다. 이 회로에서 출력 전압은 Q_2, Q_4의 드레인이 연결된 부분과 접지 사이의 전압이다.

그림 8.31(a) 회로의 동작을 이해하기 위해 우선 소자가 모두 정합되어 있고 트랜지스터의 채널 길이 변조(여기서는 r_o)를 무시한 이상적인 경우를 생각해 보자. 그림 8.31(b)에 직류 동작점, 즉 평형 상태의 상황을 도시하였는데 두 입력 단자가 접지에 연결되어 있다. 바이어스 전류 I는 균등하게 나뉘어 Q_1과 Q_2에 흐를 것이다. 따라서 Q_1의 드레인 전류, 즉 $I/2$는 미러의 입력 트랜지스터 Q_3를 통해 공급될 것이며 똑같은 크기의 전류

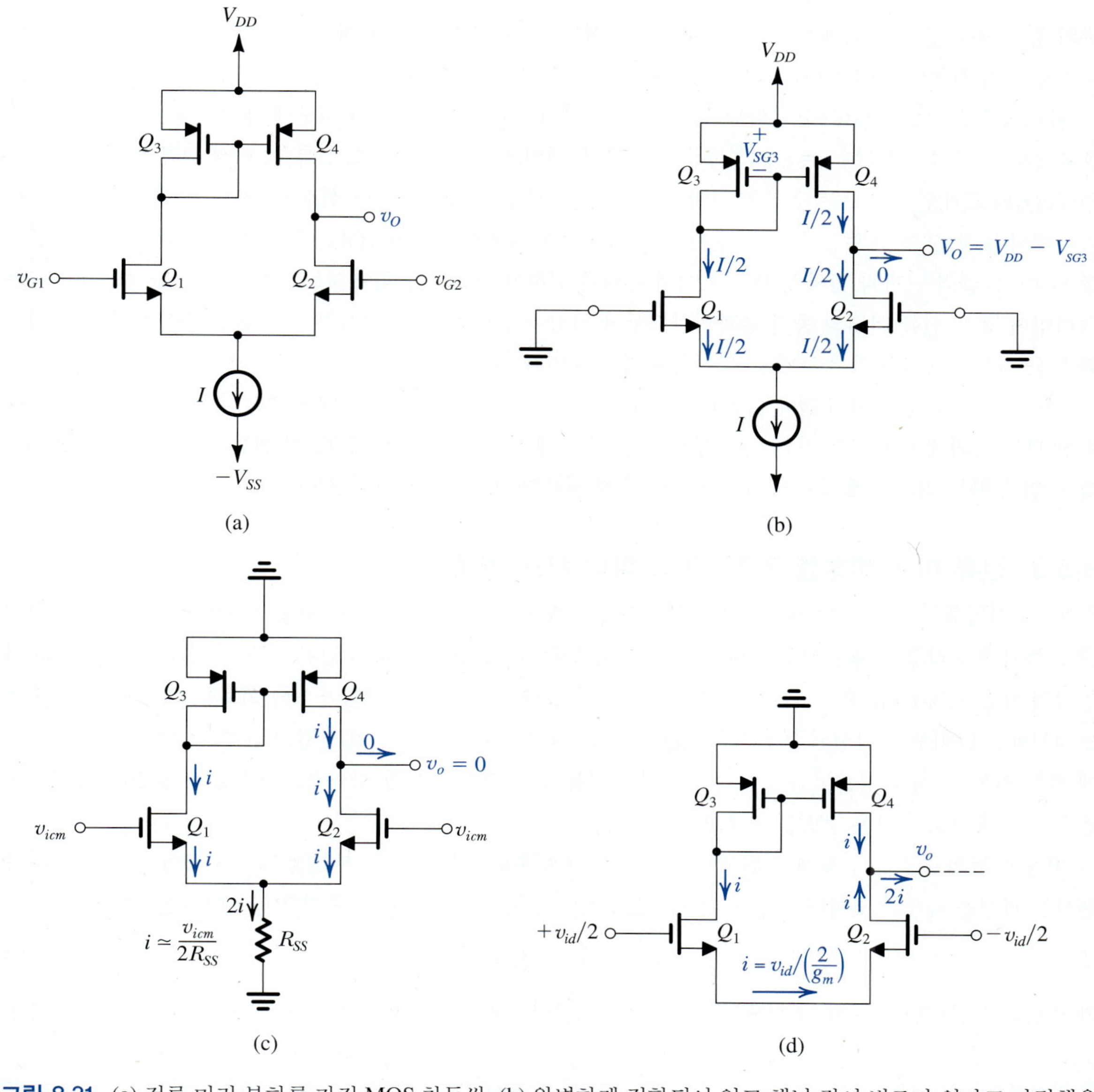

그림 8.31 (a) 전류 미러 부하를 가진 MOS 차동쌍. (b) 완벽하게 정합되어 있고 채널 길이 변조가 없다고 가정했을 때 평형 상태의 회로. (c) 동상 모드 입력 신호 v_{icm}이 인가된 회로. (d) 차동 입력 신호 v_{id}가 인가된 회로.

가 미러의 출력 트랜지스터 Q_4에 의해 공급될 것이다. 그런데 출력 마디에서 이 두 전류, 즉 $I/2$는 같은 양만큼 들어오고 빠져나가야 하므로 다음 단 또는 부하(그림에는 생략하였으나 v_o에 연결됨)로 흘러나가는 전류는 영이 됨을 주목하라. 바로 이것이 우리가 원하는 상황이다! 만약 Q_3, Q_4가 완벽하게 같으면 Q_4의 드레인 전압은 Q_3의 드레인 전압과 같을 것이며 평형 상태에서 출력 전압은 $V_O = V_{DD} - V_{SG3}$가 될 것이다.

다음으로 그림 8.31(c)에 나타낸 것처럼 동상 모드 입력 신호 v_{icm}이 인가된 회로에 대해 생각해 보자. 소신호 동작에 대해 해석하는 것이므로 전류원 I를 포함하여 직류 전원을 접지하였고 바이어스 전류원 I를 이것의 출력 저항 R_{SS}로 대체하였다. 회로에서 알 수 있듯이 v_{icm}에 의해 Q_1과 Q_2로 흐르는 전류는 $i \simeq v_{icm}/2R_{SS}$이다. 따라서 트랜지스터 Q_1의 드레인으로 흐르는 신호 전류는, 전류 미러의 특성에 의해, Q_4의 드레인에 흐르는 전류와 같아진다. 출력 마디에서는 Q_2로 들어가는 전류 i가 같은 양만큼 빠져나가므로 출력 전류는 영이 되며 따라서 출력 전압도 영이 된다. 그러므로 이 증폭기는 동상 모드 입력 신호 v_{icm}을 제거한다.

마지막으로 그림 8.31(d)에 나타낸 것처럼 차동 입력 신호 v_{id}가 인가된 회로에 대해 생각해 보자. 당연히 Q_1과 Q_2로 흐르는 전류는 $i = v_{id}/(\frac{2}{g_m})$이다. Q_1의 드레인으로 흐르는 신호 전류는, 역시 전류 미러의 특성에 의해, Q_4의 드레인에 흐르는 전류와 같아진다. 그러나 지금처럼 차동 입력 신호 v_{id}가 인가된 경우에는, 출력 마디에서 보면, Q_2에 흐르는 신호 전류 i에 미러 전류 i가 더해져서 출력 전류는 $2i$가 된다. $2i$의 '2'야말로 신호를 단동(즉, 출력 단자와 접지 단자 사이에서 출력을 취하는)으로 전환하면서도 이득이 감소하지도 않는다는 의미이며 '2'는 전류 미러의 동작 결과이다! (부하 저항이 출력에 연결되면) 병렬 연결된 증폭기의 출력 저항과 부하 저항을 통해 $2i$가 흐르며 출력 전압 v_o가 결정된다.

회로를 자세히 분석하기 전에 다음과 같은 동작의 핵심을 이해하는 것이 매우 중요하다. 즉, 직류 성분이나 동상 모드 입력에 대해서는 전류 미러 부하는 Q_4의 드레인 전류를 공급하는데 이 전류는 Q_2의 전류를 상쇄한다. 반면에 차동 입력 신호에 대해서는 미러의 출력 전류가 Q_2의 전류에 더해진다.

8.5.3 전류 미러 부하를 가진 MOS 쌍의 차동 이득

7장에서 설명했듯이 트랜지스터의 출력 저항 r_o에 의해 나타나는 얼리 효과(Early effect)는 능동 부하가 연결된 증폭기가 동작할 때에 대단히 중요한 역할을 하므로 이제 r_o를 고려하여 전류 미러 부하가 연결된 MOS 차동쌍의 차동 이득 v_o/v_{id}의 수식을 유도해 보자. 이를 위해 우선 회로가 대칭이 아닌 회로를 고찰해 보자. Q_1의 드레인에는 다이오드-결선된 트랜지스터 Q_3의 작은 저항 성분(약 $1/g_{m3}$)이 연결된 반면, Q_2의 드레인에는 Q_4에 의한 훨씬 큰 저항 성분(r_{o4})이 연결되어 있어 공통 소스 단자가 가상 접지라고 설정할 수 없다.[2] 따라서 차동쌍의 절반 회로와 같은 방법을 적용할 수 없다.

차동 이득의 수식을 유도하기 위해 여기서는 그림 8.31(a) 회로의 출력 부분을 그림 8.32의 등가 회로로 표현하는 과정을 사용할 것이다. G_{md}는 단락 회로 트랜스컨덕턴스이며 R_o는 출력 저항이다. 지금부터

$$G_{md} = g_{m1,2} \tag{8.109}$$

가 성립함을 증명할 것인데 이 식에서 $g_{m1,2}$는 Q_1과 Q_2의 트랜스컨덕턴스이다. 또한 다음 식이 성립함을 증명

2) 정성적으로 회로의 동작을 설명한다는 것은 MOSFET의 소스들이 가상 접지되어 있다는 것을 가정하고 있다. 모든 트랜지스터들의 r_o를 무시하면 이 가정이 성립한다.

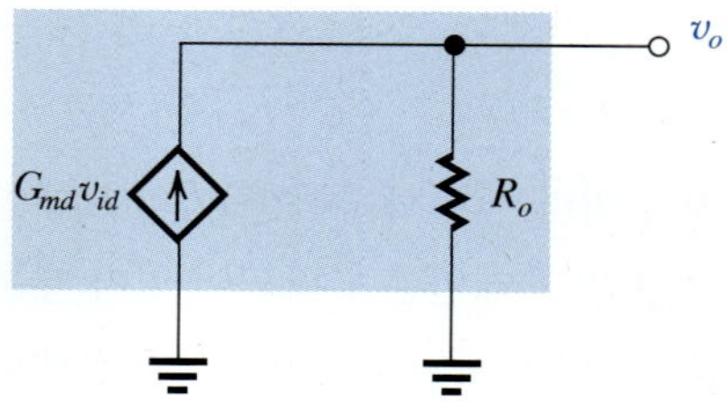

그림 8.32 차동 입력 신호에 대한 그림 8.31(a)의 증폭기의 등가 출력 회로.

할 것이다.

$$R_o = r_{o2} \| r_{o4} \tag{8.110}$$

r_{o2}는 차동쌍의 출력 저항이고 r_{o4}는 전류 미러의 출력 저항이므로 R_o는 다음과 같이 표현된다.

$$R_o = R_{od} \| R_{om} \tag{8.110A}$$

그러므로 다음과 같은 두 가지 매우 흥미로운 결과를 직관적으로 알 수 있다. 첫째, 회로의 차동 단락 회로 트랜스컨덕턴스는 차동쌍의 두 트랜지스터의 g_m과 같다. 둘째, 출력 저항은 차동 증폭기의 출력 저항 R_{od}와 전류 미러의 출력 저항 R_{om}의 병렬 저항이다. 그러므로 개방 회로 차동 전압 이득은 다음과 같아진다.

$$A_d \equiv \frac{v_o}{v_{id}} = G_{md}R_o = g_{m1,2}(r_{o2} \| r_{o4}) \tag{8.111}$$

A_d를 달리 표현하면 다음 식과 같게 된다.

$$A_d = g_{m1,2}(R_{od} \| R_{om}) \tag{8.111A}$$

$g_{m1,2}$ 대신에 g_m을 사용하면 $r_{o2} = r_{o4} = r_o$인 경우에는

$$A_d = \frac{1}{2} g_m r_o = \frac{1}{2} A_0 \tag{8.112}$$

가 되는데 A_0는 MOS 트랜지스터 자체의 이득이다.

연습문제

8.17 그림 8.31(a)의 회로와 마찬가지로 전류 미러 부하를 가진 MOS 차동 증폭기가 다음과 같은 특성을 가지고 있다: $(W/L)_n = 100$, $(W/L)_p = 200$, $\mu_n C_{ox} = 2\mu_p C_{ox} = 0.2$ mA/V^2, $V_{An} = |V_{Ap}| = 20$ V, $I = 0.8$ mA. G_{md}, R_o, A_d를 계산하라.

[답] 4 mA/V; 25 kΩ; 100 V/V

차동 단락 회로 트랜스컨덕턴스 G_{md} 구하기 그림 8.33(a)에 전류 미러 부하 MOS 증폭기를 도시하였는데 그 출력 단자가 접지에 단락되어 있다. 지금부터 이 회로의 단락 회로 트랜스컨덕턴스가 다음과 같음을 증명한다.

$$G_{md} \equiv \frac{i_o}{v_{id}}$$

출력 단자를 단락시킨다는 것은 회로를 거의 평형 상태로 만든다는 것을 의미한다. 왜냐하면 Q_1의 드레인에는 다이오드-결선된 트랜지스터 Q_3의 작은 저항 성분이 연결되어 있고 Q_2의 드레인은 단락되어 있기 때문이다. 따라서 MOSFET 소스의 전압은 거의 영이 된다. 이제 네 개의 트랜지스터를 각각 하이브리드 π 모델로 대치하고 다이오드-결선된 Q_3는 그 등가 모델이 저항$(1/g_{m3} \parallel r_{o3})$임을 고려하면 결과적인 등가 회로는 그림 8.33(b)가 된다. 단락 회로 출력 전류 i_o는 출력에서 마디 방정식(node equation)을 구하여 r_{o2}와 r_{o4}에 흐르는 전류가 영이라는 것을 고려하면 다음과 같이 된다.

$$i_o = g_{m2}\left(\frac{v_{id}}{2}\right) - g_{m4}\, v_{gs4} \tag{8.113}$$

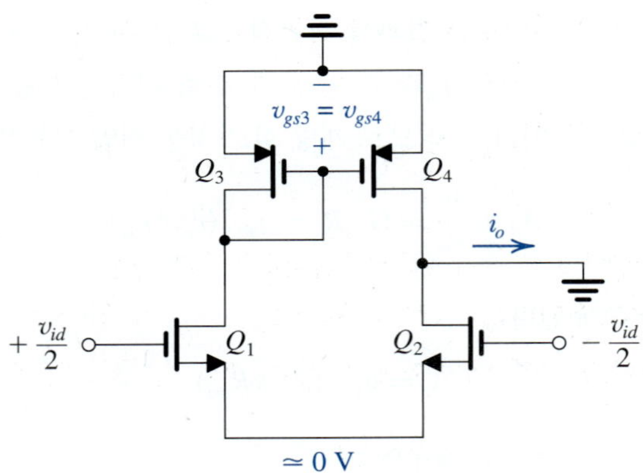

(a)

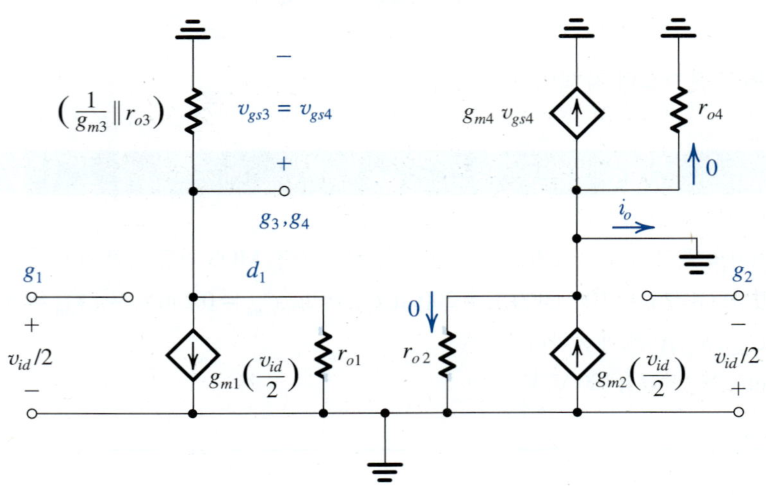

(b)

그림 8.33 단락 회로의 트랜스컨덕턴스 $G_{md} = i_o/v_{id}$를 구하는 방법.

다음으로 아래 식을 고려하고

$$v_{gs4} = v_{gs3} \tag{8.114}$$

v_{gs3}는 d_1에서 마디 방정식을 세워 구하면 다음과 같이 되는데

$$v_{gs3} = -g_{m1}\left(\frac{v_{id}}{2}\right)\left(\frac{1}{g_{m3}} \parallel r_{o3} \parallel r_{o1}\right)$$

이 식은 보통의 경우 $\dfrac{1}{g_{m3}} \ll r_{o3}, r_{o1}$이므로 다음과 같이 간단하게 된다.

$$v_{gs3} \simeq -\frac{g_{m1}}{g_{m3}}\left(\frac{v_{id}}{2}\right) \tag{8.115}$$

식 (8.113)과 (8.115)를 결합하고 $g_{m3} = g_{m4}$와 $g_{m1} = g_{m2} = g_m$을 대입하면

$$i_o = g_m v_{id}$$

로 되고 예상한 대로 이것으로부터 G_{md}는 다음과 같이 된다.

$$G_{md} = g_m$$

출력 저항 R_o 구하기 그림 8.34에 출력 저항 R_o를 구하기 위한 회로를 나타내었는데[3] v_{id}를 영으로 놓았기 때문에 Q_1과 Q_2의 게이트가 접지에 연결되어 있음을 주목하라. R_o를 구하기 위해 테스트 전압원 v_x를 연결하면 다음과 같이 된다.

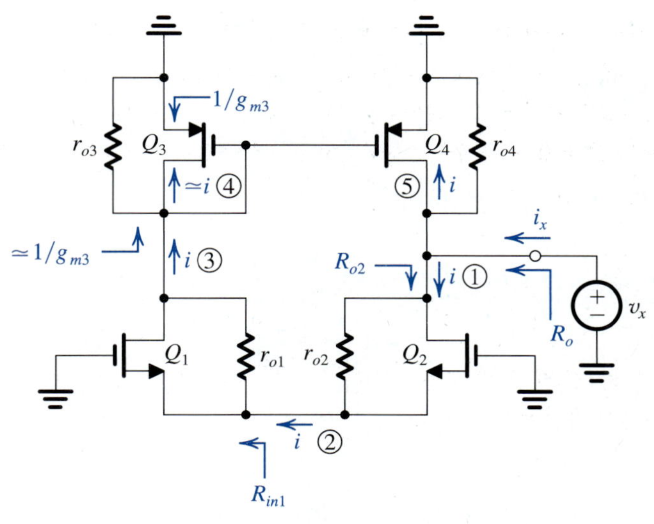

그림 8.34 R_o를 구하기 위한 회로. 원 안의 숫자는 해석을 위한 순서를 나타낸다.

3) 간략히 하기 위해, 각 트랜지스터를 소신호 모델로 대체하는 대신에, 모델을 함축적으로 사용하였다. 즉, 각 트랜지스터의 r_o를 당겨 내어 드레인 전류가 $g_m v_{gs}$가 되도록 따로 표시하였다.

$$R_o \equiv \frac{v_x}{i_x}$$

그림에서 번호 순서대로 해석하면 모든 전류를 대단히 쉽게 구할 수 있다. Q_2로 들어가는 전류 i는 반드시 그 소스를 통해 나와야 하고 이 전류는 그다음 Q_1으로 들어가서 드레인에서 나온 후 Q_3, Q_4로 이루어진 전류 미러로 들어간다. 다이오드-결선된 트랜지스터 Q_3에서는, $1/g_{m3}$가 r_{o3}보다 훨씬 작으므로, i의 거의 모든 전류가 Q_3의 드레인으로 들어가게 되며 전류 미러는 Q_4의 드레인에 같은 전류가 흐르게 하면서 동작한다.

출력 노드에서 i와 v_x의 관계식은 다음과 같은데

$$i = v_x/R_{o2}$$

위 식에서 R_{o2}는 Q_2의 출력 저항이다. 또한 Q_2는 CG 트랜지스터인데 그 소스선에 CG 트랜지스터 Q_1의 입력 저항 $R_{\text{in}1}$이 연결되어 있다. Q_1의 부하 저항은 $[(1/g_{m3}) \parallel r_{o3}]$이며 $1/g_{m3}$과 거의 같은 값인데 CG 트랜지스터의 입력 저항에 대한 관계식[식 (7.52)]을 이용하면 $R_{\text{in}1}$을 다음과 같이 구할 수 있다.

$$\begin{aligned} R_{\text{in}1} &= \frac{r_{o1} + R_L}{g_{m1} r_{o1}} = \frac{r_{o1} + (1/g_{m3})}{g_{m1} r_{o1}} \\ &= \frac{1}{g_{m1}} + \frac{1/g_{m3}}{g_{m1} r_{o1}} \simeq \frac{1}{g_{m1}} \end{aligned}$$

이제 식 (7.55)에서 $R_{\text{in}1}$의 값을 사용하여 R_{o2}를 구하면

$$\begin{aligned} R_{o2} &= R_{\text{in}1} + r_{o2} + g_{m2} r_{o2} R_{\text{in}1} \\ &= \frac{1}{g_{m1}} + r_{o2} + \left(\frac{g_{m2}}{g_{m1}}\right) r_{o2} \end{aligned}$$

가 되는데 $g_{m1} = g_{m2} = g_m$과 $g_{m2} r_{o2} \gg 1$를 이용하면 다음과 같이 된다.

$$R_{o2} \simeq 2r_{o2} \tag{8.116}$$

다시 출력 노드로 돌아가면 다음 식이 성립하고

$$\begin{aligned} i_x &= i + i + \frac{v_x}{r_{o4}} \\ &= 2i + \frac{v_x}{r_{o4}} = 2\frac{v_x}{R_{o2}} + \frac{v_x}{r_{o4}} \end{aligned}$$

식 (8.116)의 R_{o2}를 대입하면 다음과 같이 된다.

$$i_x = 2\frac{v_x}{2r_{o2}} + \frac{v_x}{r_{o4}}$$

그러므로 다음과 같이 되는데 이 결과는 앞에서 언급한 결과이다.

$$R_o \equiv \frac{v_x}{i_x} = r_{o2} \parallel r_{o4} \tag{8.117}$$

8.5.4 전류 미러 부하를 가진 바이폴라 차동쌍

그림 8.35(a)에 능동 부하를 가진 BJT 차동쌍을 나타냈다. 회로의 구조와 동작은 MOS와 매우 비슷하지만 BJT의 경우에는 유한한 β의 영향을 다루어야 하는 점이 다른데 이 영향으로 베이스에 유한한 입력 저항 r_π가 나타난다. 그러나 우선은 유한한 β가 네 개의 트랜지스터의 바이어스에 미치는 영향을 무시하기로 하고 평형 상태에서 모든 트랜지스터가 직류 전류 $I/2$로 동작한다고 가정하자.

차동 이득 BJT 차동쌍의 차동 이득의 수식을 구하기 위해 앞서 설명한 MOS의 경우에 사용한 것과 같은 과정을 사용한다. 즉, 증폭기의 출력 부분을 그림 8.35(b)에 나타낸 등가 회로를 고려하여 단락 회로 트랜스컨덕턴스 G_{md}가 아래와 같아진다는 것을 증명하자.

$$G_{md} = g_{m1,2} \tag{8.118}$$

위 식에서 $g_{m1,2}$는 Q_1, Q_2의 g_m이며, 출력 저항 R_o는 다음과 같다.

$$R_o = r_{o2} \parallel r_{o4} = R_{od} \parallel R_{om} \tag{8.119}$$

위의 두 식은 MOS의 경우와 완전히 같은 형태인데 같은 방법으로 유도할 수 있다.

식 (8.118)과 (8.119)를 결합하면 다음과 같이 차동 이득을 구할 수 있다.

$$A_d \equiv \frac{v_o}{v_{id}} = G_{md}R_o = g_m(r_{o2} \parallel r_{o4}) \tag{8.120}$$

여기서 $g_m = g_{m1} = g_{m2} \simeq \dfrac{I/2}{V_T}$이며 $r_{o2} = r_{o4} = r_o$이므로 식 (8.120)은 다음과 같이 간략화할 수 있다.

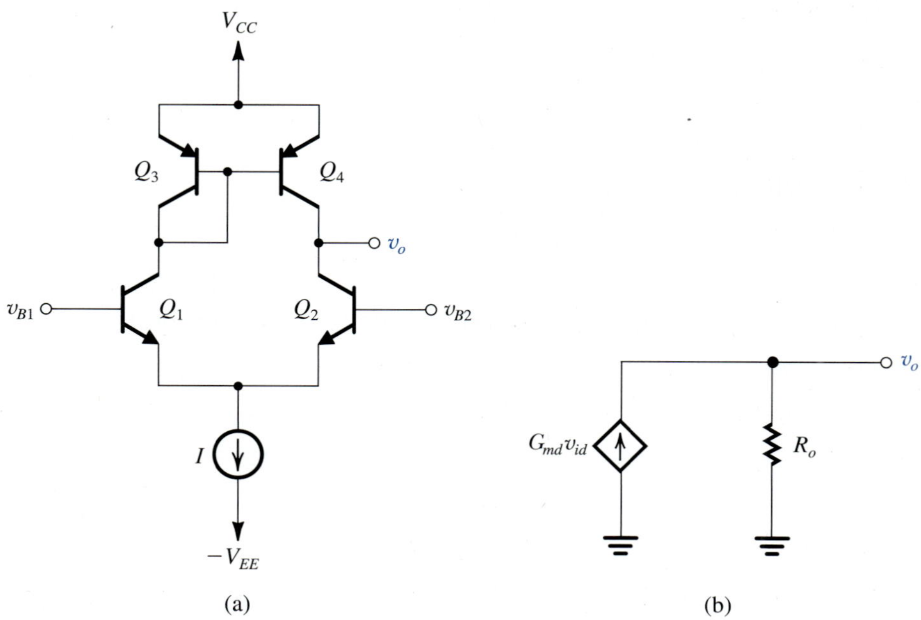

그림 8.35 (a) 전류 미러 부하를 가진 BJT 차동쌍. (b) 차동 입력 신호 $v_{id} \equiv v_{B1} - v_{B2}$가 인가된 증폭기의 출력의 소신호 등가 회로.

$$A_d = \frac{1}{2} g_m r_o \tag{8.121}$$

이 수식은 MOS 회로에 대한 식과 모양은 같지만 이 이득이 훨씬 큰데 그 이유는 BJT의 $g_m r_o$가 MOSFET의 $g_m r_o$보다 수십 배 정도 더 크기 때문이다. 그러나 단점이 있는데 그것은 BJT 증폭기의 입력 저항이 작다는 것이다. 실제로, 그림 8.35(a)를 보면, 예상했던 대로 BJT 증폭기의 입력 저항은 $2r_\pi$, 즉

$$R_{id} = 2r_\pi \tag{8.122}$$

이며 이것은 MOS 증폭기의 입력 저항이 무한대인 것과 비교하면 아주 뚜렷한 차이이다. 그러므로 능동 부하를 가진 각각의 BJT 증폭기의 전압 이득을 크게 구현했다고 할지라도 그다음 BJT 단이 연결되면 작은 입력 저항 때문에 전체 전압 이득은 상당히 작아지게 된다.

연습문제

8.18 능동 부하를 가진 BJT 차동쌍에 대해 $I = 0.8$ mA, $V_A = 100$ V, $\beta = 160$이다. G_{md}, R_o, A_d, R_{id}를 구하라.

[답] 16 mA/V; 125 kΩ; 2000 V/V; 20 kΩ

계통적인 입력 오프셋 전압 차동 증폭기 능동 부하를 가진 BJT 차동쌍은, 이를 제작할 때 발생하는 피할 수 없는 무작위적인(random) 오프셋 전압뿐만 아니라, MOS 회로에는 없는 계통적인(systematic) 오프셋 전압에 의해서도 악영향을 받는다. 왜냐하면 전류 미러를 구성하는 *pnp* 트랜지스터의 β가 유한하므로 전류 미러의 전류 분담 비율이 달라지기 때문이다. 이 현상을 문제 8.99에서 다룬다.

8.5.5 동상 모드 이득과 CMRR

전류 미러 부하를 가진 MOS 차동 증폭기를 맨 처음 분석하면서 동상 모드 이득이 영이라는 것을 알았다. 그림 8.31(c)는 다음 사실, 즉 전류 미러가 Q_4의 드레인에 출력 전류를 공급하며 이 전류는 Q_2 드레인으로 들어가는 동상 모드 신호 전류와 완전히 같다는 것, 따라서 출력 전류와 출력 전압이 영이 된다는 것을 보여 준다. 그러나 이러한 완벽한 전류 상쇄는 다음 두 가지 가정에 기초하고 있다. (1) Q_1과 Q_2에 흐르는 동상 모드 전류 신호는 같다. (2) 전류 미러의 전류 전달 비율은 정확히 1이다. 첫 번째 가정은 양쪽 회로가 절대로 완벽히 같을 수 없기 때문에 틀린 가정이다. 두 번째 가정 역시 틀린 가정인데, 실제의 전류 미러 회로에 있어서는, 7.2.5절에서 소신호 전류 전달 비율을 유도할 때 그 비율이 정확히 1은 아니었기 때문이다. 따라서 전류 미러 부하 차동 증폭기의 동상 모드 이득은 영이 될 수 없다. 지금부터 이 유한한 값 A_{cm}의 수식을 유도하기로 하자.

그림 8.36(a)에 동상 모드 신호 v_{icm}이 인가되어 있고 직류 전원은 생략했으나 바이어스 전류원 I의 출력 저항 R_{SS}는 남겨 놓은 회로를 나타내었다. 회로가 대칭이 아니므로 동상 모드 절반 회로를 사용할 수 없으나 차동 이득을 해석할 때처럼 회로의 동상 모드 동작을 그림 8.36(b)의 출력 등가 회로로 모델링을 할 수 있다. 이

그림에서 G_{mcm}은 동상 모드 단락 회로 트랜스컨덕턴스이며 R_o는 출력 저항이다. R_o는 앞에서 차동 이득을 해석할 때 나온 출력 저항과 같은 것임은 당연하다.

동상 모드 트랜스컨덕턴스 G_{mcm}의 유도 그림 8.36(c)의 등가 회로를 이용하여 동상 모드 트랜스컨덕턴스 G_{mcm}의 수식을 구할 수 있다. 이 회로는 Q_1, Q_2를 등가 회로 모델로 대체하고 전류 미러를 소신호 모델로 대체한 회로이다. 이 소신호 모델은 입력 저항 R_{im}과 단락 회로 전류 이득 A_m, 그리고 출력 저항 R_{om}으로 구성되어 있다. G_{mcm}을 구하기 위해 출력 마디를 접지에 단락하였으므로 다음과 같이 된다.

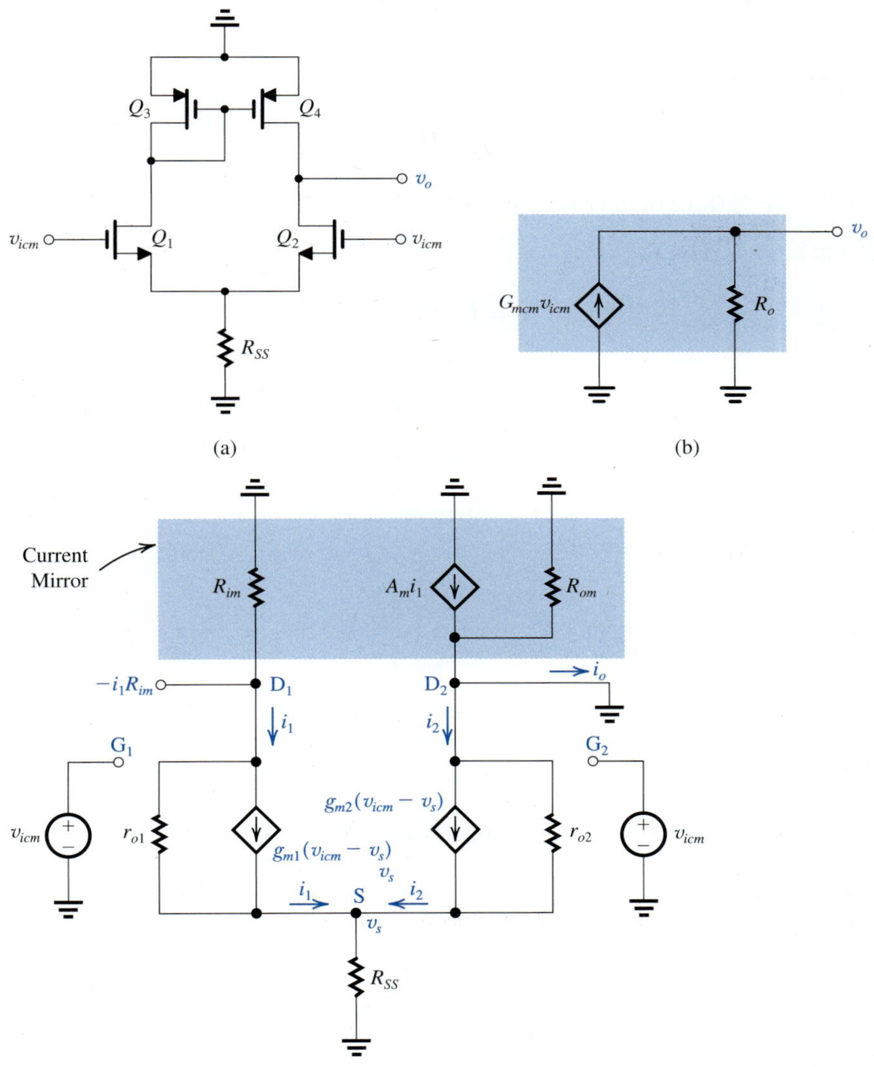

그림 8.36 전류 미러 부하를 가진 MOS 차동 증폭기의 동상 모드 이득을 구하기 위한 해석. (a) v_{icm}을 인가하고 직류 전압원을 제거한 회로. (b) 등가 출력 회로. (c) G_{mcm}을 구하는 회로.

$$G_{mcm} \equiv \frac{i_o}{v_{icm}}$$

그림 8.36(c)의 회로를 다음과 같이 해석할 수 있다. D_1에서 노드 방정식은 다음과 같고

$$i_1 = g_{m1}\left(v_{icm} - v_s\right) + \frac{-i_1 R_{im} - v_s}{r_{o1}} \tag{8.123}$$

D_2에서 노드 방정식은 다음과 같다.

$$i_2 = g_{m2}\left(v_{icm} - v_s\right) - \frac{v_s}{r_{o2}} \tag{8.124}$$

마지막으로 S에서 노드 방정식은 다음과 같다.

$$v_s = (i_1 + i_2)R_s \tag{8.125}$$

이제 식 (8.125)의 v_s를 식 (8.123), (8.124)에 대입하여 따분한 과정을 거쳐 두 식을 연립 방정식으로 풀면 i_1, i_2를 다음과 같이 구할 수 있다.

$$i_1 = \left(\frac{v_{icm}}{2R_{SS}}\right)\left(\frac{1}{D}\right) \tag{8.126}$$

$$i_2 = \left(\frac{v_{icm}}{2R_{SS}}\right)\left(\frac{1 + \dfrac{R_{im}}{r_o}}{D}\right) \tag{8.127}$$

위 식에서 D는 다음과 같다.

$$D = 1 + \frac{1}{g_m r_o} + \frac{1}{2g_m R_{SS}} + \left(\frac{R_{im}}{2r_o}\right)\left(1 + \frac{1}{g_m r_o} + \frac{1}{g_m R_{SS}}\right) \tag{8.128}$$

식 (8.126), (8.127), (8.128)을 유도할 때 $g_{m1} = g_{m2} = g_m$, 그리고 $r_{o1} = r_{o2} = r_o$라고 가정하였다. 그런데 $g_m r_o \gg 1, g_m R_{SS} \gg 1, R_{im} \ll r_o$이므로

$$D \simeq 1 + \epsilon + \frac{R_{im}}{2r_o}$$

과 같이 되며 위 식에서 ϵ은

$$\epsilon = \frac{1}{g_m r_o} + \frac{1}{2g_m R_{SS}} \ll 1$$

이고 i_1, i_2는 다음과 같이 간략화된다.

$$i_1 \simeq \frac{v_{icm}}{2R_{SS}}\left(1 - \epsilon - \frac{R_{im}}{2r_o}\right) \tag{8.129}$$

$$i_2 \simeq \left(\frac{v_{icm}}{2R_{SS}}\right)\left(1-\epsilon+\frac{R_{im}}{2r_o}\right) \tag{8.130}$$

식 (8.129)와 (8.130)을 보면 i_1, i_2가 아주 조금 다르다는 것을 알 수 있다[$(R_{im}/r_o \ll 1)$이므로]. 차이가 아주 작다고 해도 이 차이는 동상 모드 이득이 영이 되지 못하게 한다.

이제 G_{mcm}의 수식을 유도하기 위하여 출력에서 마디 방정식을 세우면 다음과 같이 된다.

$$i_o = A_m i_1 - i_2 \tag{8.131}$$

식 (8.129)와 (8.130)으로부터 i_1, i_2를 대입하면

$$i_o = \frac{v_{icm}}{2R_{SS}}\left[(A_m-1)(1-\epsilon)-\frac{R_{im}}{2r_o}(A_m+1)\right] \tag{8.132}$$

이 되므로 G_{mcm}의 수식은 다음과 같이 된다.

$$G_{mcm} \equiv \frac{i_o}{v_{icm}} = \frac{1}{2R_{SS}}\left[(A_m-1)(1-\epsilon)-\frac{R_{im}}{2r_o}(A_m+1)\right] \tag{8.133}$$

식 (8.133)을 보면 G_{mcm}이 영이 될 수 없는 다음과 같은 두 가지 서로 독립적인 이유가 있다는 것을 알 수 있다: $A_m \neq 1$(대괄호 안의 첫째 항)와 i_1, i_2가 같지 않다는 것(대괄호 안의 둘째 항).

식 (8.133)은 일반적인 수식이며 실제 사용되는 전류 미러와는 관계없이 적용된다. 7.2.5절에서 그림 8.36(a)에 사용된 간단한 MOS 미러에 대해 다음 두 식을 얻었다.

$$R_{im} = \frac{1}{g_{m3}} \parallel r_{o3} = \frac{1}{g_{m3}+\frac{1}{r_{o3}}} \tag{8.134}$$

$$A_m = 1\Big/\left[1+\frac{1}{g_{m3}r_{o3}}\right] \tag{8.135}$$

식 (8.133)에 식 (8.134), (8.135)의 R_{im}과 A_m을 대입하고 $\epsilon \ll 1, g_{m3}r_{o3} \gg 1$라고 가정하면

$$G_{mcm} \simeq -\frac{1}{2R_{SS}}\,\frac{1}{g_{m3}(r_o \parallel r_{o3})} \tag{8.136}$$

이 된다.

동상 모드 이득 동상 모드 이득은 다음과 같이 구해진다.

$$\begin{aligned} A_{cm} &= G_{mcm}R_o \\ &= -\frac{1}{2R_{SS}}\,\frac{r_{o2} \parallel r_{o4}}{g_{m3}(r_o \parallel r_{o3})} \end{aligned}$$

$r_{o2} = r_o, r_{o4} = r_{o3}$를 대입하면 다음 식이 된다.

$$A_{cm} = -\frac{1}{2g_{m3}R_{SS}} \tag{8.137}$$

이 식은 $|A_{cm}|$이 매우 작고 출력 저항 R_{SS}가 아주 큰 바이어스 전류원을 사용하면 더 작아진다는 것을 명확하게 보여 준다.

동상 모드 제거비 동상 모드 제거 비율은 식 (8.112)의 $|A_d|$를 식 (8.137)의 $|A_{cm}|$으로 나누어 주면 구해진다. 또는 A_d, A_{cm} 둘 다 각각의 G_m에 R_o를 곱한 것이므로 $|G_{md}|$를, 즉 $g_{m1,2}$를 식 (8.136)의 $|G_{mcm}|$으로 나누면 다음과 같이 구해진다.

$$\text{CMRR} = (2g_{m1,2}R_{SS})[g_{m3}(r_o \parallel r_{o3})] \tag{8.138}$$

위 식에서 $r_o = r_{o1,2} = R_{od}$, $r_{o3} = r_{o4} = R_{om}$이므로 다음 식이 된다.

$$\text{CMRR} = [2g_{m1,2}R_{SS}]\,[g_{m3}(R_{od} \parallel R_{om})] \tag{8.139}$$

위 식을 보면 CMRR은 대단히 큰 값이라는 것을 알 수 있다. 또 출력 저항 R_{SS}가 큰 바이어스 전류원을 사용하면 CMRR을 더 크게 할 수 있다는 것을 알 수 있다.

연습문제

8.19 연습문제 8.17의 전류 미러 부하를 가진 MOS 차동쌍에 대해 $R_{SS} = 25\ \text{k}\Omega$이라 하자. 연습문제 8.17의 결과를 이용하여 $|A_{cm}|$과 CMRR을 구하라.
[답] 0.005 V/V; 20,000 or 86 dB

8.6 다단 증폭기

실제의 트랜지스터 증폭기들은 흔히 직렬(cascade)로 접속된 몇 개의 단들로 이루어진다. 첫째 단 또는 입력단은 이득을 만드는 기능은 물론, 증폭기가 높은 내부 저항을 가진 신호 전원으로 구동될 때 신호 레벨이 손실되는 것을 피할 수 있도록 높은 입력 저항을 가지고 있어야 한다. 또한 다단의 차동 증폭기의 경우에는 입력단에서 큰 동상 모드 제거를 얻도록 해야 한다. 다단 증폭기의 중간단의 역할은 높은 전압 이득을 만드는 기능에 덧붙여 차동 출력 모드에서 단동 출력 모드로의 신호 전환 역할이라든가, 신호의 (+)와 (−)쪽 모두 충분한 여유를 갖도록 하는 직류 레벨 시프팅 등과 같은 기능도 제공해야 한다. 이 기능들과 또 다른 기능들에 대해 이 절의 뒷부분에서 다룰 것이며 12장에서 더 자세히 설명할 것이다.

끝으로 마지막 단 즉 출력단의 주요 기능은 증폭기가 낮은 부하 저항에 연결될 때 이득이 손실되는 것을 막을 수 있도록 낮은 출력 저항을 제공하는 것이다. 또 출력단은 고효율, 즉 출력 트랜지스터에서 과도하게 많은 양의 전력을 소비하지 않으면서, 부하가 필요로 하는 전류를 공급할 수 있어야 한다. 앞에서 이미 출력단을 실현하는 데 알맞은 트랜지스터 구성 중의 하나를 설명했는데 소스 폴로어와 이미터 폴로어가 그것이다. 그런

데 11장에서 배우겠지만 소스 폴로어와 이미터 폴로어는 전력 효율 측면에서는 최적이 아니기 때문에 큰 출력 전력을 공급하는 데에는 이들보다 좀 더 적절한 회로가 사용된다. 12장에서 연산 증폭기의 예에서 그러한 출력단을 접하게 될 것이다.

여기서는 다단 증폭기의 구조와 해석 방법을 설명하기 위해 두 개의 예를 들고 이 장을 마칠 것이다. 2단 CMOS 연산 증폭기와 4단 BJT 연산 증폭기가 바로 그 예들이다.

국제 반도체 회로 학술회의

국제 반도체 회로 학술회의(ISSCC: International Solid-State Circuits Conference)는 광범위한 반도체 회로 및 시스템 분야의 새로운 기술을 발표하는 가장 큰 학술대회이다. IEEE가 지원하는 ISSCC는 1954년에 필라델피아에 위치한 펜실베이니아 대학에서 처음 열렸고 1990년부터는 캘리포니아의 실리콘밸리에서 매년 개최되고 있다.

트랜지스터가 발병된 직후인 1950년대 초반, 진공관을 이용한 전자 제품 제조 회사(GE, RCA 등)들은 새로운 증폭 소자로서 그 중요성을 인식하여 트랜지스터를 기반으로 한 회로를 설계하기 위하여 노력했으나 트랜지스터를 이해하는 기술 인력의 부족으로 어려움에 봉착하였다. 사실 그 당시에는 트랜지스터를 발명한 사람들이 소속되어 있는 Bell Labs만이 유일하게 설계 경험을 가지고 있었으므로 기술 인력 부족을 해결하기 위한 정책이 필요하였다. 이러한 상황에서 한정된 기술 자료를 다수가 공유할 수 있는 새로운 해결책으로서 ISSCC의 전신인 '트랜지스터 학술회의'가 탄생하였고 실제로 이 학술회의는 목적한 바를 달성하였다.

8.6.1 2단 CMOS 연산 증폭기

그림 8.37에 **2단 구조**(two-stage configuration)를 가진 CMOS 연산 증폭기의 가장 많이 쓰이는 구성을 나타내었다. 이 회로는 두 개의 전원을 사용하는데 0.18 μm 공정 기술로 제작된 것은 ±0.9 V로 동작하며 65 nm 공정 기술로 제작된 것은 ±0.5 V의 낮은 전압으로 동작한다. 기준 바이어스 전류 I_{REF}는 외부의 회로에 의해 또는 칩 내부에 같이 제작된 회로에 의해 공급된다. Q_8과 Q_5로 구성되는 전류 미러는 Q_1–Q_2로 구성된 차동쌍에 바이어스 전류를 공급하는데 Q_5의 W/L 비는 입력단 바이어스 전류 I(또는 Q_1과 Q_2 각각에게 $I/2$)를 공급할 수 있도록 설계되어 있다. 또 입력 차동쌍은 Q_3와 Q_4로 구성된 전류 미러가 부하로 연결되어 있으므로 입력단은 8.5절에서 다루어진 회로와 동일한(여기서는 차동쌍이 PMOS 트랜지스터로 구현되어 있고 전류 미러는 NMOS로 구성되어 있다는 것만 제외하고) 것이다.

두 번째 단은 Q_6로 구성되어 있는데 이것은 전류원 트랜지스터 Q_7이 부하로 연결된 공통 소스 증폭기이다. 커패시터 C_C는 두 번째 단의 부귀환(negative feedback) 경로에 삽입되어 있는데 그 역할은 12장에서 주파수

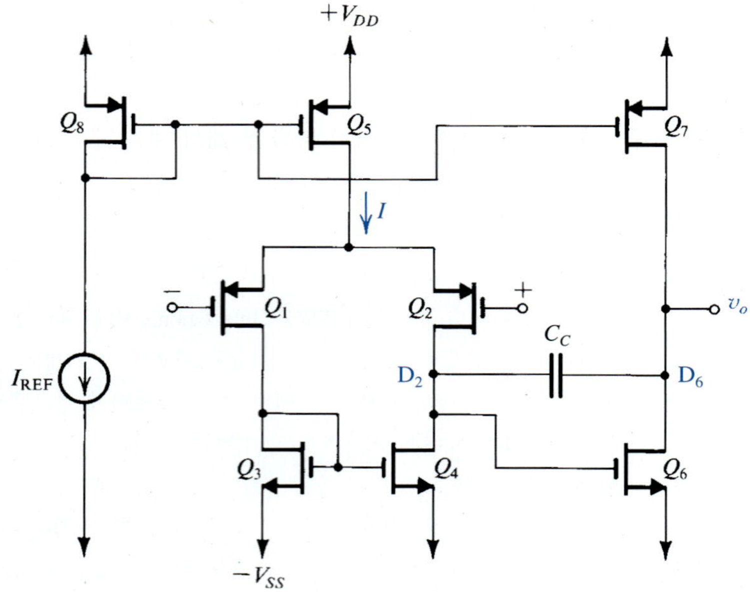

그림 8.37 2단 CMOS 연산 증폭기 구조.

응답을 다루면서 설명할 것이다.

그림 8.37에 도시한 회로의 정말 놀라운 특징은 출력 저항이 작은 증폭기가 없다는 것이다. 실제로 이 회로의 출력 저항은 $(r_{o6} \| r_{o7})$으로 상당히 크다. 그러므로 낮은 임피던스의 부하를 구동하기에는 적당하지 않은데, 그럼에도 불구하고 이 회로는 대단히 많이 사용된다. VLSI에서 연산 증폭기를 구현하는 데에도 자주 사용되는데 이런 연산 증폭기는 용량성(커패시터) 부하를 구동하기 위해서만 사용되며 이러한 부하의 한 예는 스위치드 커패시터 회로(13장)이다. 또한 이 연산 증폭기가 사용될 때에는 대부분 부귀환이 사용되며, 10장에서 설명하겠지만, 부귀환이 사용되면 출력 저항은 작아진다. 회로가 간단하기 때문에 아주 작은 면적에도 상당히 좋은 성능의 연산 증폭기를 제작할 수 있는 것이다.

전압 이득 8.5절에서 유도한 것과 같이 첫 단의 전압 이득은 다음과 같다.

$$A_1 = -g_{m1}(r_{o2} \| r_{o4}) \tag{8.140}$$

위 식에서 g_{m1}은 첫 단의 각 트랜지스터, 즉 Q_1과 Q_2의 트랜스컨덕턴스이다.

두 번째 단은 전류원 부하를 가진 공통 소스 증폭기인데 전압 이득은 다음과 같다.

$$A_2 = -g_{m6}(r_{o6} \| r_{o7}) \tag{8.141}$$

따라서 연산 증폭기의 직류 개방 회로 이득은 A_1과 A_2의 곱이다.

예제 8.6

그림 8.37의 회로가 다음과 같은 구조를 가진 소자로 구성되어 있다(μm).

Transistor	Q_1	Q_2	Q_3	Q_4	Q_5	Q_6	Q_7	Q_8
W/L	10/0.4	10/0.4	2.5/0.4	2.5/0.4	20/0.4	5/0.4	20/0.4	20/0.4

$I_{\text{REF}} = 100\ \mu\text{A}$, $V_{tn} = 0.5$ V, $V_{tp} = -0.5$ V, $\mu_n C_{ox} = 400\ \mu\text{A/V}^2$, $\mu_p C_{ox} = 100\ \mu\text{A/V}^2$, 모든 소자의 $|V_A| = 5$ V, $V_{DD} = V_{SS} = 1$ V이다. 모든 소자에 대해 I_D, $|V_{OV}|$, $|V_{GS}|$, g_m, r_o를 구하라. 또 A_1, A_2, 개방 회로 직류 전압 이득, 동상 모드 입력 범위, 그리고 출력 전압 범위를 구하라. 단, V_A가 바이어스 전류에 미치는 영향은 무시하라.

풀이

그림 8.37을 참조하라. Q_8과 Q_5가 정합되어 있으므로 $I = I_{\text{REF}}$이다. 그러므로 Q_1, Q_2, Q_3, Q_4는 도통되어 각각 트랜지스터의 바이어스 전류는 $I/2 = 50\ \mu\text{A}$의 전류가 흐른다. Q_7은 Q_5, Q_8과 정합되어 있으므로 Q_7에 흐르는 전류도 $I = 100\ \mu\text{A}$이다. 끝으로 Q_6에도 100 μA의 전류가 흐른다.

각 소자의 I_D를 이제 알고 있으므로 다음 식을 이용하여

$$I_D = \frac{1}{2}(\mu C_{ox})(W/L)V_{OV}^2$$

각 트랜지스터의 $|V_{OV}|$를 구할 수 있다. 그러면 $|V_{GS}| = |V_t| + |V_{OV}|$를 이용하여 $|V_{GS}|$를 구할 수 있다. 그 결과를 표 8.1에 정리하였다.

각 소자의 트랜스컨덕턴스는 다음을 이용하여 구한다.

$$g_m = 2I_D/|V_{OV}|$$

r_o의 값은 다음 식으로 구한다.

$$r_o = |V_A|/I_D$$

g_m과 r_o의 구해진 값이 표 8.1에 주어져 있다.

표 8.1

	Q_1	Q_2	Q_3	Q_4	Q_5	Q_6	Q_7	Q_8
I_D (μA)	50	50	50	50	100	100	100	100
$|V_{OV}|$(V)	0.2	0.2	0.2	0.2	0.2	0.2	0.2	0.2
$|V_{GS}|$(V)	0.7	0.7	0.7	0.7	0.7	0.7	0.7	0.7
g_m (mA/V)	0.5	0.5	0.5	0.5	1	1	1	1
r_o (kΩ)	100	100	100	100	50	50	50	50

첫 번째 단의 전압 이득은 다음 식으로 구한다.

$$A_1 = -g_{m1}(r_{o2} \| r_{o4})$$
$$= -0.5(100 \| 100) = -25 \text{ V/V}$$

두 번째 단의 전압 이득은 다음 식으로 구한다.

$$A_2 = -g_{m6}(r_{o6} \| r_{o7})$$
$$= -1(50 \| 50) = -25 \text{V/V}$$

그러므로 개방 회로의 총 직류 이득은 다음과 같이 구해진다.

$$A_0 = A_1 A_2 = (-25) \times (-25) = 625 \text{ V/V}$$

$$20 \log 625 = 56 \text{ dB}$$

동상 모드 입력 범위의 하한값은 Q_1과 Q_2가 포화 영역을 벗어나는 입력 전압인데 이것은 입력 전압이 Q_1의 드레인 전압보다 $|V_{tp}|$만큼 더 낮아질 때 발생한다. Q_1의 드레인 전압은 $-1.0 + 0.7 = -0.35$ V이므로 동상 모드 입력 범위의 하한값은 -0.8 V이다.

동상 모드 입력 범위의 상한값은 Q_5가 포화 영역을 벗어나는 입력 전압이다. Q_5가 포화 영역에서 동작하려면 Q_5에 걸리는 전압 즉 V_{SD5}는 Q_5가 동작하는 오버드라이브 전압과 적어도 같아야 하므로(즉, 0.2 V), Q_5의 드레인 전압의 최댓값은 $+0.8$ V가 되어야 한다. 따라서 V_{ICM}의 최댓값은 다음과 같아야 한다.

$$V_{ICM\max} = 0.8 - 0.7 = +0.1\text{V}$$

출력 전압의 상한값은 Q_7이 포화 영역을 벗어나는 전압인데 그 값은 $V_{DD} - |V_{OV7}| = 1.0 - 0.2 = 0.8$ V이다. 출력 전압 허용치의 하한값은 Q_6가 포화 영역을 벗어나는 전압인데 그 값은 $-V_{SS} + V_{OV6} = -1.0 + 0.2 = -0.8$ V이다. 그러므로 출력 전압의 범위는 -0.8 V에서 $+0.8$ V이다.

입력 오프셋 전압 소자를 제작할 때 어쩔 수 없이 발생하는 입력단의 부정합이 입력 오프셋 전압을 발생시키는데 이 입력 오프셋 전압의 여러 가지 요소들을 8.4.1절에서 설명한 방법을 이용하여 계산할 수 있다. 소자의 이러한 부정합은 무작위로 발생하므로 이에 의한 오프셋을 **무작위 오프셋**(random offset)이라 부른다. 그런데 완벽히 정합된 소자에서도 입력 오프셋 전압이 생기는데 이 오프셋은 예측 즉 계산할 수 있으며 **계통적 오프셋**(systematic offset)이라 부른다. 주의를 기울여 설계하면 이 계통적 오프셋을 최소화할 수 있는데 BJT 연산 증폭기에서도 발생하지만 CMOS 연산 증폭기에는 각 단의 이득이 상대적으로 낮아 계통적 오프셋 문제가 더 심각하다.

그림 8.37의 회로에서 계통적 오프셋이 왜 발생하는지 알아보기 위해 두 입력 단자를 접지해 보자. 입력단이 완벽하게 평형이라면 Q_4의 드레인 전압은 Q_3의 드레인 전압과 같을 것이고 그 값은 $(-V_{SS} + V_{GS4})$가 될 것이다. 이 전압은 Q_6의 게이트에 가해질 것이므로 Q_6의 게이트와 소스 사이의 전압은 V_{GS4}가 될 것이다. 따라서 Q_6에 흐르는 전류 I_6는 다음과 같이 Q_4에 흐르는 전류, 즉 $I/2$의 함수가 될 것이다.

$$I_6 = \frac{(W/L)_6}{(W/L)_4}(I/2) \tag{8.142}$$

출력에 오프셋 전압이 전혀 뜨지 않도록 하려면 위의 전류가 Q_7에 의해 공급되는 전류와 완벽하게 같아야 한다. Q_7에 의해 공급되는 전류는 병렬로 연결된 트랜지스터 Q_5에 흐르는 전류 I의 함수이며 다음과 같다.

$$I_7 = \frac{(W/L)_7}{(W/L)_5}I \tag{8.143}$$

식 (8.142)와 (8.143)을 이용하여 $I_6 = I_7$이 되게 하는 조건을 구하면 다음과 같다.

$$\frac{(W/L)_6}{(W/L)_4} = 2\frac{(W/L)_7}{(W/L)_5} \tag{8.144}$$

만약 이 조건이 만족되지 않으면 계통적 오프셋이 발생하는데 예제 8.6의 소자 값 및 소자의 구조가 식 (8.144)를 만족함을 알 수 있으며, 따라서 이 예제의 연산 증폭기는 계통적 입력 오프셋 전압이 전혀 없을 것이다.

연습문제

8.20 그림 8.37의 CMOS 연산 증폭기가 0.13 μm 공정으로 다음과 같이 제작되었다고 하자. 즉, $\mu_n C_{ox} = 4\mu_p C_{ox} = 512\ \mu\text{A/V}^2$, $|V_t| = 0.4$ V, $V_{DD} = V_{SS} = 0.65$ V이다. 현실적 설계 값으로 $I = 128\ \mu\text{A}$, $(W/L)_1 = (W/L)_2 = \frac{1}{2}(W/L)_5 = 44.4$, $(W/L)_3 = (W/L)_4 = 11.1$이 주어져 있다.

(a) $I_6 = 128\ \mu\text{A}$가 되도록 Q_6와 Q_7의 (W/L)을 구하라.

(b) Q_1, Q_2, Q_6가 동작하는 오버드라이브 전압 $|V_{OV}|$를 각각 구하라.

(c) Q_1, Q_2, Q_6의 g_m을 각각 구하라.

(d) $|V_A| = 3.2$ V일 경우 $r_{o2}, r_{o4}, r_{o6}, r_{o7}$을 구하라.

(e) 전압 이득 A_1, A_2, 그리고 총 이득 A를 구하라.

[답] (a) $(W/L)_6 = 22.2$, $(W/L)_7 = 88.8$; (b) 0.15 V, 0.15 V, 0.15 V; (c) 0.853 mA/V, 0.853 mA/V, 1.71 mA/V; (d) 50 kΩ, 50 kΩ, 25 kΩ, 25 kΩ; (e) −21.3 V/V, −21.3 V/V, 455 V/V

8.6.2 바이폴라 연산 증폭기

두 번째 다단 증폭기 예는 그림 8.38의 바이폴라 연산 증폭기이다. 회로는 네 개 단으로 구성되어 있다. **차동 입력**, **차동 출력**(differential-in, differential-out)의 입력단은 Q_1과 Q_2 트랜지스터로 구성되며 이 두 트랜지스터는 전류 전원으로 동작하는 Q_3에 의해서 바이어스된다. 둘째 단의 입력도 역시 차동 입력 회로이지만, 그것의 출력은 Q_5의 컬렉터에서 단동 출력 형태로 취해진다. 이 단은 Q_4와 Q_5로 형성되며, 이 트랜지스터들은 전류 전원으로 동작하는 Q_6에 의해서 바이어스된다. 둘째 단에 의해서 차동 입력이 단동 출력으로 변환될 때 이득이 두 배가 되는 장점이 없어진다는 점에 주목하기 바란다. 이와 같이 변환할 때 사용되는 좀 더 정교한 방법

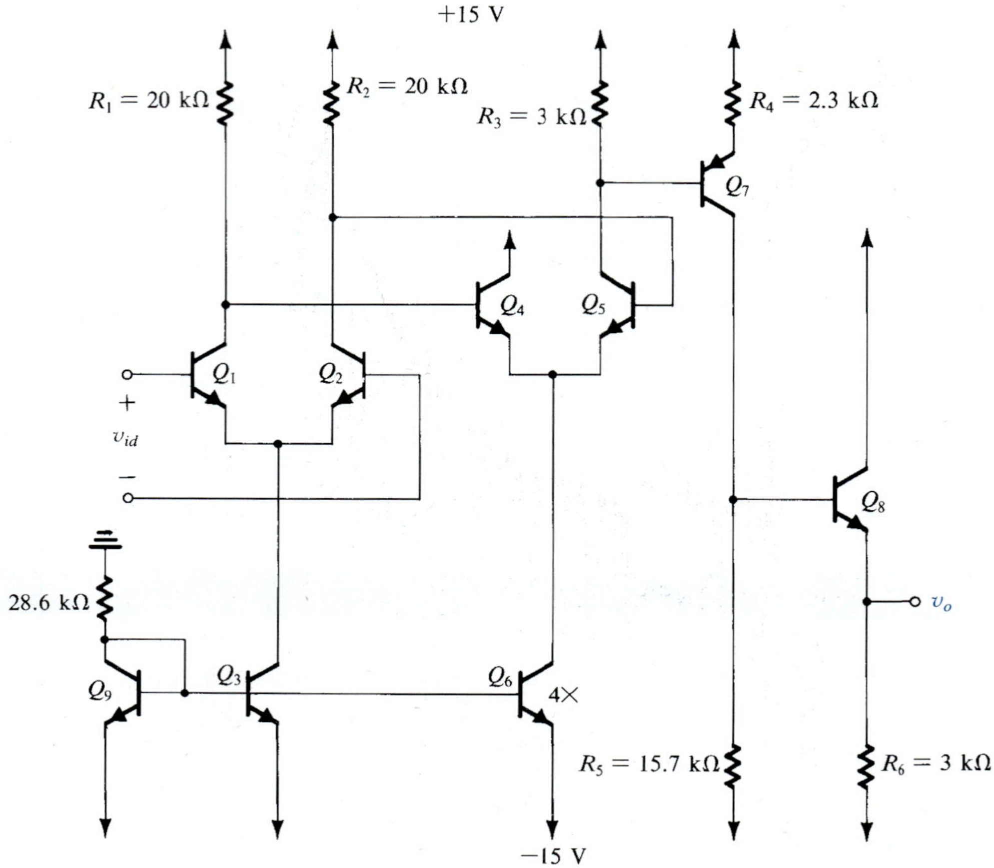

그림 8.38 바이폴라 4단 연산 증폭기.

을 우리는 이미 8.5절에서 공부한 바 있다. 즉, 이 방법이란 전류 미러를 능동 부하로 사용하는 것이다.

pnp 트랜지스터 Q_7으로 구성되는 셋째 단은 전압 이득을 제공하는 것 이외에도, 신호의 직류 레벨을 올리거나 내리는 중요한 기능을 수행한다. 따라서 Q_5의 컬렉터 신호의 최솟값은 Q_5의 베이스 전압(+10 V)보다 작아질 수 없지만, Q_7의 컬렉터 신호는 (플러스 전압 쪽의 스윙은 물론이고) 마이너스 전압 쪽으로 스윙할 수 있게 된다. 2장에서 공부한 연산 증폭기의 내용으로부터 우리는 연산 증폭기의 출력 단자가 플러스와 마이너스 전압 양쪽으로 스윙을 할 수 있다는 것을 알고 있다. 이는 모든 연산 증폭기 회로가 **레벨 시프팅**(level-shifting) 단을 가지고 있다는 것을 의미한다. 상보적인 *pnp* 트랜지스터를 사용함으로써 레벨 시프팅 문제를 간단히 해결할 수 있지만, 다른 형태의 레벨 시프트 회로도 존재한다. 예를 들면 8.6.1절에서 다룬 것처럼 CMOS 연산 증폭기에서는 레벨 시프팅은 두 단의 상보적 소자를, 즉 첫 단에서는 *p* 채널을, 두 번째 단에서는 *n* 채널을 사용함으로써 얻어짐을 주목하라.

연산 증폭기의 출력단은 이미터 폴로어 Q_8으로 이루어져 있다. 2장의 연산 증폭기에서 설명한 바와 같이 출력은 0 V 근처에서 동작하며 이것과 BJT 연산 증폭기의 다른 특성에 대해서는 예제 8.7에서 설명하겠다.

예제 8.7

이 예제에서는 그림 8.38의 바이폴라 연산 증폭기 회로의 직류 바이어스를 분석한다. 이를 위해 그림 8.39와 같이 두 입력 단자를 접지하였다.

(a) 직류 근사 해석($\beta \gg 1$, $|V_{BE}| \simeq 0.7$ V로 가정, 얼리 효과를 무시)을 수행하여 회로의 모든 부분의 직류 전류와 전압을 구하라. 단, Q_6의 면적은 Q_9과 Q_3의 면적의 네 배이다.

(b) 이 회로가 정지점에서 소모하는 전력을 구하라.

(c) 트랜지스터 Q_1, Q_2의 β가 100이라면 연산 증폭기의 입력 바이어스 전류는 얼마인가?

(d) 이 연산증폭기의 동상 모드 입력 범위를 구하라.

풀이

(a) 회로에 모든 직류 전류와 전압을 표시하였다. 이 값들은 각 트랜지스터의 베이스 전류를 무시하고 계산한 결과이다. 즉, β가 대단히 크다고 가정하였다. 이 회로의 해석은 다이오드-결선된 트랜지스터 Q_9에 흐르는 전류가 0.5 mA라고 구하여 시작한다. 따라서 Q_3에 0.5 mA가 흐르며 Q_6에는 2 mA가 흐름을 알 수 있다. 전류원 트랜지스터 Q_3는 차동쌍 (Q_1, Q_2)에 0.5 mA를 공급하며 따라서 Q_1, Q_2 각각은

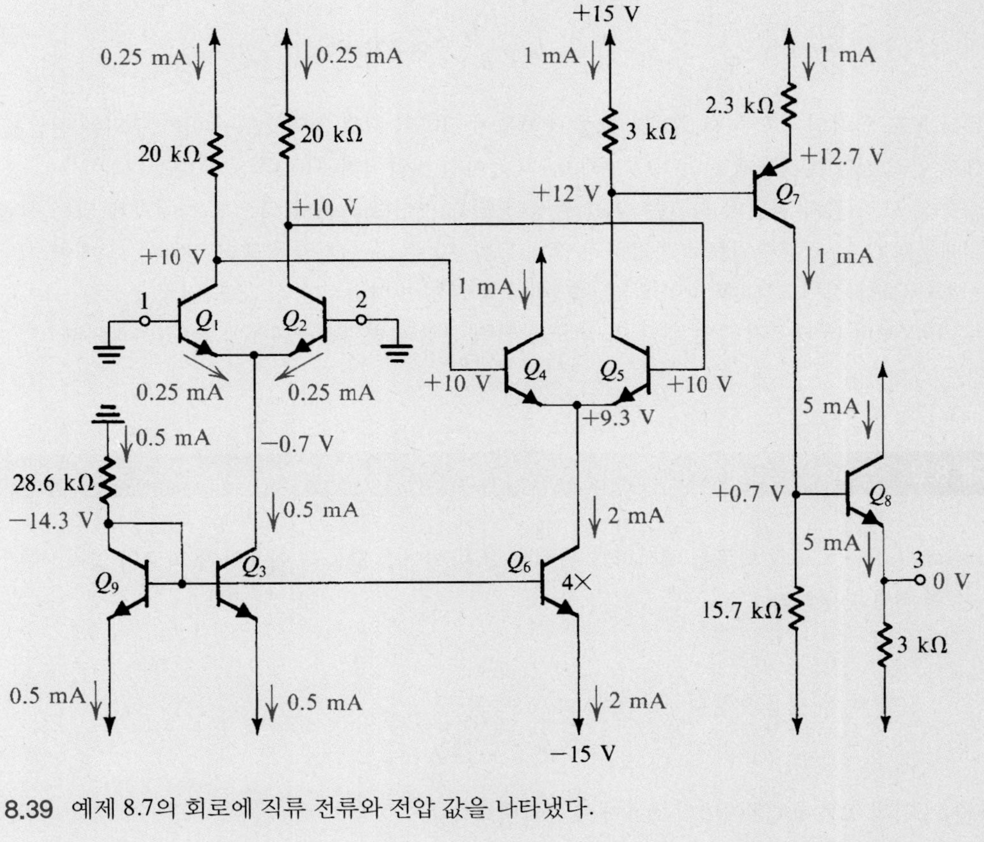

그림 8.39 예제 8.7의 회로에 직류 전류와 전압 값을 나타냈다.

0.25 mA로 바이어스된다. Q_1, Q_2의 컬렉터 전압은 [+15 − 0.25 × 20] = +10 V가 될 것이다.

Q_4, Q_5로 이루어진 두 번째 차동단을 보면, 그 이미터의 전압이 [+10 − 0.7] = 9.3 V임을 알 수 있다. 이 차동쌍은 2 mA의 전류원 Q_6에 의해 바이어스되므로 Q_4, Q_5의 바이어스 전류는 각각 1 mA이다. Q_5의 컬렉터 전압은 [+15 − 1 × 3] = +12 V가 되고 따라서 *pnp* 트랜지스터 Q_7의 이미터 전압은 +12.7 V, 그리고 Q_7의 이미터 전류는 (+15 − 12.7)/2.3 = 1 mA가 된다.

Q_7의 컬렉터에 전류 1 mA가 흐르므로 컬렉터 전압은 [−15 + 1 × 15.7] = +0.7 V가 되고 Q_8의 이미터 전압은 베이스 전압보다 0.7 V 낮으므로 출력 단자 3의 전압은 0 V이다. 끝으로 Q_8의 이미터 전류는 [0 − (−15)]/3 = 5 mA가 된다.

(b) 신호가 변하지 않는 상태에서(즉, 입력 신호가 0일 때) 회로가 소비하는 전력을 구하려면 두 전원에서 회로로 들어가는 전류를 알면 된다. +15 V 전원이 공급하는 전류는 $I^+ = 0.25 + 0.25 + 1 + 1 + 1 + 5 = 8.5$ mA이며 따라서 이 전원에 의해 공급되는 전력은 $P^+ = 15 \times 8.5 = 127.5$ mW이다. −15 V 전원이 공급하는 전류는 $I^- = 0.5 + 0.5 + 2 + 1 + 5 = 9$ mA이며 따라서 이 전원에 의해 공급되는 전력은 $P^- = 15 \times 9 = 135$ mW이다. 두 전원이 공급하는 총 전력 P_D는 $P_D = P^+ + P^- = 262.5$ mW이다.

(c) 연산 증폭기의 입력 바이어스 전류는 두 입력 단자(Q_1, Q_2의 베이스)에 흐르는 직류 전류의 평균이다. 이 두 전류는 같으므로(정합을 가정했으므로) 바이어스 전류는 다음과 같다.

$$I_B = \frac{I_{E1}}{\beta + 1} \simeq 2.5\ \mu\text{A}$$

(d) 동상 모드 입력의 상한은 Q_1, Q_2가 활성 영역을 벗어나서 포화 영역으로 들어가게 되는 전압을 말하므로 입력 전압이 컬렉터 전압 10 V보다 0.4 V 높아진 전압이며 +10.4 V가 된다.

동상 모드 입력 범위의 하한은 Q_3가 활성 영역을 벗어나 포화 영역으로 들어가게 되는 전압이며 이때부터 Q_3는 정전류원으로 동작하지 않게 된다. 이 순간은 Q_3의 컬렉터 전압이 그 베이스의 전압 −14.3 V보다 적어도 0.4 V 낮아질 때, 즉 −14.7 V 때이며 따라서 동상 모드 입력 전압은 −14.7 + 0.7 = −14 V보다 더 낮아지면 안 된다. 동상 모드 입력 전압의 범위는 −14 V에서 +10.4 V이다.

예제 8.8

예제 8.7에서 그림 8.38의 회로를 해석하기 위해 구한 바이어스 값들을 이용하여 회로의 입력 저항, 전압 이득, 출력 저항을 구하라.

풀이

차동 입력 저항 R_{id}는 다음과 같다.

$$R_{id} = r_{\pi 1} + r_{\pi 2}$$

Q_1과 Q_2가 각각 0.25 mA의 이미터 전류에서 동작하므로

$$r_{e1} = r_{e2} = \frac{25}{0.25} = 100\ \Omega$$

이다. $\beta = 100$이라고 가정하면

$$r_{\pi 1} = r_{\pi 2} = 101 \times 100 = 10.1\ \text{k}\Omega$$

이 되고 따라서 다음과 같이 된다.

$$R_{id} = 20.2\ \text{k}\Omega$$

첫째 단의 이득을 계산하려면 우선 다음 식과 같은 둘째 단의 입력 저항 R_{i2}를 구해야 한다.

$$R_{i2} = r_{\pi 4} + r_{\pi 5}$$

Q_4와 Q_5가 각각 1 mA의 이미터 전류에서 동작하므로

$$r_{e4} = r_{e5} = 25\ \Omega$$
$$r_{\pi 4} = r_{\pi 5} = 101 \times 25 = 2.525\ \text{k}\Omega$$

이다. 따라서 $R_{i2} = 5.05\ \text{k}\Omega$이 된다. 이 저항은 그림 8.40에 보인 것처럼 Q_1과 Q_2의 컬렉터 사이에 나타날 것이다. 따라서 첫째 단의 이득은 다음과 같이 구해질 것이다.

$$A_1 \equiv \frac{v_{o1}}{v_{id}} \simeq \frac{\text{컬렉터 회로의 총 저항}}{\text{이미터 회로의 총 저항}}$$
$$= \frac{R_{i2} \parallel (R_1 + R_2)}{r_{e1} + r_{e2}}$$
$$= \frac{5.05\ \text{k}\Omega \parallel 40\ \text{k}\Omega}{200\ \Omega} = 22.4\ \text{V/V}$$

그림 8.41은 둘째 단의 이득을 계산하기 위한 등가 회로를 나타낸 것이다. 그림에 표시된 것처럼, 첫째 단의 출력 전압 v_{o1}이 둘째 단의 입력 전압이다. Q_7으로 구성되는 셋째 단의 입력 저항 R_{i3}의 값은 Q_7의 이

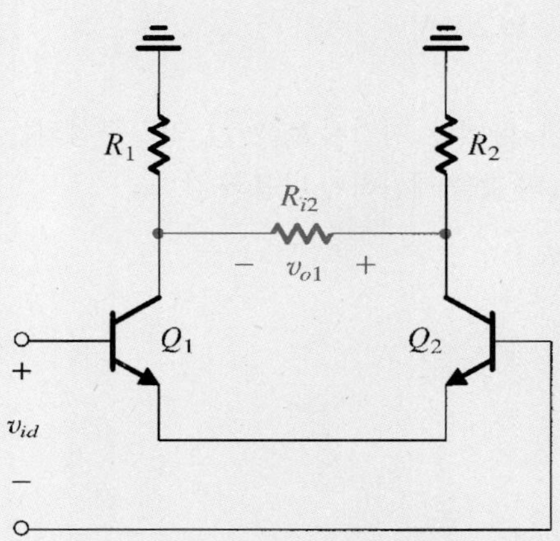

그림 8.40 그림 8.38의 증폭기의 입력단 이득을 계산하기 위한 등가 회로.

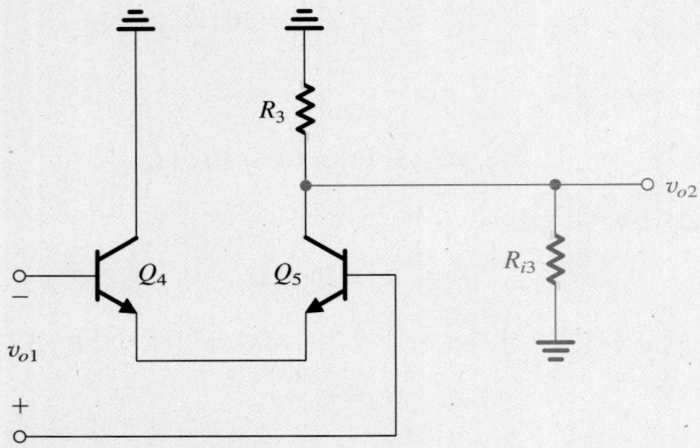

그림 8.41 그림 8.38의 증폭기의 둘째 단의 이득을 계산하기 위한 등가 회로.

미터 총 저항에 $(\beta + 1)$을 곱함으로써 다음과 같이 구해진다.

$$R_{i3} = (\beta + 1)(R_4 + r_{e7})$$

Q_7이 1 mA의 이미터 전류에서 동작하므로, 다음과 같이 구해진다.

$$r_{e7} = \frac{25}{1} = 25\ \Omega$$
$$R_{i3} = 101 \times 2.325 = 234.8\ \text{k}\Omega$$

이제 둘째 단의 이득 A_2는 이미터 회로의 총 저항에 대한 컬렉터 회로의 총 저항의 비이며 다음과 같이 구해진다.

$$A_2 \equiv \frac{v_{o2}}{v_{o1}} \simeq -\frac{R_3 \| R_{i3}}{r_{e4} + r_{e5}}$$
$$= -\frac{3\ \text{k}\Omega \| 234.8\ \text{k}\Omega}{50\ \Omega} = -59.2\ \text{V/V}$$

셋째 단의 이득을 계산하기 위한 등가 회로를 그림 8.42에 나타냈다. 여기서 R_{i4}는 Q_8으로 구성되는 출력단의 입력 저항을 의미한다. 저항 반사 공식을 이용하여 R_{i4}의 값을 계산하면 다음과 같다.

$$R_{i4} = (\beta + 1)(r_{e8} + R_6)$$

여기서

$$r_{e8} = \frac{25}{5} = 5\ \Omega$$

이므로 R_{i4}는 다음과 같이 구해진다.

$$R_{i4} = 101(5+3000) = 303.5\ \text{k}\Omega$$

셋째 단의 이득은 다음과 같이 구해진다.

$$A_3 \equiv \frac{v_{o3}}{v_{o2}} \simeq -\frac{R_5 \| R_{i4}}{r_{e7}+R_4}$$

$$= -\frac{15.7\ \text{k}\Omega \| 303.5\ \text{k}\Omega}{2.325\ \text{k}\Omega} = -6.42\ \text{V/V}$$

끝으로 그림 8.43의 등가 회로를 참조하여 출력단의 이득 A_4를 구하면 다음과 같다.

$$A_4 \equiv \frac{v_o}{v_{o3}} = \frac{R_6}{R_6 + r_{e8}}$$

$$= \frac{3000}{3000+5} = 0.998 \simeq 1$$

증폭기의 전체 전압 이득은 다음과 같이 구해진다.

$$\frac{v_o}{v_{id}} = A_1 A_2 A_3 A_4 = 8513\ \text{V/V}$$

즉, 78.6 dB이다.

출력 저항 R_o를 구하기 위해 그림 8.38의 출력 단자로부터 회로 쪽으로 뒤돌아보면

$$R_o = R_6 \| \left[r_{e8} + R_5/(\beta+1) \right]$$

이며 따라서 다음과 같이 된다.

$$R_o = 152\ \Omega$$

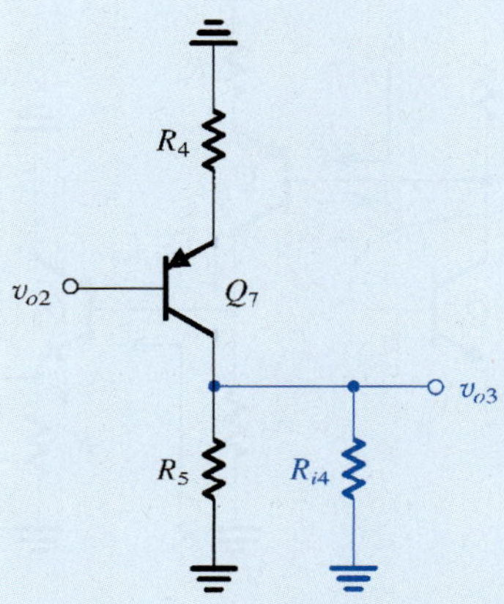

그림 8.42 그림 8.38의 증폭기 회로의 셋째 단의 이득을 계산하기 위한 등가 회로.

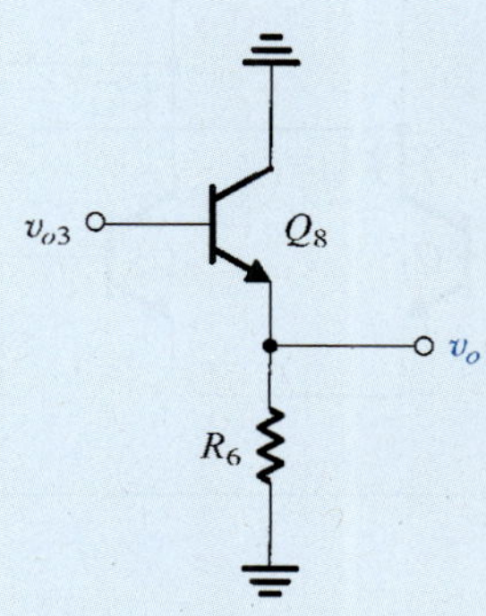

그림 8.43 그림 8.38의 증폭기 회로의 출력단의 등가 회로.

연습문제

8.21 예제 8.8의 결과를 이용하여, 그림 8.38의 증폭기가 10 kΩ의 저항을 갖는 전원과 1 kΩ의 부하 저항 사이에 접속되었을 때, 이 증폭기의 전체 전압 이득을 계산하라.

[답] 4943 V/V

전류 이득을 이용한 해석 바이폴라 다단 증폭기의 해석을 위한 또 다른 방법이 있는데, 이 방법은 몇몇 경우에서는 수행하기가 약간 더 쉬울 수 있다. 이 방법은 전류 이득 또는 좀 더 적절하게 말하면 전류 전송률을 이용하는 것이다. 실제로, 직렬 접속된 증폭기들의 전체에 걸쳐서 신호 전류의 전송을 추적할 수 있고, 모든 전류 전송률을 차례차례 계산할 수 있을 것이다. 우리는 앞의 예제의 증폭기 회로를 해석하는 데 이 방법을 이용함으로써 설명할 것이다.

그림 8.44는 소신호 해석을 위한 증폭기 회로를 나타낸 것이다. 회로도에 회로의 모든 가지를 통과하는 신호 전류들을 표시해 놓았다. 또한 증폭기의 네 개의 단 모두의 입력 저항도 표시해 놓았다. 해석을 시작하기 전에 이 값들을 구해야 한다.

이 해석의 목적은 전체 전압 이득 (v_o/v_{id})를 구하는 것이다. 이를 위해 다음과 같이 v_o를 Q_8의 이미터에 흐르는 신호 전류 i_{e8}의 식으로 표현해야 하고, v_{id}를 입력 신호 전류 i_i의 식으로 표현해야 한다.

$$v_o = R_6 i_{e8}$$
$$v_{id} = R_{i1} i_i$$

따라서 전압 이득은 다음과 같이 전류 이득 (i_{e8}/i_i)의 식으로 나타낼 수 있다.

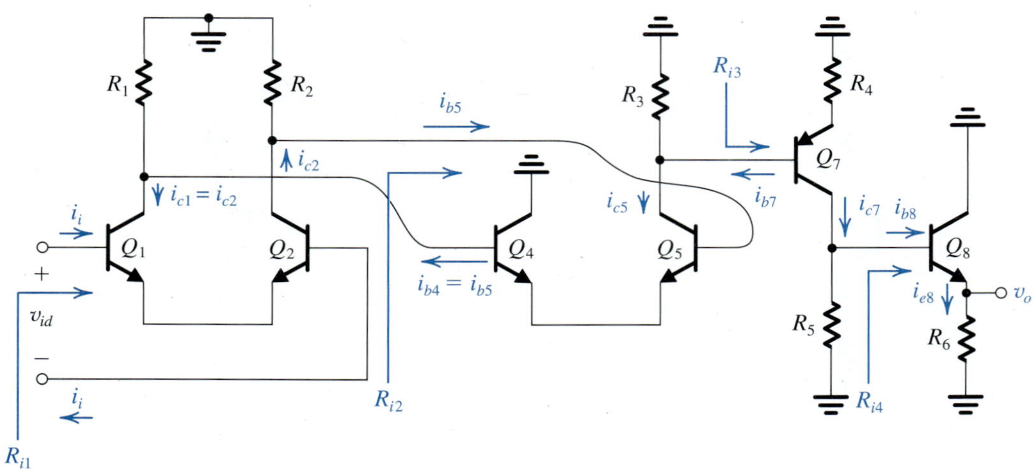

그림 8.44 그림 8.38의 다단 증폭기를 소신호 해석하기 위해 준비한 회로. 화살표로 표시된 것들은 증폭기와 네 개 단의 입력 저항을 통해 흐르는 신호 전류이다.

$$\frac{v_o}{v_{id}} = \frac{R_6}{R_{i1}} \frac{i_{e8}}{i_i}$$

다음으로, 전류 이득 (i_{e8}/i_i)을 다음과 같이 회로의 각 신호 전류들의 식으로 전개한다.

$$\frac{i_{e8}}{i_i} = \frac{i_{e8}}{i_{b8}} \times \frac{i_{b8}}{i_{c7}} \times \frac{i_{c7}}{i_{b7}} \times \frac{i_{b7}}{i_{c5}} \times \frac{i_{c5}}{i_{b5}} \times \frac{i_{b5}}{i_{c2}} \times \frac{i_{c2}}{i_i}$$

이 식의 우변에 있는 전류 전송률들의 각각은 트랜지스터의 전류 이득이거나 전류 분할기의 전류 비율이다. 따라서 그림 8.44를 참조하여 자세히 조사하면 이들 전류 전송률을 다음과 같이 구할 수 있다.

$$\frac{i_{e8}}{i_{b8}} = \beta_8 + 1 \qquad \frac{i_{b8}}{i_{c7}} = \frac{R_5}{R_5 + R_{i4}}$$

$$\frac{i_{c7}}{i_{b7}} = \beta_7 \qquad \frac{i_{b7}}{i_{c5}} = \frac{R_3}{R_3 + R_{i3}}$$

$$\frac{i_{c5}}{i_{b5}} = \beta_5 \qquad \frac{i_{b5}}{i_{c2}} = \frac{(R_1 + R_2)}{(R_1 + R_2) + R_{i2}}$$

$$\frac{i_{c2}}{i_i} = \beta_2$$

이 비율들은 쉽게 계산될 수 있고, 이들의 값은 전압 이득을 계산하는 데 사용될 수 있다.

조금만 연습하면 이와 같은 해석을 매우 빠르게 실행할 수 있다. 즉, 우선 회로도상의 신호 전류들에 명칭을 확실하게 붙이고, 그런 다음 회로를 입력으로부터 출력으로, 또는 거꾸로, '걸어 나가면서' 전류 전송률들을 한 번에 하나씩 연쇄적으로 계산할 수 있다.

연습문제

8.22 예제 8.8에서 구한 입력 저항의 값들을 이용하여 일곱 가지의 전류 전송률을 계산하라. 그리고 전체 전류 이득과 전압 이득을 계산하라.

[답] 표기한 순서대로 전류 전송률은 각각 101, 0.0492, 100, 0.0126, 100, 0.8879, 100 A/A이다. 전체 전류 이득은 55599 A/A이고, 전압 이득은 8257 V/V이다. 이 값은 예제 8.8에서 구한 값과 약간 다른데 그 이유는 예제에서 여러 가지의 근사를 사용했기 때문이다(예를 들면, $\alpha \simeq 1$).

요약

- 차동쌍은 아날로그 IC 설계에서 가장 중요한 빌딩 블록이다. 모든 연산 증폭기의 입력단은 차동 증폭기이다.
- 단동 증폭기보다 차동 증폭기가 더 많이 사용되는 두 가지 이유가 있다. 즉, 차동 증폭기는 전자파 간섭에 덜 민감하고, 바이패스 또는 커플링 커패시터를 사용할 필요가 없다.
- 정전류원 I로 바이어스되는 MOS (바이폴라) 쌍의

각 소자는 드레인(컬렉터, $\alpha = 1$로 가정) 전류가 $I/2$, 그에 따른 오버드라이브 전압 V_{OV}(바이폴라에는 없음)인 상태에서 동작한다. 각 소자는 다음과 같은 값을 갖는다: $g_m = I/V_{OV}(\alpha_I/2V_T$, 바이폴라), $r_o = |V_A|/(I/2)$.

- 완벽하게 대칭인 차동쌍의 두 입력단에 적절한 직류 전압 V_{CM}을 연결하면 바이어스 전류 I는 두 트랜지스터에 균등하게 나누어져 흘러서 두 드레인(컬렉터) 사이의 전압차는 영이 된다. 쌍의 한쪽으로 모든 전류가 흐르게 하려면 적어도 $\sqrt{2}\,V_{OV}$(바이폴라는 $4V_T$)의 차동 입력 전압 v_{id}가 필요하다.
- $v_{I1} = V_{CM} + v_{id}/2, v_{I2} = V_{CM} - v_{id}/2$가 되도록 직류 동상 모드 입력 전압 V_{CM}에 차동 입력 신호 v_{id}를 중첩하면 공통 소스(이미터)가 신호의 가상 접지로 된다. v_{id}에 의해 Q_1의 전류는 $g_m v_{id}/2$만큼 증가하고 Q_2의 전류는 $g_m v_{id}/2$만큼 감소한다. 결과적으로 두 드레인(컬렉터, R_D 대신에 R_C) 사이에 $\pm g_m(R_D \parallel r_o) v_{id}/2$의 전위차가 발생한다. 단동으로 출력을 취하면, 즉 하나의 드레인(컬렉터)과 접지 사이에서 취하면 차동 이득은 $\frac{1}{2}g_m(R_D \parallel r_o)$가 된다. 차동으로 출력을 취하면, 즉 두 드레인(컬렉터) 사이에서 취하면 차동 이득은 두 배가 되어 $g_m(R_D \parallel r_o)$로 된다.
- 차동 이득, 차동 입력 저항, 차동 이득의 주파수 응답 등 차동 증폭기를 해석하려면 차동 절반 회로를 이용하는데 이것은 $I/2$로 바이어스되는 공통 소스(공통 컬렉터) 트랜지스터이다.
- 이상적으로는 동상 모드 입력 신호 v_{icm}은 같은 크기의 드레인 전압 신호 $-v_{icm}(R_D/2R_{SS})[-v_{icm}(R_C/2R_{EE})$, 바이폴라]를 발생하는데 여기서 $R_{SS}(R_{EE})$는 바이어스 전류 I를 공급하는 전류원의 출력 저항이다. 단동으로 출력을 취하면 동상 모드 이득은 $|A_{cm}| = R_D/2R_{SS}$(바이폴라는 $R_C/2R_{EE}$)이다. 완벽하게 정합된 경우에 차동으로 출력을 취하면 동상 모드 이득 A_{cm}은 영이 된다(무한대의 CMRR). 부정합이 있으면 출력을 차동으로 취해도 A_{cm}은 유한하게 되며 ΔR_D의 부정합에 의해 $|A_{cm}| = (R_D/2R_{SS})(\Delta R_D/R_D)$가 된다. Δk_n의 부정합에 의해 $|A_{cm}| = (R_D/2R_{SS})(\Delta k_n/k_n)$가 되고 바이폴라의 경우에는 같은 형태의 동상 모드 이득이 발생된다.
- MOS 쌍의 차동 입력 저항 R_{id}가 무한대인 반면 바이폴라 쌍의 차동 입력 저항은 그 크기가 겨우 $2r_\pi$이지만 두 이미터에 R_e를 추가하여 $2(\beta+1)(r_e+R_e)$로 크게 할 수 있다. 그러나 이렇게 하면 A_d가 작아진다.
- 차동쌍의 양쪽 사이에 부정합이 있으면 두 입력 단자를 묶어 직류 전압 V_{CM}에 연결하더라도 출력 전압 V_O가 나타난다. 이것은 입력 오프셋 전압이 존재한다는 것을 의미하며 MOS 쌍에는 이러한 V_{OS}를 발생시키는 세 가지 원인이 있다.

$$\Delta R_D \Rightarrow V_{OS} = \frac{V_{OV}}{2}\frac{\Delta R_D}{R_D}$$

$$\Delta k_n \Rightarrow V_{OS} = \frac{V_{OV}}{2}\frac{\Delta k_n}{k_n}$$

$$\Delta V_t \Rightarrow V_{OS} = \Delta V_t$$

바이폴라 쌍에는 이러한 V_{OS}를 발생시키는 두 가지 원인이 있다.

$$\Delta R_C \Rightarrow V_{OS} = V_T\frac{\Delta R_C}{R_C}$$

$$\Delta I_S \Rightarrow V_{OS} = V_T\frac{\Delta I_S}{I_S}$$

- MOS와 바이폴라 아날로그 IC에 많이 사용되는 회로는 전류 미러가 부하로 연결된 차동쌍 회로이다. MOS 회로의 경우 이러한 차동쌍 회로는 큰 차동 이득 $A_d = g_m(R_{o\ \text{pair}} \parallel R_{o\ \text{mirror}})$와 작은 동상 모드 이득 $|A_{cm}| = \frac{1}{2}g_{m3}R_{SS}$가 가능하게 하며, 게다가 이득이 감소하지 않으면서도 차동을 단동으로 변환할 수 있게 한다.
- 8.6.1절에서 다룬 CMOS 2단 증폭기는 IC 시스템의 한 부분으로 사용되기 위한 것이므로 용량성 즉 커패시터 부하를 구동하기 위한 것이다. 그러므로 출력 저항이 작아야 하는 출력단을 가지고 있지 않다.
- 다단 증폭기는 일반적으로 다음과 같은 세 개의 단

으로 구성된다: 높은 입력 저항과 상당히 큰 이득, 차동의 경우 큰 CMRR을 가진 입력단; 큰 이득을 구현하는 중간단; 출력 저항이 작은 출력단. 대부분의 CMOS 증폭기는 칩에 있는 작은 용량성 부하를 구동하므로 출력단이 필요 없다. 다단 증폭기를 설계하거나 해석할 때에는 앞단의 부하 효과를 반드시 고려해야 한다.

PROBLEMS

Computer Simulation Problems

SIM Problems identified by this icon are intended to demonstrate the value of using SPICE simulation to verify hand analysis and design, and to investigate important issues such as allowable signal swing and amplifier nonlinear distortion. Instructions to assist in setting up simulations for all the indicated problems can be found in the corresponding files on the website. Note that if a particular parameter value is not specified in the problem statement, you are to make a reasonable assumption.

Section 8.1: The MOS Differential Pair

8.1 For an NMOS differential pair with a common-mode voltage V_{CM} applied, as shown in Fig. 8.2, let $V_{DD} = V_{SS} = 1.0$ V, $k_n' = 0.4$ mA/V^2, $(W/L)_{1,2} = 10$, $V_{tn} = 0.4$ V, $I = 0.16$ mA, $R_D = 5$ kΩ, and neglect channel-length modulation.

(a) Find V_{OV} and V_{GS} for each transistor.
(b) For $V_{CM} = 0$, find V_S, I_{D1}, I_{D2}, V_{D1}, V_{D2}, and V_O.
(c) Repeat (b) for $V_{CM} = +0.4$ V.
(d) Repeat (b) for $V_{CM} = -0.1$ V.
(e) What is the highest value of V_{CM} for which Q_1 and Q_2 remain in saturation?
(f) If current source I requires a minimum voltage of 0.2 V to operate properly, what is the lowest value allowed for V_S and hence for V_{CM}?
(g) What is the input common-mode range?

8.2 For the PMOS differential amplifier shown in Fig. P8.2, let $V_{tp} = -0.4$ V and $k_p'W/L = 5$ mA/V^2. Neglect channel-length modulation.

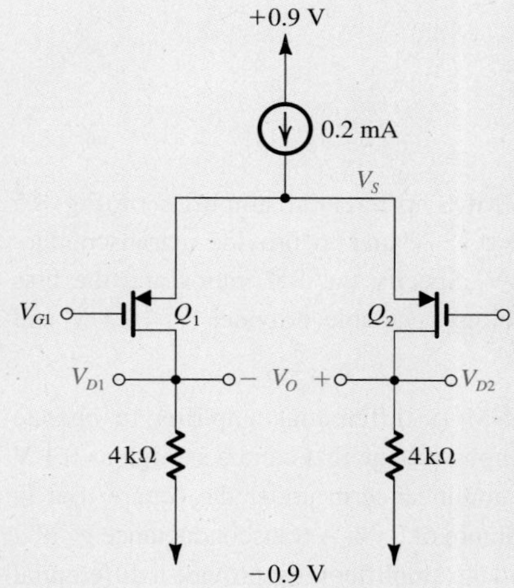

Figure P8.2

(a) For $V_{G1} = V_{G2} = 0$ V, find $|V_{OV}|$ and V_{SG} for each of Q_1 and Q_2. Also find V_S, V_{D1}, V_{D2}, and V_O.
(b) If the current source requires a minimum voltage of 0.2 V, find the input common-mode range.

D 8.3 Design the circuit in Fig. P8.3 to obtain a dc voltage of +0.1 V at each of the drains of Q_1 and Q_2 when $v_{G1} = v_{G2} = 0$ V. Operate all transistors at $V_{OV} = 0.15$ V and assume that for the process technology in which the circuit is fabricated, $V_{tn} = 0.4$ V and $\mu_n C_{ox} = 400$ μA/V^2. Neglect channel-length modulation. Determine the values of R, R_D, and the W/L ratios of Q_1, Q_2, Q_3, and Q_4. What is the input common-mode voltage range for your design?

---

problems with green numbers are considered essential; * = difficult problem; ** = more difficult; *** = very challenging
SIM = simulation; D = design problem;

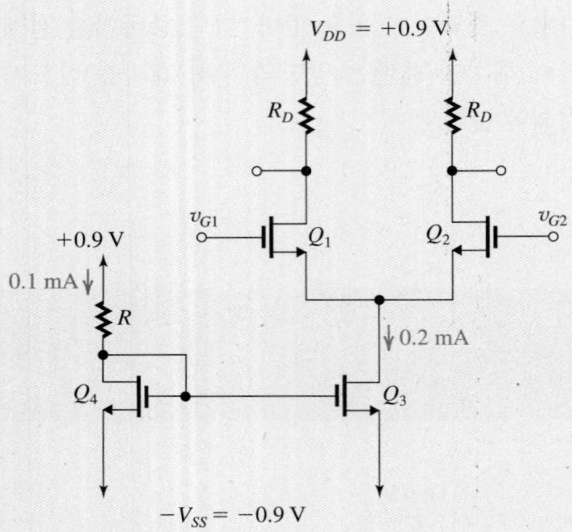

Figure P8.3

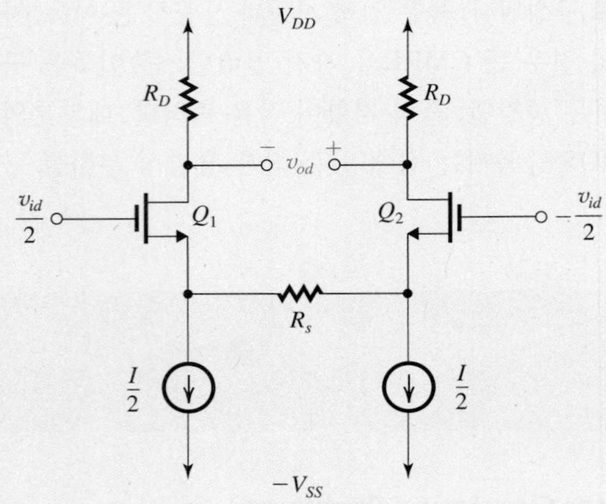

Figure P8.7

D 8.4 Design the MOS differential amplifier of Fig. 8.5 to operate at $V_{OV}=0.25$ V and to provide a transconductance g_m of 1 mA/V. Specify the W/L ratios and the bias current. The technology available provides $V_t=0.5$ V and $\mu_n C_{ox}=400\ \mu\text{A/V}^2$.

D 8.5 Design an NMOS differential amplifier to operate with a differential input voltage that can be as high as 0.1 V while keeping the nonlinear term under the square root in Eq. (8.23) to a maximum of 0.04. A transconductance g_m of 2 mA/V is needed, and the amplifier must provide a differential output signal of 1 V when the input is at its maximum value. Find the required values of V_{OV}, I, R_D, and W/L. Assume that the technology available has $\mu_n C_{ox}=200\ \mu\text{A/V}^2$ and $\lambda=0$.

D 8.6 Design a MOS differential amplifier to operate from ±0.6-V supplies and dissipate no more than 0.3 mW in its equilibrium state. Select the value of V_{OV} so that the value of v_{id} that steers the current from one side of the pair to the other is 0.2 V. The differential voltage gain A_d is to be 8 V/V. Assume $k_n' = 500\ \mu\text{A/V}^2$ and neglect the Early effect. Specify the required values of I, R_D, and W/L.

8.7 Find the differential half-circuit for the differential amplifier shown in Fig. P8.7 and use it to derive an expression for the differential gain $A_d \equiv v_{od}/v_{id}$ in terms of g_m, R_D, and R_s. Neglect the Early effect. What is the gain with $R_s=0$? What is the value of R_s (in terms of $1/g_m$) that reduces the gain to half this value?

D *8.8 Figure P8.8 shows a circuit for a differential amplifier with an active load. Here Q_1 and Q_2 form the differential pair, while the current source transistors Q_4 and Q_5 form the active loads for Q_1 and Q_2, respectively. The dc bias circuit that establishes an appropriate dc voltage at the drains of Q_1 and Q_2 is not shown. It is required to design the circuit to meet the following specifications:

(a) Differential gain $A_d=50$ V/V.
(b) $I_{\text{REF}}=I=200\ \mu$A.
(c) The dc voltage at the gates of Q_6 and Q_3 is +0.8 V.
(d) The dc voltage at the gates of Q_7, Q_4, and Q_5 is −0.8 V.

The technology available is specified as follows: $\mu_n C_{ox}= 2.5\ \mu_p C_{ox}=250\ \mu\text{A/V}^2$; $V_{tn}=|V_{tp}|=0.5$ V, $V_{An}=|V_{Ap}|=10$ V. Specify the required value of R and the W/L ratios for all transistors. Also specify I_D and $|V_{GS}|$ at which each transistor is operating. For dc bias calculations you may neglect channel-length modulation.

D *8.9 For the cascode differential amplifier of Fig. 8.13(a), show that if all transistors have the same channel length and are operated at the same $|V_{OV}|$ and assuming that $V_{An}' = |V_{Ap}'| = |V_A'|$, the differential gain A_d is given by

$$A_d = 2\left(|V_A|/|V_{OV}|\right)^2$$

Now design the amplifier to obtain a differential gain of 500 V/V. Use $|V_{OV}| = 0.2$ V. If $|V_A'| = 5$ V/μm, specify the required channel length L. If g_m is to be as high as possible

---

problems with green numbers are considered essential; * = difficult problem; ** = more difficult; *** = very challenging
SIM = simulation; **D** = design problem;

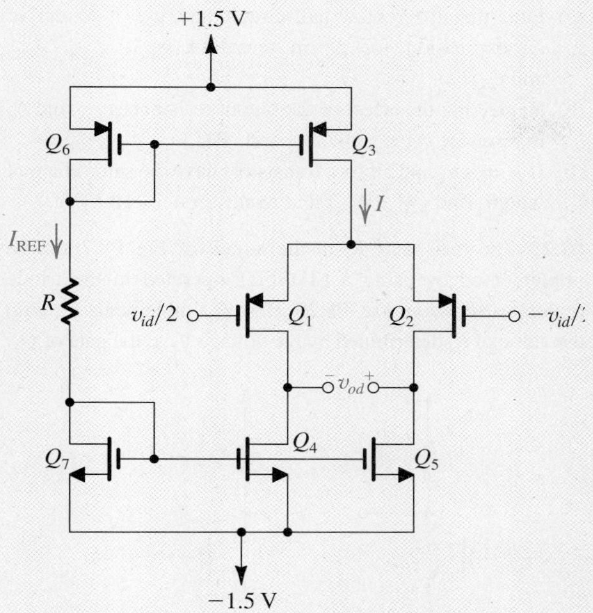

Figure P8.8

but the power dissipation in the amplifier (in equilibrium) is to be limited to 0.5 mW, what bias current I would you use? Let $V_{DD} = V_{SS} = 0.9$ V.

8.10 For the differential amplifier specified in Problem 8.1 let $v_{G2} = 0$ and $v_{G1} = v_{id}$. Find the value of v_{id} that corresponds to each of the following situations:
(a) $i_{D1} = i_{D2} = 0.08$ mA; (b) $i_{D1} = 0.12$ mA and $i_{D2} = 0.04$ mA; (c) $i_{D1} = 0.16$ mA and $i_{D2} = 0$ (Q_2 just cuts off); (d) $i_{D1} = 0.04$ mA and $i_{D2} = 0.12$ mA; (e) $i_{D1} = 0$ mA (Q_1 just cuts off) and $i_{D2} = 0.16$ mA. For each case, find v_S, v_{D1}, v_{D2}, and v_O.

SIM **8.11** For the differential amplifier specified in Problem 8.2, let $v_{G2} = 0$ and $v_{G1} = v_{id}$. Find the range of v_{id} needed to steer the bias current from one side of the pair to the other. At each end of this range, give the value of the voltage at the common-source terminal, the drain voltages, and v_O.

8.12 Consider the differential amplifier specified in Problem 8.1 with G_2 grounded and $v_{G1} = v_{id}$. Let v_{id} be adjusted to the value that causes $i_{D1} = 0.09$ mA and $i_{D2} = 0.07$ mA. Find the corresponding values of v_{GS2}, v_S, v_{GS1}, and hence v_{id}. What is the difference output voltage v_O? What is the voltage gain v_O/v_{id}? What value of v_{id} results in $i_{D1} = 0.07$ mA and $i_{D2} = 0.09$ mA?

8.13 The table providing the answers to Exercise 8.3 shows that as the maximum input signal to be applied to the differential pair is increased, linearity is maintained at the same level by operating at a higher V_{OV}. If $|v_{id}|_{max}$ is to be 220 mV, use the data in the table to determine the required V_{OV} and the corresponding values of W/L and g_m.

8.14 Use Eq. (8.23) to show that if the term involving v_{id}^2 is to be kept to a maximum value of k then the maximum possible fractional change in the transistor current is given by

$$\frac{\Delta I_{max}}{I/2} = 2\sqrt{k(1-k)}$$

and the corresponding maximum value of v_{id} is given by

$$v_{id\max} = 2\sqrt{k}V_{OV}$$

Evaluate both expressions for $k = 0.01$, 0.1, and 0.2.

8.15 A MOS differential amplifier biased with a current source $I = 200$ μA is found to switch currents completely to one side of the pair when a difference signal $v_{id} = 0.3$ V is applied. At what overdrive voltage will each of Q_1 and Q_2 be operating when $v_{id} = 0$? If v_{id} for full current switching is to be 0.5 V, what must the bias current I be changed to?

***8.16** For the MOS differential pair in Fig. 8.5, specify the value of $v_{id} \equiv v_{G1} - v_{G2}$, in terms of V_{OV}, that

(a) causes i_{D1} to increase by 10% above its equilibrium value of $I/2$.
(b) makes $i_{D1}/i_{D2} = 1.0$; 2.0; 1.1; 1.01; 20.

8.17 An NMOS differential amplifier is operated at a bias current I of 0.2 mA and has a W/L ratio of 32, $\mu_n C_{ox} = 200$ μA/V^2, $V_A = 10$ V, and $R_D = 10$ kΩ. Find V_{OV}, g_m, r_o, and A_d.

D 8.18 Design a MOS differential amplifier to operate from ±1-V power supplies and dissipate no more than 1 mW in the equilibrium state. The differential voltage gain A_d is to be 10 V/V and the output common-mode dc voltage is to be 0.2 V. (*Note*: This is the dc voltage at the drains.) Assume $\mu_n C_{ox} = 400$ μA/V^2 and neglect the Early effect. Specify I, R_D, and W/L.

8.19 An NMOS differential amplifier with equal drain resistors, $R_D = 47$ kΩ, has a differential gain A_d of 20 V/V.

(a) What is the value of g_m for each of the two transistors?
(b) If each of the two transistors is operating at an overdrive voltage $V_{OV} = 0.2$ V, what must the value of I be?
(c) For $v_{id} = 0$, what is the dc voltage across each R_D?

(d) If v_{id} is 20-mV peak-to-peak sine wave applied in a balanced manner but superimposed on $V_{CM} = 0.5$ V, what is the peak of the sine-wave signal at each drain?

(e) What is the lowest value that V_{DD} must have to ensure saturation-mode operation for Q_1 and Q_2 at all times? Assume $V_t = 0.5$ V.

8.20 A MOS differential amplifier is designed to have a differential gain A_d equal to the voltage gain obtained from a common-source amplifier. Both amplifiers utilize the same values of R_D and supply voltages, and all the transistors have the same W/L ratios. What must the bias current I of the differential pair be relative to the bias current I_D of the CS amplifier? What is the ratio of the power dissipation of the two circuits?

8.21 A differential amplifier is designed to have a differential voltage gain equal to the voltage gain of a common-source amplifier. Both amplifiers use the same values of R_D and supply voltages and are designed to dissipate equal amounts of power in their equilibrium or quiescent state. As well, all the transistors use the same channel length. What must the width W of the differential-pair transistors be relative to the width of the CS transistor?

D 8.22 Figure P8.22 shows a MOS differential amplifer with the drain resistors R_D implemented using diode-connected PMOS transistors, Q_3 and Q_4. Let Q_1 and Q_2 be matched, and Q_3 and Q_4 be matched.

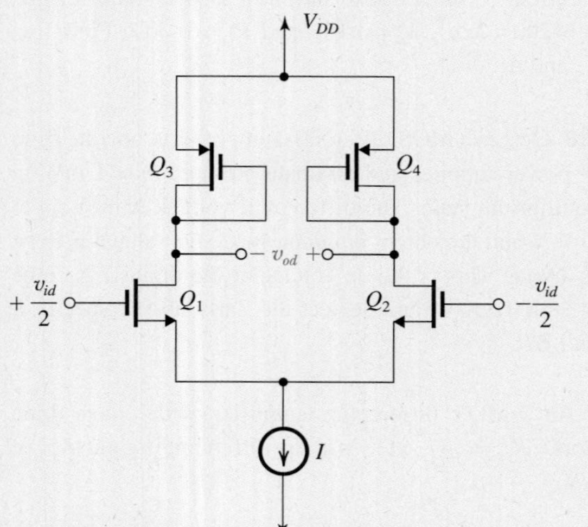

Figure P8.22

(a) Find the differential half-circuit and use it to derive an expression for A_d in terms of $g_{m1,2}$, $g_{m3,4}$, $r_{o1,2}$, and $r_{o3,4}$.

(b) Neglecting the effect of the output resistances r_o, find A_d in terms of μ_n, μ_p, $(W/L)_{1,2}$ and $(W/L)_{3,4}$.

(c) If $\mu_n = 4\mu_p$ and all four transistors have the same channel length, find $(W_{1,2}/W_{3,4})$ that results in $A_d = 10$ V/V.

***8.23** The resistance R_s in the circuit of Fig. P8.7 can be implemented by using a MOSFET operated in the triode region, as shown in Fig. P8.23. Here Q_3 implements R_s, with the value of R_s determined by the voltage V_C at the gate of Q_3.

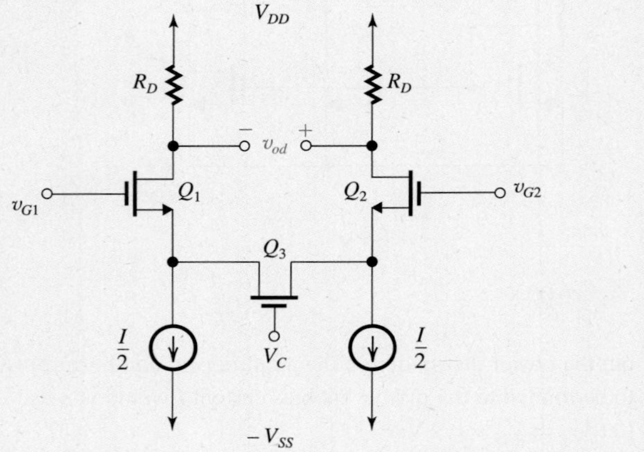

Figure P8.23

(a) With $v_{G1} = v_{G2} = 0$ V, and assuming that Q_1 and Q_2 are operating in saturation, what dc voltages appear at the sources of Q_1 and Q_2? Express these in terms of the overdrive voltage V_{OV} at which each of Q_1 and Q_2 operates, and V_t.

(b) For the situation in (a), what current flows in Q_3? What overdrive voltage V_{OV3} is Q_3 operating at, in terms of V_C, V_{OV}, and V_t?

(c) Now consider the case $v_{G1} = +v_{id}/2$ and $v_{G2} = -v_{id}/2$, where v_{id} is a small signal. Convince yourself that Q_3 now conducts current and operates in the triode region with a small v_{DS}. What resistance r_{DS} does it have, expressed in terms of the overdrive voltage V_{OV3} at which it is operating? This is the resistance R_s. Now if all three transistors have the same W/L, express R_s in terms of V_{OV}, V_{OV3}, and $g_{m1,2}$.

(d) Find V_{OV3} and hence V_C that result in (i) $R_s = 1/g_{m1,2}$; (ii) $R_s = 0.5/g_{m1,2}$.

***8.24** The circuit of Fig. P8.24 shows an effective way of implementing the resistance R_s needed for the circuit in Fig. P8.7. Here R_s is realized as the series equivalent of two MOSFETs Q_3 and Q_4 that are operated in the triode region, thus, $R_s = r_{DS3} + r_{DS4}$. Assume that Q_1 and Q_2 are matched and operate in saturation at an overdrive voltage V_{OV} that corresponds to a drain bias current of $I/2$. Also, assume that Q_3 and Q_4 are matched.

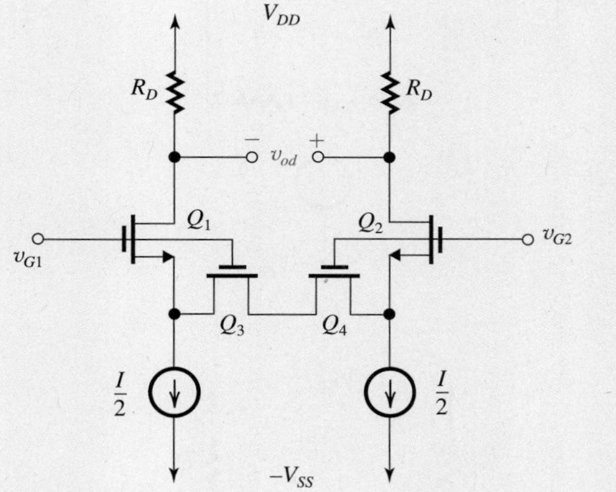

Figure P8.24

(a) With $v_{G1} = v_{G2} = 0$ V, what dc voltages appear at the sources of Q_1 and Q_2? What current flows through Q_3 and Q_4? At what overdrive voltages are Q_3 and Q_4 operating? Find an expression for r_{DS} for each of Q_3 and Q_4 and hence for R_s in terms of $(W/L)_{1,2}$, $(W/L)_{3,4}$, and $g_{m1,2}$.

(b) Now with $v_{G1} = v_{id}/2$ and $v_{G2} = -v_{id}/2$, where v_{id} is a small signal, find an expression of the voltage gain $A_d \equiv v_{od}/v_{id}$ in terms of $g_{m1,2}$, R_D, $(W/L)_{1,2}$, and $(W/L)_{3,4}$.

***8.25** A design error has resulted in a gross mismatch in the circuit of Fig. P8.25. Specifically, Q_2 has twice the W/L ratio of Q_1. If v_{id} is a small sine-wave signal, find:

(a) I_{D1} and I_{D2}.
(b) V_{OV} for each of Q_1 and Q_2.
(c) The differential gain A_d in terms of R_D, I, and V_{OV}.

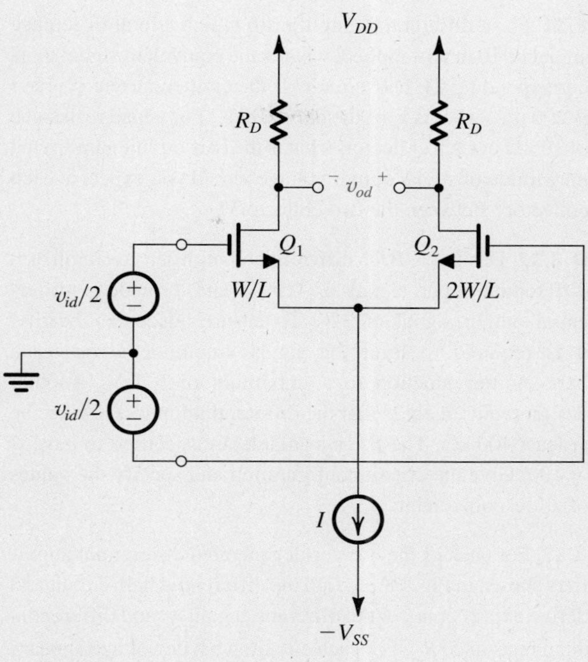

Figure P8.25

Section 8.2: The BJT Differential Pair

8.26 For the differential amplifier of Fig. 8.15(a) let $I = 0.4$ mA, $V_{CC} = V_{EE} = 2.5$ V, $V_{CM} = -1$ V, $R_C = 5$ kΩ, and $\beta = 100$. Assume that the BJTs have $v_{BE} = 0.7$ V at $i_C = 1$ mA. Find the voltage at the emitters and at the outputs.

8.27 An *npn* differential pair employs transistors for which $v_{BE} = 690$ mV at $i_C = 1$ mA, and $\beta = 50$. The transistors leave the active mode at $v_{CE} \leq 0.3$ V. The collector resistors $R_C = 82$ kΩ, and the power supplies are ±1.2 V. The bias current $I = 20$ μA and is supplied with a simple current source.

(a) For $v_{B1} = v_{B2} = V_{CM} = 0$ V, find V_E, V_{C1}, and V_{C2}.
(b) Find the input common-mode range.
(c) If $v_{B2} = 0$, find the value of v_{B1} that increases the current in Q_1 by 10%.

D 8.28 Design the circuit of Fig. 8.14 to provide a differential output voltage v_O of 1 V when the differential input signal is 10 mV. A current source of 1 mA and a positive supply of +5 V are available. What is the largest possible input common-mode voltage for the circuit to operate as required? Assume $\alpha \simeq 1$.

8.29 A BJT differential amplifier uses a 400-μA bias current. What is the value of g_m of each device? If β is 160, what is the differential input resistance?

D 8.30 Design the basic BJT differential amplifier circuit of Fig. 8.18 to provide a differential input resistance of at least 20 kΩ and a differential voltage gain of 100 V/V. The transistor β is specified to be at least 100. Specify I and R_C.

8.31 For a differential amplifier to which a total difference signal of 10 mV is applied, what is the equivalent signal to its corresponding CE half-circuit? If the emitter current source I is 200 μA, what is r_e of the half-circuit? For a load resistance of 10 kΩ in each collector, what is the half-circuit gain? What magnitude of signal output voltage would you expect at each collector? Between the two collectors?

D 8.32 Design a BJT differential amplifier to amplify a differential input signal of 0.2 V and provide a differential output signal of 2 V. To ensure adequate linearity, it is required to limit the signal amplitude across each base–emitter junction to a maximum of 5 mV. Another design requirement is that the differential input resistance be at least 400 kΩ. The BJTs available are specified to have $\beta \geq 100$. Give the circuit configuration and specify the values of all its components.

8.33 For each of the emitter-degenerated differential amplifiers shown in Fig. P8.33, find the differential half-circuit and derive expressions for the differential gain A_d and differential input resistance R_{id}. For each circuit, what dc voltage appears across the bias current source(s) in the quiescent state (i.e., with $v_{id} = 0$)? Hence, which of the two circuits will allow a larger negative V_{CM}?

8.34 Consider a bipolar differential amplifier that, in addition to the collector resistances R_C, has a load resistance R_L connected between the two collectors. What does the differential gain A_d become?

8.35 A particular differential amplifier operates from an emitter current source $I = 0.4$ mA. Each of the collector resistances $R_C = 20$ kΩ and a load resistance $R_L = 40$ kΩ is connected between the two collectors. If the amplifier is fed in the manner shown in Fig. P8.52 with $R_{sig} = 100$ kΩ, find the overall voltage gain. Let $\beta = 100$.

8.36 Find the voltage gain and input resistance of the amplifier in Fig. P8.36 assuming that $\beta = 100$.

8.37 An *npn* differential amplifier with $I = 0.4$ mA, $V_{CC} = V_{EE} = 2.5$ V, and $R_C = 5$ kΩ utilizes BJTs with $\beta = 100$ and $v_{BE} = 0.7$ V at $i_C = 1$ mA. If $v_{B2} = 0$, find V_E, V_{C1}, and V_{C2} obtained with $v_{B1} = +0.5$ V, and with $v_{B1} = -0.5$ V. Assume that the current source requires a minimum of 0.3 V for proper operation.

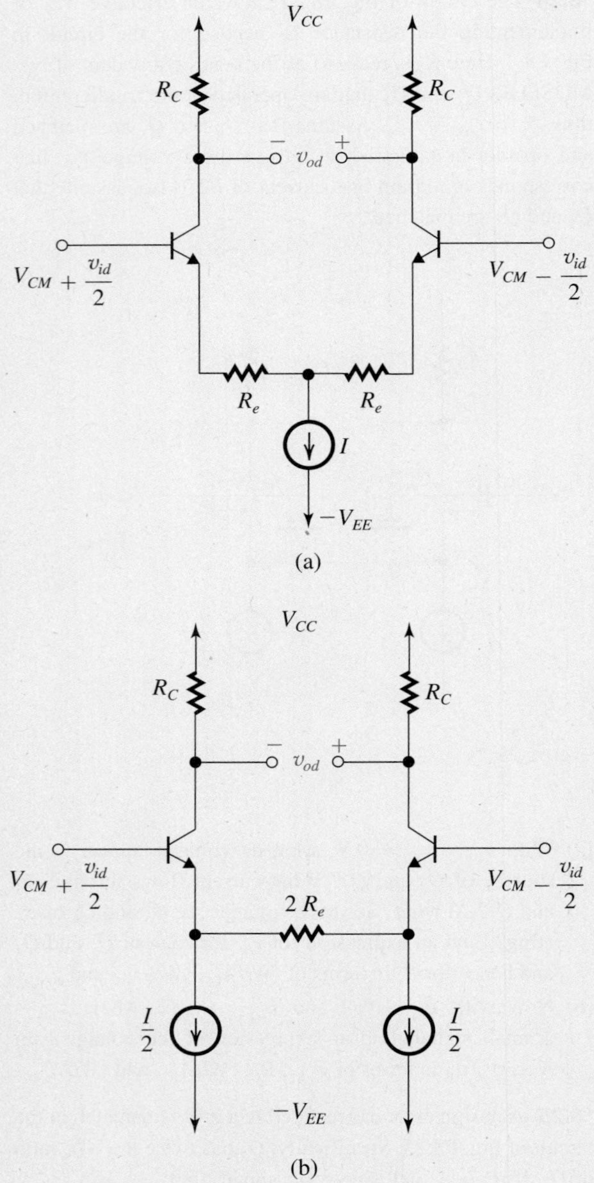

Figure P8.33

8.38 An *npn* differential amplifier with $I = 0.4$ mA, $V_{CC} = V_{EE} = 2.5$ V, and $R_C = 5$ kΩ utilizes BJTs with $\beta = 100$ and $v_{BE} = 0.7$ V at $i_C = 1$ mA. Assuming that the bias current is

---

problems with green numbers are considered essential; * = difficult problem; ** = more difficult; *** = very challenging
SIM = simulation; D = design problem;

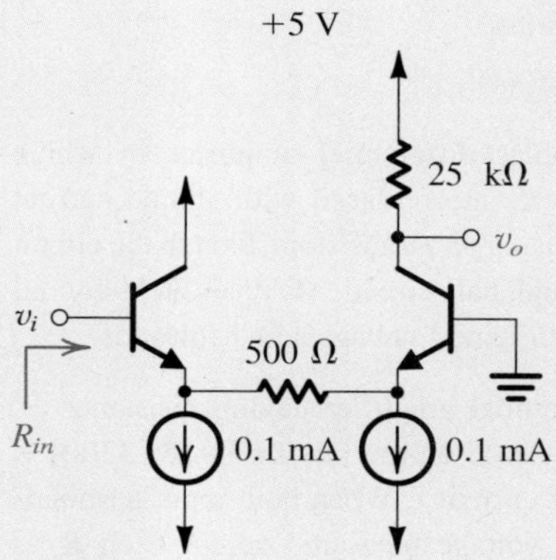

Figure P8.36

obtained by a simple current source and that all transistors require a minimum v_{CE} of 0.3 V for operation in the active mode, find the input common-mode range.

8.39 Repeat Exercise 8.7 for an input of –0.3 V.

8.40 Consider the BJT differential amplifier when fed with a common-mode voltage V_{CM} as shown in Fig. 8.15(a). As is often the case, the supply voltage V_{CC} may not be pure dc but might include a ripple component v_r of small amplitude and a frequency of 120 Hz (see Section 3.6). Thus the supply voltage becomes $V_{CC} + v_r$. Find the ripple component of the collector voltages, v_{C1} and v_{C2}, as well as of the difference output voltage $v_{od} \equiv v_{C2} - v_{C1}$. Comment on the differential amplifier response to this undesirable power-supply ripple.

D 8.41 Consider the differential amplifier of Fig. 8.14 and let the BJT β be very large:

(a) What is the largest input common-mode signal that can be applied while the BJTs remain comfortably in the active region with $v_{CB} = 0$?
(b) If the available power supply V_{CC} is 2.0 V, what value of IR_C should you choose in order to allow a common-mode input signal of ±1.0 V?
(c) For the value of IR_C found in (b), select values for I and R_C. Use the largest possible value for I subject to the constraint that the base current of each transistor (when I divides equally) should not exceed 2 μA. Let $\beta = 100$.

8.42 To gain insight into the possibility of nonlinear distortion resulting from large differential input signals applied to the differential amplifier of Fig. 8.14, evaluate the normalized change in the current i_{E1}, $\Delta i_{E1}/I = (i_{E1} - (I/2))/I$, for differential input signals v_{id} of 2, 5, 8, 10, 20, 30, and 40 mV. Use a table to show the ratio $(\Delta i_{E1}/I)/v_{id}$, which represents the proportional transconductance gain of the differential pair, versus v_{id}. Comment on the linearity of the differential pair as an amplifier.

***8.43** For the circuit in Fig. 8.14, assuming $\alpha = 1$ and $IR_C = 5$ V, use Eqs. (8.48) and (8.49) to find i_{C1} and i_{C2}, and hence determine $v_{od} = v_{C2} - v_{C1}$ for input differential signals $v_{id} \equiv v_{B1} - v_{B2}$ of 2 mV, 5 mV, 10 mV, 15 mV, 20 mV, 25 mV, 30 mV, 35 mV, and 40 mV. Plot v_{od} versus v_{id}, and hence comment on the amplifier linearity. As another way of visualizing linearity, determine the gain (v_o/v_{id}) versus v_{id}. Comment on the resulting graph.

8.44 In a differential amplifier using a 1.5-mA emitter bias current source, the two BJTs are not matched. Rather, one has twice the emitter junction area of the other. For a differential input signal of zero volts, what do the collector currents become? What difference input is needed to equalize the collector currents? Assume $\alpha = 1$.

***8.45** This problem explores the linearization of the transfer characteristics of the differential pair achieved by including emitter-degeneration resistances R_e in the emitters (see Fig. 8.17). Consider the case $I = 200$ μA with the transistors exhibiting $v_{BE} = 690$ mV at $i_C = 1$ mA and assume $\alpha \simeq 1$.

(a) With no emitter resistances R_e, what value of V_{BE} results when $v_{id} = 0$?
(b) With no emitter resistances R_e, use the large-signal model to find i_{C1} and i_{C2} when $v_{id} = 20$ mV.
(c) Now find the value of R_e that will result in the same i_{C1} and i_{C2} as in (b) but with $v_{id} = 200$ mV. Use the large-signal model.
(d) Calculate the effective transconductance G_m as the ratio of the difference current, $(i_{C1} - i_{C2})$, to v_{id} in the cases without and with the R_e's. By what factor is G_m reduced? How does this factor relate to the increase in v_{id}? Comment.

8.46 A BJT differential amplifier is biased from a 0.5-mA constant-current source and includes a 400-Ω resistor in each emitter. The collectors are connected to V_{CC} via 10-kΩ resistors. A differential input signal of 0.2 V is applied between the two bases.

(a) Find the signal current in the emitters (i_e) and the signal voltage v_{be} for each BJT.
(b) What is the total emitter current in each BJT?
(c) What is the signal voltage at each collector? Assume $\alpha = 1$.
(d) What is the voltage gain realized when the output is taken between the two collectors?

D 8.47 Design a bipolar differential amplifier such as that in Fig. 8.18 to operate from ±2.5 V power supplies and to provide differential gain of 60 V/V. The power dissipation in the quiescent state should not exceed 1 mW.

(a) Specify the values of I and R_C. What dc voltage appears at the collectors?
(b) If $\beta = 100$, what is the input differential resistance?
(c) For $v_{id} = 10$ mV, what is the signal voltage at each of the collectors?
(d) For the situation in (c), what is the maximum allowable value of the input common-mode voltage, V_{CM}? Recall that to maintain an *npn* BJT in saturation, v_B should not exceed v_C by more than 0.4 V.

D *8.48 In this problem we explore the trade-off between input common-mode range and differential gain in the design of the bipolar differential BJT amplifier. Consider the bipolar differential amplifier in Fig. 8.14 with the input voltages

$$v_{B1} = V_{CM} + (v_{id}/2)$$
$$v_{B2} = V_{CM} - (v_{id}/2)$$

(a) Bearing in mind that for a BJT to remain in the active mode, v_{BC} should not exceed 0.4 V, show that when v_{id} has a peak $\hat{v}_{id}$, the maximum input common-mode voltage $V_{CM\max}$ is given by

$$V_{CM\max} = V_{CC} + 0.4 - \frac{\hat{v}_{id}}{2} - A_d\left(V_T + \frac{\hat{v}_{id}}{2}\right)$$

(b) For the case $V_{CC} = 2.5$ V and $\hat{v}_{id} = 10$ mV, use the relationship above to determine $V_{CM\max}$ for the case $A_d =$ 50 V/V. Also find the peak output signal $\hat{v}_{od}$ and the required value of IR_C. Now if the power dissipation in the circuit is to be limited to 1 mW in the quiescent state (i.e., with $v_{id} = 0$), find I and R_C. (Remember to include the power drawn from the negative power supply $-V_{EE} = -2.5$ V.)
(c) If $V_{CM\max}$ is to be +1 V, and all other conditions remain the same, what maximum gain A_d is achievable?

8.49 For the differential amplifier of Fig. 8.14, let $V_{CC} =$ +5 V and $IR_C = 4$ V. Find the differential gain A_d. Sketch and clearly label the waveforms for the total collector voltages v_{C1} and v_{C2} and for (v_O) for the case:

$$v_{B1} = 1 + 0.005\sin(\omega t)$$
$$v_{B2} = 1 - 0.005\sin(\omega t)$$

8.50 Consider a bipolar differential amplifier in which the collector resistors R_C are replaced with simple current sources implemented using *pnp* transistors. Sketch the circuit and give its differential half-circuit. If $V_A = 20$ V for all transistors, find the differential voltage gain achieved.

8.51 A bipolar differential amplifier having resistance R_e inserted in series with each emitter [as in Fig. P8.33(a)] is biased with a constant current I. When both input terminals are grounded, the dc voltage measured across each R_e is found to be 3 V_T and that measured across each R_C is found to be $80V_T$. What differential voltage gain A_d do you expect the amplifier to have?

8.52 A bipolar differential amplifier with emitter-degeneration resistances R_e and R_e is fed with the arrangement shown in Fig. P8.52. Derive an expression for the overall differential voltage gain $G_v \equiv v_{od}/v_{sig}$. If R_{sig} is of such a value that $v_{id} = 0.5v_{sig}$, find the gain G_v in terms of R_C, r_e, R_e, and α. Now if β is doubled, by what factor does G_v increase?

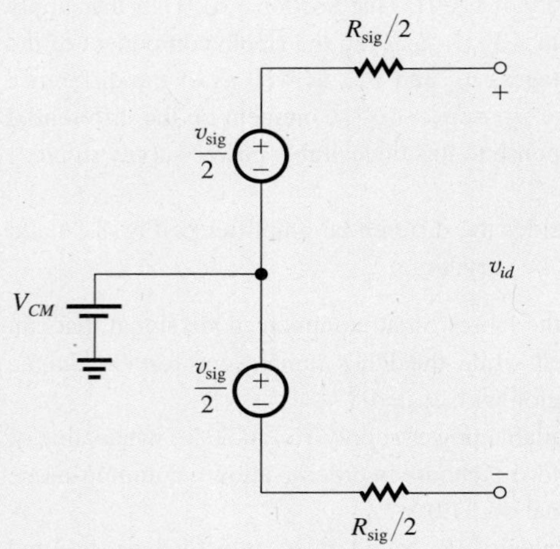

Figure P8.52

8.53 Find the voltage gain and the input resistance of the amplifier shown in Fig. P8.53 assuming $\beta = 100$.

---

problems with green numbers are considered essential; * = difficult problem; ** = more difficult; *** = very challenging
SIM = simulation; D = design problem;

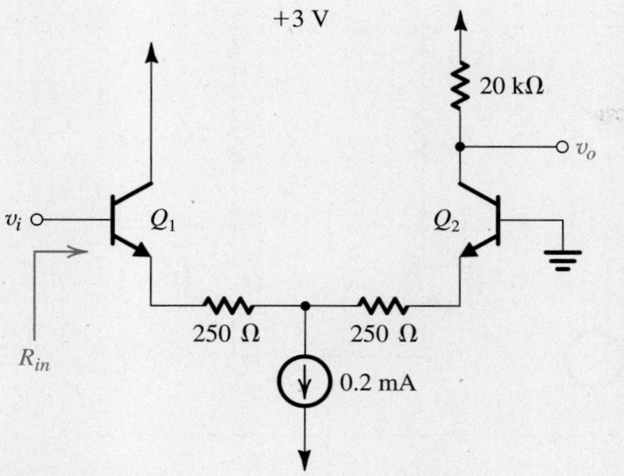

Figure P8.53

8.54 Derive an expression for the small-signal voltage gain v_o/v_i of the circuit shown in Fig. P8.54 in two different ways:

(a) as a differential amplifier
(b) as a cascade of a common-collector stage Q_1 and a common-base stage Q_2

Assume that the BJTs are matched and have a current gain α, and neglect the Early effect. Verify that both approaches lead to the same result.

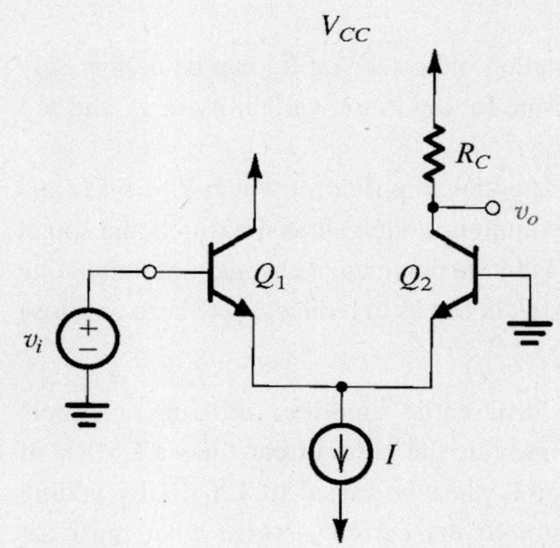

Figure P8.54

Section 8.3: Common-Mode Rejection

SIM **8.55** An NMOS differential pair is biased by a current source $I = 0.2$ mA having an output resistance $R_{SS} = 100$ kΩ. The amplifier has drain resistances $R_D = 12$ kΩ, using transistors with $k_n' W/L = 5$ mA/V^2, and r_o that is large. If the output is taken differentially and there is a 1% mismatch between the drain resistances, find $|A_d|$, $|A_{cm}|$, and CMRR.

D 8.56 It is required to design a MOS differential amplifier to have a CMRR of 80 dB. The only source of mismatch in the circuit is a 2% difference between the W/L ratios of the two transistors. Let $I = 100$ μA and assume that all transistors are operated at $V_{OV} = 0.2$ V. For the 0.18-μm CMOS fabrication process available, $V_A' = 5$ V/μm. What is the value of L required for the current-source transistor?

8.57 The differential amplifier circuit of Fig. P8.57 utilizes a resistor connected to the negative power supply to establish the bias current I.

(a) For $v_{B1} = v_{id}/2$ and $v_{B2} = -v_{id}/2$, where v_{id} is a small signal with zero average, find the magnitude of the differential gain, $|v_o/v_{id}|$.
(b) For $v_{B1} = v_{B2} = v_{icm}$, where v_{icm} has a zero average, find the magnitude of the common-mode gain, $|v_o/v_{icm}|$.
(c) Calculate the CMRR.
(d) If $v_{B1} = 0.1 \sin 2\pi \times 60t + 0.005 \sin 2\pi \times 1000t$, volts, and $v_{B2} = 0.1 \sin 2\pi \times 60t - 0.005 \sin 2\pi \times 1000t$, volts, find v_o.

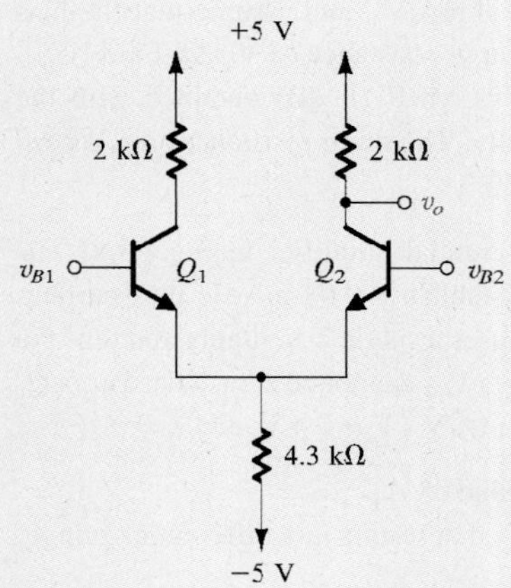

Figure P8.57

8.58 Consider the basic differential circuit in which the transistors have $\beta = 100$ and $V_A = 100$ V, with $I = 0.2$ mA, $R_{EE} = 500$ kΩ, and $R_C = 25$ kΩ. The collector resistances are matched to within 1%. Find:

(a) the differential gain
(b) the differential input resistance
(c) the common-mode gain

(d) the common-mode rejection ratio
(e) the common-mode input resistance

8.59 For the differential amplifier shown in Fig. P8.59, identify and sketch the differential half-circuit and the common-mode half-circuit. Find the differential gain, the differential input resistance, the common-mode gain assuming the resistances R_C have 1% tolerance, and the common-mode input resistance. For these transistors, $\beta = 100$ and $V_A = 100$ V.

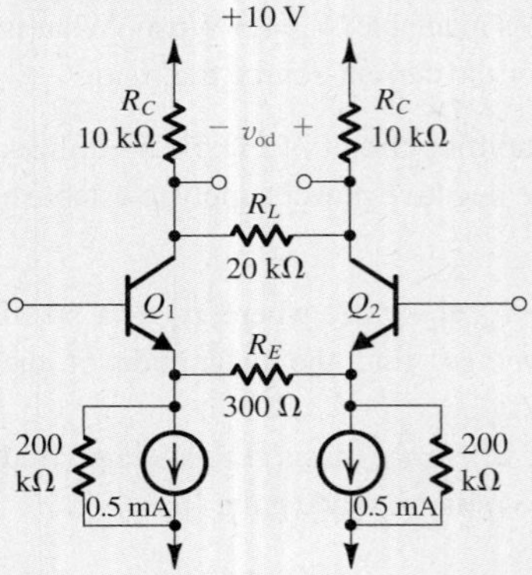

Figure P8.59

8.60 For the differential amplifier shown in Fig. P8.2, let Q_1 and Q_2 have $k_p'(W/L) = 4$ mA/V^2, and assume that the bias current source has an output resistance of 30 kΩ. Find $|V_{OV}|$, g_m, $|A_d|$, $|A_{cm}|$, and the CMRR (in dB) obtained with the output taken differentially. The drain resistances are known to have a mismatch of 2%.

SIM D *8.61 The differential amplifier in Fig. P8.61 utilizes a resistor R_{SS} to establish a 0.02-mA dc bias current. Note that this amplifier uses a single 2-V supply and thus the dc common-mode voltage V_{CM} cannot be zero. Transistors Q_1 and Q_2 have $k_n'W/L = 1$ mA/V^2, $V_t = 0.4$ V, and $\lambda = 0$.

(a) Find the required value of V_{CM}.
(b) Find the value of R_D that results in a differential gain A_d of 15 V/V.
(c) Determine the dc voltage at the drains.
(d) Determine the single-ended-output common-mode gain $\Delta V_{D1}/\Delta V_{CM}$. (*Hint:* You need to take $1/g_m$ into account.)
(e) Use the common-mode gain found in (d) to find the change in V_{CM} that results in Q_1 and Q_2 entering the triode region.

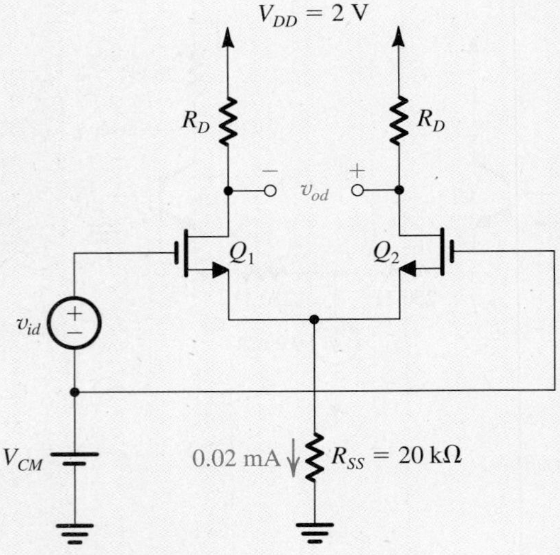

Figure P8.61

8.62 It can be shown that if the drain resistors of a MOS differential amplifier have a mismatch ΔR_D and if simultaneously the transconductances of Q_1 and Q_2 have a mismatch Δg_m, the common-mode gain is given by

$$A_{cm} \simeq \left(\frac{R_D}{2R_{SS}}\right)\left(\frac{\Delta g_m}{g_m} + \frac{\Delta R_D}{R_D}\right)$$

Note that this equation indicates that R_D can be deliberately varied to compensate for the initial variability in g_m and R_D, that is, to minimize A_{cm}.

In a MOS differential amplifier for which $R_D = 5$ kΩ and $R_{SS} = 25$ kΩ, the common-mode gain is measured and found to be 0.002 V/V. Find the percentage change required in one of the two drain resistors so as to reduce A_{cm} to zero (or close to zero).

D 8.63 A MOS differential amplifier utilizing a simple current source to provide the bias current I has a CMRR of 60 dB. If the CMRR must be raised to 100 dB by adding a cascode transistor to the current source, what must the intrinsic gain A_0 of the cascode transistor be? If the cascode transistor is operated at $V_{OV} = 0.2$ V, what must its V_A be? If for the specific technology utilized $V_A' = 5$ V/μm, specify the channel length L of the cascode transistor.

8.64 In a bipolar differential-amplifier circuit, the bias current generator consists of a simple common-emitter transistor operating at 200 μA. For this transistor, and those used in the differential pair, $V_A = 20$ V and $\beta = 50$. What common-mode input resistance would result? Assume $R_C \ll r_o$.

8.65 A bipolar differential amplifier with $I = 0.2$ mA utilizes transistors for which $V_A = 20$ V and $\beta = 100$. The collector resistances $R_C = 10$ kΩ and are matched to within 10%. Find:

(a) the differential gain
(b) the common-mode gain and the CMRR if the bias current I is generated using a simple current mirror
(c) the common-mode gain and the CMRR if the bias current I is generated using a Wilson mirror. (Refer to Eq. 8.98 for R_o of the Wilson mirror.)

D 8.66 Design a differential amplifier to provide the largest possible signal to a pair of 10-kΩ load resistances. The input differential signal is a sinusoid of 5-mV peak amplitude, which is applied to one input terminal while the other input terminal is grounded. The power supply V_{CC} available is 5 V. To determine the required bias current I, derive an expression for the total voltage at each of the collectors in terms of V_{CC} and I in the presence of the input signal. Then impose the condition that both transistors remain well out of saturation with a minimum v_{CB} of roughly 0 V. Thus determine the required value of I. For this design, what differential gain is achieved? What is the amplitude of the signal voltage obtained between the two collectors? Assume $\alpha \simeq 1$.

D *8.67 Design a BJT differential amplifier that provides two single-ended outputs (at the collectors). The amplifier is to have a differential gain (to each of the two outputs) of at least 100 V/V, a differential input resistance ≥ 10 kΩ, and a common-mode gain (to each of the two outputs) no greater than 0.1 V/V. Use a 2-mA current source for biasing. Give the complete circuit with component values and suitable power supplies that allow for ±2 V swing at each collector and an input common-mode voltage as high as +3 V. Specify the minimum value that the output resistance of the bias current source must have. If the current source is realized by a simple mirror, what must the minimum value of V_A be? The BJTs available have $\beta \geq 100$. What is the value of the input common-mode resistance when the bias source has the lowest acceptable output resistance?

8.68 When the output of a BJT differential amplifier is taken differentially, its CMRR is found to be 46 dB higher than when the output is taken single-endedly. If the only source of common-mode gain when the output is taken differentially is the mismatch in collector resistances, what must this mismatch be (in percent)?

***8.69** In a particular BJT differential amplifier, a production error results in one of the transistors having an emitter–base junction area that is twice that of the other. With the inputs grounded, how will the emitter bias current split between the two transistors? If the output resistance of the current source is 400 kΩ and the resistance in each collector (R_C) is 15 kΩ, find the common-mode gain obtained when the output is taken differentially. Assume $\alpha \simeq 1$. (*Hint*: The CM signal current v_{icm}/R_{EE} will split between Q_1 and Q_2 in the same ratio as the bias current I does.)

Section 8.4: DC Offset

D 8.70 An NMOS differential amplifier for which the MOSFETs have a transconductance parameter k_n and whose drain resistances R_D have a mismatch ΔR_D is biased with a current I.

(a) Find expressions for A_d and V_{OS} in terms of k_n, R_D, $\Delta R_D/R_D$, and I. Use these expressions to relate V_{OS} and A_d.
(b) If $k_n = 4$ mA/V^2, $R_D = 10$ kΩ, and $\Delta R_D/R_D = 0.02$, find the maximum gain realized if V_{OS} is to be limited to 1 mV, 2 mV, 3 mV, 4 mV, and 5 mV. For each case, give the value of the required bias current I. Note the trade-off between gain and offset voltage.

D 8.71 An NMOS amplifier, whose designed operating point is at $V_{OV} = 0.3$ V, is suspected to have a variability of V_t of ±5 mV, and of W/L and R_D (independently) of ±1%. What is the worst-case input offset voltage you would expect to find? What is the major contribution to this total offset? If you used a variation of one of the drain resistors to reduce the output offset to zero and thereby compensate for the uncertainties (including that of the other R_D), what percentage change from nominal would you require?

8.72 A bipolar differential amplifier uses two well-matched transistors, but collector load resistors that are mismatched by 10%. What input offset voltage is required to reduce the differential output voltage to zero?

8.73 A bipolar differential amplifier uses two transistors whose scale currents I_S differ by 10%. If the two collector resistors are well matched, find the resulting input offset voltage.

8.74 Modify Eq. (8.101) for a differential amplifier having a resistance R_E connected in the emitter of each transistor. Let the bias current source be I.

8.75 One approach to "offset correction" involves the adjustment of the values of R_{C1} and R_{C2} so as to reduce the differential output voltage to zero when both input terminals are grounded. This offset-nulling process can be accomplished by utilizing a potentiometer in the collector circuit, as shown in Fig. P8.75. We wish to find the potentiometer setting, represented by the fraction x of its value connected in series with R_{C1}, that is required for nulling the output offset voltage that results from:

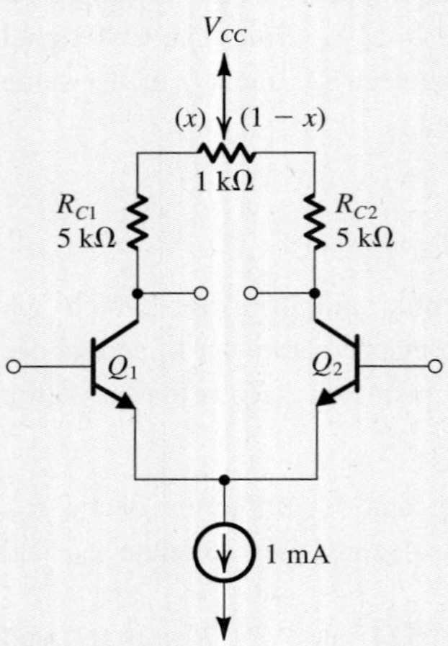

Figure P8.75

(a) R_{C1} being 4% higher than nominal and R_{C2} 4% lower than nominal

(b) Q_1 having an area 5% larger than nominal, while Q_2 has area 5% smaller than nominal.

8.76 A differential amplifier for which the total emitter bias current is 400 μA uses transistors for which β is specified to lie between 80 and 200. What is the largest possible input bias current? The smallest possible input bias current? The largest possible input offset current?

D 8.77 An NMOS differential pair is to be used in an amplifier whose drain resistors are 10 kΩ ± 1%. For the pair, $k_n' W/L = 4\ \text{mA/V}^2$. Decide whether to use a bias current I of 160 μA or 360 μA. Contrast the differential gain and input offset voltage for the two possibilities.

8.78 An NMOS differential pair operating at a bias current I of 100 μA uses transistors for which $k_n' = 200\ \mu\text{A/V}^2$ and $W/L = 10$. Find the three components of input offset voltage under the conditions that $\Delta R_D/R_D = 4\%$, $\Delta(W/L)/(W/L) = 4\%$, and $\Delta V_t = 5$ mV. In the worst case, what might the total offset be? For the usual case of the three effects being independent, what is the offset likely to be?

8.79 A differential amplifier uses two transistors whose β values are β_1 and β_2. If everything else is matched, show that the input offset voltage is approximately $V_T[(1/\beta_1) - (1/\beta_2)]$. Evaluate V_{OS} for $\beta_1 = 50$ and $\beta_2 = 100$. (*Hint:* The bias current I will still split equally between the two emitters.)

8.80 Two possible differential amplifier designs are considered, one using BJTs and the other MOSFETs. In both cases, the collector (drain) resistors are maintained within ±2% of nominal value. The MOSFETs are operated at $V_{OV} = 200$ mV. What input offset voltage results in each case? What does the MOS V_{OS} become if the devices are increased in width by a factor of 4 while the bias current is kept constant?

***8.81** A differential amplifier uses two transistors having V_A values of 100 V and 200 V. If everything else is matched, find the resulting input offset voltage. Assume that the two transistors are intended to be biased at a V_{CE} of about 10 V.

****8.82** A differential amplifier is fed in a balanced or push–pull manner, and the source resistance in series with each base is R_s. Show that a mismatch ΔR_s between the values of the two source resistances gives rise to an input offset voltage of approximately $(I/2\beta)\Delta R_s / [1 + (g_m R_s)/\beta]$.

***8.83** In a particular BJT differential amplifier, a production error results in one of the transistors having an emitter–base junction area twice that of the other. With both inputs grounded, find the current in each of the two transistors and hence the dc offset voltage at the output, assuming that the collector resistances are equal. Use small-signal analysis to find the input voltage that would restore current balance to the differential pair. Repeat using large-signal analysis and compare results.

D 8.84 A large fraction of mass-produced differential-amplifier modules using 20-kΩ collector resistors is found to have an input offset voltage ranging from +2 mV to −2 mV. By what amount must one collector resistor be adjusted to reduce the input offset to zero? If an adjustment mechanism is devised that raises one collector resistance while correspondingly lowering the other, what resistance change is needed? If a potentiometer connected as shown in Fig. P8.75 is used, what value of potentiometer resistance (specified to 1 significant digit) is needed? Assume that the offset is entirely due to the finite tolerance of R_C.

---

problems with green numbers are considered essential; * = difficult problem; ** = more difficult; *** = very challenging
SIM = simulation; D = design problem;

Section 8.5: The Differential Amplifier with a Current-Mirror Load

8.85 A current-mirror-loaded NMOS differential amplifier is fabricated in a technology for which $|V_A'| = 5$ V/μm. All the transistors have $L = 0.5$ μm. If the differential-pair transistors are operated at $V_{OV} = 0.25$ V, what open-circuit differential gain is realized?

8.86 The differential amplifier of Fig. 8.31(a) is biased with $I = 200$ μA. All transistors have $L = 0.5$ μm, and Q_1 and Q_2 have $W/L = 20$. The circuit is fabricated in a process for which $\mu_n C_{ox} = 400$ μA/V^2 and $|V_A'| = 6$ V/μm. Find $g_{m1,2}$, r_{o2}, r_{o4}, and A_d.

D 8.87 In a current-mirror-loaded differential amplifier of the form shown in Fig. 8.31(a), all transistors are characterized by $k'W/L = 4$ mA/V^2, and $|V_A| = 5$ V. Find the bias current I for which the gain $v_o/v_{id} = 20$ V/V.

8.88 A current-mirror-loaded NMOS differential amplifier operates with a bias current I of 200 μA. The NMOS transistors are operated at $V_{OV} = 0.2$ V and the PMOS devices at $|V_{OV}| = 0.3$ V. The Early voltages are 20 V for the NMOS and 12 V for the PMOS transistors. Find G_m, R_o, and A_d. For what value of load resistance is the gain reduced by a factor of 2?

8.89 The differential amplifier in Fig. 8.35(a) is operated with $I = 500$ μA, with devices for which $V_A = 10$ V and $\beta = 100$. What differential input resistance, output resistance, short-circuit transconductance, and open-circuit voltage gain would you expect? What will the voltage gain be if the input resistance of the subsequent stage is equal to R_{id} of this stage?

8.90 Figure P8.90 shows a differential cascode amplifier with an active load formed by a Wilson current mirror. Utilizing the expressions derived in Chapter 7 for the output resistance of a bipolar cascode and the output resistance of the Wilson mirror, and assuming all transistors to be identical, show that the differential voltage gain A_d is given approximately by

$$A_d = \frac{1}{3}\beta g_m r_o$$

Evaluate A_d for the case of $\beta = 100$ and $V_A = 20$ V.

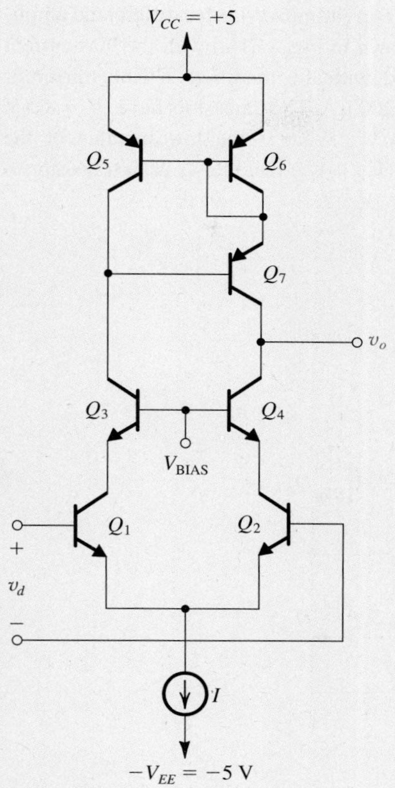

Figure P8.90

SIM D 8.91 Design the current-mirror-loaded differential MOS amplifier of Fig. 8.31(a) to obtain a differential gain of 60 V/V. The technology available provides $\mu_n C_{ox} = 4\mu_p C_{ox} = 500$ μA/V^2, $|V_t| = 0.4$ V, and $|V_A'| = 15$ V/μm and operates from ±0.8-V supplies. Use a bias current $I = 200$ μA and operate all devices at $|V_{OV}| = 0.15$ V. Assume all transistors have the same channel length.

(a) Find the W/L ratios of the four transistors.
(b) Specify the channel length required of all transistors.
(c) If $V_{ICM} = 0$, what is the allowable range of v_O?
(d) If I is delivered by a simple NMOS current source operated at the same V_{OV} and having the same channel length as the other four transistors, determine the CMRR obtained.

8.92 The MOS differential amplifier of Fig. 8.31(a) is biased with a simple current mirror delivering $I = 200$ μA. All transistors are operated at $V_{OV} = 0.2$ V and have $V_A = 6$ V. Find G_{md}, R_o, A_d, R_{SS}, R_{im}, A_m, G_{mcm}, A_{cm}, and CMRR.

8.93 The differential amplifier of Fig. 8.31(a) is measured and found to have a short-circuit transconductance of 2 mA/V. A differential input signal is applied and the output voltage is measured with a load resistance R_L connected. It is found that when R_L is reduced from ∞ to 20 kΩ, the magnitude of the output signal is reduced by half. What do you estimate R_o and A_d (with R_L disconnected) to be?

D 8.94 Consider a current-mirror-loaded differential amplifier such as that shown in Fig. 8.31(a) with the bias current source implemented with the modified Wilson mirror of Fig. P8.94 with $I = 200\ \mu A$. The transistors have $|V_t| = 0.5V$ and $k'W/L = 5\ mA/V^2$. What is the lowest value of the total power supply $(V_{DD} + V_{SS})$ that allows each transistor to operate with $|V_{DS}| \geq |V_{GS}|$?

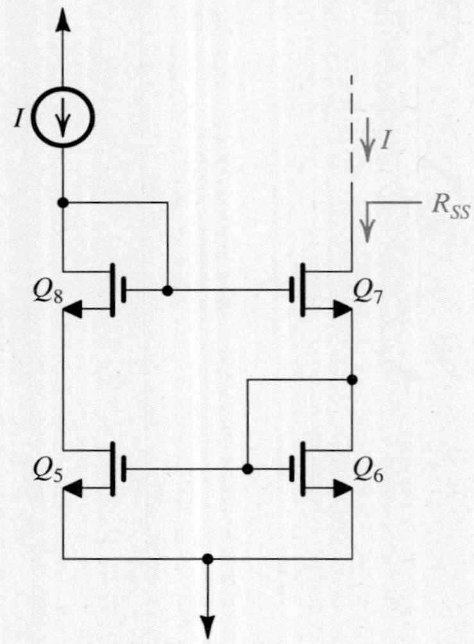

Figure P8.94

***8.95** (a) Sketch the circuit of a current-mirror-loaded MOS differential amplifier in which the input transistors are cascoded and a cascode current mirror is used for the load.
(b) Show that if all transistors are operated at an overdrive voltage V_{OV} and have equal Early voltages $|V_A|$, the gain is given by

$$A_d = 2(V_A/V_{OV})^2$$

Evaluate the gain for $V_{OV} = 0.20$ V and $V_A = 10$ V.

8.96 Figure P8.96 shows the current-mirror-loaded MOS differential amplifier prepared for small-signal analysis. We have pulled r_o out of each transistor; thus, the current in the drain of each transistor will be $g_m v_{gs}$. We have also simplified matters by indicating approximate values for some of the node voltages. For instance, the output voltage $v_o = \frac{1}{2}(g_m r_o)v_{id}$, which we have derived in the text. The voltage at the common sources has been found to be roughly $+v_{id}/4$, which is very far from the virtual ground we might expect. Also, the voltage at the drain of Q_1 is approximately $-v_{id}/4$, confirming our contention that the voltage there is vastly different from the output voltage, hence the lack of balance in the circuit and the unavailability of a differential half-circuit. Find the currents labeled i_1 to i_{13} in terms of $(g_m v_{id})$. Determine their values in the sequence of their numbering and assume $g_m r_o \gg 1$. Assume that all transistors are operating at the same $|V_{OV}|$. Write the current values on the circuit diagram and reflect on the results.

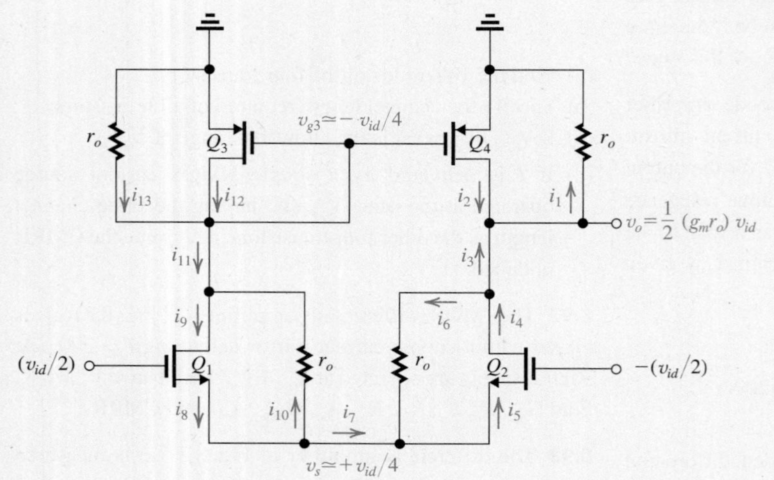

Figure P8.96

8.97 This problem investigates the effect of transistor mismatches on the input offset voltage of the current-mirror-loaded MOS differential amplifier of Fig. 8.31(a). For this purpose, ground both input terminals and short-circuit the output node to ground.

(a) If the amplifying transistors Q_1 and Q_2 exhibit a W/L mismatch of $\Delta(W/L)_A$, find the resulting short-circuit output current and hence show that the corresponding V_{OS} is given by

$$V_{OS1} = (V_{OV}/2)\frac{\Delta(W/L)_A}{(W/L)_A}$$

where V_{OV} is the overdrive voltage at which Q_1 and Q_2 are operating.

(b) Repeat for a mismatch $\Delta(W/L)_M$ in the W/L ratios of the mirror transistor Q_3 and Q_4 to show that the corresponding V_{OS} is given by

$$V_{OS2} = (V_{OV}/2)\frac{\Delta(W/L)_M}{(W/L)_M}$$

where V_{OV} is the overdrive voltage at which Q_1 and Q_2 are operating.

(c) For a circuit in which all transistors are operated at $|V_{OV}| = 0.2$ V and all W/L ratios are accurate to within $\pm 1\%$ of nominal, find the worst-case total offset voltage V_{OS}.

D 8.98 Consider the bias design of the Wilson-loaded cascode differential amplifier shown in Fig. P8.90.

(a) What is the largest signal voltage possible at the output without Q_7 saturating? Assume that the CB junction conducts when the voltage across it exceeds 0.4 V.
(b) What should the dc bias voltage established at the output (by an arrangement not shown) be in order to allow for positive output signal swing of 1.5 V?
(c) What should the value of V_{BIAS} be in order to allow for a negative output signal swing of 1.5 V?
(d) What is the upper limit on the input common-mode voltage V_{ICM}?

8.99 In addition to the random offset voltages that result from the mismatches inevitably present in the differential amplifier, the current-mirror-loaded bipolar differential amplifier suffers from a *systematic* offset voltage. This is due to the error in the current transfer ratio of the current-mirror load caused by the finite β of the *pnp* transistors that make up the mirror. The situation is illustrated in Fig. P8.99. Show that the resulting input offset voltage is given by

$$V_{OS} = -2V_T/\beta_P$$

and evaluate V_{OS} for $\beta_P = 50$. Also, if the simple current mirror is replaced by the *pnp* version of the Wilson mirror of Fig. 8.37(a), find the expected systematic input offset voltage. Give both an expression and a value.

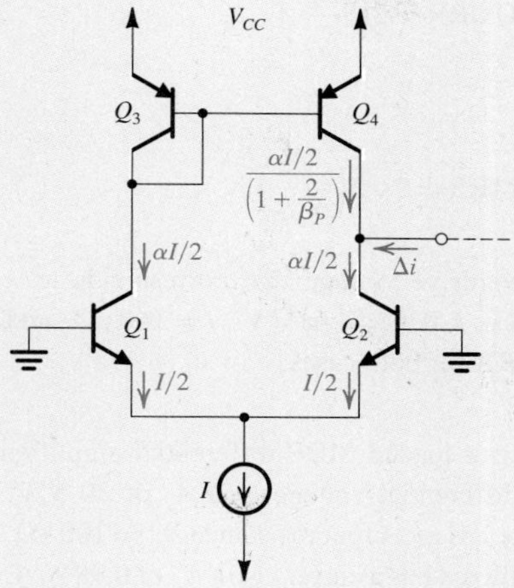

Figure P8.99

8.100 For the BiCMOS differential amplifier in Fig. P8.100 let $V_{DD} = V_{SS} = 3$ V, $I = 0.2$ mA, $k_p' W/L = 6.4$ mA/V^2; $|V_A|$ for p-channel MOSFETs is 10 V, $|V_A|$ for *npn* transistors is 30 V. Find G_{md}, R_o, and A_d.

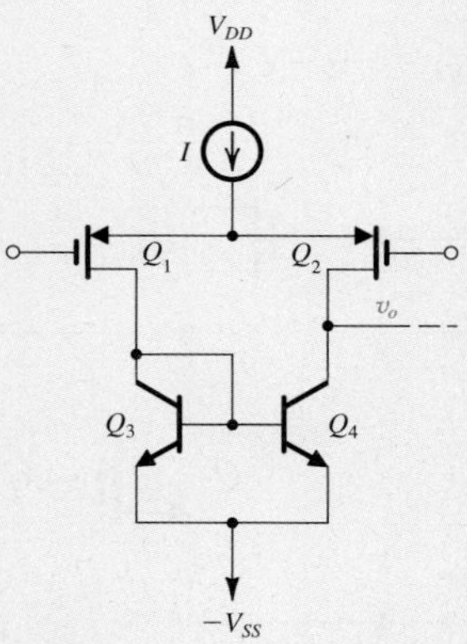

Figure P8.100

8.101 Consider the current-mirror-loaded MOS differential amplifier of Fig. 8.31(a) in two cases:

(a) Current source I is implemented with a simple current mirror.
(b) Current source I is implemented with the modified Wilson current mirror shown in Fig. P8.101.

Recalling that for the simple mirror $R_{SS} = r_o|_{Q5}$ and for the Wilson mirror $R_{SS} \simeq g_{m7} r_{o7} r_{o5}$, and assuming that all transistors have the same $|V_A|$ and $k'W/L$, show that for (a)

$$\text{CMRR} = 2\left(\frac{V_A}{V_{OV}}\right)^2$$

and for (b)

$$\text{CMRR} = 2\sqrt{2}\left(\frac{V_A}{V_{OV}}\right)^3$$

where V_{OV} is the overdrive voltage that corresponds to a drain current of $I/2$. For $k'W/L = 4$ mA/V^2, $I = 160$ μA, and $|V_A| = 5$ V, find CMRR for both cases.

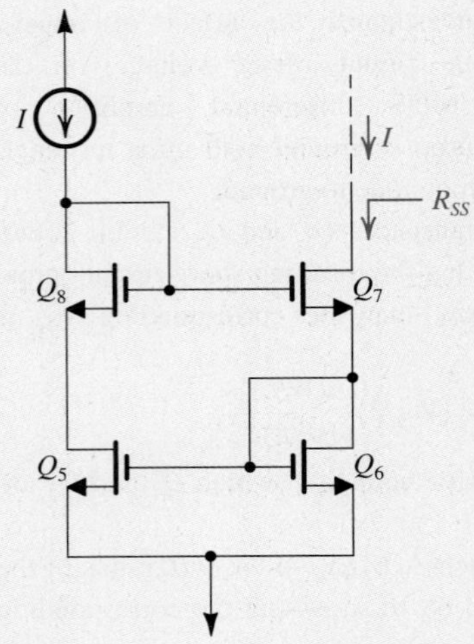

Figure P8.101

8.102 A current-mirror-loaded MOS differential amplifier is found to have a differential voltage gain A_d of 30 V/V. Its bias current source has an output resistance $R_{SS} = 100$ kΩ. The current mirror utilized has a current gain A_m of 0.98 A/A, an input resistance R_{im} of 1.63 kΩ, and an output resistance R_{om} of 75 kΩ. If the output resistances of the amplifier R_{od} is

D 8.103 A current-mirror-loaded MOS differential amplifier has a differential voltage gain A_d of 40 V/V. The output resistance of the current-mirror load is equal to the output resistance of the amplifier at 40 kΩ. If the current-mirror gain is 0.98 A/A and its input resistance R_{im} is 500 Ω, find the required value of the output resistance R_{SS} of the bias current source to obtain a CMRR of 80 dB.

Section 8.6: Multistage Amplifiers

D 8.104 The two-stage CMOS op amp in Fig. P8.104 is fabricated in a 0.18-μm technology having $k_n' = 4k_p' = 400$ μA/V^2, $V_{tn} = -V_{tp} = 0.4$ V.

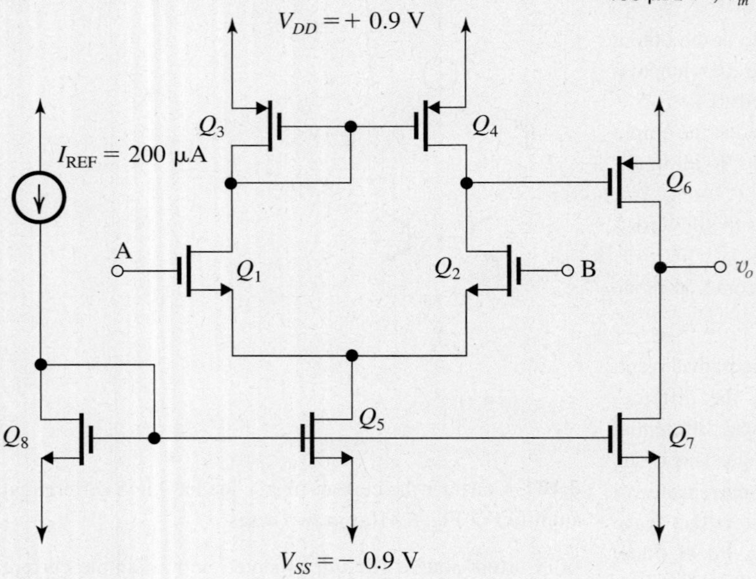

Figure P8.104

(a) With A and B grounded, perform a dc design that will result in each of Q_1, Q_2, Q_3, and Q_4 conducting a drain current of 100 μA and each of Q_6 and Q_7 a current of 200 μA. Design so that all transistors operate at 0.2-V overdrive voltages. Specify the W/L ratio required for each MOSFET. Present your results in tabular form. What is the dc voltage at the output (ideally)?
(b) Find the input common-mode range.
(c) Find the allowable range of the output voltage.
(d) With $v_A = v_{id}/2$ and $v_B = -v_{id}/2$, find the voltage gain v_o/v_{id}. Assume an Early voltage of 6 V.

8.105 Consider the amplifier of Fig. 8.37, whose parameters are specified in Example 8.6. If a manufacturing error results in the W/L ratio of Q_7 being 24/0.4, find the current that Q_7 will now conduct. Thus find the systematic offset voltage that will appear at the output. (Use the results of Example 8.6.) Assuming that the open-loop gain will remain approximately unchanged from the value found in Example 8.6, find the corresponding value of input offset voltage, V_{OS}.

***8.106** Figure P8.106 shows a bipolar op-amp circuit that resembles the CMOS op amp of Fig. 8.37. Here, the input differential pair Q_1–Q_2 is loaded in a current mirror formed by Q_3 and Q_4. The second stage is formed by the current-source-loaded common-emitter transistor Q_5. Unlike the CMOS circuit, here there is an output stage formed by the emitter follower Q_6. The function of capacitor C_C will be explained later, in Chapter 11. All transistors have $\beta = 100$, $|V_{BE}| = 0.7$ V, and $r_o = \infty$.

(a) For inputs grounded and output held at 0 V (by negative feedback, not shown) find the emitter currents of all transistors.
(b) Calculate the gain of the amplifier with $R_L = 1$ kΩ.

8.107 A BJT differential amplifier, biased to have $r_e = 50$ Ω and utilizing two 50-Ω emitter resistors and 5-kΩ loads, drives a second differential stage biased to have $r_e = 25$ Ω. All BJTs have $\beta = 100$. What is the voltage gain of the first stage? Also find the input resistance of the first stage, and the current gain from the input of the first stage to the collectors of the second stage.

D 8.108 (a) If, in the multistage amplifier of Fig. 8.38, the resistor R_5 is replaced by a constant-current source $\simeq 1$ mA, such that the bias situation is essentially unaffected, what does the overall voltage gain of the amplifier become? Assume that the output resistance of the current source is very high. Use the results of Example 8.8.
(b) With the modification suggested in (a), what is the effect of the change on output resistance? What is the overall gain of the amplifier when loaded by 100 Ω to ground? The original amplifier (before modification) has an output resistance of 152 Ω and a voltage gain of 8513 V/V. What is its gain when loaded by 100 Ω? Comment. Use $\beta = 100$.

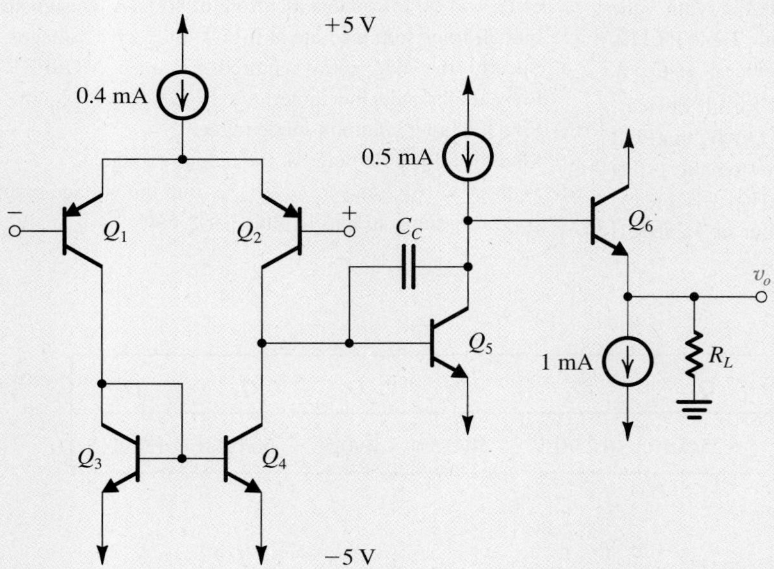

Figure P8.106

***8.109** Figure P8.109 shows a three-stage amplifier in which the stages are directly coupled. The amplifier, however, utilizes bypass capacitors, and, as such, its frequency response falls off at low frequencies. For our purposes here, we shall assume that the capacitors are large enough to act as perfect short circuits at all signal frequencies of interest.

(a) Find the dc bias current in each of the three transistors. Also find the dc voltage at the output. Assume $|V_{BE}| = 0.7\text{ V}$, $\beta = 100$, and neglect the Early effect.
(b) Find the input resistance and the output resistance.
(c) Use the current-gain method to evaluate the voltage gain v_o/v_i.

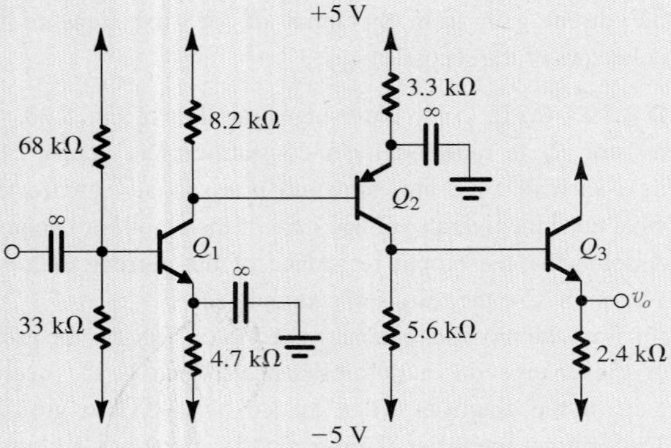

Figure P8.109

8.110 Consider the circuit in Fig. 8.37 with the device geometries (in μm) shown in Table P8.110. Let $I_{REF} = 50\ \mu\text{A}$, $|V_t| = 0.4\text{ V}$ for all devices, $\mu_n C_{ox} = 360\ \mu\text{A/V}^2$, $\mu_p C_{ox} = 90\ \mu\text{A/V}^2$, $|V_A| = 6\text{ V}$ for all devices, $V_{DD} = V_{SS} = 0.9\text{ V}$. Determine the width of Q_6, W, that will ensure that the op amp will not have a systematic offset voltage. Then, for all devices evaluate I_D, $|V_{OV}|$, $|V_{GS}|$, g_m, and r_o. Provide your results in a table similar to Table 8.1. Also find A_1, A_2, the open-loop voltage gain, the input common-mode range, and the output voltage range. Neglect the effect of V_A on the bias currents.

D *8.111 In a particular design of the CMOS op amp of Fig. 8.37 the designer wishes to investigate the effects of increasing the *W/L* ratio of both Q_1 and Q_2 by a factor of 4. Assuming that all other parameters are kept unchanged, refer to Example 8.6 to help you answer the following questions:

(a) What change results in $|V_{OV}|$ and in g_m of Q_1 and Q_2?
(b) What change results in the voltage gain of the input stage? In the overall voltage gain?
(c) What is the effect on the input offset voltages? (You might wish to refer to Section 8.4).

8.112 Consider the input stage of the CMOS op amp in Fig. 8.37 with both inputs grounded. Assume that the two sides of the input stage are perfectly matched except that the threshold voltages of Q_3 and Q_4 have a mismatch ΔV_t. Show that a current $g_{m3}\Delta V_t$ appears at the output of the first stage. What is the corresponding input offset voltage?

D 8.113 The two-stage op amp in Figure P8.104 is fabricated in a 65-nm technology having $k_n' = 5.4 \times k_p' = 540\ \mu\text{A/V}^2$ and $V_{tn} = -V_{tp} = 0.35\text{ V}$. The amplifier is operated with $V_{DD} = +1.2\text{ V}$ and $V_{SS} = 0\text{ V}$.

(a) Perform a dc design that will cause each of Q_1, Q_2, Q_3, and Q_4 to conduct a drain current of 200 μA and each of Q_6 and Q_7 to conduct a current of 400 μA. Design so that all transistors operate at 0.15-V overdrive voltages. Specify the *W/L* ratio required for each MOSFET. Present all results in a table.
(b) Find the input common-mode range.
(c) Find the allowable range of the output voltage.
(d) With $v_A = v_{id}/2$ and $v_B = -v_{id}/2$, find the voltage gain v_o/v_{id}. Assume an Early voltage of 2.4 V.

Table P8.110

Transistor	Q_1	Q_2	Q_3	Q_4	Q_5	Q_6	Q_7	Q_8
W/L	25/0.5	25/0.5	6.25/0.5	6.25/0.5	50/0.5	*W*/0.5	50/0.5	12.5/0.5

problems with green numbers are considered essential; * = difficult problem; ** = more difficult; *** = very challenging
SIM = simulation; **D** = design problem;

8.114 In the multistage amplifier of Fig. 8.38, emitter resistors are to be introduced: 100 Ω in the emitter lead of each of the first-stage transistors and 25 Ω for each of the second-stage transistors. What is the effect on input resistance, the voltage gain of the first stage, and the overall voltage gain? Use the bias values found in Example 8.7.

D 8.115 Consider the circuit of Fig. 8.38 and its output resistance. Which resistor has the most effect on the output resistance? What should this resistor be changed to if the output resistance is to be reduced by a factor of 2? What will the amplifier gain become after this change? What other change can you make to restore the amplifier gain to approximately its prior value?

****8.116** The MOS differential amplifier shown in Fig. P8.116 utilizes three current mirrors for signal transmission: Q_4–Q_6 has a transmission factor of 2 [i.e., $(W/L)_6/(W/L)_4 = 2$], Q_3–Q_5 has a transmission factor of 1, and Q_7–Q_8 has a transmission factor of 2. All transistors are sized to operate at the same overdrive voltage, $|V_{OV}|$. All transistors have the same Early voltage $|V_A|$.

(a) Provide in tabular form the values of I_D, g_m, and r_o of each of the eight transistors in terms of I, V_{OV}, and V_A.

(b) Show that the differential voltage gain A_d is given by

$$A_d = 2g_{m1}(r_{o6} \| r_{o8}) = V_A/V_{OV}$$

(c) Show that the CM gain is given by

$$|A_{cm}| \simeq \frac{r_{o6} \| r_{o8}}{R_{SS}} \frac{1}{g_{m7} r_{o7}}$$

where R_{SS} is the output resistance of the bias current source I. (*Hint*: Since the input differential circuit is balanced, each of Q_1 and Q_2 will conduct a common-mode signal current of approximately $(v_{icm}/2R_{SS})$. These currents are fed into the current mirror loads. Use the current-mirror equivalent circuit derived in Section 7.2.5. Specificially, for each current mirror, the current transfer ratio is given by

$$A_i \simeq A_i\,(\text{ideal})\left(1 - \frac{1}{g_m r_o}\right)$$

where g_m and r_o are the parameters of the input transistor of the mirror.)

(d) If the current source I is implemented using a simple mirror and the MOS transistor is operated at the same V_{OV}, show that the CMRR is given by

$$\text{CMRR} = 4(V_A/V_{OV})^2$$

(e) Find the input CM range and the output linear range in terms of V_{DD}, $|V_t|$, and $|V_{OV}|$.

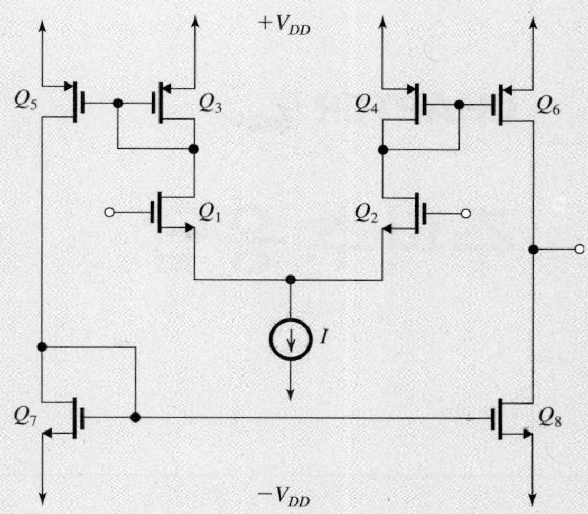

Figure P8.116

CHAPTER 9

주파수 응답

서론

9.1 고주파 트랜지스터 모델들

9.2 CS와 CE 증폭기들의 고주파 응답

9.3 개방 회로 시정수 방법

9.4 공통 게이트와 캐스코드 증폭기들의 고주파 응답

9.5 소스와 이미터 폴로어들의 고주파 응답

9.6 차동 증폭기들의 고주파 응답

9.7 기타 광대역 증폭기 구성

9.8 개별 회로 CS와 CE 증폭기들의 저주파 응답

요약

PROBLEMS

이 장에서 배울 내용

- MOSFET과 BJT에 존재하는 내부 용량성 효과 그리고 각 트랜지스터 유형의 하이브리드 π 모델에 커패시턴스들을 부가함으로써 이 효과를 모델화하는 방법
- CS와 CE 증폭기들의 이득에 대한 고주파 제한 그리고 이득 저하와 높은 3 dB 주파수 f_H가 주로 드레인과 게이트(컬렉터와 베이스) 사이의 작은 커패시턴스에 의해 결정되는 방법
- 다양한 복잡도를 갖는 증폭기 회로들의 고주파 응답을 해석하기 위한 강력한 방법
- 7장에서 공부한 캐스코드 증폭기가 CS와 CE 증폭기들에서 가능한 것보다 더 넓은 대역폭을 얻을 수 있는 설계 방법
- 소스와 이미터 폴로어들의 고주파 성능
- 차동 증폭기들의 고주파 성능
- 광대역 증폭을 얻기 위한 회로 구성
- 결합과 우회 커패시터들이 개별 회로 증폭기들의 이득을 저주파에서 떨어지게 하는 원인과 이득이 중간 대역의 값 아래로 3 dB만큼 감소하는 주파수 f_L을 평가하는 방법

서론

6장에서 8장까지는 트랜지스터 증폭기들의 이득이 입력 신호의 주파수에 의존하지 않고 일정한 것으로 가정하였다. 이는 증폭기가 무한 대역폭을 가진다는 것을 의미한다. 물론 이것은 사실이 아니다! 이를 예시하기 위해 개별 회로 BJT나 MOS 증폭기의 이득 크기 대 입력 신호의 주파수에 대한 개략도를 그림 9.1에 나타내었다. 이득이 거의 일정하게 유지되는 넓은 주파수 범위가 정말로 있는 것을 관찰하라. 특정한 증폭기에 대해서 이것은 유용한 동작 주파수 범위이다. 지금까지 우리는 증폭기가 중간 주파수 대역 또는 **중간 대역**(midband)이라고 부르는 이 주파수 대역에서 동작하고 있는 것으로 가정해 왔다. 증폭기는 그 중간 대역이 증폭하는 신호의 주파수 스펙트럼(spectrum)과 일치하도록 설계된다. 이것이 사실이 아니면, 증폭기는 입력 신호의 주파수 성분에 따라 다른 양으로 증폭하여, 입력 신호의 주파수 스펙트럼을 왜곡할 것이다.

그림 9.1은 더 낮은 주파수에서 증폭기 이득의 크기가 떨어지는 것을 나타낸다. 이것은 결합과 우회 커패시터들이 더 이상 낮은 임피던스를 갖지 않기 때문이다. 그들의 임피던스가 단락 회로로 동작할 만큼 충분히 작다고 가정하였다는 점을 상기하라. 비록 이것이 중간 대역 주파수들에서는 사실일 수 있지만, 입력 신호의 주파수가 낮아지면서 이 커패시터들 각각의 리액턴스 $1/j\omega C$가 상당히 증가하고, 그 결과 9.8절에서 보게 되겠지만, 증폭기의 전체 전압 이득은 감소한다. 9.8절에서 개별 회로 증폭기들의 저주파 응답을 해석할 때 우리는 중간 대역의 하단을 정의하는 주파수 f_L을 결정하는 방법에 특별히 관심을 가질 것이다. 그것은 보통 이득이 중간 대역의 값 아래로 3 dB만큼 떨어지는 주파수로 정의된다. 집적 회로 증폭기들이 결합과 우회 커패시터들을 활용하지 않으므로, 그들의 중간 대역은 그림 9.2에 나타낸 것처럼, 아래로는 0의 주파수(직류)까지 확장된다.

또한 그림 9.1과 9.2는 고주파 영역에서도 증폭기의 이득이 떨어지는 것을 나타낸다. 이는 트랜지스터의

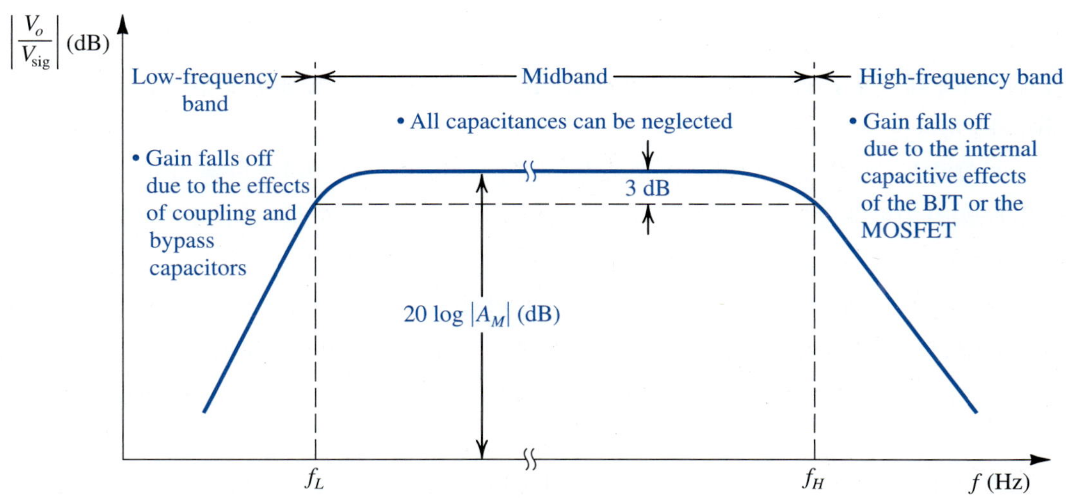

그림 9.1 개별 회로 BJT나 MOS 증폭기의 이득 크기 대 입력 신호의 주파수에 대한 개략도. 그래프는 주파수 응답 결정에 관련된 세 주파수 대역을 나타낸다.

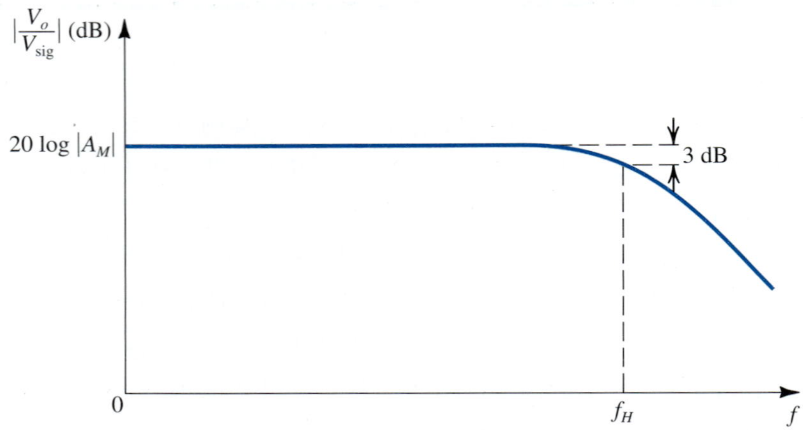

그림 9.2 직결(dc: direct coupled) 증폭기의 주파수 응답. 이득은 낮은 주파수들에서 떨어지지 않으며, 중간 대역 이득 A_M은 아래로는 0의 주파수까지 확장되는 사실을 관찰하라.

내부 용량성 효과들에 기인한다. 9.1절에서 이런 효과들을 공부하며, 하이브리드 π 모델에 부가할 커패시턴스들로 그들을 모델화할 것이다. 9.3절에서 CS와 CE 증폭기들의 고주파 응답을 해석할 때 이 결과적인 고주파 소자 모델들을 사용할 것이다. 우리는 중간 대역의 상단을 정의하는 주파수 f_H를 결정하는 방법에 특별히 관심을 가질 것이다. 그것은 이득이 중간 대역의 값 아래로 3 dB만큼 떨어지는 주파수로 정의된다. $f_H \gg f_L$이므로 보통 증폭기 대역폭은 f_H와 같도록 정해진다. 즉,

$$\mathrm{BW} = f_H$$

증폭기에 대한 성능 지수(figure of merit)는

$$GB = |A_M|\mathrm{BW}$$

로 정의되는 **이득 대역폭 곱**(gain-bandwidth product)이다. 보통 증폭기 설계에서 대역폭에 대해 이득을 절충하는 것이 가능하다는 사실을 알게 될 것이다.

이 장은 다양한 복잡도를 갖는 여러 가지 증폭기 구성들의 주파수 응답 해석을 다룰 것이다. 우리는 소스와 이미터 감생(減生) 저항과 같은 특정한 부품을 추가함으로써, 또는 회로 구성을 완전히 변경함으로써 증폭기 대역폭을 확장하는(즉, f_H를 증가시키는) 방법들에 특별한 관심을 가질 것이다.

이 장의 공부를 시작하기 전에 증폭기 주파수 응답과 단일 시정수(STC) 회로들에 관한 매우 중요한 주제를 소개하는 1.6절을 복습하기 바란다. STC 회로들에 대한 더욱 자세한 것은 부록 E에서 찾을 수 있다. 또한 부록 F는 회로와 시스템 이론의 중요한 수단들인 극점(pole), 영점(zero), 보데 선도(Bode plot)에 대한 개요를 제공한다.

끝으로, 우리가 주파수 또는 등가적으로 라플라스(Laplace) 변수 s의 함수들인 양들을 취급하기 때문에, 각 기호에 대해 소문자 첨자를 갖는 대문자를 사용할 것이다. 기호에 대한 이 관행은 1장에서 소개했던 기호 표기와 부합한다.

9.1 고주파 트랜지스터 모델들

고주파에서 이득 저하는 트랜지스터 내부의 용량성 효과(capacitive effect)에 기인한다. 이 절에서는 이런 효과에 대해 간략하게 검토해 보고, 더 중요하게는 이런 효과를 고려하기 위해 어떻게 트랜지스터 소신호 모델을 확장할 것인가를 보인다.

9.1.1 MOSFET

5.1절에서 살펴본 MOSFET의 물리적 동작에서, 소자가 내부 커패시턴스들을 가진다는 것을 알고 있다. 사실상 우리는 이들 중 하나인 게이트-채널 커패시턴스를 MOSFET $i-v$ 특성을 유도하는 데 사용하였다. 그러나 거기서 이 커패시턴스들의 정상 상태 전하들이 순간적으로 획득된다고 가정하였다. 다시 말하면, 우리는 다양한 내부 커패시턴스들을 충전하고 방전하는 데 필요한 유한한 시간을 고려하지 않았다. 그 결과 유도한 소자 모델들, 예로서 소신호 모델은 어떤 커패시턴스들도 포함하지 않는다. 이러한 모델을 사용하면 증폭기 이득이 주파수에 의존하지 않고 일정하게 될 것이다. 그러나 우리는 이것이 (유감스럽게도) 사실이 아니라는 것을 알고 있다. 사실상 모든 MOSFET 증폭기의 이득은 어떤 높은 주파수에서 떨어진다. 마찬가지로 MOSFET 디지털 논리 반전기(14장)도 유한하지만 0이 아닌 전파 지연을 나타낸다. 이러한 결과들을 예측할 수 있도록 MOSFET 모델은 내부 커패시턴스들을 포함하여 확장되어야 한다. 이것이 바로 이 절의 주제이다.

다양한 내부 커패시턴스들의 물리적 기원을 가시화하기 위하여, 드레인 끝에서 핀치 오프된 경사진 채널이 의미하듯이, 포화 영역에서 동작하는 n 채널 MOSFET의 단면도를 나타내는 그림 9.3을 참조하라. 표시된 바와 같이 네 개의 내부 커패시턴스가 있다. 즉, 이 중 두 개인 C_{gs}와 C_{gd}는 게이트 용량성 효과에 기인하며, 나머지 두 개인 C_{sb}와 C_{db}는 소스 영역과 기판 그리고 드레인 영역과 기판에 의해 각각 형성된 pn 접합들의 공핍 커패시턴스(depletion capacitance)들이다.

게이트 용량성 효과는 5.1절에서 논의되었다. 폴리실리콘 게이트(polysilicon gate)는 커패시터 유전체로

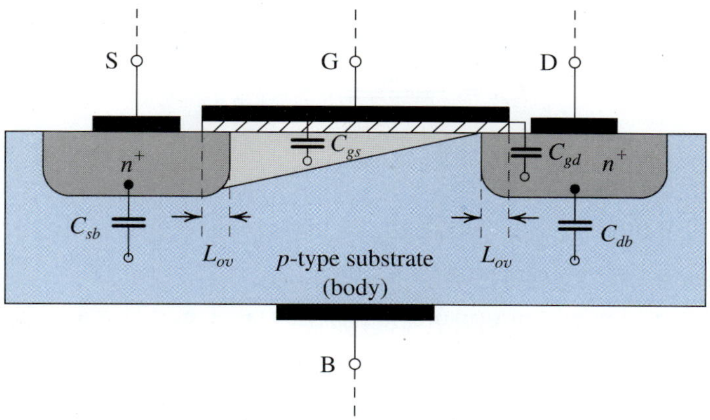

그림 9.3 포화 영역에서 동작하는 n 채널 MOSFET의 단면도. 네 개의 내부 커패시턴스 C_{gs}, C_{gd}, C_{sb}, C_{db}가 표시되어 있다. 바이어스 전압이 표시되지 않았다는 것을 주목하라. 또한 간단한 그림을 위해서 공핍 영역도 표시되지 않았다.

산화층을 가지고 채널 영역과 평행판 커패시터를 형성한다. 단위 게이트 면적당 게이트(또는 산화물) 커패시턴스는 C_{ox}로 표시된다. 채널이 경사지고 핀치 오프될 때 게이트 커패시턴스는 $\frac{2}{3}WLC_{ox}$로 주어진다. 이 커패시턴스에 더하여 소스 영역(또는 소스 확산) 그리고 드레인 영역(또는 드레인 확산)과 게이트의 중첩에 기인하는 두 개의 작은 커패시턴스가 있다. 이 중첩들은 각각 길이 L_{ov}를 가지므로 결과적인 중첩 커패시턴스(overlap capacitance) C_{ov}는

$$C_{ov} = WL_{ov}C_{ox} \tag{9.1}$$

로 주어진다. 보통 $L_{ov} = 0.05\,L$ 내지 $0.1\,L$이다. 이제 게이트-소스 커패시턴스 C_{gs}를

$$C_{gs} = \frac{2}{3}WLC_{ox} + C_{ov} \tag{9.2}$$

로 표현할 수 있다. 게이트 드레인 커패시턴스에 대해서는, 드레인에서의 채널 핀치 오프는 C_{gd}가 완전히 중첩 성분 C_{ov}로만 구성되게 한다는 것을 주목하자. 즉,

$$C_{gd} = C_{ov} \tag{9.3}$$

소스나 드레인 확산과 p형 기판(몸체) 사이에 형성되는 두 역바이어스된 pn 접합의 공핍층 커패시턴스들은 1.12절에서 유도된 공식[식 (1.70)]을 사용하여 결정될 수 있다. 따라서 소스 확산에 대하여 우리는 다음과 같은 소스-몸체 커패시턴스 C_{sb}를 갖는다.

$$C_{sb} = \frac{C_{sb0}}{\sqrt{1 + \frac{V_{SB}}{V_0}}} \tag{9.4}$$

여기서 C_{sb0}는 몸체-소스 바이어스가 0일 때 C_{sb}의 값이고, V_{SB}는 역방향 바이어스 전압의 크기이며, V_0는 접합 내재 전압(0.6 V 내지 0.8 V)이다. 마찬가지로 드레인 확산에 대하여 다음과 같은 드레인-몸체 커패시턴스 C_{db}를 갖는다.

$$C_{db} = \frac{C_{db0}}{\sqrt{1 + \frac{V_{DB}}{V_0}}} \tag{9.5}$$

여기서 C_{db0}는 역바이어스 전압이 0일 때 C_{db}의 값이고, V_{DB}는 역바이어스 전압의 크기이다. 두 접합에 대해 경사 계수(grading coefficient) $m = \frac{1}{2}$로 가정했다는 점을 주목하자.

이러한 접합 커패시턴스들의 각각은 확산의 바닥면에서 생기는 성분과 확산의 **측면벽**(sidewall)에서 생기는 성분을 포함하는 것을 주목하라. 구체적으로, 각 확산은 기판과 접촉하고 있는 세 개의 측면벽을 가지며, 이들은 접합 커패시턴스에 기여한다.(네 번째 벽은 채널과 접촉하고 있다.)

식 (9.4)와 (9.5)의 접합 커패시턴스들에 대한 공식은 소신호 동작을 가정한 것이다. 0.15 μm CMOS 공정의 n 채널 MOSFET에서 나타나는 다양한 커패시턴스들에 대한 대표적인 값들이 다음 연습문제에 주어진다.

연습문제

9.1 $t_{ox} = 3$ nm, $L = 0.15$ μm, $W = 1.5$ μm, $L_{ov} = 0.03$ μm, $C_{sb0} = C_{db0} = 1$ fF, $V_0 = 0.9$ V, $V_{SB} = 0.2$ V, $V_{DS} = 0.8$ V인 n 채널 MOSFET에 대해, 트랜지스터가 포화에서 동작하고 있을 때 커패시턴스 $C_{ox}, C_{ov}, C_{gs}, C_{gd}, C_{sb}, C_{db}$를 계산하라.
[답] 11.5 fF/μm^2; 0.52 fF; 2.25 fF; 0.52 fF; 0.9 fF; 0.7 fF

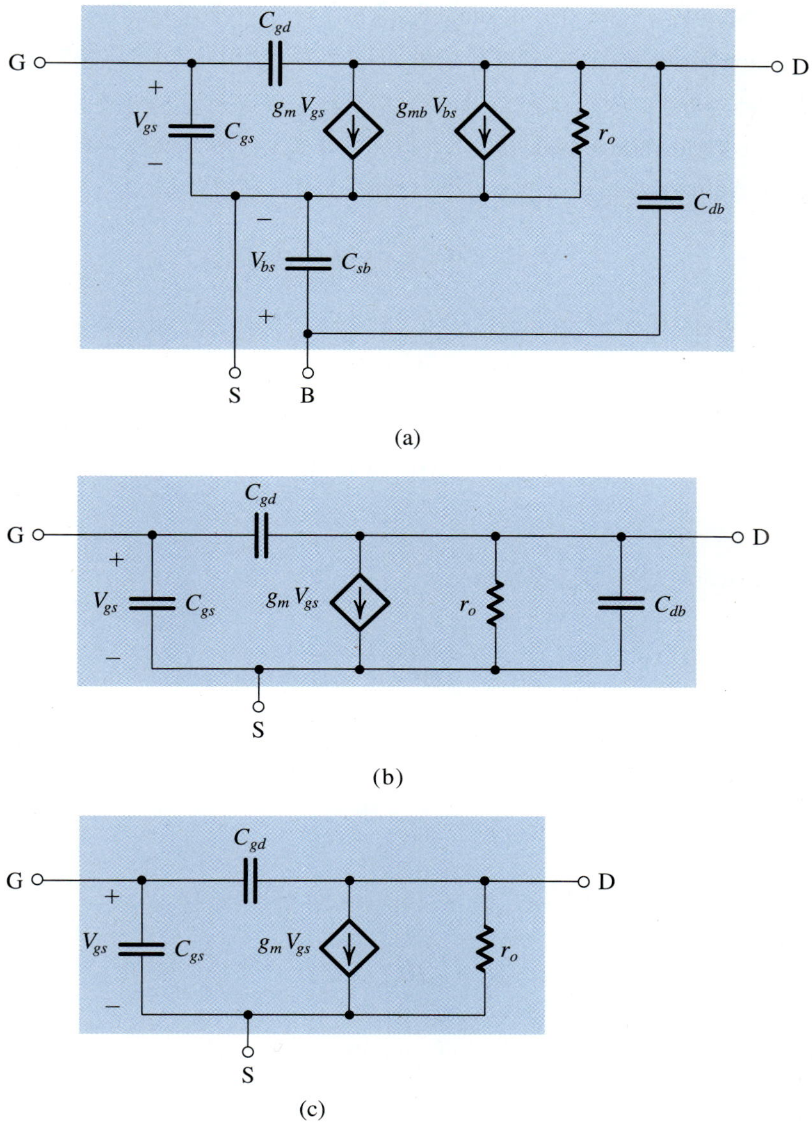

그림 9.4 (a) MOSFET의 고주파 등가 회로 모델. (b) 소스가 기판(몸체)에 접속된 경우의 등가 회로. (c) (해석을 단순화하기 위해) C_{db}가 무시된 (b)의 등가 회로 모델.

고주파 MOSFET 모델 그림 9.4(a)는 네 개의 커패시턴스 C_{gs}, C_{gd}, C_{sb}, C_{db}를 포함하는 MOSFET의 소신호 모델을 나타낸다. 이 모델은 MOSFET 증폭기들의 고주파 응답을 예측하기 위해 사용될 수 있다. 그러나 이것은 수동 해석을 위해서는 너무 복잡해서 그 사용은 SPICE나 유사한 소프트웨어를 이용한 컴퓨터 시뮬레이션(computer simulation)에 한정된다. 다행히도 소스가 몸체에 접속될 때 모델은 그림 9.4(b)에 나타낸 것처럼 상당히 단순화된다. 이 모델에서 C_{gd}는 비록 작지만 증폭기의 고주파 응답을 결정하는 데 중요한 역할을 하므로 모델에 남겨 두어야 한다. 이에 반해 커패시턴스 C_{db}는 수동 해석을 상당히 단순화하기 위해 때때로 무시될 수 있다. 그 결과적인 회로는 그림 9.4(c)에 나타나 있다.

MOSFET 단위 이득 주파수(f_T) 증폭기로서 MOSFET의 고주파 동작에 대한 성능 지수는 첨자 T를 수반하는 **천이 주파수**(transition frequency)로도 알려진 단위 이득 주파수 f_T이다. 이것은 공통 소스 구성의 단락 회로 전류 이득이 1이 되는 주파수로 정의된다. 그림 9.5는 입력과 출력 포트들 사이에 공통 단자로 소스를 가진 MOSFET 하이브리드 π 모델(hybrid-π model)을 나타낸다. 단락 회로 전류 이득을 구하기 위해 입력은 전류 전원 신호 I_i로 구동되고 출력 단자들은 단락 회로가 된다. 단락 회로에서 전류는

$$I_o = g_m V_{gs} - sC_{gd} V_{gs} = (g_m - sC_{gd}) V_{gs} \tag{9.6}$$

로 주어지는 것을 알 수 있다.

그림 9.5에서 C_{gd}는 C_{gs}와 병렬로 나타나므로, 입력 전류 I_i에 의해 V_{gs}를

$$V_{gs} = \frac{I_i}{s(C_{gs} + C_{gd})} \tag{9.7}$$

로 표현할 수 있다.

식 (9.6)과 (9.7)을 결합하여 단락 회로 전류 이득

$$\frac{I_o}{I_i} = \frac{g_m - sC_{gd}}{s(C_{gs} + C_{gd})} \tag{9.8}$$

를 구할 수 있다. 물리적인 주파수 $s = j\omega$에 대해 전류 이득의 크기는

$$\left|\frac{I_o}{I_i}\right| \simeq \frac{g_m}{\omega(C_{gs} + C_{gd})}$$

이다. 여기서 g_m에 대해 상대적으로 작은 ωC_{gd}를 무시하였다. 이 이득 크기는 주파수

$$\omega_T = g_m / (C_{gs} + C_{gd})$$

에서 1이 된다. 따라서 단위 이득 주파수(unity-gain frequency) $f_T = \omega_T / 2\pi$는

$$f_T = \frac{g_m}{2\pi\,(C_{gs} + C_{gd})} \tag{9.9}$$

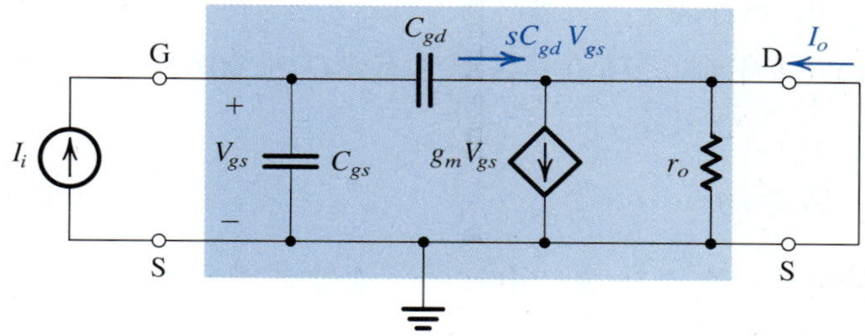

그림 9.5 단락 회로 전류 이득 I_o/I_i의 결정.

이다. f_T가 중간 대역 이득을 결정하는 g_m에 비례하고, 증폭기 대역폭을 제한하는 MOSFET 내부 커패시턴스들에 반비례하므로, f_T의 값이 높으면 높을수록 증폭기로서 MOSFET은 더욱더 효과적이 된다. 식 (6.41)을 사용하여 g_m을 대치하면, f_T를 바이어스 전류 I_D로 표현할 수 있다(문제 9.6 참조). 아니면 과구동 전압 V_{OV}로 f_T를 표현하기 위해 식 (6.40)으로 g_m을 대치할 수도 있다(문제 9.7 참조). 두 표현식은 MOSFET의 고주파 동작에 대한 부가적인 통찰력을 제공한다. f_T의 추가적인 논의에 대해서는 부록 G도 참조하기 바란다.

보통 f_T는 오래된 기술(예를 들면, 5 μm CMOS 공정)에 대한 약 수백 MHz에서 더 새롭고 고속인 기술(예를 들면, 28 nm CMOS 공정)에 대한 수백 GHz의 범위에 이른다.

요약 간편한 참조를 위해 MOSFET 고주파 모델이 파라미터들에 대한 표현식들과 함께 온라인(www.oup.com/he/sedra-smith8xe)상의 요약표 보충자료(Summary Tables Supplement)의 표 9.1에 제시되어 있다.

연습문제

9.2 연습문제 9.1에서 구한 커패시턴스들을 가지는 n 채널 MOSFET에 대해서 f_T를 계산하라. 이 트랜지스터는 100 μA에서 동작하고 $k_n' = 500$ μA/V^{2}이라고 가정하라.

[답] 57.5 GHz

9.1.2 BJT

4.1절에서 살펴본 BJT의 물리적 동작에서 우리는 트랜지스터 동작을 순간적인 것으로 가정하였으며, 그 결과 우리가 개발한 트랜지스터 모델은 시간 또는 주파수 의존성을 유발하는 어떤 소자도(즉, 커패시터나 인덕터도) 포함하지 않는다. 그러나 실제 트랜지스터들은 그 동작 속도와 주파수를 제한하는 전하 축적 현상을 나타낸다. 이미 1장에서 pn 접합을 공부하면서 그런 효과들을 직면하였으며, 그들이 커패시턴스들을 사용하여 모델화될 수 있다는 것을 알았다. 이제 BJT에서 발생하는 전하 축적 효과들을 공부한다. 이들은 하이브리드 π 모델에 커패시턴스들을 부가함으로써 고려된다. 확장된 결과적인 BJT 모델은 주파수에 대한 증폭기 이득의 관측된 의존성을 예측할 수 있을 것이다.

BJT에는 세 가지 주요한 전하 축적 효과가 있다. 각 효과는 하나의 커패시턴스에 의해 다음과 같이 모델화될 수 있다.

1. **베이스 충전 또는 확산 커패시턴스 C_{de}.** 트랜지스터가 활성 모드에서 동작하고 있을 때, 소수 캐리어 전하는 베이스 영역에 축적된다. *npn* 트랜지스터에서 베이스에 축적된 전자 전하 Q_n은 컬렉터 전류 i_C에 의해

$$Q_n = \tau_F i_C \tag{9.10}$$

로 표현될 수 있다. 여기서 τ_F는 시간의 차원을 갖는 소자 상수이다. 이는 **순방향 베이스 통과 시간**(forward base-transit time)으로 알려져 있고 전하 캐리어(전자)가 베이스를 통과하는 데 걸리는 평균 시간을 나타낸다. 보통 τ_F는 1 ps 내지 100 ps의 범위 내에 있다.

식 (9.10)은 대신호에 대해서 적용되며, i_C가 v_{BE}에 지수적으로 관계되므로 Q_n도 v_{BE}에 유사하게 의존할 것이다. 소신호에 대해 **소신호 확산 커패시턴스**(small-signal diffusion capacitance) C_{de}를

$$C_{de} \equiv \frac{dQ_n}{dv_{BE}}$$

$$= \tau_F \frac{di_C}{dv_{BE}} \tag{9.11}$$

로 정의할 수 있다. 그 결과 다음 식을 얻는다.

$$C_{de} = \tau_F g_m = \tau_F \frac{I_C}{V_T} \tag{9.12}$$

여기서 I_C는 트랜지스터가 동작하고 있는 직류 컬렉터 바이어스 전류이다. 따라서 v_{BE}가 v_{be}에 의해 변화할 때는 언제나 컬렉터 전류는 $g_m v_{be}$에 의해 변화하고 베이스에 축적된 전하는 $C_{de}v_{be} = (\tau_F g_m)v_{be}$에 의해 변화한다. 이 증분 전하는 베이스 전류에 의해 공급되어야 한다.

2. **베이스-이미터 접합 커패시턴스 C_{je}.** v_{BE}의 변화는 베이스 영역에 축적된 전하를 변화시킬 뿐만 아니라 베이스-이미터 공핍층에 축적된 전하도 변화시킨다. 이 별개의 전하 축적 효과는 EBJ 공핍층 커패시턴스 C_{je}로 표현된다. 1장의 논의로부터 순바이어스된 접합 EBJ에 대한 공핍층 커패시턴스는 근사적으로

$$C_{je} \simeq 2C_{je0} \tag{9.13}$$

로 주어진다는 사실을 알고 있다. 여기서 C_{je0}는 0의 EBJ 전압에서 C_{je}의 값이다.

3. **컬렉터-베이스 접합 커패시턴스 C_μ.** 활성 모드 동작에서 CBJ는 역바이어스가 되며, 그 접합 또는 **공핍 커패시턴스**(depletion capacitance) C_μ는

$$C_\mu = \frac{C_{\mu 0}}{\left(1 + \frac{V_{CB}}{V_{0c}}\right)^m} \tag{9.14}$$

로 구해질 수 있다. 여기서 $C_{\mu 0}$는 0의 전압에서 C_μ의 값, V_{CB}는 CBJ 역바이어스 전압의 크기, V_{0c}는 CBJ 내재 전압(보통 0.75 V), 그리고 m은 CBJ의 경사 계수(grading coefficient)(보통 0.2 내지 0.5)이다.

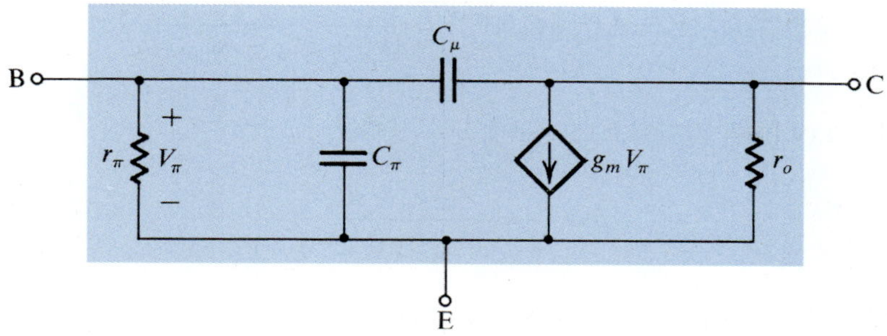

그림 9.6 BJT의 고주파 하이브리드 π 모델.

고주파 모델 그림 9.6은 용량성 효과들을 포함하는 BJT의 하이브리드 π 모델을 나타낸다. 구체적으로 두 개의 커패시턴스가 있다. 즉, 이미터-베이스 커패시턴스 $C_\pi = C_{de} + C_{je}$ 그리고 컬렉터-베이스 커패시턴스 C_μ이다. 보통 C_π는 수 pF 내지 수십 pF의 범위 내에 있고, C_μ는 수분의 일 pF 내지 수 pF의 범위 내에 있다.[1)]

모델 파라미터의 값은 이 절과 4장에서 제시된 공식들을 사용하여 주어진 동작점에서 결정될 수 있다. 또한 이들은 BJT 데이터 시트에 명기된 단자 측정들로부터 구해질 수도 있다. 컴퓨터 시뮬레이션을 위하여, SPICE는 BJT 모델 파라미터들을 계산하기 위해 주어진 IC 기술의 파라미터들을 사용한다(부록 B 참조).

BJT 단위 이득 주파수 트랜지스터 데이터 시트에 C_π의 값은 보통 명기되지 않는다. 오히려 주파수에 대한 β(또는 h_{fe})의 특성이 일반적으로 주어진다. C_π와 C_μ를 결정하기 위해 우리는 하이브리드 π 모델의 성분들에 의한 주파수의 함수로 CE 단락 회로 전류 이득 β에 대한 표현식을 유도할 것이다. 이를 위해 컬렉터가 이미터로 단락된 그림 9.7의 회로를 고찰해 보자. C의 마디 방정식에서 단락 회로 컬렉터 전류 I_c는

$$I_c = (g_m - sC_\mu)V_\pi \tag{9.15}$$

로 구해진다. V_π와 I_b 사이의 관계는 I_b에 B와 E 사이에서 바라본 임피던스를 곱함으로써 정해질 수 있다. 즉,

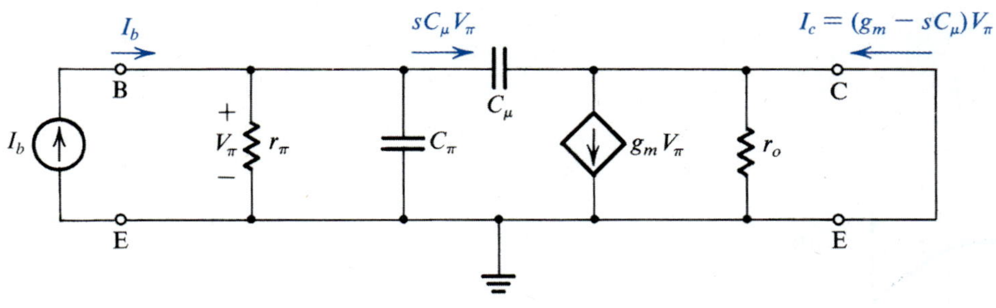

그림 9.7 $\beta(s) \equiv I_c/I_b$의 표현식을 유도하기 위한 회로.

---

1) 이 값들은 개별 소자들과 비교적 오래된 IC 공정 기술로(이른바 고전압 공정; 부록 K 참조) 제조된 소자들에 대해 적용된다. 현대의 IC 제조 공정에 대해서, C_π와 C_μ는 수 펨토패럿(fF) 내지 수십 펨토패럿의 범위 내에 있다.

$$V_\pi = I_b(r_\pi \| C_\pi \| C_\mu) = \frac{I_b}{1/r_\pi + sC_\pi + sC_\mu} \tag{9.16}$$

따라서 β는 식 (9.15)와 (9.16)을 결합함으로써 구해질 수 있다.

$$\beta \equiv \frac{I_c}{I_b} = \frac{g_m - sC_\mu}{1/r_\pi + s(C_\pi + C_\mu)} \tag{9.17}$$

이 모델이 유효한 주파수에서 $\omega C_\mu \ll g_m$이므로 분자의 sC_μ 항을 무시할 수 있다. 그래서 다음과 같은 결과를 얻는다.

$$\beta \simeq \frac{g_m r_\pi}{1 + s(C_\pi + C_\mu)r_\pi}$$

따라서

$$\beta = \frac{\beta_0}{1 + s(C_\pi + C_\mu)r_\pi} \tag{9.18}$$

여기서 β_0는 β의 저주파 값이다. 그러므로 β는 단일 극점(또는 단일 시정수) 응답을 가지며, 그것의 3 dB 주파수 ω_β는 다음과 같다.

$$\omega_\beta = \frac{1}{(C_\pi + C_\mu)r_\pi} \tag{9.19}$$

그림 9.8은 $|\beta|$에 대한 보데 선도를 나타낸다. 이 선도의 −20 dB/decade 기울기로 인해, 당연히 $|\beta|$가 1로 떨어지는 주파수가 있다. 이 주파수를 **단위 이득 대역폭**(unity-gain bandwidth) ω_T라고 부르며,

$$\omega_T = \beta_0 \omega_\beta$$

로 주어진다. 따라서

$$\omega_T = \frac{g_m}{C_\pi + C_\mu} \tag{9.20}$$

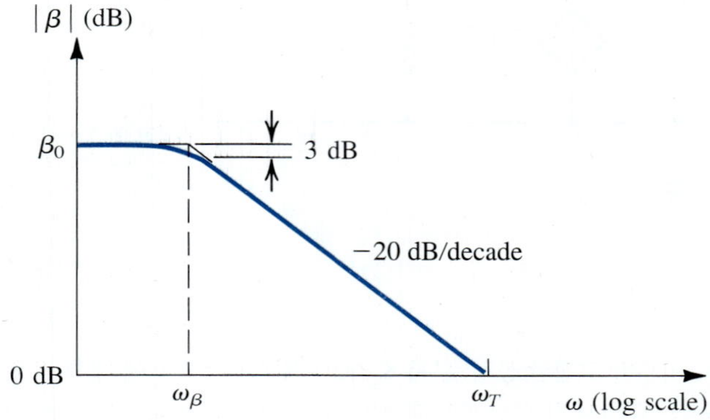

그림 9.8 $|\beta|$에 대한 보데 선도.

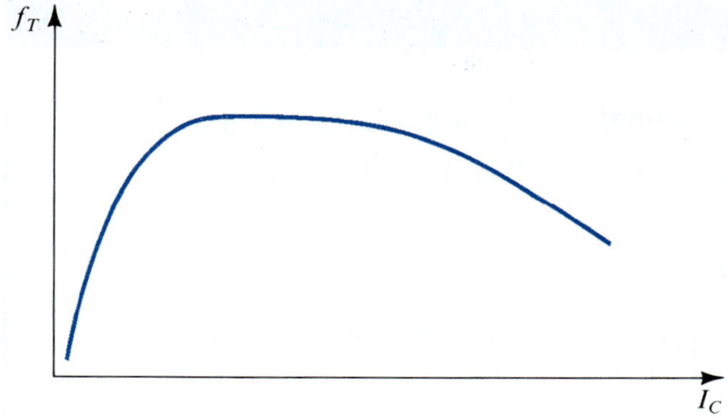

그림 9.9 I_C에 따른 f_T의 변화.

그리고

$$f_T = \frac{g_m}{2\pi(C_\pi + C_\mu)} \tag{9.21}$$

이 표현식은 C_π를 C_{gs}로 대치하고 C_μ를 C_{gd}로 대치하면 MOSFET에 대한 f_T의 표현식[식 (9.9)]과 동일하다.

첨자 T를 수반하는 **천이 주파수**(transition frequency)로도 알려진 단위 이득 대역폭 f_T는 보통 트랜지스터의 데이터 시트에 명시된다. 어떤 경우에는 f_T가 I_C나 V_{CE}의 함수로 주어진다. f_T가 I_C에 따라 어떻게 변하는가를 알기 위하여, g_m은 I_C에 정비례하지만 C_π의 일부(확산 커패시턴스 C_{de})만이 I_C에 정비례하는 사실을 상기하자. 당연히 그림 9.9에 나타낸 것처럼 낮은 전류에서 f_T는 감소하게 된다. 그러나 그림 9.9에 역시 나타나 있듯이, 높은 전류에서 f_T의 감소는 이 논의로 설명될 수 없다. 오히려 그것은 높은 전류에서 β_0를 감소하게 하는 것과 같은 현상에 기인한다(4.4.2절). f_T가 거의 일정한 영역에서는 C_π가 확산 성분에 의해서 좌우되며 C_μ보다 훨씬 더 크다. 즉, $C_\pi + C_\mu \simeq C_{de} = \tau_F g_m$이므로 f_T는

$$f_T \simeq \frac{1}{2\pi\,\tau_F} \tag{9.22}$$

로 근사된다.

보통 f_T는 수백 MHz 내지 수백 GHz의 범위 내에 있다. f_T의 값은 식 (9.21)에서 $C_\pi + C_\mu$를 결정하기 위해 사용될 수 있다. 커패시턴스 C_μ는 보통 원하는 역바이어스 전압 V_{CB}에서 베이스와 컬렉터 사이의 커패시턴스를 측정함으로써 별도로 결정된다.

이 절을 끝내기 전에 그림 9.7의 고주파 모델이 약 $0.2\,f_T$의 주파수까지 꽤 정확하게 트랜지스터의 동작 특성을 기술한다는 사실을 강조한다. 더 높은 주파수에서는 다른 기생 성분들을 모델에 추가해야 한다. 특히 IC 칩에 있는 BJT들에는 또 다른 다소 중요한 용량성 효과가 있다. 즉, 컬렉터-기판 커패시턴스 C_{cb}이다. 어떤 응용들에서는 C_{cb}를 고려할 것이다.

요약 간편한 참조를 위해 BJT 고주파 모델이 파라미터 값을 결정하는 공식들과 함께 온라인(www.oup.com/he/sedra-smith8xe)상의 요약표 보충자료(Summary Tables Supplement)의 표 9.2에 제시되어 있다.

연습문제

9.3 직류 컬렉터 전류 $I_C = 1$ mA이고 2 V의 CBJ 역방향 바이어스에서 동작하는 BJT의 C_{de}, C_{je}, C_π, C_μ, f_T를 구하라. 이 소자는 $\tau_F = 20$ ps, $C_{je0} = 20$ fF, $C_{\mu 0} = 20$ fF, $V_{0e} = 0.9$ V, $V_{0c} = 0.5$ V, $m_{CBJ} = 0.33$을 갖는다.

[답] 0.8 pF; 40 fF; 0.84 pF; 12 fF; 7.47 GHz

9.4 $I_C = 1$ mA에서 동작하는 BJT에 대해 $C_\mu = 2$ pF이고 50 MHz에서 $|\beta| = 10$일 때 f_T와 C_π를 구하라.

[답] 500 MHz; 9.7 pF

9.5 연습문제 9.4에서 BJT의 C_π가 비교적 일정한 2 pF의 공핍층 커패시턴스를 포함하고 있다. $I_C = 0.1$ mA에서 동작하는 BJT의 f_T를 구하라.

[답] 130.7 MHz

9.2 CS와 CE 증폭기들의 고주파 응답

MOSFET과 BJT의 고주파 동작을 표현하는 등가 회로 모델들을 준비했으므로 이제 CS와 CE 증폭기들의 고주파 성능에 관한 문제를 다룬다. 우리의 목적은 이 중요한 증폭기 구성들의 고주파 성능을 제한하는 메커니즘을 알아보는 것이다. 또한 이득이 중간 대역의 값 $|A_M|$ 아래로 3 dB만큼 떨어지는 주파수 f_H를 평가하는 간단한 방법도 찾아보기로 한다.

여기서 제시하는 해석은 개별 회로 용량 결합 증폭기들과 IC 증폭기들에도 똑같이 잘 적용된다. 전자의 주파수 응답은 그림 9.1에, 후자의 주파수 응답은 그림 9.2에 나타나 있다. 여기서 우리가 관심을 갖는 주파수(고주파 대역)에서 모든 결합과 우회 커패시터가 완전한 단락 회로로 동작하므로, 두 유형의 증폭기들은 동일한 고주파 등가 회로를 갖는다.

9.2.1 저역 통과 단일 시정수 회로의 주파수 응답

그림 9.10(a)의 테브냉 형태와 그림 9.10(b)의 노턴 형태로 나타낸 저역 통과 단일 시정수 회로의 주파수 응답을 일단 알면 증폭기들의 고주파 응답을 해석하는 것은 훨씬 더 쉽다. 이 회로는 시정수

$$\tau = CR \tag{9.23}$$

과 전달 함수

$$\frac{V_o}{V_i} = \frac{1}{1 + \dfrac{s}{\omega_P}} \tag{9.24}$$

을 갖는다. 여기서 극점 주파수 ω_P는

$$\omega_P = \frac{1}{\tau} \tag{9.25}$$

로 주어진다. 물리적인 주파수 $s = j\omega$에 대해 전달 함수의 크기는

$$\left| \frac{V_o}{V_i} \right| = \frac{1}{\sqrt{1+\left(\frac{\omega}{\omega_P}\right)^2}} \tag{9.26}$$

이다. 따라서 $\omega = \omega_P$에서 $|V_o/V_i| = 1/\sqrt{2}$이다. 바꿔 말하면, 이득은 그것의 직류 값 아래로 3 dB만큼 떨어진다. 당연히 3 dB 주파수 ω_H는 ω_P와 같다. 즉,

$$\omega_H = \omega_P \tag{9.27}$$

$\omega \gg \omega_P$에 대해서는

$$\left| \frac{V_o}{V_i} \right| \simeq \frac{\omega_P}{\omega} \tag{9.28}$$

따라서 ω가 10배 증가할 때마다 이득은 10배(20 dB)만큼 감소한다. 이것은 그림 9.10(c)에 나타낸 $|V_o/V_i|$에 대한 보데 선도에 의해 확인된다.

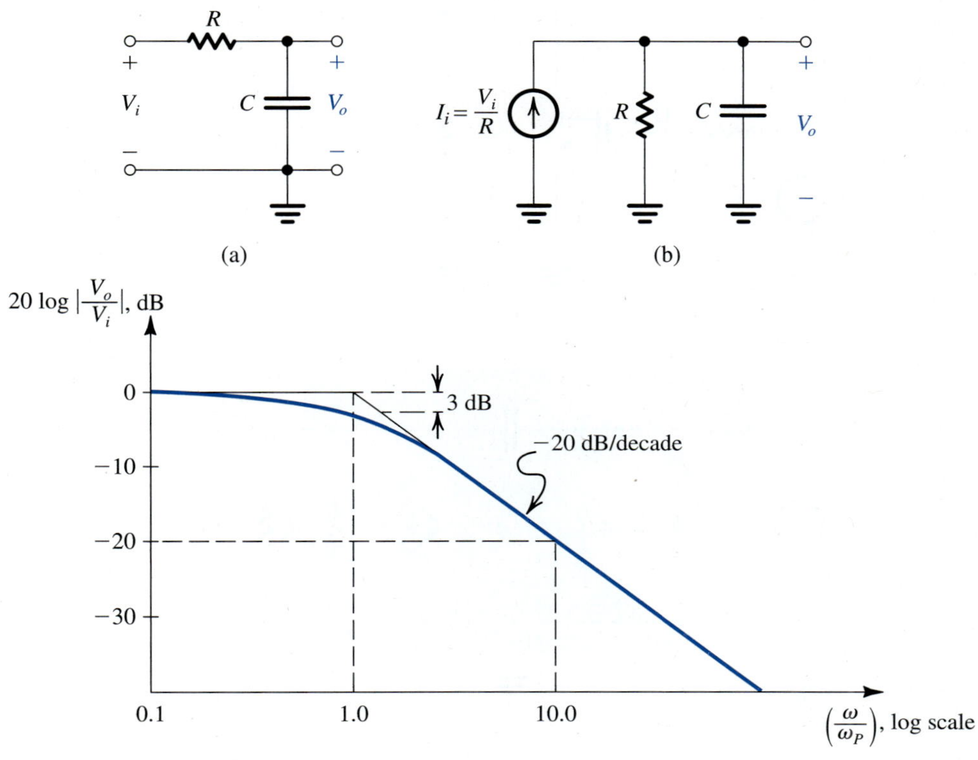

그림 9.10 (a) 테브냉 형태와 (b) 노턴 형태로 나타낸 저역 통과 단일 시정수 회로. (c) $|V_o/V_i|$에 대한 보데 선도.

9.2.2 공통 소스 증폭기

그림 9.11(a)는 저항 R_{sig}를 갖는 신호원으로 구동되고 부하 저항 R_L에 접속된 공통 소스 증폭기를 나타낸다. 여기서 R_L은 수동 또는 능동(전류 전원) 부하를 표현한다. MOSFET을 그것의 고주파 하이브리드 π 등가 회로 모델로 대치한 결과로 그림 9.11(b)에 나타낸 회로가 얻어진다. 이 회로는 그림 9.11(c)에 보이는 것처럼 R_L과 r_o를 하나의 저항 R_L'으로 결합하여 단순화될 수 있다. 즉,

$$R_L' = R_L \| r_o \tag{9.29}$$

중간 대역 이득 A_M은 그림 9.11(c)의 회로에서 $C_{gs} = C_{gd} = 0$으로 설정함으로써 구해지며 그 결과는 다음과 같다.

$$A_M = \frac{V_o}{V_{sig}} = -g_m R_L' \tag{9.30}$$

그림 9.11(c)의 회로는 복소 주파수 변수 s로 그 전달 함수 V_o/V_{sig}를 표현하기 위해 해석될 수 있다. 두 커패시터 C_{gs}와 C_{gd}가 존재하기 때문에, 결과적인 전달 함수는 2차가 될 것이다. 그러면 극점들과 영점들은 구해

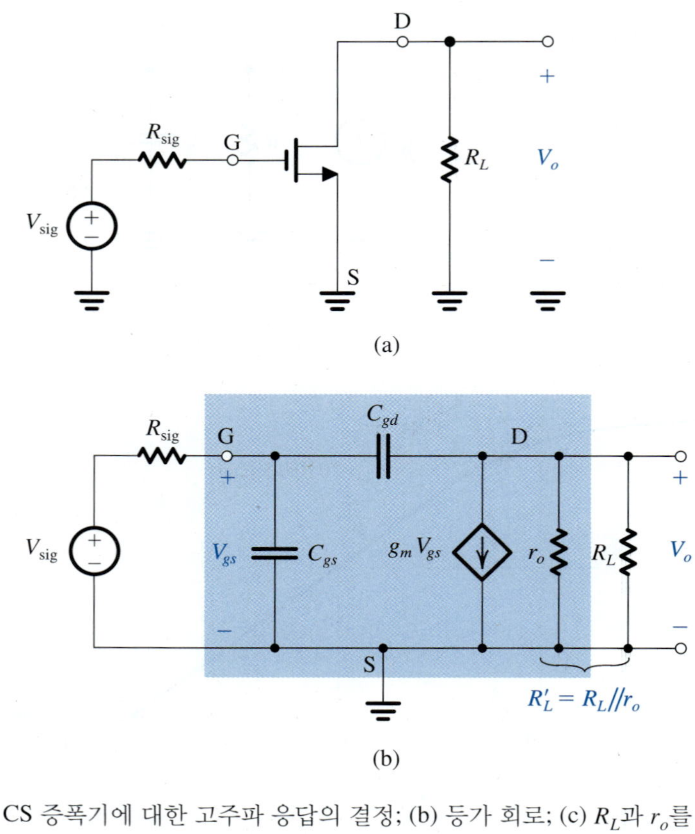

그림 9.11 (a)에서 CS 증폭기에 대한 고주파 응답의 결정; (b) 등가 회로; (c) R_L과 r_o를 하나의 저항 R_L'으로 결합함으로써 단순화된 (b)의 회로; (d) C_{gd}를 입력 측의 등가 커패시턴스 C_{eq}로 대치한 등가 회로; (e) 저역 통과 단일 시정수 회로에서와 같은 주파수 응답 선도.

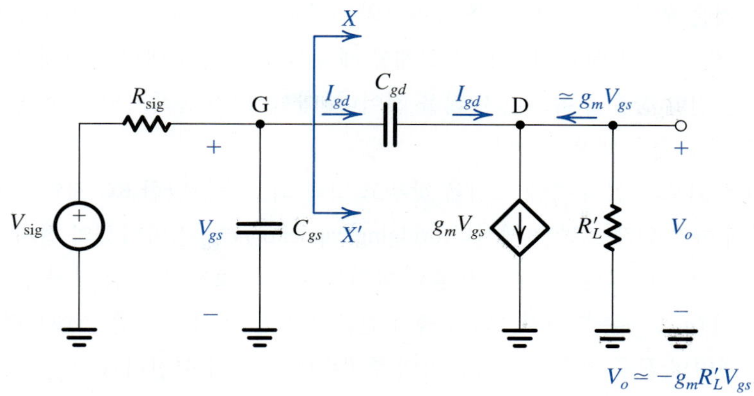
X
X′
I_{gd}
C_{gd}
I_{gd}
$\simeq g_m V_{gs}$
R_{sig}
G
D
V_{sig}
V_{gs}
C_{gs}
$g_m V_{gs}$
R'_L
V_o
$V_o \simeq -g_m R'_L V_{gs}$

(c)

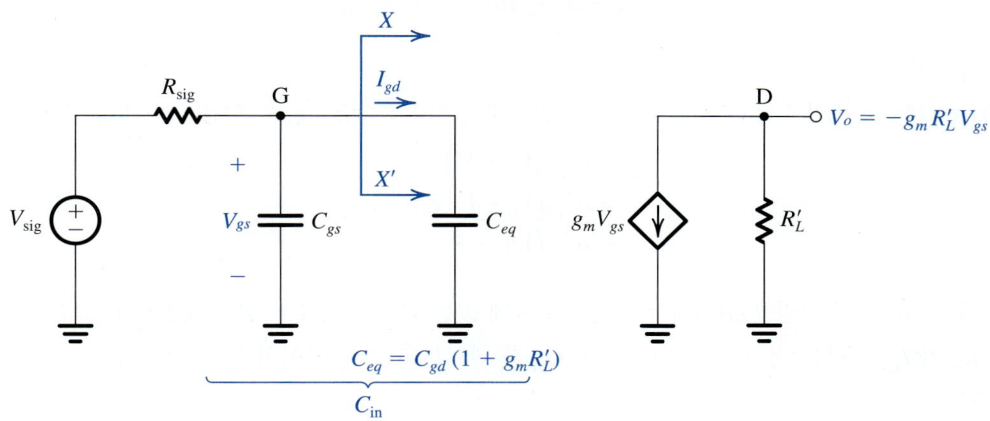
X
I_{gd}
X′
R_{sig}
G
D
$V_o = -g_m R'_L V_{gs}$
V_{sig}
V_{gs}
C_{gs}
C_{eq}
$g_m V_{gs}$
R'_L
$C_{eq} = C_{gd}(1 + g_m R'_L)$
C_{in}

(d)

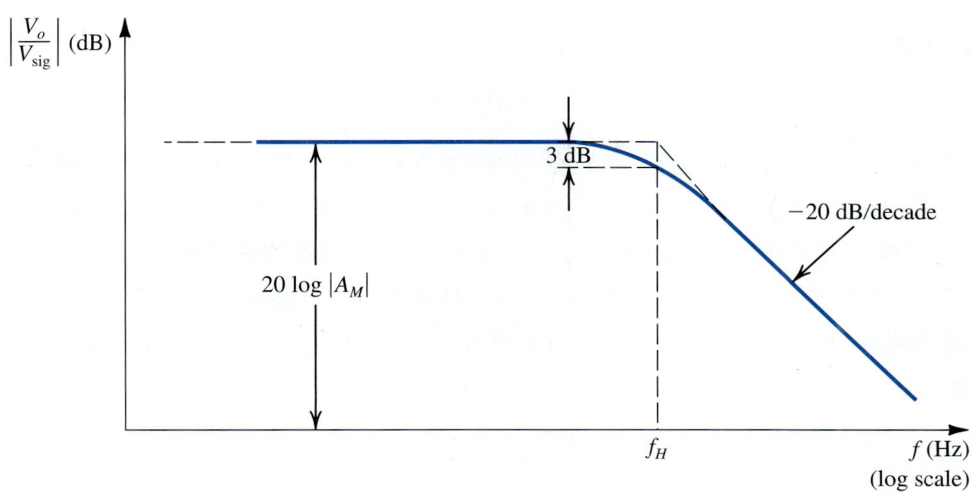
$\left|\frac{V_o}{V_{sig}}\right|$ (dB)
3 dB
−20 dB/decade
20 log $|A_M|$
f_H
f (Hz)
(log scale)

(e)

그림 9.11 (계속)

질 수 있다. 그러나 이것은 우리에게 무엇이 CS 증폭기의 고주파 동작을 제한하는가에 대한 핵심을 밝히는 단순한 표현식을 제공하지 않을 것이다. 이 회로를 설계할 때 현명한 결정을 내리기 위해서 그런 통찰력이 필요하다. 그러므로 우리는 전달 함수를 유도하지 않을 것이다. 대신에 CS 증폭기의 고주파 동작에 관한 상당한 정보를 밝히는 근사적인 방법을 택할 것이다.

우리의 접근 방법은 회로의 입력 측에 초점을 맞추고 입력 회로를 간단한 RC 저역 통과 회로망으로 단순화하는 것이다. 그렇게 하기 위해 교락 커패시터(bridging capacitor) C_{gd}를 마디 G와 접지 사이의 등가 커패시턴스 C_{eq}로 대체할 필요가 있다. 이를 위해 먼저 출력 마디를 고찰해 보자. 우리는 부하 전류가 $(g_m V_{gs} - I_{gd})$인 것을 알 수 있다. 여기서 $(g_m V_{gs})$는 트랜지스터의 출력 전류이고, I_{gd}는 매우 작은 커패시턴스 C_{gd}를 통해 공급되는 전류이다. 중간 대역의 끝을 정의하는 f_H 근방의 주파수에서 I_{gd}가 여전히 $(g_m V_{gs})$보다 훨씬 작다고 가정할 수 있다. 그 결과 V_o는 근사적으로

$$V_o \simeq -(g_m V_{gs})R_L' = -g_m R_L' V_{gs} \tag{9.31}$$

로 주어진다.

식 (9.31)은 게이트에서 드레인으로의 이득이 중간 대역에서와 같은 $-g_m R'_L$임을 나타낸다. 지금 전류 I_{gd}는

$$\begin{aligned} I_{gd} &= sC_{gd}(V_{gs} - V_o) \\ &= sC_{gd}[V_{gs} - (-g_m R_L' V_{gs})] \\ &= sC_{gd}(1 + g_m R_L')V_{gs} \end{aligned}$$

로 구해질 수 있다. 이제 그림 9.11(c)에서 XX'의 왼쪽에 있는 회로는 전류 I_{gd}를 통해서만 C_{gd}의 존재를 안다. 그러므로 C_{eq}가 I_{gd}와 같은 전류를 끌어내는 한, C_{gd}를 게이트와 접지 사이의 등가 커패시턴스 C_{eq}로 대치할 수 있다. 즉,

$$sC_{eq}V_{gs} = sC_{gd}(1 + g_m R_L')V_{gs}$$

여기서 다음과 같은 결과를 얻는다.

$$C_{eq} = C_{gd}(1 + g_m R_L') \tag{9.32}$$

따라서 C_{gd}는 증폭기 입력에 나타나는 훨씬 큰 커패시턴스 C_{eq}를 야기한다. C_{gd}가 받는 증배 효과는 그것이 큰 음의 이득$(-g_m R'_L)$으로 연관되는 전압들을 가지는 회로 마디들 G와 D 사이에 접속되기 때문에 일어난다. 이 효과는 **밀러 효과**(Miller effect)로 알려져 있고, $(1 + g_m R'_L)$은 **밀러 배수**(Miller multiplier)로 알려져 있다. 우리는 C_{eq}를 사용하여 입력 측의 등가 회로를 그림 9.11(d)와 같이 단순하게 만들 수 있다. 우리는 이 회로가 저역 통과 형태의 단일 시정수(STC) 회로인 것을 알 수 있다. 따라서 이 STC 회로의 출력 전압 V_{gs}를 다음 형태로 표현할 수 있다.

$$V_{gs} = \frac{1}{1 + \frac{s}{\omega_P}} V_{\text{sig}} \tag{9.33}$$

여기서 ω_P는 STC 회로의 극점 주파수이다. 즉,

$$\omega_P = 1/C_{\text{in}}R_{\text{sig}} \tag{9.34}$$

그리고 입력 커패시턴스 C_{in}은

$$C_{\text{in}} = C_{gs} + C_{eq} = C_{gs} + C_{gd}\left(1 + g_m R_L'\right) \tag{9.35}$$

이다. 식 (9.31)과 (9.33)을 결합하면 CS 증폭기의 고주파 이득에 대한 표현식

$$\frac{V_o}{V_{\text{sig}}} = -\frac{g_m R_L'}{1 + \dfrac{s}{\omega_P}} \tag{9.36}$$

이 얻어진다. 이 식은 다음 형태로 표현될 수 있다.

$$\frac{V_o}{V_{\text{sig}}} = \frac{A_M}{1 + \dfrac{s}{\omega_H}} \tag{9.37}$$

여기서 중간 대역 이득 A_M은 식 (9.30)으로 주어지고 ω_H는 높은 3 dB 주파수이다. 즉,

$$\omega_H = \omega_P = \frac{1}{C_{\text{in}}R_{\text{sig}}} \tag{9.38}$$

그리고

$$f_H = \frac{\omega_H}{2\pi} = \frac{1}{2\pi\, C_{\text{in}}R_{\text{sig}}} \tag{9.39}$$

따라서 CS 증폭기의 고주파 응답이 시정수 $C_{\text{in}}R_{\text{sig}}$에 의해 결정되는 3 dB 주파수 f_H를 가지는 저역 통과 STC 회로망의 응답인 것을 알 수 있다. 그림 9.11(e)는 고주파 이득의 크기에 대한 개략도를 나타낸다.

이 절을 마치기 전에 다음과 같은 몇 가지 사항을 강조하고자 한다.

1. 높은 3 dB 주파수는 R_{sig}와 $C_{\text{in}} = C_{gs} + C_{gd}(1 + g_m R'_L)$의 상호 작용으로 결정된다. 당연히 R_{sig}의 큰 값은 f_H를 낮아지게 할 것이다.
2. 총 입력 커패시턴스 C_{in}은 보통 C_{eq}에 의해 좌우된다. 그리고 C_{eq}는 C_{gd}가 받는 증배 효과에 의해 커지게 된다. 그래서 C_{gd}가 보통 매우 작은 커패시턴스이지만, 증폭기의 중간 대역 이득과 근사적으로 같은 인자 $(1 + g_m R'_L)$로 증배되는 결과로 증폭기 주파수 응답에 대한 그 영향은 매우 중대할 수 있다. CS 증폭기의 총 입력 커패시턴스를 크게 유발하여 f_H를 낮추는 것은 바로 이 밀러 효과이다.
3. MOSFET 증폭기의 고주파 응답을 향상하기 위해 우리는 밀러 효과가 없거나 적어도 감소되는 구성을 찾아야 한다. 9.4절과 그 이후에 이 주제를 자세히 다룰 것이다.
4. STC 또는 단일 극점 응답으로 귀착되는 앞의 해석은 근사적인 것이다. 구체적으로, 이 해석은 $g_m V_{gs}$와 비교하여 I_{gd}를 무시하는 근사에 근거한다. 이 가정은 f_H보다 너무 높지 않은 주파수들에서 잘 적용된다. 그림 9.11(c) 회로의 정확한 해석을 통해, 이 회로가 f_H보다 훨씬 높은 주파수에 두 번째 극점과 $s = \infty$와 $s = g_m/C_{gd}$에 전송 영점들을 갖는다는 사실을 알 수 있다. 이 유한 영점 주파수도 f_H보다 훨씬 높다. 그

래서 두 번째 극점과 이 영점이 f_H의 평가값에 미치는 영향은 미미할 것이다. 따라서 밀러 효과를 이용하는 방법은 f_H를 빠르게 평가하는 데는 충분하다. 또한 이 근사적인 방법은 고주파 응답에 관한 주요한 제한, 즉 밀러 효과를 밝히는 데도 도움이 된다.

5. CS 증폭기는 주파수 $f_P \simeq f_H$인 우성(dominant) 고주파 극점을 갖는다고 말한다.

예제 9.1

내부 저항 $R_{\text{sig}} = 20\ \text{k}\Omega$을 갖는 신호원으로 구동되는 집적 회로 CS 증폭기의 중간 대역 이득 A_M과 높은 3 dB 주파수 f_H를 구하라. 이 증폭기는 $R_L = 20\ \text{k}\Omega$, $g_m = 2\ \text{mA/V}$, $r_o = 20\ \text{k}\Omega$, $C_{gs} = 20\ \text{fF}$, $C_{gd} = 5\ \text{fF}$을 갖는다. 또한 전송 영점의 주파수를 구하라.

풀이

$$A_M = -g_m R_L'$$

여기서

$$R_L' = R_L \parallel r_o = 20 \parallel 20 = 10\ \text{k}\Omega$$
$$g_m R_L' = 2 \times 10 = 20\ \text{V/V}$$

따라서

$$A_M = -20\ \text{V/V}$$

등가 커패시턴스 C_{eq}는

$$C_{eq} = (1 + g_m R_L')C_{gd}$$
$$= (1 + 20) \times 5 = 105\ \text{fF}$$

으로 구해진다. 이제 총 입력 커패시턴스 C_{in}은

$$C_{\text{in}} = C_{gs} + C_{eq} = 20 + 105 = 125\ \text{fF}$$

으로 얻어질 수 있다. 높은 3 dB 주파수 f_H는

$$f_H = \frac{1}{2\pi C_{\text{in}} R_{\text{sig}}}$$
$$= \frac{1}{2\pi \times 125 \times 10^{-15} \times 20 \times 10^3}$$
$$= 63.7\ \text{MHz}$$

로 구해진다. 끝으로 전송 영점은 주파수

$$f_Z = \frac{g_m}{2\pi C_{gd}} = \frac{2 \times 10^{-3}}{2\pi \times 5 \times 10^{-15}} = 63.7\ \text{GHz}$$

를 갖는다. 이는 f_H보다 1000배 더 높다.

연습문제

9.6 예제 9.1에 명기된 CS 증폭기에 대해 부하 저항이 10 kΩ으로 감소될 때 얻어지는 A_M과 f_H의 값들을 구하라.

[답] −13.3 V/V; 86.9 MHz

9.7 예제 9.1의 증폭기에 사용된 MOSFET을 C_{gs}는 같지만 C_{gd}는 작은 다른 소자로 대체할 수 있다면, 적어도 100 MHz의 f_H를 얻기 위해 C_{gd}가 취할 수 있는 최댓값은 얼마인가?

[답] 2.8 fF

9.2.3 작은 R_{sig}를 갖는 CS 증폭기의 주파수 응답

CS 증폭기가 작은 저항을 갖는 신호원으로 구동되는 응용들이 있다. 그런 경우에 고주파 이득은 신호원 저항과 입력 커패시턴스의 상호 작용에 의해 더 이상 제한되지 않을 것이다. 이제 보게 되겠지만, 오히려 고주파 제한은 증폭기 출력에서 일어난다.

그림 9.12(a)는 R_{sig}가 0인 극단적인 경우에 공통 소스 증폭기의 고주파 등가 회로를 나타낸다. 부하 R_L의 양단에 커패시턴스 C_L을 포함하였다. 우리는 출력 마디의 커패시턴스가 비록 매우 작지만, 이 경우에 중요한 역할을 할 것으로 기대하면서 이렇게 하였다. 또한 출력 마디와 접지 사이에 항상 약간의 커패시턴스가 있다. 이것은 MOSFET의 C_{db}, 우리의 증폭기가 구동하는 또 다른 증폭기 단의 입력 커패시턴스, 다른 표유 커패시턴스(stray capacitance) 등을 포함할 수 있다. 끝으로 이전의 해석에서 C_L을 포함하지 않았다는 것을 유의하라. 이는 R_{sig}가 큰 경우에는 그 역할이 중요하지 않기 때문이다.

그림 9.12(a)의 회로로 되돌아가서, 우리는 이제 전달 함수 V_o/V_{sig}를 유도할 수 있다. 먼저,

$$V_{gs} = V_{\text{sig}} \tag{9.40}$$

인 것을 주목하라. 두 번째로, C_{gd}를 통해 흐르는 전류 I_{gd}는

$$I_{gd} = sC_{gd}(V_{gs} - V_o) \tag{9.41}$$

로 표현될 수 있다. 다음은, 출력 마디에 마디 방정식을

$$I_{gd} = g_m V_{gs} + \frac{V_o}{R_L'} + sC_L V_o \tag{9.42}$$

로 쓸 수 있다. 여기서

$$R_L' = R_L \| r_o$$

I_{gd}를 제거하기 위해 식 (9.41)과 (9.42)를 결합하고, 식 (9.40)으로 $V_{gs} = V_{\text{sig}}$를 대체하여, 결과적인 방정식을 정리하면, 전달 함수 V_o/V_{sig}는 다음과 같이 표현된다.

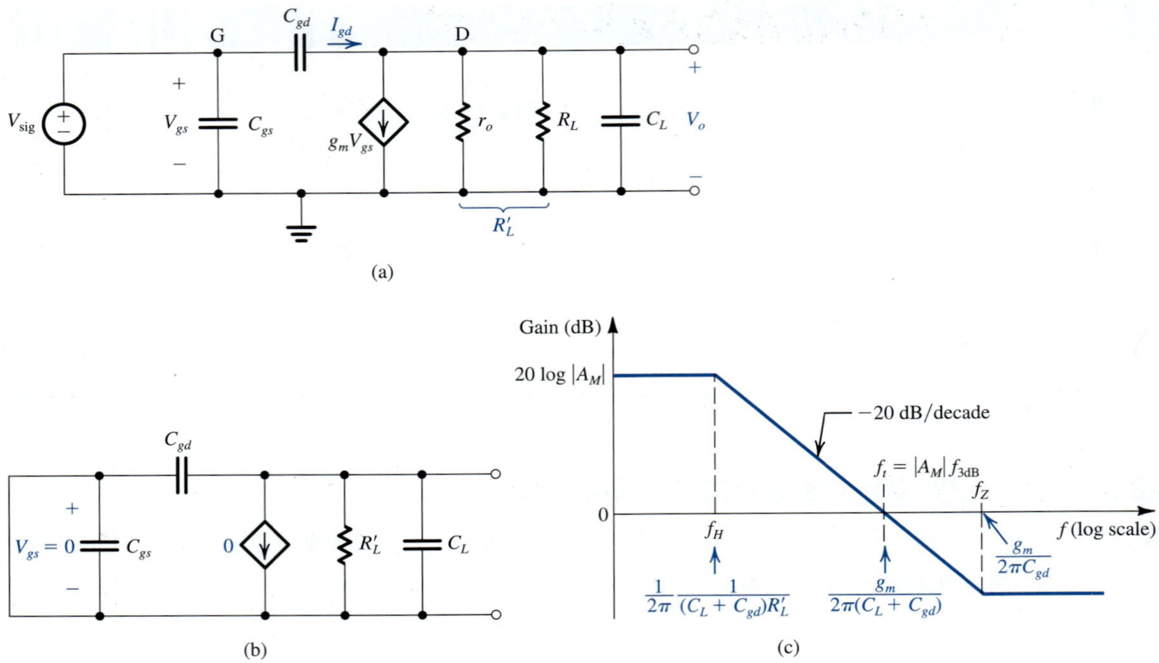

그림 9.12 (a) 매우 작은(실질적으로 0인) 저항을 갖는 신호원으로 구동되는 CS 증폭기의 고주파 등가 회로. (b) 극점을 결정하기 위해 V_{sig}가 0으로 감소된 회로. (c) (a) 회로의 이득에 대한 보데 선도.

$$\frac{V_o}{V_{\text{sig}}} = -g_m R_L' \frac{1 - s(C_{gd}/g_m)}{1 + s(C_L + C_{gd})R_L'} \tag{9.43}$$

따라서 직류 이득은 계속 $(-g_m R'_L)$과 같고, 전송 영점의 주파수도

$$f_Z = \frac{g_m}{2\pi\, C_{gd}} \tag{9.44}$$

로 변하지 않는 반면에, 고주파 응답은 R'_L과 더불어 $(C_L + C_{gd})$로 형성된 극점에 의하여 결정된다. 그래서 3 dB 주파수는 이제

$$f_H = \frac{1}{2\pi\,(C_L + C_{gd})R_L'} \tag{9.45}$$

로 주어진다. 이 극점이 어떻게 형성되는가를 알기 위해 그림 9.12(b)를 참조하라. 이 그림은 V_{sig}가 0으로 감소된 등가 회로를 나타낸다. 이 회로가 저항 R'_L과 병렬인 커패시턴스 $(C_L + C_{gd})$로 축약되는 것을 관찰하라.

식 (9.44)에 주어진 전송 영점 주파수가 f_H보다 훨씬 더 높다는 것을 주목하라. 즉,

$$\frac{f_Z}{f_H} = (g_m R_L')\left(1 + \frac{C_L}{C_{gd}}\right) \tag{9.46}$$

따라서 f_Z는 f_H의 근방에서 중요한 역할을 하지 않는다. 사실 이득 크기는 $(g_m R'_L)$의 저주파 값에서 −20 dB/decade의 일정한 비율로 떨어질 것이다. 결국 주파수 f_t에서 단위 이득(0 dB)에 도달한다. 이 주파수는 **이득 대역폭 곱**(GB)과 같다. 즉,

$$f_t = |A_M| f_H$$
$$= g_m R'_L \frac{1}{2\pi (C_L + C_{gd}) R'_L}$$

따라서

$$f_t = \frac{g_m}{2\pi\ (C_L + C_{gd})} \tag{9.47}$$

그림 9.12(c)는 CS 증폭기의 고주파 이득에 대한 개략도를 나타낸다.

예제 9.2

$R_{\text{sig}} = 0$을 가지는 신호원으로 구동되고 증폭기 트랜지스터의 r_o와 병렬로 전류원 부하의 같은 저항 r_o로 구성된 실효 부하 저항 R'_L을 가지는 IC CS 증폭기를 고려하라. 단, $g_m = 2$ mA/V, $r_o = 20$ kΩ, $C_{gs} = 20$ fF, $C_{gd} = 5$ fF, $C_L = 25$ fF이다. A_M, f_H, f_t, f_Z를 구하라. 만약 증폭하는 트랜지스터가 W와 L은 변하지 않고 과구동 전압이 원래 값의 두 배로 동작된다면, 바이어스 전류는 어떤 인수로 변해야 하는가? A_M, f_H, f_t, f_Z의 새로운 값들은 무엇인가?

풀이

저주파 이득 A_M은

$$A_M = -g_m R'_L = -g_m (r_o \| r_o)$$

로 주어진다. 따라서

$$A_M = -\frac{1}{2} g_m r_o = -\frac{1}{2} \times 2 \times 20$$
$$= -20 \text{ V/V}$$

3 dB 주파수 f_H는 식 (9.45)를 이용하여 구해질 수 있다.

$$f_H = \frac{1}{2\pi (C_L + C_{gd}) R'_L}$$
$$= \frac{1}{2\pi (25 + 5) \times 10^{-15} \times 10 \times 10^3}$$
$$= 530.5 \text{ MHz}$$

그리고 이 경우에 이득 대역폭 곱과 같은 단위 이득 주파수는

$$f_t = |A_M| f_H = 20 \times 530.5 = 10.6 \text{ GHz}$$

로 결정될 수 있다. 영점의 주파수는 식 (9.44)를 사용하여

$$f_Z = \frac{1}{2\pi}\frac{g_m}{C_{gd}}$$

$$= \frac{1}{2\pi}\frac{2 \times 10^{-3}}{5 \times 10^{-15}} \simeq 63.7 \text{ GHz}$$

로 얻어진다. 이제 V_{OV}를 두 배로 증가시키기 위해 I_D는 네 배가 되어야 한다. g_m과 R'_L의 새로운 값들은 다음과 같이 구해질 수 있다.

$$g_m = \frac{I_D}{V_{OV}/2} = 4 \text{ mA/V}$$

$$R'_L = \frac{1}{4} \times 10 = 2.5 \text{ k}\Omega$$

따라서 A_M의 새로운 값은

$$A_M = -g_m R'_L = -4 \times 2.5 = -10 \text{ V/V}$$

가 되고, f_H의 값은 다음과 같다.

$$f_H = \frac{1}{2\pi(C_L + C_{gd})R'_L}$$

$$= \frac{1}{2\pi(25+5) \times 10^{-15} \times 2.5 \times 10^3}$$

$$= 2.12 \text{ GHz}$$

그리고 단위 이득 주파수(즉, 이득 대역폭 곱)는

$$f_t = 10 \times 2.12 = 21.2 \text{ GHz}$$

가 된다. 두 배의 V_{OV}는 직류 이득을 두 배로 감소시키고 대역폭은 네 배로 증가시킨다. 따라서 이득 대역폭 곱은 두 배가 된다. 즉, 이것은 양호한 설계 절충이다!

끝으로 전송 영점의 주파수 f_Z는 127.4 GHz가 되면서 두 배가 될 것이다.

연습문제

9.8 예제 9.2에서 고려한 CS 증폭기가 V_{OV}와 I_D의 원래 값들에서 동작하고 있다. f_t를 3 GHz에 설정하기 위해 C_L이 증가되어야 하는 값을 구하라.

[답] 101 fF

R_{sig}가 0이 아니고 C_L도 존재하는 가장 일반적인 경우에 대해 9.3절에서 다루게 된다는 것을 언급하면서 이 절을 마친다.

9.2.4 공통 이미터 증폭기

그림 9.13(a)는 CE 증폭기를 나타내고, 그것의 고주파 등가 회로는 그림 9.13(b)에 주어진다. 이 등가 회로는 입력 측에 테브냉 정리를 활용하고 출력 측에 두 개의 병렬 저항을 결합함으로써 단순화될 수 있다. 그러면 우리는 그림 9.13(c)의 등가 회로를 얻는다. 이 회로에서 C_π와 C_μ를 0으로 설정하여 중간 대역 이득 A_M을 구할 수 있다. 그 결과

$$A_M = \frac{V_o}{V_{sig}} = -\left(\frac{r_\pi}{r_\pi + R_{sig}}\right)(g_m R'_L) \tag{9.48}$$

이 얻어지며, 여기서

$$R'_L = R_L \| r_o \tag{9.49}$$

이다. 다음은 그림 9.13(c)의 회로가 그림 9.11(c)의 CS 증폭기의 회로와 동일하다는 것을 관찰한다. 따라서 회로 해석은 CS 경우와 같은 과정을 따를 수 있다. 그 해석은 그림 9.13(c)와 (d)에 나타나 있다. 그 결과 높은 주파수에서 CE 증폭기 이득은 근사적으로

$$\frac{V_o}{V_{sig}} = \frac{A_M}{1 + \dfrac{s}{\omega_H}} \tag{9.50}$$

으로 주어진다. 여기서 A_M은 식 (9.48)로 주어지고 3 dB 주파수 f_H는

$$f_H = \frac{\omega_H}{2\pi} = \frac{1}{2\pi C_{in} R'_{sig}} \tag{9.51}$$

로 주어진다. 여기서

$$C_{in} = C_\pi + C_\mu\left(1 + g_m R'_L\right) \tag{9.52}$$

그리고

$$R'_{sig} = R_{sig} \| r_\pi \tag{9.53}$$

C_{in}은 단순히 C_π와 밀러 커패시턴스 $C_\mu(1 + g_m R'_L)$의 합이다. C_{in}에서 바라본 저항 R'_{sig}은 그림 9.13(b)의 회로에서 다음과 같이 쉽게 구해질 수 있다. 즉, V_{sig}를 0으로 설정하고 단자들 B와 E를 잡고 (왼쪽으로) 뒤돌아보라. 그러면 R_{sig}와 병렬로 r_π를 보게 될 것이다.

끝으로 CS 증폭기의 고주파 응답에 대해 언급했던 것들과 매우 유사한 지적 사항들이 여기에서도 언급될 수 있다.

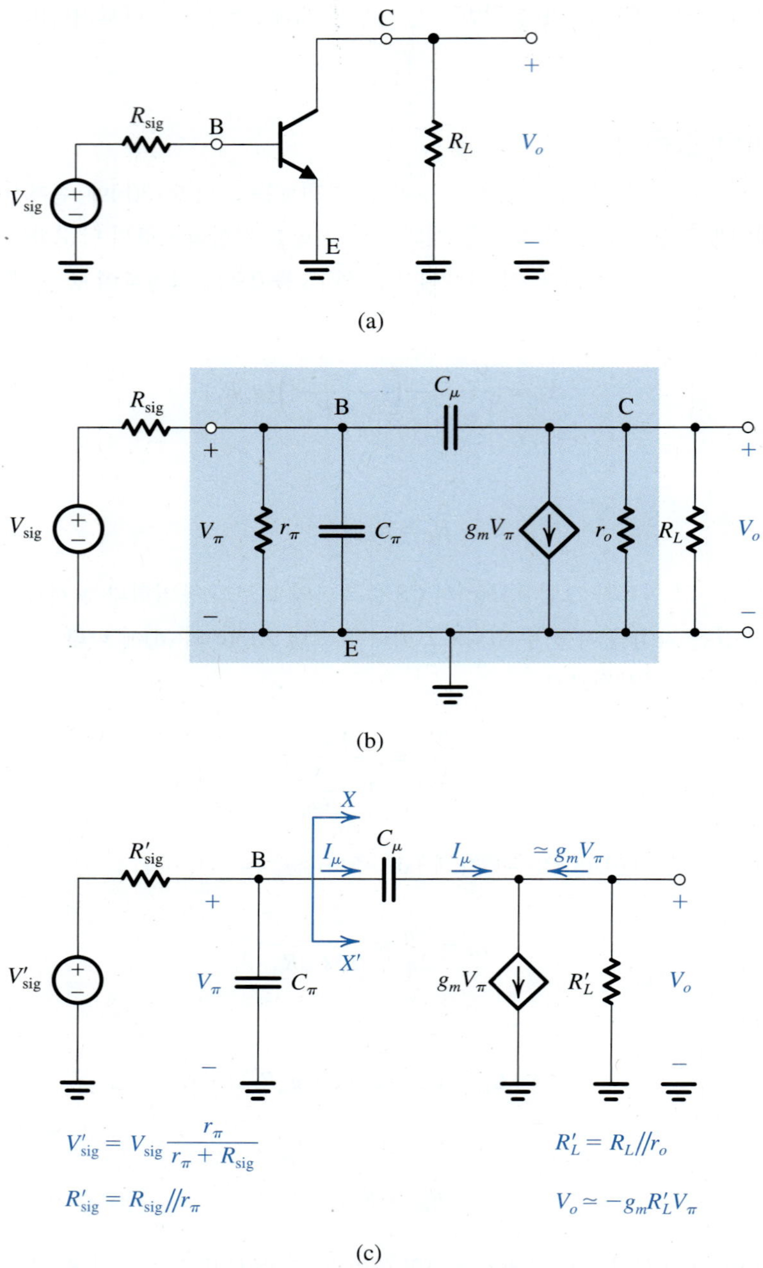

그림 9.13 CE 증폭기에 대한 고주파 응답의 결정: (a) 증폭기 회로, (b) 등가 회로, (c) 입력 측과 출력 측 둘 다에서 단순화된 (b)의 회로, (d) C_μ를 입력 측에서 등가 커패시턴스 C_{eq}로 대치한 등가 회로, (e) 저역 통과 STC 회로에서와 같은 주파수 응답 보데 선도의 개략도.

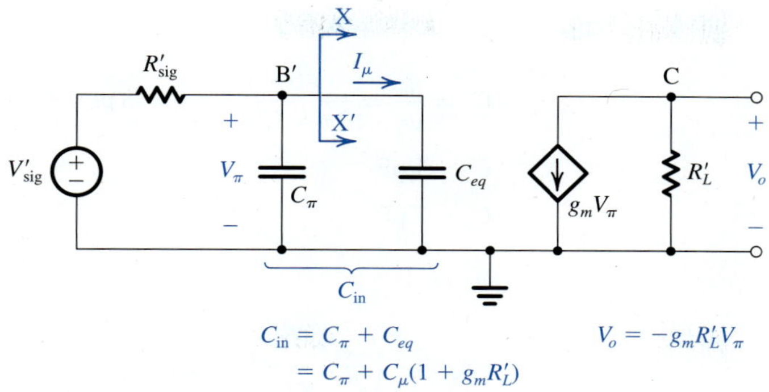

(d)

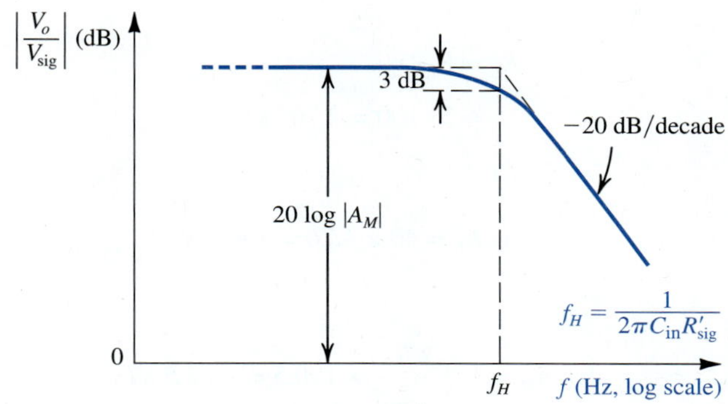

(e)

그림 9.13 (계속)

예제 9.3

다음 경우에 대해 그림 9.13(a)의 공통 이미터 증폭기의 중간 대역 이득과 높은 3 dB 주파수를 구하라: $I_E = 1$ mA, $R_{sig} = 5$ kΩ, $R_L = 5$ kΩ, $\beta_0 = 100$, $V_A = 100$ V, $C_\mu = 1$ pF, $f_T = 800$ MHz. 또한 전송 영점의 주파수를 결정하라.

풀이

트랜지스터는 $I_C \simeq 1$ mA에 바이어스되어 있다. 따라서 그것의 하이브리드 π 모델 파라미터 값들은 다음과 같다.

$$g_m = \frac{I_C}{V_T} = \frac{1\text{ mA}}{0.025\text{ V}} = 40\text{ mA/V}$$

$$r_\pi = \frac{\beta_0}{g_m} = \frac{100}{40\text{ mA/V}} = 2.5\text{ k}\Omega$$

$$r_o = \frac{V_A}{I_C} = \frac{100\text{ V}}{1\text{ mA}} = 100\text{ k}\Omega$$

$$C_\pi + C_\mu = \frac{g_m}{\omega_T} = \frac{40 \times 10^{-3}}{2\pi \times 800 \times 10^6} = 8\ \text{pF}$$
$$C_\mu = 1\ \text{pF}$$
$$C_\pi = 7\ \text{pF}$$

중간 대역 전압 이득은

$$A_M = -\left(\frac{r_\pi}{R_{\text{sig}} + r_\pi}\right)(g_m R_L')$$

이다. 여기서

$$R_L' = R_L \parallel r_o$$
$$= 5 \parallel 100 = 4.76\ \text{k}\Omega$$

따라서

$$g_m R_L' = 40 \times 4.76 = 190.5\ \text{V/V}$$

이고

$$A_M = -\frac{2.5}{5 + 2.5} \times 190.5 = -63.5\ \text{V/V}$$

이다. 또한

$$20\log|A_M| = 36\ \text{dB}$$

이다. f_H를 결정하기 위하여 먼저 C_{in}을 구하고

$$C_{\text{in}} = C_\pi + C_\mu(1 + g_m R_L')$$
$$= 7 + 1(1 + 190.5) = 198.5\ \text{pF}$$

실효 전원 저항 R_{sig}'를 구한다.

$$R_{\text{sig}}' = R_{\text{sig}} \parallel r_\pi$$
$$= 5 \parallel 2.5 = 1.67\ \text{k}\Omega$$

따라서

$$f_H = \frac{1}{2\pi C_{\text{in}} R_{\text{sig}}'} = \frac{1}{2\pi \times 198.5 \times 10^{-12} \times 1.67 \times 10^3} = 480\ \text{kHz}$$

끝으로 CS 증폭기의 경우에서와 같이 CE 증폭기는 주파수가

$$f_Z = \frac{g_m}{2\pi C_\mu} = \frac{40 \times 10^{-3}}{2\pi \times 1 \times 10^{-12}} = 6.37\ \text{GHz}$$

인 전송 영점을 갖는다는 것을 보일 수 있다. 이 영점 주파수는 f_H보다 훨씬 더 높다.

연습문제

9.9 예제 9.3의 증폭기에 대하여, 중간 대역 이득을 구해진 값의 절반으로 감소시키는 R_L의 값을 구하라. f_H는 어떤 값을 갖는가? 이득과 대역폭 사이의 절충을 주목하라.
[답] 2.44 kΩ; 923 MHz

9.2.5 밀러 정리

공통 소스와 공통 이미터 증폭기에 대한 고주파 응답의 해석에서 우리는 교락 커패시턴스(C_{gd} 또는 C_μ)를 등가 입력 커패시턴스로 대치하는 기법을 사용하였다. 매우 유용하고 효과적인 이 기법은 지금 살펴볼 **밀러 정리**(Miller theorem)로 알려진 일반적인 정리에 근거하고 있다.

그림 9.14(a)의 경우를 생각해 보자. 여기에 어떤 큰 회로의 일부분이지만 격리된 두 회로 마디 1과 2가 있고 그 사이에 임피던스 Z가 접속되어 있다. 또한 마디 1과 2가 회로의 다른 부분에도 접속되어 있다. 이는 두 마디에서 나가는 점선들로 표시된다. 게다가 마디 2의 전압은 마디 1의 전압과

$$V_2 = KV_1 \tag{9.54}$$

으로 관계되는 것을 가정한다. 일반적인 경우에, K는 음이나 양일 수 있고 보통 1보다 큰 크기를 갖는 이득 인수(gain factor)이다.

밀러 정리는 그림 9.14(b)에 나타낸 등가 회로를 얻기 위해, 임피던스 Z가 두 임피던스, 즉 마디 1과 접지 사이에 접속된 Z_1과 마디 2와 접지 사이에 접속된 Z_2로 대치될 수 있다는 것을 말한다. 여기서

$$Z_1 = Z/(1-K) \tag{9.55a}$$

그리고

$$Z_2 = Z\Big/\left(1-\frac{1}{K}\right) \tag{9.55b}$$

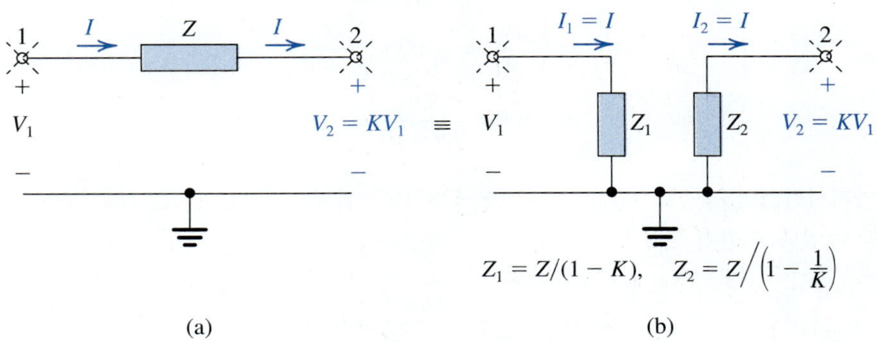

그림 9.14 밀러 등가 회로.

밀러 정리의 증명은 식 (9.55)를 다음과 같이 유도함으로써 이루어진다. 원래 회로인 그림 9.14(a)에서, 마디 1이 임피던스 Z의 '존재를 느끼는' 유일한 방법은 마디 1로부터 Z로 흐르는 전류 I를 통해서이다. 따라서 이 전류를 등가 회로에서 변하지 않게 하려면 Z_1에 동일한 전류가 흐르도록 그 값을 선정해야 한다. 즉,

$$I_1 = \frac{V_1}{Z_1} = I = \frac{V_1 - KV_1}{Z}$$

이것은 식 (9.55a)와 같은 Z_1의 값을 산출한다. 마찬가지로 마디 2로 들어가는 전류를 변하지 않도록 하려면 Z_2의 값은 다음과 같이 선정해야 한다.

$$I_2 = \frac{0 - V_2}{Z_2} = \frac{0 - KV_1}{Z_2} = I = \frac{V_1 - KV_1}{Z}$$

이것은 식 (9.55b)와 같은 Z_2의 표현식을 산출한다.

예제 9.4

그림 9.15(a)는 출력과 입력 단자들 사이에 임피던스 Z가 접속되어 있고, -100 V/V의 이득을 갖는 이상적인 전압 증폭기를 나타낸다. Z가 (a) 1 MΩ 저항 그리고 (b) 1 pF 커패시턴스일 때 밀러 등가 회로를 구하라. 각각의 경우에 등가 회로를 사용하여 V_o/V_{sig}를 결정하라.

풀이

(a) $Z = 1$ MΩ에 대해, 밀러 정리를 사용한 등가 회로는 그림 9.15(b)와 같다. 여기서

$$Z_1 = \frac{Z}{1-K} = \frac{1000\ \text{k}\Omega}{1+100} = 9.9\ \text{k}\Omega$$

$$Z_2 = \frac{Z}{1-\dfrac{1}{K}} = \frac{1\ \text{M}\Omega}{1+\dfrac{1}{100}} = 0.99\ \text{M}\Omega$$

전압 이득은 다음과 같이 구할 수 있다.

$$\frac{V_o}{V_{sig}} = \frac{V_o}{V_i}\frac{V_i}{V_{sig}} = -100 \times \frac{Z_1}{Z_1 + R_{sig}}$$
$$= -100 \times \frac{9.9}{9.9+10} = -49.7\ \text{V/V}$$

(b) 1 pF 커패시턴스인 Z, 즉 $Z = 1/sC = 1/s \times 1 \times 10^{-12}$에 대해 밀러 정리를 적용하면 Z를 Z_1과 Z_2로 대체할 수 있다. 여기서

$$Z_1 = \frac{Z}{1-K} = \frac{1/sC}{1+100} = 1/s(101C)$$

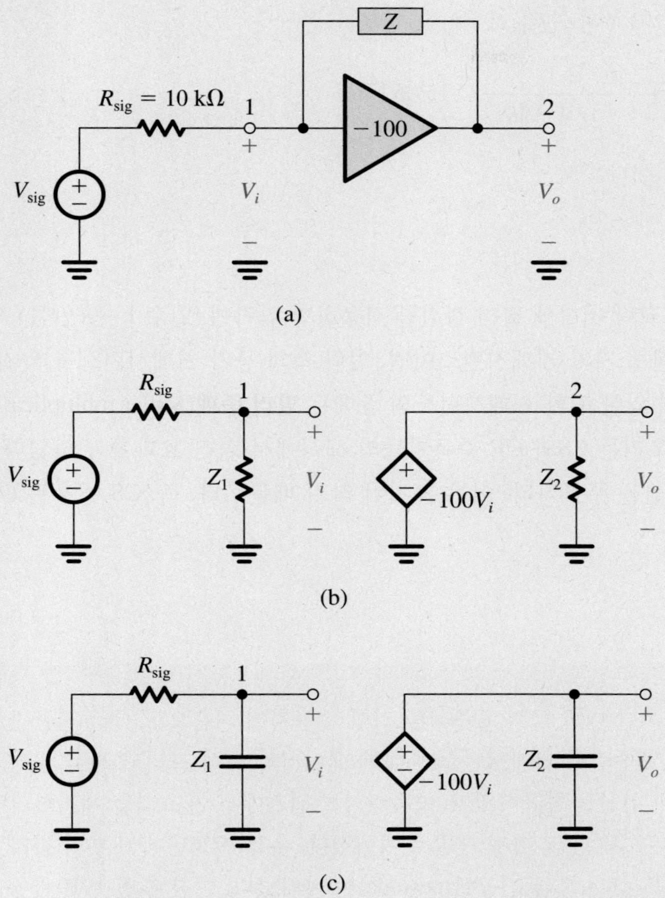

그림 9.15 예제 9.4에 대한 회로들.

$$Z_2 = \frac{Z}{1-\dfrac{1}{K}} = \frac{1}{1.01}\frac{1}{sC} = \frac{1}{s(1.01C)}$$

당연히 Z_1은 커패시턴스 $101C = 101$ pF이고, Z_2는 커패시턴스 $1.01C = 1.01$ pF이다. 결과적인 등가 회로는 그림 9.15(c)와 같으며, 이로부터 전압 이득은 다음과 같이 구해질 수 있다.

$$\begin{aligned}\frac{V_o}{V_{sig}} &= \frac{V_o}{V_i}\frac{V_i}{V_{sig}} = -100\frac{1/sC_1}{1/(sC_1)+R_{sig}} \\ &= \frac{-100}{1+sC_1R_{sig}} \\ &= \frac{-100}{1+s\times 101\times 1\times 10^{-12}\times 10\times 10^3} \\ &= \frac{-100}{1+s\times 1.01\times 10^{-6}}\end{aligned}$$

이것은 직류 이득이 −100 V/V이고 3 dB 주파수 f_{3dB}가

$$f_{3dB} = \frac{1}{2\pi \times 1.01 \times 10^{-6}} = 157.6 \text{ kHz}$$

인 일차 저역 통과 회로망의 전달 함수이다.

예제 9.4로부터 음의 K에 대해 귀환이나 교락 저항에 밀러 정리를 적용하면 입력에 (인수 $1 - K$만큼) 작은 저항이 야기되는 것을 알 수 있다. 만일 귀환 소자가 커패시턴스이면, 입력 측의 등가 커패시턴스를 얻기 위해 그 값은 $(1 - K)$만큼 곱해진다. $(1 - K)$에 의한 귀환 커패시턴스의 증배는 **밀러 증배**(Miller multiplication) 또는 **밀러 효과**(Miller effect)라고 부른다. 우리는 CS와 CE 증폭기들의 해석에서 밀러 효과를 접하였다. 그러나 출력의 밀러 커패시턴스를 무시한 사실을 주목하라. 이는 그것이 작기 때문이다. 즉, CS 경우는 $C_2 = C_{gd}\left(1 + \frac{1}{g_m R_L'}\right) \simeq C_{gd}$이다.

존 밀턴 밀러: 커패시턴스 증배

존 밀러는 1920년 미국 국립 표준국의 과학 논문지에 처음으로 삼극 진공관(triode) 증폭기의 입력 커패시턴스에 대한 데이터와 해석 그리고 결국 밀러 효과로 알려진 현상을 발표하였다. 증폭기와 발진기에서 이 효과를 제거하거나 감소시키는 노력은 몇 가지 개발로 이어졌다. 우선 1926년에 내부의 접지된 차폐 전극을 갖는 오극 진공관(pentode)이 나타났다. 한참 후인 1939년에 캐스코드 구성(cascode configuration)이 소개되었다. 초기에는 삼극 진공관을 이 구성에 사용했지만 나중에는 BJT와 MOSFET을 사용하였다.

9.3 개방 회로 시정수 방법

CS와 CE 증폭기들의 고주파 응답을 해석하기 위해 9.2절에서 밀러 효과를 활용하는 근사적인 방법을 소개하였다. 이 방법은 f_H의 적절히 정확한 평가와 고주파 동작을 제한하는 메커니즘에 대한 상당한 통찰력을 제공한다. 그러나 불행히도 이 방법은 부하 커패시턴스 C_L이 존재하는 경우를 다룰 수 없다. 또한 이 방법은 더욱 복잡한 증폭기 회로들로 쉽게 확장될 수 없다. 이런 이유로 이 절에서는 f_H를 평가하기 위한 다른 방법을 제시한다. 이 방법은 일반적이고 사용하기도 쉽다. 그 전에 먼저 우리는 한 걸음 벗어나 증폭기 극점들과 영점들을 고려할 것이다.

9.3.1 고주파 이득 함수

트랜지스터의 내부 커패시턴스들을 고려하면, 증폭기 이득은 복소 주파수 변수 s의 일반적인 함수

$$A(s) = A_M F_H(s) \tag{9.56}$$

로 표현될 수 있다. 여기서 A_M은 IC 증폭기들에 대한 저주파 또는 직류 이득과 같은 중간 대역 이득이다(그림 9.2 참조). A_M의 값은 트랜지스터의 내부 커패시턴스들의 효과를 무시하고, 즉 이들이 완전한 개방 회로들로 동작한다고 가정하고 증폭기의 등가 회로를 해석함으로써 결정될 수 있다. 이 커패시턴스들을 고려함으로써, 이득은 보통 실수인 극점들과 영점들에 의해 표현될 수 있는 고주파 이득 함수 $F_H(s)$를 갖는다. 즉,

$$F_H(s) = \frac{(1 + s/\omega_{Z1})(1 + s/\omega_{Z2}) \cdots (1 + s/\omega_{Zn})}{(1 + s/\omega_{P1})(1 + s/\omega_{P2}) \cdots (1 + s/\omega_{Pn})} \tag{9.57}$$

여기서 $\omega_{P1}, \omega_{P2}, \cdots, \omega_{Pn}$은 n개의 실수 극점들의 주파수를 나타내는 양수들이고[2] $\omega_{Z1}, \omega_{Z2}, \cdots, \omega_{Zn}$은 n개의 실수 전송 영점들의 주파수를 나타내는 양수, 음수, 혹은 무한대의 수들이다. 영점들과 극점들의 주파수가 정의에 의해 중간 대역 주파수들보다 더 높기 때문에, s가 중간 대역 주파수들로 접근하면 $F_H(s)$는 1로 접근하고 이득은 A_M에 접근한다는 것을 식 (9.57)로부터 알 수 있다.

9.3.2 3 dB 주파수 f_H의 결정

보통 증폭기 설계자는 중간 대역에 가까운 고주파 대역 부분에 특별히 관심을 갖는다. 이것은 설계자가 높은 3 dB 주파수 f_H(또는 ω_H; $f_H = \omega_H/2\pi$)의 값을 평가하거나 필요하다면 변경할 수도 있기 때문이다. 많은 경우에 영점들은 무한대 또는 ω_H의 결정에 별로 중요하지 않은 높은 주파수에 존재한다. 게다가 만일 극점들 중 하나인 ω_{P1}이 다른 극점들보다 훨씬 낮은 주파수에 있다면 이 극점은 증폭기 ω_H의 값에 가장 큰 영향을 미칠 것이다. 다시 말해서 이 극점이 증폭기의 고주파 응답을 좌우할 것이고, 증폭기가 **우성 극점 응답**(dominant-pole response)을 갖는다고 말한다. 이런 경우에 함수 $F_H(s)$는

$$F_H(s) \simeq \frac{1}{1 + s/\omega_{P1}} \tag{9.58}$$

로 근사될 수 있다. 이는 1차(또는 STC) 저역 통과 회로망의 전달 함수이다. 만일 우성 극점이 존재한다면, 당연히 ω_H의 결정은 크게 단순화된다. 즉,

$$\omega_H \simeq \omega_{P1} \tag{9.59}$$

이것은 9.2절에서 해석한 공통 소스와 공통 이미터 증폭기들의 경우에 접했던 바로 그 상황이다. 일반적으로, 가장 낮은 주파수의 극점이 가장 가까운 극점이나 영점에서 적어도 2 옥타브(4배) 떨어져 있다면 우성 극점은 존재한다.

---

2) 어떤 경우에는 몇 개의 극점들이 복소수일 수 있다. 주목할 만한 그런 경우는 한 쌍의 공액 복소수 극점들을 갖는 소스나 이미터 폴로어들이다(9.5절).

연습문제

9.10 직결 증폭기는 1000 V/V의 직류 이득과 100 kHz의 높은 3 dB 주파수를 갖는다. 전달 함수를 구하고 이득 대역폭 곱을 Hz로 표현하라.

[답] $\dfrac{1000}{1+\dfrac{s}{2\pi\times 10^5}}$; 10^8 Hz

증폭기 전달 함수의 극점들과 영점들이 정해진다면, 정의를 사용하여 ω_H를 결정할 수 있다. 그러나 대부분의 실제적인 경우에, 극점들과 영점들을 결정하는 것은 쉽지 않다. 그럼에도 불구하고 우리는 ω_H의 평가값은 개방 회로 시정수 방법을 사용하여 다음과 같이 얻을 수 있다.

증폭기의 고주파 응답을 결정하는 함수 $F_H(s)$[식 (9.57)]를 고려하자. 분모와 분자의 인수들을 곱하면 $F_H(s)$는 다음 형태로 표현할 수 있다.

$$F_H(s)=\frac{1+a_1s+a_2s^2+\cdots+a_ns^n}{1+b_1s+b_2s^2+\cdots+b_ns^n} \tag{9.60}$$

여기서 계수 a와 b는 각각 영점들과 극점들의 주파수와 연관된다. 이제 우성 극점이 존재하면 $F_H(s)$는

$$F_H(s)\simeq\frac{1}{1+b_1s} \tag{9.61}$$

로 근사될 수 있다. 그러면 3 dB 주파수 ω_H는

$$\omega_H=\frac{1}{b_1}$$

로 주어진다. 이 b_1의 값은 다른 모든 커패시터를 0으로 (또는 등가적으로 개방 회로로 대체) 한 다음, 고주파 등가 회로에서 입력 신호를 0으로 설정하고 여러 가지 커패시턴스를 한 번에 하나씩 고려하여 구할 수 있다. 즉, 커패시턴스 C_i의 기여를 구하기 위해 다른 모든 커패시턴스와 입력 신호 전원을 0으로 설정하고, C_i에서 바라본 저항 R_i를 계산한다. 이것은 관찰에 의하거나 C_i를 전압 전원 V_x로 교체하고, V_x에서 나가는 전류 I_x를 구하여 $R_i\equiv V_x/I_x$를 계산함으로써 수행된다. 그러면 C_i와 연관된 시정수 τ_i는 $\tau_i=C_iR_i$로 구해진다. 그다음에 회로의 다른 모든 커패시터에 대해서 이 과정을 반복한다. b_1의 값은 **개방 회로 시정수**(open-circuit time constant)라고 부르는 각 시정수들을 더함으로써 계산된다.

$$b_1=\sum_{i=1}^{n}C_iR_i \tag{9.62}$$

여기서 우리는 고주파 등가 회로에 n개의 커패시터들이 있다고 가정하였다.

이제부터 b_1을 **실효 고주파 시정수**(effective high-frequency time constant)로 지칭하고 τ_H로 나타낼 것이다. 따라서 ω_H는

$$\omega_H = \frac{1}{b_1} = \frac{1}{\tau_H} = \frac{1}{\sum_i C_i R_i} \tag{9.63}$$

로 구해진다. 복잡한 회로들에서는 보통 우성 극점이 존재하는지 알 수 없다. 그럼에도 불구하고, 우성 극점이 존재하지 않을 때조차 식 (9.63)을 사용하여 ω_H를 구하면 보통 상당히 좋은 결과[3]를 얻을 수 있다.

9.3.3 CS 증폭기에 개방 회로 시정수 방법의 적용

그림 9.16은 공통 소스 증폭기에 대한 고주파 등가 회로를 나타낸다. 여기서 저항 R'_L은 출력(드레인) 마디와 접지 사이의 총 저항을 나타내고, r_o와 (존재한다면) R_L을 포함한다. 유사하게, C_L은 드레인 마디와 접지 사이의 총 커패시턴스를 나타내고 MOSFET의 드레인-몸체 커패시턴스(C_{db}), 전류원 부하에 의해 도입된 커패시턴스, (존재한다면) 다음 증폭단의 입력 커패시턴스, 그리고 나중의 장들에서 보겠지만 어떤 경우에 고의로 도입된 커패시턴스를 포함한다. IC MOS 증폭기들에서는 C_L이 상당히 클 수 있다.

우리는 개방 회로 시정수 방법을 사용해서 그림 9.16에 주어진 CS 증폭기의 3 dB 주파수 f_H를 결정하고자 한다. 이를 위해 $V_{sig} = 0$으로 설정하고 세 커패시턴스 중 한 번에 하나씩 고려하자. 이때 다른 두 커패시턴스는 0으로 설정한다. 그림 9.17(a)는 C_{gs}에서 바라본 저항 R_{gs}를 결정하기 위한 결과적인 회로를 나타낸다. 따라서

$$R_{gs} = R_{sig} \tag{9.64}$$

C_{gd}에 대해서는 그림 9.17(b)의 회로를 얻는다. 이 회로는 다소 복잡하고 관찰에 의해서 R_{gd}를 결정할 수 없다. 대신에 테스트 전류원 I_x를 인가하고 I_x 양단에 나타나는 전압 V_x를 구한다. 우리는

$$V_{gs} = -I_x R_{sig} \tag{9.65}$$

인 것을 알 수 있다. 이 회로의 루프 방정식은 다음과 같다.

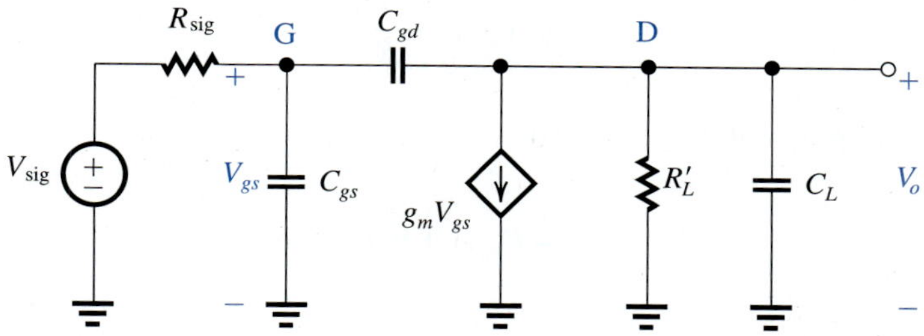

그림 9.16 CS 증폭기에 대한 고주파 등가 회로.

3) 개방 회로 시정수 방법은 이 장의 대부분의 경우처럼 모든 극점이 실수일 때만 좋은 결과를 가져온다.

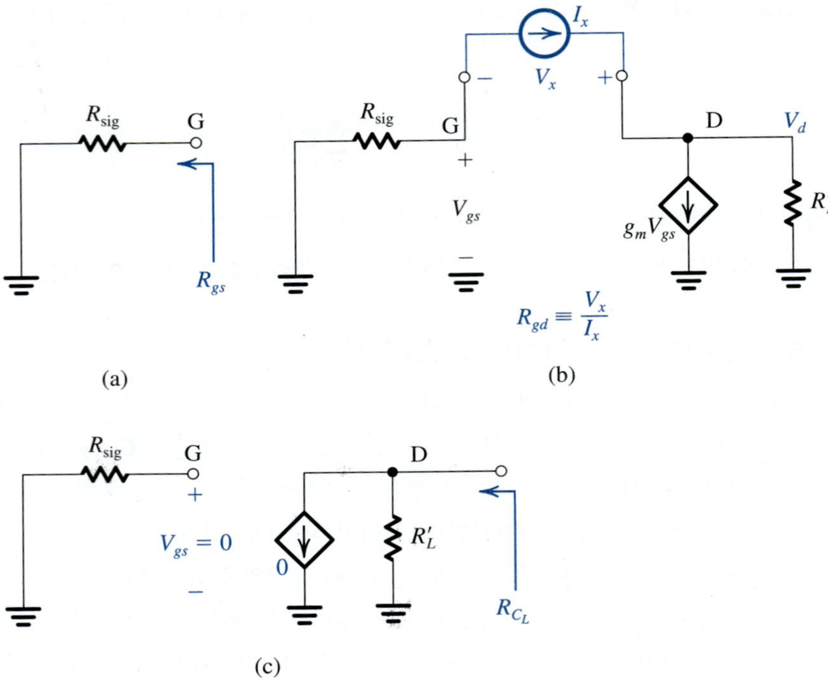

그림 9.17 그림 9.16의 CS 등가 회로에 개방 회로 시정수 방법의 적용.

$$V_d = V_x + V_{gs}$$

D의 마디 방정식은

$$I_x = g_m V_{gs} + \frac{V_d}{R'_L}$$

로 주어진다. 따라서

$$I_x = g_m V_{gs} + \frac{V_x + V_{gs}}{R'_L}$$

식 (9.65)의 V_{gs}를 대입하고 결과적인 식을 정리하면

$$R_{gd} \equiv \frac{V_x}{I_x} = R_{\text{sig}}(1 + g_m R'_L) + R'_L \tag{9.66}$$

이 얻어진다. 끝으로 C_L에 대해서는 그림 9.17(c)에 나타낸 회로를 얻는다. 이로부터

$$R_{C_L} = R'_L \tag{9.67}$$

이제 실효 고주파 시정수 τ_H를 얻기 위해 식 (9.64), (9.66), (9.67)의 저항 값들을 사용한다.

$$\tau_H = C_{gs}R_{gs} + C_{gd}R_{gd} + C_L R_{C_L}$$
$$= C_{gs}R_{\text{sig}} + C_{gd}[R_{\text{sig}}(1+g_m R_L') + R_L'] + C_L R_L' \tag{9.68}$$

그리고 3 dB 주파수 f_H는 다음과 같다.

$$f_H = \frac{1}{2\pi\,\tau_H}$$

중요한 관찰이 가능하도록 식 (9.68)은

$$\tau_H = [C_{gs} + C_{gd}(1+g_m R_L')]R_{\text{sig}} + (C_{gd}+C_L)R_L' \tag{9.69}$$

으로 다시 기술될 수 있다. 첫 번째 항은 단순히 $C_{\text{in}}R_{\text{sig}}$인 것을 주목하라. 여기서 C_{in}은 밀러 커패시턴스 $C_{gd}(1 + g_m R'_L)$에 의해 좌우된다. 또한 개방 회로 시정수 방법은 R'_L과 $(C_{gd} + C_L)$의 상호 작용으로 생성된 두 번째 항도 제공한다. 따라서 식 (9.69)의 첫 번째 항은 입력 마디에서 생긴 반면, 두 번째 항은 출력 마디에서 발생한다. 두 번째 항은 9.2.3절에서 보았던 것처럼 R_{sig}가 작은 경우에 우세할 수 있다.

개방 회로 시정수 방법이 회로 설계자에게 증폭기 대역폭 f_H의 결정에 대한 여러 가지 커패시턴스의 상대적인 기여를 알려 준다는 것을 강조하면서 이 절을 마치려고 한다. 예를 들면, 예제 9.5의 증폭기에 대해, 밀러 효과 때문에 C_{gd}가 대부분(2800 ps 중 2150 ps 또는 77%)을 기여하는 반면, C_{gs}(14%)와 C_L(9%)의 각 기여는 그리 크지 않다는 것을 알 수 있다. 이런 정보는 증폭기 설계 과정에서 유용할 수 있다.

예제 9.5

집적 회로 CS 증폭기는 $g_m = 2$ mA/V, $C_{gs} = 20$ fF, $C_{gd} = 5$ fF, $C_L = 25$ fF, $R_{\text{sig}} = 20$ kΩ, $R'_L = 10$ kΩ을 갖는다. f_H와 C_{gd}에 의해 야기되는 전송 영점의 주파수 f_Z를 결정하라. 이 증폭기는 C_L을 여기에 포함하는 것을 제외하면 예제 9.1에서 해석한 것과 같다.

풀이

f_H를 얻기 위해 먼저 세 커패시터 C_{gs}, C_{gd}, C_L에서 각각 바라본 저항을 결정하기 위한 식 (9.64), (9.66), (9.67)을 사용한다.

$$R_{gs} = R_{\text{sig}} = 20\,\text{k}\Omega$$
$$R_{gd} = R_{\text{sig}}(1+g_m R_L') + R_L'$$
$$= 20(1+2\times 10) + 10 = 430\,\text{k}\Omega$$
$$R_{C_L} = R_L' = 10\,\text{k}\Omega$$

다음은 세 개의 시정수를 결정한다.

$$\tau_{gs} = C_{gs}R_{gs} = 20\times 10^{-15}\times 20\times 10^3 = 400\,\text{ps}$$

$$\tau_{gd} = C_{gd}R_{gd} = 5 \times 10^{-15} \times 430 \times 10^3 = 2150\,\text{ps}$$
$$\tau_{C_L} = C_L R_{C_L} = 25 \times 10^{-15} \times 10 \times 10^3 = 250\,\text{ps}$$

이제 실효 고주파 시정수 τ_H는 세 개의 시정수를 더함으로써 얻어질 수 있다. 즉,

$$\begin{aligned}\tau_H &= \tau_{gs} + \tau_{gd} + \tau_{C_L} \\ &= 400 + 2150 + 250 = 2800\,\text{ps}\end{aligned}$$

이고 3 dB 주파수 f_H는 다음과 같다.

$$f_H = \frac{1}{2\pi\,\tau_H} = \frac{1}{2\pi \times 2800 \times 10^{-12}} = 56.8\,\text{MHz}$$

이는 밀러 효과를 사용하여 예제 9.1에서 얻어진 평가값(63.7 MHz)보다 더 작다. 이것은 밀러 효과를 사용한 방법은 C_L의 영향을 포함하지 않기 때문이다. 따라서 개방 회로 시정수 방법으로 얻어진 더 작은 평가값이 더욱 현실적이다.

전송 영점의 주파수는 그림 9.16의 회로를 참조하여 결정될 수도 있다. 영점 $s = s_Z$에서 V_o가 0이 되므로, 출력 마디의 마디 방정식은

$$s_Z C_{gd}(V_{gs} - 0) = g_m V_{gs}$$

가 된다. 따라서

$$s_Z = \frac{g_m}{C_{gd}}$$

이고

$$f_Z = \frac{g_m}{2\pi\,C_{gd}} = \frac{2 \times 10^{-3}}{2\pi \times 5 \times 10^{-15}} = 63.7\,\text{GHz}$$

이다. 이것은 f_H보다 훨씬 더 높다. 따라서 f_Z는 f_H를 평가하는 데 역할을 거의 하지 않는다.

연습문제

9.11 예제 9.5의 CS 증폭기에 대하여, 개방 회로 시정수 방법으로 결정된 f_H의 값을 이용하여 이득 대역폭 곱을 구하라. $g_m = 2$ mA/V 그리고 $R'_L = 10\,\text{k}\Omega$인 것을 상기하라.
[답] GB = 1.14 GHz

9.12 대역폭에 대한 이득을 절충하는 하나의 방법으로, 예제 9.5의 CS 증폭기 설계자는 R'_L의 값을 절반으로 낮추기 위한 부하 저항기를 출력에 연결한다. $|A_M|$, f_H, 그리고 이득 대역폭 곱의 새로운 값들을 구하라.

[답] 10 V/V; 96.5 MHz; 0.965 GHz

9.13 대역폭에 대한 직류 이득을 절충하는 또 다른 방법으로, 예제 9.5의 CS 증폭기의 설계자는 바이어스 전류를 네 배로 증가시킴으로써 두 배의 V_{OV} 값에서 증폭 트랜지스터를 동작시키기로 결정한다. g_m, R'_L, $|A_M|$, f_H, 그리고 이득 대역폭 곱의 새로운 값들을 구하라. R'_L은 증폭하는 트랜지스터와 전류원 부하의 r_o들의 병렬 등가 저항으로 가정하라.

[답] 4 mA/V; 2.5 kΩ; 10 V/V; 101 MHz; 1.01 GHz

9.3.4 CE 증폭기에 개방 회로 시정수 방법의 적용

개방 회로 시정수 방법은 앞에서 CS 증폭기의 경우에 사용했던 것과 유사한 방법으로 3 dB 주파수를 결정하기 위해 공통 이미터 증폭기에 적용될 수 있다. 구체적으로, 그림 9.13(b)에 나타낸 고주파 등가 회로를 갖는 CE 증폭기를 고려하자. 더욱 현실적인 증폭기를 표현하기 위해, 커패시턴스 C_L이 R_L 양단에 접속된다. 입력에 테브냉 정리를 사용하여 V_{sig}, R_{sig}, r_π를

$$V'_{\text{sig}} = V_{\text{sig}} \frac{r_\pi}{r_\pi + R_{\text{sig}}}$$

와

$$R'_{\text{sig}} = R_{\text{sig}} \| r_\pi \tag{9.70}$$

로 대체할 수 있다.

V_{sig}를 V'_{sig}으로, R_{sig}를 R'_{sig}으로, C_{gs}를 C_π로, 그리고 C_{gd}를 C_μ로 대체하면, 결과적인 회로의 구조는 그림 9.16의 CS 증폭기의 구조와 같을 것이다. 그렇다면 CS 경우에 대해 유도된 공식들은 CE 증폭기의 경우에 그대로 적용될 수 있다. 그 결과

$$R_\pi = R'_{\text{sig}} \tag{9.71}$$

$$R_\mu = R'_{\text{sig}}(1 + g_m R'_L) + R'_L \tag{9.72}$$

$$R_{C_L} = R'_L \tag{9.73}$$

따라서

$$\tau_H = C_\pi R'_{\text{sig}} + C_\mu [R'_{\text{sig}}(1 + g_m R'_L) + R'_L] + C_L R'_L \tag{9.74}$$

그리고

$$f_H = \frac{1}{2\pi \tau_H} \tag{9.75}$$

연습문제

9.14 *pnp* 트랜지스터로 구현된 부하 전류 전원을 갖는 바이폴라 능동 부하 CE 증폭기를 고려하라. 이 회로는 1 mA 바이어스 전류에서 동작한다고 하자. 트랜지스터들은 다음과 같이 명기된다: $\beta(npn) = 200$, $V_{An} = 130$ V, $|V_{Ap}| = 50$ V, $C_\pi = 16$ pF, $C_\mu = 0.3$ pF, $C_L = 5$ pF. 이 증폭기는 36 kΩ의 저항을 가진 신호원으로 구동된다. 다음을 구하라: (a) A_M; (b) 밀러 효과를 사용하여 C_{in}과 f_H; (c) 개방 회로 시정수들을 이용하여 f_H; (d) f_Z; (e) 이득 대역폭 곱.

[답] (a) −176 V/V; (b) 450 pF, 80.6 kHz; (c) 73.5 kHz; (d) 21.2 GHz; (e) 12.9 MHz

9.4 공통 게이트와 캐스코드 증폭기들의 고주파 응답

공통 소스와 공통 이미터 증폭기들이 중간 대역 주파수에서 상당한 이득을 제공하지만, 그들의 이득은 비교적 낮은 주파수의 고주파 대역에서 떨어진다. 이는 그 값이 밀러 성분에 의해 크게 증가되는 큰 입력 커패시턴스 C_{in}에 주로 기인한다. 교락 커패시턴스 C_{gd}(또는 C_μ)가 겪는 밀러 증배 효과로 인해 이 밀러 성분은 크다. 당연히 광대역 동작, 즉 높은 f_H를 얻기 위한 핵심은 밀러 효과를 겪지 않는 회로 구조를 사용하는 것이다. 그런 구조의 하나는 공통 게이트 회로이다.

9.4.1 CG 증폭기의 고주파 응답

그림 9.18(a)는 MOSFET 내부 커패시턴스 C_{gs}와 C_{gd}를 모델에서 빼내어 표시한 CG 증폭기를 나타낸다. 보편성을 위해, 전류 전원 부하의 출력 커패시턴스와 다음 증폭단의 입력 커패시턴스의 결합을 나타내는 커패시턴스 C_L이 출력 마디에 포함된다. 또한 커패시턴스 C_L은 MOSFET 커패시턴스 C_{db}를 포함한다. 사실상 C_L은 C_{gd}와 병렬로 나타남을 주목하자. 그래서 다음 해석 과정에서 우리는 두 커패시턴스들을 함께 묶을 것이다.

우선 그림 9.18(a) 회로에서 세 커패시턴스 각각의 한 단자가 접지 마디에 연결되어 있다는 것에 주목하자. 그러므로 커패시턴스들의 어느 것도 CS 단에서 관찰된 밀러 증배 효과를 겪지 않는다. 당연히 CG 회로는 특히 신호 발생기의 저항이 클 때 CS 회로보다 훨씬 더 넓은 대역폭을 갖도록 설계될 수 있다. 그림 9.18(a)에 주어진 CG 증폭기의 고주파 응답을 해석하기 위해 MOSFET을 그것의 T 모델로 대치한다. C_{gd}가 C_L과 묶어진 결과적인 회로가 그림 9.18(b)에 나타나 있다.

우리는 먼저 r_o가 무시될 수 있는 개별 회로 CG 증폭기의 경우를 고려할 것이다. 그림 9.18(c)는 r_o를 제거하고 정리한 회로이다. 우리는 곧바로 두 개의 극점이 있다는 것을 관찰한다. 즉, 하나는 주파수 f_{P1}

$$f_{P1} = \frac{1}{2\pi C_{gs}\left(R_{\text{sig}} \parallel \dfrac{1}{g_m}\right)} \tag{9.76}$$

을 가지고 입력 측에 있고, 다른 것은 주파수 f_{P2}

$$f_{P2} = \frac{1}{2\pi(C_{gd} + C_L)R_L} \tag{9.77}$$

을 가지고 출력 측에 있다. 두 극점의 상대적인 위치는 구체적인 상황에 의존할 것이다. 하지만 f_{P2}는 보통 f_{P1}보다 낮다. 그러므로 f_{P2}가 우성일 수 있다. 여기서 주목할 중요한 점은 f_{P1}과 f_{P2} 둘 다 CS 단에서 우성 입력 극점의 주파수보다 훨씬 더 높다는 것이다. f_H의 근사적인 값은 개방 회로 시정수 방법을 그림 9.18(c)의 회로에 적용함으로써 얻어질 수 있다. 결과적으로

$$\tau_{gs} = C_{gs}\left(R_{sig} \parallel \frac{1}{g_m}\right) = 1/2\pi f_{P1} \tag{9.78}$$

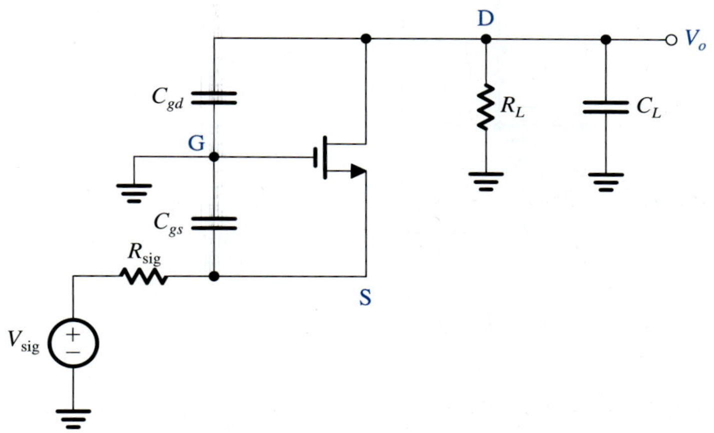

(a)

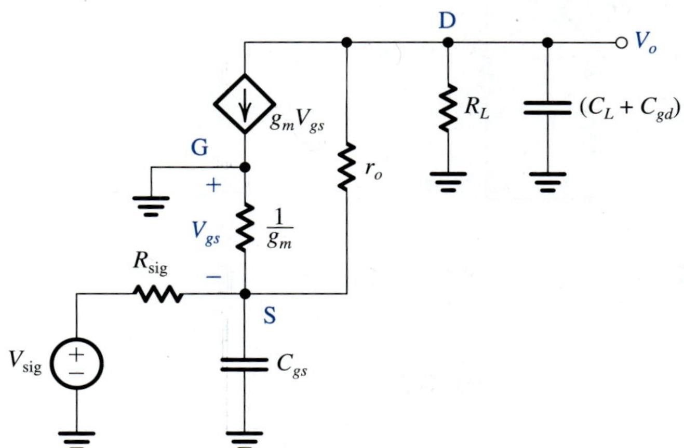

(b)

그림 9.18 (a) 트랜지스터 내부 커패시턴스들을 나타낸 공통 게이트 증폭기. 또한 부하 커패시턴스 C_L도 포함된다. (b) MOSFET이 T 모델로 대치된 CG 증폭기의 등가 회로. (c) r_o가 무시된 경우의 등가 회로. (d) C_{gs}에서 바라본 저항 R_{gs}를 결정하기 위한 회로. (e) $(C_L + C_{gd})$에서 바라본 저항 R_{gd}를 결정하기 위한 회로.

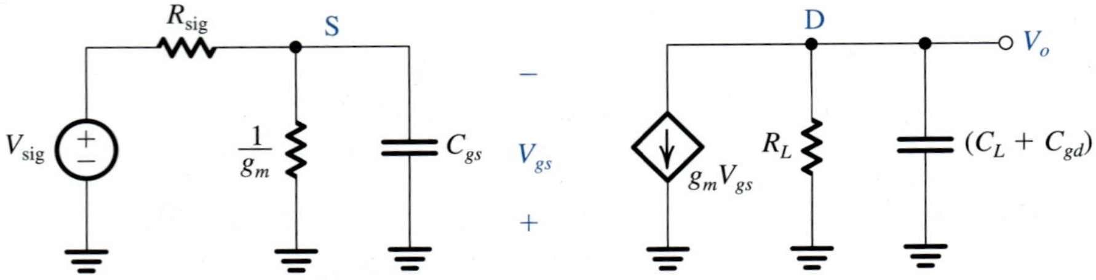
R_{sig}
S
D
V_o
V_{sig}
$\frac{1}{g_m}$
C_{gs}
V_{gs}
$g_m V_{gs}$
R_L
$(C_L + C_{gd})$

(c)

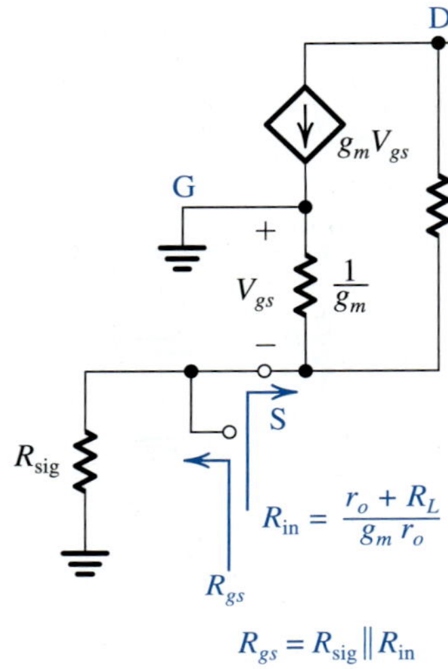
D
$g_m V_{gs}$
R_L
G
r_o
V_{gs}
$\frac{1}{g_m}$
S
R_{sig}
$R_{in} = \frac{r_o + R_L}{g_m r_o}$
R_{gs}
$R_{gs} = R_{sig} \| R_{in}$

(d)

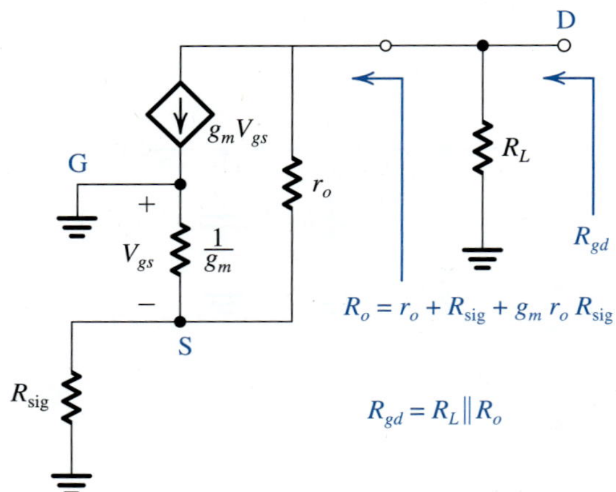
D
$g_m V_{gs}$
G
R_L
r_o
R_{gd}
V_{gs}
$\frac{1}{g_m}$
$R_o = r_o + R_{sig} + g_m r_o R_{sig}$
S
R_{sig}
$R_{gd} = R_L \| R_o$

(e)

그림 9.18 (계속)

그리고

$$\tau_{gd} = (C_L + C_{gd})R_L = 1/2\pi f_{P2} \tag{9.79}$$

따라서

$$\tau_H = C_{gs}\left(R_{\text{sig}} \parallel \frac{1}{g_m}\right) + (C_L + C_{gd})R_L \tag{9.80}$$

그리고

$$f_H = \frac{1}{2\pi\,\tau_H} = 1\bigg/\left(\frac{1}{f_{P1}} + \frac{1}{f_{P2}}\right) \tag{9.81}$$

IC 증폭기에서는 r_o가 고려되어야 한다. 개방 회로 시정수 방법을 그림 9.18(b)의 등가 회로에 적용하면 R_{gs}를 결정하기 위한 그림 9.18(d)의 회로를 얻는다. 이 회로에서

$$R_{gs} = R_{\text{sig}} \parallel R_{\text{in}} \tag{9.82}$$

을 구한다. 여기서 R_{in}은 부하 저항 R_L을 가진 CG 증폭기의 입력 저항이다. R_{in}에 대한 표현식은 7장에서 유도되었으며 식 (7.51)

$$R_{\text{in}} = \frac{r_o + R_L}{1 + g_m r_o} \simeq \frac{r_o + R_L}{g_m r_o} \tag{9.83}$$

로 주어졌다. $(C_L + C_{gd})$에서 바라본 저항 R_{gd}는 그림 9.18(e)의 회로에서

$$R_{gd} = R_L \parallel R_o \tag{9.84}$$

로 얻어질 수 있다. 여기서 R_o는 소스와 접지 사이에 접속된 저항 R_{sig}를 가진 CG 증폭기의 출력 저항이다. 우리는 7장의 식 (7.55)로부터

$$R_o = r_o + R_{\text{sig}} + g_m r_o R_{\text{sig}} \tag{9.85}$$

를 갖는다. 끝으로

$$\tau_H = \tau_{gs} + \tau_{gd} \tag{9.86}$$

그리고

$$f_H = \frac{1}{2\pi\,\tau_H} \tag{9.87}$$

예제 9.6

$g_m = 2$ mA/V, $r_o = 20$ kΩ, $C_{gs} = 20$ fF, $C_{gd} = 5$ fF, $C_L = 25$ fF, $R_{\text{sig}} = 20$ kΩ, $R_L = 20$ kΩ을 갖는 공통 게이트 증폭기를 고려하라. C_L은 C_{db}를 포함한다고 가정하라. 입력 저항, 중간 대역 이득, 높은 3 dB 주파수

f_H를 결정하라.

풀이

그림 9.19는 중간 대역 주파수에서의 CG 증폭기를 나타낸다. 여기서

$$v_o = iR_L$$
$$v_{sig} = i(R_{sig} + R_{in})$$

따라서 전체 전압 이득은

$$G_v = \frac{v_o}{v_{sig}} = \frac{R_L}{R_{sig} + R_{in}}$$

로 주어진다. R_{in}의 값은 식 (9.83)에서

$$R_{in} = \frac{r_o + R_L}{1 + g_m r_o}$$
$$= \frac{20 + 20}{1 + (2 \times 20)} = 0.98\ \text{k}\Omega$$

으로 구해진다. 따라서 G_v는 이제 다음과 같이 결정된다.

$$G_v = \frac{20}{20 + 0.98} = 0.95\ \text{V/V}$$

예상한 대로 G_v가 매우 작은 것을 관찰하라. 이것은 CG 증폭기가 실제로 부하 전류 i와 같은 큰 입력 전류를 가지는 사실에 기인한다.

3 dB 주파수 f_H의 평가값을 얻기 위해 먼저 식 (9.82)와 (9.84)를 사용하여 R_{gs}와 R_{gd}를

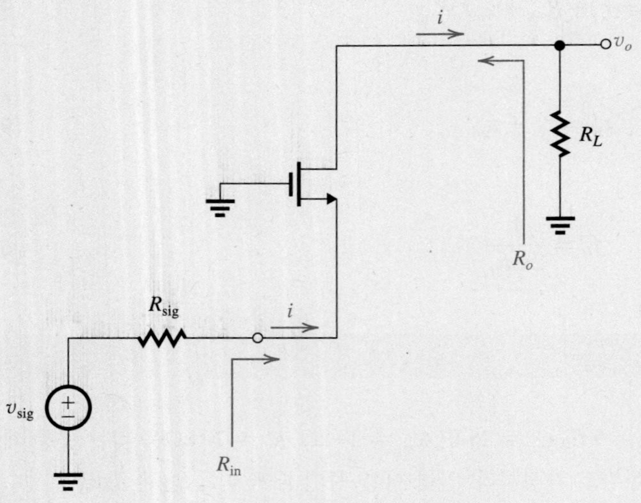

그림 9.19 중간 대역에서의 CG 증폭기 회로.

$$R_{gs} = R_{sig} \| R_{in} = 20 \| 0.98 = 0.93 \text{ k}\Omega$$

$$R_{gd} = R_L \| R_o$$

로 결정한다. 여기서 R_o는 식 (9.85)에 의해 주어진다. 즉,

$$R_o = r_o + R_{sig} + (g_m r_o) R_{sig}$$
$$= 20 + 20 + 40 \times 20 = 840 \text{ k}\Omega$$

따라서

$$R_{gd} = 20 \| 840 = 19.5 \text{ k}\Omega$$

이제 개방 회로 시정수들의 합 τ_H를 계산할 수 있다.

$$\tau_H = C_{gs} R_{gs} + (C_{gd} + C_L) R_{gd}$$
$$\tau_H = 20 \times 10^{-15} \times 0.93 \times 10^3 + (5 + 25) \times 10^{-15} \times 19.5 \times 10^3$$
$$= 18.6 \times 10^{-12} + 585 \times 10^{-12}$$
$$= 603.6 \text{ ps}$$

그리고 높은 3 dB 주파수 f_H는 다음과 같이 얻어질 수 있다.

$$f_H = \frac{1}{2\pi \tau_H} = \frac{1}{2\pi \times 603.6 \times 10^{-12}} = 263.7 \text{ MHz}$$

f_H가 예제 9.5에서 구해진 CS 증폭기의 대응하는 값보다 훨씬 더(약 다섯 배) 높은 것을 관찰하라. 또 다른 중요한 관찰은 τ_H의 두 성분을 검토함으로써 정리될 수 있다. 즉, 입력 회로의 기여는 18.6 ps인 반면에, 출력 회로의 기여는 585 ps이다. 그러므로 고주파 응답에 대한 제한은 출력 회로에 의해 부과된다.

연습문제

9.15 예제 9.6에 주어진 CG 증폭기의 중간 대역 이득을 올리기 위해 회로 설계자는 부하 소자에 대해 캐스코드 전류원을 사용하기로 결정한다. 그래서 R_L은 $g_m r_o = 40$배만큼 증가한다. 즉, R_L은 800 kΩ이 된다. R_{in}, 중간 대역 이득, 그리고 f_H를 구하라. 결과들에 대해 논평하라.

[답] 20 kΩ; 20 V/V; 12.7 MHz. 중간 대역 이득은 (21배로) 크게 증가되었지만, 대역폭 f_H는 (약 20.7배로) 크게 감소되었다. 따라서 CG 증폭기의 고주파에 대한 장점은 완전히 상실된다!

적절히 설계된 CG 회로가 넓은 대역폭을 가질 수 있다는 것을 언급하면서 이 절을 마치려고 한다. 하지만 입력 저항은 낮을 것이고 전체 중간 대역 이득도 매우 작을 수 있다. 당연히 CG 회로 단독으로는 의미가 없을 것이다! 그러나 이제 알게 되겠지만, CG를 CS 증폭기와 결합하여 캐스코드(cascode) 구성으로 만들면 CG 증폭기의 넓은 대역폭과 더불어 CS 증폭기의 높은 입력 저항과 큰 이득을 가지는 회로가 얻어진다.

9.4.2 MOS 캐스코드 증폭기의 고주파 응답

7.5절에서 우리는 캐스코드 증폭기를 공부하고 중간 대역 주파수에서 그 성능을 해석하였다. 거기서 CS와 CG 구성들을 결합함으로써 얻어진 캐스코드 증폭기가 매우 높은 입력 저항과 A_0^2만큼 높을 수 있는 전압 이득을 나타내는 것을 배웠다. 여기서 $A_0 = g_m r_o$는 MOSFET의 고유 이득이다. 캐스코드 회로의 다용성은 더 넓은 대역폭에 대한 대가로 높은 중간 대역 이득의 일부를 절충할 수 있는 사실에 기인한다는 것을 알게 될 것이다.

그림 9.20은 모든 트랜지스터 내부 커패시턴스가 표시된 캐스코드 증폭기를 나타낸다. 또한 C_{db2}, 전류 전원 부하의 출력 커패시턴스, 그리고 (있다면) 다음 증폭단의 입력 커패시턴스의 접속을 나타내는 커패시턴스 C_L이 출력 마디에 포함된다. C_{db1}과 C_{gs2}가 병렬로 나타남을 주목하자. 그래서 다음 해석에서는 그들을 함께 묶을 것이다. 마찬가지로, 병렬로 나타나는 C_L과 C_{gd2}도 결합될 것이다.

사실 3 dB 주파수 f_H를 결정하기 위한 가장 쉽고 통찰력 있는 접근은 개방 회로 시정수 방법을 사용하는 것이다.

1. 커패시턴스 C_{gs1}은 저항 R_{sig}를 바라본다.
2. 커패시턴스 C_{gd1}은 CS 증폭기 Q_1의 게이트-드레인 커패시턴스이다. 따라서 그것은 식 (9.66)의 공식을 적용함으로써 얻어질 수 있는 저항 R_{gd1}을 바라본다.

$$R_{gd1} = (1 + g_{m1}R_{d1})R_{\text{sig}} + R_{d1} \tag{9.88}$$

여기서 D_1에서의 총 저항 R_{d1}은 Q_1의 드레인 안으로 바라본 저항(r_{o1})과 Q_2의 소스 안으로 바라본 저항

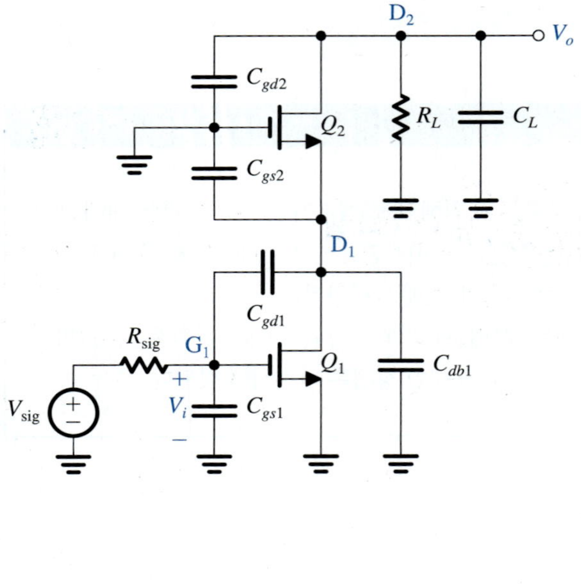

그림 9.20 다양한 트랜지스터 커패시턴스들이 표시된 캐스코드 회로.

(R_{in2})의 병렬 등가 저항으로 주어진다. 따라서

$$R_{d1} = r_{o1} \| R_{in2} = r_{o1} \| \frac{r_{o2} + R_L}{g_{m2} r_{o2}} \tag{9.89}$$

3. 커패시턴스 ($C_{db1} + C_{gs2}$)는 저항 R_{d1}을 바라본다.
4. 커패시턴스 ($C_L + C_{gd2}$)는 저항 ($R_L \| R_o$)를 바라본다. 여기서 R_o는 캐스코드 증폭기의 출력 저항으로 다음과 같이 주어진다.

$$R_o = r_{o2} + r_{o1} + (g_{m2} r_{o2}) r_{o1} \tag{9.90}$$

결정된 저항들을 가지고 실효 시정수 τ_H는

$$\begin{aligned}\tau_H = C_{gs1} R_{sig} + C_{gd1}\left[(1 + g_{m1} R_{d1}) R_{sig} + R_{d1}\right] \\ + \left(C_{db1} + C_{gs2}\right) R_{d1} + \left(C_L + C_{gd2}\right)(R_L \| R_o)\end{aligned} \tag{9.91}$$

로 계산될 수 있고 3 dB 주파수 f_H는 다음과 같이 구해진다.

$$f_H = \frac{1}{2\pi \tau_H}$$

설계 통찰력과 절충 MOS 캐스코드 증폭기의 고주파 이득을 제한하는 것을 더 잘 이해하기 위해 식 (9.91)을 다음 형태로 다시 표현한다.

$$\begin{aligned}\tau_H = R_{sig}\left[C_{gs1} + C_{gd1}(1 + g_{m1} R_{d1})\right] + R_{d1}\left(C_{gd1} + C_{db1} + C_{gs2}\right) \\ + (R_L \| R_o)\left(C_L + C_{gd2}\right)\end{aligned} \tag{9.92}$$

여기서 첫 번째 항은 입력 마디에서 생기고, 두 번째 항은 중간 마디 즉 (D_1, S_2)에서 생기며, 세 번째 항은 출력 마디에서 생긴다. 첫 번째 항은 단순히 신호원 저항 R_{sig}와 Q_1의 입력 커패시턴스의 상호 작용에 기인한 것이다. 이 커패시턴스는 예상한 대로 밀러 커패시턴스 $C_{gd1}(1 + g_{m1} R_{d1})$을 포함한다.

R_{sig}가 큰 경우에, 특히 밀러 배수 $(1 + g_{m1} R_{d1})$이 크다면 첫 번째 항이 우세할 수 있다. 이것은 부하 저항 R_L이 ($A_0 r_o$와 비슷한 크기로) 클 때 일어난다. 이로 인해 R_{in2} 따라서 R_{d1}은 커지고 첫 번째 단 Q_1이 전압 이득의 대부분을 제공하게 된다(7.5.2절 참조). R_{sig}가 클 때, 대역폭을 확장하기 위해 당연히 R_L을 r_o와 비슷한 크기로 낮추어야 한다. 이는 차례로 R_{in2}를 낮추고 따라서 R_{d1}도 낮춘다. 그래서 Q_1의 밀러 효과는 대수롭지 않게 된다. 그러나 캐스코드의 직류 이득은 이때 A_0 정도가 되는 것을 주목하라. 따라서 직류 이득은 CS 증폭기에서 얻는 것과 같아지는(또는 약간 높아지는) 반면, 대역폭은 더욱 넓어질 것이다.

R_{sig}가 작은 경우에 Q_1의 밀러 효과는 중요하지 않을 것이다. 그러면 R_L의 ($A_0 r_o$와 비슷한 크기로) 큰 값은 캐스코드 증폭기로 가급적 큰, 즉 A_0^2과 비슷한 크기의 직류 이득을 실현하기 위해 사용될 수 있다. 식 (9.92)는 이 경우에 보통 세 번째 항이 우세하게 된다는 것을 나타낸다. 이 점을 자세히 살펴보기 위해 $R_{sig} = 0$인 경우를 고려하면서 중간 항은 세 번째 항보다 훨씬 작다고 가정하자. 당연히

$$\tau_H \simeq \left(C_L + C_{gd2}\right)(R_L \| R_o) \tag{9.93}$$

이고 3 dB 주파수는 다음과 같이 표현된다.

$$f_H = \frac{1}{2\pi(C_L + C_{gd2})(R_L \| R_o)} \tag{9.94}$$

이것은 $R_{sig} = 0$인 CS 증폭기에 대한 공식과 같은 형태이다[식 (9.45)]. 그러나 여기서 $(R_L \| R_o)$는 R'_L보다 약 A_0배만큼 더 크다. 따라서 이 캐스코드의 f_H는 CS 증폭기의 그것보다 같은 인수 A_0배만큼 더 작을 것이다. 그림 9.21은 캐스코드와 대응하는 공통 소스 증폭기의 주파수 응답 개략도를 나타낸다. 이 경우에 캐스코딩은

	Common Source	Cascode
Circuit	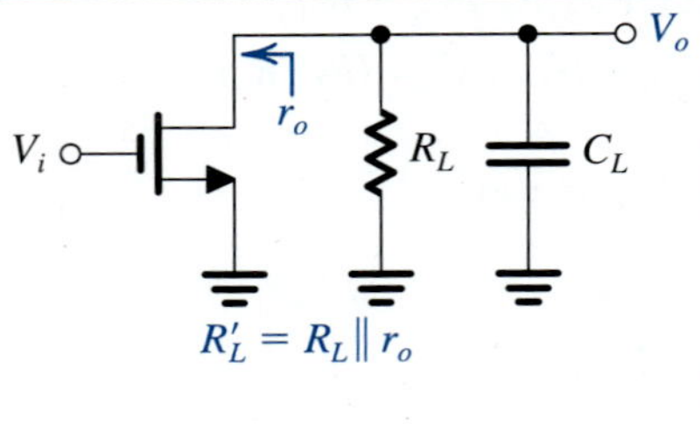	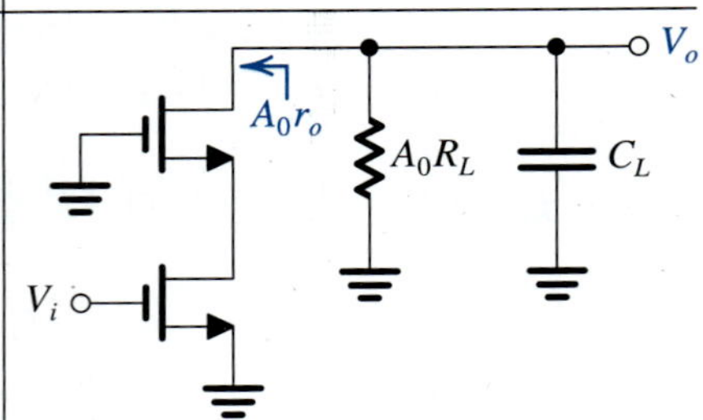
DC Gain	$-g_m R'_L$	$-A_0 g_m R'_L$
f_{3dB}	$\frac{1}{2\pi(C_L + C_{gd})R'_L}$	$\frac{1}{2\pi(C_L + C_{gd})A_0 R'_L}$
f_t	$\frac{g_m}{2\pi(C_L + C_{gd})}$	$\frac{g_m}{2\pi(C_L + C_{gd})}$

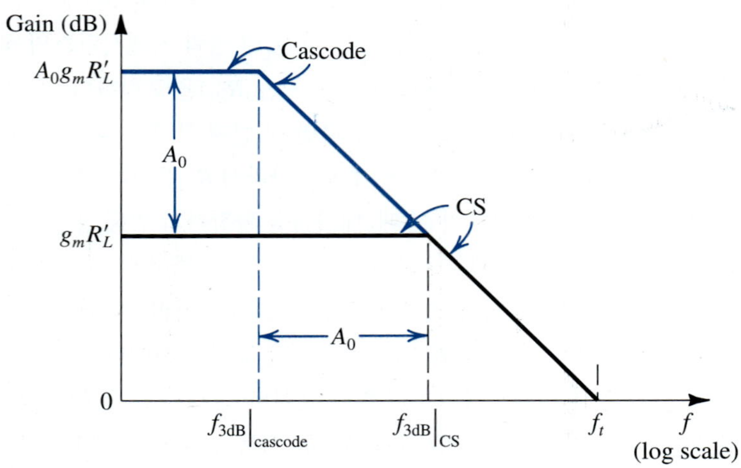

그림 9.21 $R_{sig} = 0$인 경우에 이득과 대역폭에 대한 캐스코딩(cascoding)의 효과. 캐스코딩은 단위 이득 주파수를 일정하게 유지시키는 반면에 직류 이득은 A_0배만큼 증가시킬 수 있다. 높은 이득을 얻기 위하여 부하 저항은 A_0배만큼 증가되어야 한다는 점을 주목하라.

단위 이득 주파수를

$$f_t \simeq \frac{1}{2\pi}\frac{g_m}{C_L + C_{gd2}} \tag{9.95}$$

으로 일정하게 유지시키는 반면, 직류 이득은 A_0배만큼 증가시킨다는 사실을 관찰하라.

예제 9.7

이 예제는 캐스코드 증폭기의 성능과 공통 소스 증폭기의 성능을 비교함으로써 다음 두 가지 경우에 대한 캐스코딩의 장점을 예시한다.

(a) 신호 전원의 저항이 상당히 크다. 즉, $R_{sig} = 20\ \text{k}\Omega$.
(b) R_{sig}는 무시할 정도로 작다.

모든 MOSFET은 $g_m = 2\ \text{mA/V}$, $r_o = 20\ \text{k}\Omega$, $C_{gs} = 20\ \text{fF}$, $C_{gd} = 5\ \text{fF}$, $C_{db} = 5\ \text{fF}$, 그리고 (C_{db}를 제외하고) $C_L = 20\ \text{fF}$을 갖는다고 가정하라. (a)의 경우 두 증폭기에 대해 $R_L = r_o = 20\ \text{k}\Omega$이다. (b)의 경우에는 공통 소스 증폭기에 대해 $R_L = r_o = 20\ \text{k}\Omega$이고 캐스코드 증폭기에 대해 $R_L = R_o$이다. 모든 경우에 대해 A_v, f_H, f_t를 결정하라.

풀이

(a) 공통 소스 증폭기에 대해서

$$A_0 = g_m r_o = 2 \times 20 = 40\ \text{V/V}$$
$$A_v = -g_m(R_L \| r_o) = -g_m(r_o \| r_o)$$
$$= -\frac{1}{2}A_0 = -20\ \text{V/V}$$

τ_H를 얻기 위해 식 (9.68)을 사용하며, 여기서는 C_L이 C_{db}를 포함하지 않는다는 것을 주목하라. 따라서

$$\tau_H = C_{gs}R_{sig} + C_{gd}\left[(1 + g_m R_L')R_{sig} + R_L'\right] + (C_L + C_{db})R_L'$$

여기서

$$R_L' = r_o \| R_L = r_o \| r_o = 10\ \text{k}\Omega$$
$$\tau_H = 20 \times 20 + 5[(1 + 20)20 + 10] + (20 + 5)10$$
$$= 400 + 2150 + 250 = 2800\ \text{ps}$$

따라서

$$f_H = \frac{1}{2\pi \times 2800 \times 10^{-12}} = 56.8\ \text{MHz}$$
$$f_t = |A_v| f_H = 20 \times 56.8 = 1.14\ \text{GHz}$$

캐스코드 증폭기에 대해서

$$R_o = 2r_o + (g_m r_o)r_o = (2\times 20) + (40\times 20) = 840\text{ k}\Omega$$

$$A_v = -g_m(R_o \| R_L)$$

$$= -2(840 \| 20) = -39\text{ V/V}$$

$$R_{\text{in}2} = \frac{r_o + R_L}{g_m r_o} = \frac{r_o + r_o}{g_m r_o} = \frac{2}{g_m} = \frac{2}{2} = 1.0\text{ k}\Omega$$

$$R_{d1} = r_o \| R_{\text{in}2} = 20 \| 1 = 0.95\text{ k}\Omega$$

식 (9.92)를 사용하여

$$\tau_H = R_{\text{sig}}\left[C_{gs1} + C_{gd1}(1 + g_{m1}R_{d1})\right] + R_{d1}(C_{gd1} + C_{db1} + C_{gs2}) + (R_L \| R_o)(C_L + C_{db2} + C_{gd2})$$

$$= 20[20 + 5(1 + 2\times 0.95)] + 0.95(5 + 5 + 20) + (20 \| 840)(20 + 5 + 5)$$

$$= 690 + 28.5 + 586$$

$$= 1305\text{ ps}$$

$$f_H = \frac{1}{2\pi \times 1305\times 10^{-12}} = 122\text{ MHz}$$

$$f_t = 39\times 122 = 4.76\text{ GHz}$$

따라서 캐스코딩은 직류 이득과 3 dB 주파수 둘 다를 증가시켰다. 그 결합된 효과는 4.2배의 f_t 증가이다.

(b) CS 증폭기에 대해

$$A_v = -20\text{ V/V}$$

$$\tau_H = (C_{gd} + C_L + C_{db})R'_L$$

$$= (5 + 20 + 5)10 = 300\text{ ps}$$

$$f_H = \frac{1}{2\pi \times 300\times 10^{-12}} = 530.5\text{ MHz}$$

$$f_t = 20\times 530.5 = 10.6\text{ GHz}$$

캐스코드 증폭기에 대해

$$R_L = R_o = 840\ \text{k}\Omega$$

$$A_v = -g_m(R_o \| R_L)$$

$$= -2(840 \| 840) = -840\ \text{V/V}$$

$$R_{\text{in2}} = \frac{r_o + R_L}{g_m r_o} = \frac{20 + 840}{2 \times 20} = 21.5\ \text{k}\Omega$$

$$R_{d1} = r_{o1} \| R_{\text{in2}} = 20 \| 21.5 = 10.4\ \text{k}\Omega$$

$$\tau_H = R_{d1}(C_{gd1} + C_{db1} + C_{gs2}) + (R_L \| R_o)(C_L + C_{gd2} + C_{db2})$$

$$= 10.4(5 + 5 + 20) + (840 \| 840)(20 + 5 + 5)$$

$$= 312 + 12{,}600 = 12{,}912\ \text{ps}$$

$$f_H = \frac{1}{2\pi \times 12{,}912 \times 10^{-12}} = 12.3\ \text{MHz}$$

$$f_t = 840 \times 12.3 = 10.33\ \text{GHz}$$

따라서 캐스코딩은 직류 이득을 20 V/V에서 840 V/V까지 42배 증가시켰다. 이 증가는 f_H가 근사적으로 같은 비율로 감소하는 대가로 얻어졌다. 그 결과 (이 경우에 이득 대역폭 곱과 같은) 단위 이득 주파수는 거의 일정하게 유지된다.

연습문제

9.16 이 연습문제에서 CS 증폭기와 캐스코드 증폭기의 이득과 대역폭을 대비하고자 한다. 둘 다 고주파 응답을 실질적으로 결정하는 큰 신호원 저항 R_{sig}로 구동된다고 가정하라. 따라서 R_{sig}를 포함하지 않는 τ_H의 성분들은 무시하라. 또한 모든 트랜지스터가 같은 조건으로 동작해서 대응하는 소신호 파라미터들은 같다고 가정하라. 그리고 두 증폭기는 같은 $R_L = r_o$와 $g_m r_o = 40$을 갖는다.

(a) CS 증폭기의 저주파 이득에 대한 캐스코드 증폭기의 저주파 이득의 비를 구하라.

(b) $C_{gd} = 0.25C_{gs}$인 경우에 대해서, CS 증폭기의 f_H에 대한 캐스코드의 f_H의 비를 구하라.

(c) (a)와 (b)의 결과를 사용하여 CS 증폭기의 f_t에 대한 캐스코드의 f_t의 비를 구하라.

[답] 2; 3.6; 7.2

끝맺는 말 MOS 캐스코드 증폭기는 당면한 응용에 따라 CS 증폭기보다 더 높은 직류 이득, 더 큰 대역폭, 또는 이 둘의 조합을 제공하도록 설계할 수 있는 다용도 회로이다.

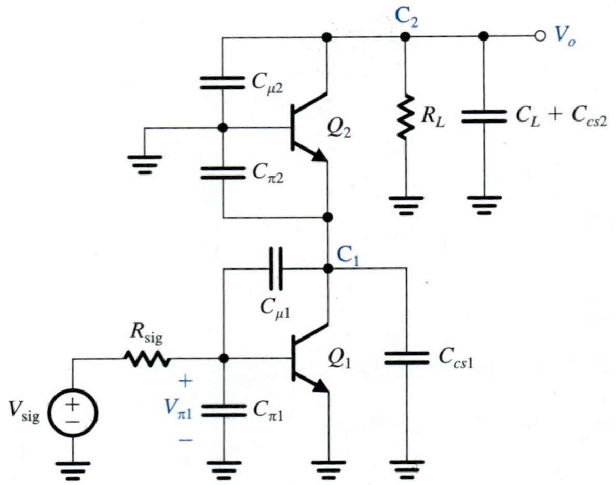

$$R'_{sig} = r_{\pi 1} \| R_{sig}$$
$$R_{\pi 1} = R'_{sig}$$
$$R_{c1} = r_{o1} \| r_{\pi 2} \| \frac{r_{o2} + R_L}{g_{m2} r_{o2}}$$
$$R_{\mu 1} = R'_{sig}(1 + g_{m1} R_{c1}) + R_{c1}$$
$$R_o \simeq \beta_2 r_{o2}$$
$$\tau_H = C_{\pi 1} R_{\pi 1} + C_{\mu 1} R_{\mu 1} + (C_{cs1} + C_{\pi 2}) R_{c1} + (C_L + C_{cs2} + C_{\mu 2})(R_L \| R_o)$$
$$f_H = \frac{1}{2\pi \tau_H}$$
$$A_M = -\frac{r_\pi}{r_\pi + R_{sig}} g_m(\beta r_o \| R_L)$$

그림 9.22 BJT 캐스코드 증폭기에 대한 주파수 응답의 결정. BJT 커패시턴스 C_π와 C_μ에 더하여 각 트랜지스터에 대한 컬렉터와 기판 사이의 커패시턴스 C_{cs}들도 포함된다.

9.4.3 바이폴라 캐스코드 증폭기의 고주파 응답

앞 절에서 공부한 해석 방법은 BJT 캐스코드 증폭기에 그대로 적용할 수 있다. 그림 9.22는 바이폴라 캐스코드 증폭기의 고주파 응답을 결정하기 위한 회로들과 공식들을 나타낸다. 이 공식 중 몇몇은 7.5.3절의 바이폴라 캐스코드에 대한 학습 내용에 의존한다는 것을 주목하라.

연습문제

9.17 이 연습문제의 목적은 연습문제 9.14에서 다룬 CE 증폭기의 성능에 대한 캐스코딩의 영향을 평가하는 것이다. 설계 사양은 다음과 같다: $I = 1$ mA, $\beta = 200$, $r_o = 130$ kΩ, $C_\pi = 16$ pF, $C_\mu = 0.3$ pF, $C_{cs1} = C_{cs2} = 0$, $C_L = 5$ pF, $R_{sig} = 36$ kΩ, $R_L = 50$ kΩ. $R_{in}, A_0, R_{o1}, R_{in2}, R_o, A_M, f_H$, 그리고 이득 대역폭 곱을 구하라. CE 증폭기에 대해서 연습문제 9.14에서 얻어진 대응하는 값들과 A_M, f_H, GB를 비교하라. $f_H = 1$ MHz를 갖기 위해 C_L은 어떤 값으로 감소되어야 하는가?

[답] 5 kΩ; 5200 V/V; 130 kΩ; 35 Ω; 26 MΩ; −244 V/V; 470 kHz; 114.7 MHz. $|A_M|$은 176 V/V에서 244 V/V까지 증가되었다; f_H는 73.5 kHz에서 470 kHz까지 증가되었다; GB는 12.9 MHz에서 114.7 MHz까지 증가되었다; C_L은 1.41 pF으로 감소되어야 한다.

9.5 소스와 이미터 폴로어들의 고주파 응답

이 절에서는 두 가지 중요한 회로 빌딩 블록, 즉 소스 폴로어와 이미터 폴로어의 고주파 응답을 공부한다. 둘 다 1보다 작지만 1에 가까운 중간 대역 전압 이득을 갖는다. 그들의 장점은 높은 입력 저항과 낮은 출력 저항에 있다. 그러므로 그들은 다단 증폭기(multistage amplifier)의 출력단과 전압 완충기(voltage buffer)에 응용된다. 알게 되겠지만, 이러한 전압 폴로어들은 또 다른 중요한 장점인 넓은 대역폭을 갖는다.

소스와 이미터 폴로어들의 고주파 응답을 해석하는 것은 다소 복잡하다. 이는 폴로어가 s 평면의 음의 실수축 위에 서로 가까이 있을 수 있는 두 개의 고주파 극점을 가지기 때문이다. 더구나 많은 경우에 극점들이 복소수가 될 수 있다. 그 결과, 개방 회로 시정수 방법은 특별한 상황을 제외하고 폴로어들의 f_H에 대한 양호한 평가값을 주지 않는다. 그러므로 우리의 방법은 주파수의 함수로 그 이득 V_o/V_{sig}를 결정하기 위해 폴로어 회로를 해석하는 것이다. 그다음에 f_H를 결정하기 위해 그 함수를 사용한다. 비록 이 해석이 다소 길어도 그 결과들은 쉽게 응용될 수 있다. 곧이어 소스 폴로어의 해석을 자세히 수행할 것이다. 그런 다음 이미터 폴로어에 대한 결과들이 그들의 유사성 때문에 증명 없이 주어질 것이다.

9.5.1 소스 폴로어 경우

그림 9.23(a)는 바이어스 배열이 없는 소스 폴로어를 나타낸다. 이 폴로어는 신호원 (V_{sig}, R_{sig})로 구동되고 저항 R_L과 범용성을 위해 커패시턴스 C_L로 구성된 부하를 갖는다. MOSFET을 하이브리드 π 등가 회로 모델로 대치한 결과로 그림 9.23(b)의 등가 회로가 얻어진다. 여기서 우리는 몸체 효과 전류원 $g_{mb}V_{bs}$를 포함시켰다. 이는 그것이 소스 폴로어 이득을 결정하는 데 중요한 역할을 하기 때문이다. 또한 그림 9.4(a)의 C_{sb}처럼 MOSFET의 소스와 접지 사이에 존재하는 어떤 커패시턴스들도 C_L과 묶어진 것을 가정하고 있다.

드레인 단자가 접지된 것을 주목하면, C_{gd}가 사실상 소스 폴로어의 입력 단자들 사이에 나타나는 것을 알 수 있다. 또한 r_o가 R_L과 병렬이므로 그것과 결합될 수 있다. 끝으로, 몸체 단자 B가 접지에 연결되기 때문에, 전압 V_{bs}가 제어된 전원 $g_{mb}V_{bs}$의 양단에 나타난다. 그러므로 우리는 이 제어된 전원을 저항 $1/g_{mb}$로 대치하기 위해 전원 흡수(source absorption) 정리(부록 D 참조)를 활용한다. 이 저항이 소스와 접지 사이에 나타나기 때문에, 그것은 R_L과 병렬이고 R_L과 결합될 수 있다.

앞의 관찰들을 활용하면, 그림 9.23(c)에 나타낸 단순화된 등가 회로를 얻는다. 여기서

$$R_L' = R_L \parallel r_o \parallel \frac{1}{g_{mb}} \tag{9.96}$$

전달 함수 $V_o(s)/V_{\text{sig}}(s)$ 구하기 전달 함수 $V_o(s)/V_{\text{sig}}(s)$를 결정하기 위해 그림 9.23(c)에 주어진 등가 회로의 해석을 다음과 같이 진행한다.

1. 입력에서 얻어진 루프 방정식은 다음과 같다.

$$V_{\text{sig}} = I_i R_{\text{sig}} + V_g$$

여기서 V_g는

$$V_g = V_{gs} + V_o$$

로 표현된다. 따라서

$$V_{\text{sig}} = I_i R_{\text{sig}} + V_{gs} + V_o \tag{9.97}$$

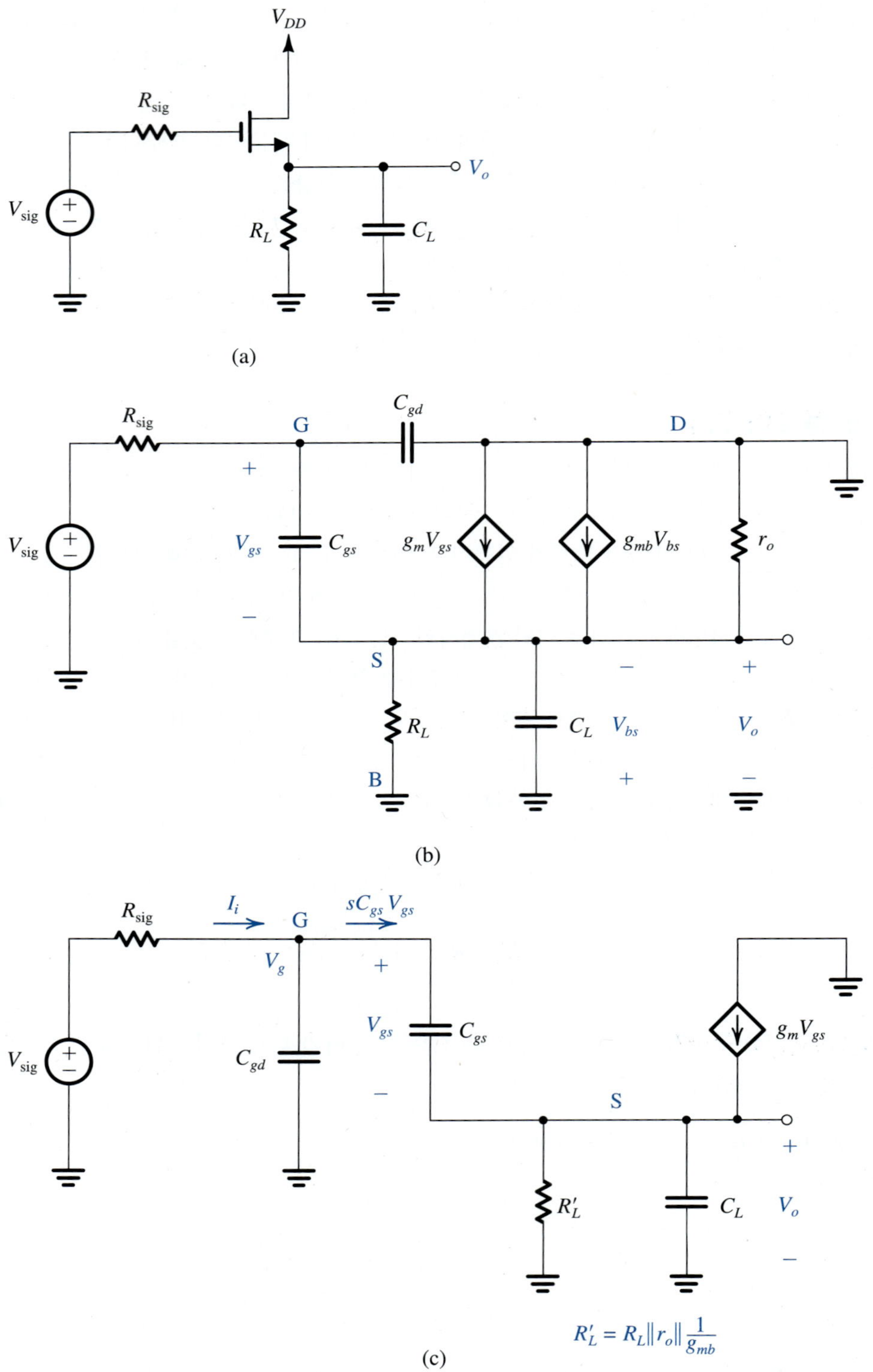

그림 9.23 (a) 바이어스 세부 사항이 없는 직결 소스 폴로어. (b) 소스 폴로어의 고주파 등가 회로. (c) 단순화된 등가 회로.

2. G에서 얻어진 마디 방정식은 다음과 같다.

$$\begin{aligned} I_i &= sC_{gd}V_g + sC_{gs}V_{gs} \\ &= sC_{gd}(V_{gs}+V_o) + sC_{gs}V_{gs} \end{aligned}$$

이것을 식 (9.97)에 대입하면 다음 방정식이 얻어진다.

$$V_{\text{sig}} = [1+s(C_{gs}+C_{gd})R_{\text{sig}}]V_{gs} + [1+sC_{gd}R_{\text{sig}}]V_o \tag{9.98}$$

3. S에서 얻어진 마디 방정식은 다음과 같다.

$$(g_m + sC_{gs})V_{gs} = \left(\frac{1}{R_L'} + sC_L\right)V_o$$

이것은 V_o에 의해 다음과 같이 V_{gs}를 표현하기 위해 사용될 수 있다.

$$V_{gs} = \frac{1}{g_m R_L'}\frac{1+sC_L R_L'}{1+s(C_{gs}/g_m)}V_o \tag{9.99}$$

V_{gs}의 이 표현식을 식 (9.98)에 대입하면 V_o와 V_{sig}만 포함하는 방정식을 얻는다. 이 식은 소스 폴로어의 전달 함수를 다음 형태로 얻기 위해 정리될 수 있다.

$$\frac{V_o}{V_{\text{sig}}}(s) = A_M \frac{1+\left(\dfrac{s}{\omega_Z}\right)}{1+b_1 s + b_2 s^2} \tag{9.100}$$

여기서

$$A_M = \frac{R_L'}{R_L' + \dfrac{1}{g_m}} = \frac{g_m R_L'}{g_m R_L' + 1} \tag{9.101}$$

$$\omega_Z = g_m / C_{gs} \tag{9.102}$$

$$b_1 = \left(C_{gd} + \frac{C_{gs}}{g_m R_L' + 1}\right)R_{\text{sig}} + \left(\frac{C_{gs}+C_L}{g_m R_L' + 1}\right)R_L' \tag{9.103}$$

$$b_2 = \frac{(C_{gs}+C_{gd})C_L + C_{gs}C_{gd}}{g_m R_L' + 1}R_{\text{sig}}R_L' \tag{9.104}$$

소스 폴로어 전달 함수의 해석 이제 우리는 높은 주파수에서 소스 폴로어의 이득을 기술하는 식 (9.100)의 전달 함수에 대한 몇 가지 관찰을 정리한다.

1. 그림 9.23(a)의 소스 폴로어는 직결되기 때문에 직류 이득은 A_M과 같다. 이것은 식 (9.100)과 다음과 같이 연관된다.

$$A_M = V_o/V_{\text{sig}}\,|_{s=0}$$

2. 비록 그림 9.23(c)의 등가 회로가 세 개의 커패시터를 갖고 있지만 전달 함수는 2차적이다. 이것은 세 개의 커패시터가 하나의 연속적인 루프를 형성하기 때문이다.

3. 두 개의 전송 영점은 식 (9.100)으로부터 $V_o/V_{sig}=0$인 s의 값들로 구해질 수 있다. 식 (9.100)에서 s가 무한대로 접근하면 V_o/V_{sig}는 0으로 접근하는 것을 알게 된다. 따라서 하나의 전송 영점이 $s=\infty$에 있다. 물리적으로 이 영점은 입력 단자들 사이에 나타난 C_{gd}의 결과이다. 이것은 무한 주파수에서 단락 회로가 되면서 $V_o=0$을 만든다. 식 (9.100)의 분자로부터 다른 전송 영점이 $s=-\omega_Z$에 있다는 것을 알 수 있다. 여기서 ω_Z는 식 (9.102)로 주어진다. ω_Z가 MOSFET의 단위 이득 주파수 ω_T[식 (9.9)]

$$\omega_T=\frac{g_m}{C_{gs}+C_{gd}} \tag{9.105}$$

보다 약간 더 높다는 것을 주목하라. 그러므로 유한 전송 영점이 너무 높은 주파수에 있기 때문에, 폴로어의 주파수 응답에 미치는 그 영향은 무시될 정도로 적다.

4. 소스 폴로어의 두 극점은 분모 다항식 $(1+b_1s+b_2s^2)$의 근들로 구해질 수 있다. 극점들이 실수이면 그들의 주파수, 이를 테면 ω_{P1}과 ω_{P2}는

$$1+b_1s+b_2s^2=\left(1+\frac{s}{\omega_{P1}}\right)\left(1+\frac{s}{\omega_{P2}}\right) \tag{9.106}$$

로부터 구해질 수 있다. 이제 $\omega_{P2}\gg\omega_{P1}$(적어도 네 배 더 크다)이면, 주파수가 ω_{P1}인 우성 극점이 존재하고 3 dB 주파수 f_H는

$$f_H\simeq f_{P1}\simeq\frac{1}{2\pi b_1} \tag{9.107}$$

로 주어진다. 여기서 b_1 역시 개방 회로 시정수 방법으로 평가된 실효 고주파 시정수 τ_H인 사실을 상기하라.[4)]

5. 극점들이 실수이지만 어느 것도 우성 극점이 아니면, 3 dB 주파수는 전달 함수로부터 $|V_o/V_{sig}|=A_M/\sqrt{2}$인 주파수로 해석적으로 결정될 수 있다. 하나의 근사적인 값은 다음 공식[5)]을 사용하여 구할 수 있다.

$$f_H\simeq 1\bigg/\sqrt{\frac{1}{f_{P1}^2}+\frac{1}{f_{P2}^2}-\frac{2}{f_Z^2}} \tag{9.108}$$

6. 극점들이 복소수이면, 그들은 주파수 ω_0와 Q 인수에 의해 잘 기술된다. 여기서

$$1+b_1s+b_2s^2=1+\frac{1}{Q}\frac{s}{\omega_0}+\frac{s^2}{\omega_0^2} \tag{9.109}$$

---

4) 그림 9.23(c)의 회로에서 세 개의 개방 회로 시정수 τ_{gd}, τ_{gs}, τ_{CL}을 구하고, 그들의 합 τ_H가 식 (9.103)의 b_1과 같음을 보일 것을 권장한다.

5) 이 공식의 유도는 간단하며 이 책의 이전 판들에서 찾을 수 있다.

그리고 복소 극점들에 대해 $Q > 0.5$이다. 그림 9.24(a)는 ω_0와 Q에 대한 기하학적인 해석을 제공한다. 그림 9.24(b)는 Q의 여러 가지 값에 대해 얻어진 몇 가지 가능한 응답을 나타낸다. 나타낸 대로, 소스 폴로어의 응답은 $Q \le 0.707$에 대해 뾰족한 형태(peaking)를 나타내지 않는다. $Q = 0.707$(위상 45°의 극점들)에 대응하는 경우에는 $f_{3dB} = f_0$인 **최대 평탄 응답**(maximally flat response)으로 알려진 응답이 야기된다. 소스 폴로어의 소자 값들에 의해 ω_0와 Q는 다음과 같이 표현된다.

$$\omega_0 = \frac{1}{\sqrt{b_2}} = \sqrt{\frac{g_m R_L' + 1}{R_{\text{sig}} R_L' [(C_{gs} + C_{gd})C_L + C_{gs}C_{gd}]}} \tag{9.110}$$

$$Q = \frac{\sqrt{b_2}}{b_1} = \frac{\sqrt{g_m R_L' + 1}\sqrt{[(C_{gs} + C_{gd})C_L + C_{gs}C_{gd}]R_{\text{sig}}R_L'}}{[C_{gs} + C_{gd}(g_m R_L' + 1)]R_{\text{sig}} + (C_{gs} + C_L)R_L'} \tag{9.111}$$

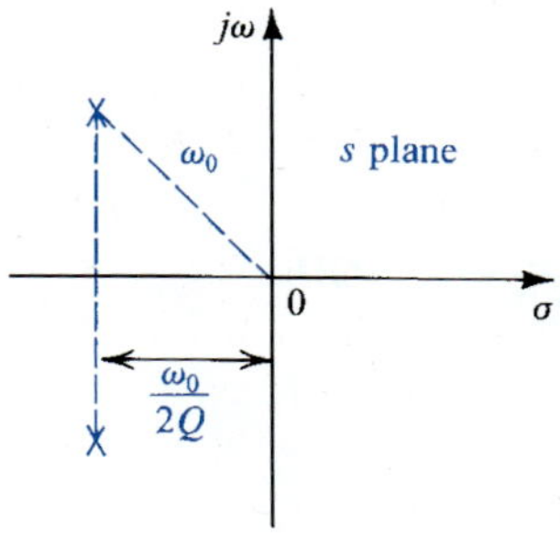

(a)

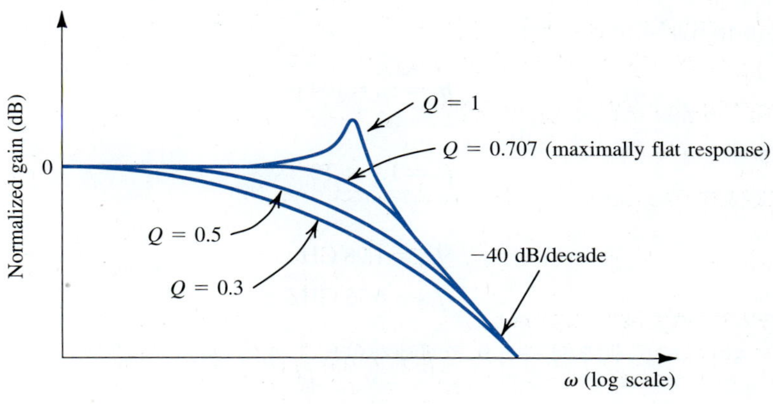

(b)

그림 9.24 (a) ω_0와 Q의 정의가 표시된 한 쌍의 공액 복소수 극점들. (b) 파라미터 Q의 다른 값들에 대한 소스 (또는 이미터) 폴로어의 크기 응답. 이 응답은 A_M에 대해 정규화되어 있다.

예제 9.8

$g_m = 2$ mA/V와 $r_o = 20$ kΩ으로 동작하는 소스 폴로어는 $R_{sig} = 10$ kΩ인 신호 전원으로 구동되고 부하 저항 $R_L = 20$ kΩ을 갖는다. MOSFET은 $C_{gs} = 20$ fF, $C_{gd} = 5$ fF, $g_{mb} = \chi g_m$을 갖는다. 여기서 $\chi = 0.2$이고 출력의 총 커패시턴스 $C_L = 15$ fF이다. $A_M, f_T, f_Z, Q, f_{P1}, f_{P2}, f_{3dB}$를 결정하라.

풀이

$$R'_L = R_L \| r_o \| \frac{1}{g_{mb}}$$
$$= 20 \| 20 \| \frac{1}{0.2 \times 2} = 20 \| 20 \| 2.5 = 2\,\text{k}\Omega$$
$$A_M = \frac{R'_L}{R'_L + \dfrac{1}{g_m}} = \frac{2}{2 + \dfrac{1}{2}} = 0.8 \text{ V/V}$$

$$f_T = \frac{g_m}{2\pi(C_{gs} + C_{gd})}$$
$$= \frac{2 \times 10^{-3}}{2\pi(20+5) \times 10^{-15}}$$
$$= 12.7 \text{ GHz}$$
$$f_Z = \frac{g_m}{2\pi C_{gs}} = \frac{2 \times 10^{-3}}{2\pi \times 20 \times 10^{-15}} = 15.9 \text{ GHz}$$

Q를 평가하기 위해, 주어진 소자 값들을 식 (9.111)에 대입한다. 즉,

$$Q = 0.42$$

따라서 극점들은 실수이다. 그들의 주파수들은 다항식 $(1 + b_1 s + b_2 s^2)$의 근들을 구함으로써 얻을 수 있다. 여기서 식 (9.103)과 (9.104)로부터

$$b_1 = \tau_H = 104 \text{ ps}$$

그리고

$$b_2 = 1.9 \times 10^{-21}$$

따라서

$$f_{P1} = 1.98 \text{ GHz}$$
$$f_{P2} = 6.73 \text{ GHz}$$

$f_{P2}/f_{P1} = 3.4 < 4$이기 때문에, 우성 극점은 존재하지 않는다. f_H의 근사적인 값은

$$f_H = 1 \Bigg/ \sqrt{\frac{1}{f_{P1}^2} + \frac{1}{f_{P2}^2} - \frac{2}{f_Z^2}} = 1.93 \text{ GHz}$$

로 구해진다. f_H의 정확한 값은 전달 함수로부터 1.86 GHz로 구해질 수 있다. 이것은 근사적인 값과 크게 다르지 않다.

연습문제

9.18 소스 폴로어에 대한 세 개의 저항 R_{gs}, R_{gd}, R_{C_L}에 대한 표현식들을 구하기 위해 $\tau_H = b_1$인 것을 상기하고 식 (9.103)의 b_1에 대한 표현식을 사용하라.

[답] $R_{gs} = \dfrac{R_{\text{sig}} + R_L'}{g_m R_L' + 1}$; $R_{gd} = R_{\text{sig}}$; $R_{C_L} = \dfrac{R_L'}{g_m R_L' + 1}$

9.19 예제 9.8에서, 우성 극점이 존재하지 않는 것을 알았다고 할지라도, f_H에 대한 평가값을 얻기 위해 개방 회로 시정수 방법을 사용하라.(힌트: $\tau_H = b_1$인 것을 상기하라.)

[답] $f_H = 1.53$ GHz; 1.86 GHz의 정확한 값보다 약 18% 더 낮다; 여전히 나쁜 평가값은 아니다!

9.5.2 이미터 폴로어 경우

그림 9.25는 이미터 폴로어에 대한 해석 결과들을 제공한다. 여기서 해석은 BJT의 유한 β 때문에 조금 더 복잡하다.

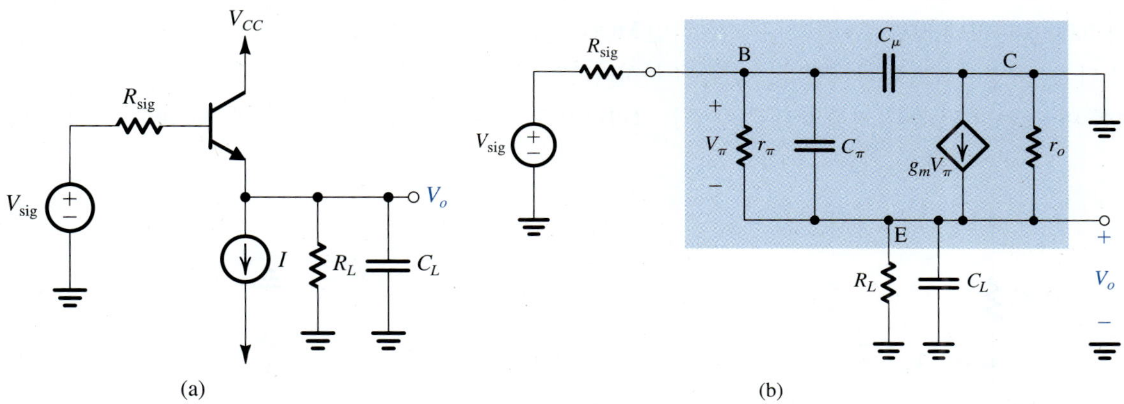

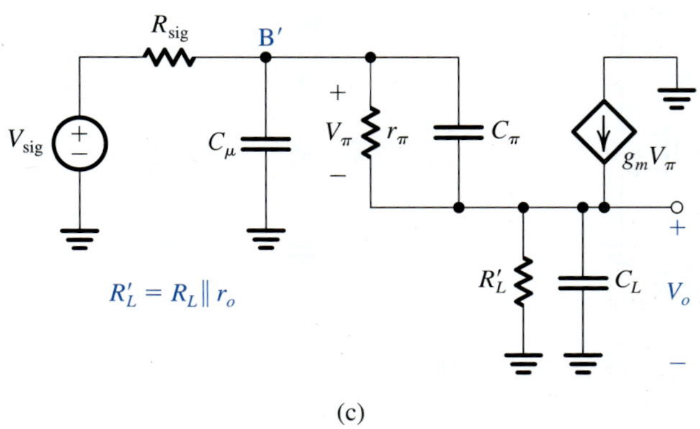

$$\frac{V_o(s)}{V_{\text{sig}}(s)} = A_M \frac{1 + (s/\omega_Z)}{1 + b_1 s + b_2 s^2}$$

$$A_M = \frac{R_L'}{R_L' + r_e + R_{\text{sig}}/(\beta + 1)}$$

$$f_Z = 1/2\pi C_\pi r_e$$

$$b_1 = \frac{\left[C_\pi + C_\mu\left(1 + \dfrac{R_L'}{r_e}\right)\right]R_{\text{sig}} + \left[C_\pi + C_L\left(1 + \dfrac{R_{\text{sig}}}{r_\pi}\right)\right]R_L'}{1 + \dfrac{R_L'}{r_e} + \dfrac{R_{\text{sig}}}{r_\pi}}$$

$$b_2 = \frac{[(C_\pi + C_\mu)C_L + C_\pi C_\mu]R_L' R_{\text{sig}}}{1 + \dfrac{R_L'}{r_e} + \dfrac{R_{\text{sig}}}{r_\pi}}$$

(d)

그림 9.25 (a) 이미터 폴로어. (b) 고주파 등가 회로. (c) 단순화된 등가 회로. (d) 전달 함수.

연습문제

9.20 $I_C = 1$ mA에 바이어스되고 $R_{sig} = R_L = 1$ kΩ, $r_o = 100$ kΩ, $\beta = 100$, $C_\mu = 2$ pF, $C_L = 0$, $f_T = 400$ MHz를 갖는 이미터 폴로어에 대해 저주파 이득 A_M, f_Z, f_{P1}, f_{P2}, f_H에 대한 평가값을 구하라.

[답] 0.97 V/V; 458 MHz; 67.2 MHz; 562 MHz; 67.2 MHz

9.6 차동 증폭기들의 고주파 응답

이 절에서는 차동 증폭기의 차동 이득, 공통 모드 이득, 그리고 CMRR의 주파수에 대한 변화를 고찰해 볼 것이다. 앞의 절들에서 설명한 단동 증폭기의 주파수 응답에 관한 학습에 주로 의존할 것이다. 그리고 여기서는 MOS 회로들만 고려할 것이다. 바이폴라의 경우는 앞에서 보아 온 여러 경우들과 같이 MOS 회로의 간단한 확장이 된다.

9.6.1 저항 부하를 가진 MOS 증폭기의 해석

그림 9.26(a)에 나타낸 저항 부하를 가진 기본적인 MOS 차동쌍으로 시작한다. 바이어스 전류 I를 공급하는 트랜지스터 Q_S를 명시적으로 나타냈다는 점을 주목하라. 그 게이트에 직류 바이어스 전압 V_{BIAS}를 표시하였지만, 보통 이 Q_S는 어떤 전류 거울의 일부분이다. 그러나 이런 자세한 표시는 우리의 현재 목적에는 아무런 영

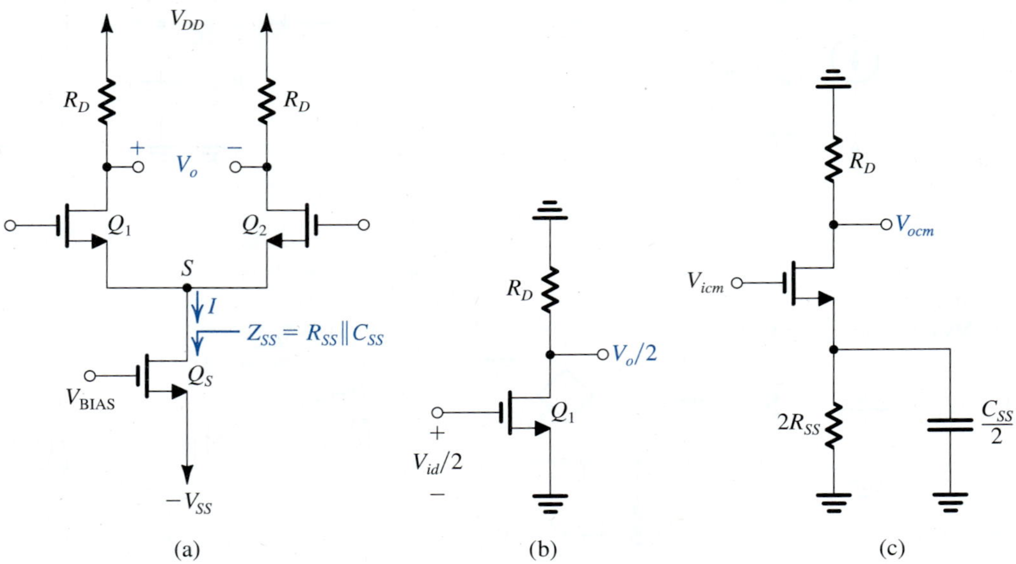

그림 9.26 (a) 저항 부하를 가진 MOS 차동쌍. 바이어스 전류를 공급하는 트랜지스터가 명시되어 있다. 마디 S와 접지 사이의 총 임피던스 Z_{SS}는 커패시턴스 C_{SS}와 병렬인 저항 R_{SS}로 구성된다고 가정한다. (b) 차동 절반 회로. (c) 동상 모드 절반 회로.

향을 미치지 않는다. 가장 중요하게 관심을 갖는 것은 마디 S와 접지 사이의 총 임피던스 Z_{SS}이다. 이는 이 임피던스가 차동 증폭기의 공통 모드 이득과 CMRR을 결정하는 데 중요한 역할을 하기 때문이다. 저항 R_{SS}는 단순히 전류원 Q_S의 출력 저항이다. 커패시턴스 C_{SS}는 마디 S와 접지 사이의 총 커패시턴스이며 C_{sb1}과 C_{sb2}뿐만 아니라 Q_S의 C_{db}와 C_{gd}도 포함한다. 특히 Q_S, Q_1, Q_2에 대해 넓은 트랜지스터가 사용된다면 이 커패시턴스는 중요할 수 있다.

그림 9.26(b)에 나타낸 차동 절반 회로는 차동 이득 V_o/V_{id}의 주파수 의존성을 결정하기 위해 사용될 수 있다. 정말로 차동 증폭기의 이득 함수 $A_d(s)$는 이 공통 소스 증폭기의 전달 함수와 동일할 것이다.[6] 우리는 9.2절과 9.3절에서 공통 소스 증폭기의 주파수 응답을 상세하게 공부하였으므로 여기서 그 내용을 반복하지는 않을 것이다.

연습문제

9.21 그림 9.26(a)와 같은 MOSFET 차동 증폭기는 전류 $I = 0.8$ mA로 바이어스된다. 트랜지스터 Q_1과 Q_2는 $W/L = 100$, $k'_n = 0.2$ mA/V^2, $V_A = 20$ V, $C_{gs} = 50$ fF, $C_{gd} = 10$ fF, $C_{db} = 10$ fF를 갖는다. 드레인 저항기들은 각각 5 kΩ이다. 또한 각 드레인과 접지 사이에 100 fF 용량성 부하가 있다.

(a) 각 트랜지스터에 대해 V_{OV}와 g_m을 구하라.

(b) 차동 이득 A_d를 구하라.

(c) 입력 신호원이 작은 저항 R_{sig}를 가져서 주파수 응답이 주로 출력 극점에 의해 결정될 경우에 3 dB 주파수 f_H를 평가하라.[힌트: 9.2.3절과 구체적으로 식 (9.45)를 참조하라.]

(d) 다른 경우에 증폭기가 20 kΩ 저항을 갖는 신호원을 사용하여 대칭적으로(즉, 각 게이트 단자와 직렬로 10 kΩ으로) 구동될 때, 개방 회로 시정수 방법을 사용하여 f_H를 평가하라.[힌트: 9.3.3절과 구체적으로 식 (9.68)을 참조하라.]

[답] (a) 0.2 V, 4 mA/V; (b) 18.2 V/V; (c) 292 MHz; (d) 53.7 MHz

그림 9.26(c)는 동상 모드 절반 회로를 나타낸다. 비록 이 회로가 표유 커패시턴스에 더하여 트랜지스터의 다른 커패시턴스 즉 C_{gs}, C_{gd}, C_{db}를 가지고 있지만, 이 그림에는 $C_{SS}/2$만 나타내기로 하였다. 그 이유는 $C_{SS}/2$와 $2R_{SS}$가 이 회로의 다른 극점과 영점의 주파수보다 훨씬 더 낮은 주파수에서 공통 모드 이득 함수에 실수축 영점을 형성하기 때문이다. 그래서 이 영점은 A_{cm}과 CMRR의 주파수 특성을 좌우한다.

차동 증폭기의 출력을 단동으로 취하면, 관심을 갖는 공통 모드 이득은 V_{ocm}/V_{icm}이다. 더 일반적으로 출력은 차동으로 취해진다. 그럼에도 불구하고 9.3절에서 설명한 바와 같이 V_{ocm}/V_{icm}은 여전히 공통 모드 이득을 결정하는 데 주요한 역할을 한다. 더 구체적으로 이해하기 위해, 차동으로 출력을 취하고 두 드레인 저항 사이에 부정합 ΔR_D가 있을 때 어떻게 되는지를 고려하자. 9.3절에서 구한 결과인 공통 모드 이득은 다음과 같다

6) 여기서 우리는 신호원의 저항 R_{sig}를 나타내고 있지는 않다. 물론 CS 증폭기의 경우에 그랬던 것처럼 이것은 주파수 응답 해석에는 포함되어야 한다. 연습문제 9.21을 보라.

[식 (9.80)].

$$A_{cm} = -\left(\frac{R_D}{2R_{SS}}\right)\frac{\Delta R_D}{R_D} \tag{9.112}$$

이것은 단순히 V_{ocm}/V_{icm}과 단위당 부정합 $\Delta R_D/R_D$의 곱이다. 비슷한 표현식이 다른 회로 부정합에 대해서도 구해질 수 있다. 주목해야 할 중요한 점은 인수 $R_D/2R_{SS}$가 항상 이런 표현식들에 존재한다는 것이다. 그러므로 A_{cm}의 주파수 의존성은 이 인수에서 단순히 R_{SS}를 Z_{SS}로 대치함으로써 얻어질 수 있다. 식 (9.112)에 대해 그렇게 하면 다음 표현식을 얻는다.

$$\begin{aligned} A_{cm}(s) &= -\frac{R_D}{2Z_{SS}}\left(\frac{\Delta R_D}{R_D}\right) \\ &= -\frac{1}{2}R_D\left(\frac{\Delta R_D}{R_D}\right)Y_{SS} \\ &= -\frac{1}{2}R_D\left(\frac{\Delta R_D}{R_D}\right)\left(\frac{1}{R_{SS}} + sC_{SS}\right) \\ &= -\frac{R_D}{2R_{SS}}\left(\frac{\Delta R_D}{R_D}\right)(1 + sC_{SS}R_{SS}) \end{aligned} \tag{9.113}$$

이로부터 A_{cm}이 s 평면의 음의 실수축에 영점을 가지는 것을 알게 된다. 그 주파수는

$$\omega_Z = \frac{1}{C_{SS}R_{SS}} \tag{9.114}$$

이며 Hz로는 다음과 같다.

$$f_Z = \frac{\omega_Z}{2\pi} = \frac{1}{2\pi\, C_{SS}R_{SS}} \tag{9.115}$$

앞서 언급한 바와 같이, 보통 f_Z는 다른 극점들과 영점들의 주파수보다 훨씬 낮다. 그 결과, 그림 9.27(a)에 나타나 있듯이 공통 모드 이득은 비교적 낮은 주파수에서 시작하여 +20 dB/decade의 기울기로 증가한다. 물론 동상 모드 절반 회로의 다른 극점들 때문에 A_{cm}은 높은 주파수들에서는 떨어진다. 그러나 중요한 것은 바로 f_Z이다. 왜냐하면 그것은 그림 9.27(c)에 나타낸 대로 차동 증폭기의 CMRR이 감소하기 시작하는 주파수이기 때문이다. 만약 A_d와 A_{cm} 둘 다 dB로 표현하여 그린다면, dB로 표현한 CMRR은 단순히 A_d와 A_{cm} 간의 차이가 된다는 사실을 주목하라.

앞선 논의에서 R_D의 부정합에 기인한 공통 모드 이득만을 고려했지만, 그 결과들은 다른 부정합에 기인한 공통 모드 이득에도 적용될 수 있다. 예를 들어 R_{SS}를 Z_{SS}로 대체하는 방식 등으로 식 (9.84)를 수정하면, 앞의 결과들은 g_m 부정합의 경우에도 그대로 적용될 수 있다.

이 절을 끝내기 전에, 전류원 트랜지스터 Q_S의 설계에 수반된 다음과 같은 중요한 절충을 지적한다. 이 전류원을 작은 V_{DS}로 동작시키기 위해(이미 작아진 V_{DD}를 유지하기 위해) 이 트랜지스터가 낮은 과구동 전압 V_{OV}에서 동작하기를 원한다. 그러나 전류 I의 주어진 값에 대해, 이것은 큰 W/L 비(즉, 넓은 트랜지스터)를 사

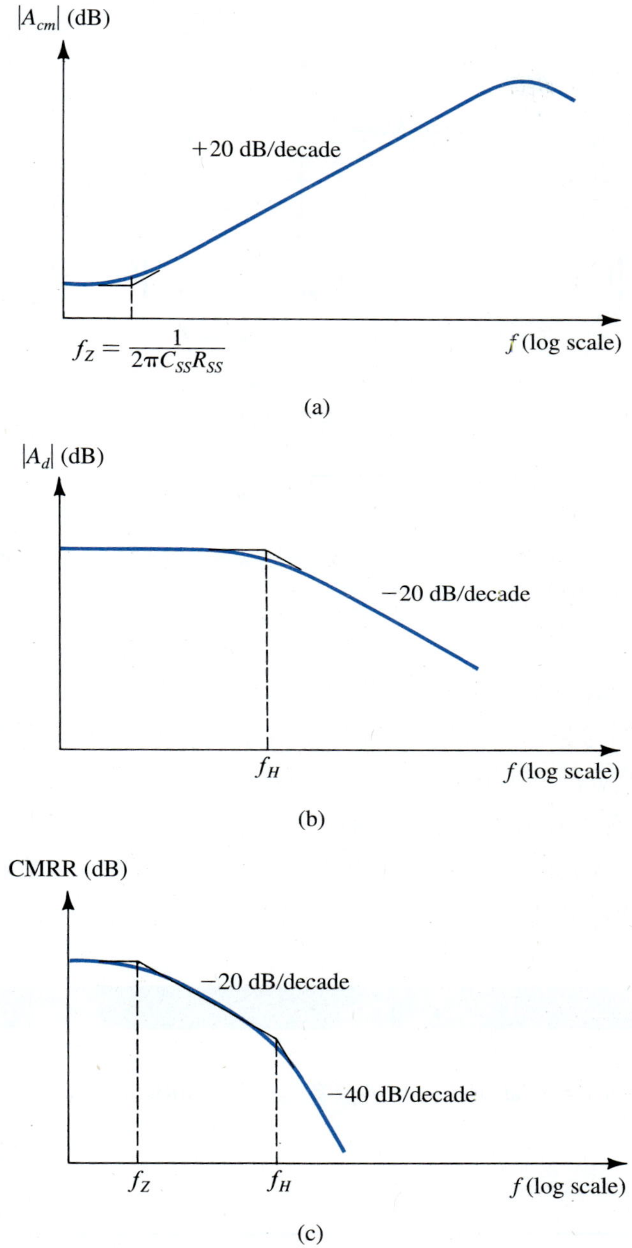

그림 9.27 주파수에 대한 (a) 공통 모드 이득, (b) 차동 이득, (c) 공통 모드 제거비의 변화.

용하는 것을 의미한다. 이는 차례로 C_{SS}를 증가시켜서 f_Z를 낮춘다. 그 결과 CMRR은 비교적 낮은 주파수에서 나빠진다.(즉, 감소된다.) 따라서 Q_S 양단의 직류 전압을 낮추기 위한 요구와 더 높은 주파수까지 적절히 큰 CMRR을 유지하기 위한 요구 사이에 절충이 수반된다.

더 높은 주파수에서 큰 CMRR을 유지해야 하는 필요성을 인식하기 위해 그림 9.28과 같은 회로를 고려하자. 전원 공급기 전압 V_{DD}가 고주파 잡음으로 오염된 차동 증폭기의 두 단이 나타나 있다. Q_1과 Q_2의 각 드레

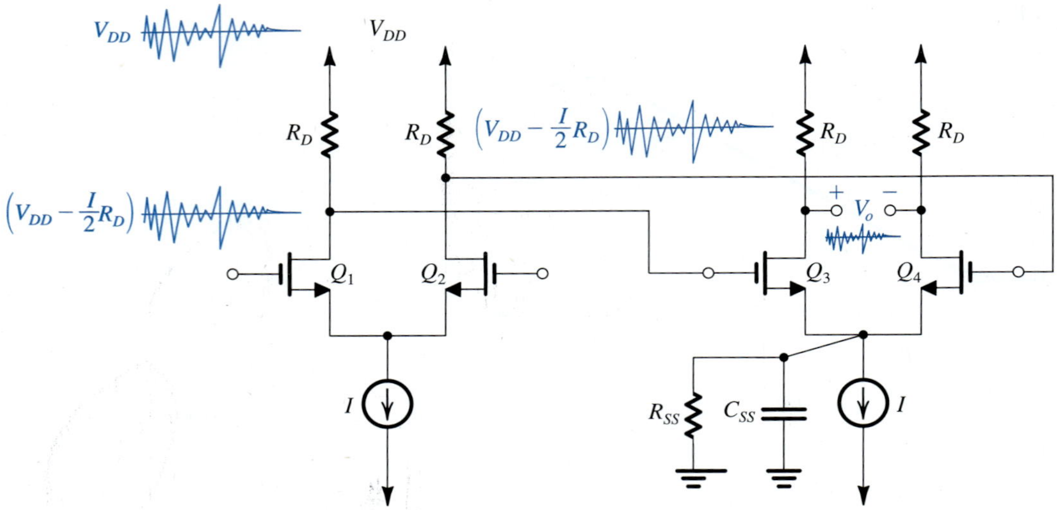

그림 9.28 첫 번째 단의 전원 공급기에 의해 주입된 고주파 잡음을 억제하기 위한 차동 증폭기의 두 번째 단. 그러므로 이 단은 더 높은 주파수에서 큰 CMRR을 유지해야 한다.

인의 정적 전압은 $[V_{DD} - (I/2)R_D]$이므로, v_{D1}과 v_{D2}는 V_{DD}와 같은 고주파 잡음을 가질 것이다. 그렇다면 이 고주파 잡음은 Q_3와 Q_4로 구성된 두 번째 차동단의 공통 모드 입력 신호가 된다. 만약 두 번째 차동단이 완벽하게 정합된다면, 그 차동 출력 전압 V_o에는 고주파 잡음이 전혀 없을 것이다. 그러나 실제로 완벽한 정합은 없으므로, 두 번째 단은 유한한 공통 모드 이득을 가질 것이다. 게다가 두 번째 단의 R_{SS}와 C_{SS}에 의해 형성되는 영점 때문에, 공통 모드 이득은 주파수에 따라 증가할 것이다. 이로 인해 잡음의 일부는 출력에 나타나게 된다. 세심한 설계로 V_o의 이런 원하지 않는 잡음은 작게 유지될 수 있다.

연습문제

9.22 연습문제 9.21에서 명기된 차동 증폭기는 $R_{SS} = 75\ \text{k}\Omega$과 $C_{SS} = 0.4\ \text{pF}$을 갖는다. CMRR의 3 dB 주파수를 구하라.

[답] 5.3 MHz

9.6.2 전류 미러 부하를 가진 MOS 차동 증폭기의 해석

이제 8.5절에서 공부한 전류 미러를 부하로 가진 MOS 차동쌍의 주파수 응답을 고찰할 것이다. 그림 9.29(a)는 두 커패시턴스가 표시된 그 회로를 나타낸다. 즉, C_m은 전류 거울의 입력 마디에 있는 총 커패시턴스이며, C_L은 증폭기의 출력 마디에 있는 총 커패시턴스이다. 커패시턴스 C_m은 C_{gs3}와 C_{gs4}에 의해 주로 형성되지만 C_{gd1}, C_{db1}, C_{db3}도 포함한다. 즉,

RFID: 원격 식별

전파 식별(RFID: radio-frequency identification) 태그는 우리의 일상에서 갈수록 더 중요한 요소이다. 이런 미소한 소자들은 다양한 전자공학적인 기술, 즉 선형, 디지털, 라디오, 전력, 그리고 신호 전달 등 모든 것을 매우 적은 전력을 사용하여 구현한다. 그들은 몇 피트 떨어져 있는 외부의 호출 신호에 의해 활성화된다.(그리고 전력이 공급된다.) 일단 활성화되면, 그들은 주로 단순한 식별 번호로 요청받은 데이터에 응답한다. 응용 분야는 자동차 열쇠 장치에서 잃어버린 반려 동물을 찾을 수 있게 하는 태그까지 믿을 수 없을 정도로 매우 다양하다.

$$C_m = C_{gd1} + C_{db1} + C_{db3} + C_{gs3} + C_{gs4} \tag{9.116}$$

커패시턴스 C_L은 실제 부하 커패시턴스와 다음 단의 입력 커패시턴스 C_x뿐만 아니라 $C_{gd2}, C_{db2}, C_{db4}, C_{gd4}$도 포함한다. 즉,

$$C_L = C_{gd2} + C_{db2} + C_{gd4} + C_{db4} + C_x \tag{9.117}$$

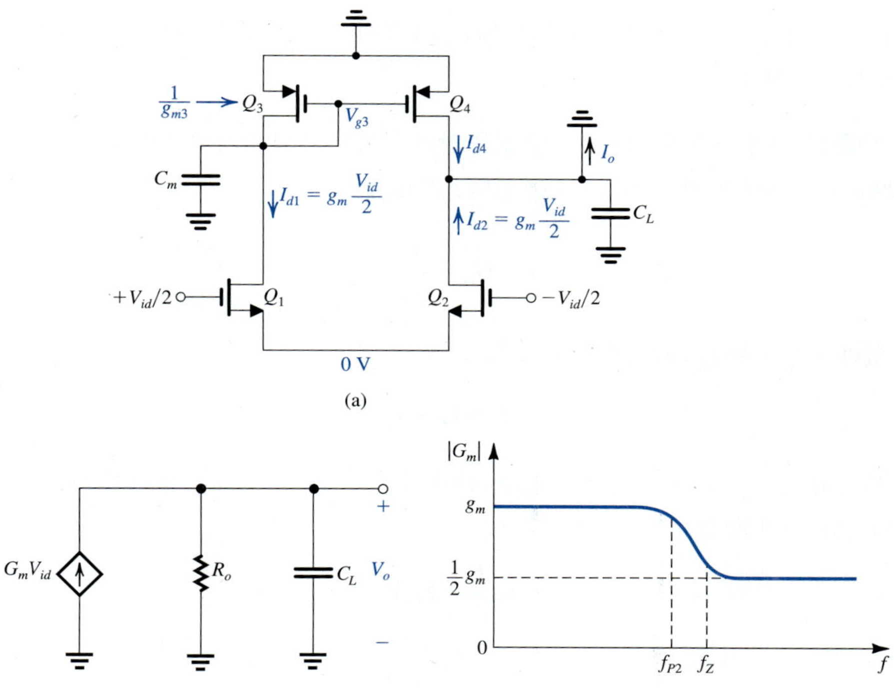

그림 9.29 (a) 능동 부하를 가진 MOS 차동 증폭기의 주파수 응답 해석. (b) 출력 등가 회로. (c) 주파수의 함수로 나타낸 전체 단락 회로 트랜스컨덕턴스 G_m.

이 두 커패시턴스가 이 증폭기의 차동 이득에 대한 주파수 특성을 주로 결정한다.

다음 논의에서는 C_L이 차동 이득의 우성 극점을 도입한다는 것을 보인다. 또한 커패시턴스 C_m이 훨씬 높은 주파수에 극점과 영점을 도입하면서, 전체 단락 회로 트랜스컨덕턴스 G_m 그리고 차동 이득에 영향을 미친다는 것을 보일 것이다.

우성 극점 그림 9.29(b)는 차동 증폭기의 출력 등가 회로를 나타낸다. 이 회로로부터

$$\frac{V_o}{V_{id}} = \frac{G_m R_o}{1 + sC_L R_o} \tag{9.118}$$

로 쓸 수 있다. 당분간 G_m의 주파수 의존성을 무시하면

$$G_m = g_{m1} = g_{m2}$$

그리고

$$R_o = r_{o2} \| r_{o4}$$

식 (9.118)은 차동 이득이

$$f_{P1} = \frac{1}{2\pi C_L R_o} \tag{9.119}$$

에 극점을 갖는다는 것을 나타낸다. 이 극점은 보통 C_m에 의해 도입된 극점과 영점보다 훨씬 더 낮은 주파수에 있으므로 우성 극점이다.

G_m의 주파수 의존성 주파수에 대한 G_m의 의존성을 알기 위해서, 출력 단자에 단락 회로가 있는 회로를 나타내는 그림 9.29(a)를 참조하라. 단락 회로 트랜스컨덕턴스 G_m은

$$G_m = \frac{I_o}{V_{id}} \tag{9.120}$$

로 구해질 수 있다. 이제 I_o는 I_{d2}와 I_{d4}의 합이다. 즉,

$$I_o = I_{d2} + I_{d4} \tag{9.121}$$

여기서 I_{d2}는 단순히 $g_m(V_{id}/2)$인 반면, 전류 I_{d4}는 전류 거울의 작용을 통해서 얻어지므로 커패시턴스 C_m에 의해 영향을 받는다. 구체적으로,

$$I_{d4} = -g_{m4} V_{g3} \tag{9.122}$$

여기서 V_{g3}는

$$V_{g3} = -I_{d1} \frac{1}{\dfrac{1}{R_m} + sC_m} \tag{9.123}$$

로 구해질 수 있다. 여기서 R_m은 전류 거울의 입력 마디에 있는 총 저항이다. 즉,

$$R_m = r_{o1} \| \frac{1}{g_{m3}} \| r_{o3} \simeq 1/g_{m3} \tag{9.124}$$

이 근사적인 R_m의 값을 식 (9.123)에 대입하고 $I_{d1} = g_m(V_{id}/2)$도 대입하면

$$V_{g3} = -\frac{g_m(V_{id}/2)}{g_{m3} + sC_m}$$

를 얻는다. V_{g3}에 대한 이 표현식을 식 (9.122)에 대입하면 다음 식을 얻는다.

$$I_{d4} = \frac{g_{m4}g_m(V_{id}/2)}{g_{m3} + sC_m}$$

$g_{m3} = g_{m4}$이므로, 이 식은 다음과 같이 정리된다.

$$I_{d4} = \frac{g_m V_{id}/2}{1 + s\,\frac{C_m}{g_{m3}}} \tag{9.125}$$

식 (9.125)의 I_{d4}와 $I_{d2} = g_m(V_{id}/2)$를 식 (9.121)에 대입하면

$$I_o = g_m(V_{id}/2) + \frac{g_m V_{id}/2}{1 + s\frac{C_m}{g_{m3}}} \tag{9.126}$$

를 얻는다. 이제 G_m을 다음과 같이 얻을 수 있다.

$$G_m \equiv \frac{I_o}{V_{id}} = g_m \frac{1 + s\dfrac{C_m}{2g_{m3}}}{1 + s\dfrac{C_m}{g_{m3}}} \tag{9.127}$$

그러므로 예상한 대로 G_m의 저주파 값은 Q_1과 Q_2의 g_m과 동일하다. 높은 주파수에서 G_m은 다음과 같은 주파수를 갖는 극점과 영점을 포함한다.

$$f_{P2} = \frac{g_{m3}}{2\pi C_m} \tag{9.128}$$

그리고

$$f_Z = \frac{2g_{m3}}{2\pi C_m} \tag{9.129}$$

즉, 영점 주파수는 극점 주파수의 두 배이다. C_m은 $C_{gs2} + C_{gs4} = 2C_{gs}$와 근사적으로 같으므로, 다음과 같은 근사식들도 얻는다.

$$f_{P2} = \frac{g_{m3}}{2\pi C_m} \simeq \frac{g_{m3}}{2\pi (2C_{gs})} \simeq f_T/2 \tag{9.130}$$

그리고

$$f_Z \simeq f_T \tag{9.131}$$

여기서 f_T는 MOSFET Q_3의 천이 주파수이다. 따라서 **거울 극점과 영점**(mirror pole and zero)은 매우 높은 주파수에 존재한다.

그림 9.29(c)는 주파수 대 G_m의 크기에 대한 개략도를 나타낸 것이다. 매우 높은 주파수에서는 C_m이 단락 회로로 동작하여 V_{g3}가 0으로 감소한다는 것을 주목하라. 그래서 I_{d4}도 0이 되며, I_o는 그 저주파 값의 절반인 I_{d1}과 같아진다. 그 결과, 그림 9.29(c)의 개략도에 나타낸 대로, G_m은 저주파 값의 절반으로 감소한다. 이제 완전한 이득 함수는

$$\frac{V_o}{V_{id}} = (g_m R_o)\left(\frac{1+s\dfrac{C_m}{2g_{m3}}}{1+s\dfrac{C_m}{g_{m3}}}\right)\left(\frac{1}{1+sC_L R_o}\right) \tag{9.132}$$

로 표현될 수 있다.

예제 9.9

그림 9.29(a)에 보이는 형태의 능동 부하를 가진 MOS 차동 증폭기를 고려하자. 모든 트랜지스터에 대해, $W/L = 7.2\ \mu\text{m}/0.36\ \mu\text{m}$, $C_{gs} = 20$ fF, $C_{gd} = 5$ fF, $C_{db} = 5$ fF이라고 가정하라. 또한 $\mu_n C_{ox} = 387\ \mu\text{A/V}^2$, $\mu_p C_{ox} = 86\ \mu\text{A/V}^2$, $V'_{An} = 5$ V/μm, $|V'_{Ap}| = 6$ V/μm이다. 바이어스 전류 $I = 0.2$ mA이고, 바이어스 전류원은 출력 저항 $R_{SS} = 25$ kΩ과 출력 커패시턴스 $C_{SS} = 0.2$ pF을 갖는다. 출력 마디에 트랜지스터에 의한 커패시턴스 외에도 25 fF의 커패시턴스 C_x가 있다. A_d, A_{cm}, 그리고 CMRR의 저주파 값들을 구하라. 또한 A_d의 극점들과 영점 그리고 CMRR의 우성 극점을 구하라.

풀이

$I = 0.2$ mA이므로 네 개의 트랜지스터 각각은 100 μA의 바이어스 전류에서 동작하고 있다. 따라서 Q_1과 Q_2에 대해

$$100 = \frac{1}{2} \times 387 \times \frac{7.2}{0.36} \times V_{OV}^2$$

이고 이로부터 다음 값을 얻는다.

$$V_{OV} = 0.16\ \text{V}$$

따라서

$$g_m = g_{m1} = g_{m2} = \frac{2 \times 0.1}{0.16} = 1.25\ \text{mA/V}$$

$$r_{o1} = r_{o2} = \frac{5 \times 0.36}{0.1} = 18\ \text{k}\Omega$$

Q_3와 Q_4에 대해 다음 방정식을 얻는다.

$$100 = \frac{1}{2} \times 86 \times \frac{7.2}{0.36} V_{OV3,4}^2$$

따라서

$$|V_{OV3,4}| = 0.34 \text{ V}$$

그리고

$$g_{m3} = g_{m4} = \frac{2 \times 0.1}{0.34} = 0.6 \text{ mA/V}$$

$$r_{o3} = r_{o4} = \frac{6 \times 0.36}{0.1} = 21.6 \text{ k}\Omega$$

차동 이득의 저주파 값은 다음과 같이 결정될 수 있다.

$$\begin{aligned} A_d &= g_m(r_{o2} \parallel r_{o4}) \\ &= 1.25(18 \parallel 21.6) = 12.3 \text{ V/V} \end{aligned}$$

공통 모드 이득의 저주파 값은 식 (8.137)로부터 다음과 같이 결정될 수 있다.

$$\begin{aligned} A_{cm} &= -\frac{1}{2g_{m3}R_{SS}} \\ &= -\frac{1}{2 \times 0.6 \times 25} = -0.033 \text{ V/V} \end{aligned}$$

이제 CMRR의 저주파 값은 다음과 같이 결정될 수 있다.

$$\text{CMRR} = \frac{|A_d|}{|A_{cm}|} = \frac{12.3}{0.033} = 369$$

또는

$$20 \log 369 = 51.3 \text{ dB}$$

A_d의 극점들과 영점을 결정하기 위해 먼저 관련 있는 두 커패시턴스 C_m과 C_L의 값들을 계산한다. 식 (9.116)을 사용하여

$$\begin{aligned} C_m &= C_{gd1} + C_{db1} + C_{db3} + C_{gs3} + C_{gs4} \\ &= 5 + 5 + 5 + 20 + 20 = 55 \text{ fF} \end{aligned}$$

커패시턴스 C_L은 식 (9.117)을 사용하여 다음과 같이 구해진다.

$$\begin{aligned} C_L &= C_{gd2} + C_{db2} + C_{gd4} + C_{db4} + C_x \\ &= 5 + 5 + 5 + 5 + 25 = 45 \text{ fF} \end{aligned}$$

이제 A_d의 극점들과 영점은 식 (9.119), (9.128), (9.129)로부터 다음과 같이 구해진다.

$$
\begin{aligned}
f_{P1} &= \frac{1}{2\pi C_L R_o} \\
&= \frac{1}{2\pi \times C_L(r_{o2} \| r_{o4})} \\
&= \frac{1}{2\pi \times 45 \times 10^{-15}(18 \| 21.6)10^3} \\
&= 360 \text{ MHz} \\
f_{P2} &= \frac{g_{m3}}{2\pi C_m} = \frac{0.6 \times 10^{-3}}{2\pi \times 55 \times 10^{-15}} = 1.74 \text{ GHz} \\
f_Z &= 2f_{P2} = 3.5 \text{ GHz}
\end{aligned}
$$

따라서 우성 극점은 출력 마디에서 C_L에 의해 생성된 극점이다. 예상한 대로, 거울의 극점과 영점은 훨씬 더 높은 주파수에 있다.

CMRR의 우성 극점은 C_{SS}와 R_{SS}에 의해 도입된 공통 모드 이득 영점의 위치에 존재한다. 즉,

$$
\begin{aligned}
f_Z &= \frac{1}{2\pi C_{SS} R_{SS}} \\
&= \frac{1}{2\pi \times 0.2 \times 10^{-12} \times 25 \times 10^3} \\
&= 31.8 \text{ MHz}
\end{aligned}
$$

따라서 CMRR은 f_{P1}보다 훨씬 더 낮은 31.8 MHz에서 감소하기 시작한다.

연습문제

9.23 전류 미러 부하를 가진 바이폴라 차동 증폭기가 전류 전원 $I = 1$ mA로 바이어스되어 있다. 트랜지스터들이 $|V_A| = 100$ V를 갖는다고 명시되어 있다. 출력 마디의 총 커패시턴스는 2 pF이다. 차동 전압 이득의 직류 값과 고주파 우성 극점의 주파수를 구하라.

[답] 2000 V/V; 0.8 MHz

9.7 기타 광대역 증폭기 구성

지금까지 하나의 광대역 증폭기 구성, 즉 캐스코드 증폭기를 공부하였다. 9.4절에서, 캐스코드 트랜지스터를 부가하여 공통 소스 트랜지스터의 요구되는 이득을 낮추면 밀러 효과는 감소되고 대응하여 f_H가 증가될 수 있

다는 것을 알았다. 이 절에서는 밀러 효과를 줄이거나 제거함으로써 증가된 f_H를 얻는 세 가지 회로 구성을 논의한다.

9.7.1 소스와 이미터 감생에 의한 광대역 증폭의 실현

6장에서 논의한 대로, CS(CE) 증폭기의 소스(이미터) 도선에 저항을 부가하면, 전압 이득이 감소하는 대가를 치르고 다수의 성능 개선이 얻어진다. 이 절에서 우리가 관심을 갖는 주제인 증폭기 대역폭 f_H의 확장은 그러한 개선 중 하나이다.

그림 9.30(a)는 소스 감생 공통 소스 증폭기를 나타내고, 그림 9.30(b)는 그 출력 등가 회로를 나타낸다. $g_m r_o \gg 1$인 보통의 경우에 대해 단락 회로 트랜스컨덕턴스 G_m이

$$G_m \simeq \frac{g_m}{1+g_m R_s} \tag{9.133}$$

으로 주어지는 것을 보일 수 있으며 출력 저항은 식 (7.60)

$$R_o \simeq r_o(1+g_m R_s) \tag{9.134}$$

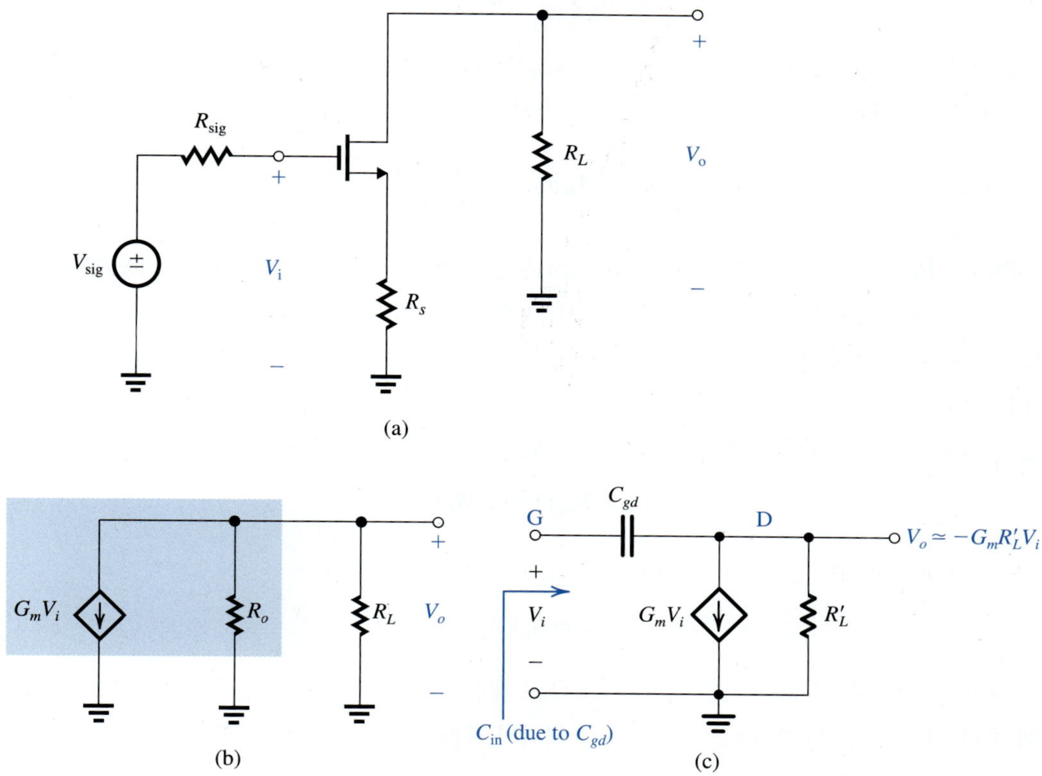

그림 9.30 (a) 소스 저항 R_s를 가진 CS 증폭기 회로. (b) 증폭기 출력의 등가 회로 표현. (c) C_{gd}에 기인한 C_{in}의 성분 결정.

로 주어진다. 따라서 소스 감생은 트랜스컨덕턴스를 감소시키고 같은 인수 $(1 + g_m R_s)$로 출력 저항을 증가시킨다. 저주파 전압 이득은 다음과 같이 구해질 수 있다.

$$A_M = \frac{V_o}{V_{\text{sig}}} = -G_m(R_o \| R_L) = -G_m R_L' \tag{9.135}$$

여기서

$$R_L' = R_L \| R_o \tag{9.136}$$

A_M의 크기는 R_s 없이 구해진 크기보다 더 작을 것이다.

고주파 응답에 미치는 R_s의 영향을 찾는 첫 번째 단계는 C_{gd}에 기인한 입력 커패시턴스 C_{in}을 구하는 것이다. 그림 9.30(c)를 참조하고 9.2.2절에 있는 CS 증폭기의 대응하는 해석을 상기하면

$$C_{\text{in}} \text{ (due to } C_{gd}) = C_{gd}\,(1 + G_m R_L') \simeq |A_M| C_{gd} \tag{9.137}$$

로 쓸 수 있다. 이것이 입력 커패시턴스의 우성 성분이기 때문에, 3 dB 주파수가 R_{sig}와 C_{in}의 상호 작용에 의해 결정된다고 가정하면 f_H의 근사적인 평가값을

$$f_H \simeq \frac{1}{2\pi R_{\text{sig}} C_{\text{in}}} \simeq \frac{1}{2\pi R_{\text{sig}} C_{gd} |A_M|} \tag{9.138}$$

로 얻을 수 있다. 이 표현식은 R_s를 포함함으로써 $|A_M|$은 감소되므로 f_H는 대응하여 증가된다는 것을 분명하게 보여 준다. 식 (9.137)에 대한 또 다른 흥미로운 관찰은 이득 대역폭 곱이 R_s가 변해도

$$GB \equiv |A_M| f_H = \frac{1}{2\pi R_{\text{sig}} C_{gd}} \tag{9.139}$$

로 일정하게 유지된다는 사실이다. 그러나 앞의 해석은 근사적이다. 이는 이 회로에 존재하는 다른 커패시턴스들을 고려하지 않았기 때문이다. 이들이 그림 9.31(a)에 나타나 있다. 여기서 C_L은 출력 마디와 접지 사이에 있는 모든 커패시턴스들을 포함한다. f_H에 대한 하나의 평가값은 개방 회로 시정수 방법을 사용하여 다음과 같이 구해질 수 있다.

R_{gd}를 얻기 위해 그림 9.31(b)의 회로를 사용하고, R_s가 없는 경우를 유추하여

$$R_{gd} = R_{\text{sig}}(1 + G_m R_L') + R_L' \tag{9.140}$$

으로 쓸 수 있다. R_{C_L}에 대한 공식은 간단히 다음과 같다는 것을 알 수 있다.

$$R_{C_L} = R_L \| R_{\text{o}} = R_L' \tag{9.141}$$

R_{gs}에 대한 공식은 유도하기에 가장 어렵고, 그 유도 과정은 하이브리드 π 모델을 명시적으로 사용하여 수행되어야 한다. 복잡하지 않지만 다소 지겨운 회로 해석의 결과는 ($g_m r_o \gg 1$에 대해) 다음과 같다.

$$R_{gs} \simeq \frac{R_{\text{sig}} + R_s + R_{\text{sig}} R_s/(r_o + R_L)}{1 + g_m R_s\left(\dfrac{r_o}{r_o + R_L}\right)} \tag{9.142}$$

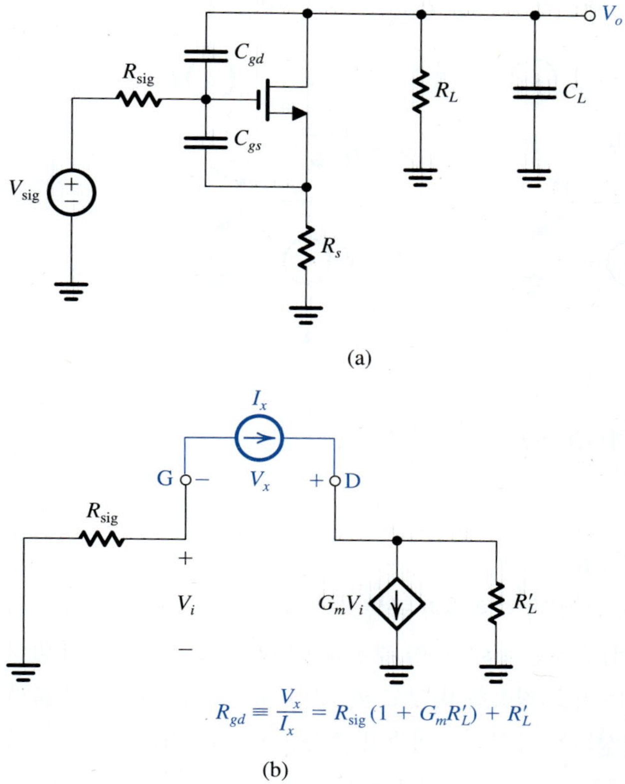

그림 9.31 (a) 모든 커패시턴스를 나타낸 소스 감생 CS 증폭기. (b) R_{gd}의 결정.

이제 τ_H를

$$\tau_H = C_{gs}R_{gs} + C_{gd}R_{gd} + C_L R_{C_L} \tag{9.143}$$

로 계산하고, f_H를 결정하기 위해 다음과 같이 사용한다.

$$f_H = \frac{1}{2\pi\,\tau_H}$$

연습문제

9.24 $g_m = 2$ mA/V, $r_o = 20$ kΩ, $R_L = 20$ kΩ, $R_{sig} = 20$ kΩ, $C_{gs} = 20$ fF, $C_{gd} = 5$ fF, $C_L = 5$ fF을 가지는 CS 증폭기를 고려하라. (a) 전압 이득 A_M과 (개방 회로 시정수 방법을 사용하여) 3 dB 주파수 f_H 그리고 이득 대역폭 곱을 구하라. (b) $g_m R_s = 2$가 되도록 선정한 값을 갖는 저항 R_s가 소스 단자와 직렬로 접속된 경우에 대해 (a)를 반복하라.

[답] (a) −20 V/V, 61.2 MHz, 1.22 GHz; (b) −10 V/V, 109 MHz, 1.1 GHz

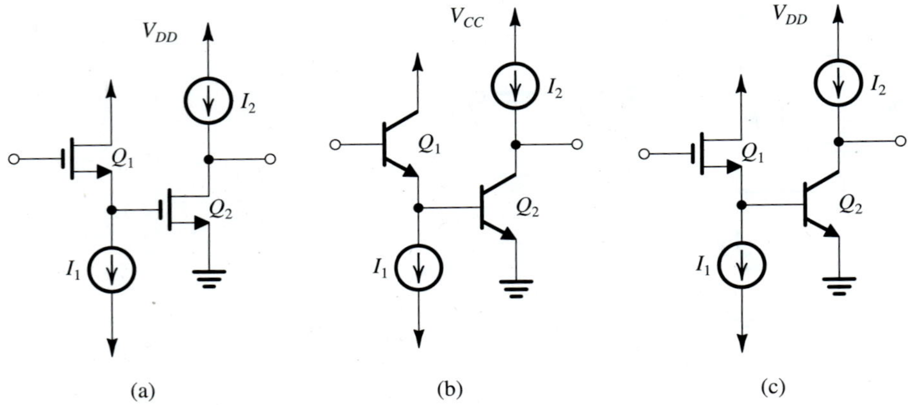

그림 9.32 (a) CD-CS 증폭기. (b) CC-CE 증폭기. (c) CD-CE 증폭기.

9.7.2 입력 신호원의 완충에 의한 f_H의 증가

밀러 커패시턴스의 영향을 줄이는 또 다른 접근 방법은 입력 신호원과 공통 소스나 공통 이미터 증폭기의 입력 단자 사이에 완충기(소스 폴로어나 이미터 폴로어)를 두는 것이다. 이 경우에, CS나 CE 트랜지스터의 밀러 커패시턴스는 변함없이 그대로 유지되지만, R_{sig}와는 상호 작용하지 않고 R_{sig}보다 훨씬 작은 완충기의 출력 저항과 상호 작용한다. 그 결과, 증폭기 입력에서 형성되는 극점의 주파수가 증가될 것이다. 따라서 증폭기의 대역폭은 확장된다. 그림 9.32는 이 기법의 세 가지 다른 구현을 나타낸다. f_H를 증가시키는 것에 추가하여, 입력 완충기는 그림 9.32(b)와 (c)에 있는 공통 이미터 증폭기들의 입력 저항도 높인다는 것을 주목하라.

예제 9.10

그림 9.32(b)와 같은 CC-CE 증폭기를 고려하자. 설계 규격은 다음과 같다. $I_1 = I_2 = 1$ mA이고 트랜지스터들은 똑같이 $\beta = 100$, $f_T = 400$ MHz, $C_\mu = 2$ pF을 갖는다. 증폭기는 저항 $R_{sig} = 4$ kΩ을 가진 신호원 V_{sig}로 구동된다. 그리고 4 kΩ의 부하 저항을 가정하라. A_M을 구하고 3 dB 주파수 f_H를 평가하라. 이 결과들을 같은 조건에서 동작하는 CE 증폭기에서 얻어진 것들과 비교하라. 단순함을 위해 r_o는 무시하라.

풀이

1 mA의 이미터 바이어스 전류에서 Q_1과 Q_2는

$$g_m = 40 \text{ mA/V}$$

$$r_e = 25\ \Omega$$

$$r_\pi = \frac{\beta}{g_m} = \frac{100}{40} = 2.5 \text{ k}\Omega$$

$$C_\pi + C_\mu = \frac{g_m}{\omega_T} = \frac{g_m}{2\pi f_T}$$

$$= \frac{40 \times 10^{-3}}{2\pi \times 400 \times 10^6} = 15.9 \text{ pF}$$

$$C_\mu = 2 \text{ pF}$$

$$C_\pi = 13.9 \text{ pF}$$

을 갖는다. 전압 이득 A_M은 그림 9.33(a)에 나타낸 회로에서 다음과 같이 결정될 수 있다.

$$R_{\text{in2}} = r_{\pi 2} = 2.5 \text{ k}\Omega$$

$$R_{\text{in}} = (\beta_1 + 1)(r_{e1} + R_{\text{in2}}) = 101(0.025 + 2.5) = 255 \text{ k}\Omega$$

$$\frac{V_{b1}}{V_{\text{sig}}} = \frac{R_{\text{in}}}{R_{\text{in}} + R_{\text{sig}}} = \frac{255}{255 + 4} = 0.98 \text{ V/V}$$

$$\frac{V_{b2}}{V_{b1}} = \frac{R_{\text{in2}}}{R_{\text{in2}} + r_{e1}} = \frac{2.5}{2.5 + 0.025} = 0.99 \text{ V/V}$$

$$\frac{V_o}{V_{b2}} = -g_{m2} R_L = -40 \times 4 = -160 \text{ V/V}$$

따라서

$$A_M = \frac{V_o}{V_{\text{sig}}} = -160 \times 0.99 \times 0.98 = -155 \text{ V/V}$$

f_H를 결정하기 위해 개방 회로 시정수 방법을 사용한다. 그림 9.33(b)는 V_{sig}가 0으로 설정되고 네 개의 커패시턴스가 표시된 회로를 나타낸다. 커패시턴스 $C_{\mu 1}$은 다음과 같은 저항 $R_{\mu 1}$을 바라본다.

$$R_{\mu 1} = R_{\text{sig}} \| R_{\text{in}}$$

$$= 4 \| 255 = 3.94 \text{ k}\Omega$$

커패시턴스 $C_{\pi 1}$에서 바라본 저항 $R_{\pi 1}$을 구하기 위해 그림 9.33(c)의 등가 회로를 이용한다. 이 회로를 해석한 결과는 다음과 같다.

$$R_{\pi 1} \equiv \frac{V_x}{I_x} = \frac{R_{\text{sig}} + R_{\text{in2}}}{1 + \dfrac{R_{\text{sig}}}{r_{\pi 1}} + \dfrac{R_{\text{in2}}}{r_{e1}}}$$

$$= \frac{4000 + 2500}{1 + \dfrac{4000}{2500} + \dfrac{2500}{25}} = 63.4 \ \Omega$$

커패시턴스 $C_{\pi 2}$는 다음과 같은 저항 $R_{\pi 2}$를 바라본다.

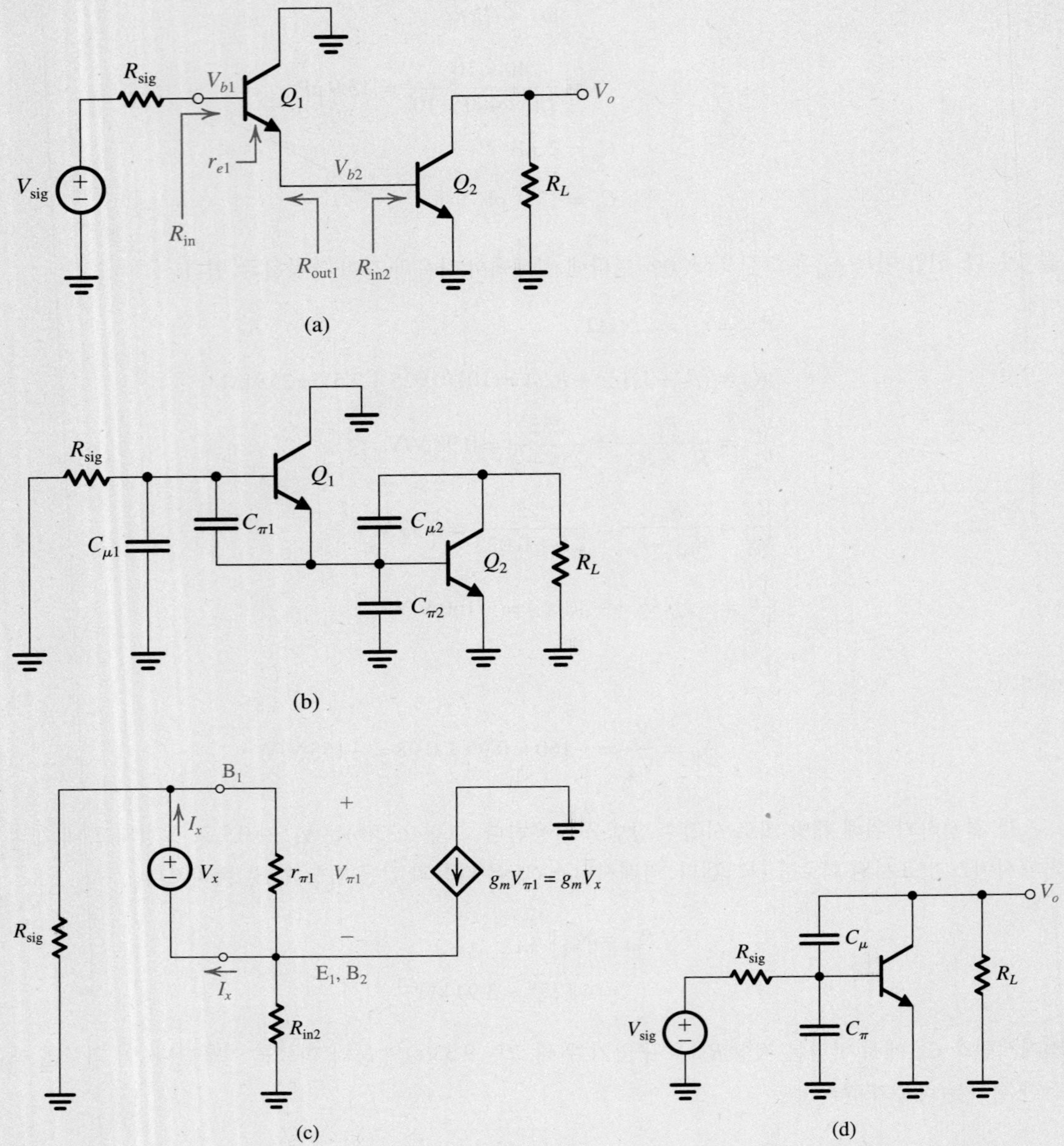

그림 9.33 예제 9.10에 대한 회로들: (a) 저주파 소신호 해석을 위해 준비한 CC-CE 회로, (b) 개방 회로 시정수들을 결정하기 위해 V_{sig}를 0으로 설정한 높은 주파수에서의 회로, (c) $R_{\pi1}$의 결정을 위한 등가 회로, (d) 비교를 위한 CE 증폭기.

$$R_{\pi 2} = R_{\text{in2}} \| R_{\text{out1}}$$
$$= r_{\pi 2} \| \left[r_{e1} + \frac{R_{\text{sig}}}{\beta_1 + 1} \right]$$
$$= 2500 \| \left[25 + \frac{4000}{101} \right] = 63\ \Omega$$

커패시턴스 $C_{\mu 2}$는 저항 $R_{\mu 2}$를 바라본다. $R_{\mu 2}$를 결정하기 위해 9.3.4절의 CE 증폭기에 대한 주파수 응답의 해석을 참조한다. 그 결과는 다음과 같다.

$$R_{\mu 2} = (1 + g_{m2} R_L)(R_{\text{in2}} \| R_{\text{out1}}) + R_L$$
$$= (1 + 40 \times 4) \left[2500 \| \left(25 + \frac{4000}{101} \right) \right] + 4000$$
$$= 14{,}143\ \Omega\ = 14.1\ \text{k}\Omega$$

이제 τ_H를 다음과 같이 결정할 수 있다.

$$\tau_H = C_{\mu 1} R_{\mu 1} + C_{\pi 1} R_{\pi 1} + C_{\mu 2} R_{\mu 2} + C_{\pi 2} R_{\pi 2}$$
$$= 2 \times 3.94 + 13.9 \times 0.0634 + 2 \times 14.1 + 13.9 \times 0.063$$
$$= 7.88 + 0.88 + 28.2 + 0.88 = 37.8\ \text{ns}$$

$C_{\pi 1}$과 $C_{\pi 2}$는 고주파 응답을 결정하는 데 매우 작은 역할을 하는 것을 관찰하라. 예상한 대로, $C_{\mu 2}$는 밀러 효과를 통해서 가장 중대한 역할을 한다. 또한 $R_{\text{sig}} \| R_{\text{in}}$과 직접 상호 작용하는 커패시터 $C_{\mu 1}$도 역시 중요한 역할을 한다. 3 dB 주파수 f_H는 다음과 같이 구해질 수 있다.

$$f_H = \frac{1}{2\pi \tau_H} = \frac{1}{2\pi\ \times 37.8 \times 10^{-9}} = 4.2\ \text{MHz}$$

비교를 위해, 같은 조건에서 동작하고 있는 CE 증폭기의 A_M과 f_H를 평가한다. 그림 9.33(d)를 참조하라. 전압 이득 A_M은 다음과 같이 주어진다.

$$A_M = \frac{R_{\text{in}}}{R_{\text{in}} + R_{\text{sig}}}(-g_m R_L)$$
$$= \frac{r_\pi}{r_\pi + R_{\text{sig}}}(-g_m R_L)$$
$$= \frac{2.5}{2.5 + 4}(-40 \times 4) = -61.5\ \text{V/V}$$

$$R_\pi = r_\pi \| R_{\text{sig}} = 2.5 \| 4 = 1.54\ \text{k}\Omega$$

$$R_\mu = (1 + g_m R_L)(R_{\text{sig}} \| r_\pi) + R_L$$

$$= (1 + 40 \times 4)(4 \| 2.5) + 4$$

$$= 251.7\ \text{k}\Omega$$

따라서

$$\tau_H = C_\pi R_\pi + C_\mu R_\mu$$

$$= 13.9 \times 1.54 + 2 \times 251.7$$

$$= 21.4 + 503.4 = 524.8\ \text{ns}$$

C_μ의 역할이 우세한 것을 관찰하라. 3 dB 주파수 f_H는 다음과 같다.

$$f_H = \frac{1}{2\pi\tau_H} = \frac{1}{2\pi \times 524.8 \times 10^{-9}} = 303\,\text{kHz}$$

그러므로 완충 트랜지스터 Q_1을 포함하면, 이득 $|A_M|$은 61.5 V/V에서 155 V/V로 2.5배 정도 증가한다. 그리고 대역폭은 303 kHz에서 4.2 MHz로 13.9배나 증가한다! 이득 대역폭 곱은 18.63 MHz에서 651 MHz로 무려 35배나 증가한다!

9.7.3 입력 완충기를 갖는 CG나 CB 구성을 사용하여 밀러 효과를 제거함으로 인한 f_H의 증가

f_H를 증가시키는 마지막 접근 방법은 공통 게이트나 공통 베이스 증폭기를 사용함으로써 밀러 효과를 완전히 제거하는 것이다. 이런 증폭기들이 갖는 낮은 입력 저항의 단점은 그것들 앞에 완충기(소스 폴로어나 이미터 폴로어)를 접속함으로써 극복될 수 있다. 세 가지 가능한 그런 구성들이 그림 9.34에 그려져 있다. 이 회로들의 각각에서, 두 트랜지스터의 어느 것도 밀러 효과를 겪지 않는다. 그 결과 증폭기들은 앞 절의 회로들에서 얻어지는 것보다 훨씬 더 넓은 대역폭을 갖는다. 그림 9.34(a)의 회로를 예로 들어 생각해 보자.[7] 이 회로의 저주파 해석은 다음과 같은 입력 저항을 제공한다.

$$R_{\text{in}} = (\beta_1 + 1)(r_{e1} + r_{e2}) \tag{9.144}$$

이것은 $r_{e1} = r_{e2} = r_e$ 그리고 $\beta_1 = \beta_2 = \beta$에 대해

---

7) 그림 9.34(a)의 회로에 대해서 유도한 결과는 그림 9.34(b)의 회로에 그대로 적용되고 변수들의 적절한 변경으로 그림 9.34(c)의 MOS 회로에도 적용된다.

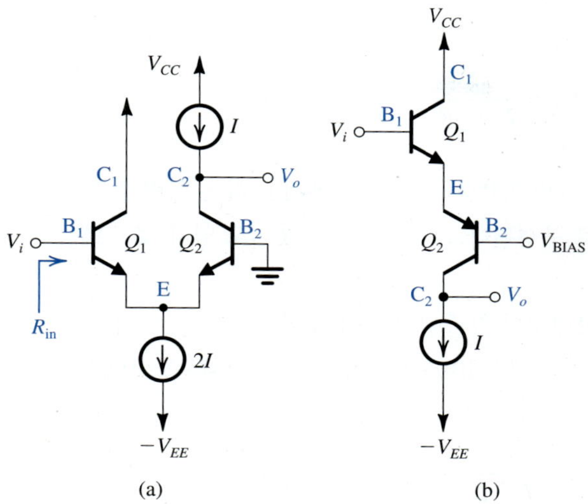

그림 9.34 (a) CC-CB 증폭기. (b) Q_2가 *pnp* 트랜지스터로 구현된 CC-CB 증폭기의 다른 버전. (c) (a) 회로의 MOSFET 버전. (a)와 (c)의 회로들은 Q_1의 부하 저항이 제거된 차동 증폭기로 고려될 수 있다는 것을 주목하라.

$$R_{in} = 2r_\pi \tag{9.145}$$

가 된다. 부하 저항 R_L이 출력에 접속된다면 전압 이득 V_o/V_i는

$$\frac{V_o}{V_i} = \frac{\alpha_2 R_L}{r_{e1} + r_{e2}} = \frac{1}{2} g_m R_L \tag{9.146}$$

이 될 것이다. 여기서 우리는 r_o를 무시하였다. 이제 증폭기가 저항 R_{sig}를 갖는 신호원의 전압 신호 V_{sig}로 구동된다면, 전체 전압 이득은 다음과 같이 표현될 것이다.

$$\frac{V_o}{V_{sig}} = \frac{1}{2}\left(\frac{R_{in}}{R_{in} + R_{sig}}\right)(g_m R_L) \tag{9.147}$$

고주파 해석은 그림 9.35(a)에 나타나 있다. 여기서 Q_1과 Q_2 각각의 하이브리드 π 등가 회로를 그렸다. 두 트랜지스터가 같은 바이어스 전류에서 동작하고 있으므로, 그들의 대응하는 모델 성분들은 같아질 것이다(즉, $r_{\pi 1} = r_{\pi 2}$, $C_{\pi 1} = C_{\pi 2}$ 등). 이것을 염두에 두고, $V_{\pi 1} = -V_{\pi 2}$이며, 그림 9.35(a)에서 E로 표시된 마디를 통과하는 수평선은 삭제될 수 있다는 것을 (E에 마디 방정식을 기술함으로써) 알 수 있어야 한다. 그러므로 이 회로는 그림 9.35(b)의 회로로 간소화된다. 이것은 매우 매력적인 결과이다. 왜냐하면 회로가 고주파 응답을 결정하는 두 개의 극점을 분명히 보여 주기 때문이다. 입력에 있는 극점의 주파수 f_{P1}은

$$f_{P1} = \frac{1}{2\pi\left(\frac{C_\pi}{2} + C_\mu\right)(R_{sig} \| 2r_\pi)} \tag{9.148}$$

이고 출력에 있는 극점의 주파수 f_{P2}는

$$f_{P2} = \frac{1}{2\pi C_\mu R_L} \tag{9.149}$$

이다. 또한 이 결과는 직관적으로 명백하다. 즉, 그림 9.35(a) 회로의 B_1에서 바라본 입력 임피던스는 $r_{\pi 1}$과 $r_{\pi 2}$의 직렬 접속과 $C_{\pi 1}$과 $C_{\pi 2}$의 직렬 접속의 병렬로 구성된다. 그리고 병렬로 $C_{\mu 1}$도 있다. 출력에는 단순히 R_L이 $C_{\mu 2}$와 병렬로 접속된다.

두 극점 중 하나가 우세한지는 R_{sig}와 R_L의 상대적인 값들에 의존할 것이다. 만일 두 극점이 서로 가까이 있다면, 3 dB 주파수 f_H는 정확한 해석에 의해, 즉 이득이 3 dB만큼 떨어지는 주파수를 찾거나 또는 다음과 같은 근사적인 공식을 사용함으로써 결정될 수 있다.

$$f_H \simeq 1 \Big/ \sqrt{\frac{1}{f_{P1}^2} + \frac{1}{f_{P2}^2}} \tag{9.150}$$

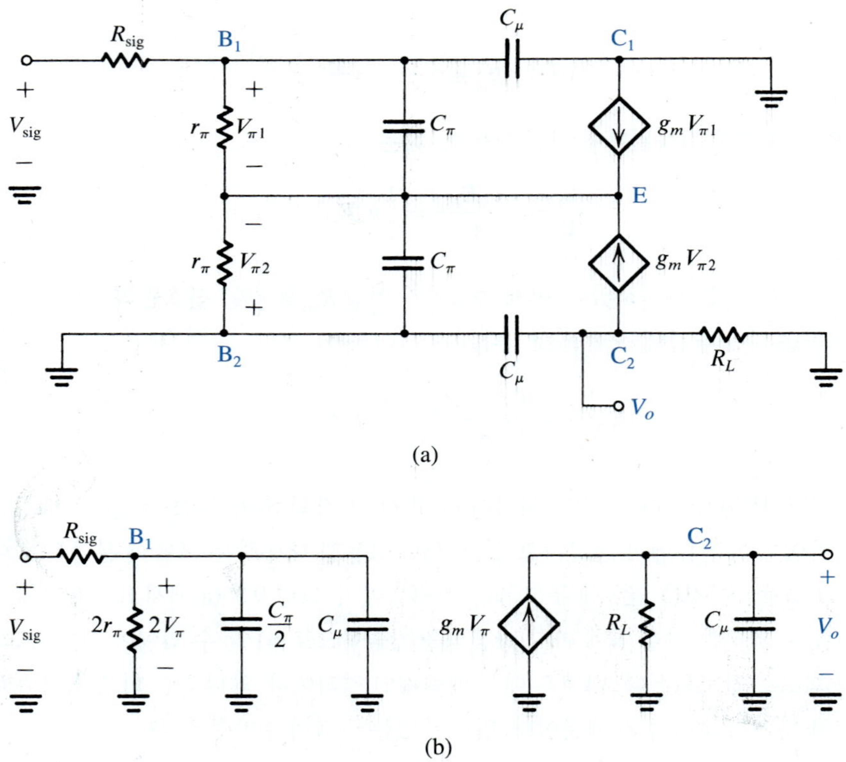

그림 9.35 (a) 그림 9.34(a)의 증폭기에 대한 등가 회로. (b) 단순화된 등가 회로. (a)와 (b)의 등가 회로들은 역시 그림 9.34(b)에 나타낸 회로에도 적용된다는 것을 주목하라. 게다가 그들은 $2r_\pi$를 제거하고 C_π를 C_{gs}로, C_μ를 C_{gd}로, 그리고 V_π를 V_{gs}로 대치하여, 그림 9.34(c)의 MOSFET 회로에 대해서도 쉽게 적용될 수 있다.

연습문제

9.25 그림 9.34(a)의 CC-CB 증폭기에 대해 $I = 0.5$ mA, $\beta = 100$, $C_\pi = 6$ pF, $C_\mu = 2$ pF, $R_{sig} = 10$ kΩ, $R_L = 10$ kΩ으로 두자. 저주파 전체 전압 이득 A_M, 극점들의 주파수들, 그리고 3 dB 주파수 f_H를 구하라. 정확한 방법과 식 (9.150)의 근사적인 공식을 이용한 방법 둘 다를 사용하여 f_H를 구하라.
[답] 50 V/V; 6.4 MHz와 8 MHz; 정확한 평가에 의하면 $f_H = 4.6$ MHz; 식 (9.150)을 사용하면 $f_H = 5$ MHz.

9.8 개별 회로 CS와 CE 증폭기들의 저주파 응답

이 장에서 지금까지 우리는 증폭기들의 고주파 응답에 대해 공부해 왔다. 제시된 내용은 집적 회로와 개별 회로 증폭기들 둘 다에 똑같이 잘 적용된다. 이는 두 증폭기 유형이 높은 주파수들에서 비슷하게 동작하기 때문이다. 그러나 낮은 주파수들에서(즉, 중간 대역 주파수들보다 더 낮은 주파수들에서) 이것은 사실이 아니다. IC 증폭기들은 중간 대역 주파수들에서 갖는 이득과 같은 일정한 저주파 이득을 보이는 반면(그림 9.2), 개별 회로 증폭기들의 이득은 낮은 주파수들에서 감소하고 직류에서 0이 된다(그림 9.1). 이것은 개별 회로 증폭기들이 결합과 우회 커패시터들을 사용하기 때문이다. 이 절에서는 개별 회로 공통 소스와 공통 이미터 증폭기들의 이득에 대한 이런 커패시터들의 영향을 정량화한다. 우리의 목표는 이득이 중간 대역의 값 아래로 3 dB 만큼 떨어지는 주파수 f_L을 평가할 수 있도록 하고, 물론 f_L의 명시된 값을 만족하는 증폭기를 설계할 수 있도록 하는 것이다.

9.8.1 고역 통과 단일 시정수 회로의 주파수 응답

그림 9.36(a)에 나타낸 고역 통과 단일 시정수 회로의 주파수 응답을 알고 있으면, 개별 회로 증폭기들의 저주파 응답을 해석하는 것은 훨씬 더 쉽다. 이 회로는 시정수

$$\tau = CR \tag{9.151}$$

과 전달 함수

$$\frac{V_o}{V_i} = \frac{s}{s + \omega_P} \tag{9.152}$$

를 갖는다. 여기서 극점 주파수 ω_P는

$$\omega_P = \frac{1}{\tau} \tag{9.153}$$

로 주어진다. $s = -\omega_P$에 있는 극점에 더하여, 식 (9.152)의 전달 함수는 $s = 0$에 하나의 영점을 갖는다. 즉, V_o/V_i는 $s = 0$에서 0이 된다. 물리적으로, 이는 $\omega = 0$에서 개방 회로($1/\omega C = \infty$)로 동작하여 $V_o = 0$을 초래하는 커

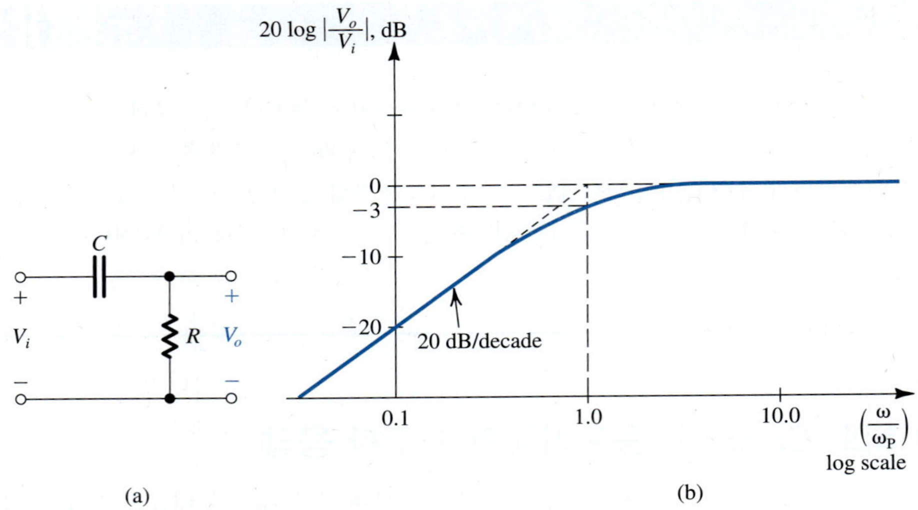

그림 9.36 (a) 고역 통과 STC 회로. (b) $|V_o/V_i|$에 대한 보데 선도.

패시터 C에 기인한다.

물리적인 주파수 $s = j\omega$에 대해 전달 함수의 크기는

$$\left|\frac{V_o}{V_i}\right| = \frac{1}{\sqrt{1+\left(\frac{\omega_P}{\omega}\right)^2}} \tag{9.154}$$

이다. 따라서 $\omega \gg \omega_P$에서, $|V_o/V_i|$는 1로 접근한다. $\omega = \omega_P$에서, $|V_o/V_i| = 1/\sqrt{2}$이다. 즉, 이득은 그것의 중간 대역 값 아래로 3 dB만큼 떨어진다. 따라서 그림 9.36(a)의 고역 통과 회로의 3 dB 주파수는 극점 주파수 ω_P와 같다.

$\omega \ll \omega_P$에 대해서는

$$\left|\frac{V_o}{V_i}\right| \simeq \frac{\omega}{\omega_P} \tag{9.155}$$

따라서 ω가 10배(decade) 감소할 때마다 이득은 10배(20 dB)만큼 감소한다. 이것은 그림 9.36(b)에 나타낸 $|V_o/V_i|$에 대한 보데 선도에 의해 확인된다. 끝으로, 예상한 대로 $\omega = 0$(직류)에서, $|V_o/V_i| = 0$인 것을 주목하라.

9.8.2 CS 증폭기

그림 9.37(a)는 표준적인 바이어스 배열을 활용하는 개별 회로 공통 소스 증폭기를 나타낸다(6.5.1절). 두 개의 결합 커패시터 C_{C1}과 C_{C2} 그리고 우회 커패시터 C_S가 사용된다. 중간 주파수들에서, 이런 큰 커패시터들은 무시할 정도로 작은 임피던스를 가지며 중간 대역 이득을 계산하는 목적으로는 6.5.1절에서 했던 대로 완전한

단락 회로들로 가정될 수 있다. 그러나 낮은 주파수들에서, 이 세 커패시터 각각의 리액턴스 $1/j\omega C$가 증가하여, 이제 보게 되겠지만 증폭기 이득은 감소한다.

낮은 주파수들에서 증폭기 이득 V_o/V_{sig}를 결정하기 위해 그림 9.37(b)에 나타낸 증폭기 등가 회로를 활용한다. 이 회로는 V_{DD}를 단락하고 MOSFET을 T 모델로 대체함으로써 얻어진다. T 모델은 소스 단자에 Z_S와 같은 임피던스가 존재할 때 사용하기에 가장 편리한 모델이다. 여기서는 트랜지스터 r_o가 생략되었다. 6장에서 언급한 것처럼, 이는 r_o가 개별 회로 증폭기들의 성능에 미치는 영향이 무시할 정도로 적기 때문이다. 또한 r_o를 포함하는 것은 해석을 상당히 복잡하게 만들 것이다.

증폭기의 이득 V_o/V_{sig}는 그림 9.37(b)에 있는 등가 회로의 신호 발생기에서 시작하여 부하로 가면서

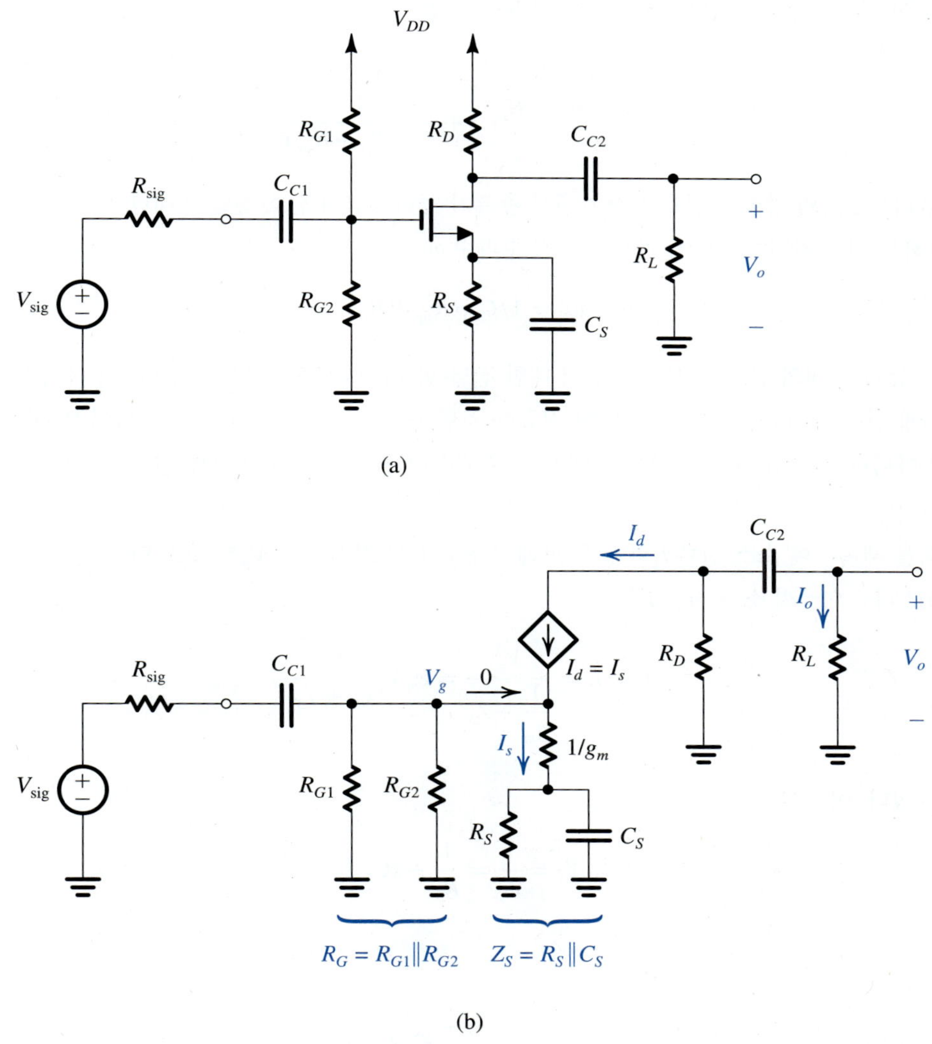

그림 9.37 (a) 용량적으로 결합된 공통 소스 증폭기. (b) 낮은 주파수들에서의 증폭기 등가 회로. MOSFET에 대해 T 모델이 사용되고 r_o는 무시된 것을 주목하라.

$$\frac{V_o}{V_{\text{sig}}} = \frac{V_g}{V_{\text{sig}}} \times \frac{I_d}{V_g} \times \frac{V_o}{I_d}$$

로 구해질 수 있다. 여기서 V_g는 게이트와 접지 사이의 전압이고, I_d는 드레인 전류이다. 트랜지스터 게이트에 나타나는 V_{sig}의 일부인 V_g를 구하기 위하여, 게이트에서 바라본 입력 저항이 무한대이라서 증폭기 입력 저항은 $R_G = R_{G1} \parallel R_{G2}$인 사실을 주목하자. 입력에 전압 분배 공식을 사용하면 게이트 전압은

$$V_g = V_{\text{sig}} \frac{R_G}{R_G + \dfrac{1}{sC_{C1}} + R_{\text{sig}}}$$

로 주어진다. 이 식은 다음과 같은 형태로 다시 정리될 수 있다.

$$\frac{V_g}{V_{\text{sig}}} = \frac{R_G}{R_G + R_{\text{sig}}} \frac{s}{s + \dfrac{1}{C_{C1}(R_G + R_{\text{sig}})}} \tag{9.156}$$

따라서 우리는 C_{C1}의 영향이 신호 발생기에서 증폭기 입력으로의 신호 전달에 대한 표현식에 주파수 의존 인자를 수반하는 것을 알 수 있다. 이 인자를 극점 주파수 ω_{P1}

$$\omega_{P1} = 1/C_{C1}(R_{\text{sig}} + R_G) \tag{9.157}$$

를 갖는 고역 통과 형태의 단일 시정수 회로에 대한 전달 함수[식 (9.152)]로 인식한다. 이 극점과 더불어 C_{C1}은 $s = 0$(dc)에 영점 하나를 도입한다. C_{C1}이 직류를 차단하도록 증폭기 회로에 포함되어 있기 때문에, 이는 놀라운 일이 아니다. 식 (9.156)의 전달 함수에 있는 주파수 의존 인자에 대한 보데 선도는 그림 9.36(b)의 선도와 유사할 것이다.

이제 해석을 계속하여 소스 전류 I_s와 같은 드레인 전류 I_d를 결정한다. V_g를 소스 단자에 있는 총 임피던스 $(1/g_m + Z_S)$로 나눔으로써 소스 전류 I_s는

$$I_d = I_s = \frac{V_g}{\dfrac{1}{g_m} + Z_S} = g_m V_g \frac{Y_S}{g_m + Y_S}$$

로 구해질 수 있다. 여기서

$$Y_S = \frac{1}{Z_S} = \frac{1}{R_S} + sC_S$$

따라서

$$\frac{I_d}{V_g} = g_m \frac{s + \dfrac{1}{C_S R_S}}{s + \dfrac{g_m + 1/R_S}{C_S}} \tag{9.158}$$

그러므로 우회 커패시터는 주파수 ω_{P2}

$$\omega_{P2} = \frac{g_m + 1/R_S}{C_S} \tag{9.159}$$

인 극점과 s 평면의 음의 실수축에 전송 영점

$$s_Z = -\frac{1}{C_S R_S} \tag{9.160}$$

을 도입한다. 따라서 이 영점 주파수는 다음과 같다.

$$\omega_Z = \frac{1}{C_S R_S} \tag{9.161}$$

보통 g_m이 크기 때문에, $\omega_{P2} \gg \omega_Z$인 것을 관찰하라. 즉, ω_{P2}는 중간 대역에 더 가까이 있으므로, ω_L을 결정하는 데 ω_Z보다 더 중요한 역할을 한다. 그림 9.38은 식 (9.158)의 전달 함수에 있는 주파수 의존 인자의 크기에 대한 개략도를 나타낸다.

해석을 완결하기 위해, R_L을 통해 흐르는 I_d의 일부분

$$I_o = -I_d \frac{R_D}{R_D + \dfrac{1}{sC_{C2}} + R_L}$$

를 결정하는 데 전류 분배 공식을 먼저 사용하고, 그다음에 I_o에 R_L을 곱함으로써 V_o를 구한다. 그 결과는

$$\frac{V_o}{I_d} = -\frac{R_D R_L}{R_D + R_L} \frac{s}{s + \dfrac{1}{C_{C2}(R_D + R_L)}} \tag{9.162}$$

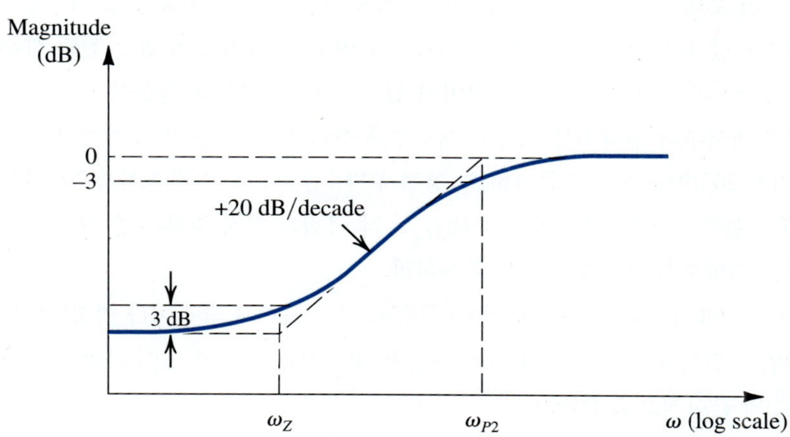

그림 9.38 고역 통과 함수 $\frac{s+\omega_Z}{s+\omega_{P2}}$의 크기 대 주파수 ω에 대한 개략도.

이다. 여기서 C_{C2}가 주파수

$$\omega_{P3} = \frac{1}{C_{C2}(R_D + R_L)} \tag{9.163}$$

인 극점과 $s = 0$(dc)에 영점을 도입하는 것을 알 수 있다. 식 (9.162)의 전달 함수에 있는 주파수 의존 인자의 크기에 대한 개략도는 그림 9.38의 선도와 유사할 것이다.

이 증폭기의 전체 저주파 이득 함수는 식 (9.156), (9.158), (9.162)를 결합하여

$$\frac{V_o}{V_{\text{sig}}} = -\frac{R_G}{R_G + R_{\text{sig}}} g_m(R_D \| R_L)\left(\frac{s}{s+\omega_{P1}}\right)\left(\frac{s+\omega_Z}{s+\omega_{P2}}\right)\left(\frac{s}{s+\omega_{P3}}\right)$$

$$\frac{V_o}{V_{\text{sig}}} = A_M\left(\frac{s}{s+\omega_{P1}}\right)\left(\frac{s+\omega_Z}{s+\omega_{P2}}\right)\left(\frac{s}{s+\omega_{P3}}\right) \tag{9.164}$$

로 구해질 수 있다. 여기서 중간 대역 이득 A_M은

$$A_M = -\frac{R_G}{R_G + R_{\text{sig}}} g_m(R_D \| R_L) \tag{9.165}$$

로 주어진다. 이것은 C_{C1}, C_S, C_{C2}가 완전한 단락 회로들로 동작하고 있다고 가정한다면 얻을 수 있는 값이다. 이와 관련하여, 중간 대역 주파수들에서, 즉 ω가 $\omega_{P1}, \omega_{P2}, \omega_Z, \omega_{P3}$보다 훨씬 높은 주파수들 $s = j\omega$에서 예상한 대로, 식 (9.164)의 V_o/V_{sig}가 A_M에 접근하는 것을 주목하라.

3 dB 주파수 f_L의 결정 주파수 ω에서 증폭기 이득의 크기는 식 (9.164)에서 $s = j\omega$로 대치하고 결과적인 복소 함수의 크기를 평가함으로써 얻어질 수 있다. 이런 식으로 증폭기의 저주파 응답은 주파수에 대해 그려질 수 있고, 낮은 3 dB 주파수 f_L은 $|V_o/V_{\text{sig}}|$가 $|A_M|/\sqrt{2}$로 떨어지는 주파수로 결정될 수 있다.

극점들과 영점들이 서로 충분히 떨어져 있다면 f_L을 결정하기 위한 더 간단한 방법이 가능하다. 이 경우에 우리는 이득 크기에 대한 보데 선도를 그리기 위해 보데 선도 규칙들(부록 F 참조)을 사용할 수 있다. 그런 선도는 그림 9.39에 나타나 있다. 이 선도는 단순히 식 (9.156), (9.158), (9.162)에 있는 전달 함수들에 대한 보데 선도들의 결합이다. 극점들과 영점들이 충분히 떨어져 있기 때문에, 그들의 영향은 별개로 나타난다는 사실을 관찰하라. 중간 대역에서부터 주파수를 따라 아래로 이동한다면, 우리는 각 극점 주파수에서 이득 함수에 대한 점근선의 기울기가 20 dB/decade로 증가하고, 영점 주파수(f_Z)에서 그 기울기가 20 dB/decade로 감소하는 것을 알 수 있다. 우리는 이 개략도의 목적을 위해 f_{P2}는 세 극점과 영점 주파수 중 가장 높은 것으로 가정하였고, 영점은 가장 낮은 주파수를 갖는다는 점을 주목하라.

만일 가장 높은 주파수의(여기서는 f_{P2}로 가정된) 극점이 가장 가까운 극점이나 영점(여기서는 f_{P3})에서 적어도 네 배(2 옥타브)만큼 떨어져 있다면, 3 dB 주파수 f_L을 평가하는 빠른 방법이 가능하다. 이런 경우에 f_L은 가장 높은 극점 주파수와 근사적으로 같다. 즉,

$$f_L \simeq f_{P2} \tag{9.166}$$

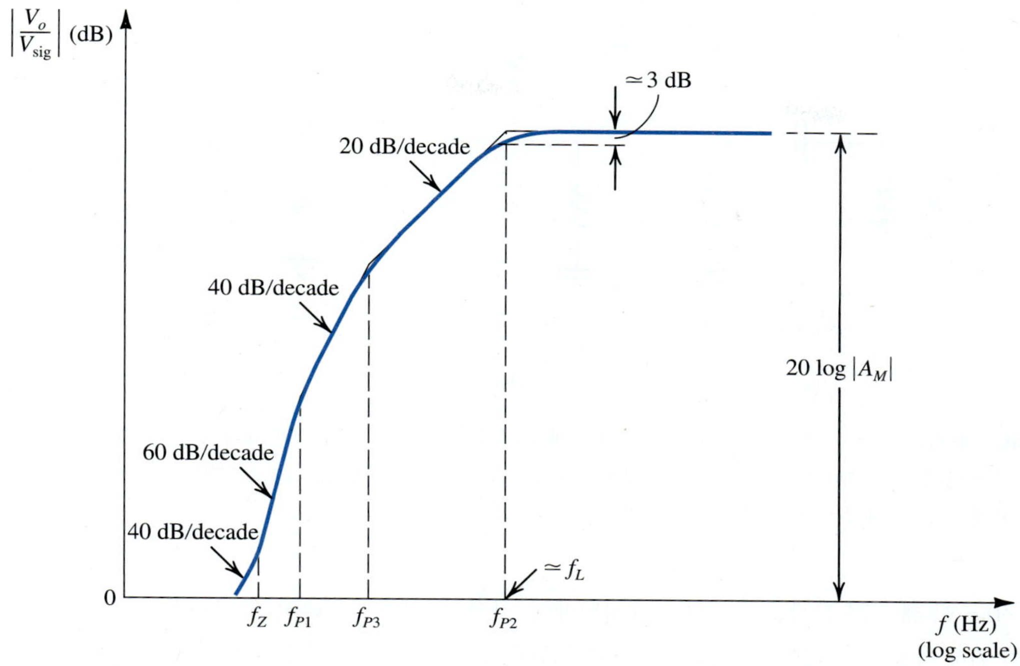

그림 9.39 세 개의 극점 주파수가 충분히 떨어져 그들의 영향이 별개로 나타나는 CS 증폭기에 대한 저주파 크기 응답의 개략도.

우리는 이 경우에 주파수가 f_{P2}인 **우성 극점**(dominant pole)이 존재한다고 말한다. 물론 우성 극점이 존재한다면, 보데 선도를 그릴 필요 없이 f_L은 평가될 수 있다. 만일 우성 극점이 존재하지 않는다면, f_L에 대한 다음 근사적인 표현식이 사용될 수 있다.

$$f_L \simeq \sqrt{f_{P1}^2 + f_{P2}^2 + f_{P3}^2 - 2f_Z^2} \tag{9.167}$$

관찰에 의한 극점과 영점 주파수들의 결정 앞에서 수행한 전달 함수 V_o/V_{sig}의 유도로부터, 세 커패시터 각각은 세 극점 중 하나와 세 영점 중 하나의 주파수들을 결정한다는 것을 주목하라. 커패시터들의 영향이 이렇게 분리되는 결과로, 각 커패시터에 의해 도입된 극점과 영점의 주파수들을 구하기 위한 간단한 방법이 존재한다.

먼저 영점들을 고려하자. 정의에 의하면 전송 영점은 입력이 출력에 도달하지 않는 결과 $V_o = 0$이 되는 s의 값이다. 그림 9.37(b)의 회로를 검토하면, C_{C1}이 $s = 0$에서 무한 임피던스가 되면서 $s = 0$에 전송 영점을 도입(즉, 직류를 차단)한다는 것을 알게 된다.

똑같은 언급이 C_{C2}에도 그대로 적용된다. 그러나 우회 커패시터 C_S는 다르게 영향을 미친다. 즉, 그것의 전송 영점은 Z_S가 무한대가 되면서 I_s, I_d, V_o가 0이 되는 s의 값이다. 이것은 식 (9.160)으로 주어지는 s_Z이다.

극점들을 결정하기 위해 우리는 $V_{sig} = 0$으로 설정한다.[8] 그 결과 그림 9.40에 나타낸 세 개의 분리된 회로

8) 어떤 회로의 극점들은 그것의 고유 모드(자연 응답)들과 연관되므로, 입력 신호의 값에 의존하지 않는다.

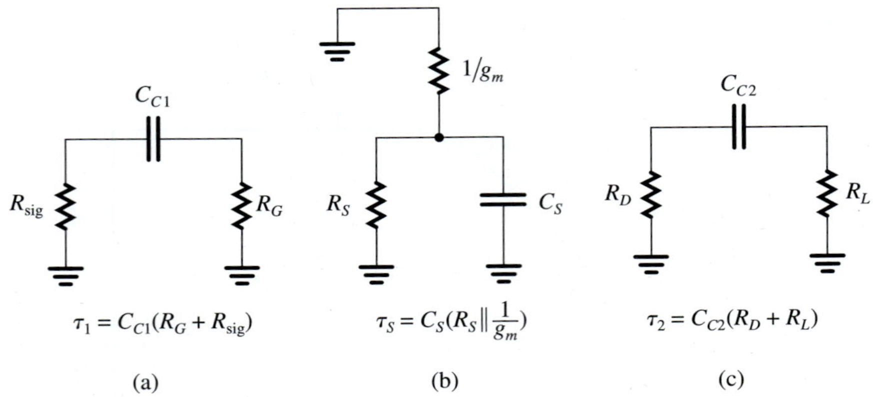

그림 9.40 세 커패시터 각각에 대한 시정수와 그 커패시터와 연관된 극점을 결정하기 위한 회로들. 그림 9.37의 회로에서, 커패시터들이 서로 작용하지 않기 때문에, 즉 각 커패시터는 세 극점(그리고 영점) 중 하나만을 야기하기 때문에 이 결정 방법이 가능하다는 것을 주목하라.

가 얻어진다. 이 세 회로 각각은 특정한 커패시터에서 '바라본' 저항[9)], 따라서 그 커패시터와 연관된 시정수를 결정하기 위해 사용될 수 있다. 대응하는 극점 주파수 ω_P는 이 시정수의 역수이다.

결합과 우회 커패시터들에 대한 값의 선정 이제 C_{C1}, C_S, C_{C2}에 대한 적절한 값을 선정하는 설계 문제를 검토해 보자. 설계 목적은 커패시터 값들을 최소로 하면서 낮은 3 dB 주파수 f_L을 지정된 값에 위치시키는 것이다. 보통 C_S에서 바라본 저항 $\left(\frac{1}{g_m} \| R_S\right)$가 세 저항 중 가장 작기 때문에, 총 커패시턴스는 가장 높은 주파수 극점수, 즉 그 극점 주파수 $f_{P2} = f_L$이 되도록 C_S를 선정함으로써 최소화될 수 있다. 그다음에 다른 두 극점 주파수의 위치를, 말하자면 우성 극점 주파수 f_{P2}보다 다섯 배 내지 열 배 정도 낮게 정한다. 그러나 f_{P1}과 f_{P3}에 대해 선정한 그 값들은 너무 낮지 않아야 한다. 왜냐하면 그런 설계는 C_{C1}과 C_{C2}에 대해 필요한 것보다 더욱 큰 값을 요구하기 때문이다. 이 설계 과정은 다음 예제에서 설명할 것이다.

예제 9.11

CS 증폭기를 위한 결합 커패시터들 C_{C1}과 C_{C2} 그리고 우회 커패시터 C_S에 대한 적절한 값들을 선정하고자 한다. 이 증폭기는 $R_G = 4.7\ \text{M}\Omega$, $R_D = R_L = 15\ \text{k}\Omega$, $R_{sig} = 100\ \text{k}\Omega$, $R_S = 10\ \text{k}\Omega$, $g_m = 1\ \text{mA/V}$를 갖는다. 100 Hz에 f_L을 가지며 가장 가까운 절점(折點) 주파수(break frequency), 즉 극점 주파수는 f_L보다 적어도 열 배 아래에 있도록 요구된다.

9) 어떤 커패시터에서 바라본 저항은 커패시터를 전압 전원 V_x로 대체하여 V_x에서 나오는 전류 I_x를 구함으로써 구해질 수 있다. 그러면 그 저항은 V_x/I_x이다.

풀이

$$f_{P2}=\frac{g_m+\dfrac{1}{R_S}}{2\pi C_S}=f_L$$

이 되도록 C_S를 선정한다. 따라서

$$C_S=\frac{1.1\times10^{-3}}{2\pi\times100}=1.75\ \mu\text{F}$$

그리고 $f_{P1}=f_{P3}=10$ Hz로 선정하면

$$10=\frac{1}{2\pi C_{C1}(0.1+4.7)\times10^6}$$

을 얻는다. 여기서 다음 결과가 산출된다.

$$C_{C1}=3.3\ \text{nF}$$

그리고

$$10=\frac{1}{2\pi C_{C2}(15+15)\times10^3}$$

이로부터 다음 결과를 얻는다.

$$C_{C2}=0.53\ \mu\text{F}$$

끝으로 영점 주파수 f_Z를 다음과 같이 계산한다.

$$f_Z=\frac{1}{2\pi C_S R_S}=\frac{1}{2\pi\times1.75\times10^{-6}\times10\times10^3}$$
$$=9.1\ \text{Hz}$$

연습문제

9.26 CS 증폭기는 $C_{C1}=C_S=C_{C2}=1\ \mu\text{F}$, $R_G=10\ \text{M}\Omega$, $R_{\text{sig}}=100\ \text{k}\Omega$, $g_m=2$ mA/V, $R_D=R_L=R_S=10\ \text{k}\Omega$을 갖는다. A_M, f_{P1}, f_{P2}, f_{P3}, f_Z, f_L을 구하라.

[답] −9.9 V/V; 0.016 Hz; 334.2 Hz; 8 Hz; 15.91 Hz; 334.2 Hz

9.8.3 단락 회로 시정수 방법

곧이어 논의할 공통 이미터 증폭기와 같은 일부 회로들에서는 커패시터들의 영향을 분리하는 것이 가능하지 않다. 오히려 커패시터들이 상호 작용한다. 이는 극점 주파수들을 결정하는 것을 어렵게 만든다. 그러나 다행히 극점들의 주파수를 결정할 필요 없이 f_L에 대한 평가값을 얻기 위한 간단한 방법이 있다. 비록 이 방법이 우성 극점이 있다는 가정에 근거하지만, 이 가정이 엄격히 유효하지 않아도 f_L에 대한 결과적인 평가값은 보통 매우 양호하다. 그 방법은 다음과 같다.

1. 입력 신호 $V_{sig}=0$으로 설정하라.
2. 한 번에 하나씩 커패시터들을 고려하라. 즉, 커패시터 C_i를 고려하는 동안, 다른 모든 커패시터는 무한대 값으로 설정하라.(즉, 그것들을 단락 회로로 대체하라. 여기서 이 방법의 이름이 유래한다.)
3. 각 커패시터 C_i에 대해, C_i에서 바라본 총 저항 R_i를 구하라. 이것은 관찰에 의하거나 C_i를 전압 전원 V_x로 대체하고 V_x에서 나오는 전류 I_x를 구함으로써, 즉 $R_i \equiv V_x/I_x$로 결정될 수 있다.
4. 3 dB 주파수 f_L을 다음과 같이 계산하라.

$$f_L \simeq \frac{1}{2\pi}\sum_{i=1}^{n}\frac{1}{C_iR_i} \tag{9.168}$$

   여기서 n은 커패시터들의 총 개수이다.

이 방법은 간단하면서 매우 중요한 부수적인 이점을 가지고 있다. 즉, 식 (9.168)은 f_L의 값에 각 커패시터의 상대적인 기여를 나타낸다. 구체적으로, 특정한 커패시터에 연관된 시정수의 값이 작으면 작을수록 그 커패시터의 f_L에 대한 기여는 더욱 커진다. 곧 알게 되겠지만, 이런 관찰은 중요한 설계 함축성을 가지고 있다. 우리는 다음 절에서 이 단락 회로 시정수 방법을 적용하는 과정을 보일 것이다. 거기서 이 방법은 CE 증폭기의 f_L을 결정하기 위해 사용된다. 끝으로 이 방법이 높은 3 dB 주파수 f_H를 결정하기 위해 9.3절에서 공부한 개방 회로 시정수 방법의 쌍대(dual)인 것을 주목하라.

9.8.4 CE 증폭기

그림 9.41(a)는 결합 커패시터 C_{C1}과 C_{C2} 그리고 우회 커패시터 C_E를 포함하는 표준적인 바이어스 배열(6.5.2절)을 활용하는 개별 회로 공통 이미터 증폭기를 나타낸다. 우리는 이 증폭기의 이득이 중간 대역의 값 아래로 3 dB만큼 떨어지는 f_L의 평가값을 얻고자 한다. 또한 필요한 총 커패시턴스 값을 최소로 하면서 f_L이 원하는 위치에 놓이는 것을 보장하기 위해 C_{C1}, C_E, C_{C2}에 대한 적절한 값을 선정하는 방법을 결정할 필요가 있다.

CE 증폭기의 저주파 이득을 해석하기 위해 그림 9.41(b)에 나타낸 등가 회로를 활용한다. 이 등가 회로는 V_{CC}를 단락하고 BJT를 r_o가 무시된 T 모델로 대체함으로써 얻어진다. r_o를 무시한 판단은 개별 회로 증폭기의 이득에 미치는 트랜지스터 출력 저항의 대수롭지 않은 영향과 그것의 고려가 해석에 미치는 상당한 복잡도에 근거한다. 그림 9.41(b)의 등가 회로에서, BJT 베이스의 유한한 입력 전류는 C_{C1}과 C_{C2}를 서로 작용하게 만든다. 즉, CS 증폭기의 경우와 다르게, 여기서는 C_{C1}과 C_{C2}에 의해 생성된 두 극점 각각은 설계 통찰력을 방해하는 복잡한 방식으로 커패시터 둘 다의 값에 의존할 것이다. 그러므로 우리는 극점 주파수들을 결정하려

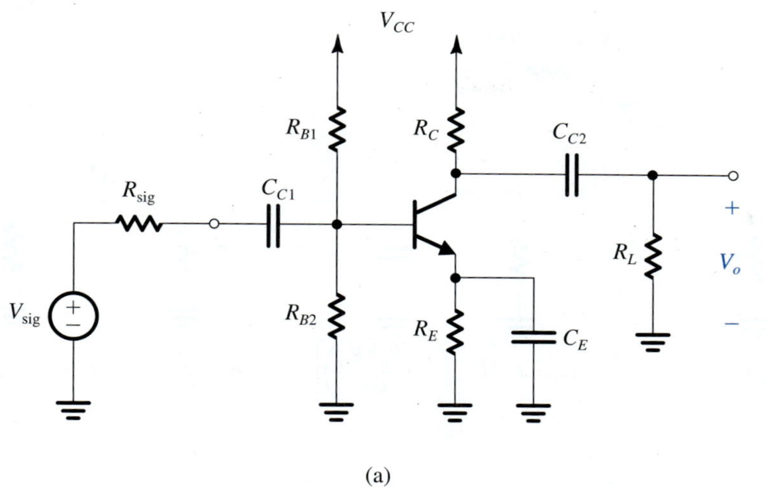

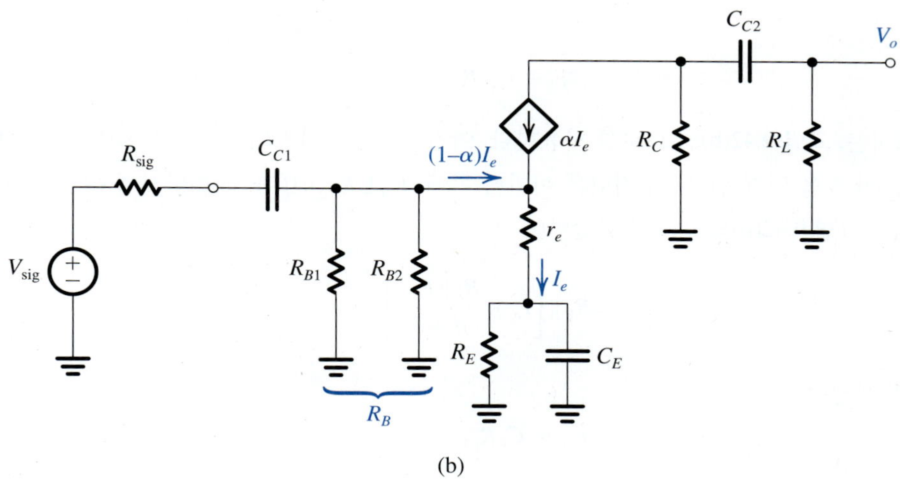

그림 9.41 (a) 개별 회로 공통 이미터 증폭기. (b) (a)에 있는 증폭기의 등가 회로.

고 시도하지 않을 것이다. 대신에, f_L을 직접적으로 평가하기 위해 단락 회로 시정수 방법을 사용할 것이다.

단락 회로 시정수 방법의 적용 그림 9.41(b)의 회로에서 $V_{sig} = 0$으로 설정하고 한 번에 하나씩 커패시터를 고려하면서 나머지 두 개를 단락한다면 그 결과 그림 9.42에 나타낸 세 가지 회로가 얻어진다. 이 회로들은 각 커패시터에서 바라본 저항, 따라서 실효 시정수를 결정하기 위해 사용될 수 있다. C_{C1}에 대해서, 우리는 그림 9.42(a)의 회로를 사용한다. 그리고 r_π는 C_E가 단락되었을 때 베이스에서 바라본 입력 저항인 것을 주목하라. 커패시터 C_{C1}은 관찰에 의해 구해질 수 있는 저항 R_{C1}

$$R_{C1} = (R_B \| r_\pi) + R_{sig} \tag{9.169}$$

를 바라보게 되며 C_{C1}과 연관된 시정수는

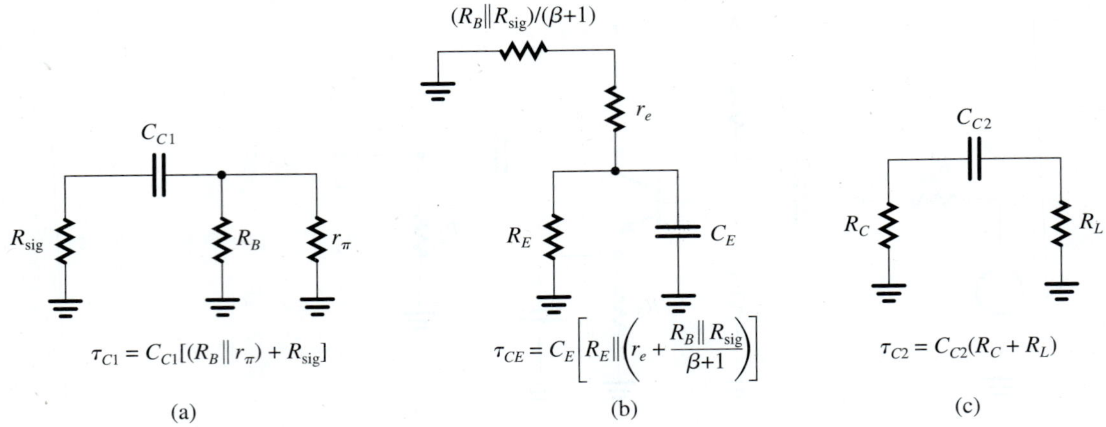

그림 9.42 그림 9.41의 증폭기에 대한 단락 회로 시정수를 결정하기 위한 회로들.

$$\tau_{C1} = C_{C1}R_{C1} \tag{9.170}$$

이 된다. C_E에 대해서는, 그림 9.42(b)의 회로를 사용한다. 여기서 C_{C1}이 단락되면[그림 9.41(b) 참조], 베이스의 저항이 $(R_B \| R_{sig})$인 것을 알게 된다. 이 저항은 이미터 쪽에 $(R_B \| R_{sig})/(\beta + 1)$로 반사될 수 있다. C_E에서 바라본 총 저항 R_{CE}는 그림 9.42(b)의 회로를 관찰하여

$$R_{CE} = R_E \| \left[r_e + \frac{R_B \| R_{sig}}{\beta + 1} \right] \tag{9.171}$$

로 구해질 수 있으며 시정수는

$$\tau_{CE} = C_E R_{CE} \tag{9.172}$$

가 된다. 끝으로 C_{C2}에서 바라본 저항은 그림 9.42(c)의 회로를 관찰하여

$$R_{C2} = R_C + R_L \tag{9.173}$$

로 결정될 수 있으며, 대응하는 시정수 τ_{C2}는 다음과 같이 결정된다.

$$\tau_{C2} = C_{C2}R_{C2} \tag{9.174}$$

지금까지 결정된 세 개의 시정수를 가지고 3 dB 주파수 f_L은

$$f_L = \frac{\omega_L}{2\pi} = \frac{1}{2\pi}\left[\frac{1}{C_{C1}R_{C1}} + \frac{1}{C_E R_{CE}} + \frac{1}{C_{C2}R_{C2}} \right] \tag{9.175}$$

로부터 구해질 수 있다. 수치적인 값들이 이 표현식에 대입될 때, 세 커패시터 중 어느 것이 f_L에 가장 크게 기여하는가는 곧바로 분명해진다. 분명히 그것은 가장 작은 시정수를 갖는 커패시터이다. CE 증폭기에서 이것은 보통 C_E이다. 왜냐하면 연관된 저항 R_{CE}가 일반적으로 작기 때문이다. 커패시터 중 어느 것이 f_L의 결정을

좌우하는 영향을 가지는지를 아는 것은 다음에 나타내는 것처럼 중요한 설계 함축성을 갖는다.

C_{C1}, C_E, C_{C2}에 대한 값의 선정 이제 C_{C1}, C_E, C_{C2}에 대한 적절한 값을 선정하는 설계 문제를 검토하자. 설계 목적은 총 커패시턴스를 최소화하면서 낮은 3 dB 주파수 f_L을 지정된 위치에 배치하는 것이다. 앞서 언급한 대로, C_E가 보통 세 저항 중 가장 낮은 저항을 바라보게 되므로, 총 커패시턴스는 f_L에 그 기여가 우세하도록 C_E를 선정함으로써 최소화된다. 즉, 식 (9.175)를 참조하여, $1/(C_E R_{CE})$가 $\omega_L = 2\pi f_L$의 80%가 되도록 C_E를 선정하고, 다른 커패시터들은 ω_L의 값에 각각 10%씩 기여하도록 선정될 수 있다. 예제 9.12는 이 과정을 이해하는 데 도움이 될 것이다.

예제 9.12

공통 이미터 증폭기를 위한 C_{C1}, C_{C2}, C_E에 대한 적절한 값을 선정하고자 한다. 이 증폭기는 $R_B = 100\ \text{k}\Omega$, $R_C = 8\ \text{k}\Omega$, $R_L = 5\ \text{k}\Omega$, $R_{\text{sig}} = 5\ \text{k}\Omega$, $R_E = 5\ \text{k}\Omega$, $\beta = 100$, $g_m = 40\ \text{mA/V}$, $r_\pi = 2.5\ \text{k}\Omega$을 갖는다. 그리고 이 증폭기는 $f_L = 100\ \text{Hz}$를 갖도록 요구된다.

풀이

먼저 세 커패시터 C_{C1}, C_E, C_{C2}에서 바라본 저항들을 다음과 같이 결정한다.

$$\begin{aligned} R_{C1} &= (R_B \| r_\pi) + R_{\text{sig}} \\ &= (100 \| 2.5) + 5 = 7.44\ \text{k}\Omega \end{aligned}$$

$$\begin{aligned} R_{CE} &= R_E \| \left[r_e + \frac{R_B \| R_{\text{sig}}}{\beta + 1} \right] \\ &= 5 \| \left(0.025 + \frac{100 \| 5}{101} \right) = 0.071\ \text{k}\Omega \end{aligned}$$

$$R_{C2} = R_C + R_L = 8 + 5 = 13\ \text{k}\Omega$$

이제 ω_L 값의 80%를 기여하도록 C_E를 선정하면

$$\frac{1}{C_E \times 71} = 0.8 \times 2\pi \times 100$$

$$C_E = 28\ \mu\text{F}$$

이 얻어진다. 이번에는 C_{C1}이 f_L의 10%를 기여하면

$$\frac{1}{C_{C1} \times 7.44 \times 10^3} = 0.1 \times 2\pi \times 100$$

$$C_{C1} = 2.1\ \mu\text{F}$$

마찬가지로, C_{C2}가 f_L의 10%를 기여하면 그 값은 다음과 같이 선정된다.

$$\frac{1}{C_{C2} \times 13 \times 10^3} = 0.1 \times 2\pi \times 100$$
$$C_{C2} = 1.2\ \mu\text{F}$$

실제로, 우리는 $f_L \le 100$ Hz를 보장하면서 세 커패시터에 대한 가장 가까운 표준값들을 선정할 것이다. 끝으로, C_E에 의해 도입된 영점의 주파수는 다음과 같이 구해진다.

$$f_Z = \frac{1}{2\pi C_E R_E} = \frac{1}{2\pi \times 28 \times 10^{-6} \times 5 \times 10^3} = 1.1\ \text{Hz}$$

이것은 f_L로부터 매우 멀리 떨어져 있으므로 미미한 영향을 갖는다.

연습문제

9.27 공통 이미터 증폭기는 $C_{C1} = C_E = C_{C2} = 1\ \mu\text{F}$, $R_B = 100\ \text{k}\Omega$, $R_{\text{sig}} = 5\ \text{k}\Omega$, $g_m = 40$ mA/V, $r_\pi = 2.5$ kΩ, $R_E = 5\ \text{k}\Omega$, $R_C = 8\ \text{k}\Omega$, $R_L = 5\ \text{k}\Omega$을 갖는다. 각 커패시터와 연관된 시정수의 값을 구하여 f_L의 값을 평가하라. 또한 C_E에 의해 도입된 전송 영점의 주파수를 계산하고 f_L에 미치는 그 영향을 언급하라.

[답] $\tau_{C1} = 7.44$ ms; $\tau_{CE} = 0.071$ ms; $\tau_{C2} = 13$ ms; $f_L = 2.28$ kHz; $f_Z = 31.8$ Hz, 이것은 f_L보다 훨씬 더 작아서 f_L에 미치는 영향은 무시될 수 있다.

요약

- MOSFET과 BJT는 둘 다 각 소자의 하이브리드 π 모델에 커패시턴스들을 부가함으로써 모델화될 수 있는 내부 용량성 효과들을 갖는다. 보통 적어도 두 개의 커패시턴스가 필요하다. 즉, C_{gs}와 C_{gd}(BJT에 대해서는 C_π와 C_μ)이다. 트랜지스터의 고주파 동작에 대한 성능 지수는 CS(CE) 트랜지스터의 단락 회로 전류 이득이 1로 감소되는 주파수 f_T이다. MOSFET에 대해 $f_T = g_m/2\pi(C_{gs} + C_{gd})$이고, BJT에 대해서는 $f_T = g_m/2\pi(C_\pi + C_\mu)$이다. MOSFET에 대한 고주파 모델 파라미터들의 요약은 표 9.1에 제시되어 있고, BJT에 대한 대응하는 정보는 표 9.2에 있다. 이 표들은 온라인(www.oup.com/he/sedra-smith8xe)상의 요약표 보충자료(Summary Tables Supplement)에서 찾을 수 있다.
- MOSFET과 BJT의 내부 커패시턴스들은 증폭기 이득을 높은 주파수에서 떨어지게 한다. 증폭기 대역폭의 평가값은 이득이 중간 대역의 값 $|A_M|$ 아래로 3 dB 떨어지는 주파수 f_H에 의해 제공된다. 증폭기에 대한 성능 지수는 이득 대역폭 곱 GB $= |A_M| f_H$이다. 보통 거의 일정하게 유지되는 GB를 가지고 증가된 대역폭에 대해 이득을 절충하는 것이 가능하다. 주파수 f_H에 우성 극점을 갖는 증폭기에 대해서, 이득은 균일한 20 dB/decade 비율로 떨어져 결국 $f_t =$ GB에서 0 dB에 도달한다.

- CS와 CE 증폭기들의 고주파 응답은 밀러 효과에 의해 심하게 제한된다. 작은 커패시턴스 $C_{gd}(C_\mu)$는 게이트에서 드레인(베이스에서 컬렉터)으로의 이득 $g_m R'_L$과 근사적으로 같은 인수에 의해 곱해져 증폭기 입력에 큰 커패시턴스를 야기한다. 증가된 C_{in}은 신호원 저항 R_{sig}와 상호 작용하여 증폭기 이득이 3 dB 주파수 $f_H = 1/(2\pi R_{\text{sig}} C_{\text{in}})$을 갖도록 한다.
- 개방 회로 시정수 방법은 높은 3 dB 주파수 f_H의 적절히 양호한 평가값을 얻기 위한 간단하고 강력한 방법을 제공한다. $V_{\text{sig}} = 0$ 그리고 다른 모든 커패시턴스를 0으로 설정(개방 회로)하여 고주파 응답을 제한하는 커패시터들을 한 번에 하나씩 고려한다. 각 커패시터에서 바라본 저항이 결정되면, 전체 시정수 τ_H는 각각의 시정수를 더함으로써 얻어진다. 그러면 f_H는 $1/2\pi\tau_H$로 구해진다.
- CG와 CB 증폭기들은 밀러 효과를 겪지 않는다. 따라서 CS와 CG(CE와 CB) 단들의 종속 접속으로 구성된 캐스코드 증폭기는 단일 CS(CE) 증폭기에서 달성되는 것보다 더 넓은 대역폭을 얻도록 설계될 수 있다. 이를 위한 주안점은 CS(CE) 단에서 얻어지는 이득이 최소가 되도록 캐스코드를 설계하는 것이다.
- 소스와 이미터 폴로어들은 복소 극점들을 가질 수 있다. 그러므로 그들의 주파수 응답은 완전한 전달함수를 사용하여 평가된다. 두 종류의 폴로어는 넓은 대역폭을 나타낸다.
- 차동 증폭기의 고주파 응답은 차동과 동상 모드 절반 회로들을 고려함으로써 얻어질 수 있다. CMRR은 바이어스 전류원의 출력 임피던스에 의해 결정되는 비교적 낮은 주파수에서 떨어진다.
- 전류 미러 부하를 가진 차동 증폭기의 고주파 응답은 입력과 출력 사이에 두 가지 신호 통로가 있는 사실로 인해 복잡해진다. 즉, 직접적인 통로와 전류 거울을 통하는 통로가 있다. 그럼에도 불구하고 우성 극점은 출력 마디의 총 커패시턴스 C_L에 의해 결정된다.
- 밀러 효과를 제거하거나 최소화하는 방식으로 두 트랜지스터를 결합하는 구성은 훨씬 넓은 대역폭을 야기할 수 있다. 몇 가지 그런 구성들이 9.7절에 제시되어 있다.
- 개별 회로 증폭기들에 활용된 결합과 우회 커패시터들은 증폭기 이득을 낮은 주파수에서 떨어지게 한다. CS 증폭기에서, 커패시터들은 상호 작용하지 않는다. 그래서 저주파 극점들의 주파수는 이 커패시터들 각각을 개별적으로 고려하여 커패시터에서 바라본 저항을 결정함으로써 평가될 수 있다. 가장 높은 주파수의 극점은 낮은 3 dB 주파수 f_L을 결정하는 극점이다. CE 증폭기에서, 커패시터들은 상호 작용하기 때문에 극점들은 쉽게 결정될 수 없다. 이런 경우 단락 회로 시정수 방법이 3 dB 주파수 f_L의 평가값을 얻기 위해 사용될 수 있다.

PROBLEMS

Computer Simulation Problems

SIM Problems identified by this icon are intended to demonstrate the value of using SPICE simulation to verify hand analysis and design, and to investigate important issues such as gain–bandwidth trade-off. Instructions to assist in setting up simulations for all the indicated problems can be found in the corresponding files on the website. Note that if a particular parameter value is not specified in the problem statement, you are to make a reasonable assumption.

---

problems with green numbers are considered essential; * = difficult problem; ** = more difficult; *** = very challenging
SIM = simulation; **D** = design problem;

Section 9.1: High-Frequency Transistor Models

9.1 Refer to the MOSFET high-frequency model in Fig. 9.4(a). Evaluate the model parameters for an NMOS transistor operating at $I_D = 200\ \mu\text{A}$, $V_{SB} = 0.35$ V, and $V_{DS} = 0.7$ V. The MOSFET has $W = 12\ \mu\text{m}$, $L = 0.3\ \mu\text{m}$, $t_{ox} = 4$ nm, $\mu_n = 450\ \text{cm}^2/\text{V}\cdot\text{s}$, $\gamma = 0.5\ \text{V}^{1/2}$, $2\phi_f = 0.85$ V, $\lambda = 0.1\ \text{V}^{-1}$, $V_0 = 0.9$ V, $C_{sb0} = C_{db0} = 5$ fF, and $L_{ov} = 0.03\ \mu\text{m}$. [Recall that $g_{mb} = \chi g_m$, where $\chi = \gamma/(2\sqrt{2\phi_f + V_{SB}})$, and that $\epsilon_{ox} = 3.45 \times 10^{-11}$ F/m.]

9.2 Find f_T for a MOSFET operating at $I_D = 200\ \mu\text{A}$ and $V_{OV} = 0.3$ V. The MOSFET has $C_{gs} = 25$ fF and $C_{gd} = 5$ fF.

9.3 A particular BJT operating at $I_C = 0.5$ mA has $C_\mu = 1$ pF, $C_\pi = 8$ pF, and $\beta = 100$. What are f_T and f_β for this situation?

9.4 Measurement of β of an *npn* transistor at 50 MHz shows that $|\beta| = 10$ at $I_C = 0.2$ mA and 12 at $I_C = 1.0$ mA. Furthermore, C_μ was measured and found to be 0.1 pF. Find f_T at each of the two collector currents used. What must τ_F and C_{je} be?

9.5 A particular small-geometry BJT has f_T of 10 GHz and $C_\mu = 0.1$ pF when operated at $I_C = 1.0$ mA. What is C_π in this situation? Also, find g_m. For $\beta = 120$, find r_π and f_β.

9.6 Starting from the expression of f_T for a MOSFET,

$$f_T = \frac{g_m}{2\pi(C_{gs} + C_{gd})}$$

and making the approximation that $C_{gs} \gg C_{gd}$ and that the overlap component of C_{gs} is negligibly small, show that

$$f_T \simeq \frac{1.5}{\pi L}\sqrt{\frac{\mu_n I_D}{2C_{ox}WL}}$$

Thus note that to obtain a high f_T from a given device, it must be operated at a high current. Also note that faster operation is obtained from smaller devices.

9.7 Starting from the expression for the MOSFET unity-gain frequency,

$$f_T = \frac{g_m}{2\pi(C_{gs} + C_{gd})}$$

and making the approximation that $C_{gs} \gg C_{gd}$ and that the overlap component of C_{gs} is negligibly small, show that for an *n*-channel device

$$f_T \simeq \frac{3\mu_n V_{OV}}{4\pi L^2}$$

Observe that for a given channel length, f_T can be increased by operating the MOSFET at a higher overdrive voltage. Evaluate f_T for devices with $L = 0.5\ \mu\text{m}$ operated at overdrive voltages of 0.2 V and 0.4 V. Use $\mu_n = 450\ \text{cm}^2/\text{V}\cdot\text{s}$.

9.8 Find the intrinsic gain A_0 and the unity-gain frequency f_T of an *n*-channel transistor fabricated in a 0.13-μm CMOS process for which $L_{ov} = 0.1\ L$, $\mu_n = 400\ \text{cm}^2/\text{V}\cdot\text{s}$, and $V_A' = 5\ \text{V}/\mu\text{m}$. The device is operated at $V_{OV} = 0.2$ V. Find A_0 and f_T for devices with $L = L_{\min}$, $2L_{\min}$, $3L_{\min}$, $4L_{\min}$, and $5L_{\min}$. Present your results in a table. (*Hint:* For f_T, use the approximate expression $f_T \simeq \frac{3\mu_n V_{OV}}{4\pi L^2}$.)

9.9 For the transistor described in Problem 9.3, C_π includes a relatively constant depletion-layer capacitance of 2 pF. If the device is operated at $I_C = 0.25$ mA, what does its f_T become?

9.10 An *npn* transistor is operated at $I_C = 1$ mA and $V_{CB} = 2$ V. It has $\beta_0 = 100$, $V_A = 50$ V, $\tau_F = 30$ ps, $C_{je0} = 20$ fF, $C_{\mu 0} = 30$ fF, $V_{0c} = 0.75$ V, and $m_{CBJ} = 0.5$. Sketch the complete hybrid-π model, and specify the values of all its components. Also, find f_T.

9.11 For a BJT whose unity-gain bandwidth is 5 GHz and $\beta_0 = 200$, at what frequency does the magnitude of β become 50? What is f_β?

***9.12** Complete the table entries at the top of this page for transistors (a) through (g), under the conditions indicated.

Section 9.2: High-Frequency Response of CS and CE Amplifiers

9.13 In a multistage amplifier, the output resistance of stage 1 is found to be 10 kΩ. The succeeding stage, stage 2, has an input impedance that is mostly capacitive with a value of 10 pF. Find the frequency of the pole that arises as a result of the interconnection between these two amplifier stages.

9.14 A common-source amplifier is fed with a signal source having a resistance $R_{\text{sig}} = 200$ kΩ and feeds a load resistance $R_L = 20$ kΩ. The MOSFET is operating at $g_m = 4$ mA/V and has $r_o = 20$ kΩ. The device capacitances are $C_{gs} = 25$ fF and $C_{gd} = 5$ fF. Find the midband gain A_M, the 3-dB frequency f_H, and the frequency of the transmission zero.

---

problems with green numbers are considered essential; * = difficult problem; ** = more difficult; *** = very challenging
SIM = simulation; D = design problem;

Transistor	I_E(mA)	r_e(Ω)	g_m(mA/V)	r_π (kΩ)	β_0	f_T (MHz)	C_μ(pF)	C_π(pF)	f_β(MHz)
(a)	2				100	500	2		
(b)		25					2	10.7	4
(c)				2.5	100	500		10.7	
(d)	10				100	500	2		
(e)	0.1				100	150	2		
(f)	1				10	500	2		
(g)						800	1	9	80

D 9.15 In the circuit of Fig. P9.15, the voltage amplifier is ideal (i.e., it has an infinite input resistance and a zero output resistance).

(a) Use the Miller approach to find an expression for the input capacitance C_{in} in terms of A and C.
(b) Use the expression for C_{in} to obtain the transfer function $V_o(s)/V_{sig}(s)$.
(c) If $R_{sig} = 1$ kΩ, and the gain V_o/V_{sig} is to have a dc value of 40 dB and a 3-dB frequency of 100 kHz, find the values required for A and C.
(d) Sketch a Bode plot for the gain and use it to determine the frequency at which its magnitude reduces to unity.

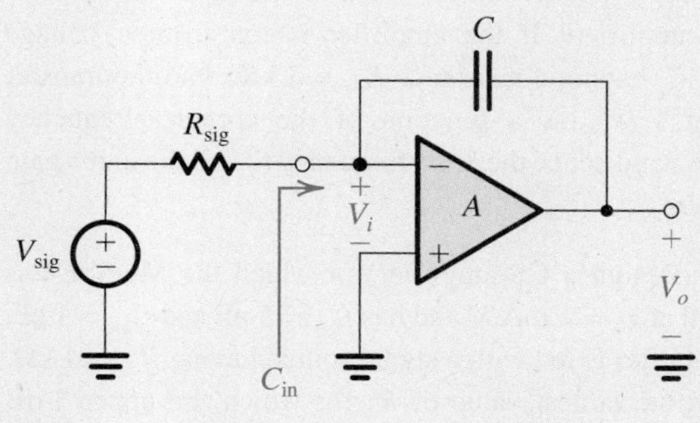

Figure P9.15

9.16 Reconsider Example 9.1 for the situation in which the transistor is replaced by one whose width W is half that of the original transistor while the bias current remains unchanged. Find modified values for all the device parameters along with A_M, f_H, and the gain–bandwidth product, GB. Contrast this with the original design by calculating the ratios of new value to old for W, V_{OV}, g_m, C_{gs}, C_{gd}, C_{in}, A_M, f_H, and GB.

9.17 An IC CS amplifier is fed from a signal source with a negligibly small resistance and has a total effective load resistance $R'_L = 20$ kΩ. The MOSFET is operating at $g_m = 2$ mA/V and has a $C_{gd} = 10$ fF. The total capacitance C_L at the output node is 100 fF. Find the midband gain A_M, the 3-dB frequency f_H, the unity-gain frequency f_t, the frequency of the transmission zero f_z, and the gain at very-high frequencies. Sketch and clearly label the Bode plot for the gain magnitude.

9.18 A common-emitter amplifier is measured at midband and found to have a gain of −50 V/V between base and collector. If $C_\pi = 10$ pF, $C_\mu = 1$ pF, and the effective source resistance $R'_{sig} = 5$ kΩ [refer to Fig. 9.13(c)], find C_{in} and the 3-dB frequency f_H.

9.19 The discrete-circuit common-emitter amplifier in Fig. P9.19 has $R_{sig} = 10$ kΩ, $R_{B1} = 68$ kΩ, $R_{B2} = 27$ kΩ, $R_E = 2.2$ kΩ, $R_C = 4.7$ kΩ, and $R_L = 10$ kΩ. The transistor is operating at a dc collector current of 0.8 mA and has $\beta = 160$, $f_T = 1$ GHz, and $C_\mu = 0.5$ pF. Give the high-frequency small-signal equivalent-circuit model of the amplifier assuming the coupling and bypass capacitors behave as short circuits, and neglecting r_o. Find A_M and f_H.

9.20 Consider an ideal voltage amplifier with a gain of 0.9 V/V, and a resistance $R = 100$ kΩ connected in the feedback path—that is, between the output and input terminals. Use Miller's theorem to find the input resistance of this circuit.

9.21 The amplifiers listed below are characterized by the descriptor (A, C), where A is the voltage gain from input to output and C is a capacitor connected between input and output. For each, find the equivalent capacitances at the input and at the output as provided by the use of Miller's theorem:

(a) −1000 V/V, 1 pF
(b) −10 V/V, 10 pF
(c) −1 V/V, 10 pF
(d) +1 V/V, 10 pF
(e) +10 V/V, 10 pF

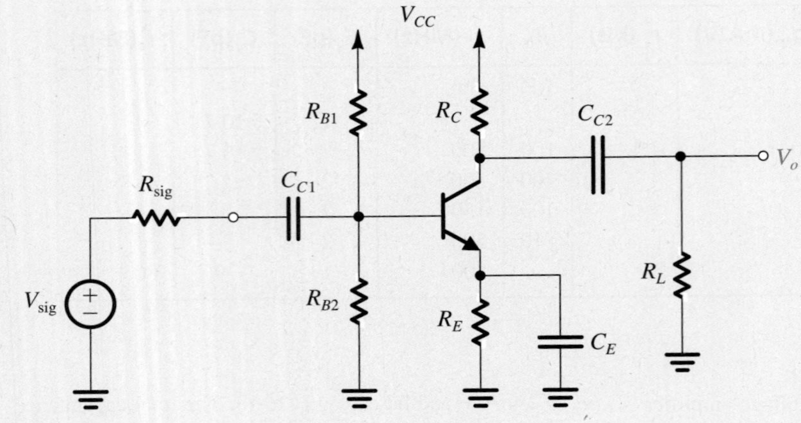

Figure P9.19

A	R_{in}	V_i	V_o	V_o/V_{sig}
10 V/V				
100 V/V				
1000 V/V				
10,000 V/V				

Note that the input capacitance found in case (e) can be used to cancel the effect of other capacitance connected from input to ground. In (e), what capacitance can be canceled?

9.22 A signal source modeled by its Norton's equivalent circuit has $R_{sig} = 1\ \text{M}\Omega$. It feeds an amplifier whose input impedance consists of a 1-MΩ resistance in parallel with a 0.1-pF capacitance. Find the frequency of the pole that arises as a result of this connection.

9.23 In a particular common-source amplifier for which the midband voltage gain between gate and drain (i.e., $-g_m R_L'$) is −39 V/V, the NMOS transistor has $C_{gs} = 1.0$ pF and $C_{gd} = 0.1$ pF. What input capacitance would you expect? For what range of signal-source resistances can you expect the 3-dB frequency to exceed 1 MHz? Neglect the effect of R_G.

9.24 An ideal voltage amplifier having a voltage gain of −1000 V/V has a 0.2-pF capacitance connected between its output and input terminals. What is the input capacitance of the amplifier? If the amplifier is fed from a voltage source V_{sig} having a resistance $R_{sig} = 1\ \text{k}\Omega$, find the transfer function V_o/V_{sig} as a function of the complex-frequency variable s and hence the 3-dB frequency f_H and the unity-gain frequency f_t.

D 9.25 Design a CS amplifier for which the MOSFET is operated at $g_m = 5$ mA/V and has $C_{gs} = 5$ pF and $C_{gd} = 1$ pF. The amplifier is fed with a signal source having $R_{sig} = 1\ \text{k}\Omega$. What is the largest value of R_L' for which the upper 3-dB frequency is at least 6 MHz? What is the corresponding value of midband gain and gain–bandwidth product? If the specification on the upper 3-dB frequency can be relaxed by a factor of 3, that is, to 2 MHz, what can A_M and GB become?

D *9.26 In a CS amplifier, such as that in Fig. 9.37(a), the resistance of the source $R_{sig} = 100\ \text{k}\Omega$, amplifier input resistance (which is due to the biasing network)

---

problems with green numbers are considered essential; * = difficult problem; ** = more difficult; *** = very challenging
SIM = simulation; **D** = design problem;

$R_{in} = 100\ \text{k}\Omega$, $C_{gs} = 1$ pF, $C_{gd} = 0.2$ pF, $g_m = 3$ mA/V, $r_o = 50\ \text{k}\Omega$, $R_D = 8\ \text{k}\Omega$, and $R_L = 10\ \text{k}\Omega$. Determine the expected 3-dB cutoff frequency f_H and the midband gain. In evaluating ways to double f_H, a designer considers the alternatives of changing either R_L or R_{in}. To raise f_H as described, what separate change in each would be required? What midband voltage gain results in each case?

SIM **9.27** Consider the integrated-circuit CS amplifier in Fig. P9.27 for the case $I_{BIAS} = 100\ \mu$A, Q_2 and Q_3 are matched, and $R_{sig} = 20\ \text{k}\Omega$. For Q_1: $\mu_n C_{ox} = 400\ \mu\text{A/V}^2$, $V_A = 5$ V, $W/L = 5\ \mu\text{m}/0.4\ \mu\text{m}$, $C_{gs} = 30$ fF, and $C_{gd} = 5$ fF. For Q_2: $|V_A| = 5$ V. Neglecting the effect of the capacitance inevitably present at the output node, find the low-frequency gain, the 3-dB frequency f_H, and the frequency of the zero f_Z.

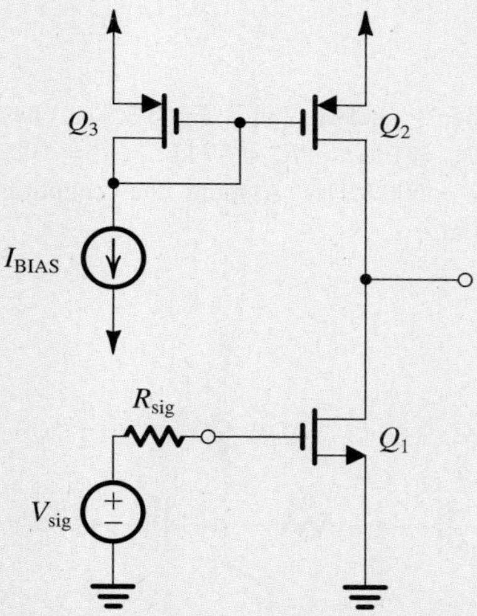

Figure P9.27

9.28 An IC CS amplifier fed with a signal source of a negligibly small resistance R_{sig} is found to have a low-frequency gain of -50 V/V. The gain falls off with frequency at -20 dB/decade and reaches zero dB at 1 GHz. The gain levels off at higher frequencies at -20 dB. If the MOSFET is operating with $g_m = 2$ mA/V, estimate the values of C_{gd} and C_L. Also give the value of the 3-dB frequency f_H.

D 9.29 A common-source amplifier fed with a low-resistance signal source and operating with $g_m = 2$ mA/V has a unity-gain frequency of 2 GHz. What additional capacitance must be connected to the drain node to reduce f_t to 1 GHz?

9.30 It is required to analyze the high-frequency response of the CMOS amplifier shown in Fig. P9.27 for the case $R_{sig} = 0$. The dc bias current is $100\ \mu$A. For Q_1, $\mu_n C_{ox} = 90\ \mu\text{A/V}^2$, $V_A = 12.8$ V, $W/L = 100\ \mu\text{m}/1.6\ \mu\text{m}$, $C_{gs} = 0.2$ pF, $C_{gd} = 0.015$ pF, and $C_{db} = 20$ fF. For Q_2, $C_{gd} = 0.015$ pF, $C_{db} = 36$ fF, and $|V_A| = 19.2$ V. For simplicity, assume that the signal voltage at the gate of Q_2 is zero. Find the low-frequency gain, the frequency of the pole, and the frequency of the zero. (*Hint:* The total capacitance at the output mode $= C_{db1} + C_{db2} + C_{gd2}$).

9.31 For a CE amplifier represented by the equivalent circuit in Fig. 9.13(b), let $R_{sig} = 10\ \text{k}\Omega$, $C_\pi = 10$ pF, $C_\mu = 0.5$ pF, $g_m = 40$ mA/V, $r_o = 100\ \text{k}\Omega$, $R_L = 10\ \text{k}\Omega$, and $\beta = 100$. Find the midband gain and the 3-dB frequency f_H.

***9.32** We want to investigate the high-frequency response of the CE amplifier when it is fed with a relatively large source resistance R_{sig}. Refer to the amplifier in Fig. 9.13(a) and to its high-frequency, equivalent-circuit model and the analysis shown. Let $R_{sig} \gg r_\pi$, $g_m R'_L \gg 1$, and $g_m R'_L C_\mu \gg C_\pi$. Under these conditions, show that:

(a) the midband gain $A_M \simeq -\beta R'_L / R_{sig}$
(b) the upper 3-dB frequency $f_H \simeq 1/2\pi C_\mu \beta R'_L$
(c) the gain–bandwidth product $|A_M| f_H \simeq 1/2\pi C_\mu R_{sig}$

Evaluate this approximate value of the gain–bandwidth product if $R_{sig} = 25\ \text{k}\Omega$ and $C_\mu = 1$ pF. Now, if the transistor has $\beta = 100$, find the midband gain and f_H for the two cases $R'_L = 25\ \text{k}\Omega$ and $R'_L = 2.5\ \text{k}\Omega$. On the same coordinates, sketch Bode plots for the gain magnitude versus frequency for the two cases. What f_H is obtained when the gain is unity? What value of R'_L corresponds?

***9.33** Figure P9.33 shows a diode-connected transistor with the bias circuit omitted. Utilizing the BJT high-frequency, hybrid-π model with $r_o = \infty$, derive an expression for $Z_i(s)$ as a function of r_e and C_π. Find the frequency at which the impedance has a phase angle of 45° for the case in which the BJT has $f_T = 400$ MHz and the bias current is relatively high, so that $C_\pi \gg C_\mu$. What is the frequency when the bias current is reduced so that $C_\pi \simeq C_\mu$? Assume $\alpha = 1$.

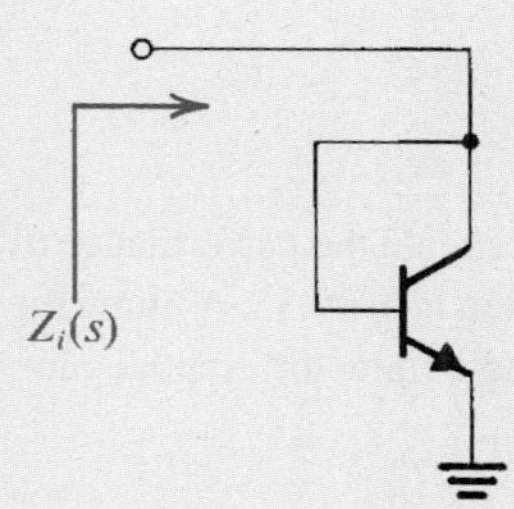

Figure P9.33

9.34 Consider an active-loaded common-emitter amplifier. Let the amplifier be fed with an ideal voltage source V_i. Assume that the load current source has a very high resistance and that there is a capacitance C_L present between the output node and ground. This capacitance represents the sum of the input capacitance of the subsequent stage and the inevitable parasitic capacitance between collector and ground. Show that the voltage gain is given by

$$\frac{V_o}{V_i} = -g_m r_o \frac{1 - s(C_\mu / g_m)}{1 + s(C_L + C_\mu) r_o}$$

If the transistor is biased at $I_C = 200\ \mu\text{A}$ and $V_A = 100$ V, $C_\mu = 0.2$ pF, and $C_L = 1$ pF, find the dc gain, the 3-dB frequency, the frequency of the zero, and the frequency at which the gain reduces to unity. Sketch a Bode plot for the gain magnitude.

***9.35** Figure P9.35 shows an ideal voltage amplifier with a gain of +2 V/V (usually implemented with an op amp connected in the noninverting configuration) and a resistance R connected between output and input.

(a) Using Miller's theorem, show that the input resistance $R_{in} = -R$.
(b) Use Norton's theorem to replace V_{sig}, R_{sig}, and R_{in} with a signal current source and an equivalent parallel resistance. Show that by selecting $R_{sig} = R$, the equivalent parallel resistance becomes infinite and the current I_L into the load impedance Z_L becomes V_{sig}/R. The circuit then functions as an ideal voltage-controlled current source with an output current I_L.
(c) If Z_L is a capacitor C, find the transfer function V_o/V_{sig} and show it is that of an ideal noninverting integrator.

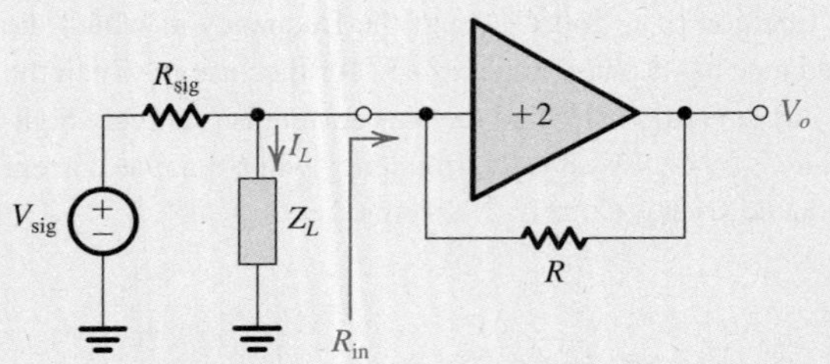

Figure P9.35

9.36 Use Miller's theorem to investigate the performance of the inverting op-amp circuit shown in Fig. P9.36. Assume the op amp to be ideal except for having a finite differential gain, A. Without using any knowledge of op-amp circuit analysis, find R_{in}, V_i, V_o, and V_o/V_{sig}, for each of the following values of A: 10 V/V, 100 V/V, 1000 V/V, and 10,000 V/V. Assume $V_{sig} = 1$ V. Present your results in the table on page 742.

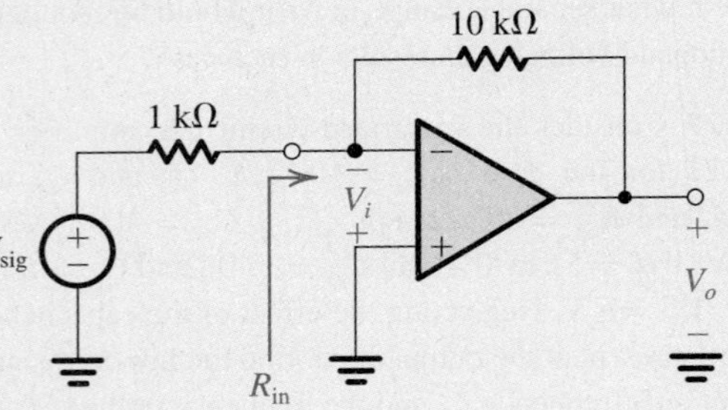

Figure P9.36

***9.37** The amplifier shown in Fig. P9.37 has $R_{sig} = R_L = 1\ \text{k}\Omega$, $R_C = 1\ \text{k}\Omega$, $R_B = 47\ \text{k}\Omega$, $\beta = 100$, $C_\mu = 0.8$ pF, and $f_T = 600$ MHz. Assume the coupling capacitors to be very large.

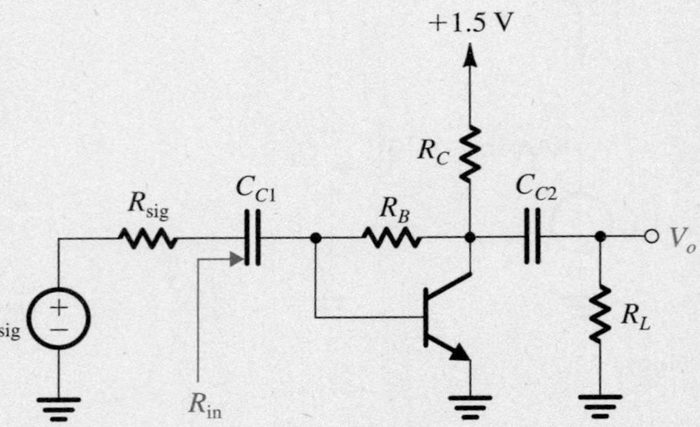

Figure P9.37

(a) Find the dc collector current of the transistor.
(b) Find g_m and r_π.
(c) Neglecting r_o, find the midband voltage gain from base to collector (neglect the effect of R_B).
(d) Use the gain obtained in (c) to find the component of R_{in} that arises as a result of R_B. Hence find R_{in}.
(e) Find the overall gain at midband.
(f) Find C_{in}.
(g) Find f_H.

Section 9.3: The Method of Open-Circuit Time Constants

9.38 A direct-coupled amplifier has a low-frequency gain of 40 dB, poles at 2 MHz and 20 MHz, a zero on the negative real axis at 200 MHz, and another zero at infinite frequency. Express the amplifier gain function in the form of Eqs. (9.56) and (9.57), and sketch a Bode plot for the gain magnitude. What do you estimate the 3-dB frequency f_H to be?

9.39 An IC CS amplifier has $g_m = 2$ mA/V, $C_{gs} = 30$ fF, $C_{gd} = 5$ fF, $C_L = 30$ fF, $R'_{\text{sig}} = 10$ kΩ, and $R'_L = 20$ kΩ. Use the method of open-circuit time constants to obtain an estimate for f_H. Also, find the frequency of the transmission zero, f_Z.

9.40 A CS amplifier that can be represented by the equivalent circuit of Fig. 9.16 has $C_{gs} = 2$ pF, $C_{gd} = 0.1$ pF, $C_L = 2$ pF, $g_m = 4$ mA/V, and $R_{\text{sig}} = R'_L = 20$ kΩ. Find the midband gain A_M, the input capacitance C_{in} using the Miller effect, and hence an estimate of the 3-dB frequency f_H. Also, obtain another estimate of f_H using open-circuit time constants. Which of the two estimates is more appropriate and why?

D 9.41 For a CS amplifier with $g_m = 5$ mA/V, $C_{gs} = 5$ pF, $C_{gd} = 1$ pF, $C_L = 5$ pF, $R_{\text{sig}} = 10$ kΩ, and $R'_L = 10$ kΩ, find τ_H and f_H. What is the percentage of τ_H that is caused by the interaction of R_{sig} with the input capacitance? To what value must R_{sig} be lowered in order to double f_H?

9.42 A common-emitter amplifier has $C_\pi = 10$ pF, $C_\mu = 0.3$ pF, $C_L = 3$ pF, $g_m = 40$ mA/V, $\beta = 100$, $R'_L = 5$ kΩ, and $R_{\text{sig}} = 1$ kΩ. Find the midband gain A_M and an estimate of the 3-dB frequency f_H using the Miller effect. Also, obtain another estimate of f_H using the method of open-circuit time constants. Which of the two estimates would you consider to be more realistic, and why?

9.43 An amplifier with a dc gain of 60 dB has a single-pole, high-frequency response with a 3-dB frequency of 100 kHz.

(a) Give an expression for the gain function $A(s)$.
(b) Sketch Bode diagrams for the gain magnitude and phase.
(c) What is the gain–bandwidth product?
(d) What is the unity-gain frequency?
(e) If a change in the amplifier circuit causes its transfer function to acquire another pole at 1 MHz, sketch the resulting gain magnitude and specify the unity-gain frequency. Note that this is an example of an amplifier with a unity-gain bandwidth that is different from its gain–bandwidth product.

9.44 A discrete-circuit CS amplifier is modeled by the circuit of Fig. 9.16 augmented with a bias-resistance R_G between gate and ground. If $g_m = 5$ mA/V, $R_{\text{sig}} = 100$ kΩ, $R_G = 500$ kΩ, $R'_L = 10$ kΩ, $C_{gs} = 1$ pF, $C_{gd} = 0.2$ pF, and $C_L = 20$ pF, find the midband gain and estimate f_H using the method of open-circuit time constants.

9.45 Consider the high-frequency response of an amplifier consisting of two identical transconductance amplifier stages in cascade, each with an input resistance of 10 kΩ and an output resistance of 2 kΩ. The two-stage amplifier is driven from a 10-kΩ source and drives a 1-kΩ load. Associated with each stage is a parasitic input capacitance (to ground) of 10 pF and a parasitic output capacitance (to ground) of 2 pF. Parasitic capacitances of 10 pF and 7 pF also are associated with the signal-source and load connections, respectively. For this circuit, find the three poles and estimate the 3-dB frequency f_H.

D 9.46 For the CS amplifier in Example 9.5, find the value of the additional capacitance to be connected at the output node in order to lower f_H to 40 MHz.

9.47 Use the method of open-circuit time constants to find f_H for a CS amplifier for which $g_m = 1.5$ mA/V, $C_{gs} = C_{gd} = 0.2$ pF, $r_o = 20$ kΩ, $R_L = 12$ kΩ, and $R_{\text{sig}} = 100$ kΩ for the following cases: (a) $C_L = 0$, (b) $C_L = 10$ pF, and (c) $C_L = 50$ pF. Compare with the value of f_H obtained using the Miller effect.

9.48 Consider a CS amplifier loaded in a current source with an output resistance equal to r_o of the amplifying transistor. The amplifier is fed from a signal source with $R_{\text{sig}} = r_o/2$. The transistor is biased to operate at $g_m = 2$ mA/V and $r_o = 20$ kΩ; $C_{gs} = C_{gd} = 0.1$ pF. Use the Miller effect to determine an estimate of f_H. Repeat for the following two cases: (i) the bias current I in the entire system is reduced by a factor of 4, and (ii) the bias current I in the entire system is increased by a factor of 4. Remember that both R_{sig} and R_L will change as r_o changes.

9.49 Consider the CE amplifier whose equivalent circuit is shown in Fig. 9.13(b) but with a capacitance C_L connected across the output terminals. Let $R_{\text{sig}} = 5$ kΩ, $g_m = 20$ mA/V, $\beta = 100$, $C_\pi = 10$ pF, $C_\mu = 1$ pF, $R'_L = 5$ kΩ, and $C_L = 10$ pF. Find A_M and f_H.

Section 9.4: High-Frequency Response of Common-Gate and Cascode Amplifiers

9.50 A CG amplifier is specified to have $C_{gs} = 4$ pF, $C_{gd} = 0.2$ pF, $C_L = 2$ pF, $g_m = 5$ mA/V, $R_{sig} = 1$ kΩ, and $R_L = 10$ kΩ. Neglecting the effects of r_o, find the low-frequency gain V_o/V_{sig}, the frequencies of the poles f_{P1} and f_{P2}, and hence an estimate of the 3-dB frequency f_H.

9.51 An IC CG amplifier is fed from a signal source with $R_{sig} = r_o/2$, where r_o is the MOSFET output resistance. It has a current-source load with an output resistance equal to r_o. The MOSFET is operated at $I_D = 100$ μA and has $g_m = 1.5$ mA/V, $V_A = 10$ V, $C_{gs} = 0.2$ pF, $C_{gd} = 0.015$ pF, and $C_{db} = 20$ fF. As well, the current-source load provides an additional 30 fF capacitance at the output node. Find f_H.

9.52 Find the dc gain and the 3-dB frequency of a MOS cascode amplifier operated at $g_m = 2$ mA/V and $r_o = 20$ kΩ. The MOSFETs have $C_{gs} = 20$ fF, $C_{gd} = 5$ fF, and $C_{db} = 5$ fF. The amplifier is fed from a signal source with $R_{sig} = 100$ kΩ and is connected to a load resistance of 1 MΩ. There is also a load capacitance C_L of 20 fF.

D 9.53 Design a cascode amplifier to provide a dc gain of 74 dB when driven with a low-resistance generator and utilizing NMOS transistors for which $V_A = 10$ V, $\mu_n C_{ox} = 200$ μA/V^2, $W/L = 50$, $C_{gd} = 0.1$ pF, and $C_L = 1$ pF. Assuming that $R_L = R_o$, determine the overdrive voltage and the drain current at which the MOSFETs should be operated. Find the unity-gain frequency and the 3-dB frequency. If the cascode transistor is removed and R_L remains unchanged, what will the dc gain, the 3-dB frequency, and the unity-gain frequency become?

9.54 Consider a bipolar cascode amplifier biased at a current of 1 mA. The transistors used have $\beta = 100$, $r_o = 100$ kΩ, $C_\pi = 10$ pF, $C_\mu = 2$ pF, $C_{cs} = 0$, and $r_x = 50$ Ω. The amplifier is fed with a signal source having $R_{sig} = 5$ kΩ. The load resistance $R_L = 2$ kΩ. Find the low-frequency gain A_M, and estimate the value of the 3-dB frequency f_H.

9.55 Sketch the high-frequency equivalent circuit of a CB amplifier fed from a signal generator characterized by V_{sig} and R_{sig} and feeding a load resistance R_L in parallel with a capacitance C_L. Neglect r_o.

(a) Show that the circuit can be separated into two parts: an input part that produces a pole at

$$f_{P1} = \frac{1}{2\pi C_\pi (R_{sig} \| r_e)}$$

and an output part that forms a pole at

$$f_{P2} = \frac{1}{2\pi (C_\mu + C_L) R_L}$$

Note that these are the bipolar counterparts of the MOS expressions in Eqs. (9.76) and (9.77).

(b) Evaluate f_{P1} and f_{P2} and hence obtain an estimate for f_H for the case $C_\pi = 10$ pF, $C_\mu = 1$ pF, $C_L = 1$ pF, $I_C = 1$ mA, $R_{sig} = 1$ kΩ, and $R_L = 10$ kΩ. Also, find f_T of the transistor.

9.56 Consider a CG amplifier loaded in a resistance $R_L = r_o$ and fed with a signal source having a resistance $R_{sig} = r_o/2$. Also let $C_L = C_{gs}$. Use the method of open-circuit time constants to show that for $g_m r_o \gg 1$, the upper 3-dB frequency is related to the MOSFET f_T by the approximate expression

$$f_H = f_T / (g_m r_o)$$

9.57 For the CG amplifier in Example 9.9, how much additional capacitance should be connected between the output node and ground to reduce f_H to 200 MHz?

9.58 Consider a CG amplifier driven by a current-source signal I_{sig} having a predominantly capacitive source impedance; that is, the signal source can be represented by a current source I_{sig} in parallel with a capacitance C_{sig}. Neglecting r_o of the MOSFET, find an expression for the transfer function V_o/I_{sig} obtained when the load consists of a resistance R_L in parallel with a capacitance C_L. Hence find expressions for the frequencies of the two poles.

SIM **9.59** (a) Consider a CS amplifier having $C_{gd} = 0.3$ pF, $R_{sig} = R_L = 20$ kΩ, $g_m = 4$ mA/V, $C_{gs} = 2$ pF, C_L (including C_{db}) = 1 pF, $C_{db} = 0.2$ pF, and $r_o = 20$ kΩ. Find the low-frequency gain A_M, and estimate f_H using open-circuit time constants. Hence determine the gain–bandwidth product.

(b) If a CG stage utilizing an identical MOSFET is cascaded with the CS transistor in (a) to create a cascode amplifier, determine the new values of A_M, f_H, and gain–bandwidth product. Assume R_L remains unchanged.

---

problems with green numbers are considered essential; * = difficult problem; ** = more difficult; *** = very challenging
SIM = simulation; D = design problem;

9.60 (a) Show that introducing a cascode transistor to an IC CS amplifier whose bandwidth is limited by the interaction of R_{sig} and the input capacitance, and whose load resistance is equal to r_o, increases the dc gain by approximately a factor of 2 and f_H by the factor N,

$$N = \frac{C_{gs} + \frac{1}{2}(g_m r_o)C_{gd}}{C_{gs} + 3C_{gd}}$$

Assume that the bandwidth of the cascode amplifier is primarily determined by the input circuit.
(b) If $C_{gd} = 0.1\,C_{gs}$ and the dc gain of the CS amplifier is 50, what is the value of N?
(c) If $V_A = 10$ V, $\mu_n C_{ox} = 400\ \mu\text{A/V}^2$, and $W/L = 10$, find V_{OV} and I_D at which the transistors must be operating.

9.61 (a) For an integrated-circuit MOS cascode amplifier fed with a source having a very small resistance and loaded in a resistance equal to its R_o, use the expression for the unity-gain bandwidth in Fig. 9.21 to show that

$$f_t = \frac{\sqrt{2\mu_n C_{ox}(W/L)}}{2\pi(C_L + C_{gd})}\sqrt{I_D}$$

(b) For $\mu_n C_{ox} = 400\ \mu\text{A/V}^2$, $W/L = 20$, $C_L = 20$ fF, $C_{gd} = 5$ fF, and $V_A = 10$ V, provide in table form f_t (GHz), V_{OV} (V), g_m (mA/V), r_o (kΩ), R_o (MΩ), A_M (V/V), and f_H (MHz) for $I_D = 100\ \mu$A, 200 μA, and 500 μA.

***9.62** In this problem we consider the frequency response of the bipolar cascode amplifier in the case that r_o can be neglected.

(a) Refer to the circuit in Fig. 9.22, and note that the total resistance between the collector of Q_1 and ground will be equal to r_{e2}, which is usually very small. It follows that the pole introduced at this node will typically be at a very high frequency and thus will have negligible effect on f_H. It also follows that at the frequencies of interest the gain from the base to the collector of Q_1 will be $-g_{m1}r_{e2} \simeq -1$. Use this to find the capacitance at the input of Q_1 and hence show that the pole introduced at the input node will have a frequency

$$f_{P1} \simeq \frac{1}{2\pi R'_{sig}(C_{\pi1} + 2C_{\mu1})}$$

Then show that the pole introduced at the output node will have a frequency

(b) Evaluate f_{P1} and f_{P2}, and use the sum-of-the-squares formula to estimate f_H for the amplifier with $I = 1$ mA, $C_\pi = 10$ pF, $C_\mu = 2$ pF, $C_{cs} = C_L = 0$, $\beta = 100$, $R_L = 2$ kΩ, and $r_x = 0$ in the following two cases:
(i) $R_{sig} = 1$ kΩ
(ii) $R_{sig} = 10$ kΩ

9.63 A BJT cascode amplifier uses transistors for which $\beta = 100$, $V_A = 100$ V, $f_T = 1$ GHz, and $C_\mu = 0.1$ pF. It operates at a bias current of 0.1 mA between a source with $R_{sig} = r_\pi$ and a load $R_L = \beta r_o$. Let $C_L = C_{cs} = 0$. Find the overall voltage gain at dc. By evaluating the various components of τ_H show that the pole introduced at the output node is dominant. Find its frequency and hence an estimate of f_H and the gain–bandwidth product.

Section 9.5: High-Frequency Response of Source and Emitter Followers

9.64 A source follower has $g_m = 5$ mA/V, $g_{mb} = 0$, $r_o = 20$ kΩ, $R_{sig} = 20$ kΩ, $R_L = 2$ kΩ, $C_{gs} = 2$ pF, $C_{gd} = 0.1$ pF, and $C_L = 1$ pF. Find A_M, R_o, f_Z, the frequencies of the two poles, and an estimate of f_H.

9.65 Refer to Fig. 9.23(c). In situations in which R_{sig} is large, the high-frequency response of the source follower is determined by the low-pass circuit formed by R_{sig} and the input capacitance. An estimate of C_{in} can be obtained by using the Miller approximation to replace C_{gs} with an input capacitance $C_{eq} = C_{gs}(1-K)$ where K is the gain from gate to source. Using the low-frequency value of $K = g_m R'_L/(1 + g_m R'_L)$ find C_{eq} and hence C_{in} and an estimate of f_H.

9.66 For an emitter follower biased at $I_C = 1$ mA, having $R_{sig} = R_L = 1$ kΩ, and using a transistor specified to have $f_T = 2$ GHz, $C_\mu = 0.1$ pF, $C_L = 0$, $\beta = 100$, and $V_A = 20$ V, evaluate the low-frequency gain A_M, the frequency of the transmission zero, the pole frequencies, and an estimate of the 3-dB frequency f_H.

9.67 Using the expression for the source follower f_H in Eq. (9.107) show that for situations in which $C_L = 0$, R_{sig} is large, and R_L is small,

$$f_H \simeq \frac{1}{2\pi R_{sig}\left(C_{gd} + \dfrac{C_{gs}}{1 + g_m R'_L}\right)}$$

Find f_H for the case $R_{sig} = 100$ kΩ, $R_L = 2$ kΩ, $r_o = 20$ kΩ, $g_m = 5$ mA/V, $C_{gs} = 12$ pF, and $C_{gd} = 0.1$ pF.

9.68 A source follower has a maximally flat gain response with a dc gain of 0.8 and a 3-dB frequency of 1 MHz. Give its transfer function.

9.69 A discrete-circuit source follower driven with $R_{sig} =$ 100 kΩ has $C_{gs} = 10$ pF, $C_{gd} = 1$ pF, $C_L = 10$ pF, $g_{mb} = 0$, and r_o very large. The transfer function of the source follower is measured as R_L is varied. At what value of R_L will the transfer function be maximally flat? At this value of R_L the dc gain is found to be 0.9 V/V. What is the 3-dB frequency? What is the value of g_m at which the source follower is operating?

Section 9.5: High-Frequency Response of Differential Amplifiers

9.70 A MOSFET differential amplifier such as that shown in Fig. 9.26(a) is biased with a current source $I = 400$ μA. The transistors have $W/L = 16$, $k_n' = 400$ μA/V^2, $V_A = 20$ V, $C_{gs} = 40$ fF, $C_{gd} = 5$ fF, and $C_{db} = 5$ fF. The drain resistors are 10 kΩ each. Also, there is a 100-fF capacitive load between each drain and ground.

(a) Find V_{OV} and g_m for each transistor.
(b) Find the differential gain A_d.
(c) If the input signal source has a small resistance R_{sig} and thus the frequency response is determined primarily by the output pole, estimate the 3-dB frequency f_H.
(d) If, in a different situation, the amplifier is fed symmetrically with a signal source of 40 kΩ resistance (i.e., 20 kΩ in series with each gate terminal), use the open-circuit time-constants method to estimate f_H.

9.71 A MOS differential amplifier is biased with a current source having an output resistance $R_{SS} = 100$ kΩ and an output capacitance $C_{SS} = 1$ pF. If the differential gain is found to have a dominant pole at 20 MHz, what is the 3-dB frequency of the CMRR?

9.72 A current-mirror-loaded MOS differential amplifier is biased with a current source $I = 0.2$ mA. The two NMOS transistors of the differential pair are operating at $V_{OV} = 0.2$ V, and the PMOS devices of the mirror are operating at $|V_{OV}| = 0.2$ V. The Early voltage $V_{An} = |V_{Ap}| =$ 10 V. The total capacitance at the input node of the mirror is 0.1 pF and that at the output node of the amplifier is 0.2 pF. Find the dc value and the frequencies of the poles and zero of the differential voltage gain.

9.73 The differential gain of a MOS amplifier is 100 V/V with a dominant pole at 10 MHz. The common-mode gain is 0.1 V/V at low frequencies and has a transmission zero at 1 MHz. Sketch a Bode plot for the CMRR.

9.74 A differential amplifier is biased by a current source having an output resistance of 1 MΩ and an output capacitance of 1 pF. The differential gain exhibits a dominant pole at 2 MHz. What are the poles of the CMRR?

9.75 In a particular MOS differential amplifier design, the bias current $I = 100$ μA is provided by a single transistor operating at $V_{OV} = 0.4$ V with $V_A = 40$ V and output capacitance C_{SS} of 100 fF. What is the frequency of the common-mode gain zero (f_Z) at which A_{cm} begins to rise above its low-frequency value? To meet a requirement for reduced power supply, you consider reducing V_{OV} to 0.2 V while keeping I unchanged. Assuming the current-source capacitance to be directly proportional to the device width, what is the impact on f_Z of this proposed change?

9.76 A BJT differential amplifier operating with a 0.5-mA current source uses transistors for which $\beta = 100$, $f_T = 500$ MHz, $C_\mu = 0.5$ pF, and $r_x = 100$ Ω. Each of the collector resistances is 10 kΩ, and r_o is very large. The amplifier is fed in a symmetrical fashion with a source resistance of 10 kΩ in series with each of the two input terminals.

(a) Sketch the differential half-circuit and its high-frequency equivalent circuit.
(b) Determine the low-frequency value of the overall differential gain.
(c) Use the Miller approximation to determine the input capacitance and hence estimate the 3-dB frequency f_H and the gain–bandwidth product.

***9.77** Consider the current-mirror-loaded CMOS differential amplifier of Fig. 9.29(a) for the case of all transistors operated at the same $|V_{OV}|$ and having the same $|V_A|$. Also let the total capacitance at the output node (C_L) be four times the total capacitance at the input node of the current mirror C_m. Give expressions for A_d, f_{P1}, f_{P2}, and f_Z. Hence show that $f_{P2}/f_{P1} = 4A_d$ and $f_t = g_m/2\pi C_L$. For $V_A = 20$ V, $V_{OV} = 0.2$ V, $I = 0.2$ mA, $C_L = 100$ fF, and $C_m = 25$ fF, find the dc value of A_d, and the value of f_{P1}, f_t, f_{P2}, and f_Z and sketch a Bode plot for $|A_d|$.

***9.78** For the current mirror in Fig. P9.78, derive an expression for the current transfer function $I_o(s)/I_i(s)$ taking into account the BJT internal capacitances and neglecting r_o. Assume the BJTs to be identical. Observe that a signal ground appears at the collector of Q_2. If the mirror is biased at 1 mA and the BJTs at this operating point are

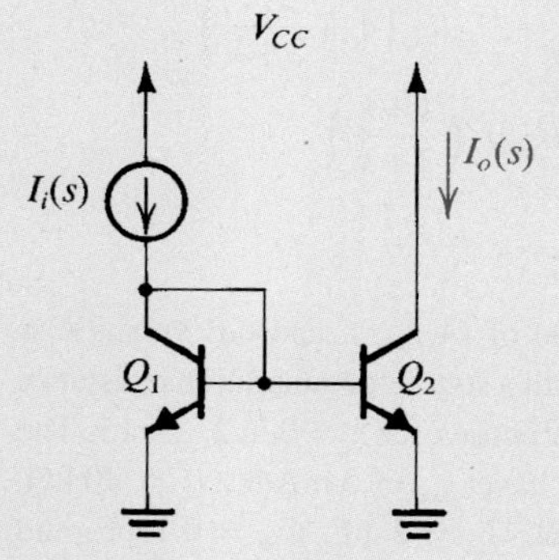

Figure P9.78

characterized by $f_T = 500$ MHz, $C_\mu = 2$ pF, and $\beta_0 = 100$, find the frequencies of the pole and zero of the transfer function.

Section 9.6: Other Wideband Amplifier Configurations

9.79 A CS amplifier is specified to have $g_m = 5$ mA/V, $r_o = 40$ kΩ, $C_{gs} = 2$ pF, $g_{gd} = 0.1$ pF, $C_L = 1$ pF, $R_{sig} = 20$ kΩ, and $R_L = 40$ kΩ.

(a) Find the low-frequency gain A_M, and use open-circuit time constants to estimate the 3-dB frequency f_H. Hence determine the gain–bandwidth product.

(b) If a 400-Ω resistance is connected in the source lead, find the new values of $|A_M|$, f_H, and the gain–bandwidth product.

D 9.80 (a) Use the approximate expression in Eq. (9.138) to determine the gain–bandwidth product of a CS amplifier with a source-degeneration resistance. Assume $C_{gd} = 0.2$ pF and $R_{sig} = 100$ kΩ.

(b) If a low-frequency gain of 20 V/V is required, what f_H corresponds?

(c) For $g_m = 5$ mA/V, $A_0 = 100$ V/V, and $R_L = 20$ kΩ, find the required value of R_s.

***9.81** In this problem we investigate the bandwidth extension obtained by placing a source follower between the signal source and the input of the CS amplifier.

(a) First consider the CS amplifier of Fig. P9.81(a). Show that

$$A_M = -g_m r_o$$

$$\tau_H = C_{gs}R_{sig} + C_{gd}\left[R_{sig}(1+g_m r_o) + r_o\right] + C_L r_o$$

where C_L is the total capacitance between the output node and ground. Calculate the value of A_M, f_H, and the gain–bandwidth product for the case $g_m = 1$ mA/V, $r_o = 20$ kΩ, $R_{sig} = 20$ kΩ, $C_{gs} = 20$ fF, $C_{gd} = 5$ fF, and $C_L = 10$ fF.

(b) For the CD–CS amplifier in Fig. P9.81(b), show that

$$A_M = -\frac{r_{o1}}{1/g_{m1} + r_{o1}}(g_{m2} r_{o2})$$

$$\tau_H = C_{gd1}R_{sig} + C_{gs1}\frac{R_{sig} + r_{o1}}{1 + g_{m1} r_{o1}} + C_{gs2}\left(\frac{1}{g_{m1}} \parallel r_{o1}\right)$$

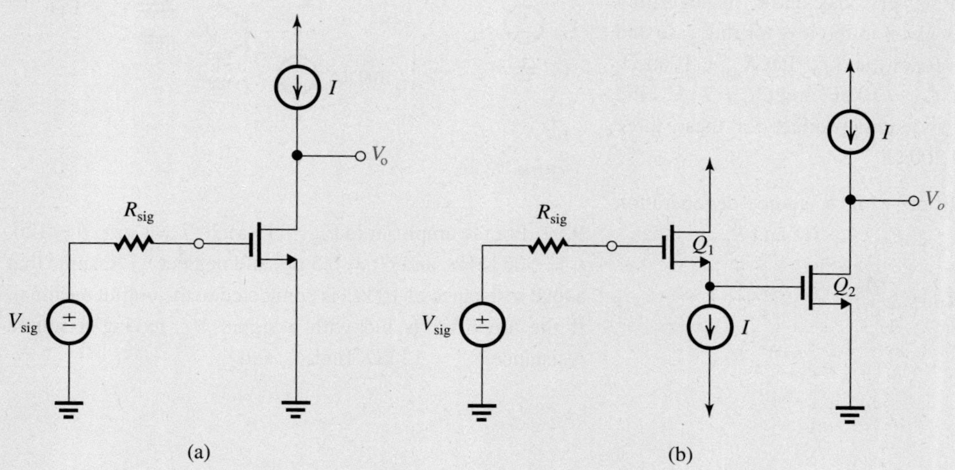

Figure P9.81

$$+C_{gd2}\left[\left(\frac{1}{g_{m1}}\| r_{o1}\right)(1+g_{m2}r_{o2})+r_{o2}\right]$$

$$+C_L r_{o2}$$

Calculate the values of A_M, f_H, and the gain–bandwidth product for the same parameter values used in (a). Compare with the results of (a).

9.82 Consider the circuit of Fig. P9.82 for the case: $I = 200\ \mu\text{A}$ and $V_{OV} = 0.2$ V, $R_{\text{sig}} = 100\ \text{k}\Omega$, $R_D = 50\ \text{k}\Omega$, $C_{gs} = 4$ pF, and $C_{gd} = 0.5$ pF. Find the dc gain, the high-frequency poles, and an estimate of f_H.

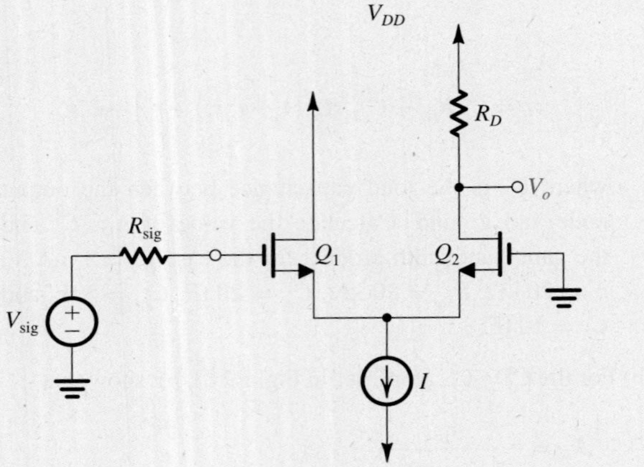

Figure P9.82

9.83 In a discrete-circuit CS amplifier a source-degeneration resistance is being used to control the bandwidth. Assume that r_o is very large and C_L is negligibly small. Adapt the formulas given in the text for this case and thus give the expressions for A_M and f_H. Let $R_{\text{sig}} = 100\ \text{k}\Omega$, $g_m = 5$ mA/V, $R_L = 5\ \text{k}\Omega$, $C_{gs} = 10$ pF, and $C_{gd} = 2$ pF. Find $|A_M|$, f_H, and the gain–bandwidth product for these three cases: $R_s = 0$, 100 Ω, and 200 Ω.

9.84 For the CS amplifier with a source-degeneration resistance R_s, show for $R_{\text{sig}} \gg R_s$, $r_o \gg R_s$, and $R_L = r_o$ that

$$A_M = \frac{-A_0}{2+k}$$

and

$$\tau_H \simeq \frac{C_{gs}R_{\text{sig}}}{1+(k/2)} + C_{gd}R_{\text{sig}}\left(1+\frac{A_0}{2+k}\right) + (C_L+C_{gd})r_o\left(\frac{1+k}{2+k}\right)$$

where $k \equiv g_m R_s$

D *9.85 Generate a table of $|A_M|$, f_H, and GB versus $k \equiv g_m R_s$ for a CS amplifier with a source-degeneration resistance R_s. The table should have entries for $k = 0, 1, 2, \ldots, 15$. The amplifier is specified to have $g_m = 5$ mA/V, $r_o = 40\ \text{k}\Omega$, $R_L = 40\ \text{k}\Omega$, $R_{\text{sig}} = 20\ \text{k}\Omega$, $C_{gs} = 2$ pF, $C_{gd} = 0.1$ pF, and $C_L = 1$ pF. Use the formulas for A_M and τ_H given in the statement for Problem 9.84. If $f_H = 2$ MHz is required, find the value needed for R_s and the corresponding value of $|A_M|$.

***9.86** The transistors in the circuit of Fig. P9.86 have $\beta_0 = 100$, $V_A = 100$ V, and $C_\mu = 0.2$ pF. At a bias current of 100 μA, $f_T = 200$ MHz. (Note that the bias details are not shown.)

(a) Find R_{in} and the midband gain.
(b) Find an estimate of the upper 3-dB frequency f_H. Which capacitor dominates? Which one is the second most significant?

(*Hint*: Use the formulas in Example 9.10.)

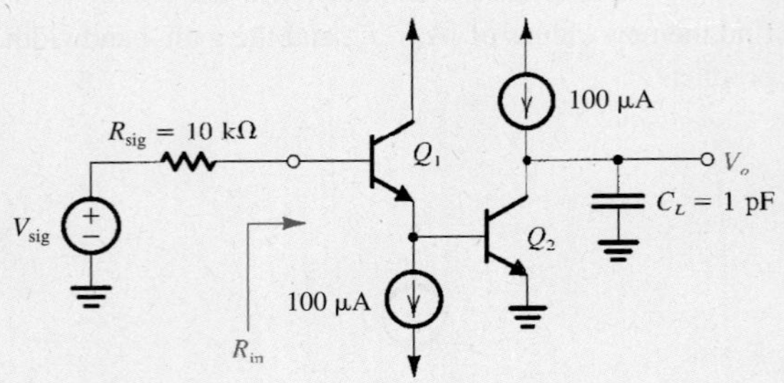

Figure P9.86

9.87 For the amplifier in Fig. 9.37(a), let $I = 1$ mA, $\beta = 120$, $f_T = 500$ MHz, and $C_\mu = 0.5$ pF, and neglect r_o. Assume that a load resistance of 10 kΩ is connected to the output terminal. If the amplifier is fed with a signal V_{sig} having a source resistance $R_{\text{sig}} = 12\ \text{k}\Omega$, find A_M and f_H.

9.88 Consider the CD–CG amplifier of Fig. 9.34(c) for the case $g_m = 5$ mA/V, $C_{gs} = 2$ pF, $C_{gd} = 0.1$ pF, C_L (at the output node) = 1 pF, and $R_{sig} = R_L = 20$ kΩ. Neglecting r_o, find A_M and f_H. (*Hint:* Evaluate f_H directly from the transfer function.)

***9.89** Figure P9.89 shows an amplifier formed by cascading two CS stages. Note that the input bias voltage is not shown. Each of Q_1 and Q_2 is operated at an overdrive voltage of 0.2 V, and $|V_A| = 10$ V. The transistor capacitances are as follows: $C_{gs} = 20$ fF, $C_{gd} = 5$ fF, and $C_{db} = 5$ fF. The signal-source resistance $R_{sig} = 10$ kΩ. Also, the output resistance of each of the current sources is equal to the MOSFET r_o.

(a) Find the dc voltage gain.
(b) Use the method of open-circuit time constants to determine an estimate for the 3-dB frequency f_H.

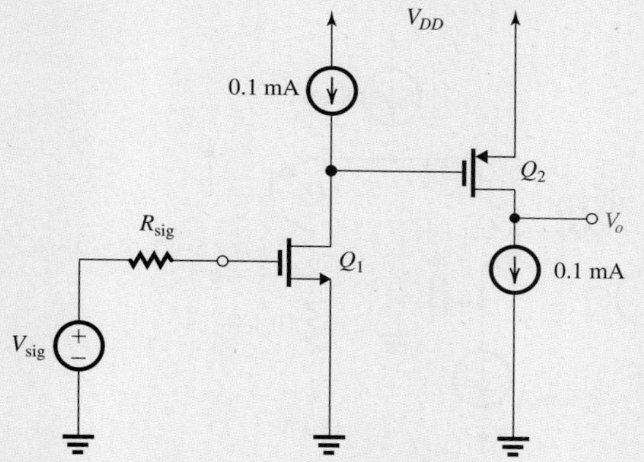

Figure P9.89

****9.90** Consider the BiCMOS amplifier shown in Fig. P9.90. The BJT has $|V_{BE}| = 0.7$ V, $\beta = 200$, $C_\mu = 0.8$ pF, and $f_T = 600$ MHz. The NMOS transistor has $V_t = 1$ V, $k_n'W/L = 2$ mA/V^2, and $C_{gs} = C_{gd} = 1$ pF.

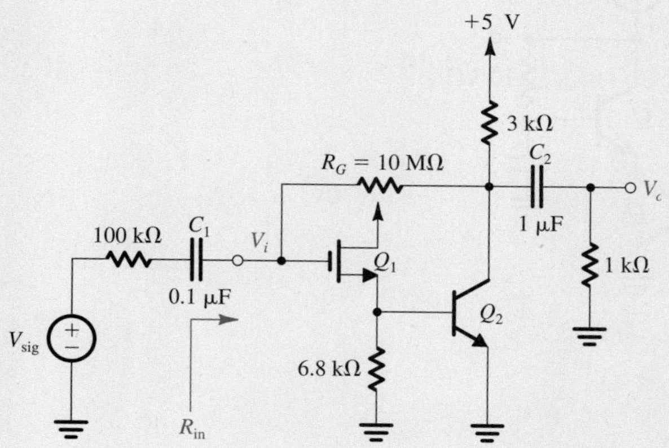

Figure P9.90

(a) Consider the dc bias circuit. Neglect the base current of Q_2 in determining the current in Q_1. Find the dc bias currents in Q_1 and Q_2, and show that they are approximately 100 μA and 1 mA, respectively.
(b) Evaluate the small-signal parameters of Q_1 and Q_2 at their bias points.
(c) Consider the circuit at midband frequencies. First, determine the small-signal voltage gain V_o/V_i. (Note that R_G can be neglected in this process.) Then use Miller's theorem on R_G to determine the amplifier input resistance R_{in}. Finally, determine the overall voltage gain V_o/V_{sig}. Assume r_o of both transistors to be very large.
(d) Consider the circuit at higher frequencies. Use Miller's theorem to replace R_G with a resistance at the input. (The one at the output will be too large to matter.) Use open-circuit time constants to estimate f_H.

*****9.91** In each of the six circuits in Fig. P9.91, let $\beta = 100$, $C_\mu = 2$ pF, and $f_T = 400$ MHz, and neglect r_o. Calculate the midband gain A_M, the 3-dB frequency f_H, and the gain–bandwidth product. Provide a summary of your results in a table with the following columns: Case, Configuration Name, A_M (V/V), f_H (MHz), and GB (MHz).

Section 9.7: Low-Frequency Response of Discrete-Circuit CS and CE Amplifiers

D 9.92 For the amplifier in Fig. 9.37(a), if $R_{G1} = 2$ MΩ, $R_{G2} = 1$ MΩ, and $R_{sig} = 200$ kΩ, find the value of the coupling capacitor C_{C1} (specified to one significant digit) that places the associated pole at 10 Hz or lower.

9.93 The amplifier in Fig. 9.37(a) is biased to operate at $g_m = 5$ mA/V, and has the following component values: $R_{sig} = 100$ kΩ, $R_{G1} = 47$ MΩ, $R_{G2} = 10$ MΩ, $C_{C1} = 0.01$ μF, $R_S = 2$ kΩ, $C_S = 10$ μF, $R_D = 4.7$ kΩ, $R_L = 10$ kΩ, and $C_{C2} = 1$ μF. Find A_M, f_{P1}, f_{P2}, f_Z, f_{P3}, and f_L.

D 9.94 Figure P9.94 shows a CS amplifier biased by a constant-current source I. Let $R_{sig} = 0.5$ MΩ, $R_G = 2$ MΩ, $g_m = 3$ mA/V, $R_D = 20$ kΩ, and $R_L = 10$ kΩ. Find A_M. Also, design the coupling and bypass capacitors to locate the three low-frequency poles at 100 Hz, 10 Hz, and 1 Hz. Use a minimum total capacitance, with the capacitors specified only to a single significant digit. What value of f_L results?

D 9.95 Figure P9.95 shows a current-source-biased CE amplifier operating at 100 μA from ±3-V power supplies. It

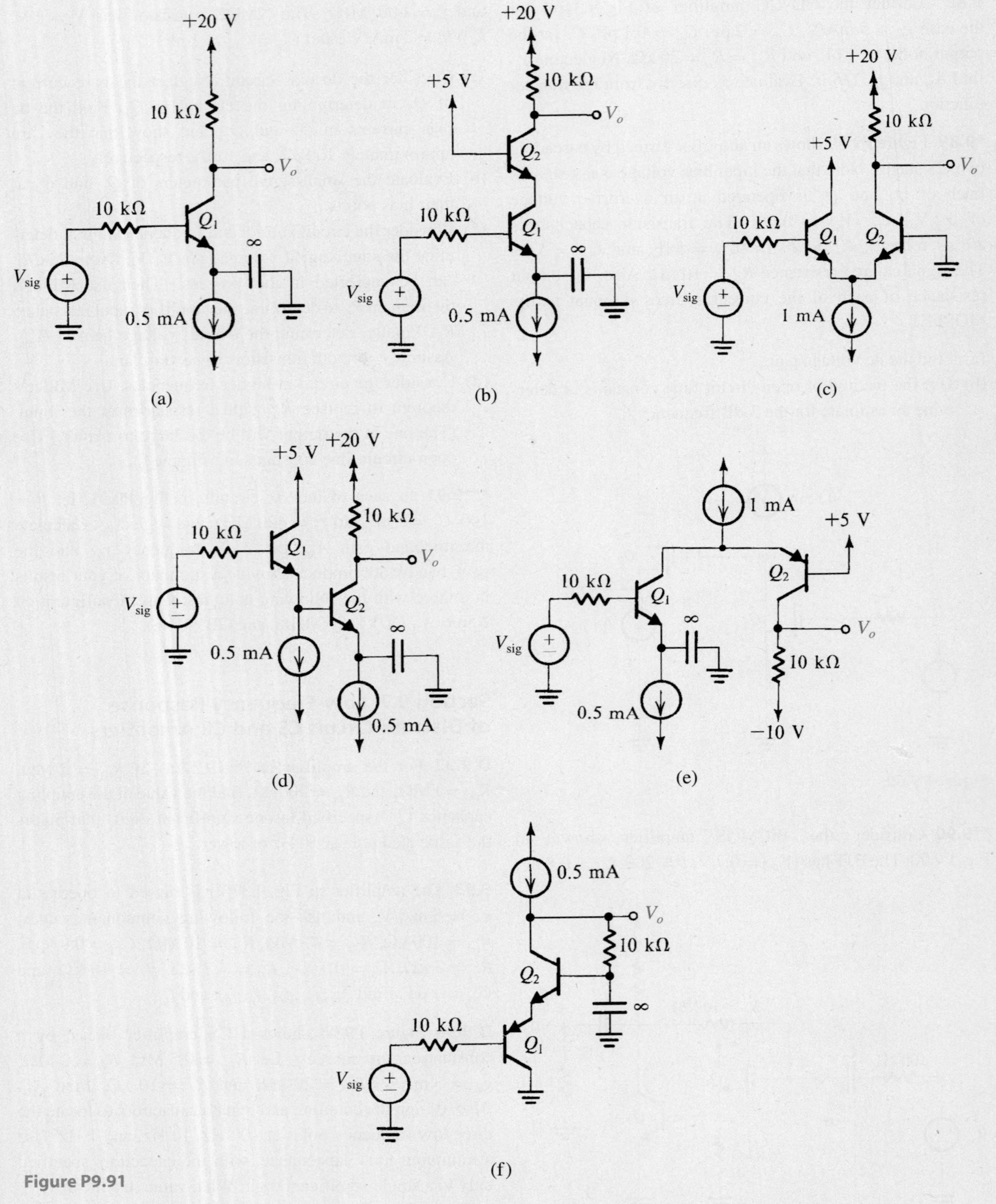

+20 V
10 kΩ
V_o
10 kΩ
Q_1
∞
V_{sig}
0.5 mA
(a)
+20 V
+5 V
10 kΩ
V_o
Q_2
10 kΩ
Q_1
∞
V_{sig}
0.5 mA
(b)
+20 V
10 kΩ
+5 V
V_o
10 kΩ
Q_1
Q_2
V_{sig}
1 mA
(c)
+5 V
+20 V
10 kΩ
10 kΩ
Q_1
V_o
V_{sig}
Q_2
0.5 mA
∞
0.5 mA
(d)
1 mA
+5 V
10 kΩ
Q_1
Q_2
∞
V_o
V_{sig}
10 kΩ
0.5 mA
−10 V
(e)
0.5 mA
V_o
10 kΩ
Q_2
∞
10 kΩ
Q_1
V_{sig}
(f)

Figure P9.91

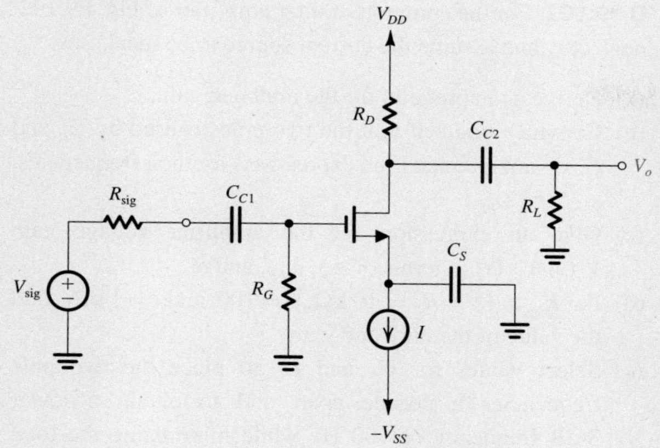

Figure P9.94

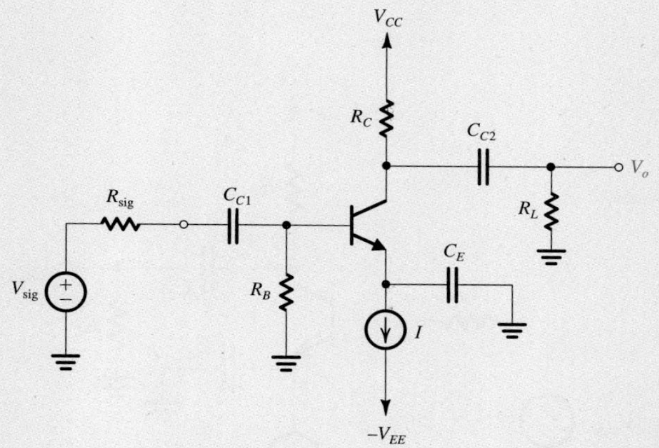

Figure P9.95

employs $R_C = 20$ kΩ, $R_B = 200$ kΩ, and operates between a 20-kΩ source and a 10-kΩ load. The transistor $\beta = 100$. Select C_E first, for a minimum value specified to one significant digit and providing up to 80% of f_L where f_L is to be 100 Hz. Then choose C_{C1} and C_{C2}, each specified to one significant digit, and each contributing about 10% of f_L. What f_L results? What total capacitance is needed?

***9.96** The BJT common-emitter amplifier of Fig. P9.96 includes an emitter-degeneration resistance R_e.

(a) Assuming $\alpha \simeq 1$, neglecting r_o, and assuming the current source to be ideal, derive an expression for the small-signal voltage gain $A(s) \equiv V_o/V_{sig}$ that applies in the midband and the low-frequency band. Hence find the midband gain A_M and the lower 3-dB frequency f_L.

(b) Show that including R_e reduces the magnitude of A_M by a certain factor. What is this factor?

(c) Show that including R_e reduces f_L by the same factor as in (b) and thus one can use R_e to trade off gain for bandwidth.

(d) For $I = 0.25$ mA, $R_C = 10$ kΩ, and $C_E = 10$ μF, find $|A_M|$ and f_L with $R_e = 0$. Now find the value of R_e that lowers f_L by a factor of 10. What will the gain become? Sketch on the same diagram a Bode plot for the gain magnitude for both cases.

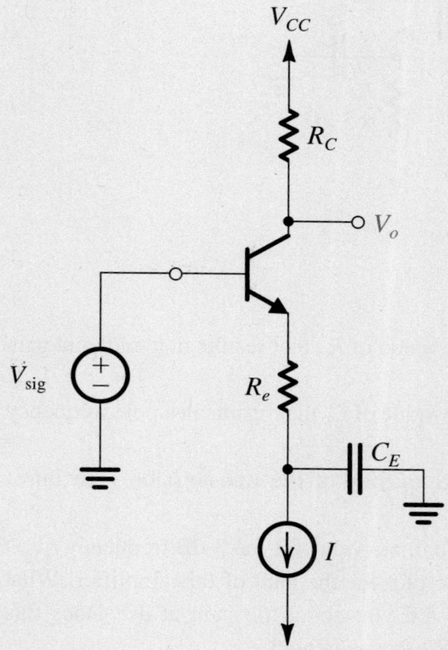

Figure P9.96

9.97 A signal source V_{sig} with a resistance $R_{sig} = 1$ kΩ is connected to a load resistance $R_L = 4$ kΩ via a capacitor $C = 1$ μF. Find:

(a) the transfer function V_o/V_{sig};

(b) the magnitude of transmission at high frequencies for which the coupling capacitor acts as a short circuit;

(c) the frequency at which $|V_o/V_{sig}|$ is 3 dB below the high-frequency value; and

(d) the transmission at dc.

D 9.98 For the amplifier in Fig. 9.37(a), if $R_D = 10$kΩ, $R_L = 10$kΩ, and r_o is very large, find the value of C_{C2} (specified to one significant digit) that places the associated pole at 10 Hz or lower.

D 9.99 The amplifier in Fig. 9.37(a) is biased to operate at $g_m = 5$ mA/V, and $R_S = 1.8$ kΩ. Find the value of C_S (specified to one significant digit) that places its associated pole at 100 Hz or lower. What are the actual frequencies of the pole and zero realized?

D 9.100 The amplifier in Fig. P9.100 is biased to operate at $g_m = 2$ mA/V. Neglect r_o.

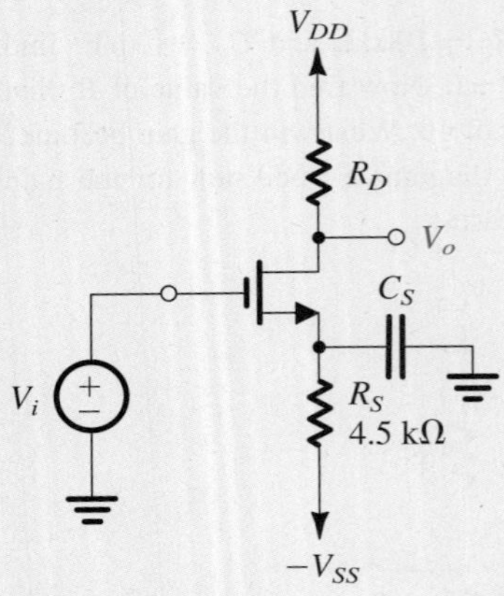

Figure P9.100

(a) Determine the value of R_D that results in a midband gain of −20 V/V.
(b) Determine the value of C_S that results in a pole frequency of 100 Hz.
(c) What is the frequency of the transmission zero introduced by C_S?
(d) Give an approximate value for the 3-dB frequency f_L.
(e) Sketch a Bode plot for the gain of this amplifier. What does the plot tell you about the gain at dc? Does this make sense? Why or why not?

9.101 Consider the circuit of Fig. 9.41(a). For $R_{sig} = 5$ kΩ, $R_B \equiv R_{B1} \| R_{B2} = 10$ kΩ, $r_\pi = 1$ kΩ, $\beta_0 = 100$, and $R_E = 1.5$ kΩ, what is the ratio C_E/C_{C1} that makes their contributions to the determination of f_L equal?

D *9.102 For the common-emitter amplifier of Fig. P9.102, neglect r_o and assume the current source to be ideal.

(a) Derive an expression for the midband gain.
(b) Convince yourself that the two poles caused by C_E and C_C do not interact. Find expressions for their frequencies, ω_{PE} and ω_{PC}.
(c) Give an expression for the amplifier voltage gain $V_o(s)/V_{sig}(s)$ in terms of A_M, ω_{PE}, and ω_{PC}.
(d) For $R_{sig} = R_C = R_L = 10$ kΩ, $\beta = 100$, and $I = 1$ mA, find the value of the midband gain.
(e) Select values for C_E and C_C to place the two pole frequencies a decade apart and to obtain a lower 3-dB frequency of 100 Hz while minimizing the total capacitance.
(f) Sketch a Bode plot for the gain magnitude, and estimate the frequency at which the gain becomes unity.

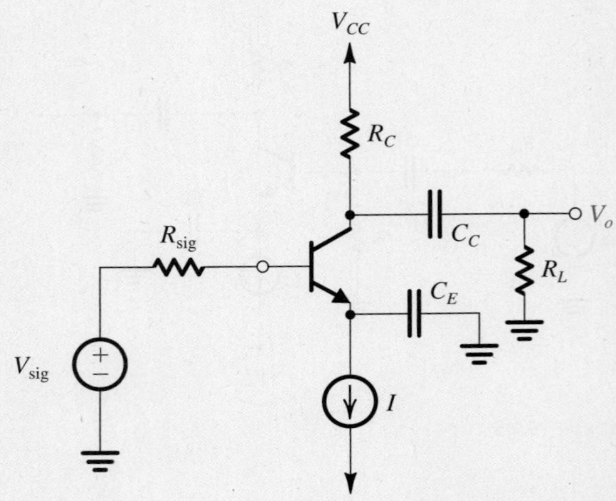

Figure P9.103

CHAPTER 10

귀환

서론

10.1 일반적인 귀환 구조

10.2 부귀환의 몇 가지 특성

10.3 귀환 전압 증폭기

10.4 귀환 전압 증폭기의 체계적인 해석

10.5 다른 귀환 증폭기 유형

10.6 귀환 해석 방법 요약

10.7 안정성 문제

10.8 귀환이 증폭기 극점들에 미치는 영향

10.9 보데 선도를 이용한 안정성 고찰

10.10 주파수 보상

요약

PROBLEMS

이 장에서 배울 내용

- 부귀환 증폭기의 일반적인 구조와 기본적인 동작 원리
- 부귀환 증폭기의 장점과 그 근원, 그리고 그 대가
- 네 가지 증폭기 유형들, 즉 전압, 전류, 트랜스컨덕턴스, 트랜스레지스턴스 증폭기에 이용되는 적절한 귀환 구성
- 실제 귀환 증폭기 회로들의 해석을 위한 직관적이고 통찰력 있는 접근 방법
- 부귀환 증폭기가 불안정해질 수 있는(즉, 발진할 수 있는) 원인 및 현상과 안정한 성능을 보장하는 회로 설계 방법

서론

대부분의 물리적인 시스템은 귀환을 포함하고 있다. 그러나 부귀환 이론이 전자공학도에 의해서 개발되었다는 것은 상당히 재미있는 사실이다. Western 전기 회사의 전자 기술자인 Harold Black은 1928년에 대서양 횡단의 전화 중계기에 사용할 안정된 이득을 갖는 증폭기를 설계하려고 궁리하던 중에 귀환 증폭기를 발명했다. 그때부터 귀환 증폭기의 설계 기법이 널리 쓰이기 시작했고, 오늘날에 와서는 명시적이든 묵시적이든 귀환을 포함하지 않는 전자 회로를 생각한다는 것은 거의 불가능하게 되었다. 나아가서 귀환의 개념과 그것에 관련된 이론은 생체 시스템 모델링 같은 공학 이외의 분야에서도 널리 사용되고 있다.

귀환은 **부귀환**(negative feedback)과 **정귀환**(positive feedback)으로 나누어진다. 증폭기 설계에서 부귀환은 다음과 같은 효과를 얻기 위해 사용된다.

1. 이득의 감도를 줄인다: 즉, 이득값이 온도 변화 등에 의해서 야기되는 회로 소자 값의 변동에 덜 민감하도록 만들어 준다.
2. 비선형 왜곡을 줄인다: 출력이 입력에 비례하도록 만들어 준다.(바꿔 말하면, 이득 상수가 신호 레벨에 무관하도록 만들어 준다.)
3. 잡음의 영향을 줄인다: 회로 구성 소자들 및 외부로부터의 간섭에 의해서 발생하는 불필요한 전기 신호에 의한 영향을 줄인다.
4. 입력 및 출력 저항을 제어한다: 적당한 귀환 구조를 사용함으로써 입력 및 출력 저항을 증가시키거나 감소시킨다.
5. 증폭기의 대역폭을 늘린다.

위와 같은 고무적인 모든 성질들은 이득의 감소라는 희생을 치름으로써 얻어진다. **귀환량**(amount of feedback)이라고 불리는 이득의 감소율은 회로가 둔감해지는 비율이기도 하고, 전압 증폭기의 입력 임피던스가 증가하는 비율이기도 하며, 또한 대역폭이 늘어나는 비율이기도 하다. 간단히 말해 부귀환의 기본 개념은 우리가 원하는 성질과 이득을 잘 절충하는 것이다. 이 장은 부귀환 증폭기들의 해석 및 설계에 할애된다.

어떤 조건 아래에서는 부귀환이 증폭기의 동적 응답에서 바람직하지 않은 동작을 야기할 수 있다. 이는 결국 발진, 즉 원하지 않는 신호의 생성을 야기한다. 이와 같은 경우에는 부귀환이 정귀환으로 바뀐다. 실제로 우리는 13장에서 정귀환을 발진기와 쌍안정 회로의 설계에 이용하는 것을 공부할 것이다. 그러나 이 장에서는 안정된 증폭기의 설계에 초점을 맞출 것이다. 따라서 이 장에서는 부귀환 증폭기의 안정성 문제에 대해 고찰할 것이다.

정귀환이 항상 불안정만을 야기하는 것은 아니다. 실제로 정귀환은 몇몇 응용, 즉 13장에서 공부할 능동 여파기 설계와 같은 응용에 아주 유익하게 이용되기도 한다.

부귀환에 대한 공부를 시작하기 전에, 우리가 이미 여러 응용에서 부귀환을 만났었다는 사실을 상기하기 바란다. 즉, 거의 모든 연산 증폭기 회로(2장)는 부귀환을 채택한다. 부귀환의 또 다른 보편적인 응용은 바이폴라 트랜지스터의 바이어스점을 안정화하기 위해, 그리고 BJT 차동 증폭기의 입력 저항과 대역폭을 증가시키기 위해, 이미터 저항 R_E를 사용하는 것이다. 또한 이미터 폴로어와 소스 폴로어는 상당한 양의 부귀환을 채택한다. 그렇다면 부귀환에 대한 체계적인 공부가 왜 필요한가 하는 의문이 생길 것이다. 이 장의 끝에서 알게 되겠지만, 귀환을 체계적으로 공부함으로써 전자 회로의 해석과 설계에 활용할 수 있는 매우 귀중한 도구를 얻게 될 것이다. 또한 귀환의 관점에서 바라봄으로써 얻어지는 통찰력은 전자 회로를 이해하는 데 매우 유용할 것이다.

10.1 일반적인 귀환 구조

10.1.1 신호 흐름도

그림 10.1에 귀환 증폭기의 기본적인 구조를 나타냈다. 이 그림은 일종의 신호 흐름도(signal-flow diagram)이다. 여기서 각각의 x는 전압 또는 전류 신호를 나타낸다. 기본 증폭기는 단방향이고 **개방 루프 이득**(open-loop gain)이라고 알려진 이득 A를 가진다. 따라서 증폭기의 출력 x_o는 입력 x_i와 다음과 같은 관계가 있다.

$$x_o = Ax_i \tag{10.1}$$

귀환 회로망은 출력 신호 x_o를 측정하거나 샘플링하고 귀환 신호 x_f를 제공한다. 귀환 신호 x_f는 **귀환율**(feedback factor)[1] β에 의해서 x_o와 다음과 같은 관계를 가질 것이다.

$$x_f = \beta x_o \tag{10.2}$$

여기서 우리는 귀환 회로망을 증폭기에 연결하는 것이 이득 A 또는 x_o의 값을 변경시키지 않는다고, 즉 귀환 회로망이 증폭기 출력을 로드(load)하지 않는다고 가정했다. 또한 귀환 회로망이 단방향성이라고 가정했다.

귀환 신호 x_f는 기본 증폭기의 입력에 해당하는 x_i 신호를 만들기 위해, 전체 귀환 증폭기의 입력 신호 전원 x_s로부터 뺀다.[2]

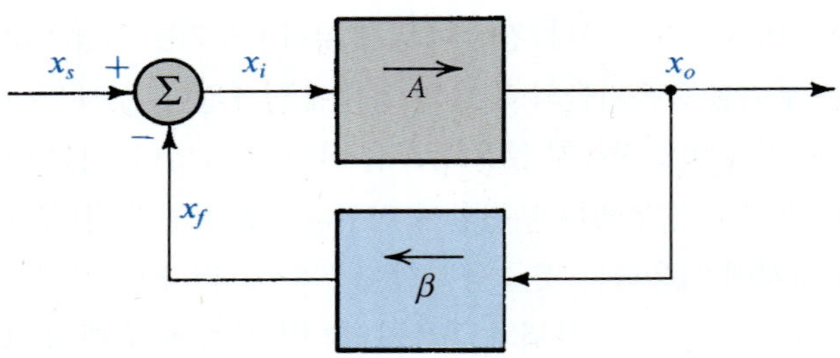

그림 10.1 귀환 증폭기의 기본 구조. 이것은 신호 흐름도이고, x 값들은 전압이나 전류 신호를 나타낸다.

1) 귀환율 β는 공통 이미터 증폭기의 전류 이득 β와는 아무런 관계가 없다. 혼동을 피하기 위해 우리는 가끔 h_{fe}를 사용하여 BJT의 전류 이득을 나타내기도 한다. h_{fe} 기호는 2-포트 회로망의 하이브리드 또는 h 파라미터로부터 나온다(부록 C 참조).

2) 지금까지 우리는 신호 전원과 연관된 양들에 대해 'sig'라는 첨자를 사용했다(예를 들어 v_{sig} 또는 R_{sig}). 이렇게 한 이유는 통상적으로 FET를 다룰 때 트랜지스터의 소스 단자와 연관된 양을 나타내는 첨자 's'와 혼동되는 것을 피하기 위해서였다. 그러나 이 시점에서는 독자들이 그다지 혼동되지 않을 정도로 이 문제와 충분히 친숙해졌다고 예상된다. 따라서 본래 상태로 되돌아가 신호 전원 양에 대해 보다 간단한 첨자인 s를 사용할 것이다.

$$x_i = x_s - x_f \tag{10.3}$$

귀환을 부귀환으로 만드는 것이 바로 이 뺄셈이다. 본질적으로 부귀환은 기본 증폭기의 입력에 나타나는 신호를 감소시킨다. 여기서 우리는 또 귀환 회로망의 출력을 감산기 또는 차동 회로를 통해 증폭기 입력에 연결하는 것이 이득 A를 변경시키지 않는다고, 즉 귀환 회로망이 증폭기 입력을 로드(load)하지 않는다고 가정했다.

10.1.2 폐쇄 루프 이득

귀환 증폭기의 이득은 폐쇄 루프 이득 또는 **귀환을 가진 이득**(gain with feedback)이라고 불리고 A_f로 표시되며, 다음과 같이 정의된다.

$$A_f \equiv \frac{x_o}{x_s}$$

식 (10.1)부터 (10.3)까지를 결합하면 A_f에 대한 식을 다음과 같이 제공한다.

$$A_f = \frac{A}{1 + A\beta} \tag{10.4}$$

$A\beta$ 값을 **루프 이득**(loop gain)이라고 부르는데, 이는 그림 10.1로부터 따온 명칭이다. 부귀환이 되기 위해서는 루프 이득 $A\beta$가 플러스가 되어야 할 것이다. 즉, 귀환 신호 x_f는 반드시 x_s와 부호가 같아야 한다. 따라서 x_i는 크기가 x_s보다 작은 차동 신호가 될 것이다. 식 (10.4)는 $A\beta$가 플러스일 때, 귀환 증폭기의 이득이 개방 루프 이득 A보다 $1 + A\beta$ 양만큼 작을 것임을 보여 준다. 여기서 $1 + A\beta$는 **귀환량**이라고 부른다.

많은 회로들의 경우에서처럼, 만일 루프 이득 $A\beta$가 크다면, 즉 $A\beta \gg 1$이라면, 식 (10.4)는 다음과 같이 간단해질 것이다.

$$A_f \simeq \frac{1}{\beta} \tag{10.5}$$

이것은 매우 흥미로운 결과이다. 즉, 루프 이득이 클 때, 귀환 증폭기의 이득은 거의 전적으로 귀환 회로망에 의해서 결정된다. 귀환 회로망은 통상적으로 수동 소자들로 구성되며, 이 소자들은 우리가 원하는 만큼 정확하게 선택될 수 있으므로, 정확하고, 예측 가능하며, 안정된 이득을 얻을 수 있다는 부귀환의 장점은 명백할 것이다. 바꿔 말하면 귀환 증폭기의 전체 이득은 기본 증폭기의 이득 A에 거의 의존하지 않을 것이다. 따라서 기본 증폭기의 이득이 흔히 넓은 허용 오차를 갖는 많은 파라미터들의 함수라는 점을 감안한다면, 이와 같은 성질은 바람직할 것이다. 우리는 이미 연산 증폭기 회로들에서 이 결과의 극적인 예, 즉 이들 회로에서 폐쇄 루프 이득(closed-loop gain, 이것은 귀환을 포함한 전체 이득의 또 다른 명칭이다)이 거의 전적으로 귀환 요소들에 의해서 결정된다는 것을 2장에서 본 적이 있다. 일반적으로, 우리는 $(1/\beta)$을 A_f의 이상적인 값

$$A_f\big|_{\text{ideal}} = \frac{1}{\beta} \tag{10.6}$$

이라고 간주할 것이다. A_f의 이상적인 값으로부터의 편차는 식 (10.4)를 다음과 같은 형태로 씀으로써 정량화

할 수 있다.

$$A_f = \left(\frac{1}{\beta}\right)\frac{A\beta}{1+A\beta} \tag{10.7}$$

따라서

$$A_f = A_f\,|_{\text{ideal}}\ \frac{1}{1+(1/A\beta)} \tag{10.8}$$

로 표현할 수 있다. 한 예로서, 루프 이득 $A\beta\ = 100$은 폐쇄 루프 이득을 그것의 이상적인 값인 $(1/\beta)$보다 1% 낮은 값으로 이끌 것이다.

식 (10.1)부터 (10.3)까지를 결합하면, 귀환 신호 x_f에 대한 다음과 같은 표현식을 얻을 수 있다.

$$x_f = \frac{A\beta}{1+A\beta}x_s \tag{10.9}$$

따라서 $A\beta \gg 1$일 경우에는 $x_f \simeq x_s$가 될 것이다. 이 식은 기본 증폭기의 입력 신호 x_i가 거의 0으로 감소한다는 것을 의미한다. 따라서 만일 많은 양의 부귀환이 채택된다면, 귀환 신호 x_f가 입력 신호 x_s와 거의 같아질 것이다. 연산 증폭기의 두 입력 단자가 서로 같은 전위로 따라다니는 것이 부귀환의 이와 같은 성질에 기인한다는 사실에 주목하기 바란다. x_s와 x_f의 차, 즉 x_i를 때로는 **오차 신호**(error signal)[3]라고 부르기도 한다. 따라서 **입력 차동 회로**(input differencing circuit)를 종종 **비교 회로**(comparison circuit)라고 부르기도 한다.[이 회로는 **혼합기**(mixer)라고도 한다.] x_i에 대한 식은 다음과 같이 쉽게 구해질 것이다.

$$x_i = \frac{1}{1+A\beta}x_s \tag{10.10}$$

이 식으로부터 $A\beta \gg 1$일 경우에는 x_i가 매우 작아진다는 것을 증명할 수 있을 것이다. 부귀환이 기본 증폭기의 입력 단자들에 나타나는 신호를 귀환량인 $1 + A\beta$만큼 감소시킨다는 점에 주목하기 바란다. 이러한 입력 신호의 감쇠로 인해 귀환 증폭기의 선형성이 개선된다는 것을 곧 보게 될 것이다.[4]

10.1.3 루프 이득

위의 논의로부터 우리는 루프 이득 $A\beta$가 매우 중요하다는 것, 실제로 귀환 증폭기의 가장 중요한 파라미터 특성이라는 것을 알 수 있다.

1. $A\beta$의 부호는 귀환의 극성을 나타낸다. 즉, 귀환이 부귀환이 되려면 루프 이득 $A\beta$는 양의 값이어야 한다.

---

3) 이 용어는 귀환 증폭기에서보다 귀환 제어 시스템에서 더 흔히 볼 수 있다.

4) 우리는 이러한 예를 이미 보았다. 공통 이미터 증폭기의 이미터에 R_e 저항(또는 공통 소스 증폭기의 소스에 R_s 저항)을 추가하면 기존과 동일한 입력에 대해 v_{be}와 v_{gs}가 이제 (귀환량에 의해) 더 작아지기 때문에 공통 이미터 증폭기의 선형성이 개선된다.

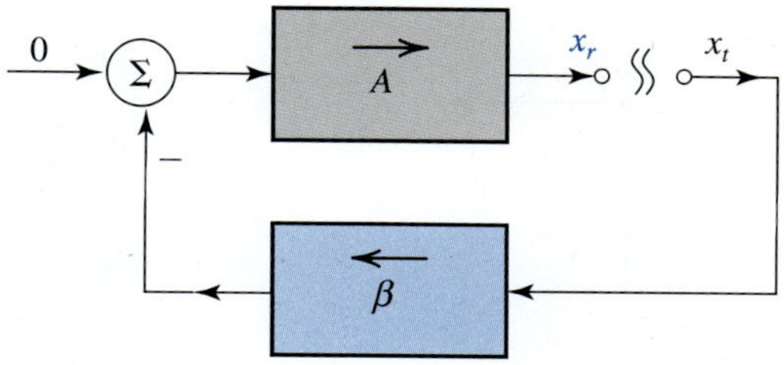

그림 10.2 귀환 루프를 기본 증폭기의 출력에서 절단하고, 테스트 신호 x_t를 인가하여 돌아오는 신호 x_r을 측정함으로써 루프 이득을 구한다. 즉, $A\beta \equiv -x_r/x_t$.

2. $A\beta$의 크기는 폐쇄 루프 이득 A_f가 이상적인 값인 $1/\beta$에 얼마나 근접한지를 결정한다.
3. $A\beta$의 크기는 귀환량 $(1 + A\beta)$를 결정하고 이에 따라, 다음 절에서 보게 되겠지만, 부귀환에 의해 생기는 증폭기 성능에서의 여러 가지의 개선들의 크기를 결정한다.
4. 뒤의 절들에서 보겠지만, 주파수에 따른 $A\beta$의 불가피한 변화는 동적인 폐쇄 루프 이득 응답이 바람직하지 않은 특성들을 보이게 만들 수 있다. 또한, 만약 $A\beta$의 위상 편이가 180°에 도달하면, 귀환이 정귀환이 되고, 이는 결국 귀환 증폭기를 불안정하게 만들 수 있다. 따라서 안정한 귀환 증폭기의 설계는 증폭기의 루프 이득 $A\beta$의 주파수 동작을 적절하게 수정하는 것을 포함해야 한다(10.10절).

루프 이득이 매우 중요하므로, 우리는 그것을 어떻게 구할 것인지 고찰하는 시간을 가져야 한다. 그림 10.1이 루프 이득 $A\beta$의 값이 다음과 같이 구해질 수 있다는 것을 가리킨다.

1. $x_s = 0$으로 놓아라.
2. A와 β값이 바뀌지 않는 편리한 위치에서 귀환 루프를 절단하라. 귀환 회로망이 증폭기의 출력을 로드하지 않는다고 가정했기 때문에, 우리는 A가 바뀌지 않게 하면서 루프를 증폭기의 출력에서 절단할 수 있다(그림 10.2 참조).
3. 테스트 신호 x_t를 절단된 루프의 입력에 인가하라. 그리고 루프의 출력에서, 즉 절단된 반대쪽에서 돌아오는 신호 x_r을 구하라. 그림 10.2로부터

$$x_r = -A\beta x_t$$

라는 것을 알 수 있다. 그리고 루프 이득 $A\beta$가 다음과 같이 얻어진다는 것을 알 수 있다.

$$A\beta = -\frac{x_r}{x_t} \tag{10.11}$$

$A\beta$가 양의 값이므로, 돌아오는 신호 x_r은 테스트 신호 x_t와 위상이 다를 것이고, 이는 귀환이 실제로 부귀환이라는 것을 증명한다는 점에 주목하기 바란다. 사실 이 접근은 귀환의 극성을 정성적으로 확인하는 데 사용된다. 우리는 다음 절들에서 루프 이득에 대해 더 많이 설명할 것이다.

10.1.4 무한대의 개방 루프 이득 A의 이상적인 경우

다음과 같은 중요한 한정된 경우를 살펴보기로 하자. $A = \infty$일 때 $A\beta = \infty$가 되고, 식 (10.8)로부터 폐쇄 루프

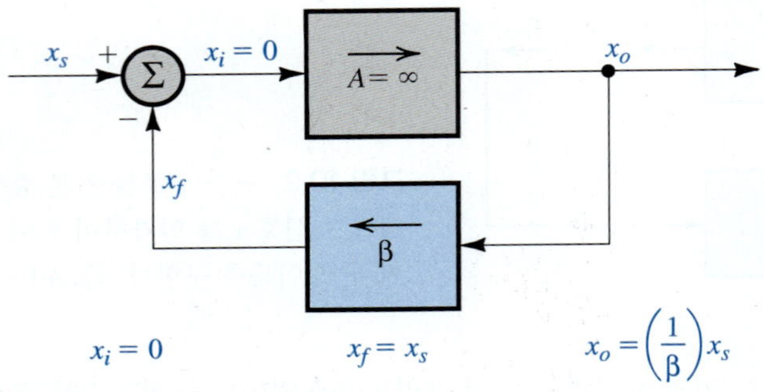

그림 10.3 $A = \infty$인 한정된 경우에서의 귀환 증폭기의 신호 흐름도.

이득 A_f가 그것의 이상적인 값 $(1/\beta)$이 된다. 이 경우 식 (10.9)와 (10.10)으로부터

$$x_f = x_s \tag{10.12}$$

$$x_i = 0 \tag{10.13}$$

을 얻는다. $x_i = 0$이지만, 무한한 A가 x_o를 유한하게 만들고, x_o가 폐쇄 루프 이득의 이상적인 값에 의해서 x_s에 관계하도록 만든다는 점에 주목하기 바란다.

$$x_o = \left(\frac{1}{\beta}\right)x_s$$

그림 10.3에 $A = \infty$인 경우에 대한 귀환 증폭기의 신호 흐름도를 나타내었다.

이 이상적인 경우는 이상적인 연산 증폭기가 무한한 개방 루프 이득 A를 가진다고 가정한 연산 증폭기 회로의 해석(2장)을 상기시킬 것이다. 연산 증폭기의 두 입력 단자 사이에 나타나는 가상 단락 회로는 식 (10.13), 즉 입력 신호 $x_i = 0$이라는 징후이다.

비록 이상화한 것이지만, 이 한정된 경우는 귀환 증폭기의 설계와 해석 둘 다에 매우 유용하다. 설계에서, 주어진 이상적인 폐쇄 루프 이득을 얻으려고 할 때에는, 식 (10.6)을 이용하여 원하는 β를 정한다.

$$\beta = 1/A_f\,|_{\text{ideal}} \tag{10.14}$$

주어진 귀환 증폭기 회로의 해석에서는, 우리는 먼저 개방 루프 증폭기의 입력 신호를 0으로 놓는다. 그런 다음, 인가된 x_s에 대한 결과로 생긴 x_o를 구한다(그림 10.3 참조). 폐쇄 루프 이득의 이상적인 값은 다음과 같이 구해지고

$$A_f\,|_{\text{ideal}} = \frac{x_o}{x_s}$$

귀환율 β는 식 (10.14)를 이용하여 정해진다. 우리는 이 절차를 이 절의 많은 예제에서 설명할 것이다.

예제 10.1

그림 10.4(a)에 나타낸 비반전 연산 증폭기의 구성은 그림 10.1의 귀환 루프를 직접 실현한 것이다.

(a) 연산 증폭기가 무한대의 입력 저항과 0의 출력 저항을 가진다고 가정한 후, 귀환율 β에 대한 표현식과 이상적인 폐쇄 루프 이득 A_f를 구하라.

(b) 10 V/V의 폐쇄 루프 이득을 얻기 위한 β와 R_2/R_1을 구하라.

(c) 개방 루프 이득 $A = 10^4$ V/V일 때, (b)의 설계에 대한 루프 이득, 귀환량, 그리고 A_f의 실제 값을 구하라. A_f가 이상적인 값으로부터 몇 퍼센트만큼 벗어났는가?

(d) 정확하게 10 V/V의 폐쇄 루프 이득을 얻기 위해서는 β와 R_2/R_1을 어떤 값으로 바꾸어야 하는가?

(e) (d)의 변경된 설계에 대해, $V_s = 1$ V로 하고, V_o, V_f, V_i를 구하라.

(f) (d)의 설계에 대해 만일 개방 루프 이득 A가 20% 감소했다면, 이에 상응하는 A_f의 감소는 얼마인가?

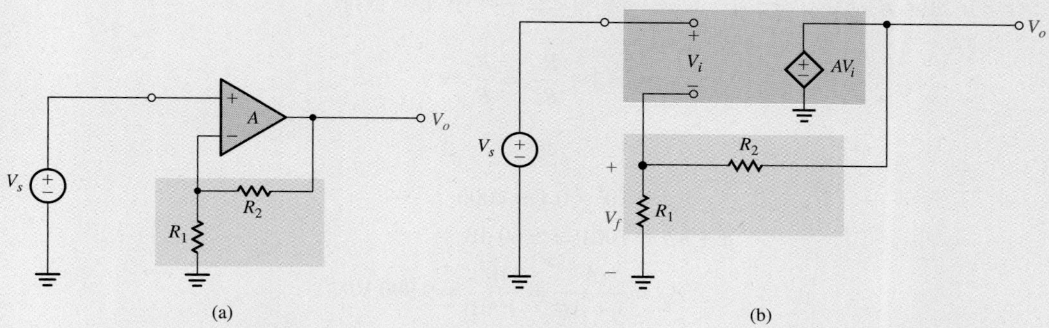

그림 10.4 (a) 예제 10.1에 대한 비반전 연산 증폭기 회로. (b) (a) 회로에서 연산 증폭기를 그것의 등가 회로로 대체한 회로.

풀이

(a) 그림 10.4(a)의 회로와 그림 10.1의 블록도 사이의 직접적인 대응 관계를 더 명백하게 보여 주고자 그림 10.4(b)에 나타낸 것처럼 연산 증폭기를 그것의 등가 회로 모델로 교체했다. 연산 증폭기가 무한대의 입력 저항과 0의 출력 저항을 가진다고 가정하면, 연산 증폭기 모델은 간단하게 이득이 A인 이상적인 전압 제어 전압 전원이 된다. 그림 10.4(b)로부터 전압 분배기 (R_1, R_2)로 구성된 귀환 회로망이 출력에 바로 연결되어 V_f 신호를 연산 증폭기의 반전 입력 단자에 공급하는 것을 관찰할 수 있다. 여기서 주목해야 할 중요한 점은, 연산 증폭기의 출력 저항이 0이기 때문에 R_1과 R_2의 값에 관계없이 출력 전압이 AV_i가 된다는 것이다. 이것이 바로 그림 10.1의 블록도에서 귀환 회로망과 부하가 기본 증폭기를 로드하지 않는다고 가정한다고 말했던 이유이다. 이제 귀환율 β를 다음과 같이 간단히 구할 수 있을 것이다.

$$\beta \equiv \frac{V_f}{V_o} = \frac{R_1}{R_1 + R_2}$$

다음으로 입력 측에서 어떻게 V_f가 V_s로부터 빼지는지를 살펴보자. 이 뺄셈은 연산 증폭기의 차동 작용에 의해 효과적으로 수행된다. 즉, 차동 입력 증폭기는 본질적으로 두 입력 단자에 나타나는 신호들의 차를 취한다. 또한 연산 증폭기의 입력 저항이 무한대라고 가정하기 때문에 연산 증폭기의 음의 입력 단자에 전류가 흐르지 않고 귀환 회로망이 입력 쪽에서 증폭기를 로드하지 않는다는 점에 주목하기 바란다. 이상적인 폐쇄 루프 이득 A_f는 다음과 같이 구해진다.

$$A_f\big|_{\text{ideal}} = \frac{1}{\beta} = 1 + \frac{R_2}{R_1}$$

(b) $A_f\big|_{\text{ideal}} = 10$ V/V에 대해

$$\beta = \frac{1}{A_f\big|_{\text{ideal}}} = 0.1 \text{ V/V}$$

가 요구된다. R_2/R_1의 요구되는 값은 다음 식으로부터 구할 수 있다.

$$10 = 1 + \frac{R_2}{R_1} \Rightarrow \frac{R_2}{R_1} = 9$$

(c)

$$A\beta = 10^4 \times 0.1 = 1000$$
$$1 + A\beta = 1001 \Rightarrow \simeq 60 \text{ dB}$$
$$A_f = \frac{A}{1 + A\beta} = \frac{10^4}{1001} = 9.990 \text{ V/V}$$

이는 10 V/V의 이상적인 값의 0.1% 아래이고, 루프 이득이 1000이라는 것과 일치한다.

(d)

$$A_f = \frac{A}{1 + A\beta}$$
$$10 = \frac{10^4}{1 + 10^4 \times \beta} \Rightarrow \beta = 0.0999 \text{ V/V}$$
$$\frac{R_1}{R_1 + R_2} = 0.0999 \Rightarrow \frac{R_2}{R_1} = 9.01$$

(e) $V_s = 1$ V일 때

$$V_o = A_f V_s = 10 \times 1 = 10 \text{ V}$$
$$V_f = \beta V_o = 0.0999 \times 10 = 0.999 \text{ V}$$
$$V_i = \frac{V_o}{A} = \frac{10}{10^4} = 0.001 \text{ V}$$

(f) A가 20% 감소했다면, 즉

$$A = 0.8 \times 10^4 \text{ V/V}$$

가 되었다면, A_f의 값은

$$A_f = \frac{0.8 \times 10^4}{1 + 0.8 \times 10^4 \times 0.0999} = 9.9975 \text{ V/V}$$

가 된다. 즉, 폐쇄 루프 이득은 0.025% 줄어든다. 이것은 A의 변화율보다 약 $(1 + A\beta)$ 정도 더 낮은 수치이다.

연습문제

10.1 $A = 100$ V/V일 때 예제 10.1의 (b)에서 (f)까지를 반복하라.

[답] (b) 0.1 V/V, 9; (c) 10, 11 또는 20.8 dB, 9.091 V/V, −9.1%; (d) 0.09 V/V, 10.11; (e) 10 V, 0.9 V, 0.1 V; (f) 2.44%

10.2 $A_f|_{\text{ideal}} = 10^3$ V/V일 때 예제 10.1의 (b)에서 (f)까지를 반복하라. (d) 설계에서는 $A_f = 1000$ V/V를 사용하고, (e)에서는 $V_s = 0.01$ V를 사용하라.

[답] (b) 0.001 V/V, 999; (c) 10, 11 또는 20.8 dB, 909.1 V/V, −9.1%; (d) 9×10^{-4} V/V, 1110.1; (e) 10 V, 0.009 V, 0.001V; (f) 2.44%

10.1.5 요약

온라인(www.oup.com/he/sedra-smith8xe)상의 요약표 보충자료(Summary Tables Supplement)의 표 10.1에 그림 10.1의 이상적인 부귀환 증폭기 구조를 특징짓는 중요한 파라미터들과 공식들이 제시되어 있다.

10.2 부귀환의 몇 가지 특성

서론에서 부귀환의 몇몇 특성을 언급하였다. 이제 이런 특성들에 대해 좀 더 상세히 살펴볼 것이다.

10.2.1 이득 감도의 감소

부귀환이 폐쇄 루프 이득을 어느 정도 둔감하게 하는가에 대해서는 예제 10.1에서 살펴보았다. 이 예제에서 우리는 기본 증폭기의 이득이 20% 감소할 때 폐쇄 루프 증폭기의 이득은 단지 0.025%밖에 감소하지 않는다는 것을 보았다. 우리는 이와 같은 폐쇄 루프 이득의 감도 감소에 대한 공식을 다음과 같이 유도할 수 있을 것이다.

β가 상수라고 가정하자. 식 (10.4)의 양변에 미분을 취하면

$$dA_f = \frac{dA}{(1+A\beta)^2} \tag{10.15}$$

가 된다. 식 (10.15)를 식 (10.4)로 나누면

$$\frac{dA_f}{A_f} = \frac{1}{(1+A\beta)}\frac{dA}{A} \tag{10.16}$$

가 된다. 이 식은 (기본 증폭기의 회로 파라미터들 변동에 의한) A_f의 변동률이 A의 변동률보다 귀환량만큼 작다는 것을 말해 준다. 이런 이유로, 귀환량 $1 + A\beta$를 **둔감률**(desensitivity factor)이라고 부르기도 한다.[5)]

연습문제

10.3 공칭 이득 $A = 1000$ V/V를 가지는 증폭기가 25℃에서부터 75℃까지 동작 온도가 변함에 따라 10%의 이득 변화를 나타낸다. 부귀환을 적용해 이러한 변화를 0.1%로 제한해야 한다면, 가능한 가장 큰 폐쇄 루프 이득은 얼마인가? 이러한 부귀환 증폭기 세 개가 연달아 연결되었다면, 얻어지는 총 이득과 이득 안정도는 얼마인가?

[답] 10 V/V; 1000 V/V, 문제의 온도 범위에서 이득이 최대 0.3%까지 변한다.

10.2.2 대역폭 확장

고주파 응답이 단일 극점으로 표현되는 어떤 증폭기에 대해 생각해 보자. 중간 주파와 고주파에서의 이 증폭기의 이득은 다음과 같이 된다.

$$A(s) = \frac{A_M}{1 + s/\omega_H} \tag{10.17}$$

여기서 A_M은 중간 대역 이득을 나타내고, ω_H는 고역 쪽의 3 dB 주파수를 나타낸다. 주파수와 무관한 상수 β만큼 이 증폭기에 부귀환을 걸어 주면, 폐쇄 루프 이득 $A_f(s)$는 다음과 같이 된다.

$$A_f(s) = \frac{A(s)}{1 + \beta A(s)}$$

식 (10.17)의 $A(s)$를 이 식에 대입하고, 약간의 수학적인 처리를 하면

5) 식 (10.16)의 표현식을 유도하는 데 미분이 사용되었으므로, 이 식은 A의 변동이 비교적 적을 때 적용된다. 만일 A의 변동이 클 경우에는, 식 (10.4)를 사용하여 이에 상응하는 A_f의 값을 구해야 한다.

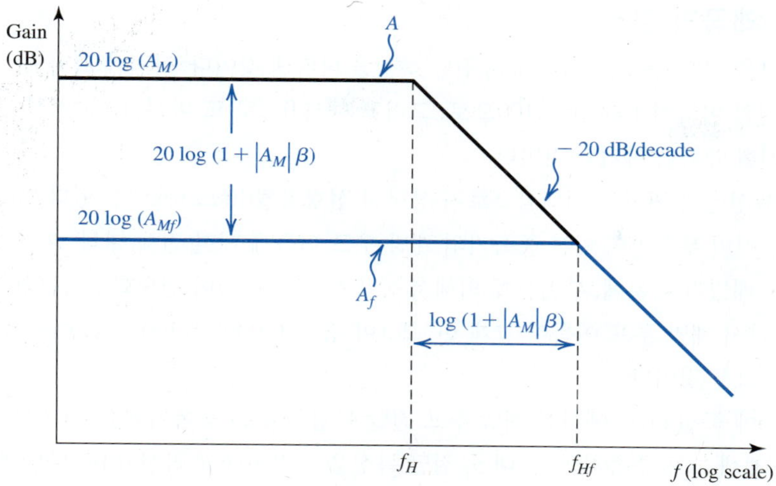

그림 10.5 부귀환이 적용되면 중간 대역 이득이 감소하는 대가를 치르고 증폭기 대역폭이 증가한다. 둘 다의 변화는 귀환량 $(1 + |A_M|\beta)$만큼이다. 이득 대역폭 곱은 변하지 않는다는 점에 주목하기 바란다.

$$A_f(s) = \frac{A_M/(1+A_M\beta)}{1+s/\left[\omega_H(1+A_M\beta)\right]} \tag{10.18}$$

를 얻는다. 따라서 귀환 증폭기는 $A_M/(1 + A_M\beta)$의 중간 대역 이득과

$$\omega_{Hf} = \omega_H(1+A_M\beta) \tag{10.19}$$

로 주어지는 고역 쪽 3 dB 주파수 ω_{Hf}를 가질 것이다. 이 식으로부터 고역 쪽의 3 dB 주파수가 귀환량만큼 증가한다는 것을 알 수 있다. 증폭기 대역폭의 증가는 똑같은 인수 즉 귀환량만큼 중간 대역 이득의 감소에 수반된 것이다. 따라서 증폭기의 이득 대역폭 곱은 일정하게 유지된다. 이 중요한 점이 그림 10.5에 설명되어 있다.

증폭기 대역폭을 확장하는 데 부귀환의 동작은 놀랄 만한 일은 아니다. 즉, 부귀환은 주파수에 따른 이득의 크기 변화를 포함한 이득 크기의 변화를 최소화하도록 작용한다.

연습문제

10.4 예제 10.1의 비반전 연산 증폭기 회로에 대해 생각해 보자. 개방 루프 이득 A는 저주파에서는 10^4 V/V의 값을 가지며, 고주파에서는 100 Hz의 3 dB 주파수와 −20 dB/decade의 균일한 이득 감쇠 특성을 가진다고 가정하자. $R_1 = 1\ \text{k}\Omega$이고 $R_2 = 9\ \text{k}\Omega$인 폐쇄 루프 증폭기의 저주파 이득과 고역 쪽 3 dB 주파수를 구하라.

[답] 9.99 V/V; 100.1 kHz

10.2.3 비선형 왜곡의 감소

그림 10.6의 (a) 곡선은 어떤 증폭기의 v_O 대 v_I 전달 특성을 나타낸 것이다. 그림에 나타냈듯이 특성 곡선은 구간별로 선형이고, 전압 이득이 1000에서 100으로, 그러고 나서 0으로 또 바뀐다. 이 비선형 전달 특성 때문에 이 증폭기는 큰 비선형 왜곡을 야기할 것이다.

증폭기의 전달 특성은 부귀환을 채택함으로써 상당히 **선형화될**(linearized) 수 있다.(즉, 덜 비선형이 되게 할 수 있다.) 우리는 이미 부귀환이 기본 증폭기의 개방 루프 이득에 대한 전체 폐쇄 루프 증폭기 이득의 의존도를 줄인다는 것을 배웠기 때문에, 부귀환에 의해서 증폭기 전달 특성이 선형화될 수 있다는 것은 놀라운 일은 아닐 것이다. 따라서 개방 루프 이득이 크게 변해도(이 경우 1000에서 100으로) 이에 상응하는 폐쇄 루프 이득의 변화는 매우 작을 것이다.

일례로 그림 10.6에 곡선 (a)로 예시한 개방 루프 전달 특성을 갖는 증폭기에 $\beta = 0.01$의 부귀환을 걸어 보자. 그 결과에 의한 폐쇄 루프 증폭기의 v_O 대 v_S 전달 특성을 그림 10.6에 곡선 (b)로 나타냈다. 여기서 경사가 가장 급한 부분의 기울기는

$$A_{f1} = \frac{1000}{1 + 1000 \times 0.01} = 90.9$$

이고, 그다음 구간의 기울기는

$$A_{f2} = \frac{100}{1 + 100 \times 0.01} = 50$$

이다. 따라서 10의 기울기 변화는 상당히 줄어들었다. 물론 이에 대한 대가는 전압 이득의 감소이다. 따라서 만일 전체 이득을 본래의 크기로 환원시켜야 한다면, 전치 증폭기 하나를 덧붙여야 할 것이다. 이 전치 증폭기는 소신호를 다루기 때문에, 심각한 비선형 왜곡 문제를 제기하지 않을 것이다.

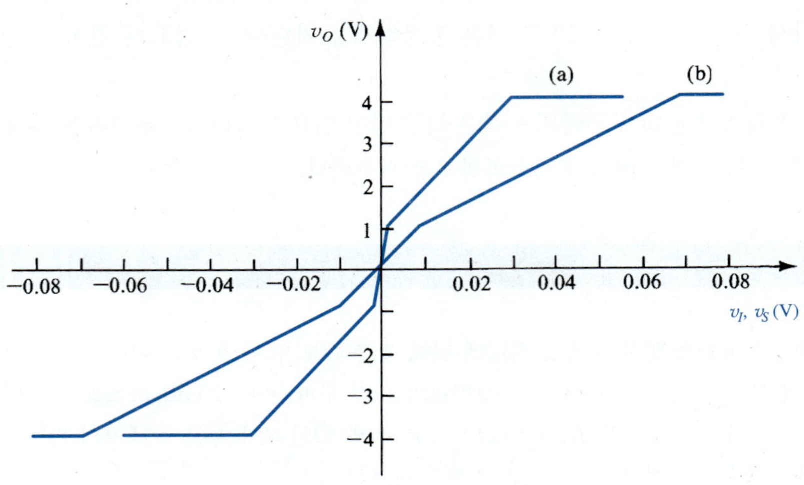

그림 10.6 증폭기의 비선형 왜곡을 줄이기 위해 부귀환을 적용한 예. 곡선 (a)는 귀환이 없는 증폭기의 전달 특성(v_O 대 v_I)을 나타내고, 곡선 (b)는 $\beta = 0.01$의 부귀환을 걸어 주었을 때의 특성(v_O 대 v_S)을 나타낸다.

끝으로 부귀환은 증폭기가 포화 상태에 있을 때에는 어떤 역할도 하지 않는다는 것을 언급해 둔다. 그 이유는 포화 상태에서는 이득이 상당히 작고(거의 0) 이로 인해 귀환량이 거의 1이 되기 때문이다.

예제 10.2

그림 10.7(a)에 보인 전압 전달 특성을 가진 증폭기들을 이용하여, 5 mV의 입력 신호에 대해 200 V/V의 이득과 선형 전달 특성을 가지는 증폭기를 설계하라.

풀이

해결책은 (이득이 100인) 주어진 증폭기 하나와 2의 폐쇄 루프 이득을 얻기 위해 부귀환을 걸은 또 하나의 증폭기를 종속으로 접속하는 것으로 구성된다. 두 번째 증폭기를 위한 귀환율 β는 다음 식으로부터 구할 수 있다.

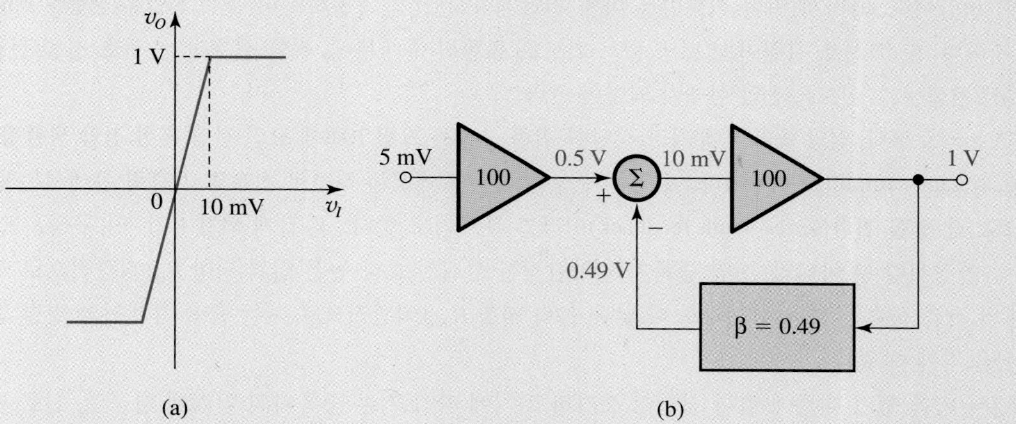

그림 10.7 (a) 설계에 이용할 수 있는 증폭기의 전달 특성. (b) 최대 5 mV의 입력 신호에 대해 선형 특성을 보이면서 200 V/V의 이득을 가지는 증폭기.

$$A_f = \frac{A}{1 + A\beta}$$

이 식에 $A_f = 2$와 $A = 100$을 대입하면

$$2 = \frac{100}{1 + 100\beta}$$

을 얻고, $\beta = 0.49$를 결과로 얻는다.

그림 10.7(b)에 전체의 증폭기를 나타냈다. 그림에는 또 5 mV의 최대 입력에 상응하는 여러 마디의 신호 레벨들도 함께 나타내었다. 종속 접속된 증폭기 둘 다가 각각의 선형 영역에서 동작하고 있다는 점에 주목하기 바란다.

10.3 귀환 전압 증폭기

증폭기는 증폭될 양(전압 또는 전류)과 출력의 원하는 형태(전압 또는 전류)에 따라서 네 가지 종류로 나뉜다. 이 종류에 대해서는 1장에서 이미 논의했다. 이 절에서는 가장 흔한 증폭기 유형, 즉 전압 증폭기를 공부할 것이다. 우리는 부귀환을 전압 증폭기에 적용하기 위한 적당한 구성을 찾는 것부터 시작할 것이다. 그런 다음, 귀환 전압 증폭기를 해석하기 위한 간단한 방법을 제시할 것이다. 이 방법은 루프 이득 $A\beta$를 이용하는 것이다. 루프 이득을 구하는 법은 10.1.3절에서 논의했다.

10.3.1 직-병렬 귀환 구성

전압 증폭기는 입력 전압 신호를 증폭하고 증폭된 전압 신호를 출력한다. 전압 증폭기는 본질적으로 전압 제어 전압 전원이다. 입력 임피던스는 높을수록 좋고 출력 임피던스는 낮을수록 좋다. 신호 전원이 전압 전원이기 때문에, 신호 전원은 테브냉 등가 회로로 적절하게 표현된다. 전압 증폭기에서 우리가 알고자 하는 출력량은 출력 전압이다. 따라서 귀환 회로망은 마치 전압계가 전압을 측정하듯이 출력 전압을 샘플링(sampling)해야 할 것이다. 또한 신호 전원이 테브냉 등가 회로로 표현되기 때문에, 귀환 신호 x_f는 신호 전원 전압과 직렬(series)로 혼합될 수 있도록 전압 형태가 되어야 한다.

위의 논의로부터, 전압 증폭기에 가장 적당한 귀환 구성은 그림 10.8에 보인 **전압 혼합 전압 샘플링**(voltage-mixing, voltage-sampling) 구성이다. 이 귀환 구성은 입력 쪽에서는 직렬로 접속되고 출력 쪽에서는 병렬로 접속되므로 **직-병렬 귀환**(series-shunt feedback)이라고 부르기도 한다. 곧 알게 되겠지만, 이 구성은 전압 이득 V_o/V_s를 안정시킬 뿐 아니라, 전압 증폭기의 바람직한 성질인 보다 높은 입력 저항 R_{in}(직관적으로 이는 입력 쪽에서의 직렬 접속의 결과이다)과 보다 낮은 출력 저항 R_{out}(직관적으로 이는 출력 쪽에서의 병렬 접속의 결과이다)을 갖게 해 준다.

V_s에서 V_f를 뺐기 때문에 입력 저항이 증가하고 이에 따라 기본 증폭기의 입력에 더 작은 신호 V_i가 걸린다. 더 낮아진 V_i는 이제 입력 전류를 더 작게 하며 결과적으로 V_s에서 들여다본 저항은 더 커질 것이다. 다음

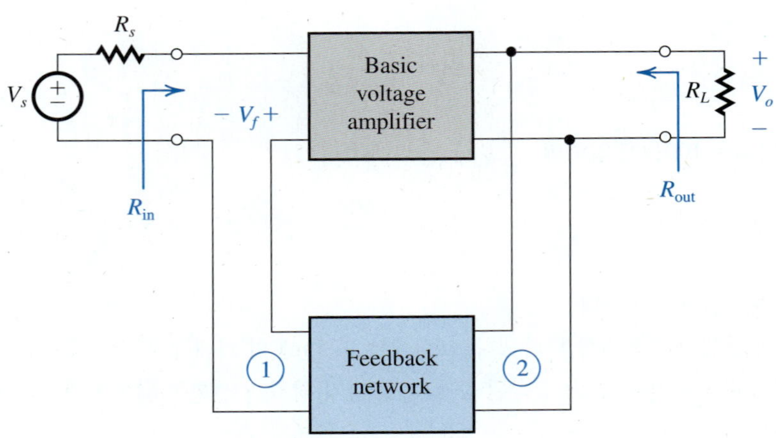

그림 10.8 귀환 전압 증폭기의 블록도. 여기서 적절한 귀환 구성은 직-병렬 구성이다.

절에서 귀환 전압 증폭기 입력 저항의 식을 유도할 것이다.

귀환이 V_o를 가능한 한 일정하게 유지하도록 작용하기 때문에 출력 저항은 감소한다. 따라서 증폭기 출력으로부터 당겨지는 전류가 ΔI_o만큼 변한다면, V_o의 변화 ΔV_o는 귀환이 걸리지 않았을 때의 변화보다 더 작을 것이다. 따라서 출력 저항 $\Delta V_o/\Delta I_o$는 개방 루프 증폭기의 출력 저항보다 작을 것이다. 다음 절에서 귀환 전압 증폭기의 출력 저항을 위한 표현식을 유도할 것이다.

10.3.2 직-병렬 귀환 증폭기의 예

직-병렬 귀환 증폭기의 세 가지 예를 그림 10.9에 나타냈다. 그림 10.9(a)의 증폭기는 친숙한 비반전 연산 증폭기 구성이다. 전압 분배기 (R_1, R_2)로 구성된 귀환 회로망이 연산 증폭기의 반전 입력 단자에 공급되는 전압 V_f를 생성한다. V_s에서 V_f를 빼는 것은 연산 증폭기의 차동 입력이 차를 잡는 작용에 의해 얻어진다. 부귀환이어야 하기 때문에 V_f는 V_s와 같은 극성이어야 하며, 이에 따라 기본 증폭기의 입력에는 더 작은 신호가 유기된다. 이것을 확인하기 위해 다음과 같이 루프를 따라서 신호를 추적해 보자. V_s가 증가하면 V_o가 증가하고 전압 분배기가 V_f를 증가시킨다. 따라서 V_f의 변화는 V_s의 변화와 같은 극성이며 이 귀환은 부귀환이 된다.

그림 10.9(b)에 나타낸 두 번째 귀환 전압 증폭기는 두 개의 MOSFET 증폭단을 연달아 사용했다. 출력 전압 V_o가 전압 분배기 (R_1, R_2)로 구성된 귀환 회로망에 의해 취해지고, 귀환 신호 V_f는 Q_1의 소스 단자에 공급된다. Q_1의 게이트에 V_s를, 그리고 소스에 V_f를 인가함으로써 뺄셈이 이루어지며, 그 결과로 증폭기 입력에서의 신호는 $V_i = V_{gs} = V_s - V_f$가 된다. 부귀환인지 확인하기 위해 V_s를 증가시켜 보자. Q_1의 드레인 전압은 증가할 것이고, 이 전압이 Q_2의 게이트에 공급되기 때문에 Q_2의 드레인 전압 V_o가 증가할 것이다. 그러면 귀환 회로망은 처음에 V_s가 증가된다고 가정했던 방향과 동일하게 V_f를 증가시킬 것이다. 따라서 이 귀환은 실제로 부귀환이다.

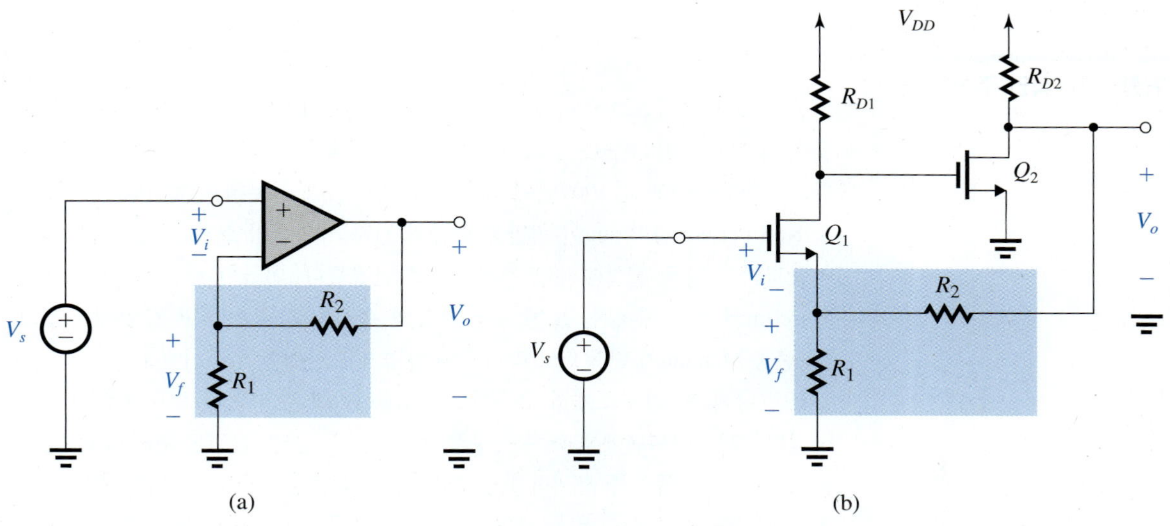

그림 10.9 귀환 전압 증폭기의 세 가지 예. 이 회로들 모두 직-병렬 귀환을 채택한다. 직류 바이어스 회로는 부분적으로만 나타냈다는 점에 유의하기 바란다.

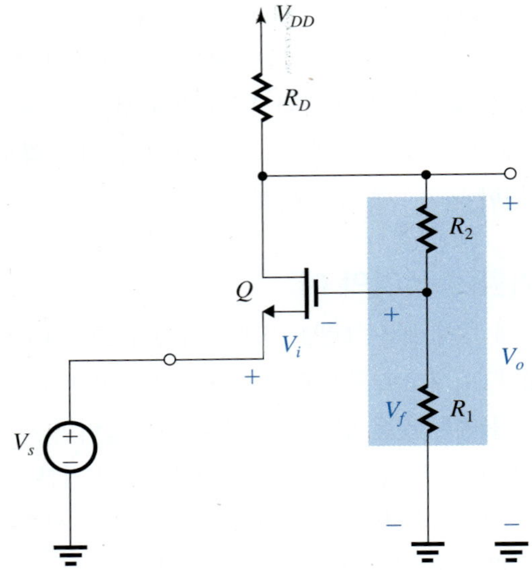

(c)

그림 10.9 (계속)

그림 10.9(c)에 제시한 직-병렬 귀환의 세 번째 예는 공통 게이트 트랜지스터 Q의 게이트에 전압 분배기 (R_1, R_2)를 통해 출력 전압 V_o의 분배된 전압 V_f가 귀환되는 것을 이용한다. 소스에 V_s를 가해 주어 V_s에서 V_f를 빼기 때문에 공통 게이트 증폭기의 입력 V_i는 $V_s - V_f$가 된다. 그렇지만 다른 예에서와 같이 귀환의 극성을 확인해야 한다. V_s가 증가하면, Q의 드레인 전압이면서 출력 전압인 V_o가 증가할 것이며 이에 따라 V_f도 증가할 것이다. V_f와 V_s가 같은 방향으로 변하므로 부귀환임을 확인할 수 있다.

귀환: 역사적인 주석

자동 조절 동작의 요소로서의 귀환의 발상은 18세기까지 거슬러 올라가지만, 용어 그 자체는 1860년대가 되어 비로소 경제학을 논의하는 맥락에서 나타난다. 그 후에도 여전히, 1909년에 Strasbourg 대학에서 근무하던 독일의 물리학자 Karl Ferdinand Braun이 귀환을 진공관 전자 시스템의 소자들 사이에서의 바람직하지 않은 결합이라고 공개적으로 언급했다. 언급한 때는 Guglielmo Marconi와 공동 수상한 노벨 물리학상의 수상자로서 연설한 강연에서였다.(종종 Marconi가 단독으로 라디오의 발명자로 인정받기도 한다.)

1927년에, 벨 연구소에서 근무하던 Harold Black은 부귀환 증폭기를 발명하였다. 그는 1934년에 출간된 독창성이 풍부한 논문인 '안정된 귀환 증폭기'에서 부귀환 증폭기를 자세하게 설명하였다. 이 발명은, 장거리 대륙 횡단의 전화 회로에 연결될 수 있는, 저왜곡 증폭기를 공급해야 하는 필요성에 의해서 유발되었다.

10.3.3 귀환 전압 증폭기의 해석

그림 10.9에 보인 셋 중의 어느 하나와 같은 귀환 전압 증폭기가 주어진다면, 또는 더 일반적으로 그림 10.8의 블록도에 보인 것 같은 귀환 전압 증폭기가 주어진다면, 우리의 목표는 이 회로를 해석하여 폐쇄 루프 이득 $A_f \equiv V_o/V_s$, 입력 저항 R_{in}, 출력 저항 R_{out}을 구하는 것이다. 우리의 자연적인 성향은 10.1절에 유도되어 있는 공식들을 이용하는 것일 것이다. 그러나 이는 직접적으로 가능하지 않다. 왜냐하면 10.1절의 해석이 귀환 회로망이 기본 증폭기를 로드하지 않는다는 가정에 입각한 것이기 때문이며, 또 유감스럽게도, 이 가정이 대부분의 실제의 증폭기 회로에 적용되지 않기 때문이다. 그림 10.9의 회로들에 보인 것처럼 귀환 회로망은 기본 증폭기를 확실하게 로드하는 간단한 저항 회로이다. 한 예로서, 그림 10.9(b)의 회로에서, 귀환 회로망을 구성하는 저항 R_2와 R_1의 값들은 기본 증폭기의 일부분인 공통 소스 단 Q_2의 이득에 영향을 미친다. 또한 귀환 회로망 저항 R_1의 값은 기본 증폭기의 일부분인 Q_1 증폭기 단에 영향을 미친다. 따라서 우리는 A와 β를 구하기 위해 실제의 증폭기 회로를 쉽게 분리할 수 없고, 이에 따라 10.1절과 10.2절의 귀환 공식들을 사용할 수 없다. 대체 방법으로 우리는 다음의 세 단계 해석 방법을 제시한다.

1단계: β와 $A_f|_{\text{ideal}}$을 구한다. 우리는 무한한 개방 루프 이득의 한정된 경우를 이용한다(10.1.4절). 그림 10.10(a)에 기본 증폭기의 이득을 무한하다고 가정한 그림 10.8의 일반적인 귀환 전압 증폭기를 나타내었다. 기본 증폭기의 이득이 무한하기 때문에 그것의 입력 단자들 사이에 영(0)의 전압이 걸리고, 이에 따라 이번에는 영의 입력 전류가 흐를 것이다. 입력 직렬 루프에서 영의 전류는 $V_f = V_s$를 야기할 것이다. 귀환 회로망의 포트 1이 개방 회로처럼 동작할 것이고, 이에 따라 β는 그림 10.10(b)에 보인 것처럼 구해진다는 점에 주목하는 것이 중요하다. 폐쇄 루프 이득의 이상적인 값은 다음과 같이 구할 수 있다.

$$A_f\,|_{\text{ideal}} = \frac{1}{\beta}$$

2단계: 루프 이득 $A\beta$를 구한다. 10.1.3절에 제시된 방법을 이용하여 루프 이득 $A\beta$를 구한다. 먼저, 루프를 절단하기 전에 존재하던 조건들이 변하지 않도록 주의를 기울이면서 루프를 절단한다. 그림 10.11을 참조하면 이 점이 명확할 것이다. 그림 10.11(a)의 개념상의 루프를 XX'에서 절단한다. 그림 10.11(b)에 보인 것처럼, 테스트 전압 V_t를 XX'의 왼쪽 단자들에 인가한다. 그리고 루프 조건이 변하지 않게 유지하기 위해, XX'의 오른쪽 단자들에 임피던스 Z_t를 연결한다. Z_t의 값은 XX'의 왼쪽을 전에 바라본 임피던스와 같다. 그러면 루프 이득은

$$A\beta = -\frac{V_r}{V_t}$$

로 구해진다. 가능할 때마다 우리는 Z_t가 무한대인 위치에서 루프를 절단해야 한다.

3단계: 폐쇄 루프 이득 A_f를 구한다. 1단계에서 구한 β의 값과 2단계에서 구한 $A\beta$의 값을 사용하여 개방 루프 이득 A의 값을 구할 수 있다. 끝으로, 폐쇄 루프 이득 A_f를

$$A_f = \frac{A}{1 + A\beta}$$

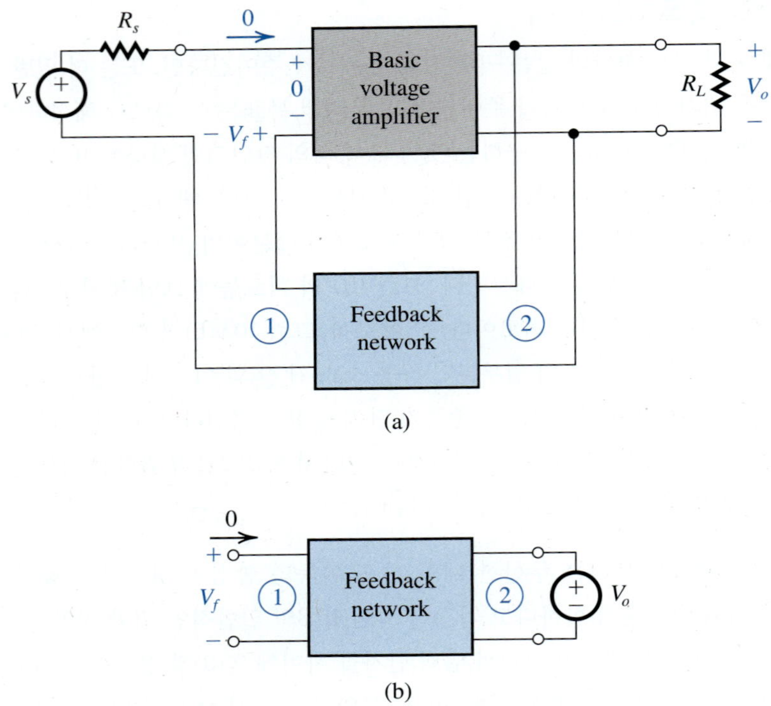

그림 10.10 (a) 기본 증폭기의 개방 루프 이득이 무한하다는 가정하에서의 일반적인 귀환 전압 증폭기. 가정의 결과로서, 입력 단자들 사이에 0 V가 걸리고 이에 상응하여 입력 직렬 루프에서 영의 전류가 흐르기 때문에 우리는 그림 (b)에 보인 것처럼 β를 구할 수 있을 것이다.

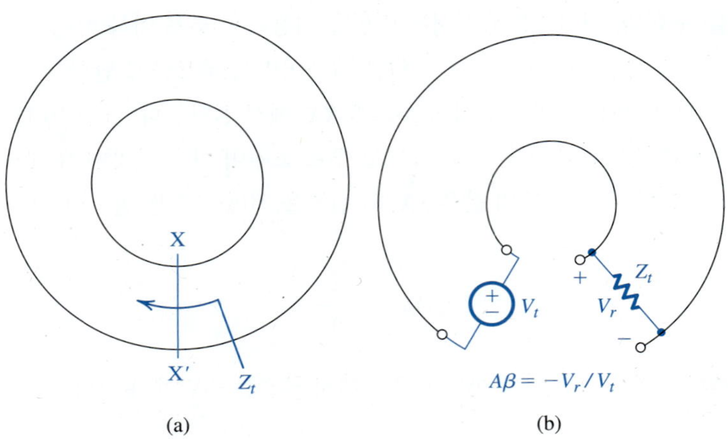

그림 10.11 루프 이득을 구하기 위해 (a)에 보인 개념상의 귀환 루프를 절단하는 것은 (b)에 보인 것과 같은 루프의 종단을 필요로 한다. 이는 루프의 조건이 변하지 않는다는 것을 보장하기 위한 것이다.

로 구할 수 있다. 다음으로 우리는 이 값을 1단계에서 구한 이상적인(상한) 값과 비교할 수 있을 것이다. 그 차이는 약 $(-100/A\beta)$%가 될 것이다.

이제 다음 두 예제를 이용하여 이 해석 방법이 어떻게 적용되는지를 보일 것이다.

예제 10.3

그림 10.9(b)의 직-병렬 귀환 증폭기에 대해, MOSFET들의 r_o를 무시하고

(a) β에 대한 식과 폐쇄 루프 이득 A_f의 이상적인 값을 구하라.

(b) 10 V/V의 이상적인 폐쇄 루프 이득을 낳는 R_2/R_1비를 구하라. 만약 $R_1 = 1\ \text{k}\Omega$이면 R_2의 값은 얼마이어야 하는가?

(c) 루프 이득 $A\beta$에 대한 식을 구하라.

(d) $g_{m1} = g_{m2} = 4\ \text{mA/V}$이고 $R_{D1} = R_{D2} = 10\ \text{k}\Omega$일 때 $A\beta, A, A_f$의 값을 구하라.

풀이

(a) β와 $A_f|_{\text{ideal}}$을 구하기 위해 그림 10.12(a)에 보인 것처럼 개방 루프 이득을 무한대로 가정한다. 기본 증폭기의 입력 전압 V_{gs1}은 영(0)이고, 이에 상응하여 Q_1의 소스에 흐르는 전류는 영이다. 따라서 귀환율 β는 전압 분배기 (R_1, R_2)의 비로 구할 수 있다.

$$\beta = \frac{V_f}{V_o} = \frac{R_1}{R_1 + R_2}$$

폐쇄 루프 이득 $A_f = V_o/V_s$의 이상적인 값은 다음과 같이 구해진다.

$$A_f|_{\text{ideal}} = \frac{1}{\beta} = 1 + \frac{R_2}{R_1}$$

(b) A_f가 10의 이상적인 값을 갖기 위해서는

$$10 = 1 + \frac{R_2}{R_1}$$

따라서

$$\frac{R_2}{R_1} = 9$$

이고, $R_1 = 1\ \text{k}\Omega$이므로 $R_2 = 9\ \text{k}\Omega$이어야 한다.

(c) 루프 이득을 구하기 위해 $V_s = 0$으로 둔다. 귀환 루프를 조사하면 Q_1의 드레인과 Q_2의 게이트 사이의 연결점에서 루프를 절단하는 것이 가장 편리하다는 것을 알 수 있다. 그 이유는 Q_2의 게이트의 무한한 입력 임피던스 때문이다. 그 결과의 회로를 그림 10.12(b)에 나타냈고, 이 그림에서 $A\beta \equiv -V_r/V_t$를 구하기 위해 회로 해석을 하면 다음과 같이 진행될 것이다.

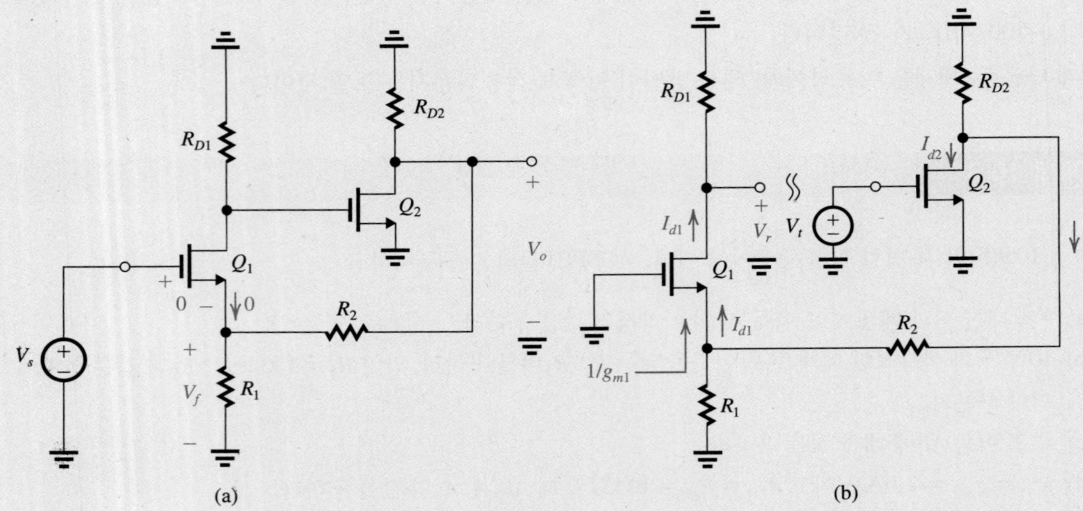

그림 10.12 (a) β와 $A_f|_{\text{ideal}}$을 구하기 위해 개방 루프 이득을 무한대로 가정한 귀환 전압 증폭기. (b) 루프 이득 $A\beta$를 구함.

$$I_{d2} = g_{m2}V_t$$
$$I_1 = -I_{d2}\frac{R_{D2}}{R_{D2}+R_2+\left(R_1 \left\| \frac{1}{g_{m1}}\right.\right)}$$
$$I_{d1} = I_1\frac{R_1}{R_1+\frac{1}{g_{m1}}}$$
$$V_r = I_{d1}R_{D1}$$

이들 네 식을 결합하면 다음 결과를 낳을 것이다.

$$A\beta \equiv -\frac{V_r}{V_t} = (g_{m1}R_{D1})(g_{m2}R_{D2})\frac{1}{1+g_{m1}R_1}\frac{R_1}{R_{D2}+R_2+\left(R_1 \left\| \frac{1}{g_{m1}}\right.\right)}$$

(d)

$$A\beta = 4\times 10\times 4\times 10\times\frac{1}{1+4\times 1}\times\frac{1}{10+9+(1\|\frac{1}{4})}$$
$$= 16.67$$

이다.

$$\beta = \frac{R_1}{R_1+R_2} = \frac{1}{1+9} = 0.1$$
$$A = \frac{A\beta}{\beta} = \frac{16.67}{0.1} = 166.7\text{ V/V}$$

이고

$$A_f = \frac{A}{1+A\beta} = \frac{166.7}{1+16.67} = \frac{166.7}{17.67} = 9.43 \text{ V/V}$$

이 값은 주어진 루프 이득(16.67)이 단지 적당하게 높은데 불구하고 10 V/V의 이상적인 값에 상당히 가깝다. 실제로 A_f는 10 V/V의 이상적인 값의 겨우 5.7% 아래이다. 이 값은 $100/16.67 \simeq 6\%$의 예상된 편차에 잘 비교된다.

예제 10.4

그림 10.13(a)의 직-병렬 귀환 증폭기에서, 연산 증폭기는 입력 저항 R_{id}, 개방 회로 전압 이득 μ, 출력 저항 r_o를 가지고 있다. β에 대한 식을 구하고, $A_f \equiv V_o/V_s$ 의 이상적인 값과 루프 이득 $A\beta$를 구하라. $\mu = 10^4$ V/V, $R_{id} = 100\text{ k}\Omega$, $r_o = 1\text{ k}\Omega$, $R_L = 2\text{ k}\Omega$, $R_1 = 1\text{ k}\Omega$, $R_2 = 100\text{ k}\Omega$, $R_s = 10\text{ k}\Omega$이다. β, $A_f|_{\text{ideal}}$, $A\beta$, A, A_f를 구하라.

풀이

β를 구하기 위해, 그림 10.13(b)에 보인 것처럼 개방 루프 이득을 무한대로 가정한다. 이는 연산 증폭기의 입력 단자들 사이에 영(0)의 전압을 야기할 것이고, 이에 따라 입력 단자들로 흘러 들어가는 전류 역시 영이 될 것이다. 입력 직렬 루프에서 영의 전류가 흐르기 때문에 우리는 귀환율 β를 전압 분배기 (R_1, R_2)의 비로 구할 수 있다.

$$\beta = \frac{R_1}{R_1+R_2}$$

이고 A_f의 이상적인 값은

$$A_f|_{\text{ideal}} = \frac{1}{\beta} = 1 + \frac{R_2}{R_1}$$

이다. 주어진 수치들에 대해 $\beta = 0.0099$이고 $A_f|_{\text{ideal}} = 101$ V/V이다.

루프 이득을 구하기 위해, $V_s = 0$으로 놓고 연산 증폭기를 그것의 등가 회로 모델로 대체한다. 그 결과의 회로를 그림 10.13(c)에 나타냈다. 다음으로 루프를 끊고 테스트 전압 V_t를 인가하는데, 절단된 곳에서 루프를 끊기 전에 보인 임피던스와 같은 값의 임피던스로 종단시킨다. 그 결과의 회로를 그림 10.13(d)에 나타냈다. 여기서 루프는 연산 증폭기의 입력 단자에서 절단되어 있고, 왼쪽 단자들은 R_{id} 저항에 연결되어 있다. $A\beta \equiv -V_r/V_t$를 구하기 위해서는 회로 해석에서 전압 분배 공식을 반복하여 적용해야 한다. 그 결과는

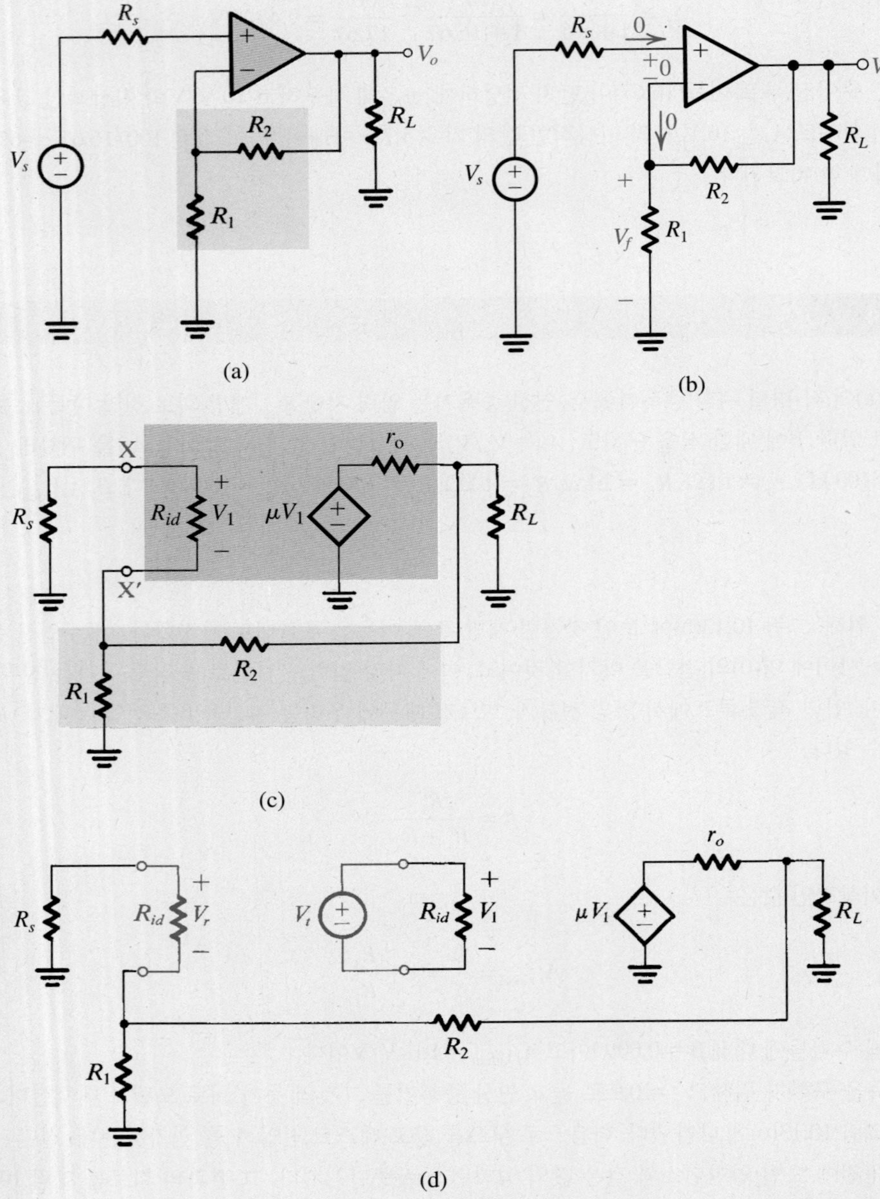

그림 10.13 예제 10.4. (a) 직-병렬 귀환 증폭기; (b) 무한하다고 가정된 개방 루프 이득 A를 가지는 귀환 증폭기; (c) $V_s = 0$으로 놓고 연산 증폭기를 그것의 등가 회로 모델로 대체함으로써 얻어진 귀환 루프; (d) 루프 이득 $A\beta = -V_r/V_t$를 구하기 위한 귀환 루프를 절단함.

$$A\beta = \mu \frac{\{R_L \| [R_2 + R_1 \| (R_{id}+R_s)]\}}{\{R_L \| [R_2 + R_1 \| (R_{id}+R_s)]\} + r_o} \times$$

$$\frac{[R_1 \| (R_{id}+R_s)]}{[R_1 \| (R_{id}+R_s)] + R_2} \times \frac{R_{id}}{R_{id}+R_s}$$

이다. 주어진 수치들에 대해 $A\beta = 60$, $A = A\beta/\beta = 5960$ V/V, $A_f = A/(1+A\beta) = 99.3$ V/V이다.

연습문제

10.5 그림 10.9(c)의 귀환 전압 증폭기에 대해

(a) β에 대한 식을 구하라.

(b) MOSFET의 r_o를 무시하고, 루프 이득 $A\beta$에 대한 식을 구하라.(힌트: Q의 게이트에서 루프를 절단하라.)

(c) 개방-루프 이득 A에 대한 식을 구하라.

(d) $g_m = 4$ mA/V, $R_D = 10$ kΩ, $R_1 = 20$ kΩ, $R_2 = 80$ kΩ일 때 β, $A\beta$, A, 그리고 폐쇄 루프 이득 A_f의 값들을 구하라. 만일 $A\beta$가 1보다 훨씬 크다면 A_f는 얼마가 되겠는가?

[답] (a) $\frac{R_1}{R_1+R_2}$; (b) $g_m\frac{R_D R_1}{R_D+R_1+R_2}$; (c) $g_m\frac{R_D(R_1+R_2)}{R_D+R_1+R_2}$; (d) 0.2, 7.27, 36.36 V/V, 4.4 V/V, 5 V/V

10.3.4 맺음말

루프 이득 해석 방법은 간단하지만 완전하지는 않다. 즉, 이 방법으로는 귀환 증폭기의 입력 저항과 출력 저항을 구할 수 없다. 이 단점을 다음 절에서 해결할 것이다. 다음 절에서 우리는 귀환 전압 증폭기의 해석을 위한 체계적인 접근 방법을 제시할 것이다.

10.4 귀환 전압 증폭기의 체계적인 해석

이 절에서는 귀환 전압 증폭기의 해석을 위한 체계적인 절차를 제공할 것이다. 이 절차는 'A 회로'를 얻기 위해 주어진 귀환 전압 증폭기를 기본적으로 분해한다. A 회로로부터 우리는 개방 루프 이득 A와 입력 저항과 출력 저항과 같은 개방 루프 증폭기의 다른 파라미터들을 구할 수 있다. 그리고 'β 회로'로부터 귀환율의 값을 구할 수 있다. 그런 다음 우리는 귀환 공식들을 이용하여, 폐쇄 루프 이득 A_f와 귀환을 포함하는 입력 저항과 출력 저항과 같은, 귀환 증폭기의 특성 파라미터들을 구할 수 있다.

해석 절차는 먼저 귀환 회로망이 기본 증폭기를 로드하지 않은 이상적인 경우를 고찰하는 것이다. 그다음

에, 귀환 회로망이 기본 증폭기를 로드할 뿐 아니라, 유한한 전원 저항 R_s와 유한한 부하 저항 R_L이 있는 실제의 경우를 고찰할 것이다.

10.4.1 이상적인 경우

앞서 언급했듯이 직-병렬 귀환은 전압 증폭기에 적절한 귀환 구조이다. 직-병렬 귀환 증폭기의 이상적인 구조를 그림 10.14(a)에 나타냈다. 이 그림으로부터 이 구조가 단방향성(unilateral) 개방 루프 증폭기(A 회로)와 이상적인 전압 샘플링 전압 혼합 귀환 회로망(β 회로)으로 이루어져 있다는 것을 알 수 있다. A 회로는 입력 저항 R_i, 개방 회로 전압 이득 A, 그리고 출력 저항 R_o를 가진다. 여기서 우리는 신호 전원이 0 저항으로 이상적이라고 가정했고, 부하 저항이 없다고 가정했다. 나아가 β 회로가 A 회로를 로드하지 않는다, 즉 β 회로를 A 회로에 연결해도 $A(A \equiv V_o/V_i$로 정의된다) 값이 변하지 않는다고 가정할 것이다.

그림 10.14(a)의 회로는 그림 10.1의 이상적인 귀환 모델과 정확하게 일치한다. 따라서 폐쇄 루프 이득 A_f는 다음과 같다.

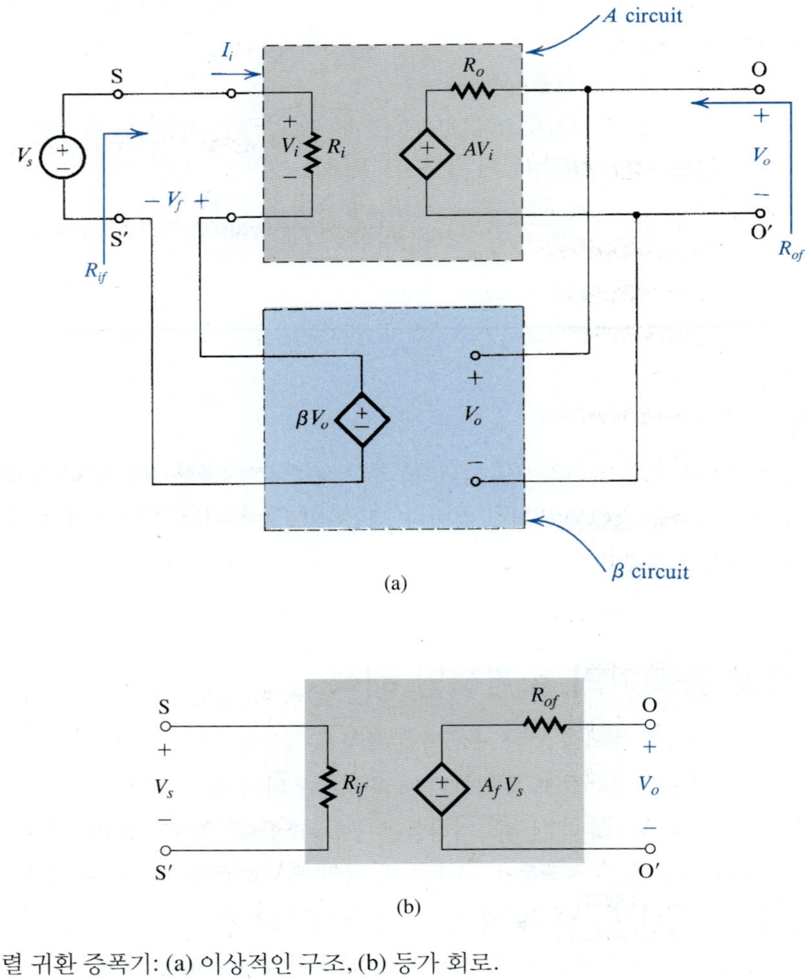

그림 10.14 직-병렬 귀환 증폭기: (a) 이상적인 구조, (b) 등가 회로.

$$A_f \equiv \frac{V_o}{V_s} = \frac{A}{1+A\beta} \tag{10.20}$$

직-병렬 귀환 증폭기의 등가 회로 모델을 그림 10.14(b)에 나타냈다. A_f는 귀환 증폭기의 개방 회로 전압 이득, R_{if}는 입력 저항, 그리고 R_{of}는 출력 저항이라는 점에 주목하기 바란다. R_{if}와 R_{of}의 표현식은 다음과 같이 유도된다.

R_{if} 표현식 유도를 위해 그림 10.14(a) 회로에서 입력 루프를 보라. 직렬 혼합이 V_s에서 V_f를 빼기 때문에 귀환량[식 (10.10)]과 동일한 인수로 V_i가 감소한다.

$$V_i = \frac{V_s}{1+A\beta}$$

따라서 입력 전류 I_i는

$$I_i = \frac{V_i}{R_i} = \frac{V_s}{(1+A\beta)R_i} \tag{10.21}$$

가 된다. I_i가 V_s로부터 나오는 전류이므로 입력 저항 R_{if}는

$$R_{if} \equiv \frac{V_s}{I_i}$$

로 표현될 수 있으며, 식 (10.21)을 이용하면

$$R_{if} = (1+A\beta)R_i \tag{10.22}$$

가 된다는 것을 알 수 있다. 따라서 예상한 것처럼 직렬 혼합 귀환은 귀환량 $(1+A\beta)$와 동일한 인수만큼 증폭기 입력 저항을 증가시키며, 이는 전압 증폭기로서 매우 바람직한 특성이다.

그림 10.14(a)에 나타낸 귀환 증폭기의 출력 저항 R_{of}를 구하기 위해, $V_s = 0$이라 하고 그림 10.15에 나타낸 것처럼 출력 단자들 사이에 테스트 전압 V_x를 인가하자. V_x로부터 공급되는 전류가 I_x라면 출력 저항 R_{of}는

$$R_{of} \equiv \frac{V_x}{I_x} \tag{10.23}$$

이다. 출력 루프의 방정식은 다음과 같다.

$$I_x = \frac{V_x - AV_i}{R_o} \tag{10.24}$$

입력 루프에서

$$V_i = -V_f$$

를 알 수 있다. $V_f = \beta V_o = \beta V_x$이므로

$$V_i = -\beta V_x$$

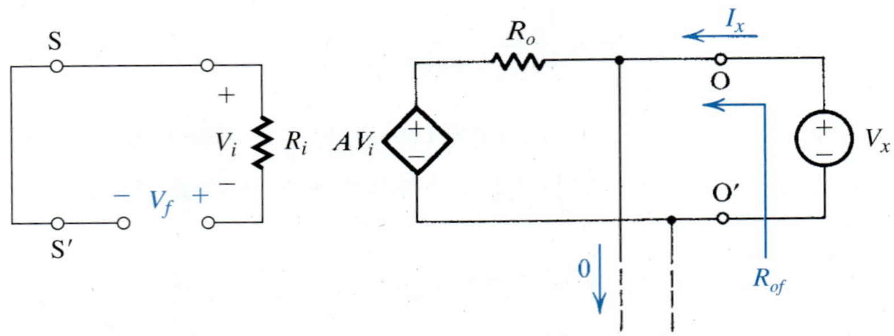

그림 10.15 그림 10.14(a)에 나타낸 귀환 증폭기의 출력 저항 측정. 즉, $R_{of} = V_x/I_x$.

이다. 식 (10.24)에 위 식을 대입하면

$$I_x = \frac{V_x(1+A\beta)}{R_o}$$

가 된다. 이 I_x 값을 식 (10.23)에 대입하면 R_{of}에 대한 다음의 표현식을 얻을 수 있다.

$$R_{of} = \frac{R_o}{1+A\beta} \tag{10.25}$$

따라서 예상했듯이 출력에서의 병렬 샘플링(혹은 전압 샘플링)은 부귀환량 $(1 + A\beta)$와 동일한 인수만큼 증폭기 출력 저항을 감소시키며, 이는 전압 증폭기로서 매우 바람직한 또 다른 특성이다.

아마도 완전하게 명백하지는 않겠지만, 출력 저항의 감소는 단지 출력을 샘플링하는 방식에 의한 결과이며 혼합 방식과는 관계없다.

10.4.2 실제의 경우

실제의 직-병렬 귀환 증폭기에서는 귀환 회로망이 더 이상 이상적인 전압 제어 전압 전원으로 작동하지 않을 것이다. 오히려 그림 10.9의 회로에서와 같이, 귀환 회로망은 대개 수동 소자로 구성되므로 기본 증폭기를 로드할 것이며, 그 결과로 기본 증폭기의 A, R_i, R_o의 값에 영향을 미칠 것이다. 또한 유한한 신호 전원 저항과 부하 저항도 이들 세 파라미터에 영향을 미칠 것이다. 따라서 우리가 해결해야 할 문제는 그림 10.16(a)의 블록도로 표현되는 직-병렬 귀환 증폭기가 주어졌을 때 A 회로와 β 회로를 구하는 것이다.

우리가 풀어야 할 근본적인 문제는 그림 10.16(a)의 일반적인 귀환 전압 증폭기를 그림 10.14(a)의 이상적인 구조로 나타내는 것이다. 그 해법을 그림 10.16(b)에 유도 없이 나타냈다. 우리는 다음과 같은 관찰을 할 수 있을 것이다.

1. A 회로는 다음과 같이 얻는다. 즉, 기본 증폭기의 입력에서 전원 저항 R_s와 저항 R_{11}을 포함시키고 출력에서 부하 저항 R_L과 저항 R_{22}를 포함시키는 것이다. 저항 R_{11}과 저항 R_{22}는 각각 입력과 출력에서의 기본 증폭기에 대한 귀환 회로망의 로딩 효과를 나타낸다.

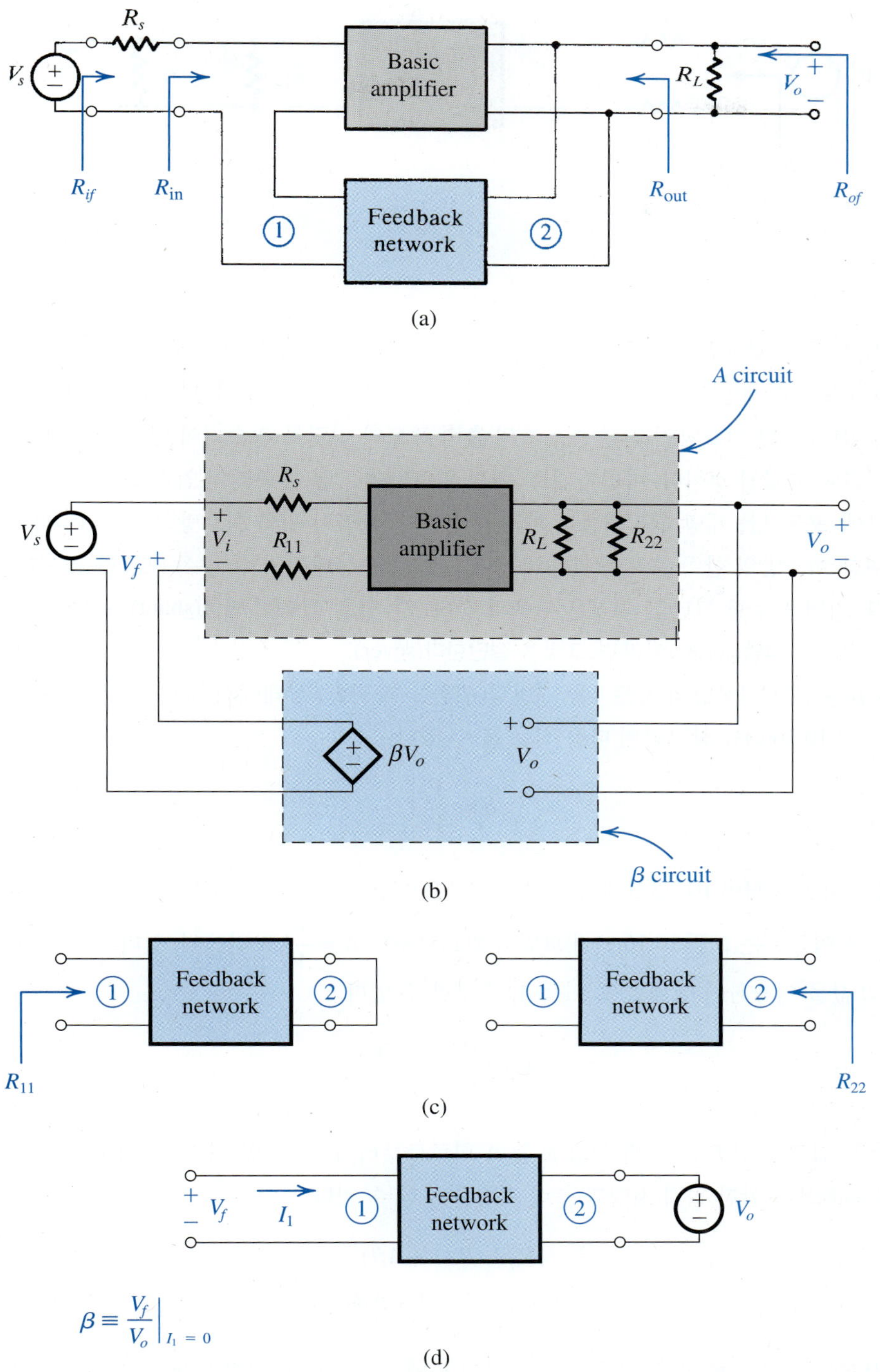

그림 10.16 (a) 실제의 직-병렬 귀환 증폭기의 블록도. (b) 그림 10.14(a)의 이상적인 구조로 나타내어진 (a)의 회로. (c) R_{11}과 R_{22}의 정의. (d) 귀환율 β의 유도. (e) A 회로, 개방 루프 저항 R_i와 R_o를 보여 준다.

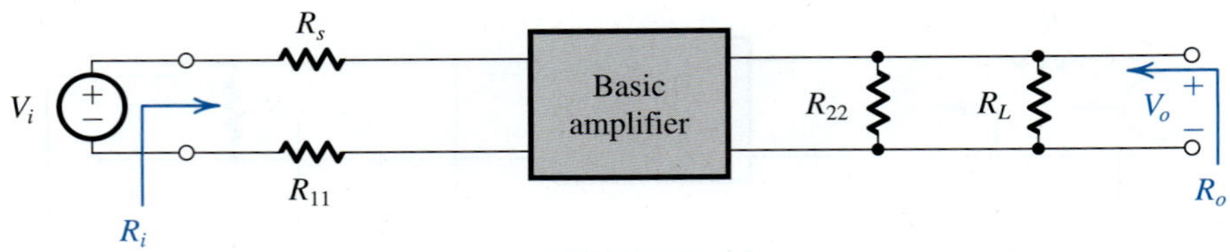

(e)

그림 10.16 (계속)

2. 저항 R_{11}은 귀환 회로망의 포트 2를 단락시킨 상태에서 포트 1을 들여다본 저항이다. 저항 R_{22}는 귀환 회로망의 포트 1을 개방한 상태에서 포트 2를 들여다본 저항이다. 이 저항들의 정의가 그림 10.16(c)에 설명되어 있다. 귀환 회로망이 기본 증폭기의 출력 포트와 병렬로 접속되어 있기 때문에, 포트 2를 단락시키면 귀환이 파괴될 것이다. 마찬가지로, 귀환 회로망이 기본 증폭기의 입력 포트와 직렬로 접속되어 있기 때문에, 포트 1을 개방하면 귀환이 파괴될 것이다. 따라서 귀환 회로망의 로딩 효과는 귀환이 파괴되도록 귀환 회로망의 한쪽 포트를 개방하거나 단락시킨 상태에서 다른 쪽 포트를 들여다봄으로써 구할 수 있다. 기억해야 할 간단한 법칙은 다음과 같다. 즉, 만일 접속이 **병렬**(shunt)이라면 그것을 **단락시키고**(short), 접속이 **직렬**(series)이라면 그것을 **절단한다**(sever).
3. 귀환율 β는 귀환 회로망의 포트 1을 개방한(귀환을 파괴한) 상태에서 포트 2로부터 포트 1으로의 전송이다. 그림 10.16(c)를 참고하면 다음 식을 볼 수 있다.

$$\beta \equiv \left.\frac{V_f}{V_o}\right|_{I_1=0} \tag{10.26}$$

β에 대한 이 표현식이 10.3.3절에서 설명한 방식을 이용하여 구한 식과 동일하다는 점에 주목하라.

4. 개방 루프 이득 A는 그림 10.16(e)에 보인 A 회로로부터 $A = \dfrac{V_o}{V_i}$로 얻을 수 있다.
5. A와 β의 값을 이용하여 폐쇄 루프 이득 A_f를 구할 수 있다.

$$A_f \equiv \frac{V_o}{V_s} = \frac{A}{1+A\beta}$$

6. 개방 루프 입력 저항 R_i와 출력 저항 R_o는 A 회로로부터 구할 수 있다[그림10.16(e) 참조]. 이 값들을 이용하여 귀환을 포함한 입력 저항과 출력 저항을 구할 수 있다.

$$R_{if} = R_i(1+A\beta)$$
$$R_{of} = R_o/(1+A\beta)$$

그림 10.16(a)로부터 R_{if}는 이상적인 신호 전원 V_s에서 바라다본 저항이라는 것을 알 수 있다. 귀환 증폭기의 실제 입력 저항 R_{in}은 R_{if}에서 R_s을 뺌으로써 구할 수 있다[그림 10.16(a) 참조].

$$R_{in} = R_{if} - R_s \tag{10.27}$$

마찬가지로, R_{of}는 R_L을 포함한 귀환 증폭기의 출력 저항이다. 실제의 출력 저항은 R_{out}에서 R_L을 뺌으로써 구할 수 있다[그림 10.16(a) 참조].

$$R_{\text{out}} = 1\bigg/\left(\frac{1}{R_{of}} - \frac{1}{R_L}\right) \tag{10.28}$$

마지막 그리고 중요한 메모: 그림 10.16(b)에 보인 표현은 그림 10.16(a)에 보인 원래의 회로와 **근사적으로**만 등가이다. 이 근사는 기본 증폭기에서의 매우 큰 순방향 전송에 비해 귀환 회로망에서의 작은 순방향 전송을 무시한 결과이다. 또한 기본 증폭기가 단방향성이라고 줄곧 가정했다는 것을 상기하기 바란다. 즉, 이는 내부 귀환이 없다는 것을 의미하고, 모든 귀환이 귀환 회로망 안에서 일어나고 귀환율 β로 표현된다는 것을 의미한다.

예제 10.5 연산 증폭기를 이용한 귀환 전압 증폭기

그림 10.17(a)는 비반전 구성으로 연결된 연산 증폭기를 나타낸 것이다. 이 연산 증폭기의 개방 회로 루프 이득은 μ, 차동 입력 저항은 R_{id}, 그리고 출력 저항은 r_o이다. 2장에서 연산 증폭기 회로들을 해석할 때, R_{id}의 영향을 무시했었고(무한대라고 가정) r_o의 영향도 무시했었다(0 이라고 가정)는 것을 상기하기 바란다. 여기서는 귀환 방법을 이용하여 R_{id}와 r_o 둘 다를 고려하여 회로를 해석하려고 한다. A, β, 폐쇄 루프 이득 V_o/V_s의 이상적인 값과 실제의 값, 입력 저항 R_{in}, 출력 저항 R_{out}을 구하라. $\mu = 10^4$, $R_{id} = 100\ \text{k}\Omega$, $r_o = 1\ \text{k}\Omega$, $R_L = 2\ \text{k}\Omega$, $R_1 = 1\ \text{k}\Omega$, $R_2 = 100\ \text{k}\Omega$, $R_s = 10\ \text{k}\Omega$으로 설정하라. 이 회로가 예제 10.4에서 루프 이득 방법을 이용하여 해석되었다는 점에 주목하고, 결과들을 비교하라.

풀이

귀환 회로망이 R_2와 R_1으로 구성된다는 것을 관찰할 수 있다. 이 회로망은 출력 전압 V_o를 샘플링하고, 입력 신호 전원 V_s와 직렬로 혼합되는(즉, R_1 양단에 걸리는) 전압 신호를 제공한다.

A 회로는 그림 10.16의 법칙들을 따름으로써 쉽게 얻어지는데, 그림 10.17(b)에 이를 나타냈다. 입력 측에서 귀환 회로망의 부하 영향은 귀환 회로망의 포트 2를 단락하고(왜냐하면 포트 2가 병렬로 접속되기 때문에) 포트 1을 들여다봄으로써 구해진다. 그 결과는 $R_{11} = R_1 \| R_2$이다. 출력 측에서 귀환 회로의 부하 영향은 직렬 접속되는 포트 1을 개방하고 포트 2를 들여다봄으로써 $R_{22} = R_2 + R_1$으로 구해진다. 이러한 결과로 얻어진 그림 10.17(b)의 A 회로에 대해 직관적으로 다음 식을 쓸 수 있다.

$$A \equiv \frac{V_o}{V_i} = \mu \frac{R_L \| (R_1 + R_2)}{[R_L \| (R_1 + R_2)] + r_o} \frac{R_{id}}{R_{id} + R_s + (R_1 \| R_2)}$$

주어진 값들에 대해 우리는 $A = 5967$ V/V를 얻는다. 이 값은 예제 10.4에서 구한 5960의 값에 매우 가깝다.

β를 구하기 위한 회로를 그림 10.17(c)에 나타냈고, 이 회로로부터

$$\beta \equiv \frac{V_f}{V_o} = \frac{R_1}{R_1 + R_2} = 0.0099\ \text{V/V}$$

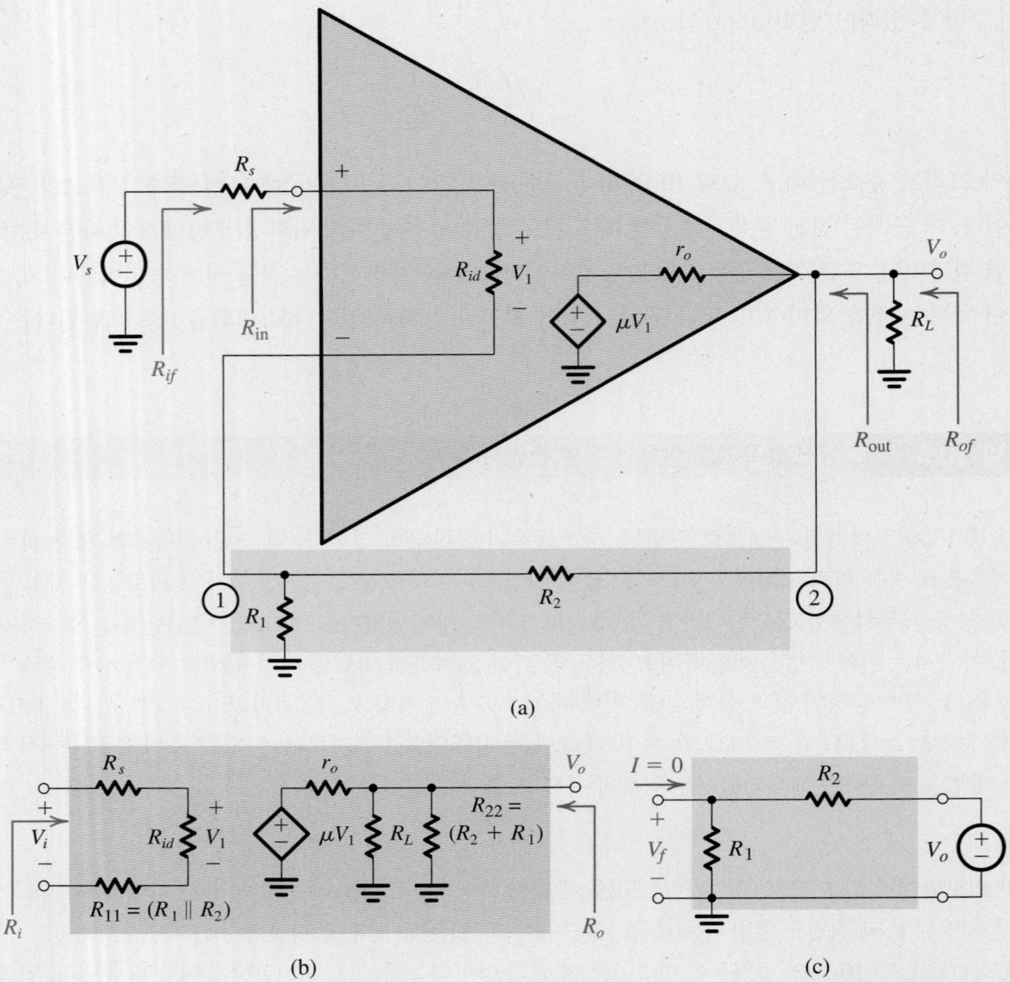

그림 10.17 예제 10.5에 대한 회로들.

를 얻는다. A_f의 이상적인 값은

$$A_f\Big|_{\text{ideal}} = \frac{1}{\beta} = 101 \text{ V/V}$$

이다. β의 값과 $A_f|_{\text{ideal}}$의 값은 예제 10.4에서 구한 값들과 동일하다. 루프 이득은 이제

$$A\beta = 59.1$$

로 구할 수 있다. 이 값은 예제 10.4에서 구한 값(60)에 매우 가깝다. 귀환량은

$$1 + A\beta = 60.1$$

로 구해진다.

귀환을 포함한 전압 이득은 이제 다음과 같이 구할 수 있다.

$$A_f \equiv \frac{V_o}{V_s} = \frac{A}{1+A\beta} = \frac{5967}{60.1} = 99.3 \text{ V/V}$$

이 값은 $1/\beta = 101$ V/V의 이상적인 값에 매우 가깝고, 예제 10.4에서 구한 값과 동일하다.

귀환 방정식에 의해 결정되는 입력 저항 R_{if}는 외부 신호 전원에서 바라본 저항이고[그림 10.17(a) 참조]

$$R_{if} = R_i(1+A\beta)$$

로 주어진다. 여기서 R_i는 그림 10.17(b)에 나타낸 A 회로의 입력 저항이다.

$$R_i = R_s + R_{id} + (R_1 \| R_2)$$

주어진 값들에 대해 $R_i \simeq 111$ kΩ이고, 이에 따라

$$R_{if} = 111 \times 60.1 = 6.67 \text{ M}\Omega$$

이다. 그러나 이것은 우리가 구하려고 하는 저항이 아니다. 우리가 구하려고 하는 것은 그림 10.17(a)에 표시된 R_{in}이다. R_{in}을 구하기 위해서는 R_{if}에서 R_s를 빼야 한다.

$$R_{\text{in}} = R_{if} - R_s = 6.66 \text{ M}\Omega$$

귀환 방정식에 의해 결정되는 저항 R_{of}는 그림 10.17(a)에 나타낸 것처럼, 부하 저항 R_L을 포함하는 귀환 증폭기의 출력 저항이다. R_{of}는

$$R_{of} = \frac{R_o}{1+A\beta}$$

로 주어진다. 여기서 R_o는 A 회로의 출력 저항이다. R_o는 그림 10.17(b)에서 V_i를 0으로 놓고 살펴봄으로써 다음과 같이 구할 수 있다.

$$R_o = r_o \| R_L \| (R_2 + R_1)$$

주어진 값들을 대입하면 $R_o \simeq 662$ Ω이고

$$R_{of} = \frac{662}{60.1} = 11 \text{ }\Omega$$

이다. 우리가 구하려고 하는 R_{out}은 R_L을 제외한 귀환 증폭기의 출력 저항을 의미한다. 그림 10.17(a)로부터

$$R_{of} = R_{out} \| R_L$$

이라는 것을 알 수 있다. 따라서

$$R_{out} \simeq 11\ \Omega$$

이다.

예제 10.6 한 쌍의 MOSFET을 이용한 귀환 전압 증폭기

직-병렬 귀환 증폭기의 또 다른 예로서 그림 10.9(b)에 나타낸 회로를 고찰해 보자. 이 회로는 예제 10.3에서 루프 이득 $A\beta$를 구함으로써 해석했었다. 여기서 우리는 우선 회로를 체계적인 절차를 이용하여 해석한 다음, 그 결과를 예제 10.3에서 구한 결과와 비교할 것이다. 편의상, 그림 10.18(a)에 이 회로를 다시 나타냈다. 이 증폭기를 해석하여 증폭기의 전압 이득 V_o/V_s, 입력 저항 R_{in}, 출력 저항 R_{out}을 구하라. $g_{m1} = g_{m2} = 4$ mA/V, $R_{D1} = R_{D2} = 10$ kΩ, $R_1 = 1$ kΩ, $R_2 = 9$ kΩ인 경우 이들의 계산 값을 구하라. 논의를 단순화하기 위해, Q_1과 Q_2 각각의 r_o는 무시하라.

풀이

귀환 회로망이 전압 분배기 (R_1, R_2)라는 것을 알 수 있다. 입력에서의 귀환 회로망의 부하 영향은 출력과 병렬로 접속되는 귀환 회로망의 포트 2를 단락함으로써 구할 수 있다. 그런 다음 귀환 회로망의 포트 1을 들여다보면 $R_1 \| R_2$가 보일 것이다. 출력에서의 부하 영향은 입력과 직렬로 접속되는 귀환 회로망의 포트 1을 개방하여 얻어진다. 그다음에 포트 2를 들여다보면 R_2와 R_1이 직렬이라는 것을 알 수 있다. 따라서 A 회로는 그림 10.18(b)에 나타낸 것처럼 될 것이다. 이득 A는 다음과 같이 Q_1의 이득과 Q_2의 이득의 곱으로 얻어진다.

$$A_1 = \frac{V_{d1}}{V_i} = -\frac{R_{D1}}{1/g_{m1} + (R_1 \| R_2)} = -\frac{g_{m1}R_{D1}}{1 + g_{m1}(R_1 \| R_2)}$$

$$A_2 = \frac{V_o}{V_{d1}} = -g_{m2}[R_{D2} \| (R_1 + R_2)]$$

$$A = \frac{V_o}{V_i} = A_1 A_2 = \frac{g_{m1}R_{D1}g_{m2}[R_{D2} \| (R_1 + R_2)]}{1 + g_{m1}(R_1 \| R_2)}$$

주어진 수치에 대해서는

$$A = \frac{4 \times 10 \times 4[10 \| (1+9)]}{1 + 4(1 \| 9)} = 173.9 \text{ V/V}$$

이다. 이는 예제 10.3에서 얻은 값 166.7 V/V에 상당히 가깝다.

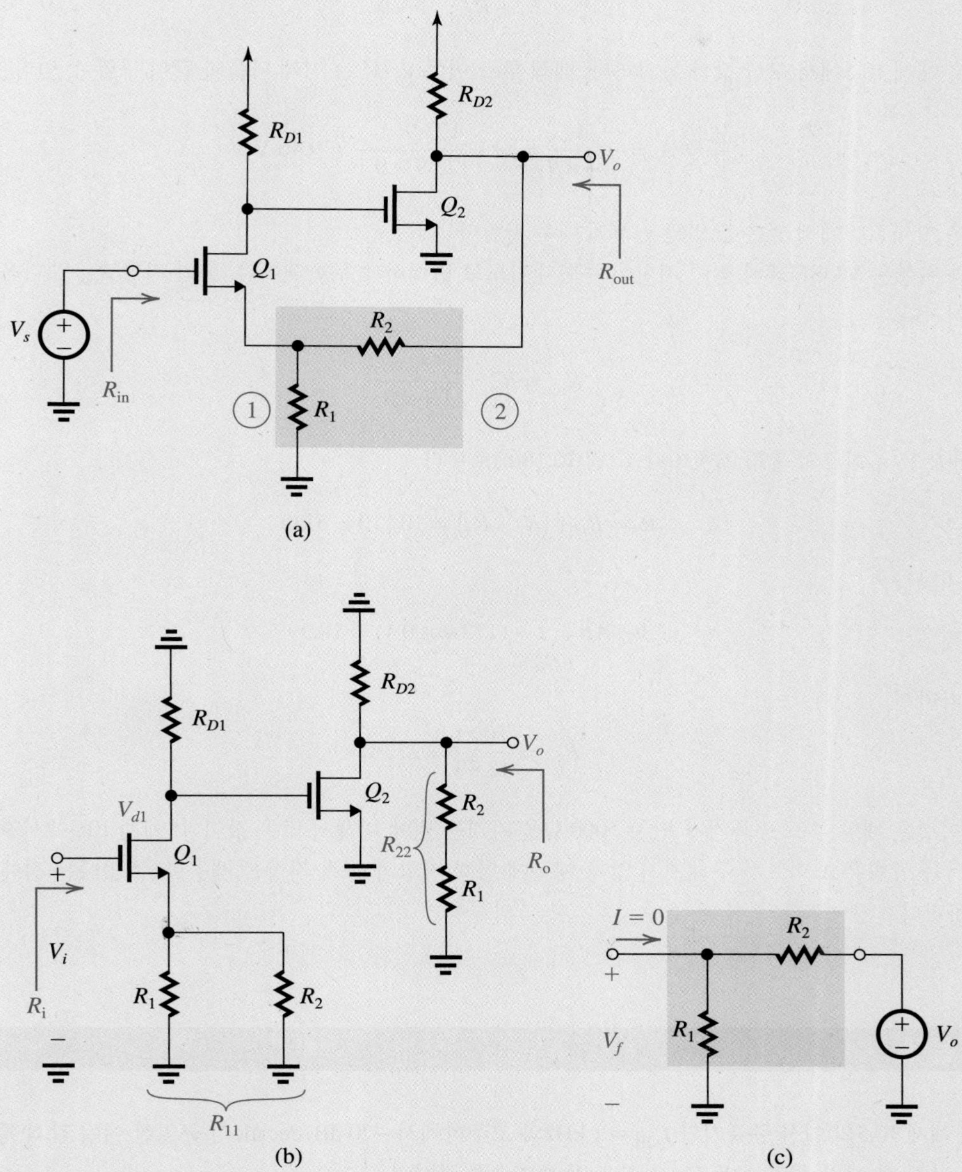

그림 10.18 (a) 예제 10.6을 위한 직-병렬 귀환 회로망, (b) A 회로, (c) β 회로.

β 값은 그림 10.18(c)의 β 회로로부터 구해진다.

$$\beta \equiv \frac{V_f}{V_o} = \frac{R_1}{R_1 + R_2} = \frac{1}{1+9} = 0.1$$

이 값은 예제 10.3에서 구한 값과 동일하다. 폐쇄 루프 이득 V_o/V_s는 이제 다음과 같이 구할 수 있다.

$$\frac{V_o}{V_s} = A_f = \frac{A}{1+A\beta} = \frac{173.9}{1+173.9\times 0.1} = 9.46 \text{ V/V}$$

이 값은 예제 10.3에서 얻은 값 9.43 V/V에 매우 가깝다.

입력 저항은 MOSFET의 입력 저항이 무한대이므로 명백하게 무한대이다. 출력 저항 R_{out}은 다음과 같이 얻어진다.

$$R_{\text{out}} = R_{of} = \frac{R_o}{1+A\beta}$$

여기서 R_o는 A 회로의 출력 저항이다. 그림 10.18(b)로부터

$$R_o = R_{D2} \,\|\, (R_1 + R_2) = 10 \,\|\, 10 = 5\,\text{k}\Omega$$

이다. 귀환량은

$$1 + A\beta = 1 + (173.9 \times 0.1) = 18.39$$

이다. 따라서

$$R_{\text{out}} = \frac{5000}{18.39} = 272\ \Omega$$

이다. 이것은 개방 루프 증폭기가 $R_o = 5000\ \Omega$을 가지는 것에 비해서 낮은 값이다. 예제 10.3에서 이용된 루프 이득 방법은 A 회로가 구해지지 않기 때문에 입력 저항과 출력 저항을 제공할 수 없다는 점에 주목하기 바란다.

연습문제

10.6 예제 10.5의 연산 증폭기가 $f_{3\text{dB}} = 1$ kHz와 고주파에서 -20 dB/decade의 균일한 이득 감쇠 특성을 가질 때, 폐쇄 루프 이득 V_o/V_s의 3 dB 주파수를 구하라.

[답] 60.1 kHz

10.7 그림 E10.7에 나타낸 회로는 차동 입력단과 그 뒤의 이미터 폴로어 그리고 R_1과 R_2 저항에 의해 공급되는 직-병렬 귀환으로 구성된다. V_s의 직류 성분이 0이라고 가정하고, BJT들의 베이스 전류를 무시하라. 출력에 나타나는 직류 전압이 거의 0이라는 것을 보이고, 세 트랜지스터 각각의 직류 동

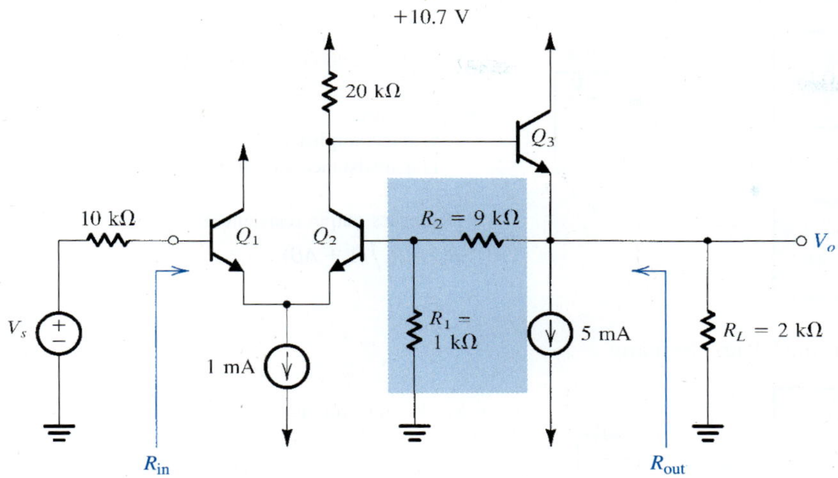

그림 E10.7

작 전류를 구하라. 그다음에 $A, \beta, A_f \equiv V_o/V_s, R_{in}, R_{out}$의 값들을 구하라. 트랜지스터들의 $\beta = 100$이라고 가정하라.

[답] 0.5 mA, 0.5 mA, 5 mA; 85 V/V; 0.1 V/V; 8.95 V/V; 189.5 kΩ; 19.2 Ω

10.8 연습문제 10.5에서 고찰한 그림 10.9(c)의 직-병렬 증폭기에서 $A, \beta, A_f, R_{in}, R_{out}$을 구하라. Q의 r_o는 무시하라. 이 결과를 연습문제 10.5에서 얻은 것들과 비교하라.

[답] $A = g_m[R_D \| (R_1 + R_2)]; \beta = R_1/(R_1 + R_2);$

$A_f = A/(1 + A\beta); R_{in} = (1/g_m)(1 + A\beta);$

$R_{out} = [R_D \| (R_1 + R_2)]/(1 + A\beta)$

비교: A와 β는 연습문제 10.5에서 구한 해당 식들과 동일하다. 그러나 R_{in}과 R_{out}은 연습문제 10.5의 방식을 이용해서는 구할 수 없다.

10.5 다른 귀환 증폭기 유형

귀환 증폭기의 가장 보편적인 유형, 즉 귀환 전압 증폭기를 상세하게 공부했으므로, 이제 세 가지 다른 유형의 귀환 증폭기들, 즉 귀환 트랜스컨덕턴스 증폭기, 귀환 전류 증폭기, 그리고 귀환 트랜스레지스턴스 증폭기를 살펴볼 것이다. 이들에 대한 설명은 귀환 전압 증폭기의 설명에 기초를 둘 것이고, 그 결과들은 유도 없이 주어질 것이다. 이 해석 방법은 실제적이고 널리 사용되는 회로들을 다루는 다수의 전형적인 예들로 설명될 것이다.

10.5.1 기본 원리

1. 검출: 귀환 회로망은 관심의 대상이 되는 출력 신호를 샘플링해야 한다. 따라서 전압 증폭기와 트랜스레

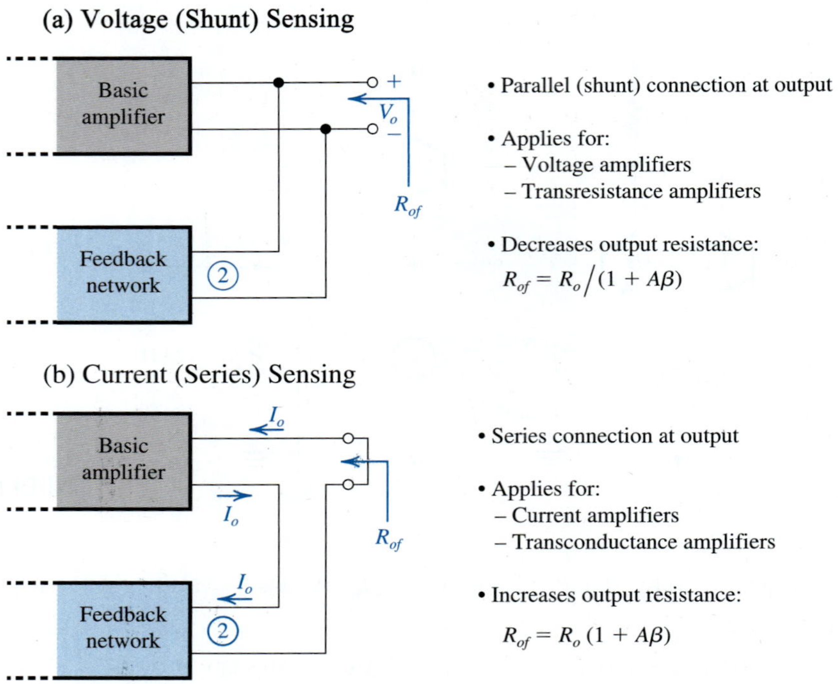

그림 10.19 검출의 두 방법.

지스턴스 증폭기의 경우에서처럼, 만일 V_o가 우리가 관심을 갖는 출력 신호라면, 귀환 회로망은 마치 전압계가 전압을 측정하기 위해 접속되듯이 증폭기의 출력 마디와 **병렬**로 접속된다[그림 10.19(a) 참조]. 반면에, 트랜스컨덕턴스 증폭기와 전류 증폭기의 경우에서처럼, 만일 I_o가 우리가 관심을 갖는 출력 신호라면, 귀환 회로망은 마치 전류계가 전류를 측정하기 위해 접속되듯이 증폭기의 출력 루프와 **직렬**로 접속된다.

2. **혼합**: 전압 증폭기와 트랜스컨덕턴스 증폭기의 경우에서처럼, 만일 증폭될 입력 신호가 전압이면, 신호 전원은 테브냉 등가 회로로 표현되고, 귀환 전압 신호 V_f는 입력 신호 전원 V_s와 **직렬**로 접속된다[그림 10.20(a) 참조]. 다른 한편으로, 전류 증폭기와 트랜스레지스턴스 증폭기의 경우에서처럼, 만일 증폭될 신호가 전류이면, 신호 전원은 노턴 등가 회로로 표시되고, 귀환 전류 신호 I_f는 입력 신호 전원 I_s와 **병렬**로 접속된다[그림 10.20(b) 참조].
3. **귀환 구성**: 위의 설명으로부터, 네 가지 증폭기 유형의 각각에 대해 특별히 적당한 귀환 구성이 있다는 것을 알 수 있다.

Amplifier Type	Appropriate Feedback Topology	A_f
Voltage	Series–Shunt	V_o/V_s
Transconductance	Series–Series	I_o/V_s
Current	Shunt–Series	I_o/I_s
Transresistance	Shunt–Shunt	V_o/I_s

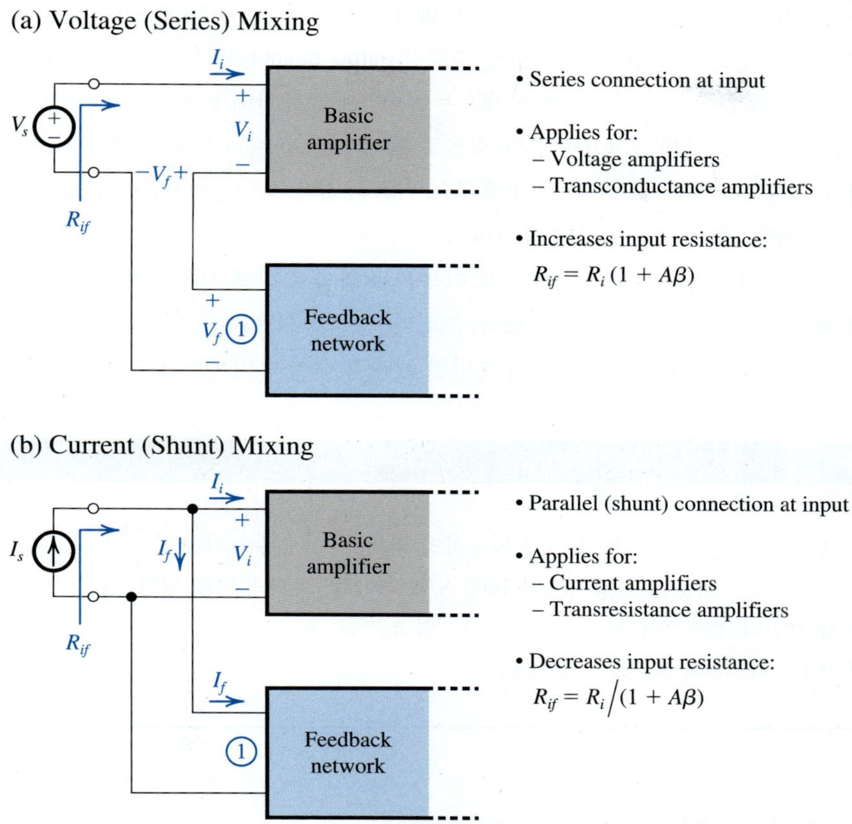

그림 10.20 혼합의 두 방법.

적당한 귀환 구성은 우리가 원하는 이득을 안정시킬 뿐만 아니라(예를 들면, 트랜스컨덕턴스 증폭기에서 트랜스컨덕턴스 $A_f \equiv I_o/V_s$), 입력 저항과 출력 저항을 더 이상적으로 만든다.(예를 들면, 병-직렬 구성은 전류 증폭기의 입력 저항을 감소시키고 출력 저항을 증가시킨다.)

4. **입력 저항과 출력 저항:** 입력 또는 출력 저항을 올리거나 낮추는 것은 접속의 유형에 의해서만 결정된다. 즉, 직렬 접속은 항상 저항을 증가시키고, 병렬 접속은 항상 저항을 감소시킨다. 뿐만 아니라, 증가 또는 감소는 귀환량 $(1 + A\beta)$에 의해서 결정된다. 따라서 예를 들어 귀환 전류 증폭기의 경우 입력에서의 병렬 접속은 입력 저항을 감소시킨다. 즉, $R_{if} = R_i/(1 + A\beta)$. 그리고 출력에서의 직렬 접속은 출력 저항을 증가시킨다. 즉, $R_{of} = (1 + A\beta)R_o$. 여기서 R_i와 R_o는 개방 루프 증폭기(A 회로)의 입력 저항과 출력 저항이다.

5. **A, β, $A\beta$, A_f의 차원:** 증폭기의 유형에 따라, A, β, 그리고 A_f는 V/V, A/A, V/A, 또는 A/V의 차원을 가진다. 그러나 $A\beta$는 항상 무차원이다. 귀환 트랜스컨덕턴스 증폭기를 예로 들면, $A \equiv I_o/V_i$(A/V), $\beta \equiv V_f/I_o$(V/A), $A_f \equiv I_o/V_s$(A/V), $A\beta$는 V/V이고 본질적으로 무차원이다.

6. **β와 $A_f|_{\text{ideal}}$을 구함:** β를 구하기 위해 우리는 $A = \infty$로 놓는다. 이는 전압(직렬) 혼합의 경우에 대해서는

$V_i = 0$과 이에 따른 $I_i = 0$을 초래한다. 그림 10.20(a)로부터 우리는 귀환 회로망의 포트 1이 개방 회로로 될 것이고, β는 개방 회로 전압 V_f와 검출될 출력량(output quantity)과의 비로써 구해진다는 것을 알 수 있다. 전류(병렬) 혼합에 대해서는 $A = \infty$가 $I_i = 0$과 이에 상응하여 $V_i = 0$을 초래한다. 그림 10.20(b)로부터 우리는 귀환 회로망의 포트 1이 단락 회로로 될 것이고, β는 단락 회로 전류 I_f와 검출될 출력량과의 비로써 구해진다는 것을 알 수 있다. 폐쇄 루프 이득의 값은 $A_f|_{\text{ideal}} = 1/\beta$로 구해진다.

7. 루프 이득을 이용한 해석: 어떤 귀환 증폭기의 유형에 대해서도, 루프 이득 $A\beta$는 10.3.3절에서 기술한 방법을 이용하여 구할 수 있다. 그다음에 루프 이득을 귀환율로 함께 사용하여 개방 루프 이득 A 그리고 이에 따라 폐쇄 루프 이득 A_f를 구할 수 있다. 그러나 이 방법으로는 귀환 증폭기의 입력과 출력 저항을 구할 수 없다. 이들을 위해서는, 아래에서 설명할 체계적 해석 방법으로 A 회로를 구할 필요가 있다.

연습문제

D10.9 어떤 귀환 전류 증폭기가 10 A/A의 이상적인 폐쇄 루프 이득을 가져야 한다. 귀환율의 요구되는 값은 얼마인가? 개방 루프 증폭기가 1000 A/A의 이득, 1 kΩ의 입력 저항, 그리고 100 kΩ의 출력 저항을 가진다고 가정하고, 폐쇄 루프 이득, 입력 저항, 출력 저항의 실현된 값들을 구하라.

[답] 0.1 A/A; 9.9 A/A; 9.9 Ω; 10.1 MΩ

10.5.2 귀환 트랜스컨덕턴스 증폭기(직-직렬)

그림 10.21(a)는 귀환 트랜스컨덕턴스 증폭기의 이상적인 구조를 나타낸 것이다. 개방 루프 증폭기(A 회로)는 단방향성이고, 입력 저항 R_i, 단락 회로 트랜스컨덕턴스 이득 A(A/V), 그리고 출력 저항 R_o를 가진다. 단락 회로 출력 전류 $I_o = AV_i$는 귀환 회로망에 의해 감지된다. 귀환 회로망의 포트 2를 들여다본 저항이 0이므로, 귀환 회로망은 증폭기 출력을 로드하지 않는다는 점에 주목하기 바란다. 귀환 회로망은 포트 1에 전압 신호 $V_f = \beta I_o$를 제공한다. 여기서 귀환율 β는 V/A의 차원을 가진다. 귀환 신호는 입력 신호 전원 V_s와 직렬로 연결되어 있고, 귀환 회로망은 증폭기 입력을 로드하지 않는다. 마지막으로, 귀환에 의한 입력 저항 R_{if}와 귀환에 의한 출력 저항 R_{of}의 정의들에 주목하기 바란다. 후자는 O와 O'과 같은 임의의 두 마디 사이에서 출력 루프를 들여다봄으로써 구해지는 저항이다.

귀환 트랜스컨덕턴스 증폭기의 등가 회로를 그림 10.21(b)에 나타냈다. 폐쇄 루프 이득 A_f가 단락 회로 출력 전류 I_o와 입력 전압 V_s의 비이고, 따라서 이 이득이 귀환 증폭기의 단락 회로 트랜스컨덕턴스라는 점에 주목하기 바란다. 또한, R_{of}는 V_s를 0으로 놓으면서, 출력 루프에서 O와 O'과 같은 임의의 두 마디 사이를 들여다본 저항이다. A_f, R_{if}, R_{of}를 구하는 공식은 그림 10.21(c)에서 찾을 수 있다.

이상적인 경우를 다루었으므로, 우리는 이제 그림 10.22(a)에 보인 귀환 트랜스컨덕턴스 증폭기의 일반적인 또는 실제적인 경우에 대해 고찰할 것이다. 귀환 해석을 이 회로에 적용하려면 A 회로와 β를 구해야 한다. 이들을 그림 10.22(b)에 나타냈다. A 회로는 기본 증폭기에 R_s와 R_L 그리고 두 저항 R_{11}과 R_{22}를 첨가함으로써 얻어진다. 여기서 R_{11}과 R_{22}는 각각 입력과 출력에서 기본 증폭기에 대한 귀환 회로망의 로딩(loading) 효과를 나타낸다. 그림 10.22(b)에 R_{11}과 R_{22}가 어떻게 구해지는지를 나타냈다. 여기서 입력과 출력 모두에서의 직렬 접속은 귀환 회로망의 다른 포트가 반드시 개방 회로가 된 상태에 있어야 한다는 것을 의미한다. 이는 β를 구할 때의 경우이기도 하다.

마지막으로, 그림 10.22(c)에 R_{if}와 R_{of}로부터 귀환 증폭기의 입력과 출력 저항들 즉 R_{in}과 R_{out}의 실제 값들을 구하는 공식들을 나타냈다. 어떻게 이 공식들이 나왔는지 알기 위해서는, 그림 10.22(a)로부터 R_{if}와는 달리 R_{in}은 R_s를 포함하지 않고, R_{of}와는 달리 R_{out}은 R_L을 포함하지 않는다는 점에 주목할 필요가 있다.

(a) Ideal Structure

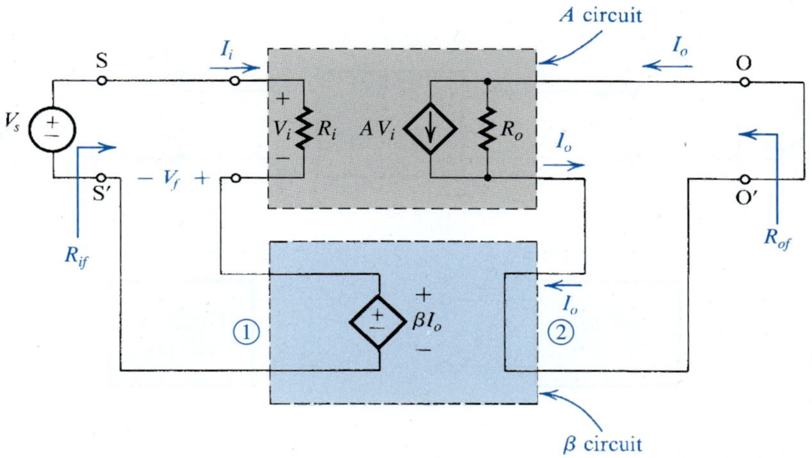

(b) Equivalent Circuit

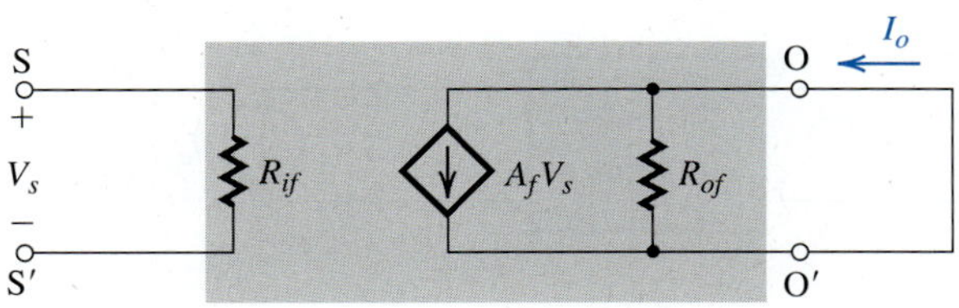

(c) Formulas

$$A_f = \frac{I_o}{V_s} = \frac{A}{1 + A\beta}$$

$$A_f|_{\text{ideal}} = \frac{1}{\beta}$$

$$R_{if} = (1 + A\beta)R_i$$

$$R_{of} = (1 + A\beta)R_o$$

그림 10.21 귀환 트랜스컨덕턴스 증폭기(직-직렬): (a) 이상적인 구조, (b) 등가 회로, (c) 적용할 수 있는 공식들.

(a) General Structure

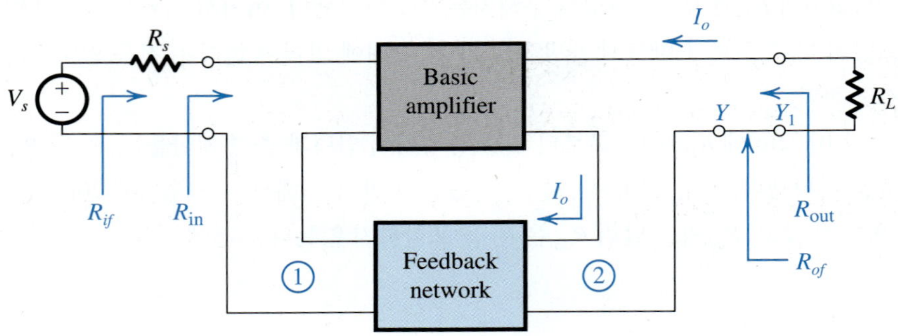

(b) Finding the A Circuit and β

(i) The A circuit is

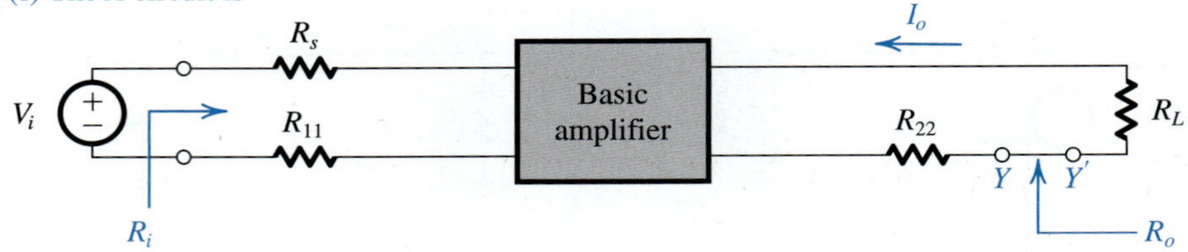

where R_{11} is obtained from

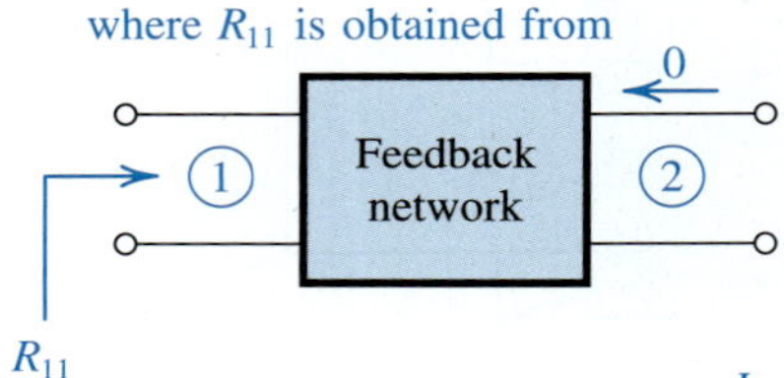

and R_{22} is obtained from

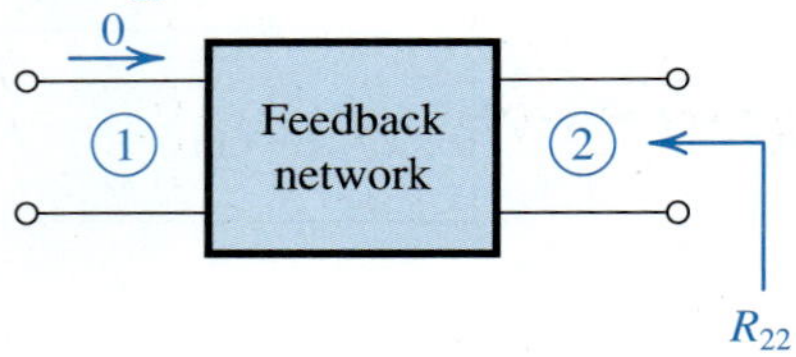

and the gain A is defined $A \equiv \dfrac{I_o}{V_i}$

(ii) β is obtained from

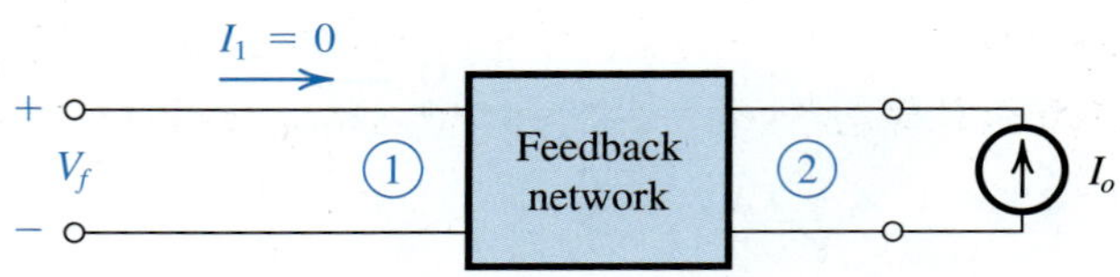

$$\beta \equiv \left.\frac{V_f}{I_o}\right|_{I_1 = 0}$$

(c) Gain, Input, and Output Resistance

- Use the formulas in Fig. 10.21 to find $A_f|_{\text{ideal}}$, A_f, R_{if}, and R_{of}.
- R_{in} and R_{out} can then be found from

$$R_{in} = R_{if} - R_s$$
$$R_{out} = R_{of} - R_L$$

그림 10.22 귀환 트랜스컨덕턴스 증폭기(직-직렬)의 체계적인 해석.

예제 10.7 연산 증폭기와 MOSFET을 이용한 귀환 트랜스컨덕턴스 증폭기

그림 10.23(a)는 연산 증폭기를 NMOS 트랜지스터와 함께 이용한 귀환 트랜스컨덕턴스 증폭기를 보여 준다. 귀환 회로망은 출력 전류 I_o(MOSFET의 드레인과 소스 전류가 같다는 것을 상기하라)를 검출하는 저항 R_F로 구성되고, 연산 증폭기 입력의 차동 동작에 의해서 V_s로부터 빼어지는 귀환 전압을 제공하다. 귀환 구조가 트랜스컨덕턴스 증폭기에 가장 적당한 직렬-직렬 구성이라는 점에 주목하기 바란다.

연산 증폭기는 이득 $\mu = 1000$ V/V, 차동 입력 저항 $R_{id} = 100$ kΩ, 출력 저항 $r_{o1} = 1$ kΩ을 가진다. MOSFET은 $g_m = 2$ mA/V, $r_{o2} = 20$ kΩ을 가진다. 귀환 저항 $R_F = 1$ kΩ 이다.

(a) $A_f|_{\text{ideal}}$과 β를 구하라.

(b) A 회로를 구하고 A, R_i, R_o를 구하라.

(c) $A_f, R_{\text{in}}, R_{\text{out}}$을 구하라.

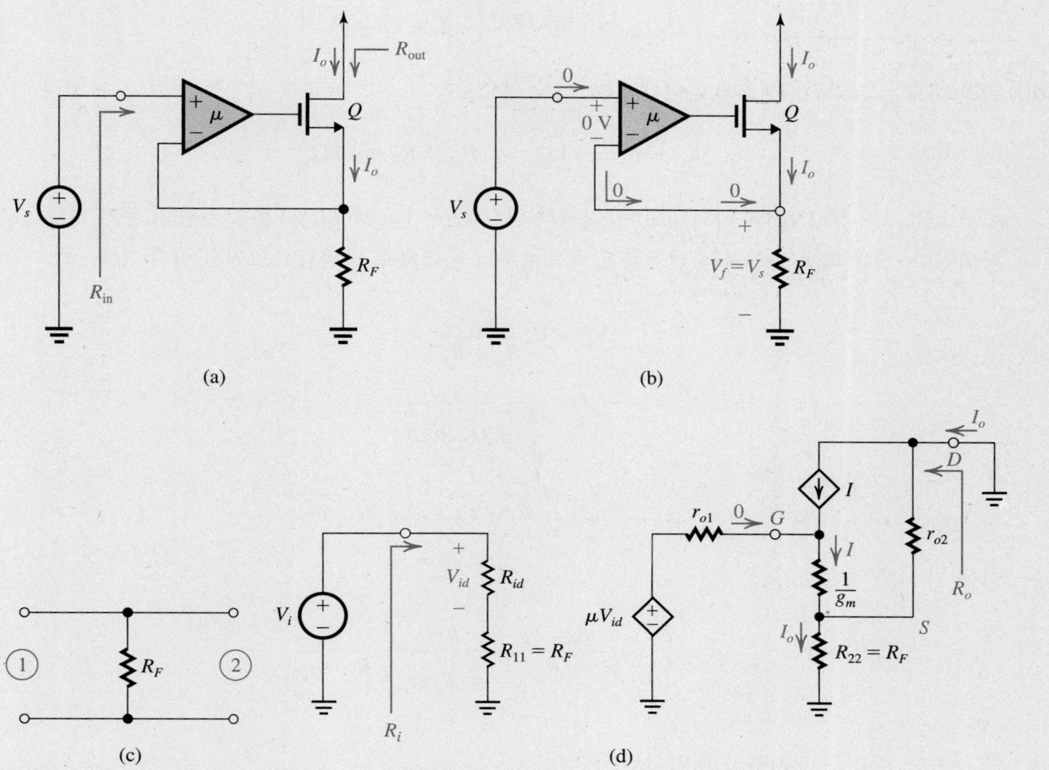

그림 10.23 (a) 예제 10.7을 위한 귀환 트랜스컨덕턴스 증폭기. (b) 개방 루프 이득을 무한대로 놓음으로써 $A_f|_{\text{ideal}}$을 구한다. (c) 귀환 회로망. (d) 연산 증폭기와 MOSFET으로 구성된 A 회로, 여기서 연산 증폭기와 MOSFET은 그것들의 등가 회로 모델들로 대체되어 있다.

풀이

(a) $A_f|_{\text{ideal}}$과 β를 구하기 위해 개방 루프 이득을 무한대로 놓는다. 이는 그림 10.23(b)에 보인 것처럼 연산 증폭기 입력 단자들 사이에 0의 입력 전압을 초래하고, 이는 이번에는 입력 루프에 0의 전류를 초래한다. R_F에 걸리는 전압이 V_s와 같을 것임을 알 수 있다. 즉,

$$I_o R_F = V_s$$

이는

$$A_f|_{\text{ideal}} \equiv \frac{I_o}{V_s} = 1/R_F$$

와 이에 상응하여

$$\beta = \frac{1}{A_f|_{\text{ideal}}} = R_F$$

를 초래한다. $R_f = 1\ \text{k}\Omega$에 대하여

$$A_f|_{\text{ideal}} = 1\ \text{mA/V} \qquad \beta = 1\ \text{V/mA}$$

(b) 귀환 회로는 그림 10.23(c)에 나타내었다. 이 그림으로부터 우리는 로딩 저항들을 구할 수 있다.

$$R_{11} = R_F = 1\ \text{k}\Omega \qquad R_{22} = R_F = 1\ \text{k}\Omega$$

A 회로는 그림 10.23(d)에 나타내었다. 여기서 연산 증폭기와 MOSFET은 그것들의 등가 회로들로 대체되었다. 개방 회로 이득 A는 신호를 입력으로부터 출력으로 따라감으로써 구할 수 있다. 즉,

$$V_{id} = V_i \frac{R_{id}}{R_{id} + R_F}$$

$$I = \frac{\mu V_{id}}{\dfrac{1}{g_m} + (R_F \| r_{o2})}$$

$$I_o = I \frac{r_{o2}}{R_F + r_{o2}}$$

이들 세 식을 결합시키면

$$A \equiv \frac{I_o}{V_i} = \frac{R_{id}}{R_{id} + R_F} \frac{\mu}{\dfrac{1}{g_m} + (R_F \| r_{o2})} \frac{r_{o2}}{R_F + r_{o2}}$$

를 얻는다. 주어진 수치들을 대입하면

$$A = \frac{100}{100 + 1} \frac{1000}{\frac{1}{2} + (1 \| 20)} \frac{20}{1 + 20} = 649.2\ \text{mA/V}$$

를 얻는다. 입력 저항 R_i는 그림 10.23(d)에 보인 A 회로로부터 구할 수 있다. 즉,

$$R_i = R_{id} + R_F = 100 + 1 = 101\ \text{k}\Omega$$

출력 저항 R_o는 $V_i = 0$으로 놓음으로써 구할 수 있다. $V_i = 0$으로 놓으면, $\mu V_{id} = 0$이 된다. 그러면 트랜지스터는 소스 리드(lead)선에 R_F 저항을 가지는 공통 게이트 구성으로 동작할 것이다. 따라서 R_o는

$$\begin{aligned} R_o &= r_{o2} + R_F + g_{m2} r_{o2} R_F \\ &= 20 + 1 + 2 \times 20 \times 1 = 61\ \text{k}\Omega \end{aligned}$$

(c) 루프 이득 $A\beta$는

$$A\beta = 649.2 \times 1 = 649.2$$

이고, 귀환량은

$$1 + A\beta = 1 + 649.2 = 650.2$$

이다. 이제 우리는 폐쇄 루프 트랜스컨덕턴스 A_f를 구할 수 있다. 즉,

$$A_f \equiv \frac{I_o}{V_s} = \frac{A}{1 + A\beta} = \frac{649.2}{650.2} = 0.998\ \text{mA/V}$$

이는 1 mA/V의 이상적인 값과 거의 같다. 입력 저항은

$$R_{\text{in}} = R_{if} = (1 + A\beta) R_i = 650.2 \times 101 = 65.7\ \text{M}\Omega$$

이고, 출력 저항은

$$R_{\text{out}} = R_{of} = (1 + A\beta) R_o = 650.2 \times 61 = 39.7\ \text{M}\Omega$$

이다.

연습문제

10.10 예제 10.7의 회로에서 이득 μ가 1000 V/V에서 100 V/V로 감소했다고 가정하라. $A, A_f, R_{\text{in}}, R_{\text{out}}$의 새로운 값들을 구하라.

[답] 64.9 mA/V; 0.985 mA/V; 6.7 MΩ; 4 MΩ

D10.11 예제 10.7의 귀환 트랜스컨덕턴스 증폭기의 이상적인 A_f를 두 배로 키우려고 한다. R_F의 값은 얼마로 바뀌어야 하는가? A와 A_f는 얼마가 되겠는가?

[답] 500 Ω; 982.7 mA/V; 1.996 mA/V

예제 10.8 BJT를 이용한 귀환 트랜스컨덕턴스 증폭기

부귀환은 증폭기의 대역폭을 확장시키기 때문에 광대역(broadband) 증폭기 설계에 곧잘 이용된다. 이와 같은 증폭기 중 하나가 MC1553이다. MC1553 회로의 일부를 그림 10.24(a)에 나타냈다. 그림에 나타낸 회로는 R_{E1}, R_F, R_{E2}로 형성된 회로망에 의해 제공되는 직-직렬 귀환을 채택한 세 개의 이득단들로 구성된다.[이 회로는 **3중 귀환**(feedback triple) 회로라고 불린다.]

귀환 회로망이 Q_3의 이미터 전류 I_o의 샘플을 취하기 때문에 I_o가 귀환 증폭기의 출력량이라는 점에 유의하기 바란다. 그러나 실제로 I_o를 이용하는 것은 어렵다. 따라서 통상적으로 Q_3의 컬렉터 전류 I_c가 출력으로 취해진다. 물론 이 전류는 I_o와 거의 동일하다. 즉, $I_c = \alpha I_o$이다. 그러므로 출력 전류가 I_c인 트랜스컨덕턴스 증폭기로서 우리가 관심을 가지는 출력 저항은 그림 10.24(a)에 R_{out}으로 표시된 저항이다. 어떤 응용에서는 I_c가 R_{C3}와 같은 부하 저항을 통해 흐르고 전압 V_o가 출력으로 취해진다. 그림에 나타내지 않은 바이어스 회로가 $I_{C1} = 0.6$ mA, $I_{C2} = 1$ mA, $I_{C3} = 4$ mA를 제공한다고 가정하라. 또한 세 개의 모든 트랜지스터의 $h_{fe} = 100$ 그리고 $r_o = \infty$라고 가정하라.

(a) 이상적인 폐쇄 루프 이득 $A_f \equiv I_o/V_s$와 이에 따른 $\beta, I_c/V_s$, 그리고 V_o/V_s의 표현식과 값을 구하라.

(b) 귀환 해석을 이용하여 $A, A_f, V_o/V_s, R_{\text{in}}, R_{\text{out}}$을 구하라. R_{out}의 계산을 위해, Q_3의 r_o가 25 kΩ이라고 가정하라.

풀이

(a) $A_f|_{\text{ideal}}$을 구하기 위해 $A = \infty$로 놓는다. 이는 그림 10.24(b)에 그려진 상황을 낳는다. 그림에서 $V_i = 0$이고 이에 상응하여 $I_{e1} = 0$이다. $A_f|_{\text{ideal}} = I_o/V_s$를 구하기 위해 우리는 이 회로의 해석을 다음과 같이 진행할 수 있다. R_F와 R_{E1}의 직렬 접속을 통해 흐르는 전류는 V_f/R_{E1}이다. 따라서 V_{e3} 전압은

$$V_{e3} = \frac{V_f}{R_{E1}}(R_{E1} + R_F)$$

일 것이고 Q_3의 컬렉터에서의 마디 방정식은

$$I_o = \frac{V_f}{R_{E1}} + \frac{V_f}{R_{E1}R_{E2}}(R_{E1} + R_F)$$

를 제공한다. $V_f = V_s$를 대입하고 정리하면 폐쇄 루프 이득의 이상적인 값을 얻는다.

$$A_f|_{\text{ideal}} \equiv \frac{I_o}{V_s} = \frac{1}{R_{E1}}\left(1 + \frac{R_{E1}}{R_{E2}} + \frac{R_F}{R_{E2}}\right)$$

귀환율 β는

$$\beta = \frac{1}{A_f|_{\text{ideal}}} = R_{E1}\Big/\left(1 + \frac{R_{E1}}{R_{E2}} + \frac{R_F}{R_{E2}}\right)$$

이다.

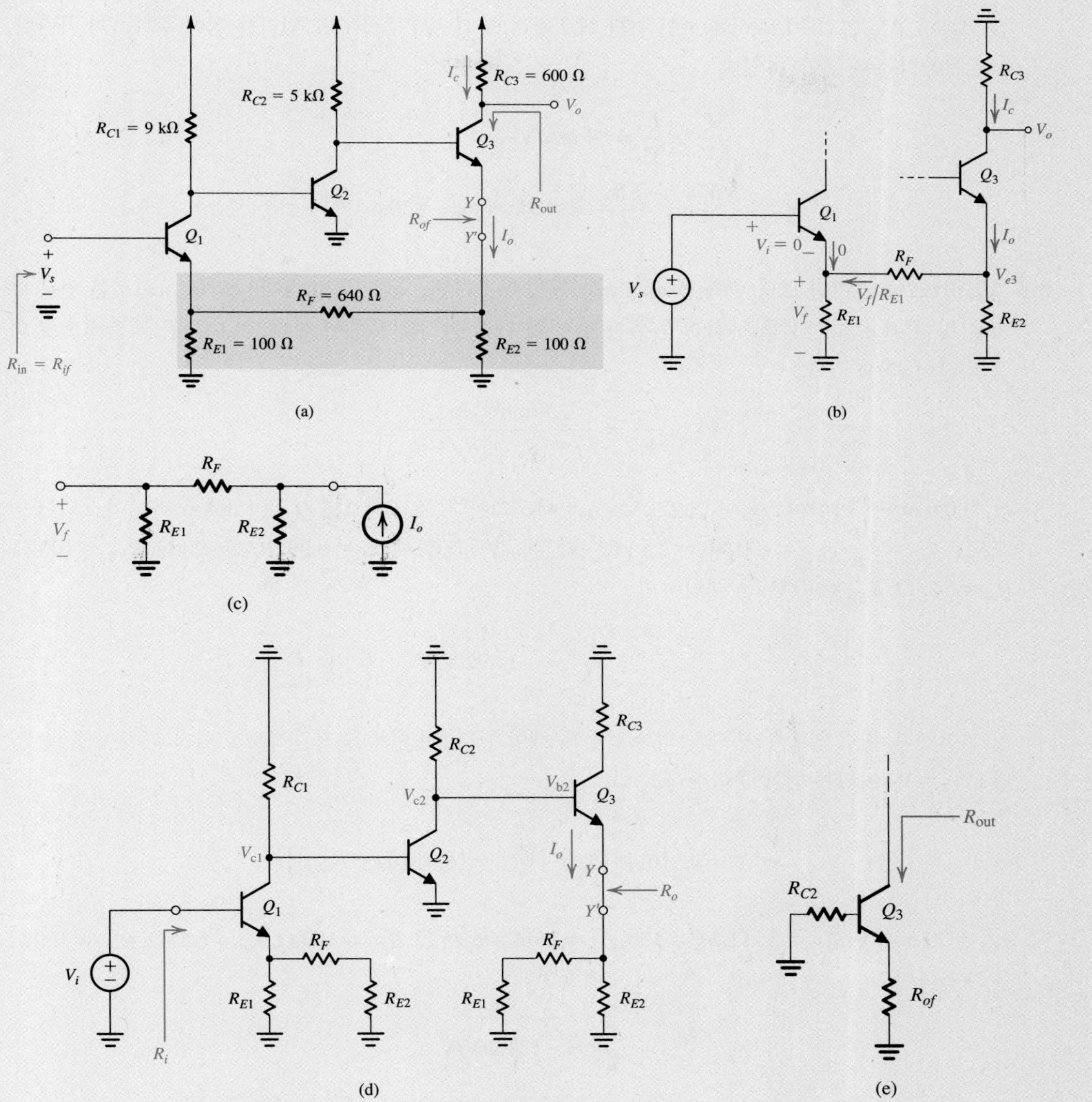

그림 10.24 예제 10.8에 대한 회로.

R_{E1}, R_{E2}, 그리고 R_F에 대해 주어진 수치들을 대입하면

$$A_f|_{\text{ideal}} = 84 \text{ mA/V}$$

와

$$\beta = 0.0119 \text{ V/mA}$$

를 얻는다. β는 그림 10.24(c)에 보인 귀환 회로에서 V_f/I_o로서 구할 수도 있다는 점에 주목하기 바란다.

끝으로 다음을 구할 수 있다.

$$\frac{I_c}{V_s} \simeq \frac{I_o}{V_s} = 84 \text{ mA/V}$$

$$\frac{V_o}{V_s} = \frac{-I_c R_{C3}}{V_s} = -84 \times 0.6 = -50.4 \text{ V/V}$$

(b) 그림 10.22에 주어진 로딩 법칙(loading rule)들을 이용하면, 그림 10.24(d)에 나타낸 A 회로를 얻을 수 있을 것이다. $A \equiv I_o/V_i$를 구하려면 우선 첫 번째 단의 이득을 구해야 한다. 이 이득은 직관적으로 다음과 같이 쓸 수 있다.

$$\frac{V_{c1}}{V_i} = \frac{-\alpha_1 (R_{C1} \parallel r_{\pi 2})}{r_{e1} + [R_{E1} \parallel (R_F + R_{E2})]}$$

Q_1이 0.6 mA에 바이어스되어 있으므로 $r_{e1} = 41.7\ \Omega$이다. 트랜지스터 Q_2는 1 mA로 바이어스되어 있으므로 $r_{\pi 2} = h_{fe}/g_{m2} = 100/40 = 2.5\ \text{k}\Omega$이다. 이 값들과 함께 $\alpha_1 = 0.99$, $R_{C1} = 9\ \text{k}\Omega$, $R_{E1} = 100\ \Omega$, $R_F = 640\ \Omega$, $R_{E2} = 100\ \Omega$을 대입하면

$$\frac{V_{c1}}{V_i} = -14.92 \text{ V/V}$$

가 얻어진다. 다음으로 두 번째 단의 이득을 구해야 한다. 이 이득을 직관적으로 다음과 같이 쓸 수 있다.($V_{b2} = V_{c1}$이라는 점에 주목하라.)

$$\frac{V_{c2}}{V_{c1}} = -g_{m2} \{R_{C2} \parallel (h_{fe} + 1)[r_{e3} + (R_{E2} \parallel (R_F + R_{E1}))]\}$$

$g_{m2} = 40$ mA/V, $R_{C2} = 5\ \text{k}\Omega$, $h_{fe} = 100$, $r_{e3} = 25/4 = 6.25\ \Omega$, $R_{E2} = 100\ \Omega$, $R_F = 640\ \Omega$, $R_{E1} = 100\ \Omega$을 대입하면

$$\frac{V_{c2}}{V_{c1}} = -131.2 \text{ V/V}$$

가 얻어진다. 끝으로 세 번째 단에 대해 직관적으로 다음 식을 쓸 수 있다.

$$\frac{I_o}{V_{c2}} = \frac{I_{e3}}{V_{b3}} = \frac{1}{r_{e3} + (R_{E2} \parallel (R_F + R_{E1}))}$$

$$= \frac{1}{6.25 + (100 \parallel 740)} = 10.6 \text{ mA/V}$$

세 단의 이득들을 결합하면

$$A \equiv \frac{I_o}{V_i} = -14.92 \times -131.2 \times 10.6 \times 10^{-3}$$

$$= 20.7\ \text{A/V}$$

가 얻어진다. 이제 우리는 폐쇄 루프 이득 A_f를 다음과 같이 구할 수 있다.

$$A_f \equiv \frac{I_o}{V_s} = \frac{A}{1 + A\beta}$$

$$= \frac{20.7}{1 + 20.7 \times 10.9} = 83.7\ \text{mA/V}$$

이 수치가 앞의 (a)에서 근사적으로 구한 값에 매우 가깝다는 점에 주목하기 바란다. 루프 이득 $A\beta = 20.7 \times 11.9 = 246.3$이 1보다 매우 크기 때문에 이는 놀랄만한 일이 아니다.

전압 이득은 다음 식으로부터 구할 수 있는데

$$\frac{V_o}{V_s} = \frac{-I_c R_{C3}}{V_s} \simeq \frac{-I_o R_{C3}}{V_s} = -A_f R_{C3}$$

$$= -83.7 \times 10^{-3} \times 600 = -50.2\ \text{V/V}$$

이 수치 또한 앞의 (a)에서 근사적으로 구한 값에 매우 가깝다는 점에 주목하기 바란다.

귀환 증폭기의 입력 저항은

$$R_{\text{in}} = R_{if} = R_i(1 + A\beta)$$

이고, 여기서 R_i는 A 회로의 입력 저항이다. R_i의 값은 그림 10.24(d)의 회로로부터 다음과 같이 구할 수 있다.

$$R_i = (h_{fe} + 1)\left[r_{e1} + \left(R_{E1} \parallel \left(R_F + R_{E2}\right)\right)\right]$$

$$= 13.11\ \text{k}\Omega$$

따라서

$$R_{if} = 13.11(1 + 20.7 \times 11.9) = 3.24\,\text{M}\Omega$$

이다. Q_3의 컬렉터 쪽으로 들여다본 저항인 출력 저항 R_{out}을 구하려면 딜레마에 빠지게 된다. 귀환이 I_c의 샘플을 취하지 않기 때문에 귀환 공식을 직접 이용할 수 없다. 그럼에도 불구하고 아래에 이 문제에 대한 다소 간접적인 풀이를 제시한다. 물론 Q_1이 MOSFET이었다면 $I_d = I_s$이므로 이러한 문제가 존재하지 않았을 것이다(예제 10.7 참조).

귀환이 이미터 전류 I_o를 검출하기 때문에, 귀환 해석으로 얻은 출력 저항은 이미터 회로에서 들여다본(Y와 Y' 사이의) 저항

$$R_{of} = R_o(1 + A\beta)$$

일 것이다. 여기서 R_o는 그림 10.24(d)의 A 회로에서 Y와 Y' 사이를 절단하고 구할 수 있다. 이들 두 마디 사이를 들여다본 저항은 다음과 같이 구할 수 있다.

$$R_o = [R_{E2} \parallel (R_F + R_{E1})] + r_{e3} + \frac{R_{C2}}{h_{fe}+1}$$

이 저항은 주어진 값들에 대해 $R_o = 143.9\ \Omega$을 산출한다. 귀환 증폭기의 출력 저항 R_{of}는 이제 다음과 같이 구해진다.

$$R_{of} = R_o(1 + A\beta) = 143.9(1 + 20.7 \times 11.9) = 35.6\ \text{k}\Omega$$

이제 R_{of}의 값을 이용하여 R_{out}의 근삿값을 구할 수 있다. 이를 위해, 귀환의 효과가 저항 R_{of}(35.6 kΩ)를 Q_3의 이미터에 두는 것이라고 가정할 수 있고, 그림 10.24(e)의 등가 회로로부터 출력 저항을 구할 수 있다. 이것은 이미터에 저항 R_{of} 그리고 베이스에 저항 R_{C2}를 가진 BJT의 출력 저항이다. 유감스럽게도 이 출력 저항을 구하는 식 (7.67)은 베이스의 저항을 고려하지 않았다. 그래서 이 식을 수정하여 R_{out}을 구하면(문제 10.56 참조)

$$R_{\text{out}} = r_{o3} + [R_{of} \parallel (r_{\pi 3} + R_{C2})]\left[1 + g_{m3} r_{o3} \frac{r_{\pi 3}}{r_{\pi 3} + R_{C2}}\right]$$

$$= 25 + [35.6 \parallel (0.625 + 5)]\left[1 + 160 \times 25 \times \frac{0.625}{0.625 + 5}\right]$$

$$= 2.19\ \text{M}\Omega$$

을 얻는다. 따라서 R_{out}은 r_{o3}보다 증가하나 $(1 + A\beta)$배만큼은 아니다.

연습문제

D10.12 예제 10.8에서 해석한 그림 10.24(a)의 3중 귀환 회로에서, 폐쇄 루프 트랜스컨덕턴스 I_o/V_s가 약 100 mA/V가 되도록 R_F의 값을 변경하라. R_F의 새로운 값은 얼마인가? 출력 전압이 Q_3의 컬렉터에서 취해진다면 이 새로운 값에서 전압 이득의 이상적인 값은 얼마인가?

[답] 800 Ω; −60 V/V

10.13 그림 10.24(a)의 귀환 증폭기의 루프 이득을 다음과 같은 방법으로 구하라. 즉, $V_s = 0$으로 놓고, Q_1의 컬렉터와 Q_2의 베이스 사이에서 루프를 절단한 다음, 전압 V_t를 Q_2의 베이스에 인가하라. 그리고 $r_{\pi 2}$와 같은 저항을 Q_1의 컬렉터와 접지 사이에 연결하라. $A\beta \equiv -V_r/V_t$를 구하라. 여기서 $V_r = V_{c1}$이다.

[답] $A\beta = 249.2$(이 값이 예제 10.8에서 구한 값과 약간 다른데, 이는 체계적인 귀환 해석 방법에 내재하는 근사치 때문이다.)

10.5.3 귀환 트랜스레지스턴스 증폭기(병-병렬)

그림 10.25(a)는 이상적인 귀환 트랜스레지스턴스 증폭기를 보여 준다. 우리가 예상하듯이 이 증폭기는 병-병렬 구조를 이용한다. 증폭기 등가 회로를 그림 10.25(b)에 나타내었고, A_f, R_{if}, R_{of}를 구하는 공식들을 그림 10.25(c)에 나타내었다.

(a) Ideal Structure

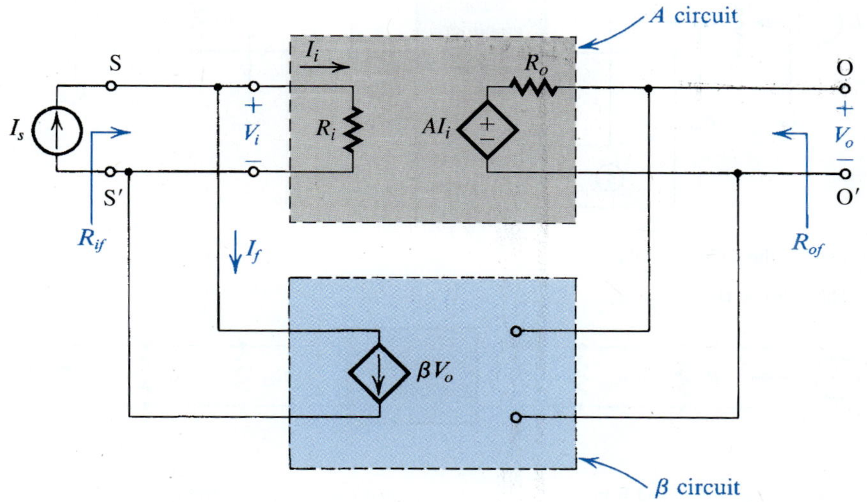

(b) Equivalent Circuit

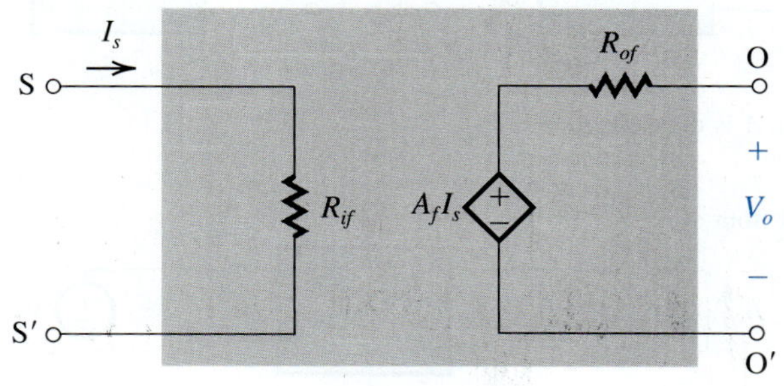

(c) Formulas

$$A_f \equiv \frac{V_o}{I_s} = \frac{A}{1+A\beta}$$

$$A_f\Big|_{\text{ideal}} = \frac{1}{\beta}$$

$$R_{if} = R_i/(1+A\beta)$$

$$R_{of} = R_o/(1+A\beta)$$

그림 10.25 귀환 트랜스레지스턴스 증폭기(병-병렬).

귀환 해석 방법을 일반적인 트랜스레지스턴스 증폭기에 적용하는 데 필요한 모든 단계와 공식을 그림 10.26에 나타내었다. 이 방법은 예제에서 자세하게 설명할 것이다.

(a) General Structure

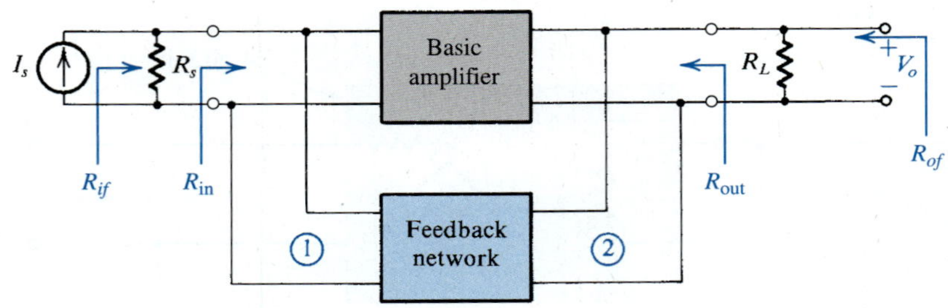

(b) Finding the A Circuit and β

(i) The A circuit is

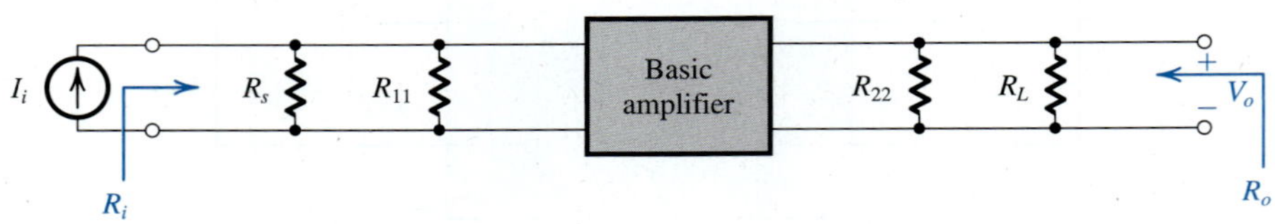

where R_{11} is obtained from

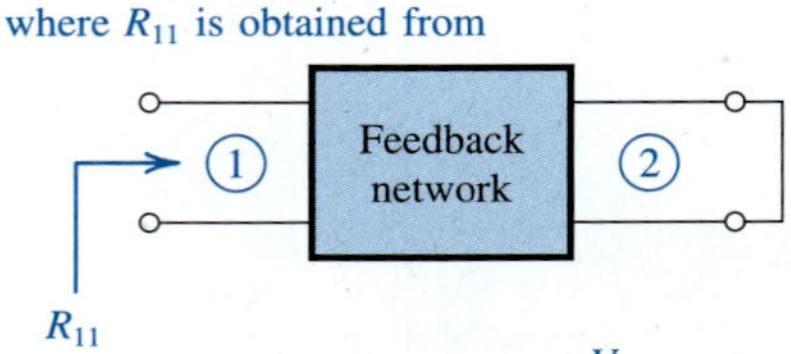

and R_{22} is obtained from

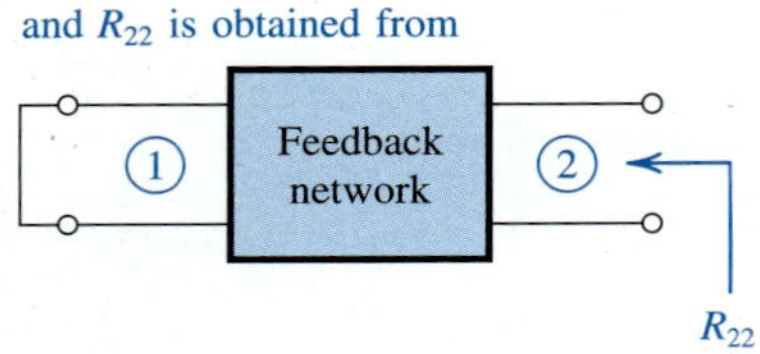

and the gain A is defined $A \equiv \dfrac{V_o}{I_i}$

(ii) β is obtained from

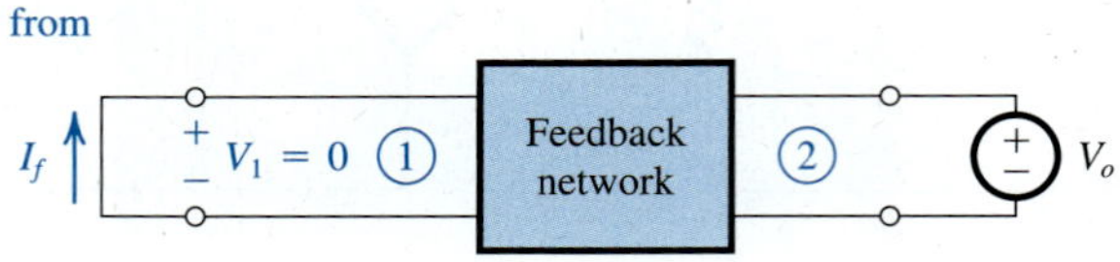

$$\beta \equiv \left.\frac{I_f}{V_o}\right|_{V_1 = 0}$$

(c) Gain, Input, and Output Resistance

- Use the formulas in Fig. 10.25 to find A_f, R_{if}, and R_{of}.
- R_{in} and R_{out} can then be found from

$$R_{in} = 1 \Big/ \left(\frac{1}{R_{if}} - \frac{1}{R_s}\right)$$

$$R_{out} = 1 \Big/ \left(\frac{1}{R_{of}} - \frac{1}{R_L}\right)$$

그림 10.26 귀환 트랜스레지스턴스 증폭기(병-병렬)의 해석.

예제 10.9 귀환 트랜스레지스턴스 증폭기(병-병렬)

그림 10.27(a)는 귀환 트랜스레지스턴스 증폭기를 보여 준다. 이 증폭기는 이득이 μ, 입력 저항이 R_{id}, 출력 저항이 r_o인 전압 증폭기의 부귀환 경로에 저항 R_F를 접속함으로써 형성되는 병-병렬 귀환을 이용한다. 증폭기 μ는 연산 증폭기, 간단한 차동 증폭기, 단일 출력 반전 증폭기, 또는 제한적으로 단일 트랜지스터 CE나 CS 증폭기로 구현될 수 있다. 마지막의 경우는 연습문제 10.15에서 살펴볼 것이다. 물론 이득 μ가 더 높을수록 루프 이득도 함께 증가하므로 귀환 트랜스레지스턴스 증폭기의 특성이 더 이상적이게 된다. 다음 수치들을 사용하라. 즉, $\mu = 10^4$ V/V, $R_{id} = 100$ kΩ, $r_o = 1$ kΩ, $R_s = R_L = 2$ kΩ, $R_F = 10$ kΩ이다.

(a) 이상적인 폐쇄 루프 이득 V_o/I_s와 귀환율 β를 구하라.

(b) A 회로를 구하고 A, R_i, R_o를 구하라.

(c) $A_f, R_{if}, R_{\text{in}}, R_{of}, R_{\text{out}}$을 구하라.

(d) 전원 저항 $R_s = 2$ kΩ을 가지는 전류 전원 I_s 대신에, 전원 저항 $R_s = 2$ kΩ을 가지는 전압 전원 V_s가 증폭기를 구동한다고 가정하라. 전압 이득 V_o/V_s를 구하라.

풀이

(a) 이상적인 폐쇄 루프 이득 $A_f|_{\text{ideal}}$을 구하기 위해, 개방 루프 이득이 무한대가 되게 놓는다. 그림 10.27(b)에 보인 회로로부터 $I_i = 0$이고 이에 따라 $V_i = 0$이라는 것을 알 수 있다. 입력 마디로부터

$$I_f = I_s$$

라는 것을 알 수 있다. 출력 전압 V_o는

$$V_o = V_i - I_f R_F = 0 - I_s R_F$$

로 구할 수 있다. 따라서

$$A_f|_{\text{ideal}} \equiv \frac{V_o}{I_s} = -R_F = -10 \text{ k}\Omega = -10 \text{ V/mA}$$

이다. 귀환율 β는 이제 다음과 같이 구할 수 있다.

$$\beta = \frac{1}{A_f|_{\text{ideal}}} = -0.1 \text{ mA/V}$$

(b) A 회로를 그림 10.27(d)에 나타냈다. 이 그림에서 귀환 회로의 로딩 효과 R_{11}과 R_{22}는 그림 10.27(c)에 보인 귀환 회로에서 포트 2와 포트 1을 각각 단락시킴으로써 구할 수 있다. A를 구하기 위해 A 회로를 다음과 같이 해석할 수 있다.

$$V_{id} = I_i R_i$$

여기서

$$R_i = R_s \| R_{11} \| R_{id} = R_s \| R_F \| R_{id}$$
$$= 2\|10\|100 = 1.639\ \text{k}\Omega$$
$$V_o = -\mu V_{id} \frac{R_L \| R_{22}}{(R_L \| R_{22}) + r_o}$$
$$= -\mu I_i R_i \frac{R_L \| R_F}{(R_L \| R_F) + r_o}$$

이고, 회로로부터 우리는

$$A \equiv \frac{V_o}{I_i} = -\mu R_i \frac{R_L \| R_F}{(R_L \| R_F) + r_o}$$
$$= -10^4 \times 1.639 \times \frac{(2\|10)}{(2\|10) + 1} = -10,244\ \text{V/mA}$$

를 구할 수 있다. 개방 루프 출력 저항 R_o는 그림 10.27(d)에 보인 A 회로에서 $I_i = 0$으로 놓음으로써 구해진다. $I_i = 0$으로 놓으면 $V_{id} = 0$이 되고 이에 따라

$$R_o = R_L \| R_{22} \| r_o = 2\|10\|1 = 625\ \Omega$$

이다.

(c)

$$A_f = \frac{A}{1 + A\beta} = \frac{-10,244}{1 + (-10,244 \times -0.1)}$$
$$= -\frac{10,244}{1 + 1024.4} = -9.990\ \text{V/mA}$$
$$R_{if} = \frac{R_i}{1 + A\beta} = \frac{1.639\ \text{k}\Omega}{1025.4} = 1.6\ \Omega$$

$R_{if} = R_s \parallel R_{\text{in}}$이므로

$$\frac{1}{R_{\text{in}}} = \frac{1}{R_{if}} - \frac{1}{R_s} = \frac{1}{1.6\ \Omega} - \frac{1}{2\ \text{k}\Omega}$$
$$\Rightarrow R_{\text{in}} \simeq 1.6\ \Omega$$
$$R_{of} = \frac{R_o}{1 + A\beta} = \frac{625\ \Omega}{1025.4} = 0.61\ \Omega$$

이다. $R_{of} = R_L \parallel R_{\text{out}}$이므로

$$\frac{1}{R_{\text{out}}} = \frac{1}{R_{of}} - \frac{1}{R_L} = \frac{1}{0.61\ \Omega} - \frac{1}{2\ \text{k}\Omega}$$
$$\Rightarrow R_{\text{out}} \simeq 0.61\ \Omega$$

이다.

(d) 전원 저항 $R_s = 2\ \text{k}\Omega$을 가지는 전압 전원 V_s가 증폭기를 구동한다면 우리는 이 전원을 $I_s = V_s/R_s$와 병렬 저항 R_s로 구성되는 그것의 노턴 등가 회로로 바꿀 수 있다. 이것이 우리가 위에서 해석했던 경우이고, 여기서 우리는 $V_o = A_f I_s$를 구했다. 따라서

$$V_o = A_f \frac{V_s}{R_s}$$

$$\Rightarrow \frac{V_o}{V_s} = \frac{A_f}{R_s} = \frac{-9.990\ \text{k}\Omega}{2\ \text{k}\Omega} = -4.995\ \text{V/V}$$

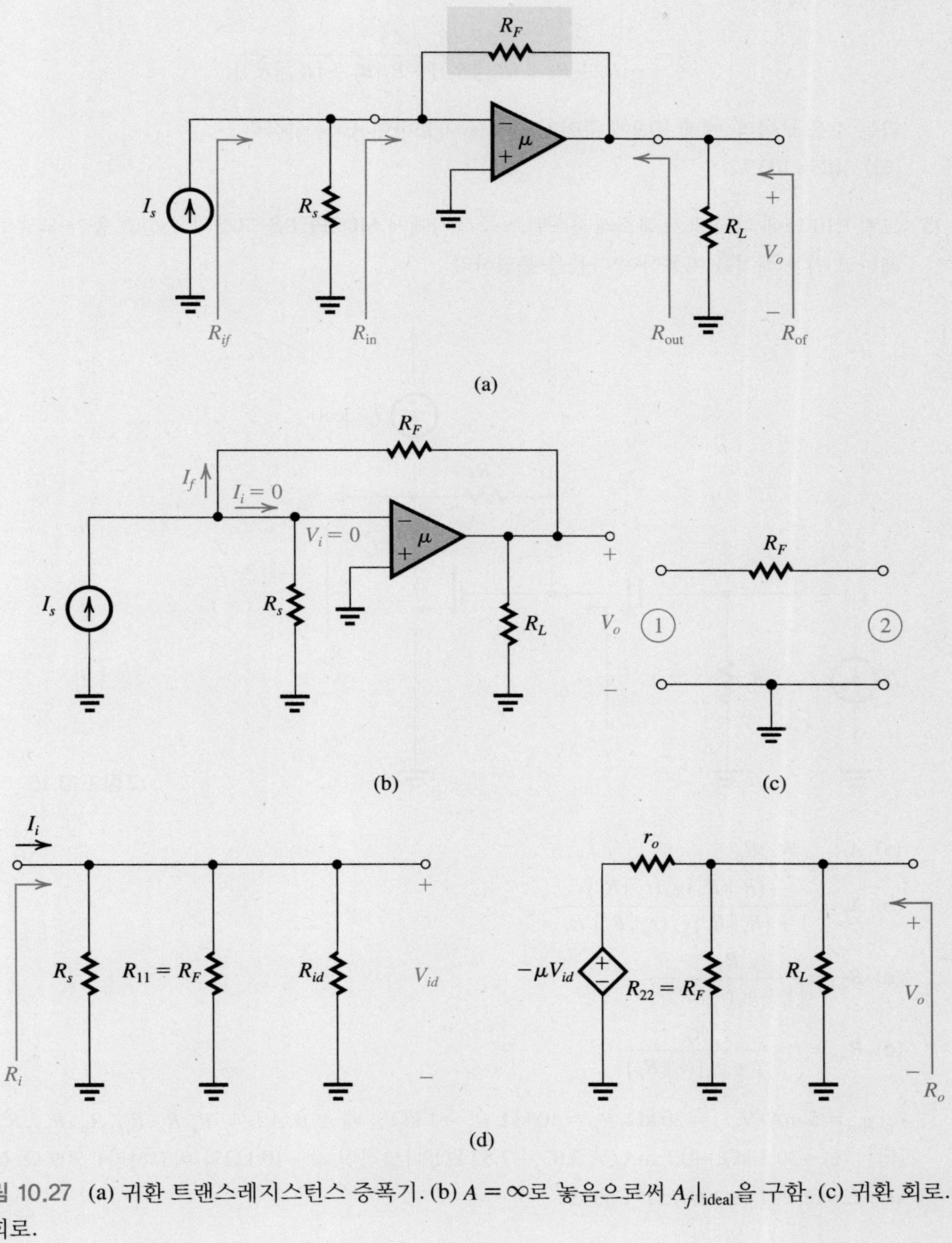

그림 10.27 (a) 귀환 트랜스레지스턴스 증폭기. (b) $A = \infty$로 놓음으로써 $A_f|_{\text{ideal}}$을 구함. (c) 귀환 회로. (d) A 회로.

연습문제

10.14 그림 10.27(a)의 증폭기의 루프 이득을 직접 구하려고 한다. $I_s = 0$으로 놓고, 증폭기 μ를 그것의 등가 회로로 대체한 다음, 증폭기 입력에서 루프를 절단하고, R_{id} 저항이 R_s 양단에 접속되어 있는지 확인하라.

$$A\beta = \frac{\mu R_L(R_{id} \| R_s)}{r_o[R_L + R_F + (R_{id} \| R_s)] + R_L[R_F + (R_{id} \| R_s)]}$$

라는 것을 보여라. 예제 10.9에 주어진 수치를 이용하여 $A\beta$를 구하라.

[답] $A\beta = 1035.2$

10.15 그림 E10.15에 나타낸 트랜스레지스턴스 증폭기에서 MOSFET을 그것의 소신호 등가 모델로 대체하고 귀환 해석을 이용하여 다음을 증명하라.

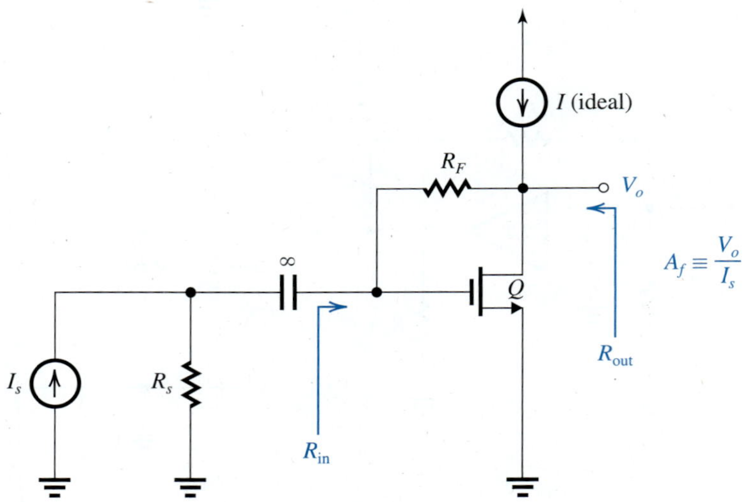

그림 E10.15

(a) $A_f\Big|_{\text{ideal}} = -R_F$

(b) $A_f = \dfrac{-(R_s \| R_F)g_m(r_o \| R_F)}{1 + (R_s \| R_F)g_m(r_o \| R_F)/R_F}$

(c) $R_{in} = \dfrac{R_F}{[1 + g_m(r_o \| R_F)]}$

(d) $R_{out} = r_o \| \dfrac{R_F}{1 + g_m(R_s \| R_F)}$

(e) $g_m = 5$ mA/V, $r_o = 20$ kΩ, $R_F = 10$ kΩ, $R_s = 1$ kΩ일 때 $A, \beta, A\beta, A_f$ $R_i, R_o, R_{if}, R_{in}, R_{of}, R_{out}$

[답] (e) −30.3 kΩ; −0.1 mA/V; 3.03; −7.52 kΩ(이상적인 값 −10 kΩ과 비교하라); 909 Ω; 6.67 kΩ; 226 Ω; 291 Ω; 1.66 kΩ; 1.66 kΩ

10.5.4 귀환 전류 증폭기(병-직렬)

그림 10.28(a)는 이상적인 귀환 전류 증폭기를 보여 준다. 우리가 예상하듯이 이 증폭기는 병-직렬 구조를 이용한다. 증폭기 등가 회로를 그림 10.28(b)에 나타내었고, A_f, $A_f|_{\text{ideal}}$, R_{if}, R_{of}를 구하는 공식들을 그림 10.28(c)에 나타내었다.

(a) Ideal Structure

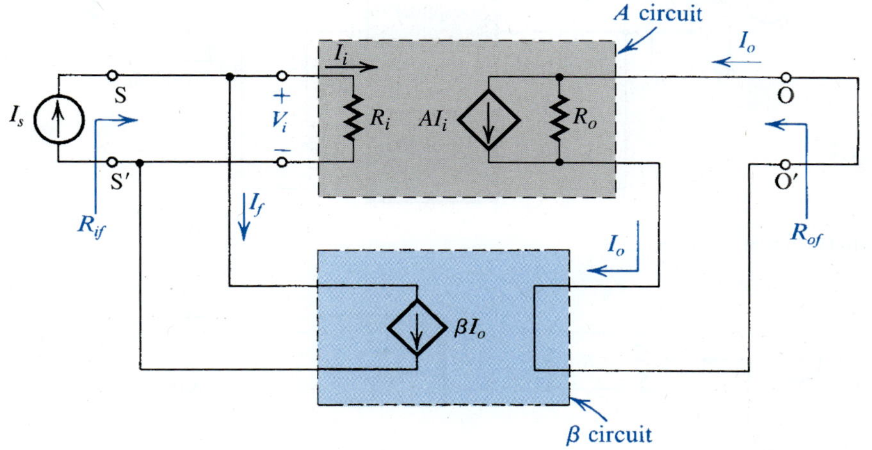

(b) Equivalent Circuit

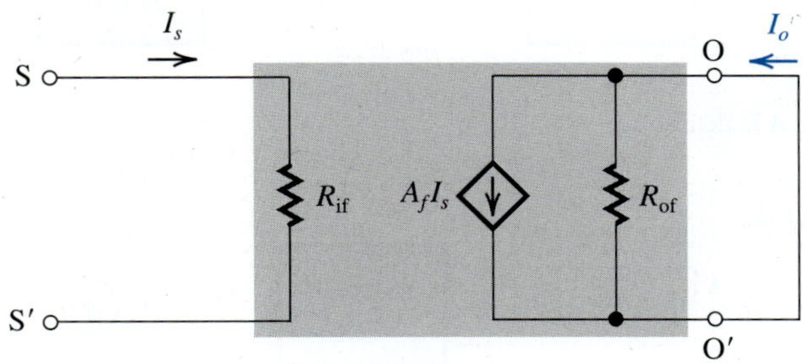

(c) Formulas

$$A_f \equiv \frac{I_o}{I_s} = \frac{A}{1 + A\beta}$$

$$A_f\big|_{\text{ideal}} = \frac{1}{\beta}$$

$$R_{if} = R_i/(1 + A\beta)$$

$$R_{of} = (1 + A\beta)R_o$$

그림 10.28 귀환 전류 증폭기(병-직렬).

귀환 해석 방법을 일반적인 귀환 전류 증폭기에 어떻게 적용할 수 있는지를 그림 10.29에 나타냈다. 해석에 필요한 모든 단계와 공식들이 주어져 있다. 우리는 이제 이 방법을 자세한 예제로 설명할 것이다.

(a) General Structure

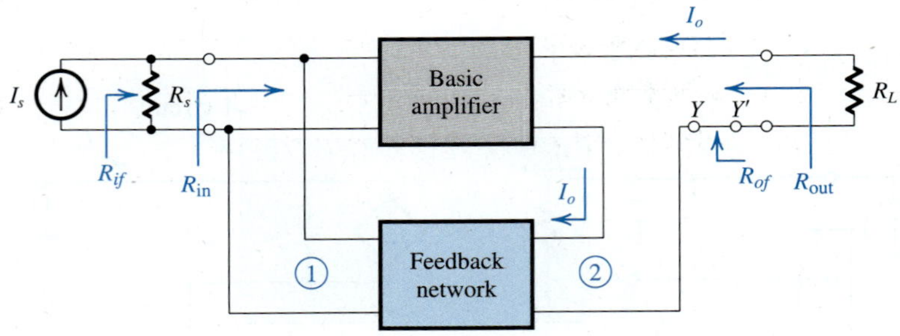

(b) Finding the A Circuit and β

(i) The A circuit is

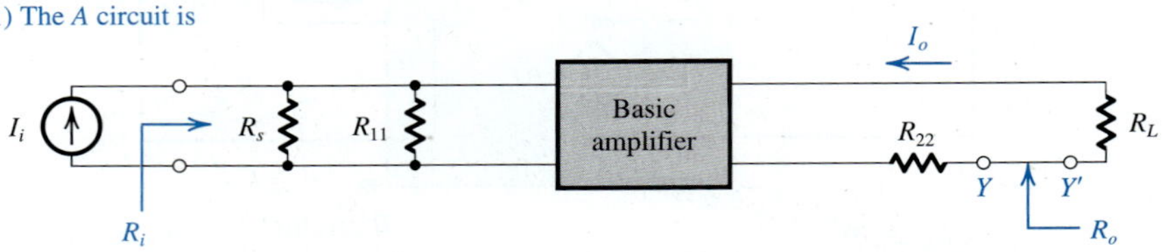

where R_{11} is obtained from

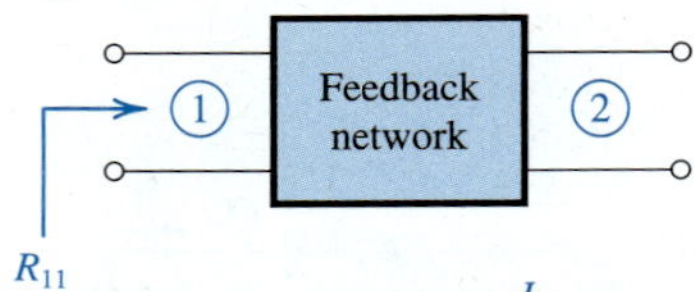

and R_{22} is obtained from

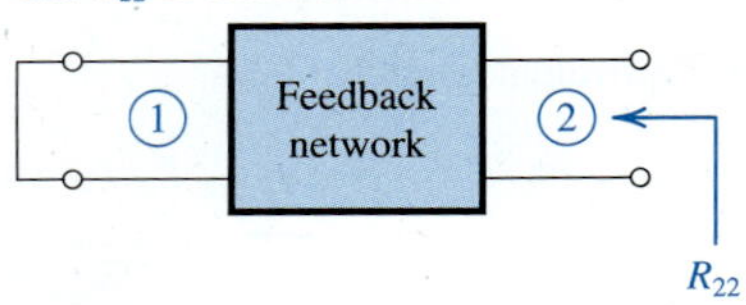

and the gain A is defined as $A \equiv \frac{I_o}{I_i}$

(ii) β is obtained from

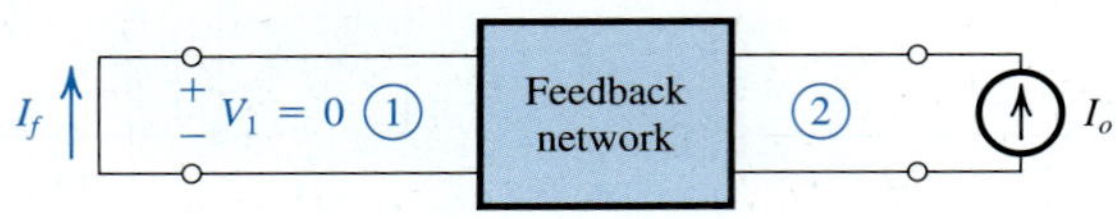

$$\beta \equiv \left.\frac{I_f}{I_o}\right|_{V_1 = 0}$$

(c) Gain, Input, and Output Resistance

- Use the formulas in Fig. 10.28 to find A_f, R_{if}, and R_{of}.
- R_{in} and R_{out} can then be found from

$$R_{in} = 1 \Big/ \left(\frac{1}{R_{if}} - \frac{1}{R_s}\right)$$

$$R_{out} = R_{of} - R_L$$

그림 10.29 귀환 전류 증폭기(병-직렬)의 해석.

예제 10.10 귀환 전류 증폭기

그림 10.30(a)는 반전 전압 증폭기 μ에 MOSFET Q를 종속 접속하여 만든 귀환 전류 증폭기를 나타낸 것이다. 출력 전류 I_o는 Q의 드레인 전류이다. 저항 R_1과 R_2로 구성된 귀환 회로망은 정확하게 동일한 전류, 즉 Q의 소스 전류를 검출하고 입력에서 I_s와 합해지는 귀환 전류 신호를 공급한다. 바이어스 배열을 나타내지 않았다는 점에 유의하기 바란다.

증폭기 μ는 연산 증폭기, 차동 증폭기, 또는 단일 출력 반전 증폭기를 이용하는 등 다양한 방법으로 구현될 수 있다. 가장 단순한 방법은 CS MOSFET 증폭기로 μ를 구현하는 것이다. 그러나 이러한 경우에는 루프 이득이 낮은 값으로 제한될 것이다. 증폭기 μ가 입력 저항 R_{id}, 개방 회로 전압 이득 μ, 출력 저항 r_{o1}을 가진다고 가정하라.

다음의 수치들을 이용하라. 즉, $\mu = 1000$ V/V, $R_{id} = \infty$, $r_{o1} = 1$ kΩ, $g_m = 5$ mA/V, $r_o|_Q = 20$ kΩ, $R_s = \infty$, $R_1 = 10$ kΩ, $R_2 = 90$ kΩ이다.

(a) 이상적인 폐쇄 루프 이득 I_o/I_s와 귀환율 β를 구하라.
(b) A 회로를 구하고 A, R_i, R_o를 구하라.
(c) $A_f, R_{if}, R_{\text{in}}, R_{of}, R_{\text{out}}$을 구하라.

풀이

(a) $A_f|_{\text{ideal}}$을 구하기 위해 A가 ∞가 되게 놓는다. 그 결과의 상황이 그림 10.30(b)에 설명되어 있다. 그림에서 $I_i = 0$이고 이에 상응하여 $V_i = 0$이다. 입력 마디에서 $I_f = I_s$라는 것을 알 수 있고, I_o를 구하기 위해 그림에 보인 해석을 수행할 수 있다.

$$I_o = -I_s\left(1 + \frac{R_2}{R_1}\right)$$

따라서

$$A_f\,|_{\text{ideal}} \equiv \frac{I_o}{I_s} = -\left(1 + \frac{R_2}{R_1}\right)$$

이다. R_1과 R_2의 주어진 값들에 대해

$$A_f\,|_{\text{ideal}} = -10 \text{ A/A}$$

이다. 우리는 이제 β의 값을 구할 수 있다.

$$\beta = 1/A_f\,|_{\text{ideal}}$$

따라서

$$\beta = -\frac{1}{1 + \frac{R_2}{R_1}} = -\frac{R_1}{R_1 + R_2} = -0.1$$

2-포트 귀환 회로는 그림 10.30(c)에 나타내었다. 또 다른 방법으로, 우리는 이 회로를 이용하여 β를

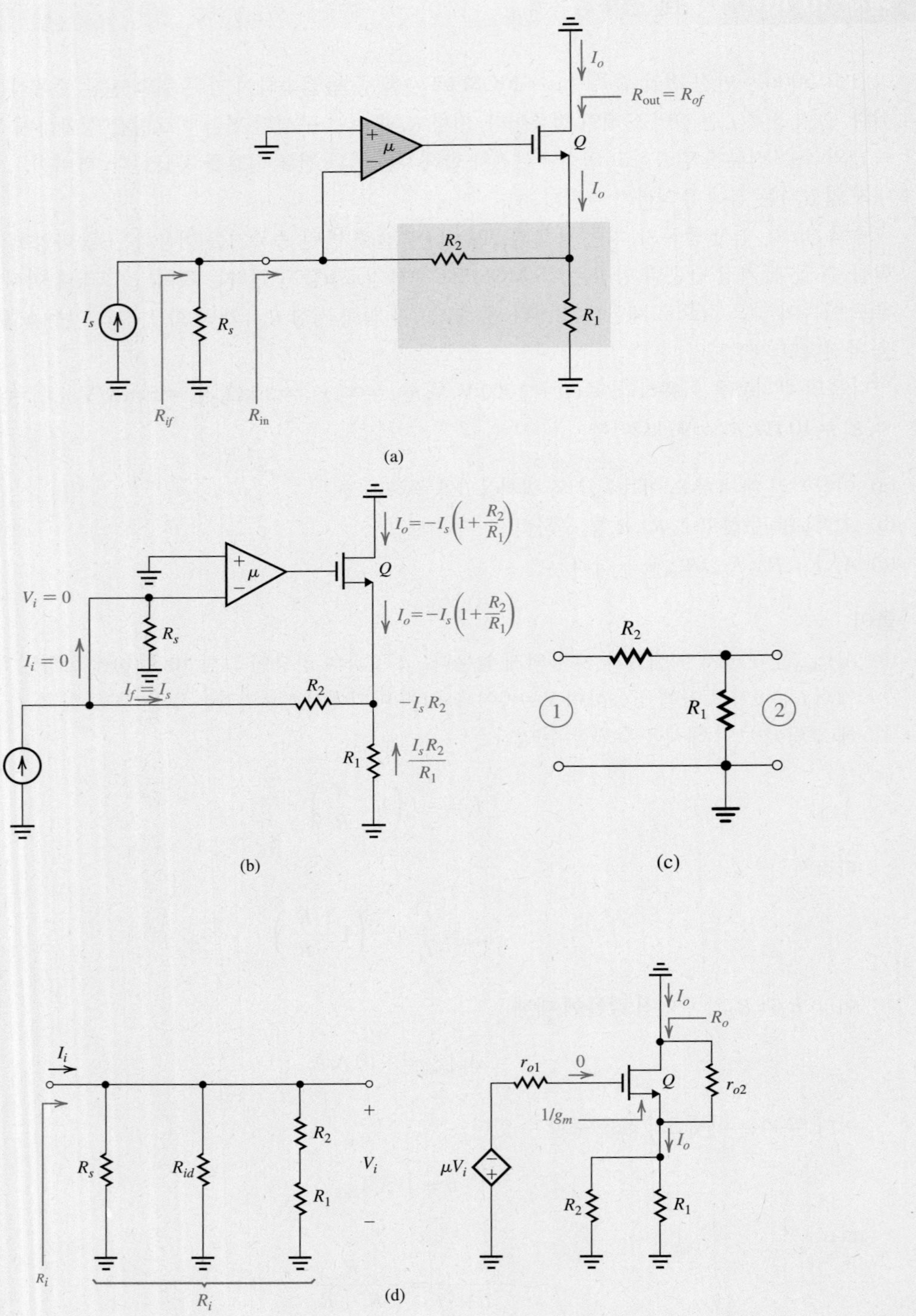

그림 10.30 예제 10.10에 대한 회로.

구할 수 있고, 그다음에 $A_f|_{\text{ideal}}$을 $(1/\beta)$로 구할 수 있다.

(b) A 회로를 구하기 위해서 기본 증폭기의 입력 측을 R_s와 R_{11}로 로드해야 한다. 이 경우에 R_{11}은 귀환 회로망의 포트 2가 개방이므로 간단하게 $R_1 + R_2$이다. 또 기본 증폭기의 출력 측을 R_{22}로 로드해야 한다. 귀환 회로망의 포트 1이 단락이므로 R_{22}는 $R_1 \parallel R_2$가 된다. 결과적인 A 회로를 그림 10.30(d)에 나타냈다. 여기서 증폭기 μ는 그것의 등가 회로로 대체되어 있다. A 회로의 해석은 직관적으로 다음과 같이 수행할 수 있다.

$$R_i = R_s \parallel R_{id} \parallel (R_1 + R_2)$$

$$V_i = I_i R_i$$

$$I_o = -\mu V_i \frac{1}{1/g_m + (R_1 \parallel R_2 \parallel r_{o2})} \frac{r_{o2}}{r_{o2} + (R_1 \parallel R_2)}$$

이들 세 식을 결합하면 A는

$$A \equiv \frac{I_o}{I_i} = -\mu \frac{R_i}{1/g_m + (R_1 \parallel R_2 \parallel r_{o2})} \frac{r_{o2}}{r_{o2} + (R_1 \parallel R_2)}$$

가 된다. R_o가 소스 리드 저항이 $(R_1 \parallel R_2)$인 Q의 출력 저항이라는 점에 주목하면,

$$R_o = r_{o2} + (R_1 \parallel R_2) + (g_m r_{o2})(R_1 \parallel R_2)$$

로 쓸 수 있다. 주어진 수치들을 대입하면

$$A = -10{,}764 \text{ A/A}$$
$$R_i = 100 \text{ k}\Omega$$
$$R_o = 929 \text{ k}\Omega$$

을 얻는다.

(c)

$$A_f = \frac{A}{1 + A\beta} = \frac{-10{,}764}{1 + (-10{,}764) \times (-0.1)}$$
$$= -\frac{10{,}764}{1 + 1076.4} = -9.991 \text{ A/A}$$

이는 -10 A/A의 이상적인 값에 매우 가까운데, 그 이유는 큰 루프 이득(즉, $A\beta = 1076.4$)이 이용 가능하기 때문이다.

$$R_{if} = \frac{R_i}{1 + A\beta} = \frac{100 \text{ k}\Omega}{1077.4} = 92.8 \ \Omega$$

$R_s = \infty$이므로

$$R_{\text{in}} = R_{if} = 92.8 \ \Omega$$

끝으로,

$$R_{\text{out}} = R_{of} = R_o(1 + A\beta)$$
$$= 929 \times 1077.4 = 1001\ \text{M}\Omega \simeq 1\ \text{G}\Omega$$

이 설계에서 성취한 거의 이상적인 특성들, 즉 낮은 입력 저항(92.8 Ω)과 매우 높은 출력 저항(1 GΩ)에 주목하기 바란다.

연습문제

10.16 예제 10.10의 증폭기에서 μ의 값이 열 배 낮아 $\mu = 100$일 때, A_f, R_{in}, R_{out}의 값을 구하라.
[답] −9.91 A/A; 921 Ω; 101 MΩ

10.17 그림 10.30(a) 회로에서 R_2가 단락 회로인 경우, A_f의 이상적인 값을 구하라. $R_s = R_{id} = \infty$인 경우에 R_i, R_o, A, β, A_f, R_{in}, R_{out}의 표현식을 구하라.
[답] $A_f = -1$ A/A; $R_i = R_1$; $R_o = r_{o2}$; $A = -\mu g_m R_1$; $\beta = -1$; $A_f = -\mu g_m R_1/(1 + \mu g_m R_1)$; $R_{\text{in}} \simeq 1/\mu g_m$; $R_{\text{out}} \simeq \mu(g_m r_{o2})R_1$

10.6 귀환 해석 방법 요약

온라인(www.oup.com/he/sedra-smith8xe)상의 요약표 보충자료(Summary Tables Supplement)의 표 10.2에 네 가지 유형의 증폭기들을 해석하고 설계하는 데 사용된 법칙들과 관계식들을 요약해 놓았다. 표 10.2의 풍부한 정보와 더불어 다음과 같은 중요한 정보를 제공한다.

1. 해석은 항상 폐쇄 루프 이득 A_f의 이상적인 값을 구하는 것으로 시작된다. 이는 개방 루프 이득 $A = \infty$로 가정함으로써 행해진다. $A = \infty$로 가정했으므로 $V_i = 0$ 그리고 $I_i = 0$이 된다. 그다음에 $A_f|_{\text{ideal}} \equiv x_o/x_s$를 구하기 위해 간단한 해석을 수행한다. 귀환율은 $\beta = 1/A_f|_{\text{ideal}}$로 구해진다. V_i와 I_i가 0이므로, 귀환 회로가 격리되고 분명해진다는 점에 주목하기 바란다.
2. 2-포트 귀환 회로를 스케치하고 그것의 로딩 효과 R_{11}과 R_{22}를 구한다.
3. A 회로를 스케치하고 해석하여 A, R_i, R_o를 구한다.
4. $A\beta$를 계산한다. 그 결과는 항상 무차원의 양의 수이어야 한다. 귀환량 $(1 + A\beta)$를 계산한다.
5. 귀환 공식들을 이용하여 A_f, R_{if}, R_{of}를 구한다. A_f와 단계 1에서 구한 이상적인 값을 비교한다. 그 차는 약 $(100/A\beta)$%가 될 것이다.
6. R_{in}을 구하기 위해 R_{if}로부터 R_s를 빼고, R_{out}을 구하기 위해 R_{of}로부터 R_L을 뺀다.
7. 설계 중인 증폭기의 특성을 개선하기 위해 부귀환을 이용하는 경우 첫 번째 단계는 응용 분야에 적합한

귀환 구조를 선정하는 것이다. 그다음에는 다양한 증폭기 파라미터들의 개선 정도를 결정하는 것이 부귀환량 $(1 + A\beta)$라는 사실을 이용하여 필요한 부귀환량을 알아낸다. 귀환율 β 역시 필요한 폐쇄 루프 이득 A_f로부터 구할 수 있다. 즉, $\beta = 1/A_f|_{\text{ideal}}$.

10.7 안정성 문제

부귀환 증폭기들은 심각한 문제를 가지고 있다. 증폭기는 **불안정**해지거나 **발진**할 수 있다. 즉, 저절로 신호를 발생시킬 수 있다. 이는 분명히 바람직하지 않은 동작이다! 이 장의 남은 부분에서는 왜 그리고 어떻게 이런 불안정한 동작이 일어날 수 있는지를 공부할 것이다. 그리고 무엇보다 중요한 것은 귀환 증폭기의 안전한 동작을 보장하기 위해 무엇을 해야 하는지를 공부하는 것이다.

그림 10.1의 일반적인 구조로 표현되는 귀환 증폭기에서, 개방 루프 이득 A는 일반적으로 주파수의 함수이다. 따라서 이 이득을 좀 더 정확하게 **개방 루프 전달 함수**(open-loop transfer function) $A(s)$라고 부른다. 또한 지금까지 귀환 회로망이 저항으로만 구성되며 그로 인해 귀환율 β가 상수라고 가정했는데, 이것도 항상 그런 것은 아니다. 따라서 이제부터는 대개의 경우 **귀환 전달 함수**(feedback transfer function)가 $\beta(s)$로 주어진다고 가정할 것이다. 이 경우 **폐쇄 루프 전달 함수**(closed-loop transfer function) $A_f(s)$는 다음과 같이 주어진다.

$$A_f(s) = \frac{A(s)}{1 + A(s)\beta(s)} \tag{10.29}$$

이 부분의 논의에 초점을 맞추기 위해, 증폭기가 직접 결합되어 있고 일정한 직류 이득 A_0를 가지며, 그것의 극점들과 영점들이 고주파 대역에 있다고 가정할 것이다. 또한 당분간 저주파에서는 $\beta(s)$가 상수가 된다고 가정할 것이다. 따라서 저주파에서는 $A(s)\beta(s)$가 상수가 되며, 이 상수는 반드시 양수가 되어야 한다. 만약 그렇지 않다면 그 귀환이 부귀환이 아닐 것이다. 그러면 좀 더 높은 주파수에서는 어떤 현상이 일어나는지를 고찰해 보자.

물리적인 주파수 $s = j\omega$에 대해, 식 (10.29)는

$$A_f(j\omega) = \frac{A(j\omega)}{1 + A(j\omega)\beta(j\omega)} \tag{10.30}$$

가 된다. 따라서 루프 이득 $A(j\omega)\beta(j\omega)$는 복소수이며, 이를 크기와 위상으로 나타낼 수 있다.

$$A(j\omega)\beta(j\omega) = |A(j\omega)\beta(j\omega)|e^{j\phi(\omega)} \tag{10.31}$$

루프 이득이 주파수에 따라 어떻게 변하는가에 따라 귀환 증폭기의 안정성과 불안정성이 결정된다는 사실에 주목하기 바란다. 이 사실을 이해하기 위해 위상각 $\phi(\omega)$가 $180°$가 되는 주파수를 생각해 보자. 이 주파수 즉 ω_{180}에서 루프 이득 $A(j\omega)\beta(j\omega)$는 마이너스 부호를 갖는 실수가 될 것이다. 따라서 이 주파수에서 귀환은 정귀환이 될 것이다. 만약 $\omega = \omega_{180}$에서 루프 이득의 크기가 1보다 작다면, 식 (10.30)의 분모가 1보다 작을 것이기 때문에 폐쇄 루프 이득 $A_f(j\omega)$가 개방 루프 이득 $A(j\omega)$보다 클 것이다. 그럼에도 불구하고 이 귀환 증폭기

는 안정할 것이다.

반면에 만약 ω_{180}의 주파수에서 루프 이득의 크기가 1이라면, 식 (10.30)으로부터 $A_f(j\omega)$는 당연히 무한대일 것이다. 이는 증폭기가 **발진**(oscillation)이라고 불리는 상태, 즉 입력이 없어도 출력이 나오는 상태에 있다는 것을 의미한다. 이 귀환 루프가 어떻게 발진하는가를 구체적으로 알아보기 위해, 그림 10.1에서 외부 입력 x_s를 0으로 했을 때의 귀환 루프를 생각해 보자. 전원 공급기의 스위치를 닫는 것과 같은 회로 내의 어떤 교란(disturbance)은 증폭기의 입력 쪽에 $x_i(t)$라는 어떤 신호를 발생시킬 것이다. 이런 잡음 신호는 통상적으로 넓은 범위의 주파수 성분을 가진다. 우리는 이제 $\omega = \omega_{180}$의 주파수 성분, 즉 $X_i \sin(\omega_{180}t)$ 신호에 대해서만 주의를 기울일 것이다. 이 입력 신호는 다음과 같이 주어지는 귀환 신호를 만들어 낼 것이다.

$$X_f = A(j\omega_{180})\beta(j\omega_{180})X_i = -X_i$$

X_f가 또 입력 쪽의 가산기 블록에서 1이 곱해지기 때문에, 증폭기 입력 쪽의 신호 X_i가 귀환에 의해서 계속 유지된다는 것을 알 수 있다. 즉, 증폭기의 입력과 출력에 ω_{180} 주파수의 사인파 신호가 존재할 것이다. 따라서 우리는 이 증폭기가 ω_{180}의 주파수에서 발진한다고 말한다.

이제 의문점은 ω_{180}의 주파수에서 루프 이득의 크기가 1보다 클 경우 어떤 현상이 일어나겠는가 하는 것이다. 식 (10.30)으로부터는 분명하지 않지만, 이 경우에도 회로가 발진할 것이다. 그리고 이 발진은 어떤 비선형성(이것은 어떤 형태로든지 항상 존재한다)이 루프 이득의 크기를 정확히 1로 줄일 때까지 커질 것이고, 루프 이득의 크기가 1이 되는 점에서 일정하게 유지될 것이다. 이러한 메커니즘, 즉 1보다 큰 루프 이득을 갖는 정귀환을 이용하여 발진을 시작시킨 다음, 비선형성을 이용하여 원하는 진폭에서 루프 이득을 1로 줄이는 메커니즘은 13장에서 사인파 발진기를 설계하는 데 이용될 것이다. 그러나 여기서 우리가 원하는 것은 바로 그 반대이다. 우리의 목적은 부귀환 증폭기에서 어떻게 발진이 일어나는지를 알아본 후, 발진이 일어나는 것을 막기 위한 방법을 모색하는 것이다.

예제 10.11

개방 루프 전달 함수 $A(s)$가

$$A(s) = \left(\frac{10}{1 + s/10^4}\right)^3$$

으로 주어지는 어떤 귀환 증폭기를 고찰해 보자. 귀환율 β가 주파수와 무관한 상수라고 가정하고, $A\beta$의 위상 편이가 180°인 주파수 ω_{180}을 구하라. 그다음으로, 증폭기가 발진하기 전에 β가 가질 수 있는 최댓값 즉 β_{cr}을 구하라. 또한 증폭기가 안정하기 위한 폐쇄 루프 이득의 최솟값을 구하라.

풀이

위상 편이는

$$\phi = -3\tan^{-1}(\omega/10^4)$$

이다. 따라서 주파수 ω_{180}은 다음과 같이 구할 수 있다.

$$-180° = -3\tan^{-1}(\omega_{180}/10^4)$$
$$\Rightarrow \omega_{180} = 10^4 \tan 60° = \sqrt{3} \times 10^4 \text{ rad/s}$$

ω_{180}에서

$$|A| = \left(\frac{10}{\sqrt{1+3}}\right)^3 = 125$$

이다. 따라서 루프 이득은

$$|A\beta| = 125\,\beta$$

일 것이다. 안정된 동작을 위해서는 다음이 요구된다.

$$|A\beta| < 1$$
$$\Rightarrow 125\,\beta < 1$$

이 식으로부터, β_{cr}로 나타내지는, 최대로 허용 가능한 β를 구할 수 있다.

$$\beta_{cr} = \frac{1}{125} = 0.008$$

따라서 안정된 동작을 위해서는 폐쇄 루프 이득이

$$A_f = \frac{10^3}{1 + 10^3\beta_{cr}} = \frac{10^3}{1 + 10^3 \times 0.008} = 110.1$$

보다 낮을 수 없다.

10.8 귀환이 증폭기 극점들에 미치는 영향

증폭기의 주파수 응답과 안정성은 증폭기의 극점들에 의해서 곧바로 결정된다. 따라서 이제부터 귀환이 증폭기의 극점들에 미치는 영향에 대해 살펴볼 것이다.[6)]

10.8.1 안정성과 극점 위치

먼저 안정성과 극점 위치 사이의 관계를 고찰해 보자. 어떤 증폭기나 어떤 다른 시스템이 안정하기 위해서는 그것의 극점들이 s 평면의 좌반에 있어야 할 것이다. 한편 $j\omega$축상에 있는 한 쌍의 복소 공액 극점들은 지속적인 사인파 발진을 일으킬 것이다. 또한 극점들이 s 평면의 우반에 있을 때에는 발진이 계속 커질 것이다.

---

6) 극점과 영점, 그리고 이들과 관련된 개념들의 간단한 복습을 위해 부록 F를 참조하기 바란다.

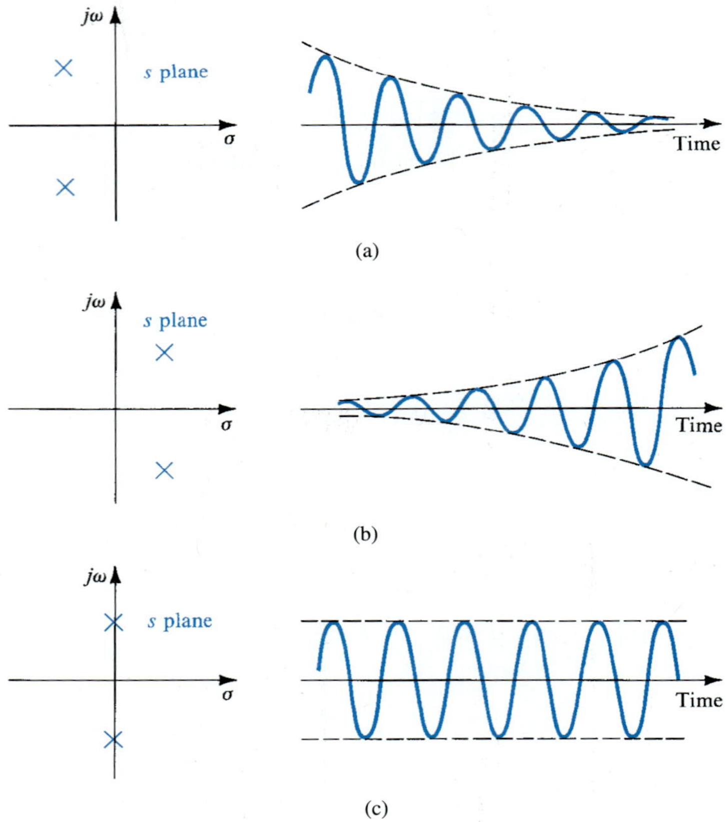

그림 10.31 극점의 위치와 과도 응답 사이의 관계.

위의 진술을 확인하기 위해, $s = \sigma_0 \pm j\omega_n$에 하나의 극점쌍을 가지는 임의의 증폭기를 생각해 보자. 만일 이 증폭기가 전원 스위치가 닫힐 때 야기되는 것과 같은 교란을 받는다면, 그것의 과도 응답은 다음과 같은 형태의 항들을 포함할 것이다.

$$v(t) = e^{\sigma_0 t}\left[e^{+j\omega_n t} + e^{-j\omega_n t}\right] = 2e^{\sigma_0 t}\cos(\omega_n t) \tag{10.32}$$

이것은 $e^{\sigma_0 t}$의 포락선을 갖는 사인파 신호이다. 이제 만일 극점들이 s 평면의 좌반에 있다면, σ_0는 마이너스일 것이고 발진은 그림 10.31(a)에 나타낸 것처럼 0을 향해 지수적으로 감쇠할 것이다. 이는 시스템이 안정하다는 것을 가리킨다. 반면에 만약 극점들이 s 평면의 우반에 있다면, σ_0는 플러스일 것이고 발진은 그림 10.31(b)에 나타낸 것처럼 (어떤 비선형성이 발진의 성장을 억제할 때까지) 커질 것이다. 끝으로 만일 극점들이 $j\omega$축 상에 있다면, σ_0는 0일 것이고 발진은 그림 10.31(c)에 나타낸 것처럼 일정하게 유지될 것이다.

위의 논의에서 복소 공액 극점들을 예로 들어 설명했지만, 어떤 극점들이라도 우반 평면에 있으면 회로가 불안정해진다는 것을 증명할 수 있을 것이다.

10.8.2 귀환 증폭기의 극점들

식 (10.29)의 폐쇄 루프 전달 함수로부터 귀환 증폭기의 극점들이 $1 + A(s)\beta(s)$의 영점들이라는 것을 알 수 있을 것이다. 즉, 귀환 증폭기의 극점들은 다음 식에서 구할 수 있다.

$$1 + A(s)\beta(s) = 0 \tag{10.33}$$

이 식을 귀환 루프의 **특성 방정식**(characteristic equation)이라고 부른다. 이로부터 어떤 증폭기에 귀환을 걸면 그것의 극점들이 변한다는 것을 확실히 알 수 있을 것이다.

이제부터는 귀환이 증폭기 극점들에 어떻게 영향을 미치는지를 고찰해 보자. 이 목적을 위해, 개방 루프 증폭기가 실수 극점들을 가지며 유한 영점들은 갖지 않는다고(즉, 모든 영점들은 $s = \infty$에 있다고) 가정할 것이다. 이렇게 가정하는 이유는 해석을 간단하게 하고 기본적인 개념에 초점을 맞추기 위한 것이다. 또한 귀환율 β가 주파수와 무관하다고 가정할 것이다.

10.8.3 단일 극점 응답을 갖는 증폭기

먼저 첫 번째 경우로서, 개방 루프 전달 함수가 단일 극점

$$A(s) = \frac{A_0}{1 + s/\omega_P} \tag{10.34}$$

로 특징지어지는 임의의 증폭기에 대해 생각해 보자. 폐쇄 루프 전달 함수는 다음과 같이 주어질 것이다.

$$A_f(s) = \frac{A_0/(1 + A_0\beta)}{1 + s/\omega_P(1 + A_0\beta)} \tag{10.35}$$

따라서 귀환에 의해 극점이 마이너스 실수축을 따라 ω_{pf}

$$\omega_{Pf} = \omega_P(1 + A_0\beta) \tag{10.36}$$

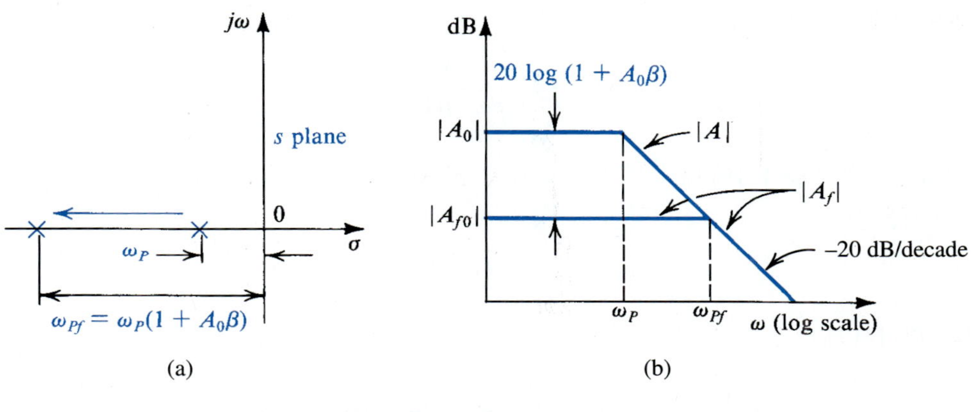

그림 10.32 (a) 귀환이 극점 위치에 미치는 영향. (b) 단일 극점 개방 루프 응답을 갖는 증폭기의 주파수 응답.

주파수로 이동한다는 것을 알 수 있다. 이 과정을 그림 10.32(a)에 나타냈다. 그림 10.32(b)는 $|A|$와 $|A_f|$에 대한 보데 선도를 나타낸 것이다. 저주파에서는 두 선도 사이의 차가 $20 \log(1 + A_0\beta)$인 데 반해, 고주파에서는 두 곡선이 일치한다는 사실에 주목하기 바란다. 이는 식 (10.35)를 $\omega \gg \omega_P(1 + A_0\beta)$인 주파수에 대해

$$A_f(s) \simeq \frac{A_0\omega_P}{s} \simeq A(s) \tag{10.37}$$

로 근사화함으로써 증명해 보일 수 있다. 물리적으로 말하면, 이와 같이 높은 주파수에서는 루프 이득이 1보다 매우 작기 때문에 귀환이 효과가 없다.

그림 10.32(b)는 어떤 증폭기에 부귀환을 걸면 그것의 이득은 감소하지만 그 대신에 대역폭이 확장된다는 것을 분명하게 보여 주고 있다. 폐쇄 루프 증폭기의 극점이 s 평면의 우반으로 전혀 들어가지 않기 때문에, 단일 극점 증폭기는 β의 어떤 값에 대해서도 안정할 것이다. 따라서 이 증폭기가 **무조건 안정하다**(unconditionally stable)고 말한다. 이 결과는 당연한 것이다. 왜냐하면 단일 극점 응답에서는 위상 지연이 $90°$보다 클 수 없기 때문이다. 따라서 루프 이득은 귀환이 플러스가 되는 데 필요한 $180°$ 위상 편이를 결코 얻을 수 없을 것이다.

연습문제

10.18 100 Hz에 하나의 극점을 갖고 있고 10^5의 저주파 이득을 갖고 있는 어떤 연산 증폭기가 $\beta = 0.01$인 귀환 루프에서 동작하고 있다. 귀환이 극점을 얼마만큼 이동시키는가? 또 어떤 주파수로 이동시키는가? 만약 β가 +1의 공칭 폐쇄 루프 이득을 야기하는 값으로 변했다면 극점은 어떤 주파수로 이동하겠는가?

[답] 1001; 100.1 kHz; 10 MHz

10.8.4 두 개의 극점 응답을 갖는 증폭기

다음으로 개방 루프 전달 함수가 두 개의 실수축 극점

$$A(s) = \frac{A_0}{(1 + s/\omega_{P1})(1 + s/\omega_{P2})} \tag{10.38}$$

로 특징지어지는 임의의 증폭기에 대해 생각해 보자. 이 경우 폐쇄 루프 극점들은 $1 + A(s)\beta = 0$으로부터 구해질 것이고, 이 식은 결국

$$s^2 + s(\omega_{P1} + \omega_{P2}) + (1 + A_0\beta)\omega_{P1}\omega_{P2} = 0 \tag{10.39}$$

이 될 것이다. 따라서 폐쇄 루프 극점들은 다음과 같이 구해질 것이다.

$$s = -\frac{1}{2}(\omega_{P1} + \omega_{P2}) \pm \frac{1}{2}\sqrt{(\omega_{P1} + \omega_{P2})^2 - 4(1 + A_0\beta)\omega_{P1}\omega_{P2}} \tag{10.40}$$

식 (10.40)으로부터 루프 이득 $A_0\beta$가 0에서부터 증가함에 따라 극점들이 서로 가까워진다는 것을 알 수 있다. 루프 이득의 값이 증가하다 보면 식 (10.40)의 두 번째 항이 0이 되고 극점들이 서로 일치하게 되는 값에 도달하게 될 것이다. 루프 이득이 더욱 증가하면 극점들은 복소 공액이 되고 수직선을 따라 움직일 것이다. 루프 이득이 증가함에 따라 나타나는 극점들의 궤적을 그림 10.33에 나타냈다. 이 선도를 **근궤적도**(root-locus diagram)라고 부른다. 여기서 '근'이란 극점들이 특성 방정식의 근들이라는 사실을 일컫는다.

그림 10.33의 근궤적도로부터 이 귀환 증폭기도 무조건 안정하다는 것을 알 수 있다. 이 결과 역시 당연한 것이다. 즉, 이 경우 $A(s)$의 최대 위상 편이는 180°이지만(극점 하나당 90°), 이 값은 $\omega = \infty$에서 얻어질 것이다. 따라서 위상 편이가 180°가 되는 유한의 주파수는 존재하지 않을 것이다.

그림 10.33의 근궤적도에서 관찰할 수 있는 또 한 가지는, 개방 루프 증폭기가 우성 극점을 가지고 있다고 해서 폐쇄 루프 증폭기 역시 반드시 우성 극점을 가져야 하는 것은 아니라는 사실이다. 물론 폐쇄 루프 증폭기의 응답은 식 (10.40)으로부터 극점들이 일단 구해지면 언제든지 도시할 수 있을 것이다. 일반적인 2차(2nd order) 응답의 경우와 같이, 폐쇄 루프 응답은 피크를 보일 수도 있을 것이다(13장 참조). 이를 좀 더 구체적으로 설명하면 다음과 같다. 우선 2차 회로망의 특성 방정식을 다음과 같은 표준 형태로 나타낼 수 있을 것이다.

$$s^2 + s\frac{\omega_0}{Q} + \omega_0^2 = 0 \tag{10.41}$$

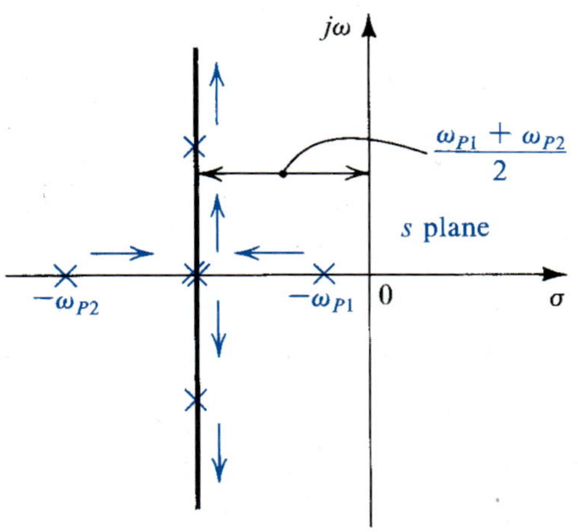

그림 10.33 개방 루프 전달 함수가 두 개의 실수 극점을 갖고 있는 어떤 귀환 증폭기의 근궤적도.

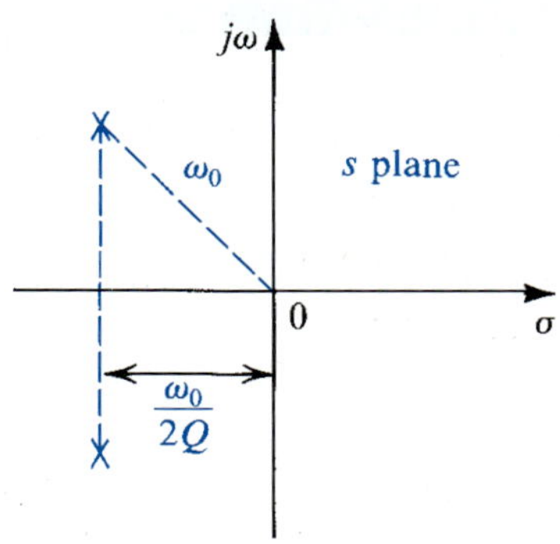

그림 10.34 복소 공액 극점쌍의 ω_0와 Q의 정의.

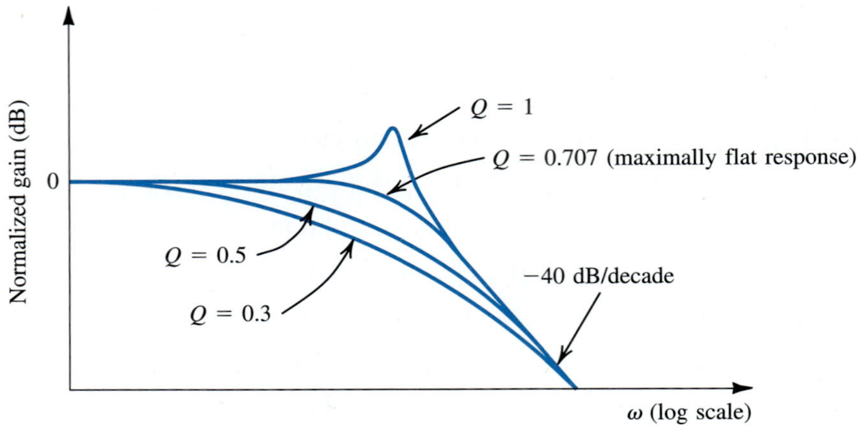

그림 10.35 Q의 여러 가지 값들에 대한 2-극점 귀환 증폭기의 정규화된 진폭 응답 Q가 식 (10.42)에 따라 루프 이득에 의해서 결정된다는 점에 주목하기 바란다.

여기서 ω_0는 **극점 주파수**(pole frequency)라고 부르고 Q는 **극점 Q 인수**(pole Q factor)라고 한다. 만일 Q가 0.5보다 크다면 극점들은 복소수일 것이다. 복소 공액 극점쌍의 ω_0와 Q에 대한 기하학적인 해석을 그림 10.34에 나타냈다. 이 그림으로부터 ω_0는 극점들의 반경을 나타내고 Q는 $j\omega$축으로부터 극점들까지의 거리를 나타낸다는 것을 알 수 있다. $j\omega$축상에 있는 극점은 무한대의 Q를 가질 것이다.

식 (10.39)와 (10.41)을 비교함으로써 귀환 증폭기의 극점들에 대한 Q를 다음과 같이 구할 수 있다.

$$Q = \frac{\sqrt{(1+A_0\beta)\omega_{P1}\omega_{P2}}}{\omega_{P1}+\omega_{P2}} \tag{10.42}$$

13장에서 공부하게 될 2차 회로망 응답들에 의하면, $Q \le 0.707$일 때에는 귀환 증폭기의 응답이 어떤 피킹(peaking)도 보이지 않을 것이다. $Q = 0.707$(극점들이 $j\omega$축으로부터 45° 각도에 있을 때)에 해당하는 경계의 경우에는 **최대로 평탄한**(maximally flat) 응답을 보일 것이다. 그림 10.35에 Q의 여러 가지 값(또는 이에 대응하는 $A_0\beta$의 여러 가지 값)에 대한 응답들을 나타냈다.

연습문제

10.19 100의 저주파 이득과 10^4과 10^6 라디안/초에 극점들을 갖는 어떤 증폭기가 귀환율이 β인 부귀환 루프에 놓여 있다. β 값이 얼마일 때 폐쇄 루프 증폭기의 극점들이 일치하겠는가? 또 그 결과로 생기는 2차 시스템의 Q는 얼마인가? β 값이 얼마일 때 최대로 평탄한 응답이 얻어지겠는가? 응답이 최대로 평탄한 경우에 저주파 폐쇄 루프 이득은 얼마인가?

[답] 0.245; 0.5; 0.5; 1.96 V/V

10.8.5 셋 또는 그 이상의 극점을 갖는 증폭기

그림 10.36은 개방 루프 응답이 세 개의 극점으로 특징지어지는 귀환 증폭기의 근궤적도를 나타낸 것이다. 그림으로부터 알 수 있듯이, 루프 이득을 0에서부터 증가시키면 제일 높은 주파수의 극점은 바깥쪽으로 멀어지고, 다른 두 개의 극점은 서로 가까워질 것이다. $A_0\beta$가 더 커지면 접근하던 두 개의 극점은 일치한 다음 복소 공액이 될 것이다. $A_0\beta$가 계속해서 커져 이 복소 공액 극점쌍이 s 평면의 오른쪽으로 들어가게 되면, 증폭기는 불안정해질 것이다.

우리는 이 결과를 충분히 예측할 수 있는데, 그 이유는 세 개의 극점을 갖는 증폭기는 ω가 ∞에 접근함에 따라 $-270°$의 위상 편이를 가지기 때문이다. 따라서 루프 이득이 $180°$의 위상 편이를 갖는 유한의 주파수 ω_{180}이 존재할 것이다.

그림 10.36의 근궤적도로부터 다음을 관찰할 수 있다. 즉, 좌반 평면에 모든 극점들이 위치하도록 루프 이득 $A_0\beta$를 유지함으로써 증폭기의 안정성을 도모할 수 있다는 것을 알 수 있다. 주어진 개방 루프 이득 A_0에 대해, β가 그 값보다 클 때에는 귀환 증폭기가 불안정해지는 β의 **최댓값**이 존재할 것이다. 다른 한편으로 폐쇄 루프 이득 A_{f0}가 그 값보다 작을 때에는 귀환 증폭기가 불안정해지는 A_{f0}의 **최솟값**이 존재한다고 말할 수도 있을 것이다. 따라서 보다 낮은 값의 폐쇄 루프 이득을 얻기 위해서는 루프 전달 함수 $A(s)\beta$를 바꾸어야 할 것이다. 이 과정을 **주파수 보상**(frequency compensation)이라고 부른다. 주파수 보상의 이론과 기법들은 10.10절에서 공부할 것이다.

이 절을 마치기 전에, 셋 또는 그 이상의 극점들과 유한 영점들을 갖는 증폭기에 대한 근궤적도를 구하는데 사용되는 체계적인 절차가 있다는 것을 지적해 둔다. 그러나 우리는 이와 같은 절차에 대해서는 논의하지 않을 것이다. 관심 있는 독자들은 Haykin(1970)을 참조하기 바란다. 근궤적도가 증폭기 설계자에게 상당한 통찰력을 제공하지만, 10.9절에서 설명할 보데 선도에 기초를 둔 더 간단한 다른 기법을 이용하는 것이 효과적일 수 있다.

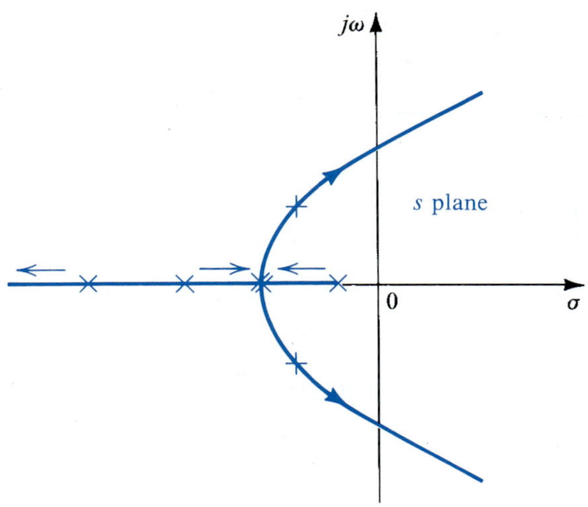

그림 10.36 세 개의 극점을 갖는 증폭기의 근궤적도. 화살표는 $A_0\beta$가 증가할 때 극점이 이동하는 방향을 가리킨다.

연습문제

10.20 개방 루프 전달 함수 $A(s)$가

$$A(s) = \left(\frac{10}{1 + s/10^4}\right)^3$$

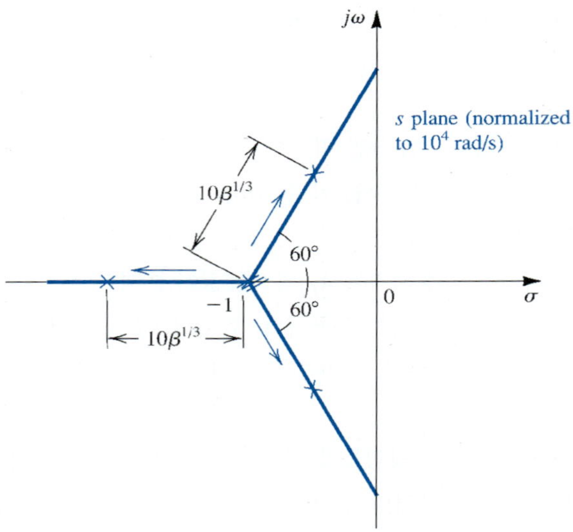

그림 E10.20

으로 주어지는 어떤 귀환 증폭기를 고찰해 보자. 귀환율 β는 주파수와 무관하다고 하자. 폐쇄루프 극점들을 β의 함수로 나타내라. 그리고 이 극점들의 근궤적이 그림 E10.20과 같다는 것을 보여라. 또한 증폭기가 불안정해질 때의 β 값을 구하라.(주: 이것은 예제 10.11에서 고찰했던 것과 동일한 증폭기이다.)

[답] 그림 E10.20을 보라; $\beta_{\text{critical}} = 0.008$

10.9 보데 선도를 이용한 안정성 고찰

10.9.1 이득 여유와 위상 여유

10.7절에서 루프 이득 $A\beta$를 주파수의 함수로서 고찰함으로써 귀환 증폭기의 안정성 여부를 결정할 수 있다는 것을 알았다. 이 고찰을 위한 가장 간단하고 효과적인 방법 중 하나는 그림 10.37에 보인 것처럼 $A\beta$에 대한 보데 선도를 이용하는 것이다.(위상이 −360°에 접근하므로, 우리가 고찰하고 있는 회로가 4차 회로라는 점에 주목하기 바란다.) 그림 10.37에 도시된 루프 이득을 갖는 귀환 증폭기는 180°의 위상 편이를 갖는 주파수, 즉 ω_{180}에서 루프 이득의 크기가 1보다 작으므로(마이너스 dB) 안정할 것이다. ω_{180}에서의 $|A\beta|$와 1과의 차를 **이**

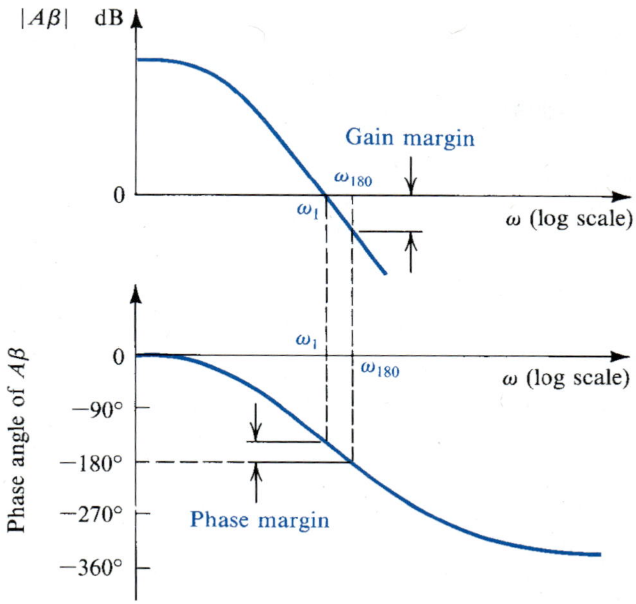

그림 10.37 루프 이득 $A\beta$에 대한 보데 선도. 이득 및 위상 여유의 정의가 설명되어 있다.

득 여유(gain margin)라고 부르며, 흔히 dB로 표시한다. 이득 여유는 안정성을 유지하면서 늘릴 수 있는 루프 이득의 양을 나타낸다. 귀환 증폭기는 온도, 시간 등에 의한 불가피한 루프 이득 변화에 대해서도 안정성을 유지할 수 있도록 하기 위해, 통상적으로 충분한 이득 여유를 갖게끔 설계된다.

안정성을 조사하고 그 정도를 표현하는 또 다른 방법은 크기 선도가 0 dB 선을 교차하는 점, 즉 $|A\beta| = 1$인 주파수에서 보데 선도를 고찰하는 것이다. 만일 이 주파수 즉 ω_1에서 위상각이 180°보다 작다면, 그 증폭기는 안정할 것이다. 이것이 그림 10.37에 예시된 상황이다. 이 주파수에서의 위상각과 180°와의 차를 **위상 여유**(phase margin)라고 부른다. 한편 만일 루프 이득의 크기가 1인 주파수에서 위상 지연이 180° 이상이라면, 그 증폭기는 불안정할 것이다.

연습문제

10.21 $A_0 = 10^5$과 $f_P = 10$ Hz의 단일 극점 개방 루프 응답을 갖는 어떤 연산 증폭기를 고찰해 보자. 이득을 제외하고는 이 연산 증폭기가 이상적(즉, 입력 임피던스가 무한대, 출력 임피던스가 0 등)이라고 가정하라. 이 증폭기가 공칭 저주파 폐쇄 루프 이득이 100인 비반전 구성으로 연결되어 있을 때, $|A\beta| = 1$인 주파수를 구하라. 또 위상 여유를 구하라.

[답] 10^4 Hz; 90°

10.9.2 위상 여유가 폐쇄 루프 응답에 미치는 영향

귀환 증폭기들은 통상적으로 적어도 45°의 위상 여유를 갖도록 설계된다. 위상 여유의 양은 폐쇄 루프 크기 응답의 모양에 심대한 영향을 미친다. 이 관계를 유도하기 위해 그림 10.37을 참조하자. ω_1에서 우리는

$$A(j\omega_1)\beta = 1 \times e^{-j\theta} \tag{10.43}$$

이고 여기서

$$\theta = 180° - \text{phase margin} \tag{10.44}$$

이라는 것을 알 수 있다. ω_1에서 폐쇄 루프 이득은

$$A_f(j\omega_1) = \frac{A(j\omega_1)}{1 + A(j\omega_1)\beta} \tag{10.45}$$

이다. 식 (10.43)을 위 식에 대입하면 다음 식이 얻어진다.

$$A_f(j\omega_1) = \frac{(1/\beta)e^{-j\theta}}{1 + e^{-j\theta}} \tag{10.46}$$

따라서 ω_1에서의 이득의 크기는

$$\left|A_f(j\omega_1)\right| = \frac{1/\beta}{|1 + e^{-j\theta}|} \tag{10.47}$$

이다. 귀환 증폭기가 큰 저주파 루프 이득을 가진다고, 즉 $A_0\beta \gg 1$이라고 가정하면

$$A_f(0) \simeq \frac{1}{\beta}$$

이고, 이를 이용하면 식 (10.47)을 다음과 같이 쓸 수 있다.

$$\frac{|A_f(j\omega_1)|}{A_f(0)} \simeq \frac{1}{|1 + e^{-j\theta}|} \tag{10.48}$$

이 식은 주어진 위상 여유에 대한 응답의 상대적인 피킹을 결정하는 데 사용될 수 있다. 예를 들어, 45°의 위상 여유에 대해 $\theta = 135°$이고, 식 (10.48)로부터

$$\frac{|A_f(j\omega_1)|}{A_f(0)} = 1.3$$

을 얻는다. 이 식은 이득이 자신의 저주파 값 위로 1.3배만큼 피크를 이룬다는 것을 의미한다. 이 피킹은 위상 여유가 줄어듦에 따라 증가할 것이고, 위상 여유가 0일 때 결국 무한대에 이를 것이다. 위상 여유가 0이라는 것은 증폭기가 발진을 유지할 수 있다는 것을 의미한다.(이는 극점들이 $j\omega$축에 있는 경우에 해당한다.)

연습문제

10.22 위상 여유가 30°, 60°, 90°일 때, ω_1에서의 폐쇄 루프 이득 대 저주파 이득의 비를 구하라.
[답] 1.93; 1; 0.707

10.9.3 안정성을 조사하는 다른 접근 방법

루프 이득 $A\beta$에 대한 보데 선도를 그려서 안정성을 고찰하는 것은 매우 지루하고 시간이 많이 걸리는 작업이다. 특히 주어진 증폭기의 안정성을 다양한 귀환 회로망에 대해 조사할 경우에는 더욱 그러하다. 이보다 훨씬 간단한 다른 접근 방법이 있는데, 이는 개방 루프 이득 $A(j\omega)$만으로 보데 선도를 구성하는 것이다. 당분간 β가 주파수에 관계없이 일정하다고 가정하면, $20 \log |A|$를 그린 평면 위에 $20 \log (1/\beta)$를 수평 직선으로 그릴 수 있을 것이다. 이들 두 곡선 사이의 차는

$$20 \log |A(j\omega)| - 20 \log \frac{1}{\beta} = 20 \log |A\beta| \tag{10.49}$$

이고, 이는 dB로 표시된 루프 이득이다. 따라서 두 선도 사이의 차를 조사함으로써 안정성을 고찰할 수 있을 것이다. 만일 다른 귀환율에 대한 안정성을 평가하려고 한다면, 단지 또 다른 수평 직선을 $20 \log (1/\beta)$ 레벨에 그리기만 하면 될 것이다. 구체적으로, 수평 직선 $20 \log (1/\beta)$가 $|A|$ 그래프를 가로지르는 지점이 $|A\beta| = 1$이 되는 주파수 ω_1이라는 것에 주목하기 바란다. 이 주파수에서 폐쇄 루프 증폭기가 안정하기 위해서는 증폭기 위상의 크기가 180°보다 반드시 작아야 한다.

이를 설명하기 위해 개방 루프 전달 함수가 세 개의 극점으로 특징지어지는 어떤 임의의 증폭기를 고찰해 보자. 설명을 간단하게 하기 위해서 세 개의 극점이 각각 멀리 떨어져 있다고 하자. 즉, 그림 10.38에 나타낸 것처럼, 극점들이 각각 0.1, 1, 10 MHz에 위치해 있다고 하자. 극점들이 멀리 떨어져 있기 때문에, 위상이 첫 번째 극점 주파수에서 약 −45°, 두 번째에서 −135°, 그리고 세 번째에서 −225°라는 사실에 유의하기 바란다. 또한 $A(j\omega)$의 위상이 −180°가 되는 주파수가 그림 10.38에 나타낸 것처럼 −40 dB/decade 선분에 놓여 있다는 사실에도 유의하기 바란다.

여기서 이 증폭기의 개방 루프 이득을 다음과 같이 나타낼 수 있다.

$$A = \frac{10^5}{(1 + jf/10^5)(1 + jf/10^6)(1 + jf/10^7)} \tag{10.50}$$

이 식으로부터 어떤 주파수 f(Hz)에 대한 $|A|$도 쉽게 구할 수 있고, 위상 역시 다음과 같이 구할 수 있다.

$$\phi = -\left[\tan^{-1}(f/10^5) + \tan^{-1}(f/10^6) + \tan^{-1}(f/10^7)\right] \tag{10.51}$$

그림 10.38에 나타낸 크기와 위상 그래프들은 보데 선도를 그리는 방법을 이용하여 얻은 것들이다(부록 F 참조). 이 그래프들은 증폭기의 중요한 파라미터들에 대한 근삿값들을 제공하는데, 이와 같이 그래프들을 이

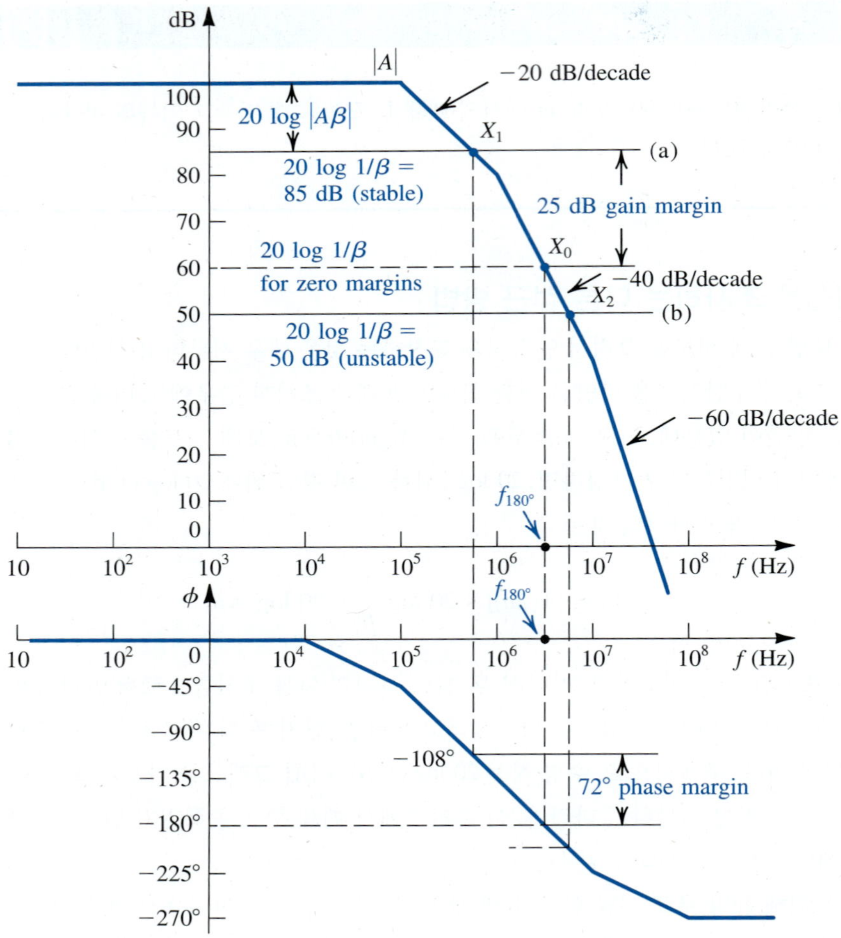

그림 10.38 A의 보데 선도를 이용한 안정성 해석.

용하여 얻은 근삿값들은 식 (10.50)과 (10.51)로부터 얻을 수 있는 값들보다 더 정확할 것이다. 예를 들어 위상각이 180°인 주파수, 즉 f_{180}을 그림 10.38로부터 구하면 약 3.2 × 10^6 Hz이다. 이 값을 출발점으로 하고 식 (10.51)을 사용하면 좀 더 정확한 값을 구할 수 있는데, 그 결과는 $f_{180} = 3.34 \times 10^6$ Hz이다. 식 (10.50)을 이용하면, 이 주파수에서의 이득 크기가 58.2 dB이라는 것을 알 수 있다. 이 값이 그림 10.38에 주어진 60 dB의 근삿값에 상당히 가깝다는 사실에 주목하기 바란다.

비록 위상 여유가 0이지만 증폭기가 안정할 수 있는 β의 최댓값 즉 β_{cr}을 구하기 위해 $|A|$ 그래프상(X_0 점)에 f_{180}을 위치시키고 수평 직선을 그린다. 이는 약 60 dB의 높이에 있는 직선일 것이다. 따라서 20 log $(1/\beta_{cr})$ = 60 dB이고, 이는 $\beta_{cr} = 10^{-3}$을 초래하고 이에 상응하는 폐쇄 루프 이득 A_f는 약 60 dB이 될 것이다. 따라서 그림 10.38에 보인 것과 같은 개방 루프 주파수 응답을 가지는 증폭기는 60 dB 또는 1000 V/V보다 낮은 폐쇄 루프 이득을 위해서는 사용될 수 없다. 실제로는, 60 dB의 폐쇄 루프 이득 조차로도 귀환 증폭기가 발진할 수 있다. 왜냐하면 (여러 요인으로 생길 수 있는) 이득의 변화를 허용할 여유가 없기 때문이다.

다음으로 그림 10.38에 (a)라고 표기된 수평 직선을 살펴보자. 이 직선은 20 log $(1/\beta) = 85$ dB인 귀환율을 나타낸다. 따라서 이때 $\beta = 5.623 \times 10^{-5}$이고 폐쇄 루프 이득은 약 83.6 dB일 것이다. 루프 이득이 $|A|$ 곡선과 $1/\beta$ 직선 사이의 차이므로, 교차점 X_1은 $|A\beta| = 1$인 주파수에 해당할 것이다. 그림 10.38의 그래프로부터 이 주파수가 약 5.6×10^5 Hz라는 것을 알 수 있다.(전달 함수 식을 이용하면 좀 더 정확한 값, 즉 4.936×10^5 Hz를 얻을 수 있다.) 이 주파수에서의 위상은 약 $-108°$이다. 따라서 20 log $(1/\beta) = 85$ dB인 이 폐쇄 루프 증폭기는 72°의 위상 여유를 갖기 때문에 안정할 것이다. 이득 여유는 그림 10.38로부터 쉽게 구할 수 있다. 즉, 25 dB이다.

다음으로 이 증폭기를 사용하여 50 dB의 정격 폐쇄 루프 이득을 얻으려고 한다고 가정해 보자. $A_0 = 100$ dB이므로, $A_0\beta \gg 1$이라는 것과 20 log $(A_0\beta) \simeq 50$ dB이라는 것을 알 수 있다. 따라서 20 log $(1/\beta) \simeq 50$ dB이다. 이 폐쇄 루프 증폭기가 안정하지 않을 것임을 증명하기 위해, 그림 10.38에 50 dB의 높이를 가지는 직선 (b)를 그릴 수 있다. 이 직선은 X_2 점에서 개방 루프 이득 곡선과 교차하는데, 이 교차점에 상응하는 위상이 180°보다 크므로, 50 dB의 이득을 갖는 이 폐쇄 루프 증폭기는 불안정할 것이다.

위상이 180°인 점이 항상 $|A|$ 보데 선도의 −40 dB/decade인 선분에 위치하므로, 안정성을 보장하기 위한 경험칙은 다음과 같을 것이다. 즉, 만일 20 log $(1/\beta)$ 선이 20 log $|A|$ 곡선을 −20 dB/decade 선분상의 한 점에서 가로지른다면, 그 폐쇄 루프 증폭기는 안정할 것이다. 이 법칙을 따르면 적어도 45°의 위상 여유를 보장받을 수 있을 것이다.

위의 경험칙은 β가 주파수의 함수인 경우에 대해서도 일반화할 수 있을 것이다. 즉, 이 일반 법칙은 20 log $[1/|\beta(j\omega)|]$과 20 log $|A(j\omega)|$의 교차점에서 기울기들의 차[이를 **닫힘률**(rate of closure)이라고 부른다]가 20 dB/decade를 넘지 않아야 한다는 것을 말해 준다.

연습문제

10.23 그림 10.38에 보인 개방 루프 이득 주파수 응답을 갖는 증폭기에 대해, 45°의 위상 여유를 초래하는 β의 값을 구하라. 이에 상응하는 폐쇄 루프 이득은 얼마인가?
[답] 10^{-4}; 80 dB

10.10 주파수 보상

앞 절에서 우리는 귀환 증폭기가 안정하기 위한 최소의 폐쇄 루프 이득이 존재한다(그림 10.38의 증폭기에 대해서는 60 dB)는 것을 알았다. 자연스럽게 다음의 의문이 생길 것이다. 즉, 만일 우리가 원하는 폐쇄 루프 이득이 이 최솟값보다 낮으면 어떻게 해야 할까? 그 답은 개방 루프 주파수 응답 $A(s)$를 적절히 수정하는 것이다. 주파수 보상(frequency compensation)이라고 알려진 이 과정을 이 절에서 살펴볼 것이다.

10.10.1 이론

가장 간단한 주파수 보상법은 전달 함수 $A(s)$에 충분히 낮은 주파수 f_D에 위치하는 새로운 극점 하나를 끌어들여, 수정된 개방 루프 이득인 $A'(s)$로 하여금 $20 \log (1/|\beta|)$와 20 dB/decade인 경사에서 교차하도록 해 주는 것이다. 한 예로서, 그림 10.39에 나타낸 $A(s)$를 갖는 증폭기를 보상하여 β가 10^{-2}인(즉, 폐쇄 루프 이득이 약 40 dB 정도로 낮은) 폐쇄 루프 증폭기를 안정화시켜 보자. 우선 그림 10.39에 나타낸 것처럼, 40 dB 레벨에 수평선을 그려 $20 \log (1/\beta)$를 나타낼 수 있을 것이다. 그다음에 첫 번째 극점의 주파수 f_{P1}에서 이 수평선 위에 점 Y를 위치시킬 수 있다. 마지막으로 Y 점으로부터 −20 dB/decade의 기울기를 갖는 선을 긋고, 이 선과 직류 이득이 만나는 점 Y'을 구할 수 있다. 이 Y' 점이 위치한 주파수가 개방 루프 전달 함수에 도입되어야 할 새로운 극점의 주파수 f_D를 나타낸다.

보상된 개방 루프 응답 $A'(s)$를 그림 10.39에 나타냈다. 이 응답은 $f_D, f_{P1}, f_{P2}, f_{P3}$에 각각 위치하는 네 개의 극점을 가지고 있다. 따라서 $|A'|$은 f_D에서 −20 dB/decade의 기울기로 떨어지기 시작할 것이다. 이 기울기는 f_{P1}에서 −40 dB/decade로 바뀌고, f_{P2}에서는 −60 dB/decade로 바뀔 것이다. 그리고 f_{P3}에서는 −80 dB/decade로 바뀔 것이다. $20 \log (1/\beta)$ 직선이 −20 dB/decade 선분상의 Y 점에서 $20 \log |A'|$ 곡선과 교차하므로, 이 β 값(또는 그 이하의 β 값)을 갖는 폐쇄 루프 증폭기는 안정할 것이다.

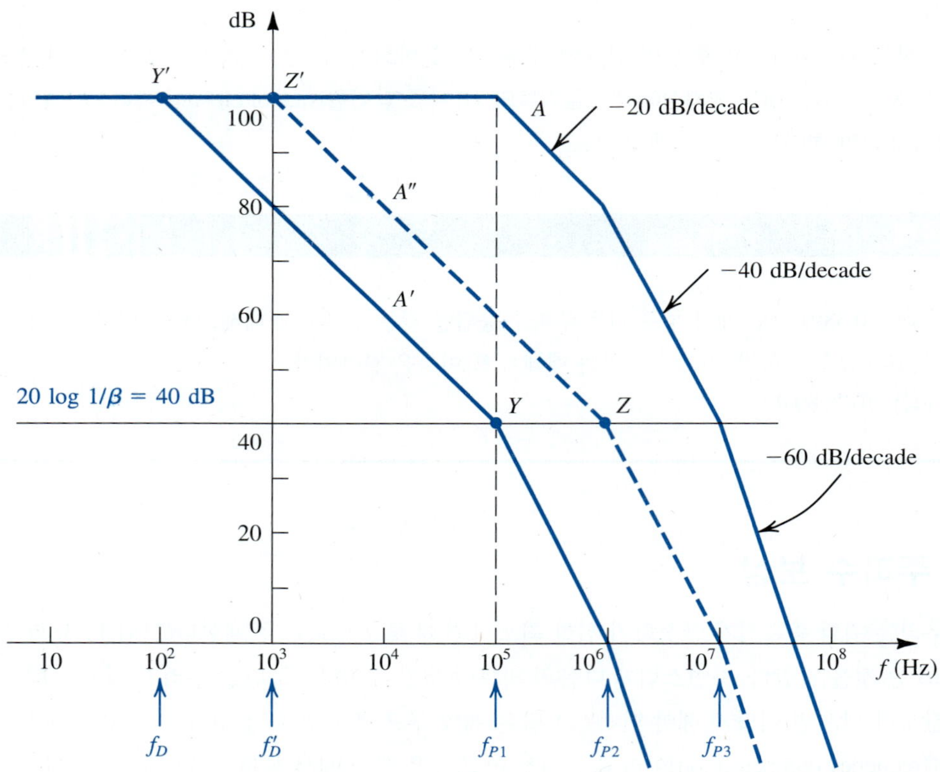

그림 10.39 $\beta = 10^{-2}$에 대한 주파수 보상. A'으로 표시한 응답은 f_D에 추가 극점을 도입함으로써 얻어진다. A'' 응답은 저주파 극점을 f'_D으로 이동시킴으로써 얻어진다.

이 보상법의 심각한 문제점은 대부분의 주파수에서 개방 루프 이득이 극심하게 감소되었다는 것이다. 이는 대부분의 주파수에서 이용 가능한 귀환량이 작다는 것을 의미한다. 부귀환의 모든 이점이 귀환량에 정비례하므로, 보상된 증폭기의 성능이 열화되었다는 것을 알 수 있다.

그림 10.39를 면밀히 살펴보면, $A'(s)$ 이득이 낮아진 이유가 f_{P1}에 있는 극점 때문이라는 것을 알 수 있을 것이다. 만일 우리가 어떻게든지 이 극점을 제거할 수 있다면, (앞에서와 같이 Y 점을 위치시키고, YY' 직선을 긋는 대신에) Z 점(두 번째 극점의 주파수에 위치한)으로부터 출발하여 ZZ' 직선을 그을 수 있을 것이다. 이렇게 함으로써 $A'(s)$보다 꽤 높은 이득을 보이는 개방 루프 곡선 $A''(s)$를 얻을 수 있을 것이다.

f_{P1}에 있는 극점을 제거하는 것은 불가능하지만, 그 극점을 $f = f_{P1}$에서 $f = f'_D$으로 이동시키는 것은 일반적으로 가능하다. 바로 뒤에 설명하겠지만, 이렇게 함으로써 별도의 극점을 추가로 도입하지 않고도 우성 극점을 만들 수 있다.

10.10.2 구현

이제부터는 위에서 살펴본 주파수 보상 방안을 어떻게 구현할 것인지를 설명할 것이다. 일반적으로 증폭 회로는 하나 또는 그 이상의 전달 함수 극점을 갖는 이득단 몇 개가 직렬로(또는 종속으로) 접속된 형태를 취한다. 회로를 직접 해석하거나 컴퓨터로 해석해 봄으로써 f_{P1}, f_{P2} 등의 중요한 극점들이 어떤 단에 의해 도입되는지를 판별할 수 있을 것이다. 설명의 편의를 위해, 첫 번째 극점 f_{P1}이 그림 10.40(a)에 나타낸 두 개의 종속 접속된 차동단 사이의 접속 부분에서 도입된다고 가정할 것이다. 그림 10.40(b)는 이 접속 부분에서의 회로의 소신호 모델을 나타낸 것이다. 여기서 전류 전원 I_x는 Q_1-Q_2 단의 출력 전류를 나타낸다. 저항 R_x와 커패시턴스 C_x는 두 마디, 즉 B와 B′ 사이의 총 저항과 총 커패시턴스를 나타낸다. 따라서 극점 f_{P1}은 당연히

$$f_{P1} = \frac{1}{2\pi C_x R_x} \tag{10.52}$$

로 주어질 것이다. 이제 마디 B와 B′ 사이에 보상용 커패시턴스 C_C를 연결해 보자. 그 결과로 그림 10.40(c)에 나와 있는 수정된 등가 회로를 얻게 될 것이다. 이 그림으로부터 극점이 더 이상 f_{P1}에 있지 않을 것이고, 오히려 f_{P1}보다 더 낮은 주파수, 즉 f'_D

$$f'_D = \frac{1}{2\pi (C_x + C_C) R_x} \tag{10.53}$$

에 위치하리라는 것을 알 수 있다. 따라서 C_C의 값을 적절히 선택함으로써 극점 주파수를 f_{P1}으로부터 그림 10.39에서 Z′ 점으로 결정된 f'_D으로 이동시킬 수 있을 것이다.

이러한 구현 방법의 단점은 이에 필요한 C_C의 값이 통상적으로 매우 크다는 것이다. 따라서 보상될 증폭기가 IC 연산 증폭기일 경우에는 이 보상용 커패시터를 IC 칩 안에 포함시키는 것은 매우 어렵고, 아마 거의 불가능할 것이다.(7장과 부록 A에 지적되어 있듯이, 모놀리식 커패시터의 실용적인 최대 크기는 100 pF 정도이다.) 이 문제에 대한 효과적인 해결 방법은 반전 증폭단의 귀환 경로에 보상용 커패시터를 연결해 주는 것이다. 이 경우 밀러 효과(9.2절) 때문에 보상용 커패시턴스가 증폭단의 이득만큼 증가할 것이고, 그 결과로 훨씬 큰 실효 커패시턴스가 얻어질 것이다. 또한 아래에서 설명하겠지만, 우리가 기대하지 않은 또 다른 이점도 생길 것이다.

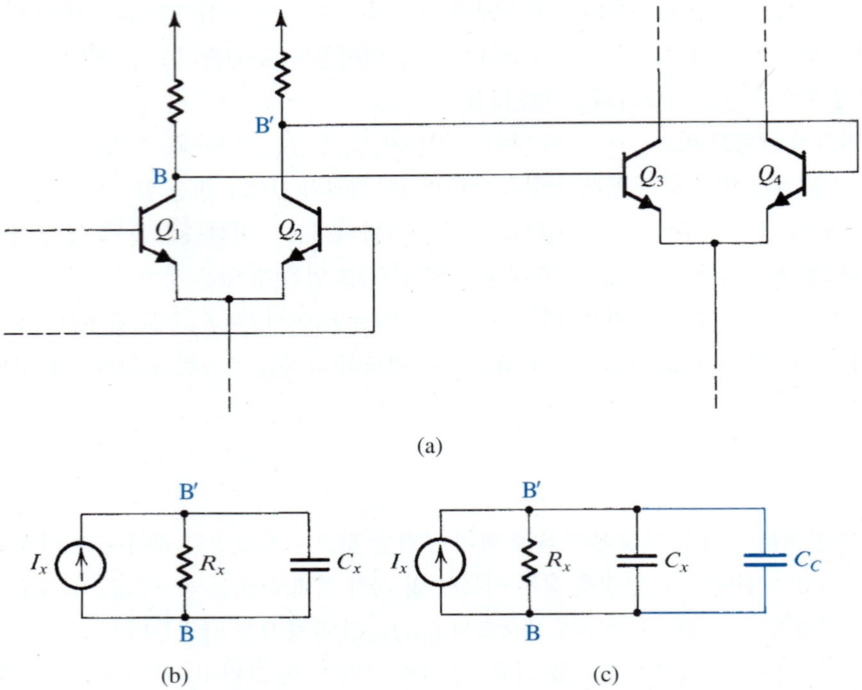

그림 10.40 (a) 어떤 다단 증폭기의 두 개의 종속 접속된 이득단. (b) (a)에 나타낸 두 이득단 사이의 접속 부분에 대한 등가 회로. (c) (b) 회로와 같으나 보상용 커패시터 C_C가 추가된 회로. 여기서 행한 해석은 MOS 증폭기들에도 잘 적용된다.

10.10.3 밀러 보상과 극점 분산

그림 10.41(a)는 어떤 다단 증폭기의 한 이득단을 나타낸 것이다. 논의를 간단하게 하기 위해 이 이득단을 공통 이미터 증폭기로 나타냈지만, 실제의 경우에는 더욱 복잡한 회로일 수 있다. 공통 이미터 이득단의 귀환 경로에 보상용 커패시터 C_f가 연결되어 있다는 사실에 유의하기 바란다.

그림 10.41(b)는 10.41(a)에 나타낸 이득단의 간략화된 등가 회로이다. 여기서 R_1과 C_1은 마디 B와 접지 사이의 총 저항 및 총 커패시턴스를 나타낸다. 마찬가지로 R_2와 C_2는 마디 C와 접지 사이의 총 저항 및 총 커패시턴스를 나타낸다. 더 나아가 C_1은 C_μ 커패시턴스(트랜지스터의 컬렉터-베이스 간 커패시턴스)에 기인한 밀러 커패시턴스 성분을 포함하고 있으며, C_2는 뒷단 증폭기의 입력 커패시턴스를 포함하고 있다고 가정할 것이다. 끝으로 I_i는 앞단의 출력 신호 전류를 나타낸다.

보상용 커패시터 C_f가 없는 경우, 그림 10.41(b)로부터 입력 및 출력 쪽에 각각 한 개씩의 극점이 존재한다는 것을 알 수 있다. 이 두 극점이 그림 10.39의 f_{P1}과 f_{P2}라고 가정하면

$$f_{P1} = \frac{1}{2\pi C_1 R_1} \qquad f_{P2} = \frac{1}{2\pi C_2 R_2} \tag{10.54}$$

이다. C_f가 존재할 경우, 회로를 해석해 보면 전달 함수가

$$\frac{V_o}{I_i} = \frac{(sC_f - g_m)R_1R_2}{1 + s\left[C_1R_1 + C_2R_2 + C_f(g_mR_1R_2 + R_1 + R_2)\right] + s^2\left[C_1C_2 + C_f(C_1 + C_2)\right]R_1R_2} \tag{10.55}$$

라는 것을 알 수 있다. 영점은 통상적으로 우성 극점보다 훨씬 높은 주파수에 있으므로, 영점의 영향을 무시할 수 있을 것이다. 이제 분모 다항식 $D(s)$를 다음과 같은 형태로 쓸 수 있다.

$$D(s) = \left(1 + \frac{s}{\omega'_{P1}}\right)\left(1 + \frac{s}{\omega'_{P2}}\right) = 1 + s\left(\frac{1}{\omega'_{P1}} + \frac{1}{\omega'_{P2}}\right) + \frac{s^2}{\omega'_{P1}\omega'_{P2}} \tag{10.56}$$

여기서 ω'_{P1}과 ω'_{P2}는 두 극점의 새로운 주파수들이다. 대개의 경우 극점들 중 하나는 우성일 것이다. 즉, $\omega'_{P1} \ll \omega'_{P2}$. 따라서 식 (10.56)을 다음과 같이 간략화할 수 있다.

$$D(s) \simeq 1 + \frac{s}{\omega'_{P1}} + \frac{s^2}{\omega'_{P1}\omega'_{P2}} \tag{10.57}$$

식 (10.55)의 분모에 있는 s의 계수와 식 (10.57)의 s의 계수를 같게 놓음으로써 다음을 얻을 수 있다.

$$\omega'_{P1} = \frac{1}{C_1R_1 + C_2R_2 + C_f(g_mR_1R_2 + R_1 + R_2)}$$

이 식은

$$\omega'_{P1} \simeq \frac{1}{g_mR_2C_fR_1} \tag{10.58}$$

로 근사화될 수 있다. ω'_{P2}를 얻기 위해 식 (10.55)의 분모에 있는 s^2의 계수와 식 (10.57)의 s^2의 계수를 같게 놓고 식 (10.58)을 사용하면

$$\omega'_{P2} \simeq \frac{g_mC_f}{C_1C_2 + C_f(C_1 + C_2)} \tag{10.59}$$

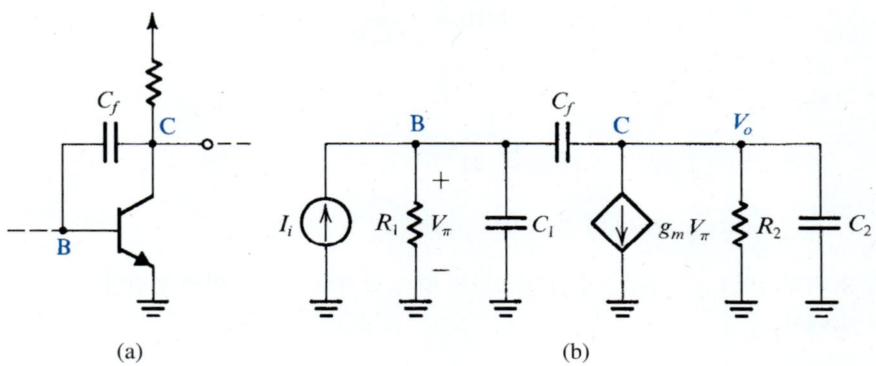

그림 10.41 (a) 귀환 루프에 보상용 커패시터가 연결된 다단 증폭기의 한 이득단과 (b) 등가 회로. 비록 BJT에 대해 설명했지만, 이 해석은 MOSFET인 경우에도 잘 적용된다.

를 얻게 된다. 식 (10.58)과 (10.59)로부터 C_f가 증가함에 따라 ω'_{P1}은 작아지고 ω'_{P2}는 커진다는 것을 알 수 있을 것이다. 이것을 **극점 분산**(pole splitting)이라고 부른다. ω'_{P2}가 커지는 것이 매우 유익하다는 점에 주목하기 바란다. 즉, 이렇게 함으로써 Z 점(그림 10.39 참조)을 더 오른쪽으로 이동시킬 수 있으며, 그 결과로 더 높은 보상된 개방 루프 이득을 얻을 수 있다. 끝으로 식 (10.58)로부터 알 수 있듯이, C_f에 밀러 효과 인수(Miller-effect factor) $g_m R_2$가 곱해지며, 그 결과로 훨씬 큰 커패시턴스 $g_m R_2 C_f$가 된다는 점에 주목하라. 따라서 그림 10.40의 C_C에 비해 훨씬 작은 C_f로 주파수 보상을 수행할 수 있을 것이다.

예제 10.12

그림 10.38에 나타낸 것과 동일한 개방 루프 전달 함수를 갖는 어떤 연산 증폭기에 대해 생각해 보자. 우리는 저항으로 귀환시킨 폐쇄 루프 증폭기가 모든 이득에 대해(즉, β가 1이 될 때까지) 안정하도록 이 연산 증폭기를 보상하려고 한다. 연산 증폭기 회로가 그림 10.41과 같은 이득단을 포함하고 있으며, $C_1 = 100$ pF, $C_2 = 5$ pF, $g_m = 40$ mA/V라고 가정하자. 또한 f_{P1}에 위치하는 극점은 이 이득단의 입력 회로에 의해서 야기되고, f_{P2}에 위치하는 극점은 출력 회로에 의해서 도입된다고 가정하자. 다음의 두 경우에 대한 보상용 커패시터의 값을 구하라. 즉, 보상용 커패시터가 입력 마디 B와 접지 사이에 연결될 경우와 트랜지스터의 귀환 경로에 연결될 경우에 대한 값을 구하라.

풀이

우선

$$f_{P1} = 0.1\text{ MHz} = \frac{1}{2\pi C_1 R_1}$$

로부터 R_1을 구하면

$$R_1 = \frac{10^5}{2\pi}\ \Omega$$

이고

$$f_{P2} = 1\text{ MHz} = \frac{1}{2\pi C_2 R_2}$$

로부터 R_2를 구하면

$$R_2 = \frac{10^5}{\pi}\ \Omega$$

이 된다.

만일 보상용 커패시터 C_C를 트랜지스터 이득단의 입력 단자와 접지 사이에 연결한다면, 첫 번째 극점의 주파수는 f_{P1}에서 f'_D

$$f'_D = \frac{1}{2\pi\left(C_1 + C_C\right)R_1}$$

로 옮겨질 것이고 두 번째 극점은 본래의 위치에 그대로 있을 것이다. f'_D의 값은 $20\log(1/\beta) = 20\log 1 =$ 0 dB 선상에 있는 1 MHz 주파수(즉, 두 번째 극점의 주파수) 점으로부터 20 dB/decade 선을 그음으로써 구할 수 있을 것이다. 이 선은 100 dB의 직류 이득 선과 10 Hz에서 만날 것이다. 따라서

$$f'_D = 10\ \text{Hz} = \frac{1}{2\pi\left(C_1 + C_C\right)R_1}$$

이므로, $C_C \simeq 1\ \mu\text{F}$을 얻을 수 있다. 이것은 매우 큰 값이므로 IC 칩상에 포함시킬 수 없을 것이다.

다음으로 만일 보상용 커패시터 C_f를 트랜지스터의 귀환 경로에 연결한다면, 두 극점은 식 (10.58)과 (10.59)로 주어지는 값으로 위치가 이동할 것이다.

$$f'_{P1} \simeq \frac{1}{2\pi g_m R_2 C_f R_1} \qquad f'_{P2} \simeq \frac{g_m C_f}{2\pi\left[C_1C_2 + C_f\left(C_1 + C_2\right)\right]} \tag{10.60}$$

첫 번째 극점의 위치를 구하려면 f'_{P2}의 값을 알아야 한다. 대략 $C_f \gg C_2$로 가정하면

$$f'_{P2} \simeq \frac{g_m}{2\pi\left(C_1 + C_2\right)} = 60.6\ \text{MHz}$$

를 얻을 수 있다. 따라서 이 극점은 (10 MHz에 있는) f_{P3}보다 높은 주파수로 이동할 것이며, 이에 따라 우리는 보상된 증폭기의 두 번째 극점이 f_{P3}에 위치할 것이라고 가정할 수 있을 것이다. 이는 수정된 첫 번째 극점이

$$f'_{P1} = \frac{f_{P3}}{A_0} = \frac{10^7\ \text{Hz}}{10^5} = 100\ \text{Hz}$$

에 위치해야 한다는 것을 의미한다. 따라서

$$f'_{P1} = 100\ \text{Hz} = \frac{1}{2\pi g_m R_2 C_f R_1}$$

이고, $C_f = 78.5\ \text{pF}$을 얻을 수 있다. 이 값이 C_2보다 훨씬 크기는 하지만, 식 (10.60)으로부터 f'_{P2} 극점의 위치를 구해 보면 $f'_{P2} = 57.2\ \text{MHz}$일 것이고, 이는 이 극점이 실제로 f_{P3}보다 높은 주파수로 이동했다는 것을 확실히 보여 준다.

밀러 보상법을 이용하면 매우 작은 보상용 커패시터로 보상을 수행할 수 있을 뿐 아니라, 극점 분산 때문에 우성 극점을 열 배 높은 주파수에 위치시킬 수 있다. 따라서 보상된 연산 증폭기는 보다 넓은 대역폭을 가진다.

연습문제

10.24 개방 루프 이득이 100 dB이고 1 MHz에 첫 번째 극점을 갖고 있는 다극점(multipole) 증폭기를 보상하여 20 dB 정도로 낮은 폐쇄 루프 이득을 얻으려고 한다. 보상 방법은 새로운 우성 극점을 도입하는 것이다. 새로운 극점은 어떤 주파수에 위치해야 하는가?

[답] 100 Hz

10.25 연습문제 10.24에서 다룬 증폭기에 대해, 새로운 우성 극점을 도입하는 것보다, 부가의 커패시턴스를 첫 번째 극점이 첫 번째 극점의 주파수를 줄이도록 형성되는 회로 마디에 사용할 수 있을 것이다. 두 번째 극점의 주파수가 10 MHz이고, 이 극점이 부가의 커패시턴스가 도입되는 동안 변하지 않는다고 가정하자. 첫 번째 극점이 얼마로 낮아져야 그 결과의 증폭기가 20 dB 정도의 작은 폐쇄 루프 이득에 대해 안정하겠는가? 제어 마디의 커패시턴스는 얼마만큼 커져야 하는가?

[답] 1000 Hz; 1000

요약

- 부귀환은 증폭기 이득을 회로 소자들의 변동에 덜 민감하도록 만들기 위해 사용될 뿐 아니라, 입력과 출력 임피던스들을 제어하고, 대역폭을 넓히고, 비선형 왜곡을 줄이고, 신호 대 간섭비를 줄이기 위해 사용된다.
- 위에서 언급한 이점들은 이득이 감소하는 희생을 치르고 증폭기가 불안정해지는(발진하는) 위험을 감수하면서 얻어진다. 후자의 문제는 회로를 신중하게 설계함으로써 해결할 수 있다.
- 이상적인 부귀환 증폭기의 구조를 그림 10.1에 나타냈다. (온라인 요약표 보충자료에 있는) 표 10.1에 이상적인 구조의 동작을 지배하는 파라미터들과 관계식들을 요약해 놓았다.
- 증폭기의 네 가지 기본적인 유형들 각각에 대해 적절한 귀환 구성이 존재한다. 이들 네 가지 귀환 구성을, 그들의 해석 절차 및 입력과 출력 임피던스에 미치는 그들의 영향과 함께, 온라인 요약표 보충자료 표 10.2에 요약해 놓았다.
- 중요한 귀환 파라미터들은 루프 이득 $A\beta$와 귀환량 $(1 + A\beta)$이다. 여기서 전자는 부귀환에 대해 반드시 플러스의 무차원 수이어야 한다. 한편 후자는 이득 감소, 이득 둔감도, 대역폭 확장, 그리고 R_i와 R_o의 변화를 직접 결정한다.
- 루프 이득 $A\beta$는 그림 10.2와 10.11에 설명되어 있듯이, 귀환 루프를 절단함으로써 구할 수 있다. $A\beta$의 값을 귀환율 β와 함께 사용하면 A와 A_f를 구할 수 있다. 이 방법은 간단하지만 불완전하다. 왜냐하면 이 방법으로는 입력 및 출력 저항들을 구할 수 없기 때문이다. 입력 및 출력 저항들을 구하기 위해서는 귀환 해석을 위한 체계적인 방법을 이용해야 한다(표 10.2 참조).
- 귀환 증폭기의 입력과 출력에서의 직렬 접속은 입력 저항과 출력 저항을 각각 $(1 + A\beta)$만큼 증가시킨다. 병렬 접속은 이들 저항을 감소시킨다.
- 귀환 증폭기의 해석은 폐쇄 루프 이득 A_f의 이상적인 값을 구하는 것부터 시작한다. 이를 위해 개방 루프 이득 $A = \infty$로 가정한다. $A = \infty$로 가정했으므로 $V_i = 0$ 그리고 $I_i = 0$이 된다. 그다음으로, $A_f|_{\text{ideal}} \equiv$

x_o/x_s를 구하기 위해 간단한 해석을 수행한다. 귀환율은 $\beta = 1/A_f|_{\text{ideal}}$로 구해진다. V_i와 I_i가 0이므로, 귀환 회로가 격리되고 분명해진다는 점에 주목하기 바란다.

- 폐쇄 루프 이득 A_f의 이상적 또는 상한값은 $1/\beta$이고, $A\beta \gg 1$일 때 접근하고 $A = \infty$일 때 얻어진다.
- A와 β가 일반적으로 주파수의 함수이기 때문에, 귀환 증폭기의 극점들은 특성 방정식 $1 + A(s)\beta(s) = 0$을 풀어서 얻는다.
- 어떤 임의의 귀환 증폭기가 안정하려면, 그것의 극점들이 s 평면의 좌반에 있어야 한다.
- 만일 $A\beta$의 위상각이 180°인 주파수(즉, ω_{180})에서 $|A\beta|$가 1보다 작으면, 안정성이 보장될 것이다. $|A\beta|$가 1보다 얼마만큼 작은지를 데시벨로 나타낸 것이 이득 여유이다. 이와는 달리 만일 $|A\beta| = 1$인 주파수에서 위상각이 180°보다 작으면, 그 증폭기는 안정할 것이다. 이 주파수에서의 위상각과 180°와의 차가 위상 여유이다.
- 귀환 증폭기의 안정도는 $|A|$와 $20 \log 1/|\beta|$에 대한 보데 선도들을 작도함으로써 해석할 수 있다. 만일 두 선도가 20 dB/decade보다 작은 기울기의 차로 교차한다면, 안정성이 보장될 것이다.
- 주어진 임의의 증폭기를 주어진 임의의 귀환율 β에 대해 안정하게 만들려면, 개방 루프 주파수 응답을 주파수 보상이라고 알려진 과정을 통해 적절하게 수정해야 한다.
- 주파수 보상을 위한 가장 보편적인 방법은 귀환 커패시터를 증폭기의 반전단(inverting stage)에 접속하는 것이다. 이렇게 함으로써 증폭단의 입력에 형성되어 있던 극점은 더 낮은 주파수로 이동하여 우성 극점이 되는 데 반해, 증폭단의 출력에 형성되어 있던 극점은 매우 높은 주파수로 이동하여 중요하지 않게 된다. 이 과정을 극점 분산이라고 부른다.

PROBLEMS

Computer Simulation Problems

SIM Problems identified by this icon are intended to demonstrate the value of using SPICE simulation to verify hand analysis and design, and to investigate important issues such as allowable signal swing and amplifier nonlinear distortion. Instructions to assist in setting up simulations for all the indicated problems can be found in the corresponding files on the website. Note that if a particular parameter value is not specified in the problem statement, you are to make a reasonable assumption.

Section 10.1: The General Feedback Structure

10.1 A negative-feedback amplifier has a closed-loop gain $A_f = 200$ and an open-loop gain $A = 10^4$. What is the feedback factor β? If a manufacturing error results in a reduction of A to 10^3, what closed-loop gain results? What is the percentage change in A_f corresponding to this factor of 10 reduction in A?

D 10.2 Design a feedback amplifier with an ideal closed-loop gain of 100. What is the required value of β? If the maximum deviation of the closed-loop gain from the ideal value is to be limited to 1%, what are the minimum required values of the loop gain and the open-loop gain?

10.3 The noninverting buffer op-amp configuration shown in Fig. P10.3 provides a direct implementation of the feedback loop of Fig. 10.1. Assuming that the op amp has

problems with green numbers are considered essential; * = difficult problem; ** = more difficult; *** = very challenging
SIM = simulation; **D** = design problem;

infinite input resistance and zero output resistance, what is β? If $A = 1000$, what is the closed-loop voltage gain? What is the amount of feedback (in dB)? For $V_s = 1$ V, find V_o and V_i. If A decreases by 10%, what is the corresponding percentage decrease in A_f?

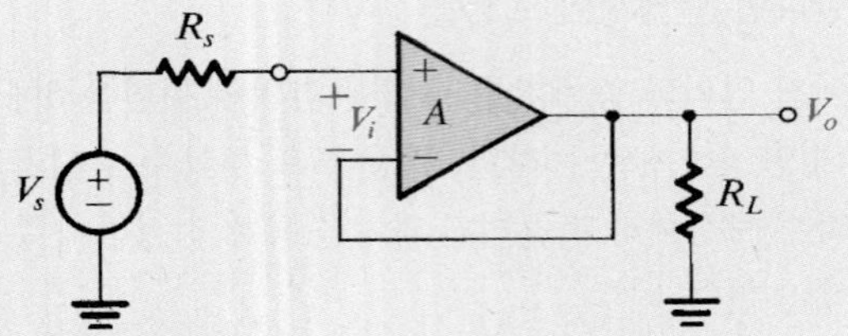

Figure P10.3

10.4 Consider the op-amp circuit shown in Fig. P10.4, where the op amp has infinite input resistance and zero output resistance but finite open-loop gain A.

(a) By setting $A = \infty$, find expresssions for $A_f|_{\text{ideal}}$ and β.
(b) If $R_1 = 10$ kΩ, find R_2 that results in $A_f = 10$ V/V for the following three cases: (i) $A = 1000$ V/V; (ii) $A = 100$ V/V; (iii) $A = 20$ V/V.
(c) For each of the three cases in (b), find the percentage change in A_f that results when A decreases by 10%. Comment on the results.

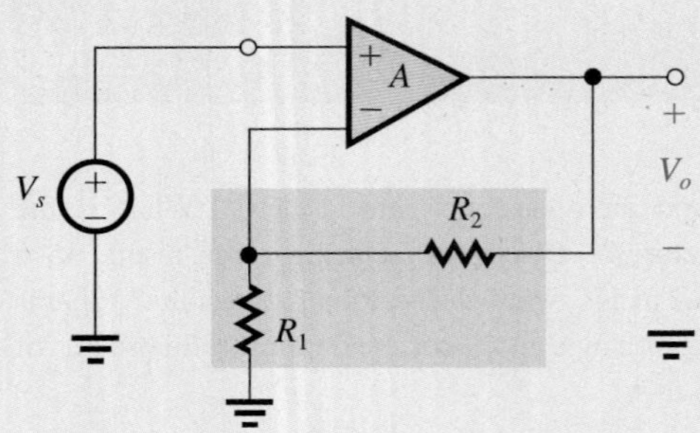

Figure P10.4

D 10.5 Design a feedback amplifier to have an ideal closed-loop gain of 10 and to have an amount of feedback of at least 40 dB. What is the required value of β? What is the minimum required value of the open-loop gain? What is the corresponding realized value of closed-loop gain?

10.6 In a particular circuit represented by the block diagram of Fig. 10.1, a signal of 1 V from the source results in a difference signal of 10 mV being provided to the amplifying element A, and 5 V appearing at the output. For this arrangement, identify the values of A and β that apply.

10.7 In a particular amplifier design, the β network consists of a linear potentiometer for which β is 0.00 at one end, 1.00 at the other end, and 0.50 in the middle. As the potentiometer is adjusted, find the three values of closed-loop gain that result when the amplifier open-loop gain is (a) 1 V/V, (b) 10 V/V, (c) 100 V/V, (d) 1000 V/V, and (e) 10,000 V/V. Provide your results in a table in which there is a row for each value of A and a column for each value of β.

10.8 A newly constructed feedback amplifier undergoes a performance test with the following results: With the feedback connection removed, a source signal of 2 mV is required to provide a 5-V output; with the feedback connected, a 5-V output requires a 100-mV source signal. For this amplifier, identify values of A, β, $A\beta$, the closed-loop gain, and the amount of feedback (in dB).

D 10.9 An amplifier has an open-loop gain with a nominal value of 1000 but can vary from unit to unit by as much as ±50% of nominal. It is required to apply negative feedback to this amplifier so that the variability of the closed-loop gain of the resulting feedback amplifier is limited to ±1%. What is the largest possible nominal value of closed-loop gain that can be achieved? Now if three of these feedback amplifiers are placed in cascade, what is the nominal value of the gain of the resulting cascade amplifier? What is the expected variability of this gain?

Section 10.2: Some Properties of Negative Feedback

10.10 For the negative-feedback loop of Fig. 10.1, find the loop gain $A\beta$ for which the sensitivity of closed-loop gain to open-loop gain [i.e., $(dA_f/A_f)/(dA/A)$] is –40 dB. For what value of $A\beta$ does the sensitivity become 1/5?

D 10.11 A designer is considering two possible designs of a feedback amplifier. The goal is $A_f = 10$ V/V. One design employs an amplifier for which $A = 1000$ V/V and the other uses $A = 500$ V/V. Find the desensitivity factor and β in both cases. If the $A = 1000$ amplifier units have a gain uncertainty of ±10%, what is the gain uncertainty for the closed-loop amplifiers utilizing this amplifier type? If the same result is to be achieved with the $A = 500$ amplifier, what is the maximum allowable uncertainty in its gain?

D 10.12 A designer is required to achieve a closed-loop gain of $10 \pm 0.1\%$ V/V using a basic amplifier whose gain variation is ±10%. What nominal value of A and β (assumed constant) are required?

D 10.13 A circuit designer requires a gain of $25 \pm 1\%$ V/V using an amplifier whose gain varies by a factor of 10 over temperature and time. What is the lowest gain required? The value of β? (*Hint*: Since the change in the open-loop gain is very large, do *not* use differential analysis.)

10.14 An operational amplifier has a dc open-loop gain of 100 dB and a uniform −20 dB/decade gain rolloff with a 3-dB frequency of 100 Hz. Find the amount of feedback and the feedback factor required to obtain the following dc closed-loop gains. In each case specify the 3-dB frequency of the feedback amplifier and the gain–bandwidth product.

(a) 60 dB; (b) 40 dB; (c) 20 dB; and (d) 0 dB.

D 10.15 Design a feedback amplifier with a dc gain of 10 V/V and a 3-dB bandwidth of at least 10 MHz. The available open-loop amplifier has a dc gain of 1000 V/V and −20 dB/decade gain rolloff with frequency. Specify the minimum required f_{3dB} of the open-loop amplifier. What is the feedback factor needed?

D 10.16 A particular amplifier has a nonlinear transfer characteristic that can be approximated as follows:

(a) For small input signals, $|v_I| \leq 10$ mV, $v_O/v_I = 10^3$.
(b) For intermediate input signals, $10 \text{ mV} \leq |v_I| \leq 60$ mV, $\Delta v_O/\Delta v_I = 10^2$.
(c) For large input signals, $|v_I| \geq 60$ mV, the output saturates.

If the amplifier is connected in a negative-feedback loop, find the feedback factor β that reduces the factor-of-10 change in gain (occurring at $|v_I| = 10\,\text{mV}$) to only a 10% change. What is the transfer characteristic v_O versus v_S of the amplifier with feedback?

D *10.17 A power amplifier employs an output stage whose gain varies from 2 to 12 for various reasons. What is the gain of an ideal (nonvarying) amplifier connected to drive it so that an overall gain with feedback of $100 \pm 5\%$ V/V can be achieved? What is the value of β to be used? What are the requirements if A_f must be held within ±0.5%? For each of these situations, what preamplifier gain and feedback factor β are required if A_f is to be 10 V/V (with the two possible tolerances)? (*Hint*: Since the change in the open-loop gain is very large, do *not* use differential analysis.)

D *10.18 It is required to design an amplifier with a gain of 100 that is accurate to within ±1%. You have available amplifier stages with a gain of 1000 that is accurate to within ±30%. Provide a design that uses a number of these gain stages in cascade, with each stage employing negative feedback of an appropriate amount. Obviously, your design should use the lowest possible number of stages while meeting specification.

D *10.19 It is required to design an amplifier to have a nominal closed-loop gain of 10 V/V using a battery-operated amplifier whose gain reduces to half its normal full-battery value over the life of the battery. If only 2% drop in closed-loop gain is desired, what nominal open-loop amplifier gain must be used in the design? (Note that since the change in A is large, it is inaccurate to use differentials.) What value of β should be chosen? If component-value variation in the β network may produce as much as a ±1% variation in β, to what value must A be raised to ensure the required minimum gain?

D 10.20 Design a feedback amplifier that has a closed-loop gain of 100 V/V and is relatively insensitive to change in basic-amplifier gain. In particular, it should provide a reduction in A_f to 99 V/V for a reduction in A to one-tenth its nominal value. What is the required loop gain? What nominal value of A is required? What value of β should be used? What would the closed-loop gain become if A were increased tenfold? If A were made infinite?

10.21 Consider an amplifier having a midband gain A_M and a low-frequency response characterized by a pole at $s = -\omega_L$ and a zero at $s = 0$. Let the amplifier be connected in a negative-feedback loop with a feedback factor β. Find an expression for the midband gain and the lower 3-dB frequency of the closed-loop amplifier. By what factor have both changed?

D *10.22 Design an amplifier with a low-frequency gain of 1000 and a 3-dB frequency of 1 MHz. You have available gain stages with a gain of 1000 but with a dominant high-frequency pole at 20 kHz. Provide a design that employs a number of such stages in cascade, each with negative feedback of an appropriate amount. Use identical stages.

Hint: The 3-dB frequency of a cascade of N identical gain stages, each with a 3-dB frequency $f_{3dB}|_{stage}$ is given by

$$f_{3dB}|_{cascade} = f_{3dB}|_{stage}\sqrt{2^{1/N} - 1}$$

***10.23** The complementary BJT follower shown in Fig. P10.23(a) has the approximate transfer characteristic shown in Fig. P10.23(b). Observe that for $-0.7\text{ V} \le v_I \le +0.7\text{ V}$, the output is zero. This "dead band" leads to crossover distortion (see Section 11.3). Consider this follower to be driven by the output of a differential amplifier of gain 100 whose positive-input terminal is connected to the input signal source v_S and whose negative-input terminal is connected to the emitters of the follower. Sketch the transfer characteristic v_O versus v_S of the resulting feedback amplifier. What are the limits of the dead band, and what are the gains outside the dead band?

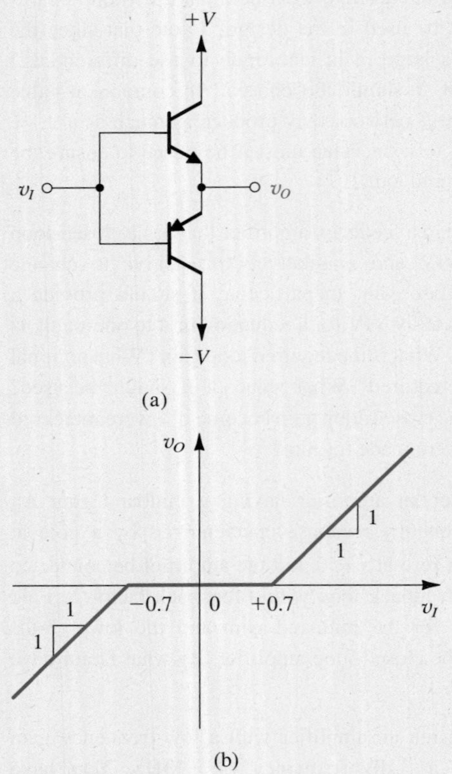

Figure P10.23

Section 10.3: The Feedback Voltage Amplifier

D 10.24 Consider the series–shunt feedback amplifier in Fig. 10.13(a), which is analyzed in Example 10.4.

(a) If $R_1 = 10\text{ k}\Omega$, find the value of R_2 that results in an ideal closed-loop gain of 10.

(b) Use the expression for $A\beta$ derived in Example 10.3 to find the value of the loop gain for the case $\mu = 1000$, $R_{id} = 100\text{ k}\Omega$, $r_o = 1\text{ k}\Omega$, $R_s = 100\text{ k}\Omega$, and $R_L = 10\text{ k}\Omega$. Hence determine the value of the closed-loop gain A_f.

(c) By what factor must μ be increased to ensure that A_f is within 1% of the ideal value of 10?

D 10.25 Figure P10.25 shows a series–shunt feedback amplifier known as a "feedback triple." All three MOSFETs are biased to operate at $g_m = 4$ mA/V. You may neglect their r_o's.

(a) Select a value for R_F that results in a closed-loop gain that is ideally 10 V/V.

(b) Determine the loop gain $A\beta$ and hence the value of A_f. By what percentage does A_f differ from the ideal value you designed for? How can you adjust the circuit to make A_f equal to 10?

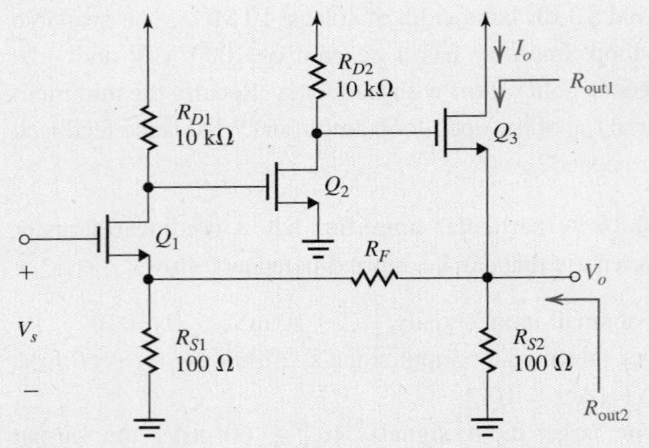

Figure P10.25

D 10.26 The current-mirror-loaded differential amplifier in Fig. P10.26 has a feedback network consisting of the voltage divider (R_1, R_2), with $R_1 + R_2 = 1\text{ M}\Omega$. The devices are sized to operate at $|V_{OV}| = 0.2$ V. For all devices, $|V_A| = 10$ V. The input signal source has a zero dc component.

(a) Find the loop gain $A\beta$ and hence the value of A.

(b) Find the values of R_1 and R_2 that result in a closed-loop gain of exactly 5 V/V.

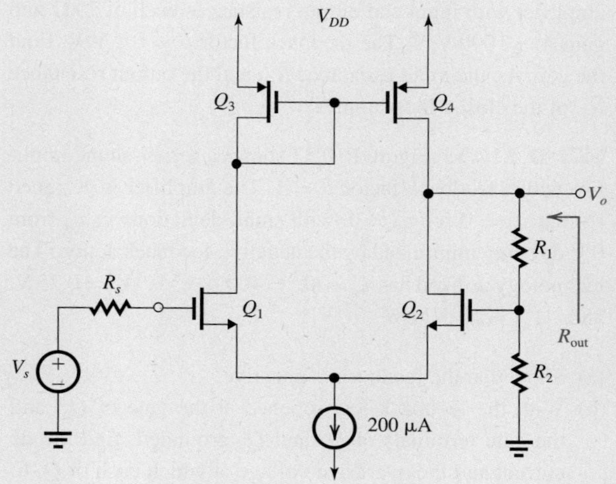

Figure P10.26

D 10.27 For the feedback voltage amplifier of Fig. 10.9(a), let the op amp have an infinite input resistance, a zero output resistance, and a finite open-loop gain of 1000 V/V. If $R_1 = 10\text{ k}\Omega$, what value should R_2 have to obtain an ideal closed-loop gain of 10? Now, calculate the loop gain $A\beta$ and use it to find the actual value of the closed-loop gain A_f. If A_f is to be exactly 10, what must the value of R_2 be?

D 10.28 Consider the series–shunt feedback amplifier of Fig. 10.9(b) that is analyzed in Example 10.3.

(a) If $R_1 = 1\text{ k}\Omega$, what value should R_2 have to obtain a closed-loop gain whose ideal value is 5 V/V?

(b) If $g_{m1} = g_{m2} = 4\text{ mA/V}$, $R_{D1} = R_{D2} = 10\text{ k}\Omega$, and the MOSFET's r_o is very large, use the expression for $A\beta$ derived in Example 10.2 to find the value of $A\beta$ and hence determine the closed-loop gain A_f.

D 10.29 Consider the series–shunt feedback amplifier of Fig. 10.9(c), which was the subject of Exercise 10.5. Assume that the voltage divider (R_1, R_2) is implemented with a 1-MΩ potentiometer. Assume that the MOSFET is biased so that $g_m = 4\text{ mA/V}$ and r_o is large. Also, $R_D = 10\text{ k}\Omega$. Find the value of R_1 that results in a closed-loop gain of 5 V/V.

***10.30** In the series–shunt feedback amplifier shown in Fig. P10.30, the devices operate with $V_{BE} = 0.7\text{ V}$ and have $\beta_1 = \beta_2 = 100$. The input signal V_s has a zero dc component. Resistances $R_s = 100\ \Omega$, $R_1 = 1\text{ k}\Omega$, $R_2 = 10\text{ k}\Omega$, and $R_L = 1\text{ k}\Omega$.

(a) If the loop gain is large, what do you expect the closed-loop gain to be? Give both an expression and its value.

(b) Find the dc emitter current in each of Q_1 and Q_2. Also, find the dc voltage at the emitter of Q_2.

(c) Calculate the value of the loop gain $A\beta$. (*Hint*: Set $V_s = 0$ and break the loop at the base of Q_1. Simplify the circuit by eliminating dc sources.)

(d) Calculate the value of A_f.

10.31 Figure P10.31 shows a series–shunt feedback amplifier without details of the bias circuit.

(a) If R_E is selected to be 50 Ω, find the value for R_F that results in a closed-loop gain with an ideal value of 25 V/V.

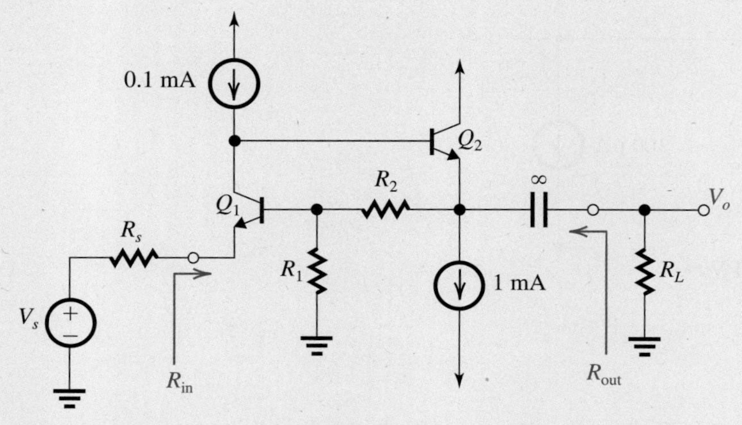

Figure P10.30

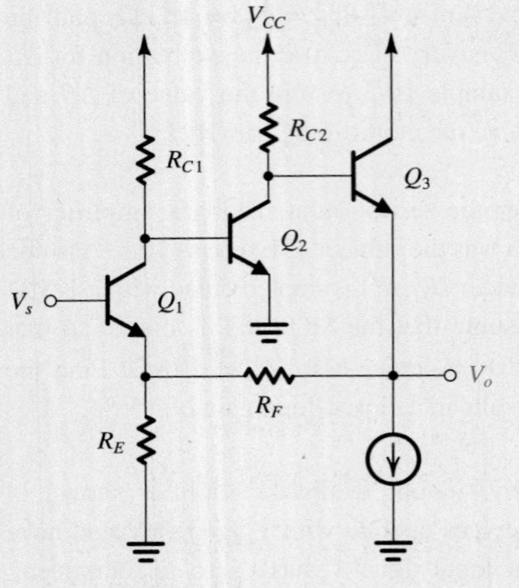

Figure P10.31

(b) If Q_1 is biased at 1 mA, Q_2 at 2 mA, and Q_3 at 5 mA, and assuming that the transistors have $h_{fe} = 100$ and large r_o, and that $R_{C1} = 2\ \text{k}\Omega$ and $R_{C2} = 1\ \text{k}\Omega$, find the value of the loop gain $A\beta$ and hence of the closed-loop gain A_f.

Section 10.4: Systematic Analysis of Feedback Voltage Amplifiers (Series–Shunt)

10.32 A series–shunt feedback amplifier employs a basic amplifier with input and output resistances each of 2 kΩ and gain $A = 1000$ V/V. The feedback factor $\beta = 0.1$ V/V. Find the gain A_f, the input resistance R_{if}, and the output resistance R_{of} of the closed-loop amplifier.

SIM **D *10.33** Figure P10.33 shows a series–shunt amplifier with a feedback factor $\beta = 1$. The amplifier is designed so that $v_O = 0$ for $v_S = 0$, with small deviations in v_O from 0 V dc being minimized by the negative-feedback action. The technology utilized has $k_n' = 4k_p' = 400\ \mu\text{A/V}^2$, $|V_t| = 0.35$ V, and $|V_A'| = 10$ V/μm.

(a) Show that the feedback is negative.

(b) With the feedback loop opened at the gate of Q_2, and the gate terminals of Q_1 and Q_2 grounded, find the dc current and the overdrive voltage at which each of Q_1 to Q_5 is operating. Ignore the Early effect. Also find the dc voltage at the output.

(c) Find g_m and r_o of each of the five transistors.

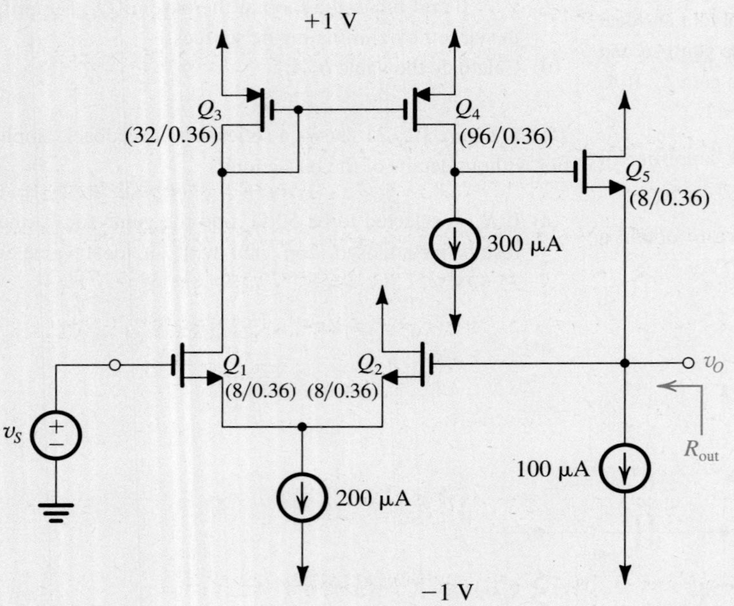

Figure P10.33

problems with green numbers are considered essential; * = difficult problem; ** = more difficult; *** = very challenging
SIM = simulation; D = design problem;

(d) Find expressions and values of A and R_o. Assume that the bias current sources are ideal.
(e) Find the gain with feedback, A_f, and the output resistance R_{out}.
(f) How would you modify the circuit to realize a closed-loop voltage gain of 5 V/V? What is the value of output resistance obtained?

***10.34** This problem deals with the series–shunt feedback amplifier of Fig. P10.30 and overlaps somewhat with Problem 10.30. Thus, if you have already solved 10.30, you can use some of the results in the solution of this problem. The devices operate with $V_{BE} = 0.7$ V and have $\beta_1 = \beta_2 = 100$. The input signal V_s has a zero dc component. Resistances $R_s = 100\ \Omega$, $R_1 = 1\ \text{k}\Omega$, $R_2 = 10\ \text{k}\Omega$, and $R_L = 1\ \text{k}\Omega$.

(a) If the loop gain is large, what do you expect the closed-loop gain V_o/V_s to be? Give both an expression and its approximate value.
(b) Find the dc emitter current in each of Q_1 and Q_2. Also find the dc voltage at the emitter of Q_2.
(c) Sketch the A circuit without the dc sources. Derive expressions for A, R_i, and R_o, and find their values.
(d) Give an expression for β and find its value.
(e) Find the closed-loop gain V_o/V_s, the input resistance R_{in}, and the output resistance R_{out}. By what percentage does the value of A_f differ from the approximate value found in (a)?

***10.35** Figure P10.35 shows a series–shunt amplifier in which the three MOSFETs are sized to operate at $|V_{OV}| = 0.2$ V. Let $|V_t| = 0.5$ V and $|V_A| = 10$ V. The current sources utilize single transistors and thus have output resistances equal to r_o.

(a) Show that the feedback is negative.
(b) Assuming the loop gain to be large, what do you expect the closed-loop voltage gain V_o/V_s to be approximately?
(c) If V_s has a zero dc component, find the dc voltages at nodes S_1, G_2, S_3, and G_3. Verify that each of the current sources has the minimum required dc voltage across it for proper operation.
(d) Find the A circuit. Calculate the gain of each of the three stages and the overall voltage gain, A.
[*Hint*: A CS amplifier with a resistance R_s in the source lead has an effective transconductance $g_m/(1+g_m R_s)$ and an output resistance $r_o(1+g_m R_s)$.]
(e) Find β.
(f) Find $A_f = V_o/V_s$. By what percentage does this value differ from the approximate value obtained in (b)?
(g) Find the output resistance R_{out}.

D *10.36 This problem deals with the series–shunt feedback amplifier of Fig. P10.26. Certain aspects of this amplifier were considered in Problem 10.26. If you have already solved problem 10.26, you will have the opportunity to compare results. The current-mirror-loaded differential amplifier has a feedback network consisting of the voltage divider (R_1, R_2), with $R_1 + R_2 = 1\ \text{M}\Omega$. The devices are sized to operate at $|V_{OV}| = 0.2$ V. For all devices, $|V_A| = 10$ V. The input signal source has a zero dc component.

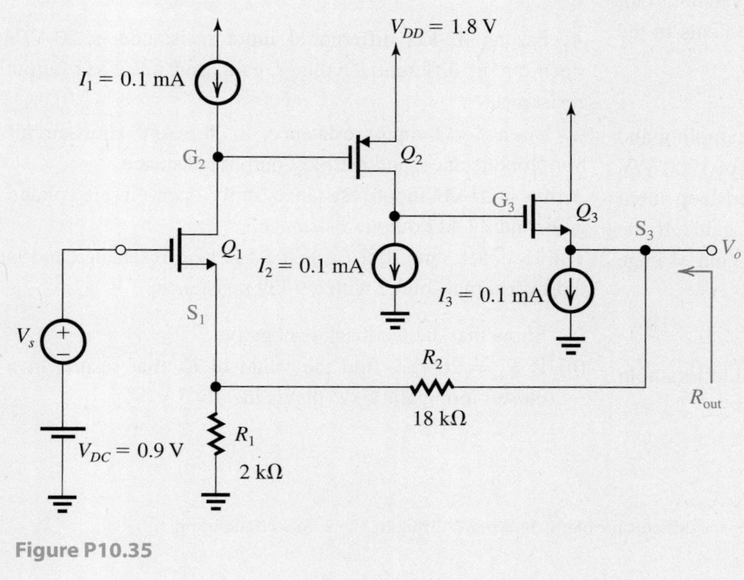

Figure P10.35

(a) Show that the feedback is negative.
(b) What do you expect the dc voltage at the gate of Q_2 to be? At the output? (Neglect the Early effect.)
(c) Find the A circuit. Derive an expression for A and find its value.
(d) Select values for R_1 and R_2 to obtain a closed-loop voltage gain $V_o/V_s = 5$ V/V.
(e) Find the value of R_{out}.
(f) Utilizing the open-circuit closed-loop gain (5 V/V) and the value of R_{out} found in (e), find the value of gain obtained when a resistance $R_L = 10$ kΩ is connected to the output.
(g) As an alternative approach to (f) above, redo the analysis of the A circuit including R_L. Then utilize the values of R_1 and R_2 found in (d) to determine β and A_f. Compare the value of A_f to that found in (f).

10.37 For a particular amplifier connected in a feedback loop in which the output voltage is sampled, measurement of the output resistance before and after the loop is connected shows a change by a factor of 200. Is the resistance with feedback higher or lower? What is the value of the loop gain $A\beta$? If R_{of} is 100 Ω, what is R_o without feedback?

10.38 The formulas for R_{if} and R_{of} in Eqs. (10.22) and (10.25), respectively, also apply for the case in which A is a function of frequency. In this case, the resulting impedances Z_{if} and Z_{of} will be functions of frequency. Consider the case of a series–shunt amplifier that has an input resistance R_i, an output resistance R_o, and open-loop gain $A = A_0/[1 + (s/\omega_H)]$, and a feedback factor β that is independent of frequency. Find Z_{if} and Z_{of} and give an equivalent circuit for each, together with the values of all the elements in the equivalent circuits.

10.39 A feedback amplifier utilizing voltage sampling and employing a basic voltage amplifier with a gain of 1000 V/V and an input resistance of 1000 Ω has a closed-loop input resistance of 10 kΩ. What is the closed-loop gain? If the basic amplifier is used to implement a unity-gain voltage buffer, what input resistance do you expect?

10.40 Consider the noninverting op-amp circuit of Example 10.5 for the case $R_1 = \infty$ and $R_2 = 0$.

(a) What is the value of β, and what is the ideal value of the closed-loop gain?
(b) Adapt the expressions found in Example 10.5 to obtain expressions for A and $A\beta$ for this case.
(c) For $\mu = 10^4$, $R_{id} = 100$ kΩ, $R_s = 10$ kΩ, $r_o = 1$ kΩ, and $R_L = 2$ kΩ, find A, $A\beta$, A_f, R_{in}, and R_{out}.

D *10.41 Figure P10.31 shows a series–shunt feedback amplifier without details of the bias circuit.

(a) Eliminating the dc sources, sketch the A circuit and the circuit for determining β.
(b) Show that if $A\beta$ is large then the closed-loop voltage gain is given approximately by

$$A_f \equiv \frac{V_o}{V_s} \simeq \frac{R_F + R_E}{R_E}$$

(c) If R_E is selected equal to 50 Ω, find R_F that will result in a closed-loop gain of approximately 25 V/V.
(d) If Q_1 is biased at 1 mA, Q_2 at 2 mA, and Q_3 at 5 mA, and assuming that the transistors have $h_{fe} = 100$, find approximate values for R_{C1} and R_{C2} to obtain gains from the stages of the A circuit as follows: a voltage gain of Q_1 of about −10 and a voltage gain of Q_2 of about −50.
(e) For your design, what is the closed-loop voltage gain realized?
(f) Calculate the input and output resistances of the closed-loop amplifier designed.

D *10.42 Figure P10.42 shows a three-stage feedback amplifier:

A_1 has an 82-kΩ differential input resistance, a 20-V/V open-circuit differential voltage gain, and a 3.2-kΩ output resistance.

A_2 has a 5-kΩ input resistance, a 20-mA/V short-circuit transconductance, and a 20-kΩ output resistance.

A_3 has a 20-kΩ input resistance, unity open-circuit voltage gain, and a 1-kΩ output resistance.

The feedback amplifier feeds a 1-kΩ load resistance and is fed by a signal source with a 9-kΩ resistance.

(a) Show that the feedback is negative.
(b) If $R_1 = 20$ kΩ, find the value of R_2 that results in a closed-loop gain V_o/V_s that is ideally 5 V/V.

---

problems with green numbers are considered essential; * = difficult problem; ** = more difficult; *** = very challenging
SIM = simulation; **D** = design problem;

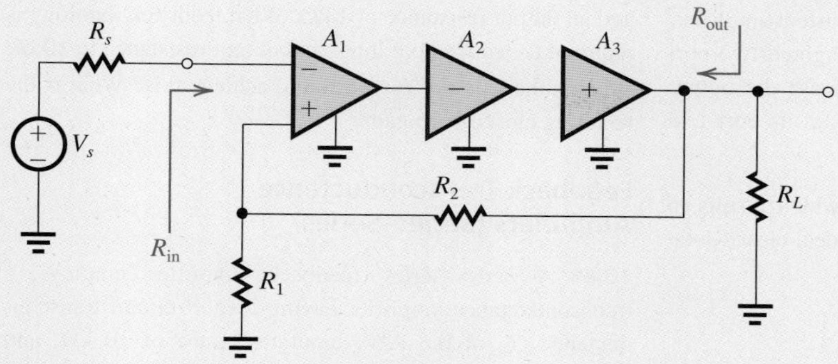

Figure P10.42

(c) Supply the small-signal equivalent circuit.
(d) Sketch the A circuit and determine A.
(e) Find β and the amount of feedback.
(f) Find the closed-loop gain $A_f \equiv V_o/V_s$.
(g) Find the feedback amplifier's input resistance R_{in}.
(h) Find the feedback amplifier's output resistance R_{out}.
(i) If the high-frequency response of the open-loop gain A is dominated by a pole at 100 Hz, what is the upper 3-dB frequency of the closed-loop gain?
(j) If for some reason A_1 drops to half its nominal value, what is the percentage change in A_f?

Section 10.5: Other Feedback-Amplifier Types

D *10.43 Negative feedback is to be used to modify the characteristics of a particular amplifier for various purposes. Identify the feedback topology to be used if:

(a) input resistance is to be lowered and output resistance raised.
(b) both input and output resistances are to be raised.
(c) both input and output resistances are to be lowered.

10.44 A feedback transconductance amplifier is to have an ideal closed-loop gain of 10 mA/V. Find the required value of β. If the open-loop transconductance amplifier has a gain of 1 A/V, an input resistance of 10 kΩ, and an output resistance of 100 kΩ, find the actual closed-loop gain, the input resistance, and the output resistance of the feedback amplifier.

10.45 Figure P10.45(a) shows a feedback transconductance amplifier using an op amp together with an NMOS transistor. The feedback network consists of a resistor R_F that senses the output current I_o (recall that the drain and source currents of a MOSFET are equal) and provides a feedback voltage that is subtracted from V_s by means of the differencing action of the op-amp input.

(a) Setting $A = \infty$, find the ideal closed-loop gain I_o/V_s.
(b) Find the value of R_F that results in an ideal closed-loop gain of 10 mA/V.
(c) Find an expression for the loop gain $A\beta$ by setting $V_s = 0$, breaking the loop, and applying an input test voltage V_t, as shown in Fig. P10.45(b). Assume the input resistance of the op amp to be very high.
(d) For $\mu = 1000$, and assuming the MOSFET has $g_m = 2$ mA/V and $r_o = 20$ kΩ, find the values of $A\beta$, A, and A_f.

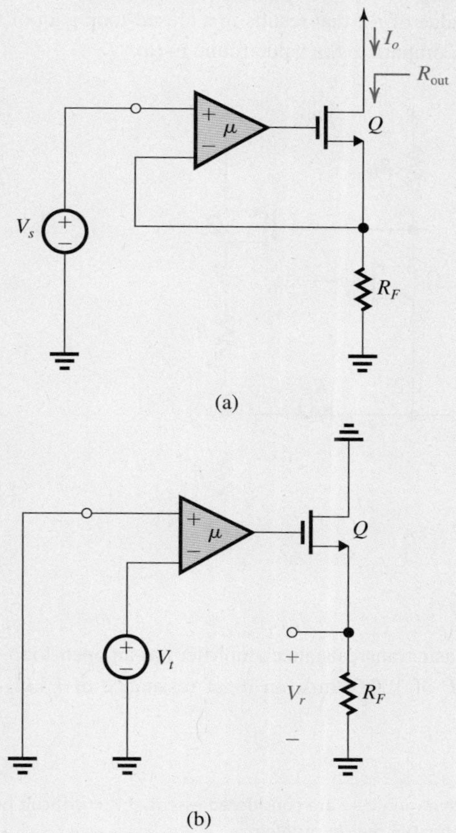

Figure P10.45

D 10.46 Figure P10.46 shows a feedback current amplifier. The feedback network consists of the highlighted two-port network comprising R_M and R_F. It is fed with the output current I_o and delivers a feedback current I_f at its port 1 to the input node.

(a) By setting the open-loop gain to ∞, which results in $I_i = 0$ and hence $V_i = 0$, show that the ideal closed-loop gain is

$$A_f\,|_{\text{ideal}} \equiv \frac{I_o}{I_s} = -\left(1 + \frac{R_F}{R_M}\right)$$

Selecting $R_F = 1$ kΩ, find R_M that results in an ideal closed-loop gain of −5 A/A.

(b) Find an expression for β.

(c) Setting $I_s = 0$, break the loop at the gate of Q_2 and thus determine the loop gain $A\beta$. Neglecting r_o of each of Q_1 and Q_2, show that

$$A = -\frac{g_{m2}R_D}{1 + 1/[g_{m1}(R_M + R_F)]}$$

(d) Find an expression for the closed-loop gain A_f.

(e) For $g_{m1} = g_{m2} = 4$ mA/V, $R_D = 10$ kΩ, and $R_F = 1$ kΩ, find the value of R_M that results in a closed-loop gain of −5 A/A. Compare to the value found in (a).

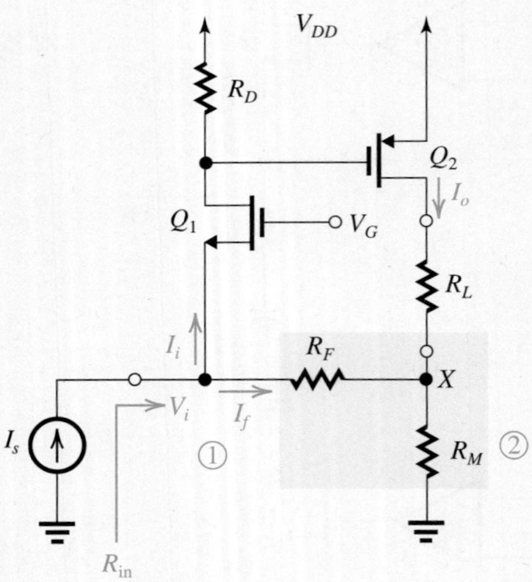

Figure P10.46

D 10.47 A basic transresistance amplifier has an open-loop gain $A \equiv V_o/I_s$ of 100 V/mA, an input resistance of 1 kΩ, and an output resistance of 1 kΩ. What feedback topology is required to reduce both input and output resistance to 10 Ω? What is the value of β required to achieve this? What is the resulting closed-loop gain?

Feedback Transconductance Amplifiers (Series–Series)

10.48 A series–series feedback amplifier employs a transconductance amplifier having a short-circuit transconductance G_m of 0.6 A/V, input resistance of 10 kΩ, and output resistance of 100 kΩ. The feedback network has β = 200 Ω, an input resistance (with port 1 open-circuited) of 200 Ω, and an input resistance (with port 2 open-circuited) of 10 kΩ. The amplifier operates with a signal source having a resistance of 10 kΩ and with a load resistance of 10 kΩ. Find A_f, R_{in}, and R_{out}.

10.49 The feedback transconductance amplifier in Fig. P10.45(a) uses a differential voltage amplifier with a gain μ and a very high input resistance, and a MOSFET Q having $g_m = 5$ mA/V and $r_o = 20$ kΩ. Design the circuit to obtain an ideal closed-loop transconductance of 10 mA/V and an output resistance R_{out} of 5 MΩ. What are the values required for R_F and μ? Also, what is the actual value obtained of the closed-loop transconductance?

10.50 Figure P10.50 shows a feedback transconductance amplifier composed of a differential voltage amplifier A_1

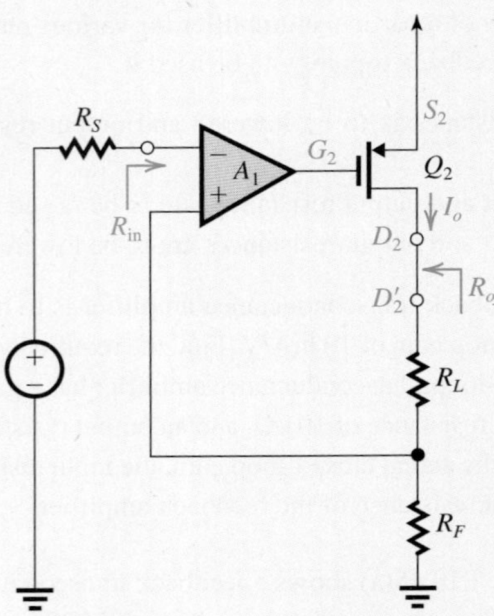

Figure P10.50

with an input resistance R_{id}, an open-circuit voltage gain A_1, and an output resistance r_{o1}, connected in cascade with a common-source MOSFET Q_2 having a transconductance g_{m2} and an output resistance r_{o2}.

(a) Setting $A = \infty$, find an expression for $A_f|_{\text{ideal}} = I_o/V_s$.

(b) Find an expression for β and give the β circuit.

(c) Find the loading effects of the β circuit; that is, resistances R_{11} and R_{22}.

(d) Give the A circuit with A_1 and Q_2 replaced with their equivalent circuits.

(e) Find an expression for A. Simplify the expression for the case $R_{id} \gg (R_s + R_F)$ and $r_{o2} \gg (R_L + R_F)$.

(f) Use the simplified expression for A to determine A_f, R_{in}, and R_{out}.

(g) For $R_F = 200\ \Omega$, $A_1 = 200$ V/V, $R_{id} = 100$ kΩ, $g_{m2} = 2$ mA/V, $r_{o2} = 20$ kΩ, and $R_s = R_L = 1$ kΩ, find the values of A_f, R_{in}, and R_{out}.

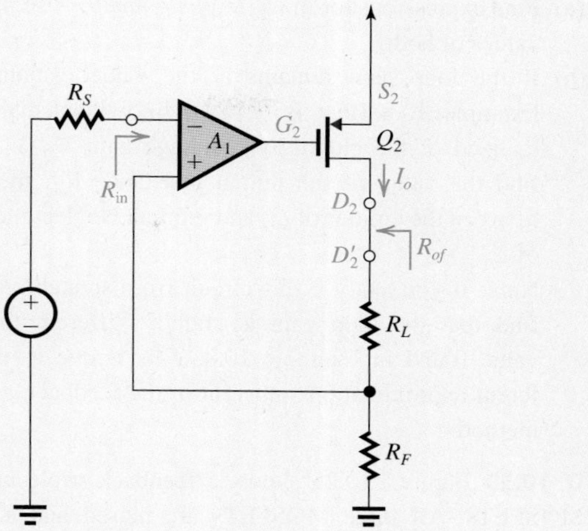

Figure P10.50

SIM **10.51** All the MOS transistors in the feedback transconductance amplifier (series–series) of Fig. P10.51 are sized to operate at $|V_{OV}| = 0.2$ V. For all transistors, $|V_t| = 0.4$ V and $|V_A| = 20$ V.

(a) If V_s has a zero dc component, find the dc voltage at the gate of Q_2, at the drain of Q_1, and at the drain of Q_2.

(b) Find an expression and value for $A_f \equiv I_o/V_s$ for the case $A\beta \gg 1$.

(c) Use feedback analysis to obtain a more precise value for A_f.

(d) Find the value of R_{out}.

(e) If the voltage at the source of Q_5 is taken as the output, find the voltage gain using the value of I_o/V_s obtained in (c). Also find the output resistance of this series–shunt voltage amplifier.

10.52 Reconsider the circuit in Fig. 10.24(a), analyzed in Example 10.8, this time with the output voltage taken at the emitter of Q_3. In this case the feedback can be considered to be of the series–shunt type. Note that R_{E2} should now be considered part of the basic amplifier and not of the feedback network.

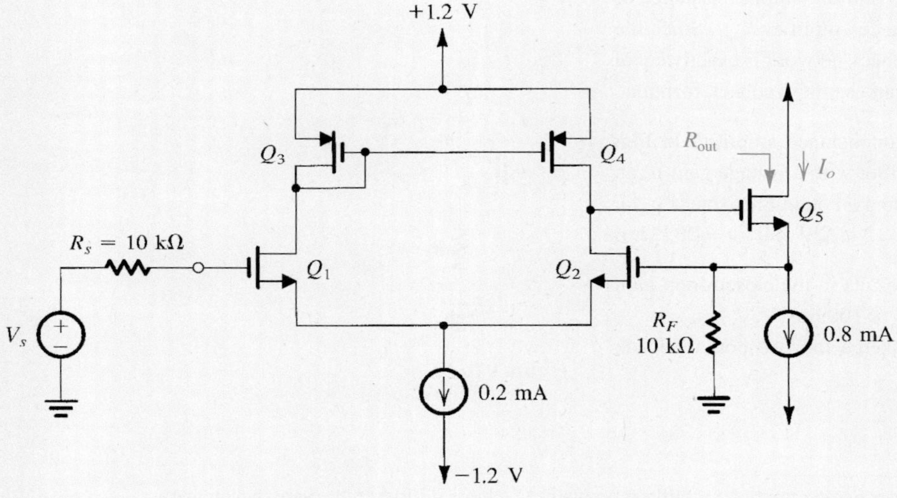

Figure P10.51

(a) Find expressions for $A_f|_{\text{ideal}} \equiv V_{e3}/V_s$ and β. Also, find the values of both.

(b) If the loop gain remains at the value calculated in Example 10.8 (that is, 246.3), find the actual value realized of the closed-loop voltage gain V_{e3}/V_s. Also, find the value of the output resistance R_{out} measured between the emitter of Q_3 and ground. Neglect the effect of r_{o3}.

Note: If you analyze this circuit from scratch, you will find that the loop gain is slightly different than the value found in Example 10.8. This is due to the different approximations inherent in the feedback analysis method.

D 10.53 Figure P10.25 shows a feedback triple utilizing MOSFETs. All three MOSFETs are biased and sized to operate at $g_m = 5$ mA/V. You may neglect their r_o's (except for the calculation of R_{out1}, as indicated below).

(a) Setting $A = \infty$, derive an expression for the ideal closed-loop gain $A_f|_{\text{ideal}} = I_o/V_s$. Use this expression to determine the value of R_F that results in $A_f|_{\text{ideal}} = 100$ mA/V.

(b) Give the β circuit, and find the value of β and the two loading resistances R_{11} and R_{22}.

(c) Sketch the A circuit and find the value of A.

(d) Find $(1 + A\beta)$ and A_f. Compare to the value of A_f you designed for. What is the percentage difference? What resistance can you change to make A_f exactly 100 mA/V, and in which direction (increase or decrease)?

(e) Assuming $r_{o3} = 20$ kΩ, find R_o of the A circuit. [Recall that the resistance looking into the drain of a MOSFET having a resistance R_s in its source is $(r_o + R_s + g_m r_o R_s)$.] Hence, find the output resistance of the feedback transconductance amplifier R_{out1}. Since the current sampled by the feedback network is exactly equal to the output current, you can use the feedback formula.

D 10.54 The feedback transconductance amplifier in Fig. P10.54 uses a differential amplifier with a voltage gain μ, an input resistance $R_{id} = 100$ kΩ, and an output resistance $r_{o1} = 1$ kΩ; and a MOSFET with $g_m = 2$ mA/V and $r_{o2} = 20$ kΩ.

(a) Find the value of R_2 that results in the closed-loop gain I_o/V_s having an ideal value of 100 mA/V.

(b) Find the value of β and sketch the two-port feedback circuit.

(c) Find the loading effects of the feedback circuit, R_{11} and R_{22}.

(d) Give the A circuit and find an expression for A in terms of μ.

(e) Find the value of μ that results in a 40-dB amount of feedback.

(f) Find the realized value of A_f.

(g) Find R_{in} and R_{out}.

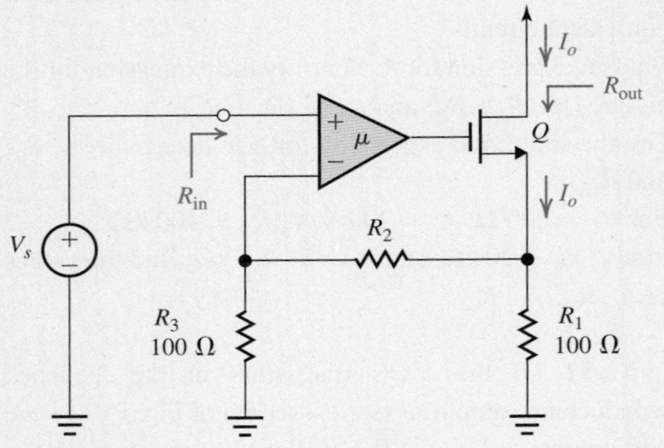

Figure P10.54

10.55 Consider the circuit in Fig. P10.55 as a transconductance amplifier with input V_s and output I_o. The transistor is specified in terms of its g_m and r_o.

(a) Sketch the small-signal equivalent circuit using the hybrid-π model of the MOSFET and convince yourself that the feedback circuit is comprised of resistor R_F.

(b) Find the β circuit and the A circuit.

(c) Derive expressions for A, β, $(1 + A\beta)$, A_f, R_o, and R_{of}.

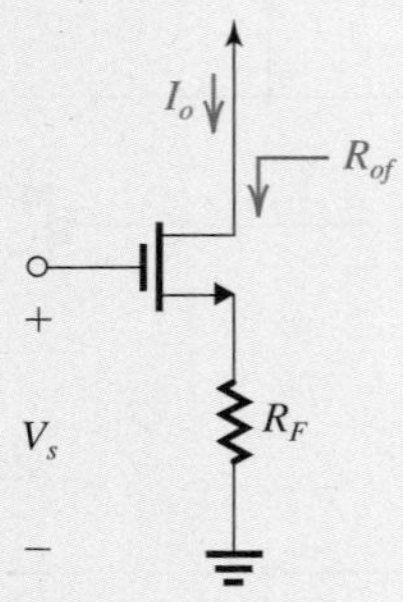

Figure P10.55

***10.56** Show that the output resistance of the BJT circuit in Fig. P10.56 is given by

$$R_o = r_o + [R_e \| (r_\pi + R_b)]\left(1 + g_m r_o \frac{r_\pi}{r_\pi + R_b}\right)$$

To derive this expression, set $V_s = 0$, replace the BJT with its small-signal, hybrid-π model, apply a test voltage V_x to the collector, and find the current I_x drawn from V_x and hence R_o as V_x/I_x. Note that the bias arrangement is not shown. For the case of $R_b = 0$, find the maximum possible value for R_o. Note that this theoretical maximum is obtained when R_e is so large that the signal current in the emitter is nearly zero. In this case, with V_x applied and $V_s = 0$, what is the current in the base, in the $g_m V_\pi$ generator, and in r_o, all in terms of I_x? Show these currents on a sketch of the equivalent circuit with R_e set to ∞.

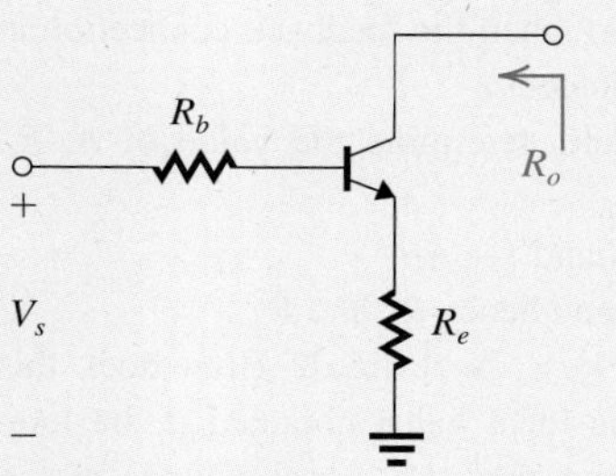

Figure P10.56

10.57 As we found out in Example 10.8, whenever the feedback network senses the emitter current of the BJT, the feedback output resistance formula cannot predict the output resistance looking into the collector. To understand this issue more clearly, consider the feedback transconductance amplifier shown in Fig. P10.57(a). To determine the output resistance, we set $V_s = 0$ and apply a test voltage V_x to the collector, as shown in Fig. P10.57(b). Now, let μ be increased to the point where the feedback signal across R_F almost equals the input to the positive terminal of the differential amplifier, now zero. Thus the signal current through R_F will be almost zero. By replacing the BJT with its hybrid-π model, show that

$$R_{out} = r_\pi + (h_{fe} + 1) r_o \simeq h_{fe} r_o$$

where h_{fe} is the transistor β. Thus for large amounts of feedback, R_{out} is limited to a maximum of $h_{fe} r_o$ independent of the amount of feedback. This phenomenon does *not* occur in the MOSFET version of this circuit, where the output resistance can be theoretically made infinite.

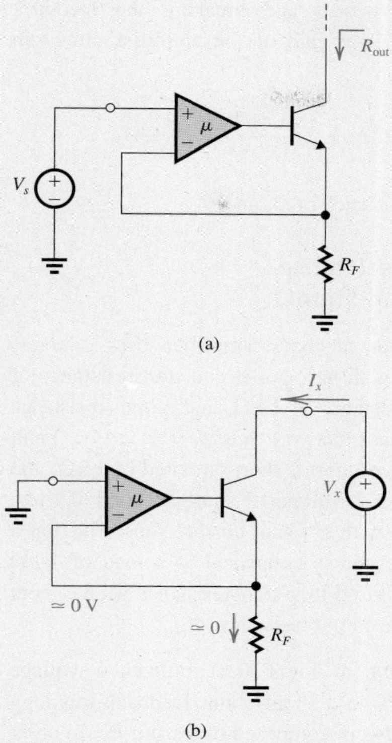

Figure P10.57

10.58 For the feedback transconductance amplifier of Fig. P10.58 derive expressions for A, β, $A\beta$, A_f, R_o, and R_{of}. Evaluate A_f and R_{of} for the case of $g_{m1} = g_{m2} = 4$ mA/V, $R_D = 20$ kΩ, $r_{o2} = 20$ kΩ, $R_F = 100$ Ω, and $R_L = 1$ kΩ. For simplicity, neglect r_{o1} and take r_{o2} into account only when calculating output resistances.

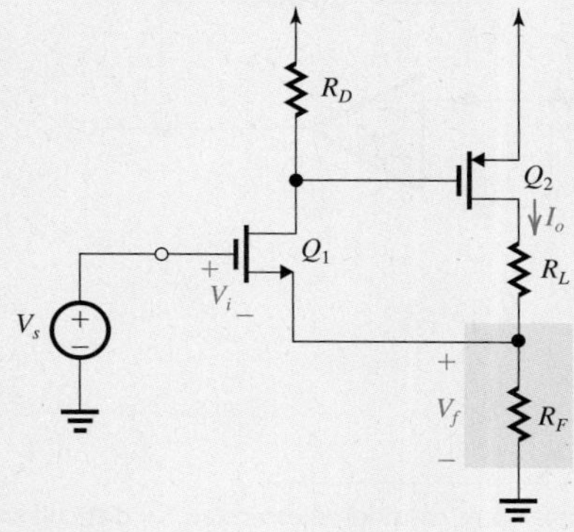

Figure P10.58

10.59 By setting $V_s = 0$ and breaking the feedback loop, show that the loop gain of the amplifier circuit in Fig. P10.51 is

$$A\beta = g_{m1,2}(r_{o2} \| r_{o4}) \frac{R_F \| r_{o5}}{(R_F \| r_{o5}) + 1/g_{m5}}$$

where $g_{m1,2}$ is the g_m of each of Q_1 and Q_2.

Feedback Transresistance Amplifiers (Shunt–Shunt)

10.60 A shunt–shunt feedback amplifier uses a transresistance amplifier with an open-circuit transresistance of 100 V/mA, input resistance of 1 kΩ, and output resistance of 1 kΩ. The feedback network has $\beta = 1$ mA/V, input resistance at port 1 with port 2 short-circuited of 1 kΩ, and input resistance at port 2 with port 1 short-circuited of 1 kΩ. The amplifier is fed with a signal current source having a resistance of 10 kΩ, and is connected to a load of 1-kΩ resistance. Find the closed-loop transresistance A_f, the input resistance R_{in}, and the output resistance, R_{out}.

D 10.61 The circuit in Fig. P10.61 utilizes a voltage amplifier with gain μ in a shunt–shunt feedback topology with the feedback network composed of resistor R_F. In order to be able to use the feedback equations, you should first convert the signal source to its Norton representation. You will then see that all the formulas derived in Example 10.9 apply here as well.

(a) If the loop gain is very large, what approximate closed-loop voltage gain V_o/V_s is realized? If $R_s = 2$ kΩ, give the value of R_F that will result in $V_o/V_s \simeq -10$ V/V.
(b) If the amplifier μ has a dc gain of 10^3 V/V, an input resistance $R_{id} = 100$ kΩ, and an output resistance $r_o =$ 2 kΩ, find the actual V_o/V_s realized. Also find R_{in} and R_{out} (indicated on the circuit diagram). You may use formulas derived in Example 10.9.
(c) If the amplifier μ has an upper 3-dB frequency of 1 kHz and a uniform −20-dB/decade gain rolloff, what is the 3-dB frequency of the gain $|V_o/V_s|$?

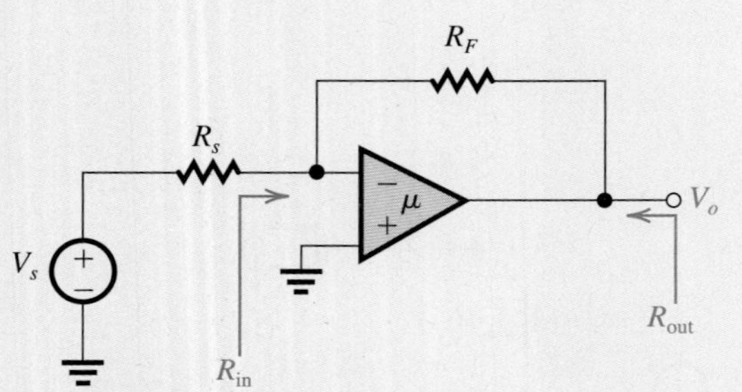

Figure P10.61

10.62 The CE BJT amplifier in Fig. P10.62 employs shunt–shunt feedback: Feedback resistor R_F senses the output voltage V_o and provides a feedback current to the base node.

(a) If V_s has a zero dc component, find the dc collector current of the BJT. Assume the transistor $\beta = 100$ and $V_{BE} = 0.7$ V.
(b) Find the small-signal equivalent circuit of the amplifier with the signal source represented by its Norton equivalent (as we usually do when the feedback connection at the input is shunt). Neglect r_o.
(c) Find the A circuit and determine the value of A, R_i, and R_o.
(d) Find β and hence $A\beta$ and $1 + A\beta$.
(e) Find A_f, R_{if}, and R_{of} and hence R_{in} and R_{out}.
(f) What voltage gain V_o/V_s is realized? How does this value compare to the ideal value obtained if the loop gain is very large and thus the signal voltage at the base becomes almost zero (like what happens in an inverting op-amp circuit). Note that this single-transistor poor-man's op amp is not that bad!

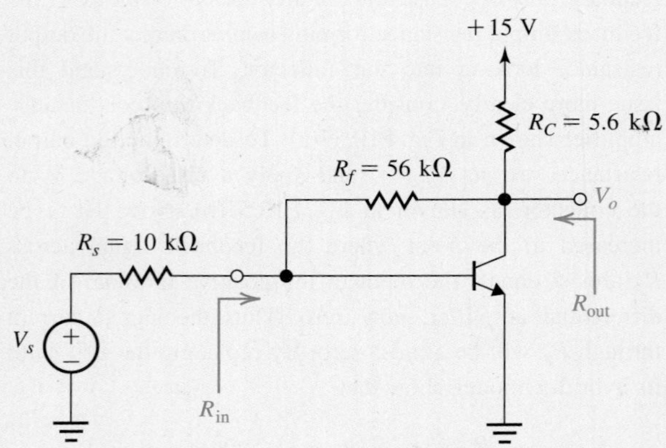

Figure P10.62

10.63 The feedback transresistance amplifier in Fig. P10.63 utilizes two identical MOSFETs biased by ideal current sources $I = 0.4$ mA. The MOSFETs are sized to operate at $V_{OV} = 0.2$ V and have $V_t = 0.5$ V and $V_A = 16$ V. The feedback resistance $R_F = 10$ kΩ.

(a) If I_s has a zero dc component, find the dc voltage at the input, at the drain of Q_1, and at the output.
(b) Find g_m and r_o of Q_1 and Q_2.
(c) Provide the A circuit and derive an expression for A in terms of g_{m1}, r_{o1}, g_{m2}, r_{o2}, and R_F.
(d) What is β? Give an expression for the loop gain $A\beta$ and the amount of feedback $(1 + A\beta)$.
(e) Derive an expression for A_f.
(f) Derive expressions for R_i, R_{in}, R_o, and R_{out}.
(g) Evaluate A, β, $A\beta$, A_f, R_i, R_o, R_{in}, and R_{out} for the component values given.

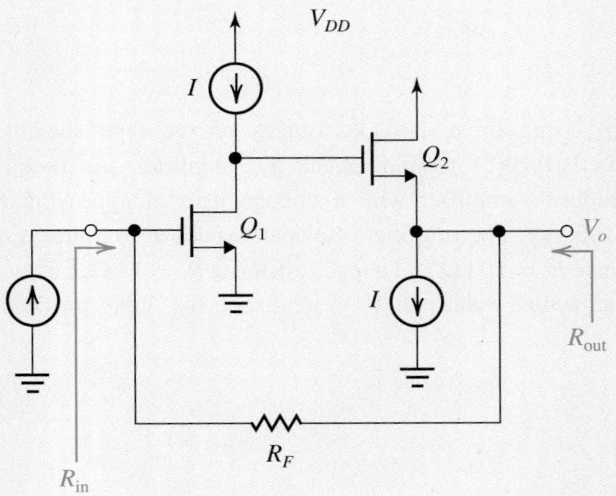

Figure P10.63

D 10.64 For the feedback amplifier in Fig. P10.64, select a value for R_F that results in a closed-loop gain $A_f \equiv V_o/I_s \simeq -10$ kΩ. Then, analyze the circuit to determine the actual value of A_f realized. As well, determine R_{in} and R_{out}. Transistors Q_1 and Q_2 are operated so that $g_{m1} = g_{m2} = 4$ mA/V and r_{o1} and r_{o2} can be neglected. Also, $R_{D1} = R_{D2} =$ 10 kΩ.

10.65 By setting $I_s = 0$, breaking the feedback loop, and replacing the MOSFET with its hybrid-π model, determine the loop gain of the feedback amplifier in Fig. E10.15. Hence, find the open-loop gain. Evaluate $A\beta$, β, A, and A_f for the numerical values given in Exercise 10.15. Why do the results differ somewhat from those given in the answer to Exercise 10.15?

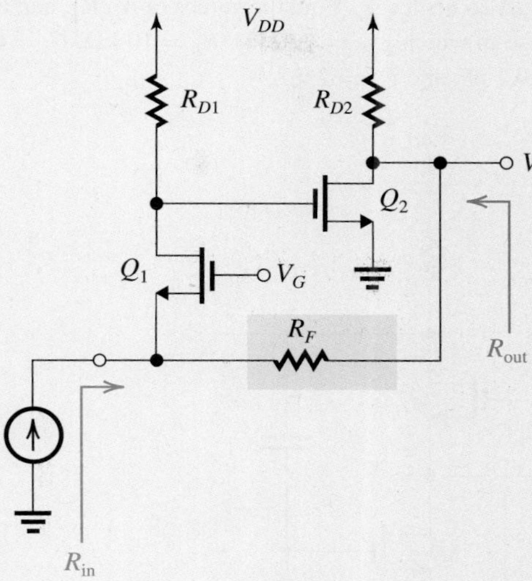

Figure P10.64

10.66 Analyze the circuit in Fig. E10.15 from first principles (i.e., do not use the feedback approach) and hence show that

$$A_f \equiv \frac{V_o}{I_s} = -\frac{(R_s \| R_F)\left(g_m - \frac{1}{R_F}\right)(r_o \| R_F)}{1 + (R_s \| R_F)\left(g_m - \frac{1}{R_F}\right)(r_o \| R_F)/R_F}$$

Comparing this expression to the one given in Exercise 10.15, part (b), you will note that the only difference is that g_m has been replaced by $(g_m - 1/R_F)$. Note that $-1/R_F$ represents the forward transmission in the feedback network, which the feedback-analysis method neglects. What is the condition then for the feedback-analysis method to be reasonably accurate for this circuit?

10.67 By setting $I_s = 0$ and breaking the feedback loop, find the loop gain of the feedback amplifier in Fig. P10.63. If you have already solved Problem 10.63, compare results. Which result do you think is more accurate, and why? For the numerical values given in Problem 10.63, by how much (in percent) do the two values of loop gain differ?

10.68 The feedback amplifier of Fig. P10.68 consists of a common-gate amplifier formed by Q_1 and R_D, and a feedback circuit formed by the capacitive divider (C_1, C_2) and the common-source transistor Q_f. Note that the bias circuit for Q_f is not shown. It is required to derive expressions for $A_f \equiv$

V_o/I_s, R_{in}, and R_{out}. Assume that C_1 and C_2 are sufficiently small that their loading effect on the basic amplifier can be neglected. Also neglect r_o. Find the values of A_f, R_{in}, and R_{out} for the case in which $g_{m1} = 5$ mA/V, $R_D = 10$ kΩ, $C_1 = 0.9$ pF, $C_2 = 0.1$ pF, and $g_{mf} = 2$ mA/V.

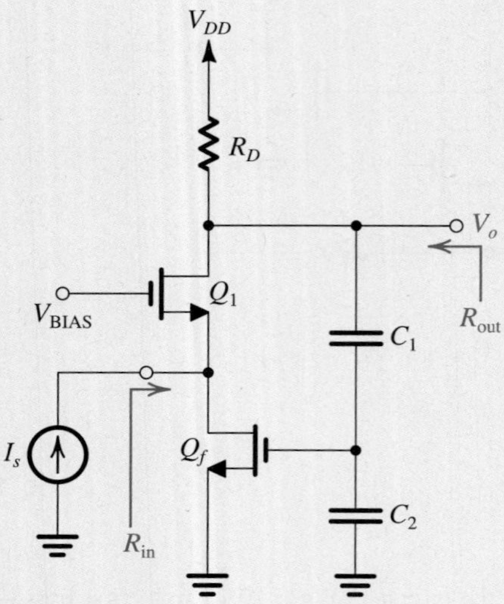

Figure P10.68

D *10.69 Figure P10.69 shows a shunt–shunt feedback amplifier. The MOSFETs have $V_{tn} = 0.4$ V, $V_A = 10$ V, and $\mu_n C_{ox} = 400\ \mu$A/V^2. The power supply $V_{DD} = 1.8$ V, and $R_L = 10$ kΩ. The coupling capacitor C_C can be assumed to be very large.

(a) Perform a dc design to meet the following specifications: $I_{D1} = I_{D2} = 100\ \mu$A, $I_{R2,R1} = 10\ \mu$A, $V_{OV1} = V_{OV2} = 0.2$ V. Neglect the Early effect. Specify the values required for I_1, R_1, R_2, $(W/L)_1$, and $(W/L)_2$.
(b) Find expressions for the ideal value of V_o/V_s and for β.
(c) Find the value of R_s that results in V_o/V_s being ideally -5 V/V.
(d) Find the A circuit and use it to determine the values of A, R_i, and R_o.
(e) Find the value obtained for V_o/V_s.
(f) Find R_{in} and R_{out}.

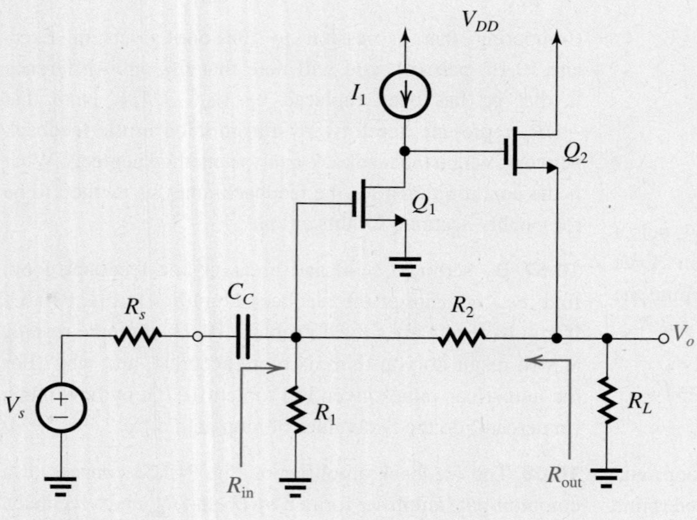

Figure P10.69

D **10.70 (a) Show that for the circuit in Fig. P10.70(a), if the loop gain is large, the voltage gain V_o/V_s is given approximately by

$$\frac{V_o}{V_s} \simeq -\frac{R_f}{R_s}$$

(b) Using three cascaded stages of the type shown in Fig. P10.70(b) to implement the amplifier μ, design a feedback amplifier with a voltage gain of approximately -100 V/V. The amplifier is to operate between a source resistance $R_s = 10$ kΩ and a load resistance $R_L = 1$ kΩ. Calculate the actual value of V_o/V_s realized, the input resistance (excluding R_s), and the output resistance (excluding R_L). Assume that the BJTs have h_{fe} of 100. (*Note:* In practice, the three amplifier stages are not made identical, for stability reasons.)

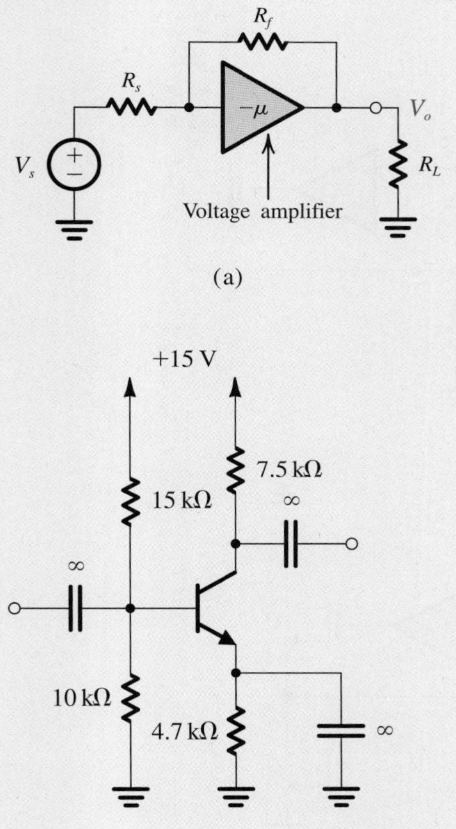

Figure P10.70

Feedback Current Amplifiers (Shunt–Series)

D 10.71 Design the feedback current amplifier of Fig. 10.30(a) to meet the following specifications:

(i) $A_f \equiv I_o/I_s = -100$ A/A
(ii) amount of feedback $\simeq 40$ dB
(iii) $R_{in} \simeq 1$ kΩ

Specify the values of R_1, R_2, and μ. Assume that the amplifier μ has infinite input resistance and that $R_s = \infty$. For the MOSFET, $g_m = 5$ mA/V and $r_o = 20$ kΩ. What R_{out} is obtained?

10.72 The feedback current amplifier in Fig. P10.72 utilizes two identical NMOS transistors sized so that at $I_D = 0.2$ mA they operate at $V_{OV} = 0.2$ V. Both devices have $V_t = 0.5$ V and $V_A = 10$ V.

(a) If I_s has zero dc component, show that both Q_1 and Q_2 are operating at $I_D = 0.2$ mA. What is the dc voltage at the input?
(b) Find the ideal value of $A_f = I_o/I_s$, and the value of β.
(c) Find g_m and r_o for each of Q_1 and Q_2.
(d) Find the A circuit and the value of R_i, A, and R_o.
(e) Find $A\beta$ and A_f.
(f) Find R_{in} and R_{out}.

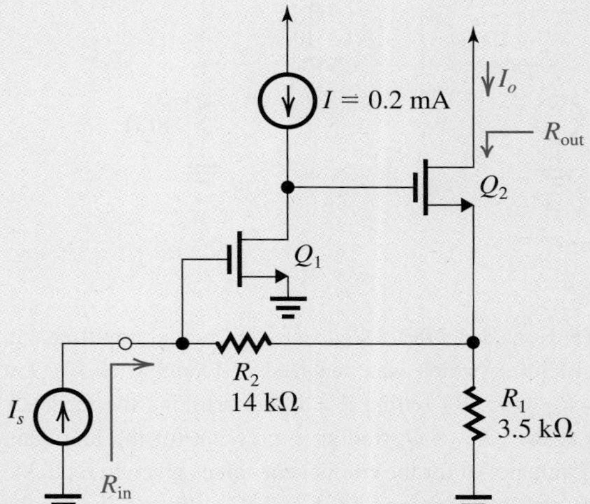

Figure P10.72

10.73 For the feedback current amplifier in Fig. P10.46:

(a) Find expressions for the ideal closed-loop gain I_o/I_s, and β. Also, give the β circuit.
(b) Provide the A circuit and derive expressions for R_i and A. Neglect r_o of both transistors.
(c) Find an expression for $A\beta$.
(d) For $g_{m1} = g_{m2} = 4$ mA/V, $R_D = 30$ kΩ, $R_M = 200$ Ω, and $R_F = 1$ kΩ, find the values of A, β, $A\beta$, A_f, $A_f|_{ideal}$, R_i, and R_{in}.
(e) If $r_{o2} = 20$ kΩ and $R_L = 1$ kΩ, find the output resistance as seen by R_L.

SIM ***10.74** For the amplifier circuit in Fig. P10.74, assuming that V_s has a zero dc component, find the dc voltages at all nodes and the dc emitter currents of Q_1 and Q_2. Let the BJTs have $\beta = 100$. Use feedback analysis to find V_o/V_s and R_{in}. Let $V_{BE} = 0.7$ V.

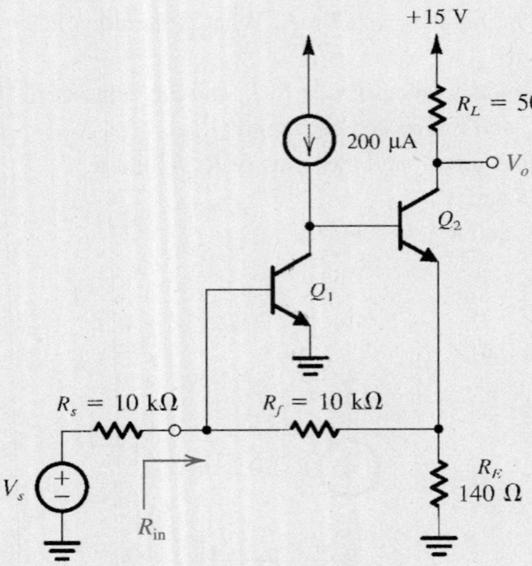

Figure P10.74

10.75 Consider the feedback current amplifier in Fig. 10.30(a) (which was analyzed in Example 10.10). Let $R_s = R_{id} = \infty$. By setting $I_s = 0$ and breaking the feedback loop at the gate of Q, find an expression for the loop gain $A\beta$. Evaluate $A\beta$ for the component values given in Example 10.10 and hence determine A and A_f. Why do the results differ somewhat from those found in Example 10.10?

***10.76** The feedback current amplifier in Fig. P10.76(a) can be thought of as a "super" CG transistor. Note that rather than connecting the gate of Q_2 to signal ground, an amplifier is placed between source and gate.

(a) If μ is very large, what is the signal voltage at the input terminal? What is the input resistance? What is the current gain I_o/I_s?
(b) For finite μ but assuming that the input resistance of the amplifier μ is very large, find the A circuit and derive expressions for A, R_i, and R_o.
(c) What is the value of β?
(d) Find $A\beta$ and A_f. If μ is large, what is the value of A_f?
(e) Find R_{in} and R_{out} assuming the loop gain is large.
(f) The "super" CG transistor can be utilized in the cascode configuration shown in Fig. P10.76(b), where V_G is a dc bias voltage. Replacing Q_1 by its small-signal model, use the analogy of the resulting circuit to that in Fig. P10.76(a) to find I_o and R_{out}.

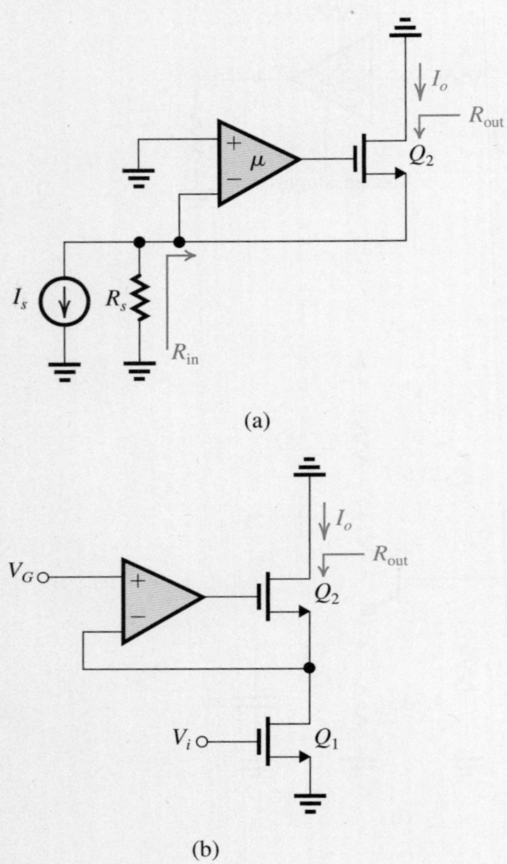

Figure P10.76

***10.77** Figure P10.77 shows an interesting and very useful application of feedback to improve the performance of the current mirror formed by Q_1 and Q_2. Rather than connecting the drain of Q_1 to the gate, as is the case in simple current mirrors, an amplifier of gain $+\mu$ is connected between the drain and the gate. Note that the feedback loop does *not* include transistor Q_2. The feedback loop ensures that the value of the gate-to-source voltage of Q_1 is such that I_{o1} equals I_s. This regulated V_{gs} is also applied to Q_2. Thus, if W/L of Q_2 is n times W/L of Q_1, $I_{o2} = nI_{o1} = nI_s$. This current tracking, however, is *not* regulated by the feedback loop.

(a) Show that the feedback is negative.

(b) If μ is very large and the input resistance of the amplifier μ is infinite, what dc voltage appears at the drain of Q_1? If Q_1 is to operate at an overdrive voltage of 0.2 V, what is the minimum value that V_{BIAS} must have?

(c) Replacing Q_1 by its small-signal model, find an expression for the small-signal input resistance R_{in} assuming finite gain but infinite input resistance for the amplifier μ. Note that here it is much easier to do the analysis directly than to use the feedback-analysis approach. For large μ, what does R_{in} become?

(d) What is the output resistance R_{out}?

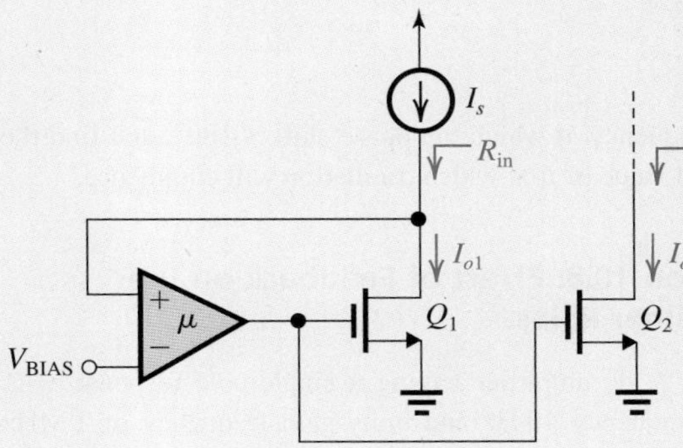

Figure P10.77

***10.78** The circuit in Fig. P10.78 is an implementation of a particular circuit building block known as **second-generation current convoyer** (CCII). It has three terminals besides ground: x, y, and z. The heart of the circuit is the feedback amplifier consisting of the differential amplifier μ and the complementary source follower (Q_N, Q_P). (Note that this feedback circuit is one we have encountered a number of times in this chapter, albeit with only one source-follower transistor.) In the following, assume that the differential amplifier has a very large gain μ (ideally infinite) and infinite differential input resistance. Also, let the two current mirrors have unity current-transfer ratios.

(a) If a resistance R is connected between y and ground, a voltage signal V_x is connected between x and ground, and z is short-circuited to ground. Find the current I_z through the short circuit. Show how this current is developed and its path for V_x positive and for V_x negative.

(b) If x is connected to ground, a current source I_y is resistance seen by I_y? What is the current I_z that flows through the output short circuit? Also, explain the current flow through the circuit for I_y positive and for I_y negative.

(c) What is the output resistance at z?

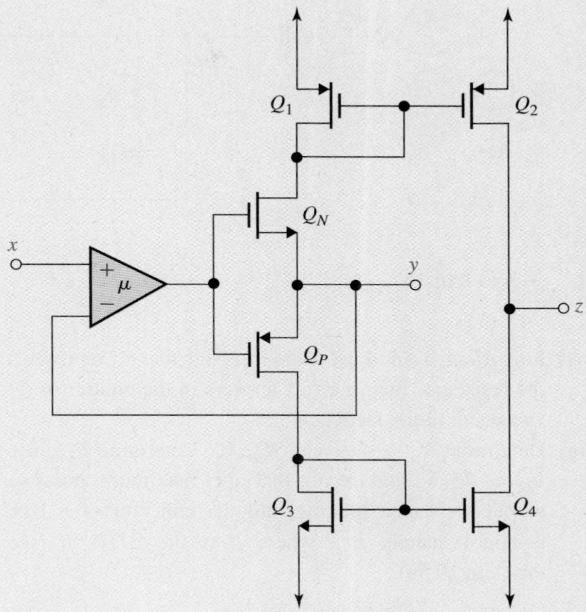

Figure P10.78

****10.79** Figure P10.79 shows a feedback amplifier utilizing the shunt–series topology. Here, the feedback network, formed by R_{E2} and R_{f1} senses the emitter current of Q_2, I_{e2}, which should be considered the output quantity of the feedback amplifier for the purpose of performing the feedback analysis. Of course, the output current I_{out} is proportional to I_{e2}. All transistors have $\beta = 100$ and $V_{BE} = 0.7$ V. Neglect r_o except in (g).

(a) Perform a dc analysis to find the dc emitter currents in Q_1 and Q_2 and hence determine their small-signal parameters.

(b) Replacing the BJTs with their hybrid-π models, give the equivalent circuit of the feedback amplifier.

(c) Find the ideal value of the closed-loop gain $A_f = I_{e2}/I_s$ where $I_s = V_s/R_s$. Hence, find the ideal value of the current gain I_{out}/I_{in}.

(d) Find β and give the β circuit.

(e) Give the A circuit and determine A, R_i, and R_o. Note that R_o is the resistance determined by breaking the emitter

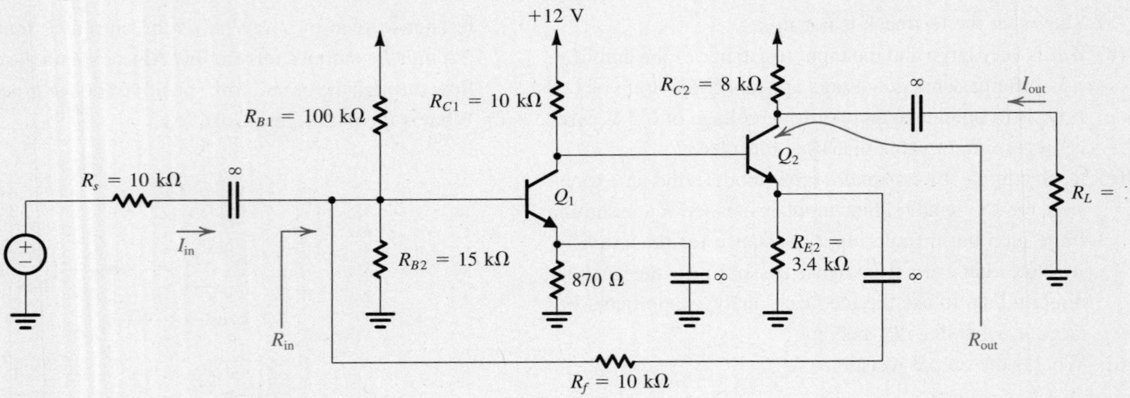

Figure P10.79

(f) Find $A\beta$, $1+A\beta$, A_f, R_{if}, and R_{of}. Note that R_{of} represents the resistance that in effect appears in the emitter of Q_2 as a result of the feedback.

(g) Determine R_{in}, I_{out}/I_{in}, and R_{out}. To determine R_{out}, use $V_{A2} = 75$ V and recall that the maximum possible output resistance looking into the collector of a BJT is approximately βr_o, where β is the BJT's β (see Problem 10.56).

Section 10.7: The Stability Problem

10.80 A feedback amplifier has an open-loop gain $A = 10^4$ V/V with a pole at 100 rad/s and two coincident poles at 10^4 rad/s. The feedback network is resistive with a feedback factor β. Find the frequency of 180° phase shift, the maximum value that β can have before oscillations start, and the corresponding minimum allowable closed-loop gain.

10.81 An op amp having a low-frequency gain of 10^4 and a single-pole rolloff at 10^3 rad/s is connected in a negative-feedback loop via a feedback network having a transmission k and a two-pole rolloff at 10^3 rad/s. Find the value of k above which the closed-loop amplifier becomes unstable.

10.82 Consider a feedback amplifier for which the open-loop gain $A(s)$ is given by

$$A(s) = \frac{10{,}000}{(1+s/10^4)(1+s/10^5)^2}$$

If the feedback factor β is independent of frequency, find the frequency at which the phase shift is 180°, and find the critical value of β at which oscillation will commence.

Section 10.8: Effect of Feedback on the Amplifier Poles

10.83 A dc amplifier having a single-pole response with pole frequency 10 Hz and unity-gain frequency of 1 MHz is operated in a loop whose frequency-independent feedback factor is 0.1. Find the low-frequency gain, the 3-dB frequency, and the unity-gain frequency of the closed-loop amplifier. By what factor does the pole shift?

***10.84** An amplifier having a low-frequency gain of 10^4 and poles at 10^4 Hz and 10^5 Hz is operated in a closed negative-feedback loop with a frequency-independent β.

(a) For what value of β do the closed-loop poles become coincident? At what frequency?

(b) What is the low-frequency, closed-loop gain corresponding to the situation in (a)? What is the value of the closed-loop gain at the frequency of the coincident poles?

(c) What is the value of Q corresponding to the situation in (a)?

(d) If β is increased by a factor of 10, what are the new pole locations? What is the corresponding pole Q?

10.85 An amplifier has dc open-loop gain of 80 dB and a single pole with 100-Hz frequency. It is utilized to design a feedback amplifier with a 3-dB frequency of 10 kHz. What

β is needed? What is the dc closed-loop gain realized? Give an expression for $A_f(s)$.

D 10.86 A dc amplifier has an open-loop gain of 1000 and two poles, a dominant one at 1 kHz and a high-frequency one whose location can be controlled. It is required to connect this amplifier in a negative-feedback loop that provides a dc closed-loop gain of 10 and a maximally flat response. Find the required value of β and the frequency at which the second pole should be placed. What is the 3-dB frequency of the closed-loop amplifier?

D 10.87 A feedback amplifier having a dc closed-loop gain of 10 and a maximally flat second-order response with a 3-dB frequency of 1 kHz is required. The open-loop amplifier utilizes a cascade of two identical amplifier stages, each having a single-pole frequency response. Find the value required for β, and the 3-dB frequency and the dc gain of each of the two amplifier stages. Give an expression for $A_f(s)$. (*Hint*: For the maximally flat case, $\omega_{3dB} = \omega_0$.)

***10.88** Three identical inverting amplifier stages, each characterized by a low-frequency gain K and a single-pole response with $f_{3dB} = 100$ kHz, are connected in a feedback loop with $\beta = 1$. What is the minimum value of K at which the circuit oscillates? What would the frequency of oscillation be?

Section 10.9: Stability Study Using Bode Plots

10.89 Reconsider Exercise 10.21 for the case of a manufacturing error introducing a second pole at 10^3 Hz. What is now the frequency for which $|A\beta| = 1$? What is the corresponding phase margin? For what values of β is the phase margin 45° or more? What is the corresponding value of closed-loop gain?

10.90 (a) Use Eq. (10.48) to show that the peaking factor $P \equiv |A_f(j\omega_1)|/|A_f(0)|$ is related to the phase margin ϕ by

$$\phi = \cos^{-1}\left(1 - \frac{1}{2P^2}\right)$$

(b) Use the formula derived in (a) to find the phase margin that results in a peaking of (i) 5%, (ii) 10%, (iii) 0.1 dB, (iv) 1 dB, (v) 3 dB.

10.91 An amplifier has a dc gain of 10^4 and poles at 10^5 Hz, 3.16×10^5 Hz, and 10^6 Hz. Find the value of β, and the corresponding closed-loop gain, for which a phase margin of 45° is obtained.

10.92 Reconsider Exercise 10.21 for the case of the op amp wired as a unity-gain buffer. At what frequency is $|A\beta| = 1$? What is the corresponding phase margin?

10.93 For the amplifier described by Fig. 10.38 and with frequency-independent feedback, what is the minimum closed-loop voltage gain that can be obtained for phase margins of 90° and 45°?

***10.94** A two-pole amplifier for which $A_0 = 10^3$ and having poles at 1 MHz and 10 MHz is to be connected as a differentiator. On the basis of the rate-of-closure rule, what is the smallest differentiator time constant for which operation is stable?

Section 10.10: Frequency Compensation

10.95 For the amplifier whose $A(s)$ is depicted in Fig. 10.39, to what value must the first pole frequency be lowered to obtain stable performance for (a) $\beta = 0.001$ and (b) $\beta = 0.1$?

10.96 An op amp has a dc gain of 120 dB and three poles: $\omega_{P1} = 10^5$ rad/s, $\omega_{P2} = 10^7$ rad/s, and $\omega_{P3} = 10^8$ rad/s. The frequency response must be compensated so that the gain has a uniform −20 dB/decade rolloff down to 0 dB and the 3-dB frequency as high as possible.

Miller compensation is used around one of the stages of the amplifier as shown in Fig. 10.41. Assume that without C_f connected, the input circuit is responsible for the first pole and the output circuit is responsible for the second pole. Let $C_1 = 1$ pF, $C_2 = 0.05$ pF, and $g_m = 10$ mA/V. When C_f is connected, assume that the second pole moves to a frequency higher than that of the third pole.

(a) Provide a neat and clearly labeled sketch of the Bode plot of the magnitude of the open-loop gain of the uncompensated amplifier. The frequency axis should extend from 10 rad/s to 10^9 rad/s.
(b) On the same figure, sketch the Bode plot for the magnitude of the gain of the compensated amplifier. Specify the frequency of the dominant pole and the unity-gain bandwidth of the compensated amplifier.
(c) Give the required value of C_f.
(d) What is the frequency to which the second pole moves?

D 10.97 A multipole amplifier having a first pole at 1 MHz and a dc open-loop gain of 80 dB is to be compensated for closed-loop gains as low as unity by the introduction of a new dominant pole. At what frequency must the new pole be placed?

D 10.98 For the amplifier described in Problem 10.97, rather than introducing a new dominant pole we can use additional capacitance at the circuit node at which the pole is formed to reduce the frequency of the first pole. If the frequency of the second pole is 20 MHz and if it remains unchanged while additional capacitance is introduced as mentioned, find the frequency to which the first pole must be lowered so that the resulting amplifier is stable for closed-loop gains as low as unity. By what factor is the capacitance at the controlling node increased?

D 10.99 An op amp with an open-loop voltage gain of 80 dB and poles at 10^5 Hz, 10^6 Hz, and 2×10^6 Hz is to be compensated to be stable for unity β. Assume that the op amp incorporates an amplifier equivalent to that in Fig. 10.41, with $C_1 = 150$ pF, $C_2 = 5$ pF, and $g_m = 40$ mA/V, and that f_{P1} is caused by the input circuit and f_{P2} by the output circuit of this amplifier. Find the required value of the compensating Miller capacitance and the new frequency of the output pole.

10.100 Contemplate the effects of pole splitting by considering Eqs. (10.54), (10.58), and (10.59) under the conditions that $R_1 \simeq R_2 = R$, $C_2 \simeq C_1/10 = C$, $C_f \gg C$, and $g_m = 100/R$, by calculating ω_{P1}, ω_{P2}, and ω'_{P1}, ω'_{P2}. Comment on the results.

CHAPTER 11

출력단과 전력 증폭기

서론

11.1 출력단의 분류

11.2 A급 출력단

11.3 B급 출력단

11.4 AB급 출력단

11.5 AB급 회로의 바이어싱

11.6 CMOS 출력단

11.7 전력 트랜지스터

요약

PROBLEMS

이 장에서 배울 내용

- 트랜지스터가 도통되어 있는 입력 사인파의 사이클의 기간에 기초한 증폭기 출력단의 분류
- 간단하지만 전력 효율이 낮은 이미터 폴로어(A급)에서부터 바이폴라와 CMOS 기술 모두에서 널리 사용되는 푸시풀(push-pull) AB급 회로까지 다양한 종류의 출력단 해석과 설계
- 전력 증폭기의 설계에 이용되는 유용하고 흥미로운 회로 기법

서론

이 장은 큰 전력 이득을 가지는 증폭기 단들에 대해 기술한다. 이들은 이들의 출력에서 큰 전압 및/또는 전류 스윙을 수용할 수 있어야 한다. 이들 단은 독립적으로 사용될 때 **전력 증폭기**(power amplifier)이다. 다단 증폭기의 마지막 단으로 사용될 때 이들 단은 **출력단**(output stage)이다. 큰 스윙을 생성하면서 동시에 선형성을 유지하는 것은 이와 같은 단들의 설계에서 기본적인 도전이다. 오디오 증폭기는 대표적인 예이다. 즉, 이 증폭기들이 스피커로 전달할 전압과 전류는 선명하게 가청 소리를 만들기에 충분해야 한다. 하지만 인간의 귀는 오디오 파형에 내포되어 있는 모든 미묘한 왜곡들까지도 검출할 능력이 있다. 따라서 전력 증폭기는 반드시 매우 선형적이어야 한다. 고음질 오디오 증폭기는 다음과 같은 사인파 출력을 생성할 수 있어야 한다. 즉, 출력 사인파의 고조파 성분이 기본파에 대해 겨우 수분의 1 퍼센트 정도이어야 한다.

출력단 설계에서 가장 핵심이 되는 요구 사항은 출력단이 필요한 양의 전력을 부하에 효율적인 방법으로 공급할 수 있도록 해 주는 것이다. 증폭기의 효율이 (주로 전력 공급기로부터) 증폭기로 전달되는 전력의 몇 분의 1이고, 이는 궁극적으로 부하로 전달된다는 것을 상기하기 바란다. 높은 효율을 성취하기 위해서는 출력단 트랜지스터에서 소비되는 전력이 가능한 한 작아야 한다. 이는 증폭기 트랜지스터가 과열되는 것을 방지한다. 트랜지스터가 과열되어 파괴되는 것을 방지하기 위해, 트랜지스터의 최대 동작 온도(실리콘 소자인 경우 150~200℃ 범위)가 존재한다. 높은 효율은 또 전지의 수명을 연장시킬 수 있는데, 이것은 휴대폰을 예로 들면 안테나와 헤드폰 스피커를 구동하는 전력 증폭기에서 가장 중요하다.

이 장에서는 먼저 저전력과 고전력 모두를 취급하는 증폭기들에 사용되는 여러 가지 출력단 구성에 대해 공부할 것이다. 여기서 '고전력(high power)'이란 일반적으로 1 W 이상을 의미한다. 그 예로는 휴대폰의 송신기를 들 수 있다. 이 송신기는 전형적으로 1 W의 전력을 안테나로 전달할 수 있어야 한다. 스테레오 전축은 수백 와트의 음성 전력을 스피커로 전달할 수 있어야 한다. 이들과 유사한 출력단을 사용하는 '저전력(low power)' 응용의 예로는 무선 블루투스(Bluetooth) 송신기와 헤드폰을 구동하기 위한 오디오 증폭기를 들 수 있다. 둘 다 10 mW 정도 또는 더 적은 전력을 전달해야 한다.

11.1 출력단의 분류

출력단은 입력 신호가 인가될 때 그 결과로 생기는 컬렉터 전류 파형의 모양에 따라 분류된다.[1)] 그림 11.1은 입력 신호가 사인파인 경우에 대한 분류를 나타낸 것이다. A급 단에 해당하는 파형을 그림 11.1(a)에 나타냈으며, 이 그림으로부터 A급 단은 신호 전류의 진폭 $\hat{I}_c$보다 큰 전류 I_C로 바이어스된다는 것을 알 수 있다. 따라서 A급 단에 있는 트랜지스터는 입력 신호의 전주기 동안 도통된다. 즉, 도통각이 360°이다. 한편 B급 단에 해당하는 파형은 그림 11.1(b)에 나타냈으며, 이 그림으로부터 B급 단은 0의 직류 전류로 바이어스된다는 것을 알 수 있다. 따라서 B급 단에 있는 트랜지스터는 입력 사인파의 반주기 동안만 도통된다. 즉, 도통각은 180°이다.

---

1) 우리는 초기에 BJT 증폭기에 초점을 맞춘다. 컬렉터 전류를 드레인 전류로 대체하면 똑같은 분류가 CMOS 증폭기에 적용된다.

조금 후면 알게 되겠지만, 사인파의 마이너스 절반은 B급 모드로 동작하면서 입력 사인파의 나머지 반주기 동안만 도통되는 또 다른 트랜지스터에 의해서 공급될 것이다.

A와 B 사이의 중간급, 즉 AB급에서는 트랜지스터가 사인파 신호의 피크 전류보다는 매우 작지만 0보다는 큰 직류 전류로 바이어스된다. 따라서 그림 11.1(c)에 나타냈듯이, 트랜지스터는 반주기보다 약간 긴 기간 동안 도통된다. 즉, 도통각은 180°보다는 크지만 360°보다는 매우 작다. AB급 단은 마이너스 반주기보다 약간 긴 기간 동안 도통되는 또 하나의 트랜지스터를 가지고 있으며, 두 트랜지스터로부터의 전류는 부하에서 합쳐진다. 따라서 입력 사인파의 0 교차점 근방의 기간 동안에는 두 트랜지스터가 모두 도통된다.

G/H급 증폭기라고 불리는 AB급의 변형은 두 쌍의 전력 증폭기들(예를 들면, 정규의 ±30 V의 공급기와 ±70 V의 고전압 공급기)을 이용한다. 고전압 공급기는 가끔씩만 요구되는데, 예를 들면 드럼 소리를 내기 위해 높은 출력 전력의 짧은 폭발을 제공해야 하는 경우에만 요구된다. 고전압 공급기는 가끔씩 동작하기 때문에 이 공급기는 저가로 설계될 수도 있다. 또한 이는 AB급 회로가 사용되고 고전압 공급기로부터 연속적으로 동작할 경우 얻을 수 있는 것보다 전력 효율이 더 좋은 구성이다.

그림 11.1(d)는 C급 증폭기로 동작하는 트랜지스터의 컬렉터 전류 파형을 나타낸 것이다. 이 그림에서 트

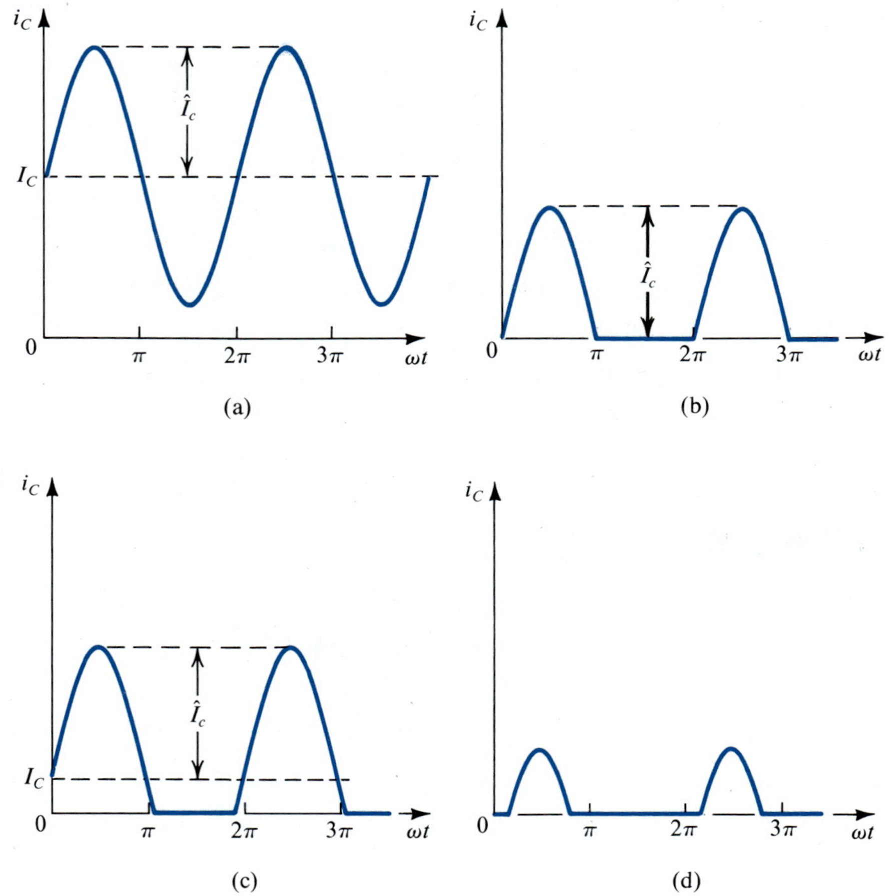

그림 11.1 (a) A급, (b) B급, (c) AB급, (d) C급 단에서 동작하고 있는 트랜지스터들의 컬렉터 전류 파형.

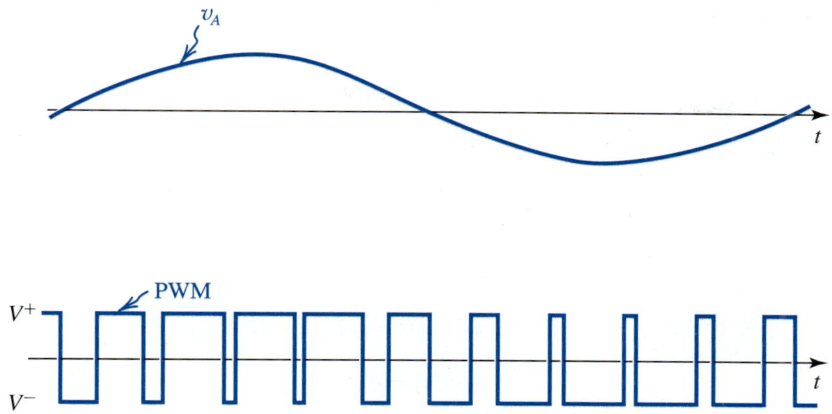

그림 11.2 PWM 신호는 일정한 주파수에서의 구형파 펄스들로 구성되며, 펄스폭은 오디오 신호 v_A에 비례하여 변한다.

랜지스터가 반주기보다 짧은 기간 동안 도통된다는 점, 즉 도통각이 180°보다 작다는 점에 주목하기 바란다. 또한 그 결과로 생기는 전류 파형이 그림과 같은 주기적인 펄스 모양을 띤다는 점에도 주목하기 바란다. 사인파 출력 전압을 얻기 위해서는, 이 전류를 입력 사인파의 주파수에 동조된 병렬 *LC* 회로에 통과시켜야 할 것이다. 동조 회로는 대역 통과 여파기(13장)로서 작동하며, 전류 파형의 푸리에 급수 표현 중에서 기본파의 진폭에 비례하는 출력 전압을 제공한다. C급 증폭기는 무선 주파(RF) 송신기에서와 같이 신호가 기본적으로 사인파인 곳에서 사용된다. 13장에서 공부할 동조된 공진기를 이용한 발진기 회로들도 본질적으로 C급 모드로 동작한다.

D급 단은 전력 증폭에 아주 다른 접근 방식을 취한다. 트랜지스터들은 증폭할 신호보다 훨씬 높은 주파수에서 단지 온-오프 스위치로서만 동작한다. 그 결과는 파형의 평균값이 증폭될 신호에 비례하여 변하는 구형파이다. 이를 수행하기 위한 일반적인 방법은 그림 11.2에 예시한 펄스폭 변조(PWM)이다. 이상적으로, 트랜지스터들은 항상 0의 전류(이들이 오프일 때)를 보이거나 그렇지 않으면 0의 전압 강하(이들이 온일 때)를 보인다. 따라서 이들은 전력을 소비하지 않고, D급 오디오 증폭기는 100% 효율에 접근할 수 있다. 당연히 실제 트랜지스터들은 유한한 온 저항을 가지고 있다. 또한 스위칭하는 동안 공급기 전압과 접지 사이에 순간적인 단락이 생길 수 있다. 게다가 출력단 트랜지스터들이 온과 오프를 하는 데에도 약간의 전력이 소요된다. 따라서 D급 단의 효율은 85~95%의 값으로 제한된다. 그러나 여전히 A급, B급, AB급 단들의 효율보다 훨씬 더 높다.

우리는 이 장에서 A급, B급, AB급 증폭기에 대해서 공부할 것이다. 이들은 연산 증폭기와 오디오용 전력 증폭기의 출력단으로 사용된다. 오디오용 전력 증폭기에 사용될 경우에는 AB급이 선호된다. 그 이유는 다음의 절들에서 설명할 것이다.

11.2 A급 출력단

이미터 폴로어는 가장 보편적인 A급 단이다. 우리는 6장에서 이미터 폴로어가 낮은 소신호 출력 저항을 제공한다는 것을 보았다. 여기서는 이미터 폴로어의 대신호 동작을 고찰하고, 어떻게 그것의 낮은 출력 저항이 좋은 선형성을 제공하는지를 살펴볼 것이다.

11.2.1 전달 특성

그림 11.3은 이미터 폴로어 Q_1이 트랜지스터 Q_2에 의해서 공급되는 정전류 I로 바이어스되어 있는 것을 보여준다. 이미터 전류 $i_{E1} = I + i_L$이기 때문에, 바이어스 전류 I는 반드시 부하 전류 i_L의 마이너스 최댓값보다 커야 한다. 그렇지 않으면 Q_1이 차단되고, A급 동작은 더 이상 유지되지 않을 것이다.

그림 11.3의 이미터 폴로어의 전달 특성은 다음과 같이 나타낼 수 있다.

$$v_O = v_I - v_{BE1} \tag{11.1}$$

여기서 v_{BE1}은 이미터 전류 i_{E1}에 의존한다. 따라서 v_{BE1}이 결과적으로 부하 전류 i_L에 의존한다는 것을 알 수 있다. 만일 v_{BE1} 값의 비교적 작은 변화(이미터 전류가 10 단위 변화할 때마다 60 mV씩 변화)를 무시한다면, 그림 11.4와 같은 선형적인 전달 곡선을 얻을 수 있을 것이다. 그림으로부터 알 수 있듯이, 선형 영역의 플러스 한계는 Q_1의 포화에 의해서 결정된다. 따라서

$$v_{O\max} = V_{CC} - V_{CE1\text{sat}} \tag{11.2}$$

이다. 이는 v_I가 V_{CC}를 초과할 것을 요구한다. 따라서 만일 v_I가 앞단에 의해서 제한된다면 $v_{O\max}$는 감소할 것이다.

마이너스 방향에서는 선형 영역의 한계가 I와 R_L의 값에 의존하는 Q_1의 차단, 즉

$$v_{O\min} = -IR_L \tag{11.3}$$

에 의해서 결정되거나, 그렇지 않으면 Q_2의 포화, 즉

$$v_{O\min} = -V_{CC} + V_{CE2\text{sat}} \tag{11.4}$$

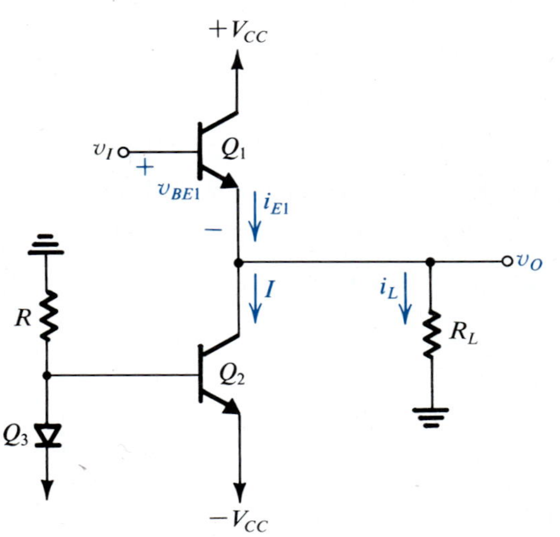

그림 11.3 Q_2 트랜지스터에 의해서 공급되는 정전류 전원 I로 바이어스된 이미터 폴로어(Q_1).

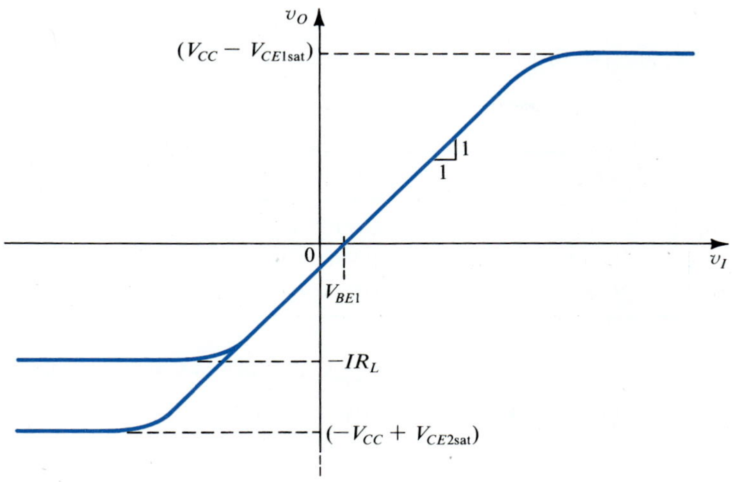

그림 11.4 그림 11.3의 이미터 폴로어의 전달 특성. 이 선형 특성은 i_L의 변화에 따른 v_{BE1}의 변화를 무시한 상태에서 얻은 것이다. 최대 플러스 출력은 Q_1의 포화에 의해서 결정된다. 마이너스 방향에서는 선형 영역의 한계가 I와 R_L의 값에 의존하는 Q_1의 차단에 의해서 결정되거나 그렇지 않으면 Q_2의 포화에 의해서 결정된다.

에 의해서 결정된다. 이들 중에서 식 (11.4)의 한계가 더 낮고 이에 따라 더 넓은 선형 범위를 제공한다. 이는 바이어스 전류 I가 식 (11.4)에 상응하는 부하 전류보다 크기만 하면, 즉

$$I \geq \frac{\left| -V_{CC} + V_{CE2sat} \right|}{R_L} \tag{11.5}$$

이면 이루어진다.

예제 11.1

그림 11.4에 보인 이미터 폴로어의 전달 특성의 기울기가 변하면 출력에서 왜곡을 야기할 것이다. 여기서 우리는 소신호 해석을 하여 몇몇 동작점에서의 증분 이득, 즉 기울기를 구할 것이다. 그림 11.3에서 V_{CC} = 15 V, I = 120 mA, R_L = 100 Ω으로 놓자. v_O = +10 V, 0 V, −10 V일 때 회로의 증분(소신호) 이득을 구하라.

풀이

6장에서 ($r_{o1} \gg R_L$이라고 가정했을 때) 이미터 폴로어의 소신호 전압 이득이

$$A_v = \frac{R_L}{R_L + r_{e1}} = \frac{1}{1 + r_{e1}/R_L}$$

이라는 것을 보았다. Q_1이 활성 모드에 계속 있는 한, 이 결과를 이용하여 증분 이득을 구할 수 있을 것이다. 이득은 r_{e1}이 R_L보다 훨씬 작은 한 1에 매우 가까울 것이다. 그러나 r_{e1}은 출력 전압 v_O에 다음과 같이 의존한다.

$$r_{e1} = \frac{V_T}{i_{E1}} = \frac{V_T}{I + i_L} = \frac{V_T}{I + v_O/R_L}$$

$V_T = 25$ mV라고 가정하고 이 식들을 이용하면 $v_O = +10$ V, 0 V, −10 V일 때 소신호 이득을 다음과 같이 구할 수 있다.

v_O	$i_L = v_O/R_L$	$i_{E1} = I + i_L$	$r_{e1} = V_T/i_{E1}$	A_v
+10 V	100 mA	220 mA	0.11 Ω	0.999 V/V
0 V	0 mA	120 mA	0.2 Ω	0.998 V/V
−10 V	−100 mA	20 mA	1.25 Ω	0.988 V/V

세 경우 모두에서 $i_{E1} > 0$이고, Q_1의 컬렉터 전압 즉 $+V_{CC}$는 이미터 전압 v_O보다 적어도 5 V만큼 초과해야 한다. 그러면 Q_1은 실제로 활성 모드에 머무른다. 증분 이득은 단지 약 1%만큼 변했다.

예제 11.1은 낮은 출력 전압에서 i_{E1}이 감소하고 r_{e1}이 증가하여 전압 이득 A_v의 기울기에 영향을 미친다는 것을 보여 준다. 이 예제에서 $|v_O| < 10$ V의 출력 전압 범위에서 r_{e1}이 R_L보다 훨씬 작다. 따라서 선형 특성이 비교적 좋다. 만일 선형 특성을 더 개선하려고 한다면, 바이어스 전류 I를 증가시켜야 한다. 그러나 유감스럽게도 바이어스 전류의 증가가 Q_1과 Q_2의 전력 소비도 증가시키고 효율도 저하시킨다는 것을 알 수 있다.

연습문제

D11.1 그림 11.3의 이미터 폴로어에서 $V_{CC} = 15$ V, $V_{CEsat} = 0.2$ V, $V_{BE} = 0.7$ V로 상수이고, β는 매우 크다고 가정하자. $R_L = 1$ kΩ일 때, 출력 신호를 최대로 스윙시킬 수 있을 정도로 충분히 큰 바이어스 전류를 흘려 주려면 R 값을 얼마로 해야 하는가? 그 결과의 출력 신호 스윙은 얼마인가? 그리고 Q_1 이미터 전류의 최솟값과 최댓값은 얼마인가?
[답] 0.97 kΩ; −14.8 V에서 +14.8 V; 0에서 29.6 mA

11.2 연습문제 11.1의 이미터 폴로어에 대해 생각해 보자. 여기서 $I = 14.8$ mA이고 $R_L = 1$ kΩ, v_O는 −10 V ~ +10 V 범위로 제한된다고 가정하자. 또한 Q_1은 $i_C = 1$ mA에서 $v_{BE} = 0.6$ V를 가지며, $\alpha \simeq 1$이라고 가정하자. $v_O = -10$ V, 0 V, +10 V에 해당하는 각각의 v_I를 구하라. 이 각각의 경우에 대해 소신호 해석을 이용하여 전압 이득 v_o/v_i를 구하라. 여기서 증분 전압 이득이 v_O 대 v_I 특성의 기울기에 해당한다는 점에 유의하기 바란다.
[답] −9.36 V, 0.67 V, 10.68 V; 0.995 V/V, 0.998 V/V, 0.999 V/V

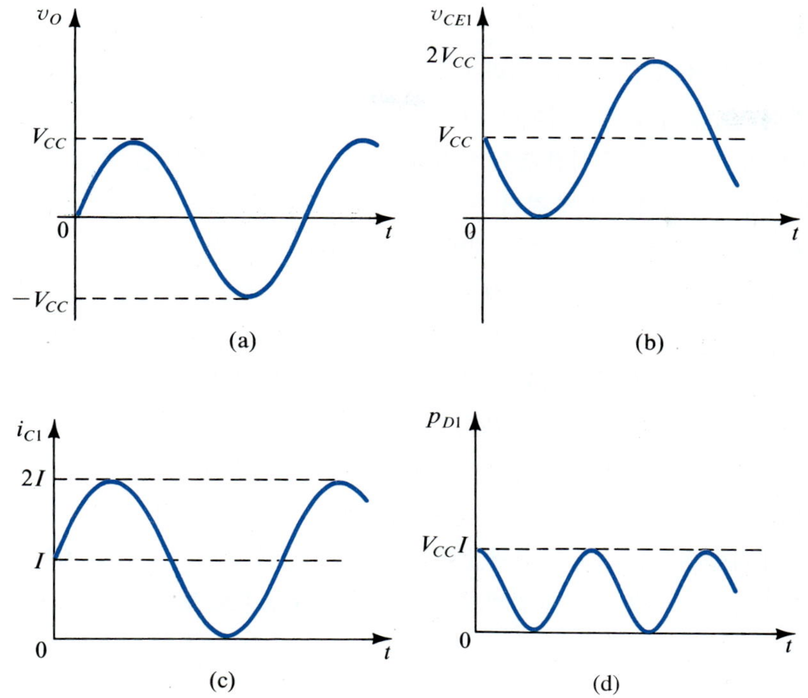

그림 11.5 $I = V_{CC}/R_L$ 또는 $R_L = V_{CC}/I$ 조건하에서 살펴본 그림 11.3의 A급 출력단의 최대 신호 파형들. 트랜지스터 포화 전압은 무시했다.

11.2.2 신호 파형

사인파 입력에 대한 그림 11.3의 이미터 폴로어의 동작을 살펴보자. V_{CEsat}를 무시한다면 그리고 바이어스 전류 I가 적당하게 설정되어 있다고 가정하면, 그림 11.5(a)에 나타낸 것처럼, 출력 전압이 0의 정지(quiescent) 전압을 중심으로 하여 $-V_{CC}$에서 $+V_{CC}$까지 스윙할 수 있다는 것을 알 수 있을 것이다. 그림 11.5(b)는 $v_{CE1} = V_{CC} - v_O$의 파형을 나타낸 것이다. 이제 마이너스 최대 부하 전류 즉 V_{CC}/R_L을 허용할 수 있도록 바이어스 전류 I를 정했다고 가정하면, 즉

$$I = V_{CC}/R_L$$

로 가정하면, Q_1의 컬렉터 전류는 그림 11.5(c)와 같은 파형을 가질 것이다. 끝으로 그림 11.5(d)는 Q_1의 **순시 소비 전력**(instantaneous power dissipation)

$$p_{D1} \equiv v_{CE1} i_{C1} \tag{11.6}$$

의 파형을 나타낸 것이다.

11.2.3 소비 전력

그림 11.5(d)는 Q_1의 최대 순시 소비 전력이 $V_{CC}I$라는 것을 보여 준다. 이 전력은 입력 신호가 공급되지 않을 때 Q_1의 소비 전력과 같다. 즉, 정지 소비 전력이다. 따라서 이미터 폴로어 트랜지스터는 $v_O = 0$일 때 가장 큰 양의 전력을 소비한다. 입력 신호가 오랜 기간 동안 인가되지 않는 경우가 곧잘 있을 수 있으므로, Q_1 트랜지스터는 반드시 $V_{CC}I$의 지속적인 전력 소비에 견딜 수 있어야 한다.

Q_1의 소비 전력은 R_L의 값에 의존한다. 출력이 개방 회로가 되는 극단적인 경우, 즉 $R_L = \infty$인 경우에 대해 생각해 보자. 이 경우 $i_{C1} = I$로 일정할 것이고, Q_1에서의 순시 소비 전력은 v_O의 순시 값에 따라 달라질 것이다. 최대 전력 소비는 $v_O = -V_{CC}$ 일 때 일어날 것이다. 이 경우 v_{CE1}은 $2V_{CC}$로 최대일 것이며, $p_{D1} = 2V_{CC}I$일 것이다. 그러나 이런 상태는 대개 오래 지속되지 않을 것이다. 부하가 개방되어 있을 때 Q_1의 평균 소비 전력이 $V_{CC}I$라는 점에 주목하기 바란다. 이보다 더 위험한 상황은 또 다른 극단적인 경우 즉 $R_L = 0$일 때 일어난다. 출력이 단락 회로가 될 때 플러스 입력 전압이 인가되면 이론적으로 무한대의 부하 전류가 흐를 것이다. 실제로 매우 큰 전류가 Q_1을 통해 흐를 것이고, 만약 단락 회로 상태가 지속된다면, 그 결과로 야기되는 Q_1에서의 큰 전력 소비가 Q_1의 접합 온도를 허용된 최댓값 이상으로 상승시킬 수 있으며, 결국에는 Q_1에 영구적인 손상을 입힐 것이다. 이와 같은 상황을 피하기 위해 출력단은 항상 **단락 회로 보호**(short-circuit protection) 회로를 구비하고 있다.

이미터 폴로어 출력단을 설계할 때 Q_2의 전력 소비도 반드시 고려해야 한다. Q_2가 정전류 I를 흘리고, v_{CE2}의 최댓값이 $2V_{CC}$ 이므로, Q_2의 최대 순시 소비 전력은 $2V_{CC}I$일 것이다. 그러나 이와 같이 v_{CE2}가 최대가 되는 것은 $v_O = V_{CC}$ 일 때 일어나며, 이런 상태는 통상적으로 오랜 기간 동안 지속되지 않을 것이다. 회로를 설계함에 있어 더 중요한 양은 Q_2의 평균 소비 전력, 즉 $V_{CC}I$이다.

예제 11.2

그림 11.3의 이미터 폴로어에서 $V_{CC} = 10$ V, $I = 100$ mA, $R_L = 100\ \Omega$이다.

(a) 정지 상태($v_O = 0$)에서 Q_1과 Q_2에서 소비되는 전력을 구하라.

(b) 사인파 출력 전압이 최대로 스윙할 때, (V_{CEsat}는 무시하고) Q_1과 Q_2에서 소비되는 평균 전력을 구하라. 또한 부하에서 소비되는 전력도 구하라.

풀이

(a) 정지 상태 $v_O = 0$에서 Q_1과 Q_2 각각이 전류 $I = 100$ mA $= 0.1$ A를 흘리고 전압 $V_{CE} = V_{CC} = 10$ V이므로

$$P_{D1} = P_{D2} = V_{CC}I = 10 \times 0.1 = 1\ \text{W}$$

가 된다.

(b) 사인파 출력 전압의 최대로 가능한 진폭(즉, 10 V 피크)에서, Q_1에서의 순시 전력 소비는 그림 11.5(d)에 나타낸 것과 같을 것이다. 따라서 Q_1에서의 평균 전력 소비는

$$P_{D1} = \frac{1}{2}V_{CC}I = \frac{1}{2} \times 10 \times 0.1 = 0.5\text{ W}$$

가 될 것이다. Q_2의 경우에는 전류가 $I = 0.1$ A로 일정하며 컬렉터에서 전압의 평균값은 0 V가 될 것이다. 그러므로 Q_2에 걸리는 평균 전압이 V_{CC} 가 될 것이며 평균 소비는

$$\begin{aligned} P_{D2} &= I \times v_{CE}\big|_{\text{average}} \\ &= I \times V_{CC} = 0.1 \times 10 = 1\text{ W} \end{aligned}$$

가 될 것이다. 끝으로 부하에 전달되는 전력은

$$\begin{aligned} P_L &= \frac{V_{orms}^2}{R_L} \\ &= \frac{(10/\sqrt{2})^2}{100} = 0.5\text{ W} \end{aligned}$$

로 구해질 수 있다.

11.2.4 전력 변환 효율

출력단의 전력 변환 효율은 다음과 같이 정의된다.

$$\eta \equiv \frac{\text{Load power}(P_L)}{\text{Supply power}(P_S)} \tag{11.7}$$

그림 11.3의 이미터 폴로어에서 출력 전압을 피크값이 $\hat{V}_o$인 사인파로 가정하면, 평균 부하 전력은

$$P_L = \frac{(\hat{V}_o/\sqrt{2})^2}{R_L} = \frac{1}{2}\frac{\hat{V}_o^2}{R_L} \tag{11.8}$$

이다. Q_2의 전류가 I로 일정하므로, 마이너스 공급기로부터 끌어들여지는 전력[2]은 $V_{CC}I$일 것이다. Q_1의 평균 전류도 I이므로, 플러스 공급기로부터 끌어들여지는 평균 전력도 $V_{CC}I$일 것이다. 따라서 전력 공급기로부터의 총 평균 전력은

$$P_S = 2V_{CC}I \tag{11.9}$$

이다. 식 (11.8)과 (11.9)를 결합하면

$$\eta = \frac{1}{4}\frac{\hat{V}_o^2}{IR_LV_{CC}} = \frac{1}{4}\left(\frac{\hat{V}_o}{IR_L}\right)\left(\frac{\hat{V}_o}{V_{CC}}\right) \tag{11.10}$$

---

2) 이 전력에는 바이어싱을 위한 다이오드 결선 트랜지스터 Q_3에 의해서 끌어들여지는 전력이 포함되지 않았다.

가 얻어진다. $\hat{V}_o \le V_{CC}$이고 $\hat{V}_o \le IR_L$이므로, 최대 효율은

$$\hat{V}_o = V_{CC} = IR_L \tag{11.11}$$

일 때 얻어지고, 그 최대 효율은 25%이다. 이것은 매우 낮은 값이므로, A급 출력단은 (1 W 이상의) 대전력 응용에는 거의 사용되지 않는다. 실제의 경우에는, 예제 11.1에서 설명했던 것처럼, 트랜지스터가 포화되고 이에 따라 비선형 왜곡이 발생하는 것을 피하기 위해 출력 전압 스윙이 더 낮은 값으로 제한된다. 따라서 실제로 얻을 수 있는 효율은 대개 10~20% 범위 내에 머무른다.

연습문제

11.3 그림 11.3의 이미터 폴로어에서 $V_{CC} = 10$ V, $I = 100$ mA, $R_L = 100\ \Omega$이다. 출력 전압이 8 V 피크의 사인파일 때 다음을 구하라: (a) 부하에 전달된 전력, (b) 공급기들로부터 끌어들여지는 평균 전력, (c) 전력 변환 효율. Q_3에서의 손실과 R은 무시하라.

[답] 0.32 W; 2 W; 16%

11.3 B급 출력단

그림 11.6에 B급 출력단을 나타냈다. 이 회로는 둘 다 동시에 도통되지 않도록 연결된 트랜지스터의 상보쌍 (즉, 하나의 *npn*과 하나의 *pnp*)으로 구성된다.

11.3.1 회로 동작

입력 전압 v_I가 0일 때, 두 트랜지스터는 모두 차단되고 출력 전압 v_O는 0일 것이다. v_I가 플러스 방향으로 증

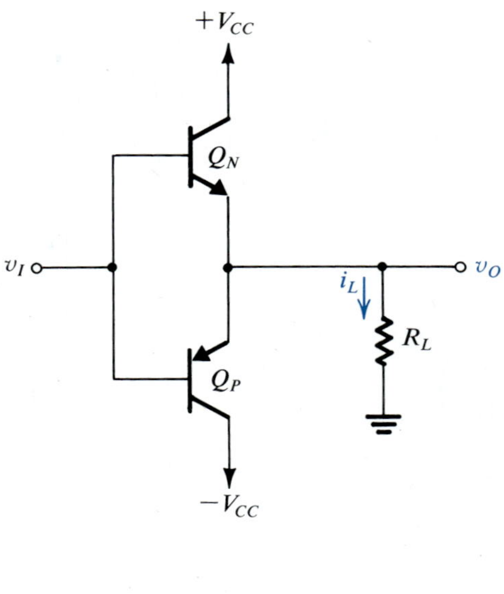

그림 11.6 B급 출력단.

가하다가 약 0.5 V보다 커지면, Q_N이 도통되면서 이미터 폴로어로 동작할 것이다. 이 경우 v_O는 v_I를 따르며 (즉, $v_O = v_I - v_{BEN}$), Q_N이 부하 전류를 공급할 것이다. 그동안에 Q_P의 이미터-베이스 접합은 Q_N의 V_{BE}(약 0.7 V)로 역바이어스될 것이다. 따라서 Q_P는 차단될 것이다.

만약 입력이 마이너스 방향으로 진행하다가 약 0.5 V보다 작아지면, Q_P가 도통되면서 이미터 폴로어로 동작할 것이다. 위에서와 마찬가지로 v_O는 v_I를 따를 것이다(즉, $v_O = v_I + v_{EBP}$). 그러나 이 경우에는 Q_P가 부하 전류를 공급하고 Q_N은 차단될 것이다.

우리는 그림 11.6의 B급 단에 있는 트랜지스터가 0 전류에 바이어스되어 있고 입력 신호가 존재할 때에만 도통된다고 결론지을 수 있을 것이다. B급 단 회로는 **푸시풀**(push-pull) 방식으로 동작한다. 즉, v_I가 플러스일 때는 Q_N이 부하 쪽으로 전류를 밀어내고(push 또는 source), v_I가 마이너스일 때에는 Q_P가 부하로부터 전류를 끌어당긴다(pull 또는 sink).

11.3.2 전달 특성

B급 출력단의 전달 특성을 그림 11.7에 나타냈다. 0 V 근처의 v_I 범위에서 두 트랜지스터가 모두 차단되고 v_O가 0이라는 점에 주목하기 바란다. 이 **데드 밴드**(dead band)는 **크로스오버 왜곡**(crossover distortion)을 일으킨다. 입력 신호가 사인파인 경우의 크로스오버 왜곡을 그림 11.8에 나타냈다. 크로스오버 왜곡의 영향은 입력 신호의 진폭이 작을수록 더욱 현저해질 것이다. 오디오용 전력 증폭기에서 크로스오버 왜곡은 불쾌한 소리를 야기한다.

11.3.3 전력 변환 효율

B급 단의 전력 변환 효율 η를 계산하기 위해, 크로스오버 왜곡을 무시하고 피크 진폭이 $\hat{V}_o$인 출력 사인파의 경우를 고찰해 보자. 평균 부하 전력은

$$P_L = \frac{1}{2}\frac{\hat{V}_o^2}{R_L} \tag{11.12}$$

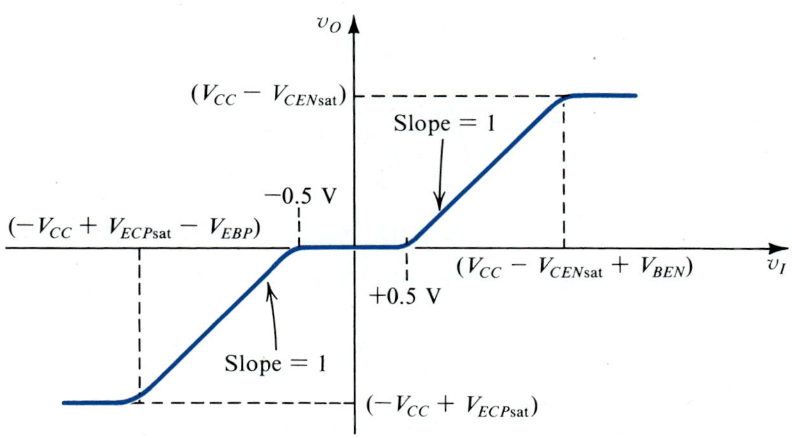

그림 11.7 그림 11.6 B급 출력단의 전달 특성.

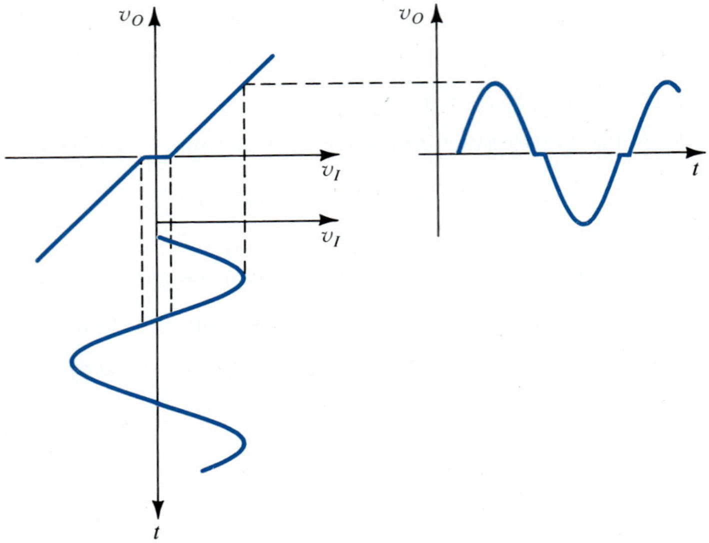

그림 11.8 B급 전달 특성의 데드 밴드가 어떻게 크로스오버 왜곡을 일으키는가에 대한 설명.

이다. 각각의 공급기로부터 끌어들여지는 전류는 피크 진폭이 $\hat{V}_o/R_L$인 반쪽 사인파로 구성될 것이다. 따라서 두 개의 전력 공급기 각각으로부터 끌어들여지는 평균 전류는 $\hat{V}_o/\pi R_L$일 것이다. 이는 두 개의 전력 공급기 각각으로부터 끌어들여지는 평균 전력이

$$P_{S+} = P_{S-} = \frac{1}{\pi}\frac{\hat{V}_o}{R_L}V_{CC} \tag{11.13}$$

로 같고, 전체 공급기로부터의 전력이

$$P_S = \frac{2}{\pi}\frac{\hat{V}_o}{R_L}V_{CC} \tag{11.14}$$

라는 것을 의미한다. 따라서 효율은 다음과 같이 주어진다.

$$\eta = \left(\frac{1}{2}\frac{\hat{V}_o^2}{R_L}\right)\Bigg/\left(\frac{2}{\pi}\frac{\hat{V}_o}{R_L}V_{CC}\right) = \frac{\pi}{4}\frac{\hat{V}_o}{V_{CC}} \tag{11.15}$$

이 식으로부터 $\hat{V}_o$가 최대일 때 최대 효율을 얻을 수 있다는 것을 알 수 있을 것이다. 이 최댓값은 Q_N과 Q_P의 포화에 의해서 $V_{CC} - V_{CE\text{sat}} \simeq V_{CC}$로 제한될 것이다. 이 피크 출력 전압 값에서, 전력 변환 효율은

$$\eta_{\max} = \frac{\pi}{4} = 78.5\% \tag{11.16}$$

이다. 이 값은 A급 단에서 얻은 값(25%)보다 매우 크다. 끝으로 B급 출력단으로부터 얻을 수 있는 최대 평균

전력은 식 (11.12)에서 $\hat{V}_o = V_{CC}$ 로 대입함으로써 구해지며, 그 결과가

$$P_{L\max} = \frac{1}{2}\frac{V_{CC}^2}{R_L} \tag{11.17}$$

이라는 점에 유의하기 바란다.

11.3.4 소비 전력

정지 상태($v_O = 0$)일 때 최대 전력을 소비하는 A급 단과는 달리 B급 단의 정지 전력 소비는 0이다. 입력 신호가 인가될 때 B급 단에서 소비되는 **평균** 전력은 다음과 같다.

$$P_D = P_S - P_L \tag{11.18}$$

식 (11.14)의 P_S와 식 (11.12)의 P_L을 대입하면

$$P_D = \frac{2}{\pi}\frac{\hat{V}_o}{R_L}V_{CC} - \frac{1}{2}\frac{\hat{V}_o^2}{R_L} \tag{11.19}$$

이 된다. 회로가 대칭이기 때문에, P_D의 절반은 Q_N에서 소비되고 나머지 절반은 Q_P에서 소비될 것이다. 따라서 Q_N과 Q_P는 반드시 안전하게 $\frac{1}{2}P_D$ 와트(watt)를 소비할 수 있어야 한다. P_D가 $\hat{V}_o$에 의존하기 때문에, 최악의 경우에 해당하는 소비 전력 $P_{D\max}$를 반드시 구해야 할 것이다. 식 (11.19)를 $\hat{V}_o$에 대해 미분하고 그 도함수를 0으로 놓으면, 평균 소비 전력을 최대로 만드는 $\hat{V}_o$ 값을 다음과 같이 얻게 될 것이다.

$$\hat{V}_o|_{P_{D\max}} = \frac{2}{\pi}V_{CC} \tag{11.20}$$

이 값을 식 (11.19)에 대입하면

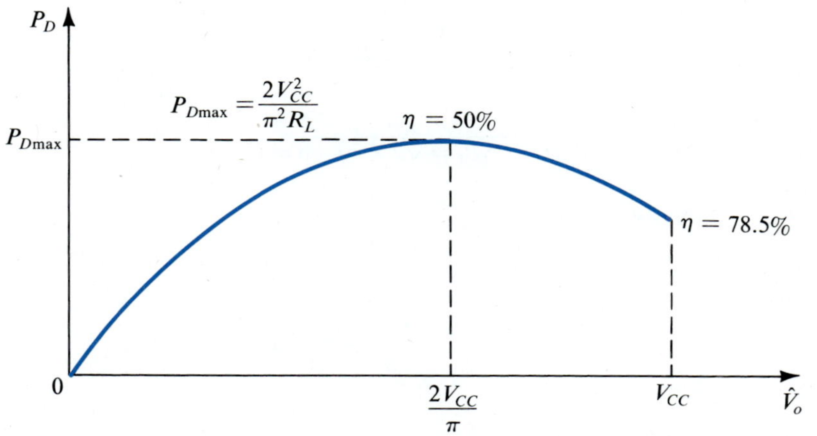

그림 11.9 출력 사인파의 진폭에 대한 B급 출력단의 소비 전력.

$$P_{D\max} = \frac{2V_{CC}^2}{\pi^2 R_L} \tag{11.21}$$

을 얻게 된다. 따라서

$$P_{DN\max} = P_{DP\max} = \frac{V_{CC}^2}{\pi^2 R_L} \tag{11.22}$$

이다. 소비 전력이 최대일 때의 효율은 식 (11.20)의 $\hat{V}_o$를 식 (11.15)에 대입함으로써 구할 수 있다. 따라서 $\eta =$ 50%이다.

그림 11.9는 P_D[식 (11.19)] 대 피크 출력 전압 $\hat{V}_o$의 스케치를 나타낸 것이다. 이와 같은 곡선은 일반적으로 IC 전력 증폭기의 데이터 일람표에 주어진다. 그러나 대개의 경우, P_D를 $\hat{V}_o$보다는 $P_L = \frac{1}{2}(\hat{V}_o^2/R_L)$에 대해 스케치한다. 그림 11.9에서 흥미로운 사실을 관찰할 수 있다. 즉, $\hat{V}_o$가 $2V_{CC}/\pi$ 이상으로 증가하면 B급 단에서 소비되는 전력은 감소하는 데 반해 부하 전력은 증가한다. 그러나 이럴 경우, Q_N과 Q_P의 동작이 포화 영역에 가까워지기 때문에, 비선형 왜곡이 증가하는 문제가 생길 것이다. 트랜지스터가 포화되면 출력 사인 파형의 피크가 평평해질 것이다. 유감스럽게도 이와 같은 형태의 왜곡은 부귀환(10.2절 참조)을 이용해도 크게 줄어들지 않는다. 따라서 낮은 왜곡이 요구되는 응용에서는 트랜지스터가 포화되는 것을 반드시 피해야 할 것이다.

예제 11.3

20 W의 평균 전력을 8 Ω 부하에 전달할 수 있게끔 B급 출력단을 설계하고자 한다. 전력 공급기는 V_{CC}가 출력 전압의 피크보다 약 5 V 크게 선정되어야 한다. 이렇게 함으로써 트랜지스터가 포화되는 것과 이에 따른 비선형 왜곡을 피할 수 있을 것이다. 이 설계에 필요한 공급기 전압, 각각의 공급기로부터 끌어들여지는 피크 전류, 전체 공급기 전력, 그리고 전력 변환 효율을 구하라. 또 각각의 트랜지스터가 안전하게 소비할 수 있는 최대 전력을 구하라.

풀이

$$P_L = \frac{1}{2}\frac{\hat{V}_o^2}{R_L}$$

이므로

$$\hat{V}_o = \sqrt{2P_L R_L} = \sqrt{2 \times 20 \times 8} = 17.9\ \text{V}$$

이다. 따라서 $V_{CC} = 23$ V로 선정할 수 있을 것이다.

각각의 공급기로부터 끌어들여지는 피크 전류는

$$\hat{I}_o = \frac{\hat{V}_o}{R_L} = \frac{17.9}{8} = 2.24\ \text{A}$$

이다. 각각의 공급기가 공급하는 전류의 파형은 반주기 사인파이므로, 각각의 공급기로부터 끌어당기는

평균 전류는 $\hat{I}_o/\pi$가 될 것이다. 따라서 각각의 공급기로부터 끌어들여지는 평균 전력은

$$P_{S+} = P_{S-} = \frac{1}{\pi} \times 2.24 \times 23 = 16.4 \text{ W}$$

이며, 전체 공급기 전력은 32.8 W이다. 전력 변환 효율은

$$\eta = \frac{P_L}{P_S} = \frac{20}{32.8} \times 100 = 61\%$$

이다. 각각의 트랜지스터에서 소비되는 최대 전력은 식 (11.22)로 주어질 것이다. 따라서

$$P_{DN\text{max}} = P_{DP\text{max}} = \frac{V_{CC}^2}{\pi^2 R_L}$$

$$= \frac{(23)^2}{\pi^2 \times 8} = 6.7 \text{ W}$$

이다. 이는 전압 스윙이 식 (11.20)으로 주어질 때 일어난다.

연습문제

11.4 그림 11.6의 B급 출력단에서 $V_{CC} = 6$ V 그리고 $R_L = 4\ \Omega$이라고 하자. 출력이 4.5 V의 피크 진폭을 갖는 사인파일 때 다음을 구하라: (a) 출력 전력, (b) 각각의 공급기로부터 끌어들여지는 평균 전력, (c) 이 출력 전압에서 얻을 수 있는 전력 효율, (d) $\beta_N = \beta_P = 50$으로 가정했을 때 v_I에 의해 공급되는 피크 전류들, (e) 각각의 트랜지스터가 안전하게 소비할 수 있는 최대 전력.

[답] (a) 2.53 W; (b) 2.15 W; (c) 59%; (d) 22.1 mA; (e) 0.91 W

11.4 AB급 출력단

지금까지 A급 단이 신호 경로에 있는 트랜지스터에 항상 최소의 컬렉터 전류가 흐르도록 보장함으로써 왜곡을 피할 수 있다는 것을 보았다. 반면에 B급 단에서는 컬렉터 전류가 0이 될 때 크로스오버 왜곡이 생긴다. 크로스오버 왜곡은 상보 출력 트랜지스터들을 0이 아닌 작은 전류로 바이어스시킴으로써 실질적으로 제거할 수 있다. 그 결과가 그림 11.10에 보이는 AB급 출력단이다. 이 그림에서 우리는 바이어스 전압 V_{BB}를 Q_N과 Q_P의 베이스 사이에 인가하였다. $v_I = 0$일 때, $v_O = 0$이고 $V_{BB}/2$ 전압이 Q_N과 Q_P의 각각의 베이스-이미터 접합 사이에 나타날 것이다. 소자들이 정합되어 있다고 가정하면

$$i_N = i_P = I_Q = I_S e^{V_{BB}/2V_T} \tag{11.23}$$

이다. V_{BB}의 값은 필요한 정지 전류 I_Q를 흘릴 수 있게끔 정해져야 할 것이다.

11.4.1 회로 동작

v_I가 어떤 양만큼 플러스 쪽으로 증가하면, Q_N의 베이스 전압도 같은 양만큼 증가할 것이고, 출력은 베이스 전압과 거의 같은 값의 플러스 전압이 될 것이다. 즉,

$$v_O = v_I + \frac{V_{BB}}{2} - v_{BEN} \tag{11.24}$$

이 된다. v_O가 플러스이기 때문에, i_L 전류는 R_L을 통해 흐를 것이고, 이에 따라 i_N은 반드시 증가할 것이다. 즉,

$$i_N = i_P + i_L \tag{11.25}$$

이다. i_N이 증가했기 때문에, 이에 상응하여 v_{BEN}도 ($V_{BB}/2$의 정지 전압 값 이상으로) 증가할 것이다. 그러나 두 베이스 사이의 전압이 V_{BB}로 항상 일정하기 때문에, v_{BEN}의 증가는 v_{EBP}를 같은 양만큼 감소시키게 될 것이다. 따라서 i_P는 감소할 것이다. i_N과 i_P 사이의 관계는 다음과 같이 유도할 수 있다.

$$v_{BEN} + v_{EBP} = V_{BB}$$

$$V_T \ln\frac{i_N}{I_S} + V_T \ln\frac{i_P}{I_S} = 2V_T \ln\frac{I_Q}{I_S}$$

$$i_N i_P = I_Q^2 \tag{11.26}$$

따라서 i_N이 증가하면 같은 비율로 i_P가 감소하며 두 전류의 곱은 일정하게 유지될 것이다. 식 (11.25)와 (11.26)을 결합하면 2차 방정식

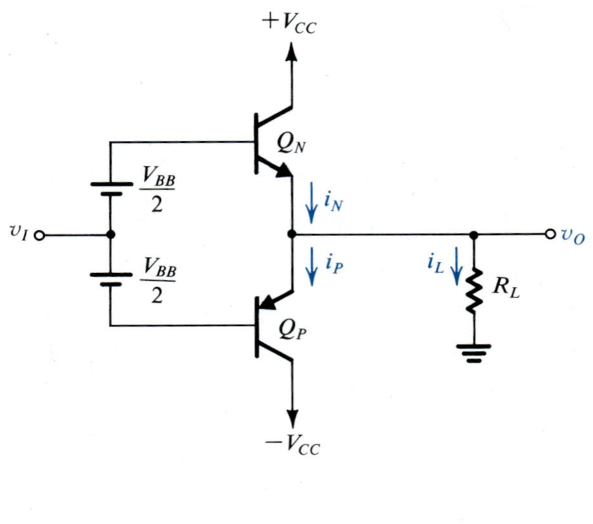

그림 11.10 AB급 출력단. 바이어스 전압 V_{BB}가 Q_N과 Q_P의 베이스 사이에 인가되어 있으므로, 이들 트랜지스터에 식 (11.23)으로 주어지는 I_Q 바이어스 전류가 흐른다. 따라서 작은 v_I에 대해, 두 트랜지스터 모두가 도통되고 크로스오버 왜곡은 거의 완벽하게 제거된다.

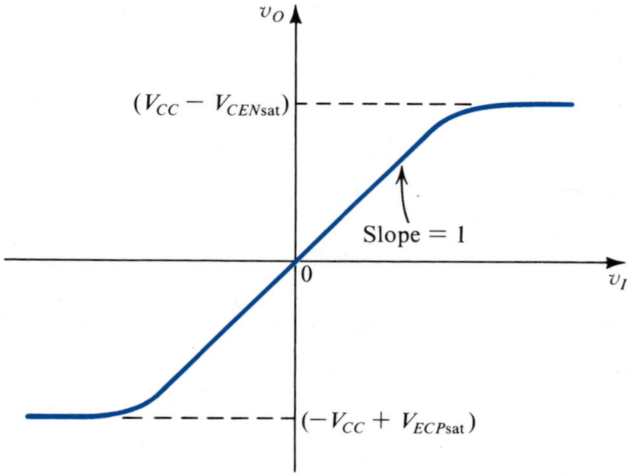

그림 11.11 그림 11.10에 나타낸 AB급 단의 전달 특성.

$$i_N^2 - i_L i_N - I_Q^2 = 0 \tag{11.27}$$

이 얻어질 것이며, 이 식의 해를 구함으로써 주어진 i_L에 대한 i_N을 구할 수 있을 것이다. 이상의 설명으로부터, 출력 전압이 플러스일 경우에는 부하 전류가 Q_N에 의해 공급되고, Q_N은 이미터 폴로어로 동작한다는 것을 알 수 있을 것이다. 한편 Q_P에 흐르는 전류는 v_O가 증가함에 따라 감소할 것이다. 즉, v_O가 클 경우에는 Q_P에 흐르는 전류를 전적으로 무시할 수 있을 것이다.

입력 전압이 마이너스일 경우에는 반대 현상이 일어날 것이다. 즉, 부하 전류는 Q_P에 의해서 공급될 것이며, Q_P는 이미터 폴로어로 동작할 것이다. 한편 Q_N에 흐르는 전류는 v_I가 더 마이너스가 됨에 따라 더욱 작아질 것이다. i_N과 i_P를 연관시켜 주는 식 (11.26)은 마이너스 입력에 대해서도 유효할 것이다.

AB급 단이 B급 회로와 매우 유사한 방식으로 동작한다고 결론지을 수 있다. 그러나 한 가지 중요한 예외가 있다. v_I가 작을 때 두 트랜지스터가 모두 도통되며, v_I가 증가 또는 감소함에 따라 두 트랜지스터 중 하나가 동작을 떠맡는다는 점이다. 트랜지스터들이 도통 또는 차단되는 천이가 부드럽기 때문에 크로스오버 왜곡은 거의 전반적으로 제거될 것이다. 그림 11.11에 AB급 단의 전달 특성을 나타냈다.

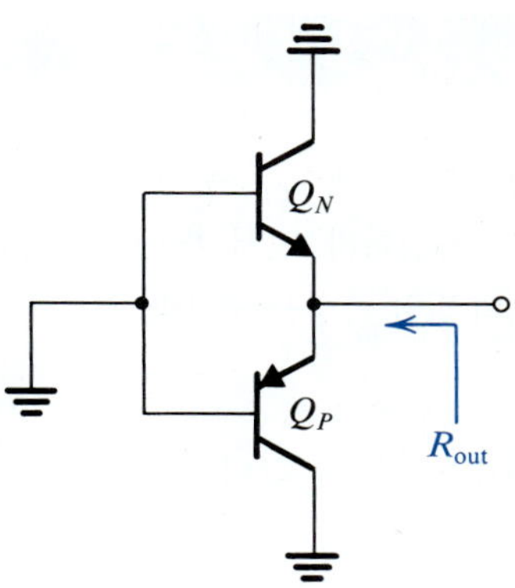

그림 11.12 그림 11.10의 AB급 회로의 소신호 출력 저항을 구함.

AB급 단의 전력 관계식들은 11.4절에서 B급 회로에 대해 구한 관계식들과 거의 동일하다. 단 한 가지 차이는 정지 상태에서 AB급 회로가 트랜지스터당 $V_{CC} I_Q$의 전력을 소비한다는 것이다. I_Q가 일반적으로 피크 부하 전류보다 매우 작기 때문에, 정지 소비 전력도 통상적으로 매우 작을 것이다. 그러나 트랜지스터가 안전하게 취급할 수 있는 전체 소비 전력을 구하기 위해서는 이 전력도 고려해야 할 것이다. 이때 트랜지스터 하나에서 소비되는 정지 전력을 입력 신호가 인가된 상태에서의 최대 소비 전력에 더해 주기만 하면 될 것이다.

11.4.2 출력 저항

왜곡을 제한하기 위해서는 AB급 단의 소신호 출력 저항을 부하 저항에 비해 작게 유지하는 것을 보장해야 한다. 만약 v_I를 공급하는 전원이 이상적이라고 가정하면, AB급 단의 출력 저항을 그림 11.12의 회로로부터 다음과 같이 구할 수 있다.

$$R_{\text{out}} = r_{eN} \parallel r_{eP} \tag{11.28}$$

여기서 r_{eN}과 r_{eP}는 각각 Q_N과 Q_P의 소신호 이미터 저항이다. 입력 전압이 주어지면 i_N과 i_P를 구할 수 있고, 구해진 i_N과 i_P를 이용해 r_{eN}과 r_{eP}를 다음과 같이 구할 수 있을 것이다.

$$r_{eN} = \frac{V_T}{i_N} \tag{11.29}$$

$$r_{eP} = \frac{V_T}{i_P} \tag{11.30}$$

따라서

$$R_{\text{out}} = \frac{V_T}{i_N} \bigg\| \frac{V_T}{i_P} = \frac{V_T}{i_P + i_N} \tag{11.31}$$

이다. i_N이 증가하면 i_P가 감소하고, 이와 반대로 i_N이 감소하면 i_P가 증가하므로, 출력 저항은 $v_I = 0$ 근방에서 거의 일정하게 유지될 것이다. 이 때문에 증분 이득이 거의 1로 유지되고 실제로 크로스오버 왜곡이 제거되는 것이다. 부하 전류가 커지면 i_N 또는 i_P 중 어느 한쪽이 커질 것이고, 출력 저항 R_{out}은 부하 전류가 증가함에 따라 감소할 것이다.

예제 11.4

이 예제에서는 그림 11.10 AB급 회로의 전달 특성 v_O 대 v_I를 자세히 살펴본다. 이를 위해 $V_{CC} = 15$ V, $I_Q = 2$ mA, $R_L = 100\ \Omega$이라고 하자. Q_N과 Q_P가 정합되어 있고 $I_S = 10^{-13}$ A라고 가정하자. 먼저 바이어스 전압 V_{BB}의 필요한 값을 구하라. 그리고 −10 V에서 +10 V까지의 범위에서 v_O의 전달 특성을 구하라.

풀이

필요한 V_{BB} 값을 구하기 위해 $I_Q = 2$ mA와 $I_S = 10^{-13}$ A라는 조건과 식 (11.23)을 이용한다. 그러면

$$V_{BB} = 2V_T \ln\left(I_Q/I_S\right) = 2 \times 0.025 \ln\left(2 \times 10^{-3}/10^{-13}\right) = 1.186 \text{ V}$$

가 얻어진다. 전달 특성을 구하는 가장 쉬운 방법은 출력에서부터 동작을 되짚어 보는 것이다. 즉, 주어진 v_O에 상응하는 v_I의 값을 구해 보는 것이다. 양의 v_O에 대한 이러한 절차의 개요는 다음과 같다.

1. v_O의 값을 임의의 값으로 가정한다.
2. 부하 전류 i_L을 다음과 같이 구한다.

$$i_L = v_O/R_L$$

3. Q_N에 의해 흐르는 전류 i_N을 구하는 데 식 (11.27)을 사용한다.
4. 다음 식으로 v_{BEN}을 구한다.

$$v_{BEN} = V_T \ln\left(i_N/I_S\right)$$

5. 다음 식으로 v_I를 구한다.

$$v_I = v_O + v_{BEN} - V_{BB}/2$$

다음과 같이 i_P와 v_{EBP}를 구하는 것 또한 유용하다.

$$i_P = i_N - i_L$$

$$v_{EBP} = V_T \ln\left(i_P/I_S\right)$$

비슷한 절차를 음의 v_O에 대해 수행할 수 있다. 그러나 계산을 반복할 필요 없이 대칭을 이용할 수 있을 것이다. 얻어진 결과를 다음의 표에 나타냈다.

v_O (V)	i_L (mA)	i_N (mA)	i_P (mA)	v_{BEN} (V)	v_{EBP} (V)	v_I (V)	v_O/v_I	R_{out} (Ω)	v_o/v_i
+10.0	100	100.04	0.04	0.691	0.495	10.1	0.99	0.25	1.00
+5.0	50	50.08	0.08	0.673	0.513	5.08	0.98	0.50	1.00
+1.0	10	10.39	0.39	0.634	0.552	1.041	0.96	2.32	0.98
+0.5	5	5.70	0.70	0.619	0.567	0.526	0.95	4.03	0.96
+0.2	2	3.24	1.24	0.605	0.581	0.212	0.94	5.58	0.95
+0.1	1	2.56	1.56	0.599	0.587	0.106	0.94	6.07	0.94
0	0	2	2	0.593	0.593	0	—	6.25	0.94
–0.1	–1	1.56	2.56	0.587	0.599	–0.106	0.94	6.07	0.94
–0.2	–2	1.24	3.24	0.581	0.605	–0.212	0.94	5.58	0.95
–0.5	–5	0.70	5.70	0.567	0.619	–0.526	0.95	4.03	0.96
–1.0	–10	0.39	10.39	0.552	0.634	–1.041	0.96	2.32	0.98
–5.0	–50	0.08	50.08	0.513	0.673	–5.08	0.98	0.50	1.00
–10.0	–100	0.04	100.04	0.495	0.691	–10.1	0.99	0.25	1.00

이 표는 다양한 값의 v_O에서 증분 이득 v_o/v_i뿐만 아니라 직류 이득 v_O/v_I의 값도 제공한다. 증분 이득은 다음과 같이 계산된다.

$$\frac{v_o}{v_i} = \frac{R_L}{R_L + R_{\text{out}}}$$

여기서 R_{out}은 식 (11.31)로 주어진 증폭기의 소신호 출력 저항이다. 증분 이득은 전압 전달 특성의 기울기이며, v_O의 범위에서 전압 전달 특성의 변화 정도는 출력단의 선형성을 나타낸다. $0 \le |v_O| \le 10$ V인 경우 증분 이득은 0.94에서 1.00으로 약 6% 변한다는 점에 주목하라. 이는 우리가 예제 11.1에서 A급 단에 대해 계산했던 1%보다 나쁘다. 그러나 $v_O = 0$ V 부근에서 증분 이득이 0이 되는 B급 단보다 훨씬 좋다. v_O가 양이 됨에 따라 Q_N이 i_L을 점점 더 많이 공급해 주고, Q_P에 흐르는 전류는 그에 상응하여 줄어든다는 점에도 주목하기 바란다. 음의 v_O에 대해서는 반대 상황이 발생한다.

연습문제

11.5 AB급 출력단의 선형성을 증가시키기 위해 정지 전류 I_Q가 증가되었다. 이에 따라 정지 전력 손실이 증가되었다. 예제 11.4에서 고찰한 출력단에서 다음을 구하라.

(a) 정지 전력 손실을 구하라.

(b) I_Q가 10 mA로 증가되었을 경우 $v_O = 0$과 $|v_O| = 10$ V에서 v_o/v_i를 구하고, 이 변화에 따른 퍼센트 변동을 구하라. 예제 11.4의 경우와 비교하라.

(c) (b)의 조건에서 정지 전력 소비를 구하라.

[답] (a) 60 mW; (b) 0.988에서 1.00; 예제 11.4에서는 6% 변하는 것에 비해 1.2%가 변한다; (c) 300 mW

11.5 AB급 회로의 바이어싱

이 절에서는 AB급 출력단을 바이어스시키는 데 필요한 V_{BB} 전압을 만들어 내는 방법들에 대해서 논의할 것이다.

11.5.1 다이오드를 이용한 바이어싱

그림 11.13에 정전류 I_{BIAS}를 한 쌍의 다이오드, 또는 다이오드 결선 트랜지스터 D_1과 D_2에 통과시킴으로써 바이어스 전압 V_{BB}가 생성되는 AB급 회로를 나타냈다. 일반적으로 출력 트랜지스터들은 많은 양의 전력을 공급할 수 있는 큰 소자들이다. 그러나 바이어싱 다이오드는 큰 소자일 필요가 없다. 바이어싱 다이오드의 포화 전류가 출력 소자들의 그것의 $1/n$배라고 가정하면, Q_N과 Q_P에 흐르는 정지 전류 I_Q는 $I_Q = nI_{\text{BIAS}}$일 것이다. 집적 회로에서는 D_1과 D_2를 Q_N, Q_P와 똑같은 구조를 가지지만 이미터 베이스 접합 면적이 $1/n$인 다이오드 결선 트랜지스터로 실현함으로써, 비율 n을 우리가 정확하게 조정할 수 있다. 이렇게 함으로써 I_{BIAS}를 비

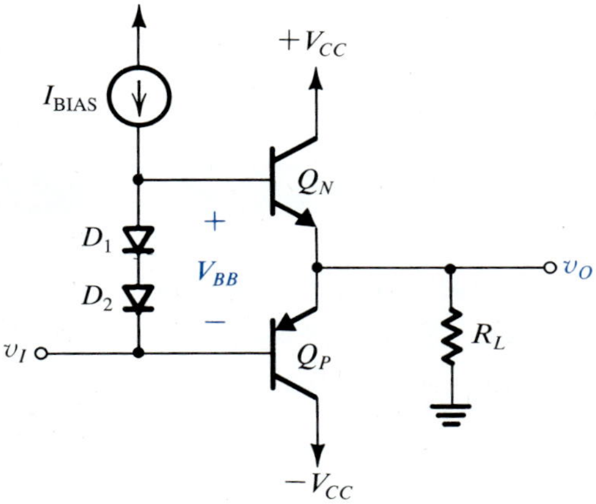

그림 11.13 바이어싱을 위해 다이오드들을 이용한 AB급 출력단. 만약 출력 소자들 Q_N과 Q_P의 접합 면적이 바이어싱 소자 D_1과 D_2의 접합 면적의 n배라면, 출력 소자들에 흐르는 정지 전류는 $I_Q = nI_{BIAS}$일 것이다.

교적 작게 설정할 수 있고, 그 결과로 전력을 줄이고 출력단의 효율을 개선할 수 있다.

그림 11.13의 출력단이 전류를 부하 쪽으로 흘려 보낼 때 Q_N의 베이스 전류는 I_Q/β_N(이는 일반적으로 매우 작다)에서 약 i_L/β_N으로 증가할 것이다. 이 베이스 전류 구동은 전류 전원 I_{BIAS}에 의해 반드시 공급되어야 할 것이다. 따라서 I_{BIAS}는 Q_N을 구동하는 데 필요한 베이스 전류의 최대 예상 값보다 반드시 커야 할 것이다. 이 조건이 I_{BIAS}의 하한값을 결정한다. 이제 $n = I_Q/I_{BIAS}$이고 I_Q가 일반적으로 피크 부하 전류보다 매우 작기 때문에(10%보다 작다), n을 큰 수로 만들 수 없다는 것을 알 수 있을 것이다. 바꿔 말하면 다이오드를 출력 소자보다 매우 작게 만들 수 없을 것이다. 이것이 다이오드를 이용한 바이어스 방법의 단점이다.

위의 설명으로부터 출력단이 전류를 부하 쪽으로 흘려 보낼 때 바이어스용 다이오드를 통과하는 전류가 감소하리라는 것을 알 수 있을 것이다. 따라서 바이어스 전압 V_{BB}도 감소할 것이며, 11.4절에서 행한 해석은 이런 영향을 고려할 수 있도록 수정되어야 할 것이다.

다이오드를 이용한 바이어스 구성은 한 가지 중요한 장점이 있다. 즉, 이 구성을 이용함으로써 출력단에 흐르는 정지 전류의 열안정화를 도모할 수 있다는 것이다. 이 점을 이해하기 위해서는 AB급 단이 정지 상태에서 전력을 소비한다는 사실을 상기할 필요가 있다. 전력 소비는 BJT의 내부 온도를 상승시킨다. 4장에서 이미 배웠듯이 컬렉터 전류가 일정하게 잡혀 있는 상태에서 트랜지스터의 온도가 상승하면 트랜지스터의 V_{BE}(약 -2 mV/℃)가 감소한다. 이와는 반대로, V_{BE}가 일정하게 잡혀 있는 상태에서 트랜지스터의 온도가 상승하면, 컬렉터 전류가 증가할 것이다. 컬렉터 전류의 증가는 전력 소비를 증가시키고, 이 전력 소비는 다시 컬렉터 전류를 증가시킬 것이다. 따라서 **열폭주**(thermal runaway)라고 불리는 현상을 야기할 수 있는 어떤 정귀환 메커니즘이 존재할 것이다. 만일 이를 점검하지 않으면 열폭주 때문에 트랜지스터가 영원히 파괴될 수 있다. 다이오드를 이용한 바이어스 구성은 출력 트랜지스터가 정지 상태에서 열폭주되는 것을 방지해 주는 보상 효과를 제공한다. 이를 구체적으로 설명하면 다음과 같다. 즉, 만약 다이오드들이 출력 트랜지스터들과 강하게 열접촉되어 있다면, Q_N과 Q_P의 온도가 상승한 만큼 다이오드들의 온도도 상승할 것이다. 따라서 I_Q가 일정하게 잡혀 있으므로, V_{BB}는 $V_{BEN} + V_{EBP}$와 똑같은 비율로 감소할 것이다. V_{BEN}과 V_{EBP}의 감소는 Q_N과 Q_P의 컬렉터 전류의 감소를 야기할 것이고, 이에 따라 열안정화가 이루어질 것이다. 소자들을 면밀하게 열접촉시키는 것은 IC 제조에서는 쉽게 성취된다. 한편 개별 회로에서는 Q_N 또는 Q_P의 금속 케이스 위에 바이어스용 다이오드들을 탑재함으로써 열접촉을 달성한다. 끝으로 열폭주가 MOS 회로에서는 일어나지 않는다는 점에 주목하는 것이 중요하다.

예제 11.5

AB급 출력단에 대해서 고찰해 보자. $V_{CC} = 15$ V, $R_L = 100\ \Omega$이고, 출력은 최대 진폭이 10 V인 사인파이다. Q_N과 Q_P는 $I_S = 10^{-13}$ A와 $\beta = 50$으로 정합되어 있다고 가정하라. 또한 바이어스용 다이오드들은 출력 소자들의 3분의 1에 해당하는 접합 면적을 가지고 있다고 가정하라. 다이오드들에 항상 1 mA의 최소 전류가 흐르도록 보장해 주는 I_{BIAS} 값을 구하라. 출력 트랜지스터들에 흐르는 정지 전류(즉, $v_O = 0$일 때의 전류)와 출력 트랜지스터에서 소비되는 정지 전력(즉, $v_O = 0$일 때의 전력)을 구하라. 또 $v_O = 0, +10$ V, -10 V일 때의 V_{BB}를 구하라.

풀이

Q_N에 흐르는 최대 전류는 대략 $i_{L\max} = 10\ \text{V}/0.1\ \text{k}\Omega = 100$ mA일 것이다. 따라서 Q_N의 최대 베이스 전류는 약 2 mA이다. 다이오드들을 통과하는 전류의 최솟값을 1 mA로 유지하기 위해서는 $I_{\text{BIAS}} = 3$ mA로 선택해야 할 것이다. 접합 면적의 비가 3이기 때문에 Q_N과 Q_P를 통과하는 정지 전류는 9 mA이다. 따라서 정지 소비 전력은

$$P_{DQ} = 2 \times 15 \times 9 = 270\ \text{mW}$$

이다. $v_O = 0$일 때, Q_N의 베이스 전류는 $9/51 \simeq 0.18$ mA이고, 다이오드들을 통해 흐르는 전류는 $3 - 0.18 = 2.82$ mA이다. 다이오드들은 $I_s = \frac{1}{3} \times 10^{-13}$의 포화 전류를 갖고 있기 때문에, V_{BB} 전압은

$$V_{BB} = 2V_T \ln\left(\frac{2.82\ \text{mA}}{I_S}\right) = 1.26\ \text{V}$$

이다. $v_O = +10$ V일 때, 다이오드를 통해 흐르는 전류는 1 mA로 감소할 것이고, $V_{BB} \simeq 1.21$ V가 될 것이다. 또한 $v_O = -10$ V일 때에는 Q_N이 매우 작은 전류를 흘릴 것이다. 따라서 Q_N의 베이스 전류는 무시할 수 있을 정도로 작을 것이고, I_{BIAS}(3 mA)의 거의 전부가 다이오드들을 통해 흐를 것이다. 결국 $V_{BB} \simeq 1.26$ V가 될 것이다.

연습문제

11.6 예제 11.5의 회로에서 $v_O = +10$ V 그리고 -10 V일 때의 i_N과 i_P를 구하라.(힌트: 예제 11.5에서 구한 V_{BB} 값을 이용하라.)

[답] 100.1 mA, 0.1 mA; 0.8 mA, 100.8 mA

11.7 만일 어떤 트랜지스터의 컬렉터 전류가 일정하게 잡혀 있다면, 그 트랜지스터의 v_{BE}는 온도가 1℃

상승할 때마다 2 mV씩 감소할 것이다. 이와는 반대로 v_{BE}가 일정하게 잡혀 있다면, 온도가 1°C 상승할 때마다 i_C가 약 $g_m \times 2$ mV씩 증가할 것이다. 소자가 $I_C = 10$ mA에서 동작할 때, 온도가 5°C 상승함으로써 야기되는 컬렉터 전류의 변화를 구하라.

[답] 4 mA

11.5.2 V_{BE} 배율기를 이용한 바이어싱

개별 회로 설계와 집적 회로 설계 모두에서 설계자가 유연성을 가지고 설계할 수 있는 또 다른 바이어스 구성을 그림 11.14에 나타냈다. 이 바이어스 회로는 트랜지스터 Q_1과 이 트랜지스터의 베이스와 이미터 사이에 연결되어 있는 R_1 저항, 그리고 컬렉터와 베이스 사이에 연결되어 있는 귀환 저항 R_2로 구성된다. 이들 세 소자로 구성되는 2단자 회로망은 정전류 전원 I_{BIAS}로 구동된다. 만약 Q_1의 베이스 전류를 무시한다면, R_1과 R_2에 흐르는 전류는 동일할 것이며, 다음 식과 같이 주어질 것이다.

$$I_R = \frac{V_{BE1}}{R_1} \tag{11.32}$$

그리고 바이어스 회로망에 걸리는 V_{BB} 전압은

$$\begin{aligned} V_{BB} &= I_R(R_1 + R_2) \\ &= V_{BE1}\left(1 + \frac{R_2}{R_1}\right) \end{aligned} \tag{11.33}$$

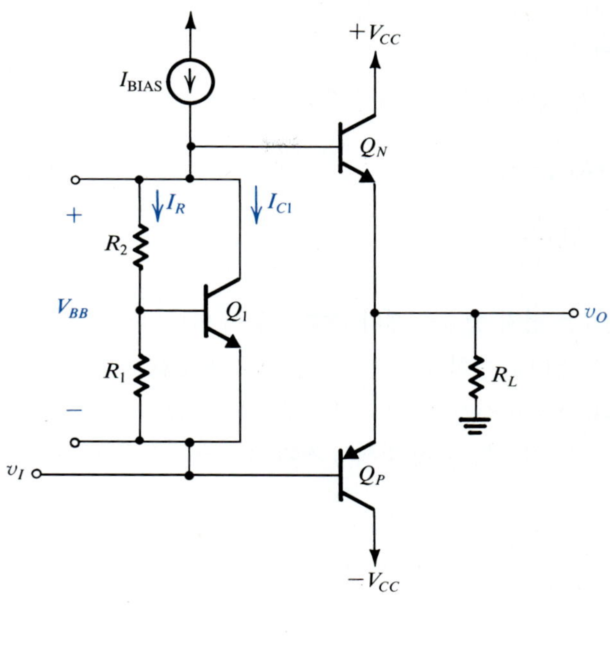

그림 11.14 V_{BE} 배율기를 이용하여 출력 트랜지스터를 바이어스시킨 AB급 출력단.

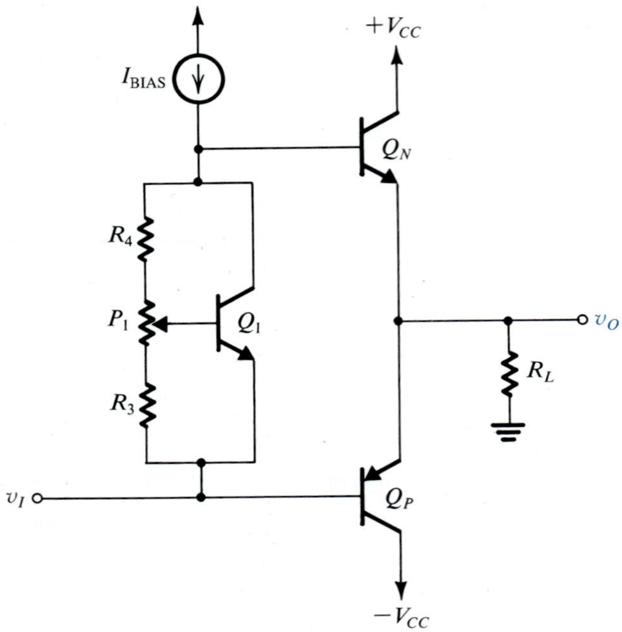

그림 11.15 전위차계를 이용하여 V_{BE} 배율기를 구성한 AB급 출력단. 전위차계는 Q_N과 Q_P에 원하는 값의 정지 전류를 흘리도록 조정된다.

일 것이다. 따라서 이 회로는 단순히 V_{BE1}에 $1 + R_2/R_1$를 곱해 주는데, 이런 기능 때문에 이 회로를 'V_{BE} 배율기'라고 부른다. 배율은 회로 설계자가 임의로 조정할 수 있으며, 회로 설계자가 원하는 정지 전류 I_Q를 흘리는 데 필요한 V_{BB} 값을 설정하는 데 사용될 수 있다. IC 설계에서는 두 저항의 비를 정확하게 조정하는 것이 비교적 용이하다. 개별 회로 설계에서는 그림 11.15에 나타낸 것처럼 전위차계가 이용되며, 이 전위차계는 회로 설계자가 원하는 값의 I_Q가 흐르도록 수동으로 조정될 수 있다.

식 (11.33)의 V_{BE1} 값은 Q_1의 컬렉터를 통해 흐르는 I_{BIAS}의 일부에 의해서 결정된다. 즉,

$$I_{C1} = I_{BIAS} - I_R \tag{11.34}$$

$$V_{BE1} = V_T \ln \frac{I_{C1}}{I_{S1}} \tag{11.35}$$

이다. 여기서 Q_N의 베이스 전류를 무시했는데, 이 전류는 정지 상태일 때와 출력 전압이 마이너스 쪽으로 스윙할 때에는 통상적으로 매우 작다. 그러나 v_O가 플러스일 때, 특히 플러스 피크값 부근에 있을 때에는 Q_N의 베이스 전류가 꽤 커질 것이고 V_{BE} 배율기로 흐를 전류를 감소시킬 것이다. 그럼에도 불구하고 I_{C1}의 큰 변화는 V_{BE1}의 작은 변화에 해당하므로, 배율기로 흐를 전류의 감소는 Q_1에 의해서 거의 흡수될 것이다. 따라서 I_R과 V_{BB}는 거의 일정하게 유지될 것이다.

연습문제

11.8 $R_1 = R_2 = 1.2\ \text{k}\Omega$과 $I_C = 1$ mA일 때 $V_{BE} = 0.6$ V이고 큰 β 값을 가지는 트랜지스터를 사용한 V_{BE} 배율기에 대해서 생각해 보자. (a) 1.2 V의 단자 전압을 얻기 위해서는 배율기에 얼마의 전류를 흘려야 하는가? (b) 단자 전압을 (1.2 V 값으로부터) +50 mV, +100 mV, +200 mV, −50 mV, −100 mV, −200 mV만큼 변화시키려면 I의 값을 각각 얼마로 해야 하는가?

[답] (a) 1.5 mA; (b) 3.24 mA, 7.93 mA, 55.18 mA, 0.85 mA, 0.59 mA, 0.43 mA

다이오드를 이용한 바이어스 회로와 마찬가지로 V_{BE} 배율기 회로도 I_Q의 열안정화를 제공한다. 특히 $R_1 = R_2$이고 Q_1이 출력 트랜지스터들과 열접촉이 잘 되어 있을 때 더 큰 효과를 얻을 것이다.

예제 11.6

V_{BE} 배율기를 이용하여 예제 11.5의 출력단을 재설계하려고 한다. 이 설계에 사용될 Q_1은 $I_S = 10^{-14}$ A인 작은 크기의 트랜지스터이다. 정지 전류 $I_Q = 2$ mA가 흐르도록 회로를 설계하라.

풀이

플러스 피크 전류가 100 mA이므로, Q_N이 최대로 흘릴 수 있는 베이스 전류는 2 mA일 것이다. 따라서 $I_{\text{BIAS}} = 3$ mA로 선택할 수 있을 것이며, 이렇게 함으로써 배율기에 1 mA의 최소 전류를 공급할 수 있을 것이다.

정지 상태(즉, $v_O = 0$이고 $i_L = 0$)일 때 Q_N의 베이스 전류는 무시할 수 있을 정도로 작을 것이다. 따라서 I_{BIAS}의 전부가 배율기로 흐를 것이다. 이제 이 전류(3 mA)가 I_{C1}과 I_R 사이에서 어떻게 분배되어야 하는지를 결정해야 한다. 만약 I_R을 1 mA보다 크게 선정한다면, v_O가 플러스 피크일 때 Q_1 트랜지스터가 거의 차단될 것이다. 따라서 $I_R = 0.5$ mA로 선정할 것이고, 그 결과 I_{C1}은 2.5 mA가 될 것이다.

출력 트랜지스터에 2 mA의 정지 전류가 흐르게 하려면 V_{BB}는 반드시

$$V_{BB} = 2V_T \ln \frac{2 \times 10^{-3}}{10^{-13}} = 1.19\ \text{V}$$

가 되어야 한다. 이제 $R_1 + R_2$를 다음과 같이 정할 수 있다.

$$R_1 + R_2 = \frac{V_{BB}}{I_R} = \frac{1.19}{0.5} = 2.38\ \text{k}\Omega$$

컬렉터 전류가 2.5 mA일 때 Q_1의 V_{BE1}은

$$V_{BE1} = V_T \ln \frac{2.5 \times 10^{-3}}{10^{-14}} = 0.66\ \text{V}$$

이다. 따라서 R_1과 R_2 값은 다음과 같다.

$$R_1 = \frac{0.66}{0.5} = 1.32 \text{ k}\Omega$$

$$R_2 = 2.38 - 1.32 = 1.06 \text{ k}\Omega$$

11.5.3 입력 이미터 폴로어의 사용

그림 11.16은 Q_1과 Q_2 트랜지스터를 이용하여 바이어스시킨 AB급 출력 회로를 보여 준다. 여기서 Q_1과 Q_2는 이미터 폴로어로서도 작동하며, 이에 따라 회로에 높은 입력 저항을 제공한다. 실제로 Q_1과 Q_2 트랜지스터는 단위 이득 완충 증폭기로서 작동한다. 통상적으로 네 개의 트랜지스터 모두가 정합되기 때문에, Q_3와 Q_4에 흐르는 정지 전류($v_I = 0, R_L = \infty$일 때의)는 Q_1과 Q_2의 정지 전류와 동가이다. R_3와 R_4 저항은 대개 매우 작으며, 그림에 나타낸 것처럼 회로에 포함되어, Q_3와 Q_4 사이에 존재할 수 있는 부정합을 보상하기도 하고, 입력단 트랜지스터와 출력단 트랜지스터 사이의 온도차에 기인하는 열폭주의 가능성을 배제하기도 한다. 후자는 다음과 같은 메커니즘으로 성취된다. 즉, Q_3의 전류가 어떤 원인에 의해 증가하면, 이에 따라 R_3 양단의 전압 강

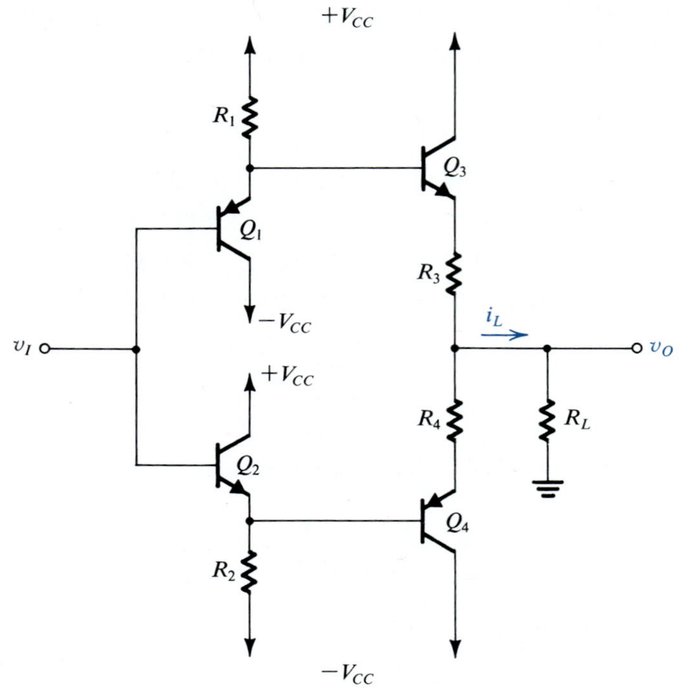

그림 11.16 입력 완충기를 첨가한 AB급 출력단. 완충기 트랜지스터 Q_1과 Q_2는 높은 입력 저항을 제공함과 동시에 출력 트랜지스터 Q_3와 Q_4를 바이어스시킨다.

하가 증가하고, 결국 V_{BE3}가 감소하게 된다. 따라서 R_3는 회로에 부귀환을 제공하여 Q_3에 흐르는 전류를 안정화한다.

연습문제

11.9 (주: 이 연습문제는 약간 길기는 하지만 매우 유익할 것이다.) 그림 11.16의 회로에 대해 생각해 보자. 이 회로에서 $R_1 = R_2 = 5\ \text{k}\Omega, R_3 = R_4 = 0\ \Omega, V_{CC} = 15\ \text{V}$이다. 트랜지스터들은 $I_S = 3.3 \times 10^{-14}\ \text{A}$, $\beta = 200$으로 정합되었다고 가정하자. (a) $v_I = 0$이고 $R_L = \infty$일 때, 네 개의 트랜지스터 각각에 흐르는 정지 전류와 v_O를 구하라. (b) $R_L = \infty$일 때, $v_I = +10$ V와 -10 V에 대한 $i_{C1}, i_{C2}, i_{C3}, i_{C4}$, 그리고 v_O를 구하라. (c) $R_L = 100\ \Omega$으로 하여 (b)를 반복하라.

[답] (a) 2.87 mA; 0 V; (b) $v_I = +10$ V인 경우: 0.88 mA, 4.87 mA, 1.95 mA, 1.95 mA, +9.98 V; $v_I = -10$ V인 경우: 4.87 mA, 0.88 mA, 1.95 mA, 1.95 mA, −9.98 V; (c) $v_I = +10$ V인 경우: 0.38 mA, 4.87 mA, 100 mA, 0.02 mA, +9.86 V; $v_I = -10$ V인 경우: 4.87 mA, 0.38 mA, 0.02 mA, 100 mA, −9.86 V

11.5.4 혼합 소자의 사용

출력단 트랜지스터들의 전류 이득을 높이고, 그 결과로 베이스 구동에 필요한 베이스 전류를 줄이기 위해, AB급 단의 *npn* 트랜지스터 대신에 그림 11.17에 나와 있는 달링턴(Darlington) 구성이 종종 사용된다. 달링턴 구성은 $\beta \simeq \beta_1\beta_2$인 단일 *npn* 트랜지스터와 동등하다. 그러나 V_{BE}는 단일 트랜지스터보다 약 두 배 크다.

pnp 트랜지스터에 대해서도 달링턴 구성을 적용할 수 있다. 실제로 개별 회로 설계에서는 이런 방안이 사용되고 있다. 그러나 IC 설계에서는 양질의 *pnp* 트랜지스터를 실현하기 어려우므로, 그림 11.18과 같은 또 다른 형태의 혼합 구성이 사용된다. 이 혼합 소자는 $\beta \simeq \beta_1\beta_2$인 단일 *pnp* 트랜지스터와 동등하다. 표준 IC 기술로 이 혼합 소자를 제조할 때, Q_1은 일반적으로 낮은 β 값($\beta = 5$~10)과 불량한 고주파 응답($f_T \simeq 5$ MHz)을 가지는 수평형 *pnp*로 제조된다(부록 A, 부록 K 참조). 따라서 이 혼합 소자는 비교적 큰 β를 가지지만, 여전히 불량한 고주파 응답을 보인다. 이 소자는 또 하나의 문제를 안고 있는데, 이는 Q_1과 Q_2에 의해서 형성되는 귀환 루프 때문에 고주파 발진(*pnp* 소자의 f_T, 즉 약 5 MHz 근처의 주파수에서)이 일어나기 쉽다는 것이다. 이와 같은 발진을 방지하는 방법이 있는데, 이에 대해서는 이미 10장에서 귀환 증폭기의 안정성에 관한 문제들을 논할 때 살펴본 바 있다.

달링턴 구성과 혼합 *pnp* 구성의 응용을 설명하기 위해, 그림 11.19에 이들을 동시에 이용한 출력단을 나타냈다. 회로는 V_{BE} 배율기를 사용하여 AB급으로 바이어스되어 있다. 회로에서 달링턴 *npn*이 V_{BE} 강하를 하나 더 첨가한다는 점에 유의하기 바란다. 따라서 V_{BE} 배율기는 약 2 V의 바이어스 전압을 제공해야 할 것이다. 이 AB급 단의 설계에 관해서는 문제 11.40에서 다루게 될 것이다.

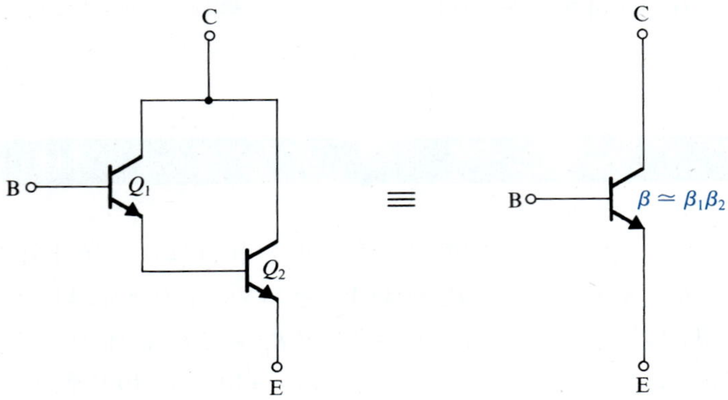

그림 11.17 달링턴 구성.

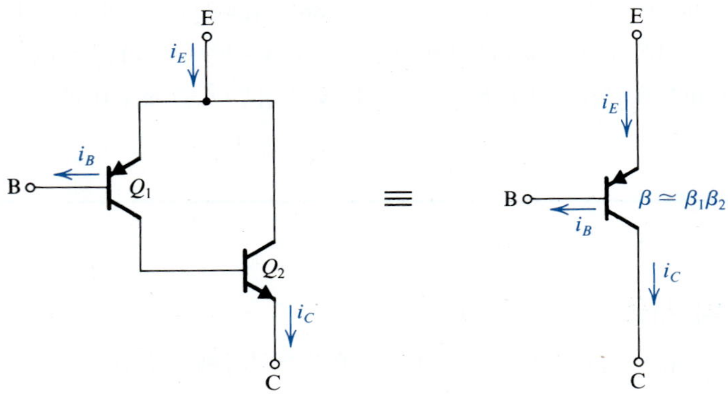

그림 11.18 혼합 *pnp* 구성.

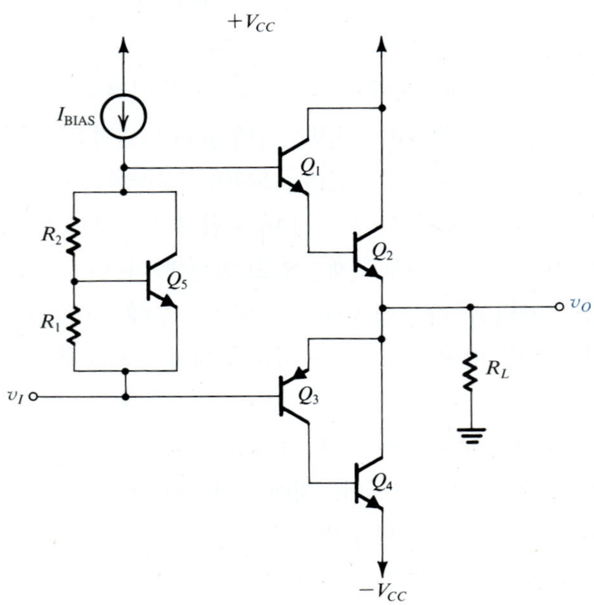

그림 11.19 달링턴 *npn*과 혼합 *pnp*를 이용한 AB급 출력단. 회로는 V_{BE} 배율기에 의해서 바이어스된다.

연습문제

11.10 (a) 그림 11.18을 참조하라. 혼합 *pnp* 트랜지스터에서

$$i_B \simeq \frac{i_C}{\beta_N \beta_P}$$

이고

$$i_E \simeq i_C$$

라는 것을 보여라. 또한

$$i_C \simeq \beta_N I_{SP} e^{v_{EB}/V_T}$$

이고, 이에 따라 트랜지스터가

$$I_S = \beta_N I_{SP}$$

의 스케일 전류를 가진다는 것을 보여라. 여기서 I_{SP}는 *pnp* 트랜지스터 Q_1의 포화 전류이다.

(b) $\beta_P = 20, \beta_N = 50, I_{SP} = 10^{-14}$ A인 혼합 트랜지스터의 실효 전류 이득을 구하고, $i_C = 100$ mA 일 때의 v_{EB}를 구하라.

[답] (b) 1000; 0.651 V

11.6 CMOS 출력단

이 절은 기본적으로 11.2절에서 공부한 BJT A급 단의 CMOS 변형인 소스 폴로어를 살펴보는 것으로 시작할 것이다. MOSFET 소자 특성이 BJT 상대에 비해 이들 단의 성능에 상당한 제한을 부과한다는 것을 보게 될 것이다. 그다음에 CMOS 기술에 보다 적합한 매력적인 대안들을 살펴본다.

11.6.1 소스 폴로어

그림 11.20은 Q_1이 전류 미러 $Q_{2,3}$로 공급되는 전류 I로 바이어스된 A급 단의 CMOS 변형을 보여 준다. 트랜지스터 Q_1은

$$v_{O\max} = V_{DD} - v_{OV1} \tag{11.36}$$

인 한 포화 모드에 있을 것이다. 이미터 폴로어에서와 같이 만일 v_I가 앞단에 의해서 V_{DD} 아래로 제한된다면, $v_{O\max}$는 식 (11.36)보다 낮을 것이다. Q_2를 포화 모드에 머무르게 하기 위해서는

$$v_{O\min} = -V_{SS} + V_{OV2} \tag{11.37}$$

이어야 한다. 끝으로 이미터 폴로어에서와 같이 출력 스윙을 최대화하기 위해서는 바이어스 전류 I가 모든 부

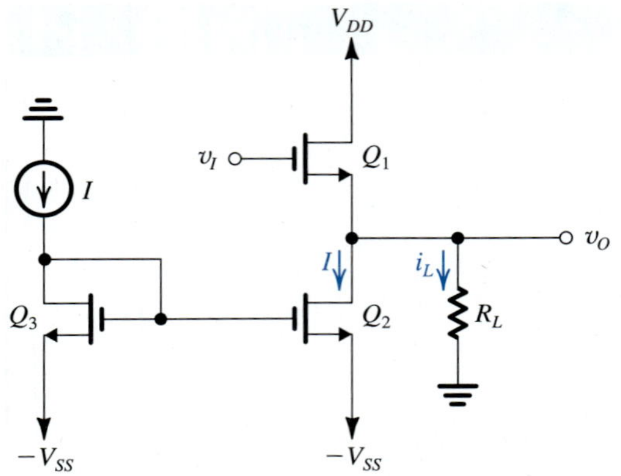

그림 11.20 NMOS 전류 미러($Q_{2,3}$)로 바이어스된 소스 폴로어 (Q_1) 출력단.

하 전류를 공급하기에 충분해야 한다. 즉,

$$I \geq \frac{-v_{O\min}}{R_L} = \frac{V_{SS} - V_{OV2}}{R_L} \tag{11.38}$$

의 전체를 공급하기에 충분해야 한다. 필시 $v_{OV} > V_{CE\text{sat}}$일 것이다. 따라서 식 (11.2)와 (11.4)가 BJT 이미터 폴로어에 부과하는 것보다 식 (11.36)과 (11.37)이 출력 스윙에 더 좁은 제한을 부과한다.

나아가 우리는 다음 식을 쓸 수 있을 것이다.

$$v_O = v_I - v_{GS1} = v_I - V_{tn1} - v_{OV1} \tag{11.39}$$

따라서 입력 파형은 V_{tn1}과 v_{OV1}의 값이 일정할 때에만 출력에서 충실하게 재생될 것이다. 유감스럽게도 둘 다 v_O의 전체 범위에 걸쳐 상당히 변할 것이다. $v_{S1} = v_O$이므로, 문턱 전압 V_{tn1}은 몸체 효과에 기인하여 비선형적으로 변한다. 이는 Q_1의 몸체를 그것의 소스로 단락시킴으로써 완화될 수 있다. 또한 v_{OV1}은 $i_{D1} = I + i_L = I + v_O/R_L$의 변화에 따라 변하고, 왜곡을 야기한다. 예제 11.7에서는 예제 11.1과 11.4에서 BJT A급과 AB급 단들에 대해 행했던 것과 유사하게, 여러 동작점에서 그것의 증분 이득을 구하기 위해 소신호 해석을 행함으로써 소스 폴로어의 왜곡을 살펴볼 것이다.

예제 11.7

그림 11.20에서 $V_{DD} = V_{SS} = 15$ V, $I = 120$ mA, $R_L = 100\ \Omega$으로 놓자. $v_O = +10$ V, 0 V, −10 V일 때 회로의 증분(소신호) 이득을 구하라. $k_n = 300$ mA/V^2 그리고 $V_{tn} = 0.8$ V라고 가정하라. 출력 저항 r_{o1}과 r_{o2}를 무시하고 Q_1의 몸체가 그것의 소스에 연결되었다고 가정하라.

풀이

6장에서 소스 폴로어의 소신호 해석이

$$A_v = \frac{R_L}{R_L + 1/g_{m1}} = \frac{1}{1 + 1/g_{m1}R_L}$$

이라는 것을 보였다. 소신호 이득을 구하는 데 필요한 식들과 $v_O = +10$ V, 0 V, −10 V일 때의 결과들을 아래 표에 나타냈다.

v_O	$i_L = v_O/R_L$	$i_{D1} = I + i_L$	$1/g_{m1} = 1/\sqrt{2k_n I_{D1}}$	A_v
+10 V	100 mA	220 mA	2.75 Ω	0.973 V/V
0 V	0 mA	120 mA	3.72 Ω	0.964 V/V
−10 V	−100 mA	20 mA	9.13 Ω	0.916 V/V

A_v에서의 이 6% 변동은 예제 11.1의 이미터 폴로어에서 관찰된 1%보다 훨씬 크다. 이미터 폴로어도 똑같은 전력을 소비한다. 따라서 우리는 소스 폴로어가 더 많은 왜곡을 보일 것을 예상할 수 있다.

이미터 폴로어에 비해 소스 폴로어의 증가된 왜곡은 비슷한 전류를 전도하는 BJT에 비해 MOSFET의 일반적으로 더 낮은 소신호 트랜스컨덕턴스로 설명된다. 이는 다시 증폭단에 대해 더 높은 출력 저항으로 이어지고, 출력 저항은 예제 11.7에서 보았듯이 부하 저항에 비해 상당히 변한다. 또한 감소된 g_{m1}은 소스 폴로어 이득이, 예를 들어 온도 변화로 인해 생기는 소자 파라미터들의 변동에 더 민감하게 만든다.

11.4절의 AB급 단에서 BJT를 MOSFET으로 대체하면 유사한 제한들을 야기할 것이다. MOSFET v_{OV}가 BJT V_{CEsat}보다 크다고 가정하면, 출력 스윙은 감소될 것이고, 똑같은 전력 소모에 대해 MOSFET의 더 낮은 g_m 때문에 왜곡은 더 높을 것이다.

연습문제

11.11 그림 11.20의 소스 폴로어가 $k_n = 50$ mA/V²과 $V_{tn} = 0.5$ V를 가지고 $V_{DD} = V_{SS} = 2.5$ V에서 동작한다. 만약 $I = 10$ mA이고 $R_L = 200$ Ω이라면, 얼마의 v_I가 $v_O = 0$ V를 야기할 것인가? 식 (11.38)을 만족시키는 최소의 부하 저항은 얼마인가?

[답] 1.13 V; 187 Ω

11.12 그림 11.20의 소스 폴로어가 $k_n = 80$ mA/V², $V_{tn} = 0.5$ V, $I = 50$ mA, $R_L = 100$ Ω을 가지고 $V_{DD} = V_{SS} = 3$ V에서 동작한다. $v_O = 0$ V와 $v_{O\min}$에서의 증분 이득을 구하라. 백분율로 나타낸 변화는 얼마인가?

[답] 0.899 V/V; 0.884 V/V; 1.7%

11.6.2 공통 소스 트랜지스터를 이용한 대안 회로

그림 11.20의 회로에 대해 식 (11.36)에 보인 $v_{O\max}$를 얻기 위해서는 v_I가 V_{DD}를 초과하도록 해야 한다. 이 난제를 완화시키기 위해 그림 11.21(a)에 보인 것처럼 공통 소스 구성이 대신 사용될 수 있다. 이 구성은 대략 $g_{m1}R_L$의 이득을 가지는데, 아쉽게도 이 이득이 i_L에 따라 상당히 변하고 왜곡을 야기한다.

이 회로는 그림 11.21(b)에 나타낸 것처럼 이득이 μ인 귀환 증폭기를 이용하여 개선될 수 있다. 공통 소스 증폭기 Q_1에 의한 음(마이너스)의 소신호 이득은 증폭기 출력으로부터 v_O에 나타난다. 따라서 v_O를 귀환 증폭기의 양(플러스)의 입력 단자로 되돌려 연결함으로써 부귀환 루프를 완성한다. 여기서 우리는 귀환 루프가 전압 증폭기에 적합한 직병렬 형태임을 알 수 있다. 이 귀환 루프는 v_O에 구애받지 않고 증분 폐쇄 루프 이득을 1에 가깝게 유지하고 이에 따라 왜곡을 상당히 감소시킨다. 이 회로는 소스 폴로어나 이미터 폴로어에서처럼 Q_1을 흐르는 전류가 연속적이기 때문에 여전히 A급 단으로 간주된다.

출력 저항 그림 11.22(a)에 출력 저항을 구하기 위한 등가 회로를 나타냈다. 우리는 증분값에 관심이 있다. 따라서 V_{DD}는 접지로 연결되는 단락 회로로 대체하였다. 그림 11.21(a)에 있는 트랜지스터 Q_2가 그림 11.22(a)에는 나타나지 않는데, 이는 우리가 $r_{o2} \gg R_L$로 가정했고 따라서 무시될 수 있기 때문이다. 출력이 곧바로 입력에 되돌려 연결되었으므로 귀환율 $\beta = 1$이다. 귀환 회로망의 부하 영향을 포함시키면 그림 11.22(b)에 나타낸 A 회로가 된다. A 회로의 이득은 다음과 같이 구해진다.

$$A \equiv \frac{v_o}{v_i} = \mu g_{mp}\left(r_{op} \| R_L\right) \qquad (11.40)$$

소신호 파라미터 g_{mp}와 r_{op}의 값들은 Q_P가 동작하는 전류에서 계산된다. 회로의 관찰로부터 개방 루프 출력 저항 R_o는 다음과 같이 구해진다.

$$R_o = R_L \| r_{op} \qquad (11.41)$$

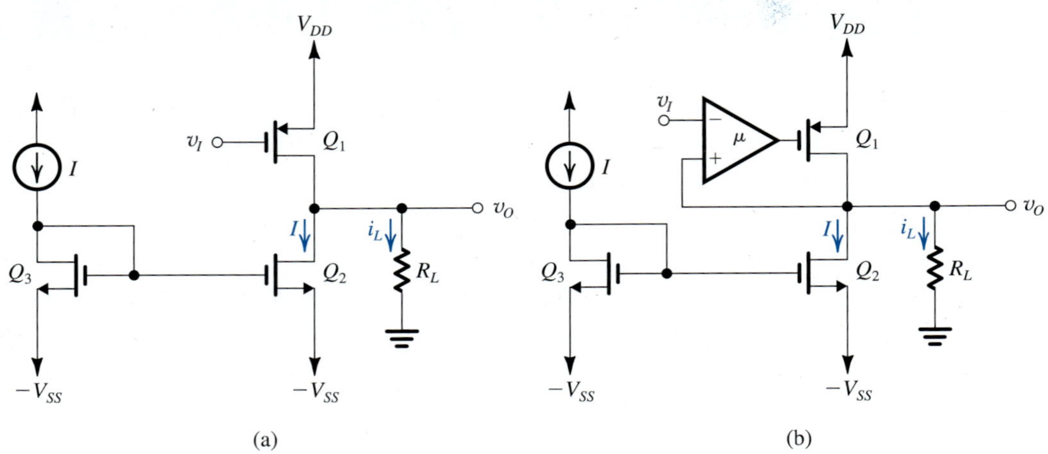

그림 11.21 (a) 공통 소스 회로가 v_O에서 더 큰 스윙을 제공한다. (b) 부귀환 증폭기를 도입함으로써 출력 저항을 줄이고 $v_O \cong v_I$를 유지시킨다.

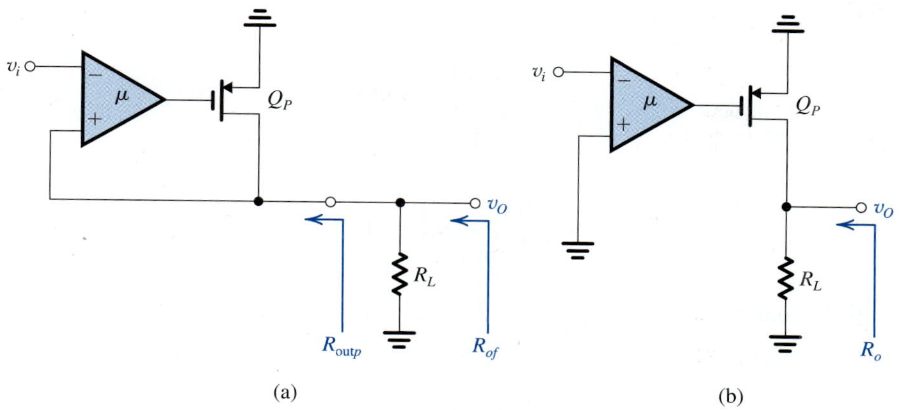

그림 11.22 출력 저항을 구함. (a) 폐쇄 루프 저항 R_{of}와 R_{outp}를 정의함. (b) 개방 회로 출력 저항 R_o를 구하기 위한 회로.

귀환에 의한 출력 저항 R_{of}는 이제 다음과 같이 구해질 수 있다.

$$R_{of} = \frac{R_o}{1+A\beta} = \frac{(R_L \| r_{op})}{1+\mu g_{mp}(r_{op} \| R_L)} \tag{11.42}$$

그리고 출력 저항 R_{outp}는 R_{of}에서 R_L을 제거하여 얻는다. 즉,

$$R_{outp} = 1\bigg/\left(\frac{1}{R_{of}} - \frac{1}{R_L}\right) \tag{11.43}$$

이다. 따라서

$$R_{outp} = r_{op} \bigg\| \frac{1}{\mu g_{mp}} \simeq \frac{1}{\mu g_{mp}} \tag{11.44}$$

가 된다. 식 (11.44)는 소스 폴로어의 출력 저항보다 낮을 수 있다. 실제로 우리는, R_{outp}가 변할 때조차 폐쇄 루프 이득이 1에 매우 가깝게 유지되고, 이에 따라 낮은 왜곡을 보장하도록, R_{outp}를 충분히 낮게 만들 수 있다.

우리는 그림 11.21(b)의 회로를 전압 조정기로 사용할 수도 있다. 전압 조정기는 기본적으로 직류 전력 증폭기이며, 부하에 안정되고 정밀한 정전압을 효과적으로 유지할 목적으로 사용된다. 이와 같은 응용들에서는 v_I가 일정하기 때문에 왜곡이 중요하지 않다. 그러나 v_O가 부하 전류 i_L이 변하는 상황에서도 일정하게 유지되게 하려면 낮은 출력 저항은 여전히 필요하다.

그림 11.21(b)에 보인 회로의 AB급 변형을 그림 11.23(a)에 나타내었다. 귀환 증폭기들은 다음과 같이 설계된다. 즉, 그림 11.23(b)에 보인 것처럼, $v_I = 0$일 때 이들의 출력이 트랜지스터의 원하는 정지 전류 I_Q를 설정하는 데 필요한 게이트 전압이 되도록 설계된다. 게이트 전압들은 i_{DP}와 i_{DN}이 각각 부하 전류를 밀어내거나 끌어당기기 위해 v_I와 v_O가 0 V로부터 멀어짐에 따라 증분 변화를 겪을 것이다. AB급 동작을 얻기 위해서 통상적으로 I_Q를 최대 출력 전류의 10% 정도가 되게끔 선정한다. 회로의 하단 절반의 출력 저항은 상단의 그것

과 유사하고, 이들은 병렬로 나타난다. 따라서 식 (11.44)를 이용하면

$$R_{\text{out}} \simeq 1/\mu\left(g_{mp}+g_{mn}\right) \tag{11.45}$$

을 얻는다. 일반적으로 두 트랜지스터는 다음과 같이 정합되어 있다.

$$k_p'\left(\frac{W}{L}\right)_p = k_n'\left(\frac{W}{L}\right)_n = k$$

따라서 이들은 정지점(quiescent point)에서 동일한 과구동 전압 V_{OV}를 가진다.

그림 11.23(a)에 나타낸 것처럼, v_I가 인가된 상황을 고찰해 보자. 개개의 오차(귀환) 증폭기의 출력에서 전압이 $\mu(v_O - v_I)$만큼 증가한다. 따라서 v_{SGP}는 $\mu(v_O - v_I)$만큼 감소하고 v_{GSN}은 $\mu(v_O - v_I)$만큼 증가하며, 다음과 같이 쓸 수 있다.

$$\begin{aligned} i_{DP} &= \frac{1}{2}k\left[V_{OV}-\mu(v_O-v_I)\right]^2 = \frac{1}{2}kV_{OV}^2\left[1-\mu\frac{v_O-v_I}{V_{OV}}\right]^2 \\ &= I_Q\left(1-\mu\frac{v_O-v_I}{V_{OV}}\right)^2 \end{aligned} \tag{11.46}$$

두 트랜지스터가 정합되어 똑같은 정지 과구동 전압 V_{OV}를 가진다고 가정하면

$$i_{DN} = I_Q\left(1+\mu\frac{v_O-v_I}{V_{OV}}\right)^2 \tag{11.47}$$

으로 쓸 수 있다. 출력 마디에서 우리는

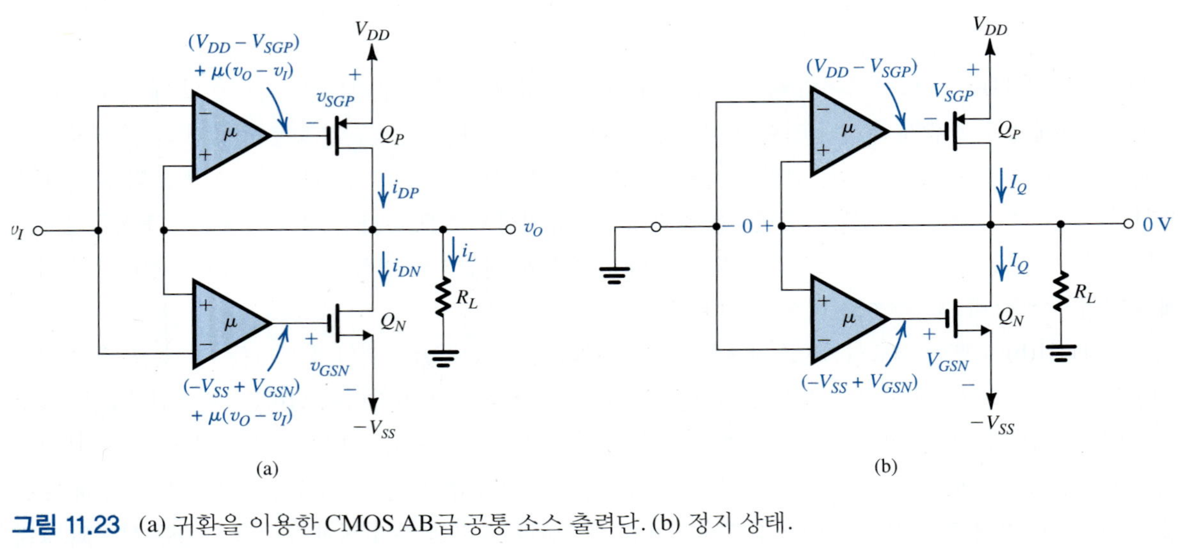

그림 11.23 (a) 귀환을 이용한 CMOS AB급 공통 소스 출력단. (b) 정지 상태.

$$i_L = i_{DP} - i_{DN} \tag{11.48}$$

을 얻는다. $i_L = v_O/R_L$로 대체하고 i_{DP}와 i_{DN}에 식 (11.46)과 (11.47)을 대입한 다음에 그 결과 식을 풀면

$$v_O = \frac{v_I}{1 + \dfrac{V_{OV}}{4\mu I_Q R_L}} \tag{11.49}$$

를 얻는다. $g_{mn} = g_{mp} = g_m = 2I_Q/V_{OV}$이므로, 식 (11.45)를 이용하여

$$R_{\text{out}} = \frac{V_{OV}}{4\mu I_Q} \tag{11.50}$$

를 얻는다. 식 (11.49)와 (11.50)을 결합하면

$$\frac{v_O}{v_I} = \frac{1}{1 + R_{\text{out}}/R_L} \tag{11.51}$$

을 얻는다. 따라서 μ와 I_Q를 큰 값으로 선택하면 R_{out}을 줄일 수 있고, R_{out}이 작아짐에 따라 이득이 1에 가깝게 유지되고 크로스오버 왜곡이 감소한다. 그러나 큰 μ는 출력단을 오차 증폭기에 필연적으로 존재하는 오프셋 전압에 민감하게 만들고, 큰 I_Q는 높은 정지 전력 소비를 의미한다.

연습문제

11.13 그림 11.21(b)에 보인 회로에서 $g_{mp} = 50$ mA/V이다. $R_{\text{out}} \simeq 1\ \Omega$을 보장하는 데 요구되는 이득 μ를 구하라. 만일 $V_{OV1} = 300$ mV라고 하면, 바이어스 전류 I는 얼마가 필요한가?

[답] 20 V/V; 7.5 mA

11.14 그림 11.23의 회로는 $|v_O| = 2$ V까지 스윙하는 출력을 부하 $R_L = 100\ \Omega$에 전달한다. 최대 출력 전류의 10%에 상당하는 정지 전류 I_Q를 구하라. $\mu = 10$ V/V이고 $V_{OV1,2} = 300$ mV인 경우, 정지점에서 이에 해당하는 출력 저항을 구하라.

[답] 2 mA; 3.75 Ω

11.6.3 D급 전력 증폭기

앞에서 D급 증폭기가 파형의 평균값이 입력 신호에 비례하여 변하는 구형파를 생성함에 의해 동작한다는 것을 언급했다. D급 단의 주된 이점은 출력 트랜지스터들이 스위치처럼 동작하기 때문에 단의 효율이 100%에 근접할 수 있다는 것이다. 이상적인 스위치는 켜질 때 전압 강하가 0이다. 따라서 전력을 소비하지 않는다. 또한 이상적인 스위치는 꺼질 때 0의 전류를 흘리고, 여전히 전력을 소비하지 않는다. 이들 두 상태 사이에서 교번함으로써 D급 단의 출력 트랜지스터들은 전력 소비가 매우 적고 높은 효율을 제공한다.

D급 단에 적합한 펄스폭 변조(PWM) 파형을 그림 11.24(a)에 나타내었다. 여기서 입력 v_A는 삼각파 v_T와 비교된다. 비교는 비교기 회로에 의해 수행되고, 비교기는 v_T가 v_A를 초과할 때마다 높은 출력을 낳고, 그 외에는 낮은 출력을 낳는다. 이 파형은 트랜지스터 Q_P와 Q_N에 의해 반전되어 PWM 파형을 생성한다. PWM 주파수는 삼각파의 주파수 f_s와 같다. 파형이 높은 기간 즉 펄스폭 t_p와 주기 $T(=1/f_s)$의 비를 충격 계수(t_p/T)라고 부르며, 이 계수가 v_A의 상응하는 순간적인 값에 비례한다. 다음으로 우리는 인덕터와 커패시터로 형성된 저역 통과 여파기로 원래 파형을 복원하는데, 이 여파기는 기본적으로 PWM 파형의 시간 평균을 제공한다.[3] 여파기 설계를 간단하게 하기 위해서 f_s를 v_A의 가장 높은 주파수보다 적어도 열 배 이상으로 선택한다. 저역 통과 여파기 설계는 13장에서 공부할 것이다.

그림 11.24(a)에서, 두 개의 상보적인 MOS 스위치들 Q_P와 Q_N은 출력 마디를 번갈아가면서 V_{DD}와 접지로 연결하면서, 낮은 저항의 부하에 의해 요구되는 큰 전류를 공급한다. 부하에 걸리는 전압 동작 범위를 두 배로 하기 위해서 그림 11.24(b)에 보인 방식을 이용할 수 있다. 여기서 우리는 PWM과 그것의 논리 반전인 $\overline{\text{PWM}}$ 둘 다를 차동 구동 방식으로 사용한다. PWM이 고레벨이고 이에 따라 $\overline{\text{PWM}}$가 저레벨일 때, Q_3와 Q_2는 온(on) 상태가 되고, Q_1과 Q_4는 오프(off) 상태가 된다. 따라서 전류는 V_{DD}로부터 부하를 통하여 접지로 흐른다(오른쪽에서 왼쪽으로). 그 반대는 PWM이 저레벨일 때 일어난다. 따라서 부하에 걸리는 전압은 그림 11.24(a)에 보인 방식으로 얻어지는 전압의 두 배가 될 것이다. 이 차동 구동 방식의 회로는 H 브리지[4]라고 알려져 있고, V_{DD} 진폭의 최대 사인파 출력 전압을 낳는다.

Hans Camenzind: D급 증폭기의 발명자

스위스 태생의 엔지니어인 Hans Camenzind(1934~2012)는 1960년에 미국에서 연구 경력을 시작했는데, 초기 반도체 제조회사인 Transitron에서였다. 1966년에 Camenzind는 Mallory(현재 Duracell)에서 2-상태(two-state) 또는 D급 증폭기를 도입한 '펄스폭 변조 회로'에 대해 특허를 출원하였고, 1969년에는 '2-상태 증폭기'에 대하여 두 번째 특허를 출원하였다. D급 증폭기는 고효율 소형 증폭기 분야에서 혁신을 일으켰다. 오늘날 이들 소자는 휴대폰에서 아주 흔하게 볼 수 있으며, 채널당 수천 와트의 라이브 공연 음향 시스템을 위한 막대한 전력 레벨에서 동작하는 응용들에서도 볼 수 있다.

앞에서 언급했듯이, D급 단의 전력 변환 효율은 여러 가지 실질적인 제약들에 의해 약 85%에서 90%로 제한된다. 이들 제약은 스위치들의 유한한 온 저항과 유한한 스위칭 속도를 포함한다. 스위치 $Q_{1\text{-}4}$의 유한한 온 저항은 전도 손실을 야기한다. 또한 온 저항은 스위치들이 온 되고 오프 될 때마다 게이트와 부하 커패시터들

3) PWM 신호는 f_s와 그것의 고조파에서 주파수 성분들을 가지고 있는데, 이들 모두의 주파수가 오디오 신호의 주파수보다 높기 때문에 저역 통과 여파기로 쉽게 제거될 수 있다.

4) H라는 이름은 회로 다이어그램이 문자 H와 비슷해서 생긴 이름이다. 스위치들은 H의 수직 행정(stroke)을 나타내고 부하와 여파기는 수평 행정을 나타낸다.

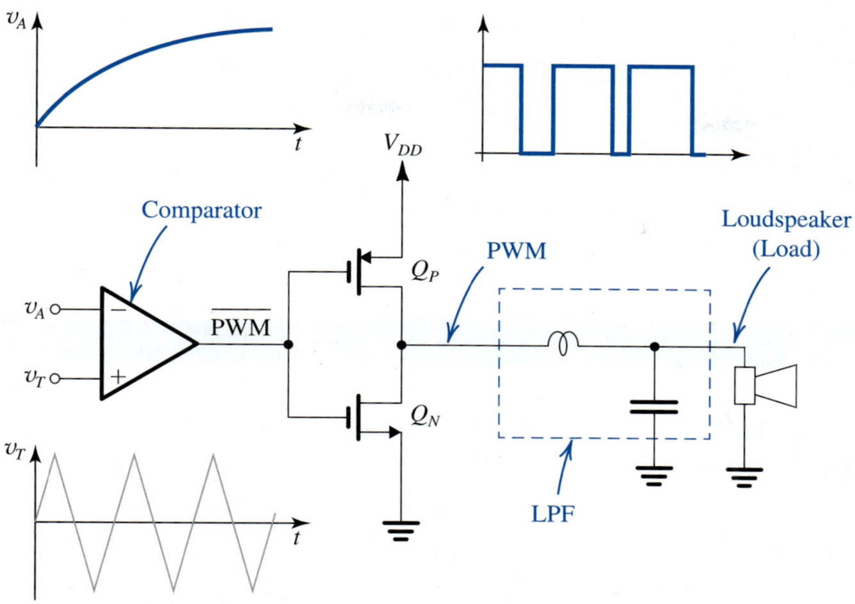

(a)

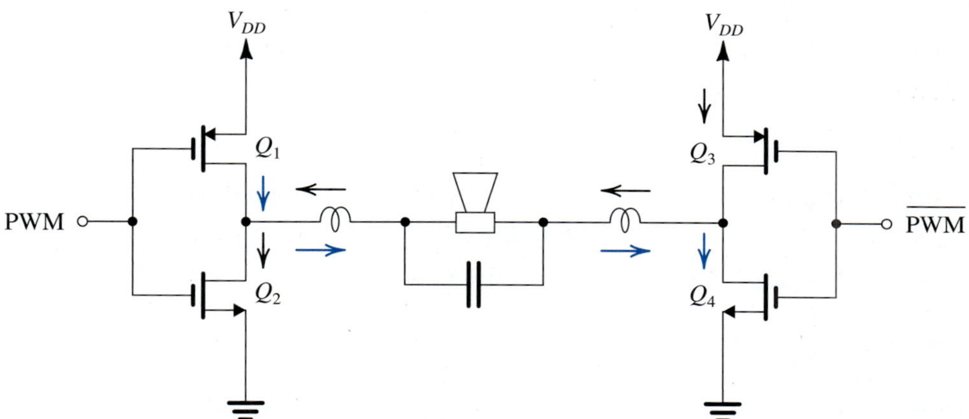

(b)

그림 11.24 D급 증폭기의 부하를 구동하는 두 가지 방법. (b)에 보인 차동 방식이 부하에 걸리는 전압 범위를 두 배로 만든다.

을 충전 및 방전시키고, 그 결과로 구동 회로에서 전력 손실을 초래한다. 스위치들의 유한한 스위칭 속도 때문에, 스위칭 주기마다 V_{DD}와 접지 사이에 순간적인 단락이 일어날 것이고, 그 결과로 생기는 **슈트 스루 전류** (shoot-through current)가 전력 손실을 초래할 것이다. 그럼에도 불구하고 D급 증폭기는 AB급 단의 효율보다 훨씬 우수한 효율을 달성한다.

마지막으로 주목해야 할 것은, D급 증폭기의 왜곡은 PWM 변조 방식이 원인이 된다는 것이다. 즉, 전력 MOSFET들의 유한한 스위칭 속도에 기인한 출력 마디에서의 부정확한 충격 계수가 왜곡의 원인이 되기도 하고, 출력 여파기의 L과 C 소자의 양호도가 왜곡의 원인이 되기도 한다. 전력 증폭기의 왜곡은 **총 고조파 왜곡**

(THD: total harmonic distortion)으로 계량화된다. THD는 기본파를 제외한 출력 신호의 고조파 성분들의 실횻값(rms)이며, 기본파의 실횻값의 백분율로 표현된다. D급 증폭기의 THD는 전형적으로 0.1%에서 최대 1%까지 보인다. D급 증폭기의 또 다른 결함은 원치 않는 스위칭 잡음의 발생이다. 이 잡음은 통상적으로 전자파 간섭과 같은 불가청 범위에 있다. 결과적으로 D급 증폭기는 전력-변환 효율이 다른 무엇보다 중요한 응용에 가장 유용하다. A급과 AB급 증폭기들은 0.01%보다 작은 수치의 THD를 얻을 수 있고 주로 하이파이(Hi-Fi) 오디오 응용에 사용된다.

연습문제

11.15 그림 11.24(a)에 보인 비교기에 ±10 V의 피크 전압을 가지는 삼각파 v_T가 인가되고, 비교기의 출력 레벨이 ±10 V인 경우를 생각해 보자. v_A가 다음 크기, 즉 (a) 0 V; (b) +5 V; (c) +10 V; (d) −5 V; (e) −10 V의 일정한 전압인 경우에 대해 출력 전압의 충격 계수 D와 평균을 구하라.

[답] (a) 50%, 0 V; (b) 75%, +5 V; (c) 100%, +10 V; (d) 25%, −5 V; (e) 0%, −10 V

11.16 만약 오디오 신호 v_A가 20 Hz에서 20 kHz까지의 주파수 스펙트럼을 가진다면 f_s의 적당한 값은 무엇인가? 이제 만일 저역 통과 여파기가 2차 여파기이고, 여파기의 통과 대역 모서리 주파수가 20 kHz이고 여파기의 이득이 40 dB/decade로 떨어진다면, f_s 주파수의 PWM 성분은 얼마나 감쇠되는가?

[답] 200 kHz; 40 dB

11.17 만약 그림 11.24(b)에 보인 차동 스위칭 방식이 이용되고 v_A가 사인파라면, R_L에 걸리는 최대 피크 진폭은 얼마인가? 그리고 R_L에 전달되는 최대 전력은 얼마인가? $V_{DD} = 35$ V이고 $R_L = 8\ \Omega$이다. 만약 전력-변환 효율이 90%라면, 전력 공급기에 의해 전달되는 전력은 얼마인가?

[답] $V_{DD}, \dfrac{V_{DD}^2}{2R_L}$; 35 V, 76.6 W; 85.1 W

11.7 전력 트랜지스터

암페어 범위의 부하 전류를 전달하고 100 V 정도 또는 그 이상의 전압을 공급하며 수십 와트의 전력을 소모하는 데 사용되는 BJT들과 MOSFET들을 **전력 트랜지스터**(power transistor)라고 부른다. 이 절에서 우리는 전력 트랜지스터의 특성과 사양을 공부할 것이다.[5] 더 자세한 내용은 이 책의 동반 웹사이트에 수록되어 있는 부록에서 볼 수 있다.

5) 전력 전자 응용에 이용되는 다른 반도체 소자들에는 사이리스터(thyristor), 실리콘 제어 정류기(SCR), 절연 게이트 바이폴라 트랜지스터(IGBT) 들이 있다. 이것들은 일반적으로 이 절에서 공부할 소자들보다 훨씬 더 높은 전류와 전압 정격을 필요로 하는 응용들에 사용된다.

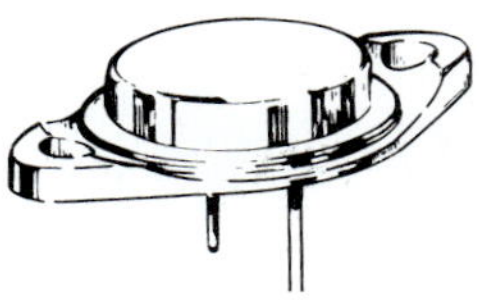

(a)

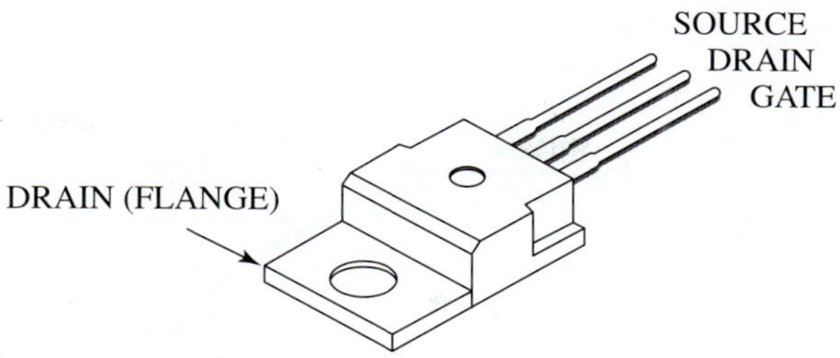

(b)

그림 11.25 전력 트랜지스터를 위한 가장 인기 있는 패키지들: (a) TO-03 금속 패키지, (b) TO-220 플라스틱 패키지.

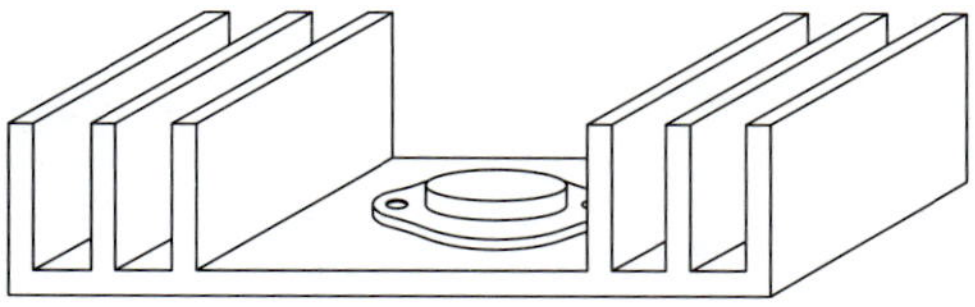

그림 11.26 대표적인 히트 싱크.

11.7.1 패키지와 히트 싱크

전력 트랜지스터들은 기본적으로 소신호 트랜지스터의 큰 형태의 버전이다. 따라서 이들은 소신호 트랜지스터와 유사한 특성들을 가진다. 그러나 곧 설명될 것처럼, 이들의 구조는 최적의 전압과 전류 수용 능력에 따라 변경된다. 또한 개별 전력 트랜지스터들은 그림 11.25에 보인 것처럼 특별한 패키지들에 넣어진다. 패키지들은 통상적으로 트랜지스터로부터 열이 빠져나가는 열전도를 용이하게 하는 기능이 있는 특별한 금속 표면인 **히트 싱크**(heat sink)에 부착되며, 이에 따라 패키지의 내부 온도를 안전 동작 한계 이내로 유지시킨다. 전형적인 히트 싱크를 그림 11.26에 나타내었다.

11.7.2 전력 BJT

전력 BJT의 파라미터들은 소신호 소자들의 그것과 어느 정도 다를 수 있다. 중요한 차이는 다음과 같다.

1. 전류 이득 β가 낮다. 일반적으로 10에서 80까지의 범위에 있지만, 5 정도로 낮아질 수 있다. 여기서 β가 전류의 함수이고 양(+)의 온도 계수를 가진다는 것을 상기하는 것이 중요하다(그림 4.34 참조).
2. 최대 컬렉터 전류 $I_{C\max}$는 전형적으로 암페어 범위이지만, 100 A 정도로 커질 수 있다.
3. 항복 전압(BV_{CEO}; 그림 4.33 참조)은 일반적으로 50 V에서 100 V의 범위에 있지만, 500 V 정도로 높을 수 있다.
4. I_{CBO}는 크고(수십 마이크로암페어), 온도가 10°C 올라갈 때마다 두 배가 된다.
5. 높은 전류에서는 r_π가 작아지고(수 옴), 베이스 영역의 외인성 벌크(bulk) 저항을 나타내는 r_x가 중요해진다.
6. 천이 주파수 f_T는 낮고(수 메가헤르츠), C_μ는 크고(수백 피코패럿), C_π는 훨씬 더 크다.

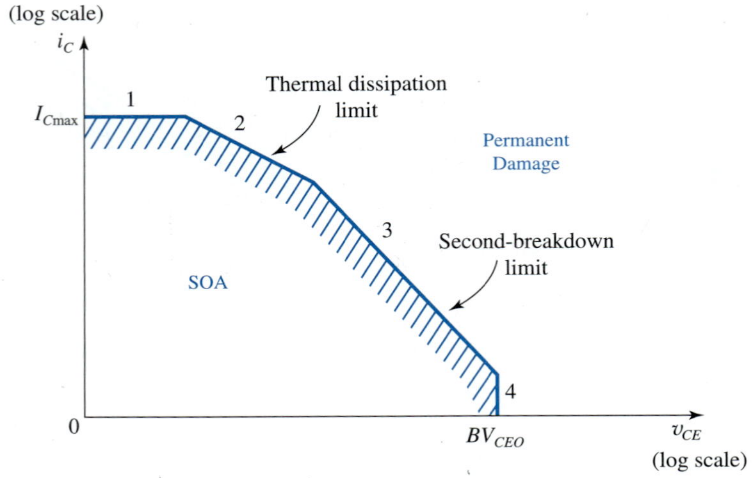

그림 11.27 BJT의 안전 동작 영역(SOA).

7. 높은 전류에서는 지수적인 i_C–v_{BE} 관계가 지수에서 2배율로 감소한다. 즉, $i_C = I_S e^{v_{BE}/2V_T}$.

큰 컬렉터 전류에서, 낮은 β는 큰 베이스 전류를 필요로 하는 결과를 초래한다. 이것은 출력 트랜지스터들을 구동하는 회로의 설계를 복잡하게 만들 수 있다. 11.5절에서 논의한 달링턴 구성을 이용하여 보다 높은 유효 β를 제공할 수 있다.

전력 BJT들은 만일 우리가 이들을 여러 물리적인 제한들 중의 어느 하나를 넘어서 동작시킨다면 영구적인 손상을 입을 수 있다.

1. 최대로 허용할 수 있는 전류 $I_{C\max}$를 초과하면, 소자와 패키지 단자들을 결합시켜 주는 도선을 녹일 수 있다.
2. 컬렉터 전류 i_C와 컬렉터-이미터 전압 v_{CE}의 조합을 제한하여 BJT를 오버히팅(overheating)으로부터 안정한 한계 안에 유지하도록 해야 한다. 우리는 BJT 케이스를 냉각시킴으로써 이들 한계를 개선할 수 있다. 예를 들어 차가운 공기를 히트 싱크들에 불어 냉각을 행할 수 있다.
3. 이미터-베이스 접합을 횡단하는 전류의 흐름이 균일하지 않기 때문에, 국부화된 온도 상승이 BJT 구조 자체 안에서 일어날 수 있으며, 결과적으로 **2차 항복**(second-breakdown) 한계를 낳는다.
4. v_{CE}의 순시 값이 컬렉터-이미터 항복 전압 BV_{CEO}를 초과하면, 컬렉터-베이스 접합에서 애벌랜치 항복이 일어난다(4.4절).

이들 중첩되는 고려가 그림 11.27에 보인 것처럼 BJT의 안전 동작 영역(SOA: safe operating area)을 정의할 수 있게 해 준다. 이와 같은 그래프는 전력 BJT의 데이터 일람표에서 종종 볼 수 있다.

11.7.3 전력 MOSFET

전력 MOSFET은 다음과 같은 특성들 때문에 전력 증폭기와 출력단의 설계에서 인기를 얻고 있다.

1. MOSFET은 BJT와 달리 직류 게이트 구동 전류를 필요로 하지 않는다.
2. MOSFET은 BJT보다 훨씬 더 높은 스위칭 속도에서 동작할 수 있다. 이는 D급 증폭기와 같이 스위칭을 이용하는 전력 회로 설계에서는 확실한 장점이다.
3. MOSFET의 열 특성은 BJT의 그것보다 우수하다. 이들은 SOA가 확장되는 이익을 얻는다.

전력 MOSFET의 구조 중에서 가장 보편적인 것은 **이중 확산**(double-diffused) 또는 **DMOS** 트랜지스터이다. 이 트랜지스터는 (약 50 A 정도의) 큰 전류를 흘릴 수 있는 능력과 (600 V 정도로) 매우 높은 항복 전압을 동시에 제공하는 근본적으로 다른 구조를 가지고 있다. 비록 전력 MOSFET이 5장에서 공부한 소신호 MOSFET의 특성들과 상당히 유사한 특성들을 보이지만, 이들의 특성에는 중요한 차이가 있다.

전력 MOSFET은 1 V에서 4 V 범위 내의 문턱 전압을 가진다. 소자가 포화 모드에서 동작할 때, 드레인 전류와 v_{GS}는 종래의 제곱 법칙 특성에 의해서 관련지어진다. 그러나 i_D–v_{GS} 특성은 v_{GS} 값이 커지면 커질수록 선형이 된다. 이와 같이 i_D–v_{GS} 특성이 선형이 되는 이유는 높은 전기장이 짧은 채널을 따라 가해지고, 그로 인해 전하 캐리어의 속도가 어떤 상한값에 도달하기 때문이다. 이와 같은 현상을 **속도 포화**(velocity saturation)[6]라고 부른다. i_D–v_{GS} 관계가 선형이라는 것은 속도 포화 영역에서 트랜스컨덕턴스 g_m이 상수라는 것을 의미한다.

MOS 전력 회로를 설계할 때 고려해야 할 가장 중요한 사항은 그림 11.28에 나타낸 온도에 따른 MOSFET의 특성 변화이다. 그림에서 i_D의 온도 계수가 0이 되는 v_{GS} 값(대부분의 MOSFET의 경우 4 V에서 6 V 범위 내에 있음)이 존재한다는 것에 주목하기 바란다. v_{GS} 값이 이보다 높은 곳에서는 i_D가 마이너스 온도 계수를

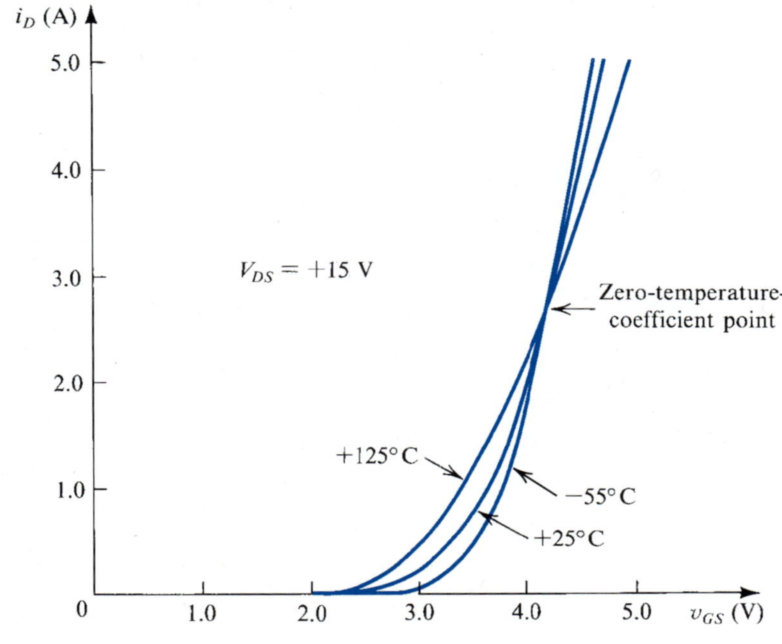

그림 11.28 케이스 온도가 −55℃, +25℃, +125℃일 때 전력 MOS 트랜지스터(IRF 630, Siliconix)의 i_D–v_{GS} 특성(Siliconix사 제공).

6) 속도 포화는 채널 길이가 1 μm 이하인 경우에는 표준 MOSFET 구조에서도 발생한다. 15.4절에서 속도 포화에 대해 좀 더 자세히 논의할 것이다.

나타낸다. 이것은 중요한 특성이다. 즉, 이는 MOSFET의 온도 계수가 0인 점을 넘어서 동작할 경우 열폭주의 위험으로부터 피할 수 있다는 것을 의미한다. 그러나 소자가 낮은 전류(즉, 온도 계수가 0인 점보다 낮은 곳)에서 동작할 경우에는 그렇게 되지 않을 것이다. 전류의 크기가 작은 영역에서는 온도 계수가 플러스이므로, 전력 MOSFET은 열폭주에 쉽게 노출될 수 있다.(결국, 소자가 파괴될 수 있다.) AB급 출력단은 작은 전류로 바이어스되므로, 열폭주로부터 소자를 보호할 수 있는 방법이 반드시 강구되어야 한다.

전류의 크기가 작을 때 i_D의 온도 계수가 플러스가 되는 이유는, $v_{OV} = (v_{GS} - V_t)$가 비교적 작고, 온도 의존성이 V_t의 마이너스 온도 계수(−3 mV/℃에서 −6 mV/℃의 범위)에 의해서 지배되고, 이것이 v_{OV}를 온도에 따라 상승시키기 때문이다.

요약

- 출력단은 트랜지스터의 도통각에 따라 분류된다: A급(360°), AB급(180°보다 약간 큼), B급(180°), C급(180°보다 작음).
- 가장 보편적인 A급 출력단은 이미터 폴로어이다. 이 회로는 피크 부하 전류보다 큰 전류로 바이어스된다.
- A급 출력단은 정지 상태($v_O = 0$)에 있을 때 최대 전력을 소비한다. A급 단으로 얻을 수 있는 최대 전력 변환 효율은 25%이다.
- B급 단은 0 전류에 바이어스된다. 따라서 정지 상태에서의 소비 전력은 0이다.
- B급 단으로 얻을 수 있는 전력 변환 효율은 78.5%이다. B급 단은 $\hat{V}_o = (2/\pi)V_{CC}$일 때 전력을 최대로 소비한다.
- B급 단은 크로스오버 왜곡을 일으킨다.
- AB급 출력단은 작은 전류로 바이어스된다. 따라서 입력 신호가 작을 때에는 두 트랜지스터가 모두 도통되며, 크로스오버 왜곡이 사실상 없다.
- 부가적인 작은 정지 전력 소비를 제외하고는 AB급 단의 전력 관계들은 B급의 그것들과 유사하다.
- 열폭주가 일어날 가능성을 배제하기 위해, AB급 회로는 그것의 바이어스 전압이 출력 트랜지스터들의 V_{BE}가 온도에 따라 변하는 것과 마찬가지 방식으로 온도에 따라 변하도록 설계된다.
- AB급 출력단에 달링턴 구성을 사용하면 베이스 구동에 필요한 전류의 크기를 줄일 수 있다. 집적 회로에서는 혼합 *pnp* 구성이 흔히 사용된다.
- CMOS A급 단은 그것의 BJT 상대보다 더 높은 출력 저항을 가진다는 문제를 안고 있다. 또한 출력 저항은 출력 전압의 전체 범위에 걸쳐서 상당히 변할 수 있고 이는 결과적으로 왜곡을 야기한다.
- 고전적인 CMOS AB급 출력단은 출력 신호 스윙 범위가 줄어드는 문제가 있다. 이 문제는 소스 폴로어 출력 트랜지스터를 공통 소스 구성으로 동작하는 상보적인 소자쌍으로 대체해 극복할 수 있다.
- 공통 소스 트랜지스터로 구성된 CMOS AB급 출력단은 두 전원 공급기 각각으로부터 과구동 전압만큼 뺀 범위 내에서 출력 전압이 스윙하는 것을 허용한다. 각 출력 트랜지스터의 귀환 경로에 오차 증폭기를 사용하면 출력단의 출력 저항과 왜곡 둘 다를 줄일 수 있다.
- D급 증폭기들은 입력 신호를 펄스폭 변조(PWM) 신호로 변환한다. 변환된 PWM 신호는 부하에 전력을 공급하는 상보 MOS 스위치들을 구동하도록 사용된다. 저역 통과 여파기는 스위칭 파형으로 인한 고주파 성분을 제거하기 위해 사용된다. 85%에서 90%의 범위의 전력 변환 효율이 얻어진다.
- MOSFET들은 고전력 출력단 설계에서 BJT들보다

더 널리 사용되고 있다. 이것은 MOSFET들의 더 높은 동작 속도 때문이기도 하고, 공급 게이트 전류가 필요하지 않아 비교적 간단한 구동 회로를 사용할 수 있기 때문이기도 하다.

- DMOS 트랜지스터는 채널이 짧으며, 고전류와 고전압 동작이 가능한 전력 소자이다.
- 전력 MOSFET의 드레인 전류는 낮은 전류에서 플러스 온도 계수를 가진다. 따라서 낮은 전류에서는 소자가 열폭주로 파손되기 쉽다. 높은 전류에서는 i_D의 온도 계수가 마이너스이다.

PROBLEMS

Computer Simulation Problems

SIM Problems identified by this icon are intended to demonstrate the value of using SPICE simulation to verify hand analysis and design, and to investigate important issues such as allowable signal swing and amplifier nonlinear distortion. Instructions to assist in setting up simulations for all the indicated problems can be found in the corresponding files on the website. Note that if a particular parameter value is not specified in the problem statement, you are to make a reasonable assumption.

Section 11.2: Class A Output Stage

11.1 A class A emitter follower, biased using the circuit shown in Fig. 11.3, uses $V_{CC}=10$ V, $R = R_L = 1$ kΩ, with all transistors (including Q_3) identical. Assume $V_{BE}=0.7$ V, $V_{CEsat}=0.3$ V, and β to be very large. For linear operation, what are the upper and lower limits of output voltage, and the corresponding inputs? How do these values change if the emitter–base junction area of Q_3 is made twice as big as that of Q_2? Half as big?

D 11.2 An emitter follower using the circuit of Fig. 11.3, for which the output voltage range is ±5 V, is required using $V_{CC}=10$ V. The circuit is to be designed such that the current variation in the emitter-follower transistor is no greater than a factor of 15, for load resistances as low as 100 Ω. What is the value of R required? Find the incremental voltage gain of the resulting follower at $v_O=+5$, 0, and –5 V, with a 100-Ω load. What is the percentage change in gain over this range of v_O?

D 11.3 The class A emitter follower in Fig. 11.3 is to operate from ±10 V supplies and drive a 16-Ω load with a sinusoid with 5-V peak amplitude. If the incremental gain is to remain within 2% of unity, what must be the bias current I? What is the resulting efficiency?

D 11.4 The emitter-follower output stage of Fig. 11.3 is designed to provide a maximum output swing of $\pm\hat{V}$ volts, across the load R_L. Neglecting the saturation voltage, what are the minimum required values of V_{CC} and I? Now, if the output voltage is a sine wave of peak amplitude $(\hat{V}/2)$, what is the power-conversion efficiency realized?

11.5 A source-follower circuit using NMOS transistors is constructed following the pattern shown in Fig. 11.3. All three transistors used are identical, with $V_t=0.5$ V and $\mu_n C_{ox} W/L = 20$ mA/V^2; $V_{CC}=2.5$ V, $R = R_L = 1$ kΩ. For linear operation, what are the upper and lower limits of the output voltage, and the corresponding inputs?

D 11.6 Using the follower configuration shown in Fig. 11.3 with ±5-V supplies, provide a design capable of ±3-V outputs with a 1-kΩ load, using the smallest possible total supply current. You are provided with four identical, high-β BJTs and a resistor of your choice. Select a standard resistor value of 5% tolerance, and specify the maximum power drawn from the negative supply.

---

problems with green numbers are considered essential; * = difficult problem; ** = more difficult; *** = very challenging
SIM = simulation; **D** = design problem;

***11.7** Consider the operation of the follower circuit of Fig. 11.3 for which $R_L = V_{CC}/I$, when driven by a square wave such that the output ranges from $+V_{CC}$ to $-V_{CC}$ (ignoring $V_{CE\text{sat}}$). For this situation, sketch the equivalent of Fig. 11.5 for v_O, i_{C1}, and p_{D1}. Repeat for a square-wave output that has peak levels of $\pm V_{CC}/2$. What is the average power dissipation in Q_1 in each case? Compare these results to those for sine waves of peak amplitude V_{CC} and $V_{CC}/2$, respectively.

11.8 Consider the situation described in Problem 11.7. For square-wave outputs having $\pm V_{CC}$ levels and $\pm\frac{1}{2}V_{CC}$ levels, and for sine waves of the same peak-to-peak values, find the average power loss in the current-source transistor Q_2.

11.9 Reconsider the situation described in Exercise 11.3 for variation in V_{CC}—specifically for $V_{CC} = 16$ V, 12 V, 10 V, and 8 V. Assume $V_{CE\text{sat}}$ is nearly zero. What is the power-conversion efficiency in each case?

Section 11.3: Class B Output Stage

11.10 Consider the circuit of a complementary-BJT class B output stage. For what amplitude of input signal does the crossover distortion represent a 10% loss in peak amplitude?

11.11 Consider the complementary-BJT class B output stage and neglect the effects of finite V_{BE} and $V_{CE\text{sat}}$. For ±5-V power supplies and an 8-Ω load resistance, what is the maximum sine-wave output power available? What supply power corresponds? What is the power-conversion efficiency? For output signals of half this amplitude, find the output power, the supply power, and the power-conversion efficiency.

D 11.12 A class B output stage operates from ±10-V supplies. Assuming relatively ideal transistors, what is the output voltage for maximum power-conversion efficiency? What is the output voltage for maximum device dissipation? If each of the output devices is individually rated for 2-W dissipation, and a factor-of-2 safety margin is to be used, what is the smallest value of load resistance that can be tolerated, if operation is always at full output voltage? If operation is allowed at half the full output voltage, what is the smallest load permitted? What is the greatest possible output power available in each case?

11.13 Consider the feedback configuration with a class B output stage shown in Fig. P11.13. Let the amplifier gain $A_0 = 100$ V/V. Derive an expression for v_O versus v_I, assuming that $|V_{BE}| = 0.7$ V. Sketch the transfer characteristic v_O versus v_I, and compare it with that without feedback.

SIM 11.14 Consider the class B output stage, using MOSFETs, shown in Fig. P11.14. Let the devices have $|V_t| = 0.5$ V and $\mu C_{ox}W/L = 2\ \text{mA/V}^2$. With a 10-kHz sine-wave input of 5-V peak and a high value of load resistance, what peak output would you expect? What fraction of the sine-wave period does the crossover interval represent? For what value of load resistor is the peak output voltage reduced to half the input?

D 11.15 A class B output stage is required to deliver an average power of 50 W into an 8-Ω load. The power supply should be 4 V greater than the corresponding peak sine-wave output voltage. Determine the power-supply voltage required (to the nearest volt in the appropriate direction), the peak

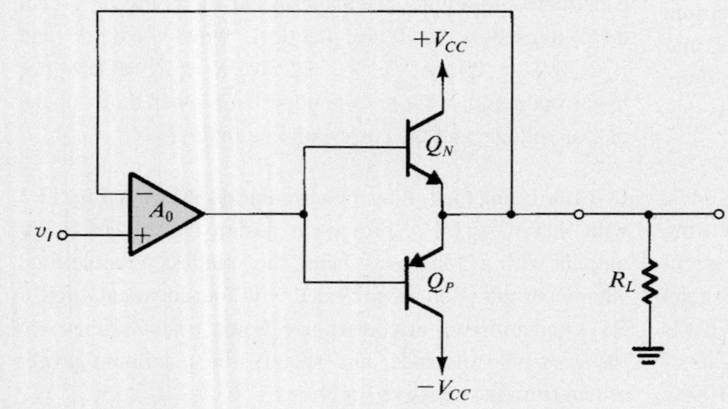

Figure P11.13

problems with green numbers are considered essential; * = difficult problem; ** = more difficult; *** = very challenging
SIM = simulation; D = design problem;

current from each supply, the total supply power, and the power-conversion efficiency. Also, determine the maximum possible power dissipation in each transistor for a sine-wave input.

11.16 Consider the class B BJT output stage with a square-wave output voltage of amplitude $\hat{V}_o$ across a load R_L and employing power supplies $\pm V_{SS}$. Neglecting the effects of finite V_{BE} and V_{CEsat}, determine the load power, the supply power, the power-conversion efficiency, the maximum attainable power-conversion efficiency and the corresponding value of $\hat{V}_o$, and the maximum available load power. Also find the value of $\hat{V}_o$ at which the power dissipation in the transistors reaches its peak, and the corresponding value of power-conversion efficiency.

11.17 Sketch a graph for the small-signal voltage gain of the class B circuit of Fig. 11.6 as a function of v_I, for v_I both positive and negative.

Section 11.4: Class AB Output Stage

11.18 A class AB output stage, such as that in Fig. 11.10, utilizing transistors with $I_S = 10^{-14}$ A, is biased at a quiescent current $I_Q = 1$ mA. Find V_{BB}, the output resistance R_{out} at $v_I = 0$, and the corresponding small-signal voltage gain. The load resistance $R_L = 100\ \Omega$. What does the incremental gain become when $v_O = 10$ V?

D 11.19 Design the quiescent current of a class AB BJT output stage so that the incremental voltage gain for v_I in the vicinity of the origin is in excess of 0.97 V/V for loads larger than 100 Ω. Assume that the BJTs have V_{BE} of 0.7 V at a current of 100 mA and determine the value of V_{BB} required.

11.20 For the class AB output stage considered in Example 11.4, add two columns to the table of results as follows: the total input current drawn from v_I (i_I, mA); and the large-signal input resistance $R_{in} \equiv v_I/i_I$. Assume $\beta_N = \beta_P = \beta = 49$. Compare the values of R_{in} to the approximate value obtained using the resistance-reflection rule, $R_{in} \simeq \beta R_L$.

D 11.21 A class AB output stage, such as that in Fig. 11.10, drives a load resistance R_L of 100 Ω. What bias current I_Q will serve to limit the variation in the small-signal voltage gain to 5% as i_L changes from 0 to 50 mA?

11.22 In this problem we investigate an important trade-off in the design of the class AB output stage of Fig. 11.10: Increasing the quiescent current I_Q reduces the nonlinearity of the transfer characteristic at the expense of increased quiescent power dissipation. As a measure of nonlinearity, we use the maximum deviation from unity of the stage incremental gain, which occurs at $v_O = 0$, namely,

$$\epsilon = 1 - v_o/v_i\big|_{v_O=0}$$

(a) Show that ϵ is given by

$$\epsilon = \frac{V_T/2I_Q}{R_L + (V_T/2I_Q)}$$

which for $2I_QR_L \gg V_T$ can be approximated by

$$\epsilon \simeq V_T/2I_QR_L$$

(b) If the stage is operated from power supplies of $\pm V_{CC}$, find the quiescent power dissipation, P_D.

(c) Show that for given V_{CC} and R_L, the product of the quiescent power dissipation and the gain error is a constant given by

$$\epsilon P_D \simeq V_T\left(\frac{V_{CC}}{R_L}\right)$$

(d) For $V_{CC} = 10$ V and $R_L = 100\ \Omega$, find the required values of P_D and I_Q if ϵ is to be 5%, 2%, and 1%.

***11.23** A class AB output stage, resembling that in Fig. 11.10 but utilizing a single supply of +10 V and biased at $V_I = 6$ V, is capacitively coupled to a 100-Ω load. For transistors for which $|V_{BE}| = 0.7$ V at 1 mA and for a bias voltage $V_{BB} = 1.4$ V, what quiescent current results? For a step change in output from 0 to –1 V, what input step is required? Assuming transistor-saturation voltages of zero, find the largest possible positive-going and negative-going steps at the output.

Section 11.5: Biasing the Class AB Circuit

D 11.24 Consider the diode-biased class AB circuit of Fig. 11.13. For $I_{BIAS} = 200\ \mu$A, find the relative size (n) that should be used for the output devices (in comparison to the biasing devices) to ensure that an output resistance of 8 Ω or less is obtained in the quiescent state. Neglect the resistance of the biasing diodes.

D 11.25 Repeat Example 11.6 for the situation in which the peak positive output current is 250 mA. Use the same general approach to safety margins. What are the values of R_1 and R_2 you have chosen?

11.26 Use the results given in the answer to Exercise 11.9 to determine the input current of the circuit in Fig. 11.16 for $v_I = 0$ and ± 10 V with infinite and 100-Ω loads.

11.27 For the circuit in Fig 11.16, operated near $v_I = 0$ and fed with a signal source having zero resistance, show that the output resistance is given by

$$R_{\text{out}} = \frac{1}{2}[R_3 + r_{e3} + (R_1 \| r_{e1})/(\beta_3 + 1)]$$

Assume that the top and bottom halves of the circuit are perfectly matched.

11.28 Figure P11.28 shows a variant of the class AB circuit of Fig. 11.16. Assume that all four transistors are matched and have $\beta = 100$.

(a) For $v_I = 0$, find the quiescent current in Q_3 and Q_4, the input current i_I, and the output voltage v_O.

(b) Since the circuit has perfect symmetry, the small-signal performance around $v_I = 0$ can be determined by considering either the top or bottom half of the circuit only. In this case, the load on the half-circuit must be $2R_L$, the input resistance found is $2R_{\text{in}}$, and the output resistance found is $2R_{\text{out}}$. Using this approach, find R_{in}, v_o/v_i, and R_{out} (assuming that the circuit is fed with a zero-resistance source).

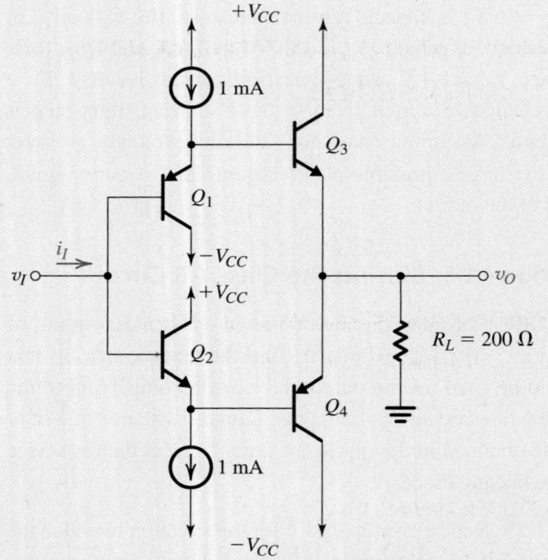

Figure P11.28

D *11.29 A class AB output stage using a two-diode bias network as shown in Fig. 11.13 utilizes diodes having the same junction area as the output transistors. For $V_{CC} = 10$ V, $I_{\text{BIAS}} = 1$ mA, $R_L = 100\ \Omega$, $\beta_N = 50$, and $|V_{CE\text{sat}}| = 0$ V, what is the quiescent current? What are the largest possible positive and negative output signal levels? To achieve a positive peak output level equal to the negative peak level, what value of β_N is needed if I_{BIAS} is not changed? What value of I_{BIAS} is needed if β_N is held at 50? For this value, what does I_Q become?

D 11.30 Evaluate the small-signal input resistance and small-signal voltage gain of the class AB output stage in Fig. 11.13. To simplify matters, assume the small-signal resistances of D_1 and D_2 to be negligibly small. Replace each of Q_N and Q_P with its hybrid-π model and neglect r_o. Hence show that the class AB stage is equivalent, from a small-signal point of view, to an emitter-follower transistor whose $r_\pi = r_{\pi N} \| r_{\pi P}$ and $g_m = g_{mN} + g_{mP}$, and hence $r_e = r_{eN} \| r_{eP}$ and $\beta = (g_{mN} + g_{mP})(r_{\pi N} \| r_{\pi P})$. Now show that

$$\frac{v_o}{v_i} = \frac{R_L}{R_L + (r_{eN} \| r_{eP})}$$

and

$$R_{\text{in}} \simeq \beta[R_L + (r_{eN} \| r_{eP})]$$

11.31 Figure P11.31 shows a class AB output stage with a common-emitter transistor added to increase the voltage gain and reduce the current that v_I has to supply. Neglecting the small-signal resistances of D_1 and D_2, find the small-signal voltage gain v_o/v_i. (*Hint*: Use the expressions for voltage gain and input resistance of the class AB stage without Q_3, given in the statement for Problem 11.30.)

11.32 Find an expression for the output resistance R_{out} of the class AB output stage in Fig. P11.31. Toward that end, neglect the small-signal resistance of each of D_1 and D_2 and assume the current source supplying I_{BIAS} has an output resistance R_{BIAS}. Transistors Q_N and Q_P are equivalent to a single transistor with $r_\pi = r_{\pi N} \| r_{\pi P}$, $r_e = r_{eN} \| r_{eP}$, and $g_m = g_{mN} + g_{mP}$.

---

problems with green numbers are considered essential; * = difficult problem; ** = more difficult; *** = very challenging
SIM = simulation; **D** = design problem;

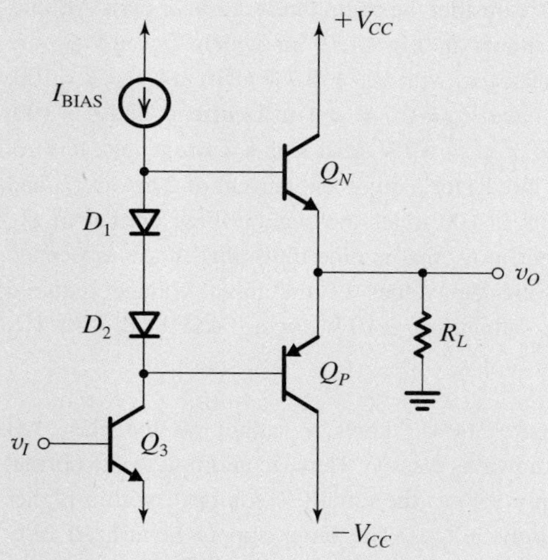

Figure P11.31

****11.33** A class AB output stage using a two-diode bias network as shown in Fig. 11.13 utilizes diodes having the same junction area as the output transistors. At a room temperature of about 20°C the quiescent current is 1 mA and $|V_{BE}| = 0.6$ V. Through a manufacturing error, the thermal coupling between the output transistors and the biasing diode-connected transistors is omitted. After some output activity, the output devices heat up to 70°C while the biasing devices remain at 20°C. Thus, while the V_{BE} of each device remains unchanged, the quiescent current in the output devices increases. To calculate the new current value, recall that there are two effects: I_S increases by about 14%/°C and $V_T = kT/q$ changes, where $T = 273° +$ temperature in °C, and $V_T = 25$ mV only at 20°C. However, you may assume that β_N remains almost constant. This assumption is based on the fact that β increases with temperature but decreases with current. What is the new value of I_Q? If the power supply is ±20 V, what additional power is dissipated? If thermal runaway occurs, and the temperature of the output transistors increases by 10°C for every watt of additional power dissipation, what additional temperature rise and current increase result?

****11.34** A V_{BE} multiplier is designed with equal resistances for nominal operation at a terminal current of 1 mA, with half the current flowing in the bias network. The initial design is based on $\beta = \infty$ and $V_{BE} = 0.7$ V at 1 mA.

(a) Find the required resistor values and the terminal voltage.
(b) Find the terminal voltage that results when the terminal current increases to 2 mA. Assume $\beta = \infty$.
(c) Repeat (b) for the case the terminal current becomes 10 mA.
(d) Repeat (c) using the more realistic value of $\beta = 100$.

***11.35** By replacing the transistor in the V_{BE} multiplier by its hybrid-π, small-signal model (with r_o neglected), show that the incremental resistance between the two terminals of the multiplier is given by

$$r = \frac{R_2 + (R_1 \| r_\pi)}{1 + g_m(R_1 \| r_\pi)}$$

Evaluate r for the case $R_1 = R_2 = 1.2$ kΩ, with the transistor operating at $I_C = 1$ mA and having $\beta = 100$.

D ***11.36 Consider the circuit of Fig. 11.16 in which Q_1 and Q_2 are matched, and Q_3 and Q_4 are matched but have three times the junction area of the others. Resistors R_3 and R_4 also are matched. For $V_{CC} = 10$ V, find values for resistors R_1 through R_4 that allow for a base current of at least 10 mA in Q_3 (and Q_4) at $v_I = +5$ V ($v_I = -5$ V), when a load demands it, with at most a 2-to-1 variation in currents in Q_1 (and Q_2). The quiescent current in Q_3 is to be 40 mA. Let $\beta_{1,2} \geq 150$ and $\beta_{3,4} \geq 50$. For input voltages around 0 V, estimate the output resistance of the overall follower driven by a source having zero resistance. For an input voltage of +1 V and a load resistance of 2 Ω, what output voltage results? Q_1 and Q_2 have $|V_{BE}|$ of 0.7 V at a current of 10 mA.

11.37 For the Darlington configuration shown in Fig. 11.17, show that for $\beta_1 \gg 1$ and $\beta_2 \gg 1$:

(a) The equivalent composite transistor has $\beta \simeq \beta_1\beta_2$.
(b) If the composite transistor is operated at a current I_C, then Q_2 will be operating at a collector current approximately equal to I_C, and Q_1 will be operating at a collector current approximately equal to I_C/β_2.
(c) The composite transistor has a base–emitter voltage $V_{BE} \simeq 2V_T\ln(I_C/I_S) - V_T\ln(\beta_2)$, where I_S is the saturation current of each of Q_1 and Q_2.
(d) The composite transistor has an equivalent $r_\pi \simeq 2\beta_1\beta_2(V_T/I_C)$.
(e) The composite transistor has an equivalent $g_m \simeq \frac{1}{2}(I_C/V_T)$.

***11.38** For the circuit in Fig. P11.38 in which the transistors have $V_{BE} = 0.7$ V and $\beta = 100$:

(a) Find the dc collector current for each of Q_1 and Q_2.
(b) Find the small-signal current i_c that results from an input signal v_i, and hence find the voltage gain v_o/v_i.
(c) Find the input resistance R_{in}.

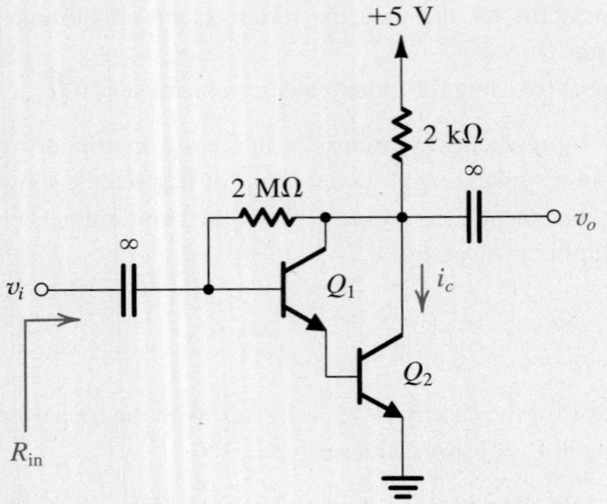

Figure P11.38

SIM ****11.39** The BJTs in the circuit of Fig. P11.39 have $\beta_P = 10$, $\beta_N = 100$, $|V_{BE}| = 0.7$ V, and $|V_A| = 100$ V.

(a) Find the dc collector current of each transistor and the value of V_C.

(b) Replacing each BJT with its hybrid-π model, show that

$$\frac{v_o}{v_i} \simeq g_{m1}\left[r_{o1} \,\|\, \beta_N (r_{o2} \,\|\, R_f)\right]$$

(c) Find the values of v_o/v_i and R_{in}.

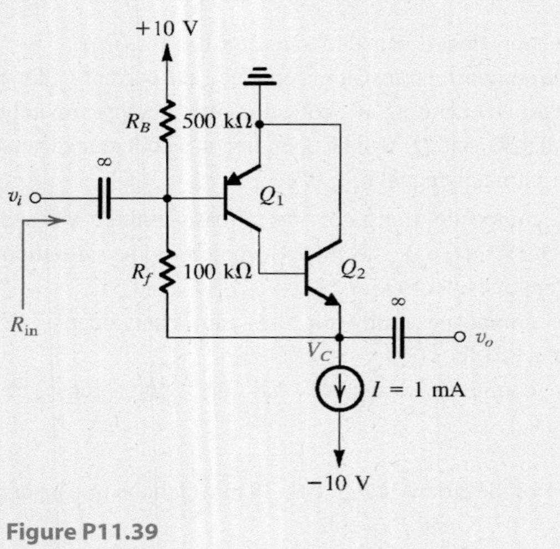

Figure P11.39

D **11.40 Consider the compound-transistor class AB output stage shown in Fig. 11.19 in which Q_2 and Q_4 are matched transistors with $V_{BE} = 0.7$ V at 10 mA and $\beta = 100$, Q_1 and Q_5 have $V_{BE} = 0.7$ V at 1-mA currents and $\beta = 100$, and Q_3 has $V_{EB} = 0.7$ V at a 1-mA current and $\beta = 10$. Design the circuit for a quiescent current of 2 mA in Q_2 and Q_4, I_{BIAS} that is 100 times the standby base current in Q_1, and a current in Q_5 that is nine times that in the associated resistors. Find the values of the input voltage required to produce outputs of ±10 V for a 1-kΩ load. Use V_{CC} of 15 V.

***11.41** Figure P11.41 shows a variant on the class AB amplifier known as class G. Here, in addition to the normal power supply $\pm V_{CC1}$, the circuit is equipped with a higher voltage supply $\pm V_{CC2}$. The latter supply is utilized only infrequently. The circuit operates as follows. Normally, D_1 and D_2 are turned on and thus connect the $\pm V_{CC1}$ supply to the class AB stage transistors Q_1 and Q_2. Simultaneously, Q_3 and Q_4 are off. For v_I positive and exceeding a certain threshold, Q_3 turns on, D_1 turns off, and Q_1 is then effectively operating from the higher voltage supply V_{CC2}. This continues as long as v_I is larger than the specified threshold. As v_I decreases below the threshold value, Q_3 is turned off and D_1 turns

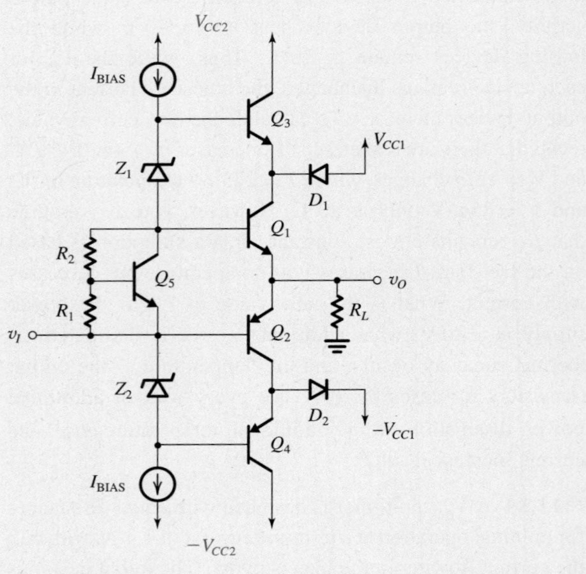

Figure P11.41

problems with green numbers are considered essential; * = difficult problem; ** = more difficult; *** = very challenging
SIM = simulation; D = design problem;

on, thus connecting Q_1 to its normal supply V_{CC1}. A similar process happens in the negative direction, with D_2 and Q_4 taking the place of D_1 and Q_3. Let $V_{CC1} = 35$ V, $V_{CC2} = 70$ V, $V_{Z1} = 3.3$ V, and the voltage of the V_{BE} multiplier $V_{BB} =$ 1.2 V.

(a) Find the positive threshold value of v_I at which Q_3 is turned on.

(b) If for 95% of the time v_I is in the vicinity of 30 V and only 5% of the time it is in the vicinity of 65 V, use Eq. (11.19) to estimate the average power dissipated in the transistors, P_D. Compare to the value of P_D dissipated in a class AB stage operated from a ±70 V supply.

11.42 Figure P11.42 shows a class AB output stage equipped with protection against the effect of short-circuitingthe output while the stage is sourcing current. Find the value of R_{E1} that causes Q_5 to turn on and absorb all of the 2-mA bias current when the output current being sourced reaches 100 mA, robbing Q_1 of its base current. For Q_5, $I_S = 10^{-14}$ A. If the normal peak output current is 60 mA, find the voltage drop across R_{E1} and the collector current of Q_5.

D **11.43 The circuit shown in Fig. P11.43 limits the output current from Q_3 in the event of a short circuit or other mishap. It has the advantage that the current-sensing resistor R does not appear directly at the output. Find the value of R that causes Q_5 to turn on and absorb all of $I_{BIAS} = 2$ mA, when the current being sourced reaches 100 mA. For Q_5, $I_S = 10^{-14}$ A. If the normal peak output current is 75 mA, find the voltage drop across R and the collector current in Q_5.

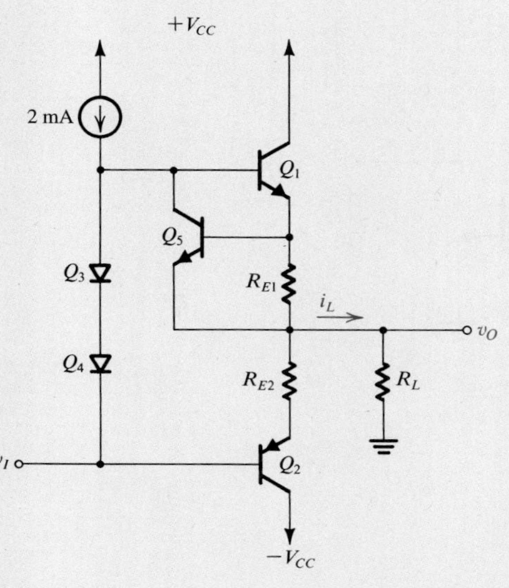

Figure P11.42

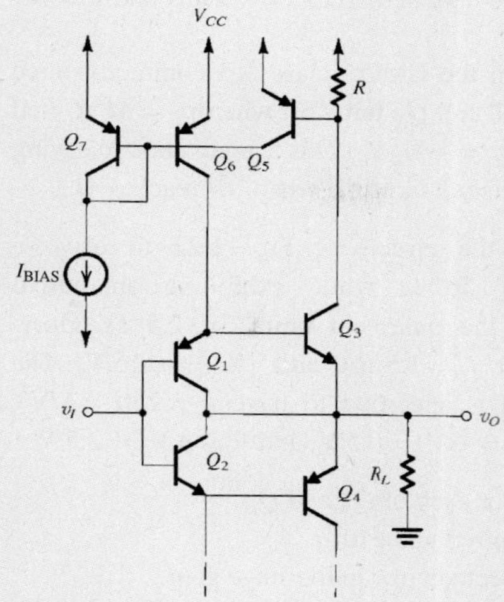

Figure P11.43

Section 11.6: CMOS Output Stages

11.44 For the source follower in Fig. 11.20, assume $V_{DD} = V_{SS} = 2.5$ V with all transistors having $k_n = 50$ mA/V^2 and $V_{tn} = 0.5$ V. If $I = 15$ mA and $R_L = 150\ \Omega$, find the drain current i_{D1}, input voltage v_I, and incremental gain corresponding to $v_O = +1$ V, 0 V, and -1 V.

11.45 What bias current I is required in Fig. 11.20 to ensure that the output resistance is only 5 Ω with no load current, assuming $V_{OV1} = 350$ mV? Compare this to the current I required to achieve the same output resistance for the emitter follower in Fig. 11.3.

11.46 The class AB output stage in Fig. 11.23 utilizes two matched transistors with $k_n = k_p = 200$ mA/V^2 and is operated from ±2.5-V power supplies. If the stage is required to supply a maximum current of ±20 mA, what is the output voltage swing realized?

11.47 For the CMOS output stage of Fig. 11.23 with $I_Q = 2$ mA, $|V_{OV}| = 0.2$ V for each of Q_P and Q_N at the quiescent point, and $\mu = 5$, find the output resistance at the quiescent point.

11.48 (a) Show that for the CMOS output stage of Fig. 11.23,

$$|\text{Gain error}| = \frac{R_{out}}{R_L}$$

(b) For a stage that drives a load resistance of 100 Ω with a gain error of less than 3%, find the overdrive voltage at which Q_P and Q_N should be operated. Let $I_Q = 2.5$ mA and $\mu = 5$.

11.49 Show that in the CMOS class AB common-source output stage (Fig. 11.23), Q_N turns off when $v_O = 4I_QR_L$ and Q_P turns off when $v_O = -4I_QR_L$. This is equivalent to saying that one of the transistors turns off when $|i_L|$ reaches $4I_Q$.

D *11.50 Design the circuit of Fig. 11.23 to drive a load resistance of 50 Ω while exhibiting an output resistance, around the quiescent point, of 2.5 Ω. Operate Q_N and Q_P at $I_Q = 1.5$ mA and $|V_{OV}| = 0.15$ V. The technology utilized is specified to have $k_n' = 250$ μA/V², $k_p' = 100$ μA/V², $V_{tn} = -V_{tp} = 0.5$ V, and $V_{DD} = V_{SS} = 2.5$ V.

(a) Specify (W/L) for each of Q_N and Q_P.
(b) Specify the required value of μ.
(c) What is the expected error in the stage gain?
(d) In the quiescent state, what dc voltage must appear at the output of each of the error amplifiers?
(e) At what value of positive v_O will Q_P be supplying all the load current? Repeat for negative v_O and Q_N supplying all the load current.
(f) What is the linear range of v_O?

11.51 Sketch waveforms resembling those in Fig. 11.24(a). Let v_T have ±10 V peaks and assume v_A is a sine wave with 5-V peak amplitude. Let the frequency of v_T be 5 times that of v_A. The comparator output levels are ±10 V.

11.52 A pulse waveform swinging between ±10 V has a duty ratio of 0.65. What is its average value? If the duty ratio is changed to 0.35, what does the average value become?

11.53 For the circuit in Fig. 11.24(b):

(a) If v_A is a sine wave, what is the maximum power supplied to a load of resistance R, in terms of V_{DD}?
(b) The power loss is mostly due to the repeated charging and discharging of a capacitance C across the load. It can be shown that this switching power is given by $4f_sCV_{DD}^2$. Find an expression for the power-conversion efficiency η and evaluate the value of η for the case $f_s = 250$ kHz and $C = 1000$ pF.

Section 11.7 Power Transistors

11.54 The emitter follower in Fig. 11.3 drives a load resistance $R_L = 50$ Ω with an output ranging between $v_O = \pm 5$ V. It operates with $V_{CC} = 10$ V and $I = 200$ mA. What is the peak power dissipation in Q_1 and what is the corresponding output voltage v_O? What is the peak power dissipation in Q_2 and what is the corresponding v_O? If identical transistors are to be used for Q_1 and Q_2, what minimum specifications are required for $I_{C\max}$ and BV_{CEO} allowing a factor-of-2 safety margin?

11.55 A power MOSFET is specified to have $I_{D\max} = 5$ A, $V_{DS\max} = 50$ V, and $P_{D\max} = 50$ W.

(a) Sketch the SOA boundaries.
(b) If the MOSFET is used in the common-source configuration as shown in Fig. P11.55, show that the maximum current occurs when $V_{DS} = 0$, the maximum V_{DS} occurs when $I_D = 0$, and the maximum power dissipation occurs when $V_{DS} = V_{DD}/2$.
(c) For $V_{DD} = 40$ V, find the smallest resistance R for which the operating point is always within the SOA. What are the corresponding values of $I_{D\max}$ and $P_{D\max}$?
(d) Repeat (c) for $V_{DD} = 30$ V.
(e) Repeat (c) for $V_{DD} = 15$ V.

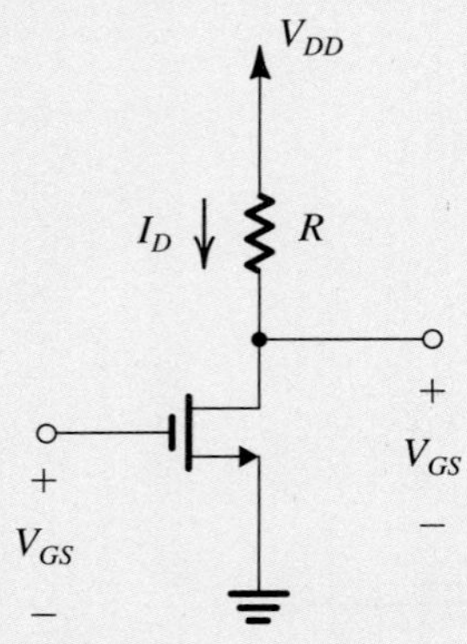

Figure P11.55

CHAPTER 12

연산 증폭기 회로

서론

12.1 2단 CMOS 연산 증폭기

12.2 폴디드 캐스코드 CMOS 연산 증폭기

12.3 BJT 연산 증폭기 설계 기법

요약

PROBLEMS

이 장에서 배울 내용

- CMOS 연산 증폭기의 두 가지 기본적인 구조의 설계와 해석: 1단, 2단 회로, 그리고 폴디드 캐스코드 회로
- BJT 연산 증폭기를 설계하기에 유용하고 흥미로운 회로
- 복잡한 아날로그 회로를 이해할 수 있는 작은 블록으로 나누어 연필과 종이만 가지고도 쉽게 해석하는 방법—이 방법은 설계를 배우는 데 가장 좋은 방법이다.
- 저전압 BJT 연산 증폭기를 설계하는 최신 설계 기법
- 앞에서 배운 여러 가지의 모든 지식을 통합, 활용하여 가장 중요한 아날로그 집적 회로인 연산 증폭기를 설계하는 방법

서론

12장에서는 가장 중요한 아날로그 집적 회로, 즉 연산 증폭기의 내부 회로를 다룰 것이다. 연산 증폭기의 단자 특성 및 회로 응용에 대해서는 2장에서 다루었다. 12장의 목적은 완전한 하나의 연산 증폭기를 실현하기 위해 고안되고 발전되어 온 탁월한 회로 기법들, 즉 아날로그 회로의 기본적인 빌딩 블록들을 어떻게 결합시켜야 하는지를 소개하는 것인데 CMOS와 바이폴라 연산 증폭기 둘 다 다룰 것이다.

CMOS 연산 증폭기 회로는 아날로그, 혼합 신호 VLSI 회로의 설계에 응용된다. 이 연산 증폭기들은 이미 특정한 목적을 가지고 설계되었기 때문에 목적과 상관없는 어떤 특성들을 무시하고 최적화할 수 있다. 예를 들어 많은 CMOS 연산 증폭기들은 IC 내부에 일부로서 들어 있어서 IC 칩의 외부 단자와 전혀 연결되어 있지 않은 경우가 많다. 이 경우 CMOS 연산 증폭기의 출력에 연결된 부하는 대부분 용량이 수 pF 정도로 작은 커패시턴스이다. 그러므로 이런 내부 CMOS 연산 증폭기는 출력 저항이 작아야 할 필요가 없으며 따라서 출력단이 필요 없다. 또, 이런 내부 CMOS 연산 증폭기의 입력 단자가 IC 칩의 단자와 연결되어 있지 않다면 정전기에 의해 입력 MOSFET의 게이트 절연층인 산화막이 파괴될 위험도 없다. 그러므로 이같이 내부에 존재하는 CMOS 연산 증폭기는 게이트 보호를 위한 입력부에 클램핑 다이오드가 필요 없으므로 이 다이오드를 통해 빠져나가는 누설 전류에 의한 성능 저하도 없게 된다. 즉, 입력 저항이 거의 무한대라는 MOSFET의 장점을 완벽하게 사용할 수 있다.

아날로그의 귀재

정밀한 아날로그 집적 회로에 대한 필요성은 대단한 능력을 가진 회로 및 공정 기술자들을 탄생시켰다. 기술적 한계를 극복하기 위한 창의적인 접근 방식은 그들을 독보적인 존재로 만들었는데 아마도 가장 유명한 사람으로 Robert Widlar를 들 수 있다. Widlar는 Fairchild사와 National Semiconductor사에서 공정 기술자인 David Talbert와 팀을 이루어 아날로그 회로를 설계하여 반도체 사업에 크게 공헌하였다. 회사의 관료주의를 근절하겠다고 도끼를 들고 위협하거나 National Semiconductor사의 지저분한 잔디를 정리하기 위하여 양을 구입하는 등 Widlar의 장난기 또한 실리콘밸리에서 전설로 남아 있다.

Widlar는 이미 33세의 나이에 전설적인 칩 설계자였고, 선형 아날로그 설계 방면의 선구자였다. 그는 Widlar 전류원, Widlar 밴드갭 정전압원, Widlar 출력단을 설계했고, 최초의 양산형 연산 증폭기 IC(Fairchild μA702, μA709), 최초의 전압 안정기(μA723, National LM100), 최초의 내부적으로 보상된 연산 증폭기(LM101), 전기장 효과 입력(LM101A) 및 슈퍼베타 입력기(LM108)를 포함하는 다양한 연산 증폭기의 설계자이다. 그 당시의 기술 수준에 비해 Widlar의 설계는 단연코 뛰어나서 그가 개발한 것들은 그 분야의 최고가 되었다.

CMOS 연산 증폭기가 VLSI의 설계에 대단히 많이 사용되는 것에 반하여 바이폴라 연산 증폭기 회로는 범용 연산 증폭기를 설계하는 데에 사용된다. 이런 범용 연산 증폭기는 다양한 응용에 사용되므로 넓은 범위의 특성을 만족하도록 설계되어 있다. 그러므로 범용 연산 증폭기 회로는 여러 동작 파라미터의 값을 잘 절충하여 설계된 것이다. 12장 마지막 절에서 범용 증폭기를 설계하는 최신 설계 기법을 소개할 것이다.

12장은 아날로그 IC 설계 분야를 정말 흥미로운 분야로 만드는 여러 아이디어를 소개할 뿐만 아니라, 지금까지 설명한 여러 개념을 하나로 연결해 주는 역할을 할 것이다.

12.1 2단 CMOS 연산 증폭기

그림 12.1에 지금부터 설명할 2단 CMOS 연산 증폭기를 나타내었다. 간단하지만 우아하다고까지 표현할 수 있는 이 회로를 고전적이라고 할 수 있지만 지금도 VLSI 시스템의 설계에 여러 가지 형태로 사용되고 있다. 이 회로는 8.6.1절에서 CMOS 다단 증폭기의 예제로 다루어진 바 있는데 더 진도를 나가기 전에 8.6.1절을 반드시 복습하기를 바란다. 여기서는 회로의 특성 파악과 설계할 때 필요한 절충(trade-off)에 중점을 둘 것이다.

12.1.1 회로

2단 CMOS 연산 증폭기 회로는 이득을 얻는 두 개의 단으로 구성되어 있다: 첫 번째 단은 차동쌍 Q_1-Q_2와 이것의 전류 미러 부하 Q_3-Q_4로 이루어져 있다. 이 회로는 8.5절에서 자세히 다루어졌는데 보통 10 V/V에서 60 V/V 정도의 전압 이득을 가지고 있으며 차동에서 단동으로 변화시키면서도 적당한 크기의 동상 모드 제거 기능을 가지고 있다.

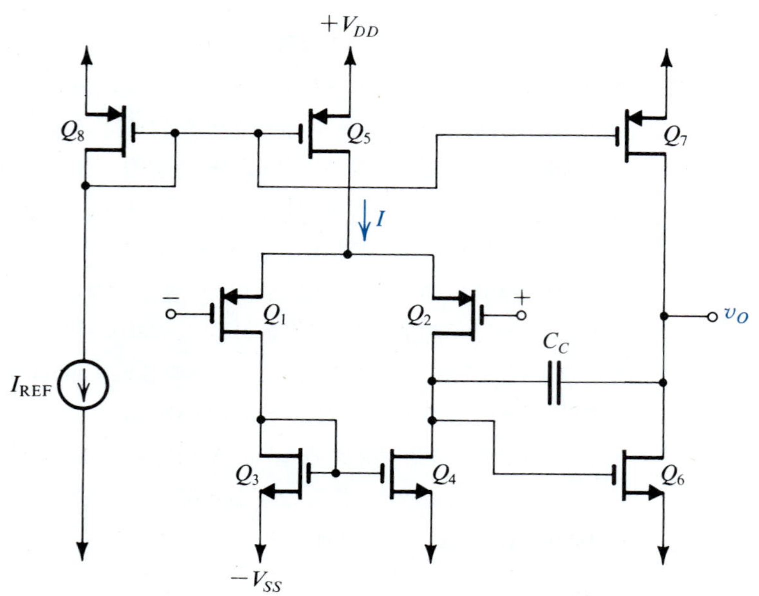

그림 12.1 기본적인 2단 CMOS 연산 증폭기의 구성.

차동쌍은 전류원 Q_5에 의해 바이어스되는데 Q_5는 Q_8, Q_5, Q_7으로 구성된 전류 미러의 두 출력 트랜지스터 중의 하나이다. 전류 미러는 기준 전류 I_{REF}에 의해 전류가 공급되는데 I_{REF}는 (−) 직류 전원 $-V_{SS}$에 그냥 연결하여 만들 수도 있고 훨씬 더 정확한 I_{REF}를 만드는 회로도 있다.

두 번째 단은 공통 소스 트랜지스터 Q_6와 그 전류원 부하 Q_7으로 구성되어 있는데 두 번째 단의 이득은 보통 8 V/V에서 80 V/V 정도이다. 또 이 두 번째 단은 연산 증폭기의 주파수 특성을 보상하는 역할도 한다. 10.10절에서 설명한 내용, 즉 다양한 크기의 부귀환에도 연산 증폭기가 발진하지 않고 안정적으로 동작하게 하려면 개방 회로 이득이 −20 dB/decade의 기울기로 주파수에 따라 감소하게 연산 증폭기를 만들어야 한다는 것을 상기하라. 주파수 특성을 위와 같이 만들려면 상대적으로 낮은 주파수에 극점이 생기도록 해야 하며 이 극점이 주파수 특성을 결정하는 데에 주된 역할을 하게 해야 한다. 회로에서는 이를 위해 보상 커패시턴스 C_C를 두 번째 단 증폭용 트랜지스터 Q_6의 부귀환 경로에 삽입하였다. 곧 알게 되겠지만, C_C(이것과 병렬 연결된 훨씬 작은 C_{gd6}를 포함하여)는 두 번째 단의 이득으로 밀러곱이 되며 그 결과값인 두 번째 단의 입력 커패시턴스는 첫 번째 단의 출력 저항과 결합하여 필요한 우성 극점을 제공하게 된다(후에 더 설명할 것임).

적절하게 잘 설계하지 않으면 그림 12.1의 CMOS 연산 증폭기 회로는 **계통적 직류 출력 오프셋**(systematic output dc offset)을 나타내게 된다. 8.6.1절에서 언급한 바와 같이 이 직류 오프셋은 다음과 같은 조건을 만족하도록 트랜지스터들의 크기를 결정하면 없앨 수 있다.

$$\frac{(W/L)_6}{(W/L)_4} = 2\frac{(W/L)_7}{(W/L)_5} \tag{12.1}$$

끝으로 그림 12.1의 CMOS 연산 증폭기에는 출력단이 없다는 것을 주목해야 하는데 CMOS 연산 증폭기는 주로 아주 작은 크기의 부하를 구동하는 데에 사용되기 때문이다.[1)]

12.1.2 동상 모드 입력 범위와 출력 스윙

그림 12.1을 참조하여 두 입력 단자를 묶어 전압 V_{ICM}에 연결하면 어떻게 될까 생각해 보자. Q_1, Q_2가 포화 영역에서 작동할 만큼 충분히 커야 한다는 조건을 만족하려면 V_{ICM}의 최솟값은 다음 식과 같이 Q_1의 드레인 전압 $(-V_{SS} + V_{GS3} = -V_{SS} + V_{tn} + V_{OV3})$에서 $|V_{tp}|$를 뺀 것보다 더 낮으면 안 된다.

$$V_{ICM} \geq -V_{SS} + V_{tn} + V_{OV3} - |V_{tp}| \tag{12.2}$$

V_{ICM}의 최댓값은 Q_5가 확실히 포화 영역에 머물도록 해야 한다는 조건을 만족해야 하므로 따라서 Q_5에 걸리는 전압 V_{SD5}가 $|V_{OV5}|$보다 낮아지지 않아야 함을 의미한다. 이것은 Q_5의 드레인 전압이 $V_{DD} - |V_{OV5}|$보다 높지 않아야 한다는 것과 같은 말이므로 V_{ICM}의 상한값은 다음과 같으며

$$V_{ICM} \leq V_{DD} - |V_{OV5}| - V_{SG1}$$

이것은 다음 식과 같은 의미이다.

---

1) 증폭기가 작은 저항 값을 가진 부하를 구동해야 해서 작은 출력 저항이 필요할 때에는 두 번째 단의 출력에 소스 폴로어나 11장에서 다룬 더 복잡한 출력단을 연결할 수도 있다.

$$V_{ICM} \le V_{DD} - |V_{OV5}| - |V_{tp}| - |V_{OV1}| \tag{12.3}$$

식 (12.2)와 (12.3)을 결합하면 동상 모드 입력 범위는 다음과 같다.

$$-V_{SS} + V_{OV3} + V_{tn} - |V_{tp}| \le V_{ICM} \le V_{DD} - |V_{tp}| - |V_{OV1}| - |V_{OV5}| \tag{12.4}$$

위 식을 보면, 예상했던 바와 같이, 중요한 설계 파라미터 중 하나인 오버드라이브 전압은 직류 전원 전압에서 빼기(−)를 하게 되므로 동상 모드 입력 범위가 줄어들게 되며 V_{ICM}의 범위 확보라는 측면에서 보면 V_{OV}를 가능한 한 작은 값으로 택해야 한다. 식 (12.4)를 보면 V_{ICM}의 최솟값은 대략 $-V_{SS}$를 기준으로 오버드라이브 전압 내의 값인 반면 최댓값은 별로 바람직한 값이 아니다. 즉, V_{DD}에서 오버드라이브 전압의 두 배와 문턱 전압을 뺀 값이 된다.

연산 증폭기의 출력에서 허용되는 신호 스윙의 범위에 대해서는, Q_6가 포화 영역에 있도록 해야 한다는 조건으로부터 최솟값이 정해지며, Q_7이 포화 영역에 있도록 해야 한다는 조건으로부터 최댓값이 정해지므로, 다음과 같이 된다.

$$-V_{SS} + V_{OV6} \le v_O \le V_{DD} - |V_{OV7}| \tag{12.5}$$

따라서 출력 전압은 각 전원에서 오버드라이브 전압을 뺀 범위 내의 값을 가질 수 있는데(즉, 스윙할 수 있는데) 이 스윙 범위는 실제적으로 사용할 수 있을 만큼 넓으며, 출력 전압 스윙을 크게 하려면 Q_6와 Q_7의 $|V_{OV}|$를 가능한 한 작은 값으로 선택해야 한다.

연산 증폭기 회로를 이득이 1인 단위 이득 귀환 증폭기로 사용하려면 그 출력 단자를 (−) 입력 단자로 연결할 수 있어야 한다. 이 연결이 가능해지도록 하려면 v_O의 허용 범위와 V_{ICM}의 허용 범위가 상당히 겹쳐야 하는데 여기서 설명하는 CMOS 증폭기는 대부분 이를 만족한다.

연습문제

12.1 그림 12.1의 2단 CMOS 연산 증폭기가 다음과 같이 설계되었다고 하자. ±1.65 V 전원을 사용하고 Q_6와 Q_7을 제외한 트랜지스터는 0.3 V의 오버드라이브 전압에서 작동한다. Q_6와 Q_7은 0.5 V의 오버드라이브 전압에서 작동하고 $V_{tn} = |V_{tp}| = 0.5$ V이다. 동상 모드 입력 범위와 v_O의 허용 범위를 구하라. 이 연산 증폭기가 단일 이득 형태로 사용된다면 출력 전압의 허용 범위는 어떻게 되는가?
[답] −1.35 V~0.55 V; −1.15 V~+1.15 V; −1.15 V~+0.55 V

12.1.3 직류 전압 이득

전압 이득과 주파수 응답을 구하기 위해 CMOS 증폭기의 소신호 동작에 대한 단순화한 등가 회로(그림 12.2)를 생각해 보자. 이 회로에서는 두 단이 각각 트랜스컨덕턴스 증폭기로 모델링되어 있다. 예상대로, 이 등가 회로를 보면, 입력 저항은 실제로 무한대이다.

$$R_{\text{in}} = \infty$$

또, 첫 단의 트랜스컨덕턴스 G_{m1}은 Q_1과 Q_2의 트랜스컨덕턴스와 같다(8.5절 참조).

$$G_{m1} = g_{m1} = g_{m2} \tag{12.6}$$

Q_1과 Q_2는 같은 바이어스 전류($I/2$)와 같은 오버드라이브 전압 $|V_{OV1}| = |V_{OV2}|$에서 동작하므로 다음과 같이 된다.

$$G_{m1} = \frac{2(I/2)}{|V_{OV1}|} = \frac{I}{|V_{OV1}|} \tag{12.7}$$

저항 R_1은 첫 단의 출력 저항이므로 다음과 같이 된다.

$$R_1 = r_{o2} \parallel r_{o4} \tag{12.8}$$

이 식에서 r_{o2}, r_{o4}는 각각 다음과 같다.

$$r_{o2} = \frac{|V_{A2}|}{I/2} \tag{12.9}$$

$$r_{o4} = \frac{V_{A4}}{I/2} \tag{12.10}$$

따라서 첫 단의 직류 이득은 다음과 같이 된다.

$$A_1 = -G_{m1}R_1 = -g_{m1}(r_{o2} \parallel r_{o4}) = -\frac{2}{|V_{OV1}|} \Big/ \left[\frac{1}{|V_{A2}|} + \frac{1}{V_{A4}}\right] \tag{12.11}$$

위 식을 보면 차동쌍 트랜지스터 Q_1, Q_2를 낮은 오버드라이브 전압에서 동작시키고 더 큰 얼리 전압 $|V_A|$를 얻기 위해 채널 길이를 더 길게 하면 A_1의 크기가 증가함을 알 수 있다.

그림 12.2의 등가 회로에 있는 여러 개의 커패시터에 대해서는 12.1.5절에서 설명하기로 하고, 이 등가 회로를 잘 보면 두 번째 단의 트랜스컨덕턴스는 다음과 같음을 알 수 있다.

$$G_{m2} = g_{m6} = \frac{2I_{D6}}{V_{OV6}} \tag{12.12}$$

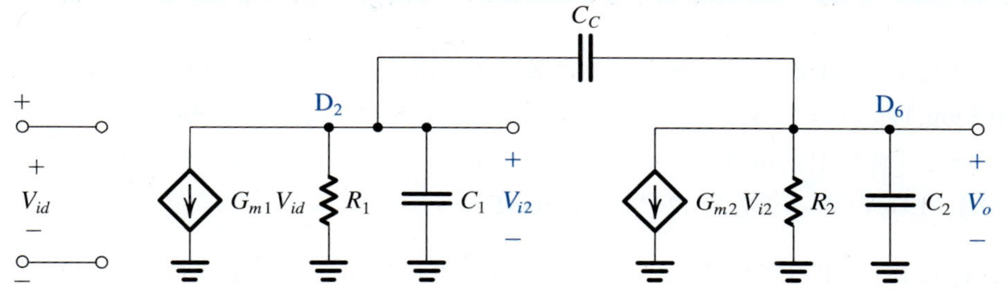

그림 12.2 그림 12.1의 연산 증폭기에 대한 소신호 등가 회로.

R_2는 두 번째 단의 출력 저항이며 다음과 같고

$$R_2 = r_{o6} \| r_{o7} \tag{12.13}$$

이 식에서 r_{o6}, r_{o7}은 각각 다음과 같다.

$$r_{o6} = \frac{V_{A6}}{I_{D6}} \tag{12.14}$$

$$r_{o7} = \frac{|V_{A7}|}{I_{D7}} = \frac{|V_{A7}|}{I_{D6}} \tag{12.15}$$

그러므로 두 번째 단의 전압 이득은 다음과 같이 된다.

$$A_2 = -G_{m2}R_2 = -g_{m6}(r_{o6} \| r_{o7}) = -\frac{2}{V_{OV6}} \Big/ \left[\frac{1}{V_{A6}} + \frac{1}{|V_{A7}|}\right] \tag{12.16}$$

이 식을 보면 역시 Q_6를 낮은 오버드라이브 전압에서 동작시키고 Q_6와 Q_7의 채널 길이를 더 길게 제작하면 A_2가 더 커진다는 것을 알 수 있다.

전체 직류 전압 이득은 두 이득의 곱 A_1A_2이므로 다음과 같이 된다.

$$A_v = A_1A_2 = G_{m1}R_1G_{m2}R_2 = g_{m1}(r_{o2} \| r_{o4})g_{m6}(r_{o6} \| r_{o7}) \tag{12.17}$$

위 식에서 A_v가 $(g_m r_o)^2$과 비슷한 크기임을 알 수 있고 따라서 A_v의 크기는 100 V/V에서 5000 V/V 정도이며 거의 트랜지스터 $Q_{1,2}, Q_6$ 자체의 이득인 $(g_{m1,2}r_{o1,2})$와 $(g_{m6}r_{o6})$에 의해 결정되고 r_{o4}, r_{o7}의 영향을 약간 받는다.

끝으로 연산 증폭기의 출력 저항은 다음과 같이 두 번째 단의 출력 저항과 같음을 주목하라.

$$R_o = r_{o6} \| r_{o7} \tag{12.18}$$

그러므로 R_o는 조금 큰 값(즉, 수십 kΩ)이 될 수도 있는데 10장의 부귀환에서 배웠듯이 연산 증폭기의 출력 전압의 일부를 부귀환시키면 부귀환되는 정도, 즉 $(1 + A\beta)$에 반비례하여 작게 할 수 있다. 또 앞에서 설명했듯이 칩에 내장된 CMOS 연산 증폭기는 큰 저항 부하(즉, 작은 저항)에 대해서는 거의 사용되지 않으므로 별로 문제가 되지 않는다. 게이트의 길이를 매우 짧게($L_{6,7} < 0.5$ μm) 하고 바이어스 전류 I_{D6}를 크게 하면 작은 값(수 kΩ)의 R_o를 구현할 수 있다.

연습문제

12.2 그림 12.1의 CMOS 연산 증폭기가 부록 K의 0.13 μm 공정으로 제작되었다. 모든 소자의 길이가 0.5 μm, $|V_{OV1}| = 0.2$ V, $V_{OV6} = 0.3$ V일 때 A_1, A_2, A_v를 구하라. 또, 두 번째 단의 바이어스 전류가 0.1 mA일 때 연산 증폭기의 출력 저항을 구하라.
[답] −13.6 V/V; −9.1 V/V; 124 V/V; 13.6 kΩ

12.3 그림 12.1의 CMOS 연산 증폭기가 이득이 1인 단위 이득 버퍼로 연결되어 있을 때 폐쇄 회로 출력 저항이 다음과 같음을 증명하라: $R_{\text{out}} \simeq 1/g_{m6}[g_{m1}(r_{o2} \| r_{o4})]$.

12.1.4 동상 모드 제거비(CMRR)

그림 12.1의 2단 연산 증폭기의 동상 모드 제거비(CMRR: common-mode rejection ratio)는 첫 번째 단에 의해 결정되는데 이것은 8.5.5절에서 이미 분석하였고 그 결과는 식 (8.138)이며 다음과 같다.

$$\text{CMRR} = [g_{m1}(r_{o2} \| r_{o4})][2g_{m3}R_{SS}] \tag{12.19}$$

위 식에서 R_{SS}는 바이어스 전류원인 Q_5의 출력 저항(r_{o5})이다. 위 식으로부터 CMRR의 크기가 $(g_m r_o)^2$과 비슷한 크기이고 따라서 상당히 큰 값임을 알 수 있다. 또한 $g_m r_o$가 $V_A/V_{OV} = V'_A L/V_{OV}$에 비례하므로 채널 길이, 특히 Q_5의 길이를 길게 하거나 트랜지스터 Q_{1-4}를 낮은 오버드라이브 전압에서 구동하면 CMRR이 커진다는 것을 알 수 있다.

12.1.5 주파수 응답

그림 12.2의 등가 회로를 잘 보면 커패시턴스 C_1은 첫 번째 단의 출력 마디와 접지 사이의 모든 커패시턴스를 의미하므로 근사적으로 다음과 같이 된다.[2)]

$$C_1 = C_{gd2} + C_{db2} + C_{gd4} + C_{db4} + C_{gs6} \tag{12.20}$$

커패시턴스 C_2는 연산 증폭기의 출력 마디와 접지 사이의 모든 커패시턴스이며 증폭기가 구동하는 부하 커패시턴스 C_L을 포함하고 있고 근사적으로 다음 식과 같이 된다.[3)]

$$C_2 = C_{db6} + C_{db7} + C_{gd7} + C_L \tag{12.21}$$

보통의 경우 C_L은 트랜지스터 자체가 가지고 있는 커패시턴스보다 더 크기 때문에 C_2는 C_1보다 훨씬 크게 된다. 앞에서 언급한 바와 같이 C_C는 연산 증폭기가 −6 dB/octave의 주파수 특성을 갖도록 의도적으로 삽입되었다. 이제 어떻게 이 의도가 달성되고 C_C의 값을 선정하는지 방법을 설명하겠다. 그런데 그림 12.2의 등가 회로에서 C_{gd6}를 C_C와 병렬 연결로 등가 회로에 포함시켜야 한다는 것을 주목해야 한다. 하지만 보통 $C_C \gg C_{gd6}$이므로 지금까지 C_{gd6}를 생략하였다.

V_o를 구하기 위해 그림 12.2의 회로를 해석하는 과정은 다음과 같다. 마디 D_2에서 마디 방정식(node equation)을 세우면 다음과 같다.

$$G_{m1}V_{id} + \frac{V_{i2}}{R_1} + sC_1V_{i2} + sC_C(V_{i2} - V_o) = 0 \tag{12.22}$$

또, 마디 D_6에서 마디 방정식을 세우면 다음과 같다.

$$G_{m2}V_{i2} + \frac{V_o}{R_2} + sC_2V_o + sC_C(V_o - V_{i2}) = 0 \tag{12.23}$$

---

2) Q_2, Q_4의 게이트는 소신호에 대해 실제로는 접지가 아니므로 그림 12.2는 C_{gd2}, C_{gd4}를 정확히 포함한 것은 아니다.

3) Q_7의 게이트는 소신호에 대해 실제로는 접지가 아닌데 그 이유는 Q_8이 다이오드 결선되어 있어 소신호에 대한 저항이 있기 때문이다. 따라서 그림 12.2는 C_{gd7}을 정확히 포함한 것은 아니다.

V_{i2}를 소거하여 V_o를 V_{id}의 함수로 표현하기 위해 식 (12.23)에서 V_{i2}를 V_o의 함수로 표현하고 그 결과를 식 (12.22)에 대입한 후 잘 정리하면 다음과 같이 증폭기의 전달 함수를 구할 수 있다.

$$\frac{V_o}{V_{id}} = \frac{G_{m1}(G_{m2} - sC_C)R_1R_2}{1 + s[C_1R_1 + C_2R_2 + C_C(G_{m2}R_1R_2 + R_1 + R_2)] + s^2[C_1C_2 + C_C(C_1 + C_2)]R_1R_2} \tag{12.24}$$

위 식에서, 첫째, $s = 0$, 즉 직류의 경우, 식 (12.24)는 $V_o/V_{id} = (G_{m1}R_1)(G_{m2}R_2)$가 되는데 이것은 우리가 기대한 결과이다. 둘째, 전달 함수인 식 (12.24)는 $G_{m2} - s_ZC_C = 0$을 만족하는 s_Z에서 이 증폭기의 전달 함수가 영이 되는 영점을 갖는다는 것을 보여 주는데 s_Z는 다음과 같다.

$$s_Z = \frac{G_{m2}}{C_C} \tag{12.25}$$

달리 표현하자면 영점은 다음과 같이 각주파수(ω_Z)의 +축에 위치하게 된다.

$$\omega_Z = \frac{G_{m2}}{C_C} \tag{12.26}$$

또한 이 증폭기는 두 개의 극점을 가지고 있는데 이 극점에서 식 (12.24)의 분모가 영이 되며 이 극점들은 분모 다항식의 두 근이다. 이 두 극점을 ω_{P1}, ω_{P2}로 표시하면 분모의 수식은 다음과 같이 되고

$$D(s) = \left(1 + \frac{s}{\omega_{P1}}\right)\left(1 + \frac{s}{\omega_{P2}}\right) = 1 + s\left(\frac{1}{\omega_{P1}} + \frac{1}{\omega_{P2}}\right) + \frac{s^2}{\omega_{P1}\omega_{P2}}$$

ω_{P1}이 우성 극점이라면 $\omega_{P1} \ll \omega_{P2}$가 되고 $D(s)$는 다음과 같이 근사화된다.

$$D(s) \simeq 1 + \frac{s}{\omega_{P1}} + \frac{s^2}{\omega_{P1}\omega_{P2}} \tag{12.27}$$

식 (12.24)와 (12.27)의 분모에 있는 s의 계수가 같아야 하므로 이를 풀면 우성 극점 ω_{P1}의 주파수는 다음과 같이 된다.

$$\begin{aligned}\omega_{P1} &= \frac{1}{C_1R_1 + C_2R_2 + C_C(G_{m2}R_2R_1 + R_1 + R_2)} \\ &= \frac{1}{R_1[C_1 + C_C(1 + G_{m2}R_2)] + R_2(C_2 + C_C)}\end{aligned} \tag{12.28}$$

이 식에서 분모의 첫 항은 증폭기의 첫 번째 단과 두 번째 단의 연결부 때문에 나타난 것임을 알 수 있다. 여기서 첫 번째 단의 출력 저항인 R_1은 연결부에서 전체 커패시턴스와 연결되어 있다. 전체 커패시터는 C_1과 밀러 커패시턴스인 $C_C(1 + G_{m2}R_2)$의 합이며 밀러(Miller) 커패시턴스는 이득이 $G_{m2}R_2$인 두 번째 단의 부귀환 회로에 삽입된 C_C의 결과이다. R_1, R_2는 거의 비슷한 크기를 가지고 있으므로 분모의 첫 번째 항이 두 번째 항보다 훨씬 크다는 것을 알 수 있고 ω_{P1}은 다음과 같이 근사화된다.

$$\omega_{P1} \simeq \frac{1}{R_1[C_1 + C_C(1 + G_{m2}R_2)]}$$

대개 C_1은 밀러 커패시턴스보다 훨씬 작고, $G_{m2}R_2 \gg 1$이라는 것을 이용하여 더 근사하면 다음과 같이 된다.

$$\omega_{P1} \simeq \frac{1}{R_1 C_C G_{m2} R_2} \tag{12.29}$$

두 번째 극점, 즉 비우성 극점의 주파수는 식 (12.24)와 식 (12.27)의 분모에 있는 s^2의 계수를 같다고 놓고 푼 다음에 식 (12.29)의 ω_{P1}을 대입하면 구할 수 있는데 그 결과는 다음과 같다.

$$\omega_{P2} = \frac{G_{m2} C_C}{C_1 C_2 + C_C(C_1 + C_2)}$$

$C_1 \ll C_2, C_1 \ll C_C$이므로 ω_{P2}는 다음과 같이 근사화된다.

$$\omega_{P2} \simeq \frac{G_{m2}}{C_2} \tag{12.30}$$

커패시터 C_C는 10.10.3절에서 설명한 극점을 분리하는 효과를 가지고 있다.

이득이 1, 즉 단위 이득 구조에서 회로의 안정성을 높이려면 연산 증폭기의 이득이 −20 dB/decade의 일정한 기울기로 0 dB까지 감소해야 한다. 그러므로 식 (12.29)의 ω_{P1}에 $G_{m1}R_1G_{m2}R_2$를 곱한 값인 단위 이득(unity-gain) 주파수 ω_t가 ω_Z와 ω_{P2}보다 작아지도록 C_C의 값을 선택해야 한다. 즉, 다음 식

$$\omega_t = (G_{m1} R_1 G_{m2} R_2)\omega_{P1} = \frac{G_{m1}}{C_C} \tag{12.31}$$

의 값이 $\omega_Z = \dfrac{G_{m2}}{C_C}, \omega_{P2} \simeq \dfrac{G_{m2}}{C_2}$ 보다 작아지도록 C_C의 값을 선택해야 한다. 따라서 다음 두 조건을 모두 만족하도록 설계해야 한다.

$$\frac{G_{m1}}{C_C} < \frac{G_{m2}}{C_2} \tag{12.32}$$

$$G_{m1} < G_{m2} \tag{12.33}$$

내부적으로 주파수 보상된 2단 연산 증폭기는 그 칩 내부에 고정된 용량의 C_C를 가지고 있다. 만약 연산 증폭기의 부하 커패시턴스가 커진다면 그것을 포함하고 있는 C_2도 커지며 잘못하면 식 (12.32)를 만족 못하는 경우가 발생한다. 그러므로 대부분의 데이터 시트에서는 단위 이득 구조에서 회로의 안정성이 유지되는 최대의 부하 커패시터 값을 명시하고 있다. 어떤 연산 증폭기는 C_C와 병렬로 연결되는 외부 보상 커패시턴스를 연결할 수 있는 핀을 가지고 있으며 이렇게 하면 병렬 커패시턴스가 커져서 식 (12.32)를 계속 만족할 수 있게 된다. 그러나 이렇게 하면 식 (12.31)의 단위 이득 주파수가 낮아지게 된다.

연습문제

D12.4 그림 12.1과 12.2의 연산 증폭기의 주파수 특성을 고려해 보자. $C_1 = 0.1$ pF, $C_2 = 2$ pF이다. $f_t =$ 20 MHz가 되도록 C_C의 값을 결정하라. 그리고 $G_{m1} = 0.35$ mA/V, $G_{m2} = 1$ mA/V라고 가정하여 f_t가 f_Z와 f_{P2}보다 낮음을 증명하라.

[답] $C_C = 2.8$ pF; $f_Z = 57$ MHz; $f_{P2} = 80$ MHz

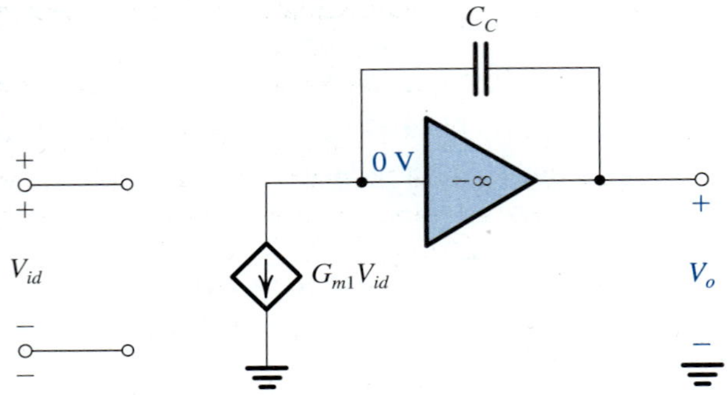

그림 12.3 2단 연산 증폭기의 고주파 대역 근사 등가 회로. 이 회로는 $f \gg f_{P1}$이고 f_{P2}와 f_Z보다 낮은 주파수 대역에서 적용된다.

단순화한 등가 회로 $f \gg f_{P1}$이며 f_{P2}와 f_Z보다 낮은 주파수 대역에서 −20 dB/decade의 일정한 기울기로 이득이 감소한다는 것은 이 주파수 대역에서는 연산 증폭기를 그림 12.3의 등가 회로로 나타낼 수 있음을 의미한다. 이 매력적인 단순화는 두 번째 단의 이득 $|A_2|$가 커서 두 번째 단의 입력 단자가 가상 접지처럼 보인다는 가정을 기초로 하고 있다. 그렇다면 두 번째 단은 실제적으로는 적분기처럼 동작하며 이 적분기의 입력은 첫 번째 단의 출력 전류, $G_{m1}V_{id}$이다. 이 근사 등가 회로는 CMOS 증폭기에 대하여 유도되었지만 일반적으로 사용할 수 있는 등가 회로이며, 많은 바이폴라 연산 증폭기를 포함하여 다양한 2단 연산 증폭기에도 적용할 수 있다.

위상 여유(Phase Margin) 그림 12.4에 2단 연산 증폭기에 대한 보데(Bode) 선도를 나타냈다. 이 그림은 연산 증폭기가 단위 이득 부귀환 구조의 일부일 때 루프 이득($A\beta$)의 보데 선도이기도 하므로 안정성을 분석할 때 사용된다. 단위 이득 주파수 f_t에서는 위상 지연이 우성 극점 f_{P1}에 의한 90°보다 커지게 됨을 주목하라. 위상 과도 천이(excess phase shift)라고 불리는 이 위상 천이는 두 번째 극점에 의한 것은 다음과 같고

$$\phi_{P2} = -\tan^{-1}\left(\frac{f_t}{f_{P2}}\right) \tag{12.34}$$

오른쪽 반평면에 존재하는 영점에 의한 것은 다음과 같다.

$$\phi_Z = -\tan^{-1}\left(\frac{f_t}{f_Z}\right) \tag{12.35}$$

그러므로 $f = f_t$에서 위상 지연은 다음 식으로 되며

$$\phi_{\text{total}} = 90° + \tan^{-1}(f_t/f_{P2}) + \tan^{-1}(f_t/f_Z) \tag{12.36}$$

단위 이득 구조에서 위상 여유는 다음과 같이 된다.

$$\begin{aligned}\text{Phase margin} &= 180° - \phi_{\text{total}} \\ &= 90° - \tan^{-1}(f_t/f_{P2}) - \tan^{-1}(f_t/f_Z)\end{aligned} \tag{12.37}$$

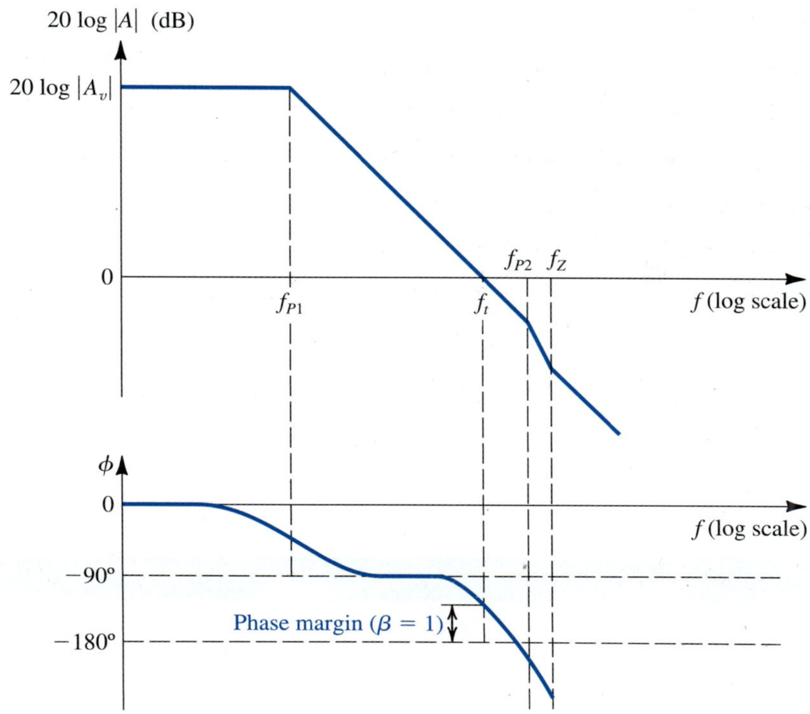

그림 12.4 2단 연산 증폭기의 일반적인 주파수 응답.

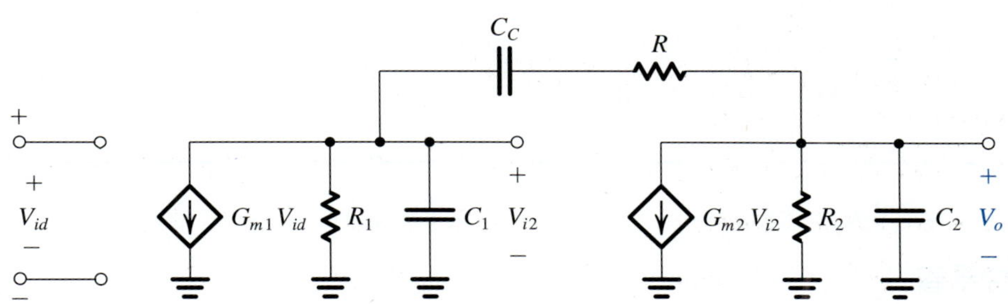

그림 12.5 그림 12.1의 연산 증폭기의 C_C에 직렬로 R을 연결한 회로의 소신호 등가 회로.

10.9.2절에서 귀환 증폭기의 안정도에 관해 설명한 바와 같이 위상 여유의 크기는 폐쇄 회로 이득에 지대한 영향을 미친다.[4] 그러므로 원하는 크기의 위상 여유를 갖도록 하는 것은 설계에 있어서 대부분 중요한 요구 사항이다.

오른쪽 반평면에 위치하는 영점에 의해 발생하는 추가적인 위상 지연의 문제에 대해서는 단순하면서도 우아한 해결책이 있는데, 그림 12.5에 나타낸 것처럼 C_C에 직렬로 저항 R을 연결하여 전송 영점을 주파수 특성

4) 또한 위상 여유의 크기는 폐쇄 회로의 계단(step) 응답에도 영향을 준다.

에 대한 악영향이 적은 위치로 옮기는 것이다. 전송 영점의 새로운 위치를 찾기 위해 $V_o = 0$이라고 놓자. 그러면 C_C와 R을 통해 흐르는 전류는 $V_{i2}/(R + 1/sC_C)$가 되고 출력에서 마디 방정식을 세우면 다음과 같이 된다.

$$\frac{V_{i2}}{R + \frac{1}{sC_C}} = G_{m2}V_{i2} \tag{12.38}$$

그러므로 영점의 위치는 다음과 같다.

$$s = 1\bigg/C_C\left(\frac{1}{G_{m2}} - R\right) \tag{12.39}$$

위 식을 보면, $R = 1/G_{m2}$가 되는 저항을 선택하면 영점의 위치를 무한대의 주파수로 보낼 수 있는데, 이보다 더 좋은 선택은 $1/G_{m2}$보다 더 큰 값을 갖는 R을 선택하는 것이다. 이렇게 선택하면 영점이 (−)의 실수축에 위치하게 되어 이에 의한 위상이 위상 여유에 더해지므로 더 좋은 선택이 된다.

연습문제

12.5 그림 12.1과 12.2의 CMOS 연산 증폭기를 실제로 다음과 같이 구현하였다: $G_{m1} = 1$ mA/V, $G_{m2} = 2$ mA/V, $r_{o2} = r_{o4} = 100$ kΩ, $r_{o6} = r_{o7} = 40$ kΩ, $C_2 = 1$ pF.
(a) $f_t = 100$ MHz가 되도록 C_C의 값을 구하라. 또 개방 회로 3 dB 이득 주파수를 구하라.
(b) 전송 영점의 위치를 무한대 주파수로 만들기 위해 C_C와 직렬로 연결하는 저항 R을 구하라.
(c) 두 번째 극점의 주파수를 구하고 이로 인해 $f = f_t$에 발생되는 과도 위상 지연을 구하라. 또 (b)와 같은 저항을 연결했을 때 위상 여유를 구하라.
[답] 1.6 pF; 50 kHz; 500 Ω; 318 MHz; 17.4°; 72.6°

12.1.6 슬루율

연산 증폭기의 슬루율(slew rate)에 대해서는 2장에서 설명하였다. 여기에서는 2단 CMOS 증폭기에서 왜 이런 슬루 현상이 발생하는지 그 원인에 대하여 설명하겠다.

그림 12.6과 같이 크기가 1 V인 계단형 전압이 단위 이득 폴로어에 입력되는 경우에 대해 고찰해 보자. 입력 신호에 대해 연산 증폭기가 출력을 낼 때까지는 시간이 걸리므로 이러한 동특성 때문에 그 출력은 입력 신호와 동시에 변할 수 없다. 그러므로 입력 신호가 인가된 순간에는 아직 출력은 0 V이고 따라서 부귀환 전압도 0 V이며 가상 단락이 아직 일어나지 않아 계단 전압의 크기 전체가 두 입력 단자에 차동 신호로 걸릴 것이다. 대개의 경우 이렇게 큰 입력 신호는 차동쌍의 한쪽을 불통시켜서($\sqrt{2}V_{OV1}$; 그림 8.6 참조) 바이어스 전류 I가 전부 다른 한쪽으로 흐르게 할 것이다. 그림 12.1을 보면 이러한 경우에는 Q_2는 불통되고 Q_1은 도통되어 I 전체가 흐를 것이다. 이렇게 되면 Q_4가 전류를 빨아들일 것이고 이 전류는 그림 12.7과 같이 C_C에서 공급되어야 할 것이다. 그림 12.3과 마찬가지로 두 번째 단을 이상적인 적분기로 모델링하면 출력 전압은 다음과 같이

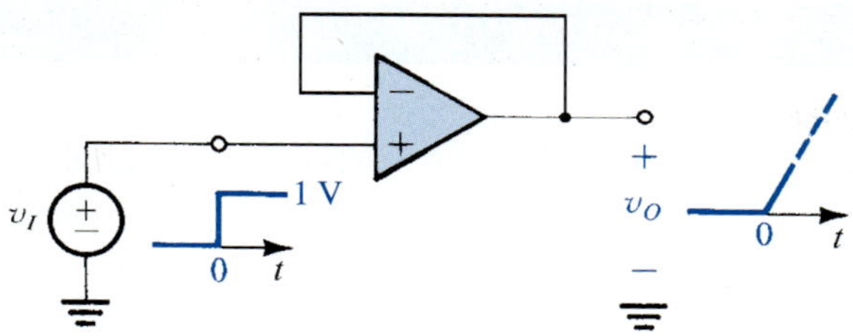

그림 12.6 큰 계단 신호가 입력으로 인가된 단위 이득 폴로어. 출력 전압이 즉시 변할 수 없으므로 연산 증폭기의 입력 단자에 커다란 크기의 차동 전압이 나타난다.

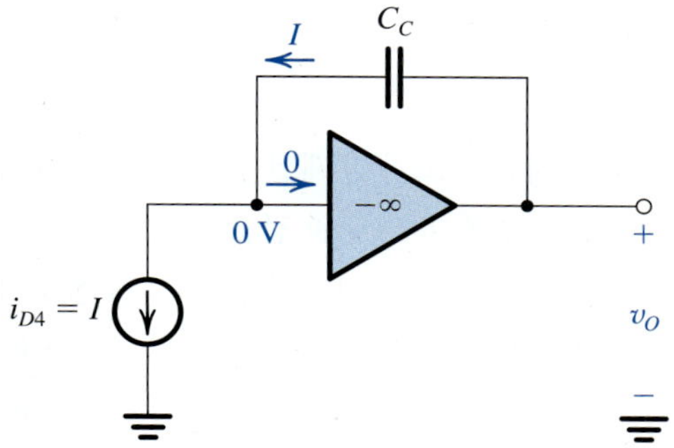

그림 12.7 큰 크기의 차동 전압이 인가된 경우의 그림 12.1의 CMOS 연산 증폭기의 모델.

일정한 기울기 I/C_C로 시간적으로 증가하는 램프가 될 것이다.

$$v_O(t) = \frac{I}{C_C}t$$

그러므로 슬루율 SR은 다음과 같이 된다.

$$SR = \frac{I}{C_C} \tag{12.40}$$

그러나 이 결과는 슬루가 발생하는 과정을 간략한 모델을 사용하여 유도되었음을 기억해 두어야 한다.

예를 들어 I_{D7}이 충분히 커서 C_C로 들어가는 전류와 출력 커패시턴스로 들어가는 전류 $SR \cdot C_2$를 모두 공급한다고 가정하였다. 또한 슬루율에 의해 제한될 때 많은 연산 증폭기는 다이내믹하게 그 바이어스 전류를 증가시키는 기능을 가지고 있다.

SR과 f_t의 관계 단위 이득 대역폭 f_t와 슬루율 SR 사이에는 단순한 관계식이 성립하는데 $G_{m1} = g_{m1} = I/|V_{OV1}|$과 식 (12.31), 그리고 식 (12.40)을 이용하면 다음과 같이 된다.

$$SR = 2\pi f_t |V_{OV1}| \tag{12.41}$$

또는 다음과 같이 다른 수식으로 쓸 수도 있다.

$$SR = |V_{OV1}|\omega_t \tag{12.42}$$

그러므로 ω_t가 주어지면 슬루율은 첫 번째 단 트랜지스터들이 동작하는 오버드라이브 전압에 의해 결정되며, 슬루율을 높이려면 Q_1과 Q_2를 더 높은 V_{OV}에서 동작시키면 된다.

연습문제

12.6 $f_t = 100$ MHz, $V_{OV1} = 0.2$ V일 때 그림 12.1의 CMOS 연산 증폭기의 SR을 구하라. $C_C = 1.6$ pF이라면 바이어스 전류는 얼마가 되어야 하는가?

[답] 126 V/μs; 200 μA

12.1.7 전원 잡음 제거율(PSRR)

CMOS 연산 증폭기는 혼재 신호(mixed signal) 회로, 즉 아날로그와 디지털 회로가 혼재된 집적 회로 IC에서 많이 사용된다. 이런 회로에서는 디지털 회로 부분이 스위칭 동작을 하는 순간마다 전원 전압에 작은 변동 즉 리플(ripple)이 발생하며 이 전원 전압의 리플 성분이 연산 증폭기의 출력까지 타고 나가 출력 신호에 잡음이 섞이게 된다. 일반적으로는 이 잡음을 제거하기 위해 전원선과 접지 사이에 큰 커패시터를 달아 주었으나 IC 내부의 경우에는 이렇게 큰 커패시터가 대부분의 면적을 차지하게 되어 이 방법을 사용할 수 없다. 그래서 IC 설계자들은 이 책에서는 아직 다룬 적이 없는 **전원 잡음 제거율**(PSRR: power-supply rejection ratio)이라는 또 하나의 특성에도 많은 주의를 기울인다.

PSRR은 전원 전압의 변화량(v_{dd}와 v_{ss})의 이득에 대한 증폭기의 차동 이득의 비율인데 두 개의 전원을 사용하는 회로에 대해서는 다음 두 식과 같이 정의된다.

$$\text{PSRR}^+ \equiv \frac{A_d}{A^+} \tag{12.43}$$

$$\text{PSRR}^- = \frac{A_d}{A^-} \tag{12.44}$$

위 식에서 A^+와 A^-는 다음과 같다.

$$A^+ \equiv \frac{v_o}{v_{dd}} \tag{12.45}$$

$$A^- = \frac{v_o}{v_{ss}} \tag{12.46}$$

전원 전압의 리플을 줄이기 위해서는 당연히 PSRR이 큰 값을 갖도록 제작해야 한다.

2단 CMOS 연산 증폭기의 PSRR에 대해 자세히 분석하는 것은 이 책의 범위를 넘어서지만[Gray 등(2009) 참조] 다음과 같은 특징을 간략히 소개하겠다. 연산 증폭기 회로는 V_{DD}가 변하더라도 출력에 그 영향이 놀라울 정도로 거의 나타나지 않으며 그에 따라 PSRR$^+$가 대단히 크다. 그러나 (−) 전원의 리플 v_{ss}의 영향은 그렇게 작지 않다. 그 이유는 v_{ss}가 두 번째 단의 트랜지스터 Q_6와 Q_7을 통해 출력에 연결되어 있기 때문이다. 특히 연산 증폭기의 출력에 나타나는 v_{ss} 성분의 크기는 Q_6와 Q_7의 출력 저항으로 구성된 전압 분배기에 의해 결정되며 다음과 같다.

$$v_o = v_{ss}\frac{r_{o7}}{r_{o6}+r_{o7}} \tag{12.47}$$

따라서 A^-는 다음과 같이 구해진다.

$$A^- \equiv \frac{v_o}{v_{ss}} = \frac{r_{o7}}{r_{o6}+r_{o7}} \tag{12.48}$$

이제 식 (12.17)의 A_d를 이용하면 다음을 얻을 수 있다.

$$\text{PSRR}^- \equiv \frac{A_d}{A^-} = g_{m1}(r_{o2} \| r_{o4})g_{m6}r_{o6} \tag{12.49}$$

그러므로 PSRR^-는 $(g_m r_o)^2$ 즉 트랜지스터 자체 이득의 제곱의 형태를 가지고 있으며 따라서 큰 PSRR^-를 얻으려면 채널 길이 L을 길게 만들고, 낮은 $|V_{OV}|$에서 동작시켜야 한다.

12.1.8 절충 설계(Design Trade-offs)

2단 CMOS 증폭기의 성능은 다음 두 가지 설계 항목에 의해 결정된다.

1. 각 MOSFET의 채널 길이 L
2. 각 트랜지스터가 동작하는 오버드라이브 전압 $|V_{OV}|$

지금까지, 길이 L이 더 길수록, 그리고 이것에 의해 $|V_A|$가 더 높을수록 증폭기의 이득과 CMRR, 그리고 PSRR이 높아짐을 밝혔다. 또, $|V_{OV}|$를 낮추면 동상 모드 범위와 출력의 스윙이 증가할 뿐 아니라 증폭기의 이득, CMRR, PSRR, 이 세 가지 특성도 높아짐을 밝혔다. 아직 연산 증폭기의 오프셋 전압을 다루지는 않았지만, 8.4.1절에서 우리는 다음과 같은 사실을 배웠다. 즉, 어쩔 수 없이 무작위적(random)으로 발생하는 소자의 부정합에 의해 발생하는 입력 오프셋 전압은 입력 차동쌍의 MOSFET이 동작하는 $|V_{OV}|$에 비례하여 커진다는 것이다. 그러나 식 (12.42)를 보면 낮은 $|V_{OV1,2}|$는 슬루율을 낮아지게 함을 알 수 있다. 또한 채널 길이를 너무 길게 제작하면 이것에 의한 기생 커패시터의 영향이 C_1, C_2의 영향보다 커져서 단위 이득 주파수를 낮게 만든다.

요약하자면, $|V_{OV}|$와 채널 길이 L을 결정하려면 설계자는 저주파 특성을 좋게 할 것인지 아니면 고주파 특성을 좋게 할 것인지를 선택해야 한다. 최근의 μm 이하 공정에는 1~1.5 V의 전원 전압이 사용되므로 공정 기술에서는 오버드라이브 전압이 0.1~0.3 V가 되도록 제작한다. 이를 위해 아날로그 회로 설계자들은 공정의 $L_{\min}$보다 1.5~2배 긴 채널 길이를 사용한다.

일단 오버드라이브 전압과 게이트의 길이가 결정되면 남은 것은 트랜지스터의 폭, 즉 바이어스 전류 I와 $I_{D6,7}$을 결정하는 일이다. 두 바이어스 전류는 단위 이득 주파수와 전력 소비 $(V_{DD} + V_{SS})(I + I_{D6,7})$을 절충(trade-off)하는 기능을 하게 된다. $V_{OV,6}$를 고정하고 바이어스 전류 I_{D6}를 크게 하면 $G_{m2} = g_{m6}$[식 (12.12)], ω_Z[식 (12.26)], ω_{P2}[식 (12.30)]이 커진다. 이렇게 되면 위상 여유가 작아지지 않으면서도 ω_{P1}과 ω_t가 커지게 된다. C_C를 작게 하거나 바이어스 전류 I를 크게 하여 이러한 변화를 더 커지게 할 수도 있다. 그런데 연산 증폭기의 대역폭을 무한대까지로 증가시킬 필요는 없다. 오버드라이브 전압과 게이트 길이를 고정하고 바이어스 전류를 길게 하려면 게이트의 폭을 키워야 하는데 이렇게 하면 이것에 의한 기생 커패시터의 영향이 C_1, C_2의 영향보다 커져서 단위 이득 주파수가 낮아지며 대역폭은 더 이상 커지지 않게 된다.

예제 12.1

2단 CMOS 연산 증폭기를 설계하는 예제로 이 절을 마치겠다. 설계 목표는 1000 V/V의 직류 이득을 얻는 것이다. 0.3 μm 제작 공정을 사용할 것이며, $V_{tn} = |V_{tp}| = 0.5$ V, $k_n' = 200\ \mu A/V^2$, $k_p' = 80\ \mu A/V^2$, $V_{An}' = |V_{Ap}'| = 8$ V/μm, $V_{DD} = V_{SS} = 1.65$ V이다. 적절한 직류 이득을 얻기 위해서 모든 소자에 대해 $L = 1\ \mu m$로 하라. 또 계산을 단순하게 하기 위해 모든 소자들이 같은 $|V_{OV}|$에서 동작한다고 가정하라. $I = 200\ \mu A$, $I_{D6} = 0.5$ mA로 하라. 모든 트랜지스터에 대해 W/L을 구하고 동상 모드 입력 범위, 출력의 최대 스윙, R_{in}과 R_o를 구하라. 또 CMRR과 PSRR을 구하라. 단위 이득 구조에서 $C_1 = 0.1$ pF, $C_2 = 0.8$ pF일 때, 전송 영점이 $s = \infty$에 위치하여 위상 여유가 85°가 되는 f_t가 최대가 되도록 C_C와 이것에 직렬로 연결될 R의 값을 구하라. f_t와 SR의 값을 구하라.

풀이

식 (12.17)의 전압 이득 관계식을 이용하면 다음과 같이 된다.

$$\begin{aligned} A_v &= g_{m1}(r_{o2} \| r_{o4}) g_{m6}(r_{o6} \| r_{o7}) \\ &= \frac{2(I/2)}{V_{OV}} \times \frac{1}{2} \times \frac{V_A}{(I/2)} \times \frac{2I_{D6}}{V_{OV}} \times \frac{1}{2} \times \frac{V_A}{I_{D6}} \\ &= \left(\frac{V_A}{V_{OV}}\right)^2 \end{aligned}$$

주어진 $V_A = 8$ V에 대해, $A_v = 1000$이 되려면 다음과 같다.

$$1000 = \frac{64}{V_{OV}^2} \Rightarrow V_{OV} = 0.253 \text{ V}$$

Q_1, Q_2의 (W/L)을 구하려면

$$I_{D1} = \frac{1}{2} k_p' \left(\frac{W}{L}\right)_1 V_{OV}^2$$

$$100 = \frac{1}{2} \times 80 \left(\frac{W}{L}\right)_1 \times 0.253^2$$

이므로 다음과 같이 된다.

$$\left(\frac{W}{L}\right)_1 = \left(\frac{W}{L}\right)_2 = \frac{39\ \mu\text{m}}{1\ \mu\text{m}}$$

Q_3, Q_4의 (W/L)에 대해서는

$$100 = \frac{1}{2} \times 200 \left(\frac{W}{L}\right)_3 \times 0.253^2$$

이므로 다음과 같다.

$$\left(\frac{W}{L}\right)_3 = \left(\frac{W}{L}\right)_4 = \frac{15.6\,\mu\text{m}}{1\,\mu\text{m}}$$

Q_5에 대해서는

$$200 = \frac{1}{2} \times 80\left(\frac{W}{L}\right)_5 \times 0.253^2$$

이므로 다음과 같다.

$$\left(\frac{W}{L}\right)_5 = \frac{78\,\mu\text{m}}{1\,\mu\text{m}}$$

Q_7에는 500 μA가 흘러야 하므로 Q_7의 (W/L)은 Q_5의 2.5배가 되어야 하고 다음과 같다.

$$\left(\frac{W}{L}\right)_7 = 2.5\left(\frac{W}{L}\right)_5 = \frac{195\,\mu\text{m}}{1\,\mu\text{m}}$$

Q_6에 대해서는

$$500 = \frac{1}{2} \times 200 \times \left(\frac{W}{L}\right)_6 \times 0.253^2$$

이므로 다음과 같다.

$$\left(\frac{W}{L}\right)_6 = \frac{78\,\mu\text{m}}{1\,\mu\text{m}}$$

여기서 식 (12.1)의 조건을 만족하는 것을 확인할 수 있으며 이것은 출력에 계통적 오프셋이 없는 것을 확인할 수 있다.

마지막으로 $I_{REF} = 20\,\mu\text{A}$를 선택하면 다음과 같이 된다.

$$\left(\frac{W}{L}\right)_8 = 0.1\left(\frac{W}{L}\right)_5 = \frac{7.8\,\mu\text{m}}{1\,\mu\text{m}}$$

식 (12.4)를 이용하여 동상 모드 입력 범위를 구하면 다음과 같다.

$$-1.40\text{ V} \le V_{ICM} \le 0.64\text{ V}$$

식 (12.5)를 이용하면 출력에서 신호 스윙의 최대는 다음과 같다.

$$-1.40\text{ V} \le v_O \le 1.40\text{ V}$$

입력 저항은 사실상 무한대이고 출력 저항은 다음과 같다.

$$R_o = r_{o6} \,\|\, r_{o7} = \frac{1}{2} \times \frac{8}{0.5} = 8\text{ k}\Omega$$

식 (12.19)를 이용하면 CMRR은 다음과 같다.

$$\text{CMRR} = g_{m1}(r_{o2} \parallel r_{o4})(2g_{m3}R_{SS})$$

위 식에서 $R_{SS} = r_{o5} = V_A/I$이므로

$$\text{CMRR} = \frac{2(I/2)}{V_{OV}} \times \frac{1}{2} \times \frac{V_A}{(I/2)} \times 2 \times \frac{2(I/2)}{V_{OV}} \times \frac{V_A}{I}$$
$$= 2\left(\frac{V_A}{V_{OV}}\right)^2 = 2\left(\frac{8}{0.253}\right)^2 = 2000$$

이며 dB로 표현하면 다음과 같다.

$$\text{CMRR} = 20 \log 2000 = 66 \text{ dB}$$

PSRR은 식 (12.49)를 이용하면 다음과 같이 구해지고

$$\text{PSRR} = g_{m1}(r_{o2} \parallel r_{o4})g_{m6}r_{o6}$$
$$= \frac{2(I/2)}{V_{OV}} \times \frac{1}{2} \times \frac{V_A}{(I/2)} \times \frac{2I_{D6}}{V_{OV}} \times \frac{V_A}{I_{D6}}$$
$$= 2\left(\frac{V_A}{V_{OV}}\right)^2 = 2\left(\frac{8}{0.253}\right)^2 = 2000$$

dB로 표현하면 다음과 같다.

$$\text{PSRR} = 20\log 2000 = 66 \text{ dB}$$

f_{P2}를 구하기 위해 식 (12.30)을 이용, 대입하면

$$G_{m2} = g_{m6} = \frac{2I_{D6}}{V_{OV}} = \frac{2 \times 0.5}{0.253} = 3.95 \text{ mA/V}$$

가 되고 따라서 f_{P2}를 구하면 다음과 같다.

$$f_{P2} = \frac{3.95 \times 10^{-3}}{2\pi \times 0.8 \times 10^{-12}} = 786 \text{ MHz}$$

전송 영점을 $s = \infty$로 움직이려면 다음과 같이 R을 선택한다.

$$R = \frac{1}{G_{m2}} = \frac{1}{3.95 \times 10^{-3}} = 253 \,\Omega$$

위상 여유가 85°로 되려면 $f = f_t$에서 위상 천이가 5°가 되어야 하므로

$$\tan^{-1}\frac{f_t}{f_{P2}} = 5°$$

이고 f_t는 다음과 같이 구해진다.

$$f_t = 786 \times \tan 5° = 68.7 \text{ MHz}$$

식 (12.31)을 이용하면 C_C는 다음과 같이 구해지고

$$C_C = \frac{G_{m1}}{2\pi f_t}$$

여기서

$$G_{m1} = g_{m1} = \frac{2 \times 100 \ \mu\text{A}}{0.253 \text{ V}} = 0.79 \text{ mA/V}$$

이다. 그러므로 C_C는 다음과 같고

$$C_C = \frac{0.79 \times 10^{-3}}{2\pi \times 68.7 \times 10^6} = 1.8 \text{ pF}$$

SR은 식 (12.41)을 이용하면 다음과 같이 된다.

$$SR = 2\pi \times 68.7 \times 10^6 \times 0.253 = 109 \text{ V}/\mu\text{s}$$

연습문제

12.7 단위 이득의 부귀환 구조에 2단 CMOS 연산 증폭기가 사용되었으며 부하 커패시턴스 $C_2 = 15$ pF, $I = 0.3$ mA, $I_{D6,7} = 0.5$ mA이다. 모든 오버드라이브 전압 $|V_{OV}| = 0.25$ V이고, 게이트의 길이 $L = 0.4$ μm이다. f_{P2}를 구하고 위상 여유가 70°가 되도록 C_C를 구하라.(ω_z의 영향을 없애기 위해 C_C에 저항 R이 직렬로 연결되었다고 가정하라.)

[답] 42 MHz; 12.5 pF

12.8 그림 12.1의 모든 트랜지스터가 부록 K의 0.18 μm 공정으로 제작되어 그 파라미터를 가지고 있으며 게이트의 길이 $L = 0.6$ μm이다. PMOS 전류 미러의 오버드라이브 전압은 $|V_{OV5,7,8}| = 0.5$ V이다. $I = I_{D6,7}/2 = 10I_{\text{REF}} = 0.2$ mA가 되도록 W_5, W_7, W_8을 구하라. $V_{DD} = V_{SS} = 1$ V로 가정하고 전류원 I_{REF}를 대체할 수 있는 저항을 구하라.

[답] 11 μm; 22 μm; 1.1 μm; 50 kΩ

12.2 폴디드 캐스코드 CMOS 연산 증폭기

이 절에서는 CMOS 연산 증폭기 회로의 다른 형태 즉 **폴디드 캐스코드**(folded cascode)에 대해 설명한다. 이 회로는 7.5.1절에서 설명한 폴디드 캐스코드 증폭기 회로를 변형한 것이다. 그림 7.31의 차동 형태의 NMOS

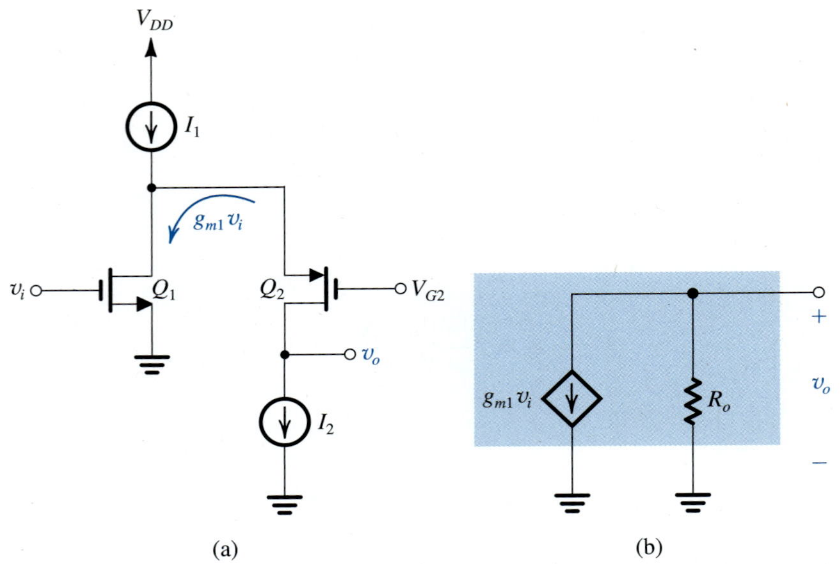

그림 12.8 (a) 이상적인 전류원 부하를 갖는 폴디드 캐스코드 증폭기. (b) 소신호 등가 회로.

캐스코드 회로에는 수많은 트랜지스터가 연결되어 있는데 이렇게 하면 저전압 전원에서 문제가 발생한다. 대신에 그림 12.8(a)처럼 CS단의 Q_1의 NMOS는 그대로 두고 CG단 Q_2에 PMOS를 사용할 수 있다. 이렇게 하려면 Q_2를 바이어스하는 추가적인 전류원 I_2가 필요하다. Q_1은 바이어스 전류 $(I_1 - I_2)$에서 동작함을 주목하라. 끝으로 캐스코드 트랜지스터 Q_2의 게이트에는 직류 전압 V_{G2}가 필요한데 그 값은 Q_2, Q_1이 포화 영역에서 동작할 수 있도록 정해야 한다.

그림 12.8(a) 회로의 소신호 동작은 NMOS 캐스코드의 소신호 동작과 비슷한데 그림 12.8(b)는 그 등가 회로이다. 차이점은 이 회로에서는 신호 전류 $g_m v_i$가 Q_2의 소스 단자로도 흘러 들어갈 수 있으므로 크기가 작게 '접혀' 있으며 이것이 이 회로를 **폴디드 캐스코드**라고 부르는 이유이다.[5] 앞서와 마찬가지로 $R_o \approx g_{m2}r_{o2}r_{o1}$이다. 그림 12.8(b)에서 보듯이 폴디드 캐스코드는 1단 증폭기이다. 우성 극점은 상대적으로 큰 출력 저항 R_o와 부하 커패시턴스에 의해 결정된다. 반면에 2단 연산 증폭기는 부하 커패시턴스가 **두 번째** 극 주파수를 결정하며 우성 극점은 필요한 위상 여유를 확보할 수 있도록 훨씬 낮게 결정되어야 한다. 그러므로 폴디드 캐스코드 연산 증폭기는 그 성능이 2단 구조의 성능보다 어떤 면에서는 더 좋도록 설계되어야 하는데 특히 부하의 특성이 CMOS의 입력처럼 거의 커패시터인 경우에는 더욱 그렇다.[6]

12.2.1 회로

그림 12.9에 CMOS 폴디드 캐스코드 연산 증폭기의 구조를 나타냈다. Q_1, Q_2는 입력 차동쌍을 구성하고, Q_3,

5) 같은 맥락으로, 보통의 캐스코드는 종종 **망원경 캐스코드**라고도 하는데 그 이유는 긴 망원경을 짧게 접을 수 있기 때문이다.

6) 그 예로는 Analog Devices라는 회사의 제품인 ADA4661, AD8531 등이 있다.

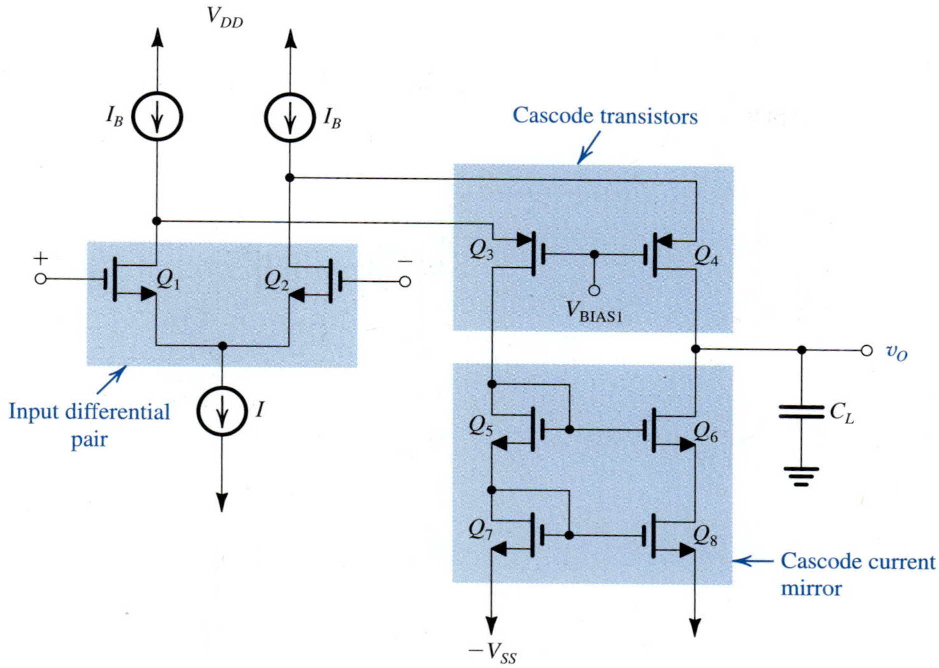

그림 12.9 폴디드 캐스코드 CMOS 연산 증폭기의 구조.

Q_4는 캐스코드 트랜지스터이다. 차동 입력 신호에 대해 Q_1, Q_2는 각각 공통 소스 증폭기로 동작한다는 것은 앞에서 이미 설명하였고 Q_3, Q_4의 게이트 단자는 직류 전압(V_{BIAS1})에 연결되어 있어 신호에게는 접지와 같은 역할을 한다는 것도 앞에서 이미 설명하였다. 그러므로 차동 입력 신호에 대하여 Q_1–Q_3쌍과 Q_2–Q_4쌍 각각은 그림 12.8의 폴디드 캐스코드 증폭기의 역할을 한다. 입력 차동쌍이 정전류원 I로 바이어스된다는 것에 주목하라. 그러므로 Q_1, Q_2는 바이어스 전류 $I/2$인 상태에서 동작하고 이 둘의 드레인에서 마디 방정식을 세우면 Q_3, Q_4 각각의 바이어스 전류가 $(I_B - I/2)$인 것을 알 수 있다.

연습문제

12.9 그림 12.9의 연산 증폭기의 전력 소비를 적당한 수준 이하로 낮추기 위해 총 직류 전류를 0.3 mA 이하로 제한하였다. Q_1, Q_2의 바이어스 전류를 Q_3, Q_4 각각의 바이어스 전류의 네 배로 만들었을 때 I_B, I, $I_{D1,2}$, $I_{D3,4}$를 구하라.

[답] 150 μA; 240 μA; 120 μA; 30 μA

7장에서 설명한 바와 같이 캐스코딩을 하면 출력 저항이 커진다는 장점을 최대한 살리려면 전류원 부하의 출력 저항도 역시 커야만 한다. 이것이 바로 그림 12.9의 회로에서 Q_5~Q_8으로 이루어진 캐스코드 전류 미러

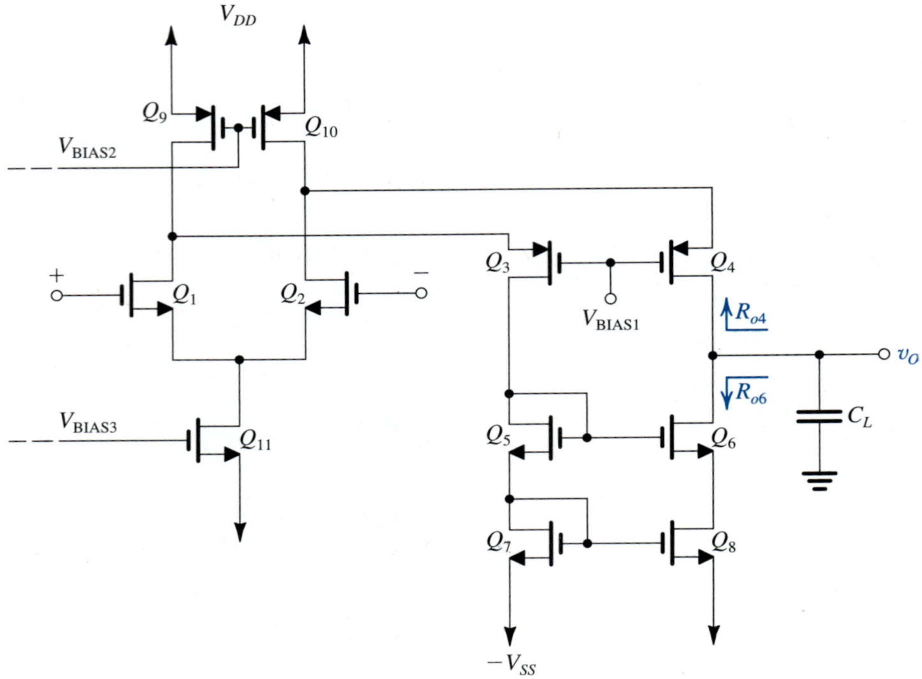

그림 12.10 그림 12.9의 폴디드 캐스코드 CMOS 연산 증폭기의 좀 더 완전한 회로.

를 사용하는 이유이다.(이 전류 미러 회로에 대해서는 7.7.1절에서 설명하였다.) 커패시턴스 C_L은 출력 마디의 총 커패시턴스를 의미하는데 이것은 트랜지스터 자체의 커패시턴스, 실제의 부하 커패시턴스(있는 경우), 그리고 주파수 보상을 위해 의도적으로 더한 모든 커패시턴스를 다 포함한다. 그러나 많은 경우, 부하 커패시턴스가 매우 커서 주파수 보상을 위한 커패시터를 더 붙여야 할 필요가 없어진다. 이것에 대해서는 잠시 후 설명하겠다. 여기서는, 주파수 보상을 위해 별도의 보상용 커패시터 C_C를 붙여야 하는 2단 회로와는 달리, 부하 커패시턴스가 주파수 보상 역할을 한다는 점을 기억하면 된다.

그림 12.10에 CMOS 폴디드 캐스코드 연산 증폭기의 좀 더 완전한 회로를 나타내었다. 이 회로에서 Q_9과 Q_{10}은 정전류 바이어스 I_B를 공급하며 Q_{11}은 차동쌍을 바이어스하는 데 사용되는 정전류 I를 공급한다. V_{BIAS1}, V_{BIAS2}, V_{BIAS3}를 만들어 내는 자세한 회로를 그림에는 나타내지 않았는데 그래도 이들의 전압의 크기는 중요하므로 그 값을 결정해야 한다. 이를 위해 지금부터 동상 모드 입력 범위와 허용 출력 스윙을 구해 보도록 한다.

12.2.2 동상 모드 입력 범위와 출력 전압 스윙

동상 모드 입력 범위를 구하기 위해 두 입력 단자를 묶어서 전압 V_{ICM}에 연결해 보자. V_{ICM}의 최댓값은 Q_1, Q_2가 항상 포화 영역에서 동작해야 한다는 조건으로부터 결정된다. 그러므로 $V_{ICM\max}$는 Q_1, Q_2의 드레인 전압보다 V_{tn}만큼 높은 전압보다 더 높아서는 안 된다. Q_1, Q_2의 드레인 전압은 V_{BIAS1}에 의해 결정되는데 Q_1, Q_2

의 드레인 전압은 Q_9과 Q_{10}에서의 전압 강하보다 반드시 커야 하며, Q_9과 Q_{10}에서의 전압 강하는 이들의 오버드라이브 전압($|V_{OV9}| = |V_{OV10}|$)과 같거나 커야 한다. Q_9과 Q_{10}이 실제로 포화 영역의 경계에서 동작한다고 가정하면 $V_{ICM\max}$는 다음 식과 같이 되는데

$$V_{ICM\max} = V_{DD} - |V_{OV9}| + V_{tn} \tag{12.50}$$

이 값은 V_{DD}보다 클 수 있으며 이러한 사실은 2단 회로에 비해 크게 개선된 것이다. V_{BIAS2}의 크기는 Q_9과 Q_{10}이 낮은 $|V_{OV}|$(예를 들면 0.2 V 정도)에서 동작할 때 필요한 I_B를 공급할 수 있도록 선정해야 한다. V_{ICM}의 최솟값은 Q_{11}이 항상 포화 영역에서 동작하도록 선정해야 하는데 Q_{11}에 걸리는 전압이 V_{OV11}보다 항상 작게 하면 포화 영역에서 동작한다. 그러므로 V_{ICM}의 최솟값은 다음과 같다.

$$V_{ICM\min} = -V_{SS} + V_{OV11} + V_{OV1} + V_{tn} \tag{12.51}$$

이 식에서 문턱 전압 V_{tn}이 포함되어 있다는 것은 많은 응용 분야에서 사용하기에는 $V_{ICM\min}$이 충분히 작지 않다는 것을 의미한다. 이 절의 후반부에서 이 문제에 대한 훌륭한 대책에 대해서 설명할 것이다. 여기서는 V_{BIAS3}의 값은 Q_{11}이 낮은 오버드라이브 전압으로 동작할 때 필요한 전류 I를 공급할 수 있도록 선정되어야 한다는 점을 주목하자. 식 (12.50)과 (12.51)을 결합하면 다음과 같이 된다.

$$-V_{SS} + V_{OV11} + V_{OV1} + V_{tn} \le V_{ICM} \le V_{DD} - |V_{OV9}| + V_{tn} \tag{12.52}$$

v_O의 허용 범위의 상한은 Q_{10}과 Q_4가 포화 영역에 있어야 한다는 조건으로부터 결정된다. 오버드라이브 전압 $|V_{OV10}|$이 Q_{10}에 걸리는 한 Q_{10}은 포화 영역 안에 있을 것을 주목하면 v_O의 (+)쪽 스윙을(또한 $V_{ICM\max}$도) 최대화하기 위해서는 Q_{10}이 포화 영역의 경계에서 동작하도록 V_{BIAS1}을 다음과 같이 선정해야 한다는 것을 알 수 있다.

$$V_{\text{BIAS1}} = V_{DD} - |V_{OV10}| - V_{SG4} \tag{12.53}$$

이제 v_O의 상한값은 다음과 같으며

$$v_{O\max} = V_{DD} - |V_{OV10}| - |V_{OV4}| \tag{12.54}$$

V_{DD}보다 오버드라이브의 두 배의 전압만큼 낮게 된다. 그런데 다른 쪽에서 보면 이 상황은 별로 좋은 상황이 아니다. 즉, Q_6의 게이트 전압은 $-V_{SS} + V_{GS7} + V_{GS5}$, 즉 $-V_{SS} + V_{OV7} + V_{OV5} + 2V_{tn}$이므로 Q_6가 포화 영역의 경계에 이르렀을 때, 다시 말하면 v_O가 Q_6의 게이트 전압보다 V_{tn} 이상 작아졌을 때 v_O의 하한이 결정되며 그 값은 다음과 같다.

$$v_{O\min} = -V_{SS} + V_{OV7} + V_{OV5} + V_{tn} \tag{12.55}$$

이 값이 $-V_{SS}$보다 오버드라이브 전압의 두 배와 문턱 전압을 더한 만큼 높다는 것은 캐스코드 미러의 사용에 있어서 단점이 된다. 이러한 단점은 개선된 미러 회로를 사용하면 해소되는데 이에 대해서는 12.2.7절에서 설명하겠다.

연습문제

12.10 ±1.65 V 전원을 사용하고 모든 트랜지스터가 오버드라이브 전압 0.3 V에서 동작하는 그림 12.10의 폴디드 캐스코드 증폭기에 대한 문제이다. 제작 공정에 의해 $V_{tn} = |V_{tp}| = 0.5$ V일 때 동상 모드 입력 범위와 v_O의 허용 범위를 구하라.

[답] −0.55~+1.85 V; −0.55~+1.05 V

12.2.3 전압 이득

폴디드 캐스코드 증폭기는 간단히 말하자면 입력 저항이 무한대이고, 트랜스컨덕턴스 G_m, 출력 저항 R_o를 가진 트랜스컨덕턴스 증폭기이다. G_m은 다음과 같이 차동쌍의 두 트랜지스터의 g_m과 같으므로

$$G_m = g_{m1} = g_{m2} \tag{12.56}$$

다음과 같이 쓸 수 있다.

$$G_m = \frac{2(I/2)}{V_{OV1}} = \frac{I}{V_{OV1}} \tag{12.57}$$

출력 저항 R_o는 캐스코드 증폭기의 출력 저항과 캐스코드 미러의 출력 저항이 병렬로 연결된 것과 등가이므로 다음과 같이 쓸 수 있다.

$$R_o = R_{o4} \| R_{o6} \tag{12.58}$$

그림 12.10을 보면 저항 R_{o4}는 CG 트랜지스터 Q_4의 출력 저항인데 Q_4의 소스선에 저항 $(r_{o2} \| r_{o10})$이 연결되어 있으므로 R_{o4}는 다음과 같이 된다.

$$R_{o4} \simeq (g_{m4}r_{o4})(r_{o2} \| r_{o10}) \tag{12.59}$$

R_{o6}는 캐스코드 미러의 출력 저항이므로 식 (7.96)에 의해 다음과 같이 구해진다.

$$R_{o6} \simeq g_{m6}r_{o6}r_{o8} \tag{12.60}$$

식 (12.58)~(12.60)을 결합하면 출력 저항 R_o는 다음과 같이 된다.

$$R_o = \left[g_{m4}r_{o4}(r_{o2} \| r_{o10})\right] \| (g_{m6}r_{o6}r_{o8}) \tag{12.61}$$

이제 G_m과 R_o를 이용하면 직류 개방 회로 이득은

$$A_v = G_m R_o \tag{12.62}$$

가 되므로 다음과 같이 쓸 수 있다.

$$A_v = g_{m1}\left\{\left[g_{m4}r_{o4}(r_{o2} \| r_{o10})\right] \| (g_{m6}r_{o6}r_{o8})\right\} \tag{12.63}$$

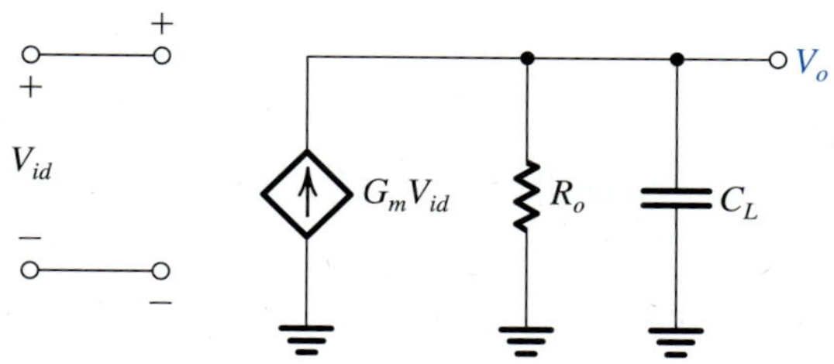

그림 12.11 폴디드 캐스코드 CMOS 증폭기의 소신호 등가 회로. 이 회로는 연산 트랜스컨덕턴스 증폭기(OTA)이다.

그림 12.11에 부하 커패시터 C_L이 포함된 회로의 등가 회로 모델을 나타내었다. C_L에 대해서는 잠시 후 설명하겠다.

폴디드 캐스코드 증폭기는 트랜스컨덕턴스 증폭기이므로 **연산 트랜스컨덕턴스 증폭기**(OTA: operational transconductance amplifier)라고 불린다. 이것은 출력 저항이 $g_m r_o^2$[식 (12.61) 참조] 정도로 매우 크며 이 때문에 1단 증폭으로도 매우 큰 전압 이득(voltage gain)을 얻을 수 있는 것이다. 그러나 이렇게 출력 저항이 크다는 것은 좀 걱정스러운 특성인데, 왜냐하면 2장에서는 이상적인 연산 증폭기의 출력 저항은 영이라고 설명하였기 때문이다! 이런 걱정을 덜기 위해 그림 12.10의 회로의 출력 단자를 뒤로 돌려 입력의 (−) 단자와 연결한 단위 이득 폴로어의 폐쇄 회로 출력 저항을 계산해 보자. 이 귀환 회로는 전압 샘플링 타입이므로 출력 저항은 $(1 + A\beta)$배 감소하고 $A = A_v, \beta = 1$일 때 다음과 같이 된다.

$$R_{of} = \frac{R_o}{1 + A_v} \simeq \frac{R_o}{A_v} \tag{12.64}$$

식 (12.62)의 A_v를 대입하면 다음과 같다.

$$R_{of} \simeq \frac{1}{G_m} \tag{12.65}$$

이것은 100% 전압이 부귀환되는 어떤 OTA에도 적용할 수 있는 일반적인 결과이다. 이 같은 경우에는 $G_m = g_{m1}$이므로 출력 저항은 다음과 같이 된다.

$$R_{of} = 1/g_{m1} \tag{12.66}$$

g_{m1}이 1 mA/V 정도이므로 폐쇄 회로의 출력 저항 R_{of}는 1 kΩ 정도 될 것이다. 이 값은 아주 작은 편은 아니지만 폴디드 캐스코드 연산 증폭기 회로가 2단 연산 증폭기의 회로에 비해 단순하다는 사실을 고려하면 괜찮은 값이며 실제의 경우에 이 연산 증폭기로 저항이 작은 부하를 구동하는 경우는 별로 없다.

연습문제

12.11 그림 12.9와 12.10의 CMOS 연산 증폭기가 $V'_{An} = |V'_{Ap}| = 20$ V/μm가 되는 공정으로 제작되었다. 만일 모든 소자의 채널 길이가 1 μm이고, 모두 같은 오버드라이브 전압 0.2 V에서 동작하며, $I = 240$ μA, $I_B = 150$ μA라면 전압 이득과 R_o는 얼마인가?
[답] 16,000 V/V; 12.3 MΩ

12.2.4 주파수 응답

9.4절에서, 고주파 특성이 매우 좋다는 것이 캐스코드 구조의 장점 중의 하나라는 것을 이미 설명하였다. 이 구조는 세 개의 극점, 즉 입력, CS와 CG 트랜지스터 사이의 연결부(Q_3, Q_4의 소스 단자에), 그리고 출력 단자에 극점을 가지고 있다. 보통 처음 두 극점은 매우 높은 주파수에 극점이 있는데, 특히 차동쌍에 신호를 인가하는 신호 발생기의 저항이 작을 때는 더욱 그렇다. CMOS 연산 증폭기의 주요 용도가 커패시터 부하를 구동하는 것이므로 C_L은 보통 크고 출력에서의 극점이 주파수 특성을 대부분 결정짓는다. C_L이 그렇게 크지 않은 경우에도 의도적으로 C_L을 크게 하여 연산 증폭기가 우성 극점을 가지도록 할 수 있으며 따라서 개방 회로 이득이 단위 이득 주파수 f_t까지 −20 dB/decade의 일정한 기울기로 감소할 수 있게 만들 수 있고 귀환 회로를 연결했을 때에도 회로가 안정하게 동작하도록 만들 수 있다. 그림 12.11에 대해 다음과 같이 쓸 수 있다.

$$\frac{V_o}{V_{id}} = \frac{G_m R_o}{1 + sC_L R_o} \tag{12.67}$$

그러므로 우성 극점은 다음과 같은 주파수 f_P를 가지며

$$f_P = \frac{1}{2\pi C_L R_o} \tag{12.68}$$

단위 이득 주파수 f_t는 다음과 같아진다.

$$f_t = G_m R_o f_P = \frac{G_m}{2\pi C_L} \tag{12.69}$$

설계 관점에서 보면 C_L을 다음과 같이 선정해야 한다. 즉, $f = f_t$에서, 우성이 아닌 극점에 의한 초과 위상이 충분히 작아서 달성하고자 하는 위상 여유를 얻을 수 있도록 C_L을 크게 선정해야 한다. 만약 열성의 극점에 의한 초과 위상이 충분히 작지 않으면 C_L을 더 키워도 된다.

부하 커패시터를 키우는 것은 지금까지 설명한 두 종류의 연산 증폭기 회로에 다음과 같이 서로 다른 두 가지 영향을 준다는 것을 명심하는 것은 매우 중요하다. 첫째, 2단 회로에서 만약 C_L을 키우면 두 번째 극점의 주파수가 낮아져서 $f = f_t$에서 초과 위상은 커지며 위상 여유가 작아진다. 반면에 폴디드 캐스코드 회로에서는 C_L을 키우면 f_t가 낮아져서 위상 여유가 커진다. 다르게 표현하면, 큰 커패시턴스 부하를 사용하면 폴디드 캐스코드 증폭기의 주파수 대역을 좁게 하지만 그 응답을 손상하지는 않는다.(위상 여유가 작아지면 손상된다.) 식 (12.69)의 G_m을 크게 하면 줄어든 대역폭이 다시 회복된다. G_m을 크게 하려면 $V_{OV1,2}$를 고정하면서 $Q_{1,2}$의 바이어스 전류를 크게 하면 되는데 전력 소비가 커진다는 단점이 있다.

12.2.5 슬루율

12.1.6절에서 설명한 바와 같이 슬루 현상은 매우 큰 차동 입력이 인가될 때 발생한다. 그림 12.9를 참조하여 다음과 같은 상황에 대해 고려해 보자. 큰 신호 V_{id}가 인가되어 Q_2는 불통되는 경우를 생각해 보자. 이 경우, Q_1을 통해 바이어스 전류 I가 모두 흘러야 하는데, 대개의 경우 I가 I_B보다 크므로 이는 불가능하다. Q_1의 드레인에서 생각해 보면 노드 수식을 만족하기 위해서는 Q_3의 전류가 영으로 감소되어야 할 뿐만 아니라 Q_1에

흐르는 전류도 작아져서 I_B와 같아져야 한다. 이렇게 되려면 Q_1과 I를 공급하는 트랜지스터가 둘 다 트라이오드 모드에서 동작해야 하며 드레인의 전압이 따라서 낮아져야 한다. 이렇게 되면 Q_3의 전류가 영으로 되어 미러에 들어가는 전류도 영으로 되며 이에 따라 그 출력 전류 즉 Q_6의 드레인 전류도 영이 될 것이다. 동시에 Q_2의 드레인 전류가 영이라는 것은 I_B 전체가 Q_4를 통해 C_L로 흘러 들어간다는 것을 의미한다. 이렇게 되면 출력 v_O는 기울기가 I_B/C_L인 램프가 되어 증가하고 그 슬루율은 다음과 같다.

$$SR = \frac{I_B}{C_L} \tag{12.70}$$

출력이 증가하는 슬루 현상 이후, 증폭기가 정상적인 선형 특성을 나타내기 전에, Q_1과 바이어스 전류 I를 공급하는 트랜지스터가 둘 다 트라이오드 모드에서 빠져나와 포화 영역에서 동작해야 한다. 그러나 이 과정에는 어느 정도의 시간이 필요하며 이 시간 동안에 출력 신호에는 추가적인 왜곡이 발생할 수도 있다. 이 문제를 해결하려면 창의적인 회로 설계 기술이 필요하다! 문제 12.36은 이를 해결할 수 있는 기발한 방법을 다룬다.

예제 12.2

$I = 200\ \mu A$, $I_B = 150\ \mu A$, 그리고 모든 트랜지스터의 $|V_{OV}|$가 0.2 V인 연산 증폭기를 그림 12.10의 폴디드 캐스코드 연산 증폭기의 구조로 설계하려 한다. 부록 K의 0.18 μm 제작 공정에 의해 트랜지스터 파라미터가 결정되어 있다. NMOS에 대해서는 $k_n' = 387\ \mu A/V^2$, $|V_A'| = 5\ V/\mu m$이다. PMOS에 대해서는 $k_p' = 86\ \mu A/V^2$, $|V_A'| = 6\ V/\mu m$이다. 또, $V_{DD} = 1.8\ V$, $V_{SS} = 0\ V$, $|V_t| = 0.5\ V$이다. 트랜지스터 모두에 대해 $L = 0.4\ \mu m$, $C_L = 2\ pF$으로 가정하고 모든 트랜지스터에 대해 I_D, g_m, r_o와 W/L을 구하라. V_{ICM}의 허용 범위와 출력 전압 스윙을 구하라. A_v, f_t, f_P, SR을 구하라. 이 연산 증폭기의 소비 전력을 구하라.

풀이

주어진 I와 I_B로부터 각 트랜지스터의 드레인 전류 I_D를 구할 수 있다. 각 트랜지스터의 트랜스컨덕턴스는 다음을 이용하면 구해진다.

$$g_m = \frac{2I_D}{V_{OV}} = \frac{2I_D}{0.2}$$

그리고 출력 저항 r_o는 다음과 같이 구해진다.

$$r_o = \frac{|V_A|}{I_D} = \frac{|V_A'|L}{I_D}$$

W/L은 다음 식으로부터 구할 수 있다.

$$\left(\frac{W}{L}\right) = \frac{2I_D}{k'V_{OV}^2}$$

같은 바이어스 전류, 같은 오버드라이브 전압의 같은 종류의 트랜지스터는 모두 같은 g_m, r_o, W/L 값을 가지므로 결과를 요약하면 다음과 같다.

	$Q_{1,2}$	$Q_{3,4}$	$Q_{5,6,7,8}$	$Q_{9,10}$	Q_{11}
I_D (μA)	100	50	50	150	200
g_m (mA/V)	1.0	0.5	0.5	1.5	2.0
r_o (kΩ)	20	48	40	16	10
W/L	12.9	29.1	6.5	87.3	25.8

식 (12.52)를 이용하면 동상 모드 입력 범위는 다음과 같이 되고

$$0.9\text{ V} \le V_{ICM} \le 2.1\text{ V}$$

식 (12.54)와 (12.55)를 이용하면 출력 전압 스윙은 다음과 같이 구해진다.

$$0.9\text{ V} \le v_O \le 1.4\text{ V}$$

전압 이득을 구하기 위해 식 (12.59)와 (12.60)을 이용하여 R_{o4}, R_{o6}를 먼저 구하면 다음과 같이 된다.

$$R_{o4} \approx 48 \times 0.5(20 \| 16) = 213.3\text{ k}\Omega$$
$$R_{o6} \approx 0.5 \times 40 \times 40 = 800\text{ k}\Omega$$

출력 저항 R_o는 다음과 같이 구해지고

$$R_o = R_{o4} \| R_{o6} = 168.4\text{ k}\Omega$$

전압 이득은 다음과 같이 된다.

$$A_v = G_m R_o = 1 \times 10^{-3} \times 168.4 \times 10^3 = 168.4\text{ V/V} = 44.5\text{ dB}$$

이 값이 일반적 목적의 단일 소자 연산 증폭기에 대해서는 작은 값이라는 것에 주목하라. 그러나 커패시터 부하를 구동하기 위해 집적 회로에 내장되는 연산 증폭기의 이득으로는 충분히 크다.

단위 이득 주파수 대역은 식 (12.69)를 이용하면 다음과 같이

$$f_t = \frac{1\text{ mA/V}}{2\pi \times 2\text{ pF}} = 79.6\text{ MHz}$$

가 되고 우성 극점의 주파수는 다음과 같이 된다.

$$f_P = \frac{f_t}{A_v} = 473\text{ kHz}$$

슬루율은 식 (12.70)을 이용하여 다음과 같이 구할 수 있고

$$SR = \frac{I_B}{C_L} = \frac{0.15\text{ mA}}{2\text{ pF}} = 75\text{ V/}\mu\text{s}$$

마지막으로 소비 전력을 구하려면 총 전류는 300 μA이고 전원 전압은 1.8 V이므로 다음과 같다.

$$P_D = 1.8 \times 0.3 = 0.54\text{ mW}$$

12.2.6 동상 모드 입력 범위의 확장: 쌍평행 입력 동작

12.2.2절에서 동상 모드 입력 범위의 상한은 전원 전압 V_{DD}보다 높고 하한은 $-V_{SS}$보다 훨씬 낮다는 것을 설명하였다. 그러나 입력 차동 증폭기를 PMOS 트랜지스터로 만들면 반대의 결과가 나온다. 따라서 NMOS와 PMOS 차동쌍을 병렬로 위치시키면 입력단의 동상 모드 범위를 전원 전압보다 양방향으로 더 크게 할 수 있는데 이것이 바로 쌍평행 입력 동작(rail-to-rail input operation)이며 그림 12.12에 나타냈다. 회로를 알아보기 쉽게 하기 위해 두 차동쌍을 나란히 평행하게 그리지는 않았다. 그러므로 양쪽 끝 두 개의 (+) 입력 단자는 서로 연결된 것이며 안쪽 두 개의 (−) 입력 단자는 서로 연결된 것이다. Q_5와 Q_6는 Q_1과 Q_2 쌍을 위한 캐스코드 트랜지스터이고, Q_7과 Q_8은 Q_3와 Q_4 쌍을 위한 캐스코드 트랜지스터이다. 출력 전압 V_o는 그림과 같이 캐스코드 소자들의 드레인 사이에서 취한다. 단동 출력을 얻으려면 차동–단동 변환 회로를 캐스케이드로 연결해야 한다.

그림 12.12에서 화살표는 (+)의 차동 입력 신호 V_{id}를 인가했을 때 나타나는 전류 증가분의 방향을 표시한다. NMOS쌍에 의해 발생되는 전류는 $G_{mn}(V_{id}/2)$인데 $G_{mn} = g_{m1} = g_{m2}$이며 PMOS쌍에 의한 것은 $G_{mp}(V_{id}/2)$이고 $G_{mp} = g_{m3} = g_{m4}$이다. 그러므로 두 개의 출력 마디 각각에 공급되는 총 전류는 $(G_{mn} + G_{mp})(V_{id}/2)$이다. 만일 각각의 출력 마디와 접지 사이의 출력 저항을 R_o라 하면 출력 전압은 다음과 같고

$$V_o = (G_{mn} + G_{mp})R_o V_{id}$$

전압 이득은 다음과 같다.

$$A_v = (G_{mn} + G_{mp})R_o \tag{12.71}$$

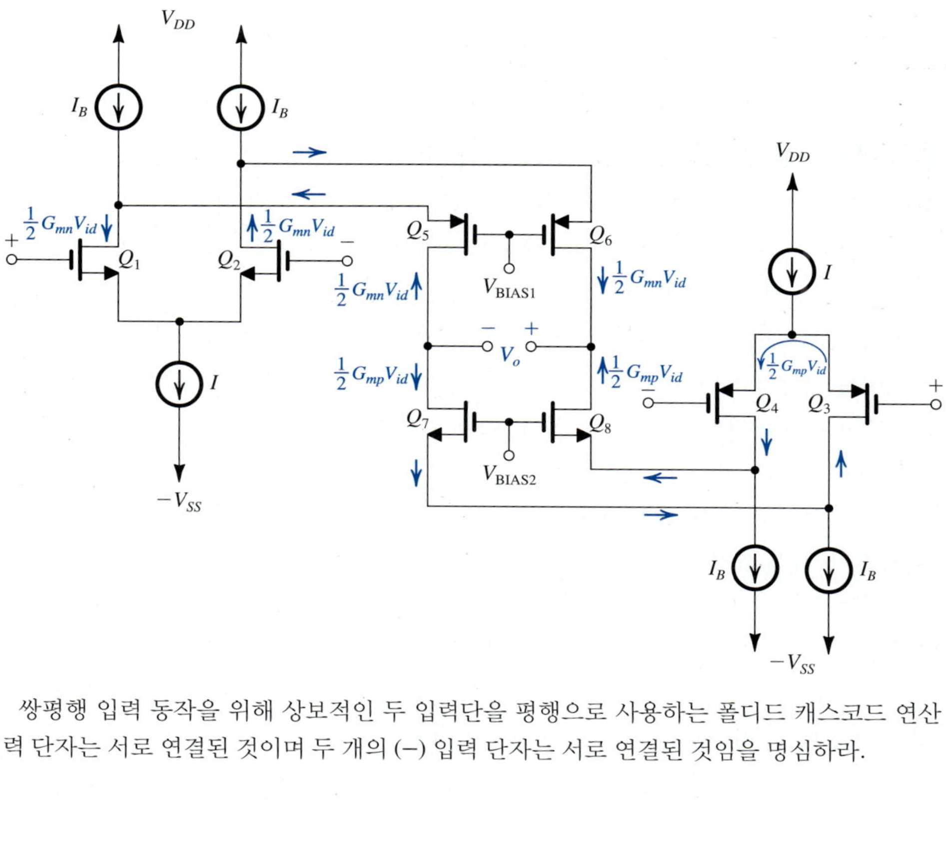

그림 12.12 쌍평행 입력 동작을 위해 상보적인 두 입력단을 평행으로 사용하는 폴디드 캐스코드 연산 증폭기. 두 개의 (+) 입력 단자는 서로 연결된 것이며 두 개의 (−) 입력 단자는 서로 연결된 것임을 명심하라.

그러나 이러한 결과는 두 차동쌍이 동시에 동작한다는 가정으로부터 얻어진 것이며 이 가정은 V_{ICM}의 한정된 범위에서만 유효하다. 동상 입력 범위의 나머지 범위에서는 두 차동쌍 중 하나만 동작할 것이므로 전압 이득은 어느 쌍이 동작하느냐에 따라 $G_{mn}R_o$ 또는 $G_{mp}R_o$가 될 것이다. 동작 중에 동상 입력이 변함에 따라, 예를 들어 단일 이득 형태의 회로에 넓은 스윙의 입력이 인가된 상태에서 동작 중에 동상 모드 입력이 변한다면 두 차동쌍의 오프셋 전압의 차이 때문에 **크로스오버 왜곡**(crossover distortion)이 발생할 수 있다. 그럼에도 불구하고 이러한 쌍평행 폴디드 캐스코드 구조는 현재 상용화되어 있는 연산 증폭기, 즉 Texas Instruments사의 OPA357, Analog Devices사의 AD8531과 ADA4661에 채택되어 있다.

연습문제

12.12 그림 12.12의 회로에 대해 모든 트랜지스터가 0.3 V의 같은 오버드라이브 전압에서 동작하고, $|V_t| = 0.7$ V, $V_{DD} = V_{SS} = 2.5$ V라고 가정하라.

(a) NMOS 입력단이 동작하는 범위를 구하라.

(b) PMOS 입력단이 동작하는 범위를 구하라.

(c) 두 단 모두 동작하는 범위(겹치는 범위)를 구하라.

(d) 동상 모드 입력 범위를 구하라.

(정상적으로 동작하기 위해서는 각 전류원에 걸리는 전압이 최소한 $|V_{OV}|$는 되어야 함을 명심하라.)

[답] −1.2~+2.9 V; −2.9~+1.2 V; −1.2~+1.2 V; −2.9~+2.9 V

12.2.7 출력 전압 범위의 확장: 광폭 스윙 전류 미러

12.2.2절에서 다음과 같은 사실을 확인하였다. 즉, 그림 12.10의 회로의 출력 전압은 +쪽으로는 $V_{DD} - 2|V_{OV}|$까지만 커질 수 있으며 −쪽으로는 캐스코드 전류 미러 때문에 $-V_{SS} + [2|V_{OV}| + V_t]$까지만 작아질 수 있다. 다르게 표현하자면, 캐스코드 전류 미러가 전압 스윙을 V_t만큼 줄인다. 이런 점을 그림 12.13(a)에 더 자세히 나타내었는데 이 회로에 캐스코드 미러(간단히 하기 위해 $V_{SS} = 0$ V로 하였음)와 각 마디에 뜨는 전압을 나타내었다. Q_3의 게이트 전압이 $2V_t + 2V_{OV}$이기 때문에, (Q_3가 포화 영역에 있는 한) 출력의 허용 최소 전압은 $V_t + 2V_{OV}$가 되어 또 V_t가 포함되어 있음을 주목하라. 또한 Q_1은 드레인-소스 전압이 $V_t + V_{OV}$인 상태에서 동작하는데 이 전압은 Q_1이 포화 영역에서 동작하는 데 필요한 전압보다 V_t만큼 더 높음을 주목하라.

위와 같은 사실을 알고 나면 Q_3의 드레인에서의 출력 전압이 $2V_{OV}$까지 낮게 하려면 Q_3의 게이트 전압을 $2V_t + 2V_{OV}$에서 $V_t + 2V_{OV}$까지 낮추어야만 한다는 결론을 얻을 수 있다. 바로 이것이 그림 12.13(b)의 개선된 미러 회로가 하는 역할이다. 이 회로에서는 Q_3의 게이트는 바이어스 전압 $V_{BIAS} = V_t + 2V_{OV}$에 연결되어 있어 Q_3가 포화 영역에 있으면서도 출력 전압은 $2V_{OV}$까지 낮아질 수 있다. 또한 Q_1의 드레인의 전압은 이제 V_{OV}로 되어 Q_1은 포화 영역의 경계에서 동작한다. Q_2도 같은 상황에서 동작하므로 Q_1의 전류와 Q_2의 전류가 이제는 확실히 같아진다. 그러나 이제는 Q_2의 게이트를 그 드레인에 연결할 수는 없게 되므로 Q_2의 게이트를

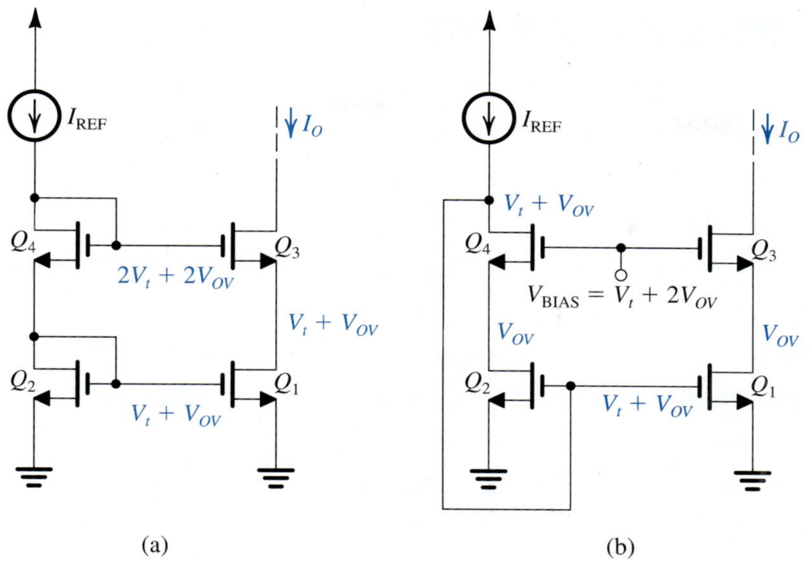

그림 12.13 (a) 모든 마디에 전압을 표시한 캐스코드 전류 미러. 출력에서 허용되는 최소 전압이 $V_t + 2V_{OV}$인 것을 주목하라. (b) 최소 출력 전압을 $2V_{OV}$로 낮추는 변형된 캐스코드 미러. 이것이 광폭 스윙 전류 미러이며 이 회로는 바이어스 전압 V_{BIAS}를 필요로 한다.

Q_4의 드레인에 연결할 수밖에 없다. 이렇게 연결하면 Q_4의 드레인 전압이 $V_t + V_{OV}$가 되어 Q_4가 포화 영역에서 동작할 수 있는 충분히 높은 전압이 된다.(V_t가 V_{OV}보다 높은 한 Q_4는 포화 영역에 있다.) 이 회로는 **광폭 스윙 전류 미러**(wide-swing current mirror)라고 불린다. 끝으로 그림 12.13(b)에는 V_{BIAS}를 공급하는 회로를 그리지 않았음을 주목해야 하는데 이를 위한 여러 가지 회로가 있으며 그중 하나가 연습문제 12.13이다.

연습문제

12.13 그림 E12.13의 회로에서 Q_5의 W/L이 그림 12.13(b)의 광폭 스윙 전류 미러의 트랜지스터들의 W/L의 1/4이고 두 회로의 I_{REF}가 같다면, 발생하는 전압 V_5가 $V_t + 2V_{OV}$, 즉 Q_3와 Q_4의 게이트가 필요로 하는 전압 V_{BIAS}가 됨을 증명하라.

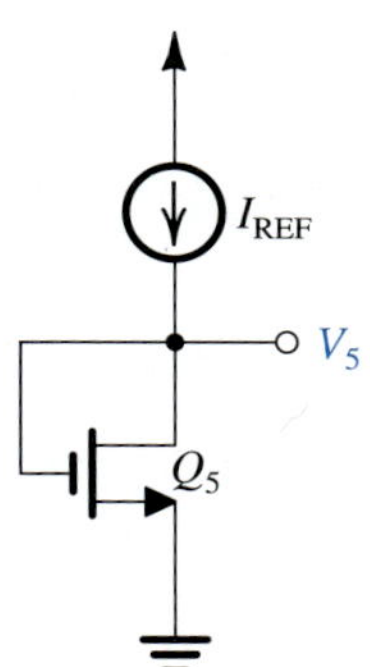

그림 E12.13

12.3 BJT 연산 증폭기 설계 기법

많은 응용 분야에서 CMOS 제작 공정 기술이 바이폴라 제작 공정 기술을 대체해 왔지만, 바이폴라 트랜지스터로 만든 연산 증폭기는 CMOS 연산 증폭기에 비해 여러 가지 장점을 가지고 있으므로 여전히 많이 사용되고 있다. 바이폴라 트랜지스터는 같은 크기의 MOSFET에 비해 더 큰 전류를 통과시킬 수 있으며 절연 파괴 전압이 높아 더 높은 전압에서 동작할 수 있다. 그러므로 상대적으로 큰 부하 전류를 공급해야 하고 높은 전압에서 구동해야 할 때에는 바이폴라 트랜지스터를 사용하면 더 싸게 만들 수 있다. 더 큰 트랜스컨덕턴스를 얻을 수 있고 여러 개의 같은 모델의 바이폴라 트랜지스터를 제작할 때 더 쉽게 그리고 동일하게 즉 정합이 되게 만들 수 있기 때문에 증폭기의 오프셋이 작고 잡음도 더 작게 된다. 비록 CMOS의 단점들이 특수한 제작 공정으로 극복될 수 있다고는 하지만 이로 인해 원가가 상승하게 된다. 그러므로 일반 목적의 응용에서는 BJT 연산 증폭기가 더 많이 사용된다. 반면에, BJT의 베이스로는 반드시 전류가 통과해야 하므로 입력 바이어스 전류, 입력 오프셋 전류, 입력 저항이 존재하는데 CMOS 연산 증폭기에는 이런 비이상적인 특성이 없다. 게다가 CMOS 연산 증폭기는 칩 내부에 CMOS 논리 회로와 같이 제작할 수 있어서 하나의 칩 내부에서 아날로그 회로와 디지털 회로를 같이 구현할 때 훨씬 더 많이 사용된다.

이 절에서는 먼저 BJT 연산 증폭기의 바이어스 회로를 설명한 다음에 BJT 연산 증폭기의 입력단과 출력단에 많이 사용되는 회로를 설명할 것이다.

소자 파라미터 (12.3.4절의 741 회로를 제외한) 이 절의 예제, 연습문제, 문제들에서는 아래 파라미터를 가진 공정으로 제작된 트랜지스터를 사용한다.

$$npn \text{ 트랜지스터}: \quad \beta = 40 \qquad V_A = 30\ V$$

$$pnp \text{ 트랜지스터}: \quad \beta = 10 \qquad |V_A| = 20\ V$$

두 트랜지스터에 대해 $|V_{BE}| \simeq 0.7$ V, $|V_{CEsat}| \simeq 0.1$ V이다. 이러한 공정으로 제작하면 $|V_{CE}|$는 0.1 V보다 커져서(달리 표현하면 CBJ가 순방향 바이어스되기 위해 0.6 V가 필요함) 트랜지스터는 활성 모드(active mode)에서 동작한다는 것을 반드시 기억해 두어야 한다.

12.3.1 바이어스 설계

CMOS 연산 증폭기와 마찬가지로 최신의 연산 증폭기의 바이어스를 설계할 때 전류 미러와 전류 조종(current steering)을 아주 많이 사용한다(7.2, 7.7절). 그러나 이들에 의한 바이어스 전류는 대부분 작은(마이크로 단위) 전류이므로 최신의 연산 증폭기에는 위들러(Widlar) 전류원(7.7.4절)이 아주 많이 사용된다. 그리고 이미터-디제너레이션 저항(수십 kΩ)이 자주 사용된다.

그림 12.14에 위들러 회로를 사용한 자가 바이어스(self-biased)되는 기준 전류 발생 회로를 도시하였다. 위들러 회로는 Q_1, Q_2, R_2, 그리고 전류 미러 Q_3−Q_4로 구성되어 있는데 이미터-디제너레이션 저항 R_3, R_4는 정합되어 있다. 이 회로는 네 개의 트랜지스터 각각에 다음과 같이 그 크기가 결정되는 전류 I를 만든다. 간단히 계산하기 위해 베이스 전류와 r_o를 무시하면 다음과 같고

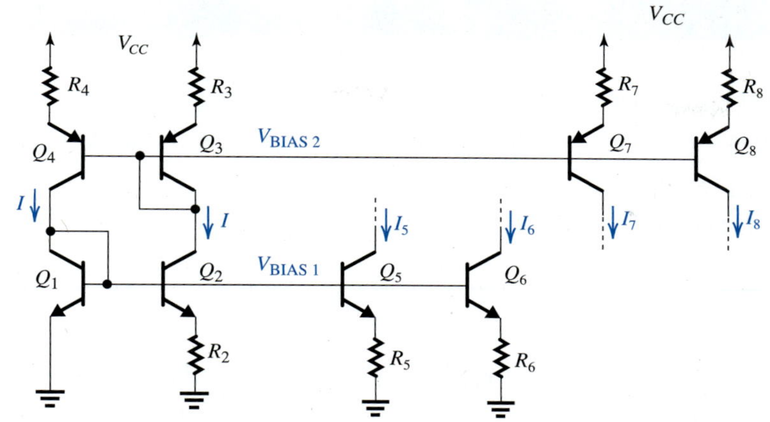

그림 12.14 위들러 회로를 사용하여 $I = (V_T/R_2)\ln(I_{S2}/I_{S1})$의 전류를 만드는 자가 바이어스되는 기준 전류 발생기. 바이어스 전압 V_{BIAS1}, V_{BIAS2}는 연산 증폭기 내의 다른 부분에 바이어스 전류 I_{5-8}을 공급하기 위해 사용된다.

$$V_{BE1} = V_T \ln\left(\frac{I}{I_{S1}}\right)$$

$$V_{BE2} = V_T \ln\left(\frac{I}{I_{S2}}\right)$$

따라서 다음과 같이 된다.

$$V_{BE1} - V_{BE2} = V_T \ln\left(\frac{I_{S2}}{I_{S1}}\right)$$

그런데 다음이 성립해야 하므로

$$V_{BE1} - V_{BE2} = IR_2$$

전류 I는 다음과 같이 구해진다.

$$I = \frac{V_T}{R_2}\ln\left(\frac{I_{S2}}{I_{S1}}\right) \tag{12.72}$$

따라서 I의 크기는 R_2, 그리고 Q_1과 Q_2의 이미터의 면적 비율에 의해 결정된다. 또한 I는 V_{CC}와 무관한데 이것은 아주 바람직한 특성임을 기억하라. R_2의 온도 특성을 무시하면 I는 절대온도에 비례한다. 결과적으로 전류 I 즉 전류 미러로 바이어스되는 트랜지스터는 온도 변화와 관계없이 상수인 g_m을 그 특성으로 가지고 있다! 이 회로에서 전류 미러를 CMOS 전류 미러로 대체하면 CMOS 연산 증폭기에서도 g_m을 상수로 유지할 수 있다.

연습문제

D12.14 10 μA의 전류를 발생하도록 그림 12.14의 회로를 설계하는 문제이다. 면적비가 1:2인 Q_1과 Q_2를 이용하고 Q_3와 Q_4는 정합된 것이라고 가정하여 R_3와 R_4에 각각 0.2 V가 걸리도록 R_2, R_3, R_4의 크기를 구하라.

[답] 1.73 kΩ; 20 kΩ; 20 kΩ

그림 12.14의 회로는 V_{BE1}과 같은 전압인 V_{BIAS1}을 만들어 내는데 이 전압은 Q_5와 Q_6에 바이어스를 공급하며 이미터의 면적에 의해 I에 비례하는 전류를 만들어 낸다. 마찬가지로 이 회로는 V_{CC}보다 $(IR_3 + V_{EB3})$ 만큼 낮은 전압인 V_{BIAS2}를 만들어 낸다. 이 전압은 Q_7과 Q_8에 바이어스를 공급하며 이미터의 면적과 이미터 디제너레이션 저항에 의해 I에 비례하는 전류를 만들어 낸다.

연습문제

D12.15 $I_5 = 10\ \mu\text{A}, I_6 = 5\ \mu\text{A}, I_7 = 20\ \mu\text{A}, I_8 = 10\ \mu\text{A}$가 되도록 그림 12.14의 회로를 설계하라. Q_5~Q_8의 이미터의 면적을 Q_2, Q_3의 이미터 면적에 대한 비율로 구하라. 또, 연습문제 12.14에서 구한 R_3와 R_4를 이용하고 베이스 전류를 무시하여 R_5~R_8의 크기를 구하라.

[답] $A_{E5} = A_{E2}, A_{E6} = 0.5A_{E2}, A_{E7} = 2A_{E3}, A_{E8} = A_{E3}$; 1.73 kΩ, 3.46 kΩ, 10 kΩ, 20 kΩ

12.3.2 입력단의 설계

그림 12.15는 바이폴라 트랜지스터를 사용한 2단 연산 증폭기의 회로이다. 차동쌍의 캐스코드에 전류 미러 부하와 공통 이미터단을 사용하여 큰 이득을 얻는 회로이다. 2단 CMOS 연산 증폭기와 마찬가지로 필요한 위상 여유를 확보할 수 있도록 C_C의 크기는 정해진다. 11장에서 설명한 것처럼 AB급 출력단을 사용하여 출력 저항을 작게 하였다.

그러나 아쉽게도 이 회로는 전원 전압이 낮은 경우에는 적합하지 않다. 출력 전압은 전원 전압보다 1 V 정도 작은 범위 내에서만 변할 수 있는데 그 이유는 출력단 트랜지스터의 V_{BE} 전압 강하 때문이다. 12.3.5절의 또 다른 출력단을 사용하면 출력 전압 스윙이 전원 전압과 같은 쌍평행 출력 스윙을 구현할 수 있다. 여기서는 입력단과 동상 모드 입력 범위를 넓힐 수 있는 기법에 중점을 두어 설명한다. 목표는 쌍평행 동상 모드 입력 범위를 얻는 것인데 예를 들어 비반전 연산 증폭기의 입력단 바이어스가 전원 전압 중 하나의 전압과 거의 같은 값이 되도록 하는 것이다. 이것은 특히 회로가 낮은 전원 전압으로 동작할 때 필수적이다.

우선 동상 모드 입력 범위의 낮은 쪽을 고찰해 보자. $V_{ICM\text{min}}$의 값은 Q_1이 활성 모드에 있어야 한다는 필요성을 만족하기 위하여 제한된다. 특히 Q_1의 컬렉터 전압은 $V_{BE3} \simeq 0.7$ V를 포함하고 있고 Q_1의 베이스에 가

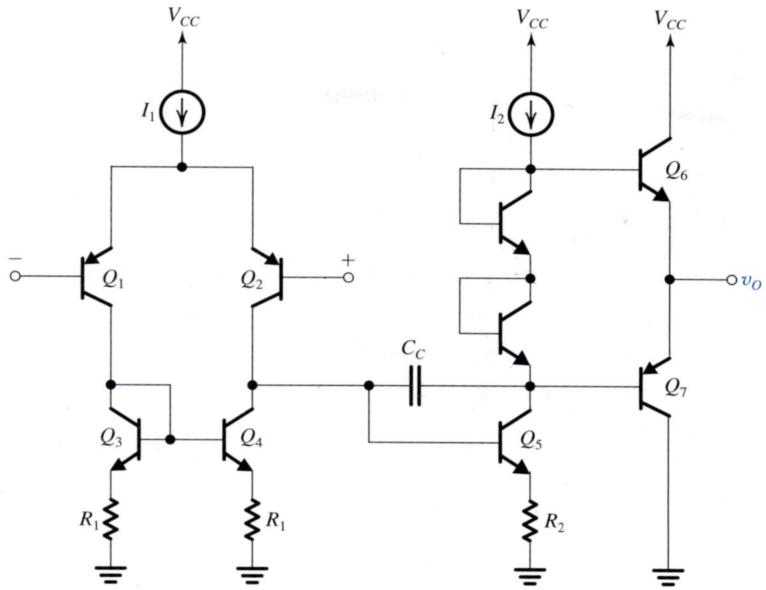

그림 12.15 AB급 출력단을 사용한 바이폴라 2단 연산 증폭기. 동상 모드 입력 범위는 전류 미러 부하를 사용하는 입력 차동쌍에 의해 제한되며 출력 스윙은 AB급 출력단에 의해 제한된다.

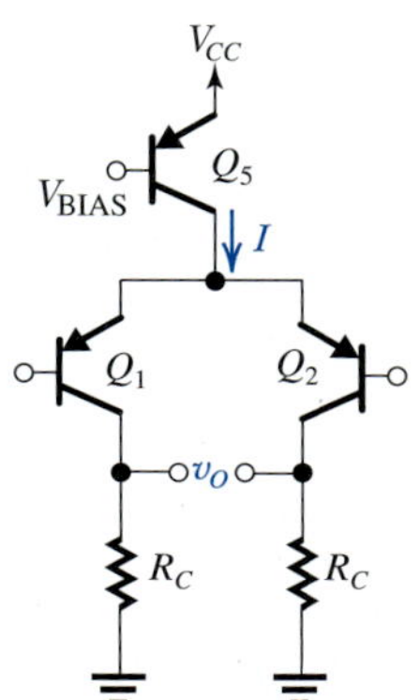

그림 12.16 동상 모드 입력 범위가 접지 전압을 포함하게 만들기 위해 그림 12.15의 전류 미러 부하를 저항 부하로 대체하여 R_C에 걸리는 직류 전압은 0.2~0.3 V를 넘어가지 못한다.

해지는 전압은 Q_1의 컬렉터-베이스 접합이 순방향 바이어스가 되지 않아야 하므로 0.1 V보다 작으면 안 된다. 따라서 $V_{ICM\min} = 0.1$ V이며 동상 모드 입력 범위는 하한값이 0.1 V이므로 접지 전압 즉 0 V를 포함하고 있지 않다.

$V_{ICM\min}$을 0 V까지 확장할 수 있는 유일한 방법은 Q_1의 컬렉터 전압을 더 낮추는 것인데 이를 위해 그림 12.16처럼 전류 미러 부하 대신에 저항 부하를 사용하는 것이다. 그런데 이렇게 하는 것은 실제로는 처음 차동 증폭기를 소개할 때 8장의 회로, 즉 저항 부하를 사용하는 차동쌍으로 되돌아가는 것에 불과하다!

그림 12.16에서 V_{ICM}의 허용 최솟값은 아직도, 당연하지만, Q_1, Q_2가 활성 모드에 있어야 한다는 조건을 만족하기 위해 제한되고 있다. 이 조건은 Q_1, Q_2의 베이스 전압이 컬렉터 전압에서 0.6 V를 뺀 값보다 작아지지

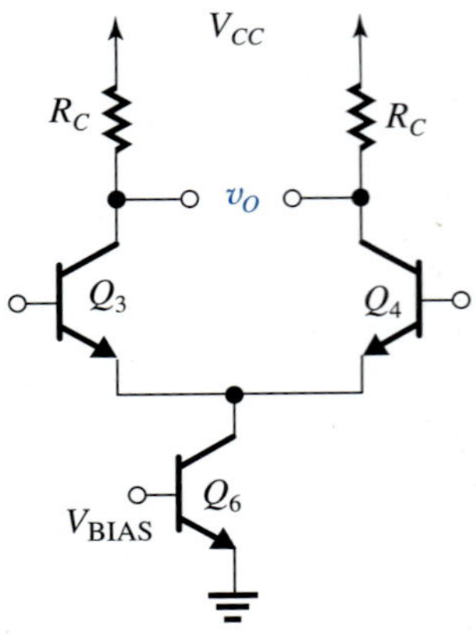

그림 12.17 그림 12.16의 상보적 회로. 그림 12.16의 회로의 동상 모드 입력 범위가 접지 전압 이하까지 포함하고 있는 데 반해 이 회로는 V_{CC} 이상까지 포함하고 있다. 두 개의 회로를 병렬로 연결하면, 추후 소개할 쌍평행 V_{ICM} 범위를 얻을 수 있다.

않으면 만족되므로 아래 식과 같이 표현된다.

$$V_{ICM\min} = V_{R_C} - 0.6\ \text{V}$$

위 식에서 V_{R_C}는 R_{C1}, R_{C2} 각각에서의 전압 강하이다. 이제 V_{R_C}를 0.2 V에서 0.3 V로 정하면 $V_{ICM\min}$ 은 −0.4 V에서 −0.3 V가 되어 하한값이 접지 전압 즉 0 V보다 낮으므로 동상 모드 입력 범위가 접지 전압을 포함하고 있으며 이것은 바로 우리가 원했던 결과이다.

전류 미러 부하를 저항 부하로 대체하는 방법의 단점은 차동 이득이 아래 식과 같이 상당히 작아진다는 것이다.

$$\frac{v_o}{v_{id}} = -g_{m1,2}R_C$$

$$= -\frac{I/2}{V_T}R_C = -\frac{V_{R_C}}{V_T}$$

위 식에서 간단히 계산하기 위해 r_o를 무시하였다. 그러므로 V_{R_C}를 0.3 V로 정하면 겨우 12 V/V에 불과한데 이 문제는 캐스코딩을 사용하면 해결된다.

이제 동상 모드 입력 범위의 허용 최댓값을 고찰해 보자. 그림 12.16의 회로를 잘 보면 Q_1, Q_2의 베이스에 가할 수 있는 최대 전압은 전류원을 구성하는 트랜지스터가 활성 영역에 있어야 한다는 조건으로부터 구해진다는 것을 알 수 있다. 이 조건은 Q_5에 걸리는 전압 V_{EC5}가 절대로 0.1 V 이하로 떨어지지 않도록 하면 만족된다. 따라서 V_{ICM}의 최댓값은 다음 식과 같이 $V_{EB1,2}$ 또는 약 0.7 V 더 낮아야 한다.

$$V_{ICM\max} = V_{CC} - 0.1 - 0.7 = V_{CC} - 0.8$$

즉, 동상 모드 입력 범위의 최댓값은 $(V_{CC} - 0.8)$ V보다 커질 수 없으며 이것도 실제적으로는 너무 낮다.

요약하면, 그림 12.16의 회로에서 $V_{R_C} = 0.3$ V로 가정하면 다음과 같이 $V_{ICM\min}$은 (−) 전원 단자에 연결된 접지 전압보다 아주 조금(수백 mV) 낮은 데 반해 V_{ICM}의 최댓값은 V_{CC}보다 상당히 작다.

$$-0.3 \leq V_{ICM} \leq V_{CC} - 0.8$$

V_{ICM}의 최댓값을 높이기 위하여 CMOS 연산 증폭기에 사용한 것과 유사한 방법(12.2.6절, 그림 12.12), 즉 평행 상보 입력단을 사용해 보자. 이를 위하여 그림 12.16의 회로에서 *npn* 트랜지스터를 사용한 회로 즉 그림 12.17의 회로를 고려해 보자. 이 회로의 동상 모드 입력 범위는 $V_{R_C} = 0.3$ V일 때 다음과 같다.

$$0.8 \le V_{ICM} \le V_{CC} + 0.3$$

기대했던 바와 같이 최댓값은 양(+)의 전원 전압보다 0.3 V 높아졌으나 최솟값은 목표를 만족하지 못하게 된다. 그러나 이것은 그다지 심각한 문제가 아닌데 왜냐하면 최젓값은 *pnp*쌍에 의해 결정되기 때문이다. 마지막으로 *pnp*쌍과 *npn*쌍이 활성 영역에서 정상 동작할 수 있는 V_{ICM}의 범위는 다음과 같다.

$$0.8 \le V_{ICM} \le V_{CC} - 0.8$$

그림 12.18에 병렬로 연결된 *pnp* 차동쌍 (Q_1, Q_2)와 *npn* 차동쌍 (Q_3, Q_4)를 사용하여 쌍평행 동상 모드 입력 범위보다 더 넓어진 입력 범위를 가진 입력단을 도시하였다. 그림을 단순하게 하려고 생략하였는데, 두 개의 + 입력 단자는 서로 연결되어 있고 − 단자도 서로 연결되어 있다는 것을 기억해 두어야 한다. 저항 부하를 사용했을 때 얻어지는 이득보다 더 큰 이득을 얻기 위해 폴디드 캐스코드가 사용되었다. 이 회로에서 R_7과 R_8은 *pnp*쌍 Q_1–Q_2의 저항 부하이며 Q_7–Q_8은 그 캐스코드 트랜지스터이다. 역시 R_9과 R_{10}은 *npn*쌍 Q_3–Q_4의 저항 부하이며 Q_9–Q_{10}은 그 캐스코드 트랜지스터이다. 여기서 캐스코드 트랜지스터가 두 가지 역할을 한다는 것을 명심하라. 즉, Q_7–Q_8은 Q_1–Q_2의 캐스코드 소자이며 동시에 Q_9–Q_{10}의 전류원 부하로도 동작한다. Q_9–Q_{10}도 마찬가지로 두 가지 역할을 한다. 첫 번째 단의 출력 전압 v_{Od}는 두 캐스코드 소자의 컬렉터 사이의 전압 차이이다.

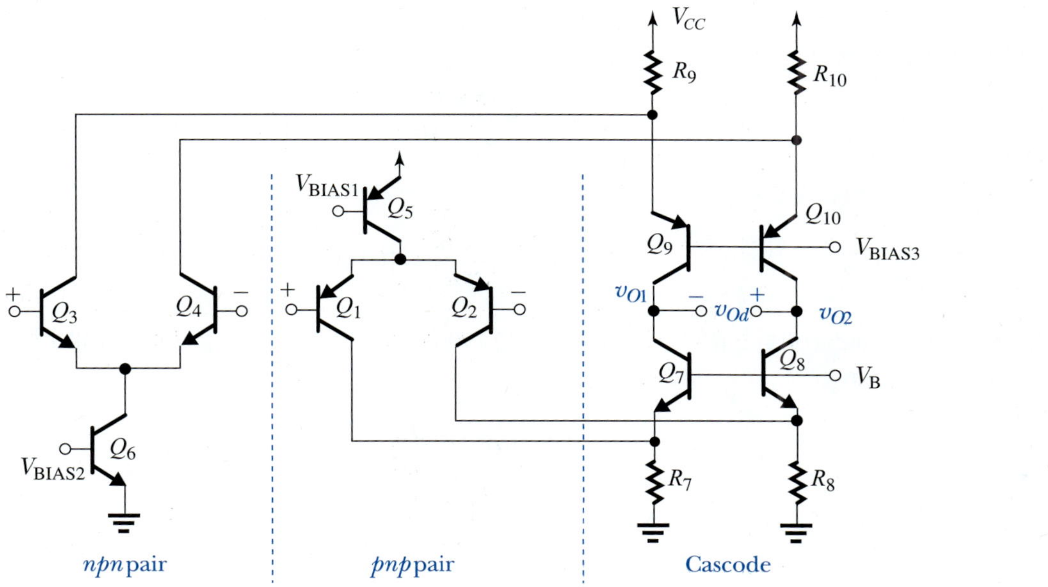

그림 12.18 높은 이득을 달성하기 위하여 쌍평행 동상 모드 입력단과 폴디드 캐스코드단을 사용한 입력단. V_{BIAS3}와 V_B를 포함한 모든 바이어스 전압들은 칩의 다른 곳에서 생성된다는 것을 명심하라.

$V_{ICM} \ll 0.8$ V일 때 *npn*단은 동작하지 않을 것이고 이득은 Q_1−Q_2쌍의 트랜스컨덕턴스 G_m, 그리고 두 캐스코드 트랜지스터의 컬렉터 사이에서 들여다본 저항에 의해 결정된다. 이와 반대의 경우 즉 $V_{ICM} \gg V_{CC} - 0.8$ V일 때 Q_1−Q_2단은 동작하지 않을 것이고 이득은 Q_3−Q_4쌍의 트랜스컨덕턴스 G_m, 그리고 두 캐스코드 트랜지스터의 컬렉터 사이에서 들여다본 저항에 의해 결정된다. 두 경우가 겹쳐 있는 구간, 즉 $0.8 \le V_{ICM} \le V_{CC} - 0.8$에서는 *pnp*와 *npn* 단 모두 동작하며 이들의 유효 트랜스컨덕턴스 G_m은 더해져서 더 높은 이득이 얻어진다. 차동 이득이 동상 모드 입력 V_{ICM}에 따라 달라지는 현상은 보통 바람직하지는 않다. 그러나 두 차동쌍 중 하나가 동작하고 있을 때 다른 차동쌍이 꺼지게 조절하면 이런 현상을 상당히 약화시킬 수 있다.[7)]

예제 12.3

그림 12.18의 입력단의 입력 저항과 전압 이득을 구하고자 한다. $V_{ICM} \ll 0.8$ V로 놓으면 Q_3−Q_4쌍은 차단된다. Q_5가 10 μA를 공급하고, Q_7~Q_{10}은 각각 10 μA로 바이어스되고, 캐스코드 트랜지스터 네 개 모두 활성 영역에서 동작한다고 가정하라. 전체 연산 증폭기의 두 번째 단(그림에는 도시하지 않았음)의 입력 저항은 $R_L = 2$ MΩ이고, 이미터 디제너레이션 저항은 $R_7 = R_8 = 20$ kΩ, $R_9 = R_{10} = 30$ kΩ이다. 또 소자들의 파라미터는 $\beta_N = 40$, $\beta_P = 10$, $V_{An} = 30$ V, $|V_{Ap}| = 20$ V이다.

풀이

입력단은 완전한 평형이므로 그림 12.19(a)와 같이 차동 절반 회로를 사용할 수 있다. 입력 저항 R_{id}는 $r_{\pi 1}$의 두 배이다.

$$R_{id} = 2r_{\pi 1} = 2\beta_P/g_{m1}$$

위 식에서 g_{m1}은 다음과 같다.

$$g_{m1} = \frac{I_{C1}}{V_T} = \frac{5 \times 10^{-6}}{25 \times 10^{-3}} = 0.2 \text{ mA/V}$$

따라서 R_{id}는 다음과 같다.

$$R_{id} = \frac{2 \times 10}{0.2} = 100 \text{ k}\Omega$$

단락 회로 트랜스컨덕턴스를 구하기 위해 그림 12.19(b)와 같이 출력 단자를 접지에 단락하면 G_{m1}은 다음과 같이 구해진다.

$$G_{m1} = \frac{i_o}{v_{id}/2}$$

---

7) 이 기법은 NE5234 연산 증폭기에 적용되어 있으며 회로와 이에 대한 해석은 Gray 등이 저술한 2009년의 자료를 참조하라.

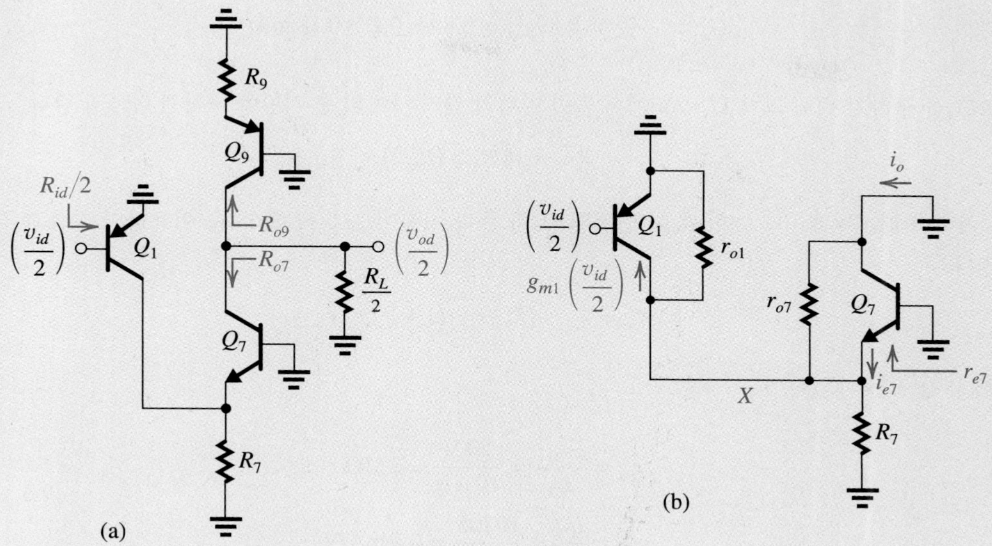

그림 12.19 (a) $V_{ICM} \ll 0.8$ V인 경우의 그림 12.18의 입력단에 대한 차동 절반 회로. (b) $G_{m1} = i_o/(v_{id}/2)$를 구하는 방법.

그림 12.19(b)의 마디 X에서 접지에 연결된 네 개의 병렬 저항은 각각 다음과 같다.

$$r_{o1} = \frac{|V_{Ap}|}{I_{C1}} = \frac{20\text{ V}}{5\ \mu\text{A}} = 4\text{ M}\Omega$$

$$R_7 = 20\text{ k}\Omega$$

$$r_{o7} = \frac{V_{An}}{I_{C7}} = \frac{30\text{ V}}{10\ \mu\text{A}} = 3\text{ M}\Omega$$

$$r_{e7} \simeq \frac{1}{g_{m7}} = \frac{V_T}{I_{C7}} = \frac{25\text{ mV}}{10\ \mu\text{A}} = 2.5\text{ k}\Omega$$

r_{o1}, r_{o7}은 매우 크므로 무시하면 $g_{m1}(v_{id}/2)$ 중에서 Q_7의 이미터에 흐르는 전류는 다음과 같이 구해진다.

$$i_{e7} \simeq g_{m1}\left(\frac{v_{id}}{2}\right)\frac{R_7}{R_7 + r_{e7}}$$

$$= g_{m1}\left(\frac{v_{id}}{2}\right)\frac{20}{20 + 2.5} = 0.89 g_{m1}\left(\frac{v_{id}}{2}\right)$$

그리고 출력 단락 회로 전류 i_o는 다음과 같이 구해지므로

$$i_o \simeq i_{e7} = 0.89 g_{m1}(v_{id}/2)$$

G_{m1}은 다음과 같다.

$$G_{m1} \equiv \frac{i_o}{v_{id}/2} = 0.89 g_{m1} = 0.89 \times 0.2 = 0.18 \text{ mA/V}$$

전압 이득을 구하기 위해 그림 12.19(a)에서 출력 마디와 접지 사이의 총 저항을 구하면 다음과 같다.

$$R = R_{o9} \parallel R_{o7} \parallel (R_L/2)$$

R_{o9}은 이미터 디제너레이션 저항 R_9이 연결된 Q_9의 출력 저항이므로 식 (7.68)을 이용하면 다음과 같이 구해진다.

$$R_{o9} = r_{o9} + (R_9 \parallel r_{\pi 9})(1 + g_{m9} r_{o9})$$

위 식에 다음 값을 대입하면

$$r_{o9} = \frac{|V_{Ap}|}{I_{C9}} = \frac{20 \text{ V}}{10 \,\mu\text{A}} = 2 \text{ M}\Omega$$

$$g_{m9} = \frac{I_{C9}}{V_T} = \frac{10 \,\mu\text{A}}{25 \text{ mV}} = 0.4 \text{ mA/V}$$

$$r_{\pi 9} = \frac{\beta_P}{g_{m9}} = \frac{10}{0.4 \text{ mA/V}} = 25 \text{ k}\Omega$$

다음과 같이 구해진다.

$$R_{o9} = 2 + (30 \parallel 25) \times 10^{-3} \left(1 + 0.4 \times 2 \times 10^3\right) = 12.9 \text{ M}\Omega$$

R_{o7}은 이미터 디제너레이션 저항 $(R_7 \parallel r_{o1}) \simeq R_7$이 연결된 Q_7의 출력 저항이므로 다음과 같이 구해진다.

$$R_{o7} = r_{o7} + (R_7 \parallel r_{\pi 7})(1 + g_{m7} r_{o7})$$

위 식에 다음 값을 대입하면

$$r_{o7} = \frac{V_{An}}{I_{C7}} = \frac{30 \text{ V}}{10 \,\mu\text{A}} = 3 \text{ M}\Omega$$

$$g_{m7} = \frac{I_{C7}}{V_T} = \frac{10 \,\mu\text{A}}{25 \text{ mV}} = 0.4 \text{ mA/V}$$

$$r_{\pi 7} = \frac{\beta_N}{g_{m7}} = \frac{40}{0.4} = 100 \text{ k}\Omega$$

다음과 같이 구해진다.

$$R_{o7} = 3 + (20 \parallel 100) \times 10^{-3} \left(1 + 0.4 \times 3 \times 10^3\right) = 23 \text{ M}\Omega$$

$$\frac{R_L}{2} = \frac{2 \text{ M}\Omega}{2} = 1 \text{ M}\Omega$$

이제 총 저항 R은 다음과 같이 구해지고

$$R = 12.9 \parallel 23 \parallel 1 = 0.89\,\text{M}\Omega$$

드디어 전압 이득은 다음과 같다.

$$A_d = \frac{v_{od}/2}{v_{id}/2} = G_{m1}R$$
$$= 0.18 \times 0.89 \times 10^3 = 160\,\text{V/V}$$

12.3.3 입력단의 출력에서 DC 전압을 조절하기 위한 동상 모드 귀환

그림 12.18의 캐스코드 회로가 정상적으로 동작하여 큰 출력 저항과 높은 전압 이득을 가지게 하려면 캐스코드 트랜지스터 Q_7~Q_{10}은 항상 활성 영역에서 동작해야 한다. 그러나 트랜지스터들을 아무리 잘 정합시킨다고 해도 Q_9, Q_{10}이 공급하는 전류가 Q_7, Q_8이 공급하는 전류와 정확히 같다는 것이 보장되지는 않는다. 이 두 전류의 아주 작은 차이 ΔI가 각 컬렉터와 접지 사이의 커다란 출력 저항과 곱해지면 v_{O1}과 v_{O2}에 큰 전압 차이가 나타나며 이 전압 차이는 전류원 둘(즉, Q_7–Q_8과 Q_9–Q_{10}) 중 하나를 포화시킬 수 있다. 이 두 전류가 항상 일치하도록 하려면 다음 식과 같은 v_{O1}과 v_{O2}의 직류 또는 동상 모드 성분 V_{CM}을 센싱하여

$$V_{CM} = \frac{1}{2}(v_{O1} + v_{O2}) \tag{12.73}$$

Q_7, Q_8의 베이스 전압, 그리고 V_B를 조정하는 회로가 필요하다. 이 기능을 하는 (−) 귀환 회로는 v_{O1}과 v_{O2}의 차동 신호 성분에 영향을 전혀 받지 않아야 한다. 그렇지 않으면 차동 이득이 감소할 것이기 때문이다. 이러한 동작을 **동상 모드 귀환**(CMF: common-mode feedback)이라 부른다.

그림 12.20에 블록으로 표시한 CMF 회로를 가진 캐스코드 회로를 도시하였다. CMF 회로는 v_{O1}과 v_{O2}를 입력으로 받아들여 바이어스 전압 V_B를 출력으로 내보낸다. 잠시 후 설명할 방법으로 회로를 구현하면 이 CMF 회로의 전달 특성은 다음과 같아진다.

$$V_B = V_{CM} + 0.4 \tag{12.74}$$

즉, V_B를 항상 V_{CM}보다 0.4 V 이상 높게 유지하면 CMF 회로는 Q_7, Q_8이 항상 활성 영역에서 동작하도록 한다.

V_B의 공칭 전압은 Q_7~Q_{10}의 정지 전류, I_1, I_2의 정지 전류, 그리고 R_7, R_8에 의해 결정된다. 이렇게 결정된 공칭 전압 V_B와 식 (12.74)를 이용해 구해진 V_{CM}은 Q_9, Q_{10}이 활성 영역에서 동작하도록 한다. 단, V_{BIAS3}는 연산 증폭기의 나머지 소자들에 의해 결정된다는 것을 명심하라.

어떻게 CMF 회로가 직류 전압 V_{CM}을 일정하게 하는지를 이해하기 위하여, V_B가 기준값보다 커져서 Q_7, Q_8이 공급하는 전류가 Q_9, Q_{10}이 공급하는 전류보다 ΔI만큼 커졌다고 가정해 보자. 그러면 ΔI가 각 컬렉터와 접지 사이의 커다란 출력 저항과 곱해져서 v_{O1}과 v_{O2}에 (−) 전압 차이가 나타나게 되고 CMF 회로는 역으로

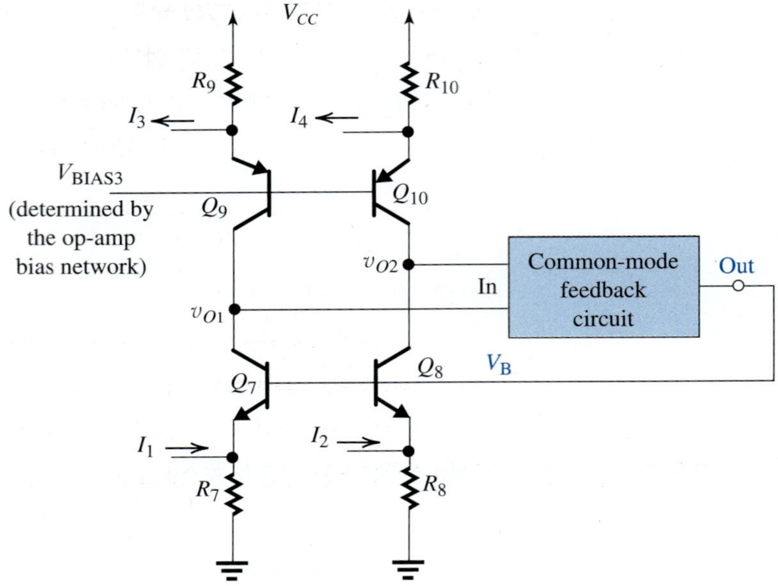

그림 12.20 입력단과 CMF 회로의 캐스코드 출력 회로. 이 회로는 V_B를 조절하여 동상 모드 성분인 $V_{CM} = \frac{1}{2}(v_{o1} + v_{o2})$에 대해 응답하며 결과적으로 Q_9–Q_{10}과 같은 전류가 Q_7–Q_8에 흐르게 되고 Q_7~Q_{10}은 활성 영역에서 동작한다.

V_B를 낮추어 두 전류가 같게 만든다. 이렇게 두 전류가 같게 하는 V_B의 변화량은 보통 매우 작은데(예제 12.4 참조), 식 (12.74)에 의하면 그에 따른 V_{CM}의 변화량 역시 아주 작다. 그러므로 (−) 귀환이 잘 된다는 것을 알 수 있다. 즉, CMF 회로는 최초의 변화량을 최소화하여 V_{CM}을 그 공칭 전압과 거의 같은 상수로 만들고 따라서 Q_7~Q_{10}은 항상 활성 영역에서 동작하게 된다.

마지막으로 CMF 회로를 실제로 어떻게 구현할 것인가를 알아보자. 그림 12.21에 연산 증폭기의 두 번째 단을 도시하였다. 이 회로에는 다음 식과 같은 입력단의 출력 전압 v_{O1}과 v_{O2}가 입력된다.

$$v_{O1} = V_{CM} + v_d/2$$
$$v_{O2} = V_{CM} - v_d/2$$

이 회로는 차동 성분 v_d를 증폭할 뿐만 아니라 다음과 같은 직류 전압 V_B를 생성한다.

$$V_B = V_{CM} + 0.4$$

이 회로에서 두 번째 단이 첫 번째 단에 미치는 부하 효과를 이미터 폴로어인 Q_{11}, Q_{12}가 최소화하고 있다는 것을 주목하면 이 회로의 동작을 이해할 수 있다. 이미터 폴로어는 차동쌍 Q_{13}–Q_{14}의 베이스에 v_{O1}, v_{O2}와 거의 비슷하지만 $V_{EB11,12}$만큼 차이가 있는 전압을 공급한다. 따라서 Q_{13}–Q_{14}의 이미터 전압은 다음과 같아지고

$$V_E = V_{CM} + V_{EB11,12} - V_{BE13,14}$$

이를 근사화하면 다음과 같다.

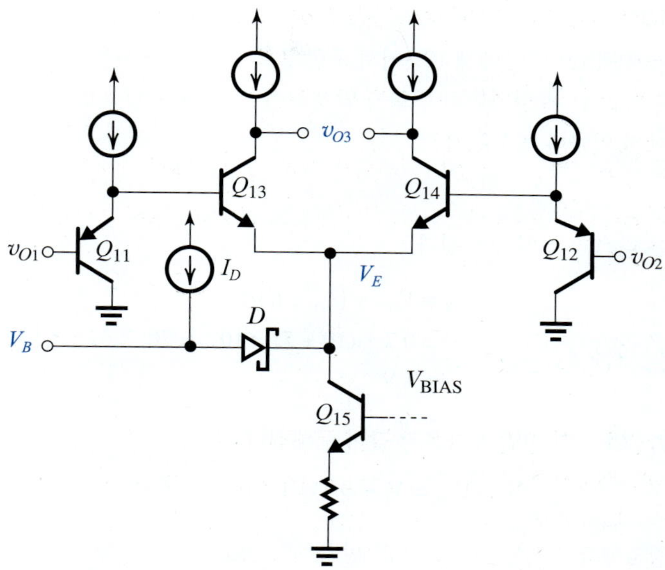

그림 12.21 입력단에 동상 모드 귀환 회로를 적용한 연산 증폭기의 두 번째 단. 이 회로는 첫 번째 단의 캐스코드 회로를 바이어스하기 위해 필요한 전압 V_B를 생성한다. 다이오드 D는 순방향 전압 강하가 0.4 V인 쇼트키 장벽 다이오드이다.

$$V_E \simeq V_{CM}$$

V_B는 V_E와 다이오드 D의 전압 강하의 합이다. 사용되는 다이오드는 **쇼트키 장벽 다이오드**(SBD: Schottky barrier diode)이며 순방향 전압 강하는 0.4 V 정도이다. 그러므로 다음과 같이 된다.

$$V_B = V_E + V_D = V_{CM} + 0.4$$

이 CMF 회로는 차동 전압 $(v_{O2} - v_{O1})$이 작을 때 효과적으로 작동한다. 차동쌍 Q_{13-14}은 이득을 만들어 주어 v_{O3}는 넓은 스윙을 하게 된다.

예제 12.4

그림 12.20의 회로 동작을 분석할 것이다. $V_{ICM} \ll 0.8$ V로 하여 *npn* 입력쌍은 꺼져 있고(그림 12.18), 따라서 $I_3 = I_4 = 0$이라고 가정하라. 직류 전압만 고려하여 $I_1 = I_2 = 5$ μA라고 가정하라. Q_7~Q_{10} 각각은 10 μA로 바이어스되고, $V_{CC} = 3$ V, $V_{BIAS3} = V_{CC} - 1$, $R_7 = R_8 = 20$ kΩ, $R_9 = R_{10} = 30$ kΩ이다. 베이스 전류와 CMF 회로가 캐스코드 회로의 출력 마디에 미치는 부하 영향을 무시하라. CMF 회로는 $V_B = V_{CM} + 0.4$가 되도록 한다.

(a) V_B와 V_{CM}의 공칭 전압을 구하라. V_{CM}의 값은 Q_7~Q_{10}이 활성 영역에서 동작하는 것을 보장하는가?
(b) 만일 CMF 회로가 없다면 $Q_7 - Q_8$과 $Q_9 - Q_{10}$ 사이의 전류 차이가 $\Delta I = 0.3$ μA인 경우 v_{O1}과 v_{O2}의 차

이 즉 V_{CM}은 얼마가 될 것인가? 예제 12.3에서 구한 출력 저항 값을 사용하라.

(c) 이제 CMF를 연결하면 V_B에 얼마만한 변화가 발생하여 전류 차이 ΔI를 0으로 만드는가? 이 경우 V_{CM}은 그 공칭 전압에서 얼마나 변하는가?

풀이

(a) V_B의 공칭 전압은 다음과 같이 구해진다.

$$V_B = V_{BE7} + (I_{E7} + I_1)R_7$$
$$\simeq 0.7 + (10+5) \times 10^{-3} \times 20$$
$$= 1\text{ V}$$

이를 이용하면 V_{CM}의 공칭 전압은 다음과 같이 구해진다.

$$V_{CM} = V_B - 0.4 = 1 - 0.4 = 0.6\text{ V}$$

Q_7–Q_8이 활성 영역에 있으려면 다음 조건을 만족해야 하고

$$V_{CM} > V_B - 0.6 = 0.4\text{ V}$$

Q_9–Q_{10}이 활성 영역에 있으려면 다음 조건을 만족해야 한다.

$$V_{CM} < V_{\text{BIAS3}} + 0.6 = V_{CC} - 1 + 0.6 = 2.6\text{ V}$$

따라서 네 개의 캐스코드 트랜지스터 전부가 활성 영역에 있으려면 다음 조건을 만족해야 한다.

$$0.4\text{ V} < V_{CM} < 2.6\text{ V}$$

0.6 V라는 공칭 전압은 위 조건을 만족하므로 활성 영역 내의 동작을 보장한다.

(b) $I_{C9} - I_{C7} = I_{C10} - I_{C8} = \Delta I$에 의한 전압은 다음과 같다.

$$\Delta V_{CM} = \Delta I R_{o1}$$

위 식에서 R_{o1}은 Q_7, Q_9의 컬렉터와 접지 사이의 출력 저항이며 다음과 같다.

$$R_{o1} = R_{o7} \| R_{o9}$$

예제 12.3에서 구한 $R_{o7} = 23\text{ M}\Omega, R_{o9} = 12.9\text{ M}\Omega$을 대입하면 다음을 구할 수 있다.

$$R_{o1} = 23 \| 12.9 = 8.3\text{ M}\Omega$$

따라서 다음과 같고

$$\Delta V_{CM} = 0.3 \times 8.3 \simeq 2.5\text{ V}$$

ΔV_{CM}이 (+)라면 다음과 같이 되는데

$$V_{CM} = 0.6 + 2.5 = 3.1\text{ V}$$

이 값은 Q_9–Q_{10}이 포화되지 않는 조건의 최댓값보다 2.6 V 높다. ΔV_{CM}이 (−)라면 다음과 같이 되어

$$V_{CM} = 0.6 - 2.5 = -1.9 \text{ V}$$

Q_7–Q_8이 활성 영역에 있게 하는 조건 +0.4 V보다 훨씬 낮다. 그러므로 CMF가 없다면 전류의 차이 ±0.3 μA는 ΔI의 부호에 따라 캐스코드 트랜지스터 두 조합 (7–8, 9–10) 중의 하나를 포화시킨다.

(c) CMF를 연결하면 귀환 회로는 V_B를 ΔV_B만큼 변화시키고 이것은 Q_7, Q_8의 전류를 ΔI만큼 변화시켜 두 전류를 같도록 만든다. ΔV_B는 다음과 같이 전류를 변화시키고

$$\Delta I_{C7} = \Delta I_{C8} = \frac{\Delta V_B}{r_{e7} + R_7}$$

다음과 같이 계산할 수 있다.

$$\begin{aligned}\Delta I &= \frac{\Delta V_B}{r_{e7} + R_7} \\ \Delta V_B &= \Delta I(r_{e7} + R_7) \\ &= 0.3\ \mu\text{A}\left(\frac{25\text{ mV}}{10\ \mu\text{A}} + 20\text{ k}\Omega\right) \\ &= 0.3 \times 22.5 = 6.75\text{ mV}\end{aligned}$$

따라서 다음을 얻을 수 있고

$$\Delta V_{CM} = \Delta V_B = 6.75\text{ mV}$$

두 전류는 정확히 같아지며 이를 위한 V_B와 V_{CM}의 변화량은 6.75 mV에 불과하다.

12.3.4 741 연산 증폭기의 입력단

741 연산 증폭기는 대표적인 아날로그 IC이며 기본적으로는 밀러 보상된 2단 연산 증폭기인데 출력 저항을 작게 하기 위한 출력단이 추가된 것이다. 741 연산 증폭기는 최신 설계 기술에 비하면 많은 면에서 그 성능이 좋지는 않다. 그러나 그림 12.12의 입력단 회로는 전통적인 2단 연산 증폭기와 다르며 바이폴라 설계에 아직도 유용할 정도로 기발한 회로이다.

입력단은 Q_1~Q_4로 구성되는데 이들은 Q_5와 Q_6에 의해 바이어스된다. 트랜지스터 Q_1과 Q_2는 이미터 폴로어로 동작하여 입력 저항을 크게 만들어 주며 Q_3, Q_4로 구성된 차동 공통 베이스 증폭기에 차동 입력 신호를 전달해 주는 역할을 한다. 그러므로 입력단은 9.7.3절에서 다룬 CC-CB 형태에 차동 형태를 적용한 것이다.

Q_3, Q_4의 컬렉터는 전류 미러 부하 회로를 구동한다. 보통의 전류 미러 부하처럼 Q_4에 커다란 부하 저항을 제공할 뿐만 아니라, 이득이나 동상 모드 제거 기능의 저하 없이, 차동에서 나온 신호를 단동 신호로 바꿔 준다. 입력단의 출력은 Q_4의 컬렉터에게서 취해진다.

8.6.2절에서 설명했듯이 모든 연산 증폭기는 레벨 시프터 회로를 내장하고 있는데 이것은 신호의 직류 성

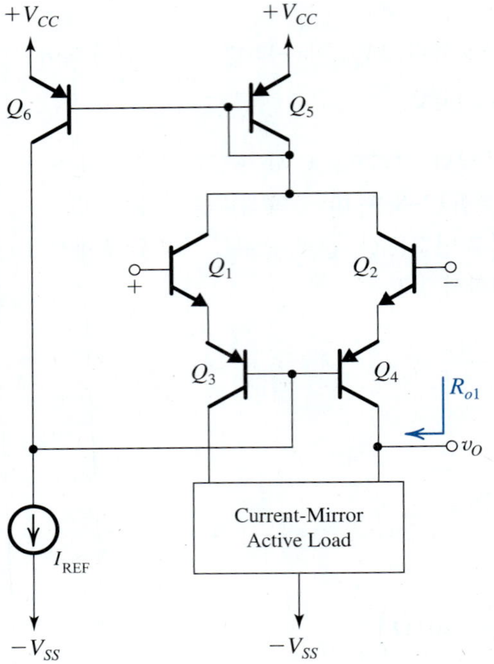

그림 12.22 741 연산 증폭기의 입력단.

분 값(level)을 변경(shift)하여 연산 증폭기의 출력 신호가 −전압에서 +전압까지 변할 수 있게 하는 회로이다. 741 내부에서는 이 레벨 시프팅을 수평 *pnp* 트랜지스터인 Q_3, Q_4가 있는 첫 단에서 구현한다. 수직형에 비해 고주파 특성이 좋지 않지만 수평 *pnp* 트랜지스터는 (고주파 특성이 좋은) 공통 베이스 구조에서 사용하면 연산 증폭기의 주파수 응답이 그렇게 나빠지지는 않는다.

수평 *pnp* 트랜지스터 Q_3, Q_4를 첫 단에 사용하면 추가적인 장점이 있는데 입력단 트랜지스터 Q_1과 Q_2의 이미터-베이스 접합부가 절연 파괴되는 것을 방지하는 것이다. *npn* 트랜지스터의 이미터-베이스 접합부의 역방향 절연 파괴 전압은 7 V 정도이므로(4.4.1절 참조) 전원 전압(±15 V)이 입력 단자에 닿으면 보통의 *npn* 차동단에는 절연 파괴가 발생한다. 그러나 수평 *pnp* 트랜지스터는 절연 파괴 전압이 높은(약 50 V) 이미터-베이스 접합부를 가지고 있고 Q_1, Q_2와 직렬로 연결되어 있어 741의 입력인 Q_1과 Q_2를 보호한다.

끝으로 버퍼 트랜지스터를 사용하는 경우를 제외하면 741의 입력단은 기본적으로는 전류 미러 부하를 가진 차동 증폭기임을 명심해야 한다. 741의 입력단은 그림 12.1의 CMOS 증폭기의 입력단과 유사하다.

직류 해석 우선 그림 12.23의 741 회로의 입력단에 대한 직류 해석을 하여 각 트랜지스터에 흐르는 전류를 구한다. 잠시 후 알게 되겠지만 이 회로는 부귀환 회로이며 Q_1~Q_4에 대한 바이어스 전류를 $I_{REF}/2$로 고정하는 회로이다. 그림에 표시된 각 전류의 크기를 참고하라.(β_N이 매우 크다고 가정하였다.) Q_1과 Q_2의 컬렉터에 흐르는 전류의 합($2I$)은 Q_5−Q_6 전류 미러 입력으로 공급된다.(또는 전류 미러에 의해 센싱된다.) 미러의 출력 전류는 β_P가 매우 큰 경우에는 거의 $2I$와 같은 크기인데, 마디 X에서 I_{REF}와 비교된다. 이 두 전류의 차이 $2I/\beta_P$는 Q_3, Q_4의 베이스 전류가 되며 이것이 귀환 루프의 에러 신호가 된다. β_P가 매우 큰 경우에는 이 전류는 당연히 거의 영이 되며 마디 X에서의 노드 방정식은 $2I \simeq I_{REF}$, 즉 $I \simeq I_{REF}/2$로 된다.

μA741의 창시자: David Fullagar

1967년, David Fullagar는 Fairchild사에 근무하면서 가장 성공적이라고 알려진 연산 증폭기인 μA741을 설계하였다. Fullagar는 영국의 케임브리지 대학에서 공부했고, Ferranti사에서 일하다가 Widlar가 μA702와 μA709를 설계한 후 떠나 버린 1966년에 Fairchild사에 입사하였다. Fullagar는 내부 보상 회로, 단락 회로 보호 회로를 창시하였고, 입력단이 큰 입력 저항을 갖도록 설계하여 초기 설계의 문제점을 해결하였다. 설계 기술자로서 그는 1983년에 Maxim Integrated Products사를 공동 창업하여 핵심 기술자로 일했다. 지금도 Texas Instruments사, Analog Devices사에서는 741의 성능을 개선하여 판매하고 있다.

부귀환 루프가 전류 기준 바이어스 전류 I의 크기를 안정시키는 역할을 한다는 것을 증명하기 위해서, 일단 모종의 이유에 의해 I가 커졌다고 가정하자. 그러면 Q_5–Q_6 전류 미러로 들어가는 입력 전류가 커질 것이고 따라서 출력 전류도 커질 것이다. I_{REF}를 상수라고 가정하면 Q_3, Q_4의 베이스 전류는 마디 X에서의 노드 방정식을 만족하기 위해서는 작아져야 한다. 이 결과에 따라 전류 I의 크기는 작아져야 하므로 처음 가정에 반대이다.

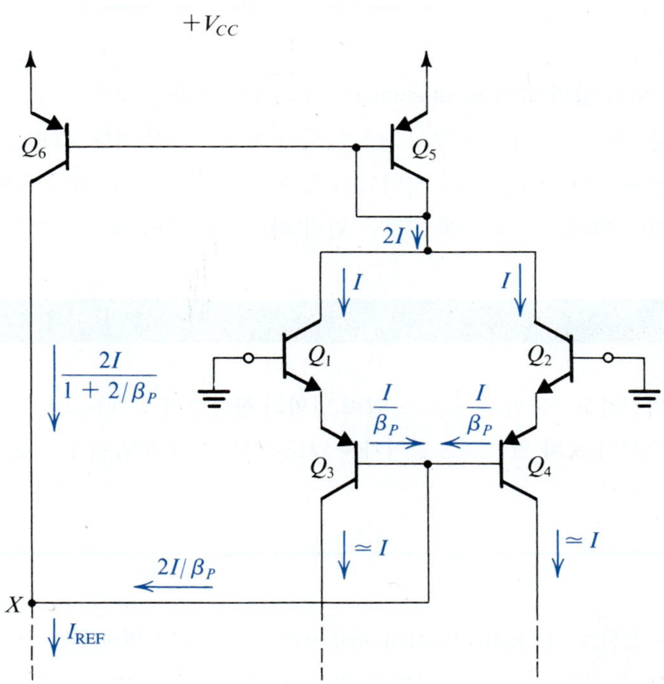

그림 12.23 741 연산 증폭기의 입력단의 직류 해석.

연습문제

12.16 $I_{REF} = 19\ \mu A$일 때 Q_1, Q_2, Q_3, Q_4의 바이어스 전류를 구하라.
[답] 9.5 μA

12.17 그림 12.23의 귀환 루프의 루프 이득을 구하라. 우선 Q_5–Q_6 미러의 입력에 있는 루프를 끊는다. 미러의 입력 저항이 작으므로 Q_1, Q_2의 컬렉터를 접지하라. 그리고 I_{REF}가 변하지 않는 상태에서 전류 미러에 i_t가 입력된다고 가정하여 귀환 전류를 구하는데 이 전류는 Q_1, Q_2의 컬렉터의 연결부에 흐르는 전류이다.
[답] 루프 이득 $\simeq \beta_P$

12.18 2장과 8장에서 연산 증폭기의 입력 바이어스 전류는 두 입력 전류의 평균인

$$I_B = \frac{1}{2}(I_{B1} + I_{B2})$$

이며 입력 오프셋 전류는

$$I_{OS} = |I_{B1} - I_{B2}|$$

라는 것을 보였다. β_1, β_2의 대표값이 200이고 오차가 ±5%일 때 I_B, I_{OS}를 구하라.
[답] 47.5 nA; 4.75 nA

동상 모드 입력 범위 **동상 모드 입력 범위**(input common-mode range)라는 것은 그 범위 안의 값을 가진 동상 모드 입력 전압이 들어올 때 입력단이 선형의 활성 모드에서 동작하는 범위이다. 그림 12.22를 참조하라. 741 회로에서 동상 모드 입력 범위는 Q_1, Q_2가 포화 영역에서 동작할 수 있는 최고 전압과 Q_3, Q_4가 포화 영역에서 동작할 수 있는 최소 전압에 의해 결정되는데 이것은 입력 회로의 부하의 영향을 받는다.

연습문제

12.19 $V_{CC} = 15$ V로 가정하고 741의 동상 모드 입력 범위의 상한값이 약 +14.7 V 정도인 것을 증명하라.(*npn* 트랜지스터가 포화 영역으로 들어가지 않도록 $V_{BE} \simeq 0.6$ V, 즉 $V_{CB} \geq -0.3$ V라고 가정하라.)

소신호 해석 그림 12.24는 소신호 해석(small-signal analysis)을 수행하기 위해 741 입력단의 일부분을 나타낸 것이다. Q_1과 Q_2의 컬렉터는 직류 전원에 연결되어 있어서, 신호의 입장에서 볼 때 이들은 접지와 마찬가지임을 명심하라. 또한 Q_3와 Q_4의 베이스가 일정한 직류 전류로 바이어스되어 있기 때문에, 신호의 입장에서

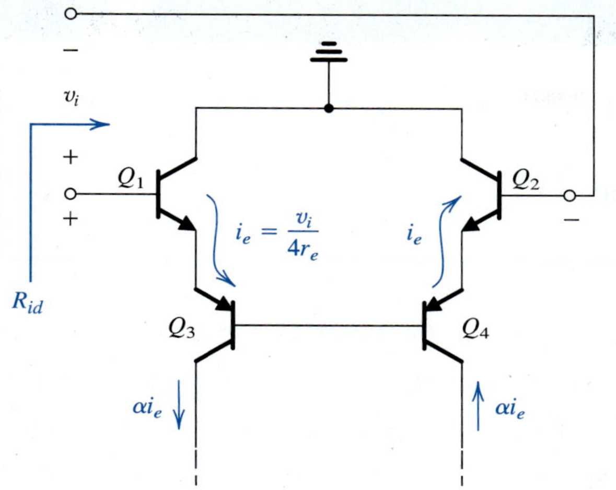

그림 12.24 741 입력단의 소신호 해석.

볼 때 공통 베이스 단자는 개방된 것과 마찬가지이다.

입력 단자들 사이에 인가된 차동 신호 v_i는 직렬로 연결된 네 개의 크기가 같은 이미터 저항 성분(Q_1, Q_2, Q_3, Q_4의 저항)에 걸리게 된다. 따라서 이미터 신호 전류는 그림 12.24에 표시된 것과 같이 흐른다.

$$i_e = \frac{v_i}{4r_e} \tag{12.75}$$

여기서 r_e는 트랜지스터 Q_1~Q_4의 이미터의 저항 성분을 나타낸다. 따라서

$$r_e = \frac{V_T}{I}$$

이다. 그림 12.24에 나타낸 것처럼 네 개의 트랜지스터 Q_1~Q_4는 서로 반대 방향으로 흐르는 상보 전류 신호 αi_e를 부하 회로에 공급한다.

연산 증폭기의 차동 입력 저항은 그림 12.24로부터 다음과 같이 구할 수 있다.

$$R_{id} = 4(\beta_N + 1)r_e \tag{12.76}$$

그림 12.22처럼 입력 회로에 전류 미러 능동 부하가 부하로 연결되어 있다고 가정하면 출력 전류는 다음과 같다.

$$i_o = 2\alpha i_e \tag{12.77}$$

식 (12.75)와 (12.77)을 결합하여 입력단의 트랜스컨덕턴스(transconductance) G_{m1}을 다음과 같이 구할 수 있다.

$$G_{m1} \equiv \frac{i_o}{v_i} = \frac{\alpha}{2r_e} = \frac{1}{2}g_{m1} \tag{12.78}$$

위 식에서 g_{m1}은 Q_1~Q_4의 트랜스컨덕턴스이다.

연습문제

12.20 입력단의 각 트랜지스터는 $I = 9.5\ \mu A$의 전류로 구동되며 $\beta_N = 200$이라는 것을 이용하여 $r_e, g_{m1}, G_{m1}, R_{id}$를 구하라.

[답] 2.63 kΩ; 0.38 mA/V; 0.19 mA/V; 2.1 MΩ

741 입력단 전체의 등가 회로 모델을 만들려면 출력 저항 R_{o1}을 알아야 한다. 이 저항은 그림 12.22 회로의 출력 단자에서 들여다본(looking back) 저항이다. 그러므로 R_{o1}은 Q_4 컬렉터로 들여다본 출력 저항과 전류 미러 능동 부하의 출력 저항의 병렬 저항과 같다. 그런데 Q_3, Q_4의 연결된 베이스 단자가 **가상 접지**(virtual ground) 되어 있다고 가정하면 Q_4 컬렉터로 들여다본 출력 저항을 구하기가 더 쉬워진다. 물론 이 방법은 신호 v_i가 상보 형태로 인가되는 경우에만 사용할 수 있다.

Q_4의 베이스가 가상 접지라고 가정하면 우리가 구하려는 저항은 그림 12.25에 R_{o4}로 표시된 저항이다. 이것은 이미터에 저항(Q_2의 r_e)을 갖고 있는 공통 베이스 트랜지스터의 출력 저항이다. R_{o4}를 구하기 위해 다음 식[식 (7.71)]을 사용한다.

$$R_o = r_o\left[1 + g_m(R_e \| r_\pi)\right] \tag{12.79}$$

이 식에서 $R_e = r_e$이고 $r_o = V_{Ap}/I$이다.

출력 저항의 두 번째 성분은 전류 미러 능동 부하의 출력 쪽에서 들여다본 저항이다. 741에서 이것은 출력 저항을 가진 바이폴라 전류 미러인데 식 (12.79)를 사용하면 결정할 수 있다.

그림 12.26에 입력단에 대해 지금까지 유도한 등가 회로를 나타내었다.

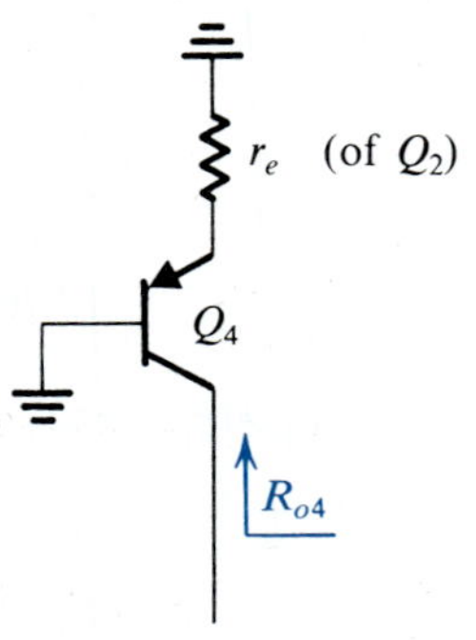

그림 12.25 첫 단의 출력 저항 R_{o4}를 구하기 위해 간략화한 회로.

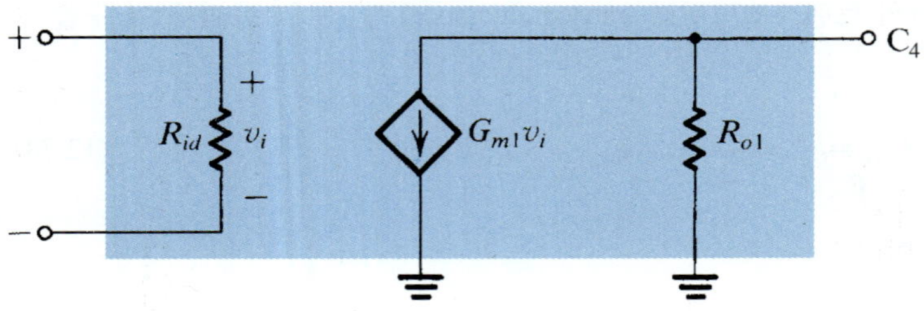

그림 12.26 741 연산 증폭기 입력단의 소신호 등가 회로.

연습문제

12.21 R_{o4}를 구하라. 능동 부하가 출력 저항과 비슷한 값이라고 가정하여 입력단 전체의 출력 저항 R_{o1}을 구하라. $I = 9.5\ \mu A$, $V_{An} = 125\ V$, $V_{Ap} = 50\ V$, $\beta_N = 200$, 그리고 $\beta_P = 50$이라고 가정하라.
[답] 10.5 MΩ; 5.3 MΩ

12.22 연습문제 12.20에서 구한 G_{m1}과 연습문제 12.21에서 구한 R_{o1}을 적용한 그림 12.26의 등가 회로를 사용하여 741의 입력단의 개방 회로 이득을 구하라.
[답] $|A_{vo}| = G_{m1}R_{o1} = 1007\ V/V$

예제 12.5

741 입력단의 CMRR을 구하라. 전류 미러 부하 내부에 부정합 때문에 미러의 전류 전달 비율의 오차가 ϵ_m이어서 비율이 $(1 - \epsilon_m)$이다. 그 외 회로는 모두 평형을 이루고 있다.

풀이

8.5.5절에서 전류 미러 부하를 가진 차동 증폭기의 동상 모드 동작을 해석하였고 CMRR의 공식을 유도하였다. 그러나 741 회로에서는 상황이 상당히 달라지는데 바이어스 전류를 일정하게 만드는 귀환 루프 때문이다. 이 귀환 루프는 다음과 같이 동상 모드 신호에 민감하기 때문에 동상 모드 이득이 작아지게 하고 따라서 CMRR이 커지게 된다. 그래서 이러한 동작을 **동상 모드 귀환**(common-mode feedback)이라고 부른다.

그림 12.27에 741의 입력단을 도시하였는데 두 입력 단자에 동상 모드 신호 v_{icm}이 인가되고 있다. v_{icm}에 의해 그림과 같이 신호 전류 i가 흐른다고 가정하였다. 이 단은 평형을 이루고 있으므로 그림과 같이 양쪽에 크기가 같은 전류 i가 흐른다.

이 해석의 목적은 i와 v_{icm}의 관계식을 구하는 것인데, 우선 동상 모드 입력에 대하여 차동 증폭기의 양쪽에 있는 $Q_{1,3}$, $Q_{2,4}$는 폴로어로 동작하며 Q_3, Q_4의 연결된 베이스 마디에 v_{icm}과 거의 같은 신호를 전달한다는 것을 주목해야 한다. 이제 이 마디 Y에 전류원 Q_6, Q_7의 컬렉터가 연결되어 있으므로 마디 Y와 접지 사이의 총 저항 R_o는 다음과 같이 된다.

$$R_o = R_{o6} \| R_{o7} \tag{12.80}$$

그림 12.27에서 '끌어내어진 저항 R_o'를 사용했으므로 Q_6, Q_7은 이상적인 전류원이 된다. Q_7에 흐르는 전류는 고정되어 있으므로 그림 12.27에서는 Q_7의 전류 증가 크기를 0으로 표시하였다. 반면에 트랜지스터 Q_6는 Q_5에 들어가는 전류와 거의 비슷한 전류 $2i$를 공급한다. 이것이 귀환 전류이다. Q_5는 차동 증폭기의 양쪽에 흐르는 전류의 합을 센싱하므로 귀환 루프는 동상 모드 신호에만 영향을 주고 어떠한 차동

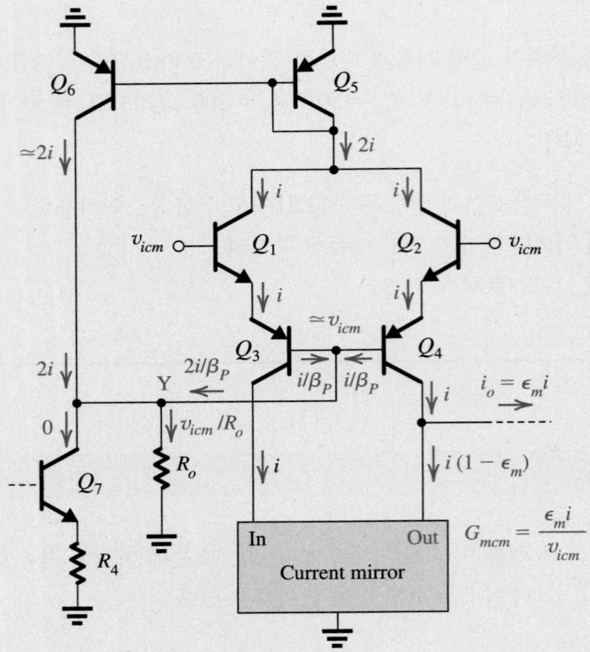

그림 12.27 741 입력단의 동상 모드 이득에 대한 해석. $R_o = R_{o6} \| R_{o7}$은 Q_6, Q_7의 저항 성분인데 이 위치로 '끌어냈으며' 따라서 Q_6, Q_7은 이상적인 전류원이 된다.

신호에도 영향을 주지 않는다.

좀 더 해석하기 위해 Y에서 마디 방정식을 세우면 다음과 같다.

$$2i + \frac{2i}{\beta_P} = \frac{v_{icm}}{R_o} \tag{12.81}$$

$\beta_P \gg 1$라고 가정하면 위 식은 다음과 같이 간단하게 된다.

$$i \simeq \frac{v_{icm}}{2R_o} \tag{12.82}$$

i를 구했으므로 출력 전류 i_o를 구하면 해석은 끝난다. 그림 12.27의 회로를 보면 다음을 알 수 있다.

$$i_o = \epsilon_m i \tag{12.83}$$

그러므로 입력단의 동상 모드 트랜스컨덕턴스는 다음 식과 같고

$$G_{mcm} \equiv \frac{i_o}{v_{icm}} = \frac{\epsilon_m i}{v_{icm}}$$

식 (12.82)의 i를 대입하면 다음과 같이 된다.

$$G_{mcm} = \frac{\epsilon_m}{2R_o} \tag{12.84}$$

마지막으로 식 (12.78)의 차동 트랜스컨덕턴스 G_{m1}과 동상 모드 트랜스컨덕턴스 G_{mcm}의 비율을 구하면 CMRR을 다음과 같이 구할 수 있다.

$$\text{CMRR} \equiv \frac{G_{m1}}{G_{mcm}} = g_{m1}R_o/\epsilon_m \tag{12.85}$$

위 식에서 g_{m1}은 Q_1의 트랜스컨덕턴스이다. 이 식에 식 (12.80)의 R_o를 대입하면 다음 결과를 얻을 수 있다.

$$\text{CMRR} = g_{m1}(R_{o6} \parallel R_{o7})/\epsilon_m \tag{12.86}$$

귀환이 없다면 식 (12.81)에서 $2i$항이 없어질 것이고 i는 $\beta_P(v_{icm}/2R_o)$가 될 것인데 이 값은 귀환이 있을 때의 값의 β_P배 더 크다. 달리 표현하면, 동상 모드 귀환은 i를 작게 만들며 따라서 동상 모드 트랜스컨덕턴스와 동상 모드 이득을 β_P배 작게 만든다. β_P는 루프의 이득이다(연습문제 12.17 참조).

연습문제

12.23 그림 12.27을 참조하고, Q_6, Q_7의 베이스 전압이 거의 변하지 않는다(신호에 대해 접지)라고 가정하라. *npn*에 대해 $V_A = 125$ V, *pnp*에 대해 $V_A = 50$ V를 사용하고 바이어스 전류 $I_{C6,7} = 19$ μA, $R_4 = 5$ kΩ이라고 가정하여 R_{o6}, R_{o7}, R_o를 구하라.

[답] $R_{o6} = 2.63$ MΩ; $R_{o7} = 31.6$ MΩ; $R_o = 2.43$ MΩ

12.24 예제 12.5와 연습문제 12.20, 12.23의 결과를 사용하고 $\epsilon_M = 0.0055$라고 가정하여 741 입력단의 G_{mcm}과 CMRR을 구하라. $\beta_P = 50$이라고 가정하고 만일 동상 모드 귀환이 없다면 CMRR은 얼마로 되겠는가?

[답] $G_{mcm} = 1.13 \times 10^{-6}$ mA/V; CMRR $= 1.68 \times 10^5$ 또는 104.5 dB; 동상 모드 귀환이 없다면 CMRR $= 70.5$ dB

12.3.5 유사 쌍평행(Near Rail-to-Rail) 출력 스윙을 위한 출력단 설계

앞에서 설명한 바와 같이 최신의 저전압 BJT 연산 증폭기에는 그림 12.15의 전통적인 이미터 폴로어를 기본으로 하는 AB급 출력단을 사용할 수 없는데 그 이유는 이미터 폴로어를 기본으로 하는 AB급 출력단은 전원에서 너무 많은 전력을 끌어내 소비하기 때문이다. 그래서 그 대신 그림 12.28처럼 상보적인 공통 이미터 트랜지스터 쌍을 사용한다. 출력 트랜지스터 Q_P와 Q_N은 AB급으로 동작된다. 보통, i_L은 10 mA 또는 그 이상이며

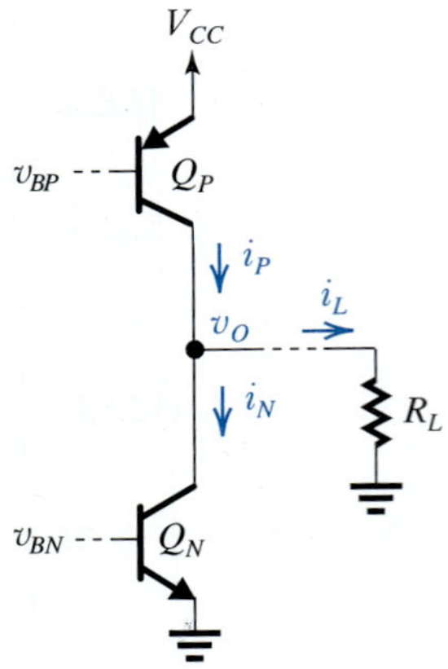

그림 12.28 V_{CC}보다 0.1 V 낮고 접지보다 0.1 V 높은 범위에서 v_O가 스윙하도록, 즉 유사 쌍평행 동작이 이루어지도록 하기 위해 출력단에는 공통 이미터 트랜지스터를 사용한다. 구동 신호인 v_{BP}와 v_{BN}은 분리되어 있으나 동일하다는 것을 주목하라.

v_O와 R_L에 의해 그 크기가 결정된다. $i_L = 0$일 때 $i_P = i_N = I_Q$이며 정지 전류 I_Q는 보통 수백 μA정도이다.

그림 12.28의 출력단은, 분리되어 있으나 크기는 같은 두 개의 신호 v_{BP}와 v_{BN}에 의해 구동된다. v_{BP}와 v_{BN}이 높은 전압이면 그림에 보인 것과 반대 방향으로 Q_N이 전류를 공급하고[8] 출력 전압 v_O는 0.1 V 이하로 스윙할 수 있거나 거의 0 V에 가까울 것이며 Q_P는 비활성 상태로 있을 것이다. 그럼에도 불구하고 크로스오버 왜곡(crossover distortion)을 줄이기 위해 Q_P가 완전히 꺼지지 않도록 강제로 $I_Q/2$의 전류를 흘려준다(잠시 후 설명).

위와 반대의 상황은 v_{BP}와 v_{BN}이 낮을 때 벌어진다: Q_P는 그림의 방향과 같이 i_L을 공급하고 v_O는 $V_{CC} -$ 0.1 V까지 높아진다. 그동안 Q_N은 비활성 상태로 있게 되며 역시 완전히 꺼지지 않도록 강제로 $I_Q/2$의 전류가 흘려진다.

지금까지 설명한 바와 같이 v_O는 $V_{CC} - 0.1$ V까지 스윙할 수 있는데 이러한 쌍평행 근접(0.1 V 때문에 V_{CC}와 비슷) 동작이 바로 이 CE 출력단의 장점이다. 단점은 출력 저항이 비교적 높다는 것인데 이러한 연산 증폭기에는 거의 항상 (−) 귀환 회로가 사용되며 이 폐쇄 회로 출력 저항은 매우 작아질 수 있다.

버퍼/드라이버단 출력 트랜지스터들은 큰 전류(10~15 mA)를 공급해야 할 때가 있다. 이 경우, Q_P와 Q_N의 베이스 전류는 상당히 커질 수 있는데 특히 이 출력 트랜지스터들의 전류 이득이 어느 정도($\beta_P \simeq 10, \beta_N \simeq 40$)의 크기를 갖고 있기 때문이다. 보통 이렇게 큰 전류를 출력단 바로 앞단의 증폭기가 공급할 수는 없으므로 그림 12.29의 버퍼/드라이버단을 많이 사용한다. 이 회로에서 이미터 폴로어 Q_3는 Q_N을 구동하게 된다. 그러나 Q_P를 구동하기에는 β_P가 작으므로 상보적 이미터 폴로어 Q_1과 Q_2로 이루어진 2중 버퍼가 Q_P를 구동한다. 분리되어 있지만 크기는 같은 전압 신호 v_{IP}와 v_{IN}이 드라이버단에 입력되며 이 전압 신호는 연산 증폭기에서 바로 앞의(주로 두 번째) 증폭기단의 출력이다.[9]

---

8) 이렇게 되려면 R_L이 (접지되는 대신) 되돌려서 (+) 전원에 연결되거나 커패시터를 통해 증폭기 출력 단자에 연결되어야 한다.

9) 두 번째 단에서 동일한 두 개의 출력 신호를 만드는 흥미로운 접근 방식은 NE5234에 적용되어 있다(Gray 등의 2009년 자료 참조).

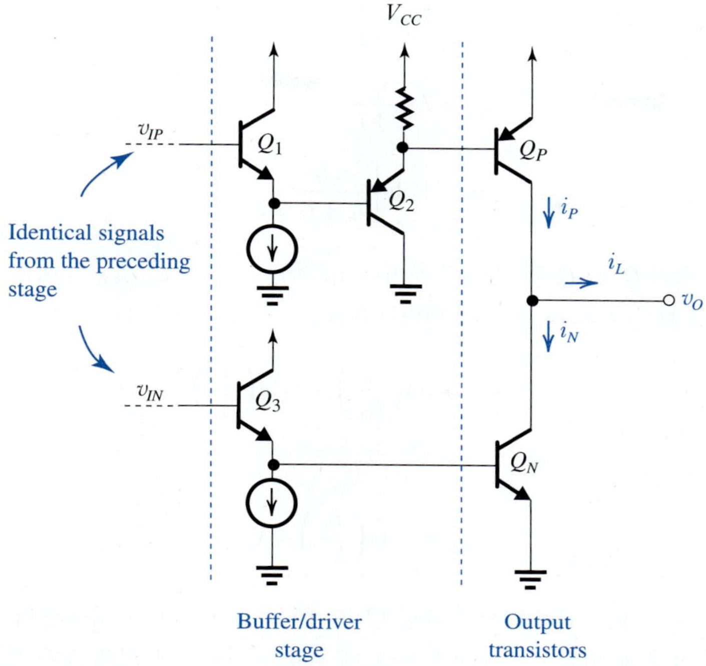

그림 12.29 AB급으로 동작하는 출력단에는 이미터 폴로어 형태의 버퍼/드라이버단이 사용되며 이들은 그 앞단에 대한 부하 효과를 줄이고 Q_P와 Q_N을 구동하는 데 필요한 전류 이득을 제공한다.

연습문제

12.25 (a) 그림 12.29의 회로에 대해 v_{IP}와 v_{IN} 단자의 전류에 대한 출력 전류의 비, 즉 각각의 전류 이득을 β_P와 β_N의 함수로 유도하라.

(b) $i_L = \pm 10$ mA인 경우, 이를 위해 v_{IP}와 v_{IN}이 얼마의 신호 전류를 공급해야 하는가?

[답] (a) $\beta_N \beta_P^2, \beta_N^2$; (b) 2.5 μA, 6.25 μA

I_Q 발생 회로와 비활성 트랜지스터에 최소 전류를 흐르도록 하는 회로 여기서는 Q_P와 Q_N을 구동하는 데 필요한 정지 전류 I_Q를 만드는 회로와 비활성 트랜지스터에 최소 전류 $I_Q/2$가 흐르도록 하는 회로를 다룬다. 그림 12.30에 좀 더 완전한 출력단 회로를 도시했는데 앞에서 다룬 출력 트랜지스터 Q_P–Q_N과 버퍼/드라이버단뿐만 아니라 여기서 설명할 두 가지 회로를 추가하여 도시하였다.

첫 번째 회로는 차동쌍 Q_6–Q_7과 이것에 관련된 Q_4와 Q_5, 그리고 저항 R_4 와 R_5로 이루어진 회로이다. 이 회로는 출력 트랜지스터에 흐르는 전류 i_P와 i_N을 측정하고 i_N/i_P에 비례하여 I가 Q_6와 Q_7에 나뉘어 흐르게 하며 적절한 출력 전압 v_E를 발생시킨다. 특히 다음을 유도(문제 12.69, 12.70)할 수 있는데

$$i_{C6} = I\,\frac{i_N}{i_P + i_N} \tag{12.87}$$

$$i_{C7} = I\,\frac{i_P}{i_P + i_N} \tag{12.88}$$

$$v_E = V_T \ln\left[\frac{i_N i_P}{i_N + i_P}\,\frac{I}{I_{SN} I_{S7}}\right] \tag{12.89}$$

위 식에서 I_{SN}과 I_{S7}은 각각 Q_N과 Q_7의 포화 전류이다. $i_P \gg i_N$인 경우에는 $i_{C6} \simeq 0, i_{C7} \simeq I$라는 것을 고려하면 Q_6는 꺼지고 Q_7으로 모든 전류 I가 흐르게 된다. 이미터 전압 v_E는 다음 식과 같이 되고

$$v_E \simeq V_T \ln\left(\frac{i_N}{I_{SN}}\right) + V_T \ln\left(\frac{I}{I_{S7}}\right)$$

따라서 다음과 같다.

$$v_E = V_T \ln\left(\frac{i_N}{I_{SN}}\right) + V_{EB7} \tag{12.90}$$

위 식은 단순히 $v_E = v_{BEN} = V_{EB7}$임을 말하며 그림 12.30의 회로를 보면 바로 유도된다. 그러나 중요한 사실은 V_{EB7}이 고정되어 있기 때문에, 비활성 트랜지스터 Q_N에 흐르는 전류 i_N에 의해 v_E가 결정된다는 것이다. 위와 정반대의 상황, 즉 $i_N \gg i_P$인 경우에는 $i_{C6} \simeq I, i_{C7} \simeq 0$이라는 것을 고려하면 Q_7은 꺼지고 Q_6로 모든 전류 I가 흐르게 된다. 이때에는 식 (12.89)를 이용하면 다음과 같이 구할 수 있다.

$$v_E = V_T \ln\left(\frac{i_P}{I_{SN}}\right) + V_{EB6} \tag{12.91}$$

마찬가지로, V_{EB6}가 고정되어 있기 때문에, 비활성 트랜지스터 Q_P에 흐르는 전류에 의해 v_E가 결정된다.

두 번째 회로는 차동 증폭기 Q_8–Q_9과 이들의 이미터 디제너레이션 저항 R_8와 R_9으로 이루어진 회로이다. 전류를 측정하는 회로에서 발생시킨 v_E는 차동 증폭기의 한쪽 입력 단자에 인가되고 다른 한쪽 입력 단자에는 v_{REF}가 인가되는데 이 전압은 기준 전류 I_{REF}를 병렬로 연결된 다이오드 결선 트랜지스터 Q_{10}–Q_{11}에 흘려 주어 얻어진다. 이 차동 증폭기는 (−) 귀환(부귀환) 회로에 사용되는데 이 (−) 귀환(부귀환) 회로는 v_E를 사용하여 v_{IP}와 v_{IN} 마디에 흐르는 전류 i_P와 i_N을 조절한다. 이 귀환 조절 회로의 역할은 비활성 트랜지스터에 흐르는 전류를 최솟값으로 고정하는 것이다. 어떻게 이런 역할을 하는가를 이해하기 위해서 $i_P \gg i_N$이고 따라서 Q_N이 비활성인 경우를 고찰해 보자. 이 경우, Q_6는 꺼지고 Q_7으로 모든 전류 I가 흐르며 식 (12.90)의 v_E가 발생된다. 이제 어떤 이유로 인하여 i_N이 원하는 최솟값 이하로 감소하면 v_E도 따라서 낮아지고 i_{C9}도 감소할 것이다. 이렇게 되면 v_{IN}이 높아질 것이고 Q_N의 베이스 전압도 따라서 높아질 것이며 마지막으로 i_N은 원하는 값까지 다시 증가할 것이다.

i_N과 i_P의 관계를 다음과 같이 수식적으로 유도할 수 있다. 차동쌍 Q_8–Q_9에 의해 고정된 귀환 회로의 루프 이득은 충분히 커서 두 입력 단자의 전압은 거의 같아지며 그 전압은 다음과 같다.

$$v_E = V_{\text{REF}} = V_T \ln\frac{I_{\text{REF}}}{I_{S10}} + V_T \ln\frac{I_{\text{REF}}}{I_{S11}}$$

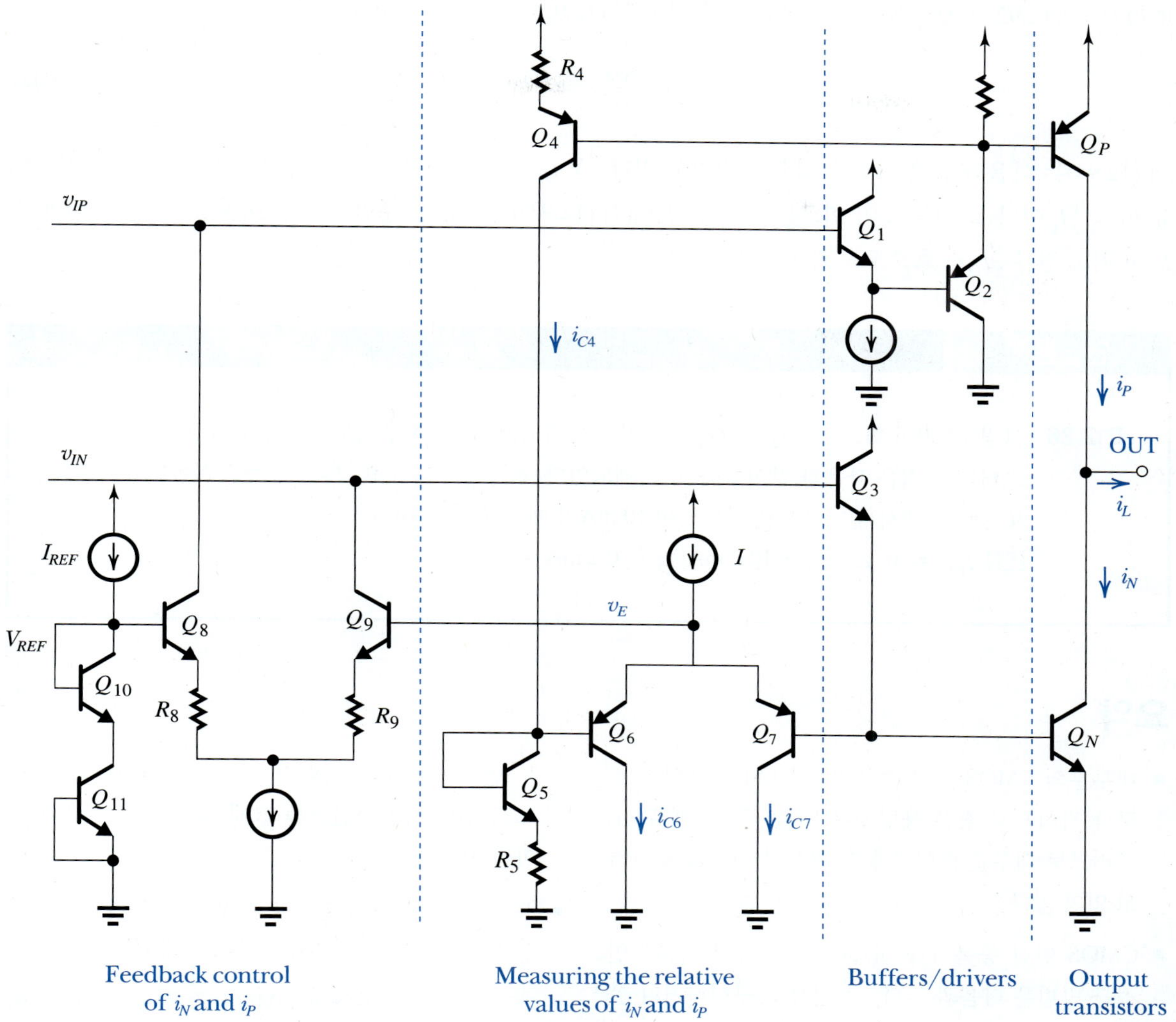

그림 12.30 Q_P와 Q_N을 구동하는 데 필요한 정지 전류를 공급하는 회로를 포함한 더 완전한 회로. 또 이 회로는 비활성 트랜지스터에 최소 전류 $I_Q/2$를 흐르도록 하여 트랜지스터가 꺼지는 것을 방지하며 따라서 크로스오버 왜곡을 최소화한다.

위 식에 식 (12.89)의 v_E를 대입하면 다음 방정식이 된다.

$$\frac{i_N i_P}{i_N + i_P} = \left(\frac{I_{\text{REF}}^2}{I}\right)\left(\frac{I_{SN}}{I_{S10}}\right)\left(\frac{I_{S7}}{I_{S11}}\right) \tag{12.92}$$

위 식의 오른쪽 항은 상수임을 주목하라. 정지점에서는 $i_N = i_P = I_Q$이므로 식 (12.92)는 다음과 같이 된다.

$$I_Q = 2\left(\frac{I_{\text{REF}}^2}{I}\right)\left(\frac{I_{SN}}{I_{S10}}\right)\left(\frac{I_{S7}}{I_{S11}}\right) \tag{12.93}$$

따라서 식 (12.92)의 오른쪽 상수항은 $I_Q/2$가 되어 식 (12.92)는 다음과 같이 된다.

$$\frac{i_N i_P}{i_N + i_P} = \frac{1}{2} I_Q \tag{12.94}$$

식 (12.94)는 다음과 같은 사실을 명확히 말하고 있다. 즉, $i_N \gg i_P$인 경우에는 $i_P \simeq \frac{1}{2}I_Q$이며 $i_P \gg i_N$인 경우에는 $i_N \simeq \frac{1}{2}I_Q$이다. 그러므로 이 회로는 정지 전류 I_Q[식 (12.93)]를 확립할 뿐만 아니라 비활성 트랜지스터에 반드시 최소 전류 $\frac{1}{2}I_Q$가 흐르도록 작동한다.

연습문제

D12.26 그림 12.30의 회로에서 Q_P와 Q_N의 정지 전류가 $I_Q = 0.4$ mA가 되도록 I_{REF}를 결정하라. 트랜지스터의 면적은 다음과 같이 되도록 설계되었다. 즉, $I_{SN}/I_{S10} = 10, I_{S7}/I_{S11} = 2$. $I = 10$ μA이다. 또 증폭기에서 흘러나가는 전류 i_L이 10 mA일 때 i_P, i_N을 구하라.
[답] $I_{REF} = 10$ μA; $i_P \simeq 10.2$ mA; $i_N \simeq 0.2$ mA

요약

- 대부분의 CMOS 연산 증폭기는 VLSI 회로의 일부로 동작하므로 작은 용량성 부하를 구동하게 된다. 그러므로 대부분 출력 저항이 작은 출력단을 포함하고 있지 않다.
- CMOS 연산 증폭기를 설계하는 두 가지 기본적인 접근 방법은 다음과 같다: 두 단으로 구성하거나 폴디드 캐스코드 회로를 채택한 1단 구성.
- 2단 CMOS 연산 증폭기의 각 단의 이득은 거의 같게 구현한다.
- 입력단의 작은 트랜스컨덕턴스와 부정합 때문에 CMOS 연산 증폭기의 입력 오프셋 전압이 바이폴라 연산 증폭기의 입력 오프셋 전압보다 크게 된다.
- 2단 CMOS 연산 증폭기에는 밀러 보상 기법이 사용되고 있는데 상대적으로 작은 커패시터를 사용하여 우성 극점이 아주 낮은 주파수에 있게 한다. 전달 함수의 영점을 음의 실수축에 위치시켜 위상 여유를 크게 하기 위해서는 직렬 저항이 필요하다.
- 2단 연산 증폭기의 출력 커패시턴스는 부하와 함께 두 번째의 비우성 극점의 주파수를 결정한다. 그러므로 부하 커패시턴스를 크게 하면 위상 여유가 작아진다.
- 2단 연산 증폭기의 슬루율은 첫 번째 단의 바이어스 전류와 주파수 보상 커패시터에 의해 결정된다.
- 캐스코드로 구현하면 CMOS 증폭기단의 이득이 100배 정도 커지고 따라서 1단으로 연산 증폭기를 구현할 수 있다.
- 폴디드 캐스코드 연산 증폭기의 우성 극점은 출력 마디의 총 커패시턴스 C_L에 의해 결정된다. C_L을 크게 하면 위상 여유분이 개선되지만 대역폭이 좁아진다.
- 두 개의 상보적인 입력 차동쌍을 병렬로 사용하면 동상 모드 입력 범위가 전원 전압 전체로 확장되며 이것을 입력의 쌍평행 동작(rail-to-rail operation)이라 한다.
- 캐스코드 미러를 광폭 스윙 전류 미러로 대체하면 폴디드 캐스코드 연산 증폭기의 출력 전압 스윙이 커진다.

- 동상 모드 쌍평행 입력 범위는 BJT 연산 증폭기에서는 입력 차동쌍에 (전류 미러 부하 대신에) 저항 부하를 쓰면 얻을 수 있고 병렬로 두 개의 상보적 차동 증폭기를 사용하면 얻을 수 있다.
- 입력단의 이득을 저항성 부하로 얻은 값보다 크게 하려면 폴디드 캐스코드 형태를 사용하면 된다.
- 직류 바이어스 전압을 차동 캐스코드단의 출력에 맞도록 조절하여 항상 활성 영역에서 동작하도록 하기 위해서 동상 모드 귀환이 사용된다.
- 낮은 입력 오프셋 전압과 전류, 그리고 높은 CMRR을 얻기 위해 741 입력단은 완벽하게 평형을 이루도록 설계되어 있다. CMRR은 동상 모드 귀환을 채용하여 증가시킬 수 있고 이것은 직류 동작점을 안정시킨다.
- 높은 입력 저항과 낮은 입력 바이어스 전류를 구현하기 위해 741의 입력단은 매우 낮은 전류 레벨에서 동작한다.
- 저전압 BJT 연산 증폭기의 출력단에는 공통 이미터 트랜지스터들이 상보쌍으로 사용된다. 이렇게 하면 v_O가 V_{CC}보다 0.1 V 낮고 접지보다 0.1 V 높은 범위에서 스윙하게 된다. 단점은 개방 회로 출력 저항이 커진다는 것인데 이 단점은 연산 증폭기에 부귀환 회로를 사용하면 상당히 해결된다.
- 최신 연산 증폭기들의 출력단은 AB급으로 동작하며 교묘한 귀환 회로들이 사용되고 있는데 그 목적은 정지 전류를 결정하고 출력 트랜지스터들이 비활성 영역으로 들어가 차단되는 것을 방지하는 것인데 결과적으로 신호의 부호가 바뀌는 순간에 발생할지도 모르는 신호 왜곡을 피할 수 있다.

PROBLEMS

Computer Simulation Problems

SIM Problems identified by this icon are intended to demonstrate the value of using SPICE simulation to verify hand analysis and design, and to investigate important issues such as allowable signal swing and amplifier nonlinear distortion. Instructions to assist in setting up simulations for all the indicated problems can be found in the corresponding files on the website. Note that if a particular parameter value is not specified in the problem statement, you are to make a reasonable assumption.

Section 12.1: The Two-Stage CMOS Op Amp

12.1 A particular design of the two-stage CMOS operational amplifier of Fig. 12.1 utilizes ±1.5-V power supplies. All transistors are operated at overdrive voltages of 0.2-V magnitude. The process technology provides devices with $V_{tn} = |V_{tp}| = 0.4$ V. Find the input common-mode range and the range allowed for v_O.

12.2 The CMOS op amp of Fig. 12.1 is fabricated in a process for which $V'_{An} = 25$ V/μm and $|V'_{Ap}| = 20$ V/μm. Find A_1, A_2, and A_v if all devices are 0.3 μm long, Q_1 and Q_2 are operated at overdrive voltages of 0.15-V magnitude, and Q_6 is operated at $V_{OV} = 0.2$ V. Also, determine the op-amp output resistance obtained when the second stage is biased at 0.3 mA. What do you expect the output resistance of a unity-gain voltage amplifier to be, using this op amp?

D 12.3 The CMOS op amp of Fig. 12.1 is fabricated in a process for which $|V'_A|$ for all devices is 20 V/μm. If all transistors have $L = 0.3$ μm and are operated at equal overdrive voltages, find the magnitude of the overdrive voltage required to obtain a dc open-loop gain of 1600 V/V.

problems with green numbers are considered essential; * = difficult problem; ** = more difficult; *** = very challenging
SIM = simulation; **D** = design problem;

12.4 Consider the circuit in Fig. 12.1 with the device geometries shown at the bottom of this page. Let $I_{REF} = 40\ \mu A$, $|V_t|$ for all devices $= 0.45$ V, $\mu_n C_{ox} = 270\ \mu A/V^2$, $\mu_p C_{ox} = 70\ \mu A/V^2$, $|V_A|$ for all devices $= 15$ V, $V_{DD} = V_{SS} = 1$ V. Determine the width of Q_6, W, that will ensure that the op amp will not have a systematic offset voltage. Then, for all devices, evaluate I_D, $|V_{OV}|$, $|V_{GS}|$, g_m, and r_o. Provide your results in a table. Also find A_1, A_2, the dc open-loop voltage gain, the input common-mode range, and the output voltage range. Neglect the effect of V_A on the bias currents.

12.5 A two-stage CMOS op amp has $G_{m1} = 0.8$ mA/V, $G_{m2} = 2.4$ mA/V, $C_1 = 0.1$ pF, and $C_2 = 1.2$ pF. Find the value of C_C that will provide a unity-gain frequency of 120 MHz. Also, determine the values of f_{P2} and f_Z.

12.6 For the CMOS amplifier in Fig. 12.1, whose equivalent circuit is shown in Fig. 12.2, let $G_{m1} = 1$ mA/V, $R_1 = 100$ kΩ, $C_1 = 0.1$ pF, $G_{m2} = 2$ mA/V, $R_2 = 50$ kΩ, and $C_2 = 2$ pF.

(a) Find the dc gain.
(b) Without C_C connected, find the frequencies of the two poles in radians per second and sketch a Bode plot for the gain magnitude.
(c) With C_C connected, find ω_{P2}. Then find the value of C_C that will result in a unity-gain frequency ω_t at least two octaves below ω_{P2}. For this value of C_C, find ω_{P1} and ω_Z and sketch a Bode plot for the gain magnitude.

12.7 A particular design of the two-stage CMOS op amp of Fig. 12.1 has $G_{m1} = 1$ mA/V and $G_{m2} = 2$ mA/V. The total capacitance at the output node is 1 pF. While utilizing a Miller compensation capacitor C_C without a series resistance R, the amplifier is made to have a uniform −20-dB/decade gain rolloff with a unity-gain frequency f_t of 100 MHz.

(a) What must the value of C_C be?
(b) What do you estimate the frequencies of the poles, f_{P1} and f_{P2}, and of the right-half-plane zero, f_Z, to be?
(c) What is the phase margin obtained?
(d) To increase the phase margin, a resistance R is connected in series with C_C. What is the value of R that results in $f_Z = \infty$, and what is the resulting phase margin?
(e) If R is increased further, until it moves the zero into the left half-plane and thus turns the phase it introduces into phase lead, what value of R is needed to obtain a phase margin of 85°?

12.8 An op amp with $f_t = 1$ MHz has a phase margin of 80°. If the excess phase shift is due to a second single pole, what is the frequency of this pole?

D *12.9 For a modified 741 whose second pole is at 5 MHz, what dominant-pole frequency is required for 85° phase margin with a closed-loop gain of 100? Assuming C_C continues to control the dominant pole, what value of C_C would be required?

D 12.10 A two-stage CMOS op amp similar to that in Fig. 12.1 is found to have a capacitance between the output node and ground of 0.7 pF. If it is desired to have a unity-gain bandwidth f_t of 100 MHz with a phase margin of 72° what must g_{m6} be set to? Assume that a resistance R is connected in series with the frequency-compensation capacitor C_C and adjusted to place the transmission zero at infinity. What value should R have? If the first stage is operated at $|V_{OV}| = 0.15$ V, what is the value of slew rate obtained? If the first-stage bias current $I = 100\ \mu A$, what is the required value of C_C?

D 12.11 A CMOS op amp with the topology shown in Fig. 12.1 is designed to provide $G_{m1} = 1$ mA/V and $G_{m2} = 5$ mA.

(a) Find the value of C_C that results in $f_t = 80$ MHz.
(b) What is the maximum value that C_2 can have while achieving a 70° phase margin?

D 12.12 A CMOS op amp with the topology shown in Fig. 12.1 but with a resistance R included in series with C_C is designed to provide $G_{m1} = 0.8$ mA/V and $G_{m2} = 2$ mA/V.

Transistor	Q_1	Q_2	Q_3	Q_4	Q_5	Q_6	Q_7	Q_8
W/L (μm/μm)	36/0.3	36/0.3	6/0.3	6/0.3	30/0.3	W/0.3	45/0.3	6/0.3

problems with green numbers are considered essential; * = difficult problem; ** = more difficult; *** = very challenging
SIM = simulation; **D** = design problem;

(a) Find the value of C_C that results in $f_t = 100$ MHz.
(b) For $R = 500\,\Omega$, what is the maximum allowed value of C_2 for which a phase margin of at least 60° is obtained in a unity-gain configuration?

D 12.13 Design the two-stage CMOS op amp in Fig. 12.1 to provide a CMRR of about 72 dB. If all the transistors are operated at equal overdrive voltages of 0.15 V and have equal channel lengths, find the minimum required channel length. For this technology, $|V_A'| = 15$ V/μm. What is the dc gain realized?

12.14 A CMOS op amp with the topology in Fig. 12.1 has $g_{m1} = g_{m2} = 1$ mA/V, $g_{m6} = 3$ mA/V, the total capacitance between node D_2 and ground is 0.2 pF, and the total capacitance between the output node and ground is 3 pF. Find the value of C_C that results in $f_t = 50$ MHz, and verify that f_t is lower than f_Z and f_{P2}.

12.15 A two-stage CMOS op amp modeled by Fig. 12.2 is internally compensated for 70° phase margin at a unity-gain frequency $f_t = 150$ MHz with $C_C = 0.8$ pF and $C_2 = 0.5$ pF. If an additional load capacitance of 2 pF is added to the output in parallel with C_2, what value of additional external compensation capacitance must be added in parallel with C_C to maintain the same phase margin? What is the resulting unity-gain frequency?

D 12.16 A particular implementation of the CMOS amplifier of Figs. 12.1 and 12.2 provides $G_{m1} = 0.3$ mA/V, $G_{m2} = 0.6$ mA/V, $r_{o2} = r_{o4} = 222\text{ k}\Omega$, $r_{o6} = r_{o7} = 111\text{ k}\Omega$, and $C_2 = 1$ pF.

(a) Find the dc gain.
(b) Find the frequency of the second pole, f_{P2}.
(c) Find the value of the resistance R that, when placed in series with C_C, causes the transmission zero to be located at $s = \infty$.
(d) With R in place, as in (c), find the value of C_C that results in the highest possible value of f_t while providing a phase margin of 80° in a unity-gain configuration. What value of f_t is realized? What is the corresponding frequency of the dominant pole?
(e) To what value should C_C be changed to double the value of f_t? At the new value of f_t, what is the phase shift introduced by the second pole? To reduce this excess phase shift to 10° and thus obtain an 80° phase margin, as before, what value should R be changed to?

12.17 A two-stage CMOS op amp has each of its first-stage transistors Q_1 and Q_2 operating at an overdrive voltage of 0.2 V. The op amp has a uniform −20-dB/decade frequency response with a unity-gain frequency of 100 MHz. What do you expect the slew rate of this amplifier to be? If each of Q_1 and Q_2 is biased at 50 μA, what must the value of C_C be?

12.18 An op amp with $f_t = 1$ MHz has a phase margin of 80°. If the op amp has nearly coincident second and third poles, what is their frequency?

12.19 An internally compensated op amp having an f_t of 5 MHz and dc gain of 10^6 utilizes Miller compensation around an inverting amplifier stage with a gain of −1000. If space exists for at most a 50-pF capacitor, what resistance level must be reached at the input of the Miller amplifier for compensation to be possible?

12.20 Consider the integrator op-amp model shown in Fig. 12.3. For $G_{m1} = 2$ mA/V, $C_C = 100$ pF, and a resistance of $2 \times 10^7\ \Omega$ shunting C_C, sketch and label a Bode plot for the magnitude of the open-loop gain. If G_{m1} is related to the first-stage bias current as $G_{m1} = I/2V_T$, find the slew rate of this op amp.

12.21 For an amplifier with a slew rate of 10 V/μs, what is the full-power bandwidth for outputs of ±10 V? What unity-gain bandwidth, ω_t, would you expect if the topology was similar to that of the 741?

12.22 Recall that when an amplifier having a dominant pole at ω_{P1} and gain A_0 is used in a feedback amplifier with feedback factor β, the bandwidth of the closed-loop amplifier is $\omega_{P1}(1 + A_0\beta)$. When an op amp having a uniform −20-dB/decade frequency response with unity-gain frequency f_t is used in a noninverting configuration with a dc gain ideally $1/\beta$, show that the bandwidth of the closed-loop amplifier is approximately βf_t.

12.23 A two-stage CMOS op amp resembling that in Fig. 12.1 is found to have a slew rate of 60 V/μs and a unity-gain bandwidth f_t of 60 MHz.

(a) Estimate the value of the overdrive voltage at which the input-stage transistors are operating.
(b) If the first-stage bias current $I = 120$ μA, what value of C_C must be used?
(c) For a process for which $\mu_p C_{ox} = 60\ \mu\text{A/V}^2$, what W/L ratio applies for Q_1 and Q_2?

D 12.24 Sketch the circuit of a two-stage CMOS amplifier having the structure of Fig. 12.1 but utilizing NMOS transistors in the input stage (i.e., Q_1 and, Q_2).

D 12.25 (a) Show that the PSRR$^-$ of a CMOS two-stage op amp for which all transistors have the same channel length and are operated at equal $|V_{OV}|$ is given by

$$\text{PSRR}^- = 2\left|\frac{V_A}{V_{OV}}\right|^2$$

(b) For $|V_{OV}| = 0.15$ V, what is the minimum channel length required to obtain a PSRR$^-$ of 72 dB? For the technology available, $|V_A'| = 15$ V/μm.

Section 12.2: The Folded-Cascode CMOS Op Amp

D 12.26 The op-amp circuit of Fig. 12.9 is operated from ±1-V power supplies. If the power dissipated in the circuit is to be limited to 1 mW, find the maximum value of I_B allowed. If this value is used, and each of Q_1 and Q_2 is to be biased at a current four times that used for each of Q_3 and Q_4, find the value of I, $I_{D1,2}$, and $I_{D3,4}$.

D 12.27 For the folded-cascode op amp in Fig. 12.10 utilizing power supplies of ±1 V, find the values of V_{BIAS1}, V_{BIAS2}, and V_{BIAS3} to maximize the allowable range of V_{ICM} and v_O. Assume that all transistors are operated at equal overdrive voltages of 0.15 V. Assume $|V_t|$ for all devices is 0.4 V. Specify the maximum range of V_{ICM} and of v_O.

D 12.28 For the folded-cascode op-amp circuit of Figs. 12.9 and 12.10 with bias currents $I = 400$ μA and $I_B = 250$ μA, and with all transistors operated at overdrive voltages of 0.2 V, find the W/L ratios for all devices. Assume that the technology available is characterized by $k_n' = 400$ μA/V^2 and $k_p' = 100$ μA/V^2.

12.29 For the circuit in Fig. 12.12, assume that all transistors are operating at equal overdrive voltages of 0.15-V magnitude and have $|V_t| = 0.45$ V and that $V_{DD} = V_{SS} = 1$ V. Find (a) the range over which the NMOS input stage operates, (b) the range over which the PMOS input stage operates, (c) the range over which both operate (the overlap range), and (d) the input common-mode range. Assume that all current sources require a minimum voltage of $|V_{OV}|$ to operate properly.

12.30 Consider a design of the cascode op amp of Fig. 12.10 for which $I = 400$ μA and $I_B = 250$ μA. Assume that all transistors are operated at $|V_{OV}| = 0.2$ V and that for all devices, $|V_A| = 10$ V. Find G_m, R_o, and A_v. Also, if the op amp is connected in the feedback configuration shown in Fig. P12.30, find the voltage gain and output resistance of the closed-loop amplifier.

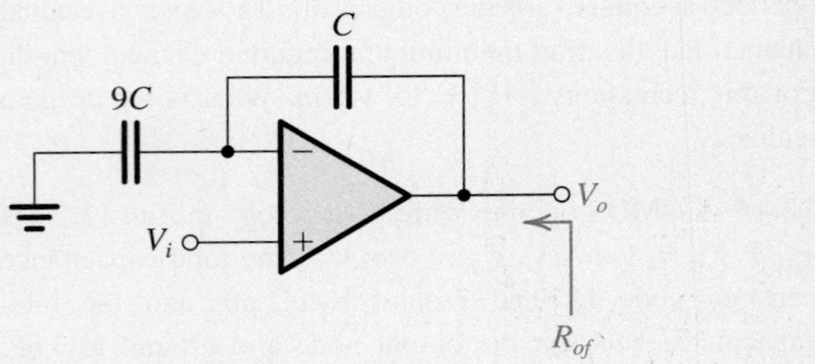

Figure P12.30

D 12.31 Consider the folded-cascode op amp of Fig. 12.9 when loaded with a 10-pF capacitance. What should the bias current I_B be to obtain a slew rate of at least 10 V/μs? If the input-stage transistors are biased at a current three times that at which each of Q_3 and Q_4 is biased, find the value of I. If the input-stage transistors are operated at overdrive voltages of 0.15 V, what is the unity-gain bandwidth realized? If the two nondominant poles have the same frequency of 50 MHz, what is the phase margin obtained in a unity-gain configuration? If it is required to have a phase margin of 75°, what must f_t be reduced to? By what amount should C_L be increased? What is the new value of SR?

12.32 For a particular design of the folded-cascode op amp in Fig. 12.9, $I < I_B$. What slew rate is obtained?

12.33 A folded-cascode amplifier is connected to its capacitive load C_L through a series resistor R_S as shown in Fig. P12.33. Find the frequency responses V_o/V_{id} and V_f/V_{id}. Show that V_f/V_{id} has a zero at $f_z = 1/2\pi R_S C_L$. How may this technique be used in frequency compensation?

D *12.34 Design the folded-cascode circuit of Fig. 12.10 to provide voltage gain of 80 dB and a unity-gain frequency of 20 MHz when $C_L = 10$ pF. Design for $I_B = I$, and operate all devices at the same $|V_{OV}|$. Utilize transistors with 1-μm channel length for which $|V_A|$ is specified to be 12 V. Find the required overdrive voltages and bias currents. What slew

problems with green numbers are considered essential; * = difficult problem; ** = more difficult; *** = very challenging
SIM = simulation; D = design problem;

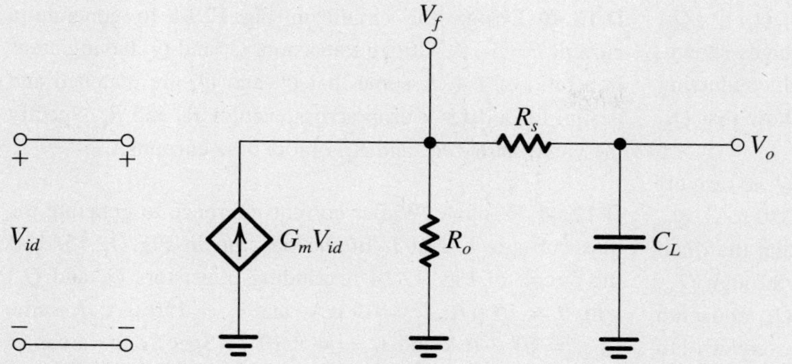

Figure P12.33

rate is achieved? Also, for $k_n' = 2.5k_p' = 400\ \mu\text{A/V}^2$, specify the required width of each of the 11 transistors used.

D 12.35 Sketch the circuit that is complementary to that in Fig. 12.10, that is, one that uses an input *p*-channel differential pair.

****12.36** This problem presents a very interesting addition to the folded-cascode op-amp circuit of Fig. 12.10, designed to deal with the situation during amplifier slewing. In particular, the additional circuitry does two things: It prevents Q_1 and Q_{11} from going into the triode region, and it increases the current available to charge C_L and thus increases the slew rate. The circuit is shown in Fig. P12.36 (with the current-mirror circuit omitted, for simplicity). Observe that three transistors are added: Q_{14}, which is biased by a constant-current source (20 μA), establishes the dc currents in Q_9 and Q_{10}. Assume with respect to Q_9 and Q_{10} that each has a *W*/*L* ratio 10 times that of Q_{14}. The other two additional transistors are Q_{12} and Q_{13}, which are diode connected and are normally cut off.

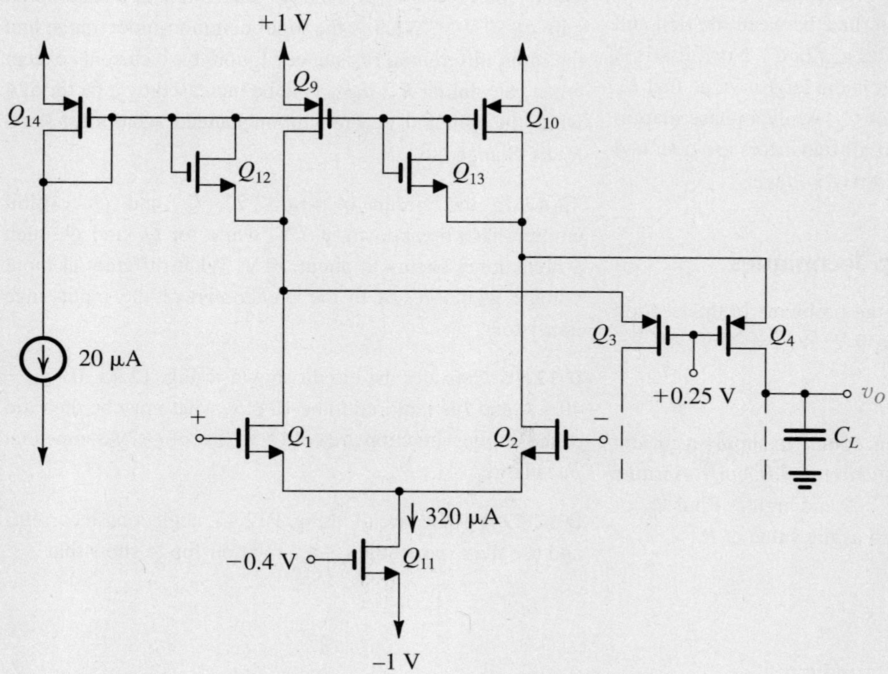

Figure P12.36

(a) For $V_{id} = 0$, find the bias current in each of Q_1, Q_2, Q_3, Q_4, Q_{14}, Q_9, and Q_{10}. Also, for the dc voltages shown, and assuming $V_{tn} = |V_{tp}| = 0.45$ V and that all conducting devices are operating at $|V_{OV}| = 0.15$ V, show that Q_{12} and Q_{13} will be cut off.

(b) For an input differential signal that causes Q_2 to turn off and Q_1 to conduct the entire bias current (320 μA), Q_{12} turns on (while Q_{13} remains off). Noting that the drain current of Q_{12} adds to the 20 μA flowing through Q_{14}, find the current that now flows through Q_{10} and onto C_L. By what factor does the slew rate increase relative to the value without Q_{12} present? Also give an approximate estimate of the voltage at the drain of Q_1 during the slewing transient.

12.37 A particular design of the wide-swing current mirror of Fig. 12.13(b) utilizes devices having $W/L = 20$, $k_n' = 400\ \mu A/V^2$, and $V_t = 0.45$ V. For $I_{REF} = 90\ \mu A$, what value of V_{BIAS} is needed? Also give the voltages that you expect to appear at all nodes and specify the minimum voltage allowable at the output terminal. If V_A is specified to be 10 V, what is the output resistance of the mirror?

D 12.38 For the folded-cascode circuit of Fig. 12.9, let the total capacitance to ground at each of the source nodes of Q_3 and Q_4 be denoted C_P. Assuming that the incremental resistance between the drain of Q_3 and ground is small, show that the pole that arises at the interface between the first and second stages has a frequency $f_P \simeq g_{m3}/2\pi C_P$. Now, if this is the only nondominant pole, what is the largest value that C_P can be (expressed as a fraction of C_L) while a phase margin of 80° is achieved? Assume that all transistors are operated at the same bias current and overdrive voltage.

Section 12.3: BJT Op-Amp Techniques

Unless otherwise specified, for the problems in this section assume $\beta_N = 40$, $\beta_P = 10$, $V_{An} = 30$ V, $|V_{Ap}| = 20$ V, $|V_{BE}| = 0.7$ V, and $|V_{CEsat}| = 0.1$ V.

D 12.39 Design a Widlar current source to supply a current of 10 μA given a reference input current of 0.3 mA. Assume that the transistors have $I_S = 10^{-14}$ A and high β. Find V_{BE} of each of the two transistors as well as the value of R.

D 12.40 Design the circuit in Fig. 12.14 to generate a current $I = 5\ \mu A$. Utilize transistors Q_1 and Q_2 having areas in a ratio of 1:4. Assume that Q_3 and Q_4 are matched and design for a 0.15-V drop across each of R_3 and R_4. Specify the values of R_2, R_3, and R_4. Ignore base currents.

D 12.41 Design a Widlar current reference to generate the bias currents I_1 and I_2 of the op amp in Fig. 12.15. Use the circuit of Fig. 12.14 (excluding transistors Q_5 and Q_6) with $I = 15\ \mu A$, $I_7 = 45\ \mu A$, and $I_8 = 150\ \mu A$. Assume $I_{S1,3,4} = 10^{-15}\ \mu A$ and $I_{S2} = 4 \times 10^{-15}$. Specify the areas of Q_7 and Q_8 in terms of the area of Q_3 and all resistor values. Design for a voltage drop of 0.1 V across R_3 and R_4.

12.42 For the op-amp circuit in Fig. 12.15, assume that $V_{CC} = 5$ V, $|V_{BE}| = 0.6$ V for all transistors, and $R_2 = 300\ \Omega$. Also assume that the current source $I_2 = 200\ \mu A$ requires a voltage drop of at least 0.3 V to operate properly. Find the resulting limits on the output swing.

12.43 For the circuit in Fig. 12.16, let $V_{CC} = 3$ V, $V_{BIAS} = 2.3$ V, $I = 20\ \mu A$, and $R_C = 35\ k\Omega$. Find the input common-mode range and the differential voltage gain v_o/v_{id}. Neglect base currents.

D 12.44 For the circuit in Fig. 12.17, let $V_{CC} = 3$ V, $V_{BIAS} = 0.7$ V, and $I_{C6} = 40\ \mu A$. Find R_C that results in a differential gain of 10 V/V. What is the input common-mode range and the input differential resistance? Ignore base currents except when calculating R_{id}. If R_{id} is to be increased by a factor of 4 while the gain and V_{ICM} remain unchanged, what must I and R_C be changed to?

12.45 In the circuit of Fig. 12.22, Q_1 and Q_2 exhibit emitter–base breakdown at 7 V, while for Q_3 and Q_4 such a breakdown occurs at about 50 V. What differential input voltage would result in the breakdown of the input-stage transistors?

D 12.46 Consider the circuit shown in Fig. 12.23. If $I_{REF} = 40\ \mu A$ and I is required to be 10 μA, what must be the ratio of the emitter–junction area of Q_6 to that of Q_5? Assume that β_P is large.

D 12.47 For the circuit in Fig. P12.47, neglect base currents and use the exponential i_C–v_{BE} relationship to show that

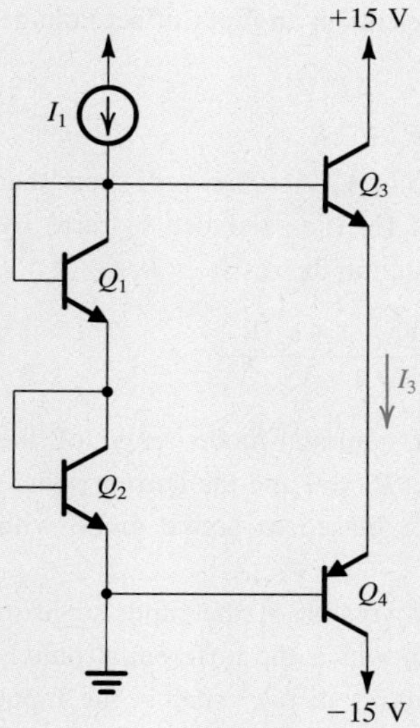

Figure P12.47

$$I_3 = I_1\sqrt{\frac{I_{S3}I_{S4}}{I_{S1}I_{S2}}}$$

Find I_1 for the case in which $I_{S3} = I_{S4} = 3 \times 10^{-14}$ A, $I_{S1} = I_{S2} = 10^{-14}$ A, and a bias current $I_3 = 150$ μA is required.

D *12.48 An alternative approach to providing the voltage drop needed to bias the output transistors is the V_{BE}–multiplier circuit shown in Fig. P12.48. Design the circuit to provide a terminal voltage of 1.118 V (the same as in the 741 circuit). Base your design on half the current flowing through R_1, and assume that $I_S = 10^{-14}$ A and $\beta = 200$. What is the incremental resistance between the two terminals of the V_{BE}–multiplier circuit?

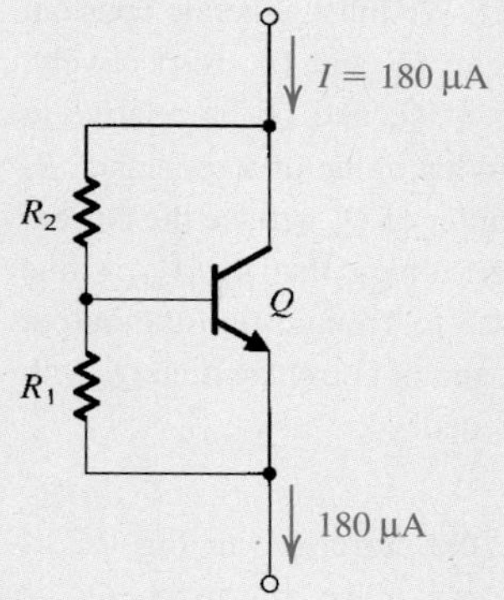

Figure P12.48

SIM D 12.49 Figure P12.49 shows a circuit suitable for op-amp applications. For all transistors $\beta = 100$, $V_{BE} = 0.7$ V, and $r_o = \infty$.

(a) For inputs grounded and output held at 0 V (by negative feedback) find the collector currents of all transistors. Neglect base currents.

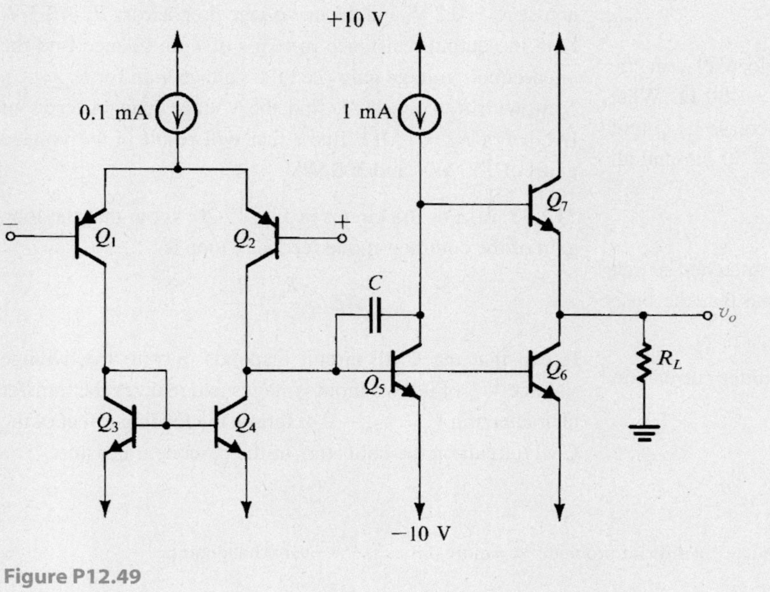

Figure P12.49

(b) Calculate the input resistance.
(c) Calculate the gain of the amplifier with a load of 5 kΩ.
(d) With load as in (c) calculate the value of the capacitor C required for a 3-dB frequency of 100 Hz.

D 12.50 Consider the circuit of Fig. 12.14 for the case designed in Exercise 12.14, namely, $I = 10\ \mu A$, $I_{S2}/I_{S1} = 2$, $R_2 = 1.73$ kΩ, $R_3 = R_4 = 20$ kΩ. We must generate constant currents of 10 μA and 40 μA in Q_5 and Q_6, respectively. What should the emitter areas of Q_5 and Q_6 be relative to that of Q_1 with $R_5 = R_6 = 0$? What value of a resistance R_6 will, when connected in the emitter of Q_6, reduce the current generated by Q_6 to 10 μA? Assuming that the V_{BIAS1} line has a low incremental resistance to ground, find the output resistance of current source Q_5 and of current source Q_6 with R_6 connected. Ignore base currents.

D 12.51 It is required to use the current I_5 in Fig. 12.14 to bias an *npn* differential pair. The transistor Q_5 is identical to Q_2 and R_5 is equal to R_2. The differential pair has two equal collector resistances R_C connected to V_{CC}, and the output voltage v_o is taken between the two collectors.

(a) Find an expression for the differential gain A_d in terms of (R_C/R_5) and (I_{S5}/I_{S1}). Comment on the expected temperature dependence of A_d. Neglect the effect of finite β_N.
(b) Specify the values of R_5 and R_C required for $I = 20\ \mu A$ and $A_d = 10$ V/V. Let the emitter areas of Q_1 and Q_5 be in the ratio 1:4.

12.52 Consider the current-mirror active load $Q_{3,4}$ in the two-stage op amp of Fig. 12.15 with $R_1 = 400\ \Omega$. What value must R_1 be increased to in order to increase its output resistance by a factor of 2? Assume that $I_1 = 50\ \mu A$ and all transistors have $\beta = 200$ and $V_A = 125$ V.

***12.53** The resistors R_1 in Fig. 12.15 are mismatched so that one has a value $R_1 + \Delta R_1$. You may assume that the base currents are negligible.

(a) Show that this results in mismatched emitter currents in Q_1 and Q_2,

$$\frac{\Delta I_E}{I_E} = \frac{\Delta R_1}{R_1 + \Delta R_1 + r_e}$$

(b) Show that this, in turn, results in an input offset voltage of

$$V_{OS} = \frac{\Delta R_1 V_T}{R_1 + \Delta R_1 + r_e}$$

(c) If an input offset voltage of V_{OS} is observed, show that this can be compensated for (i.e., reduced to zero) by creating a relative mismatch in the resistors R_1,

$$\frac{\Delta R_1}{R_1} = \frac{V_{OS}}{V_T}\frac{1 + r_e/R_1}{1 - V_{OS}/V_T}$$

D 12.54 (a) Find the input common-mode range of the circuit in Fig. 12.15 assuming $R_1 = 0$ and the current source I_1 is simply a *pnp* transistor biased in active mode with $V_{CC} = 3$ V.
(b) Give the complementary version of the input stage in Fig. 12.15; that is, the one in which the differential pair is *npn*. For the same conditions as in (a), what is the input common-mode range?

12.55 It is required to find the input resistance and the voltage gain of the input stage shown in Fig. 12.18. Let $V_{ICM} \ll 0.8$ V so that the Q_3–Q_4 pair is off. Assume that Q_5 supplies 8 μA, that each of Q_7 to Q_{10} is biased at 8 μA, and that all four cascode transistors are operating in the active mode. The input resistance of the second stage of the op amp is 1.5 MΩ. The emitter-degeneration resistances are $R_7 = R_8 = 22$ kΩ, and $R_9 = R_{10} = 33$ kΩ. [*Hint*: Refer to Fig. 12.19.]

D *12.56 Consider the equivalent half-circuit shown in Fig. 12.19. Assume that in the original circuit, Q_1 is biased at a current I, Q_7 and Q_9 are biased at $2I$, the dc voltage drop across R_7 is 0.2 V, and the dc voltage drop across R_9 is 0.3 V. Find the output resistance in terms of I, and hence find the open-circuit voltage gain (i.e., the voltage gain for $R_L = \infty$). Now with R_L connected, find the voltage gain in terms of (IR_L). For $R_L = 1$ MΩ, find I that will result in the voltage gains of 150 V/V and 300 V/V.

***12.57** (a) For the circuit in Fig. 12.20, show that the loop gain of the common-mode feedback loop is

$$A\beta \simeq \frac{R_{o9} \parallel R_{o7}}{r_{e7} + R_7}$$

Recall that the CMF circuit responds only to the average voltage V_{CM} of its two input voltages and realizes the transfer characteristic $V_B = V_{CM} + 0.4$. Ignore the loading effect of the CMF circuit on the collectors of the cascode transistors.

(b) For the values in Example 12.4, calculate the loop gain $A\beta$.

(c) In Example 12.4, we found that with the CMF absent, a current mismatch $\Delta I = 0.3\ \mu A$ gives rise to $\Delta V_{CM} = 2.5$ V. Now, with the CMF present, use the value of loop gain found in (b) to calculate the expected ΔV_{CM} and compare to the value found by a different approach in Example 12.4. [*Hint*: Recall that negative feedback reduces change by a factor equal to $(1 + A\beta)$.]

12.58 Consider the dc analysis of the 741 input stage shown in Fig. 12.23.

(a) Derive an expression for I taking β_P into account. What is the percentage change in I if β_P drops from 50 to 20?
(b) Now, consider an alternative design of this circuit in which the feedback loop is eliminated. That is, Q_5 and Q_6 are eliminated, and I_{REF} is fed to the common-base connection of Q_3 and Q_4. What is I now in terms of I_{REF}? If β_P changes from 50 to 20, what is the resulting percentage change in I?

D 12.59 Consider the dc analysis of the 741 input stage shown in Fig. 12.23 for the situation in which $I_{S6} = 2I_{S5}$. For $I_{REF} = 19\ \mu A$ and assuming β_P to be high, what does I become? Design a Widlar source to reestablish $I_{C1} = I_{C2} = 9.5\ \mu A$ using the circuit in Fig. 12.14 wherein all resistors and transistors are sized identically except Q_1 in Fig. 12.14, whose emitter area is sized one-tenth that of the others.

12.60 Consider the input circuit of the 741 op amp of Fig. 12.23 when the emitter current of Q_5 is about 40 μA. If β of Q_1 is 150 and that of Q_2 is 220, find the input bias current I_B and the input offset current I_{OS} of the op amp.

12.61 The circuit of Fig. 12.23 has an emitter current for Q_5 of 19 μA with input bias and offset currents limited to 60 nA and 5 nA, respectively. What minimum β_N and what β_N variation are implied?

12.62 Consider the 741 input stage as modeled in Fig. 12.24, with two additional *npn* diode-connected transistors, Q_{1a} and Q_{2a}, connected between the present *npn* and *pnp* devices, one per side. Assume $\beta_N = 200, \beta_P = 50$, and $V_{AP} = 50\,V$. Convince yourself that each of the additional devices will be biased at the same current as Q_1 to Q_4—let us assume 9.5 μA. What does R_{id} become? What does G_{m1} become? What is the value of R_{o4} now? What is the output resistance of the first stage, R_{o1}? (Assume the active load output resistance remains unchanged from Exercise 12.21 at 10.5 MΩ.) What is the new open-circuit voltage gain, $G_{m1}R_{o1}$? Compare these values with the original ones from Exercises, 12.20–22, namely, $R_{id} = 2.1$ MΩ, $G_{m1} = 0.19$ mA/V, $R_{o4} = 10.5$ MΩ, $R_{o1} = 5.3$ MΩ, and $|A_{vo}| = 1007$ V/V.

12.63 If the current transfer ratio of the mirror load of the 741 input stage is 0.995, find the CMRR of the input stage. The input transistors are biased at 9.5 μA. (*Hint:* Use Eq. 12.86 together with the output resistance values determined in Exercise 12.2.)

12.64 Consider the circuit of Fig. 12.27 modified to include resistors R in series with the emitters of each of Q_5 and Q_6. Assuming $|V_A| = 50\,\text{V}, \beta_P = 50$, and $I_{C6} = 20\,\mu A$, what value of R provides $R_{o6} = 20\text{M}\Omega$? How does this affect the CMRR calculated in Exercise 12.24.

12.65 An alternative approach to that presented in Example 12.5 for determining the CMRR of the 741 input stage is investigated in this problem. Rather than performing the analysis on the closed loop shown in Fig. 12.27, we observe that the negative feedback increases the resistance at node Y by the amount of negative feedback. Thus, we can break the loop at Y and connect a resistance $R_f = (1 + A\beta)R_o$ between the common-base connection of Q_3–Q_4 and ground. We can then determine the current i and G_{mcm}. Using the fact that the loop gain is approximately equal to β_P (Exercise 12.17) show that this approach yields an identical result to that found in Example 12.5.

D 12.66 Consider the dc analysis of the 741 input stage shown in Fig. 12.23.

(a) Derive an expression for I taking β_P into account. What is the percentage change in I if β_P drops from 50 to 20?
(b) Now, consider an alternative design of this circuit in which the feedback loop is eliminated. That is, Q_5 and Q_6 are eliminated, and I_{REF} is fed to the common-base connection of Q_3 and Q_4. What is I now in terms of I_{REF}? If β_P changes from 50 to 20, what is the resulting percentage change in I?

12.67 The output stage in Fig. 12.28 operates at a quiescent current I_Q of 0.6 mA. The maximum current i_L that the stage can provide in either direction is 12 mA. The output stage is equipped with a feedback circuit that maintains a minimum current of $I_Q/2$ in the inactive output transistor. Also, $V_{CC} = 3$ V.

(a) What is the allowable range of v_O?
(b) For $i_L = 0$, what is the output resistance of the op amp?

(c) If the open-loop gain of the op amp is 100,000 V/V, find the closed-loop output resistance obtained when the op amp is connected in the unity-gain voltage follower configuration, with $i_L = 0$.

(d) If the op amp is sourcing a load current $i_L = 12$ mA, find i_P, i_N, and the open-loop output resistance.

(e) Repeat (d) for the case of the open-loop op amp sinking a load current of 12 mA.

12.68 For the output stage in Fig. 12.30, find the current I_{REF} that results in a quiescent current $I_Q = 0.6$ mA. Assume that $I = 12\ \mu$A, Q_N has eight times the area of Q_{10}, and Q_7 has four times the area of Q_{11}. What is the minimum current in Q_N and Q_P?

12.69 It is required to derive the expressions in Eqs. (12.87) and (12.88). Toward that end, first find v_{B7} in terms of v_{BEN} and hence i_N. Then find v_{B6} in terms of i_P. For the latter purpose note that Q_4 measures v_{EBP} and develops a current $i_4 = (v_{EBP} - v_{EB4})/R_4$. This current is supplied to the series connection of Q_5 and R_5 where $R_5 = R_4$. In the expression you obtain for v_{B6}, use the relationship

$$\frac{I_{SP}}{I_{S4}} = \frac{I_{SN}}{I_{S5}}$$

to express v_{B6} in terms of i_P and I_{SN}. Now with v_{B6} and v_{B7} determined, find i_{C6} and i_{C7}.

D 12.70 It is required to derive the expression for v_E in Eq. (12.89). Toward that end, note from the circuit in Fig. 12.30 that $v_E = v_{EB7} + v_{BEN}$ and note that Q_N conducts a current i_N and Q_7 conducts a current i_{C7} given by Eq. (12.88).

CHAPTER 13

여파기와 발진기

서론
13.1 기본적인 여파기 개념
13.2 여파기 전달 함수
13.3 버터워스 여파기와 체비셰프 여파기
13.4 LCR 공진기에 기초한 2차 수동 여파기
13.5 인덕턴스 시뮬레이션에 기초한 2차 능동 여파기
13.6 2-적분기 루프에 기초한 2차 능동 여파기
13.7 단일 연산 증폭기를 이용한 2차 능동 여파기
13.8 스위치드 커패시터 여파기
13.9 사인파 발진기의 기본 원리
13.10 연산 증폭기–RC 발진기 회로
13.11 LC 발진기와 수정 발진기
13.12 비선형 발진기 또는 함수 발생기
요약
PROBLEMS

이 장에서 배울 내용

- 신호 전송 성질에 따른 여파기의 특성과 통과 대역과 저지 대역의 상대적인 위치에 근거한 여파기 종류 분류
- 여파기를 기술하는 방법과 버터워스와 체비셰프와 같이 잘 알려진 특수 함수를 이용해 주어진 사양에 부합하는 여파기 전달 함수를 구하는 방법
- 다양한 1차와 2차 여파기 함수와 연산 증폭기와 RC 회로를 이용한 여파기 실현
- 기본적인 2차 LCR 공진기와 이를 이용해 다양한 2차 여파기 함수를 실현하는 방법
- 인덕턴스 구현에 가장 적합한 연산 증폭기–RC 회로와 이 회로로 다양한 2차 여파기 함수를 실현하는 방법
- 귀환 루프에 하나는 반전이고 하나는 비반전인 두 개의 연산 증폭기 적분기를 연결해 2차 공진 회로를 구성하고 이것으로 다양한 2차 여파기 함수를 구현하는 방법
- 하나의 연산 증폭기와 RC 회로로 2차 여파기 함수를 실현하는 방법과 이렇게 최소로 실현한 여파기들의 성능 한계
- IC 형태로 여파기 함수를 실현하는 가장 유명한 방법인 스위치드 커패시터 기법의 기초
- 사인파를 발생시키는 발진기 회로는 증폭기의 정귀환 경로에 주파수 선택성 회로(여파기)를 접속해 구현할 수 있다.
- 발진이 유지되는 조건과 발진 주파수
- 비선형 회로를 이용하여 발진기에서 얻은 사인파의 진폭을 제어하는 방법
- 다양한 사인파 발진기 회로들
- 구형파와 삼각파 발생기를 구현하기 위해, 귀환 루프에서 연산 증폭기 적분기와 접속될 수 있는 쌍안정 회로를 연산 증폭기로 설계하는 방법

서론

이 장에서는 통신 및 계장(instrumentation) 시스템의 중요한 빌딩 블록인 전자 여파기와 발진기에 대해서 공부할 것이다. 여파기 설계는 (설계 사양으로부터 시작하여 회로 실현으로 끝날 때까지) 완벽한 설계 이론이 존재하는 몇 안 되는 공학 분야 중 하나이다. 여파기 설계를 자세히 다루려면 거의 책 한 권이 소요될 것이고, 실제로 그런 교재들도 있다. 그러나 여기서는 우리가 활용할 지면이 한정되어 있기 때문에, 이 풍부한 주제의 기초를 제공하는 토픽의 선정에 초점을 맞출 것이다. 여기서 제시하는 내용은 (웹사이트에서 이용할 수 있는) 부록 H에 수록된 설계 내용 및 표들과 함께 여파기 회로와 설계 방법을 위한 중요한 방책을 제공할 것이다.

이 장에서 공부할 여파기는 아날로그이다. 아날로그 여파기는 디지털 신호 처리가 폭넓게 사용되고 있음에도 불구하고 광범위한 응용에 사용된다. 이는 대부분의 시스템이, 본질적으로 아날로그인, 물리적인 세계와 인터페이스로 접속해야 하기 때문이다. 이와 같은 인터페이스는 최소한도 하나의 증폭기와 하나의 아날로그 여파기로 구성된다.

전자 시스템을 설계할 때, 사인파, 구형파, 삼각파, 또는 펄스와 같이 규정된 표준 파형들을 가지는 신호들이 자주 요구된다. 표준 신호들을 필요로 하는 시스템들에는 컴퓨터 및 제어 시스템, 통신 시스템, 그리고 테스트 및 계측 시스템이 포함된다. 우선 컴퓨터 및 제어 시스템에서는 타이밍(timing)에 필요한 클록 펄스들이 요구된다. 다음으로 통신 시스템에서는 다양한 파형의 신호들이 정보 캐리어(information carrier)로서 사용되고, 마지막으로 테스트 및 계측 시스템에서는 마찬가지로 다양한 파형의 신호들이 전자 소자들 및 회로들을 테스트하고 특성화하는 데 사용된다. 이 장의 뒷부분에서 우리는 신호 발생기 회로들을 고찰할 것이다.

이 장에서 고찰할 신호 발생기 또는 발진기 회로들은 수 헤르츠부터 수백 기가헤르츠의 주파수 범위의 신호들을 총괄하여 제공할 수 있다. 이들 중 몇몇은 단일 칩상에 제조될 수 있고, 그 밖의 다른 것들은 개별 소자들을 이용한다. 우리가 통상적으로 만나는 발진기들을 예로 들자면, 마이크로프로세서 클록 발진기(16.4절에서 살펴볼 링 발진기를 이용하여 칩상에 제조되며 수 기가헤르츠의 주파수를 가진다); 무선 송수신기에 사용되는 캐리어-파형 발생기(칩상에 제조되며, 수백 기가헤르츠까지 범위의 주파수를 제공한다); 전자 시계에 사용되는 발진기(2^{15}헤르츠의 주파수를 가지는 수정 진동자를 이용하는); 전자공학 실험실에서 사용되는 가변 주파수 함수 발생기(개별 회로를 이용하며 수 헤르츠부터 수 메가헤르츠 범위의 주파수를 제공하는)가 있다.

발진기 회로를 설계하는 데에는 서로 확연하게 다른 두 가지 접근 방법이 있다. 사인파 생성에 이용되고 13.9절부터 13.11절에 걸쳐 살펴볼 첫 번째 방법은, 증폭기와 RC 또는 LC **주파수 선택 회로망**(frequency-selective network)으로 구성되는 **정귀환 루프**(positive-feedback loop)를 이용하는 것이다. 생성된 사인파의 주파수는 주파수 선택 회로망에 의해 결정되는 데 반해, 진폭은 비선형 메커니즘을 이용하여 고정된다. 비선형 메커니즘은 별도의 회로로 구현되거나 증폭용 소자 자체의 비선형성을 이용하여 구현된다. 이와 같이 비선형성이 이용되고 있음에도 불구하고 이 회로들은 공진 현상을 이용하여 사인파를 발생시키기 때문에 **선형 발진기**(linear oscillator)라고 부른다. 이렇게 부르는 이유는 뒤에서 설명할 것이다. 두 번째 방법은 귀환 루프에 **쌍안정 멀티바이브레이터**(bistable multivibrator)라고 알려진 회로 빌딩 블록을 RC 회로와 함께 사용하여 구형파를 발생시키는 것이다. 만일 RC 회로를 연산 증폭기 적분기로 대체한다면 삼각파도 얻을 수 있다. 이런 목적을 위한 쌍안정 멀티바이브레이터는 정귀환 루프에 접속된 연산 증폭기를 사용하여 실현된다. 이와 같은 유형의 발진기 회로는 **비선형 발진기**(nonlinear oscillator) 또는 더 일반적으로 **함수 발생기**(function generator)라고 불린다. 쌍안정 회로와 함수 발생기에 대해서는 13.12절에서 살펴볼 것이다.

이 장의 내용은 극점과 영점(부록 F)을 광범위하게 이용한다. 이 장을 이해하려면 연산 증폭기 회로 응용(2장)에 매우 친숙해야 한다.

13.1 기본적인 여파기 개념

13.1.1 여파기 전송

여기서 공부할 여파기들은 선형 회로이며, 그림 13.1과 같이 일반적인 2-포트 회로망으로 나타낼 수 있다. 여파기 **전달 함수**(transfer function) $T(s)$는 출력 전압 $V_o(s)$ 대 입력 전압 $V_i(s)$의 비, 즉

$$T(s) \equiv \frac{V_o(s)}{V_i(s)} \tag{13.1}$$

이다. 여파기 **전송**(transmission)은 $T(s)$를 물리적인 주파수 즉 $s = j\omega$에 대해 계산함으로써 구해진다. 따라서 여파기 전송을 다음과 같이 그것의 크기와 위상으로 나타낼 수 있다.

$$T(j\omega) = |T(j\omega)|e^{j\phi(\omega)} \tag{13.2}$$

전송의 크기는 데시벨 단위의 **이득 함수**(gain function)

$$G(\omega) \equiv 20\log|T(j\omega)|, \text{dB} \tag{13.3}$$

로 나타내기도 하고, 데시벨 단위의 **감쇠 함수**(attenuation function)로 나타내기도 한다.

$$A(\omega) \equiv -20\log|T(j\omega)|, \text{dB} \tag{13.4}$$

여파기는 전달 함수 $|T(j\omega)|$의 크기에 따라 입력 신호 $|V_i(j\omega)|$의 주파수 스펙트럼을 성형한다. 즉, 여파기는

$$|V_o(j\omega)| = |T(j\omega)||V_i(j\omega)| \tag{13.5}$$

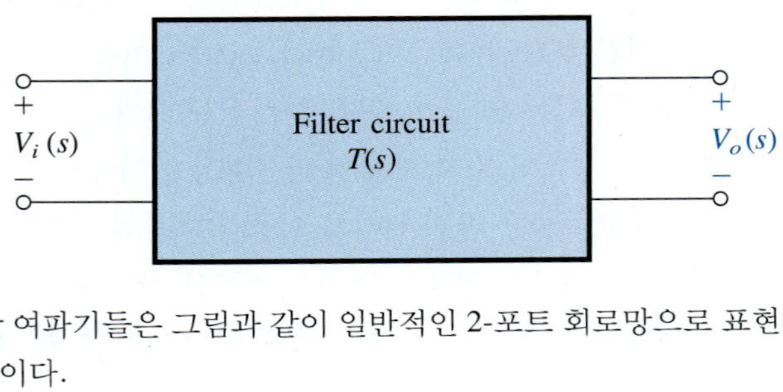

그림 13.1 이 장에서 공부할 여파기들은 그림과 같이 일반적인 2-포트 회로망으로 표현되는 선형 회로이다. 여파기 전달 함수 $T(s) \equiv V_o(s)/V_i(s)$이다.

의 스펙트럼을 갖는 출력 $V_o(j\omega)$를 제공한다. 또한 입력 신호가 여파기를 통과하면 그것의 위상 특성 역시 여파기 위상 함수 $\phi(\omega)$에 따라 수정된다.

13.1.2 여파기 유형

여기서는 특히 **주파수 선택**(frequency selection) 기능, 즉 특정한 범위 내의 주파수 스펙트럼을 갖는 신호들은 통과시키고, 그 범위 외의 주파수 스펙트럼을 갖는 신호들은 저지시키는 기능을 수행하는 여파기에 초점을 맞출 것이다. 이와 같은 여파기는 이상적으로 전송의 크기가 1인 주파수 대역[여파기의 **통과 대역**(passband)이라고 부른다]과 전송의 크기가 0인 주파수 대역[여파기의 **저지 대역**(stopband)이라고 부른다]을 가진다. 그림 13.2에 네 가지의 주된 여파기 유형, 즉 그림 13.2(a)의 **저역 통과**(LP: low-pass) 여파기, 그림 13.2(b)의 **고역 통과**(HP: high-pass) 여파기, 그림 13.2(c)의 **대역 통과**(BP: band-pass) 여파기, 그림 13.2(d)의 **대역 저지**(BS: band-stop) 또는 **대역 제거**(band-reject) 여파기의 이상적인 전송 특성들을 나타냈다. 이 이상화된 특성들은 그들의 수직 모서리 때문에 **벽돌담**(brick-wall)형 응답이라고 부른다.

13.1.3 여파기 사양

여파기 설계 과정은 여파기 사용자가 자신이 원하는 여파기의 전송 특성을 지정하는 것으로부터 시작된다.

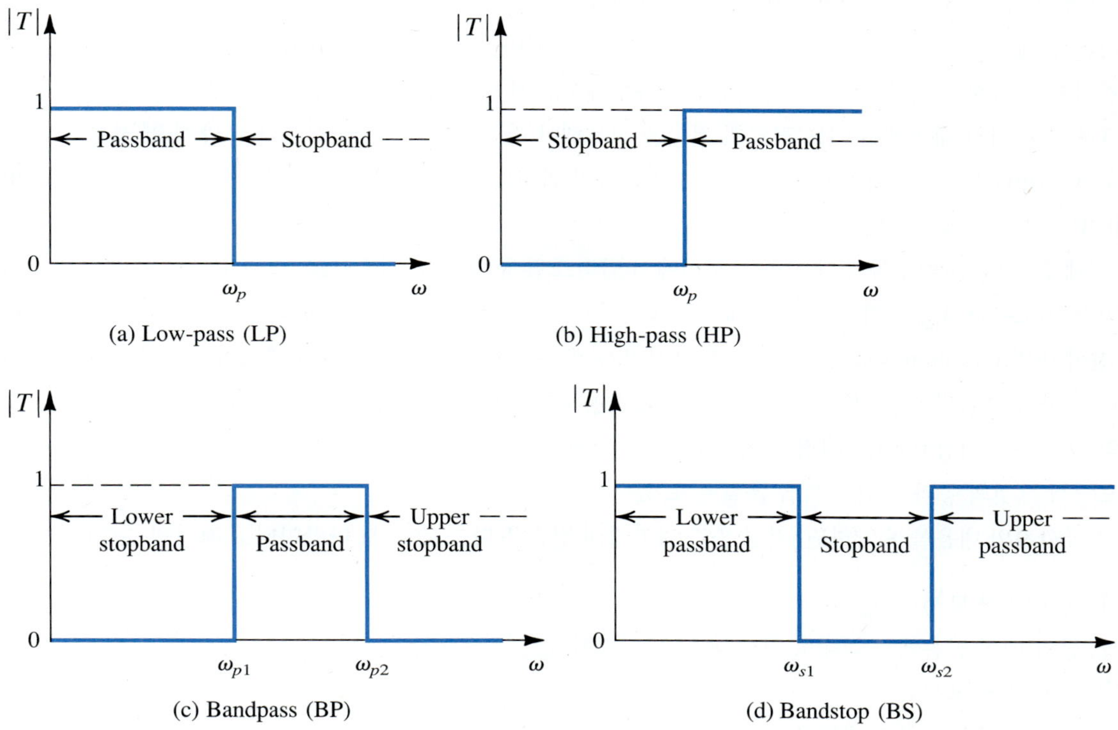

그림 13.2 네 가지 주된 여파기 유형들의 이상적인 전송 특성: (a) 저역 통과(LP), (b) 고역 통과(HP), (c) 대역 통과(BP), (d) 대역 저지(BS).

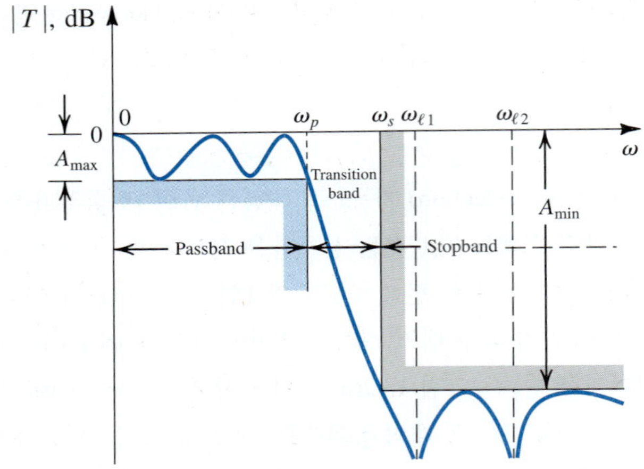

그림 13.3 저역 통과 여파기의 전송 특성들의 사양. 사양에 꼭 맞는 여파기의 크기 응답도 나타냈다.

여파기 사용자가 지정하는 사양은 그림 13.2와 같은 형태가 될 수 없다. 왜냐하면 실제의 회로들이 이들과 같이 이상화된 특성을 실현할 수 없기 때문이다. 그림 13.3에 저역 통과 여파기의 전송 특성에 대한 현실적인 사양을 나타냈다. 실제의 회로가 모든 통과 대역 주파수에서 일정한 전송을 제공할 수 없기 때문에, 사양을 정할 때 통과 대역 전송이 이상적인 0 dB로부터 벗어나는 것을 허용하지만, 그 편차의 한계를 A_{max}(dB)로 해야 한다는 점에 주목하기 바란다. A_{max}는 응용에 따라 다르지만, 전형적으로 0.05 dB과 3 dB 사이에서 정해진다. 마찬가지로 실제의 회로가 모든 저지 대역 주파수에서 0 전송을 제공할 수 없기 때문에, 사양을 정할 때 그림 13.3과 같이 저지 대역에서 어느 정도의 전송을 허용해야 하지만, 저지 대역 신호가 통과 대역 신호에 비해 적어도 A_{min}(dB)만큼 감쇠되어야 한다는 점에 주목하기 바란다. 여파기 응용에 따라 다르지만, A_{min}은 20 dB과 100 dB 사이에서 정해진다.

실제 회로의 전송이 통과 대역의 모서리에서 급작스럽게 변할 수 없으므로, 그림 13.3의 사양에서 감쇠가 거의 0 dB로부터 A_{min}까지 증가하는 데 소요되는 주파수 대역이 제공되어야 한다는 것을 알 수 있을 것이다. 이 **천이 대역**(transition band)은 통과 대역 모서리 ω_p로부터 저지 대역 모서리 ω_s까지이다. ω_s/ω_p의 비는 저역 통과 여파기 응답의 예리함을 가늠하는 척도로 사용되며, **선택도**(selectivity factor)라고 부른다. 끝으로 통과 대역 전송을 편의상 0 dB로 지정한 점에 주목하기 바란다. 그러나 원한다면, 여파기의 선택 특성들을 바꾸지 않으면서 그것의 통과 대역 이득을 올릴 수도 있다.

지금까지의 내용을 요약하면, 저역 통과 여파기의 전송은 다음 네 가지 파라미터로 지정될 것이다.

1. 통과 대역 모서리 ω_p
2. 통과 대역 전송에서 최대로 허용할 수 있는 편차 A_{max}
3. 저지 대역 모서리 ω_s
4. 최소로 필요한 저지 대역 감쇠량 A_{min}

아날로그 여파기: 간략한 역사

20세기 초에 부각된 전화 시스템의 요구로, 초기의 아날로그 여파기는 인덕터(코일)와 커패시터를 이용했고 임기응변의 방법으로 설계되었다. 1940년대가 되어서야 수동 LC 여파기를 위한 설계 이론이 개발되었다. 그러나 여파기 합성 방법은 방대한 계산을 필요로 했고, 디지털 컴퓨터의 출현을 기다려야 했다. 1950년대와 1960년대에 컴퓨터가 광범위하게 사용됨에 따라 합성 방법이 채택되고, 더욱 개발되고 이용되었다.

트랜지스터와 IC의 발명은 전자 회로를 조립하는 데 새로운 길을 열었다. 그러나 이 발명품들은 음성 주파 LC 여파기에 사용되는 크고 무거운 인덕터와는 함께 쓸 수 없었다. 따라서 인덕터를 사용하지 않는 여파기를 위한 연구가 시작되었고, 이 연구는 1960년대 말의 IC 연산 증폭기의 출현 및 그것을 저렴하게 이용할 수 있게 됨에 따라 크게 영향을 받았다. 1960년대와 1970년대의 광범위한 연구가 많은 연산 증폭기–RC 여파기의 설계 예를 낳았는데, 이 중 최상의 회로들을 이 장에서 공부할 것이다. 연산 증폭기–RC 여파기가 원숙하고 믿을 만한 기술이 되자마자 완전히 집적화될 수 있는 아날로그 여파기에 대한 요구가 생겨났다. 다수의 방법들이 1970년대에 제안되었다. 그러나 스위치드-커패시터 회로가 저주파 응용에 대한 선택의 기술이 되었는데, 그 주된 이유는 이 회로가 CMOS 기술과 양립할 수 있다는 것 때문이었다. 급성장하는 이동 통신 시장에서 요구되는 기가헤르츠에 가까운 고주파 응용에 대해서는 두 가지 방법이 탄력을 얻고 있다. 즉, 트랜스컨덕턴스-C 여파기와 능동 LC 여파기이다. 후자는 IC 칩 위에 제조된 실제의 물리적인 인덕터(나노헨리 범위의)를 사용한다.

여파기 사양을 엄격하게 정하면 정할수록, 즉 A_{max}를 작게, A_{min}을 크게, 그리고/또는 선택도 ω_s/ω_p를 1에 가깝게 하면 할수록, 그 결과의 여파기는 이상에 더 가까운 응답을 가질 것이다. 그러나 이를 실현하는 여파기 회로는 더 고차이어야 하고, 이에 따라 더 복잡하고 비쌀 것이다.

전송의 크기 응답뿐 아니라 위상 응답 역시 중요한 사양이 되는 응용들이 꽤 있다. 그러나 크기 응답과 위상 응답 둘 다를 동시에 지정하면, 여파기 설계 문제가 상당히 복잡해질 것이다.

13.1.4 여파기 전달 함수 유도: 여파기 근사

여파기 사양이 일단 결정되면 설계의 다음 단계는 그것의 크기 응답이 그 사양을 충족시키는 전달 함수를 구하는 것이다. 사양을 충족시키려면, 크기 응답 곡선이 그림 13.3의 색칠되지 않은 구역에 반드시 위치해야 한다. 이 그림에 보이는 곡선이 사양을 바로 충족시키는 여파기에 대한 것이다. 이 특별한 여파기에 대한 크기 응답이 통과 대역의 전체에 걸쳐서 리플(ripple)을 일으킨다는 점에 주목하라. 또한 리플 피크들이 모두 같은 크기라는 점에도 주목하기 바란다. 한편 피크 리플이 A_{max}와 같기 때문에 통상적으로 A_{max}를 **통과 대역 리플**

(passband ripple)이라고 부르고, ω_p를 리플 대역폭(ripple bandwidth)이라고 부른다. 그림 13.3으로부터 알 수 있듯이 이 특별한 여파기 응답은 저지 대역에서도 리플을 일으킨다. 이 리플 피크들 역시 모두 균등하며, 지정된 최소 저지 대역 감쇠량, 즉 A_{min}을 충족시키는 값을 가진다. 따라서 이 특별한 응답이 통과 대역과 저지 대역 양쪽에서 **균등한 리플**(equiripple)을 가진다고 말한다.

주어진 사양을 충족시키는 전달 함수를 구하는 과정을 **여파기 근사**(filter approximation)라고 부른다. 여파기 근사는 통상적으로 컴퓨터 프로그램(Snelgrove, 1982 및 Ouslis와 Sedra, 1995 참조) 또는 여파기 설계 표(Zverev, 1967 참조)를 이용하여 수행한다. 이보다 간단한 경우로서, 13.3절에서 살펴볼 폐쇄된 형태의 표현식(closed-form expression)을 이용하여 여파기 근사를 수행하기도 한다.

또 다른 예로, 그림 13.4에 어떤 대역 통과 여파기의 전송 사양과 그 사양을 충족시키는 여파기의 응답을 나타냈다. 이 예에서 우리는 통과 대역에서 리플을 일으키지 않는 근사 함수를 선택했다. 이 근사 함수의 전송 특성이 중심 주파수의 좌우 양쪽에서 단조롭게 감소하고, 통과 대역의 양쪽 가장자리에서 최대로 허용할 수 있는 편차에 이른다는 점에 주목하기 바란다.

여파기 전달 함수들은 특별한 특성들을 가진다. 이런 특성들에 대해 13.2절에서 공부할 것이다.

연습문제

13.1 1, 0.99, 0.9, 0.8, 0.7, 0.5, 0.1, 0의 여파기 전송에 상응하는 감쇠의 근삿값들을 구하라.
[답] 0, 0.1, 1, 2, 3, 6, 20, ∞(dB)

13.2 만일 통과 대역 전송의 크기가 10% 이내에서 일정하게 유지되어야 하고, 저지 대역 전송이 통과 대역 전송의 1%보다 작아야 한다면, A_{max}와 A_{min}은 얼마이어야 하는가?
[답] 0.9 dB; 40 dB

13.1.5 여파기 회로 유도: 여파기 실현

적절한 전달 함수 $T(s)$를 구했으므로 여파기 설계 과정에서 다음 단계는 그것의 전달 함수가 $T(s)$와 같은 회로를 찾아내는 것이다. 이를 **여파기 실현**(filter realization)이라고 부른다.

아날로그 여파기의 실현을 위한 많은 기법과 방법이 있다. 가장 오래된 기법은 인덕터, 커패시터, 저항기를 이용하는 것이고, 그 결과의 LCR 회로는 **수동**(passive)이다. 왜냐하면 이 회로들은 여파기 전달 함수 $T(s)$를 실현하는 데 능동 소자(트랜지스터 또는 연산 증폭기)를 본질적으로 필요로 하지 않기 때문이다. 이와 같은 여파기는 고주파에서 잘 동작한다. 그러나 저주파 대역(직류부터 100 kHz까지의)에서는 큰 인덕턴스가 요구되고, 이에 따라 인덕터의 물리적인 부피가 커진다. 더욱이 이와 같은 인덕터들은 전자 시스템을 조립하는 데 사용되는 최신의 기법과 양립할 수 없고, 모놀리식 형태로 제조하기도 불가능하다. 따라서 실제의 인덕터를 필요로 하지 않는 여파기 실현을 모색하기 위한 많은 노력이 있어 왔다.

무인덕터 여파기(inductorless filter)의 설계를 위한 방법 중에서 널리 이용되는 방법이 LCR 여파기에 있는

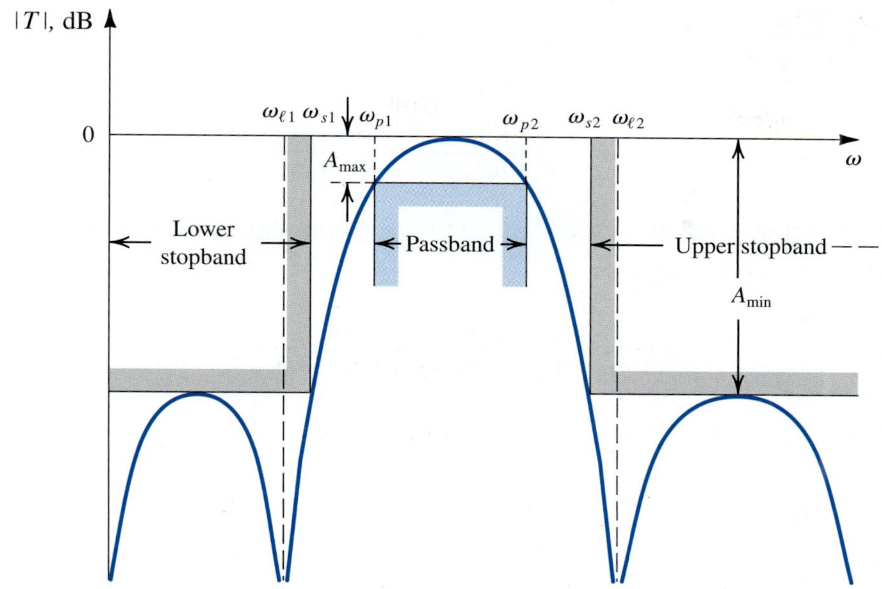

그림 13.4 대역 통과 여파기에 대한 전송 사양들. 이 사양들을 바로 충족시키는 임의의 여파기의 크기 응답도 나타냈다. 이 특별한 여파기가 피크 주파수의 좌우 양쪽에 위치한 통과 대역에서 단조롭게 감소하는 전송 특성을 가진다는 점에 주목하기 바란다.

개개의 인덕턴스를 연산 증폭기, 저항기, 커패시터로 구성되는 회로로 대체하는 것이며, 이때 이 회로의 입력 임피던스는 sL이어야 한다. 우리는 이 회로가 인덕턴스 L을 **시뮬레이션한다**고 말한다. 수동 LCR 여파기는 13.4절에서 공부할 것이고, 인덕턴스 시뮬레이션에 기초한 연산 증폭기–RC 여파기들의 설계는 13.5절에서 공부할 것이다.

13.5절에 기술된 연산 증폭기–RC 여파기들은 특별한 부류의 **능동 여파기**(active filter)를 나타낸다. 13.6절에서는 연산 증폭기 적분기들을 이용하는 또 다른 중요한 유형의 능동 여파기를 공부할 것이다. 그리고 13.7절에서는 세 번째 종류의 능동 여파기를 살펴볼 것이다. 이 여파기는 단일 연산 증폭기를 저항기들 및 커패시터들과 함께 사용하여 2차 여파기 함수를 실현한다.

13.5절부터 13.7절에서 제시된 능동 여파기는 인쇄 회로 기판에 조립한 개별 부품의 연산 증폭기, 저항기, 커패시터를 이용하여 구현할 수 있다. 대량 생산에는 박막 및 후막 부품들을 사용하는 기술을 이용한다. 그러나 대량 생산을 할 때는 이 기술들보다 모놀리식 집적 회로 기술을 이용하는 것이 더 경제적이다.

오늘날 완전하게 집적화된 아날로그 여파기를 실현하는 데는 두 가지 일반적인 접근 방법이 있다. 즉, 13.8절에서 공부할 **스위치드 커패시터**(switched-capacitor) 방법과 웹사이트에 수록되어 있는 **트랜스컨덕턴스**–C(transconductance-C)($G_m - C$) 방법이다. 후자는 고주파 응용에 특히 적합하다.

스위치드 커패시터 여파기는 CMOS 연산 증폭기를 MOS 스위치와 커패시터와 함께 사용한다. 13.8절에서 보게 되겠지만, 이 여파기에서 신호는 이산 시간 기간에 처리된다. 따라서 결과의 회로는 **이산 시간**(discrete-time) 회로이다. 하지만 신호 크기가 연속적(양자화되지 않은)이기 때문에, 이들은 여전히 아날로그 여파기이다.

13.2 여파기 전달 함수

여파기 전달 함수 $T(s)$는 두 다항식의 비로 나타낼 수 있다. 즉,

$$T(s) = \frac{a_M s^M + a_{M-1} s^{M-1} + \cdots + a_0}{s^N + b_{N-1} s^{N-1} + \cdots + b_0} \tag{13.6}$$

로 나타낼 수 있는데 여기서 분자와 분모의 계수들은 실수이다. 분자와 분모 다항식들을 인수분해하여 $T(s)$를 그것의 극점과 영점으로 나타낼 수 있다. 즉,

$$T(s) = a_M \frac{(s-z_1)(s-z_2)\cdots(s-z_M)}{(s-p_1)(s-p_2)\cdots(s-p_N)} \tag{13.7}$$

다음에는 이 장에서 공부할 여파기들의 전달 함수의 중요한 특성들을 고찰할 것이다.

13.2.1 여파기 차수

여파기 차수는 분모 다항식의 차수 N과 같고, 이에 따라 극점의 수와 같다. 잠시 후에 우리는, 만일 z_1부터 z_M까지의 유한한 전송 영점뿐만 아니라 $s=\infty$에 있는 전송 영점까지 계수에 포함시킨다면, 여파기 차수 N이 전송 영점의 수와도 같다는 것을 볼 것이다.

13.2.2 여파기 극점

어떤 여파기, 또는 실제로 어떤 회로나 시스템이 안정하려면, 그것의 모든 극점들이 s 평면의 좌반에 위치해야 한다. 또한 분모 다항식의 계수들(즉, $b_0, b_1, \cdots, b_{N-1}$)이 실수이므로, 극점들은 반드시 마이너스 실수축상에 놓이거나 복수 공액 쌍으로 일어나거나 해야 한다.

매우 선택적인(예리한) 여파기 응답을 얻기 위해서는, 여파기 차수 N이 홀수일 때 극점들은 일반적으로 하나의 실수 극점을 제외하고 복소 공액이어야 한다. 실제로, 더 예리한 여파기 응답이 요구될수록, 여파기의 복소 극점들은 s 평면의 수직 $j\omega$축에 더 가까워져야 한다. 예를 들어 그림 13.5는 그림 13.3에 보인 전송 특성을 가지는 5차($N=5$) 저역 통과 여파기에 대한 극점들의 위치를 보여 준다. 이 여파기가 두 쌍의 복소 공액 극점들과 하나의 실수축 극점, 총 다섯 개의 극점들을 가진다는 점에 주목하기 바란다. 모든 극점들이 여파기 통과 대역 근방에 놓여 있다는 것도 알 수 있는데, 이 때문에 이 여파기가 통과 대역 주파수에서 높은 전송 특성을 가지게 되는 것이다.

또 다른 예로, 그림 13.4에 보인 전송 함수 $|T(j\omega)|$를 갖는 6차($N=6$) 대역 통과 여파기를 고찰해 보자. 이 여파기의 극점들의 위치를 그림 13.6에 나타냈다. 세 쌍의 복소 공액 극점들이 있다는 것에 주목하기 바란다. 여기서도 극점들이 $j\omega$축에 가깝게 있고, 여파기 통과 대역 근처에 있다.

13.2.3 여파기 전송 영점

여파기 전송 영점들은 여파기 유형(즉, 저역 통과, 고역 통과, 등)을 결정한다. 이렇게 되는 것은 전송 영점들이 0과 ∞를 포함하는 차단 대역 주파수들에 위치하기 때문이다. $\omega=0$에 위치한 전송 영점들은 전달 함수의

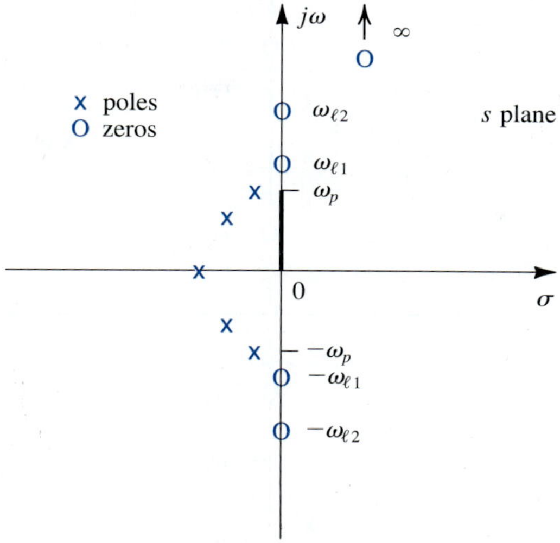

그림 13.5 그림 13.3의 전송 특성을 갖는 저역 통과 여파기의 극점-영점 패턴. 이 여파기는 5차($N = 5$) 여파기이다.

분자에 s^k 형태의 인수들을 야기할 것이다. 여기서 k는 $s = 0(\omega = 0)$에 위치한 전송 영점들의 수이다. 고역 통과 여파기와 대역 통과 여파기는 통상적으로 $s = 0$에 적어도 하나의 전송 영점을 가진다. 물론 저역 통과 여파기는 0의 주파수(직류)의 신호를 통과시켜야 하기 때문에 $s = 0$에 영점을 가질 수 없다.

$s = \infty$에 있는 전송 영점들은 분자 다항식의 차수 M과 분모 다항식의 차수 N의 차로서 스스로를 드러낸다. 식 (13.6)으로부터 알 수 있듯이, 이는 s가 ∞로 접근함에 따라 $T(s)$가 a_M/s^{N-M}의 방식으로 0에 접근한다. 우리는 이 여파기는 $s = \infty$에서 $(N - M)$개의 전송 영점들을 가진다고 말한다. 여파기가 안정하려면 M이 N을 초과할 수 없다는 점에 주목하라. 그렇지 않으면 s가 ∞로 접근함에 따라 $T(s)$가 ∞로 접근하는데, 이는 불가능하다. 고역 통과 여파기는 $M = N$을 가질 것이고, 그 결과로 고주파에서 a_M과 같은 유한한 전송을 낳을 것이다. 이와는 반대로, 일반적으로 저역 통과 여파기와 대역 통과 여파기는 $s = \infty$에서 적어도 하나의 전송 영점을 가지며, 따라서 M은 N보다 적어도 하나만큼 적을 것이다.

$s = 0$과 $s = \infty$에 위치한 전송 영점들과는 별개로, 여파기는 유한한 주파수들에서 전송 영점들을 가질 것이다. 최대의 효과를 얻으려면 이들 유한한 영점들이 저지 대역에 위치해야 한다. 따라서 임의의 여파기는 ω_l 주파수에서 하나의 전송 영점을 가질 것이다. 여기서 ω_l은 여파기 저지 대역에 있는 주파수이다. 이 경우 전달 함수의 분자는 $(s - j\omega_l)$ 인수를 가질 것이다. 그러나 복소 영점들은 복소 공액 쌍으로 나타나기 때문에 분자는 $(s + j\omega_l)$ 인수도 가져야 한다. 바꿔 말하면, 분자는 $(s^2 + \omega_l^2)$ 인수를 가질 것이고, 이 인수는 물리적인 주파수 $s = j\omega$에 대해 $(-\omega^2 + \omega_l^2)$이 된다. 이는 영점 전송(무한한 감쇠)이 원하던 대로 $(\omega = \omega_l)$에 있다는 것을 가리킨다.

일례로, 그림 13.3에 보인 전송 특성을 가지는 5차 저역 통과 여파기를 다시 한번 고찰해 보자. 이 그림은 여파기가 $\omega = \omega_{l1}, \omega = \omega_{l2}, \omega = \infty$에서 무한한 감쇠[1]를 가지며 이에 따라 전송 영점을 가진다는 것을 보여 준

---

1) $|T| = 0$일 때, $20 \log |T| = -\infty$라는 점에 유의하라.

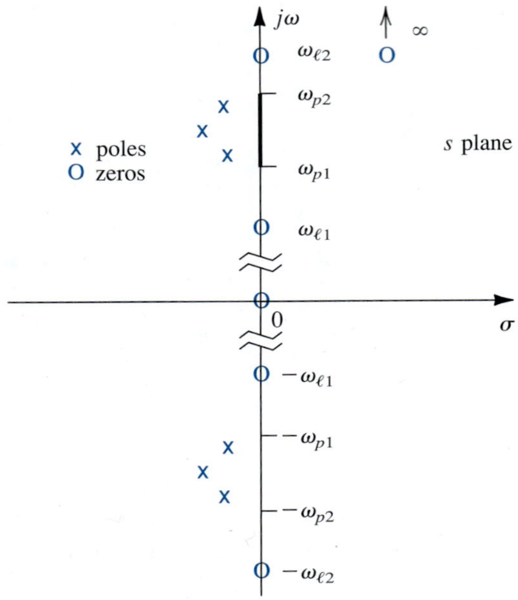

그림 13.6 그림 13.4의 전달 특성을 갖는 대역 통과 여파기의 극점-영점 선도. 이 여파기는 6차($N = 6$) 여파기이다.

다. 즉, 전송 영점들은 $s = \pm j\omega_{l1}$, $s = \pm j\omega_{l2}$, $s = \infty$에 위치하며, 여파기 저지 대역에 모두 다섯 개의 영점들을 가진다. 이는 이 여파기에 대한 전달 함수가

$$T(s) = \frac{a_4\,(s^2 + \omega_{l1}^2)\,(s^2 + \omega_{l2}^2)}{s^5 + b_4\,s^4 + b_3\,s^3 + b_2\,s^2 + b_1\,s + b_0} \tag{13.8}$$

일 것임을 의미한다. 그림 13.5에 이 저역 통과 여파기의 극점과 영점 위치를 나타냈다.

다른 예로, 그림 13.4에 보인 크기 전송을 갖는 6차 대역 통과 여파기를 고찰해 보자. 이 여파기는 $s = \pm j\omega_{l1}$과 $s = \pm j\omega_{l2}$에서 전송 영점들을 가진다. 이 여파기는 또 ($\omega = 0$과 $\omega = \infty$ 양쪽에서 전송 특성 $|T|$가 0이 되기 때문에) $s = 0$과 $s = \infty$에서 각각 하나의 영점을 가진다. 따라서 영점은 (N과 같은) 총 여섯 개이고, 이 여파기의 전달 함수는

$$T(s) = \frac{a_5\,s(s^2 + \omega_{l1}^2)\,(s^2 + \omega_{l2}^2)}{s^6 + b_5\,s^5 + b_4\,s^4 + b_3\,s^3 + b_2\,s^2 + b_1\,s + b_0} \tag{13.9}$$

일 것이다. 이 여파기에 대한 극점과 영점의 s 평면상의 위치를 그림 13.6에 나타내었다.

예제 13.1

다음의 극점들과 영점들을 가지는 여파기의 차수 N, 유형, 전달 함수 $T(s)$를 구하라.

$$\text{Poles}: s=-1,\ \ s=-0.5\pm j0.7$$
$$\text{Zeros}: s=\infty,\ \ s=\pm j1.2$$

직류에서 여파기의 전송은 1이다.

풀이

이 회로는 $N=3$이고 $T(s)$가 다음과 같이 주어지는 저역 통과 여파기이다.

$$T(s)=K\frac{(s+j1.2)\,(s-j1.2)}{(s+1)\,(s+0.5-j0.7)\,(s+0.5+j0.7)}$$
$$=K\frac{s^2+1.44}{s^3+2\,s^2+1.74\,s+0.74}$$

직류($s=0$)에서 전송이 1이므로, K는 다음과 같이 구할 수 있다.

$$K\,\frac{1.44}{0.74}=1\Rightarrow\quad K=0.514$$

연습문제

13.3 분자 다항식이 다음과 같이 주어지는 3차 여파기의 전송 영점들의 위치와 유형을 구하라. (a) K, (b) Ks, (c) Ks^2, (d) Ks^3, 여기서 K는 상수이다.

[답] (a) $s=\infty$에 세 개의 영점들, 저역 통과; (b) $s=0$에 한 개의 영점 그리고 $s=\infty$에 두 개의 영점들, 대역 통과; (c) $s=0$에 두 개의 영점들 그리고 $s=\infty$에 한 개의 영점, 대역 통과; (d) $s=0$에 세 개의 영점들, 고역 통과

13.2.4 전극점 여파기

몇몇 저역 통과 여파기는 모든 전송 영점들을 $s=\infty$에 가지고 있다. 따라서 이들 전송의 크기 특성 $|T(j\omega)|$은 ω가 ∞에 접근함에 따라 0을 향해 단조적으로 감소할 것이다. 그림 13.7(a)에 이와 같은 여파기의 응답을 나타냈다(이 경우 $N=5$). 이들 여파기의 전달 함수는 다음과 같은 형태를 취할 것이다.

$$T(s)=\frac{a_0}{s^N+b_{N-1}\,s^{N-1}+\cdots+b_0} \tag{13.10}$$

이와 같은 여파기를 **전극점 여파기**(all-pole filter)라고 한다. 5차 전극점 저역 통과 여파기의 전형적인 극점-영점 위치들을 그림 13.7(b)에 나타내었다.

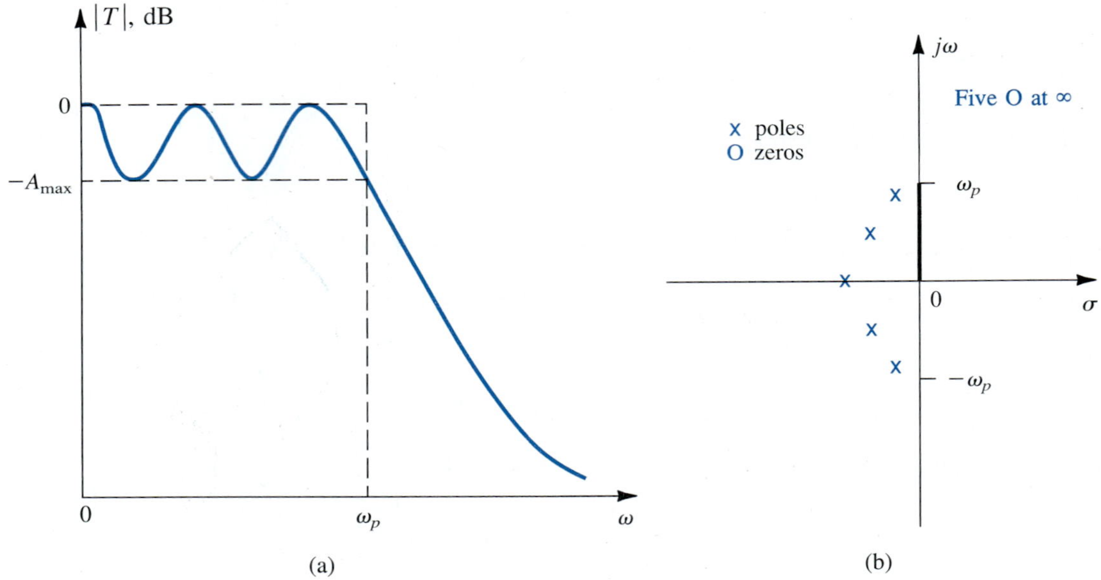

그림 13.7 (a) 모든 전송 영점들이 $s=\infty$에 위치하는 5차 저역 통과 여파기의 전송 특성. (b) (a)에 나타낸 전송 특성을 갖는 여파기의 극점-영점 패턴.

연습문제

13.4 어떤 2차 여파기가 $s=-(1/2)\pm j(\sqrt{3}/2)$에서 자신의 극점들을 가지고 있다. 이 여파기의 전송 특성은 $\omega=2$ 라디안/초에서 0이고 직류($\omega=0$)에서 1이다. 전달 함수를 구하라.

[답] $T(s)=\frac{1}{4}\frac{s^2+4}{s^2+s+1}$

13.5 어떤 4차 여파기가 $\omega=0, \omega=2$ 라디안/초, 그리고 $\omega=\infty$에서 0의 전송 특성을 가진다. 이 여파기의 고유 모드들은 $-0.1\pm j0.8$ 그리고 $-0.1\pm j1.2$이다. $T(s)$를 구하라.

[답] $T(s)=\frac{a_3 s\left(s^2+4\right)}{(s^2+0.2s+0.65)(s^2+0.2s+1.45)}$

13.2.5 $T(s)$를 1차와 2차 함수의 곱으로 인수분해함

고차(즉, 2보다 큰) 능동 여파기를 실현하기 위한 간단하면서 효과적인 방법은, 홀수 N을 위해, 2차 여파기 부분과 1차 여파기 부분을 종속으로 접속하여 $T(s)$를 실현하는 것이다. 만일 개개의 여파기 부분의 출력이 연산 증폭기의 출력 단자와 같이 낮은 임피던스 마디라면, 이들 부분을 종속으로 접속해도 각 부분의 전달 함수는 바뀌지 않을 것이다. 따라서 종속 접속된 여파기의 전체 전달 함수는 각 부분의 전달 함수의 곱으로 나타낼 수 있다.

종속 설계 방식을 이용하기 위해서는 우선 전달 함수 $T(s)$가 홀수 N을 위해 2차 함수와 1차 함수의 곱으로 인수분해되어야 한다. 예를 들어 그림 13.3에 보인 전송 크기 특성을 가지는 5차 저역 통과 여파기를 고찰해 보자. 식 (13.8)에 보인 이 여파기의 전달 함수는 다음과 같이 인수분해될 수 있을 것이다.

$$T(s) = \frac{k_1}{s+p_1} \times \frac{k_2(s^2+\omega_{l1}^2)}{s^2+b_{11}\,s+b_{01}} \times \frac{k_3(s^2+\omega_{l2}^2)}{s^2+b_{12}\,s+b_{02}}$$

여기서 $k_1k_2k_3 = a_4$이다.

두 번째 예로, 그림 13.4에 보인 전송 크기 특성을 가지는 6차 대역 통과 여파기를 고찰해 보자. 식 (13.9)에 보인 이 여파기의 전달 함수는 다음과 같이 인수분해될 수 있을 것이다.

$$T(s) = \frac{k_1\,s}{s^2+b_{11}s+b_{01}} \times \frac{k_2(s^2+\omega_{l1}^2)}{s^2+b_{12}\,s+b_{02}} \times \frac{k_3(s^2+\omega_{l2}^2)}{s^2+b_{13}\,s+b_{03}}$$

이 절의 나머지 부분에서 우리는 1차와 2차 여파기 함수들을 공부할 것이다.

13.2.6 1차 여파기

일반적인 1차 전달 함수는 다음 식으로 표현된다.

$$T(s) = \frac{a_1\,s+a_0}{s+\omega_0} \tag{13.11}$$

이 쌍선형 전달 함수는 다음과 같은 1차 여파기, 즉 $s=-\omega_0$에 하나의 극점을 가지고, $s=-a_0/a_1$에 하나의 전송 영점을 가지며, a_1으로 접근하는 고주파 이득을 가지는 1차 여파기를 특징짓는다. 분자 다항식의 계수 a_0와 a_1은 여파기의 유형(예를 들어 저역 통과, 고역 통과 등)을 결정한다.

예제 13.2

연산 증폭기가 이상적이라고 가정하고, 그림 13.8에 보인 회로가 1차 저역 통과 여파기를 실현한다는 것을 보여라. 극점 주파수 $\omega_0 = 10^5$ 라디안/초와 10 V/V의 직류 이득 크기를 얻도록 회로를 설계하라. 1 nF

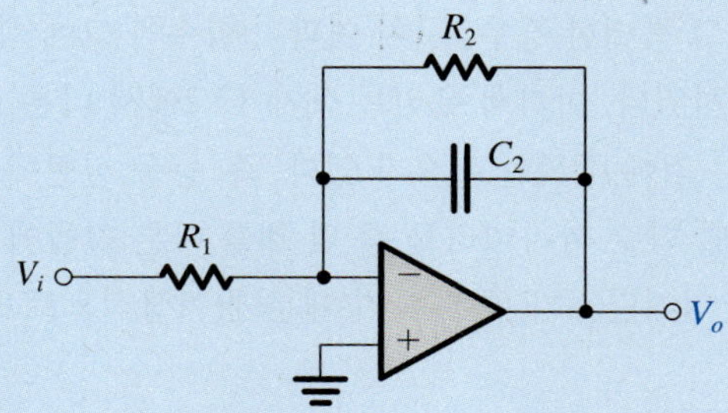

그림 13.8 예제 13.2에 대한 회로.

커패시터를 사용하라.

풀이

$$\frac{V_o}{V_i} = -\frac{Z_2}{Z_1} = -\frac{Y_1}{Y_2} = -\frac{1/R_1}{\dfrac{1}{R_2} + s\,C_2}$$

따라서

$$\frac{V_o}{V_i} - \frac{R_2}{R_1} = \frac{1}{1 + s\,C_2 R_2}$$

이 식은 극점 주파수 ω_0가 다음과 같이 주어지는 1차 저역 통과 함수이다.

$$\omega_0 = \frac{1}{C_2 R_2}$$

직류 이득은

$$\frac{V_o}{V_i}(s=0) = -\frac{R_2}{R_1}$$

이다. $\omega_0 = 10^5$ 라디안/초를 얻기 위해 $C_2 = 1$ nF을 사용하면, R_2를 다음과 같이 선택할 수 있다.

$$10^5 = \frac{1}{1 \times 10^{-9} \times R_2} \Rightarrow R_2 = 10^4\ \Omega = 10\ \text{k}\Omega$$

끝으로 10 V/V의 직류 이득을 얻기 위해서

$$\frac{R_2}{R_1} = 10 \Rightarrow R_1 = \frac{R_2}{10} = \frac{10\ \text{k}\Omega}{10} = 1\ \text{k}\Omega$$

으로 선택한다.

(웹사이트상의 부록 H에 있는) 그림 H.1에 중요하고 특별한 경우의 1차 여파기 함수를 그에 상응하는 수동(RC) 및 능동(연산 증폭기–RC) 실현들과 함께 수록하였다. 여기서 우리는 예제 13.2에서 다룬 것과 같은 능동 실현이 수동 실현에 비해 훨씬 더 융통성이 있다는 점에 주목할 필요가 있다. 즉, 능동 실현에서는 많은 경우 여파기의 이득을 원하는 값에 맞출 수도 있고, 전달 함수 파라미터들 중 몇 개를 다른 것들에 영향을 미치지 않으면서 조정할 수 있다. 또한 능동 회로의 출력 임피던스가 매우 작기 때문에(이상적으로 0), 능동 실현된 여파기들을 종속으로 접속시킬 수 있다.

연습문제

13.6 예제 13.2에서 설계된 저역 통과 여파기에 대해, 통과 대역 이득에서 최대 허용 가능한 편차가 $A_{max} = 3$ dB이다. 통과 대역 모서리 주파수 ω_p는 얼마인가? 저지 대역 모서리 주파수 $\omega_s = 3\omega_p$라고 가정하고, 최소 저지 대역 감쇠 A_{min}을 구하라.(힌트: A_{min}이 최대 통과 대역 전송에 대비하여 측정된다는 점을 상기하라.)

[답] 10^5 라디안/초; 10 dB

D13.7 그림 E13.7의 회로를 설계하여 10^4 라디안/초의 3 dB 주파수와 10 V/V의 고주파 이득을 가지는 고역 통과 여파기를 실현하라. $R_1 = 10$ kΩ을 사용하라.

[답] $R_2 = 100$ kΩ; $C_1 = 10$ nF

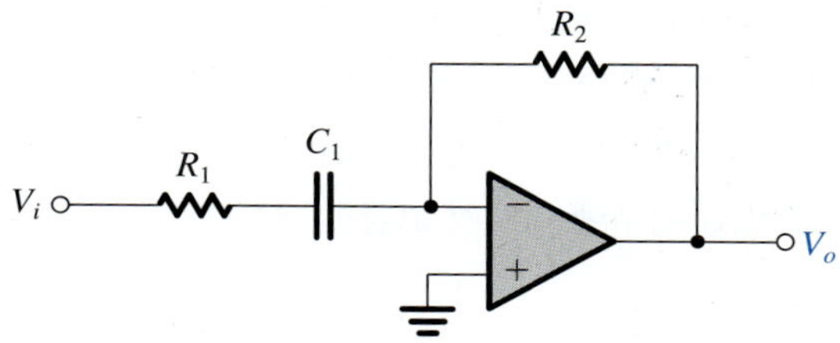

그림 E13.7

13.2.7 2차 여파기 함수

일반적으로 2차 또는 **쌍2차**(biquadratic) 여파기 전달 함수는 보통 다음의 표준 형태로 나타낼 수 있다.

$$T(s) = \frac{a_2 s^2 + a_1 s + a_0}{s^2 + s(\frac{\omega_0}{Q}) + \omega_0^2} \tag{13.12}$$

여기서 ω_0와 Q는 다음 식에 따라 극점들을 결정한다.

$$p_1, p_2 = -\frac{\omega_0}{2Q} \pm j\omega_0\sqrt{1 - \frac{1}{4Q^2}} \tag{13.13}$$

우리는 주로 복소 공액 극점들인 경우에 관심이 있는데, 이는 $Q > 0.5$일 때 얻어진다. 그림 13.9는 복소 공액 극점 쌍의 위치를 s 평면에 나타낸 것이다. 그림에서 극점들의 원점으로부터 반지름의 거리가 **극점 주파수**(pole frequency)라고 불리는 ω_0와 같다는 점에 주목하기 바란다. Q 파라미터는 $j\omega$축으로부터 극점들의 거리를 결정한다. 즉, Q 값이 클수록 극점들이 $j\omega$축에 가깝게 위치할 것이고, 여파기 응답은 더 선택적이 될 것이다. Q가 무한대일 때에는 극점들이 $j\omega$축상에 위치할 것이고, 회로는 지속적인 발진을 낳을 것이다. Q가 마이너스 값일 때는 극점들이 s 평면의 우반에 위치할 것이고, 회로는 진폭이 증가하는 발진을 산출할 것이다. 이러한 Q 파라미터를 **극점 특성 인수**(pole quality factor) 또는 간단히 **극점 Q**(pole Q)라고 부른다.

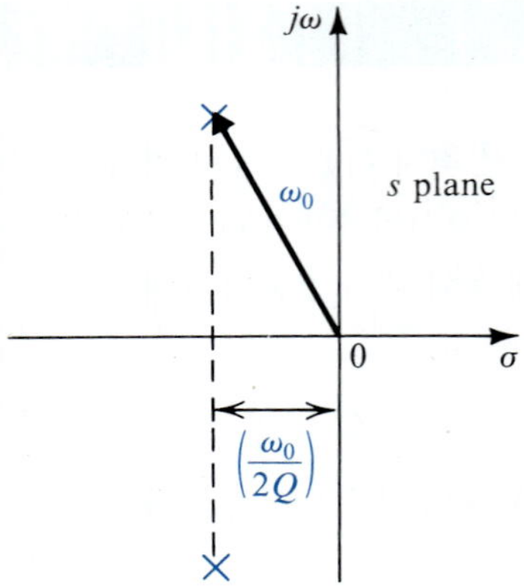

그림 13.9 복소 공액 극점 쌍의 ω_0 파라미터와 Q 파라미터의 정의.

2차 여파기의 전송 영점들은 분자 다항식의 계수들 a_0, a_1, a_2에 의해서 결정된다. 따라서 분자 계수들이 2차 여파기 함수의 유형(즉, LP, HP 등)을 결정한다는 것을 알 수 있다. (웹사이트상의 부록 H에 있는) 그림 H.3에 일곱 가지의 특별한 유형들에 대한 전달 함수, 극점과 영점의 s 평면상의 위치, 크기 응답의 자세한 스케치가 수록되어 있다. 이제 우리는 세 가지 중요하고 특별한 경우에 대해서 고찰할 것이다.

저역 통과 2차 저역 통과 여파기는 다음의 전달 함수를 가진다.

$$T(s) = \frac{a_0}{s^2 + s\frac{\omega_0}{Q} + \omega_0^2} \tag{13.14}$$

이 식은 두 전송 영점들이 $s = \infty$에 위치한다는 것을 가리킨다. $s = j\omega$를 대입하여 얻어지는 크기 응답을 그림 13.10에 나타내었다. 그림에 보인 것처럼, 응답이 그림에 자세히 나타낸 것과 같은 피크를 보일 수 있다. $Q > 1/\sqrt{2}$일 때에만 피크가 일어난다는 것을 알 수 있다. $Q = 1/\sqrt{2}$일 때 얻어지는 응답을 **최대로 평탄한**(maximally flat) 응답이라고 부른다.(13.3.1절에 있는 버터워스 여파기를 참조하라.)

대역 통과 2차 대역 통과 여파기는 다음의 전달 함수를 가진다.

$$T(s) = \frac{a_1 s}{s^2 + s\frac{\omega_0}{Q} + \omega_0^2} \tag{13.15}$$

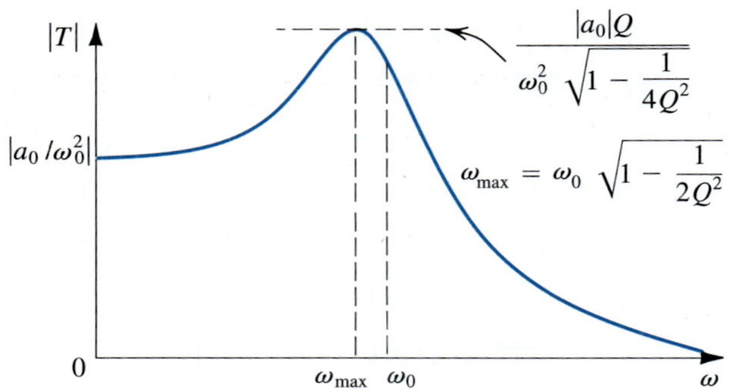

그림 13.10 2차 저역 통과 여파기의 진폭 응답.

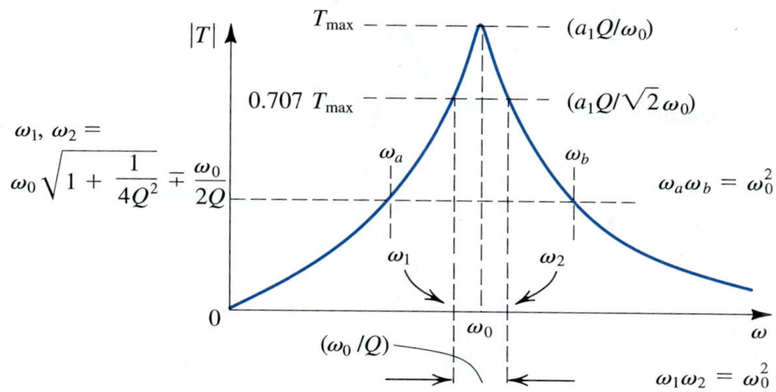

그림 13.11 2차 대역 통과 여파기의 진폭 응답.

이 식은 전송 영점 하나는 $s = 0$(직류)에 있고, 다른 하나는 $s = \infty$에 있다는 것을 가리킨다. 그림 13.11에 보인 것처럼, 크기 함수 $|T(j\omega)|$는 응답이 $\omega = \omega_0$에서 피크를 이룬다는 것을 가리킨다. 따라서 대역 통과 여파기의 **중심 주파수**(center frequency)는 극점 주파수 ω_0와 같다. 2차 대역 통과 여파기의 선택도는 통상적으로 그것의 3 dB **대역폭**으로 측정된다. 3 dB 대역폭은 크기 응답이 그것의 최댓값(ω_0에서의)보다 3 dB 낮은 두 주파수 ω_1과 ω_2의 차이다. 그림으로부터

$$\omega_1,\ \omega_2 = \omega_0 \sqrt{1 + \frac{1}{4Q^2}} \mp \frac{\omega_0}{2Q} \tag{13.16}$$

임을 알 수 있다. 따라서

$$\mathrm{BW} \equiv \omega_2 - \omega_1 = \frac{\omega_0}{Q} \tag{13.17}$$

이다. Q가 증가함에 따라 대역폭이 감소하고 대역 통과 여파기가 더 선택적이 된다는 것에 주목하기 바란다.

노치 2차 노치 여파기는 다음의 전달 함수를 가진다.

$$T(s) = a_2 \frac{s^2 + \omega_n^2}{s^2 + s\frac{\omega_0}{Q} + \omega_0^2} \tag{13.18}$$

이 식은 전송 영점들이 $s = \pm j\omega_n$에 있다는 것을 가리킨다. 극점 주파수 ω_0에 대비한 노치 주파수 ω_n의 위치에 따라 세 가지 특별한 경우의 노치 여파기가 있다. $\omega_n > \omega_0$인 경우에 대한 진폭 응답을 그림 13.12에 나타냈다. 이 여파기를 **저역 통과 노치**(LPN: low-pass notch)라고 한다.

이 장의 나머지의 대부분은 2차 여파기 함수의 회로 실현에 할애될 것이다.

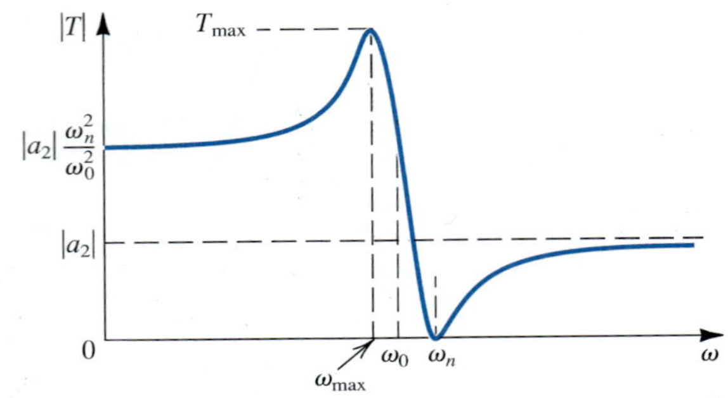

그림 13.12 2차 저역 통과 노치(LPN) 여파기의 진폭 응답.

연습문제

13.8 $Q = 1/\sqrt{2}$ 인(최대로 평탄한) 2차 저역 통과 여파기에 대해, $\omega = \omega_0$에서 크기 응답의 값이 직류에서의 값보다 3 dB 아래에 있다는 것을 보여라.

13.9 10^5 라디안/초의 중심 주파수, 10의 중심 주파수 이득, 10^3 라디안/초의 3 dB 대역폭을 가지는 2차 대역 통과 여파기의 전달 함수를 보여라.

[답] $T(s) = \dfrac{10^4 s}{s^2 + 10^3 s + 10^{10}}$

13.10 $\omega_0 = 1$ 라디안/초, $\omega_n = 1.2$ 라디안/초, $Q = 5$, 직류 이득이 1인 저역 통과 노치 여파기의 전달 함수를 구하라. 고주파에서의 전송을 구하라.

[답] $T(s) = 0.694\,\dfrac{s^2 + 1.44}{s^2 + 0.2s + 1}$; 0.694

13.3 버터워스 여파기와 체비셰프 여파기

이 절에서는 저역 통과 여파기들의 전송 특성을 근사화하는 데 자주 사용되는, 즉 크기 특성 $|T(j\omega)|$가 주어진 저역 통과 여파기 사양을 만족하는 전달 함수 $T(s)$를 구하는 데 사용되는 두 가지 함수를 제시할 것이다. 이 함수들은 그들의 파라미터들을 추출하는 데 폐쇄된 형태의 표현식을 이용할 수 있다는 장점을 가지고 있다. 따라서 이 함수들을 이용함으로써 컴퓨터나 여파기 설계표의 도움 없이 여파기를 설계할 수 있을 것이다. 그러나 이 함수들의 유용성은 비교적 간단한 응용들에만 한정된다.

비록 이 절에서는 저역 통과 여파기들의 설계에 대해서만 논의하지만, 여기서 제시하는 근사 함수들은 주파수 변환 기법들(Sedra와 Brackett, 1978 참조)의 사용을 통해 다른 유형의 여파기 설계에도 적용할 수 있을 것이다.

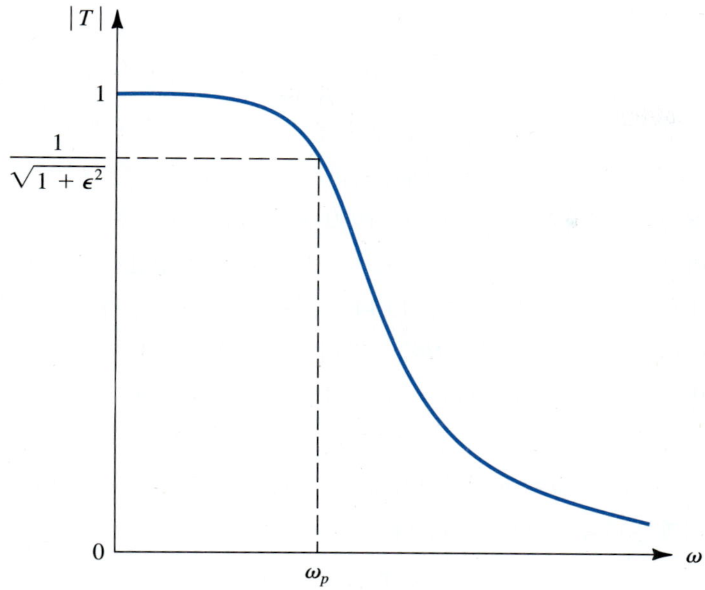

그림 13.13 버터워스 여파기의 크기 응답.

13.3.1 버터워스 여파기

그림 13.13은 버터워스[2] 여파기의 크기 응답에 대한 스케치이다. 이 여파기는 모든 전송 영점들이 $\omega = \infty$에 위치하며, 단조적으로 감소하는 전송 특성을 보인다. 따라서 이 여파기가 전극점 여파기라는 것을 알 수 있다. 통과 대역 모서리 주파수가 ω_p인 N차 버터워스 여파기의 크기 함수는 다음과 같이 주어진다.

$$|T(j\omega)| = \frac{1}{\sqrt{1+\epsilon^2\left(\dfrac{\omega}{\omega_p}\right)^{2N}}} \tag{13.19}$$

$\omega = \omega_p$에서

$$|T(j\omega_p)| = \frac{1}{\sqrt{1+\epsilon^2}} \tag{13.20}$$

이 된다. 따라서 파라미터 ϵ이 통과 대역 전송에서의 최대 편차인 A_{max}를 다음 식에 따라 결정한다는 것을 알 수 있다.

$$A_{max} = 20\log\sqrt{1+\epsilon^2} \tag{13.21}$$

---

2) 버터워스 여파기 근사라는 명칭은 1930년에 이 근사를 처음 사용한 사람 중 하나인 영국의 공학자 버터워스(S. Butterworth)의 이름에서 따왔다.

이와는 반대로, 만일 A_{max}가 주어졌다면

$$\epsilon = \sqrt{10^{A_{max}/10} - 1} \tag{13.22}$$

을 이용하여 ϵ의 값을 구할 수 있다. 버터워스 응답에서, 통과 대역 전송의 최대 편차(이상적인 값인 1로부터의)가 통과 대역의 모서리에서만 일어난다는 점에 주목하기 바란다. ω에 대한 $|T|$의 처음 $2N-1$ 도함수들이 $\omega = 0$에서 0이라는 것을 알 수 있다(Van Valkenberg, 1980 참조). 이와 같은 특성 때문에 버터워스 여파기가 $\omega = 0$ 근방에서 매우 평탄한 응답을 보이는 것이고, 또 이 응답을 **최대로 평탄한**(maximally flat) 응답이라고 부르는 것이다. 통과 대역의 평탄함의 정도는 그림 13.14로부터 알 수 있듯이 차수 N이 커짐에 따라 증가한다. 이미 예상한 바이지만, 이 그림으로부터 차수 N이 커짐에 따라 여파기 응답이 이상적인 벽돌담형 응답에 접근한다는 것도 알 수 있다. 끝으로, 식 (13.21)로부터 $\epsilon = 1$일 때 $A_{max} = 3$ dB이고 ω_p가 3 dB 대역폭이라는 점에 주목하기 바란다.

저지 대역의 모서리 주파수, 즉 $\omega = \omega_s$에서 버터워스 여파기의 감쇠는 식 (13.19)에서 $\omega = \omega_s$를 대입함으로써 구할 수 있다. 그 결과는 다음 식으로 주어진다.

$$\begin{aligned} A(\omega_s) &= -20\log\left[1\Big/\sqrt{1+\epsilon^2\left(\omega_s/\omega_p\right)^{2N}}\right] \\ &= 10\log\left[1+\epsilon^2\left(\omega_s/\omega_p\right)^{2N}\right] \end{aligned} \tag{13.23}$$

이 식을 이용하여 우리가 필요로 하는 여파기 차수, 즉 $A(\omega_s) \geq A_{min}$을 산출하는 N의 가장 작은 정수값을 구할 수 있을 것이다.

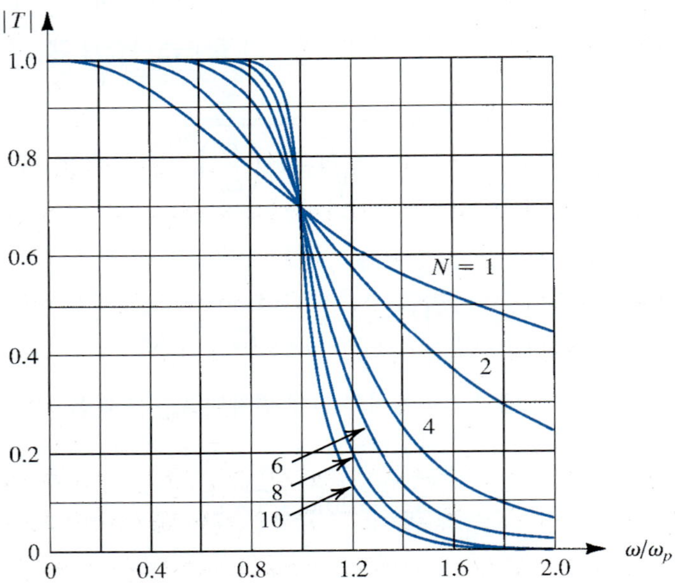

그림 13.14 $\epsilon = 1$인 여러 가지 차수의 버터워스 여파기들의 크기 응답. 차수가 증가함에 따라 응답이 이상적인 벽돌담형 전송에 접근한다는 점에 주목하라.

N차 버터워스 여파기의 극점[3]들은 그림 13.15(a)의 그래프 해석으로부터 구할 수 있을 것이다. 이 그림에서 극점들이 반경이 $\omega_p(1/\epsilon)^{1/N}$인 원상에 놓여 있는 것과 이들이 π/N의 균등한 각도 간격으로 떨어져 있는 것을 관찰할 수 있을 것이다. 또한 첫 번째 극점이 $+j\omega$축으로부터 $\pi/2N$ 각도만큼 떨어져 놓여 있는 것도 관찰할

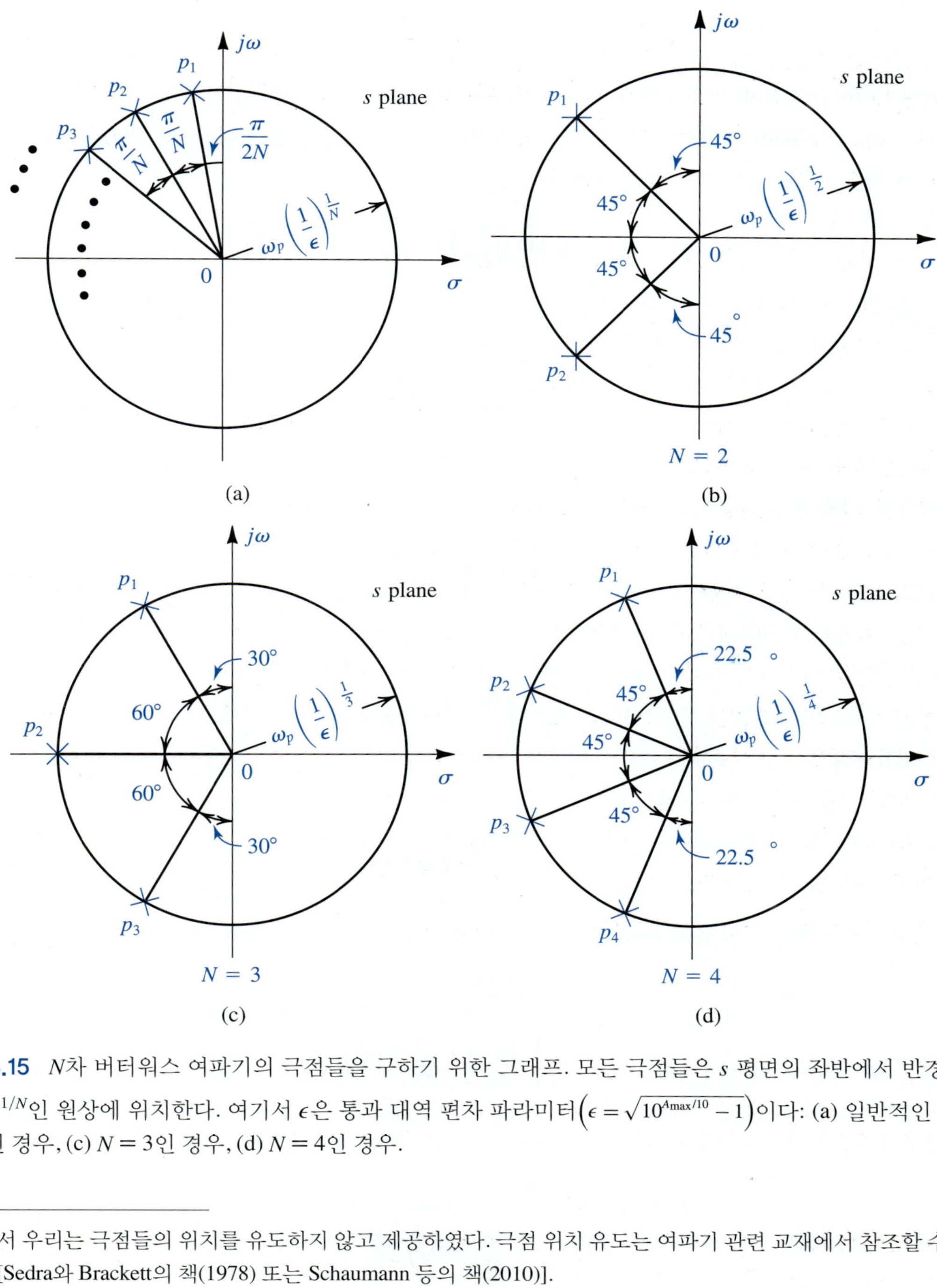

그림 13.15 N차 버터워스 여파기의 극점들을 구하기 위한 그래프. 모든 극점들은 s 평면의 좌반에서 반경이 $\omega_0 = \omega_p(1/\epsilon)^{1/N}$인 원상에 위치한다. 여기서 ϵ은 통과 대역 편차 파라미터$\left(\epsilon = \sqrt{10^{A\max/10} - 1}\right)$이다: (a) 일반적인 경우, (b) $N = 2$인 경우, (c) $N = 3$인 경우, (d) $N = 4$인 경우.

---

3) 여기서 우리는 극점들의 위치를 유도하지 않고 제공하였다. 극점 위치 유도는 여파기 관련 교재에서 참조할 수 있을 것이다[Sedra와 Brackett의 책(1978) 또는 Schaumann 등의 책(2010)].

수 있을 것이다. 그림 13.15(b), (c), (d)에 $N = 2, 3, 4$인 경우들에 대한 극점들을 각각 나타냈다. 예상한 대로 극점들이 복소 공액 쌍으로 생기며, N이 홀수인 경우에는 실수축의 $s = -\omega_p(1/\epsilon)^{1/N}$에 생기는 하나의 극점을 가진다.

모든 극점들이 원점으로부터 동일한 반경을 가지므로, 이들 모두는 다음의 동일한 극점 주파수를 가진다.

$$\omega_0 = \omega_p(1/\epsilon)^{1/N} \tag{13.24}$$

우리는 그림 13.15(a)의 그래프 해석을 이용하여 개개의 복소 공액 극점 쌍의 Q 인수에 대한 간단한 식을 유도할 수 있다. 그림 13.9에서 한 쌍의 복소 공액 극점의 $j\omega$축으로부터의 수평 거리가 $(\omega_0/2Q)$라는 것에 주목하면, (p_1, p_1^*)에 대해 다음 식을 쓸 수 있을 것이다.

$$\omega_0 \sin\left(\frac{\pi}{2N}\right) = \frac{\omega_0}{2Q_1}$$

이 식으로부터

$$Q_1 = \frac{1}{2\sin(\pi/2N)}$$

을 얻는다.

일반적으로, 극점쌍 (p_k, p_k^*)에 대해

$$Q_k = 1\Big/\left[2\sin\left(\frac{2k-1}{N}\,\frac{\pi}{2}\right)\right] \tag{13.25}$$

이고, 여기서

$$k = 1, 2, .., \left(\frac{N-1}{2}\right) \text{ for } N \text{ odd}$$

그리고

$$k = 1, 2, .., \frac{N}{2} \text{ for } N \text{ even}$$

이다. 일단 극점들을 정했으면, N차 버터워스 여파기의 전달 함수 $T(s)$를 다음과 같이 쓸 수 있을 것이다.

$$T(s) = \frac{K\,\omega_0^N}{(s+\omega_0)\displaystyle\prod_{k=1}^{(N-1)/2}\left(s^2 + s\,\frac{\omega_0}{Q_k} + \omega_0^2\right)}, \quad \text{for } N \text{ odd} \tag{13.26a}$$

또는

$$T(s) = \frac{K\,\omega_0^N}{\displaystyle\prod_{k=1}^{N/2}\left(s^2 + s\,\frac{\omega_0}{Q_k} + \omega_0^2\right)}, \quad \text{for } N \text{ even} \tag{13.26b}$$

여기서 K는 여파기의 요구되는 직류 이득과 같은 상수이다.

지금까지의 내용을 요약하면, 그림 13.3에 나타낸 형태의 전송 사양들을 충족시키는 버터워스 전달 함수를 구하려면 다음의 절차를 따라야 한다.

1. 식 (13.22)로부터 ϵ을 구한다.
2. 식 (13.23)을 사용하여 우리가 필요로 하는 여파기 차수, 즉 $A(\omega_s) \geq A_{min}$을 산출하는 N의 가장 작은 정수값을 구한다.
3. 그림 13.15(a)를 식 (13.24) 및 (13.25)와 함께 사용하여 극점들을 구한다.
4. 식 (13.26a) 또는 (13.26b)를 사용하여 $T(s)$를 구한다.

예제 13.3

다음과 같은 저역 통과 여파기 사양, 즉 $f_p = 10$ kHz, $A_{max} = 1$ dB, $f_s = 15$ kHz, $A_{min} = 25$ dB, 직류 이득 = 1을 충족시키는 버터워스 전달 함수를 구하라.

풀이

$A_{max} = 1$ dB을 식 (13.22)에 대입하면 $\epsilon = 0.5088$을 얻을 것이다. 그런 다음 식 (13.23)을 이용하여 여파기 차수 N을 구한다. 즉, $N = 8$일 때 $A(\omega_s) = 22.3$ dB이고, $N = 9$일 때 $A(\omega_s) = 25.8$ dB이므로, $N = 9$로 선택해야 할 것이다.

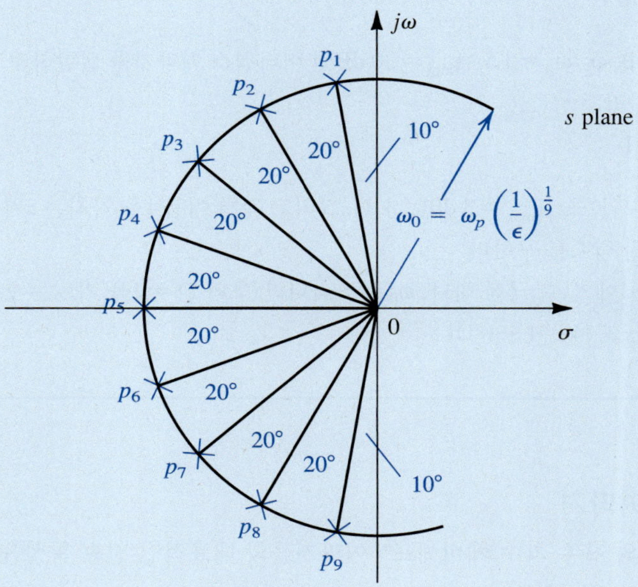

그림 13.16 예제 13.3의 9차 버터워스 여파기의 극점들.

그림 13.16에 이 여파기의 극점들을 구하기 위한 그래프 해석을 나타냈다. 극점 9에 대한 주파수 ω_0는 식 (13.24)를 이용하여 구할 수 있다. 즉,

$$\omega_0 = 2\pi \times 10 \times 10^3 (1/0.5088)^{1/9} = 6.773 \times 10^4 \text{ 라디안/초}$$

네 쌍의 복소 공액 극점들에 대한 Q 인수들은 식 (13.25)를 이용하여 구할 수 있다. 즉,

$$Q_1 = 2.879,\ \ Q_2 = 1,\ \ Q_3 = 0.653,\ \ Q_4 = 0.532$$

끝으로 $T(s)$는 식 (13.26a)에서 $K = 1$을 대입함으로써 구할 수 있다.

$$T(s) = \frac{\omega_0^9}{(s+\omega_0)\ (s^2 + s\,\frac{\omega_0}{2.879} + \omega_0^2)\ (s^2 + s\omega_0 + \omega_0^2)} \times \frac{1}{(s^2 + s\,\frac{\omega_0}{0.653} + \omega_0^2)\ (s^2 + s\,\frac{\omega_0}{0.532} + \omega_0^2)} \tag{13.27}$$

연습문제

13.11 1의 직류 전송과 10 kHz의 3 dB 대역폭을 가지는 5차 버터워스 저역 통과 여파기에 대해, 30 kHz에서 얻어지는 감쇠를 구하라.

[답] 47.7 dB

D13.12 $A_{\max} = 1$ dB, $\omega_s/\omega_p = 1.5$, $A_{\min} = 30$ dB인 버터워스 여파기를 실현하려고 한다. 여파기의 차수 N을 결정하라.

[답] $N = 11$

13.13 $\omega_p = 1$ 라디안/초, $A_{\max} = 3$ dB($\epsilon \simeq 1$), 그리고 직류 이득 1을 가지는 3차 버터워스 여파기의 극점들과 전달 함수를 구하라.

[답] $s = -1$에 실수 극점 하나, $\omega_0 = 1$ 라디안/초와 $Q = 1$을 가지는 한 쌍의 복소 공액 극점, $T(s) = 1/[(s+1)(s^2+s+1)]$

13.3.2 체비셰프 여파기

그림 13.17에 짝수 차수와 홀수 차수 체비셰프[4] 여파기들의 대표적인 전송 특성을 나타냈다. 체비셰프 여파

4) 체비셰프 함수의 명칭은 1899년에 이 함수를 증기 기관의 구조 연구에 사용한 러시아 수학자 체비셰프(P. L. Chebyshev)의 이름에서 따왔다.

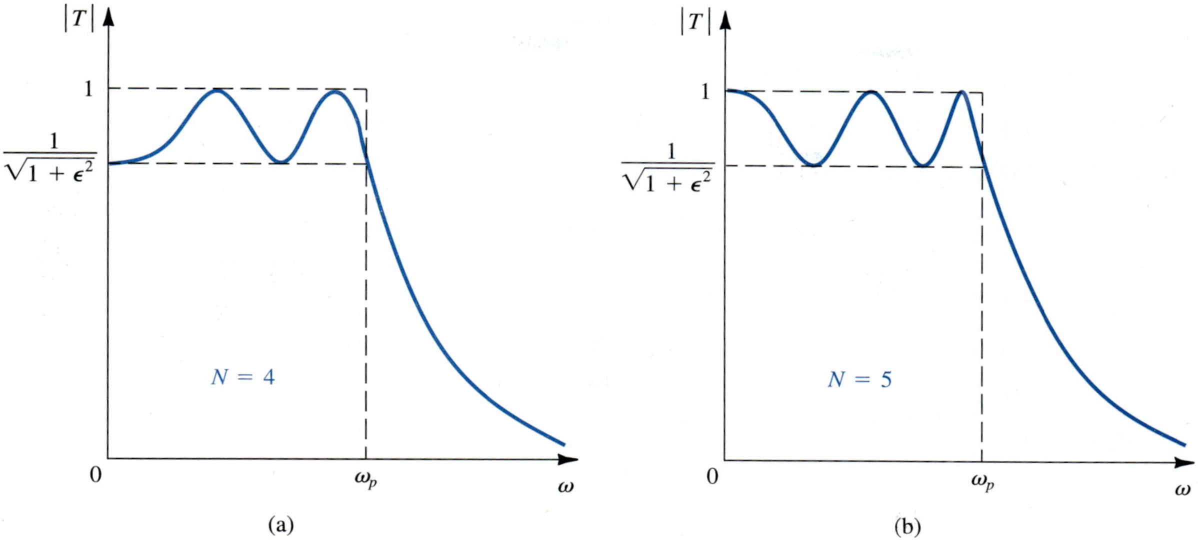

그림 13.17 대표적인 (a) 짝수 차수와 (b) 홀수 차수 체비셰프 여파기들의 전송 특성.

기는 통과 대역에서는 균등한 리플 응답을 보이고, 저지 대역에서는 단조롭게 감소하는 전송 특성을 보인다. 홀수 차수 여파기가 $|T(0)| = 1$을 갖는 데 반해, 짝수 차수 여파기는 $\omega = 0$에서 최대의 진폭 편차를 보인다는 점에 주목하라. 또한 양쪽의 경우에서 통과 대역 최대점들과 최소점들의 총수가 그 여파기의 차수와 같다는 점에도 주목하기 바란다. 체비셰프 여파기의 모든 전송 영점들이 $\omega = \infty$에 있으므로, 이 여파기가 전극점 여파기라는 것을 짐작할 수 있을 것이다.

통과 대역 모서리가 ω_p인 N차 체비셰프 여파기의 전달 함수의 크기는

$$|T(j\omega)| = \frac{1}{\sqrt{1+\epsilon^2\cos^2\left[N\cos^{-1}\left(\omega/\omega_p\right)\right]}} \quad \text{for} \quad \omega \le \omega_p \tag{13.28}$$

과

$$|T(j\omega)| = \frac{1}{\sqrt{1+\epsilon^2\cosh^2\left[N\cosh^{-1}\left(\omega/\omega_p\right)\right]}} \quad \text{for} \quad \omega \ge \omega_p \tag{13.29}$$

로 주어진다. 통과 대역 모서리, 즉 $\omega = \omega_p$에서 크기 함수는

$$\left|T\left(j\omega_p\right)\right| = \frac{1}{\sqrt{1+\epsilon^2}}$$

로 주어진다. 따라서 파라미터 ϵ은 통과 대역 리플을 다음 식에 따라 결정할 것이다.

$$A_{\max} = 10\log\left(1+\epsilon^2\right) \tag{13.30}$$

이와는 반대로, 만일 $A_{\max}$가 주어졌다면

$$\epsilon = \sqrt{10^{A_{\max}/10} - 1} \tag{13.31}$$

을 이용하여 ϵ의 값을 구할 수 있을 것이다.

저지 대역의 모서리 주파수($\omega = \omega_s$)에서 체비셰프 여파기에 의해 이루어지는 감쇠는 식 (13.29)를 이용하여 다음과 같이 구할 수 있다.

$$A(\omega_s) = 10\log\left[1 + \epsilon^2 \cosh^2\left(N\cosh^{-1}\left(\omega_s/\omega_p\right)\right)\right] \tag{13.32}$$

이 식을 이용하여 $A(\omega_s) \geq A_{\min}$을 산출하는 N의 가장 작은 정수값을 구함으로써, 지정된 $A_{\min}$을 얻는 데 필요한 차수 N을 결정할 수 있다. 버터워스 여파기의 경우에서처럼, 체비셰프 여파기의 차수 N을 증가시키면, 여파기의 크기 응답이 이상적인 벽돌담형 저역 통과 응답에 접근할 것이다.

체비셰프 여파기의 극점들은 다음과 같이 주어진다.

$$\begin{aligned} p_k = &-\omega_p \sin\left(\frac{2k-1}{N}\frac{\pi}{2}\right)\sinh\left(\frac{1}{N}\sinh^{-1}\frac{1}{\epsilon}\right) \\ &+ j\omega_p \cos\left(\frac{2k-1}{N}\frac{\pi}{2}\right)\cosh\left(\frac{1}{N}\sinh^{-1}\frac{1}{\epsilon}\right) \qquad k = 1, 2, \ldots, N \end{aligned} \tag{13.33}$$

개개의 복소 공액 극점 쌍에 대한 주파수 ω_0와 Q 인수는 그림 13.9와 함께 이 식으로부터 구할 수 있을 것이다.

끝으로 체비셰프 여파기의 전달 함수를 다음과 같이 쓸 수 있다.

$$T(s) = \frac{K\omega_p^N}{\epsilon 2^{N-1}(s-p_1)(s-p_2)\cdots(s-p_N)} \tag{13.34}$$

여기서 K는 이 여파기가 가져야 할 이득을 나타낸다.

지금까지의 내용을 요약하면, 그림 13.3에 나타낸 형태의 저역 통과 전송 사양들을 충족시키는 체비셰프 여파기의 전달 함수를 구하려면 다음의 절차를 따라야 한다.

1. 식 (13.31)로부터 ϵ을 구한다.
2. 식 (13.32)를 사용하여 원하는 차수를 결정한다.
3. 식 (13.33)을 사용하여 극점들을 구한다.
4. 식 (13.34)를 사용하여 전달 함수를 구한다.

체비셰프 여파기는 버터워스 여파기보다 더 효과적인 근사를 제공한다. 따라서 똑같은 차수와 $A_{\max}$에 대해, 체비셰프 여파기가 버터워스 여파기보다 큰 저지 대역 감쇠를 제공한다. 이는 동일한 사양들을 충족시키는 데 필요한 여파기 차수가 버터워스 여파기의 경우보다 체비셰프 여파기의 경우가 낮다는 것을 의미한다. 그러나 치러야 할 대가는 극점들의 Q 인수에 대한 더 높은 값들이다. 뒤의 절들에서 우리는 높은 Q 인수를 가지는 극점을 실현하는 것이 더 어렵다는 것을 알게 될 것이다.

예제 13.4

예제 13.3에 주어진 것과 똑같은 저역 통과 여파기 사양들, 즉 $f_p = 10$ kHz, $A_{max} = 1$ dB, $f_s = 15$ kHz, $A_{min} = 25$ dB, 직류 이득 = 1을 충족시키는 체비셰프 전달 함수를 구하라.

풀이

$A_{max} = 1$ dB을 식 (13.31)에 대입하면 $\epsilon = 0.5088$을 얻을 것이다. 식 (13.32)에서 N에 대한 여러 값들을 대입해 봄으로써 $N = 4$일 때 $A(\omega_s) = 21.6$ dB이 산출되고 $N = 5$일 때 29.9 dB이 산출되는 것을 알 수 있을 것이다. 따라서 $N = 5$로 선택해야 할 것이다. 버터워스 여파기로 예제 13.3에 주어진 사양들을 충족시키는 데 9차 여파기가 필요했다는 것을 상기하기 바란다.

극점들은 식 (13.33)으로부터 다음과 같이 구해진다.

$$p_1, p_5 = \omega_p(-0.0895 \pm j0.9901) \Rightarrow \omega_{01} = 0.9941\,\omega_p, Q_1 = 5.554$$

$$p_2, p_4 = \omega_p(-0.2342 \pm j0.6119) \Rightarrow \omega_{02} = 0.6552\,\omega_p, Q_2 = 1.4$$

$$p_5 = \omega_p(-0.2895)$$

이 값들을 식 (13.34)에 대입함으로써 전달 함수를 다음과 같이 구할 수 있다.

$$T(s) = \frac{\omega_p^5}{8.1408(s + 0.2895\,\omega_p)\left(s^2 + s\frac{0.9941\omega_p}{5.554} + 0.9882\,\omega_p^2\right)} \times \frac{1}{s^2 + s\frac{0.6552\omega_p}{1.4} + 0.4293\,\omega_p^2} \tag{13.35}$$

여기서 $\omega_p = 2\pi \times 10^4$ 라디안/초이다.

연습문제

D13.14 0.5 dB 통과 대역 리플을 가지는 7차 체비셰프 여파기에 의해 $\omega = 2\omega_p$에서 제공되는 감쇠를 구하라. 통과 대역 리플을 1 dB까지 증가시킬 수 있다면, 저지 대역 감쇠는 얼마만큼 증가하겠는가?

[답] 64.9 dB; 3.3 dB

D13.15 $f_p = 1$ kHz, $A_{max} = 1$ dB, $f_s = 1.5$ kHz, $A_{min} = 50$ dB을 가지는 저역 통과 여파기를 설계하려고 한다. (a) 이 저역 통과 여파기를 체비셰프 여파기로 실현하려고 할 때 요구되는 여파기 차수를 구하라. 이 체비셰프 여파기로 얻어진 초과 저지 대역 감쇠는 얼마인가? (b) 버터워스 여파기에 대해 반복하라.

[답] (a) $N = 8$, 5 dB; (b) $N = 16$, 0.5 dB

초기의 여파기 개척자: 카우에르와 달링턴

독일 수학자 Wilhelm Cauer(1900~1945)는 MIT와 하버드대에서 Vannevar Bush와 공동 연구를 하는 동안, 체비셰프 다항식을 여파기 전달 함수 설계 분야를 통일하는 방식으로 사용했다. 지금은 카우에르 여파기라고 알려진 일립틱(elliptical) 여파기는 통과 대역과 저지 대역 모두에서 균등한 리플 특성을 가진다. 카우에르는 그가 의문스럽게 실종되고 2차 세계대전 마지막 날에 베를린에서 사망했다고 추정될 때까지 LC 여파기 합성에 꾸준하게 공헌했다.

Sidney Darlington(1906~1997)은 벨 전화 연구소에서 근무하던 1940년대에 LC 여파기에 대한 완전한 설계 이론을 개발하였다. 아이러니하게도 그는 말년에 달링턴 쌍이라는 특별한 트랜지스터 회로를 발명한 것으로 더 유명해졌다.

13.4 LCR 공진기에 기초한 2차 수동 여파기

이 절에서는 인덕터, 커패시터, 저항기를 이용한 2차 여파기 함수의 실현을 공부할 것이다. 이 LCR 회로들은 그들 자체가 매우 높은 주파수에서 동작하는 여파기 실현에 유용하다. 또한 이들은 다음 절에서 다룰 연산 증폭기–RC 실현에 대한 기초로 쓸 수 있다. 여기서 인덕터는 시뮬레이티드 인덕턴스로 대체된다.

이 절에서 공부할 LCR 실현들은 그림 13.18(a)에 보인 병렬 LCR 공진기 회로로부터 유도된다.

13.4.1 공진기 극점들

그림 13.18(a)에 보인 병렬 공진 회로의 극점들은 회로의 고유 구조를 변경시키지 않는 임의의 여기(입력)를 인가함으로써 구할 수 있을 것이다. 이 회로를 여기시키기 위한 두 가지 가능한 방법을 그림 13.18(b)와 (c)에 나타냈다. 그림 13.18(b)에서 공진기는 병렬로 접속된 전류 전원 I로 여기된다. 회로의 고유 응답에 관한 한, 이상적인 독립 전류 전원은 개방 회로와 마찬가지이므로, 그림 13.18(b)의 여기는 공진기의 고유 구조를 변경시키

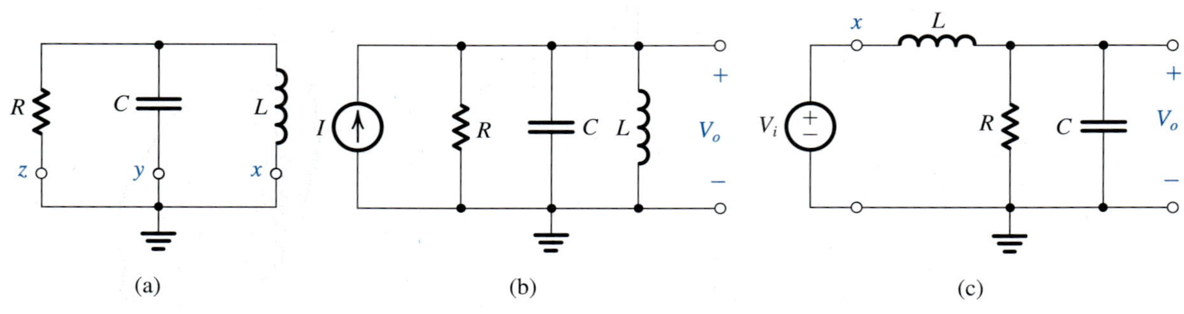

그림 13.18 (a) 2차 병렬 LCR 공진기. (b)와 (c) (a)의 공진기 회로를 그것의 고유 구조를 변경시키지 않으면서 여기시키는 두 가지 방법. 공진기 극점들은 V_o/I와 V_o/V_i의 극점들이다.

지 않을 것이다. 따라서 그림 13.18(b)의 회로는 응답(어떤 응답이든 상관없다) 함수의 극점들을 간단히 구함으로써 공진기의 극점들을 구하는 데 사용될 수 있을 것이다. 예를 들어 공진기에 걸리는 전압 V_o를 응답으로 취할 수 있을 것이고, 그 결과로 응답 함수 $V_o/I = Z$를 구할 수 있을 것이다. 여기서 Z는 병렬 공진 회로의 임피던스를 나타낸다. 그러나 이 회로의 병렬 구조 때문에 임피던스보다 어드미턴스 Y로 해석하는 것이 더 편리할 것이다. 따라서

$$\frac{V_o}{I} = \frac{1}{Y} = \frac{1}{(1/sL) + sC + (1/R)}$$

$$= \frac{s/C}{s^2 + s(1/CR) + (1/LC)} \tag{13.36}$$

를 얻을 수 있을 것이다. 이 식의 분모를 표준 형태의 식 $s^2 + s(\omega_0/Q) + \omega_0^2$과 같게 놓으면

$$\omega_0^2 = 1/LC \tag{13.37}$$

과

$$\omega_0/Q = 1/CR \tag{13.38}$$

을 얻을 것이다. 따라서

$$\omega_0 = 1/\sqrt{LC} \tag{13.39}$$

$$Q = \omega_0 CR \tag{13.40}$$

이다. 독자들은 회로 이론의 기초 과정에서 병렬 공진 회로를 공부했으므로 이 식에 익숙할 것이다.

병렬 LCR 공진기를 여기시키기 위한 또 다른 방법을 그림 13.18(c)에 나타냈다. 여기서 인덕터 L의 x 마디가 접지로부터 떨어져 이상적인 독립 전압 전원 V_i에 접속되어 있는 것을 볼 수 있다. 회로의 고유 응답에 관한 한, 이상적인 독립 전압 전원은 단락 회로와 마찬가지이므로, 그림 13.18(c)의 여기는 공진기의 고유 구조를 변경시키지 않을 것이다. 따라서 우리는 그림 13.18(c)의 회로를 이용하여 공진기의 극점들을 구할 수 있을 것이다. 예를 들어 V_o를 응답 변수로 선택할 수 있을 것이고, 전달 함수 V_o/V_i를 구할 수 있을 것이다. 독자들은 이 전달 함수의 극점들이 위에서 구한 극점들과 일치한다는 것을 쉽게 증명할 수 있을 것이다.

여파기를 설계할 때에는 ω_0와 Q가 주어질 것이고, L, C, R을 결정해야 할 것이다. 식 (13.39)와 (13.40)을 이용하면 이들 세 개의 미지수를 하나의 미지수로 나타낼 수 있을 것이다. 따라서 하나의 미지수를 이용하여 소자의 값들이 실제적인 값이 되도록 회로의 임피던스 레벨을 설정할 수 있을 것이다.

13.4.2 전송 영점들의 실현

한 쌍의 공액 복소수 고유 모드들을 실현하기 위해 LCR 공진기의 소자 값들을 선택했으므로, 이제부터 이 공진기를 이용해서 우리가 원하는 형태의 여파기(예를 들어 LP, HP 등)를 실현할 것이다. 특히 여파기의 전달 함수 V_o/V_i를 원하는 형태로 만들기 위해서는 입력 전압 신호 V_i를 어디로 주입시켜야 하는지에 대해서 고찰할 것이다. 우선 그림 13.18(a)의 공진기 회로에서, 회로의 고유 모드들을 변경시키지 않으면서 x, y, 또는 z로 명명된 마디들을 접지로부터 떼어 낸 다음 V_i에 접속시킬 수 있다는 점에 주목하기 바란다. 이와 같이 했을 때 회

로는 그림 13.19(a)와 같이 하나의 전압 분배기 형태를 취할 것이다. 따라서 실현된 전달 함수는

$$T(s) = \frac{V_o(s)}{V_i(s)} = \frac{Z_2(s)}{Z_1(s) + Z_2(s)} \tag{13.41}$$

이다. 이 식으로부터 만일 $Z_1(s)$가 $Z_2(s)$와 동시에 0이 되지 않는다면, 전송 영점들은 $Z_2(s)$가 0이 되는 s의 값들에 위치한다는 것과, 만일 $Z_2(s)$가 $Z_1(s)$와 동시에 무한대가 되지 않는다면, 전송 영점들은 $Z_1(s)$가 무한대가 되는 s의 값들에 위치한다는 것을 알 수 있을 것이다. 이 진술로부터 $Z_2(s)$가 단락 회로로 작용하거나 $Z_1(s)$가 개방 회로로 작용할 때 출력이 0이 된다는 것을 파악할 수 있을 것이다. 만일 Z_1과 Z_2 모두가 0이 되는 어떤 s의 값이 존재한다면, V_o/V_i는 유한할 것이고 전송 영점을 얻을 수 없을 것이다. 이와 마찬가지로 만일 Z_1과 Z_2 모두가 무한대가 되는 s의 값이 존재한다면, V_o/V_i는 유한할 것이고 전송 영점을 실현할 수 없을 것이다.

13.4.3 저역 통과 함수의 실현

위에서 설명한 방안으로부터 저역 통과 여파기를 실현하려면, 그림 13.19(b)에 나타낸 것처럼 x 마디를 접지로부터 떼어 낸 다음 V_i에 접속하면 된다는 것을 알 수 있을 것이다. 이 회로의 전송 영점들은 직렬 임피던스가 무한대가 되는 s의 값(sL은 $s = \infty$에서 무한대가 된다)과 병렬 임피던스가 0이 되는 s의 값($1/[sC + (1/R)]$은 $s = \infty$에서 0이 된다)에 위치할 것이다. 따라서 이 회로는 예상한 대로 $s = \infty$에 두 개의 전송 영점을 가질 것이다. 이 회로의 전달 함수를 회로의 고찰로부터 직접 쓸 수도 있고, 그렇지 않으면 전압 분배 공식을 이용해서 쓸 수도 있을 것이다. 후자의 방법을 이용함으로써

$$T(s) \equiv \frac{V_o}{V_i} = \frac{Z_2}{Z_1 + Z_2} = \frac{Y_1}{Y_1 + Y_2} = \frac{1/sL}{(1/sL) + sC + (1/R)}$$

$$= \frac{1/LC}{s^2 + s(1/CR) + (1/LC)} \tag{13.42}$$

를 얻을 수 있다.

13.4.4 대역 통과 함수의 실현

대역 통과 함수는 그림 13.19(c)에 나타낸 것처럼, z 마디를 접지로부터 떼어 낸 다음 V_i에 접속시킴으로써 실현된다. 여기서 직렬 임피던스가 저항성이기 때문에, 어떤 전송 영점도 끌어들이지 않는다는 점에 주목하기 바란다. 전송 영점들은 다음과 같이 구할 수 있을 것이다. 즉, $s = 0$에서 병렬 인덕터의 임피던스가 0이 되기 때문에 영점 하나는 $s = 0$에 위치할 것이다. 또한 $s = \infty$에서 병렬 커패시터의 임피던스가 0이 되기 때문에 또 다른 영점 하나는 $s = \infty$에 위치할 것이다. 중심 주파수 ω_0에서 LC 병렬 동조 회로는 무한대의 임피던스를 보이며, 그 결과로 회로에는 전류가 흐르지 않을 것이다. 따라서 $\omega = \omega_0$에서 $V_o = V_i$이다. 바꿔 말하면 대역 통과 여파기의 중심 주파수 이득은 1이다. 이제 대역 통과 여파기의 전달 함수를 다음과 같이 구할 수 있다.

$$T(s) = \frac{Y_R}{Y_R + Y_L + Y_C} = \frac{1/R}{(1/R) + (1/sL) + sC}$$

$$= \frac{s(1/CR)}{s^2 + s(1/CR) + (1/LC)} \tag{13.43}$$

13.4.5 노치 함수의 실현

$j\omega$축상에 위치하는 한 쌍의 전송 영점은 그림 13.19(d)에 나타낸 것처럼 병렬 공진 회로를 직렬 가지로 사용함으로써 실현할 수 있을 것이다. 그림 13.18(a)의 회로에서 x와 y 마디를 접지로부터 떼어 낸 다음 이들을 함

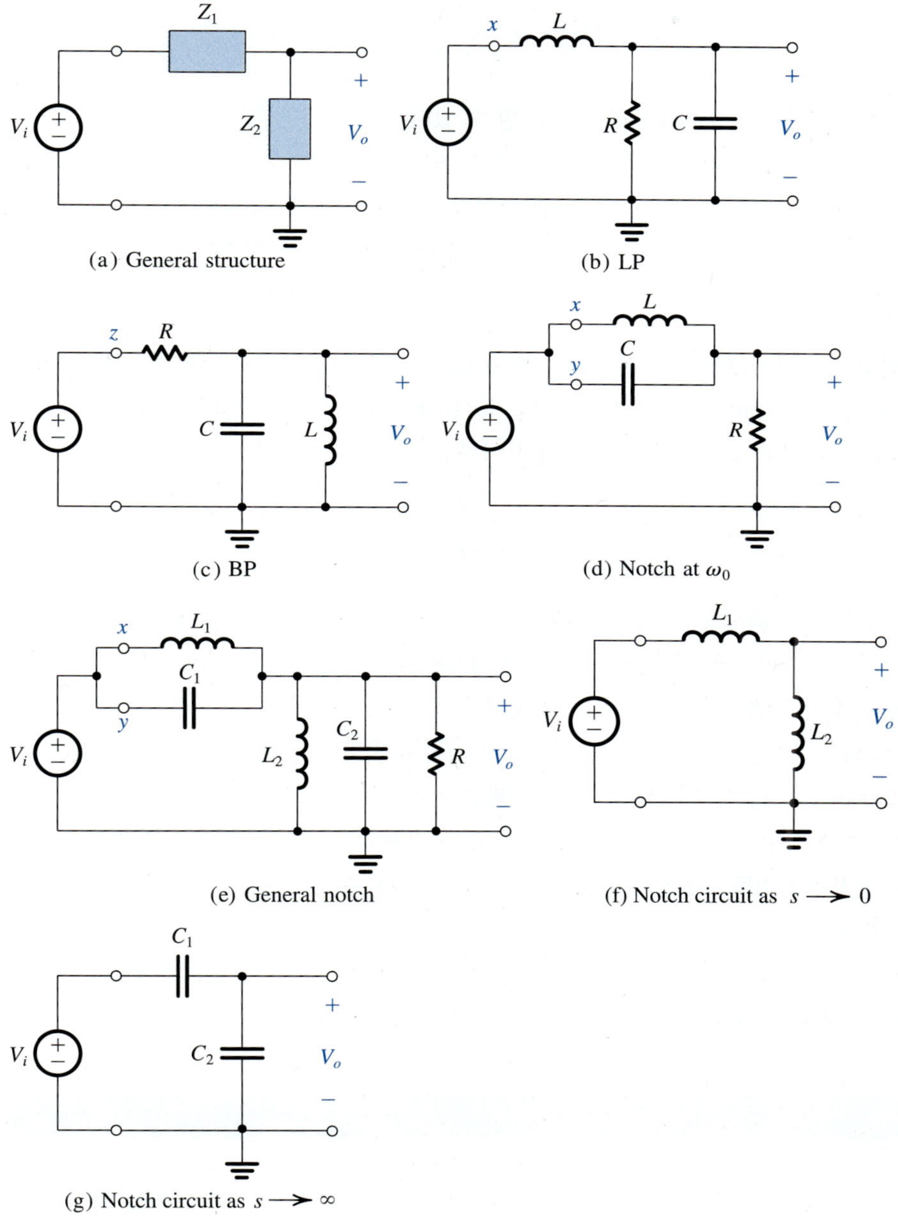

그림 13.19 그림 13.18(a)의 LCR 공진기를 이용한 여러 가지 2차 여파기 함수들의 실현: (a) 일반적인 구조, (b) LP, (c) BP, (d) ω_0에서의 노치, (e) 일반적인 노치, (f) s가 0에 접근함에 따른 (e)의 노치 회로, (g) s가 ∞로 접근함에 따른 (e)의 노치 회로.

께 V_i에 접속시킴으로써 그림 13.19(d)의 회로가 얻어진다는 점에 주목하기 바란다. LC 회로의 임피던스가 $\omega = \omega_0 = 1/\sqrt{LC}$ 에서 무한대가 되기 때문에, 이 주파수에서 전송 영점이 발생할 것이다. 한편 병렬 임피던스는 저항성이기 때문에 아무런 전송 영점도 끌어들이지 않을 것이다. 따라서 그림 13.19(d)의 회로는 다음과 같은 노치 전달 함수를 실현할 것이다.

$$T(s) = a_2 \frac{s^2 + \omega_0^2}{s^2 + s(\omega_0/Q) + \omega_0^2} \tag{13.44}$$

회로를 살펴보면 고주파 이득 a_2가 1이라는 것을 알 수 있다.

노치 주파수 ω_n을 ω_0에 대해 임의로 설정할 수 있는 노치 여파기를 실현하려면, 그림 13.19(d)의 회로에 변화를 줘야 할 것이다. 즉, 그림 13.19(e)에 나타낸 것처럼, 여파기의 직렬 가지에는 여전히 L_1C_1 병렬 회로를 사용하고, 병렬 가지에는 L_2C_2 병렬 회로를 새롭게 첨가해 줘야 할 것이다. 여기서 L_1과 C_1은

$$L_1C_1 = 1/\omega_n^2 \tag{13.45}$$

이 되도록 선택되어야 한다. 따라서 만일 L_2C_2 탱크(tank) 회로가 ω_n에서 공진하지 않는다면, L_1C_1 탱크 회로가 한 쌍의 전송 영점을 $\pm j\omega_n$에 끌어들일 것이다. 식 (13.45)의 조건 외에, L_2와 C_2의 값들은 여파기의 극점들이 변경되지 않도록 다음과 같이 선택되어야 할 것이다.

$$C_1 + C_2 = C \tag{13.46}$$

$$L_1 \| L_2 = L \tag{13.47}$$

바꿔 말하면, V_i를 단락 회로로 대체했을 때, 회로가 본래의 LCR 공진기로 환원되어야 할 것이다. 그림 13.19(e)의 회로를 생각하는 또 다른 방법은, 본래의 LCR 공진기에서 L의 일부와 C의 일부를 접지로부터 떼어 낸 다음 이들을 V_i에 접속함으로써 이 회로를 얻을 수 있다는 것이다.

그림 13.19(e)의 회로에서, L_2가 $s = 0$에 영점을 끌어들이지 않는다는 점에 주목하기 바란다. 이는 $s = 0$에서 L_1C_1 회로도 하나의 영점을 갖기 때문이다. 실제로, $s = 0$에서 회로는 직류 전송이 $L_2/(L_1 + L_2)$로 주어지는 그림 13.19(f)에 보인 유도성 전압 분배기가 된다. C_2에 대해서도 이와 유사한 설명을 할 수 있을 것이다. 즉, C_2가 $s = \infty$에 영점을 끌어들이지 않는다는 점과 $s = \infty$에서 전송이 $C_1/(C_1 + C_2)$라는 점에 주목하기 바란다 [그림 13.19(g) 참조].

LPN과 HPN 여파기 실현들은 그림 13.19(e)에 나타낸 일반적인 노치 회로의 특별한 경우들이다. 이들 실현은 각각 문제 13.46과 13.50에서 탐구할 것이다.

연습문제

D13.16 그림 13.19(b)의 회로를 사용하여, 100 kHz의 3 dB 주파수를 가지는 최대로 평탄한 형태의 2차 저역 통과 함수를 실현하라.

[답] $R = 1\ \text{k}\Omega$으로 선택하면, $C = 1125$ pF과 $L = 2.25$ mH를 얻는다.

D13.17 그림 13.19(c)의 회로를 사용하여, 10^5 라디안/초의 중심 주파수와 10^3 라디안/초의 3 dB 주파수를 가지는 대역 통과 여파기를 설계하라.

[답] $R = 100$ kΩ으로 선택하면, $C = 10$ nF과 $L = 10$ mH를 얻는다.

13.5 인덕턴스 시뮬레이션에 기초한 2차 능동 여파기

이 절에서는 여러 가지 2차 여파기 함수들을 실현하는 일련의 연산 증폭기–RC 회로들을 살펴본다. 이 회로들은 LCR 공진기에서 인덕터 L을 유도성 입력 임피던스를 갖는 연산 증폭기–RC 회로로 대체함으로써 얻어지는 연산 증폭기–RC 공진기에 기초를 두고 있다.

13.5.1 Antoniou의 인덕턴스 시뮬레이션 회로

지난 여러 해에 걸쳐, 인덕터의 동작을 흉내 내기(simulate) 위한 많은 연산 증폭기–RC 회로들이 제안되었다. 이들 중에서 A. Antoniou[5)](Antoniou, 1969 참조)가 고안한 회로가 '최상'이라고 입증되었다. 여기서 '최상'이라고 하는 말은 이 회로의 동작이 연산 증폭기들의 비이상적인 특성들, 특히 그들의 유한 이득과 대역폭의 영향을 거의 받지 않는다는 것을 의미한다. 그림 13.20(a)에 Antoniou의 인덕턴스 시뮬레이션(inductance simulation) 회로를 나타냈다. 만일 전압 전원 V_1이 이 회로의 입력(마디 1)에서 이 회로를 구동하고 입력 전류가 $I1$이라면, 연산 증폭기들이 이상적일 경우 이 회로의 입력 임피던스가

$$Z_{in} \equiv V_1/I_1 = sC_4R_1R_3R_5/R_2 \tag{13.48}$$

라는 것을 알 수 있을 것이다. 또한 이 임피던스가 다음 식으로 주어지는 인덕턴스 L의 임피던스라는 것도 알 수 있을 것이다.

$$L = C_4R_1R_3R_5/R_2 \tag{13.49}$$

그림 13.20(b)는 연산 증폭기들이 이상적이라고 가정하여(즉, 연산 증폭기들의 입력 전류들이 0이고, 각각의 연산 증폭기의 두 입력 단자들 사이에 가상 단락 회로가 나타난다고 가정하여) 회로를 해석한 것이다. 회로 해석은 전압 전원 V_1이 마디 1에 인가된다고 가정한 다음, 이 마디로부터 시작하여 그림의 원 안에 표시된 순서에 따라 단계적으로 진행된다. 회로 해석의 결과로서, 식 (13.48)의 Z_{in}을 산출하는 입력 전류 I_1의 식을 얻을 수 있을 것이다.

이 회로를 설계할 때, 통상적으로 $R_1 = R_2 = R_3 = R_5 = R$과 $C_4 = C$로 선택하여 $L = CR^2$이 되게끔 한다. 그런 다음 C와 R 값을 적당히 선택하여 우리가 원하는 인덕턴스 값 L을 얻는다. 이 회로에 대한 보다 상세한 설명과 연산 증폭기들의 비이상적인 특성들이 이 회로의 성능에 미치는 영향에 대해 알고 싶은 독자들은

5) 캐나다 학술원 회원인 Andreas Antoniou는 현재(2020) British Columbia 주에 있는 Victoria 대학의 전기 및 컴퓨터 공학과 명예교수이다.

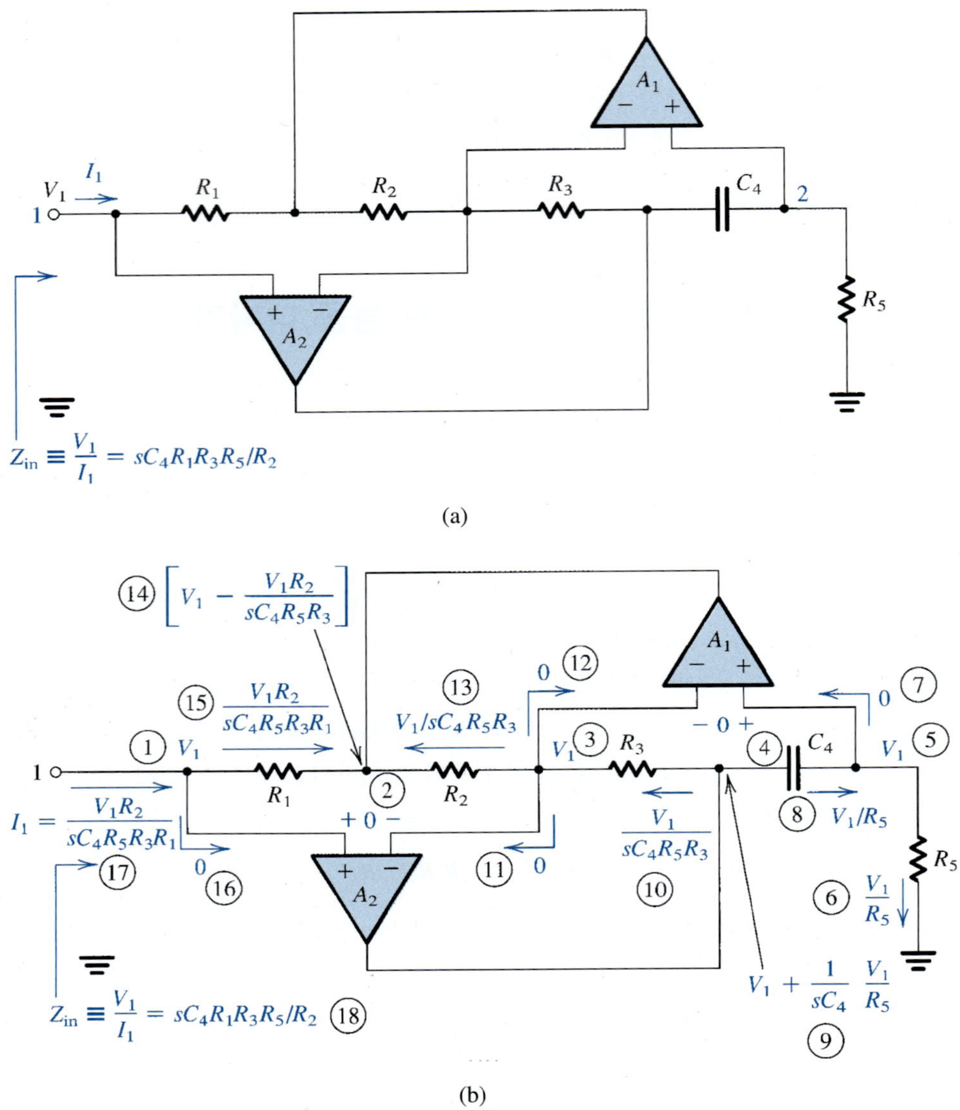

그림 13.20 (a) Antoniou의 인덕턴스 시뮬레이션 회로. (b) 연산 증폭기들이 이상적이라고 가정하여 행한 회로의 해석. 해석 단계들의 순서를 원 안의 숫자로 나타냈다.

Sedra와 Brackett(1978)을 참조하기 바란다.

13.5.2 연산 증폭기-RC 공진기

그림 13.21(a)에 13.4절에서 자세히 다루었던 LCR 공진기를 나타냈다. 여기서 인덕터 L을 그림 13.20(a)의 시뮬레이티드 인덕턴스로 대체함으로써, 그림 13.21(b)의 연산 증폭기-RC 공진기를 얻을 수 있을 것이다.(그림에 점선으로 그려진 또 하나의 증폭기는 당분간 무시하기 바란다.) 이 2차 공진기의 극점 주파수는

$$\omega_0 = 1/\sqrt{LC_6} = 1/\sqrt{C_4C_6R_1R_3R_5/R_2} \tag{13.50}$$

이다. 여기서 식 (13.49)로 주어진 L의 표현식을 사용했다. 극점 Q 인수는 식 (13.40)에 $C = C_6$와 $R = R_6$를 대입하여 구할 수 있다. 따라서

$$Q = \omega_0\, C_6\, R_6 \tag{13.51}$$

이다. ω_0를 식 (13.50)의 표현으로 대체하면

$$Q = \omega_0 C_6 R_6 = R_6\sqrt{\frac{C_6}{C_4}\frac{R_2}{R_1R_3R_5}} \tag{13.52}$$

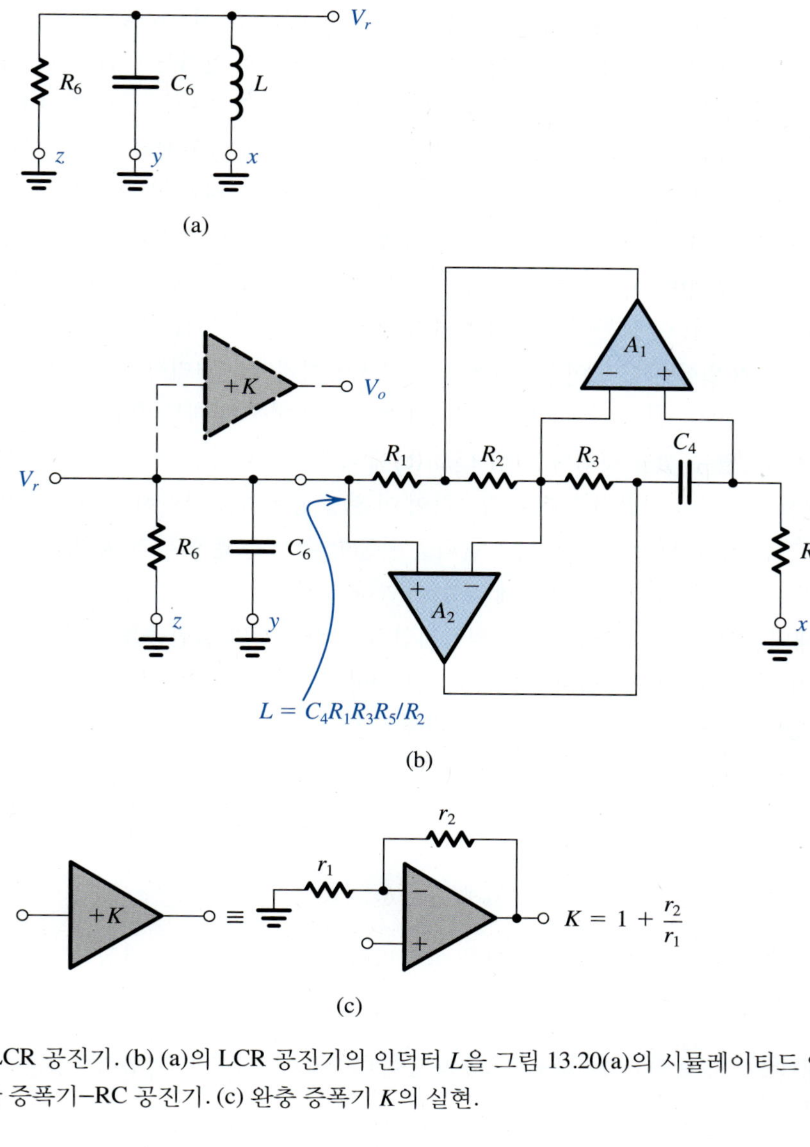

그림 13.21 (a) LCR 공진기. (b) (a)의 LCR 공진기의 인덕터 L을 그림 13.20(a)의 시뮬레이티드 인덕턴스로 대체함으로써 얻은 연산 증폭기–RC 공진기. (c) 완충 증폭기 K의 실현.

가 얻어진다. 통례적으로 $C_4 = C_6 = C$와 $R_1 = R_2 = R_3 = R_5 = R$로 선택하므로, ω_0와 Q는 각각 다음과 같이 표현될 것이다.

$$\omega_0 = 1/CR \tag{13.53}$$

$$Q = R_6/R \tag{13.54}$$

따라서 만일 C 값을 실질적이고 편리한 값으로 선택한다면, 식 (13.53)을 이용하여 우리가 원하는 ω_0를 실현하는 데 필요한 R 값을 구할 수 있을 것이고, 그다음에 식 (13.54)를 이용하여 원하는 Q를 실현하는 데 필요한 R_6의 값을 구할 수 있을 것이다.

13.5.3 여러 가지 여파기 유형의 실현

이제 그림 13.21(b)의 연산 증폭기–RC 공진기를 이용하고, 또 13.4절에서 LCR 공진기와 관련하여 자세하게 기술했던 접근법을 따르면, 여러 가지 유형의 2차 여파기 함수들의 회로 실현을 성취할 수 있을 것이다. 즉, 대역 통과 함수는 그림 13.21(b)에서 z 마디를 접지로부터 떼어 낸 다음 그 마디를 신호 전원 V_i에 접속함으로써 실현될 수 있을 것이다. 고역 통과 함수는 y 마디를 접지로부터 떼어 낸 다음 V_i를 그 마디에 주입함으로써 얻을 수 있을 것이다. LCR 공진기를 이용한 저역 통과 함수의 실현은, 인덕터 단자 x를 접지로부터 떼어 낸 다음 그 단자를 V_i에 접속함으로써 성취될 수 있을 것이다. 능동 공진기에서 이에 해당하는 마디는 R_5가 접지로 접속된 마디이며,[6] 그림 13.21(b)에 x 마디로 표시되어 있다. 일반적인 노치 함수($\omega_n = \omega_0$)는 V_i를 x와 y 마디에 인가함으로써 얻어질 것이다. 이 모든 경우들에서 출력은 공진 회로에 걸리는 전압, 즉 V_r로 취할 수 있을 것이다. 그러나 V_r을 취하기 위한 마디가 여파기 출력 단자로 사용하기에는 편리하지 못하다는 사실에 유의하기 바란다. 왜냐하면 이 마디에 부하를 접속하면 여파기의 특성들이 변하기 때문이다. 이 문제는 완충 증폭기를 사용함으로써 쉽게 해결될 수 있을 것이다. 그림 13.21(b)에 파선으로 나타낸 것이 이득 K인 완충 증폭기이다. 그림 13.21(c)는 연산 증폭기를 비반전 형태로 접속하여 이 완충 증폭기를 간단히 실현할 수 있다는 것을 보여준다. 이 완충 증폭기를 첨가함으로써 여파기의 출력을 완충할 수 있을 뿐 아니라, K의 값을 적당히 선택함으로써 여파기 이득을 우리가 원하는 임의의 값에 맞출 수 있다는 점에 주목하기 바란다.

그림 13.22에 대역 통과, 저역 통과, 그리고 일반적인 노치 여파기의 실현들을 나타냈다. 그림 13.22(c)에 보인 일반적인 노치 여파기는 입력 신호를 C_6 커패시턴스의 일부인 C_{61}과 R_5 저항의 일부인 R_{51}을 통해 인가함으로써 얻을 수 있다. 극점들이 바뀌지 않게 하기 위해서는

$$C_{61} + C_{62} = C_6 = C \tag{13.55}$$

와

$$R_{51} \| R_{52} = R_5 = R \tag{13.56}$$

이 되도록 보장해야 한다. C_{61}과 R_{51}의 값들은 다음 식에 따라 노치 주파수 ω_n을 결정한다.

---

6) 이 점은 확실하지 않을지도 모른다. 그러나 독자들은 V_i가 이 마디에 인가될 때 V_r/V_i 함수가 실제로 저역 통과 함수가 된다는 것을 증명할 수 있을 것이다.

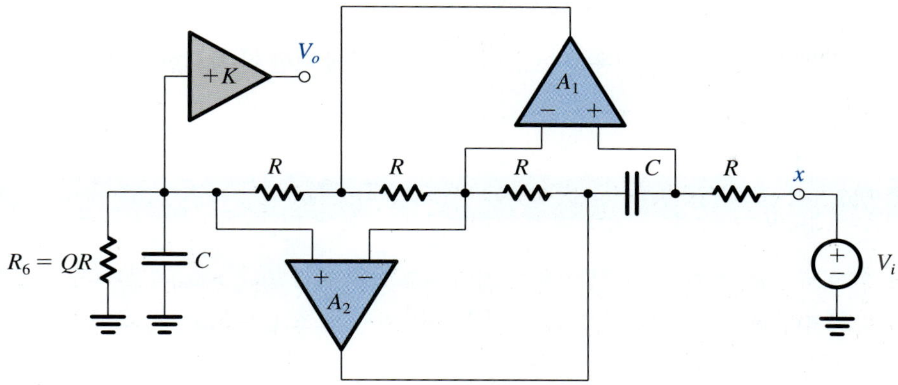

(a) LP

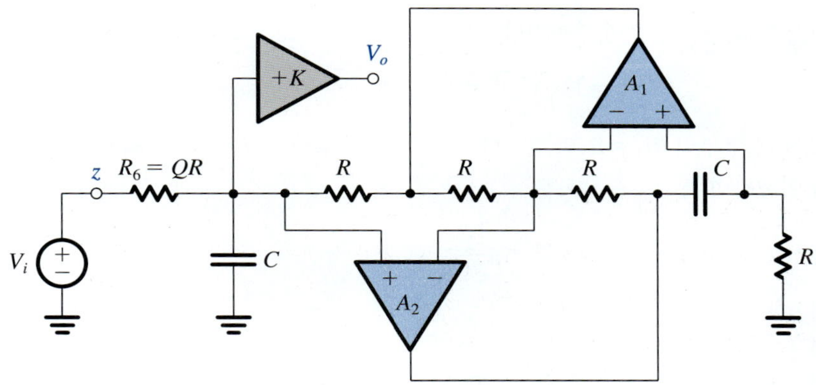

(b) BP

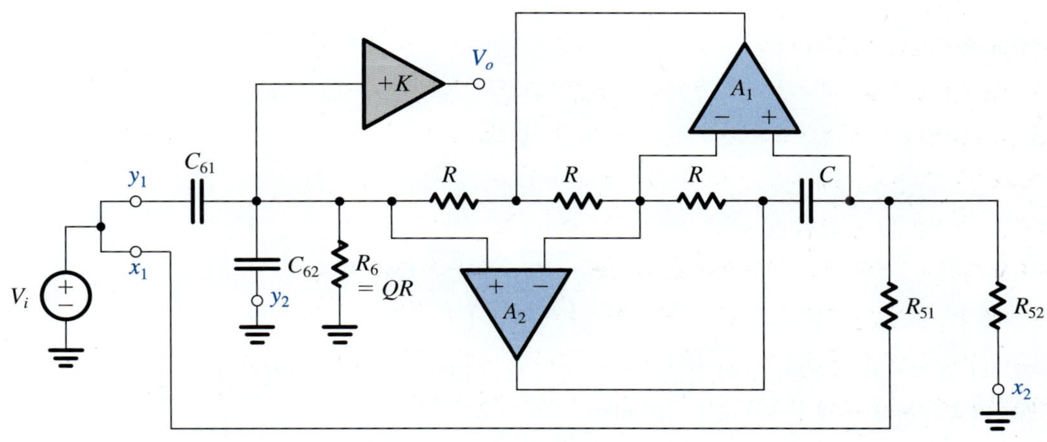

(c) Notch: $C_{61} + C_{62} = C$; $R_{51}//R_{52} = R$

그림 13.22 그림 13.21(b)의 연산 증폭기–RC 공진기를 이용하여 실현한 여러 가지 2차 여파기 함수들: (a) LP, (b) BP, (c) 일반적인 노치. 이 회로들은 그림 13.21에 보인 공진기 회로에 기초를 두고 있다.

$$\omega_n = \frac{1}{\sqrt{C_{61}C_4R_1R_3R_{51}/R_2}} \tag{13.57}$$

그림 13.21의 연산 증폭기−RC 공진기를 이용한 능동 여파기의 설계에 대한 더 자세한 설명은 (웹사이트상의) 부록 H를 참조하기 바란다.

예제 13.5

그림 13.22(c)에 보인 회로는 $R_{52} = \infty$로 선택함으로써 저역 통과 노치 여파기($\omega_n > \omega_0$)를 실현하는 데 사용될 수 있다는 것을 보여라. $\omega_0 = 10^5$ 라디안/초, $\omega_n = 1.2 \times 10^5$ 라디안/초, $Q = 5$, 그리고 5 V/V의 직류 이득을 얻을 수 있게 회로를 설계하라.

풀이

노치 주파수는 식 (13.57)에 의해 다음과 같이 주어진다.

$$\omega_n = 1/\sqrt{C_{61}C_4R_1R_3R_{51}/R_2}$$

$R_{52} = \infty$의 선택은 식 (13.56)으로부터 $R_{51} = R_5$의 결과를 얻는다. 이제 일반적인 설계, 즉 $R_1 = R_2 = R_3 = R_5 = R$과 $C_4 = C_6 = C$를 이용하면

$$\omega_n = \frac{1}{\sqrt{C_{61}CR}}$$

을 얻는다. ω_0가

$$\omega_0 = \frac{1}{CR}$$

로 주어지므로

$$\frac{\omega_n}{\omega_0} = \sqrt{\frac{C}{C_{61}}} \tag{13.58}$$

를 얻는다. 식 (13.55)를 이용하면

$$\frac{\omega_n}{\omega_0} = \sqrt{\frac{C_{61}+C_{62}}{C_{61}}} = \sqrt{1+\frac{C_{62}}{C_{61}}}$$

를 얻는다. 따라서 $\omega_n > \omega_0$이고, 이 회로는 저역 통과 노치(LPN) 여파기를 실현한다.

주어진 수치들에 대해, $C = 1$ nF을 선택하면

$$R = \frac{1}{\omega_0 C} = \frac{1}{10^5 \times 10^{-9}} = 10^4\ \Omega = 10\ \text{k}\Omega$$

을 얻는다. $Q = \omega_0 CR_6$이므로, $Q = 5$와 $C = 1$ nF을 대입하면

$$R_6 = \frac{5}{10^5 \times 1 \times 10^{-9}} = 50\ \text{k}\Omega$$

을 얻는다. ω_0와 ω_n의 주어진 값들과 C의 값을 식 (13.58)에 대입하면

$$\frac{1.2 \times 10^5}{10^5} = \sqrt{\frac{C}{C_{61}}}$$

$$\Rightarrow C_{61} = \frac{C}{1.44} = \frac{1 \times 10^{-9}}{1.44} = 0.694\ \text{nF}$$

을 얻는다. 따라서

$$C_{62} = C - C_{61} = 1.0 - 0.694 = 0.306\ \text{nF}$$

끝으로 5의 직류 이득을 제공하기 위해 우리는 완충 증폭기의 요구되는 이득 K를 다음 식으로 구할 수 있다.

$$\text{dc gain} = K\left(\frac{\omega_n}{\omega_0}\right)^2$$

$$K = \frac{5}{1.44} = 3.47\ \text{V/V}$$

따라서 완충 증폭기의 두 연관된 저항은 다음과 같이 선택할 수 있다.

$$r_1 = 100\ \text{k}\Omega,\quad r_2 = 247\ \text{k}\Omega$$

연습문제

D13.18 그림 13.20(a)의 Antoniou 인덕턴스 시뮬레이션 회로를 사용하여 100 mH의 인덕턴스를 실현하라.

[답] $C = 1$ nF을 선택하면, $R_1 = R_2 = R_3 = R_5 = 10\ \text{k}\Omega$을 얻는다.

D13.19 그림 13.22(b)의 회로를 사용하여, 10 kHz의 중심 주파수, 500 Hz의 3 dB 대역폭, 그리고 10의 중심 주파수 이득을 가지는 2차 대역 통과 여파기를 설계하라. 단, $C = 1.2$ nF을 사용하라.

[답] $R_1 = R_2 = R_3 = R_5 = 13.26\ \text{k}\Omega$; $R_6 = 265\ \text{k}\Omega$; $C_4 = C_6 = 1.2$ nF; $K = 10$, $r_1 = 10\ \text{k}\Omega$, $r_2 = 90\ \text{k}\Omega$

13.6 2-적분기 루프에 기초한 2차 능동 여파기

이 절에서는 2차 여파기 함수들을 실현하는 연산 증폭기–RC 회로들의 또 다른 계열을 고찰한다. 이 회로들은 회로의 전체 귀환 루프에 종속으로 접속된 두 개의 적분기를 사용한다. 따라서 이 회로들을 2-적분기 루프 회로(two-integrator-loop circuit)라고 부른다.

13.6.1 2-적분기 루프 쌍2차의 유도

2-적분기 루프 쌍2차 회로 또는 통상적으로 알려진 **바이쿼드**(biquad)[7]를 유도하기 위해 2차 고역 통과 전달 함수

$$\frac{V_{hp}}{V_i} = \frac{Ks^2}{s^2 + s(\omega_0/Q) + \omega_0^2} \tag{13.59}$$

을 고려해 보자. 여기서 K는 고주파 이득이다. 식 (13.59)에서 두 분수의 각각의 분자에 다른 분수의 분모를 곱한 다음, 그 결과의 식을 (s를 포함하는 모든 항들을 적분기의 전달 함수인 $1/s$의 형태로 만들기 위해) s^2으로 나누면

$$V_{hp} + \frac{1}{Q}\left(\frac{\omega_0}{s} V_{hp}\right) + \left(\frac{\omega_0^2}{s^2} V_{hp}\right) = KV_i \tag{13.60}$$

가 된다. 이 식에서 V_{hp}를 시정수가 $1/\omega_0$인 적분기에 통과시킴으로써 $(\omega_0/s)V_{hp}$ 신호를 얻을 수 있고, 이 신호를 또 다른 동일한 적분기에 통과시킴으로써 V_{hp}를 포함하는 세 번째 신호, 즉 $(\omega_0^2/s^2)V_{hp}$를 얻을 수 있다는 것을 알 수 있을 것이다. 그림 13.23(a)에 이와 같은 2-적분기 배열을 위한 블록도를 나타냈다. 이 그림에서 각각의 적분기를 밀러 반전 적분기로 실현한다는 예상 아래, 적분기 블록들에 마이너스 부호를 할당한 점에 주목하기 바란다.

이제 종속 접속된 두 개의 적분기를 구동하는 입력 신호 V_{hp}를 어떻게 형성해야 하는가 하는 문제가 남을 것이다. 이를 위해 식 (13.60)을 재정리하여 V_{hp}를 V_{hp}의 1차 적분된 항과 2차 적분된 항 그리고 V_i의 항으로 나타내면

$$V_{hp} = KV_i - \frac{1}{Q}\frac{\omega_0}{s}V_{hp} - \frac{\omega_0^2}{s^2}V_{hp} \tag{13.61}$$

가 된다. 이 식은 그림 13.23(b)의 가중 가산기를 이용함으로써 V_{hp}를 얻을 수 있다는 것을 암시한다. 이제 그림 13.23(c)에 나타낸 것처럼, 그림 13.23(a)의 적분기 블록들과 그림 13.23(b)의 가산기 블록을 결합함으로써 완전한 블록도 실현을 성취할 수 있다는 것을 쉽게 알 수 있을 것이다.

그림 13.23(c)의 실현에서, 가산기의 출력에서 V_{hp}를 취함으로써 식 (13.59)의 고역 통과 전달 함수 $T_{hp} \equiv V_{hp}/V_i$를 실현할 수 있을 것이다. 또한 첫 번째 적분기의 출력에 나타나는 신호가 $-(\omega_0/s)V_{hp}$이고, 이것이 대

7) 바이쿼드라는 이름은 이 회로의 가장 일반적인 형태가 쌍2차 전달 함수, 즉 2개의 2차 다항식의 비로 표현되는 전달 함수를 실현할 수 있다는 사실로부터 유래한 것이다.

역 통과 함수

$$\frac{(-\omega_0/s)V_{hp}}{V_i} = -\frac{K\omega_0 s}{s^2 + s(\omega_0/Q) + \omega_0^2} = T_{bp}(s) \tag{13.62}$$

를 실현한다는 것을 알 수 있을 것이다. 따라서 첫 번째 적분기의 출력 신호를 V_{bp}라고 명명했다. 실현된 대역 통과 여파기의 중심 주파수 이득이 $-KQ$라는 점에 주목하기 바란다.

마찬가지 방식으로 두 번째 적분기의 출력에서 실현된 전달 함수가 저역 통과 함수

$$\frac{(\omega_0^2/s^2)V_{hp}}{V_i} = \frac{K\omega_0^2}{s^2 + s(\omega_0/Q) + \omega_0^2} = T_{lp}(s) \tag{13.63}$$

라는 것을 보일 수 있을 것이다. 따라서 두 번째 적분기의 출력을 V_{lp}라고 명명했다. 실현된 저역 통과 여파기의 직류 이득이 K라는 점에 주목하기 바란다.

이제 그림 13.23(c)에 블록도 형태로 나타낸 2-적분기 루프 바이쿼드가 세 가지의 기본적인 2차 여파기 함수, 즉 LP, BP, HP를 동시에 실현한다고 결론지을 수 있을 것이다. 이와 같은 다용도성 때문에 이 회로는 여러 응용에 널리 사용되며, 그런 의미에서 이 회로를 만능 능동 여파기(universal active filter)라고 부르기도 한다.

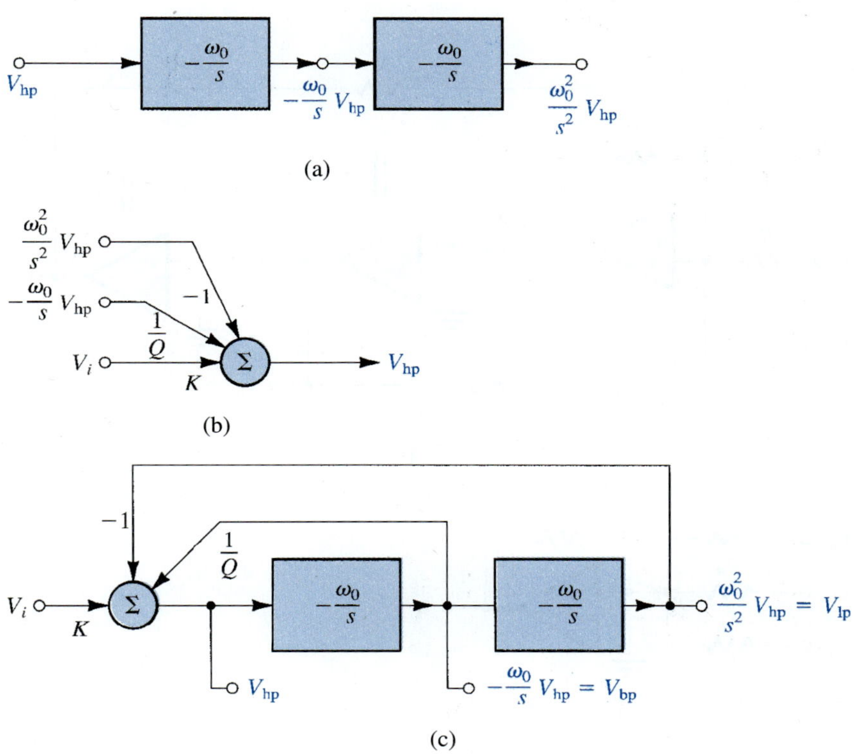

그림 13.23 2-적분기 루프 바이쿼드의 블록도 실현의 유도.

13.6.2 회로 구현

그림 13.23(c)의 2-적분기 루프 바이쿼드를 연산 증폭기 회로로 실현하기 위해, 각각의 적분기를 $CR = 1/\omega_0$인 밀러 적분기 회로로 대체할 수 있을 것이고, 가산기 블록을 입력에 플러스와 마이너스 가중치 모두를 할당할 수 있는 연산 증폭기 가산 회로로 대체할 수 있을 것이다. 그 결과의 회로를 그림 13.24(a)에 나타냈다. 이회로는 고안자들의 이름을 따서 Kerwin-Huelsman-Newcomb 또는 **KHN 바이쿼드**라고 부른다. ω_0, Q, K가 주어지면, 이 회로의 설계는 간단하다. 즉, $CR = 1/\omega_0$가 되도록 적분기들의 소자 값 C와 R을 적당하면서 실질적인 값들로 선택할 수 있을 것이다. 가산기와 연관된 저항기들의 값을 구하기 위해, 중첩의 원리를 이용하여 가산기의 출력 V_{hp}를 그것의 입력의 항 V_i, V_{bp}, V_{lp}로 나타내면

$$V_{hp} = V_i \frac{R_3}{R_2+R_3}\left(1+\frac{R_f}{R_1}\right) + V_{bp}\frac{R_2}{R_2+R_3}\left(1+\frac{R_f}{R_1}\right) - V_{lp}\frac{R_f}{R_1}$$

를 얻을 것이다. $V_{hp} = -(\omega_0/s)V_{hp}$와 $V_{lp} = (\omega_0^2/s^2)V_{hp}$라 하면

$$V_{hp} = \frac{R_3}{R_2+R_3}\left(1+\frac{R_f}{R_1}\right)V_i + \frac{R_2}{R_2+R_3}\left(1+\frac{R_f}{R_1}\right)\left(-\frac{\omega_0}{s}V_{hp}\right) - \frac{R_f}{R_1}\left(\frac{\omega_0^2}{s^2}V_{hp}\right) \tag{13.64}$$

가 된다. 여기서 먼저 식 (13.64)와 (13.61)의 우변 마지막 항들을 같게 놓으면

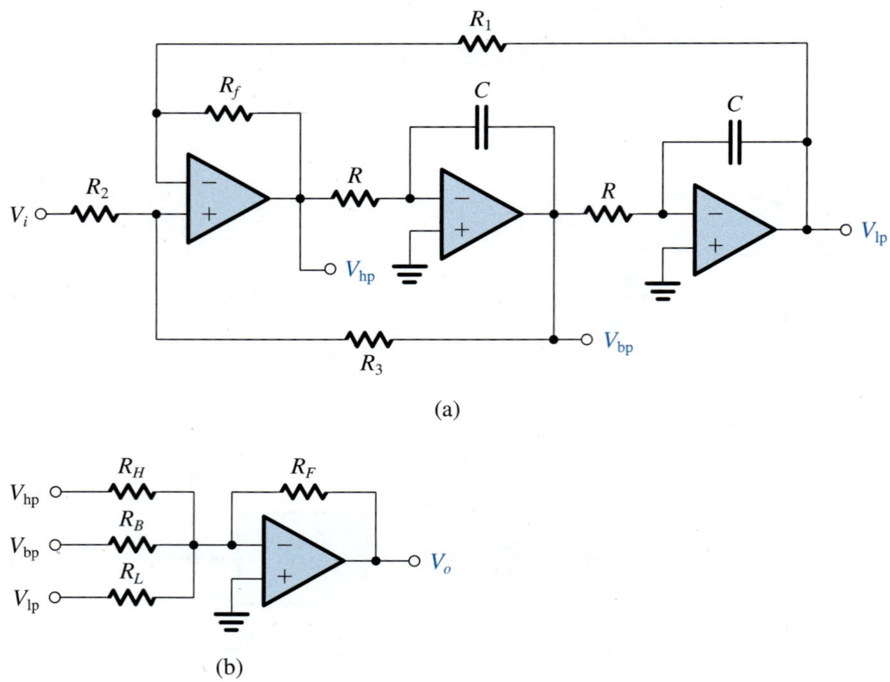

그림 13.24 (a) 그림 13.23(c)의 블록도를 직접 실현함으로써 얻어진 KHN 바이쿼드 회로. 세 가지 기본적인 여파기 함수들. 즉, HP, BP, LP가 동시에 실현된다. (b) 노치 함수와 다른 함수들을 얻기 위해, 이 연산 증폭기 가산기를 이용하여 세 개의 출력들을 적당한 가중치로 더한다.

$$R_f/R_1 = 1 \tag{13.65}$$

을 얻게 된다. 이 식은 R_1과 R_f의 값을 같은 값으로 선택하되 실질적이고 편리한 값들로 선택할 수 있다는 것을 의미한다. 다음으로 식 (13.64)와 (13.61)의 우변 둘째 항들을 같게 놓고 $R_1 = R_f$로 놓으면, 주어진 Q를 실현하는 데 필요한 R_3/R_2의 비를 다음과 같이 얻을 수 있을 것이다.

$$R_3/R_2 = 2Q - 1 \tag{13.66}$$

따라서 R_2 또는 R_3 둘 중 하나에 대해 임의로 그러나 편리한 값을 선택할 수 있을 것이다. 그리고 다른 하나의 저항값은 식 (13.66)을 이용하여 구할 수 있을 것이다. 끝으로 식 (13.64)와 (13.61)에서 V_i의 계수들을 같게 놓고 $R_f = R_1$으로 대체한 다음 식 (13.66)의 R_3/R_2를 대입하면

$$K = 2 - (1/Q) \tag{13.67}$$

이 된다. 따라서 이득 파라미터 K는 이 값으로 고정될 것이다.

KHN 바이쿼드는 세 개의 출력 LP, BP, HP를 적당한 가중치로 더함으로써 노치 여파기의 전송 영점을 포함하여 임의의 전송 영점들을 실현하는 데 사용될 수 있다. 이와 같은 연산 증폭기 가산기를 그림 13.24(b)에 나타냈다(문제 13.61 참조).

연습문제

D13.20 $f_0 = 10$ kHz와 $Q = 2$를 가지는 고역 통과 함수를 실현하도록 KHN 회로를 설계하라. $C = 1$ nF으로 선택하라. 실현된 고역 통과 함수의 고주파 이득의 값은 얼마인가? 첫 번째 적분기의 출력에서 동시에 얻을 수 있는 대역 통과 함수의 중심 주파수 이득은 얼마인가?

[답] $R = 15.9$ kΩ; $R_1 = R_f = R_2 = 10$ kΩ(임의로 선택한 값임); $R_3 = 30$ kΩ; 1.5 V/V; 3 V/V

13.6.3 또 다른 2-적분기 루프 바이쿼드 회로

세 개의 연산 증폭기 모두를 단일 종단 모드(즉, 비반전 입력 단자가 접지된 모드)로 사용함으로써, 또 다른 2-적분기 루프 실현을 다음과 같이 얻을 수 있다. 즉, [그림 13.23(c)에 보인 것처럼] 플러스와 마이너스의 계수로 신호를 더하기 위해 입력 가산기를 사용하는 대신 그림 13.25(a)에 나타낸 것처럼 새로운 반전기 하나를 추가로 도입할 수 있을 것이다. 이제는 가산기의 모든 계수들이 똑같은 부호를 가질 것이다. 따라서 가산 증폭기는 전혀 필요 없고, 첫 번째 적분기의 가상 접지 입력에서 가산을 행할 수 있을 것이다. 1, $1/Q$, K의 가산 가중치들이 각각 R, QR, R/K의 저항을 사용하여 실현된다는 점에 주목하기 바란다. 그 결과의 회로를 그림 13.25(b)에 나타냈다. 이 그림으로부터 고역 통과 함수를 더 이상 얻을 수 없다는 것을 알 수 있을 것이다! 이는 모든 연산 증폭기들을 단일 종단 모드로 사용한 회로를 얻기 위해 치른 대가이다. 그림 13.25(b)의 회로는 그것을 고안한 사람들의 이름을 따서 **Tow-Thomas 바이쿼드**라고 부른다.

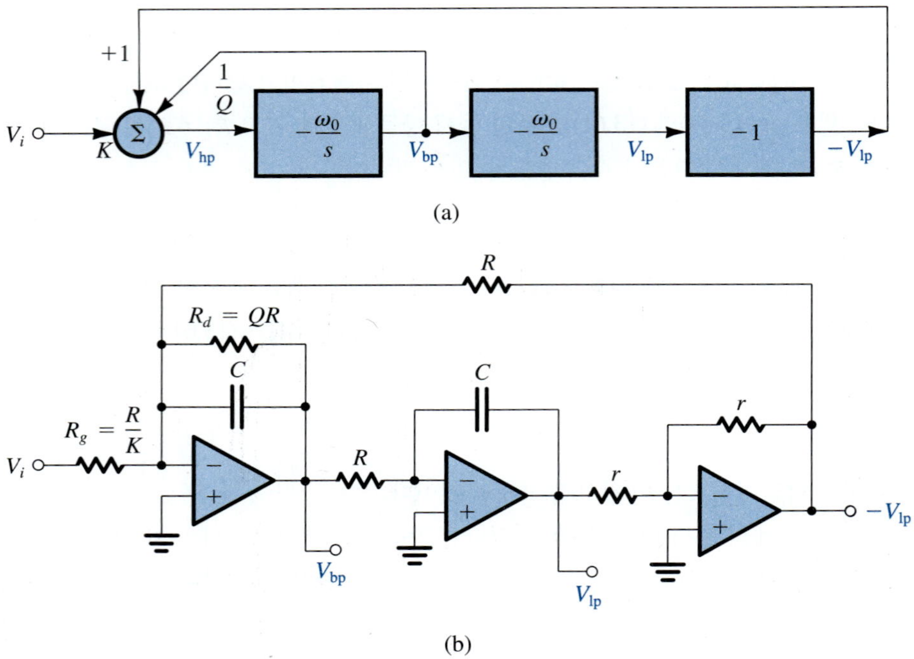

그림 13.25 (a) 모든 연산 증폭기들을 단일 종단 형태로 사용하여 또 다른 2-적분기 루프 바이쿼드를 유도함. (b) 그 결과의 회로를 Tow-Thomas 바이쿼드라고 부른다.

여기서 대역 통과 전달 함수는 식 (13.62)에 의해

$$T_{bp}(s) = \frac{V_{bp}}{V_i} = -\frac{K\omega_0 s}{s^2 + s(\omega_0/Q) + \omega_0^2} \tag{13.68}$$

로 주어지고, 저역 통과 함수는 식 (13.63)에 의해

$$T_{lp}(s) = \frac{V_{lp}}{V_i} = \frac{K\omega_0^2}{s^2 + s(\omega_0/Q) + \omega_0^2} \tag{13.69}$$

로 주어진다. 여기서

$$\omega_0 = 1/CR$$

KHN 바이쿼드에서 행했던 것처럼, 노치 및 다른 함수들에 필요한 유한 전송 영점들을 실현하기 위해 네 번째 연산 증폭기를 사용하는 것과는 달리, Tow-Thomas 회로에서는 보다 경제적인 **피드포워드**(feedforward) 방안을 사용할 수 있을 것이다. 구체적으로 말하면, 그림 13.26에 나타낸 것처럼 Tow-Thomas 회로에 있는 세 연산 증폭기 각각의 가상 접지를 이용하여 입력 신호를 주입할 수 있을 것이다. 만일 V_o를 감쇠 적분기의 출력에서 취한다면, 다음과 같은 여파기 전달 함수를 얻을 수 있다.

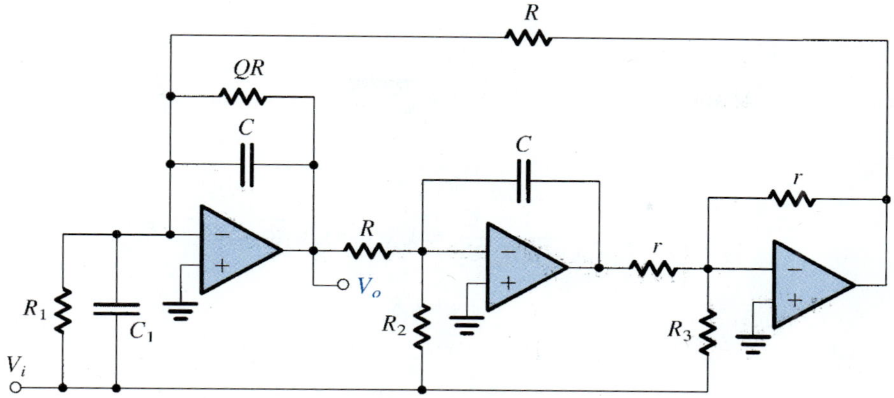

그림 13.26 피드포워드를 채택한 Tow-Thomas 바이쿼드. 식 (13.70)의 전달 함수는 입력 신호를 적당한 소자들을 통해 세 연산 증폭기의 입력에 인가함으로써 실현된다. 이 회로는 모든 유형의 2차 여파기 함수들을 실현할 수 있다. 설계 방정식은 웹사이트상의 부록 H에 있는 표 H.2에 주어져 있다.

$$\frac{V_o}{V_i} = -\frac{s^2\left(\frac{C_1}{C}\right) + s\frac{1}{C}\left(\frac{1}{R_1} - \frac{r}{RR_3}\right) + \frac{1}{C^2RR_2}}{s^2 + s\frac{1}{QCR} + \frac{1}{C^2R^2}} \tag{13.70}$$

이 식을 이용하면 여러 가지 여파기 함수를 얻을 수 있다. 일례로 $R_1 = R_3 = \infty$로 선택하면(즉, R_1과 R_3 모두를 빼면) 노치 함수를 얻을 수 있다. 웹사이트상의 부록 H에 있는 표 H.2는 그림 13.26에 보인 회로를 이용하여 설계되는 다양한 여파기 함수들에 대한 설계 방정식들을 제공한다. 문제 13.63~13.66도 참조하라.

13.6.4 맺음말

2-적분기 루프 바이쿼드들은 그 용도가 아주 다양하고 설계하기가 쉽다. 그러나 이 회로들은 그들의 성능이 연산 증폭기들의 유한 대역폭에 의해 영향을 받는다는 불리한 점도 가지고 있다. 이와 같은 영향을 받지 않도록 회로를 보상하는 몇몇 기법들이 있다[웹사이트의 SPICE 시뮬레이션 예제 및 Sedra와 Brackett(1978) 참조].

예제 13.6

그림 13.26에 보인 Tow-Thomas 바이쿼드 회로는 $R_1 = R_3 = \infty$로 선택함으로써 노치 여파기를 실현하는 데 사용될 수 있다는 것을 보여라. 이 노치 여파기의 주파수는 무엇인가? $\omega_0 = 10^5$ 라디안/초, $\omega_n = 1.2 \times 10^5$ 라디안/초, $Q = 5$, 그리고 -5 V/V의 직류 이득을 얻을 수 있게 회로를 설계하라.

풀이

$R_1 = R_3 = \infty$를 식 (13.70)에 대입하면

$$\frac{V_o}{V_i} = -\frac{s^2\left(\frac{C_1}{C}\right) + \frac{1}{C^2RR_2}}{s^2 + s\frac{1}{QCR} + \frac{1}{C^2R^2}} \tag{13.71}$$

을 얻는다. 이 식은

$$\omega_n = \sqrt{\frac{1}{C^2RR_2}\frac{C}{C_1}} = 1/\sqrt{(CR)(C_1R_2)} \tag{13.72}$$

$$\omega_0 = 1/CR \tag{13.73}$$

과

$$\text{dc gain} = -\frac{R}{R_2} \tag{13.74}$$

을 가지는 노치 여파기의 전달 함수이다.

$\omega_0 = 10^5$ 라디안/초, $\omega_n = 1.2 \times 10^5$ 라디안/초, $Q = 5$, 그리고 직류 이득 $= -5$ V/V를 얻기 위해, $C = 1$ nF을 선택하고 식 (13.73)을 이용하여 R의 값을 구하면

$$10^5 = \frac{1}{10^{-9} \times R}$$
$$\Rightarrow R = 10\ \text{k}\Omega$$

을 얻는다. 이제 식 (13.74)를 이용하여 R_2의 값을 구할 수 있다.

$$-5 = -\frac{10}{R_2}$$
$$\Rightarrow R_2 = 2\ \text{k}\Omega$$

그다음에 식 (13.72)를 이용하여 C_1의 값을 정할 수 있다.

$$1.2 \times 10^5 = \frac{1}{\sqrt{10^{-9} \times 10^4 \times C_1 \times 2 \times 10^3}}$$
$$\Rightarrow C_1 = 3.472\ \text{nF}$$

끝으로 적분기 감쇄 저항의 값을 구할 수 있다.

$$QR = 5 \times 10 = 50\ \text{k}\Omega$$

연습문제

D13.21 Tow-Thomas 바이쿼드[그림 13.25(b)]를 이용하여 $f_0 = 10$ kHz, $Q = 20$, 그리고 중심 주파수 이득이 1인 2차 대역 통과 여파기를 설계하라. $R = 10$ kΩ으로 했을 때 C, R_d, R_g의 값을 구하라.
[답] 1.59 nF; 200 kΩ; 200 kΩ

13.7 단일 연산 증폭기를 이용한 2차 능동 여파기

앞의 두 절에서 살펴본 연산 증폭기–RC 2차 여파기 회로들은 양호한 성능을 제공하고, 용도가 다양하며, 설계가 쉽고 조립한 후에 조정(또는 미세 조정)하기가 쉽다. 그러나 아쉽게도 이들은 연산 증폭기를 많이 필요로 하기 때문에(2차 함수를 실현하는 데 세 개 또는 네 개) 경제적이지 못하다. 이는 전지로 동작되는 기기와 같이, 전력 공급기 전류를 절약해야 하는 응용에서 문제가 될 수 있다. 이 절에서는 회로당 하나의 연산 증폭기만 필요로 하는 2차 여파기 회로들을 고찰할 것이다. 그러나 단일 연산 증폭기 여파기들은 앞 절들에서 살펴본 다중 연산 증폭기 회로들보다 연산 증폭기의 유한 이득과 대역폭에 더 의존한다는 문제를 안고 있다. 따라서 단일 증폭기 회로들은 여파기 사양이 덜 엄중한 응용, 예를 들면 극점 Q 인수가 약 5보다 적은 응용에 사용된다.

저항기들과 커패시터들만을 포함하는 2-포트 회로들은 복소 공액 영점들을 가질 수 있지만, 그들의 극점들은 s 평면의 실수축상에 놓이도록 제한된다. 따라서 이들의 Q 인수는 0.5보다 적다. 따라서 RC 회로만으로는 선택성 여파기들을 구현할 수 없다. 선택성 여파기는 일반적으로 복소 공액 극점들을 요구한다. 그러나 2-포트 RC 회로를 연산 증폭기의 귀환 경로에 위치시킴으로써 복소 공액 극점들을 가지는 전달 함수들을 실현할 수 있다. 지면 제약 때문에 이 책에서는 단일 증폭기 쌍2차(SAB) 여파기 회로들을 생성하는 이론은 다루지 않을 것이다. 그 대신에 기본적인 2차 여파기 함수들, 즉 대역 통과, 저역 통과, 고역 통과에 대한 단일 증폭기 회로 실현을 설명할 것이다.

13.7.1 대역 통과 회로

그림 13.27(a)에 2차 대역 통과 전달 함수를 실현하는 단일 증폭기 회로를 나타내었다. 이제 다음의 면밀한 조사를 행하여 이 회로가 실제로 대역 통과 회로라는 것을 증명할 것이다. 즉, 직류에서, C_1과 C_2는 개방 회로로 동작하여 V_o가 증폭기의 반전 입력 단자의 전압과 같아지도록 만들고, 따라서 0이 되게 한다. $s=\infty$에서는, C_1과 C_2는 단락 회로로 동작하여 출력 단자를 연산 증폭기의 반전 입력 단자에 접속시키고, 이에 따라 V_o가 0과 같아지게 한다. 따라서 $s=0$과 $s=\infty$에 전송 영점이 있는데 이는 2차 대역 통과에 대한 경우이다.

그림 13.27(a)에 보인 회로의 전달 함수는 그림 13.27(b)에 보인 것처럼 구할 수 있다. X에서 마디 방정식을 세우면

$$\frac{V_o}{R_3}+s\,C_1\left(V_o+\frac{1}{C_2R_3}\,V_o\right)+\frac{1}{R_4}\left(V_i+\frac{1}{sC_2R_3}\,V_o\right)=0$$

을 얻을 것이다. 항들을 모으면, 전달 함수 V_o/V_i를 구할 수 있고, 그 결과를 다음과 같이 쓸 수 있다.

$$T(s)\equiv\frac{V_o}{V_i}=-\frac{s\,\dfrac{1}{C_1R_4}}{s^2+s\,\dfrac{1}{R_3}\left(\dfrac{1}{C_1}+\dfrac{1}{C_2}\right)+\dfrac{1}{C_1C_2R_3R_4}} \tag{13.75}$$

만일 이 식을 아래에 보인 2차 대역 통과 여파기의 표준식과 비교한다면

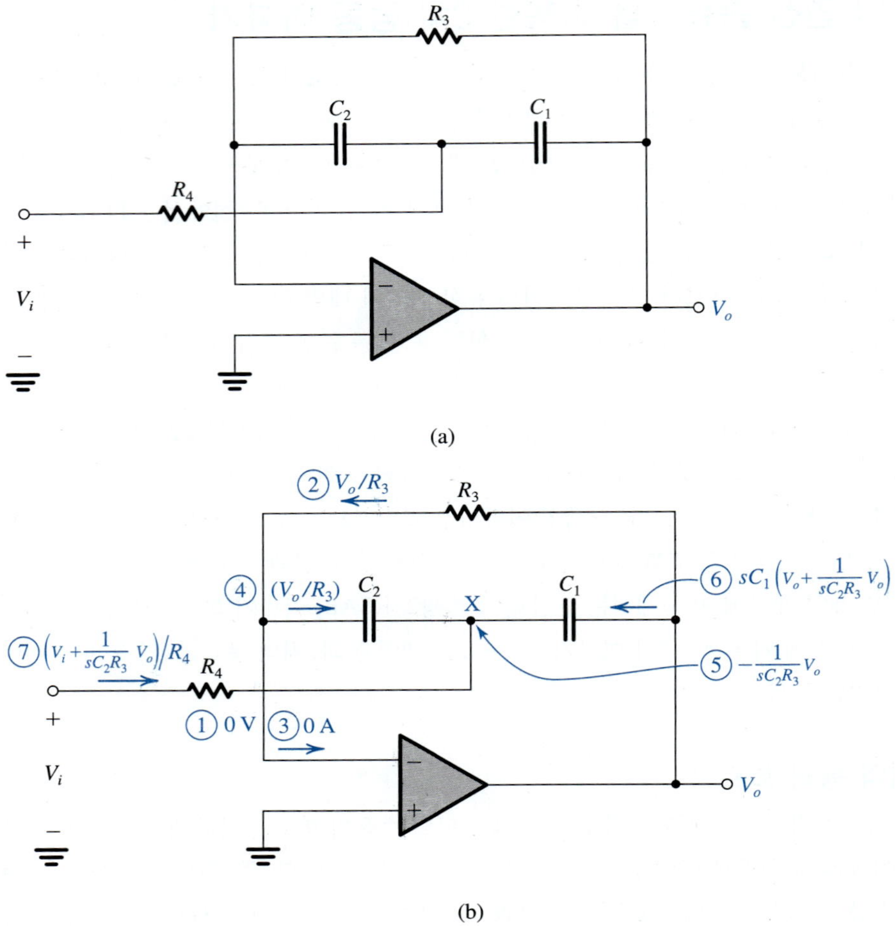

그림 13.27 (a) 2차 대역 통과 여파기의 실현을 위한 회로. (b) (a)의 회로를 해석하여 그것의 전압 전달 함수 $T(s) \equiv V_o/V_i$를 구하는 절차. 원 안의 숫자가 해석 절차의 순서를 가리킨다.

$$T(s) = \frac{sK(\omega_0/Q)}{s^2 + s\left(\frac{\omega_0}{Q}\right) + \omega_0^2} \tag{13.76}$$

다음을 얻을 것이다.

$$\omega_0 = \frac{1}{\sqrt{C_1C_2R_3R_4}} \tag{13.77}$$

$$Q = \frac{1}{\sqrt{C_1C_2R_3R_4}} \Big/ \left[\frac{1}{R_3}\left(\frac{1}{C_1} + \frac{1}{C_2}\right)\right] \tag{13.78}$$

$$K = -\frac{R_3}{R_4} \Big/ \left(1 + \frac{C_1}{C_2}\right) \tag{13.79}$$

ω_0와 Q에 대한 요구 값들이 주어진다면 우리는 그림 13.27(a)에 보인 회로의 소자 값들을 다음과 같이 정할 수 있을 것이다. 통상적으로, 우리는 다음과 같이 선택할 것이다.

$$C_1 = C_2 = C \tag{13.80}$$

$$R_3 = R \tag{13.81}$$

$$R_4 = R/m \tag{13.82}$$

여기서 m은 이 값들을 식 (13.78)에 대입함으로써 정할 수 있다. 즉,

$$m = 4Q^2 \tag{13.83}$$

이제, 식 (13.77)을 이용하여 우리는 시정수 CR의 요구되는 값을 다음과 같이 정할 수 있다.

$$CR = \frac{2Q}{\omega_0} \tag{13.84}$$

지금까지의 내용을 다음과 같이 요약할 수 있다. 우선 식 (13.84)를 이용하여 요구되는 시정수 CR을 정한다. 그다음에 C에 대한 실질적으로 편리한 값을 선택하여 $C_1 = C_2 = C$를 정하고 R에 대한 요구되는 값을 정한다. 끝으로 $R_3 = R$과 $R_4 = R/4Q^2$을 정한다. 중심 주파수 이득은 식 (13.79)로부터 정할 수 있다

$$K = -2Q^2 \tag{13.85}$$

연습문제

D13.22 그림 13.27(a)의 회로를 설계하여 $\omega_0 = 10^5$ 라디안/초와 $Q = 5$를 가지는 대역 통과 여파기를 실현하라. 우리가 얻을 수 있는 중심 주파수 이득은 얼마인가?

[답] $C_1 = C_2 = 1$ nF; $R_3 = 100$ kΩ; $R_4 = 1$ kΩ; $K = -50$ V/V

13.7.2 고역 통과 회로

그림 13.28(a)에 2차 고역 통과 전달 함수

$$T(s) = \frac{K s^2}{s^2 + s\left(\frac{\omega_0}{Q}\right) + \omega_0^2} \tag{13.86}$$

을 실현하는 단일 증폭기 회로를 나타냈다. 여기서 연산 증폭기가 단위 이득 전압 폴로어 회로 형태로 접속되어 있고, 만일 필요하다면 이 회로를 소스 폴로어와 같은 다른 단위 이득 폴로어 회로로 대체할 수 있다는 점에 주목하기 바란다. 시간을 잠시 가지면 $s = 0$(직류)에서 C_1과 C_2가 개방 회로로 동작하여 $V_o = 0$으로 만든다는 것을 알 수 있다. 따라서 이 회로는 $s = 0$에서 두 개의 전송 영점을 가진다. 이는 2차 고역 통과 회로가 반드시 가져야 할 특성이다.

전달 함수 $T(s) = V_o/V_i$는 그림 13.28(b)에 보인 것처럼 구할 수 있을 것이다. X에서 마디 방정식을 세우면

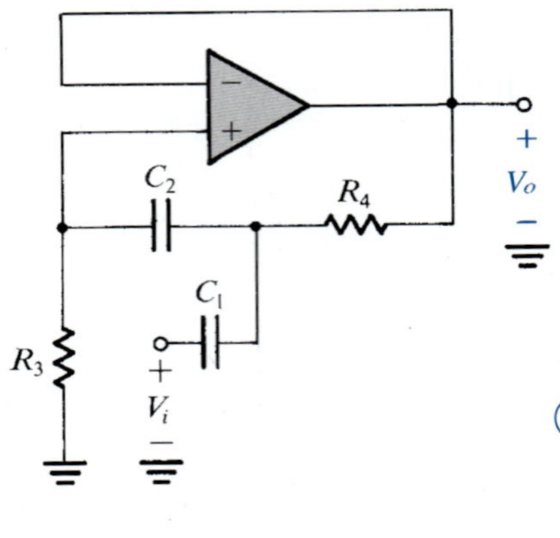

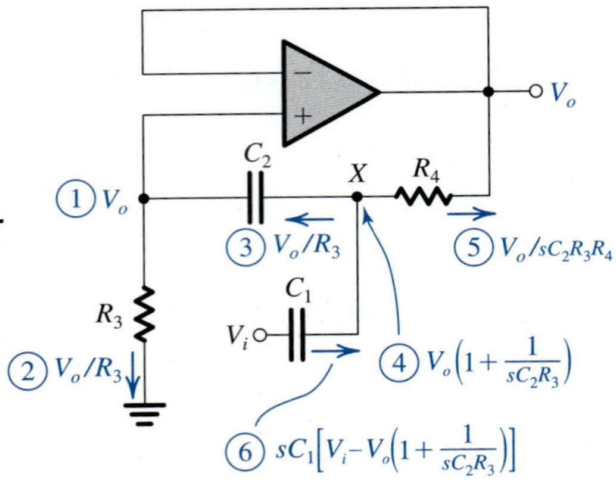

그림 13.28 (a) 2차 고역 통과 여파기의 실현을 위한 회로. (b) (a)의 회로를 해석하여 그것의 전압 전달 함수 $T(s) \equiv V_o/V_i$를 구하는 절차. 원 안의 숫자가 해석 절차의 순서를 가리킨다.

$$T(s) \equiv \frac{V_o}{V_i} = \frac{s^2}{s^2 + s\,\frac{1}{R_3}\,(\frac{1}{C_1}+\frac{1}{C_2}) + \frac{1}{C_1C_2R_3R_4}} \tag{13.87}$$

을 얻는다. 분모 다항식이 식 (13.75)의 분모 다항식과 동일하다는 것을 알 수 있다. 따라서 ω_0와 Q에 대한 식들이 각각 식 (13.77)과 (13.78)의 그것들과 같을 것이다. 또한 ω_0와 Q에 대한 원하는 값들이 주어지면 그림 13.28(a)에 보인 회로의 설계는 13.7.1절에서 그림 13.27(a)에 보인 회로에 대해 행했던 설계와 동일할 것이다. 즉,

$$C_1 = C_2 = C \tag{13.88}$$

$$R_3 = R \tag{13.89}$$

$$R_4 = R/4\,Q^2 \tag{13.90}$$

$$CR = 2\,Q/\omega_0 \tag{13.91}$$

여기서 C는 실질적으로 편리한 값으로 선택된다. 식 (13.87)과 (13.86)을 비교하면, 실현된 고주파 이득이

$$K = 1 \tag{13.92}$$

이라는 것을 알 수 있다. 이 결과는 놀랄 만한 것이 아니다. 그림 13.28(a)의 회로로부터 우리는 s가 ∞에 접근함에 따라, C_1과 C_2가 단락 회로로 동작하여 연산 증폭기의 비반전 입력 단자의 전압이 V_i와 같아지게 만들고, 이에 따라 $V_o = V_i$ 그리고 $K = 1$이 되게 한다는 것을 알 수 있다.

끝으로 그림 13.27(a)와 그림 13.28(a)에 보인 회로들이 동일한 극점들을 가진다는 것이 우연이 아니라는 점에 주목하기 바란다. 이들 두 회로는 **상보 변환**(complementary transformation)을 통해 서로 연관된다. 이에 대한 더 자세한 설명은 이 책의 웹사이트에서 찾을 수 있다.

13.7.3 저역 통과 회로

그림 13.29에 2차 저역 통과 전달 함수

$$T(s) = \frac{K\omega_0^2}{s^2 + s\dfrac{\omega_0}{Q} + \omega_0^2} \tag{13.93}$$

을 실현하는 단일 증폭기 회로를 나타냈다. $s = \infty$에서 두 가지 독립적인 이유, 즉 C_3가 단락 회로로 동작하고 C_4 역시 단락 회로로 동작하기 때문에 V_o가 0이 된다는 것을 관찰함으로써, 우리는 이 회로가 저역 통과 회로라는 것을 증명할 수 있다. 따라서 이 회로는 $s = \infty$에서 두 개의 전송 영점을 가진다. 이는 2차 저역 통과 회로가 반드시 가져야 할 특성이다.

그림 13.28(b)의 고역 통과 회로를 해석하기 위해 사용했던 것과 유사한 방법을 이용하여 그림 13.29의 회로를 해석하여 전달 함수 $T(s)$를 구할 수 있다. 그 결과는

$$T(s) \equiv \frac{V_o}{V_i} = \frac{1/C_3C_4R_1R_2}{s^2 + s\frac{1}{C_4}\left(\dfrac{1}{R_1} + \dfrac{1}{R_2}\right) + \dfrac{1}{C_3C_4R_1R_2}} \tag{13.94}$$

이다. 식 (13.94)와 (13.93)을 비교하면 다음을 얻는다.

$$\omega_0 = 1/\sqrt{C_3C_4R_1R_2} \tag{13.95}$$

$$Q = \frac{1}{\sqrt{C_3C_4R_1R_2}} \Big/ \left[\frac{1}{C_4}\left(\frac{1}{R_1} + \frac{1}{R_2}\right)\right] \tag{13.96}$$

$$\text{dc gain} = 1 \tag{13.97}$$

전형적으로 이 회로는 다음과 같이 설계된다.

$$R_1 = R_2 = R \tag{13.98}$$

$$C_4 = C \tag{13.99}$$

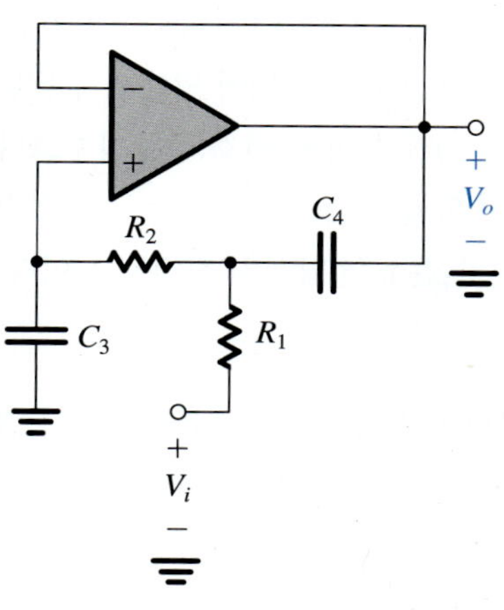

그림 13.29 2차 저역 통과 여파기 함수를 실현하는 단일 증폭기 회로.

$$C_3 = C/4\,Q^2 \tag{13.100}$$

$$CR = \frac{2Q}{\omega_0} \tag{13.101}$$

여기서 R과 C 둘 중 하나는 실질적으로 편리한 값으로 선택된다.

연습문제

D13.23 그림 13.29의 회로를 설계하여 $\omega_0 = 10^5$ 라디안/초와 $Q = 1/\sqrt{2}$을 가지는 2차 저역 통과 여파기를 실현하라.(이 회로가 2차 버터워스 여파기라는 점에 주목하라.) 실현된 직류 이득은 얼마인가?

[답] $R_1 = R_2 = 14.14\text{ k}\Omega$; $C_3 = 0.5\text{ nF}$; $C_4 = 1\text{ nF}$; $K = 1$

13.8 스위치드 커패시터 여파기

이 절에서는 IC 구현에 적합한 아날로그 여파기 설계의 또 다른 방법을 공부할 것이다. 스위치드 커패시터 여파기는 단지 작은 커패시터, 아날로그 스위치, 그리고 작은 용량성 부하만을 구동하는 데 필요한 연산 증폭기만을 필요로 하기 때문에 CMOS 구현에 이상적으로 적합하다. 현재 스위치드 커패시터 접근 방법은 수백 kHz의 주파수 범위에 이르는 집적 회로 여파기 설계에 선호되는 방법이다.

13.8.1 기본 원리

스위치드 커패시터 여파기 기술은 충분히 빠른 속도로 두 회로 마디 사이에서 스위칭되는 커패시터가 이 두 마디를 연결하는 저항과 등가라는 사실에 기초를 두고 있다. 그림 13.30(a)의 능동 RC 적분기를 생각해 보자. 이것은 13.6절에서 2-적분기 루프 바이쿼드에 사용했던 밀러 적분기이다. 이 적분기의 입력 저항 R_1을 접지된 커패시터 C_1과 스위치 역할을 하는 두 개의 MOS 트랜지스터로 대체한 것이 그림 13.30(b)의 회로이다. 어떤 회로에서는 더욱 정교한 스위치 구성이 사용된다. 하지만 이에 대한 상세한 논의는 이 책의 범위를 벗어난다.

그림 13.30(b)의 두 개의 MOS 스위치는 **비중복 2상 클록**(nonoverlapping two-phase clock)에 의해서 구동된다. 그림 13.30(c)에 클록 파형을 나타냈다. 여기서는 클록 주파수 $f_c(f_c = 1/T_c)$가 여파될 신호의 주파수보다 훨씬 높다고 가정할 것이다. 따라서 C_1이 입력 신호 전원 v_i 양단에 연결되어 있을 때, ϕ_1 클록 위상 동안 입력 신호의 변화는 무시할 수 있을 정도로 작을 것이다. 따라서 ϕ_1 동안 커패시터 C_1은 v_i 전압까지 충전될 것이다.

$$q_{C1} = C_1 v_i$$

그런 다음 클록 위상 ϕ_2 동안 커패시터 C_1은 그림 13.30(d)에 나타낸 것처럼 연산 증폭기의 가상 접지 입력에 연결될 것이다. 따라서 커패시터 C_1은 방전하게 될 것이고, 그것에 축적되어 있던 이전의 전하 q_{C1}은 그림 13.30(d)에 나타낸 방향으로 이동하여 C_2로 전달될 것이다.

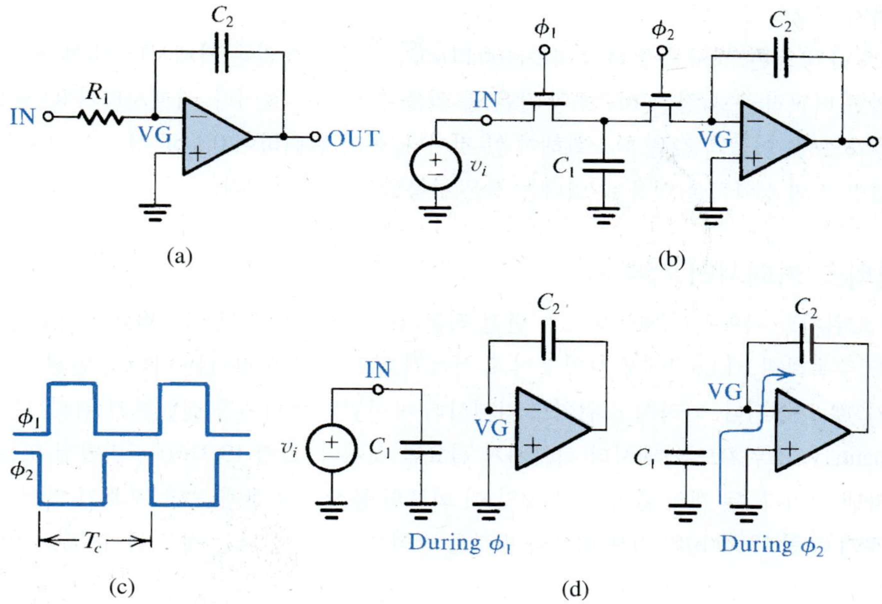

그림 13.30 스위치드 커패시터 여파기 기술의 기본 원리. (a) 능동 RC 적분기. (b) 스위치드 커패시터 적분기. (c) 2상 클록(비중복). (d) ϕ_1 동안 C_1은 v_i의 현재 값까지 충전된 다음, ϕ_2 동안 C_2로 방전한다.

위의 설명으로부터 각각의 클록 주기 T_c 동안 $q_{C1} = C_1 v_i$의 전하량이 입력 전원으로부터 추출되어 적분기 커패시터 C_2로 공급되었다는 것을 알 수 있을 것이다. 따라서 입력 마디(IN)와 가상 접지 마디(VG) 사이에 흐르는 평균 전류는

$$i_{av} = \frac{C_1 v_i}{T_c}$$

이다. 만일 T_c가 충분히 짧다면, 이 과정이 거의 연속적이라고 생각할 수 있을 것이고, IN과 VG 마디 사이에 사실상 존재하는 등가 저항 R_{eq}를 다음과 같이 정의할 수 있을 것이다.

$$R_{eq} \equiv v_i / i_{av}$$

따라서

$$R_{eq} = T_c / C_1 \tag{13.102}$$

이다. R_{eq}를 이용하여 적분기에 대한 등가 시정수를 다음과 같이 얻을 수 있다.

$$\text{Time constant} = C_2 R_{eq} = T_c \frac{C_2}{C_1} \tag{13.103}$$

따라서 여파기의 주파수 응답을 결정짓는 시정수가 클록 주기 T_c와 커패시터 비 C_2/C_1에 의해서 결정된다는 것을 알 수 있다. 이들 파라미터는 둘 다 IC 공정에서 잘 조정될 수 있다는 점에 유의하기 바란다. 특히 시정수가 커패시터의 절댓값이 아닌 그들의 비에 의존한다는 점에 주목하기 바란다. MOS 기술에서 커패시터 비의

정확도는 0.1%까지 조정될 수 있다.

주목할 만한 또 다른 점은, 적당한 클록 주파수(100 kHz)와 너무 크지 않은 커패시터 비(예를 들어 10)로 오디오 응용에 적합한 비교적 큰 시정수(10^{-4}초와 같은)를 얻을 수 있다는 점이다. 커패시터가 IC 칩상에서 비교적 큰 면적을 차지하므로 이들의 값을 최소화해야 할 것이다. 이와 관련하여 0.1 pF 정도의 작은 커패시터 값들로 위에서 언급한 비의 정확도를 얻을 수 있다는 것은 주목할 만한 사항이다.

13.8.2 스위치드 커패시터 적분기

그림 13.30(b)의 스위치드 커패시터(SC) 회로는 반전 적분기를 실현한다.[그림 13.30(d)에서 C_2를 통해 흐르는 전하의 방향에 주목하라.] 13.6절에서 보았듯이, 2-적분기 루프 능동 여파기는 하나의 반전 적분기와 하나의 비반전 적분기[8]로 구성된다. 따라서 스위치드 커패시터 바이쿼드 여파기를 실현하기 위해서는 한 쌍의 상보적인(complementary) 스위치드 커패시터 적분기가 필요할 것이다. 그림 13.31(a)는 비반전 또는 플러스 적분기 회로를 나타낸 것이다. 두 개의 클록 위상 동안 이 회로의 동작을 추적해 보면, 부호가 반전되는 것을 제외하고는, 이 회로가 그림 13.30(b)의 기본 회로와 똑같은 방식으로 동작한다는 것을 알 수 있을 것이다.

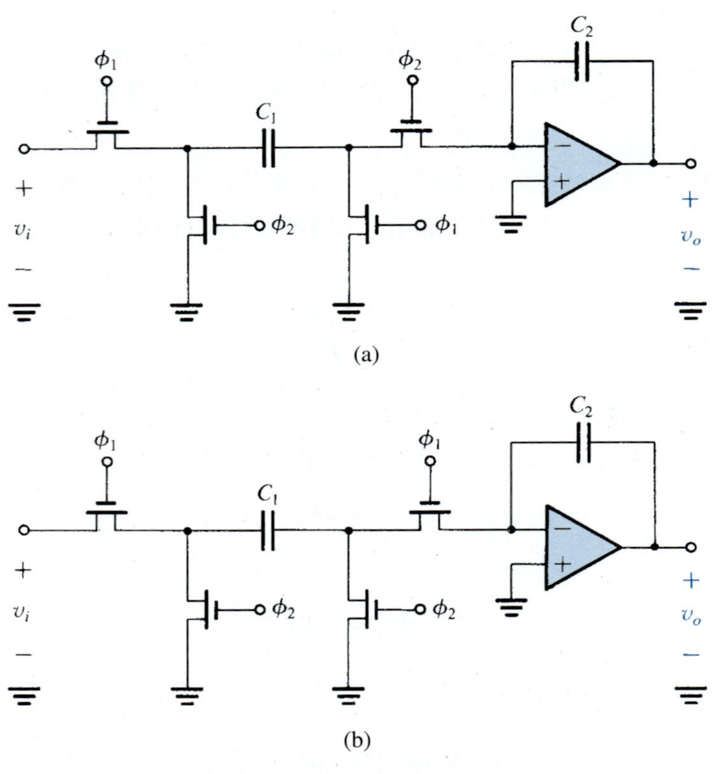

그림 13.31 표류 용량의 영향을 받지 않는 상보적인 스위치드 커패시터 적분기. (a) 비반전 스위치드 커패시터 적분기. (b) 반전 스위치드 커패시터 적분기.

8) 그림 13.25(b)의 2-적분기 루프에서 비반전 적분기는 밀러 적분기와 반전기의 종속 접속에 의해 실현된다.

그림 13.31(a)의 회로는 비반전 적분기 함수를 실현함과 동시에 표류 용량(stray capacitance)의 영향을 받지 않는다. 하지만 이에 관한 더 이상의 논의는 하지 않을 것이다. 이에 대해 관심 있는 독자들은 Schaumann, Ghausi, 그리고 Laker(1990)를 참조하기 바란다. 스위치들 중에서 두 스위치의 클록 위상을 반전시키면 그림 13.31(b)의 회로가 얻어질 것이다. 이 회로는 그림 13.30(b)의 회로와 같이 반전 적분기 함수를 실현한다. 그러나 [그림 13.30(b)의 회로는 표류 용량의 영향을 받는 데 반해] 이 회로는 표류 용량의 영향을 받지 않는다. 여기서 그림 13.31의 한 쌍의 상보 적분기들이 스위치드 커패시터 여파기의 설계에서 표준 빌딩 블록으로 사용되고 있다는 것을 언급해 둔다.

13.8.3 스위치드 커패시터 바이쿼드 여파기

이제부터는 완전한 바이쿼드 회로의 실현에 대해 생각해 보자. 그림 13.32(a)에 앞에서 다루었던 능동 RC 2-적분기 루프 회로를 나타냈다. 적분기 2와 반전기의 종속 접속을 하나의 비반전 적분기로 간주한 후, 각각의 저항을 그것의 스위치드 커패시터 등가로 대체함으로써, 그림 13.32(b)의 회로를 얻을 수 있다. 당분간 첫 번째 적분기 주위의 감쇠(즉, 스위치드 커패시터 C_5)를 무시한다면, 귀환 루프가 실제로 반전 적분기와 비반전 적분기로 이루어져 있다는 것을 알 수 있을 것이다. 감쇠를 위해 사용된 스위치드 커패시터의 클록 위상에 주목하기 바란다. 여기서 이들의 위상을 반전시키면 귀환이 정귀환으로 바뀔 것이고 극점이 s 평면의 우반으로 이동할 것이다. 한편 입력 공급용 스위치드 커패시터 C_6의 클록 위상은 그다지 중요하지 않다. 즉, 이들의 위상이 반전되면 단지 실현된 함수의 부호만 반대로 바뀔 것이다.

능동 RC 바이쿼드와 스위치드 커패시터 바이쿼드 사이의 대응 관계를 알았으므로, 이제 설계 방정식들을 유도할 수 있을 것이다. 그림 13.32(a)의 회로를 해석하면

$$\omega_0 = \frac{1}{\sqrt{C_1 C_2 R_3 R_4}} \tag{13.104}$$

을 얻는다. R_3와 R_4 대신에 그들의 스위치드 커패시터 등가 값들, 즉

$$R_3 = T_c/C_3 \quad \text{and} \quad R_4 = T_c/C_4$$

를 대입하면, 스위치드 커패시터 바이쿼드의 ω_0를 다음과 같이 얻을 수 있다.

$$\omega_0 = \frac{1}{T_c}\sqrt{\frac{C_3}{C_2}\frac{C_4}{C_1}} \tag{13.105}$$

두 적분기의 시정수는 같도록

$$\frac{T_c}{C_3}C_2 = \frac{T_c}{C_4}C_1 \tag{13.106}$$

이 되게 선택하는 것이 통례이다. 만일 더 나아가 두 적분기의 커패시터 C_1과 C_2를 같게

$$C_1 = C_2 = C \tag{13.107}$$

로 선택하고, 식 (13.106)과 (13.105)를 이용하면

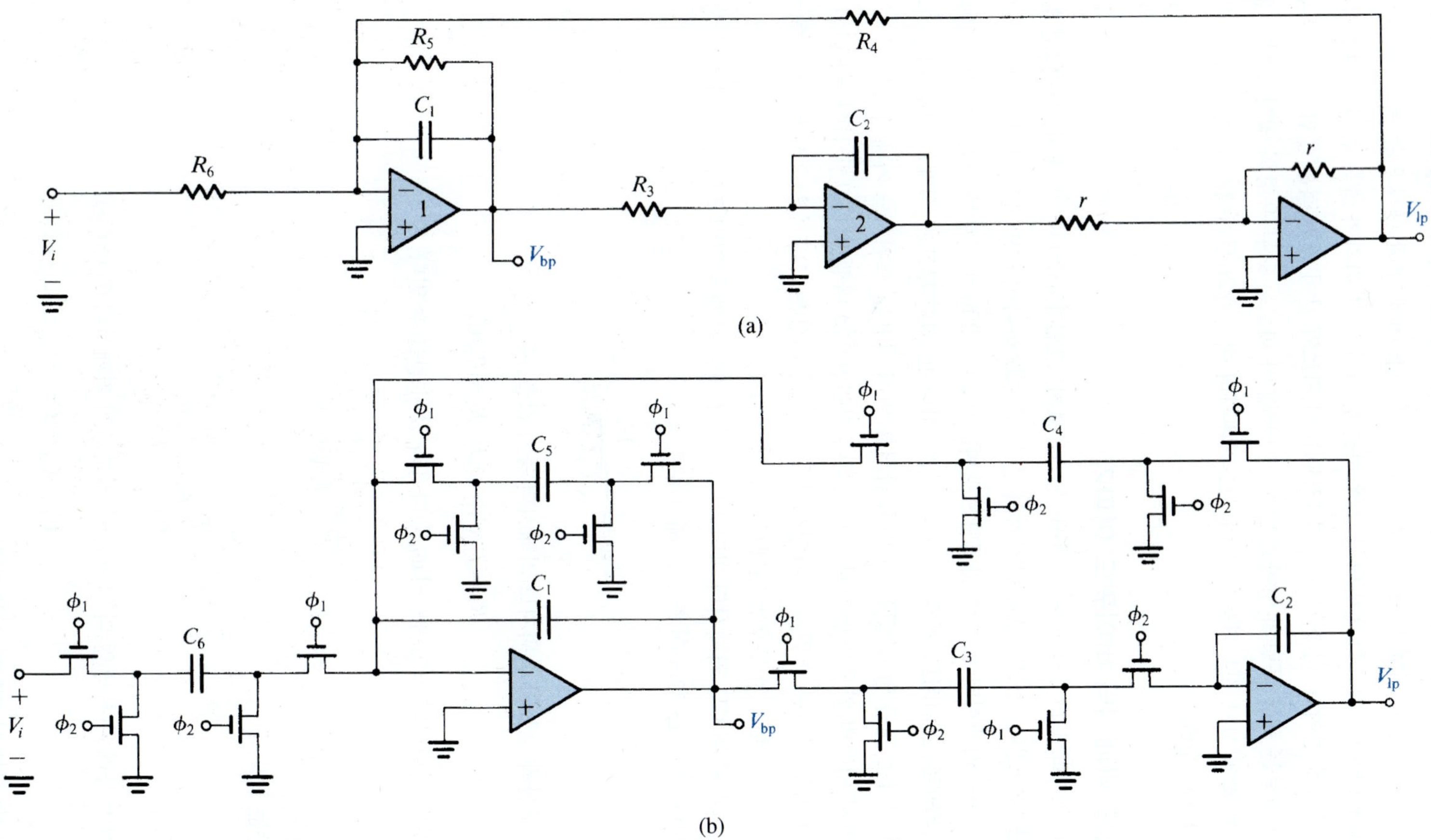

그림 13.32 (a) 2-적분기 루프를 이용한 능동 RC 바이쿼드와 (b) 그것의 스위치드 커패시터 대응 회로.

$$C_3 = C_4 = (\omega_0 T_c)C \tag{13.108}$$

를 얻을 것이다. 시정수가 같을 경우 그림 13.32(a)의 능동 RC 회로의 Q 인수는 R_5/R_4로 주어진다. 따라서 이에 대응하는 그림 13.32(b)의 스위치드 커패시터 회로의 Q 인수는

$$Q = \frac{T_c/C_5}{T_c/C_4} = \frac{C_4}{C_5} \tag{13.109}$$

로 주어질 것이다. 따라서 C_5를

$$C_5 = \frac{C_4}{Q} = \left(\frac{\omega_0 T_c}{Q}\right)C \tag{13.110}$$

의 관계로부터 선택해야 할 것이다. 끝으로 대역 통과 여파기 함수의 중심 주파수 이득은

$$\text{Center-frequency gain} = \frac{C_6}{C_5} = \left(\frac{Q}{\omega_0 T_c}\right)\left(\frac{C_6}{C}\right) \tag{13.111}$$

로 주어진다.

연습문제

D13.24 그림 13.32(b)의 회로에서 $C_1 = C_2 = 20$ pF을 사용하라. 그리고 이 회로를 설계하여 $f_0 = 10$ kHz, $Q = 20$, 그리고 중심 주파수 이득이 1인 대역 통과 여파기를 실현하라. 단, 클록 주파수 $f_c = 200$ kHz를 사용하라. C_3, C_4, C_5, C_6의 값들을 구하라.
[답] 6.283 pF; 6.283 pF; 0.314 pF; 0.314 pF

13.8.4 맺음말

지금까지 스위치드 커패시터 여파기 기술을 소개하는 정도로만 살펴보았다. 우리가 사용한 여러 가지 가정 중에서 가장 중요한 것은, 스위치드 커패시터를 등가 저항[식 (13.102)]으로 간주한 것이다. 이 등가는 $f_c = \infty$일 때 정확하고, $f_c \gg f_0$일 때는 근사적으로 정확하다. 실제로 스위치드 커패시터 여파기는 그들의 해석과 설계가 z 변환 기법을 사용함으로써 정확하게 수행되는 이산 시간 회로이다. z 변환 기법에 관심이 있는 독자들은 부록 I의 참고문헌을 참조하기 바란다.

위에 설명된 스위치드 커패시터 회로들은 단일 종단된 회로들이다. 대부분의 응용에서는, 이들 회로의 완전 차동 형태의 회로들이 채용된다.

13.9 사인파 발진기의 기본 원리

이 절에서는 선형 사인파 발진기의 설계에 기초가 되는 원리들을 고찰할 것이다. 선형 발진기(linear oscillator)

라는 이름에도 불구하고 이들 발진기에서는 출력 사인파의 진폭을 제어하기 위해 몇 가지 형태의 비선형성이 이용된다. 사실 모든 발진기는 근본적으로 비선형 회로이다. 이것이 발진기들을 해석하고 설계하는 일을 복잡하게 만든다. 즉, 더 이상 (s 평면상의) 변환 방법들을 직접 이용할 수 없을 것이다. 그럼에도 불구하고 사인파 발진기 설계를 두 단계로 수행할 수 있는 기법이 개발되었다. 첫 번째 단계는 선형 단계로서, 귀환 회로를 주파수 영역에서 해석하는 것이다. 그다음으로 두 번째 단계는 진폭 조정을 위한 비선형 메커니즘을 제공하는 것이다.

13.9.1 발진기 귀환 루프

사인파 발진기의 기본 구조는 그림 13.33에 블록도 형태로 나타낸 것과 같이, 증폭기와 그 증폭기의 **정귀환 루프**(positive-feedback loop)에 접속된 주파수 선택 회로망으로 구성된다. 실제의 발진기 회로에는 입력 신호가 없지만, 여기서는 동작 원리를 설명하는 데 도움을 주기 위해 입력 신호를 포함시켰다. 그림 10.1의 부귀환 루프와는 달리 여기서는 귀환 신호 x_f가 플러스 부호를 가지고 더해진다는 점에 주목할 필요가 있다. 따라서 귀환 이득은 다음과 같이 주어질 것이다.

$$A_f(s) = \frac{A(s)}{1 - A(s)\beta(s)} \tag{13.112}$$

여기서 분모의 마이너스 부호에 주목하기 바란다. 루프 이득 $L(s)$는 다음과 같이 정의되고

$$L(s) \equiv A(s)\beta(s) \tag{13.113}$$

특성 방정식은

$$1 - L(s) = 0 \tag{13.114}$$

이다.

13.9.2 발진 조건

만일 특정 주파수 ω_0에서의 루프 이득 $A\beta$가 1이면, 식 (13.112)에서 A_f는 당연히 무한대가 될 것이다. 즉, 이 주파수에서 회로는 입력 신호가 0인데도 불구하고 유한한 출력을 가진다. 이런 회로를 발진기라고 정의한다.

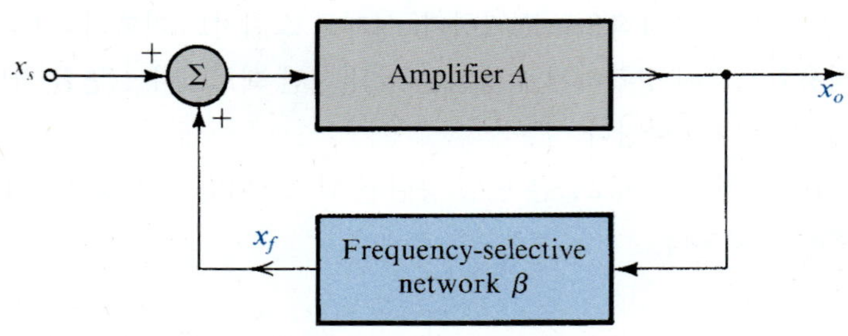

그림 13.33 사인파 발진기의 기본 구조. 정귀환 루프가 증폭기와 주파수 선택 회로망에 의해 형성되어 있다. 실제의 발진기 회로에는 입력 신호 x_s가 없지만, 여기서는 동작 원리를 설명하는 데 도움을 주기 위해 입력 신호를 포함시켰다.

따라서 그림 13.33의 귀환 루프가 주파수 ω_0의 사인파 발진을 제공하기 위한 조건은 다음과 같다.

$$L(j\omega_0) \equiv A(j\omega_0)\beta(j\omega_0) = 1 \tag{13.115}$$

즉, ω_0에서 루프 이득의 위상은 0이어야 하고, 루프 이득의 크기는 1이어야 한다. 이것을 **바르크하우젠 조건**(Barkhausen criterion)이라고 부른다. 회로가 한 주파수에서 발진하기 위해서는 위의 발진 조건이 오직 한 주파수(즉, ω_0)에서만 충족되어야 할 것이다. 그렇지 않으면, 그 결과로 생긴 파형이 순수한 사인파가 아닐 것이다.

바르크하우젠 조건에 대한 직관적인 이해는 그림 13.33의 귀환 루프를 살펴봄으로써 얻을 수 있다. 이 루프가 인가된 입력 없이($x_s = 0$) 출력 x_o를 발생시키고 유지하기 위해서는 귀환 신호 x_f

$$x_f = \beta x_o$$

가 충분히 커서 다음과 같이 A와 곱해질 때 x_o를 만들 수 있어야 한다.

$$Ax_f = x_o$$

즉,

$$A\beta x_o = x_o$$

가 되어야 하고, 결과적으로

$$A\beta = 1$$

이 되어야 할 것이다.

발진 주파수 ω_0가 오직 귀환 루프의 위상 특성에 의해서만 결정된다는 점에 주목하기 바란다. 즉, 귀환 루프는 그 위상이 0(또는 등가적으로 360°)이 되는 주파수에서 발진한다.

발진기 회로를 고찰하는 또 다른 접근 방법은 회로의 극점들을 조사하는 것이다. 회로 극점들은 **특성 방정식**(characteristic equation)[식 (13.114)]의 근들에 해당한다. 회로가 임의의 한 주파수 ω_0에서 **지속적인 발진**(sustained oscillation)을 산출하기 위해서는 그 회로의 특성 방정식이 $s = \pm j\omega_0$에서 근을 가져야 한다. 따라서 $1 - A(s)\beta(s)$는 $s^2 + \omega_0^2$ 형태의 인수를 가져야 할 것이다.

연습문제

13.25 이득이 2인 증폭기와 2차 대역 통과 여파기로 형성된 사인파 발진기에 대해 생각해 보자. 1 kHz에서 지속적인 발진을 산출하기 위한 여파기의 극점 주파수와 중심 주파수 이득을 구하라.

[답] 1 kHz; 0.5

13.9.3 발진기 회로의 해석

주어진 발진기 회로를 해석하여 발진 주파수와 발진을 시작시키기 위한 조건을 구하기 위해서는 다음의 세 단계를 진행해야 한다.

1. 루프 이득 $A(s)\beta(s)$를 구하기 위해 귀환 루프를 절단한다. 이 단계는 10.2절에서 부귀환 증폭기의 해석에서 이용했던 것과 유사하다.
2. 발진 주파수 ω_0는 $A(j\omega)\beta(j\omega)$의 위상각이 0 또는 등가적으로 360°인 주파수로 구해진다.
3. 발진이 시작할 조건은 다음과 같이 구해진다.

$$|A(j\omega_0)\beta(j\omega_0)| \geq 1$$

루프 이득의 크기를 1보다 약간 크게 만드는 것이 발진이 시작되는 것을 보장할 수 있다는 점에 주목하기 바란다.

예제 13.7

그림 13.34(a)는 양(+)의 이득을 가지는 증폭기의 귀환 루프에 2차 LCR 대역 통과 여파기[그림 13.19(c) 참조]를 위치시켜 형성되는 사인파 발진기를 나타낸 것이다. 발진 주파수 ω_0를 구하고, 발진이 시작할 조건을 구하라.

풀이

루프 이득을 구하기 위해서는, 입력 임피던스가 무한대인 연산 증폭기의 플러스 입력 단자에서 정귀환 루프를 끊고, 입력 전원 V_i를 인가하고, 되돌아오는 전압 V_r을 구해야 한다. 이 결과의 회로를 그림 13.34(b)에 나타냈다. 연산 증폭기가 이상적이므로, 연산 증폭기의 출력 전압 V_o와 $A(s)$를 다음과 같이 구할 수 있다.

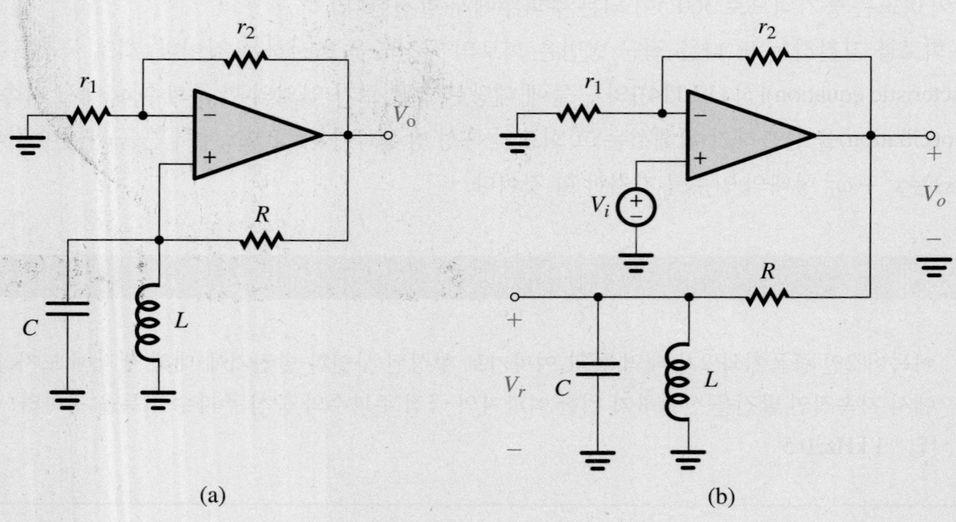

그림 13.34 (a) 양의 이득을 가지는 증폭기의 귀환 루프에 대역 통과 RLC 회로를 접속함으로써 형성된 발진기. (b) $A(s) \equiv V_o(s)/V_i(s)$와 $\beta(s) \equiv V_r(s)/V_o(s)$, 그리고 루프 이득 $A(s)\beta(s)$를 구하기 위해 귀환 루프를 연산 증폭기의 입력에서 전달함.

$$A(s) \equiv \frac{V_o}{V_i} = 1 + \frac{r_2}{r_1}$$

주파수 선택 회로망의 전달 함수 $\beta(s) \equiv V_r/V_o$는 직접 해석하여 구하거나 식 (13.43)을 이용하여 다음과 같이 구할 수 있다.

$$\beta(s) \equiv \frac{V_r}{V_o} = \frac{s\frac{1}{CR}}{s^2 + s\frac{1}{CR} + \frac{1}{LC}}$$

$A(s)$와 $\beta(s)$를 각각 구하는 것이 용이하다는 것을 알지만, 우리의 실제 관심은 이득의 곱, 즉 루프 이득 $A(s)\beta(s)$이다.

$$A(s)\beta(s) = \frac{s\frac{1}{CR}\left(1 + \frac{r_2}{r_1}\right)}{s^2 + s\frac{1}{CR} + \frac{1}{LC}}$$

$s = j\omega$를 대입하면

$$A(j\omega)\beta(j\omega) = \frac{j\frac{\omega}{CR}\left(1 + \frac{r_2}{r_1}\right)}{\left(-\omega^2 + \frac{1}{LC}\right) + j\frac{\omega}{CR}}$$

이 식으로부터 $A(j\omega)\beta(j\omega)$의 위상각이 분모의 실수부를 0으로 만드는 ω의 값에서 0이 될 것임을 알 수 있다.

$$\omega_0 = 1/\sqrt{LC}$$

이 주파수에서 루프 이득의 크기는 다음과 같이 주어진다.

$$|A(j\omega_0)\beta(j\omega_0)| = 1 + \frac{r_2}{r_1}$$

따라서 발진은

$$r_2/r_1 \geq 0$$

일 때 시작할 것이다.

$r_2 = 0$은 이론적으로 발진을 유지하기에는 충분하지만, 발진이 시작하는 것을 보장하기 위해 $r_2/r_1 > 0$으로 설계하는 것이 보통이다. 이 점에 대해서는 다음 절에서 자세하게 설명한다.

이 예제를 끝내기에 앞서 위의 결과를 그림 13.34(a)에 보인 회로의 조사에 의해서 구할 수도 있다는 점에 주목할 필요가 있다. 증폭기 이득의 위상각이 0이므로, LCR 대역 통과 회로가 그것의 위상이 0이 되는 주파수를 결정한다는 것을 알 수 있다. 이는 결국 LC 탱크 회로가 무한대 임피던스를 가지는 주파수이고, 이 주파수가 공진 주파수 $\omega_0 = 1/\sqrt{LC}$이다. 이 주파수에서 대역 통과 LCR 회로의 전송은 1이 된다. 따라서 발진이 시작하려면 증폭기 이득이 1보다 크거나 같아야 한다.

다른 해석 방법 발진기 회로를 해석함에 있어서 귀환 루프 절단을 포함하지 않는 간단한 다른 방법이 있다. 즉, 먼저 회로가 발진하고 발진 주파수 ω_0에서 회로에 전압이 걸리고 전류가 흐른다고 가정한다. 그다음에 회로를 통상적인 방법으로 해석하고, 회로 식들을 단일 전압 또는 전류 변수의 단일 식으로 줄인다. 전압 또는 전류 양이 0이 아니므로(회로가 발진하고 있다고 가정했으므로), 회로 식을 변수로 나눌 수 있고, 그 결과로 변수를 소거할 수 있다. 이제 회로 식을 다음과 같은 형태로 다룰 수 있을 것이다.

$$D(s) = 0$$

여기서 $D(s)$는 s의 다항식이다. $s = j\omega$를 대입한 다음, $D(j\omega)$의 실수부와 허수부를 0으로 놓는다. 결과 식의 하나는 ω_0를 산출할 것이고, 다른 하나는 지속적인 발진을 위한 조건을 제공할 것이다. 우리는 다음 절에서 이 방법을 여러 번 이용할 것이다. 이 방법은 다음 예제에서 설명될 것이다.

예제 13.8

위에서 기술한 다른 해석 방법을 이용하여 그림 13.34(a)에 보인 회로의 발진 주파수와 지속적인 발진을 위한 조건을 구하라.

풀이

해석이 이미 표시된 회로를 그림 13.35에 나타냈다. 루프 방정식을 쓰면

$$V_o = IR + \frac{V_o}{K} = \frac{V_o}{K}R\left(sC + \frac{1}{sL}\right) + \frac{V_o}{K} \tag{13.116}$$

을 얻는다. 여기서

$$K = 1 + \frac{r_2}{r_1}$$

이다. 식 (13.116)에 (sK/CR)을 곱하고 V_o로 나눈 다음 정리하면

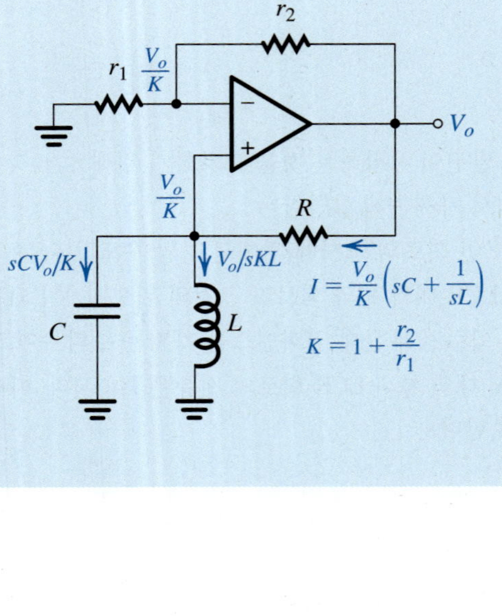

그림 13.35 그림 13.34(a)의 발진기 회로의 해석.

$$s^2 + s\frac{1}{CR}(1-K) + \frac{1}{LC} = 0$$

을 얻는다. $K = 1 + \frac{r_2}{r_1}$ 를 대입하면

$$s^2 - s\frac{1}{CR}\frac{r_2}{r_1} + \frac{1}{LC} = 0 \tag{13.117}$$

을 얻는다. $s = j\omega$에 대해 다음을 얻는다.

$$\left(-\omega^2 + \frac{1}{LC}\right) - j\omega\frac{1}{CR}\frac{r_2}{r_1} = 0$$

$$R_e[D(j\omega)] = -\omega^2 + \frac{1}{LC}$$

$$\text{Im}[D(j\omega)] = -\frac{\omega}{CR}\frac{r_2}{r_1}$$

지속적인 발진을 위해서는 발진 주파수에서 실수 부분과 허수 부분 모두가 반드시 0이 되어야 한다. 따라서

$$R_e = 0 \Rightarrow \omega_0^2 = \frac{1}{LC} \Rightarrow \omega_0 = \frac{1}{\sqrt{LC}}$$

$$\text{Im} = 0 \Rightarrow \frac{r_2}{r_1} = 0 \Rightarrow r_2 = 0$$

발진이 시작하는 것을 보장하기 위해서는 통상적으로 다음과 같이 설계한다.

$$r_2 > 0$$

즉, 작은 저항 r_2가 사용된다.

연습문제

13.26 그림 13.34(a)의 발진기 회로에 대해 $r_1 = 10\text{ k}\Omega$, $r_2 = 100\ \Omega$, $R = 10\text{ k}\Omega$, $C = 10\text{ nF}$, $L = 0.1\text{ mH}$이다. 발진 주파수를 구하라. 발진 조건은 만족되는가?

[답] 10^6 라디안/초; $r_2 > 0$이므로 만족된다

13.27 그림 13.34(a)의 발진기 회로에 대해 소자 값들이 다음과 같이 변동한다: (a) L이 1%만큼 증가, (b) C가 1%만큼 증가, (c) R이 1%만큼 증가. ω_0의 변동률을 구하라.

[답] (a) −0.5%; (b) −0.5%; (c) 0%

13.9.4 비선형 진폭 조절

13.9.2절에서 논의한 발진 조건, 즉 바르크하우젠 조건은 수학적인 면에서 지속적인 발진을 보장하는 것이다. 그러나 이미 알고 있듯이, 모든 물리적인 시스템의 파라미터들은 항상 일정한 값을 오랫동안 유지하지 못한다. $\omega = \omega_0$에서 $|A\beta| = 1$이 되도록 만들어도, 온도가 변하고 따라서 $|A\beta|$가 1보다 약간 작아질 수도 있다. 확실히 이 경우에는 발진이 멈출 것이다. 반면에 만일 $|A\beta|$가 1보다 커진다면, 발진 진폭이 점점 커질 것이다. 따라서 $|A\beta|$의 값을 원하는 **출력 진폭**에서 1에 머무르도록 하는 어떤 방법이 필요할 것이다. 우리는 이득 조절을 위한 비선형 회로를 제공함으로써 이 문제를 해결할 것이다.

근본적으로 이득 조절 메커니즘의 기능은 다음과 같다. 먼저, 발진이 시작하는 것을 보장하기 위해, $|A\beta|$가 1보다 약간 크도록 회로를 설계한다. 이것은 극점이 s 평면의 우반에 있도록 회로를 설계하는 것에 해당한다. 따라서 전력 공급기가 커져 직류 공급 전압이 회로에 가해짐에 따라 발진이 시작되고 그 진폭은 점점 커질 것이다. 진폭의 증가는 비선형 회로망에 의해 검출되고, 비선형 회로망은 이득이 감소하게 만들 것이다. 결국 진폭이 원하는 레벨에 이르렀을 때, 이득 제어 회로가 $|A\beta|$를 정확하게 1로 만들 것이다. 바꿔 말하면, 극점들이 s 평면의 우반으로부터 $j\omega$축상으로 다시 '잡아당겨질' 것이다. 이 작용 때문에 회로는 원하는 진폭에서 발진을 유지할 수 있을 것이다. 만일 어떤 이유로 루프 이득이 1 이하로 감소한다면, 사인파의 진폭은 줄어들 것이다. 이것이 비선형 회로망에 의해 검출될 것이고, 비선형 회로망은 루프 이득을 증가시켜 루프 이득을 정확하게 1로 만들 것이다.

이득 조절 메커니즘의 간단한 구현은 증폭기 이득을 결정하는 저항기들 중의 하나 대신에 다이오드와 같은 비선형 소자를 사용함으로써 얻어진다. 다이오드의 저항은 그것에 걸리는 신호의 진폭이 증가함에 따라 감소하므로, 다이오드를 적당하게 위치시킴으로써 우리는 출력 사인파의 진폭이 증가함에 따라 증폭기의 이득이 감소하게끔 회로를 배열할 수 있다. 하나의 예를 그림 13.36에 나타냈다. 여기서 두 개의 다이오드가 연산 증폭기의 귀환 경로에 있는 저항 R_2 양단에 서로 반대 극성으로 자리하고 있다. 출력 신호의 진폭이 작을 때 D_1과 D_2는 차단될 것이고, 귀환 저항은 $(R_2 + R_3)$일 것이다. 진폭이 증가함에 따라 D_1과 D_2는 도통될 것이고, 그들의 증분 저항은 R_2와 병렬이 될 것이다. 이는 실효 귀환 저항을 감소시키고 그에 상응하여 증폭기 이득을 감소시킬 것이다.

발진기에서 진폭 조절을 구현하는 다른 방법은 리미터(3.1.3절 참조)를 사용하는 것이다. 그 한 예를 그림 13.37에 나타냈다. 여기서 저항기 r_3와 함께 다이오드 D_1과 D_2로 형성되는 다이오드 리미터를 그림 13.34(a)의 발진기의 귀환 루프에 삽입하였다. 발진의 진폭이 커짐에 따라 리미터가 작동하여 출력 v_L을 제공한다. v_L은 주파수가 ω_0인 구형파에 가깝고, 그 진폭의 정확한 값은 다이오드의 i–v 특성과 r_3 값에 의해 결정된다. 그

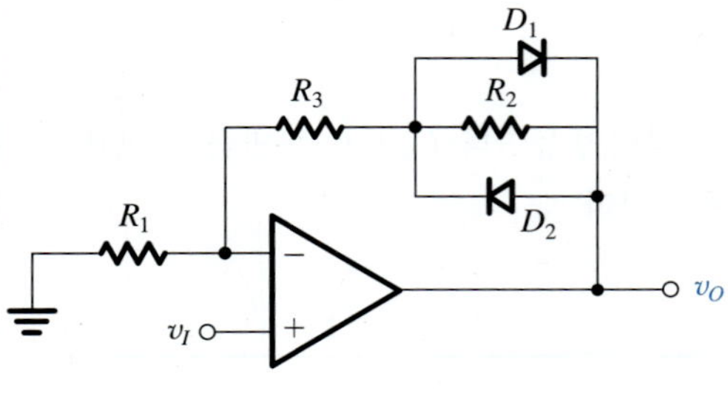

그림 13.36 두 개의 다이오드를 귀환 저항의 일부 양단에 서로 반대 방향으로 위치시킴으로써, v_O의 진폭이 증가함에 따라 증폭기 이득 v_O/v_I가 감소하게 만든다.

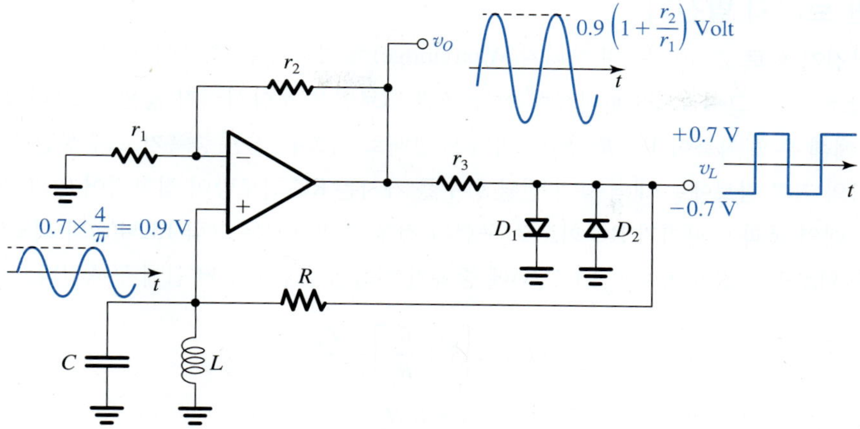

그림 13.37 진폭 조절을 위해 귀환 루프에 리미터가 삽입된 그림 13.34의 발진기 회로.

림 13.37에서 우리는 리미터의 출력 레벨이 ±0.7 V라고 가정했다. 이 구형파 신호는 RLC 대역 통과 여파기에 인가된다. 여파기가 충분히 선택적이라고(즉, 높은 Q 인수를 가지고 있다고) 가정하면, LC 탱크에 걸리는 그것의 출력은 주로 구형파의 기본 주파수 성분, 즉 주파수가 ω_0인 사인파로 구성될 것이다. 진폭이 V인 구형파의 푸리에 급수로부터 우리는 기본 주파수 성분이 $(4/\pi)V$의 진폭을 가진다는 것을 알고 있다. 따라서 이 경우에는 LC 탱크에 걸리는 사인파의 진폭이 $(4\times 0.7/\pi)$ 또는 약 0.9 V이고, 증폭기 출력에서의 사인파 진폭은 $[0.9(1+r_2/r_1)]$ 볼트일 것이다.

그림 13.37의 회로는 주파수 ω_0가 여파기의 중심 주파수에 의해 정해지고, 사인파의 순수도(purity) 즉 파형의 깨끗함이 여파기의 Q 인수에 의해 결정되며($Q=\omega_0 CR$), 출력 사인파의 진폭이 증폭기 이득 $(1+r_2/r_1)$에 의해서 결정되기 때문에 설계와 조절이 용이하다.

연습문제

13.28 그림 13.37에 보인 회로에 대해, 5 V의 출력 진폭을 얻기 위한 (r_2/r_1)의 값을 구하라.
[답] 4.6

13.10 연산 증폭기–RC 발진기 회로

이 절에서는 연산 증폭기와 RC 회로망을 이용한 실용적인 발진기 회로 몇 가지를 살펴볼 것이다. 이 회로들은 일반적으로 인쇄 회로 기판상에 조립된다. 이들은 매우 낮은 주파수부터 수 메가헤르츠의 주파수 범위에서 동작한다.

13.10.1 윈 브리지 발진기

매우 간단한 발진기 회로 중 하나는 윈 브리지(Wien-bridge)에 기초를 둔 회로이다.(이 절 후반부에 있는 흥미로운 메모를 참조하라.) 그림 13.38에 비선형 이득 조절 회로망을 포함시키지 않은 윈 브리지 회로를 나타냈다. 이 회로는 폐쇄 루프 이득이 $1 + R_2/R_1$인 비반전 형태로 접속된 연산 증폭기로 구성된다. 플러스 이득을 갖는 이 증폭기의 귀환 경로에는 대역 통과 전달 함수를 가지는 RC 회로망이 접속되어 있다. 이 점에서, 이 회로는 여기서는 대역 통과 여파기가 RC 회로로 구현된 것을 제외하고는 그림 13.34(a)의 회로와 유사하다. 루프 이득은 귀환 회로망의 전달 함수 $V_a(s)/V_o(s)$에 증폭기 이득을 곱함으로써 쉽게 구해진다.

$$L(s) = \left[1 + \frac{R_2}{R_1}\right]\frac{Z_p}{Z_p + Z_s}$$
$$= \frac{1 + R_2/R_1}{1 + Z_s Y_p}$$

따라서

$$L(s) = \frac{1 + R_2/R_1}{3 + sCR + 1/sCR} \tag{13.118}$$

이고, 이 식에 $s = j\omega$를 대입하면

$$L(j\omega) = \frac{1 + R_2/R_1}{3 + j(\omega CR - 1/\omega CR)} \tag{13.119}$$

이 얻어진다. 루프 이득은 다음 식으로 주어지는 주파수에서 실수가 될 것이다.(즉, 위상이 0이 될 것이다.)

$$\omega_0 CR = \frac{1}{\omega_0 CR}$$

즉,

$$\omega_0 = 1/CR \tag{13.120}$$

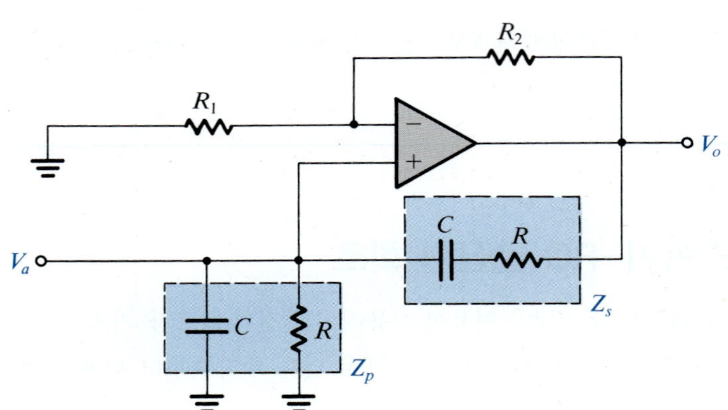

그림 13.38 진폭 안정화 회로를 포함시키지 않은 윈 브리지 발진기.

이다. 만일 루프 이득이 적어도 1이라면 이 주파수에서 발진이 시작될 것이다. 이는

$$R_2/R_1 = 2 \tag{13.121}$$

로 선택함으로써 달성된다. 발진이 시작될 것임을 보장하려면 R_2/R_1의 값을 2보다 조금 크게 잡아야 할 것이다. 여기서 만일 $R_2/R_1 = 2 + \delta$이고 δ가 작은 수라면 우리는 특성 방정식 $1 - L(s) = 0$의 근들이 s 평면의 우반에 있으리라는 것을 쉽게 증명할 수 있다.

발진의 진폭은 비선형 조절 회로망을 사용함으로써 결정할 수 있고, 또 안정시킬 수 있을 것이다. 진폭 조절의 두 가지 서로 다른 실현을 그림 13.39와 13.40에 나타냈다. 그림 13.39의 회로는 다이오드 D_1, D_2와 저항 R_3, R_4, R_5, R_6로 형성된 상하 대칭의 귀환 리미터를 채용하고 있다. 이 리미터는 다음과 같은 방식으로 동작한다. 즉, 출력 전압 v_O의 플러스 피크는, 마디 b의 전압이 v_1(약 $1/3v_O$)을 초과하게 하고 다이오드 D_2를 도통시키는 데 충분한 양이 되도록 하는 값으로 제한될 것이다. 따라서 플러스 피크는 R_5, R_6와 마이너스 전력 공급기 V_{SS}에 의해서 결정되는 값에 클램프될 것이다. 구체적으로, 플러스 출력 피크 $\hat{v}_{O+}$는 $v_b = v_1 + V_{D2} = 1/3\,\hat{v}_{O+} + V_D$로 놓고 D_2를 통해 흐르는 전류를 무시하면서 마디 b에서 마디 방정식을 세워 계산할 수 있을 것이다. 그 결과는

$$\hat{v}_{O+} = \left[\left(\frac{R_5}{R_6}\right)V_{SS} + \left(1 + \frac{R_5}{R_6}\right)V_D\right] \Big/ \left(\frac{2}{3} - \frac{1}{3}\frac{R_5}{R_6}\right) \tag{13.122}$$

이다. 마찬가지 방식으로, 출력 사인파의 마이너스 피크도 다이오드 D_1을 도통시키는 값에 클램프될 것이다. 마이너스 피크값 $\hat{v}_{O-}$는 $v_a = v_1 - V_{D1} = 1/3\hat{v}_{O-} - V_D$로 놓고 D_1을 통해 흐르는 전류를 무시하면서 마디 a에

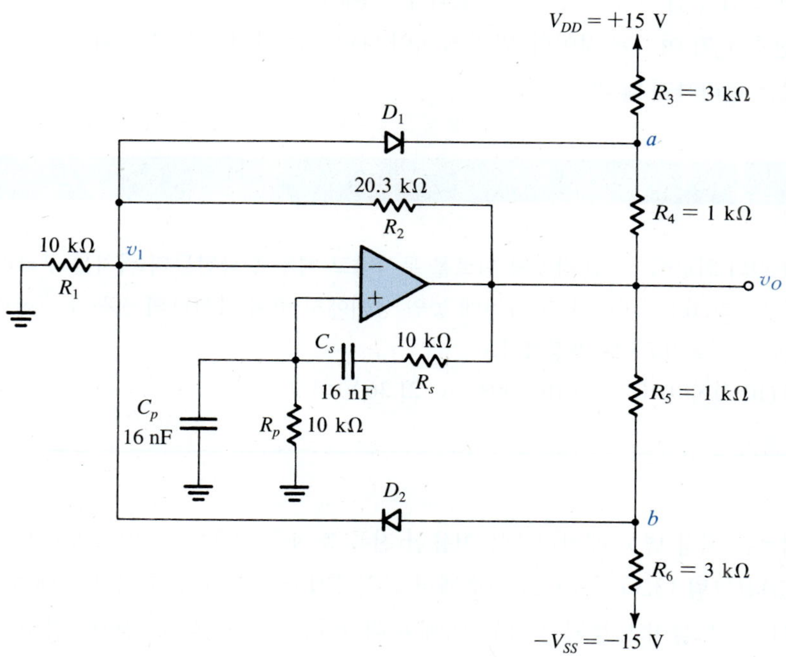

그림 13.39 진폭 조절을 위해 리미터를 사용한 윈 브리지 발진기.

윈 브리지 발진기

네 개의 저항기와 두 개의 커패시터로 구성된 윈 브리지는 1891년에 프로이센의 물리학자 막스 윈(Max Wien)이 인덕턴스 측정을 위해 발명하였다. 한참 후에, 윌리엄 휼렛(William Hewllet, 1939년 휼렛패커드사의 공동 창업자)이 스탠퍼드 대학에서 석사 학위 과정을 공부하는 중에, 윈 브리지의 일부분을 소위 말하는 윈 브리지 발진기를 형성하기 위해 정귀환 루프에 위치시키는 것의 중요성을 깨달았다. 휼렛패커드사의 1939년에 출시된 첫 제품은 HP200A이었는데, 이 제품은 가변적이고 정밀한 사인파 발생기이었다. 이 발생기는 진공관을 이용하여 증폭기를 구현하였고 텅스텐 램프를 이용하여 루프 이득과 이에 따른 사인파의 진폭을 조절하였다.

서 마디 방정식을 세움으로써 구할 수 있을 것이다. 그 결과는

$$\hat{v}_{O-} = -\left[\left(\frac{R_4}{R_3}\right)V_{DD} + \left(1 + \frac{R_4}{R_3}\right)V_D\right] \Big/ \left(\frac{2}{3} - \frac{1}{3}\frac{R_4}{R_3}\right) \tag{13.123}$$

이다. 식 (13.122)와 (13.123)을 유도할 때 $V_{D1} = V_{D2} = V_D$ 그리고 $v_1 = 1/3\ v_O$로 가정했다는 점에 주목하라. 대칭적인 출력 파형을 얻으려면 $R_3 = R_6, R_4 = R_5$, 그리고 $V_{SS} = V_{DD}$로 선택해야 한다는 것을 식 (13.122)와 (13.123)이 가리킨다. 끝으로 v_1에 나타나는 사인파가 v_O보다 왜곡이 작다는 점에 유의하기 바란다. 이는 v_1이 연산 증폭기의 플러스 입력 단자에 나타나는 신호와 같기 때문이며, 연산 증폭기의 플러스 입력 단자에 나타나는 신호는 출력 신호 v_O가 여파된 것이다. 반면에 v_1이 나타나는 마디는 높은 임피던스 마디이다. 따라서 이 마디는 출력 마디로는 편리하지 않다.

연습문제

13.29 그림 13.39의 회로에서, (a) 리미팅 회로를 무시하고 폐루프 극점들의 위치를 구하라. (b) 발진 주파수를 구하라. (c) 리미터가 그 자리에 놓인 상태에서 출력 사인파의 진폭을 구하라.(단, 다이오드의 전압 강하는 0.7 V로 가정하라.)

[답] (a) $(10^5/16)(0.015 \pm j)$; (b) 1 kHz; (c) 21.36 V(피크간)

그림 13.40의 회로는 저항 변동 메커니즘을 이용한 진폭 조절을 채용하고 있다. 우리는 이 메커니즘을 앞절에서 공부한 바 있다(그림 13.36 참조). 이 회로에서 전위차계 P는 발진이 막 시작될 때까지 조정될 것이다. 발진이 시작되면, 다이오드들이 도통될 것이고, 이에 따라 a와 b 사이의 실효 저항이 감소할 것이다. 평형 상태는 루프 이득을 정확하게 1로 만드는 출력 진폭에서 이루어질 것이다. 출력 진폭은 전위차계 P를 조정함으

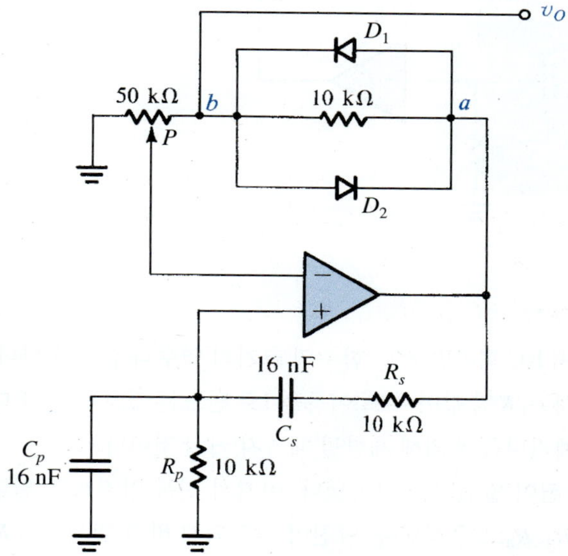

그림 13.40 진폭 안정화를 위해 또 다른 방법을 사용한 윈 브리지 발진기.

로써 바꿀 수 있다.

그림 13.40에 나타냈듯이, 출력은 연산 증폭기의 출력 단자에서 취해지기보다는 오히려 b점에서 취해진다. 이렇게 하는 이유는, b에 나타나는 신호가 a에 나타나는 신호보다 왜곡이 작기 때문이다. 이 점을 이해하기 위해 마디 b의 전압이 연산 증폭기의 입력 단자들 전압에 비례한다는 점과, 후자 즉 연산 증폭기의 입력 단자들 전압은 마디 a 전압이 (RC 회로망에 의해) 여파된 것이라는 점에 주목하기 바란다. 그러나 마디 b는 고임피던스 마디이다. 따라서 이 마디에 부하를 연결하려면 완충기가 필요할 것이다.

연습문제

13.30 그림 13.40의 회로에 대해 답하라. (a) 발진이 막 시작되게 하려면 전위차계 P를 어디에 위치시켜야 하는가? (b) 발진 주파수를 구하라.

[답] (a) 접지로부터 20 kΩ의 위치; (b) 1 kHz

13.10.2 위상 편이 발진기

위상 편이 발진기(phase-shift oscillator)의 기본 구조를 그림 13.41에 나타냈다. 이 발진기는 마이너스 이득 증폭기($-K$)와 3구간(3차) RC 사다리 회로망으로 구성된다. 이 회로는 RC 회로망의 위상 편이가 180° 되는 주파수에서 발진할 것이다. 즉, 오직 이 주파수에서만 루프 주위의 전체 위상 편이가 0° 또는 360°가 될 것이다. 여기서 3구간 RC 회로망을 쓰는 이유는, 3이 임의의 유한 주파수에서 180°의 위상 편이를 만들 수 있는 최소 구간의 수(즉, 가장 낮은 차수)이기 때문이다.

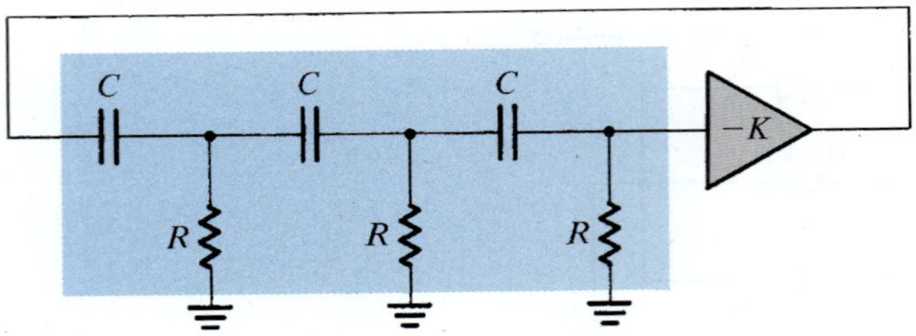

그림 13.41 위상 편이 발진기.

발진이 유지되기 위해서는 K의 값이 발진 주파수에서 RC 회로망 전달 함수의 크기의 역수와 같아야 한다. 그러나 발진이 확실히 시작된다는 것을 보장하기 위해서는, K의 값이 루프 이득을 1로 만드는 값보다 약간 더 커야 할 것이다. 그러면 발진은 그 진폭이 비선형 조절 메커니즘에 의해 제한될 때까지 커질 것이다.

그림 13.42에 귀환 리미터를 포함시킨 실제의 위상 편이 발진기를 나타냈다. 여기서 진폭 안정화를 위한 귀환 리미터는 다이오드 D_1과 D_2 그리고 저항 R_1, R_2, R_3, R_4로 구성된다. 발진이 시작되게 하기 위해서는 R_f가 최소의 필요 값보다 약간 더 크게 조정되어야 할 것이다. 만일 R_f가 이 최솟값보다 훨씬 더 크면, 회로는 더 빠르게 안정되고 더 안정한 진폭의 사인파를 제공하지만, 그 대가로 출력 파형의 왜곡이 증가할 것이다.

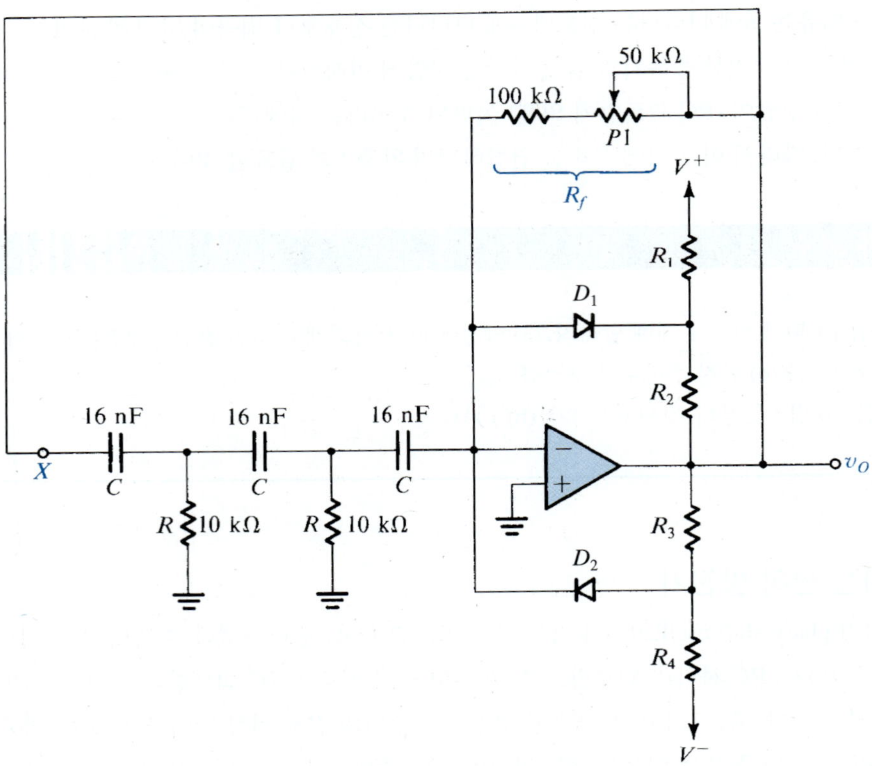

그림 13.42 진폭 안정화를 위해 리미터를 사용한 실제의 위상 편이 발진기.

연습문제

13.31 그림 13.42의 회로에서 리미터가 없는 경우에 대해 생각해 보자. X에서 귀환 루프를 절단하고 루프 이득 $A\beta \equiv V_o(j\omega)/V_x(j\omega)$를 기호 식의 형태로 구하라(즉, 수치를 대입하지 말 것). 이를 위해 회로 해석을 출력에서부터 시작하여 거꾸로 진행하면서, 여러 전류들과 전압들을 구하고, 최종적으로 V_x를 V_o의 식으로 나타내는 것이 편리할 것이다.

[답] $\dfrac{\omega^2 C^2 RR_f}{4+j(3\omega CR - 1/\omega CR)}$

13.32 연습문제 13.31에서 유도된 식을 사용하여 그림 13.42의 회로의 발진 주파수 f_0를 구하라. 또한 이 회로가 발진을 시작하는 데 필요한 R_f의 최솟값을 구하라.

[답] $\omega_0 = 1/\sqrt{3}\,CR$; $R_f \geq 12R$; $f_0 = 574.3$ Hz; $R_f = 120$ kΩ

13.10.3 쿼드러처 발진기

쿼드러처 발진기(quadrature oscillator)는 13.6절에서 살펴보았던 2-적분기 루프에 기초를 두고 있다. 능동 여파기로서 이 2-적분기 루프는 극점들을 s 평면의 좌반에 위치시키기 위해 감쇠된다. 그러나 여기서는 발진을 지속시키기 위해 극점들을 $j\omega$축상에 위치시켜야 하기 때문에 그와 같은 감쇠는 사용되지 않을 것이다. 실제로 발진이 시작되는 것을 보장하기 위해서는 극점들이 초기에는 우반 평면에 위치해야 하고, 그다음에 비선형 이득 조절에 의해 $j\omega$축상으로 '다시 끌어당겨져야' 할 것이다.

그림 13.43(a)에 실제의 쿼드러처 발진기를 나타냈다. 증폭기 1은 진폭 조절을 위해 귀환 루프에 리미터를 가지는 반전 밀러 적분기를 형성하고, 증폭기 2는 하나의 커패시터와 네 개의 저항기들과 함께 비반전 적분기 [이 비반전 적분기는 그림 13.25(b)의 2-적분기 루프에 있는 밀러 적분기와 반전기의 종속 접속으로 대체될 수 있을 것이다]를 형성한다. 이 비반전 적분기의 동작을 이해하기 위해 그림 13.43(b)의 등가 회로를 살펴보자. 여기서는 적분기 입력 전압 v_{O1}과 직렬 저항 $2R$을 전류 전원 $v_{O1}/2R$과 병렬 저항 $2R$로 구성된 노턴 등가 회로로 대체했다. 이제 $v_{O2} = 2v$이므로(여기서 v는 연산 증폭기 2의 입력에 나타나는 전압이다), R_f를 통해 흐르는 전류는 출력으로부터 입력으로 향하는 $(2v - v)/R_f = v/R_f$일 것이다. 따라서 R_f는 그림 13.43(b)의 등가 회로에 표시된 것처럼 부성(negative) 입력 저항 $-R_f$를 야기할 것이다. 통상적으로 R_f는 $2R$과 같게 만들어지고, 이에 따라 $-R_f$는 $2R$을 상쇄시킨다. 따라서 입력에서는 커패시터 C를 구동하는 전류 전원 $v_{O1}/2R$만 남고, 그 결과로 전압 $v = \frac{1}{C}\int_0^t \frac{v_{O1}}{2R}\,dt$ 그리고 $v_{O2} = 2v = \frac{1}{CR}\int_0^t v_{O1}dt$가 얻어진다. 즉, $R_f = 2R$일 때, 회로는 완전한 비반전 적분기로 동작한다. 그러나 만일 R_f가 $2R$보다 작게 만들어진다면, 순 부성 저항이 C와 병렬로 나타날 것이다.

그림 13.43(a)의 발진기 회로로 되돌아가면, 연산 증폭기 2의 정귀환 경로에 있는 저항 R_f가 $2R$의 공칭값을 갖는 가변 저항이라는 것을 알 수 있다. R_f 값을 감소시키면 극점들이 우반 평면으로 옮겨지고(문제 13.101) 발진이 시작될 것이다. 너무 많은 양의 정귀환을 걸면, 진폭 안정성은 좋아지지만, (리미터가 진폭을 '거칠게' 잘라야 하기 때문에) 출력 왜곡 역시 커질 것이다. 이런 관점에서 볼 때, 첫 번째 적분기의 피크 제한된 출력에

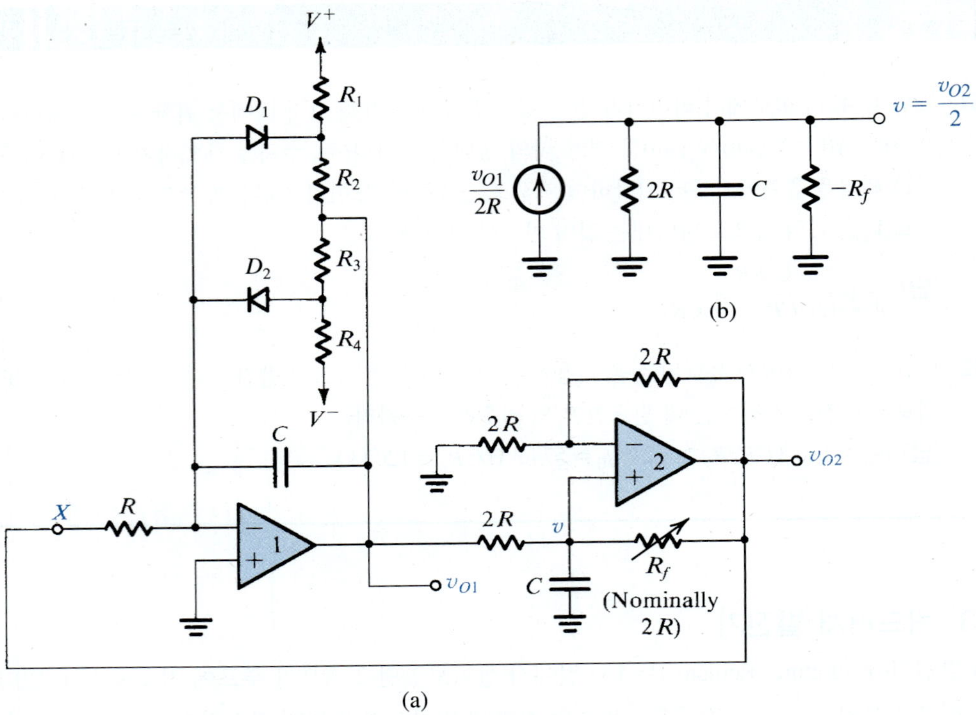

그림 13.43 (a) 쿼드러처 발진기 회로. (b) 연산 증폭기 2의 입력에서의 등가 회로.

대한 두 번째 적분기의 여파 작용 때문에 출력 v_{O2}는 v_{O1}보다 '깨끗할' 것이다.

만일 리미터를 무시하고 X에서 루프를 끊는다면, 루프 이득은 다음과 같이 주어질 것이다.

$$L(s) \equiv \frac{V_{o2}}{V_x} = -\frac{1}{s^2C^2R^2} = \frac{1}{\omega^2C^2R^2} \tag{13.124}$$

따라서 루프는 다음 식으로 주어지는 발진 주파수에서 발진할 것이다.

$$\omega_0 = \frac{1}{CR} \tag{13.125}$$

끝으로 **쿼드러처** 발진기라는 이름은 이 회로가 90° 위상차를 갖는 두 개의 사인파를 만들어 내기 때문에 붙여졌다는 것을 언급해 둔다. v_{O2}가 v_{O1}의 적분이므로, 두 파형이 90° 위상차를 갖는다는 것은 명백하다. 쿼드러처 사인파는 많은 분야에 응용된다.

13.10.4 능동 여파기 동조 발진기

우리가 논의할 마지막 발진기는 원리면에서나 설계면에서 아주 간단한 것이다. 그럼에도 불구하고 이 접근법은 일반적이고 용도가 다양하며, 양질(즉, 낮은 왜곡)의 출력 사인파를 제공한다. 이 발진기의 기본 원리를 그림 13.44에 나타냈다. 이 회로는 하드 리미터와 함께 정귀환 루프를 형성하는 높은 Q 값의 대역 통과 여파기로

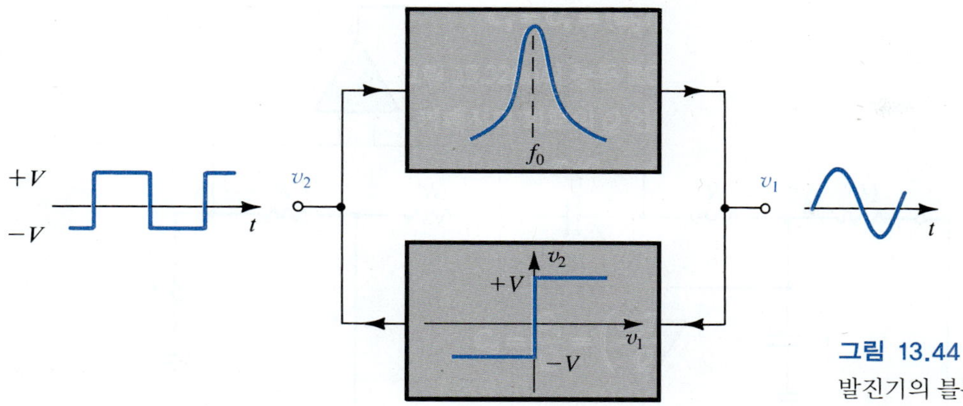

그림 13.44 능동 여파기 동조 발진기의 블록도.

구성된다. 이 회로가 어떻게 동작하는지를 이해하기 위해, 발진이 이미 시작되었다고 가정하자. 대역 통과 여파기의 출력은 여파기의 중심 주파수 f_0와 동일한 주파수의 사인파가 될 것이다. 이 사인파 신호 v_1은 리미터에 인가될 것이고, 리미터는 주파수가 f_0인 구형파를 출력시킬 것이다. 이때 구형파의 진폭은 리미팅 레벨에 의해 결정될 것이다. 구형파는 다시 대역 통과 여파기에 인가될 것이고, 이 여파기는 고조파를 여파하고 기본 주파수가 f_0인 사인파 v_1을 출력시킬 것이다. 따라서 사인파의 깨끗함의 정도는 대역 통과 여파기의 선택도(또는 Q 인수)에 정비례할 것이다.

발진기 설계에서 이 접근법이 여러 면에서 간편하다는 것은 분명히 알 수 있을 것이다. 즉, 주파수와 진폭 그리고 출력 파형의 왜곡 등을 각각 독립적으로 제어할 수 있을 것이며, 플러스 이득을 갖는 모든 여파기 회로를 대역 통과 여파기를 실현하는 데 사용할 수 있을 것이다. 또한 발진기의 주파수 안정성은 대역 통과 여파기 회로의 주파수 안정성에 의해 직접 결정될 것이다. 끝으로 다양한 리미터 회로들(3.1.3절 참조)을 사용하여 리미터 블록을 실현할 수 있을 것이다.

그림 13.45에 능동 여파기 동조 발진기(active-filter tuned oscillator)의 한 가지 구현 예를 나타냈다. 이 회로는 Antoniou의 인덕턴스 시뮬레이션 회로에 기초를 둔 대역 통과 여파기를 사용하고 있다[그림 13.22(b) 참조]. 여기서 R_2와 C_4가 상호 교환되어 있다는 점에 주목하기 바란다. 또한 이렇게 함으로써 아래쪽 연산 증폭기의 출력이 공진기에 걸리는 전압에 정비례하게 되고(실제로 두 배가 되고), 이에 따라 완충 증폭기 K가 필요 없게 된다는 점에도 주목하기 바란다. 회로에 사용된 리미터는 저항 R_1과 두 개의 다이오드로 구성되는 매우 간단한 것이다.

연습문제

13.33 그림 13.45의 회로에서 $C = 16$ nF을 사용하라. 그리고 이 회로가 1 kHz 사인파를 발생시키도록 R의 값을 구하라. 다이오드의 전압 강하를 0.7 V로 가정하고, 출력 사인파의 피크간 진폭을 구하라.(힌트: 피크간 진폭이 V 볼트인 구형파는 피크간 진폭이 $4V/\pi$ 볼트인 기본파 성분을 가진다.)
[답] 10 kΩ; 3.6 V

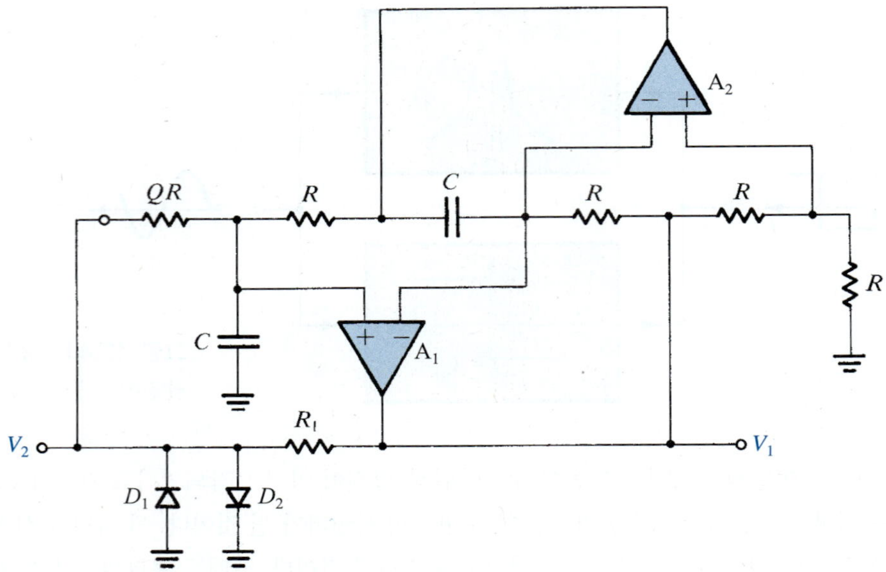

그림 13.45 능동 여파기 동조 발진기의 실용적인 구현.

13.10.5 맺음말

지금까지 살펴본 연산 증폭기–RC 발진기 회로들은 10 Hz부터 1 MHz 정도까지의 주파수 범위에서 동작할 때 유용하다. 10 Hz 이하의 주파수에서는 수동 소자들의 값이 너무 커지기 때문에 이들 발진기의 사용이 제한을 받는 데 반해, 높은 주파수에서는 능동 소자인 연산 증폭기의 주파수 응답 제한과 슬루율 제한 때문에 이들 발진기의 성능이 열화된다. 더 높은 주파수의 발진기 실현에는 트랜지스터와 LC 동조 회로 또는 트랜지스터와 수정을 이용한 회로들이 통상적으로 사용된다.[9] 13.11절에서 이들 회로에 대해 살펴볼 것이다.

13.11 LC 발진기와 수정 발진기

트랜지스터(FET 또는 BJT)와 주파수 선택 귀환 소자로서 LC 동조 회로 또는 수정을 이용한 발진기는 100 kHz에서 수백 기가헤르츠까지의 주파수 범위에서 사용된다. 이들 회로는 RC를 이용한 회로들보다 높은 Q를 나타낸다. 그러나 LC 발진기는 넓은 범위에 걸쳐 발진 주파수를 조정하기 어렵다는 단점이 있고, 수정 발진기는 하나의 주파수에서만 동작한다는 단점이 있다.

13.11.1 콜피츠 발진기와 하틀리 발진기

주로 많이 사용되는 LC 발진기의 두 가지 구성을 그림 13.46에 나타냈다. (a)의 회로를 **콜피츠 발진기**(Colpitts

---

9) 물론 조금 전까지 살펴본 회로들에서, 연산 증폭기 대신에 트랜지스터를 사용할 수도 있을 것이다. 그러나 더 높은 주파수에서는 LC 동조 회로나 수정을 사용하는 것이 더 좋은 결과를 가져다줄 것이다.

oscillator)라고 부르고, (b)의 회로를 **하틀리 발진기**(Hartley oscillator)라고 부른다. 이 두 회로 모두 MOSFET의 드레인과 게이트 사이에 접속된 병렬 LC 회로를 이용하고 있으며, 동조 회로 전압의 일부가 게이트와 소스 사이에 인가된다. 이 귀환은 콜피츠 회로에서는 용량성 분배기를 통해 이루어지고, 하틀리 회로에서는 유도성 분배기를 통해 이루어진다. 둘 다 회로에서 전압 V_{sg}가 전류 I를 그림에 보인 방향으로 야기하고, 이에 따라 이번에는 LC 회로에 플러스 전압을 걸리게 한다는 점에 주목하기 바란다. 따라서 이들 회로는 정귀환 루프를 형성한다.

만약 발진기의 동작 주파수가 트랜지스터의 내부 커패시턴스들을 무시할 수 있을 정도로 충분히 작다면, 발진 주파수는 병렬 공진 회로[이 회로를 탱크 회로(tank circuit)라고 부르기도 하는데, 그 이유는 이 회로가 마치 에너지 저장용 탱크처럼 동작하기 때문이다]의 공진 주파수에 의해서 결정될 것이다. 따라서 콜피츠 발진기의 발진 주파수는

$$\omega_0 = 1\bigg/\sqrt{L\left(\frac{C_1C_2}{C_1+C_2}\right)} \tag{13.126}$$

이고, 하틀리 발진기의 발진 주파수는

$$\omega_0 = 1/\sqrt{(L_1+L_2)C} \tag{13.127}$$

이다. L_1/L_2 또는 C_1/C_2가 귀환율을 결정한다. 따라서 회로를 확실하게 발진시키기 위해서는 이들 비를 트랜지스터 이득과 함께 잘 조정해 주어야 한다. 구체적으로, MOSFET의 출력 전압 V_{ds}는 입력 전압 V_{sg}와 다음과 같은 관계가 있다. 즉,

$$V_{ds} = A\,V_{sg} \tag{13.128}$$

여기서 A, MOSFET의 전압 이득은

$$A = g_m R \tag{13.129}$$

로 주어지고, R은 드레인과 소스 사이의 총 실효 저항이다. 저항 R은 인덕터 손실(즉, LC 회로가 유한한 Q 인

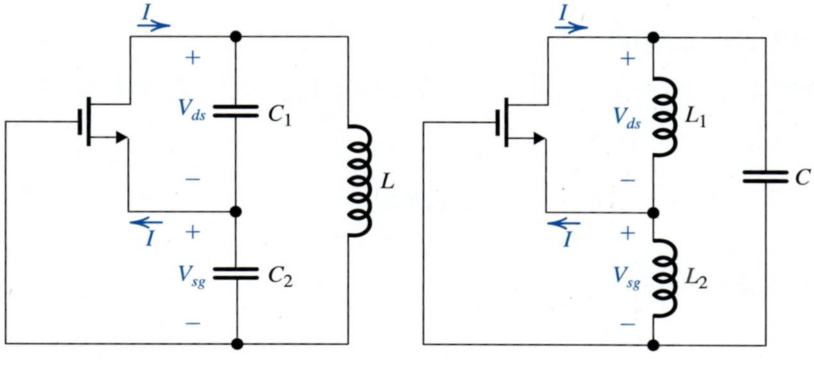

그림 13.46 일반적으로 사용되는 LC 동조 발진기의 두 가지 구성: (a) 콜피츠 발진기, (b) 하틀리 발진기.

수를 가진다는 사실을 나타내는)을 나타내는 저항뿐만 아니라 MOSFET의 r_o를 내포한다.

이제 $\omega = \omega_0$에서 LC 회로는 무한대의 임피던스를 가질 것이고, 이는 전류 $I = 0$으로 만들 것이다. 따라서 (콜피츠 발진기에서) C_1에 걸리는 전압 V_{ds}는 C_1과 C_2의 직렬 결합을 통해 흐르는 전류 sC_1V_{ds}를 야기할 것이다. 이 전류는 이번에는 C_2에 걸리는 전압 V_{sg}를 야기할 것이다.

$$V_{sg} = sC_1V_{ds} \times \frac{1}{sC_2} = \frac{C_1}{C_2} V_{ds}$$

따라서 귀환 인수는

$$\beta = \frac{V_{sg}}{V_{ds}} = \frac{C_1}{C_2} \tag{13.130}$$

으로 주어지고, 식 (13.128)과 (13.129)를 이용하면 루프 이득을 다음과 같이 구할 수 있을 것이다.

$$A\beta = A\,\frac{C_1}{C_2} = (g_mR)\left(\frac{C_1}{C_2}\right) \tag{13.131}$$

발진이 시작되게 하기 위해서는 다음과 같이 해 주어야 한다.

$$(g_mR)\left(\frac{C_1}{C_2}\right) > 1 \tag{13.132}$$

또는 등가적으로

$$g_mR > \frac{C_2}{C_1} \tag{13.133}$$

발진 진폭이 커짐에 따라, 트랜지스터의 비선형 특성이 g_m의 실횻값을 줄일 것이고, 이에 상응하여 루프 이득을 1로 줄일 것이다. 따라서

$$g_mR = \frac{C_2}{C_1} \tag{13.134}$$

가 지속적인 발진을 위한 조건이다.

그림 13.46(b)에 보인 하틀리 발진기의 발진 조건은 비슷하게 유도할 수 있다. 발진이 시작되게 하기 위해서는

$$g_mR > \frac{L_1}{L_2} \tag{13.135}$$

이고, 지속적인 발진을 위해서는

$$g_mR = \frac{L_1}{L_2} \tag{13.136}$$

이다.

발진기의 출력 전압을 어디에서 취할 것이냐에 따라 트랜지스터의 적당한 단자가 접지로 연결될 수 있을 것이다. 이와 관련하여, 세 단자의 어느 것도 귀환 루프의 본질을 변화시키지 않으면서 접지될 수 있다는 점에 주목하기 바란다. 한 예로서, 소스가 접지로 연결되고 출력이 드레인에서 취해진 콜피츠 발진기를 그림 13.47(a)에 나타냈다. 비록 바이어스 회로는 나타내지 않았지만, 트랜지스터의 출력 저항(r_o), 인덕터 손실, 그리고 발진기 출력이 접속될 회로의 입력 저항의 결합을 모델화한 저항 R을 포함시켰다는 점에 주목하기 바란다. 완전한 바이어스를 자세하게 나타낸 다른 회로 구성은 이 장 끝에 있는 문제에서 탐구할 수 있을 것이다.

위에서 설명한 해석의 대안으로서, 그림 13.47(a)에 보인 콜피츠 발진기의 발진 조건을 다음과 같이 구할 수 있다. 즉, 그림 13.47(b)에 보인 것처럼, 트랜지스터를 그것의 등가 회로로 대체한다. 해석을 간단히 하기 위해 트랜지스터의 커패시턴스 C_{gd}는 무시했다. 그림에는 나타내지 않았지만, C_{gs} 커패시턴스는 C_2의 일부분으로 간주될 수 있다.

발진이 이미 존재한다고 가정하면, 우리는 회로를 그림 13.47(b)에 보인 것처럼 해석할 수 있을 것이다. 트랜지스터의 드레인(마디 D)에서 마디 방정식을 세우면 다음 식이 얻어진다.

$$sC_2V_{gs} + g_mV_{gs} + \left(\frac{1}{R} + sC_1\right)(1 + s^2LC_2)V_{gs} = 0$$

(발진이 시작된 후에는) $V_{gs} \neq 0$이므로 V_{gs}를 소거할 수 있을 것이고, 그 결과의 식을 다음과 같은 형태로 재정리할 수 있을 것이다.

$$s^3LC_1C_2 + s^2(LC_2/R) + s(C_1 + C_2) + \left(g_m + \frac{1}{R}\right) = 0 \tag{13.137}$$

$s = j\omega$를 대입하면

$$\left(g_m + \frac{1}{R} - \frac{\omega^2LC_2}{R}\right) + j[\omega(C_1 + C_2) - \omega^3LC_1C_2] = 0 \tag{13.138}$$

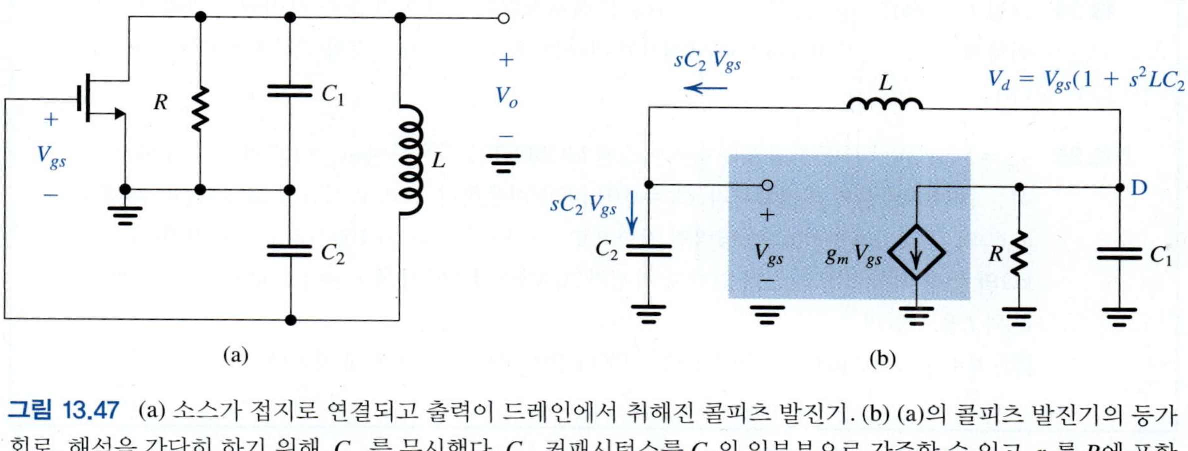

그림 13.47 (a) 소스가 접지로 연결되고 출력이 드레인에서 취해진 콜피츠 발진기. (b) (a)의 콜피츠 발진기의 등가 회로. 해석을 간단히 하기 위해, C_{gd}를 무시했다. C_{gs} 커패시턴스를 C_2의 일부분으로 간주할 수 있고, r_o를 R에 포함시킬 수 있다.

이 얻어진다. 회로가 발진을 시작하기 위해서는 이 식의 실수부와 허수부 모두가 반드시 0이 되어야 한다. 허수부를 0으로 놓으면 발진 주파수

$$\omega_0 = 1 \Big/ \sqrt{L\left(\frac{C_1 C_2}{C_1 + C_2}\right)} \tag{13.139}$$

가 얻어진다. 이 주파수는 예상했던 대로 탱크 회로의 공진 주파수와 일치한다. 실수부를 0으로 놓은 다음, 식 (13.139)를 사용하면

$$g_m R = C_2/C_1 \tag{13.140}$$

을 얻는다. 이 식이 지속적인 발진을 얻기 위한 조건이다.

위에서 논의한 LC 동조 발진기에서 발진의 진폭을 결정하는 메커니즘에 대해 몇 마디 언급하고 이 절을 끝내기로 한다. 특수한 진폭 조절 회로를 포함하고 있는 연산 증폭기 발진기와는 달리 LC 발진기는 MOSFET의 비선형 i_D–v_{GS} 특성을 이용하여 발진 진폭을 조절한다. 따라서 이 발진기는 **자기 제한 발진기**(self-limiting oscillator)라고 알려져 있다. 발진 진폭이 어떻게 조절되는지를 구체적으로 설명하면 다음과 같다. 즉, 발진 진폭이 증가하면, 트랜지스터의 실효 이득이 그것의 소신호 값 이하로 떨어질 것이고, 결국에는 바르크하우젠 조건이 정확히 충족되는 값까지 감소할 것이다. 따라서 발진 진폭은 이 값에 상응하는 크기에 도달한 후 일정하게 유지될 것이다.

발진 진폭이 MOSFET의 비선형 특성에 의존한다는 것은 드레인 전류 파형이 비선형적으로 왜곡되리라는 것을 의미한다. 그럼에도 불구하고 발진기의 출력 전압 신호는 LC 회로의 여파 작용 때문에 왜곡이 작은 사인 파형을 보일 것이다.

연습문제

13.34 그림 13.46(a)의 콜피츠 발진기에 대해, 트랜지스터의 드레인과 소스 사이에서 바라다본 동조 회로의 어드미턴스 Y가 $\omega = \omega_0$에서 0이 된다는 것을 보여라.(이것이 전류 $I = 0$이 되는 이유이다.)

D13.35 $g_m = 5$ mA/V에서 동작하도록 바이어스된 MOSFET을 사용하여 $\omega_0 = 10^6$ 라디안/초에서 동작하는 콜피츠 발진기를 설계하라. $C_1 = 0.01$ μF을 사용하라. 그리고 사용할 코일의 Q(이것은 $Q/\omega_0 C_1$의 값을 가지면서 C_1과 병렬인 저항으로 나타낼 수 있다)가 100이라고 가정하라. 또한 100 kΩ의 부하 저항이 드레인에 있다고 가정하고, MOSFET에 대해 $r_o = 100$ kΩ이라고 가정하라. C_2와 L을 구하라.

[답] 0.42 μF; 102 μH(다소 작은 C_2를 사용하면 발진의 진폭이 커질 것이다)

발진기 개척자들

바르크하우젠(Heinrich Georg Barkhausen)은 독일 드레스덴 공과대학에서 학생들을 가르친 물리학자이다. 1911년, 29세의 나이에 바르크하우젠은 세계 최초의 전기공학과 석좌 교수가 되었다. 그의 많은 연구 주제 중의 하나가 고주파 발진기였고, 항구적인 바르크하우젠 안정 조건을 창안하였다.

네바다 주 태생의 **하틀리**(Ralph Hartley)는 로즈 장학생(Rhodes Scholar) 출신으로 1915년에 웨스턴 일렉트릭에서 일하기 시작했다. 하틀리는 대서양 횡단 무선 통신 프로젝트를 주도했고, 프로젝트 수행 중에 탭부착(tapped) 인덕터 발진기를 발명하였다. 또한 그는 내부적인 입력/출력 커패시턴스 결합에 의해 발생하는 (BJT에서 C_μ에 또는 FET에서 C_{gd}에 발생하는 것과 유사한) 3극관 '싱잉(singing)'(자기 발진)을 방지하기 위한 중성화 방안을 개발한 것으로도 유명하다.

콜피츠(Edwin Henry Colpitts)는 뉴펀들랜드의 학교장이었다. 그는 후에 하버드 대학에서 수학과 물리학의 고등 교육을 받았고, 1907년에 웨스턴 일렉트릭에 입사하여 나중에는 무선 전화기 연구 그룹을 이끌었다. 그는 후에 더욱 가변하기 쉬운 용량 전압 분배기를 도입하여 하틀리의 탭부착 인덕터 발진기를 개선하였다. 지금 콜피츠 발진기라고 알려진 이 회로는 1920년에 '발진 발생기'로 특허 등록되었다. 비록 진공관의 맥락에서 발명되었지만, 콜피츠 발진기는 매우 유용하며 BJT와 MOS 설계에서도 뚜렷한 중요성을 가진다.

13.11.2 교차 결합형 LC 발진기

그림 13.48(a)에 IC 형태로 제조하는 데 적합하고 수백 기가헤르츠에 근접하는 주파수에서 동작할 수 있는 인기 있는 LC 발진기를 나타냈다. 이 발진기는 차동 증폭기 형태로 접속된 한 쌍의 MOSFET으로 구성되는데, 각각의 MOSFET은 병렬 LC 동조 회로 부하를 가지며, 각각의 드레인은 다른 트랜지스터의 게이트로 접속되어 있다. 이런 접속 때문에 발진기의 이름에 '교차 결합된(cross-coupled)'이라는 말이 붙을 것이다.

교차 결합된 LC 발진기가 어떻게 동작하는지를 이해하기 위해서는 우선 차동 증폭기에서처럼 신호 관점에서 Q_1과 Q_2 각각이 접지된-소스 구성으로 동작한다는 점에 주목해야 한다. 다음으로, 만일 우리가 Q_1과 Q_2를 그들의 부하와 함께 공통 소스 증폭기로 생각한다면, 교차 결합이 단순히 각각의 증폭기의 출력이 다른 증폭기의 입력을 구동한다는 것과 그림 13.48(b)에 보인 귀환 루프를 형성한다는 것을 알 수 있다. 이 그림에서 우리는 회로의 신호 동작에 주의를 집중하기 위해 모든 직류 바이어스 전원들을 제거했다.

그림 13.48(b)에서 귀환 루프를 조사하면 두 탱크 회로의 개개의 공진 주파수(즉, $\omega = \omega_0 = 1/\sqrt{LC}$)에서, Q_1과 Q_2의 개개의 부하가 저항 $R_p = \omega_0 LQ$로 간단해진다는 것을 알 수 있다. 여기서 Q는 인덕턴스의 양호도이다. Q_1과 Q_2의 개개의 출력 저항 r_o를 고려하면, $\omega = \omega_0$에서 두 단의 개개의 이득을 다음과 같이 쓸 수 있다.

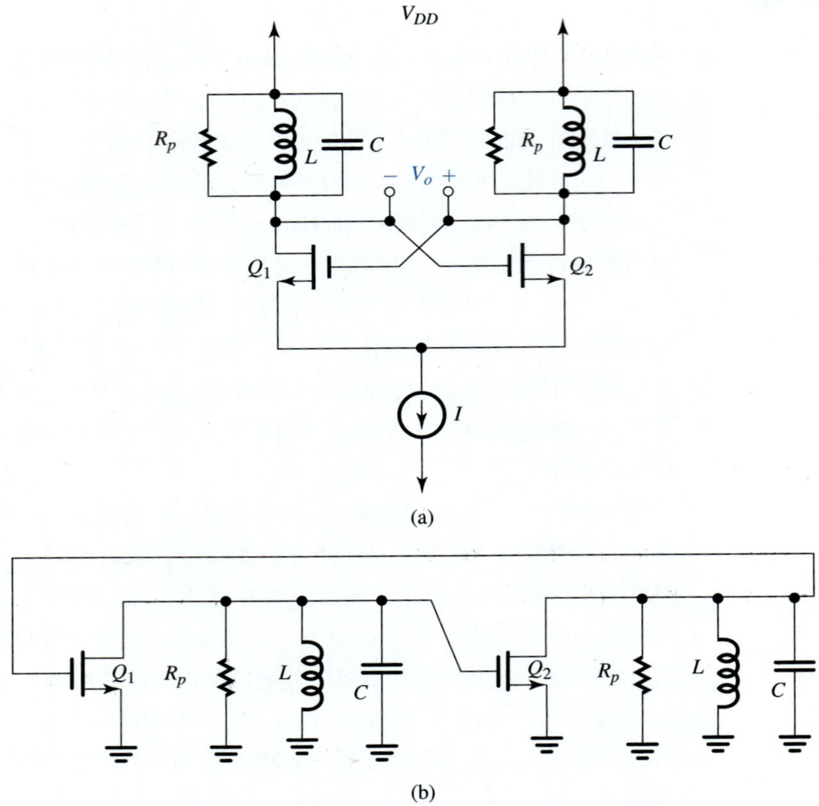

그림 13.48 (a) 교차 결합된 LC 발진기. (b) (a)에 보인 교차 결합된 발진기의 신호 등가 회로.

$$A_1 = A_2 = -g_m(R_p \parallel r_o)$$

그러므로 개개의 단은 180°의 위상 편이를 보이고, 루프 주위의 전체 위상 편이는 약 360°가 된다. 따라서 만일

$$|A_1A_2| = [g_m(R_p \parallel r_o)]^2 = 1$$

이고, 간단히 줄여서

$$g_m(R_p \parallel r_o) = 1 \tag{13.141}$$

이면 회로는

$$\omega_0 = 1\sqrt{LC} \tag{13.142}$$

에서 지속적인 발진을 제공할 것이다.

식 (13.141)의 조건은 Q_1과 Q_2 각각이 동작하는 데 요구되는 g_m의 최솟값을 구하는 데 사용될 수 있다. 통상적으로, 발진이 시작하는 것을 보장하기 위해서는 g_m의 약간 더 높은 값이 사용된다. 진폭 안정화는 비선형 MOSFET 특성들에 의해서 제공된다.

초고주파 응용을 위해 인덕터는 금속 박막을 나선형 형태로 증착하여 칩상에 제조된다. 이와 같은 IC 인덕터는 작은 값(나노 헨리 범위의)을 가지며, 유감스럽게도 역시 작은 Q 인수를 가진다.

연습문제

D13.36 $\omega_0 = 10$ Grad/s에서 동작하도록 교차 결합된 발진기를 설계하라. 우리가 사용할 수 있는 IC 인덕터는 $L = 10$ nH와 $Q = 10$을 가진다. 만일 트랜지스터의 r_o가 10 kΩ이면, C 값은 얼마이고, Q_1과 Q_2가 동작하는 데 요구되는 g_m 값은 얼마인가?
[답] 1 pF; 1.1 mA/V

13.11.3 수정 발진기

수정(quartz)과 같은 압전 결정(piezoelectric crystal)은 (시간과 온도 변화에 대해) 매우 안정되고 (매우 높은 Q 인수를 가지는) 선택성이 높은 전기기계적 공진 특성을 보인다. 수정의 회로 기호를 그림 13.49(a)에 나타냈고, 그것의 등가 회로 모델을 그림 13.49(b)에 나타냈다. 공진 특성은 (수백 헨리 정도의) 큰 인덕턴스 L, (0.0005 pF 정도의) 매우 작은 직렬 커패시턴스 C_s, 직렬 저항 r(이 값은 Q 인수, 즉 $\omega_0 L/r$을 수십만으로 만들 정도로 작다), 그리고 (수 pF 정도의) 병렬 커패시턴스 C_p로 특징지어진다. 커패시턴스 C_p는 수정의 두 병렬 극판 사이의 정전 용량을 나타낸다. $C_p \gg C_s$인 점에 유의하기 바란다.

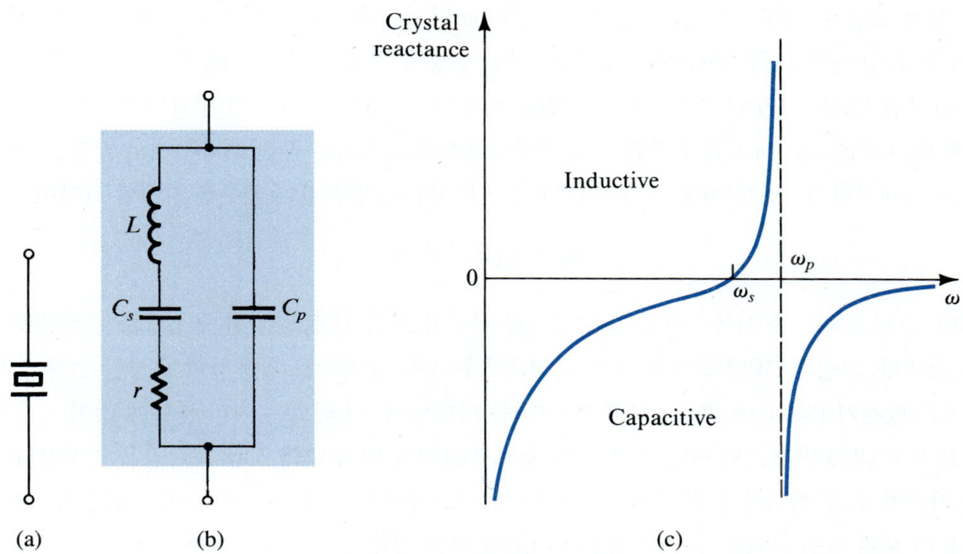

그림 13.49 압전 결정: (a) 회로 기호, (b) 등가 회로, (c) 결정의 리액턴스 대 주파수 특성[작은 저항 r을 무시하고, $Z_{crystal} = jX(\omega)$로 나타낸 점에 유의하라].

Q 인수가 매우 높기 때문에 저항 r을 무시하면 수정의 임피던스는 다음과 같이 된다.

$$Z(s) = 1 \Big/ \left[sC_p + \frac{1}{sL + 1/sC_s} \right]$$

이 식을 정리하여

$$Z(s) = \frac{1}{sC_p} \frac{s^2 + (1/LC_s)}{s^2 + \left[(C_p + C_s)/LC_sC_p \right]} \tag{13.143}$$

의 형태로 쓸 수 있다. 식 (13.143)과 그림 13.49(b)로부터 수정이 두 개의 공진 주파수, 즉

$$\omega_s = 1/\sqrt{LC_s} \tag{13.144}$$

의 직렬 공진 주파수와

$$\omega_p = 1 \Big/ \sqrt{L\left(\frac{C_sC_p}{C_s + C_p} \right)} \tag{13.145}$$

의 병렬 공진 주파수를 가진다는 것을 알 수 있다. 따라서 $s = j\omega$를 식 (13.143)에 대입함으로써

$$Z(j\omega) = -j\frac{1}{\omega C_p}\left(\frac{\omega^2 - \omega_s^2}{\omega^2 - \omega_p^2} \right) \tag{13.146}$$

을 얻을 수 있다. 또한 식 (13.144)와 (13.145)로부터 $\omega_p > \omega_s$라는 것을 알 수 있을 것이다. 그러나 $C_p \gg C_s$이므로, 두 공진 주파수는 매우 근접해 있을 것이다. $Z(j\omega) = jX(\omega)$로 나타내면 수정의 리액턴스 $X(\omega)$는 그림 13.49(c)와 같은 모양을 취할 것이다. 이 그림으로부터 ω_s와 ω_p 사이의 매우 좁은 주파수 대역에서는 수정의 리액턴스가 유도성이라는 것을 관찰할 수 있다. 주어진 수정에 대해 이 주파수 대역은 잘 정의된다. 따라서 콜피츠 발진기[그림 13.46(a)]의 인덕터 대신에 수정을 사용할 수 있을 것이다. 그 결과의 회로는 수정의 인덕턴스 L과 C_s와 $C_p + C_1C_2/(C_1 + C_2)$의 직렬 등가 커패시턴스로 결정되는 공진 주파수에서 발진할 것이다. C_s가 세 개의 다른 커패시턴스들보다 매우 작기 때문에 이 커패시턴스가 발진 주파수를 지배할 것이며

$$\omega_0 \simeq 1/\sqrt{LC_s} = \omega_s \tag{13.147}$$

가 될 것이다. 콜피츠 회로를 이용하여 수정 발진기를 실현하는 것 외에, 다양한 구성으로 수정 발진기를 실현할 수 있을 것이다. 그림 13.50에 CMOS 반전기(14.3절 참조)를 증폭기로 활용하여 구성한 수정 발진기[이 발진기는 **피어스 발진기**(Pierce oscillator)라고 부른다]를 나타냈다. 이 회로는 여러 분야에 많이 사용된다. 회로에서 저항 R_f는 CMOS 반전기의 전압 전달 특성 중에서 고이득 영역 내의 직류 동작점을 결정한다. 커패시터 C_1과 함께 저항기 R_1은 회로가 수정 주파수의 높은 쪽 고조파에서 발진하는 것을 저지하는 저주파 여파기를 동작시킨다. 이 회로 역시 콜피츠 구성에 기초를 두고 있다는 점에 주목하기 바란다.

수정 결정의 매우 안정된 공진 특성과 매우 높은 Q 인수 때문에, 이를 이용한 수정 발진기는 매우 정확하고 안정된 발진 주파수를 제공한다. 현재 시판되고 있는 수정들은 수 kHz에서 수백 MHz까지 범위의 공진 주파

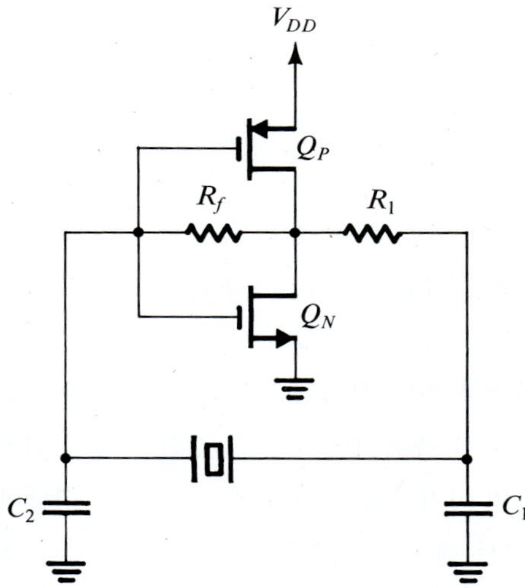

그림 13.50 CMOS 반전기를 증폭기로 활용한 피어스 수정 발진기.

수를 가진다. 또한 ω_0의 온도 계수가 백만분의 1 또는 2[1 또는 2 ppm(part per million)/°C]인 것도 실현 가능하다. 그러나 아쉽게도 수정 발진기는 발진 주파수를 가변시킬 수 없다는 결점이 있다.

연습문제

13.37 어떤 2 MHz 수정 결정이 다음과 같은 사양들을 가진다. 즉, $L = 0.52$ H, $C_s = 0.012$ pF, $C_p = 4$ pF, $r = 120\ \Omega$이다. f_s, f_p, Q를 구하라.
[답] 2.015 MHz; 2.018 MHz; 55,000

13.12 비선형 발진기 또는 함수 발생기

지금까지 살펴본 발진기는 주파수 선택 회로망(여파기)을 플러스 이득 증폭기의 귀환 경로에 연결함으로써 사인파를 생성시키는 것이었다. 비록 진폭 조절을 위해 비선형 회로가 사용되었지만, 발진의 조건은 선형 회로 해석에 의해 결정되고, 이에 상응하여 이들 발진기는 선형 발진기라고 알려져 있다. 이에 반하여, 이 절에서 우리가 공부할 발진기들은 비선형 회로들을 이용하여 구형파와 삼각파를 발생시킨다. 이들 비선형 발진기의 기본적인 빌딩 블록은 **쌍안정 멀티바이브레이터**(bistable multivibrator)이다. 우리는 먼저 쌍안정 멀티바이브레이터를 공부할 것이다.

그 이름이 가리키듯이 쌍안정 멀티바이브레이터는 두 개의 안정 상태를 가진다. 이 회로는 두 안정 상태 중 어느 한쪽에 무한히 머무를 수 있으며, 오직 적절히 트리거(trigger)될 때에만 다른 안정 상태로 옮겨 간다.

13.12.1 쌍안정 귀환 루프

쌍안정은 임의의 증폭기를 1보다 큰 루프 이득을 가지는 정귀환 루프에 접속함으로써 얻을 수 있다. 그와 같

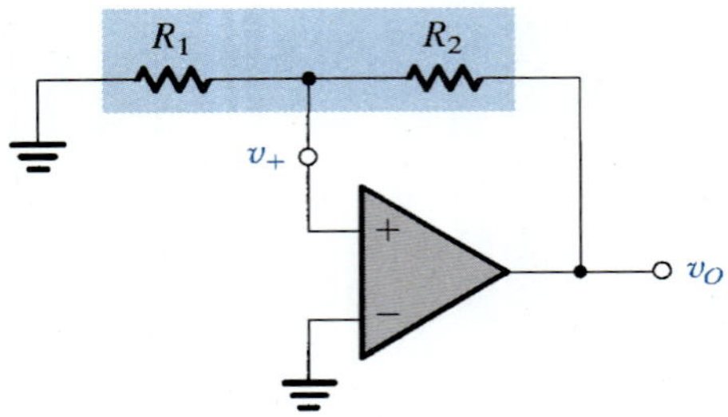

그림 13.51 쌍안정 동작을 가능하게 하는 정귀환 루프.

은 귀환 루프를 그림 13.51에 나타냈다. 이 귀환 루프는 하나의 연산 증폭기와 정귀환 경로에 놓인 저항 전압 분배기로 구성된다. 쌍안정이 어떻게 얻어지는지를 살펴보기 위해, 연산 증폭기의 플러스 입력 단자가 접지 전위 근방에 있을 때의 회로 동작을 고찰해 보자. 회로에 외부로부터의 여기가 없기 때문에, 이와 같은 상태에서부터 회로 동작을 고찰하는 것은 이치에 맞는 일일 것이다. 이제 모든 전자 회로에 불가피하게 존재하는 전자 잡음이 v_+ 전압에 작은 플러스 증분을 유발했다고 가정해 보자. 이 증분 신호는 연산 증폭기의 큰 개방 루프 이득 A에 의해 증폭될 것이고, 그 결과로 (증분 신호보다) 훨씬 큰 신호가 연산 증폭기의 출력 전압 v_O에 나타날 것이다. 전압 분배기 R_1, R_2는 출력 신호의 일부, 즉 $\beta \equiv R_1/(R_1 + R_2)$를 연산 증폭기의 플러스 입력 단자로 되돌릴 것이다. 일반적으로 그렇듯이 $A\beta$가 1보다 크면, 귀환된 신호는 v_+에 있던 본래의 증분 신호보다 더 클 것이다. 이러한 재생(regenerative) 과정은 연산 증폭기가 결국 그것의 출력 전압, 즉 L_+의 플러스 포화 레벨로 포화될 때까지 계속될 것이다. 이와 같이 연산 증폭기의 출력이 L_+로 포화될 때, 연산 증폭기의 플러스 입력 단자 전압 v_+는 $L_+R_1/(R_1 + R_2)$가 될 것이다. 이 전압은 플러스이므로 연산 증폭기를 플러스 포화 상태에 계속 머무르게 할 것이다. 이것이 이 회로의 두 개의 안정 상태 중 하나이다.

위의 설명에서 v_+가 0 V 근방에 있을 때 v_+에서 플러스의 증가가 일어났다고 가정했다. 만일 이와 동등하게 가능한 경우로서 v_+에서의 마이너스 증가를 가정하면, 연산 증폭기는 결국 마이너스 방향으로 포화될 것이고, $v_O = L_-$ 그리고 $v_+ = L_-R_1/(R_1 + R_2)$가 될 것이다. 이것이 이 회로의 다른 안정 상태이다.

이상의 설명으로부터 그림 13.51의 회로가 두 개의 안정 상태, 즉 연산 증폭기가 플러스로 포화되어 있는 상태와 연산 증폭기가 마이너스로 포화되어 있는 상태를 가진다고 결론지을 수 있다. 이 회로가 이들 두 안정 상태 중 어느 한쪽에 무한히 있을 수 있다는 점에 주목하기 바란다. 또한 이 회로는 $v_+ = 0$과 $v_O = 0$인 상태에서는 어떤 길이의 시간 동안이라도 있을 수 없다는 점에도 주목하기 바란다. 이것이 불안정 평형 상태이다.[이 상태는 **준안정 상태**(metastable state)라고도 알려져 있다.] 이때에는 잡음에 의해 야기되는 것과 같은 어떤 전기적인 교란이 이 쌍안정 회로를 그것의 두 개의 안정 상태 중 어느 한쪽으로 전환시킬 것이다. 이는 귀환이 마이너스일 때의 경우와 현저한 대조를 이룬다. 즉, 부귀환은 연산 증폭기의 입력 단자들 사이에 가상 단락 회로를 나타나게 하고, 전기적인 교란에도 불구하고 이 가상 단락 회로를 유지한다. 쌍안정 회로의 동작에 대한 물리적인 유추를 그림 13.52에 나타냈다.

13.12.2 쌍안정 회로의 전달 특성

이제 어떻게 하면 그림 13.51의 쌍안정 회로가 상태를 바꿀 수 있을까 하는 의문이 자연스럽게 생길 것이다. 이 중요한 의문에 대한 답을 찾기 위해 쌍안정 회로의 전달 특성을 유도해 보자. 그림 13.51을 참조하면, 접지

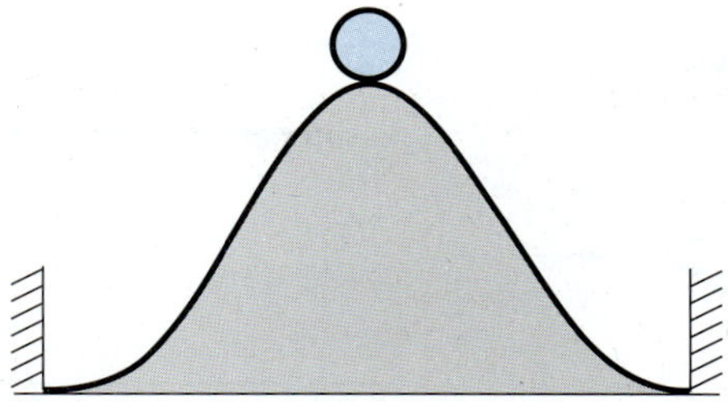

그림 13.52 쌍안정 회로의 동작에 대한 물리적인 유추. 공은 어떤 길이의 시간 동안이라도 언덕의 꼭대기에 머무를 수 없을 것이다(불안정 평형 상태 또는 준안정 상태). 공이 언덕의 꼭대기에 있을 때에는 물리적인 시스템에 불가피하게 존재하는 어떤 교란이 공을 한쪽 아니면 다른 쪽으로 떨어지게 할 것이다. 그리고 그곳에서 공은 무한히 머무를 수 있을 것이다(두 개의 안정 상태).

에 연결된 두 회로 마디들 중 어느 마디든 입력 단자로 사용할 수 있다는 것을 알 수 있을 것이다. 지금부터 두 가지 가능성 모두를 살펴볼 것이다.

그림 13.53(a)는 입력 v_I가 연산 증폭기의 반전 입력 단자에 가해진 쌍안정 회로를 나타낸 것이다. v_O–v_I 전달 특성을 유도하기 위해, v_O가 그것의 두 개의 가능한 레벨 중 하나인 L_+에 있다고 가정하고, 이에 따라 $v_+ = \beta L_+$라고 가정하자. 이제 v_I가 0 V로부터 증가하면, 회로의 고찰로부터 v_I가 v_+(즉, βL_+)에 해당하는 값에 도달할 때까지는 아무 일도 일어나지 않는다는 것을 알 수 있을 것이다. v_I가 이 값을 초과하기 시작할 때, 순(net) 마이너스 전압이 연산 증폭기의 입력 단자들 사이에 나타날 것이다. 이 전압은 연산 증폭기의 개방 루프 이득에 의해 증폭될 것이고, 이에 따라 v_O는 마이너스로 갈 것이다. 이번에는 전압 분배기가 v_+를 마이너스로 가게 할 것이고, 이에 따라 연산 증폭기에 가해지는 순 마이너스 입력이 증가할 것이고, 재생 과정이 계속 진행될 것이다. 이 과정은 연산 증폭기가 마이너스 방향에서 포화될 때, 즉 $v_O = L_-$이고, 이에 상응하여 $v_+ = \beta L_-$일 때 최고점에 달할 것이다. 이제 v_I를 더 이상 증가시켜도 쌍안정 회로의 획득된 상태에는 아무런 영향을 미치지 않는다는 것을 쉽게 이해할 수 있을 것이다. v_I를 증가시켰을 때의 전달 특성을 그림 13.53(b)에 나타냈다. 이 특성이 V_{TH}(여기서 $V_{TH} = \beta L_+$이다)로 표시된 문턱 전압을 갖는 비교기의 특성과 같다는 점에 주목하기 바란다.

다음으로 v_I가 감소함에 따라 어떤 일이 일어나는지를 고찰해 보자. 지금 $v_+ = \beta L_-$이기 때문에, 회로는 v_I가 마이너스로 진행하여 βL_-에 해당하는 점에 도달할 때까지 마이너스 포화 상태를 유지하고 있을 것이다. v_I가 이 값 아래로 내려갈 때, 순 플러스 전압이 연산 증폭기의 입력 단자들 사이에 나타날 것이다. 이 전압은 연산 증폭기 이득만큼 증폭될 것이고, 이에 따라 연산 증폭기의 출력에 플러스 전압을 일으킬 것이다. 이때부터 정귀환 루프의 재생 동작이 시작될 것이고, 이 재생 동작에 의해 회로는 결국 플러스 포화 상태로 갈 것이다. 이 상태에서 $v_O = L_+$일 것이고 $v_+ = \beta L_+$일 것이다. v_I를 감소시켰을 때의 전달 특성을 그림 13.53(c)에 나타냈다. 여기서 다시 이 특성이 비교기의 특성과 같다는 점에 주목하기 바란다. 그러나 문턱 전압은 $V_{TL} = \beta L_-$이다.

그림 13.53(a)에 나타낸 회로의 완전한 v_O–v_I 전달 특성은 그림 13.53(d)에 나타낸 것처럼, 그림 13.53(b)와 (c)에 있는 특성들을 결합함으로써 얻을 수 있을 것이다. 그림에 나타냈듯이 이 회로는 v_I가 증가하고 있

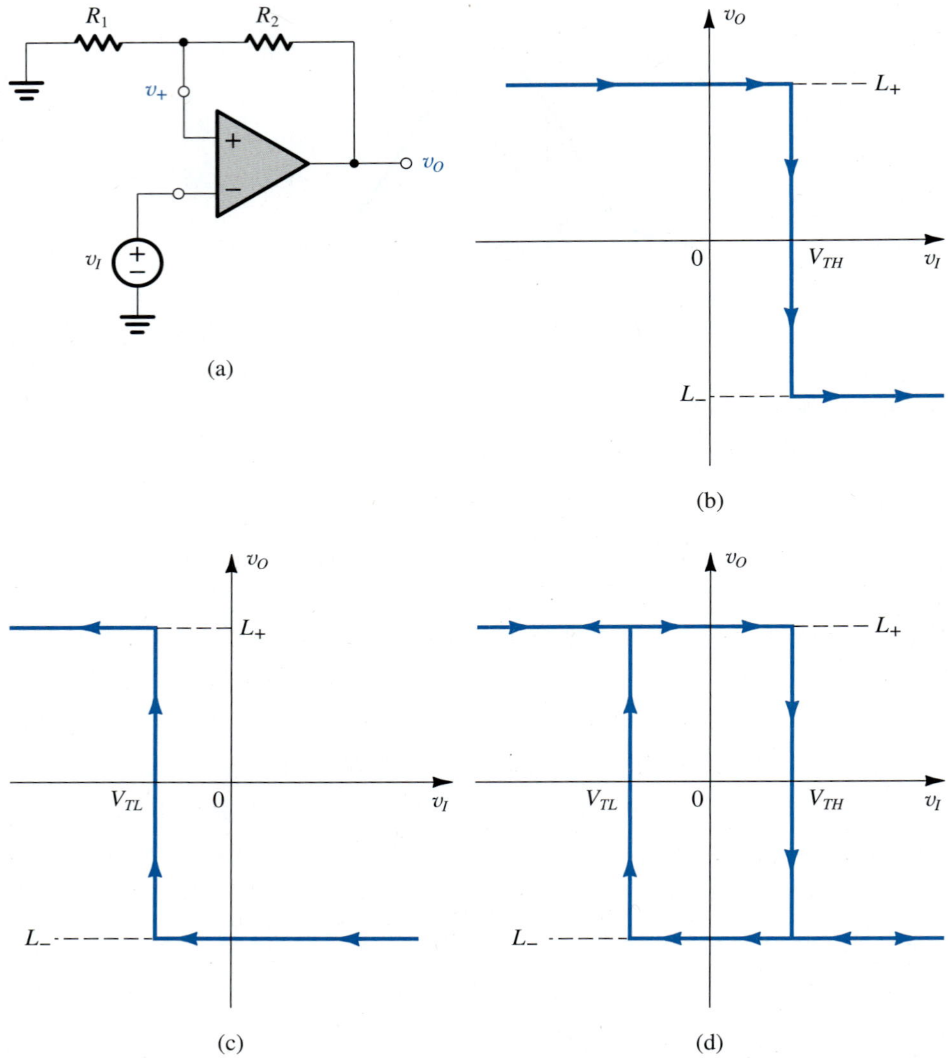

그림 13.53 (a) 그림 13.51의 쌍안정 회로에서, 연산 증폭기의 마이너스 입력 단자를 접지로부터 떼어 낸 다음, 그 단자를 입력 신호 v_I에 접속한 경우. (b) v_I를 증가시켰을 때 (a)에 나타낸 회로의 전달 특성. (c) v_I를 감소시켰을 때의 전달 특성. (d) 완전한 전달 특성.

는지 또는 감소하고 있는지에 따라 v_I의 서로 다른 값에서 상태를 바꾼다. 따라서 이 회로가 **히스테리시스**(hysteresis)를 보인다고 말한다. 히스테리시스의 폭이 높은 쪽 문턱 전압 V_{TH}와 낮은 쪽 문턱 전압 V_{TL} 사이의 차라는 점에 주목하기 바란다. 또한 쌍안정 회로가 사실상 히스테리시스를 갖는 비교기라는 점에도 주목하기 바란다. 잠시 후에 알아보겠지만, 비교기의 특성에 히스테리시스를 첨가하면 어떤 응용들에서 매우 유익할 것이다. 끝으로 v_I가 증가하여 플러스 문턱 전압 V_{TH}를 지날 때, 그림 13.53의 쌍안정 회로가 플러스 상태($v_O = L_+$)에서 마이너스 상태($v_O = L_-$)로 전환되기 때문에, 이 회로를 **반전** 전달 특성을 갖는 쌍안정 회로라고 부른다. **비반전**(noninverting) 전달 특성을 가지는 쌍안정 회로는 잠시 후에 제시할 것이다.

13.12.3 쌍안정 회로의 트리거

이제는 어떻게 하면 쌍안정 회로로 하여금 상태를 바꾸게 할 수 있는지에 대한 질문으로 되돌아가 보자. 그림 13.53(d)의 전달 특성으로부터 만약에 회로가 L_+ 상태에 있다면, $V_{TH} \equiv \beta L_+$보다 더 큰 값의 입력 v_I를 인가함으로써 회로를 L_- 상태로 전환시킬 수 있다는 것을 알 수 있을 것이다. 구체적으로 설명하면, 이와 같은 입력은 순 마이너스 전압을 연산 증폭기의 입력 단자들 사이에 나타나게 할 것이고, 이 순 마이너스 전압에 의해 재생 사이클이 시작될 것이다. 그리고 이 재생 동작은 회로가 L_- 안정 상태로 전환할 때 최고점에 달할 것이다. 여기서 입력 v_I가 단지 재생 동작을 시작하게 하거나 **트리거시킨다**는 점에 주목하는 것이 중요하다. 따라서 이제 재생 과정에 영향을 주지 않으면서 v_I를 제거할 수 있을 것이다. 바꿔 말하면, v_I가 단순히 지속 기간이 짧은 펄스라고 해도 회로를 트리거시키는 데에는 문제가 없을 것이다. 따라서 입력 신호 v_I를 **트리거 신호**(trigger signal) 또는 간단히 **트리거**(trigger)라고 부른다.

그림 13.53(d)의 특성은 또한 마이너스 문턱 전압 V_{TL}의 크기보다 더 큰 마이너스 트리거 신호 v_I를 인가함으로써 이 쌍안정 회로를 플러스 상태($v_O = L_+$)로 전환시킬 수 있다는 것도 보여 준다.

13.12.4 기억 소자로서의 쌍안정 회로

그림 13.53(d)로부터 입력 전압이 $V_{TL} < v_I < V_{TH}$ 범위 내에 있을 때에는, 회로가 이미 머물고 있던 상태에 따라 출력이 L_+ 또는 L_- 어느 쪽도 될 수 있다는 것을 알 수 있을 것이다. 따라서 이 입력 범위에 대해서는 출력이 트리거 신호의 현재 값에 의해서 결정되는 것이 아니라, 트리거 신호의 이전 값(즉, 회로를 그것의 현재 상태에 있게 한 트리거 신호의 값)에 의해서 결정된다. 16장에서 보게 되겠지만, 실로, 쌍안정 멀티바이브레이터는 디지털 시스템의 기본적인 기억(memory) 소자이다.[10] 끝으로 이 장에서 우리가 관심을 갖고 있는 것과 같은 아날로그 회로 응용에서는 쌍안정 회로를 **슈미트 트리거**(Schmitt trigger)라고 부르기도 한다는 점에 유의하기 바란다.

13.12.5 비반전 전달 특성을 가지는 쌍안정 회로

그림 13.51의 기본적인 쌍안정 귀환 루프는 입력 신호(트리거 신호)를 접지에 연결되어 있는 R_1의 단자에 가해 줌으로써, 비반전 전달 특성을 갖는 회로를 유도하는 데 사용될 수 있다. 그 결과의 회로를 그림 13.54(a)에 나타냈다. 이 회로의 전달 특성을 얻기 위해, 우선 R_1과 R_2로 형성된 선형 회로에 중첩의 원리를 사용할 수 있을 것이고, 그 결과로 다음과 같이 v_+를 v_I와 v_O의 식으로 나타낼 수 있을 것이다.

$$v_+ = v_I \frac{R_2}{R_1 + R_2} + v_O \frac{R_1}{R_1 + R_2} \tag{13.148}$$

이 식으로부터 만일 이 회로가 $v_O = L_+$인 플러스 안정 상태에 있다면, 플러스의 v_I 값들은 회로에 아무런 영향을 미치지 않으리라는 것을 알 수 있을 것이다. 회로를 L_- 상태로 트리거시키려면, v_I가 반드시 마이너스가

10) 멀티바이브레이터의 디지털 구현(16장)은 MOSFET을 사용한다. 여기서 제시된 연산 증폭기 회로는 정밀한 아날로그 시스템을 의도한 것이다.

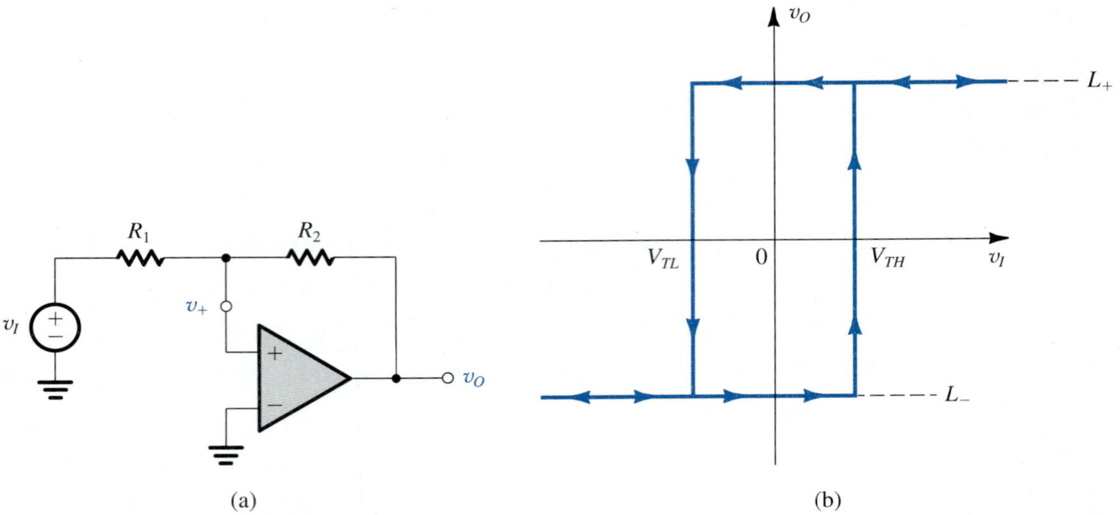

그림 13.54 (a) 그림 13.51의 정귀환 루프에서 v_I를 R_1을 통해 인가함으로써 유도된 쌍안정 회로. (b) (a)에 나타낸 회로의 전달 특성은 비반전이다.[이 전달 특성을 그림 13.53(d)에 나타낸 반전 특성과 비교하라.]

되어야 하고, 또한 v_+를 0 이하로 감소시키는 그런 값을 가져야 할 것이다. 따라서 낮은 쪽 문턱 전압 V_{TL}은 식 (13.148)에 $v_O = L_+, v_+ = 0$과 $v_I = V_{TL}$을 대입함으로써 구할 수 있을 것이다. 그 결과는

$$V_{TL} = -L_+(R_1/R_2) \tag{13.149}$$

이다. 마찬가지로 식 (13.148)은 회로가 마이너스 출력 상태($v_O = L_-$)에 있을 때, v_I의 마이너스 값들은 회로 동작에 영향을 미치지 않으면서 v_+를 더 마이너스로 만들 것임을 암시한다. 회로를 플러스 상태로 전환시키는 재생 과정을 일으키기 위해서는 v_+가 약간 플러스로 가야 할 것이다. 이 재생 과정을 일으키는 v_I의 값이 높은 쪽 문턱 전압 V_{TH}이고, 식 (13.148)에 $v_O = L_-$와 $v_+ = 0$을 대입함으로써 그 값을 구할 수 있을 것이다. 그 결과는

$$V_{TH} = -L_-(R_1/R_2) \tag{13.150}$$

이다. 그림 13.54(a)의 회로에 대한 완전한 전달 특성을 그림 13.54(b)에 나타냈다. 이 그림에서 (V_{TH}보다 큰 값의) 플러스 트리거 신호가 회로를 플러스 상태로 전환시킨다는(즉, v_O를 L_-에서 L_+로 가게 한다는) 점에 주목하기 바란다. 따라서 이 회로의 전달 특성은 비반전이다.

연습문제

D13.38 그림 13.53(a)의 쌍안정 회로에서, 연산 증폭기는 ±13 V의 출력 포화 전압을 가진다. ±5 V의 문턱 전압을 얻을 수 있도록 이 회로를 설계하라. $R_1 = 10\ \text{k}\Omega$일 때, R_2에 요구되는 값을 구하라.
[답] 16 kΩ

D13.39 그림 13.54(a)의 회로에서, 연산 증폭기는 ±10 V의 출력 포화 레벨을 가진다. ±5 V의 문턱 전압을 얻을 수 있도록 이 회로를 설계하라. 또한 적절한 소자 값들을 구하라.

[답] 가능한 선택: $R_1 = 10\ \text{k}\Omega$ 그리고 $R_2 = 20\ \text{k}\Omega$

13.40 비반전 전달 특성을 갖는 어떤 쌍안정 회로에 대해 생각해 보자. $L_+ = -L_- = 10$ V 그리고 $V_{TH} = -V_{TL} = 5$ V로 놓자. v_I가 0 V의 평균값, 10 V의 피크 진폭, 그리고 1 ms의 주기를 갖는 삼각파일 때 v_O의 파형을 그려라. v_I와 v_O의 0 교차점 사이의 시간 간격을 구하라.

[답] v_O는 0 V의 평균값, 10 V의 진폭, 그리고 1 ms의 주기를 갖는 구형파이고, 이 구형파는 v_I에 비해 125 μs만큼 지연된다.

13.12.6 쌍안정 회로를 이용한 구형파 생성

구형파는 쌍안정 멀티바이브레이터가 주기적으로 자신의 상태를 바꾸게끔 회로를 배열함으로써 만들 수 있다. 이는 그림 13.55(a)에 나타낸 것처럼, 쌍안정 멀티바이브레이터를 귀환 루프에 있는 RC 회로에 접속함으로써 이루어진다. 이 그림에서 쌍안정 멀티바이브레이터가 반전 전달 특성을 가지며, 그림 13.53(a)의 회로를 이용하여 실현될 수 있다는 점에 주목하기 바란다. 그 결과가 그림 13.55(b)의 회로이다. 이제 잠시 후면 이 회로가 안정 상태를 가지지 않으며, 이에 따라 **비안정 멀티바이브레이터**(astable multivibrator)라고 부른다는 것을 알게 될 것이다.

이쯤에서 독자들이 한 가지 중요한 관계식을 상기했으면 한다. 이 관계식은 다음 논의에서 몇 차례 사용될 것이다. 즉, 저항 R을 통해 최종 전압 V_∞를 향해 충전 혹은 방전하는 커패시터 C는 다음과 같은 전압 $v(t)$를 가진다.

$$v(t) = V_\infty - \left(V_\infty - V_{0+}\right)e^{-t/\tau}$$

여기서 V_{0+}는 $t = 0+$에서의 전압이며 $\tau = CR$은 시정수이다.

비안정 멀티바이브레이터가 어떻게 동작하는지를 알아보기 위해 그림 13.55(b)를 참조해 보자. 그리고 쌍안정 멀티바이브레이터의 출력이 그것의 가능한 두 개의 레벨 중 하나, 즉 L_+에 있다고 가정하자. 그러면 커패시터 C는 저항 R을 통해 이 레벨까지 충전할 것이다. 따라서 커패시터 C에 걸리는 전압은 $\tau = CR$의 시정수로 L_+를 향해 지수적으로 상승할 것이다. 여기서 이 C에 걸리는 전압이 연산 증폭기의 마이너스 입력 단자에 인가되고, 이에 따라 v_-라고 명명되었다는 점에 주목하기 바란다. 한편 그동안에 연산 증폭기의 플러스 입력 단자에 나타나는 전압은 $v_+ = \beta L_+$일 것이다[여기서 $\beta = R_1/(R_1 + R_2)$]. 이와 같은 상황은 커패시터 전압이 플러스 문턱 전압 $V_{TH} = \beta L_+$에 도달할 때까지 계속될 것이다. 커패시터 전압이 V_{TH}에 도달하는 순간 쌍안정 멀티바이브레이터는 $v_O = L_-$이고 $v_+ = \beta L_-$인 다른 안정 상태로 전환될 것이다. 그리고 이때부터 커패시터는 방전을 시작할 것이고, 그것의 전압 v_-는 L_-를 향해 지수적으로 감소할 것이다. 이 새로운 상태는 v_-가 마이너스 문턱 전압 $V_{TL} = \beta L_-$에 도달할 때까지 유지될 것이다. v_-가 V_{TL}에 도달할 때 쌍안정 멀티바이브레이터는

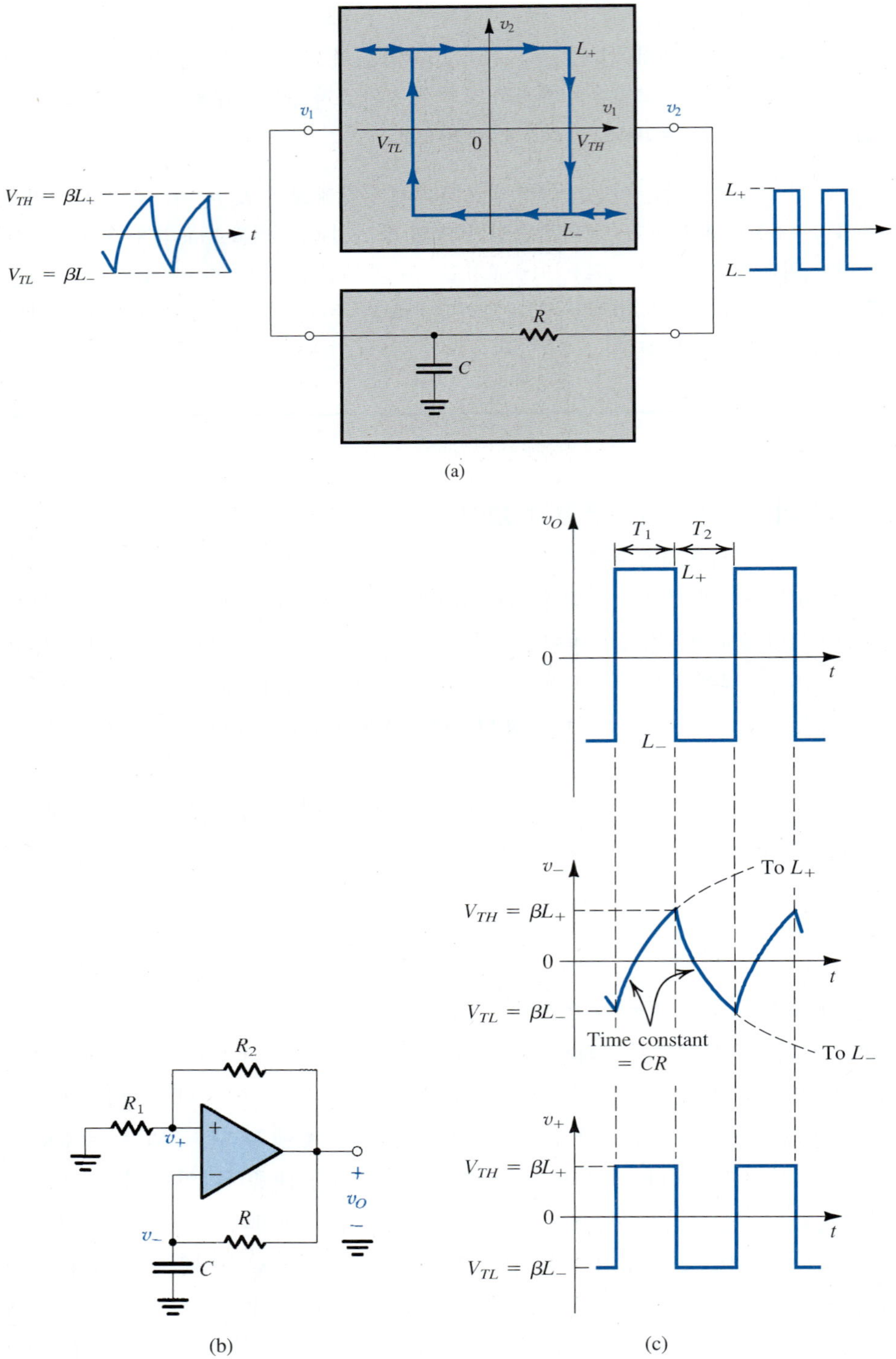

그림 13.55 (a) 쌍안정 멀티바이브레이터와 RC 적분 회로로 귀환 루프를 형성하면 구형파 발생기가 얻어진다. (b) 쌍안정 멀티바이브레이터를 그림 13.53(a)의 회로로 실현했을 때 얻어진 구형파 발생기 회로. (c) (b) 회로의 여러 마디들에서의 파형들. 이 회로는 비안정 멀티바이브레이터라고 부른다.

플러스 출력 상태로 전환될 것이고, 커패시터는 충전하기 시작할 것이다. 그리고 지금까지의 동작들은 순환하면서 되풀이될 것이다.

이상의 설명으로부터 비안정 회로가 발진하여 연산 증폭기의 출력에 구형파를 제공한다는 것을 알 수 있을 것이다. 이 출력 파형과 연산 증폭기의 두 입력 단자들에 나타나는 파형들을 그림 13.55(c)에 나타냈다. 이 그림으로부터 구형파의 주기 T를 다음과 같이 구할 수 있을 것이다. 즉, 충전 기간 T_1 동안, (T_1이 시작되는 곳을 $t=0$으로 가정했을 때) 임의의 시간 t에서 커패시터에 걸리는 전압 v_-는 다음과 같이 주어질 것이다(부록 E 참조).

$$v_- = L_+ - (L_+ - \beta L_-)e^{-t/\tau}$$

여기서 $\tau = CR$이다. $t = T_1$에서 $v_- = \beta L_+$이므로 이를 위 식에 대입하면

$$T_1 = \tau \ln \frac{1-\beta(L_-/L_+)}{1-\beta} \tag{13.151}$$

가 된다. 마찬가지로 방전 기간 T_2 동안, (T_2가 시작되는 곳을 $t=0$으로 가정했을 때) 임의의 시간 t에서 커패시터에 걸리는 전압 v_-는 다음과 같이 주어질 것이다.

$$v_- = L_- - (L_- - \beta L_+)e^{-t/\tau}$$

$t = T_2$에서 $v_- = \beta L_-$이므로 이를 위 식에 대입하면

$$T_2 = \tau \ln \frac{1-\beta(L_+/L_-)}{1-\beta} \tag{13.152}$$

가 된다. 식 (13.151)과 (13.152)를 결합하면 주기 $T = T_1 + T_2$를 얻을 수 있을 것이다. 대개 $L_+ = -L_-$이므로, 구형파는 대칭이 되고 그 주기는 다음과 같이 된다.

$$T = 2\tau \ln \frac{1+\beta}{1-\beta} \tag{13.153}$$

끝으로 C를 (보통 10 단위만큼) 다른 값의 커패시터로 사용하고, (주파수의 각 10 단위 내에서 주파수를 연속적으로 제어하기 위해) R을 연속적으로 변화시킴으로써, 이 구형파 발생기의 발진 주파수를 다양하게 변화시킬 수 있다는 것을 언급해 둔다. 또한 파라미터 β를 작은 값으로 사용함으로써 C에 걸리는 파형을 삼각형에 가깝게 만들 수 있지만, 보다 나은 선형성을 갖는 삼각 파형은 다음에 논의될 회로 구성을 이용하여 쉽게 발생시킬 수 있다는 것도 언급해 둔다.

이 절을 끝내기 전에, 비록 비안정 회로는 안정 상태를 가지고 있지 않지만 그 대신에 두 개의 **준안정**(quasi-stable) 상태를 가지고 있으며, 각각의 준안정 상태에서 RC 회로망의 시정수와 쌍안정 멀티바이브레이터의 문턱 전압에 의해서 결정되는 시간 간격 동안 머무른다는 점에 유의하기 바란다.

연습문제

13.41 그림 13.55(b) 회로에서, 연산 증폭기의 포화 전압을 ±10 V, $R_1 = 100$ kΩ, $R_2 = R = 1$ MΩ, $C =$ 0.01 μF으로 놓고, 발진 주파수를 구하라.

[답] 274 Hz

13.42 그림 13.55(b)의 회로에서, R_1을 서로 반대 방향으로 병렬 연결된 한 쌍의 다이오드로 대체한 경우를 생각해 보자. $L_+ = -L_- = 12$ V, $R_2 = R = 10$ kΩ, $C = 0.1$ μF이고, 다이오드의 전압 강하는 V_D로 표시하기로 하자. V_D의 함수로서의 주파수에 대한 표현식을 구하라. 만일 25°C에서 $V_D =$ 0.70 V이고 이 V_D가 −2 mV/°C의 TC를 가진다면, 0°C, 25°C, 50°C, 100°C일 때의 주파수는 얼마인가? 이 회로의 출력은 멀리 떨어져 연결된 주파수 측정기에 보내져 디지털 온도 판독에 사용될 수 있다는 점에 주목하기 바란다.

[답] $f = 500/\ln[(12 + V_D)/(12 - V_D)]$ Hz; 3995 Hz, 4281 Hz, 4611 Hz, 5451 Hz

13.12.7 삼각파 생성

그림 13.55의 비안정 회로에서 생성된 지수 파형들은 저역 통과 RC 회로를 적분기로 대체함으로써 삼각파로 바꿀 수 있을 것이다.(적분기는 결국 직류에서 코너 주파수를 갖는 저역 통과 회로이다.) 적분기는 커패시터의 선형적인 충방전을 야기하며, 이에 따라 삼각파를 제공할 것이다. 그 결과의 회로를 그림 13.56(a)에 나타냈다. 이 그림에서 적분기가 반전 적분기이기 때문에, 쌍안정 회로의 특성을 반전시킬 필요가 있다는 점에 주목하기 바란다. 따라서 여기서 요구되는 쌍안정 회로는 비반전 특성을 갖는 것이고, 이와 같은 쌍안정 회로는 그림 13.54(a)의 회로를 이용하여 실현할 수 있을 것이다.

그림 13.55(a)의 귀환 루프가 어떻게 발진하며, 또 귀환 루프가 어떻게 적분기의 출력단에는 삼각파 v_1을, 그리고 쌍안정 회로의 출력단에는 구형파 v_2를 발생시키는지 살펴보자. 쌍안정 회로의 출력이 L_+에 있다고 하자. 그렇다면 L_+/R 크기의 전류가 R과 C를 통해 흐를 것이다. 따라서 적분기의 출력은 그림 13.55(c)에 나타낸 것처럼 $-L_+/CR$의 기울기로 선형적으로 감소할 것이다. 이 동작은 적분기의 출력이 쌍안정 회로의 낮은 쪽 문턱 전압 V_{TL}에 이를 때까지 계속될 것이다. 적분기의 출력이 V_{TL}에 이를 때, 쌍안정 회로는 자신의 상태를 바꿀 것이고, 그것의 출력은 마이너스 전압인 L_-가 될 것이다. 이 순간에 R과 C를 통해 흐르던 전류는 방향을 거꾸로 할 것이고, 그 값은 $|L_-|/R$이 될 것이다. 따라서 적분기의 출력은 당연히 $|L_-|/CR$의 플러스 기울기로 선형적으로 증가하기 시작할 것이다. 이 동작은 적분기의 출력 전압이 쌍안정 회로의 플러스 문턱 전압 V_{TH}에 도달할 때까지 계속될 것이다. 적분기의 출력 전압이 V_{TH}에 도달한 순간, 쌍안정 회로는 자신의 상태를 다시 바꿀 것이고, 그것의 출력은 L_+로 플러스 전압이 될 것이다. 따라서 이때부터 적분기로 들어가는 전류는 방향을 반대로 할 것이고, 그 결과로 적분기의 출력이 선형적으로 감소하기 시작하여, 새로운 주기가 시작될 것이다.

앞의 설명으로부터 구형파와 삼각파의 주기 T에 대한 표현식을 쉽게 이끌어 낼 수 있을 것이다. 즉, T_1 기

간에 대해서는 그림 13.55(c)로부터

$$\frac{V_{TH}-V_{TL}}{T_1}=\frac{L_+}{CR}$$

를 얻을 수 있고, 이 식으로부터

$$T_1 = CR\frac{V_{TH}-V_{TL}}{L_+} \tag{13.154}$$

을 얻을 수 있다. 마찬가지로 T_2 기간에 대해서는

$$\frac{V_{TH}-V_{TL}}{T_2}=\frac{-L_-}{CR}$$

를 얻을 수 있고, 이 식으로부터

$$T_2 = CR\frac{V_{TH}-V_{TL}}{-L_-} \tag{13.155}$$

을 얻을 수 있다. 따라서 대칭의 구형파[그림 13.56(b)]와 대칭의 삼각파[그림 13.56(c)]를 얻으려면 $L_+ = -L_-$

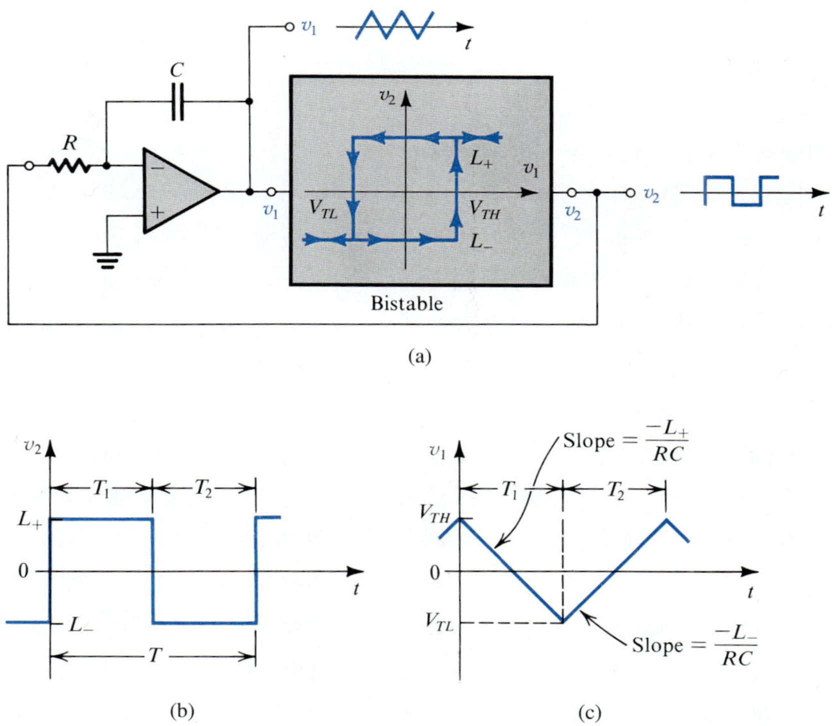

그림 13.56 삼각파와 구형파를 생성시키기 위한 일반적인 방안. 그림 13.54(a) 회로가 비반전 쌍안정을 구현하는 데 사용될 수 있다.

가 되게끔 쌍안정 회로를 설계해야 한다.

연습문제

D13.43 그림 13.56(a)의 회로에서 쌍안정 회로를 그림 13.54(a)의 회로로 실현한 경우를 생각해 보자. 연산 증폭기들이 ±10 V의 포화 전압들을 가지며, 커패시터 $C = 0.01$ μF과 저항 $R_1 = 10$ kΩ이 사용되었다. 발진 주파수가 1 kHz이고 삼각파가 10 V 피크간 진폭을 가지도록 하는 R과 R_2[R_1과 R_2는 그림 13.54(a)의 쌍안정 회로와 연관된다는 점에 주목하라]의 값을 구하라.

[답] 50 kΩ; 20 kΩ

13.12.8 사인파의 생성

함수 발생기에서 사인파는 삼각파를 '사인파 성형기(sine-wave shaper)'에 인가함으로써 얻을 수 있다. 사인파 성형기는 다이오드와 저항기 또는 트랜지스터와 저항기로 구성되는 회로이다. 우리는 이 회로를 여기서 논의하지는 않을 것이다. 더 많은 정보가 필요한 독자들은 이 책의 동반 웹사이트 www.oup.com/he/sedra-smith8xe를 참조하기 바란다.

요약

- 여파기는 전달 함수 $T(s) = V_o(s)/V_i(s)$를 가지는 선형 2-포트 회로망이다. 물리적인 주파수들에 대해 여파기 전송은 $T(j\omega) = |T(j\omega)|e^{j\phi(\omega)}$로 표현된다. 전송의 크기는 이득 함수 $G(\omega) \equiv 20 \log |T|$ 또는 감쇠 함수 $A(\omega) \equiv -20 \log |T|$ 둘 중 하나를 사용하여 데시벨 단위로 표현된다.
- 여파기의 전송 특성들은 통과 대역(들)과 저지 대역(들)의 모서리들로 지정된다. 즉, 통과 대역 전송에서 최대로 허용할 수 있는 편차 A_{max}(dB), 그리고 최소로 필요한 저지 대역 감쇠량 A_{min}(dB) 등으로 지정된다.
- 여파기 전달 함수는 s에 관한 두 다항식들의 비로써 표현될 수 있다. 분모 다항식의 차수 N이 여파기 차수이고, 분모 다항식의 N개의 근들이 극점들이다.
- 높은 선택성을 갖는 응답을 얻으려면, 전달 함수의 극점들이 (N이 홀수일 때 하나의 실수 극점을 제외하고는) 공액 복소수 쌍으로 나타나야 하고, 영점들은 $\omega = 0$과 $\omega = \infty$를 포함하는 저지 대역(들)에서 $j\omega$축상에 위치해야 한다.
- 버터워스 여파기 근사는 $\omega = 0$에서 최대로 평탄한 저역 통과 응답을 제공한다. 전송 특성은 ω가 증가함에 따라 단조적으로 감소하고, N개의 모든 전송 영점들이 놓여 있는 $\omega = \infty$에서 0에 도달한다(무한대의 감쇠). $|T|$는 식 (13.19)로 주어진다. 이 식에서 ϵ은 식 (13.22)에 의해 구해지고, 차수 N은 식 (13.23)에 의해 결정된다. 극점들은 그림 13.15의 도식적 해석과 식 (13.24) 및 (13.25)에 의해 구해지고, 전달 함수는 식 (13.26)에 의해 구해진다.
- 체비셰프 여파기 근사는 저지 대역에서는 단조적으로 감소하는 전송 특성을 가지며 통과 대역에서는 균등한 리플을 가지는 저주파 응답을 제공한다. 모든 전송 영점들은 $s = \infty$에 존재한다. 식 (13.28)은

통과 대역에서의 $|T|$를 나타내고, 식 (13.29)는 저지 대역에서의 $|T|$를 나타낸다. 여기서 ϵ은 식 (13.31)로 주어진다. 차수 N은 식 (13.32)에 의해 결정된다. 극점들은 식 (13.33)에 의해 구해지고, 전달 함수는 식 (13.34)에 의해 구해진다.

- 그림 H.1과 H.2(웹사이트상의 부록 H)는 1차 여파기 함수들의 요약과 그들의 실현을 보여 준다.
- 그림 H.3(웹사이트상의 부록 H)은 일곱 가지의 특별한 2차 여파 함수들의 특성들을 보여 준다.
- 그림 13.18(a)의 2차 LCR 공진기는 $\omega_0 = 1/\sqrt{LC}$ 와 $Q = \omega_0 CR$을 가지는 한 쌍의 공액 복소수 극점들을 실현한다. 이 공진기는 그림 13.19에 나타낸 것처럼 여러 가지 특별한 2차 여파 함수들을 실현하는 데 사용될 수 있다.
- LCR 공진기의 인덕터를 그림 13.20(a)의 Antoniou 회로를 사용하여 얻어진 시뮬레이티드 인덕턴스로 대체함으로써 그림 13.21(b)의 연산 증폭기–RC 공진기가 얻어진다. 이 공진기는 그림 13.22에 나타낸 것처럼 다양한 2차 여파기 함수들을 실현하는 데 사용될 수 있다. 실현된 회로들의 완전한 세트를 그림 H.6(웹사이트상의 부록 H)에 나타내었다. 이들 회로를 위한 설계 식들이 표 H.1(웹사이트상의 부록 H)에 주어져 있다.
- 2-적분기 루프 구성에 기초를 둔 바이쿼드들은 가장 용도가 다양하고 널리 사용되는 2차 여파기 실현이다. 이 바이쿼드에는 두 종류가 있다. 먼저 그림 13.24(a)의 KHN 회로는 LP, BP, HP 함수들을 동시에 실현하며, 그림 13.24(b)의 출력 가산 증폭기와 결합하여 노치 함수를 실현할 수 있다. 다음으로 그림 13.25(b)의 Tow-Thomas 회로는 BP와 LP 함수들을 동시에 실현한다. Tow-Thomas 회로에 피드포워드를 적용하면 그림 13.26의 회로를 얻을 수 있고, 이 회로를 이용하면 어떤 2차 함수들도 실현할 수 있다(웹사이트상의 부록 H에 있는 표 H.2 참조).
- 단일 증폭기 여파기는 낮은 전력을 필요로 하는 장점을 가지고 있지만 극점 Q가 5 또는 이보다 적은 응용에 제한된다. 이와 같은 회로의 예들이 그림 13.27(a)(대역 통과), 그림 13.28(a)(고역 통과), 그림 13.29(저역 통과)에 주어져 있다. 단일 증폭기 바이쿼드(SAB)의 완전한 이론은 웹사이트에 제공되어 있다.
- 스위치드 커패시터(SC) 여파기들은 빠른 속도 f_c로 두 회로 마디 사이에서 주기적으로 스위칭되는 커패시터 C가 이들 두 마디를 연결하는 저항 $R = 1/Cf_c$와 등가라는 원리에 기초를 두고 있다. SC 여파기들은 CMOS IC 기술을 사용하여 모놀리식 형태로 제조될 수 있다. 표준이 되는 스위치드 커패시터 적분기들을 그림 13.31에 나타내었고, 이 적분기들을 이용한 바이쿼드 회로를 그림 13.32(b)에 나타내었다.
- 신호 발생기에는 뚜렷하게 서로 다른 두 가지 유형이 있다. 즉, 선형 발진기는 몇 가지 형태의 공진을 이용하고, 비선형 발진기 또는 함수 발생기는 멀티바이브레이터 회로로 실현된 스위칭 메커니즘을 이용한다.
- 선형 발진기는 증폭기(연산 증폭기 또는 트랜지스터)의 귀환 경로에 주파수 선택 회로망을 설치함으로써 실현될 수 있다. 이 회로는 루프 주위의 전체 위상 편이가 0 또는 360°인 주파수에서 다음 조건이 충족될 때 발진한다. 즉, 이 주파수에서 루프 이득의 크기가 1이거나 1보다 클 때 발진한다.
- 선형 발진기에서 루프 이득의 크기가 1보다 크면, 진폭이 비선형 진폭 제어 장치가 작동될 때까지 증가한다.
- 윈 브리지 발진기, 위상 편이 발진기, 쿼드러처 발진기, 그리고 능동 여파기 동조 발진기는 약 1 MHz까지의 주파수 범위 내에서 널리 사용되는 일반적인 구성이다. 이 회로들은 연산 증폭기 또는 트랜지스터와 함께 RC 회로망을 이용한다. 더 높은 주파수에 대해서는 LC 동조 또는 수정 동조 발진기들이 사용된다. 이들 중에서 가장 일반적인 구성은 개별 회로 구현을 위한 콜피츠 회로와 IC 구현을 위한 교차결합형 회로이다. 이들 회로는 수백 기가헤르츠만큼

높은 주파수에서 동작한다.

- 수정 발진기들은 가장 높은 주파수 정밀도와 안정성을 제공한다.
- 쌍안정 멀티바이브레이터는 두 개의 안정 상태를 가지며, 두 안정 상태 중 어느 한쪽에 무기한으로 머무를 수 있다. 이 회로는 트리거될 때 상태를 바꾼다. 히스테리시스를 갖는 비교기는 쌍안정 회로이다.
- 비안정 멀티바이브레이터는 안정 상태를 갖고 있지 않다. 이 회로는 두 개의 준안정 상태 사이에서 발진하며, 각각의 준안정 상태에서 미리 정해진 기간 동안 머무른다. 따라서 비안정 멀티바이브레이터는 주기적인 파형을 출력에 생성시킨다.
- 적분기와 쌍안정 멀티바이브레이터로 구성된 귀환 루프는 삼각파와 구형파를 발생시키는 데 사용될 수 있다.

PROBLEMS

Section 13.1: Basic Filter Concepts

13.1 The transfer function of a first-order low-pass filter (such as that realized by an RC circuit) can be expressed as $T(s) = \omega_0/(s+\omega_0)$, where ω_0 is the 3-dB frequency of the filter. Give in table form the values of $|T|$, ϕ, G, and A at $\omega = 0, 0.5\omega_0, \omega_0, 2\omega_0, 5\omega_0, 10\omega_0$, and $100\omega_0$.

13.2 For the filter whose magnitude response is sketched (as the blue curve) in Fig. 13.3, find $|T|$ at $\omega = 0$, $\omega = \omega_p$, and $\omega = \omega_s$. $A_{max} = 0.2$ dB, and $A_{min} = 60$ dB.

D 13.3 A low-pass filter is required to pass all signals within its passband, extending from 0 to 4 kHz, with a transmission variation of at most 5% (i.e., the ratio of the maximum to minimum transmission in the passband should not exceed 1.05). The transmission in the stopband, which extends from 5 kHz to ∞, should not exceed 0.05% of the maximum passband transmission. What are the values of A_{max}, A_{min}, and the selectivity factor for this filter?

13.4 A low-pass filter is specified to have $f_p = 5$ kHz and a selectivity factor of 10. The specifications are just met by a first-order transfer function

$$T(s) = \frac{2\pi \times 10^4}{s + 2\pi \times 10^4}$$

What must A_{max} and A_{min} be?

13.5 Sketch transmission specifications for a high-pass filter having a passband defined by $f \geq 3$ kHz and a stopband defined by $f \leq 2$ kHz. $A_{max} = 0.4$ dB, and $A_{min} = 60$ dB.

13.6 A sinusoid with 1-V peak amplitude is applied at the input of a filter having the transfer function

$$T(s) = \frac{2\pi \times 10^4}{s + 2\pi \times 10^4}$$

Find the peak amplitude and the phase (relative to that of the input sinusoid) of the output sinusoid if the frequency of the input sinusoid is (a) 1 kHz, (b) 10 kHz, (c) 100 kHz, and (d) 1 MHz.

***13.7** A filter has the transfer function $T(s) = 1/[(s+1)(s^2+s+1)]$. Show that $|T| = 1/\sqrt{1+\omega^6}$ and find an expression for its phase response $\phi(\omega)$. Calculate the values of $|T|$ for $\omega = 0.1, 0.2, 0.5, 1, 2, 5$, and 10 rad/s.

13.8 A low-pass filter is specified to have $A_{max} = 2$ dB and $A_{min} = 12$ dB. It is found that these specifications can be just met with a single-time-constant RC circuit having a time constant of 1 s and a dc transmission of unity. What must ω_p and ω_s of this filter be? What is the selectivity factor?

13.9 Sketch transmission specifications for a bandstop filter that is required to pass signals over the bands $0 \leq f \leq 10$ kHz and 20 kHz $\leq f \leq \infty$ with A_{max} of 0.5 dB. The stopband extends from $f = 12$ kHz to $f = 18$ kHz, with a minimum required attenuation of 50 dB.

---

problems with green numbers are considered essential; * = difficult problem; ** = more difficult; *** = very challenging
SIM = simulation; **D** = design problem;

Section 13.2: The Filter Transfer Function

13.10 A filter has transmission zeros at $\omega = 2$ rad/s and $\omega = \infty$. Its poles are at $s = -1$ and $s = -0.5 \pm j1.0$. The dc gain is unity. Find the filter order, type, and transfer function $T(s)$.

13.11 Consider a fifth-order filter whose poles are all at a radial distance from the origin of 10^5 rad/s. One pair of complex-conjugate poles is at 18° angles from the $j\omega$ axis, and the other pair is at 54° angles. Give ω_0 and Q of the poles and the transfer function in each of the following cases.

(a) The transmission zeros are all at $s = \infty$ and the dc gain is unity.

(b) The transmission zeros are all at $s = 0$ and the high-frequency gain is unity.

What type of filter results in each case?

13.12 Give the order and the transfer function of a bandpass filter that has the following poles and zeros:

> Poles: a complex-conjugate pair with $\omega_0 = 1 \times 10^3$ rad/s and $Q = 1$, and another complex-conjugate pair with $\omega_0 = 1.2 \times 10^3$ rad/s and $Q = 12$.
> Zeros: two at $\omega = 0$ and two at $\omega = \infty$.

The magnitude of the filter transmission at $\omega = 10^3$ rad/s is to be unity.

D 13.13 Design the circuit in Fig. 13.8 to realize a first-order op amp–RC low-pass filter having a 3-dB frequency of 10 kHz, a dc gain magnitude of 10, and an input resistance of 10 kΩ.

D 13.14 Use the circuit in Fig. E13.7 to design a first-order high-pass filter with a 3-dB frequency of 100 Hz, a high-frequency input resistance of 100 kΩ, and a high-frequency gain magnitude of unity.

13.15 Give the transfer function of a second-order maximally flat low-pass filter having $\omega_0 = 10^4$ rad/s and a dc gain of 10.

13.16 Give the transfer function of a second-order high-pass filter (two transmission zeros at $\omega = 0$) with $f_0 = 10$ kHz, $Q = 2.5$, and a high-frequency gain of unity.

13.17 Give the transfer function of a bandpass filter with a center frequency of 10^5 Hz, a 3-dB bandwidth of 2000 Hz, and a center-frequency gain of 5.

13.18 Give the transfer function of a low-pass notch filter with $\omega_0 = 10^4$ rad/s, $\omega_n = 1.25 \times 10^4$ rad/s, $Q = 2$, and a dc gain of unity. What is the asymptotic transmission at high frequencies?

D *13.19 Derive $T(s)$ for the op amp–RC circuit in Fig. P13.19. Show that $|T(j\omega)| = 1$ and find $\phi(\omega)$. We wish to use this circuit as a variable phase shifter by adjusting R. If the input signal frequency is 5×10^3 rad/s and if $C = 10$ nF, find the values of R required to obtain phase shifts of –30°, –60°, –90°, –120°, and –150°. Note that this circuit is known as **all-pass** filter.

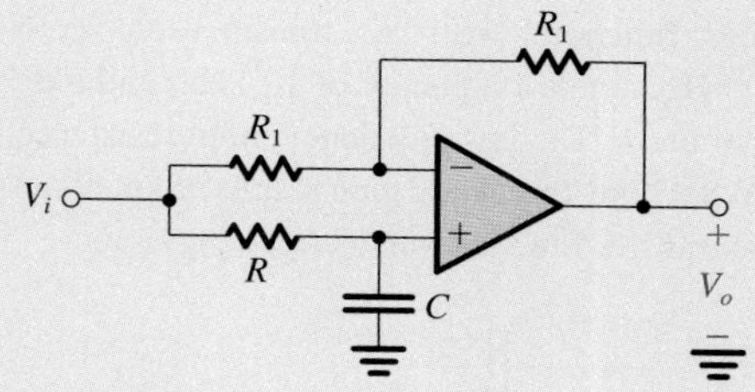

Figure P13.19

13.20 A second-order low-pass filter has poles at $-0.25 \pm j$ and a transmission zero at $\omega = 2$ rad/s. If the dc gain is unity, give the transfer function $T(s)$. What is the gain at ω approaching infinity?

13.21 Find the order N and the form of $T(s)$ of a bandpass filter having transmission zeros as follows: one at $\omega = 0$, one at $\omega = 10^3$ rad/s, one at 3×10^3 rad/s, and one at $\omega = \infty$. If this filter has a monotonically decreasing passband transmission with a peak at the center frequency of 2×10^3 rad/s, and equiripple response in the stopbands, sketch the shape of its $|T|$.

***13.22** Analyze the RLC network of Fig. P13.22 to determine its transfer function $V_o(s)/V_i(s)$ and hence its poles and zeros. (*Hint:* Begin the analysis at the output and work your way back to the input.)

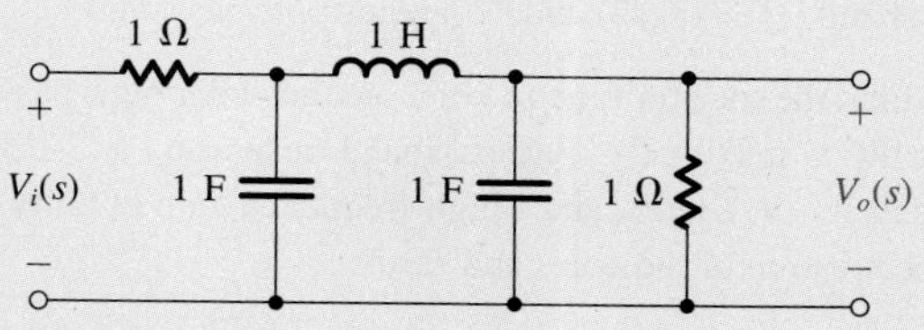

Figure P13.22

D *13.23 By cascading a first-order op amp–RC low-pass circuit with a first-order op amp–RC high-pass circuit, one can design a wideband bandpass filter. Provide such a design for the case in which the midband gain is 12 dB and the

3-dB bandwidth extends from 50 Hz to 50 kHz. Select appropriate component values under the constraints that no resistors higher than 100 kΩ are to be used and that the input resistance is to be as high as possible.

***13.24** (a) Derive an expression for the transfer function of the op amp–RC circuit shown in Fig. P13.24. Give expressions for the frequency of the transmission zero ω_Z, the frequency of the pole ω_P, the dc gain, and the high-frequency gain.
(b) Design the circuit to realize a first-order op amp–RC spectrum-shaping function with a transmission zero frequency of 100 Hz, a pole frequency of 10 kHz, and a dc gain magnitude of unity. The low-frequency input resistance is to be 10 kΩ. What high-frequency gain results? Sketch the magnitude of the transfer function versus frequency.

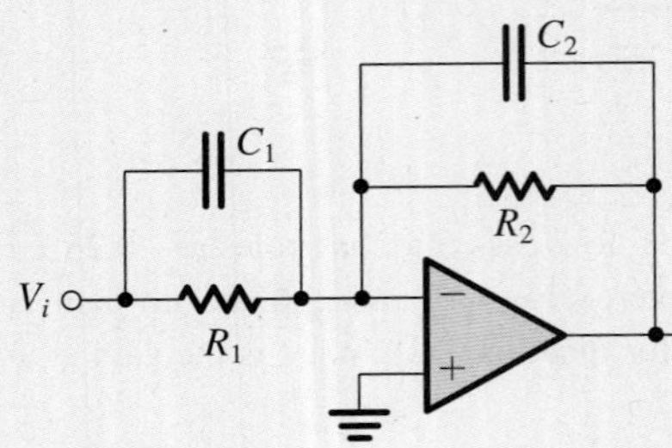

Figure P13.24

13.25 Find the transfer function of a second-order low-pass filter with $\omega_0 = 10^4$ rad/s, $Q = 2$, and dc gain = 1. At what frequency does $|T|$ peak? What is the peak transmission? (*Hint*: Use the information in Fig. 13.10.)

D *13.26 Use the information in Fig. 13.10 to obtain the transfer function of a second-order low-pass filter that just meets the specifications defined in Fig. 13.3 with $\omega_p = 1$ rad/s and $A_{max} = 3$ dB. Find ω_0 and Q. Also, if $\omega_s = 2$ rad/s, find the value of A_{min} obtained. Investigate two cases: (a) maximally flat passband ($Q = 1/\sqrt{2}$) and, (b), equiripple passband.

13.27 Find the transfer function of a second-order high-pass filter with a maximally flat passband response, a 3-dB frequency at $\omega = 1$ rad/s, and a high-frequency gain of unity. Give the location of the poles and zeros.

13.28 Find the transfer function of a second-order high-pass filter with poles at $-0.5 \pm j\sqrt{3}/2$ and a high-frequency gain of unity. What are ω_0 and Q of the poles?

D **13.29 (a) Show that $|T|$ of a second-order bandpass function is geometrically symmetrical around the center frequency ω_0. That is, the members of each pair of frequencies ω_1 and ω_2 for which $|T(j\omega_1)| = |T(j\omega_2)|$ are related by $\omega_1\omega_2 = \omega_0^2$.
(b) Find the transfer function of the second-order bandpass filter that meets specifications of the form in Fig. 13.4 where $\omega_{p1} = 8100$ rad/s, $\omega_{p2} = 10{,}000$ rad/s, and $A_{max} = 3$ dB. If $\omega_{s1} = 3000$ rad/s, find A_{min} and ω_{s2}.

****13.30** (a) For a second-order notch function with $\omega_n = \omega_0$, show that for the attenuation to be greater than A dB over a frequency band BW_a, the value of Q must satisfy

$$Q \leq \frac{\omega_0}{BW_a\sqrt{10^{A/10}-1}}$$

(*Hint*: First, show that any two frequencies, ω_1 and ω_2, at which $|T|$ is the same, are related by $\omega_1\omega_2 = \omega_0^2$).
(b) Use the result in (a) to find the transfer function of a notch filter that is required to eliminate a bothersome interference of 60-Hz frequency. Since the frequency of the interference is not stable, the filter should be designed to provide attenuation ≥ 20 dB over a 6-Hz band centered around 60 Hz. The dc transmission of the filter is to be unity.

13.31 Find the transfer function of a second-order high-pass notch filter for which $\omega_n = 1$ rad/s, $\omega_0 = 1.3$ rad/s, $Q = 3$, and the high-frequency asymptotic gain is unity. Sketch $|T(j\omega)|$ and give the value of the dc gain.

Section 13.3: Butterworth and Chebyshev Filters

13.32 Calculate the value of attenuation obtained at a frequency 1.8 times the 3-dB frequency of a seventh-order Butterworth filter.

13.33 Find the natural modes of a Butterworth filter having a 0.5-dB bandwidth of 10^3 rad/s and $N = 5$.

D 13.34 Design a Butterworth filter that meets the following low-pass specifications: $f_p = 10$ kHz, $A_{max} = 3$ dB, $f_s = 20$ kHz, and $A_{min} = 20$ dB. Find N, the natural modes, and $T(s)$. What is the attenuation provided at 30 kHz?

13.35 Sketch the transfer function magnitude for a low-pass Chebyshev filter of (a) sixth order and (b) seventh order.

---

problems with green numbers are considered essential; * = difficult problem; ** = more difficult; *** = very challenging
SIM = simulation; **D** = design problem;

13.36 On the same diagram, sketch the magnitude of the transfer function of a Butterworth and a Chebyshev low-pass filter of fifth order and having the same ω_p and A_{max}. At the stopband edge, ω_s, which filter gives greater attenuation?

13.37 For a fifth-order Chebyshev filter with a unity transmission at dc and with a 1-dB passband ripple, find the attenuation realized at $f_s = 2f_p$.

D *13.38 Design a low-pass filter to meet the following specifications: $f_p = 3.4$ kHz, $A_{max} = 1$ dB, $f_s = 4$ kHz, $A_{min} = 35$ dB. The dc transmission is unity.

(a) Find the required order of Chebyshev filter. What is the excess (above 35 dB) stopband attenuation obtained?
(b) Find the poles and the transfer function.

D 13.39 Determine the order N of the Butterworth filter for which $A_{max} = 0.5$ dB, $A_{min} = 20$ dB, and the selectivity ratio $\omega_s/\omega_p = 1.7$. What is the actual value of minimum stopband attenuation realized? If A_{min} is to be exactly 20 dB, to what value can A_{max} be reduced?

13.40 Show that the order N of a Butterworth filter can be obtained from the approximate expression

$$N \geq \frac{A_{min} - 20 \log \epsilon}{20 \log(\omega_s/\omega_p)}$$

(*Hint:* Use Eq. (13.23) and neglect the unity term.)

13.41 Observe that Eq. (13.28) can be used to find the frequencies in the passband at which $|T|$ is at its peaks and at its valleys. (The peaks are reached when the $\cos^2[\ ]$ term is zero, and the valleys correspond to the $\cos^2[\ ]$ term equal to unity.) Find these frequencies for a fifth-order filter.

13.42 Contrast the attenuation provided by a sixth-order Chebyshev filter at $\omega_s = 2\omega_p$ to that provided by a Butterworth filter of equal order. For both, $A_{max} = 1$ dB. Sketch $|T|$ for both filters on the same axes.

Section 13.4: Second-Order Passive Filters Based on the LCR Resonator

13.43 Analyze the circuit in Fig. 13.18(c) to determine its transfer function $T(s) \equiv V_o(s)/V_i(s)$, and hence show that its poles are characterized by ω_0 and Q of Eqs. (13.39) and (13.40), respectively.

D 13.44 Design the LCR resonator of Fig. 13.18(a) to obtain natural modes with $\omega_0 = 10^5$ rad/s and $Q = 5$. Use $R = 10$ kΩ.

13.45 For the resonator in Fig. 13.18(a), let node y be lifted from ground. If a signal source V_i is connected to node y and the output V_o is taken across the resonator, derive an expression for the transfer function V_o/V_i and show that it is a high pass with ω_0 and Q given by Eqs. (13.39) and (13.40), respectively. Design the high-pass circuit to obtain $\omega_0 = 10^6$ rad/s and $Q = 1$. Use $R = 1$ kΩ.

D *13.46 Show that the general notch circuit in Fig. 13.19(e) can be used to realize a low-pass notch (LPN) filter by making $L_2 = \infty$. (Recall that for the LPN case, $\omega_n > \omega_0$.) Design the circuit to obtain $\omega_0 = 10^5$ rad/s, $\omega_n = \sqrt{2} \times 10^5$ rad/s, and $Q = 2$. Use $R = 1$ kΩ. Find all the component values, the dc gain, and the high-frequency gain.

D 13.47 Modify the bandpass circuit of Fig. 13.19(c) to change its center-frequency gain from 1 to 0.5 without changing ω_0 or Q.

13.48 For the LCR resonator of Fig. 13.18(a), find the change in ω_0 that results from

(a) increasing L by 1%
(b) increasing C by 1%
(c) decreasing R by 1%

13.49 For each of the circuits in Fig. P13.49, find the transmission as ω approaches zero and as ω approaches ∞, and hence find the transmission zeros.

D 13.50 Show that the general notch circuit in Fig. 13.19(e) can be used to realize a high-pass notch (HPN) filter by making $C_2 = 0$. (Recall that for the HPN case, $\omega_n < \omega_0$.) Design the circuit for the case $\omega_0 = 10^5$ rad/s, $\omega_n = 10^5/\sqrt{2}$ rad/s, and $Q = 2$. Use $R = 1$ kΩ. Find all the component values, the dc gain, and the high-frequency gain.

13.51 Consider the LCR resonator of Fig. 13.18(a) with node x disconnected from ground and connected to an input signal source V_x, node y disconnected from ground and connected to another input signal source V_y, and node z disconnected from ground and connected to a third input signal source V_z. Use superposition to find the voltage that develops across the resonator, V_o, in terms of V_x, V_y, and V_z.

Section 13.5: Second-Order Passive Filters Based on Inductance Simulation

D 13.52 Design the circuit of Fig. 13.20 (utilizing suitable component values) to realize an inductance of (a) 15 H, (b) 1.5 H, and (c) 0.15 H.

D *13.53 It is required to design a fifth-order Butterworth filter having a 3-dB bandwidth of 10^5 rad/s and a unity dc gain. Use a cascade of two circuits of the type shown in Fig. 13.22(a) and a first-order op amp–RC circuit of the type shown in Fig. 13.8(a). Select appropriate component values.

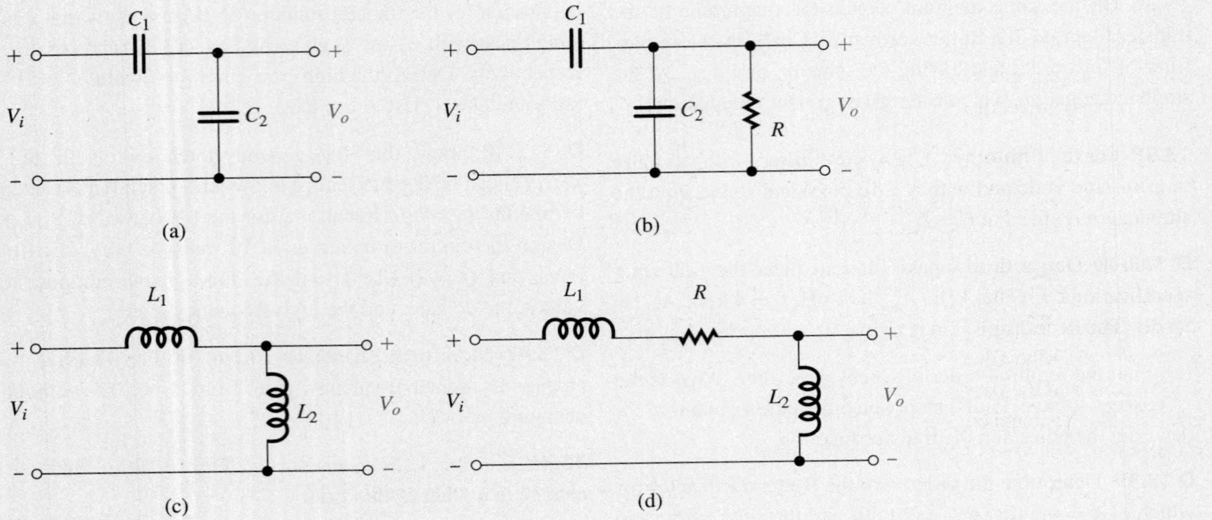

Figure P13.49

D 13.54 Give the circuit for a high-pass filter based on the resonator of Fig. 13.21(b). Design the circuit to obtain $\omega_0 = 10^3$ rad/s, $Q = 5$, and a high-frequency gain of unity.

D 13.55 Show that the circuit in Fig. 13.22(c) can be used to realize a high-pass notch filter ($\omega_n < \omega_0$) by selecting $C_{62} = 0$. Design the circuit to obtain $\omega_0 = 10^5$ rad/s, $\omega_n = 0.8 \times 10^5$ rad/s, $Q = 5$, and a high-frequency gain of 5.

D 13.56 Use the circuit in Fig. 13.22(b) to design a bandpass filter with $f_0 = 100$ kHz and a 3-dB bandwidth of 1 kHz. The gain at f_0 is required be 10 V/V.

13.57 Figure P13.57 shows a generalized form of the Antoniou circuit of Fig. 13.20(a). Here, R_5 is eliminated and the other four components are replaced by general impedances Z_1, Z_2, Z_3, and Z_4.

(a) With an impedance Z_5 connected between node 2 and ground, show that the input impedance looking into port 1 (i.e., between node 1 and ground) is

$$Z_{11} = \left(\frac{Z_1Z_3}{Z_2Z_4}\right)Z_5$$

(b) From the symmetry of the circuit, show that if an impedance Z_6 is connected between terminal 1 and ground, the input impedance looking into port 2, which is between terminal 2 and ground, is given by

$$Z_{22} = \left(\frac{Z_2Z_4}{Z_1Z_3}\right)Z_6$$

(c) From the expressions above, observe that the two-port network in Fig. P13.57 acts as an "impedance transformer." Since by the appropriate choice of Z_1, Z_2, Z_3, and Z_4, the transformation ratio can be a general function of the complex frequency variable s, the circuit is known as a **generalized impedance converter**, or GIC.

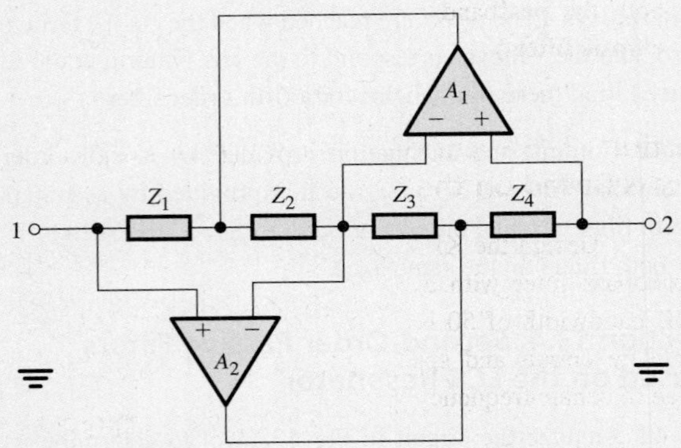

Figure P13.57

***13.58** Consider the Antoniou circuit of Fig. 13.20(a) with R_5 eliminated, a capacitor C_6 connected between node 1 and ground, and a voltage source V_2 connected to node 2. Show that the input impedance seen by V_2 is $R_2/s^2C_4C_6R_1R_3$. How does this impedance behave for physical frequencies ($s = j\omega$)? (This impedance is known as a **frequency-dependent negative resistance**, or FDNR.)

***13.59** Starting from first principles and assuming ideal op amps, derive the transfer function of the circuit in Fig. 13.22(a).

****13.60** Design a third-order low-pass filter whose $|T|$ is equiripple in both the passband and the stopband (in the manner shown in Fig. 13.3, except that the response shown is for $N = 5$). The filter passband extends from $\omega = 0$ to $\omega = 1$ rad/s, and the passband transmission varies between 1 and 0.9. The stopband edge is at $\omega = 1.2$ rad/s. The following transfer function was obtained using filter-design tables:

$$T(s) = \frac{0.4508\left(s^2 + 1.6996\right)}{(s + 0.7294)(s^2 + s0.2786 + 1.0504)}$$

The actual filter realized is to have $\omega_p = 10^5$ rad/s.

(a) Obtain the transfer function of the actual filter by replacing s by $s/10^5$.

(b) Realize this filter as the cascade connection of a first-order LP op amp–RC circuit of the type shown in Fig. 13.8 and a second-order LPN circuit of the type shown in Fig. 13.22(c) with $R_{52} = \infty$. Each section is to have a dc gain of unity. Select appropriate component values. (*Note:* A filter with an equiripple response in both the passband and the stopband is known as an **elliptic filter**.)

Section 13.6: Second-Order Active Filters Based on the Two-Integrator Loop

D 13.61 Design the KHN circuit of Fig. 13.24(a) to realize a bandpass filter with a center frequency of 2 kHz and a 3-dB bandwidth of 50 Hz. Use 10-nF capacitors. Give the complete circuit and specify all component values. What value of center-frequency gain is obtained?

13.62 Use the Tow–Thomas circuit in Fig. 13.25(b) to design a low-pass filter with $f_0 = 10$ kHz, $Q = 20$, and dc gain $= 10$ V/V, and input resistance $= 1$ kΩ. Specify all component values.

D 13.63 Use the Tow–Thomas biquad of Fig. 13.26 to realize a high-pass notch filter with a notch frequency ω_n and high-frequency gain of G. If a convenient value is selected for C, give expressions for the required values of R, R_1, C_1, R_2, and R_3 in terms of ω_0, ω_n, C, and G.

13.64 Starting from first principles, derive the transfer function V_o/V_i of the circuit in Fig. 13.26 and verify that it is the expression given by Eq. (13.70).

D 13.65 Design the circuit of Fig. 13.26 to realize a low-pass notch filter with $\omega_0 = 10^5$ rad/s, $Q = 10$, dc gain $= 1$, and $\omega_n = 1.3 \times 10^5$ rad/s. Use $C = 10$ nF and $r = 20$ kΩ.

13.66 (a) Consider the KHN biquad in Fig. 13.24(a), with the three outputs V_{hp}, V_{bp}, and V_{lp} summed by the summer in Fig. 13.24(b). Using the transfer functions in Eqs. (13.59), (13.62), and (13.63), show that the transfer function realized at the output V_o is

$$\frac{V_o}{V_i} = -K\frac{(R_F/R_H)s^2 - s(R_F/R_B)\omega_0 + (R_F/R_L)\omega_0^2}{s^2 + s(\omega_0/Q) + \omega_0^2}$$

(b) If a notch filter with a notch frequency ω_n and a dc gain G is required, find the required values of R_H, R_B, R_L, and R_F.

D **13.67 Repeat Problem 13.60 using the Tow–Thomas biquad of Fig. 13.26 to realize the second-order section in the cascade.

Section 13.7: Second-Order Active Filters Using a Single Op Amp

D 13.68 Use the circuit in Fig. 13.27 to realize a bandpass filter with a center frequency of 10 kHz and a 3-dB bandwidth of 2 kHz. Give the values of all components and specify the center-frequency gain obtained.

13.69 Analyze the circuit in Fig. P13.69 to determine its transfer function $T(s) \equiv V_o/V_i$. Show that $T(s)$ is that of a second-order bandpass filter and find ω_0 and Q. For $R_1 = R_2 = R$, $C_4 = C$, and $C_3 = C/m$, find CR and m in terms of ω_0 and Q. What center-frequency gain is obtained?

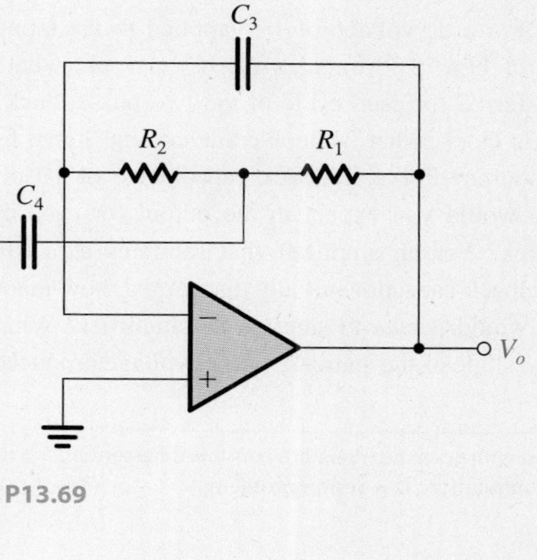

Figure P13.69

13.70 Use a cascade of the low-pass circuit in Fig. 13.29 and the high-pass circuit in Fig. 13.28(a) to realize a wide-band bandpass filter with 3-dB frequencies of 1 kHz and 100 kHz. The response of both circuits should be maximally flat; that is, each should have a Q of 0.707. Use capacitances in the nanofarad range. Sketch and label a Bode plot for the gain magnitude.

D *13.71 Consider the bandpass circuit shown in Fig. 13.27(a). Let $C_1 = C_2 = C$, $R_3 = R$, $R_4 = R/4Q^2$, and $CR = 2Q/\omega_0$. Disconnect the positive input terminal of the op amp from ground and apply V_i through a voltage divider R_1, R_2 to the positive input terminal as well as through R_4 as before. Analyze the circuit to find its transfer function V_o/V_i. Find the ratio R_2/R_1 so that the circuit realizes a notch function.

D *13.72 Design a fifth-order Butterworth low-pass filter that has a 3-dB bandwidth of 10 kHz and a dc gain of unity. Use the cascade connection of two circuits of the type shown in Fig. 13.29 and a first-order low-pass circuit (Fig. 13.8). Use a 10-kΩ value for all resistors.

Section 13.8: Switched-Capacitor Filters

13.73 For the switched-capacitor input circuit of Fig. 13.30(b), in which a clock frequency of 100 kHz is used, what input resistances correspond to capacitance C_1 values of 0.1 pF, 0.5 pF, 1 pF, 5 pF, and 10 pF?

D 13.74 Repeat Exercise 13.24 for $Q = 50$.

D 13.75 Design the circuit of Fig. 13.32(b) to realize, at the output of the second (noninverting) integrator, a maximally flat low-pass function with $\omega_{3dB} = 10^3$ rad/s and unity dc gain. Use a clock frequency $f_c = 100$ kHz and select $C_1 = C_2 =$ 5 pF. Give the values of C_3, C_4, C_5, and C_6. (*Hint:* For a maximally flat response, $Q = 1/\sqrt{2}$ and $\omega_{3dB} = \omega_0$.)

13.76 For a dc voltage of 1 V applied to the input of the circuit of Fig. 13.30(b), in which C_1 is 1 pF, what charge is transferred for each cycle of the two-phase clock? For a 100-kHz clock, what is the average current drawn from the input source? For a feedback capacitance of 10 pF, what change would you expect in the output for each cycle of the clock? For an amplifier that saturates at ±10 V and the feedback capacitor initially discharged, how many clock cycles would it take to saturate the amplifier? What is the average slope of the staircase output voltage produced?

D 13.77 Repeat Exercise 13.24 for a clock frequency of 500 kHz.

Section 13.9: Basic Principles of Sinusoidal Oscillators

D 13.78 The characteristic equation of the oscillator circuit of Fig. 13.34(a) is derived in Example 13.8 and given by Eq. (13.117):

$$s^2 - s\frac{1}{CR}\left(\frac{r_2}{r_1}\right) + \frac{1}{LC} = 0$$

Note that while $r_2 = 0$ results in sustained oscillation, making $r_2 > 0$ places the poles in the right half of the s-plane and ensures that oscillation will start and grow until a nonlinear amplitude-control mechanism kicks in. Using an inductance of 0.1 mH, find

(a) the value of C to obtain sinusoidal oscillations with 10^7 rad/s frequency;
(b) the value of R so that the LCR circuit has a Q factor of 50 (note: a high Q-factor, $Q = \omega_0 CR$, increases the purity of the generated sine waves); and
(c) the value of (r_2/r_1) to place the poles at a horizontal distance of 100 rad/s from the $j\omega$-axis.

13.79 Figure P13.79 shows a sinusoidal oscillator using a simple RC bandpass circuit in the feedback loop of a positive-gain amplifier. Find the loop gain as a function of s and, by substituting $s = j\omega$, as a function of frequency ω. What is the frequency of oscillation ω_0? What is the minimum value (r_2/r_1) must have for sustained oscillation?

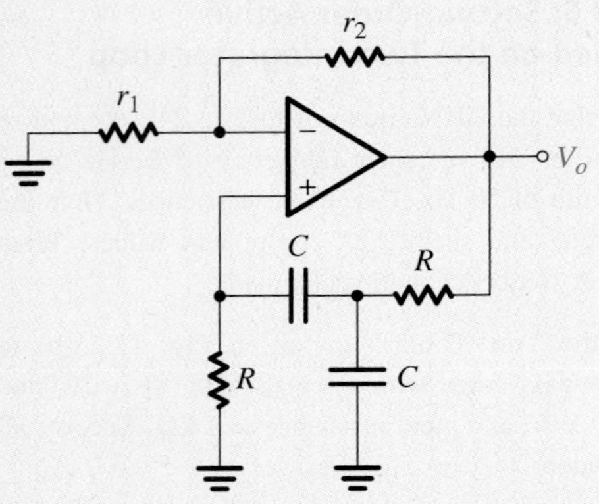

Figure P13.79

13.80 For the oscillator circuit in Fig. 13.37, assume that v_L is an ideal square wave of frequency ω_0 and amplitude V volts. Recalling that the Fourier series for a square wave is

$$v_L = \frac{4V}{\pi}\left[\sin(\omega_0 t) + \frac{1}{3}\sin(3\,\omega_0 t) + \frac{1}{5}\sin(5\,\omega_0 t) + \cdots\right]$$

find the third harmonic component of the output v_o as a percentage of the fundamental component. Repeat for the fifth harmonic. Assume the filter has $Q = 100$. (*Hint:* The filter transfer function is

$$T(s) = \frac{s\left(\dfrac{\omega_0}{Q}\right)}{s^2 + s\left(\dfrac{\omega_0}{Q}\right) + \omega_0^2}$$

where $\omega_0 = 1/\sqrt{LC}$ and $Q = \omega_0 CR$.)

D 13.81 Using an inductance $L = 0.1$ mH, design the oscillator circuit in Fig. 13.37 to obtain a sinusoid at the amplifier output of 3-V amplitude and 100-kHz frequency. Assume that v_L is a perfect square wave with ± 0.7-V levels. Use $r_1 = 10$ kΩ and design the filter to have a Q factor of 50. Specify the values of C, R, and r_2. What is the value of r_3 that limits the maximum diode current to 1 mA? (*Hint:* $Q = \omega_0 CR$.)

13.82 A sinusoidal oscillator consists of an amplifier having a positive, frequency-independent gain A connected in a feedback loop with a second-order bandpass filter having the transfer function

$$T(s) = \frac{sK(\omega_0/Q)}{s^2 + s(\omega_0/Q) + \omega_0^2}$$

where K is positive. Find the frequency of oscillation and the minimum value that K must have for sustained oscillations.

13.83 For the oscillator described in Problem 13.8.2, find the characteristic equation and use it to show that, independent of the values of A and K, the poles of the circuit lie at a radial distance of ω_0. Find the values of AK that results in the poles appearing (a) on the $j\omega$ axis, and (b) in the right half of the s plane, at a horizontal distance from the $j\omega$ axis of $\omega_0/(2Q)$.

13.84 In a particular oscillator characterized by the structure of Fig. 13.33, the frequency-selective network exhibits a loss of 12 dB and a phase shift of 180° at ω_0. Give the phase shift and the minimum gain that the amplifier must have for oscillation to begin.

13.85 An oscillator is formed by loading a transconductance amplifier having a positive gain with a parallel RLC circuit and connecting the output directly to the input (thus applying positive feedback with a factor $\beta = 1$). Let the transconductance amplifier have an input resistance of 5 kΩ and an output resistance of 5 kΩ. The LC resonator has $L = 1$ μH, $C = 100$ pF, and $Q = 50$. For what value of transconductance G_m will the circuit oscillate? At what frequency?

13.86 For the oscillator circuit in Fig. P13.79, use the alternative analysis method to determine the oscillation frequency ω_0 and the minimum required value of r_2/r_1. Specifically, assume that the circuit is oscillating and write equations that describe its operation. Reduce the equations to one in terms of V_o and use it to determine the conditions of oscillation.

13.87 Find the characteristic equation of the circuit in Fig. P13.79 and use it to determine the value (r_2/r_1) must have for the poles to lie on the $j\omega$-axis. This is the value required for sustained oscillations. What is the frequency of oscillation?

13.88 An oscillator is designed by connecting in a loop three identical common-source amplifier stages of the type shown in Fig. P13.38. Note that the bias circuits are not shown, and assume that R and C include the transistor output resistance and capacitance, respectively. For the circuit to oscillate at a frequency ω_0, what must the phase angle provided by each amplifier stage be? Give an expression for ω_0. For sustained oscillations, what is the minimum g_m required of each transistor?

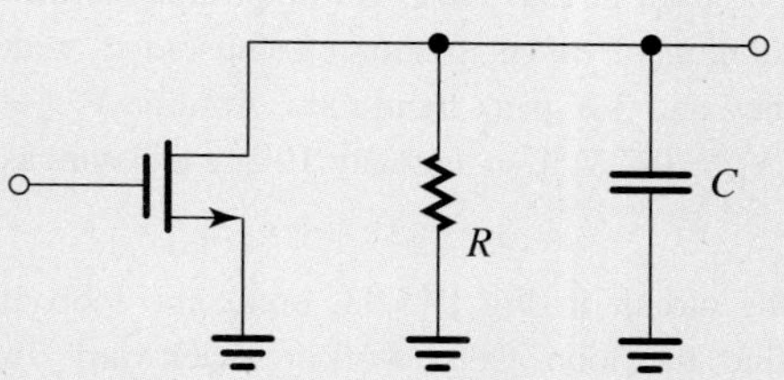

Figure P13.88

13.89 Assume that the oscillator of Fig. 13.34(a) is designed for a loop-gain magnitude greater than one so that the amplitude of oscillations grows to the point that the op-amp output saturates. Assume that the saturation levels of the op amp are ± 2 V and that the signal at the output of the op amp is nearly a square wave. If the bandpass LCR circuit is of sufficiently high selectivity, what is the amplitude of the sine wave across the LC circuit? (*Hint:* The fundamental-frequency component in the Fourier series expansion of a square wave of amplitude V has an amplitude $4V/\pi$.)

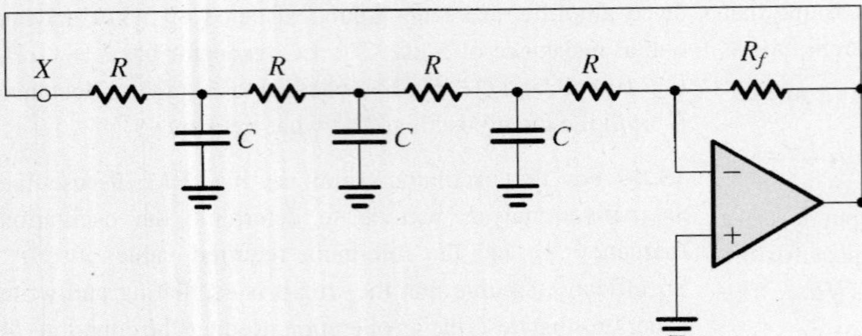

Figure P13.93

Section 13.10: Op Amp-RC Oscillator Circuits

13.90 For the Wien-bridge oscillator circuit in Fig. 13.38, show that the transfer function of the feedback network $[V_a(s)/V_o(s)]$ is that of a bandpass filter. Find ω_0 and Q of the poles, and find the center-frequency gain. Hence, find the oscillation frequency and the value of (R_2/R_1) for sustained oscillations.

D 13.91 Reconsider Exercise 13.29 with R_3 and R_6 increased to reduce the output voltage. What values are required for a peak-to-peak output of 8 V? What results if R_3 and R_6 are open-circuited?

D 13.92 Design the Wien-bridge oscillator using a limiter similar to the one used in Fig. 13.39 for amplitude control. Find suitable component values to obtain a sinusoid v_O with 10-kHz frequency and 3-V peak amplitude. Assume $V_{DD} = V_{SS} = 5$ V and $V_D = 0.7$ V. Use as many 10-kΩ resistors as possible.

D 13.93 For the circuit in Fig. P13.93, break the loop at node X and find the loop gain (working backward for simplicity to find V_x in terms of V_o). For $R = 10$ kΩ, find C and R_f to obtain sinusoidal oscillations at 15 kHz.

D 13.94 Design the quadrature oscillator circuit in Fig. 13.43(a) to obtain sinusoids with 5-V amplitude and 10-kHz frequency. Use $R = 10$ kΩ, $V^+ = -V^- = 15$ V, $R_1 = R_4 =$ 10 kΩ, $R_2 = R_3$, and the diode voltage drop $V_D = 0.7$ V. Specify all component values.

D 13.95 Using $C = 1.6$ nF, find the value of R such that the circuit of Fig. 13.45 produces 10-kHz sine waves. If the diode drop is 0.7 V, find the peak-to-peak amplitude of the output sine wave. How do you modify the circuit to double the output amplitude? (*Hint*: A square wave with peak-to-peak amplitude of V volts has a fundamental component with $4V/\pi$ volts peak-to-peak amplitude.)

13.96 For the Wien-bridge oscillator of Fig. 13.38, let the closed-loop amplifier (formed by the op amp and the resistors R_1 and R_2) exhibit a phase shift of -3° in the neighborhood of $\omega = 1/CR$. Find the frequency at which oscillations can occur in this case in terms of CR. (*Hint:* Use Eq. 13.119.)

13.97 For the Wien-bridge oscillator of Fig. 13.40, use the expression for loop gain in Eq. (13.118) to find the characteristic equation of the closed-loop system. Show that to locate the poles on the $j\omega$-axis, R_2/R_1 must be selected equal to 2. What is the frequency of oscillation?

13.98 For the circuit in Fig. P15.98, find $L(s)$, $L(j\omega)$, the frequency for zero loop phase, and R_2/R_1 for oscillation. Assume the op amp to be ideal.

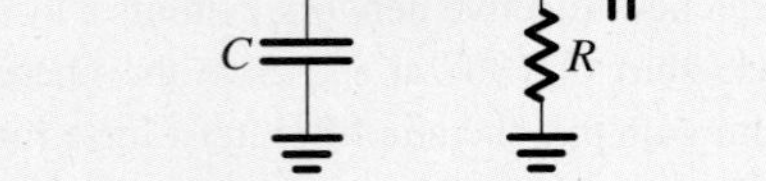

Figure P13.98

***13.99** Consider the circuit of Fig. 13.40 with the 50-kΩ potentiometer replaced with two fixed resistors: 10 kΩ between the op amp's negative input and ground, and 15 kΩ. Modeling each diode as a 0.65-V battery in series with a 100-Ω resistance, find the peak-to-peak amplitude of the output sinusoid.

D **13.100 Design the Wien-bridge oscillator for operation at 10 kHz using $R = 10$ kΩ. If at 10 kHz the op amp provides an excess phase shift (lag) of 5.7°, what will be the frequency of oscillation? (Assume that the phase shift introduced by the op amp remains constant for frequencies around 10 kHz.) To restore operation to 10 kHz, what change must be made in the shunt resistor of the Wien bridge? Also, to what value must R_2/R_1 be changed?

***13.101** For the circuit of Fig. 13.42, connect an additional resistor ($R = 10$ kΩ) in series with the rightmost capacitor C. For this modification (and ignoring the amplitude stabilization circuitry), find the loop gain $A\beta$ by breaking the circuit at node X. Find R_f for oscillation to begin, and find f_0. Do the analysis symbolically and substitute the given values only at the end.

13.102 For the circuit in Fig. 13.42, let $V^+ = -V^- = V$, $R_4 = R_1$, and $R_3 = R_2$. Assume that a conducting diode has a voltage drop V_D and that at the onset of conduction the diode current can be neglected relative to the current through R_1, R_2, R_3, and R_4. Show that the peak amplitude of v_O is given by

$$\hat{v}_O = V_D + \left(\frac{R_3}{R_4}\right)(V + V_D)$$

For $V = 5$ V, $V_D = 0.7$ V, find R_3/R_4 to obtain $\hat{v}_O = 2$ V.

***13.103** Consider the quadrature-oscillator circuit of Fig. 13.43 without the limiter. Let the resistance R_f be equal to $2R/(1+\Delta)$, where $\Delta \ll 1$. Show that the poles of the characteristic equation are in the right-half s plane and given by $s \simeq (1/CR)[(\Delta/4) \pm j]$.

13.104 Derive the transfer function V_{o2}/V_{o1} of the noninverting integrator formed by op amp 2 and the associated components in the circuit of Fig. 13.43(a). Show that to obtain a perfect integrator, R_f must be chosen equal to $2R$.

13.105 Derive the transfer function V_1/V_2 of the bandpass circuit that is part of the oscillator in Fig. 13.45. Show that its poles have $\omega_0 = 1/CR$ and a Q factor Q, and that the center-frequency gain is 2.

***13.106** Assuming that the diode-clipped waveform in Exercise 13.33 is nearly an ideal square wave and that the resonator Q is 20, provide an estimate of the distortion in the output sine wave by calculating the magnitude (relative to the fundamental) of

(a) the second harmonic
(b) the third harmonic
(c) the fifth harmonic
(d) the rms of harmonics to the tenth

Note that a square wave of amplitude V and frequency ω is represented by the series

$$\frac{4V}{\pi}\left(\sin\omega t + \frac{1}{3}\sin 3\omega t + \frac{1}{5}\sin 5\omega t + \frac{1}{7}\sin 7\omega t + \ldots\right)$$

Section 13.11: LC and Crystal Oscillators

13.107 For the Colpitts oscillator circuit in Fig. P13.107, derive an equation governing circuit operation and hence find the frequency of oscillation and the condition the gain $g_m R_L$ must satisfy for oscillations to start. Assume that R_L includes the MOSFET's r_o. Note that this circuit is based on the configuration in Fig. 13.46(a).

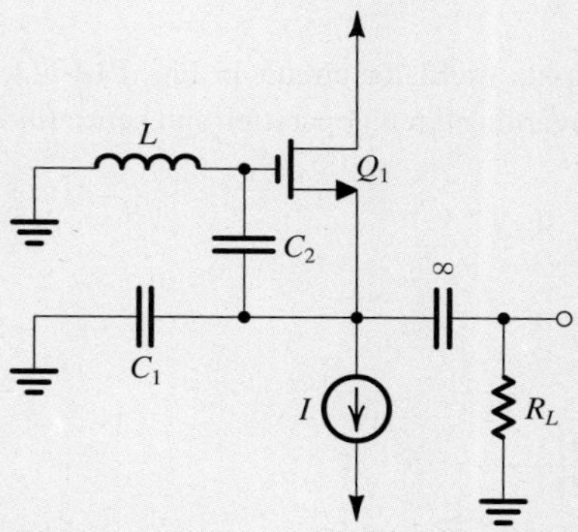

Figure P13.107

D 13.108 Design the Hartley oscillator in Fig. 13.46(b) to obtain sine waves of 10-MHz frequency. Assume the MOSFET is biased to operate at $g_m = 2$ mA/V and that $r_o = 20$ kΩ. Let the finite Q of the inductors be represented by a 20 kΩ resistance across L_1. Use $C = 100$ pF and neglect the capacitances of the MOSFET. Find L_1 and L_2.

13.109 Consider the Pierce crystal oscillator of Fig. 13.50 with the crystal as specified in Exercise 13.37. Let C_1 be variable in the range 1 pF to 10 pF, and let C_2 be fixed at 10 pF. Find the range over which the oscillation frequency can be tuned. (*Hint:* Use the result in the statement leading to the expression in Eq. 13.147.)

13.110 For the Colpitts oscillator circuit in Fig. P13.110, derive an equation governing circuit operation and hence find the frequency of oscillation and the condition the gain $g_m R_L$ must satisfy to ensure that oscillations will start. Neglect r_o of the MOSFET. Note that this circuit is based on the configuration in Fig. 13.46(a).

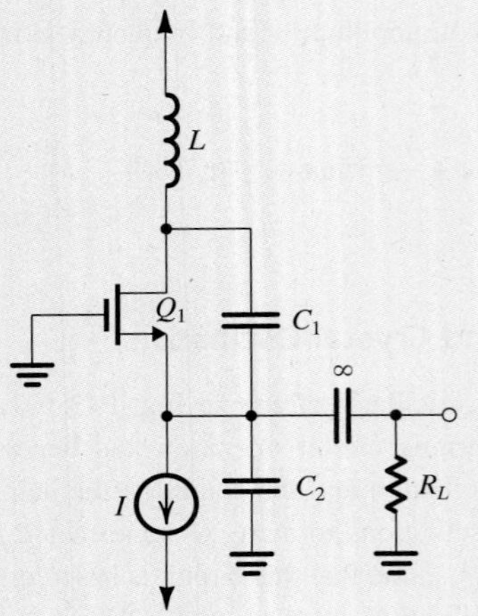

Figure P13.110

13.111 For the Colpitts oscillator circuit in Fig. P13.111, derive an equation governing circuit operation and hence find the frequency of oscillation and the condition the gain $g_m R_L$ must satisfy to ensure that oscillations will start. Assume that r_o of the MOSFET is included in R_L and neglect R_f (i.e., assume $R_f \gg \omega_0 L$). Observe that this circuit is based on the configuraion in Fig. 15.14(a).

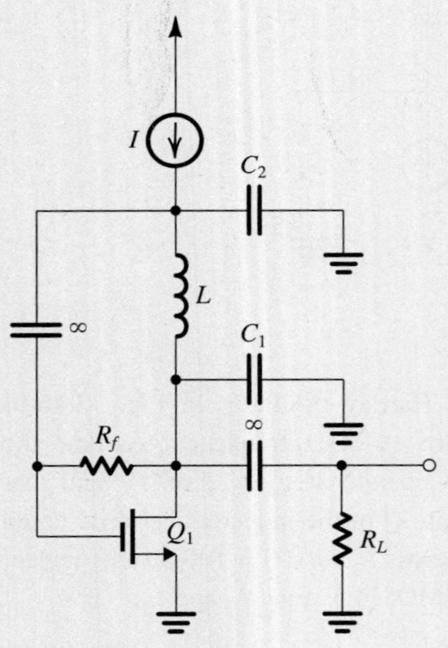

Figure P13.111

***13.112** The LC oscillator in Fig. P13.112 is based on connecting a positive-gain amplifier (formed by Q_1, Q_2, and R_C) with a bandpass RLC circuit in a feedback loop.

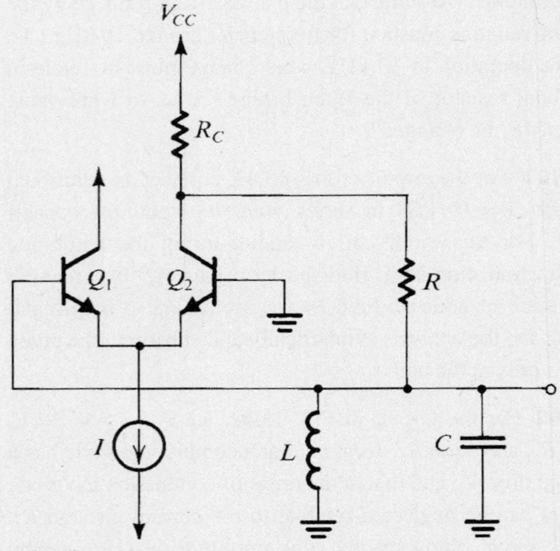

Figure P13.112

(a) Replace the BJTs with their small-signal models while neglecting r_π and r_o (to simplify matters).
(b) By inspection of the circuit found in (a), find the frequency of oscillation and the condition required for oscillations to start. Express the latter as the minimum required value of (IR_C).
(c) If IR_C is selected equal to 1 V, show that oscillations will start. If oscillations grow to the point that V_o is large enough to turn the BJTs on and off, show that the signal at the collector of Q_2 will be a square wave of 1 V peak-to-peak. Estimate the peak-to-peak amplitude of the output sine wave V_o.

(*Hint:* A square wave with amplitude V has a fundamental-frequency component with amplitude $4V/\pi$.)

D 13.113 Design the cross-coupled LC oscillator of Fig. 13.48(a) to operate at $\omega_0 = 20$ Grad/s. The IC inductors available have $L = 5$ nH and $Q = 10$. If the transistor $r_o = 5\ \text{k}\Omega$, find the required value of C and the minimum required value of g_m at which Q_1 and Q_2 are to be operated.

Section 13.54: Nonlinear Oscillators or Function Generators

D 13.114 Design the bistable circuit in Fig. 13.54(a) to obtain a hysteresis of 2-V width. The op amp saturates at ±5 V. Select $R_1 = 10\ \text{k}\Omega$ and determine R_2.

13.115 For the circuit in Fig. P13.115, sketch and label the transfer characteristic v_O–v_I. The diodes are assumed to have a constant 0.7-V drop when conducting, and the op amp saturates at ±12 V. What is the maximum diode current?

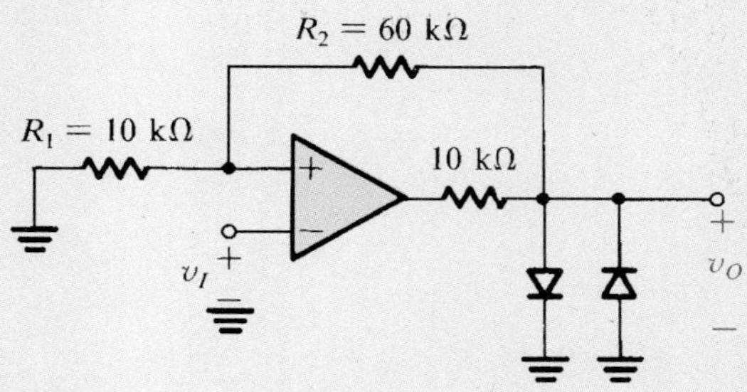

Figure P13.115

***13.116** Consider a bistable circuit having a noninverting transfer characteristic with $L_+ = -L_- = 12$ V, $V_{TL} = -1$ V, and $V_{TH} = +1$ V.

(a) For a 0.5-V-amplitude sine-wave input having zero average, what is the output?
(b) Describe the output if a sinusoid of frequency f and amplitude of 1.1 V is applied at the input. By how much can the average of this sinusoidal input shift before the output becomes a constant value?

13.117 Find the frequency of oscillation of the circuit in Fig. 13.55(b) for the case $R_1 = 10\ \text{k}\Omega$, $R_2 = 16\ \text{k}\Omega$, $C = 5$ nF, and $R = 62\ \text{k}\Omega$.

D 13.118 Design the circuit in Fig. 13.56(a) to obtain symmetrical triangular and square waveforms of 10-kHz frequency. Use the circuit in Fig. 13.54(a) to implement the bistable. Assume that the op amps saturate at ±5 V. The triangular waveform is required to have 2-V peak-to-peak amplitude. Use $C = 1$ nF and specify the values of the resistors.

13.119 Consider the bistable circuit of Fig. 13.53(a) with the op amp's positive input terminal connected to a positive-voltage source V through a resistor R_3.

(a) Derive expressions for the threshold voltages V_{TL} and V_{TH} in terms of the op amp's saturation levels L_+ and L_-, R_1, R_2, R_3, and V.
(b) Let $L_+ = -L_- = 10$ V, $V = 15$ V, and $R_1 = 10\ \text{k}\Omega$. Find the values of R_2 and R_3 that result in $V_{TL} = +4.9$ V and $V_{TH} = +5.1$ V.

D 13.120 For the circuit in Fig. 13.54(a), let $L_+ = -L_- = 5$ V and $R_1 = 10\ \text{k}\Omega$. Find R_2 that results in threshold voltages of +1 V and −1 V.

13.121 Consider the bistable circuit of Fig. 15.54(a) with the op amp's negative-input terminal disconnected from ground and connected to a reference voltage V_R.

(a) Derive expressions for the threshold voltages V_{TL} and V_{TH} in terms of the op amp's saturation levels L_+ and L_-, R_1, R_2, and V_R.
(b) Let $L_+ = -L_- = V$ and $R_1 = 10\ \text{k}\Omega$. Find R_2 and V_R that result in threshold voltages of 0 and $V/10$.

13.122 Consider the circuit of Fig. P13.115 with R_1 eliminated and R_2 short-circuited. Sketch and label the transfer characteristic v_O–v_I. Assume that the diodes have a constant 0.7-V drop when conducting and that the op amp saturates at ±12 V.

PART 3

디지털 집적 회로

CHAPTER 14
CMOS 디지털 논리 회로

CHAPTER 15
디지털 설계: 전력, 속도, 면적

CHAPTER 16
메모리와 클록 회로

디지털 시스템에 관련하여 논쟁의 여지가 없는 두 가지 사실이 있다. 그것은 디지털 시스템이 우리의 삶을 극적으로 변화시켰다는 것, 그리고 디지털 혁명은 마이크로전자공학에 의해 야기되었다는 것이다. 디지털 시스템의 영향과 파급 효과의 증거는 일상생활에서 우리가 하는 일을 생각해 보면 발견할 수 있다. 디지털 회로는 우리가 집에서 사용하는 거의 모든 가전제품, 우리가 이동할 때 이용하는 자동차 및 교통수단, 의사소통에 사용하는 스마트폰이나 태블릿, 우리의 건강을 돌보는 데 필요한 의료 장비, 직장 업무에 사용하는 컴퓨터, 엔터테인먼트 시스템, 그리고 첨단 기계학습 알고리즘을 실행하는 서버에 존재한다. 사실 디지털 시스템이 없는 현대 생활을 상상하는 것은 매우 어려우며, 그 어느 것도 마이크로전자공학 없이는 가능하지 않았을 것이다.

디지털 계산기의 아이디어는 일찍이 1830년대에 인지되었지만, 초기 실행은 매우 크고 무겁고 값비싼 기계 장치였다. 최초의 본격적인 디지털 컴퓨터는 1930년대와 1940년대에 등장하였다. 수천 개의 진공관을 사용한 초창기 컴퓨터는 말 그대로 많은 공간을 차지하였다. 이들의 근본적인 한계는 낮은 신뢰성이었다. 진공관은 수명이 한정되어 있고 많은 양의 전력을 필요로 하였다. 1947년 트랜지스터의 발명이 없었다면 고체전자공학(반도체전자공학)이나 디지털 컴퓨터 시대의 도입은 주로 군사적, 과학적 응용에 사용되는 특수한 기계에만 한정되었을 것이다.

1950년대 중반에 바이폴라 트랜지스터로 만들어진 최초의 디지털 논리 게이트가 상업적으로 이용되게 되었다. 1950년대 후반에 이르러 집적 회로의 발명은 1960년대 초반의 최초의 디지털 집적 회로로 이끄는 주요한 열쇠가 되었다. 초창기의 디지털 집적 회로는 TTL 논리 형태의 가장 성공적인 논리 회로인 바이폴라 트랜지스터로 만들어졌으며, 1980년대 초반까지 디지털 회로 설계를 석권하였다.

바이폴라는 NMOS로 대체되었고, 다시 NMOS는 CMOS로 대체되었는데 이는 주로 전력 손실과, 개개의 집적 회로 칩에 더 많은 트랜지스터를 포함시킬 필요성 때문이었다. 1968년에 예견된, IC 칩에 들어가는 트랜지스터의 수가 매 2~3년마다 배가 될 것이라는 무어의 법칙(15.4절 참조)에 따라, 디지털 집적 회로는 몇 개의 트랜지스터에서 40억 개의 장치로, 또한 16 G 용량의 메모리 칩으로까지 성장하였다.

3부는 간략하지만 디지털 회로 설계에 대해 전반적이고 충분히 자세하게 접할 수 있도록 하였다. 내용들은 독립적이며, 5장에서 제시된 MOSFET 자료의 이해만으로 공부할 수 있을 것이다. 따라서 3부는 5장을 공부한 직후 시작할 수 있다. 다만 15장과 16장에서 MOSFET의 내부 커패시턴스(9.1절)에 대한 지식이 요구될 뿐이다.

14장은 3부의 초석이다. 이 장에서 디지털 집적 회로 설계의 가장 중요한 주제인 CMOS 반전기와 논리 게이트에 대한 학습을 제공할 것이다. 오늘날 CMOS는 새롭게 설계된 디지털 시스템의 98%를 차지한다. 14장의 내용은 디지털 회로와 그들의 정적 거동에 관해 의미 있는 것을 배우기 위한 최소한의 내용이므로 반드시 공부해야 한다!

15장에서는 CMOS 논리 회로의 동적 특성을 검토한다. 이는 속도, 전력 소비, 그리고 실리콘 면적을 최적화시키는 여러 가지의 상호 연관된 기술을 소개하는 데 좋은 자료이다. 15장은 성능에 대한 쟁점 및 경제적 측면에 중점을 두고 트랜지스터의 축적과 미래 기술에 대해 언급하면서 결론을 맺는다.

디지털 회로는 크게 논리 회로와 메모리 회로로 나눌 수 있다. 후자의 경우가 16장의 주제를 이룬다. 16장에서는 전달 게이트의 논의로 시작해서, 래치, 플립플롭, 정적 및 동적 메모리 셀과 이들의 동작을 살펴본다.

CHAPTER 14

CMOS 디지털 논리 회로

서론

14.1 CMOS 논리-게이트 회로

14.2 디지털 논리 반전기

14.3 CMOS 반전기

요약

PROBLEMS

이 장에서 배울 내용

- 전압-제어 스위치로 작동되는 MOS 트랜지스터 배열을 사용하여 어떻게 CMOS 논리 회로가 실행되는지를 살펴본다.
- 표준(즉, 반전기, NAND, NOR 게이트)과 복잡한 부울 함수를 실현하는 CMOS 논리 회로를 어떻게 분석하는지를 알아본다.
- 세 가지 배열이 가능한 전압 제어 트랜지스터 스위치를 사용하여 반전기가 어떻게 실행되는지를 살펴본다.
- CMOS 반전기의 구조, 회로 동작, 설계 그리고 회로의 정적 성능 분석에 대해 알아본다.

서론

이 장에서는 CMOS 논리 회로의 자율적 학습 방법과 디지털 IC 설계의 중요한 점을 다룬다. 다양한 논리 함수를 실현하는 CMOS 회로를 어떻게 분석하는지부터 시작한다(14.1절). 이 논의는 자세한 회로 작동과 성능에 대한 지식 없이는 높은 수준으로 간주된다. 이러한 논점들을 탐구하기 위해 14.2절에서는 디지털 회로의 가장 기본적인 요소인 논리 반전기를 고찰하고 이의 특성, 성능 지표, 구현 방법을 공부할 것이다. 이 전반적인 학습으로부터 CMOS가 가장 이상적인 반전기 실행 방식으로 떠오름에 따라 14.3절에서는 CMOS 반전기에 대해 상세하게 다룬다. 이 장은 가장 중요한 디지털 IC 기술(CMOS)을 제시하는 것 외에도 이후 두 장에 걸쳐 학습하게 될 더욱 진전된 주제를 위해 기반을 다지는 장이 될 것이다.

14.1 CMOS 논리-게이트 회로

이 절에서는 조합-논리 함수를 실현하는 CMOS 회로의 통합을 살펴본다. 조합 회로(combinational circuit)에서는 어느 순간의 출력이 그 순간의 입력값만의 함수이다. 따라서 이러한 회로는 메모리를 가지거나 귀환 회로를 가지지 않는다. 모든 디지털 시스템에서 조합 논리 회로는 널리 사용된다.

14.1.1 스위치 레벨 모델

CMOS 디지털 회로는 스위치로 동작하는 NMOS와 PMOS 트랜지스터를 활용한다. 5장으로부터, MOS 트랜지스터는 차단 영역(off 위치)과 트라이오드 영역(on 위치)에서 동작하기 위해 게이트 전압을 이용함으로써 on/off 스위치로 동작한다는 것을 알고 있다.

특히 NMOS 트랜지스터는 게이트 단자의 공급 전압이 'high'일 때 드레인과 소스 단자 사이에서 매우 낮은 저항(R_{on} 또는 r_{DS})을 나타냄으로써 닫힘 스위치로서 행동한다. 보통 공급 전력 수준은 V_{DD}이며 논리 1을 뜻한다. 정반대로, 게이트 단자 공급 전압이 'low'(즉, 대지 전압에 근접한)일 때, 논리 0을 뜻하며 트랜지스터는 단절 상태이고, 따라서 전류가 불통이며 열린 스위치로서 행동한다. 그림 14.1(a)는 이러한 상태를 보여 준다.

PMOS 트랜지스터는 상보적 방식으로 작동한다: 트랜지스터를 켜기 위해 게이트 단자 전압은 'low'(0 V 또는 논리 0). 게이트 단자 전압을 V_{DD}(논리 1)로 올림으로써 PMOS 트랜지스터를 단락시킨다. 그림 14.1(b)는 이러한 상태를 보여 준다.

MOSFET의 게이트 단자는 제어 단자로 사용된 것을 볼 수 있다. 따라서 보통 논리 게이트의 입력 단자이다.

14.1.2 CMOS 반전기

MOSFET의 스위치 행위에 대한 지식을 가지고 반전기 만들기를 살펴보자. 이름이 뜻하는 것처럼 논리 반전기는 입력 신호의 논리값을 반전한다. 따라서 논리 0 입력에 대해서는 출력이 논리 1이며, 그 반대도 마찬가지이다. 그래서 반전기의 논리 함수는 부울(Boolean) 표현으로 다음과 같다.

$$Y = \overline{X}$$

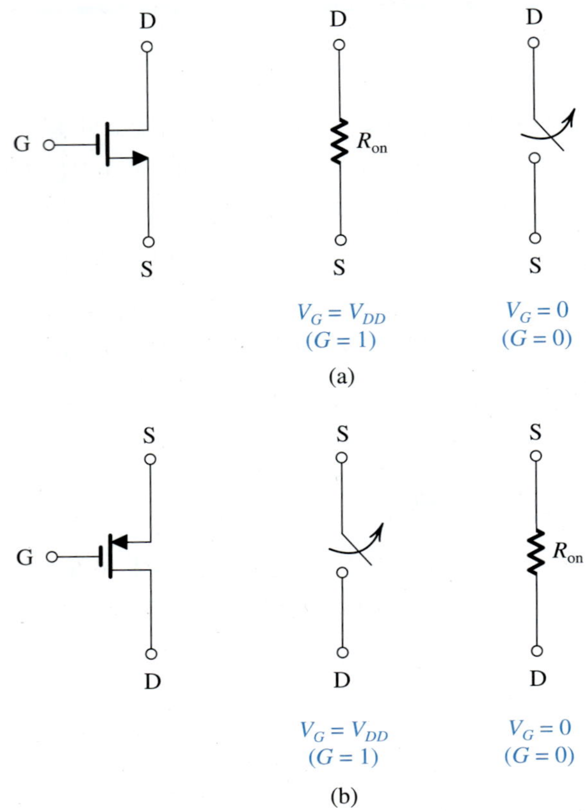

그림 14.1 on/off 스위치로서의 (a) NMOS와 (b) PMOS의 동작. 게이트 단자의 전압이 트랜지스터 스위치의 동작을 제어한다. 단자 전압 V_{DD}는 논리 1을 뜻하고 0 V는 논리 0을 뜻한다.

공급 전력 V_{DD}로 작동하는 반전기의 블록 형태는 그림 14.2(a)에서와 같다. CMOS 회로 실현은 그림 14.2(b)와 같다. 반전기는 반전 입력 단자를 구성하기 위해 입력값 X가 주어진 게이트 단자가 함께 연결된 NMOS 트랜지스터의 Q_N과 PMOS 트랜지스터의 Q_P로 구성되어 있다. 또한 양쪽 드레인 단자도 출력 논리 변수 Y를 배출하는 반전기 출력 단자를 구성하기 위해 함께 연결되어 있다.

$X = 1$일 때, 즉 $V_X = V_{DD}$[그림 14.2(c)]인 PMOS 트랜지스터는 off가 되지만, NMOS 트랜지스터는 on이 되고 작은 저항 R_{on}을 통해 반전기 출력 단자를 접지시킨다. 따라서 출력 전압은 0이고 $Y = 0$이다. $X = 0$일 때, 즉 $V_X = 0$[그림 14.2(d)]인 NMOS 트랜지스터는 off가 되지만, PMOS 트랜지스터는 on이 되고 작은 저항 R_{on}을 통해 반전기 출력 단자를 V_{DD}에 연결한다. 따라서 출력 전압은 V_{DD}와 같고 Y는 1이 된다.

14.1.3 CMOS 논리의 일반 구조

CMOS 논리 회로는 사실상 CMOS 반전기의 확장이며 일반화이다. 반전기는 NMOS **풀다운**(pull-down) **트랜지스터**와 PMOS **풀업**(pull-up) **트랜지스터**로 구성되어 있으며, 한 입력에 대해 서로 상보적인 방식(complementary fashion)으로 동작한다. CMOS 논리 게이트는 두 개의 네트워크에 의해 구성되는데, NMOS

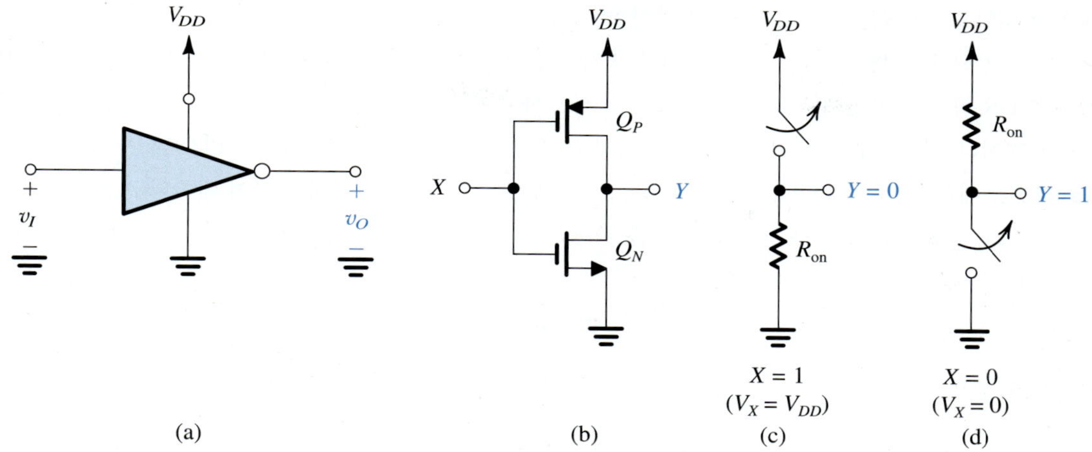

그림 14.2 (a) 논리 반전기의 블록 표현, (b) CMOS 실현, (c) 입력이 논리 1일 때의 동작, (d) 입력이 논리 0일 때의 동작.

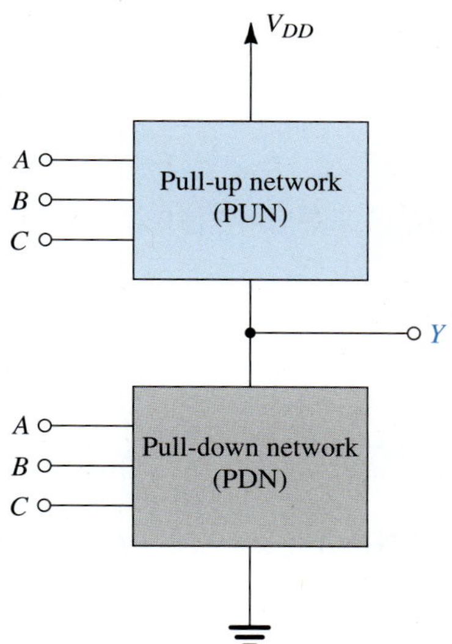

그림 14.3 3-입력 CMOS 논리 게이트의 도식. PUN은 PMOS 트랜지스터로 이루어져 있고, PDN은 NMOS 트랜지스터로 이루어져 있다.

트랜지스터로 이루어진 **풀다운 네트워크**(PDN: pull-down network)와 PMOS 트랜지스터로 이루어진 **풀업 네트워크**(PUN: pull-up network)가 그것이다(그림 14.3). 두 개의 네트워크는 여러 입력에 대해 서로 상보적인 방식으로 동작한다. 따라서 그림 14.3에 나타낸 3-입력 게이트의 경우, PDN은 low 출력($Y = 0$)이 되는 모든 입력 조합에 대하여 출력에 0 볼트가 나타나도록 출력 마디를 접지로 내린다. 동시에 PUN은 꺼지고 V_{DD}와 접지 사이에는 dc 통로가 없어진다. 다른 한편으로 high 출력($Y = 1$)이 되는 모든 입력 조합은 PUN을 도통하게 하여 PUN이 출력 마디를 V_{DD}로 끌어 올려서 출력 전압 $v_Y = V_{DD}$가 되도록 한다. 동시에 PDN은 차단되어 회로에는 V_{DD}에서 접지로 이어지는 통로가 없게 된다.

그런데 PDN은 NMOS 트랜지스터로 이루어져 있고, NMOS 트랜지스터는 트랜지스터의 게이트 입력이 높을 때 도통되므로, PDN은 입력이 높을 때 활성화(즉, 도통)된다. 동일한 방식으로 PUN은 PMOS 트랜지스터로 구성되어 있고, PMOS 트랜지스터는 입력 신호가 낮을 때 도통되므로, PUN은 입력이 낮을 때 활성화된다.

PDN은 OR 함수를 만들기 위해 소자를 병렬로 사용하고 AND 함수를 만들기 위해 직렬로 사용한다. PUN도 마찬가지이다. 이때 OR, AND는 전류의 흐름 또는 도통에 의한다. 그림 14.4에서 PDN의 예를 볼 수 있다. 14.4(a)의 회로에서 Q_A는 A가 high일 때($v_A = V_{DD}$) 도통되고 출력 마디를 접지로 끌어 내린다($v_Y = 0$ V, $Y = 0$). 마찬가지로 Q_B는 B가 high일 때 도통되며, Y를 끌어 내린다. 따라서 Y는 A가 high이거나 B가 high일 경우에 low가 된다. 이것은 다음과 같이 표현된다.

$$\overline{Y} = A + B$$

혹은 다음도 같은 표현이다.

$$Y = \overline{A + B}$$

그림 14.4(b)의 PDN은 A와 B가 동시에 high일 때 도통된다. 따라서 Y는 A가 high이고 B도 high일 경우에 low가 된다.

$$\overline{Y} = AB$$

혹은 다음도 같은 표현이다.

$$Y = \overline{AB}$$

마지막 예로, 그림 14.4(c)의 PDN은 A가 high이거나 B와 C가 둘 다 high일 경우에 도통되어 Y를 0으로 만든다. 따라서

$$\overline{Y} = A + BC$$

다음도 동등한 표현이다.

$$Y = \overline{A + BC}$$

다음으로 그림 14.5에 나타나 있는 PUN 예를 살펴보자. 그림 14.5(a)의 PUN은 A가 low이거나 B가 low일

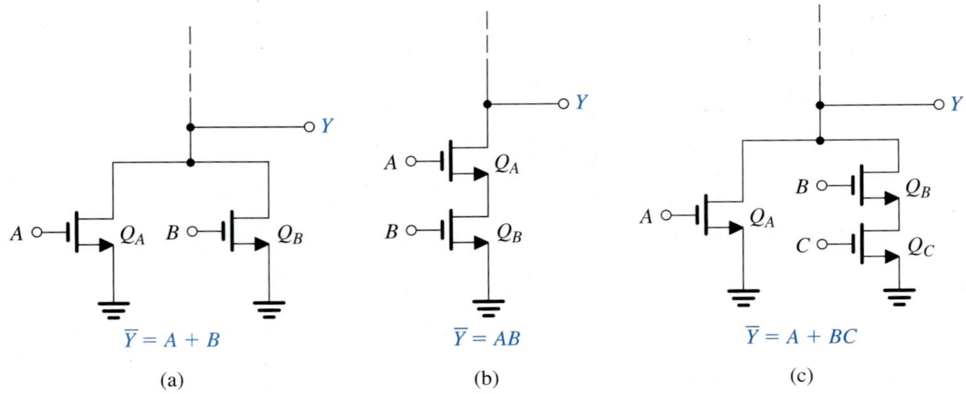

그림 14.4 풀다운 네트워크의 예.

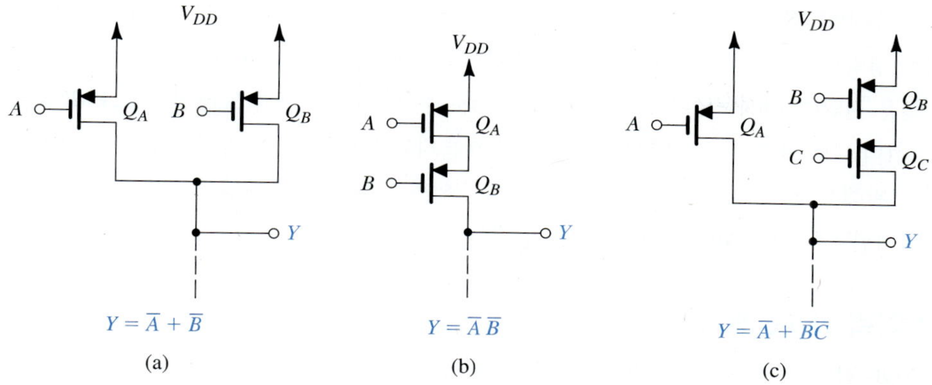

그림 14.5 풀업 네트워크의 예.

경우에 도통되어 Y를 $V_{DD}(Y = 1)$로 끌어 올린다. 따라서

$$Y = \overline{A} + \overline{B}$$

그림 14.5(b)의 PUN은 A와 B가 둘 다 low일 경우에만 도통되어 high 출력($v_Y = V_{DD}$, $Y = 1$)을 발생시킨다. 따라서

$$Y = \overline{A}\,\overline{B}$$

마지막으로 그림 14.5(c)의 PUN은 A가 low이거나 B와 C가 둘 다 low일 경우에 도통되어 Y가 high(논리 1)가 된다. 따라서

$$Y = \overline{A} + \overline{B}\,\overline{C}$$

지금까지 PDN과 PUN에 대해 이해했으므로 이제부터는 완전한 CMOS 게이트를 고려하기로 한다. 그러나 본론으로 들어가기 전에 MOS 트랜지스터에 대한 또 다른 기호를 소개한다. 이 기호는 디지털 회로를 설계하는 엔지니어들이 MOS 트랜지스터를 나타내기 위해 거의 일반적으로 사용하는 것이다. 그림 14.6에는 이제까지 사용한 기호(왼쪽)와 이에 대응하는 '디지털' 기호(오른쪽)가 나타나 있다. 게이트 단자에 원을 가진 PMOS 트랜지스터 기호는 소자가 활성화(즉, 도통)되기 위해서는 게이트 입력 신호가 low이어야 한다는 것을 가리킨다. 따라서 논리 회로 용어 관점에서 보면 PMOS 트랜지스터의 게이트 단자는 'active low' 입력인 것이

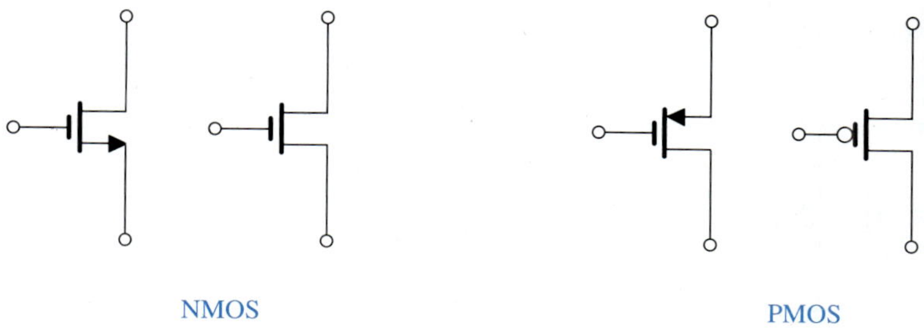

그림 14.6 MOSFET을 위한 기존의 기호와 새로운 기호.

다. 디지털 기호는 PMOS 소자의 이러한 성질을 나타낼 뿐 아니라 소자의 어느 단자가 드레인이고 어느 단자가 소스인지를 생략한다. 이것은 현재의 학습 단계에서는 아무런 문제가 되지 않는다. 단순히 NMOS 트랜지스터에서는 높은 전압(따라서 전류는 드레인에서 소스로 흐른다)의 단자가 드레인이고, PMOS 트랜지스터에서는 높은 전압(따라서 전류는 소스에서 드레인으로 흐른다)의 단자가 소스가 된다는 것을 기억하면 된다. 내용의 일관성을 위해서 앞으로 통상의 기호가 회로의 동작을 이해하는 데 도움을 주는 곳을 제외하고는, 논리 응용에서는 이러한 간략화된 MOS 기호를 사용할 것이다.

14.1.4 2-입력 NOR 게이트

먼저 2-입력 NOR 함수를 구현하는 CMOS 게이트를 생각해 보자.

$$Y = \overline{A+B} = \overline{A}\,\overline{B} \tag{14.1}$$

A가 high이고 B가 low이면 Y는 low가 된다(PDN이 도통된다)는 것을 알 수 있다. 따라서 PDN은 A와 B의 두 개의 입력을 가진 병렬 NMOS 소자로 구성되어 있다[즉, 그림 14.4(a)의 회로]. PUN에 대해서는 식 (14.1)의 두 번째 식에서 Y는 A와 B가 둘 다 low일 때 high가 되는 것을 알 수 있다. 따라서 PUN은 A와 B의 두 개의 입력을 가진 직렬 PMOS 소자로 이루어져 있다[즉, 그림 14.5(b)의 회로]. PDN과 PUN을 함께 그려 넣은 CMOS NOR 게이트를 그림 14.7에서 볼 수 있다. 보다 많은 입력을 가진 경우도 간단하다. 추가되는 각각의 입력에 대해서 Q_{NA}와 Q_{NB}에 병렬로 NMOS 트랜지스터를 넣어 주고, Q_{PA}와 Q_{PB}에 직렬로 PMOS 트랜지스터를 넣어 주면 된다.

14.1.5 2-입력 NAND 게이트

2-입력 NAND 게이트는 부울 논리식(Boolean expression)으로 다음과 같다.

$$Y = \overline{AB} = \overline{A} + \overline{B} \tag{14.2}$$

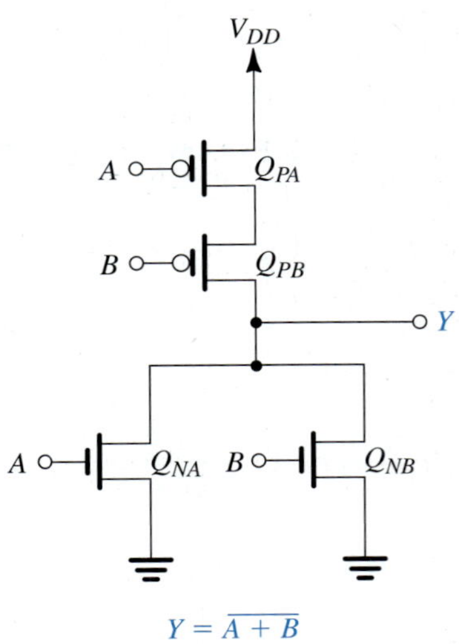

그림 14.7 2-입력 CMOS NOR 게이트.

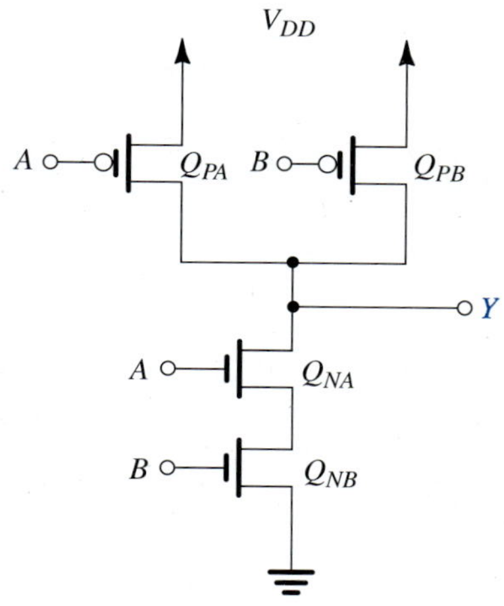

그림 14.8 2-입력 CMOS NAND 게이트.

PDN을 합성하기 위해서 Y가 low가 될 수 있는 입력 조합을 생각해야 한다. 단 하나의 조합이 가능한데, 다시 말해서 A와 B가 둘 다 high가 되어야 하는 것이다. 따라서 PDN은 단순히 두 개의 직렬 NMOS로 이루어진다[그림 14.4(b)의 회로에서처럼]. PUN을 합성하기 위해서 Y가 high가 되는 입력 조합을 고려해야 한다. 이것은 식 (14.2)의 두 번째 식에 나온 것처럼 A 또는 B가 low가 되어야 한다. 따라서 PUN은 A와 B를 게이트 입력으로 갖는 두 개의 병렬 PMOS 트랜지스터로 구성된다[그림 14.5(a)의 회로에서처럼]. PDN과 PUN을 함께 놓으면 그림 14.8에 나타낸 CMOS NAND 게이트를 만들 수 있다. 보다 많은 입력의 경우도 간단하다. 추가되는 각각의 입력에 대해서 Q_{NA}와 Q_{NB}에 직렬로 NMOS 트랜지스터를 넣어 주고, Q_{PA}와 Q_{PB}에 병렬로 PMOS 트랜지스터를 넣어 주면 된다.

14.1.6 복잡한 게이트

다음에는 보다 복잡한 논리 함수를 고려해 보자.

$$Y = \overline{A(B + CD)} \tag{14.3}$$

$\overline{Y} = A(B + CD)$이므로 A가 high이고 동시에 B가 high이거나 C와 D가 둘 다 high이면 A는 low가 되어야 하는 것을 알 수 있다. 이것으로 PDN을 직접 얻을 수 있다. PUN을 얻기 위해서는 Y를 보수 변수(complemented variable)의 항들로 표현해야 한다. 드모르간의 법칙을 반복 사용하여 다음과 같이 표현할 수 있다.

$$\begin{aligned} Y &= \overline{A(B + CD)} \\ &= \overline{A} + \overline{B + CD} \\ &= \overline{A} + \overline{B}\,\overline{CD} \\ &= \overline{A} + \overline{B}(\overline{C} + \overline{D}) \end{aligned} \tag{14.4}$$

따라서 Y는 A가 low이거나, B가 low이고 C 또는 D가 low이면 high가 된다. 여기에 해당하는 완전한 CMOS 회로를 그림 14.9에 나타냈다.

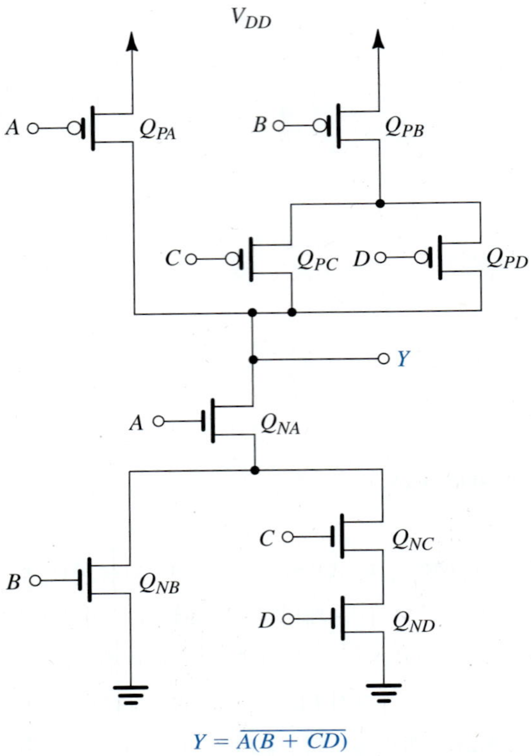

그림 14.9 복합 게이트의 CMOS 구현.

14.1.7 PDN에서 PUN을 구하거나 그 반대를 구하는 방법

이제까지 고려했던 CMOS 게이트 회로(예를 들면, 그림 14.9의 회로)에서 PDN과 PUN은 쌍대 네트워크(dual network)임을 알았다. 하나에 직렬 가지(series branch)가 존재하면 다른 곳에는 병렬 가지(parallel branch)가 존재한다. 따라서 이 개념을 사용하면 하나로부터 다른 하나를 얻을 수 있으며, 함수의 부울 논리식으로부터 각각 따로 합성해야 하는 것보다 간단한 방법이 된다. 예를 들어 그림 14.9의 회로에서 보면 PDN을 얻는 것이 비교적 쉬운데, 이것은 $\overline{Y}$ 가 보수가 아닌 항들로 이미 표현되어 있기 때문이다. 이와는 달리, PUN을 얻기 위해서는 PUN을 합성하기 편한 모양이 되도록, Y가 보수의 함수로서 표현되게 하기 위해 주어진 부울 논리식을 여러 단계로 조작해야 했다. 이보다 더 쉬운 다른 PUN 구성 방법은 쌍대성(duality property)을 이용하여 이미 구현된 PDN으로부터 PUN을 얻는 방법이다. 독자가 그림 14.9를 참조해서 이것이 정말로 가능한지를 확인해 보기 바란다.

그러나 주목해야 할 점은 이런 쌍대성을 이용해서 하나의 네트워크에서 다른 네트워크를 얻는 것이 종종 쉽지 않은 경우가 있다는 것이다. 그러한 경우에는 보다 정밀한 방법에 의존해야 한다. 하지만 이것은 이 책의 범위를 넘어선다[Kang, Leblebici, and Kim(2016) 참조].

14.1.8 XOR 함수

논리 설계에서 종종 중요하게 사용되는 함수가 바로 XOR(exclusive-OR) 함수이다.

$$Y = A\overline{B} + \overline{A}B \tag{14.5}$$

Y($\overline{Y}$가 아니라)가 주어져 있기 때문에 PUN을 구성하는 것이 쉽다. 그러나 우리가 원했던 대로 Y가 보수들만의 함수가 아닌 것을 알 수 있다. 따라서 추가로 반전기가 필요하다. PUN은 식 (14.5)에서 곧바로 얻을 수 있으며 그림 14.10(a)에 나타냈다. Q_1, Q_2 가지는 첫 번째 항 ($A\overline{B}$)를 구현하고 Q_3, Q_4는 두 번째 항 ($\overline{A}B$)를 구현하고 있다. 또한 $\overline{A}$와 $\overline{B}$를 만들기 위해 두 개의 추가 반전기가 필요하다.

PDN을 합성하는 경우에는 그림 14.10(a)의 PUN의 쌍대 네트워크로서 얻을 수 있다. 다른 방법으로 $\overline{Y}$에 관한 식을 구한 다음 이것을 이용해서 PDN을 구성할 수도 있다. 첫 번째 접근 방법은 독자가 연습하도록 남겨두고, 직접 합성 방법을 사용하기로 하겠다. 식 (14.5)에 드모르간의 법칙을 적용하여 $\overline{Y}$를 구할 수 있다.

$$\overline{Y} = AB + \overline{A}\,\overline{B} \tag{14.6}$$

대응하는 PDN은 그림 14.10(b)와 같다. 이것은 두 개의 추가되는 반전기를 제외하고 XOR 함수를 CMOS로 구현한 그림이다. XOR은 12개의 트랜지스터를 필요로 하는 다소 복잡한 네트워크로 구성된다.

그림 14.10(b)에서 또 다른 흥미로운 관찰을 할 수 있다. 여기의 PDN과 PUN은 쌍대 네트워크가 아니다. 실제로 PDN과 PUN의 쌍대성은 필요조건은 아니다. 따라서 비록 PDN(혹은 PUN)의 쌍대가 항상 PUN(혹은 PDN)으로 쓰일 수는 있지만, 두 개의 네트워크가 필수적으로 쌍대적일 필요는 없는 것이다.

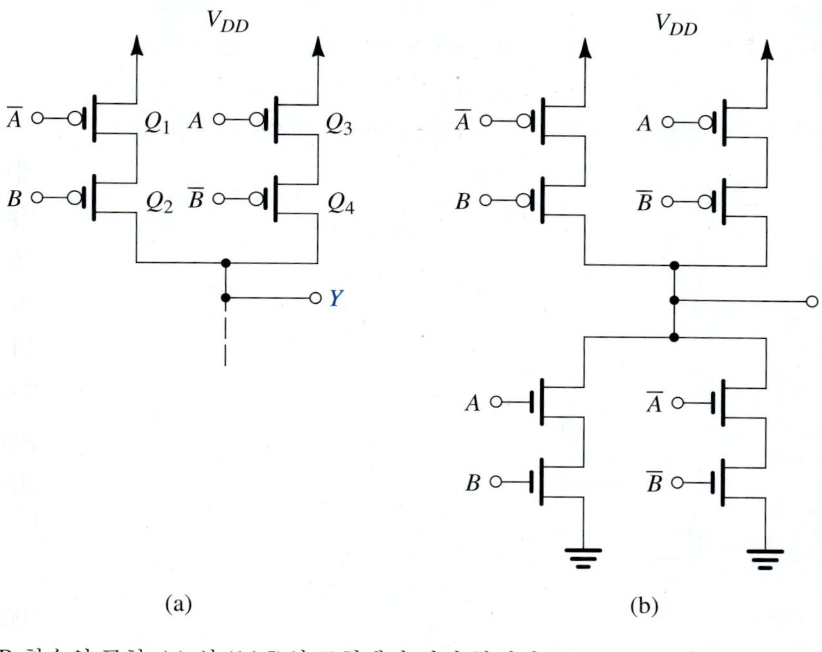

그림 14.10 XOR 함수의 구현. (a) 식 (14.5)의 표현에서 직접 합성된 PUN. (b) (a)의 PUN과 식 (14.6)의 표현에서 직접 합성된 PDN을 사용한 완전한 XOR 구현. 보수 변수를 얻기 위해서는 두 개의 반전기(나타내지 않았음)가 필요한 것에 주의하라. 또한 이 XOR 구현에서는 PDN과 PUN이 쌍대 네트워크가 아님에 주의하라. 그러나 쌍대 네트워크를 사용한 구현도 가능하다(문제 14.10 참조).

14.1.9 합성 방법의 요약

1. PDN은 $\overline{Y}$를 비보수 변수(uncomplemented variable)의 함수로 표현함으로써 대부분 직접 합성할 수 있다. 만약 보완 변수가 표현식에 나타난다면 그들을 표현하는 데 추가의 반전기가 필요하다.
2. PUN은 Y를 보수 변수의 함수로 표현하고, PMOS 트랜지스터 게이트에 비보수 변수를 연결함으로써 직접 합성할 수 있다. 만약 표현식에 비보수 변수가 나타난다면 그들을 표현하는 데 추가의 반전기가 필요하다.
3. PDN은 쌍대성을 이용하여 PUN으로부터 곧바로 얻을 수 있다(그 역도 성립).

예제 14.1

다음의 Boolean 함수를 실행하는 CMOS 논리 회로를 합성하라.

$$Y = \overline{A + B(C + D)}$$

풀이

PDN을 구하기 위해 다음을 사용한다.

$$\overline{Y} = A + B(C + D)$$

그리고 A가 high이거나 혹은 $[B(C + D)]$가 high일 때 Y는 low가 됨을 주목하라. 따라서 두 개의 병렬 네트워크를 가진다. 둘 중 하나는 A 값이 게이트 단자에 공급된 트랜지스터로 이루어져 있고, 두 번째 것은 먼저 C와 D 값에 의해 제어되는 두 개의 병렬로 연결된 트랜지스터들과 직렬로 연결되어 있으며 B에 의해 제어되는 트랜지스터로 구성된 네트워크이다. 그림 14.11(a)은 완성된 PDN이다.

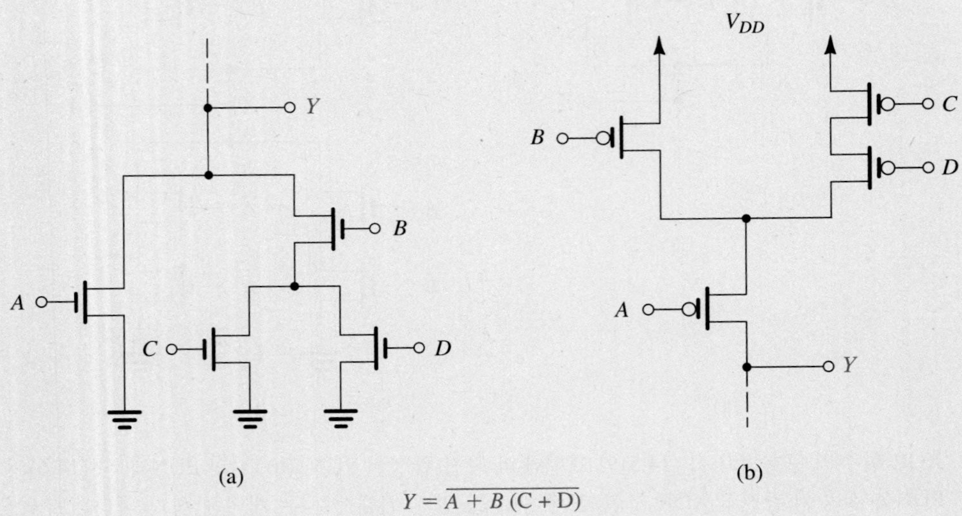

그림 14.11 (a) PDN과 (b) 예제 14.1의 논리 함수에 대한 PUN.

제기되는 질문: B 트랜지스터는 접지에(C와 D 트랜지스터는 Y에 더 근접하게 위치) 더 근접 배치해야 되는가 아니면 Y에 더 근접 배치해야 되는가? 논리 관점에서 보면 둘 다 합당한 해법이다. 그러나 시간 지연의 최적화를 원할 때는 다를 수도 있다.

PUN을 얻기 위해서 주어진 Y 표현에 드모르간의 법칙을 적용하여 다음 값을 구한다.

$$Y = \overline{A}(\overline{B} + \overline{C}\,\overline{D})$$

이 값은 그림 14.11(b)에 있는 회로가 된다. 여기서 다시 논리값에 아무 영향도 없이 C와 D 트랜지스터의 위치를 바꿀 수도 있다. 마지막으로 그림 14.11의 PDN과 PUN을 결합시킴으로써 완성된 회로를 얻을 수 있다.

연습문제

14.1 다음의 PUN은 어떤 로직 함수를 수행하는가?

[답] $Y = \overline{A}\,\overline{B} + \overline{C}\,\overline{D}\,\overline{E}$

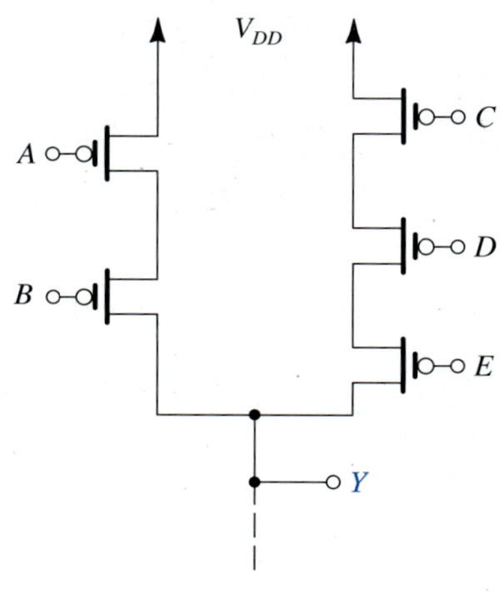

그림 E14.1

14.2 디지털 논리 반전기

다양한 논리 함수를 실행하는 CMOS 회로를 어떻게 합성하는가를 배웠으므로, 다음으로는 이러한 CMOS 논리 회로의 설계와 성능 분석을 살펴보자. 우리의 목적 달성을 위해, 기본 논리 요소인 반전기의 특성을 자세히 공부하기 위하여 한 걸음 물러나 생각해 보자. 이러한 것을 일반적인 용어로 이 절에서 하도록 하자. 즉, CMOS 반전기에만 학습을 국한하지 말자는 것이다. 이어지는 절들에서는 이 절에서 배운 것들을 전문적으로

CMOS 반전기의 경우와 CMOS 논리 게이트로까지 확장해서 다룰 것이다.

14.2.1 전압 전달 특성(VTC)

그림 14.1(a)에 있는 블록 형태의 반전기를 참고하자. 반전기의 동작을 정량적으로 살펴보기 위해, 반전기의 입출력 전압 전달 특성(VTC: voltage transfer characteristic)을 이용할 것이다. VTC의 개념은 이미 소개했었고 6.1.3절에서 기본 MOSFET 증폭기의 동작 특성에 활용하였다. 그림 14.12는 VTC를 함께 나타낸 회로이다. 반전 기능을 수행하는 회로를 관찰하면, 논리 0 입력일 때 v_I는 0 V에 가깝고 구체적으로 MOSFET 한계 전압 V_{tn}보다 낮으며 트랜지스터는 꺼질 것이다. $i_D = 0, v_O = V_{DD}$ 즉 논리 1이다. 논리 1 입력 즉 $v_I = V_{DD}$일 때 트랜지스터는 도통하고 트라이오드 영역에서 작동한다(VTC에서 D점). 그리고 출력 전압은 논리 0이다.

따라서 이 증폭기를 논리 반전기로 사용하기 위해서는 증폭기의 양극단의 동작 영역을 이용해야 한다. 이는 이 증폭기를 신호 증폭기로 사용하는 것과 정반대이다. 즉, 신호 증폭기에서는 증폭기가 전달 특성의 한가운데에 바이어스되고, 신호는 증폭기 동작을 전달 곡선의 짧고 거의 선형인 구간에 제한하기 위해 충분히 작아야 한다. 이와는 반대로 디지털 응용에서는 VTC에 의해 나타나는 심한 비선형성을 이용한다는 점에 유의하기 바란다.

이와 같은 관찰들에 유의하면서, 그림 14.13에 어떤 논리 반전기의 한 가지 가능한 VTC를 나타냈다. 이 VTC는 논의를 간단하게 하기 위해 일반적으로 그림 14.12에 나타낸 것과 같은 비선형 곡선을 세 개의 직선을 사용하여 근사화한 것이다. V_{OH}라고 표시된 출력 고레벨이 v_I가 V_{IL}이라는 이름이 붙은 값을 넘지 않는 한, v_I의 정확한 값에 의존하지 않는다는 점에 주목하기 바란다. 입력 v_I가 V_{IL}을 초과할 때, 출력 v_O가 감소하고 반전기가 **천이 영역**(transition region)이라고도 불리는 증폭기 동작의 영역으로 들어간다는 점에도 주목하기 바란다. 따라서 당연히 V_{IL}은 반전기 VTC의 중요한 파라미터가 된다. 즉, V_{IL}은 v_I가 반전기에 의해서 논리 0을 나타내는 것으로 판단되는 동안 취할 수 있는 최댓값이다.

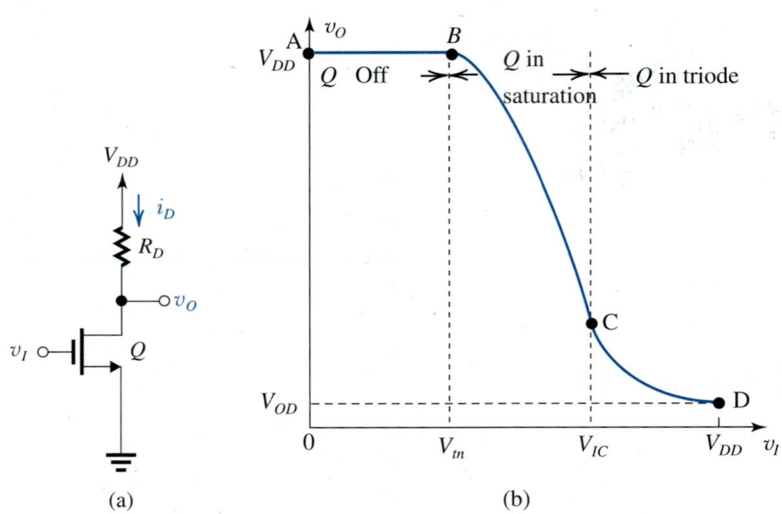

그림 14.12 간단한 저항 부하 증폭기는 컷오프 영역($v_I < V_{tn}$)과 트라이오드 영역($v_I > V_{IC}$)에서 동작할 때 논리 반전기로 사용될 수 있다. 출력의 고레벨은 V_{DD}이고 저레벨은 V_{OD}이다.

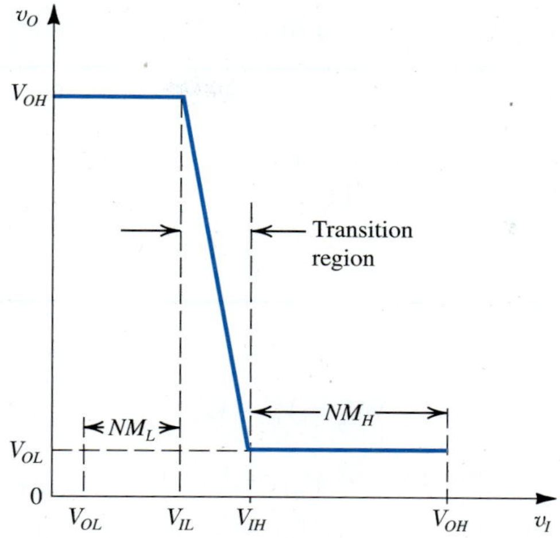

그림 14.13 반전기의 전압 전달 특성. VTC는 세 개의 직선 분절로 근사화된다. VTC의 네 개의 파라미터(V_{OH}, V_{OL}, V_{IL}, V_{IH})와 이들이 잡음 여유(NM_H와 NM_L)를 결정하는 데 사용된다는 점에 주목하기 바란다.

마찬가지로 V_{OL}이라고 표시된 출력 저레벨이 v_I가 V_{IH} 아래로 떨어지지 않는 한, v_I의 정확한 값에 의존하지 않는다는 것을 알 수 있다. 따라서 V_{IH}는 반전기 VTC의 중요한 파라미터이다. 즉, V_{IH}는 v_I가 반전기에 의해서 논리 1을 나타내는 것으로 판단되는 동안 취할 수 있는 최솟값이다.

14.2.2 잡음 여유

반전기의 출력이 허용된 영역 내에서 v_I의 정확한 값에 민감하지 않다는 것은 디지털 회로가 아날로그 회로를 능가하여 가지는 큰 이점이다. 이와 같이 둔감한(insensitive) 성질을 정량화하기 위해, 어떤 반전기(또는 반전기 회로를 기초로 한 어떤 논리 게이트)가 그림 14.14처럼 다른 유사한 반전기를 구동하는 디지털 시스템에서 종종 일어나는 상황을 고찰해 보기로 하자.

노이즈 혹은 간섭 신호인 v_N은 G_2의 입력과 G_1의 출력 사이에 결합되어 있다고 가정하며, G_2의 입력은

$$v_{I2} = v_{O1} + v_N \tag{14.7}$$

여기서 잡음 전압 v_N은 양수나 음수가 될 수 있다. 이제 $v_{O1} = V_{OL}$인 경우를 고려해 보자. G_2는 논리-0으로 유도되었다. 그림 14.13을 참조하여 이 경우 G_2는 입력 v_{I2}가 V_{IL}을 초과하지 않는 한 적절히 작동할 것이다. 식 (14.7)에서 v_N은 G_2가 적절히 동작하는 동안은 $V_{IL} - V_{OL}$만큼 높을 것임을 알 수 있다. 따라서 G_2는 다음의 **저레벨 입력에 대한 잡음 여유**(NML: noise margin for low input)를 가진다고 말한다.

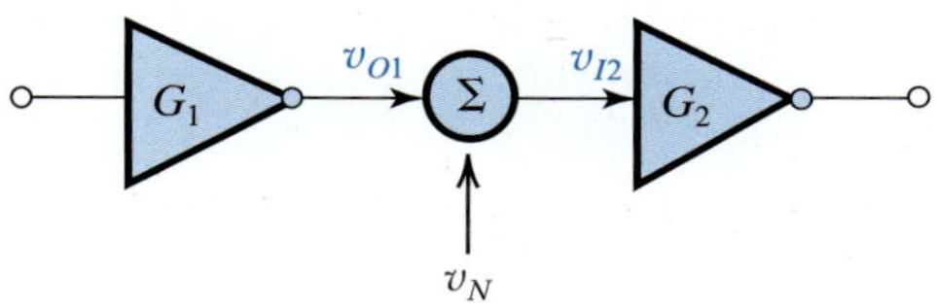

그림 14.14 잡음 전압 v_N은 G_1 반전기의 출력과 G_2 반전기의 입력 사이의 상호 연결 부분에 곁들여진다.

표 14.1 논리 반전기 VTC의 중요한 파라미터들(그림 14.13 참조)

V_{OL}:	출력 저레벨
V_{OH}:	출력 고레벨
V_{IL}:	반전기에 의해서 논리 0으로 해석되는 입력의 최댓값
V_{IH}:	반전기에 의해서 논리 1로 해석되는 입력의 최솟값
NM_L:	저레벨 입력에 대한 잡음 여유 = $V_{IL} - V_{OL}$
NM_H:	고레벨 입력에 대한 잡음 여유 = $V_{OH} - V_{IH}$

$$NM_L = V_{IL} - V_{OL} \tag{14.8}$$

유사하게, 만약 $v_{O1} = V_{OH}$이면, 반전기 G_2는 v_{I2}가 V_{IH} 아래로 내려가지 않는 한 고레벨 입력을 가진다. 따라서 고레벨 상태에서 G_2는 $V_{OH} - V_{IH}$만큼 높은 음수의 v_N 값을 견딜 수 있다. 따라서 G_2는 다음의 **고레벨 입력에 대한 잡음 여유**(NMH: noise margin for high input)를 가진다고 말한다.

$$NM_H = V_{OH} - V_{IH} \tag{14.9}$$

지금까지 설명한 내용을 요약하면, 네 개의 파라미터 V_{OH}, V_{OL}, V_{IH}, V_{IL}이 전기의 VTC를 정의하고 그것의 잡음 여유를 결정한다. 잡음 여유는 다시 입력 신호 레벨의 변동에 견딜 수 있는 반전기의 능력을 재는 척도가 된다. 이런 관점에서 잡음 여유의 범위 안에서 일어나는 입력 신호 레벨의 변화가 반전기에 의해서 제거된다는 점에 주목하기 바란다. 따라서 잡음은 더 이상 시스템을 통해 전파되지 못한다. 이것이 아날로그 회로에 대한 디지털 회로의 뚜렷한 장점인 것이다. 이와는 달리 반전기에 (잡음 여유 범위 내의) 교란 신호 레벨들이 존재할 때조차도 반전기가 신호 레벨들을 표준값들(V_{OL}과 V_{OH})로 복원한다고 생각할 수도 있다. 반전기 VTC의 중요한 파라미터들을 표 14.1에 정의해 두었으므로 참고하기 바란다. 간편한 참조를 위해 표 14.1은 온라인(www.oup.com/he/sedra-smith8xe)상의 요약표 보충자료(Summary Tables Supplement)에도 제시되어 있다.

문턱 전압 V_{IL}과 V_{IH}의 공식 정의가 그림 14.15에 주어졌다. V_{IL}과 V_{IH}는 기울기가 -1 V/V인 곳에서 VTC 점임을 주목하라. v_I가 V_{IL}을 초과할 때 반전기 이득값은 증가하고 VTC는 천이 영역에 진입한다. 유사하게, v_I가 V_{IH} 이하로 떨어질 때 반전기는 천이 영역에 진입하고 이득값은 증가한다. 마지막으로 그림 14.15는 또 다른 중요한 VTC 점의 정의를 나타냄을 주목하라. 즉, $v_O = v_I$인 M 점이다. 점 M은 대략 VTC의 중간점 정도로 생각된다, 그래서 어떤 상태에서 다른 상태로 반전기가 변환하는 점이다. 점 M은 15장에서 배울 반전기의 시간 지체(time delay) 정의에 중요한 역할을 한다.

14.2.3 이상적인 VTC

무엇이 반전기에 대한 이상적인 VTC를 구성하는가에 관한 의문이 자연스럽게 생긴다. 그 답은 앞의 논의로부터 구할 수 있다. 즉, 이상적인 VTC는 잡음 여유와 출력 신호들을 최대화한다. 전력 V_{DD}로 작동하는 반전기에 대한 최대 신호 스윙(signal swing)은 다음일 때 얻어진다.

$$V_{OH} = V_{DD}$$

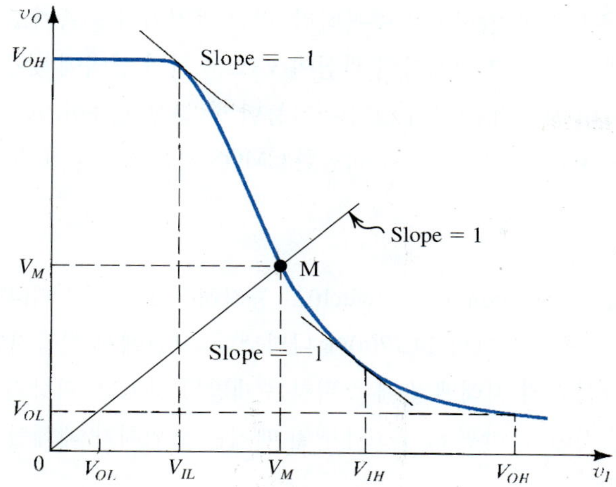

그림 14.15 여러 임계점의 정의를 나타내고 있는 논리 반전기의 전형적인 전압 전달 특성(VTC).

그리고

$$V_{OL} = 0$$

최대 잡음 여유를 얻기 위해 먼저 천이 영역이 가능한 한 좁게, 이상적으로 0으로 만들어지도록 처리한다. 그런 다음 전력 공급의 중간점, 즉 $V_{DD}/2$에서 고레벨에서 저레벨로의 변환이 발생할 수 있도록 처리함으로써 두 잡음 여유를 동등하게 한다. 그림 14.16에서 보는 다음의 VTC 결과이다

$$V_{IL} = V_{IH} = V_M = V_{DD}/2$$

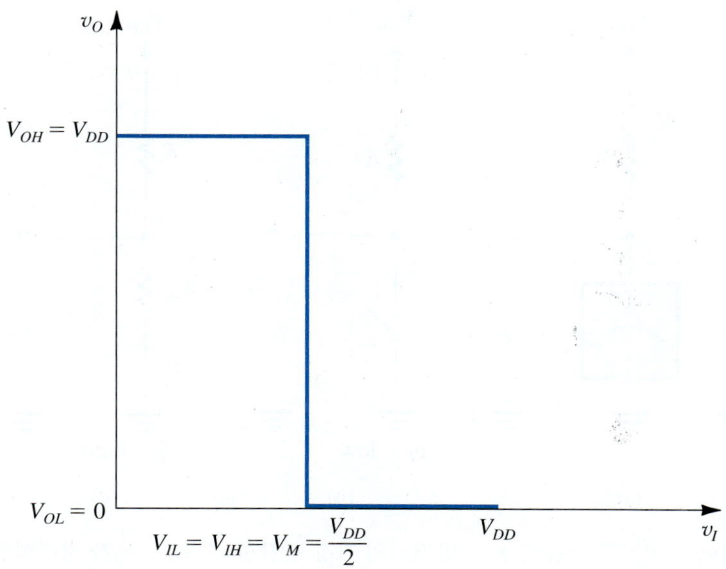

그림 14.16 이상적인 반전기의 VTC.

$V_{DD}/2$에서의 급격한 변환은 다음을 암시함을 주목하라. 만약 반전기가 증폭기로 사용되었다면, 그의 이득은 무한대일 것이다. 다시 말해, 아날로그 설계자의 관심이 VTC의 천이 영역에 맞추어진다면, 디지털 설계자는 그림 14.16의 이상적인 VTC의 경우처럼 천이 영역이 가능한 한 좁게 만들어지는 것을 선호할 것이다. 끝으로 우리는 14.3절에서 이상적인 VTC를 구현하기에 적합한 CMOS 기술을 이용한 반전기 구현을 공부할 것이다.

14.2.4 반전기 구현

반전기는 **전압 제어 스위치**(voltage-controlled switch)로 동작하는 트랜지스터(4장, 5장)를 이용하여 구현할 수 있다. 가장 간단한 반전기 구현을 그림 14.17(a)에 나타냈다. 그림에서 이상적인 스위치는 반전기 입력 전압 v_I에 의해 제어된다. 따라서 v_I가 저레벨일 때 스위치는 개방될 것이고, 저항기 R을 통해 흐르는 전류가 흐르지 않으므로 $v_O = V_{DD}$일 것이다. 한편 v_I가 고레벨일 때에는 스위치가 폐쇄될 것이고, 이상적인 스위치를 가정한다면 $v_O = 0$일 것이다.

그러나 4장과 5장에서 보듯 트랜지스터 스위치들은 완벽하지가 않다. 비록 그들의 **오프 저항**(off resistance)이 매우 높고 이에 따라 개방 스위치가 개방 회로에 아주 근접하지만, '온(on)' 스위치는 (무한대가 아닌) 유한한 폐쇄 저항 또는 **온 저항**(on resistance) R_{on}을 가진다. 그 결과로 v_I가 고레벨일 때 반전기는 그림 14.17(c)와 같은 등가 회로를 가진다. 이 등가 회로로부터 우리는 V_{OL}을 구할 수 있다.

$$V_{OL} = V_{DD}\frac{R_{on}}{R + R_{on}}$$

그림 14.12(a)의 회로는 그림 14.17에서 본 반전기의 직접적인 구현이다. 이 경우 R_{on}은 $V_{GS} = V_{DD}$를 가진 트라이오드 영역에서 동작하는 MOSFET의 r_{DS}와 같다.

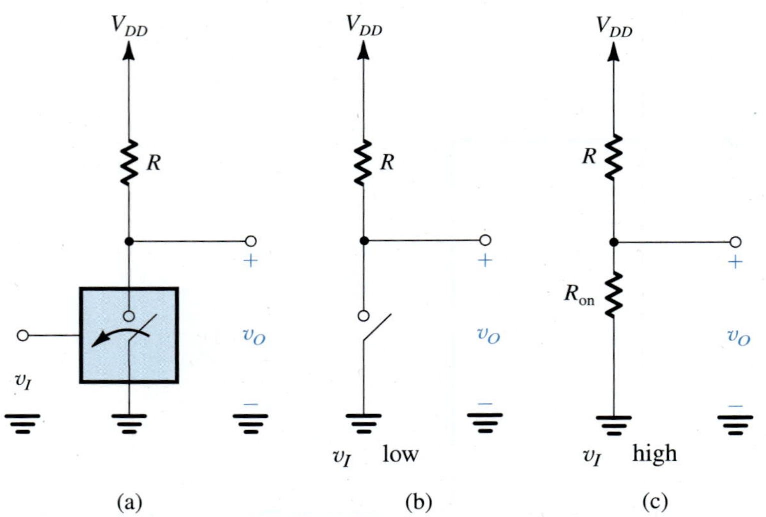

그림 14.17 (a) 전압 제어 스위치를 이용한 논리 반전기의 가장 간단한 구현. (b) v_I가 저레벨일 때의 등가 회로. (c) v_I가 고레벨일 때의 등가 회로. v_I가 고레벨일 때 스위치가 닫힌다고 가정했다는 점에 주목하기 바란다.

연습문제

D14.2 그림 14.12(a)의 반전기가 $V_{OL} = 40$ mV가 되도록 하고 저레벨 출력 상태에서 20 μA 공급 전류가 되도록 설계하라. 트랜지스터는 다음의 값을 가진다: $V_t = 0.35$ V, $\mu_n C_{ox} = 540$ μA/V², $\lambda = 0$. 공급 전압은 $V_{DD} = 1.0$ V이다. W/L와 R_D의 요구된 값을 명시하라. 스위치가 열리고/닫혔을 때 얼마나 많은 전력이 V_{DD}로부터 유도되었는가?(힌트: v_{DS}를 기억하라.)

$$r_{DS} \simeq 1\Big/\left[(\mu_n C_{ox})\left(\frac{W}{L}\right)(V_{GS} - V_t)\right]$$

[답] 1.42; 48 kΩ; 0; 20 μW

논리 반전기의 좀 더 정교한 구현이 존재한다. 이들 중 두 가지를 그림 14.18(a)와 14.19에 나타냈다. 그림 14.18(a)에 나타낸 회로는 한 쌍의 **상보적인 스위치**(complementary switch)를 이용하고 있다. 하나의 스위치인 '**풀업**' **스위치**[pull-up(PU) switch]는 출력 마디를 V_{DD}에 연결하고, 다른 스위치인 '**풀다운**' **스위치**[pull-down(PD) switch]는 출력 마디를 접지에 연결한다. v_I가 저레벨일 때 PU 스위치는 닫히고 PD 스위치는 열릴 것이다. 따라서 그림 14.18(b)의 등가 회로가 그 결과로 얻어질 것이다. 이 경우 PU 스위치의 온 저항 R_{on}이 출력을 V_{DD}에 연결하고 이에 따라 $V_{OH} = V_{DD}$가 출력에 나타난다는 점에 주목하기 바란다. 또한 회로에 전류가 흐르지 않고 이에 따라 회로에서 소비되는 전력이 0이라는 점에도 주목하기 바란다. 다음으로 만일 v_I가 논리 1 레벨로 올려지면 PU 스위치는 열리고 PD 스위치는 닫힐 것이다. 따라서 그림 14.18(c)에 나타낸 등가 회로가 그 결과로 얻어질 것이다. 여기서 우리는 PD 스위치의 R_{on}이 출력을 접지에 연결하고 이에 따라 $V_{OL} = 0$이

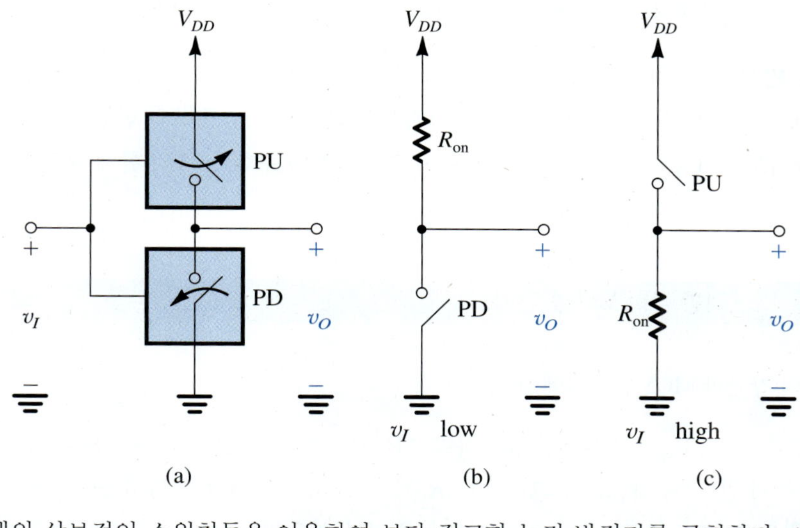

그림 14.18 두 개의 상보적인 스위치들을 이용하여 보다 정교한 논리 반전기를 구현한다. 이것이 앞 절[그림 14.2(b)]에서 종합했고 14.3절에서 공부할 CMOS 반전기의 기본이 된다.

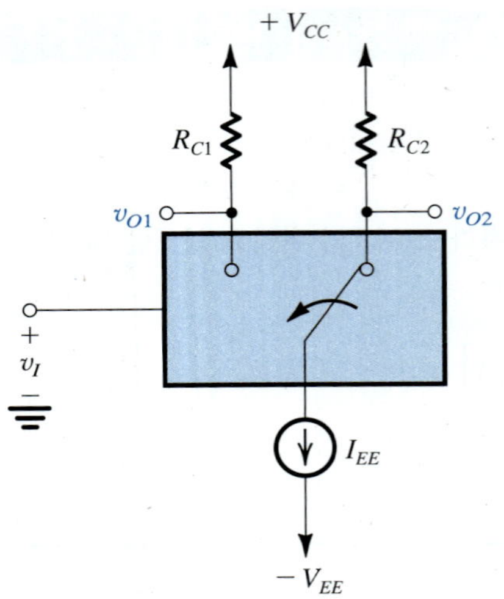

그림 14.19 정전류 I_{EE}를 (v_I가 고레벨일 때) R_{C1}에 흐르게 하거나 또는 (v_I가 저레벨일 때) R_{C2}에 흐르게 하기 위해 쌍투 스위치를 이용한 또 다른 반전기 구현. 이 구성은 이미터 결합 논리(ECL)라 불리는 논리 회로의 기본이 된다.

출력에 나타난다는 것을 알 수 있다. 또한 이 경우에도 회로에 전류가 흐르지 않고 이에 따라 회로에서 소비되는 전력이 0이라는 것을 알 수 있다. 이 구현이 단일 풀다운 스위치와 (**풀업 저항기**라고 알려진) 단일 저항기를 이용한 구현보다 우수하다는 것은 분명할 것이다. 신호 스윙(signal swing)은 $V_{OL}=0$과 $V_{OH}=V_{DD}$를 가질 때 최대이며, 전력 소비는 양 상태 모두 0이다. 이 회로는 우리가 앞 절[그림 14.2(b)]에서 종합했고 14.3절에서 자세히 공부할 CMOS 반전기의 기본적인 구성 요소가 된다.

끝으로 그림 14.19의 반전기 구현을 고찰해 보기로 하자. 여기서는 정전류 I_{EE}를 플러스 공급기 V_{CC}에 접속된 두 개의 저항기 중 하나로 흐르게 하기 위해 쌍투(double-throw) 스위치가 사용되었다. 독자들은 v_I가 고레벨이면 스위치가 R_{C1}에 접속되어 v_{O1}에서 논리 반전 함수가 실현된다는 것을 증명할 수 있을 것이다. 출력 전압이 스위치 저항과 무관하다는 점에 유의하기 바란다. 또한 이 **전류 조종**(current-steering) 또는 **전류 모드**(current-mode) 논리 구성과 8장에 설명된 차동쌍 회로 사이에는 구조적 유사성이 있다.

저항성 부하 MOS 반전기 스위치나 부하 저항 R_D로 작용하는 MOSFET으로 구성되어 있고, 그림 14.12(a)에서 처음 제시된 반전기가 저항성 부하 반전기이다. 예제 14.2는 이러한 종류의 반전기의 출력 전압 준위와 잡음 여유에 대해 살펴보고, V_{OL}, 큰 값의 R_D, 전력 소비가 반전기의 수행 능력의 한계 요인이 될 수 있음을 보여준다.

예제 14.2 저항 부하 MOS 반전기

그림 14.12(a)의 간단한 MOS 반전기에 대해:

(a) V_{OH}, V_{OL}, V_{IL}, V_{IH}, V_M의 표현식을 유도하라. 간략화를 위해 채널 길이 변조는 무시하라(즉, $\lambda=0$). 이러한 반전기 변수들은 V_{DD}, V_t, 그리고 (k_nR_D)를 사용하여 표현할 수 있음을 보여라. 후자의 변수는 V^{-1}의 단위를 가진다. 그리고 간소화를 위해 $k_nR_D \equiv 1/V_x$이다.

(b) V_x는 반전기 회로의 설계 변수로 사용될 수 있음을 보여라. 특히 $V_M = V_{DD}/2$가 되는 V_x의 값을 구하라.

(c) 모든 변수의 값을 구하라. 그리고 $V_{DD} = 1.0$ V, $V_t = 0.35$ V, 그리고 (b)에서 구한 값을 V_x로 하여 반전기 잡음 여유를 구하라.

(d) $k_n' = 540\ \mu\text{A/V}^2$ 그리고 $W/L = 1.5$에 대해 R_D의 값을 구하라. 그리고 이를 사용하여 반전기에서 사용된 평균 전력 소비를 구하라. 반전기는 두 가지 출력 상태에서 각각 절반의 시간을 소비한다고 가정한다.

(e) 이상적 특성과 집적 회로 구현의 적절성에 비교하여 반전기 회로의 특성을 구술하라.

풀이

(a) 그림 14.20을 참고하라. $v_I < V_t$일 때, MOSFET은 꺼지고, $i_D = 0$이고 $v_O = V_{DD}$이다. 따라서

$$V_{OH} = V_{DD} \tag{14.10}$$

v_I가 V_t를 초과함에 따라 MOSFET은 켜지고 처음에는 포화 영역에서 작동한다. $\lambda = 0$을 가정하여

$$i_D = \frac{1}{2}k_n\left(v_I - V_t\right)^2$$

그리고

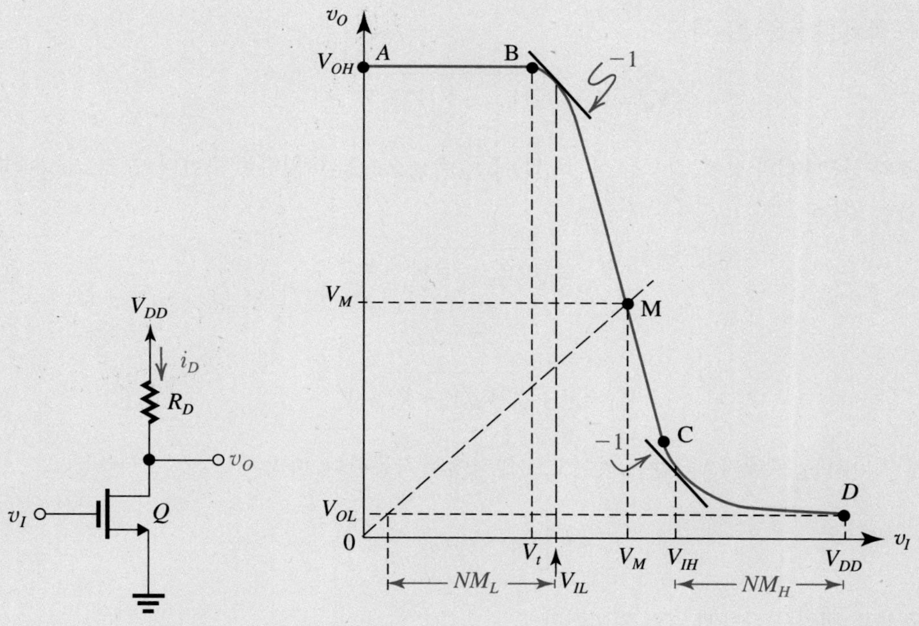

그림 14.20 저항 부하 MOS 반전기와 그의 VTC(예제 14.2).

$$v_O = V_{DD} - R_D i_D = V_{DD} - \frac{1}{2}k_n R_D (v_I - V_t)^2$$

$k_n R_D = 1/V_x$을 대입하여, VTC의 BC 선분은 다음으로 나타난다.

$$v_O = V_{DD} - \frac{1}{2V_x}(v_I - V_t)^2 \tag{14.11}$$

V_{IL}을 구하기 위해 식 (14.11)을 미분하고 $dv_O/dv_I = -1$로 정한다.

$$\frac{dv_O}{dv_I} = -\frac{1}{V_x}(v_I - V_t)$$

$$-1 = -\frac{1}{V_x}(V_{IL} - V_t)$$

결과는

$$V_{IL} = V_t + V_x \tag{14.12}$$

중간점 M의 좌표를 구하기 위해 식 (14.11)에 $v_O = v_I = V_M$을 대입하여 다음을 얻는다.

$$V_{DD} - V_M = \frac{1}{2V_x}(V_M - V_t)^2 \tag{14.13}$$

위 식을 풀어 다음을 얻는다.

$$V_M = V_t + \sqrt{2(V_{DD} - V_t)V_x + V_x^2} - V_x \tag{14.14}$$

포화 영역 선분 BC의 경계, 점 C는 식 (14.11)에 $v_O = v_I - V_t$를 대입하여 구한다. 그리고 v_O에 대해 풀면 다음을 얻는다.

$$V_{OC} = \sqrt{2V_{DD}V_x + V_x^2} - V_x \tag{14.15}$$

그리고

$$V_{IC} = V_t + \sqrt{2V_{DD}V_x + V_x^2} - V_x \tag{14.16}$$

점 C를 지나서는, 트랜지스터는 트라이오드 영역에서 작동한다. 따라서

$$i_D = k_n\left[(v_I - V_t)v_O - \frac{1}{2}v_O^2\right]$$

그리고 출력 전압은 다음과 같이 얻어진다.

$$v_O = V_{DD} - \frac{1}{V_x}\left[(v_I - V_t)v_O - \frac{1}{2}v_O^2\right] \tag{14.17}$$

이는 VTC의 선분 CD를 설명한다. V_{IH}를 구하기 위해 식 (14.17)을 미분하고 $dv_O/dv_I = -1$로 정한다.

$$\frac{dv_O}{dv_I} = -\left(\frac{1}{V_x}\right)\left[(v_I - V_t)\frac{dv_O}{dv_I} + v_O - v_O\frac{dv_O}{dv_I}\right]$$

$$-1 = -\frac{1}{V_x}\left[-(V_{IH} - V_t) + 2v_O\right]$$

결과로

$$V_{IH} - V_t = 2v_O - V_x \tag{14.18}$$

식 (14.17)의 v_I에 식 (14.18)의 V_{IH} 값을 대입하여 $v_I = V_{IH}$에 대한 v_O 값의 식을 구한다. 이를 풀어 다음을 구한다.

$$v_O\big|_{v_I = V_{IH}} = 0.816\sqrt{V_{DD}V_x} \tag{14.19}$$

위 값을 식 (14.18)에 대입하여 다음을 구한다.

$$V_{IH} = V_t + 1.63\sqrt{V_{DD}V_x} - V_x \tag{14.20}$$

V_{OL}을 구하기 위해 식 (14.17)에 $v_I = V_{OH} = V_{DD}$를 대입한다.

$$V_{OL} = V_{DD} - \frac{1}{V_x}\left[(V_{DD} - V_t)V_{OL} - \frac{1}{2}V_{OL}^2\right] \tag{14.21}$$

V_{OL}은 $2(V_{DD} - V_t)$보다 매우 작다고 예상되므로, 식 (14.21)을 다음처럼 근사치로 구한다.

$$V_{OL} \simeq V_{DD} - \frac{1}{V_x}(V_{DD} - V_t)V_{OL}$$

결과로

$$V_{OL} = \frac{V_{DD}}{1 + [(V_{DD} - V_t)/V_x]} \tag{14.22}$$

V_{OL} 값이 다음처럼 구해질 수 있는 것은 흥미로운 일이다. 즉, D 점에서 MOSFET 스위치가 r_{DS}에 가까운 값을 가진다는 것을 주목함으로써 구해지는 것이다.

$$r_{DS} = \frac{1}{k_n(V_{DD} - V_t)} \tag{14.23}$$

그리고 V_{OL}은 R_D와 r_{DS}로 형성된 전압 분배기로부터 구할 수 있다.

$$V_{OL} = V_{DD}\frac{r_{DS}}{R_D + r_{DS}} = \frac{V_{DD}}{1 + R_D/r_{DS}} \tag{14.24}$$

식 (14.23)의 r_{DS}를 대입하면 식 (14.22)와 동일한 V_{OL} 값을 나타낸다.

(b) 위에서 유도된 모든 반전기의 변수는 V_{DD}, V_t, V_x의 함수이다. V_{DD}와 V_t는 기술 공정에 의해 결정되기 때문에, 활용할 수 있는 유일한 설계 변수는 $V_x \equiv 1/k_n R_D$이다. V_M을 공급 전압 V_{DD}의 절반 위치에 놓이게 하기 위해 식 (14.13)에 $V_M = V_{DD}/2$를 대입한다. V_x는 다음처럼 되어야 한다.

$$V_x\Big|_{V_M = V_{DD}/2} = \frac{\left(V_{DD}/2 - V_t\right)^2}{V_{DD}} \tag{14.25}$$

(c) $V_{DD} = 1.0$ V 그리고 $V_t = 0.35$인 경우, 식 (14.25)를 사용하여 다음을 얻는다.

$$V_x\Big|_{V_M = 0.5\text{ V}} = \frac{(1.0/2 - 0.35)^2}{1.0} = 0.0225 \text{ V}$$

식 (14.10)으로부터: $V_{OH} = 1.0$ V
식 (14.22)로부터: $V_{OL} = 33$ mV
식 (14.12)로부터: $V_{IL} = 0.37$ V
식 (14.20)으로부터: $V_{IH} = 0.57$ V

$$NM_L = V_{IL} - V_{OL} = 0.34 \text{ V}$$
$$NM_H = V_{OH} - V_{IH} = 0.43 \text{ V}$$

(d) R_D를 구하기 위해 다음을 사용한다.

$$k_n R_D = \frac{1}{V_x} = \frac{1}{0.0225} = 44.4$$

따라서

$$R_D = \frac{44.4}{k_n'(W/L)} = \frac{44.4}{540 \times 10^{-6} \times 1.5} = 54.9 \text{ k}\Omega$$

반전기는 출력이 낮을 때에만 전력을 소비한다. 이 경우에 공급에서 나온 전류는

$$I_{DD} = \frac{V_{DD} - V_{OL}}{R_D} = \frac{1.0 - 0.033}{54.9 \text{ k}\Omega} = 17.6\ \mu\text{A}$$

그리고 저출력 시간 동안에 공급에서 나온 전력은

$$P_D = V_{DD} I_{DD} = 1.0 \times 17.6 = 17.6\ \mu\text{W}$$

반전기는 이 상태에서 절반의 시간을 소비하므로

$$P_{D\text{average}} = \frac{1}{2} P_D = 8.8\ \mu\text{W}$$

(e) 반전기 회로 특성에 대해 이를 이상적 특성과 비교해서 몇 가지 언급하고자 한다.

1. 출력 스윙 신호는 비록 최상 전력 공급과 같지 않더라도 합리적으로 우수하다: $V_{OH} = 1.0$ V, $V_{OL} = 0.033$ V.

2. 잡음 여유는, 합리적인 값이긴 하지만, 최적값 $V_{DD}/2$와는 많이 다르다. 특히 NM_L의 경우는 더욱 그렇다.
3. 가장 심각하게, 게이트는 상대적으로 큰 양의 전력을 소비한다. 이 점을 바로 인식하기 위해 백만 개의 반전기를(오늘날의 기준으로는 작은 수) 가진 IC 칩을 살펴보자. 전력 소비는 9 W이다. 이것은 너무 크다. 특히 게이트의 스위칭 활동에 관련 없는 '정전력'임을 고려할 때 더욱 그러하다.

이 반전기 구현은 IC 공정에는 전적으로 부적합하다고 생각한다. 왜냐하면 각각의 반전기가 54.9 kΩ의 부하 저항을 요구하기 때문이다. 이 값은 큰 칩 넓이를 필요로 한다(부록 A 참조). 이 문제를 극복하기 위해 수동적 저항 R_D를 NMOS 트랜지스터로 대체할 수 있으며 이러한 기술을 '의사-NMOS 로직' 기술이라 한다.

연습문제

D14.3 요구되는 R_D 값을 10 kΩ으로 줄이려는 시도로, 예제 14.2의 반전기 설계자는 변수 V_x는 변하지 않게 하고 W/L 값을 증가시키기로 결정하였다. W/L의 새 값은 얼마인가? 잡음 여유는 변하는가? 전력 소비는 얼마인가?

[답] 8.22; 변하지 않는다; 48 μW

D14.4 요구되는 R_D 값을 10 kΩ으로 줄이려는 시도로, 예제 14.2의 반전기 설계자는 변수 W/L을 유지하면서 V_x 값을 바꾸기로 결정하였다. V_x의 새 값은 얼마인가? 잡음 여유는 얼마가 되는가? 전력 소비는 얼마인가?

[답] $V_x = 0.12$ V; $NM_L = 0.31$ V, $NM_H = 0.20$ V; 42 μW

의사-NMOS 반전기(Pseudo-NMOS Inverter) 대용량 저항 R_D의 필요성과 관련된 문제를 제거하기 위해 R_D는 MOSFET으로 대체될 수 있다. 그 가능성의 한 예가 그림 14.21의 회로이다. 여기서 트랜지스터를 켜기 위

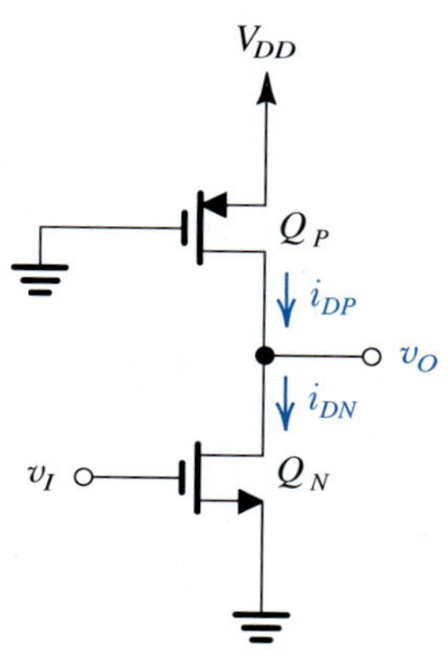

그림 14.21 의사-NMOS 반전기.

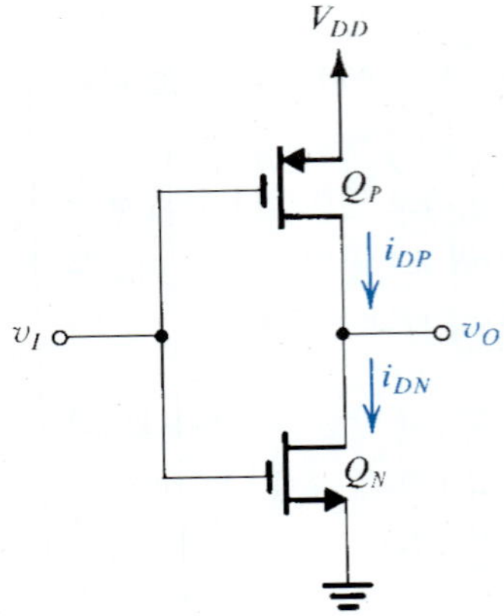

그림 14.22 CMOS 반전기.

해 게이트 단자를 접지에 연결시킨 PMOS 트랜지스터 Q_P가 부하이다. 부하가 NMOS 트랜지스터인 초기 논리 형태(지금은 쓸모가 없는 NMOS 논리)를 닮았다고 해서 이 회로를 의사-NMOS 반전기라 한다.

14.3 CMOS 반전기

이 절에서는 가장 널리 사용되는 디지털 IC 기술인 CMOS의 반전기 회로를 공부한다. 14.1.2절에서 종합한 기본적인 CMOS 반전기를 그림 14.22에 나타냈다. 두 개의 MOSFET을 활용하는데 그 하나는 n 채널을 가진 Q_N이고, 다른 하나는 p 채널을 가진 Q_P이다. 각각의 장치 몸체는 소스 단자에 연결되어서 바디 이펙트(body effect)가 발생하지 않는다. 곧 보게 되겠지만, CMOS 회로는 앞 절(그림 14.18)에서 배운 개념적인 반전기 실행을 구현한다. 여기서 한 쌍의 스위치는 입력 전압 v_I에 의해 상호 보완적으로 작동한다.

14.3.1 회로 동작

먼저 극단적인 두 경우를 살펴보자. 즉, v_I가 0 V인 논리 0 준위일 때와 v_I가 V_{DD} 볼트인 논리 1 준위일 때이다. 두 경우에서 n 채널 소자 Q_N을 구동 트랜지스터로, 그리고 p 채널 소자 Q_P를 부하로 고려할 것이다. 그러나 회로가 완전히 대칭이므로 이 가정은 분명히 임의적이며, 반대로 해도 결과는 마찬가지이다.

그림 14.23은 $v_I = V_{DD}$인 경우를 나타내는데, $v_{GSN} = V_{DD}$인 Q_N의 i_D–v_{DS} 특성 곡선을 보이고 있다.($i_D = i$이고 $v_{DSN} = v_O$임을 주목하라.) Q_N의 특성 곡선 위에 중첩된 부하 곡선은 $v_{SGP} = 0$ V인 경우에 대한 Q_P의 i_D–v_{SD} 곡선이다. $v_{SGP} < |V_t|$이므로 부하 곡선은 거의 0인 전류 준위에서 수평 직선일 것이다. 동작점은 두 곡선의 교점일 것이며 출력 전압은 거의 0이고 두 소자를 통하는 전류도 거의 0이다. 이것은 회로에서 전력 소모가 매우 작음을 의미한다. 그러나 비록 Q_N이 거의 0인 전류와 0인 드레인-소스 전압(i_D–v_{DS} 평면의 원점 근방)에서 동작하지만, 동작점은 i_D–v_{DS} 특성 곡선의 경사가 급한 영역에 있음에 주목하기 바란다. 따라서 Q_N은 출력 단자와 접지 사이에 낮은 저항 통로를 제공하며, 그 저항은 식 (5.13b)를 사용하여 다음과 같이 얻어진다.

$$r_{DSN} = 1\Big/\left[k_n'\left(\frac{W}{L}\right)_n(V_{DD} - V_{tn})\right] \tag{14.26}$$

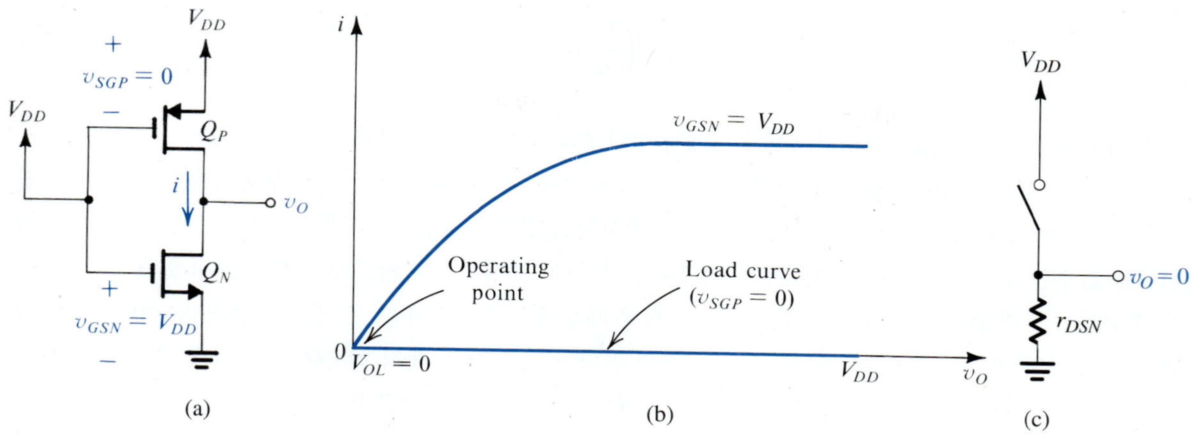

그림 14.23 v_I가 높을 때(high) CMOS 반전기의 동작: (a) $v_I = V_{DD}$(논리 1 레벨 또는 V_{OH})인 회로, (b) 동작점을 결정하기 위한 도식적 해석, (c) 등가 회로.

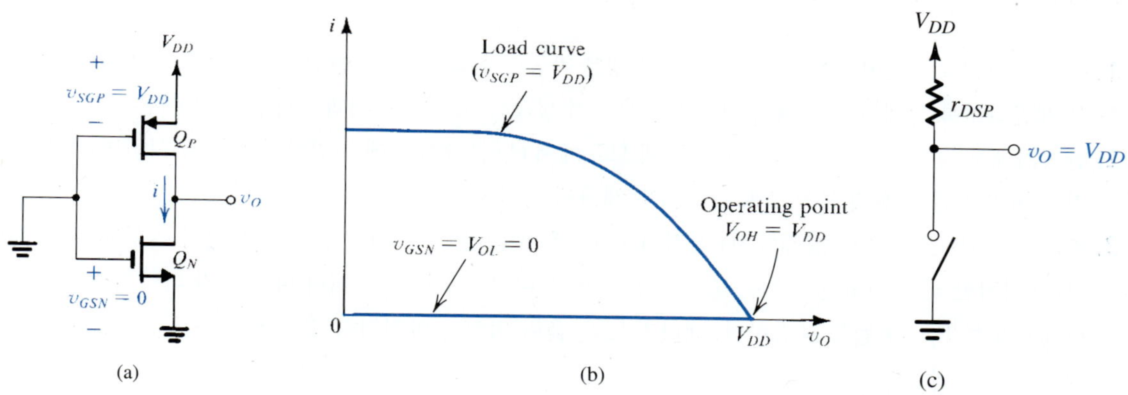

그림 14.24 v_I가 낮을 때(low) CMOS 반전기의 동작: (a) $v_I = 0$ V(논리 0 레벨 또는 V_{OL})인 회로, (b) 동작점을 결정하기 위한 도식적 해석, (c) 등가 회로.

그림 14.23(c)는 입력이 높을 때[1] 반전기의 등가 회로를 나타낸다. 이 회로는 $v_O \equiv V_{OL} = 0$ V이고 반전기에서 전력 소모가 0임을 확실하게 보여 준다.

다른 극단적인 경우 즉 $v_I = 0$ V인 경우는 그림 14.24에 나타냈다. 이 경우에 Q_N은 $v_{GSN} = 0$에서 동작하고 있으므로 그것의 i_D–v_{DS} 특성은 0인 전류 준위에서 거의 수평 직선이다. 부하 곡선은 $v_{SGP} = V_{DD}$인 p 채널 소자의 i_D–v_{SD} 특성이다. 동작점에서 출력 전압은 거의 V_{DD}이고 두 소자에서 전류도 여전히 거의 0이다. 따라서 회로의 전력 소모는 두 극단적인 상태 모두에서 매우 작다.

그림 14.24(c)는 입력이 낮을 때 반전기의 등가 회로를 나타낸다. 여기서 Q_P가 출력 단자와 직류 공급기 V_{DD} 사이에 낮은 저항 통로를 제공하며, 그 저항은 다음과 같이 주어진다.

---

1) 14.1절에서 우리는 r_{DSN}(p 채널에서는 r_{DSP})을 R_{on}으로 나타내었다.

$$r_{DSP} = 1 \Bigg/ \left[k_p' \left(\frac{W}{L} \right)_p (V_{DD} - |V_{tp}|) \right] \tag{14.27}$$

이 등가 회로는 $v_O \equiv V_{OH} = V_{DD}$이고 반전기에서 전력 소모가 0임을 확실하게 보여 준다.

그러나 정지 전류(quiescent current)가 0인 사실에도 불구하고 CMOS 반전기의 부하 구동 능력이 높다는 것을 주목해야 한다. 예를 들면 그림 14.23의 회로에서처럼 입력이 높을 때 트랜지스터 Q_N은 비교적 큰 부하 전류를 흡수할 수 있다. 곧 보게 되겠지만, 이 전류는 부하 커패시턴스를 빠르게 방전시킬 수 있다. 부하 전류를 흡수하여 출력 전압을 접지로 끌어 내리는 그 작용 때문에 트랜지스터 Q_N은 '풀다운(pull-down)' 소자로 알려져 있다. 마찬가지로 그림 14.24의 회로에서처럼 입력이 낮을 때 트랜지스터 Q_P는 비교적 큰 부하 전류를 공급할 수 있다. 이 전류는 부하 커패시턴스를 빠르게 충전시켜 출력 전압을 V_{DD}로 끌어 올린다. 따라서 Q_P는 '풀업(pull-up)' 소자로 알려져 있다. 독자는 우리가 14.1절에서, 그리고 그림 14.18의 개념적인 반전기 회로와 관련해서 이 용어를 사용했음을 상기할 수 있을 것이다.

이상의 사실로부터 우리는 기본적인 CMOS 반전기가 이상적인 반전기처럼 동작한다고 결론을 내린다. 요약하면 다음과 같다.

1. 출력 전압 준위들은 0과 V_{DD}이므로 신호 스윙은 가능한 한 최대이다. 반전기가 대칭적인 전압 전달 특성을 제공하도록 설계될 수 있다는 사실과 결부시켜 생각하면, 이것의 결과로서 큰 잡음 여유들이 생긴다.
2. 반전기에서 정전력 소모는 그것의 두 상태 모두에서 (누설 전류들에 기인한 소모를 무시하면) 0이다. 이것은 전력 공급과 접지 사이에 dc 통로가 존재하지 않기 때문이다.
3. 출력 단자와 (낮은 출력 상태에서) 접지 또는 (높은 출력 상태에서) V_{DD} 사이에 낮은 저항 통로가 존재한다. 이러한 낮은 저항 통로들은 출력 전압이 W/L 비의 정확한 값들이나 다른 소자 파라미터들에 무관하게 0 또는 V_{DD}가 됨을 보장한다. 게다가 낮은 출력 저항은 반전기를 잡음이나 다른 교란들의 영향에 덜 민감하게 만든다.
4. 능동 풀업과 풀다운 소자들은 반전기가 양방향으로 높은 출력 구동 능력을 갖도록 한다. 15.1절에서 보게 되겠지만, 이것은 동작 속도를 상당히 향상시킨다.
5. 반전기의 입력 저항은 ($I_G = 0$이므로) 무한대이다. 따라서 반전기는 신호 준위에 손실 없이 임의로 많은 수의 비슷한 반전기들을 구동할 수 있다. 물론 추가되는 각 반전기는 구동 반전기의 부하 커패시턴스를 증가시켜 동작 속도를 떨어뜨린다. 15.1절에서 반전기 스위칭 시간에 대해 고찰할 것이다.

프랭크 메리언 완레스: CMOS의 발명

페어차일드 반도체사에서 근무하던 프랭크 메리언 완레스(Frank Marion Wanless)는 1963년에 0-정적-출력 논리의 시대를 예고하는 최초의 CMOS 논리에 관한 특허를 출원하였다. 제너럴 마이크로일렉트로닉스사의 공학 연구 임원으로 재직하던 1964년에는 최초의 상업적 CMOS 집적 회로를 만들었다. 완레스가 발명한 대칭형의 논리 형태는 처음에는 상보 대칭 MOS 혹은 COS-MOS라는 이름으로 사용되다가 곧 간결하게 줄인 CMOS로 널리 알려지게 되었다.

14.3.2 전압 전달 특성

CMOS 반전기의 완전한 전압 전달 특성(VTC)은 v_I의 모든 중간 값들에 대해 앞의 두 극단적인 경우에서 사용한 도식적인 과정을 반복함으로써 얻을 수 있다. 이제 우리는 결과적인 전압 전달 곡선의 임계점들을 계산할 것이다. 이를 위해서는 Q_N과 Q_P의 $i-v$ 관계들이 필요하다. Q_N에 대해서는

$$i_{DN} = k_n'\left(\frac{W}{L}\right)_n\left[(v_I - V_{tn})v_O - \frac{1}{2}v_O^2\right] \qquad \text{for } v_O \le v_I - V_{tn} \tag{14.28}$$

그리고

$$i_{DN} = \frac{1}{2}k_n'\left(\frac{W}{L}\right)_n(v_I - V_{tn})^2 \qquad \text{for } v_O \ge v_I - V_{tn} \tag{14.29}$$

Q_P에 대해서는

$$i_{DP} = k_p'\left(\frac{W}{L}\right)_p\left[(V_{DD} - v_I - |V_{tp}|)(V_{DD} - v_O) - \frac{1}{2}(V_{DD} - v_O)^2\right] \qquad \text{for } v_O \ge v_I + |V_{tp}| \tag{14.30}$$

그리고

$$i_{DP} = \frac{1}{2}k_p'\left(\frac{W}{L}\right)_p(V_{DD} - v_I - |V_{tp}|)^2 \qquad \text{for } v_O \le v_I + |V_{tp}| \tag{14.31}$$

CMOS 반전기는 보통 $V_{tn} = |V_{tp}| = V_t$이다. 또한, 항상 그렇지는 않더라도, Q_N과 Q_P는 매치된다고 가정한다. 즉, $k_n'(W/L)_n = k_p'(W/L)_p$가 되도록 설계된다. μ_p가 μ_n 값의 0.25~0.5배이므로 두 소자의 $k'(W/L)$을 같게 만들기 위해서 p 채널 소자의 폭은 n 채널 소자의 폭의 2~4배로 제작된다. 더 구체적으로는, 두 소자는 같은 길이를 가지고, 다음 식으로 관계되는 폭들을 갖도록 설계된다.

$$\frac{W_p}{W_n} = \frac{\mu_n}{\mu_p} \tag{14.32}$$

이 결과 $k_n'(W/L)_n = k_p'(W/L)_p$가 되며, 반전기는 대칭적인 전달 특성과 (풀업과 풀다운) 양방향으로 같은 전류 구동 능력을 가질 것이다.

Q_N과 Q_P가 정합된 CMOS 반전기는 그림 14.25에 나타낸 전압 전달 특성을 가진다. 그림과 같이 전달 특성은 Q_N과 Q_P의 동작 모드의 다른 조합들에 대응하는 다섯 가지의 다른 영역들을 가진다. 수직 영역 BC는 Q_N과 Q_P가 둘 다 포화 영역에서 동작하고 있을 때 얻어진다. 우리가 포화에서 유한 출력 저항을 무시하고 있기 때문에(즉, $\lambda_N = \lambda_P = 0$으로 가정) 이 영역에서 반전기 이득은 무한대이다. 대칭으로 인해 이 수직 영역은 $v_I = V_{DD}/2$에서 일어나며, $v_O(\text{B}) = V_{DD}/2 + V_t$와 $v_O(\text{C}) = V_{DD}/2 - V_t$에 제한된다.

독자는 14.2.1절에서 V_{OL}과 V_{OH} 외에 전달 특성 위의 다른 두 점이 반전기의 잡음 여유들을 결정한다는 것을 상기할 것이다. 이들은 입력에서 최대 허용 논리 0 또는 'low' 준위 V_{IL}, 그리고 입력에서 최소 허용 논리 1 또는 'high' 준위 V_{IH}이다. 이들은 증분 이득이 1(즉, 기울기가 -1 V/V)인 전달 특성 위의 두 점으로 정식으로

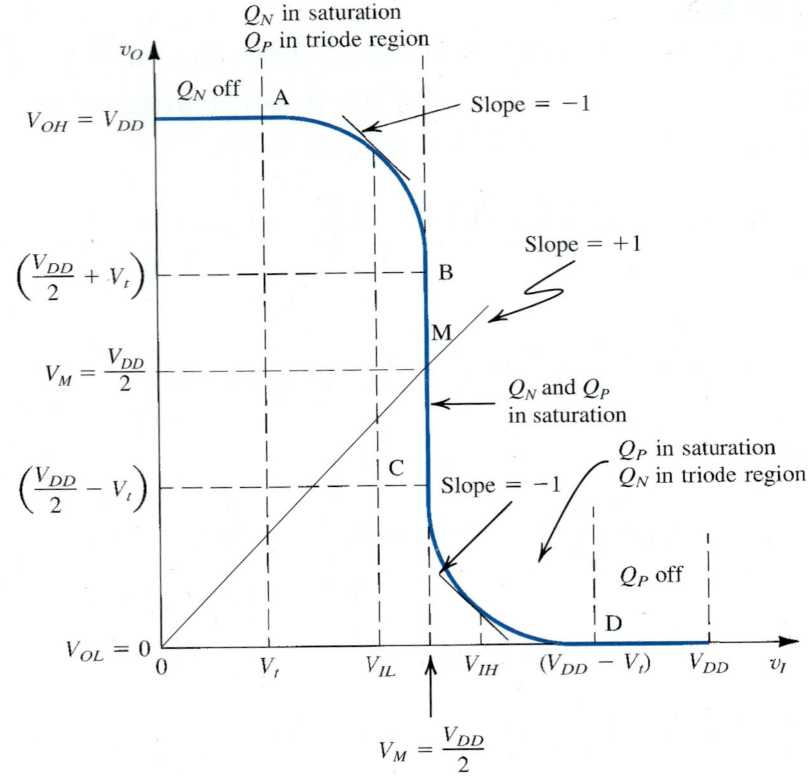

그림 14.25 Q_N과 Q_P가 매치되었을 때 CMOS 반전기의 전압 전달 특성.

정의된다.

V_{IH}를 결정하기 위하여, Q_N이 트라이오드 영역에 있으므로 그 전류는 식 (14.28)로 주어지고, 반면에 Q_P는 포화되므로 그 전류는 식 (14.31)로 주어짐을 주목하자. i_{DN}과 i_{DP}를 같게 하고, 정합된 소자들을 가정하면 다음 식이 얻어진다.

$$(v_I - V_t)v_O - \frac{1}{2}v_O^2 = \frac{1}{2}(V_{DD} - v_I - V_t)^2 \tag{14.33}$$

양변을 v_I에 대해 미분하면 그 결과는 다음과 같다.

$$(v_I - V_t)\frac{dv_O}{dv_I} + v_O - v_O\frac{dv_O}{dv_I} = -(V_{DD} - v_I - V_t)$$

여기서 $v_I = V_{IH}$와 $dv_O/dv_I = -1$을 대입하면 다음 식을 얻는다.

$$v_O = V_{IH} - \frac{V_{DD}}{2} \tag{14.34}$$

식 (14.33)에 $v_I = V_{IH}$와 식 (14.34)의 v_O를 대입하면 다음 식이 주어진다.

$$V_{IH} = \frac{1}{8}(5V_{DD} - 2V_t) \tag{14.35}$$

V_{IL}은 V_{IH}를 구하기 위해 사용한 것과 비슷한 방법으로 결정할 수도 있다. 즉, 다른 방법으로, 대칭 관계

$$V_{IH} - \frac{V_{DD}}{2} = \frac{V_{DD}}{2} - V_{IL}$$

과 식 (14.35)의 V_{IH}를 사용하여 다음을 얻을 수 있다.

$$V_{IL} = \frac{1}{8}(3V_{DD} + 2V_t) \tag{14.36}$$

이제 잡음 여유들은 다음과 같이 결정될 수 있다.

$$\begin{aligned} NM_H &= V_{OH} - V_{IH} \\ &= V_{DD} - \frac{1}{8}(5V_{DD} - 2V_t) \\ &= \frac{1}{8}(3V_{DD} + 2V_t) \end{aligned} \tag{14.37}$$

$$\begin{aligned} NM_L &= V_{IL} - V_{OL} \\ &= \frac{1}{8}(3V_{DD} + 2V_t) - 0 \\ &= \frac{1}{8}(3V_{DD} + 2V_t) \end{aligned} \tag{14.38}$$

예상대로 전압 전달 특성의 대칭성으로 인해 잡음 여유들이 같아진다. 물론 Q_N과 Q_P가 정합되지 않으면 전압 전달 특성은 더 이상 대칭이 아닐 것이고, 잡음 여유들도 같지 않을 것이다.

14.3.3 Q_N과 Q_P가 매치되지 않았을 때의 상황

위에서 우리는 Q_N과 Q_P가 매치되었다고 가정하였다. 즉, $V_{tn} = |V_{tp}|$에 더하여, 트랜스컨덕턴스 파라미터 k_n과 k_p를 식 (14.32)에 따라 W_p/W_n을 선택하여 동일하게 만든다. 결과는 공급선 중간점에서 스위치되는 대칭 VTC이다. 즉, $V_M = V_{DD}/2$이다. 보는 바와 같이 대칭은 잡음 여유를 동일화하고 최대화한다. 완벽한 대칭 VTC를 얻는 대가로 p 채널 소자의 폭이 n 채널 소자보다 3~4배 커질 수 있다. 이것은 상대적으로 큰 실리콘 영역을 초래한다. 이는 실리콘 영역의 낭비일 뿐만 아니라, 소자의 용량 증가와 반전기 전파 지연 증가를 초래한다(15.1절). 따라서 Q_N과 Q_P가 매치되지 않을 경우의 영향을 알아보는 것도 유용하다. 스위칭 전압 V_M의 표현을 다음처럼 유도한다.

M 점에서 Q_N과 Q_P 모두 포화 영역에서 동작하므로, 이들 전류는 식 (14.29)와 (14.31)로 나타난다. $v_I = v_O = V_M$을 대입하여 두 전류를 계산하면 결과는

$$V_M = \frac{r\left(V_{DD} - |V_{tp}|\right) + V_{tn}}{r+1} \tag{14.39}$$

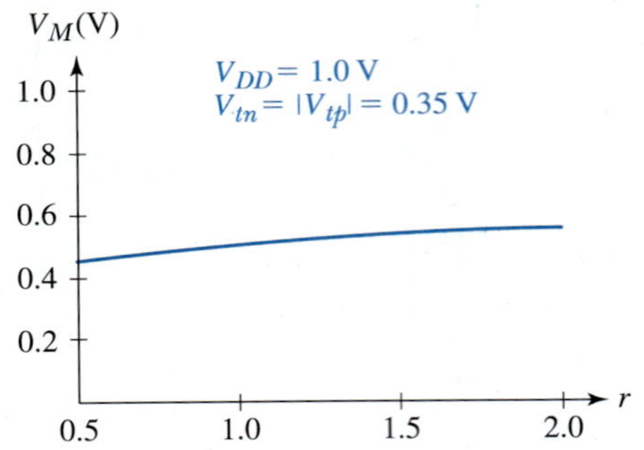

그림 14.26 변수 $r = \sqrt{k_p/k_n}$ 를 가진 반전기 스위칭 전압 V_M의 변화.

여기서

$$r = \sqrt{\frac{k_p}{k_n}} = \sqrt{\frac{\mu_p W_p}{\mu_n W_n}} \tag{14.40}$$

여기서 Q_N과 Q_P는 같은 채널 길이 L을 가진다고 가정한다. 이 길이는 보통 주어진 공정 기술에서 이용할 수 있는 최소 길이이다. 매치된 경우 $r = 1$임을 주목하라. 식 (14.39)는 $|V_{tp}| = V_{tn}$과 $r = 1$에 대해, 예상대로 $V_M = V_{DD}/2$로 계산된다. V_{DD}, V_{tn}, V_{tp}의 값을 V_p과 r에 대한 그래프에 나타낼 수 있다. 그림 14.26은 65 nm 공정에서의 이러한 그래프를 나타낸 것이다. 다음 두 가지 점을 관찰한다.

1. V_M은 r과 같이 증가한다. 따라서 $k_p > k_n$로 만들어서 V_M을 V_{DD} 쪽으로 옮긴다. 반대로 $k_p < k_n$로 만들어서 V_M을 0 쪽으로 옮긴다.
2. V_M은 r에 대해 많이 좌우되는 함수가 아니다. r을 2의 배수로 낮추었을 때 V_M은 단지 0.05 V만이 줄어든다.

관찰 2는 NM_L에서 작은 감소를 참을 수 있다면 실리콘 영역에서의 상당한 절약을 얻을 수 있음을 명시한다. 이 점을 예제 14.3에서 설명한다.

예제 14.3 CMOS 반전기 특성과 설계

65 nm 공정으로 제작된 CMOS 반전기를 살펴보자. 여기서 $V_{DD} = 1.0$ V, $V_{tn} = |V_{tp}| = 0.35$ V, $\mu_n = 5.4\ \mu_p$, $\mu_n C_{ox} = 540\ \mu\text{A/V}^2$이다. Q_N과 Q_P는 $L = 65$ nm와 $(W/L)_n = 1.5$를 가진다.

(a) 결과값이 $V_M = V_{DD}/2 = 0.5$ V가 되는 W_p를 구하라. 이 경우 반전기에 의해 활용되는 실리콘의 넓이는 얼마인가?

(b) 위의 (a)가 매치된 경우일 때 V_{OH}, V_{OL}, V_{IH}, V_{IL}을 구하고 잡음 여유 NM_L과 NM_H를 구하라. $v_I = V_{IH}$일 경우에 v_O의 값은 얼마인가? 이것은 최악의 경우의 V_{OL} 값일 수도 있다. 마찬가지로 $v_I = V_{IL}$일 경

우, 최악의 경우의 V_{OH} 값을 가지는 v_O를 구하라. 이제 좀 더 보편적인 잡음 여유 값을 구하기 위하여 최악의 경우의 값을 사용하라.

(c) 위의 (a)가 매치된 경우일 때, 반전기의 두 가지 출력 상태에서의 출력 저항을 구하라.

(d) 만약 $\lambda_n = |\lambda_p| = 5\ \text{V}^{-1}$일 때, $v_I = V_M$에서 반전기의 이득은 얼마인가? 만약 직선이 이득과 동일한 기울기를 가지고 점 $v_I = v_O = V_M$을 통과하여 그려졌다면 이 선이 수평선 $v_O = 0$과 $v_O = V_{DD}$의 선과 교차하는가? VTC의 천이 영역 폭을 예상하기 위해 교차점을 이용하라.

(e) 만약 $W_p = W_n$이면 V_M의 값은 무엇인가? 매치된 경우와 비교하여 NM_L의 감소의 추정치는 얼마인가? 몇 퍼센트의 실리콘 넓이가 절약되었는가(매치된 경우와 비교하여)?

(f) $W_p = 2W_n$인 경우에 대해 (e)를 반복하라. 산업 현장에서 자주 사용되는 이 경우는 (e)의 최소 넓이 경우와 매치된 경우 사이의 타협으로 간주된다.

풀이

(a) $V_M = V_{DD}/2 = 0.5$ V를 얻기 위하여 W_p를 식 (14.32)에 따라 선택한다.

$$\frac{W_p}{W_n} = \frac{\mu_n}{\mu_p} = 5.4$$

$W_n/L = 1.5$이므로 $W_n = 1.5 \times 65 = 97.5$ nm이다.[2] 따라서

$$W_p = 5.4 \times 97.5 = 526.5 \text{ nm}$$

이 설계의 경우, 실리콘 넓이는

$$\begin{aligned} A &= W_n L + W_p L = L(W_n + W_p) \\ &= 65(97.5 + 526.5) = 40{,}560 \text{ nm}^2 \end{aligned}$$

(b)

$$V_{OH} = V_{DD} = 1.0 \text{ V}$$
$$V_{OL} = 0 \text{ V}$$

V_{IH}를 얻기 위해 식 (14.35)를 사용한다.

$$V_{IH} = \frac{1}{8}(5V_{DD} - 2V_t) = \frac{1}{8}(5 \times 1.0 - 2 \times 0.35) = 0.54 \text{ V}$$

V_{IL}을 얻기 위해 식 (14.36)을 사용한다.

$$V_{IL} = \frac{1}{8}(3V_{DD} + 2V_t) = \frac{1}{8}(3 \times 1.0 + 2 \times 0.35) = 0.46 \text{ V}$$

---

2) 이러한 기술들에서, 트랜지스터의 폭은 단위 폭의 배수로 선택하며, 일반적으로 나노미터로 나타내지 않는다.

잡음 여유를 다음과 같이 계산할 수 있다.

$$NM_H = V_{OH} - V_{IH} = 1.0 - 0.54 = 0.46\ \text{V}$$
$$NM_L = V_{IL} - V_{OL} = 0.46 - 0 = 0.46\ \text{V}$$

예상한 것처럼 $NM_H = NM_L$, 그리고 이들 값은 최적값 $V_{DD}/2 = 0.5$ V에 매우 가깝다.

$v_I = V_{IH} = 0.54$ V인 경우, 식 (14.34)를 대입하여 v_O를 구할 수 있다.

$$v_O = V_{IH} - \frac{V_{DD}}{2} = 0.54 - \frac{1.0}{2} = 0.04\ \text{V}$$

따라서 최악의 경우의 V_{OL} 값, 즉 $V_{OL\max}$ 값은 0.04 V이고, 잡음 여유 NM_L은 다음과 같다.

$$NM_L = V_{IL} - V_{OL\max} = 0.46 - 0.04 = 0.42\ \text{V}$$

마찬가지로, $v_I = V_{IL}$일 때의 v_O의 값을 다음처럼 구할 수 있다.

$$v_O = V_{DD} - 0.04 = 0.96\ \text{V}$$

따라서 최악의 경우의 V_{OH} 값, 즉 $V_{OL\max}$ 값은 0.96 V이고, 잡음 여유 NM_H는 다음과 같다.

$$NM_H = V_{OH\min} - V_{IH} = 0.96 - 0.54 = 0.42\ \text{V}$$

잡음 여유의 감소가 경미함을 주목하라.

(c) 저출력 상태에서 반전기의 출력 저항은

$$r_{DSN} = \frac{1}{\mu_n C_{ox}(W/L)_n (V_{DD} - V_{tn})}$$
$$= \frac{1}{540 \times 10^{-6} \times 1.5(1.0 - 0.35)} = 1.9\ \text{k}\Omega$$

Q_N과 Q_P가 매치되었기 때문에, 고출력 상태에서 출력 저항 값은 다음과 같을 것이다.

$$r_{DSP} = r_{DSN} = 1.9\ \text{k}\Omega$$

(d) 만약 반전기가 $v_I = v_O = V_M = 0.5$ V에서 동작하도록 바이어스되었다면, Q_N과 Q_P는 과유도 전압 $V_{OV} = V_M - V_t = 0.5 - 0.35 = 0.15$ V에서 각각 동작할 것이고, 다음의 dc 전류 I_D를 흐르게 한다.

$$I_D = \frac{1}{2}\mu_n C_{ox}\left(\frac{W}{L}\right)_N V_{OV}^2$$
$$= \frac{1}{2} \times 540 \times 1.5 \times 0.15^2$$
$$= 9.1\ \mu\text{A}$$

따라서 Q_N과 Q_P는 동일한 트랜스컨덕턴스를 가진다.

$$g_{mn} = g_{mp} = \frac{2I_D}{V_{OV}} = \frac{2 \times 9.1}{0.15} = 0.12 \text{ mA/V}$$

트랜지스터 Q_N과 Q_P는 동일한 출력 저항 r_o를 가진다.

$$r_{on} = r_{op} = \frac{|V_A|}{I_D} = \frac{1}{|\lambda| I_D} = \frac{1}{5 \times 9.1} = 21.9 \text{ k}\Omega$$

M에서의 전압 이득을 다음과 같이 구할 수 있다.

$$\begin{aligned} A_v &= -(g_{mn} + g_{mp})(r_{on} \| r_{op}) \\ &= -(0.12 + 0.12)(21.9 \| 21.9) = -2.6 \text{ V/V} \end{aligned}$$

M에서 기울기 −2.6 V/V를 가진 직선을 추론할 때, $v_O = 0$인 직선과 [0.5 + 0.5/2.6] = 0.69 V에서 교차한다. 그리고 $v_O = V_{DD}$인 직선과는 (0.5 − 0.5/2.6) = 0.31 V에서 교차한다. 따라서 천이 영역의 폭은 (0.69 − 0.31) = 0.38 V가 될 것이다.

(e) $W_p = W_n$인 경우, 변수 r은 식 (14.40)으로부터 구할 수 있다.

$$r = \sqrt{\frac{\mu_p W_p}{\mu_n W_n}} = \sqrt{\frac{1}{5.4} \times 1} = 0.43$$

이에 해당하는 V_M의 값은 식 (14.39)로부터 다음과 같이 구한다.

$$V_M = \frac{0.43(1.0 - 0.35) + 0.35}{0.43 + 1} = 0.44 \text{ V}$$

따라서 V_M은 단지 −0.06 V만큼 이동되었다. V_{IL}을 재계산하지 않고서도 NM_L에서의 감소는 대략 V_M에서 이동한 값과 동일하다고 추산할 수 있다. 즉, NM_L은 0.46 − 0.06 = 0.40 V가 된다. 이 설계의 실리콘 넓이는 다음과 같이 계산된다.

$$\begin{aligned} A &= L(W_n + W_p) = 65(97.5 + 97.5) \\ &= 12,675 \text{ nm}^2 \end{aligned}$$

매치된 경우에서보다 69%의 감소를 나타낸다!

(f) $W_p = 2W_n$인 경우

$$r = \sqrt{\frac{1}{5.4} \times 2} = 0.609$$

$$V_M = \frac{0.609(1.0 - 0.35) + 0.35}{0.609 + 1} = 0.46 \text{ V}$$

따라서 매치된 경우와 대비하여 V_M의 이동 값은 단지 –0.04 V이다. NM_L은 0.46 V부터 같은 값만큼 감소한다고 추산한다. 그러므로 NM_L은 0.42 V가 된다. 이 경우에 요구되는 실리콘 넓이는

$$A = L(W_n + W_p) = 65(97.5 + 195)$$
$$= 19,012.5 \text{ nm}^2$$

이것은 매치된 경우와 대비하여 53%의 감소를 보여 준다!

연습문제

14.5 0.13 μm 공정으로 제작된 CMOS 반전기를 살펴보자. 여기서 $V_{DD} = 1.2$ V, $V_{tn} = -V_{tp} = 0.4$ V, $\mu_n/\mu_p = 4, \mu_n C_{ox} = 430\ \mu\text{A/V}^2$이다. Q_N과 Q_P는 $L = 0.13$ μm 그리고 $(W/L)_n = 1.0$을 가진다.
(a) $V_M = 0.6$ V가 되는 W_p를 구하라.
(b) 위의 (a)가 매치된 경우일 때 $V_{OH}, V_{OL}, V_{IH}, V_{IL}, NM_H, NM_L$의 값을 구하라.
(c) 위 (a)의 반전기에 대해, 두 가지 출력 상태에서의 출력 저항을 구하라.
(d) $(W/L)_p = (W/L)_n = 1.0$을 가진 최저 크기 반전기에서 V_M을 구하라.
[답] (a) 0.52 μm; (b) 1.2 V, 0 V, 0.65 V, 0.55 V, 0.55 V, 0.55 V; (c) 2.9 kΩ, 2.9 kΩ; (d) 0.53 V

D14.6 CMOS 반전기는 다음을 이용한다: $V_{DD} = 5$ V, $V_{tn} = |V_{tp}| = 1$ V, 그리고 $\mu_n C_{ox} = 2\mu_p C_{ox} = 50$ $\mu\text{A/V}^2$. $V_M = 2.5$ V가 되고 $v_I = V_{DD}$가 되도록 $(W/L)_n$과 $(W/L)_p$를 구하라. 반전기는 0.2 V를 초과하지 않는 출력 전압을 가지고 0.2 mA의 전류를 방출한다.
[답] $(W/L)_n \simeq 5; (W/L)_p \simeq 10$

요약

- CMOS 논리 게이트는 NMOS 풀다운 네트워크(PDN)와 PMOS 풀업 네트워크(PUN)로 구성된다. PDN은 낮은 출력을 필요로 하는 모든 입력 조합에 대해 도통되어 연결된다. 입력이 높을 때에 NMOS 트랜지스터가 전도하므로 PDN은 비보수(uncomplemented) 입력의 함수로 나타낸 보수 출력에 대한 표현식($\bar{Y}$)으로부터 가장 쉽게 회로를 합성할 수 있다. 이의 보완 형태인 PUN은 높은 출력을 내게 하는 모든 입력 조합에 대해 도통되어 연결된다. PMOS는 입력이 낮을 때 전도하므로 PUN은 보수(complemented) 입력의 함수로 나타낸 비보수 출력에 대한 표현식(Y)으로부터 가장 쉽게 회로를 합성할 수 있다.
- 증폭기는 아날로그 회로의 기본인 것처럼, 디지털 논리 반전기는 디지털 회로의 기본이다.
- 반전기의 정동작은 전압 전달 특성(VTC)으로 설명된다. VTC는 반전기의 잡음 여유를 결정한다. VTC 점과 잡음 여유의 정의에 대해 그림 14.13, 14.15와 표 14.1을 참조하라. 특히 $NM_H = V_{OH} - V_{IH}$와 NM_L

$= V_{IL} - V_{OL}$을 주목하고, 그림 14.16의 이상적 VTC도 참고하라.

- 반전기는 전압 조절 스위치로 작동하는 트랜지스터를 사용하여 구현한다. 그림 14.17, 14.18, 14.19에서 보는 것처럼 세 가지 가능한 배열이 있다. 그림 14.18의 배열은 고(high) 성과 반전기가 되고, 14.3절에서 학습한 CMOS 반전기의 기본이 된다.
- 표 14.2는 CMOS 반전기의 주요 특성을 나타낸다. 간편한 참조를 위해 이 표는 온라인(www.oup.com/he/sedra-smith8xe)상의 요약표 보충자료(Summary Tables Supplement)의 표 14.2에도 제시되어 있다.

표 14.2 CMOS 반전기의 주요 정적 특성 요약

Inverter Output Resistance

- When v_O is low (current sinking):

$$r_{DSN} = 1\Big/\left[k_n'\left(\frac{W}{L}\right)_n (V_{DD} - V_{tn})\right]$$

- When v_O is high (current sourcing):

$$r_{DSP} = 1\Big/\left[k_p'\left(\frac{W}{L}\right)_p (V_{DD} - |V_{tp}|)\right]$$

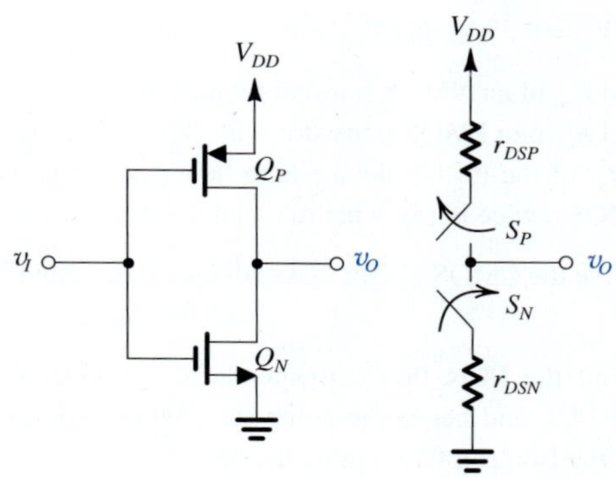

Inverter VTC and Noise Margins

$$V_M = \frac{r(V_{DD} - |V_{tp}|) + V_{tn}}{1 + r} \quad \text{where} \quad r = \sqrt{\frac{k_p'(W/L)_p}{k_n'(W/L)_n}}$$

For matched devices, that is, $\mu_n\left(\frac{W}{L}\right)_n = \mu_p\left(\frac{W}{L}\right)_p$, and $V_{tn} = -V_{tp} = V_t$

$r = 1$

$V_M = V_{DD}/2$

$V_{IL} = \frac{1}{8}(3V_{DD} + 2V_t)$

$V_{IH} = \frac{1}{8}(5V_{DD} - 2V_t)$

$NM_H = NM_L = \frac{1}{8}(3V_{DD} + 2V_t)$

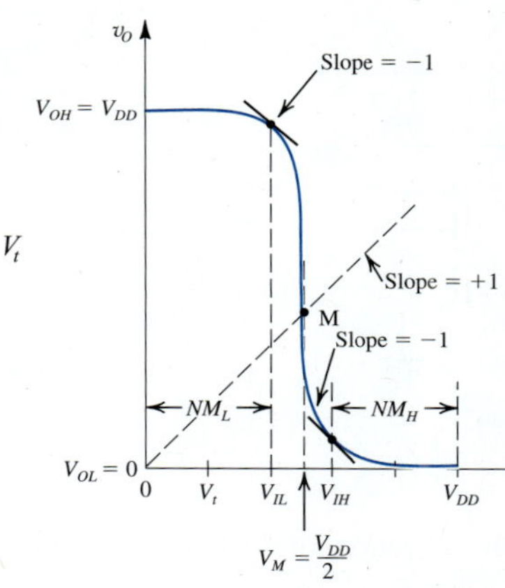

Computer Simulation Problems

SIM Problems identified by the LTSpice icon are intended to demonstrate the value of using SPICE simulation to verify hand analysis and design, and to investigate important issues such as gate noise margins and propagation delays. Instructions to assist in setting up simulations for all the indicated problems can be found in the corresponding files on the website. Note that if a particular parameter value is not specified in the problem statement, you are to make a reasonable assumption.

Section 14.1: CMOS Logic-Gate Circuits

14.1 Consider MOS transistors fabricated in a 65-nm process for which $\mu_n C_{ox} = 470\ \mu\text{A/V}^2$, $\mu_p C_{ox} = 190\ \mu\text{A/V}^2$, $V_{tn} = -V_{tp} = 0.35$ V, and $V_{DD} = 1$ V.

(a) Find R_{on} of an NMOS transistor with $W/L = 1.5$.
(b) Find R_{on} of a PMOS transistor with $W/L = 1.5$.
(c) If R_{on} of the PMOS device is to be equal to that of the NMOS device in (a), what must $(W/L)_p$ be?

14.2 Give the CMOS circuit that realizes a three-input NOR gate.

14.3 Find the PUN that corresponds to the PDN shown in Fig. P14.3, and hence the complete CMOS logic circuit. What is the Boolean function realized?

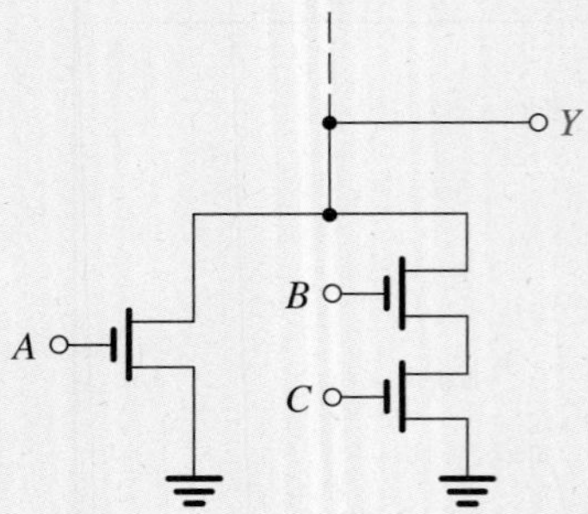

Figure P14.3

14.4 Give the CMOS realization for the Boolean function

$$Y = \overline{AB + CDE}$$

D 14.5 Sketch a CMOS logic circuit that realizes the function $Y = AB + \overline{A}\,\overline{B}$. This is called the **equivalence** or **coincidence function.**

14.6 The CMOS inverter of Fig. 14.2(b) is implemented in a 0.13-μm process for which $\mu_n C_{ox} = 500\ \mu\text{A/V}^2$, $\mu_p C_{ox} = 125\ \mu\text{A/V}^2$, $V_{tn} = -V_{tp} = 0.4$ V, and $V_{DD} = 1.2$ V. The NMOS transistor has $(W/L)_n = 1.5$.

(a) What must $(W/L)_p$ be if Q_N and Q_P are to have equal R_{on} resistances?
(b) Find the value of R_{on}.

14.7 Give the CMOS circuit for a three-input NAND gate.

14.8 Find the PUN that corresponds to the PDN shown in Fig. P14.8, and hence the complete CMOS logic circuit. What is the Boolean function realized?

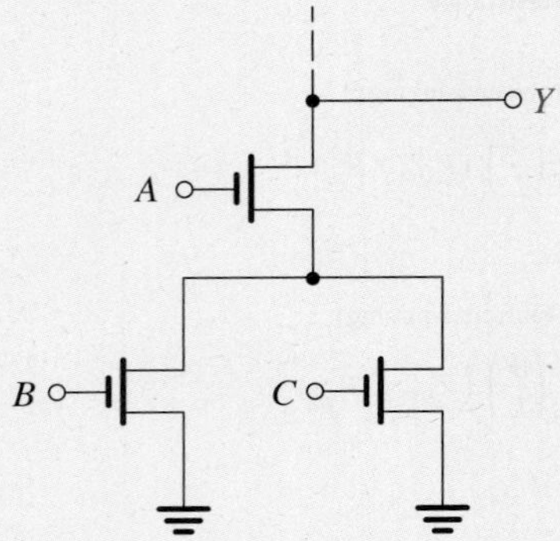

Figure P14.8

14.9 Find the PDN that corresponds to the PUN shown in Fig. P14.9, and hence the complete CMOS logic circuit. What is the Boolean function realized?

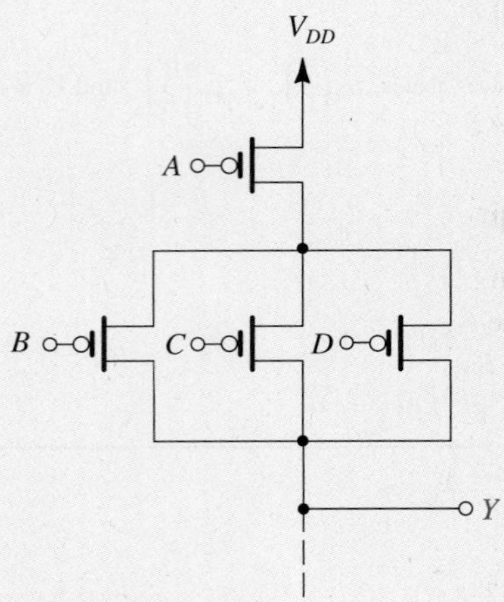

Figure P14.9

problems with green numbers are considered essential; * = difficult problem; ** = more difficult; *** = very challenging
SIM = simulation; **D** = design problem;

14.10 Find the PDN that is the dual of the PUN in Fig. 14.10(a) and hence give a CMOS realization of the exclusive-OR (XOR) function.

D 14.11 Provide a CMOS logic gate circuit that realizes the function

$$Y = \overline{A}BC + A\overline{B}C + AB\overline{C}$$

How many transistors are required? Explore the possibility of reducing the number of the transistors required.

D *14.12 It is required to design a CMOS logic circuit that realizes a three-input, even-parity checker. Specifically, the output Y is to be low when an even number (0 or 2) of the inputs A, B, and C are high.

(a) Give the Boolean function $\overline{Y}$.
(b) Sketch a PDN directly from the expression for $\overline{Y}$. Note that it requires 12 transistors in addition to those in the inverters.
(c) From inspection of the PDN circuit, reduce the number of transistors to 10 (not counting those in the inverters).
(d) Find the PUN as a dual of the PDN in (c), and hence the complete realization.

D *14.13 Give a CMOS logic circuit that realizes the function of a three-input, odd-parity checker. Specifically, the output is to be low when an odd number (1 or 3) of the inputs are high. Attempt a design with 10 transistors (not counting those in the inverters) in each of the PUN and the PDN.

D *14.14 Design a CMOS full-adder circuit with inputs A, B, and C, and two outputs S and C_0 such that S is 1 if one or three inputs are 1, and C_0 is 1 if two or more inputs are 1.

D 14.15 Sketch a CMOS logic circuit that realizes the function $Y = ABC + \overline{A}\,\overline{B}\,\overline{C}$.

Section 14.2: Digital Logic Inverters

14.16 The voltage-transfer characteristic of a particular logic inverter is modeled by three straight-line segments in the manner shown in Fig. 14.13. If $V_{IL} = 1.1$ V, $V_{IH} = 1.2$ V, $V_{OL} = 0.3$ V, and $V_{OH} = 1.5$ V, find:

(a) the noise margins
(b) the value of V_M

***14.17** Consider an inverter implemented as in Fig. 14.17. Let $V_{DD} = 1.8$ V, $R = 2\,\text{k}\Omega$, $R_{on} = 100\,\Omega$, $V_{IL} = 0.6$ V, and $V_{IH} = 0.8$ V.

(a) Find V_{OL}, V_{OH}, NM_H, and NM_L.
(b) The inverter is driving N identical inverters. Each of these load inverters, or **fan-out** inverters as they are usually called, is specified to require an input current of 0.1 mA when the input voltage (of the fan-out inverter) is high and zero current when the input voltage is low. Noting that the input currents of the fan-out inverters will have to be supplied through R of the driving inverter, find the resulting value of V_{OH} and of NM_H as a function of the number of fan-out inverters N. Hence find the maximum value N can have while the inverter is still providing an NM_H value that is greater than or equal to its NM_L.
(c) Find the power dissipation in the inverter in the two cases: (i) the output is low, and (ii) the output is high and driving the maximum fan-out found in (b).

14.18 For an inverter employing a 1.8-V supply, suggest an ideal set of values for V_M, V_{IL}, V_{IH}, V_{OL}, V_{OH}, NM_L, NM_H. Also, sketch the VTC. What value of voltage gain in the transition region does your ideal specification imply?

D 14.19 Design the inverter circuit in Fig. 14.12(a) to provide $V_{OH} = 1.0$ V, $V_{OL} = 50$ mV, and so that the current drawn from the supply in the low-output state is 30 μA. The transistor has $V_t = 0.35$ V, $\mu_n C_{ox} = 540\ \mu\text{A/V}^2$, and $\lambda = 0$. Specify the required values of V_{DD}, R_D, and W/L. How much power is drawn from the supply when the output is high? When the output is low?

***14.20** Consider a pseudo-NMOS inverter as shown in Fig. 14.21 and fabricated in a 65-nm CMOS technology for which $V_{DD} = 1.0$ V, $|V_t| = 0.35$ V, $k_n/k_p = 5.4$, and $k_n = 540$ μA/V^2.

(a) Find V_{OH}.
(b) Derive an equation for V_{OL} that is a function of V_{DD}, V_t, and k_n/k_p.
(c) Evaluate the equation using the process parameters in the problem statement.

****14.21** Derive an expression for V_M of the pseudo-NMOS inverter shown in Fig. 14.21. You may assume that $V_t = V_{tn} = |V_{tp}|$ and $r \equiv k_n/k_p$.

14.22 A particular logic inverter is specified to have $V_{IL} = 0.5$ V, $V_{IH} = 0.7$ V, $V_{OL} = 0.1$ V, and $V_{OH} = 1.2$ V. Find the high and low noise margins, NM_H and NM_L.

14.23 For a particular inverter design using a power supply V_{DD}, $V_{OL} = 0.1V_{DD}$, $V_{OH} = 0.8V_{DD}$, $V_{IL} = 0.25V_{DD}$, and $V_{IH} = 0.6\,V_{DD}$. What are the noise margins? What is the width of the transition region? For a minimum noise margin of 0.25 V, what value of V_{DD} is required?

***14.24** For a particular inverter, the basic technology used provides an inherent limit to the small-signal, low-frequency voltage gain of 50 V/V. If, with a 1-V supply, the values of V_{OL} and V_{OH} are ideal, but $V_M = 0.4V_{DD}$, what are the best possible values of V_{IL} and V_{IH} that can be expected? What are the best possible noise margins you could expect? Find the large-signal voltage gain, where the gain is defined by $(V_{OH} - V_{OL})/(V_{IL} - V_{IH})$. (*Hint:* Use straight-line approximations for the VTC.)

***14.25** A logic-circuit type intended for use in a digital-signal-processing application in a newly developed hearing aid can operate down to single-cell supply voltages of 0.9 V. If for its inverter, the output signals swing between 0 and V_{DD}, the "gain-of-one" points are separated by less than $\frac{1}{3}V_{DD}$, and the noise margins are within 30% of one another, what ranges of values of V_{IL}, V_{IH}, V_{OL}, V_{OH}, NM_L, and NM_H can you expect for the lowest possible battery supply?

D 14.26 Refer to the analysis of the resistive-load MOS inverter in Example 14.2 and utilize the expressions derived there for the various inverter parameters. Design the circuit to satisfy the following requirements: $V_{OH} = 1.2$ V, $V_{OL} = 50$ mV, and the power dissipation in the low-output state = 50 μW. The transistor available has $V_t = 0.4$ V, $\mu_n C_{ox} = 500\ \mu\text{A/V}^2$, and $\lambda = 0$. Specify the required values of V_{DD}, R_D, and W/L. What are the values obtained for V_{IL}, V_M, V_{IH}, NM_L, and NM_H?

D *14.27 Refer to the analysis of the resistive-load MOS inverter in Example 14.2 and utilize the expressions derived there for the various inverter parameters. For a technology for which $V_t = 0.3V_{DD}$, it is required to design the inverter to obtain $V_M = V_{DD}/2$. In terms of V_{DD}, what is the required value of the design parameter V_x? What values are obtained for V_{OH}, V_{OL}, V_{IL}, V_{IH}, NM_H, and NM_L, in terms of V_{DD}? Give numerical values for the case $V_{DD} = 1.0$V. Now, express the power dissipated in the inverter in its low-output state in terms of the transistor's W/L ratio. Let $k_n' = 540\ \mu\text{A/V}^2$. If the power dissipation is to be limited to approximately 100 μW, what W/L ratio is needed and what value of R_D is used?

Section 14.3: The CMOS Inverter

14.28 Consider a CMOS inverter fabricated in a 65-nm CMOS process for which $V_{DD} = 1$ V, $V_{tn} = -V_{tp} = 0.35$ V, and $\mu_n C_{ox} = 2.5\mu_p C_{ox} = 470\ \mu\text{A/V}^2$. In addition, Q_N and Q_P have $L = 65$ nm and $(W/L)_n = 1.5$.

(a) Find W_p that results in $V_M = V_{DD}/2$. What is the silicon area utilized by the inverter in this case?
(b) For the matched case in (a), find the values of V_{OH}, V_{OL}, V_{IH}, V_{IL}, NM_L, and NM_H.
(c) For the matched case in (a), find the output resistance of the inverter in each of its two states.

***14.29** For a technology in which $V_{tn} = 0.3V_{DD}$, show that the maximum current that the inverter can sink while its low-output level does not exceed 0.1 V_{DD} is $0.065\ k_n'(W/L)_n V_{DD}^2$. For $V_{DD} = 1.2$V, $k_n' = 500\ \mu\text{A/V}^2$, find $(W/L)_n$ that permits this maximum current to be 0.1 mA.

14.30 Consider the CMOS inverter of Fig. 14.22 with Q_N and Q_P matched and with the input v_I rising slowly from 0 to V_{DD}. At what value of v_I does the current flowing through Q_N and Q_P reach its peak? Give an expression for the peak current, neglecting λ_n and λ_p. For $k_n' = 540\ \mu\text{A/V}^2$, $(W/L)_n = 1.5$, $V_{DD} = 1.0$ V, and $V_{tn} = 0.35$V, find the value of the peak current.

14.31 Consider a CMOS inverter fabricated in a 0.25-μm CMOS process for which $V_{DD} = 2.5$ V, $V_{tn} = -V_{tp} = 0.5$ V, and $\mu_n C_{ox} = 3.5\ \mu_p C_{ox} = 115\ \mu\text{A/V}^2$. In addition, Q_N and Q_P have $L = 0.25\ \mu$m and $(W/L)_n = 1.5$. Investigate the variation of V_M with the ratio W_p/W_n. Specifically, calculate V_M for (a) $W_p = 3.5W_n$ (the matched case), (b) $W_p = W_n$ (the minimum-size case); and (c) $W_p = 2W_n$ (a compromise case). For cases (b) and (c), estimate the approximate reduction in NM_L and silicon area relative to the matched case (a).

14.32 A CMOS inverter for which $k_n = 5k_p = 250\ \mu\text{A/V}^2$ and $V_t = 0.4$ V is connected as shown in Fig. P14.32 to a sinusoidal signal source having a Thévenin equivalent voltage of 0.1-V peak amplitude and resistance of 100 kΩ. What signal voltage appears at node A with $v_I = +1.5$ V? With $v_I = -1.5$ V?

D 14.33 There are situations in which Q_N and Q_P of the CMOS inverter are deliberately mismatched to realize a certain desired value for V_M. Show that the value required of the parameter r of Eq. (14.40) is given by

problems with green numbers are considered essential; * = difficult problem; ** = more difficult; *** = very challenging
SIM = simulation; **D** = design problem;

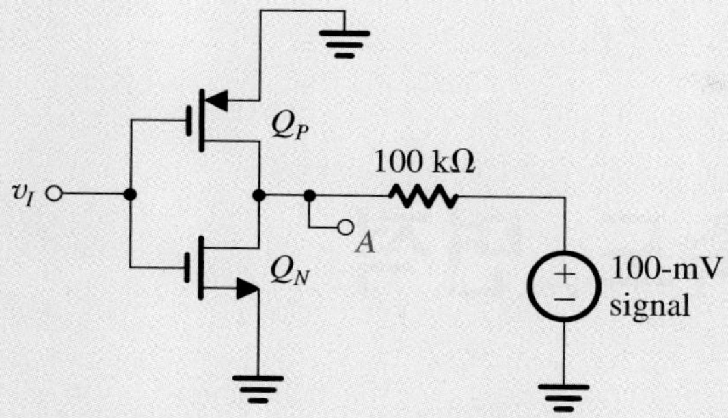

Figure P14.32

$$r = \frac{V_M - V_{tn}}{V_{DD} - |V_{tp}| - V_M}$$

For a 65-nm process characterized by $V_{tn} = -V_{tp} = 0.35\,\text{V}$, $V_{DD} = 1.0\,\text{V}$, and $\mu_n = 5.4\mu_p$, find the ratio W_p/W_n required to obtain $V_M = 0.6V_{DD}$.

14.34 Redo Exercise 14.5 using the following parameters from a 28-nm CMOS technology: $V_{DD} = 0.9$ V, $V_{tn} = -V_{tp} = 0.3$ V, $\mu_n/\mu_p = 1.5$, and $\mu_n C_{ox} = 750\ \mu\text{A/V}^2$. Q_N and Q_P have $L = 28$ nm and $(W/L)_n = 2.0$.

14.35 Repeat Example 14.3 for a CMOS inverter fabricated in a 0.13-μm process for which $V_{DD} = 1.3$ V, $V_{tn} = |V_{tp}| = 0.4$ V, $\mu_n = 4\mu_p$, and $\mu_n C_{ox} = 500\ \mu\text{A/V}^2$. In addition, Q_N and Q_P have $L = 0.13$ μm and $(W/L)_n = 1.5$. For part (a) use $V_M = V_{DD}/2 = 0.65$ V.

CHAPTER 15

디지털 설계: 전력, 속도, 면적

서론

15.1 CMOS 반전기의 동적 동작

15.2 트랜지스터 크기

15.3 전력 손실

15.4 축소 기술의 영향: 초미세 설계의 쟁점

요약

PROBLEMS

이 장에서 배울 내용

- CMOS 반전기의 동적 수행 능력 분석 방법
- CMOS 논리 회로에서 다양한 성능 요구 조건을 맞추기 위해 트랜지스터의 크기를 선택하는 방법
- CMOS를 강조한 논리 회로에서 전력 소비 근원 및 전력 손실과 동작 속도 상호 간의 타협 균형
- 나노 크기 디지털 회로 설계에서의 50년 이상 된 비례 축소 기술(무어의 법칙)의 영향과 현재의 도전과 기회

서론

14장에서는 CMOS 논리 회로의 정적 동작과 구성을 강조하는 기본 원리를 공부하였다. 이제 우리의 관심을 디지털 회로 설계에 있어 가장 중요한 세 가지 고려 사항인 속도, 전력, 면적으로 돌려 보자. 소비자의 요구를 충족시키기 위해서 흔히 고속 회로가 필요하며, 열량이나 배터리 제약에 대처하려면 낮은 전력에서의 동작이 요구된다. 그리고 회로 면적은 비용에 아주 큰 영향을 미친다. 따라서 이러한 측정 기준을 최적화하는 것은 매우 중요하다. 그런데 이러한 측정 기준 하나를 최적화하는 것은 나머지 두 요소에 비용을 초래하게 되며, 아쉬운 일이지만 이런 일은 공학 분야에서는 매우 흔하다! 예를 들어 속도에 대해 생각해 보자. 이 장에서 보게 되겠지만, 트랜지스터를 더 크게 만들면 증가한 전류는 속도를 향상시킨다. 그러나 트랜지스터를 더 크게 하려면 더 큰 면적이 필요하고, 더 커진 전류와 커패시터로 인해 더 많은 전력이 필요하게 된다.

이 장에서는 이 세 가지 측정 기준에 초점을 두고 CMOS 논리 회로의 설계와 최적화 처리 방법의 개요를 살펴본다. 여러 가지 상호 연관된 측면을 동작 속도에 대한 분석과 최적화(15.1절)에, 적절한 트랜지스터 면적 선택(15.2절)에, 그리고 전력 소비 확인과 특성화(15.3절)에 중점을 두고 세밀히 조사해 본다. 이는 16장의 순차, 메모리 회로를 학습하기 위한 토대가 될 것이다.

15.4절에서는 디지털 집적 회로 설계에 있어 무어 법칙의 영향을 살펴본다. 특히 지난 50여 년 동안 MOSFET의 치수는 매 5년마다 두 배 크기로 축소되어 왔다. 이러한 축소는 V_{DD}와 V_t를 줄임으로써 이루어진 것이다. 축소 기술, 특히 속도, 면적, 전력 측면에서의 도전 과제와 기회를 생각해 보고, 마지막으로는 이 책에서 언급되지 않은 논리 회로군과 새롭게 출현하는 기술에 적응함에 있어 설계자들을 도울 수 있는 통찰력을 제공하고자 한다.

15.1 CMOS 반전기의 동적 동작

디지털 시스템(예를 들면, 컴퓨터)의 동작 속도는 시스템을 구성하는 데 사용된 논리 게이트들의 전파 지연(propagation delay)으로 결정된다. 반전기가 어떤 디지털 IC 기술에서나 기본적인 논리 게이트이기 때문에, 반전기의 전파 지연은 주어진 기술의 속도 특성을 기술하는 데 근본적인 파라미터가 된다. 일반 반전기 회로의 전파 지연을 고려하여 15.1.1절에 있는 CMOS의 동적 동작에 대한 학습으로 시작해 보자. 15.1.2절과 15.1.3절에 있는 CMOS 경우에 응용될 수 있는 주요 정의와 분석법을 소개한다.

15.1.1 전파 지연

전파 지연은 반전기가 주어진 입력의 변화에 반응하는데 까지 걸리는 시간이다. 구체적으로 더 자세히 말하면, 그림 15.1(a)에 나타낸 이상적인 펄스가 입력된 반전기를 고려하자. 반전기의 출력신호는 그림 15.1(b)에 나타낸다. 다음의 두 가지 관찰을 한다.

1. 출력 신호는 더 이상 이상적인 펄스가 아니다. 오히려 곡선화된 모서리이다. 즉, 펄스는 고레벨 값으로 증가하거나 저레벨 값으로 내려가는 데 얼마의 시간이 걸린다. 이것의 자세한 정의는 곧 제시할 것이다.

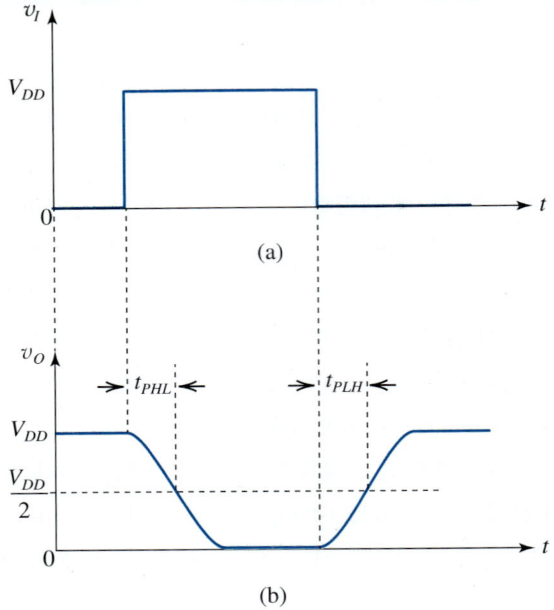

그림 15.1 (a)의 이상적 펄스가 입력된 반전기는 (b)에 있는 출력 펄스를 제공한다. 두 개의 지연 시간은 제시한 것처럼 정의한다.

2. 입력 펄스의 양단과 대응하는 반전기의 출력 변화 사이에는 시간 지연이 있다. 만약 출력의 '전환점'을 출력 펄스가 통과하는 중간점의 시간으로 정의한다면, 반전기의 전파 지연을 그림 15.1(b)에서 나타낸 것처럼 정의할 수 있다. 반드시 동일하지는 않은 두 개의 전파 지연(고레벨에서 저레벨로 가는 출력인 t_{PHL}에 대한 전파 지연과 저레벨에서 고레벨로 가는 출력인 t_{PLH}에 대한 전파 지연)이 있음에 주목하자. 반전기 전파 지연 t_P 는 이 둘의 평균값으로 정의된다.

$$t_P \equiv \frac{1}{2}(t_{PLH} + t_{PHL}) \tag{15.1}$$

이 시점에서는 독자들은 반전기의 유한 전파 시간의 원인에 대하여 의문이 없을 것이다. 이것은 단순히 회로의 다양한 커패시턴스에서의 충전과 방전에 필요한 시간의 결과이다. 이 안에는 MOSFET 커패시턴스, 배선 용량과 반전기에 의해 유도된 모든 논리 게이트의 입력 용량도 포함된다. 다음 절에 t_P의 결정에 관한 것과 이러한 용량에 대한 더 많은 설명이 있다. 여기서는 당분간 다음 두 가지 중요한 점만 논한다.

1. 회로의 동적 동작 분석의 기본적 관계점은

$$I\Delta t = \Delta Q = C\Delta V \tag{15.2}$$

즉, 시간 간격 Δt 동안에 커패시턴스 C를 통하여 흐르는 전류 I가 커패시터에 전하 ΔQ를 축적한다. 이것이 커패시터 전압을 ΔV만큼 증가하게 한다.

2. 단일 시정수(STC) 회로들의 시간 응답의 고찰은 디지털 회로의 동적 작동 분석에 큰 도움이 된다. 이 주제에 대한 개관이 부록 E에 제시되어 있다. 그러나 여기서는 계단 함수에 대한 응답을 구하는 데 핵심이 되는 방정식 하나를 기억해 내기만 하면 된다. 계단 함수 입력이 저역 통과형이거나 고역 통과형이거나

둘 중의 하나인 STC 회로망에 인가된 경우를 생각해 보자. 그리고 그 회로망이 시정수 τ를 가진다고 하자. 임의의 시간 t에서 출력은 다음과 같이 주어진다.

$$y(t) = Y_\infty - \left(Y_\infty - Y_{0+}\right)e^{-t/\tau} \tag{15.3}$$

여기서 Y_∞는 최종값 즉 응답이 향하는 곳의 값이고, Y_{0+}는 $t = 0$ 바로 후의 응답의 값이다. 이 식은 임의의 시간 t에서 출력이 최종값 Y와 초기값이 $Y_\infty - Y_{0+}$이고 지수적으로 줄어드는 파형과의 차와 같다는 것을 말해 준다.

예제 15.1 간단한 반전기의 전파 지연 계산

그림 15.2(a)의 반전기에서 출력과 접지 사이에 연결된 커패시터 C를 가진 경우를 살펴보자. 만약 $t = 0$이면 v_I는 low가 된다. 그리고 스위치는 순간적으로 열린다고 가정한다. v_O가 $\frac{1}{2}(V_{OH} + V_{OL})$에 도달하는 시간을 구하라. 이것이 low-to-high 전파 시간 t_{PLH}이다. $R = 25\ \text{k}\Omega$ 그리고 $C = 8\ \text{fF}$일 때 t_{PLH}의 값을 구하라.

풀이

스위치가 열리기 전에, $v_O = V_{OL}$이다. 스위치가 $t = 0$에서 열릴 때, 회로는 15.2(b)의 형태를 취한다. 커패시터에 걸리는 전압은 순간적으로 변할 수 없으므로 $t = 0+$에서 출력은 여전히 V_{OL}이다. 커패시터는 R을 통해 충전되고, v_O는 V_{DD}로 기하급수적으로 증가한다. 출력 파형은 그림 15.2(c)와 같고, 이것의 방정식은 식 (15.3)에 대입하여 구할 수 있다: $v_O(\infty) = V_{OH} = V_{DD}$ 그리고 $v_O(0+) = V_{OL}$. 따라서

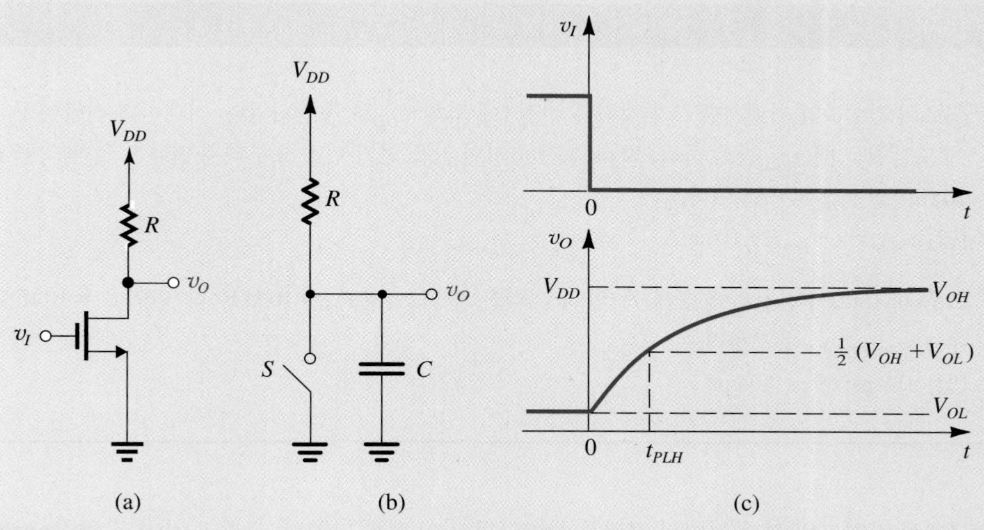

그림 15.2 예제 15.1: (a) 반전기 회로도, (b) v_I가 low이고 스위치가 열려 있을 때의 반전기 회로(즉, $t > 0$), (c) v_I와 v_O의 파형. 스위치는 순간적으로 작동한다고 가정한다는 점을 관찰하라. v_O는 V_{OL}에서 출발하여 V_{OH}를 향해 지수적으로 증가한다.

$$v_O(t) = V_{OH} - (V_{OH} - V_{OL})e^{-t/\tau}$$

여기서 $\tau = CR$이다. t_{PLH}를 구하기 위해 다음을 대입한다.

$$v_O(t_{PLH}) = \frac{1}{2}(V_{OH} + V_{OL})$$

따라서

$$\frac{1}{2}(V_{OH} + V_{OL}) = V_{OH} - (V_{OH} - V_{OL})e^{-t_{PLH}/\tau}$$

결과는 다음과 같다.

$$t_{PLH} = \tau \ln 2 = 0.69\tau$$

이 표현은 V_{OL}과 V_{OH}의 값과는 독립적임을 주목하라. 값을 구하면 다음과 같다.

$$\begin{aligned} t_{PLH} &= 0.69RC \\ &= 0.69 \times 25 \times 10^3 \times 8 \times 10^{-15} \\ &= 138 \text{ ps} \end{aligned}$$

연습문제

15.1 최초의 값이 0인 커패시터 C가 정전류 전원 I에 의해 V_{DD}로 충전되었다. 커패시터 전압이 $V_{DD}/2$에 도달했을 때, t_{PLH}를 구하라. 10 ps의 전파 지연 값을 얻기 위해 요구되는 전류는 얼마인가? $C =$ 10 fF이고 $V_{DD} = 1.2$ V이다.

[답] $t_{PLH} = CV_{DD}/2I$; 0.6 mA

15.2 그림 14.18(a)의 반전기에 대해, P_U의 on 저항은 20 kΩ이고 $P_D = 10$ kΩ이다. 만약 $C = 10$ fF일 경우, t_{PLH}, t_{PHL}, t_P를 구하라.

[답] 138 ps; 69 ps; 104 ps

그림 15.3에서 반전기의 전파 지연의 정의를 살펴보면서 이 절을 마친다. 그림과 같이, 유한 (nonzero) **증가 시간**과 **하강 시간**을 가진 입력 펄스가 적용된다. 출력에서 반전된 펄스는 유한 증하강 시간을 나타낸다.(t_{TLH}와 t_{THL}로 표시하고, 여기서 첨자 T는 전환을 나타내며, LH는 저에서 고, HL은 고에서 저를 나타낸다.) 입력과 출력 파형 사이에 또한 지연 시간이 있다. 전파 지연을 명시하는 보통의 방법은 전파 지연 t_{PHL}과 t_{PLH}의 평균값을 취하는 것이다. 설명한 것처럼 이러한 지연은 입력과 출력 파형의 50% 지점에서 측정한다. **천이 시간**

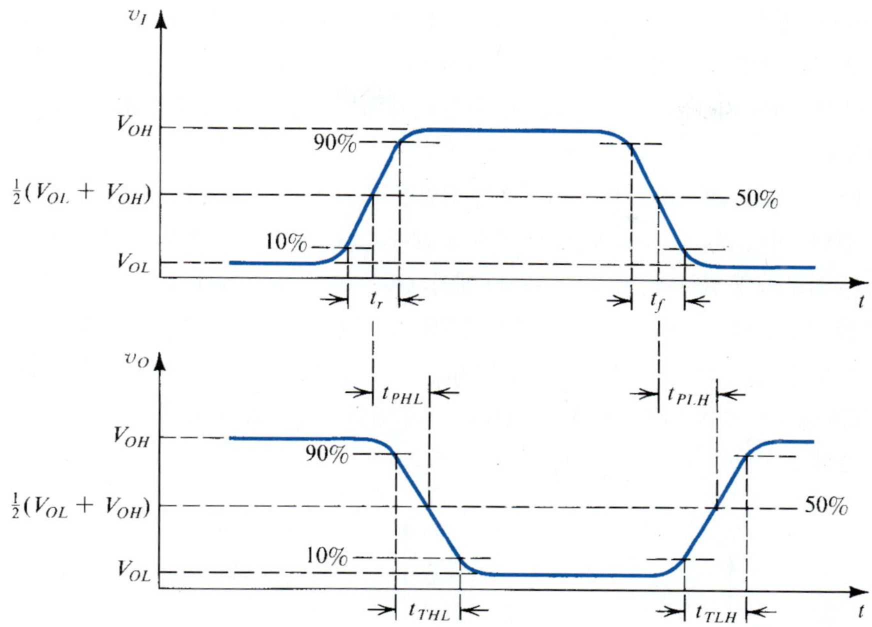

그림 15.3 논리 반전기의 전파 지연과 천이 시간의 정의.

(transition time)은 출력 시행($V_{OH} - V_{OL}$)의 10%와 90%의 점을 사용하여 명시함을 주목하라.

연습문제

15.3 커패시터 $C = 100$ fF가 저항 $R = 2$ kΩ을 통해 전압 V_{DD}에서 0으로 방전되었다. 커패시터 전압의 하강 시간 t_f를 구하라.
[답] $t_f \simeq 2.2\,CR = 0.44$ ns

15.1.2 CMOS 반전기의 전파 지연 결정

CMOS 반전기의 전파 지연을 결정하기 위한 전략은 다음 두 단계로 구성된다.

1. 회로에 있는 모든 커패시턴스를 대체하라. 즉, Q_N과 Q_P에 결부된 다양한 커패시턴스, 다른 회로 반전기의 출력에 연결하는 커패시턴스, 그리고 논리 게이트의 입력 커패시턴스 들을 반전기 출력과 접지 사이에 연결된 단수의 등가 커패시턴스 C로 대체하라.
2. t_{PLH}와 t_{PHL} 그리고 t_P를 계산하기 위해 반전기 결과를 분석하라.

우리는 이 두 단계의 역순으로 공부할 것이다. 따라서 이 절에서는 어떻게 전파 지연이 계산되는지를 살펴본다. 그런 다음 15.1.3절에서 어떻게 C 값을 구하는지 공부한다.

그림 15.4(a)는 CMOS 반전기의 출력과 접지 사이에 커패시턴스 C를 가진 CMOS 반전기이다. 전파 지연 t_{PLH}와 t_{PHL}을 구하기 위해, 입력에 이상 펄스를 적용한다. 즉, 그림 15.4(b)에서처럼 증하강 시간이 0이다. 회로가 대칭이므로, 두 전파 지연의 계산 분석은 유사하다. 따라서 t_{PHL} 값을 자세히 유도하고 t_{PLH} 값은 이를 기반으로 결과를 추론한다.

입력 펄스의 바로 앞쪽 면(즉, $t = 0-$)에서 출력 전압은 V_{DD}이고 C도 이 전압으로 충전된다. $t = 0$에서 v_I는 V_{DD}로 증가한다. 이는 Q_P가 꺼지고 Q_N은 커지게 한다. 그런 다음부터 회로는 $v_O = V_{DD}$를 가지고 그림 15.4(c)에 보이는 회로와 동일하다. 따라서 $t = 0+$에서, Q_N은 포화 영역에서 동작하고 C를 방전시키기 위해 비교적 큰 전류를 공급한다. 그림 15.4(d)는 C가 방전되는 동안 Q_N의 동작점의 궤도를 보여 준다. 여기서 우리는 v_O가 V_{DD}에서부터 $V_{DD}/2$까지 감소하는 동안의 t_{PHL} 시간에 관심이 있다. Q_N의 동작점은 E에서 M으로 이동한다. 이 시간은 궤도의 선분 EF에 해당하며, Q_N은 포화 영역에서 작동한다. 그러면 F에서 $v_O = V_{DD} - V_t$이고, Q_N은 선형 영역에서 작동한다.

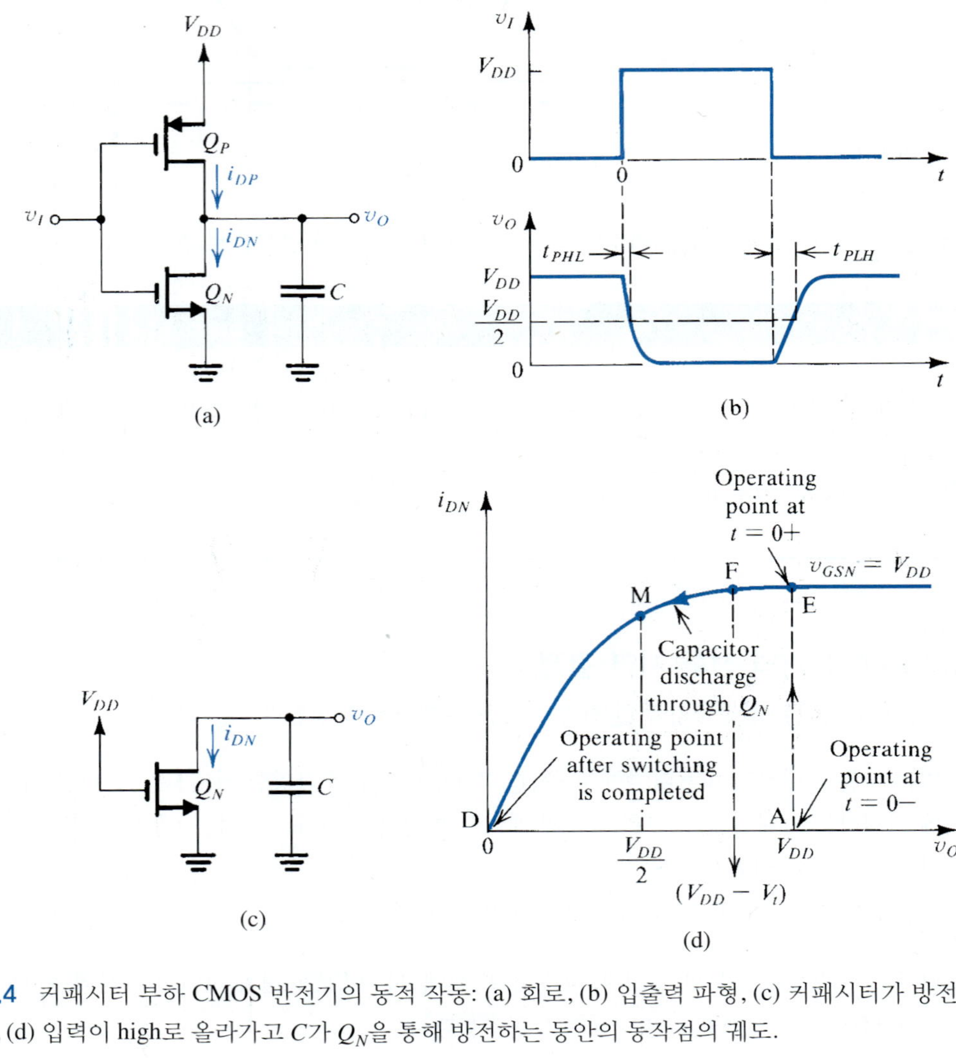

그림 15.4 커패시터 부하 CMOS 반전기의 동적 작동: (a) 회로, (b) 입출력 파형, (c) 커패시터가 방전하는 동안 등가 회로, (d) 입력이 high로 올라가고 C가 Q_N을 통해 방전하는 동안의 동작점의 궤도.

t_{PHL}을 구하기 위한 간단한 방법은 선분 EM 위에서 Q_N에 의해 공급된 전류의 평균값을 구하는 것으로 되어 있다. 그런 다음 아래 방정식을 써서 t_{PHL}을 구하는 데 이 방전 전류의 평균값을 이용한다.

$$I_{av}t_{PHL} = C[V_{DD} - (V_{DD}/2)]$$

결과로

$$t_{PHL} = \frac{CV_{DD}}{2I_{av}} \tag{15.4}$$

I_{av}의 값은 다음처럼 구한다.

$$I_{av} = \frac{1}{2}[i_{DN}(\text{E}) + i_{DN}(\text{M})] \tag{15.5}$$

여기서

$$i_{DN}(\text{E}) = \frac{1}{2}k_n'\left(\frac{W}{L}\right)_n (V_{DD} - V_{tn})^2 \tag{15.6}$$

그리고

$$i_{DN}(\text{M}) = k_n'\left(\frac{W}{L}\right)_n \left[(V_{DD} - V_{tn})\left(\frac{V_{DD}}{2}\right) - \frac{1}{2}\left(\frac{V_{DD}}{2}\right)^2\right] \tag{15.7}$$

$\lambda_n = 0$이라고 가정한 것에 주목하기 바란다. 식 (15.4)와 (15.7)을 결합하여 구한다.

$$t_{PHL} = \frac{\alpha_n C}{k_n'(W/L)_n V_{DD}} \tag{15.8}$$

여기서 α_n은 V_t와 V_{DD}의 상대적인 값에 의해 결정되는 요소이다.

$$\alpha_n = 2\bigg/\left[\frac{7}{4} - \frac{3V_{tn}}{V_{DD}} + \left(\frac{V_{tn}}{V_{DD}}\right)^2\right] \tag{15.9}$$

α_n의 값은 1에서 3의 범위 안에 든다.

low에서 high로 갈 때 반전기의 지연 시간 t_{PLH}에 대한 식은, 식 (15.8)의 t_{PHL} 식에 대비하여 다음과 같이 쓸 수 있다.

$$t_{PLH} = \frac{\alpha_p C}{k_p'(W/L)_p V_{DD}} \tag{15.10}$$

위 식에서 α_p는 다음과 같다.

$$\alpha_p = 2\bigg/\left[\frac{7}{4} - \frac{3|V_{tp}|}{V_{DD}} + \left|\frac{V_{tp}}{V_{DD}}\right|^2\right] \tag{15.11}$$

끝으로 전파 지연 t_P는 식 (15.1)과 같이 t_{PHL}과 t_{PLH}의 평균으로 구할 수 있다. 식 (15.8)~(15.11)을 검토함으로써 많은 유용한 결과를 알 수 있다.

1. 예상했던 대로 t_P의 두 구성 요소는 k_n과 k_p가 같아지도록 W/L 비를 정하여, 즉 Q_N과 Q_P를 정합함으로써 같아질 수 있다. $\alpha_n = \alpha_p$임을 가정하라. 이는 $V_{tn} = -V_{tp}$일 때 구해진 값이다.
2. t_P가 C에 비례하므로, 설계자는 C를 줄이려고 노력해야 한다. 이것은 가능한 한 최소 채널 길이를 사용하고 관련 배선 및 다른 기생 커패시턴스를 최소화함으로써 가능하다. 칩을 주의 깊게 배치하면 그러한 커패시턴스와 C_{db}의 값에서 많은 감소를 가져올 수 있다.
3. 더 큰 트랜스컨덕턴스 인자 k'을 가진 공정 기술을 사용하면 더 짧은 전파 지연을 얻을 수 있다. 그러나 그런 공정에서는 C_{ox}가 증가되고, 따라서 동시에 C의 값도 증가된다는 것을 명심하라(15.4절 참조).
4. 더 큰 W/L 비를 사용하면 t_P의 감소를 가져온다. 그러나 여기서 소자의 크기가 커지면 C 값이 증가하여 기대했던 t_P의 감소가 나타나지 않을 수도 있다는 것에 주의하라. 그러나 W/L을 증가시켜 t_P를 감소시키는 것은 C가 소자의 크기에 직접적으로 관련이 없는 요소로 대부분이 구성되는 상황(예를 들어 배선 또는 팬아웃 소자에 의한 경우)에서는 효과적인 전략이다.
5. 공급 전압 V_{DD}가 커질수록 t_P는 더 줄어든다. 그러나 V_{DD}는 공정 기술에 의해 결정되어 종종 설계자가 제어할 수 없는 경우가 있다. 게다가 장치 크기가 작아지고 있는 현대의 공정 기술은 더 낮은 V_{DD}를 요구한다(부록 K 참조). V_{DD}를 줄이고자 하는 이유는 초고밀도 칩에서 동소비 전력(dynamic power dissipation)을 허용할 수 있는 값 이내로 유지하기 위함이다. 15.3절에서 이 점에 대해 더 많이 언급할 것이다.

이러한 여러 관찰 결과 CMOS 디지털 집적 회로의 설계에는 여러 가지 서로 상충하는 요구 조건이 존재하며 이러한 조건들에 대한 절충이 일어나게 된다는 것을 알 수 있다.

대안 접근 위에서 구한 t_{PHL}과 t_{PLH} 식은 초미세 기술 반전기의 지연 값을 과소평가한다. 이 문제는 속도 포화 상태 효과 때문에 일어나는데 이에 대해서는 15.4절에서 간단히 설명한다. 속도 포화 상태는 포화 영역에서 낮은 MOSFET 전류가 되고, 따라서 지연 시간을 증가시키게 된다. 이 문제를 다루기 위해 반전기 전파 지연을 추정할 수 있는 매우 간단한 대안 접근법을 제시하겠다.

그림 15.5는 대안 접근법을 보여 준다. 방전 지연 시간 t_{PHL} 동안 Q_N은 등가 저항 R_N으로 대체된다. 마찬가지로 충전 지연 시간 t_{PLH} 동안 Q_P는 등가 저항 R_P로 대체된다. 쉽게 다음을 나타낼 수 있다.

$$t_{PHL} = 0.69 R_N C \tag{15.12}$$

그리고

$$t_{PLH} = 0.69 R_P C \tag{15.13}$$

값 R_N과 R_P는 시뮬레이션으로 추정하거나 경험적으로 찾을 수 있다. 보통 새로운 기술을 사용할 때 설계자(큰 설계팀의 일원)는 단위-크기의 NMOS와 PMOS(즉, 정해진 치수의 트랜지스터) 그리고 큰 외부 부하 커패시터 C(트랜지스터 내부 커패시터를 능가하는)를 사용하여 그림 15.5의 회로들을 시뮬레이션한다. 이러한

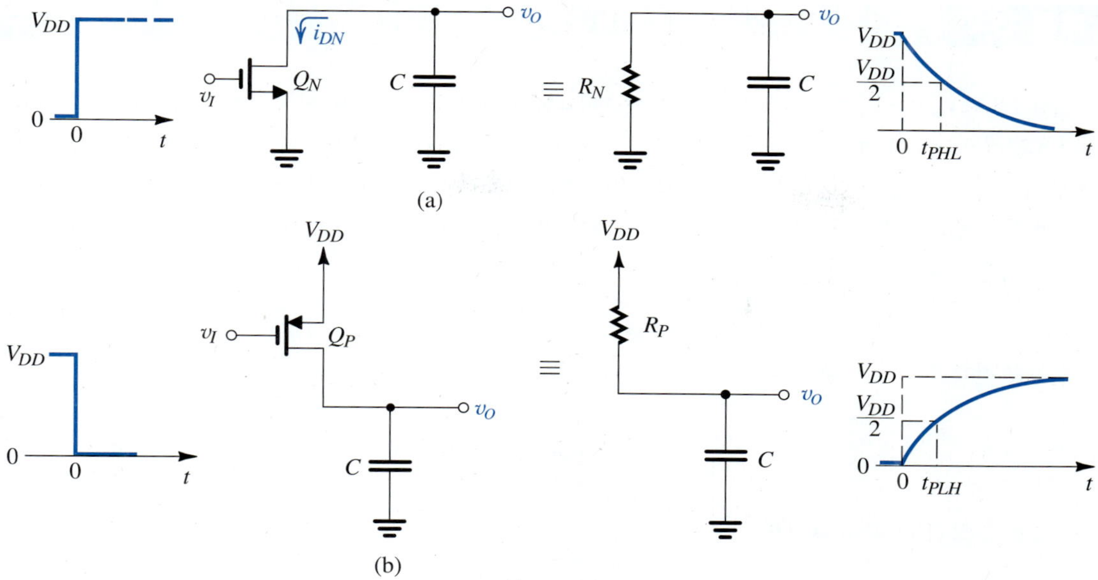

그림 15.5 반전기의 전파 지연 (a) t_{PHL}과 (b) t_{PLH}를 구하기 위한 등가 회로.

시뮬레이션을 근거로 값 t_{PHL}과 t_{PLH}가 계산되고, 그에 따라 특정한 크기의 트랜지스터에 대한 실질적인 값 R_N과 R_P가 식 (15.12)와 (15.13)에 근거하여 결정되는 것이다. 이처럼 해서 특정한 크기 치수 W_n/L_n과 W_p/L_p를 가진 트랜지스터의 값 R_N과 R_P는 각각 다음처럼 예측될 수 있다.

$$R_N = \frac{R_{eff,N}(W_{eff}/L_{eff})}{(W_n/L_n)} \tag{15.14}$$

$$R_P = \frac{R_{eff,P}(W_{eff}/L_{eff})}{(W_p/L_p)} \tag{15.15}$$

트랜지스터 치수와 기술에 따라 값 R_N과 R_P는 전형적으로 수십 Ω에서 수 kΩ까지 가질 수 있다. 0.25 μm, 0.18 μm, 0.13 μm 크기를 다루는 CMOS 기술에서 $R_{eff,N} = 12.5$ kΩ과 $R_{eff,P} = 30$ kΩ의 값은 $W_{eff}/L_{eff} = 1$일 경우에는 아주 정확한 값이라고 알려져 있다[Hodges et al.(2004) 참조].

끝으로 식 (15.12)와 (15.13)의 지연 표현은 반전기가 계단 입력(step input) 전압에 의해 유도된 것이라는 가정하에 얻은 것이라는 점에 주목하기 바란다. 좀 더 실질적인 경사 입력(ramp input) 전압의 경우에는 0.69 비율로 근접한다. 따라서

$$t_{PHL} \simeq R_N C \tag{15.16}$$

그리고

$$t_{PLH} \simeq R_P C \tag{15.17}$$

예제 15.2 CMOS 반전기의 전파 지연 결정

$V_{DD} = 1.0$ V, $V_{tn} = -V_{tp} = 0.35$ V, $k_n' = 5.4k_p' = 540\ \mu\text{A/V}^2$ 값을 가진 65 nm 공정의 경우, 반전기가 $(W/L)_n = 1.5$ 그리고 $(W/L)_p = 3$과 $C = 5$ fF의 값을 가질 때 t_{PLH}, t_{PHL}, t_P를 구하라. $(W/L) = 1.5$의 치수를 가진 트랜지스터는 $R_{eff,N} = 8\ \text{k}\Omega$, $R_{eff,P} = 24\ \text{k}\Omega$이다. 평균 전류값과 등가 저항에 근거한 접근법 모두 사용하고, 얻은 결과값을 비교하라. 만약 전력 소비를 줄이기 위해 반전기가 $V_{DD} = 0.8$ V에서 동작한다면 어떤 요인이 t_P를 변화시키는가?

풀이

(a) 평균 전류 방법을 사용하여, 식 (15.9)로부터 다음을 구한다.

$$\alpha_n = \frac{2}{\frac{7}{4} - \frac{3\times 0.35}{1.0} + \left(\frac{0.35}{1.0}\right)^2} = 2.43$$

그리고 식 (15.8)을 사용하면

$$t_{PHL} = \frac{2.43 \times 5 \times 10^{-15}}{540 \times 10^{-6} \times 1.5 \times 1.0} = 15.0 \text{ ps}$$

$|V_{tp}| = V_{tn}$이므로

$$\alpha_p = \alpha_n = 2.43$$

그리고 식 (15.10)으로부터 다음과 같이 t_{PLH}를 구한다.

$$t_{PLH} = \frac{2.43 \times 5 \times 10^{-15}}{(540/5.4) \times 10^{-6} \times 3 \times 1.0} = 40.5 \text{ ps}$$

이제 전파 지연은 다음과 같이 구할 수 있다.

$$\begin{aligned} t_P &= \frac{1}{2}(t_{PHL} + t_{PLH}) \\ &= \frac{1}{2}(15.0 + 40.5) = 27.8 \text{ ps} \end{aligned}$$

(b) 등가 저항 방법을 사용하여, 먼저 식 (15.14)로부터 R_N을 구한다.

$$R_N = \frac{8 \times 1.5}{1.5} = 8\ \text{k}\Omega$$

다음으로 식 (15.12)를 사용하여 t_{PHL}을 구한다.

$$t_{PHL} = 0.69 \times 8 \times 10^3 \times 5 \times 10^{-15} = 27.6 \text{ ps}$$

마찬가지로 식 (15.15)를 사용하여 R_P를 구한다.

$$R_P = \frac{24 \times 1.5}{3} = 12 \text{ k}\Omega$$

그리고 식 (15.13)으로 t_{PLH}를 구한다.

$$t_{PLH} = 0.69 \times 12 \times 10^3 \times 5 \times 10^{-15} = 41.4 \text{ ps}$$

따라서 구해진 t_{PHL} 값이 평균 전류 방법을 사용하여 구한 값보다 클 동안에는 t_{PLH} 값은 거의 같다. 끝으로 t_P를 다음과 같이 구한다.

$$t_P = \frac{1}{2}(27.6 + 41.4) = 34.5 \text{ ps}$$

이것은 평균 전류 방법으로 구한 값보다 조금 높다.

반전기가 $V_{DD} = 0.8$ V에서 작동할 경우 얻어진 전파 지연의 차이를 구하기 위해서는 평균 전류 방법을 사용해야 한다.(전력 공급 전압에 의존하는 요소가 $R_{eff,N}$과 $R_{eff,P}$의 값에 흡수된다.) 식 (15.9)를 사용하여 다음과 같이 표현한다.

$$\alpha_n = \frac{2}{\frac{7}{4} - \frac{3 \times 0.35}{0.8} + \left(\frac{0.35}{0.8}\right)^2} = 3.18$$

t_{PHL}의 값은 식 (15.8)을 사용하여 구한다.

$$t_{PHL} = \frac{3.18 \times 5 \times 10^{-15}}{540 \times 10^{-6} \times 1.5 \times 0.8} = 24.5 \text{ ps}$$

마찬가지로 $\alpha_p = \alpha_n = 3.18$ 값을 식 (15.10)에 대입하여 다음을 구한다.

$$t_{PLH} = \frac{3.18 \times 5 \times 10^{-15}}{(540/5.4) \times 10^{-6} \times 3 \times 0.8} = 66.3 \text{ ps}$$

끝으로 t_P는 다음과 같이 계산한다.

$$t_P = \frac{1}{2}(24.5 + 66.3) = 45.4 \text{ ps}$$

예상한 대로 V_{DD} 감소는 증가된 전파 지연($45.4/27.8 = 1.63$)을 초래한다.

전파 지연의 주제를 마치기 전에 우리는 위의 간략한 공식을 이용한 간단한 분석으로 정밀한 결과를 예상해서는 안 된다는 것을 강조하고자 한다. 오히려 그 가치는 설계를 위한 통찰력을 얻는 데 있다. 정밀한 결과는 항상 SPICE 시뮬레이션을 이용하여 얻을 수 있다.(부록 B의 예제들 및 웹사이트의 광범위한 자료를 참조하라.) 그러나 예상하는 결과의 대략적인 값을 알지 못한 채 시뮬레이션을 사용하는 것은 꼭 좋은 생각은 아니다.

연습문제

15.4 0.18 μm 공정으로 제조된 CMOS 반전기가 다음 값을 가진다: $V_{DD} = 1.8$ V, $V_{tn} = -V_{tp} = 0.5$ V, $k'_n = 4k'_p = 300$ μA/V^2, $(W/L)_n = 1.5$, 그리고 $(W/L)_p = 3$. 등가 부하 커패시턴스가 $C = 10$ fF일 때 t_{PHL}, t_{PLH}, t_P를 구하라. 평균 전류 방법을 사용하라.

[답] 24.8 ps; 49.6 ps; 37.2 ps

D15.5 0.13 μm 공정으로 제조된 CMOS 반전기에 대하여 $(W/L)_n$과 $(W/L)_p$를 구하기 위해 등가 저항 접근법을 사용하라. 부하 커패시턴스가 $C = 20$ fF일 때 $t_{PLH} = t_{PHL} = 50$ ps가 되도록 하라. $W_{eff}/L_{eff} = 1$일 경우 $R_{eff,N} = 12.5$ kΩ과 $R_{eff,P} = 30$ kΩ을 사용하라.

[답] 3.5; 8.3

15.1.3 등가 부하 커패시턴스 C의 결정

등가 부하 커패시턴스 C를 사용하여 CMOS 반전기의 전파 지연을 구했다. 이제 C의 값을 구하는 일이 남아 있다. 이 목표를 위해 MOS 트랜지스터의 다양한 커패시턴스를 완벽하게 이해하는 것은 필수적이다. 따라서 9.1.1절의 내용을 복습하기를 권한다.

그림 15.6은 Q_1과 Q_2로 구성된 CMOS 반전기의 전파 지연을 구하기 위한 회로를 나타낸 것이다. 이 반전기는 트랜지스터 Q_3와 Q_4로 구성된 유사한 반전기를 구동하는 반전기를 나타냄을 주목하기 바란다. 이는 실제 상황을 반영하고, 어떻게 구동 반전기의 기여를 결정할 것인가를 설명하는 데 도움을 준다. 공부하고 있는 반전기(즉, Q_1과 Q_2로 구성된)의 출력에 있는 등가 커패시턴스 C에 대해 구동 반전기의 기여를 말한다.

Q_1–Q_2 반전기의 출력에 연결되어 있는 다양한 트랜지스터 커패시턴스가 그림 15.6에 명시되어 있다. 또

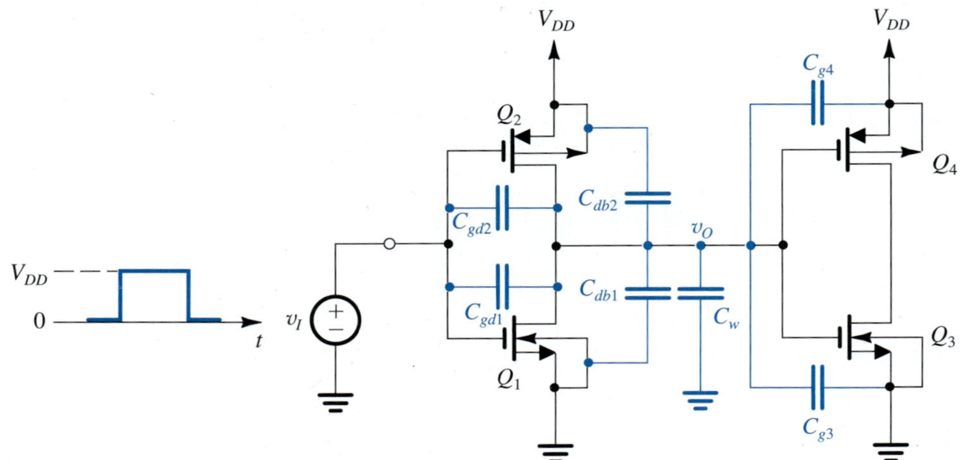

그림 15.6 Q_1과 Q_2로 구성된 반전기의 전파 지연을 분석하기 위한 회로. 이 반전기는 Q_3와 Q_4로 구성된 유사한 반전기를 구동한다.

한 Q_3–Q_4 반전기의 입력과 Q_1–Q_2 반전기의 출력에 연결 혹은 **상호 연결**되어 있는 **배선 커패시턴스**(wiring capacitance) C_w도 나타나 있다. 상호 연결 커패시턴스는 축소 기술에 따라 광범위하게 사용되고 있다. 사실 몇몇 디지털 IC 설계자들은 상호 연결이 동작 속도에 트랜지스터 자체보다도 더 큰 제약을 준다는 의견을 가지고 있다. 이 주제는 15.4절에서 간단히 설명할 것이다.

그림 15.6을 대충 보더라도 손으로 수행하는 분석은 거의 불가능하다는 것을 알 수 있다. 물론 이것이 모든 커패시턴스를 대신하여 등가 커패시턴스 C를 사용한 단순화를 채택한 이유이다. C를 구하기 전에, t_{PLH}나 t_{PHL} 동안에 첫 번째 반전기의 출력은 각각 0에서 $V_{DD}/2$ 또는 V_{DD}에서 $V_{DD}/2$로 각각 변하는 것을 주목하라. 이때 두 번째 반전기는 그 분석 기간 동안 같은 상태를 $V_{DD}/2$로 유지한다. 이러한 사실은 두 번째 반전기의 등가 입력 커패시턴스 값을 추정하는 데 중대한 의미를 가진다. 이제 그림 15.6에 있는 각 커패시턴스들의 등가 부하 커패시턴스 C의 값에 대한 기여를 생각해 보자.

1. Q_1의 게이트-드레인 간의 오버랩 커패시턴스(overlap capacitance) C_{gd1}은 출력 마디와 접지 사이의 등가 커패시턴스 $2C_{gd1}$으로 대치될 수 있다. 여기서 인수 2는 밀러 효과(9.2절) 때문이다. 특히 그림 15.7을 참고하고, 같은 크기로 v_I는 high로 가고 v_O는 low로 갈 때, C_{gd1} 양단의 전압 변화는 그 크기의 두 배임을 주목하라. 따라서 출력 마디에서 바라볼 때 C_{gd1} 값의 두 배에 해당하는 효과가 나타난다. Q_2의 게이트-드레인 간의 오버랩 커패시턴스 C_{gd2}에 대해서도 같다. 출력 마디와 접지 사이의 커패시턴스 $2C_{gd2}$로 대치될 수 있다.
2. 드레인-몸체 간의 커패시턴스 C_{db1}과 C_{db2} 각각은 한 단자가 일정한 전압에 물려 있다. 따라서 여기서는 분석 목적상 C_{db1}과 C_{db2}를 출력 마디와 접지 사이의 등가 커패시턴스로 대치할 수 있다. 그러나 C_{db1}과 C_{db2}를 계산하기 위한 9.1.1절의 식들은 소신호(small-signal) 관계인 반면, 여기서의 분석은 분명히 대신호(large-signal) 관계임을 주의하라. C_{db1}과 C_{db2}에 대한 대신호 등가 값을 찾기 위한 기법이 개발되어 있다[Hodges et al.(2004)과 Rabaey et al.(2003) 참조].
3. 두 번째 반전기가 상태가 변하지 않으므로, Q_3와 Q_4의 입력 커패시턴스가 대략 일정하게 유지되어, 전체 게이트 커패시턴스 $(WLC_{ox} + C_{gsov} = C_{gdov})$와 같다고 가정하자. 즉, 부하 반전기의 입력 커패시턴스는 다음과 같을 것이다.

$$C_{g3} + C_{g4} = (WL)_3 C_{ox} + (WL)_4 C_{ox} + C_{gsov3} + C_{gdov3} + C_{gsov4} + C_{gdov4} \tag{15.18}$$

4. C의 마지막 요소는 관련 배선(wiring) 커패시턴스 C_w이다. 이것은 간단히 값에 더한다.

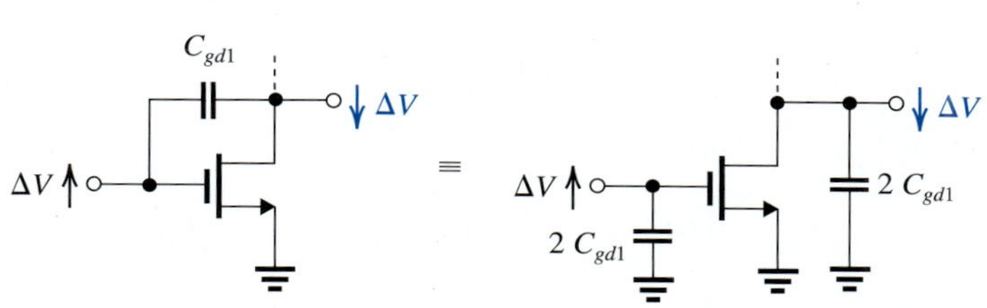

그림 15.7 귀환 커패시턴스 C_{gd1}의 밀러 곱셈.

이렇게 하여 C의 총량은 다음과 같다.

$$C = 2C_{gd1} + 2C_{gd2} + C_{db1} + C_{db2} + C_{g3} + C_{g4} + C_w \tag{15.19}$$

예제 15.3 효과적인 부하 커패시턴스 C와 전파 지연의 결정

$C_{ox} = 34\ \text{fF}/\mu\text{m}^2$, $(W/L)_n = 1.0$에 대해 $R_{eff,N} = 15\ \text{k}\Omega$, $(W/L)_p = 1.0$에 대해 $R_{eff,P} = 20\ \text{k}\Omega$인 28 nm 공정으로 제작된 CMOS 반전기가 있다고 하자. Q_N의 W/L 비는 60 nm/28 nm이고, Q_P의 W/L 비는 60 nm/28 nm이다. 게이트-소스 및 게이트-드레인 간의 오버랩 커패시턴스는 게이트 폭에 대해 0.4 fF/μm로 구현되어 있다. 게다가 드레인-몸체 간의 커패시턴스의 유효(large-signal) 값은 $C_{dbn} = 0.03$ fF이고 $C_{dbp} = 0.5$ fF이다. 관련 배선 커패시턴스 $C_w = 0.5$ fF이다. t_{PHL}, t_{PLH}, t_P를 구하라.

풀이

먼저 식 (15.18)과 (15.19)를 이용하여 등가 커패시턴스 C의 값을 결정한다.

$$C = 2C_{gd1} + 2C_{gd2} + C_{db1} + C_{db2} + C_{g3} + C_{g4} + C_w$$

여기서

$$C_{gd1} = 0.4 \times W_n = 0.4 \times 0.06 = 0.024\ \text{fF}$$
$$C_{gd2} = 0.4 \times W_n = 0.4 \times 0.06 = 0.024\ \text{fF}$$
$$C_{db1} = 0.03\ \text{fF}$$
$$C_{db2} = 0.03\ \text{fF}$$
$$C_{g3} = 0.06 \times 0.028 \times 34 + 2 \times 0.4 \times 0.06 = 0.105\ \text{fF}$$
$$C_{g4} = 0.06 \times 0.028 \times 34 + 2 \times 0.4 \times 0.06 = 0.105\ \text{fF}$$
$$C_w = 0.5\ \text{fF}$$

따라서

$$C = 2 \times 0.024 + 2 \times 0.024 + 0.03 + 0.03 + 0.105 + 0.105 + 0.5 = 0.866\ \text{fF}$$

다음으로 식 (15.14)와 (15.15)를 사용하여 R_N과 R_P를 구한다.

$$R_N = \frac{15 \times 1.0}{60/28} = 7\ \text{k}\Omega$$

$$R_P = \frac{20 \times 1.0}{60/28} = 9.3\ \text{k}\Omega$$

이제 식 (15.12)를 사용하여 t_{PHL}을 구한다.

$$t_{PHL} = 0.69 \times 7 \times 10^3 \times 0.866 \times 10^{-15} = 4.18\ \text{ps}$$

그리고 식 (15.13)을 사용하여 t_{PLH}를 구한다.

$$t_{PLH} = 0.69 \times 9.3 \times 10^3 \times 0.866 \times 10^{-15} = 5.58 \text{ ps}$$

끝으로 다음과 같이 t_P를 구한다.

$$t_P = \frac{1}{2}(4.18 + 5.58) = 4.88 \text{ ps}$$

특정 기술의 전형적인 지연을 알리는 보통의 방법은 **팬아웃 4**(FO4: fanout of 4) 반전기 지연, 즉 네 개의 동일한 반전기로 구성된 정해진 치수를 가진 하나의 반전기의 지연을 나타내는 지연 방법을 사용하는 것이다. 따라서 $C_{g3} = 4 \times C_{g1}$ 그리고 $C_{g4} = 4 \times C_{g2}$이다. FO4 반전기를 위해 식 (15.19)를 다음과 같이 수정할 수 있다.

$$C = 2C_{gd1} + 2C_{gd2} + C_{db1} + C_{db2} + 4 \times C_{g1} + 4 \times C_{g2} + C_w \tag{15.20}$$

연습문제

15.6 예제 15.3에 명기한 반전기에 10 fF 커패시턴스를 추가하였을 때 전파 지연은 얼마가 되는가?
[답] 61.2 ps

15.7 예제 15.3에 명기한 반전기에서 $C_w = 0.5$ fF를 가진 선을 포함한 경우를 생각하라. 그러나 이 경우에 반전기는 네 개의 동일한 반전기(FO4)를 유도하고 있다. 전체 커패시턴스 C의 값은 얼마인가? t_P 값은 무엇인가?
[답] 1.496 fF; 8.43 ps

15.2 트랜지스터 크기

이 절에서는 CMOS 논리 회로에 들어 있는 모든 트랜지스터에 대해 매우 중요한 설계 질문인 적절한 (W/L) 비율 선택에 대해 언급하고자 한다. CMOS 반전기로 시작해서 그다음으로 일반 논리 게이트를 살펴보도록 한다.

15.2.1 반전기의 크기

이 절에서는 반전기 안의 두 트랜지스터 Q_N과 Q_P에 대한 적절한 (W/L) 비율 선택에 대해 고찰해 보자. 아래와 같이 추론을 요약할 수 있다.

1. 영역을 최소화하기 위해, 모든 채널의 길이는 주어진 기술에서 허락된 최소 길이와 같게 만든다.

2. 주어진 반전기에서, 만약 영역을 최소화하는 것에만 관심이 있다면, $(W/L)_n$은 보통 1에서 1.5까지의 범위 내에서 선택한다. 이렇게 함으로써 유도 전류를 최소화하는 것이다.
3. $(W/L)_n$에 대한 $(W/L)_p$ 값의 선택은 잡음 여유와 t_{PLH} 값에 영향을 미친다. 두 요소는 Q_P와 Q_N을 매칭시킴으로써 최적화할 수 있다. 과거의 예에 따르면, k_n'의 값은 k_p'의 값을 3~5배 정도로 아주 많이 초과한다. 이런 기술에서 Q_P와 Q_N을 매칭시키는 것은 자주 면적의 낭비가 되고, 커패시턴스 C를 증가시킬 잠재력을 갖게 되는 것이다. 그리고 비록 t_{PHL}과 t_{PLH}는 서로 매칭되었지만, 지연은 매칭이 되지 않았을 때보다 더 높아질 수 있는 것이다. 이러한 문제를 피하기 위해 $(W/L)_p = (W/L)_n$이 되도록 선택하는 것도 한 방법이다. 그리고 $(W/L)_p = 2(W/L)_n$이 되도록 하는 것도 흔한 대처 방법이다. 요즘 출현하는 기술에서는(예를 들면, 28 nm 공정), k_n' 과 k_p' 값은 서로 비슷하고, $(W/L)_p = (W/L)_n$으로 사용하는 것이 더욱 보편화되었다.
4. $(W/L)_n$에 대한 $(W/L)_p$의 적절한 비율을 정했지만, 아직 t_P를 줄이고 동작 속도를 높이기 위해 $(W/L)_n$을 선택해야만 한다. $(W/L)_n$의 증가와 $(W/L)_p$의 비례적 증가는 물론 넓이를 늘어나게 하고 등가 커패시턴스 $(W/L)_p$의 값에 대한 반전기의 기여도를 증가시킨다. 좀 더 자세히 말하면, 반전기 Q_N과 Q_P에 의해 얻어진 C_{int} 값과 게이트의 배선과 입력 커패시턴스로부터 얻어진 C_{ext} 값의 합을 C로 표현하는 것이다,

$$C = C_{\text{int}} + C_{\text{ext}} \tag{15.21}$$

$C_{\text{int}} = C_{\text{int0}}$인 최소 크기의 반전기에 인수 S만큼 $(W/L)_n$과 $(W/L)_p$를 증가시키면 다음의 결과가 나온다.

$$C = SC_{\text{int0}} + C_{\text{ext}} \tag{15.22}$$

이제 t_P 계산을 위해 등가 저항을 사용하고 등가 반전기 저항 R_{eq}를 다음처럼 정의하면

$$R_{\text{eq}} = \frac{1}{2}(R_N + R_P) \tag{15.23}$$

그러면

$$t_P = 0.69R_{\text{eq}}C \tag{15.24}$$

그에 더해, 최소 크기 반전기의 R_{eq}가 R_{eq0}라면, $(W/L)_n$과 $(W/L)_p$를 인수 S만큼 증가시키는 것은 R_{eq}를 같은 인수만큼 줄이는 것이다.

$$R_{\text{eq}} = R_{\text{eq0}}/S \tag{15.25}$$

식 (15.24), (15.25), (15.22)를 결합하여 다음을 얻는다.

$$t_P = 0.69\left(\frac{R_{\text{eq0}}}{S}\right)(SC_{\text{int0}} + C_{\text{ext}})$$

$$t_P = 0.69\left(R_{\text{eq0}}C_{\text{int0}} + \frac{1}{S}R_{\text{eq0}}C_{\text{ext}}\right) \tag{15.26}$$

따라서 W/L 비율 조절은 Q_N과 Q_P에 기인하는 t_P를 변화시키지 못함을 알 수 있다. 그러나 이것은 C_{ext}

의 결과로 얻어진 t_P의 경우는 감소시킨다. 적절한 배율 조절 인자 S를 결정하는 데 식 (15.26)을 사용할 수 있다. 이 인자는 t_P를 특정 최댓값 아래로 유지시켜 준다. 증가한 S가 실리콘 영역에 미치는 영향도 유념하기 바란다.

연습문제

15.8 예제 15.3에서 분석한 반전기에 대해

(a) C의 내외적 구성 요소를 구하라.

(b) t_P의 외적 요소를 2의 배수로 줄이기 위해 $(W/L)_n$과 $(W/L)_p$를 얼마만큼 증가시켜야만 하는가?

(c) t_P의 결과값을 추산하라.

(d) 반전기의 넓이는 얼마만큼 증가하는가?

[답] (a) 0.156 fF, 0.71 fF; (b) 2; (c) 2.88 ps; (d) 2

페데리코 패긴: 마이크로프로세서 전자의 선구자

파두아 대학에서 물리학 학위를 받은 페데리코 패긴은 처음 이탈리아 SGS-페어차일드사에서 근무하였다. 1968년에 그는 캘리포니아로 이주하여 팔로알토에 있는 페어차일드사에 합류했고, 그곳에서 이후 MOS 생산품을 석권한 실리콘-게이트 MOS 부품을 개발하였다. 1970년에는 인텔사에 합류하여 1971년에 출시된 세계 최초 상용 싱글 칩 마이크로컴퓨터인 인텔 4004의 설계와 생산을 주도하였다. 이 설계는 일본 전자계산기 회사의 요청에 따라 1969년 테드 호프가 설계한 분리된 메모리를 가진 4-칩 형태에 근거한 것이다. 인텔 4004는 4비트 프로세서이며 패긴이 발명한 랜덤-논리 프로세서를 이용하여 3 mm × 4 mm 다이(die) 위에 2300 PMOS 논리 회로(구식 논리 회로 형태)를 포함한 것이다. 나중에 패긴은 인텔 8004 개발의 책임자였으며 또한 자이로그사(그가 1974에 설립한)의 8비트 Z80 마이크로프로세서의 주역이기도 하다. 그는 모바일과 PC 제조사들에 터치패드와 스크린을 공급하는 시냅틱스(카버 미드 등과 1986년에 설립)를 포함한 몇몇 다른 회사의 공동 설립자이기도 하다.

15.2.2 CMOS 논리 게이트에서의 트랜지스터 크기 결정

CMOS 게이트 회로가 구성되고 나면, 다음으로 중요한 단계는 모든 소자의 W/L 비율을 정하는 것이다. 이 비율은 두 방향의 풀업과 풀다운 전류 구동 능력이 기본 반전기의 전류 구동 능력과 동일하게 되도록 선택되어야 한다. 기본 반전기에서 $(W/L)_n = n$과 $(W/L)_p = p$로 표시할 때 대략 n은 1과 3 사이이며 균형이 잡힌 설계

(matched design)에서는 $p = (\mu_n/\mu_p)n$이다. 따라서 논리 게이트 내의 PDN에서 모든 트랜지스터의 W/L 비율은 $W/L = n$인 한 개의 NMOS 트랜지스터의 커패시터 방전 전류와 같은 정도를 제공할 수 있도록 결정해야 하며, PUN은 $W/L = p$인 한 개의 PMOS 트랜지스터의 커패시터 충전 전류와 같은 정도를 제공할 수 있도록 선택되어야 한다. 이렇게 함으로써 게이트의 최악 지연 시간이 기본 반전기의 게이트 지연과 같도록 보장할 수 있다.[1)]

앞의 설명에서 '최악의 경우'는 아주 중요하다. 이것은 소자의 크기를 정할 때, 가장 적은 출력 전류를 만드는 입력 조합을 찾아서 이 전류와 기본 반전기의 전류가 같도록 크기를 결정할 필요가 있다는 것을 의미한다. 예제에 들어가기 전에, 많은 MOS 소자로 이루어진 회로의 전류 구동 능력을 계산하는 방법을 알아 둘 필요가 있다. 다시 말해서 MOS 트랜지스터 네트워크의 등가 W/L 비율(equivalent W/L ratio)을 알아낼 필요가 있는 것이다. 이것을 목표로 MOSFET의 병렬과 직렬 연결에 대해 먼저 살펴보고 등가 W/L 비율을 구해 보자.

등가 W/L 비율을 유도하는 것은 MOSFET의 저항은 W/L의 역수에 비례한다는 사실을 기초로 하고 있다 [식 (15.14), (15.15) 참조]. 따라서 $(W/L)_1, (W/L)_2, \cdots$와 같은 비율을 갖는 많은 MOSFET이 직렬로 연결되어 있다면, 저항을 더해서 얻어지는 등가 직렬 저항은 다음과 같이 될 것이다.

$$\begin{aligned} R_{\text{series}} &= R_{N1} + R_{N2} + \dots \\ &= \frac{\text{constant}}{(W/L)_1} + \frac{\text{constant}}{(W/L)_2} + \dots \\ &= \text{constant}\left[\frac{1}{(W/L)_1} + \frac{1}{(W/L)_2} + \dots\right] \\ &= \frac{\text{constant}}{(W/L)_{\text{eq}}} \end{aligned}$$

직렬로 연결된 트랜지스터에 대한 $(W/L)_{\text{eq}}$는 다음과 같다.

$$(W/L)_{\text{eq}} = \frac{1}{\dfrac{1}{(W/L)_1} + \dfrac{1}{(W/L)_2} + \dots} \tag{15.27}$$

유사한 방법으로 $(W/L)_1, (W/L)_2, \cdots$의 W/L 비율을 갖는 트랜지스터의 병렬 연결에서 등가 W/L 비율은 다음과 같음을 보일 수 있다.

$$(W/L)_{\text{eq}} = (W/L)_1 + (W/L)_2 + \dots \tag{15.28}$$

예를 들면 W/L 비율 4를 갖는 두 개의 동일한 MOS 트랜지스터를 직렬로 연결하면 W/L 비율이 2가 되고, 병렬로 연결하면 W/L 비율이 8이 된다는 것을 알 수 있다. 이 점에 대해 다른 방법으로 생각할 수 있다: MOS 트랜지스터를 직렬로 연결하는 것은 폭은 변함이 없지만 그들의 채널 길이를 더하는 것과 같다; MOS 트랜지

---

1) 이 언급은 논리 게이트의 유효한 커패시턴스의 총합 C가 반전기의 C와 같다고 가정한다. 실제에서는 게이트의 경우 특히 팬인(fan-in)이 증가함에 따라 C의 값은 더 커진다.

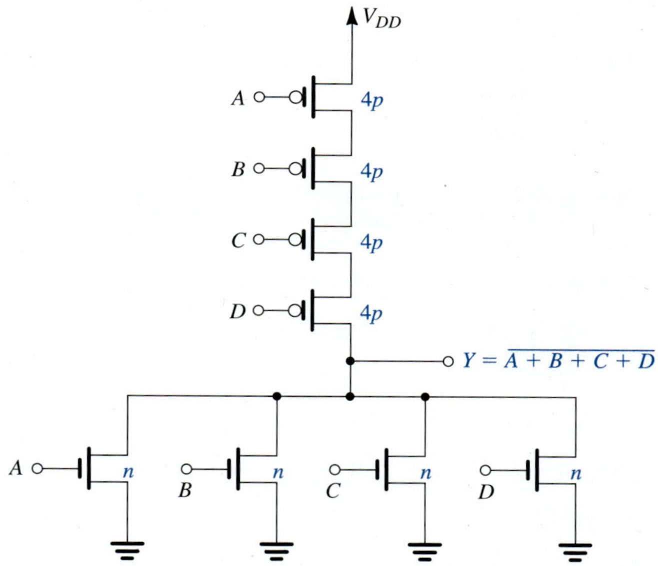

그림 15.8 4-입력 NOR 게이트에 대한 적절한 트랜지스터 크기 결정. 여기서 n과 p는 상대적으로 기본 반전기의 Q_N과 Q_P의 W/L 비율을 나타낸다.

스터를 병렬로 연결하는 것은 채널 길이는 변하지 않지만 폭은 두 W의 합으로 증가한다.

적절한 크기 결정의 한 예로 그림 15.8의 4-입력 NOR를 생각해 보자. 여기서 PDN의 경우(가장 적은 전류가 흐르는 경우)는 단 하나의 NMOS만 도통되는 경우이다. 그러므로 각각의 NMOS 트랜지스터의 W/L을 기본 반전기의 NMOS 트랜지스터의 W/L인 n과 같도록 선택하면 된다. 그러나 PUN에 대해서는 최악의 경우(실제로 단 하나의 경우)는 모든 입력이 low이고 네 개의 직렬 PMOS 트랜지스터가 모두 도통되는 경우이다. 등가 W/L은 각각의 PMOS 소자의 W/L의 4분의 1이므로 각각의 PMOS 트랜지스터의 W/L 비율을 기본 반전기 Q_P의 네 배인 $4p$로 정하면 된다.

또 다른 예로 그림 15.9에서 4-입력 NAND 게이트의 적절한 크기 결정을 살펴보자. 그림 15.8과 15.9에서

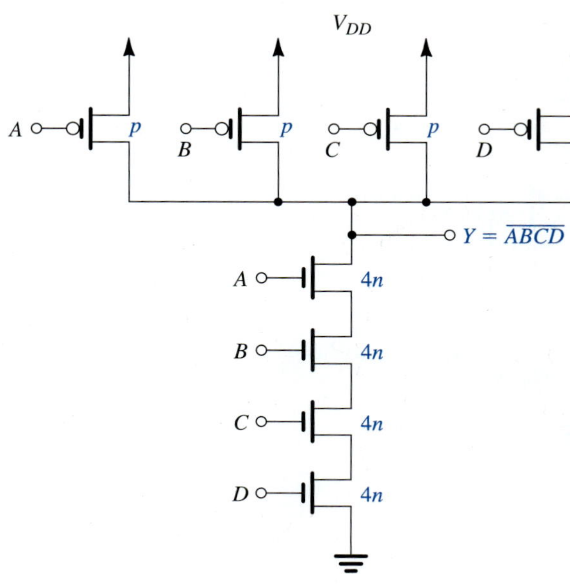

그림 15.9 4-입력 NAND 게이트에 대한 적절한 트랜지스터 크기 결정. 여기서 n과 p는 상대적으로 기본 반전기의 Q_N과 Q_P의 W/L 비율을 나타낸다.

NAND와 NOR 게이트를 비교해 보면, p가 대체로 n보다 두 배 또는 세 배가량 크기 때문에 NOR 게이트가 NAND 게이트보다 넓은 면적을 필요로 한다는 것을 알 수 있다. 이런 이유로 NAND 게이트가 CMOS에서 조합 논리 함수(combinational logic function)를 만드는 데 더 많이 이용된다.

예제 15.4 CMOS 게이트의 트랜지스터 크기

그림 15.10의 논리 회로에 대한 트랜지스터 W/L 비율을 결정하라. 기본 반전기에서 $n = 2, p = 4$, 그리고 채널 길이는 65 nm라고 가정하라. 모든 W의 값은 가장 근접한 10 nm로 반올림하라.

풀이

그림 15.10을 참고하면서 먼저 PDN을 고려하자. 최악의 경우는 Q_{NB}가 켜지고 Q_{NC} 또는 Q_{ND}가 켜지는 때이다. 즉, 최악의 경우에는 두 개의 트랜지스터가 직렬로 연결된다. 그러므로 Q_{NB}, Q_{NC}, Q_{ND}를 각각의 기본 반전기에서 n 채널 소자 폭의 두 배가 되도록 해야 한다. 따라서

$$Q_{NB}: W/L = 2n = 4 = 260/65$$

$$Q_{NC}: W/L = 2n = 4 = 260/65$$

$$Q_{ND}: W/L = 2n = 4 = 260/65$$

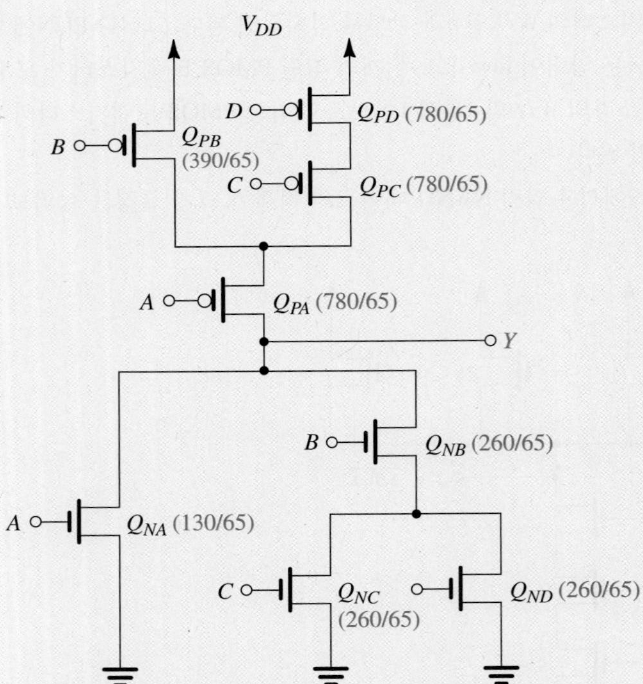

그림 15.10 예제 15.4에 대한 회로.

Q_{NA} 트랜지스터에 대해서는 W/L을 기본 반전기의 n 채널 소자의 W/L과 같도록 정하면 된다.

$$Q_{NA}: W/L = n = 2 = 130/65$$

다음으로 PUN을 고려하자. 여기서 최악의 경우는 세 개의 트랜지스터 Q_{PA}, Q_{PC}, Q_{PD}가 직렬로 연결되는 때이다. 그러므로 각각의 W/L 비율은 기본 반전기에서 Q_P의 W/L의 세 배인 $3p$가 되도록 정하면 된다.

$$Q_{PA}: W/L = 3p = 12 = 780/65$$

$$Q_{PC}: W/L = 3p = 12 = 780/65$$

$$Q_{PD}: W/L = 3p = 12 = 780/65$$

마지막으로 Q_{PB}의 W/L 비율은 Q_{PB}와 Q_{PA}의 직렬 연결의 등가 W/L이 p가 되도록 정해 주면 된다. 따라서 Q_{PB}의 비율은 $1.5p$가 된다.

$$Q_{PB}: W/L = 1.5p = 6 = 390/65$$

그림 15.10에 트랜지스터의 크기가 표시된 회로를 나타냈다. W의 값들은 이미 가장 근접한 10 nm 값으로 반올림되었으므로 달리 수정할 필요가 없다.

15.2.3 전파 지연 시간에 미치는 팬인과 팬아웃의 영향

CMOS 게이트에 추가되는 하나의 입력마다 하나의 NMOS와 하나의 PMOS, 즉 두 개의 트랜지스터가 추가로 필요하다. CMOS에서 추가되는 트랜지스터는 칩의 면적을 증가시킬 뿐만 아니라, 단위 게이트당 전체 유효 커패시턴스를 증가시켜 전파 지연을 증가시키게 된다. 앞서 언급한 크기 조정(size-scaling)으로 t_P의 증가를 모두 보상할 수는 없으나 약간은 가능하다. 특히 소자 크기를 증가시킴으로써 전류 구동 능력을 유지할 수 있다. 그러나 입력 개수의 증가와 소자 크기의 증가로 커패시턴스 C는 증가하게 된다. 따라서 t_P는 팬인에 따라 증가하고 이것으로 팬인의 실제적인 제약이 생긴다. 말하자면 NAND 게이트의 경우 팬인이 대략 4까지로 제약된다. 보다 많은 입력이 필요한 경우에는 주어진 부울 함수를 네 개 이상의 입력을 갖지 않는 게이트만을 사용하여 구현하도록 논리 설계를 잘 하여야 한다. 이것은 대개 순차적으로 연결된 논리 게이트의 단계가 증가하고 이에 따라 지연이 증가하는 것을 의미한다. 그러나 그러한 지연의 증가는 많은 팬인에 의한 지연보다 작을 수 있다.

게이트 팬아웃의 증가는 직접적으로 부하 커패시턴스를 더하게 되고 전파 지연이 증가하게 된다.

결론적으로 CMOS가 많은 이점을 가지고 있음에도 불구하고 팬인과 팬아웃이 증가하면 회로의 복잡도가 증가하면서 칩 면적과 전파 지연이 따라서 증가하는 문제점이 있다.

연습문제

15.9 $L = 0.18$ μm, $n = 1.5$, $p = 3$인 공정 기술에서 (a) 4-입력 NOR 게이트, (b) 4-입력 NAND 게이트의 모든 트랜지스터 크기를 결정하라. 또한 두 게이트의 상대적인 면적을 비교하라.

[답] (a) NMOS 소자: $W/L = 0.27/0.18$, PMOS 소자: 2.16/0.18;
(b) NMOS 소자: $W/L = 1.08/0.18$, PMOS 소자: 0.54/0.18;
NOR 면적/NAND 면적 = 1.5

15.10 연습문제 15.9에서 채널 길이가 축소된 NAND 게이트에 대해 (a) 부하 커패시턴스를 충전하고 (b) 부하 커패시턴스를 방전하는 데 필요한 최대 및 최소 전류의 비율은 얼마인가?

[답] (a) 4; (b) 1

15.2.4 대형 커패시턴스 유도

디지털 CMOS 설계의 많은 경우에 논리 게이트는 대용량 부하 커패시턴스를 유도해야 한다. 그 이유는 예를 들면 칩에서 긴 전선 연결이나 혹은 부하 커패시턴스가 플라스틱 커패시턴스보다 수백 배 더 클 수도 있는 칩-외 인쇄 회로 기판 유도의 요구 조건 때문일 수도 있다.

그러한 대용량 부하 커패시턴스를 허용할 수 없을 만큼 큰 전파 지연 초래 없이 어떻게 유도하는지 조사해 보자. 그림 15.11(a)에서 표준 반전기에 의해 유도된 대용량 부하 커패시턴스 C_L을 볼 수 있다. 모든 커패시턴스는 입력과 접지 사이의 커패시턴스로 응집될 수 있고 효과적인 출력 저항 R도 가진다고 가정함으로써 반전기의 모델을 간략화한 점을 주목하라. 응집 입력이라고 가정한 C_L을 반전기 출력에다 바로 연결하는 것은 시간 상수 τ에 상응한 전파 지연을 야기한다.

$$t_P = \tau = C_L R \tag{15.29}$$

이 시간 지연은 매우 클 수도 있다.

전파 지연을 축소하기 위한 시도로, 유도 반전기를 크게 만들 수 있다. 그러한 경우를 그림 15.11(b)에서 볼 수 있다. 여기서 반전기는 사용되는 표준 반전기보다 m배 더 큰 반전기이다. 출력 저항은 R/m이고, 이는 표준 반전기의 저항보다 m배 작다는 것이다. 결과적으로 이 경우 전파 지연은

$$\tau = C_L(R/m) = \frac{1}{m} C_L R \tag{15.30}$$

이것은 바라던 대로 m 배수로 줄어들었다. 그렇지만 그것이 다는 아니다. 대형 반전기의 입력 커패시턴스는 매우 클 수 있는 mC임을 관찰하자. 이것은 대형 커패시턴스가 반드시 전체 전파 지연을 길게 하는 데 심한 영향을 주지 않게 하도록 요구한다. 따라서 문제 해결을 못하고 오히려 우리의 대형 반전기의 입력을 유도하도록 그 부담을 다른 반전기로 넘겨 버린 것처럼 보인다.

위의 추론은 그림 15.11(c)에서 보여 주는 연쇄적으로 연결된 반전기의 사슬 아이디어로 이어진다. 여기서

는 점차적으로 커지는 n개의 반전기를 가지고 있다. 사실 사슬에 있는 각개의 반전기가 이전 반전기보다 같은 배율 x만큼 커질 때 최적화(즉, 가장 작은 전체 전파 지연)가 달성된다고 알려져 있다. 따라서 만약 반전기 1이 기준 크기이면, 반전기 2가 x 크기, 반전기 3이 x^2 크기 등이다. 그림 15.11(c)에서 입력 커패시턴스와 등가 출력 저항에 대한 반전기 크기 배율의 영향을 볼 수 있다. 각각의 연속적인 두 반전기 사이의 연관된 지연 시간은 $\tau = xCR$을 관찰하라. 즉, 각 접점이 똑같이 전체 지연에 영향을 미친다는 것이다. 물론 이러한 것은 여기서 사용된 사슬 반전기의 기하학적 크기 배율의 결과이다. 최소 지연은 만약 시간 상수의 균등이 출력 단자까지 이어질 때 달성되었다는 것을 보여 준다. 즉, 다음과 같이 되도록

$$\tau_n \equiv C_L\left(\frac{R}{x^{n-1}}\right)$$

xCR과 같고, 다음 조건으로 달성된다.

$$x^n = \frac{C_L}{C} \tag{15.31}$$

이 경우 전체 지연은 다음과 같다.

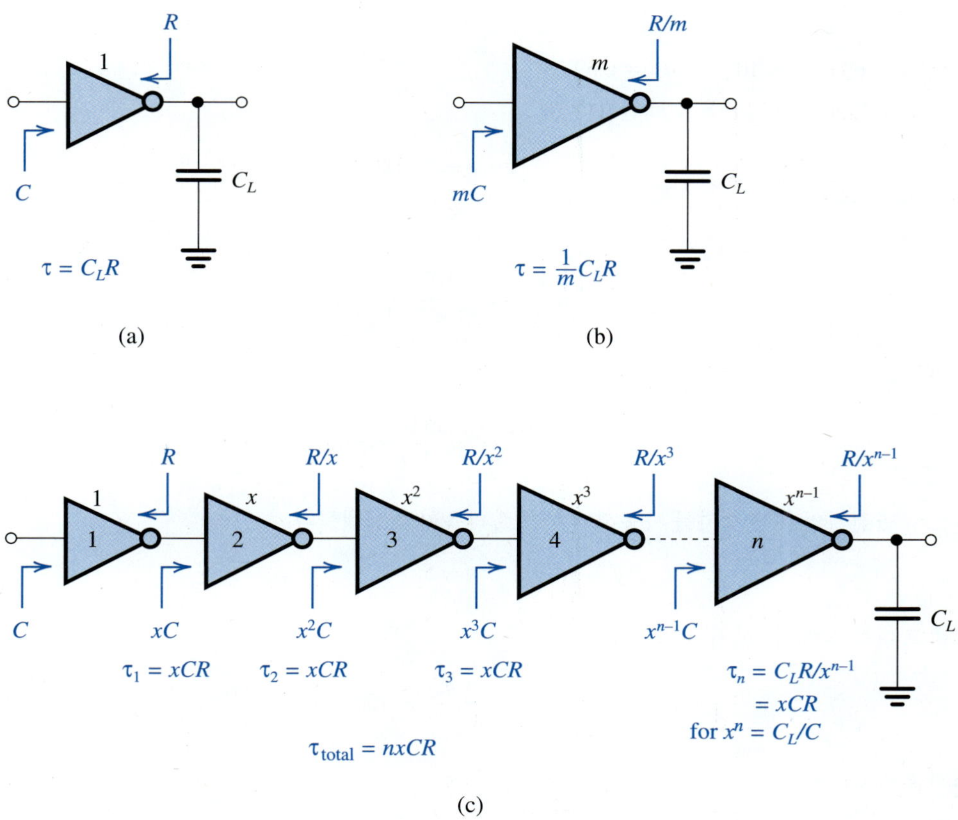

그림 15.11 대용량 부하 커패시턴스 C_L 유도: (a) 직접, (b) 대형 반전기 활용, (c) 점차적으로 커지는 대형 반전기 사용.

$$t_P = \tau_{\text{total}} = nxCR \tag{15.32}$$

어떤 x와 n 값을 선택하는 문제만 남는다. 먼저 이미 그들의 값에 하나의 조건이 존재함을 관찰하라. 말하자면 식 (15.31)에 있다. 전파 지연을 최소화하는 둘째 조건은 수식적으로 보여 줄 수 있다. 그 조건은

$$x = e = 2.718 \tag{15.33}$$

실질적으로, x의 값이 2.5와 4 사이일 때 최적화 성능이 나옴을 보여 주었다[Hodges et al.(2004) 참조].

예제 15.5 대용량 부하 커패시턴스를 유도하기 위한 반전기 사슬 설계

입력 커패시턴스 $C = 10$ fF이고 출력 등가 저항 $R = 1\ \text{k}\Omega$인 반전기는 반드시 부하 커패시턴스 $C_L = 1$ pF을 유도하여야 한다.

(a) 만약 반전기가 C_L에 직접 연결되었다면 그로 인한 시간 지연은 얼마인가?

(b) 만약 그림 15.11(c)에서 사용된 것과 같은 유도 사슬이 사용된다면 전체 지연 시간을 최소화하기 위하여 얼마나 많은 반전기 n과 어떤 크기 비율 x를 사용하여야 하는가? 전체 시간 지연은 얼마인가?

풀이

(a) $t_P = \tau = 0.69\, C_L R = 10^{-12} \times 10^3 = 0.69$ ns

(b) 지연 최소화를 위해 다음을 선택한다.

$$x = e = 2.718$$

그리고

$$x^n = \frac{C_L}{C} = \frac{10^{-12}}{10 \times 10^{-15}} = 100$$

결과물로

$$n = \frac{\ln 100}{\ln x} = \frac{\ln 100}{\ln e} = 4.6$$

반드시 반전기의 내부 숫자를 사용해야 하므로 다음처럼 선택한다.

$$n = 5$$

그리고 다음 식에서 x를 구한다.

$$x^n = x^5 = \frac{C_L}{C} = 100$$

결과물로

$$x = (100)^{1/5} = 2.51$$

전체 시간 지연은

$$t_P = 0.69\ nxCR$$
$$= 0.69 \times 5 \times 2.51 \times 10 \times 10^{-15} \times 10^3 = 86.6\ \text{ps}$$

이것은 약 8배수만큼의 지연 감소이다.

15.3 전력 손실

오늘날의 많은 집적 회로들의 전원 장치는 배터리이다. 일부는 심지어 쓰레기 재생 에너지에 의존하기도 한다. 그래서 철저히 동력 공급 장치를 제한한다. 대형 컴퓨터 서버 회사에서 쓰는 것과 같은 고성능 회로는 열 손실 제한도 가진다. 또한 칩에서 발생할 전력 손실을 허용 한계로 유지하면서 엄청나게 많이 늘어난 숫자의 게이트를 집적 회로 칩에(현재 수백만) 내장하려는 갈망이 논리-게이트 회로에 있을 전력 손실을 매우 중요한 요인으로 만들었다. 사실 현재 디지털 집적 회로에서 전력 손실은 아마도 가장 중요한 설계 도전 과제이다.

이 절에서는 디지털 CMOS 회로에서 전력 소비의 근원을 살펴보고, 전력 최적화에 사용되는 몇 가지 방법을 제시한다.

15.3.1 전력 손실의 근원

그림 14.17의 반전기를 보면 v_I가 저레벨이고 스위치가 열려 있을 때 전력을 소비하지 않는다. 그러나 다른 상태에서는, 예제 14.2에서 살펴본 것처럼, 전력 손실이 약 V_{DD}^2/R이고, 상당한 양일 수 있다. 이 전력 손실은 반전기가 스위칭 동작을 하지 않을 때에도 일어난다. 따라서 이를 **정전력 손실**(static power dissipation)이라고 부른다.

앞에서 공부한 다른 반전기[그림 15.12(a) 참조], CMOS 반전기의 기본인 반전기는 정전력 손실을 보이지 않으며, 이는 뚜렷한 장점이다. 그러나 유감스럽게도 반전기의 출력 마디와 접지 사이에 커패시턴스가 존재할 때에는 전력 손실의 다른 요소가 발생한다. 이미 알고 있는 바와 같이 이는 항상 그렇다. 왜냐하면 스위치를 구현하는 소자들은 내부 커패시턴스를 가지며, 반전기 출력을 다른 회로들에 연결하는 전선도 커패시턴스를 갖기 때문이다. 그리고 당연히 반전기가 구동하는 모든 회로의 입력 커패시턴스가 존재하기 때문이다. 따라서 반전기가 한 상태에서 다른 상태로 전환될 때, 전류가 스위치를 통해 흘러 부하 커패시턴스를 충전하거나 방전해야 한다. 이들 전류가 스위치에서 전력 손실을 야기하는데 이를 **동전력 손실**(dynamic power dissipation)이라고 부른다.

그림 15.12(a) 반전기의 동전력 손실 표현은 다음처럼 유도된다. 먼저 v_I가 저레벨일 때의 현상을 살펴보자. 풀다운 스위치 P_D가 꺼지고 풀업 스위치 P_U가 켜진다. 이 상태에서는 반전기는 그림 15.12(b)의 등가 회로로 나타낼 수 있다. 커패시터 C는 풀업 스위치의 저항을 통해 충전되며, C에 걸리는 전압은 0부터 V_{DD}까지 증가한다. V_{DD}에 의해 공급된 충전 전류를 $i_D(t)$로 표시하고, V_{DD}로부터 나온 순간 전력은 다음과 같이 표현한다.

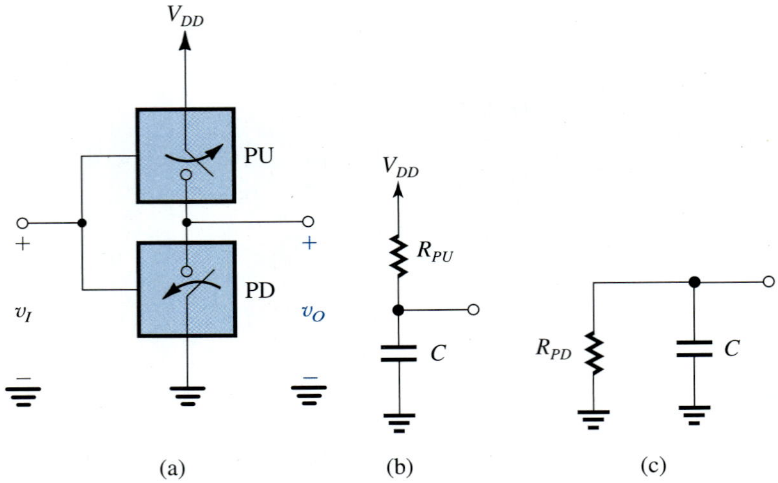

그림 15.12 (a) 스위치 레벨 모델의 CMOS 반전기. (b) v_I가 낮을(low) 때 동전력 손실을 계산하기 위한 등가 회로. (c) v_I가 높을(high) 때 동전력 손실을 계산하기 위한 등가 회로.

$$p_{DD}(t) = V_{DD} i_D(t)$$

커패시터 충전을 위해 전력 공급에 따라 유도된 에너지는 $P_{DD}(t)$를 충전 시간 간격 T_c 동안 적분함으로써 구해질 수 있다.

$$E_{DD} = \int_0^{T_c} V_{DD} i_D(t) dt$$

$$= V_{DD} \int_0^{T_c} i_D(t) dt$$

$$= V_{DD} Q$$

여기서 Q는 충전 시간 간격 동안 커패시터에 유도된 전하량이다. C의 초기 전하량은 0이기 때문에

$$Q = CV_{DD}$$

따라서

$$E_{DD} = CV_{DD}^2 \tag{15.34}$$

충전 과정 말기에 커패시터에 저장된 에너지는

$$E_{\text{stored}} = \frac{1}{2} CV_{DD}^2 \tag{15.35}$$

풀업 스위치에서 소비된 에너지는 다음과 같이 구할 수 있다.

$$E_{\text{dissipated}} = E_{DD} - E_{\text{stored}} = \frac{1}{2}CV_{DD}^2 \tag{15.36}$$

이 에너지는 P_U 스위치의 저항에서 소비된 에너지이며 열로 변환된다.

다음은 v_I가 고레벨일 때의 현상을 살펴보자. 풀업 스위치 P_U는 꺼지고 풀다운 스위치 P_D는 켜진다. 이 경우의 등가 회로가 그림 15.12(c)에 나타나 있다. 커패시터 C는 풀다운 스위치의 저항을 통해 방전되고 전압은 V_{DD}부터 0으로 변한다. 방전 시간 말기에는 커패시터에는 에너지가 남아 있지 않게 된다. 따라서 최초에 커패시터에 저장된 모든 에너지 $\frac{1}{2}CV_{DD}^2$은 풀다운 스위치에서 소비될 것이다.

$$E_{\text{dissipated}} = \frac{1}{2}CV_{DD}^2 \tag{15.37}$$

이만큼의 에너지가 스위치 P_D의 저항에서 소비되고 열로 변환되었다.

따라서 반전기 스위칭의 매번 순환에서 $\frac{1}{2}CV_{DD}^2$만큼의 에너지가 풀업 스위치에서 소비되고, 풀다운 스위치에서도 $\frac{1}{2}CV_{DD}^2$만큼 소비된다. 매 순환마다 전체 에너지 손실은 다음과 같다.

$$E_{\text{dissipated}}/\text{cycle} = CV_{DD}^2 \tag{15.38}$$

만약 반전기가 f Hz의 주파수에서 전환되었다면, 반전기의 동전력 손실은 다음이 될 것이다.

$$P_{\text{dyn}} = fCV_{DD}^2 \tag{15.39}$$

이것은 스위치의 저항값이나 반전기 회로의 세부 사항에 좌우되지 않는 일반적 표현이다.

식 (15.39)는 다음을 말해 준다. 동전력 손실을 최소화하기 위해서는 C 값을 줄이도록 힘써야 한다. 그러나 많은 경우 C는 반전기 자체의 트랜지스터에 의해 결정되며, 많이 줄일 수가 없는 것이다. 동전력 손실을 결정하는 다른 중요한 요소는 전력 공급 전압 V_{DD}이다. V_{DD}를 줄이면, P_{dyn}을 상당히 줄일 수 있다. 이것이 모든 기술 세대(부록 K 참조)에서 V_{DD} 감소를 위한 이면의 중요한 동기 유발 요소이다. 따라서 0.5 μm CMOS 과정이 5 V 전력 공급을 하는 동안, 0.13 μm 과정의 전력 공급 전압은 단지 1.2 V이다. 그리고 28 nm 과정에서는 0.9 V보다도 더 낮다.

마지막으로, P_{dyn}은 동작 주파수 f에 비례하므로 f를 줄임으로써 P_{dyn}을 줄이고자 하는 유혹에 빠질 수 있다. 그러나 이것은 매우 높은 속도에서 작동하기를 갈망하는 디지털 시스템 면에서 실행 가능한 제의가 아니다. 그러나 새로 나온 칩들은 훨씬 더 많은 회로를 칩 안에 심는다(많게는 27.5억 개의 트랜지스터). 그리고 더 높은 주파수에서 작동한다.(5 GHz 이상의 마이크로프로세서가 이용 가능하다). 그러한 고밀도 칩의 동전력 손실은 100 W 이상이 될 수 있다.

반전기 부하 커패시턴스의 충전과 방전의 결과로 발생한 동전력 손실 외에, 매번 스위칭되는 동안 Q_P와 Q_N에 흐르는 전류의 결과로 발생하는 또 다른 전력 소비의 요인이 있다. 그림 15.13은 매치된 반전기에 대해 입력 전압 v_I의 함수로 된 이러한 반전기의 전류를 나타내고 있다. 전류의 최고값은 $V_M = V_{DD}/2$에서 발생함을 주목하라. 이 전압에서 Q_N과 Q_P 모두 포화 영역에서 작동하기 때문에, 최대 전류는 다음처럼 주어진다.

$$I_{\text{peak}} = \frac{1}{2}\mu_n C_{ox}\left(\frac{W}{L}\right)_n \left(\frac{V_{DD}}{2} - V_{tn}\right)^2 \tag{15.40}$$

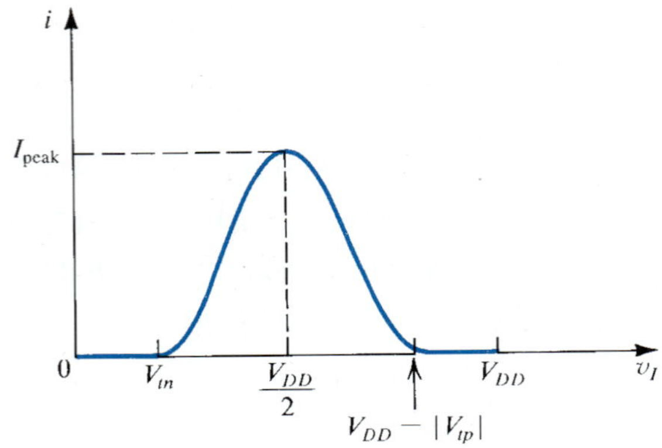

그림 15.13 CMOS 반전기의 전류 대 입력 전압.

전류 펄스의 폭은 시간에 대한 v_I의 변화량에 달려 있다. 입력 파형의 상승 곡선이 느릴수록 전류 펄스의 폭은 늘어나고 공급된 에너지도 커진다. 그러나 일반적으로 이 출력은 보통 P_{dyn}보다 훨씬 작다.

연습문제

15.11 1 GHz 주파수에서 동작할 때 예제 15.3에서 분석한 반전기의 동전력 손실을 구하라. $C = 0.866$ fF이고 $V_{DD} = 0.9$ V임을 상기하라.
[답] 0.70 μW

15.12 공급 전압 1.2 V에서 작동하고 부하 커패시턴스 80 fF을 가진 CMOS 반전기의 동전력 손실을 구하라. 반전기는 250 MHz에서 전환된다.
[답] 28.8 μW

15.13 처음에 0.5 μm 과정으로 설계된 특정 반전기 회로가 0.13 μm 과정으로 제작되었다. 커패시턴스 C가 최소 특정 크기에 비례하여 축소 배열조절 되며, 전력 공급도 5 V에서 1.2 V로 감소되었다고 가정한다. 얼마만큼 동전력 손실이 감소되었다고 예상하는가? 전환 주파수는 변함없다고 가정하라.
[답] 66.8

15.3.2 전력 지연 곱과 에너지 지연 곱

설계자들은 보통 저소비 전력과 결합된 고속 작동(낮은 t_P)에 관심을 가진다. 유감스럽게도 이러한 요구 조건은 종종 모순된다. 일반적으로 반전기 설계자가 공급 전압 V_{DD}나 공급 전류, 혹은 둘 모두를 감소시켜서 소비 전력을 줄이고자 한다면 반전기의 전류 유도 용량이 감소한다. 이것은 결국 부하 용량을 충방전하는 데 더 많은 시간이 걸리게 되어 전파 지연이 증가하게 된다. 논리 회로 기술 비교에 대한 장점은 주어진 기술의 기본 반전기의 **전력 지연 곱**(PDP: power-delay product)이며, 다음과 같이 정의된다.

$$PDP \equiv P_D t_P \tag{15.41}$$

여기서 P_D는 반전기의 소비 전력이다. PDP는 에너지 양이며 단위는 줄(joule)이다. PDP가 낮을수록 반전기와 이에 기반한 논리 회로는 더욱 효과적이다.

디지털 IC 기술의 주요 관심사인 CMOS 논리 회로에 대해 반전기의 정전력 손실은 0이며,[2] 따라서 P_D는 P_{dyn}과 같고 식 (15.39)로 주어진다.

$$P_D = fCV_{DD}^2$$

따라서 CMOS 반전기는

$$PDP = fCV_{DD}^2 t_P \tag{15.42}$$

만약 반전기가 식 (15.43)에 주어진 최대 전환 속도에서 작동한다면, 그에 따라

$$PDP = \frac{1}{2}CV_{DD}^2 \tag{15.43}$$

앞의 동전력 손실에 대한 논의로부터 $\frac{1}{2}CV_{DD}^2$은 커패시터의 충방전 발생 동안에 소비된 에너지의 양임을 알고 있다. 즉, 반전기의 출력 변환을 위한 것이다. 따라서 PDP는 매 출력 변환을 위해서 반전기에 의해 소비된 에너지라는 흥미로운 물리적 해석을 가진다.

비록 PDP는 반전기 구현의 여러 방법을 비교하는 가치 있는 계량법이지만, 반전기 회로를 최적화하는 설계 변수로는 유용하지 않다. 이 점을 제대로 인식하기 위하여, 식 (15.43)의 표현은 PDP는 V_{DD}를 가능한 한 줄여서 최소화될 수 있음을 나타내는 것을 관찰하라. 물론, 적절한 회로 동작은 유지한다. 그러나 이것이 반드시 최적의 성과가 되지는 않는다. V_{DD}가 감소할 때 t_P가 증가하기 때문이다. 문제는 식 (15.43)의 PDP 표현은 t_P의 정보를 가지고 있지 않다는 것이다. 더 좋은 계량법은 전파 지연에 의한 변환마다 에너지를 곱함으로써 얻을 수 있다. 따라서 **에너지 지연 곱**(EDP: energy-delay product)을 다음과 같이 정의한다.

$$\begin{aligned} EDP &\equiv \text{Energy per transition} \times t_P \\ &= \frac{1}{2}CV_{DD}^2 t_P \end{aligned} \tag{15.44}$$

식 (15.38)을 되돌아보면, 동적 전력 소비는 스위칭 주파수 f에 비례함을 알 수 있다. 이것은 회로의 전반적인 클록 주파수를 낮추기 위해서는 역효과일 수 있지만, 회로에서 계산에 기여하지 못하는 일부 회로에 대해서 클록을 작동 못하게 하는 것[클록 게이팅(clock gating)이라 불리는 기술]에는 의미가 있을 수 있다. 이처럼 동전력 손실과 스위칭 횟수를 감소시킬 수 있는 것이다.

---

2) 확산 전류에 의한 전력 소비와 15.4절에서 논의되는 MOSFET에서의 문턱아래 전도는 이 언급에서 예외이다.

연습문제

15.14 예제 15.3에서 분석한 CMOS 반전기는 다음의 값을 가진다: $C = 0.866$ fF, $V_{DD} = 0.9$ V, $t_P = 4.88$ ps. 반전기가 이론적으로 가능한 최대 주파수에서 작동할 때의 전력 지연 곱(power-delay product)을 구하라. 또한 EDP 값도 구하라.

[답] 0.35 fJ; 1.7×10^{-27} J·S

15.4 축소 기술의 영향: 초미세 설계의 쟁점

반도체 축소 기술의 개념과 무어의 법칙으로 알려져 있는 그 현상은 5.4절에서 언급한 바 있다. 이 절에서는 그 기반 위에서 초극마이크론 및 나노 규모의 디지털 회로를 살펴보고, 설계 관행에서 축소 기술의 영향을 면밀히 검토한다.

15.4.1 실리콘 영역

소비 전력과 전파 지연의 최소화 외에 디지털 VLSI 회로의 설계에 있어 또 다른 목표는 바로 논리 게이트 하나가 차지하는 실리콘 영역(silicon area)을 최소화하는 것이다. 따라서 그 크기를 보다 작게 하려다 보니 한 칩당 보다 많은 수의 게이트를 제조할 수 있게 되었는데, 이는 시스템 설계의 입장에서 보면 경제적으로 그리고 공간적으로 이익을 얻게 된 것이다. 크기를 줄이는 방법은 세 가지 다른 방향에서 진행되고 있다. 첫째는 소자의 크기를 줄일 수 있게 해 준 공정 기술의 발달을 통해서이고, 둘째는 회로 설계 기술의 발달, 그리고 나머지는 공을 들인 칩 레이아웃(layout)을 통해서이다. 이 책에서 우리의 관심은 회로 설계에 있으므로, 회로 설계와 실리콘 영역 간의 관계 선상에서 자주 설명할 것이다. 일반적으로 회로가 간단하면 그것이 차지하는 영역도 작다. 곧 알게 되겠지만 회로 설계자는 소자의 크기를 결정해야 한다. 작은 소자를 고르면 실리콘 영역이 그만큼 적게 필요하고 동시에 기생 용량이 줄어 속도 또한 빨라지는 등의 명백한 이점을 얻을 수 있다. 그러나 작은 소자는 전류 구동 능력이 떨어져 지연 시간이 증가하는 경향이 있다. 따라서 모든 공학적 설계 문제에서와 마찬가지로 회로 설계 시에도 응용 분야에 적합하도록 최적화하는 것을 목표로 여러 가지 설계 변수를 정량화하여 적당하게 타협, 조절하여 최적점을 찾아야 한다.

15.4.2 크기 조정 영향

5.4절에서 축소 인자 S의 개념을 소개하였다. 그 인자에 의해 트랜지스터 치수(W, L, t_{ox})와 다른 변수(V_{DD}, V_t)들은 한 세대에서 다른 세대로 축소되었다. 우리는 어떻게 이러한 변화들이 실리콘 면적, C_{ox}, k_n', k_p' 등을 포함하여 다른 기준에 영향을 미쳤는지를 보았다. 이러한 결과들이 표 5.3에 요약되어 있다. 이제 좀 더 심도 있는 토론을 하고, 표 15.1(표 5.3의 확장판)에 요약된 결과를 가지고 디지털 회로의 전력 소비와 속도에 대한 축소 인자 S의 영향을 살펴보도록 하자. 간편한 참조를 위해 이 표는 온라인(www.oup.com/he/sedra-smith8xe)상의 요약표 보충자료(Summary Tables Supplement)에도 제시되어 있다.

표 15.1 부품과 전압의 배율 조종의 영향

	Parameter	Relationship	Scaling Factor
1	W, L, t_{ox}		$1/S$
2	V_{DD}, V_t		$1/S$
3	Area/Device	WL	$1/S^2$
4	C_{ox}	ϵ_{ox}/t_{ox}	S
5	k_n', k_p'	$\mu_n C_{ox}, \mu_p C_{ox}$	S
6	C_{gate}	WLC_{ox}	$1/S$
7	t_P (intrinsic)	$\alpha C/k' V_{DD}$	$1/S$
8	Energy/Switching cycle (intrinsic)	CV_{DD}^2	$1/S^3$
9	P_{dyn}	$f_{\max} CV_{DD}^2 = \dfrac{CV_{DD}^2}{2t_P}$	$1/S^2$
10	Power density	P_{dyn}/Device area	1

트랜지스터 커패시턴스에 기인한 반전기 전파 지연 요소는 $1/S$ 비율임을 주목하는 것은 중요한 일이다(즉, 배선 커패시턴스를 배제). 이처럼 유용한 배율 결과로 회로는 주파수의 S배의 속도로 작동함을 알 수 있다. 즉, 작동 속도는 S배 증가하였다. 똑같이 중요한 점은 동전력 손실이 $1/S^2$배로 줄어든 것이다. 물론 이것은 V_{DD} 배율 조정 이면의 주요 동기 요소이다. 또 다른 요소는 MOSFET의 전기장을 허용 범위 내에 유지하는 필요성이다.

비록 동소비 전력이 $1/S^2$의 배율로 조정되었다고 하더라도 단위 지역에 대한 전력은 변하지 않는다. 여러 가지 이유로 디지털 IC 칩의 크기와 복잡성이 계속해서 증가함에 따라, 이들의 전력 소비도 증가한다. 사실 IC 설계에서 전력 소비는 첫 번째 쟁점이 되었다. 이 문제는 문턱아래 전도와 다이오드 누설 전류에 의해 발생하는 정전력 손실에 의해 더욱 악화되었다. 이는 초미세 CMOS의 품질을 저하시킨다. 이 문제를 바로 살펴볼 것이다.

연습문제

15.15 만약 반전기가 0.25 μm 공정이 아니라 0.13 μm 공정으로 제작되었다면 전력 지연 곱 PDP 값은 얼마만큼 변하는가? $S \simeq 2$로 가정하라.
[답] PDP는 8배로 감소한다.

15.16 만약 V_{DD}와 V_t가 상수이면 표 15.1의 어떤 변수가 얼마로 변하는가?
[답] t_P는 $1/S^2$ 값으로 조정되고; 열/스위칭 사이클은 $1/S$ 값으로 조정되고; P_{dyn}은 S배로 조정되고; 전력 밀도는 S^3배로 조정된다(중요 문제점).

15.4.3 온도, 전압, 공정 변수

앞선 장들에서 살펴본 것처럼 온도 변화는 트랜지스터의 $i-v$ 관계 특성에 영향을 미친다. 문턱아래 전도에 있어서 열전압 V_T에 영향을 미칠 뿐만 아니라, 온도 변화는 트랜지스터의 문턱 전압 V_t와 전자 유동도 μ에도 영향을 미친다. 수동식 계산으로는 모델이 어려운 이러한 효과는 회로의 성능에 중대한 영향을 미칠 수 있는데 특히 광범위한 온도 환경이 예상될 때는 더욱 그러하다.(휴대폰은 더운 날 해변에서 사용할 뿐 아니라, 스키 리조트에 가다가 차가 고장 났을 때도 사용한다고 가정한다.) 회로 모의 실험은 보통 온도 영향을 모델링할 수 있게 되어 있고, 설계자는 예상되는 온도 및 극한의 온도에서도 모의 실험을 수행해야 할 것이다.

공급 전압 또한 다양하며(예를 들면, 늘어난 사용으로 낮은 건전지 전압도 이유가 될 수 있다), 회로가 적어도 $V_{DD} \pm 10\%$ 범위 내에서는 적절하게 동작될 것을 요구하는 것도 흔하다. 다시 말해 이러한 조건들은 쉽게 모의될 수 있을 것이다.

마지막으로 CMOS 설계에 있어 아주 중요한 주제는 변형 과정이다. 임계 전압에 있어서 변형은 그것이 작은 규모(transistor-to-transistor)든, 중간 규모(die-to-die)든, 아니면 큰 규모(wafer-to-wafer)든 예측해야만 된다.

15.4.4 배선: 상호 연결

디지털 IC 칩의 논리 게이트는 금속선[3]으로 서로 연결되어 있다(부록 A 참조). 또한 전력 공급 V_{DD}와 접지는 칩 전체에 금속선으로 분포되어 있다. 초미세 범위 안으로의 배율 조정 기술은 이러한 선이 단순히 선이 아니게 만들었다! 자세히 말하면, 전형적인 초미세 기술의 배선은 영이 아닌 저항을 나타낸다. 그 결과는 V_{DD} 선의 IR 감소이다. 결국 그림 15.14에서 보는 것처럼 다른 부분의 칩에 다소 다른 전압이 전달된다. 이것은 전반적 회로 작동에 유해한 영향을 끼칠 수 있다.

초미세 기술로 공정된 칩은 수억 개의 게이트를 포함하므로, 게이트 사이의 배선은 길어질 수 있다. 가늘고 긴 **상호 배선**(interconnect)은 영이 아닌 저항을 가졌을 뿐 아니라 그림 15.15에서 보는 것처럼 커패시턴스도 가진다. 상호 배선의 저항과 커패시턴스는 논리 게이트 자체의 지연에 버금가는 전파 지연을 초래할 수도 있다. 또한 인접한 배선 사이의 커패시턴스는 배선 위의 신호가 서로 겹치도록 할 수도 있는데 이것이 논리 회로의 오동작을 초래한다.

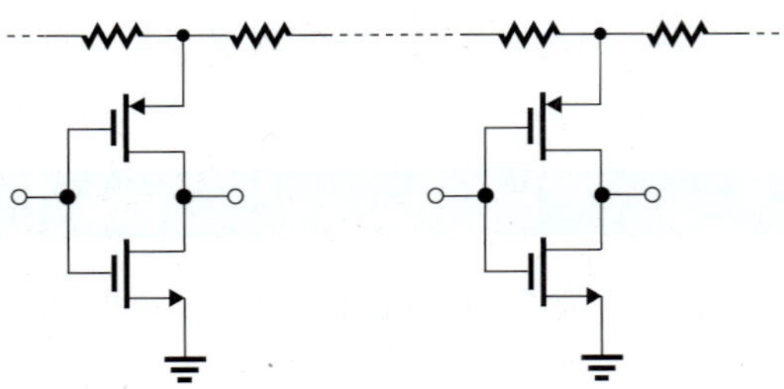

그림 15.14 초미세 IC의 전력 공급선은 영이 아닌 저항을 가지고 있다. V_{DD} 선을 따라 IR의 감소는 여러 회로에 다른 전압의 공급을 초래한다.

---

3) 이것은 칩의 맨 위 절연 표면에 위치한 금속선이다. 현대 디지털 IC에서는 많게는 8개 층의 그러한 배선이 활용된다.

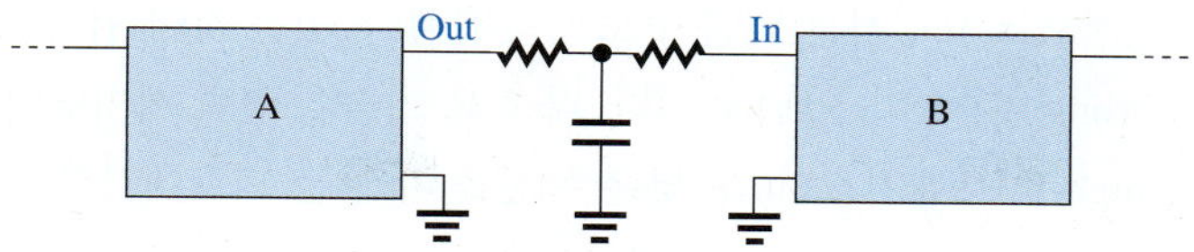

그림 15.15 IC 칩 속의 두 회로 A와 B 사이의 상호 배선은 저항과 커패시턴스를 가진다.

요약하면, 현대의 초미세 디지털 IC 회로 설계자는 논리 회로 설계뿐만 아니라 상호 배선 문제에도 반드시 유의해야 한다. 사실 디지털 IC 설계에 관한 높은 수준의 교과서는 전체 장을 이 주제에 할당한다 [Rabaey(2003) 그리고 Hodges(2004) 참조].

15.4.5 현대 기술에서의 디지털 설계

트랜지스터의 크기가 계속해서 줄어들면서(현재 10 nm 범위 이하) 표 15.1에 제시된 축소 법칙에서 벗어나는 것을 알기 시작했다. 5.4절에서 디지털 설계에 중대한 영향을 미치는 두 가지로 속도 포화와 문턱아래 전도/누설 전류를 제시했었다.

짧은 채널 MOSFET에 있는 전기 입자의 이동 속도가 v_{DS} 증가로 인해 발생한 전기장에 의해 한계에 도달했을 때 속도 포화가 발생하는 것을 상기해 보자. 결과적으로 드레인 전류 i_D는 제곱 법칙 i–v 모델에서 예측되는 만큼 급속히 v_{GS}같이 증가하지 않는다. 전달 지연은 i_D가 감소함에 따라 더욱 나빠진다. 그래서 속도 포화는 제곱 법칙에서 예측되는 것보다 더 큰 지연을 야기하는 것이다. 속도 포화의 정밀한 모델은 이 책의 범위를 벗어나지만, 회로 설계자가 복잡한 연필–종이 분석 없이 사용할 수 있는 몇 가지 기술은 존재한다. 예를 들면, 포화 속도 계산을 위한 정밀한 모델 장비는 대부분의 회로 시뮬레이터에 탑재되어 있다. 또한 새로운 기술을 개발할 때 설계자들은 시험 회로를 새 기술 안에 만들기도 한다.

디지털 설계에 중대한 영향을 미치는 또 다른 이차적인 요소는 문턱아래 전도이다. $v_{GS} < V_t$ 경우에, v_{GS}/V_T의 지수값에 비례하는 작은 임계 드레인 전류가 흐른다는 것을 상기하라. 문턱아래 전도의 모델링이 이 책의 범위를 벗어나긴 하지만, 열전압 V_T에 기인한 온도에 큰 영향을 받는다는 것에 주목하기 바란다. 정전력 소비에 기인하여, 나노 규모 회로에서 소임계 전류는 전체 전력 소비의 중요하고 큰 부분을 차지한다. 이러한 누설 전류 또한 몇 가지 형태의 메모리 회로와 제한된 시간 동안 커패시턴스에 저장될 수 있는 회로에서도 영향력이 있다.

최근 들어 특히 수행 능력(즉, 빠른 속도)이나 전력 효율(즉, 저전력)을 목표한 기술 관점에서 몇 가지 차이점을 인식하기 시작했다. 하나는 설계 목표를 맞추기 위해 의도적으로 V_t의 값을 변경함으로써 이루어졌다. V_t 값을 낮추고 다른 변수들은 상수로 유지함으로써, 트랜지스터는 더 많은 전류를 흐르게 할 수 있고, 이로 인해 향상된 속도를 초래할 수 있는 것이다. 반면에 트랜지스터가 꺼졌을 때는, 게이트 전압은 임계점에 근접하게 되고, 소임계 전류는(따라서 정전력도) 증가하게 된다. 역으로 V_t 값을 높이면, 속도는 저하되지만 전력 소비는 낮출 수 있게 된다. 이러한 변형을 달성하는 방법으로 두 가지가 있다. (1) 다중 V_t 기술은 설계자들이 미리 규정된 high-V_t나 low-V_t 트랜지스터 중에서 선택할 수 있게 한다.(몇몇 기술은 더 많은 선택도 제공한다.) (2) SOI(silicon-on-insulator) 기술은 다른 접근 방식을 취한다. 각 트랜지스터 몸체는 서로 간 절연되어 있으므로, 몸체 전압은 개별적으로 요구하는 V_t를 갖도록 맞춰질 수 있는 것이다[몸체 효과(body effect)]를 상기]. 이러한 기술은 body-biasing 기술이라 알려져 있다. 다중 V_t 기술은 전력 게이팅이라 알려진 다른 전력 감소 기술도 가능하게 한다. high-V_t 트랜지스터(즉, 낮은 누전을 가진)는 회로에서 사용되지 않는 부분에는 공급이 꺼지게끔 하는 데 사용된다. 이렇게 해서 전체 정전력을 절약한다.

반도체 기술이 계속 향상되고 진화함에 따라, 새로운 설계에 대한 도전 과제가 생기게 된다. 그러나 창의적 회로 설계 해답을 위한 기회 또한 스스로에게 존재할 것이다. 아래에 최근 디지털 회로 설계에 매우 중대한 영향을 가지는 몇 가지 혁신을 강조해 둔다.

FinFET은 28 nm 아래 디지털 설계에 있어 가장 보편적이 된 비평면 MOSFET 장치의 최근의 형태이다. FinFET은 채널 주변(혹은 일부 주변)에 게이트를 포장해서 만들어지며, 더 성능 좋은 스위치로 작용하는 경향이 있다. 그러나 제조 방식과 비평면 특성 때문에 FinFET은 비연속된 범위에서만 이용되는 경향이 있다. 그리고 요구되는 크기를 달성하기 위해서는 설계자는 정수 숫자의 트랜지스터를 병렬로 연결되도록 선택해야 한다는 것이다. 이처럼 새로운 설계 관행이 이어지게 된다.

또 다른 발전은 3차원 집적으로, 전기적 결합이나 다른 연결 방식으로 여러 개의 웨이퍼나 다이를 서로의 위에 함께 쌓는 것이다. 수직 집적은 개개의 다이가 특정한 응용에 적용되도록 할 수 있는데 예를 들어 DRAM 기술(16장)과 밀접히 결합된 고성능 디지털 논리와 같은 특정 응용에 적용할 수 있고 또는 이미지 형성을 위한 포토다이오드 배열에도 적용할 수 있다. 이러한 3차원 집적 기술은 무어의 법칙 시대보다 더 새롭고 흥미로운 시대를 열고 있다.

요약

- 반전기의 동작 속도는 전파 지연 t_P에 의해 특징지어진다. t_{PLH}와 t_{PHL}의 정의에 대하여 그림 15.3을 참고하고, $t_P = \frac{1}{2}(t_{PLH} + t_{PHL})$ 임을 주목하라.
- 디지털 IC는 보통 사용하는 기술의 최소 채널 길이를 활용한다. 따라서 CMOS 반전기의 경우 Q_N과 Q_P는 $L = L_{\min}$을 가진다. 만약 매칭이 바람직하다면, 증가된 넓이와 커패시턴스를 대가로 W_p/W_n은 μ_n/μ_p와 같도록 선택한다. 최소 넓이를 위해서는 $W_p = W_n$이다. 또한 자주 사용되는 타협은 $W_p = 2W_n$이다.
- 최소 넓이를 위해 $(W/L)_n$이 1이 되도록 선택한다. 그러나 특히 C의 주요 부분이 반전기에 대해 외인성일 때 t_P를 감소시키기 위해 $(W/L)_n$과 $(W/L)_p$를 증가시킬 수 있다.
- CMOS 논리 회로는 대개 신호의 양방향으로 동일한 전류 구동 능력을 제공하도록 설계된다. 더욱이 풀업 전류와 풀다운 정합 전류가 가질 수 있는 최악의 경우의 값은 기본(정합된) 반전기의 전류 값과 일치시켜 만든다. 트랜지스터의 크기 결정은 이러한 원칙을 기초로 하고 있으며, 직렬과 병렬로 연결된 소자의 등가 W/L 비를 사용한다[식 (15.27)과 (15.28)].
- 반전기의 중요한 성과 지표는 전력 손실 양이다. 여기에는 정전력 손실과 동전력 손실이라는 두 종류의 전력 손실이 있다. 전자는 0이나 1의 상태에서의 전류 흐름의 결과이다. 후자는 반전기가 스위치될 때 그리고 부하 커패시터 C를 가질 때 발생한다. 동전력 손실은 $P_{\text{dyn}} = fCV_{DD}^2$이다.
- 동작 속도와 전력 손실을 결합하는 단위는 전력 지연 곱, 즉 $PDP = P_D t_P$이다. PDP가 낮을수록 논리 회로군은 더욱 효과적이다. 만약 CMOS에서처럼 동전력이 우세하다면 이론적으로 최대 교환 주파

수에서 작동하는 반전기의 전력 지연 곱은 $PDP = \frac{1}{2}CV_{DD}^2$이다. 이것은 0-to-1과 1-to-0 전환을 위한 공급에서 얻어진 에너지이다(즉, 한 개의 전환 사이클).

- 동작 속도와 전력 소비 외에도, 반전기에 요구되는 실리콘의 넓이는 세 번째로 중요한 디지털 IC 설계의 단위이다.
- 대부분 낮은 전력 소비와 확장성 때문에 CMOS는 디지털 IC 설계 기술의 가장 우세한 기술이다. 이러한 상황이 앞으로도 여러 해 동안 지속될 것으로 예상된다.
- MOSFET 치수(V_{DD}, V_t)의 축소 비율 $1/S$배의 경우 표 15.1을 참고하라. 간편한 참조를 위해 이 표는 온라인(www.oup.com/he/sedra-smith8xe)상의 요약표 보충자료(Summary Tables Supplement)에도 제시되어 있다.
- 짧은 채널($L < 0.25$ μm) 장치에서 속도 포화가 발생한다. 이 영향은 i_D가 조기에 포화되고 그 값은 제곱 법칙 i_D–v_{GS} 특성에 따라 예측되는 값보다 낮다.
- 문턱아래 전도는 상당한 정전력 소비에 이르게 되는 CMOS 회로에서 매우 중요한 논점이다.
- 표 15.2는 CMOS 반전기의 중요한 속도와 전력 특성을 요약한 것이다. 간편한 참조를 위해 이 표는 온라인(www.oup.com/he/sedra-smith8xe)상의 요약표 보충자료(Summary Tables Supplement)에도 제시되어 있다.

표 15.2 Summary of Important Speed and Power Characteristics of the CMOS Logic Inverter

Propagation Delay

Using average currents (Fig. 15.4):

$$t_{PHL} \simeq \frac{\alpha_n C}{k_n'(W/L)_n V_{DD}} \quad \text{where } \alpha_n = \frac{2}{\frac{7}{4} - \frac{3V_{tn}}{V_{DD}} + \left(\frac{V_{tn}}{V_{DD}}\right)^2}$$

$$t_{PLH} \simeq \frac{\alpha_p C}{k_p'(W/L)_p V_{DD}} \quad \text{where } \alpha_p = \frac{2}{\frac{7}{4} - \frac{3|V_{tp}|}{V_{DD}} + \left(\frac{|V_{tp}|}{V_{DD}}\right)^2}$$

Using equivalent resistances (Fig. 15.5):

$$t_{PHL} = 0.69 R_N C \text{ where } R_N = \frac{R_{eff,N}(W_{eff}/L_{eff})}{(W_n/L_n)}$$

$$t_{PLH} = 0.69 R_P C \text{ where } R_P = \frac{R_{eff,P}(W_{eff}/L_{eff})}{(W_p/L_p)}$$

For a ramp-input signal, $t_{PHL} \simeq R_N C$ and $t_{PLH} \simeq R_P C$.

Power Dissipation

$$P_{dyn} = fCV_{DD}^2$$

$$PDP = P_D \times t_P$$

$$EDP = PDP \times t_P$$

Computer Simulation Problems

SIM Problems identified by this icon are intended to demonstrate the value of using SPICE simulation to verify hand analysis and design, and to investigate important issues such as allowable signal swing and amplifier nonlinear distortion. Instructions to assist in setting up simulations for all the indicated problems can be found in the corresponding files on the website. Note that if a particular parameter value is not specified in the problem statement, you are to make a reasonable assumption.

Section 15.1: Dynamic Operation of the CMOS Inverter

15.1 For the circuit in Fig. P15.1, let C be charged to 10 V and switch S closes at $t = 0$.

(a) Give the expression for $v_O(t)$.
(b) For $C = 100$ pF and $R = 1$ kΩ, find t_{PHL} and t_f.

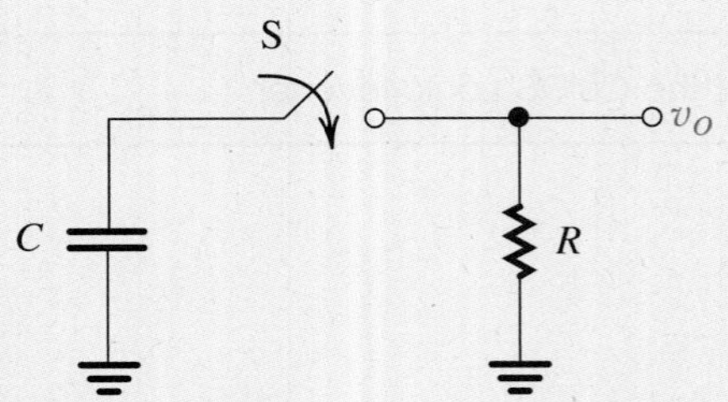

Figure P15.1

15.2 For the circuit shown in Fig. P15.2, let switch S open at $t = 0$.

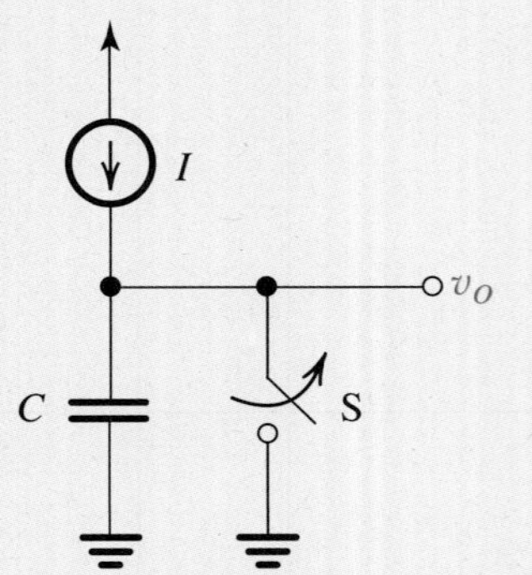

Figure P15.2

(a) Give the expression for $v_O(t)$.
(b) For $I = 1$ mA and $C = 10$ pF, find the time at which v_O reaches 1 V.

15.3 For the inverter circuit in Fig. P15.3, let v_I go from V_{DD} to 0 V at $t = 0$. At $t = 0+$, $v_O = V_{OL}$. Find expressions for V_{OH}, $v_O(t)$, and t_{PLH}. If $R = 10$ kΩ, what is the largest value of C that ensures that t_{PLH} is at most 100 ps?

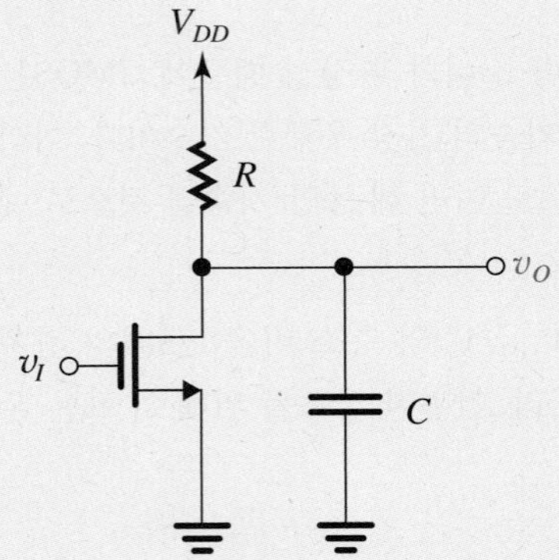

Figure P15.3

15.4 A logic inverter is implemented using the arrangement of Fig. 14.18 with switches having $R_{on} = 2$ kΩ, $V_{DD} = 1.2$ V, and $V_{IL} = V_{IH} = V_{DD}/2$.

(a) Find V_{OL}, V_{OH}, NM_L, and NM_H.
(b) If v_I rises instantaneously from 0 V to +1.2 V and assuming the switches operate instantaneously—that is, at $t = 0$, PU opens and PD closes—find an expression for $v_O(t)$, assuming that a capacitance C is connected between the output node and ground. Hence find the high-to-low propagation delay (t_{PHL}) for $C = 0.1$ pF. Also find t_{THL} (see Fig. 15.3).
(c) Repeat (b) for v_I falling instantaneously from +1.2 V to 0 V. Again assume that PD opens and PU closes instantaneously. Find an expression for $v_O(t)$, and hence find t_{PLH} and t_{TLH}.

SIM **15.5** For a CMOS inverter fabricated in a 65-nm process with $V_{DD} = 1.0$ V, $V_{tn} = V_{tp} = 0.35$ V, $k'_n = 4k'_p = 500$ A/V^2, and having $(W/L)_n = 2$ and $(W/L)_p = 4$, find t_{PHL}, t_{PLH}, and t_P when the equivalent load capacitance $C = 4$ fF. Use the method of average currents.

---

problems with green numbers are considered essential; * = difficult problem; ** = more difficult; *** = very challenging
SIM = simulation; **D** = design problem;

15.6 Use the method of equivalent resistance to determine the propagation delay of a minimum-size inverter, that is, one for which $(W/L)_n = (W/L)_p = 1$, designed in a 0.13-μm technology. The equivalent load capacitance $C = 20$ fF.

15.7 For the inverter of Fig. 14.18(a) with a capacitance C connected between the output and ground, let the on-resistance of PU be 2 kΩ and that of PD be 1 kΩ. If the capacitance $C = 20$ fF, find t_{PLH}, t_{PHL}, and t_P.

15.8 In a particular logic family, the standard inverter, when loaded by a similar circuit, has a propagation delay specified to be 45 ps:

(a) If the current available to charge a load capacitance is half as large as that available to discharge the capacitance, what do you expect t_{PLH} and t_{PHL} to be?
(b) If when an external capacitive load of 0.1 pF is added at the inverter output, its propagation delays increase by 50%, what do you estimate the normal combined capacitance of inverter output and input to be?
(c) If without the additional 0.1 pF load connected, the load inverter is removed and the propagation delays were observed to decrease by 40%, estimate the two components of the capacitance found in (b): that is, the component due to the inverter output and other associated parasitics, and the component due to the input of the load inverter.

***15.9** Consider an inverter for which t_{PLH}, t_{PHL}, t_{TLH}, and t_{THL} are 200 ps, 150 ps, 250 ps, and 100 ps, respectively. The rising and falling edges of the inverter output can be approximated by linear ramps. Also, for simplicity, we define t_{TLH} to be 0% to 100% (rather than 10% to 90%) rise time, and similarly for t_{THL}. Two such inverters are connected in tandem and driven by an ideal input having zero rise and fall times. Calculate the time taken for the output voltage to complete its excursion for (a) a rising input and (b) a falling input. What is the propagation delay for the inverter?

15.10 Consider a matched CMOS inverter fabricated in the 65-nm process specified in Problem 15.5. If $C = 10$ fF, use the method of average currents to determine the required (W/L) ratios so that $t_P \le 25$ ps.

15.11 For the CMOS inverter in Exercise 15.4, use the method of equivalent resistance to determine t_{PHL}, t_{PLH}, and t_P. Use $R_{N,eff} = 12.5$ kΩ and $R_{P,eff} = 30$ kΩ for $W_{eff}/L_{eff} = 1$.

15.12 The method of average currents yields smaller values for t_{PHL} and t_{PLH} than those obtained by the method of equivalent resistances. Most of this discrepancy is due to the fact that the formula we derived for I_{av} does not take into account velocity saturation, which reduces the current significantly. Using the results in Example 15.2, by what factor do you estimate the current reduction to be in the NMOS transistor? Since t_{PLH} does not change, what do you conclude about the effect of velocity saturation on the PMOS transistor in this technology?

15.13 Use the method of average currents to estimate t_{PHL}, t_{PLH}, and t_P of a CMOS inverter fabricated in a 65-nm process for which $V_{tn} = |V_{tp}| = 0.35$ V, $V_{DD} = 1$ V, $\mu_n C_{ox} = 470$ μA/V^2, and $\mu_p C_{ox} = 190$ μA/V^2. The inverter has $(W/L)_n = 1.5$ and $(W/L)_p = 3$, and the total capacitance at the inverter output node is 10 fF. Also, find the theoretical maximum frequency at which this inverter can be operated.

15.14 Use the method of equivalent resistance to design an inverter fabricated in a 65-nm technology where transistors with $(W/L) = 1.5$ are found to have $R_{eff,N} = 8$ kΩ and $R_{eff,P} = 24$ kΩ. It is required that for $C = 5$ fF, $t_{PLH} = t_{PHL}$, and $t_P \le 15$ ps.

15.15 A matched CMOS inverter fabricated in a process for which $C_{ox} = 25$ fF/μm^2, $\mu_n C_{ox} = 500$ μA/V^2, $\mu_p C_{ox} = 125$ μA/V^2, $V_{tn} = |V_{tp}| = 0.35$ V, and $V_{DD} = 1.0$ V, uses $W_n = 260$ nm and $L_n = L_p = 65$ nm. The overlap capacitance and the effective drain-body capacitance per micrometer of gate width are 0.3 fF and 0.5 fF, respectively. The wiring capacitance is $C_w = 2$ fF. If the inverter is driving another identical inverter, find t_{PHL}, t_{PLH}, and t_P. For how much additional capacitance load does the propagation delay increase by 50%?

15.16 Find the propagation delay for an inverter for which $k_n' = 4k_p' = 500$ μA/V^2 and $(W/L)_n = (W/L)_p = 130$ nm/65 nm, $V_{DD} = 1.0$ V, $V_{tn} = -V_{tp} = 0.35$ V, and the capacitance is roughly 2.5 fF/μm of device width. There is an additional load capacitance of 2 fF. What does t_P become if the design is changed to a matched one? Use the method of average current.

Section 15.2: Transistor Sizing

15.17 An inverter whose equivalent load capacitance C is composed of 15 fF contributed by the inverter transistors, and 45 fF contributed by the wiring and other external circuitry, has been found to have a propagation delay of 80 ps. By what factor must $(W/L)_n$ and $(W/L)_p$ be increased so as to reduce t_P to 40 ps? By what factor is the inverter area increased?

D 15.18 Consider the CMOS gate shown in Fig. 14.9. Specify W/L ratios for all transistors in terms of the ratios n and p of the basic inverter, such that the worst-case t_{PHL} and t_{PLH} of the gate are equal to those of the basic inverter.

D 15.19 Find appropriate sizes for the transistors used in the exclusive-OR circuit of Fig. 14.10(b). Assume that the basic inverter has $(W/L)_n = 56$ nm/28 nm and $(W/L)_p =$ 84 nm/28 nm. What is the total area, including that of the required inverters?

D *15.20 In this problem, we investigate the effect of the selection of the ratio W_p/W_n on the propagation delay of an inverter driving an identical inverter, as in Fig. 15.6. Assume all transistors have the same L.

(a) Noting that except for C_w each of the capacitances in Eqs. (15.18) and (15.19) is proportional to the width of the relevant transistor, show that C can be expressed as

$$C = C_n\left(1 + \frac{W_p}{W_n}\right) + C_w$$

where C_n is determined by the NMOS transistors.

(b) Using the equivalent resistance method, with $R_{eff,N}(W_{eff}/L_{eff}) = 12.5$ kΩ and $R_{eff,P}(W_{eff}/L_{eff}) = 30.0$ kΩ, show that for $(W/L)_n = 1$,

$$t_{PHL} = 8.625 \times 10^3 C$$

$$t_{PLH} = \frac{20.7 \times 10^3}{W_p/W_n} C$$

(c) Use the results of (a) and (b) to determine t_P in the case $W_p = W_n$, in terms of C_n and C_w.

(d) Use the results of (a) and (b) to determine t_P in the matched case: that is, when W_p/W_n is selected to yield $t_{PHL} = t_{PLH}$.

(e) Compare the t_P values in (c) and (d) for the two extreme cases:

(i) $C_w = 0$

(ii) $C_w \gg C_n$

What do you conclude about the selection of W_p/W_n?

15.21 Figure P15.21 shows two approaches to realizing the OR function of six input variables. The circuit in Fig. P15.21(b), though it uses additional transistors, has in fact less total area and lower propagation delay because it uses NOR gates with lower fan-in. Assuming that the transistors in both circuits are properly sized to provide each gate with a current-driving capability equal to that of the basic matched inverter, find the number of transistors and

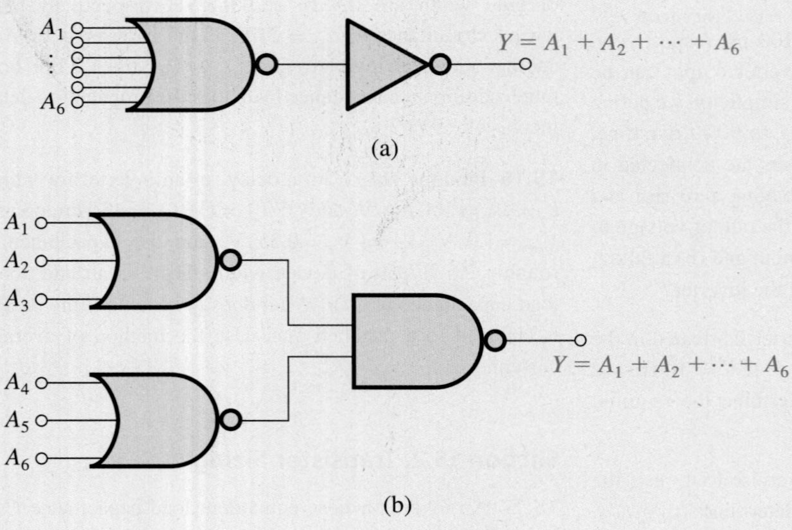

Figure P15.21

the total area of each circuit. Assume the basic inverter to have a $(W/L)_n$ ratio of 180 nm/90 nm and a $(W/L)_p$ ratio of 360 nm/90 nm.

15.22 Consider a four-input CMOS NAND gate for which the transient response is dominated by a fixed-size capacitance between the output node and ground. Compare the values of t_{PLH} and t_{PHL}, obtained when the devices are sized as in Fig. 15.9, to the values obtained when all n-channel devices have $W/L = n$ and all p-channel devices have $W/L = p$.

***15.23** Consider the two-input CMOS NOR gate of Fig. 14.7 whose transistors are properly sized so that the current-driving capability in each direction is equal to that of a matched inverter. For $|V_t| = 0.35$ V and $V_{DD} = 1.0$ V, find the gate threshold in the cases for which (a) input terminal A is connected to ground and (b) the two input terminals are tied together. Neglect the body effect in Q_{PB}.

15.24 The purpose of this problem is to find the values of n and x that result in minimum path delay t_P for the inverter chain in Fig. 15.11(c).

(a) Show that

$$t_P = \tau_{\text{total}} = (n-1)xRC + \frac{1}{x^{n-1}}RC_L$$

(b) Differentiate the expression for t_P in (a) relative to x and set the derivative to zero. Thus show that the first condition for optimality is

$$x^n = \frac{C_L}{C}$$

(c) Differentiate the expression for t_P in (a) relative to n and set the derivative to zero. Thus show that the second condition for optimality is

$$x^n\left(\frac{C}{C_L}\right) = \ln x$$

(d) Combine the expressions in (b) and (c) to show that the value of x for minimum overall delay is

$$x = e$$

15.25 A chain of four inverters whose sizes are scaled by a factor x is used to drive a load capacitance $C_L = 1600\,C$, where C is the input capacitance of the standard inverter (which is the first in the chain).

(a) Without increasing the number of inverters in the chain, find the optimum value of x that results in minimizing the overall delay t_P and find the resulting value of t_P in terms of the time constant CR, where R is the output resistance of the standard inverter.

(b) If you are allowed to increase the number of inverters in the chain, what is the number of inverters and the value of x that result in minimizing the total path delay t_P? What is the value of t_P achieved?

Section 15.3: Power Dissipation

15.26 An IC inverter fabricated in a 0.18-μm CMOS process is found to have a load capacitance of 10 fF. If the inverter is operated from a 1.8-V power supply, find the energy needed to charge and discharge the load capacitance. If the IC chip has 2 million of these inverters operating at an average switching frequency of 1 GHz, what is the power dissipated in the chip? What is the average current drawn from the power supply?

15.27 A logic-circuit family with zero static power dissipation normally operates at $V_{DD} = 1.8$ V. To reduce its dynamic power dissipation, operation at 1.2 V is considered. It is found, however, that the currents available to charge and discharge load capacitances also decrease. If current is (a) proportional to V_{DD} or (b) proportional to V_{DD}^2, what reductions in maximum operating frequency do you expect in each case? What fractional change in delay–power product do you expect in each case?

15.28 In a particular logic-circuit technology, operating with a 3.3-V supply, the basic inverter draws (from the supply) a current of 60 μA in one state and 0 μA in the other. When the inverter is switched at the rate of 100 MHz,

(a) Without increasing the number of inverters in the chain, find the optimum value of x that results in minimizing the overall delay t_P and find the resulting value of t_P in terms of the time constant CR, where R is the output resistance of the standard inverter.

(b) If you are allowed to increase the number of inverters in the chain, what is the number of inverters and the value of x that result in minimizing the total path delay t_P? What is the value of t_P achieved?

Section 15.3: Power Dissipation

15.26 An IC inverter fabricated in a 0.18-μm CMOS process is found to have a load capacitance of 10 fF. If the inverter is operated from a 1.8-V power supply, find the energy needed to charge and discharge the load capacitance. If the IC chip has 2 million of these inverters operating at an average switching frequency of 1 GHz, what is the power dissipated in the chip? What is the average current drawn from the power supply?

15.27 A logic-circuit family with zero static power dissipation normally operates at $V_{DD} = 1.8$ V. To reduce its dynamic power dissipation, operation at 1.2 V is considered. It is found, however, that the currents available to charge and discharge load capacitances also decrease. If current is (a) proportional to V_{DD} or (b) proportional to V_{DD}^2, what reductions in maximum operating frequency do you expect in each case? What fractional change in delay–power product do you expect in each case?

15.28 In a particular logic-circuit technology, operating with a 3.3-V supply, the basic inverter draws (from the supply) a current of 60 μA in one state and 0 μA in the other. When the inverter is switched at the rate of 100 MHz, the average supply current becomes 150 μA. Estimate the equivalent capacitance at the output node of the inverter.

15.29 Consider a standard CMOS logic inverter. Let $V_{DD} = 1$ V, and let a 5-fF capacitance be connected between the output node and ground. Assume there are no other capacitances. If the inverter is switched at the rate of 2.5 GHz, determine the dynamic power dissipation. What is the average current drawn from the dc power supply?

15.30 A collection of logic gates for which the static power dissipation is zero, and the dynamic power dissipation is 10 mW is operating at 1 GHz with a 1.2-V supply. By what fraction could the power dissipation be reduced if operation at 1.0 V were possible? If the frequency of operation is reduced by the same factor as the supply voltage (i.e., 1.0/1.2), what *additional* power can be saved?

15.31 A particular logic gate has t_{PLH} and t_{PHL} of 1.3 ns and 1.2 ns, respectively, and dissipates 0.1 mW with output low and 0.2 mW with output high. Calculate the corresponding delay–power product (under the assumption of a 50% duty-cycle signal and neglecting dynamic power dissipation).

D *15.32 We wish to investigate the design of the inverter shown in Fig. 14.17(a). In particular, we wish to determine the value for R. Selection of a suitable value for R is determined by two considerations: propagation delay and power dissipation.

(a) Show that if v_I changes instantaneously from high to low and assuming that the switch opens instantaneously, the output voltage obtained across a load capacitance C will be

$$v_O(t) = V_{OH} - (V_{OH} - V_{OL})e^{-t/\tau_1}$$

where $\tau_1 = CR$. Hence show that the time required for $v_O(t)$ to reach the 50% point, $\frac{1}{2}(V_{OH} + V_{OL})$, is

$$t_{PLH} = 0.69CR$$

(b) Following a steady state, if v_I goes high and assuming that the switch closes immediately and has the equivalent circuit in Fig. 15.17(c), show that the output falls exponentially according to

$$v_O(t) = V_{OL} + (V_{OH} - V_{OL})e^{-t/\tau_2}$$

where $\tau_2 = C(R \| R_{on}) \simeq CR_{on}$ for $R_{on} \ll R$. Hence show that the time for $v_O(t)$ to reach the 50% point is

$$t_{PHL} = 0.69CR_{on}$$

(c) Use the results of (a) and (b) to obtain the inverter propagation delay, defined as the average of t_{PLH} and t_{PHL} as

$$t_P \simeq 0.35CR \quad \text{for } R_{on} \ll R$$

(d) Show that for an inverter that spends half the time in the logic-0 state and half the time in the logic-1 state, the average static power dissipation is

$$P = \frac{1}{2}\frac{V_{DD}^2}{R}$$

(e) Now that the trade-offs in selecting R should be clear, show that, for $V_{DD} = 1.8$ V and C = 2 pF, to obtain a propagation delay no greater than 1.4 ns and a power dissipation no greater than 2 mW, R should be in a specific range. Find that range and select an appropriate value for R. Then determine the resulting values of t_P and P.

15.33 In this problem, we estimate the CMOS inverter power dissipation resulting from the current pulse that flows in Q_N and Q_P when the input pulse has finite rise and fall times. Refer to Fig. 15.13 and let $V_{tn} = -V_{tp} = 0.4$ V, $V_{DD} =$

1.2 V, and $k_n = k_p = 500\ \mu A/V^2$. Let the input rising and falling edges be linear ramps with the 0-to-V_{DD} and V_{DD}-to-0 transitions taking 1 ns each. Find I_{peak}. To determine the energy drawn from the supply per transition, assume that the current pulse can be approximated by a triangle with a base corresponding to the time for the rising or falling edge to go from V_t to $V_{DD} - V_t$, and the height equal to I_{peak}. Also, determine the power dissipation that results when the inverter is switched at 100 MHz.

Section 15.4: Implications of Technology Scaling: Issues in Deep-Submicron Design

15.34 Consider the scaling from a 0.13-μm process to a 65-nm process.

(a) Assuming V_{DD} and V_t are scaled by the same factor as the device dimensions ($S = 2$), find the factor by which t_P, the maximum operating speed, P_{dyn}, power density, and *PDP* decrease (or increase)?

(b) Repeat (a) for the situation in which V_{DD} and V_t remain unchanged.

15.35 An NMOS transistor with $k_n = 0.4\ mA/V^2$ and a nominal V_{tn} of 0.4 V is to operate in saturation at $I_D = 0.2\ mA$.

(a) If V_{tn} can vary by as much as ±10%, what is the expected range of I_D obtained?

(b) If the transistor is used to discharge a 100-fF load capacitance, what is the expected variation in delay time, assuming that the output voltage is to change by 0.1 V?

CHAPTER 16

메모리와 클록 회로

서론

16.1 전달 게이트

16.2 래치와 플립플롭

16.3 RAM 셀

16.4 링 발진기와 특정 목적 회로

요약

PROBLEMS

이 장에서 배울 내용

- 하나씩의 NMOS와 PMOS 트랜지스터를 사용하여 구현되는 전달 게이트가 매우 효과적인 스위치로 작용하는 방법
- 기본 쌍안정 회로인 래치가 정귀환의 루프 안에서 두 개의 반전기를 연결하여 구현되는 방법
- 디지털 시스템에 유용한 다양한 형태의 플립플롭을 얻기 위해 래치를 향상하는 방법
- 특별한 형태의 플립플롭인 D 플립플롭의 효율적 실행을 위해 CMOS를 적합하게 맞추는 방법
- SRAM의 저장 셀 실행에 보편적으로 널리 사용되는 6-트랜지스터 회로와 DRAM의 저장 셀 실행에 또한 널리 사용되는 1-트랜지스터의 분석 및 설계 방법
- 특수 목적 회로들이 연속 동작에서 요구되는 시간 조절 정보를 제공하는 방법
- 메모리 칩의 특정 저장 셀 접속 및 저장 셀 판독 신호의 증폭을 위한 흥미로운 회로 기술

서론

14장과 15장에서 살펴본 논리 회로를 **조합 회로**(combinational circuit)라고 한다. 이 회로의 출력은 입력의 현재 값에만 의존한다. 따라서 이 회로는 메모리를 갖지 않는다. 메모리(memory)는 디지털 시스템의 매우 중요한 부분이다. 디지털 컴퓨터에서 메모리는 프로그램이나 데이터를 저장하는 데 이용된다. 더욱이 디지털 시스템의 동작에 있어서 조합 회로의 출력을 일시 저장했다가 다음 단계에서 사용할 수 있도록 하는 것은 매우 중요한 기능이다.

메모리를 포함하는 논리 회로를 **순차 회로**(sequential circuit)라고 하는데, 이 회로의 출력은 입력의 현재 값뿐만 아니라 입력의 과거 값에도 의존한다. 이러한 회로의 동작을 위해서는 타이밍 발생기(클록)가 필요하다.

디지털 회로에 메모리를 제공하는 방법에는 두 가지가 있다. 첫 번째 방법은 정귀환(positive feedback)을 사용하는 것인데, 이는 곧 알게 되겠지만 회로에 두 개의 안정한 상태를 갖도록 하는 것이다. 그러한 쌍안정(bistable) 회로는 정보 한 비트(bit)를 저장하는 데 이용된다. 두 가지 상태 중 하나는 0으로, 나머지는 1로 사용된다. 쌍안정 회로는 언제까지나 두 상태 중 하나에 머무를 수 있으므로 정 순차 회로(static sequential circuit)의 영역에 포함된다. 다른 방법은 커패시터에 전하를 저장하는 것이다. 커패시터가 충전된 상태를 1로 하고, 방전되면 0으로 한다. 칩 내에서 어디든지 발생하는 누설 전류로 인해 방전이 일어나기 때문에 이러한 형태의 메모리는 주기적으로 커패시터를 재충전하는 리프레시(refresh)라고 하는 과정이 필요하다. 따라서 전하 저장을 이용하는 메모리를 동적 메모리(dynamic memory)라고 하고 이러한 순차 회로를 동 순차 회로(dynamic sequential circuit)라 한다.

이 장은 메모리 회로의 공부와 관련을 가진다. 16.1절에서는 **전달 게이트**(transmission gate)라 불리는, 단지 두 개의 트랜지스터(한 개의 NMOS와 한 개의 PMOS)를 가진 아주 간단한 회로로 시작한다. 전달 게이트는 래치, 플립플롭, 메모리 셀과 같은 더욱 복잡한 메모리 요소 설계의 구성 요소가 되는 것이다. 16.2절에서는 쌍안정 회로(래치) 그리고 플립플롭에의 응용을 다룬다. 이는 순차 디지털 시스템의 중요한 구성 요소이기도 하다. 메모리 칩 구성, 명명법의 개요를 간단히 살펴본 후, 정적 메모리 셀(SRAM)과 동적 메모리 셀(DRAM)의 회로를 16.3절에서 공부한다. 16.4절에서는 링 발진기, 센스 증폭기, 디코더를 포함한 다른 순차 회로와 메모리의 적절한 동작을 위해 필요한 특정 목적 회로와 여러 주변 장치를 언급하면서 이 장을 마친다.

16.1 전달 게이트

입력 논리 변수로 조정되는 스위치를 직렬 또는 병렬의 조합으로 연결하여 입력과 출력 마디를 연결하는 방식으로 논리 함수를 구현하는 개념적으로 단순한 방법이 있다(그림 16.1 참조). 이때 각각의 스위치는 하나의 NMOS 트랜지스터[그림 16.2(a)]나 **CMOS 전달 게이트**(CMOS transmission gate) 형태로 알려진 한 쌍의 상보형 MOS 트랜지스터[그림 16.2(b)]로 구현할 수 있다. 몇 가지 특수한 논리 함수는 이러한 방식으로 쉽게 구현할 수 있고, 그런 함수들은 표준 CMOS와 함께 섞여 효율적으로 사용된다. 즉, CMOS 단독으로 가능한 트랜지스터 수보다 작은 수의 트랜지스터가 사용된다.

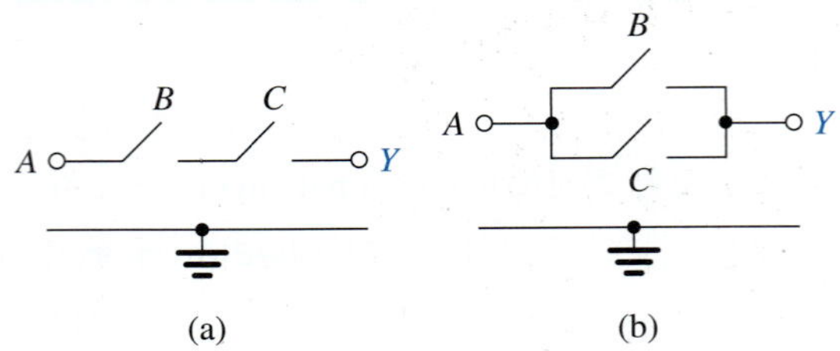

그림 16.1 개념적인 통과 트랜지스터 논리 게이트. (a) 입력 변수 B와 C로 제어되는 스위치 두 개가, 입력 변수 A가 연결된 입력 마디와 출력 마디(접지와의 사이에 부하가 있다고 가정한다) 사이의 통로에 직렬로 연결되어 함수 $Y = ABC$를 구현하고 있다. (b) 두 스위치가 병렬로 연결되었을 때이며, 함수 $Y = A(B + C)$를 구현하고 있다.

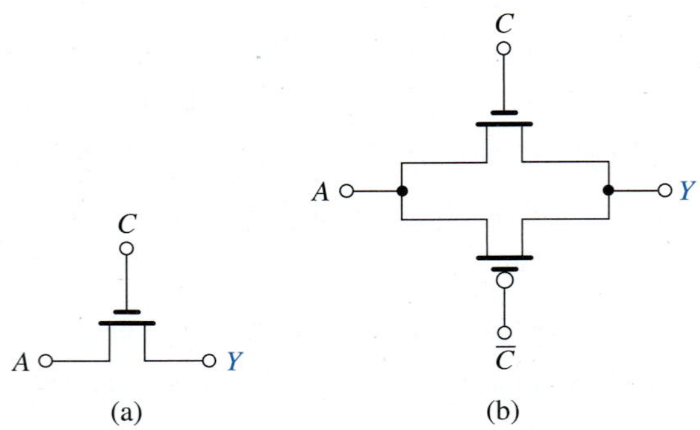

그림 16.2 노드 A와 Y를 연결하는 전압 제어(voltage-controlled) 스위치의 두 가지 가능한 형태: (a) 단일 NMOS 트랜지스터와 (b) CMOS 전달 게이트.

이 형태의 논리 회로는 입력에서 출력까지 직렬로 연결된 MOS 트랜지스터를 이용하여 신호 전송을 **통과**(pass)시키거나 막으면서 논리를 구현하므로 **통과 트랜지스터 논리**(PTL: pass-transistor logic)라고 부른다. 이전에도 언급했듯이 스위치를 구성할 때 CMOS 전달 게이트가 종종 사용되는데, 이러한 논리 회로 형태를 **전달 게이트 논리**(transmission-gate logic)라고도 한다. 이 두 용어는 실제 스위치의 구현 방안과는 상관없이 혼용된다.

16.1.1 NMOS 트랜지스터를 스위치로 사용하는 동작

단일 NMOS 트랜지스터로 PTL 회로에서 스위치를 구성하면 크기도 작고 마디 커패시턴스도 작은 간단한 회로를 만들 수 있다. 그러나 이러한 장점들은 완성된 회로에서의 정특성과 동적 성능 둘 다에서 심각한 결점들을 동반한다. 이를 설명하기 위해 그림 16.3의 회로를 보면, NMOS 트랜지스터 Q가 v_I 전압이 들어오는 입력 마디와 출력 마디를 연결하는 스위치로 쓰였다. 출력 마디와 접지 사이의 총 커패시턴스는 C로 나타내었다. 이때 스위치는 게이트에 V_{DD}의 high가 인가되어 닫힌 상태이다. 우리는 시간 $t = 0$에서 입력 전압 v_I가 V_{DD}의 high로 갈 때의 회로 동작을 분석하고자 한다. 이때 초기에 출력 전압 v_O는 0이고 커패시터 C는 완전히 방전

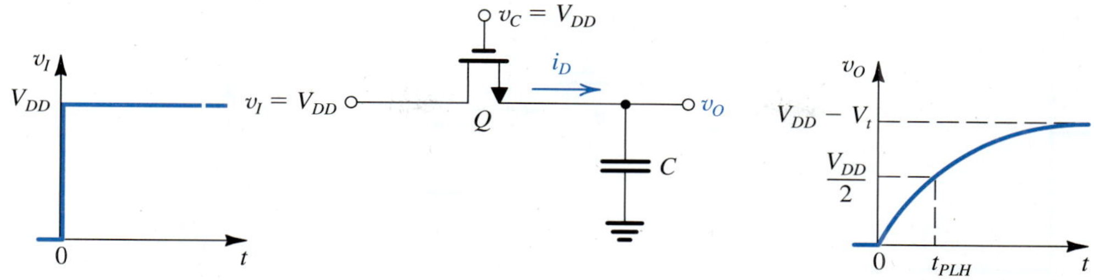

그림 16.3 PTL 회로의 구현 시 NMOS 트랜지스터의 스위치로서의 동작. 이것은 스위치가 닫혀 있고(v_C = high) 입력이 올라가는 경우($v_I = V_{DD}$)에 대한 분석이다.

되어 있다고 가정한다.[1)]

v_I가 high로 갈 때, 트랜지스터는 포화 모드에서 동작하며 커패시터를 충전시키기 위해 전류 i_D를 흘려 보낸다.

$$i_D = \frac{1}{2}k_n(V_{DD} - v_O - V_t)^2 \tag{16.1}$$

여기서 $k_n = k_n'(W/L)$이고, 트랜지스터의 소스 전압이 몸체에 대해 전압 v_O에 있으므로 몸체 효과를 고려하여 V_t를 구하면[식 (5.30) 참조] 다음과 같다.

$$V_t = V_{t0} + \gamma\left(\sqrt{v_O + 2\phi_f} - \sqrt{2\phi_f}\right) \tag{16.2}$$

따라서 초기에($t = 0$) $V_t = V_{t0}$이고 이에 비례하여 전류 i_D도 크다. 그러나 C가 충전되어 v_O가 커짐에 따라 V_t는 증가하고[식 (16.2)] i_D는 감소한다. 후자의 효과는 v_O와 V_t 둘 모두의 증가에 기인한다. 이는 상대적으로 커패시터를 충전시키는 과정을 점점 느리게 한다. 더 심각한 것은 식 (16.1)에서 볼 수 있듯이 v_O가 $V_{DD} - V_t$에 도달할 때 i_D가 0으로 감소하는 점이다. 따라서 high 출력 전압(V_{OH})은 V_{DD}와 같지 않게 된다. 즉, V_{DD}에서 V_t만큼 낮은 전압이 된다. 그리고 설상가상으로 V_t의 값이 V_{t0}보다 1.5~2배나 높아질 수도 있다!

그림 16.3의 PTL 게이트의 전파 지연 t_{PLH}는 v_O가 $V_{DD}/2$에 도달하는 동안의 시간으로 결정할 수 있다. 이는 앞 절에서 사용했던 것과 비슷한 방법을 사용하여 유도할 수 있으며 곧 예제를 통해 알아볼 것이다.

그림 16.4는 v_I가 0 V로 떨어질 때의 NMOS 스위치 회로이다. 여기서 초기에 $v_O = V_{DD}$라고 가정한다. 따라서 $t = 0+$일 때, 트랜지스터는 도통되어 포화 영역에서 동작한다.

$$i_D = \frac{1}{2}k_n(V_{DD} - V_t)^2 \tag{16.3}$$

여기서 지금은 소스가 0 V(드레인과 소스의 역할이 바뀐 것에 주의)이므로 여기에는 몸체 효과도 없으며 따라서 V_t도 V_{t0} 값 그대로 남아 있게 된다. C가 방전됨에 따라 v_O는 감소하고 트랜지스터는 $v_O = V_{DD} - V_t$에서

1) 비록 MOS 트랜지스터가 대칭이고 드레인과 소스 상호 교환이 가능하더라도 어느 노드가 소스 그리고 드레인으로 작용하는지를 알고 있는 것은 유용하다. NMOS 트랜지스터에서는 더 높은 전압을 가진 노드가 드레인이다.

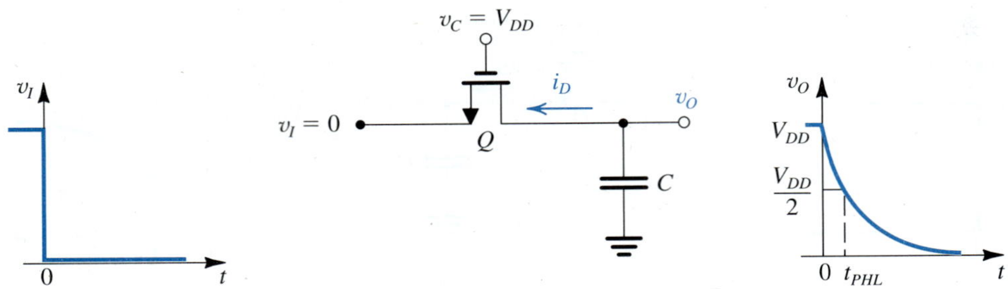

그림 16.4 입력이 low($v_I = 0$ V)로 갈 때의 NMOS 스위치의 동작. NMOS 트랜지스터의 드레인의 전압이 소스 전압보다 항상 더 높은 것에 주목하라. 따라서 그림 16.3의 회로와 비교해 볼 때, 드레인과 소스 단자의 역할이 서로 바뀐다.

트라이오드 영역에 들어간다. 그럼에도 불구하고 커패시터는 C가 완전히 방전되어 $v_O = 0$이 될 때까지 방전을 계속한다. 따라서 NMOS 트랜지스터는 $V_{OL} = 0$ 또는 'good 0'를 제공한다. 전파 지연 t_{PHL}은 이전에 사용한 방법으로 똑같이 구할 수 있으며, 다음의 예제를 통해 알아보도록 하자.

예제 16.1

그림 16.3과 16.4의 회로에서 NMOS 트랜지스터를 생각해 보자. 이때 $\mu_n C_{ox} = 450$ μA/V^2, $\mu_p C_{ox} = 150$ μA/V^2, $V_{t0} = 0.35$ V, $\gamma = 0.25$ V$^{1/2}$, $2\phi_f = 1$ V, $V_{DD} = 1$ V로 제작되었다고 가정한다. 그리고 트랜지스터는 $(W/L) = 130$ nm/65 nm라고 하고, 출력 마디와 접지 사이의 총 커패시턴스는 $C = 5$ fF이라고 가정한다.

(a) v_I가 high인 경우(그림 16.3) V_{OH}를 구하라.

(b) 출력이 $(W/L)_p = 3(W/L)_n = 390$ nm/65 nm인 CMOS 반전기에 공급된다면, (a)에서 구한 값을 입력으로 줄 때 반전기의 정전류와 소비 전력은 얼마인가? 또한 반전기의 출력 전압을 구하라.

(c) t_{PLH}를 구하라.

(d) v_I가 low로 가는 경우(그림 16.4) t_{PHL}을 구하라.

(e) t_P를 구하라.

풀이

(a) 그림 16.3을 참고하라. V_{OH}는 Q가 도통되지 않게 될 때의 v_O 값이다.

$$V_{OH} = V_{DD} - V_t$$

여기서 V_t는 소스와 몸체 사이에 V_{OH}에 해당하는 역바이어스가 걸릴 때의 문턱 전압 값이다. 식 (16.2)를 사용하면

$$\begin{aligned} V_t &= V_{t0} + \gamma\left(\sqrt{V_{OH} + 2\phi_f} - \sqrt{2\phi_f}\right) \\ &= V_{t0} + \gamma\left(\sqrt{V_{DD} - V_t + 2\phi_f} - \sqrt{2\phi_f}\right) \end{aligned}$$

$V_{t0}=0.35, \gamma=0.25, V_{DD}=1, 2\phi_f=1$로 바꾸면 V_t에 관한 이차 방정식이 나오는데, 그 해는 $V_t=0.41$ V. 따라서 $V_{OH}=0.59$ V이다. 이는 신호의 진폭에 있어 심각한 손실을 나타낸다.

(b) 부하 반전기의 입력 신호는 0.59 V이다. 따라서 부하 반전기의 Q_P에서는 다음의 전류가 흐를 것이다.

$$i_{DP}=\frac{1}{2}\times 150\times\frac{390}{65}(1-0.59-0.35)^2=1.62\ \mu\text{A}$$

여기서 Q_P는 포화 모드에서 작동한다고 가정하며, 반전기의 v_O는 0 V에 근접한 값이라고 예측한다. 따라서 반전기의 정전력 손실은

$$P_D=V_{DD}i_{DP}=1\times 1.62=1.62\ \mu\text{W}$$

이다. 반전기의 출력 전압은 Q_N이 트라이오드 영역에서 동작한다는 것으로부터 구할 수 있다. Q_N의 전류를 Q_P의 전류(즉, 1.62 μA)와 같게 놓으면 출력 전압은 7.6 mV가 된다.

(c) t_{PLH}를 구하려면 $t=0$일 때(이때 $v_O=0, V_t=V_{t0}=0.35$ V)와 $t=t_{PLH}$일 때(이때 $v_O=0.5$ V, V_t는 구해야 한다)의 전류 i_D를 구할 필요가 있는데, 다음과 같다.

$$i_D(0)=\frac{1}{2}\times 450\times\frac{130}{65}\times(1-0.35)^2=190\ \mu\text{A}$$
$$V_t(\text{at } v_O=0.5\text{ V})=0.35+0.25\left(\sqrt{0.5+1.0}-\sqrt{1.0}\right)=0.41\text{ V}$$
$$i_D(t_{PLH})=\frac{1}{2}\times 450\times\frac{130}{65}\times(1-0.5-0.41)^2=3.6\ \mu\text{A}$$

여기서 평균 방전 전류를 계산하면

$$i_D|_{av}=\frac{190+3.6}{2}=96.8\ \mu\text{A}$$

그러면 t_{PLH}는 다음과 같이 구할 수 있다.

$$t_{PLH}=\frac{C(V_{DD}/2)}{i_D|_{av}}=\frac{5\times 10^{-15}\times 0.5}{96.8\times 10^{-6}}=26\text{ ps}$$

(d) 그림 16.4의 회로를 참고하라. 여기서 V_t는 $V_{t0}=0.35$ V의 일정한 값으로 유지된다. $t=0$에서 동작점 Q는 포화 영역에서 동작하고, 드레인 전류는

$$i_D(0)=\frac{1}{2}\times 450\times\frac{130}{65}(1-0.35)^2=190\ \mu\text{A}$$

$t=t_{PHL}$일 때 Q는 트라이오드 영역에서 동작할 것이므로

$$i_D(t_{PHL})=450\times\frac{130}{65}\left[(1-0.35)\times 0.5-\frac{1}{2}\times 0.5^2\right]=180\ \mu\text{A}$$

따라서 평균 방전 전류는 다음과 같다.

$$i_D|_{av} = \frac{190+180}{2} = 185\ \mu A$$

그리고 t_{PHL}은 다음과 같이 구한다.

$$t_{PHL} = \frac{5\times10^{-15}\times0.5}{185\times10^{-6}} = 14\ \text{ps}$$

(e) $t_P = \frac{1}{2}(t_{PLH}+t_{PHL}) = \frac{1}{2}(26+14) = 20\ \text{ps}$

연습문제

16.1 그림 16.3의 NMOS 트랜지스터 스위치가 0.18 μm CMOS 공정으로 제작되었다고 하고 다음 값을 가진다: $V_{t0}=0.5$ V, $\gamma=0.3\ \text{V}^{1/2}$, $2\phi_f=0.85$ V, $V_{DD}=1.8$ V. V_{OH}를 구하라.
[답] 1.15 V

16.1.2 V_{OH} 값의 V_{DD}로의 복구

예제 16.1은 신호 레벨의 손실과 그로 인하여 뒷단에 연결된 CMOS 반전기의 동작이 심각하게 영향을 받게 되는 문제를 명백히 보여 준다. 출력 레벨을 V_{DD}로 복구하기 위한 다소 교묘한 방법들이 개발되어 왔다.

그림 16.5에 도시된 접근법을 고찰해 보자. 여기서 Q_1은 입력 B로 제어하는 통과 트랜지스터이다. PTL 네트워크의 출력 마디는 Q_N과 Q_P로 형성된 표준형 CMOS 반전기의 입력에 연결되어 있다. 반전기의 출력 전압 v_{O2}에 PMOS 트랜지스터 Q_R의 게이트가 연결되어 있다. PTL 게이트의 출력 v_{O1}이 접지 상태의 low일 때 v_{O2}는 V_{DD} 상태의 high가 되어 Q_R이 꺼지는 것을 알 수 있다. 반면에 v_{O1}이 high이지만 V_{DD}에 미치지 못하는 값

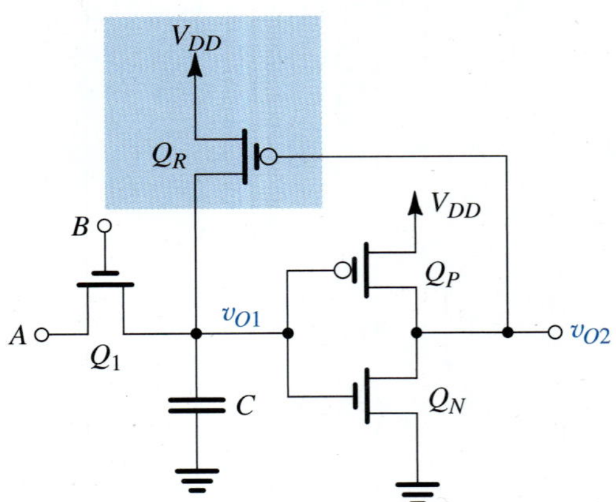

그림 16.5 트랜지스터 Q_R의 사용. CMOS 반전기 주위에 귀환 루프로 연결되었으며, Q_1에 의해 생성되는 V_{OH} 레벨을 V_{DD}로 복구해 준다.

이면 반전기의 출력은 low일 것이고(당연히 그렇다) Q_R이 켜져서 C를 V_{DD}로 충전할 때까지 전류를 공급할 것이다. 이 과정은 $v_{O1} = V_{DD}$일 때 멈출 것이다. 즉, 출력 전압이 적절한 레벨까지 복구될 때까지이다. Q_R로 수행하는 이 '레벨 복구(level-restoring)' 기능은 MOS 디지털 회로 설계에 자주 사용된다. 이때 동작 설명은 비교적 간단해 보이지만, Q_R을 추가함으로써 CMOS 반전기 주위에 '정귀환(positive-feedback)' 루프가 형성되어 실제 동작은 훨씬 복잡하다는 점에 유의해야 하는데, 특히 과도 상태(transient)에 있을 때는 더욱 복잡하다. Q_R의 W/L 비율의 선택 역시, 보통 k_r을 k_n보다 훨씬 적게(3~5배 정도) 되도록 선택한다고 하지만 다소 복잡한 과정이다. 직관적으로 볼 때, Q_R은 앞서 설명했듯이 V_{OH}의 레벨을 V_{DD}로 복구하는 것 외에는 회로 동작에서 주요한 역할을 하지 않는다. 트랜지스터 Q_R은 '약한(weak) PMOS 트랜지스터'라고 부른다. 문제 16.9를 참조하라.

16.1.3 CMOS 전달 게이트를 스위치로서 사용하는 동작

CMOS 전달 게이트를 스위치로 사용할 때 정적·동적 성능이 크게 개선될 수 있다. 전달 게이트는 병렬로 연결된 한 쌍의 상보형 트랜지스터를 사용한다. 양방향의 전류 흐름을 제공하고 넓은 영역의 입력 전압에 대해 거의 일정한 값의 도통 저항을 가지는 훌륭한 아날로그 스위치로서 작동 가능하다. 본질적으로 이와 같은 특성에 의해 디지털 응용 분야에서의 우수한 스위치뿐 아니라 데이터 변환기, 스위치드 커패시터 여파기 같은 응용 분야에서도 훌륭한 아날로그 스위치가 될 수 있다(13장).

전달 게이트 회로 분석을 하기 전에, 이의 근원을 살펴보는 것이 유용하다. NMOS 트랜지스터는 0 V를 출력에 완벽하게 전달하고 따라서 'good 0'를 생성한다는 것을 다시 생각해 보자. 그러나 V_{DD}를 전달하는 데 어려움이 있다. $V_{OH} = V_{DD} - V_t$('poor 1')의 결과값을 가진다. PMOS 트랜지스터는 정확히 그 반대라는 것을 알 수 있다(문제 16.1, 16.2 참조). 즉, V_{DD} 레벨을 완벽히 전달하고 따라서 'good 1'을 생성하지만 0 레벨를 전달하는 데 어려움이 있으며 따라서 'poor 0'를 생성한다. 그러므로 PMOS와 NMOS를 병렬로 연결하는 것이 0과 1 경우 둘 다에 좋은 결과를 출력할 것이라고 생각하는 것은 자연스러운 것이다.

두 트랜지스터 타입의 성과를 나타내는 또 다른 방법은 NMOS는 출력을 0 V로 내리는 데는 우수하고, 반면에 PMOS는 출력을 V_{DD}로 올리는 데 우수하다. 이들은 CMOS 반전기에서도 같은 역할을 한다.

그림 16.6은 자주 사용되는 회로 부호와 함께 전달 게이트를 나타낸다. 전달 게이트는 v_C가 고레벨(V_{DD})일

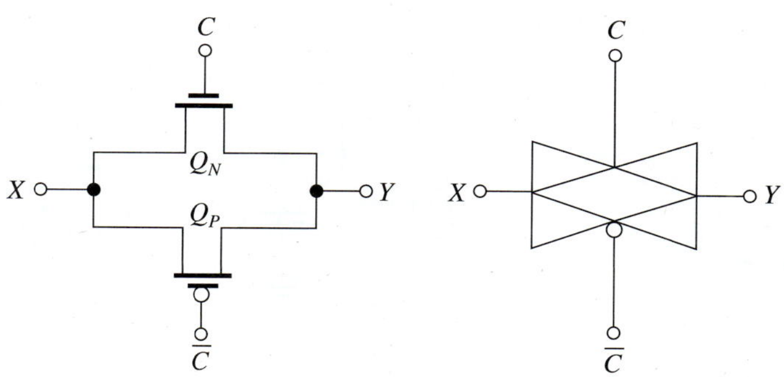

그림 16.6 CMOS 전달 게이트와 그 회로 상징 부호.

때 $v_Y = v_X$의 결과를 갖는 상호 스위치이다. 논리 변수로 표현하면, 함수는 다음과 같이 묘사된다.

$$Y = X \quad \text{if} \quad C = 1$$

그림 16.7(a)를 보면 입력 v_I가 $t=0$에서 V_{DD}로 상승할 때 전달 게이트 스위치는 'on' 위치에 있게 된다. 이전처럼 초기에 출력 전압은 제로라고 가정하면 Q_N은 포화 영역에서 동작하고 다음의 충전 전류를 흘려 보낸다.

$$i_{DN} = \frac{1}{2}k_n(V_{DD} - v_O - V_{tn})^2 \tag{16.4}$$

여기서 단일 NMOS 스위치의 경우에서처럼 V_{tn}은 몸체 효과의 식으로부터 구한다.

$$V_{tn} = V_{t0} + \gamma\left(\sqrt{v_O + 2\phi_f} - \sqrt{2\phi_f}\right) \tag{16.5}$$

트랜지스터 Q_N에 흐르는 전류는 $v_O = V_{DD} - V_{tn}$일 때 제로로 감소된다. 그러나 $V_{SG} = V_{DD}$이므로 Q_P가 동작하고 초기에 포화 상태에 있다.

$$i_{DP} = \frac{1}{2}k_p\left(V_{DD} - |V_{tp}|\right)^2 \tag{16.6}$$

여기서 Q_P의 몸체가 V_{DD}에 연결되어 있으므로 $|V_{tp}|$는 V_{t0} 값으로 일정하게 유지된다. 이때 V_{t0}는 n 채널 소자 때와 같은 값이라고 가정한다. 총 커패시터 충전 전류는 i_{DN}과 i_{DP}의 합이다. 이제 Q_P는 $v_O = |V_{tp}|$일 때 트라

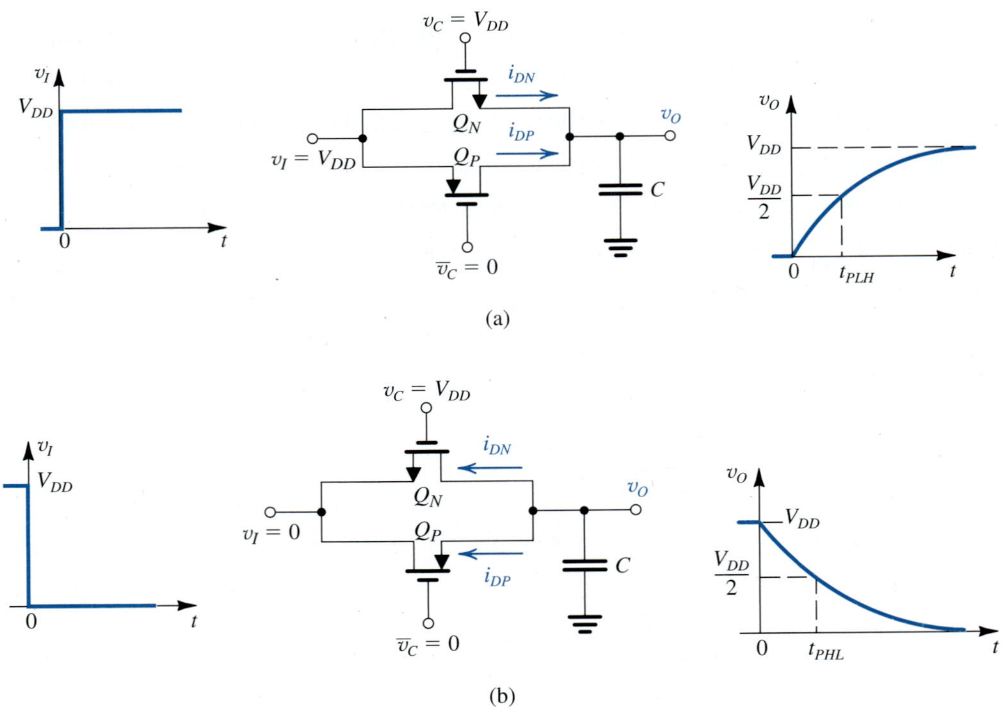

그림 16.7 PTL 회로에서 스위치로서 동작하는 전달 게이트: (a) v_I high, (b) v_I low.

이오드 영역으로 들어가지만 C가 완전히 충전되어 $v_O = V_{OH} = V_{DD}$가 될 때까지 계속 도통된다. 따라서 p 채널 소자는 게이트에 'good 1'을 공급해 준다. t_{PLH}의 값은 통상 사용하는 방식으로 계산할 수 있다. 여기서 같은 값의 C에 대해 단일 NMOS 스위치의 경우에서보다 더 낮은 t_{PLH} 값을 기대할 수 있는데 이는 PMOS 소자의 영향으로 부가적으로 전류가 더 흐르기 때문이다. 하지만 PMOS 트랜지스터를 덧붙이면 C 값이 증가한다.

v_I가 low로 갈 때 그림 16.7(b)에 나와 있듯이 Q_N과 Q_P는 역할이 바뀐다. 그림 16.7(b)의 회로를 분석하면 v_O가 $|V_{tp}|$로 떨어질 때 Q_P는 더 이상 도통되지 않고 그때의 $|V_{tp}|$는 아래와 같다.

$$|V_{tp}| = V_{t0} + \gamma\left[\sqrt{V_{DD} - v_O + 2\phi_f} - \sqrt{2\phi_f}\right] \tag{16.7}$$

그러나 트랜지스터 Q_N은 C가 완전히 방전되어 $v_O = V_{OL} = 0$ V, 즉 'good 0'가 될 때까지 전류를 흘려 준다.

전달 게이트는 정적 및 동적 두 측면 모두에서 단일 NMOS 스위치보다 훨씬 뛰어난 성능을 제공한다. 반면 회로의 복잡도와 크기, 커패시턴스는 증가한다.

연습문제

16.2 그림 16.7의 전달 게이트가 $k'_n = 450\ \mu\text{A/V}^2$, $k'_p = 150\ \mu\text{A/V}^2$, $V_{tn} = |V_{tp}|$, $V_{t0} = 0.35$ V, $\gamma = 0.25$ $\text{V}^{1/2}$, $2\phi_f = 1.0$ V, $V_{DD} = 1$ V인 CMOS 공정 기술로 제작되었다. Q_N과 Q_P는 이 공정 기술로 가능한 최소 크기 $(W/L)_n = (W/L)_p = 130$ nm/65 nm라고 하자. 출력 마디에서의 총 커패시턴스는 5 fF이다. 필요하다면 예제 16.1의 결과를 사용하라.

(a) V_{OH}와 V_{OL}을 구하라.

(b) 그림 16.7(a)의 상황에 대해 $i_{DN}(0), i_{DP}(0), i_{DN}(t_{PLH}), i_{DP}(t_{PLH}), t_{PLH}$를 구하라.

(c) 그림 16.7(b)에 묘사된 상황에 대해 $i_{DN}(0), i_{DP}(0), i_{DN}(t_{PHL}), i_{DP}(t_{PHL}), t_{PHL}$을 구하라. v_O가 어떤 값일 때 Q_P는 꺼지겠는가?

(d) t_P를 구하라.

[답] (a) 1 V, 0 V; (b) 190.1 μA, 63.4 μA, 3.6 μA, 60 μA, 15.8 ps; (c) 190.1 μA, 63.4 μA, 180 μA, 1.2 μA, 11.5 ps, 0.41 V; (d) 13.7 ps

전달 게이트의 등가 저항 비록 전달 게이트가 부하 용량에 1과 0 레벨을 통과하게 할 수 있을지라도 이것이 완전한 스위치는 아니다. 특별히, 전달 게이트는 한정된 'on' 저항을 가지고 있다. 이 저항의 추정치를 얻는 것은 유용한 일이다. 예를 들면, 이는 전파 지연을 결정하는 대체 수단으로 부하 용량과 함께 사용될 수 있다. 이러한 접근은 곧 살펴볼 반전기와 전달 게이트의 네트워크를 포함하는 상황에서는 특히 유용하다.

전달 게이트의 저항 추정치를 얻기 위해 그림 16.7(a)에서의 상황을 고려하자. 여기서 전달 게이트는 on 상태이고 고레벨 입력(V_{DD})을 부하 커패시터로 전달한다. 트랜지스터 Q_N은 출력 전압 v_O가 $V_{DD} - V_{tn}$에 도달할 때, Q_N이 꺼지는 시간까지 포화 상태에서 동작한다. 따라서

$$i_{DN} = \frac{1}{2}k_n(V_{DD} - V_{tn} - v_O)^2 \quad \text{for} \quad v_O \le V_{DD} - V_{tn} \tag{16.8}$$

$$i_{DN} = 0 \quad \text{for} \quad v_O \ge V_{DD} - V_{tn} \tag{16.9}$$

Q_N의 등가 저항 전체 추정치는 그에 걸리는 전압 $V_{DD} - v_O$를 i_{DN}으로 나눔으로써 얻을 수 있다. 그리고 몸체 효과(body effect)는 무시한다. 즉, V_{tn}은 상수로 간주한다. 따라서

$$R_{Neq} = \frac{V_{DD} - v_O}{\frac{1}{2}k_n(V_{DD} - V_{tn} - v_O)^2} \quad \text{for} \quad v_O \le V_{DD} - V_{tn} \tag{16.10}$$

그리고

$$R_{Neq} = \infty \quad \text{for} \quad v_O \ge V_{DD} - V_{tn} \tag{16.11}$$

트랜지스터 Q_P는 $v_O = |V_{tp}|$일 때까지 포화 상태에서 작동한다. 그다음에 트라이오드 영역으로 진입한다. 따라서

$$i_{DP} = \frac{1}{2}k_p(V_{DD} - |V_{tp}|)^2 \quad \text{for} \quad v_O \le |V_{tp}| \tag{16.12}$$

$$i_{DP} = k_p\left[(V_{DD} - |V_{tp}|)(V_{DD} - v_O) - \frac{1}{2}(V_{DD} - v_O)^2\right] \quad \text{for} \quad v_O \ge |V_{tp}| \tag{16.13}$$

Q_P의 저항 전체 추정치는 그에 걸리는 전압 $(V_{DD} - v_O)$를 i_{DP}로 나눔으로써 얻을 수 있다. 따라서

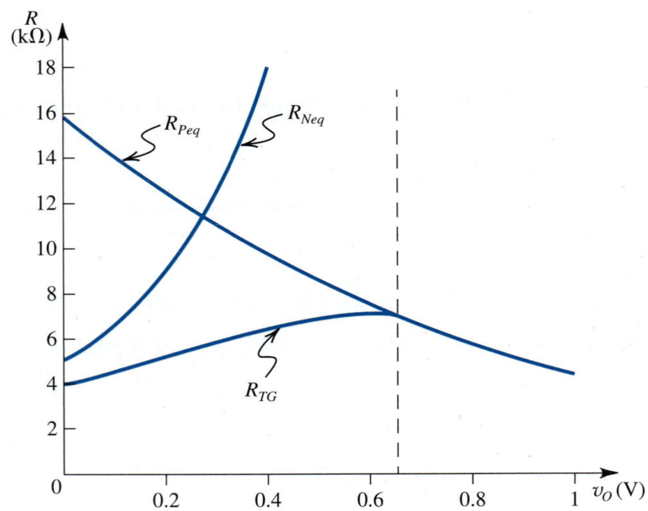

그림 16.8 그림 16.7(a)에 있는 전달 게이트의 두 트랜지스터 등가 저항 그래프와 v_O에 대한 전체 저항 R_{TG}의 그래프. 데이터는 연습문제 16.3에서 명시된 상황에 적용한다.

$$R_{Peq} = \frac{V_{DD} - v_O}{\frac{1}{2}k_p\left(V_{DD} - |V_{tp}|\right)^2} \quad \text{for } v_O \le |V_{tp}| \tag{16.14}$$

$$R_{Peq} = \frac{1}{k_p\left[V_{DD} - |V_{tp}| - \frac{1}{2}(V_{DD} - v_O)\right]} \quad \text{for } v_O \ge |V_{tp}| \tag{16.15}$$

끝으로 전달 게이트의 등가 저항 R_{TG} 값은 R_{Neq}와 R_{Peq}의 병렬 등가 값으로 얻을 수 있다.

$$R_{TG} = R_{Neq} \parallel R_{Peq} \tag{16.16}$$

분명히 R_{TG}는 출력 전압 v_O에 대한 함수이다. 예를 들어 입력이 high일 경우, 연습문제 16.2에서 분석한 전달 게이트를 위한 R_{TG} 도표를 그림 16.8에서 볼 수 있다. R_{TG}는 v_O의 전 범위 내에서 상대적으로 상수로 남아 있음을 관찰하라. $v_O = 0$에서 $V_{DD}/2$까지의 범위 내에서 R_{TG}의 평균값은 t_{PLH}를 결정하는 데 사용될 수 있다. 연습문제 16.3은 이를 보여 준다.

연습문제

16.3 연습문제 16.2에서 분석한 전달 게이트에 대해, 커패시터 충전을 위한 등가 저항이 그림 16.8에 그려져 있다. t_{PLH}를 구하기 위해 범위 $v_O = 0\sim0.5$ V에서의 평균 저항값을 이용하라. 결과값을 연습문제 16.2에서 평균 전류를 사용하여 구한 값과 비교하라. 그래프에서 $v_O = 0$ V일 때 $R_{TG} = 3.9$ kΩ, 그리고 $v_O = 0.5$ V일 때 $R_{TG} = 7.1$ kΩ임을 주목하라. $t_{PLH} = 0.69\,RC$임을 상기하라.
[답] $t_{PLH} = 19.0$ ps, 연습문제 16.2에서 구한 15.8 ps 값에 매우 가깝다.

위에서 유도한 R_{TG} 표현은 커패시터 충전에만 적용된다. 유사한 분석을 그림 16.7(b)에 나타낸 커패시터 방전의 경우에 대해서도 실행할 수 있다. R_{TG}의 결과값은 이전에 얻은 값에 가깝다.

전달 게이트의 저항을 추정함으로써 다수의 전달 게이트를 가진 신호 경로의 전파 지연을 계산할 수 있다. 그림 16.9(a)는 이러한 회로를 보여 준다. 반전기의 출력에서 다른 반전기의 입력에 연결된 전달 게이트로 구성되어 있다. 우리는 첫 번째 반전기 입력에 음의 값을 적용할 때, 첫 번째 입력에서 두 번째 반전기의 입력까지의 전파 지연을 찾는 것에 관심이 있다.

그림 16.9(b)는 등가 회로를 나타낸다. 여기서 R_{P1}은 Q_{P1}의 등가 저항이고, R_{TG}는 전달 게이트의 등가 저항이며, C_{out1}은 드라이브 반전기의 출력 커패시턴스이다. C_{TG1}과 C_{TG2}는 각각 전달 게이트의 입력과 출력의 커패시턴스이다. 그리고 C_{in2}는 부하 반전기의 입력 커패시턴스이다. 회로가 RC 단계 네트워크의 형태를 취하는 것에 주목하라. 그림 16.10에서와 같이 임의의 긴 RC 단계 네트워크의 지연을 계산하는 간단한 공식이 개발되었는데 이를 **엘모어 지연 공식**(Elmore delay formula)이라 하며, 그림 16.10에 대해 다음을 나타낸다.

$$t_P = 0.69\left[C_1R_1 + C_2(R_1 + R_2) + C_3(R_1 + R_2 + R_3)\right] \tag{16.17}$$

엘모어 공식을 그림 16.9(b)에 있는 두 단계 계단에 적용하면 다음과 같다.

$$t_P = 0.69\left[(C_{\text{out1}} + C_{TG1})R_{P1} + (C_{\text{in2}} + C_{TG2})(R_{P1} + R_{TG})\right] \tag{16.18}$$

끝으로 인자 0.69는 입력이 단계(step) 전압 보다는 경사(ramp) 형태라는 가정하에 보통 생략한다.

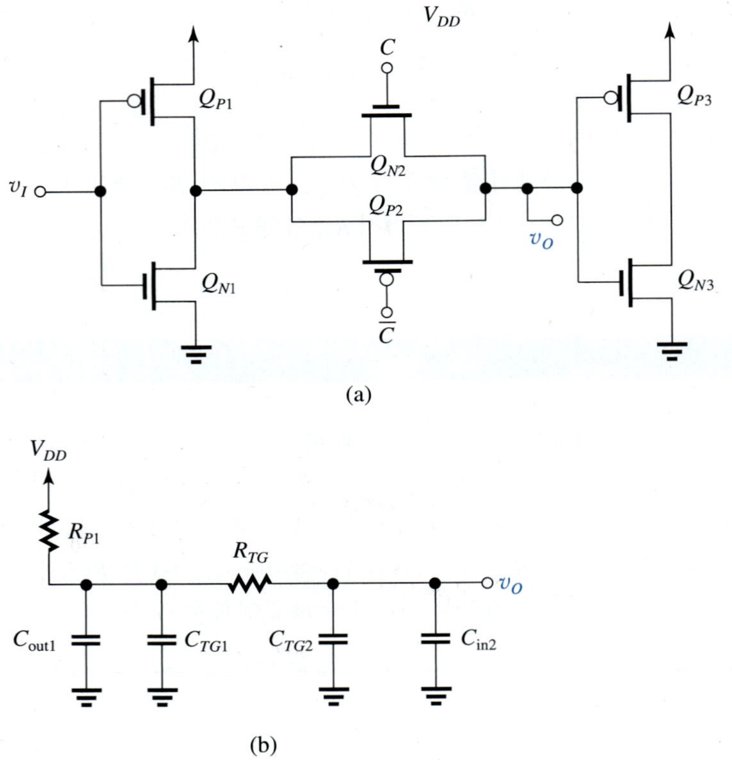

그림 16.9 (a) 전달 게이트는 CMOS 반전기의 출력과 다른 반전기의 입력에 연결한다. (b) (a) 회로의 전파 지연을 분석할 목적의 등가 회로.

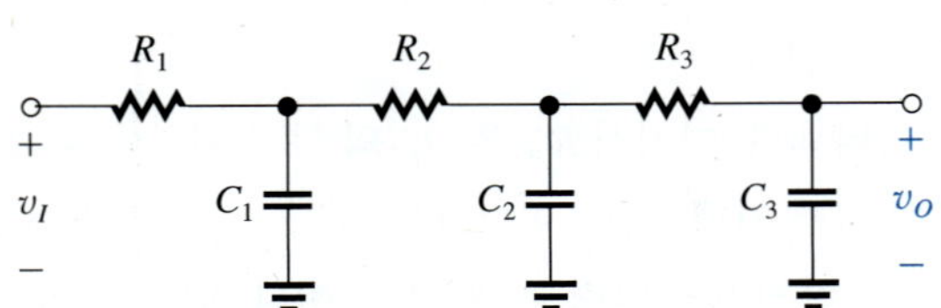

그림 16.10 엘모어 지연을 나타내기 위해 사용된 3-부분 RC 사다리 네트워크.

연습문제

16.4 그림 16.9의 회로는 65 nm CMOS 기술로 제작되었다. 첫 번째 반전기의 Q_{P1}은 $W/L = 2$이고, 전달 게이트의 두 트랜지스터는 $W/L = 2$이다. 커패시턴스는 $C_{out1} = 4$ fF, $C_{TG1} = C_{TG2} = 2$ fF, $C_{in2} = 4$ fF으로 추산한다. 드레인이 0 V일 때, 그리고 5 V일 때 Q_{P1}에 흐르는 전류를 계산하여 R_{P1}의 평균값을 추정하라. 또한 연습문제 16.3에서 계산한 R_{TG}의 평균값도 사용하라. 그런 다음 경사 입력으로 가정하고 추정되는 t_{PLH}를 구하라.
[답] $R_{P1} = 12.1$ kΩ; $t_{PLH} = 0.18$ ns

16.2 래치와 플립플롭

이 절에서는 기본적인 메모리 소자인 래치를 공부하고 정적 및 동적 회로 모두를 포함한 이들의 응용에 대해 살펴보자. 곧 보게 되겠지만, 16.1절에 나온 통과 트랜지스터는 내부 저장 노드에 접속하는 데 자주 사용된다.

16.2.1 래치

기본 메모리 요소인 래치(latch)를 그림 16.11(a)에 나타내었다. 이 래치는 두 개의 상호 접속된 논리 반전기 G_1과 G_2로 구성되어 있다. 반전기는 정귀환 루프를 형성한다. 래치의 동작을 알아보기 위해, 반전기 G_1의 입력에서 귀환 루프를 끊고 그림 16.11(b)에서처럼 입력 신호 v_W를 공급한다. G_1의 입력 임피던스가 크다고 가정하면, 귀환 루프를 끊어도 루프의 전압 전달 특성은 변하지 않을 것이다. 이때 루프의 전압 전달 특성은 그림 16.11(b)의 회로에서 v_Z 대 v_W의 관계를 그림으로써 얻을 수 있다. 이 특성이 두 캐스케이드 반전기의 전압 전달 특성이며 그림 16.11(c)와 같은 형태로 된다. 전달 특성은 세 부분으로 이루어지며 이때 중앙 부분은 반전기의 천이 영역에 해당된다.

그림 16.11(c)에서 직선은 기울기가 1인 선이다. 이 직선은 $v_W = v_Z$인 관계를 나타내는데 이것은 귀환 루프를 형성하기 위하여 Z와 W를 재접속함으로써 얻어진다. 그림에 표시된 바와 같이 직선은 세 점 A, B, C에서 루프 전달 곡선과 교차한다. 그러므로 이 세 점은 래치의 동작점이 된다. A와 C 점은 회로가 무기한으로 어떤 상태를 유지하는 안정한 동작점이며, B점은 불안정 동작점으로 B점에서는 래치가 상당 기간 동안 머물 수 없다.

그림 16.11(a)의 래치 회로가 B점에서 동작하는 것을 가정하고, 어떤 회로에서든지 반드시 존재하는 간섭 현상(또는 잡음)의 영향을 고려하면 왜 B점이 불안정한가를 알 수 있다. 전압 v_W가 소량 v_w만큼 증가했다고 하자. X에서의 전압은 더 크게 증가하며 이 값은 B점에서 이득 G_1과 v_w의 곱과 같아진다. 그 신호 v_x는 G_2에 공급되며 Z 마디에서 더욱 큰 신호로 된다. 전압 v_z는 원래의 증가분 v_w와 루프 이득의 곱으로 결정되며 루프 이득은 v_Z 대 v_W의 전달 곡선의 B점에서의 기울기이다. 이 이득은 보통 1보다 크다. v_z는 G_1의 입력으로 연결되므로, 새로운 값 v_W가 되며, 루프 이득만큼 더 증폭된다. 이러한 재생 과정이 계속되면 동작점은 B점에서 C 점으로 그림 16.12에서처럼 이동된다. C 점에서 루프 이득은 0(또는 거의 0)이므로 재생은 일어나지 않

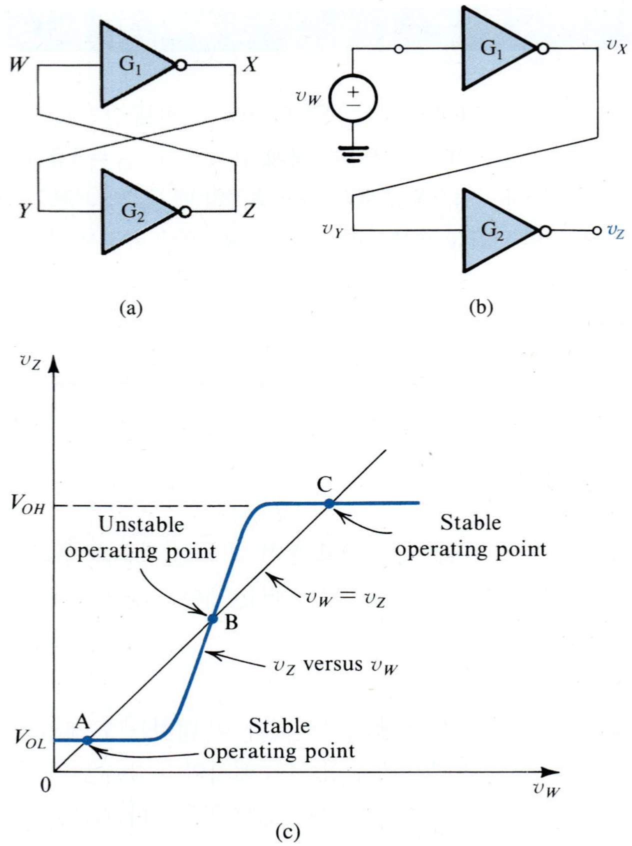

그림 16.11 (a) 기본 래치. (b) 귀환 루프를 열었을 때의 래치. (c) 래치의 동작점을 결정하는 법.

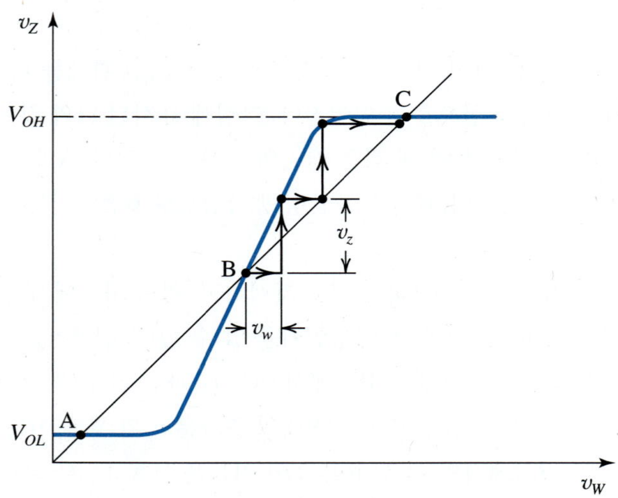

그림 16.12 점 B는 래치의 불안정 동작점이다. v_w의 작은 증가는 루프 주변에서 증폭되었고 동작점이 안정된 동작점인 C 쪽으로 이동하도록 초래한다. v_w가 음의 숫자였다면 동작점은 다른 안정한 동작점 A 쪽으로 이동할 것이다.

게 된다.

위의 설명에서는 W에서 정(positive) 방향의 최초 전압 증가를 가정하였다. 대신 지금은 부(negative) 방향의 전압 증가를 가정하면 동작점이 B에서 A 점으로 이동하게 된다. A 점에서 전달 곡선의 기울기는 0(또는 거의 0)이므로 재생은 일어나지 않는다. 루프 이득은 1보다 커야만 재생이 일어나며 그 경우는 B점에 있을 때이다. 또한 동작점 B에서 래치의 정귀환 모델을 −180° 위상 변화와 저주파에서 큰 증폭을 가지는 부귀환 회로로 모델링할 수 있다. 이는 그림 16.11(b)에서 큰 기울기를 가진 전압 전달 특성 곡선에 묘사되어 있다. 따라서 동작점 B에서는 어떤 위상 여유도 없고 불안정한 것이다.

위의 설명에서 래치는 두 개의 안정한 동작점 A 및 C가 있음을 결론지을 수 있다. C 점에서 v_W는 high, v_X는 low, v_Y는 low, v_Z는 high이다. A 점에서는 그 반대가 된다. X와 Z를 래치의 출력으로 가정하면, 한 안정한 상태(동작점 A에 해당한다고 가정)에서 v_X는 high(V_{OH})이며 v_Z는 low(V_{OL})이다. 다른 상태(동작점 C에 해당한다고 가정)에서는 v_X는 low(V_{OL})이며 v_Z는 high(V_{OH})이다. 따라서 이 래치 회로는 두 상보(complementary) 출력을 갖는 **쌍안정**(bistable) 회로라고 할 수 있다. 그 두 안정 상태 중에서 어떤 안정 상태로 동작하게 될지는 그 래치를 어떤 특정 상태로 구동시키는 외부의 여기 조건에 따라 좌우된다. 그때의 래치는 이 외부 작용을 인지하여 그 상태에 영원히 남게 됨으로써 기억하게 된다. 메모리 요소로서의 래치는 정보의 한 비트(bit)를 기억한다. 한 예로 v_X가 high, v_Z가 low인 상태를 논리 1로 지정할 수 있으며 그 반대 상태는 논리 0으로 지정하게 된다. 마지막으로, 언급된 래치 회로들은 매우 다양하다는 것을 알아 두자.

우리는 여전히 래치의 상태를 바꾸는 데 필요한 **트리거**가 될 수 있는 방법을 고안할 필요가 있다. 트리거(trigger) 회로를 갖고 있는 래치를 **플립플롭**(flip-flop)이라 하며 이것에 대해서는 다음 절에서 논의한다. 선형 증폭기를 사용한 아날로그 쌍안정 회로는 13장에서 논의된다.

16.2.2 SR 플립플롭

그림 16.13(a)에 가장 간단한 플립플롭 형태인 세트/리셋(SR: set/reset) 플립플롭을 나타냈다. 이것은 두 개의 NOR 게이트를 교차 접속시킨 형태의 래치가 들어 있다. 각 NOR 게이트의 두 번째 입력은 플립플롭의 트리거 입력으로 작용한다. 이들 두 입력은 S(set)와 R(reset)로 표시했다. 출력은 Q와 $\overline{Q}$로 표시했으며 이것은 상보임을 나타낸다. 플립플롭이 Q가 high이고 $\overline{Q}$가 low일 때를 세트 상태(즉, 논리 1이 저장된 상태)로 하고, 다른 상태(즉, Q가 low, $\overline{Q}$가 high)를 리셋 상태(즉, 논리 0이 저장된 상태)로 본다.

휴지(reset) 또는 **기억**(memory) 상태일 때(즉, 플립플롭의 상태를 변화시키지 않을 때), S와 R 입력은 모두 low이다. 플립플롭에 논리 0이 저장되어 있을 때를 생각해 보자. Q는 low이므로 NOR 게이트 G_2의 두 입력은 low이다. 따라서 G_2의 출력은 high이다. 이 high는 G_1의 입력에 공급되어 G_1의 출력 Q는 원래의 가정과 부합되는 low로 된다. 플립플롭을 세트시키려면 R은 논리 0으로 두고 S를 논리 1로 한다. S 단자가 1이면 G_2의 출력 $\overline{Q}$는 0이다. 따라서 G_1의 두 입력은 0으로 되고 그 출력 Q는 1로 된다. 이때 만일 S를 0으로 해도, G_2의 입력 $Q=1$ 신호가 $\overline{Q}=0$을 유지하게 하며, 플립플롭은 세트 상태로 남게 된다. 만일 또다시 S를 1로 해도(R은 0인 상태에서) 상태는 변함없다. 플립플롭을 리셋하려면 $S=0$인 상태에서 R을 1로 해야 한다. 일단 플립플롭을 이러한 리셋 상태($Q=0, \overline{Q}=1$)로 만들어 놓은 다음에 R을 0으로 해도 그 상태는 변하지 않는다. 여기서 트리거 신호는 단지 래치의 정귀환 루프의 재생 작용이 시작되게 할 뿐이다.

플립플롭 실제

1918년 런던의 시티 앤 길드 기술 대학에 근무하던 윌리엄 H. 에클스와 프랭크 W. 조단은 디지털 전자 시대의 전조인 전자 쌍안정 요소에 관한 최초의 특허를 출원하였다. 처음의 설계는 신호 입력이 가능한 게이트를 가진 두 개의 직결형 반전 증폭기를 포함하는 폐구간 정귀환 회로의 아이디어를 활용한 것이었다. 처음 설계는 진공 튜브를 사용한 반면에, 같은 구조는 트랜지스터 기술이 상업적으로 이용됨에 따라 바이폴라와 MOS 트랜지스터를 사용하여 확장 적용되었다. 에클스-조단 플립플롭은 한 세기가 지난 후에도 디지털 컴퓨팅의 거대한 시금석으로 남아 있다.

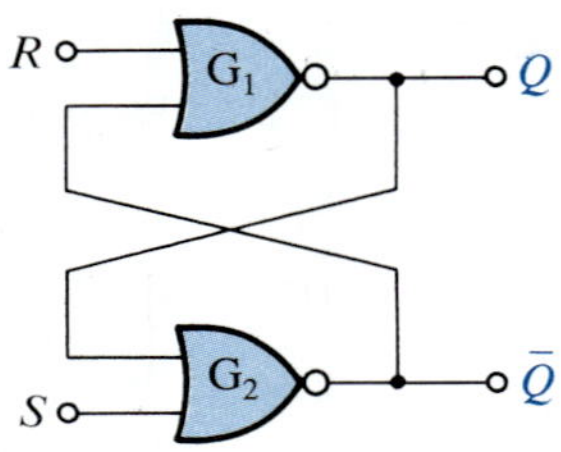

(a)

R	S	Q_{n+1}
0	0	Q_n
0	1	1
1	0	0
1	1	Not used

(b)

그림 16.13 (a) 세트/리셋(SR) 플립플롭과 (b) 그 진리표.

끝으로 만일 S와 R이 동시에 1로 되면 어떤 현상이 일어나는지 생각해 보자. 두 NOR 게이트는 Q와 $\bar{Q}$가 모두 0으로 될 것이다.(이때 이들 두 값은 상보가 되지 않는다.) 그러나 만일 R과 S가 동시에 휴지 상태($R = S = 0$)로 된다면 플립플롭의 상태는 정의되지 않는다. 다른 말로 표현하면, 플립플롭의 최종 상태는 예상할 수 없다. 이러한 이유 때문에 이러한 입력 조합은 허용되지 않는다.(즉, 쓰이지 않는다.) 그러나 이러한 상황은 R과 S가 정확히 0으로 되는 이상적인 경우에만 일어남에 주목하라. 실제로 둘 중의 하나가 먼저 0으로 되며 최종 상태는 늦게까지 high인 상태로 남아 있는 입력에 의해 결정된다.

플립플롭의 동작은 그림 16.13(b)의 **진리표**(truth table)로 요약된다. 여기서 Q_n은 R과 S 신호가 가해지기 바로 전 시간 t_n에서의 Q의 값을 나타내며 Q_{n+1}은 입력 전압이 인가된 직후인 t_{n+1}에서의 Q 값을 나타낸다.

NOR 게이트를 사용하지 않고 두 개의 NAND 게이트를 교차 접속시켜서 SR 플립플롭을 만들 수도 있다. 이 경우 세트 입력과 리셋 입력은 0일 때 동작된다.

16.2.3 SR 플립플롭의 CMOS 구현

그림 16.13의 SR 플립플롭은 CMOS 회로 구현 방법을 사용하여 각각의 NOR 게이트를 단순히 CMOS로 바꾸어 직접 만들 수 있다. 독자가 직접 그 결과 회로를 한번 그려 보기를 바란다(문제 16.14). 이와 같이 얻은 CMOS 회로는 작동은 잘하지만 다소 복잡하다. 그 대안으로 논리 기능이 추가되고 더 단순화된 회로를 생각해 보자. 그림 16.14는 SR 플립플롭의 **클록 동기**(clocked) 버전을 보여 주고 있다. 클록 입력이 세트와 리셋 입

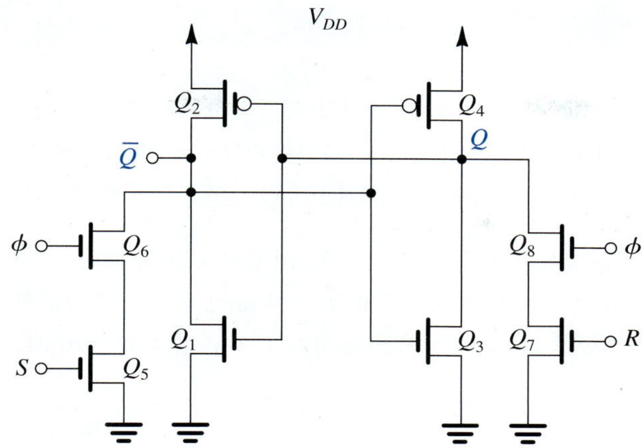

그림 16.14 CMOS로 구현된 클록 동기 SR 플립플롭. 클록 신호는 ϕ로 표시하였다.

력과 함께 AND 함수를 형성하기 때문에, 플립플롭은 클록 ϕ가 high 값을 가질 때에만 세트 또는 리셋될 수 있다. 플립플롭의 중심에 있는 두 교차 연결된(cross-coupled) 반전기는 상보형 CMOS 형태이지만, 세트-리셋 회로만은 NMOS 트랜지스터로 구성되어 있다. 그럼에도 불구하고 V_{DD}와 접지 사이가 (스위칭되는 시간을 제외하고는) 단절되어 있으므로 회로는 어떠한 정전력도 소비하지 않는다.

클록 동기(clocking)를 첨가한 것 외에 그림 16.14의 SR 플립플롭은 그림 16.13에 있는 논리와 똑같이 동작한다. 이를 설명하기 위해, 플립플롭이 리셋 상태에 있을 때($Q=0, \bar{Q}=1, v_Q=0, v_{\bar{Q}}=V_{DD}$) 무슨 일이 일어날지 고찰해 보자. 우리는 이를 세트시키고자 한다. 그렇게 하기 위해서는 입력 S에 high(V_{DD}) 신호를 보내고, R에는 low인 0 V를 보낸다. 그러고 나서 클록 ϕ가 high로 갈 때 Q_5와 Q_6가 도통되어 전압 $v_{\bar{Q}}$를 낮추게 된다. $v_{\bar{Q}}$가 (Q_3, Q_4) 반전기의 문턱 전압보다 낮아지면 반전기는 상태를 바꿀 것이며(또는 적어도 상태를 바꾸기 시작할 것이며), 그 출력 v_Q는 올라갈 것이다. v_Q의 증가는 (Q_1, Q_2) 반전기의 입력에 다시 공급되어, 그 출력 $v_{\bar{Q}}$를 더욱 감소시킬 것이다. 이렇게 하여 정귀환 래치의 특성인 재생 과정이 계속 진행된다.

플립플롭의 스위칭에 대한 위의 설명은 두 가지 가정을 바탕으로 한다.

1. 트랜지스터 Q_5와 Q_6는 마디 $\bar{Q}$의 전압을 (Q_3, Q_4) 반전기의 문턱 전압 이하로 낮추기 위해 충분한 전류를 공급할 수 있다. 이것은 재생 과정이 시작되는 데 필수 조건이다. 이러한 초기의 자극 없이는 플립플롭은 스위칭하지 못한다. 예제 16.2에서 Q_5, Q_6가 이러한 조건을 만족시키기 위한 W/L 비의 **최솟값**을 살펴볼 것이다.
2. 세트 신호는 충분히 긴 시간 동안 high 값을 유지하여 스위칭 과정으로부터 재생 과정으로 순조롭게 이행되도록 해야 한다. 요구되는 세트 펄스의 최소 폭은 $v_{\bar{Q}}$가 V_{DD}에서 $V_{DD}/2$로 감소하는 시간과 v_Q가 응답하여 $V_{DD}/2$로 올라가는 시간의 합으로 구할 수 있다. 이 점 또한 예제 16.2에서 살펴본다.

끝으로 회로가 대칭이므로 리셋 과정도 앞서 이야기한 세트 과정의 내용과 동일하게 적용된다.

예제 16.2

그림 16.14의 CMOS SR 플립플롭이 65 nm 공정으로 제작되었고 다음 값을 가진다: $\mu_n C_{ox} = 3\ \mu_p C_{ox} = 450\ \mu A/V^2$, $V_{tn} = -V_{tp} = 0.35$ V, $V_{DD} = 1.0$ V. 반전기는 $(W/L)_n = 130$ nm/65 nm, $(W/L)_p = 3(W/L)_n$ 값을 가진다. 세트-리셋을 위한 네 개의 NMOS 트랜지스터 Q_{5-8}은 똑같은 W/L 비를 갖는다.

(a) 플립플롭이 제대로 스위칭하기 위해 요구되는 최소의 W/L 비를 구하라.

(b) 세트-리셋 회로에서 각 네 개의 트랜지스터 W/L 비가 (a)에서 구한 최솟값의 두 배로 선택하는 경우에 세트 펄스가 반드시 가져야 할 최소 폭을 구하라. Q와 $\bar{Q}$ 노드와 접지 사이의 전체 커패시턴스는 10 fF으로 가정한다.

풀이

(a) 그림 16.15(a)는 현재 목적을 위한 일부 관련 회로이다. 회로는 리셋 상태이고 재생이 아직 시작되지 않았으므로 $v_Q = 0$, 따라서 Q_2는 도통된다고 가정한다. 회로는 사실 의사 NMOS 게이트이다(14.2절에서 소개). 그리고 Q_5와 Q_6의 W/L 비율은 반전기의 V_{OL} 값이 $V_{DD}/2$(Q_N과 Q_P가 매치되었을 때 반전기 Q_3, Q_4의 문턱 전압)보다 낮게 되도록 선택하는 일이다. Q_5와 Q_6의 최소 요구 W/L은 $v_{\bar{Q}} = V_{DD}/2$일 때 Q_5와 Q_6에 의해 공급된 전류와 Q_2에 의해 공급된 전류를 등식화함으로써 구할 수 있다. 문제를 단순화하기 위해, Q_5와 Q_6의 직렬 연결된 W/L의 값은 Q_5와 Q_6의 W/L 값의 절반인 단수의 트랜지스터와 동일하다고 가정한다[그림 16.15(b) 참조]. $v_{\bar{Q}} = V_{DD}/2 = 0.5$ V이고 $|V_t| = 0.35$ V일 때 이 등가 트랜지스터와 Q_2는 트라이오드 영역에서 동작하기 때문에 다음처럼 표현할 수 있다.

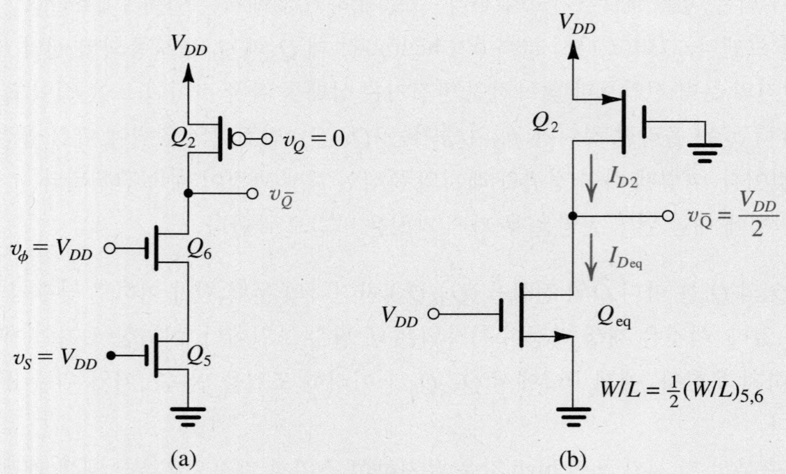

그림 16.15 (a) 플립플롭이 스위칭하기 위한 Q_5와 Q_6의 최소 W/L 값을 구하기 위해 그림 16.14 회로에서 해당 부분만을 발췌한 회로. (b) 스위칭 점에서 회로 (a)의 Q_5와 Q_6를 등가 트랜지스터 Q_{eq}로 교체된 회로.

$$I_{Deq} = I_{D2}$$

$$450 \times \frac{1}{2}\left(\frac{W}{L}\right)_5\left[(1-0.35)\left(\frac{1.0}{2}\right) - \frac{1}{2}\left(\frac{1.0}{2}\right)^2\right]$$

$$= 150 \times \frac{390}{65}\left[(1-0.35)\left(\frac{1.0}{2}\right) - \frac{1}{2}\left(\frac{1.0}{2}\right)^2\right]$$

계산하면

$$\left(\frac{W}{L}\right)_5 = 260 \text{ nm}/65 \text{ nm}$$

그러므로

$$\left(\frac{W}{L}\right)_6 = 260 \text{ nm}/65 \text{ nm}$$

(b) $(W/L)_5$와 $(W/L)_6$의 계산 값은 스위칭이 발생하는 데 필요한 최소 절댓값이다. 플립플롭이 스위칭되도록 보장하기 위해, 선택된 $(W/L)_5$와 $(W/L)_6$ 값은 보통 최솟값보다 다소 크다. 최솟값보다 두 배로 선택하여

$$(W/L)_5 = (W/L)_6 = 520 \text{ nm}/65 \text{ nm}$$

세트 펄스의 최소 요구 폭은 두 가지 요소로 구성된다. 즉, 그림 16.15(a) 회로에서 $v_{\bar{Q}}$가 V_{DD}에서 $V_{DD}/2$까지 하강하는 시간(여기서 $V_{DD}/2$는 그림 16.14의 Q_3와 Q_4에 의해 형성된 반전기의 문턱 전압이다), 그리고 그림 16.14의 Q_3–Q_4 반전기의 출력이 0부터 $V_{DD}/2$까지 상승하는 시간이다. 두 번째 시간 간격 끝에서 귀환 신호는 귀환 루프 주변을 지날 것이며, 재생은 세트 펄스의 부재에도 계속된다. 첫 번째 요소를 t_{PHL}로, 두 번째 요소를 t_{PLH}로 나타내고, 이들 값을 다음처럼 구한다.

t_{PHL}을 구하기 위해 그림 16.16의 회로를 참조하고, 커패시터 방전 전류 i_C는 등가 트랜지스터 Q_{eq}의 전류와 Q_2 전류의 차임을 주목하라.

$$i_C = i_{Deq} - i_{D2}$$

평균 방전 전류 i_C를 구하기 위해, $t = 0$과 $t = t_{PHL}$일 때 i_{Deq}와 i_{D2}를 계산한다. $t = 0, v_{\bar{Q}} = V_{DD}$일 때, 따라서 Q_2는 꺼지고

$$i_{D2}(0) = 0$$

그리고 Q_{eq}는 포화 상태

$$i_{Deq} = \frac{1}{2} \times 450 \times \frac{1}{2} \times \frac{520}{65} \times (1.0 - 0.35)^2$$
$$= 380.3\ \mu\text{A}$$

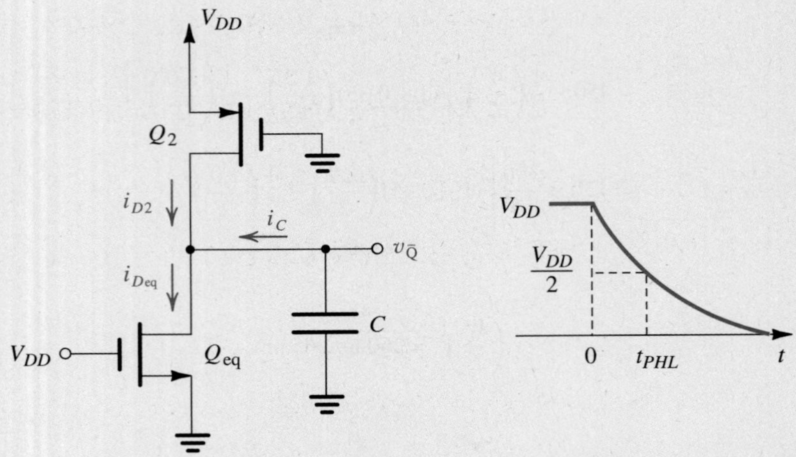

그림 16.16 $v_{\bar{Q}}$가 V_{DD}에서 $V_{DD}/2$까지 하강하는 시간 t_{PHL}의 계산.

따라서

$$i_C(0) = 380.3 - 0 = 380.3\ \mu\text{A}$$

$t = t_{PHL}$, $v_{\bar{Q}} = V_{DD}/2$일 때, 따라서 Q_2와 Q_{eq}는 모두 선형 영역 상태,

$$\begin{aligned} i_{D2}(t_{PHL}) &= 150 \times \frac{390}{65} \times \left[(1-0.35)\left(\frac{1.0}{2}\right) - \frac{1}{2}\left(\frac{1.0}{2}\right)^2\right] \\ &= 180\ \mu\text{A} \end{aligned}$$

그리고

$$\begin{aligned} i_{Deq}(t_{PHL}) &= 450 \times \frac{1}{2} \times \frac{520}{65} \times \left[(1-0.35)\left(\frac{1.0}{2}\right) - \frac{1}{2}\left(\frac{1.0}{2}\right)^2\right] \\ &= 360\ \mu\text{A} \end{aligned}$$

따라서

$$i_C(t_{PHL}) = 360 - 180 = 180\ \mu\text{A}$$

그리고 구간 $t = 0$에서 $t = t_{PHL}$까지 i_C의 평균값은 다음과 같다.

$$\begin{aligned} i_C|_{av} &= \frac{i_C(0) + i_C(t_{PHL})}{2} \\ &= \frac{380.3 + 180}{2} = 280.1\ \mu\text{A} \end{aligned}$$

이제 t_{PHL}을 다음처럼 계산할 수 있다.

$$t_{PHL} = \frac{C(V_{DD}/2)}{i_C|_{av}} = \frac{10 \times 10^{-15} \times 0.5}{280.1 \times 10^{-6}} = 17.9 \text{ ps}$$

다음으로 Q_3–Q_4 반전기의 출력 v_Q가 0부터 $V_{DD}/2$까지 상승하는 시간 t_{PLH}를 고려하자. t_{PLH} 값은 15장에서 유도한 전파 지연 공식[식 (15.10)]을 이용하여 계산할 수 있다. 즉

$$t_{PLH} = \frac{\alpha_p C}{k_p'(W/L)_p V_{DD}}$$

여기서 α_p를 구하는 식은 다음과 같고

$$\alpha_p = \frac{2}{\frac{7}{4} - \frac{3|V_{tp}|}{V_{DD}} + \left(\frac{|V_{tp}|}{V_{DD}}\right)^2}$$

수치를 대입하여 다음을 얻는다.

$$\alpha_p = \frac{2}{1.75 - \frac{3\times0.35}{1.0} + \left(\frac{0.35}{1.0}\right)^2} = 2.43$$

그리고

$$t_{PLH} = \frac{2.43 \times 10 \times 10^{-15}}{150 \times 10^{-6} \times (390/65) \times 1.0} = 27.0 \text{ ps}$$

끝으로 세트 펄스의 최소 요구 폭은 다음과 같이 계산한다.

$$T_{min} = t_{PHL} + t_{PLH} = 44.9 \text{ ps}$$

연습문제

16.5 예제 16.2의 SR 플립플롭에 대해 입력 S와 ϕ가 $V_{DD}/2$일 때 스위칭이 이루어지도록 Q_5와 Q_6의 최소 W/L을 구하라.
[답] 71.1

16.2.4 클록 동기 SR 플립플롭의 보다 간단한 CMOS 구현

클록 동기 SR 플립플롭을 더 간단히 구현한 회로를 그림 16.17에 나타냈다. 여기서 통과 트랜지스터 논리 회로를 사용하여 클록 동기 세트-리셋 기능을 구현하였다. 이 회로는 SRAM의 설계에서 기본 메모리 셀로 많이 사용된다(16.3절).

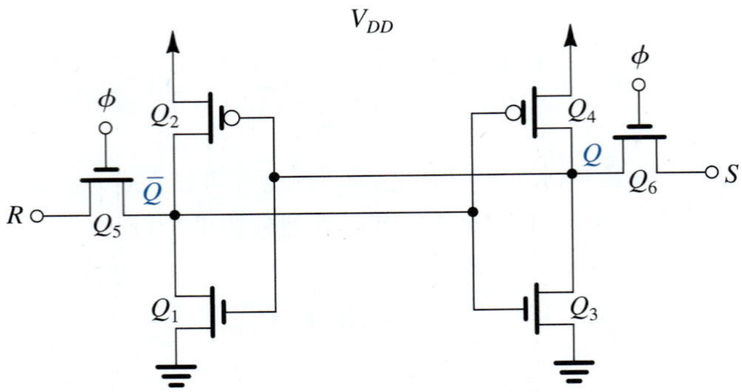

그림 16.17 CMOS로 구현된 더 간단한 클록 동기 SR 플립플롭. 이 회로는 SRAM에서 기본 메모리 셀로 사용된다.

16.2.5 D 플립플롭 회로

여러 가지 유형의 플립플롭이 있으며, 논리 게이트를 이용하여 합성할 수 있다. CMOS 회로 구현은 게이트를 CMOS 회로로 바꾸면 된다. 그러나 이렇게 하면 회로가 조금 복잡해진다. 많은 경우에 논리 설계의 관점에서보다는 회로 설계의 관점에서 구현할 때 더 간단한 회로를 구성할 수 있다. 이것을 예를 들어 설명하기 위해서 데이터 플립플롭, 즉 D 플립플롭의 CMOS 구현을 생각해 보자.

D 플립플롭의 블록 다이어그램을 그림 16.17에 나타냈다. 이것은 두 개의 입력인 D 입력과 클록 입력 ϕ를 가지고 있다. 상보 출력 두 개는 Q와 $\overline{Q}$로 표시되어 있다. 클록이 low일 때 플립플롭은 메모리 즉 저장 상태에 있고 D 입력이 변하더라도 플립플롭의 상태는 변하지 않는다. 클록이 high로 가게 되면 플립플롭은 클록 ϕ가 low에서 high로 올라가는 순간(rising edge)에 D 입력에 있던 논리값으로 저장된다. 그러한 플립플롭을 **에지 트리거**(edge-triggered)형이라고 부른다. 어떤 D 플립플롭은 이전에 설명한 클록 동작에 우선하여 동작하는 세트, 리셋 입력을 가지기도 한다.

D 플립플롭의 간략한 구현을 그림 16.19에 나타냈다. 이 회로는 그림 16.11(a)의 정적 래치처럼 정귀환 루프로 연결된 두 개의 반전기로 이루어져 있으며, 다른 점은 루프가 항상 닫혀 있지 않고 일부 시간 동안만 닫혀 있다는 것이다. 구체적으로 말하면, 클록이 낮을 때($\phi = 0, \overline{\phi} = 1$) 루프가 닫혀 있다. 입력 D는 클록이 high일 때 스위치를 통해 플립플롭에 연결된다. 그 동작은 아주 단순하다. ϕ가 high일 때 루프는 열리고, 입력 D는 반전기 G_1의 입력으로 연결된다. G_1의 입력 커패시턴스는 D 값까지 충전되고, G_2의 입력 커패시턴스는 $\overline{D}$ 값까지 충전된다. 클록이 low가 되면 입력은 플립플롭으로부터 격리되고, 귀환 루프는 닫히고, 플립플롭은 ϕ가

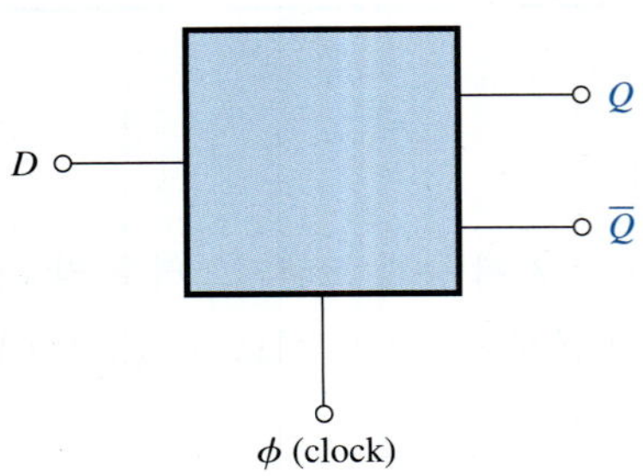

그림 16.18 D 플립플롭의 블록 다이어그램 표현.

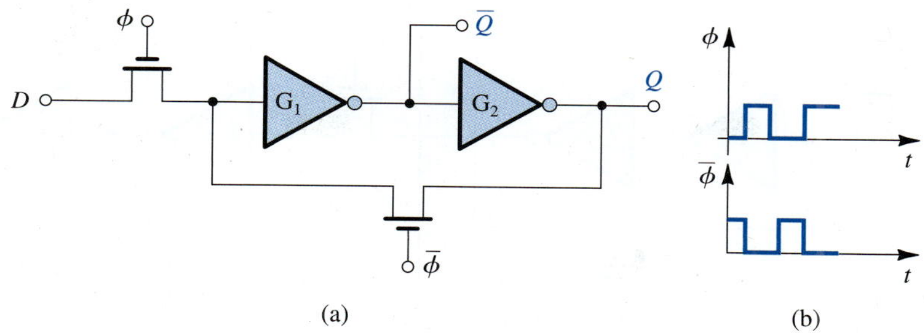

그림 16.19 D 플립플롭의 간단한 구현. (a)의 회로는 (b)에 보이는 두 개의 **비중첩 클록**(nonoverlapping clock)을 사용한다.

low가 되기 직전의 D 값을 갖는 상태에 도달한다. 이때 출력 $Q = D$가 된다.

위의 설명을 보면 그림 16.19에 있는 회로는 정적 쌍안정 회로의 정귀환 기술과 동적 회로의 전하 저장 기술을 동시에 사용한 것을 알 수 있다. 이 회로뿐만 아니라 클록을 사용하는 다른 많은 회로에서 ϕ와 $\bar{\phi}$가 언제나 동시에 high가 되지 않는다는 가정하에 제대로 동작된다는 점에 유의하라. 이 조건은 두 클록이 비중첩(nonoverlapping)되었다라고 말하는 것과 같다.

그림 16.19의 D 플립플롭 구현의 본질적인 단점은 ϕ가 high인 동안 플립플롭의 출력이 D 입력의 신호를 그대로 따른다는 것이다. 이것은 논리 설계 시 문제를 야기할 수 있다. 이 문제는 그림 16.20(a)에 있는 **마스터-슬레이브**(master-slave) 구성을 이용하여 효과적으로 해결할 수 있다. 회로의 동작을 논하기에 앞서, 이 회로에서는 사용한 스위치가 NMOS 트랜지스터만으로 구성되어 있지만 실제 응용에서는 CMOS 전달 게이트가 주로 사용되고 있다는 점을 언급해 둔다. 여기서 NMOS 트랜지스터는 스위치에 대한 '간략한 표현'이라고 보면 된다.

마스터-슬레이브 회로는 그림 16.19에 보이는 형태의 한 쌍의 회로를 사용하고 두 개의 클록 위상을 번갈아 가며 작동시킨다. 클록 위상이 중첩되지 않아야 한다는 것을 강조하기 위해서 이들을 ϕ_1, ϕ_2라 표기하고, 그림 16.20(b)의 파형에서 비중첩 기간(nonoverlap interval)이 있다는 것을 분명히 보여 주고 있다. 회로의 동작은 다음과 같다.

1. ϕ_1이 high이고 ϕ_2가 low일 때 입력은 귀환 루프가 열려 있는 마스터 래치에 연결되고 슬레이브 래치와는 격리된다. 이때 슬레이브 래치에서는 루프가 닫히며 저장된 값을 출력 Q에 내보내며 그 값을 계속 유지하게 된다. 마스터 래치의 입력 커패시턴스는 D의 값에 해당하는 전압으로 충전된다.
2. ϕ_1이 low가 되면 마스터 래치는 입력으로부터 격리된다. 그러고 나서 ϕ_2가 high가 되면 마스터 래치의 귀환 루프는 닫히고 이때의 D의 값이 고정된다. 더 나아가 그 출력은 귀환 루프가 열려 있는 슬레이브 래치에 연결된다. 슬레이브에 있는 입력 커패시턴스는 D의 값으로 충전이 되고, 나중에 ϕ_1이 high가 되었을 때 이 D 값을 고정시키게 된다. 또한 출력 $Q = D$가 된다.

위의 설명을 요약하면, 출력 Q는 클록 ϕ_2가 low에서 high로 움직이는 순간(positive transition), 그 전 클록 ϕ_1의 끝에서 입력에 나타났던 D 값을 내보낸다. 이 값은 한 클록 주기 동안 일정하게 유지된다. 마지막으로 비

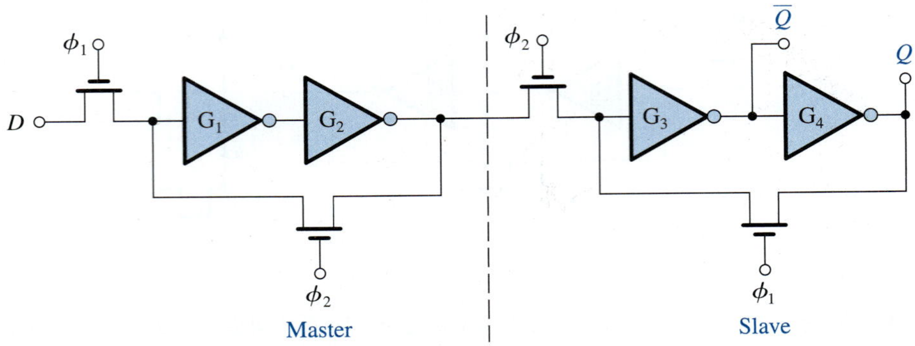

(a)

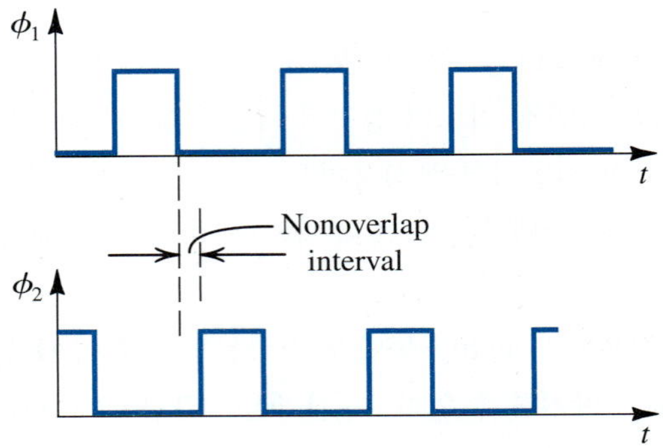

(b)

그림 16.20 (a) 마스터-슬레이브 플립플롭. 스위치가 일반적으로 CMOS 전달 게이트로 구현되어 있다. (b) 사용되는 두 개의 비중첩 클록의 파형.

중첩 기간 동안에 두 래치의 귀환 루프가 열리며, 커패시턴스에 있는 전하에 의해 신호가 유지된다는 것을 명심하라. 따라서 비중첩 기간은 상당히 짧아야 한다.(아마도 한두 개의 로직 게이트 지연과 같을 것이며, 그처럼 유지된 상태는 누전에 의해서는 약해지지 않을 것이다.)

16.3 RAM 셀

데이터 센터의 대형 컴퓨터이든, 랩톱, 휴대폰, 혹은 내장 장치이든, 컴퓨터 시스템은 데이터와 프로그램 명령어들을 저장하기 위한 메모리를 필요로 한다. 일반적으로 컴퓨터 메모리는 두 가지 유형, 즉 주기억 장치(main memory)와 대용량(mass-storage) 기억 장치로 구분된다. 주기억 장치는 일반적으로 가장 빠르게 호출될 수 있는 메모리로서, 대부분의 경우 이 메모리상에서 프로그램 명령어가 수행된다. **랜덤 액세스 메모리**(RAM: random-access memory)는 정보를 저장하기 위한(쓰기 위한) 시간과, 정보를 끄집어내기 위한(읽기 위한) 시간이 그 정보가 저장된 물리적인 위치(메모리 안에서)와는 무관한 메모리이다. 주기억 장치는 대개 랜덤 액세스 메모리(RAM)형이다. RAM은 디스크나 테이프와 같은 직렬(serial) 또는 순차(sequential) 메모리와 대비되는

데 순차 메모리란 데이터가 본래 저장된 것과 동일한 순서에 따라서만 호출되는 메모리이다.

또 다른 중요한 메모리 분류는 읽기/쓰기(read/write) 메모리와 읽기 전용 메모리(ROM: read-only memory)로 구별할 수 있다. **읽기/쓰기**(R/W) 메모리는 데이터의 저장과 읽기가 거의 비슷한 속도로 수행된다. 컴퓨터 시스템은 데이터와 프로그램의 저장을 위해서 임의 접근 가능한 읽기/쓰기 메모리가 필수적으로 사용된다. **읽기 전용 메모리**(ROM)는 R/W 메모리와 같이 빠른(또는 더 빠른) 속도로 읽기를 수행하지만 쓰기 동작은 제한한다. ROM은 마이크로프로세서의 운영 체제를 저장하는 데 쓰일 수 있다. 또한 ROM은 테이블 참조용, 즉 수학 함수의 결과값을 찾는 데 쓸 수 있다.

세 번째 분류는 메모리에 전원 공급이 중단되었을 때 저장된 데이터가 소멸되는지 여부에 따른다. **정적 RAM**(SRAM: static RAM)과 **동적 RAM**(DRAM: dynamic RAM) 같은 **소멸하는 메모리**(volatile memory)는 저장 데이터를 유지하기 위해서는 전원을 켜 두어야 한다. 반면에 **플래시 메모리**(flash memory)(일반적으로 RAM 형태의 배열)와 같은 **비소멸 메모리**(nonvolatile memory)는 장치의 전원이 꺼졌을 때 데이터를 안전하게 저장할 수 있는 회로 기술에 달려 있다.

일반적인 RAM 형식의 메모리 배열 구조는 밀집된 정보 저장에 가장 이상적인 구조이다. 사실 메모리 칩은 밀접 집적 회로 패킹의 최첨단을 나타낸다. 1970년의 1 Kbit 칩 등장을 시작으로 메모리 칩 밀도는 매 3년마다 네 배씩 높아졌다. 지금(2020년 현재)은 16 Gbit DRAM 칩이 가능하다. 지난 십여 년 동안 플래시 메모리는 (집적 회로 밀집 저장 셀 패킹에 기반하여) 대용량 디스크나 테이프를 대체하였다. 이 절에서는 SRAM, DRAM, 플래시 메모리에 사용된 기본 회로에 대해 학습한다.

메모리 칩의 대부분은 비트가 저장되어 있는 셀(cell)들로 구성되어 있다. 각 메모리 셀(memory cell)은 한 비트(혹은 몇 비트)를 저장할 수 있다. 여러 이유로, 칩 내의 메모리 셀들은 정사각형 혹은 정사각형과 비슷하게 구성되어 있다. 그림 16.21에 그 구조를 나타내었다. 셀 매트릭스는 2^M개의 행과 2^N개의 열로 구성되어 총 2^{M+N}비트의 저장 용량을 가지고 있다. 예를 들면 1 Mbit의 정사각형 매트릭스는 1024행과 1024열로 구성된다($M = N = 10$). 매트릭스의 각 셀은 **워드 라인**(word line)이라고 하는 2^M개의 행 중의 하나와 디지트 라인(digit line) 또는 **비트 라인**(bit line)이라고 하는 2^N개의 열 중의 하나에 연결된다. 따라서 특정한 한 셀을 읽거나 쓰기 위해서는 해당 워드 라인과 해당 비트 라인을 활성화(select)해야 한다. 메모리의 정적, 동적 상태에 따라 어떻게 이루어지는지 곧 알게 될 것이다.

2^M개의 워드 라인은 **행 디코더**(row decoder)에 의해 활성화된다. 이것은 조합 논리 회로이며 디코더의 입력에 준 M비트의 어드레스를 보고 이에 해당되는 한 개의 워드 라인을 선택(전압을 올림)하게 된다. K번째 워드 라인이 읽기 동작을 위해 활성화된다면 K행에 있는 모든 2^N개의 셀들이 선택되어 각각 해당하는 비트 라인에 자기의 비트값을 실어 보내게 된다. 따라서 L번째 열(그림 16.21)에 달린 셀이 1을 저장하고 있다면 비트 라인 L의 전압은 올라가게 된다. 이때 올라가는 전압은 0.1~0.2 V 정도로 아주 작으며 그 이유는 셀의 크기가 작고 칩 내에 많은 셀을 집적해야 하기 때문이며, 따라서 사려 깊은 설계상 결정이 필요하다. 읽어 낸 작은 신호는 비트 라인에 연결된 **감지 증폭기**(sense amplifier)에 가해진다. 감지 증폭기는 디지털 신호인 전체 전압 범위(full-swing)의 출력(0에서 V_{DD}까지)을 내보낸다. 선택된 열에 달린 모든 셀로부터 나온 감지 증폭기의 출력들은 **열 디코더**(column decoder)로 전달된다. 열 디코더는 디코더 입력에 가해진 N비트 어드레스에 해당되는 열로부터 신호를 받아 칩의 입출력(I/O) 데이터 라인을 보낸다.

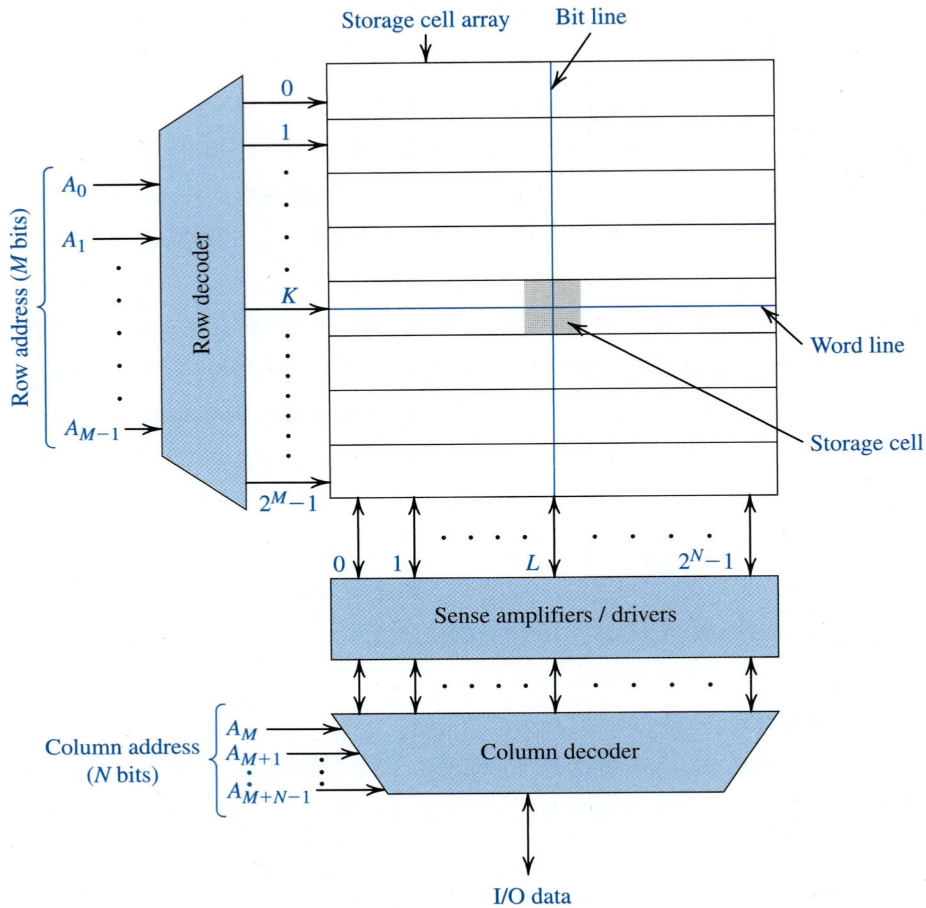

그림 16.21 2^M개의 행과 2^N개의 열로 구성된 2^{M+N}비트 메모리 칩.

메모리 칩의 대부분은 저장 셀로 이루어져 있다. 하나의 칩에 많은 수의 비트를 담기 위해서는 셀의 크기와 셀당 전력 손실을 가능한 한 최소로 줄여야 한다. 그래서 16.2절에서 배운 많은 플립플롭 회로들은 너무 복잡하여 RAM 칩에서 메모리 셀로 이용하기에 부적절하다. 그러나 곧 알 수 있듯이 정적 램(SRAM)은 정적 래치를 저장 셀로 이용한다. 동적 램(DRAM)은 커패시터에 두 가지 상태의 데이터를 저장하므로 셀 면적이 크게 감소하지만 읽고 쓰기 위한 회로가 너무 복잡해지는 단점이 있다.

SRAM이 전력 공급만 이루어진다면 저장된 데이터를 계속 유지할 수 있으나 DRAM은 누설 전류 때문에 커패시터에 저장된 데이터를 재생시키기 위해서 **주기적인 환기**(periodic refreshing)가 필요하다. 이것은 저장 커패시터에 충전된 전하가 서서히 방전하기 때문이다. 셀의 크기가 작으므로 DRAM 칩은 SRAM보다 네 배 정도 더 밀도가 높다. 이제 기본적인 SRAM과 DRAM의 저장 셀에 대해 알아보자.

16.3.1 SRAM 셀

그림 16.22는 CMOS 기술에서 쓰는 전형적인 SRAM 셀을 나타낸다. 이 회로는 이미 16.2절에서 보았으며 두

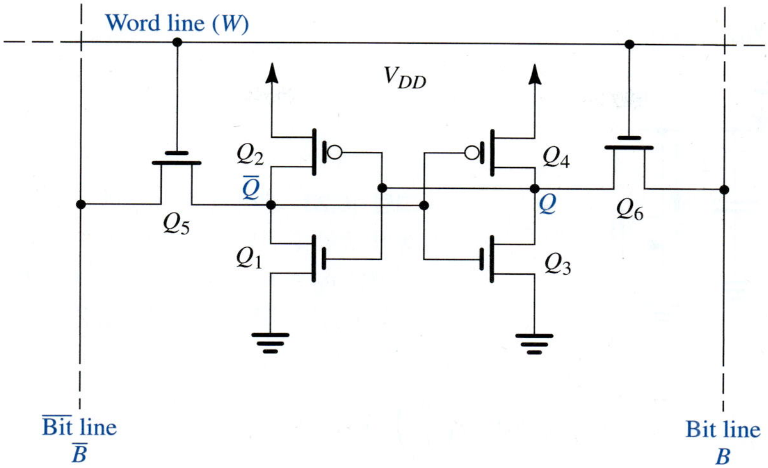

그림 16.22 CMOS SRAM 메모리 셀.

개의 교차 연결된 반전기와 두 개의 접근 트랜지스터(access transistor) Q_5, Q_6로 이루어진 플립플롭이다. 워드 라인이 선택되어 전압을 V_{DD}까지 올리면 접근 트랜지스터는 켜지고, 플립플롭을 열(bit 또는 B) 라인과 $\overline{\text{열}}$($\overline{\text{bit}}$ 또는 $\overline{B}$) 라인에 연결시킨다. 비록 원리상 B나 $\overline{B}$ 라인 하나만으로 충분하지만, 그림 16.22처럼 매우 자주 둘 다 이용된다는 것에 주목하라. 이것이 회로 신뢰도를 증가시키며 셀과 출력 사이의 차등 데이터 경로를 제공한다. 접근 트랜지스터는 플립플롭과 B와 $\overline{B}$ 라인 사이에 양방향 전류를 허용하는 전달 게이트 역할을 한다. 이 회로는 **6-트랜지스터**(six-transitor) 또는 **6T SRAM 셀**(6T SRAM cell)로 알려져 있다.

읽기 동작 첫 번째로 읽기 동작을 살펴보자. 셀이 1을 저장하고 있다면 Q는 V_{DD}로 high이고, $\overline{Q}$는 0 V로 low이다. 읽기 동작이 시작하기 전에 B와 $\overline{B}$ 라인은 $V_{DD}/2$에서 V_{DD} 범위로 올린다. 이러한 과정이 **사전 충전**(precharging) 과정이며 이는 다음 절에서 감지 증폭기와 연관지어 다루게 될 회로를 이용하여 실행된다. 간략화를 위해 B와 $\overline{B}$의 사전 충전 전압은 V_{DD}로 가정한다.

워드 라인을 선택하고 Q_5, Q_6가 켜지면 전류는 그림 16.23처럼 흐른다. $v_{\overline{Q}}$의 최초 값이 0임을 주목하면서, 전류는 $\overline{B}$ 라인(실제는 $\overline{B}$ 라인의 커패시터 $C_{\overline{B}}$)부터 Q_5를 통하여 커패시터 $C_{\overline{Q}}$로 흐르는데 이것은 $\overline{Q}$ 노드와 접지 사이의 작은 등가 커패시턴스이다. 이 전류가 $C_{\overline{Q}}$를 충전시키고 따라서 $v_{\overline{Q}}$는 증가하고 Q_1이 도통되어 Q_5로 공급된 전류를 접지시킨다. $C_{\overline{Q}}$가 전압 $V_{\overline{Q}}$로 충전되었을 때(즉, $I_1 = I_5$일 때) 평형 상태에 도달하며, 전류는 $C_{\overline{Q}}$를 통해 흐르지 않게 된다. 플립플롭의 상태의 변화를 막기 위하여, 읽기 동작이 **비파손**(nondestructive) 상태가 되는 것, 즉 $V_{\overline{Q}}$는 반전기 Q_3–Q_4의 한계 전압을 초과해서는 안 된다는 것을 인지하는 일은 매우 중요한 일이다. SRAM 설계자는 $V_{\overline{Q}}$ 값에 대하여 더욱 엄격한 요구 사항을 강요한다. 다시 말하면 Q_3의 문턱 전압 V_{tn}보다 낮아야만 한다. 따라서 설계 문제는 $V_{\overline{Q}} \le V_{tn}$가 되도록 $(W/L)_5/(W/L)_1$의 비율을 결정함으로써 해결한다.

Q_5는 포화 상태에서 작동하고 몸체 효과를 무시하여, 다음처럼 표현한다.

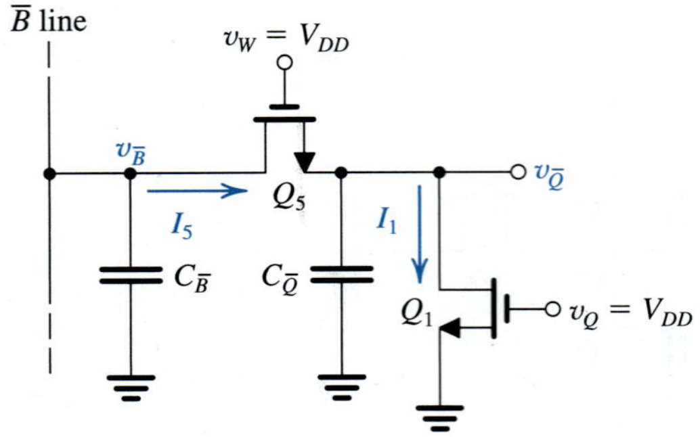

그림 16.23 셀이 '1'을 저장하고 있을 때 읽기 동작 동안 관여되는 SRAM 셀의 부분 회로 초기에는 $v_Q = V_{DD}$, $v_{\overline{Q}} = 0$이며, B와 $\overline{B}$ 라인은 보통 V_{DD}로 사전 충전되어 있음을 인지하라.

$$I_5 = \frac{1}{2}(\mu_n C_{ox})\left(\frac{W}{L}\right)_5 (V_{DD} - V_{tn} - V_{\overline{Q}})^2 \tag{16.19}$$

트랜지스터 Q_1은 트라이오드 영역에서 작동하며, 전류 I_1은 다음처럼 표현된다.

$$I_1 = (\mu_n C_{ox})\left(\frac{W}{L}\right)_1 \left[(V_{DD} - V_{tn})V_{\overline{Q}} - \frac{1}{2}V_{\overline{Q}}^2\right] \tag{16.20}$$

수식 I_5와 I_1은 $V_{\overline{Q}}$에 대한 이차 방정식을 나타내고, 이를 풀면 다음 방정식을 얻는다.

$$\frac{V_{\overline{Q}}}{V_{DD} - V_{tn}} = 1 - 1 \bigg/ \sqrt{1 + \frac{(W/L)_5}{(W/L)_1}} \tag{16.21}$$

이 관계식은 정규화된 $V_{\overline{Q}}$를 제공하며 활용된 기술에 무관하게 적용되므로 매력적이다. 그림 16.24는 보편적인 $[V_{\overline{Q}}/(V_{DD} - V_{tn})]$와 $(W/L)_5/(W/L)_1$의 대비 도면이다. 주어진 과정에 의해, V_{DD}와 V_{tn}이 결정되어지고, 그

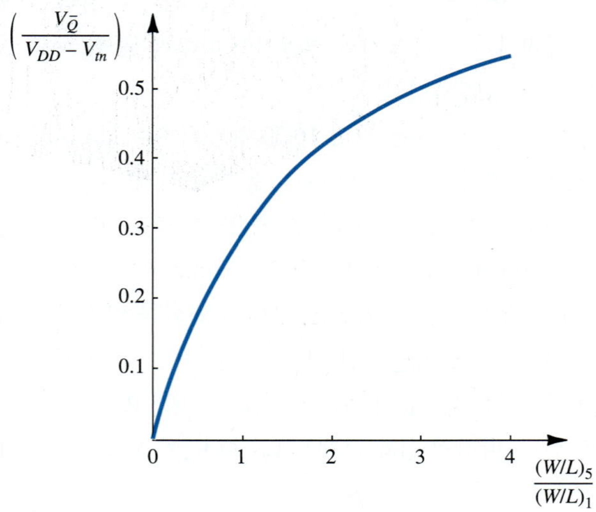

그림 16.24 그림 16.23의 회로의 비율 $(W/L)_5/(W/L)_1$에 대비하여 정규화된 $V_{\overline{Q}}$의 값. 이 그래프는 목표치 아래로 $V_{\overline{Q}}$를 유지하기 위해 허용된 최대 $(W/L)_5/(W/L)_1$을 구하는 데 사용될 수 있다.

림 16.24의 도표는 목표치 아래로 $V_{\bar{Q}}$를 유지하면서 $(W/L)_5/(W/L)_1$을 위한 허용된 최댓값을 구하는 데 사용된다. 이를 위해 대안으로 공식을 유도할 수 있다. 예를 들어 $V_{\bar{Q}}$가 V_{tn} 이하로 유지된다면, $(W/L)_5$와 $(W/L)_1$의 비율은 식 (16.21)에서 구한 값 아래로 유지되어야만 한다. 즉,

$$\frac{(W/L)_5}{(W/L)_1} \leq \frac{1}{\left(1 - \dfrac{V_{tn}}{V_{DD} - V_{tn}}\right)^2} - 1 \tag{16.22}$$

이것은 중요한 설계 제한이며 $(W/L)_5$를 $(W/L)_a$로, 그리고 $(W/L)_1$을 Q_N의 W/L의 비율을 나타내는 $(W/L)_n$으로 대체함으로써 보다 일반적인 형태로 표현된다. 여기서 아래첨자 a는 접근 트랜지스터 Q_5와 Q_6를 나타낸다. 따라서

$$\frac{(W/L)_a}{(W/L)_n} \leq \frac{1}{\left(1 - \dfrac{V_{tn}}{V_{DD} - V_{tn}}\right)^2} - 1 \tag{16.23}$$

연습문제

16.6 그림 16.22의 읽기 동작에서 Q와 $\bar{Q}$에서의 전압이 $|V_t|$ 이상 변하지 않도록 하기 위해, SRAM 셀의 접근 트랜지스터에 허용 가능한 최대 W/L을 구하라. SRAM은 65 nm 기술로 제작되며, $V_{DD} = 1.0$ V, $V_{tn} = |V_{tp}| = 0.35$ V, 그리고 $(W/L)_n = 2$라고 가정한다.

[답] $(W/L)_a \leq 7.4$

읽기 동작에 의해 트랜지스터의 W/L 비율에 강요된 제한 요소를 결정하고, 그림 16.23의 회로로 돌아간다. 그리고 '1' 읽기 동작 동안 여러 노드에서의 전압 파형은 그림 16.25에 나타난다. 이미 언급한 것처럼, $v_{\bar{Q}}$는 0에서부터 $V_{\bar{Q}} \leq V_{tn}$ 전압까지 증가한다. 따라서 v_Q의 변화는 매우 작을 것이며 이는 v_Q는 V_{DD} 값에 남아 있을 것이라는 위 분석에서의 가정을 정당화한다. 가장 중요한 것은 $\bar{B}$ 라인의 전압 $v_{\bar{B}}$가 작은 양 ΔV만큼 감소하는 것에 주목하는 것이다. 이는 전류 I_5에 의한 $\bar{B}$ 라인의 커패시턴스 $C_{\bar{B}}$의 방전의 결과이다. I_5가 식 (16.19)의 평정 값에 비교적 빨리 도달한다고 가정하면, $C_{\bar{B}}$는 사실상 전류 I_5에 의해 방전되며, 이 시간 간격 동안 얻어진 전압차 ΔV는 전하-균형 방정식으로 구할 수 있다.

$$I_5 \Delta t = C_{\bar{B}} \Delta V$$

따라서

$$\Delta V = \frac{I_5 \Delta t}{C_{\bar{B}}} \tag{16.24}$$

여기서 우리는 많은 숫자의 셀이 $\bar{B}$ 라인에 연결되어 있기 때문에 $C_{\bar{B}}$가 상대적으로 큰 값(약 100 fF 이상)이

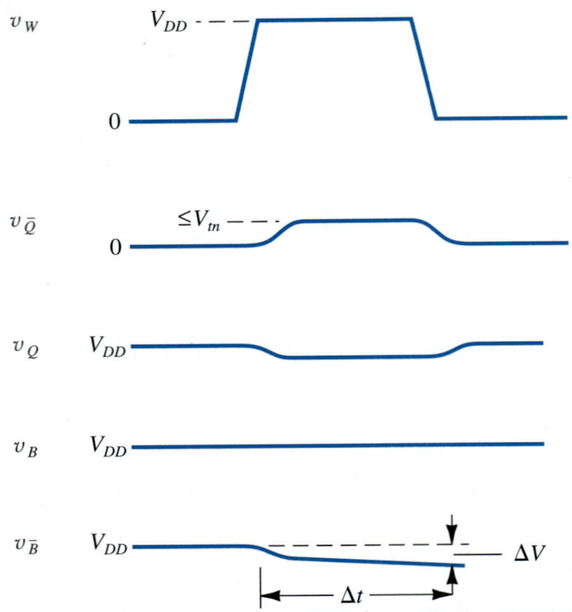

그림 16.25 '1' 읽기 동작 중 SRAM 셀 노드에서의 전압 파형.

라는 점에 주목한다. 따라서 증분차 ΔV는 오히려 작아서(0.1~0.2 V) 감지 증폭기의 사용이 필요하게 된다. 만약 감지 증폭기가 $v_{\bar{B}}$에서 '1'의 존재를 감지하기 위한 최소 감소 ΔV를 필요로 한다면 읽기 지연 시간은 식 (16.24)로부터 다음과 같이 얻을 수 있다.

$$\Delta t = \frac{C_{\bar{B}} \Delta V}{I_5} \tag{16.25}$$

이 식은 지연 시간 Δt의 감소를 위해 비교적 큰 I_5 값이 필요하다는 것을 말해 준다. 그러나 큰 값의 I_5는 식 (16.23)에 의해 주어진 상한에 가까운 $(W/L)_a$를 선택함을 의미하고 이는 접근 트랜지스터가 차지하는 실리콘 영역의 증가를 차례로 의미하므로 따라서 셀 영역도 증가하며, 이는 흥미로운 설계 절충(trade-off)이다.

연습문제

16.7 연습문제 16.6에서 고려한 SRAM 셀에 대해 $(W/L)_n = 2$ 그리고 $(W/L)_a \le 7.4$이다. 식 (16.25)를 사용하여 다음 두 경우의 읽기 지연 Δt를 구하라: (a) $(W/L)_a = 7.4$, (b) $(W/L)_a = 2$. $\mu_n C_{ox} = 450$ $\mu A/V^2$이다. 두 경우 모두 $C_{\bar{B}} = 2$ pF이고, 감각 증폭기는 최소 0.15 V의 ΔV 값이 필요하다고 가정한다.[힌트: I_5를 구할 때 식 (16.19)를 이용하고, $V_{\bar{Q}}$를 구할 때 식 (16.21)을 이용하라.]
[답] 2.0 ns; 3.2 ns

읽기 동작의 논의를 두 가지 언급으로 요약한다.

1. 비록 '1' 읽기 동작만을 고려했지만, '0' 읽기 동작은 동일하다. 이는 Q_3와 Q_6를 포함하여 $(W/L)_5/(W/L)_1$에 대해 구한 것과 동일한 $(W/L)_6/(W/L)_3$의 상한의 결과에 도달하는 분석이 된다. 이것은 물론 전적으로 예상된 것인데 왜냐하면 회로는 대칭이기 때문이다. '0' 읽기 동작은 B 라인의 전압에서 감소 ΔV가 된다. 이 라인은 감지 증폭기에 의해 0이 저장된 것으로 해석된다.
2. 읽기 지연의 요소 Δt는 비교적 큰 값이다. 왜냐하면 C_B와 $C_{\bar{B}}$가 비교적 크기 때문이다(100 fF 범위 내). 또한 Δt는 읽기 지연의 유일한 요소는 아니며, 또 다른 중요한 요소는 워드 라인의 전압 증가 시간에 기인한다. 사실 Δt의 계산은 낙관적이다. $C_{\bar{B}}$를 방전시키는 과정이 발생할 때, 워드 라인이 Δt보다 낮은 전압에 도달할 것이기 때문이다. 곧 살펴보겠지만, 쓰기 동작은 더욱 빠르다.

쓰기 동작 다음으로 쓰기 동작에 대해 알아보자. 그림 16.22의 SRAM 셀에 1이 저장되어 있고, 따라서 $V_Q = V_{DD}$이고 $V_{\bar{Q}} = 0$ V, 그리고 우리는 0을 저장하기를 원한다고 가정하자. 즉, 플립플롭의 스위치 상태를 원하는 것이다. 이를 위해 B 라인은 0 V로 내리고 $\bar{B}$ 라인은 V_{DD}로 올리며, 워드 라인을 V_{DD}로 올려 셀을 선택한다. 지금의 목적은 Q는 내리고 $\bar{Q}$는 올리고 그리고 두 노드 중 적어도 하나는 반전기의 문턱 전압을 통과할 수 있는 전압을 갖는 것이다. 만약 v_Q가 반전기 Q_1–Q_2의 문턱 전압보다 낮게 감소한다면, 래치의 회생 동작이 시작되고, 플립플롭은 저장-0 상태로 스위치된다. 다른 대안으로는, 만약 $v_{\bar{Q}}$를 반전기 Q_3–Q_4의 문턱 전압보다 높게 올릴 수 있다면, 회생 동작이 작동하고 래치는 결국 상태를 전환할 것이다. 두 작동 중 어느 것이나 래치의 회생 방법을 작동시키기에 충분하다.

그림 16.26은 $v_{\bar{Q}}$가 올라가고[그림 16.26(a)] v_Q가 내려가는[그림 16.26(b)] 사이의 SRAM 회로의 관련 있는 부분을 나타낸다. **토글링**(toggling, 상태 변화)이 아직 발생하지 않았으므로 Q_1 게이트의 전압 공급은 아직 V_{DD}이고 Q_4 게이트의 전압은 아직 0이라고 가정한다. 물론 이들 전압은 $v_{\bar{Q}}$가 올라가고 v_Q가 내려가는 동안에 변할 것이다. 그러나 위의 가정은 그럼에도 불구하고 간단한 분석을 위해 적절하다.

먼저 그림 16.26(a)의 회로를 보자. 이 회로는 위의 읽기 동작 논의에서 자세히 분석한 회로와 동일한 회로

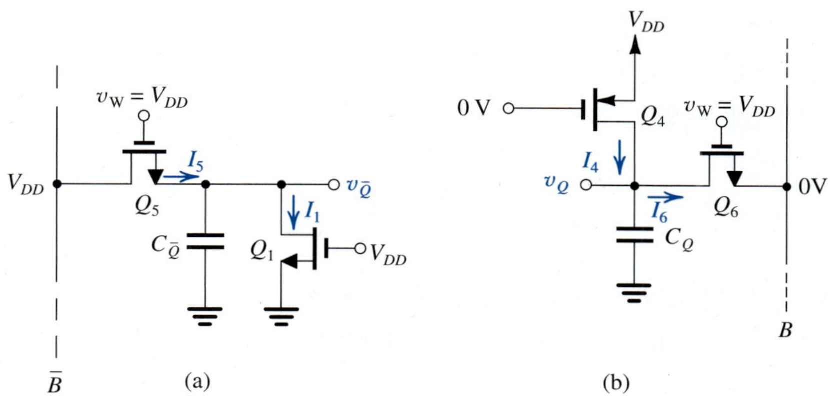

그림 16.26 '0' 쓰기 과정 동안 그림 16.22의 6T SRAM 회로의 관련된 부분. 초기에는 SRAM에 1이 저장되어 있고, 따라서 초기에 $v_Q = V_{DD}$ 그리고 $v_{\bar{Q}} = 0$ V라 가정한다.

이다. 읽기 과정이 비파괴(nondestructive) 과정이 되기 위해 $(W/L)_5$에 상한을 설정한다. 상한선은 $v_{\bar{Q}}$가 V_{tn}위로 올라가지 못하게 보장한다. 따라서 이 회로는 $v_{\bar{Q}}$를 재생 동작을 시작할 수 있는 점까지 올릴 능력이 없는 것이다. 그러므로 그림 16.26(b)의 회로에 의지해야만 한다. 이는 래치의 재생 동작을 시도하기 위해서는, '0' 쓰기 동작은 Q를 내리는 것으로 완수된다. 래치가 상태를 전환하는 것을 보장하기 위해 SRAM 설계자는 더 엄격한 요구 조건을 전압 v_Q에 가한다. 즉, 반전기 Q_1–Q_2의 V_M 아래가 아니라 Q_1의 V_{tn} 아래로 떨어져야만 한다는 것이다.

그림 16.26(b)의 회로를 좀 더 자세히 살펴보자. 최초에 v_Q는 V_{DD}이다. 그러나 Q_6가 켜지면서 I_6는 작은 커패시턴스 C_Q를 급속히 방전시키고, v_Q는 떨어지기 시작한다. 이것이 Q_4를 전도 가능케 하며, $I_4 = I_6$일 때 평형 상태에 도달한다. 토글링(toggling)을 보장하기 위해 평형 상태가 V_{tn}보다 작은 v_Q 값에서 발생하도록 회로를 설계한다. 그러한 V_Q 값에서 Q_4는 포화 상태(혹은 포화 경계면)에서 작동할 것이고, Q_6는 트라이오드 영역에서 작동할 것이다. 따라서

$$I_4 = \frac{1}{2}(\mu_p C_{ox})\left(\frac{W}{L}\right)_4 (V_{DD} - |V_{tp}|)^2 \tag{16.26}$$

그리고

$$I_6 = (\mu_n C_{ox})\left(\frac{W}{L}\right)_6 \left[(V_{DD} - V_{tn})V_Q - \frac{1}{2}V_Q^2\right] \tag{16.27}$$

보통의 경우처럼 $|V_{tp}| = V_{tn}$을 대입하고, I_4와 I_6를 등식하여 V_Q에 대한 이차 방정식의 해는

$$\frac{V_Q}{V_{DD} - V_{tn}} = 1 - \sqrt{1 - \left(\frac{\mu_p}{\mu_n}\right)\frac{(W/L)_4}{(W/L)_6}} \tag{16.28}$$

이 관계식은 식 (16.21)만큼 간편하지는 않다. 왜냐하면 우측 식이 과정에 좌우되는 수량 μ_p/μ_n을 포함하기 때문이다. 따라서 보편적으로 적용될 수 있는 관계식은 아니다. 그럼에도 불구하고 상당수의 CMOS 기술은 $\mu_n/\mu_p \simeq 4$이다.[2] 따라서 식 (16.28)에서 $\mu_p/\mu_n = 0.25$를 대입함으로써 그림 16.27에서 본 준보편적인 그래프를 얻는다. 이 그래프를 비율 $(W/L)_4/(W/L)_6$의 최대 허용치를 구하는 데 사용할 수 있다. 이것은 주어진 V_{DD}와 V_{tn}에 대해 $V_Q \le V_{tn}$ 값을 보장한다. 대안으로 $V_Q = V_{tn}$, $(W/L)_4 = (W/L)_p$, $(W/L)_6 = (W/L)_a$를 대입하여 다음과 같이 상한선을 얻을 수 있다.

$$\frac{(W/L)_p}{(W/L)_a} \le \left(\frac{\mu_n}{\mu_p}\right)\left[1 - \left(1 - \frac{V_{tn}}{V_{DD} - V_{tn}}\right)^2\right] \tag{16.29}$$

이 관계식이 $(W/L)_p$에 대한 상한을 $(W/L)_a$에 대한 식으로 제공하고, 식 (16.23)의 관계식은 $(W/L)_a$에 대한 상한을 $(W/L)_n$에 대한 식으로 제공하는 것을 관찰하라. 따라서 두 관계식은 SRAM 셀 설계를 위해 함께 사용될 수 있다.

---

2) 최근의 나노테크놀로지(예를 들면, 28 nm CMOS)에서 이 비율은 1에 근접한다.

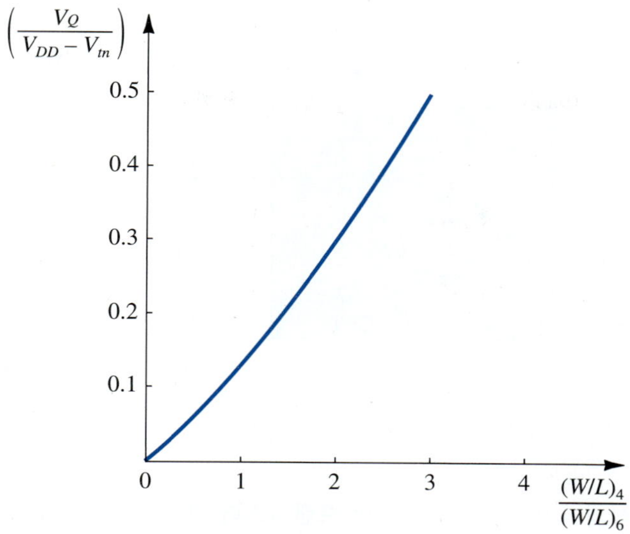

그림 16.27 그림 16.26(b) 회로의 V_Q 대 $(W/L)_4/(W/L)_6$ 비율의 표준값. $\mu_n \simeq 4\mu_p$ 공정 기술에 응용하는 그래프. V_Q가 원하는 값 이하의 값으로 보장되는 최대 $(W/L)_4/(W/L)_6$ 값을 결정하는 데 사용될 수 있다.

연습문제

D16.8 연습문제 16.6에서 고려한 SRAM에서 $(W/L)_n = 2$이고 $(W/L)_a = 7.4$이다. 식 (16.29)를 사용하여 최대 허용 $(W/L)_p$ 값을 구하라. 65 nm 공정에서 $\mu_n \simeq 3\mu_p$임을 상기하라. $L = 65$ nm를 가진 모든 트랜지스터에 대해 최소 셀 넓이가 되는 W_n, W_p, W_a를 구하라. 최소 허용 폭은 130 nm로 가정한다.

[답] $(W/L)_p \leq 2.36 \times (W/L)_a$, 따라서 $(W/L)_p \leq 17.5$; 최소 넓이를 위해 $W_n = W_p = W_a = 130$ nm를 선택한다.

쓰기 과정은 비트 라인의 큰 커패시턴스의 방전을 요구하지 않기 때문에 빠르다는 것을 주목하면서 쓰기 과정의 공부를 결론짓는다. B와 $\overline{B}$ 라인의 전압은 그들의 요구 값 0 또는 V_{DD}로 강력한 유도 회로에 의해 유도되며, 그래서 원하는 전압을 빨리 성취한다. 쓰기 지연은 재생 신호가 래치의 귀환 루프(feedback loop)에 전파되는 시간에 의해 대략 결정된다. 따라서 반전기 전파 지연의 약 두 배이다. 물론 쓰기 순환 시간은 워드 라인 지연에 의해 더 길어진다.

16.3.2 동적 메모리 셀

오랜 기간에 걸쳐 여러 종류의 DRAM 저장 셀이 제안되어 왔지만 그림 16.28에 나타낸 셀만이 산업계의 표준이 되었다. 이 셀은 **접근 트랜지스터**(access transitor)로 알려진 한 개의 n 채널 MOSFET과 **저장 커패시터**

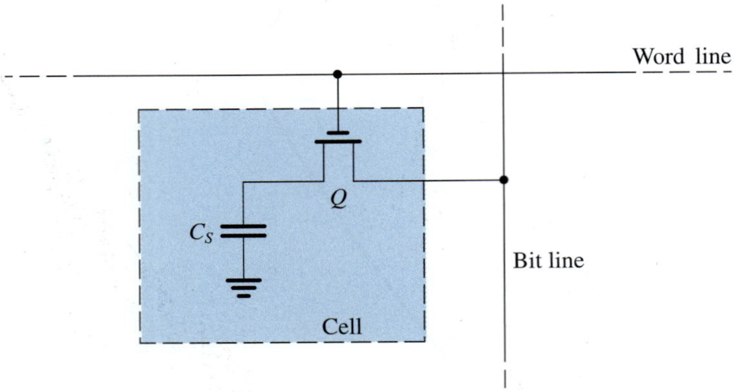

그림 16.28 단일 트랜지스터 동적 RAM(DRAM) 셀.

(storage capacitor) C_S로 구성되어 있다. 이 셀은 **단일 트랜지스터 셀**(one-transistor cell)[3]이라고 부른다. 트랜지스터의 게이트는 워드 라인에 연결되어 있고 소스(드레인)는 비트 라인에 연결되어 있다. SRAM에서 bit와 $\overline{\text{bit}}$를 사용하는 것과는 달리 DRAM에서는 한 개의 라인만 사용함을 주목하자. DRAM 셀은 비트 정보를 셀 커패시터 C_S에 전하로서 저장한다. 셀이 1을 저장하고 있을 때 커패시터는 $V_{DD} - V_t$로 충전되고, 0이 저장될 때 커패시터는 0으로 방전된다.

어떻게 커패시터가 가득 찬 공급 전압 V_{DD}로 충전되는지를 제대로 인식하기 위해서는 어느 정도의 설명이 필요하다. '1' 쓰기 동작을 고려해 보자. 워드 라인은 V_{DD}에 있고 비트 라인도 V_{DD}에 있으며 트랜지스터는 켜진 상태가 되어 C_S를 충전시키게 된다. 트랜지스터는 C_S의 전압이 $V_{DD} - V_t$에 도달하게 되면 꺼지게 된다. 이러한 경우는 16.1절에서 통과 트랜지스터 논리 회로를 분석할 때와 같은 문제이다. 이 문제는 DRAM 설계에서는 워드 라인을 $V_{DD} + V_t$와 동일한 전압으로 부양함으로써 극복할 수 있다. 이 경우 저장-1에 대한 커패시터 전압은 V_{DD}와 동일할 것이다. 그러나 누설 전류의 영향으로 커패시터의 전하는 서서히 흘러 나가게 되어 주기적으로 셀을 재생(refresh)시킬 필요가 있다. **재생** 기간 동안에는 셀의 내용을 읽고 그 내용을 다시 씀으로써 커패시터의 전압을 올바른 값으로 회복시켜 준다. 이 재생 동작은 10 내지 100 ms마다 일어나야 한다.

DRAM의 동작을 좀 더 자세히 살펴보자. SRAM의 경우와 마찬가지로 행 디코더는 해당 행의 워드 라인 전압을 올려 주게 된다. 이렇게 하면 선택된 행의 모든 접근 트랜지스터가 켜지게 되고 해당 저장 셀들은 각각 해당 비트 라인에 연결된다. 따라서 그림 16.29와 같이 셀 커패시터 C_S는 비트 라인 커패시터 C_B와 병렬 연결된다. 여기서 C_S는 20~30 fF이며, C_B는 열 배 정도 더 크다. 읽기 동작에서 비트 라인은 $V_{DD}/2$로 사전 충전된

그림 16.29 선택된 워드 라인의 전압이 올라갈 때, 트랜지스터가 켜지고, 따라서 저장 커패시터 C_S가 비트 라인 커패시터 C_B에 연결된다.

3) 이 이름은 세 개의 트랜지스터를 사용하는 이전의 셀 형태와 구별하기 위해 붙여진 것이다.

다. 셀 커패시터 C_S를 비트 라인에 연결했을 때 비트 라인에서 발생하는 전압 차이를 계산해 보자. 셀 커패시터의 최초 전압이 V_{CS}(1이 저장될 때 $V_{CS} = V_{DD}$, 0일 때 $V_{CS} = 0$ V)라고 하자. 전하 보존의 법칙을 사용하면 다음 식이 유도된다.

$$C_S V_{CS} + C_B \frac{V_{DD}}{2} = (C_B + C_S)\left(\frac{V_{DD}}{2} + \Delta V\right)$$

여기서 ΔV를 구하면

$$\Delta V = \frac{C_S}{C_B + C_S}\left(V_{CS} - \frac{V_{DD}}{2}\right) \tag{16.30}$$

$C_B \gg C_S$이므로

$$\Delta V \simeq \frac{C_S}{C_B}\left(V_{CS} - \frac{V_{DD}}{2}\right) \tag{16.31}$$

여기서 셀에 1이 저장되어 있다면, $V_{CS} = V_{DD}$이고

$$\Delta V(1) \simeq \frac{C_S}{C_B}\left(\frac{V_{DD}}{2}\right) \tag{16.32}$$

0이 저장되어 있다면, $V_{CS} = 0$ V이고

$$\Delta V(0) \simeq -\frac{C_S}{C_B}\left(\frac{V_{DD}}{2}\right) \tag{16.33}$$

보통 C_B는 C_S보다 아주 큰 값이므로, 이 읽어내기(readout) 전압은 매우 작다. 예를 들어 $C_B = 10C_S$이고 $V_{DD} = 1.8$ V라면 $\Delta V(0)$은 약 −90 mV이고 $\Delta V(1)$은 +90 mV가 된다. 이것은 가장 최적 상태의 값일 뿐이며 셀의 1 레벨은 일반적으로 V_{DD}보다 낮다. 더구나 현재의 DRAM 칩은 V_{DD}가 1.2 V 혹은 그 이하가 된다. 아무튼 셀에 저장된 1은 비트 라인에 약간의 전압 상승을 일으키고 0의 경우는 약간의 전압 하강을 가져온다. C_S에 나타나는 전압이 V_{DD} 혹은 0 V가 아니므로 읽어내기 동작은 이전 값을 잊어버리는 **파괴적(destructive)** 동작이다.

비트 라인의 전압 변화는 열 감지 증폭기(column sense amplifier)에 의해 검출되고 증폭된다. 증폭된 신호는 다시 저장 셀에 투입되고 신호 값을 다시 원래의 V_{DD}나 0 V로 회복시켜 주게 된다. 이렇게 하여 워드 라인에 의해 선택된 모든 셀들은 재생된다. 동시에 감지 증폭기의 출력은 열의 동작에 따라 디코더 칩의 데이터 출력으로 내보내진다.

쓰기 동작도 읽기 동작과 마찬가지로 진행된다. 즉, 쓰고자 하는 데이터 비트가 열 디코더를 통하여 선택된 비트 라인에 나타나게 되고 이 값이 셀로 투입된다. 따라서 만약 1로 쓰고 싶으면 B 라인의 전압을 V_{DD}(즉, C_B는 V_{DD}까지 충전)로 올려 주고 접근 트랜지스터가 켜진 셀에서 C_S를 V_{DD}까지 충전시켜 주게 된다. 동시에 같은 행에 있는 다른 셀들은 재생된다.

읽기와 쓰기 동작을 할 때, 선택된 행에 달려 있는 모든 셀이 재생되지만, 전체 메모리 셀들을 10 내지 100 ms 간격으로 주기적으로 재생할 수 있도록 보장해 주어야 한다. 이러한 재생 동작은 한 번에 한 행씩 일어나

도록 한다. 재생 시간 동안에는 정상적인 읽기와 쓰기 동작은 할 수 없게 된다. 그러나 전체 칩의 저장 내용을 재생하는 데 필요한 시간은 전체 시간의 2% 이내이므로 큰 문제는 아니다. 즉, 98%의 경우 메모리 칩은 정상 동작을 할 수 있다.

연습문제

16.9 어떤 DRAM 칩에서 $C_S = 30$ fF, $C_B = 0.3$ pF, $V_{DD} = 1.2$ V일 때, 1과 0이 저장된 경우 각각 읽어내기 전압을 구하라. 읽기 동작의 경우 비트 라인이 $V_{DD}/2$로 사전 충전됨을 상기하라.
[답] 60 mV; −60 mV

16.3.3 플래시 메모리

플래시 메모리는 USB나 메모리 카드뿐만 아니라 반도체 저장 장치에서 사용되는 비일회성 메모리의 중요한 형태이다.

플래시 메모리는 다양한 메모리 셀을 사용한다, 메모리 셀의 단면을 그림 16.30(a)에서 보여 주고 있다. 셀은 기본적으로 서로 포개 싸여진 한 개 대신 두 개의 게이트를 가진 n 채널 MOSFET이다. 게이트 중의 하나는 회로의 어떤 부분에도 전기적으로 연결되지 않는다. 플로팅되어 있기 때문에 이를 **플로팅 게이트**(floating gate)라 부른다. **선택 게이트**(select gate)라고 하는 또 하나의 게이트는 일반적인 증가형 MOSFET의 게이트와 똑같은 기능을 한다. 그림 16.30(a)에 있는 MOS 트랜지스터를 **플로팅 게이트 트랜지스터**(floating-gate transistor)라고 부르며, 그림 16.30(b)와 같은 회로 기호를 사용한다. 이 기호에서 점선은 플로팅 게이트를 나타낸다.

플로팅 게이트 트랜지스터는 플로팅 게이트에 있는 전자를 갇히게 함으로써 많은 상태 중의 하나의 상태(절연 상태)로 설정될 수 있다. 플로팅 게이트에 갇힌 전하의 양은 트랜지스터의 문턱 전압에 영향을 미치고,

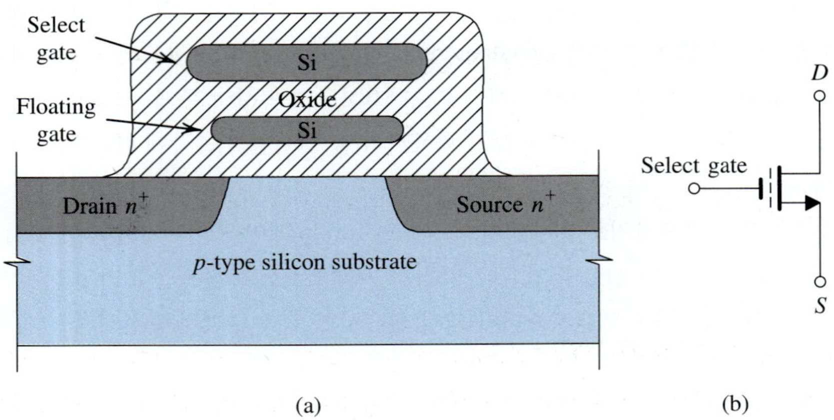

그림 16.30 (a) 플래시 셀로 사용된 플로팅 게이트 트랜지스터의 단면도, (b) 회로 기호.

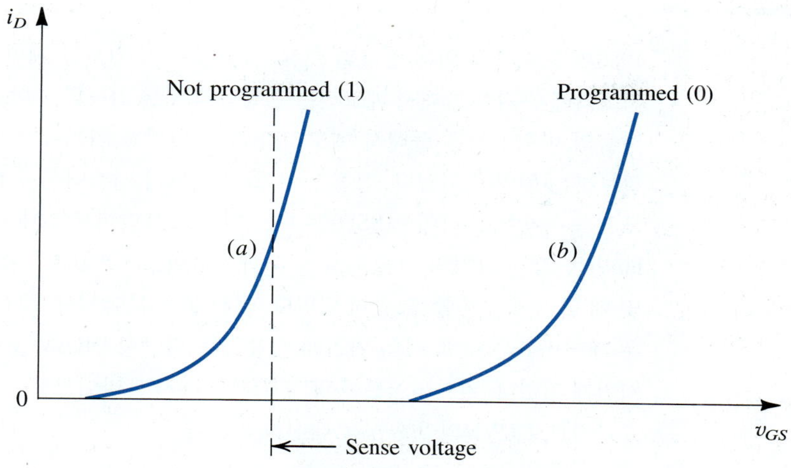

그림 16.31 프로그램한 결과 플로팅 게이트 트랜지스터의 i_D–v_{GS} 특성 곡선의 이동 모습.

이것은 읽기 동작 중에 탐지할 수 있다. 드레인과 소스 게이트 사이와 선택 게이트에 전압을 적용해서 전자들을 가둘 수 있다. 드레인-소스 전압은 채널을 통해서 전자를 가속화한다. 전자들이 채널의 끝 드레인에 도착할 때, 전자는 높은 운동 에너지를 얻고, **열전자**(hot electron)라 언급된다. 선택 게이트에 양의 전압은(드레인 전압보다 더 큰) 절연 산화물에 전기장을 형성한다. 이 전기장이 열전자를 끌어 모으고, 이들을 플로팅 게이트 쪽으로 과속시킨다(산화물을 통해서). 이러한 방법으로 플로팅 게이트는 충전되고, 전하는 쌓이면서 갇히게 된다. 다행히도 플로팅 게이트를 충전하는 과정은 자체 제한이 있다. 플로팅 게이트에 쌓인 음의 충전이 산화물 전기장의 힘을 더 이상 열전자를 가속시킬 수 없는 지점까지만 가게끔 감소시키는 것이다.

플로팅 게이트에 갇힌 음의 충전은 실리콘 기판의 표면으로부터 전자를 밀어내는 원인인 것이다. 이는 채널을 형성하기 위해, 선택 게이트에 적용되는 양의 전압이 플로팅 게이트가 충전되지 않았을 때 요구되는 전압보다 커야만 한다는 것을 의미한다. 다른 말로 하면, 프로그램된 트랜지스터(예를 들면, 논리 0 저장)의 문턱 전압 V_t는 프로그램되지 않은 장치(논리 1)의 전압보다 높아야 한다는 것이다. 그림 16.31이 이런 상황을 보여주고 있다. 이 그림은 (a) 프로그램되지 않은 장치와 (b) 프로그램된 장치의 i_D–v_{GS} 특성 곡선을 보여 준다.

플로팅 게이트 셀의 내용을 판독하는 것은 간단하다. 즉, 문턱 전압 로직 0과 로직 1 사이의 전압 V_{GS}를 선택된 게이트에 인가시키면 된다. 프로그램된 소자(0을 기억하고 있는 소자)는 전류를 흘리지 않지만 프로그램되지 않은 소자(1을 기억하고 있는 소자)는 큰 전류를 흘릴 것이다.

플로팅 게이트에 갇힌 전하는(결과적으로 저장된 상태) 메모리 전원이 꺼졌을 때도 유지된다. 이처럼 앞에서 배운 SRAM과 DRAM 셀과 달리 플래시 메모리는 비일회성이다.

플래시라는 용어는 많은 열을 순식간에 지울 수 있기 때문에 비롯된 것이다. 이는 플로팅 게이트 트랜지스터의 구조가 NAND 혹은 NOR 구조를 닮은 다중 비트 셀 구조 때문이다.

눈부신 섬광

1980년 도시바에 의해 발명된 이래, 플로팅 게이트(부동 게이트) MOS 트랜지스터에 근거한 플래시 메모리는 컴퓨팅의 모든 가능한 분야로 확장되었다. 이들의 비휘발성은 플래시 메모리가 휴대 디지털 기기에서 지배적 위치를 확보하는 원인이 되었다. 점점 더 기업의 메모리 시스템에서 플래시 기반 반도체를 이용한 드라이브(SSD)는 하드 디스크 드라이브를 대체하고 있다. 20 nm만큼 작은 크기의 기술을 이용한 테라바이트(1조 비트) 이상의 SSD들을 몇 백 달러에 이용할 수 있게 되었다. 여러 응용 분야에서, 12 Gb/s 이상의 높은 데이터율은 수백 개의 기기에 사용되는 휘발성 DRAM를 전적으로 대체시키게 되었다. 기가바이트 용량의 USB 플래시 드라이브는 요즘의 랩톱에서 효과적으로 DVD의 필요성을 대신하고 있다.

16.4 링 발진기와 특정 목적 회로

SRAM과 DRAM의 저장 셀을 구현하는 데 주로 사용되는 회로를 학습했으므로 이제 메모리 칩에서 중요한 다른 회로 블록들을 고찰해 보자. 이러한 회로와 여러 다른 순차 논리 회로의 설계는 집적 회로 설계자들에게는 흥미로운 도전이자 기회이다. 주변 기기 회로의 능률을 향상시키는 것은 결국 더 밀집하고 빠른 메모리 칩이다. 이런 칩은 전력 소비도 줄어들고 디지털 시스템에서 고속 수행에 필요한 함수를 제공할 수 있다.

16.4.1 링 발진기와 펄스-발생 회로들

메모리 칩과 순차 논리 회로들은 많은 수의 펄스 신호를 요구하며, 때때로 복잡한 상호 타이밍 관계를 가진다. 그러나 중요하지만 이 주제는 우리의 학습 목적이 아니며 그보다는 마이크로프로세서와 같은 디지털 시스템뿐 아니라 메모리 칩 타이밍에 널리 적용되는 간단한 두 개의 회로를 제시한다.

링 발진기 디지털 회로에서 사용되는 발진기의 또 다른 형태는 링 발진기(ring oscillator)이다. 링 발진기는 홀수 개수의 반전기를 루프 형태로 연결하여 만든다. 대개 다섯 개 이상의 반전기를 사용하지만 여기서는 그림 16.32(a)에 나타낸 것처럼 세 개의 반전기로 된 링을 이용하여 동작 원리를 설명하고자 한다. 그림 16.32(b)는 세 개의 반전기의 출력에서 얻은 파형을 보여 준다. 이 파형은 에지(edge)의 상승 및 하강 시간이 0인 이상적인 경우를 보여 준다. 그것은 회로 동작을 쉽게 설명하기 위함이다.

노드 1에서의 상승 에지가 게이트 1, 2, 3을 지나 반전되어 되돌아올 때까지 $3t_P$가 걸리는데 이것은 **부귀환**(negative feedback) 회로 형태를 나타냄을 주목하라. 이 하강 에지는 다시 $3t_P$ 기간 후에 원래의 상승 에지로 되돌아온다. 따라서 이 회로는 $6t_P$의 주기, 즉 $1/6t_P$의 주파수로 발진한다. 일반적으로 N개의 반전기로 구성된 링은 $2Nt_P$의 주기를 가지고 다음의 주파수로 발진한다.

$$f = 1/(2Nt_P) \tag{16.34}$$

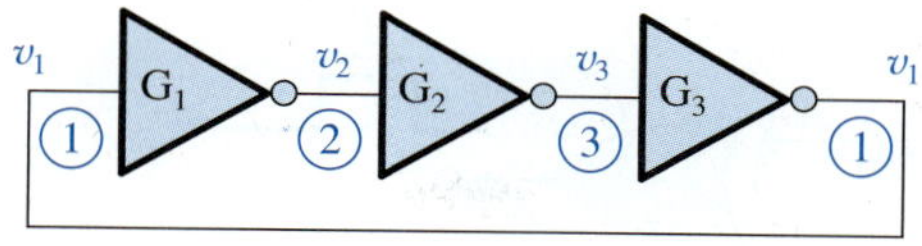

(a)

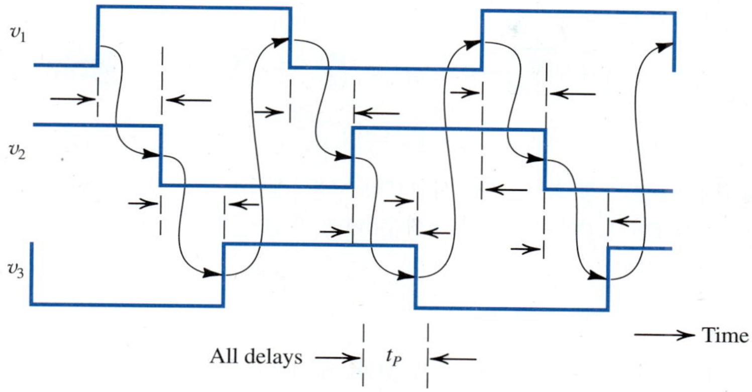

(b)

그림 16.32 (a) 세 개의 반전기를 연속 연결하여 만든 링 발진기.(보통 다섯 개 이상의 반전기가 사용된다.) (b) 출력 파형. 회로가 $1/6t_P$의 주파수로 발진하는 것을 관찰하라.

회로가 발진하기 위해서는 홀수의 반전기($N \geq 3$)를 사용해야만 한다. 짝수의 반전기를 사용하면 정귀환이 되며 이 회로에서는 논리값이 증강되는 것이다.(SRAM 셀은 $N = 2$를 사용하는 것을 주목하자.) 더해서, 한 개의 반전기를 가진 링 발진기는 발진하지 않는다. 왜냐하면 피드백 고리가 단지 하나의 노드만을 가지고 있으므로 폴도 하나가 되기 때문이다. 반전기 문턱 전압에서는 입력과 출력 전압이 같아지게 된다.

15장의 식 (15.8)과 (15.10)에서 t_P는 V_{DD}에 반비례 한다는 것을 상기해 보자. 따라서 공급 전압을 조절함으로써 링 발진기의 주파수를 조절할 수 있다. 이와 같은 **전압 조절 발진기**(voltage-controlled oscillator)는 집적 회로의 클로킹 신호를 발생시키는 데 널리 사용된다. 끝으로 링 발진기는 반전기 전달 지연을 측정하는 수단을 제공하는데 단순히 진동 주파수를 측정해서 주기를 $2N$으로 나눈다.

연습문제

16.10 반전기의 지연 시간이 100 ps라면 다섯 개의 반전기로 구성된 링의 발진 주파수는 얼마인가? V_{DD}가 10% 감소된다면 발진 주파수가 얼마가 될 것이라 예상하는가?

[답] 1 GHz; 900 MHz

일회 혹은 단일 안정 다진동 회로 일회 혹은 단일 안정 다진동 회로는 이미 정해진 폭을 가진 단수의 출력 펄

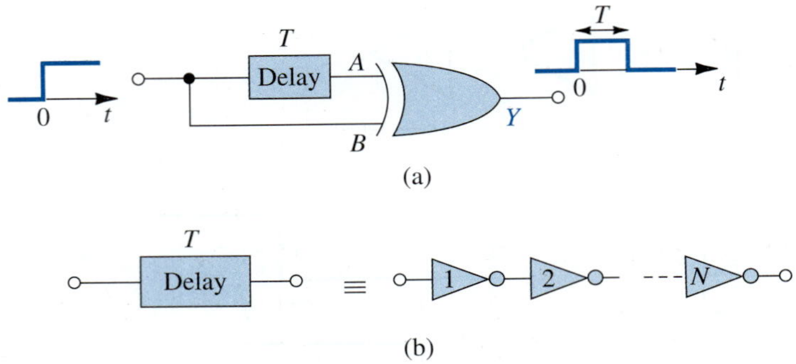

그림 16.33 (a) 일회 혹은 단일 안정 회로. 지연 시간 T와 XOR 게이트를 포함한 지연 회로를 활용하여, 회로에서 펄스 폭 T를 가진 출력을 공급한다. (b) 지연 회로는 짝수(N) 개의 반전기를 연속으로 연결해서 구현할 수 있다($T = Nt_P$).

스를 제공한다.[4] 그림 16.33(a)는 지연 요소와 함께 XOR 게이트를 활용하는 회로를 보여 주고 있다. XOR 회로는 두 입력이 서로 다른 때에만 고레벨 출력을 발생함을 상기하며, 양의 입력이 도달하기 전에 출력은 저레벨이 되는 것을 알 수 있다.

입력이 고레벨로 갈 때, XOR의 B 입력만이 고레벨이고 따라서 출력은 고레벨이 된다. 고레벨 입력이 XOR의 A 입력에 T초 후에 도달하면 그 시각에는 양쪽 입력이 고레벨이 된다. 따라서 출력은 저레벨이 된다. 따라서 회로는 지연 시간과 같은 T 지속 시간을 가진 출력 펄스를 생성한다. 그림 16.33(b)에 보이는 것처럼 연쇄적인 짝수의 반전기를 연결하여 실행할 수 있다.

단일 안정 회로는 짧은 펄스 신호를 보내 회로 값을 갱신토록 하는 비동기 시스템에서 사용된다. 또한 단일 안정 회로의 출력은 래치가 플립플롭처럼 작동하게 하는 데 사용된다. 여기서 짧은 신호는 클록 신호로 사용되며, 래치가 에지 트리거 되도록 한다.

16.4.2 감지 증폭기

메모리 칩에 사용되는 또 다른 중요한 주변 회로는 감지 증폭기이다. 감지 증폭기는 메모리에서 저장 셀 다음으로 중요한 부분이다. 감지 증폭기는 DRAM에서는 올바른 동작에 필수적인 요소이며, SRAM에서는 속도와 칩 면적에 큰 영향을 준다.

여러 가지 종류의 감지 증폭기 회로가 현재 사용되고 있으며 그중 몇 종류는 8장에서 소개했던 능동 부하(active load) MOS 차동 증폭기 회로와 매우 유사하다. 이 절에서는 정귀환 회로를 이용하는 차동(differential) 감지 증폭기를 소개한다. 차동 회로를 사용하여 B와 $\overline{B}$ 라인을 이용하는 SRAM 셀에 직접 연결할 수 있다. 반면에 16.3.2절에서 다루었던 하나의 트랜지스터만을 사용하는 DRAM 회로는 단일 종결 회로(single ended

4) '단일 안정(monostable)'이라는 명칭은 이런 종류의 회로는 하나의 안정 상태, 즉 정지 상태를 가지기 때문에 붙여졌다. 트리거를 작동할 때, 회로는 준안정 상태로 이동해서 미리 정해진 길이의 시간(출력 펄스의 폭) 동안 머물게 된다. 그런 다음 자동적으로 다시 안정 상태로 되돌아간다.

circuit)이며, 오직 하나의 비트 라인만을 사용한다. 그렇지만 DRAM 회로는 출력 전압을 '더미 셀(dummy cell)'에서 발생된 전압과 비교해서 차등 신호원처럼 만들었다. 더미 셀에는 논리 '1'과 '0'의 중간 전압 값이 저장되어 있다. 그러므로 메모리 셀의 출력이 B와 $\overline{B}$ 라인에 전위차를 나타내고 후에 이를 감지 증폭기로 증폭시킨다고 가정하자. 메모리 종류와 셀 설계 기술에 따라 20~500 mV의 크기를 가지는 이 신호는 감지 증폭기 양단에 인가된다. 그러면 감지 증폭기의 출력 단자에서는 풀 스윙(0에서 V_{DD}까지)을 가지는 신호를 출력하게 된다. 이 절에서는 **입력 단자와 출력 단자가 같은** 다소 특별한 형태의 증폭 회로를 다룰 것이다.

정귀환 회로를 이용한 감지 증폭기 그림 16.34는 감지 증폭기와 RAM의 열 회로를 구성하는 다른 회로들을 보여 주고 있다. 감지 증폭기는 서로 교차 연결된 두 개의 CMOS 반전기로 구성된 래치와 별로 다를 바 없다는 것을 주목할 필요가 있다. 트랜지스터 Q_1과 Q_2가 하나의 반전기를 이루고 있고, 트랜지스터 Q_3와 Q_4가 다른 하나의 반전기를 구성하고 있다. 트랜지스터 Q_5와 Q_6는 데이터 감지가 필요할 때만 감지 증폭기를 V_{DD}와 접지에 연결하는 스위치 역할을 한다. 동작하지 않을 때에는 ϕ_s가 low이고, 이때 감지 증폭기는 꺼진 상태로 된다. 메모리를 구성하는 하나의 기본적인 열 회로마다 하나의 감지 증폭기가 필요하므로 전체 메모리는 **칩 하나에 수천 개의 감지 증폭기를 갖고 있다.** 그러므로 이와 같은 설계는 메모리의 전력 소비를 상당히 줄이는 효과가 있다. x, y 단자가 감지 증폭기의 입출력 단이라는 것을 주목하자. 앞에서 지적한 대로 입출력 단은 B와 $\overline{B}$ 라인에 연결되어 있다. 감지 증폭기는 B와 $\overline{B}$ 라인에서 생긴 작은 크기의 전위차를 감지하여 풀 스윙(full swing)으로 증폭한다. 예를 들어 읽기 상태에서 셀이 '1'을 저장한다고 가정하면, B와 $\overline{B}$ 간에 전압차가 발생하고, v_B가 $v_{\overline{B}}$보다 약간 높게 된다. 그러면 증폭기는 v_B를 V_{DD}까지 끌어올리고, $v_{\overline{B}}$를 0 V까지 끌어내린다. 이렇게 출력된 '1' 신호는 열 디코더(그림에서는 보이지 않음)에 의해 메모리의 입출력 핀(pin)에 연결되고, 동시에 DRAM 셀에 '1'을 다시 쓰게 되는데, 이는 읽기 동작 시에 파괴된 '1'의 재생된 값이다.

그림 16.34는 사전 충전 회로와 중립화(equalization) 회로를 나타내고 있다. 이 회로들의 동작은 간단하다. 읽기 동작 전에 ϕ_p가 high인 상태이면 세 개의 트랜지스터 모두 켜진 상태가 된다. 트랜지스터 Q_8과 Q_9은 B와 $\overline{B}$를 모두 $V_{DD}/2$로 사전 충전하고, 트랜지스터 Q_7은 두 라인의 전위를 같게 하여 동작 속도를 높인다. 이러한 작용은 감지 증폭기의 정확한 동작을 위해서 매우 중요하다. 읽기 동작 전에 B와 $\overline{B}$ 사이에 약간의 전위차가 생기게 되면 감지 증폭기에 의해 잘못 판단될 수 있다. 그림 16.34에서는 워드 라인이 활성화된 하나의 저장 셀만을 나타냈다. 이 저장 셀은 SRAM이나 DRAM 셀 모두 될 수 있다. 이 열에 연결된 다른 셀들은 B와 $\overline{B}$ 라인에 연결되지 않을 것이다.(왜냐하면 다른 셀들의 워드 라인은 low인 상태로 되어 있기 때문이다.)

읽기 동작 동안 일어나는 회로의 작동 순서를 알아보도록 하자.

1. 제어 신호인 ϕ_p가 high가 되면서 사전 충전과 중립화 회로가 동작한다. 이로써 B와 $\overline{B}$ 라인은 $V_{DD}/2$로 전위가 같아지게 된다. 그러고 나서 클록 ϕ_p가 low가 되는 짧은 시간 동안 B와 $\overline{B}$ 라인은 끊어진 상태(플로팅)가 된다.
2. 워드 라인이 high로 변하면서 B와 $\overline{B}$ 라인과 셀이 연결된다. 접근하고자 하는 셀에 '1'이 저장되어 있다면 v_B가 $v_{\overline{B}}$보다 전위가 높아지게 되고, 반대로 셀에 '0'이 저장되어 있다면 v_B가 $v_{\overline{B}}$보다 전위가 낮아지게 된다. 셀의 설계를 간단하게 하고 빠른 속도로 동작시키기 위해서는 B와 $\overline{B}$ 사이의 전위차가 작게 유지되어야 한다(일반적으로 20~500 mV).

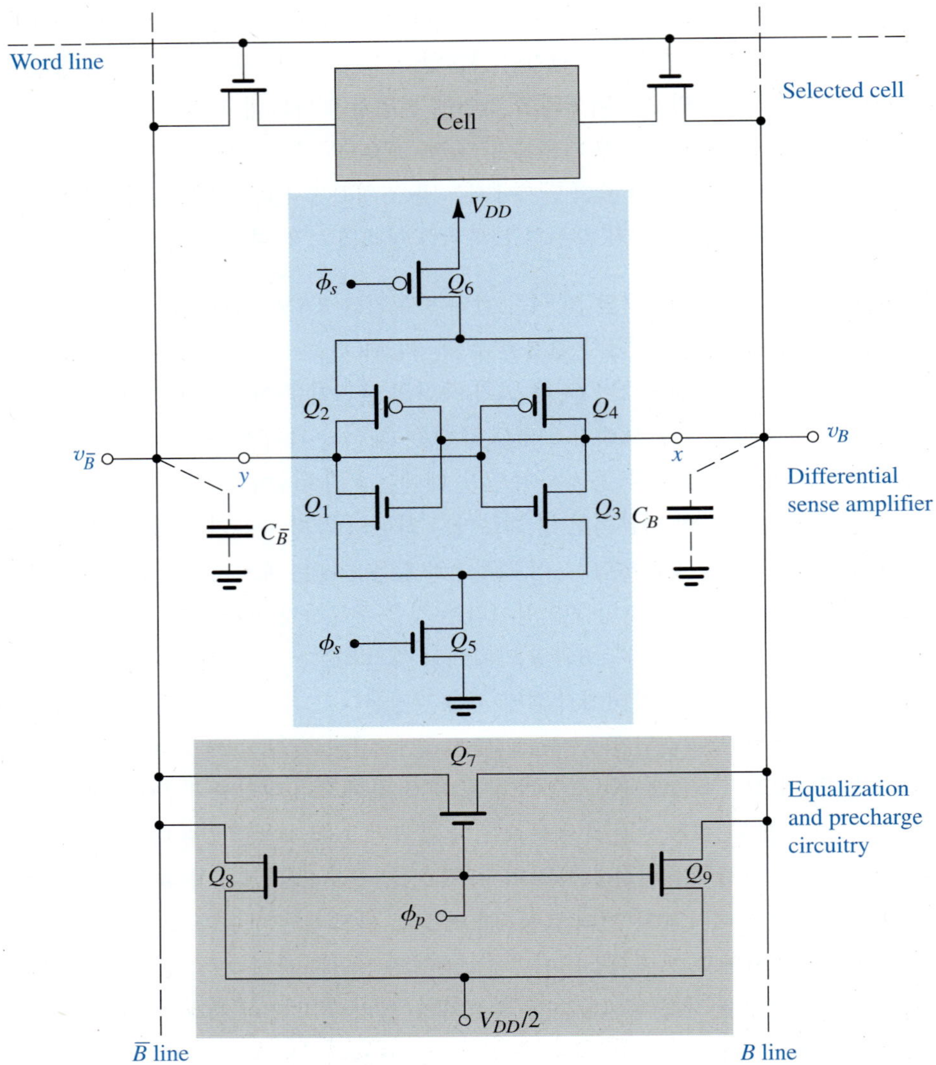

그림 16.34 메모리의 비트 라인에 연결된 차동 감지 증폭기. 이러한 배열은 (B와 $\bar{B}$ 라인 모두를 사용하는) SRAM에 직접 연결하여 쓸 수 있다. DRAM의 경우 '더미 셀(dummy cell)' 기술을 이용하여 차동 회로로 바꿀 수 있다.

3. B와 $\bar{B}$ 사이에 충분한 전위차가 생기게 되면, 제어 신호 ϕ_s를 high로 올려 주면서 트랜지스터 Q_5와 Q_6에 의해 감지 증폭기가 V_{DD}와 접지로 연결된다. 그러면 감지 증폭기가 작동하게 된다. 처음에 반전기의 입력단이 $V_{DD}/2$로 초기화되어 있었기 때문에 반전기는 증폭률이 큰 천이 영역에서 동작하게 된다(16.3절). 그것은 처음에 래치가 불안정한 상태에서 동작하게 됨을 뜻한다. 그다음에 입력단의 신호에 따라 래치는 빠른 속도로 두 개의 안정된 상태 중 하나로 변할 것이다.(16.2절의 래치의 동작을 참고하라.) 이 작용은 정귀환에 의해 가속된다. 그림 16.35는 '1' 읽기 동작과 '0' 읽기 동작 중 비트 라인의 파형을 명확히 나타내고 있다. 감지 증폭기가 동작한 후 셀에 의해 생성된 작은 전위차 $\Delta V(1)$이나 $\Delta V(0)$이

V_{DD}('1' 읽기 동작)나 0 V('0' 읽기 동작)로 빠르게 변하는 것을 볼 수 있다. $\overline{B}$ 라인의 신호는 그림 16.35의 B 신호와는 반대로 나타난다. 다음에 v_B와 $v_{\overline{B}}$의 파형이 지수 함수적으로 변하는 것을 정량적으로 살펴볼 것이다.

감지 증폭기의 자세한 동작 그림 16.34의 감지 증폭기의 출력을 자세히 기술하는 것은 반전기 전압 전달 특성의 큰 신호 모델(large signal model, 비선형적임)을 사용해야 할 뿐만 아니라 정귀환까지 고려해야 하는 다소 복잡한 작업이다. 여기서는 이러한 복잡한 방법을 사용하지 않고 반정량적인 방법으로 감지 증폭기의 동작을 살펴보기로 하자.

감지 증폭기가 동작하는 때를 살펴보면 두 개의 반전기가 $V_{DD}/2$의 천이 영역에서 동작함을 알 수 있다. 그러므로 각각의 반전기는 입력 바이어스가 $V_{DD}/2$에서 계산된 소신호 모델에서의 Q_N과 Q_P의 트랜스컨덕턴스(transconductance) g_{mn}과 g_{mp}를 사용한다. 특히 반전기의 입력단에서 $V_{DD}/2$에 첨가된 작은 신호 v_i는 반전기의 출력 전류를 $(g_{mn}+g_{mp})v_i = G_m v_i$까지 높인다. 이때의 출력 전류는 커패시터 C_B나 $C_{\overline{B}}$ 중 하나로 흐른다. 이때 커패시터 양단에 생긴 전위차가 다른 쪽 반전기에 입력되고, G_m만큼 곱해진 전류가 다른 쪽 커패시터로 흐른다. 이 루프의 정귀환 작용에 의해 v_B와 $v_{\overline{B}}$는 C_B/G_m(혹은 $C_{\overline{B}}/G_m$, 여기서 $C_B = C_{\overline{B}}$라고 가정했다)의 시정수를 가지고 지수적으로 증가하거나 감소하게 된다(그림 16.35 참조). 따라서 예를 들면 '1' 읽기 동작 중에 다음 식을 얻는다.

$$v_B = \frac{V_{DD}}{2} + \Delta V(1)e^{(G_m/C_B)t}, \qquad v_B \le V_{DD} \tag{16.35}$$

반면 '0' 읽기 동작 중에는

$$v_B = \frac{V_{DD}}{2} - \Delta V(0)e^{(G_m/C_B)t}, \qquad v_B \ge 0 \tag{16.36}$$

이러한 표현식은 소신호 동작 모델을 적용했기 때문에 $V_{DD}/2$에 가까운 값에서만 정확하게 지수적으로 증가

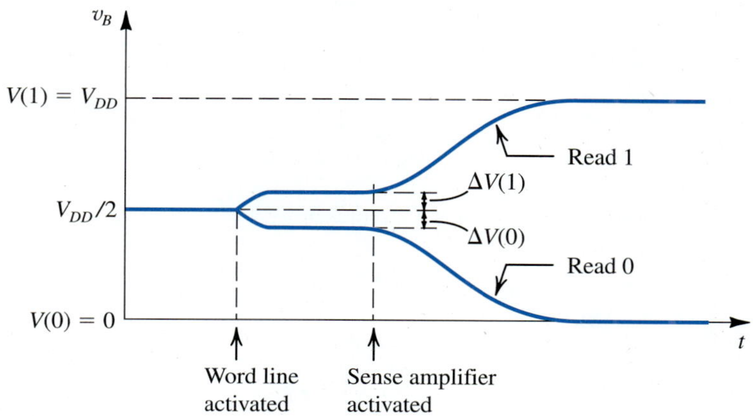

그림 16.35 감지 증폭기를 켜기 직전과 직후의 v_B 파형. 1을 읽을 때, 감지 증폭기가 최초의 작은 양수값 $\Delta V(1)$을 V_{DD}까지 지수 함수적으로 증가시키고 작은 음수값 $\Delta V(0)$은 0으로 감소시키는 것을 보여 준다. $\overline{B}$ 라인에는 반대의 신호가 나타난다.

(감소)하게 된다. 그렇지만 여기서 나온 값은 비트 라인에서 특정 신호 값이 확정되는 데 필요한 대략적인 추정 시간을 얻는 데 사용해도 별 무리는 없다.

예제 16.3

읽기 동작 중의 그림 16.34의 감지 증폭기 회로를 고려하라. 저장 셀에서 B 라인의 전위를 $\Delta V(1) = 0.1$ V 올렸다고 가정하자. 증폭기의 NMOS는 $(W/L)_n = 0.54$ μm/0.18 μm이고, PMOS는 $(W/L)_p = 2.16$ μm/0.18 μm이며, $V_{DD} = 1.8$ V, $V_{tn} = |V_{tp}| = 0.5$ V, $\mu_n C_{ox} = 4\mu_p C_{ox} = 300$ μA/V^{2}이라고 가정하자. v_B가 0.9 V_{DD}까지 올라가는 데 걸리는 시간을 계산하라. $C_B = 1$ pF이라고 가정한다.

풀이

먼저 트랜스컨덕턴스 g_{mn}과 g_{mp}를 계산하자.

$$g_{mn} = \mu_n C_{ox}\left(\frac{W}{L}\right)_n (V_{GS} - V_t)$$

$$= 300 \times \frac{0.54}{0.18}(0.9 - 0.5)$$

$$= 0.36 \text{ mA/V}$$

$$g_{mp} = \mu_p C_{ox}\left(\frac{W}{L}\right)_p (V_{SG} - |V_t|)$$

$$= 75 \times \frac{2.16}{0.18}(0.9 - 0.5) = 0.36 \text{ mA/V}$$

따라서 반전기 G_m은

$$G_m = g_{mn} + g_{mp} = 0.72 \text{ mA/V}$$

그리고 v_B가 지수적으로 증가할 때 시정수 τ는 다음과 같다.

$$\tau \equiv \frac{C_B}{G_m} = \frac{1 \times 10^{-12}}{0.72 \times 10^{-3}} = 1.4 \text{ ns}$$

이제 v_B가 0.9 V_{DD}에 도달하는 데 걸리는 시간 Δt는 다음과 같다.

$$0.9 \times 1.8 = 0.9 + 0.1 e^{\Delta t/1.4}$$

결과로

$$\Delta t = 2.8 \text{ ns}$$

연습문제

16.11 다음 변수를 가진 65 nm 공정으로 설계된 감지 증폭기에 대해 예제 16.3을 반복하라. 여기서 V_{DD} = 1.0 V, , $V_{tn} = |V_{tp}| = 0.35$ V, $\mu_n C_{ox} = 3\mu_p C_{ox} = 450\ \mu A/V^2$, 그리고 $C_B = 0.25$ pF이다. 트랜지스터의 변수값은 $(W/L)_n = 130$ nm/65 nm, $(W/L)_p = 390$ nm/65 nm를 사용하라.

[답] 1.3 ns

16.4.3 행 주소 디코더

16.3절에서 설명한 바와 같이 행 주소 디코더는 M비트의 주소 입력에 맞추어 2^M개의 워드 라인 중 하나를 선택하기 위해 필요하다. $M = 3$인 경우의 예를 들면 세 개의 주소 비트를 A_0, A_1, A_2로 하고 여덟 개의 워드 라인을 $W_0, W_1, \ldots, W_7$이라 하자. 통념적으로 워드 라인 W_0는 $A_0 = 0, A_1 = 0, A_2 = 0$으로 모두 0일 때 1의 값을 갖는다. 따라서 W_0는 A_0, A_1, A_2로 이루어진 부울 함수(Boolean function)로 표현될 수 있다.

$$W_0 = \overline{A}_0\overline{A}_1\overline{A}_2 = \overline{A_0 + A_1 + A_2}$$

따라서 W_0의 선택은 A_0, A_1, A_2를 그 입력으로 하는 3-입력 NOR로 구현할 수 있다. 워드 라인 W_3는 $A_0 = 1, A_1 = 1, A_2 = 0$일 때 1의 값을 갖는다. 그러므로

$$W_3 = A_0A_1\overline{A}_2 = \overline{\overline{A}_0 + \overline{A}_1 + A_2}$$

따라서 W_3의 선택은 3-입력 NOR의 입력에 $\overline{A}_0, \overline{A}_1$ 그리고 A_2를 연결함으로써 구현할 수 있다. 따라서 여기에 쓰일 행 주소 디코더는 여덟 개의 3-입력 NOR로 만들 수 있다. 각각의 NOR 게이트는 출력의 워드 라인에 따라 주소 비트와 그 반대 값의 적절한 조합을 입력으로 갖게 된다.

이러한 NOR 함수를 현실화하는 가장 간단한 방법은 그림 16.36에서 보여 주는 바와 같이 행렬 구조를 이용하는 것이다. 각각의 행 라인에 PMOS 소자가 붙어 있어 디코딩 작업에 앞서 사전 충전 제어 신호 ϕ_P에 의해 켜지는 동적 회로이다. 사전 충전 동안(ϕ_P가 0) 모든 워드 라인은 V_{DD}로 끌어올려진다. 이때 주소 입력 비트는 아직 가해지지 않아 모든 입력이 low의 상태임을 가정한다. 그러고 나서 주소 비트와 그 상보 값이 가해지면 디코딩 작업이 시작된다. 선택되지 않은 워드 라인은 방전되도록 NMOS 트랜지스터가 놓여 있음에 주목하라. 어떤 입력의 조합에 의해서도 오직 하나의 워드 라인만이 방전되지 않도록 되어 있어 그 전압이 V_{DD}로 유지될 것이다. 예를 들어 행 0은 $A_0 = 0, A_1 = 0, A_2 = 0$일 때만 high가 될 것이다. 이 조합만이 행 0에 연결된 세 개의 트랜지스터를 모두 끄는 조합이다. 비슷한 방식으로 행 3은 $\overline{A}_0, \overline{A}_1, A_2$에 연결되어 있으며, 따라서 $A_0 = 1, A_1 = 1, A_2 = 0$일 경우만 high가 될 것이다. 디코더의 출력이 안정화되면 출력 라인은 보통 클록에 의해 제어되는 전달 게이트를 통해 배열의 워드 라인에 연결된다. 이 디코더는 NOR 디코더로 알려져 있다. 사전 충전 과정 때문에 이 회로가 정전력을 소모하지 않음을 주목하라.

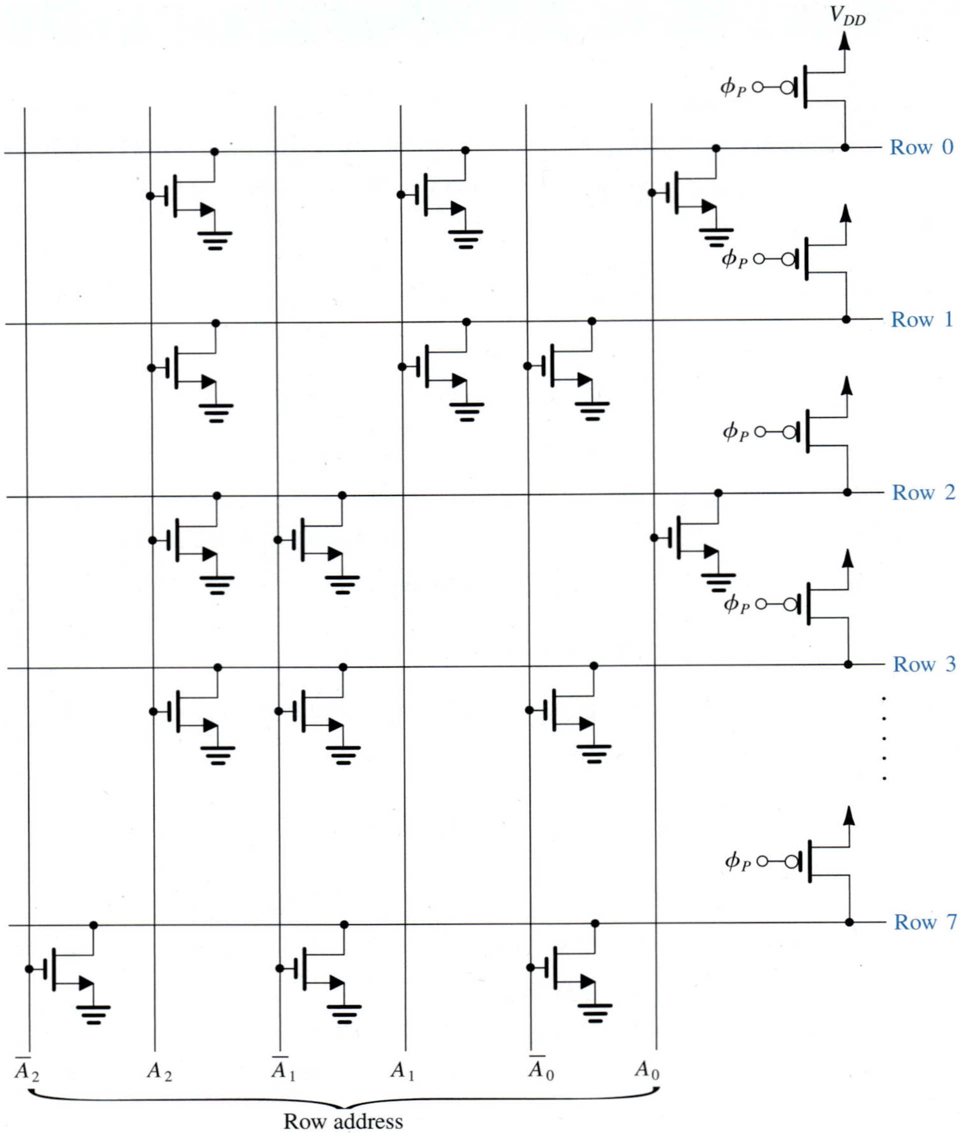

그림 16.36 어레이(array) 형태의 NOR 주소 디코더. 3비트의 주소를 사용하여 여덟 개의 라인(행 라인) 중 하나만을 선택한다.

연습문제

16.12 M비트 주소의 NOR 행 디코더를 만들기 위해 필요한 트랜지스터의 개수는 몇 개인가?

[답] $M2^M$ NMOS + 2^M PMOS = $2^M(M+1)$

16.4.4 열 주소 디코더

16.3절에서 설명한 바와 같이 열 주소 디코더의 기능은 2^N개의 비트 라인 중 하나를 칩의 데이터 I/O 라인에 연결하는 것이다. 이와 같이 이것은 멀티플렉서(multiplexer)의 기능을 하며, 그림 16.37과 같이 통과 트랜지스터 논리(pass transistor logic, 16.1절)로 구현될 수 있다. 여기서 각각의 비트 라인은 NMOS 트랜지스터를 통해서 데이터 I/O 라인으로 연결된다. 통과 트랜지스터들의 게이트 전압은 2^N개의 라인들에 연결되어 있으며, 행 주소 디코더에 사용된 것과 비슷한 NOR 디코더에 의해 하나의 라인만이 선택된다. 마지막으로 NMOS 트랜지스터(16.1절) 대신 전달 게이트를 활용하여 더 좋은 실행을 얻을 수 있다. 그러나 그런 경우 디코더는 상보 출력 신호를 공급할 필요가 있다.

열 주소 디코더를 더 적은 수의 트랜지스터를 사용하여(그러나 동작 속도가 느린 단점을 지닌) 대체 구현할 수 있는 회로는 그림 16.38과 같다. **트리 디코더**(tree decoder)로 알려져 있는 이 회로는 통과 트랜지스터들로 이루어진 간단한 구조이다. 아쉽게도 신호가 전달되는 경로에 상대적으로 많은 트랜지스터가 존재하기 때문에 비트 라인의 저항이 증가하게 되어 그 결과로 속도는 줄어든다.

연습문제

16.13 2^N개의 비트 라인이 있을 때, 트리 디코더에 필요한 트랜지스터는 몇 개인지 구하라.
[답] $2(2^N - 1)$

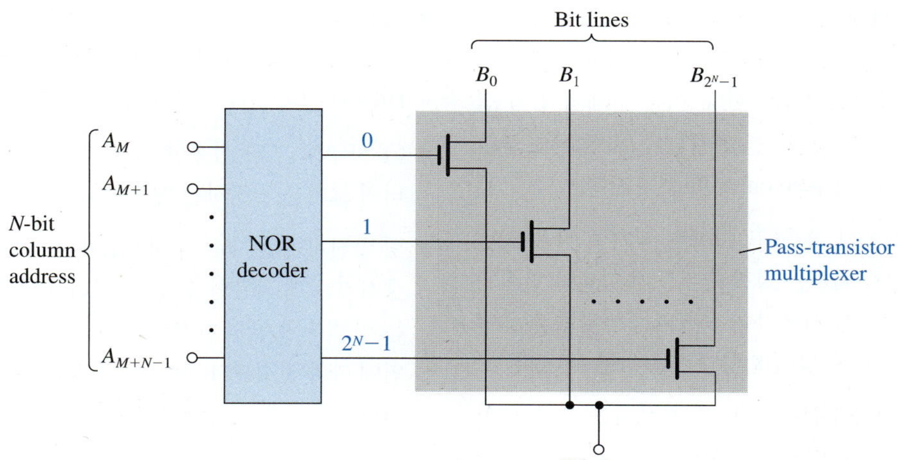

그림 16.37 NOR 디코더와 통과 트랜지스터 멀티플렉서의 조합으로 구현된 열 디코더.

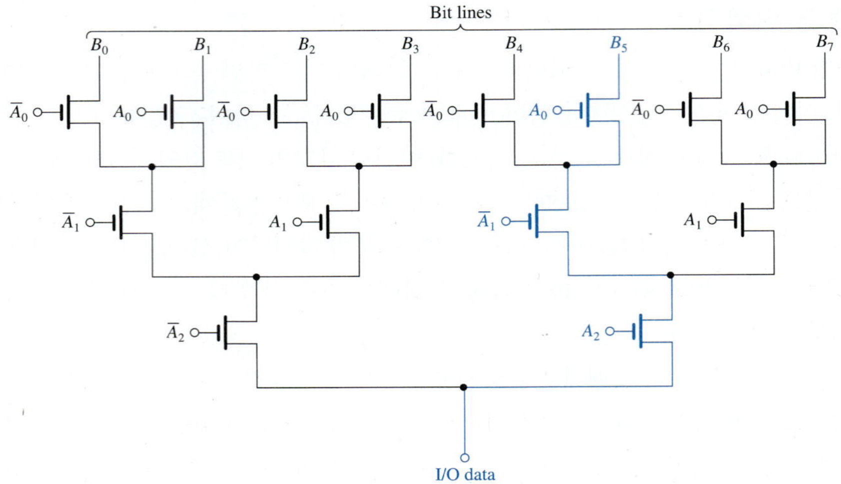

그림 16.38 트리 열 디코더. 주소가 $A_0 = 1, A_1 = 0, A_2 = 1$일 때, B_5가 데이터 라인에 연결되는 통로를 색으로 표시하여 어떤 트랜지스터를 통과하게 되는지를 보여 주고 있다.

요약

- 통과 트랜지스터 논리는 NMOS 트랜지스터 혹은 CMOS 전달 게이트를 사용하여 입력에 의해 제어되는 스위치 네트워크를 사용하여 구현한다. 비록 간단하기는 하나 NMOS 트랜지스터만으로 구현된 스위치들은 V_{OH} 값이 V_{DD}에서 $V_{DD} - V_t$로 감소한다.
- NMOS와 PMOS 트랜지스터로 병렬 연결로 구성된 CMOS 전달 게이트는 아날로그와 디지털 응용 모두에 매우 효과적인 스위치이다. 이는 전체의 입력 신호 스윙, 0에서 V_{DD}까지를 전달한다. 또한 전체 출력 범위에서 거의 상수의 'on' 저항을 가진다.
- 플립플롭은 하나 혹은 그 이상의 래치를 사용한다. 기본적인 정적 래치는 정귀환 루프의 형태로 연결된 두 개의 반전기를 사용하여 구현되는 쌍안정 회로이다. 래치는 무한정 쌍안정 상태를 유지할 수 있다.
- 메모리 칩의 대부분은 비트가 저장되는 셀로 구성되어 정사각형의 매트릭스 형태로 되어 있다. 한 개의 셀은 행 디코더에 의해 선택되는 행과 열 디코더에 의해 선택되는 열의 교차점에 있는 것이 선택된다. 감지 증폭기는 선택된 셀의 내용을 검출하여 칩의 출력에 전달한다.
- MOS RAM에는 정적과 동적의 두 가지 종류가 있다. 정적 RAM은 플립플롭이 저장 셀이다. 동적 RAM에서는 데이터가 커패시터에 저장되어 있으며 주기적으로 재생(refresh)되어야 한다. 동적 RAM은 주어진 칩 영역에 대해 최대의 저장 용량을 가지고 있다.
- 저장 셀 구현에 있어 거의 보편적인 선택으로 두 개의 회로, 즉 6-트랜지스터 SRAM 셀과 1-트랜지스터 DRAM 셀이 있다.
- 6T SRAM 셀의 적절한 읽기 쓰기 기능은 트랜지스터의 크기를 결정하는 제약으로 작용한다.
- 링 발진기는 순차 논리 시스템에서 타이밍 신호를 발생시키는 데 사용할 수 있다. 이러한 발진기의 주파수는 링 발진기 안의 반전기의 숫자와 반전기의 전달 지연에 따라 결정된다. 전압 조절 발진기를 만들기 위해 이런 요소들을 공급 전압에 따라 조절할 수 있다.
- 감지 증폭기는 SRAM에서는 동작 속도를 빠르게 하기 위해 사용되고 있지만, DRAM에서는 사용이 필수적이다. 보통 감지 증폭기는 정귀환 방법을 채택하는 차동 회로이며, 출력 신호가 V_{DD} 또는 0으로 지수 함수적으로 증가한다.

Section 16.1: The Transmission Gate

16.1 Recall that MOS transistors are symmetrical and that what distinguishes the source from the drain is their relative voltage levels: For NMOS, the terminal with the higher voltage is the drain; for PMOS, the terminal with the higher voltage is the source. For each of the circuits in Fig. P16.1, label the source and drain terminals and give the output voltage V_O in terms of V_{DD}, V_{tn}, and $|V_{tp}|$. Note that V_{tn} and $|V_{tp}|$ are determined by the body effect, and give expressions for their values. Note that V_O is the value reached after the capacitor charging/discharging interval has come to an end.

16.2 Figure P16.2 shows a PMOS transistor operating as a switch in the on position.

(a) If initially $v_O = 0$ and at $t = 0$, v_I is raised to V_{DD}, what is the final value V_{OH} reached at the output?

(b) If initially $v_O = V_{DD}$ and at $t = 0$, v_I is lowered to 0 V, what is the final value V_{OL} reached at the output?

(c) For the situation in (a), find t_{PLH} for v_O to rise from 0 to $V_{DD}/2$. Let $k_p = 125\ \mu\text{A/V}^2$, $V_{DD} = 1.2$ V, and $|V_{tp}| = 0.4$ V.

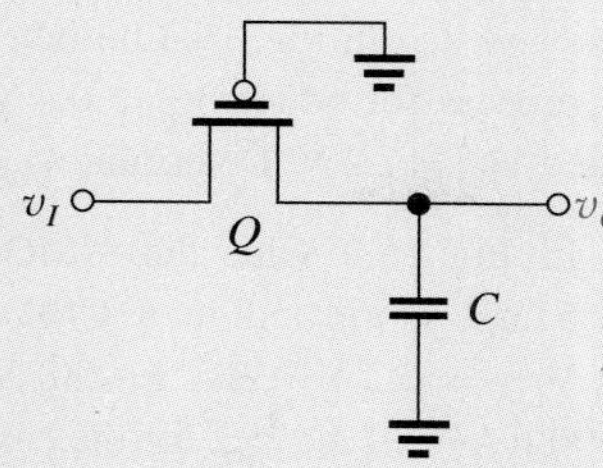

Figure P16.2

16.3 The transmission gate in Figs. 16.7(a) and (b) is fabricated in a CMOS process technology for which $k_n' = 4k_p' = 500\ \mu\text{A/V}^2$, $|V_{t0}| = 0.4$ V, $\gamma = 0.2\ \text{V}^{1/2}$, $2\phi_f = 0.88$ V, and $V_{DD} = 1.2$ V. Let Q_N and Q_P have $(W/L)_n = (W/L)_p = 1.5$. The total capacitance at the output node is 15 fF.

(a) What are the values of V_{OH} and V_{OL}?

(b) For the situation in Fig. 16.7(a), find $i_{DN}(0)$, $i_{DP}(0)$, $i_{DN}(t_{PLH})$, $i_{DP}(t_{PLH})$, and t_{PLH}.

(c) For the situation depicted in Fig. 16.7(b), find $i_{DN}(0)$, $i_{DP}(0)$, $i_{DN}(t_{PHL})$, $i_{DP}(t_{PHL})$, and t_{PHL}. At what value of v_O will Q_P turn off?

(d) Find t_P.

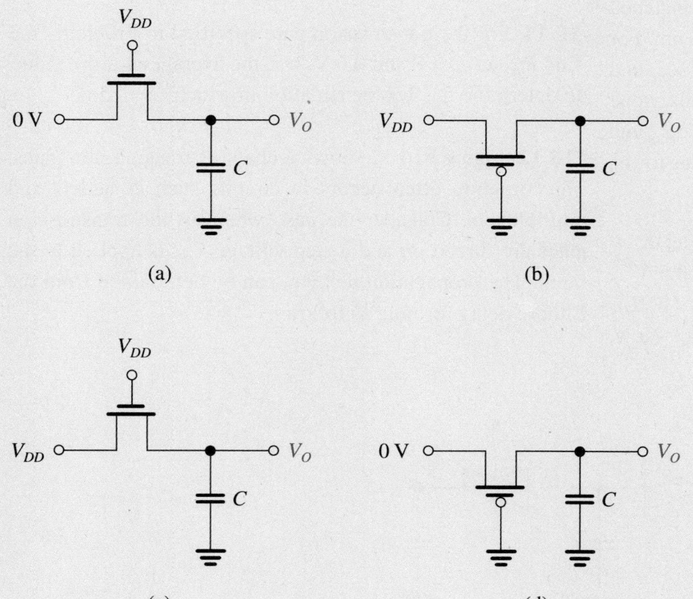

Figure P16.1

16.4 Let the NMOS transistor switch in Fig. 16.3 be fabricated in a 0.13-μm CMOS process for which $V_{t0} = 0.4$ V, $\gamma = 0.2\ V^{1/2}$, $2\phi_f = 0.88$ V, and $V_{DD} = 1.2$ V. Determine V_{OH}.

16.5 Consider the circuit in Fig. 16.3 with the NMOS transistor having $W/L = 1.5$ and fabricated in a CMOS process for which $V_{t0} = 0.4$ V, $\gamma = 0.2\ V^{1/2}$, $2\phi_f = 0.88$ V, $V_{DD} = 1.2$ V, and $\mu_n C_{ox} = 500\ \mu A/V^2$. Find t_{PLH} for the case $C = 10$ fF.

16.6 Consider the circuit in Fig. 16.4 with the NMOS transistor having $W/L = 1.5$ and fabricated in a 0.13-μm CMOS process for which $V_{t0} = 0.4$ V, $V_{DD} = 1.2$ V, and $\mu_n C_{ox} = 500\ \mu A/V^2$. Determine t_{PHL} for the case $C = 10$ fF.

16.7 Consider the case specified in Exercise 16.1. If the output of the switch is connected to the input of a CMOS inverter having $(W/L)_p = 2(W/L)_n = 0.54$ μm/0.18 μm, find the static current of the inverter and its static power dissipation when the inverter input is at the value of V_{OH} found in Exercise 16.1. Also find the inverter output voltage. Let $\mu_n C_{ox} = 4\ \mu_p C_{ox} = 300\ \mu A/V^2$.

16.8 An NMOS pass-transistor switch with $W/L = 130$ nm/65 nm, used in a 1-V system for which $V_{t0} = 0.35$ V, $\gamma = 0.25\ V^{1/2}$, $2\phi_f = 1.0$ V, $\mu_n C_{ox} = 3\mu_p C_{ox} = 450\ \mu A/V^2$, drives a 10-fF load capacitance at the input of a matched standard CMOS inverter using $(W/L)_n = 130$ nm/65 nm. For the switch gate terminal at V_{DD}, evaluate the switch V_{OH} and V_{OL} for inputs at V_{DD} and 0 V, respectively. For this value of V_{OH}, what inverter static current results? Estimate t_{PLH} and t_{PHL} for this arrangement as measured from the input to the output of the switch itself.

16.9 For the level-restoring circuit of Fig. 16.5, let $k_n' = 3k_p' = 450\ \mu A/V^2$, $V_{DD} = 1.0$ V, $|V_{t0}| = 0.35$ V, $\gamma = 0.5\ V^{1/2}$, $2\phi_f = 1.0$ V, $(W/L)_1 = (W/L)_n = 130$ nm/65 nm, $(W/L)_p = 390$ nm/65 nm, and $C = 20$ fF. Also, let $v_B = V_{DD}$. Now, for v_A rising to V_{DD}, and Q_1 charging C and causing v_{O1} to rise, show that the value of v_{O1} that causes v_{O2} to drop by a threshold voltage below V_{DD} (i.e., to 0.65 V) so that Q_R turns on, is approximately $V_{DD}/2$ and thus occurs at $t \simeq t_{PLH}$. What is the capacitor-charging current available at this time (i.e., just prior to Q_R turning on)? What is it at $v_{O1} = 0$? What is the average current available for charging C? Estimate the time t_{PLH}. (Note that after Q_R turns on, v_{O1} rises to V_{DD}.)

D *16.10 The purpose of this problem is to illustrate how W/L of the level-restoring transistor Q_R in the circuit of Fig. 16.5 is determined. For this purpose consider the circuit as specified in Problem 16.9 and let $v_B = V_{DD}$. Now, consider the situation when v_A is brought down to 0 V and Q_1 conducts and begins to discharge C. The voltage v_{O1} will begin to drop from V_{DD}. Meanwhile, v_{O2} is still low and Q_R is conducting (though at $t = 0$, the current in Q_R is zero). Calculate the discharge current at $t = 0$. As Q_R conducts, its current subtracts from the current of Q_1, reducing the current available to discharge C. Find the value of v_{O1} at which the inverter begins to switch. This is $V_{IH} = \frac{1}{8}(5V_{DD} - 2V_t)$. Then, find the current that Q_1 conducts at this value of v_{O1}. Choose W/L for Q_R so that the maximum current it conducts is limited to one-half the value of the current in Q_1. What is the W/L you have chosen? Estimate t_{PHL} as the time for v_{O1} to drop from V_{DD} to V_{IH}.

16.11 For the transmission gate specified in Problem 16.3, find R_{TG} at $v_O = 0$ and 0.6 V. Use the average of those values to determine t_{PLH} for the situation in which $C = 15$ fF.

***16.12** Figure P16.12 shows a chain of transmission gates. This situation often occurs in circuits such as adders and multiplexers. Consider the case when all the transmission gates are turned on and a step voltage V_{DD} is applied to the input. The propagation delay t_P can be determined from the Elmore delay formula as follows:

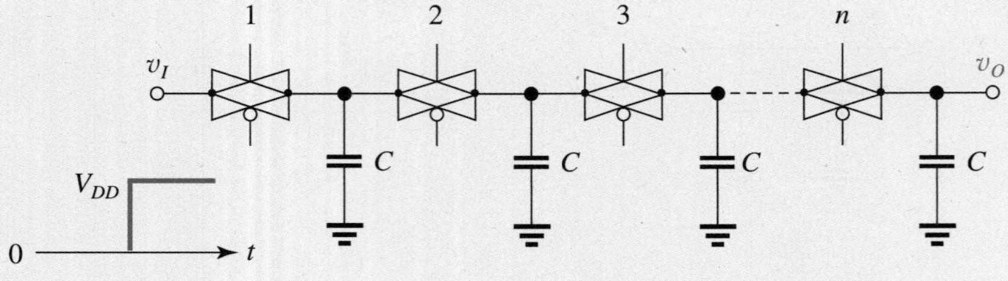

Figure P16.12

---

problems with green numbers are considered essential; * = difficult problem; ** = more difficult; *** = very challenging
SIM = simulation; **D** = design problem;

$$t_P = 0.69 \sum_{k=1}^{n} kCR_{TG}$$

where R_{TG} is the resistance of each transmission gate, C is the capacitance between each node and ground, and n is the number of transmission gates in the chain. Note that the sum of the series in this formula is given by

$$t_P = 0.69\,CR_{TG}\frac{n(n+1)}{2}$$

Now evaluate t_P for the case of 16 transmission gates with $R_{TG} = 10\text{ k}\Omega$ and $C = 10$ fF. What does the value of t_P become if the input is a ramp rather than a step function?

16.13 Refer to the situation in Fig. 16.7(b). Derive expressions for R_{Neq}, R_{Peq}, and R_{TG} following the approach used in Section 16.1.3 for the capacitor-charging case. Evaluate the value of R_{TG} for $v_O = V_{DD}$ and $v_O = V_{DD}/2$ for the process technology specified in Problem 16.3. Find the average value of R_{TG} and use it to determine t_{PHL} for the case $C = 15$ fF.

Section 16.2: Latches and Flip-Flops

D 16.14 Sketch the standard CMOS circuit implementation of the SR flip-flop shown in Fig. 16.13.

16.15 Consider the latch of Fig. 16.11 with the two inverters identical and each characterized by $V_{OL} = 0$ V, $V_{OH} = 1.2$ V, $V_{IL} = 0.5$ V, and $V_{IH} = 0.7$ V. Let the transfer characteristic of each inverter be approximated by three straight-line segments. Sketch the transfer characteristic of the feedback loop of the latch and give the coordinates of points A, B, and C (refer to Fig. 16.11). What is the gain at point B? What is the width of the transition region?

D 16.16 For the SR flip-flop of Fig. 16.14, show that if each of the two inverters utilizes matched transistors, that is, $(W/L)_p = (\mu_n/\mu_p)(W/L)_n$, then the minimum W/L that each of Q_5–Q_8 must have so that switching occurs is $2(W/L)_n$. Give the sizes of all eight transistors if the flip-flop is fabricated in a 65-nm process for which $\mu_n = 3\,\mu_p$. Use the minimum channel length for all transistors and the minimum size ($W/L = 1$) for Q_1 and Q_3.

***16.17** Figure P16.17 shows a commonly used circuit of a D flip-flop that is triggered by the negative-going edge of the clock ϕ.

(a) For ϕ high, what are the values of $\overline{Q}$ and Q in terms of D? Which transistors are conducting?
(b) If D is high and ϕ goes low, which transistors conduct and what signals appear at $\overline{Q}$ and at Q? Describe the circuit operation.
(c) Repeat (b) for D low with the clock ϕ going low.
(d) Does the operation of this circuit rely on charge storage?

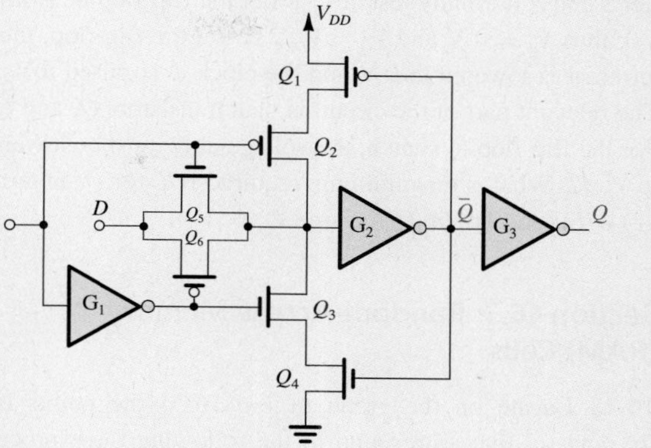

Figure P16.17

D 16.18 Sketch the logic-gate implementation of an SR flip-flop utilizing two cross-coupled NAND gates. Clearly label the output terminals and the input trigger terminals. Provide the truth table and describe the operation.

D 16.19 Repeat part (a) of the problem in Example 16.2 for the case of inverters that do not use matched Q_N and Q_P. Rather, assume that each of the inverters uses $(W/L)_p = (W/L)_n = 130$ nm/65 nm. Find the threshold voltage of each inverter. Then determine the value required for the W/L of each of Q_5 to Q_8 so that the flip-flop switches. (*Hint:* Refer to Table 14.2.)

D 16.20 The CMOS SR flip-flop in Fig. 16.14 is fabricated in a 0.13-μm process for which $\mu_n C_{ox} = 4\mu_p C_{ox} = 500\ \mu\text{A/V}^2$, $V_{tn} = |V_{tp}| = 0.4$ V, and $V_{DD} = 1.2$ V. The inverters have $(W/L)_n = 0.2$ μm/0.13 μm and $(W/L)_p = 0.8$ μm/0.13 μm. The four NMOS transistors in the set–reset circuit have equal W/L ratios.

(a) Determine the minimum value required for this ratio to ensure that the flip-flop will switch.
(b) If a ratio twice the minimum is selected, determine the minimum required width of the set and reset pulses to ensure switching. Assume that the total capacitance between each of the Q and $\overline{Q}$ nodes and ground is 15 fF.

D 16.21 The clocked SR flip-flop in Fig. 16.14 is not a fully complementary CMOS circuit. Sketch the fully complementary version by augmenting the circuit with the PUN corresponding to the PDN comprising Q_5, Q_6, Q_7, and Q_8. Note that the fully complementary circuit utilizes 12 transistors. Although the circuit is more complex, it switches faster.

D 16.22 Consider another possibility for the circuit in Fig. 16.17: Relabel the R input as $\overline{S}$ and the S input as $\overline{R}$. Let $\overline{S}$ and $\overline{R}$ normally rest at V_{DD}. Let the flip-flop be storing a 0; thus $V_Q = 0$ V and $V_{\overline{Q}} = V_{DD}$. To set the flip-flop, the $\overline{S}$ terminal is lowered to 0 V and the clock ϕ is raised to V_{DD}. The relevant part of the circuit is then transistors Q_5 and Q_2. For the flip-flop to switch, the voltage at $\overline{Q}$ must be lowered to $V_{DD}/2$. What is the minimum required W/L for Q_5 in terms of $(W/L)_2$ and (μ_n/μ_p)? Assume $V_{tn} = |V_{tp}|$.

Section 16.3: Random-Access Memory (RAM) Cells

16.23 Locate on the graph of Fig. 16.24 the points (a), (b), and (c) that correspond to the following three process technologies:

(a) 0.18-μm: $V_{DD} = 1.8$ V and $V_t = 0.5$ V
(b) 0.13-μm: $V_{DD} = 1.2$ V and $V_t = 0.4$ V
(c) 65-nm: $V_{DD} = 1.0$ V and $V_t = 0.35$ V

In each case, impose the condition that in a read-1 operation $V_{\overline{Q}} = V_t$.

D 16.24 Find the maximum allowable W/L for the access transistors of the SRAM cell in Fig. 16.22 so that in the read operation, the voltages at Q and $\overline{Q}$ do not change by more than $|V_t|$. Assume that the SRAM is fabricated in a 0.13-μm technology for which $V_{DD} = 1.2$ V and $V_{tn} = |V_{tp}| = 0.4$ V, and $(W/L)_n = 1.5$. Find $V_{\overline{Q}}$ and I_5 that result in each of the following cases:

(a) $(W/L)_a = \frac{1}{3}$ the maximum allowed
(b) $(W/L)_a = \frac{2}{3}$ the maximum allowed
(c) $(W/L)_a =$ the maximum allowed

Assume $\mu_n C_{ox} = 500\ \mu\text{A/V}^2$. Which one of the three designs results in the shortest read delay?

D 16.25 Design a minimum-size 6T SRAM cell in a 0.13-μm process for which $V_{DD} = 1.2$ V and $V_{tn} = |V_{tp}| = 0.4$ V. All transistors are to have equal $L = 0.13$ μm. Assume that the minimum width allowed is 0.13 μm. Verify that your minimum-size cell meets the constraints in Eqs. (16.23) and (16.29).

16.26 For a particular DRAM design, the cell capacitance $C_S = 35$ fF and $V_{DD} = 1.2$ V. Each cell represents a capacitive load on the bit line of 0.8 fF. Assume a 20-fF capacitance for the sense amplifier and other circuitry attached to the bit line. What is the maximum number of cells that can be attached to a bit line while ensuring a minimum bit-line signal of 25 mV? How many bits of row addressing can be used? If the sense-amplifier gain is increased by a factor of 4, how many word-line address bits can be accommodated?

16.27 Repeat Exercise 16.6 for an SRAM fabricated in a 0.13-μm CMOS process for which $V_{DD} = 1.2$ V and $V_t = 0.4$ V. Use $(W/L)_n = 1.5$.

D 16.28 Consider a 6T SRAM cell fabricated in a 65-nm CMOS process for which $V_{tn} = |V_{tp}| = 0.35$ V and $V_{DD} = 1.0$ V. If during a read-1 operation it is required that $V_{\overline{Q}}$ not exceed 0.1 V, use the graph in Fig. 16.24 to determine the maximum allowable value of the ratio $(W/L)_5/(W/L)_1$. For $L_1 = L_5 = 65$ nm, select values for W_1 and W_5 that minimize the combined areas of Q_1 and Q_5. Assume that the minimum width allowed is 65 nm.

16.29 Consider the read operation of the 6T SRAM cell of Fig. 16.22 when it is storing a 0, that is, $V_Q = 0$ V, and $V_{\overline{Q}} = V_{DD}$. Assume that the bit lines are precharged to V_{DD} before the word-line voltage is raised to V_{DD}. Sketch the relevant part of the circuit and describe the operation. Show that the analysis parallels that presented in the text for the read-1 operation.

D *16.30 For the 6T SRAM of Fig. 16.22, fabricated in a 0.13-μm CMOS process for which $V_{DD} = 1.2$ V, $V_{t0} = 0.4$ V, $2\phi_f = 0.88$ V, and $\gamma = 0.2\ \text{V}^{1/2}$, find the maximum ratio $(W/L)_5/(W/L)_1$ for which $V_{\overline{Q}} \le V_{t0}$ during a read-1 operation (Fig. 16.23). Then, take into account the body effect in Q_5 and compare this result to the value obtained without accounting for the body effect.

D 16.31 A 6T SRAM cell is fabricated in a 0.13-μm CMOS process for which $V_{DD} = 1.2$ V, $V_t = 0.4$ V, and $\mu_n C_{ox} = 500\ \mu\text{A/V}^2$. The inverters utilize $(W/L)_n = 1$. Each of the bit lines has a 2-pF capacitance to ground. The sense amplifier requires a minimum of 0.2-V input for reliable and fast operation.

(a) Find the upper bound on W/L for each of the access transistors so that V_Q and $V_{\overline{Q}}$ do not change by more than V_t volts during the read operation.
(b) Find the delay time Δt encountered in the read operation if the cell design utilizes minimum-size access transistors.

---

problems with green numbers are considered essential; * = difficult problem; ** = more difficult; *** = very challenging
SIM = simulation; **D** = design problem;

(c) Find the delay time Δt if the design utilizes the maximum allowable size for the access transistors.

16.32 Consider the operation of writing a 1 into a 6T SRAM cell that is originally storing a 0. Sketch the relevant part of the circuit and explain the operation. Without doing detailed analysis, show that the analysis would lead to results identical to those obtained in the text for the write-0 operation.

D 16.33 For a 6T SRAM cell fabricated in a 0.13-μm CMOS process, find the maximum permitted value of $(W/L)_p$ in terms of $(W/L)_a$ of the access transistors. Assume $V_{DD} = 1.2$ V, $V_{tn} = |V_{tp}| = 0.4$ V, and $\mu_n = 4\mu_p$.

16.34 Locate on the graph in Fig. 16.27 the points (a), (b), and (c) corresponding to the following three CMOS fabrication processes:

(a) 0.18-μm: $V_{DD} = 1.8$ V, $V_{tn} = |V_{tp}| = 0.5$ V
(b) 0.13-μm: $V_{DD} = 1.2$ V, $V_{tn} = |V_{tp}| = 0.4$ V
(c) 65-nm: $V_{DD} = 1.0$ V, $V_{tn} = |V_{tp}| = 0.35$ V

For all three, $\mu_n \simeq 4\mu_p$. In each case, V_Q is to be limited to a maximum value of V_{tn}.

16.35 For a DRAM cell utilizing a capacitance of 25 fF, refresh is required within 12 ms. If a signal loss on the capacitor of 0.2 V can be tolerated, what is the largest acceptable leakage current present at the cell?

16.36 In a particular dynamic memory chip, $C_S = 30$ fF, the bit-line capacitance per cell is 0.5 fF, and bit-line control circuitry involves 12 fF. For a 1-Mbit-square array, what bit-line signals result when a stored 1 is read? When a stored 0 is read? Assume that $V_{DD} = 1.0$ V.

Section 16.4: Ring Oscillators and Special-Purpose Circuits

16.37 A ring-of-nine oscillator is found to operate at 250 MHz. Find the propagation delay of the inverter. If the supply voltage is reduced by 20%, at what frequency do you expect the circuit to oscillate?

16.38 Consider a ring oscillator consisting of five inverters, each having $t_{PLH} = 300$ ps and $t_{PHL} = 200$ ps. Sketch one of the output waveforms, and specify its frequency and the percentage of the cycle during which the output is high.

D 16.39 Consider the operation of the differential sense amplifier of Fig. 16.34 following the rise of the sense control signal ϕ_s. Assume that a balanced differential signal of 0.1 V is established between the bit lines, each of which has a 1 pF capacitance. For $V_{DD} = 1.2$ V, what value of G_m of each of the inverters in the amplifier is required to cause the outputs to reach $0.1V_{DD}$ and $0.9V_{DD}$ [from initial values of $0.5V_{DD} - (0.1/2)$ and $0.5V_{DD} + (0.1/2)$ volts, respectively] in 2 ns? If for the matched inverters, $|V_t| = 0.4$ V and $k_n' = 4k_p' = 500$ μA/V^2, what are the device widths required? If the input signal is 0.2 V, what does the amplifier response time become?

D 16.40 Design the one-shot circuit of Fig. 16.33 to provide an output pulse of 0.8-ns width. If the inverters available have $t_P = 200$-ps delay, how many inverters do you need for the delay circuit?

16.41 Consider a 1024-row NOR decoder. To how many address bits does this correspond? How many output lines does the decoder have? How many input lines does the NOR array require? How many NMOS and PMOS transistors does such a design need?

16.42 For the column decoder shown in Fig. 16.37, how many column-address bits are needed in a 1-Mbit-square array? How many NMOS pass transistors are needed in the multiplexer? How many NMOS transistors are needed in the NOR decoder? How many PMOS transistors? What is the total number of NMOS and PMOS transistors needed?

16.43 Consider the use of the tree column decoder shown in Fig. 16.37 for application with a square 1-Mbit array. How many address bits are involved? How many levels of pass gates are used? How many pass transistors are there in total?

16.44 A particular version of the regenerative sense amplifier of Fig. 16.34 in a 0.13-μm technology uses transistors for which $|V_t| = 0.4$ V, $k_n' = 4k_p' = 500$ μA/V^2, $V_{DD} = 1.2$ V, with $(W/L)_n = 0.26$ μm/0.13 μm and $(W/L)_p = 1.04$ μm/0.13 μm. For each inverter, find the value of G_m. For a bit-line capacitance of 0.4 pF, and a delay until an output of $0.9V_{DD}$ is reached of 1 ns, find the initial difference voltage required between the two bit lines. If the time can be relaxed by 1 ns, what input signal can be handled? With the increased delay time and with the input signal at the original level, by what percentage can the bit-line capacitance, and correspondingly the bit-line length, be increased? If the delay time required for the bit-line capacitances to charge by the constant current available from the storage cell, and thus develop the difference-voltage signal needed by the sense amplifier, was 2 ns, what does it increase to when longer lines are used?

D 16.45 (a) For the sense amplifier of Fig. 16.34, show that the time required for the bit lines to reach $0.9V_{DD}$ and $0.1V_{DD}$ is given by $t_d = (C_B/G_m)\ln(0.8V_{DD}/\Delta V)$, where ΔV is the initial difference voltage between the two bit lines.
(b) If the response time of the sense amplifier is to be reduced to one-half the value of an original design, by what factor must the width of all transistors be increased?
(c) If for a particular design, $V_{DD} = 1.2$ V and $\Delta V = 0.2$ V, find the factor by which the widths of all transistors must be increased so that ΔV is reduced by a factor of 2, while keeping t_d unchanged?

동반 웹사이트상의 부록

독자들의 편의를 위하여, 중요한 참조가 될 항목들에 대한 10개의 장을 추가로 동반 웹사이트에 수록하였다. PDF 형식의 이 부록들은 완전하게 검색 가능하고 책갈피로 지정할 수 있다.

부록 A: 초대규모 집적 회로(VLSI) 공정 기술 이 부록은 집적 회로를 제조하는 데 들어가는 기술의 간결한 설명을 담고 있다. 사용된 서로 다른 공정 과정이 설명되고 비교되며, 그 결과로 제조된 소자들의 특성들이 제시된다. IC 설계자를 방해하는 설계 고려 사항들이 분석된다.

부록 B: 시뮬레이션 예제를 포함한 SPICE 소자 모델과 설계 이 부록은 그 자체로 하나의 책이 될 수 있다. 먼저 SPICE 프로그램을 사용할 때 집적 회로를 구성하는 연산 증폭기, 다이오드, MOSFET, BJT를 나타내는 모델들을 설명한다. 이 모델들의 완전한 이해는 회로 해석으로부터 의미 있는 정보를 추출하려고 노력하는 설계자들에게 대단히 중요하다. 다음으로는 모든 시뮬레이션을 설명하고 논의하며, 동반 웹사이트에서도 사용할 수 있다. 이는「마이크로전자회로」에서 살펴볼 주제들과 연관된 회로들을 해석하고 실험하고 설계하는 것을 돕기 위한 귀중한 수단이다.

부록 C: 2-포트 회로망 파라미터들 이 책 전반에 걸쳐서 우리는 선형 2-포트 회로망을 특징짓는 각각 다른 가능한 방식들을 사용한다. 이 부록은 y, z, h, g 파라미터들을 요약하고 이들의 등가 회로 표현들을 제공한다.

부록 D: 몇 가지 유용한 회로망 정리 이 부록은 테브냉 정리, 노턴 정리, 그리고 전원 흡수 정리를 복습한다. 이 정리들은 모두 전자 회로의 해석을 단순화하는 데 유용하다.

부록 E: 단일 시정수 회로들 STC 회로들은 하나의 리액티브 소자(인덕턴스 또는 커패시턴스)와 하나의 저항으로 구성되거나 줄일 수 있다. 이는 선형 회로와 디지털 회로의 설계와 해석에 중요하다. 증폭기 회로를 해석하는 것은 통상적으로 하나 또는 그 이상의 STC 회로들의 해석으로 줄일 수 있다.

부록 F: s 영역 해석: 극점, 영점, 보데 선도 증폭기의 주파수 응답을 해석하는 작업의 대부분은 증폭기의 전압 이득을 복소 주파수 s의 함수로 구하는 것을 포함한다. 이를 위한 도구들이 이 부록에 요약되어 있다.

부록 G: MOSFET과 BJT의 비교 이 부록은 MOSFET과 BJT의 특성들의 포괄적인 편집과 비교를 제공한다. 특성들의 비교는 최신 공정 기술로 제조된 소자들의 전형적인 파라미터 값들을 예시함으로써 그 이해를 돕는다.

부록 H: 여파기 설계 자료 이 부록에는 13장에서 학습한 여파기 회로 설계에 유용한 표와 그래프가 수록되어 있다.

부록 I: 참고문헌 연구 프로젝트를 시작하는 학생들을 위한 훌륭한 자료인 이 참고문헌 목록은 전자회로, 회로 및 시스템 해석, 소자와 IC 제조, 연산 증폭기, 아날로그와 디지털 회로, 여파기와 동조 증폭기, SPICE에 대한 중요한 참조 연구들의 개요를 제공한다.

부록 L: 선택된 문제들에 대한 해답

APPENDIX J

STANDARD RESISTANCE VALUES AND UNIT PREFIXES

Discrete resistors are available only in standard values. Table J.1 provides the multipliers for the standard values of 5%-tolerance and 1%-tolerance resistors. Thus, in the kilohm range of 5% resistors, one finds resistances of 1.0, 1.1, 1.2, 1.3, 1.5,.... In the same range, one finds 1% resistors of kilohm values of 1.00, 1.02, 1.05, 1.07, 1.10,....

Table J.1 Standard Resistance Values

5% Resistor Values (kΩ)	1% Resistor Values (kΩ)			
	100–174	178–309	316–549	562–976
10	100	178	316	562
11	102	182	324	576
12	105	187	332	590
13	107	191	340	604
15	110	196	348	619
16	113	200	357	634
18	115	205	365	649
20	118	210	374	665
22	121	215	383	681
24	124	221	392	698
27	127	226	402	715
30	130	232	412	732
33	133	237	422	750
36	137	243	432	768
39	140	249	442	787
43	143	255	453	806
47	147	261	464	825
51	150	267	475	845
56	154	274	487	866
62	158	280	499	887
68	162	287	511	909
75	165	294	523	931
82	169	301	536	953
91	174	309	549	976

Table J.2 provides the SI unit prefixes used in this book and in all modern works in English.

Table J.2 SI Unit Prefixes

Name	Symbol	Factor
femto	f	$\times 10^{-15}$
pico	p	$\times 10^{-12}$
nano	n	$\times 10^{-9}$
micro	μ	$\times 10^{-6}$
milli	m	$\times 10^{-3}$
kilo	k	$\times 10^{3}$
mega	M	$\times 10^{6}$
giga	G	$\times 10^{9}$
tera	T	$\times 10^{12}$
peta	P	$\times 10^{15}$

Table J.3 provides the meter conversion factors.

Table J.3 Meter Conversion Factors

$1\ \mu\text{m} = 10^{-4}\ \text{cm} = 10^{-6}\ \text{m}$
$1\ \text{m} = 10^{2}\ \text{cm} = 10^{6}\ \mu\text{m} = 10^{9}\ \text{nm}$
$0.1\ \mu\text{m} = 100\ \text{nm}$
$1\ \text{Å} = 10^{-8}\ \text{cm} = 10^{-10}\ \text{m}$

APPENDIX K

TYPICAL PARAMETER VALUES FOR IC DEVICES FABRICATED IN CMOS AND BIPOLAR PROCESSES

Table K.1 Typical Values of CMOS Device Parameters

	0.8 μm		0.5 μm		0.25 μm		0.18 μm		0.13 μm		65 nm		28 nm	
Parameter	NMOS	PMOS	NMOS	PMOS	NMOS	PMOS	NMOS	PMOS	NMOS	PMOS	NMOS	PMOS	NMOS	PMOS
t_{ox} (nm)	15	15	9	9	6	6	4	4	2.7	2.7	1.4	1.4	1.4	1.4
C_{ox} (fF/μm^2)	2.3	2.3	3.8	3.8	5.8	5.8	8.6	8.6	12.8	12.8	25	25	34	34
μ (cm^2/V·s)	550	250	500	180	460	160	450	100	400	100	216	40	220	200
μC_{ox} (μA/V^2)	127	58	190	68	267	93	387	86	511	128	540	100	750	680
V_{t0} (V)	0.7	−0.7	0.7	−0.8	0.5	−0.6	0.5	−0.5	0.4	−0.4	0.35	−0.35	0.3	−0.3
V_{DD} (V)	5	5	3.3	3.3	2.5	2.5	1.8	1.8	1.3	1.3	1.0	1.0	0.9	0.9
$\lvert V_A' \rvert$ (V/μm)	25	20	20	10	5	6	5	6	5	6	3	3	1.5	1.5
C_{ov} (fF/μm)	0.2	0.2	0.4	0.4	0.3	0.3	0.37	0.33	0.36	0.33	0.33	0.31	0.4	0.4

Table K.2 Typical Parameter Values for BJTs*

	Standard High-Voltage Process		Advanced Low-Voltage Process	
Parameter	*npn*	Lateral *pnp*	*npn*	Lateral *pnp*
A_E (μm^2)	500	900	2	2
I_S (A)	5×10^{-15}	2×10^{-15}	6×10^{-18}	6×10^{-18}
β_0 (A/A)	200	50	100	50
V_A (V)	130	50	35	30
V_{CEO} (V)	50	60	8	18
τ_F	0.35 ns	30 ns	10 ps	650 ps
C_{je0}	1 pF	0.3 pF	5 fF	14 fF
$C_{\mu 0}$	0.3 pF	1 pF	5 fF	15 fF
r_x (Ω)	200	300	400	200

*Adapted from Gray et al. (2001); see Appendix I.

Note: For more information, refer to Appendix G (on the book's website).

| 찾아보기 |

ㄱ

가상 단락 회로(virtual short circuit) 103
가상 접지(virtual ground) 103, 586
가전자(valence electron) 45
가중 가산기(weighted summer) 111
가청 대역(audio band) 11
감쇠 함수(attenuation function) 1010
감지 증폭기(sense amplifier) 1225
개방 루프 이득(open-loop gain) 100, 782
개방 루프 전달 함수(open-loop transfer function) 841
개방 회로 시정수(open-circuit time constant) 702
개방 회로 전압 이득(open-circuit voltage gain) 25, 421
개별 회로(discrete circuit) 5
게이트 보호 소자 351
게이트 전극(gate electrode) 308
결합 커패시터(coupling capacitor) 42, 462
경사 접합(graded junction) 75
경사진 채널 315
계단 접합(abrupt junction) 75
계통적 오프셋(systematic offset) 640
계통적 직류 출력 오프셋(systematic output dc offset) 941
고레벨 입력에 대한 잡음 여유(NMH: noise margin for high input) 1132
고역 통과(HP: high-pass) 36, 1011
고역 통과 단일 시정수 회로 749
고역 통과 여파기(high-pass filter) 37
고유 이득(intrinsic gain) 517
고주파 극점 688
고주파 이득 함수 701
공유 결합(covalent bond) 45
공정 트랜스컨덕턴스(process transconductance) 313
공정 트랜스컨덕턴스 파라미터 321
공통 게이트(CG: common gate) 418, 708
공통 게이트(CG) 증폭기 434
공통 드레인(CD: common drain) 증폭기 418
공통 베이스(CB: common base) 증폭기 418, 434, 467
공통 베이스 전류 이득(common-base current gain) 252
공통 소스(CS: common source) 418, 515, 742
공통 소스(CS) 증폭기 422, 461, 530, 750
공통 이미터(CE: common emitter) 31, 418, 515
공통 이미터 구성(common-emitter configuration) 268
공통 이미터 전류 이득(common-emitter current gain) 251
공통 이미터 증폭기 422, 464, 465, 693, 742, 758
공통 컬렉터(CC: common collector) 증폭기 418
공핍 모드(depletion mode) 352
공핍 영역 59
공핍형 MOSFET 352
과구동 전압(overdrive voltage) 311, 314
광분리기(optoisolator) 230
광폭 스윙 전류 미러(wide-swing current mirror) 969
교류 접지(ac ground) 461
교류 증폭기(ac amplifier) 44
귀환량(amount of feedback) 781
귀환율(feedback factor) 782
귀환을 가진 이득(gain with feedback) 783
귀환 전달 함수(feedback transfer function) 841
귀환 커패시턴스 700
균등한 리플(equiripple) 1014

극점 Q(pole Q) 1023
극점 Q 인수(pole Q factor) 848
극점 분산(pole splitting) 860
극점 주파수(pole frequency) 848, 1023
극점 특성 인수(pole quality factor) 1023
근궤적도(root-locus diagram) 847
금속-산화물-반도체 FET 308
금속-산화물-반도체 전계 효과 트랜지스터(MOSFET: metal-oxide-semiconductor field-effect transistor) 307
기본 주파수(fundamental frequency) 10
기술 마디들(technology nodes) 346
기술 세대(technology generation) 346
기술 척도화(technology scaling) 346
기판 바이어스 전압 350
기판 영역 310
깊은 포화 259

ㄴ

내부 커패시턴스(internal capacitance) 42
농도 경사도(concentration gradient) 55
누설 전류 350
누설 효과(leakage effect) 190
능동 여파기(active filter) 1015
능동 여파기 동조 발진기(active-filter tuned oscillator) 1081

ㄷ

다단 증폭기(multistage amplifier) 721
다수 전하 캐리어(majority charge carrier) 49
다이오드 177
다이오드 결선 트랜지스터(diode-connected transistor) 337
다이오드 소신호 저항(diode small-signal resistance) 201
단극성(unipolar) 249
단동 출력(single-ended output) 585
단락 회로 보호(short-circuit protection) 894
단락 회로 트랜스컨덕턴스(short-circuit transconductance) 421
단방향성(unilateral) 30
단위 이득 대역폭(unity-gain bandwidth) 146, 680
단위 이득 증폭기(unity-gain amplifier) 115
단일 극점 모델(single-pole model) 147
단일 출력(single-ended output) 99
단일 트랜지스터 셀(one-transistor cell) 1234
닫힘률(rate of closure) 855
닫힘 저항(closure resistance) 380
달링턴 구성(Darlington configuration) 446
달링턴 쌍(Darlington pair) 446
대신호 등가 회로(large-signal equivalent circuit) 327
대신호 등가 회로 모델 332
대신호 모델(large-signal model) 255
대신호 회로 모델 270
대역 저지(BS: band-stop) 1011
대역 제거(band-reject) 1011
대역 통과(BP: band-pass) 1011
대역 통과 여파기(bandpass filter) 44
대역 통과 증폭기(bandpass amplifier) 44
대역폭(bandwidth) 471
데드 밴드(dead band) 897
도너(donor) 49
도핑(doping) 5
동상 모드 귀환(common-mode feedback) 979, 989
동상 모드 이득(common-mode gain) 609
동상 모드 입력(common-mode input) 574
동상 모드 입력 범위(input common-mode range) 575
동상 모드 입력 범위와 출력 스윙 941
동상 모드 입력 저항(common-mode input resistance) 614
동상 모드 절반 회로(common-mode half-circuit) 608, 613

동상 모드 제거(common-mode rejection) 99
동상 모드 제거비(CMRR: common-mode rejection ratio) 117, 609, 614
동작점(operating point) 192
동적 RAM(DRAM: dynamic RAM) 1225
동전력 손실(dynamic power dissipation) 1183
동조 증폭기(tuned amplifier) 44
둔감률(desensitivity factor) 790
뒤게이트(backgate) 397
드레인(drain) 308
드리프트(drift) 51
디지털 신호(digital signal) 13
디지털-아날로그 변환기(D/A 또는 DAC: digital-to-analog converter) 15
디지털화(digitized) 13
디지털 회로(digital circuit) 15

ㄹ

랜덤 액세스 메모리(RAM: random-access memory) 1224
레벨 시프팅(level-shifting) 642
레일 투 레일(rail-to-rail) 150
루프 이득(loop gain) 783
리미터 회로 182
리플(ripple) 952, 1013
리플 대역폭(ripple bandwidth) 1014

ㅁ

마스터-슬레이브(master-slave) 1223
마이크로컴퓨터(microcomputer) 5
마이크로프로세서(microprocessor) 5
모놀리식 회로(monolithic circuit) 5
모델링(modeling) 24
몸체 트랜스컨덕턴스(body transconductance) 397
몸체 효과(body effect) 351, 531
몸체 효과 파라미터(body-effect parameter) 351
무어의 법칙 346
무인덕터 여파기(inductorless filter) 1014
무작위 오프셋(random offset) 640
문턱아래 전도(subthreshold conduction) 349
문턱 전압(threshold voltage) 311, 321, 352
물리적인 주파수(physical frequency) 36
밀러 배수(Miller multiplier) 686
밀러 적분기(Miller integrator) 131
밀러 정리(Miller theorem) 697
밀러 효과(Miller effect) 686

ㅂ

바르크하우젠 조건(Barkhausen criterion) 1067
바이어스 포인트 371
바이어싱 448
바이쿼드(biquad) 1048
바이폴라(bipolar) 249
바이폴라 접합 트랜지스터(BJT: bipolar junction transistor) 31
바이폴라 트랜지스터의 발명 307
반전 구성(inverting configuration) 105
반전 입력 단자(inverting input terminal) 99
반전 적분기(inverting integrator) 131
반파 정류기 210
발광 다이오드(LED: light-emitting diode) 228
발진(oscillation) 842
배선 커패시턴스(wiring capacitance) 1171
버랙터(varactor) 227
버터워스 여파기 1027
베이스(B: base) 31, 248
베이스 전류 250
베이스 전류 보상 512
베이스 폭 변조 효과(base-width modulation effect) 269
벨 연구소 308
벽돌담(brick-wall) 1011
보데 선도(Bode plot) 37
복소 주파수 변수(complex frequency variable) 36

볼츠만 상수 47
부귀환(negative feedback) 102, 781
부하(load) 7
부하선(load line) 380
부하 저항 368
브리지 정류기 213
비교 회로(comparison circuit) 784
비반전 입력 단자(noninverting input terminal) 99
비선형 발진기(nonlinear oscillator) 1010
비선형 왜곡(nonlinear distortion) 17, 383
비선형 전압 제어 전류 전원(nonlinear voltage-controlled current source) 254
비소멸 메모리(nonvolatile memory) 1225
비안정 멀티바이브레이터(astable multivibrator) 1097
비트 라인(bit line) 1225
비파손(nondestructive) 1227

ㅅ

사인파 성형기(sine-wave shaper) 1102
산화물 두께 312
산화물 커패시턴스(oxide capacitance) 311
삼극 진공관 319
상보 변환(complementary transformation) 1058
상보적인 스위치(complementary switch) 1135
상보형(complementary) 321
상보형 MOS(complementary MOS) 322
상호 배선(interconnect) 1190
샘플링(sampling) 13
선택 게이트(select gate) 1236
선택도(selectivity factor) 1012
선형(linear) 16
선형 발진기(linear oscillator) 1009
선형 저항(linear resistance) 313, 314
선형 증폭기(linear amplifier) 17
소멸하는 메모리(volatile memory) 1225
소수 전하 캐리어(minority charge carrier) 49
소수 캐리어(minority carrier) 250
소수 캐리어 분포 252
소스(source) 308
소스 감생 저항(source degeneration resistance) 428
소스 폴로어(source follower) 418, 437
소신호 근사(small-signal approximation) 200, 399
소신호 등가 회로(small-signal equivalent circuit) 386
소신호 모델(small-signal model) 386
소신호 전압 이득 373
소신호 조건(small-signal condition) 384
소신호 컨덕턴스(small-signal conductance) 201
속도 포화(velocity saturation) 349, 927
속박 음전하 310
속박 전하(bound charge) 49
쇼트키 장벽 다이오드(SBD: Schottky barrier diode) 981
수정 발진기 1089
순바이어스(forward biased) 177
순바이어스 영역 186
순시 소비 전력(instantaneous power dissipation) 893
순차 회로(sequential circuit) 1201
슈미트 트리거(Schmitt trigger) 1095
스위치드 커패시터(switched-capacitor) 1015
스위치드 커패시터 여파기 1060
스케일 전류(scale current) 70, 187, 253
슬루율(SR: slew rate) 152, 950
시뮬레이션 프로그램 349
신호의 증폭(signal amplification) 16
신호 접지(signal ground) 461
신호 증폭기(signal amplifier) 16
신호 처리(signal processing) 6
실리콘 칩(silicon chip) 5
실효 고주파 시정수(effective high-frequency time constant) 703
실효 베이스 폭(effective base width) 269

실효 전압(effective voltage) 311
심어진 채널(implanted channel) 352
쌍2차(biquadratic) 여파기 전달 함수 1023
쌍안정(bistable) 1215
쌍안정 멀티바이브레이터(bistable multivibrator) 1009, 1091

ㅇ

아날로그-디지털 변환기(A/D 또는 ADC: analog-to-digital converter) 14
아날로그 신호(analog signal) 12
아날로그 회로(analog circuit) 13, 307
아날로그 회로 설계 347
아인슈타인 관계식(Einstein relationship) 58
애노드(anode) 58, 179
애벌랜치 증배 292
애벌랜치 항복(Avalanche Breakdown) 196, 351
애벌랜치 효과(avalanche effect) 73
약반전 영역(subthreshold region) 518
양자화(quantized) 13
억셉터(acceptor) 50
억셉터 원자 310
얼리 전압(Early voltage) 269, 331
에너지 지연 곱(EDP: energy-delay product) 1187
에지 트리거(edge-triggered)형 1222
엘모어 지연 공식(Elmore delay formula) 1211
여파기 근사(filter approximation) 1014
여파기 실현(filter realization) 1014
역바이어스(reverse bias) 177
역바이어스 영역 190
연산 트랜스컨덕턴스 증폭기(OTA: operational transconductance amplifier) 963
열 디코더(column decoder) 1225
열전압(thermal voltage) 57, 187
열폭주(thermal runaway) 907
오극 진공관(pentode) 700
오차 신호(error signal) 784
오프셋 조정(offset-nulling) 622
오프 저항(off resistance) 1134
온도 영향 351
온도 의존성 267
온 저항(on resistance) 1134
완충기 746
완충 증폭기(buffer amplifier) 25
왜곡(distortion) 17
외형비(aspect ratio) 314
우성 극점 응답(dominant-pole response) 701
우회 커패시터(bypass capacitor) 461
워드 라인(word line) 1225
위들러 전류 전원(Widlar current source) 554
위상 여유(phase margin) 851, 948
위상 응답(phase response) 35
위상 편이 발진기(phase-shift oscillator) 1077
윈 브리지 발진기 1074
윌슨 MOS 미러 552
윌슨 미러(Wilson mirror) 549
이득 대역폭 곱(gain-bandwidth product) 150, 691
이득 여유(gain margin) 850
이득 함수(gain function) 1010
이미터(E: emitter) 31, 248
이미터 감생 저항(emitter degeneration resistance) 432
이미터-베이스 접합 248
이미터 저항(emitter resistance) 402
이미터 전류 251
이미터 폴로어(emitter follower) 418, 437, 469, 727
이산 시간(discrete-time) 1015
이산 시간 신호(discrete-time signal) 13
이산화(discretized) 13
이산화 실리콘 308
이중 확산(double-diffused) 927
읽기/쓰기(R/W) 1225
읽기 전용 메모리(ROM) 1225
입력 바이어스 전류(input bias current) 140, 622

입력 보호 351
입력 오프셋 전류(input offset current) 141, 622
입력 오프셋 전압(input offset voltage, VOS) 137, 620
입력 직류 오프셋 전압(input dc offset voltage) 616
입력 차동 회로(input differencing circuit) 784

ㅈ

자연 응답 755
자유 전자(free electron) 45
재결합(recombination) 47
재결합 과정(recombination process) 250
저레벨 입력에 대한 잡음 여유(NML: noise margin for low input) 1131
저역 통과(LP: low-pass) 36, 1011
저역 통과 노치(LPN: low-pass notch) 1025
저역 통과 여파기(low-pass filter) 37
저역 통과 증폭기(low-pass amplifier) 44
저장 커패시터(storage capacitor) 1233
저주파 응답 749
저지 대역(stopband) 1011
저항률(resistivity) 53
저항 반사 규칙(resistance-reflection rule) 430
적분기 시정수(integrator time constant) 131
적분기 주파수(integrator frequency) 131
전계 효과 소자 308
전극점 여파기(all-pole filter) 1019
전기 유전율 63
전달 게이트(transmission gate) 1201
전달 특성(transfer characteristic) 18
전달 함수(transfer function) 34, 1010
전도 기간(conduction interval) 218
전력 변압기(power transformer) 209
전력 이득(power gain) 18
전력 증폭기(power amplifier) 17, 887
전력 지연 곱(PDP: power-delay product) 1187
전력 트랜지스터(power transistor) 924
전력 회로(power circuit) 351
전류 미러(current mirror) 502, 513, 732
전류 버퍼(current buffer) 525
전류 버퍼링(current buffering) 536
전류 이득(current gain) 19, 502
전류 전달 비율(current transfer ratio) 502
전류 전원(current source) 506
전류 전원 부하 520
전류 제어 전류 전원(current-controlled current-source) 254
전류 조종(current steering) 501, 510
전류 조종 회로 505
전류 포화 317
전류 흡수(current sink) 506
전송(transmission) 1010
전압 완충기(voltage buffer) 721
전압 이득(voltage gain) 18
전압 전달 특성(VTC: voltage-transfer characteristic) 370
전압 제어 스위치(voltage-controlled switch) 1134
전압 제어 저항(voltage-controlled resistance) 314
전압 제어 전류 전원 327
전압 조절 발진기(voltage-controlled oscillator) 1239
전압 조정기(voltage regulator) 203
전압 증폭기(voltage amplifier) 17, 24
전압 폴로어(voltage follower) 115
전압 혼합 전압 샘플링(voltage- mixing, voltage-sampling) 794
전원 잡음 제거율(PSRR: power-supply rejection ratio) 952
전자 유동 속도 313
전전력 대역폭(full-power bandwidth) 155
전체 전압 이득 421
전치 증폭기(preamplifier) 17
전파 식별(RFID: radio-frequency identification) 733
전파 정류기 211

접근 트랜지스터(access transitor) 1233
접지된 이미터(grounded-emitter) 31
접합 다이오드 185
접합 빌트인 전압 61
접합 항복(junction breakdown) 73
정격 출력 전압(rated output voltage) 150
정귀환(positive feedback) 102, 781
정귀환 루프(positive-feedback loop) 1009, 1066
정류기(rectifier) 179, 180
정류기 회로 209
정밀 반파 정류기 222
정적 RAM(SRAM: static RAM) 1225
정전력 손실(static power dissipation) 1183
정전압 강하 모델 194
정지점(quiescent point) 201, 371
정특성(static characteristic) 323
제너 다이오드(Zener Diode) 197
제너 항복(Zener Breakdown) 197
제너 효과(zener effect) 73
조합 회로(combinational circuit) 1201
종속 접속 증폭기 26
주파수 보상(frequency compensation) 146, 849, 855
주파수 선택(frequency selection) 1011
주파수 선택 회로망(frequency-selective network) 1009
주파수 스펙트럼(frequency spectrum) 9
준안정(quasi-stable) 1099
준안정 상태(metastable state) 1092
중간 대역(midband) 471
중심 주파수(center frequency) 44, 1025
증가 모드 동작(enhancement-mode operation) 315
증가형 MOSFET(enhancement-type MOSFET) 315
증분 저항(incremental resistance) 330
증폭기 대역폭(amplifier bandwidth) 35
증폭기 이득(amplifier gain) 17
증폭기 자체의 전압 이득 421
증폭기 전송(amplifier transmission) 34
지속적인 발진(sustained oscillation) 1067
지수 모델 192
직류 복원기(dc restorer) 224
직류에서의 BJT 회로 275
직류 증폭기(dc amplifier) 44
직-병렬 귀환(series-shunt feedback) 794
직접 결합(direct-coupled) 100
직접 결합 증폭기(directly-coupled amplifier) 44
진성(intrinsic) 45
진폭 응답(amplitude response) 35
집적 회로(IC: integrated circuit) 5, 307, 346
집적 회로 설계 307

ㅊ

차단 모드(cutoff mode) 248
차단 영역 324
차단 주파수(break frequency) 38
차동 단락 회로 트랜스컨덕턴스 627
차동 이득(differential gain) 100
차동 입력(differential input) 99, 574
차동 입력 신호(differential input signal) 579
차동 입력 저항(differential input resistance) 121, 601
차동 전압 이득 602
차동 절반 회로(differential half-circuit) 587, 603, 604
차동 증폭기 728
차동 출력(differential output) 585
차이 모드(difference mode) 579
채널(channel) 311
채널 길이 311
채널 길이 변조(channel-length modulation) 330, 574
채널 도전율(channel conductivity) 311
채널 영역(channel region) 310
채널의 컨덕턴스 313
채널 폭 311

채널 핀치 오프(channel pinch-off) 318
천이 대역(transition band) 1012
천이 시간(transition time) 1162
천이 영역(transition region) 1130
천이 주파수(transition frequency) 681
체비셰프 여파기 1032
초대규모 집적화(VLSI) 346
총 고조파 왜곡(THD: total harmonic distortion) 923
총 순시(total instantaneous) 22
최대로 평탄한(maximally flat) 848
최대로 평탄한(maximally flat) 응답 1024, 1028
최상위 비트(MSB: most significant bit) 14
최소 채널 길이(minimum channel length) 314, 346
최하위 비트(LSB: least significant bit) 14
출력단(output stage) 887
출력 저항(output resistance) 269, 332
출력 저항 629
출력 직류 오프셋 전압(output dc offset voltage) 616

ㅋ

캐리어 공핍 영역(carrier-depletion region) 60, 310
캐소드(cathode) 58, 179
캐스코드 구성(cascode configuration) 700
캐스코드 전류 미러 548
캐스코드 전류 전원 538
캐스코드 증폭기 536, 538, 541, 714
캐스코드 차동 증폭기 591
커패시터 결합 증폭기(capacitively coupled amplifier) 44, 461
컬렉터(C: collector) 31, 248
컬렉터-베이스 접합 248
컬렉터-이미터 저항 272
컬렉터 전류 250
코너 주파수(corner frequency) 38
콜피츠 발진기(Colpitts oscillator) 1082
쿼드러처 발진기(quadrature oscillator) 1079
크기 응답(magnitude response) 35
크로스오버 왜곡(crossover distortion) 897, 968

ㅌ

토글링(toggling) 1231, 1232
통과 대역(passband) 1011
통과 대역 리플(passband ripple) 1013
퇴행성 귀환(degenerative feedback) 114
트라이오드 영역(triode region) 319, 324
트랜스듀서(transducer) 6
트랜스컨덕턴스(transconductance) 384, 400
트랜스컨덕턴스-C(transconductance-C) 1015
트랜지스터 트랜스컨덕턴스 파라미터 321
트리거 신호(trigger signal) 1095
특성 방정식(characteristic equation) 845, 1067

ㅍ

팬아웃 4(FO4: fanout of 4) 1173
펀치 스루(punch-through) 351
평행판 커패시터(parallel-plate capacitor) 311
폐쇄 루프 이득(closed-loop gain) 103, 783
폐쇄 루프 전달 함수(closed-loop transfer function) 841
포화된 BJT의 단순한 모델 273
포화 모드(saturation mode) 248
포화 모드에서의 동작 258
포화 영역(saturation region) 318, 324
포화의 가장자리(edge of saturation) 259
포화 전류(saturation current) 70, 187, 190, 250
포화 전압 272
폴디드 캐스코드 CMOS 연산 증폭기 957
폴디드 캐스코드(folded cascode) 957
표유 커패시턴스(stray capacitance) 689
푸리에 급수(Fourier series) 9
푸리에 변환(Fourier transform) 9
푸시풀(push-pull) 897
풀다운 네트워크(PDN: pull-down network) 1121
풀다운 스위치[pull-down(PD) switch] 1135

풀업 네트워크(PUN: pull-up network) 1121
풀업 스위치[pull-up(PU) switch] 1135
프로텍션 회로 184
플래시 메모리(flash memory) 1225
플로팅 게이트(floating gate) 1236
플로팅 게이트 트랜지스터(floating-gate transistor) 1236
피어스 발진기(Pierce oscillator) 1090
피크 검파기(peak detector) 221
피크 역전압(PIV: peak inverse voltage) 211
피크 정류기(peak rectifier) 220
핀치 오프 318

ㅎ

하이브리드 π 모델(hybrid-π model) 395
하틀리 발진기(Hartley oscillator) 1083
함수 발생기(function generator) 1010
항복 351
항복 영역 191
항복 전압(breakdown voltage) 191
행 디코더(row decoder) 1225
혼성 신호 설계(mixed-signal design) 307
혼재 모드(mixed-mode) 15
혼재 신호(mixed-signal) 15
혼합기(mixer) 784
확산(diffusion) 51
확산 계수(diffusion constant) 55
확산도(diffusivity) 55
확산 전류(diffusion current) 55, 59
활성 모드(active mode) 248
활성 모드 모델 275
회로 시뮬레이션 349
효율(efficiency) 20
히스테리시스(hysteresis) 1094
히트 싱크(heat sink) 925

기타

AB급 출력단 901
A급 출력단 889
BJT 차동쌍 592
BJT 캐스코드 증폭기 543
B급 출력단 896
CMOS 322
CMOS 공정 기술 346
CMOS 전달 게이트(CMOS transmission gate) 1201
CMOS 출력단 915
dc 동작점 371
dc 증폭기(dc amplifier) 100
DMOS 트랜지스터 927
IC 소스 폴로어 546
KHN 바이쿼드 1050
MOSFET 307
MOSFET의 회로 기호 324
MOSFET 트랜스컨덕턴스 파라미터 314
MOS 차동쌍 573
NMOS 트랜지스터 311
*n*우물 323
n 채널 MOSFET 311
p 채널 증가형 MOSFET 321, 333
SPICE 349
Tow-Thomas 바이쿼드 1051
T 모델 407
XOR(exclusive-OR) 1126

2단 CMOS 연산 증폭기 637, 940
2단 구조(two-stage configuration) 637
2진수(binary number) 14
2차 항복(second-breakdown) 926
3 dB 주파수 38
3중 귀환(feedback triple) 824
6T SRAM 셀(6T SRAM cell) 1227
6-트랜지스터(six-transitor) 1227
741 연산 증폭기의 입력단 983